W0260371

HOPPE-SEYLER / THIERFELDER

HANDBUCH DER PHYSIOLOGISCH- UND PATHOLOGISCH-CHEMISCHEN ANALYSE

FÜR ÄRZTE, BIOLOGEN UND CHEMIKER

ZEHNTE AUFLAGE

HERAUSGEGEBEN VON

KONRAD LANG
MAINZ

EMIL LEHNARTZ
MÜNSTER

UNTER MITARBEIT VON

GÜNTHER SIEBERT
MAINZ

ERSTER BAND

SPRINGER-VERLAG

BERLIN · GÖTTINGEN · HEIDELBERG

1953

ALLGEMEINE UNTERSUCHUNGSMETHODEN

ERSTER TEIL

BEARBEITET VON

F. ENDER · W. ESSELBORN · B. FLASCHENTRÄGER · E. HELLMAN
L. KOFLER† · G. KORTÜM · M. KORTÜM-SEILER · H. LIEB
H. M. RAUEN · A. RITTMANN · G. SCHMID · W. SCHÖNIGER
W. STAMM · E. WIEDEMANN

MIT 502 ABBILDUNGEN

SPRINGER-VERLAG
BERLIN · GÖTTINGEN · HEIDELBERG
1953

ISBN 978-3-642-85551-1   ISBN 978-3-642-85550-4 (eBook)
DOI 10.1007/978-3-642-85550-4

DRUCK DER UNIVERSITÄTSDRUCKEREI H. STÜRTZ AG., WÜRZBURG

Vorwort

zur zehnten Auflage.

Analyse und quantitative Messung sind die Grundlagen einer jeden experimentellen Forschung. Die Untersuchung von biologischem Material bietet dabei besondere Schwierigkeiten, da die zu erfassenden Substanzen in einem ungemein kompliziert zusammengesetzten Milieu und zumeist nur in sehr geringfügigen Konzentrationen vorliegen. Dadurch ergeben sich Fehlermöglichkeiten in großer Zahl und Anlaß zu mancherlei Störungen. So ist die chemische Analyse von biologischem Material immer ein Sondergebiet geblieben, dessen Bearbeitung Spezialkenntnisse voraussetzt. Die präparative Darstellung der Bausteine des menschlichen und des tierischen Organismus erfordert die Trennung zahlreicher Stoffe, die in ihren physikalischen und chemischen Eigenschaften einander sehr ähnlich sind; sie setzt daher die Beherrschung wirksamer Trennverfahren voraus. Die geringen Konzentrationen, in der viele biologisch wichtige Stoffe in den Organismen vorkommen, macht die Ausarbeitung hinreichend empfindlicher und spezifischer Bestimmungsverfahren nötig. So hat die biochemische Analytik unseren Besitz an Mikroverfahren außerordentlich bereichert.

Im Jahre 1858, also vor fast 100 Jahren, hat HOPPE-SEYLER dieses Handbuch erstmalig herausgegeben. Seitdem war es für Generationen von Biochemikern, Ärzten und Biologen unentbehrliches Handwerkszeug ihrer Arbeit, denn hier fanden sie alle Angaben über Gewinnung und Analyse der im tierischen Organismus unter normalen und pathologischen Verhältnissen vorkommenden chemischen Substanzen zusammengefaßt. So erwies sich HOPPE-SEYLERs Handbuch bald als ein Standardwerk der Weltliteratur, so daß bisher insgesamt in ziemlich regelmäßigen Abständen 9 Auflagen, die letzte im Jahre 1924, erscheinen konnten. Schon 1893 war der Stoff so angewachsen, daß die 6. Auflage von HOPPE-SEYLER und THIERFELDER gemeinsam bearbeitet werden mußte. Die 9. Auflage wurde unter Witwirkung zahlreicher Fachgelehrter, von denen K. FELIX auch an der vorliegenden 10. Auflage mitgewirkt hat, von THIERFELDER redigiert.

THIERFELDERs Tod und die stürmische Entwicklung der biochemischen und der physiologisch-chemischen Forschung haben das Erscheinen einer weiteren Auflage auf lange Zeit hinausgeschoben. Bereits im Jahre 1939 entschlossen sich Verlag und Herausgeber zu einer Neubearbeitung. 13 Jahre sind seitdem vergangen. Am Ende des Krieges lag eine stattliche Anzahl von Manuskripten für die Neuauflage vor. Sie gingen in dem allgemeinen Zusammenbruch verloren und damit auch die letzten Arbeiten von H. OHLE (Kohlenhydrate), W. JOHN (Vitamin E) und W. KOSCHARA (Trennungsmethoden). Wir gedenken dieser Mitarbeiter, die der Krieg uns entrissen hat.

Seit 1946 konnte die Arbeit an dem Handbuch erneut wieder aufgenommen werden. Es war schon bei der ersten Planung erkannt worden, daß angesichts der ungewöhnlichen Fortschritte, die die Erforschung der Lebensvorgänge mit chemischen Methoden seit dem Erscheinen der letzten Auflage zu verzeichnen hatte, nur eine vollständige Neubearbeitung unter einer erheblichen Erweiterung des Umfanges möglich war. Das Ziel, eine vollständige Übersicht zu geben über präparative Gewinnung und Analytik der für den menschlichen und den tierischen Organismus wichtigen Substanzen blieb das gleiche, das es von Anbeginn gewesen war. Darüber hinaus war es unser Bestreben, möglichst erschöpfende Angaben über den Gehalt von Organen und Körperflüssigkeiten an den verschiedenen Substanzen vorzulegen, so daß der Benutzer sich leicht über Normalwerte und Abweichungen von ihnen orientieren kann. Das Werk wird also nunmehr nicht mehr allein alles Wissenswerte über die Analytik der Körperbausteine mitteilen, sondern auch die Auswertung der von seinen Benutzern gewonnenen Ergebnisse durch Vergleich mit den bisher bekannten ermöglichen.

Eine der wesentlichsten Voraussetzungen für den beispiellosen Fortschritt der Biochemie in den letzten Dezennien war die Entwicklung neuer, wirkungsvoller Trennverfahren. Auf ihre ausführliche Darstellung wurde daher besonderer Wert gelegt. Ebenso lag uns eine weitgehende Berücksichtigung physikalischer und physikalisch-chemischer Methoden am Herzen.

Der Stoff wurde in 3 große Abschnitte gegliedert: 1. Allgemeine Methoden zur Trennung und Untersuchung von Substanzen. Dieser Abschnitt umfaßt die Bände I und II des insgesamt fünfbändigen Werkes. 2. Isolierung und Untersuchung der einzelnen Substanzen umfassend die Bände III und IV. 3. Zusammensetzung und Untersuchung der einzelnen Körperflüssigkeiten, Sekrete, Exkrete, Konkremente und Organe im Band V.

Während der Drucklegung des I. und V. Bandes hatten wir den Tod von K. GEMEINHARDT und L. KOFLER zu beklagen. Wir gedenken ihrer in aufrichtiger Trauer und übergeben in diesen Bänden der Nachwelt ihre letzten Arbeiten.

1939 begannen wir unsere Arbeit gemeinsam mit F. HOPPE-SEYLER, dem Enkel des ersten Herausgebers. Auch er wurde uns 1945 entrissen. Wir gedenken mit Wehmut der Jahre der gemeinsamen Planung und sind dankbar, daß sein Geist in diesem Werke weiterlebt.

Mainz und Münster, Januar 1953.

K. LANG, E. LEHNARTZ.

Inhaltsverzeichnis.

Mikromethoden zur Kennzeichnung organischer Stoffe und Stoffgemische.
Von Professor Dr. L. KOFLER†-Innsbruck. Mit 5 Abbildungen.

Absorption und Emission von Strahlung.
Von Professor Dr. G. KORTÜM-Tübingen und Dr. M. KORTÜM-SEILER-Tübingen.
Mit 94 Abbildungen.

Nephelometrie.

Von Professor Dr. G. Kortüm-Tübingen und Dr. M. Kortüm-Seiler-Tübingen.
Mit 6 Abbildungen.

Refraktometrie und Interferometrie.

Von Professor Dr. G. Kortüm-Tübingen und Dr. M. Kortüm-Seiler-Tübingen.
Mit 46 Abbildungen.

Polarimetrie.

Von Professor Dr. G. Kortüm-Tübingen und Dr. M. Kortüm-Seiler-Tübingen.
Mit 28 Abbildungen.

Elektrische Leitfähigkeit.

Von Professor Dr. G. Schmid-Köln. Mit 11 Abbildungen.

Wasserstoffionenkonzentration.

Von Dozent Dr. F. Ender-Heidelberg. Mit 37 Abbildungen.

Colorimetrische Bestimmung der Wasserstoffionenkonzentration.

Von Dipl.-Chem. W. ESSELBORN-Darmstadt. Mit 1 Abbildung.

Redoxpotentiale.

Von Dozent Dr. F. ENDER-Heidelberg. Mit 15 Abbildungen.

Verzeichnis der in diesem Band über die in DIN 1502 und DIN 1502, Beiblatt hinaus besonders stark gekürzten Buch- und Zeitschriftentitel.

Bücher.

Bamann-Myrbäck: Die Methoden der Fermentforschung. Hrsg. BAMANN, E., u. K. MYRBÄCK unter Mitarbeit von Fachgenossen. 4 Bde. Leipzig 1941.

Beilstein: BEILSTEINS Handbuch der Organischen Chemie. 4. Aufl.

Hecht-Donau: HECHT, F., u. J. DONAU: Anorganische Mikrogewichtsanalyse (Reine und angewandte Mikrochemie in Einzeldarstellungen, Bd. 1). Wien 1940.

Landolt-Börnstein: LANDOLT-BÖRNSTEIN: Physikalisch-chemische Tabellen. Hrsg. von ROTH, W. A., u. K. SCHEEL. 5. Aufl. Berlin 1923—1936. 6. Aufl. Hrsg. von EUCKEN, A. (und H. HELLWEGE); im Erscheinen.

Stepp-Kühnau-Schröder, Vitamine: STEPP, W., J. KÜHNAU u. H. SCHRÖDER: Die Vitamine und ihre klinische Anwendung. Stuttgart. 6. Aufl. 1944. 7. Aufl., Bd. 1. 1952.

Sumner-Myrbäck: The Enzymes. Chemistry and Mechanism of Action. Hrsg. SUMNER, J. B., and K. MYRBÄCK. 2 Bde. in 4 Teilen. New York 1950—52.

Zeitschriften.

A.	Justus Liebigs Annalen der Chemie.
Am. Soc.	Journal of the American Chemical Society.
B.	Berichte der Deutschen Chemischen Gesellschaft. Ab Bd. 80, 1947: Chemische Berichte.
B. Z.	Biochemische Zeitschrift.
Cr.	Comptes Rendus Hebdomadaires des Séances de l'Académie des Sciences.
D. m. W.	Deutsche Medizinische Wochenschrift.
H.	Hoppe-Seylers Zeitschrift für Physiologische Chemie.
Helv.	Helvetica Chimica Acta.
J. biol. Ch.	Journal of Biological Chemistry.
Kli. Wo.	Klinische Wochenschrift.
Soc.	Journal of the Chemical Society, London.

Untersuchung von Krystallen mit dem Polarisationsmikroskop.

Von

A. Rittmann und B. Flaschenträger.

Mit 45 Abbildungen.

a) Einleitung.

Das Bedürfnis nach rascher Identifizierung einer in kleinen Krystallen vorliegenden Substanz hat schon seit langem die Anwendung von krystallographischen und optischen Methoden in der Chemie angeregt. Es wurden zwar viele künstliche Krystalle vermessen, aber nur selten die optischen Eigenschaften genügend ausführlich beschrieben. Dies ist wohl darin begründet, daß die übliche Technik der mineralogischen Dünnschliffuntersuchung (Drehtischmethoden, Immersionsmethoden) nicht ohne weiteres auf die Untersuchung kleiner künstlicher Kryställchen anwendbar ist. Der Chemiker ist deshalb gezwungen, auf die altbewährten optischen Methoden der Mineralogie zurückzugreifen, unter denen die Konoskopie, wenn richtig verwendet, ganz hervorragende diagnostische Dienste leistet[*].

Wie alle analytischen Methoden erfordert auch die optische Untersuchung der Krystalle Erfahrung. Leider sind die Lehrbücher der Mineraloptik nicht auf die Bedürfnisse des Chemikers eingestellt. Einen praktischen Leitfaden zur optischen Untersuchung künstlicher Kryställchen gibt es unseres Wissens bis heute noch nicht, und die folgenden gedrängten Ausführungen können einen solchen keinesfalls ersetzen. Sie dürften jedoch genügen, um die praktische Leistungsfähigkeit der mikroskopischen Methoden nachzuweisen.

b) Apparatur.

Alle Untersuchungen werden mit einem gewöhnlichen *Polarisationsmikroskop* durchgeführt, das mit Nicols oder mit Polaroiden ausgerüstet sein kann. Ein mittelgroßes, modernes Modell genügt vollauf.

Die *optische Ausrüstung* besteht zweckmäßig aus 3 Objektiven (z. B. Nr. 3, 5 und 7), deren stärkstes eine numerische Apertur von 0,85 besitzen soll, einem mittelstarken Ocular mit Fadenkreuz und einem Ocular mit linearem Mikrometer. Ferner benötigt man

---

[*] Herrn M. S. ZEIN danken wir für die Bearbeitung der Krystallbeispiele.

Zusammenfassende Literatur:

[1] ROSENBUSCH, H., u. E. A. WÜLFLING: Mikroskopische Physiographie der gesteinsbildenden Mineralien. Bd. I, 1. Hälfte. Stuttgart 1904.

[2] GROTH, P.: Elemente der chemischen und physikalischen Kristallographie. München u. Berlin 1921.

[3] GROTH, P.: Chemische Kristallographie. Leipzig 1906—1910.

[4] POCKELS, F.: Lehrbuch der Krystalloptik. Leipzig und Berlin 1906.

[5] DUPARC, L., et F. PEARCE: Traité de Technique Minéralogique et Pétrographique. Bd. 1. Leipzig 1907.

[6] WEINSCHENK, E.: Das Polarisationsmikroskop. Freiburg i. Br. 1916.

[7] JOHANNSEN, A.: Manual of Petrographic Methods. New York und London 1918.

[8] RINNE, F.: Einführung in die kristallographische Formenlehre und elementare Anleitung zu kristallographisch-optischen Untersuchungen. 3. Aufl. Leipzig 1919.

[9] BEHRENS-KLEY, P. D. C.: Organische Mikrochemische Analyse. 2. Aufl. Leipzig 1922.

[10] NIGGLI, P.: Lehrbuch der Mineralogie. 2. Aufl. Bd. I. Berlin 1924.

[11] WINCHELL, A. u. N.: Elements of Optical Mineralogy. 3. Aufl. Bd. I. New York 1948.

[12] WINCHELL, A. u. N.: Optical Properties of Artificial Cristals. New York 1950.

[13] WAHLSTRÖM, E. E.: Optical Cristallography. New York und London 1948.

[14] BURRI, C.: Das Polarisationsmikroskop. Basel 1950.

die üblichen Hilfsplättchen: Gipsplättchen (Rot I. Ordnung), Glimmerplättchen ($^1/_4$ Undulation), Quarzkeil (Interferenzfarben der I.—IV. Ordnung), ein rotes und ein blaues Glasplättchen, die ebenfalls in den Tubusschlitz passen und die Beobachtung in annähernd monochromatischem Licht erlauben.

Zur *Beleuchtung* dient eine gute Mikroskoplampe, die das ganze Gesichtsfeld bei konoskopischer Beobachtung gleichmäßig beleuchten muß. Als erwünschtes *Zubehör* empfehlen sich ein Drehkompensator und eine Natriumdampflampe. An *Glaswaren* benötigt man Objektträger, Deckgläschen, Capillarpipetten, ein paar Uhrschälchen, einige Bechergläschen und Kölbchen, ferner Präpariernadel und Fettstift.

c) Prüfung und Justierung des Mikroskopes.

Die Justierung eines neuen Mikroskopes ist in der folgenden Weise zu prüfen:

Prüfung der Beleuchtungseinrichtung. Man stelle die mit einer Mattscheibe versehene Mikroskoplampe so auf, daß ihr Lichtkegel auf den Mikroskopspiegel fällt. Dann öffne man die Kondensorblende vollständig, schalte den Oberteil des Kondensors ein und hebe diesen, bis seine Oberfläche in die Ebene des Objektisches zu liegen kommt. Durch Einschieben der AMICI-BERTRAND-Linse verwandle man das Mikroskop in ein Teleskop und betrachte die Lichtquelle nach Einsetzen des stärksten Objektivs unter Benützung der konkaven Seite des Mikroskopspiegels. Durch Bewegen des Spiegels wird die Lichtquelle zentriert. Wenn das Gesichtsfeld nicht bis zum Rande gleichmäßig beleuchtet ist, nähere man die Lampe dem Spiegel, bis das Gesichtsfeld voll ausgeleuchtet erscheint. Ist dies nicht zu erreichen, so muß die Lampe durch eine andere mit größerem Leuchtfeld ersetzt werden. Unter den modernen Niedervolt-Mikroskopierlampen gibt es einige Typen, die der obigen Anforderung nicht genügen und deshalb für die konoskopische Beobachtung ungeeignet sind. In einigen derselben kann jedoch die Öffnung des Lichtkegels durch Verschieben der Glühbirne vergrößert und dadurch die volle und gleichmäßige Beleuchtung des Konoskop-Gesichtsfeldes erreicht werden.

Zentrierung der AMICI-BERTRAND-*Linse.* Bei eingeschalteter AMICI-BERTRAND-Linse muß das Gesichtsfeld durch das Fadenkreuz in 4 genau gleich große Quadranten geteilt werden. Ist dies nicht der Fall, so muß die AMICI-BERTRAND-Linse in ihrer Fassung mit Hilfe der Justierschräubchen verschoben werden, bis das Zentrum des Gesichtsfeldes mit dem Schnittpunkt der Ocularfäden genau zusammenfällt.

Zentrierung der Objektive. Man schalte die AMICI-BERTRAND-Linse aus, lege irgendein Präparat auf den Objekttisch und stelle es scharf ein. Darauf verschiebe man das Präparat, bis ein punktförmiges Objekt genau im Schnittpunkt des Fadenkreuzes liegt. Beim Drehen des Objekttisches muß es an Ort und Stelle bleiben. Entfernt es sich jedoch, einen Kreis beschreibend, aus dem Mittelpunkt des Gesichtsfeldes, so muß das Objektiv mit Hilfe der Zentrierschrauben in seiner Fassung so verschoben werden, bis das Zentrum des beschriebenen Kreises in den Gesichtsfeldmittelpunkt zu liegen kommt. Zur Kontrolle bringe man das punktförmige Objekt erneut ins Fadenkreuz und drehe den Objekttisch. Besonders das stärkste Objektiv muß sehr genau zentriert werden, um die konoskopische Untersuchung sehr kleiner Kryställchen zu erlauben. Bei gewissen Mikroskopen mit Objektivrevolvern können die Objektive nicht in der beschriebenen Weise zentriert werden; dann läßt sich die Drehachse des Objekttisches mit Hilfe von Zentrierschrauben verschieben, bis ein punktförmiges Objekt im Mittelpunkt des Fadenkreuzes unverändert an Ort und Stelle bleibt.

Prüfung der gekreuzten Nicols (bzw. Polaroide). Die Schwingungsrichtungen des Polarisators und Analysators müssen genau senkrecht aufeinander stehen. Zur Prüfung schalte man den Analysator und die AMICI-BERTRAND-Linse ein und betrachte mit einem schwachen Objektiv bei ausgeschaltetem Oberteil des Kondensors das Bild der Lichtquelle, von der man die Mattscheibe entfernt hat. Selbst bei genau gekreuzten Nicols ist der Glühfaden der Birne im dunklen Felde deutlich sichtbar. Man drehe nun den Polarisator ein wenig in seiner Fassung nach links und rechts und bringe ihn in diejenige

Stellung, in der das Bild der Glühfäden am dunkelsten erscheint. Diese Einstellung ist sehr empfindlich und ermöglicht eine genaue Kreuzung der Nicols.

Prüfung der Stellung des Fadenkreuzes. Die Fäden müssen parallel zu den Schwingungsrichtungen der Nicols liegen. Zur Prüfung benützt man ein Präparat einer anisotropen Substanz mit gerader Auslöschung, wie z. B. nadelige Krystalle von Natrolith oder rechtwinklige Spaltstücke von Anhydrit. Statt dieser mineralogischen Präparate kann man auch künstliche Kryställchen z. B. von Oxalsäure oder Harnsäure verwenden, die man aus einem Tropfen der gesättigten Lösung auf einen gewöhnlichen Objektträger auskrystallisieren läßt. Man ·betrachte diese Kryställchen bei mittlerer Vergrößerung unter gekreuzten Nicols und bringe eines derselben, das besonders gute prismatische Entwicklung zeigt (vgl. Abb. 5 und 6), in die Mitte des Gesichtsfeldes. Beim Drehen des Tisches erscheint der Krystall abwechselnd hell und dunkel. Man bringe den Tisch in eine der Stellungen, in denen der Krystall völlig dunkel erscheint (Auslöschungsstellung), schalte den Analysator aus und stelle fest, ob einer der Ocularfäden wirklich genau parallel zur Längskante des Krystalles liegt. Ist dies nicht der Fall, so muß das Fadenkreuz in seiner Fassung so lange gedreht werden, bis die genannten Kryställchen gerade Auslöschung zeigen.

Feststellung der Schwingungsrichtung des Polarisators. Die Kenntnis der Schwingungsrichtung des Polarisators ist notwendig für die Untersuchung pleochroitischer Substanzen. Zu ihrer Feststellung kann irgendein Präparat einer bekannten pleochroitischen Substanz mit einer ausgezeichneten krystallographischen Richtung verwendet werden, wie z. B. Querschnitte durch Biotitplättchen in einem Dünnschliff von Granit, Gneis oder Biotitschiefer, oder auch frisch gefällte, nadelige Kryställchen von Nickeldimethylglyoxim. Betrachtet man einen Biotitquerschnitt bei ausgeschaltetem Analysator, so stellt man beim Drehen des Objekttisches einen Farbwechsel von hell gelblichbraun zu tief dunkelbraun fest. In dieser letzteren Stellung liegen die Spaltrisse parallel zur Schwingungsrichtung des Polarisators, während die lichteste Farbe dann erscheint, wenn die Spaltrisse parallel zur Schwingungsrichtung des Analysators liegen. Die Nadeln von Nickeldimethylglyoxim (Abb. 19) erscheinen bei ausgeschaltetem Analysator je nach ihrer Lage bald gelb, bald rot und ändern ihre Farbe beim Drehen des Tisches. Die Längsrichtung der rein gelb erscheinenden Nadeln liegt parallel zur Schwingungsrichtung des Polarisators, diejenige der rein carminrot gefärbten Nadeln dagegen parallel zur Schwingungsrichtung des Analysators.

Damit sind Prüfung und Justierung des Mikroskops abgeschlossen. Bei vorsichtiger Handhabung des Instruments ist keine Entregelung zu befürchten, so daß sich keine Wiederholung der Prüfung ergibt. Nur die Beleuchtung muß jedesmal kontrolliert werden, wenn die Apparatur neu aufgestellt wird. Eine vielleicht mit der Zeit auftretende Dezentrierung der Objektive macht sich besonders bei konoskopischer Beobachtung sofort bemerkbar und kann leicht korrigiert werden.

Die *Drehkompensatoren* werden mit Tabellen oder Eichkurven geliefert, so daß wir hier auf eine Beschreibung ihrer Eichung verzichten können.

In bezug auf die *Natriumdampflampen* sind jedoch noch einige Bemerkungen notwendig. Die Verwendung des monochromatischen D-Lichtes erlaubt wertvolle Feststellungen, die im weißen Licht wegen der Dispersionserscheinungen nicht möglich sind. Insbesondere gilt dies für die Beobachtung konoskopischer Interferenzbilder mit hohen Gangunterschieden, die das Auftreten weißlicher Interferenzfarben höherer Ordnung verursachen. Bei der Verwendung der lichtschwachen Natriumdampflampen empfiehlt es sich, in einem verdunkelten Raum zu arbeiten. Die Prüfung der Beleuchtungseinrichtung wird in der bereits beschriebenen Weise durchgeführt (s. S. 2). Das Leuchtfeld der Na-Lampen ist meist zu klein, um eine gleichmäßige Beleuchtung des konoskopischen Gesichtsfeldes zu gewährleisten. Durch Einschaltung einer Mattscheibe entweder zwischen Lampe und Spiegel, oder zwischen diesen und Kondensor wird diesem Übelstand abgeholfen, allerdings auf Kosten der Lichtstärke.

d) Problemstellung und Methodik.

Die Probleme, die der Chemiker mit Hilfe der mikroskopischen Untersuchung krystallisierter Substanzen am häufigsten lösen kann, sind:

Prüfung der Einheitlichkeit der Substanz. In den meisten Fällen kann man unter dem Mikroskop leicht feststellen, ob eine einzige Krystallart oder ein Gemenge verschiedener Substanzen vorliegt (Beiprodukte, Überschuß an Reagentien). Nur ausnahmsweise mögen sich 2 verschiedene Substanzen sehr ähnlich sehen, doch auch dann sind bei genauerer Beobachtung Unterschiede im optischen Verhalten festzustellen.

Prüfung der Unveränderlichkeit der Substanz. Krystallwasserverlust, Umsetzung in allotrope Modifikationen und ähnliche Umwandlungen sind an der Veränderung der optischen Eigenschaften meist schon nach 24 Std zu erkennen, und zwar auch dann, wenn die Form der ursprünglichen Krystalle erhalten bleibt.

Aus gemischten Lösungen von nicht miteinander reagierenden Stoffen scheiden sich nebeneinander die Krystalle der reinen Substanzen gesondert aus. In weitaus den meisten Fällen können sie unter dem Polarisationsmikroskop leicht voneinander unterschieden werden. Nur im seltenen Fall, in dem isomorphe Substanzen vorliegen, deren Krystallgitter und Atomgrößen fast gleich sind, bilden sich *Mischkrystalle.* Die optischen Eigenschaften derselben ändern sich kontinuierlich mit dem Mischungsverhältnis. Wenn der Zusammenhang dieser Veränderungen bekannt ist, kann man die Zusammensetzung der Mischkrystalle durch Messung einer besonders stark variierenden optischen Eigenschaft annähernd bestimmen.

Die *Krystalle organischer Molekülverbindungen* sind keine Mischkrystalle mit kontinuierlich veränderlicher Zusammensetzung und Optik, sondern selbständige Substanzen, deren Krystalle ganz bestimmte optische Eigenschaften aufweisen, die von denjenigen der reinen Komponenten mehr oder weniger stark abweichen. Dasselbe gilt von den Substanzen, die mit verschiedenen Mengen von *Krystallwasser* oder Krystallalkohol auskrystallisieren können. Jede Krystallart mit einer bestimmten Menge von Krystallwasser weist ihre kennzeichnenden optischen Eigenschaften auf und unterscheidet sich oft auch krystallographisch von den Krystallen derselben Substanz mit anderen Mengen von Krystallwasser.

Identifizierung einer Substanz. Häufig wird es sich um die Wiedererkennung einer Substanz handeln. In anderen Fällen gilt es eine Substanz zu identifizieren, deren krystallographische und optische Eigenschaften aus der Literatur bekannt sind. Im allgemeinen ist die Anzahl der unter den gegebenen Versuchsbedingungen möglicherweise entstandenen Substanzen sehr beschränkt, so daß es nicht schwierig ist, festzustellen, welche derselben tatsächlich vorliegt.

Beschreibung einer neuen Substanz. Der Chemiker wird sich mit einer kurzen Beschreibung der unter dem Mikroskop unmittelbar feststellbaren Eigenschaften begnügen und die genaue Darstellung der krystallographischen und optischen Eigenschaften dem Spezialisten überlassen; ihn interessieren ja in erster Linie die zur Diagnose geeigneten Kennzeichen der Substanz und nicht die in der Mineralogie üblichen Angaben über Krystalliystem, Krystallklasse u. dgl., oder die optischen Daten, sofern sie nicht direkt unter dem Mikroskop beobachtet werden können. Zumeist ist dies nicht der Fall. Die auf die Chemie angewandte Krystallographie und Krystalloptik müssen in eine den praktischen Anforderungen entsprechende Form gekleidet werden und sich auf diejenigen Tatsachen beschränken, die unter dem Polarisationsmikroskop zur Beobachtung gelangen.

e) Herstellung der Präparate.

Die Ausbildung der Kryställchen hängt nicht nur von der Krystallisationsfähigkeit der Substanz, sondern auch von der Sättigungskonzentration, der Viscosität und insbesondere von der Verdunstungsgeschwindigkeit der Lösung ab. Niedrige Sättigungskonzentration, geringe Viscosität und sehr langsame Verdunstung des Lösungsmittels begünstigen die Bildung guter Einzelkrystalle. Hochkonzentrierte gesättigte Lösungen scheiden beim Verdunsten feinkrystalline, massige Aggregate oder zumindest büschelige, rosettenartige oder kugelige Krystallgruppen aus (vgl. Abb. 14 und 15). Hohe Viscosität kann die Krystallisation völlig verhindern (z. B. manche Harze). Sehr rasche Krystallisation führt zur Bildung von zahlreichen, winzigen und schlecht ausgebildeten

Kryställchen, die sich schlecht zur optischen Untersuchung eignen. Das übliche Abschrecken heiß gesättigter Lösungen ist daher zu vermeiden.

Bei geeigneter Wahl des Lösungsmittels und sehr langsamer Krystallisation kann man fast von allen krystallisierbaren Substanzen für die optische Untersuchung brauchbare Kryställchen erhalten. Da jedoch die diagnostische Praxis unmittelbar vergleichbare Ergebnisse erfordert, muß die Krystallisation für alle Substanzen unter den gleichen Bedingungen erfolgen, wodurch die Wahl der Lösungsmittel beschränkt wird. Als Standardlösungsmittel mögen Wasser, Alkohol, Aceton, Benzol und Äther verwendet werden. Nur in Ausnahmefällen wird man zu anderen Lösungsmitteln greifen müssen.

Zur Herstellung der Präparate bringe man je einen Tropfen von bei Zimmertemperatur gesättigten Lösungen auf gewöhnliche Objektträger und lasse ihn bei konstanter Temperatur verdunsten. Wenn das Lösungsmittel leicht flüchtig ist, bedeckt man den Tropfen mit einem Uhrglas und reguliert den Luftzutritt derart, daß die Verdunstungsdauer etwa 5—10 min beträgt. Proben mit besonders leicht flüchtigen Lösungsmitteln bedeckt man sofort mit einem Deckgläschen oder läßt sie auf einem Objektträger krystallisieren, der einen mit Wasserglas aufgekitteten Glasring (1 mm hoch, 20 mm Durchmesser) trägt. In den meisten Fällen wird man auf diese Weise wenigstens in einem der Präparate einzelne Krystalle erhalten, die zur Identifizierung der Substanz geeignet sind. Wenn nicht, so stellt auch die Abwesenheit von Einzelkrystallen ein Kennzeichen der Substanz dar.

f) Morphologische Beobachtungen.

Zur Beobachtung der Krystallformen werden Analysator und Oberteil des Kondensors ausgeschaltet; die Kondensorblende wird weitgehend zugezogen. Die Vergrößerung ist den Dimensionen der Kryställchen entsprechend zu wählen. Auf den ersten Blick kann der Habitus der Krystalle oder Aggregate festgestellt werden, wobei zumindest folgende Typen zu unterscheiden sind:

Tabelle 1. Krystalltypen.

Nadelige Krystalle	z. B. Quecksilber (II)-chlorid (Abb. 1)
Prismatische Krystalle:	
mit gerader Endbegrenzung	z. B. Kaliumperchlorat (Abb. 2)
mit schiefer Endbegrenzung	z. B. Natriumthiosulfat (Abb. 3)
mit dachförmiger Endbegrenzung	z. B. Hippursäure (Abb. 4)
Leistenförmige Krystalle	z. B. Oxalsäure (Abb. 5)
Tafelige Krystalle:	
mit rechteckiger Umgrenzung	z. B. Harnsäure (aus verdünnter HCl) (Abb. 6)
mit rautenförmiger Umgrenzung	z. B. Kaliumoxalat (Abb. 7)
mit sechsseitiger Umgrenzung	z. B. Bernsteinsäure (Abb. 8)
Isometrische Krystalle:	
mit würfeligem Habitus	z. B. Kochsalz (Abb. 9)
mit oktaedrischem Habitus	z. B. Alaune (Abb. 10)
mit tetraedrischem Habitus	z. B. Natriumuranylacetat (Abb. 11)
mit rhomboedrischem Habitus	z. B. Natriumnitrat (Abb. 12)
Skeletförmige Wachstumsformen	z. B. Ammoniumchlorid (Abb. 13)
Lockere Aggregate oder Krystallgruppen:	
Büschel nadeliger Kryställchen, Rosetten tafeliger Kryställchen, Igel spießiger Kryställchen usw.	z. B. Natriumtartrat (Abb. 14)
Kompakte Aggregate (radialstrahlig)	z. B. Aspirin (Abb. 15)

Diese Liste umfaßt nur einen Teil der häufig zu beobachtenden Typen. Hier und da treten auch Zwillings- und Viellingskrystalle auf, die aus sich gesetzmäßig aneinander lagernden oder sich durchdringenden Einzelkrystallen bestehen. Es empfiehlt sich, die morphologischen Eigenschaften der Substanzen in Zeichnungen oder Photographien festzuhalten, die spätere Vergleiche sehr erleichtern.

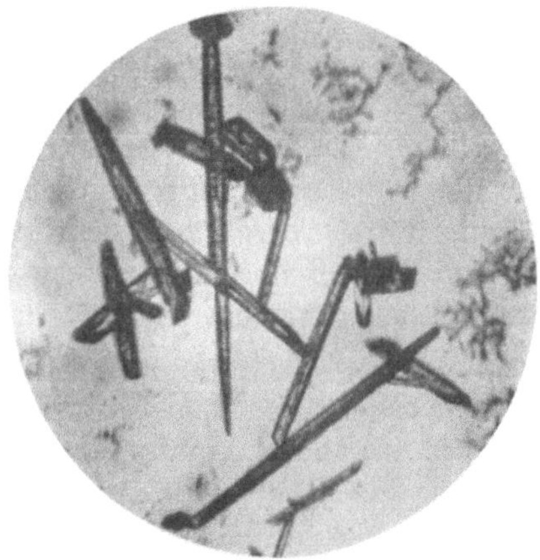

Abb. 1. Nadeliger Habitus. Beispiel: Quecksilber(II)-chlorid.

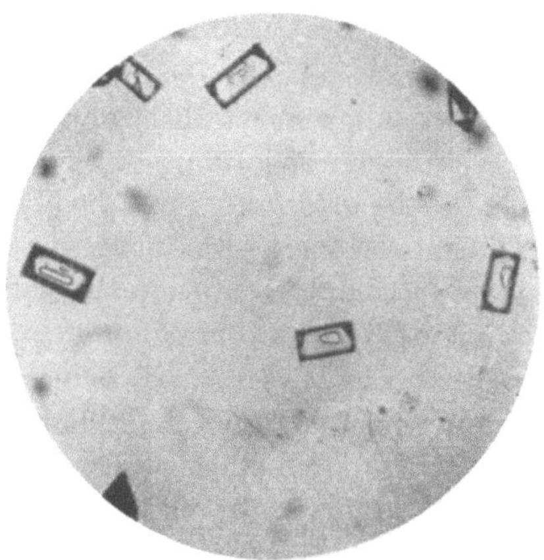

Abb. 2. Prismatischer Habitus mit gerader Endbegrenzung. Beispiel: Kaliumperchlorat.

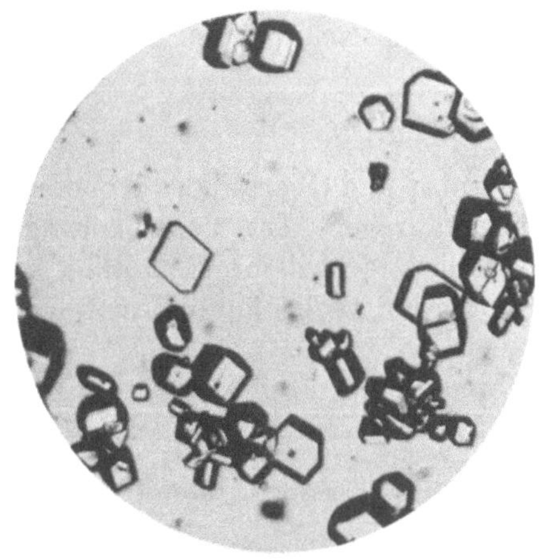

Abb. 3. Prismatischer Habitus mit schiefer Endbegrenzung. Beispiel: Natriumthiosulfat.

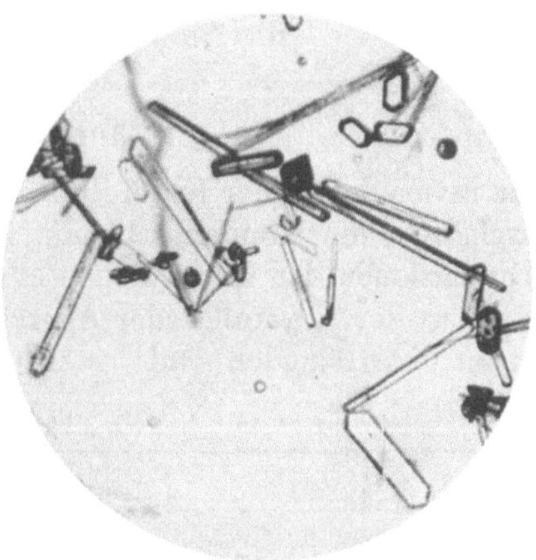

Abb. 4. Prismatischer Habitus mit pyramidaler Endbegrenzung. Beispiel: Hippursäure. (Tatsächlich handelt es sich um die rhombische Kombination eines vertikalen Prismas mit einem Quer- und einem Längsprisma, was jedoch erst am optischen Verhalten erkannt wird.)

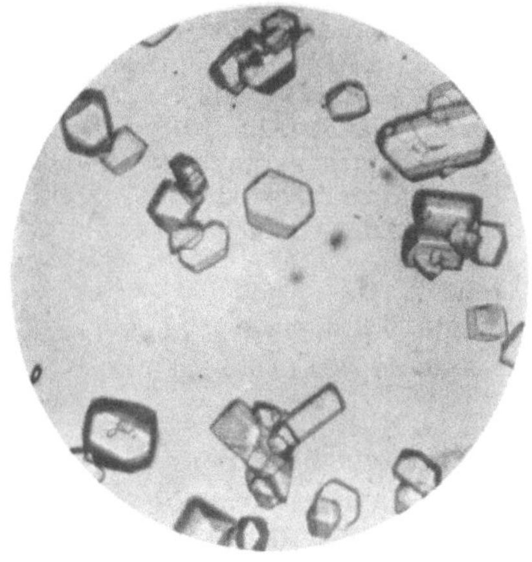

Abb. 5. Leistenförmiger Habitus mit dachförmiger Endbegrenzung, d. h. mit sechsseitigem Umriß. Beispiel: Oxalsäure.

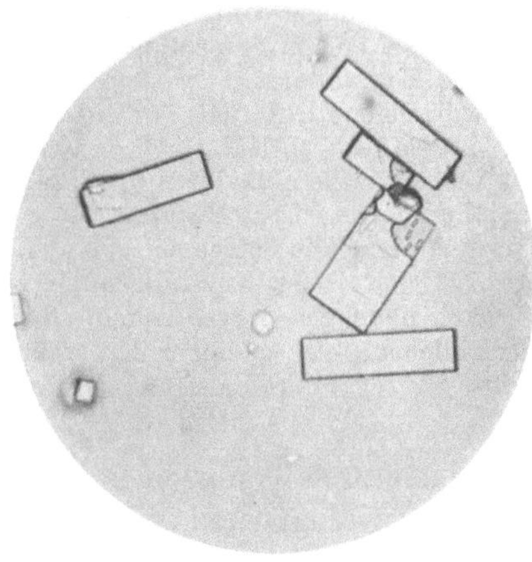

Abb. 6. Tafeliger Habitus mit rechteckigem Umriß. Beispiel: Harnsäure.

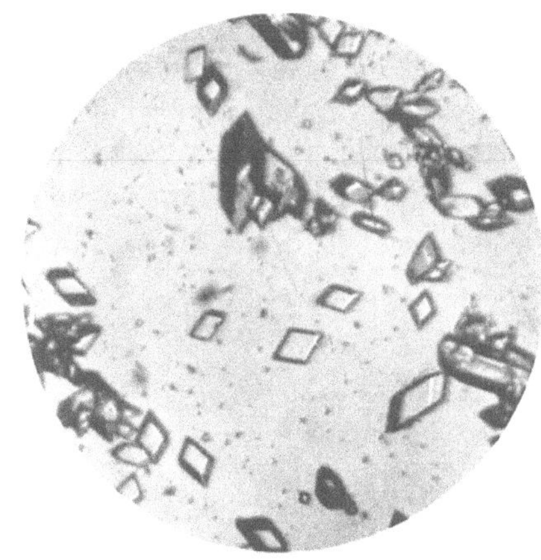

Abb. 7. Tafeliger Habitus mit rautenförmigem Umriß.
Beispiel: Kaliumoxalat.

Abb. 8. Tafeliger Habitus mit sechsseitigem Umriß.
Beispiel: Bernsteinsäure.

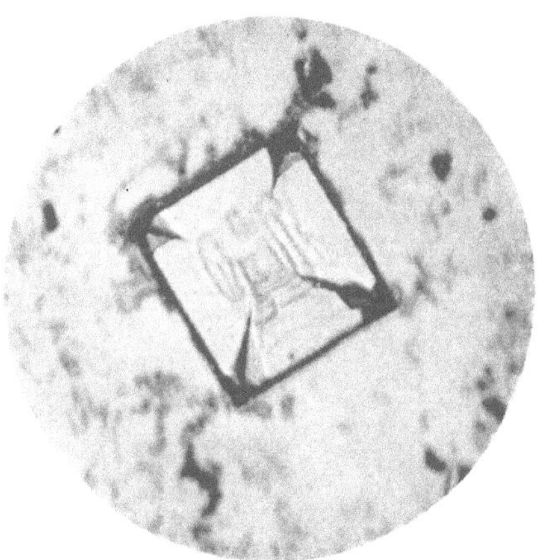

Abb. 9. Isometrischer, würfeliger Habitus. Beispiel: Natriumchlorid.

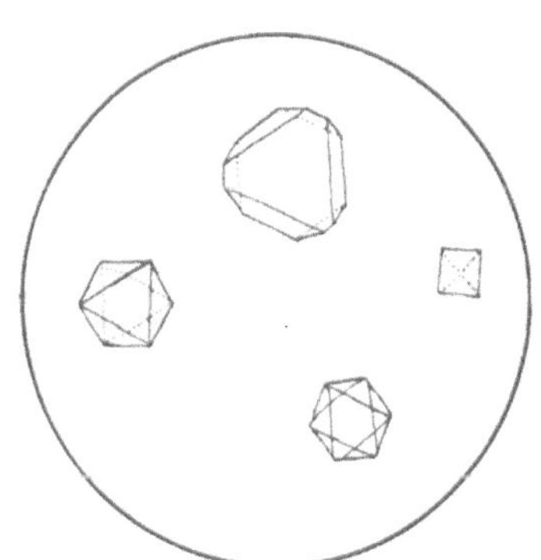

Abb. 10. Isometrischer, oktaedrischer Habitus.
Beispiel: Alaun.

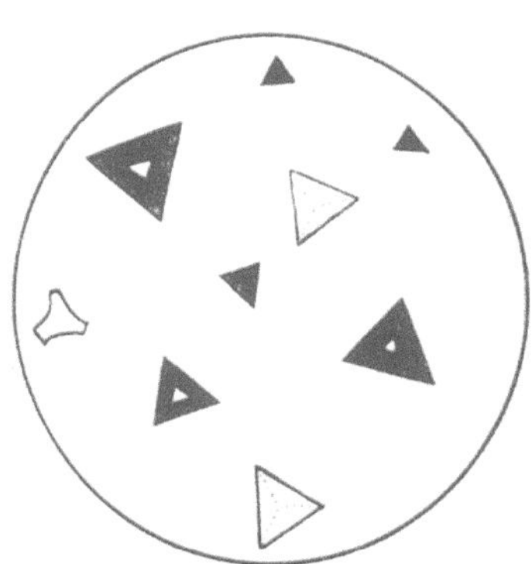

Abb. 11. Isometrischer, tetraedrischer Habitus. Beispiel:
Natriumuranylacetat, erhalten durch Reaktion einer schwach
essigsauren Uranylacetatlösung mit einer Natriumsalzlösung.

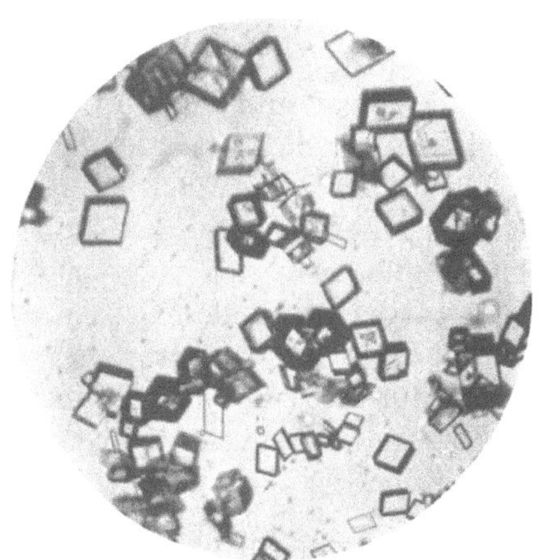

Abb. 12. Isometrischer, rhomboedrischer Habitus.
Beispiel: Natriumnitrat.

An einigermaßen gut ausgebildeten Krystallen kann man mit genügender Genauigkeit die *Kantenwinkel* messen, die ausgezeichnete Kennzeichen für die Substanz darstellen. Zu diesem Zwecke bringe man eine Ecke des Krystalles beinahe in den Gesichtsmittelpunkt (s. Abb. 17) und drehe den Tisch so, daß eine der Kanten genau parallel zu einem Ocularfaden zu liegen kommt, worauf die Stellung des Tisches an seiner Gradeinteilung abgelesen wird. Darauf drehe man den Tisch, bis die andere Kante genau parallel zum

Abb. 13. Skeletförmige Krystalle. Beispiel: Ammonium-chlorid.

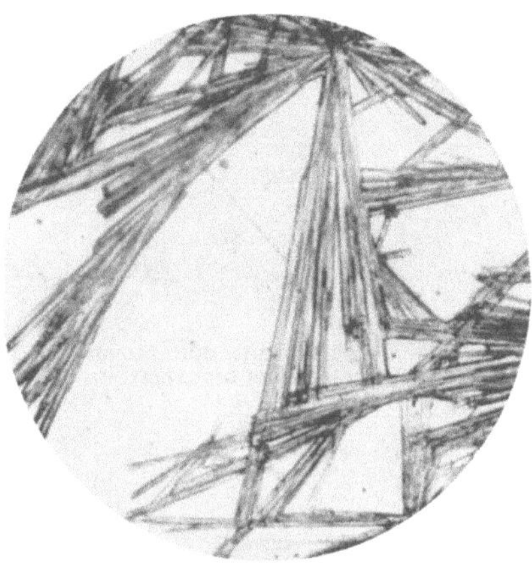

Abb. 14. Büschelige Aggregate. Beispiel: Natriumtartrat.

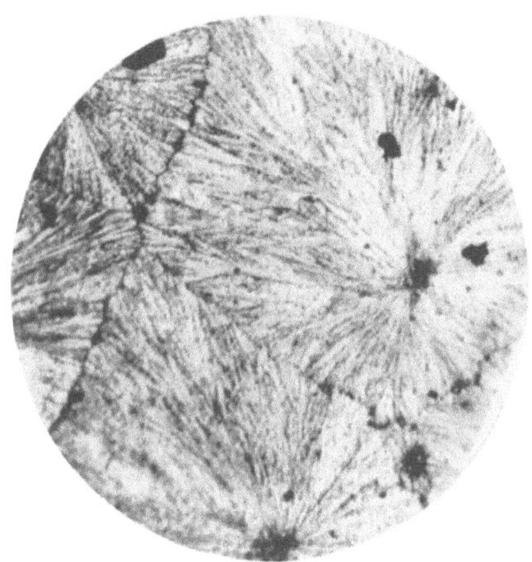

Abb. 15. Radialstrahlige Aggregate. Beispiel: Aspirin.

Abb. 16. Divariante Lage der Krystalle. Beispiel: Glycin. Die Krystalle liegen teils auf Prismenflächen, teils auf Pinakoiden.

selben Faden liegt und lese wieder die Tischstellung ab. Die Differenz der beiden Ablesungen ergibt den gesuchten Kantenwinkel (s. Abb. 17). Solche Winkelmessungen haben natürlich nur an flach aufliegenden Krystallen einen Sinn, da die Kantenwinkel bei schiefer Flächenlage projektiv verändert erscheinen. Bevor man eine solche Messung vornimmt, muß man sich von der *flachen Lage des Krystalles* überzeugen. Dazu bringe man ihn in die Mitte des Gesichtsfeldes und stelle seine, dem Beschauer zugekehrte Fläche mit der stärksten Vergrößerung* scharf ein. Liegt er flach auf, so wird die Scharfeinstellung für die ganze Fläche und deren Kanten gleichzeitig erfolgen, liegt er dagegen schief, so wandert beim langsamen Senken des Tubus ein schmaler Streifen der Scharfeinstellung von der hochliegenden Seite der Fläche gegen die tiefliegende hin.

Die *Lage der Krystalle* ist durch ihren Habitus bestimmt. Normalerweise liegen sie auf einer ihrer vorherrschenden Flächen. Tafelige Krystalle liegen sozusagen immer auf

---

* Objektiv mit numerischer Apertur 0,85.

der Tafelfläche (Pinakoid, Basis). Krystalle, die nur oder vorherrschend von einem einfachen Vielflächner (z. B. Würfel, Oktaeder, Rhomboeder, Pyramide, Prisma) begrenzt sind, liegen auf einer Fläche dieser Form, die in jeder Hinsicht jeder anderen Fläche derselben Form gleichwertig ist. Auf welcher dieser Flächen der Krystall auch liegen mag, immer werden dieselben Kantenwinkel beobachtet werden. Die Lage solcher Krystalle ist wie die der tafeligen Krystalle „invariant", d. h. einmalig festgelegt. Sind dagegen an einem Krystall 2 oder mehr Formen annähernd gleich stark entwickelt, so wird der Krystall bald auf einer Fläche der einen, bald auf einer solchen der anderen Form liegen. Seine Lage ist di- oder polyvariant. Die verschiedenen Formen zugehörigen Flächen weisen verschiedene Umgrenzungen und verschiedene Kantenwinkel auf, die alle für die Substanz kennzeichnend sind (vgl. z. B. Glycin, Abb. 16).

Solche krystallographischen Messungen unter dem Mikroskop liefern zwar vorzügliche Kennzeichen, erlauben jedoch zumeist die *Feststellung des Krystallsystems* nicht. Leider sind in der Literatur keine Angaben über Kantenwinkel zu finden, sondern nur solche über das Krystallsystem, die Parameterverhältnisse, die Konstanten des Koordinatensystems, die auftretenden Formen und hier und da auch über die Flächenwinkel. Aus diesen können mit Hilfe der stereographischen Projektion die Lagen der Kanten und ihre Winkel graphisch ermittelt werden, was jedoch Zeit und Übung erfordert. Es ergibt sich also mit Notwendigkeit die Forderung nach einer, den praktischen Bedürfnissen besser angepaßten krystallographischen Beschreibung, aus der die unmittelbar feststellbaren Tatsachen direkt zu entnehmen sind.

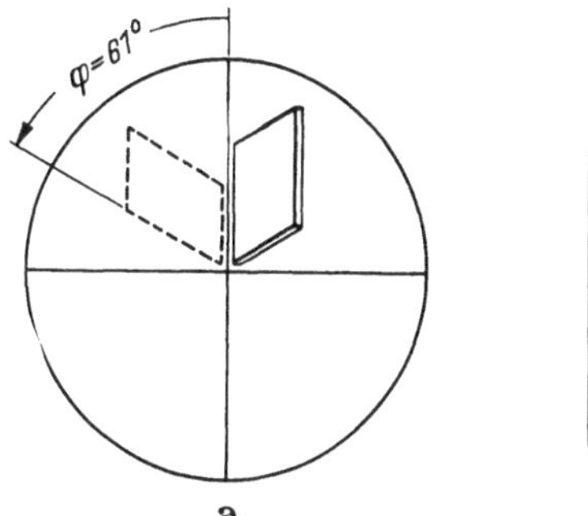
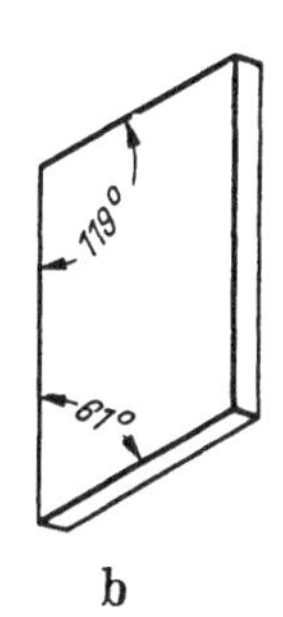

Abb. 17 a. u. b. Messung eines Kantenwinkels. a Die beiden Kanten werden nacheinander durch Drehen des Mikroskoptisches zum selben Ocularfaden parallel eingestellt. Die dazu nötige Drehung des Tisches ist am Teilkreis abzulesen und entspricht dem Kantenwinkel (im Beispiel = 61°). b Eintragung des Kantenwinkels in die Skizze des Krystalles.

g) Optische Beobachtungen.

Im folgenden beschränken wir uns auf eine kurze Beschreibung der wichtigsten Methoden zur Feststellung des optischen Verhaltens von kleinen losen Kryställchen. Unseres Erachtens haben die rein diagnostischen Zwecken dienenden optischen Untersuchungen an losen Kryställchen nicht zum Ziele, die optischen Daten einer Substanz an sich festzustellen; ebensowenig wie die morphologischen Beobachtungen und die Kantenwinkelmessungen dazu dienen sollten, das Krystallsystem zu bestimmen. Erstrebt wird vielmehr die Ermittlung von Kennzeichen, die sich für die Identifizierung einer Substanz möglichst gut eignen.

In allen Krystallen, die nicht zum kubischen System gehören, ändern sich die optischen Eigenschaften mit der Beobachtungsrichtung: die Krystalle sind anisotrop. Die Doppelbrechung z. B. variiert bei ihnen zwischen dem Werte 0 (in der Richtung einer optischen Achse) und einem für die betreffende Substanz charakteristischen Höchstwert (in der Richtung der optischen Normalen, d. h. senkrecht zu den optischen Achsen). Irgendein Zwischenwert ist nur dann als Kennzeichen verwendbar, wenn gleichzeitig die krystallographische Richtung angegeben wird, in der er beobachtet wurde. Bei einem losen Kryställchen, das mit einer seiner vorherrschenden Flächen auf dem Objektträger flach aufliegt, ist nun die Beobachtungsrichtung eindeutig krystallographisch festgelegt. Bei allen analogen Kryställchen, die auf einer entsprechenden Fläche liegen, kommen somit immer dieselben optischen Erscheinungen zur Beobachtung. Diese sind infolgedessen für die Substanz kennzeichnend. Dabei ist es gleichgültig, ob die durch die spezifische Krystallform bedingte unveränderliche Beobachtungsrichtung mit der Richtung der maximalen Doppelbrechung oder irgendeiner anderen optisch ausgezeichneten Richtung zusammenfällt oder nicht.

Bei Krystallen mit divarianter Lage (s. S. 8 und Abb. 16) kommen 2 verschiedene Beobachtungsrichtungen in Frage, die jedoch ebenfalls eindeutig krystallographisch festgelegt sind. In jeder der beiden sind daher ganz bestimmte, kennzeichnende optische Eigenschaften festzustellen. Alle zur selben einfachen Form gehörenden Flächen sind völlig gleichwertig. Dies gilt insbesondere auch für die optischen Eigenschaften, die in den Richtungen senkrecht zu diesen Flächen zur Beobachtung gelangen. Zwei Flächen eines Krystalles, die verschiedenes optisches Verhalten zeigen, müssen also 2 verschiedenen Krystallformen angehören. Die Feststellung des optischen Verhaltens ist eine wertvolle Ergänzung der krystallographischen Beobachtungen. Wenn z. B. 2 gegenüberliegende Flächen eines 6seitigen Prismas andere optische Eigenschaften aufweisen als die übrigen 4 Flächen, so folgt daraus, daß nicht ein hexagonales Prisma vorliegt, sondern die Kombination eines rhombischen oder monoklinen Prismas mit einem Pinakoid. In manchen Fällen kann aus dem optischen Verhalten auf das Krystallsystem geschlossen werden. Dabei ist jedoch Vorsicht am Platze, da Pseudosymmetrien häufig sind, die dazu verleiten, den Krystall in ein höheres Symmetriesystem einzuordnen. Es ist also auch hier angezeigt, sich mit der Darstellung der Beobachtungstatsachen zu begnügen und auf Schlußfolgerungen zu verzichten, die nur durch krystallographische Präzisionsmessungen gesichert werden können.

Farbe und Pleochroismus. Bei ausgeschaltetem Analysator und schwacher bis mittlerer Vergrößerung stellt man fest, ob die Substanz farblos, farbig oder pleochroitisch ist. Schwach farbige Substanzen [z. B. Eisen(II-)sulfat] erscheinen in kleinen Krystallen unter dem Mikroskop farblos. Bei stärker farbigen Substanzen (z. B. Kupfersulfat) erscheinen wenigstens die etwas größeren Kryställchen schwach gefärbt. Die Intensität der Farbe hängt natürlich von der Dicke der Kryställchen ab, mit der auch der Farbton sich ändern kann (z. B. Kaliumdichromat, gelb in dünnen, rotgelb in dickeren Kryställchen). Dickere Kryställchen von sehr stark farbigen Substanzen (z. B. Kaliumpermanganat) erscheinen opak, während die dünnen mit dunkler Farbe durchsichtig sind. Bei Angabe der Farbe ist also auch die Dicke (S. 14) zu erwähnen, bei der sie beobachtet wurde. Manche farbige Substanzen zeigen bei ausgeschaltetem Analysator beim Drehen des Tisches einen mehr oder weniger intensiven Farbwechsel, sie sind pleochroitisch. Bestimmung des Pleochroismus S. 13.

Isotropie und Anisotropie. Man kreuze die Nicols und beobachte das Verhalten der Krystalle während der Drehung des Tisches. Zweierlei Fälle sind möglich: Entweder bleiben alle Krystalle dunkel oder sie hellen bei einer vollen Umdrehung 4mal auf und werden 4mal dunkel. Im 1. Fall ist die Substanz isotrop und kann amorph (z. B. ein Harz ohne Spannungen) oder kubisch krystallisiert sein [z. B. Kochsalz oder Alaun (Abb. 9 und 10)]. Ausnahmsweise kann auch eine anisotrope Substanz Krystalle bilden, deren vorherrschende Fläche senkrecht zu einer optischen Achse liegt. Die Doppelbrechung ist dann in der Beobachtungsrichtung 0 und der Krystall erscheint isotrop. Bei konoskopischer Betrachtung (s. S. 14) wird jedoch die Anisotropie leicht erkannt. Im 2. Fall sind die Krystalle anisotrop und gehören zum trigonalen, tetragonalen, hexagonalen, rhombischen, monoklinen oder triklinen System. Bei niedriger Doppelbrechung und dünnen Krystallen kann die Aufhellung der Krystalle so schwach sein, daß man im Zweifel bleibt, ob Isotropie oder Anisotropie vorliegt. In diesem Falle schiebe man das Gipsplättchen bei gekreuzten Nicols in den Tubusschlitz ein und drehe den Tisch. Sind die Kryställchen isotrop, so erscheinen sie in allen Stellungen in der gleichen roten Farbe wie das ganze Gesichtsfeld, d. h. in der durch den Gangunterschied des Gipsplättchens ($R = 540$ mμ) bedingten Interferenzfarbe (Rot 1. Ordnung). Sind sie dagegen anisotrop, so erscheinen sie je nach ihrer Lage abwechselnd in gelber, roter und blauer Farbe oder, bei äußerst schwacher Doppelbrechung, in gelblichroten und bläulichroten Farbtönen.

Auslöschungsschiefe. Man bringe einen möglichst gut ausgebildeten und flach aufliegenden Krystall in die Bildmitte, kreuze die Nicols und drehe den Tisch, bis der Krystall völlig dunkel erscheint. In dieser Auslöschungsstellung schalte man den Analysator aus und fertige eine Skizze des Krystalles an, in die man das Fadenkreuz einzeichnet, das in dieser Stellung die Schwingungsrichtungen des Lichts im Krystall angibt. Prinzipiell lassen sich 3 Fälle unterscheiden:

1. Gerade Auslöschung. Einer der Fäden liegt genau parallel zu einer wichtigen Kante des Krystalles (z. B. Oxalsäure, Abb. 5).

2. Symmetrische Auslöschung. Der Faden bildet die Winkelhalbierende zwischen 2 gleichwertigen Kanten (z. B. Natriumnitrat, Abb. 12).

3. Schiefe Auslöschung. Beide Fäden liegen schief zu den wichtigsten Kanten des Krystalles (z. B. Salicylsäure, Natriumthiosulfat). In diesem Falle mißt man den Auslöschungswinkel, indem man die Stellung des Tisches (Auslöschungsstellung) auf der Gradeinteilung abliest, dann die wichtigste Kante des Krystalles durch Drehen des Tisches parallel zum nächstliegenden Faden einstellt und wieder die Tischstellung abliest.

Die Differenz der beiden Ablesungen ergibt den Auslöschungswinkel, den man auf der Skizze einträgt (Abbildung 18).

Interferenzfarben und Gangunterschiede. Die Interferenzfarben ändern sich kontinuierlich mit den Gangunterschieden der beiden vom Krystall herkommenden Lichtwellen. Die Größe des Gangunterschiedes wird durch 3 Faktoren bestimmt: das Doppelbrechungsvermögen der Substanz, die Dicke des Krystalles und die Beobachtungsrichtung.

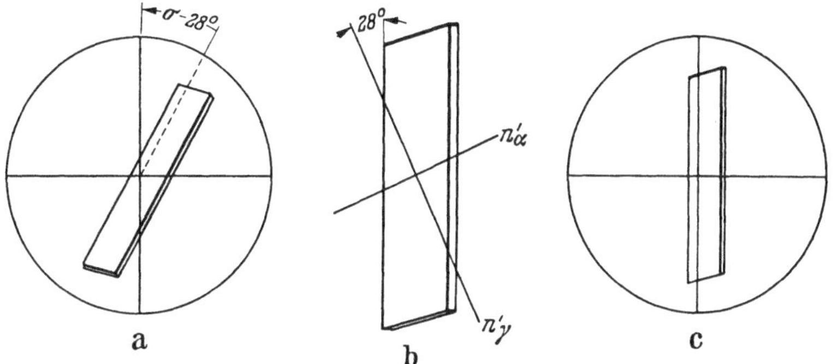

Abb. 18 a—c. Messung der Auslöschungsschiefe. Durch Drehen des Tisches wird der Krystall in Auslöschungsstellung (a) gebracht. Nach Entfernung des Analysators fertigt man eine Skizze an, in der die Ocularfäden die Schwingungsrichtungen im Krystall angeben (b). Dann dreht man den Krystall so, daß seine Längsrichtung mit dem ihr zunächstliegenden Ocularfaden zusammenfällt (c) und liest den dazu notwendigen Drehwinkel am Teilkreis des Tisches ab (im Beispiel = 28°). Diese Auslöschungsschiefe wird in die Skizze eingetragen (*b*). Ferner wird auch angegeben, welche der Schwingungsrichtungen n'_a und welche n'_γ entspricht (s. S. 14).

Da die Dicke der Kryställchen eines Präparats variiert, treten die verschiedensten Interferenzfarben auf. Bei keilförmiger Ausbildung eines Krystalles kann man ganze Serien von ineinander übergehenden Interferenzfarben beobachten. Der Quarzkeil oder der Drehkompensator zeigen dieselbe Erscheinung ausgezeichnet. Um sich mit der Abfolge der Interferenzfarben vertraut zu machen, schiebe man den Quarzkeil bei gekreuzten Nicols langsam in den Tubusschlitz ein und beobachte die auftretenden Farben im leeren Gesichtsfeld. Ihre Abfolge und die ihnen etwa entsprechenden Gangunterschiede sind in der folgenden, sehr abgekürzten Tabelle 2 zusammengestellt.

Bei höheren Gangunterschieden bilden sich grünliche und rosarote Interferenzfarben, die immer blasser werden und schließlich in das sog. *„Weiß höherer Ordnung"* übergehen.

Die meisten Substanzen weisen solche normalen Interferenzfarben auf. Bei manchen Substanzen kann man jedoch davon mehr oder weniger stark abweichende Interferenzfarben beobachten, die je nach der Art der Abweichung als übernormal, unternormal, antinormal oder anomal bezeichnet werden. Diese Erscheinung wird durch die oft in demselben Krystall mit der Richtung sich ändernde Doppelbrechungsdispersion verursacht. Obschon sie in gewissen Fällen ein ausgezeichnetes Kennzeichen der Substanz darstellt, müssen wir hier auf die Beschreibung der Erscheinungen und der Beobachtungsmethoden wegen Platzmangels verzichten. Bei der Besprechung der Kompensationsmethoden werden wir noch einige kurze Bemerkungen über die durch die Doppelbrechungsdispersion verursachten Erscheinungen machen (s. S. 13).

Hilfsplättchen und Kompensatoren. Das *Gipsplättchen* zeigt das Rot I. Ordnung, das etwa einem Gangunterschied von 550 mμ entspricht. Das aus *Glimmer* angefertigte, sog.

Viertelundulationsplättchen ($^1/_4\,\lambda$) weist eine hellgraue Interferenzfarbe auf, die von einem Gangunterschied von etwa 140 mμ hervorgerufen wird. Der *Quarzkeil* umfaßt alle Gangunterschiede der ersten 4—5 Ordnungen. Bei allen Hilfsplättchen ist entweder auf der Fassung oder auf den Glasplättchen die Schwingungsrichtung einer der beiden zueinander senkrecht polarisierten Lichtwellen angegeben. Die mit $\mathfrak{A}$ oder X bezeichnete schnellere Welle besitzt den niedrigeren Brechungsindex n'_α, der langsameren Welle $\mathfrak{c}$ oder Z kommt der höhere Brechungsindex n'_γ zu. Die Orientierung der Hilfsplättchen und des Tubusschlitzes, der zu ihrer Aufnahme dient, ist derart eingerichtet, daß die Hilfsplättchen in Diagonalstellung liegen, d. h. daß ihre Schwingungsrichtungen mit denjenigen der Nicols einen Winkel von 45° bilden.

Der Gebrauch der Hilfsplättchen stützt sich auf die additiven Eigenschaften der Gangunterschiede, von der man sich sofort durch folgenden Versuch überzeugen kann: Bei schwacher Vergrößerung und gekreuzten Nicols lege man das Gipsplättchen in Diagonalstellung auf den Objekttisch, so daß es das Rot I am intensivsten zeigt. Legt man nun das Glimmerplättchen so auf das Gipsplättchen, daß die sich entsprechenden Schwingungsrichtungen parallel zu liegen kommen, so sieht man das Blau II, dessen Gangunterschied der Summe der Gangunterschiede der Plättchen entspricht (550 + 140 = 690 mμ).

Tabelle 2. *Gangunterschiede* (mμ) *und normale Interferenzfarben.*

mμ	Farbe	Rot-Bezeichnung	Ordnung
0	schwarz		
	grau		
100			
	bläulich grau		I. Ordnung
200	weiß		
300	strohgelb		
	gelb		
400			
500	orange		
	rot	Rot I (Gipsplättchen)	
600	violett		
	indigoblau		
700	hellblau		
	grünlich blau		II. Ordnung
800	hellgrün		
900	gelb		
1000	orange		
	rot		
1100	purpurrot	Rot II	
	indigoblau		
1200			
1300			
	meergrün		
1400	grün		III. Ordnung
	gelblich		
1500	fleischfarben		
	carminrot		
1600			
	matt purpurrot		
1700	graublau	Rot III	
	bläulich grün		
1800			
	hellgrün		IV. Ordnung
1900	blaß graugrün		
	unrein weißlich		
2000			
2100	blaß rötlich		
2200			
2300	blaß blaugrün		

(→ fallende Interferenzfarben　　↓ steigende Interferenzfarben)

Legt man das Glimmerplättchen dagegen um 90° verdreht auf das Gipsplättchen, so daß die sich entsprechenden Schwingungsrichtungen gekreuzt sind, so findet Subtraktion der Gangunterschiede statt und man sieht das Gelb I (410 mμ). Man kann also am Steigen oder Fallen der Interferenzfarben sofort erkennen, ob die sich entsprechenden Schwingungsrichtungen der beiden Plättchen parallel oder senkrecht zueinander liegen.

Um festzustellen, welche der beiden Schwingungsrichtungen, die man an einem Kryställchen beobachtet hat, der schnelleren und welche der langsameren Welle entspricht, bringt man den Krystall durch Drehen des Tisches in Diagonalstellung, schiebt ein Hilfsplättchen ein und beobachtet, ob die Interferenzfarben steigen oder fallen (s. Tab. 2,

S. 12). Steigen sie, so liegen die entsprechenden Schwingungsrichtungen im Krystall und im Hilfsplättchen parallel, fallen sie, so liegt die Richtung n'_α des Krystalles parallel zur Richtung n'_γ des Hilfsplättchens und umgekehrt. Man trägt die gefundene Orientierung in die früher angefertigte Skizze des Krystalles ein und sieht nun sofort, ob sich der früher gemessene Auslöschungswinkel auf n'_γ oder auf n'_α des Krystalles bezieht (Abb. 18).

Wenn n'_γ mit der Längsrichtung des Krystalles einen kleineren Winkel bildet als n'_α, so spricht man von einer „positiven Längsrichtung" des Krystalles. Im umgekehrten Fall wird die Längsrichtung als „negativ" bezeichnet. Ist die Längsrichtung auf allen der Prismenzone angehörenden Flächen positiv, so sagt man, der Krystall besitze einen positiven Zonencharakter; weisen einige Flächen derselben Zone positive, andere dagegen negative Längsrichtung auf, so ist der Zonencharakter variabel usw. An losen Krystallen, die immer auf derselben Flächenart liegen, kann natürlich nur der Charakter der Längsrichtung dieser Fläche, nicht aber der Zonencharakter festgestellt werden, der nicht nur positiv oder negativ, sondern auch variabel sein kann. Es sei noch hervorgehoben, daß der optische Charakter der Längsrichtung oder der Hauptzone vom optischen Charakter des Krystalles gänzlich unabhängig ist und nicht damit verwechselt werden darf.

Wahl des zu verwendenden Hilfsplättchens. Wenn der Krystall niedrige Interferenzfarben aufweist, so benütze man das Gipsplättchen. Bei mittleren Interferenzfarben (II. und III. Ordnung) ist das Glimmerplättchen vorzuziehen. Bei Farben der IV. bis VI. Ordnung wird man sich mit Vorteil des Quarzkeils bedienen, der übrigens auch bei den niedrigeren Interferenzfarben verwendet werden kann. Weist der Krystall das Weiß höherer Ordnung auf, so ist die Wirkung der Hilfsplättchen nicht mehr zu erkennen. Man ist in diesem Falle gezwungen, entweder konoskopische Methoden zu verwenden (s. S. 14), oder nach einem sehr dünnen Krystall derselben Substanz zu suchen, der bei analoger Lage niedrigere Interferenzfarben zeigt. Nicht zu hohe Gangunterschiede können mit dem Quarzkeil kompensiert werden. Man bringe den Krystall in Subtraktionsstellung, d. h. n'_α des Krystalles senkrecht zum n'_γ des Quarzkeiles, und schiebe diesen mit seinem dünnen Ende voran in den Tubusschlitz ein, bis der Krystall schwarz erscheint. Sein Gangunterschied ist damit durch einen gleich großen Gangunterschied des Quarzkeiles kompensiert; neben dem Krystall sieht man dann diejenige Interferenzfarbe des Quarzkeiles, die der Krystall ohne Hilfsplättchen zeigte. Zählt man die roten Farbstreifen des Quarzkeiles beim Herausziehen, so kann man die Ordnung der ursprünglichen Interferenzfarbe leicht feststellen. Wird diese Kompensation des Gangunterschiedes mit einem graduierten Instrument, z. B. mit einem Drehkompensator, durchgeführt, so kann er mit Hilfe einer Eichkurve quantitativ festgestellt werden.

Wenn eine merkliche Dispersion der Doppelbrechung vorhanden ist, wie z. B. bei der Hippursäure (Abb. 4), so erscheint der dunkle Kompensationsstreifen farbig gerändert. Bei sehr starker Dispersion und verhältnismäßig hohen Gangunterschieden erscheint an seiner Stelle sogar eine Farbserie, die den Komplementärfarben des Spektrums entspricht. Es sind dies anomale Interferenzfarben. Tritt bei Annäherung an die Kompensationsstellung ein bläulicher Farbrand (statt Grau) auf und bei beginnender Überkompensation ein gelboranger, so ist die Doppelbrechung für Rot kleiner als für Violett, und der Krystall zeigt übernormale Interferenzfarben (z. B. Hippursäure). Bei umgekehrter Verteilung der Farbränder ist die Doppelbrechung für Rot größer als für Violett und die Interferenzfarben sind unternormal. Mit Hilfe dieser qualitativen Methode der chromatischen Kompensation können leicht nach Art und Stärke verschiedene Doppelbrechungsdispersionen unterschieden werden, die kennzeichnend für die Substanz sind.

Kennzeichnung des Pleochroismus. Nachdem bei einem pleochroitischen Krystall mit dem Hilfsplättchen die Lage von n'_α und n'_γ bestimmt worden ist, kann man den Pleochroismus genauer kennzeichnen. Man bringe den Krystall in Auslöschungsstellung, schalte den Analysator aus und stelle die Farbe fest. Diese ist der Lichtwelle zuzuordnen, die in der Schwingungsrichtung des Polarisators schwingt. Aus der früher angefertigten Skizze ergibt sich sofort, ob es sich um die Richtung n'_γ oder um die Richtung n'_α handelt.

Dreht man dann den Tisch um 90°, so erscheint die der anderen Welle zugeordnete Farbe. Bei Nickeldimethylglyoxim ist z. B. n'_γ gelb und n'_α carminrot gefärbt (Abb. 19).

Bestimmung der Doppelbrechung. Da die Krystalle normalerweise auf einer vorherrschenden Fläche liegen, ist die Beobachtungsrichtung festgelegt und die in ihr feststellbare Doppelbrechung für die Substanz charakteristisch, auch wenn es sich nicht um die maximale Doppelbrechung handelt. Bestimmung dieser kennzeichnenden Doppelbrechung: Zuerst vergewissert man sich (s. S. 8), daß der Krystall flach liegt. Dann bestimmt man den Gangunterschied mit Hilfe des Kompensators. Schließlich mißt man die *Dicke des Krystalles* mit Hilfe der Mikrometerschraube des Tubus wie folgt: Bei weggeklapptem Oberteil des Kondensors und ausgeschaltetem Analysator stelle man bei stärkster Vergrößerung die Oberfläche des Krystalles möglichst scharf ein und lese die Stellung der Mikrometerschraube ab. Darauf senke man den Tubus mit Hilfe der

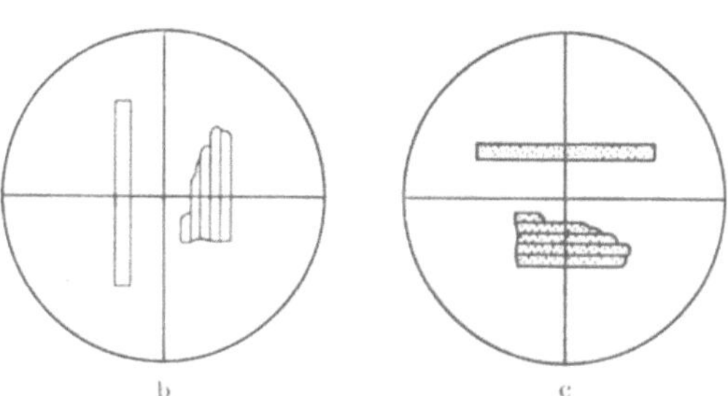

Abb. 19 a—c. Pleochroismus (s. S. 3). Beispiel: Nickeldimethylglyoxim, erhalten durch Reaktion von Dimethylglyoxim mit einer Nickel(II)-salzlösung[1]. a Je nach ihrer Lage erscheinen die Kryställchen ohne Analysator in verschiedener Farbe (farblos, gelb, rötlich bis carmin). b Erste Auslöschungsstellung: Längsrichtung parallel zur Schwingungsrichtung des Polarisators: Ohne Analysator erscheinen die Nädelchen farblos bis gelb (je nach ihrer Dicke). c Zweite Auslöschungsstellung: Längsrichtung senkrecht zur Schwingungsrichtung des Polarisators: Ohne Analysator erscheinen die Nädelchen rosa bis carminrot (je nach ihrer Dicke).

Mikrometerschraube, bis die Oberfläche des Objektträgers unmittelbar neben dem Krystall scharf eingestellt erscheint und lese wieder die Stellung der Mikrometerschraube ab. Die Differenz der beiden Ablesungen ergibt die Dicke des Krystalles in μ. Diese Messung muß mehrere Male sorgfältig wiederholt werden, um einen einigermaßen zuverlässigen Mittelwert zu erhalten. Bei etwas dickeren Kryställchen wird man mit der Mikrometerschraube mehrere Umdrehungen ausführen müssen, die sorgfältig gezählt werden.

Der Wert der Doppelbrechung ergibt sich aus der Division des Gangunterschiedes durch die Dicke (in mμ). Bei Krystallen mit divarianter Lage werden natürlich beide voneinander verschiedenen Doppelbrechungen bestimmt, die beide für die Substanz kennzeichnend sind.

Konoskopische Interferenzbilder. Um ein konoskopisches Interferenzbild zu erhalten, muß man das stärkste Objektiv (numerische Apertur 0,85, Eigenvergrößerung 45mal) einsetzen, den Oberteil des Kondensors einschalten, bis in die Tischebene heben (ohne jedoch das Objektglas zu berühren) und das Kryställchen bei halb zugezogener Kondensorblende scharf einstellen. Schiebt man nun die AMICI-BERTRAND-Linse ein und öffnet die Kondensorblende, so sieht man das aus farbigen Kurven bestehende Interferenzbild, in dem je nach der Lage des Krystalles und der Stellung des Tisches auch schwarze Balken auftreten können. Die Einstellung des Interferenzbildes (z. B. von Natriumnitrit, Abb. 20) muß sorgfältig ausgeführt und durch geringes Heben oder Senken des Tubus und des Kondensors, sowie durch Betätigung der Tubusblende (über der BERTRAND-Linse) möglichst verbessert werden. Genau geregelte Beleuchtung und genaue Zentrierung des Objektives und des Kryställchens sind unerläßliche Voraussetzungen für die Herstellung eines guten Interferenzbildes.

---

[1] BÖTTCHER, A.: Qualitative Analyse. 4.—7. Aufl., S. 283. Leipzig 1925.

Die Konoskopie bietet den großen Vorteil, daß man gleichzeitig das optische Verhalten des Krystalles in allen Richtungen innerhalb eines durch die numerische Apertur des Objektives begrenzten Lichtkegels übersehen kann. Im Mittelpunkt des Interferenzbildes sieht man dieselbe Interferenzfarbe und dieselben Auslöschungsrichtungen, die man bei gekreuzten Nicols in parallelem Licht, d. h. bei ausgeschalteter AMICI-BERTRAND-Linse, wahrnimmt. Am Rande des Interferenzbildes beobachtet man das optische Verhalten des Krystalles in Richtungen, die etwa 30—35° zur Mikroskopachse geneigt sind.

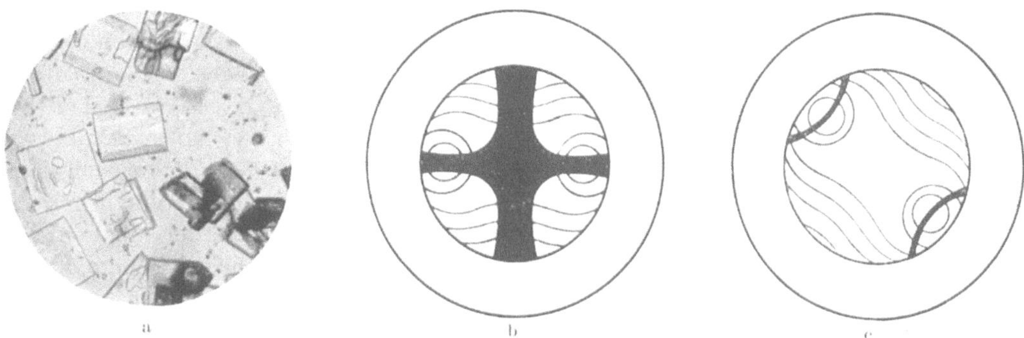

Abb. 20 a—c. Kryställchen und ihre Interferenzbilder. Beispiel: Natriumnitrit. a Ohne Analysator, Vergr. 20 ×. Habitus tafelig rechteckig, mehr oder weniger lang gestreckt. b Konoskopisches Interferenzbild in Auslöschungsstellung des in (a) etwa in der Mitte liegenden Kryställchens, dessen Breite 0,3 mm beträgt. c Dasselbe Interferenzbild in Diagonalstellung.

Der Neigungswinkel i der Randstrahlen ändert sich mit dem Brechungsvermögen n der Substanz nach der Beziehung

$$\sin i = \frac{0,85}{n}.$$

Jede Stelle im Interferenzbild entspricht einer bestimmten Beobachtungsrichtung, in der der Krystall einen bestimmten Gangunterschied und bestimmte Schwingungsrichtungen der beiden polarisierten Lichtwellen aufweist. Die Orte gleichen Gangunterschiedes weisen dieselben Interferenzfarben auf und bilden so *isochromatische Kurven* (Isochromaten). Diese machen die Drehung des Tisches mit, ohne ihre Form zu ändern. Die Orte gleicher Schwingungsrichtungen löschen gleichzeitig aus und erzeugen so dunkle Kurven, die *Isogyren*, die beim Drehen des Tisches meistens ihre Form und Lage ändern und oft sogar

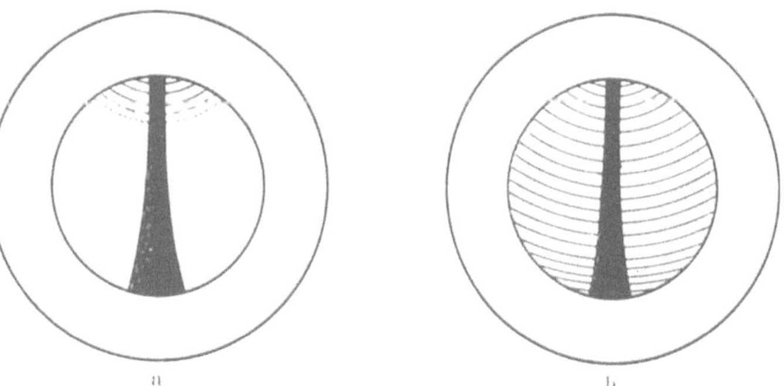

Abb. 21 a. u. b. Interferenzbild mit sehr hohen Gangunterschieden, die das Weiß höherer Ordnungen verursachen. Beispiel: Natriumnitrat. a In weißem Licht sind die Isochromaten kaum oder gar nicht zu sehen. b Im monochromatischen D-Licht der Natriumdampflampe erscheinen dagegen die Isochromaten (Kurven gleicher Gangunterschiede) in voller Deutlichkeit, und auch die Isogyre wird schärfer.

aus dem Gesichtsfeld verschwinden. Der Natur der Interferenzfarben entsprechend treten deutliche Isochromaten nur bei Gangunterschieden zwischen etwa 300 und 4000 mμ auf. Bei zu hohen Gangunterschieden verlieren sich die Interferenzfarbringe im Weiß höherer Ordnung (z. B. Natriumnitrat, Abb. 21). Wendet man dagegen das monochromatische Licht der Natriumdampflampe an, so erscheinen statt der Isochromaten schwarze und gelbe Kurven selbst bei sehr hohen Gangunterschieden.

Einteilung der Interferenzbilder. Dank ihrer großen Mannigfaltigkeit stellen die Interferenzbilder ausgezeichnete Kennzeichen dar. Nach der unmittelbar ersichtlichen Verteilung und Form der Isochromaten lassen sie sich in 4 Gruppen einteilen. In 3 derselben kann man auf Grund des Verhaltens der Isogyren beim Drehen des Tisches sofort mehrere Untergruppen unterscheiden, wie aus folgenden kurzen Angaben hervorgeht:

1. Zentrosymmetrische Interferenzbilder (Abb. 22). Die Isochromaten sind konzentrische Kreise, die Isogyren bilden ein Kreuz, das mit den Ocularfäden zusammenfällt und beim Drehen des Tisches unverändert bleibt. Nur tetragonale, trigonale oder hexagonale Krystalle, die auf der Basisfläche liegen, zeigen solche Interferenzbilder.

Abb. 22. Zentrosymmetrisches Interferenzbild (Typus I). Die Isogyren bilden ein Kreuz, die Isochromaten konzentrische farbige Ringe. Beim Drehen des Tisches bleibt das Interferenzbild unverändert. Die Beobachtungsrichtung fällt mit der einzigen optischen Achse zusammen und steht daher senkrecht auf der Basis eines tetragonalen, trigonalen oder hexagonalen Krystalles.

2. Disymmetrische Interferenzbilder (Abb. 23—25). Die lemniskatenförmigen Isochromaten sind so verteilt, daß sie 4 spiegelbildlich gleiche Quadranten bilden. In der Auslöschungsstellung formen die Isogyren ein mit den Ocularfäden zusammenfallendes, mehr oder weniger verwaschenes Kreuz, das sich beim Drehen des Tisches öffnet und in 2 Hyperbeläste übergeht. Solche Bilder treten an trigonalen, tetragonalen und hexagonalen Krystallen auf, die auf einer Prismenfläche liegen; ferner an rhombischen Krystallen, die auf einem der Pinakoide und an monoklinen Krystallen, die auf dem seitlichen Pinakoid liegen. Bei den monoklinen Krystallen ist die Auslöschung gewöhnlich schief, bei allen anderen gerade oder symmetrisch. Qualitativ lassen sich 2 Untergruppen unterscheiden:

I. Interferenzbilder, die die Austrittsstellen der optischen Achsen enthalten. In diesen bleiben die Isogyren in der Diagonalstellung im Gesichtsfeld und drehen sich beim Drehen des Tisches um die Austrittstellen der optischen Achsen, die in der Diagonalstellung mit den Apices der Hyperbeläste zusammenfallen (z. B. Natriumnitrit, Abb. 20 und 23).

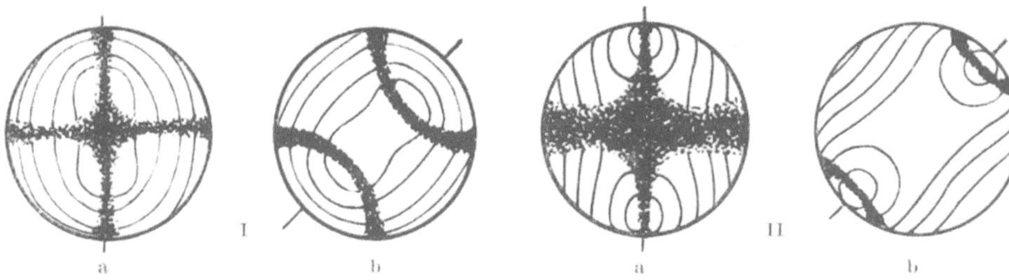

Abb. 23. Disymmetrisches Interferenzbild mit zwei Achsenaustritten (Typus II, 1). a Auslöschungsstellung. b Diagonalstellung. Beobachtungsrichtung parallel zur spitzen Bisektrix ($dB_1 = 0$). I entspricht $2\,V = 30°$ mit $n = 1{,}50$; numerische Apertur $= 0{,}85$. Darin ist $dA' = dA'' = 0{,}46$ und $Q = 0{,}75$*. II entspricht $2\,V = 60°$ mit $dA' = dA'' = 0{,}85$ und $Q = 0{,}16$.

II. Interferenzbilder, bei denen die Austrittstellen der optischen Achsen außerhalb des Gesichtsfeldes liegen. Beim Drehen in die Diagonalstellung verlassen die Isogyren das Gesichtsfeld (z. B. Oxalsäure, Abb. 24 und 25).

3. Monosymmetrische Interferenzbilder (Abb. 26 und 27). Die Isochromaten liegen spiegelbildlich zu einem Durchmesser des Gesichtsfeldes. In der Auslöschungsstellung fällt ein Isogyrenast mit dem genannten Durchmesser zusammen. Solche Interferenzbilder beobachtet man an optisch einachsigen Krystallen, die auf einer Pyramiden- oder Rhomboederfläche liegen (z. B. Natriumnitrat), oder an optisch zweiachsigen rhombischen Krystallen auf Prismenflächen und monoklinen Krystallen auf einer Fläche der symmetrischen Zone (Basis, Orthopinakoid usw.) (z. B. Benzoesäure, Bernsteinsäure, Hippursäure).

---

* In dieser und den folgenden Abbildungen bedeuten: a) Auslöschungsstellung, b) Diagonalstellung. Ferner: A, A' und $A'' =$ optische Achsen; dA, dA' und $dA'' =$ Zentralabstand ihrer Austritte. $B_1 =$ spitze, $B_2 =$ stumpfe Bisektrix; $B_3 =$ optische Normale. $2\,V =$ Winkel der optischen Achsen; $AE =$ Spur der Achsenebene. $n =$ Brechungsindex in der Richtung von A, A', A'' (in allen Abbildungen zu 1,50 angenommen). $Q =$ Quotient der extremen, am Rande auftretenden Gangunterschiede (s. S. 12 ff.).

Nach dem Verhalten der Isogyren kann man 6 Untergruppen unterscheiden, in denen zum Teil noch weitere Unterteilungen auf qualitativer Basis möglich sind:

I. Monosymmetrische Interferenzbilder, bei denen in allen Stellungen 2 Isogyren zu sehen sind, die in der Auslöschungsstellung ein exzentrisches, mehr oder weniger verwaschenes Kreuz bilden.

a) Beim Drehen des Tisches rotiert das Kreuz um den Mittelpunkt des Gesichtsfeldes, wobei seine Balken immer parallel zum Fadenkreuz bleiben (Abb. 26).

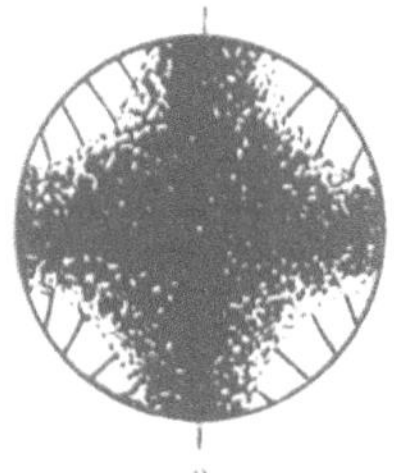 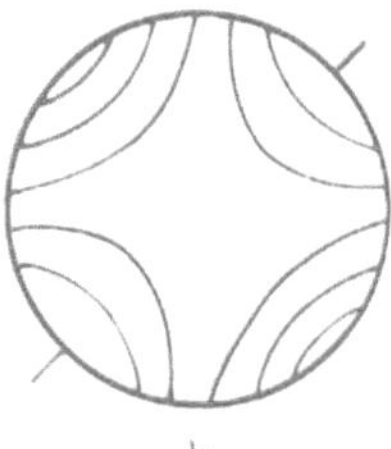

Abb. 24 a u. b. Disymmetrisches Interferenzbild ohne Achsenaustritt (Typus II, 2). a Auslöschungsstellung, b Diagonalstellung. $Q = 0,62$, entsprechend $2 V = 60°$. Beobachtungsrichtung $= B_2$.

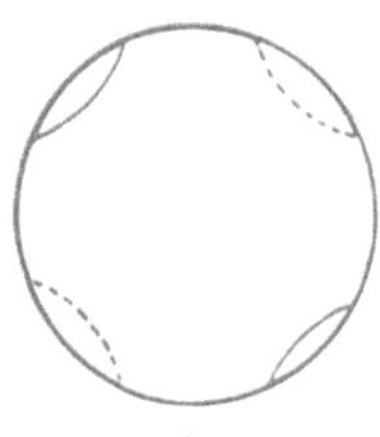

Abb. 25 a u. b. Disymmetrisches Interferenzbild ohne Achsenaustritt (Typus II, 2). a Auslöschungsstellung, b Diagonalstellung. $Q = 0,86$, entsprechend $2 V = 60°$. Beobachtungsrichtung $= B_3$.

Abb. 26 a u. b. Monosymmetrisches Interferenzbild eines optisch einachsigen Krystalles (Typus III, 1a). a Auslöschungsstellung, b Diagonalstellung. Das Isogyrenkreuz kreist um den Mittelpunkt des Gesichtsfeldes, ohne sich zu öffnen. Seine Balken bleiben immer parallel zu den Ocularfäden. $dA = 0,60$; bei $n = 1,50$ entspricht das einem Neigungswinkel der optischen Achse zur Beobachtungsrichtung von 20°. In diesem Falle ist $Q - 0,10$.

Abb. 27 a u. b. Monosymmetrisches Interferenzbild mit beiden Achsenaustritten auf dem Symmetriedurchmesser (Typus III, 1b). a Auslöschungsstellung, b Diagonalstellung. Im Beispiel sind $dB_1 = 0,26$, $dA' = 0$; $dA'' = 0,87$. Bei $n = 1,50$ entspricht das $2 V = 30°$. Die Beobachtungsrichtung fällt mit A' zusammen (Spezialfall!).

Abb. 28 a u. b. Monosymmetrisches Interferenzbild mit beiden Achsenaustritten symmetrisch zum Symmetriedurchmesser (Typus III, 1c). a Auslöschungsstellung, b Diagonalstellung. $dB_1 = 0,45$, $dA' = dA'' = 0,64$. $Q = 0,29$. Entsprechend einem $2 V = 30°$ bei $n = 1,50$.

Abb. 29 a u. b. Monosymmetrisches Interferenzbild mit einem Achsenaustritt und der spitzen Bisektrix (Typus III, 2a). a Auslöschungsstellung, b Diagonalstellung. $dB_1 = 0,45$, $dA' = 0,45$: $Q = 0,39$. Entsprechend $2 V = 60°$ bei $n = 1,50$.

b) Beim Drehen des Tisches öffnet sich das Kreuz in 2 Hyperbeläste, deren Apices in der Diagonalstellung auf dem Symmetriedurchmesser liegen (Abb. 27).

c) Beim Drehen des Tisches öffnet sich das Kreuz in 2 Hyperbeläste, deren Apices in der Diagonalstellung, jedoch symmetrisch zum Symmetriedurchmesser, liegen (Abb. 28).

II. Monosymmetrische Interferenzbilder, die in der Auslöschungsstellung ein exzentrisches Isogyrenkreuz zeigen, in denen jedoch in der Diagonalstellung nur eine hyperbelförmige Isogyre sichtbar ist.

a) Der Apex dieses Hyperbelastes liegt exzentrisch auf dem Symmetriedurchmesser (Abb. 29).

b) Dieser Apex liegt im Mittelpunkt des Gesichtsfeldes (Abb. 30).

III. Monosymmetrische Interferenzbilder, in denen wie bei den vorigen in der Auslöschungsstellung ein exzentrisches Isogyrenkreuz sichtbar ist, das sich beim Drehen des Tisches öffnet, in denen jedoch in der Diagonalstellung die Isogyrenäste das Gesichtsfeld verlassen haben (Abb. 31).

IV. Monosymmetrische Interferenzbilder, bei denen in der Auslöschungsstellung nur ein gerader Isogyrenbalken zu sehen ist, der sich beim Drehen des Tisches parallel verschiebt und schließlich aus dem Gesichtsfeld verschwindet, während gleichzeitig ein anderer, zum ersten senkrecht liegender Isogyrenbalken in das Gesichtsfeld eintritt. In der Diagonalstellung sind beide Isogyren am Rande des Gesichtsfeldes zu sehen (Abb. 32).

Abb. 30 a u. b. Monosymmetrisches Interferenzbild mit einem Achsenaustritt im Mittelpunkt des Gesichtsfeldes und einer spitzen Bisektrix am Rande (Typus III, 2 b). a) Auslöschungsstellung, b) Diagonalstellung. $dA' = 0$, $dB_1 = 0,87$, $Q = 0,43$. Entsprechend 2 V = 60° bei $n = 1,50$.

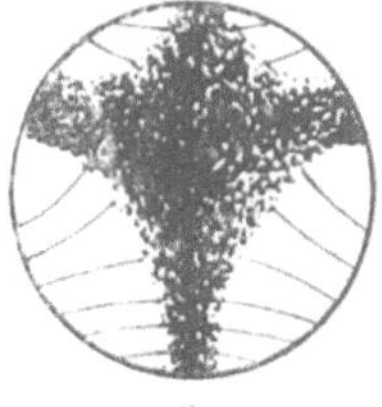 

Abb. 31 a u. b. Monosymmetrisches Interferenzbild ohne Achsenaustritt, jedoch mit der stumpfen Bisektrix im Gesichtsfeld (Typus III, 3). a Auslöschungsstellung, b Diagonalstellung. $dB_2 = 0,45$, $Q = 0,30$. Entsprechend einem 2 V = 90° bei $n = 1,50$. Man beachte, daß am Rande zwei symmetrisch gelegene Stellen den niedrigsten Gangunterschied zeigen.

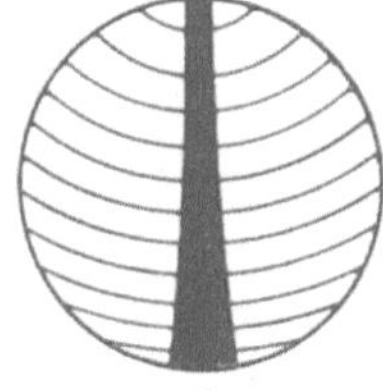 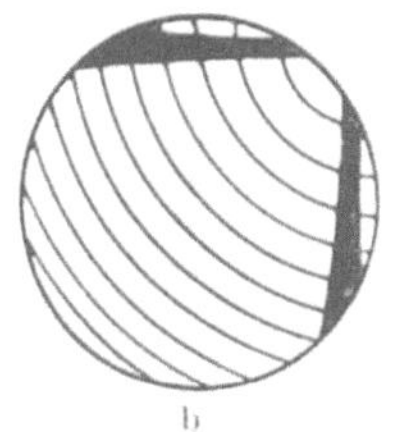

Abb. 32 a u. b. Monosymmetrisches Interferenzbild eines optisch einachsigen Krystalles. Der Achsenaustritt liegt wenig außerhalb des Gesichtsfeldes (Typus III, 4). $dA = 1,23$ (extrapoliert), $Q = 0,03$. Entsprechend einem Neigungswinkel der Achse von 45° zur Beobachtungsrichtung bei $n = 1,50$.

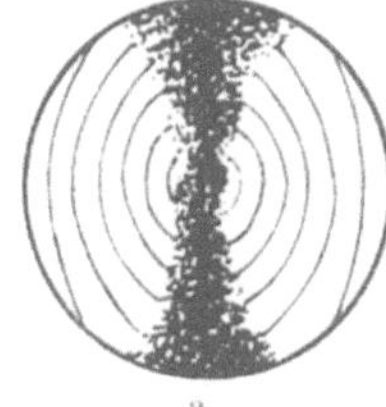 

Abb. 33 a u. b. Monosymmetrisches Interferenzbild mit Achsenaustritt im Mittelpunkt (A' = Beobachtungsrichtung) (Typus III, 5a). a Auslöschungsstellung, b Diagonalstellung. $Q = 0,82$. Entsprechend 2 V = 90°. Man vergleiche die Abb. 27 und 30 und beachte die von 2 V abhängige Krümmung der Isogyre in der Diagonalstellung!*

V. Monosymmetrische Interferenzbilder, bei denen in allen Stellungen nur ein Isogyrenast sichtbar ist, der das Gesichtsfeld nie verläßt. In der Auslöschungsstellung fällt der gerade Isogyrenbalken mit einem Ocularfaden zusammen, in der Diagonalstellung liegt er schräg dazu und ist mehr oder weniger gekrümmt oder auch gerade.

a) Beim Drehen des Tisches dreht sich die Isogyre um den Mittelpunkt des Gesichtsfeldes, der dem Austrittspunkt einer optischen Achse entspricht (Abb. 33).

b) Der Drehpunkt der Isogyre liegt exzentrisch auf dem Symmetriedurchmesser (Abb. 34).

VI. Monosymmetrische Interferenzbilder, die in der Auslöschungsstellung einen Isogyrenbalken zeigen, der mit einem der Ocularfäden zusammenfällt, beim Drehen des Tisches jedoch das Gesichtsfeld verläßt.

a) Dabei führt der Isogyrenbalken eine deutliche Schwenkbewegung aus und krümmt sich (Abb. 35).

b) Oder er bewegt sich parallel zu sich selbst und bleibt gerade (Abb. 36).

4. Asymmetrische Interferenzbilder (Abb. 37—40). Die Verteilung der Isochromaten läßt keinerlei Symmetrie erkennen, der in der Auslöschungsstellung durch den

---

* In Abb. 33 beträgt 2 V genau 90°, daher erscheint die Interferenzabbildung disymmetrisch. Sobald jedoch 2 V nur ein wenig von 90° abweicht, wird die Abbildung monosymmetrisch und die Interferenzfarben an den Enden des Symmetriedurchmessers sind verschieden.

Mittelpunkt des Gesichtsfeldes gehende Isogyrenast liegt deutlich schief zum Fadenkreuz und ist mehr oder weniger gekrümmt. Solche Interferenzbilder sieht man an rhombischen Krystallen, die auf einer Pyramidenfläche liegen, und an monoklinen Krystallen, die auf Prismenflächen liegen; ferner findet man sie bei allen triklinen Krystallen, wie auch

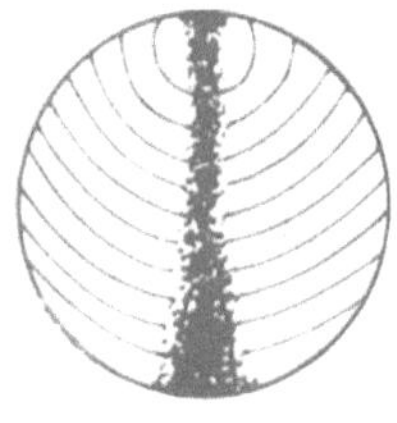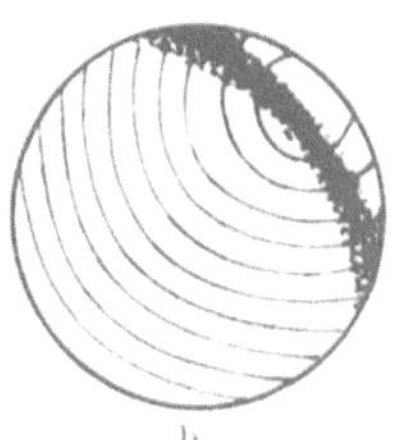

Abb. 34 a u. b. Monosymmetrisches Interferenzbild mit einem exzentrischen Achsenaustritt (Typus III, 5 b). a Auslöschungsstellung, b Diagonalstellung. $dA' = 0,87$, $Q = 0,07$. Entsprechend $2\,V = 30°$ bei $n = 1,50$. In der Diagonalstellung kann die Isogyre nach außen konvex sein (wie in dieser Abbildung) oder auch konkav bzw. gerade ($2\,V = 90°$).

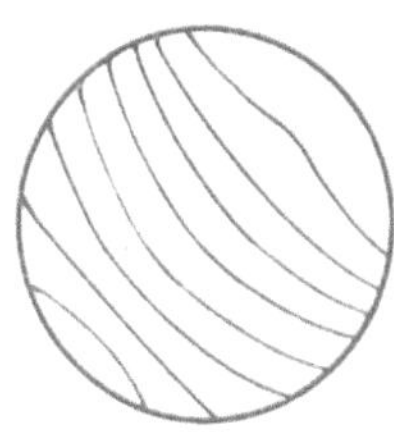

Abb. 35 a u. b. Monosymmetrisches Interferenzbild ohne Achsen- oder Bisektrizenaustritt (Typus III, 6a). a Auslöschungsstellung, b Diagonalstellung. $Q = 0,26$. Die Isochromaten sind nicht ringförmig und die Isogyre führt beim Drehen eine starke Schwenkung aus: Der Krystall ist optisch zweiachsig ($2\,V = 60°$); vgl. Abb. 36.

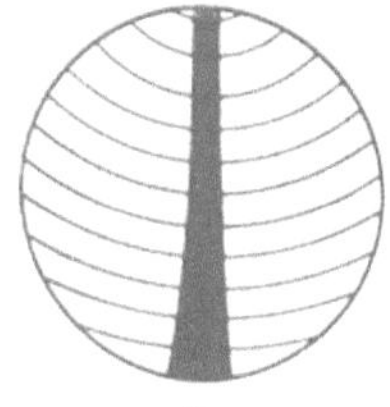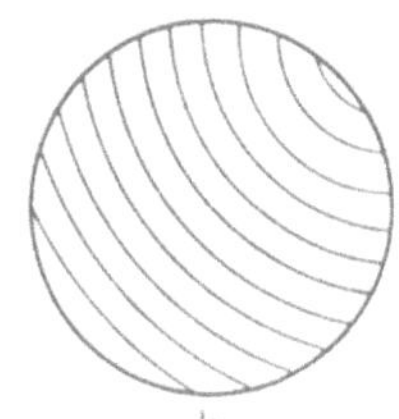

Abb. 36 a u. b. Monosymmetrisches Interferenzbild ohne Achsen- oder Bisektrizenaustritt (Typus III, 6b). a Auslöschungsstellung, b Diagonalstellung. $Q = 0,07$. Die Isochromaten sind ringförmig und die Isogyre bewegt sich annähernd parallel zu sich selbst: Der Krystall ist optisch einachsig.

Abb. 37 a u. b. Asymmetrisches Interferenzbild mit beiden Achsenaustritten (Typus IV, 1). a Auslöschungsstellung, in der eine Isogyre durch den Mittelpunkt des Gesichtsfeldes geht; b Diagonalstellung. In einer Zwischenstellung bilden die Isogyren ein Kreuz. $Q = 0,05$, $dB = 0,56$, $dA' = 0,40$, $dA'' = 0,84$. Entsprechend $2\,V = 30°$ bei $n = 1,50$.

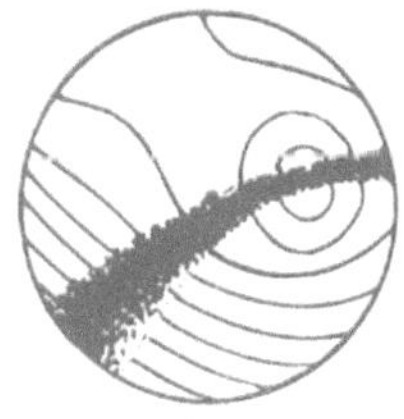

Abb. 38 a u. b. Asymmetrisches Interferenzbild mit einem Achsen- und einem Bisektrizenaustritt (Typus IV, 2). a Auslöschungsstellung, b Diagonalstellung $dB_1 = 0,63$, $dA' = 0,50$, $Q = 0,19$ und $\xi = 31°$. Entsprechend einem $2\,V = 60°$ bei $n = 1,50$.

Abb. 39 a u. b. Asymmetrisches Interferenzbild mit einem Achsenaustritt (Typus IV, 3). a Auslöschungsstellung, b Diagonalstellung. $dA' = 0,64$ $Q = 0,2$ und $\xi = 20°$. Entsprechend einem $2\,V = 60°$ bei $n = 1,50$.

immer sie liegen mögen, vorausgesetzt, daß sie nicht Pseudosymmetrie aufweisen (z. B. Asparaginsäure).

Auch bei den asymmetrischen Interferenzbildern lassen sich nach dem Verhalten der Isogyren 4 Untergruppen unterscheiden, die noch weiter untergeteilt werden können. Die Untergruppen sind folgendermaßen gekennzeichnet:

I. Beim Drehen des Tisches bleiben beide Isogyrenäste im Gesichtsfeld. In einer bestimmten Stellung bilden sie ein Kreuz (z. B. Abb. 37).

II. Je nach der Stellung des Tisches sind beide oder nur eine der Isogyren sichtbar (Abb. 38).

III. In allen Stellungen ist nur eine Isogyre im Gesichtsfeld (Abb. 39).

IV. Es ist nur eine Isogyre zu sehen, die beim Drehen des Tisches das Gesichtsfeld verläßt (Abb. 40).

2*

In dieser kurzen Übersicht haben wir 18 qualitativ verschiedene Typen von Interferenzbildern angeführt. Bei manchen derselben kann man leicht noch weitere Unterschiede auf Grund der Form der Isochromaten und Isogyren feststellen. Es empfiehlt sich, das Aussehen der Interferenzbilder in der Auslöschungs- und der Diagonalstellung in Skizzen darzustellen, die bei der Wiedererkennung einer Substanz vorzügliche Dienste leisten. Dabei ist darauf zu achten, daß die Orientierung dieser Skizzen mit derjenigen der Krystallskizze übereinstimmen. Durch Beobachten mit abwechselnd ein- und ausgeschalteter AMICI-BERTRAND-Linse kann man sich leicht über diese Zusammenhänge Rechenschaft abgeben.

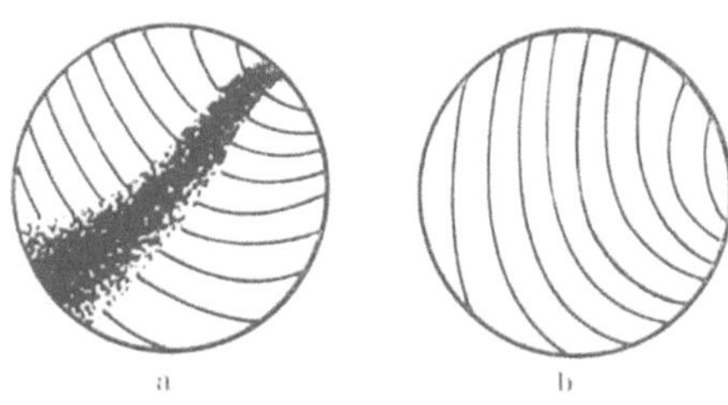

Abb. 40 a u. b. Asymmetrisches Interferenzbild ohne Achsen- oder Bisektrizenaustritt (Typus IV, 4). a Auslöschungsstellung, b Diagonalstellung. $Q = 0,19$ und $\xi = 27°$. Entsprechend einem $2 V = 60°$.

Unterscheidung optisch einachsiger und zweiachsiger Krystalle. Wenn im Interferenzbild ein Isogyrenkreuz auftritt, das sich beim Drehen des Tisches nicht öffnet, so ist der Krystall optisch einachsig. Der Kreuzungspunkt der Isogyren bezeichnet dann die Austrittsstelle der optischen Achse. Alle trigonalen, tetragonalen und hexagonalen Krystalle sind optisch einachsig; ausnahmsweise kann aber auch ein rhombischer, monokliner oder trikliner Krystall optisch einachsig erscheinen. Öffnet sich das Isogyrenkreuz in Hyperbeläste, so handelt es sich im allgemeinen um einen optisch zweiachsigen Krystall. Dies ist dann sicher der Fall, wenn die Hyperbeln der Isogyren in der Diagonalstellung im Gesichtsfeld bleiben. Optisch einachsige Krystalle, die auf einer Prismenfläche liegen, zeigen jedoch ebenfalls in der Auslöschungsstellung ein Isogyrenkreuz, das sich beim Drehen des Tisches öffnet in Hyperbeläste, die bei weiterem Drehen aus dem Gesichtsfeld verschwinden. Eine Unterscheidung von optisch zweiachsigen Krystallen ist in diesem Falle nur durch genaue Messungen annähernd möglich.

Ist in monosymmetrischen Interferenzbildern in der Auslöschungsstellung nur ein Isogyrenbalken zu sehen, so bleibt die Unterscheidung zwischen optisch einachsigen und zweiachsigen Krystallen sehr unsicher. Krystalle, die asymmetrische Interferenzbilder zeigen, sind sicher optisch zweiachsig, d. h. rhombisch, monoklin oder triklin. Trotz dieser Unsicherheit in der Interpretierung mancher Interferenzbilder darf an ihrem großen diagnostischen Wert nicht gezweifelt werden.

Dispersionserscheinungen. Hier und da sieht man in den Interferenzbildern anomale, von der Doppelbrechungsdispersion verursachte Interferenzfarben. Es kommt sogar vor, daß man in einem Interferenzbild übernormale, unternormale, antinormale und anomale Interferenzfarben gleichzeitig an verschiedenen Stellen des Bildes beobachten kann. Solche Anomalien geben oft vorzügliche Kennzeichen ab. In anderen Fällen treten deutlich Dispersionen der optischen Achsen oder der optischen Hauptrichtungen auf, die durch anomale Interferenzfarben am Rande der Isogyren erkennbar sind. Tritt eine optische Achse eines zweiachsigen Krystalles im Interferenzbild auf, so ist die Isogyre in der Diagonalstellung eine Hyperbel, um deren Apex die Isochromaten konzentrische Kurven bilden. Normalerweise geht die schwarze Hyperbel beidseitig ihres Scheitelpunktes in Grau und Weiß der I. Ordnung über; liegt jedoch eine merkliche Dispersion der optischen Achse vor, so sieht man auf der einen Seite anomale blaue, auf der anderen Seite anomale organge-gelbe Interferenzfarben. Dabei sind 2 Fälle zu unterscheiden: Wenn der Winkel der optischen Achsen für Rot größer ist als für Violett, so erscheint die orange-anomale Interferenzfarbe auf der konvexen, die blaue auf der konkaven Seite der Hyperbel. Ist jedoch der Achsenwinkel für Rot kleiner als für Violett, so sind die Farben umgekehrt angeordnet (z. B. zeigt Hippursäure die blaue Farbe auf der konkaven, Benzoesäure dagegen auf der konvexen Seite der Hyperbel).

Wenn in den Auslöschungsstellungen am Rande des Isogyrenbalkens Streifen von anomalen Interferenzfarben auftreten, so ist dies ein Zeichen, daß eine Dispersion der optischen Hauptrichtungen, d. h. eine sog. Lagendispersion vorhanden ist. Eine solche ist nur an monoklinen und triklinen Krystallen möglich. In seltenen Fällen können die Dispersionen der optischen Achsen und Hauptrichtungen so stark sein, daß die Isogyren vollständig farbig erscheinen. In den Austrittspunkten der optischen Achsen ist dann eine Serie von anomalen Interferenzfarben zu sehen, die der Abfolge der Komplementärfarben des Spektrums entspricht. Alle deutlichen Dispersionserscheinungen sind sorgfältig zu vermerken, da sie vorzügliche Kennzeichen darstellen.

Optischer Charakter. Die beiden optischen Achsen (A' und A'') schließen einen spitzen und einen stumpfen Winkel ein. Der spitze Winkel ist der *optische Achsenwinkel*

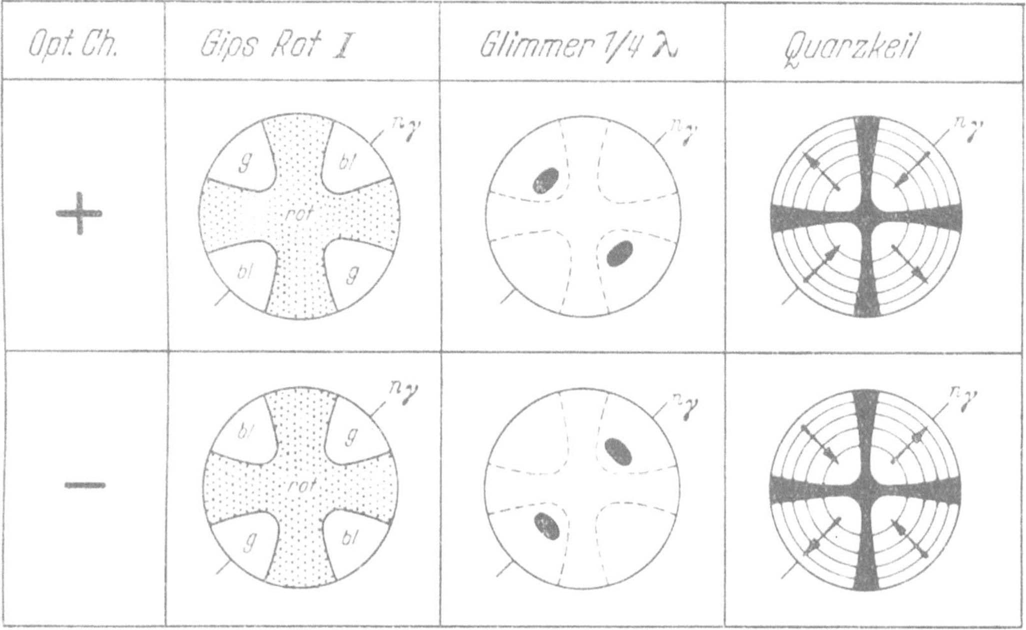

Abb. 41. Bestimmung des optischen Charakters in zentrosymmetrischen Interferenzbildern. Beobachtungsrichtung = A. Beim Einschieben des Quarzkeiles bewegen sich Isochromaten in der Richtung der Pfeile, beim Herausziehen in entgegengesetzter Richtung.

(2V), seine Winkelhalbierende ist die spitze (oder erste) *Bisektrix* (B_1). Die zu ihr senkrecht stehende stumpfe (oder zweite) Bisektrix (B_2) halbiert den stumpfen Winkel (180°—2V). Man bezeichnet einen Krystall als optisch positiv, wenn $n_\gamma = B_1$, als optisch negativ, wenn $n_\alpha = B_1$ ist. Wird 2V = 90°, so erscheint der Krystall optisch neutral. Die optisch einachsigen Krystalle sind als Grenzfall der zweiachsigen mit 2V = 0 aufzufassen. Ihr optischer Charakter ist positiv, wenn $n_\gamma = A$; negativ, wenn $n_\alpha = A$ ist.

Nur die Interferenzbilder, bei denen auch in der Diagonalstellung wenigstens eine Isogyre sichtbar ist, eignen sich gut zur Feststellung des optischen Charakters. Etwas weniger geeignet sind die disymmetrischen Interferenzbilder, in denen die Isogyren beim Drehen des Tisches das Gesichtsfeld verlassen, da es bei ihnen manchmal nur mit Hilfe quantitativer Bestimmungen möglich ist, zu entscheiden, ob die Beobachtungsrichtung der spitzen oder der stumpfen Bisektrix entspricht. Bei den übrigen Arten von Interferenzbildern wird die Feststellung des optischen Charakters zu schwierig, um hier besprochen zu werden.

In den das Isogyrenkreuz optisch einachsiger Krystalle aufweisenden Interferenzbildern ist das Gesichtsfeld in jeder Stellung des Tisches in 4 gleiche oder verschieden große Quadranten geteilt (vgl. Abb. 22 und 26). Schiebt man das Gipsplättchen (Rot I) ein, so erscheint das Isogyrenkreuz in roter Farbe, und in der unmittelbaren Nähe des Kreuzungspunktes gewahrt man in 2 diagonal gegenüberliegenden Quadranten blaue, in den beiden anderen Quadranten dagegen gelbe Flecke, die um so größer sind, je langsamer die Gangunterschiede gegen den Bildrand hin anwachsen. Aus der Verteilung der blauen und gelben Flecke läßt sich der optische Charakter des Krystalles nach folgender Regel feststellen (Abb. 41): In den Quadranten, in denen die Schwingungsrichtung von n_γ (c) des Hilfsplättchens liegt, findet bei optisch *positiven* Krystallen *Addition* der Gangunterschiede statt, bei optisch *negativen* dagegen *Subtraktion* derselben. Bei Verwendung des Gipsplättchens entspricht die blaue Farbe der Addition, die gelbe der Subtraktion (Abb. 41). Selbst wenn die Austrittstelle der optischen Achse nicht allzuweit außerhalb des Gesichtsfeldes liegt (z. B. Natriumnitrat), kann diese Regel noch

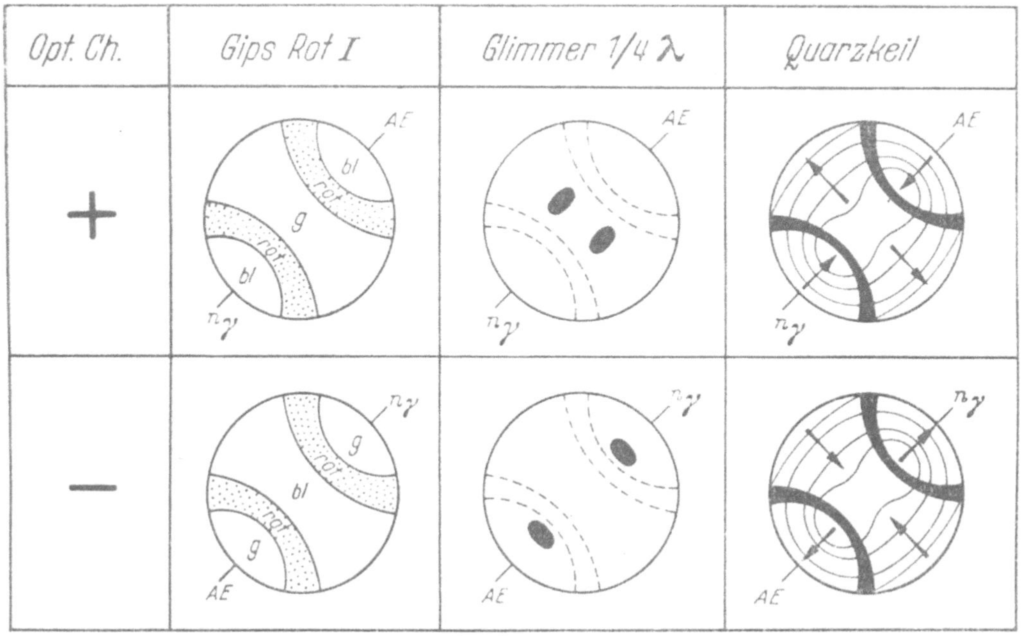

Abb. 42. Bestimmung des optischen Charakters in disymmetrischen Interferenzbildern. Beobachtungsrichtung $= B_1$. Die Spur der Achsenebene wird parallel zu n_γ des Hilfsplättchens eingestellt. Beim Einschieben des Quarzkeiles bewegen sich die Isochromaten in der Richtung der Pfeile, beim Herausziehen in entgegengesetzter Richtung.

angewandt werden, da man die 4 Quadranten durch Drehen des Tisches nacheinander ins Gesichtsfeld bringen kann.

Bei optisch zweiachsigen Krystallen verhalten sich die Interferenzbilder, die die Austrittstellen beider Achsen enthalten, in der Auslöschungsstellung ganz analog zu den einachsigen Interferenzbildern. Der optische Charakter kann nach derselben Regel bestimmt werden. Dreht man sie jedoch in die Diagonalstellung, so öffnet sich das Isogyrenkreuz und 2 gegenüberliegende Quadranten vereinigen sich zu dem zwischen den Hyperbeln liegenden Mittelfeld (z. B. Natriumnitrit, Harnstoffnitrat, Glycin). Bei Einschaltung des Gipsplättchens erscheint das Mittelfeld je nach dem Sinn der ausgeführten Drehung in der Nähe der Hyperbelscheitel gelb oder blau. Um den optischen Charakter zu bestimmen, verfahre man nach folgender Regel (Abb. 42): Man bringe den Krystall in diejenige Diagonalstellung, in der die Scheitelpunkte der Isogyren-Hyperbeln auf den der n_γ-Richtung des Hilfsplättchens parallelen Durchmesser des Gesichtsfeldes zu liegen kommen. Bei optisch positiven Krystallen erscheint dann Blau auf der konkaven, Gelb auf der konvexen Seite der roten Hyperbeln. Bei optisch negativen Krystallen ist die Verteilung der Farben gerade umgekehrt. Man beachte, daß bei einer Drehung des Tisches um 90° die entgegengesetzte Erscheinung eintritt.

Dieselbe Regel gilt auch für Interferenzbilder zweiachsiger Krystalle mit einer einzigen sichtbaren Isogyre. In der Diagonalstellung erscheint die Isogyre um so stärker gekrümmt, je kleiner der Winkel der optischen Achsen ist. Nähert sich derselbe 90°, so ist keine

Krümmung der Isogyre mehr wahrzunehmen: Sie bildet einen um 45° geneigten geraden Balken. Bei sehr kleinen Achsenwinkeln nähert sich die Form der Isogyrenhyperbel einem rechtwinklig umgebogenen Balken, dessen gerade Teile parallel zu den Ocularfäden liegen. Um die oben angegebene Regel anwenden zu können, muß der Krystall in diejenige Diagonalstellung gebracht werden, in der die durch den Scheitelpunkt der Hyperbel gehende Symmetrieachse parallel zu n_y des Hilfsplättchens liegt. Erscheint in dieser Stellung Blau auf der konkaven Seite der Hyperbel, so ist der Krystall optisch positiv, erscheint dort Gelb, so ist er negativ.

Bei disymmetrischen Interferenzbildern, die in der Diagonalstellung keine Isogyren zeigen, fällt die Beobachtungsrichtung zumeist mit der stumpfen Bisektrix oder der optischen Normalen * zusammen.

Auch in diesem Fall kann der optische Charakter der Substanz bestimmt werden. Es gilt dieselbe Regel wie im Falle der spitzen Bisektrix, jedoch mit umgekehrtem Vorzeichen (z. B. Gips, Oxalsäure, Natriumtartrat).

Eine Schwierigkeit besteht allerdings darin, daß auch in den in der Richtung der spitzen Bisektrix sichtbaren disymmetrischen Interferenzbildern die Isogyren in der Diagonalstellung das Gesichtsfeld verlassen, wenn der optische Achsenwinkel etwa 60° oder mehr beträgt. Eine Unterscheidung von den analogen, in der Richtung der stumpfen Bisektrix oder der optischen Normalen zu beobachtenden Interferenzbildern ist nur auf quantitativer Grundlage möglich (s. S. 24). Im Interferenzbild der spitzen Bisektrix mit großem Achsenwinkel verlassen die Isogyren das Gesichtsfeld erst nahe der Diagonalstellung, und in dieser selbst sieht man am Rande der Quadranten, in denen die Isogyren verschwanden, sehr niedrige Interferenzfarben im Vergleich zu denen, die am Rande der beiden anderen Quadranten auftreten. Bei sehr großem Achsenwinkel (etwa 85°) wird der Unterschied zwischen spitzer und stumpfer Bisektrix unmerklich und bei 90° null. In diesen Fällen muß auf eine Bestimmung des optischen Charakters verzichtet werden.

Das Gipsplättchen (Rot I) ist in den meisten Fällen und insbesondere bei niedrigen Interferenzfarben zur Bestimmung des optischen Charakters in der angegebenen Weise sehr gut geeignet. Treten jedoch im Interferenzbild hohe Gangunterschiede und zahlreiche Isochromaten auf (z. B. Natriumnitrat), so werden die gelben und blauen Flecke so klein, daß sie schwer zu erkennen sind. In diesem Fall leistet das Glimmerplättchen (Grau I) manchmal bessere Dienste, da bei ihm an Stelle der gelben Flecke des Gipsplättchens 2 schwarze, leicht erkennbare Punkte auftreten, die die Substraktionsfelder kennzeichnen. Bei sehr hohen Interferenzfarben empfiehlt sich die Verwendung des Quarzkeils, dessen Wirkung auch im monochromatischen Licht der Natriumdampflampe ausgezeichnet zu sehen ist. Schiebt man den Quarzkeil langsam ein, so bewegen sich die Isochromaten in den Additionsfeldern gegen die Austrittstellen der optischen Achsen hin; in den Substraktionsfeldern dagegen bewegen sie sich von diesen weg. Beim Herausziehen des Quarzkeiles erfolgen die Bewegungen der Isochromaten in umgekehrter Richtung.

Die Wirkung der verschiedenen Hilfsplättchen im Konoskop geht aus folgender Zusammenfassung hervor:

Tabelle 3.

Man verwende bei	Hilfsplättchen	Im Additionsfeld	Im Subtraktionsfeld
Niedrigen Interferenzfarben	Gips Rot I	blaue Flecke	gelbe Flecke
Mittleren Interferenzfarben	Glimmer (1/4)	weißlich	schwarze Flecke
Hohen Interferenzfarben	Quarzkeil beim Einschieben	Isochromaten bewegen sich auf die optischen Achsen hin	Isochromaten bewegen sich von den optischen Achsen weg
	beim Herausziehen	Isochromaten bewegen sich von den optischen Achsen weg	Isochromaten bewegen sich gegen die optischen Achsen hin

---

* Als optische Normale bezeichnet man die Richtung senkrecht zur Ebene der optischen Achsen.

Quantitative konoskopische Bestimmungen. Im vorigen Abschnitt wurde bereits auf die Notwendigkeit quantitativer Bestimmungen der Interferenzbilder kurz hingewiesen. Wenn das Brechungsvermögen der Substanz wenigstens annähernd bekannt ist, ermöglichen solche Messungen eines einzigen Interferenzbildes eine hinreichend genaue Berechnung der optischen Konstanten des Krystalles. Für die Zwecke des Chemikers kann auf solche Berechnung jedoch verzichtet werden, da die Ergebnisse der Messungen an sich ebenso gute Kennzeichen für die Substanz sind, wie die aus ihnen abgeleiteten optischen Konstanten.

Um vergleichbare Ergebnisse zu erhalten, ist es nun außerordentlich wichtig, daß alle konoskopischen Vermessungen bei derselben numerischen Apertur, d. h. mit demselben Objektiv vorgenommen werden. Am besten eignet sich die numerische Apertur 0,85, wie sie an den starken Trockensystemen der meisten Firmen üblich ist.

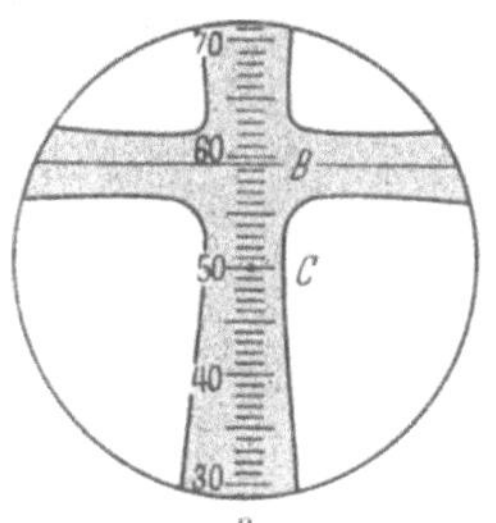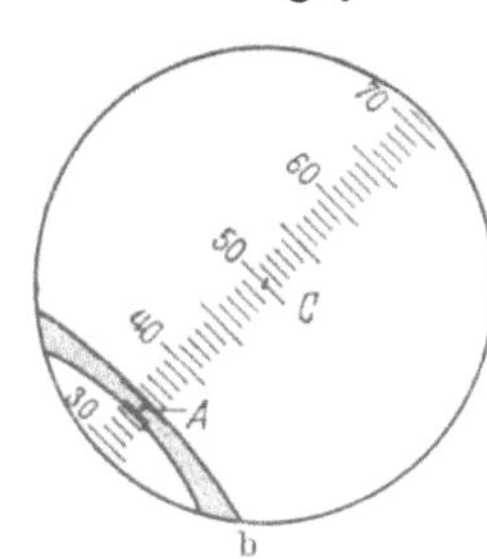

Abb. 43 a u. b. Bestimmung des relativen Zentralabstandes (*d*) mit dem Ocularmikrometer im Interferenzbild. a Bisektrix *B*: Radius = 21; *CB* = 9 relative Einheiten; folglich $dB = 9:21 = 0,43$. b Achsenaustritt *A*: Radius = 21; $CA = 15^1/_2$; somit $dA = 15^1/_2 : 21 = 0,74$. Die Länge des Radius ist eine Instrumentalkonstante.

Bevor man eine Vermessung eines Interferenzbildes vornimmt, muß man sich natürlich von der flachen Auflage des Krystalles vergewissern, da beliebig schief liegende Krystalle keine bestimmten Werte liefern können (s. S. 8).

In der Mehrzahl der Interferenzbilder kann man ausgezeichnete Punkte feststellen, deren Abstand vom Mittelpunkt des Gesichtsfeldes für die Substanz kennzeichnend ist. Diese ausgezeichneten Punkte entsprechen den Austrittstellen von Bisektrizen und Normalen oder von optischen Achsen. Sie sind gekennzeichnet als Kreuzungspunkte der Isogyren oder als Drehpunkte (Hyperbelscheitel) derselben, deren Lage durch Drehen des Tisches leicht erkannt werden kann. Zur Messung ihrer relativen Zentraldistanz benützt man ein lineares Ocularmikrometer mit beliebigem Maßstab. Man messe damit den Abstand (*a*) des ausgezeichneten Punktes vom Mittelpunkt des Gesichtsfeldes und den Radius (*r*) des Gesichtsfeldes*. Der Distanzquotient $a:r$ ist der gesuchte „relative Zentralabstand" oder die Zentraldistanz $= d$ (Abb. 43), d. h. *r* wird als Maßeinheit benützt.

In allen Interferenzbildern, die keine Achsenaustrittstellen zeigen, bei denen also die Isogyren

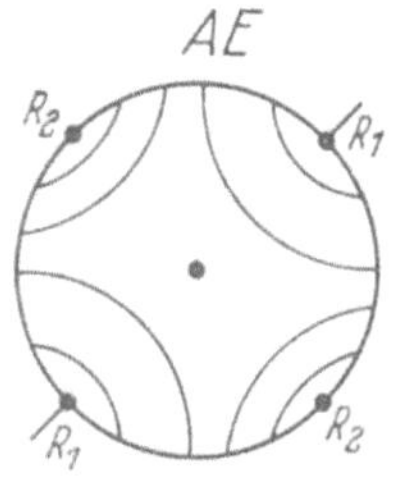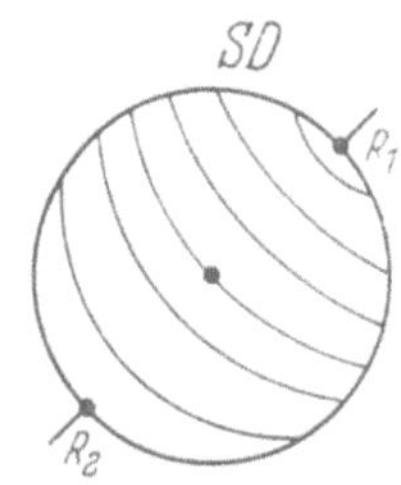

Abb. 44 a u. b. Bestimmung des Quotienten *Q* des kleinsten (R_1) und größten (R_2) Gangunterschiedes am Rande des Interferenzbildes. $Q = R_1 : R_2$. Im Mittelpunkt erscheint der Gangunterschied R_0, der im parallelen Licht bestimmt wurde. a Disymmetrisches Interferenzbild: Die R_1 liegen an der Spur der Achsenebene (*AE*), die R_2 senkrecht dazu. b Monosymmetrisches Interferenzbild: R_1 und R_2 liegen auf dem Symmetriedurchmesser (vgl. Abb. 35 und 36).

in der Diagonalstellung das Gesichtsfeld verlassen haben, gibt der charakteristische Quotient der Gangunterschiede ein vorzügliches Kennzeichen für die Substanz ab. Man bestimme oder schätze nach der Interferenzfarbe den niedrigsten (R_1) und den höchsten (R_2) Gangunterschied, die am Rande des Gesichtsfeldes auftreten und berechne $Q = R_1 : R_2$. *Q* ist die gesuchte Materialkonstante[1] (Abb. 44). In asymmetrischen Interferenzbildern kann das Ausmaß der Asymmetrie zahlenmäßig wie folgt festgestellt werden[2]: Man bringe den Krystall in Auslöschungsstellung und lese diese an der Gradeinteilung des Tisches ab. Darauf schalte man das Konoskop ein und suche die Stelle

---

* *r* ist eine Konstante des Instrumentes und braucht nur einmal gemessen werden, vorausgesetzt, daß man immer mit demselben Objektiv und demselben Ocularmikrometer arbeitet.

[1] RITTMANN, A.: R. C. Soc. mineral. ital. **3**, 221 (1946).

[2] Die Bestimmung von ξ nach RITTMANN ist bisher unveröffentlicht, in Vorbereitung.

am Rande des Gesichtsfeldes, an der die niedrigste Interferenzfarbe auftritt. Durch Drehen des Tisches bringe man diese Stelle auf den nächstliegenden Faden des Ocularfadenkreuzes und lese die ausgeführte Drehung am Tisch ab. Die Differenz der beiden Ablesungen gibt einen für die Substanz kennzeichnenden Winkelwert (ξ) (Abb. 45).

Solche quantitativen konoskopischen Bestimmungen ermöglichen die Unterscheidung von Substanzen, die qualitativ sehr ähnliche Interferenzbilder liefern und auch nach der Form ihrer Krystalle und allen anderen Eigenschaften kaum zu unterscheiden sind. In allen Fällen stellen sie vorzügliche Kennzeichen dar, die die Sicherheit der Diagnose gewährleisten.

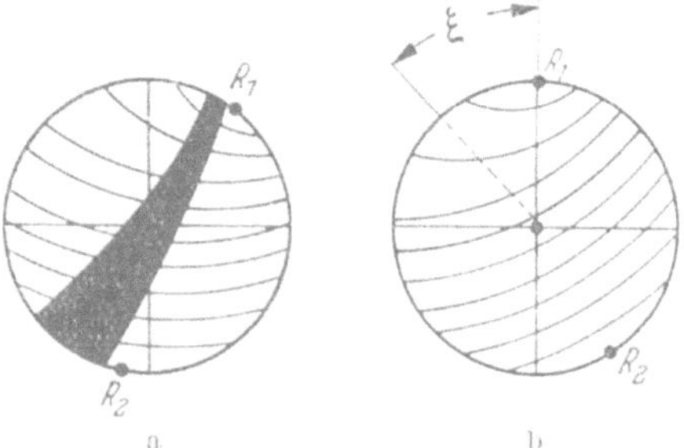

Abb. 45 a u. b.. Bestimmung des Asymmetriewinkels ξ in asymmetrischen Interferenzbildern. a Auslöschungsstellung: Der kleinste Gangunterschied R_1 liegt nicht auf dem Ocularfaden. b Durch Drehen des Tisches wurde R_1 auf den nächstliegenden Ocularfaden gebracht. Die dazu nötige Drehung entspricht dem Asymmetriewinkel ξ.

Mikromethodik*.

Von

H. Lieb und **W. Schöniger.**

Mit 58 Abbildungen.

a) Einleitung.

Die mikrochemischen Methoden dienen vor allem der Aufgabe, chemische Reaktionen mit geringen Mengen von Substanz auszuführen, d. h. mit Mengen, die wesentlich kleiner sind als man bei gewöhnlichen „Makro"-Verfahren benützt. Man arbeitet mit Milligrammen oder Bruchteilen davon, bzw. mit wenigen Tropfen Flüssigkeit. Zu diesem Zweck müssen in erster Linie die zur Anwendung gelangenden Geräte entsprechend verkleinert werden, ganz gleich, ob es sich nun um analytische oder präparative Verfahren handelt. Diese Verkleinerung der Geräte ist aber oft nicht in einem der Verringerung der Substanzmenge entsprechenden Maßstab möglich[1]. An dieser Stelle soll vor allem eine Auswahl der für *präparatives Arbeiten nötigen Geräte* gegeben werden, da heute sowohl der anorganisch als auch der organisch arbeitende Chemiker immer mehr gezwungen ist, mit kleinen Substanzmengen auszukommen und daher oft nicht mehr die üblichen Geräte und Apparaturen verwenden kann.

Das Arbeiten mit kleinen Substanzmengen hat viele Vorteile. Da die zur Reaktion gelangenden Mengen wesentlich geringer sind als die bisher üblichen, so ist eine nicht unbeträchtliche Material-, Zeit- und Energieersparnis die unmittelbare Folge jeder im Mikromaßstab durchgeführten Operation. Man bedenke nur, daß die Zeit, die zur Erwärmung eines Reaktionsgemisches auf die nötige Temperatur erforderlich ist, wesentlich geringer sein wird, daß andererseits auch eine Abkühlung viel schneller erzielt werden kann, wenn an Stelle von 500—1000 cm³ Lösung nur 1—2 cm³ abzukühlen sind. Obzwar

---

* Vgl. LIEB, H., u. W. SCHÖNIGER: Präparative Mikromethoden in der organischen Chemie. Handbuch der Mikromethoden. Wien 1953.

[1] BENEDETTI-PICHLER, A. A.: Mikrochem. **36/37**, 38 (1951).

natürlich die Reaktionsgeschwindigkeit gleich bleibt, ist man in manchen Fällen doch in der Lage, diese zu verkürzen, indem man eben, wenn möglich, in höheren Konzentrationen arbeitet. Bei der Aufarbeitung wertvoller Naturstoffe bzw. synthetischer Produkte wird man fast stets gezwungen sein, im Mikromaßstab zu arbeiten.

Im folgenden werden einige notwendige Geräte sowie Arbeitsmethoden beschrieben, die es gestatten, mit kleinen Mengen, sei es nun analytisch oder präparativ, erfolgreich zu arbeiten. Da in den folgenden Abschnitten die spezielle Mikrochemie, insbesondere die anorganische Mikroanalyse, nicht berücksichtigt ist, wird auf folgende Monographien [1-8] hingewiesen, die dieses Arbeitsgebiet behandeln.

b) Die mikrochemische Waage.

Den praktischen Bedürfnissen der quantitativen mikrochemischen Analyse, insbesondere dem Milligrammverfahren, entspricht am besten die mikrochemische Waage vom Typus der KUHLMANN-Waage. Bei ihr sind nämlich die relative Genauigkeit, d. i. das Verhältnis von absoluter Genauigkeit und Belastbarkeit, sowie die Reproduzierbarkeit der Wägungen (die Präzision) sehr günstig.

Diese mikrochemische Waage ist eine gleicharmige Hebelwaage, deren Empfindlichkeit bis zur maximalen Belastung von 20 g praktisch konstant ist. Das Reiterlineal besitzt 100 Kerben. Mit der üblichen Vorrichtung zum Aufsetzen des Reiters ist eine Lupe verbunden, um das Ablesen der Reiterstellung zu erleichtern und das richtige Aufsetzen des Reiters zu kontrollieren. Die Spitze des Zeigers, sowie eine kleine Skala werden bei der KUHLMANN-Waage mittels eines vergrößernden Zylinderspiegels betrachtet. Statt der Spiegelablesung besitzen neuere Konstruktionen Lupen- oder Mikroskopablesung.

Die Wägungen werden nach der Schwingungsmethode ausgeführt. Die Waage muß so justiert werden, daß sie unbelastet auf 0 einspielt, wenn der 5 mg schwere Reiter in der ersten linken mit „0" bezeichneten Kerbe sitzt. Bei einer Belastung der Waage auf der rechten Seite mit 10 mg muß sie wieder auf 0 einspielen, wenn man den Reiter in die hundertste mit „10" bezeichnete Kerbe setzt. Dann entspricht eine Verschiebung des Reiters um eine Kerbe einer Belastungsänderung von 0,1 mg. Diese Belastungsänderung soll einen Ausschlag von 10 an der Skala abzulesenden Teilstrichen bewirken. In diesem Falle entspricht ein Ausschlagsunterschied von einem Teilstrich an der Skala 0,01 mg, und da man bei einiger Übung noch den zehnten Teil eines Teilstriches schätzen kann, lassen sich unter Beobachtung einer Reihe von Schwingungen und Umkehrpunkten des Zeigers 0,001—0,002 mg schätzen. Wenn alle Wägebedingungen sehr genau eingehalten werden, wird bei sorgfältigem Arbeiten der Unterschied zweier Wägungen nicht größer als 0,002 mg (= 2 γ) sein. Aus der Stellung des Reiters sind also die Milligramme und die Zehntelmilligramme, aus den Ausschlägen des Zeigers die Hundertstelmilligramme durch Ablesung an der Skala und die Tausendstelmilligramme durch Schätzung zu bestimmen. Die Empfindlichkeitseinstellung und die Berichtigung der Null-Lage können an der oben am Waagebalken angebrachten Reguliereinrichtung vorgenommen werden.

Die Arretiervorrichtung wird durch Umlegen der auf der linken Seite des Waagengehäuses angebrachten Kurbel gelöst. Dabei werden zunächst nur die Waagschalen frei. Sie sollen dabei möglichst wenig ins Pendeln kommen. Erst nach Ruhigstellung der Schalen

[1] BENEDETTI-PICHLER, A. A.: Introduction to the Microtechnique of Inorganic Analysis. 2. Aufl. New York 1950.

[2] EMICH, F.: Lehrbuch der Mikrochemie. 2. Aufl. München 1926.

[3] EMICH, F.: Mikrochemisches Praktikum. 2. Aufl. München 1931.

[4] HECHT, F., u. J. DONAU: Anorganische Mikrogewichtsanalyse. Wien 1940.

[5] LIEB, H., u. W. SCHÖNIGER: Anleitung zur Darstellung organischer Präparate mit kleinen Substanzmengen. Wien 1950.

[6] MILTON, R. F., and W. A. WATERS: Methods of Quantitative Microanalysis. London 1949.

[7] SCHNEIDER, F.: Qualitative Organic Microanalysis. 2. Aufl. New York 1947.

[8] KIRK, P. L.: Quantitative Ultramicroanalysis. New York 1950.

wird vollständig entarretiert, wodurch auch die Gehänge und der Balken frei werden. Die ersten 2 Schwingungspaare werden, da sie öfter unregelmäßig sind, nicht beachtet. Für genaue Wägungen werden 3 weitere Schwingungen beobachtet, die nicht über 6 Teilstriche, um den Mittelstrich der Skala als Nullpunkt gerechnet, reichen sollen. Dabei rechnet man den zehnten Teil eines Skalenstriches ($= 0,001$ mg) als Einheit und bezeichnet einen Ausschlag von 2,7 Teilstrichen nach rechts als „27 rechts". Schlägt darauf der Zeiger um 3,4 Teilstriche nach links aus ($= 34$ links), so ist in diesem Falle die Ausschlagsdifferenz „7 links". Es muß also von dem auf der rechten Waagschale befindlichen Gewicht, vermehrt um das Gewicht der Reiterbelastung, der Betrag von 0,007 mg subtrahiert werden. Sind beide Ausschläge auf der einen Seite vom Mittelstriche der Skala, als dem Nullpunkt gerechnet, so sind sie zu addieren und die Summe zum Gewicht auf der Waagschale, vermehrt um das Gewicht der Reiterverschiebung, entweder zu addieren oder davon zu subtrahieren, je nachdem die Ausschläge auf der rechten oder linken Seite vom Mittelstrich gelegen sind.

Von der richtig eingestellten Empfindlichkeit der unbelasteten und belasteten Waage überzeugt man sich dadurch, daß man nach Feststellung des Nullpunktes den Reiter um einen Zahn versetzt. Jetzt müssen die Ausschläge nach der anderen Seite erfolgen und die Summe derselben muß den Wert von 100 ergeben. Bei genauen Wägungen empfiehlt es sich, nach Feststellung des Gewichts zur Kontrolle den Reiter um einen Zahn zu verschieben und wieder die Ausschlagsdifferenz festzustellen. Die Differenz der ersten und der zweiten Wägung muß sich auf 100 ergänzen. Wenn infolge starker Benützung der Waage die Schneiden des Waagebalkens allmählich stumpf geworden sind, wird der Wert von 100 nicht mehr erreicht. Die „Empfindlichkeit" ist dann niedriger (90 oder noch weniger). Dies muß bei Feststellung des Gewichts berücksichtigt werden. Häufig beobachtet man, daß die Empfindlichkeit der Waage bei größerer Belastung (10 g) gegenüber geringerer Belastung (1 g) merklich herabgesetzt ist. Als Ursache kommt der Umstand in Betracht, daß die 3 parallel angeordneten Schneiden des Balkens nicht genau in *einer* Ebene liegen.

Das Waagenzimmer und die Aufstellung der Waage. Das ideale Waagenzimmer soll in ruhiger, staub- und verkehrarmer Lage, womöglich nordseitig gelegen sein. Die Zimmertemperatur soll nicht unter 18° liegen und nur Schwankungen von höchstens 1° aufweisen. Als künstliche Lichtquelle dienen starke Deckenlampen oder ein diffuses, indirektes Fluorescenzlicht. Zusätzlich wird aber jede Waage durch eine Leuchtröhreneinrichtung beleuchtet, die keinen Wärmeeffekt auf die Waage ausübt. Sie ist vor strahlender Wärme und Wettereinflüssen zu schützen. Die relative Luftfeuchtigkeit kann zwischen 40 und 60% schwanken. Eine Klimaanlage ist zwar erwünscht, aber in Mitteleuropa nicht unbedingt erforderlich.

Die Waage soll auf einer Marmorplatte, die mit der Zimmerwand nicht in Verbindung steht, erschütterungsfrei aufgestellt werden. Dies wird nach STEYERMARK[1] dadurch am besten erreicht, daß die Konsolen getrennt von der Zimmerwand auf eine Schicht von Kork mit Ziegelsteinen aufgebaut werden, auf diese eine Zwischenlage von Holz und Blei, und darauf erst die Marmorplatte befestigt wird. Diese soll so dimensioniert sein, daß nur die Waage darauf Platz hat. Rund um sie wird ein mittels Stützen an der Zimmerwand befestigter Holzrahmen angebracht, auf den man sich bequem aufstützen kann, ohne die Waage zu erschüttern, und auf dem auch die notwendigen Geräte abgestellt werden können. Die Waage steht auf einer Glasplatte, die von 3 Gummistopfen getragen wird. (Über eine andere zweckmäßige erschütterungsfreie Aufstellung der Waage vgl. KIRNER[2].)

Die Behandlung der Waage. Da die Waage eine gewisse Trägheit in der Einstellung des Temperaturgleichgewichts zeigt, sollen die täglichen Temperaturschwankungen des Waagenraumes nicht mehr als 1° betragen. Die Wägungen einer neu aufgestellten

[1] STEYERMARK, AL.: Industr. engng. Chem., analyt. Ed. **17**, 523 (1945).
[2] KIRNER, W. R.: Industr. engng. Chem., analyt. Ed. **9**, 300 (1937).

Waage werden erst konstant, wenn sich die Waage einige Tage im temperaturkonstanten Raum befindet. Steht die Waage unter einem Schutzkasten, so soll dieser schon 1 Std vor der Wägung entfernt werden.

Vor Beginn der Wägung wird die Waage gut durchlüftet. Die Seitentüren und der Vorderschieber bleiben einige Zeit geöffnet, damit ein völliger Ausgleich etwa vorhandener Temperatur- und Feuchtigkeitsunterschiede, der sog. Klimaausgleich, zwischen Waageninnerem und dem Waagenzimmer eintritt. Nach jeder längeren Wägepause läßt man die Waage unter mehrmaligem Arretieren auch etwas ausschwingen.

Vor jeder Serie von Wägungen wird der Nullpunkt der Waage kontrolliert und allenfalls neu eingestellt. Kleine Verschiebungen (1—2 Teilstriche der Skala) lassen sich mittels der beiden Fußschrauben des Gehäuses bei schwingender Waage korrigieren, größere jedoch nur durch vorsichtige Betätigung der Reguliervorrichtung am Balken. Bei Wägungen, die zeitlich weit auseinander liegen (z. B. beim Trocknen von Substanzen), muß der Nullpunkt, da im Laufe des Tages, besonders infolge von Temperaturänderungen, Nullpunktsverschiebungen auftreten, nach jeder Wägung festgestellt und auf eine Änderung desselben bei der Berechnung der erfolgten Gewichtsveränderungen Rücksicht genommen werden. Für die rasche Berechnung einer Gewichtsänderung bei einer zwischen 2 Wägungen eingetretenen Nullpunktsverschiebung hat sich die Beachtung folgender Regel bewährt:

1. Die Nullpunktsverschiebung ist die Anzahl tausendstel Milligramm, um die die unbelastete Waage bei der nach längerer Zeit vorgenommenen zweiten Prüfung anders einspielt als bei der ersten. Sie ist positiv, wenn die Wanderung von links nach rechts erfolgt ist, und negativ bei einer Wanderung des Nullpunktes von rechts nach links.

2. Man findet das wahre Gewicht der getrockneten Substanz oder des Gegenstandes, der nach Eintritt der Nullpunktsverschiebung wieder gewogen werden soll, indem man die Nullpunktsverschiebung mit dem entgegengesetzten Vorzeichen addiert. Es muß also eine positive Nullpunktsverschiebung vom ermittelten Gewicht subtrahiert, eine negative addiert werden.

Sehr wichtig ist der richtige Sitz des Reiters. Er muß senkrecht sitzen; denn schon eine Neigung von $1°$ ändert das Gewicht um $6\,\gamma$. Durch einen seitlichen Stoß mit der Reiterverschiebung reitet er gewöhnlich gut ein[1, 2, 3].

Reinigung der Waage. Treten nach längerem Gebrauch Unregelmäßigkeiten in den Ausschlägen oder die Erscheinung des Klebens der Waage auf, indem sie beim Freimachen nicht zu schwingen anfängt, hervorgerufen durch Verunreinigungen an den Arretierungskontakten, den Schneiden oder der Zeigerspitze, so muß sie gereinigt werden. Nach Entfernen des Vorderschiebers des Waagengehäuses werden die Schalen und Gehänge abgenommen und dann der Balken unter Anfassen am oberen Teil der Zunge mittels eines Rehlederlappens abgehoben (Achtung auf die Zeigerspitze!). Sämtliche Arretierungskontakte, Schneiden und Lager werden mit reinen trockenen Rehlederläppchen gründlich abgerieben unter Zuhilfenahme einer Pinzette, um auch in die Vertiefungen der Arretierungskontakte zu gelangen. Unter Kontrolle mit einer Lupe werden Balken, Reiterlineal und Gehänge abgepinselt, Schalen und Bügel mit Rehleder abgewischt. Man achte insbesondere darauf, daß auf den Schneiden und an der Zeigerspitze keine Härchen haften. Auch das Gehäuse wird mit einem größeren Rehlederlappen gereinigt. Statt Rehleder eignet sich auch Leinwand, die wiederholt gut und zuletzt mit destilliertem Wasser gewaschen wurde. Der Pinsel wird mit Aceton entfettet.

Vor dem Zusammenstellen fettet man die Lager der Welle der Arretierungsvorrichtung mit einer Spur Uhrmacheröl. Beim Zusammensetzen wird nach Heben der Arretierung zunächst der Balken aufgelegt (Achtung auf die Zeigerspitze!) und dann zuerst das linke

[1] SCHWARZ-BERGKAMPF, E.: Z. analyt. Chem. **69**, 321 (1926).
[2] RAMBERG, L.: Ark. Kemi, Mineral. Geol. (A) **11**, Nr. 7 (1933).
[3] GORBACH, G.: Mikrochem. **20**, 254 (1936).

Gehänge, darauf das rechte eingehängt. Zur Vermeidung von Verwechslungen trägt bei der Waage von KUHLMANN das linke Gehänge vorne einen, das rechte zwei Punkte. Dann werden die Schalen eingehängt und allenfalls die Waagrechtstellung der Waage überprüft. Nach vollständiger Zusammenstellung wird die starke Nullpunktsverschiebung mittels der Reguliervorrichtung am Balken annähernd korrigiert. Zum Temperaturausgleich wird die Waage bei offenen Türen längere Zeit stehengelassen. Erst jetzt erfolgt die genaue Nullpunktseinstellung und die Überprüfung der Empfindlichkeit, die sich bei sachgemäßer Reinigung nicht ändern darf.

Bei langem Gebrauch einer Waage oder bei unsachgemäßer Behandlung kann es vorkommen, daß die Verschiebung des Reiters um einen Teilstrich beim Reiterlineal nicht mehr einer Ausschlagsdifferenz von 10 Teilstrichen an der Skala entspricht, und daß die Ausschlagsdifferenz rasch abnimmt. In diesem Falle behilft man sich, indem man entweder die Empfindlichkeit durch Drehen der Schwerpunktsschraube neu einstellt, was allerdings eine heikle und sehr mühsame Arbeit ist, oder man ermittelt aus einer Reihe von Ablesungen, wieviel Teilstrichen die Reiterverschiebung um 1 Zahn entspricht. Beträgt dieses Verhältnis z. B. statt 100 nur noch 85, so läßt sich für die Ausschlagsdifferenz von 1—85 eine Tabelle anlegen, die den Werten von 1—100 entspricht. Grobe Fehler, auch die sog. schnelle Ermüdbarkeit der Waage, d. s. die rasche Abnahme der Ausschlagsdifferenz oder unregelmäßige Ausschläge, lassen sich nur durch Erneuerung des Schneidenschliffes beseitigen[1].

Der Gewichtssatz. Dem Gewichtssatz, insbesondere den Bruchgrammen, muß besondere Beachtung geschenkt werden. Die Bruchgramme erleiden manchmal in verhältnismäßig kurzer Zeit Gewichtsveränderungen. Von ihnen werden für die eigentliche Gewichtsbestimmung fast nur die Zehntel- und Hundertstelgramme benützt, während die übrigen Gewichte gewöhnlich nur zu Tarierzwecken benötigt werden und daher nicht so genau justiert sein müssen. Eine einfache Prüfung besteht darin, daß das 10 mg-Gewicht mit dem Reiter, der als Bezugsmasse dient — er soll genau 5 mg wägen —, gewogen wird. Man bringt den Reiter zuerst in die Kerbe „0“, bestimmt die Nullpunktslage, bringt dann das 10 mg-Gewicht auf die linke Schale sowie den Reiter in die Kerbe 100 und ermittelt das Gewichtsverhältnis durch wiederholte Ablesungen. Mit dem 10 mg-Gewicht und dem Reiter werden die beiden 20 mg-Gewichte und mit den beiden 20 mg-Gewichten und dem Reiter schließlich das 50 mg-Gewicht vergleichen. Das 100 mg-Gewicht wird gegen das 50 mg-Gewicht und die beiden 20 mg-Gewichte bei Reiterstellung 100 geprüft. Die ermittelten Zahlen werden in einer Tabelle zusammengestellt. Zwecks Reinigung werden die Bruchgrammgewichte von Zeit zu Zeit mit Alkohol und Wasser gewaschen und mit feinem Rehleder abgewischt. Die exakte Überprüfung des gesamten Gewichtssatzes mit einem Normalgewicht nimmt man nach den Angaben von FELGENTRÄGER[2] vor. Vorteilhafter sind Gewichtssätze, die in 10, 20, 30, 50, 100, 200, 300, 500 mg, 1, 2, 3, 5, 10 g unterteilt sind, wie sie von FELGENTRÄGER, SARTORIUS[3], sowie LIEB und SOLTYS[4] vorgeschlagen werden.

Taragefäße. Die Wägung von schwereren Objekten wird durch die Anwendung der Tarawägung sehr erleichtert und beschleunigt. Für schwere Gegenstände (Absorptionsapparate, Tiegel u. ä.) verwendet man nach PREGL numerierte Glasfläschchen, die mit mittlerem und feinem Bleischrot austariert werden. Das Tarafläschchen kommt auf die rechte Waagschale und dazu ein 100 mg-Gewicht. Man gibt nun so lange Schrot mittlerer Größe in das Fläschchen, bis die Waage gerade umschlägt. Dann entfernt man das 100 mg-Gewicht und tariert mit feinem Schrot so aus, daß das Objekt nur noch um 1—2 mg zu schwer ist, worauf die Reiterablesung zur genauen Feststellung des Gewichts herangezogen wird. Genauer ist die Verwendung von Tarierstücken, die dem zu wägenden

[1] STERNBERG, H.: Mikrochem. **22**, 187 (1937).
[2] FELGENTRÄGER, W.: Z. analyt. Chem. **83**, 422 (1931).
[3] SARTORIUS, F.: Z. analyt. Chem. **91**, 344 (1933).
[4] LIEB, H., u. A. SOLTYS: Mikrochem. (MOLISCH-Festschr.) **1936**, 290.

Gegenstand an Größe, Gestalt und Material möglichst gleichen, weil dann die Luftdichte-
änderungen zwischen 2 Wägungen keine Rolle spielen und sich Korrekturen erübrigen.
Für leichtere Gegenstände (Schiffchen, Wägeröhrchen usw.) benützt man als Tara dicken
Aluminiumdraht, der nach entsprechender Formung so abgefeilt wird, daß nach Auf-
legen von Tara und Objekt der Reiter in eine der ersten Kerben zu sitzen kommt.
Dadurch ist die Substanzwägung für die meisten Mikroanalysen ohne Anwendung von
Gewichten nur mit Hilfe der Reiterverschiebung möglich. Eine Gewichtsauflage zwischen

Abb. 1. Mikroanalytische Schnellwaage mit Luftdämpfung und Kollimationsablesung sowie automatischer Auflage der
Bruchgramme (Fa. Bunge, Hamburg).

der Wägung des leeren Schiffchens und des Schiffchens mit Substanz soll man wegen
der häufigen Ungenauigkeit des 10 mg-Gewichtes vermeiden.

Alle Objekte, die gewogen werden sollen, müssen die Temperatur des Gehäuses
angenommen haben. Gegenstände, die beim Wägen stets gebraucht werden, wie die

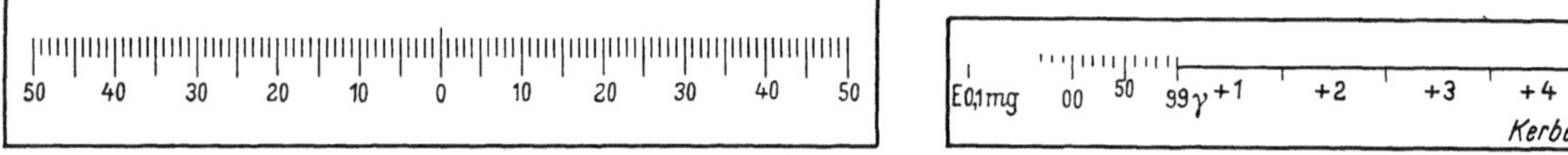

Abb. 2. Mikroskalen einer Bunge-Mikrowaage.

Tarafläschchen mit Schrot, die Taragewichte, verwahrt man im Waagengehäuse auf,
die 10, 20 und 50 mg-Gewichte am besten in einem flachen Schälchen auf Samt. Objekte,
die vor der Wägung abgewischt oder geglüht wurden, läßt man neben der Waage längere
Zeit (10—20 min) liegen. Das Abkühlen von geglühten Objekten erfolgt rasch durch
Auflegen auf einen Kupferblock. Der Temperaturausgleich tritt bei Platingeräten rascher
ein als bei Porzellangeräten. Nach dem Abkühlen bringt man sie, ohne sie mit den Fingern
zu berühren, mittels einer Pinzette, Drahtgabel u. dgl. in die Waage und wägt sie erst
nach weiteren 5 min.

Da die Firma W. Kuhlmann nicht mehr existiert, wird auf folgende Firmen hin-
gewiesen, welche nach dem gleichen Prinzip gebaute mikrochemische Waagen in den
Handel bringen: P. Bunge, Hamburg; Sartorius-Werke, Göttingen; A. Sauter, Ebingen/
Württemberg; Stanton Instruments Ltd., London; W. M. Ainsworth & Sons, Inc.,
Denver, Colorado (USA).

Die neueren mikrochemischen Waagen sind meist mit Luftdämpfung versehen und gestatten dadurch ein viel rascheres Wägen. Die Waagen können auch mit einer Vorrichtung zum Auflegen der Bruchgramme von außen, sowie mit Projektionsablesung versehen sein.

Andere Typen von Mikrowaagen. Auf einige andere Waagenmodelle sei an dieser Stelle noch aufmerksam gemacht, weil damit zum Teil die Wägungen sehr rasch mit

Abb. 3. Torsionsfederwaage (Fa. Hartmann & Braun, Frankfurt).

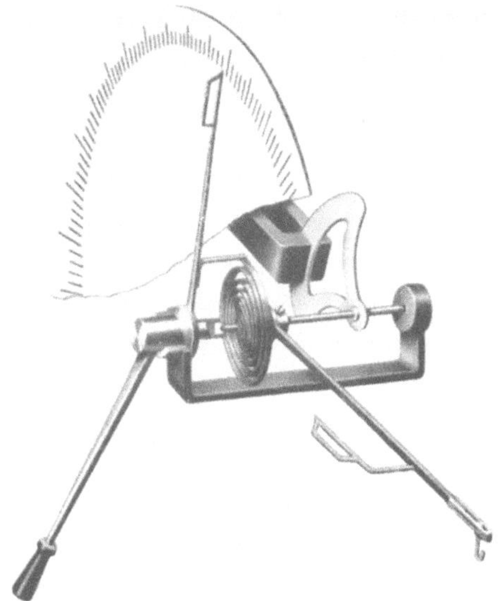

Abb. 4. Prinzip der Torsionsfederwaage.

genügender Genauigkeit ausgeführt werden können; für bestimmte Zwecke sind sie daher der oben beschriebenen mikrochemischen Waage überlegen.

Die NERNST-Waage[1], eine Neigungswaage, die von EMICH und DONAU[2, 3] modifiziert wurde, hat bei einer Tragfähigkeit von etwa 0,2 g eine Präzision von ± 1 bis

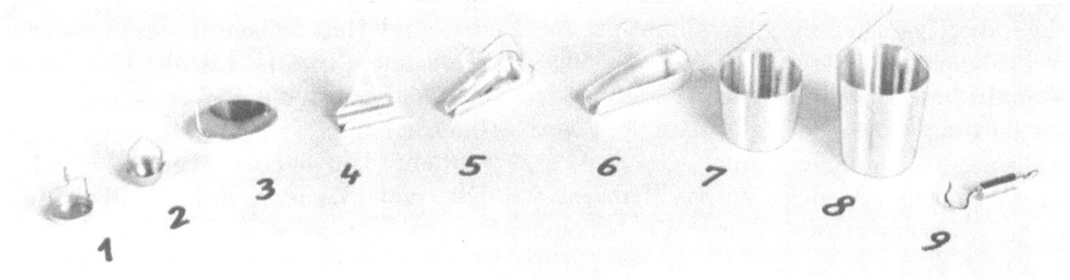

Abb. 5. Geeichte Geräte für die Torsionsfederwaage.

$\pm 3\,\gamma$. Balken, Zeiger und Gehänge werden aus Quarz hergestellt. Die Zeigerausschläge sind im allgemeinen der Masse nicht proportional, weshalb die Zeigerskala für jeden Balken geeicht werden muß.

Die neue Mikrowaage von DONAU besitzt eine Genauigkeit von $\pm 2\,\gamma$, bei einer Maximalbelastung von etwa 2 g. Das Wägeprinzip der NERNST-Waage ist beibehalten, Balken und Zeiger sind aus Duraluminium von nur 1,5 g Gewicht hergestellt, doch werden auch dabei aus Quarzfäden hergestellte „Torsionsschneiden" verwendet. Sonst ähnelt

---

[1] NERNST, W.: Z. Elektrochem. **9**, 622 (1903).
[2] EMICH, F., u. J. DONAU: Mh. Chem. **30**, 745 (1909).
[3] DONAU, J.: Mikrochem. **9**, 1 (1931); **13**, 155 (1933).

die Waage einer Hebelwaage. Durch eine Luftdämpfungseinrichtung wird die für eine Wägung erforderliche Zeit auf 15 sec reduziert. Die Bestandteile der Waage sind im Handel erhältlich, doch müssen die Schneiden vom Experimentator selbst eingezogen werden, eine Arbeit, die keine besondere Schwierigkeiten bietet. Darüber und über das Wägen mit dieser Waage wird auf die Originalarbeit verwiesen.

Torsionsfederwaagen. Zur raschen Einwaage von biologischem Material, insbesondere für die Methode der Blutuntersuchung nach BANG, wird vielfach die Torsionsfederwaage benützt. Die von der Firma Hartmann & Braun (Frankfurt a. M.) in den Handel gebrachte Waage wird schon seit langem in zahlreichen Laboratorien verwendet. Die

Abb. 6. Torsionsfeinwaage (Fa. Sauter, Ebingen).

Waage, die eigentlich eine Kombination von Feder- und Hebelwaage darstellt, wird mit verschiedenen Meßbereichen von 5—5000 mg erzeugt. Sie gestattet das Gewicht direkt abzulesen. Beim kleinsten Meßbereich von 5 mg beträgt der Wert eines Skalenteiles 0,01 mg. Da eine Meßgenauigkeit von $\pm 0,5$ Skalenteile gewährleistet wird, kann die absolute Genauigkeit mit $\pm 5\,\gamma$ angesetzt werden. Um den Meßbereich durch die Tara (Wägegefäße) nicht zu verkleinern, werden auch Waagen mit „Vorbelastung" erzeugt. Dabei spielt die Waage erst bei eingehängtem Wägegefäß auf die Null-Lage ein. Für den Meßbereich von 5—25 mg beträgt die Vorbelastung 100 mg. Geräte mit diesem Gewicht (Schälchen, Tiegel usw.) können geliefert werden. Es werden auch Waagen mit einem um die Hälfte kleineren und dafür genaueren Meßbereich geliefert.

An einer in Edelstein gelagerten Achse ist eine Feder befestigt, deren Enden einerseits mit dem auf einer Kreisskala laufenden Zeiger und andererseits mit der Achse, dem Hebel und dem Gleichgewichtszeiger verbunden sind. Die Achse trägt außerdem noch eine aus einem durchbrochenen Aluminiumscheibchen und einem Magneten bestehende Dämpfung. Durch die am Hebelarm wirkende Last wird die Feder gespannt, bzw. der Hebelarm herabgedrückt und der Zeiger von der Null-Lage entfernt. Durch Betätigung eines zweiten, des Spannhebels (Drehung nach links), wird der andere Hebelarm mit dem Gleichgewichtszeiger auf die Null-Lage gehoben. Dann wird die Zeigerstellung auf der Skala abgelesen. Bei unbelasteter Waage muß der Gleichgewichtszeiger auf die Nullmarke einspielen, wenn der große Zeiger auf den Nullstrich der Kreisskala gestellt wird.

Auf eine weitere Beschreibung der Waage wird verzichtet, weil die Gebrauchsanweisung die nötigen Angaben enthält.

Auf einem ähnlichen Prinzip beruhende Torsionsfederwaagen werden auch von anderen Firmen geliefert (vgl. LOEBE und KÜHN[1], ZIEGLER-WELLMANN[2]). Die neuestens von der Firma A. Sauter, Ebingen/Württemberg, in 11 Typen in den Handel gebrachten Torsionsfederwaagen werden auch für sehr kleine Meßbereiche (0—1 mg, 0—2,5 mg, 0—5 mg, 0—10 mg, 0—25 mg, 0—50 mg) geliefert. Jeder Meßbereich ist in 500 Teilstriche geteilt, so daß noch der tausendste Teil abgelesen werden kann.

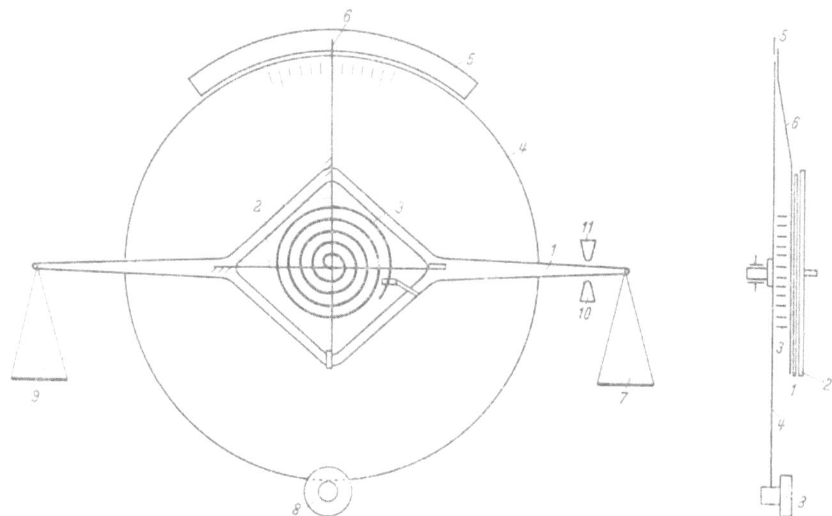

Abb. 7. Prinzip der Torsionsfeinwaage: *1* Balken, *2* Kreuzfedergelenk, *3* Spiralfeder, *4* Skala, *5* Gegenskala, *6* Zeiger, *7* Lastschale, *8* Trieb zum Drehen der Skala *4*, *9* Gewichtsschale, *10* und *11* Anschlagsbegrenzung.

Im übrigen wird auf das Sammelreferat „Die Mikrowaage" von GORBACH[3], sowie auf die Handbuchartikel von EMICH[4] verwiesen.

c) Allgemeine chemische Operationen.

Einfache Hilfsmittel. Als Reaktionsgefäße kann man in vielen Fällen kurze Reagensgläser oder *Spitzröhrchen* (s. S. 52) verwenden, sofern nicht, durch die auszuführende Reaktion bedingt, ein besonderes Gefäß anzuwenden ist.

Das Abwiegen der Reagentien wird bei präparativen Arbeiten fast immer mit einer gewöhnlichen Apotheker- oder Schalenwaage erfolgen können, Flüssigkeiten werden entweder in kleinen *Becherchen* (Abb. 8) eingewogen oder pipettiert. Man wird in den meisten Fällen mit gewöhnlichen Meßpipetten auskommen und nur manchmal *Auswaschpipetten* oder *Wägepipetten* verwenden müssen, wenn die Menge

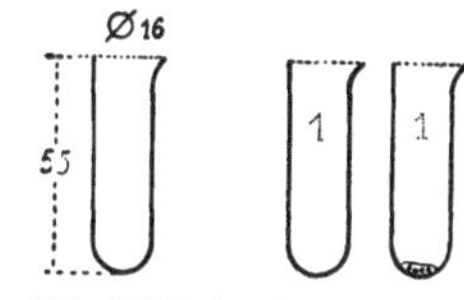

Abb. 8. Kleine Glasbecher.

der zuzugebenden Flüssigkeit genau dosiert sein muß. Die *Auswaschpipetten* nach PREGL (Abb. 9) gestatten ein präzises Abmessen von Volumina von 0,1—5 cm³ und sind geeicht im Handel erhältlich*. Um Flüssigkeiten tropfenweise zugeben zu können, benützt man kleine *Tropfpipetten*, die man durch Ausziehen eines Glasrohres entsprechenden Durchmessers am Gebläse herstellt. Es ist empfehlenswert, stets mehrere solcher Tropfpipetten vorrätig zu haben, da sie für viele Zwecke verwendet werden können. Kleine Flüssigkeitsmengen können auch mittels *Platin-* oder *Glasösen* eingewogen werden, doch wird man von dieser Art der Einwaage vor allem bei quantitativen Arbeiten Gebrauch machen.

---

* Paul Haack, Wien IX, Garelligasse 4.

[1] LOEBE, W., u. R. KÜHN: Z. Instr.-Kde. **53**, 21 (1933).

[2] ZIEGLER-WELLMANN, M.: Chem. Fabrik **7**, 472 (1934).

[3] GORBACH, G.: Mikrochem. **20**, 254 (1936).

[4] EMICH, F.: Handb. biochem. Arb.-Meth. (ABDERHALDEN) Bd. 9, S. 55. 1919. Handb. biol. Arb.-Meth. Abt I, Teil 3. S. 45. 1921.

Zur Grundausrüstung eines Mikrolaboratoriums gehören ferner neben den später erwähnten *Mikrobrennern* (s. S. 35) auch noch entsprechend geformte *Spatel* (Abb. 10), *Pinzetten*, sowie *Glasstäbchen* zum Umrühren. Diese stellt man sich selbst her, indem man einen Glasstab in der Gebläseflamme erhitzt und dann unter stetem Drehen zu einem dünnen Stäbchen auszieht (Abb. 11). Manchmal werden auch *Rührhäkchen aus Platin*, wie sie EMICH[1] empfiehlt, Verwendung finden können.

Hier sei auch noch auf einige spezielle Geräte hingewiesen, die des öfteren mit Vorteil verwendet werden können. So beschreibt BOGUTH[2] ein *Mikropipettiergerät*, das nach Angaben des Verfassers zum Auffüllen kleiner Flüssigkeitsmengen auf Volumina unter 5 cm³, zum Abhebern von Flüssigkeiten nach vorausgegangenem Zentrifugieren, zum

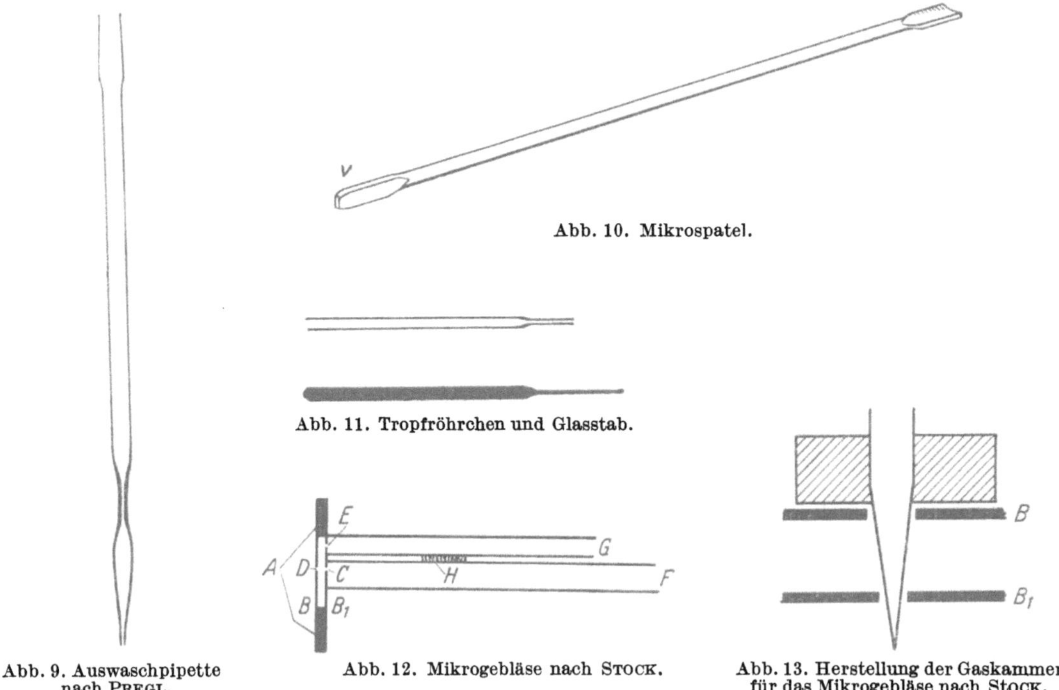

Abb. 10. Mikrospatel.

Abb. 11. Tropfröhrchen und Glasstab.

Abb. 9. Auswaschpipette nach PREGL.   Abb. 12. Mikrogebläse nach STOCK.   Abb. 13. Herstellung der Gaskammer für das Mikrogebläse nach STOCK.

Herstellen von Verdünnungsreihen und als Mikrobürette verwendet werden kann. Das Gerät gestattet die Verwendung beliebiger geeigneter Mikropipetten, wobei das Einsaugen und Ausfließen aus der Pipette durch einen regelbaren Unterdruck erfolgt.

STOCK[3] beschreibt ein *Mikrogebläse*, welches selbst hergestellt werden kann und in Abb. 12 gezeigt ist. Die Gaskammer wird aus einem Stahlring A (39 mm äußerer Durchmesser, 21 mm innerer Durchmesser) durch Auflöten von 2 Kupferfolien B, B_1 (0,1 mm Dicke) hergestellt. Genau in der Mitte wird mittels einer Nähnadel ein Loch durch beide Folien, wie in Abb. 13 gezeigt ist, gebohrt. Man legt dazu die Gaskammer auf einen Holzblock und führt die Nadel durch einen Kork, der der Kammer aufgesetzt wird. Das kleinere Loch C dient zum Lufteintritt, die Flamme brennt auf der Seite des größeren Loches D. Das Gas tritt bei der Öffnung E (Durchmesser 2 mm) ein. Die Messingröhren F und G, die entsprechend der Zeichnung angelötet sind und durch eine Lotmetallbrücke H auf Abstand gehalten werden, dienen zum Anschließen des Gebläses an die Gas- und Preßluftzuleitung. KIRK[4] gibt in seiner Monographie ebenfalls einfache selbst herstellbare Mikrobrenner und Mikrogebläse an.

[1] EMICH, F.: Handb. biol. Arb.-Meth. Abt. I, Teil 3, S. 45. 1921.
[2] BOGUTH, W.: H. 285, 93 (1950).
[3] STOCK, J. T.: Analyst 74, 122 (1949).
[4] KIRK, P. L.: Quantitative Ultramicroanalysis. S. 102. New York 1950.

Selbstverständlich wird auch stets eine größere Menge kleiner *Uhrgläser, Porzellan-*
und *Platinschälchen* bzw. *Tiegel* vorhanden sein müssen, ebenso wie eine *Tüpfelplatte*
für einfache qualitative Reaktionen.

Zur weiteren Ausrüstung gehört eine einfache *Laboratoriumszentrifuge,* die mit einer
Tourenzahl von ungefähr 3000 Umdrehungen je Minute läuft. Ist diese nicht vorhanden,
so wird man auch eine gewöhnliche Hand-
zentrifuge mit Erfolg verwenden können.
Man benötigt ferner hölzerne Reagensglas-
halter, sowie *Abstellgeräte* für die vorher

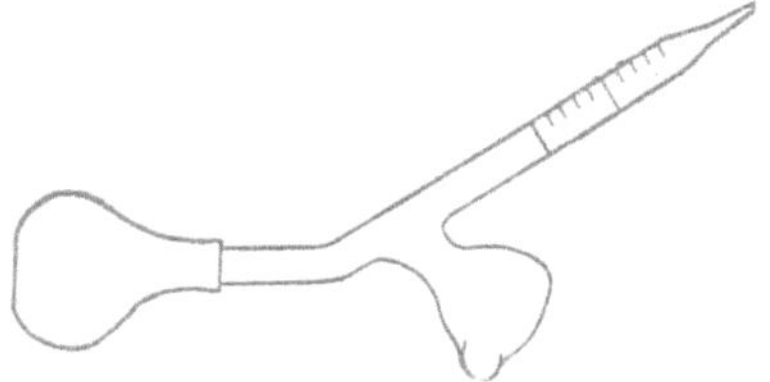

Abb. 14. Spritzpipette nach GORBACH.

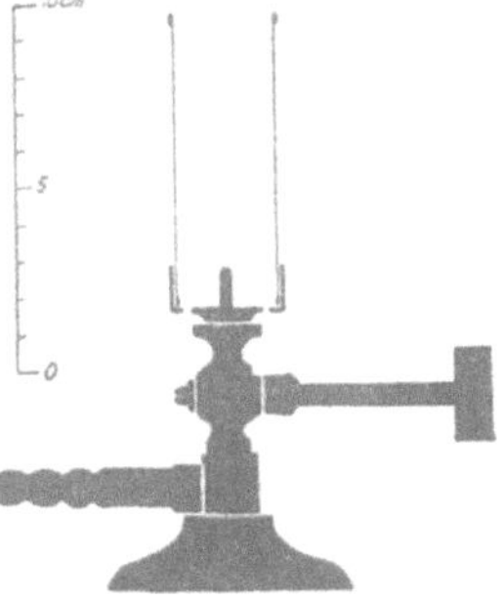

Abb. 15. Mikrobrenner.

erwähnten Reaktionsgefäße. Die Spitzröhrchen werden am einfachsten in mit entsprechenden Bohrungen versehene Holzklötzchen gestellt.

Mikrospritzflaschen können aus 50 cm³-Erlenmeyer-Kölbchen in der üblichen Weise
selbst hergestellt werden oder entsprechend dimensioniert bei den einschlägigen Firmen
bezogen werden. Es sei hier auf die von HECHT[1] angegebenen Mikrospritzflaschen
(Fassungsraum 5 cm³), sowie auf die *Spritzpipette* von GORBACH[2] (Abb. 14) hingewiesen.

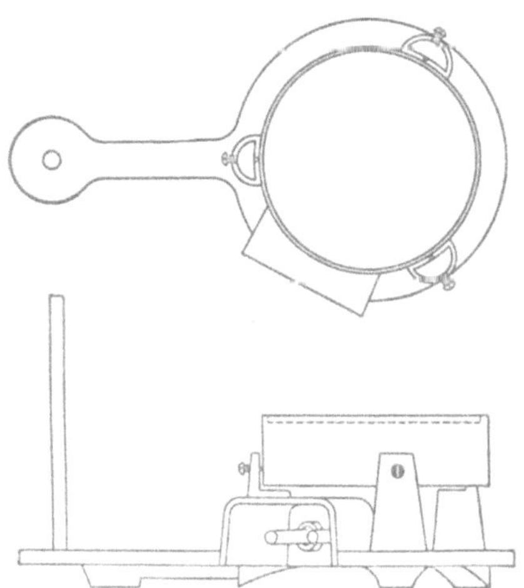

Abb. 16. Universalheizkörperstativ.

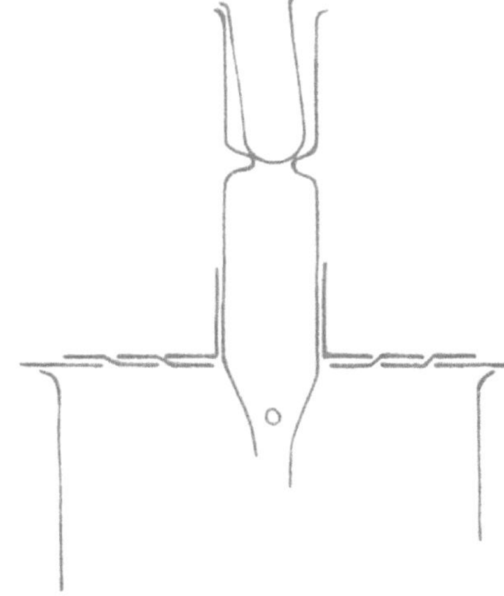

Abb. 17. Vorrichtung zum Erhitzen von
Mikroproberöhrchen.

Einfache *Gummiwischer* für Mikrozwecke werden hergestellt, indem man ein ungefähr
5 mm langes Stück Ventilschlauch, wie er für Fahrräder verwendet wird, zur Hälfte unter
gleichzeitigem Zusammenpressen mit Gummilösung verklebt. Dieses breitgedrückte
Ende wird mit einem scharfen Messer gerade abgeschnitten und in die verbliebene Öffnung
ein Glasstab gesteckt. Selbstverständlich können auch die von PREGL empfohlenen
Schnepfenfederchen (s. Mikroelementaranalyse, Bd. III) angewendet werden.

Arbeiten unter Erwärmung. In vielen Fällen wird man das zu erhitzende Gefäß
direkt mit freier Flamme unter Verwendung eines *Mikrobrenners* (Abb. 15) erwärmen
können. Es kann aber auch die Sparflamme eines Bunsenbrenners benützt werden.

---

[1] Hecht-Donau S. 86.
[2] GORBACH, G.: Mikrochem. **34**, 183 (1949).

Das Dazwischenlegen eines Drahtnetzes wird sich besonders bei längerem Erhitzen empfehlen. Man kann natürlich auch elektrische Heizplatten gebrauchen. Ein geeignetes Gerät, welches mit einem angebauten Stativ versehen ist, beschreibt GORBACH[1] (Abb. 16). Durch Auflegen von Zwischenringen ist es möglich, ein Sandbad herzustellen; eine kleine Wanne, die ebenfalls auf die Heizplatte aufgesetzt werden kann, erlaubt das Zusammenbauen eines Mikro-Vakuumexsiccators. Einzelheiten über dieses Universalinstrument, welches sowohl zum Heizen als auch zum Kühlen verwendet werden kann, sind der Originalliteratur zu entnehmen.

Kleine *Luftbäder* lassen sich improvisieren, indem man das zu erhitzende Gefäß direkt auf den Glimmermantel des Mikrobrenners aufsetzt, dessen Flamme stecknadelkopfgroß brennt. Die bei präparativen Arbeiten im Makromaßstab sehr oft angewendeten Bäder können auch für mikropräparatives Arbeiten herangezogen werden. *Einfache Wasserbäder*, die wegen der meist kurzen Erwärmungszeit keine automatische Wasserzufuhr haben müssen, werden aus Bechergläsern entsprechender Größe hergestellt, auf die die innersten Ringe eines normalen Wasserbades aufgelegt werden. Wird die Reaktion in Spitzröhrchen durchgeführt, so verwendet man einen von FEIGL[2] angegebenen *Wasserbadaufsatz* (Abb. 17). Häufig nimmt man Öl, konz. Schwefelsäure oder Paraffin als Badflüssigkeit, aber auch Glycerin und verschiedene kalt gesättigte Salzlösungen (Siedetemperatur: Natriumchlorid 108°, Natriumnitrat 120°, Kaliumcarbonat 125°). In manchen Fällen kann zur Heizung auch eine elektrische Glühbirne oder ein *Oberflächenverdampfer* * gebraucht werden.

Arbeiten unter Kühlung. Da die bei mikropräparativen Arbeiten verwendeten Geräte klein sind, so wird man immer mit Außenkühlung das Auslangen finden. Im einfachsten Fall wird das Reaktionsgefäß unter fließendes Wasser gehalten. Sollen tiefere Temperaturen erzielt werden, so kommen die verschiedenen bekannten Kühlmittel und Kältemischungen zur Anwendung.

Arbeiten unter vermindertem Druck. Sehr häufig muß man bei der Isolierung und Reindarstellung organischer Stoffe, vor allem bei der Destillation und Sublimation, unter vermindertem Druck, d. h. im Vakuum arbeiten. Aber auch bei manchen synthetischen Operationen — bei der Umsetzung empfindlicher, leicht zersetzlicher Substanzen — wird man des öfteren die Reaktion bei Unterdruck durchführen müssen. In den einzelnen folgenden Kapiteln sind jeweils auch Geräte für Arbeiten unter vermindertem Druck angegeben. Es sei hier darauf hingewiesen, daß das für Arbeiten im Vakuum am besten geeignete Gerät der Rundkolben ist, ebenso starkwandige zylindrische Röhren.

Arbeiten unter erhöhtem Druck. Manche organisch-chemischen Reaktionen müssen unter Anwendung eines Überdruckes durchgeführt werden, besonders wenn eine Temperatur erforderlich ist, die über dem Siedepunkt der Substanz oder des bei der Reaktion notwendigen Lösungsmittels liegt.

Für geringe Substanzmengen verwendet man starkwandige *Bomben-* oder *Einschmelzröhren* aus widerstandsfähigem Glas für einen Druck von 10—20 Atm. Falls bei der Reaktion Gase entstehen, darf nur wenig Substanz verwendet werden, sonst kann die Röhre zu einem Drittel oder bis zur Hälfte gefüllt werden. Das Zuschmelzen des Rohres am Gebläse muß unter Bildung einer einige Zentimeter langen, gleichmäßig dickwandigen Capillare vorgenommen werden. Für Temperaturen bis 100° wird in einem Wasserbad (*Wasserbadkanone*), für Temperaturen über 100° in einem *Schießofen* erhitzt. Nach beendeter Reaktion dürfen die Röhren erst nach vollständigem Erkalten geöffnet werden. Ohne sie aus dem Ofen zu nehmen, erhitzt man die herausragende Capillare vorsichtig, treibt darin befindliche Flüssigkeit weg und erhitzt dann mit der rauschenden Bunsenflamme so, daß sich unter dem in der Bombenröhre vorhandenen

---

* Fa. Heräus, Hanau.
[1] GORBACH, G.: Mikrochem. **31**, 116 (1944).
[2] FEIGL, F.: Qualitative Analysis by Spot Tests. 3. Aufl. S. 33. New York 1949.

Gasdruck die weichgewordene Capillare aufbläht und öffnet. Erst jetzt darf man die Röhre aus dem Ofen nehmen und die Kappe absprengen.

Die für präparative Zwecke mit großen Substanzmengen verwendeten Autoklaven sind auch für kleine Mengen organischen Stoffes konstruiert worden. SCHÖNIGER[1] beschreibt einen *Mikroautoklaven*, der für 5—30 cm³ Flüssigkeit anwendbar ist. Als Heizmantel dient ein Aluminiumblock, in den eine Hülse aus rostfreiem Stahl eingepaßt ist. Das Gerät wird mit einer Stahlplatte verschlossen, wobei ein Bleiring als Dichtung dazwischengelegt wird. Während es möglich ist, die Temperatur zu messen, ist eine Registrierung des Druckes nicht vorgesehen. Das Gerät ist so dimensioniert, daß es auf die GORBACHsche Heizplatte (s. S. 35) aufgestellt und mit dieser auf einer Schüttelmaschine befestigt werden kann, so daß auch eine mechanische Durchmischung der reagierenden Stoffe möglich ist. Einzelheiten der Konstruktion ergeben sich aus Abb. 18.

Bei Mengen von einigen Milligrammen, die einer Reaktion unter Druck zugeführt werden sollen, werden vorteilhaft dickwandige Capillaren als Reaktionsgefäß verwendet. Solche Capillaren halten erstaunlich hohe Drucke (bis zu mehreren hundert Atmosphären) aus.

Arbeiten unter Rühren und Schütteln. Bei Arbeiten mit inhomogenen Systemen ist, um eine rasche und bessere Reaktion der Stoffe zu erreichen, für gute Durchmischung Sorge zu tragen.

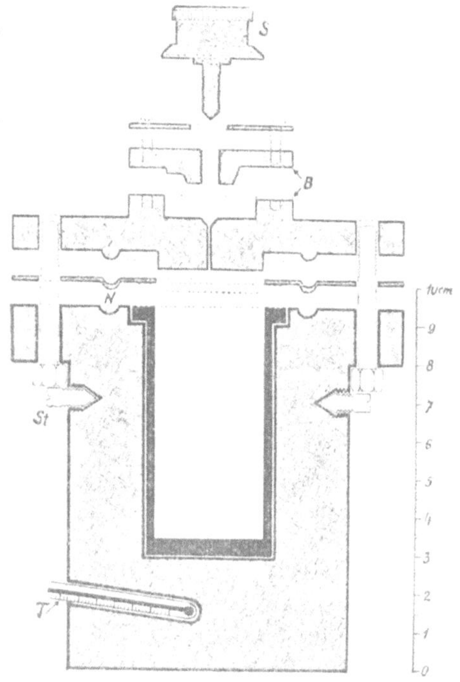

Abb. 18. Autoklav für kleine Substanzmengen.

Im einfachsten Fall, d. h. wenn die Reaktion in kurzer Zeit beendet ist, wird man das Reaktionsgefäß mit der Hand schütteln.

Bei länger dauernden Umsetzungen und beim Arbeiten unter Erwärmung muß jedoch ein Rührwerk verwendet werden. Verschiedene *Rührer*, die sich aus dünnen Glasstäbchen selbst herstellen lassen, sind in Abb. 19 gezeigt. Zum Antreiben verwendet

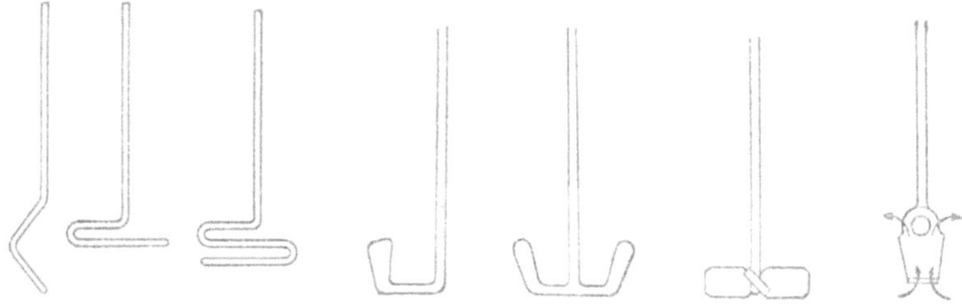

Abb. 19. Verschiedene Rührerformen.

man entweder kleine, mit Wasser oder Preßluft betriebene Turbinen oder kleine Elektromotoren. Auf die Achse der Maschine wird ein Stück Messingrohr, welches mit seitlichen Schlitzen versehen ist, aufgeschoben, so daß wahlweise der gerade benötigte Rührer eingeschoben werden kann. Ein kleines Scheibchen, das am Rande eingekerbt und in dem eine Schraube exzentrisch befestigt ist, ermöglicht die Verwendung der Antriebsvorrichtung auch zum Schütteln. Empfehlenswert ist ebenfalls ein von SOLTYS[2] konstruierter *Vakuummotor*, der mit dem Unterdruck einer Wasserstrahlpumpe oder auch mit Preßluft angetrieben werden kann.

---

[1] SCHÖNIGER, W.: Mikrochem. **34**, 316 (1949).
[2] SOLTYS, A.: Mikrochem. **20**, 107 (1936).

Von KUHN und BROCKMANN[1] stammt die in Abb. 20 gezeigte Vorrichtung zum Vermischen kleiner Substanzmengen. Dabei ist zu beachten, daß in das weiter oben mündende Gefäß die spezifisch leichtere Flüssigkeit gegeben wird, so daß schon am Rührstab eine Durchmischung stattfindet.

SCHWARZ[2] beschreibt einen *Mikro-Schüttelapparat*, der zum Vermischen inhomogener Systeme in der Größenordnung von einigen Zehntel Kubikzentimeter gut wirksam ist.

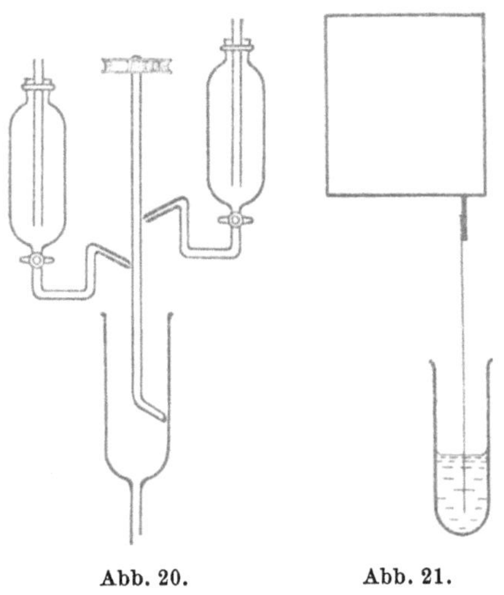

Der Hauptbestandteil ist ein älteres, elektromagnetisches Lautsprechersystem, welchem an der Schallmembran ein Draht aus rostfreiem Stahl von 1—1,5 mm Durchmesser angelötet wird. Dieser Draht endet in einem Ring, dessen Durchmesser so gewählt ist, daß die Schüttelgefäße gerade hineingesteckt werden und mit 2 Gummiringen befestigt werden können. Bei kleinen Volumina (bis zu 1 cm³) ist eine gute Durchmischung auch so zu erzielen, daß mit Hilfe einer feinen Glascapillare ein inerter Gasstrom durch die Flüssigkeit geblasen wird.

KIRK[3] beschreibt eine einfache Mischvorrichtung, welche aus einer elektrischen Klingel hergestellt wird, indem an Stelle des Hammers ein feiner Glasstab angebracht und diese Anordnung in entsprechender Stellung über dem Reaktionsgefäß montiert wird (Abb. 21).

Auch die *magnetische Rührung* wird mit Vorteil angewendet werden. Es sind die verschiedensten Magnetrührer, teilweise mit gleichzeitiger elektrischer Heizung, im Handel erhältlich.

Abb. 20.   Abb. 21.

Abb. 20. Vorrichtung zum Vermischen kleiner Substanzmengen nach KUHN und BROCKMANN.

Abb. 21. Mischvorrichtung nach KIRK.

Trennung fester Stoffe von Flüssigkeiten. Zum Trennen fester Stoffe von Flüssigkeiten können Dekantieren und Abhebern, Filtrieren und Zentrifugieren angewendet werden.

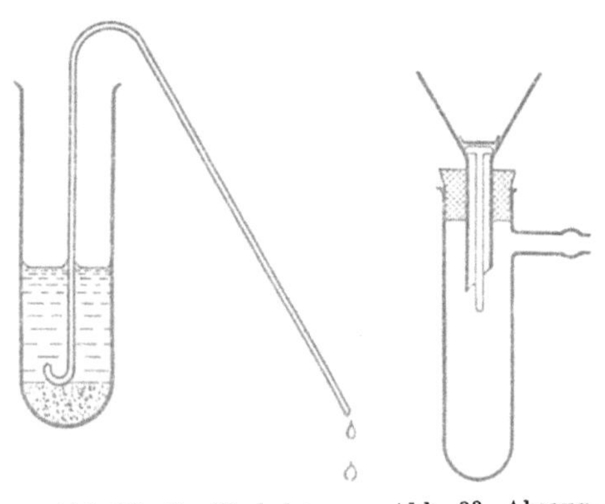

Das einfachste Mittel, das *Dekantieren*, wird vor allem immer dann angewendet werden, wenn der feste Stoff genügend schwer ist und sich daher entsprechend rasch und fest am Boden des Gefäßes absetzt. Im allgemeinen wird man fast immer nach dem Zentrifugieren die über dem Niederschlag stehende Flüssigkeit dekantieren können.

Zum *Abhebern* kleiner Flüssigkeitsmengen wird man stets Capillaren als Heber anwenden, die bei genügend kleinem Lumen selbsttätig die Flüssigkeit absaugen. Um jeglichen Verlust an festem Stoff zu verhindern, empfiehlt es sich, den über dem Niederschlag befindlichen

Abb. 22. Capillarheber.   Abb. 23. Absaugvorrichtung.

Teil des Hebers zu einem kleinen Häkchen umzubiegen, so daß die Ansaugöffnung nach oben zeigt (Abb. 22).

Zum *Absaugen* geringer Mengen ist eine große Zahl von Geräten angegeben worden, die zum Teil entsprechend verkleinerte Makrogeräte sind. Kleine perforierte Porzellanplatten (Durchmesser etwa 10 mm), sog. WITTsche *Filterplatten*, werden in einen gewöhnlichen Trichter gelegt, mit einem entsprechend zugeschnittenen Filter belegt und in eine

[1] KUHN, R., u. H. BROCKMANN: B. **66**, 1321 (1933).
[2] SCHWARZ, K.: Mikrochem. 18, 106 (1935).
[3] KIRK, P. L.: Mikrochem. 14, 1 (1933/34).

Absaugeprouvette eingesetzt. Sind einige Milligramme fester Substanz abzusaugen, so verwendet man den sog. WILSTÄTTER-Nagel, d. i. einen oben breit gedrückten Glasstab, der mit einer Filterpapierscheibe belegt und ebenfalls in einen gewöhnlichen Trichter eingesetzt wird. Man befeuchtet mit der verwendeten Flüssigkeit, bzw. dem benützten Lösungsmittel und saugt an, so daß das Filterscheibchen am Knopf und am Trichter zugleich festliegt (Abb. 23). Ein häufig verwendetes Gerät ist das *Filterröhrchen nach* PREGL. Dieses mit einer Sinterglasplatte versehene Gerät kann durch Aufsaugen einer Asbestaufschlemmung in seiner Durchlässigkeit noch variiert werden. Es empfiehlt sich, die von PREGL angegebene Anordnung zum Absaugen zu verwenden (s. Mikroelementaranalyse, Bd. III).

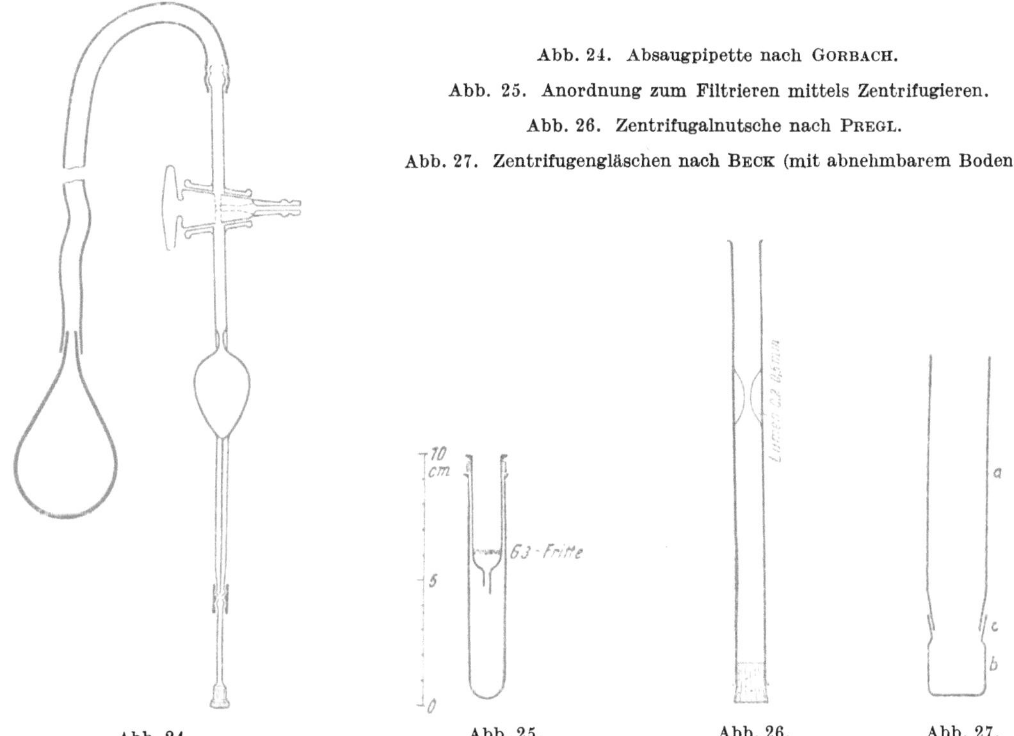

Abb. 24. Absaugpipette nach GORBACH.

Abb. 25. Anordnung zum Filtrieren mittels Zentrifugieren.

Abb. 26. Zentrifugalnutsche nach PREGL.

Abb. 27. Zentrifugengläschen nach BECK (mit abnehmbarem Boden).

Abb. 24. Abb. 25. Abb. 26. Abb. 27.

Eine im Prinzip umgekehrte Absaugmethode wurde von EMICH eingeführt. Die dazu verwendeten *Filterstäbchen* können aus Porzellan, Glas oder Platin sein. Vorrichtungen, die ein gleichzeitiges quantitatives Sammeln der Flüssigkeit gestatten, werden unter anderem von EMICH[1], HECHT-DONAU[2] und GORBACH[3] beschrieben. Die einfachste dieser Anordnung ist in der Abb. 24 dargestellt. Der zum Saugen nötige Unterdruck wird durch einen Gummiballon erzeugt, der bei entsprechender Stellung des Hahnes *H* zusammengedrückt wird. Nach Umschalten dieses Hahnes wird die Flüssigkeit durch das Filterstäbchen gesaugt und in der Birne gesammelt. Soll der feste Stoff gewaschen werden, so wird der Hahn geschlossen, das Filterstäbchen vorsichtig abgenommen, die Flüssigkeit in ein Gefäß entleert und die eben beschriebene Manipulation nach dem Ansetzen des Filterstäbchens wiederholt. Der *Filterbecher* von SCHWARZ-BERGKAMPF[4], der vor allem in der anorganischen gravimetrischen Mikroanalyse verwendet wird, sei der Vollständigkeit halber erwähnt.

Die zweckmäßigste Trennungsmethode fester Stoffe von Flüssigkeiten ist für kleine Mengen das *Zentrifugieren*, da hiebei die Substanzverluste äußerst gering sind. Es wird

---

[1] EMICH, F.: Mikrochemisches Praktikum. S. 69. München 1931.
[2] Hecht-Donau S. 79.
[3] GORBACH, G.: Mikrochem. **31**, 109 (1944).
[4] SCHWARZ-BERGKAMPF, E.: Z. analyt. Chem. **69**, 321 (1926).

entweder eine Handzentrifuge oder besser eine Laboratoriumszentrifuge mit einer Umdrehungszahl von 2000—3000 Touren je Minute benützt. Selbstverständlich ist darauf zu achten, daß die einzelnen Zentrifugeneinsätze samt Schleudergut sorgfältig auf gleiches Gewicht austariert sind. Nach dem Zentrifugieren, das je nach der Art des festen Stoffes verschieden lange dauert, wird die über dem Niederschlag stehende Flüssigkeit dekantiert oder, wie bereits beschrieben, abgehebert. Soll der Niederschlag gewaschen werden, so wird die als Waschflüssigkeit verwendete Flüssigkeit aus einer Mikrospritzflasche mit scharfem Strahl in den Niederschlag gespritzt und dieser, falls nötig, unter Zuhilfenahme eines dünn ausgezogenen Glasstabes, der an der Spitze mit einer Kugel versehen ist, aufgewirbelt.

Für die Trennung kleiner Mengen Flüssigkeit und Niederschlag (1—5 cm^3) sind Vorrichtungen beschrieben[1,2], bei denen die Flüssigkeit abzentrifugiert, der feste Stoff aber nicht am Boden des Zentrifugengefäßes, sondern auf einem Filter gesammelt wird (Abb. 25). Die Arbeitsweise mit diesem Gerät ergibt sich aus der Abb. 25.

Zum Abtrennen nur einiger Milligramme fester Substanz ist die PREGLsche *Zentrifugalnutsche* zu empfehlen[3], bei welcher als Filtermaterial Asbest, Papier oder Glaswolle verwendet wird (Abb. 26). Wenige Milligramme festen Stoffes können in Schmelzpunktscapillaren unter Verwendung von Asbest als Filtermaterial gesammelt werden. Diese von EMICH beschriebene Arbeitstechnik, die vor allem zum verlustfreien Umkrystallisieren geringster Mengen zu empfehlen ist, ergibt sich aus der Abbildung (vgl. auch S. 44).

Es sei hier auf die erstmalig von FRIEDRICH[4] angegebenen Zentrifugenröhrchen mit abnehmbarer Kappe hingewiesen, die sich manches Mal für präparative Zwecke gut eignen werden. Ähnliche Geräte werden auch von SÜE[5] und BECK[6] beschrieben (Abb. 27). Nach Angaben der Verfasser halten diese Zentrifugengläschen Geschwindigkeiten bis zu 3000 Umdrehungen je Minute aus.

Schließlich sei auch noch die *Filtration unter erhöhtem Druck* erwähnt, die vor allem zur *Ultrafiltration* von Kolloiden angewendet werden wird. Dazu hat THIESSEN[7] eine entsprechende, auch im Handel erhältliche Apparatur entwickelt (Abb. 28). Ein Trichtergefäß *b* aus starkem Jenaer Geräteglas trägt oben eine plangeschliffene Krempe *k*. Auf dieser liegt über einen Gummidichtungsring *d* die tellerförmig ausgedrehte, siebartig durchlochte Filterplatte *c*, deren plangedrehter Rand über einem 2. Gummidichtungsring *e* mittels einer plangeschliffenen Krempe das Vorrats- und Druckgefäß *a* trägt. Dieses ist ebenfalls aus starkwandigem Jenaer Geräteglas gefertigt und ist zur festen Verbindung mit dem Druckschlauch am Ansatzstück mit einer Schlaucholive versehen. Zusammengehalten werden diese Teile durch 2 Klemmringe *g*, die wiederum durch 3 Schrauben mit Flügelmuttern *h* aneinandergehalten werden. Die Krempen des Auffangtrichters und des Vorratsgefäßes lagern in entsprechenden Ausdrehungen der Klemmringe. Um Beschädigungen des Glases beim Anziehen der Schrauben zu vermeiden, liegen zwischen den Klemmringen und den Glaskrempen federnde Gummiringe *i*. Ein Stufenring *f* verhindert das Herauspressen der Gummidichtung durch den Druck im Inneren des Gefäßes *a*. Dieser Stufenring umfaßt den Rand der Filterplatte und schließt mit seiner inneren Ausdrehung den Gummiring *e* fest ein. Auf diese Weise wird einerseits die Gummidichtung am Ausweichen verhindert und andererseits zentriert. Wird das Druckgefäß durch einen niedrigen zylindrischen Glasring mit plangeschliffener Krempe ersetzt, so kann der Apparat auch für *Vakuumultrafiltration* verwendet werden. In diesem

[1] HOUSTON, P. F., and CH. P. SAYLOR: Industr. engng. Chem., analyt. Ed. 8, 302 (1936).

[2] LIEB, H., u. W. SCHÖNIGER: Anleitung zur Darstellung organischer Präparate mit kleinen Substanzmengen. S. 24. Wien 1950.

[3] PREGL, F.: Die quantitative organische Mikroanalyse. 3. Aufl. S. 245. Berlin 1930.

[4] FRIEDRICH, A.: Mikrochem. (PREGL-Festschr.) 1929, 103.

[5] SÜE, D.: J. Chim. physique Physico-chim. biol. 39, 85 (1941) [C. 1943 I, 1081].

[6] BECK, G.: Analyt. chim. Acta, N.Y. 4, 245 (1950).

[7] THIESSEN, A.: B. Z. 140, 457 (1923).

Falle kann auf die obere Gummidichtung verzichtet werden, die geschliffene Krempe wird dann einfach auf das Ultrafilter oder Membranfilter gesetzt.

Trennung zweier Flüssigkeiten. Zur einfachen Trennung zweier Flüssigkeiten verschiedener Dichte kann das Dekantieren und Abhebern verwendet werden. Wie schon beschrieben, werden bei kleinen Mengen als Heber Capillaren verwendet.

Scheidetrichter müssen, um ein möglichst verlustfreies Arbeiten zu gewährleisten, hahnlos konstruiert sein. Es sei hier auf das in der Abb. 29 gezeigte Gerät verwiesen. Der Scheidetrichter von BROWNING[1] wird durch vorsichtiges Abziehen der Verschlußkappe in Tätigkeit gesetzt und nach Ablaufen der schwereren Flüssigkeit durch Verschließen der oberen Öffnung mit dem Finger gestoppt. Ein 2. Gerät, der *Storchenschnabel*[2], gestattet durch entsprechendes Neigen, entweder die spezifisch leichtere oder schwerere Flüssigkeit ablaufen zu lassen.

(Über die fraktionierte Destillation kleiner Flüssigkeitsmengen vgl. S. 45.)

Trennung eines festen Stoffes von einem gasförmigen. Für die quantitative Erfassung staubförmiger Anteile der Atmosphäre ist von MILTON und DUFFIELD[3] ein empfehlenswertes Gerät angegeben worden.

d) Reinigungsmethoden.

Extraktion fester Stoffe. Zur Entfernung löslicher Verunreinigungen kann man *Extraktionsapparate* verwenden, wie sie von den verschiedensten Autoren für

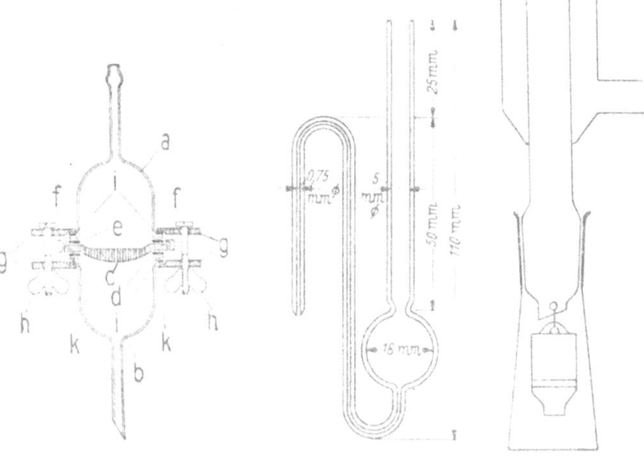

Abb. 28. Apparat für die Ultrafiltration nach THIESSEN.

Abb. 29. Scheidetrichter nach BROWNING.

Abb. 30. Extraktionsapparat nach BLOUNT.

Arbeiten mit kleinen Substanzmengen angegeben werden. Es sei hier nur auf die Geräte von GAGARIN[1], LAQUER[5], GORBACH[6] und BLOUNT[7] verwiesen. Der Extraktionsapparat von BLOUNT, welcher auch zum Umkrystallisieren weniger Zehntel Gramm verwendet werden kann, ist in Abb. 30 dargestellt.

Sind wenige Krystalle von oberflächlich haftenden Verunreinigungen durch Waschen mit einem Lösungsmittel zu befreien, in dem auch die Krystalle selbst löslich sind, so wird wie folgt verfahren: Die zu reinigenden Krystalle werden auf eine Nutsche gebracht, die man erhält, wenn man ein Filterstäbchen mit Glasfritte nach EMICH mit der Filterfläche nach oben auf eine Absaugeprouvette aufsetzt. Unter gleichzeitigem kräftigem Saugen wird die Waschflüssigkeit aufgetropft. Es ist auch möglich, die Waschflüssigkeit mit einem ganz aus Glas hergestellten Spray-Apparat in Nebelform aufzubringen. Nach dem Trockensaugen, wobei durch Überdecken mit einem Uhrglas vor Staub geschützt wird, lassen sich die gereinigten Krystalle leicht vom Filter entfernen.

Extraktion von Flüssigkeiten. Bei entsprechend guter Löslichkeit des zu isolierenden Stoffes wird man die Lösung mit dem betreffenden Extraktionsmittel ausschütteln. Verschiedene Geräte, welche zu dieser Operation verwendet werden können, sind oben beschrieben.

[1] BROWNING, B. L.: Mikrochem. **26**, 54 (1939).
[2] GORBACH, G.: Mikrochemisches Praktikum. S. 91. Graz 1949.
[3] MILTON, R., and W. D. DUFFIELD: Analyst **72**, 11 (1947).
[4] GAGARIN, R.: Chem.-Ztg. **57**, 204 (1933).
[5] LAQUER, F.: H. **118**, 215 (1922).
[6] GORBACH, G.: Mikrochem. **12**, 161 (1932).
[7] BLOUNT, B. K.: Mikrochem. **19**, 162 (1935/36).

Zum *Ausschütteln* kleinster Mengen bedient man sich nach NIEDERL[1] der Zentrifugalkraft. Den zu extrahierenden Flüssigkeitstropfen saugt man in einer Capillare von passender Weite auf und überschichtet bzw. unterschichtet ihn mit einem Tropfen des Lösungsmittels. Die Capillare wird beiderseits zugeschmolzen. Es wird zentrifugiert, und zwar so, daß der spezifisch schwerere Anteil von innen nach außen den spezifisch leichteren durchdringen muß. Dieser Vorgang wird gegebenenfalls öfters wiederholt. Zur Trennung der beiden Phasen wird die Capillare an der Trennungsfläche aufgeschnitten.

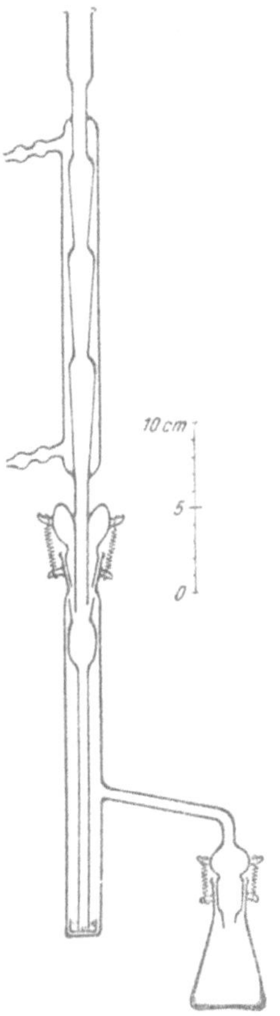

Ist die zu isolierende Substanz nicht genügend löslich, so müssen eigene Geräte für die Extraktion verwendet werden. Diese Mikroapparate sind durch entsprechende Verkleinerung aus den Makrogeräten entwickelt worden. Im folgenden wird nun auf einige brauchbare Geräte hingewiesen.

LAQUER[2] gibt einen Extraktionsapparat an, welcher ungefähr 7 cm³ faßt. BARRENSCHEEN[3] führt ein ähnliches Gerät an, welches sich für Flüssigkeitsmengen bis zu 20 cm³ anwenden läßt. Dieser Apparat (Abb. 31) kann durch Wahl des entsprechenden Einsatzes sowohl für die Extraktion mit spezifisch schwereren als auch mit leichteren Flüssigkeiten verwendet werden.

Für die Extraktion geringster Flüssigkeitsmengen eignet sich das von KIRK und DANIELSON[4] angegebene Gerät. Der Apparat (Abb. 32) besteht aus einem

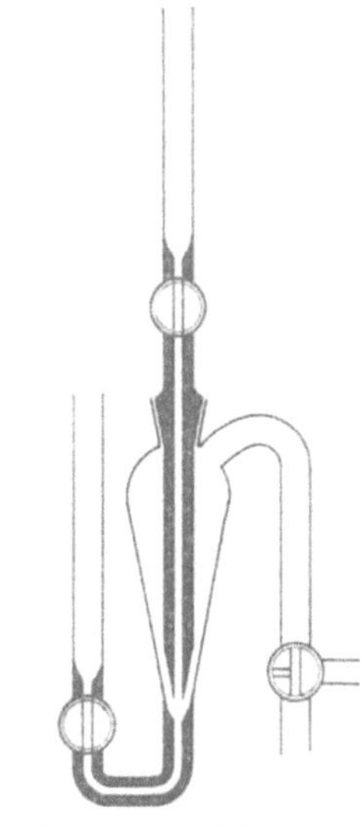

Abb. 32. Extraktionsapparat nach KIRK-DANIELSON.

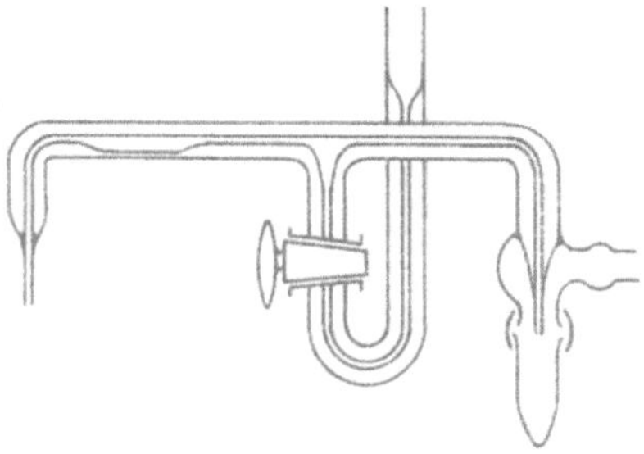

Abb. 31. Extraktionsapparat nach BARRENSCHEEN.

Abb. 33. Extraktionsapparat für kleinste Flüssigkeitsmengen.

birnenförmigen Extraktionsraum, dessen unteres schmales Ende mit einem Capillarrohr an eine seitliche Röhre angeschlossen ist. Am oberen Ende des Extraktionsgefäßes ist ein Schliff aufgesetzt. In diesen wird eine Capillare, die mit Hahn und Erweiterung versehen ist, so eingesetzt, daß ihre Spitze bis zum Boden des Extraktionsgefäßes reicht. Ein seitliches Ansatzrohr steht mit einem Dreiwegehahn in Verbindung. Zur Extraktion wird die Probe aus der seitlichen Kammer in die Erweiterung gesaugt und auf dieselbe Art und Weise das Extraktionsmittel zugegeben. Es wird jetzt über den Dreiwegehahn ein leichter Luftstrom durchgesaugt. Nach beendeter Extraktion läßt man absitzen. An das 2. Rohr des Dreiwegehahnes wird ein Gummiball angeschlossen. Mit diesem wird die untere Phase in das seitliche Rohr gedrückt und zwar so, daß die Phasengrenzfläche genau unter der Spitze der eingesetzten Capillare ist. Jetzt wird der Hahn des seitlichen Ansatzrohres geschlossen und der der eingesetzten Capillare geöffnet. Das spezifisch leichtere Lösungs-

[1] NIEDERL, J. B.: Am. Soc. 51, 474 (1929).
[2] LAQUER, F.: H. 118, 215 (1922).
[3] BARRENSCHEEN, H. K.: Mikrochim. Acta 1, 319 (1937).
[4] KIRK, P. L., and M. DANIELSON: Analyt. Chem., Washington 20, 1122 (1948).

mittel wird in den darüber befindlichen Trichter gedrückt. Man saugt nun die wäßrige Phase aus der seitlichen Röhre in das Extraktionsgefäß zurück, gibt eine Portion neuen Lösungsmittels zu und wiederholt die Operation. Die gleichen Autoren geben ein ähnlich wirkendes Gerät für Flüssigkeitsmengen in der Größenordnung von 0,1 cm³ und weniger an, das in Abb. 33 gezeigt ist.

Fraktionierte Extraktion (Gegenstromverteilung). Die Verteilung von Gemengen gelöster Stoffe zwischen miteinander nicht oder nur wenig mischbaren Lösungsmitteln ist für die Reindarstellung wichtiger Naturstoffe von großer Bedeutung. Im Prinzip handelt es sich um ein der fraktionierten Destillation vollkommen analoges Verfahren. Auf die theoretischen Grundlagen kann nicht weiter eingegangen werden. Es wird vor allem auf die Veröffentlichungen von JANTZEN[1], CORNISH[2] und Mitarbeiter, sowie NICHOLS jr.[3] verwiesen. JANTZEN[1] war auch der erste, welcher eine halbautomatische Apparatur für die fraktionierte Verteilung beschrieb.

Diese Arbeitstechnik wurde in den letzten Jahren von CRAIG weiter entwickelt, welcher dafür den Ausdruck *Gegenstromverteilung* einführte. CRAIG[4] gibt hierfür auch einige Apparaturen an, die an dieser Stelle nicht in den Einzelheiten dargestellt zu werden brauchen, da sie von RAUEN an anderer Stelle dieses Bandes ausführlich beschrieben werden (s. S. 260ff.).

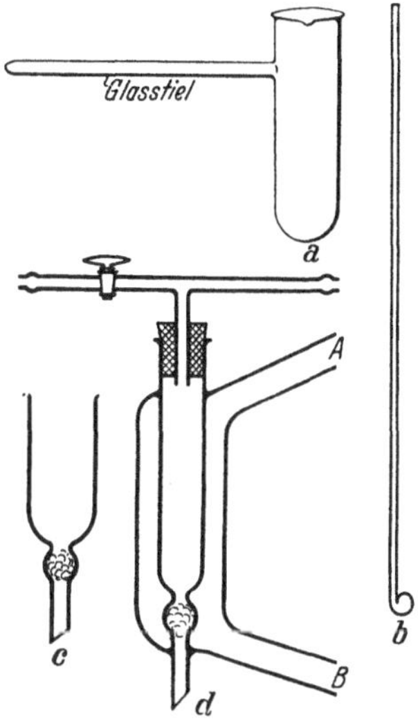

Abb. 34.
Geräte zum Umkrystallisieren.

Umkrystallisieren. Für das Umkrystallisieren ist die Wahl des richtigen Lösungsmittels von entscheidender Bedeutung. Die Substanz soll in dem Lösungsmittel in der Siedehitze leicht, in der Kälte aber schwer löslich sein. Die abzutrennenden Begleitstoffe müssen leichter löslich sein als die zu reinigende Substanz. Über die Wahl des richtigen Lösungsmittels ist in der entsprechenden Literatur nachzuschlagen; bei unbekannten Stoffen müssen Vorversuche angestellt werden.

Für das Umkrystallisieren weniger Milligramme Substanz werden von PREGL einfache, leicht herstellbare Geräte angegeben (Abb. 34). In einem mit einem Schnabel versehenen Mikrobecher *a* wird eine fast heiß gesättigte Lösung unter Benützung eines Mikrobrenners bereitet — Siedeverzüge werden vermieden, indem man die Lösung mit einem Glasstäbchen *b*, dessen unteres Ende zu einem schräg hängenden Glastropfen verdickt ist, quirlt — und noch heiß durch einen Mikrotrichter *c* filtriert. Als Filtermaterial kann Asbest, Papier oder Glaswolle verwendet werden. Vor Gebrauch wird mit dem entsprechenden Lösungsmittel befeuchtet. Das in einem 2. Mikrobecher aufgefangene Filtrat kann nach Bedarf eingeengt oder unmittelbar zur Krystallisation gebracht werden. Krystallisiert die Substanz bereits in der Hitze aus, so ist es empfehlenswert, ein eigenes *Gefäß für Heißfiltration d* zu verwenden. Durch den Mantel wird der Dampf des Lösungsmittels geleitet, welches zum Umkrystallisieren verwendet wird. Auch der bereits erwähnte Mikroextraktor von BLOUNT (s. S. 41) kann mit bestem Erfolg verwendet werden. In den eingehängten Glasfrittentiegel wird die zu reinigende Substanz gebracht, so daß das Lösen, Filtrieren und Auskrystallisieren im selben Gefäß stattfindet. Selbstverständlich können auch andere Mikroextraktionsapparate verwendet werden.

[1] JANTZEN, E.: Das fraktionierte Destillieren und das fraktionierte Verteilen. Dechema-Monogr. Bd. 5. Berlin 1932.

[2] CORNISH, R. E., R. C. ARCHIBALD, E. A. MURPHY and H. M. EVANS: Industr. engng. Chem. **26**, 397 (1934).

[3] NICHOLS, P. L. jr.: Analyt. Chem., Washington **22**, 915 (1950).

[4] CRAIG, L. C., and O. POST: Analyt. Chem., Washington **21**, 500 (1949); **22**, 1346 (1950).

Zur Trennung der Krystalle von der Mutterlauge wird zentrifugiert. Über die zur Verfügung stehenden Geräte vgl. Abschnitt Trennung fester Stoffe von Flüssigkeiten (S. 38). Sämtliche hier angeführten Geräte können auch für die Entfernung gefärbter Verunreinigungen mit Tierkohle verwendet werden.

Zum Schluß wird eine viel zu wenig bekannte Methodik beschrieben, die es gestattet, Mengen von 2—3 mg Substanz direkt in der Schmelzpunktscapillare umzukrystallisieren. Diese Arbeitstechnik wurde von einem Schüler EMICHS, FUCHS[1], entwickelt und später von NIEDERL[2] nochmals beschrieben. Die Substanz, mit der schon eine Schmelzpunktsbestimmung durchgeführt wurde, wird in der Capillare nach und nach mittels einer Mikropipette unter Erwärmen mit Lösungsmittel versetzt, bis sie sich vollständig gelöst hat. Zur Beschleunigung des Lösens kann mit Platindraht oder mit feinen Glasfäden, die am Ende zu kleinen Kügelchen zusammengeschmolzen sind, gerührt werden. Das Erwärmen geschieht durch Eintauchen der Capillare in ein entsprechend temperiertes

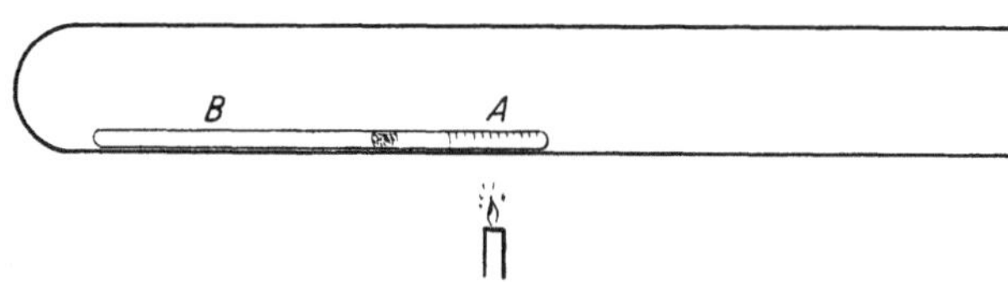

Abb. 35. Umkrystallisieren im Schmelzpunktröhrchen.

Wasserbad. Nach dem Auskrystallisieren wird zentrifugiert und die Mutterlauge mit einer Mikropipette (Glascapillare von etwa 0,2 mm Innendurchmesser) entfernt.

Schwer lösliche Substanzen werden im zugeschmolzenen Röhrchen umkrystallisiert. Dabei ist darauf zu achten, daß gleich zu Beginn ein etwas längeres Schmelzpunktsröhrchen genommen wird. Ist die heiße Lösung vor dem Auskrystallisieren zu filtrieren, so geht man wie folgt vor: Zunächst gibt man zur umzukrystallisierenden Substanz genügend Lösungsmittel und verjüngt das Röhrchen etwas oberhalb des Flüssigkeitsspiegels. Auf diese Verjüngungsstelle wird ein kleiner Pfropf Asbestwolle gegeben und dieser durch abermaliges Verjüngen befestigt. Die Schmelzpunktscapillare wird nun auch am anderen Ende verschmolzen und die Substanz durch Erwärmen in Lösung gebracht. Zum Filtrieren dreht man das Röhrchen um 180° und zentrifugiert. Eine zweite Möglichkeit, der der Verfasser den Vorzug gibt, ist folgende: Man legt das Röhrchen so in ein Reagensglas, daß der Teil *A* nach außen zeigt (Abb. 35). Nun wird in horizontaler Lage der Teil erhitzt, in dem sich die Lösung befindet. Das Lösungsmittel kommt dadurch zum Sieden und die entstandenen Dämpfe drücken die Lösung durch das Filter. Um ein Rücksaugen zu verhindern, wird das noch heiße Reagensglas mit der Hand so geschüttelt, daß die Lösung auf den Boden des Teiles *B* gebracht wird. In derselben Arbeit werden ferner Methoden zum Ausfällen von Krystallen durch Zugabe eines anderen Lösungsmittels, Waschen und Trocknen von Krystallen, sowie Sublimieren beschrieben, wobei in jedem Falle Schmelzpunktsröhrchen verwendet werden.

Destillation. Für die Destillation kleiner Flüssigkeitsmengen sind viele Geräte beschrieben worden, die zum Teil ähnlich den Makroapparaten gebaut und zum anderen Teil eigene Konstruktionen sind. Als Heizquelle wird man in vielen Fällen mit einem Mikrobrenner das Auslangen finden, wenn man es nicht vorzieht, ein Heizbad zu benützen. Als Badflüssigkeiten können Wasser, gesättigte Salzlösungen, Öl, Glycerin oder auch WOODsches Metall angewendet werden.

Von der großen Zahl an Destillationsgeräten sei besonders auf folgende verwiesen: Der von WEYGAND[3] abgeänderte Apparat von ELLIS (Abb. 36) gestattet, fast jeden einzelnen Tropfen des Kondensates getrennt aufzufangen. Das die Vorlagen enthaltende Gefäß ist drehbar. Das vom Kühler abtropfende Kondensat fällt in das trichterartig erweiterte Ableitungsrohr und wird durch das Vakuum abgesaugt. Eine seitliche Öffnung am Ablaufende gewährleistet ein regelmäßiges Abtropfen. Ein am Destillationsgefäß

[1] FUCHS, A.: Mh. Chem. **43**, 129 (1922).
[2] NIEDERL, J. B.: Am. Soc. **51**, 474 (1929).
[3] WEYGAND, C.: Organisch-chemische Experimentierkunst. S. 112. Leipzig 1938.

angebrachter, mit Hahn versehener Ansatz gestattet das Aufheben des Vakuums. Vor Beginn des Siedens wird der Kühler hochgezogen, um Verunreinigungen durch anfängliches Verspritzen zu vermeiden.

Eine *Hochvakuumfraktioniervorrichtung*, die mit einer Kolonne versehen ist (Abb. 37), wird von KLENK[1,2] beschrieben. Neben verschiedenen anderen Geräten sei auf die Apparatur von HILBERATH, KOCH und WEINROTTER[3] hingewiesen. Die Kolonne mit rotierendem Metallband aus V2A-Stahl weist ein sehr gutes Trennungsvermögen auf.

CRAIG[4] beschreibt mehrere Mikroapparate für fraktionierte Destillation, mit denen man den Bedingungen einer Makrodestillation recht nahe kommen soll. Eines dieser Geräte ist in Abb. 38 gezeigt. Einem Kölbchen *a* ist eine 100 mm lange Glasröhre von 7 mm Durchmesser, die mit einem Vakuummantel *f* versehen ist, aufgesetzt. In diesem Rohr befindet sich ein etwas kleineres Glasrohr *b*, welches durch kleine Ansätze *j* genau zentrisch

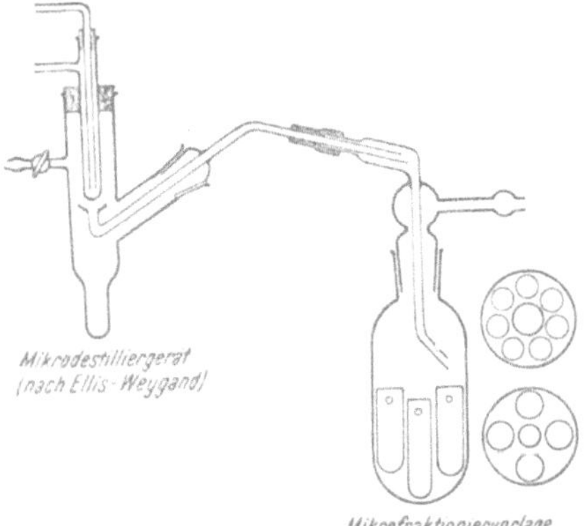

Abb. 36. Mikrodestilliergerät.

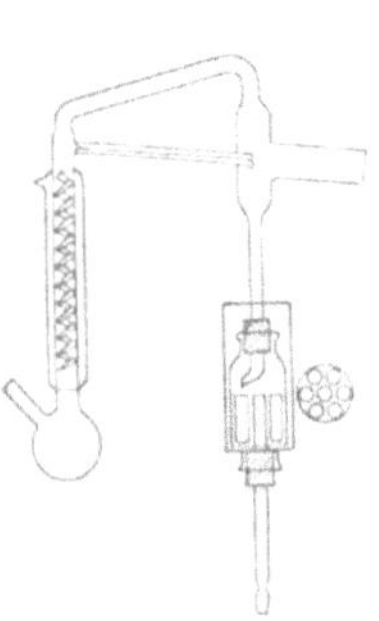

Abb. 37.
Mikrofraktionierkolonne
nach KLENK.

Abb. 38.
Fraktioniervorrich-
tung nach CRAIG.

in der Kolonne gehalten wird. Im Kölbchen selbst ist dieses Rohr capillar verengt und dient als Siedestäbchen. Über dieser Kolonne befindet sich der eigentliche Kondensationsraum mit einem eingesetzten Kühler (Kühlfinger), an dessen unterem Ende ein Näpfchen *e* angehängt ist, in welchem sich das Destillat ansammelt. Ein Ansatzrohr *c* gestattet das Entnehmen von Kondensat. Beim Rohr *d* kann eine Vakuumpumpe angeschlossen werden. Für hoch siedende Substanzen wird die ganze Kolonne mit einem elektrisch geheizten Glasrohr umgeben. Nach Angaben des Verfassers ist die Wirksamkeit dieser Anordnung sehr gut und die Trennschärfe auch im Vakuum besser als die einer doppelt so langen VIGREUX-Kolonne. Der Substanzverlust ist gering. Bei der Fraktionierung von 1 g Flüssigkeit blieben nach beendeter Destillation 0,15 g Substanz zurück. Störend wirkt auch hier beim Arbeiten unter vermindertem Druck, daß zur Entnahme jeder Fraktion das Vakuum und somit die Destillation unterbrochen werden muß.

Mehrere einfache Geräte zur fraktionierten Destillation werden von BERNHAUER[5] beschrieben. Die in Abb. 39 und 40 gezeigten Geräte sind für Mengen von 0,5—2 cm³ geeignet. Bei dem einen (Abb. 39) ist die Kolonne von einem Mantel umgeben, durch den eine Flüssigkeit oder Dampf von der gewünschten Temperatur hindurchgeleitet werden kann. Die in Abb. 40 gezeigte Apparatur wird man vor allem für Destillationen zäher Flüssigkeiten verwenden.

[1] KLENK, E.: H. **242**, 250 (1936).
[2] KLENK, E., u. K. SCHUWIRTH: H. **267**, 260 (1941).
[3] KOCH, H., F. HILBERATH u. F. WEINROTTER: Chem. Fabrik 14, 387 (1941).
[4] CRAIG, L. C.: Industr. engng. Chem., analyt. Ed. 8, 219 (1936); 9, 441 (1937).
[5] BERNHAUER, K.: Einführung in die organisch-chemische Laboratoriumstechnik. 5. Aufl. S. 121ff. Wien 1947.

In jüngster Zeit hat Dubbs[1] ein Gerät angegeben, das vom Autor besonders empfohlen wird. Es kann nämlich sowohl zum Erhitzen unter Rückflußkühlung, Abdestillieren, Extrahieren als auch zum Trocknen im Vakuum verwendet werden. Die Destillations- bzw. Kondensationsgefäße sind so ausgebildet, daß sie in Laboratoriumszentrifugen eingebaut werden können (Abb. 41). Für die fraktionierte Destillation kleiner Mengen fester Substanzen sei auf das in Abb. 42 gezeigte Gerät verwiesen.

Kleinste Flüssigkeitsmengen (0,05 cm³) werden nach Emich[2] in selbstgefertigten *Fraktionierröhrchen* destilliert. Sie können leicht aus gewöhnlichem Glas hergestellt werden. Die Wandstärke soll nicht geringer als 0,8 mm sein. In das geschlossene Ende des Röhrchens bringt man ausgeglühte Asbestwolle ein und läßt die zu fraktionierende

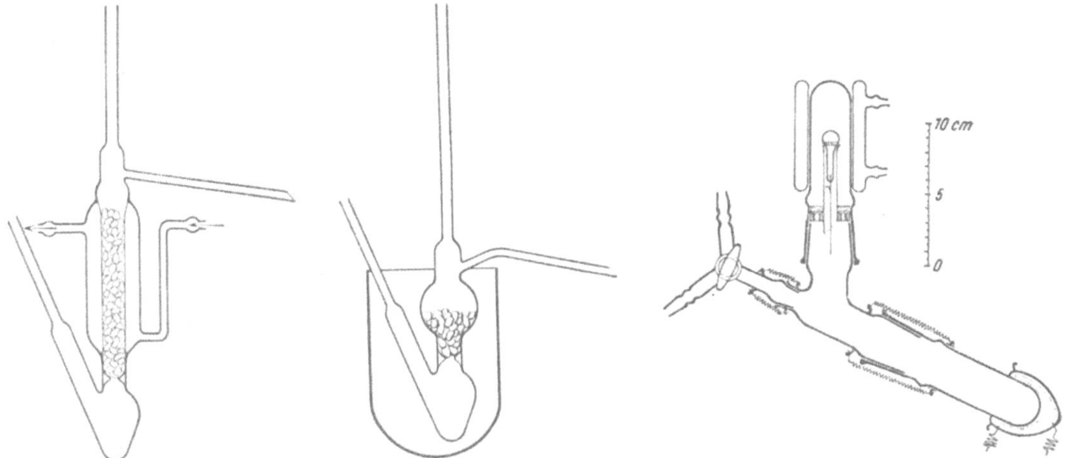

Abb. 39. Fraktionierkolben   Abb. 40. Fraktionierkolben.   Abb. 41. Universalapparatur nach Dubbs.
für zähe Flüssigkeiten.

Flüssigkeit darin aufsaugen. An der Wand hängengebliebene Tröpfchen werden durch Zentrifugieren abgeschleudert. In entsprechender Halterung wird das Röhrchen unter ständigem Drehen in leicht geneigter Lage über einer etwa 2 cm hohen Bunsenbrenner- flamme erhitzt. Das sich an der Erweiterung sammelnde Destillat wird mit einer geeigneten Capillarpipette entnommen. Durch Zentrifugieren sammelt man dann wieder alle an den Wänden des Röhrchen befindlichen Flüssigkeitsanteile in Asbest und wiederholt die Destillation so lange, wie man ein Destillat erhält.

Für die *Wasserdampfdestillation* sind ebenfalls mehrere Geräte angegeben worden, so von Pozzi-Escot[3] (Abb. 43), Erdös und Laszlo[4] und Soltys[5] (Abb. 44). Da beim Gerät des Letztgenannten das Innenkölbchen mit der zu destillierenden Substanz von Dampf völlig umgeben ist, können sich darin während der Destillation keine größeren Wassermengen mehr kondensieren. Ferner wird bei Unterbrechen der Destillation der Inhalt des Innengefäßes nicht in das Dampfentwicklungsgefäß gesaugt. Als Auffang- gefäß empfiehlt Soltys eine kleine selbst herstellbare Florentinervorlage, die eine ver- lustfreie Trennung der öligen Schicht von der wäßrigen gewährleistet.

Sublimation. Behelfsmäßig bringt man die gut zerkleinerte Probe auf ein Uhrglas, bedeckt dieses mit einem etwas überstehenden Rundfilter, das im mittleren Teil einige Male durchlöchert ist, legt ein zweites Uhrglas darüber und hält sie mit einer Draht- klammer zusammen. Beim Erhitzen auf einem Sandbad schlägt sich am oberen Uhrglas, das entweder durch Luft oder feuchtes Filtrierpapier gekühlt wird, das Sublimat nieder.

[1] Dubbs, C. A.: Analyt. Chem., Washington 21, 1273 (1949).
[2] Emich, F.: Mikrochemisches Praktikum. 2. Aufl. S. 34. München 1931.
[3] Pozzi-Escot, M.: Bull. Soc. chim. France (3) 31, 932 (1904).
[4] Erdös, J., u. B. Laszlo: Mikrochim. Acta 3, 304 (1938).
[5] Soltys, A.: Mikrochem. (Molisch-Festschr.) 1936, 393.

Man kann die Probe auch auf den Boden eines kleinen Becherglases bringen und ein mit Wasser gefülltes Rundkölbchen daraufstellen oder für höhere Temperaturen statt des Becherglases einen Porzellantiegel nehmen. Die Temperatur soll beim Erhitzen im

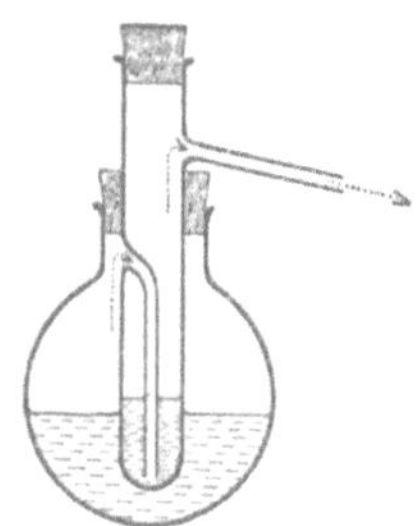
Abb. 43. Wasserdampfdestillation nach POZZI-ESCOT.

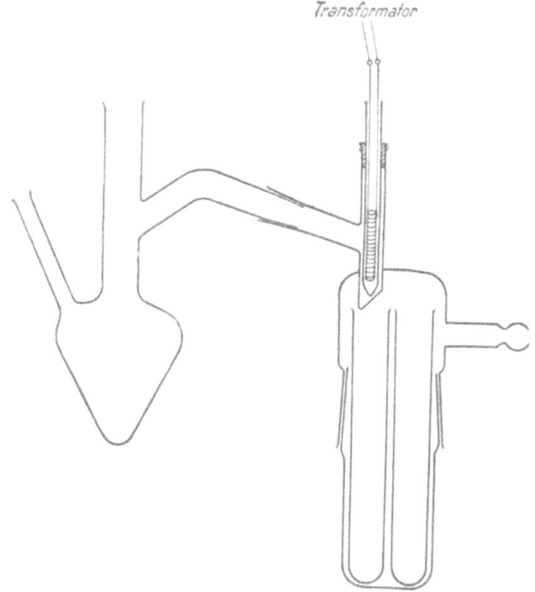

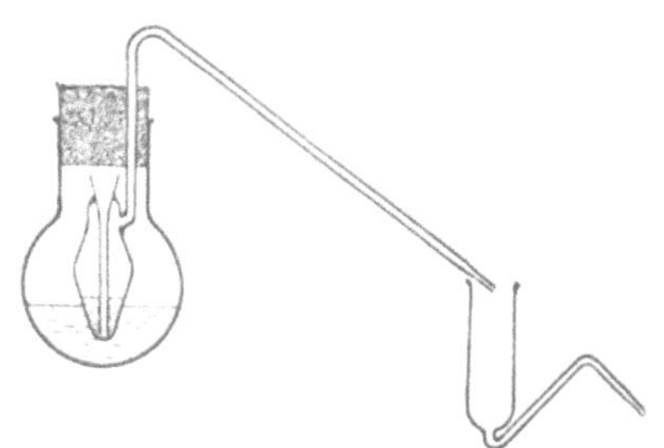
Abb. 44. Wasserdampfdestillation nach SOLTYS mit Florentinervorlage.

Abb. 42. Fraktioniergerät für kleine Mengen fester Substanzen.

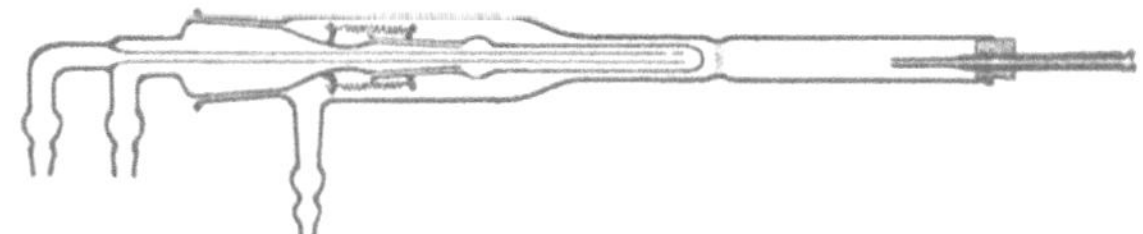
Abb. 45. Gerät zur fraktionierten Mikrosublimation nach SOLTYS-HURKA.

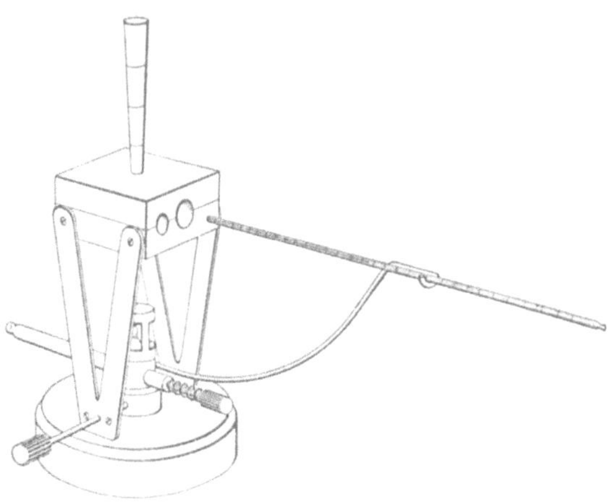
Abb. 46. Heizblock nach PREGL.

allgemeinen so geregelt werden, daß die Substanz noch nicht schmilzt. Bei harzigen Substanzgemischen ist das Schmelzen nicht zu vermeiden.

Ein sehr gutes Gerät zur fraktionierten Mikrosublimation ist die in Abb. 45 gezeigte Anordnung von SOLTYS-HURKA[1]. Der vor der Fritte befindliche Teil des Apparates, in dem sich das Sublimationsgut befindet, kommt in einen PREGLschen Heizblock (Abb. 46).

---

[1] HURKA, W.: Mikrochem. **30**, 193 (1942).

Auch der von WERNER und KLEIN[1] verbesserte Apparat von EDER[2], sowie die Geräte von FISCHER[3] gestatten eine fast quantitative Gewinnung des zu sublimierenden Stoffes.

Das wesentliche Merkmal des *Sublimationsapparates* nach FISCHER ist eine durch irgendeine Wärmequelle heizbare Messing- oder Aluminiumplatte von ungefähr 150 mm Durchmesser und 13 mm Dicke, die seitlich eine tiefe Bohrung zur Einführung eines Thermometers besitzt. An der oberen Seite befindet sich in der Platte eine Anzahl runder Löcher verschiedener Tiefe mit verschiedenem Durchmesser. Um die Löcher ist jeweils ein Ring von 10—14 mm Durchmesser besonders geschliffen und dient zum Aufsetzen von Vakuumglocken; der Durchmesser der geschliffenen Flächen soll in jedem Falle 40 mm

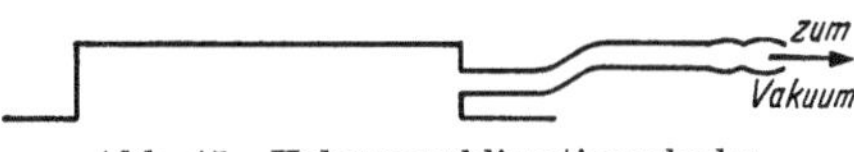

Abb. 47. Vakuumsublimationsglocke.

betragen. Die entsprechend hergestellten Vakuumglocken (Abb. 47) werden bei erstmaligem Gebrauch mit Bimssteinpulver eingeschliffen. Zur Sublimation werden die Glocken ohne Fett aufgesetzt und müssen, wenn der Schliff einwandfrei ist, vakuumdicht halten. In die Vertiefungen werden genau passende Glasschälchen mit dem Sublimationsgut eingesetzt; der Rand dieser Schälchen darf nicht über die Plattenebene herausragen. Das Sublimat wird auf runde Deckgläschen niedergeschlagen. Ferner werden noch Glasringe verschiedener Höhe und verschiedenen Durchmessers benötigt. Die Platte kann, wie schon erwähnt, in verschiedener Weise erwärmt werden. Am einfachsten geschieht dies durch Aufsetzen des Sublimationsgerätes auf eine elektrische Kochplatte, doch kann zum Heizen auch Gas verwendet werden. Für tagelang dauernde Sublimationen ist eine automatische Temperaturregelung nötig.

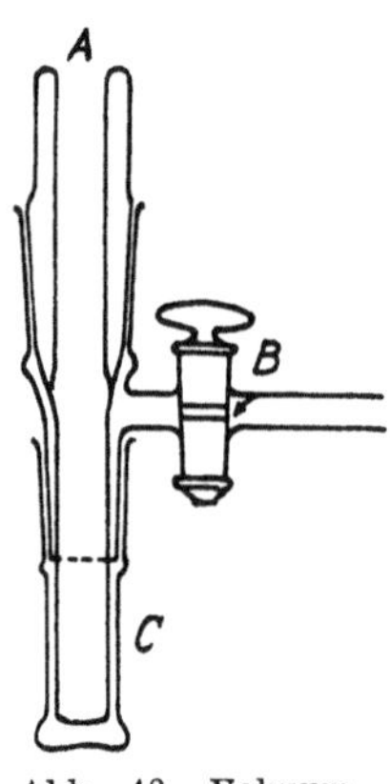

Abb. 48. Vakuumsublimationsapparatur nach MARBERG.

Für Mengen bis zu 0,1 g eignet sich der *Vakuumsublimationsapparat* von MARBERG[4] (Abb. 48). Er besteht aus drei mit Schliff verbundenen Teilen. Der untere, becherförmige Teil C nimmt die zu sublimierende Substanz auf. In diesem ist mit Schliff die Zuleitung zum Vakuum B eingesetzt. Durch beide Teile reicht der weite Kühler A bis nahe an den Boden des Apparates. Der obere Teil des Kühlers ist doppelwandig und evakuiert. Dieser Vakuummantel verhindert ein allzu rasches Verdunsten des Kühlmittels. Soll mit Wasser gekühlt werden, so steckt man in die Kühleröffnung einen Stopfen mit einem langen und einem kurzen Glasrohr zur Zuleitung bzw. Ableitung des Kühlwassers. Der eigentliche Vorteil dieses Gerätes besteht darin, daß man auch mit Kältemischungen, wie Trockeneis-Äther, flüssigem Ammoniak oder flüssiger Luft kühlen kann, die in das weite Kühlrohr eingefüllt werden.

W. KOFLER[5] beschreibt eine Arbeitstechnik, die als *Adsorptionssublimation* bezeichnet wird. Dabei wird bei vermindertem Druck und einer Temperatur, die meist unterhalb des Schmelzpunktes der betreffenden Substanz liegt, Luft oder ein anderes inertes Gas mit dem Dampf der Substanz beladen und durch eine auf dieselbe Temperatur erwärmte Adsorptionssäule gesaugt. Durch Variation von Druck, Temperatur und Strömungsgeschwindigkeit ist die Möglichkeit gegeben, die Säule zu entwickeln. Als Adsorptionsmittel werden Kieselsäuregel, Floridin XS und Kohle (Gasmaskenkohle) empfohlen. Die Wahl des Adsorptionmittels hängt in erster Linie von der Höhe des Schmelzpunktes bzw. der Sublimierbarkeit des Stoffes ab. Bei niedrig schmelzenden Stoffen muß man im allgemeinen ein schwächeres Adsorptionsmittel (Silicagel) verwenden. Je höher die Sublimationstemperatur liegt, ein um so stärkeres Adsorptionsmittel (Floridin XS, Aktivkohle) muß herangezogen werden, da die Adsorptionskraft mit steigender Temperatur

[1] KLEIN, G., u. O. WERNER: H. **143**, 141 (1925).
[2] EDER, R.: Diss. Zürich 1921.
[3] FISCHER, R.: Mikrochem. **15**, 247 (1934).
[4] MARBERG, C. M.: Am. Soc. **60**, 1509 (1938).
[5] KOFLER, W.: Mh. Chem. **80**, 694 (1949).

abnimmt. Die Stärke des Adsorptionsmittels soll so gewählt werden, daß bei einer Steigerung der Temperatur von 20—30° über den Schmelzpunkt der größte Teil der adsorbierten Stoffe durch das Waschgas aus dem Adsorptionsmittel herausgetrieben wird. Die obere Grenze der Temperatur hängt ausschließlich von der Zersetzlichkeit der betreffenden Substanz ab. Das Mengenverhältnis zwischen Substanz und Adsorptionsmittel hängt vor allem davon ab, ob die Substanz nur zu reinigen ist oder ob eine Trennung vorgenommen werden soll. Bei Reinigungen kommt man häufig mit einem Verhältnis von einem Teil Substanz zu 10 Teilen Adsorptionsmittel aus, bei Trennungen empfiehlt sich ein Verhältnis von 1:20 und größer.

Adsorption. Das Adsorbieren wurde, soweit es für die Entfernung von Verunreinigungen aus Flüssigkeiten oder Lösungen benutzt wird, bereits beim Umkrystallisieren (s. S. 43) erwähnt.

Das Verfahren, hochmolekulare Substanzen bekannter bzw. unbekannter Konstitution mit Adsorptionsmitteln aus ihren Lösungen niederzuschlagen und anschließend wieder auszuwaschen, stammt von Tswett[1]. Es wird heute sehr häufig angewendet, da sich mit Hilfe dieser Arbeitstechnik — *Chromatographie* genannt* — je nach der Ausführung sowohl geringe Mengen genau definierter organischer Substanzen als auch Toxine, Fermente und anderes reinigen, isolieren und Substanzgemische zerlegen lassen. Man macht dabei von der verschiedenen Affinität der in der Lösung

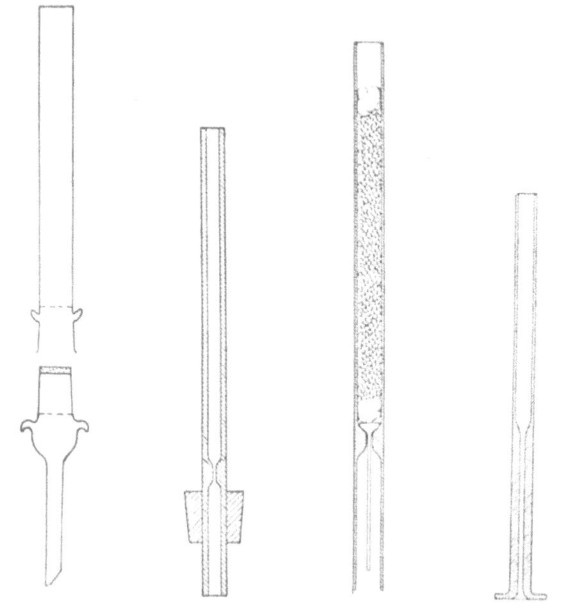

Abb. 49. Adsorptionsrohr nach Zechmeister-Cholnoky.

Abb. 50. Adsorptionsrohr nach Schöpf-Becker.

Abb. 51. Adsorptionsrohr nach Hesse.

Abb. 52. Adsorptionsrohr nach Becker-Schöpf.

vorhandenen Substanzen zu einer adsorbierenden Oberfläche Gebrauch. Da ohne Temperaturerhöhung gearbeitet werden kann, werden die Substanzen sehr geschont. Als Adsorbentien werden Tonerde, aktiviertes Aluminiumoxyd, Calciumoxyd, Magnesiumoxyd, verschiedene Bleicherden (z. B. Frankonit), Zucker, seltener Kaolin, Kieselgur, Silicagel, Talkum, aber auch manche Kohlesorten verwendet.

In Abb. 49 ist ein einfaches Gerät von Zechmeister und Cholnoky[2] gezeigt. Es ist mit einem Schliff versehen, der Unterteil dieser Anordnung trägt als Auflage für das Adsorptionsmittel eine angeschmolzene Sinterglasplatte. Carlsohn und Eicke[3] geben eine gut entwickelte, mit Schliffverbindung versehene Anordnung an. Für geringe Mengen werden verschiedene einfache Geräte beschrieben. Der von Schöpf und Becker[4] angegebene Apparat (Abb. 50) besteht aus einem Glasrohr von 5 mm Innendurchmesser, das im unteren Viertel auf 0,5—1 mm verengt ist und auf eine Saugflasche bzw. Saugeprouvette aufgesetzt wird. Für geringste Mengen (0,5—1 γ) Substanz empfiehlt Hesse[5] das in Abb. 51 gezeigte Rohr, welches selbst herstellbar ist. Bei einer Länge von 300 mm

---

* Über diese Methode und ihre umfangreiche Anwendung wird an anderer Stelle dieses Handbuches berichtet (s. S. 122 ff.).

[1] Tswett, H.: Ber. dtsch. bot. Ges. **24**, 316 (1906). B. Z. **10**, 414 (1908).

[2] Zechmeister, L., u. L. v. Cholnoky: Die chromatographische Adsorptionsanalyse. 2. Aufl. Wien 1938.

[3] Carlsohn, H., u. H. Eicke: Angew. Chem. **54**, 520 (1941).

[4] Schöpf, C., u. E. Becker: A. **524**, 49 (1936).

[5] Hesse, G.: Angew. Chem. **49**, 315 (1936).

hat es einen Innendurchmesser von 2 mm. Eine andere Anordnung, die ebenfalls für γ-Mengen anwendbar ist, geben BECKER und SCHÖPF[1] an. Einer dickwandigen Capillare (Innendurchmesser 1 mm) ist ein Glasrohr von 4—5 mm Durchmesser aufgeschmolzen (Abb. 52). Die Capillare ist mit einer Schliff-Fußplatte versehen, die auf ein Glasfilterröhrchen aufgesetzt wird (vgl. auch S. 39).

e) Tüpfelanalyse[2].

Als *Tüpfelanalyse* wird nach FEIGL eine Arbeitstechnik der analytischen Chemie bezeichnet, welche den Nachweis bestimmter Stoffe durch die Vereinigung eines Tropfens der Probelösung oder möglichst kleiner Mengen fester Substanz mit einem oder mehreren Tropfen der Reagenslösung möglich macht.

Allgemeines. Prinzipiell ist es möglich, jede analytisch verwertbare Reaktion statt in einem Reagensglas in Form einer Tüpfelreaktion auszuführen. Praktisch werden aber bei den Tüpfelnachweisen nur solche Umsetzungen verwertet werden, die bereits bei der Verwendung geringer Mengen Reaktionsteilnehmer zustande kommen, sehr empfindlich und möglichst spezifisch sind, sowie auch die Auffindung bestimmter Stoffe neben großen Mengen anderer Stoffe gestatten. Für die Wertung der Empfindlichkeit eines Nachweises ist vor allem die Kenntnis der kleinsten Menge an nachweisbarer Substanz nötig, wofür FEIGL den Ausdruck „*Erfassungsgrenze*" einführte. Darunter ist die Menge an Substanz, ausgedrückt in γ, zu verstehen, welche durch irgendeine Reaktion oder Methode, gleichgültig in welchem Volumen, noch eindeutig auffindbar ist. Die Erfassungsgrenze ist aber vielfach noch unzureichend für die Bewertung der Empfindlichkeit, da es ja nicht gleichgültig ist, ob $1\,\gamma$ eines Stoffes in $1\,mm^3$, in $1\,cm^3$ oder gar in $1000\,cm^3$ Flüssigkeit nachzuweisen ist. Für den bei einer bestimmten Erfassungsgrenze herrschenden Verdünnungsgrad wird der Ausdruck „*Grenzkonzentration*" eingeführt. Darunter versteht man die Konzentration, oder besser das Verhältnis der Gewichtseinheit des erfaßten Stoffes zu der Menge des Lösungsmittels, wobei $1\,cm^3$ gleich $1\,g$ gesetzt wird, da die meisten Reaktionen in wäßriger Lösung ausgeführt werden.

$$\text{Grenzkonzentration} = \frac{\text{Erfassungsgrenze (in } \gamma)}{\text{Volumen des Lösungsmittels (in } cm^3)}$$

$$\text{oder Verdünnungsgrenze} = 1 : \frac{\text{Volumen des Lösungsmittels (in } cm^3) \cdot 10^6}{\text{Erfassungsgrenze (in } \gamma)} .$$

Die Tüpfelanalyse hat sich als mikrochemische oder halbmikrochemische Arbeitsmethodik zum Nachweis anorganischer oder organischer Verbindungen bzw. charakteristischer Atome oder Atomgruppen solcher Verbindungen, sowie für Reinheitsprüfungen verschiedenster Art bewährt. Für die qualitative Analyse werden bei dieser Arbeitstechnik durchwegs Nachweise verwendet, deren Empfindlichkeit es gestattet, mit möglichst kleinen Mengen des Probegutes das Auslangen zu finden. Der Nachweis ist durch empfindliche und charakteristische chemische Umsetzungen ausgezeichnet, die direkt oder auch indirekt ausgeführt werden können. Ein großer Teil dieser Reaktionen wird mit Tropfen (Mikro- oder Makrotropfen) ausgeführt, eine optische Vergrößerung ist dabei nicht nötig. Dementsprechend können Tüpfelreaktionen wie folgt ausgeführt werden:

1. Man bringt einen Tropfen der zu untersuchenden Lösung und des Reagens auf einer porösen oder nichtporösen Unterlage zusammen (Papier, Glas oder Porzellan).

2. Ein Tropfen der zu untersuchenden Lösung wird auf einen Stoff gebracht, welcher mit entsprechenden Reagentien präpariert wurde (Filterpapier, Asbest, Gelatine).

3. Ein Tropfen der Reagenslösung wird auf eine kleine Menge des zu untersuchenden festen Stoffes gebracht (Krystalle oder Krystallpulver, Glührückstände, Rückstände nach dem Eindampfen).

---

[1] BECKER, E., u. C. SCHÖPF: A. **524**, 124 (1936).

[2] FEIGL, F.: Qualitative Analysis by Spot Tests. 3. Aufl. New York-Amsterdam 1947. (Die im folgenden angeführten Zitate beziehen sich auf diese Auflage.) — Letzte deutsche Auflage: Qualitative Analyse mit Hilfe von Tüpfelreaktionen. 2. Aufl. Leipzig 1935.

4. Ein Tropfen des Reagens oder ein Streifen Reagenspapier wird der Einwirkung eines Gases unterworfen, welches von einem Tropfen der Probelösung oder einer geringen Menge der zu untersuchenden festen Substanz entwickelt wird.

5. Ferner können unter Tüpfelreaktionen im weiteren Sinne auch solche verstanden werden, bei denen ein Tropfen der Reagenslösung einem größeren Volumen (0,5—2 cm³) der zu untersuchenden Lösung zugesetzt wird und die erhaltenen Reaktionsprodukte mit organischen Lösungsmitteln extrahiert werden.

Die Wahl der Arbeitstechnik richtet sich nach der Art der Probe und der dazu nötigen Reagentien, sowie nach dem Wunsch, die größtmögliche Sicherheit und Empfindlichkeit des Nachweises zu erhalten. Das tatsächliche „Tüpfeln" ist eine wichtige Operation in der Tüpfelanalyse, aber nicht immer die einzige angewendete Manipulation. Häufig ist es nötig, durch vorhergehende Maßnahmen entsprechende Reaktionsbedingungen zu schaffen. Diese können entweder physikalische oder chemische sein: Trocknen, Eindampfen, Glühen, Lösen, Oxydation, Reduktion, Einstellen eines bestimmten p_H-Wertes usw. Sehr oft, vor allem in der organischen Tüpfelanalyse, sind Trennungen, ja sogar Synthesen mit dem zu untersuchenden Material vorzunehmen. Manchmal ist es notwendig, durch besondere Umsetzungen die Reaktionsprodukte sichtbar zu machen (Extraktion, Behandlung mit Säuren oder Basen). Demnach werden in der Tüpfelanalyse viele chemische Operationen der Makroanalyse verwendet, natürlich stets in entsprechend verkleinertem Maßstab, möglichst ohre Verlust an Substanz. Manche Arbeitsweisen der Tüpfelanalyse können jedoch in der Makroanalyse nicht verwendet werden, so z. B. die Ausnützung der Capillarkräfte des Papieres oder die direkte Anwendung fester Reagentien.

Die Ausrüstung für die Tüpfelanalyse ist einfach und die Arbeitstechnik leicht zu erlernen. Für eine erfolgreiche Anwendung der Tüpfelanalyse ist es erforderlich:

1. die chemischen Grundlagen der einzelnen Nachweise zu verstehen,

2. die experimentellen Grundbedingungen genauestens einzuhalten,

3. größtmögliche Sauberkeit der Laboratoriumseinrichtung und der verwendeten Geräte,

4. die Verwendung reinster Reagentien,

5. wenn möglich, sollen die einzelnen Nachweise stets mehrere Male ausgeführt werden.

Geräte. Die Entnahme und das Aufbringen, bzw. das Zusammenbringen von Tropfen der Probe- und Reagenslösung können auf verschiedene Weise erfolgen. Am einfachsten läßt man die betrefffenden Lösungen von *Glasstäben* (etwa 20 cm lang, 3 mm stark) abtropfen. Das Volumen solcher Tropfen beträgt etwa 0,05 cm³. Für kleinere Tropfen verwendet man dünnere Glasstäbe. Vorteilhafter sind *Glaspipetten* von etwa 20 cm Länge, die man aus Glasröhren von 4 mm Durchmesser durch Ausziehen über der Flamme selbst herstellt. Die Tropfengröße läßt sich durch die verschiedene Weite des capillaren Endes variieren. Auch mittels *Platindrahtösen* mit verschiedenem Durchmesser lassen sich Tröpfchen von bestimmtem, leicht feststellbarem Volumen bzw. Gewicht gewinnen. Solche Ösen sind durch Eindrehen verschieden dicker Platindrähte leicht selbst herstellbar. Sie werden in Glasstäbe oder Glasröhren eingeschmolzen. Es ist vorteilhaft, für jede Öse die jeweilig zu erfassende Flüssigkeitsmenge an der Fassung zu vermerken. Vor erstmaligem Gebrauch empfiehlt es sich, den Draht durch mehrmaliges Eintauchen der Öse in eine Platinchloridlösung und anschließendes Ausglühen etwas aufzurauhen. Glasstäbe und Pipetten werden in ausreichender Zahl (20—30 Stück) vorrätig gehalten. Man bewahrt sie in ungefähr 10 cm hohen Porzellan- oder Glasbechern auf.

Reagenslösungen werden in etwa 50 cm³ fassenden *Tropfflaschen* oder noch besser in *Pipettenflaschen* (Abb. 53) aufbewahrt. Feste Reagentien werden in *Pulvergläsern* von ungefähr 20 cm³ Inhalt aufbewahrt, ebenso Reagenspapiere.

Die Vereinigung von Tropfen der miteinander reagierenden Lösungen erfolgt entweder in *Mikroporzellantiegeln,* auf *Tüpfelplatten* oder auf *Filterpapier.* Mikroporzellantiegel werden vor allem dann verwendet, wenn die Reaktion unter Erwärmung vor sich geht. Das Erhitzen erfolgt zweckmäßig nicht über freier Flamme, sondern durch Aufstellen auf eine erwärmte Asbestplatte. Auf einem *Quarzuhrglas* können kleine Flüssigkeitsmengen nicht nur schnell eingeengt bzw. abgedampft, sondern auch verascht werden. Tüpfelplatten bestehen aus glasiertem Porzellan und enthalten in der Regel durchschnittlich 6—12 nebeneinanderliegende gleichartige Vertiefungen, die etwa 0,5—1 cm³ Flüssigkeit aufnehmen können. Es empfiehlt sich, mehrere Tüpfelplatten mit verschieden großen Vertiefungen, sowie solche aus schwarzem Porzellan anzuschaffen. Tüpfelreaktionen, die hellfarbige oder farblose Niederschläge bzw. nur Trübungen ergeben, werden in *Mikroproberöhrchen* von etwa 3 cm Länge und 3,5 mm Durchmesser durchgeführt. Sie können auch mit einem eingeschliffenen Glasstopfen versehen sein (Abb. 54 a, b und c). Mit solchen Röhrchen ist es möglich, Extraktionen auszuführen oder das Reaktionsprodukt durch Erhitzen zu konzentrieren. Zum Erwärmen dieser Röhrchen verwendet man als Haltevorrichtung ein durch Zusammendrehen zweier Aluminiumdrähte herzustellendes Drahtgestell, das auf ein mit Wasser gefülltes Becherglas aufgelegt werden kann (Abb. 55).

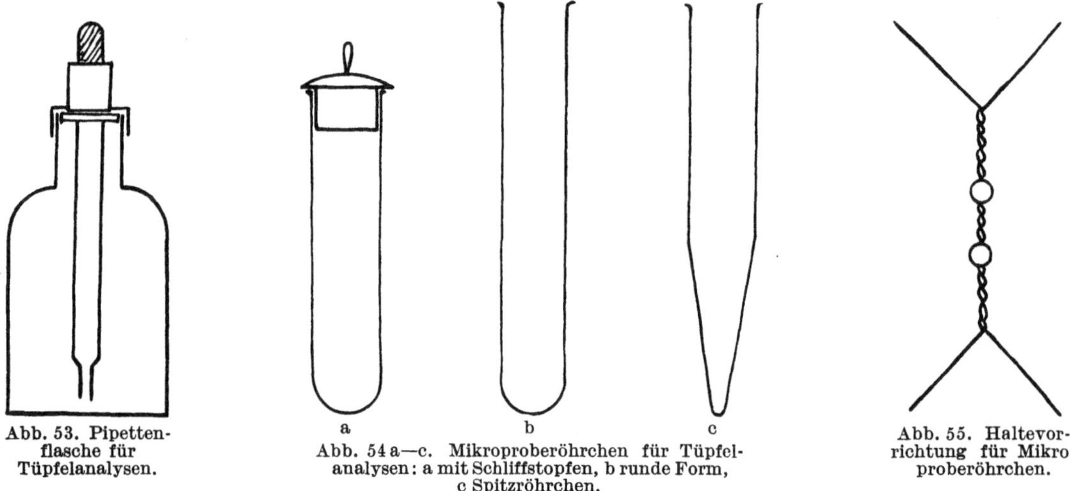

Abb. 53. Pipetten-
flasche für
Tüpfelanalysen.

Abb. 54 a—c. Mikroproberöhrchen für Tüpfelanalysen: a mit Schliffstopfen, b runde Form,
c Spitzröhrchen.

Abb. 55. Haltevor-
richtung für Mikro-
proberöhrchen.

Tüpfelplatten, Mikroreagensgläser und Mikrotiegel gestatten die Verwendung beliebig stark saurer oder alkalischer Flüssigkeiten, während Filterpapier hiefür meistens nicht geeignet ist.

Ein Großteil der Tüpfelreaktionen wird jedoch auf *Filterpapier* ausgeführt. Der Vorteil dieser Ausführungsart liegt darin, daß Capillaritätserscheinungen eine Anreicherung des nachzuweisenden Stoffes hervorrufen. Daraus ergibt sich, daß es nicht gleichgültig ist, welches Filterpapier verwendet wird. Am besten geeignet sind die Papiere folgender Firmen (nebeneinanderstehende Papiersorten sind einander gleichwertig):

Schleicher & Schüll	Whatman
Nr. 601 „Tüpfelpapier"	Nr. 120 Drop reaction paper, double thickness
Nr. 598	3 MM First quality
Nr. 589	42 oder 542

Das Filterpapier kann in der üblichen Rund- bzw. Rechteckform oder auch in viereckigen Streifchen (2×2 cm oder 2×6 cm) in Petrischalen aufbewahrt werden.

Imprägnierte Reagenspapiere werden durch Einlegen von Filterpapierstreifen in hinreichend konzentrierte Reagenslösungen und anschließendes Trocknen durch Aufhängen im geheizten Trockenschrank hergestellt. Sehr zweckmäßig ist das Aufbringen von Reagentien auf Filterpapier mit einem einfachen *Zerstäubungsapparat* (Abb. 56). Für die Selbstbereitung von Tüpfelpapier ist auch das von HAHN[1] angegebene Verfahren empfehlenswert: Man faltet geeignete Streifen ∧-förmig und bringt auf jede Seite einen Tropfen der Reagenslösung; die Streifen bleiben dabei so steif, daß man sie auf den Tisch stellen und so trocknen lassen kann. Zum Gebrauch werden die imprägnierten Streifen am Bug durchgeschnitten. Das Tüpfeln auf Reagenspapieren erfolgt durch Aufbringen

---

[1] HAHN, F. L.: Mikrochem. **11**, 33 (1932).

von Tropfen mittels Pipetten oder Glasstäben. Dabei läßt man die Probelösung nicht auftropfen, sondern aus einer Capillarpipette (innerer Durchmesser 0,5—1 mm) durch leichtes Andrücken der Spitze in das Papier eindringen. Von der Berührungsstelle breitet sich die Lösung konzentrisch aus und der gelöste Stoff wird in der nächsten Umgebung der Einstichstelle angereichert.

Die Verwendung von *Gelatinefolien*[1] hat sich trotz mancher Vorteile (Beobachten der Reaktion unter dem Mikroskop, Dauerpräparat) nicht eingebürgert.

Das *Erhitzen von Lösungen* kann außer in der bereits erwähnten Vorrichtung (s. S. 35) auch noch mit einer anderen Anordnung vorgenommen werden (Abb. 17). Sollen Filterpapiere, auf denen sich Flüssigkeitstropfen befinden, erwärmt werden, so hält man sie über eine elektrische Heizplatte oder bläst warme Luft dagegen. Das *Eindampfen* von

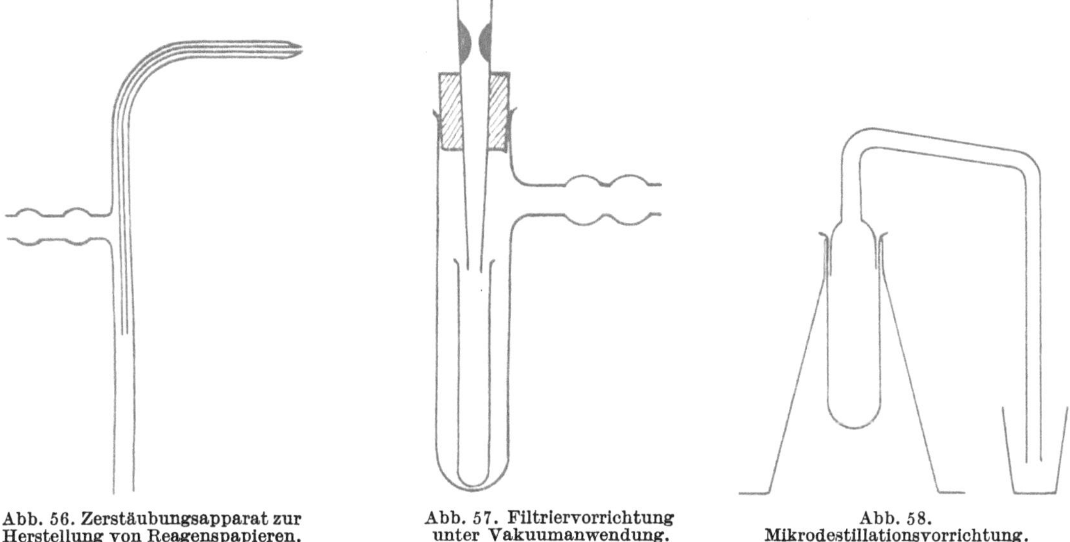

<table>
<tr><td>Abb. 56. Zerstäubungsapparat zur
Herstellung von Reagenspapieren.</td><td>Abb. 57. Filtriervorrichtung
unter Vakuumanwendung.</td><td>Abb. 58.
Mikrodestillationsvorrichtung.</td></tr>
</table>

Flüssigkeiten kann so geschehen, daß man in das Mikrozentrifugengläschen bzw. Mikroproberöhrchen, welches sich auf einem Wasserbad befindet, warme Luft einbläst.

Soll die zu untersuchende Probe der *Einwirkung eines Gases* (z. B. NH_3, HCl, H_2S) ausgesetzt werden, so wird man, wenn die Reaktion auf einem Filterpapier ausgeführt werden soll, das Papier über die offene Flasche des entsprechenden Reagens (Ammoniumhydroxyd, Schwefelwasserstoffwasser) halten. Sollen die Reaktionen im Spitzröhrchen (Abb. 54) bzw. in der Mikroeprouvette ausgeführt werden, so leitet man das betreffende Gas mit Hilfe einer feinen Capillare ein.

Für den Nachweis von Gasen, die bei Reaktionen bestimmter Substanzen als charakteristische Produkte entstehen, verwendet man eigene Geräte. Das Gas wird in einem an dem Glasknopf des Aufsatzstückes hängenden Reagenströpfchen aufgefangen. Da die etwa 1 cm³ fassende Glashülle durch den Aufsatz verschlossen ist, reagiert das Gas genügend lang mit dem Tröpfchen. Wenn statt des Reagens als Absorptionsmittel ein Wassertropfen verwendet wird, wird dieser nach der Absorption des Gases auf eine Tüpfelplatte oder in einen Mikrotiegel gespült und dort die Reaktion ausgeführt.

Die Trennung fester und flüssiger Phasen vor oder nach Entnahme eines Tropfens der Probelösung ist bei Tüpfelreaktionen häufig erforderlich. Für die weitere Verarbeitung kleiner Mengen von Flüssigkeit und Bodenkörper ist die Abtrennung von Niederschlassteilchen durch Zentrifugieren geeignet, weshalb zumindest eine kleine *Handzentrifuge* zu den Arbeitsbehelfen der Tüpfelanalyse gehört. Das Abschleudern kann in den EMICH-schen *Spitzröhrchen* erfolgen (Abb. 54), aus denen nach Sedimentation des Niederschlages

---

[1] WINCKELMANN, J.: Mikrochem. 10, 437 (1931/32); 12, 127 (1933); 14, 171 (1933/34); 16, 203 (1934/35).

die Entnahme klarer Flüssigkeitströpfchen durch Capillarpipetten erfolgt. Zweckmäßig ist auch die Fällung auf einem *Glasfilterröhrchen,* welches nach Einlagerung in ein Proberöhrchen und Zentrifugieren eine saubere Trennung von Niederschlag und Lösung und nötigenfalls auch ein Waschen des Niederschlages ermöglicht.

Sehr empfehlenswert ist die in Abb. 57 gezeigte *Filtriervorrichtung.* Sie besteht aus einem EMICHSchen Filterstäbchen, das durch einen Gummistopfen auf einer dickwandigen Absaugeprouvette mit Ansatz aufsitzt. Die Capillare des Filterstäbchens mündet in eine untergestellte Mikroeprouvette. Die Tüpfelreaktion kann auf der Asbestschicht des Filterstäbchens ausgeführt werden und nach erfolgter Umsetzung durch Anschluß der Absaugeprouvette an eine Wasserstrahlpumpe ein Tropfen des blanken Filtrates in der Mikroeprouvette aufgefangen werden. Weitere Tüpfelreaktionen lassen sich in der Mikroeprouvette selbst oder nach Entnahme eines Tropfens des Filtrates auf Reagenspapier ausführen.

Für kleine Flüssigkeitsmengen wird der Destillationsapparat nach Abb. 58 verwendet. Als Vorlage eignet sich ein Mikrotiegel oder eine Mikroeprouvette, in die das abgebogene Kühlrohr hineinragt. Die Erwärmung des Destillationsgefäßes kann über einer Mikroflamme oder durch Eintauchen in heißes Wasser erfolgen.

Elektrophorese.

Von

E. Wiedemann.

Mit 37 Abbildungen.

a) Einleitung.

Unter den modernen Methoden der physiologisch-chemischen Analyse nimmt heute die Elektrophorese einen hervorragenden Platz ein. Sie kommt dem Bedürfnis des Naturforschers entgegen, über Untersuchungsmethoden zu verfügen, die auf die hochmolekularen und dabei sehr empfindlichen Bestandteile und Wirkstoffe von Organismen anwendbar sind, ohne diese irgendwie anzugreifen und damit meist irreversibel zu verändern. Bei der Elektrophorese wird eine Untersuchung, Trennung und Reindarstellung solcher Stoffe, also von Proteinen und Proteiden, dadurch ermöglicht, daß diese Stoffe in einem ihnen angepaßten Milieu dem Einfluß eines elektrischen Feldes ausgesetzt werden. Unter dem Einfluß dieses Feldes bewegen sich die Stoffteilchen. Die Elektrophorese ist damit als physikalischer Vorgang definiert, der prinzipiell der Iontophorese entspricht.

Die besondere Bedeutung der Elektrophorese rührt nun daher, daß die allermeisten Proteine und Proteide nicht nur günstige Löslichkeitseigenschaften besitzen, sondern auch fast immer unter sich verschiedene Eigenladungen zeigen. Sie können daher in ein passendes Milieu gebracht werden und wandern im elektrischen Feld verschieden schnell, woraus sich ihre Trennmöglichkeit ableitet. Dazu kommt weiter, daß die Eigenladungen dieser Stoffe durch eine Änderung des p_H-Wertes des Milieus meist innerhalb ziemlich weiter Grenzen verschoben werden können, womit sich der Anwendungsbereich der Elektrophorese zusätzlich erweitert und in vielen Fällen die Möglichkeit einer Differenzierung sehr nahe verwandter Stoffe verbessert wird. Damit ist die Elektrophorese oftmals die Methode der Wahl, wenn es sich um die Isolierung und Reindarstellung eines Naturstoffes von Proteincharakter in genuinem Zustand handelt.

b) Überblick über die Theorie der Bewegung geladener Teilchen in einem elektrischen Feld[1].

In der Einleitung ist die Elektrophorese, ihrer hauptsächlichen praktischen Bedeutung entsprechend, als Bewegungsvorgang gelöster Stoffteilchen von Proteincharakter unter

---

[1] Eine ausführliche Darstellung der Theorie der Elektrophorese findet sich in ABRAMSON, H. A., L. S. MOYER and H. M. GORIN: Electrophoresis of Proteins. New York 1942.

der Wirkung eines elektrischen Feldes bezeichnet worden. Allgemein ist sie jedoch als *Transportvorgang geladener Stoffteilchen in einem elektrischen Feld zu definieren, der sich in Gegenwart von Elektrolytionen vollzieht.* Als solcher ist die Elektrophorese zur Iontophorese analog, bei der die Geschwindigkeit v der bewegten Teilchen der Ladung e sowie der Feldstärke H proportional und der Viscosität des Lösungsmittels η sowie einem Faktor $6\pi r$ (für kugelförmige Teilchen) umgekehrt proportional ist

$$v = \frac{eH}{6\pi r\eta} \tag{1}$$

(Formel zur Berechnung der Geschwindigkeit nach STOKES mit eH als treibender Kraft nach DEBYE und HÜCKEL[1] und HÜCKEL[2]).

Der prinzipielle Unterschied zwischen der Iontophorese und der Elektrophorese besteht darin, daß bei der Elektrophorese elektrostatische Kräfte zwischen den wandernden Teilchen und den im Milieu vorhandenen Elektrolytionen zur Ausbildung einer Doppelschicht (vgl. S. 57 f.) führen, welche die nach Gl. (1) zu berechnende Geschwindigkeit vermindert. Elektrophorese liegt also dann vor, wenn sich die Geschwindigkeit v als kleiner bis höchstens gleich groß wie nach Gl. (1) ergibt.

Die Feldstärke H ist als Quotient der Spannung E in Volt durch die Länge der Schicht l in cm definiert
$$H = \frac{E}{l}\left(\frac{\text{Volt}}{\text{cm}}\right). \tag{2}$$

Da die Geschwindigkeit einer bewegten Partikel, v, der auf diese wirkenden Kraft, also dem Produkt aus Ladung e und Feldstärke H, proportional ist[3]

$$v = k\,e\,\frac{E}{l}, \tag{3}$$

folgt für die Beweglichkeit u, da diese als Quotient der Geschwindigkeit v durch die Feldstärke H definiert wird, deren Proportionalität zur Ladung e

$$u = \frac{v}{H} = k\,e, \tag{4}$$

worin k eine Konstante bedeutet.

Während nun die Ladungen e einfacher Ionen, ihrer Wertigkeit entsprechend, immer der Ladung eines Elektrons oder eines Vielfachen davon gleich sind, also $4{,}80 \cdot 10^{-1}$ ESE (elektrostatische Einheiten) oder ein Mehrfaches davon betragen, ist die Ladungszahl bei Kolloiden, insbesondere bei Proteinen und Proteiden, aber auch bei Aminosäuren und anderen amphoteren Substanzen innerhalb meist weiter Grenzen variabel und vom p_H-Wert des Milieus abhängig. So ist z. B. in basischem Milieu ($p_H > 7$) die Ladung fast aller Proteine negativ, was zur Folge hat, daß sie zur Anode wandern; in saurem Milieu ($p_H < 7$) zeigen sie dagegen eine meist positive Ladung und wandern dann zur Kathode. Irgendwo dazwischen liegt ein Punkt, an dem sich positive und negative Ladungen das Gleichgewicht halten und keine Wanderung erfolgt. Dieser Punkt, der durch einen bestimmten p_H-Wert definiert und für ein gegebenes Protein oder dgl. charakteristisch ist, wird nach HARDY[4] als *isoelektrischer Punkt* der betreffenden Substanz bezeichnet. In der neueren Literatur wird dafür auch der Neigungswert der Beweglichkeitskurve am isoelektrischen Punkt, wie er durch den Differentialquotienten

$$\frac{du}{d\,p_{H_0}} \tag{5}$$

definiert ist, gerne als genauerer Wert angegeben[5]. Seine Ermittlung durch Wanderungsversuche fällt in den Aufgabenbereich der Elektrophorese.

[1] DEBYE, P., u. E. HÜCKEL: Physik. Z. **25**, 49 (1924).
[2] HÜCKEL, E.: Physik. Z. **25**, 204 (1924).
[3] QUINCKE: Ann. Physik **113**, 582 (1861).
[4] HARDY, W. B.: J. Physiol., London **24**, 288 (1899).
[5] Vgl. z. B. SVEDBERG, THE, u. K. O. PEDERSEN: Die Ultrazentrifuge. Tabelle 48, S. 368 ff. Dresden u. Leipzig 1940.

Die Variabilität der Ladung von Substanzen amphoteren Charakters mit sich ändernder Wasserstoffionenkonzentration ist eine Folge der Dissoziation ihrer sauren und basischen Gruppen, wie sie schon die einfache Aminosäure Glykokoll zeigt:

$$^+H_3N\text{—}CH_2\text{—}COOH \qquad ^+H_3N\text{—}CH_2\text{—}COO^- \qquad H_2N\text{—}CH_2\text{—}COO^-$$
$$p_H = 2 \qquad\qquad p_H = 6 \qquad\qquad p_H = 12$$

Bei niederen p_H-Werten ist die Aminogruppe geladen und die resultierende Ladung Q ist e^+. Bei neutraler Reaktion ist auch die Carboxylgruppe dissoziiert und die resultierende Ladung Q beträgt 0. Bei hohen p_H-Werten wird die Ladung der Aminogruppe verschwunden sein, während die Dissoziation der Carboxylgruppe vollständig ist, so daß die resultierende Ladung Q jetzt e^- geworden ist.

Bei komplizierteren Stoffen, wie es die Proteine sind, treten zufolge der Vielzahl der dissoziierbaren Gruppen recht erhebliche Ladungsbeträge auf; bei Ovalbumin betragen diese beispielsweise $30\,e^-$ bei p_H 2 und $30\,e^-$ bei p_H 12[1]. Dementsprechend hoch sind dann auch die elektrophoretischen Geschwindigkeiten v[2].

Als weiterer, die Wanderungsgeschwindigkeit beeinflussender Faktor zählt die Viscosität η des Lösungsmittels (in der auch der Temperaturfaktor enthalten ist).

Das Verhältnis einer verzögernden Kraft p zur Geschwindigkeit v in Wirkung auf eine Kugel vom Radius r in einem Lösungsmittel der Viscosität η ist

$$\frac{p}{v} = 6\,\pi\,r\,\eta, \tag{6}$$

oder, was an dieser Stelle nicht näher bewiesen werden kann, auch

$$\frac{p}{v} = \frac{KT}{D} \tag{6a}$$

($K =$ Boltzmannsche Konstante $= R/N$, $R =$ Gaskonstante, $N =$ Avogadrosche Zahl; $T =$ absolute Temperatur, $D =$ Diffusionskonstante).

Setzt man nun die elektrischen Kräfte Q und H der Viscositätskraft p gleich, so folgt daraus

$$QH = 6\,\pi\,r\,\eta\,v, \tag{7}$$

oder, da nach Gl. (4) $u = v/H$ ist, die Beweglichkeit u zu

$$u = \frac{Q}{6\,\pi\,r\eta} = \frac{QD}{KT}. \tag{8}$$

Es sei ausdrücklich bemerkt, daß sich die Gl. (7) und (8), wie auch die Gl. (1), nur auf das Verhalten eines Teilchens bei unendlicher Verdünnung und bei Abwesenheit von Salzen beziehen. Insbesondere gilt die Proportionalität der Beweglichkeit u zur Ladung e nach Gl. (4) streng nur für den Fall unendlicher Verdünnung. Bei endlichen Verdünnungen wird die Beweglichkeit von Ladungsträgern (Molekülen irgendwelcher Art) durch eine Anhäufung von Ionen entgegengesetzter Ladung nahe der Oberfläche des betrachteten Ladungsträgers gebremst. Enthält, wie es in den hier besonders interessierenden Fällen zutrifft, eine Proteinlösung auch noch Salze, so bildet sich infolge der Wechselwirkung elektrostatischer Kräfte um die z. B. negativ geladenen Proteinteilchen eine Schicht positiver Ionen aus, die beim Anlegen einer Spannung (unter fortwährender Erneuerung) den Proteinteilchen entgegengesetzt wandert und damit deren Geschwindigkeit vermindert. Die Wirksamkeit einer solchen diffusen Doppelschicht nach Gouy[3] wird sowohl durch die Konzentration und Ladung der anwesenden Elektrolytionen als auch durch die Größe und Form der Proteinteilchen (bzw. Proteinionen) bestimmt, ist aber unabhängig

---

[1] Keckwick, R. A., and R. K. Cannan: Biochem. J. **30**, 227 (1936).

[2] Diese können durch zusätzliche Vorgänge, wie Polarisationen, Ionenpaarbildungen, spezielle Reaktionen und Wasserstoffbindung noch weiter gesteigert werden, worauf hier aber nur verwiesen sei.

[3] Gouy, G.-L.: J. Physiol., London **9**, 457 (1910).

von der chemischen Natur der Elektrolyte. Der Effekt der anwesenden Elektrolytionen kann deshalb nach Lewis und Randall[1] als additive Größe, als *Ionenstärke* μ

$$\mu = \frac{1}{2} \sum_1^s c_i z_i^2 \tag{9}$$

berechnet werden, worin c_i die Konzentration der i-ten Ionensorte in Molen je Liter und z_i ihre Wertigkeit bedeutet. Es sei indessen bemerkt, daß die Berechnung der Ionenstärke μ nach Gl. (9) nur dann sinngemäß und richtig sein kann, wenn der Salzgehalt der Lösung im Vergleich zu ihrem Proteingehalt so groß ist, daß der Beitrag des letzteren zur Ionenstärke praktisch vernachlässigt werden kann. Dies trifft unter den üblichen Versuchsbedingungen zu, wenn die Ionenstärke relativ hoch und die Proteinkonzentration so niedrig wie zulässig gewählt wird. Es wird später noch darauf einzugehen sein, daß diese Bedingungen auch noch aus anderen Gründen anzustreben sind.

Zur quantitativen Berechnung der durch den „Salzeffekt" verursachten Verzögerung der Wanderungsgeschwindigkeit ist die Kenntnis des elektrokinetischen Potentials ξ erforderlich, womit das maximale Potential entgegengesetzten Vorzeichens, das sich an der Oberfläche der das wandernde Teilchen umgebenden Lösungsmittelschicht ausbilden kann, bezeichnet wird. Die Größe dieses Potentials ξ ist bei Abwesenheit von Salzen gleich dem Quotienten aus der Ladung Q und der Dielektrizitätskonstante ε des Lösungsmittels mal dem Teilchenradius r

$$\xi = \frac{Q}{\varepsilon\, r}. \tag{10}$$

Mit merklicher Zunahme des Salzgehaltes wird das elektrokinetische Potential ξ kleiner, wobei sein Wert immer exponentiell mit dem Abstand von der Teilchenoberfläche abnimmt. Dies geschieht um so rascher, je höher die Salzkonzentration und die Ionenwertigkeit der Salze sind.

Die Vorstellung ist die folgende: Ein z. B. negativ geladenes, kugelförmig gedachtes Proteinteilchen (-ion), dessen Ladung $30\,e^-$ betrage, führe an seiner Oberfläche eine dünne Lösungsmittelschicht mit sich, in die nur wenige positive Ladungen, z. B. $4\,e^+$, eindringen können. Die resultierende Teilchenladung Q betrage also $30\,e^- - 4\,e^+ = 26\,e^-$. Die zwischen einem solchen negativ geladenen Proteinteilchen und den vorhandenen elektrolytischen Ionen auftretenden elektrostatischen Kräfte bewirken nun eine Anhäufung positiver Ladungen (Ionen) um dieses Proteinteilchen, die mit dem Abstand von diesem exponentiell abnimmt. Das maximale, so entstehende positive Potential unmittelbar an der Oberfläche der das Proteinteilchen umgebenden Lösungsmittelschicht wird als das elektrokinetische Potential bezeichnet, während das nach außen zu abfallende Potential ψ-Potential genannt wird. Der Höchstwert des ψ-Potentials ist also dem ξ-Potential gleich. In der das Proteinteilchen umgebenden „Ionenwolke" befindet sich, bezogen auf den zeitlichen Mittelwert, ein der resultierenden Teilchenladung Q ($26\,e^-$) gleicher Betrag positiver Ladungen, deren Verteilung eine Funktion der Salzkonzentration ist. Denkt man sich diese positiven Ladungen ($26\,e^+$) auf einer zum Proteinteilchen konzentrischen Schale gleicher Wirksamkeit zusammengefaßt, so folgt aus dieser Überlegung, daß diese Schale bei Abwesenheit von Elektrolyten unendlich weit vom Proteinteilchen entfernt sein muß, während sie mit zunehmender Ionenstärke immer mehr an das Proteinteilchen heranrückt. Den Abstand dieser hypothetischen Schale von der das Proteinteilchen umschließenden Lösungsmittelschicht nennt man die Dicke der elektrischen Doppelschicht[2]. Diese hängt nur von der Ionenstärke ab und beträgt (unter der Annahme punktförmiger Ladungen) z. B. für $\mu = 0{,}005$ etwa 43 Å, für $\mu = 0{,}02$ 21,5 Å und für $\mu = 0{,}5$ 4,3 Å.

Das Verhältnis des elektrokinetischen Potentials bei einer gegebenen Ionenstärke zu demjenigen bei unendlicher Verdünnung, also das Verhältnis ξ_μ/ξ_0, hängt weitgehend

---

[1] Lewis, G. N., and M. Randall: Am. Soc. **43**, 1112 (1921).

[2] Gorin, M. H.: J. chem. Physics **7**, 405 (1939).

von der Teilchengröße ab. So ist das Verhältnis $\xi_{0,02}/\xi_0$ für das Na$^+$-Ion $(r = 2{,}6$ Å$) = 0{,}90$; für ein sphärisches Protein vom Molekulargewicht $M = 35\,000$ $(r = 21{,}7$ Å$)$ wird das Verhältnis $\xi_{0,02}/\xi_0 = 0{,}50$ und für ein Molekül vom Gewicht $M = 2\,200\,000$ wird das gleiche Verhältnis $\xi_{0,02}/\xi_0 = 0{,}2$.

Nach Gl. (8) ist die Beweglichkeit u eines geladenen Teilchens in einer von anderen geladenen Teilchen freien Flüssigkeit unendlichen Volumens

$$u = \frac{QD}{KT}.\qquad(8)$$

In Gegenwart anderer geladener Teilchen, z. B. von Elektrolytionen, ist diese Beweglichkeit u vermindert, so daß die resultierende (effektive oder apparente) Beweglichkeit $\underline{u}$

$$\underline{u} = u - u' = \frac{QD'}{KT} - u'\qquad(11)$$

beträgt. Für den wichtigsten Fall der Bewegung von Proteinteilchen in einem Milieu von konstanter, nicht zu geringer Ionenstärke $(\mu > 0{,}1)$ kann der Term u' aus der resultierenden Teilchenladung Q, dem elektrokinetischen Potential ξ und der Dicke d der elektrischen Doppelschicht wie folgt abgeleitet werden[1]: Betrachtet man die entgegengesetzt gleich großen Ladungen Q des Teilchens mit dem Radius r und seiner Doppelschicht im Abstand d von der Teilchenoberfläche als diejenigen eines aus konzentrischen Kugelschalen aufgebauten Kondensators, so ist das Potential ξ nach Gl. (10), vermindert um das Potential der Doppelschicht im Abstand d

$$\xi = \frac{Q}{\varepsilon r} - \frac{Q}{\varepsilon (r+d)} = \frac{Q}{\varepsilon r} \cdot \frac{d}{r+d}.\qquad(12)$$

Unter der Voraussetzung nicht zu geringer Ionenstärke (s. S. 57) darf man schreiben

$$\xi = \frac{Qd}{\varepsilon r^2},\qquad(12\,\text{a})$$

damit wird $\underline{u}$

$$\underline{u} = \frac{Qd}{4\pi r^2 \eta} = \frac{\sigma d}{\eta},\qquad(13)$$

wenn $\sigma = Q/4\pi r^2$ die Ladungsdichte bedeutet. Aus den Gl. (8), (11) und (13) folgt dann

$$u' = \frac{Q}{6\pi r\eta} - \frac{\sigma d}{\eta} = \frac{4\sigma r}{6\eta} - \frac{\sigma d}{\eta} = \frac{4}{6}\left(r - d\right)\sigma/\eta.\qquad(14)$$

Nach Gl. (13) kann die resultierende (effektive) Beweglichkeit $\underline{u}$ eines Teilchens unter den üblichen Bedingungen der Elektrophoreseversuche berechnet werden, wenn seine Ladung bekannt ist. Gl. (14) ermöglicht unter den gleichen Voraussetzungen die Berechnung der Verzögerung seiner (maximalen) Beweglichkeit u nach Gl. (8) durch das Milieu.

Zur Berechnung der resultierenden Teilchenladung Q ist zunächst die Kenntnis des Teilchenradius erforderlich, der nach der Gleichung

$$r = \frac{KT}{6\pi\eta D}\qquad(15)$$

aus der experimentell bestimmten Diffusionskonstante D hergeleitet werden kann. Der Wert von Q (in Valenzen) folgt dann aus der Gleichung

$$Q = \frac{6\pi r\eta (1 + \varkappa r + \varkappa r_i)}{f(\varkappa r)(1 + \varkappa r_i)} \cdot \frac{u \cdot 300 \cdot 10^{-4}}{4{,}80 \cdot 10^{-10}},\qquad(16)$$

ausgedrückt in den Werten der elektrophoretischen Beweglichkeit $\underline{u}\left(\frac{\mu/\text{sec}}{\text{Volt/cm}}\right)$, wenn mit $\varkappa$

---

[1] ABRAMSON, H. A., L. S. MOYER and M. H. GORIN: Electrophoresis of Proteins. New York 1942.

die reziproke Dicke $1/d$ der Doppelschicht und mit $\varkappa r_i$ der mittlere Radius der Elektrolytionen, sowie mit f die Reibungskraft je Geschwindigkeitseinheit bezeichnet wird

$$\text{Valenzzahl} = Q \cdot \underline{u}. \tag{16a}$$

Die praktisch wichtige Berechnung der (apparenten) elektrophoretischen Beweglichkeit $\underline{u}$ aus den Versuchsdaten, die bei allen nachfolgend beschriebenen Meßmethoden auf gleiche Weise auf der Bestimmung der Versuchszeit t, des in dieser Zeit durchlaufenen Weges s, des U-Rohrquerschnittes q, der Stromstärke I und der Leitfähigkeit $\varkappa$ der Untersuchungslösung beruht, ergibt sich wie folgt: Da die Feldstärke H der Stromstärke direkt und dem Querschnitt der Lösungssäule, sowie der Leitfähigkeit umgekehrt proportional ist, gilt

$$H = \frac{I}{q\varkappa}. \tag{17}$$

Bedeutet $\underline{u}$ die effektive Beweglichkeit der Teilchen unter der Wirkung der Feldstärke Eins (1 V/1 cm), so ist der von ihnen zurückgelegte Weg s in cm

$$s = \underline{u}Ht = \frac{It}{q\varkappa}, \tag{18}$$

da $\underline{u}H = s/t$ ist, ergibt sich die Beweglichkeit $\underline{u}$ zu

$$\underline{u} = \frac{s\,q\,\varkappa}{It}, \tag{19}$$

worin s den durchlaufenen Weg in cm, $\varkappa$ die spezifische Leitfähigkeit in $\Omega^{-1}\,\text{cm}^{-1}$, q den Querschnitt der Lösungssäule in cm^2, I die Stromstärke in Ampères und t die Zeit in sec bedeutet. *Gl. (19) ist die für Beweglichkeitsmessungen allgemein gebräuchliche.* Da die Beweglichkeit $\underline{u}$ als Quotient der Wanderungsgeschwindigkeit $v = \frac{s}{t}\left(\frac{\text{cm}}{\text{sec}}\right)$ durch den im Versuch herrschenden Spannungsabfall E (Volt/cm) definiert ist, kann man auch schreiben

$$\underline{u} = \frac{v}{E/\text{cm}} = \frac{s}{Et}, \tag{20}$$

wenn E/cm der Lösungssäule gemessen wird; aus Gl. (19) und (20) folgt ferner, daß

$$\varkappa = \frac{I}{qE} \tag{21}$$

ist. Es kann also aus Leitfähigkeitsmessungen die Beweglichkeit $\underline{u}$ und umgekehrt aus Bestimmungen der Beweglichkeit die Leitfähigkeit $\varkappa$ bestimmt werden, da beide Methoden im Prinzip identisch sind[1].

Die früher als Hauptaufgabe der Elektrophorese betrachtete Bestimmung der apparenten Beweglichkeit $\underline{u}$ ist neuerdings mehr und mehr der Mengenbestimmung der wandernden Stoffe gewichen. Es sei schon hier bemerkt, daß diese Mengenbestimmungen zufolge der beharrlichen Funktion von KOHLRAUSCH[2]

$$K = \frac{C_A}{u_A} + \frac{C_B}{u_B} + \frac{C_C}{u_C} \cdots \tag{22}$$

ebenfalls apparente Werte ergeben, die von den wahren Werten im allgemeinen ein wenig verschieden sind. Da die Erklärung dieser Verhältnisse eine nähere Kenntnis der Vorgänge bei der Elektrophorese von Stoffgemischen im U-Rohr voraussetzt, wird sie erst später (S. 86f.) folgen.

Da die Definition von Stoffen mittels der Elektrophorese also in jedem Fall zu apparenten Werten führt, die von den jeweiligen Versuchsbedingungen nicht ganz unabhängig sind, so sind diesen Definitionen stets die Versuchsdaten beizufügen.

---

[1] MILLER, W. L.: Z. physik. Chem. **69**, 436 (1909).
[2] KOHLRAUSCH, F.: Ann. Physik (3) **62**, 209 (1897).

c) Die Messung der apparenten elektrophoretischen Beweglichkeit.

Für die Messung der apparenten elektrophoretischen Beweglichkeit dient nach wie vor das U-Rohr von NERNST (vgl. Abb. 1). Dieses wird etwa zur Hälfte mit der Lösung des zu untersuchenden Stoffes in einem geeigneten Puffer gefüllt. Darüber wird beiderseits reine Pufferlösung geschichtet, in die man die Elektroden (Anode und Kathode) eintauchen läßt.

Unter dem Einfluß einer Gleichspannung beobachtet man dann eine zumeist anodische Verschiebung der Grenzflächen der zu untersuchenden Stoffe, aus der ihre Beweglichkeit nach Gl. (19) berechnet werden kann.

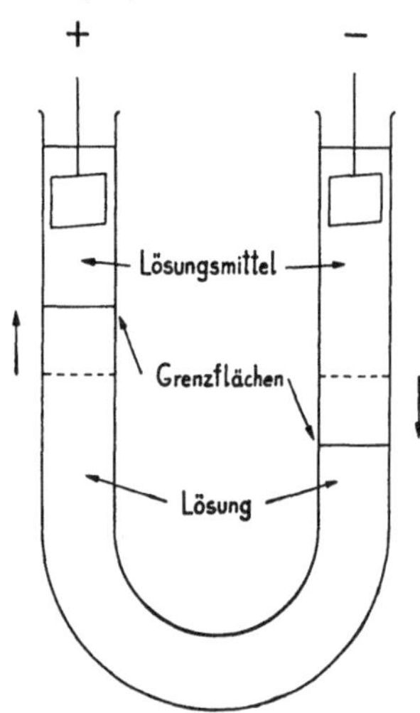

Abb. 1. U-Rohr von W. NERNST.

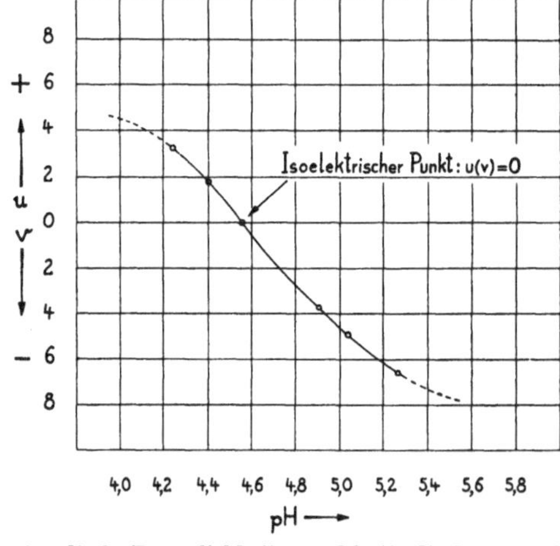

Abb. 2. Anodische Beweglichkeit u und kathodische Beweglichkeit v von Ovalbumin nach TISELIUS.

d) Die Bestimmung des isoelektrischen Punktes.

Ändert man in einer Reihe von Versuchen als einzigen Faktor den p_H-Wert von Untersuchungs- und Pufferlösung, so erhält man eine Reihe von Beweglichkeitswerten, die sich im allgemeinen auf einer S-förmig gekrümmten Kurve anordnen, wenn man die p_H-Werte längs der Abszisse und die Beweglichkeitswerte längs der Ordinate (oder umgekehrt) aufträgt. Man findet so den Punkt der Beweglichkeit 0, den isoelektrischen Punkt und auch den Neigungswert der Beweglichkeitskurve am *isoelektrischen Punkt* nach (5) (vgl. Abb. 2).

e) Die Durchbildung des U-Rohres von NERNST zu den heute gebräuchlichen Glasgerätesätzen.

Aus der Theorie der Bewegung geladener, kolloider Teilchen in einem elektrischen Felde war zu schließen, daß die Ausführung genauer Beweglichkeitsbestimmungen nur durch eine Weiterentwicklung des U-Rohres von NERNST ermöglicht werden konnte. Vor allem waren Wasserstoffionenkonzentration (der p_H-Wert), Ionenstärke μ und Viscosität η der Lösung konstant zu halten. Dazu stellte sich als sehr wünschenswert heraus, die Abführung der in den Versuchen entstehenden JOULEsche Wärme zu verbessern, eine Vorrichtung zur Erzielung scharfer Grenzflächen zu ersinnen und schließlich dem U-Rohr eine Form zu geben, die zudem eine möglichst gute Beobachtbarkeit dieser Grenzflächen gestattet.

Diesen Aufgaben haben sich viele Forscher gewidmet; so führten PAULI und LANDSTEINER[1] zur Vermeidung einer Rückdiffusion von Elektrolyseprodukten von den Elektroden in das U-Rohr große Abstände der Elektroden vom U-Rohr ein, während MICHAELIS[2] zur Anwendung unpolarisierbarer Elektroden überging. Weitere Modifi-

---

[1] LANDSTEINER, K., u. WO. PAULI: Verh. 25. Kongr. inn. Med. Wien 1908. S. 57.
[2] MICHAELIS, L.: B. Z. **16**, 81 (1909).

kationen des U-Rohres wurden dann von Svedberg und Scott[1], Svedberg und Tiselius[2], Theorell[3] und schließlich Tiselius[4] angegeben. Die von Tiselius zuletzt (1938) angegebene Modifikation des U-Rohres von Nernst (vgl. Abb. 3 und 4) hat sich allen bisherigen Anordnungen als überlegen erwiesen und seine Anwendung führte sehr rasch zu Beobachtungen von großer Tragweite, auf die noch zurückzukommen sein wird.

Abb. 3. Analytischer Elektrophorese-Zellensatz nach A. Tiselius (1938), bestehend aus: Zellenhalter, 2 Elektrodengefäßhaltern, vierteiligem Zellensatz (Mitte), 2 Elektrodengefäßen mit Silberelektroden, 2 Glasverbindungsröhren und weiterem Zubehör, auf Tragrahmen.

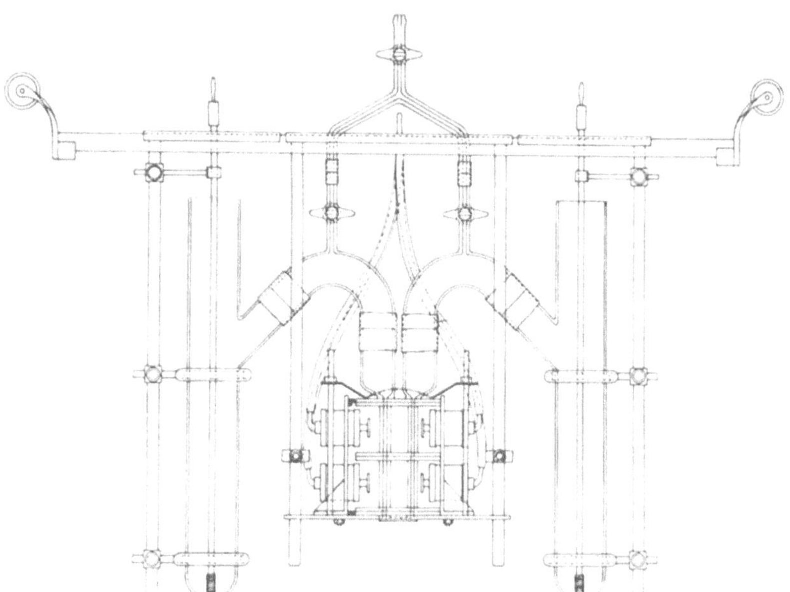

Abb. 4. Zeichnerische Wiedergabe der wesentlichen Teile von Abb. 3.

Wesentlich und neu an der Tiseliusschen Anordnung war die Durchbildung des U-Rohres als Cuvette von rechteckigem Querschnitt mit mehrfacher horizontaler Unter-

[1] Svedberg, Th., and N. D. Scott: Am. Soc. 46, 2700 (1924).

[2] Svedberg, Th., and A. Tiselius: Am. Soc. 48, 2272 (1926).

[3] Theorell, H.: B. Z. 275, 1 (1934); 278, 291 (1935). — Vgl. auch Meyerhof, O., u. W. Möhle: B. Z. 294, 249 (1937).

[4] Tiselius, A.: Nova Acta R. Soc. Sci. upsal. 7, 4 (1930). Trans. Faraday Soc. 33, 524 (1937). Kolloid-Z. 83, 129 (1938). Svensk. kem. T. 50, 58 (1938). Harvey Lect. 35, 37 (1939/40).

teilung. Mit Einführung des rechteckigen Querschnittes wurde nicht nur (infolge der
Vergrößerung der Oberfläche) die Ableitung der JOULEschen Wärme verbessert und damit
die Versuchszeit auf 1—2 Std je Messung herabgesetzt, sondern gleichzeitig die beste
Voraussetzung für eine optisch einwandfreie Beobachtung der „Gradienten" (der wandernden Grenzflächen) geschaffen; die mehrfache horizontale Unterteilung vermittels

Abb. 5. Vier- und dreiteilige Elektrophoresezelle nach TISELIUS.

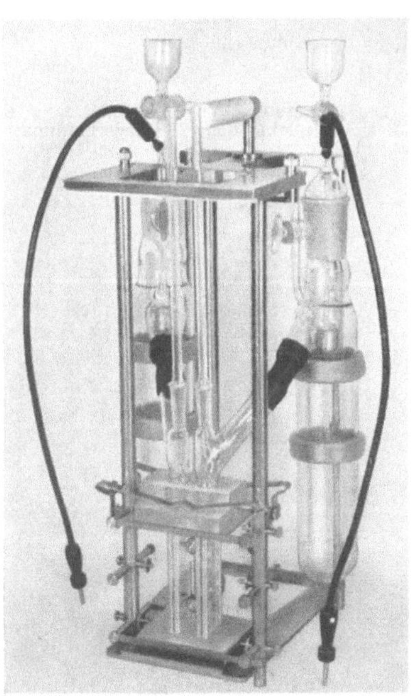
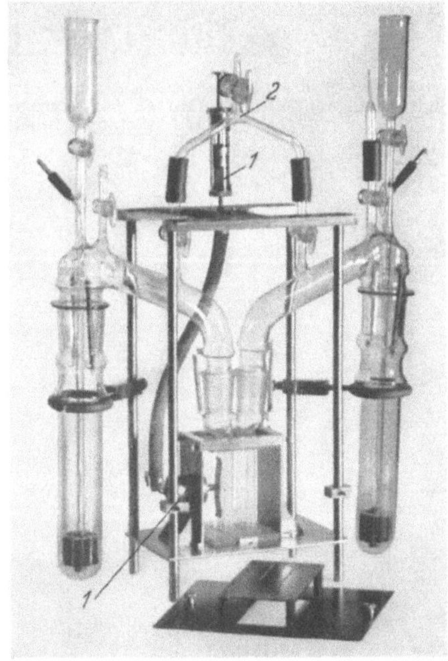

Abb. 6. Zwei moderne analytische Standardzellensätze. Links: Zellensatz nach SVENSSON. (Hersteller: LKB A.B.,
Stockholm.) Rechts: Zellensatz nach WIEDEMANN. *1* Hydraulisches Verschiebe-System, *2* Druckausgleich-System (neuerdings nicht mehr erforderlich). (Hersteller: Strübin & Co., Basel.)

geschlitzter, aufeinander gleitender Platten ist bis heute eine der besten Einrichtungen
geblieben, um scharfe „Anfangsgradienten" (Grenzflächen zwischen Untersuchungs- und
Pufferlösung) zu erzeugen.

Die TISELIUS-Zelle wurde zuerst als vierteilige Zelle (Bodenteil, 2 Mittelteile, Oberteil),
wie in Abb. 3 und 4 abgebildet, für eine Beobachtungshöhe ($=$ Weglänge s) von 2×38 mm
gebaut; sie wurde bald durch kleinere (Mikro-) und größere Zellen ergänzt; letztere
dienen hauptsächlich kleinpräparativen Zwecken, worauf noch einzugehen sein wird.

Die vierteilige normale analytische Zelle ist heute weitgehend durch eine *drei*teilige
Zelle gleicher äußerer Dimensionen ersetzt. Er hat sich nämlich gezeigt, daß sich durch
das Weglassen der mittleren Unterteilung (vgl. Abb. 4 und 5) unter gewissen, gleich zu

besprechenden Voraussetzungen die Beobachtungshöhe ohne Mehraufwand an Lösung verdoppeln läßt. Diese rationellste Zellenform wird heute ebenfalls in verschiedenen Größen zur Bestückung von Mikro-, Standard- und präparativen Sätzen verwendet, deren Durchbildung in erster Linie von Svensson[1] und Wiedemann[2] weiter vervollkommnet worden ist.

Beiden Zellensätzen ist gemeinsam, daß alle Glasteile an einem Halter montiert sind, wodurch ihre Handhabung erheblich erleichtert wird. In beiden Sätzen findet eine dreiteilige Zelle ohne mittlere Unterteilung Verwendung. Beide Sätze weisen ferner verschließbare Elektrodengefäße auf, auf deren Bedeutung noch einzugehen sein wird. In beiden Sätzen ist die ursprüngliche pneumatische Verschiebeeinrichtung für das Zellenmittelteil zugunsten einer mechanischen (Svensson) bzw. hydraulischen (Wiedemann) Einrichtung aufgegeben worden, um einen stoßfreien, unelastischen Gang zu erzielen, wie er für die Erzeugung scharfer Anfangsgradienten erwünscht ist. Beide Sätze weisen die für das Verschieben von Gradienten erforderlichen Hilfseinrichtungen auf. Ein Vorteil des Satzes von Svensson[1] ist in der Möglichkeit einer zusätzlichen, direkten Messung der Leitfähigkeit zu erblicken (wofür sonst eine kleine separate Meßzelle, vgl. Abb. 7, verwendet wird); ein Vorteil des Satzes nach Wiedemann[2] ist die Vermeidung von Gummiverbindungen zwischen Elektrodengefäßen und Zelle, wodurch die Gefahr von Kriechstromverlusten auf ein Minimum reduziert werden konnte. Auch wird bei dem letztgenannten Satz der Wirkungsgrad zufolge der größeren Leitungsquerschnitte größer sein.

Da Mikrozellensätze für analytische Zwecke (vgl. z. B.[2]) den in Abb. 6 gezeigten Standardsätzen, von der Größe abgesehen, durchaus entsprechen, mag ein Hinweis darauf genügen.

Zellensätze für präparative Zwecke bedürfen dagegen einer sehr sorgfältigen Durchbildung der Einzelheiten, da von ihnen nicht nur eine hohe Trennschärfe, sondern auch die Möglichkeit einer exakten Entnahme abgetrennter Fraktionen verlangt wird. Die sehr umfangreichen Bestrebungen, Geräte und Zellensätze für präparative Elektrophorese zu konstruieren, hat Svensson[3] eingehend beschrieben und selbst durch einen Zellensatz bereichert, der die Vorteile des analytischen U-Rohres mit denen der Probeentnahme nach Macheboeuf[4] verbindet[5].

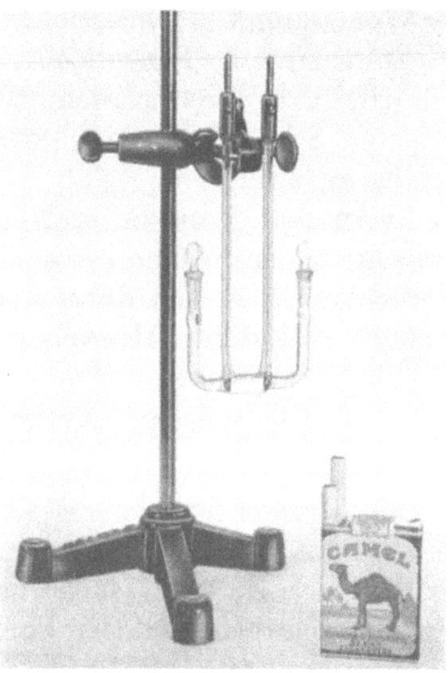

Abb. 7. Leitfähigkeitsmeßzelle (Shedlovsky-Typ) nach Wiedemann[6].

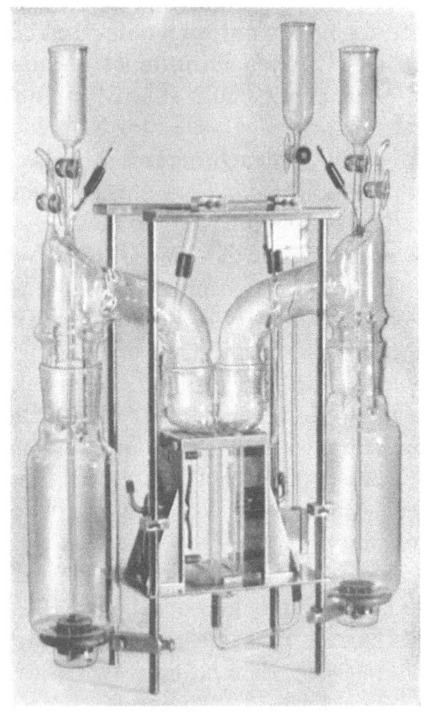

Abb. 8. Zellensatz für präparative Elektrophorese nach Wiedemann. (Hersteller: Strübin & Co., Basel.)

[1] Svensson, H.: Am. Soc. **72**, 1974 (1950). Vgl. auch LKB-Bulletin 3021. Stockholm 1950.
[2] Wiedemann, E.: Helv. **31**, 2037 (1948).
[3] Svensson, H.: Adv. Protein Chem. **4**, 251 (1948).
[4] Macheboeuf, M. A.: C. R. Soc. Biol. **135**, 1241 (1941).
[5] Svensson, H.: Ark. Kemi., Mineral. Geol. **22 A**, Nr. 10 (1946).
[6] Wiedemann, E.: Helv. **30**, 168 (1947).

Ein nach ähnlichen Gesichtspunkten entworfener Zellensatz für präparative Zwecke ist bald darauf von WIEDEMANN[1] beschrieben worden. Gegenüber den bisherigen Konstruktionen besitzt dieser Satz (vgl. Abb. 8) die Vorteile einer normal beweglichen Zelle, des Wegfallens von Umsteuerungshahnen, der Ganzschliffausführung und eines sehr hohen Wirkungsgrades. Bezüglich seiner Funktion muß auf die Ausführungen der Originalliteratur verwiesen werden. Erwähnt sei nur, daß die Probeentnahme wie bei dem neuesten Satz von SVENSSON unter Sichtkontrolle mittels der vier im Bilde sichtbaren Capillaren erfolgt.

Außer den gezeigten und beschriebenen Zellensätzen werden heute derartige Geräte von sehr vielen Firmen in verschiedenen Ausführungsformen und Größen in den Handel gebracht. Da es sich dabei aber fast ausnahmslos um unvollkommene Nachbildungen handelt, mag dieser Hinweis darauf genügen.

f) Die optischen Methoden zur Sichtbarmachung und Aufzeichnung von Brechungsindexgradienten.

Die Weiterentwicklung des U-Rohres von NERNST zu den auf S. 62–64 beschriebenen Zellensätzen war nicht nur durch das Bestreben bedingt, bestmögliche Voraussetzungen für den Ablauf der Versuche zu schaffen; sie war auch begründet durch das Bemühen, den Versuchsablauf sichtbar zu machen, messend zu verfolgen und objektiv zu registrieren. Eine Voraussetzung dafür bildet der rechteckige Querschnitt der Zellen, eine weitere die Verwendung optisch planparalleler und schlierenfreier Gläser zu ihrem Aufbau.

Sichtbar zu machen und aufzuzeichnen sind bei den Elektrophoreseversuchen die Grenzflächen zwischen Untersuchungs- und Pufferlösung bzw. die Grenzflächen wandernder Zonen untereinander und gegenüber der Pufferlösung, wenn es sich, wie zumeist, um die Untersuchung eines Gemisches mehrerer gelöster Stoffe handelt.

Dies gelingt mit relativ einfachen Mitteln, solange es sich um die Untersuchung farbiger oder opak gelöster Kolloide handelt, da man dann die Zelle wie ein Projektionsdiapositiv ausleuchten und mittels eines Objektives auf eine (mit einer Teilung versehene) Mattscheibe (oder eine photographische Schicht) abbilden kann. Der in der Zeit t vom Kolloid durchlaufene Weg s ist dann gleich der auf der Mattscheibe gemessenen Strecke s', dividiert durch den gewählten Vergrößerungsfaktor f.

In weitaus den meisten Fällen handelt es sich jedoch um die Untersuchung farbloser, klar löslicher Stoffe, deren Grenzflächen im Elektrophoreseversuch nur schwer oder bei größeren Verdünnungen überhaupt nicht mehr auf diese Weise zu erkennen sind. SVEDBERG und SCOTT[2] haben diese Schwierigkeit durch Verwendung ultravioletten Lichtes in Verbindung mit Quarzzellen, Quarzoptik und fluorescierender Mattscheibe bis zu einem gewissen Grade überwinden können, da die in Betracht kommenden Stoffe generell durch eine Absorption im Ultraviolett ausgezeichnet sind; für eine allgemeine Anwendung erwies sich jedoch dieses Vorgehen als wenig geeignet, schon der hohen Kosten der Quarzgeräte wegen.

Die Sichtbarmachung und Aufzeichnung farbloser Grenzflächen gelang in der Folge TISELIUS auch mit sichtbarem Licht unter Heranziehung des Schlierenverfahrens von TOEPLER[3], das seinerseits auf zwei von FOUCAULT[4] angegebenen Prinzipien beruht, deren theoretische Behandlung WIENER[5] und LAMM[6] auf Grund des FERMATschen Prinzips gegeben haben.

---

[1] WIEDEMANN, E.: Helv. **31**, 2037 (1948).

[2] SVEDBERG, TH., and N. D. SCOTT: Am. Soc. **46**, 2700 (1924).

[3] TOEPLER, A.: Beobachtungen nach einer neuen optischen Methode. Bonn 1864. Ann. Physik **127**, 556 (1866); **128**, 126 (1866); **131**, 33 (1867); **131**, 180 (1867); **134**, 194 (1868).

[4] FOUCAULT, L.: Ann. Observ. Paris **5**, 197 (1859).

[5] WIENER, O.: Ann. Physik (3) **49**, 105 (1893).

[6] LAMM, O.: Nova Acta R. Soc. Sci. upsal. **10**, 6 (1937).

Folgende Überlegung war zu ziehen: An einer Grenzfläche stoßen zwei Lösungen zusammen, deren Brechungsindex n verschieden ist. Zufolge der Erscheinung der Diffusion wird im Bereich der Grenzfläche der Brechungsindex in Richtung auf das dichtere Medium zu proportional der Konzentrationszunahme des die Differenz im Brechungsindex bedingenden Stoffes ansteigen. Ein die Grenzfläche streifend durchtretender Lichtstrahl wird somit gegen das dichtere Medium zu abgelenkt werden, während darüber oder darunter durchtretende Lichtstrahlen ihre Richtung unverändert beibehalten. Entfernt man (mittels einer Blende) die durch Gradienten abgelenkten Strahlenbündel aus einem die Zelle abbildenden homozentrischen Bündel, so erscheint das helle Bild der Zelle am Ort von Brechungsindexgradienten von dunklen Querstreifen durchzogen.

Von den vielen möglichen optischen Anordnungen, die diesem Zwecke dienen können (vgl. Schardin[1]), ist eine auch in den heute gebräuchlichen Aufstellungen (vgl. S. 79 und 80) sehr bewährte Folge dioptrischer Elemente in Abb. 9 wiedergegeben. Das von einer

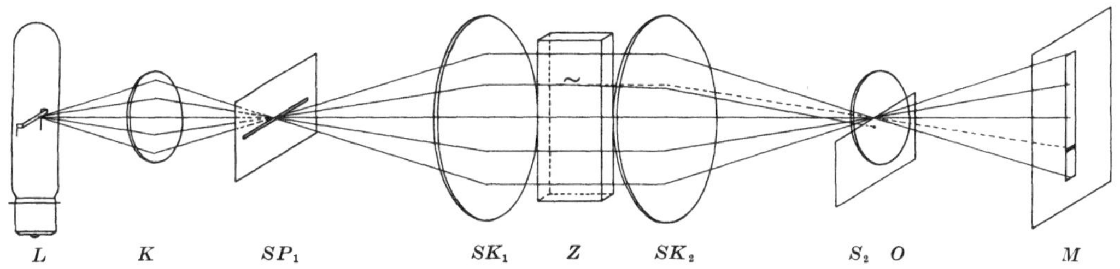

Abb. 9 . Strahlengang bei der Schlierenmethode nach Toepler.

Lichtquelle L (Bandlampe mit waagerecht liegendem Band oder entsprechend orientierte Gasentladungslampe) ausgestrahlte Licht wird mittels einer Kondensorlinse auf einem waagerechten 1. Spalt SP_1 gesammelt. Das diesen Spalt durchtretende Strahlenbündel wird mittels der beiden großen Schlierenlinsen SK_1 und SK_2 knapp oberhalb einer Schneide S_2 gesammelt und erzeugt dort ein Bild des Spaltes SP_1. Im parallelen Strahlengang zwischen den beiden Schlierenlinsen SK_1 und SK_2 ist die Elektrophoresezelle Z angeordnet, die durch das unmittelbar hinter der Schneide S_2 stehende Objektiv O auf eine Mattscheibe M abgebildet wird.

Die Wirkungsweise dieser Anordnung ist nach dem Vorausgegangenen leicht zu verstehen: Die durch eine Grenzfläche ($\sim$) nach dem (immer unten!) befindlichen dichteren Medium zu abgelenkten Lichtstrahlen fallen auf die Schneide S_2 und werden damit aus dem weiteren Strahlengang entfernt, so daß am entsprechenden Ort im Bild der Zelle ein dunkler Querstreifen auftritt, wie dies in Abb. 9 bei M angegeben ist.

Wird der Lichtablenkungswinkel in der Zelle mit δ, die Schichtdicke der Lösung mit a und die der Änderung des Brechungsexponenten dn entsprechende Änderung der Höhe des Lichtstrahles in der Zelle mit dx bezeichnet[2], so gilt

$$\delta = a\,\frac{dn}{dx}\,. \tag{22}$$

Die Gültigkeit dieser Gleichung setzt kleine Winkel Θ zwischen dem Lot und der Wellenfläche des eingestrahlten Lichtes, sowie die Konstanz von dn/dx über den ganzen Lichtweg in der Zelle voraus; dies darf zumeist als erfüllt betrachtet werden. Dann wird die Bildablenkung y, also die Strecke, um welche das Bild in der Vertikalebene von S_2 verschoben erscheint

$$y = \delta\,l\,. \tag{23}$$

Hierin bedeutet l den Abstand zwischen dem Gradienten und der Vertikalebene von S_2

---

[1] Schardin, H.: VDI-Forsch.-H. **1934**, 367.
[2] Lamm, O.: Nova Acta R. Soc. Sci. upsal. **10**, 6 (1937).

beim Fehlen einer Optik zwischen diesen Teilen. Für die Anordnung der Abb. 9 erweitert sich die Gl. (23) zu

$$y = \delta\left(p - \frac{m}{f_{SK_2}}(p - m)\right), \tag{23a}$$

wenn mit p der obige Abstand l, mit m der Abstand zwischen Gradient und nachfolgender Linse SK_2 und mit f_{SK_2} die Brennweite dieser Linse bezeichnet wird. Für $p - m = f_{SK_2}$, also für parallelen Strahlengang durch die Zelle, wird Gl. (23a)

$$y = \delta(p - m) = \delta f_{SK_2}, \tag{23b}$$

und weiter, da y auch $= \delta l$ ist, also $l = f_{SK_2}$ gesetzt werden kann

$$y = a\,f_{SK_2}\frac{dn}{dx}. \tag{23c}$$

Die Bildablenkung ist also:
1. der Dicke a der Zelle bzw. der wirksamen Schicht,
2. der Brennweite f der Schlierenlinse SK_2 und
3. dem Quotienten dn/dx proportional.

Um eine genügend große Bildablenkung zu erhalten, darf also die Schichtdicke nicht zu gering, die Brennweite f von SK_2 nicht zu kurz und der Brechungsindexunterschied der Lösungen nicht zu gering sein. Wählt man $a = 25$ mm und $f = 1200$ mm, so erhält man von 1%igen Proteinlösungen im allgemeinen auch noch nach längerer Versuchszeit durchaus genügende y-Werte.

Die Schlierenmethode nach TOEPLER findet als solche in der Elektrophorese keine Verwendung mehr; um so wichtiger sind dafür die von ihr abgeleiteten Methoden geworden, die mit nur geringfügigem Mehraufwand über den Nachweis von Gradienten hinaus die Aufzeichnung ihres Verlaufes ermöglichen.

Wie im folgenden zu zeigen ist, führt die Aufzeichnung des Verlaufes von Brechungsindexgradienten bzw. Konzentrationsgratienden auf einfache Weise zur Bestimmung einer sehr wichtigen weiteren Größe, nämlich der relativen und gegebenenfalls auch der absoluten Menge der in den Versuchen anwesenden Proteine.

Da an einer Grenzfläche zweier Lösungen, von denen eine Protein enthält, eine Diffusion der Proteinteilchen stattfindet, so wird die Grenze dieser Lösungen mit der Zeit unschärfer. Es bildet sich dort ein Konzentrationsabfall aus, dessen Wert sich über die Grenzzone hinweg mit sehr guter Näherung nach der Funktion der idealen Verteilung von GAUSS[1]

$$\frac{2}{\sqrt{\pi}}\int_0^v e^{-v^2}\,dy \tag{24}$$

ändert. Verfolgen wir die Ablenkung eines Lichtstrahles über eine solche Zone, indem wir seine Einfallshöhe stetig ändern, so durchläuft dabei der Ablenkungswert y von 0 aus ein Maximum und kehrt dann zu 0 zurück. Die Messung dieser Ablenkungsänderung führt, da sie einer entsprechenden Konzentrationsänderung proportional ist, im Bereich der Gültigkeit von Gl. (23c) zur Summengleichung

$$\int y\,dx = \frac{ab}{k}\int\frac{dn}{dx}\,dx = \frac{ab}{k}(n_2 - n_1), \tag{25}$$

worin k eine Proportionalitätskonstante ist. Da das spezifische Brechungsinkrement K des betrachteten Stoffes direkt seiner Konzentration c proportional ist, so ist die Konzentration c

$$c = \frac{K}{abK}\int y\,dx\ ^2. \tag{26}$$

---

[1] PEARSON, K.: Philos. Trans. R. Soc. London (A) 185, 107 (1894). — STEFAN, A.: S.-B. Akad. Wiss. Wien (II) 79, 176 (1879). — EINSTEIN, A.: Ann. Physique (4) 17, 549; 19, 289 (1919). — CZUBER, K.: Wahrscheinlichkeitsrechnung. S. 385. Leipzig 1908.

[2] LONGSWORTH, L. G., T. SHEDLOVSKY and D. A. McINNES: J. exp. Med. 70, 399 (1939).

Messen wir also den Verlauf eines Brechungsgradienten und summieren die von ihm mit der Nullinie eingeschlossenen Flächenelemente, so erhalten wir damit direkt den relativen Konzentrationswert der den Brechungsindexgradienten verursachenden Substanz. Sind ferner a, b, K und die Proportionalitätskonstante k gegeben, so folgt aus Gl. (26) auch die absolute Menge dieser Substanz.

Es sei schon an dieser Stelle bemerkt, daß das spezifische Brechungsinkrement K für die meisten Proteine etwa denselben Wert besitzt[1], wodurch sich die Bestimmung von Proteingemischen mittels der Elektrophorese erheblich vereinfacht. Bei Proteiden trifft dies im allgemeinen nicht ohne weiteres zu, da deren Bestandteile anderer Natur das Brechungsinkrement K beeinflussen können. So führt z. B. ein Lipoidgehalt zu höheren K-Werten, was bei der Analyse von Protein-Preoteidgemischen nicht außer acht zu lassen ist.

Es sei wiederholt, daß die heute gebräuchlichen optischen Methoden zur Sichtbarmachung und Aufzeichnung von Brechungsindexgradienten, soweit sie sich von der Toeplerschen Schlierenmethode ableiten, Varianten dieser Methode sind, die auch den Verlauf von Brechungsindexgradienten zu registrieren gestatten und damit im Elektrophoreseversuch nicht nur Beweglichkeitsmessungen, sondern gleichzeitig auch Konzentrationsbestimmungen ermöglichen.

α) Die Skalenmethode von Lamm.

Eine erste und zugleich die genaueste Methode dieser Art ist von Lamm[2] ausgearbeitet und beschrieben worden. Der Strahlengang ist derselbe wie in Abb. 9, doch werden weder Spalte, noch Schneiden verwendet. Dafür wird vor der Zelle Z, also zwischen dieser und der Schlierenlinse SK_1 oder sogar vor dieser, eine entsprechend fein waagerecht geteilte, transparente Skala angebracht,

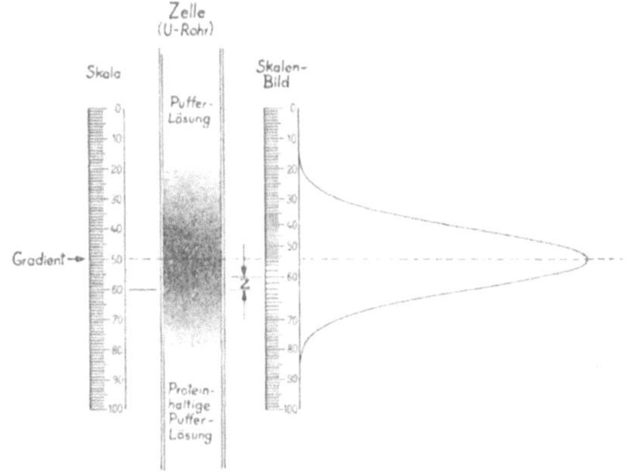

Abb. 10. Skala, Zelle und Skalenbild, wie es über einen Gradienten in der Zelle erhalten wird. Rechts am Skalenbild der sich aus der Strichverschiebung ergebende Verlauf des Gradienten (schematisch).

die durch das Objektiv O auf die Mattscheibe M bzw. eine photographische Schicht abgebildet wird. Gradienten in der Zelle Z bewirken dann, da sie lichtablenkend sind, eine Verzerrung des Skalenbildes, wie in Abb. 10, rechts wiedergegeben ist. Trägt man das Maß der Skalenstrichverschiebungen in Richtung der Ordinate gegenüber der Zellenhöhe als Abszisse (oder umgekehrt) auf, so erhält man eine Darstellung des Verlaufes der Brechungsindexgradienten.

Die Größe der Skalenstrichverschiebung ist analog Gl. (23c)

$$Z = G\,a\,b\,\frac{d\,n}{d\,x}, \tag{27}$$

wenn ihr Wert (vgl. Abb. 10) mit Z, die Vertikalvergrößerung mit G und die optisch wirksame Länge [f_{SK_2} in Gl. (23c)] mit b bezeichnet werden. Entsprechend Gl. (25) wird die von einer Verteilungskurve mit der Basis eingeschlossene Fläche A

$$A = \int_{z_1}^{z_2} Z\,dz\,B_0 B_a, \tag{28}$$

wenn mit z_1 und z_2 die Grenzen des bestimmten Integrals und mit B_0 bzw. B_a die Vergrößerungsfaktoren der Ordinate bzw. der Abszisse bezeichnet werden. Analog Gl. (26) wird weiter die Konzentration c

$$c = \frac{F A}{B_0\,B_a\,G\,a\,b\,\alpha}, \tag{29}$$

---

[1] Vgl. z. B. Perlmann, G. E., and L. G. Longsworth: Am. Soc. **70**, 2719 (1948).

[2] Lamm, O.: Nova Acta R. Soc. Sci. upsal. **10**, 6 (1937).

wenn mit α das Brechungsinkrement dn/dc der zu untersuchenden Substanz bezeichnet wird und F den Projektionsfaktor $\dfrac{1}{G}\dfrac{l-b}{l}$ bedeutet, in dem l gleich dem Abstand zwischen Skala und nachfolgender Objektivhauptebene ist.

Es ist ein Vorteil der Skalenmethode, insbesondere auch von schwachen Gradienten sehr gut definierte Meßpunkte zu ergeben. Zudem läßt sich ihre Empfindlichkeit durch Verschieben der Skala längs der optischen Achse innerhalb sehr weiter Grenzen verändern und durch großen Abstand von der Zelle fast beliebig steigern.

Diese Vorteile erheben die Skalenmethode zur genauesten Variante des TOEPLERschen Schlierenverfahrens, die besonders bei Diffusionsversuchen[1] sowie in der Form des Skalenprojektionsverfahrens bei Ultrazentrifugierungen[2] ihre Anwendung gefunden hat.

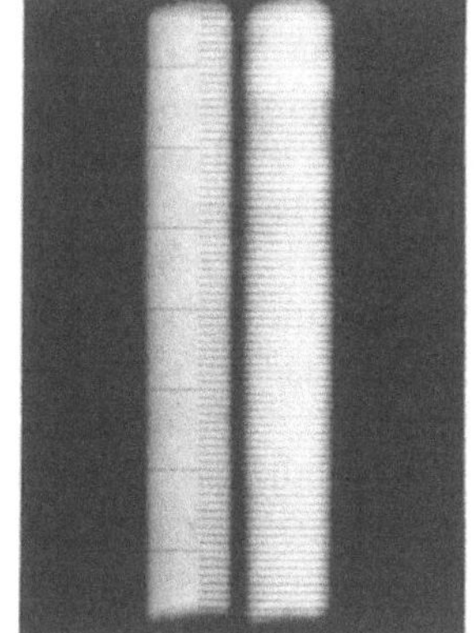

Leider stehen diesen Vorteilen auch gewisse Nachteile gegenüber, von denen als erster der erhebliche Arbeitsaufwand bei der Auswertung der Aufnahmen ins Gewicht fällt, besonders, wenn kein dafür geschultes Hilfspersonal zur Verfügung steht. Sodann ist die Skalenmethode für die gleichzeitige Aufnahme sehr unterschiedlich großer Gradienten, wie sie bei Elektrophoreseversuchen meistens vorkommen, auch deshalb weniger

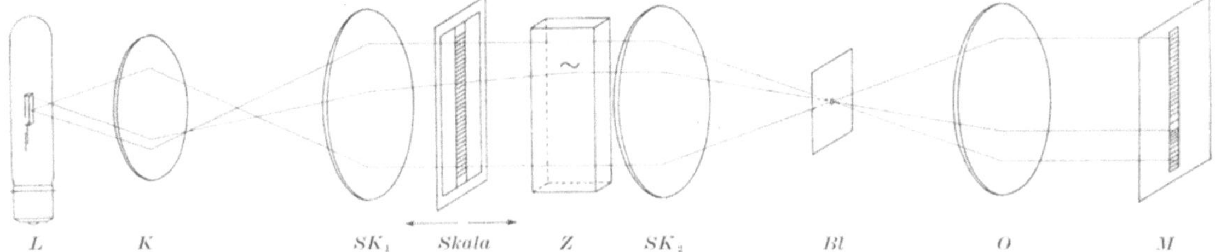

Abb. 11. Strahlengang bei der Skalenmethode nach LAMM, Variante von SVENSSON für konstante Skalenbildgröße. Bezeichnungen wie in Abb. 9. Oben rechts das photographische Beispiel einer Skala und ihres Bildes (Strichabstand 0,5 mm).

geeignet, weil dann die Bildschärfe zufolge der mit der Größe der Skalenstrichverschiebung Z einhergehenden Änderung der bildseitigen Schnittweite mangelhaft wird bzw. mehrere Aufnahmen mit verschiedenen Skalenabständen notwendig werden. Letzteres bedingt wiederum mehr Auswertungen, weil sich damit die Bildgröße ändert. Diese Schwierigkeit hat zuletzt SVENSSON[3] in geschickter Weise zu umgehen gezeigt, indem die Stellung der Skala in bezug auf das sie abbildende Objektiv beliebig gemacht wurde. Abb. 11 zeigt die von SVENSSON vorgeschlagene Anordnung, die sich auch im Laboratorium des Verfassers als der ursprünglichen Anordnung von LAMM gleichwertig und dabei für den praktischen Gebrauch als geeigneter erwiesen hat, zumal es bei ihr möglich ist, nicht nur eine gleiche Skalenbildgröße einzuhalten, sondern auch den Abbildungsmaßstab nach Wunsch, z. B. im Verhältnis 1:1, zu wählen (s. a. S. 103ff. und 459f.).

β) Die Schlieren scanning method von LONGSWORTH.

Eine zweite Methode zur Aufzeichnung des Verlaufes von Brechungsgradienten ist von LONGSWORTH[4] 1939 bekanntgegeben worden. Ihr Prinzip ergibt sich aus einer näheren Betrachtung des Verlaufes der Lichtablenkung durch einen Brechungsindexgradienten (vgl. Abb. 12).

[1] LAMM, O.: Nova Acta R. Soc. Sci. upsal. **10**, 6 (1937).

[2] SVEDBERG, TH., u. K. O. PEDERSEN: Die Ultrazentrifuge. S. 234. Dresden u. Leipzig 1940.

[3] SVENSSON, H.: Nature **161**, 234 (1948).

[4] LONGSWORTH, L. G.: Ann. N. Y. Acad. Sci. **39**, 105 (1939). — LONGSWORTH, L. G., TH. SHEDLOVSKY and D. A. McINNES: J. exp. Med. **70**, 399 (1939). — LONGSWORTH, L. G., and D. A. McINNES: Chem. Rev. **24**, 271 (1939).

Angenommen sei, daß in der Anordnung der Abb. 9 (Strahlengang bei der Schlieren-methode nach Toepler) die Schneide S_2 der Höhe nach verstellbar ist. Befindet sich diese Schneide so tief, daß der durch die Mitte des Brechungsindexgradienten gehende und daher am stärksten abgelenkte Strahl sie nur eben streift, so kann im Bilde bloß ein unendlich schmales Schlierenband auftreten (Schneidenlage 1 in Abb. 12). Je mehr aber die Schneide gehoben, also dem Schnittpunkt nicht abgelenkter Strahlenbündel genähert wird (Schneidenlagen 2, 3 und 4 in Abb. 12). ein desto größerer Teil schwächer abgelenkter Strahlen wird abgeblendet und um so breiter wird das Schlierenband, bis es beim Zu-sammenfallen der Schneidenhöhe mit der Horizontalebene des Schnittpunktes nicht abgelenkter Strahlenbündel das ganze Bild-feld auszufüllen beginnt. Die Kombination dieser Bewegung der Schneide S_2 mit einer Querbewegung der durch einen senkrechten Schlitz belichteten photographischen Platte

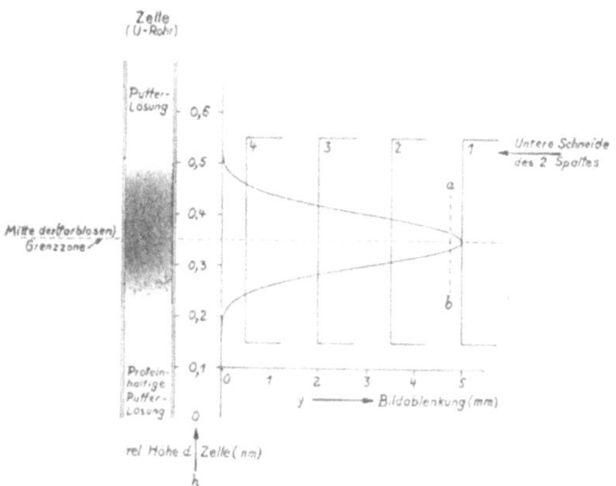

Abb. 12. Verlauf der Lichtablenkung durch einen Brechungsindexgradienten.

ergibt, wie dies in Abb. 13 dargestellt ist, von Brechungsindexgradienten Schatten-bilder, in denen der Verlauf der Brechungsindexänderung aufgezeichnet ist.

Zur Auswertung von Schlieren scanning-Aufnahmen dienen die bereits mitgeteilten Gleichungen, insbesondere (19, (25) und (26) (s. a. S. 106 und 460 ff.).

Ein Vorteil der Schlieren scanning method ist ihr relativ ein-facher optischer Aufbau nach Toepler, sowie die Möglichkeit, durch Veränderung des Übersetzungsverhältnisses der beiden Bewegungen die Empfindlichkeit innerhalb gewisser Grenzen variieren zu können. Ihr besonderer Vorteil gegenüber der Skalenmethode von Lamm ist aber die *direkte* Aufzeichnung des Verlaufes der Brechungsindexgradienten, womit eine umständ-liche Auswertearbeit eingespart wird. Dadurch erklärt sich die

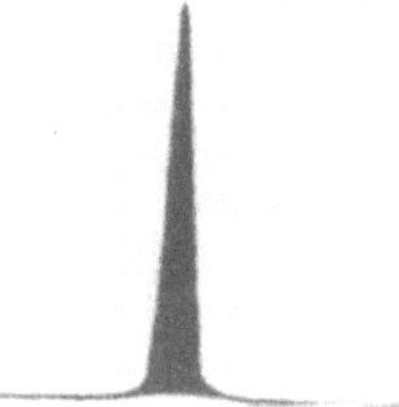

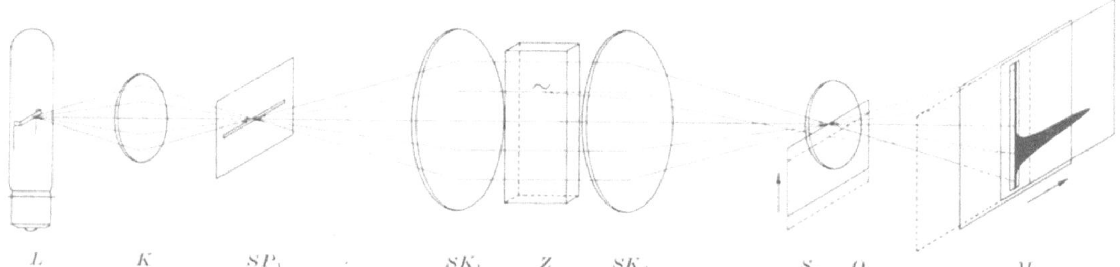

Abb. 13. Strahlengang und Bildaufzeichnung bei der Schlieren scanning method von Longsworth. Bezeichnungen wie in Abb. 9. Oben rechts das Beispiel eines mit dieser Methode registrierten Gradienten.

sehr gute Aufnahme und die große Verbreitung, die diese Methode besonders in ihrem Ursprungsland Amerika erfahren hat.

Allerdings stehen den erwähnten Vorteilen auch Nachteile gegenüber. Aus der Ent-stehung des Schlieren scanning-Bildes geht hervor, daß es nicht visuell ist. Sodann bedarf es auch gewisser Kunstgriffe, um die für die Auswertung der Aufnahmen ebenfalls erforderliche Basis der Kurvenzüge objektiv wiederzugeben. Schließlich zeigen die Schlieren scanning-Aufnahmen im allgemeinen einen unscharfen Übergang von Hell nach Dunkel, der es nötig macht, genauen Auswertungen die photometrisch bestimmte Linie 50 %iger Schwärzung zugrunde zu legen. Aber auch bei diesem Mehraufwand an Arbeit wird die Genauigkeit der Skalenmethode von Lamm nicht erreicht.

γ) Die Methode der direkten Diagrammaufzeichnung.

Vorteilhafter, weil universeller anwendbar, rascher und in der Genauigkeit der Skalenmethode am nächsten kommend, erweist sich die Methode der direkten Diagrammaufzeichnung, die auf rein optischem Wege zur Darstellung des Verlaufes von Brechungsindexgradienten führt. Diese Methode ist schon 1938 von PHILPOT[1] im Prinzip angegeben und bald darauf von SVENSSON[2] verbessert worden, während ihre weitere Durchbildung zum Teil Aufgabe von WIEDEMANN[3] gewesen ist.

Das Zustandekommen einer Abbildung des Verlaufes von Brechungsindexgradienten erfolgt hier durch *Schräg*stellen der Schneide S_2 (oder eines Spaltes SP_2) und die Hinzunahme eines weiteren dioptrischen Elementes, einer *Zylinderlinse* mit vertikaler Achse, die die schräge Schneide S_2 (bzw. den schrägen Spalt SP_2) *zusätzlich* auf die Mattscheibe M abbildet (vgl. Abb. 14).

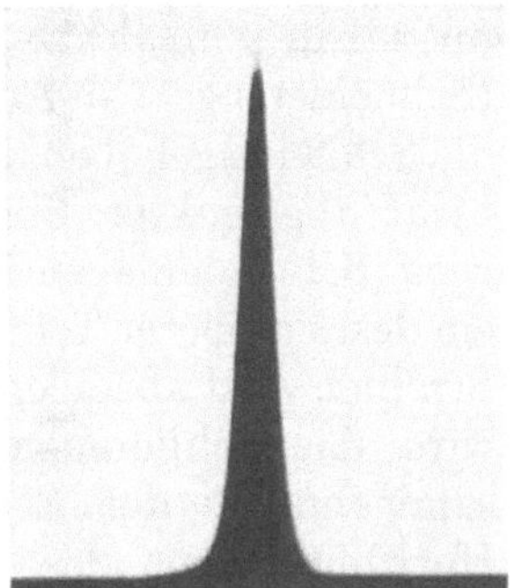

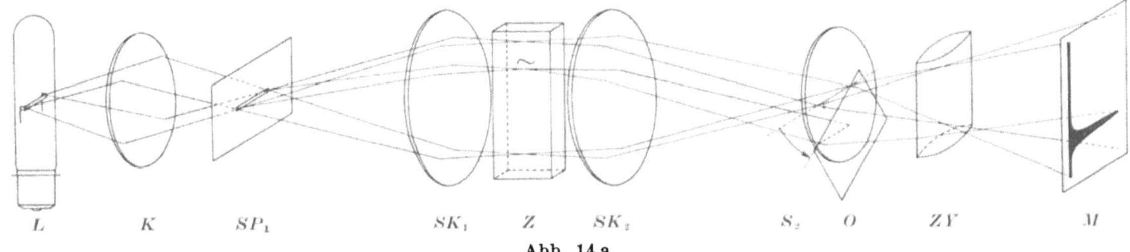

Abb. 14 a.

Die Wirkungsweise dieser Anordnungen, die in modernen Elektrophoreseapparaturen (vgl. S. 79 und 80) wahlweise zur Verfügung stehen, erklärt sich am einfachsten, wenn wir das durch die Schlierenlinsen SK_1 und SK_2 vom 1. Spalt SP_1 in der Ebene der Schneide S_2 bzw. des Spaltes SP_2 erzeugte Bild betrachten. Dieses Bild, auf einem Untergrund als helle, horizontale, die optische Achse schneidende Linie sichtbar, erfährt durch einen Gradienten eine (partielle!) Parallelver-

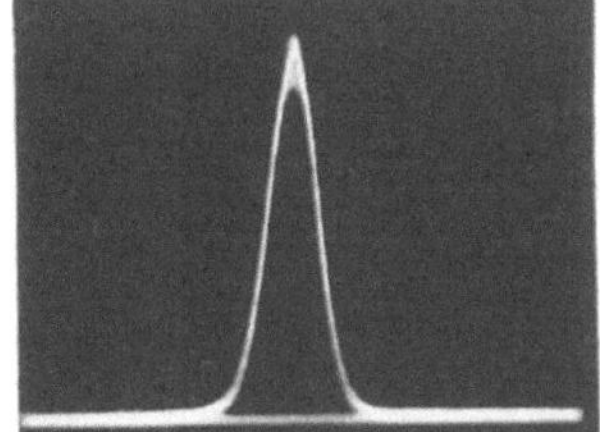

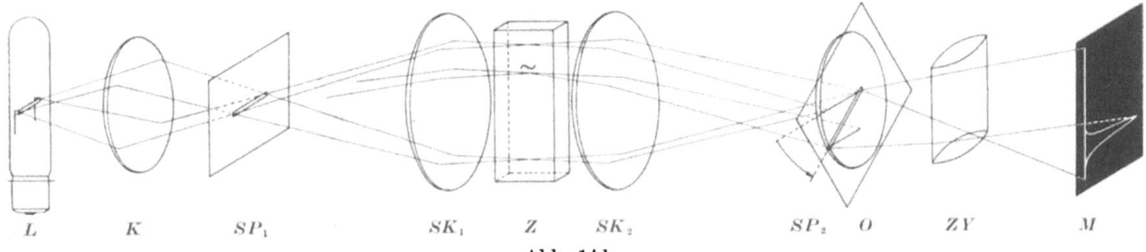

Abb. 14 b.

Abb. 14 a u. b. a Oben: Strahlengang und Bildaufzeichnung bei der Methode von PHILPOT (schräge Schneide S_2). Oben rechts das Beispiel eines mit dieser Methode registrierten Gradienten. b Unten: Strahlengang und Bildaufzeichnung bei der Methode von SVENSSON (Ersatz der schrägen Schneide S_2 durch einen schrägen Spalt SP_2). Oben rechts wieder das Beispiel eines mit dieser Methode registrierten Gradienten.
Anmerkung: Ersetzt man den schrägen Spalt SP_2 durch einen gespannten Draht, so erhält man statt der hellen Kurve auf dunklem Grunde eine dunkle Kurve auf hellem Grunde.

schiebung nach unten, deren Wert in den Gl. (23) mit y bezeichnet worden ist. Wird nun z. B. der 2., schräge Spalt SP_2 in Abb. 14b so orientiert, daß ein Teil des unabgelenkten Lichtes diesen Spalt oben rückwärts (in Höhe der optischen Achse) durchtreten kann, so wird dieser Durchtrittspunkt durch die Zylinderlinse ZY vorne auf der

[1] PHILPOT, J. ST. L.: Nature **141**, 283 (1938).

[2] SVENSSON, H.: Kolloid-Z. **87**, 181 (1939); **90**, 141 (1940).

[3] WIEDEMANN, E.: Helv. **30**, 639, 648 (1947); **31**, 40 (1948). Sci. pharmaceut., Wien **17**, 45 (1949).

Mattscheibe abgebildet. Ist kein Gradient in der Zelle vorhanden, so entsteht, da die Zylinderlinse in der Vertikalen nur als planparallele Platte wirkt, mittels des Objektives O als Bild der Zelle auf der Mattscheibe eine helle, vorne liegende vertikale Linie. Die Bildablenkung y durch einen Gradienten rückt nun, da der 2. Spalt SP_2 schräg steht, den Durchtrittspunkt auf diesem nach vorne. Diese seitliche Versetzung des Durchtrittspunktes wird aber durch die Zylinderlinse aufgezeichnet: die helle, vertikale Linie auf der Mattscheibe erfährt eine Auslenkung nach rückwärts.

In genau gleicher Weise entsteht bei der Anordnung der Abb. 14a das Schattenbild durch Weglassen der oberen Hälfte des 2. Spaltes SP_2 der Abb. 14b, und schließlich auch das inverse oder „Draht"-Diagramm, da der schräge Draht als „negativer Spalt" aufgefaßt werden kann.

Die Methode der direkten Diagrammaufzeichnung hat zunächst zwei Vorteile gegenüber der Schlieren scanning method: Sie bedarf keines Mechanismus zur Bilderzeugung und das Bild ist visuell. Sie hat den weiteren Vorteil, daß die Empfindlichkeit innerhalb sehr weiter Grenzen (theoretisch zwischen 0 und ∞) auf einfachste Weise durch Änderung des Neigungswinkels des schrägen Spaltes SP_2 (bzw. der Schneide S_2 oder des Drahtes) variiert werden kann, da sie dem Tangenswert dieses Winkels (mit der Vertikalen) direkt proportional ist. Weiter ist es vorteilhaft, daß das Bild des Verlaufes von Brechungsindexgradienten als Positiv, wie als Negativ oder als Schattenbild erhalten werden kann. Damit kann in besonders weitem Maße speziellen Versuchsbedingungen Rechnung getragen werden[1].

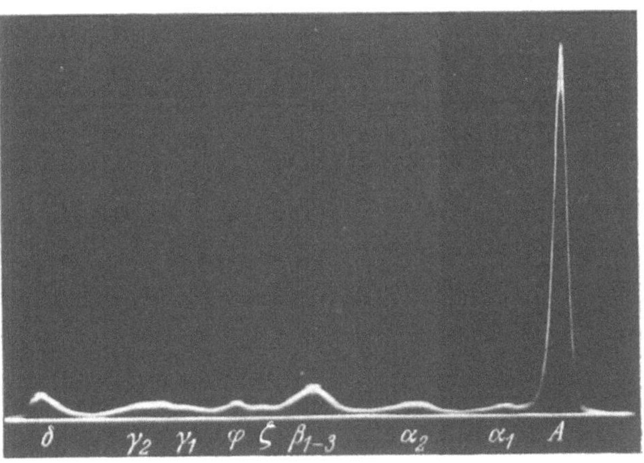

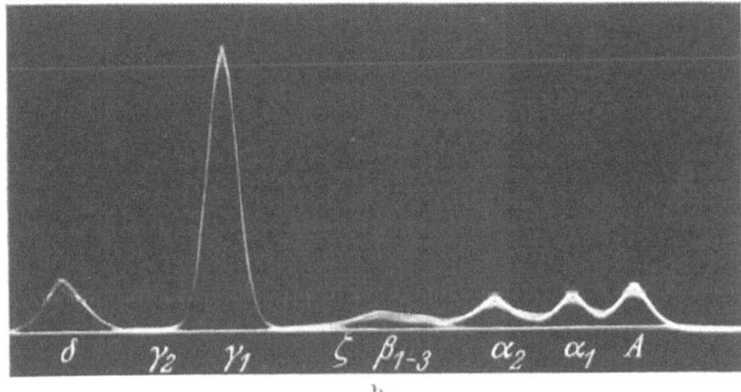

Abb. 15 a u. b. Zwei Beispiele direkter Elektrophoresediagramme: a Normales humanes Plasma, aufsteigende Gradienten. b Pathologisches humanes Plasma (Fall eines γ-Myeloms), aufsteigende Gradienten. (Aufnahmen des Verfassers.)

Zur Auswertung direkter Diagrammaufnahmen dient außer den Gl. (19), (25) und (26) noch die von SVENSSON für die Berechnung der Konzentration gegebene Gleichung

$$c = \frac{1}{F\,G\,K\,a\,b\,\mathrm{tg}\,\Theta}\int y\,d\,x, \qquad (30)$$

in welcher F die Horizontalvergrößerung (zwischen schrägem Spalt und Mattscheibe), G die Vertikalvergrößerung (zwischen Zelle und Mattscheibe) und Θ den Winkel des schrägen Spaltes mit der Vertikalen bedeutet.

Man kann es als einen Nachteil der Methode der direkten Diagrammaufzeichnung ansehen, daß sie ein optisches System mehr benötigt und überdies an die Qualität besonders dieses Systems, wie auch an die Durchbildung des schrägen Spaltes hohe Anforderungen stellt, wenn sie ihre volle Leistungsfähigkeit zeigen soll. Dies sei hervorgehoben, da gerade gegen diese Bedingungen oftmals arg verstoßen wird. Verwendet man aber nach

---

[1] Vgl. z. B. BENNHOLD, H., H. OTT u. M. WIECH: D. m. W. 1950, 11.

dem Vorschlag von Wiedemann[1] sphärisch und chromatisch sehr gut korrigierte Schlieren-linsen SK_1 und SK_2, ein für alle Bildfehler und den gewählten Abbildungsmaßstab kor-rigiertes Objektiv O, eine ebenso korrigierte Zylinderoptik ZY und einen den theoretischen Anforderungen genügenden schrägen Spalt[2] SP_2, so lassen sich auch bei Verwendung weißen Lichtes Diagramme erzielen, deren Schärfe, Auflösung und Orthoskopie ein Zurückgreifen auf die Skalenmethode von Lamm in den allermeisten Fällen erübrigt. Dies werde durch die nachfolgende Abb. 15 illustriert, die zwei Beispiele von Elektro-phoresediagrammen zeigt.

Man fügt solchen Diagrammen die für die Auswertung erforderlichen Basislinie durch einen dritten Schlitz halber Breite in der Blende vor der Zelle zu. Da das durch diesen Schlitz tretende Licht die Zelle nicht passiert und deshalb frei von Lichtablenkungen durch Gradienten ist, erhält man damit die gewünschte Bezugs-linie. Auf gleiche Weise gelangt man beim Schatten- und Draht-diagramm zu Halbschattenbil-dern mit Basismarkierung[3].

Ein weiterer Vorteil der Me-thode der direkten Diagramm-aufzeichnung ist in der beson-ders einfachen Auswertung der Aufnahmen zu erblicken, sofern es sich um direkte (oder inverse) Diagramme handelt. (Für die Schattendiagramme, die den Schlieren scanning-Bildern nach Longsworth gleichwertig sind, gilt das dort Gesagte.) Von der Bestimmung der apparenten Be-weglichkeit u' durch Messung der durchlaufenen Strecken s abgesehen, die für alle optischen Meßmethoden dieselbe ist, erfolgt die Mengenbestimmung anwesender Stoffe bei direkten Diagrammen durch Ausziehen der Mittellinie des Kurvenzuges und der Basis, Extrapolation der Gradientenflächen untereinander und Planimetrierung. Am besten geht man dabei so vor, daß man das Diagramm auf ein Blatt Papier von etwa 40×60 cm Größe projiziert und die Mittellinie des Kurvenzuges, sowie der Basis darauf überträgt. Extrapolation und Auswertung lassen sich dann nach einer von Wiedemann[4] angegebenen Methode rasch, sicher und genau durch Überprojektion einer Schar nor-maler Verteilungskurven nach Gauss vornehmen. Die so erhaltenen relativen Prozent-werte anwesender Stoffe sind dann gegebenenfalls unter Benützung von Gl. (30) auf absolute Prozentwerte umzurechnen. Abb. 16 veranschaulicht eine derartige Auswertung am Beispiel des Elektrophoresediagramms der Abb. 15a.

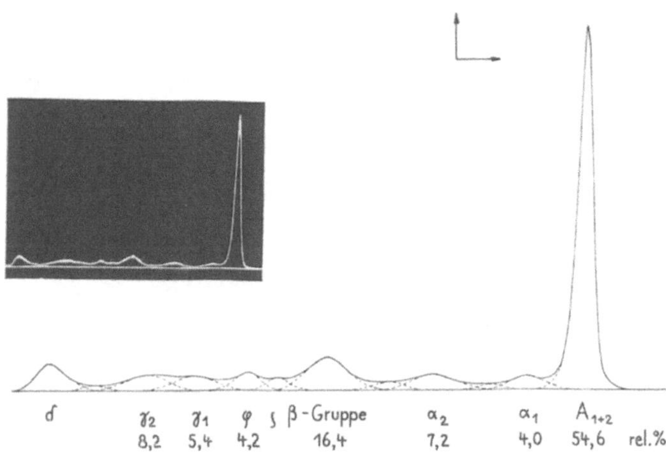

Abb. 16. Beispiel der Auswertung eines direkten Elektrophoresediagramms. A Albumin, α_1, α_2, β, γ_1 und γ_2 Globulinfraktionen, φ Fibrinogen, δ der im Bilde der aufsteigenden Gradienten auftretende Extragradient (vgl. später).

δ) Die interferometrische Messung von Brechungsindexgradienten.

Neben den vom Toeplerschen Schlierenverfahren abgeleiteten Meßmethoden, wie sie bis jetzt besprochen wurden, ist seit langem auch die interferometrische Messung von Brechungsindexgradienten bekannt, wie sie z. B. in den Zeiß-Interferometern (1935) eine praktische Anwendung gefunden hat. Die Heranziehung dieser Meßmethode bei der Elektrophorese ist indessen jüngeren Datums. Angeregt wurde sie hauptsächlich durch

[1] Wiedemann, E.: Sci. pharmaceut., Wien 17, 45 (1949).
[2] Wiedemann, E.: Helv. 30, 648 (1947).
[3] Wiedemann, E.: Unveröffentlicht.
[4] Wiedemann, E.: Helv. 30, 892 (1947).

den Umstand, daß das damit erzielbare Auflösungsvermögen nach HANSEN[1] mindestens 4mal, nach SVENSSON[2] und ANTWEILER[3] aber bis zu 25mal höher als bei den Varianten des TOEPLERschen Schlierenverfahrens liegt und den Wert von $\pm 0{,}02\,\lambda$ erreicht. Es liegt auf der Hand, daß damit eine erhebliche Herabsetzung der für eine Untersuchung erforderliche Substanzmenge ermöglicht wird.

Diesem Vorteil steht zunächst, von hier nicht interessierenden Sonderfällen (vgl. SVENSSON[4]) abgesehen, der Nachteil gegenüber, daß mittels der interferometrischen Messungen nicht der *Verlauf* einer Brechungsindexänderung, sondern nur diese selbst aufgezeichnet wird*. Ist sie klein, die aus der interferometrischen Messung hervorgehende Treppenkurve also flach, so wird die Festlegung ihrer Wendepunkte unsicher und damit der Auswertefehler merklich. Der Vorteil der höheren Empfindlichkeit interferometrischer Messungen kann also im allgemeinen nicht voll ausgenützt werden.

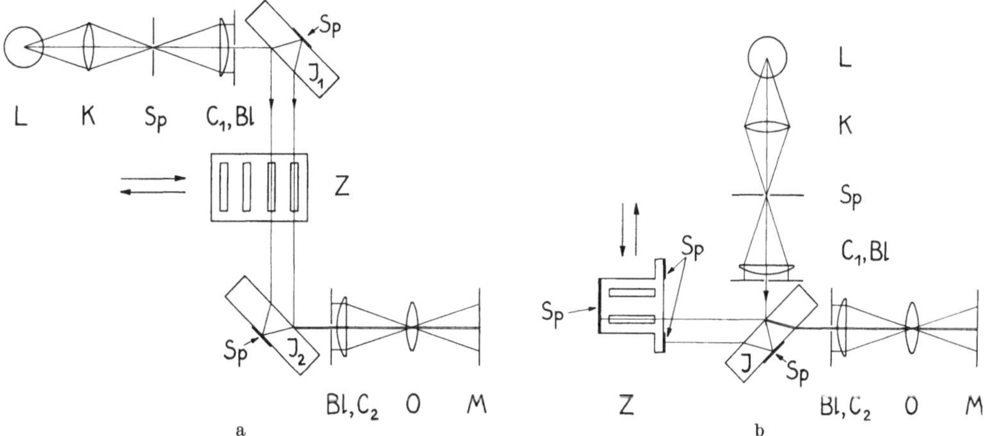

Abb. 17 a u. b. Zwei JAMIN-Interferometeranordnungen für Elektrophorese. a Anordnung nach ANTWEILER bzw. LABHART und STAUB mit zwei JAMIN-Platten und gleichen Weglängen (geeignet auch für weißes Licht). b Anordnung nach LOTMAR (Reflexprinzip mit doppelter Durchstrahlung der Zelle Z) mit einer JAMIN-Platte und ungleichen Weglängen (geeignet nur für monochromatisches Licht).

Die obenstehende Abb. 17 zeigt zwei für die Zwecke der Elektrophorese vorgeschlagene Interferometeranordnungen nach JAMIN, die sich im Prinzip durch die Verwendung von *zwei*[5,6] bzw. *einer*[7] JAMIN-Platte unterscheiden.

Die Anordnung der Abb. 17a in der Ausführung nach ANTWEILER gestattet die Verwendung weißen Lichtes und die Messung von Bruchteilen von Streifen, nicht aber die für Elektrophoreseversuche wichtige momentane Photographierung der gesamten Streifenlage.

Die Anordnung der Abb. 17b nach LOTMAR benötigt monochromatisches Licht; die momentane Photographierung der gesamten Streifenlage ist möglich, aber die Messung von Streifenbruchteilen ist unsicher. Es kommt dazu, daß die doppelte Durchstrahlung der Zelle zwar die Empfindlichkeit entsprechend erhöht, aber auch zufolge der endlichen Weglänge zwischen den beiden Durchgängen zu störenden Erscheinungen Anlaß geben kann[8].

In einer kürzlich erschienenen Mitteilung hat ANTWEILER[9] seine ursprüngliche Anordnung (vgl. Abb. 17a) gemäß der Abb. 18 modifiziert. Der Vorteil dieser neuen

---

* *Anmerkung bei der Korrektur:* Dieser Nachteil ist inzwischen bei der RAYLEIGH-Interferometrie weggefallen, vgl. S. 78.

[1] HANSEN, G.: Zeiß-Nachr. 3, 302 (1939/40).
[2] SVENSSON, H.: Privatmitteilung an den Verfasser.
[3] ANTWEILER, H. J.: Kolloid-Z. 115, 130 (1949).
[4] SVENSSON, H.: Acta. chem. scand. 3, 1170 (1949).
[5] ANTWEILER, H. J.: Angew. Chem. 59, 33 (1947). Kolloid-Z. 115, 130 (1949).
[6] LABHART, H., u. H. STAUB: Helv. 30, 1954 (1947).
[7] LOTMAR, W.: Helv. 32, 1847 (1949).
[8] Vgl. hierzu: LOTMAR, W.: Mikrochem. 39, 216 (1952).
[9] ANTWEILER, H. J.: Chem.-Ing.-Techn. 24, 284 (1952).

Anordnung ist darin zu erblicken, daß mit ihr an Stelle der quer zur Zellenhöhe liegenden Interferenzstreifen parallel dazu liegende erhalten werden, die durch Gradienten eine seitliche Versetzung erfahren. Auf diese Weise kann der Konzentrationsverlauf nun wie

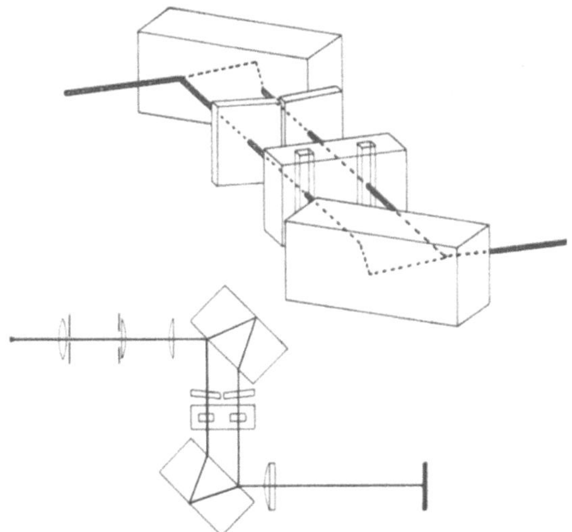

Abb. 18. JAMIN-Interferometeranordnung nach ANTWEILER mit parallel fixierten JAMIN-Platten und beweglichen, unter einem kleinen Winkel geschwenkten Zusatzplatten zur Erzielung von zur Zellenhöhe parallelen Interferenzstreifen.

bei der älteren, nachfolgend beschriebenen Interferometeranordnung nach RAYLEIGH fortlaufend verfolgt werden. Die neue Anordnung nach ANTWEILER liefert Bilder wie das in Abb. 19 wiedergegebene und ist in erster Linie für Diffusionsmessungen gedacht.

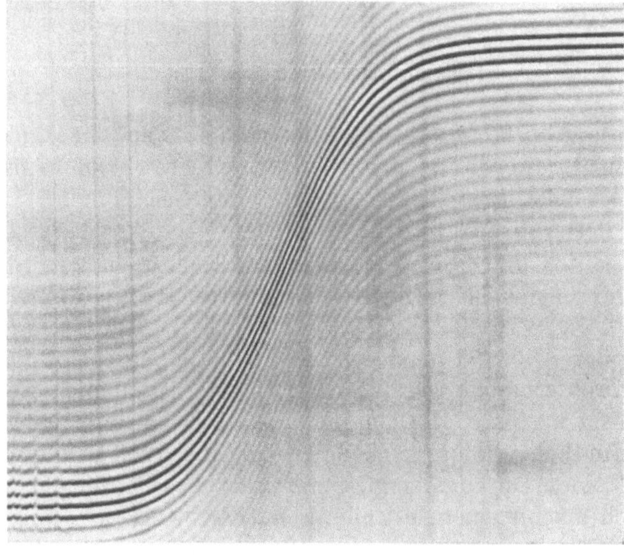

Abb. 19. Bild des Konzentrationsverlaufs eines Diffusionsgradienten, aufgenommen mit der oben beschriebenen modifizierten Anordnung nach ANTWEILER.

Es sei bemerkt, daß auch die Interferometeranordnung nach LOTMAR (vgl. Abb. 17b) durch Hinzunahme eines Vorschaltkeilpaares zur Aufnahme von zur Zellenhöhe parallelen Interferenzstreifen eingerichtet werden kann und dann ähnliche Bilder wie das der Abb. 19 ergibt[1].

Die interferometrische Messung von Brechungsindexgradienten bei der Elektrophorese bietet, wie oben erwähnt, dann einen Vorteil, wenn die zur Verfügung stehende Substanz-

---

[1] Unpubliziert; Privatmitteilung von W. LOTMAR an den Verfasser.

menge minimal und für eine Messung nach einer der Varianten des ToEPLERschen Schlierenverfahrens unzureichend ist (Beispiele: Untersuchungen humanen Liquors, Blutplasma-
untersuchungen an *einzelnen* kleinen Laboratoriumstieren usw.). Sie ist aber auch immer
dann von besonderem Wert, wenn eine direkte Aufzeichnung von Konzentrationswerten
(an Stelle der Konzentrationsverläufe) erforderlich ist. Dies ist z. B. der Fall bei *Diffusionsmessungen*, wie sie stets auch mit Elektrophoreseapparaten (vgl. S. 79 und 80) vorgenommen werden, da dabei die Konzentrationswerte selbst für die Berechnung der
Versuche benötigt werden. Steht für *Elektrophoresemessungen* eine genügende Menge
Substanz (etwa 30 mg) zur Verfügung, so bedient man sich vorteilhafter z. B. des
direkten Diagrammverfahrens, weil man damit ein anschauliches und direkt auswert-
bares Bild erhält.

Für alle vorkommenden Messungen am besten geeignet wäre also eine
optische Anordnung, die nicht nur den Verlauf der Konzentrationsände-
rungen, sondern auch diese selbst aufzuzeichnen gestatten würde. Praktisch läuft dies auf eine Kombination der beiden optischen Methoden
hinaus, die es gibt, nämlich die Kombination irgendeiner Variante des
ToEPLERschen Schlierenverfahrens mit irgendeiner Variante der interferometrischen Messung von Brechungsindexgradienten, wobei womöglich
dieselbe Zelle und dasselbe optische System Verwendung finden sollten.

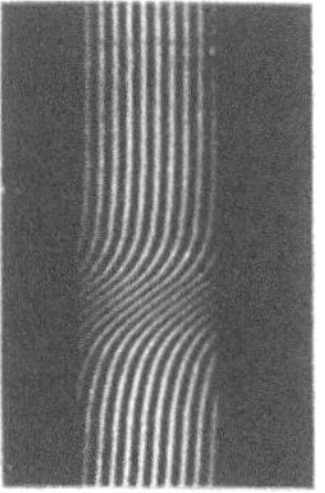

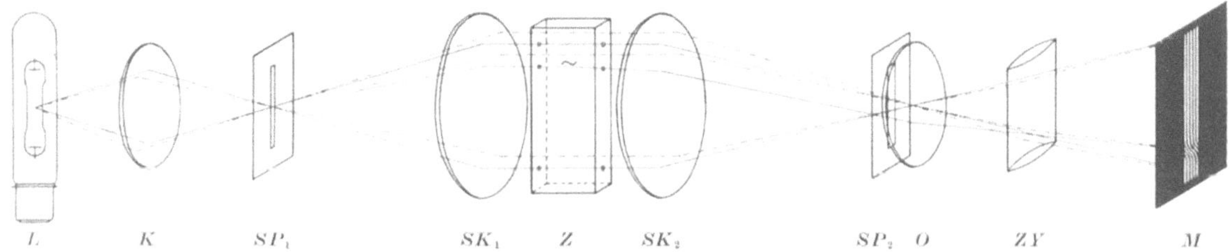

Abb. 20. Strahlengang und Bildaufzeichnung bei der interferometrischen Messung von Brechungsindexgradienten mittels
der für die direkte Diagrammaufzeichnung (vgl. Abb. 14 b) erforderlichen dioptrischen Elemente (Interferometeranordnung
nach YOUNG-RAYLEIGH, Variante von PHILPOT-COOK-SVENSSON) in der Ausführung von WIEDEMANN. Oben rechts das
Beispiel eines mit dieser Methode registrierten Gradienten.

Dies hat sich verwirklichen lassen. Nach SVENSSON[1] kann die optische Anordnung für direkte Diagrammaufnahmen (vgl. Abb. 14b) auf sehr einfache Weise in eine
Interferometeranordnung nach RAYLEIGH verwandelt werden, worauf zuerst PHILPOT
und COOK[2] hingewiesen haben. Da diese praktisch wichtige Ergänzung und Transfor-
mation der Methode der direkten Diagrammaufzeichnung bisher nur eine kurze, prinzipielle Darstellung erfahren hat, sei an Hand der obenstehenden Abb. 20 eine im
Laboratorium von WIEDEMANN[3] bewährte Anordnung mitgeteilt, auf deren Vorteile
einer gleichen Bildgröße und simultanen Anwendung mit der direkten Diagrammaufzeichnung bereits SVENSSON[1] aufmerksam gemacht hat.

Um von der direkten Diagrammaufzeichnung zur interferometrischen Abbildung
überzugehen, bedarf es lediglich einer (vertikalen) monochromatischen Lichtquelle, wie
sie in den modernen Gasentladungslampen (kombiniert mit entsprechenden Filtern)
zur Verfügung stehen, sowie einer Vertikalstellung der beiden Spalte SP_1 und SP_2.
Die Monochromasie der Lichtquelle ist nötig, weil Strahlenbündel ungleicher Weglänge
(durch die Zelle Z und daran vorbei durch den Basislinienschlitz der in der Abb. 20
nicht gezeichneten Zellenblende) zur Interferenz gebracht werden. Spalt SP_1 wird so
weit wie angängig geschlossen, Spalt SP_2, der als Gesichtsfeldblende wirkt, entsprechend
geöffnet. Die Abbildung der Zelle Z erfolgt der Höhe nach durch das Objektiv O, die

[1] SVENSSON, H.: Acta chem. scand. 4, 399 (1950).
[2] PHILPOT, J. ST. L., and G. H. COOK: Research 1, 234 (1948).
[3] WIEDEMANN, E.: Helv. 35, 82 (1952).

Abbildung des Spaltes SP_1 über das in der Ebene von SP_2 entstehende Zwischenbild mittels der Zylinderlinse ZY, die gleichzeitig die die Zelle Z durchlaufenden und die daran vorbeigehenden Bündel zur Interferenz bringt. Durch die Hinzunahme des (an sich nicht nötigen) Zwischenbildes in der Ebene von SP_2 läßt sich diese RAYLEIGH-sche Interferometeranordnung, wie bereits SVENSSON ausführt, so einfach der direkten

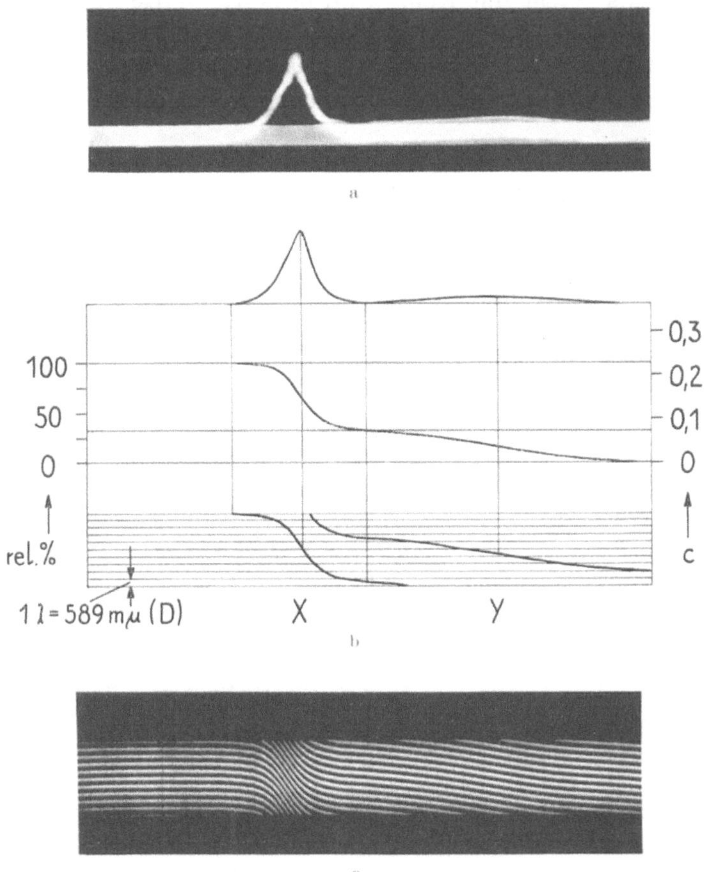

Abb. 21 a—c. Direktes Diagramm und Interferogramm nach RAYLEIGH desselben Elektrophoreseversuches, ausgeführt mit einer 0,23 %igen Lösung von Glutin (descending boundaries). Zwischen beiden Teilbildern die Mengenauswertungen (Bestimmung der relativen Prozente der Komponenten). Aufgenommen mit den optischen Anordnungen gemäß Abb. 14 bzw. Abb. 20. Aufnahmen von WIEDEMANN.

Diagrammaufzeichnung hinzufügen, daß sie sich als deren Ergänzung wohl allgemein einführen dürfte[1].

Die Interferometeranordnung nach RAYLEIGH für Elektrophorese entsprechend der Abb. 20 hat sich den JAMIN-Interferometeranordnungen (vgl. Abb. 17) als erheblich überlegen erwiesen. Das Bild ist nicht nur als Ganzes sichtbar und photographierbar, sondern unter der Voraussetzung entsprechend guter Zellen[2] und Optik[3] auch so scharf, daß Bruchteile von Streifen ohne weiteres gemessen werden können. Nach Untersuchungen von SVENSSON[4] und WIEDEMANN[5] ist trotz der Verwendung monochromatischen Lichtes ein Auflösungsvermögen von $\pm 0,02\ \lambda$ erreichbar. Dazu kommt folgendes: Während bei der

[1] Die Elektrophoreseapparaturen der LKB, Stockholm (SVENSSON) und von Strübin, Basel (WIEDEMANN) sind bereits dafür eingerichtet.

[2] WIEDEMANN, E.: Exper. **3**, 341 (1947).

[3] WIEDEMANN, E.: Sci. pharmaceut., Wien **17**, 45 (1949).

[4] Privatmitteilung von H. SVENSSON an den Verfasser.

[5] WIEDEMANN, E., Helv. **35**, 82 (9952).

Anwendung der JAMIN-Anordnungen (vgl. S. 73 und 74) der Bau kleiner Apparate mit kleinen Zellen angestrebt worden ist, in denen Lösungen mit einer Proteinkonzentration von rund 1% untersucht werden, erlaubt die Anordnung nach RAYLEIGH mit normal großen Zellen die Untersuchung erheblich verdünnterer Lösungen mit einem Proteingehalt von höchstens 0,25%. Wie auf S. 84ff. ausgeführt werden wird, ist aber gerade die Untersuchung sehr verdünnter Lösungen erstrebenswert, weil bei diesen erst die an sich unvermeidlichen Bildfehler sehr klein bis unmerklich werden.

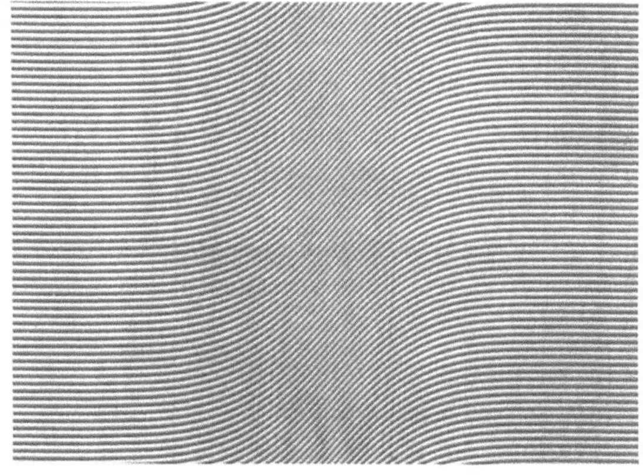

Abb. 22. Gitteraufnahme nach RAYLEIGH eines Diffusionsgradienten. Aufnahme von WIEDEMANN.

Einen Vergleich der Bilder bei den zuletzt besprochenen und kombinierbaren Aufnahmeverfahren (direktes Diagramm und Interferogramm nach RAYLEIGH) einschließlich der zugehörenden Mengenauswertungen zeigt die vorstehende Abb. 21 am Beispiel einer 0,23%igen Lösung von Glutin. Während diese Proteinkonzentration eben noch ein direktes Diagramm guter Auswertbarkeit erzielen läßt, ist sie reichlich hoch für das Interferogramm, das auch noch 10mal kleinere Konzentrationsunterschiede mit bester Schärfe erfaßt. Über die Auswertung solcher Bilder ist das Erforderliche auf S. 89f. aufgeführt.

Darüber hinaus hat sich in jüngster Zeit ergeben, daß mit Hilfe der in Abb. 20 wiedergegebenen optischen Anordnung, also mit Hilfe der auch für Diagrammaufzeichnungen geeigneten Interferometeranordnung nach RAYLEIGH, durch simultane oder kombinierte Diagramm/Interferenzaufnahmen die Leistungsfähigkeit auch der neuesten Modifikationen der JAMIN-Anordnungen erheblich übertroffen wird. Man kann in der RAYLEIGH-Anordnung zunächst den vertikalen Spalt durch ein Gitter mit passender Gitterkonstante D' ersetzen und erhält auf diese Weise Interferenzlinien gleicher Helligkeit über das ganze Bildfeld, wodurch die Messung von Streifenversetzungen erheblich erleichtert wird.

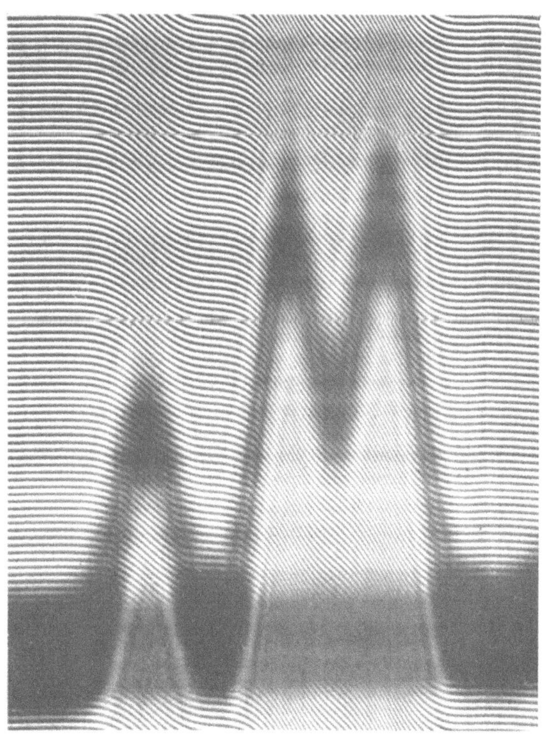

Abb. 23. Simultanaufnahme von SVENSSON (Kombination des Gitterbildes nach RAYLEIGH mit dem Drahtdiagramm).

SVENSSON[1] hat weiter vorgeschlagen, ein solches Gitter mit einem horizontalen Spalt zu kombinieren, also ein horizontales Punktgitter zu benützen (das gleichzeitig als vertikales Gitter und horizontaler Spalt aufgefaßt werden kann), um damit Diagramm- und Interferenzbild nach RAYLEIGH gleichzeitig aufzunehmen und so die Änderung von Brechungsindexverläufen und die Verläufe selbst simultan zu registrieren. Man beläßt in

---

[1] SVENSSON, H.: Acta chem. scand. 5, 1301 (1951).

diesem Falle am Ort des 2. Spaltes Spalt, Schneide oder Draht und erhält auf diese Weise Bilder wie das auf S. 77 unten, das eine Simultanaufnahme dreier Gradienten darstellt.

Leider weisen Aufnahmen dieser Art den Nachteil auf, daß die Überlagerung der Diagramme in jedem Falle die Interferenzlinien teilweise auslöscht, womit ihre Messung unsicher oder unmöglich wird. Außerdem sind diese Bilder (als Folge der Verwendung eines Punktgitters) sehr lichtschwach, so daß Aufnahmen sich relativ rasch bewegender Gradienten kaum möglich sind. Dieses Verfahren ist also nur recht bedingt brauchbar. Überlagert man aber nach WIEDEMANN[1] dem Gitterinterferenzbild das Diagrammbild durch Doppelaufnahme, so bleiben nicht nur die Interferenzlinien, sondern auch die vollen Lichtstärken der Teilbilder erhalten. Damit ist auch die Registrierung relativ rasch beweglicher Gradienten möglich. Da überdies die Basislinie eine Bezugslinie für beide

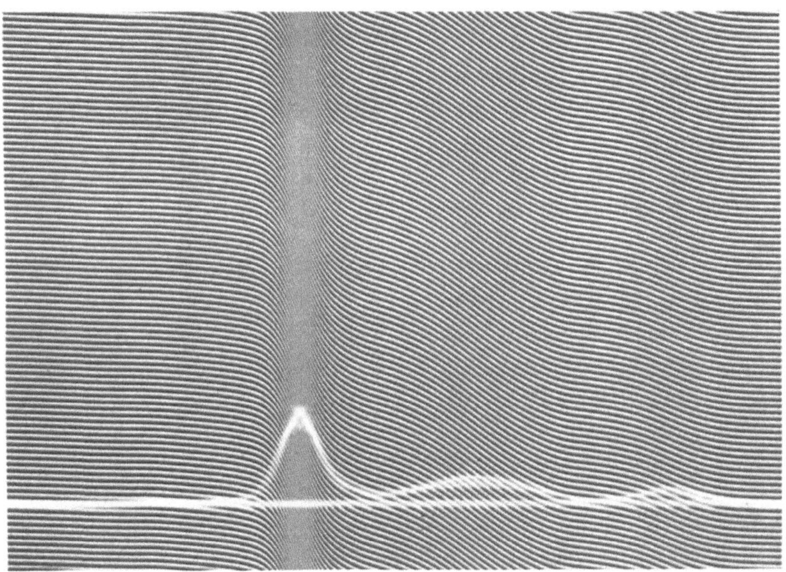

Abb. 24. Kombinationsaufnahme von WIEDEMANN eines Elektrophoreseversuches (Kombination des Gitterbildes nach RAYLEIGH mit dem direkten Diagramm. Basislinie reduziert und zugleich Null-Linie für beide Meßmethoden).

Teilbilder darstellt, sind auch die erwünschten Voraussetzungen für eine leichte Bestimmung der Konzentrations- und Mengenwerte gegeben. Aus diesem Grunde dürfte sich diese Aufnahmetechnik immer dann als besonders zweckmäßig erweisen, wenn es sich um eine besonders genaue Wiedergabe des Verlaufs von Brechungsindexgradienten zusammen mit dem ihrer Änderungen, also um die bestmögliche Aufzeichnung der c/x- und $\dfrac{dc}{dx}\Big/x$-Kurven handelt*.

Außer den in diesem Kapitel beschriebenen optischen Anordnungen sind insbesondere für die Aufzeichnung des Verlaufes von Brechungsindexgradienten zahlreiche weitere Varianten, wie sie sich durch die Anwendung von Spiegeln usw. ergeben, versucht und in der Literatur beschrieben worden. Daneben stehen auch vereinfachte Anordnungen mit nur einer Schlierenlinse und konzentrischer Durchstrahlung der Zelle im Gebrauch. Es erübrigt sich jedoch, auf alle diese möglichen Varianten, sowie auf spezielle Konstruktionen von Einzelteilen (Spalte u. dgl.) einzugehen, weil diese sich zwanglos aus den beschriebenen Anordnungen herleiten lassen[2], und ihre Theorie wie ihre praktische Erprobung gezeigt haben, daß sie die Leistungsfähigkeit ihrer Vorbilder bestenfalls knapp erreichen.

---

* *Anmerkung bei der Korrektur:* Ganz neuerdings ist es auch gelungen, die $\dfrac{dc}{dx}\Big/x$-Kurven (*Dia-gramm*kurven) interferometrisch nach RAYLAIGH aufzuzeichnen, womit auch diese Kurven frei von Beugungseffekten und mit etwa 25mal höherer Genauigkeit erhalten werden, vgl. WIEDEMANN, E.: Helv. **35**, 2314 (1952).

[1] WIEDEMANN, E.: Helv. **35**, 1895 (1952).   [2] Vgl. z. B. SCHARDIN, H.: VDI-Forsch.-H. **1934**, 367.

g) Die Elektrophoreseapparate.

Versucht man, die bestmöglichen Bedingungen für die Wanderung von Grenzflächen in einer modernen Elektrophoresezelle (vgl. Abb. 6) mit einer oder mehreren der zuletzt beschriebenen optischen Methoden zu kombinieren, so gelangt man zu Versuchsanord-ſnungen, wie sie in den heute von verschiedenen Firmen serienmäßig hergestellten Elektrophoreseapparaten vorliegen. Die Zusammenstellung eines solchen Apparates geht auf Tiselius[1] zurück, der zuerst die oben erwähnte Konsequenz zog und sie 1937 verwirklichte. Eine Fülle von damit ermöglichten Beobachtungen und Messungen führte bald zu einem erheblichen Bedarf an solchen Apparaten, dem heute viele Firmen zu entsprechen suchen. Leider wird dabei nur selten den erheblichen, seither erzielten

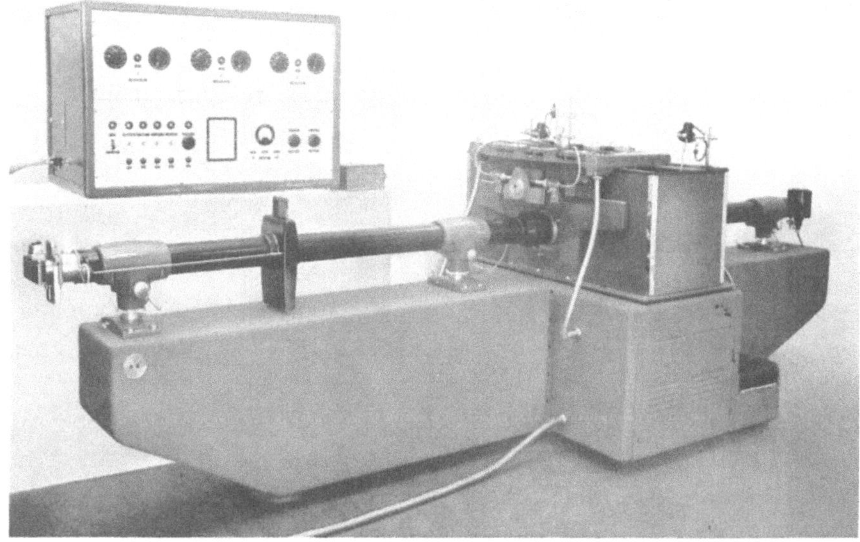

Abb. 25. Elektrophoreseapparat der LKB, Stockholm, Modell 3021 (1951), nach Svensson. Links dahinter der dreifache stabilisierte Gleichrichter zur gleichzeitigen Speisung dreier Zellensätze.

Fortschritten der Versuchstechnik und der Meßmethoden voll Rechnung getragen. Die Besprechung der Elektrophoreseapparate kann deshalb auf einige wenige, wichtige Typen beschränkt werden, die von Bearbeitern des Gebietes entworfen sind und dem gegenwärtigen Stand der Forschung entsprechen.

Diesen Apparaten ist gemeinsam, daß den theoretischen und praktischen Bedürfnissen gut angepaßte Zellensätze (vgl. Abb. 5, 6 und 8) in einem automatisch gesteuerten *Thermostaten* zur Aufrechterhaltung eines konstanten Viscositätswertes η der Lösungen [vgl. Gl. (8)] verwendet und von einer stabilisierten Gleichstromquelle zur Aufrechterhaltung eines konstanten Stromstärkewertes I [vgl. Gl. (19)] gespeist werden. Es ist ihnen ferner das Dispositiv einer (oder mehrerer) der beschriebenen optischen Anordnungen gemeinsam, das den Verlauf der Versuche zu messen und zu registrieren gestattet. Dazu kommt eine Reihe von Hilfseinrichtungen (Regulierorgane, Lichtquellen, Aufnahmekamera), sowie Zubehör (Zellensätze für Analyse, Separation und Diffusionsmessungen).

Der ursprüngliche Apparat von Tiselius, der nur für die Beobachtung der Versuche nach der Toeplerschen Methode (vgl. Abb. 9) eingerichtet war, ist im Laufe seiner hauptsächlich von Svensson geleiteten Weiterentwicklung zu einem sehr präsentablen und leistungsfähigen Gerät (vgl. Abb. 25) ausgebaut worden. Auf einem massiven Unterbau, in dem die automatisch gesteuerte Kühlmaschine Platz gefunden hat, ruht ein verbreiterter Thermostat, der gleichzeitig drei (analytische) Zellensätze (vgl. Abb. 6, links) aufnehmen kann, die wahlweise in den Strahlengang eingefahren werden können.

---

[1] Tiselius, A.: Kolloid-Z. **85**, 129 (1938).

Das vollkommen geschlossene optische System dieses Apparates entspricht der Anordnung von Abb. 14b und erlaubt die Aufnahme direkter Diagramme auf Kleinbildfilm, wie dies zuerst von WIEDEMANN[1] vorgeschlagen und verwirklicht worden ist. Hinzu kommt neuerdings die Aufnahme von Interferenzbildern (vgl. Abb. 21—23), so daß die Variationen des Brechungsindexverlaufes sowie des Brechungsindex selbst registrie bar sind. Die für die Speisung der Zellen erforderlichen stabilisierten Gleichrichtersätze sind in einem separaten Gehäuse untergebracht.

Der Entwicklung dieses Gerätes lief in mancher Hinsicht jene des von WIEDEMANN[2] zuerst angegebenen Apparates parallel. Auch dieser ist heute zu einem großen, leistungsfähigen Gerät (vgl. die nachfolgende Abb. 26) durchgebildet worden[3], das alles Zubehör (auch den stabilisierten Gleichrichter) eingebaut enthält.

Abb. 26. Elektrophoreseapparat von Strübin & Co., Basel, Modell FOKAL B (1951) (nach WIEDEMANN).

Auch dieses Gerät erlaubt in seiner neuesten Ausführungsform die Registrierung der Variationen des Brechungsindexverlaufes wie des Brechungsindex selbst mittels der direkten Diagrammaufzeichnung und Interferenzaufnahmen (Beispiele: Abb. 21—24), die dank der Verwendung durchwegs speziell gerechneter Optik[4] eine außergewöhnliche Schärfe und Brillanz aufweisen. Außerdem sind mit diesem Gerät, da der Support des 2. Spaltes einen Revolverkopf trägt, auch Schatten- und Drahtdiagramme in unmittelbarem Wechsel mit den anderen Aufnahmen möglich.

Die beiden, in Abb. 25 und 26 wiedergegebenen großen Geräte weisen bei einer Länge von etwa 4,5 m eine doppelte Schlierenoptik genügender Größe auf, um auch Zellen für präparative Zwecke (vgl. Abb. 8) in ganzer Höhe parallel durchstrahlen zu können. Damit reicht ihr Anwendungsbereich von der genauesten interferometrischen Mikrobestimmung bis zur präparativen Gewinnung elektrophoretisch reiner Substanzen unter präzisester optischer Kontrolle, womit sie als universell verwendbare Forschungsgeräte charakterisiert sind[5].

[1] WIEDEMANN, E.: Helv. 30, 639 (1947).
[2] WIEDEMANN, E.: Schweiz. med. Wschr. 1945, 229.
[3] WIEDEMANN, E.: Exper. 3, 341 (1947). Chimia, Aarau 2, 25 (1948). Sci. pharmaceut., Wien 17, 45 (1949).
[4] WIEDEMANN, E.: Sci. pharmaceut., Wien 17, 45 (1949).
[5] Nähere Angaben über diese Geräte sind den Druckschriften der Herstellerfirmen zu entnehmen.

Diese Geräte haben viele Nachahmungen gefunden, die indessen weder die Leistungs-fähigkeit noch die Universalität ihrer Vorbilder erreichen, so daß auf eine Besprechung verzichtet werden kann. Erwähnt sei lediglich, daß die Fa. Strübin & Co. in Basel nach den Angaben von WIEDEMANN auch noch ein Diminutiv des in Abb. 26 abgebildeten Apparates herstellt, das bei gleicher optischer Leistung, aber unter Verzicht auf die Mög-lichkeit der Benützung größerer präparativer Zellensätze dem Bedürfnis nach einem kleineren und billigeren Gerät entgegenkommt (vgl. Abb. 27).

Ein den beschriebenen Apparaten ähnliches, jedoch nicht so sehr auf alle Erfordernisse des Arbeitens zugeschnittenes Gerät ist während des letzten Krieges von McFARLANE und KECKWICK entworfen worden. Es wird von der Adam Hilger Ltd. in London NW 1 hergestellt und in den Handel gebracht. Später (1947) hat in den USA STERN ein äußer-lich sehr modern gehaltenes Gerät angegeben, das die American Instrument Co. in Silver

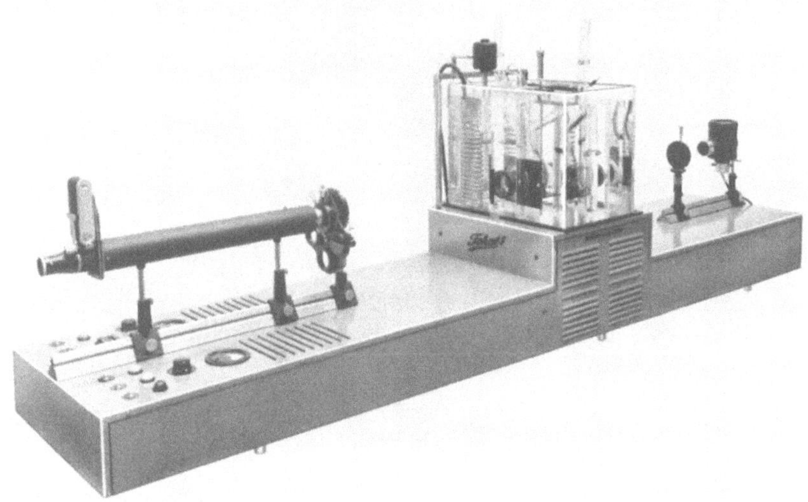

Abb. 27. Kleiner Elektrophoreseapparat von Strübin & Co., Basel, Modell FOKAL F (1951) (nach WIEDEMANN).

Spring (Maryland) herstellt und vertreibt. Die damit erzielbaren Diagrammaufnahmen erreichen jedoch nicht dieselbe Schärfe und Auflösung wie sie z. B. Abb. 15 zeigt.

Der am besten eingeführte Elektrophoreseapparat in Amerika ist nicht der letzt-genannte, sondern das schon 1939 von LONGSWORTH angegebene, mit der von demselben Autor angegebenen Schlieren scanning method (vgl. S. 68f. und Abb. 13) ausgerüstete Gerät der Klett Manufacturing Co. in New York 28, das zufolge der Verwendung nur einer Schlierenlinse sowie eines größeren Bildformates die respektable Länge von etwa 7 m aufweist. Da das Schlieren scanning-Bild durch zwei simultane Bewegungen zustande kommt, also nicht visuell ist, wird zur Kontrolle der Versuche zusätzlich ein Strahlengang der direkten Diagrammaufzeichnung (ähnlich wie in Abb. 14b gezeichnet) benützt. Die Klett-Geräte sind zuverlässige, bewährte Instrumente, wenn auch ihre Konstruktion heute nicht mehr als modern bezeichnet werden kann und ihre Leistung von anderen Geräten eher übertroffen wird. Trotzdem haben sie verschiedene Nachläufer gefunden, von denen das Gerät der Frank Pearson Ass., New York 11, erwähnt sein möge. Ein vereinfachtes Diminutiv davon liegt in dem von MOORE entworfenen Apparat der Perkin-Elmer Corp., Glenbrook (Conn.) vor, der für bescheidenere Ansprüche gedacht ist und diesen genügt.

In den letzten Jahren sind als kleine und handliche Geräte mäßigen Preises die Mikro-Elektrophoreseapparate der Firmen: Kern (Aarau, Schweiz) nach LABHART und STAUB[1]

---

[1] LABHART, H., u. H. STAUB: Helv. **30**, 1954 (1947).

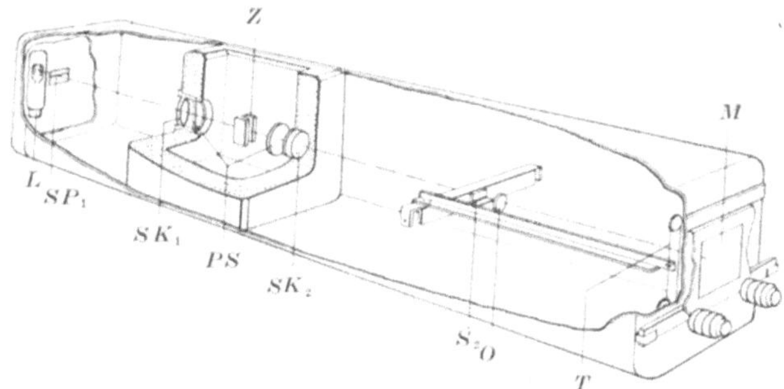

Abb. 28. Elektrophoreseapparat von DEAN MOORE (Hersteller: Perkin-Elmer, Glenbrook, Conn. USA.).

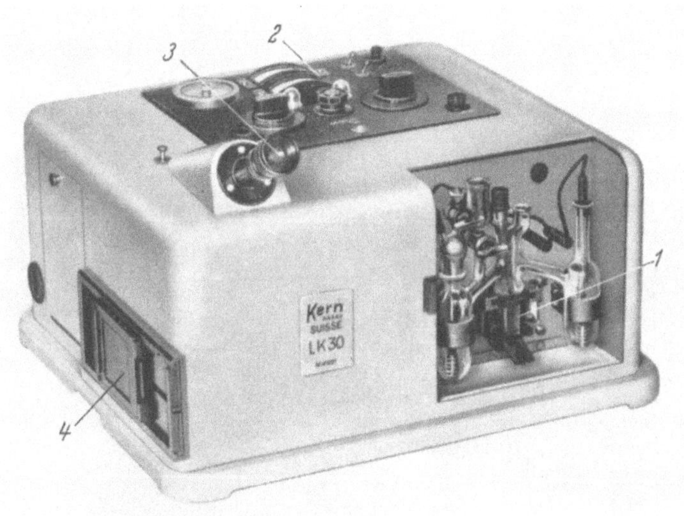

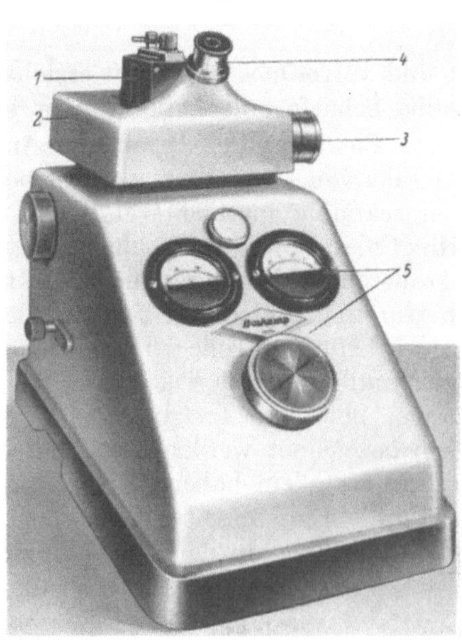

Abb. 29 a u. b. Die Mikro-Elektrophoreseapparate von Kern (Aarau, Schweiz) nach LABHART und STAUB bzw. LOTMAR (a)
und von Boskamp (Hersel über Bonn) nach ANTWEILER (b). Abb. 29a: *1* Zelle (mit Elektrodengefäßen), *2* Stromversorgung (mit Meßinstrumenten), *3* Ocular, *4* Photokasette. Abb. 29b *1* Zelle mit Mantel, *2* optischer Tisch mit Interferometer, in der Höhe verstellbar, *3* Meßtrommel, *4* Ocular, *5* Stromversorgung (mit Meßinstrumenten).

bzw. LOTMAR[1], sowie von Boskamp (Hersel über Bonn) nach ANTWEILER[2] in den Handel gekommen.

Bezüglich der optischen Einrichtung dieser Geräte gilt das auf S. 72ff. darüber Ausgeführte. Da sie mit relativ kleinen Zellen ausgestattet sind, ist mit ihnen die volle Ausnützung der hohen Empfindlichkeit der interferometrischen Messung bei Elektrophoreseversuchen nicht möglich, da die Bildanomalien bestehen bleiben. Auch das Fehlen eines Thermostaten wirkt sich bei diesen Geräten als nachteilig aus, da die mangelnde Thermokonstanz zu Streifenverzerrungen führt. Deshalb erreicht die Meßgenauigkeit dieser Geräte jene der großen Apparate nicht. Dies gilt besonders im Vergleich mit der interferometrischen Gradientenaufzeichnung nach RAYLEIGH bei den großen Geräten, die heute als die empfindlichste aller Methoden zu bezeichnen ist.

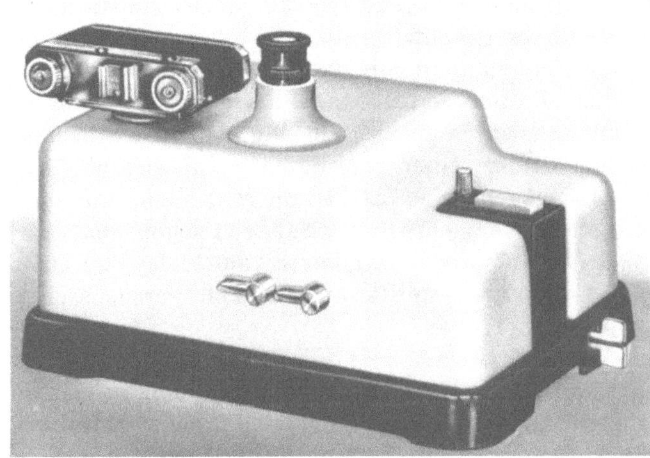

Abb. 30. Modifiziertes Gerät nach ANTWEILER (Hersteller: Zeiß-Opton, Oberkochen).

Bei den Mikro-Elektrophoreseapparaten von Kern sowie von Boskamp wird die Brechungsindexänderung der Lösung (nicht ihr Verlauf) durch die Verschiebung der Interferenzstreifen gemessen; man erhält daraus auf ähnliche Weise, wie dies in Abb. 29b für die interferometrische Messung nach RAYLEIGH angegeben ist, Konzentrationskurven, die zur Bestimmung der relativen Konzentrationswerte dienen. Ein Vorteil der genannten Mikro-Elektrophoreseapparate ist ihre Handlichkeit und ihr mäßiger Preis, ein weiterer ihr geringer Lösungsbedarf, womit ihnen — bei mäßigen Ansprüchen an Meßgenauigkeit — ein gewisser Anwendungsbereich als gesichert erscheint.

Die vorstehende Abb. 30 zeigt schließlich das modifizierte Gerät nach ANTWEILER, das die Aufnahme von zur Zelle parallelen Interferenzlinien ermöglicht und hauptsächlich für Diffusionsmessungen bestimmt ist. Es wird von der Firma Zeiß-Opton (Oberkochen) hergestellt.

Es würde zu weit führen, hier auch jene Mikro-Elektrophoreseapparate zu beschreiben, die aus den größeren Geräten lediglich durch Verkleinerung der Dimensionen und Weglassen der nicht als unbedingt nötig angesehenen Teile entstanden sind, zumal ihr Wert im allgemeinen als gering anzusehen ist. Dagegen sei der von ABRAMSON[3] angegebene, für Wanderungsbeobachtungen unter dem Mikroskop geeignete Mikro-Elektrophoreseapparat der Fa. Kopp & Staub, New York, erwähnt. Er stellt im Prinzip einen Mikrozellensatz mit flachgestrecktem U-Rohr dar, das auf dem Mikroskoptisch benützt wird und dort seine Brauchbarkeit für orientierende Versuche im Mikromaßstab bewiesen hat.

---

[1] LOTMAR, W.: Helv. **32**, 1847 (1949).
[2] ANTWEILER, H. J.: Angew. Chem. **59**, 33 (1947). Kolloid-Z. **115**, 130 (1949).
[3] ABRAMSON, H. A.: J. gen. Physiol. **12**, 469 (1929).

6*

h) Ansatz und Durchführung von Elektrophoreseversuchen.

Auf S. 56ff. ist ausgeführt worden, daß die Erzielung einer konstanten Wanderungsgeschwindigkeit v nicht nur an die Konstanz der Feldstärke H und der Viscosität η, sondern auch an jene der Ladung e gebunden ist. Während die Feldstärke H durch Stabilisierung der Elektrodenspannung zusammen mit der Verwendung unpolarisierbarer Elektroden und die Viscosität η durch Aufrechterhaltung einer gegebenen Versuchstemperatur t konstant gehalten werden können, ist die Konstanz der Ladung e, die eine Funktion der Wasserstoffionenkonzentration darstellt, durch Einhaltung eines gewählten p_H-Wertes zu erreichen. Hat man also die zu untersuchenden Proteine in ein definiertes Milieu von gewünschtem p_H-Wert gebracht, wie es im allgemeinen durch *Dialyse* erreicht wird, so wird man diesen p_H-Wert und damit die Ladung e durch Verwenden der gleichen Pufferlösung als Überschichtungsflüssigkeit (d. h. als Lösungsmittel zwischen Untersuchungslösung und Elektroden) während des Versuches konstant halten können.

Für die Wahl der Werte von H, η und e gelten die folgenden allgemeinen Überlegungen:

Die Feldstärke H soll nicht zu klein sein, damit die Versuchszeiten nicht zu lang werden und die sich ausbildenden Gradienten nicht mehr als nötig unter dem Effekt der Diffusion verflachen. Sie darf andererseits nicht zu groß sein, da sonst Störungen der Wanderung (z. B. durch Konvektion zufolge einer übermäßigen Entwicklung JOULEscher Wärme) auftreten. Es ist ein Vorteil moderner Elektrophoresezellen, daß sie relativ hohe Feldstärken H und damit kurze Versuchszeiten erlauben; schon analytische Zellen können mit 10 und mehr Volt/cm, entsprechend einer Stromstärke von etwa 25 mA bei einer Ionenstärke von $\mu = 0{,}1$, betrieben werden, womit sich Versuchszeiten von weniger als 2 Std für normale Analysen ergeben.

Die Konstanz des Viscositätswertes η ist dann am besten gewahrt, wenn die Versuche bei der größten Dichte des Lösungsmittels ausgeführt werden, da sich dann sowohl kleine, unvermeidliche Temperaturschwankungen als auch kleine Konvektionsstörungen am schwächsten auswirken. Da das Lösungsmittel in den allermeisten Fällen eine verdünnte wäßrige Pufferlösung ist, deren größte Dichte etwas unterhalb $+ 4°$ liegt, und da bei den Versuchen in Berücksichtigung der unvermeidlich entstehenden JOULEschen Wärme ein konstanter Temperaturgradient von der Untersuchungslösung nach außen hin anzustreben ist, muß die Temperatur des Thermostaten etwas unterhalb der Temperatur der größten Dichte des Lösungsmittels gehalten werden. Man wählt sie im allgemeinen zwischen $+ 0{,}5°$ und $+ 2{,}0°$. Die Wahl dieser niedrigen Temperatur bringt durch eine merkliche Erhöhung des Viscositätswertes η den Vorteil einer entsprechenden Verminderung der Diffusionsgeschwindigkeit der Gradienten, so daß eine zusätzliche Erhöhung des Viscositätswertes η nur sehr selten erforderlich ist.

Der die Ladung e bestimmende p_H-Wert wird weitgehend von den Eigenschaften der zu untersuchenden Proteine und dem Zweck der Untersuchung bestimmt. Man wählt ihn fast immer abseits der isoelektrischen Punkte und dazu womöglich so, daß alle anwesenden Proteine eine gleichsinnige Wanderung zeigen. Für die Mehrzahl der Proteine liegt dieser Wert im schwach alkalischen Bereich, etwa zwischen p_H 7,5 und p_H 9, während für andere, z. B. Insulin, der saure Bereich (p_H 1,0) zweckmäßig ist.

Zur Erzielung möglichst ungestörter und fehlerfreier Elektrophoreseaufnahmen ist außer der Wahl eines passenden p_H-Wertes die Einhaltung eines zweckmäßigen Verhältnisses von Puffer- zu Proteinkonzentration, sowie eine spezielle Auswahl der Puffersubstanzen auf Grund ihrer Ionenbeweglichkeiten von Bedeutung. Zunächst sei darauf hingewiesen, daß die Theorie der Elektrophorese (vgl. S. 56ff.) an jeder Grenzfläche eine möglichst kleine Änderung der Leitfähigkeit in bezug auf die Gesamtleitfähigkeit der Untersuchungslösung verlangt, wenn die Gradienten störungsfrei, d. h. unverzerrt und annähernd symmetrisch abgebildet werden sollen[1]. Es muß also die Elektrolytionenkonzentration hoch und die Proteinionenkonzentration niedrig gewählt werden. Ersteres

---

[1] Vgl. z. B. TISELIUS, A., u. F. L. HORSFALL: Ark. Kemi, Mineral. Geol. 13 A, 18 (1939).

erzielt man durch die Wahl einer nicht zu niedrigen Ionenstärke μ, die den Wert 0,1 nicht unterschreiten soll. Höhere Werte sind besser, doch wird man nur selten über $\mu = 0,2$ gehen können, da sonst ein zu großer Anteil des Stromtransportes auf die Pufferionen entfällt und die Versuchszeiten zu lang werden. Die Proteinkonzentration ist so niedrig zu wählen, daß eben noch ein gutes Bild erhalten wird. Unter der Voraussetzung eines guten Apparates liegt dieser Wert bei etwa 1 % Protein für direkte Diagrammaufnahmen und bei etwa 0,05—0,2 % Protein für Interferenzaufnahmen nach RAYLEIGH,

für die das Verhältnis der Ionenkonzentrationen dem größeren Auflösungsvermögen entsprechend besser wird. Dieses Verhältnis ist aber zufolge der Ladungsabhängigkeit der Proteine vom p_H-Wert auch eine Funktion der Wasserstoffionenkonzentration. Man verbessert es daher auch, indem man den Proteinen keine allzugroßen Ladungen erteilt, mit anderen Worten, indem man den p_H-Wert nicht weiter als nötig abseits des isoelektrischen Punktes wählt.

Zu diesen Regeln tritt weiter die Beachtung des von DOLE[1] und SVENSSON[2] auch theoretisch begründeten Einflusses der Elektrolytionenbeweglichkeiten auf das Bild. Aus diesen Arbeiten folgt, daß das mit dem Proteinion wandernde Elektrolytion eine gleich kleine oder wenigstens eine relativ niedrige Beweglichkeit aufweisen soll. Ist es, was im allgemeinen zutrifft, schneller, so soll auch das gegensinnig wandernde Elektrolytion langsam sein. Der günstige Einfluß langsamer Elektrolytionen auf das Elektrophoresebild, nämlich

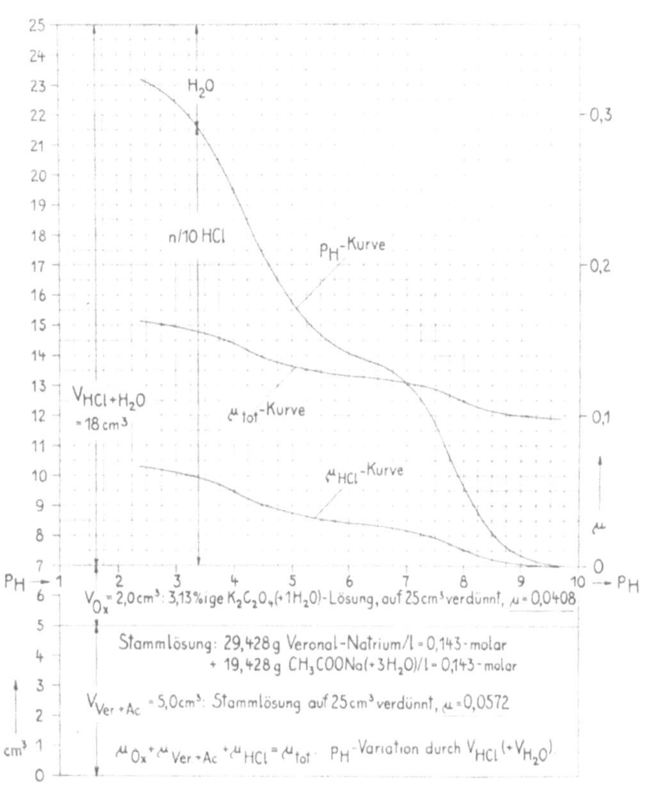

Abb. 31. Universalpuffer nach MICHAELIS (Modifikation von WIEDEMANN) in tabellarischer Übersicht. p_H-Kurve, sowie Ionenstärkekurve für den mittleren Wert $\mu = 0,1$ eingezeichnet.

die Erzielung steilerer Gradienten und damit einer besseren Auflösung, scheint von LONGSWORTH und Mitarbeitern[3] entdeckt worden zu sein, die als Puffergemische Lösungen von Veronal-Veronalnatrium bzw. Veronal-Veronallithium vorgeschlagen und damit eine sehr gute gegenseitige Abgrenzung ähnlich schnell wandernder Gradienten, besonders bei Serum- und Plasmauntersuchungen, erreicht haben. Dem großen Vorteil dieser Puffer für Elektrophoreseversuche im Vergleich mit solchen großer Ionenbeweglichkeiten (z. B. den SØRENSEN-Puffern) stehen leider zwei Nachteile gegenüber: Ihr nutzbarer p_H-Bereich ist klein, und es tritt mit ihnen oftmals im Bereich der descending boundaries eine unter der Bezeichnung „β-globulin disturbance" bekannt gewordene Störung auf[4]. Macht man aber nach dem Vorgang von WIEDEMANN[5] eine kleine Konzession an die Bedingung maximaler Schärfe der Gradienten, so gewinnt man durch die Verwendung des Universalpuffers von MICHAELIS[6] den großen Spielraum von p_H 2,5 bis

[1] DOLE, V. P.: J. clin. Invest. 23, 708 (1944).
[2] SVENSSON, H.: Ark. Kemi, Mineral. Geol. 22 A, 10 (1946).
[3] LONGSWORTH, L. G., T. SHEDLOVSKY and D. A. McINNES: J. exp. Med. 70, 399 (1939).
[4] MOORE, D. H., and J. LYNN: J. biol. Ch. 141, 819 (1941).
[5] WIEDEMANN, E.: Schweiz. med. Wschr. 76, 241 (1946).
[6] MICHAELIS, L.: B. Z. 234, 139 (1931).

p_H 9 bei gleichzeitiger erheblicher Verminderung der β-globulin disturbance. Ersetzt man
ferner in diesem Puffer das Kochsalz durch eine ionenstärkeäquivalente Menge von neutralem Kaliumoxalat, so verfügt man über einen Universalpuffer für Elektrophorese, der
insbesondere auch für Plasmaaufnahmen sehr gut geeignet ist (vgl. umstehende Abb. 31)[1].

Es sei aber bemerkt, daß auch bei zweckmäßiger Wahl der Milieubedingungen entsprechend den gegebenen Regeln ein ideales Elektrophoresebild nicht erreicht wird.
Da hierzu nach der Theorie von DOLE und SVENSSON Grenzbedingungen erforderlich
sind, kommt man dem idealen Bild am nächsten, wenn man sehr verdünnte Proteinlösungen, deren Salzgehalt entsprechend hoch ist, untersucht. Dieser Bedingung kann
am ehesten genügt werden, wenn das Verfahren der interferometrischen Gradienten-

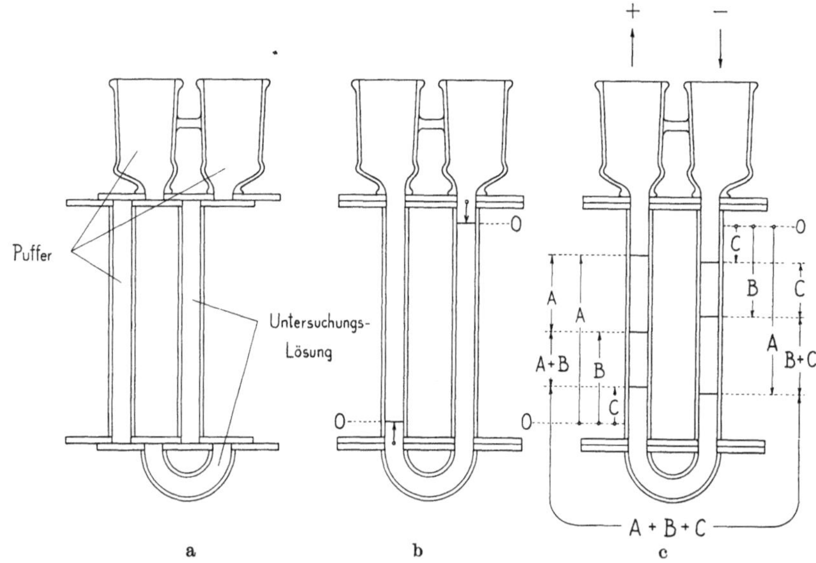

Abb. 32a—c. Schema der gleichsinnigen Wanderung eines Gemisches dreier Komponenten in einem elektrischen Feld.

aufzeichnung nach RAYLEIGH (vgl. Abb. 20 ff. angewendet wird, das in der Tat zu
fast identischen Bildern der rising und descending boundaries führen kann. Bei Anwendung der weniger empfindlichen, eine höhere Proteinkonzentration erfordernden Methoden
ist es kaum zu vermeiden, daß merkliche Restfehler verbleiben, von denen die Extragradienten δ und ε, Steilheits- und Beweglichkeitsunterschiede, sowie Kurvenasymmetrien
in beiden Teilbildern die wichtigsten sind. Sie werden noch besprochen, da ihre Kenntnis
zur richtigen Bewertung von Elektrophoresediagrammen unerläßlich ist. Zunächst werde
an Hand der vorstehenden Abb. 32 Ansatz und Verlauf eines Elektrophoreseversuches,
in dem die Aufzeichnung der Trennung dreier gleichsinnig wandernder Komponenten
angenommen ist, generell erläutert.

Abb. 32a zeigt, auf welche Weise die heute gebräuchlichste dreiteilige analytische
Elektrophoresezelle gefüllt wird. Bodenteil und ein Schenkel enthalten die Untersuchungslösung, während der andere Schenkel und das Oberteil mit Pufferlösung beschickt sind.
Diese Füllung wird unter sinngemäßem Öffnen und Schließen der Zellenabschnitte durch
seitliches Verschieben vorgenommen. Dann erfolgt durch Ansetzen und Auffüllen der
beiden Elektrodengefäße die Komplettierung zum Zellensatz, der in den Thermostaten
der Elektrophoreseapparatur eingesetzt wird. Ist dort der Temperaturausgleich vollzogen, so wird die Zelle durch Verschieben ihres Mittelteiles geöffnet. Die sich dabei
ausbildenden Grenzflächen zwischen Untersuchungslösung und Puffer werden dann ein
wenig in Richtung der zu erwartenden Wanderung verschoben (vgl. Abb. 32b). Dies ist
nötig, um die „Anfangsgradienten", deren Lage für die Messung der Strecke s [Berechnung der Beweglichkeiten nach Gl. (19)] bekannt sein muß, in den Beobachtungs-

---

[1] WIEDEMANN, E.: In Wuhrmann-Wunderly S. 70—113. 1947.

bereich zu bringen. Nach Bestimmung der Gradientenausgangslage („0" in Abb. 32b) z. B. durch eine photographische Aufnahme wird Spannung an die Elektroden gelegt, womit die Wanderung beginnt und sich nach einer gewissen Zeit die in den beiden Schenkeln der Zelle in Abb. 32c schematisch aufgezeichnete Komponentenverteilung ergibt. Sie wird an der Lage der Grenzflächen der einzelnen Komponenten abgelesen bzw. durch eine weitere photographische Aufnahme festgehalten und dient (zusammen mit der Aufnahme der Anfangsgradienten) zur Berechnung der Beweglichkeiten nach Gl. (19), sowie der Mengen z. B. nach Gl. (30), wenn die Methode der direkten Diagrammaufzeichnung (vgl. Abb. 14b) benützt worden ist. Zu Abb. 16 ist bereits angegeben worden, wie die Kurvenzüge der Bilder extrapoliert und ihre Teilflächen gemessen werden können. Jetzt ist noch darauf hinzuweisen, daß sich die Komponenten in den beiden Schenkeln der Zelle auf verschiedene Weise überlagern, was einerseits die teilweise präparative Isolierung nicht nur der schnellsten, sondern auch der langsamsten Komponente ermöglicht, andererseits aber auch ungleiche Verhältnisse in den beiden Zellenschenkeln mit sich bringt, die sich im Bilde zeigen.

Die auch bei zweckmäßig angesetzten Versuchen unvermeidlichen Bildanomalien, auf die bereits hingewiesen wurde, seien an Hand der Bilderfolge der Abb. 33 besprochen.

Zunächst ist in den beiden Teilbildern außer den von den Komponenten des Gemisches herrührenden Gradienten noch je ein „*Extragradient*" sichtbar, der die Flächen- und damit auch die Mengenwerte verfälscht. Nach Tiselius[1], der diese Extragradienten entdeckt und zuerst richtig gedeutet hat, wird der kleinere von ihnen

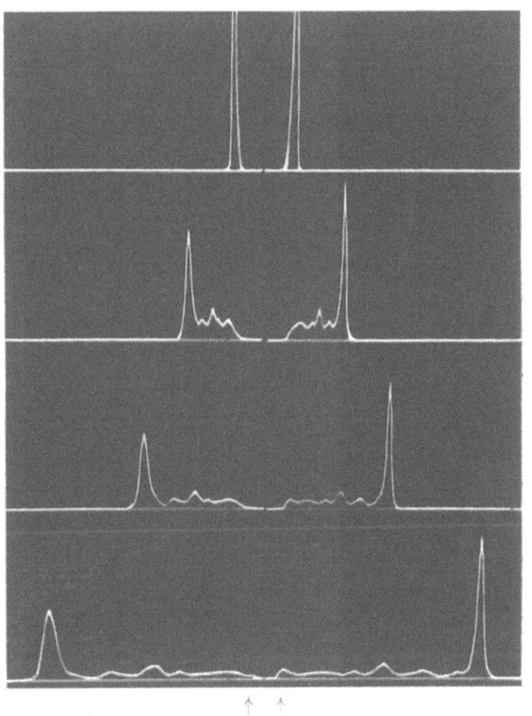

Abb. 33. Beispiel der elektrophoretischen Analyse eines normalen humanen Plasmas. Links: Descending boundaries. Rechts: Rising boundaries.

im Bilde der descending boundaries mit ε und der größere im Bilde der rising boundaries mit δ bezeichnet. Longsworth und McInnes[2] haben angegeben, daß diese Extragradienten die Folge einer nicht ganz gleichen Zusammensetzung und Konzentration der Puffersalze des Milieus der Proteine und der Pufferlösung selbst seien, da die Einstellung des Donnan-Gleichgewichtes bei der vorausgegangenen Dialyse der Proteinlösung eine vollständige Angleichung der Salzzusammensetzung und -konzentration des Milieus an jene der Pufferlösung verhindere. In der Tat können die Extragradienten nach Longsworth und McInnes[2] durch passendes Verdünnen der Untersuchungslösung oder nach Wiedemann[3] durch Konzentrieren der überschichteten Pufferlösung praktisch völlig unterdrückt werden.

Es hat sich indessen zeigen lassen, daß der Grund des Auftretens der Extragradienten nicht der von Longsworth und McInnes angenommene ist. Die durch das Donnan-Gleichgewicht bedingte Verschiedenheit des Salzgehaltes überschreitet im allgemeinen kaum 1% und bleibt damit erheblich unter den aus den Extragradienten ableitbaren Werten. Betrachtet man aber die Proteinionen als Elektrolytionen, wozu man in erster

---

[1] Tiselius, A.: Biochem. J. **31**, 1464 (1937).

[2] Longsworth, L. G., and D. A. McInnes: Am. Soc. **62**, 705 (1940).

[3] Wiedemann, E.: Helv. **30**, 168 (1947).

Annäherung berechtigt ist, und wendet man auf dieses Ionensystem die beharrliche Funktion von KOHLRAUSCH an [Gl. (22), S. 59,] so erklärt sich das Auftreten der Extragradienten (und weiterer Bildanomalien) damit, daß sich gemäß Gl. (22) weder die Konstante K_{Puffer} (oberhalb der Grenzflächen Abb. 32b) noch die Konstante $K_{\text{Lösung}}$ (unterhalb der Grenzflächen Abb. 32b) ändern kann. Damit müssen sich bei Ungleichheit von K_{Puffer} und $K_{\text{Lösung}}$ Konzentrationssprünge an diesen Grenzflächen ergeben, die eben als Extragradienten δ und ε am Ort der Gradientenausgangslage (Abb. 32b) in Erscheinung treten.

Diese Theorie erklärt auch die unterschiedliche Größe der beiden Extragradienten: Während das ε-boundary nur einen Konzentrationssprung der Puffersalze repräsentiert, ist das δ-boundary durch einen solchen der Puffersalze *und* der Proteine verursacht und dementsprechend größer[1]. Weiter folgt, daß für den Fall der Anwesenheit von mehr als 2 Ionenarten das Auftreten weiterer Extragradienten gegeben[2,3] und unter extremen Verhältnissen auch zu beobachten[4] ist. Immerhin erweisen sich diese Extragradienten höherer Ordnung unter einigermaßen günstigen Versuchsbedingungen als so klein, daß sie im allgemeinen Fehler untergehen.

Es ist bereits angegeben worden, daß die Extragradienten δ und ε experimentell eliminierbar sind[1,5]. Da dies aber im allgemeinen erhebliche Erfahrung voraussetzt, ist es für den weniger Geübten verläßlicher, die durch diese Extragradienten bedingten Mengenfehler der Bilder rechnerisch[1,5] zu beseitigen.

Aus dieser Theorie folgt ferner, daß die aus den rising boundaries ermittelten Mengenwerte der Komponenten (vgl. den folgenden Abschnitt) den sich aus den descending boundaries ergebenden Mengenwerten nicht ganz gleich sein können, daß die Abweichungen von den absoluten Mengenwerten im letzteren Falle etwas kleiner sind.

Für eine möglichst genaue Bestimmung der Mengenwerte ist deshalb das Bild der descending boundaries vorzuziehen. Wird aber ein Maximum an Auflösung verlangt, so dient dafür besser das Bild der rising boundaries (Abb. 33, rechts), da es das besser differenzierte ist.

Schließlich werden die gegenseitigen Beeinflussungen der Mengenwerte der einzelnen Komponenten um so kleiner, je kleiner diese selbst und je größer ihre Beweglichkeitsunterschiede werden.

Alle diese Bildanomalien[3,6] nehmen mit fallender Proteinkonzentration ab, um bei ihrem Absinken auf Null zu verschwinden. Deshalb ist es zur Erzielung genauer Ergebnisse wichtig, die Proteinkonzentrationen in den Versuchen so niedrig wie möglich zu halten. Wie bereits hervorgehoben wurde, kommen diesem Erfordernis am besten die großen Apparate mit relativ großen Zellen, die die Anwendung sehr verdünnter Lösungen erlauben, in Verbindung mit den empfindlichsten optischen Methoden (Interferometrie nach RAYLEIGH) entgegen.

Als weitere Anomalie mag die unterschiedliche Steilheit der korrespondierenden Gradienten in beiden Teilbildern betrachtet werden. Diese Anomalie ist in erster Linie darauf zurückzuführen, daß, in der Wanderungsrichtung gesehen, bei den descending boundaries die Leitfähigkeit über die Gradienten hinweg zunimmt, während sie bei den rising boundaries abnimmt (vgl. hierzu auch Abb. 32c). Eine Zunahme bedeutet, daß sich die Front eines Gradienten in einem stärkeren Feld als seine Rückseite befindet, wodurch er zusätzlich auseinandergezogen, also verflacht wird. Eine Abnahme bedeutet, daß sich seine Front in einem schwächeren Feld als seine Rückseite befindet, womit der

---

[1] LONGSWORTH, L. G., and D. A. McINNES: Am. Soc. **62**, 705 (1940).

[2] LONGSWORTH, L. G.: Am. Soc. **67**, 1109 (1945).

[3] SVENSSON, H.: Ark. Kemi, Mineral. Geol. **22 A**, 10 (1946).

[4] MOORE, D. H., and J. LYNN: J. biol. Ch. **141**, 819 (1941).

[5] WIEDEMANN, E.: Helv. **30**, 168 (1947).

[6] Vgl. a. ANTWEILER, H. J.: Die quantitative Elektrophorese in der Medizin. S. 3—8. Berlin, Göttingen, Heidelberg 1952.

gegenteilige Effekt einer Verschärfung eintritt. Diese, dank ihrer Auffälligkeit seit langem bekannte Anomalie ist aber ohne merklichen Einfluß auf die Flächenwerte bzw. die darauf gegründeten Mengenbestimmungen. Man hält sie in mäßigen Grenzen durch hohe Salz- und niedere Proteinkonzentrationen, wie dies schon früher ausgeführt wurde.

Bei der schließlich noch zu besprechenden Asymmetrie einzelner Kurvenzüge ist zunächst zwischen nicht getrennten Komponenten und echten Asymmetrien zu unterscheiden. Nicht getrennte Komponenten können in den meisten Fällen durch Verlängerung der Versuchsdauer als solche erkannt werden, während die echte Asymmetrie die Folge einer zu großen Leitfähigkeitsänderung über einen Gradienten hinweg ist. Sie ist ebenfalls durch Erhöhung der Salz- und Erniedrigung der Proteinkonzentration klein zu halten, da dadurch nicht nur die Flächenmessung der einzelnen Gradienten erleichtert wird, sondern vor allem die Fehler bei Beweglichkeitsmessungen kleiner werden. Dies folgt aus der Überlegung, daß zur Erzielung genauer Beweglichkeitswerte jeder einzelne Gradient sich in einem Feld tunlichst gleicher Stärke bewegen sollte.

i) Die Auswertung von Elektrophoreseversuchen.

Das Ergebnis eines Elektrophoreseversuches ist in der großen Mehrzahl der Fälle ein *Diagramm*, das durch das Bild der Anfangsgradienten, sowie die protokollierten Versuchsdaten ergänzt wird. Um davon ausgehend die gesuchten Zahlenwerte zu erhalten, bedarf man eines vergrößerten Positivs des Diagramms, auf dem die Lage der Anfangsgradienten markiert ist. Dieses Positiv erhält man am einfachsten durch Projektion des Negativs in etwa 5fach linearer Vergrößerung auf ein Blatt Papier, auf das man die Mitte der Basislinie und des Kurvenzuges durch Nachzeichnen überträgt. Von der Anfangsaufnahme wird zudem die Mittellage der Anfangsgradienten übernommen. Dann erhält man durch direkte Messung der Abstände zwischen dem Anfangsgradient und den einzelnen Gradienten des Bildes (längs der Basis) Maßzahlen der im Versuch durchlaufenen Strecken s und damit in Verbindung mit den übrigen gemessenen Werten der Gl. (19) die apparenten Beweglichkeiten $u(v)$ der einzelnen Komponenten.

Für die relative Mengenbestimmung der einzelnen Komponenten ist es zunächst erforderlich, die von den einzelnen Gradienten mit der Basis eingeschlossenen Flächen gegeneinander zu extrapolieren, worauf sie einzeln planimetrisch bestimmt werden können. Diese beiden Operationen werden durch die von WIEDEMANN[1] angegebene Auswertemethode erheblich vereinfacht. Man überprojiziert dabei den einzelnen Kurvenzügen aus einer Schar von GAUSSschen Verteilungskurven (unter Variation des Vergrößerungsmaßstabes) die jeweils kongruente Kurve, die dann zugleich die beste Extrapolation ergibt und gewinnt gleichzeitig (aus zwei Maßzahlen) auch den jeweiligen Flächenwert. Die einzige Voraussetzung für die Anwendung dieser raschen und genauen Methode ist die Durchführung des Elektrophoreseversuches unter möglichst günstigen Bedingungen, so daß die Bildanomalien klein bis unmerklich bleiben (was ohnehin immer angestrebt werden sollte). Aus den relativen Flächenwerten können dann nach Gl. (30) (oder einer analogen Gleichung bei Anwendung eines anderen Verfahrens der Gradientenaufzeichnung) die absoluten Mengenwerte der anwesenden Stoffe berechnet werden. Ein Extrapolationsbeispiel, dem die danach ermittelten relativen Prozentwerte der anwesenden Proteine beigefügt sind, gibt Abb. 16.

Es sei bemerkt, daß die Auswertung der beiden Teilbilder eines Versuches innerhalb sehr enger Grenzen die gleichen Werte ergibt, sofern die Versuchsbedingungen zweckmäßig gewählt und die Extragradienten δ und ε auf eine der angegebenen Weise eliminiert worden sind.

Bei den interferometrischen Meßmethoden gelangt man, sofern sie wie z. B. die Anordnungen von LABHART-STAUB-LOTMAR oder nach RAYLEIGH-PHILPOT-SVENSSON eine direkte Aufnahme des Bildes gestatten, am einfachsten zu den (meistens gesuchten)

---

[1] WIEDEMANN, E.: Helv. **30**, 892 (1947).

relativen Mengenwerten der Komponenten, wenn man die je Streifen bzw. Streifenversetzung meßbare Zunahme Δn des Brechungsindex gegen die zugehörenden Strecken s aufträgt. Man verzichtet damit zwar auf eine anschauliche Gradientendarstellung, wie sie die Varianten des TOEPLERschen Schlierenverfahrens direkt ergeben, gewinnt aber dennoch eine gegenseitige Abgrenzung der Gradienten durch Beachtung der entsprechenden Wendepunkte der auf diese Weise konstruierten Kurve. Die zugehörenden Ordinatenabschnitte entsprechen dann direkt den relativen Mengen der betreffenden Komponenten[1], die Abszissenabstände, von der Mitte der Anfangsgradienten aus gezählt, den apparenten Beweglichkeiten $u(v)$. Ein Beispiel einer solchen Auswertung gibt Abb. 21 für den Fall einer Interferenzaufnahme nach RAYLEIGH. Hierbei wird die Streifenversetzung direkt über ein Linienraster gezeichnet, das dem Streifenabstand selbst entspricht, dann summiert und schließlich wie angegeben ausgewertet[2].

k) Einige Anwendungsbeispiele der Elektrophorese.

Die Bedeutung der Elektrophorese für die wissenschaftliche Forschung beruht in erster Linie auf dem Umstand, daß es mit ihr wie mit kaum einer anderen Methode gelingt,

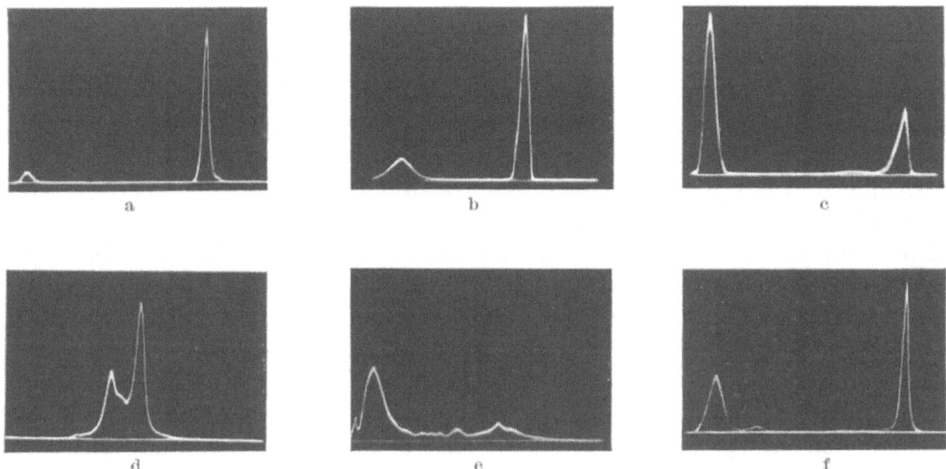

Abb. 34 a—f. Sechs Beispiele der elektrophoretischen Analyse von gereinigten Wirkstoffen. a Humanes Albumin, Präparat Prof. Dr. COHN, Boston. b Insulin aus Schweinepankreas, Präparat von BOOTS. c Heparin, Präparat Hoffmann-La Roche, Basel (Trennung dreier Komponenten). d Ricin aus Ricinussamen, Laboratoriumspräparat (Trennung der beiden Hauptkomponenten Ricin A und Ricin B). e Emulsin, Präparat Merck (Abtrennung der β-Glucosidase von diversen Begleitern). f Viscotoxin aus Viscia alba, Laboratoriumspräparat (Abtrennung der Hauptkomponente).

Gemische hochmolekularer Stoffe, insbesondere von Proteinen, quantitativ zu bestimmen und zu trennen, ohne daß diese oftmals sehr empfindlichen Verbindungen dadurch irgendwie verändert werden. Sie ist deshalb die Methode der Wahl für die Analyse von Proteingemischen, wie sie in Körperflüssigkeiten, Organextrakten, Pflanzenauszügen und vielen anderen Untersuchungsobjekten vorliegen; sie registriert ferner mit auf andere Weise nicht erreichbarer Genauigkeit und Schnelligkeit die möglichen Veränderungen der Zusammensetzung und Konzentration solcher Lösungen und liefert damit die gesuchten Hinweise für die Durchführung von Trennungsoperationen zur Reindarstellung der verschiedensten Wirkstoffe. Der Erfolg solcher Operationen wird ebenfalls am besten mittels der Elektrophorese kontrolliert, so daß der Begriff der „elektrophoretischen Einheitlichkeit" ein wertvolles Kriterium geworden ist.

Dies werde durch die Beispiele der vorstehenden Abb. 34 illustriert, die der Arbeit von WIEDEMANN[3] entnommen sind und sich fast beliebig vermehren ließen.

[1] LABHART, H., u. H. STAUB: Helv. **30**, 1954 (1947).
[2] WIEDEMANN, E.: Helv. **35**, 82 (1952).
[3] WIEDEMANN, E.: Rev. Hématol. **3**, 251 (1948); sowie: unveröffentlicht.

Eine weitere, sehr wichtige Anwendung der Elektrophorese beruht auf der schon von TISELIUS beschriebenen Beobachtung, daß die Mengen der einzelnen Plasmaproteine bei den Vertebraten, insbesondere beim Menschen, im Laufe zahlreicher pathologischer Vorgänge starken und charakteristischen Änderungen unterliegen. Die Elektrophorese kann also einen „Plasma-Protein-Status" vermitteln, der dem Arzt in vielen Fällen wichtige Aufschlüsse zu geben vermag. Wenn diesen auch nur in speziellen Fällen eine gewisse

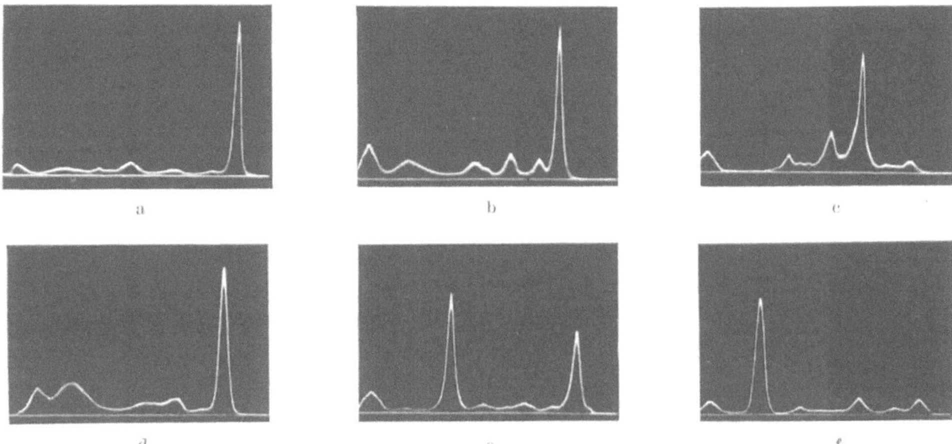

Abb. 35 a—f. Sechs Beispiele der elektrophoretischen Serum- bzw. Plasmaanalyse. a Normales humanes Plasma. b Serum eines Pneumoniefalles. c Plasma eines Nephrosefalles. d Serum eines Falles von Endocarditis lenta. e Serum eines ζ-Plasmocytomfalles. f Plasma eines γ-Plasmocytomfalles.

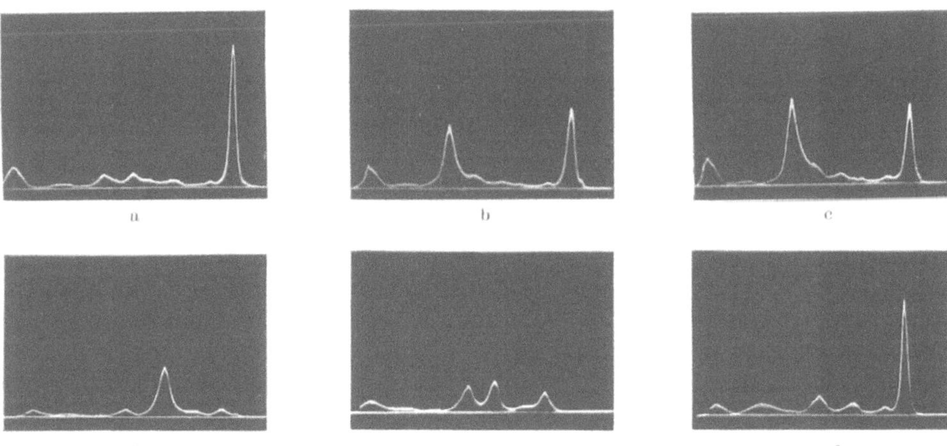

Abb. 36 a—c. Veränderung des Bildes der Serumproteine mit dem Fortschreiten einer schweren Erkrankung (ζ-Plasmocytomfall). a Status zu Beginn der Krankenhausaufnahme; b derselbe, etwa 4 Wochen später; c derselbe, etwa 9 Wochen später (kurz vor dem Exitus). d—f. Veränderung des Bildes der Serumproteine mit dem Fortschreiten einer Restitution (Lipoid-Nephrose-Fall). d Fulminanter Status zu Beginn der Hospitalisierung; e nach 6wöchentlicher Behandlung; f kurz vor der Entlassung nach 5monatlicher Behandlung.

diagnostische Bedeutung zukommt, so gewähren sie (unter der leicht zu erfüllenden Voraussetzung wiederholter Tests) doch stets einen Einblick in den Ablauf biologischer Vorgänge, wie in die Wirksamkeit therapeutischer Maßnahmen.

Beispiele für die mengenmäßigen Abweichungen der Plasmaproteine und den Habitus der Bilder bei einigen Krankheiten vermittelt die vorstehende Abb. 35, deren Aufnahmen ebenfalls den Untersuchungen von WIEDEMANN entnommen sind. In Abb. 36a und b wird einerseits die Veränderung des Bildes der Serumproteine mit dem Fortschreiten einer schweren Erkrankung (ζ-Plasmocytom) und andererseits der Verlauf einer Restitution (Lipoid-Nephrose) gezeigt.

Es sei bemerkt, daß Untersuchungen, wie sie durch die Bilder der Abb. 34—36 angedeutet werden, in der einschlägigen Literatur einen breiten Raum einnehmen[1]; im besonderen sei noch auf die mittels der Elektrophorese durchgeführten Stoffwechseluntersuchungen verwiesen, so auf die Erforschung der Antikörperbildung bei Immunisierungsvorgängen, die ebenfalls von Tiselius eingeleitet wurde, dann auf die neueren Arbeiten über die Vorgänge bei der Muskelkontraktion u. a. m.; auf dem Gebiet der Nahrungsmittelforschung hat z. B. die Untersuchung der Globuline der Getreidearten schon früher zu vielen neuen Erkenntnissen geführt, während elektrophoretische Studien der Milchproteine und ihrer Umwandlungsprodukte, um nur ein weiteres Beispiel herauszugreifen, neuerdings interessante Ergebnisse erbracht haben.

l) Weitere Elektrophoresemethoden.

Im vorstehenden wurde versucht zu zeigen, in welcher Weise und mit welcher Genauigkeit die auf den grundlegenden Arbeiten von Tiselius basierende Elektrophorese frei beweglicher Lösungsschichten mit Beobachtung nach der Grenzflächenmethode insbesondere die Proteinforschung unterstützen und fördern kann. Die sehr bedeutenden Ergebnisse, die mit dieser Methode besonders im Laufe des letzten Jahrzehntes erzielt worden sind und weiter erzielt werden, begegnen vielseitigstem Interesse und es unterliegt keinem Zweifel, daß Verbreitung und Anwendung der Elektrophorese noch erheblich größer wären, wenn es gelänge, die dafür erforderlichen Apparate bei gleicher Leistung in wesentlich einfacherer und billigerer Form zur Verfügung zu stellen. Da diesen Möglichkeiten aber prinzipielle Grenzen gesetzt sind, darf es nicht verwundern, daß zahlreiche und zum Teil vielversprechende Versuche unternommen worden sind, unter Verzicht auf gewisse Bedingungen, Meßmöglichkeiten und Meßgenauigkeiten einfachere Verfahren einzuführen, die bei bescheidenem Aufwand an Mitteln wenigstens eine in erster Näherung richtige Bestimmung der (am häufigsten gesuchten) relativen Mengenwerte von Proteingemischen ermöglichen sollen.

So haben etwa gleichzeitig Turba und Enenkel[2], sowie Cremer und Tiselius[3] die von Wieland und Fischer[4] an Aminosäuregemischen erprobte Methode der Papierchromatographie unter Anlegen einer Gleichspannung zu einer *Papierelektrophorese* weiterentwickelt und diese neue Methode mit Erfolg auf Proteingemische angewendet.

Bei dieser Methode wird an einen waagerecht gespannten, mit Pufferlösung getränkten Filtrierpapierstreifen, dessen Enden in die Pufferlösung eintauchen, eine Gleichspannung angelegt. Gibt man auf den Streifen, z. B. mittels eines Querstriches, eine kleine Menge der Lösung eines Proteingemisches, so wandern dessen Komponenten unter passend gewählten Bedingungen (etwa 100 V, 2 mA, 10—12 Std) wie bei der Grenzflächenmethode. Das Ergebnis eines solchen Versuches wird durch Anfärben der gewanderten und dann durch Trocknen des Streifens denaturierten Proteine mit Azocarmin B[2] oder Bromphenolblau[3] sichtbar gemacht. Die Mengenbestimmungen der einzelnen Proteine gründen sich entweder auf die Eluierung und colorimetrische Bestimmung der entsprechenden Farbstoffanteile[2] oder die Zerlegung eines angefärbten Streifens in etwa 30 gleiche Abschnitte, deren Farbstoffgehalt einzeln bestimmt wird[3]. Trägt man die so ermittelten Farbwerte entsprechend den von ihren Trägern durchlaufenen Strecken s auf, so erhält man eine graphische Darstellung der Extinktionen, deren Verlauf einem Elektrophoresediagramm ähnlich ist.

Grassmann und Hannig[5] haben in der Folge versucht, die Arbeitsweise der letztgenannten Autoren den praktischen Bedürfnissen besser anzupassen. Sie führten zum

[1] Vgl. hierzu Abramson, H. A., L. S. Moyer and M. H. Gorin: Electrophoresis of Proteins. New York 1942. Über neuere Arbeiten existieren bisher leider nur partielle Zusammenfassungen.

[2] Turba, F., u. H. J. Enenkel: Naturwiss. **37**, 93 (1950).

[3] Cremer, H. D., u. A. Tiselius: B. Z. **320**, 293 (1950).

[4] Wieland, Th., u. F. Fischer: Naturwiss. **35**, 29 (1948).

[5] Grassmann, W., u. K. Hannig: Naturwiss. **37**, 496 (1950). — Grassmann, W.: Naturwiss. **38**, 200 (1951).

Anfärben der Proteinfraktionen das Amidoschwarz B 10 (Bayer) ein, das eine besonders hohe Proteinaffinität besitzt und in den in Frage kommenden Konzentrationsbereichen (zunächst bei den Serumproteinen, für deren Mengenbestimmung die Papierelektrophorese bisher gedacht ist) auch ungefähr konzentrationsproportionale Anfärbungen ergibt. Sodann ersetzten sie die umständliche Farbstoffmessung an vielen Streifenabschnitten durch eine direkte photometrische Farbstoffbestimmung an dem durch Einbetten in α-Bromnaphthalin transparent gemachten Streifen selbst, womit eine direkte Aufnahme von Intensitätskurven, die ungefähr den Proteinkonzentrationen entsprechen, ermöglicht wurde. Da auch dieses verbesserte Verfahren mit einem bescheidenen Aufwand an Mitteln auskommt, begegnet es überall dort, wo es sich nur um Mengenbestimmungen an kleinen Substanzproben handelt, für die keine hohe Genauigkeit verlangt wird (klinische Routinebestimmungen), erheblichem Interesse.

Zugunsten der Papierelektrophorese ist anzuführen, daß sie als Mikromethode nur sehr wenig Untersuchungslösung (0,01 cm^3 einer etwa 6—8%igen Lösung, also knapp 1 mg Substanz) benötigt und darin den besten klassischen Methoden mindestens gleichkommt. Dieser minimale Substanzbedarf erlaubt es auch, auf eine Dialyse der Untersuchungslösung zu verzichten. Auch ist die Trennung der Komponenten eines Gemisches bei der Papierelektrophorese eine vollständige, so daß nicht mit Störungen durch Überlagerung verschiedener Komponenten gerechnet werden muß.

Leider stehen diesen Vorteilen auch erhebliche Nachteile gegenüber. Während bei der klassischen Elektrophorese das Diagramm (allgemein: das Bild) die Brechungsindex-Änderungen darstellt, die an den Grenzflächen der genuinen, gelösten Proteine auftreten, ist das Diagramm bei der Papierelektrophorese das Ergebnis einer photometrischen Messung der von den einzelnen Proteinen nach ihrer Trocknung (Denaturierung) absorbierten Farbstoffmenge. Bei der Papierelektrophorese wird also das direkte Diagramm der klassischen Elektrophorese (die Direktmessung) durch eine indirekte Bestimmung an nicht mehr genuinem Material ersetzt, was nicht nur gewissen systematischen Abweichungen (z. B. infolge nicht ganz proportionaler Anfärbung), sondern auch größeren Streuungen der Werte Vorschub leistet. Die bei der Papierelektrophorese prinzipiell bedingte integrale Messung der etwas verwaschenen Farbflecken bedingt weiter eine Unterdrückung der Feinheiten des Bildes. Schließlich scheint die Anwendbarkeit der Papierelektrophorese auf leicht lösliche Sphäroproteine beschränkt zu sein; schwer lösliche und Linearproteine, wie z. B. das Fibrinogen, werden auf dem Papier teils niedergeschlagen, teils mit anderen Komponenten geschleppt, so daß bei Plasmaanalysen Fehlresultate erhalten werden. Dasselbe gilt für manche, bei pathologischen Fällen auftretende Paraproteine.

Totzdem lassen sich, wie es die nachfolgende Abb. 37 zeigt, mit der Papierelektrophorese ganz ansprechende Ergebnisse erzielen, wenn man sich dabei auf den gesicherten Anwendungsbereich dieser Methode beschränkt, auf Beweglichkeitsmessungen verzichtet, keine Detailauflösung im Bilde verlangt und an die Meßgenauigkeit nur mäßige Anforderungen stellt[1].

Der Vergleich der Bilder und Ergebnisse illustriert das oben Ausgeführte. Die prozentualen Abweichungen der Papierelektrophorese betragen im gewählten Beispiel zwischen $+3$ und -27%. Im Durchschnitt ist bei mengenmäßig großen Komponenten (Albumin des Blutserums) mit Abweichungen von etwa 3%, bei mengenmäßig kleinen Komponenten mit solchen um 15 %, bei gleichzeitiger Unterdrückung der Feinheiten

---

[1] Geräte zur Ausübung der Papierelektrophorese nach GRASSMANN werden von der Fa. Bender & Hobein, München-Zürich unter der Bezeichnung „ELPHOR" in den Handel gebracht. In jüngster Zeit sind von zahlreichen weiteren Autoren ähnliche Verfahren beschrieben und ähnliche Geräte entwickelt worden, ohne daß aber Mitteilungen über die zugehörende Grundlagenforschung erfolgt wären. Der Wert dieser Verfahren und Geräte bleibt daher zunächst problematisch. Andererseits haben ausgedehnte Parallelversuche von GRASSMANN und WIEDEMANN die Brauchbarkeit des hier beschriebenen Verfahrens in dem angegebenen Umfang erwiesen.

94   Elektrophorese.

zu rechnen, während die klassische Elektrophorese auch die mengenmäßig kleinen Komponenten und ihre Detailstruktur bis auf Bruchprozente genau zu registrieren vermag.

Auch im Bereich der präparativen Elektrophorese sind vielversprechende Versuche unternommen worden, Methodik und Technik zu vereinfachen, um mit geringerem Aufwand die Leistungsfähigkeit der Grenzflächenmethode zu erreichen oder sogar zu übertreffen. Dies scheint hier um so eher möglich, als es bei der präparativen Elektrophorese im wesentlichen nur darauf ankommt, Stoffgemische zu trennen, deren Verhalten in einem elektrischen Feld im allgemeinen von vorgängigen analytischen Versuchen her bekannt ist. Neuere Versuche zielen denn auch dahin, die Limiten der Grenzflächenmethode, wie sie

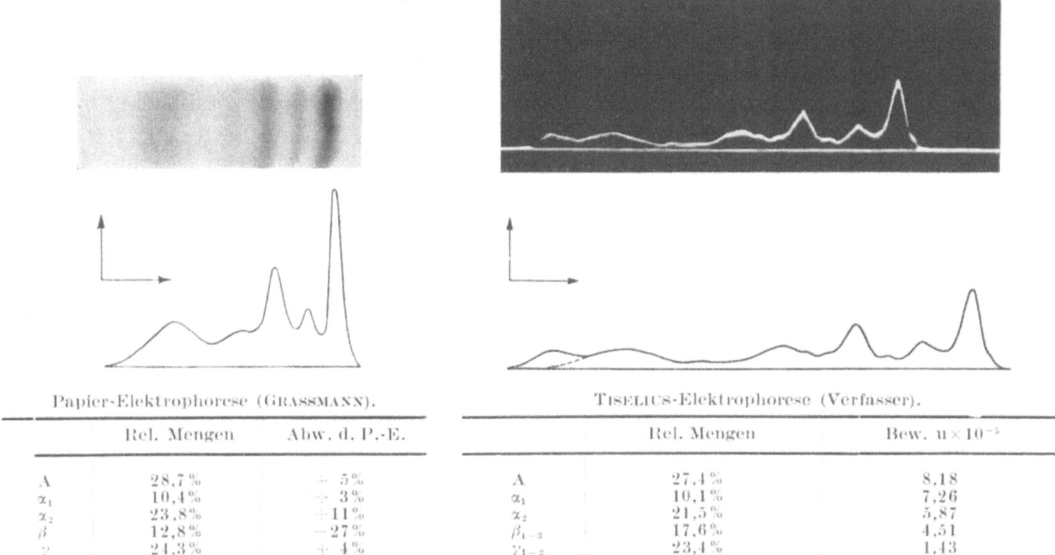

Papier-Elektrophorese (GRASSMANN).			Tiselius-Elektrophorese (Verfasser).		
	Rel. Mengen	Abw. d. P.-E.		Rel. Mengen	Bew. $u \times 10^{-5}$
A	28,7%	+ 5%	A	27,4%	8,18
α_1	10,4%	+ 3%	α_1	10,1%	7,26
α_2	23,8%	+11%	α_2	21,5%	5,87
β	12,8%	−27%	β_{1-3}	17,6%	4,51
γ	24,3%	+ 4%	γ_{1-2}	23,4%	1,43

Abb. 37. Vergleich einer *durchschnittlichen* Papierelektrophorese mit einer direkten Diagrammaufnahme nach PHILPOT-SVENSSON, gezeigt am Beispiel desselben pathologischen humanen Serums (Fall eines Lupus erythematodes). Papierelektrophorese: GRASSMANN. Direktes Diagramm: WIEDEMANN.

einerseits durch die Erhaltung stabiler Grenzflächen und andererseits durch eine gewisse Diskontinuität der Arbeitsweise gegeben sind, zu überschreiten. Hierzu haben SVENSSON und BRATTSTEN[1] die an sich bekannte Stabilisierung von Grenzflächen durch Capillarsysteme, die die Erhaltung strömender Schichten ermöglicht, mit einem dazu senkrechten Spannungsgefälle kombiniert und auf diese Weise das Prinzip einer *Durchflußelektrophorese* verwirklicht.

Die dazu erforderliche Einrichtung besteht im wesentlichen aus einer rechteckigen Kammer, die mit einem geeigneten Füllmaterial (Linters, Diatomit, Glaspulver usw.) möglichst homogen beschickt wird. Diese Kammer wird in senkrechter Richtung von Pufferlösung und dazwischen von der Lösung des zu trennenden Gemisches durchflossen. Das Anlegen einer Gleichspannung an zwei gegenüberliegende Seiten der Kammer bewirkt dann die Ausbildung eines zur Strömungsrichtung senkrechten Spannungsgefälles, das zu einer Aufteilung des Gemisches durch unterschiedliche Abwanderung seiner Komponenten nach der Seite zu erfolgt. Die einzelnen Komponenten verlassen dann die Kammer an verschiedenen Stellen ihrer Unterseite. Diese Anordnung, die gleichzeitig auch von GRASSMANN[2] angegeben wurde, scheint als Laboratoriumsmodell die Leistungsfähigkeit moderner präparativer Zellensätze (vgl. Abb. 8) noch nicht zu erreichen oder gar zu übertreffen; ihr Vorteil liegt zunächst in der Möglichkeit einer Vergrößerung der Dimensionen, womit man dem erstrebten Ziel näher käme. Es sei indessen bemerkt,

<hr>

[1] SVENSSON, H., u. I. BRATTSTEN: Ark. Kemi 1, 47, 401 (1949).

[2] GRASSMANN, W.: Angew. Chem. 62, 170 (1950); dieselbe Anordnung mit Papier als Lösungsträger wurde von GRASSMANN, W., u. K. HANNIG beschrieben in Naturwiss. 37, 397 (1950).

daß die zum Betrieb der Durchflußelektrophorese unbedingt erforderliche Konstanz der Versuchsbedingungen schon bei den Laboratoriumsmodellen erheblich schwieriger als bei Versuchen mit präparativen Zellensätzen einzuhalten ist, so daß es noch einer sorgfältigen Durchbildung der neuen Anordnung bedarf, um sie für Versuche in größerem Maßstab oder gar für technische Zwecke verwendbar zu machen.

m) Schlußbemerkung.

Im vorstehenden wurde versucht, einen Überblick über die Entwicklung der Elektrophorese zu geben, wie sie sich, ausgehend von den PICTON-LINDERschen Versuchen mit Hämoglobin und anderen Proteinen im NERNSTschen U-Rohr in erstaunlich kurzer Zeit ergeben hat. Als richtungsweisend treten dabei die von TISELIUS ausgeführten und geleiteten Arbeiten hervor, wie sie durch die Zuerkennung des Nobelpreises 1948 für Chemie ihre Würdigung erfahren haben. Eine lange Reihe methodischer Fortschritte, noch keineswegs abgeschlossen, hat, von der Entwicklung der Theorie der Wanderung in einem elektrischen Feld unterstützt, eine breite Basis für Untersuchungen sehr verschiedener Art entstehen lassen, deren sich heute Chemie, Biologie und Medizin mit großen Erfolgen bedienen. Die Zahl der auf diesen Gebieten erhaltenen neuen Ergebnisse ist bereits so groß, daß es im Rahmen dieser Übersicht nur möglich war, an einigen Beispielen darauf zu verweisen. Dem an speziellen Untersuchungen interessierten Leser sei mit dem Hinweis gedient, daß er die Daten einer bestimmten Elektrophoreseuntersuchung, der heutigen Gepflogenheit entsprechend, zumeist unter dem Gegenstand dieser Untersuchung verzeichnet finden wird, bis eine neue Monographie[1] in extenso darüber berichten wird.

Die Ultrazentrifuge.

Von

E. Hellman.

Mit 21 Abbildungen.

a) Allgemeine Theorie der Sedimentation in einem Zentrifugalfelde.

Werden Teilchen, welche in einer Flüssigkeit suspendiert sind, durch den Einfluß einer Kraft in Bewegung gebracht, so setzt sich dieser ein die Bewegung hemmender Reibungswiderstand entgegen. So lange die aufgewendete Kraft größer ist als dieser Widerstand, entsteht eine beschleunigte Bewegung, welche in eine gleichförmige übergeht, sobald Kraft und Gegenkraft gleich groß geworden sind. Beinahe unmittelbar läßt sich ein solches Gleichgewicht erreichen, wenn man eine Lösung rotiert und die Partikel somit von einer Zentrifugalkraft beeinflußt werden. In diesem Falle gilt für die aufgewendete Kraft

$$\emptyset(\varrho_p - \varrho)\,\omega^2 \cdot x$$

$\emptyset$ bedeutet das Volumen einer Partikel, ϱ_p deren spezifisches Gewicht, ϱ das spezifische Gewicht der Lösung, ω die Winkelgeschwindigkeit und x den Abstand der Partikel von der Rotationsachse.

Für eine Anzahl von N Teilchen (entsprechend der AVOGADROschen Zahl) folgt:

$$N\,\emptyset\,\varrho_p\left(1 - \frac{\varrho}{\varrho_p}\right)\omega^2 \cdot x$$

oder

$$M\,(1 - V\varrho)\,\omega^2 \cdot x,$$

worin M dem Molekulargewicht und V dem spezifischen Volumen der gelösten Substanz entspricht.

---

[1] z. Zt. in Vorbereitung bei: Springer, Berlin-Göttingen-Heidelberg.

Bei der Annahme, daß der Reibungswiderstand proportional der Bewegungsgeschwindigkeit ist, gilt $f \cdot \dfrac{dx}{dt}$.

Es bedeuten f den Reibungskoeffizienten je Mol und $\dfrac{dx}{dt}$ die Geschwindigkeit.

Bei Gleichheit der erwähnten Kräfte wird daher

$$M(1 - V\varrho)\,\omega^2\,x = f\,\frac{dx}{dt}. \tag{1}$$

Bei verdünnten Lösungen gilt für den Reibungskoeffizienten

$$f = \frac{RT}{D}. \tag{2}$$

Hier ist R die allgemeine Gaskonstante, T die absolute Temperatur und D die Diffusionskonstante. Wird vorausgesetzt, daß die Reibungskoeffizienten beider Formeln einander gleichgesetzt werden dürfen, so ergibt sich

$$M = \frac{RT}{D(1 - V\varrho)} \cdot \frac{dx/dt}{\omega^2 \cdot x}. \tag{3}$$

Schreibt man

$$\frac{dx/dt}{\omega^2 \cdot x} = s,$$

so folgt

$$M = \frac{RT \cdot s}{(1 - V\varrho) \cdot D}, \tag{4}$$

wobei man s als Sedimentationskonstante bezeichnet. Sie wird auf reines Lösungsmittel bezogen und bei einer Temperatur von 20° C angegeben. Die endgültige Definition ist formelmäßig die folgende

$$s = \frac{dx/dt}{\omega^2 \cdot x} \cdot \frac{\eta_t}{\eta_{20}^0} \cdot \frac{1 - V_{20}\,\varrho_{20}^0}{1 - V_t \cdot \varrho_t}.$$

Es bedeuten

η_t die Viscosität des Lösungsmittels (mit eventuellem Salzzusatz) bei $t°$ C,

η_{20}^0 die Viscosität des reinen Lösungsmittels bei 20° C,

V_{20} das spezifische Volumen der Substanz bei 20° C,

V_t das spezifische Volumen der Substanz bei $t°$ C,

ϱ_{20}^0 das spezifische Gewicht des reinen Lösungsmittels bei 20° C und

ϱ_t das spezifische Gewicht des Lösungsmittels bei $t°$ C (mit eventuellem Salzzusatz).

s entspricht also der *Sedimentationsgeschwindigkeit* in reinem Lösungsmittel bei 20° C im Einheitsfeld. Sie besitzt die Dimension (t) und wird in SVEDBERG-Einheiten ausgedrückt, wobei 1 Svedberg (S) 10^{-13} c.g.s.-Einheiten bedeutet.

Die Sedimentationskonstante besitzt ihre große Bedeutung nicht nur deshalb, weil sie in die Formel der Molekulargewichtsberechnung eingeht, sondern weil sie selbst eine wohldefinierte Konstante ist, welche in einem bestimmten Lösungsmittel die gelöste Substanz charakterisiert. Sie kann benützt werden, um einen Stoff zu identifizieren; da sie eine Funktion von Masse und Form darstellt, bedeutet jede Änderung dieser Konstanten eine Änderung eines oder beider dieser Faktoren.

Zur Bestimmung von s benutzt man genügend große Zentrifugalfelder, um die Substanz zum Sedimentieren zu zwingen, bis sie sich auf dem Gefäßboden abgesetzt hat. Werden schwächere Zentrifugalfelder angewandt, so hört nach längerer Zeit schließlich die gegen den Boden gerichtete Bewegung auf und es wird ein statischer Zustand erreicht mit einem konstanten Konzentrationsgefälle durch die ganze Flüssigkeitssäule. Man erhält ein Gleichgewicht zwischen der Zentrifugalkraft, welche die Substanz zum Boden zwingen möchte, und der Diffusionskraft, welche bestrebt ist, die ursprünglichen Konzentrationsverhältnisse wieder herzustellen. Ein solcher Zustand kann zur Bestimmung des Molekulargewichtes dienen. Gleichgewicht bedeutet nämlich, daß die Substanzmenge ds, welche in der Zeit dt infolge der Zentrifugalkraft die Flächeneinheit passiert,

$$ds = c \cdot \omega^2 \cdot x \cdot M(1 - V\varrho) \cdot 1/f \cdot dt,$$

derjenigen entspricht, welche in derselben Zeit infolge Diffusion in entgegengesetzter Richtung transportiert wird, also

$$ds = - D \cdot \frac{dc}{dx} \cdot dt.$$

Wir schreiben daher

$$\frac{dc}{c} = - \frac{M(1 - V\varrho)\,\omega^2 \cdot x \cdot dx}{RT} \tag{5}$$

oder nach Integration zwischen den Punkten x_1 und x_2

$$M = \frac{2\,RT \cdot \ln c_2/c_1}{(1 - V\varrho)\,\omega^2 \cdot (x_2^2 - x_1^2)}. \tag{6}$$

Gl. (4) und (6) sind die beiden grundlegenden Formeln zur Auswertung ultrazentrifugaler Messungen. Aus dem Gesagten geht hervor, daß sich einerseits s und daraus M mit Hilfe sehr schwerer Zentrifugalfelder entsprechend Gl. (4) ermitteln lassen, und andererseits mittels relativ schwacher Felder eine Molekulargewichtsbestimmung entsprechend Gl. (6) erfolgen kann. Für den letzteren Fall muß die Möglichkeit bestehen, während sehr langer Zeit bei konstanter Geschwindigkeit und konstanter Temperatur zentrifugieren zu können. Die beiden Methoden verlangen deshalb verschiedene Zentrifugenkonstruktionen.

b) Historisches.

In Analogie zum Ultramikroskop und dem Ultrafilter haben SVEDBERG und RINDE 1925[1] als Bezeichnung für den von ihnen konstruierten Apparat, welcher die quantitative Messung von Sedimentation im Zentrifugalfeld erlaubt, den Namen Ultrazentrifuge vorgeschlagen. Die Entwicklung dieses Apparates erfolgte vorerst für die Bestimmung von Partikelgrößen an Goldsolen mit Hilfe von Sedimentationsmessungen im Schwerefeld unter Anwendung optischer Beobachtungsmethoden. Gleichzeitig wurden Vorkehrungen getroffen, welche zur Vermeidung von Konvektionsströmungen die Temperaturkonstanz gewährleisteten. Es schienen damit die Voraussetzungen gegeben, um unter Ausnützung der Zentrifugalkraft die Sedimentation in schweren Kraftfeldern zu verfolgen. Vorbereitende Experimente führte SVEDBERG 1923 in Wisconsin (USA) mit Hilfe einer „optischen" Zentrifuge aus, welche ein Zentrifugalfeld von $150 \times g$ erreichte. Anschließend konstruierte er zusammen mit RINDE in Uppsala (Schweden) einen Apparat mit einem Zentrifugalfeld von $5000 \times g$ bei 10 000 Umdrehungen je Minute. Nachdem es im Jahre 1925 SVEDBERG und FÅHRAEUS gelang, das Molekulargewicht von Hämoglobin zu ermitteln, war die große Bedeutung dieser Methode zum Studium der hochmolekularen Stoffe offenbar geworden. In der Folge wurden im Physikalisch-Chemischen Institut in Uppsala von SVEDBERG und seinen Mitarbeitern kühne, geschickte und erfolgreiche Arbeiten ausgeführt, um alle die technischen Schwierigkeiten zu meistern, die im Zusammenhang mit der Forderung nach größerer Präzision und stets größeren Zentrifugalfeldern entstanden. Hier sollen kurz einige Angaben aus der Entwicklungsgeschichte wiedergegeben werden, die der SVEDBERG-PEDERSEN- Monographie „Die Ultrazentrifuge" entnommen worden sind.

Die erste mittels Ölturbinen getriebene Zentrifuge wurde von SVEDBERG, LJUNGSTRÖM und LYSHOLM konstruiert. Sie führte bei einer Umdrehungszahl von 45 000 U/min und einem Radius von 5,2 cm zu einem Zentrifugalfeld von $100\,000 \times g$. Eine Weiterentwicklung erfolgte unter der Mitarbeit von BOESTAD, wobei laufend größere Zentrifugalfelder erreicht wurden: $165\,000 \times g$ (1929), $200\,000 \times g$ (1931), $300\,000 \times g$ (1932) und $400\,000 \times g$ (1933). Durch Verminderung des Radius, der in den letzterwähnten Fällen 6,5 cm betrug, bis auf 3,6 cm, wurde im Jahre 1933 ein Feld von $600\,000 \times g$ und 1934 ein solches von $900\,000 \times g$ erzielt.

Es zeigte sich aber, daß diese kleineren Rotoren ein zu geringes Auflösungsvermögen und ein zu inhomogenes Kraftfeld lieferten, weshalb man in der Folge wieder größere Rotore verwendete. Gleichzeitig sind in den USA vereinfachte luftgetriebene Zentrifugen von BEAMS, BAUER und PICKELS und in Deutschland solche von SCHRAMM und BERGOLD konstruiert worden. Ein vermehrtes Eingehen auf Einzelheiten über Zentrifugenkonstruktionen ist hier nicht möglich und es sei auf das Buch von THE SVEDBERG und K. O. PEDERSEN[1] hingewiesen.

c) Konstruktionen.

Die SVEDBERG-Zentrifuge besitzt heute einen Rotor aus Chromnickelstahl, welcher 7—8 kg wiegt (Abb. 1). Im oval geformten Rotor finden sich in einem Abstand von 6,5 cm vom Rotationszentrum zwei gegenüberliegende zylindrische Ausbohrungen, die zur

---

[1] SVEDBERG, T., u. K. O. PEDERSEN: Die Ultrazentrifuge. S. 3. Dresden u. Leipzig 1940.

Aufnahme der Versuchs- und Balancezellen dienen. Die Achse wird gegen den Lagerzopf hin stufenweise schmäler, damit kein Lageröl in die zentralen Teile des Rotors eindringen kann. An den Achsenenden sitzen Doppelturbinen. Durch Aussparen der Rotoroberfläche wurde Material entfernt, welches der Festigkeit nicht dienen kann. Aus diesem Grunde erhält der Rotor seine ovale Form. Man muß aber an den Seiten Flügel belassen, um das Licht abzublenden, welches die Zelle nicht passiert. Die Versuchszelle besitzt einen inneren zylindrischen Teil aus Kunststoff (Bakelit oder ähnliches Material) (Abb. 2). Ihr sektorförmiger Ausschnitt ist so ausgebildet, daß die Spitze des Sektorwinkels (3—5°) in das Rotationszentrum zu liegen kommt. Die Tiefe des Ausschnittes ergibt eine Schichthöhe von 12—14 mm. Eine Duraluminiumhülse umschließt diesen inneren Teil und Metallringe pressen 5 mm dicke Bergkrystallplatten an die seitlichen Öffnungen. Zur Füllung und Reinigung ist an der Zelle eine spezielle Öffnung mit einem Deckel angebracht. An jedem Ende der Zelle befindet sich eine sektorförmige Blende, um störende Wandeffekte abzuschirmen.

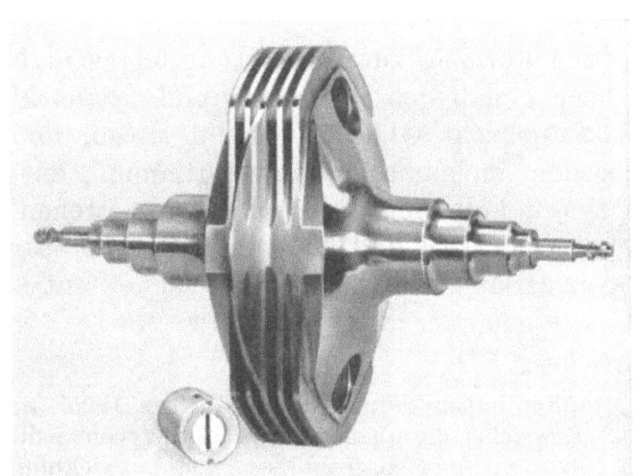

Abb. 1. Rotor mit Zelle.

Die Balancezelle ist mit kleinen Löchern bekannten Abstandes von der Rotationsachse versehen, um einen Index zu erhalten, welcher die Ermittlung der Abstände zwischen der Achse und verschiedensten Punkten der Zelle erlaubt. Der Rotor liegt auf Gleitlagern in einem Panzerkasten. Letzterer ruht auf einem schweren armierten Zementblock. Der Kasten wird mit Hilfe starker Muttern und Bolzen luftdicht verschraubt. Die Bolzen sind sehr tief in den Zementblock eingelassen. Der Deckel hat in der Höhe der höchsten Zellage Öffnungen mit Quarzfenstern. Hier sind auch die Verschlüsse der Photoeinrichtung angebracht. Die Turbinen werden mit Öl angetrieben. Zu diesem Zwecke dient eine Anlage, bestehend aus Ölpumpe, Ölfilter und Ölkühler (Abb. 3, 4 und 5). Die Rotation erfolgt in einer Wasserstoffatmosphäre bei einem Druck von 10—15 mm. Man bedient sich des Wasserstoffs zum Temperaturausgleich infolge seines sehr kleinen Friktionswiderstandes und seines Wärmeleitvermögens, welches bis zu diesem niedrigen Druck beinahe konstant bleibt. Um die Umdrehungsgeschwindigkeit zu bestimmen, verwendete man früher ein Stroboskop. Neuerdings hat man einen Teil der Rotorachse magnetisiert, um in Spulen, die an beiden Seiten der Rotorachse angebracht sind, Induktionsströme zu erzeugen, deren Frequenz mit Hilfe eines speziell hierfür konstruierten Kathodenstrahloscillographen gemessen wird. Die für die Betriebskontrolle wichtigen Temperaturmessungen in Lagern, Treiböl und Kühlanlage werden mit Thermoelementen vorgenommen. Die Temperatur des Rotors und damit der Versuchslösung wird ebenfalls mittels zweier Thermoelemente gemessen, die an jeder Seite des Rotors in einer Entfernung von nur 0,25 mm angebracht sind. Über die optische Ausrüstung wird später im Zusammenhang mit der Beschreibung der Beobachtungsmethoden Näheres gesagt werden (s. S. 102).

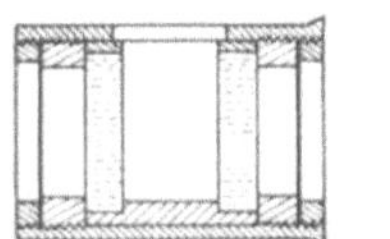

Abb. 2. Zelle.

Nach dem Jahre 1930 sind verschiedene luftgetriebene Modelle konstruiert worden. Ihnen liegt die 1925 von HENRIOT und HUGUENARD beschriebene Methode zugrunde, die hohe Rotationsgeschwindigkeiten zu erreichen erlaubt[1]. BEAMS und seine Mitarbeiter sowie später auch BAUER und PICKELS, alle in USA, haben solche Konstruktionen beschrieben.

---

[1] HENRIOT, E., et E. HUGUENARD: Cr. 180, 1389 (1925).

In der letzten Zeit wird auch von der Physikalischen Werkstätte in Göttingen eine in Zusammenarbeit mit SCHRAMM und BERGOLD konstruierte Zentrifuge gebaut[1] (siehe Abb. 6). In diesen Zentrifugen ist der Rotor mit der waagerecht rotierenden

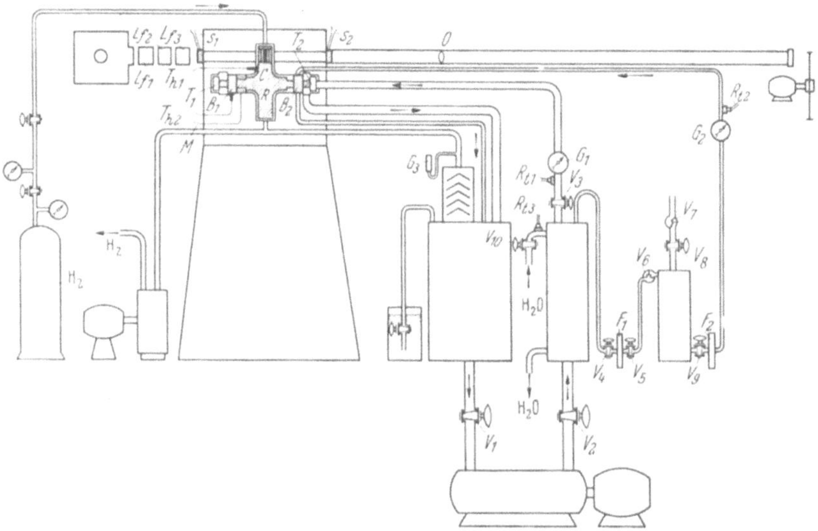

Abb. 3. Schematische Darstellung des Gesamtaufbaues der Ölturbinenultrazentrifuge. L Lampe, Lf_1, Lf_2, Lf_3 Lichtfilter, S_1 und S_2 Verschlüsse, R Rotor, C Zelle, B_1 und B_2 Lager, T_1 und T_2 Turbinen, Th_1 und Th_2 Thermoelemente, M Magnet-Geschwindigkeitsmesser, G_1 und G_2 Druckmesser, Rt_1—Rt_3 Widerstandsthermometer, V_1—V_{10} Ventile, F_1 und F_2 Ölfilter, O Objektiv.

Luftturbine durch eine dünne biegsame Stahlachse verbunden, die durch ein luftdichtes Öldämpfungslager in eine Vakuumkammer hineinreicht. Der aus Leichtmetall bestehende Rotor dreht sich in einem Hochvakuum oder in einer Wasserstoffatmosphäre von

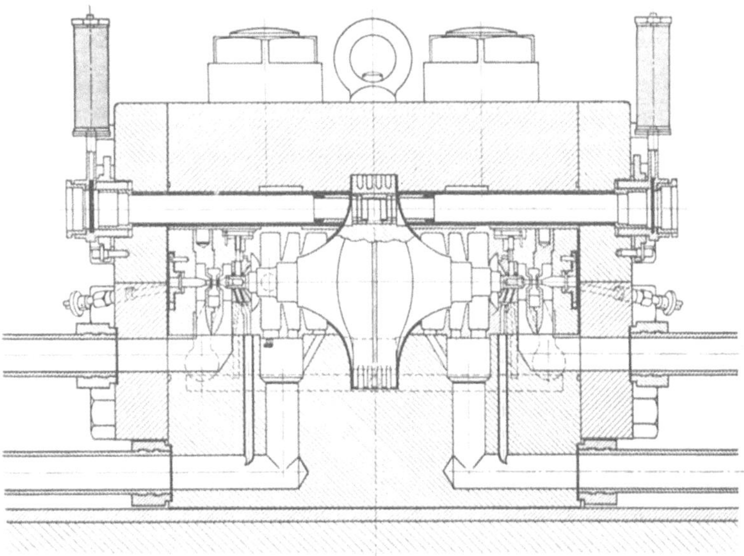

Abb. 4. Ölturbinenultrazentrifuge; Vertikalschnitt.

niedrigem Druck. Diese Zentrifugen sind handlich und können in gewöhnlichen Laboratorien aufgestellt werden. Ihr Rotor kann leicht gegen einen anderen, für präparative Arbeiten konstruierten, ausgetauscht werden. Sie sind also gleichzeitig sog. Superzentrifugen.

---

[1] LOEWE, B.: Pharmazie **4**, 416 (1949).

7*

Zur Konstruktion von Ultrazentrifugen sind später auch hochtourige Elektromotoren benützt worden. An bekanntesten ist die von E. G. PICKELS 1946—1948 mit Motorantrieb konstruierte automatische Spinco-Zentrifuge[1]. BEAMS und Mitarbeiter haben auch eine Zentrifuge mit einem freischwebenden, magnetisch getragenen Rotor gebaut. Letzterer wird mittels eines elektrischen Wirbelfeldes angetrieben.

Sämtliche beschriebenen Zentrifugen bezwecken die Messung der Sedimentationsgeschwindigkeit. Die Zentrifugalfelder müssen derart stark sein, daß die Moleküle sedimentieren und sich am Boden absetzen können. Handelt es sich darum, die Molekulargewichte mit Hilfe des Sedimentationsgleichgewichtes zu bestimmen, sind dagegen nicht

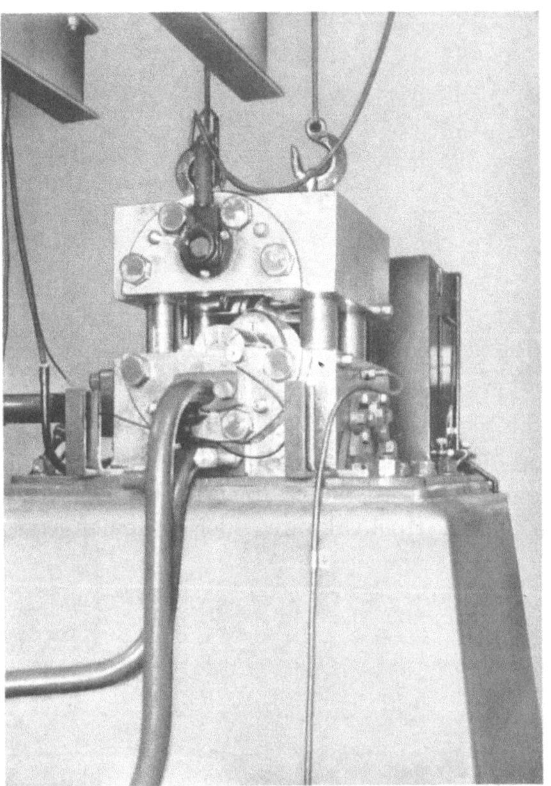

Abb. 5. Ölturbinenultrazentrifuge mit gehobenem Oberteil des Stahlgehäuses.

besonders starke Kräfte notwendig. Hier studiert man das Konzentrationsgefälle, welches in der Zelle unter Einwirkung der Zentrifugalkraft entsteht. Es darf dabei nichts von der Substanz an den Boden abgesetzt werden. Bis sich das Gleichgewicht eingestellt hat, dauert es 8—14 Tage. Voraussetzung bei einer solchen Zentrifuge ist die Einhaltung konstanter Geschwindigkeit und konstanter Temperatur während dieser langen Zeit. Zu diesem Zwecke hat auch SVEDBERG eine spezielle Zentrifuge konstruiert (Abb. 7). Diese besitzt einen zylinderförmigen Rotor aus Chromnickelstahl mit 4 Ausbohrungen zur Aufnahme der Zellen. In 3 Zellen befinden sich die Versuchslösungen, die 4. dient zur Balancierung. Die 3 Versuchszellen liegen in verschiedenen Abständen vom Rotationszentrum entfernt. Durch besondere Blendenanordnungen ist es möglich, die 3 Lösungssäulen gleichzeitig zu beobachten. Da es hier gilt, eine mit der Zeit unveränderliche Konzentrationsverteilung zu studieren, brauchen die Zellen nicht sektorförmig zu sein. Meistens hat man Zellen mit parallelen Wänden, was die Molekulargewichtsberechnung

---

[1] SMITH, E. L., D. M. BROWN, J. B. FRISHMAN and A. E. WILHELMI: J. biol. Ch. **177**, 305 (1949).

sehr wesentlich vereinfacht. Der Rotor ist selbstbalancierend und direkt mit einem Dreiphasenmotor gekoppelt, der von einem Periodenumformer gespeist wird. Die Rota-

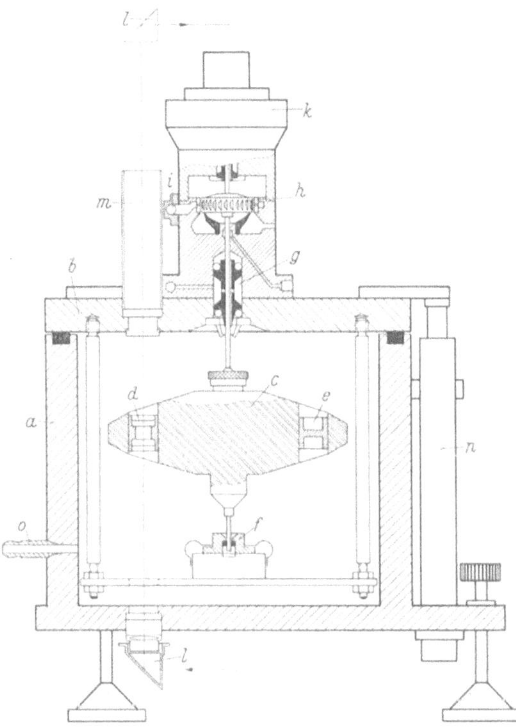

Abb. 6. Phywe-Ultrazentrifuge. Druckluftantrieb. Maximale Normalbeschleunigung 180 000 ×g. *a* Vakuumkammer, *b* Deckel, *c* Rotor, *d* und *e* Bohrungen zum Einsetzen der Meßzelle und des Gewichtsausgleiches, *f* Fußlager, *g* vakuumdichtes Lager, *h* Druckluftturbine, *i* Drucklufteintritt, *k* Geber für die elektrische Drehzahlregelung, *l* Prismen, *m* Lichtschacht, *n* Öldruckzylinder zum Anheben des Deckels, *o* Anschluß zum Herstellen eines Vakuums in der Rotorkammer. (Aus VDI-Nachrichten, Jg. 4, Nr. 15, 1950.)

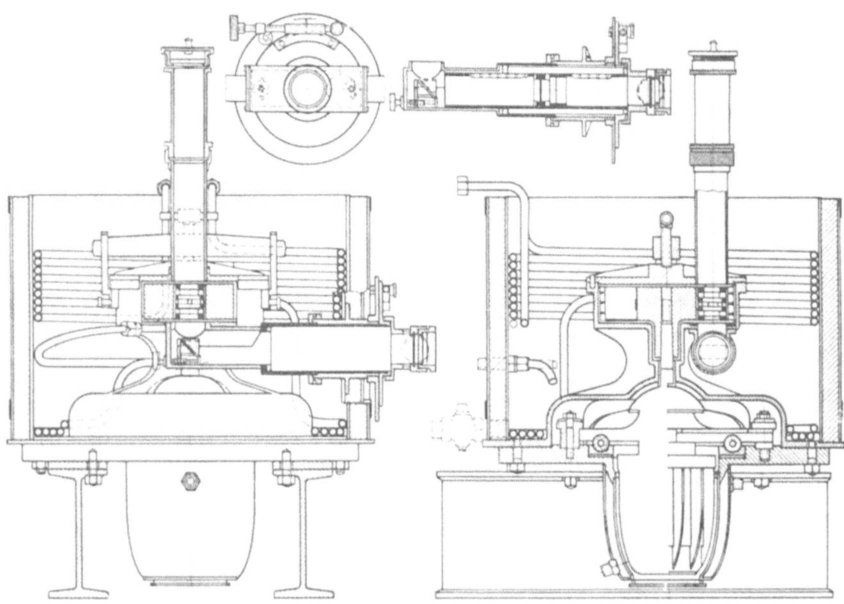

Abb. 7. Ultrazentrifuge für niedrige Geschwindigkeiten mit direktem Motorantrieb.

tion erfolgt in Wasserstoff von Atmosphärendruck in geschlossenem Messinggehäuse. Das ganze System ist temperaturkonstant.

d) Beobachtungsmethoden.

α) Lichtabsorptionsmethode.

Bei der Bestimmung der Sedimentationsgeschwindigkeit zwingt man die Substanz zum Wandern. Hierbei entsteht eine Grenzfläche, welche Lösungsmittel und Lösung voneinander trennt. Aus der Verschiebung dieser Grenzfläche in bestimmten Zeitabständen läßt sich die Sedimentationsgeschwindigkeit berechnen. Um Beobachtungen während der Rotation zu ermöglichen, bedient man sich fast ausschließlich optischer Methoden. Diesen liegen die Unterschiede in den optischen Eigenschaften zwischen Substanz und umgebendem Medium zugrunde. Die älteste dieser Methoden nützt den Unterschied in der Lichtabsorption zwischen Substanz und Lösungsmittel aus. Die optischen Anordnungen sind in diesem Falle sehr einfach. Ein Beleuchtungsapparat, bestehend aus einer Lampe (oft einer Quecksilberlampe), einer Mattscheibe und Filtern, wirft Licht durch die Zelle. Die Beobachtungen werden mit Hilfe einer auf die Zelle eingestellten Kamera photographisch festgehalten. Verwendet wird monochromatisches Licht von einer Wellenlänge, die den maximalen Unterschied zwischen der Lichtabsorption der Substanz und derjenigen des umgebenden Mediums ermöglicht. Die Belichtungen werden in verschiedenen, bestimmten Zeitabständen ausgeführt. Auf der photographischen Platte wird das Lösungsmittel durch eine dunkle, die Lösung durch eine helle Zone wiedergegeben. Im Schwärzungsübergang liegt die gesuchte Grenzfläche (Abb. 8). Nach dem Versuch wird der Zusammenhang zwischen Konzentration und Schwärzung mit Hilfe von Lösungen bekannter Konzentration bestimmt.

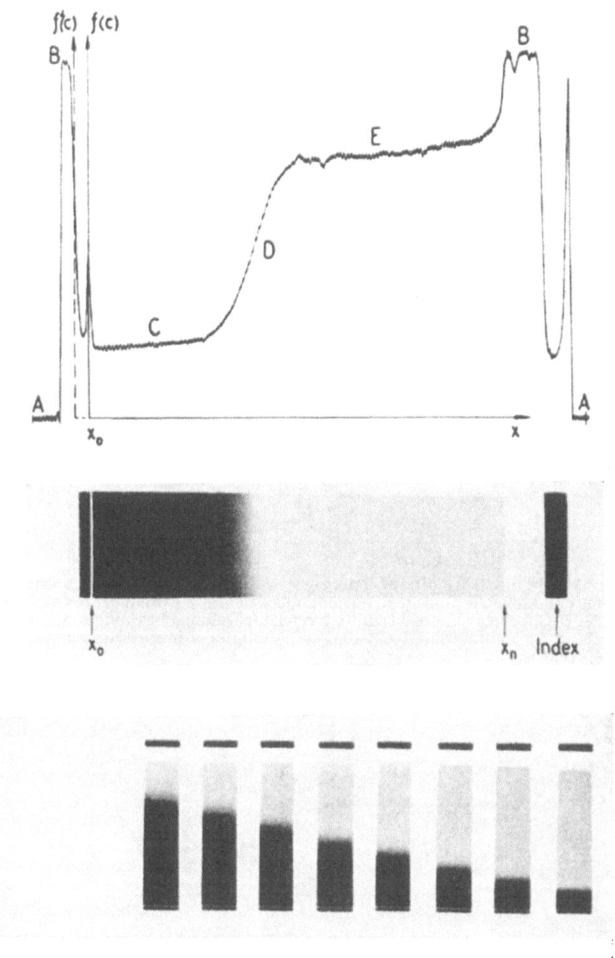

Abb. 8. Lichtabsorptionsplatte (unten), vergrößertes Bild von Aufnahme Nr. 4 (Mitte) und dazugehörige Photometerkurve (oben). *A* Nullinie des Photometers, *B* maximaler Galvanometerausschlag, *C* Konzentration 0, *D* Konzentration an der Grenzfläche und *E* Konzentration 100 %.

Dieses Verfahren kann vereinfacht werden. Man stellt am Ende der Messung, wenn sich nur Lösungsmittel im oberen Teil der Zelle befindet, Aufnahmen her, nachdem eine Cuvette mit Versuchslösungen verschiedener, bekannter Konzentrationen in den Strahlengang zwischen Filter und Zelle gebracht worden ist. Die Schwärzung des oberen Bildteiles entspricht dann der Konzentration der Lösung in der Küvette. Statt verdünnter Versuchslösungen lassen sich auch Standardlösungen irgendeiner Substanz verwenden, deren Absorption in demselben Wellenbereich liegt. Dies ist aber nur möglich, wenn das LAMBERT-BEERsche Gesetz sowohl für die Versuchslösung als auch für die Standardlösung gilt. Man hat sich, z. B. bei Verwendung von ultraviolettem Licht, verdünnter Lösungen von K_2CrO_4 und $K_2Cr_2O_7$ bedient.

Auf der Platte befindet sich nun eine Reihe von Bildern, die in gleichen Zeitabständen während des Versuches aufgenommen wurden, ferner eine zweite Bildserie, welche die Schwärzung wiedergibt, die den verschiedenen bekannten Konzentrationen entspricht. Sämtliche Bilder werden mittels eines Mikrophotometers registriert, der auf photographisches Papier automatisch eine Kurve zeichnet, die der Schwärzung des Bildes entspricht. Diese Kurven werden in einem Diagramm derart zusammengestellt, daß alle Menisken zusammenfallen (Abb. 9). In diesem Diagramm entspricht die Ordinate der Tiefe unter dem Meniscus, die Abszisse dem Galvanometerausschlag des Mikrophotometers. Den Zusammenhang zwischen Galvanometerausschlag und Konzentration erhält man aus den Registrierungen der Konzentrationsreihe. Für verschiedene Punkte in der Zelle wird der Wert des Galvanometerausschlages abgelesen; aus der Konzentrationskurve erhält man die zugehörige Konzentration. Es

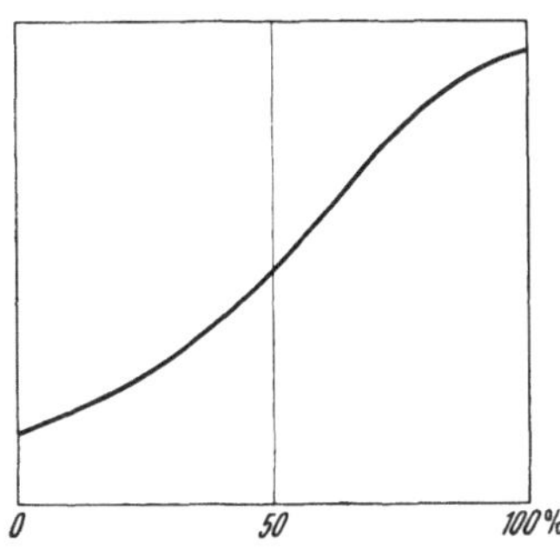
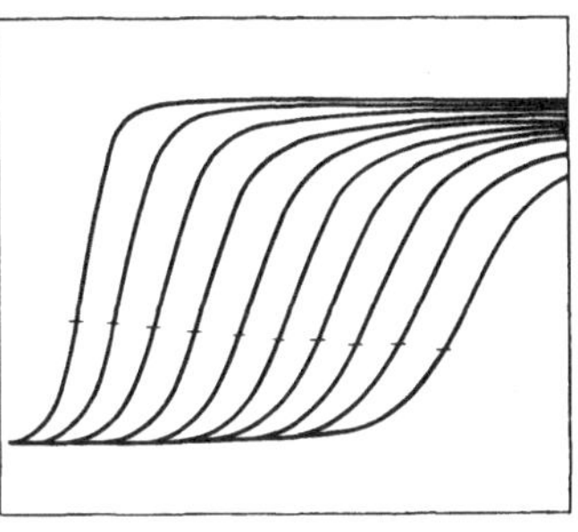

Abb. 9. Sedimentationsdiagramm der Lichtabsorptionsmethode. Links: Zusammenhang zwischen Konzentration und Schwärzung. Rechts: Photometerkurven der Aufnahmen mit eingezeichneten 50 %-Punkte.

ergibt sich damit die Konzentration der Substanz für jeden Punkt in der Zelle.

Belichtungs- und Entwicklungszeit der Platten müssen so gewählt werden, daß der Zusammenhang zwischen Konzentration und Schwärzung möglichst geradlinig wird. Aus dem Bilde geht hervor, daß die Grenzfläche mit der Zeit immer mehr diffus wird. In den Registrierkurven kommt dies in einer immer größeren Neigung zum Ausdruck. Diese Neigung ist für monodisperse Substanzen eine Funktion der Diffusion, für polydisperse Systeme wird die Neigung ferner von der Verschiedenheit der Partikelgröße abhängig. Man beobachtet, daß der obere konstante Teil der Kurven mit zunehmender Zeit immer tiefer zu liegen kommt. Dies beruht auf der Verdünnung, welche die Lösung während der Sedimentation infolge der sektorförmigen Zelle erleidet, sowie auf der Inhomogenität des Zentrifugalfeldes. Die Lage der Grenzfläche wird in dem Punkte bestimmt, bei welchem die Konzentration 50 % derjenigen des konstanten Teiles der Kurve beträgt. Aus der Kenntnis des Indexabstandes von der rotierenden Achse können die dem 50 %-Punkt entsprechenden x-Werte berechnet werden.

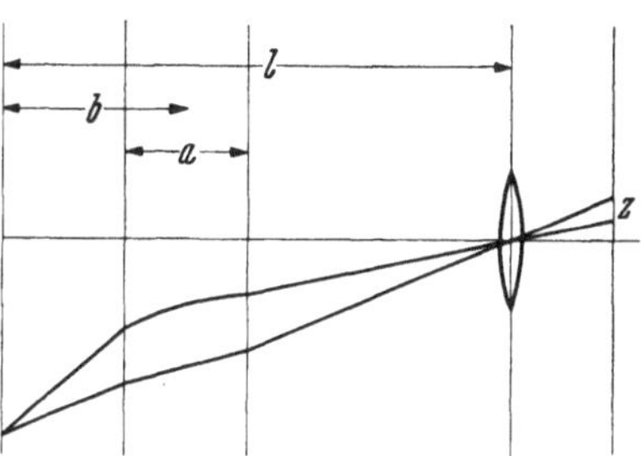

Abb. 10. Lichtweg bei Skalenmethode. *a* Zelldicke, *b* Skalenabstand und *l* Abstand zwischen Skala und Linse. *Z* Skalenstrichverschiebung.

β) Refraktometrische Methoden.

1. Allgemeines. Bei den refraktometrischen Methoden wird die Tatsache ausgenützt, daß ein Lichtstrahl, der eine Schicht mit kontinuierlich variablem Brechungsindex passiert, eine Ablenkung in Richtung des dichteren Mediums erfährt. Die Brechung ist proportional der Änderung des Brechungsindex (dn/dx) und, wenn der Brechungsindex geradlinig mit der Konzentration $(dn/dc = \text{konstant})$ variiert, auch proportional der Konzentrationsänderung. Diese Methoden geben also nicht in erster Linie die Konzentration in verschiedenen Punkten der Zelle an, sondern die Konzentrationsänderung, d. h. die Funktion $(dc/dx, x)$ (s. a. S. 64ff.).

2. Skalenmethode. LAMM[1] verwendet bei seiner Skalenmethode eine äquidistante Skala, die durch die Zelle photographiert wird. In den Teilen der Zelle mit konstantem Brechungsindex bleibt das Skalenbild unverändert, während die Teile der Zelle mit variablem Brechungsindex eine Verschiebung der Skalenstriche aufweisen. Diese Skalen-

<hr>

[1] LAMM, O.: Nova Acta R. Soc. Sci. upsal. (IV) **10**, Nr. 6, 1 (1937).

strichverschiebung ist proportional der Änderung des Brechungsindex gemäß der Formel

$$Z = G \cdot a \cdot b \cdot \frac{dn}{dx} = G \cdot a \cdot b \cdot \alpha \, \frac{dc}{dx} \,. \tag{7}$$

Es bedeuten Z die Verschiebung der Skalenstriche, G die photographische Vergrößerung, a die Zelldicke, b den optischen Abstand zwischen Skala und Zellmitte und α das Brechungsindexinkrement (dn/dc) (Abb. 10, s. a. S. 459f.).

Um ein scharfes Bild zu erhalten, muß die horizontale Schicht, die das gebrochene Licht zu passieren hat, von so geringer Höhe sein, daß der Brechungsindex in diesem Bereich als konstant angesehen werden kann. Zelldicke (a) und Skalenabstand (b) müssen

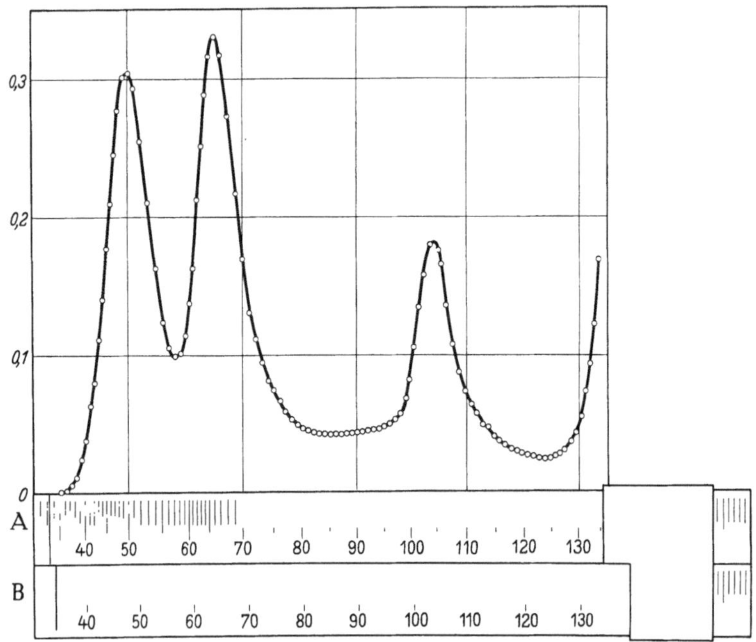

Abb. 11. Sedimentationsdiagramm mit zugehörigem Skalenbild (A) und Bezugsbild (B).

deshalb der Größe des Konzentrationsgefälles angepaßt werden. Um den Skalenabstand geeignet variieren zu können, verwendet man an Stelle einer Skala ihr projiziertes Bild. Dies hat den Vorteil, daß man auch sehr kleine Skalenabstände anwenden kann, sogar derart, daß das projizierte Skalenbild in die Zelle zu liegen kommt. Der Skalenabstand wird so angepaßt, daß bei guter Bildschärfe ein großer Wert von Z erhalten werden kann. Der Skalenabstand liegt meistens zwischen 0 und 12 cm.

Von den in Gl. (7) angegebenen Konstanten werden a und b durch direkte Messung bestimmt, wobei b in den optischen Abstand umgerechnet wird. G läßt sich aus dem Verhältnis zwischen der Größe des bei niedriger Umdrehungszahl aufgenommenen Skalenbildes auf der Platte und der Größe des projizierten Skalenbildes ermitteln.

Während der Sedimentation werden Bilder in geeigneten Zeitabständen aufgenommen, wobei man zu jedem Zeitpunkt eine Reihe von Exponierungen mit verschiedenen Skalenabständen herstellt. Oft ist es schwierig, das Skalenbild während des Versuches zu beurteilen. Die definitive Auswahl muß deshalb bei der Ausmessung der Platte vorgenommen werden. Am Anfang und Ende der Zentrifugierung wird eine Exponierung mit Skalenabstand 0 ausgeführt.

Zur Berechnung von Z sind Bezugsbilder notwendig, d. h. Bilder, die unter denselben Bedingungen aufgenommen worden sind wie die Skalenbilder während des Versuches. Die Zelle ist in diesem Falle mit Lösungsmittel gefüllt. Werden reines Wasser oder ein organisches Lösungsmittel verwendet, kann unmittelbar eine Reihe von Bildern mit denselben Skalenabständen aufgenommen werden wie diejenigen, die bei der Zentrifugierung der Versuchslösungen benutzt wurden. Enthält das Lösungsmittel Salze, so werden auch diese zum Teil sedimentiert, was eine Skalenstrichverschiebung bewirkt, die eliminiert werden muß. Um in diesem Falle eine Bezugsskala zu erhalten, muß die Zentrifugierung auf genau die gleiche Weise mit Lösungsmittel in der Zelle durchgeführt werden. Das zum Skalenbild gehörende Bezugsbild soll hierbei nicht nur mit dem Skalenabstand übereinstimmen, sondern auch zu derselben Zeit nach dem Beginn der Sedimentation aufgenommen werden. Die Änderung der Salzkonzentration ist anfangs am größten, wird mit der Zeit stetig geringer und ist nach einigen Stunden praktisch zu vernachlässigen. Im allgemeinen braucht man daher keine längere Zentrifugierungszeit für Bezugsaufnahmen als 2—3 Std. Solange sich die optischen Eigenschaften der Zelle nicht verändern, kann stets dieselbe Bezugsskala benützt werden. Es gibt Bezugsskalen, die während mehrerer Jahre verwendet werden konnten.

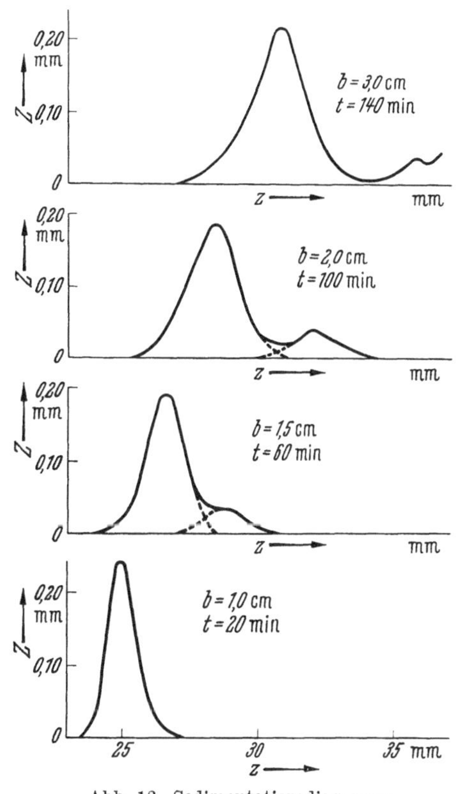

Abb. 12. Sedimentationsdiagramm der Skalenmethode.

Das Beobachtungsmaterial besteht somit aus einer Reihe von Bildern, die während der Sedimentation aufgenommen wurden, und einer zweiten Reihe mit Bezugsbildern. Sämtliche Bilder besitzen oben und unten einen Index, der von dem Licht herrührt, das durch die vorher erwähnten Löcher der Balancezelle geht. Die Lage der Skalenstriche der ausgewählten Skalenbilder wird mit einem Komparator festgelegt. Nachdem man die Mikrometerschraube auf einen beliebigen Wert eingestellt und das Bild so eingesetzt hat, daß das Fadenkreuz des Mikroskopes mit einem der Striche in der Mitte des unteren Index zusammenfällt, wird der Komparatorwert für jeden einzelnen Strich des Skalenbildes ermittelt. Ferner wird auch die Mitte des Index gemessen sowie auf den Bildern mit Skalenabstand 0 die Lage des Meniscus. Unter Verwendung desselben Bezugsstriches und bei gleicher Einstellung der Mikrometerschraube werden die Komparatorwerte der Bezugsbilderstriche analog bestimmt. Aus den Komparatorwerten, d. h. den Differenzen zwischen den Strichen des Skalenbildes und den entsprechenden Strichen des zugehörigen Bezugsbildes, werden die Z-Werte erhalten. Beim Auftragen dieser Z-Werte gegen die auf dem Skalenbilde abgelesenen Komparatorwerte (z), erhält man die in Abb. 11 und 12 wiedergegebenen Kurven. Die Grenzfläche erscheint hier als Gipfel, dessen Maximum dem früher erwähnten 50%-Punkt entspricht. Wie bereits erwähnt, kann die Gipfelhöhe mit der Änderung der Zelldicke und derjenigen des Skalenabstandes variiert werden. Die Breite des Gipfels hängt hingegen lediglich von der Substanz ab. Sie ist bei monodispersen Systemen eine Funktion der Diffusion und wird bei polydispersen Systemen von der Diffusion sowie von der verschiedenen Größe der Moleküle beeinflußt. Die Gipfelbreite entspricht also der bei der Absorptionsmethode erhaltenen Neigung der Kurven. Die abgelesenen Werte des 50%-Punktes beziehen sich auf beliebige, auf dem Skalenbild in Zentimetern angegebene Komparatorwerte (z). Um die wirklichen x-Werte zu erhalten, muß man die x-Werte der in die Zelle projiziert gedachten Skala berechnen und sie in bezug auf die Rotationsachse festlegen. Der Zusammenhang zwischen den Werten dz und dx ergibt sich durch Vergleich zwischen dem reellen Skalenbild und dem in der Ebene der Zellmitte projiziert gedachten. Geometrisch erhält man diesen Projektionsfaktor (F) aus

$$F = \frac{1}{G} \cdot \frac{l-b}{l} = \frac{dx}{dz}, \tag{8}$$

wobei l den Abstand zwischen Skala und Objektiv bedeutet, b den Skalenabstand und G die photographische Vergrößerung des Bildes. F kann man auch die Vergrößerung in der Zellebene nennen. Bei Kenntnis des Indexabstandes von der Rotationsachse ergibt sich folgender Ausdruck für die wirkliche Lage des Gipfels

$$x = I - F(z - p). \tag{9}$$

Es ist x der Abstand des Gipfels von der Rotationsachse in Zentimeter, I der Abstand der Indexmitte von der Rotationsachse in Zentimeter, z der Komparatorwert der Indexmitte, p der Komparatorwert des Gipfelmaximums und F der Projektionsfaktor.

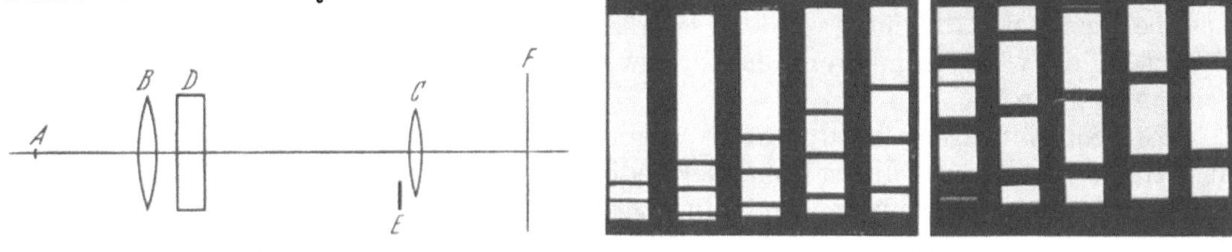

Abb. 13.

Abb. 14.

Abb. 13. Optische Anordnung bei der Schlierenmethode. A Spalt, B Objektiv, C Kameralinse, D Zelle und E bewegliche Blende.

Abb. 14. Sedimentationsbilder der Schlierenmethode.

3. Andere Refraktionsmethoden. Die Skalenmethode ist bis heute die genaueste Beobachtungsmethode geblieben. Sie ist jedoch sehr mühsam infolge zeitraubender Auswertungsarbeit. Man hat deshalb versucht, die Beobachtungsmethodik zu vereinfachen. Durch Abänderung der TÖPLERschen Schlierenmethode wurde es möglich, das Diagramm (Z, z) direkt auf der Photoplatte zu erhalten. Die einfachste Modifikation ist von TISELIUS, PEDERSEN und ERIKSSON-QUENSEL 1937 eingeführt worden[1] (Abb. 13).

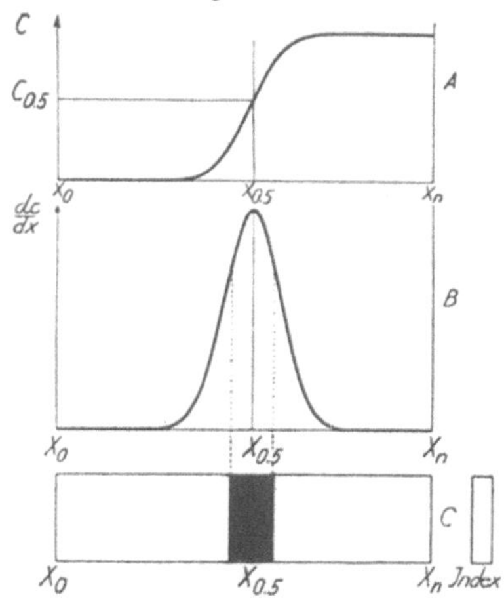

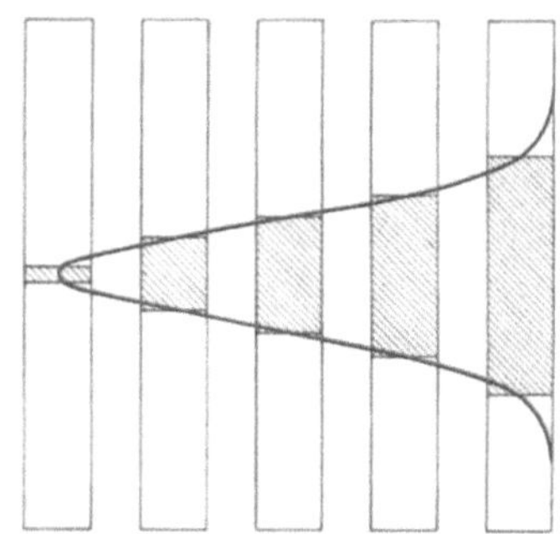

Abb. 15.

Abb. 16.

Abb. 15. Schematische Darstellung der verschiedenen Beobachtungsmethoden. A (c, x)-Kurve der Lichtabsorptionsmethode, B (Z, x)-Kurve der Skalenmethode und C das Schlierenbild.

Abb. 16. Das Entstehen einer (Z, z)-Kurve aus Schlierenaufnahmen.

Ein beleuchteter horizontaler Spalt (A) wird mittels eines Objektivs (B) unmittelbar vor der Kameralinse abgebildet. Die Kamera wird auf die Zelle (D) eingestellt. Vor der Kameralinse (C) sitzt eine vertikal bewegliche Blende (E) mit einer waagerechten, scharfen oberen Kante. Hat man in einem Teil der Zelle ein Konzentrationsgefälle und somit eine Lichtbrechung nach unten und schiebt die Blende nach oben, so wird bald eine Lage erreicht, in welcher das abgelenkte Licht ausgeblendet wird und daher die Platte nicht treffen kann. Auf der Visierscheibe (F) erhält man ein dunkles Band quer über das helle Feld (Abb. 14). Führt man die Blende weiter nach oben, wird mehr und mehr vom ab-

[1] TISELIUS, A., K. O. PEDERSEN and I.-B. ERIKSSON-QUENSEL: Nature **139**, 546 (1937).

gelenkten Licht ausgeblendet. Das dunkle Band wird daher immer breiter. Für jede Lage der Blende wird das gebrochene Licht abgefangen, welches einen gewissen Z-Wert überschreitet. Vergleicht man mit dem mittels der Skalenmethode erhaltenen Gipfel, so ist zu erkennen, daß die Breite des dunklen Bandes derjenigen des Gipfels in der Höhe dieses Z-Wertes entspricht (Abb. 15). Wird daher eine Reihe von Aufnahmen mit verschiedenen Blendeneinstellungen vorgenommen, so kann ein Gipfel erhalten werden, welcher demjenigen mit Hilfe der Skalenmethode gefundenen analog ist. LONGSWORTH[1] hat diese Methode derart mechanisiert, daß beim Exponieren die Blende sich nach oben schieben läßt, während sich die photographische Platte seitlich bewegt. Auf der Platte tritt der Gipfel als eine helle Partie gegen einen dunklen Hintergrund auf. Die (Z, z)-Kurve wird hier durch den Übergang zwischen hell und dunkel wiedergegeben. Das Verhältnis der Geschwindigkeiten beider Bewegungen bestimmt die Höhe des Gipfels (Abb. 16) (s. a. S. 68 f. und 460 ff.).

In der von PHILPOT[2] vorgenommenen Modifikation wird die Blendenkante diagonal gelegt und eine Zylinderlinse zwischen das Kameraobjektiv und den Bildschirm eingesetzt. Nicht abgelenktes Licht kann somit ungehindert passieren, während die gebrochenen Lichtstrahlen fortwährend auf diese Weise abgeblendet werden, so daß jeder Punkt der Blendenkante nur Licht einer gewissen Ablenkung passieren läßt. Das am stärksten abgelenkte Licht kann nur den untersten Teil der Blendenkante passieren. Mit Hilfe der Zylinderlinse wird dasselbe Bild erhalten wie bei der oben erwähnten Methode von LONGSWORTH, welches ebenfalls einen hellen Gipfel gegen einen dunklen Hintergrund wiedergibt.

Wird die Blendenkante um 180° gedreht, entsteht ein dunkler Gipfel gegen einen hellen Hintergrund. Das Abblenden von beiden Seiten mit einer Öffnung zwischen den Blendenkanten führt zu einem schiefgestellten Spalt. Auf diese Weise erscheint die Kurve als ein dunkles Band. Diese von SVENSSON[3] ausgearbeitete Methode, „Beobachtungsmethode der gekreuzten Spalte" genannt, hat den Vorteil, von Faktoren wie Exponierungszeit und Entwicklungsmethode unabhängig zu sein. Die Verschiebung, die diese Faktoren an der Grenze zwischen hell und dunkel verursachen könnten, werden hier eliminiert, da der Mittelpunkt des dunklen Bandes unverändert bleibt. Sowohl bei der PHILPOTschen Methode als auch bei derjenigen von SVENSSON ist die Höhe des Gipfels eine Funktion des tangens des Neigungswinkels der Blende bzw. des Spaltes gegen die Vertikalebene.

γ) Analytische Methode.

Bei der analytischen Methode[4] bedient man sich einer Zelle, die durch eine dünne Wand unterteilt wird (Abb. 17). Letztere wird beispielsweise in $^2/_3$ der Schichthöhe, vom Meniscus aus gerechnet, angebracht. Die Wand ist von rund 100 kleinen Löchern durchbohrt und wird von einem dünnen Filterpapier bedeckt. Die Zentrifugierung erfolgt wie üblich und die Zentrifugierungszeit wird so berechnet, daß sich beim Stoppen der Zentrifuge die Grenzfläche noch im oberen Teil der Zelle befindet. Die Scheidewand verhindert

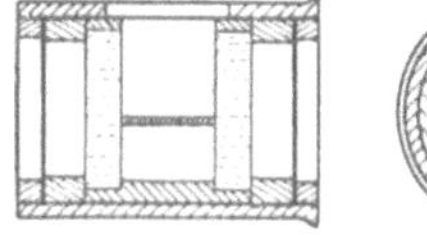

Abb. 17. Separationszelle.

das Durchmischen des Zellinhaltes, so daß nach beendigter Zentrifugierung und Herausnehmen der Zelle deren getrennte Inhalte für sich analysiert werden können.

δ) Vergleich verschiedener Methoden untereinander.

Die Lichtabsorptionsmethode ist heute beinahe völlig von den refraktometrischen Methoden abgelöst worden. Die Anwendung der erstgenannten Methode beschränkt sich auf eine Lösung mit mehreren Komponenten oder auf die Untersuchung einer Komponente

[1] LONGSWORTH, L. G., and D. A. McINNES: Chem. Rev. 24, 271 (1939).
[2] PHILPOT, J. ST. L.: Nature 141, 283 (1938).
[3] SVENSSON, H.: Kolloid-Z. 90, 141 (1940).
[4] SVEDBERG, T., u. K. O. PEDERSEN: Die Ultrazentrifuge. S. 132. Dresden u. Leipzig 1940.

mit einem spezifischen Lichtabsorptionsmaximum eines inhomogenen Materials. Verwendet man Licht einer Wellenlänge, die diesem Maximum entspricht, so läßt sich die Sedimentation dieser Komponente verfolgen, wie wenn sie allein in der Lösung vorhanden wäre. Die refraktometrischen Methoden stützen sich alle auf dasselbe physikalische Prinzip und können deshalb einander vollständig ersetzen. Gegenüber den Lichtabsorptionsmethoden besteht der Vorteil darin, daß die refraktometrischen Methoden stets zu einem vollständigen Bild des sedimentierenden Materials führen. Ferner wird bei Mehrkomponentensystemen ein größeres Auflösungsvermögen erreicht. Bei den refraktometrischen Methoden erfordert die Skalenmethode sehr viel zeitraubende Messungs- und Rechenarbeit, während man mit Hilfe der übrigen dieser Methoden direkt auf der photographischen Platte eine (Z, z)-Kurve erhält. Die Skalenmethode ist wohl das kostspieligste, jedoch das genaueste Verfahren. Gilt es für ein einfaches System lediglich die Sedimentationskonstante zu bestimmen, so können alle Methoden als gleichwertig betrachtet werden. Liegt ein kompliziertes System vor oder wünscht man Berechnungen anzustellen, in welche die Fläche des Gipfels eingeht (z. B. beim Berechnen der Konzentration und der Polydispersität), so ist die Skalenmethode kaum entbehrlich. Das analytische Verfahren wird meist beim Studium der Sedimentation aktiver Substanzen angewandt. Sind in einer Lösung mehrere Komponenten vorhanden, von denen die eine aktiv ist, so kann die Sedimentationskonstante aus Aktivitätsmessungen des Zellinhaltes in den verschiedenen Teilen der Zelle, vor und nach der Zentrifugierung, bestimmt werden. Durch Vergleich mit den Werten, erhalten mit Hilfe des refraktometrischen Verfahrens, wird festgestellt, welche der Komponenten dem Träger der Aktivität entspricht. Die Analysenmethode wird auch dann herangezogen, wenn eine Substanz mit starker Aktivität in derart verdünnter Lösung vorliegt, daß es schwer wird, Beobachtungen mittels anderer Methoden anzustellen.

e) Auswertung der Versuchsergebnisse.

α) Sedimentation.

Gemäß Definition ist

$$ s = \frac{d\,x/dt}{x \cdot \omega^2} = \frac{\ln x_2/x_1}{(t_2 - t_1) \cdot \omega^2} . \tag{10a}$$

Wenn $x_2/x_1 < 1{,}4$, ist es erlaubt, folgende Näherung anzuwenden

$$ s = \frac{\Delta x/\Delta t}{x_m \cdot \omega^2} = \frac{x_2 - x_1}{\dfrac{x_2 + x_1}{2} \cdot \omega^2 \cdot (t_2 - t_1)} . \tag{10b}$$

Da dies meistens der Fall ist, bedient man sich dieser Formel zur Berechnung von s aus den gefundenen x-Werten. Die erhaltenen s-Werte gelten für die Temperatur t° und werden auf 20° C korrigiert mit Hilfe der Formel

$$ s = s_t \cdot \frac{\eta_t}{\eta_{20}^0} \cdot \frac{1 - V \varrho_{20}^0}{1 - V_t \cdot \varrho_t} . $$

Hat man mehrere s-Werte aus den Differenzen zwischen den Werten x_1, x_2, x_3, ... mit den Zeitintervallen Δt_1, Δt_2, Δt_3, ... berechnet, so erhält man den endgültigen Wert von s nach

$$ s = \frac{\Delta t_1 \cdot s_1 + \Delta t_2 \cdot s_2 + \Delta t_3 \cdot s_3 \dots \text{usw.}}{\Delta t_1 + \Delta t_2 + \Delta t_3 \dots \text{usw.}} \tag{11}$$

Hierbei sollte beachtet werden, daß dies keine Mittelwertberechnung darstellt. s ist nur von dem x-Wert des ersten und letzten Gipfels abhängig. Dazwischenliegende Werte beeinflussen das Resultat nicht. Diese Zwischenwerte liefern jedoch eine Kontrolle für den normalen Verlauf der Sedimentation. Es sei darauf hingewiesen, daß der endgültige s-Wert dank des größeren Δx bedeutend genauer ist, als ihn die Teilwerte ergeben. Große Streuung der Teilwerte beruht oft auf der Schwierigkeit, die Lage des Maximal-

punktes genau zu erkennen. Hier muß auch auf die Zwischenwerte Rücksicht genommen
werden. Aus Gl. (10a) geht hervor, daß beim Auftragen von $\log x$ gegen t eine gerade
Linie erhalten wird. Mit Hilfe dieser graphischen Darstellung läßt sich s aus der Neigung
der wahrscheinlichsten Gerade berechnen.

Bei einem System aus mehreren Komponenten ist die (Z, z)-Kurve aus den Kurven der
einzelnen Komponenten zusammengesetzt. Für jeden z-Wert stellt dann Z der Kurve die
Summe der Z-Werte der einzelnen Komponenten dar. Die Bestimmung der Grenzfläche
einer Komponente kann nicht vorgenommen werden, ehe diese frei ist, d. h. der Maximalwert von Z muß lediglich von dem Konzentrationsgradienten dieser Komponente herrühren. Solange die Grenzfläche nicht frei ist, entspricht das Maximum der Kurve
nicht ihrer Lage, sondern ist in Richtung der störenden Grenzfläche verschoben. Ist die

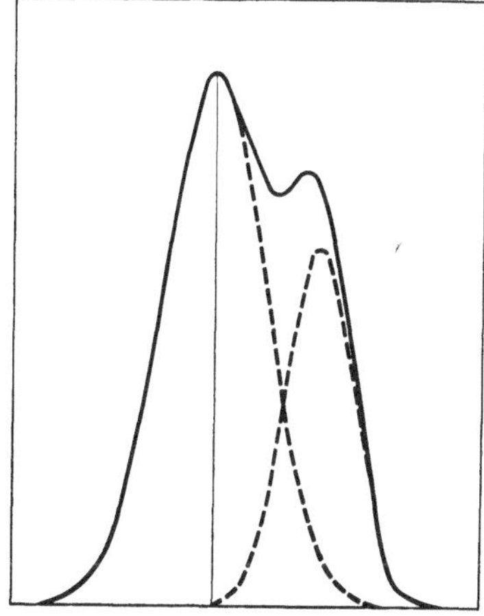

Abb. 18. Konstruktion eines
Zweikomponentensystems.

eine Komponente frei und die andere nicht, so kann die
Lage der letzteren zeichnerisch ermittelt werden. Dies
erfolgt durch Einzeichnen des Meridians der freien Gipfel
und Übertragen der freien Seite als Spiegelbild auf die
Gegenseite (Abb. 18). Indem die Z-Werte der freien
Komponente von den totalen Z-Werten subtrahiert werden, erhält man den Gipfel der anderen Komponente.
Diese Methode setzt definierte symmetrische Gipfel ergebende Komponenten voraus.

Liegen die Sedimentationskonstanten zweier Komponenten derart nahe beieinander, daß diese während der
Zentrifugierung nicht voneinander getrennt werden, und
haben die Komponenten einigermaßen gleiche Konzentrationen, so ist es nur möglich, einen Mittelwert der
Sedimentationskonstanten zu berechnen. Werden die
Komponenten jedoch am Ende der Zentrifugierung getrennt, läßt sich folgende Näherung durchführen: In
einem frühen Stadium kann man damit rechnen, daß die Grenzflächen kaum voneinander getrennt sind, Δx wird dann von diesem gemeinsamen Gipfel aus bis zu jedem
der getrennt erscheinenden Gipfel berechnet. Liegen beide Komponenten in sehr
ungleicher Konzentration vor, ist die Störung für die Komponente hoher Konzentration
klein und die Berechnung kann wie gewöhnlich erfolgen. Die andere Komponente
kann, nachdem sie frei geworden ist, oder durch Konstruktion ermittelt wurde, nach
folgender Formel berechnet werden

$$s_I = s_{II} \cdot \frac{\log x_I - \log x_0}{\log x_{II} - \log x_0}. \tag{12}$$

Diese Formel leitet sich aus Gl. (10a) ab. x_I und x_{II} bezeichnen die Lagen der Grenzflächen im gleichen Diagramm, x_0 entspricht der Lage des Meniscus. Die Entscheidung, ob
eine Komponente frei ist oder nicht, ist oft eine Frage des Urteilsvermögens. Es erfordert
Erfahrung, die Größe der durch die Näherungen auftretenden Fehler zu beurteilen.

Bei einem komplizierten System hält es oft schwer, der Entwicklung zu folgen und die
Komponenten von einer Exponierung zur andern zu identifizieren. Vorteilhaft zeichnet
man für das ganze System ein $(\log x, t)$-Diagramm, wobei für jede Komponente gerade
Linien erhalten werden. Ein solches Diagramm gibt auch einen Anhaltspunkt, inwieweit
die verschiedenen Komponenten sich voneinander trennen, und von welchem Zeitpunkt
ab es erlaubt ist, die gefundenen x-Werte zu verwenden.

Eine Abweichung von der Geradlinigkeit in der $(\log x, t)$-Kurve deutet darauf hin,
daß weitere Kräfte einwirken. So erhält man z. B. bei Gelen eine mit der Zeit abnehmende
Sedimentationsgeschwindigkeit. Dies ist auch bei Messungen in organischen Lösungsmitteln der Fall. Bei der Ultrazentrifuge arbeitet man wie erwähnt mit einem Zentrifugalfeld bis zu $400\,000 \times g$, was in der Lösung einen hydrostatischen Druck bis zu $500\ \text{kg/cm}^2$

zur Folge hat. Durch die Einwirkung solch hoher Drucke nehmen Viscosität und Dichte des Lösungsmittels zu, und mit gewisser Entfernung vom Meniscus erhält man mit der Zeit abnehmende Sedimentationsgeschwindigkeiten. Für Wasser ist diese Abnahme gering und kann vernachlässigt werden. Für die meisten organischen Lösungsmittel ist dies jedoch nicht zulässig. Ist die Änderung der Viscosität und der Dichte mit dem Druck bekannt, lassen sich die gefundenen s-Werte nach der bereits genannten Gleichung korrigieren[1]

$$s_1 = s_p \cdot \frac{\eta_p}{\eta_1} \cdot \frac{1 - V_1 \, \varrho_1}{1 - V_p \, \varrho_p} \; . \tag{13}$$

Hier ist der Druck von 1 Atmosphäre durch den Index 1 gekennzeichnet und der Druck von p Atmosphären durch p. Die Änderung des spezifischen Volumens mit dem Druck ist im allgemeinen unbekannt. Es wird angenommen, daß diese Änderung sehr gering ist. In der Praxis wird diese Korrektur so ausgeführt, daß man für eine anzuwendende Umdrehungszahl die Korrekturen für eine Serie von Punkten in der Zelle berechnet, die einer bestimmten Tiefe unter einer festgelegten Meniscuslage entsprechen. Das Resultat wird in einer Kurve graphisch zusammengestellt. Die Zentrifugierungen werden bei dieser Umdrehungszahl mit bestimmter Meniscuslage durchgeführt. Nach Anbringen der Korrekturen soll der Gang in den s-Werten verschwunden sein; der endgültige Wert wird auf die übliche Weise berechnet (Tabelle 3).

Eine anormale Sedimentation erhält man ferner in gewissen Fällen, bei welchen Substanzen mit elektrisch geladenen Molekülen untersucht werden. Hier befinden sich die gelösten Moleküle im elektrischen Gleichgewicht mit dem umgebenden Medium. Da bei der Zentrifugierung die geladenen Moleküle zu wandern beginnen, wird dieses Gleichgewicht gestört und die elektrischen Kräfte arbeiten der Sedimentation entgegen. Treten diese sog. primären Ladungseffekte auf, werden zu niedrige Werte für die Sedimentationskonstanten und sehr schiefe Kurven erhalten. Diese Effekte lassen sich verhindern, indem man die Zentrifugierung beim isoelektrischen Punkte ausführt oder durch Zusatz von Elektrolyten die Ladungseffekte vernachlässigbar vermindert. Störungen infolge sekundärer Ladungseffekte treten auf, wenn in der Lösung außer den geladenen Molekülen Ionen mit entgegengesetzten Ladungen und ungleicher Masse vorhanden sind. Während der Zentrifugierung verursacht die Verschiebung der Ionen eine Störung des elektrischen Gleichgewichtes, welche die Sedimentationsgeschwindigkeit entweder erhöht oder vermindert. Der sekundäre Ladungseffekt ist vielfach nur von geringer Bedeutung. Er kann lediglich dann verhindert werden, wenn die zugesetzten positiven und negativen Ionen gleiche Maße besitzen.

Mit einer weiteren Störung ist bei der Verwendung von undichten Zellen zu rechnen. Der hydrostatische Druck ist bekanntlich am Boden am größten und man kann voraussetzen, daß gerade dort die Leckstellen auftreten. Diese Erscheinung ist leider nicht sehr selten. Es ist deshalb bei jeder Zentrifugierung zu kontrollieren, ob sich die Lage des Meniscus während des Versuches nicht geändert hat. Leckstellen äußern sich in einer Erhöhung der Sedimentationsgeschwindigkeit. Δx erhöht sich um einen Wert entsprechend dem Unterschied zwischen der Lage der Menisken vor und nach der Messung. Der richtige Wert für Δx wird also entsprechend kleiner.

Zur Berechnung der Sedimentationskonstante aus der Zentrifugierung mit einer Separationszelle haben TISELIUS, PEDERSEN und SVEDBERG[2] folgende Gleichung aufgestellt

$$s = - \frac{1}{2\omega^2 \cdot t} \ln \left(1 - \frac{m}{c_0 \cdot k \cdot x_i^2} \right),$$

wobei m die Substanzmenge, die durch die Membran in der Zeit t transportiert wird,

c_0 die ursprüngliche Konzentration,

x_i der Abstand der oberen Membranseite bis zur Rotationsachse,

---

[1] MOSIMANN, H., u. R. SIGNER: Helv. **27**, 1123 (1944).

[2] SVEDBERG, T., u. K. O. PEDERSEN: Die Ultrazentrifuge. S. 271. Dresden u. Leipzig 1940.

φ der Sektorwinkel der Zelle in Graden,

d die Zelldicke und

$$k = d \cdot \pi \frac{\varphi}{360} .$$

Diese Formel setzt voraus, daß die Konzentration in der Nähe der Membran konstant und auf beiden Seiten gleich ist.

Rechnet man mit der Substanz Q, die in dem oberen Teil der Zelle nach der Zentrifugierung zurückbleibt, wird die Gleichung

$$s = - \frac{1}{2 \cdot \omega^2 t} \ln \left[\frac{x_0^2}{x_i^2} + \frac{Q}{c_0 \cdot k \cdot x_i^2} \right] . \qquad (14)$$

Meist wird bei der Analyse die Konzentration an Stelle der Substanzmenge bestimmt und nach Umformen der Gleichung erhält man

$$s = - \frac{1}{2 \omega^2 t} \ln \left[\frac{x_0^2}{x_i^2} + \frac{c_{\ddot{u}} (x_i^2 - x_0^2)}{c_0 \cdot x_i^2} \right] , \qquad (15)$$

worin c_0 und $c_{\ddot{u}}$ die Konzentration im oberen Teil vor und nach der Zentrifugierung bedeuten. Bei aktiven Substanzen kann an Stelle der Konzentration die Aktivität eingesetzt werden.

x_0 und x_i werden durch Messungen von Exponierungen während der Zentrifugierung bestimmt.

Da die Sedimentation auch während des Anlaufens und Abstellens stattfindet, muß die Umdrehungszahl vom Start bis zum Ende der Zentrifugierung abgelesen werden. Wird dann ω^2 in einer Kurve gegen t aufgetragen, erhält man $\omega^2 t$ aus der Fläche unter der Kurve. s_t wird wie üblich auf s_{20} korrigiert.

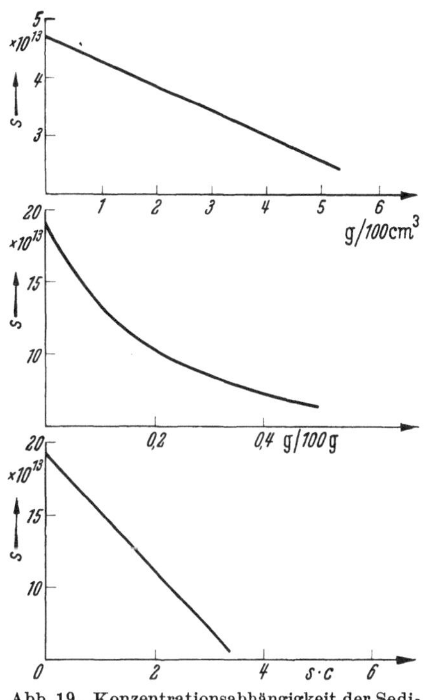

Abb. 19. Konzentrationsabhängigkeit der Sedimentationskonstante. Oben von Serumalbumin. Mitte einer Nitrocellulose. Unten (s, sc)-Diagramm derselben Nitrocellulose.

Die Sedimentationskonstante ist nicht nur eine Funktion der Masse und der Form, sondern auch der Konzentration. Mit steigender Konzentration nimmt die Sedimentationsgeschwindigkeit ab. Bei runden Molekülen ist die Abhängigkeit oft linear, nicht aber bei Fadenmolekülen. Hier ist die (s, c)-Kurve stark abgebogen und zwar so, daß ds/dc bei niedriger Konzentration am größten ist (Abb. 19). SVEDBERGs Formel gilt nur für niedrige Konzentrationen; deshalb müssen mehrere Zentrifugierungen durchgeführt, und der Wert von s muß durch Extrapolation bis zur Konzentration 0 bestimmt werden. Bei mäßiger Konzentrationsabhängigkeit verursacht diese Extrapolation keine Schwierigkeiten. Hat man dagegen eine starke Konzentrationsabhängigkeit, wie dies bei Fadenmolekülen mit hohem Molekulargewicht der Fall ist, muß man sich spezieller Methoden bedienen. Bei einem dieser Verfahren wird s gegen $s \cdot c$ aufgetragen. Diese Kurven sind weniger gekrümmt, oft sogar geradlinig. Im letzteren Falle würde nach GRALÉN[1] $s = \frac{s_0}{1 + k c}$.

Hierin ist s_0 die Sedimentationskonstante bei der Konzentration 0 und k eine Konstante. Dieser Ausdruck stimmt mit dem von BURGERS[2] für runde Moleküle theoretisch abgeleiteten überein, wenn auch hier k von ganz anderer Größenordnung ist.

Einen Beitrag zur Diskussion über die Konzentrationsabhängigkeit von s hat ENOKSSON[3] gegeben. Danach wird darauf hingewiesen, daß die gemessene Sedimentations-

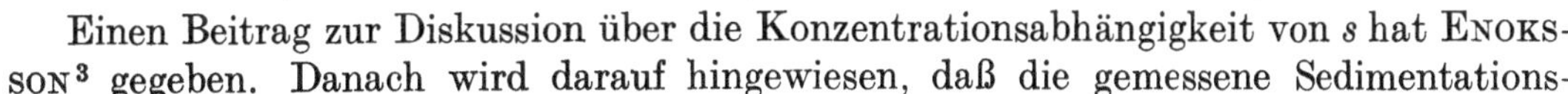

[1] GRALÉN, N.: Diss. Uppsala (1944).
[2] BURGERS, J. M.: Verh. K. Akad. Wet. Amsterdam 44, 1045, 1177 (1941).
[3] ENOKSSON, B.: Nature 161, 934 (1948).

geschwindigkeit in bezug auf die Zellwände angegeben wird ohne Berücksichtigung des Gegenstromes des Lösungsmittels, welcher entstehen muß, wenn die Moleküle zu Boden sinken. Eine höhere Konzentration bedeutet einen stärkeren Gegenstrom und einen niedrigeren Wert der Sedimentationsgeschwindigkeit. Zu berücksichtigen ist auch die Solvatation der Moleküle.

β) Diffusion.

Da die Grenzfläche bei einer monodispersen Substanz einer Diffusionsschicht entspricht, kann aus der Sedimentationskurve einer solchen Substanz auch die Diffusionskonstante berechnet werden. Mehrere Berechnungsmethoden können hierbei zur Anwendung kommen. Am geeignetsten ist die sog. Oberflächenmethode. Nach LAMM[1] ist

$$D = \frac{A^2/H^2 \cdot F^2}{4 \cdot \pi \cdot t},\tag{16}$$

wo A die Fläche, H die Höhe, F den Projektionsfaktor und t die Zeit bedeutet. Hierzu kommt eine Korrektur für die Änderung des Zentrifugalfeldes:

$$D_{\text{korr}} = D(1 - \omega^2 \cdot s \cdot t),$$

ferner eine weitere Korrektur für Temperatur und Viscosität:

$$D_{20} = D_t \frac{293}{273 + t} \cdot \frac{\eta_t}{\eta_{20}}.\tag{17}$$

Es bedeuten: D_{20} die Diffusionskonstante bei 20° C, D_t die Diffusionskonstante bei $t°$ C, t die Temperatur, η_t die Viscosität des Lösungsmittels bei $t°$ C und η_{20} die Viscosität des Lösungsmittels bei 20° C.

Trägt man in einem Diagramm den korrigierten Wert $A^2/H^2 \cdot F^2$ gegen die Zeit auf und bezeichnet den erhaltenen Neigungswinkel dieser Geraden mit φ, so wird

$$D_{20} = \frac{\operatorname{tg}\varphi}{4\pi}.$$

Es zeigt sich indessen, daß es sehr schwierig ist, sichere Werte zu erhalten, weil die Zeit zwischen erster und letzter Exponierung, welche sichere Messungen erlauben, zu kurz ist und hier auch sehr kleine Verunreinigungen große Fehler verursachen können. Die Diffusionskonstante wird deshalb in einem speziell hierzu konstruierten Apparat bestimmt. Ist die Diffusion konzentrationsabhängig, so muß der bis zur Konzentration 0 extrapolierte Wert eingesetzt werden.

γ) Konzentration.

Nach Gl. (7) ist

$$Z = G \cdot a \cdot b \cdot \frac{dn}{dx},$$

oder, wenn $dx/dz = F$,

$$dn = \frac{F}{G \cdot a \cdot b} \cdot Z \cdot dz$$

und

$$n - n_0 = \frac{F}{G \cdot a \cdot b} \cdot \int_{z_1}^{z_2} Z \, dz.$$

Werden die Integrationsgrenzen z_1 und z_2 so gewählt, daß die Konzentrationen zu beiden Seiten des Gipfels konstant sind, liefert das Integral die Fläche unter dem Gipfel. Ist letzteres A und $dn/dc = \alpha$, wird

$$c = \frac{F \cdot A}{G \cdot a \cdot b \cdot \alpha}.\tag{18}$$

---

[1] LAMM, O.: Nova Acta R. Soc. Sci. upsal. (IV) **10**, Nr. 6, 33 (1937). ·

Auf Grund der Sektorform der Zelle und der Inhomogenität des Zentrifugalfeldes tritt während der Zentrifugierung eine Verdünnung der Lösung ein. SVEDBERG und RINDE[1] haben hierfür den Ausdruck

$$c_0 = c_t \cdot \left(\frac{x_t}{x_0}\right)^2 \tag{19}$$

gefunden.

c_0 ist die ursprüngliche Konzentration,

c_t die Konzentration bei der Zeit t,

x_t die Lage der Grenzfläche bei der Zeit t und

x_0 die Lage des Meniscus.

Die endgültige Formel zur Berechnung der Konzentration wird somit

$$c = \frac{F \cdot A}{G \cdot a \cdot b \cdot \alpha} \cdot \left(\frac{x_t}{x_0}\right)^2. \tag{20}$$

x_t und x_0 werden auf übliche Weise bestimmt. A wird mit dem Planimeter gemessen. Man erhält die Fläche in Quadratzentimetern und korrigiert mit dem Aufzeichnungsfaktor. Eine solche Konzentrationsberechnung gibt sehr genaue Werte, insofern es sich um eine monodisperse Substanz mit nicht allzugroßer Diffusionskonstante handelt. Hier hat man nämlich für eine Exponierung mit der Grenzfläche in der Mittelpartie der Zelle je einen Teil der Basislinie auf jeder Seite des Gipfels. Leider liegt diese oft nicht beim Werte $Z = 0$. Dies beruht hauptsächlich darauf, daß die Umdrehungszahl bei der Aufnahme der Skala und Bezugsskala nicht immer genau gleich gehalten wird. Deshalb sollten für Konzentrationsbestimmungen die Exponierungen möglichst so gewählt werden, daß in irgendeinem Teil der Zelle eine konstante Konzentration vorliegt und damit ein Teil der Basislinie sichtbar wird. In einem System aus mehreren Komponenten ist es oft schwer, die Lage der Basislinie festzustellen. Man soll in einem solchen Falle die Aufnahme der Bezugsskala unmittelbar der Zentrifugierung der Versuchslösung anschließen und die Umdrehungszahl in beiden Fällen konstant und gleich halten. Auch sollten die Indexstriche im Komparator mit besonderer Sorgfalt eingestellt und möglichst mehrere Striche benützt werden. Die erwähnten Maßnahmen bilden die Voraussetzung, um allzu große Fehler zu vermeiden, damit sich $Z = 0$ als Basislinie verwenden läßt. In einem Mehrkomponentensystem kann die Konzentration der einzelnen Komponenten nicht bestimmt werden, wenn sich die Gipfel nicht voneinander getrennt haben. Man bedient sich dann einer der beschriebenen Konstruktionsmethoden (s. S. 109).

Ein eigentümliches Phänomen, für welches bis heute noch keine vollständige Erklärung gefunden worden ist, tritt bei der Zentrifugierung eines Mehrkomponentensystems auf. Bei einer Lösung, bestehend aus mehreren Komponenten mit bekannten Konzentrationen, tritt eine Konzentrationsverschiebung auf. Die Verschiebung bewirkt einen zu hohen Wert für die am langsamsten und einen zu niedrigen Wert für die am schnellsten sedimentierende Komponente. Zuerst hat man diesen Konzentrationseffekt mit einer chemischen Reaktion zwischen den Komponenten in Zusammenhang zu bringen versucht. Da aber der Effekt ganz allgemein zu sein scheint, wurde später nach rein physikalischen Erklärungen gesucht.

JOHNSTON und OGSTON[2] schreiben diese Erscheinung einer Funktion der Konzentrationsabhängigkeit der Sedimentationskonstante zu: In einem Zweikomponentensystem befinden sich beide Komponenten in der Schicht zwischen Boden und erster Grenzfläche. Zwischen erster und zweiter Grenzfläche ist nur die am langsamsten sedimentierende Komponente vorhanden und in der Schicht darüber lediglich Lösungsmittel. Die langsamere Komponente sedimentiert oberhalb und unterhalb der ersten Grenzfläche in ungleichem Milieu. JOHNSTON und OGSTON nehmen an, daß die Sedimentationsgeschwinkeit der Komponente unterhalb der ersten Grenzoberfläche der Summe der Konzentrationen beider Komponenten entspricht, also kleiner ist als die Geschwindigkeit

---

[1] SVEDBERG, T., and H. RINDE: Am. Soc. **46**, 2677 (1924).

[2] JOHNSTON, I. P., and A. G. OGSTON: Trans. Faraday Soc. **42**, 789 (1946).

derselben Komponente oberhalb dieser Grenzfläche. Man würde dann eine Konzentrationsverschiebung erhalten, die einen zu großen Brechungsindexunterschied über der zweiten Grenzfläche zur Folge hätte; daher würde der Brechungsindexunterschied über der ersten Grenzfläche zu klein.

ENOKSSON[1] hat in einer vorläufigen Arbeit die Solvatation als Ursache genannt. Er rechnet mit einer derart starken Solvatisierung der Moleküle, daß diese bei der Sedimentation eine ansehnliche Menge Lösungsmittel durch die Zelle mit sich führen. Sobald sich die Komponenten zu trennen beginnen, entfernt die schnellere von ihnen Anteile des Lösungsmittels, welches sich zwischen den entstehenden Grenzflächen befindet, wodurch die berechneten Konzentrationen für die langsamere Komponente zu hoch und für die schnellere zu niedrig werden. Dasselbe wäre der Fall bei der Zentrifugierung einer Salzlösung. Dies würde erklären, warum sich oft zu niedrige Werte bei Konzentrationsberechnungen aus Sedimentationskurven ergeben. Auch würden hiermit die Schwierigkeiten erklärt werden können, denen man bei der Sedimentation in einem Lösungsmittelgemisch begegnet. ENOKSSON gibt auch eine Methode zur Berechnung der Solvatation an.

δ) Reibungskoeffizient und Formanalyse.

Die Diffusions- und Sedimentationsmessungen vermögen einigermaßen eine Vorstellung über die Form der Moleküle zu geben.

Nach Gl. (2) ist der Friktionskoeffizient für 1 Mol

$$f = \frac{R\,T}{D}$$

oder

$$f = \frac{M(1 - V\,\varrho)}{s}. \tag{21}$$

Dieser ist abhängig von der Solvatation der Moleküle, vor allem aber von ihrer Form. Er ist für runde Moleküle am kleinsten und nimmt mit deren Streckung zu. Man hat den Wert f für runde unsolvatisierte Moleküle theoretisch berechnet und gefunden, daß

$$f_0 = 6 \cdot \pi \cdot \eta \cdot N \left(\frac{3 \cdot M \cdot V}{4 \cdot \pi \cdot N} \right)^{\frac{1}{3}}. \tag{22}$$

Hierin ist $N = $ die AVOGADROsche Zahl. Die übrigen Bezeichnungen sind bekannt. Ist das Verhältnis von f und f_0 gleich 1, so ist das Molekül rund und unsolvatisiert. Ist $f/f_0 > 1$, hat das Molekül eine von der Kugel abweichende Form oder ist solvatisiert; auch beides kann der Fall sein.

Es ist möglich, den Zusammenhang zwischen f/f_0 und den Dimensionen der Moleküle formelmäßig festzuhalten, wenn die Moleküle die Form eines Rotationsellipsoides haben. HERZOG, ILLIG und KUDAR[2] geben für das langgestreckte Rotationsellipsoid folgende Beziehung an

$$\frac{f}{f_0} = \frac{\sqrt{1 - q^2}}{q^{\frac{2}{3}} \ln \dfrac{1 + \sqrt{1 - q^2}}{q}}, \tag{23}$$

wobei $q = b/a$. b entspricht der kleinen Halbachse und a der großen Halbachse. Für das abgeplattete Rotationsellipsoid ist

$$\frac{f}{f_0} = \frac{\sqrt{q^2 - 1}}{q^{\frac{2}{3}} \arctan \sqrt{q^2 - 1}}. \tag{24}$$

Ist das Molekül langgestreckt, kann man dessen Form annähernd als Ellipsoid betrachten und erhält auf diese Weise eine Vorstellung von den Moleküledimensionen. Aus obenstehender Gleichung erhält man b/a. Da außerdem die Beziehung

$$\frac{M \cdot V}{N} = \frac{4}{3} \cdot \pi \cdot a \cdot b^2 \tag{25}$$

---

[1] ENOKSSON, B.: Nature **161**, 934 (1948).
[2] HERZOG, R. O., R. ILLIG u. H. KUDAR: Z. physik. Chem. **17**, 167, 329 (1933).

bekannt ist, lassen sich a und b berechnen. f/f_0 kann auch zur Kennzeichnung von Molekülen gleicher Hauptform von gewissem Wert sein (Tabelle 4).

ε) Polydisperse Systeme.

Ist eine Substanz einheitlich, so ist in verdünnten Lösungen die Breite der Grenzfläche lediglich eine Funktion der Diffusion. Es kann daher bei Kenntnis der Diffusionskonstanten die Einheitlichkeit nachgewiesen werden, indem man die theoretisch berechnete Kurve mit dem gefundenen Sedimentationsdiagramm vergleicht. Die Breite der Kurve wird dann untersucht, wenn es sich darum handelt, den Reinheitsgrad oder die Polydispersität der Substanz zu ermitteln. In hochmolekularen Substanzen mit Fadenmolekülen ist die Diffusionskonstante oft sehr klein und darf bei der Zentrifugierung vernachlässigt werden. Die Sedimentationskonstante, welche man hier aus der Verschiebung des Maximalpunktes berechnet, stellt eine Art Mittelwert der Sedimentationskonstanten aller vorhandenen Molekülgrößen dar. GRALÉN[1] hat gezeigt, daß s, welches auf diese Weise bei Messungen in verschiedenen Konzentrationen ermittelt wird, nicht derselben Molekülart entspricht. Das Maximum der Kurve verschiebt sich bei höherer Konzentration und die Kurve erhält eine Verzerrung, die bei höherer Gesamtkonzentration immer stärker wird. Auf Grund der erheblichen Konzentrationsabhängigkeit der Sedimentationskonstanten erhält man auch mit höherer Konzentration immer schärfere Grenzflächen. In dieser liegen die größeren Moleküle in einer höheren Konzentration als die kleineren vor. Erstere erleiden dadurch eine größere Abnahme der Sedimentationsgeschwindigkeit. Man erhält sehr hohe und schmale Kurven. Der oben im Zusammenhang mit Mehrkomponentensystemen besprochene Konzentrationseffekt muß sich auch hier deutlich äußern und die Form der Kurven beeinflussen.

Wie erwähnt, wurde die Breite des Gipfels untersucht, um eine Vorstellung von der Polydispersität der Substanz zu erhalten. GRALÉN[1] hat hierzu eine mathematische Formulierung gegeben. Als Maß für die Breite (B) der Kurve wird das Verhältnis der Fläche zur Maximalhöhe verwendet. Dadurch wird B unabhängig von der Form der Kurve. B verläuft mit x geradlinig und infolge der oben erwähnten schärfer werdenden Kurven steigt dB/dx mit abnehmender Konzentration an. Deshalb wird dB/dx für eine Anzahl von Konzentrationen bestimmt und im Diagramm ($dB/dx, c$) extrapoliert man dB/dx nach der Konzentration 0. Dieser Wert kann als Relativwert der Polydispersität angesehen werden und dient zur näheren Charakterisierung gleichartiger Substanzen. Ähnlich wie bei der Bestimmung der Konzentrationsabhängigkeit von s vermindert sich auch hier die Genauigkeit der Methode infolge der bei niedrigen Konzentrationen auftretenden Konvektionsstörungen. Oft ist es schwer, eine genaue Bestimmung der Oberfläche dieses breiten und niedrigen Gipfels vorzunehmen. Bei mäßiger Polydispersität, z. B. bei fraktioniertem Material, führte diese Methode zu besseren Erfolgen[2].

ζ) Molekulargewicht aus dem Sedimentationsgleichgewicht.

Nach Gl. (6) ist

$$M = \frac{2 \cdot R \cdot T \cdot \ln c_2/c_1}{(1 - V \varrho)\, \omega^2 \,(x_2^2 - x_1^2)}$$

oder

$$M = \frac{R \cdot T}{(1 - V \varrho)\, \omega^2} \cdot \frac{dc}{dx} \cdot \frac{1}{x \cdot c}.$$

Zur Berechnung von M ist es also notwendig, die Konzentration in gewählten Punkten der Zelle zu kennen. Früher wurde die Lichtabsorptionsmethode für diese Bestimmung herangezogen, die bekanntlich direkt die Konzentration angibt. Man ermittelte die Konzentration vom Meniscus bis zum Boden der Zelle in Abständen von z. B. 0,05 cm und setzt diese Werte direkt in Gl. (6) ein.

---

[1] GRALÉN, N.: Diss. Uppsala 1944.
[2] KINELL, P. O., and B. RÅNBY: Adv. Colloid Sci. 3, 161 (1950).

Später wurde die Skalenmethode das wichtigste Verfahren. Wie erwähnt, wird die Umdrehungszahl so gewählt, daß lediglich eine Konzentrationsverschiebung entsteht und sich die Substanz nicht am Boden absetzt. Die erforderliche Zeit, um ein konstantes Konzentrationsgefälle zu erhalten, hat WEAVER[1] theoretisch berechnet. Nach seinen Angaben sollte die zur Gleichgewichtseinstellung notwendige Zeit doppelt so groß wie diejenige sein, die ein Partikel benötigt, um vom Meniscus bis zum Boden zu sedimentieren. Wenn es erlaubt ist, dieses Resultat für das Zentrifugalfeld anzuwenden, wäre die erforderliche Zeit in Stunden

$$t = \frac{2(x_n - x_0)}{\omega^2 \cdot s \cdot (x_n + x_0)\, 1800} \,. \tag{26}$$

x_0 und x_n bedeuten die Lage des Meniscus bzw. des Bodens von der rotierenden Achse aus gemessen. Praktisch ist es jedoch am sichersten, die Entwicklung mit Probeaufnahmen zu verfolgen und die Hauptaufnahmen vorzunehmen, wenn man keinerlei Veränderungen im Diagramm (Z, z) innerhalb von 2—3 Tagen erhält. Um eine sichere Bestimmung der Bezugsskala durchzuführen, sollte sie vor und nach dem Experiment aufgenommen werden. Man hat dann auch Kontrollen über etwaige Veränderungen, welche die Zelle in der Zwischenzeit erleidet. Die Bilder werden mit dem Komparator auf die übliche Weise ausgemessen. Das endgültige (Z, z)-Diagramm wird gezeichnet und der z-Wert bis zum Abstand von der rotierenden Achse in Zentimetern berechnet. Mit dem Meniscus als Ausgangspunkt, werden die Z-Werte aus der Kurve in Intervallen von 0,05 cm abgelesen.

Vor dem Start ist die in der Zelle befindliche Substanzmenge gegeben durch

$$c_0 \int_{x_0}^{x_n} f(x)\, dx \,.$$

c_0 ist die Konzentration der Lösung vor dem Start, x_0 der Abstand des Meniscus von der rotierenden Achse, x_n der Abstand des Bodens von der rotierenden Achse und $f(x)$ die Änderung des Querschnittes längs der Zelle. Herrscht Gleichgewicht, so ist die Menge der Substanz unter der Voraussetzung, daß sich nichts von ihr am Boden ablagert

$$c_0 \int_{x_0}^{x_n} f(x)\, dx = \int_{x_0}^{x_n} c_i\, f(x)\, dx \,.$$

Hierin ist c_i die Konzentration im Abstand x_i von der rotierenden Achse. Dieser Ausdruck kann auch folgendermaßen geschrieben werden

$$c_0 \int_{x_0}^{x_n} f(x)\, dx = \int_{x_0}^{x_n} (c_i - c_m)\, f(x)\, dx + c_m \int_{x_0}^{x_n} f(x)\, dx \,.$$

c_m entspricht die Konzentration beim Meniscus

$$c_m = \frac{c_0 \int_{x_0}^{x_n} f(x)\, dx - \int_{x_0}^{x_n} (c_i - c_m)\, f(x)\, dx}{\int_{x_0}^{x_n} f(x)\, dx} \,. \tag{27}$$

Es gilt hier zuerst

$$\int_{x_0}^{x_n} (c_i - c_m)\, f(x)\, dx$$

zu bestimmen.

Aus dem (Z, x)-Diagramm kennt man Z für den x-Wert in Abständen von 0,05 cm. Nun ist

$$\frac{dc}{dx} = \frac{Z}{G \cdot a \cdot b \cdot \alpha} \,,$$

oder auch

$$\Delta c = \frac{\Delta x \cdot Z}{G \cdot a \cdot b \cdot \alpha} = k \cdot Z \,.$$

<hr>

[1] WEAVER, W.: Physic. Rev. 27, 499 (1926).

Ist $c_i - c_m = c'$, werden in den Punkten $x_0, x_1, x_2, \ldots, x_n$

$$c_0' = 0, \; c_1' = k \cdot \frac{Z_0 + Z_1}{2},$$

$$c_2' = c_1' + k \frac{Z_1 + Z_2}{2} \ldots,$$

$$c_n' = c_{n-1}' + k' \frac{Z_{n-1} + Z_n}{2}.$$

Die mit k' bezeichnete Konstante des letzten Wertes weicht oft von k ab, da im allgemeinen das letzte Intervall geringer ist als die übrigen konstant gewählten $\varDelta x$.

Wenn die Zelle parallelwandig ist, $f(x)$ also 1 beträgt, kann die Gl. (27) folgendermaßen geschrieben werden

$$c_m = \frac{c_0 (x_n - x_0) - \int\limits_{x_0}^{x_n} (c_i - c_m)\, d x}{(x_n - x_0)}.$$

Nachdem c_m berechnet worden ist, läßt sich c_i sehr einfach erhalten.

Die Substanzmenge vor der Zentrifugierung entspricht nach Abb. 20 der Fläche $ABCD$ und im Gleichgewicht der Fläche $EGCD$. Die Fläche $ABCD$ ist also $c_0(x_n - x_0)$ und die Fläche $EGFE$

$$\int\limits_{x_0}^{x_n} (c_i - c_m)\, d x.$$

Der Unterschied zwischen den Integralen entspricht also der Fläche $EDCF$. Wird dieser Wert durch $x_n - x_0$ dividiert, erhält man die Höhe c_m.

Ist die Zelle sektorförmig, so ist $f(x) = x_i / x_0$.

Die Gl. (27) wird dann

$$c_m = \frac{c_0 (x_n^2 - x_0^2) - 2 \int\limits_{x_0}^{x_n} (c_i - c_m) \cdot x_i \cdot d x}{(x_n^2 - x_0^2)}.$$

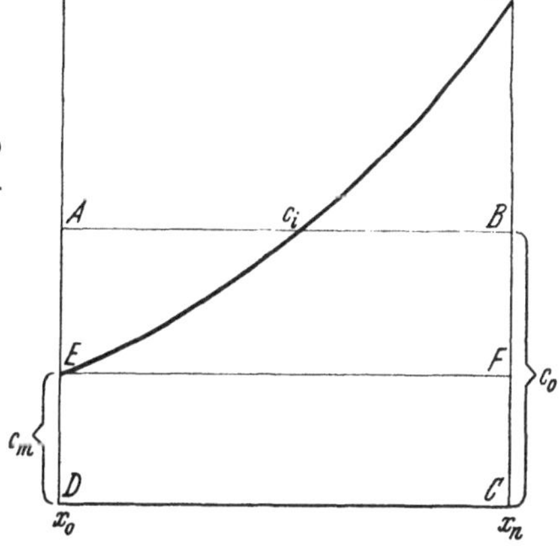

Abb. 20. Graphische Darstellung der Berechnung von c_m.

Nachdem c und $d c / d x$ bekannt sind, wird M mit einer der oben angegebenen Formeln (s. S. 115) berechnet.

Liegt die Substanz monodispers gelöst vor und dürfen die Gesetze der idealen Gase angewendet werden, so gilt nach LAMM $\frac{c_2}{c_1} = \frac{Z_2\, x_1}{Z_1\, x_2}$, was eine sehr einfache Berechnung ermöglicht. Die Gl. (6) wird dann

$$M = \frac{2 R T \ln \dfrac{Z_2\, x_1}{Z_1\, x_2}}{(1 - V \varrho)\, \omega^2 (x_2^2 - x_1^2)}. \tag{28}$$

Nach KRAEMER und LANSING[1] ist der allgemeine Ausdruck für den Gewichtsmittelwert

$$M = \frac{\Sigma\, c_i \cdot M_i}{\Sigma\, c_i}. \tag{29}$$

Für diesen Fall wird unter Verwendung einer parallelwandigen Zelle

$$M_w = \frac{\int\limits_{x_0}^{x_n} M_{wx} \cdot c_x \cdot d x}{\int\limits_{x_0}^{x_n} c_x \cdot d x}. \tag{30}$$

---

[1] KRAEMER, E. O., and W. D. LANSING: Am. Soc. 57, 1369 (1935).

und für sektorförmige Zellen

$$M_w = \frac{\int\limits_{x_0}^{x_n} M_{w\,x}\; x \cdot c_x \cdot dx}{\int\limits_{x_0}^{x_n} x \cdot c_x \cdot dx}. \tag{31}$$

Bei Anwendung der Gl. (28) erhält man keinen Gewichtsmittelwert, sondern einen Mittelwert (M_z), der definiert ist durch den Ausdruck

$$M_z = \frac{\Sigma\, c_i\, M_i^2}{\Sigma\, c_i\, M_i}. \tag{32}$$

Für parallelwandige Zellen wird

$$M_z = \frac{\int\limits_{x_0}^{x_n} M_{z\,x} \cdot Z/x \cdot dx}{\int\limits_{x_0}^{x_n} Z/x \cdot dx}. \tag{33}$$

und bei der Anwendung von sektorförmigen Zellen

$$M_z = \frac{\int\limits_{x_0}^{x_n} M_{z\,x} \cdot Z \cdot dx}{\int\limits_{x_0}^{x_n} Z \cdot dx}. \tag{34}$$

Für monodisperse Substanzen erhält man dieselben Werte für M_w und M_z. Für paucidisperse oder polydisperse Systeme soll M_z größer als M_w werden. Eine Sedimentationsgleichgewichtszentrifugierung gibt über das Molekulargewichtsmittel Aufschluß, nicht aber darüber, welche Komponenten sich in Lösung befinden, oder gar über deren Konzentrationsverhältnisse. Durch Berechnung von M_w und M_z wird ein gewisses Kriterium für die Monodispersität der Substanzen erhalten. Bei polydispersen Systemen kann man aus dem Verhalten dieser Mittelwerte einen weitgehenden Schluß über den Polydispersitätsgrad ziehen.

ARCHIBALD[1] hat eine Methode ausgearbeitet, die Molekulargewichte zu berechnen erlaubt, ohne die Gleichgewichtseinstellung abzuwarten. Befindet sich eine verdünnte Lösung einer Substanz in einer sektorförmigen Zelle, ist die Anzahl der Moleküle, die je Sekunde den Querschnitt (x) zur Zeit t passieren, gegeben durch

$$Q(x,t) = \left(\omega^2 \cdot s \cdot x \cdot n - D\frac{\delta n}{\delta x}\right) x\, \Theta\, h.$$

n ist die Anzahl gelöster Partikel je Kubikzentimeter am Querschnitt in x zur Zeit t, Θ der Sektorwinkel und h die Schichthöhe. Liegt Gleichgewicht vor, so ist diese Funktion 0, d. h. für alle x-Werte wird

$$\lim Q(x,t) = 0\,(t \to \infty).$$

Es gilt dann die gewöhnliche Gleichgewichtsformel. Ehe das Gleichgewicht erreicht ist, hat diese Funktion nur den Wert 0 beim Meniscus (x_a) und dem Zellboden (x_b). Dies bedeutet, daß die Substanz weder den Meniscus noch den Boden passieren kann. In diesen beiden Punkten ist also

$$\frac{M(1-V\varrho)\cdot\omega^2}{RT} = \frac{1}{x \cdot n}\cdot\frac{\delta n}{\delta x} = \delta.$$

Es kann daher schon von Beginn der Zentrifugierung für verschiedene Zeitpunkte berechnet und in einem Diagramm zusammengestellt werden, bis eine genaue Bestimmung von δ in den Punkten x_a und x_b erreicht wird. Ist die Substanz monodispers, soll δ in x_a und x_b eine Konstante sein, d. h. die Kurven werden sich in demselben Punkte und in gleicher Höhe bei x_a und x_b schneiden. Ist die Substanz polydispers, erhält man einen mit

---

[1] ARCHIBALD, W. J.: J. physic. Colloid Chem. **51**, 1204 (1947).

der Zeit sinkenden Wert für x_a und einen steigenden Wert für x_b. Da das berechnete Molekulargewicht in jedem Zeitpunkt einen Gewichtsmittelwert darstellt, kann dieser graphisch gegen die Zeit aufgetragen und bis zur Zeit 0 extrapoliert werden. Der so erhaltene Wert soll für die Kurven x_a und x_b gleich sein und stellt den Gewichtsmittelwert des Molekulargewichts der gelösten Substanzen dar. ARCHIBALD entwickelt auch eine Methode, um s und D aus ein und derselben Zentrifugierung zu berechnen. Die Methode bedeutet eine unerhörte Zeitersparnis. Es ist dabei möglich, auch die Geschwindigkeitszentrifuge für Molekulargewichtsbestimmungen anzuwenden. Infolge der großen Zentrifugalfelder wäre es möglich, Molekulargewichte von nur 200—300 zu bestimmen. Man könnte außerdem eine Vorstellung über die Einheitlichkeit solcher niedermolekularen Substanzen erhalten. Die Schwierigkeit liegt allerdings darin, daß bei dieser hohen Umdrehungszahl eine sichere Bestimmung der Basislinie kaum möglich ist. Man ist hier darauf angewiesen, die Basislinie in $Z = 0$ zu legen. Entspricht dies der wirklichen Basislinie, sollte eine Übereinstimmung zwischen Skala und Bezugsskala vorliegen, was schwer zu erreichen ist.

f) Beispiele der Berechnung.

α) Sedimentationskonstante.

[Fraktion von Nitrocellulose in Aceton (Abb. 21), Konz. $\sim 0{,}04\,\%$.]

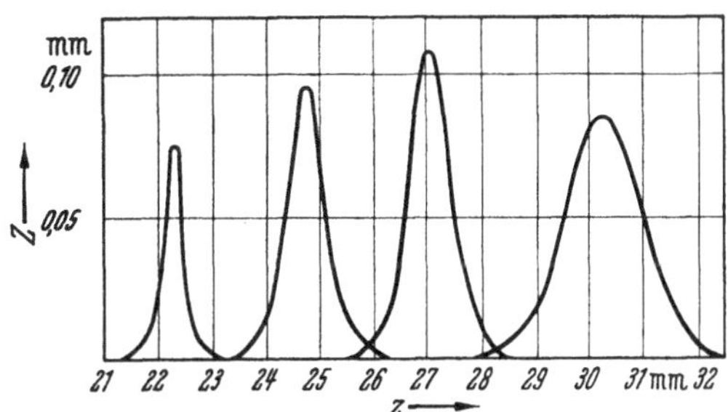

Abb. 21. Sedimentationsdiagramm; Nitrocellulose in Aceton.

Tabelle 1. *Versuchsdaten.*

Exp.-Nr.	Zeit	Tur-binenöl Druck kg/cm²	KW	Was-ser-stoff-druck mm	Kühl-wasser	Temperatur °C		Thermoelemente			Null-punkt	Zell-tempe-ratur °C	Um-drehung je min
						Tur-binenöl	Lager-öl	B_1	B_2	R			
1	13,45	5,7	2,8	15	1,0	17,4	18,4	—1,10	—0,70	2,30	19,65	22,0	50 000
2	13,50									2,55	19,70	22,3	50 000
3	13,55									2,70	19,70	22,4	50 000
4	14,00									2,70	19,80	22,5	50 000
5	14,05									2,85	19,80	22,7	50 000
6	14,10									2,85	19,80	22,7	50 000
7	14,20	5,7	2,8	15	1,0	16,7	17,7	—1,50	—1,20	2,80	19,80	22,6	50 000
8	14,30									2,85	19,80	22,7	50 000
9	14,40									2,90	19,80	22,7	50 000

Tabelle 2. *Auswertung.* $x = 7{,}495 - F(p - z)$; $x_0 = 5{,}896\text{ cm}$.

Exp.-Nr.	Skalen-ab-stand cm	F	p	z	x	Δx	x_m	Um-drehung je min	$\omega^2 \times 10^{-7}$	Tempe-ratur °C	$\dfrac{\eta_t}{\eta_{20}}$	Δt	$x_m - x_0$	Korr.	S_{20}	S_{20} korr.
2	2,0	0,992	3,599	2,231	6,138											
5	8,0	1,012	3,594	2,475	6,363	0,225	6,251	50 000	2,742	22,5	0,976	905	0,355	1,038	14,15	14,69
7	12,0	1,025	3,590	2,703	6,586	0,223	6,475	50 000	2,742	22,6	0,975	865	0,579	1,062	14,16	15,04
9	12,0	1,025	3,590	3,020	6,911	0,325	6,749	50 000	2,742	22,7	0,974	1200	0,853	1,093	14,25	15,58

15,2

β) Konzentration.

Exp.-Nr.	A	$\dfrac{F}{G\cdot a\cdot b\cdot dn/dc}$	x	x_0	C %
2	—	—	6,138	5,896	—
5	7,9	$6,41\cdot10^{-3}$	6,363	5,896	0,059
7	10,4	$4,44\cdot10^{-3}$	6,586	5,896	0,058
9	8,9	$4,44\cdot10^{-3}$	6,911	5,896	0,055

Mittel 0,057

γ) Polydispersitätsfaktor.

Exp.-Nr.	A	h	B	x
2	3,0	4,8	0,031	6,138
5	7,9	6,7	0,059	6,363
7	10,4	6,4	0,081	6,586
9	8,9	4,4	0,101	6,911

$$\frac{dB}{dx} = 0,115.$$

δ) Molekulargewicht aus dem Sedimentationsgleichgewicht.

$R = 8,313\cdot10^7.\quad T = 295,2\ \text{U/sec} = 200.\quad \omega^2 = 1,579\cdot10^6.\quad 1 - V\varrho = 0,3105.$
$c_0 = 0,854\,\%.$

$$M_z = \frac{2\cdot8,313\cdot10^7\cdot295,2}{1,579\cdot10^6\cdot0,3105\cdot0,4343}\cdot\frac{\log\dfrac{Z_2\,x_1}{Z_1\,x_2}}{(x_2^2 - x_1^2)} = 2,305\cdot10^5\,\frac{\log\dfrac{Z_2\,x_1}{Z_1\,x_2}}{(x_2^2 - x_1^2)}.$$

x_1	x_2	z_2	z_1	$\dfrac{Z_2\,x_1}{Z_1\,x_2}$	$\log\dfrac{Z_2\,x_1}{Z_1\,x_2}$	$(x_2^2 - x_1^2)$	M
4,69	4,74	123	112	1,087	0,0362	0,4715	17,700
4,74	4,79	135	123	1,086	0,0358	0,4765	17,300
4,79	4,84	147	135	1,078	0,0326	0,4815	15,600
4,84	4,89	159	147	1,071	0,0298	0,4865	14,100
4,89	4,94	172	159	1,071	0,0298	0,4915	14,000
4,94	4,99	187	172	1,076	0,0318	0,4965	14,800
4,99	5,04	204	187	1,080	0,0334	0,5015	15,400
5,04	5,09	221	204	1,073	0,0306	0,5065	13,900
5,09	5,14	240	221	1,075	0,0314	0,5115	14,200
5,14	5,18	255	240	1,054	0,0228	0,4120	12,800

$$M_z = 14,800.$$

$G = 1,022,\ a = 1,014\ \text{cm},\ b = 8,89\ \text{cm},\ dn/dc = 188\cdot10^{-5},\ dc/dx = 5,774\cdot10^{-3}\cdot Z.$

x	Z	dc/dx	c'	c	x	Z	dc/dx	c'	c
4,69	112	0,65	0	0,637	4,99	187	1,08	0,256	0,893
4,74	123	0,71	0,034	0,671	5,04	204	1,18	0,312	0,949
4,79	135	0,78	0,071	0,708	5,09	221	1,28	0,374	1,011
4,84	147	0,85	0,112	0,749	5,14	240	1,39	0,441	1,078
4,89	159	0,92	0,156	0,793	5,18	255	1,47	0,498	1,135
4,94	172	0,99	0,204	0,841					

$$\Sigma c'\cdot \Delta x = 0,1058;\ c_0(x_n - x_0) = 0,854\,(5,18 - 4,69) = 0,418$$

$$c_0' = \frac{0,418 - 0,104}{5,18 - 4,69} = 0,642\quad c_i = 0,642 + c_i'.$$

$$M_w = \frac{8,313\cdot10^7\cdot295,2}{1,579\cdot10^6\cdot0,3105}\cdot\frac{dc}{dx}\cdot\frac{1}{x\cdot c}$$

$$M_w = 5,01\cdot10^4\cdot\frac{dc}{dx}\cdot\frac{1}{x\cdot c}.$$

x	dc/dx	c	M	x	dc/dx	c	M	x	dc/dx	c	M
4,69	0,65	0,637	10,900	4,89	0,92	0,793	11,900	5,09	1,28	1,011	12,500
4,74	0,71	0,671	11,200	4,94	0,99	0,841	11,900	5,14	1,39	1,078	12,600
4,79	0,78	0,708	11,500	4,99	1,08	0,893	12,100	5,18	1,47	1,135	12,500
4,84	0,85	0,749	11,700	5,04	1,18	0,949	12,400				

$$M_w = 11,900.$$

Tabelle 3. *Druckkorrektionsfaktoren bei Zentrifugierung einer Nitrocellulose mit Aceton als Lösungsmittel.*

x	Feld 10^{-5}	kg/cm²	ϱ_p	$\dfrac{1-V_1\varrho_1}{1-V_p\varrho_p}$	η_p/η_1	Korrekturfaktor	x	Feld 10^{-5}	kg/cm²	ϱ_p	$\dfrac{1-V_1\varrho_1}{1-V_p\varrho_p}$	η_p/η_1	Korrekturfaktor
5,9	3,08	0,0	0,792	1,000	1,000	1,000	6,7	3,50	213,3	0,807	1,014	1,156	1,172
6,1	3,18	50,4	0,796	1,003	1,037	1,040	6,9	3,60	271,3	0,811	1,017	1,197	1,217
6,3	3,29	102,8	0,799	1,005	1,075	1,080	7,1	3,71	331,5	0,815	1,021	1,240	1,266
6,5	3,39	157,0	0,803	1,010	1,115	1,126	7,3	3,81	393,6	0,820	1,024	1,284	1,315

Tabelle 4. *Änderung von f/f_0 mit dem Achsenverhältnis bei Rotationsellipsoiden.*

$$\varrho = \frac{b}{a}\ \varrho < 1 \qquad\qquad \varrho = \frac{b}{a}\ \varrho > 1$$

$1/\varrho$	f/f_0	$1/\varrho$	f/f_0	ϱ	f/f_0	ϱ	f/f_0
1,0	1,000	12	1,645	1,0	1,000	12	1,534
1,2	1,003	14	1,739	1,2	1,003	14	1,604
1,4	1,010	16	1,829	1,4	1,010	16	1,667
1,6	1,020	20	1,996	1,6	1,019	20	1,782
1,8	1,031	25	2,183	1,8	1,030	25	1,908
2,0	1,044	30	2,356	2,0	1,042	30	2,020
3,0	1,112	35	2,518	3,0	1,105	35	2,119
4,0	1,182	40	2,668	4,0	1,165	40	2,212
5,0	1,255	50	2,946	5,0	1,224	50	2,375
6,0	1,314	60	3,201	6,0	1,277	60	2,518
7,0	1,375	70	3,438	7,0	1,326	70	2,648
8,0	1,433	80	3,658	8,0	1,374	80	2,765
9,0	1,490	90	3,867	9,0	1,416	90	2,873
10,0	1,543	100	4,067	10,0	1,458	100	2,974

g) Zusammenfassung der wichtigsten Formeln.

$$s = \frac{dx/dt}{\omega^2 \cdot x} \quad \text{(s. S. 108)}$$

$$s = \frac{\ln x_2/x_1}{(t_2 - t_1)\,\omega^2} \quad \text{(s. S. 108)}$$

$$s = \frac{\Delta x/\Delta t}{x_m \cdot \omega^2} = \frac{x_2 - x_1}{\dfrac{x_2 + x_1}{2} \cdot \omega^2 (t_2 - t_1)} \quad \text{(s. S. 108)}$$

$$s = -\frac{1}{2\omega^2 t} \cdot \ln\left[\frac{x_0^2}{x_i^2} + \frac{c_{\ddot{u}}\,(x_i^2 - x_0^2)}{c_0 \cdot x_i^2}\right] \quad \text{(s. S. 111)}$$

$$s_I = s_{II}\,\frac{\log x_I - \log x_0}{\log x_{II} - \log x_0} \quad \text{(s. S. 109)}$$

$$D = \frac{A^2/H^2}{4 \cdot \pi \cdot t} \quad \text{(s. S. 112)}$$

$$M = \frac{R \cdot T \cdot s}{(1 - V\varrho) \cdot D} \quad \text{(s. S. 96)}$$

$$M = \frac{R\,T}{(1 - V\varrho) \cdot \omega^2} \cdot \frac{dc}{dx} \cdot \frac{1}{c \cdot x} \quad \text{(s. S. 115)}$$

$$M = \frac{2\,R\,T \cdot \ln c_2/c_1}{(1 - V\varrho) \cdot \omega^2 \cdot (x_2^2 - x_1^2)} \quad \text{(s. S. 115)}$$

$$c = \frac{F \cdot A}{G \cdot a \cdot b \cdot \alpha} \cdot \left(\frac{x_t}{x_0}\right)^2 \quad \text{(s. S. 113)}$$

$$f = \frac{R\,T}{D} = \frac{M \cdot (1 - V\varrho)}{s} \quad \text{(s. S. 114)}$$

$$f_0 = 6 \cdot \pi \cdot \eta \cdot N \left(\frac{3\,M \cdot V}{4 \cdot \pi \cdot N}\right)^{\frac{1}{3}} \quad \text{(s. S. 114)}.$$

Chromatographie.

Von

Hermann M. Rauen.

Mit 82 Abbildungen.

a) Einleitung.

Einführung und Überblick. Chromatographie ist — nach GERHARD HESSEs Metapher[1] — ein Verfahren zur Trennung eines Stoffgemisches in seine Komponenten nach dem Prinzip des Wettrennens der Molekeln über eine Hindernisstrecke. Am schnellsten ans Ziel kommen diejenigen Molekeln, die mit den Hindernissen am besten fertig werden, die anderen folgen in der Reihenfolge, wie sie die Hindernisse „nehmen" können.

Die Hindernisse sind Adsorbentien, die man in einer vertikalen Glasröhre säulenförmig anordnet, und das „Nehmenkönnen" ist die Resultante verschiedener Momente, die in der Natur des *Adsorbens,* der *Absorbenden* und des *Milieus* liegen.

Läßt man, wie 1906 der russische Botaniker MICHAEL TSWETT, einen Petrolätherauszug aus grünen Blättern durch eine solche Hindernissäule von Calciumcarbonat laufen, so teilen sich seine Komponenten in mehrere gelbe Farbstoffe und in 2 Chlorophyllfarbstoffe auf, die sich, ähnlich den Linien eines Spektrums, scheibenförmig übereinander anordnen (vgl. Abb. 1). Dieses Farbenspektrum nennt man ein *Chromatogramm* und das Verfahren *chromatographische Adsorptionsanalyse,* kurz *Chromatographie*[2]. Es ist eines der erfolgreichsten Trennverfahren und besticht jeden, der es zum erstenmal sieht, durch seine scheinbar spielerische Einfachheit. Nicht nur reale Bedürfnisse, sondern sicher auch jene regten den Spieltrieb der Experimentatoren an, und so kommt es, daß wir heute eine fast unübersehbare Mannigfaltigkeit in der Durchführung sowohl wie in der Wahl der Adsorbentien und der Milieubedingungen kennen.

Zur Gewinnung der Komponenten eines „entwickelten Chromatogramms" verfährt man in prinzipiell zweierlei Weise. Entweder man stößt nach dem klassischen Vorgehen die Adsorbenssäule aus der Glasröhre, zerschneidet sie nach dem Sitz der Farbstoffe und eluiert diese mit dem geeigneten Eluens. Oder man „entwickelt" das Chromatogramm weiter, indem man ein geeignetes Eluens nachfließen läßt und die getrennt auslaufenden Farbstoffe je für sich auffängt. Diese Trennung nennt man dann ein „flüssiges Chromatogramm". Es kommt auch vor, daß einige Komponenten des Gemisches mit den Hindernissen spielend fertig werden und sehr bald die Säule verlassen, andere dagegen in der oberen Partie haften bleiben. Zum Ablösen der sehr fest haftenden Verbindungen muß man dann die Säule herausstoßen und oft rigorose Maßnahmen (stärkere Säuren, Laugen, Auskochen u. a.) anwenden. Zu große Unterschiede in den *Adsorptionsaffinitäten* können erwünscht oder unerwünscht sein. Im letzteren Falle verändert man entweder das Adsorbens oder die Milieubedingungen. Im allgemeinen strebt man

---

[1] HESSE, G., u. B. TSCHACHOTIN: Naturwiss. **30**, 387 (1942).

[2] **Zusammenfassende Darstellungen,** Monographien usw.: ZECHMEISTER, L., u. L. v. CHOLNOKY: Die chromatographische Adsorptionsanalyse. Wien 1937. — ZECHMEISTER, L.: Progress in Chromatography 1938—1947. London 1950. — HESSE, G.: Adsorptionsmethoden im chemischen Laboratorium. Berlin 1943. — Die chromatographische Adsorptionsanalyse. Chem.-techn. Unters. Meth. Erg.-W. z. 8. Aufl. Bd. 1, S. 179ff. Berlin 1939. — MARTIN, A. J. P.: Ann. Rep. Progr. Chem. **45**, 267 (1948) (Zusammenfassung bis 1948). — STRAIN, H. H.: Chromatographic Adsorption Analysis. New York 1942. — WILLIAMS, T. J.: An Introduction to Chromatography. London 1947. — BROCKMANN, H.: Angew. Chem. (A) **59**, 199 (1947). — ROBINSON, F. A.: Pharmaceut. J. **158**, 46 (1947). — STRAIN, H. H.: Analyt. Chem., Washington **21**, 75 (1949). — WIELAND, TH.: Chemie **56**, 213 (1943). — MARTIN, A. J. P., and R. L. M. SYNGE: Adv. Protein Chem. **2**, 1 (1945). — TISELIUS, A.: Adv. Protein Chem. **3**, 67 (1947). — TURBA, F.: Z. Vit.-Horm., Ferm.-Forsch. **2**, 49 (1948/49). — WIELAND, TH.: Fortschr. chem. Forsch. **1**, 211 (1949). — DESNUELLE, P.: Bull. Soc. chim. France 251 (1949). — MARTIN, A. J. P.: Ann. Rev. **19**, 517 (1950).

zwar deutliche Unterschiede der Affinitäten an, die zur glatten Trennung ausreichen, aber nicht so extreme, wie im oben geschilderten Falle. Laufen die Komponenten des Gemisches hintereinander aus, so benötigt man Vorrichtungen zum Auffangen der Teilportionen des *Eluens* (Fraktionensammler).

Die klassische Methode der Farbstofftrennung, die ihr den Namen gab, wurde bald auch auf ungefärbte Verbindungen übertragen. Fluorescieren diese im Ultraviolett oder unterdrücken sie die Fluorescenz eines Zusatzes zum Adsorbens, so ist die Lokalisation leicht. Andernfalls sucht man nach einer spezifischen Farbreaktion, stößt die Säule nach einiger Versuchszeit heraus und bepinselt sie längs eines schmalen Streifens mit dem Reagens. Dort, wo sich eine Farbe entwickelt, sitzt dann die Substanz. Andererseits kann man auch weiterentwickeln, in kleineren Fraktionen auffangen und in diesen quantitativ auf die Substanz prüfen. Auf diese Art erhält man „Elutionskurven", die sehr viel aussagen können. Farblose Verbindungen kann man auch in gefärbte Derivate überführen und dann diese chromatographieren.

Einen Fortschritt bedeutet die Anwendung physikalischer Methoden zum Sichtbarmachen des Austritts ungefärbter Verbindungen aus einem Chromatographierohr (z. B. Messung des Brechungsindex nach PHILPOT-SVENSSON). Entweder treten die das Adsorbens verschieden schnell nehmenden Komponenten hintereinander aus — *Frontanalyse* — oder werden aus stärkerer Adsorption durch ein Eluens mit größerer Affinität zum Adsorbens hintereinander zum Vorschein gebracht — *Verdrängungsanalyse.*

Die Chromatographie gelingt besonders gut mit Verbindungen, die mehrfach ungesättigt sind bzw. Sauerstoff oder Stickstoff enthalten, kurz: mit Verbindungen, die durch den Besitz von einsamen Elektronenpaaren, Elektronenlücken oder Resonanzeffekten Restvalenzen betätigen und VAN DER WAALSsche Bindungen eingehen können. In vielen Fällen mag es sich zwischen Adsorbens und Adsorbendum um eine rein homöopolare Bindung handeln, in weitaus den meisten Fällen jedoch kann zwischen physikalischer Adsorption, chemischer Bindung oder sogar Salzbindung nicht eindeutig entschieden werden. Da es in der Praxis auf den Trenneffekt ankommt, fragt man oft nicht nach der Natur der wirkenden Kräfte.

Das gebräuchlichste Adsorbens ist das Aluminiumoxyd. Bei ihm treffen wir den bemerkenswerten Fall an, daß es beim Gebrauch zur *homöopolaren Chromatographie* andere Oberflächenbezirke der Partikel betätigt als beim Gebrauch zur *Ionenaustauschchromatographie.* Im letzten Falle handelt es sich fast ausschließlich um eine echte Salzbindung. Der Gebrauch von *Kunstharzaustauschern* zur Chromatographie von Kationen und Anionen hat diese Methode beträchtlich erweitert.

Überschichtet man die wäßrige Lösung einer Substanz mit einer mit ihr nicht unbegrenzt mischbaren organischen Flüssigkeit und schüttelt um, so verteilt sich die Substanz zwischen den beiden Phasen gemäß den Beziehungen des NERNSTschen Verteilungssatzes. Man kann die wäßrige Phase auch *stationär* anordnen, indem man sie von Silicagel, Kartoffelstärke oder Cellulosepulver aufsaugen läßt. Gibt man die Substanz auf eine damit bereitete Säule und läßt die organische — *mobile* — Phase langsam hindurchfließen, dann wandert die Substanz mit einer Geschwindigkeit abwärts, die eine Funktion ihres Verteilungskoeffizienten ist. Aus einem Substanzgemisch wandern dann die einzelnen Komponenten mit verschiedenen, ihren einzelnen Verteilungskoeffizienten entsprechenden Geschwindigkeiten. Der Grundvorgang dieses Verfahrens ist eine Verteilung der Komponenten zwischen der mobilen organischen und der stationären wäßrigen Phase, wobei es dahingestellt sein mag, ob noch andere Kräfte eine Rolle spielen. Man nennt es deswegen *Verteilungschromatographie.*

An Stelle der genannten Bindemittel für die wäßrige Phase benutzt man seit 1944 mit Erfolg Blätter von geeignetem Filtrierpapier. Die *Papierchromatographie* hat weiten Eingang in fast alle Laboratoriumszweige gefunden und erlaubt qualitative, zuweilen auch quantitative Aussagen, oft in Bruchteilen der früher zur „klassischen Trennung" benötigten Zeit und Mengen.

Rückblick. MICHAEL TSWETT hat die generelle Bedeutung seiner ersten Beobachtungen[1] für Analyse und Präparation nicht nur von gefärbten, sondern auch von ungefärbten Verbindungen klar erkannt. Dem unglücklichen Umstande, daß er sie nur in botanischen Zeitschriften und 1910 in einem in russischer Sprache geschriebenen Buche[2] veröffentlichte, ist es wahrscheinlich zuzuschreiben, daß seine geniale Methode ein Vierteljahrhundert nahezu unbeachtet blieb. Erst 1931 entdeckten RICHARD KUHN und seine Schüler sie wieder und verwandten sie zunächst zur Trennung geringer Mengen von Carotinoiden[3], dann zur präparativen Anreicherung des Eidotterfarbstoffes und des Luteins aus Pflanzen[4].

Besonders eindrucksvoll ist die Zerlegung eines Carotinpräparates in die bis dahin unbekannten isomeren α- und β-Carotine[5] und die Entdeckung von γ-Carotin[6]. In anderen Händen gelang die Anreicherung des Vitamins A aus Fischleberölen bis zu hohen Reinheitsgraden[7]. Bei der Wiederholung der alten Versuche von TSWETT und Anwendung von Puderzucker an Stelle von Calciumcarbonat ließen sich die Chlorophylle auch präparativ unzersetzt darstellen[8]. Abb. 1 zeigt den hier erzielten Trenneffekt, wobei allerdings 3 verschiedene Adsorbentien übereinander angeordnet sind und sich nicht nur die Chlorophylle, sondern auch die Carotinoide auftrennen.

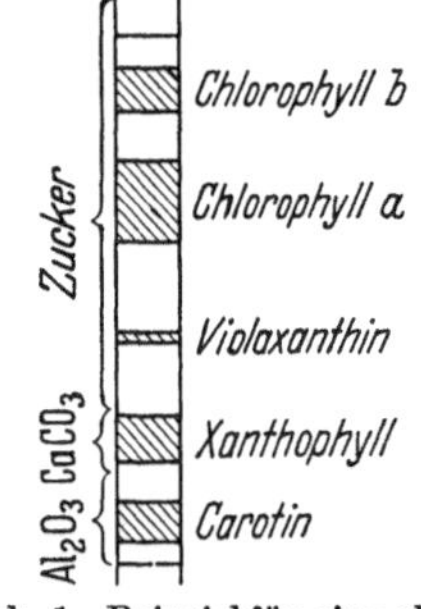

Abb. 1. Beispiel für eine chromatographische Trennung: Ein Petrolätherextrakt aus grünen Blättern zerlegt sich in einer Säule aus 3 übereinander angeordneten Adsorbentien (Aluminiumoxyd, Calciumcarbonat, Puderzucker) in die Chlorophylle und Carotinoide (nach ZECHMEISTER-CHOLNOKY)[21].

Die Eleganz, mit der sich die isomeren Carotine, die chemisch nahe verwandten Carotinoide und die beiden Chlorophylle an Chromatographiesäulen voneinander trennten, ohne daß man etwas anderes tat, als ein geeignetes Lösungsmittel oder -gemisch hindurchlaufen zu lassen, demonstrierte die Bedeutung des Verfahrens von neuem und regte zur Anwendung auf andere Stoffklassen an. Mit gleichem Erfolg konnten bald auch polycyclische aromatische Kohlenwasserstoffe getrennt werden[9], z. B. carcinogenes Benzpyren aus Steinkohlenteer[10], ferner Teerfarbstoffe[11], Nitrophenole und Nitraniline[12], Anthocyane[13], Azulene[14], Harzfarbstoffe[15]. Im weiten Feld der Biochemie behielt die Chromatographie nicht nur ihren Platz, sondern führte sich immer weiter ein, vgl. z. B. die Anwendung auf Vitamin D_3[16], Vitamin E[17], Follikelhormon[18], Sterine[19], Porphyrine[20] u. a.

Ab 1936 wurde auch in der anorganischen Chemie chromatographiert. Von da an verbreitete sich das Verfahren so über das ganze Gebiet, daß die geschichtliche Ent-

[1] TSWETT, M.: Ber. dtsch. bot. Ges. 24, 316, 381 (1906).
[2] TSWETT, M.: Die Chromophylle in der Pflanzen- und Tierwelt. Warschau 1910.
[3] KUHN, R., u. H. BROCKMANN: H. 206, 41 (1932).
[4] KUHN, R., A. WINTERSTEIN u. E. LEDERER: H. 197, 141 (1931).
[5] KUHN, R., u. E. LEDERER: B. 64, 1349 (1931).
[6] KUHN, R., u. H. BROCKMANN: B. 66, 407 (1933).
[7] KARRER, P., R. MORF u. K. SCHÖPP: Helv. 14, 1036 (1931).
[8] WINTERSTEIN, A., u. G. STEIN: H. 220, 263 (1933).
[9] WINTERSTEIN, A., u. K. SCHÖN: H. 230, 139, 146 (1934).
[10] COOK, J. W., C. L. HEWETT and J. HIEGER: Soc. 1933, 395.
[11] RUGGLI, P., u. P. JENSEN: Helv. 18, 624 (1935).
[12] KARRER, P., u. N. NIELSEN: Zangger-Festschr. S. 954. Zürich 1934.
[13] KARRER, P., u. F. M. STRONG: Helv. 19, 25 (1936). — KARRER, P., u. H. M. WEBER: Helv. 19, 1025 (1936).
[14] PLATTNER, P. A., u. A. S. PFAU: Helv. 20, 224 (1937).
[15] BROCKMANN, H., u. R. HAASE: B. 69, 1950 (1936). — HESSE, G.: A. 524, 14 (1936).
[16] WINDAUS, A., F. SCHENK u. F. v. WERDER: H. 241, 100 (1936).
[17] DRUMMOND, J. C., E. SINGER and R. J. MACWALTER: Biochem. J. 29, 456, 2510 (1935). — DRUMMOND, J. C., and A. A. HOOVER: Biochem. J. 31, 1852 (1937). — KARRER, P., u. H. SALOMON: Helv. 20, 424 (1937).
[18] DUSCHINSKY, R., et E. LEDERER: Bull. Soc. Chim. biol. 17, 1534 (1935).
[19] WINTERSTEIN, A., u. G. STEIN: H. 220, 247 (1933). — WINDAUS, A., u. O. STANGE: H. 244, 218 (1936). — WETTER, F., u. K. DIMROTH: B. 70, 1665 (1937).
[20] FISCHER, H., u. K. HERRLE: H. 251, 85 (1938).
[21] ZECHMEISTER, L. u. L. v. CHOLNOKY: Die chromatographische Adsorptionsanalyse. Wien 1937.

wicklung im einzelnen kaum noch zu verfolgen ist. Wenn man die Wiederentdeckung der Chromatographie zu Anfang der dreißiger Jahre als erste Stufe in der Entwicklung bezeichnen darf, dann besteht die zweite in der Einführung neuer Adsorbentien, die dem Aluminiumoxyd, Calciumcarbonat und wenigen anderen den Platz streitig machten. Diese und besonders die Austauscher vom Zeolithtyp besitzen eine sehr viel größere Kapazität als die alten und führten auch zur Verwendung des Verfahrens in der Industrie. Austauschadsorptionen mit synthetischen Ionenaustauschern werden seit 1935 verwendet[1], die Verteilungschromatographie mit Cellulose-, Stärke- und Silicagelsäulen ist seit 1941[2] und die Papierchromatographie seit 1944[3] im Gebrauch. Sie sind die modernen, in ihrer Anwendungsbreite kaum abzuschätzenden, verfeinerten Techniken. Die letztere zeichnet sich vor den früheren dadurch aus, daß sie von ihren Urhebern sogleich aus dem Bereich der Empirie in den der theoretischen Beherrschung gehoben wurde.

Ausblick. Vom Standpunkt der physikalischen Chemie ist die Chromatographie mit Ausnahme der Verteilungschromatographie ein rein empirisches Verfahren. Für jedes zu trennende Substanzgemisch muß man sich das geeignete Adsorbens und Lösungsmittelgemisch heraussuchen. Es fehlte nicht an Versuchen, den Verteilungsvorgang auch mathematisch zu beherrschen, und man erzielte bereits einigen Fortschritt, aus den Daten der physikalisch-chemischen Eigenschaften von Adsorbens, Adsorbendum und Lösungsmittel den Verteilungsverlauf theoretisch vorhersagen zu können. Die künftige Entwicklung der Chromatographie wird durch ihre theoretische Beherrschung gekennzeichnet sein, und dieser Abschnitt bedeutet die dritte Stufe im zeitlichen Werdegang des Verfahrens.

Ohne auf Einzelheiten der Theorie des chromatographischen Trennverlaufes einzugehen, seien nur die wichtigsten Linien skizziert. Man schlug 2 Wege ein. Auf dem einen wurde nach einem einfachen theoretischen Modell gesucht, um gebräuchliche Resultate für die aktuellen Berechnungen bei der Trennung von Substanzgemischen zu erhalten[4]. Die „einfache" Theorie wird auf den speziellen Fall der Frontanalyse angewandt. Auf dem 2. Weg wurde versucht, eine sehr detaillierte Theorie für den komplexen Vorgang auszuarbeiten, der in einer Säule während des Trennvorganges abläuft. Die mathematischen Schwierigkeiten geboten, diese Theorie zunächst nur für 1 oder 2 Substanzen aufzustellen, später dehnte man die erhaltenen Beziehungen dann auch auf Drei- und Mehrstoffgemische aus.

Die Ergebnisse dieser Bemühungen bedeuten für die praktische Anwendung wenig, bieten aber die Voraussetzung für ein tieferes Verständnis des chromatographischen Trennprozesses[5].

Die theoretischen Grundlagen der Verteilungschromatographie dagegen sind für die Praxis wichtig und werden deshalb später auf S. 200 behandelt[6].

Während die erwähnten theoretischen Arbeiten sich mit dem Chromatographieverlauf befaßten, ohne die Natur der Bindung zwischen Adsorbens und Adsorbendum zu beleuchten, richtete eine andere Arbeitsgruppe gerade auf diese ihr Augenmerk[7]. Sie versuchte auf andere Weise das Verfahren aus der Empirie zu lösen, indem sie Beziehungen zwischen konstitutionellen, insbesondere sterischen Eigenschaften der Adsorbenden, Adsorbentien und dem Adsorptionsvorgang aufspürte. Zweifellos lassen sich

[1] ADAMS, B., and E. L. HOLMES: J. Soc. chem. Industr. (II) **54**, 1 (1935).

[2] MARTIN, A. J. P., and R. L. M. SYNGE: Biochem. J. **35**, 1358 (1941).

[3] CONSDEN, R., A. H. GORDON and A. J. P. MARTIN: Biochem. J. **38**, 224 (1944).

[4] DE VAULT, D.: Nature **152**, 220 (1943). Am. Soc. **65**, 532 (1943).

[5] WILSON, I. N.: Am. Soc. **62**, 1583 (1940). — WEIL-MALHERBE, H.: Am. Soc. **65**, 302 (1943). — WEISS, J.: Am. Soc. **65**, 297 (1943). Soc. **1943**, 297. — OFFORD, A. C., and J. WEISS: Nature **155**, 725; **156**, 570 (1945). Discuss. Faraday Soc. Nr. 7. 1949. S. 26. — GLUECKAUF, E.: Nature **156**, 205, 571 (1945). Proc. R. Soc. London (A) **186**, 35 (1946). Soc. **1947**, 1321. — COATES, J. I., and E. GLUECKAUF: Soc. **1947**, 1309. — GLUECKAUF, E.: Discuss. Faraday Soc. Nr. 7. 1949. S. 12. — SMIT, W. M.: Discuss. Faraday Soc. Nr. 7. 1949. S. 38.

[6] Vgl. MARTIN, A. J. P.: Biochem. Soc. Symp. **3**, 4 (1949).

[7] ZECHMEISTER, L.: Stereochemistry and Chromatography. Ann. N. Y. Acad. Sci. **49**, 220 (1948).

Gesetzmäßigkeiten zwischen Adsorptionsaffinität und Eigenschaften der Glieder einer homologen Reihe, z. B. der Carotinoide oder der aliphatischen Aminosäuren aufstellen[1].

Eine weitere Entwicklung bahnt sich dadurch an, daß man lernt, Adsorbentien mit selektiven Adsorptionsaffinitäten für eine zu trennende Verbindungsklasse herzustellen[2] (sog. Maßschneider-Adsorbentien). Silicagel, das in Gegenwart von z. B. Propylorange gefällt wird, hat eine größere Adsorptionsaffinität für diese Verbindung als für Methylorange, Äthylorange oder Butylorange.

b) Apparaturen.

α) Chromatographieröhren.

Zur säulenförmigen Anordnung der Adsorbentien dienen im allgemeinen einseitig verjüngte Glasröhren von der in Abb. 2 dargestellten Form. Zu *Vorversuchen* verwendet

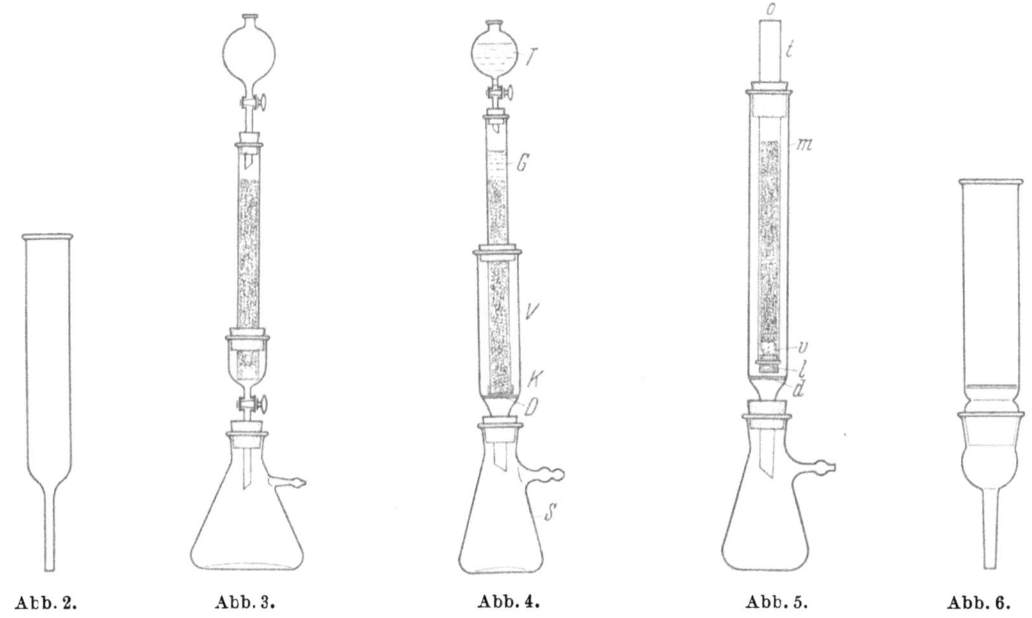

Abb. 2.   Abb. 3.   Abb. 4.   Abb. 5.   Abb. 6.

Abb. 2. Allgemeine Form von Chromatographieröhren.

Abb. 3. Vorrichtung nach HESSE mit Vorstoß und Glashahn.

Abb. 4. Chromatographievorrichtung nach WINTERSTEIN und STEIN. (*G* Glaswolle, *K* engmaschiges Kupferdrahtnetz, *V* Vorstoß, *D* weitmaschiges Drahtnetz, *S* Saugflasche, *T* Scheidetrichter).

Abb. 5. Vorrichtung nach DHÉRÉ und VEGEZZI (im Glasrohr *m* das Adsorptionsrohr *t*, 35 × 16 mm, *d* Siebplatte, *l* durchlöcherter Stopfen, *v* Wattebausch oder Glaswolle, *o* Einfüllöffnung).

Abb. 6. Adsorptionsröhrchen mit Siebplatte und Schliffansatz nach ZECHMEISTER.

man solche von 80—100 mm Länge, 8 mm Durchmesser und einigen Grammen Fassungsvermögen. Gebräuchlich sind ferner Röhren von 13 × 180 mm (etwa 20 g) und 25 × 300 mm (70—80 g). Zu *präparativen Zwecken* lassen sich auch solche von 520 mm Länge und 55 mm Durchmesser mit einer Kapazität von 1,5 kg Füllmasse verwenden. Bei diesen muß man beachten, daß das Adsorbens nicht zu feinkörnig ist, weil dem Eluens sonst ein zu großer Widerstand entgegensteht. Man verwendet sie deshalb nur für körniges Material, z. B. für synthetische Austauschharze. Andere Zwecke erfordern sehr viel längere Röhren, bis zu 2 m und 5—6 cm Durchmesser. Mit längeren Säulen sind nur „flüssige Chromatogramme" möglich, wobei also die einzelnen Komponenten getrennt austreten. Aus längeren Röhren gelingt es nicht, das Adsorbens ohne Zerstörung der Säulen auszustoßen.

---

[1] BROCKMANN, H.: Discuss. Faraday Soc. Nr. 7. 1949. S. 58.

[2] DICKEY, E. E.: Proc. nat. Acad. Sci. USA **35**, 227 (1949). — BERNARD, S. A.: Am. Soc. **74**, 4946 (1952).

Will man nach Entwickeln des Chromatogrammes die einzelnen Zonen durch Zerschneiden der Säule isolieren, um sie getrennt zu eluieren, so verwendet man am besten Anordnungen nach Abb. 3—5. Sie bestehen im wesentlichen aus einem gewöhnlichen Glasrohr, das am unteren Ende mit einem Wattebausch verschlossen ist und mit einem Korkring in einem Glasvorstoß befestigt wird. Man verschließt das untere Ende des Rohres entweder mit einem mehrfach durchbohrten Kork[1] oder mit einer feinmaschigen Drahtnetzkappe[2]. Im Vorstoß wird es so angeordnet, daß es auf einem grobmaschigen Drahtnetz sitzt. Bei einer verbesserten Form sitzt der untere Wattebauschabschluß auf einer Porzellansiebplatte, die sich in einem Sintervorstoß mit Glashahn befindet. Durch den letzteren kann der Absaugvorgang unterbrochen werden.

Liegen die Adsorptionszonen im oberen Teil der Säule, kann ein gewöhnliches Glasrohr entsprechender Weite verwendet werden, das mit einer Gummimanschette über ein ALLIHN-Röhrchen mit Glasfritte oder einen Jenaer Glasfrittentiegel gezogen ist. Eine ähnliche Anordnung gibt Abb. 6 wieder[3]. Die Verengung des Hauptrohres bietet einer Porzellansiebplatte Widerstand, auf die mit oder ohne Wattepolster das Adsorbens geschichtet wird. In den Schliff des Saugvorstoßes können dann nacheinander mehrere Chromatographieröhren gesteckt werden. Diese Anordnung empfiehlt sich besonders zu präparativen Arbeiten. Denn zur Gewinnung größerer Substanzmengen ist es oft nicht zweckmäßig, mit einer großen Säule zu arbeiten, sondern den gleichen Trennvorgang mit mehreren Säulen mittleren Füllgehaltes durchzuführen. Dieses Vorgehen empfiehlt sich besonders, wenn das Trenngemisch aus mehreren Komponenten besteht, die nicht mit großen Geschwindigkeitsunterschieden abwärts wandern. Enthält das Trenngemisch nur wenige sich gut trennende Komponenten, so verwendet man eine große präparative Säule von der Anordnung nach Abb. 7[4]. Ein etwa 50 cm langes und 12,5 cm breites Adsorptionsrohr G sitzt mit dem unteren umgelegten und plangeschliffenen Rand mittels eines Gummiringes auf einer Porolithfilterplatte P, die selbst mit einem Gummiring auf einem Metalltrichter M ruht. Die beweglichen Teile werden mit Ring R und Schrauben S zusammengehalten. Eine etwas kleinere Anordnung besitzt eine Länge von 25 cm mit 7,5 cm Durchmesser[5].

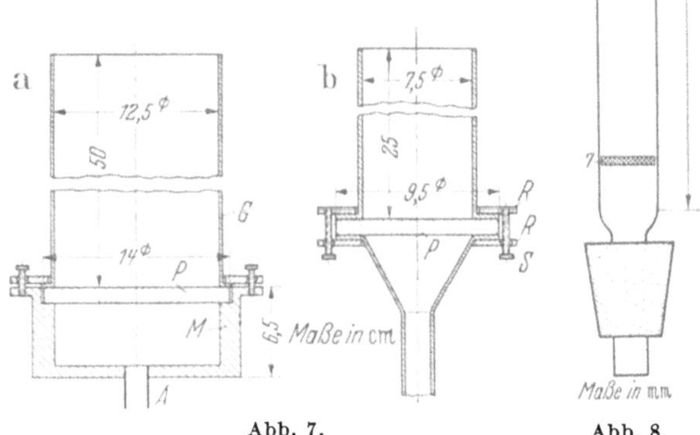

Abb. 7. 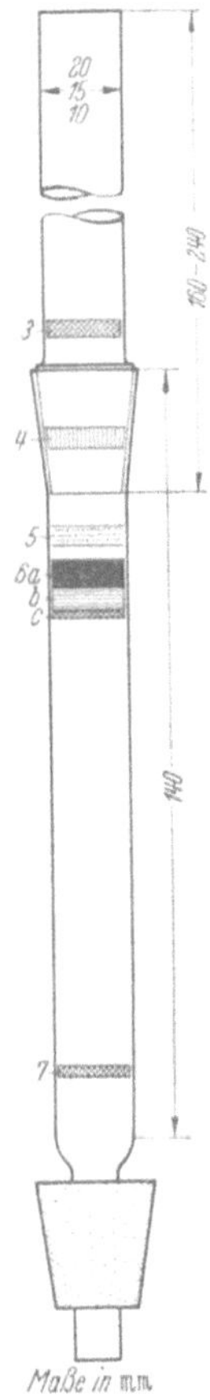 Abb. 8.

Abb. 7 a u. b. Vorrichtung nach WINTERSTEIN und SCHÖN. a großes, b kleines Modell. Erläuterungen im Text.

Abb. 8. Zerlegbare Chromatographieröhre. Vgl. Text.

Manche Arbeiten erfordern, daß mit einem 1. Eluens sich das Gemisch nur in eine oder zwei Zonen mit reinen Komponenten und in eine Zone mit Komponentengemisch trennt, das dann mit einem 2. Eluens erst völlig aufgetrennt werden kann. Hierzu empfiehlt sich die Säulenanordnung nach Abb. 8[6]. Sie besteht aus 2 durch Schliff verbundenen Glasröhren (vgl. hierzu S. 158).

Zu Versuchen mit *kleineren Substanzmengen* hat sich auch ein zweifach verjüngtes Rohr nach Abb. 9 bewährt. Auf die untere Verjüngung wird ein Wattebausch gepreßt,

[1] DHÉRÉ, CH., et A. RAFFY: Bull. Soc. Chim. biol. 17, 1385 (1935).
[2] WINTERSTEIN, A., u. G. STEIN: H. 220, 263 (1933).
[3] ZECHMEISTER, L., u. L. v. CHOLNOKY: Die chromatographische Adsorptionsanalyse. Wien 1937.
[4] WINTERSTEIN, A., u. K. SCHÖN: H. 230, 139, 146 (1934).
[5] Adsorptionsrohr nach WINTERSTEIN u. SCHÖN, zu beziehen durch L. Hormuth, Inh. W. Vetter, Heidelberg, Hauptstraße 25.
[6] LEONHARDI, G., I. v. GLASENAPP u. K. FELIX: H. 286, 19 (1950).

das Adsorbens, insbesondere Kunstharzaustauscher, eingefüllt, mit einem Wattebausch verschlossen und festgepreßt. Der obere Teil dient als Trichtergefäß, der Grad des Pressens reguliert die Auslaufgeschwindigkeit[1]. Zu Arbeiten in ähnlichen Größenordnungen wurde auch das Rohr nach Abb. 10 verwendet.

Zum Arbeiten mit *noch kleineren Substanzmengen* wurden *Mikroadsorptionsrohre* gebaut. Das Rohr nach Abb. 11 besitzt im Capillarteil einen Durchmesser von 1 mm. Er dient zur Aufnahme des Adsorbens, der obere Teil mit 4—5 mm Durchmesser zur Aufnahme des Eluens. Das untere, wenig erweiterte Ende wird mit einem Wattebausch verschlossen und das ganze Rohr in einem Vorstoß, wie beschrieben, auf eine Siebplatte bzw. in eine Jenaer Glasfritte plaziert[2]. Ein 2. Mikroadsorptionsrohr gibt Abb. 12 wieder.

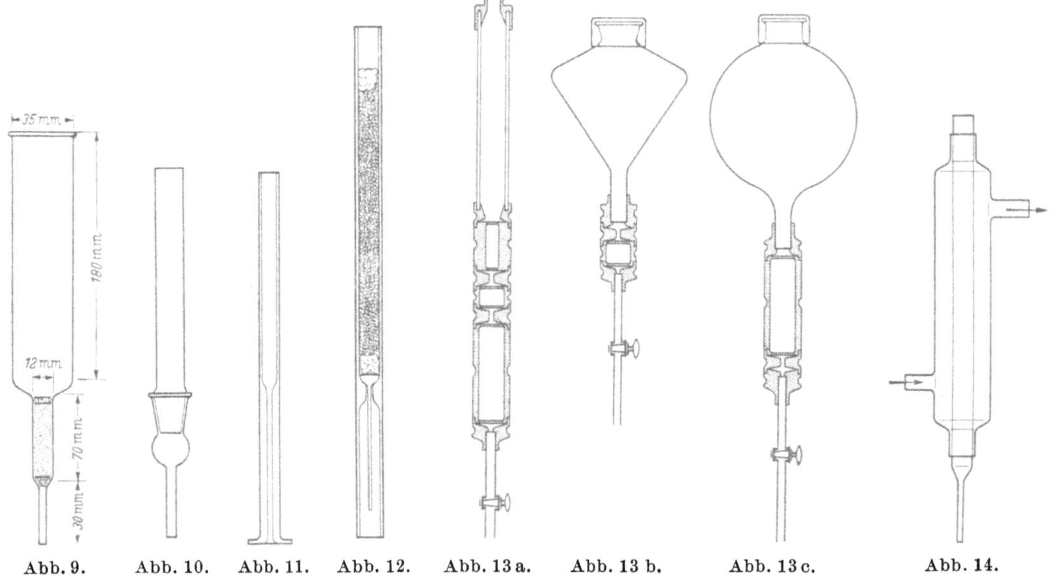

Abb. 9.   Abb. 10.   Abb. 11.   Abb. 12.   Abb. 13 a.   Abb. 13 b.   Abb. 13 c.   Abb. 14.

Abb. 9. Chromatographierohr zum Arbeiten mit kleineren Substanzmengen.

Abb. 10. Adsorptionsrohr nach KUHN und BROCKMANN für analytische Zwecke.

Abb. 11. Mikroadsorptionsrohr nach SCHÖPF und BECKER (Capillare für Adsorbens 1 mm, Kolonne für Eluens 4—5 mm Durchmesser).

Abb. 12. Mikroadsorptionsrohr nach HESSE (Kolonne 30 × 2 mm).

Abb. 13. Mikrovorrichtungen von TISELIUS und Mitarbeitern aus innenvergoldeten Metallteilen mit a 3, b und c je einer Kammer für Adsorbentien. Erläuterungen s. S. 193.

Abb. 14. Vorrichtung zum Temperieren von Adsorptionsrohren.

Es besteht die Gefahr, daß in der Röhrenachse der Eluensdurchfluß größer ist als außen und daher die Zonenfronten nicht gleichmäßig abwärts wandern. Dies verhindert eine Verengung des Rohres, in die ein Glasnagel eingesetzt ist. Über dem Wattebausch wird das Absorbens eingedrückt und oben ebenfalls mit einem Wattebausch verschlossen[3]. Weitere Mikroanordnungen sind in Abb. 13 wiedergegeben. Sie bestehen aus Metallteilen, die man aufeinander schrauben kann, und dienen vorwiegend zum Arbeiten mit Kunstharzaustauschern und Aktivkohle[4] (vgl. S. 168).

Gewöhnlich werden chromatographische Trennungen, wenn nichts anderes vermerkt, bei Zimmertemperatur ausgeführt. Ist eine *höhere Temperatur* oder gar *Temperaturkonstanz* vorgeschrieben, so fügt man, wie Abb. 14 zeigt, ein normales Adsorptionsrohr in einen Glasmantel mit Zu- und Abflußstutzen und läßt entsprechend temperiertes Wasser durchfließen.

[1] RAUEN, H. M., u. K. FELIX: H. **283**, 139 (1948).

[2] SCHÖPF, C., u. A. BECKER: A. **524**, 124 (1936).

[3] HESSE, G.: Adsorptionsmethoden des chemischen Laboratoriums. Chem.-techn. Unters.-Meth. (BERL-LUNGE) Erg.-W. 8. Aufl. Bd. 1, S. 179ff. Berlin 1939.

[4] TISELIUS, A., and S. CLAESSON: Ark. Kemi, Mineral. Geol. **15**B, Nr. 18 (1942).

Bei den seitherigen Anordnungen wurde das Eluens auf die Säule gegeben und im *fallenden Durchfluß* gearbeitet. Man setzt auf die Chromatographierohre einen Scheidetrichter, regelt die Durchflußgeschwindigkeit mit seinem Glashahn

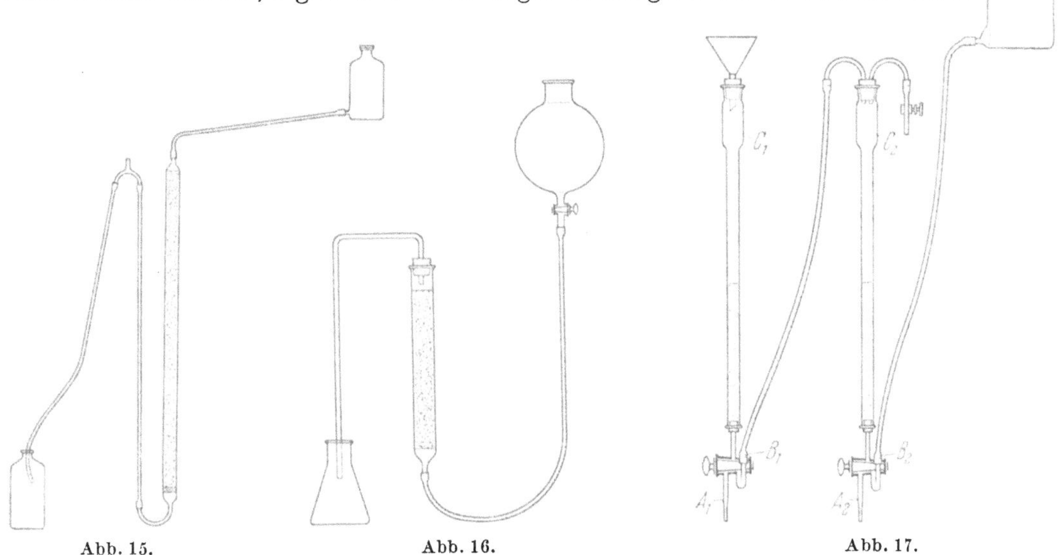

Abb. 15.   Abb. 16.   Abb. 17.

Abb. 15. Vorrichtung zum absteigenden Durchlauf.

Abb. 16. Vorrichtung zum aufsteigenden Durchlauf.

Abb. 17. Halbmikrovorrichtung nach APPLEZWEIG zur aufsteigenden Arbeitsweise, vorwiegend mit Kunstharzaustauschern. Erläuterungen im Text. A_1 und A_2 Auslauf zum Auffangen des Durchlaufs oder des Eluats, B_1 und B_2 Dreiweghähne zur wahlweisen Verbindung der Röhren, C_1 und C_2 obere Erweiterungen.

und erreicht so ein gleichmäßiges Entwickeln des Chromatogramms. Es haben sich auch Scheidetrichter bewährt, die man sich aus 5- bzw. 10-Literrundkolben durch Anschmelzen eines Glashahns am Boden herstellen läßt. Auch eine Bodentubusflasche kann gebraucht werden, vgl. hierzu Abb. 15.

In vielen Fällen ist es aber notwendig, im *steigenden Durchfluß* zu arbeiten, wozu man sich einer Anordnung nach Abb. 16 bedient. Zur Austauschadsorption mit Kunstharzen, die wegen der größeren Partikel dem Eluens keinen großen Widerstand entgegensetzen, lassen sich auch bei steigendem Durchfluß mehrere Säulen hintereinander schalten, wie Abb. 17 veranschaulicht[1].

Ähnlich wie eine der oben beschriebenen Anordnungen besteht auch die nach Abb. 18 aus der Verbindung eines Glasrohres mit angeschmolzenen Ablaufstutzen durch Gummiring mit einer Jenaer Glasfritte. Die Apparatur dient zum Arbeiten mit größeren Mengen Adsorbens, vorwiegend Kunstharzaustauschern, in steigendem Durchfluß. Für noch größere Mengen Kunstharz, z. B. zum Entsalzen von Wasser oder dergleichen, kann recht gut die Apparatur nach Abb. 19 verwendet werden. Sie besteht aus einem Gefäß aus Vinidur mit Einfluß- und Ausflußstutzen, und wird nach Einbringen des Füllmaterials durch Schraubverschluß geschlossen. Diese Anordnung hat den Vorteil, daß sowohl im steigenden als auch im fallenden Durchfluß gearbeitet werden kann. Im letzteren Falle wird nach Abnahme der Kappe S und Verschluß des Stutzens E das Trichterstück R aufgeschraubt. Die durch dieses eingegebene Flüssigkeit entströmt dann nach Durchlaufen des Füllmaterials durch den Stutzen A.

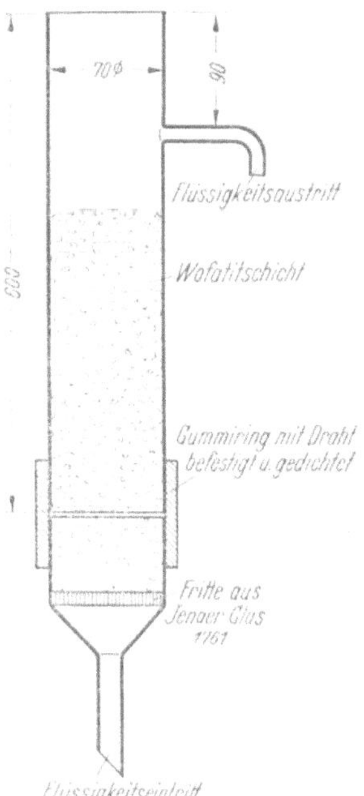

Abb. 18. Glasapparatur zur Chromatographie mit Kunstharzaustauschern im steigenden Durchlauf (nach Angaben der Farbenfabriken Bayer, Leverkusen).

---

[1] APPLEZWEIG, N.: Industr. engng. Chem., analyt. Ed. 18, 82 (1946).

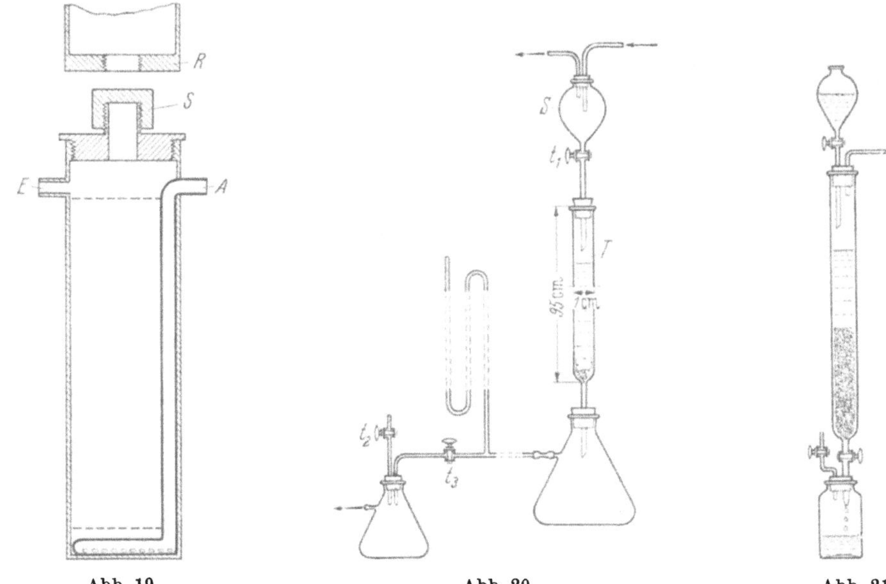

Abb. 19.　　　　　　　　Abb. 20.　　　　　　　　Abb. 21.

Abb. 19. Chromatographieapparatur für steigenden Durchlauf aus Vinidur. Erläuterungen im Text (nach Angaben der Farbenfabriken Bayer, Leverkusen).

Abb. 20. Vorrichtung nach Heilbron und Mitarbeitern zum Chromatographieren unter inerter Gasatmosphäre (durch den das Eluens enthaltenden Scheidetrichter S wird ein Strom von inertem Gas geleitet. T Chromatographierohr mit Adsorbens, t_1 Hahn zum zeitweiligen Verschließen des Scheidetrichters bei Neuaufgabe von Eluens, t_2 und t_3 Hähne zur Regulation des Unterdruckes).

Abb. 21. Vorrichtung nach Holmes und Mitarbeitern zum Chromatographieren unter inerter Gasatmosphäre.

Es sind auch *Chromatographietürme von halbtechnischem Ausmaß* im Laboratoriumsgebrauch. So besteht z. B. ein Gerät (zur Gewinnung von Vitamin B_1) aus einem innen verbleiten Metallturm von 1,5 m Höhe und 28 cm Durchmesser[1].

Sauerstoffempfindliche Substanzen lassen sich nur bei inerter Gasatmosphäre erfolgreich chromatographieren, wozu die beiden in den Abb. 20[2] und 21[3] skizzierten Anordnungen verwandt werden können.

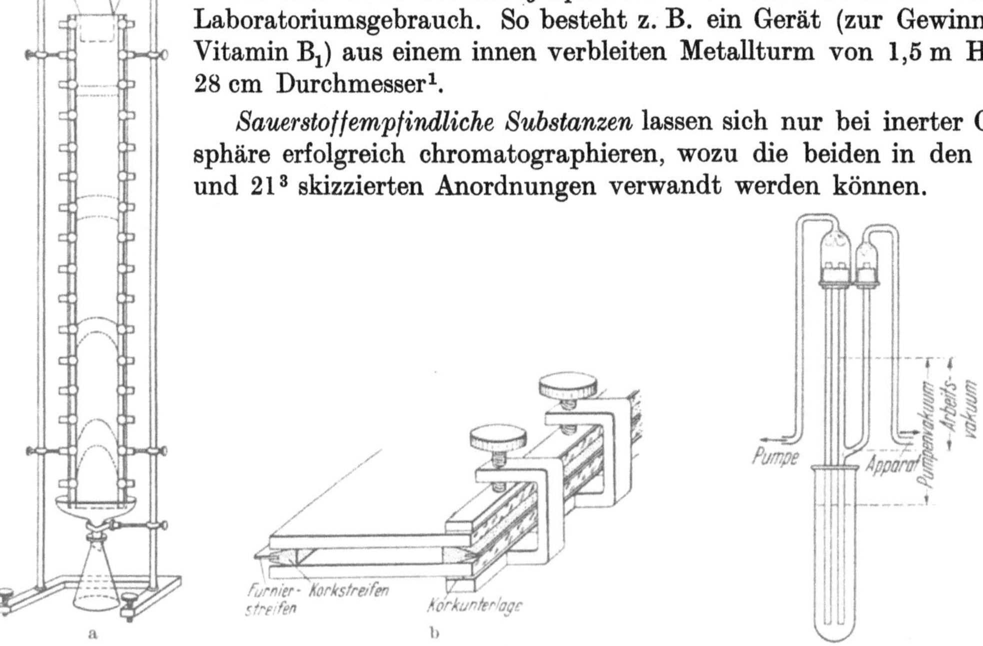

Abb. 22a u. b.　a Zerlegbare, flache Adsorptionscuvette, b Klemmvorrichtung zur Cuvette.　　　Abb. 23. Unterdruckregler nach Cherbuliez.

Beim Herausstoßen aus den Röhren zerbrechen die Säulen leicht. Um dies zu verhindern, gießt man in die Röhren vor Einfüllen des Adsorbens geschmolzenes Paraffin

---

[1] Cerecedo, L. R., and D. J. Hennessy: Am. Soc. **59**, 1617, 1619 (1937).

[2] Heilbron, I. M., R. N. Heslop, R. A. Morton, E. T. Webster, J. L. Rea and J. C. Drummond: Biochem. J. **26**, 1178 (1932).

[3] Holmer, H. N., and J. N. Anderson: Industr. engng. Chem., analyt. Ed. **17**, 280 (1945).

mit dem niedrigsten Schmelzpunkt, dreht so, daß die gesamte Innenwand benetzt wird, gießt den Rest aus und läßt erkalten. Will man nach dem Versuch die Adsorbenssäule gewinnen, dann erwärmt man bis kurz über den Schmelzpunkt des Paraffins im Brutschrank und kann dann die Säule sehr leicht herausstoßen. Führt auch dieser Trick nicht zum Ziel, dann verwendet man eine zerlegbare Cuvette nach Abb. 22[1].

Die seither beschriebenen Chromatographieeinrichtungen arbeiten in den meisten Fällen mit Unterdruck, d. h. man legt einen schwachen Sog an die Apparatur. In vielen Fällen läuft das Eluens auch durch die eigene Schwere durch. Zur Erzeugung eines *schwachen Unterdruckes* verwendet man gewöhnlich eine Wasserstrahlpumpe mit zwischengeschaltetem Dreiweghahn zur Unterdruckregelung. Zur feineren Regulierung bis zur Genauigkeit von $\pm$ 10 mm Hg, die für konstante Durchflußgeschwindigkeit ausreicht,

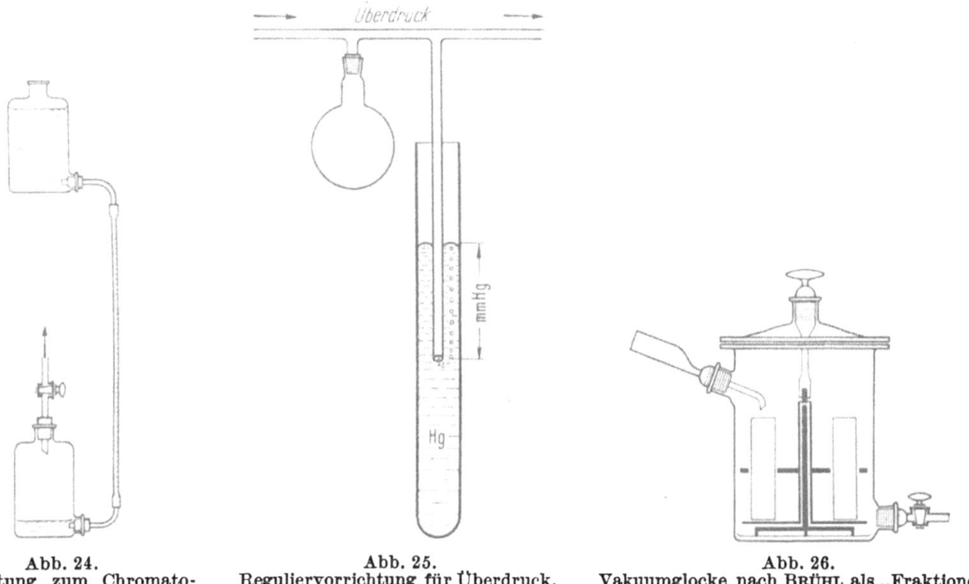

Abb. 24.
Vorrichtung zum Chromato-
graphieren mit Überdruck.

Abb. 25.
Reguliervorrichtung für Überdruck.

Abb. 26.
Vakuumglocke nach BRÜHL als „Fraktionensammler“ während des Chromatographierens.

verwendet man den in Abb. 23 wiedergegebenen Unterdruckregler[2], dessen Arbeitsweise aus der Skizze hervorgeht.

Das Arbeiten mit Unterdruck ist nicht bei allen Adsorbentien vorteilhaft, weil sich oft Gaspolster bilden. In solchen Fällen verwendet man einen *gelinden Überdruck*, der das Eluens gleichmäßig durch die Säule preßt. Für kleinere Anordnungen eignet sich recht gut die einfache Vorrichtung nach Abb. 24. Eine Schlauchverbindung leitet den Überdruck auf den Lösungsmittelrecipienten der Chromatographieröhre. Für größere Ansätze und bei Versuchen von längerer Zeitdauer verwendet man gewöhnliche Wasserstrahlgebläse oder kleine Motorgebläse, verbindet sie mit einem Windkessel und regelt den Überdruck durch einen Überglucker nach Abb. 25.

β) *Fraktionensammler.*

Zum Auffangen mehrerer Fraktionen bei den sog. flüssigen Chromatogrammen oder bei einer in der Einleitung angedeuteten, später (S. 195) ausführlicher beschriebenen Arbeitsweise bedient man sich verschiedener Konstruktionen von *Fraktionensammlern*. Im einfachsten Falle wird man das Durchsaugen unterbrechen und die Saugflasche wechseln. Dies birgt aber verschiedene Gefahren, insbesondere für die homogene Packung des Säulenmaterials, und man verwendet zweckmäßig eine BRÜHLsche Vakuumglocke nach Abb. 26. Mittels eines Gummistopfens verbindet man die unten schräg abgebogene

[1] BÉKÉSY, N. v.: B. Z. **312**, 100 (1942).
[2] CHERBULIEZ, E.: Helv. **19**, 794 (1936).

Chromatographieröhre mit der Glocke. Sie erlaubt, die Auffanggefäße unter dem Ablaufstutzen zu wechseln, ohne den Unterdruck aufzuheben.

Länger laufende chromatographische Trennungen mit geringer Durchflußgeschwindigkeit des Eluens, wie wir sie besonders bei den Verfahren der Verteilungschromatographie antreffen werden, lassen sich durch Verwendung *automatisch arbeitender Fraktionensammler* wesentlich vereinfachen. Wenn es darauf ankommt, eine größere Anzahl gleichbleibender Volumina des Eluens zu erhalten, verwendet man eine der im folgenden beschriebenen, den verschiedenen Zwecken angepaßten Vorrichtungen.

Die Erfahrung lehrt, daß auch bei sorgfältiger Einregulierung die Durchflußgeschwindigkeit des Eluens über längere Zeit nicht konstant bleiben kann, weil das Säulenmaterial

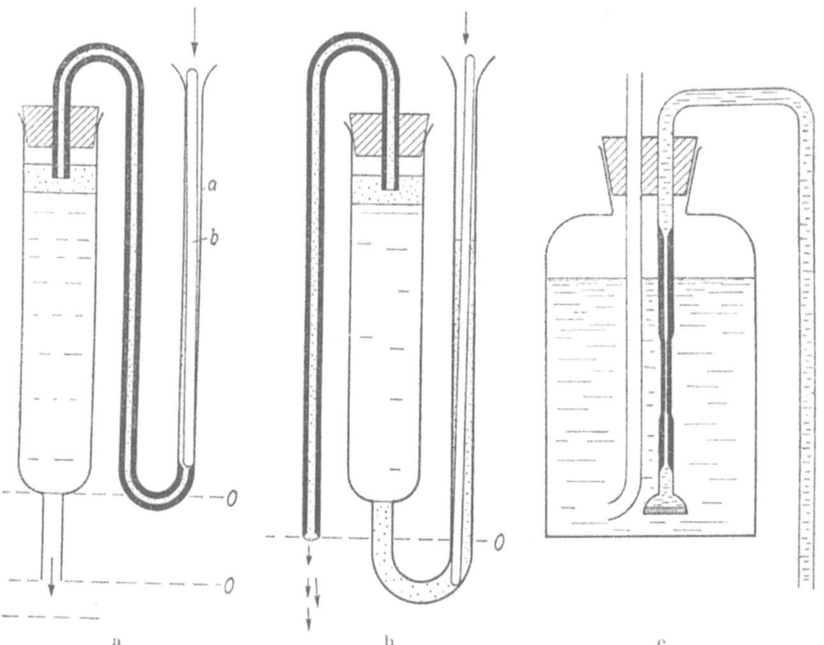

Abb. 27a—c. Vorrichtung zum Konstanthalten der Durchflußgeschwindigkeit nach VOGT, vgl. Text.

stets etwas nachpackt. So können auch die austretenden Volumina niemals gleich sein, wenn man die Vorlagen in bestimmten Zeitabschnitten wechseln läßt. Eine einfache Vorrichtung reguliert jedoch automatisch die Durchflußgeschwindigkeit auf die gewünschte Höhe ein[1]. Sie besteht nach Abb. 27 aus den je nach Arbeiten mit fallendem oder steigendem Durchfluß entsprechend gebogenen Zulaufröhren. Zunächst gibt man ein wenig von dem Eluens auf die Säule und setzt dann das S-förmig gebogene Zulaufrohr auf, so daß es in das Eluens auf der Säule eintaucht. Das Capillarrohr füllt sich dann von selbst, wie Abb. 27a andeutet. Der tiefste Punkt dieses Rohres muß tiefer liegen als das Niveau 0, das die Stelle schneidet, an der sich die Tropfen aus der Säule frei ablösen. Ist das Mündungsrohr der Säule so eng, daß es mit Flüssigkeit angefüllt bleibt, gilt 0′ an Stelle von 0. Dann setzt man einen Glasstab in den aufwärts gehenden Rohrschenkel und läßt aus dem Vorratsgefäß das Eluens mit der gewünschten, gleichmäßigen Geschwindigkeit in das freie Ende des S-Rohres tropfen. Die Tropfen dürfen beim Herunterfließen keine Luftblasen einschließen, was für den Eintropfschenkel eine größere Rohrweite verlangt. Die erforderliche Höhe des Eintropfrohres richtet sich nach der gewünschten Durchlaufgeschwindigkeit und der Durchlässigkeit der Säule, die wieder von Säulenquerschnitt, Säulenhöhe, Art des Adsorbens und Viscosität des Eluens abhängt. *Wirkungsweise:* Zwischen dem Niveau des Eluens im Eintropfrohr und dem des Säulenendes (0 oder 0′) bildet sich ein bestimmtes Gefälle, das das Eluens durch die Säule treibt.

---

[1] VOGT, W.: Chem.-Ing.-Techn. **23**, 580 (1951).

Ist die Säulendurchlässigkeit im Verhältnis zur Zulaufgeschwindigkeit so groß, daß bei zunächst gegebenem Gefälle der Ablauf größer ist als der Zulauf, sinkt das Niveau im Eintropfrohr und damit der Flüssigkeitsdruck. Dadurch verringert sich auch die Auslaufgeschwindigkeit aus der Säule, bis es dem Zulauf gleich wird. Im extremen Fall — gar kein Zulauf — tritt nichts aus der Säule aus; denn wenn der Spiegel im freien Rohrschenkel bis zum Niveau 0 abgesunken ist, besteht kein Gefälle mehr. Die Säule kann also niemals leerlaufen. Wird umgekehrt während des Versuches das Säulenmaterial undurchlässiger, dann steigt infolge des unveränderten Zuflusses das Niveau im Eintropfrohr solange an, bis der sich damit ebenfalls erhöhende Druck die alte, dem Zulauf gleiche Ablaufgeschwindigkeit erzwingt. Da sich die Säulendurchlässigkeit nur allmählich ändert und das Volumen des Eintropfrohres sehr klein ist, spielt sich das richtige Gefälle so schnell ein, daß praktisch eine konstante, dem Zulauf gleiche Durchlaufgeschwindigkeit erreicht wird. Ein geringer Fehler des Systems besteht darin, daß das Eintropfrohr bei nachlassender Säulendurchlässigkeit solange etwas Eluens zurückhält, bis das höhere Niveau „aufgebaut" ist. Soll eine Lösung mehrere Säulen hintereinander durchlaufen, dann braucht man nur den Auslauf der ersten über das Eintropfrohr der nächsten Säule zu stellen. Ohne Schlauchverbindungen herstellen oder lösen zu müssen, können die Säulen dann getrennt weiterbehandelt werden. Um einen *gleichmäßigen Tropfenfall* aus dem Vorratsgefäß zu erzielen, verwendet man eine MARIOTTEsche Flasche mit einem seitlichen Bürettenhahn, in dessen Küken man eine fein auslaufende, von der Bohröffnung zur Seite ziehende Rille einschleifen läßt („Mikrohahn"). Bei sehr geringer Tropfenzahl (1—4 Tropfen/min) kommen aber Schwankungen vor, z. B. durch Verstopfen des in diesem Falle sehr engen Hahndurchlasses oder durch Temperaturänderungen. Hier hat sich die durch Abb. 27c wiedergegebene Anordnung bewährt. Die Flüssigkeit läuft durch eine Capillare, die zum Schutz gegen Raumtemperaturschwankungen in das Innere der Flasche verlegt und gegebenenfalls mit einem Glasfilter verschlossen wird.

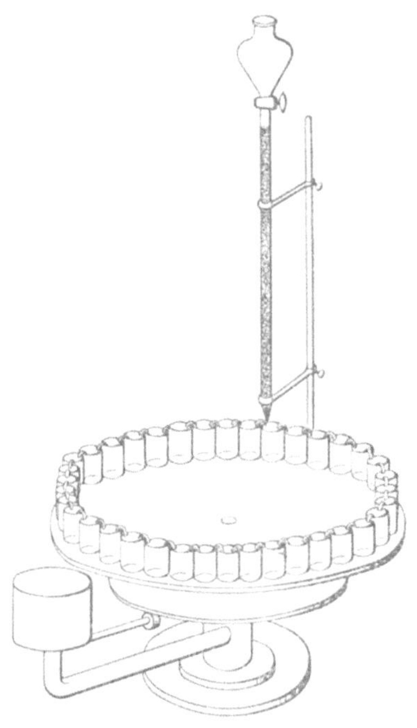

Abb. 28. Fraktionensammler nach PENDL. Auf einer von einem elektrischen Kymographion angetriebenen Scheibe stehen Bechergläser. Diese sind durch Glasplattenreiterchen überbrückt. Die Gefäße, die die auslaufende Flüssigkeit aufnehmen, werden unter den Chromatographiesäulen langsam weiterbewegt.

Notfalls stellt man die Flasche noch in ein Dewargefäß mit Wasser von Raumtemperatur. Die Capillare soll so bemessen sein, daß zum Erreichen der gewünschten Tropfgeschwindigkeit mindestens 5 cm Gefälle zwischen Luftrohr und Abtropfrohrende notwendig sind. Die Feineinstellung der Tropfgeschwindigkeit geschieht durch Verändern des Gefälles (Kippen der Flasche).

Zeitschneider. Abb. 28 gibt einen einfachen Fraktionensammler wieder, der die aus der Säule auslaufende Flüssigkeit in bestimmten Zeitabständen „abschneidet". Er besteht aus einer horizontalen kreisförmigen Scheibe, die durch einen Kymographionmotor verschieden schnell rotiert werden kann. Auf ihr befindet sich eine Anzahl von Bechergläsern, die mit ihren Rändern aneinander stoßen. Sie sind durch kurze, längsgespaltene Gummischlauchstücke oder durch Plattglasreiter miteinander verbunden. Bringt man über der sich sehr langsam drehenden Scheibe die Chromatographieröhre derart an, daß das Eluens in ein Becherglas tropft, so bestimmt die Umlaufgeschwindigkeit der Scheibe die Volumina der einzelnen Fraktionen.

Die folgende Anordnung ist mit Laboratoriumsmitteln sehr leicht selbst herzustellen. Nach Abb. 29[1] wird eine beliebige Anzahl Reagensgläser zwischen 2 Drahtreihen

---

[1] ZAHN, R. K.: Chem.-Ing.-Techn. (im Druck.)

eingeklemmt und jeweils, wie vorher beschrieben, durch kleine Gummireiterchen miteinander verbunden. Durch das ebenfalls durch eine Drahtführung laufende Klötzchen ist das Ende eines beweglichen Kunstmassen-Capillarschlauches gesteckt. Das Klötzchen wird vom einen zum anderen Ende der Batterie langsam bewegt, indem man eine Führungsschnur über 2 Rollen laufen läßt und um eine Kymographiontrommel mehrmals herumführt. Auch hier bestimmt die Umlaufgeschwindigkeit der Trommel die „abgeschnittenen" Volumina der Fraktionen.

Ähnlich wie das durch Abb. 28 veranschaulichte Gerät arbeitet ein anderes[1], das ein elektrisches Uhrwerk verwendet. Es gibt in bestimmten Zeitabständen Stromimpulse,

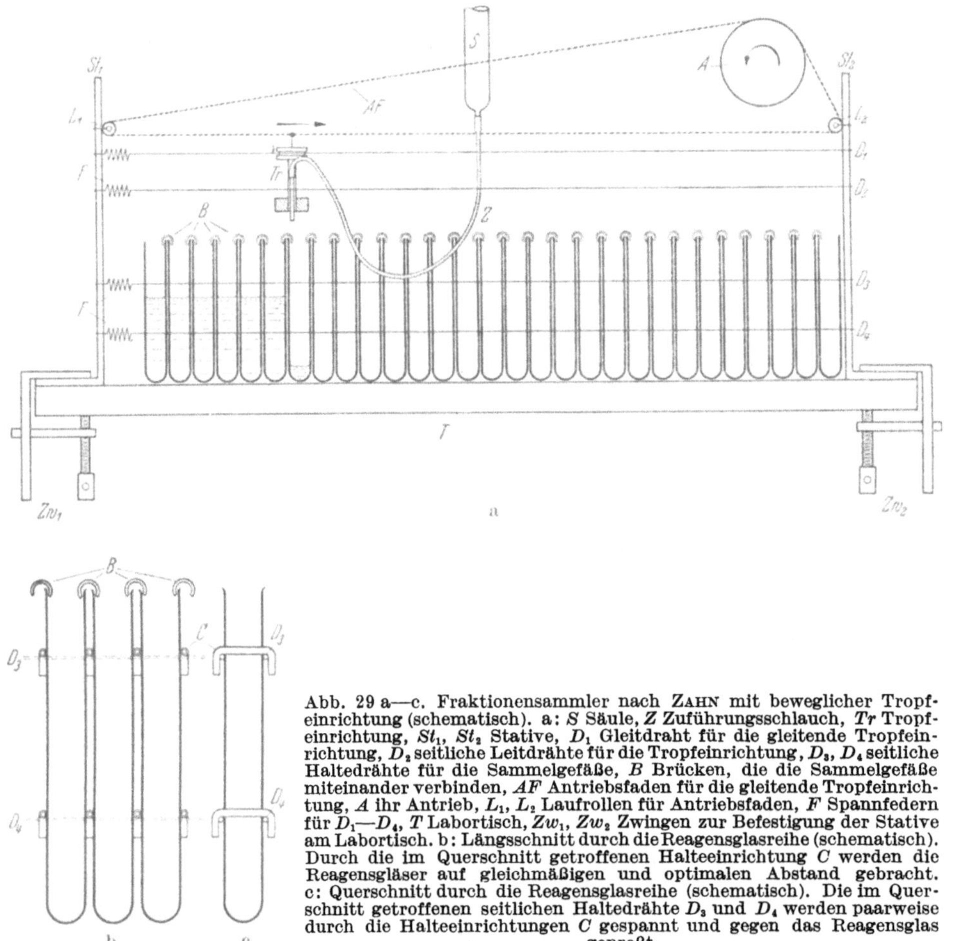

Abb. 29 a—c. Fraktionensammler nach ZAHN mit beweglicher Tropfeinrichtung (schematisch). a: S Säule, Z Zuführungsschlauch, Tr Tropfeinrichtung, St_1, St_2 Stative, D_1 Gleitdraht für die gleitende Tropfeinrichtung, D_2 seitliche Leitdrähte für die Tropfeinrichtung, D_3, D_4 seitliche Haltedrähte für die Sammelgefäße, B Brücken, die die Sammelgefäße miteinander verbinden, AF Antriebsfaden für die gleitende Tropfeinrichtung, A ihr Antrieb, L_1, L_2 Laufrollen für Antriebsfaden, F Spannfedern für D_1—D_4, T Labortisch, Zw_1, Zw_2 Zwingen zur Befestigung der Stative am Labortisch. b: Längsschnitt durch die Reagensglasreihe (schematisch). Durch die im Querschnitt getroffene Halteeinrichtung C werden die Reagensgläser auf gleichmäßigen und optimalen Abstand gebracht. c: Querschnitt durch die Reagensglasreihe (schematisch). Die im Querschnitt getroffenen seitlichen Haltedrähte D_3 und D_4 werden paarweise durch die Halteeinrichtungen C gespannt und gegen das Reagensglas gepreßt.

die von einem Sammelsystem, bestehend aus mehreren Telephonrelais, addiert werden. Nach einer einstellbaren Anzahl von Impulsen wird durch eine Transporteinrichtung die Scheibe weiterbewegt und alle Relais werden auf Ausgangsstellung gebracht.

Volumenschneider. Sie besitzen den Vorteil, daß nicht die Umlaufzeit des Sammlers das Volumen der Fraktionen bestimmt, sondern daß diese direkt abgemessen werden. Der Nachteil dieser Geräte besteht jedoch in der ungleich komplizierteren mechanischen Anordnung. Eine Ausnahme hiervon macht die durch Abb. 30 veranschaulichte Apparatur[2]. Die Aufnahmegefäße (Reagensgläser) sind kreisförmig auf 2 Drehscheiben angeordnet, die in einem Wasserbecken schwimmen und an einer aufgedrillten Schnur hängen. Ohne Hemmvorrichtung würden sich die Scheiben um ihre vertikale Achse drehen. Dies wird jedoch durch einen gegen das jeweils auffangende Reagensglas gerichteten Stab

[1] HOUGH, J., J. K. N. JONES and W. H. WADMAN: Soc. **1949**, 2511.
[2] PHILLIPS, D. M. P.: Nature **164**, 545 (1949).

verhindert. Tropft nun das Eluens in das schwimmende Reagensglas, so sinkt es langsam unter den Stab, wodurch sich die Scheibe weiterbewegt, bis der Stab an das nächste Glas stößt und die Vorrichtung arretiert. Die Gläser dürfen keinen aufgeworfenen Rand besitzen. Der Mangel dieses Gerätes besteht darin, daß die Reagensgläser gleiche Form und gleiches Gewicht haben müssen, da sie sonst verschieden tief in das Wasser eintauchen, ferner, daß die unübersichtlichen Reibungswiderstände kein ganz sicheres Arbeiten gewährleisten.

Empfehlenswert ist die durch die Abb. 31 wiedergegebene Anordnung[1]. Insgesamt besteht sie aus 3 Baueinheiten, dem Fraktionsrotor, der Transporteinrichtung und dem Schaltsystem. Die Flüssigkeit wird von dem Trichter a aufgefangen und gelangt durch das Röhrchen b in die kommunizierenden Gefäße d und f. Ersteres steht durch e mit der Atmosphäre in Verbindung. Die Luft in Rohr f, das über g mit dem Kontaktmanometer h verbunden ist, wird durch die sich in d sammelnde Flüssigkeitssäule komprimiert. Dadurch steigt in den Kontakt-

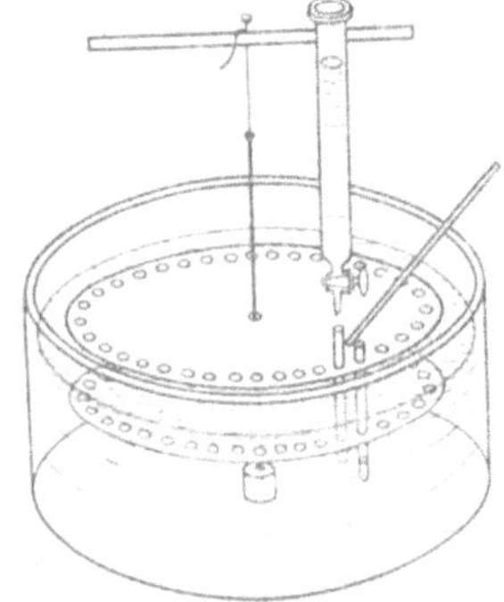

Abb. 30. Fraktionensammler nach PHILLIPS. Erläuterung im Text.

schenkeln von h die leitende Sperrflüssigkeit (verdünnte Schwefelsäure) bis zu den verstellbaren Platindrahtkontakten. Durch die Steighöhe wird das Volumen der Fraktion in d geregelt. Der Auslauf von d wird durch ein eingeschliffenes Glasventil i verschlossen, das durch eine mechanische Zugvorrichtung aus Platindraht von einem Ventilrelais aus betätigt wird (Abb. 31 b).

Von einer Reihe weiterer in der Literatur beschriebener Fraktionensammler[2] sei nur noch einer besonders erwähnt, da er zu der bis jetzt erfolgreichsten Trenn- und Analysenmethode für Aminosäuren gehört[3] (vgl. S. 195). Abb. 32 gibt ihn schematisch wieder. Er arbeitet vollautomatisch und besteht aus einem Fraktionenrotor zur Aufnahme von 80 bis mehreren hundert Gefäßen und der Transporteinrichtung. Diese bewegt auf einen Stromimpuls A hin den Rotor um eine Glaseinheit weiter. Dieser Impuls A wird von einem Zählwerk gegeben, das eine beliebig wählbare Anzahl von ihm zugeführten Impulsen B addieren kann und dann, nach Abgabe des Treibimpulses A, wieder zur Ruhestellung zurückgeht. Das Zählwerk erhält die Impulse B von einer Photoröhre, wenn

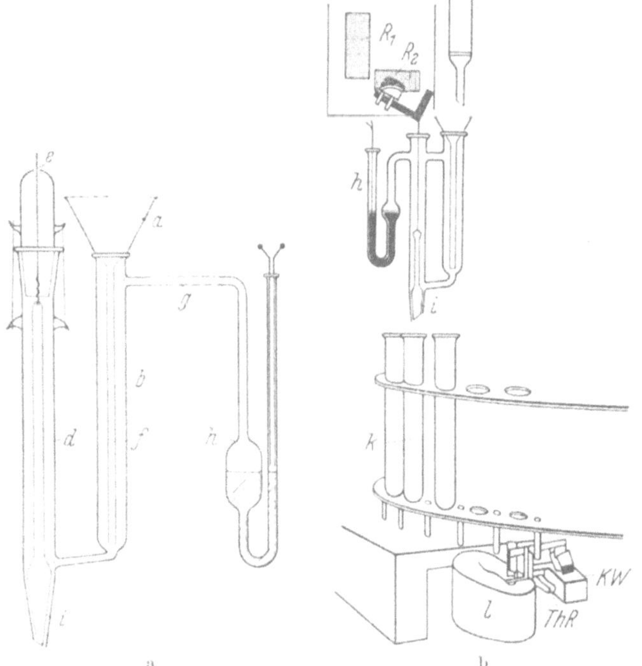

Abb. 31 a u. b. a Vorrichtung zum „Volumenschneiden" nach TH. WIELAND. Erläuterung im Text. b Montage der Apparatur nach TH. WIELAND. R_1, R_2 Relais, k Reagensgläser, l, ThR und KW Steuervorrichtung zum Weitertransport der Fraktionenscheibe.

ein auf sie gerichteter Lichtstrahl durch fallende Tropfen aus dem Abfluß der Chromatographieröhre unterbrochen wird. Das Prinzip dieses Sammlers besteht also im Sammeln

[1] FISCHER, E., u. T. WIELAND: Chem.-Ing.-Techn. 22, 485 (1950).

[2] RANDALL, S. S., and A. J. P. MARTIN: Biochem. J. 44, II (1949). — EDMAN. P.: Acta chem. scand. 2, 592 (1948). — CUCKOW, F. W., R. J. C. HARRIS and F. E. SPEED: J. Soc. chem. Industr. 68, 208 (1949). — BRIMLEY, R. C., and A. SNOW: J. sci. Instr. 62, 73 (1949).

[3] MOORE, S., and W. H. STEIN: Ann. N. Y. Acad. Sci. 49, 265 (1948). J. biol. Ch. 176, 337 (1948).

jeweils einer gleichen Anzahl von Tropfen. Es ist jedoch zu beachten, daß das Volumen eines Tropfens von der Oberflächenspannung der Flüssigkeit abhängt. Dieser Fraktionensammler dürfte zwar der komplizierteste, doch am besten durchkonstruierte und am exaktesten arbeitende Apparat sein[1]. Empfehlenswert ist auch die Verwendung von Auffanggefäßen nach Abb. 33, die das Verdunsten organischer Solventien bei längerem Analysengang weitgehend verhindern.

Zur Chromatographie titrierbarer Verbindungen, z. B. Fettsäuren, Basen u. a. wird eine Vorrichtung empfohlen[2], die nach Abb. 34 aus 2 Teilen besteht. In den Siphon a tropft das Eluat so lange, bis ein bestimmtes Volumen erreicht ist. Letzteres kann durch den Stempel b variiert werden. Ist der Heber gefüllt, dann fließt die Flüssigkeit in das Titrationsgefäß c, in das eine Mikrobürette d eintaucht. Von der Lampe e fällt Licht in das Gefäß c durch das Rohr f, das mit Tetrachlorkohlenstoff gefüllt ist. Durch das Capillarrohr am tiefsten Teil des Gefäßes wird während der Titration ein langsamer Stickstoffstrom durch die Flüssigkeit geleitet, um sie durchzumischen. Nach Beendigung der Titration wird das Titrationsgefäß durch den

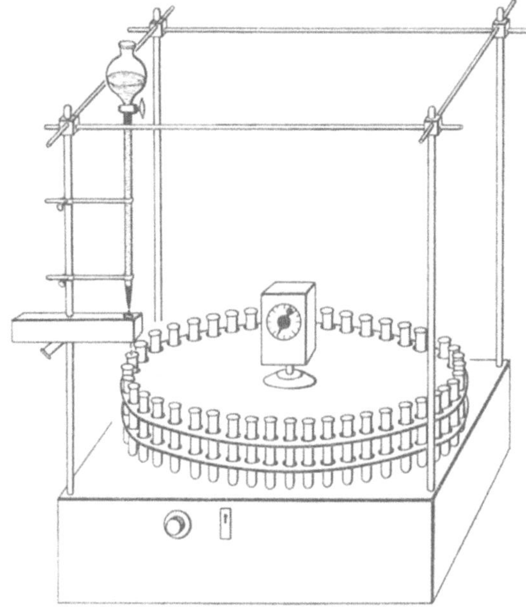

Abb. 32. Vollautomatischer Fraktionensammler nach STEIN und MOORE (schematisch).

Hahn g entleert. Um den Umschlagspunkt eines Indicators zu erkennen, beobachtet man das Gefäß zunächst von der Seite und kann dann durch das Ansatzrohr bei einem Gesamtvolumen von 2 cm³ in einer Schichtdicke von 6,5 cm beobachten. Mit diesem

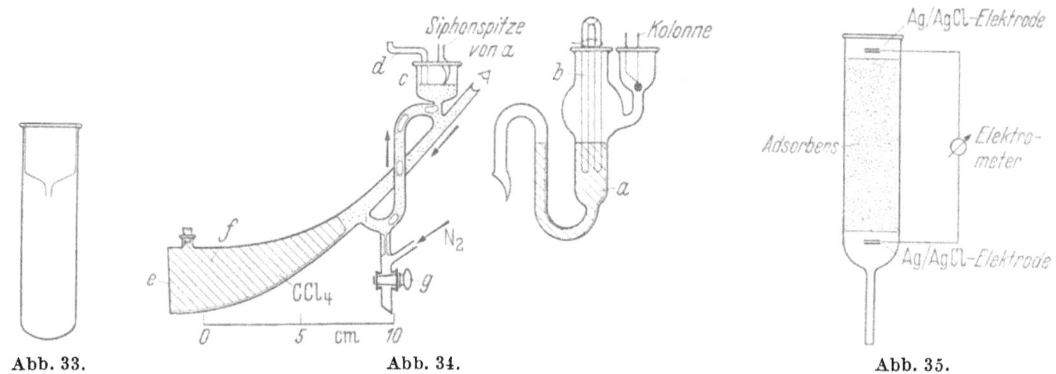

Abb. 33.   Abb. 34.   Abb. 35.

Abb. 33. Fraktionensammelgefäß, das Verdunsten des Solvens verhindert, nach STEIN und MOORE.

Abb. 34. Vorrichtung zur laufenden Titration von Fraktionen nach MARTIN, vgl. Text.

Abb. 35. Potentialindicator nach ZAHN, STAMM und RAUEN.

Gerät kann also jede Fraktion sofort analysiert werden, und man erhält durch Auftragen der Titrationsergebnisse gegen die Volumina der Eluate einen Kurvenverlauf vom Vorgang der chromatographischen Trennung.

Eine prinzipiell andere Möglichkeit zur Feststellung des zeitlich unterschiedlichen Austritts von Substanzbändern aus der Säule bei der Verteilungschromatographie besteht darin, die zwischen 2 über und unter dem Adsorbens angebrachten Ag-AgCl-Elektroden

---

[1] Zu beziehen durch Technicon Comp., 215 East 149th Street, New York 51.
[2] HOWARD, G. A., and A. J. P. MARTIN: Biochem. J. **46**, 532 (1950).

auftretende Potentialdifferenz zu verfolgen (Abb. 35)[1]. Läßt man die zeitliche Änderung der Potentialdifferenz kontinuierlich aufschreiben, so erhält man automatisch ein Kurvenbild des Trennvorganges.

c) Allgemeine Richtlinien.

Vor der Wahl eines chromatographischen Trenn- oder Analysenverfahrens muß man eine Reihe von allgemeinen Regeln beobachten, die sich in 2 Abschnitte gliedern lassen:
α) Vorbereitung des zu trennenden oder zu analysierenden Substanzgemisches und
β) Wahl des geeigneten chromatographischen Verfahrens, Adsorbens und Lösungsmittelmilieus.

α) Vorbereitung des zu trennenden Substanzgemisches.

Gehört dieses einer Substanzklasse an, über die bereits chromatographische Erfahrungen vorliegen — und dies ist wohl meistens der Fall — so lehnt man sich natürlich an diese an. Andernfalls ist eine Reihe von Vorversuchen unumgänglich. Die Erfahrung zeigt, daß Ungeübte die Leistung chromatographischer Verfahren zunächst überschätzen und durch erste Mißerfolge leicht enttäuscht werden. Man spart Arbeit und Zeit, wenn man folgendes beachtet:

1. Das Substanzgemisch darf nicht zu „unrein" sein, d. h. nicht zu viel Ballaststoffe enthalten. Bei Naturstoffen sollen in der Regel andere Anreicherungsverfahren (Fällungen, Adsorptionen nach dem „klassischen" Muster, Ausschütteln u. ä.) vorausgehen. Ballaststoffe beeinflussen nicht selten die Chromatographie empfindlich und verhindern eine glatte Trennung.

2. Man vermeide, zu viel Substanzgemisch auf eine Säule zu geben und beachte die Regeln über die optimalen Verhältnisse von Adsorbendum und Adsorbens. Sind solche noch nicht bekannt, so ermittle man in Vorversuchen das günstigste Verhältnis. Im allgemeinen sollen bei einem Chromatogramm nicht mehr als 25 % der adsorptionsaktiven Oberflächenbezirke des Adsorbens besetzt werden. Legt man zu viel Substanzgemisch vor, dann können sich seine Komponenten an der Säule nicht trennen und man beobachtet ein über die ganze Säule sich hinziehendes verwaschenes Substanzband. Dies stellt sich auch ein, wenn keine adsorptive Bindung eintritt; um zwischen diesen beiden Möglichkeiten zu unterscheiden, wiederhole man den Versuch mit weniger Substanz.

3. Man beachte stets auch die optimale Durchflußgeschwindigkeit des Eluens. Auch hierüber kann man keine genauen Angaben machen, vielmehr ist für jedes System die geeignete Geschwindigkeit zu ermitteln. Anhaltspunkte geben die späteren Beispiele. Gewöhnlich kann man mit Ionenaustauschern schneller arbeiten als mit den Adsorbentien zur Additionschromatographie und mit dieser schneller als mit der Verteilungschromatographie.

β) Wahl des geeigneten Trennverfahrens, Adsorbens und Lösungsmittelmilieus.

Sie hängt von der Natur, d. h. den chemischen und physikalischen Eigenschaften des Trenngemisches ab.

Liegen *apolare Verbindungen* vor, die in organischen Lösungsmitteln (Benzin, Benzol, Petroläther, Chloroform u. a.) löslich sind, so ist die Chromatographie auf Grund echter Adsorption (Additionschromatographie) zu wählen.

Besitzen die Verbindungen *polare Gruppen* und sind sie in wäßrigem Milieu löslich, so kann man ein Ionenaustauschverfahren („heteropolare Chromatographie") heranziehen. Die Grundlage für die Verteilungschromatographie ist, wie eingangs erwähnt, die Löslichkeit der Verbindung in 2 nicht unbegrenzt miteinander mischbaren Lösungsmitteln, von denen eines in weitaus den meisten Fällen ein wäßriges ist.

Hat man sich auf Grund dieser Überlegungen für ein bestimmtes Verfahren entschieden, so geht man an die Wahl des „Adsorptionsmilieus". Dieses besteht in der Wechselwirkung von Adsorbens und Lösungsmittel (s. in den betreffenden Kapiteln).

---

[1] ZAHN, R. K., W. STAMM u. H. M. RAUEN: Angew. Chem. **63**, 280 (1951).

γ) Allgemeine Arbeitsregeln.

Folgende allgemeine Regeln gelten sowohl für die Vorversuche als auch für die Hauptversuche: Aus den *Vorversuchen* ergeben sich nicht nur qualitative, sondern auch quantitative Erfahrungen, die später auf die Hauptversuche übertragen werden können. Man gebrauche deshalb zunächst kleine Chromatographieröhrchen mit gewogenen Mengen an Adsorbentien, gemessenen Volumina Lösungsmitteln und bekannten Mengen Substanzgemisch. Die Proportionen der Säulen im Hauptversuch müssen denen der Vorversuche entsprechen. Ob im einzelnen die Säulen kurz und breit oder lang und eng zu wählen sind, hängt in erster Linie von dem Reibungswiderstand des Adsorbens gegenüber dem Lösungsmittel ab. Ist dieser ausgeprägt, dann nimmt man kürzere und breitere, im anderen Falle jedoch engere und längere Säulen. Bei zu kleinem Korn des Füllmaterials kann man inerte Stoffe zur Auflockerung zusetzen, die den Durchfluß erleichtern, z. B. zu Silicagel Diatomeenerde. Im allgemeinen gibt man den schlanken und langen Säulen den Vorzug.

Die Adsorptionsrohre muß man so sorgfältig füllen, daß das Adsorbens völlig gleichmäßig gepackt ist. Erreicht man dies nicht, so läuft das Lösungsmittel mit verschiedener Geschwindigkeit — besonders an den Randpartien — durch die Säule und man erhält verwaschene Substanzbänder. Den Säulenboden bildet man meist aus einem etwa 1 cm hohen, gleichmäßig angedrückten Wattebausch. Man kann das Adsorbens entweder trocken oder feucht einfüllen.

Beim *trockenen Einfüllen* bedient man sich entweder eines runden Holzpistills, dessen Bodenfläche etwa $^2/_3$ des Rohrquerschnittes ausmacht, oder eines angebohrten Korkstopfens, der über einen Glasstab gesteckt ist. Man füllt jeweils kleine Mengen Adsorbens in das Rohr und stampft sie gleichmäßig fest. Im allgemeinen werden die Rohre zu etwa $^2/_3$ mit Adsorbens gefüllt; seine Oberfläche wird mit einer dünnen Watteschicht bedeckt, die das Aufwirbeln des feinkörnigen Materials beim Aufgießen der Lösungsmittel verhindert. Die so vorbereiteten Rohre sollen vorsichtig transportiert und nicht mehr umgelegt werden. Man setzt sie auf eine Saugflasche und drückt das Adsorbens kurz vor Gebrauch unter leichtem Ansaugen nochmals fest. Ist die Säule richtig gepackt, so dringt das nunmehr aufgegebene Lösungsmittel völlig gleichmäßig in das Adsorbens ein. Nun darf die Säule auf keinen Fall mehr trocken gesaugt werden, weil sonst Risse und Luftpolster entstehen, die sie unbrauchbar machen. Es empfiehlt sich, vor Aufgabe des Substanzgemisches einige Zeit reines Lösungsmittel durchzusaugen, damit sich das Material noch nachpackt. Das Substanzgemisch wird dann, in wenig gleichem Lösungsmittel gelöst, aufgegeben, einziehen gelassen und entweder mit diesem Lösungsmittel nachgewaschen, oder es wird mit einem anderen, entsprechend den später folgenden speziellen Arbeitsvorschriften, das Chromatogramm entwickelt.

Beim *feuchten Einfüllen* empfiehlt es sich, das Adsorbens im Lösungsmittel zu einem dünnen Brei aufzuschlämmen und diesen in das Chromatographierohr zu gießen. Hierbei soll im allgemeinen das Rohr auf einmal gefüllt werden. Füllt man in mehreren Portionen ein, dann setzen sich jeweils die größeren Partikel schneller ab als die kleineren. Bei der nächsten Portion kommt es dann zu einer Zonengrenze zwischen leichten und schweren Teilchen. An dieser kann sich ein homogenes Substanzband in 2 Bänder aufteilen und zu dem Fehlschluß verleiten, es handle sich nicht um eine homogene Substanz. — Auch bei dieser Füllmethode sind Luftpolster zu vermeiden. Mit höher siedenden Flüssigkeiten kann man unter leichtem Saugen einfüllen, mit tiefer siedenden besteht die Gefahr des leichten Verdampfens innerhalb des Füllmaterials und damit der Blasenbildung. Man wendet zweckmäßig ein Überdrucksystem an. Nach der Füllung fährt man wie oben angegeben fort.

d) Chemische Veränderungen des Adsorbendum durch den chromatographischen Prozeß.

In weitaus den meisten Fällen verändert der Gesamtvorgang der chromatographischen Trennung die Komponenten des Substanzgemisches nicht. Von vornherein ganz auszuschließen ist diese Möglichkeit jedoch nicht, denn nach einzelnen Beobachtungen können

Substanzen nach der Chromatographie in der Tat chemisch verändert sein. Wir haben hierbei zu unterscheiden:

α) Direkte Reaktion zwischen Adsorbens und Adsorbendum.

β) Größere Empfindlichkeit von Substanzen im adsorbierten Zustand gegenüber Sauerstoff oder Komponenten des Lösungsmittelgemisches.

γ) Abtrennen einer Verunreinigung, deren Anwesenheit in katalytisch wirksamen Spuren für das chemische Verhalten einer Substanz maßgebend ist[1].

α) *Direkte Reaktion zwischen Adsorbens und Adsorbendum.*

1. In vielen Fällen wissen wir nicht, welcher Art die Veränderungen sind, die die Verbindungen in den Säulen erleiden. So verändert sich z. B. Chlorophyll irreversibel an Aluminiumoxyd, Calciumcarbonat, Natriumsulfat und Fullererde, es läßt sich jedoch mit Puderzucker oder Inulin unzersetzt chromatographieren[2]. Carotin wird bei der Adsorption an Fullererde zerstört[3], an Aluminiumoxyd zum Teil isomerisiert[4]. Vitamin K wird nur durch Puderzucker erfolgreich chromatographiert, auf Magnesiumoxyd und Aluminiumoxyd dagegen biologisch inaktiviert[5].

2. In vielen anderen Fällen sind die Veränderungen der Substanzen auf den Säulen jedoch gut bekannt.

Dimerisation. Filtriert man Aceton durch aktiviertes Aluminiumoxyd (s. S. 145), so erhält man als Reaktionsprodukt Diacetonalkohol[6].

Polymerisation und strukturelle Isomerisierung. Diese Veränderungen erleiden eine Reihe von ätherischen Ölen bei der Chromatographie mit Frankonit[7]. Der katalytische Effekt wird durch Entwässern des Adsorbens im Vakuum über Phosphorpentoxyd deutlich erhöht. Wahrscheinlich werden die Polymerisation und etwaige andere Veränderungen labiler organischer Verbindungen durch die besonders hohen Adsorptionswärmen an stark entwässerten Adsorbentien (s. S. 146) bewirkt.

Hydrolyse. Eine hydrolytische Entfernung von Acylgruppen wurde bei der Chromatographie von Triglyceriden an Aluminiumoxyd beobachtet[8]. Die Hydrolyse von Diacetyltoxicarol an alkalischem Aluminiumoxyd kann durch Vorbehandeln des Adsorbens mit Essigsäure oder Phenol verhindert werden, jedoch nimmt die Adsorptionskapazität hierbei ab[9].

Dehydratisierung. Bei der chromatographischen Entwicklung von Rhodin-g_1-trimethylester auf Talkum mit Methanol bewirkte die Acidität des Adsorbens eine Acetalbildung. Mit neutralem Talkum wurde sie nicht beobachtet[10]. Aus einigen Syntheseprodukten der Anthocyanidinreihe wurde durch Aluminiumoxyd Alkohol abgespalten[11]. Die Bildung orangeroter Pigmente bei der Chromatographie von Vitamin A[12] beruht auf der Abspaltung von einer Molekel Wasser aus 2 Molekeln Vitamin A unter Bildung von Dipolyenäther[13] und gab Veranlassung zur Warnung vor dem „blinden" Gebrauch von Adsorptionssäulen bei der Aufarbeitung von Vitamin A und Carotinoiden[14].

[1] Wir folgen hier im wesentlichen einer Zusammenstellung von ZECHMEISTER, L.: Ann. N. Y. Acad. Sci. **49**, 145 (1948).

[2] WINTERSTEIN, A., u. G. STEIN: H. **220**, 263 (1934). — MACKINNEY, G.: Plant Physiol. **13**, 123 (1938).

[3] KUHN, R., u. H. BROCKMANN: H. **200**, 255 (1931).

[4] GILLAM, A. E., and M. S. El RIDI: Biochem. J. **30**, 1735 (1936).

[5] DAM, H., and L. LEWIS: Biochem. J. **31**, 17 (1937).

[6] HESSE, G., F. REICHENEDER u. H. EYSENBACH: A. **537**, 67 (1938).

[7] CARLSOHN, H., u. G. MÜLLER: B. **71**, 863 (1938).

[8] TRAPPE, W.: B. Z. **306**, 316 (1940).

[9] CAHN, R. S., and R. F. PHIPERS: Nature **139**, 717 (1937).

[10] FISCHER, H., u. M. CONRAD: A. **538**, 143 (1939).

[11] BROCKMANN, H., u. H. JUNGE: B. **76**, 1028 (1943).

[12] CASTLE, D. C., A. E. GILLAM, I. M. HEILBRON and H. W. THOMPSON: Biochem. J. **28**, 1702 (1934).

[13] MEUNIER, P., et A. VINET: Bull. Soc. Chim. biol. **27**, 186 (1945).

[14] HOLMES, H. N., and R. E. CORBET: J. biol. Ch. **127**, 449 (1938).

Polymerisation infolge Polarisation. Manchmal beobachtet man die Bildung einer gefärbten Verbindung bei der Chromatographie ungefärbter Substanzen, besonders wenn apolare Lösungsmittel angewandt werden. Triphenylcarbinol wird von Aluminiumoxyd aus einer farblosen Lösung in Benzol oder Chloroform mit gelber Farbe und von Silicagel mit braungelber Farbe adsorbiert. Die Farbe verschwindet wieder beim Entwickeln mit einem polaren Lösungsmittel. Diese Erscheinung ist der bei diesen Verbindungen zu beobachtenden Bildung von farbigen Komplexen mit anorganischen Halogeniden, z. B. Aluminiumtrichlorid in Parallele zu setzen. Da die farblosen Verbindungen durch polare Lösungsmittel zurückerhalten werden, handelt es sich nicht um eine irreversible Veränderung[1]. Bei empfindlichen Substanzen kann diese Polarisation jedoch die Vorstufe zu irreversiblen Veränderungen sein, z. B. bei Naphthazarin- und Anthrachinonfarbstoffen. Man muß dann andere Adsorbentien anwenden, die nicht polarisierend wirken[2].

Irreversible Veränderungen. Polyenpigmente (Carotinoide), schwach gefärbte Polyene (z. B. Vitamin A) bilden bei der Chromatographie aus Petroläther oder Benzol an saure Erden (Filtrol) eine stark blaue oder blaugrüne Zone auf der Säulenoberfläche aus. Sie verschwindet wieder bei der Elution mit Äthanol oder Aceton[3]. Die Substanzen verändern sich derart, daß die Extinktion nach Chromatographie nicht mehr die gleiche ist wie vorher[4]. Die Farbbildung auf der Säule wird durch die Abgabe von einsamen Elektronen durch die Verbindung an Atome des Adsorbens, die unvollständige Oktette besitzen, erklärt. Die Molekel erleidet dann auf dem Adsorbens weitgehende Polarisation und bildet Strukturen mit starker Resonanz[5].

β) Größere Empfindlichkeit von Substanzen im adsorbierten Zustand gegenüber Sauerstoff oder Komponenten des Lösungsmittelgemisches.

Es ist seit langem bekannt, daß empfindliche organische Verbindungen, die an Oberflächen adsorbiert sind, unter der katalytischen Wirkung von Schwermetallspuren leicht oxydiert werden[6]. In solchen Fällen muß man das Säulenmaterial mit Kaliumcyanid, Cyanwasserstoff, Ammoniumsulfid oder Schwefelwasserstoff vorbehandeln[7]. Oxydationen können auch durch Licht bewirkt werden. Bei der Chromatographie von 2,3-Benzanthracen bildete sich auf der Seite der Chromatographieröhre, die nach dem Fenster des Laboratoriums zugewandt war, eine orange Farbe aus (chinoide Komponente)[8].

γ) Abtrennen einer Verunreinigung, deren Anwesenheit in katalytisch wirksamen Spuren für das chemische Verhalten einer Substanz maßgebend ist.

Auch dieser Fall kann für die Beurteilung eines Chromatographieerfolges von Bedeutung sein, und man muß ihn ins Auge fassen, wenn man ein anomales Verhalten beobachtet. Rohe Proben von 2-Nitro-4,5-dimethyl-anilin bilden leicht Glucoside, verlieren diese Fähigkeit aber nach chromatographischer Reinigung. Der hierbei entfernte Katalysator war Ammoniumchlorid. Durch Zusatz dieses Salzes zur gereinigten Substanz bildete sie wieder leicht Glucoside[9].

In den meisten hier besprochenen Fällen war die chemische Veränderung des Adsorbendum an der Säule unerwünscht. Unter Umständen kann es aber auch von Vorteil sein, wenn sich das Säulenmaterial gegenüber dem Adsorbendum chemisch nicht inert

---

[1] Weitz, E., u. F. Schmidt: B. **72**, 1740, 2099 (1939). — Weitz, E., F. Schmidt u. J. Singer: Z. Elektrochem. **46**, 222 (1940).

[2] Brockmann, H., u. K. Müller: A. **540**, 51 (1939).

[3] Takahashi, K., u. K. Kawakami: J. chem. Soc. Japan **44**, 590 (1923).

[4] Zechmeister, L., and A. Sandoval: Science, N. Y. **101**, 585 (1945).

[5] Meunier, P.: Cr. **215**, 470 (1942).

[6] Vgl. z. B. Tiselius, A.: Ark. Kemi, Mineral. Geol. **15 B**, Nr. 6 (1941).

[7] Turba, F., M. Richter u. F. Kuchar: Naturwiss. **31**, 508 (1943). — Schramm, G., u. J. Primosigh: B. **76**, 373 (1943).

[8] Levy, W. J., and N. Campbell: Soc. **1939**, 1442.

[9] Kuhn, R., u. R. Ströbele: B. **70**, 773 (1937).

verhält. Die eleganteste Methode für die Abtrennung verschiedener Terpene, Sterine u. a. aus ihren Pikraten ist die Filtration durch eine Säule von Aluminiumoxyd. Die Nitroderivate bilden eine gefärbte Zone, während die befreiten farblosen Verbindungen ins Filtrat gehen[1]. Die als Anthrachinonsulfonate erhaltenen Curarealkaloide lassen sich ebenfalls durch Chromatographie unter Verwendung von mit Salzsäure vorbehandeltem Aluminiumoxyd gewinnen, wobei die Anthrachinonsulfosäure auf der Säule bleibt und das Alkaloid als Hydrochlorid ins Filtrat geht. Mit basischem Aluminiumoxyd (vgl. S. 147) wird das freie Alkaloid erhalten[2]. Auch ein Holoferment kann auf diese Art in Apoferment und Coferment zerlegt werden. Die prosthetische Gruppe des „alten" gelben Fermentes bleibt auf dem Frankonit, die Proteinkomponente geht ins Filtrat[3].

e) Additionschromatographie („homöopolare Chromatographie")[4].

α) Vorbemerkungen.

Diese klassische Form der Chromatographie beruht auf der Betätigung von *homöopolaren Bindungen*. Undissoziierte polare bzw. polarisierbare organische Verbindungen werden aus nichtwäßrigen Lösungsmitteln an bestimmte Oberflächenbezirke der Adsorbentien addiert. Die bindenden Kräfte, „Randkräfte des Krystallgitters", sind besonders stark an Stellen fehlerhaften Krystallaufbaues[5]. Sie sind weniger von der chemischen Natur als vielmehr von der physikalischen Oberflächenbeschaffenheit des Adsorbens abhängig. Von den allotropen Modifikationen von Aluminiumoxyd adsorbieren z. B. diejenigen mit α-Oxydstruktur nicht, wogegen alle mit γ-Oxydstruktur gute Adsorbentien sind. Calciumsulfat ist als „basisches" Anhydrid ein gutes Adsorbens, als „unlösliches" (durch Erhitzen auf 250°) weit weniger wirksam.

Die von den aktiven Stellen der Adsorptionsoberflächen ausgehenden Bindekräfte vermögen auch *unpolare Verbindungen* zu polarisieren bzw. die Polarisation schwach polarer zu erhöhen. Dadurch werden auch die ersteren elektrostatisch gebunden; die Bindung der letzteren wird verstärkt.

An manchen Adsorbens-Adsorbendum-Bindungen sind Wasserstoffbrücken beteiligt. Entweder enthält dann das Adsorbendum HO-Gruppen, deren H-Atome sich an einsame Elektronenpaare des Adsorbens binden, oder umgekehrt. Der erstere Fall scheint der häufigere zu sein, denn die meisten hydrophilen Adsorbentien binden Wasser und Alkohole sehr fest. Qualität und Quantität der Adsorption hängen deshalb wesentlich vom Wassergehalt der Adsorbentien ab, und man kann abgestufte Adsorptionsaktivitäten durch partielle Entwässerung erhalten (vgl. S. 145 und 146). Durch ihre große Bindungsaffinität sind die niedermolekularen Alkohole gute Elutionsmittel.

Formell läßt sich zwischen *Adsorptionsaffinität* und *Adsorptionskapazität* unterscheiden. Als *Affinität* bezeichnen wir die Bindungsfestigkeit zwischen Adsorbens und Adsorbendum. Ein Maß hierfür ist die *Adsorptionswärme*, die bei der Bindung einer Molekel Adsorbendum an eine oder mehrere aktive Stellen des Adsorbens auftritt. Die Adsorptionsaffinität hängt nicht nur von der Bindungs„bereitschaft" des Adsorbens ab, sondern auch von der des Adsorbenden und den Eigenschaften des Lösungsmittels. Sie ist also die Resultante des Kräftespiels von mindestens 3 Partnern. Hesse prägte hierfür den Begriff des *Adsorptionsmilieus*.

Adsorptionskapazität ist die Anzahl Mole Adsorbendum je Oberflächeneinheit Adsorbens. Je größer im allgemeinen die Oberfläche des Adsorbens, desto größer auch die Zahl der bindefähigen Stellen. Neben dieser absoluten Zahl bindefähiger Stellen spielt sicher noch die räumliche Struktur des Adsorbendum eine limitierende Rolle. Da die Oberfläche meist nur mit einer relativen Genauigkeit von $\pm 5\%$ bestimmt werden

[1] PLATTNER, P. A., u. A. S. PFAU: Helv. **20**, 224 (1937).

[2] WIELAND, H., u. H. J. PISTOR: A. **536**, 68 (1938).

[3] WEYGAND, F., u. L. BIRKOFER: H. **261**, 172 (1939).

[4] Vgl. hierzu auch BROCKMANN, H.: Angew. Chem. **59**, 199 (1947).

[5] REINBOLDT, H., u. E. WEDEKIND: Kolloid-Beih. **17**, 118 (1923).

Tabelle 1. *Adsorptionsmittel zur Additionschromatographie*[1].

Name	Art	Oberfläche m²/g	Eigenschaften	Hersteller bzw. Lieferfirma	Bemerkungen
			A. Mineralische (natürliche) Adsorbentien.		
Aluminiumoxyd aus Bauxit	Al_2O_3	200	$p_H < 9,4$	E. Merck, Darmstadt, Aluminium OreComp., East St. Louis, Ill.	Syn. „Porocel", aktiver Bauxit
Bleicherden:	saure Aluminiumsilicate				
Floridin XXF	Bleicherde aus Florida	10—20	annähernd neutral, Fe- und carbonathaltig	H. Bensmann, Bremen	nicht für saure (CO_3 zerreißt die Säulen) und alkalische Lösungen. $> p_H$ 11. Amerikanische Handelsprodukte: Dilvex, Florisil, Floricid, Florite
Floridin XXF, säurevorbehandelt	Bleicherde aus Florida	10—20	geringere Aktivität	Floridin Comp. Inc., Warren, Pa.	durch mehrfaches Auskochen mit 10 Teilen 3 n HCl dargestellt
Frankonit KL	Bleicherde aus Franken		kongosauer	Pfirschinger Mineralwerke, Kitzingen	mit HCl aktiviert. Vorsicht bei säureempfindlichen Stoffen. Auch für saure Lösungen geeignet
Fullererden (LLOYDS Reagens)		129	ganz schwach sauer	Eli Lilly Comp., Indianapolis, Ind.	auch „Sinclair Earth" der Sinclair Refining Comp. New York, N.Y. und „Florex", „Florigel"
Filtrol	aktivierte Erde aus Bentonit von Montmorillonitstruktur $AlSi_2O_5(OH)$	11,2—15,5 18,7 (Bentonit)		Filtrol Comp., Los Angeles, Calif.	auch „Vilchag" = natürlicher Bentonit. „Filtrol-Neutrol", „I-Neutrol", „Desiccite" = entwässerter Bentonit; stark quellend
Kaolin	Aluminiumsilicat $Al_4(OH)_8[Si_4O_{10}]$	15,5		Geisenheimer Kaolinwerke, Geisenheim am Rhein, Südchemie AG.	gutes Adsorbens aus wasserfreien Lösungsmitteln
Calciumsulfat (Gips) Talkum	$CaSO_4$ saures Magnesiumsilicat		wasserhaltig		geringe Filtrationsgeschwindigkeit
Kieselgur	feine Diatomeenerde (70—90 % amorphe Kieselsäure)	22,2		Ver. deutsche Kieselgurwerke G.m.b.H., Hannover	
Diatomeenerde		$< 1, 4, 2, 22, 2$		Johns Manville Corp., New York, N.Y.	Amer.: Celit als Filterhilfe

B. Anorganische (künstliche) Adsorbentien.

Aluminiumoxyd, standardisiert nach BROCKMANN	Al_2O_3	~ 200 (170—200)	$p_H > 9{,}4$ (mit Ausnahme der alkalifreien Präparate, durch HCl zu verringern)	E. Merck, Darmstadt. T. Baker, Chemical Comp., Phillipsburg, N. J.: „Hydralo"	
Aluminiumhydroxyd	$Al(OH)_3$	0,31			
Calciumcarbonat	$CaCO_3$		neutral	Calc. carb. praecipitatum Merck oder Calc. carb. laevissimum (wirksamer)	milde wirkendes Adsorbens, geeignet für schwache organische Säuren abgestufte Aktivitäten durch Mischen beider Produkte
Calciumhydroxyd	$Ca(OH)_2$			Gebr. Siegfried, Zofingen (Schweiz)	ausgezeichnetes Adsorbens; für wäßrige Lösungen und alkaliempfindliche Substanzen unbrauchbar „Calc. hydr. pulv. alcoholisatus" besonders empfindliches Präparat erhalten durch Entwässern des Hydroxyds, wird selten gebraucht
Calciumoxalat	$Ca(COO)_2$				
Magnesiumoxyd	MgO				
Magnesiumtrisilicat				„Magnesol" Westvaco Chlorine Prod. Corp., New York, N. Y. „Florisil" u. a. Siehe Bleicherden	
Silicagel	SiO_2 (wasserhaltig)	400—800		verschiedene Handelssorten	sehr aktiv, vielseitig verwendbar; geringe Durchlaufgeschwindigkeit
Asbest	Magnesiumsilicat	18			
Bleiweiß	bas. Bleicarbonat	1,1			
Bariumsulfat	$BaSO_4$	0,43			
Kupfersulfat	$CuSO_4$	6,23			
Chrom(III)-hydroxyd	$Cr_2O_3 + xH_2O$	228 (Gel) 28,3 (gesintert)			
Eisenoxyd-Gel	$Fe(OH)_3$	211 52 (gealtert)			
Titandioxyd	TiO_2	8,2—17,9			
Zinkoxyd	ZnO	0,7— 9,5			
Zinkcarbonat	$ZnCO_3$				

[1] Zum Teil nach DEITZ, V. R.: Ann. N. Y. Acad. Sci. **49**, 315 (1948).

kann[1], genügt für die Praxis annähernd die Feststellung des linearen Ausmaßes der Partikel, die *Partikelgröße*. Man kann, will man die Kapazität erhöhen, die Partikel nicht beliebig weit zerkleinern, weil dann der durchlaufenden Flüssigkeit ein zu großer Reibungswiderstand geboten wird. Eine optimale Partikelgröße ist also im Hinblick auf eine glatte Arbeitsmechanik nicht zu unterschreiten. Zuweilen wird von Adsorptionskapazität je Gewichtseinheit Adsorbens gesprochen. Das hat wenig Sinn, weil sich z. B. mit unterschiedlicher Partikelgröße die Oberflächenausmaße ändern, während die Dichte des Adsorbens nahezu gleich bleibt, die Dichten der Adsorbentien untereinander verschieden sind und zudem die Dichten der Partikel als „poröser" Substanzen noch anders sind als die Dichten der gleichen Substanz in kompakter Form. Zuweilen ist es von praktischer Bedeutung, die *Füllgewichte* der Adsorbentien für bestimmte Säulenausmaße zu kennen.

In der Praxis erübrigt es sich, Adsorptionsaffinität und -kapazität streng auseinanderzuhalten. Im Vordergrund steht einzig der *Trenneffekt*. Ist die Affinität eines Adsorbendum zum Adsorbens groß, so werden auf der Säule schmale, scharf begrenzte Zonen auftreten, im anderen Falle breitere mit verwaschenen Übergängen. Ist die Kapazität groß, so wird mehr Adsorbendum aufzugeben sein als umgekehrt. Da keine Theorie zum Auffinden des zur erwünschten Trennung erforderlichen Adsorbens führt, sondern dies empirisch probiert werden muß, spricht man besser von *Adsorptionsaktivität* eines Adsorbens in bezug auf das Adsorbendum. Man meint damit den Grad der Trennbarkeit eines Gemisches an einer bestimmten Säule bei „optimaler" Beladbarkeit. *Optimal* ist empirisch zu verstehen: eine Menge, die im Rahmen des betreffenden Experimentes anzuwenden aussichtsreich erscheint. Trotz dieser empirischen Bedingungen können auch empirische oder exakte Zahlenmaße für die Adsorptionsaktivität gefunden werden (vgl. S. 149).

Wenn auch das zur Chromatographie eines Substanzgemisches geeignete Adsorbens empirisch gefunden werden muß, so lassen sich doch aus den seitherigen Erfahrungen gewisse Richtlinien zu seiner Auswahl ableiten. Die Tabelle 1 enthält die wesentlichsten Adsorbentien zur Additionschromatographie mit kurzen Angaben über ihre chemische Natur, die Oberflächenmaße, Herstellerfirmen und Hinweise für die Anwendung auf bestimmte Substanzklassen. Ganz allgemein gilt folgende Reihe der Adsorbentien mit fallender Adsorptionsaktivität: Aktivkohle — Aluminiumoxyd — Aluminiumhydroxyd — Bleicherden — Magnesiumoxyd — Calciumoxyd — Calciumhydroxyd — Calciumcarbonat — Calciumsulfat — Calciumphosphat — Silicagel — Talkum — Rohrzucker — Milchzucker — Inulin. Da das Adsorptionsmilieu vom angewandten Lösungsmittel mitbestimmt wird, können bei Gebrauch verschiedener Solventien einige Verschiebungen in der Reihenfolge eintreten.

β) Die einzelnen Adsorbentien[2].

Die *Tierkohle* als das aktivste Adsorbens wird auf S. 160 gesondert behandelt.

Aluminiumoxyd ist das am meisten angewandte Adsorbens, weil es bei optimaler Partikelgröße eine ausgezeichnete Adsorptionsaktivität besitzt. Die natürlichen Bauxitsorten sind unterschiedlich aktiv, und auch die künstlich hergestellten unterscheiden sich beträchtlich voneinander. Ein Aluminiumoxydpräparat mit festgelegter, immer gleichbleibender Adsorptionsaktivität ist das „Aluminiumoxyd zur Adsorption, standardisiert nach BROCKMANN". Man wird in den meisten Fällen dieses Handelspräparat verwenden. Zuweilen empfiehlt sich aber auch die Darstellung eines speziell geeigneten Präparates im Laboratorium unter konstanten Arbeitsbedingungen.

Darstellung von Aluminiumoxyd[3]. 1. Zu einer Lösung von Aluminiumtrichlorid gibt man Ammoniak bis zum geringen Überschuß, schüttelt gut, gewinnt das Gel und läßt es während 2—3 Monaten trocknen. Dann wird es chlorfrei gewaschen, wieder getrocknet

---

[1] EMMETT, P. H.: Am. Soc. **68**, 1784 (1946). — DEITZ, V. R.: Ann. N. Y. Acad. Sci. **49**, 315 (1948).
[2] Vgl. hierzu KAINER, F.: Kolloid-Z. **103**, 84, 252; **104**, 129 (1943).
[3] HOLMES, H. N., V. G. LAVA, E. DELFS and H. G. CASSIDY: J. biol. Ch. **99**, 417 (1933).

und aktiviert (s. u.). 2. Man erhitzt $Al(NO_3)_3 \cdot 9\,H_2O$ einige Stunden auf 200—300°, bis sich kein rotbraunes NO_2 mehr entwickelt. Die rein weiße Masse wird ohne vorherige Zerkleinerung durch ein 200-Maschensieb passiert. Sie darf keine Nitrationen mehr enthalten. 3. Aluminiumäthylat[1] wird auf einer Glasplatte in einem warmen feuchten Raum stehen gelassen. Jede Woche wird es mit einem Glasstab durch Rollen zerkleinert. Nach 5 Wochen ist die Hydrolyse beendet, und das Material wird nun 3 Std in einem trockenen CO_2-Strom auf 210° erhitzt, wonach kein Wasser mehr abgegeben werden darf. Nach Zerkleinern wird es $2^1/_2$ Std unter CO_2 aktiviert. 4. Ein poröses Aluminiumoxyd wird durch Behandlung von Aluminiumbutylat nach der vorher gegebenen Vorschrift erhalten, mit der Ausnahme, daß das Produkt nach der Exposition an der feuchten, warmen Luft 7 Std mit Wasserdampf behandelt wird. 5. Aluminiumoxyd, auf Bimsstein niedergeschlagen (vgl. [2]). 6. Ein alkalifreies Aluminiumoxyd wird auch durch Destillation von Aluminiumisopropylat, Zersetzen mit destilliertem Wasser und anschließendes Glühen erhalten[1].

Aktivierung von Aluminiumoxyd nach BROCKMANN[3]. Als Ausgangsmaterial dient technisches Aluminiumoxyd (Merck), das wegen seiner Korngröße gut geeignet ist. *Aluminiumoxyd I:* Das Ausgangsmaterial wird in kleinen Portionen unter häufigem Umrühren in einem Eisentiegel geglüht und im Exsiccator erkalten gelassen. *Aluminium-oxyd II:* Man bedeckt den Boden eines größeren Topfes etwa 3 cm hoch mit dem Ausgangsmaterial und erhitzt 4—6 Std unter sehr häufigem Umrühren über einem großen Pilzbrenner. Nach dem Erkalten läßt man in dünner Schicht ausgebreitet an der Luft liegen und prüft die Aktivität nach etwa 30 min (s. unten). *Aluminumoxyd III, IV und V:* Diese Präparate werden aus II durch längeres Liegenlassen oder Schütteln an feuchter Luft (Keller) gewonnen. Von Zeit zu Zeit werden Proben mit Hilfe der Prüf-lösungen untersucht.

Prüfung von Aluminiumoxyd auf Aktivität nach BROCKMANN. Ein exaktes Maß zur Festlegung des Aktivitätsgrades im Verlauf der partiellen Entaktivierung durch Hydrati-sieren ist die Bestimmung der Adsorptionsisothermen. Da sie zu umständlich ist, geht BROCKMANN folgendermaßen empirisch vor: Er chromatographiert nacheinander mit ver-schiedenen Farbstoffen unterschiedlicher Adsorbierbarkeit. *Testfarbstoffe:* 1. Azobenzol. Käufliches Präparat, aus wenig Äthanol umkrystallisiert, F 68°. 2. p-Methoxy-azobenzol, aus p-Oxy-azobenzol durch mehrstündiges Erwärmen mit Dimethylsulfat und Kalium-carbonat[4], nach zweimaligem Umkrystallisieren aus verdünntem Methanol, F 55°. 3. p-Oxy-azobenzol, aus diazotiertem Phenol, umkrystallisiert aus Benzol-Benzin, F 53°. 4. p-Amino-azobenzol, aus Benzin umkrystallisiert, F 127°. 5. Benzol-azonaphthol-(2), aus diazotiertem Anilin und β-Naphthol[5], als Sudangelb bezeichnet, umkrystallisiert aus Methanol, F 134°. 6. Sudanrot, käufliches (E. Merck) als Sudan III bezeichnetes Präparat, mehrmals aus Essigester umkrystallisiert, F 184°.

Alle Farbstoffe werden vor Gebrauch fein gepulvert und im Hochvakuum getrocknet. Zur Herstellung der Farbstofflösungen werden in allen Fällen je 20 mg der vorgeschrie-benen beiden Farbstoffe zusammen in 10 cm³ reinstem Benzol (über KOH destilliert) gelöst, worauf mit Normalbenzin auf 50 cm³ aufgefüllt wird. Von dieser Lösung ver-wendet man jeweils 10 cm³ zur Prüfung von Aluminiumoxyd. *Durchführung:* Je 100 mm lange Chromatographieröhrchen (nach Abb. 2, S. 126) von 15 mm lichter Weite erhalten zunächst einen Wattebausch fest eingedrückt, eine 5 cm hohe Schicht des Adsorbens und wieder einen dünnen Wattebausch oder ein Filtrierpapierscheibchen. Man setzt das Röhrchen mit Hilfe eines seitlich eingekerbten Korkens auf ein Kölbchen und gießt 10 cm³ der Farbstofflösung auf die Säule. Durchlaufgeschwindigkeit 20—30 Tropfen/

[1] ADKINS, H.: Am. Soc. **44**, 2175 (1922).
[2] HOLMES, H. N., V. G. LAVA, E. DELFS and H. G. CASSIDY: J. biol. Ch. **99**, 417 (1933).
[3] BROCKMANN, H., u. H. SCHODDER: B. **74**, 73 (1941).
[4] ROBERTSON, A., and T. BACKHOUSE: Soc. **1939**, 1269.
[5] LIEBERMANN, C.: B. **16**, 2858 (1883).

Tabelle 2. *Schema der Prüfung auf Aktivität nach* BROCKMANN.

	Aktivitätsstufe							
	I	II		III		IV		V
	Nr. der Testlösung							
	1	1	2	2	3	3	4	5
Lage der Farbstoffe in der Säule	p-Methoxy-azobenzol		Sudangelb		Sudanrot		p-Amino-azobenzol	p-Oxy-azobenzol
	Azobenzol	p-Methoxy-azobenzol	p-Methoxy-azobenzol	Sudangelb	Sudangelb	Sudanrot	Sudanrot	p-Amino-azobenzol
Filtrat		Azobenzol		p-Methoxy-azobenzol		Sudangelb		

min. Bevor der letzte Anteil der Lösung in die Säule eingesickert ist, beginnt man mit dem Nachgießen des Lösungsmittels (1 Vol. Benzol $+$ 4 Vol. Benzin), von dem bei allen Proben 20 cm³ zum Entwickeln des Chromatogramms benutzt werden. — Das Verfahren kann auch zur Aktivitätsbestimmung anderer Adsorbentien verwandt werden.

Die römischen Ziffern in Tabelle 2 bedeuten den Aktivitätsgrad von Aluminiumoxyd, angefangen mit dem wirksamsten Präparat. Die arabischen Ziffern geben die verwendeten Farbstoffgemische an. Die beiden Querstriche bedeuten den oberen und unteren Rand der Adsorptionssäule. Die zwischen diesen Strichen stehenden Namen der Farbstoffe sollen anzeigen, wo sich ihre Zonen nach der Entwicklung des Chromatogramms in der Säule befinden. Ist der Farbstoff beim Entwickeln in das Filtrat gegangen, so steht sein Name unter dem unteren Querstrich. Die Aktivitäten von Aluminiumoxyd sind so abgestuft, daß ein Farbstoffgemisch, das sich bei dem einen Präparat in 2 untereinander liegende Zonen auftrennt, bei der nächst schwächeren Aktivitätsstufe so zerlegt wird, daß sich die eine Komponente im Filtrat befindet.

Bestimmung der Aktivität von Adsorbentien nach MÜLLER[1]. Das beschriebene BROCKMANNsche Verfahren gestattet zwar eine vergleichsweise Bestimmung des Aktivitätsgrades, doch ist die Abgrenzung nicht sehr genau und ermöglicht vor allem nicht die zahlenmäßige Erfassung der Aktivität. Ein genaueres Maß hierfür ist die *Wärmetönung*, welche bei der Bildung eines Adsorbates zwischen einer bestimmten Menge Adsorbendum und einer Oberflächen- bzw. Gewichtseinheit Adsorbens auftritt. Die Adsorptionswärme läßt sich sowohl unmittelbar durch Calorimetrie als auch mittelbar aus der Temperaturabhängigkeit der Adsorptionsisothermen ermitteln. Die Bestimmung der letzteren ist als Routineverfahren nicht geeignet. Man mißt deshalb mit einer geeigneten Calorimeteranordnung die Wärmetönung, die beim Versetzen von aktiviertem Aluminiumoxyd mit Wasser bzw. einem Lösungsmittel auftritt (Apparatur und Methodik siehe im Original[1]). Da die Wärmetönung mit dem Solvens und auch mit dessen Reinheitsgrad variiert, wird es so weit gereinigt, bis es mit einem maximal aktivierten Aluminiumoxyd konstante Wärmetönungen gibt. Die Adsorptionsaktivität eines chromatographischen Systems kann zahlenmäßig festgelegt werden durch Angabe: 1. des Wärmetönungswertes von maximal aktiviertem Aluminiumoxyd, der unter Verwendung eines Bezugs- oder Testlösungsmittels erhalten wird, 2. des Wärmetönungswertes von maximal aktiviertem Aluminiumoxyd, der mit Auftragungs- und Entwicklungssolvens gemessen wird, 3. des Wärmetönungswertes des im Adsorptionssystem verwendeten Aluminiumoxydes, der mit dem Entwicklungssolvens gemessen wird.

Aktivierung von Aluminiumoxyd nach MÜLLER: Dies geschieht in Anlehnung an das BROCKMANNsche Verfahren durch $^{1}/_{2}$—$^{3}/_{4}$stündiges Erhitzen von rohem Aluminiumoxyd in einer V 2 A-Stahlpfanne unter häufigem Umrühren und Erkaltenlassen in einer Aluminiumflasche unter Vorschalten eines Calciumchlorid-Natronkalk-Trockenturmes mit etwas Phosphorpentoxyd (= Aluminiumoxyd I). Zur Entaktivierung werden in einer Glasschliffflasche auf je 100 g Aluminiumoxyd verschiedene Mengen (0,5—24 cm³) destilliertes Wasser zugefügt; die Flasche wird gut verschlossen, das Oxyd bis zum Verschwinden von knolligen Zusammenballungen energisch geschüttelt und vor dem Gebrauch unter öfterem Umschütteln noch 1 Std stehen gelassen. Unter Feuchtigkeitsausschluß aufbewahrt, behalten die Präparate die Aktivitäten einige Zeit unverändert.

Theoretisch und praktisch bedeutungsvolle Beobachtungen von MÜLLER: In der Nähe der maximalen Aktivität bewirken schon kleine Mengen von Wasser eine relativ große Aktivitätsminderung. Diese wurde um so kleiner, je weiter die Desaktivierung fortschritt. Bei weitgehend desaktiviertem Aluminiumoxyd bewirkten relativ große Wasserzugaben nur noch kleine Abnahmen der noch bestehenden Restaktivität. Ein Adsorbens, das mit 24 g Wasser/100 g desaktiviert wurde, wies noch eine geringe Aktivität auf. In den Grenzgebieten, vor allem aber im Bereich maximaler Aktivität, erfolgt die Einstellung auf einen bestimmten Aktivitätsgrad am besten durch Mischen von verschieden stark akti-

---

[1] MÜLLER, P. B.: Helv. **26**, 1945 (1943).

viertem bzw. desaktiviertem Aluminiumoxyd. Um reproduzierbare Werte zu erhalten und um oxydationskatalytische Veränderungen des Adsorbendum während der Chromatographie auszuschalten, darf zur Desaktivierung nur vollständig reines, am besten zweimal aus einer Glasapparatur destilliertes Wasser verwendet werden. Das zur Chromatographie verwendete *Lösungsmittel* führt im Adsorptionssystem stets zu einer Verminderung der chromatographisch verwertbaren Aktivität von Aluminiumoxyd. Diese Aktivitätsminderung erhöht sich mit der durch die Wärmetönung meßbaren Adsorbierbarkeit des Lösungsmittels. In einem bestimmten Adsorptionssystem nimmt also die chromatographisch verwertbare Aktivität mit der Wärmetönung des Lösungsmittels ab, während sie mit der Wärmetönung des Adsorbens zunimmt. Uneinheitliche Lösungsmittel (z. B. Petroläther), welche verschieden stark adsorbierbare Komponenten enthalten, werden vor ihrer Verwendung zur Chromatographie durch geeignete Reinigung auf eine bestimmte calorimetrisch kontrollierte Adsorbierbarkeit gebracht (vgl. S. 153). Chemisch einheitliche, aber nicht vollkommen chemisch reine Lösungsmittel (z. B. Äthyläther, Chloroform, Hexan) müssen aus demselben Grunde durch geeignete Reinigungsmethoden zuerst auf den dem reinen Lösungsmittel zukommenden konstanten Wärmetönungswert gebracht werden. Sie können dann auch als Testlösungsmittel zur Bestimmung der Aktivität von Adsorbentien verwendet werden. Durch die Variation der Aktivität von Aluminiumoxyd und eine entsprechende Wahl der Solventien bzw. -gemische hat man es in der Hand, einen Aktivitätsspielraum zu bestreichen, der ausreicht, um zahlreiche andere Adsorbentien, die schlecht durchlässige Säulen ergeben und weniger gut oder überhaupt nicht regeneriert und aktiviert bzw. desaktiviert werden können, zu ersetzen. Die Wärmetönung ist aber nur innerhalb des betreffenden Adsorptionssystems ein Maß für die chromatographisch verwertbare Aktivität. Werden in dem Adsorptionssystem das Adsorptions- oder Elutionssolvens oder auch nur der Reinheitsgrad des Solvens geändert, so verändern sich auch die zum Erreichen des gewünschten Effektes erforderlichen Wärmetönungen. Diese erwiesen sich aber beim Verwenden von Petroläther verschiedenen Reinheitsgrades in einem System Petroläther/Aluminiumoxyd direkt proportional der Wärmetönung, welche die betreffenden Petroläther im Kontakt mit maximal aktiviertem Aluminiumoxyd ergaben. Kennt man im genannten System für einen beliebigen Petroläther die zum Erreichen einer bestimmten Trennung erforderliche Wärmetönung, so kann man für einen Petroläther von anderem Reinheitsgrad die zum Erreichen des gleichen Trenneffektes erforderliche Wärmetönung berechnen. Die Genauigkeit dieser Berechnung ist aber durch das Streuen der Wärmetönungsmessungen begrenzt, was sich bei feineren chromatographischen Trennungen bereits bemerkbar macht. Die errechneten Annäherungswerte geben aber doch auch hierfür wertvolle Hinweise.

Die Ermittlung der Wärmetönungswerte überhaupt ist eine wesentliche Voraussetzung für die eindeutige Beschreibung eines chromatographischen Verfahrens, welche dann durch die Angabe der speziellen chromatographischen Bedingungen (Dimension der Säulen, Menge des Adsorbens, des Solvens, Eluens, Größe der Einwaage) noch ergänzt werden muß.

Früher übliche einfache Verfahren zur Aktivierung des Aluminiumoxydes durch Waschen mit Leitungswasser (nicht destilliertem Wasser) und anschließendes Erhitzen[1], sowie die Desaktivierung durch Waschen mit Methanol und Trocknen an der Luft[2] haben durch diese neuen Untersuchungen ihre Erklärung gefunden.

Alkalisches, saures, neutrales Aluminiumoxyd. Die Handelspräparate und einige der im Laboratorium selbst gewonnenen enthalten freies Alkali, das den Chromatographieverlauf im allgemeinen nicht stört. Durch Behandeln mit 2 n Salzsäure im Überschuß kann das Alkali entfernt und das Aluminiumoxyd in eine andere Modifikation übergeführt werden (s. S. 170). Zwischen den beiden Formen von Aluminiumoxyd bestehen jedoch auch bei der Chromatographie der Azofarbstoffe nach BROCKMANN (S. 146) feine Unterschiede, die sich aus folgender Gegenüberstellung ergeben (aus Benzol-Petroläther 1:4):

Alkalisches Al_2O_3	„*Salzsaures*" Al_2O_3
Oxyazobenzol	Oxyazobenzol
Aminoazobenzol	Sudanrot
Sudanrot	Aminoazobenzol
Sudangelb	Sudangelb
Methoxyazobenzol	Methoxyazobenzol

Für empfindliche Substanzen (Ketone, Lactone, leicht hydrolysierbare Ester u. a. vgl. S. 139) muß jedoch neutralisiertes Aluminiumoxyd verwendet werden[3]. Zu diesem Zweck wird Aluminiumoxyd wiederholt mit destilliertem Wasser ausgekocht, bis das

---

[1] RUGGLI, P., u. P. JENSEN: Helv. 18, 624 (1935); 19, 64 (1936).
[2] HEILBRON, I. M., and R. F. PHIPERS: Biochem. J. 29, 1369 (1935).
[3] EUW, J. v., A. LARDON u. T. REICHSTEIN: Helv. 27, 821 (1944). — CHRISTENSEN, V. A.: Dansk T. Farmaci 19, 129 (1945). — REICHSTEIN, T., u. C. W. SHOPPEE: Discuss. Faraday Soc. No. 7. S. 305. 1949.

Kochwasser neutral reagiert. Das abgesaugte Adsorbens wird dann mit Methanol gewaschen und bei 160—200° (Innentemperatur) und 10 mm Druck reaktiviert. Das Produkt enthält oft noch Spuren Alkali, welche nicht stören und ist weit weniger aktiv als das Alkali enthaltende Oxyd. Die Alkalität läßt sich auch durch Auswaschen des Adsorbens mit Phenol, in Leichtbenzin gelöst, verringern[1]. Will man doch neutralisieren, so erreicht man dies viel schneller, wenn man der ersten Suspension des Adsorbens verdünnte Salpetersäure (Salzsäure, Schwefelsäure oder Essigsäure sind nicht verwendbar) bis zum Neutralpunkt zusetzt, nach Absaugen das Adsorbens mit destilliertem Wasser auskocht und dann mit Methanol, wie beschrieben, reaktiviert. Das Produkt enthält noch Nitrationen, die in manchen Fällen allerdings nicht harmlos sind.

Alkalifreie Aluminiumoxydpräparate werden auch nach den auf S. 145 unter 3. und 4. beschriebenen Verfahren erhalten. Neuerdings sind auch alkali- und säurefreie Aluminiumoxydpräparate im Handel[2].

Regeneration von gebrauchtem Aluminiumoxyd. 1. In vielen Fällen genügt folgende Vorschrift: Das Oxyd wird wiederholt mit kochendem Methanol und dann mit kochendem Wasser (wenn notwendig unter Zusatz von wenig NaOH) extrahiert. Weiterbehandlung wie oben beschrieben. Eine leichte Verfärbung des Materials ist oft nicht von Bedeutung[3]. 2. Zum Befreien des Aluminiumoxyds von stärker haftenden Substanzen ist das Regenerieren durch Erhitzen im Sauerstoffstrom erforderlich[4]. Die Operation erfolgt in einem 1 m langen, 16 mm weiten Quarzrohr, das an einem 1 Liter-Destillierkolben in einem Winkel von 35° zur Horizontalen angeschlossen ist. Es wird von einem 75 cm langen elektrischen Widerstandsofen auf 710—770° erhitzt. Der Sauerstoff wird von unten seitlich eingeleitet, seine Menge muß über 50 cm³/g Aluminiumoxyd betragen. Dieses wird aus einem Tropftrichter dem Sauerstoffstrom entgegengeführt. Die Temperatur wird mit einem Thermoelement gemessen. Sie darf nicht über 800° steigen, da sonst das γ-Aluminiumoxyd zu der α-Form (Korund) versintert. Unterhalb 700° geht die Regeneration nicht schnell genug. Das erhaltene Aluminiumoxyd entspricht der ersten Aktivitätsstufe nach Brockmann, besitzt hellgelbe bis violette Fluorescenz und grauweiße Farbe.

Bleicherden. Darunter versteht man verschiedene natürliche saure Aluminiumsilicate, die zunächst in der Ölindustrie verwandt wurden. Man gebraucht sie entweder in der ursprünglichen oder in der gereinigten und mit Salzsäure aktivierten Form. Letztere können ziemlich stark sauer reagieren, so daß man sie nicht zur Trennung von säureempfindlichen Stoffen verwenden kann. Sie eignen sich besonders gut zur Chromatographie aus wäßrigen Lösungen. Sie besitzen im allgemeinen eine hohe Adsorptionsaktivität, so daß die Elution mitunter schwierig wird. Wahrscheinlich spielt hierbei der Eisengehalt eine Rolle. Bei der Untersuchung von Pterinen wurde z. B. das Erythropterin an Floridin XXF irreversibel adsorbiert[5]. Wurde der Eisengehalt von Floridin durch 10maliges Auskochen mit je 10 Teilen 3 n Salzsäure (je 3—5 min) verringert, so besaß das Adsorbens die optimale Aktivität. Wurde die Säurebehandlung fortgesetzt, so verschwand mit dem restlichen Eisen auch die Aktivität für Erythropterin.

Regeneration von gebrauchten Bleicherden[6]. 1. Abtrennen von lipoidlöslichen Bestandteilen: Mit Lipoidlösungsmitteln oder durch Behandeln mit verdünnten Alkalien in wäßriger Lösung im Autoklaven unter Druck, nachher mit Säure neutralisieren. Behandlung mit überhitztem Wasserdampf, anschließend mit Heißluft, dann längere Behandlung mit Wasser, Trocknen, Zermahlen. 2. Abtrennen von Farbstoffen: Am besten durch Zerstören der organischen Substanz durch sehr vorsichtiges Erhitzen (auf keinen Fall

---

[1] Powell, G., M. Salmon, Th. Bembry and R. P. Walton: Science, N. Y. 93, 522 (1941).
[2] „Aluminiumoxyd alkalifrei Woelm zur chromatographischen Analyse" Fa. M. Woelm, Eschwege; vgl. Grashof, H.: Angew. Chem. 63, 96 (1951).
[3] Powell, G., M. Salmon, Th. Bembry and R. P. Walton: Science, N. Y. 93, 522 (1941).
[4] Kajaune, P.: Acta chem. scand. 3, 339 (1949).
[5] Schöpf, C., u. E. Becker: A. 524, 49 (1936). — Koschara, W.: H. 240, 127 (1936).
[6] Eckardt, O.: Chem. Ztg. 60, 153 (1936).

Sinterung oder Zerfall des Adsorbens), Auskochen mit Alkohol oder Essigsäure, salzsaurem Alkohol oder Ketonen, längeres Kochen mit verdünnten Mineralsäuren. In allen Fällen mit Wasser gut nachwaschen, trocknen und nötigenfalls vermahlen.

Bestimmung der Adsorptionsaktivität („Adsorptionswert") von Bleicherden nach TRAPPE[1]. Eine für die Praxis recht brauchbare Methode zur Aktivitätsbestimmung, insbesondere zum Vergleich verschieden aktiver Bleicherden (aber auch von Aluminiumoxyd und anderen Adsorbentien), die durch partielles Trocknen wasserhaltiger Materialien bzw. partielles Befeuchten trockener Produkte gewonnen wurden, besteht in folgendem Vorgehen: Der „Adsorptionswert" eines Adsorptionssystems gibt diejenige Menge einer Substanz in Prozenten an, welche aus 3 Volumenteilen einer 0,1%igen Lösung derselben an einem „Volumenteil" eines Adsorbens maximal, d. h. nach endgültiger Einstellung des Gleichgewichtes bei 20° adsorbiert wird. Der Volumeneinheit des Adsorbens wird nicht das spezifische Gewicht zugrunde gelegt, sondern das „Volumengewicht". Das ist diejenige Gewichtsmenge eines Adsorbens, die durch halbstündiges Zentrifugieren bei 3000 U/min und einem Radius von etwa 15 cm einen Raum von 1 cm³ einnimmt. Das Volumengewicht ist keine exakte physikalische Konstante, sondern dient nur dem praktischen Zweck, das Adsorptionsvermögen gleicher „Volumina" verschiedener Adsorbentien miteinander zu vergleichen und so verschiedene Adsorptionssäulen gleichen Rauminhaltes zueinander in Beziehung zu setzen. Das Volumengewicht von nach WISLICENUS standardisiertem Aluminiumoxyd ist z. B. 0,17, von nach BROCKMANN gewonnenem 0,79, einem anderen Präparat von SCHERING 0,90; spezifisches Gewicht von Aluminiumoxyd: 3,96. *Vorschrift*[2]*:* Zu 5,0 cm³ von 100 mg-%igen Lösungen der zu untersuchenden Substanz werden ⁵/₃ des Volumengewichtes Adsorbens hinzugegeben, da das Verhältnis von Adsorbens zu Lösung 1:3 Volumenteile betragen soll. Nach 30 min wiederholtem Schütteln wird das Adsorbens in verschlossenem Zentrifugenglas abzentrifugiert, ein aliquoter Teil der überstehenden Lösung abpipettiert und der nichtadsorbierte Substanzanteil analysiert. Adsorptionswerte von Aluminiumoxyd z. B. für Cholesterin (Benzol): Nach BROCKMANN (Merck) 95,4, nach WISLICENUS (Merck) 69,2, Präparat von Schering 0,0.

Mit dieser Methode wurde außer den Bleicherden auch die Aktivitätssteigerung durch mehrstündiges Erhitzen auf etwa 120° bei anderen Adsorbentien untersucht, wofür Tabelle 3 einige bemerkenswerte Beispiele bietet. Man sieht, daß die entwässerten Adsorbentien deutlich aktiver sind als die wasserhaltigen.

Tabelle 3. *„Adsorptionswerte" von Adsorbentien vor und nach Aktivierung durch mehrstündiges Erhitzen auf 120° nach* TRAPPE.

Adsorbens	Adsorbendum	Solvens	Vor	Nach
			Aktivierung	
Frankonit KL	Cholesterinstearat	Toluol	6,0	64,3
Frankonit KL	Triolein	Toluol	43,9	98,3
Bleicherde	Triolein	Benzol	14,6	100,0
Kieselsäure	Cholesterinacetat	Trichloräthylen	17,4	79,2
Kieselsäure	Triolein	Trichloräthylen	51,6	100,0
Silicagel	Cholesterinstearat	Tetrachlorkohlenstoff	47,7	62,7
Aluminiumsilicat	Cholesterinacetat	Tetrachlorkohlenstoff	9,4	43,3
Aluminiumsilicat	Trielaidin	Tetrachlorkohlenstoff	44,0	93,4

Anwendungsgebiete der Bleicherden. Pterine[3], Trennung von Chinin und Cinchonin[4], Gewinnung von Vitamin B_1[5].

Kaolin wird gern zur Adsorption aus wäßrigen Lösungen verwendet.

Calciumsulfat, ebenfalls zum Gebrauch für wäßrige Lösungen empfohlen, eignet sich für pflanzliche Farbstoffe (Anthocyane)[6].

Talkum besitzt den Nachteil geringer Filtrationsgeschwindigkeit (Reinigung von Porphyrinen)[7].

---

[1] TRAPPE, W.: B. Z. **305**, 150 (1940).
[2] TRAPPE, W.: B. Z. **306**, 316 (1940).
[3] SCHÖPF, C., u. E. BECKER: A. **524**, 49 (1936). — KOSCHARA, W.: H. **240**, 127 (1936).
[4] KARRER, P., u. N. NIELSEN: Zangger-Festschr. S. 954. Zürich 1934.
[5] I.G. Farbenindustrie DRP 646 548.
[6] KARRER, P., u. H. M. WEBER: Helv. **19**, 1025 (1936).
[7] FISCHER, H., u. H. J. HOFMANN: H. **246**, 15 (1937). — FISCHER, H., u. K. HERRLE: H. **251**, 85 (1938). — GAFFRON, H.: B. Z. **279**, 1 (1935).

Kieselgur, allgemein nur als Filterhilfe gebraucht, eignet sich auch zur Adsorption verschiedener Farbstoffe (Naphthazarinfarbstoffe, Trennung von Alkamin und Alkannan[1], Porphyrine[2]).

Calciumcarbonat wird als neutrales Adsorbens besonders für schwache organische Säuren empfohlen. Die Aktivität verschiedener Produkte ist ungleich. Das Calcium carbonicum laevissimum ist wirksamer als das Calcium carbonicum praecipitatum. Durch Vermischen bestimmter Anteile dieser verschiedenen Präparate lassen sich Adsorbentien mit fein abgestuften Aktivitäten herstellen. Auch hierbei kann die Aktivität durch Entwässern gesteigert werden (Carotinoide, Heteroauxin = β-Indolylessigsäure[3], Hämatochrom[4]).

Calciumhydroxyd, Calciumoxyd. Käuflicher gebrannter Kalk wird gepulvert und durch ein 100-Maschensieb gesiebt. Calciumhydroxyd stellt man sich aus dem handelsüblichen Oxyd durch Versetzen mit Wasser her. Nach dem Zerfallen wird durch ein 120-Maschensieb gesiebt und unter Luftabschluß aufbewahrt (hygroskopisch). Für alkaliempfindliche Substanzen sind diese Adsorbentien nicht verwendbar, ebensowenig für wäßrige Lösungen (besonders häufig angewandt für Carotinoide[5] u. a. Polyenfarbstoffe).

Calciumoxalat kann durch Behandeln mit Oxalsäure und anschließendes Trocknen aktiviert werden (Trennung von Naphthazarinfarbstoffen und Anthrachinonfarbstoffen[6]).

Magnesiumoxyd (handelsüblich, durch Entwässern des Hydroxyds) eignet sich nur für wenige Zwecke (Carotin[7], Vitamin A[8]).

Silicagel dürfte das Adsorbens mit den größten Aktivitätsunterschieden sein. Wegen seiner vielseitigen Verwendbarkeit müssen mehrere Vorschriften zu seiner Darstellung gegeben werden. Da die Verfahren zum Teil langwierig sind, wird man sie anwenden, nachdem man die erreichbaren Handelspräparate als ungeeignet befunden hat [weitere Vorschriften werden später bei der Verteilungschromatographie gegeben (vgl. S. 204), doch handelt es sich dort um ausgesprochene „nichtadsorbierende" Silicagelpräparate].

Adsorbierendes Silicagel[9]. 34 Liter Na-silicat (Mercks Lösung, spezifisches Gewicht 1,38—1,40, 40—42° Bé) werden mit 10 Liter Wasser gemischt (Schnellrührer) und unter heftigem Rühren langsam (17 Liter in 2,5—3 Std) 10 n HCl bis zur sauren Reaktion gegen Thymolblau eingebracht. Nach 2 Std Stehen bei 25° unter dauerndem Rühren wird das Kieselgel auf einem großen Steinguttrichter (66 cm Durchmesser) abgesaugt, säurefrei gewaschen, 12 Std bei 200° getrocknet, auf 50—150 Maschen gemahlen, chloridfrei gewaschen und 24—48 Std bei 250° getrocknet. Ausbeute etwa 15 kg.

Säurebehandlung. Zuweilen muß käufliches oder selbst bereitetes Silicagel durch Säurebehandlung aktiviert werden[10]: 20g fein gepulvertes Silicagel werden in einem 500 cm³-Erlenmeyer-Kolben mit 60 cm³ halbkonzentrierter Schwefelsäure (300 cm³ destilliertes Wasser, vorsichtiger Zusatz von 300 cm³ konz. Schwefelsäure, kühlen) versetzt und über freier Flamme unter konstantem vorsichtigem Rühren 10—15 min zum Kochen erhitzt. Nach dem Abkühlen läßt man die überstehende Flüssigkeit absitzen und wäscht 10- bis 12mal durch Dekantieren mit je etwa 100 cm³ Wasser aus. Bei jedem Dekantieren wartet man nicht, bis sich alles abgesetzt hat, damit die feinsten Teilchen mitentfernt werden. Dann Überführen auf einen BÜCHNER-Trichter, gut absaugen und gut trocknen. Es scheint wichtig, die Spuren von Säuren, die nach Säurebehandlung verbleiben, gut

[1] BROCKMANN, H.: A. **521**, 1 (1936).
[2] GROTEPASS, W., u. A. DEFALQUE: H. **252**, 155 (1938).
[3] KÖGL, F., A. J. HAAGEN-SMIT u. H. ERXLEBEN: H. **228**, 90 (1934).
[4] TISCHER, J.: H. **250**, 147 (1937).
[5] KARRER, P., u. O. WALKER: Helv. **16**, 641 (1933).
[6] BROCKMANN, H., u. K. MÜLLER: A. **540**, 51 (1939).
[7] STRAIN, H. H.: Science, N. Y. **79**, 325 (1934).
[8] HOLMES, H. N.: Am. Soc. **57**, 1990 (1935).
[9] HARRIS, R., and A. N. WICK: Industr. engng. Chem., analyt. Ed. **18**, 276 (1946).
[10] WHITEHORN, J. C.: J. biol. Ch. **108**, 633 (1935).

zu entfernen. Das erreicht man eher, wenn man nach dem Waschen mit Wasser bis zur (mit Indicatorpapier geprüften) Säurefreiheit nochmals mit 0,02 n NaOH und dann wieder mit Wasser wäscht[1]. *Aktivierung:* Mehrstündiges Erhitzen im Trockenofen auf etwa 125° läßt die Aktivität von längere Zeit an der Luft aufbewahrtem Silicagel, das wenig aktiv ist, bis zu einem konstanten Optimum erheblich anwachsen[2]. Durch Feuchtigkeitsaufnahme läßt sie sich wieder herabsetzen. Die „Entaktivierung" nimmt man, um von der wechselnden Luftfeuchtigkeit unabhängig zu sein, am besten in einem Exsiccator mit etwa 50%iger NaOH als Bodenfüllung bei konstantem Dampfdruck vor, indem man das Silicagel in eine flache Schale füllt und wiederholt mischt. Als Maß für die Aktivität von Silicagel gegenüber lipoiden Substanzen dient nach TRAPPE[2] der „Adsorptionswert" (vgl. S. 149) für Cholesterin in wasserfreiem Benzol. Der Wert für maximal aktiviertes Silicagel beträgt 90. Setzt man es so lange der Feuchtigkeit aus, bis es den Wert 60—62 besitzt, so erhält man ein Adsorbens, das sich zur Chromatographie von Lipoiden gut eignet (weitere Verfahren s. S. 152).

Herstellung von Silicagelsäulen. Die geringe Teilchengröße bietet dem durchfließenden Solvens erheblichen Widerstand, weswegen besondere Vorschriften zur Herstellung der Säulen gegeben werden. *Beispiel 1*[3]: 70 g Silicagel werden mit 300 cm³ einer Lösung von 25% Benzol in trockenem Leichtbenzin gemischt und 30 min stehen gelassen. Ein Teil der Mischung wird in ein Chromatographierohr von 35 mm Durchmesser und 400 mm Länge eingefüllt (Wattepfropf am Boden). Auf die Säule wird mittels einer geeigneten Vorrichtung (vgl S. 131) ein genügender Druck von Stickstoff gegeben. Die Flüssigkeit filtriert man durch die Säule so lange, bis einige Millimeter Flüssigkeit noch auf dem Adsorbens stehen. Jetzt wird eine weitere Portion der Mischung aufgegeben und die Stickstoffpression fortgesetzt. Dies wird wiederholt, bis die Säule eine Höhe von 300 mm erreicht hat. Dann wird eine perforierte Porzellanplatte aufgelegt und etwa 100 cm³ der Benzol-Benzinmischung durchgepreßt, so daß die Säule kompakt und homogen ist. Niemals darf die Säule trocken werden! Der Stickstoffdruck wird während der Vorbereitung so reguliert, daß die Flüssigkeit mit einer Geschwindigkeit von 6 bis 10 cm³/min durchläuft (während der Chromatographie 3—4 cm³/min). *Beispiel 2*[2]: Das Silicagel wird in nicht zu großen Portionen unter starkem Saugen in die Röhre gefüllt und gut festgestampft. Jeweils die oberste Schicht darf nicht zu locker aufliegen. Vor dem Einsaugen der zu chromatographierenden Lösung muß das Silicagel mit dem entsprechenden Lösungsmittel vollständig durchtränkt sein, daran zu erkennen, daß es glasig und je nach dem Solvens mehr oder weniger stark durchscheinend wird. Vollständig mit Chloroform durchtränktes Silicagel ist fast durchsichtig. Man erreicht diese Durchtränkung durch „*fraktioniertes Einsaugen*" des Solvens bei maximalem Vakuum. Hat man das Solvens jeweils etwa 5 mm eingesogen, so hebt man das Vakuum auf und wartet kurz, bis dieser Bezirk fast glasig geworden ist. Ist die Säule nach dem völligen Durchsaugen des Solvens noch nicht in allen Teilen durchscheinend, so läßt man jetzt unter mäßigem Saugen das Solvens abwechselnd durchströmen und hebt dann eine Weile das Vakuum auf. Auch erreicht man die endgültige Durchtränkung dann meist von selbst, wenn die Säule längere Zeit, etwa über Nacht, stehen bleibt. Bei der Chromatographie darf nicht zu schnell gesaugt werden, da sonst der untere Teil der Säule leicht trocken wird (etwa 1 cm³/min). Lockere Säulen werden leichter trocken als kompakte. Man verhindert dies, indem man in die Chromatographieröhre zuerst eine niedrige Schicht von Aluminiumsilicat einfüllt, die gut festgestampft werden muß, bevor das Silicagel darüber kommt. Ersteres darf nicht zu stark adsorbieren (genügend lange Inkubation an feuchter Luft). Als oberer Säulenabschluß wird eine dünne Schicht von Kieselgur empfohlen. Diese Säulenart diente zur Chromatographie von biologischen Fettstoffen.

---

[1] HOLMES, H. N., and J. A. ANDERSON: Industr. engng. Chem., analyt. Ed. **17**, 280 (1925).
[2] TRAPPE, W.: B. Z. **306**, 316 (1940).
[3] REICH, W. S.: Biochem. J. **33**, 1000 (1939).

Systematische Untersuchungen über die Adsorptionsaktivität von Silicagel-Celit (= Silicagel-Kieselgurmischung)[1]. Die erheblichen Schwierigkeiten beim Arbeiten mit Silicagelsäulen infolge des großen Durchflußwiderstandes lassen sich verringern, indem das Adsorbens vor Gebrauch zur Chromatographie mit 0,5 Gewichtsteilen „Celit 545" (Kieselgur) gemischt wird. Mit diesem Adsorbens wurde eine Beziehung zwischen Wassergehalt und Adsorptionsaktivität gefunden, wie sie auch für die anderen Adsorbentien gilt. Man unterscheidet zwischen „freiem" und „gebundenem" Wasser[2]. Ersteres kann zwischen 100—200° entfernt werden (reversibel). Dies führt zur Erhöhung der Adsorptionsaktivität. Sie verschwindet erst bei Erhitzen auf Temperaturen um 1100°, wobei die Gelstruktur unter Verlust der Adsorptionsaktivität zerstört wird (irreversibel)[3]. Der Prozeß des Alterns von Silicagel wurde als Übergang von „gebundenem zu freiem Wasser" gedeutet[2].

Aktivieren von Silicagel. Hierzu werden mehrere Methoden angewandt: 1. Mildes Erwärmen, entsprechend den auf S. 150 gegebenen Vorschriften. 2. Vorwaschen mit geeigneten Lösungsmitteln[4]. 3. Evakuieren über Trockenmitteln[5]. Am meisten wird jetzt das Vorwaschen mit wasserentziehenden Lösungsmitteln gebraucht, wodurch nicht nur die Kapazität, sondern auch die Affinität erhöht (engere Zonengrenzen) und das Adsorbens in der Säule einheitlicher wird (durch Vorwaschen wurden 13,9 % Wasser entfernt, durch Trocknen bei 200° 13,3 %).

Vorwaschen und Prüfung auf Aktivität: Hierzu werden folgende Farbstoffe benötigt: 1. N-Methylisatin, 2. 4-Nitro-triphenylamin, 3. 2,4-Dinitro-diphenylamin, 4. Äthyl-centralit (= symm. Diäthyldiphenylharnstoff, N,N'-Diäthylcarbanilid). *Ausführung:* Nach Einfüllen des Adsorbens in die Säule werden 0,2 V cm³ Äther (V cm³ = dasjenige Volumen an Solvens, das zur völligen Benetzung der Adsorbenssäule benötigt wird), V cm³ Aceton-Äther 1:1, 0,8 V cm³ Äther, V cm³ Ligroin (60—70°) und am Ende 0,2 V cm³ des später zur Elution gebrauchten Solvens aufgegeben.

Test I: 0,7 mg 4-Nitro-triphenylamin werden mit 3 %iger Lösung von Äther in Ligroin (60—70°) entwickelt.

Test II: 1 mg Äthyl-centralit wird mit einer 4 %igen Lösung von Äther in Benzol entwickelt.

Test III: 2 mg N-Methylisatin werden mit einer 10 %igen Lösung von Aceton in Ligroin entwickelt.

Test IV: 0,1 mg 2,4-Dinitro-diphenylamin wird mit Benzol-Ligroin 1:1 entwickelt.

Test V: 0,1 mg 2,4-Dinitro-diphenylamin wird mit einer 4 %igen Lösung von Äther in Ligroin entwickelt.

In jedem Röhrchen wird das Verhältnis der linearen Wanderung der Farbzone zur linearen Wanderung des Solvens bestimmt und als R bezeichnet.

Vergleiche hierzu auch die Untersuchungen über die Charakterisierung des Systems Calciumhydroxyd-Celit[6].

Außer dieser für Silicagel angegebenen Vorschrift läßt sich auch das früher beschriebene (s. S. 145) Verfahren von BROCKMANN zur Aktivitätsbestimmung von Aluminiumoxyd auf Silicagel und noch andere Adsorbentien anwenden[7].

Weitere Adsorbentien. Asbest, basisches Bleiacetat, Bariumsulfat, Kupfersulfat, Chrom(III)-hydroxyd, Eisenoxyd-Gel, Titandioxyd, Zinkoxyd und Zinkcarbonat sind weitere, jedoch seltener gebrauchte Adsorbentien.

Von den organischen Adsorbentien werden besonders verwendet:

[1] TRUEBLOOD, K. N., and E. W. MALMBERG: Analyt. Chem., Washington 21, 1055 (1949).

[2] FELLS, H. A., and J. B. FIRTH: J. physic. Chem. 31, 1230 (1927). — KISELER, A. V.: Colloid. J., Woronesh 2, 17 (1936).

[3] KISELER, A. V., J. A. VORMS, V. V. KISELAVA, V. N. KORNOUKOVA u. N. A. SHTOKISH: J. physik. Chem. (russ.) 19, 83 (1945).

[4] LEROSEN, A. L.: Am. Soc. 67, 1683 (1945); 69, 87 (1947). — SCHROEDER, W. A.: Ann. N. Y. Acad. Sci. 49, 204 (1948).

[5] KIRCHNER, J. G., A. N. PRATER and A. J. HAAGEN-SMIT: Industr. engng. Chem., analyt. Ed. 18, 31 (1946).

[6] ROTH, W., and A. L. LEROSEN: Analyt. Chem., Washington 20, 1092 (1948).

[7] Weitere Methoden zur Charakterisierung der Adsorptionsaktivität vgl. CLAESSON, S.: Arkiv Kemi, Mineral. Geol. 23A, Nr. 1 (1946). — LEROSEN, A. L.: Am. Soc. 64, 1905 (1942). — WEIL-MALHERBE, H.: Soc. 1943, 303.

Puderzucker in verschiedenen Aktivitätsgraden, eine Eigenschaft, für die man keine Erklärung hat. Er ist vor dem Gebrauch zu trocknen, zu zerkleinern und zu sieben (Chlorophylle werden an ihm nicht verändert[1]).

Milchzucker. Er ist ebenso zu behandeln (Chlorophylle[1], Mutterkornalkaloide[2]).

Inulin (wie oben).

Die chromatographische Trennung mit diesen Adsorbentien muß aus wasserfreien Solventien erfolgen. Man kann entweder die Adsorptionsbezirke ebenfalls mit solchen Lösungsmitteln eluieren oder das Adsorbens in Wasser auflösen und dann das Adsorbendum mit lipoiden Lösungsmitteln ausschütteln.

Stärke besitzt nur geringes Adsorptionsvermögen und wird wenig gebraucht.

Cellulose, in Form von Pulver, ebenfalls nur wenig gebraucht, dient wie die Stärke mehr zur Verteilungschromatographie (s. S. 207).

γ) Die Solventien.

Bereits bei der Besprechung der Aktivitätsbestimmung von Adsorbentien an Hand der Wärmetönung (S. 146) wurde erwähnt, daß die verschiedenen Solventien mit unterschiedlicher Aktivität adsorbiert werden. Bringen wir sie in eine Reihe abnehmender Adsorptionsaktivität (geprüft bei verschiedenen Adsorbentien), so erhalten wir[3]: Pyridin, Wasser, Äthanol und Propanol, Aceton, Essigester, Äther, Chloroform, Methylenchlorid, Benzol, Trichloräthylen, Tetrachlorkohlenstoff, Benzin (Petroläther).

Diese Reihe abnehmender Adsorptionsaktivität ist gleichzeitig die Reihe *abnehmender Elutionswirkung* eines Adsorbendum vom Adsorbens und die Reihe *zunehmender Adsorption* des Adsorbendum an das Adsorbens, wenn ersteres in den betreffenden Solventien gelöst ist.

Um also eine Verbindung günstig zu chromatographieren, wird man, nach Wahl des geeigneten Adsorbens und dessen günstigstem Aktivitätsgrad, zur *Adsorption* zunächst ein Solvens wählen, dessen Aktivität im Vergleich zu der der Substanz gering ist, dagegen zur *Elution* ein solches, das durch größere Aktivität die Substanz vom Adsorbens glatt verdrängt. Zum *Entwickeln* des Chromatogramms wählt man ein Solvens, dessen Aktivität mit der der Substanz um das Adsorbens konkurriert.

Die Solventien sollen so rein sein, daß sie, mit einem Adsorbens gleichen Aktivitätsgrades bestimmt, konstante Adsorptionswärmen ergeben. Zur zahlenmäßigen Festlegung des Reinheitsgrades von Solventien kann das auf S. 146 beschriebene Verfahren von MÜLLER ebensogut gebraucht werden wie zu der der Adsorptionsaktivität von Adsorbentien.

Für die *Reinigung der Solventien* gelten die einschlägigen Richtlinien (doppelt destilliertes Wasser, fraktionierte Destillation mit Trennkolonnen genügender Anzahl theoretischer Böden, Aufbewahren in geeigneten Behältern usw.). Eine Anzahl von *Kohlenwasserstoffen* können hoch gereinigt werden, indem man sie durch eine Säule von aktiviertem Silicagel filtriert[4]. *Äther* muß von Peroxyden, Aldehyden und Säuren befreit werden, was man am einfachsten durch Filtration durch eine Säule von aktivem Aluminiumoxyd erreicht[5]. *Pyridin* soll stets frisch destilliert und, wenn nicht anders vorgeschrieben, wasserfrei sein, ebenso *Äthanol* und *Propanol* und die anderen Solventien. Arbeitet man mit solchen, die beschränkt Wasser aufnehmen können, so kann man, falls sie in wasserfreiem Zustand nicht genügend entwickeln oder eluieren, einige Prozente Wasser (auch Äthanol) zusetzen. Dadurch wird die Aktivität gegenüber dem Adsorbens erhöht und das Adsorbendum leichter verdrängt.

In einigen Fällen eignet sich auch Schwefelkohlenstoff, der oben nicht erwähnt wurde, doch ist er für empfindliche Substanzen ungeeignet. Am meisten angewandt werden

[1] WINTERSTEIN, A., u. G. STEIN: H. **220**, 263 (1933).
[2] ZECHMEISTER, L., u. L. v. CHOLNOKY: Die chromatographische Adsorptionsanalyse. Wien 1937.
[3] Vgl. hierzu LENNARTZ, H. J.: Angew. Chem. (A) **59**, 158 (1947).
[4] GRAFF, M. M., R. T. O'CONNOR and E. L. SKAN: Industr. engng. Chem., analyt. Ed. **16**, 556 (1944).
[5] FICHLER, M.: Pharmaceut. Acta helv. **13**, 123 (1938).

Benzin bzw. *Petroläther* (Ligroin), Kp 70—80° oder „Normalbenzin". Zuweilen muß man geringe Mengen hochsiedender Substanzen, die stören, durch fraktionierte Destillation entfernen. In vielen Fällen hat sich ein Petroläther-Benzolgemisch bestimmter Zusammensetzung (jeweils vorher zu bestimmen) bewährt. Letzteres ist meist ein besseres Solvens für lipoidlösliche Substanzen als ersteres, so daß mit dem Gemisch mehr Substanz auf die Säule gebracht werden kann.

δ) Sichtbarmachen von Zonen.

Das Auftrennen gefärbter Substanzgemische ist mit unbewaffnetem Auge unschwer zu verfolgen, ebenso derjenigen, die im Tageslicht zwar farblos sind, im Ultraviolett aber fluorescieren. Man bestrahlt dann die Säule mit einem durch Schwarzglas gefilterten Ultraviolett (Analysenquarzlampe, HQE- bzw. HQV-Lampen von Osram). Sehr viel schwieriger ist es jedoch, die Trennung farbloser Verbindungen zu verfolgen, die nicht fluorescieren und auch nicht leicht in gefärbte oder fluorescierende Derivate überzuführen

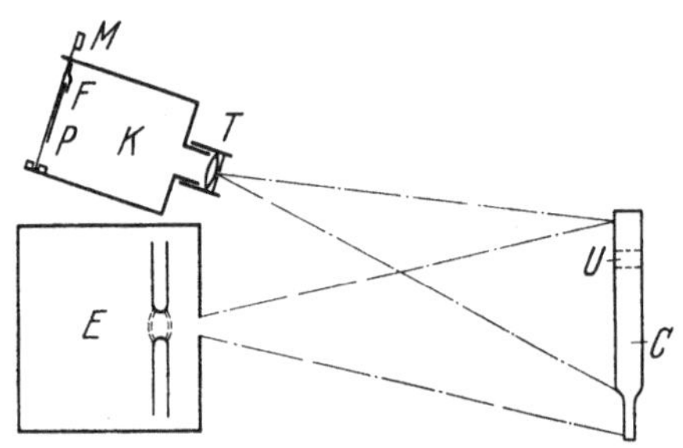

Abb. 36. Schema der Anordnung zum Sichtbarmachen von Adsorptionszonen auf der Säule nach BROCKMANN und BEYER. Erläuterung im Text.

sind. Für solche Substanzen wurde eine Reihe von Methoden zum Sichtbarmachen auf den Säulen entwickelt, mit denen man in den meisten Fällen zum Ziele kommen dürfte.

1. Photographische Methode nach BROCKMANN und BEYER[1]. Sie ist brauchbar für Verbindungen, die im kurzwelligen Ultraviolett absorbieren, auch wenn sie nur kleine Extinktion und geringe Adsorptionsaktivität gegenüber dem Adsorbens aufweisen.

Das *Prinzip* ist, daß man die Säulen mit UV-Licht bestrahlt und gleichzeitig photographiert. Da die Zonen stärker absorbieren als die leere Säule, müssen sie auf dem Negativ heller erscheinen als die unbesetzten Teile der Säule. Die *Apparatur* besteht, wie Abb. 36 schematisch zeigt, aus einer Eisenbogenlampe E und einer einfachen Kamera K in Form eines lichtdichten Holzkastens, mit einer in einem Tubus T verschiebbaren Quarzlinse (3 cm Durchmesser, 10 cm Brennweite). Der Abstand der durch eine Lochblende von 1 cm Öffnung abgeblendeten Linse von der Mattscheibe M beträgt 20 cm. Die Aufnahmen erfolgen schräg von oben, um störendes Reflexlicht auszuschalten. Nachdem das Bild der Säule scharf auf die Mitte der Mattscheibe eingestellt ist, wird diese durch einen lichtdicht schließenden Holzschieber ersetzt, der in der Mitte, befestigt durch eine Klemmfeder F, einen Streifen Photopapier P (Format 6 × 1 cm) trägt. Belichtet wird durch kurzes Wegnehmen der auf dem Linsentubus sitzenden Verschlußkappe. C = Chromatogramm mit unsichtbarer Zone U.

An Hand der Bilder können leicht die Zonen auf dem Chromatogrammrohr markiert, bzw. kann die herausgestoßene Säule zerlegt werden. Die Veränderung des Abstandes Kamera-Säule ermöglicht eine verschiedene Vergrößerung des Säulenbildes, die von Dauer und Intensität der Belichtung sowie der Art der Entwicklung eine Abstufung der Kontraste. Empfindlicher wird diese Methode durch die Verwendung eines Monochromators, indem man mit der Wellenlänge belichtet, in der die Substanzen auf der Säule maximal absorbieren.

2. Fluorescierende Adsorbentien. Nach dem vorher beschriebenen Prinzip werden die Zonen dadurch sichtbar, daß die farblosen Substanzen einen Teil des Ultravioletts absorbieren. Die stärker abstrahlenden „leeren" Säulenteile schwärzen das Photopapier stärker als die schwächer abstrahlenden Zonenteile. Belädt man nun das Adsorbens vor Gebrauch zur Trennung mit einer fluorescierenden Verbindung in geringer, die Adsorptionsaktivität nicht beeinflussender Menge, dann werden beim Bestrahlen mit Ultraviolett die „leeren" Säulenteile stärker fluorescieren als die Zonenteile. Letztere erscheinen dann dunkel auf hellem Grund. Die einzelnen Körnchen des Adsorbens wirken also wie kleine Leuchtschirme. Entweder absorbiert die Substanz in der Zone soviel Ultraviolett, daß die Leuchtteilchen viel geringer fluorescieren, oder sie löscht die Fluorescenz der Leuchtteilchen aus. Voraussetzung ist, daß die Fluorescenzfarben nicht mit dem Adsorbendum chemisch reagieren und sich mit keinem Solvens eluieren lassen.

Für Aluminiumoxyd, Calciumcarbonat und Magnesiumoxyd eignet sich am besten das Pentaoxyflavon *Morin* (leuchtend gelbe Fluorescenz). *Salicylsäure* gibt dem Aluminiumoxyd eine blaue und

[1] BROCKMANN, H., u. E. BEYER: Angew. Chem. **63**, 133 (1951).

Diphenyl-fluorindin-sulfosäure eine rote Fluorescenz. Auch *8-Oxychinolin* und *2-Oxy-3-naphthoesäure* sind brauchbar. Zur Herstellung von fluorescierendem Silicagel eignet sich *Berberin* (gelbe Fluorescenz).

Aluminiumoxyd-Morin: Zu einer Aufschlämmung von 500 g Aluminiumoxyd (Aluminium oxydatum anhydricum Merck) in 500 cm³ Methanol wird unter Rühren eine Lösung von 300 mg Morin in 500 cm³ Methanol gegeben und solange weitergerührt, bis die überstehende Flüssigkeit entfärbt ist. Nach 2—3stündigem Trocknen bei 150° hat das citronengelbe Präparat die Aktivität II (nach BROCKMANN, s. S. 145).

Aluminiumoxyd-Diphenyl-fluorindinsulfosäure: Wie eben beschrieben, doch benötigt man für 500 g Aluminiumoxyd 34—40 mg Farbstoff.

Silicagel-Berberin: Eine Aufschlämmung von 500 g Silicagel in 500 cm³ Methanol wird unter Rühren mit einer Lösung von 250 mg Berberin in 500 cm³ Methanol versetzt. Das mit Methanol nachgewaschene und bei 150° getrocknete Präparat ist blaßgelb und zeigt grünlichgelbe Fluorescenz.

Calciumcarbonat: Anfärben mit einem der oben genannten Farbstoffe wie beim Aluminiumoxyd. Nach gründlichem Waschen mit Methanol bei 150° trocknen.

Magnesiumoxyd: Anfärben wie bei Aluminiumoxyd beschrieben. Von Morin sind auf 500 g Adsorbens nur 150 mg erforderlich.

Unterhalb 300 mµ ist auch die Fluorescenzintensität der mit Morin und Berberin angefärbten Adsorbentien gering. Dadurch werden die Zonen der in diesem Bereich absorbierenden Verbindungen wenig kontrastreich. So war es notwendig, „Farbstoffe“ zu suchen, die zwischen 220 und 320 mµ stärker fluorescieren. Als solche eignen sich für Aluminiumoxyd die *3-Oxypyren-5,8,10-trisulfonsäure* (Farbenfabriken Bayer, Leverkusen) und die *Eosinsäure.* Für Silicagel wurde noch kein geeigneter fluorescierender Stoff für diesen Wellenlängenbereich gefunden.

Als *Lichtquelle* verwendet man gewöhnlich eine Analysenquarzlampe, deren Filter praktisch nur die Linien 365 und 366,2 mµ durchläßt. Ist kurzwelliges Ultraviolett erforderlich, dann verwendet man ein Chlorfilter (25 cm) mit einem SCHOTTschen Filter UG 5, das die Wellenlänge 253,7 mµ durchläßt. Weitere Verbesserungen der Beleuchtung, insbesondere die Verwendung eines Monochromators vgl. S. 154[1].

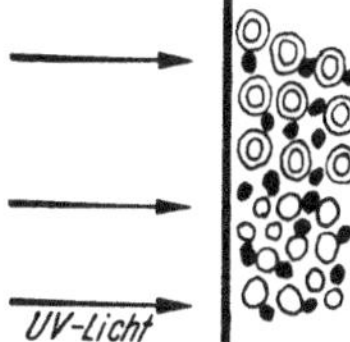

○ Teilchen des Adsorbens
◎ Teilchen des Adsorbens mit adsorbierter Substanz
● Teilchen der Leuchtfarbe

Abb. 37. Zur Erläuterung des Sichtbarmachens von Adsorptionszonen mit Leuchtfarbenadsorbentien.

Ein Nachteil der fluorescierenden Adsorbentien ist, daß die letzten Aktivitätsstufen nicht eingestellt werden können, weil sie erst bei Temperaturen über 150° zu erreichen sind, bei denen sich die Fluorescenzfarbstoffe zersetzen. Dieser Nachteil wird umgangen durch Verwenden von

3. Leuchtfarben-Adsorbentien[1-3]**.** Am besten eignet sich die Leuchtfarbe K 4 grün/1 (Fa. Dr. Franke, Frankfurt a. M.). Man vermischt die Adsorbentien mit 1 Gew.-% Leuchtfarbe. Ihre Partikel wirken hier als kleine Leuchtschirme, deren Leuchtintensität ein Maß für die Absorption des eingestrahlten UV-Lichtes in der äußeren Schicht der Chromatogrammsäule ist. Mit Adsorbendum beladene Adsorbensteilchen absorbieren Ultraviolett stärker als nicht beladene. So erscheinen die Chromatogrammzonen dunkler als die fluorescierenden „leeren“ Säulenpartien. Dies veranschaulicht Abb. 37 schematisch.

Durch Auswaschen und Erhitzen auf höhere Temperaturen können die Adsorbens-Leuchtfarbengemische regeneriert werden.

4. Indicatormethode[4]**.** Man versetzt das Adsorbens mit einem Indicatorfarbstoff, der gleich stark adsorbiert wird wie eine Komponente des Trenngemisches. Der Farbumschlag zeigt dann die Zonen der chromatographischen Trennung in der Adsorbenssäule. Als Beispiel wird auf S. 158 die chromatographische Anreicherung von Vitamin D aus Thunfischleberöl beschrieben. Hierzu wird Indicatorrot 33 verwandt. Zu anderen Trennungen eignen sich auch die auf S. 145 beschriebenen Testfarbstoffe zur Aktivitätsprüfung. Diese Methode ist nicht sehr vielseitig, weil es in den meisten Fällen gelingen wird, nur eine Zone zu markieren. Sie eignet sich jedoch, wenn ein in seinen Eigenschaften bereits bekannter Stoff in kleiner Menge aus einem Gemisch abgetrennt werden soll.

5. Teststrichmethode[5]**.** Man pinselt die aus dem Chromatogrammrohr herausgedrückte Adsorbenssäule mit einem Reagens oder Reagentiengemisch, das mit möglichst vielen Komponenten des getrennten Gemisches unter Farbbildung reagiert und somit ihre

[1] BROCKMANN, H., u. E. BEYER: Angew. Chem. **63**, 133 (1951).
[2] BROCKMANN, H., u. F. VOLPERS: B. **80**, 77 (1947).
[3] SEASE, J. W.: Am. Soc. **69**, 2242 (1947).
[4] BROCKMANN, H.: H. **241**, 104 (1936); **245**, 96; **249**, 176 (1937).
[5] ZECHMEISTER, L., L. v. CHOLNOKY et E. UJHELYI: Bull. Soc. Chim. biol. **18**, 1885 (1936).

Lage anzeigt. Für saure oder basische Substanzen genügen geeignete Indicatoren, für viele andere organische Verbindungen verdünnte wäßrige Kaliumpermanganatlösungen, z. B. für die Trennung von Rohrzucker, Glucose und Fructose (als Acetylderivate) aus

Tabelle 4. *Reagentien zum Kenntlichmachen von Adsorptionszonen*[1].

Reagens	Zonenfarbe	Gefundene Verbindung
1. 1% p-Nitrobenzol-diazonium-fluorborat	gelb-rot	aliphatische und aromatische Amine, Benzidin, Naphthole
2. PbO_2 in 30%iger Essigsäure	blau oder grün	Benzidin, Naphthylamin
3. 0,0075 m $KMnO_4$ in 0,25 m NaOH	grün auf rosa	zahlreiche oxydable Verbindungen
4. SCHIFFsches Reagens	violett	Aldehyde
5. $SbCl_3$ in $CHCl_3$	blau	Vitamin A und Verwandte
6. 1% $Ce(SO_4)_2$ in 85%iger H_2SO_4	braun-blau-rot	Harnstoff, Urethane und Derivate
7. 0,25% V_2O_5 in konz. H_2SO_4	braun-blau-rot	wie 6.
8. 1% $K_2Cr_2O_7$ in konz. H_2SO_4	braun-rot	wie 6.
9. 6 n NaOH oder konz. KOH	farbig	Nitroverbindung
10. Zn-Staub und alkohol. NaOH	gelb	Nitrobenzol
11. Universalindicator		Säuren und Basen
12. Nickel-Dioxim-Reagens	rot	starke Basen
13. Jod-Stärke-Bromat-Reagens	blau	Säuren
14. Dimethylglyoxim	rot	Nickelsalze
15. Brom in CS_2	gefärbt	Amine
16. Dinitrophenylhydrazin in HCl	gelb	Ketone, Aldehyde
17. CS_2 + KOH + NESSLERs Reagens	gelb	Alkohole
18. Negativer NESSLER-Test; Ammoniak bewirkt keine Gelbfärbung bei		Aceton, Nitromethan
19. 6 n alkoholische NaOH-NESSLERs Reagens	gelb	CS_2
20. Jod-Stärke-Azid-Reagens	blau	Sulfide
21. a) 0,25% Diphenylamin in konz. H_2SO_4 b) 6 n NaOH	blau	Nitrate, Nitrite, Nitramine
22. 1% $NaNO_2$ in konz. H_2SO_4	blau	Diphenylamin und entsprechende Verbindungen
23. GRIESS-Test a) 0,5% Sulfanilsäure, 0,15% α-Naphthylamin in 30%iger Essigsäure b) 6 n NaOH	rosa	Nitramine, Nitrite und Derivate
24. Benzol-FRANCHIMONT-Test a) Zn-Staub b) Benzol c) GRIESS-Lösung (23)	rosa	Cyclonit (Hexahydro-1,3,5-trinitro-s-triazin), Nitramine und Nitraminverbindungen
25. SCHRYVER-Test a) Phenylhydrazin-HCl in H_2SO_4 b) 5%ige wäßrige $K_3[Fe(CN)_6]$-Lösung	rot	wie 24., Formaldehyd
26. Gesättigte Lösung von α-Naphthylamin in konz. HCl	rosa	N-Nitrosoverbindungen
27. VONGERICHTEN-Test a) Gesättigte Lösung von 2,4-Dinitrochlorbenzol in Alkohol b) 6 n NaOH	rot-orange	Pyridin
28. $CuSO_4$ + Br_2-Dampf	blau auf braun	Diarylamine und Triarylamine
29. a) Konz. H_2SO_4 b) + 6 n NaOH	verschieden gefärbt	verschiedene Substanzklassen, Nitroso- und Nitroverbindungen
30. Konz. HCl	gefärbt	verschiedene Verbindungen

Die jeweilige Ordnung der Reagentien bezeichnet die Reihenfolge, in der sie auf die Kolonne gepinselt werden. Die Empfindlichkeit liegt bei Konzentrationen von etwa 0,01 molar. Sie ist etwas abhängig vom Adsorbens und Lösungsmittel.

[1] LE ROSEN, A. L., P. H. MONAGHAN, C. A. RIVET, E. D. SMITH and H. A. SUTER: Analyt. Chem., Washington **22**, 809 (1950) [Angew. Chem. **63**, 33 (1951)].

Benzol an „Magnesol", einem synthetischen, hydratisierten Magnesiumsilicat[1]. Die Tabelle 4 enthält eine Reihe von Reagentien bzw. *Reagentiengemischen oder -sätzen*, die zur Kenntlichmachung vieler Verbindungsklassen verwandt werden[2].

6. Farbkupplungsmethode. Vor der Chromatographie führt man das farblose Substanzgemisch in gefärbte Derivate über, z. B. gelang die erste chromatographische Trennung von *Zuckern* durch Veresterung mit Azobenzol-p-carbonsäure[3, 4] in Form der Pentaazoylester an Silicagel mit Benzol-Benzingemisch 1:4 (D-Glucose von D-Fructose, Cellobiose, D-Glucose, D-Glucose-D-Galaktose, D-Xylose, L-Arabinose, Saccharose-Trehalose, D-Glucose-Saccharose-Cellobiose, D-Arabinose, D-Glucose-Saccharose-Cellobiose). *Aminosäuren* lassen sich nach Verestern der Carboxylgruppe und Kupplung der Aminogruppe mit Azobenzol-p-carbonsäure voneinander trennen[5]. Zum „Anfärben" und Trennen der Aminosäuren eignet sich auch der Umsatz mit p-Benzylazo-phenylisocyanat zu den Azobenzolharnstoffabkömmlingen[6]. Als Beispiel wird auf S. 158 die Bestimmung von p-Oxyphenylbrenztraubensäure und freiem Phenol im Harn durch Kuppeln mit diazotiertem und stabilisiertem 4-Chlor-2-nitranilin und chromatographische Trennung der Farbstoffe beschrieben.

7. Empirische Methode. Sie besteht darin, daß man nach einer bestimmten Zeit die Chromatographie unterbricht, die Säule in eine Anzahl gleich dicker Scheiben zerschneidet, diese getrennt eluiert und mit einer Farbreaktion od. dgl. auf Anwesenheit der Substanz prüft. Dieses Verfahren dürfte wohl nur noch historisches Interesse besitzen.

ε) Arbeitsbeispiele.

Die eingangs erwähnten Monographien enthalten viele Arbeitsvorschriften, an die man sich bei der Anwendung der Additionschromatographie auf eigene Probleme anlehnen kann. Hier seien deshalb nur einige neuere Vorschriften wiedergegeben. Um die Entwicklung des ganzen Gebietes zu zeigen, wird zunächst eine Vorschrift zur präparativen Trennung von Carotinen aus der Frucht von Gonocarium pyriforme mitgeteilt, die aus dem Jahre 1933 stammt, worauf dann eine Vorschrift zur Mikrobestimmung von β-Carotin im Serum aus dem Jahre 1944 folgt.

Präparative Trennung der isomeren Carotine aus der Frucht von Gonocarium pyriforme nach WINTERSTEIN[7]. 300 g Schalen dieser Frucht werden in 500 cm³ Aceton eingelegt, nach 24 Std abgepreßt und bei 40° getrocknet. Nach Zermahlen zu staubfeinem Pulver in der Kugelmühle (70 g) wird mit 750 cm³ Petroläther (30—50°) in mehreren Portionen in der Kälte extrahiert. Der dunkelorangegelb gefärbte Extrakt wird mit 10% methanolischer KOH unter Luftabschluß 12 Std geschüttelt. Die Seifen werden durch Wasser entfernt, die petrolätherische Lösung getrocknet und auf 300 cm³ eingeengt. Diese Lösung wird auf eine 17 cm hohe, 6 cm dicke Säule von Aluminiumoxyd (BROCKMANN) gegeben, angesaugt und mit 2 Liter gewaschenem Benzin (70°) entwickelt. Es bilden sich 4 scharfe Zonen. Die oberste enthält Lycopin, die 2. γ- und δ-Carotin, die 3. β-Carotin und die unterste α-Carotin. Die 2. Fraktion wird nochmals adsorbiert, wobei noch eine kleine Menge Lycopin abgetrennt wird. Das Chromatogramm wird in der Weise zerlegt, daß die Fraktionen, deren erste Absorptionsbande in Schwefelkohlenstoff bei 532—533 mµ liegt, gefaßt werden (etwa 50—60% des gesamten Farbstoffes). Diese Fraktion wird nochmals adsorbiert, wobei eine kleine Menge eines Farbstoffes mit tiefer liegenden Absorptionsbanden abgetrennt werden kann. Das so gewonnene γ-Carotin ist chromatographisch einheitlich. Die Hauptfraktion wird mit Petroläther-Methanol eluiert, das Methanol ausgewaschen, der Petroläther bis auf ein kleines Volumen im Vakuum verdampft, das Konzentrat in eine Ampulle eingefüllt, das Lösungsmittel im Vakuum völlig entfernt und die Ampulle im Hochvakuum zugeschmolzen. Nach einiger Zeit beginnt das γ-Carotin aus der braunrot gefärbten Masse auszukrystallisieren. In entsprechender Weise lassen sich auch die anderen Substanzen mit methanolhaltigem Petroläther eluieren und zur Krystallisation bringen.

[1] BINKLEY, W. W., and M. L. WOLFROM: Am. Soc. **68**, 1720 (1946).

[2] LE ROSEN, A. L., P. H. MONAGHAN, C. A. RIVET, E. D. SMITH and H. A. SUTER: Analyt. Chem., Washington **22**, 809 (1950).

[3] REICH, W. S.: Biochem. J. **33**, 1000 (1939).

[4] STRAIN, H. H.: Am. Soc. **57**, 758 (1935).

[5] KARRER, P., R. KELLER u. G. SZÖNYI: Helv. **26**, 38 (1943).

[6] ZEILE, K., u. M. OETZEL: H. **284**, 1 (1949). — KRUCKENBERG, W.: H. **284**, 40 (1949).

[7] WINTERSTEIN, A.: H. **215**, 57; **219**, 249 (1933).

Mikro-Chromatographie von β-Carotin und Carotinoiden aus Serum[1]. 1,00 cm³ Schwangeren-
serum (bzw. 1—4 cm³ von fetalem Serum) wird in ein konisches Zentrifugenglas pipettiert, mit
0,15 cm³ 29%iger NaOH, 0,5 cm³ Äthanol und einigen Tropfen Petroläther (40—60°) in dieser
Reihenfolge versetzt und jedesmal kräftig geschüttelt. Etwa 3 cm³ Petroläther werden dann
nachgegeben, weiter 0,65 cm³ Äthanol zugefügt und die Mischung sofort geschüttelt, um das Ausfallen von Eiweiß zu verhindern. Dies tritt ein, wenn ein gleiches Volumen Äthanol zum Serum direkt
zugefügt wird. Die Gläser werden dann mit (mit Wasser angefeuchteten) Korkstopfen verschlossen
und 5 min geschüttelt. Die Extraktion wird darauf 2mal mit etwa 1,5 cm³ Petroläther wiederholt, die vereinigten Extrakte 3mal mit destilliertem Wasser gewaschen, in ein trockenes Zentrifugenglas übergeführt und nach Zusatz von 0,3—0,4 g wasserfreiem Natriumsulfat durch einen Stickstoffstrom auf dem Wasserbad von 50—55° eingetrocknet. Nun wird mit n-Hexan aufgenommen,
zunächst quantitativ in ein Colorimeterrohr übergeführt, auf genau 1 cm³ aufgefüllt und bis zur
völligen Klärung bei 2600 U/min zentrifugiert. Die Extinktion der Hexanlösung wird photometrisch
gemessen (Gesamtcarotinoid). Eichkurve mit krystallisiertem β-Carotin. — Zur Chromatographie
verwendet man sehr einheitliche Röhren bis zu 13 mm Durchmesser. Sie werden zunächst mit einigen
Körnern von grobem Aluminiumhydroxyd, dann mit Aluminiumoxyd (BROCKMANN) beschickt, Hexan
bis etwa zur halben Höhe der Röhre eingegossen, um das Adsorbens zu benetzen. Ein Gummischlauch wird über das obere Rohrende gezogen und das untere in Hexan getaucht. Leichtes Ansaugen
läßt das gesamte Adsorbens in der Röhre 2—3 cm hochsteigen. Wenn man an das Rohr klopft,
sedimentiert das Adsorbens und die noch anhaftenden Luftblasen sammeln sich und steigen hoch. —
Nach photometrischer Bestimmung der Gesamtcarotinoide wird die Hexanlösung zur Trockne
evakuiert, in einem kleinen Volumen (etwa 0,03 cm³) aufgenommen und quantitativ mit Hexan auf
eine so vorbereitete Adsorptionssäule übergeführt (16—18 mm Länge, 2,2 mm Durchmesser), für
Extrakte aus Serum von Herzblut eine Säule von 1,4 × 12 mm. Beim Entwickeln mit Hexan oder
0,5—1%igem Aceton in Hexan bilden sich gewöhnlich 5 gefärbte Zonen in folgender Reihenfolge
aus (von unten nach oben): 1. orangegelb, hauptsächlich β-Carotin (mit Lipoiden), spektroskopisch
und durch Mischchromatogramm identifiziert; 2. braunorange, meist schmal und schwach gefärbt,
wahrscheinlich identisch mit Neolycopin A; 3. rosarot, hauptsächlich Lycopin; 4. gelb, hauptsächlich
Pigmente (mit Lipoiden) mit Absorptionsmaximum ähnlich dem von α-Carotin (474 mμ) und β-
Carotin (452 mμ), nach Verseifen dieser Pigmente erscheint ein Maximum bei 474 mμ; 5. gelb, hauptsächlich Lutein (mit Lipoiden). — Jede der Zonen 4 und 5 kann in mehrere Zonen aufgeteilt werden,
wenn man Hexan mit steigenden Anteilen Aceton verwendet. Mit größeren Extraktmengen zeigen
sich noch Spuren anderer Pigmente[2]. Die 1. Zone wird mit n-Hexan eluiert und mit „β-Carotin"
bezeichnet. Der Rückstand der Pigmente wird abgelöst, indem man eine kleine Menge absolutes
Äthanol zum Hexan, das sich noch auf der Säule befindet, zusetzt. Die Fraktionen bleichen leicht
aus. Man bestimmt dann durch Photometrie den prozentualen Anteil des β-Carotins vom Gesamtcarotinoid.

Isolierung des antirachitischen Vitamins aus Thunfischleberöl[3] ***(Indicatormethode)***. 10 g einer
vorgereinigten Vitamin D-Fraktion aus Thunfischleberöl (A = 550 CLO, D = 800 IE) werden zusammen mit 100 mg Indicatorrot 33 in 600 cm³ Benzol-Benzingemisch 1:4 gelöst und durch eine
Säule von Aluminiumoxyd III (BROCKMANN) chromatographiert. Beim Nachwaschen mit 3 Liter
Solvens bilden sich 4 Zonen: 1. hellgelb, 2. rosa, 3. rot, enthält 2,9 g Öl, D = 2000 IE, 4. bräunlichgelb. — 2,9 g dieser Fraktion werden in 200 cm³ Benzol-Benzingemisch 1:4 gelöst (von auskrystalli-
siertem Indicatorrot abfiltriert) und durch Aluminiumoxyd III chromatographiert. Beim Nachwaschen mit 1,5 Liter Solvens bilden sich 3 Zonen: 1. hellgelb, 2. rot, enthält 0,9 g Öl, D = 5500 IE,
3. gelb. — Das von Solvens befreite Öl wird in 50 cm³ Benzin aufgenommen und solange mit 20%iger
methanolischer KOH (80% Methanol) durchgeschüttelt, bis die Benzolschicht frei von Farbstoff ist.

Bestimmung von p-Oxyphenylbrenztraubensäure und freiem Phenol im Harn[4] ***(Farbkupp-***
lungsmethode). Je nach der Konzentration der p-Oxyphenylbrenztraubensäure werden 1—10 cm³
Harn mit doppelt destilliertem Wasser auf 20 cm³ verdünnt, auf 0° gekühlt, eine eisgekühlte wäßrige
Lösung von Echtrotsalz 3 GL (diazotiertes 4-Chlor-2-nitranilin, als Chlorzink-Doppelsalz) bis zur
positiven Tüpfelreaktion gegen H-Säure zugegeben und 30 min stehen gelassen (H-Säure ist 1-Amino-
8-naphthol-3,6-disulfosäure, eine sehr empfindliche Kupplungskomponente, und dient hier als
Indicator für überschüssiges Echtrotsalz 3 GL): Man läßt auf Filtrierpapier einen Tropfen H-Säure
in einen Tropfen der zu prüfenden Lösung fließen, wobei sich bei Anwesenheit von überschüssigem
Echtrotsalz die Berührungsstelle violett färbt. Nach nochmaliger Prüfung auf überschüssige Diazo-

[1] HOCH, H.: Biochem. J. **38**, 304 (1944).

[2] Zur Chromatographie von Serumcarotinoiden vgl. auch DANIEL, E. v., and G. J. SCHEFF: Proc.
Soc. exp. Biol. Med. **33**, 26 (1935). — SÜLLMANN, H., E. SZÉCSÉNYI-NAGY u. F. VERZÁR: B. Z. **283**,
263 (1936). — DANIEL, E. v., u. T. BÉRES: H. **238**, 160 (1936). — WILLSTAEDT, H., u. T. LINDQUIST:
H. **240**, 10 (1936). — VEEN, A. G. van, u. J. C. LANNING: Verh. K. Akad. Wet. Amsterdam **40**, 799
(1937). — WILLSTAEDT, H., u. T. K. WITH: H. **253**, 40 (1938).

[3] BROCKMANN, H.: H. **241**, 104 (1936); **245**, 96; **249**, 176 (1937).

[4] LEONHARDI, G., I. v. GLASENAPP u. K. FELIX: H. **286**, 19 (1950).

verbindung wird die Lösung mindestens 2mal mit 20—30 cm³ eisgekühltem Äther ausgeschüttelt, die ätherische Lösung mit Natriumacetat getrocknet und sofort chromatographiert. — Hierzu benutzt man ein zweiteiliges Rohr nach Abb. 8 (S. 127). Es wird unter scharfem Saugen portionsweise mit Aluminiumoxyd (BROCKMANN) bis etwa 5 cm unterhalb des oberen Randes gefüllt und festgedrückt, mit Äther befeuchtet, und noch ehe der Äther völlig durchgesaugt ist, die ätherische Lösung des Farbstoffes aufgegossen. Dann wird so lange mit Äther nachgewaschen, bis die Zone 6a—c mit dem roten Farbstoffderivat der p-Oxyphenylbrenztraubensäure vollständig unter dem Schliff sichtbar ist (Abb. 38a). Nun wird die obere Säulenhälfte mit den anderen Kupplungsprodukten 1—4 abgenommen und die Zone 5+6a—c mit Chloroform entwickelt (Abb. 38b). Dabei vertiefen sich zunächst die Farbtöne auf der Säule, die dunkelrote p-Oxyphenylbrenztraubensäure-Zone verbreitert sich im weiteren Verlauf der Trennung etwas, während die gelbe Zone 5, sowie die Zonen 6b und c durchlaufen (Abb. 38c). Die rote Zone 6a des p-Oxyphenylbrenztraubensäuren-Farbstoffes ist dann von anderen Bestandteilen befreit. Sie wird herausgeschnitten und mit Essigester, der je Kubikzentimeter einen Tropfen Eisessig enthält, eluiert. Die Farbstofflösung wird durch ein hartes Filter filtriert, das

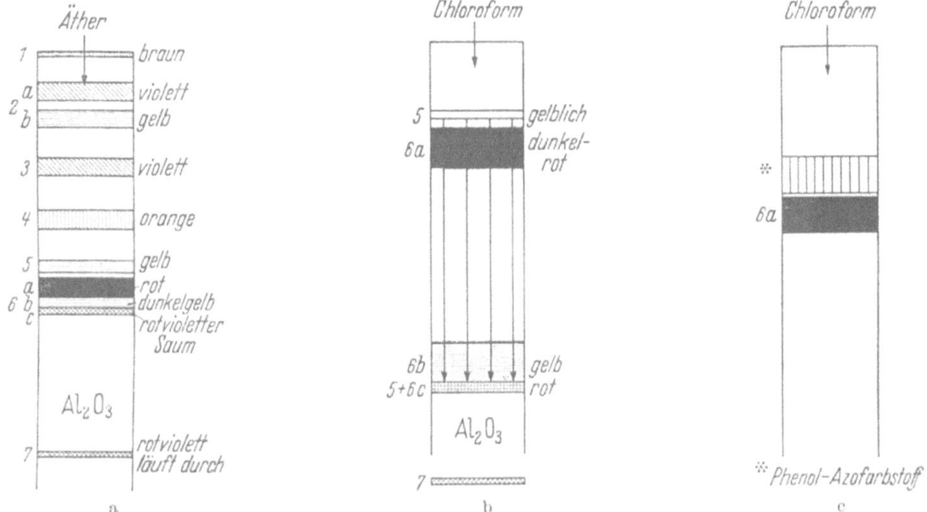

Abb. 38 a—c. Zur Bestimmung von p-Oxyphenylbrenztraubensäure und freiem Phenol im Harn nach LEONHARDI, v. GLASENAPP und FELIX, vgl. Text.

klare Filtrat mit Essigester auf ein bestimmtes Volumen (meist 20 cm³) aufgefüllt und im PULFRICH-Photometer (Filter S 42) mit der 3 cm-Cuvette vermessen. Eine Eichkurve unter Verwendung bekannter Mengen (0,1—1 mg) p-Oxyphenylbrenztraubensäure wurde vorher aufgestellt.

Phenol kuppelt unter den gleichen Bedingungen mit Echtrotsalz 3 GL zu einem orangegelben Azofarbstoff (4-Oxy-4'-chlor-2'-nitro-azobenzol). Bei der Chromatographie haftet er über dem Farbstoffderivat der p-Oxyphenylbrenztraubensäure als gelbe Zone. Beim Nachwaschen mit Chloroform bleiben beide Zonen unverändert adsorbiert und lassen sich nur präparativ voneinander trennen. Die Phenolzone läßt sich ebenfalls mit Essigester-Eisessig eluieren.

Vergleiche auch die quantitative Bestimmung der Brenztraubensäure im Harn als 4-Chlor-2-nitro-2',4'-dinitromethyl-formacyl[1].

Chromatographische Trennung der 2,4-Dinitrophenylhydrazone von Ketosäuren im Harn[2].
Harn (etwa $^1/_{10}$ der normalen Tagesmenge und etwa $^1/_{200}$ bei pathologischen Zuständen) wird mit gleichem Volumen 0,01 m 2,4-Dinitrophenylhydrazin in 2n HCl versetzt und 24 Std bei Zimmertemperatur stehen gelassen. Die Hydrazone werden mit Äthylacetat extrahiert und entweder zunächst durch Verteilung zwischen Äthylacetat und m Natriumcarbonatlösung in eine neutrale und eine saure Fraktion geteilt oder direkt auf die Säule gegeben. Vorher muß die Lösung der Substanzen in Äthylacetat über Natriumsulfat getrocknet werden. 200 g Aluminiumoxyd, in Äthylacetat aufgeschlämmt, werden in eine Chromatographieröhre von 2,5 cm Durchmesser eingefüllt und die Mischung der Hydrazone in 75 cm³ Äthylacetat aufgegeben. Ein Druck von 25 mm Hg Kohlendioxyd beschleunigt die Entwicklung, die mit Äthylacetat, Äthanol, wäßrigem Äthanol, verdünnter alkoholischer Lösung von Natriumcarbonat in der angegebenen Reihenfolge vorgenommen wird. Jeweils 15 cm³-Fraktionen werden aufgefangen und ihre Farbintensitäten photometrisch bestimmt. — Die neutralen Derivate werden sofort durch Äthylacetat eluiert und stören nicht die anschließende Trennung der Ketosäurederivate. Alle Derivate lassen sich an Hand von Eichkurven quantitativ bestimmen (Fehler < 5%).

[1] LEONHARDI, G., I. v. GLASENAPP u. K. FELIX: H. **286**, 28 (1950).
[2] DATTA, S. P., H. HARRIS and K. R. REES: Biochem. J. **46**, XXXVI (1950).

Vergleiche auch die Trennung von aliphatischen 2,4-Dinitrophenylhydrazonen an Bentonit in Äther-Hexan[1], der aliphatischen Alkohole als 3,5-Dinitrobenzoate[2], von Säuren in Form ihrer p-Phenylphenacylester (Silicagel, mit Benzol-Petroläther 1:1, Elution mit Aceton)[3].

Trennung der N-2,4-Dinitrophenylderivate der Aminosäuremethylester[4]. Hierzu muß das Aluminiumoxyd vorbehandelt werden. Es wird mit einer 10%igen Lösung von Essigsäure in Methanol erwärmt, abgesaugt, mit Methanol gut gewaschen, dann an der Luft und schließlich bei 40° 24 Std getrocknet. Das Adsorbens wird dann in Benzol-Ligroin 1 + 3 aufgeschlämmt und in die Röhre gefüllt. Das Adsorbendum wird in wenig Benzol gelöst und aufgegeben. Mit dem Benzol-Ligroingemisch wird entwickelt, die Säule nach genügender Trennung der Zonen herausgestoßen und die gelb gefärbten Verbindungen mit Aceton-Methanol 1:1 eluiert.

Die Trennung der Gallenfarbstoffe der bei der GMELIN-Reaktion entstehenden Derivate u. a. vgl.[5].

ζ) Aktivkohle.

Vorbemerkungen. Die Aktivkohle ist nicht nur eines der aktivsten Adsorbentien, sondern auch eines der „flexibelsten", denn ihr Adsorptionsverhalten kann sowohl quantitativ als auch qualitativ stark verändert werden. Die Variation der *Adsorptionsaffinität* gegenüber einem Adsorbendum teilt sie mit einigen der S. 144ff. besprochenen Adsorbentien, obgleich der Mechanismus der Affinitätserhöhung bzw. -erniedrigung ein anderer ist. Sie teilt mit ihnen auch die Eigenschaft, durch Betätigung *homöopolarer Bindungskräfte* Additionsverbindungen einzugehen. Daneben besitzt sie aber auch die Fähigkeit, anorganische und organische Ionen durch Betätigung *elektrovalenter Bindungskräfte* zu adsorbieren und auszutauschen. Der sich hierbei abspielende Vorgang wird auf S. 170 besprochen. Wir treffen ihn dann auch im nächsten Kapitel bei der Austauschchromatographie wieder, zu welchem wir mit diesem Abschnitt theoretisch überleiten; einige der hier besprochenen Gesetzmäßigkeiten gelten auch dort.

Die Veränderung des prinzipiellen Adsorptionsverhaltens der Aktivkohle ist vor kurzer Zeit systematisch untersucht worden und veranlaßt zu der Hoffnung, daß Aktivkohle zu einem der vielseitigst anwendbaren Adsorbentien zu entwickeln ist. Die schwarze Farbe der Aktivkohle erlaubt nicht, den Verlauf einer Chromatographie visuell zu verfolgen, sondern bedingt Hilfsverfahren, vorwiegend optischer Natur, deren Entwicklung zu neuartigen Chromatographieverfahren geführt hat. Obgleich Tierkohle auch zur reinen Additionschromatographie lipoidlöslicher Substanzen aus apolaren Solventien verwandt werden kann, wird sie doch weit mehr zu Adsorptionen aus wäßrigem Milieu herangezogen. Hierbei ist es nicht immer möglich zu entscheiden, ob sich nur homöopolare — VAN DER WAALSsche — oder auch elektrovalente Bindungskräfte oder beide zusammen betätigen.

Adsorptionsmechanismus. Die Verwendung von Aktivkohlen zu Adsorptionen mannigfaltigster Art ist weit verbreitet[6] und die zu industriellen Zwecken dienenden Fabrikate werden auch in den Laboratorien gebraucht. Tabelle 5 gibt eine kurze Übersicht über die hauptsächlichsten Typen. Diese unterscheiden sich zwar hinsichtlich des Ausgangsmaterials, der Herstellungsweise, der wirksamen Oberfläche je Gewichtseinheit, jedoch meist nicht prinzipiell, sondern nur graduell gegenüber den Adsorbenden. Dies wurde z. B. beim Vergleich der Adsorptionsaffinitäten einer Anzahl von Aktivkohlen gegenüber Aminosäuren und Peptiden gefunden[7].

An den Aktivkohlen wurden viele Untersuchungen über den Mechanismus der Adsorption durchgeführt; einige der hierüber aufgestellten Theorien müssen uns hier

---

[1] WHITE, J. W. jr.: Analyt. Chem., Washington **20**, 726 (1948).

[2] WHITE, J. W. jr., and E. C. DRYDEN: Analyt. Chem., Washington **20**, 853 (1948).

[3] KIRCHNER, J. G., A. N. PRATERA and A. J. HAAGEN-SMIT: Industr. engng. Chem., analyt. Ed. **18**, 31 (1946).

[4] LOWTHER, A. G., and W. S. REITH: Biochem. J. **45**, VI (1949).

[5] SIEDEL, W.: H. **237**, 8 (1935). — SIEDEL, W., u. H. MÖLLER: H. **259**, 113 (1939). — SIEDEL, W., u. W. FRÖWIS: H. **267**, 37 (1941). — SIEDEL, W., u. E. GRAMS: H. **267**, 49 (1940).

[6] Vgl. hierzu BAILLEUL, G., W. HERBERT u. E. REISEMANN: Aktive Kohle und ihre Verwendung in der chemischen Industrie. Stuttgart 1937. — KAUSCH, O.: Die aktive Kohle, ihre Herstellung und Verwendung. Halle 1928. — HASSLER, A.: Active Carbon, Modern Purifier. New York. 1941. — MANTELL, L.: Industrial Carbon. New York 1946.

[7] TISELIUS, A.: Ark. Kemi, Mineral. Geol. **15**B, Nr. 6 (1941).

Tabelle 5. *Aktivkohlen.*

Name	Art	Oberfläche m²/g	Hersteller bzw. Lieferfirma
Carbo activatus	Blutkohle	1000	Schering AG., Berlin
Carbo animalis	Blutkohle	1000	E. Merck, Darmstadt
Carboraffin	Holzkohle, durch Verkohlen mit $ZnCl_2$	1000	Lurgi G.m.b.H., Frankfurt a. M.
—	Blutkohle, mit Säure gewaschen		Eimer & Amend, New York, N.Y.
—	Knochenkohle, durch Pyrolyse von tierischen Knochen	120	American Agricultural Chemical Comp., Detroit, Mich. Baugh & Sons Comp., Philadelphia, Pa. Consolidated Chemical Industries, New York, N.Y.
Darco	aus Lignit oder Holz	560	
Darco G 60	aus Lignit oder Holz	1300	
Darco S 51	aus Lignit oder Holz	500	Darco Corporation, New York, N.Y.
„Granular Darco“	aus Lignit oder Holz	620	
Norit	aus Fichtenholz	930	American Norit Comp. Inc., Jacksonville, Fla.
„Columbia“	Aktivkohle aus Kokosnußschalen	1397	Carbid & Carbon Chemicals Corp., New York, N.Y.
„Nuchar“ „Suchar“	Kohle aus Papierpulpenflüssigkeit	850	West Virginia Pulp a. Paper Comp., New York, N.Y.
Graphit, gepulvert		30	
Zuckerkohle Zeo-Carb		0,2	

kurz beschäftigen[1]. Vor etwa 30 Jahren wurde die Adsorption von *Elektrolyten* an Aktivkohle als ein *Austauschphänomen* erkannt[2], insofern, als das Adsorbens neben der Hauptmasse an Kohlenstoff noch austauschfähige, d. h. also bewegliche Ionen enthält. Nach der *Oxydtheorie*[3] werden die Kationen und Anionen durch Salzbildung mit sauren und basischen Oxyden an den Kohlenstoffoberflächen gebunden. Zur gleichen Zeit wurde auch eine *elektrochemische Theorie* aufgestellt[4], wonach eine wäßrige Suspension von Kohlenstoff in Anwesenheit von molekularem Sauerstoff wie eine Sauerstoffelektrode wirkt, eine positive Ladung erhält und Anionen adsorbiert. Dagegen wurde eingewandt, daß vollständig entgaste Aktivkohle Salzsäure auch bei Abwesenheit von Sauerstoff adsorbieren kann, und daß keine experimentelle Beziehung zwischen dem Sauerstoff-Partialdruck im System und der Adsorption von Anionen besteht. Jede der je aufgestellten Theorien erfaßt nur eine der Möglichkeiten und vermutlich gelten alle zusammen.

Viele Untersuchungen mit *apolaren Adsorbenden* und über Adsorptionen aus apolaren Solventien ergaben, daß neben dem Mechanismus der *Ionenbindung*, welcher Prozeß ihr auch zugrunde liegen möge, ein solcher der *Additionsbindung* besteht. Die Adsorptionskräfte der homöopolaren Bindungen sind kurzstreckig, wirken über eine Entfernung von etwa 5 Å vom betätigenden Zentrum aus und sind hochspezifisch. Sie werden durch die molekularen Konfigurationen von Adsorbens und Adsorbendum gleichermaßen stark beeinflußt. Die elektrovalenten Adsorptionskräfte dagegen sind langstreckig, wirken über eine Entfernung von etwa 100 Å vom Ladungszentrum aus und sind relativ unspezifisch. „*Ladungszentrum*“ ist ein primär, d. h. homöopolar gebundenes Partikel, das entweder bereits geladen adsorbiert wurde, oder eine Molekel, die sich unter der

---

[1] Wir folgen hier in einigen Zügen WEISS, D. E.: Discuss. Faraday Soc. Nr. 7, S. 142. 1949. — Vgl. auch HOFMANN, U.: Angew. Chem. **61**, 39 (1949).

[2] MICHAELIS, L., u. P. RONA: B. Z. **102**, 268 (1920).

[3] KRUYT, H. R., u. G. S. DE KADT: Kolloid-Beih. **32**, 249 (1931). — SCHILOW, N. A., u, K. TSCHUMTOW: Z. physik. Chem. (A) **148**, 233 (1930).

[4] BRUNS, B., u. A. FIUMKIN: Z. physik. Chem. (A) **141**, 141 (1929).

deformierenden Wirkung der Adsorptionskräfte polarisiert. Diese *primär* adsorbierten Ionen ziehen eine diffuse Ionenatmosphäre entgegengesetzter Ladung *sekundär* elektrovalent an. Nur die sekundär gebundenen Ionen können ausgetauscht werden, und zwar je nach ihrer Stellung in der lyotropen Reihe und ihrer Konzentration in verschiedenem Ausmaß. Man unterscheidet also zwischen primär und sekundär gebundenen Ionen. In bezug auf die Fähigkeit, ob eine Aktivkohle primär Anionen und sekundär Kationen adsorbiert, teilt man sie ein in *H-Kohlen* und *L-Kohlen*[1] (H- von high und L- von low temperature). Äußerlich unterscheiden sie sich durch ihr Verhalten gegenüber Natriumhydroxyd. L-Kohlen können NaOH aus wäßriger Lösung adsorbieren, H-Kohlen dagegen nicht. Man gewinnt sie durch Anwenden verschieden hoher Aktivierungstemperaturen bei ihrer Herstellung. Niedrige lassen L-Kohlen und höhere (über 1000°) H-Kohlen entstehen. Mit steigender Aktivierungstemperatur sinkt also die Fähigkeit, Kationen primär zu adsorbieren, steigt andererseits die Fähigkeit, Anionen primär zu binden[2]. L-Kohlen adsorbieren aus wäßriger Lösung elektropositive Substanzen maximal bei hohem und elektronegative bei niederem p_H[3]. Die Adsorption von Elektrolyten zeigt ein Minimum in einer bestimmten p_H-Zone, die isoelektrische Zone genannt wird. Dagegen ist die Adsorption elektrisch neutraler Verbindungen vom p_H nicht beeinflußbar (vgl. hierzu S. 170). Aus Kataphoreseexperimenten läßt sich schließen, daß L-Kohlen bei hohen p_H-Werten elektrokinetisch negativ, bei niederen dagegen elektrokinetisch positiv sind.

H-Kohlen adsorbieren primär alle anorganischen Anionen (mit Ausnahme von HO$^-$), aber keine anorganischen Kationen (mit Ausnahme von H$^+$). Die Adsorption von HCl an H-Kohle ist auf eine primäre Adsorption von H$^+$ und sekundäre Adsorption von Cl$^-$ zurückzuführen. Die schwache Adsorption von NaCl durch H-Kohle spricht für eine primäre Bindung von Cl$^-$ und eine sekundäre von Na$^+$.

Die bereits erwähnte, jedoch erst am Schluß ausführlicher behandelte Variabilität der Adsorptionseigenschaften von Aktivkohle beruht nun darauf, daß die Primäradsorption von anorganischen Ionen durch die Adsorption von *ungeladenen oder geladenen organischen Molekeln* verändert wird. Läßt man geladene organische Molekeln (z. B. Fettsäuren) primär adsorbieren, so wirken solche Aktivkohlen wie reine *Ionenaustauscher*. Die p_H-Unterschiede, die mit der Salzadsorption an H-Kohle verbunden sind, können durch das DONNAN-Gleichgewicht erklärt werden. Wenn die Aktivität der sekundär adsorbierten oder der Gegenionen mit der von H$^+$ oder HO$^-$ des Wassers vergleichbar ist, tritt *kompetitive Sekundäradsorption* mit dem Gegenion ein, mit einer Veränderung des p_H der ursprünglichen wäßrigen Lösung. Wenn die Salzkonzentration erhöht wird, vermindert sich dieser kompetitive Effekt.

Die Anwendung des BOLTZMANNschen Verteilungsgesetzes auf die Adsorption von Ionen an H-Kohlen ergab eine Beziehung zwischen der primären Adsorption eines Ions und der Konzentration und Valenz des Gegenions[4].

Praktische Anwendung von Aktivkohle. Die kurz skizzierten theoretischen Befunde ergeben eine ganze Reihe von Ausblicken für den praktischen Gebrauch von Aktivkohlen. Sie sind geeignet, das Adsorbens aus der reinen Empirie herauszuheben. Dies wird im breiten Rahmen aber erst dann möglich sein, wenn Aktivkohlen definierter Adsorptionseigenschaften, ob als L- oder H-Kohlen, mit oder ohne Vorbeladung mit modifizierenden organischen Verbindungen (vgl. S. 169) im Handel zu haben sein werden.

Unerwünschte Eigenschaften von Aktivkohlen sind: *Irreversible Adsorption* und *oxydationskatalytische Wirkung*. Erstere umgeht man, indem man die Affinität durch Vorbeladen mit einem Adsorbendum verringert oder durch Aufsuchen einer Verbindung

---

[1] BARTELL, F. E., and E. J. MILLER: J. physic. Chem. **28**, 992 (1924). — KING, A.: Soc. **1937**, 489. — STEENBERG, B.: Adsorption and Exchange of Ions on Activated Charcoal. Uppsala 1944.
[2] WELLER, S., and T. F. YOUNG: Am. Soc. **70**, 4155 (1948).
[3] HAUGE, S. M., and. J. J. WILLAMAN: Industr. engng. Chem. **19**, 943 (1927). — SASTRI, M. V. C.: Quart. J. ind. Sci. **5**, 107 (1942).
[4] Vgl. auch WEISS, D. E.: Nature **162**, 372 (1948).

(meist Phenole, Kresole u. a. aromatische Substanzen) mit noch größerer Affinität bzw. durch Verwendung einer Aktivkohle geringeren Aktivitätsgrades. Für die katalytische Oxydation organischer Adsorbenden werden die oberflächengebundenen Schwermetall-ionen verantwortlich gemacht. Um eine solche Wirkung zu verhindern, muß man die Kohle vor Gebrauch zur Chromatographie mit Kaliumcyanid oder Schwefelwasserstoff vergiften (vgl. Vorschriften auf S. 167 und 168).

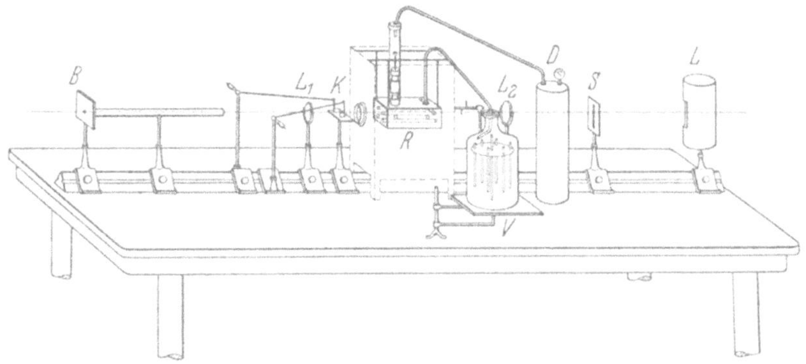

Abb. 39. Skizze der interferometrischen Anordnung der Adsorptionsanalyse nach Tiselius-Claesson. Erläuterungen im Text.

Wie oben erwähnt, kann der Chromatographieverlauf in einer Kohlesäule nicht visuell verfolgt werden. Man ist daher gezwungen, nach dem Prinzip des „flüssigen Chromato-gramms“ vorzugehen, d. h. den Austritt von Verbindungen aus der Chromatographie-säule zu registrieren. Im Prinzip kann man auch mit Hilfe eines Fraktionensammlers (S. 131) das austretende Solvens in vielen Teilpor-tionen sammeln und jede getrennt analysieren[1]. Auch konduktometrische und potentiometrische In-dicatoren sind anwendbar, um den Substanzaustritt aus dem Adsorbens anzuzeigen. Man verwendet jedoch besser ein *optisches Verfahren*, das die Ver-änderung des Brechungsindex des austretenden Sol-vens mißt.

Mikro-Interferometer nach Tiselius und Claes-son[2]. Wird eine Substanz aus einem zu trennenden Gemisch nach dem „Alles- oder Nichts“-Prinzip an Aktivkohle gebunden, fällt die Wahl des geeigneten Nachweisverfahrens nicht schwer. Meist besitzen aber Verbindungen ähnlicher chemischer Konstitu-tion auch ähnliche Affinitäten gegenüber dem Ad-sorbens, und man kann nur mit Hilfe dieser Ein-richtung den „verzögerten Durchtritt“ der einzelnen

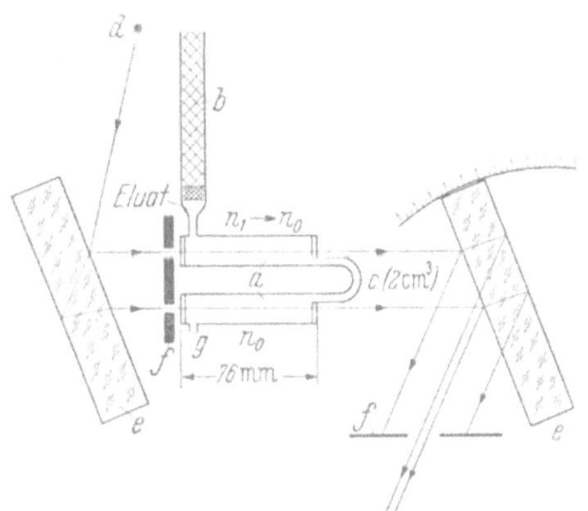

Abb. 40.
Interferometer für die Verdrängungschromato-graphie nach Holman. *a* Cuvette, *b* Chromato-graphieröhre, *c* Capillare, *d* Lichtquelle, *e* plan-parallele Glasplatten, *f* Blenden, *g* Auslauf.

Komponenten durch die Adsorbenssäule verfolgen. Abb. 39 gibt die hierzu entwickelte Einrichtung wieder. Sie besteht aus der Interferometerzelle (R), in der die Flüssigkeit aus der Adsorbenssäule durch eine goldene Capillare von 100 mm Länge und 1,4 mm Durchmesser fließt, der optischen Einrichtung (B, L_1, K, L_2, S und L), einem Zylinder mit komprimierter Luft (D) und einem einfachen Fraktionensammler (V) (vgl. auch das selbst registrierende Gerät von Claesson[3] und andere ähnliche Einrichtungen[4]).

[1] Cassidy, H. G., and S. E. Wood: Am. Soc. **63**, 2628 (1941).

[2] Tiselius, A., and S. Claesson: Ark. Kemi, Mineral. Geol. **15 B**, Nr. 18 (1942).

[3] Claesson, S.: The Svedberg 1884—1944. S. 82. Uppsala 1944. Ark. Kemi, Mineral. Geol. **23 A**, Nr. 1 (1946).

[4] Dutton, H. J.: J. physic. Chem. **48**, 179 (1944). — Cleaver, C. S., R. A. Hardy and H. G. Cassidy: Am. Soc. **67**, 1343 (1945).

Abb. 40 veranschaulicht ein neueres Bauprinzip, das man sich selbst herstellen lassen kann[1]. Im Interferometer wird eine Cuvette a benutzt, die 2 Kanäle besitzt. Durch diese fällt paralleles Licht. Anders als durch diese Abbildung zunächst dargestellt, läuft durch einen Kanal das Eluat aus der Säule B, während der andere mit dem verwendeten Solvens gefüllt ist. Die Konzentration des Gelösten ergibt sich aus der Differenz der Brechungsindices in beiden Kanälen.

In der ursprünglichen Apparatur von TISELIUS-CLAESSON war der Konzentrationsbereich sehr begrenzt. Mit dieser neuen Anordnung können auch höhere Konzentrationen, wie sie z. B. beim präparativen Arbeiten auftreten, gemessen werden. Man kann den Bereich dadurch erweitern, daß man Änderungen des Solvens im Vergleichskanal vornimmt, indem man einfach das Eluat durch beide Beobachtungskanäle fließen läßt. Ist die Konzentration des Gelösten konstant, mißt man diskontinuierlich jedesmal von einem neuen „Nullpunkt" aus (wiederholtes crossing over). Diesen Vorgang kann man mehrfach wiederholen und man erhält dann statt der auf S. 165 wiedergegebenen Treppenkurven (altes Gerät) solche mit jedesmal vom Nullpunkt aufsteigenden Stufen. Man kann aber auch die beiden Kanäle dauernd miteinander verbinden (crossing over) und erhält so den Konzentrationsgradienten über das Volumen des beide Kanäle miteinander verbindenden Capillarrohres c. Zunächst steigt bei jeder neuen Fraktion das Refraktionsinkrement stark an, wird beim Gleichgewichtswert Null und sinkt dann auf negative Werte. Diese Methode ist besonders wertvoll für präparative Arbeiten, wenn es weniger auf die Bestimmung der Gleichgewichtskonzentration als auf die Lokalisation der Stufen ankommt. Diese Anordnungen dürften sich in Zukunft für viele chromatographische Arbeiten einführen.

Retentionsvolumen. Läßt man die Lösung einer Verbindung durch die Säule von Aktivkohle fließen, so wird so viel davon adsorbiert, bis die Aktivität des Adsorbens erschöpft ist. Aus der Säule tritt zunächst reines Solvens aus und dann die Substanz, erkennbar am steilen Anstieg des Refraktionsinkrementes. Je größer die Adsorptionsaktivität des Adsorbens gegenüber dem Adsorbendum, desto größer das Retentionsvolumen. Umgekehrt ist das Retentionsvolumen in einer gegebenen Arbeitsanordnung ein Maß für die Adsorptionsaktivität. Tabelle 6 gibt die Retentionsvolumina bei der Chromatographie einiger Aminosäuren und Peptide[2], Tabelle 7 diejenigen einiger

Tabelle 6. *Retentionsvolumina bei der Adsorption einiger Aminosäuren und Peptide an Aktivkohle (Schering), 0,5 %ige Lösungen.*

Substanz	Retentionsvolumen cm³/g Kohle	Substanz	Retentionsvolumen cm³/g Kohle	Substanz	Retentionsvolumen cm³/g Kohle
Alanin	0,3	Histidin . . .	15,0	Leucyl-glycyl-glycin .	29,8
Oxyprolin . .	2,0	Arginin . . .	40,4	Glycyl-alanin	4,0
Prolin	2,5	Phenylalanin .	62,5	Valyl-alanin	22,0
Valin	3,2	Tryptophan. .	76,5	Alanyl-leucyl-glycin. .	34,4
Leucin	7,7	Glycyl-glycin .	3,5	Glycyl-leucyl-alanin .	42,5
Isoleucin . . .	9,2	Leucyl-glycin .	18,2	Glycyl-leucyl-glycin. .	38,0
Methionin . .	12,2				

Tabelle 7. *Retentionsvolumina einiger Zucker bei der Adsorption an Norit P3, 0,5 %ige wäßrige Lösungen.*

Substanz	Retentionsvolumen cm³/g Kohle	Substanz	Retentionsvolumen cm³/g Kohle	Substanz	Retentionsvolumen cm³/g Kohle
Rhamnose . . .	9,5	Glucose	16,0	Lactose	51,0
Arabinose . . .	9,9	Galaktose . . .	17,3	Maltose	60,0
Lävulose	13,6	Mannose . . .	18,5	Raffinose . . .	68,0
Xylose	14,8	Saccharose . .	43,5		

[1] HOLMAN, R. T.: Analyt. Chem., Washington **22**, 832 (1950).
[2] TISELIUS, A.: Adv. Protein Chem. **3**, 67 (1947).

Tabelle 8. *Retentionsvolumina für Verdrängungsflüssigkeiten.*

Substanz	Retentions-volumen cm³/g Kohle	Substanz	Retentions-volumen cm³/g Kohle	Substanz	Retentions-volumen cm³/g Kohle
Saccharose . . .	23	Äthylacetat . .	32	Phenol	53
Methyl-propyl-		Pyridin	33	Ephedrin . . .	83
keton	31	Raffinose . . .	46	Pikrinsäure . .	83

Zucker[1] und Tabelle 8 diejenigen einiger für die später zu besprechende Verdrängungs-analyse geeigneter Solventien[2] wieder.

Frontanalyse. Läßt man eine Lösung zweier Verbindungen mit verschiedenen Affini-täten gegenüber dem Adsorbens durch eine Adsorbenssäule laufen, so erscheinen die Komponenten nacheinander mit scharfen Grenzschichten in der Lösung, die die Säule verläßt. Abb. 41 gibt die Frontanalyse einer Lösung von 0,159 mg Alanin-N/cm³ und 0,104 mg Leucin-N/cm³ an 1,5 g Norit P 3 spezial wieder[2]. Die Abszisse stellt das Volumen des durch die Säule laufenden Solvens dar, die Ordinate die Refraktionsinkremente. Bis 4 cm³ tritt nur Wasser durch, dann kommt bis 32 cm³ nur Alanin und jetzt eine Mischung von Alanin und Leucin. Das Adsorbens ist nun an dem Gemisch gesättigt. Die Kon-

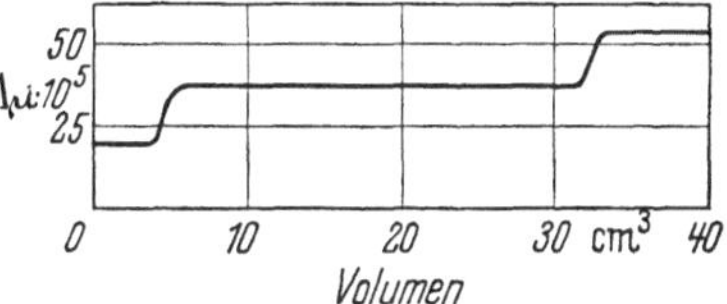

Abb. 41. Frontanalyse einer Mischung von Alanin und Leucin.

zentrationen der beiden Verbindungen in einfließender und ausfließender Lösung sind nun gleich, jedoch diejenigen der Adsorbenden auf dem Adsorbens verschieden.

Die Frontanalyse verläuft nur dann ideal, wenn die eine Substanz die andere aus ihrer adsorptiven Bindung nicht verdrängt. Dieses Verfahren ist außer für Aminosäuren auch für Fettsäuren und Kohlenwasserstoffe brauchbar (vgl. S. 166).

Elutionsanalyse. Dieses Vorgehen entspricht weit mehr der normalen chromato-graphischen Prozedur. Man gibt eine Probe der zu analysierenden Mischung auf die Säule von Aktivkohle und wäscht mit großen Mengen Sol-vens nach. Ein Beispiel zeigt Abb. 42 in Form der Trennung von 1,55 mg Alanin N, 1,04 mg Valin-N und 0,97 mg Leucin-N an Carboraffin C mit Wasser als Solvens. Leucin wird nicht vollständig ausge-waschen. Die erste hohe Zacke gibt den Austritt von Alanin, die zweite niedrigere den von Valin und die letzte, schwach angedeutete Erhöhung, den von Leu-cin wieder. Dieses läßt sich mit 5%iger Essigsäure

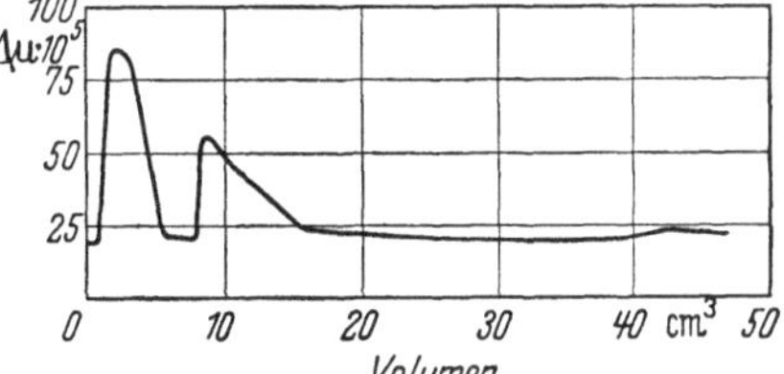

Abb. 42. Elutionsanalyse einer Mischung von Alanin, Valin und Leucin.

vollständig eluieren, doch kann nunmehr mit dem alten Verfahren optisch nichts mehr beobachtet werden. Vollständige Trennung erreicht man nach diesem Verfahren nur mit schwach adsorbierten Verbindungen. Werden sie stärker gebunden, wie z. B. Leucin, so reicht die alte optische Methode nicht mehr aus, um den „Elutionsschwanz" zu verfolgen.

Verdrängungsanalyse. Zum „Entwickeln" des Chromatogramms gebraucht man eine Substanz, die stärker adsorbiert wird, jedoch ist der Entwicklungsvorgang prinzipiell ein anderer als gewöhnlich, wie z. B. bei der Elution von restlichem Leucin im vorher besprochenen Versuch. Die verdrängende Substanz verhält sich wie bei der gewöhnlichen Frontanalyse, stößt jedoch die anderen Komponenten *A* und *B* vor ihrer Adsorptions-front durch die Säule. *A* und *B* bilden dann scharfe Zonen, jede eine Komponente ent-haltend; sie sind in enger Verbindung miteinander sowie auch mit der Front von *C*. Abb. 43 gibt einen solchen Trennvorgang einer Mischung von 0,75 mg Leucyl-glycin-N/cm³ und 0,85 mg Leucyl-glycyl-leucin-N/cm³ an 0,25 g Carboraffin C mit 0,25% Phenol in Wasser als Verdrängungsflüssigkeit wieder.

[1] CLAESSON, S.: Ann. N.Y. Acad. Sci. **49**, 200 (1948).
[2] TISELIUS, A.: Adv. Protein Chem. **3**, 67 (1947).

Bei der Elutionsanalyse befindet sich das Eluens auch in einer der Peptidzonen, bei der Verdrängungsanalyse jedoch nicht. Im stationären Zustand wandern alle Zonen mit gleicher Geschwindigkeit durch die Säule. Die *Wanderungsgeschwindigkeit* einer Zone ist eine Funktion des *Adsorptionskoeffizienten* der Verbindung. Die Höhe jeder Zacke, einschließlich der Verdrängungssubstanz, ist unabhängig von der Substanzmenge; sie ist bestimmt durch die Adsorptionsaffinität (schmale Zonen hoher Konzentration bei großer Affinität), wogegen die Länge proportional der Substanzmenge ist.

Diese Verfahrenstechniken wurden außer zur Trennung von Aminosäuren auch zu der von nahe verwandten Peptiden und für verschiedene Saccharide gebraucht (vgl. Tabelle 6 und 7)[1]. Hierbei mußte die Affinität des Adsorbens durch Vorbehandlung mit verschiedenen Verbindungen vermindert werden. Mit den heute verfügbaren Aktivkohlen ist die Verdrängungsanalyse geeignet, sehr ähnliche Substanzen voneinander zu trennen. Sie müssen nur fähig sein, einander zu verdrängen (vgl. das gleiche Prinzip mit Ionenaustauschern S. 184).

In den meisten Fällen der gewöhnlichen Chromatographie kann man nicht entscheiden, ob das Prinzip der Elutions- oder Verdrängungsanalyse vorherrscht. Wenn das verdrängende Solvens in höherer Konzentration angewandt wird oder wenn es zu schnell durch die Säule läuft, kann sich kein stationärer Zustand ausbilden, und die Verdrängungsfront überrennt die anderen Zonen. Dann besteht sowohl Elutions- als auch Verdrängungsanalyse. Das ist auch der Fall, wenn grobkörnige Adsorbentien verwandt werden (granulierte Kohlen, synthetische Austauschharze, vgl. S. 185), in denen die Diffusion in die inneren Teile zu viel Zeit erfordert, so daß sich kein Elutionsgleichgewicht einstellen kann.

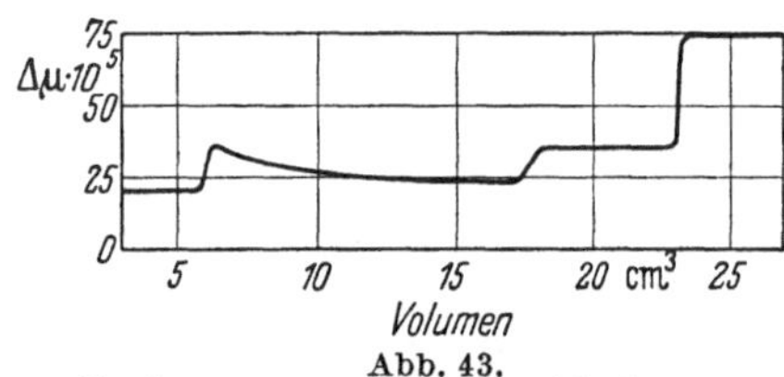

Abb. 43.
Verdrängungsanalyse einer Mischung von Leucyl-glycin und Leucyl-glycyl-leucin mit 0,25 % Phenol als Verdrängungsflüssigkeit.

Anwendungsbeispiele[2]. Die hier beschriebene Methode von TISELIUS-CLAESSON, die übrigens auch quantitative Aussagen erlaubt (vgl. hierzu die Originalarbeiten), wurde auf die Analyse einer großen Anzahl von Substanzen angewandt. Zur Trennung der Angehörigen homologer Reihen (Fettsäuren, Äthylester von Fettsäuren, Alkoholen, Dicarbonsäuren) konnte die Verdrängungsmethode zunächst nicht herangezogen werden, sondern nur die Frontanalyse (Aktivkohle + Äthanol). Ungesättigte und verzweigte Fettsäuren werden weniger gut adsorbiert als die entsprechenden normalen, wenn man Aktivkohle verwendet. Mit Silicagel als Adsorbens und einem apolaren Solvens werden alle normalen Fettsäuren etwa gleich stark adsorbiert, die ungesättigten dagegen stärker und die verzweigten schwächer. Nach diesen Befunden erscheint es möglich, die Fettsäuremischungen in 3 Gruppen aufzutrennen. Mit dem Adsorptionssystem Silicagel-apolares Solvens kann auch nach dem Verdrängungsprinzip gearbeitet werden[3]. Wahrscheinlich bestimmt die Carboxylgruppe die Adsorption an Silicagel aus dem apolaren Solvens, aber nicht an Aktivkohle aus dem polaren. Unter Verwendung hintereinander gekoppelter Filter lassen sich alle Fettsäuren von C_1—C_{22} nach dem Verdrängungsprinzip gut voneinander trennen[4]. Sehr erfolgreich war die Anwendung des Verdrängungsprinzips auf die Chromatographie von Oligosacchariden[5]. Monosaccharide, Disaccharide, Trisaccharide, Tetrasaccharide, Pentasaccharide und Hexasaccharide ließen sich quantitativ bestimmen. Die Analyse von Aminosäuren und Peptiden wurde bereits mehrfach erwähnt[6].

Der selbst registrierende Apparat von CLAESSON wurde auch zu präparativen Arbeiten verwendet. Hierzu dienten naturgemäß größere Säulen mit viel Adsorbens. Das bedingt

[1] TISELIUS, A., u. L. HAHN: Kolloid-Z. **105**, 177 (1943).
[2] Vgl. hierzu CLAESSON, S.: Ann. N.Y. Acad. Sci. **49**, 183 (1948).
[3] CLAESSON, S.: Recu. Trav. chim. Pays-Bas **65**, 571 (1946).
[4] HOLMAN, R. T., and L. HAGDAHL: J. biol. Ch. **182**, 421 (1950).
[5] WEIBULL, C., and A. TISELIUS: Ark. Kemi, Mineral. Geol. 19 A, Nr. 5 (1944).
[6] Vgl. TISELIUS, A.: The SVEDBERG 1884—1944. S. 82. Uppsala 1944.

aber, daß die einzelnen Zonen sich nicht scharf abheben. Man schaltet deshalb unter die große Säule noch eine kleine mit wenig Adsorbens. Jetzt treten die einzelnen Substanzen unter Bildung sich scharf abhebender Zonen aus und sind vollkommen rein. Die TISELIUS-CLAESSON-Verfahren können auch auf die Adsorptionsanalyse von Gasen und Dämpfen angewandt werden[1].

Chromatographie von Aminosäuren und Peptiden. Den oben erwähnten Trennungen von Aminosäuren und Peptiden nach den TISELIUS-CLAESSON-Prinzipien mit Aktivkohlen gingen viele Arbeiten über das chromatographische Verhalten dieser Verbindungen nach dem üblichen Vorgehen voraus bzw. parallel[2]. Es zeigte sich, daß die *aromatischen Aminosäuren* Tryptophan, Tyrosin und Phenylalanin viel stärker adsorbiert werden als alle anderen. Legt man eine Mischung von Aminosäuren vor, so lassen sich außer den aromatischen die anderen Aminosäuren mit 5%iger Essigsäure auswaschen. Anschließend können die aromatischen dann mit 5% Phenol in 20%iger Essigsäure quantitativ eluiert werden[3]. Die Unterschiede in den Adsorptionsaffinitäten verwenden verschiedene Autoren als ersten Schritt zur Trennung eines Proteinhydrolysates in mehrere *Gruppen von Aminosäuren*. Diese Methoden werden später ausführlicher beschrieben (s. S. 176), da sie auch Adsorptionen mit Kunstharzaustauschern einschließen. Wenn die Proteinhydrolyse nicht vollständig ist, werden die noch vorhandenen Peptide von Aktivkohle ebenso fest gebunden wie die aromatischen Aminosäuren.

Unter Ausnutzen der verschiedenen Retentionsvolumina, auch der aliphatischen Aminosäuren (vgl. Tabelle 6), konnten z. B. Methionin zu 95% von Valin, und Valin zu 98% von Leucin getrennt werden[4].

Nebenreaktionen. Im Verlauf der Trennung eines Gemisches von Tyrosin, Phenylalanin, Leucin und Glycin[5] wurden ältere Beobachtungen bestätigt, daß ein Teil der Aminosäuren oxydativ desaminiert wird. Dies läßt sich, wie bereits erwähnt, durch vorheriges Vergiften der Aktivkohle mit KCN[6], mit H_2S oder durch rasches Arbeiten verhüten. Adsorbiert man ein Proteinhydrolysat an vergiftete Aktivkohle ohne weitere Vorbehandlung, so kann ein Teil der Aminosäuren irreversibel adsorbiert bleiben. Dies läßt sich verhindern, indem man die Kohle vor Verwendung mit 5%iger Essigsäure auswäscht[3]. Bei der früher besprochenen Trennung der Oligosaccharide war aus dem gleichen Grunde eine vorausgehende partielle Sättigung der Aktivkohle mit Phenol oder Ephedrin notwendig. Diese Verbindungen setzen nach dem eingangs erwähnten Mechanismus die Affinität der Aktivkohle auf das erforderliche Maß herab.

Trennung der aromatischen von den aliphatischen Aminosäuren[3]. *Herstellung des Adsorbens.* Carbo activatus granulatus (Schering) wird in einer Reibschale gepulvert und durch ein Sieb mit 28 Maschen/cm² von den gröberen Anteilen befreit. Aus dem erhaltenen Kohlepulver werden dann durch Sieben mit einem groben Tuch die feinsten Anteile entfernt. Man erhält ein Pulver von mittlerer Korngröße, das bei einer Säulenhöhe von 40 mm eine Durchflußgeschwindigkeit von 4 bis 5 Tropfen/min zeigen soll. Zur Entfernung der in der Kohle enthaltenen Stickstoffverbindungen wird sie mit der 5—10fachen Menge 20%iger Essigsäure einige Minuten zum Sieden erhitzt, heiß abgesaugt und mit heißem Wasser gewaschen, bis in der Spülflüssigkeit nach dem Veraschen kein Stickstoff mehr nachweisbar ist. In der Regel ist dies schon nach 2—3maligem Waschen erreicht. Die gereinigte Kohle wird in Wasser suspendiert und mit 50 mg Kaliumcyanid je 100 g Kohle einige Minuten auf 60° erwärmt, dann abgesaugt und mit heißem Wasser wiederholt gewaschen.

Trennung. Chromatographieröhrchen von 250 mm Länge und 12 mm Durchmesser werden mit einem Wattebausch versehen, 2 g Kohle in wäßriger Suspension eingefüllt und die Flüssigkeit durch schwaches Saugen entfernt. Das Adsorbens sintert dann durch leichtes Klopfen an das Röhrchen zu einer Säule von etwa 40 mm Höhe. Die feinen Anteile der Kohle, die an der Innenwand des Röhrchens haften bleiben, werden mit Wasser abgespült und dieses mit einer Pipette abgesaugt. Nun wird die Säule unter schwachem Saugen mit 50 cm³ 5%iger Essigsäure durchgewaschen. Wenn sie von der Flüssigkeit gerade eben noch bedeckt wird, gibt man das Trenngemisch auf, das in einem Volumen von 2—5 cm³ enthalten ist (2 g Aktivkohle sind mit 2,6 mg Gesamt-N als aromatische Aminosäuren gesättigt, die aliphatischen laufen durch). Nach Eindringen der Lösung in die Säule spült man 2mal mit je 3 cm³ 5%iger Essigsäure die Glaswand sorgfältig ab und wäscht dann mit insgesamt 50 cm³ 5%iger Essigsäure die aliphatischen Aminosäuren aus. Man fängt vom Aufgeben der Aminosäuren ab den Durchlauf in einem Meßkolben auf und bestimmt in einem aliquoten Teil den

[1] CLAESSON, S.: Ann. N.Y. Acad. Sci. **49**, 183 (1948).

[2] Vgl. z. B. ABDERHALDEN, E., u. A. FODOR: Fermentforsch. **2**, 151 (1919). — NEGELEIN, E.: B. Z. **142**, 493 (1923). — ITO, T.: Bull. agric. chem. Soc. Jap. **6**, 13 (1930); **8**, 59, 62 (1932); **12**, 204 (1936). — WUNDERLY, K.: Helv. **17**, 523 (1934). — CHELDELIN, V. H., and R. J. WILLIAMS: Am. Soc. **64**, 1513 (1942).

[3] SCHRAMM, G., u. J. PRIMOSIGH: B. **76**, 373 (1943).

[4] TURBA, F., M. RICHTER u. F. KUCHAR: Naturwiss. **31**, 508 (1943).

[5] WACHTEL, J. L., and H. G. CASSIDY: Am. Soc. **65**, 665 (1943).

[6] TISELIUS, A.: Ark. Kemi, Mineral. Geol. **15** B, Nr. 6 (1941).

Stickstoff nach KJELDAHL. Zur Elution der aromatischen Aminosäuren verwendet man 300 cm³ 5%iges Phenol in 20%iger Essigsäure. Im Eluat wird wieder der N bestimmt. Phenylalanin läßt sich auch mit 100 cm³ 20%iger Essigsäure bei 70° eluieren, wozu das in Abb. 14 (S. 128) wiedergegebene Chromatographierohr mit Wärmemantel verwendet wird.

Trennung der Aminosäuren nach KOSCHARA[1]. Diese noch wenig bekannte, aber gut brauchbare Vorschrift verwendet Carboraffin C (vgl. Tabelle 5) als Adsorbens, das mit H_2S vergiftet wird. Es bietet den Vorteil, daß 2 n HCl als Aufnahme- und Elutionsflüssigkeit verwandt wird, womit sich die völlige Entfernung der zur Hydrolyse gebrauchten Säure erübrigt. Das Verhältnis von Adsorbens zur eingesetzten Substanzmenge ist mit 4:1 besonders günstig. Das Verfahren erlaubt, Aminosäuren mit einfachsten Laboratoriumsmitteln präparativ darzustellen.

Herstellung des Adsorbens. 50 g Carboraffin C werden in 200 cm³ Wasser suspendiert und mit 12 cm³ Ammoniumhydrogensulfid versetzt (bereitet aus einen Teil konz. Ammoniak und 3 Teilen Wasser durch Sättigen mit H_2S). Man läßt 15 min stehen und gießt dann bei schwachem Saugen auf eine Nutsche von 6 cm Außendurchmesser und etwa 4 cm Höhe, ohne daß der Filterkuchen je trocken wird. Dann wäscht man mit 300 cm³ 2 n Salzsäure von —10 bis 0° nach. Der Erfolg des Chromatogramms hängt von der sorglichen Zubereitung des Adsorbenskuchens, d. h. von seiner gleichmäßigen Beschaffenheit ab.

Trennung. Die zu verarbeitende Lösung kann maximal 15 g Trockensubstanz enthalten und soll nicht mehr als 50 cm³ betragen. Sie muß 2 n salzsauer und eiskalt sein. Der nasse Kohlekuchen enthält etwa 120 cm³ 2 n Salzsäure. Diese müssen vom Aufguß verdrängt werden, bevor Substanz ins Filtrat gelangen kann. 120 cm³ erstes Filtrat müssen also frei von Substanz sein. Findet man darin oder wenigstens in den ersten 100 cm³ Filtrat Aminosäuren, dann ist der Kohlekuchen inhomogen und unbrauchbar. Unter ständigem schwachen Saugen wird der Aufguß auf den Kohlekuchen gegeben. Man wäscht mit 2 n eiskalter Salzsäure nach, verwirft die ersten 100 cm³ und fängt das Filtrat in 40 cm³-Fraktionen auf. Nach der 10. Fraktion (Beginn des Histidinaustrittes) wäscht man mit 2 n Salzsäure von Zimmertemperatur nach, von der 20. Fraktion ab (Beginn des Argininaustrittes) wird mit heißem Wasser nachgewaschen und zwar bis zur völligen Elution von Arginin (etwa 500 cm³). Es folgen nun 300 cm³ 50%iges, wäßriges Aceton (zur Elution von Phenylalanin) und 200 cm³ Aceton-Wasser-konz. Ammoniakgemisch 5:4:1 (zur Elution von Tyrosin). Die Trennung von Phenylalanin und Tyrosin ist nicht scharf.

Es enthalten: Fraktion 1: fast nur anorganische Beimengungen, 2—5: Lysin und die kürzeren aliphatischen Aminosäuren (gleichzeitig den größten Teil des Trockengewichtes), 6—7: Glutaminsäure, 11—26: Histidin, 21—32 (Heißwasserfraktion): Arginin, Norleucin. Leucin und Isoleucin findet man in den Fraktionen 6 bis etwa 20. Dieses Schema bezieht sich auf Bluthydrolysat. Kleine Verschiebungen sind bei anderem Material wahrscheinlich.

Aufarbeitung der Fraktionen. Zur Isolierung der Aminosäuren dampft man die einzelnen Fraktionen, sinnvoll vereinigt, im Vakuum zur Trockne ein und nimmt den Rückstand in möglichst wenig Alkohol auf. Ungelöstes kann sein: Anorganisches, Hydrochlorid einer basischen Aminosäure (Dichlorid) oder Glutaminsäure-hydrochlorid. In jedem Fall ist das Ungelöste schon krystallisiert und rein. Die alkoholische Lösung (oder Mutterlauge) wird mit der 5fachen Menge Aceton versetzt. Dabei fallen die Dichloride der basischen Aminosäuren als Schmieren, die bei Histidin sofort, bei Lysin nach einigem Reiben oder Impfen krystallisieren. Arginin (in der Mischfraktion nach dem Histidin) fällt als schmieriges Dichlorid. Man verwandelt es in alkoholischer Lösung durch Zusatz von Anilin in das krystallisierte Monochlorid. Aus den alkoholisch-acetonigen Mutterlaugen der Dichloride werden die schwerlöslichen Monoaminosäuren durch Verjagen des Lösungsmittels und Abdampfen der konz. wäßrigen Rückstände mit Ammoniak gewonnen.

Diese Vorschrift läßt sich auch auf größere Maßstäbe übertragen. Das Verhältnis von Radius zur Höhe des Kohlekuchens muß aber stets das gleiche sein wie bei der obigen Vorschrift ($r = 45$ mm, $h = 25$ mm). Unter dieser Voraussetzung berechnet sich für einen 10fachen Ansatz (500 g Kohle) ein Nutschendurchmesser von etwa 190 mm, für einen 30fachen Ansatz (1500 g Kohle) ein solcher von 290 mm. Kohlekuchen dieser Größen sind sehr empfindlich. Die erheblichen Schwierigkeiten beim Arbeiten mit ihnen sind durch 2 Maßnahmen glatt zu beheben. Die Nutsche darf während des Versuches nicht bewegt werden. Entweder muß man ein Glasrohr in die Saugflasche einführen, durch das die Fraktionen entnommen werden, oder die Nutsche wird mit Klammer und Stativ festgeklemmt und auf einen Vakuumtopf aufgesetzt, dessen Unterteil bewegt wird (ähnlich Abb. 26, S. 131). Der Kohlekuchen muß bei großen Ansätzen mechanisch gefestigt werden. Das geschieht am einfachsten so, daß man die Nutsche vor dem Einfüllen der Kohlesuspension mit senkrecht stehenden, beiderseits offenen Glasröhren dicht vollpackt (= Wabennutsche). Abmessungen der Röhrchen für 190 mm-Nutsche: $h = 50$ mm, $d = 15$ mm, für 290 mm-Nutsche: $h = 65$ mm, $d = 25$ mm. Beim Einfüllen der Kohlesuspension bewegt man den Flüssigkeitsstrahl gleichmäßig über die ganze Nutschenfläche.

---

[1] KOSCHARA, W.: H. **280**, 55 (1944). Die hier wiedergegebene detaillierte Vorschrift stammt aus einer persönlichen Mitteilung von Prof. KOSCHARA an Prof. FELIX.

Präparative Darstellung von L-*Methionin nach* KOSCHARA[1]. Das Hydrolysat von 15 g Protein wird, wie vorher beschrieben, an 50 g Aktivkohle chromatographiert, währenddessen mit fließendem Wasser auf 8—10° gekühlt und die Elutionsflüssigkeit eiskalt gehalten. Durch 2 n HCl wird Methionin nicht eluiert, dagegen erscheint es nach 10 vorhergehenden Elutionen mit Salzsäure, die begleitende Aminosäuren ausgewaschen haben, mit 2 n Ammoniak. Die Hauptmenge an Methionin kommt mit der 3. und 4. Fraktion zu je 50 cm³ 2 n Ammoniak. In kontinuierlich abnehmender Menge ist es noch bis zur 7. Fraktion nachweisbar. In dieser und der folgenden Fraktion findet sich reines Tyrosin, das auf diese Weise bequem zugänglich ist. Das Methionin läßt sich durch fraktionierte Krystallisation aus 70%igem Äthanol von den begleitenden Aminosäuren (u. a. Leucin) trennen bzw. rein darstellen. Aus 60 g Caseinhydrolysat wurden 1,76 g Methionin erhalten, d. h. 78% d. Th.

Anwendung der KOSCHARAschen Methode auf Hydrolysate von Pflanzenproteinen vgl. [2].

Ausblick: Wahlweise Veränderung der Adsorptionseigenschaften von Aktivkohle. Aus den einleitenden Abschnitten sowohl wie aus einigen Arbeitsvorschriften bei den praktischen Anwendungen war zu entnehmen, daß die Aktivkohle eines der vielseitigst anzuwendenden Adsorbentien ist. Diese Eigenschaft verdankt sie der Fähigkeit, sowohl „Kurzstrecken"- als auch „Langstreckenkräfte" zur Bindung von Adsorbenden in *primärer* oder *sekundärer* Form zu betätigen. Diese Befähigungen erlauben nun, die Aktivkohle wahlweise zu modifizieren und sie so den jeweiligen Verwendungszwecken genau anzupassen. Bei richtiger Wahl der modifizierenden Substanzen gelingt die Herstellung von *ionenaustauschenden Aktivkohlen* mit Austauschkapazitäten, die denen der synthetischen Austauschharze vergleichbar sind und gegenüber diesen die für die Praxis bedeutungsvolle Eigenschaft besitzen, bei p_H-Wechsel nicht zu quellen. Wir referieren im folgenden, was über Modifikationen bereits bekannt ist, als Beispiel und Anregung.

Modifizierende Agentien sind: Undecylalkohol, Ölsäure[3], Pikrinsäure, Methyl-dioctylamin, quaternäre Ammoniumfarbstoffe u. a.

Undecylalkohol, an L-Aktivkohle primär adsorbiert, reduziert z. B. die Adsorption von 5-Aminoacridin (konjugiert basische Molekel als Testsubstanz) insgesamt. Es wird bei p_H 9 stark elektrovalent gebunden. Die Adsorption fällt mit fallendem p_H bis zu einem Minimalbetrag bei p_H 2,8. Unterhalb dessen steigt die Adsorption mit weiter fallendem p_H wieder an und es betätigen sich jetzt wahrscheinlich vorwiegend „Kurzstreckenkräfte".

Der Effekt von Undecylalkohol ist 3facher Natur: 1. Er konkurriert mit den Kationen um die Adsorption durch Kurzstreckenkräfte, 2. er wirkt als Lösungsmittel für das Kation, und 3. er vermindert die Dielektrizitätskonstante in der unmittelbaren Nachbarschaft der Kohleoberfläche.

Ölsäure, an H-Kohle primär adsorbiert, wirkt als *Kationenaustauscher* (untersucht mit Streptomycin, einer nichtkonjugierten basischen Molekel als Testsubstanz) über eine begrenzte p_H-Strecke. Bei niedrigem p_H wirkt diese Kohle ähnlich wie die Undecylalkohol-L-Kohle.

Pikrinsäure, Methyl-dioctylamin oder *quaternäre Ammoniumfarbstoffe,* an H-Kohle adsorbiert, bilden Austauschadsorbentien, die fähig sind, anorganische Kationen, Säuren oder Anionen aus wäßrigen Lösungen zu adsorbieren. Ihre Anwendung auf organische Ionen ist beschränkter, weil das modifizierende Agens durch die ersteren nicht desorbiert werden darf. Der Austausch von organischen Ionen ist oft kein reiner Ionenaustausch, sondern wird stark durch die wirkenden Kurzstreckenkräfte und sogar durch die molekulare Struktur des modifizierenden Agens beeinflußt.

Aus diesen vorerst noch vorwiegend theoretisch interessanten Befunden, die sehr bald von großer praktischer Bedeutung werden können, ergibt sich jedoch schon jetzt eine praktische Anwendungsmöglichkeit:

Überwindung der irreversiblen Adsorption. Die das Adsorbendum fest gebunden haltende Aktivkohle kann mit einer wäßrigen Emulsion eines geeigneten organischen

[1] EHRLICH-GOMOLKA, H.: H. **282,** 158 (1947).
[2] DIEMAIR, W., u. H. NEU: Z. analyt. Chem. **128,** 566 (1948).
[3] GLUECKAUF, E.: Am. Soc. **73,** 849 (1951). — Vgl. auch WEATHERBURN, A. S., G. R. F. ROSE and C. H. BAYLEY: Canad. J. Res. (F) **27,** 179 (1949).

Solvens geschüttelt werden, das eine sehr viel größere Affinität zum Adsorbens besitzt als das Adsorbendum und in der das Adsorbendum unlöslich ist. Dabei geht es in die wäßrige Phase. Diese Technik kann sowohl für Elektrolyte als auch für Nichtelektrolyte gebraucht werden. Sie erlaubt zuweilen die Gewinnung hochkonzentrierter Eluate bei Verwendung sehr kleiner Mengen an organischen Solventien, hat aber den Nachteil, daß die Kohle nicht gleichzeitig regeneriert wird.

f) Austauschchromatographie („heteropolare Chromatographie").

α) Natürliche Austauscher.

Vorbemerkungen. Im vorhergehenden Kapitel wurde bereits — ohne eine nähere Erläuterung des Begriffes — von Ionenaustausch geschrieben. Dort bildete z. B. eine mit Ölsäure beladene Aktivkohle einen *Ionenaustauscher.* Er war befähigt, das Wasserstoffion der Carboxylgruppe durch ein anderes Kation zu ersetzen und dieses gegen wieder ein anderes Kation auszutauschen. Letzteres wurde entweder in höherer Konzentration angewandt oder besaß eine größere Affinität zum Gegenion des Adsorbens. Mit der Aktivkohle teilen viele natürliche Adsorbentien — Aluminiumoxyd, Silicagel, Bleicherden, Zeolithe, Permutite u. a. — die Fähigkeit, sowohl Kurzstrecken- als auch Langstreckenkräfte (s. S. 161) zu entfalten, d. h. Adsorbenden sowohl durch VAN DER WAALSsche als auch durch elektrovalente Kräfte zu binden. Die Anwendung der erstgenannten Fähigkeiten zur Chromatographie aus apolaren Lösungsmitteln wurde im letzten Kapitel abgehandelt. Erst seit 1936 werden auch die natürlichen Adsorbentien zur Chromatographie aus wäßrigen Lösungen herangezogen[1], wobei sich in der Hauptsache Langstreckenkräfte, d. h. elektrovalente Bindungen, betätigen. Ebenso wie bei der Aktivkohle ist auch hier die VAN DER WAALSsche Bindung der Adsorbenden aus apolaren Solventien vom p_H des Milieus unabhängig, während die elektrovalente Bindung der Adsorbenden aus polaren Lösungen stark vom p_H abhängt. Dies

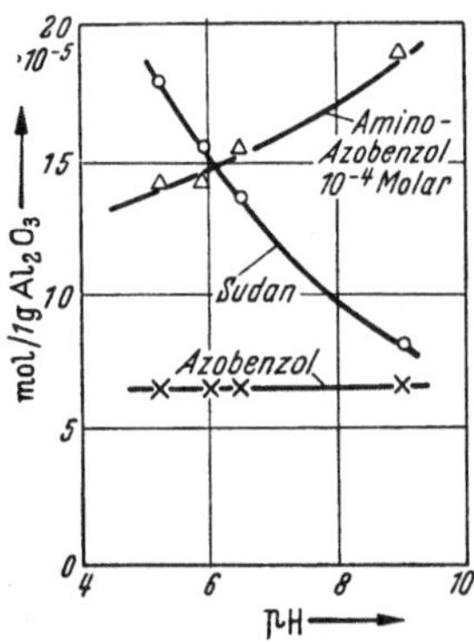

Abb. 44. Abhängigkeit der Adsorption des apolaren Azobenzols und der polaren Verbindungen Aminoazobenzol und Sudan vom pH. Nach HESSE und SAUTER.

belegt klar die Abb. 44[2]. Azobenzol wird unabhängig vom p_H an Aluminiumoxyd gleich stark adsorbiert. Der saure Farbstoff Sudan wird dagegen aus wäßriger Lösung vom gleichen Adsorbens mit steigendem p_H zunehmend schwächer gebunden, der basische Farbstoff Aminoazobenzol dagegen zunehmend stärker. Azobenzol wird also von anderen „aktiven Zentren" gebunden als die elektronegativ und -positiv geladenen Farbstoffe. Wenn bei der Indicatormethode im Rahmen der Additionschromatographie (vgl. S. 155) saure und basische Farbstoffe zur Beladung des Adsorbens verwandt wurden, ohne seine Aktivität merklich zu beeinflussen, so erklärt sich dies durch die obigen Befunde.

Ionenaustauschadsorption setzt voraus, daß vom Adsorbens ein gleichsinnig geladenes Ion an das Lösungsmittel abgegeben werden kann[3]. Für das Handelspräparat Aluminiumoxyd, das Natriumionen als Aluminat, daneben auch als Carbonat, Hydrogencarbonat und Hydroxyd enthält, ergibt sich demnach:

$$O\diagdown \begin{matrix} \diagup Al-O^-\,Na^+ \\ \diagdown Al-O^-\,Na^+ \end{matrix} \; + \; \begin{matrix} K^+\,A^- \\ K^+\,A^- \end{matrix} \; \rightleftharpoons \; O\diagdown \begin{matrix} \diagup Al-O^-\,K^+ \\ \diagdown Al-O^-\,K^+ \end{matrix} \; + \; \begin{matrix} Na^+\,A^- \\ Na^+\,A^- \end{matrix}$$

[1] KOSCHARA, W.: H. **239**, 89 (1936).

[2] HESSE, G., u. O. SAUTER: Naturwiss. **34**, 250 (1947).

[3] SCHWAB, G. M., u. K. JOCKERS; SCHWAB, G. M., u. M. DATTLER: Angew. Chem. **50**, 546, 691 (1937). — SCHWAB, G. M., u. M. DATTLER: Angew. Chem. **51**, 709 (1938). — SIEWERT, G., u. H. JUNGNICKEL: B. **67**, 210 (1943). — SCHWAB, G. M., G. SIEWERT u. H. JUNGNICKEL: Z. anorg. Chem. **252**, 321 (1944).

Dieses Aluminiumoxyd heißt *kationotrop*, weil es Kationen auszutauschen vermag. Wäscht man das Alkali mit Wasser erschöpfend aus, wobei Na^+ durch H^+ ausgetauscht wird, so erhält man ein *amphoteres Oxyd*, das in 2 Richtungen ionisieren kann[1]:

$$O\diagdown\diagup \begin{matrix} Al^+\,OH^- \\ Al^+\,OH^- \end{matrix} \rightleftharpoons O\diagdown\diagup \begin{matrix} Al{-}OH \\ Al{-}OH \end{matrix} \rightleftharpoons O\diagdown\diagup \begin{matrix} Al{-}O^-\,H^+ \\ Al{-}O^-\,H^+ \end{matrix}$$

Der „*isoelektrische Punkt*" dieses Adsorbens ist der p_H, bei dem die Dissoziation beider Stufen gleich ist[1]. Sein Wert ist noch nicht bekannt. Das amphotere Oxyd vermag aber, wie aus obiger Gleichung ersichtlich, zu puffern, eine Wirkung, die besonders bei anorganischen Verbindungen zur *hydrolytischen Adsorption*[2] führt. Zum Beispiel hydrolysiert ein 2wertiges Salz:

$$6\,M^{2+} + 6\,H_2O \rightleftharpoons 6\,M(OH)^+ + 6\,H^+;$$

die H^+-Ionen reagieren mit dem Aluminiumoxyd:

$$6\,H^+ + Al_2O_3 \rightleftharpoons 2\,Al^{3+} + 3\,H_2O.$$

Das Al^{3+} wandert in einer Säule weiter, aber es reagiert nach:

$$2\,Al^{3+} + 4\,H_2O \rightleftharpoons 2\,Al(OH)_2^+ + 4\,H^+ \text{ usw.}$$

Wenn Aluminiumoxyd im Überschuß vorhanden ist, geht die Reaktion bis zur totalen Pufferung der Lösung und zur vollständigen Adsorption des Kations als basischem Salz weiter. Nach diesem Reaktionsschema erklärt sich, daß auch reines Aluminiumoxyd[3] adsorptionsaktiv ist und der Na^+/Kation$^+$-Austausch keine conditio sine qua non ist[4]. — Die Ionenhydratation scheint ein wesentlicher Faktor bei der Austauschadsorption zu sein[5].

Manche organische Verbindungen, z. B. Farbstoffionen, verhalten sich anders. Farbstoffkationen (z. B. Methylenblau) werden aus Wasser nur von alkalihaltigem, Farbstoffanionen (Orange) nur von saurem Aluminiumoxyd festgehalten[6]. Doch gibt es auch eine Parallele zu dem Verhalten anorganischer Ionen bei den Alkaloidsalzen[7]. Die Eigenalkalität von amphoterem Aluminiumoxyd genügt bei den schwächeren basischen Alkaloiden, um die Alkaloidbase in Freiheit zu setzen. Die Anionen werden zum Teil festgehalten und die Base erscheint im Durchlauf. Verwendet man alkalihaltiges Adsorbens, so tritt das Anion als Na-Salz ins Filtrat. Man kann somit sowohl das amphotere als auch das basische Aluminiumoxyd verwenden, um labile Alkaloide aus ihren stabileren Salzen in Freiheit zu setzen.

Behandelt man aluminathaltiges Aluminiumoxyd mit Säure, so wird es „umgestellt", etwa nach folgender Gleichung[8]:

$$O\diagdown\diagup \begin{matrix} Al{-}O^-\,Na^+ \\ Al{-}O^-\,Na^+ \end{matrix} + \begin{matrix} 2\,H^+\,Cl^- \\ 2\,H^+\,Cl^- \end{matrix} \rightleftharpoons O\diagdown\diagup \begin{matrix} Al^+\,Cl^- \\ Al^+\,Cl^- \end{matrix} + \begin{matrix} Na^+\,Cl^- \\ Na^+\,Cl^- \end{matrix} + 2\,H_2O$$

---

[1] HESSE, G., u. O. SAUTER: Naturwiss. **34**, 277 (1947).

[2] SACCONI, L.: Nature **164**, 70 (1949). — JACOBS, P. W. M., and F. C. TOMPKINS: Trans. Faraday Soc. **41**, 388, 395, 400 (1945).

[3] Im Handel als „Aluminiumoxyd alkalifrei Woelm zur Chromatographie" der Fa. M. Woelm, Eschwege.

[4] Vgl. auch FRICKE, R., u. H. SCHMÄH: Z. anorg. Chem. **255**, 253 (1948). — FRICKE, R., u. W. NEUGEBAUER: Naturwiss. **37**, 427 (1950).

[5] SACCONI, L.: Nature **164**, 70 (1949).

[6] HESSE, G., u. O. SAUTER: Naturwiss. **34**, 251 (1947). — GRASSHOF, H.: Angew. Chem. **63**, 96 (1951).

[7] MERZ, K. W., u. R. FRANCK: Arch. Pharmazie **275**, 345 (1937). — REIMERS, F., K. R. GOTTLIEB and V. A. CHRISTENSEN: Quart. J. Pharmacie **20**, 99 (1947).

[8] SCHWAB, G. M., u. M. DATTLER: Angew. Chem. **50**, 691 (1937). — HESSE, G., u. O. SAUTER: Naturwiss. **34**, 250 (1947).

Dieses Aluminiumoxyd heißt *anionotrop*, denn es vermag seine Cl^--Ionen gegen andere Anionen auszutauschen:

$$O\!\!<\!\!\begin{array}{l}\rangle Al^+\,Cl^-\\ \rangle Al^+\,Cl^-\end{array}\ +\ \begin{array}{l}K^+\,A^-\\ K^+\,A^-\end{array}\ \rightleftharpoons\ O\!\!<\!\!\begin{array}{l}\rangle Al^+\,A^-\\ \rangle Al^+\,A^-\end{array}\ +\ \begin{array}{l}K^+\,Cl^-\\ K^+\,Cl^-\end{array}$$

So ergibt sich, daß Basen in schwach basischem Milieu und Säuren in saurem Milieu am besten adsorbiert werden, weil dann jeweils das gleichsinnig geladene Ion zum Austausch vorhanden ist[1]. Für andere Adsorbentien lassen sich ganz ähnliche Anschauungen entwickeln. Es ist verständlich, daß die Austauschadsorption vom p_H des Milieus abhängig ist, und man muß sowohl mit kationotropem als auch mit anionotropem Adsorbens jeweils das für den Austauscheffekt günstigste p_H ermitteln.

Die Adsorbentien. *Kationotropes Aluminiumoxyd*[2]. Gewöhnliches Aluminiumoxyd (puriss., nicht standardisiert) wird mit der 3—4fachen Menge kohlensäurefreien Wassers aufgeschlämmt, nach 1 min abgegossen und dieses Auswaschen der kleinsten Partikel noch 2mal wiederholt. — Die verschiedenen Fabrikationschargen von Aluminiumoxyd enthalten nicht gleiche Mengen austauschfähiger basischer Gruppen.

Darstellung von aluminathaltigem Aluminiumoxyd[3]. $Al_2O_3[(Al_2O_3)_x \cdot AlO_2Na]$. 100 g Aluminiumspäne werden in 1 Liter 30 %iger NaOH gelöst und auf 2 % Al_2O_3 verdünnt; mit CO_2 wird das Hydroxyd gefällt und bis p_H 8 mit heißem Wasser gewaschen, bei 100—130° getrocknet, zerrieben und 10 min bei 800° geglüht. Eine Suspension von 1 g in 6 Liter Wasser zeigt ein p_H von 9,4—9,6.

Anionotropes Aluminiumoxyd[4]. 1. Aluminiumoxyd wird in der 3—4fachen Menge n HCl aufgeschlämmt, kurz geschüttelt, 1 min absitzen gelassen und mit Wasser in gleicher Weise so lange nachgewaschen, bis die klare Waschflüssigkeit gegen Lackmus nur noch ganz schwach sauer reagiert. — 2. Vorbehandeln von Aluminiumoxyd durch Schütteln mit 0,05 n Essigsäure-Acetatpuffer p_H 3,3[5].

Standardisierung und Aktivierung von anionotropem Aluminiumoxyd[6]. Aluminiumoxyd besitzt die Aktivität 1 GSE (Glutaminsäureeinheit), wenn 1 g trockenes Produkt maximal 1 mg Glutaminsäure zu binden vermag. — Zur Bestimmung der GSE dient die Apparatur nach Abb. 45. Adsorptionsröhrchen *b*, 120 mm lang und 13 mm im Durchmesser, passen mit ihrem oberen Mantelschliff in den Kegelschliff am unteren Ende einer Bürette *a* und mit ihrem unteren Kegelschliff in den Mantelschliff eines Tropftrichters *c* und eines dickwandigen kalibrierten Glasrohres mit seitlichem Absaugstutzen *d*. Nach Eindrücken eines Wattebausches werden die Adsorptionsröhrchen auf die Absaugvorrichtung *c* gesetzt und das in Wasser aufgeschlämmte Adsorbens unter leichtem Saugen eingefüllt. Die Bildung von Luftpolstern muß vermieden werden. Die Röhrchen fassen 4—5 g Adsorbens. Mit Hilfe des kalibrierten Rohres *d* wird nach Versuchsende die noch in der Säule verbliebene Flüssigkeit abgesaugt und das Röhrchen mit Adsorbens bei 105° getrocknet. Die Gewichtsdifferenz von vollem und leerem Röhrchen ergibt die genaue Menge Adsorbens.

Direkte Methode. Aus einer Bürette *a* läßt man eine 0,2 %ige Na-glutaminatlösung mit einer Geschwindigkeit von 10—20 Tropfen/min durch die Adsorbenssäule laufen. Die auslaufende Flüssigkeit tropft durch einen Rückflußkühler *e*, der auf einem kleinen Rundkolben sitzt. In diesem

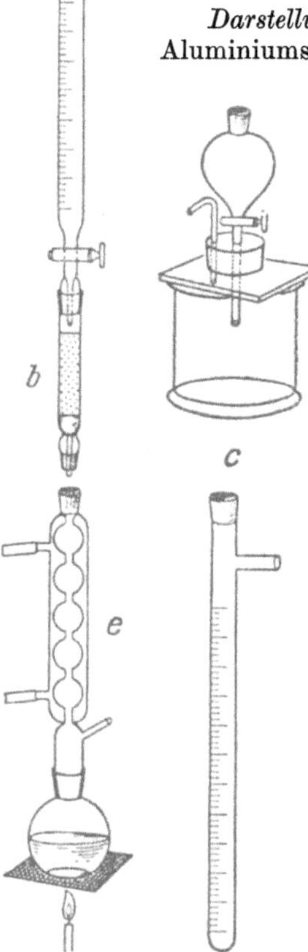

Abb. 45. Anordnung zum Standardisieren von anionotropem Aluminiumoxyd nach RAUEN und WOLF. Erläuterungen im Text.

[1] HESSE, G., u. O. SAUTER: Naturwiss. **34**, 251 (1947).

[2] WIELAND, T.: H. **273**, 24 (1942).

[3] GAPON, J. N., u. G. M. SCHUWAJEWA: C. R. Acad. Sci. USSR [N. S.] **70**, 1007 (1950).

[4] SCHWAB, G. M., u. K. JOCKERS: Angew. Chem. **50**, 546 (1937). — KUHN, R., u. T. WIELAND: B. **73**, 962 (1940). — WIELAND, T.: H. **273**, 24 (1942).

[5] TURBA, F., u. M. RICHTER: B. **75**, 340 (1942).

[6] RAUEN, H. M., u. L. WOLF: H. **283**, 233 (1948).

befinden sich 15 cm³ einer 1 %igen wäßrigen Ninhydrinlösung in dauerndem, gelindem Sieden. Durch den seitlichen Abdampfstutzen am unteren Teil des Rückflußkühlers tritt ebenso viel Dampf aus, wie der zutropfenden Flüssigkeitsmenge entspricht. Man läßt solange Glutaminatlösung zulaufen, bis sich das Ninhydrin blauviolett verfärbt. Von der verbrauchten Glutaminatlösung wird dann die noch im Adsorptionsrohr verbliebene Flüssigkeitsmenge (nach Versuchsende durch Absaugen ermittelt) abgezogen. — Das mit HCl vorbehandelte Aluminiumoxyd gibt beim Durchlauf von Glutaminatlösung freie HCl ab, die die Farbstoffbildung durch Ninhydrin verzögert. Man läßt deshalb zu ihrer Neutralisierung von Zeit zu Zeit einige Tropfen einer Hydrogencarbonatlösung durch den seitlichen Abdampfstutzen zufließen.

Indirekte Methode. Glutaminatlösung von bekanntem Gehalt wird unter gelindem Saugen durch die Säule laufen gelassen und mit Wasser nachgewaschen. In Durchlauf + Waschwasser wird dann der Stickstoff nach KJELDAHL bestimmt und aus der Differenz zwischen Vorlage und diesem Wert die gebundene Menge Glutaminsäure berechnet. — Für Serienbestimmungen eignet sich am besten die direkte Methode.

Eine Probe kationotropes Aluminiumoxyd ergab 1,3 GSE, nach Vorbehandeln mit HCl wie oben beschrieben, 5,0 GSE. Eine andere Lieferung des Adsorbens zeigte vorher 2,2 GSE, nach Behandeln mit HCl 12,9 GSE. Drei weitere Lieferungen von Aluminiumoxyd ergaben nach Behandeln mit HCl 4,1, 15,4 und 20,5 GSE. Die einzelnen Fabrikationen haben also ganz verschiedene Aktivitäten, ein Umstand, der für die Praxis nicht gleichgültig ist.

Aktivierung. Abgesehen von der Vorbehandlung mit HCl kann Aluminiumoxyd auch durch Erhitzen mit $AlCl_3$ aktiviert werden.

Alkalifreies Aluminiumoxyd. Auf S. 145 wurden einige Verfahren zur Gewinnung von alkalifreiem Aluminiumoxyd beschrieben, worauf verwiesen sei (vgl. auch Zitat 2 auf S. 148).

Bestimmung des p_H im Adsorbens[1]. Unter dem p_H des Adsorbens versteht man den Sättigungswert an H^+-Ionen, der sich in einer hinreichend konzentrierten wäßrigen Suspension des Adsorbens einstellt. Als hinreichend konzentriert gilt eine Lösung von 4—5 g in 100 cm³ destilliertem Wasser. — Mit der *Glaselektrode:* In ein Becherglas (250 cm³, niedrige Form) taucht ein Flügelrührer ein, der besonders bei spezifisch schweren Adsorbentien bis hart an den Boden reichen muß. Es werden 100 cm³ destilliertes Wasser und 5 g Adsorbens eingefüllt und dann die Glaselektrode, der Heber der Bezugselektrode und ein Thermometer in die Flüssigkeit eingetaucht. 4—5 min nach Anstellen des Rührwerkes wird bei laufendem Rührer das Potential abgelesen, das gewöhnlich schon konstant ist, und an Hand einer Eichkurve der p_H ermittelt.

Indicatorfarbstoffe sind zu p_H-Messungen in Adsorbens-Suspensionen nicht zuverlässig brauchbar. Andere Meßverfahren vgl. Originalarbeit.

Tabelle 9. *p_H-Werte einiger Adsorbentien* (nach HESSE und SAUTER).

Adsorbens	p_H-Wert (Wasserstoffelektrode)	Adsorbens	p_H-Wert (Wasserstoffelektrode)	Adsorbens	p_H-Wert (Wasserstoffelektrode)
Aluminiumoxyd a	10,5	Floridin XXF . .	8,1	Silicagel	6,6
Aluminiumoxyd b	9,2	Permutit	7,9	Fasergips	6,4
Calciumcarbonat .	9,5	Calciumsulfat.		Bleicherde . . .	5,2
Glimmer	8,6	2 H_2O	7,3	Frankonit KL . .	2,8
Fullererde	8,1	Talkum	7,2		

Die Reihe reicht also vom ausgesprochen basischen (aluminathaltigen) Aluminiumoxyd mit p_H 10,5 bis zum deutlich sauren Frankonit KL mit p_H 2,8.

Anwendungsbeispiele. *Darstellung von Glutaminsäure aus Tumoren nach* WIELAND[2]. Das aus dem Gewebe extrahierte Protein wird mit der 3fachen Menge konz. Salzsäure ($d = 1,19$) 7 Std am Rückflußkühler hydrolysiert, dann im Vakuum zur Trockne verdampft, der Rückstand in wenig Wasser aufgenommen, von neuem verdampft und dieses Verfahren noch 2mal wiederholt. Nun löst man in der 10fachen Menge Wasser und macht mit NaOH genau neutral. Die braune Lösung scheidet beim Stehen über Nacht einen Teil der Huminstoffe aus, von denen am anderen

---

[1] HESSE, G., u. O. SAUTER: Angew. Chem. **61**, 24 (1949).
[2] WIELAND, T.: B. **75**, 1001 (1942); **77**, 34 (1944).

Tag abfiltriert wird. Nach gutem Nachwaschen des Niederschlages mit Wasser gießt man die braune Lösung auf eine feucht eingefüllte und festgesaugte saure Aluminiumoxydsäule von 50 g Adsorbens je Gramm hydrolysierten Proteins. Unter schwachem Saugen läßt man dann das Hydrolysat, anschließend je Gramm Protein 20 cm³ Wasser, 50 cm³ mit H_2S gesättigtem Wasser und wieder 50 cm³ Wasser durchlaufen. Zum Schluß saugt man die Flüssigkeit weitgehend aus der Säule und bringt das Adsorbens möglichst zusammenhängend auf einen Bogen Papier. Die oberste dunkelbraune Zone wird dann abgeschnitten. Durch Aufkochen von Proben des Adsorbens mit etwas neutralem Phosphatpuffer und einigen Tropfen Ninhydrinlösung wird die untere Grenze der adsorbierten Aminosäuren festgestellt. Dort wird ebenfalls abgetrennt, das aminosäurehaltige Adsorbens in Wasser aufgeschlämmt und unter schwachem Saugen in ein neues Rohr gefüllt. Wenn die Säule, immer von Wasser bedeckt, festgesaugt ist, gießt man halbgesättigtes Barytwasser nach. Dabei tritt die Elution ein, die sich am Wandern von bräunlichen Zonen verfolgen läßt. Sobald das abtropfende Eluat die Reaktion auf Ba-Ionen gibt, wechselt man die Vorlage und sammelt das Eluat bis zur starken Rötung von Phenolphthaleinpapier. Die blaßgelbe Lösung wird im Vakuum auf die Hälfte des Volumens des aufgegebenen Hydrolysats eingeengt und mit verdünnter Schwefelsäure genau von Ba-Ionen befreit. Das Bariumsulfat wird abzentrifugiert, 2mal mit einigen Kubikzentimetern 2 n HCl ausgekocht und zentrifugiert. Die vereinigten Zentrifugate engt man nun auf 2 cm³ je Gramm Protein ein und sättigt das Konzentrat bei 0° mit HCl-Gas. Unter gutem Reiben mit einigen Kryställchen Glutaminsäure scheidet sich die Hauptmenge an Glutaminsäurehydrochlorid ab. Die Fällung wird durch 24stündiges Stehen bei 0° vervollständigt. Man saugt sie dann auf einer Glasfrittennutsche ab, wäscht mit wenig kalter konz. HCl, dann mit wenig Aceton und Äther. Anschließend wird im Exsiccator über NaOH getrocknet. Die wäßrige Mutterlauge wird im Vakuum auf ein Drittel eingeengt und von neuem unter Impfen mit Glutaminsäure bei 0° mit HCl-Gas gesättigt. Zum vollständigen Abscheiden der 2. Fraktion läßt man 48 Std bei 0° stehen.

Zur vollständigen Elution der Aminodicarbonsäuren ist bei der Analyse von Proteinhydrolysaten verdünnte NaOH benutzt worden[1]. Dabei bekommt man Na-Ionen ins Eluat. An einem Caseinhydrolysat wurde die Ausbeute an Glutaminsäure, die man bei der Elution mit Barytwasser erreicht, zu etwa 80% bestimmt.

Das aus dem Eluat gefällte Glutaminsäurehydrochlorid war fast rein weiß und wies eine spezifische Drehung von $+31,0°$ in 9%iger Salzsäure auf (Theorie $+31,6°$), war also praktisch rein. Außer den Aminodicarbonsäuren bleibt auch Cystin auf der Säule. Dieses läßt sich elektiv mit H_2S-gesättigtem Wasser entfernen, wobei das schwerlösliche Cystin zu Cystein reduziert wird, das wie jede neutrale Aminosäure leicht aus der Säule abfließt.

Chromatographische Trennung von Eiweißspaltprodukten. Die „Umstellung" von Aluminiumoxyd mit Salzsäure soll nicht ausreichen[2], um die Glutaminsäure völlig zu adsorbieren. Stets laufen etwa 5% der vorgelegten Aminosäure durch die Säule. Erst die Behandlung mit Essigsäure-Acetatpuffer p_H 3,3 (vgl. S. 172) führt zum Ziel, womit der p_H des Milieus dem isoelektrischen Punkt (IEP) der Glutaminsäure (p_H 3,08) genähert wird. Auch die Adsorption von Asparaginsäure (IEP $= p_H$ 2,98) und von Alanin (IEP $= p_H$ 6,15) an amphoteres Aluminiumoxyd ist in der Nähe ihrer IEP maximal[3], sinkt jedoch beim Verlassen dieser Zonen nach oben und unten beträchtlich ab. So lassen sich die Monoamino-monocarbonsäuren mit Wasser bzw. 0,05 n Essigsäure-Acetatpuffer ph 3,3 nahezu quantitativ auswaschen, während die Dicarbonsäuren quantitativ gebunden bleiben. Letztere werden dann gemeinsam durch verdünntes Alkali eluiert. Die geringen Unterschiede in den IEP der beiden Monoamino-dicarbonsäuren ermöglichen auch ihre elektive Trennung von der Säule. Glutaminsäure wird durch n Essigsäure-Acetatpuffer p_H 3,3 von 50° zu 99% eluiert, wobei Asparaginsäure noch adsorbiert bleibt. Sie kann dann durch verdünntes Alkali eluiert werden.

Von den beiden sauren Aminosäuren läßt sich die Glutaminsäure von der mit HCl anionotrop gemachten Aluminiumoxydsäule auch mit 0,5 n Essigsäure quantitativ eluieren (z. B. 10 g Adsorbens, 10 mg Glutaminsäure mit 50 cm³ 0,5 n Essigsäure bei Zimmertemperatur), worauf dann die Asparaginsäure mit 0,5 n NaOH gewonnen wird. Hierbei gehen Aluminationen ins Eluat, die beim Neutralisieren als Hydroxyd ausfallen. Zur anschließenden colorimetrischen Bestimmung mit Ninhydrin ist deshalb die Elution der Asparaginsäure mit m/15 tert. Na-phosphatlösung vorzunehmen.

Über die Adsorption von Cystin an anionotropes Aluminiumoxyd und seine Elution mit H_2S-gesättigtem Wasser s. oben. Die Anwesenheit von anderen Aminosäuren, z. B. von Glykokoll, erhöht jedoch die Löslichkeit von Cystin, so daß es bereits mit Wasser herausgewaschen werden kann; der Anteil der aliphatischen Aminosäuren am Gesamt-N fällt dann leicht zu hoch aus[4].

Durch Zusatz von *Formaldehyd* zu einer wäßrigen Lösung von Aminosäuren wird der pK der Aminosäure weitgehend in das saure Gebiet verschoben, wie Tabelle 10 zeigt.

[1] Wieland, T.: Naturwiss. **30**, 374 (1942).
[2] Turba, F., u. M. Richter: B. **75**, 340 (1942).
[3] Hesse, G., u. O. Sauter: Naturwiss. **34**, 277 (1947).
[4] Schramm, G., u. J. Primosigh: B. **77**, 417 (1944).

Tabelle 10. p_K-*Werte einiger Aminosäuren in Wasser und in 9%igem Formaldehyd*
(nach Schramm und Primosigh)[1].

Aminosäure	p_K in Wasser	p_K in 9%igem Formaldehyd	Aminosäure	p_K in Wasser	p_K in 9%igem Formaldehyd
Glykokoll . . .	9,60	5,92	Valin	9,64	7,47
Serin	9,15	5,63	Leucin . . .	9,60	7,10
Alanin	9,68	6,96	Prolin	10,60	7,73 (in 10%igem CH_2O)

Demzufolge lassen sich Glykokoll und Serin aus 10%igem Formaldehyd an anionotropes Aluminiumoxyd sehr fest adsorbieren (optimaler p_H: 7,8), die anderen Aminosäuren dagegen nicht[1]. Dieses Verhalten bildet die Grundlage zu einer Abtrennung dieser und anderer α-Amino-β-oxy-Verbindungen von den restlichen Monoamino-monocarbonsäuren.

Diese Trennungen gehen nach dem „Alles- oder Nichts“-Prinzip, d. h. bestimmte Gruppen von Aminosäuren mit nahe verwandten Eigenschaften werden aus gegebenem Milieu an das Adsorbens gebunden, die anderen ausgewaschen. Von den adsorbierten Aminosäuren werden dann einzelne quantitativ eluiert, während die restlichen noch verbleiben. Man kann hier nicht von einem „flüssigen Chromatogramm“ nach der alten Bezeichnungsweise sprechen, weil die noch auf der Säule verbleibenden Aminosäuren so fest gebunden sind, daß sie nicht nach abwärts wandern, sondern sich erst mit einem anderen Lösungsmittel eluieren lassen.

Mit der schwach basischen *Fullererde* können aus Aminosäuregemischen oder Proteinhydrolysaten auch die basischen Aminosäuren abgetrennt werden, wobei man dem Adsorbens zum Zwecke der besseren Durchlässigkeit für das Solvens Kieselgur (Hyflo Super Cel) zusetzt[2]. Die Säule muß vorher mit Lösungen von HCl, H_2SO_4 oder Eisessig vorbehandelt werden und das Hydrolysat zweckmäßig 1% salzsauer sein. Salzsäure ist auch das beste Elutionsmittel. Sie zieht Lysin, Histidin und Arginin am weitesten auseinander und entfernt Lysin vollständig vor dem Auswaschen von Histidin und Arginin. Nach der Salzsäure wird zunächst mit Wasser, dann mit Natriumhydrogencarbonat eluiert, womit Histidin quantitativ von Arginin getrennt wird. Letzteres kann dann mit Pyridin gewonnen werden. Die mit diesem Verfahren gefundenen Anteile an Hexonbasen gegenüber den anderen Aminosäuren in Casein, Fibrin, Albumin, Gelatine und Maiskornprotein stimmten mit den Literaturwerten überein.

Bei diesem Verfahren dürfte auch eine echte chromatographische Trennung der Hexonbasen stattfinden, indem sie, zumindest bei Anwendung der Salzsäure als Eluens, mit verschiedener Geschwindigkeit durch die Säule wandern.

Auch andere *Bleicherden* lassen sich zum Abtrennen der Hexonbasen verwenden, so z. B. für Arginin und Lysin das Floridin XXF, wobei Histidin durchläuft[3]. Arginin kann von Lysin mit aktivierter Bleicherde Filtrol-Neutrol durch Entwickeln mit wäßriger KH_2PO_4-Lösung quantitativ abgetrennt werden. Durch Kombination dieser Verfahren können die 3 Hexonbasen von den Monoamino-monocarbonsäuren abgetrennt und auch unter sich getrennt werden: Durch Chromatographie an Floridin XXF-Extra wird zunächst das Histidin gemeinsam mit den Monoamino-monocarbonsäuren von Arginin + Lysin separiert, worauf dann durch Filtrol-Neutrol einerseits Lysin von Arginin, andererseits aber auch Histidin von den Monoamino-monocarbonsäuren getrennt werden kann.

Bleicherden quellen leicht bei längerem Stehenlassen, weshalb schnelles Arbeiten erforderlich ist. Man füllt sie zweckmäßig nicht in die üblichen Chromatographieröhren, sondern in Büchner-Trichter oder Schottsche Glasfritten in relativ dünnen Schichten, die leicht aufreißen und sich von der Wand lösen.

Bestimmung der sauren, basischen und neutralen Aminosäuren eines Proteins nach Wieland[4].
Casein (als Beispiel) wird einer 40stündigen Hydrolyse mit 20%iger Schwefelsäure unterworfen, die

[1] Schramm, G., u. J. Primosigh: B. **76**, 373 (1943).
[2] Bergdoll, M. S., and D. M. Doty: Industr. engng. Chem., analyt. Ed. **18**, 600 (1946).
[3] Turba, F.: B. **74**, 1829 (1941).
[4] Wieland, T.: Naturwiss. **30**, 374 (1942).

SO_4-Ionen mit Bariumhydroxyd[1] und anschließend das freie NH_3 durch Destillation bei barytalkalischer Reaktion entfernt. Die neutrale, farblose Lösung enthält z. B. das Aminosäuregemisch aus 8 mg Casein in 1 cm³. Davon läßt man 10 cm³ durch 6 g anionotropes Aluminiumoxyd in ein 25 cm³-Meßkölbchen laufen, wäscht bis zur Marke mit Wasser nach und verwendet 4 cm³ dieses Filtrates (F_1) zur Bestimmung des Amino-N nach VAN SLYKE. Die anionotrope Säule wird dann mit 0,5 n NaOH eluiert, bis das Eluat etwa 12 cm³ beträgt, das mit Eisessig auf 15 cm³ aufgefüllt wird (E_1). — 20 cm³ F_1 werden dann zur Adsorption an eine kationotrope Aluminiumoxydsäule verwendet. Mit einigen Tropfen 0,5 n NaOH auf p_H 7,0 gebracht, läßt man sie durch eine Säule von 100 g basischem Aluminiumoxyd laufen. Die ersten 25 cm³ Durchlauf, die noch keine Ninhydrinreaktion geben, werden verworfen. Dann wird mit 100 cm³ abgekochtem Wasser nachgewaschen. Das Filtrat (F_2), das die neutralen Aminosäuren + Histidin enthält, wird im Vakuum nach Zusatz von etwas Essigsäure auf 20 cm³ eingedampft und zur Amino-N-Bestimmung verwendet. Aus der basischen Säule lassen sich mit 50 cm³ 2 n Essigsäure die weiteren basischen Aminosäuren eluieren, deren Amino-N nach Verdampfen des Eluats auf 15 cm³ (E_2) bestimmt wird.

Fraktion	mg NH_2-N in 100 mg Casein
Hydrolysat von 80 mg Casein (A) . . .	9,15
F_1 (neutrale + basische Aminosäuren) .	6,85
E_1 (saure Aminosäuren + Cystin) . . .	2,25
F_2 (neutrale Aminosäuren + Histidin) .	4,86
E_2 (Arginin + Lysin)	1,90
$A - F_1$	2,30
	($F_1 = A - F_1$ und $E_2 = F_1 - F_2$)
$F_1 - F_2$	1,99

Größere Mengen von Chlorionen stören die Chromatographie an beide Arten von Aluminiumoxyd nicht, so daß auch Salzsäure zur Hydrolyse verwendet werden kann. Hierbei erspart man die mit dem Ausfällen von Bariumsulfat immer verbundenen Aminosäureverluste.

***Trennung von Glucose und Aminosäuren**[2]. In 80—90 %igem Alkohol lassen sich die neutralen Aminosäuren wie normale einbasische Säuren titrieren. Die Anionen der Mononatriumsalze von Aminosäuren in 80 %igem Alkohol werden deshalb auch an die anionotrope Aluminiumoxydsäule adsorbiert. Glucose läuft unter diesen Bedingungen durch die Säule. 10 mg Alanin + 20 mg Glucose in 80 %igem Alkohol, mit 80 %iger alkoholischer Lauge gegen Phenolphthalein neutralisiert, werden durch 4 g anionotropes Aluminiumoxyd laufen gelassen, die vorher mit 80 %igem Alkohol ausgewaschen worden waren, und dann mit 30 cm³ desselben Lösungsmittels nachgewaschen. Im Filtrat werden 91—98 % der eingesetzten Glucosemenge wiedergefunden. Die Aminosäure läßt sich mit Wasser leicht aus der Säule eluieren. Auch die basischen Aminosäuren sowie Glucosamin werden unter diesen Bedingungen an die anionotrope Säule adsorbiert.

***Gruppentrennung des Gesamtgemisches der Aminosäuren eines Proteinhydrolysats nach** SCHRAMM *und* PRIMOSIGH[3]. Die Autoren kombinieren die seitherigen in Modellversuchen gewonnenen Erfahrungen und geben folgende Vorschrift zur „Gruppentrennung" (Gesamtanalyse mit 2—3 % Genauigkeit):

Gruppen	1	2	3	4	5
Adsorbens	Aktivkohle	Silicagel	Anionotropes Aluminiumoxyd	Aluminiumoxyd + Formaldehyd	Rest
Abgetrennt werden	Aromatische Aminosäuren: Tryptophan, Tyrosin, Phenylalanin	Basische Aminosäuren: Arginin, Lysin, Histidin	Saure Aminosäuren: Asparaginsäure, Glutaminsäure, Oxyglutaminsäure	Glykokoll, Serin, Threonin, Cystein + Cystin	Alanin, Valin, Leucin, Prolin, Oxyprolin u. a.

Voraussetzung zur erfolgreichen Durchführung der Analyse ist, daß alle benutzten Reagentien und Adsorbentien N-frei sind. Der käufliche 40 %ige Formaldehyd wird durch Destillation bei gewöhnlichem Druck gereinigt, der Eisessig über Phosphorsäure destilliert. Auch KOH und HCl

[1] KUHN, R., u. P. DESNUELLE: B. 70, 1907 (1937).
[2] WIELAND, T.: Naturwiss. 30, 347 (1942).
[3] SCHRAMM, G., u. J. PRIMOSIGH: B. 77, 417 (1944).

sind auf N-Freiheit zu prüfen. Die Aktivkohle muß, wie früher beschrieben (s. S. 167), vor der Adsorption mit Essigsäure ausgekocht werden, ebenso muß das Silicagel durch Behandlung mit 20%iger Essigsäure gereinigt werden. Das Aluminiumoxyd ist meist N-frei. — Es empfehlen sich Adsorptionsröhrchen von 12 mm Durchmesser und 30 mm Länge. Um das Aufwirbeln des Adsorbens und Substanzverluste durch Benetzen der Rohrwand zu vermeiden, läßt man die Aminosäurelösung durch einen Tropftrichter einfließen, dessen untere seitlich abgebogene Spitze unmittelbar über der Oberfläche des Adsorbens endet. — Die Trennung der Aminosäuren wird am besten mit einer Menge durchgeführt, die etwa 10 mg N enthält. Die zur Proteinhydrolyse verwendete Salzsäure muß weitgehend entfernt werden. Die Lösung soll nach Möglichkeit nicht mehr als 2 Säureäquivalente/Mol N enthalten. — Das flüchtige NH_3 wird durch Destillation im Vakuum entfernt und quantitativ bestimmt, wobei es in der üblichen Weise durch vorgelegte Säure aufgefangen wird. Man vermeidet einen Alkaliüberschuß, indem man die Lösung mit einigen Tropfen Thymolphthalein versetzt und nur so viel KOH zugibt, daß die Lösung gerade blau gefärbt wird. In dem Maße, wie bei der Destillation NH_3 entweicht und die Lösung sich entfärbt, läßt man durch die Siedecapillare weitere Mengen n KOH zufließen. — Die NH_3-freie Lösung der Aminosäuren wird in einer Abdampfschale eingeengt und in 5, höchstens 10 cm³ 5%iger Essigsäure aufgenommen. Zur Reduktion von Cystin wird in diese Lösung bei 60° H_2S eingeleitet. Bei Anwesenheit größerer Mengen Cystin trübt sich die Lösung unter Abscheidung von kolloidalem Schwefel.

1. Gruppe. Nach dem Abkühlen werden die *aromatischen Aminosäuren* an der mit H_2S vorbehandelten Aktivkohle (vgl. S. 167) abgetrennt. Die 40 mm lange Säule aus etwa 2 g gepulvertem Carbo activatus granulatus (Schering) wird wie früher beschrieben hergestellt (vgl. S. 167). Nach dem Auskochen der Kohle mit 20%iger Essigsäure wird jedoch die gereinigte Kohle in Wasser suspendiert und in die Suspension ein kräftiger H_2S-Strom eingeleitet. Vor der Adsorption wird die Säule mit 50 cm³ 5%iger Essigsäure, die mit H_2S gesättigt ist, unter schwachem Saugen durchgewaschen. Als Waschflüssigkeit wird ebenfalls eine mit H_2S gesättigte 5%ige Essigsäure verwendet. Die Aminosäuren der 2.—5. Gruppe sind in den ersten 50 cm³ des Durchlaufes enthalten. Zur Elution der in der Säule verbliebenen aromatischen Aminosäuren verwendet man eine 5%ige Phenollösung in 20%iger Essigsäure.

2. Gruppe. Die Lösung der aliphatischen Aminosäuren wird nun auf dem Wasserbad in einer flachen Schale bis zu etwa 2 cm³, jedoch nicht zur Trockne, eingeengt und dann im Vakuumexsiccator über KOH von den letzten Resten der Essigsäure befreit. Der Rückstand wird in 5 cm³ Wasser gelöst. Bei Anwesenheit von viel Cystin muß etwas erwärmt werden, bis alles gelöst ist. Die schwach saure Lösung wird mit 0,1 n KOH gegen Bromthymolblau auf grün titriert. Eine alkalische Reaktion ist unbedingt zu vermeiden, da hierdurch die Haftfestigkeit der basischen Aminosäuren in der Silicagelsäule herabgesetzt wird. Das Silicagel (Merck) wird in gleicher Weise wie die Aktivkohle pulverisiert, gesiebt und durch wiederholtes Schlämmen mit Wasser von feineren Anteilen befreit. Um N-haltige Verunreinigungen und das störende Alkali zu entfornon, läßt man das Pulver vor Gebrauch einige Tage in 20%iger Essigsäure stehen. Nach dem Abgießen der Essigsäure wird wiederholt mit Wasser dekantiert, bis das p_H der überstehenden Lösung etwa 6 beträgt. Aus dem N- und alkalifreien Silicagel wird eine 100 mm hohe Adsorbenssäule bereitet, wozu etwa 6 g trockenes Material erforderlich sind. Die optimale Durchflußgeschwindigkeit beträgt bei Atmosphärendruck etwa 4 Tropfen/min. Nachdem die Lösung der Aminosäuren in die Silicagelsäule eingedrungen ist, wird mit Wasser nachgewaschen. Die Aminosäuren der 3.—5. Gruppe sind quantitativ in den ersten 50 cm³ des Durchlaufes. — Die in der Säule verbliebenen *basischen Aminosäuren* werden mit 100 cm³ 0,1—0,5 n HCl oder 100 cm³ 20%iger Essigsäure eluiert.

3. Gruppe. Die Lösung der Aminosäuren der 3.—5. Gruppe wird auf dem Wasserbad bis zu einem Volumen von 5—10 cm³ eingeengt. Wenn nötig, wird neutralisiert und dann zur Reduktion von Cystin bei 60° H_2S bis zur Sättigung eingeleitet. Aus dieser Lösung werden die sauren Aminosäuren mit anionotropem Aluminiumoxyd abgetrennt. Die 100 mm lange Säule aus etwa 10 g Al_2O_3 wird vor der Adsorption mit 50 cm³ H_2S-Wasser gewaschen. Die gleiche Flüssigkeit wird auch zum Auswaschen der Aminosäuren der 4. und 5. Gruppe benutzt, nachdem die Aminosäurenlösung zugegeben wurde, wozu 50 cm³, bei Anwesenheit von Cystin 100 cm³, genügen. Die in der Säule verbliebenen *sauren Aminosäuren* können mit Salzsäure oder mit 25 cm³ 0,5 n KOH eluiert werden.

4. Gruppe. Die Lösung der neutralen Aminosäuren wird auf dem Wasserbad auf etwa 5 cm³ eingeengt und dann mit soviel 30—40%igem Formaldehyd versetzt, daß eine 10%ige CH_2O-Lösung resultiert. Zur Reduktion von während des Abdampfens entstandenem Cystin wird die Lösung wiederum mit H_2S bei 60° gesättigt und dann nach Zusatz von Bromthymolblau mit n KOH auf Blaugrün titriert. Glykokoll, Serin, Cystin und Threonin werden dann an einer Säule von 20 g anionotropem Aluminiumoxyd in einem Chromatographierohr von 17 mm Durchmesser abgetrennt. Vor der Adsorption wird die Säule mit 50 cm³ neutraler, 10%iger Formaldehydlösung, die mit H_2S gesättigt ist, durchgewaschen. Die gleiche Lösung wird auch nach Zugabe der Aminosäuren zum Auswaschen der restlichen Monoamino-monocarbonsäuren benutzt. Der Durchlauf enthält in 100 cm³ die Aminosäuren der 5. Gruppe. — Die in der Säule verbliebenen Aminosäuren der 4. Gruppe können mit 50 cm³ 0,5 n KOH eluiert werden.

Sichtbarmachen von Zonen[1]. Diese chromatographische Trennung der Aminosäuren arbeitet im allgemeinen sicher genug, so daß auf eine optische Kontrolle der Adsorption verzichtet werden kann. Bei anderen analytischen Arbeiten und zur Prüfung der benutzten Adsorbentien mag es erwünscht sein, den Trennverlauf sichtbar zu machen. Läßt man durch die Säule eine verdünnte Kupferacetatlösung fließen, so bilden sich in den Zonen der Aminosäuren blaue Cu-Komplexverbindungen, während in den „leeren" Säulenteilen kein Cu adsorbiert wird. Die Komplexbildung setzt jedoch die Bindungsfestigkeit der Aminosäuren herab, weshalb das *Verdrängungsverfahren* (vgl. S. 165) zu empfehlen ist. Als schwache farbige Säuren zum Sichtbarmachen der Adsorption von sauren Aminosäuren verwendet man Bromthymolblau oder Methylrot, für schwächere Säuren auch Dinitrophenole oder Nitrophenole. In der mit Bromthymolblau gelb gefärbten Aluminiumoxydsäule erzeugen die freien Aminosäuren einen schmalen weißen Ring. Wendet man die Na-Salze dieser Säuren an, so schlägt der Indicator am unteren Rand der Verdrängungszone durch die freiwerdenden Kationen nach blau um. Es ist nicht nötig, die ganze Säule mit den Indicatoren anzufärben, sondern es genügt meist, einen schmalen Ring zu erzeugen, der die untere Grenze der Verdrängungszone markiert. Man gibt am besten der Aminosäurelösung vor der Adsorption eine kleine Menge Indicator zu. — Nach diesem Verfahren kann mit Bromthymolblau auch die Adsorption der Aminosäuren der 4. Gruppe in Formaldehydlösung sichtbar gemacht werden. — Zur Markierung der Adsorption basischer Aminosäuren an Silicagel eignet sich das blaßrosafarbene Kobalt(II)-ion, das auch durch das schwach basische Histidin glatt verdrängt wird.

Trennung der Monoamino-monocarbonsäuren nach TURBA, RICHTER *und* KUCHAR[2]. Die Autoren schlagen folgendes Schema vor:

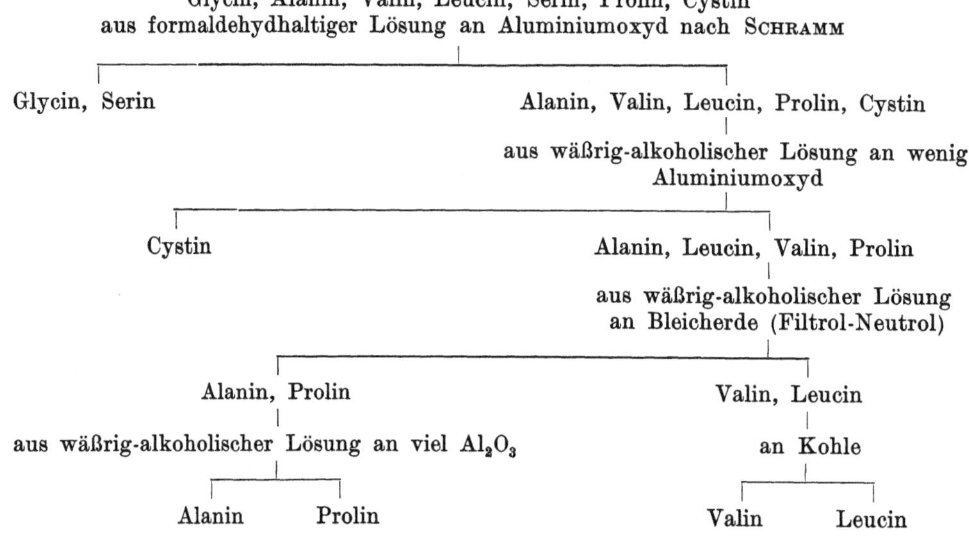

Die Abtrennung von Glykokoll, Serin und Threonin wurde auf S. 175 beschrieben. Das Cystin läßt sich aus 50%iger alkoholischer Lösung quantitativ an essigsäurevorbehandeltes Aluminiumoxyd (S. 172) binden und so von den übrigen neutralen Aminosäuren (auch von Methionin) trennen. *Versuchsbedingungen:* 10 g Aluminiumoxyd, vorbehandelt mit n Essigsäure, je etwa 5 mg Aminosäure, getrennt mit 200 cm³ Wasser/Alkohol 1:1, p_H 7. Cystin kann dann mit 125 cm³ 0,05 n NaOH eluiert werden.

Die auffallend hohen pK-Werte von Prolin und Alanin ermöglichen eine besonders gute Adsorption an saure Adsorbentien. Hierdurch entstehen 2 Untergruppen mit Alanin + Prolin einerseits und Valin + Leucin andererseits. *Versuchsbedingungen:* 30 g Filtrol-Neutrol, je etwa 5 mg Aminosäure, nachgewaschen mit Wasser/Alkohol 1:1, p_H 5,5. Adsorbierte Aminosäuren mit etwa 100 cm³ Wasser eluierbar.

[1] SCHRAMM, G., u. J. PRIMOSIGH: B. **77**, 426 (1944).
[2] TURBA, F., M. RICHTER u. F. KUCHAR: Naturwiss. **31**, 508 (1943).

Aus dem basischen Aluminiumoxyd ist Prolin besonders leicht zu eluieren und so vom Alanin zu trennen. *Versuchsbedingungen:* 50 g Aluminiumoxyd, mit n Essigsäure vorbehandelt, je etwa 5 mg Aminosäuren, nachgewaschen mit Wasser/Alkohol 1:1, p_H 7,0 (etwa 140 cm³). Alanin ist mit 100 cm³ Wasser eluierbar.

Valin kann von Leucin (und auch von Methionin) am besten mit Aktivkohle getrennt werden. *Versuchsbedingungen:* 4 g Aktivkohle, vorbehandelt mit 1 %iger Blausäure, je etwa 5 mg Aminosäure. Valin eluierbar mit 300 cm³ m/15 Phosphatpuffer p_H 5,6.

Zur chromatographischen Trennung neutraler Dipeptide und Tripeptide an anionotropem Aluminiumoxyd aus 10 %iger Formaldehydlösung vgl.[1]. Glycylpeptide können von Alanylpeptiden und Leucylpeptiden gut getrennt werden, vgl.[2].

Zur Chromatographie von Aminosäuren wurde auch Titandioxyd verwendet[3].

Gebrauch von natürlichen und synthetischen Permutiten. Das Na-Ion in Permutiten läßt sich gegen basische Aminosäuren und Peptide austauschen[4], vgl. auch die FOLINsche Methode zur Bestimmung von NH_3 im Harn[5]. Insbesondere Arginin läßt sich an Permutit gut adsorbieren[6] und auch von Glykocyamin trennen; da beide die SAKAGUCHI-Reaktion geben, würde die quantitative Bestimmung von Arginin durch das letztere gestört[7]. — Die schwache Base Aneurin kann an Zeolith gebunden werden[8], wodurch sie aus Rohextrakten von Reiskleie, Bierhefe und Weizenkeimen angereichert werden kann. Man läßt einen heißen Extrakt durch eine Decalso-Säule (synthetisches Zeolith) laufen, die vorher mit Schwefelsäure bei p_H 4 gewaschen worden war. Das adsorbierte Aneurin kann dann gegen Ammoniumionen ausgetauscht werden, wozu man mit einer heißen Lösung von Ammoniumsulfat eluiert. Einfache Ag-Fällung, anschließend Fällung mit Phosphorwolframsäure, ergibt hochkonzentrierte Lösungen, aus denen durch Rekrystallisation reines Aneurinhydrochlorid erhalten werden kann. Das Verfahren dient auch zur quantitativen Bestimmung von Aneurin in Nahrungsmitteln[9]. Auch für andere basische Verbindungen ist Permutit ein gutes Adsorbens. So wird Adrenalin zusammen mit anderen Aminen adsorbiert, jedoch nur solchen mit Dissoziationskonstanten von $5 \cdot 10^{-9}$ oder höher. Stärkere Basen lassen sich somit von schwächeren und von nichtbasischen Substanzen abtrennen[10]. Auch Morphin aus dem Harn von Morphinisten wird an Permutit gebunden. Man eluiert mit einer gesättigten Lösung von Natriumcarbonat in Anwesenheit des FOLIN-DENIS-Reagens. Die blaue Farbe, die sich bei der Reaktion des Alkaloides mit dem Reagens bildet, wird dann colorimetriert[11]. Aus Blut läßt sich das Ca^{++} mit Zeolithaustauschern entfernen (zu 80 % des Gesamt-Blut-Ca), wobei es ungerinnbar wird. Das restliche komplexgebundene Ca^{++} ist offenbar zur Komplettierung des Gerinnungsmechanismus nicht verwendbar[12].

Reinigung von Streptomycin (Beispiel der Überführung eines leichtlöslichen in ein schwerlösliches Salz einer Base)[13]. Kationotropes Aluminiumoxyd hält Streptomycin aus neutraler wäßriger Lösung fest, doch läßt es sich mit wäßrigen Säuren nur schleppend und unvollständig eluieren. Das anionotrope Adsorbens bindet Streptomycin aus wäßriger Lösung nicht, dagegen gut aus wäßrigem Methanol. Wenn eine schwach saure Lösung von Streptomycinchlorid in 70—80 %igem Methanol durch eine mit Schwefelsäure vorbehandelte Aluminiumoxydsäule von p_H 5,6 läuft, erscheint zunächst eine inaktive Fraktion im Durchlauf und schließlich eine aktive. Dieses Material enthält Sulfationen, aber keine Chlorionen. Die Cl-Ionen des Streptomycinsalzes werden also gegen die SO_4-Ionen der

[1] LEDERER, E., et P. K. TCHEN: Biochim. biophysica Acta, N.Y. 1, 35 (1947).

[2] JUTISZ, M., et E. LEDERER: Méd. et Biol. 5, 229 (1947). Nature 159, 445 (1947).

[3] STRAIN, H. H.: Chromatographic Adsorption Analysis. S. 88. New York 1942.

[4] FELIX, K., u. A. LANG: H. 182, 125 (1929).

[5] Vgl. hierzu URBACH, C.: B. Z. 259, 351 (1933).

[6] DUBNOFF, J. W.: J. biol. Ch. 141, 711 (1941).

[7] SIMS, E. A. H.: J. biol. Ch. 158, 239 (1945).

[8] CERECEDO, L. R., and D. J. HENNESSY: Am. Soc. 59, 1617 (1937).

[9] HENNESSY, D. J., and L. R. CERECEDO: Am. Soc. 61, 179 (1939). — HENNESSY, D. J.: Industr. engng. Chem., analyt. Ed. 13, 216 (1941).

[10] WHITEHORN, J. C.: J. biol. Ch. 56, 751 (1923).

[11] OBERST, M. S.: J. Lab. clin. Med. 24, 318 (1938).

[12] STEINBERG, A.: Proc. Soc. exp. Biol. Med. 56, 124 (1944).

[13] CARTER, E. H., R. K. CLARK jr., S. R. DICKMAN, Y. H. LOO, S. SKELL and W. A. STRONG: J. biol. Ch. 160, 337 (1945).

Säule ausgetauscht; das so entstandene Streptomycinsulfat läuft als schwerer lösliches Salz langsamer durch die Säule als das Streptomycinchlorid.

Eingehende Untersuchungen über die Verwendung von Zeolithen zu chromatographischen Trennungen vgl. [1].

***Chromatographische Methode zur Charakterisierung von Serumeiweiß nach* WESTPHAL, GEDIGK *und* MEYER [2].** Azorubin wird aus wäßriger Lösung von anionotropem Aluminiumoxyd in schmaler Zone adsorbiert. Proteinhaltige Lösungen nehmen beim Durchlauf jedoch eine bestimmte Farbstoffmenge mit durch die Säule. Es kommt zu einer Konkurrenz zwischen den „Haftgruppen" des Adsorbens und denen des Proteins um den Farbstoff. Dieses Prinzip dient als Grundlage zu einer einfachen vergleichsweisen Bestimmung der Bindefähigkeit der Serumproteine für saure Farbstoffe.

Zu je 2 cm³ Serum werden 0,5 cm³ einer genügend konz. Farbstofflösung in 0,6%iger NaCl-Lösung gegeben, so daß das Serum dabei stets im Verhältnis 4:5 verdünnt ist. Die Lösung läßt man dann über eine etwa 20 mm lange Säule von anionotropem Aluminiumoxyd laufen. Die durchlaufende homogene Azorubin-Eiweißlösung wird, ohne mit einem Lösungsmittel nachzuwaschen, im PULFRICH-Photometer mit Filter S 53 photometriert. Als Vergleichslösung dient eine in gleicher Weise chromatographierte gleichartige Proteinlösung, der kein Farbstoff zugesetzt wurde. Man setzt jeweils 3 Chromatographieröhrchen an und gibt 3 Serumansätzen verschiedene Mengen Azorubin zu. Die Farbstoffmenge muß jeweils so groß sein, daß sich am oberen Ende der Säulen ein deutlicher Ring von „überschüssigem" freiem Azorubin ausbildet. Aus dem Extinktionskoeffizienten wird mit Hilfe einer Eichkurve die Konzentration an Azorubin festgestellt. Aus der beobachteten Azorubin-Bindefähigkeit (ABF) ergibt sich die spezifische ABF zu: Mole Farbstoff/g Eiweiß. — Azorubin ist fast ausschließlich an Albumin gebunden. 1 g Albumin in normalem und pathologischem Serum bindet $2—10^{-5}$ Mole Azorubin.

***Chromatographie von Proteinen* [3].** Die chromatographische Reinigung und Anreicherung von Proteinen steht noch ganz in den Anfängen.

Phycoerythrin nach SWINGLE *und* TISELIUS [4]. Hydratisiertes Tricalciumphosphat als Adsorbens gewinnt man durch langsamen Zusatz von konz. Phosphorsäure zu einer gekühlten Lösung eines Calciumkomplexes von Rohrzucker [5]. Zu 450 g reinem Rohrzucker in 2 Liter Wasser werden 75 g CaO zugesetzt (dargestellt durch Calcinieren von 150 g präcipitiertem $CaCO_3$ bei 1000° während 3 Std). Die Suspension wird mehrere Stunden geschüttelt, bis sich das meiste gelöst hat, und dann filtriert oder zentrifugiert. Etwa 18 cm³ konz. Phosphorsäure werden dann tropfenweise unter kontinuierlichem Rühren innerhalb 1 Std zu 800 cm³ der Ca-Rohrzuckerlösung zugesetzt (auf etwa 5° gekühlt) bis der p_H auf 9,5 gekommen ist. Dann rührt man 4 Std weiter. Der Niederschlag von Tricalciumphosphat wird zentrifugiert und mit viel destilliertem Wasser gründlich gewaschen. CO_2 braucht nicht ausgeschlossen zu werden. Man erhält eine voluminöse, fein verteilte wäßrige Suspension, die man in einer Verdünnung von etwa 0,08 g/cm³ aufbewahrt. Zum Füllen der Säulen (8 mm Durchmesser, 620 mm Länge) versetzt man zunächst 1 Gewichtsteil Tricalciumphosphat (Trockengewicht) mit 5 Gewichtsteilen Super-Cel (Kieselgur). Letzteres war vorher durch Aufschlämmen von Fremdsubstanz und größeren Partikeln befreit. Die Säule wird mit der Adsorptionsmischung unter Anwendung eines Druckes von 3 kg/cm² in wenigen Minuten gepackt, worauf man die Oberfläche mit einem Spatel leicht andrückt. Hierbei ausgepreßtes Wasser wird abgesaugt, wobei keine Luft einziehen darf. Man wäscht die Säule dann mit 1%iger NaCl-Lösung und gibt die Eiweißprobe auf. Man läßt einziehen und gibt einige Kubikzentimeter Salzlösung nach. In den auf die Säule aufgesetzten Behälter wird dann die Elutionsflüssigkeit aufgegeben und soviel Luftdruck angewandt, daß 2—3 cm³/Flüssigkeit/Std durchfließen.

Pferdeleberkatalase [6]. Vorgereinigte Extrakte (0,2 mg/cm³ Trockensubstanz) werden mit KH_2PO_4 auf p_H 5,5 eingestellt und an einer Säule von Tricalciumphosphat chromatographiert. Das Enzym wird zunächst auf dem oberen Rand der Säule adsorbiert und läßt sich mit Phosphatpuffer p_H 8 eluieren [7].

„Altes" gelbes Ferment [8]. Ein Adsorptionsrohr von 60 mm Durchmesser und 200 mm Höhe wird mit Frankonit SB gefüllt, den man mit Wasser angefeuchtet hat. Man gießt dann die Lösung von angereichertem gelbem Ferment (40—60% Reinheit) in 0,1—0,2 n Phosphatpuffer p_H 5—7 auf. Die Durchlaufgeschwindigkeit ist klein, weshalb mit vollem Wasserstrahlvakuum gearbeitet werden muß.

Spaltung des „alten" gelben Fermentes in Apoferment und Coferment [8]. Man füllt ein Mikrochromatographierohr (S. 128) zunächst mit 50 mg fein gepulvertem Granosil und darüber mit 100 mg Fran-

[1] BARRER, R. M.: Discuss. Faraday Soc. 7, 135 (1949).
[2] WESTPHAL, U., P. GEDIGK u. F. MEYER: H. **285**, 36 (1950).
[3] GRUNDMANN, CH.: Bamann-Myrbäck, 1, 1452.
[4] SWINGLE, S. M., and A. TISELIUS: Biochem. J. 48, 171 (1951).
[5] In Anlehnung an MCINTIRE, W. H., G. PALMER and H. L. MARSHALL: Industr. engng. Chem., industr. Ed. 37, 164 (1945).
[6] AGNER, K.: Biochem. J. **32**, 1702 (1938).
[7] SUMNER, J. B., A. L. DOUNCE and V. L. FRAMPTON: J. biol. Ch. **136**, 343 (1940). — Vgl. auch SUMNER, J. B., and G. F. SOMERS: Chemistry and Methods of Enzymes. 2. Aufl. New York 1947.
[8] WEYGAND, F., u. L. BIRKOFER: H. **261**, 172 (1939).

konit SB. Zuerst saugt man Wasser durch und läßt dann, ohne zu saugen, eine Lösung von etwa 50 mg gelbem Ferment in 10 cm³ 0,02 n HCl langsam, etwa binnen $1^1/_2$ Std, durchlaufen. Das farblose flavinfreie Filtrat wird gegen destilliertes Wasser dialysiert. Schon 2 Std nach Beginn der Dialyse, wobei die Hauptmenge der Salzsäure bereits entfernt ist, zeigt die erhaltene Proteinlösung Kupplungsvermögen gegen Lactoflavinphosphorsäure.

Spaltung von β-Glycerophosphatase in Apoferment und Coferment[1]. Man läßt die angereicherte Lösung (aus Darmschleimhaut gewonnen) von p_H 4—7 durch eine Säule von Aluminiumoxyd laufen und fängt den Durchlauf in Fraktionen auf. Die ersten Anteile enthalten ein thermostabiles Coferment von niedrigem Molekulargewicht. Das Apoferment läßt sich aus der Säule mit 1%igem Ammoniak eluieren. Coferment und Apoferment kuppeln wieder zum Holoferment.

Trennung von β-D-Glucosidase, α-D-Galaktosidase und Chitinase aus Emulsin[2].

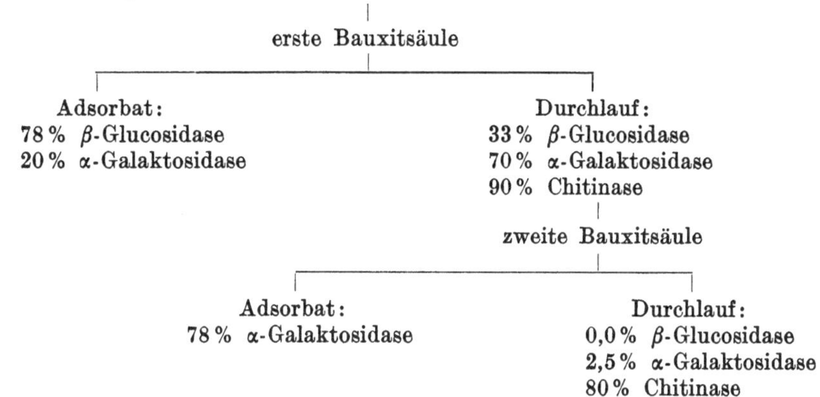

Die Substrate für β-Glucosidase, α-Galaktosidase und Chitinase waren Salicin, Raffinose und Chitodextrin. — Eine Bauxit-(Ungarn)-Sandmischung 3:1 (18 g) wird in ein Chromatographierohr (20 mm Durchmesser, 100 mm Höhe) leicht eingestampft bis zu einer Höhe von genau 50 mm. Dann werden unter leichtem Saugen 10 cm³ Acetatpuffer p_H 4,7 durchlaufen gelassen, von denen 2—3 cm³ innerhalb 30 min wieder auslaufen und ein p_H 6,8 zeigen. Danach wird eine Lösung von 1 g Emulsin (β-Glucosidasezahl nach WEIDENHAGEN 0,22) in 5 cm³ des Puffers gelöst, filtriert und auf 25 cm³ verdünnt. Während man den Enzymgehalt einer ebenso angesetzten Lösung testet, läßt man 10 cm³ durch die Säule laufen, wobei 9—10 cm³ einer enzymfreien Flüssigkeit von p_H 6,5 innerhalb 45 min als Durchlauf erscheinen. Dann gibt man weitere 15 cm³ der Enzymlösung auf die Säule. Unter starkem Saugen läuft diese innerhalb 5 Std durch. Der Durchlauf beträgt 14 cm³ („A"). — Das Adsorbens wird dann aus der Säule gestoßen, stark pulverisiert und in einem Zentrifugenglas mit 25 cm³ 0,1 n Ammoniak 15 min geschüttelt. Nach Zugabe von 25 cm³ Wasser wird zentrifugiert, der Bodensatz 2mal mit je 50 cm³ Wasser gewaschen und jeweils 10 min zentrifugiert. Die vereinigten Extrakte (150 cm³) werden nochmals 30 min zentrifugiert, um eine Trübung zu beseitigen. Die Lösung wird dann mit einigen Tropfen starker Essigsäure auf p_H 4,5 eingestellt und zur Bestimmung der Enzymkonzentration verwendet. — Zwei Fraktionen „A" werden vereinigt und 13 cm³ an eine neue Bauxitsäule (10 g, Säulenhöhe 35 mm), die mit 5 cm³ Acetatpuffer p_H 4,7 befeuchtet worden war, chromatographiert. Der Durchlauf von der ersten 5 cm³-Portion wird verworfen, der der zweiten 8 cm³-Portion aufgefangen. Der Vorgang dauert 1 Std. Der Durchlauf wird auf p_H 4,5 gepuffert und die Enzymaktivität bestimmt. Das Adsorbens wird wie oben eluiert (13 cm³ 0,1 n Ammoniak + 1 Volumen Wasser, gewaschen mit 2×25 cm³ Wasser usw.).

Weitere Beispiele. Trennung von Proteinen mit Silicagel vgl. [3]. Chromatographie von Salicinase und Cellobiase aus Mandelemulsin an Aluminiumoxyd vgl. [4], von Chitinase aus Emulsin[5], von Tannase[6], von Phenolasen aus Kartoffelschalen oder dem Pilz Psalliota campestris mit Aluminiumoxyd[7],

[1] EULER, H. v., u. A. FONÓ: Ark. Kemi, Mineral. Geol. **25** A, Nr. 15 (1947).
[2] Wiedergegeben nach ZECHMEISTER, L.: Progress in Chromatography 1938—1947. London 1950.
[3] TISELIUS, A.: Ark. Kemi, Mineral. Geol. **26** B, Nr. 1 (1948). Chem. engng. News **27**, 1041 (1949).
[4] Vgl. ZECHMEISTER, L., u. G. TÓTH: Enzymologia **7**, 165 (1939). — ZECHMEISTER, L., u. M. BÁLINT: Enzymologia **5**, 302 (1938). — ZECHMEISTER, L., P. FÜRTH u. J. BÁRSONY: Enzymologia **9**, 155 (1940). — ZECHMEISTER, L., u. E. VAYDA: Enzymologia **7**, 170 (1939).
[5] ZECHMEISTER, L., u. G. TÓTH: Enzymologia **7**, 165 (1939). Naturwiss. **27**, 367 (1939).
[6] TÓTH, G., u. G. BÁRSONY: Enzymologia **11**, 19 (1942).
[7] ENSELME, J., R. CREYSSEL ot A. RAPATEL: Bull. Soc. Chim. biol. **29**, 939 (1947).

Gewinnung von Gonadotropin mit Permutit[1], von Prothrombin durch Adsorption an Aluminiumoxyd bei p_H 8, Waschen durch Suspension in oxalathaltigen Salzlösungen und Elution mit 0,2 m Phosphatpuffer p_H 8[2].

„Anorganische Chromatographie". *Kationentrennung.* Die Eigenschaft von Na-aluminathaltigem Aluminiumoxyd, Na^+ gegen andere Kationen auszutauschen, wurde zuerst mit anorganischen Kationen erkannt[3]. Läßt man Neutralsalzlösungen durch eine Säule von unvorbehandeltem Aluminiumoxyd laufen, dann wandern die Anionen schneller als die Kationen[4]. Letztere werden nicht nur infolge der alkalischen Reaktion des Säulenmaterials (p_H 9,4) als Metallhydroxyd, sondern auch unter permutoider Verdrängung des Na^+ durch spinellartige Verbindungen mit dem Adsorbens festgehalten. Na-arme bzw. -freie Aluminiumoxydpräparate adsorbieren deshalb Metallkationen wesentlich schlechter. Durch Behandlung mit Na-haltigen Lösungen (Versetzen mit Sodalösung, Trocknen und Glühen) kann die Kapazität dieses Adsorbens bedeutend gesteigert werden.

Tabelle 11. *Nachweisgrenzen einiger Kationen auf der Aluminiumoxydsäule* (nach SCHWAB und GOSH).

Kation	Reagens	Nachweisgrenze γ
Fe^{+++}	$K_4[Fe(CN)_6]$	0,01
Cu^{++}	$K_4[Fe(CN)_6]$	0,02
Cu^{++}	H_2S	0,4
Co^{++}	α-Nitroso-β-naphthol	0,06
Co^{++}	$(NH_4)_2S$	0,2
Ni^{++}	$(NH_4)_2S$	0,3
Ni^{++}	Rubeanwasserstoffsäure $+ NH_3$	0,04
Tl^+	KJ	0,12
UO_2^{++}	$K_4[Fe(CN)_6]$	0,45
Ag^+	$(NH_4)_2S$	1,0
Ag^+	p-Dimethylamino-benzylidenrhodanin	0,02
Pb^{++}	$(NH_4)_2S$ oder K_2CrO_4	0,45
Cd^{++}	$(NH_4)_2S$	0,54

Es liegt nahe, diese Adsorptionseigenschaften zu einem Gesamttrennungsgang für Kationen zu verwenden. Die Erfahrungen lehren jedoch, daß manche Kationen sich nicht voneinander trennen, andere sich gegenseitig stören. Am besten kombiniert man den „klassischen" Trennungsgang mit dem chromatographischen Verfahren, indem man die Kationen jeder Fällungsgruppe an Aluminiumoxydsäulen für sich trennt[5]. Auch hierbei ergeben sich Schwierigkeiten und Störungen.

Die Reihenfolge der Kationen an der Aluminiumoxydsäule verschiebt sich, wenn man das Adsorbens mit Lösungen der Salze mit verschiedenen Anionen vorbehandelt, bzw. Salze der zu trennenden Kationen mit verschiedenen Anionen anwendet.

Handelt es sich nur um ein Kation oder um wenige, so kann die Aluminiumoxydsäule gut zur Anreicherung verwendet werden. Die Nachweisgrenzen für bestimmte Kationen liegen dann in der Größenordnung von Spurenstoffen[6].

Kurzer Überblick über die mikroanalytische Anwendung der anorganischen Ionenaustauschchromatographie vgl.[7], über ein besonders reines Aluminiumoxyd aus Aläthylat zur Chromatographie von Schwermetallen vgl.[8].

Neben dem Aluminiumoxyd wurden auch andere Adsorbentien bzw. Mischungen davon angewandt, so z. B. 8-Oxychinolin mit 1—2 Teilen Stärke oder Kieselgur[9] zur Trennung von VO_3^-, WO_4^-, Cu^{++}, Bi^{+++}, Ni^{++}, Co^{++}, Zn^{++}, Fe^{+++} und VO_2^{++}.

Auf Säulen von *Violursäure* mit Stärke lassen sich trennen a) K^+, Ca^{++}, Mg^{++} und Na^+. b) Cu^{++} und Pb^{++}. c) Ba^{++} oder Sr^{++} und Ca^{++}. d) Cu^{++} und Hg^{++}.

[1] KATZMAN, P. A., M. GODFRID, C. K. CAIN and E. A. DOISY: J. biol. Ch. **148**, 501 (1943).

[2] MUNRO, F. L., and M. P. MUNRO: Arch. Biochem. **15**, 295 (1947).

[3] SCHWAB, G. M., u. K. JOCKERS: Angew. Chem. **50**, 546 (1937).

[4] JACOBS, P. W. M., and F. C. TOMPKINS: Trans. Faraday Soc. **41**, 388, 395, 400 (1945).

[5] SCHWAB, G. M., u. A. N. GOSH: Angew. Chem. **52**, 666 (1939); **53**, 39 (1940).

[6] BEAUCOURT, J. H., and D. L. MASTERS; Metallurgia, Manchester **32**, 181 (1945).

[7] VENTURELLO, G., e N. AGLIARDI: Ann. Chim. appl., Roma **30**, 220, 224 (1940).

[8] SCHMÄH, H. J.: Z. Naturforsch. 1, 322 (1946).

[9] ERLENMEYER, H., u. H. DAHN: Helv. **22**, 1369 (1939). — ERLENMEYER, H., u. W. SCHOENAUER: Helv. **24**, 878 (1941). — ERLENMEYER, H., u. J. SCHMIDLIN: Helv. **24**, 1213 (1941).

Anionentrennung. Hierzu wird das durch Säurebehandlung (HCl, HNO_3, $HClO_4$) gewonnene anionotrope Aluminiumoxyd verwendet (vgl. S. 172). Reihenfolge der Anionen auf einer mit $HClO_4$ 1:1 bereiteten Säule[1]: OH^-, PO_4^{---}, $C_2O_4^{--}$, F^-, $Fe(CN)_6^{----}$, SO_3^{--}, CrO_4^{--}, $S_2O_3^{--}$, SO_4^{--}, $Fe(CN)_6^{---}$, $Cr_2O_7^{--}$, NO_2^-, CNS^-, J^-, Br^-, Cl^-, NO_3^-, MnO_4^-, ClO_4^-, CH_3COO^-, S^{--}. Einzelheiten der Methode vgl. Original.

β) Synthetische Austauscher (Kunstharze).

Vorbemerkungen. Synthetische Ionenaustauscher auf Kunstharzbasis wurden 1935 von HOLMES und ADAMS[2] entdeckt. Man erkannte bald ihre große Bedeutung für alle Arten von Trennungen chemischer Substanzen, und heute sind sie weder aus den Laboratorien noch aus den chemischen Industrien mehr hinwegzudenken. Sie ersetzen umständliche Trennprozesse und Handarbeit.

Diese Kunstharze sind *Kondensations-* oder *Polymerisationsprodukte,* erhalten z. B. aus Polyoxyphenolen mit Formaldehyd oder polystyrolartigen Verbindungen, die durch Zugabe von verschiedenen Mengen Divinylbenzol Querverbindungen ausbilden. In dem so entstehenden dreidimensionalen Kohlenstoffgerüst (vgl. Abb. 46) sind zahlreiche saure oder basische Gruppen verteilt, die entweder vor oder nach Polymerisation bzw. Kondensation eingeführt werden können. Vernetzungsgrad und Anzahl der funktionellen Gruppen sind variierbar und mit ihnen auch die Eigenschaften der austauschenden Harze.

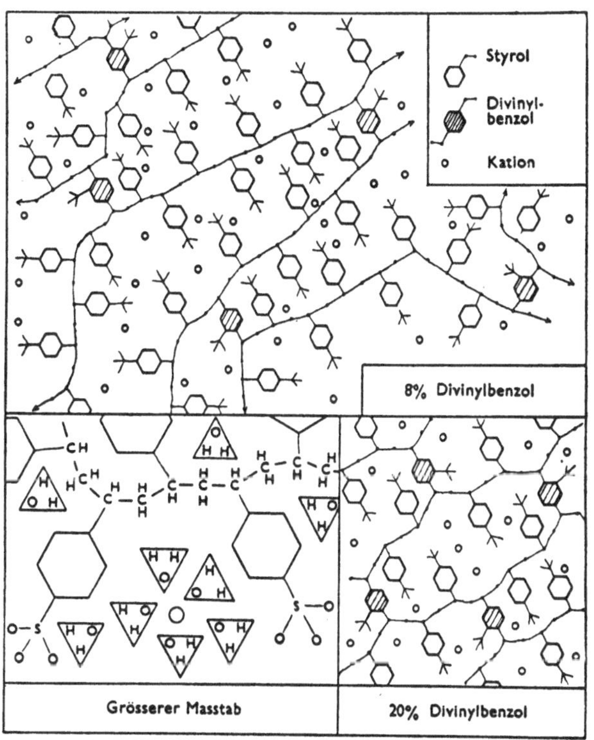

Abb. 46. Schematische Darstellung eines Querverbindungen enthaltenden sulfonierten Polystyrolaustauschers (bei hohem Divinylgehalt sind mehr Querverbindungen vorhanden) nach GLUECKAUF.

a) *Stark saure Austauscher* enthalten HSO_3- bzw. HSO_3-CH_2-Gruppen (vgl. Tabelle 12).

b) *Schwach saure Austauscher* enthalten HOOC-Gruppen und phenolische HO-Gruppen.

c) *Stark basische Austauscher* enthalten $-N^\oplus(CH_3)_3$, $-N^\oplus(CH_3)_3(CH_2C_6H_5)$ und $-N^\oplus(CH_3)(CH_2C_6H_5)_2$.

d) *Schwach basische Austauscher* enthalten H_2N-, HN- oder $N\equiv$-Gruppen.

Die „Harzsäuren" sind *Kationenaustauscher,* indem sie in wäßriger Suspension das elektrostatisch fixierte Proton der Säuregruppe gegen das Kation eines gelösten Salzes oder einer Base austauschen. Die „Harzbasen" sind entsprechend *Anionenaustauscher,* indem sie in wäßriger Suspension ein an das positiv geladene Ammonium- bzw. substituierte Ammoniumion elektrostatisch fixiertes Hydroxyl gegen das Anion eines gelösten Salzes oder einer Säure austauschen.

Formal sind die Reaktionen z. B. durch folgende Gleichungen zu veranschaulichen:

---

[1] KUBLI, H.: Helv. **30**, 453 (1947).

[2] Zur historischen Entwicklung, zur Chemie und Wirkungsweise dieser Verbindungsklasse vgl. ADAMS, B. A., and E. L. HOLMES: J. Soc. chem. Industr. **54**, 1 (1935). — MYERS, R. J.: Adv. Colloid Sci. **1**, 317 (1942). — GRIESSBACH, G.: Beih. Ver. dtsch. Chem., auszugsweise Chemie **52**, 215 (1939). — MYERS, R. J., J. W. EASTES and F. J. MYERS: Industr. engng. Chem., industr. Ed. **33**, 397 (1941). — NACHOD, F. C.: Ion Exchange, Theory and Application. New York 1949.

Kationenaustausch.

$Harz^-H^+ + Na^+Cl^- \rightarrow Harz^-Na^+ + H^+Cl^-$ (= Säurebildung, Entsalzung).

$Harz^-H^+ + Na^+OH^- \rightarrow Harz^-Na^+ + H_2O$ (= Entalkalisierung).

Das Harzsalz ist durch Anwendung von Säure wieder regenerierbar:

$Harz^-Na^+ + H^+Cl^- \rightarrow Harz^-H^+ + Na^+Cl^-$ (= Salzbildung, Entsäuerung).

Schließlich kann in manchen Fällen auch ein Harzsalz zu einem Ionenaustausch verwendet werden, z. B.:

$Harz^-Na^+ + Kat^+Cl^- \rightarrow Harz^-Kat^+ + Na^+Cl^-$ (= echter Kationenaustausch, „Umsalzung").

Anionenaustausch.

$Harz^+OH^- + Na^+Cl^- \rightarrow Harz^+Cl^- + Na^+OH^-$ (= Alkalibildung).

$Harz^+OH^- + H^+Cl^- \rightarrow Harz^+Cl^- + H_2O$ (= Entsäuerung).

Wurde die Harzbase nicht mit Alkali vorbehandelt, so kann sie auch folgende Reaktion eingehen:

$Harz + H^+Cl^- \rightarrow Harz\ [H]^+Cl^-$ (= Entsäuerung).

Auch diese Harzsalze sind durch Basen „regenerierbar":

$Harz^+Cl^- + Na^+OH^- \rightarrow Harz^+OH^- + Na^+Cl^-$ (= Salzbildung, Entalkalisierung).

Schließlich können auch hier in manchen Fällen die Harzsalze zum erstrebten Ionenaustausch herangezogen werden, z. B.:

$Harz^+Cl^- + Na^+An^- \rightarrow Harz^+An^- + Na^+Cl^-$ (= echter Anionenaustausch, „Umsalzung").

Die stark sauren Kationenaustauscher (Gruppe a) tauschen ihre Protonen bei allen p_H-Werten gleich gut aus, die schwach sauren (Gruppe b) nur bei mittlerem und höherem p_H. Besonders die phenolische Hydroxylgruppe benötigt zum Austausch ihres Protons eine alkalische Reaktion des Solvens.

Die stark basischen Anionenaustauscher (Gruppe c) wandeln jede Na-Salzlösung in NaOH um, die schwach basischen Anionenaustauscher (Gruppe d) dagegen adsorbieren Anionen nicht aus alkalischer Lösung.

Neuerdings sind auch „amphotere" Kunstharze mit sauren und basischen funktionellen Gruppen dargestellt worden[1], und auch Harztypen mit innerer Komplexbildung[2].

In den obigen Gleichungen kommt nur der Mechanismus des Austauschvorganges zum Ausdruck, nicht aber sein Ausmaß. Austauschvorgänge sind aber *Gleichgewichtsreaktionen*. Die Lage des Gleichgewichtes ist gegeben durch die Konzentrationen der beteiligten Partner, durch die „Affinitäten" der auszutauschenden Ionen zum Harzgegenion, schließlich durch die Diffusionsgeschwindigkeit der austauschenden Ionen in das dreidimensionale Netz des Harzes zu und von den Austauschzentren und auch durch Wirksamwerden von Nebenvalenzkräften. Die Verhältnisse komplizieren sich, wenn mehrere gleichsinnig geladene Ionen vorliegen, die sich in Konzentration und Affinität gegenüber dem Austauscher unterscheiden und miteinander konkurrieren.

Gerade dies aber ist erwünscht, wenn Ionenaustauscher zur chromatographischen Trennung von Ionen verwendet werden sollen. Ein Maß für die Trennbarkeit von Ionen ist die *Trennungskonstante* k_s[3]:

$$k_s = \frac{x_2\,c_1}{x_1\,c_2}.$$

x_2/x_1 ist das Verhältnis der molaren Bruchteile der beiden Ionen 1 und 2 in der „Harzphase" im Gleichgewicht mit den entsprechenden Konzentrationen c_1 und c_2 in der „wäßrigen Phase". Im günstigsten Falle ist die Trennungskonstante unabhängig von der Gesamtkonzentration. Meist hängt sie jedoch ab von der Gesamtkonzentration der Ionen in der wäßrigen Phase, der Anwesenheit anderer Verbindungen, dem p_H, welches vielleicht das Verhältnis x_2/x_1 beeinflußt, und anderen Größen. Je mehr k_s von 1 ver-

---

[1] Amer. Pat. 2 275 210.

[2] GLUECKAUF, E.: Nature **166**, 775 (1950).

[3] Zit. nach GLUECKAUF, E.: Endeavour **10**, 40 (1951).

schieden ist, desto besser ist der Trenneffekt auf einer Säule, desto kürzer kann die Austauschersäule und desto größer die Durchflußgeschwindigkeit gewählt werden[1].

Die *Affinität* eines Austauschers für ein Ion steigt mit dessen Ladung, z. B.:

$$Th^{4+} > Al^{3+} > Ca^{2+} > Na^{1+}.$$

Innerhalb eines Valenztypus hängt die Affinität von der Atommasse bzw. dem Atomvolumen des nichthydratisierten Ions (zunehmend) oder dem Radius des hydratisierten Ions (abnehmend) ab, z. B.:

$$Cs > Rb > K > Na > Li,$$
$$Ba > Sr > Ca > Mg > Be.$$

NH_4^+ verhält sich wie K^+, wird gewöhnlich jedoch etwas stärker adsorbiert. H^+ wird von den einzelnen Austauschern verschieden stark gebunden, so z. B. besitzen die der Gruppe b (mit $-COOH$ als funktionellen Gruppen) zu H^+ die größte Affinität (vermutlich Kovalenzbindung), während die der Gruppe a (mit $-SO_3H$) eine Affinität aufweisen, die zwischen Li^+ und Na^+ fällt, und H^+ wahrscheinlich als hydratisiertes Ion enthalten.

Die Affinität für substituierte Ammoniumionen nimmt mit ihrer Größe zu:

$$NH_4^+ < [NH_3\,(CH_3)]^+ < [NH_2(CH_3)_2]^+ < [N(CH_3)_4]^+ < [N(C_2H_5)_4]^+.$$

Mit letzterem ist eine Grenze erreicht, weil größere Ionen, z. B. $[N(C_2H_5)_2(CH_2C_6H_5)_2]^+$ nicht mehr hinreichend in das Harz diffundieren können.

Werden Ionen *verschiedener Valenztypen* ausgetauscht, so hängt es weitgehend von der Gesamtkonzentration ab, ob $k_s > 1$ oder $k_s < 1$ ist, d. h. welches Ion stärker adsorbiert wird. Wenn 2 Ionen 1 und 2 die Valenzen v_1 und v_2 haben und $v_1 > v_2$ ist, ferner die Konzentrationen in der wäßrigen Phase c_1 und c_2 und in der Harzphase x_1 und x_2 ($x_2 = 1 - x_1$) sind, dann ist die stöchiometrische Reaktion des Austauschers (mit Vernachlässigung des H_2O):

$$v_2\,[1]\,_{Lsg.} + v_1\,[2]\,_{Harz} \rightleftharpoons v_2\,[1]\,_{Harz} + v_1\,[2]\,_{Lsg.},$$

ferner:

$$\left[\frac{c_1}{x_1}\right]^{v_2} \cdot \left[\frac{x_2}{c_2}\right]^{v_1} = k_e.$$

k_e ist die *Gleichgewichtskonstante*. Sie ist nicht zu verwechseln mit der Trennungskonstanten k_s. Es gilt die Beziehung:

$$k_s = \frac{v_1}{v_2}\,[k_e]^{\frac{1}{v_2}} \cdot \left(\frac{c_2}{x_2}\right)^{\frac{v_1-v_2}{v_2}}.$$

Während also das Ion mit der höheren Valenz in verdünnten Lösungen stärker adsorbiert wird, folgt aus obiger Gleichung, daß durch starke Erhöhung der Gesamtkonzentration in der wäßrigen Phase die relative Affinität des Ions mit der niedrigeren Valenz erhöht wird und die durch k_s gegebene Beziehung manchmal eine Umkehrung erfährt.

k_e soll ungefähr unabhängig von der Gesamtkonzentration in der wäßrigen Phase und dem Ionenverhältnis in der Harzphase sein. Trägt man $x_2^{v_1}/x_1^{v_1}$ und $c_1^{v_2}/c_2^{v_1}$ als Abszisse bzw. Ordinate auf, so erhält man in vielen Fällen eine Gerade. In anderen Fällen dagegen weichen sie davon ab, weil obige Gleichungen noch Vereinfachungen enthalten und man an Stelle der Konzentrationen und Äquivalentbrüche der Ionen die thermodynamischen Aktivitäten der Elektrolyte in der Lösung und in der Harzphase setzen sollte. Letztere sind jedoch kaum bekannt.

In Harzen hoher Kapazitäten können die Abweichungen vom Idealfall sehr ausgesprochen sein. Die *Kapazität* von Ionenaustauschharzen ist nicht nur durch die Anzahl austauschfähiger funktioneller Gruppen je Volumen- bzw. Oberflächeneinheit gegeben, sondern hängt noch von anderen Faktoren ab, die unter Umständen schwierig zu erfassen sind. Unter ihnen spielen auch der *Durchmesser des zu bindenden Ions*, der *Vernetzungsgrad* des Austauschers, die *Temperatur* und besonders das *Quellungsvermögen*

---

[1] Kressmann, T. R. E., and I. A. Kitchener: Soc. 1949, 1203, 1208.

der Harze eine Rolle[1]. Letzteres wird beeinflußt durch das p_H und die Elektrolytkonzentration. Man kann die Harzphase auffassen als eine wäßrige polyvalente Elektrolytlösung, die durch die Harzstruktur einem Zwang unterliegt, der verhindert, daß das Harz über eine gewisse Grenze quillt[2]. Für die Praxis genügt, die Kapazität eines Harzes, sein „Äquivalentgewicht", empirisch zu ermitteln.

Zur Theorie der Austauschgleichgewichte und der Kinetik vgl. [3].

Die hier wiedergegebenen vereinfachten theoretischen Beziehungen sind an Beispielen mit anorganischen Ionen dargestellt. Sie gelten aber auch für organische Ionen, auf die es in diesem Zusammenhang ankommt.

Bei *monofunktionellen organischen Ionen* liegen die Verhältnisse noch relativ einfach, es sei denn, daß sich neben den elektrostatischen Anziehungskräften zwischen fixem Harzion und mobilem Adsorbendumion noch VAN DER WAALSschen Kräfte betätigen. Daß solche Kräfte tatsächlich wirken, ergibt sich z. B. aus der Beobachtung zunehmender Affinität mit steigendem Molekulargewicht bei gleicher Ladung von Aminosäuren[4]. Allerdings wird diese Bindungsart mit zunehmender Polarität des Harzes kleiner, wobei als Maßstab für die Polarität der reziproke Wert des Äquivalentgewichtes gilt[5].

Liegen jedoch *polyfunktionelle organische Ionen* vor, z. B. Monoamino-dicarbonsäuren, Monoamino-monocarbonsäuren oder Diamino-monocarbonsäuren, so kommt es auf Art und Ausmaß der vorherrschenden Gesamtladung des Adsorbendum an, welcher Harztyp gewählt werden muß und welcher Austauschprozeß stattfindet. Aminosäurekation wird nur von einem sauren Harz und Aminosäureanion nur von einem basischen Harz adsorbiert. Die Adsorbenden treten gegebenenfalls in Konkurrenz mit anwesenden anorganischen Ionen. Das Ausmaß der Gesamtladung von Adsorbenden und Adsorbentien ist abhängig vom p_H der mobilen Phase. Auf den Einfluß der Molekelgröße, des Vernetzungsgrades von Adsorbentien und der Temperatur wurde bereits hingewiesen (vgl. aber auch [6]). Die verschiedenen Reaktionsmöglichkeiten der Aminosäurenkationen und -anionen mit den einzelnen Harztypen werden ausführlich in[7] besprochen.

Die Adsorbentien. Die einzelnen Austauschertypen und ihre Eigenschaften sind in Tabelle 12 zusammengestellt. Sie tragen Bezeichnungen, die zum Teil die Herstellerfirmen erkennen lassen. Welche der Typen zu dem erstrebten Austauschprozeß heranzuziehen sind, hängt außer von der Natur der Adsorbenden auch von ihrer Erreichbarkeit auf dem Markte ab. Man tut gut, einzelne Typen im Vorversuch auszuprobieren. Aus den später angeführten Anwendungsbeispielen ergeben sich Anhaltspunkte zur Auswahl.

Vorbereitung der Austauscher. Zur Zeit erhält man die Harze in 2 verschiedenen Verarbeitungsarten. Die einen sind technische Produkte in einem relativ groben Vermahlungsgrad, die anderen sind Kügelchen geeigneter Größe, unter Umständen von allen Verunreinigungen weitgehend befreit (Dowextypen). Die ersteren sind zunächst in

---

[1] Einfluß des Ionendurchmessers: KUNIN, R.: Analyt. Chem., Washington **21**, 88 (1949). — Einfluß des Vernetzungsgrades: LAUTSCH, W.: Angew. Chem. **57**, 149 (1944). — KUNIN, R., and R. J. MYERS: Discuss. Faraday Soc. **7**, 114 (1949). — PARTRIDGE, S. M.: Discuss. Faraday Soc. **7**, 304 (1949). — PARTRIDGE, S. M., R. C. BRIMLEY and K. W. PEPPER: Biochem. J. **46**, 334 (1950). — PEPPER, K. W.: Chem. & Industr. **1950**, 252. — REICHENBERG, D., K. W. PEPPER and D. J. McCANLEY: Soc. **1951**, 493.

[2] Zur Anwendung der Thermodynamik auf ein solches Modell vgl. GLUECKAUF, E.: Nature **166**, 775 (1950).

[3] WALTON, H. F.: Ion Exchange Equilibria. In NACHOD, F. C.: Ion Exchange, Theory and Applications. New York 1949. — THOMAS, H. C.: The Kinetics of Fixed-Bed Ion Exchange. In NACHOD, F. C.: Ion Exchange, Theory and Applications. New York 1949.

[4] BLOCK, R. J.: The Separation of Amino Acids by Ion Exchange Chromatography. In NACHOD, F. C.: Ion Exchange, Theory and Applications. New York 1949. — DAVIES, C. W.: Biochem. J. **45**, 38 (1949).

[5] CLEAVER, C. S., and H. G. CASSIDY: Am. Soc. **72**, 1147 (1950).

[6] DAVIES, C. W.: Biochem. J. **45**, 38 (1949). — DAVIES, C. W., R. B. HUGHES and S. M. PARTRIDGE: Soc. **1950**, 2285.

[7] BRENNER, M., u. C. H. BURCKHARDT: Helv. **34**, 1070 (1951).

Tabelle 12. *Übersicht über die gangbarsten Austauscherharze.*

A. Deutsche Austauscher*.

Kationenaustauscher.

Die Lewatitsorten PN, KS und KSB sind sulfogruppenhaltige, daher stark saure Austauscher, Lewatit C ein carboxylgruppenhaltiger, weniger saurer Austauscher.

Lewatitsorte	PN	KS	KSB	C
Quellgewicht: 1 Liter = g	600—700	650—750	650—750	650—750
Körnung: mm	0,3—2,0	0,3—2,0	0,3—1,5	0,3—2,0
Nutzbare Volumenkapazität:				
$\frac{kg\ CaO}{m^3\ Lewatit}$ · 0,1 %	1,3—1,4	1,6—1,8	2,3—2,5	1,0—1,2
(als Wasserstoffaustauscher)	(1,1—1,2)	(1,2—1,5)	(2,0—2,2)	
Resthärte des Filtrates: ° d	< 0,1	< 0,1	< 0,1	< 0,1
Spezifische Belastung: $\frac{m^3/h\ Wasser}{m^3\ Lewatit}$.	5—25	5—25	5—25	5—15
Temperaturbeständigkeit: ° C	95	50	50	30
(als Wasserstoffaustauscher)	(30)	(30)	(30)	
Zulässige Alkalität p-Wert: cm³ . . .	0	0	0	0
(als Wasserstoffaustauscher)	(0,3)	(0,3)	(0,3)	

Anionenaustauscher.

Die Lewatitsorten M und M I sind stark basische Anionenaustauscher mit Aminogruppen, wobei Lewatit M I stärker basisch ist als M. Der Lewatit M II ist ein Spezialtyp für die Entkieselung von entsalztem Wasser.

Lewatitsorte	M	M I	M II
Quellgewicht: 1 Liter = g	650—750	600—650	650—700
Körnung: mm	0,3—2,0	0,3—2,0	0,3—2,0
Nutzbare Volumenkapazität:			
$\frac{kg\ CaO}{m^3\ Lewatit}$ · 0,1 %	1,0—1,2	3,0—3,5	5000 mg/l SiO_2
Resthärte des Filtrates: ° d	2—5 mg/l Cl < 2 mg/l SO_3	2—5 mg/l Cl < 2 mg/l SO_3	< 0,5 mg/l SiO_2
Spezifische Belastung: $\frac{m^3/h\ Wasser}{m^3\ Lewatit}$ . .	5—10	5—20	5—15
Temperaturbeständigkeit: ° C	30	30	30
Zulässige Alkalität p-Wert: cm³	0	0	0

B. Amerikanische Austauscher**.

Kationenaustauscher.

Handelsname	Typ	Hersteller
Amberlite IR—100	Modifiziertes sulfogruppenhaltiges Phenol-Formaldehyd-Harz	Röhm & Haas Co., Philadelphia, Pa.
Amberlite IR—100 H „pro analysi"-Reinheit	Modifikation von Amberlite IR—100. Wird als Wasserstoff-Form, weniger als Na-Form verwandt	
Amberlite IR—105	Sulfosäurehaltiges Phenol-Formaldehyd-Harz von hoher Kapazität	
Amberlite IR—120	Besitzt noch höhere Kapazität	
Amberlite IRC—50	Carboxylgruppenhaltiges Austauscherharz	
Dowex 30	Sulfogruppenhaltiges Phenol-Formaldehyd-Harz	The Dow Chemical Co., Midland, Mich.
Dowex 50	Sulfogruppenhaltiges Polymer aus aromatitischen Kohlenwasserstoffen	

* Von den in der Ostzone hergestellten Wofatitsorten waren entsprechende Unterlagen leider nicht zu erhalten.

** Aus NACHOD, F. C.: Ion Exchange. New York 1949.

Tabelle 12. (Fortsetzung.)

Handelsname	Typ	Hersteller
Duolite C—1	Sulfogruppenhaltige Harze	Chemical Process Co.,
Duolite C—3		58 Sutter St.
		San Francisco, Calif.
Duolite Cation, Selector CS—100	Carboxylgruppenhaltiges Phenol-Aldehyd-Harz	
Duolite Expanded, Cation Exchanger	Austauscher für organische Kationen	
Ionac C—200	Sulfogruppenhaltiges Phenol-Formaldehyd-Harz	American Cyanamid Co., 30 Rockefeller Plaza, New York 20, N.Y.
Liquonex CRM, CRP, CRQ	Sulfogruppenhaltige Phenol-Formaldehyd-Harze	Liquid Conditioning Corp., 114 East Price St., Linden, N. Y.
Liquonex CRW	Sulfogruppenhaltiges Polystyrol-Harz	
Nalcite MX	Siehe Dowex 30	National Aluminate Corp.
Nalcite HCR	Siehe Dowex 50	6216 West 66th Place, Chicago 38, Ill.
Permutit Q	Sulfogruppenhaltiges Polymer aus Kohlenwasserstoffen	The Permutit Co., 330 West 42d St., New York 18, N.Y.
Zeo-Rex	Sulfogruppenhaltiges Phenolharz	

Anionenaustauscher.

Handelsname	Typ	Hersteller
Amberlite IR—4B	Modifiziertes Phenol-Formaldehyd-Polyamin-Kondensat	Röhm & Haas Co., Philadelphia, Pa.
Amberlite IR—4B „pro analysi"-Reinheit	Modifikation von Amberlite IR—4B, nach Wunsch auch als freie Base geliefert	
Amberlite IRA—400	Monofunktioneller, stark basischer Austauscher	
Anex 299	Guanidinharz	Infilco Inc., 325 West 25th Place, Chicago 16, Ill.
De-Acidite	Aliphatisches, aminogruppenhaltiges Kunstharz	The Permutit Co., 330 West 42d St., New York 18, N.Y.
Duolite A—1, A—2	Ohne nähere Angaben	Chemical Process Co., 58 Sutter St., San Francisco, Calif.
Duolite A—3	Spezialaustauscher für dextrosehaltige Lösungen	
Ionac A—293M	Melamin-Guanidin-Formaldehyd-Harz	American Cyanamid Co., 30 Rockefeller Plaza, New York 20, N.Y.
Ionac A—300	Aminogruppenhaltiges Harz	
Liquonex AD	Stark basisches, aliphatisches Amin-Harz	Liquid Conditioning Corp., 114 East Price St., Linden, N.Y.
Liquonex AF	Polyalkylen-Polyamin-Harz	
Permutit S	Stark basisches Amin-Harz	The Permutit Co., 330 West 42d St., New York 18, N.Y.

Schlagkreuz- bzw. Kugelmühlen auf geeignete Korngrößen zu vermahlen, zu sieben und dann von feineren Partikeln auszuwaschen. Die anderen brauchen nur ausgewaschen und dann mit Säuren oder Laugen entsprechender Normalitäten behandelt zu werden, eine Prozedur, die anschließend an das erste Auswaschen auch auf die ersteren angewandt werden muß. Vorschriften für diese vorbereitenden Arbeiten sind bei den einzelnen Anwendungsbeispielen angeführt.

Meist werden die Austauscherharze, entsprechend vorbereitet, in feuchtem Zustande aufbewahrt. Sie bieten den großen Vorteil, mehrfach, oft unbegrenzt, verwendbar zu sein.

Anwendungsbeispiele. *Aminosäuren aus Proteinhydrolysaten*[1]. Während die stark sauren, sulfogruppenhaltigen Wofatite K und KS (jetzt Lewatite PN, KS und KSB) alle Aminosäuren als Kationen binden, adsorbiert Wofatit C (Lewatit C) mit großer Spezifität nur die basischen. Das Gelingen hängt von der Vorbehandlung des Austauschers und die Kapazität von der Korngröße ab. 1 g Wofatit C (Korngröße 0,1—0,2 mm) bindet 100 mg Histidin[2], nach anderen Autoren[3] binden 2 g Wofatit C 0,894 Millimole NH_4—N oder 0,46 Millimole Histidin-N oder 0,50 Millimole Lysin-N oder 0,295 Millimole Arginin-N.

Vorbehandlung des Wofatit C. Das bei 100° getrocknete technische Produkt wird in der Kugelmühle gemahlen und durch Verwenden von Sieben verschiedener Maschenweite ein Pulver von der Partikelgröße 0,1—0,2 mm ausgesiebt. Zunächst wird mit viel 2 n KOH, dann mit Wasser, dann mit viel 2 n HCl bis zum Farbloswerden der Waschflüssigkeit gewaschen und der ganze Waschcyclus mehrmals wiederholt. Zuletzt wird mit Wasser neutral gewaschen. Größere Vorräte von so vorbehandeltem saurem Wofatit werden zweckmäßig unter 0,01 n HCl aufbewahrt und nach Einfüllen in die Röhren mit Wasser neutral gewaschen. Vor Aufgeben des Hydrolysates muß man mit 0,001 n HCl[5] bzw. mit 20 %iger Essigsäure (vgl. S. 193) durchspülen und auch das Hydrolysat mit 0,001 n HCl verdünnen.

Adsorption[2]. 2 g Casein, Gelatine oder Zein werden mit je 10 cm^3 25 %iger Schwefelsäure 20 Std zum gelinden Sieden erhitzt. Nach Verdünnen mit Wasser wird mit Barytwasser eben phenolphthaleinalkalisch gemacht und im Vakuum 1 Std eingedampft, um das NH_3 zu entfernen. Nach genauem Neutralisieren mit Schwefelsäure wird vom Bariumsulfat zentrifugiert und dieses 5mal mit je 20 cm^3 Wasser ausgekocht. Die wäßrigen Portionen werden vereinigt und auf 200 cm^3 aufgefüllt (besser gelingt die Adsorption, wenn das Milieu 0,001 n salzsauer ist). Man läßt die Flüssigkeit durch eine Säule von 8 g „saurem“ Wofatit C laufen und wäscht mit 500 cm^3 Wasser (besser 0,001 n Salzsäure) nach. Mit dem Durchlauf entfernt man alle neutralen und sauren Aminosäuren. Von den aromatischen soll ein Teil zurückgehalten werden[4].

„Neutraler“ Wofatit C (K-Permutitform) kann aus dem „sauren“ durch Versetzen mit 2 n KOH erhalten werden. Man wäscht nach einigem Stehen mit Wasser neutral. Dieser Austauscher hält nur Arginin und Lysin, nicht dagegen Histidin fest (vgl. dagegen[4]).

Permutitformen der Wofatite K, KS und P. Auch diese stark sauren Kunstharze lassen sich durch Behandeln mit KOH in die Permutitformen überführen, worauf sie nur noch die 3 basischen Aminosäuren binden[5].

Präparative Abtrennung der basischen Aminosäuren nach BLOCK[6]. Der Autor verwendet die amerikanischen Kunstharze Amberlite IR—1, IR—100, XE—17, Ionac C—24 und Duolite C_1 und C_3. Zur präparativen Trennung dienen Säulen von 5 g Kunstharz bis zu Holzfässern von 220 (amerikanischen) Pfund Fassungsvermögen.

Proteinhydrolyse. 10 Teile Protein werden mit 25 Teilen 9 %iger oder 18 %iger Salzsäure 16 bis 20 Std oder mit 22 %iger Schwefelsäure 40—48 Std hydrolysiert. Vollständige Hydrolyse ist erforderlich. — Nach Salzsäure-Hydrolyse wird im Vakuum mehrmals zur Trockne verdampft, nach jeweiligem Zusatz von Wasser. Der noch saure Rückstand wird, nach Verdünnen mit Wasser, mit Aktivkohle entfärbt. Wenn erwünscht, kann ein weiterer Teil der Salzsäure dadurch entfernt werden, daß man die Lösung durch die Säule eines Anionenaustauschers laufen läßt. — Nach Schwefelsäure-Hydrolyse wird der Säureüberschuß entweder mit $Ba(OH)_2$ oder $Ca(OH)_2$ entfernt. $CaSO_4$ ist aber in Gegenwart von bestimmten Aminosäuren etwas löslich, wodurch die Kapazität des Austauschers vermindert wird. Der Vorteil der Verwendung von Schwefelsäure ist, daß nach ihrer Entfernung das Ammoniak beseitigt werden kann (Destillation nach Zusatz von wenig Alkali, vgl. oben, im Vakuum), wodurch die Kapazität der Austauschersäule für die Hexonbasen erhöht wird. Verwendet man $Ba(OH)_2$, stellt man auf p_H 3,6—4,1 ein, wonach noch SO_4-Ionen vorhanden sein müssen. Mit $Ca(OH)_2$ wird nur bis p_H 2,2 gebracht, wobei man möglichst konzentriert arbeitet (15 bis 20 mg N/cm^3) und über Nacht stehen läßt.

Adsorption. Wichtiger als die Acidität der Aminosäurelösung sind jedoch ihre Konzentration und die Durchflußgeschwindigkeit. In bestimmten Grenzen kann man um so schneller durchlaufen lassen, je geringer die Konzentration ist. Die beste Trennung erhält man mit 2 mg N/cm^3 und beim Durchlauf von 50 cm^3/min durch eine 50 g-Säule des Austauschers. Wird die Säulenlänge verdoppelt,

---

[1] Erste Mitteilung über die Austauschadsorption von Aminosäuren an die damals verfügbaren deutschen Kunstharze Wofatit K, KS und M. Vgl. FREUDENBERG, K., H. WALCH u. H. MOLTER: Naturwiss. **30**, 87 (1942).

[2] WIELAND, T.: B. **77**, 539 (1944).

[3] RAUEN, H. M., u. K. FELIX: H. **283**, 139 (1948).

[4] SCHRAMM, G., u. J. PRIMOSIGH: H. **282**, 271 (1947).

[5] TURBA, F.: Z. Vit.-, Horm.-, Ferm.-Forsch. **2**, 49 (1948/49).

[6] BLOCK, R. J.: Arch. Biochem. **11**, 235 (1946).

kann auch die Durchflußgeschwindigkeit verdoppelt werden. Wird die Konzentration verdoppelt, soll die Durchflußgeschwindigkeit die Hälfte betragen. Diese Beziehungen gelten im Bereich von 1,7—17,6 mg N/cm³. — Die Aminosäurelösung wird so lange abwärts durch die Säule geschickt, bis diese mit basischen Aminosäuren gesättigt ist. Man bestimmt dies, indem man 2 cm³ des Durchlaufes mit 2 cm³ 2%iger Phosphorwolframsäure in 5%iger Schwefelsäure versetzt und die Niederschlagsbildung mit der in 2 cm³ der aufgegebenen Flüssigkeit vergleicht. Während so beim ersten Vorgang beträchtliche Mengen Hexonbasen durchlaufen, werden diese gewonnen, wenn man den ersten Durchlauf durch eine zweite Säule schickt.

Waschen der Säule. Wenn die Säule gesättigt ist, wird sie mit kationenfreiem Wasser (etwa 10—15fache Gewichtsmenge des Austauschers) gewaschen, wobei 10—15% der aufgegebenen N-Menge entfernt werden (50 cm³/min für 50 g-Säule). Werden verdünntere Aminosäurelösungen (N < 6 mg/cm³) verwandt, dann wird diese Durchflußgeschwindigkeit aufrechterhalten, bei höheren Konzentrationen (N > 6 mg/cm³) wäscht man zunächst mit dieser Geschwindigkeit aus, bis ein dem Austauscher etwa gleiches Waschwasservolumen durchgelaufen ist, dann kann man die Geschwindigkeit vergrößern. Nun wird die Säule 10—15 min rückwärts gewaschen, wodurch Kanalbildung verhindert wird, und um suspendierte Materie zu entfernen, die sich auf der Austauschersäule niedergeschlagen hat.

Saure Elution (bei Temperaturen zwischen 13—33°) gelingt am besten mit 20%iger (konstant siedender) Salzsäure oder mit 4%iger Schwefelsäure, jeweils etwa 10—20 Volumina, bezogen auf das Trockengewicht Kunstharz. Man läßt diese Volumina in 2 Hälften durchlaufen und verwendet die 2. Hälfte zur Elution einer 2., mit Hexonbasen gesättigten Austauschersäule. Die Durchflußgeschwindigkeit ist nicht kritisch, gewöhnlich arbeitet man mit etwa der Hälfte des Vol./min, bez. auf Trockengewicht des Austauschers.

Kationenaustausch. NH₃ wird sehr viel schneller vom Kunstharz eluiert als die basischen Aminosäuren. Das führt zu folgendem Vorgehen: Die Aminosäuren werden aus einer Lösung, die 4% NH₃ enthält, adsorbiert und mit Waschwasser gleicher NH₃-Konzentration nachgewaschen. Dann wird die Säule entweder mit 4%iger Schwefelsäure eluiert, bis die Probe mit Phosphorwolframsäure negativ wird, oder man läßt ein frisches Aminosäurehydrolysat durch die Säule laufen, wodurch das NH₃ durch die Aminosäuren verdrängt wird. Beide Verfahren haben ihre Vor- und Nachteile. Wenn NH₃-Aminosäureaustausch angewandt wird, enthält der Aminosäureauslauf große Mengen NH₃, die durch Destillation mit Kalk (nur bei Schwefelsäurehydrolysaten) entfernt werden müssen. Wenn das NH₃ mit Schwefelsäure eluiert wird, ist die Säule für den nächsten Austausch wieder hergestellt. Verwendet man zweckmäßigerweise NH₃-Konzentrationen zwischen 1—10%, so schwellen die Austauscher um 10—20%. Die NH₃-gesättigten Säulen werden dann mit Wasser gewaschen und Durchlauf + Waschwasser im Vakuum eingeengt oder das NH₃ durch Wasserdampfdestillation entfernt. Entsprechend der Basizität von Arginin und Lysin ist die so behandelte Flüssigkeit frei von NH₃. Sie wird bis pH 4 mit HCl oder H₂SO₄ angesäuert und mit Aktivkohle entfärbt. — Das NH₃-gesättigte Kunstharz wird dann für den nächsten Austausch verwendet oder zuerst mit 4%iger H₂SO₄, wie oben beschrieben, eluiert. Im Eluat findet sich kein Nicht-NH₃-N und der Austauscher nimmt wieder sein Ausgangsvolumen ein.

Elution mit Pyridin. Wäßrige Lösungen von Pyridin (5—50%) entfernen aus den Adsorbaten spezifisch das Histidin. Das Eluat wird im Vakuum eingeengt, um das Pyridin zu entfernen. Arginin, Lysin und Pyridin, die auf der Säule verbleiben, werden dann durch Ammoniak (vgl. o.) ausgetauscht.

Weiterverarbeitung der Eluate. Isolierung von *Lysinpikrat:* 500 g des pastösen Baseneluates (N = 9,0%, H₂O = 33%) werden in 1,1 Liter Leitungswasser gelöst und auf 85—90° erwärmt, dann 135 g Pikrinsäure zugesetzt und weiter erwärmt, bis diese völlig gelöst ist. Beim Abkühlen unter Rühren erscheinen bei 60—65° Krystalle von Lysinpikrat, die bei 40° eine solide Masse bilden. Nach Abkühlen auf Raumtemperatur wird der Niederschlag abfiltriert, mit kaltem Wasser nachgewaschen und getrocknet. Ausbeute: 200 g, nach Umkrystallisieren 184 g. — *Lysindihydrochlorid*[1]: 200 g Lysinpikrat werden in eine kochende Mischung von 520 cm³ Wasser und 43 cm³ konz. HCl eingetragen. Das Lysinpikrat löst sich in wenigen Minuten. Zur weiter kochenden Flüssigkeit werden 118 cm³ konz. HCl zugefügt, worauf Pikrinsäure ausfällt. Nach Abkühlen auf 40° wird sie abfiltriert, gut mit kaltem Wasser gewaschen und an der Luft getrocknet (Ausbeute 157 g, theoretisch 158 g, kann wieder zur Fällung verwandt werden). — Das hellgelbe Filtrat wird im Vakuum zur Trockne verdampft, wobei der HCl-Überschuß entfernt wird. Der Rückstand wird in Wasser aufgenommen und mit Aktivkohle entfärbt. Dann wird wieder im Vakuum zur Trockne verdampft und der Rückstand in 400 cm³ heißem 95%igem Äthanol aufgenommen. Lysindihydrochlorid erscheint nach dem Eintragen der gekühlten alkoholischen Lösung in das mehrfache Volumen von kaltem Äther. Ausbeute: 125 g, vgl.[2]. — *Histidin* wird aus dem Eluat leicht erhalten durch Fällen mit 3,5-Dichlorsulfonsäure[3], *Arginin* mit Flaviansäure.

Trennung der fällenden Säure von der Aminosäure durch Austauschadsorption. a) Läßt man eine warme wäßrige Lösung von Lysinpikrat durch einen Anionenaustauscher in der Form R-NH₂·H₂CO₃

[1] RICE, E. E.: J. biol. Ch. **131**, 1 (1939).

[2] LIGHT, R. F., and C. N. FREY: Cereal Chem. **20**, 645 (1943).

[3] Vgl. MARTIN, A. J. P., and R. L. M. SYNGE: Adv. Protein Chem. **2**, 1 (1945).

oder $R\text{-}NH_2\cdot HOOC\cdot CH_3$ hindurchlaufen, so werden CO_2 bzw. CH_3COOH gegen Pikrinsäure ausgetauscht. Der Endpunkt gibt sich durch beginnende Gelbfärbung des Durchlaufes zu erkennen.

b) Eine Lösung von Lysinflavianat, erhalten nach Abtrennen von Argininflavianat, läßt man durch einen Kationenaustauscher in der H-Form laufen, bis im Durchlauf mit Phosphorwolframsäure eine Fällung auftritt. Dann wird gut ausgewaschen und Lysin mit HCl oder Ammoniak, wie oben beschrieben, eluiert.

Zum Austausch von Aminosäuren an mit HCl, NH_4OH, NaOH und Na_2CO_3 vorbehandeltem Amberlite IR—100 vgl. auch [1].

Versuche zur Auftrennung der Hexonbasen durch Austauschadsorption wurden mit einigen im Laboratorium selbst hergestellten Polystyrolharzen [Syntheseweg: a) Polymerisation von Styrol mit Divinylbenzol, b) Sulfurierung] mit dem Ergebnis unternommen[2], daß unter Beachtung bestimmter Bedingungen Mischungen von Leucin, Histidin, Lysin und Arginin durch Verdrängungsentwicklung mit NaCl-Lösung oder NaOH getrennt werden können. Mit sulfonierten Phenol-Formaldehydharzen gelingt dies wegen der störenden phenolischen HO-Gruppen schlecht.

Zur Abtrennung des Arginins vom Glykocyamin vgl. [3], zur Trennung des Citrullins von anderen Plasmabestandteilen vgl. [4] und zur Bestimmung der Gesamtbasen im Serum vgl. [5]. Die Trennung von Glucosamin und Histidin aus Hydrolysat von Eialbumin[6] wird auf S. 194 beschrieben.

Gewinnung von sauren Aminosäuren: Wofatit M tauscht nach Vorbehandeln mit anorganischen Basen die Anionen der Monoaminodicarbonsäuren gegen HO-Gruppen aus.

Darstellung von Glutaminsäure und Asparaginsäure aus Proteinhydrolysaten nach CANNAN *mit Amberlite IR—4*[7]*. Vorbereitung des Austauschers.* Das technische Produkt wird durch wiederholtes Waschen von löslichen Verunreinigungen befreit, anschließend mehrmals im Cyclus mit 4%iger HCl, Wasser, 4%iger Na_2CO_3-Lösung und Wasser, jeweils in großem Überschuß behandelt. Dann wird auf der Nutsche unter Saugen abgepreßt. Kurz vor Gebrauch wird ein weiterer Waschcyclus angeschlossen. — *Proteinhydrolysat.* Das Protein wird in der 50fachen Gewichtsmenge 6 n HCl 24 bis 30 Std hydrolysiert, verdünnt und von unlöslicher Huminsubstanz abfiltriert. Dann wird 30%ige Phosphorwolframsäure bis zum geringen Überschuß zugefügt, auf 90° erwärmt und über Nacht stehen gelassen. Der Niederschlag wird ohne Nachwaschen abgesaugt, in heißem Wasser, das 1% Phosphorwolframsäure enthält sowie 0,25 n salzsauer ist, suspendiert und wieder über Nacht stehen gelassen. Der Niederschlag wird abgenutscht und gewaschen. — Filtrat + Waschwasser werden im Vakuum auf ein kleines Volumen eingeengt, der Phosphorwolframatüberschuß durch Extraktion mit Amylalkohol/Äther, die freie HCl durch Destillation im Vakuum bis zur Trockne entfernt. Der Rückstand wird in Wasser aufgenommen und soviel des vorbereiteten Kunstharzes unter Rühren eingetragen, bis die Flüssigkeit neutral reagiert. Je Gramm Protein werden gewöhnlich 10 g Harz benötigt. Die Lösung wird vom Harz dekantiert, das letztere wiederholt ausgewaschen und jeweils dekantiert. Lösungen + Waschwässer werden mit HCl (10 Millimole/g Protein) angesäuert und mit frischem Harz neutralisiert. Der Cyclus wird noch einmal wiederholt. — Die gesammelten Austauscherportionen werden dann wiederholt mit 0,25 n HCl extrahiert, bis der p_H des Extraktes unter 2 sinkt. Je Gramm Protein werden etwa 10 cm^3 HCl benötigt. Extrakte + Waschwässer werden auf etwa 20 cm^3 im Vakuum eingeengt, mit sehr geringen Mengen Aktivkohle geklärt und zur Trockne eingeengt. Löst man nun in konz. HCl, so erhält man Glutaminsäure-HCl. Das Filtrat von diesem wird im Vakuum zur Trockne verdampft, in Wasser gelöst und unter Aufkochen mit Kupfercarbonat versetzt. Nach Abfiltrieren eines kleinen Überschusses krystallisiert beim Abkühlen Kupferasparaginat aus.

CANNANs Methode wird auch zur analytischen Abtrennung der Monoamino-dicarbonsäuren aus Proteinhydrolysaten verwendet[8]. Es werden dann Glutaminsäure und Asparaginsäure durch elektrometrische Titration mit und ohne Formaldehyd (Glu + Asp) bestimmt. Die Ninhydrin-CO_2-Bestimmung[9] gibt das Verhältnis von Asp zu Glu. Vgl. auch [10].

Quantitative Trennung von Glutaminsäure und Asparaginsäure nach CONSDEN, GORDON *und* MARTIN[11]. Gemahlener und gesiebter Amberlite IR—4 wird mit mehreren Cyclen Wasser-HCl-Wasser ausgewaschen, bis das letzte Waschwasser weniger als 0,001 n HCl beträgt. Dann wird die breiige Masse in die 1. Röhre von 200 mm Höhe und 5 mm Durchmesser eingefüllt (etwa 2 g lufttrockener Austauscher) und über Nacht mit Wasser bei etwa 15 cm^3/Std Durchflußgeschwindigkeit gewaschen.

[1] CLEAVER, CH. C., R. A. HARDY and H. G. CASSIDY: Am. Soc. **67**, 1343 (1945).

[2] PARTRIDGE, S. M., R. C. BRIMLEY and K. W. PEPPER: Biochem. J. **46**, 334 (1950).

[3] SIMS, E. A. H.: J. biol. Ch. **158**, 239 (1945).

[4] ARCHIBALD, R. M.: J. biol. Ch. **156**, 121 (1944).

[5] POLIS, B. D., and J. A. REINBOLD: J. biol. Ch. **156**, 231 (1944).

[6] PARTRIDGE, S. M.: Biochem. J. **45**, 459 (1949).

[7] CANNAN, R. R.: J. biol. Ch. **152**, 401 (1944).

[8] KIBRICK, A. C.: J. biol. Ch. **152**, 411 (1944).

[9] VAN SLYKE, D. D., R. T. DILLON, D. A. MACFADYEN and P. HAMILTON: J. biol. Ch. **141**, 627 (1941).

[10] ENGLIS, D. T., and H. A. FIESS: Industr. engng. Chem., industr. Ed. **36**, 604 (1944).

[11] CONSDEN, R., A. H. GORDON and A. J. P. MARTIN: Biochem. J. **42**, 443 (1948).

Die 2. Röhre, 300 mm hoch mit gleichem Durchmesser, erhält etwa 3 g (lufttrockenen) vorbereiteten Austauscher, wobei der p_H der überstehenden Flüssigkeit genau auf 2,5 eingestellt ist, indem man solange mit Wasser wäscht bzw. verdünnte Säure zusetzt, bis die Normalität wenig über 0,003 beträgt. Diese Säule wird über Nacht mit 0,003 n HCl durchgewaschen. Die Säulen dürfen niemals trocken laufen. — Das Proteinhydrolysat (mit HCl), das bis zu 15 mg saure Aminosäuren enthalten kann, wird wiederholt im Vakuum zur Trockne verdampft und über Nacht im Vakuumexsiccator über KOH aufbewahrt. Dann wird es in wenig Wasser aufgenommen und quantitativ auf die erste Säule gegeben, mit Wasser nachgewaschen, womit die neutralen und basischen Aminosäuren entfernt werden. Dies kann bei einer Vorprobe mit Hilfe der Papierchromatographie (vgl. S. 217) überprüft werden. — 1. Die 1. Säule wird mit n HCl eluiert, das Eluat im Vakuum wiederholt eingeengt und der Rückstand über KOH aufbewahrt. In wenig Wasser aufgenommen, wird er dann quantitativ auf die 2. Säule gegeben, die anschließend mit 0,003 n HCl eluiert wird. Je 10 cm³ -Portionen werden gesammelt, jede Fraktion im Vakuum auf 1—2 cm³ eingeengt und 4 mm³ papierchromatographisch untersucht. — 2. Die 1. Säule wird mit 3 cm³ n HCl eluiert, wobei das Eluat noch keine Aminosäuren enthalten soll, dann wird sie der 2. aufgesetzt und die Elution mit Wasser fortgesetzt. Die noch vorhandene Säure genügt dann zur weiteren Elution. Wenn die Huminfarbstoffbande in die 2. Säule gelangt ist, wird die 1. entfernt und sie selbst mit 0,003 n HCl weiter eluiert. Ist kein Huminfarbstoff vorhanden, kann die Elution am Farbwechsel des Harzes verfolgt werden, das bei stark saurer Reaktion orange ist. Jedes Eluat wird im Vakuum zur Trockne verdampft und mit je 5—10 cm³ der Kupfer-Phosphat-Suspension zur Amino-N-Bestimmung nach POPE-STEVENS[1] versetzt. Nach Filtrieren werden je 1 cm³ zur weiteren Bestimmung verwendet.

Eine weitere Methode zur Trennung von Glutaminsäure und Asparaginsäure mit Amberlite IR—4B und einer neuen Apparatur beschreibt DRAKE[2]. Nach Adsorption aus wäßriger Lösung wird mit 0,01 n HCl (unvollständige Trennung) bzw. mit 0,05%iger Essigsäure (ziemlich gute Trennung) eluiert.

Trennung von Monoamino-dicarbonsäuren (und anderen organischen Säuren) mit De-Acidite-B nach PARTRIDGE *und* BRIMLEY[3]. *Vorbereitung des Austauschers.* Nach Zerkleinern des trockenen Materials in einer Schlagmühle wird zwischen Drahtsieben (80—100 Maschen/inch.) gesiebt und das Pulver über Nacht in 0,1 n HCl aufbewahrt. Nach Entfernen der feinen Partikel durch Aufschlämmen mit Wasser wird mit 0,1 n HCl — Wasser — n NaOH — Wasser — 3mal im Cyclus gewaschen. Zuletzt wird mit viel destilliertem Wasser ausgewaschen, bis die spezifische Leitfähigkeit des Waschwassers weniger als 0,01 Ohm^{-1}cm^{-1} beträgt. Das Material wird dann an der Luft bei Zimmertemperatur getrocknet.

Trennung von Glutaminsäure, Asparaginsäure und Serin. Eine Röhre von 11,5 mm Durchmesser faßt 10,66 g (lufttrockenen) Austauscher De-Acidite-B, der eine Höhe von 156 mm einnimmt. Als Verdrängungsentwickler dient 0,101 m Milchsäure. Je 2,3 Millimole Glutaminsäure, Asparaginsäure und Serin werden zusammen in 75 cm³ Wasser gelöst und durch die Säule geschickt. Dann kommt die Milchsäure mit 75 cm³/Std Durchflußgeschwindigkeit, die in Portionen zu je 10 cm³ aufgefangen wird. Von jeder Fraktion wird ein eindimensionales Papierchromatogramm (vgl. S. 227) angefertigt, wodurch sich der Elutionsvorgang anzeigt. Serin läßt sich auf diese Weise gut von Glutaminsäure + Asparaginsäure trennen, während sich diese nur schlecht separieren.

Trennung von Glutaminsäure und Asparaginsäure. Eine 260 mm hohe und 36 mm im Durchschnitt betragende Säule mit 125 g (lufttrockenem) De-Acidite-B wird verwandt. Das Harz wird mit Na-acetatlösung vorbehandelt und dann gut mit destilliertem Wasser gewaschen. 400 cm³ wäßrige Lösung von 4,0 g Glutaminsäure und 1,0 g Asparaginsäure läßt man innerhalb von 3 Std durch die Säule laufen, dann wird mit 1,3 Liter 0,102 n Essigsäure in 8 Std entwickelt, worauf 2,5 Liter 0,25 n Salzsäure in weiteren 8 Std folgen. Der Durchlauf wird jeweils in Portionen zu 172 cm³ aufgefangen. Der Trennungsvorgang wird wieder durch eindimensionale Papierchromatogramme verfolgt. In den Fraktionen 9—16 befindet sich die gesamte Glutaminsäure und in 18—24 die gesamte Asparaginsäure. Die Fraktionen 9—16 werden vereinigt und im Vakuum zur Trockne verdampft. Ausbeute: 3,27 g farblose Krystalle = 82% d. Th. Der Verlust von 0,73 g wird auf sekundäre Adsorption von irreversiblem Charakter zurückgeführt (vgl. hierzu ähnliche Erfahrungen mit Partialhydrolysaten von Clupein mit Wofatit C[4]).

Abtrennung von Tryptophan mit Wofatit M nach TURBA[5]. Entgegen der Erwartung wird Tryptophan vom Anionenaustauscher Wofatit M aus einer Aminosäuremischung (Tyrosin, Phenylalanin, Tryptophan und aliphatischen Aminosäuren) spezifisch und selektiv adsorbiert, wobei es sich kaum um einen echten Ionenaustausch allein, sondern auch um die Betätigung homöopolarer Bindungen handeln dürfte. Daß jedoch die letzteren allein nicht zur Bindung ausreichen, zeigt, daß Tryptophan-

[1] POPE, C. G., and M. F. STEVENS: Biochem. J. **33**, 1070 (1939). — Vgl. jedoch auch RAUEN, H. M., G. LEONHARDI u. M. BUCHKA: H. **284**, 178 (1949).

[2] DRAKE, B.: Nature **160**, 602 (1947).

[3] PARTRIDGE, S. M., and R. C. BRIMLEY: Biochem. J. **44**, 513 (1949).

[4] RAUEN, H. M., u. K. FELIX: H. **283**, 139 (1948).

TURBA, F., M. RICHTER u. F. KUCHAR: Naturwiss. **31**, 508 (1943).

methylester nicht adsorbiert wird[1]. — 8 g Wofatit M, der nach der üblichen Vorbehandlungsmethode mit Salzsäure-Natronlauge-Wasser mit 0,2 n Essigsäure behandelt worden war, werden in einer Glasröhre geeigneter Dimension angeordnet, 5 mg jeder Aminosäure aufgegeben und mit 200 cm³ Wasser nachgewaschen. Eluiert wird mit wäßrigem Äthanol oder Pyridin.

Die Gruppentrennung von Aminosäuren nach TISELIUS, DRAKE *und* HAGDAHL[2]. Das Verfahren lehnt sich an die SCHRAMMsche Methode (vgl. S. 176) an, verwendet jedoch andere Adsorbentien und Apparaturen (beschrieben auf S. 128).

Vorbereitung der Adsorbentien. Aktivkohle: Carbo activatus (Merck) wird 2 Monate lang täglich mit destilliertem Wasser gewaschen und dann getrocknet. Kleine Anteile aus dem größeren Vorrat werden dann in 20 %iger Essigsäure gekocht, mit destilliertem Wasser oft gewaschen und in 5 %iger Essigsäure aufbewahrt. Jedes Filter wird nach Füllen vor der Adsorption mit etwa 100 cm³ 5 %iger Essigsäure gewaschen. Die kleine Korngröße des Adsorbens erfordert die Anwendung eines Überdruckes zur Filtration. — *Wofatit C* wird auf Korngröße 0,1 mm zerkleinert und in 10 bis 15 Cyclen mit n HCl-Wasser-0,5 n NaOH-Wasser-n HCl gewaschen, worauf einige Cyclen folgen, in denen 0,5 n NaOH durch 0,1 n NaOH ersetzt wird. Das Harz wird unter n HCl bis zum Gebrauch aufbewahrt, dann zunächst mit Wasser-0,1 n NaOH-n HCl-Wasser-20 %iger Essigsäure gewaschen, worauf es in Eisessig oder 20 %iger Essigsäure über Nacht aufbewahrt und anschließend vor Gebrauch wieder mit 20 %iger Essigsäure behandelt wird. Während der ersten 10 Cyclen extrahiert die Natronlauge große Mengen gefärbter Substanzen, aber gegen Ende des Waschverfahrens hellt sich die Farbe der alkalischen Portionen zunehmend auf. Die Säure extrahiert keinen Farbstoff. Wofatit C schwillt in alkalischem Milieu stark auf, sehr viel weniger in saurem. — *Wofatit KS* wird auf die gleiche Weise wie Wofatit C vorbehandelt. — *Amberlite IR—4* wird ebenfalls auf Partikelgröße 0,1 mm zerkleinert und während mehrerer Tage alternierend mit jeweils der 25fachen Menge n HCl und Wasser gewaschen. Das Harz wird unter Wasser aufbewahrt und vor Gebrauch nochmals mit Wasser gewaschen.

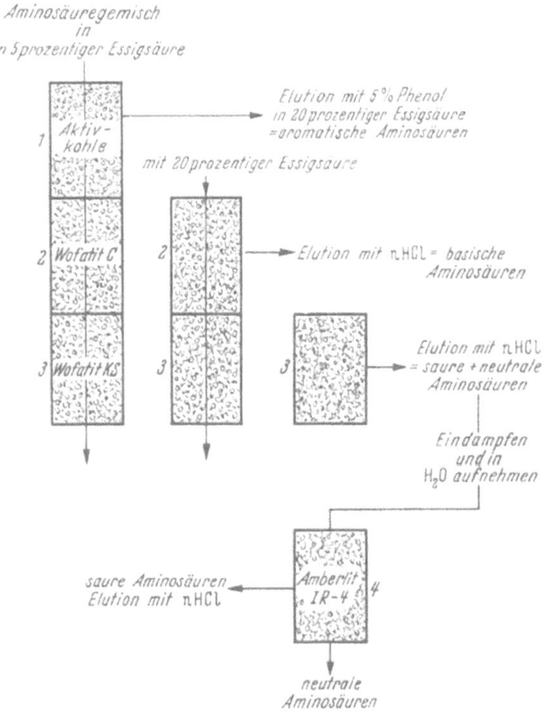

Regeneration der Austauscher. Nach Gebrauch wird Wofatit C (im Filter mit etwa 3000 π mm³) mit 300 cm³ n HCl und dann mit 300 cm³ 20 %iger Essigsäure in langsamem Durchlauf ausgewaschen. Weise, nur mit größeren Portionen regeneriert. Amberlite IR—4 (2000—4000 π mm³) wird mit 300 cm³ n HCl, dann mit etwa 1 Liter Wasser behandelt.

Abb. 47. Schema des Trennvorganges der Aminosäuren nach TISELIUS, DRAKE und HAGDAHL. Erläuterungen im Text.

Wofatit KS ($\sim$ 8000 π mm³) wird auf die gleiche

Arbeitsweise. Das Schema in Abb. 47 veranschaulicht den Gang. Die ersten 3 Filterkammern, die Aktivkohle (1000 π mm³), Wofatit C (2000 π mm³) und Wofatit KS (8000 π mm³) enthalten, werden aneinander geschraubt.

1. Schritt: Etwa 50 mg Aminosäuren werden in 10 cm³ 5 %iger Essigsäure gelöst und durch das Filtersystem hindurchgepreßt, worauf 50 cm³ 5 %ige Essigsäure nachgegeben werden (Gesamtzeit etwa 1 Std, d. h. etwa 1 cm³/min Durchlaufgeschwindigkeit). Die Filterkammer 1 wird dann abgeschraubt und mit 300 cm³ 5 %igem, vorgereinigtem Phenol (vgl. S. 221) in 20 %iger Essigsäure in langsamem Durchlauf eluiert. Das Eluat wird in einem 500 cm³-Erlenmeyer-Kolben gesammelt und der Aufsatz einer Waschflasche aufgesetzt, dessen absteigendes Rohr soweit abgeschnitten ist, daß es über dem Flüssigkeitsspiegel endet. Saugt man am anderen Glasansatz Luft ab, so wird ein Luftstrom auf die Flüssigkeitsoberfläche so aufgeblasen, daß nach Einsetzen des Gefäßes in ein siedendes Wasserbad die Flüssigkeit in 2 Std verdampft ist. Wenn nur noch wenige Kubikzentimeter Eluat vorhanden sind, werden etwa 20 cm³ Wasser oder verdünnte Essigsäure zugesetzt und weiter abgedampft. In 15 min ist der Vorgang beendet. Der Rückstand enthält nur noch Spuren von Phenol, aber die gesamte Menge der *aromatischen Aminosäuren.*

---

[1] FELIX, K., H. M. RAUEN u. E. BECKER: H. **291**, 24 (1952). — Vgl. RAUEN, H. M.: Angew. Chem. **60**, 250 (1948).

[2] TISELIUS, A., B. DRAKE and D. HAGDAHL: Exper. **3**, 21 (1947).

2. Schritt: Durch die verbliebenen Filterkammern 2 und 3 läßt man dann 20%ige Essigsäure durchlaufen, deren Volumen man so halten muß, daß aus Kammer 2 noch kein Histidin eluiert wird. Dieser Durchlauf kann schneller erfolgen, mit etwa 1 Liter/2 Std. Die Kammer, deren Austauscher nur die *basischen Aminosäuren* enthält, wird dann abgeschraubt, mit 500 cm³ n HCl in langsamem Durchlauf eluiert und das Eluat auf dem Wasserbad zur Trockne verdampft.

3. Schritt: Aus dem Austauscher der Filterkammer 3 werden die neutralen und sauren Aminosäuren mit 750 cm³ n HCl eluiert; das Eluat wird gleichfalls auf dem Wasserbad zur Trockne verdampft.

4. Schritt: Der Rückstand aus dem vorhergehenden Gang wird in 10 cm³ Wasser aufgenommen und die Lösung durch die Amberlite IR—4 enthaltende Filterkammer geschickt; mit 100 cm³ Wasser werden die *neutralen Aminosäuren* durchgewaschen. Die adsorbierten *sauren Aminosäuren* werden dann mit 250 cm³ n HCl in langsamem Durchlauf eluiert. Die beiden Fraktionen werden auf dem Wasserbad zur Trockne verdampft. Die gesamte Analyse kann in 2 Arbeitstagen durchgeführt werden.

Präparative Aufarbeitung von Proteinhydrolysaten mit Zeo-Carb 215 und De-Acidite-B nach PARTRIDGE [1]. *Prinzip.* 1. Schritt: Aus dem Hydrolysat (von Eieralbumin) werden zusammen mit löslichen Huminsubstanzen Tyrosin und Phenylalanin entfernt und dann durch Elution gewonnen.

2. Schritt: Eine Säule von Zeo-Carb 215 teilt dann die Aminosäuren in 7 Untergruppen auf:

a) Asparaginsäure.

b) Glutaminsäure + Serin + Threonin.

c) Glycin + Alanin.

d) Valin + Prolin.

e) Leucine + Methionin + Cystin.

f) Histidin + Glucosamin.

g) Lysin.

3. Schritt: Isolierung der Aminosäuren aus den einfacheren Gemischen mit De-Acidite-B oder chemischen Verfahren.

Arbeitsweise. 240 g Eieralbumin werden auf die übliche Weise mit 2,5 Litern 5,5 n HCl 40 Std am Rückfluß hydrolysiert; die Hauptmenge der Salzsäure wird durch mehrmaliges Einengen im Vakuum entfernt. Nach Verdünnen mit Wasser wird von unlöslichen Huminstoffen abfiltriert und auf 2 Liter gebracht.

Kohleadsorption. 110 g Aktivkohle (British Drug Houses Ltd.) werden zunächst 1 Std mit 1,5 Liter 5%iger Essigsäure geschüttelt, filtriert und mit destilliertem Wasser gründlich gewaschen. 650 cm³ des Hydrolysates werden auf 4 Liter verdünnt, mit der feuchten Aktivkohle verrührt und 1 Std gründlich geschüttelt. Die Kohle wird dann entfernt, mit 1 Liter Wasser ausgewaschen und das farblose Filtrat mit dem Waschwasser vereinigt. Zur *Elution* der Aktivkohle wird sie mit 2 Litern 20%iger Essigsäure + 5% Phenol geschüttelt, abfiltriert und das Filtrat 2mal mit Äther ausgeschüttelt, um das Phenol zu entfernen. Die farblose Lösung wird dann im Vakuum zur Trockne verdampft, wobei rohes Tyrosin und Phenylalanin auskrystallisieren. Der Rückstand wird mehrmals mit kleinen Mengen von Eiswasser extrahiert und das zurückbleibende Tyrosin aus heißem Wasser umkrystallisiert (Ausbeute 1,46 g = 2,3% der Proteintrockensubstanz). — Die wasserlösliche Fraktion wird im Vakuum eingeengt, bis die Lösung schwach viscös ist, und mit trockenem HCl-Gas behandelt. Vom Phenylalaninhydrochlorid wird durch einen Glassintertiegel abgesaugt (Ausbeute: 1,62 g, berechnet als freies Phenylalanin = 2,5% der Proteintrockensubstanz).

Vorbereitung der Austauschersäulen. 2 Röhren, je 820 mm hoch und 32 mm breit, werden mit je 200 g (Trockengewicht) vorbehandeltem Zeo-Carb 215 (40—60 Maschen/inch) gefüllt und alternierend mit 0,15 n NH₃ und 2 n HCl behandelt. Die Säulen werden mit einem Leitfähigkeitsmeßsystem für kontinuierliches Ablesen und mit einem Fraktionensammler verbunden, der den Durchlauf in Portionen zu je 91 cm³ auffängt.

Adsorption. Die mit Aktivkohle vorbehandelte Flüssigkeit wird auf 9 Liter verdünnt und mit einer Geschwindigkeit von etwa 1 Liter/Std durch die Säule chromatographiert. Nun wird mit insgesamt 5,5 Litern 0,148 n NH₃ verdrängt. Die austretenden Aminosäuregruppen zeigen sich durch Veränderung der Leitfähigkeit des Verdrängungsentwicklers an. Arbeitsdauer: 15 Std. — Aus den ersten Fraktionen erscheinen beim Aufbewahren über Nacht Krystalle von Asparaginsäure. Die Fraktionen 1—10 enthalten nur Asparaginsäure. Sie werden vereinigt und im Vakuum zur Trockne eingeengt (3,92 g farblose Krystalle von reiner Asparaginsäure, 6,1% des Proteintrockengewichtes). Fraktionen 15—31 enthalten Glutaminsäure, Serin und Threonin. Sie werden nacheinander durch eine Säule (260 mm Höhe, 36 mm Durchmesser) von 125 g mit Na-acetat vorbehandeltem De-Acidite-B laufen gelassen, wodurch Glutaminsäure gebunden wird und die neutralen Aminosäuren durchlaufen. Der Durchlauf, 1,25 Liter, wird im Vakuum auf ein kleines Volumen eingeengt, mit wenig Tierkohle behandelt und zur Trockne verdampft (Ausbeute: 3,93 g Serin + Threonin = 6,1% des Proteintrockengewichtes). — Die Glutaminsäure wird aus der Säule mit 0,5 n HCl eluiert, im Vakuum auf ein kleines Volumen eingeengt, mit wenig Tierkohle behandelt und zur Trockne verdampft (Ausbeute:

---

[1] PARTRIDGE, S. M.: Biochem. J. **44**, 521 (1949).

4,39 g Glutaminsäure und 2,2 g Glutaminsäurehydrochlorid, berechnet als freie Glutaminsäure: 9,5% des Proteintrockengewichtes). — Die Fraktionen 32—36 enthalten Glycin und Alanin. Sie werden im Vakuum zur Trockne eingeengt (3,48 g farbloses Gemisch der beiden Aminosäuren = 5,4% des Proteintrockengewichtes). — Die Fraktionen 37—46 enthalten Prolin + Valin, sind jedoch überlappt von Alanin + Glycin einerseits und den Leucinen andererseits. Die Fraktionen werden vereinigt und durch eine Säule (360 mm Höhe, 18 mm Durchmesser) mit 40 g vorbehandeltem Zeo-Carb 215 chromatographiert. Nach Elution mit 0,148 n NH_3 werden aus den Fraktionen 8—13 dieses Arbeitsganges, nach Einengen im Vakuum zur Trockne, 2,91 g farblose Krystalle von Valin + Prolin erhalten (= 4,5% des Proteintrockengewichtes). — Die Fraktionen 52—58 werden vereinigt, zur Trockne verdampft und ergeben 5,2 g eines Mischkrystallisates (= 8,1% des Proteintrockengewichtes) von Leucinen, Methionin, Cystin und einer Spur Valin. — 5,0 g dieses Gemisches werden in 1 Liter

Wasser gelöst und nach Kühlen durch Einsetzen in Eiswasser mit Bromwasser bis zum Bestehenbleiben einer schwach braunen Farbe versetzt. Nach Entfernen des Bromüberschusses durch einen Luftstrom unter vermindertem Druck wird die so entstandene Cysteinsäure mit Hilfe einer Säule von De-Acidite-B entfernt. Die durchlaufende Flüssigkeit wird weiter mit Hilfe einer Säule von Zeo-Carb 215 fraktioniert, wobei die isomeren Leucine rein gewonnen werden können (Ausbeute: 2,28 g = 3,6% des Proteintrockengewichtes). — Histidin und Glucosamin, als Bestandteil des Eieralbumins, können mit einer Säule von Zeo-Carb 215 und verdünnter NaCl-Lösung als Verdünnungsflüssigkeit getrennt werden (vgl. [1]).

Mit Hilfe des basischen Austauschers Dowex 2 können auch folgende Aminosäuren voneinander getrennt werden: Glycin-Alanin, Valin-Prolin, Methionin-Leucin (vgl. [2]).

Quantitative Analyse der Aminosäuren mit Dowex 50 nach MOORE ***und*** STEIN[3]. Diese Methode ist die bis jetzt erfolgreichste zur Bausteinanalyse, weswegen sie auch ausführlich besprochen wird.

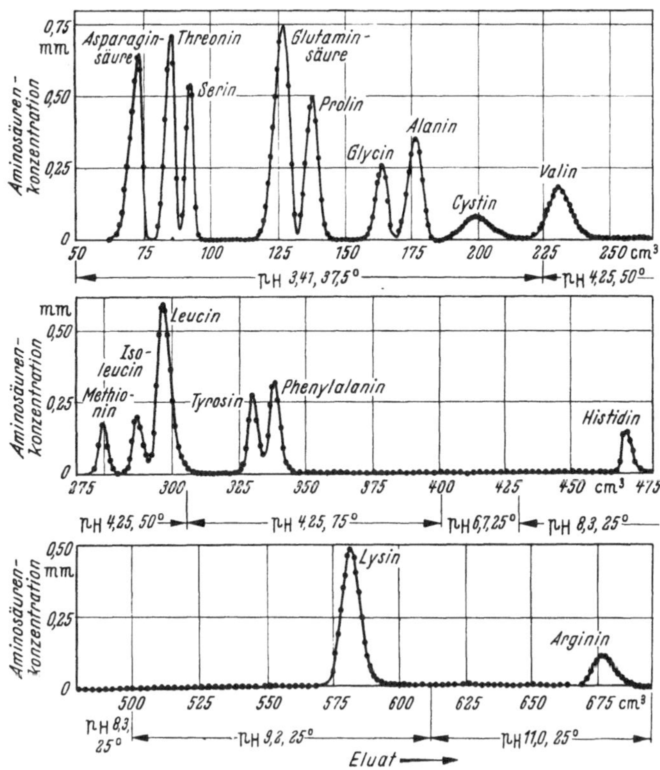

Abb. 48. Trennung der Aminosäuren einer synthetischen Mischung, die der Zusammensetzung eines Proteinhydrolysates entspricht. Nach MOORE und STEIN.

Gegenüber der „Stärkesäulenmethode“ der gleichen Autoren (vgl. S. 206) hat sie den Vorzug, daß der Austauscher eine sehr viel größere Kapazität als die Stärke besitzt und unempfindlich ist gegen die Anwesenheit von Neutralsalzen und Kohlenhydraten aus Blutplasma, Urin oder Proteiden.

Prinzip. Die Aminosäuren werden an Dowex 50 in der Na-Form (Säule von 1000 mm Höhe und 9 mm Durchmesser) adsorbiert und mit Puffermischungen von steigendem p_H und bei verschiedenen Temperaturen eluiert. Puffermischungen besitzen gegenüber Säuren verschiedene Vorteile. In neutralen Lösungen können die Aminosäuren mit der Ninhydrinmethode der gleichen Autoren besser quantitativ bestimmt werden als in sauren. Alle Aminosäuren, mit Ausnahme der Hexonbasen, treten als diskrete Banden aus (s. Abb. 48). Zur quantitativen Bestimmung der Hexonbasen müssen kürzere Dowex 50-Säulen und Puffermischungen unter p_H 7 verwendet werden.

Vorbereitung der Austauschersäule. Die großen Glasröhren von der üblichen Form sind 1150 mm lang und haben 9 mm Innendurchmesser bei 1—2 mm Wandstärke, besitzen Schliffverbindungen und unten eine Glassinterplatte. Zu den kleinen Säulen dienen Röhren von 250 mm Länge und den

[1] PARTRIDGE, S. M.: Biochem. J. 45, 459 (1949).
[2] PARTRIDGE, S. M., and R. C. BRIMLEY: Biochem. J. 49, 153 (1951).
[3] MOORE, S., and W. H. STEIN: J. biol. Ch. 192, 663 (1951).

obengenannten anderen Ausmaßen. Zum Einstellen der jeweiligen Arbeitstemperatur werden die großen Röhren in eine Wärmemantelröhre von 1080 mm Länge und 20 mm Außendurchmesser eingebaut. Der Einlaufansatz soll 20 mm unter der Glassinterplatte und der Auslaufansatz 40 mm über der Austauscheroberfläche angeblasen sein. Die kleinen Säulen werden in einem Thermostatenraum von $25 \pm 0,5°$ verwendet. — Mit 453,6 g Dowex 50 (250—500 Maschen/inch in der H-Form) kann man 4 große Säulen herstellen. Das Harz wird zunächst auf einem BÜCHNER-Trichter mit 4—8 Litern 4 n HCl unter sehr schwachem Absaugen gewaschen, wonach das ursprünglich gelbe Filtrat fast farblos sein soll. Nach 2maligem Waschen mit destilliertem Wasser wird 2 n NaOH nachgegeben, bis das Filtrat alkalisch ist. Das so erhaltene Na-Salz des Harzes wird in etwa dem 3fachen Volumen n NaOH suspendiert und etwa 3 Std unter gelegentlichem Umschütteln auf dem Dampfbad erhitzt. Nach $^1/_2$stündigem Absitzenlassen wird die überstehende Flüssigkeit dekantiert oder abgesaugt und durch frische heiße n NaOH ersetzt. Dies wird insgesamt 5mal durchgeführt. Das letzte Waschwasser soll klar sein. Das Harz wird dann abfiltriert, alkalifrei gewaschen und durch ein 120-Maschennetz mit 6—8 Litern destillierten Wassers passiert. Hierbei werden einige größere Partikel entfernt. Nach Abfiltrieren wird das Harz als feuchtes Na-Salz aufbewahrt. Vor dem Füllen der Röhren wird es auf einem Filter mit einer kleinen Menge 0,1 m Na-citrat-Puffermischung p_H 3,4 gewaschen und im 2fachen Volumen Puffermischung suspendiert. Der Brei soll eine solche Konsistenz besitzen, daß beim Absitzenlassen über 100 cm³ Harzsäule etwa 200 cm³ Puffersäule stehen. Alle Luftblasen müssen aus dem Brei durch leichtes Rühren entfernt werden, worauf man ihn 1—2 Std stehen läßt. Der Brei wird dann in 5 Anteilen zu je etwa 50 cm³ in die Glasröhren gebracht, jeweils durch einen Trichter, dessen Auslauf umgeschmolzen ist, so daß der Brei an der Glaswand herunterrinnt. Die erste Portion setzt sich unter Anwenden eines Luftüberdruckes von 10—15 mm Hg, der so lange gehalten wird, bis die Flüssigkeit etwa 100 mm über dem Harz steht. Dann wird die zweite Breiportion eingeführt. Die letzten Portionen werden so gehalten, daß die Harzsäule 1000 mm beträgt. Die 150 mm-Säulen werden ganz ähnlich mit 1—2 Breiportionen beschickt. Nun wird ein Scheidetrichter von 300 cm³ mit der erforderlichen Menge Puffermischung[1] aufgesetzt. Verwendet man zwischen Röhre und Scheidetrichter einen Kunstharzschlauch, so kann die Höhe der auf dem Harz lastenden Flüssigkeitssäule und damit die Durchflußgeschwindigkeit durch Heben oder Senken des Scheidetrichters verändert werden. Nachdem 100 cm³ Puffermischung durch die Säule gelaufen sind, ist sie fertig zum Gebrauch.

Puffermischungen. Alle p_H-Messungen werden bei $25 \pm 0,5°$ durchgeführt und die Puffermischungen, von denen die Reproduzierbarkeit der Ergebnisse abhängt, genau eingestellt. Größere Mengen der Lösungen werden in der Kälte mit Thymol aufbewahrt. Die Zusammensetzung der Mischungen geht aus der Tabelle 13 hervor. Der Zusatz von oberflächenaktiver Substanz (BRIJ-35 siehe Fußnote 1 zu Tabelle 13 auf S. 197) erhöht die Durchflußgeschwindigkeit durch die Säulen. Die Puffermischungen für die großen Säulen haben alle die gleiche Na-Konzentration (0,2 m), wodurch die Quellung oder Schrumpfung des Harzes, die mit wechselnder Ionenstärke eintreten würde, verhindert wird. — Vor Analyse der Eluate mit der Ninhydrinmethode muß jede Fraktion auf p_H 5 gebracht werden, weshalb in der 3. Kolonne der Tabelle 13 auch die jeweils erforderlichen Mengen HCl oder NaOH in Kubikzentimetern angeführt sind. Der Zusatz erfolgt mit Hilfe einer Spezialbürette. — Thiodiglykol als Zusatz zu Puffermischungen ist als Antioxydans für Methionin erforderlich. — Die Puffermischung p_H $3,42 \pm 0,01$ muß überprüft werden. Hierzu wird sie in 10 Liter-Mengen hergestellt und mit ihr eine Mischung von Alanin, Cystin und Valin chromatographiert. Der p_H des Puffers wird dann so eingestellt, daß der Cystingipfel etwa in der Mitte zwischen den benachbarten Alanin- und Valingipfeln liegt. Die Lage des Cystingipfels ist sehr abhängig vom p_H der Puffermischung. Bei p_H 3,47 liegt Cystin fast beim Alanin, während es bei p_H 3,37 den von Valin zu überlagern beginnt.

Analysengang. Etwa 1 Std vor Gebrauch wird die vorbereitete Säule über einem Fraktionensammler (vgl. S. 136) montiert und aus einem Umlaufthermostaten Wasser von $37,5 \pm 0,5°$ durch das Wärmemantelrohr laufen gelassen. 0,1 cm³ der sauren künstlichen Aminosäuremischung oder des Hydrolysates mit insgesamt 5—6 mg Aminosäuren wird zu 1 cm³ Puffermischung 1 (p_H 3,42) und 0,5 cm³ dieser Mischung auf die Säule gegeben. Ist das Hydrolysat verdünnter, wird 1 cm³ mit 1 oder 2 cm³ Puffermischung verdünnt und dann 1—2 cm³ auf die Säule gegeben. Man verwendet hierzu eine unten gebogene Pipette, um die Austauscheroberfläche nicht zu stören. Mit entsprechender Pipette werden dann 3mal je 0,3 cm³ Puffermischung zum Nachwaschen nachgegeben. Die Austauscheroberfläche darf niemals länger als 5 min trocken liegen. Beim Aufgeben von zu analysierenden Mischungen muß stets darauf geachtet werden, daß das p_H der Probe dasselbe oder niedriger ist als das p_H der Säule. Ein p_H von 2,5—3,6 ist das Optimum. Die optimalen Aminosäuremengen sind etwa 5 mg, d. h. 0,1—0,5 mg je Aminosäure. Da die Kapazität von Dowex 50 hoch ist, kann die Gesamtmenge der Aminosäuren das Mehrfache betragen. Dadurch wird auch die Genauigkeit der Bestimmung erhöht. — Die Puffermischungen, die während höherer Temperatur den Säulen aufgegeben werden, müssen vorher durch kurzes Aufkochen luftfrei gemacht werden. Die zu verwendenden Volumina werden dann heiß in die Scheidetrichter gefüllt und mit einer Schicht Mineralöl

---

[1] STEIN, W. H., and S. MOORE: J. biol. Ch. **176**, 337 (1948).

Tabelle 13. *Herstellung von Pufferlösungen zur quantitativen Bestimmung der Aminosäuren (nach* MOORE *und* STEIN).

p_H	Zusammensetzung[1]	Erforderliche Mengen von HCl oder NaOH, um 1 cm³ Puffer auf p_H 5 einzustellen
3,42 ± 0,01 (zu Abb. 48)	500 cm³ Na-citrat p_H 5[2] + 110 cm³ 1,0 n HCl + 390 cm³ H_2O + 0,5 cm³ Thiodiglykol je 100 cm³	0,1 cm³ n NaOH
4,25 ± 0,05 (zu Abb. 48)	500 cm³ Na-citrat p_H 5[2] + 50 cm³ n HCl + 450 cm³ H_2O + 0,5 cm³ Thiodiglykol + 1,0 cm³ Benzylalkohol[3] je 100 cm³	0,05 cm³ n NaOH
6,70 ± 0,01 (zu Abb. 48)	21 g Citronensäuremonohydrat + 290 cm³ n NaOH auf 1 Liter	0,05 cm³ 0,5 n HCl
8,3 ± 0,05 (zu Abb. 48)	250 cm³ 0,2 m $NaHCO_3$[4,5] + 5 cm³ 0,1 m Na_2CO_3	0,1 cm³ 2 n HCl
9,2 ± 0,05 (zu Abb. 48)	500 cm³ 0,2 m $NaHCO_3$[4] + 90 cm³ 0,2 n NaOH	0,1 cm³ 2 n HCl
11,0 ± 0,05 (zu Abb. 48)	0,1 m Na_2CO_3	0,1 cm³ 2 n HCl
5,0 ± 0,01 (zu Abb. 49)	500 cm³ Na-Citrat p_H 5[2] + 500 cm³ H_2O + 0,1 g Dinatriumversenat[6] + 1,5 cm³ Benzylalkohol je 100 cm³	kein Zusatz
6,8 ± 0,03 (zu Abb. 49)	500 cm³ 0,1 m Na_2HPO_4 + 450 cm³ 0,1 m $NaH_2PO_4 \cdot H_2O$ + 0,1 g Dinatriumversenat[6] + 1,5 cm³ Benzylalkohol je 100 cm³	0,05 cm³ 0,5 n HCl
6,5 ± 0,05 (zu Abb. 49)	42 g Citronensäuremonohydrat + 580 cm³ 1,0 n NaOH auf 1 Liter + 0,1 g Dinatriumversenat[6] + 1,5 cm³ Benzylalkohol je 100 cm³	0,05 cm³ 2 n HCl

bedeckt. Am besten verfährt man so von vornherein mit allen Puffermischungen. — Die Durchflußgeschwindigkeit soll etwa 4 cm³/Std sein. Höhere Geschwindigkeit ergibt ungenaue Zonen, besonders in der Leucin-Isoleucingegend. Diese Geschwindigkeit stellt sich von selbst oder unter leichtem Überdruck ein. Man fängt das Eluat in 1 cm³-Portionen auf. — Werden Puffermischungen von anderem p_H aufgegeben, so darf die Säulenoberfläche nicht trocken laufen. Puffermischung 2 (p_H 4,25) soll zu Beginn des Valingipfels (nach etwa 225 cm³) aufgegeben werden, indem man gleichzeitig auf 50° erwärmt. Während eines Experimentes kann der Zeitpunkt des Pufferwechsels bestimmt werden, indem man die Lage des Prolingipfels über der Abszisse des Diagramms mit 1,63 multipliziert. Mit höherer Temperatur steigt auch die Durchlaufgeschwindigkeit und man verringert den Druck bis zur normalen Rate.

Nach weiteren 75 cm³ (insgesamt 300 cm³) wird die Temperatur auf 75° erhöht, um die Trennung von Tyrosin und Phenylalanin zu verbessern. Gewöhnlich beendet man den Vorgang, wenn insgesamt 375 cm³ Puffermischungen durch die Säule gelaufen sind, d. h. wenn das Tryptophan eluiert ist.

Nach Unterbrechung läßt man die Säule auf Zimmertemperatur abkühlen, bevor man den Zulaufhahn des Scheidetrichters schließt. Soll das Chromatogramm zur Trennung der basischen Aminosäuren fortgesetzt werden, muß nun eine Temperatur von 25° herrschen und Puffermischungen der p_H-Werte 6,7, 8,3, 9,2 und 11 zugegeben werden. Die Puffermischung p_H 6,7 wird für 5—6 Std eingeschaltet, um die Bildung von CO_2-Blasen in der Säule zu verhindern, die sonst beim Zusammenkommen der Mischungen vom p_H 4,7 und 8,3 entstehen würden.

Nach beendetem Verfahren werden die Säulen mit etwa 100 cm³ 0,2 n NaOH, BRIJ-35 enthaltend, in schnellem Durchlauf gereinigt. Sie werden dann mit Puffermischung p_H 3,42 durchgewaschen und sind zum weiteren Gebrauch fertig. Die Dowex 50-Säulen können unbegrenzt oft verwendet werden. Beim zwischenzeitlichen Aufbewahren müssen die Glashähne beiderseitig geschlossen werden, um Austrocknen zu verhindern. Sollte sich nach öfterem Gebrauch die Oberfläche des Austauschers etwas zusammenbacken, wird etwa 1 cm davon entfernt und durch neuen ersetzt.

[1] Allen Puffermischungen wird 1 cm³ von BRIJ-35-Lösung je 100 cm³ zugesetzt (BRIJ = ein Äther des Polyäthylenglykols der Atlas Powder Company, Wilmington, Delaware. 50 g BRIJ-35 werden in 100 cm³ Wasser gelöst).

[2] 0,2 m Pufferlösung von p_H 5 dient auch zur Ninhydrinmethode. Eine Verdünnung 1:1 des Puffers hat meist einen p_H von 4,95.

[3] Der Benzylalkohol dient zur Verbesserung der Löslichkeit von Tyrosin und Phenylalanin.

[4] Jeweils vor Gebrauch frisch herzustellen.

[5] Diese Puffermischung verliert beim Stehen CO_2 und wird dadurch alkalischer. Man setzt eine 1 cm hohe Schicht von Paraffinöl auf die Puffermischung im Scheidetrichter, um das p_H während des Chromatographievorganges zu stabilisieren.

[6] Versen = Äthylendiamintetraacetat. Analysenreine Substanz der Bersworth Chemical Company, Framingham, Mass.

Arbeiten mit der 150 mm-Säule (vgl. Abb. 49). Sie dient zur Bestimmung der basischen Aminosäuren; man arbeitet mit ihnen bei 25°. Der p_H der zu analysierenden Proben soll etwa 4 betragen. Da die Pufferlösung zu schnell durchläuft, muß man einen negativen Druck anwenden. Dies erreicht man, indem man Luft durch einen Wasserturm saugt, der mit dem Scheidetrichter verbunden ist. Wenn Histidin zu nahe dem Lysin austritt, kann eine Phosphatpuffermischung von p_H 6,85 oder 6,90 verwendet werden. Die Säulen sind vor dem Wiedergebrauch mit 0,2 n NaOH zu reinigen.

Analyse der Eluatfraktionen. Die einzelnen Fraktionen werden mit 1—2 Tropfen zu je 0,05 cm³ der entsprechenden Lösungen von HCl oder NaOH auf etwa p_H 5 gebracht und mit der photometrischen Ninhydrinmethode analysiert[1]. — Das Gesamtvolumen der 9×1000 mm-Säule beträgt 22 cm³. Die mehr sauren Puffermischungen haben ein beträchtliches Verzögerungsvolumen. Vom Punkt 35 cm³ nach Aufgabe der Puffermischung p_H 4,25 muß deshalb der Zusatz von 0,1 auf 0,05 cm³ n NaOH erniedrigt werden. Die anderen Wechsel beim Neutralisieren der Auslauffraktionen macht man nach jeweils 25 cm³, nachdem die betreffende Puffermischung aufgegeben wurde. — Für die 15 mm-Säule werden die Neutralisationszusätze nach jeweils 4 cm³ nach Wechsel der Puffermischung verändert.

Ammoniak verläßt die 1000 mm-Säule nahe dem Arginingipfel. Da quantitative Bestimmungen von Ammoniak wegen der Flüchtigkeit aus alkalischem Puffer nicht möglich sind, entfernt man es, indem man je 50 Fraktionenröhrchen, die Puffermischung p_H 11 enthalten, vor dem Neutralisieren in einen großen Vakuumexsiccator stellt und 2 Std ständig die Luft absaugt. Zur genauen Analyse müssen den 1 cm³-Fraktionen je 2 cm³ des Ninhydrinreagens zugesetzt werden. Nahezu gleich genaue Ergebnisse erhält man, wenn man nur je 1 cm³ Ninhydrinreagens zufügt und an Stelle von 20 min dann 30 min erwärmt. Zum Erlangen maximaler Genauigkeit müssen die Volumina, die der Fraktionensammler herausschneidet (vgl. S. 136), $1,0 \pm 0,1$ cm³ betragen. Man muß mit einem Fehler von 2 % der Endresultate rechnen.

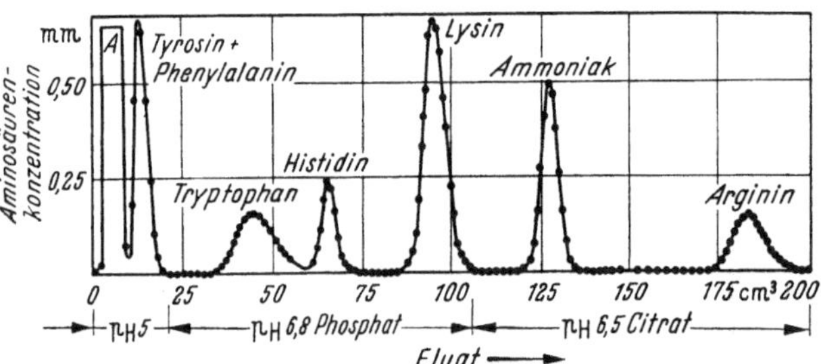

Abb. 49. Trennung der basischen Aminosäuren nach MOORE und STEIN.

Andere Arbeitsverfahren (Hinweise): Isolierung von *γ-Aminobuttersäure* aus Beta vulgaris mit Zeo-Carb 215[2]. Überführen von *β-Alanin-hydrochlorid* in das freie *β-Alanin* durch Anionenaustauscher[3].

Trennung von Peptiden. Eine Anzahl von Peptiden (Glycyl-glycin, L-Leucyl-glycin, L-Leucyl-L-alanin, Diglycyl-glycin, L-Leucylglycyl-glycin, Glycyl-L-tyrosin, L-Leucyl-L-tyrosin, L-Glutaminyl-glycin, L-Glutaminyl-L-tyrosin, L-Lysyl-glycin und L-Lysyl-L-tyrosin) können mit Amberlite IR—100 und dem selbst hergestellten sulfonierten Phenolharz IS, sowie mit Amberlite IR—4B getrennt werden, wobei der Austausch nicht nur von der Gesamtladung des Peptides, sondern auch von der Anzahl der Aminosäurereste und der Struktur ihrer Seitenketten abhängig ist[4].

Zur praktischen Abtrennung saurer Peptide mit basischen Kunstharzen vgl.[5].

Proteine. Über die chromatographische Trennung von Proteinen mit Kunstharzen liegen erst wenig Erfahrungen vor[6]. Mit einem Kationenaustauscher und der TISELIUS-CLAESSON-Einrichtung (S. 163) können im Modellversuch Mischungen von gereinigtem Rinderblutalbumin und Menschen-Kohlenoxydhämoglobin bei quantitativer Ausbeute voneinander getrennt werden. — Zur Reinigung und Krystallisation von α-Amylasen aus Speichel wurde Amberlite IR—4B verwendet[7].

Vitamine. Das folgende Verfahren[8] wird zum Abtrennen der radioaktiven *Ascorbinsäure* aus Harn im Verlauf von Untersuchungen über ihre Synthese verwendet. — Ascorbinsäure wird nur von Amberlite IR—4B aus wäßrigen Lösungen quantitativ adsorbiert, aus Harn ohne Vorbehandlung nur zu 10—40 % d. Th. — Amberlite IR—4B wird in 5 Cyclen mit 5%iger HCl, Wasser, 5%igem NH_3, Wasser behandelt. Das Material ist gesättigt, wenn der $p_H < 2$, und regeneriert, wenn $p_H < 10$ ist. Nach dem Endcyclus wird das Harz auf einem BÜCHNER-Trichter mit viel destilliertem Wasser gewaschen, dann luftgetrocknet und aufbewahrt. 10 g-Säulen in Pyrexröhren von 260 mm Länge und 21 mm Durchmesser mit Glaswollestopfen oben und unten werden mit einem 10 cm-Trichter

[1] MOORE, S., and W. H. STEIN: J. biol. Ch. **176**, 367 (1948).
[2] WESTALL, R. G.: Nature **165**, 717 (1950).
[3] BUC, S. R., I. R. FORD and E. D. WISE: Am. Soc. **67**, 92 (1945).
[4] BRENNER, M., u. C. H. BURCKHARDT: Helv. **34**, 1070 (1951).
[5] CONSDEN, R., A. H. GORDON and A. J. P. MARTIN: Biochem. J. **44**, 548 (1949). — CONSDEN, R., and A. H. GORDON: Biochem. J. **46**, 8 (1950).
[6] SOBER, H. A., G. KEGELER and F. G. GUTTER: Science, N.Y. **110**, 564 (1949). — SOBER, H., and G. KEGELER: Fed. Prod. **10**, 219 (1951).
[7] MEYER, K. H., E. H. FISCHER, P. BERNFELD et A. STAUB: Exper. **3**, 455 (1947).
[8] JACKEL, S. S., E. H. MOSBACH and C. G. KING: Arch. Biochem. **31**, 442 (1951).

versehen. — Der 24-Stundenharn (Ratte) wird in 5 cm³ 10%iger Oxalsäure gesammelt und auf 50 cm³ mit Wasser verdünnt. Dann wird er durch tropfenweises Zugeben einer gesättigten Pb-acetatlösung (1,9 g festes Pb-acetat-trihydrat je 5 cm³ 10%iger Oxalsäure) von der Oxalsäure befreit, zentrifugiert, dann noch einige Tropfen 10%iger Oxalsäure zugesetzt, um einen Bleiüberschuß zu entfernen, wieder zentrifugiert, filtriert und die Rückstände mit 2mal je 10 cm³ destilliertem Wasser gewaschen. Die vereinigten Lösungen werden durch die 10 g-Säule mit 4 cm³/min Geschwindigkeit chromatographiert und dann mit 400 cm³ Wasser (20 cm³/min) nachgewaschen. Der Durchlauf wird verworfen. Elution mit n HCl (8 cm³/min). Die Eluate werden in 25 cm³-Fraktionen gesammelt. Die erste Ascorbinsäure enthaltende Fraktion ist die zwischen $p_H > 4$ und $p_H < 4$. Diese und die beiden folgenden Fraktionen werden vereinigt. Sie enthalten 85—90% der adsorbierten Ascorbinsäure. — Über die Isolierung von Ascorbinsäure aus Walnußschalen mit Ionenaustauschern vgl. [1], aus Citrusprodukten vgl. [2].

Vitamin B₁. Verwendet wird Amberlite IR—100 in der H-Form[3], welcher das Aneurin vollständig bindet, während Lactoflavin durchläuft. Aneurin wird durch starke Mineralsäure eluiert.

Trennung von Fettsäuren. Geradkettige Fettsäuren (Essigsäure bis Capronsäure) lassen sich aus Aceton-Wassergemischen an Duolit A 2 zunehmend stärker adsorbieren[4].

Gewinnung von Diphospho-pyridin-nucleotid mit Dowex 2 nach NEILANDS und ÅKESON[5]. Aus 10 kg frischer Bäckerhefe werden 1,2 g DPN vom Reinheitsgrad 0,8 erhalten.

Aufarbeitung der Hefe. 10 kg frische Bäckerhefe werden in 10 Liter destilliertes Wasser, das sich in einem Kessel mit Dampfmantel befindet, eingerührt, die Temperatur 5 min auf 90° gehalten, der Dampf abgedreht und die Suspension durch Einfließenlassen von kaltem Wasser in den Heizmantel abgekühlt. Nach Zentrifugieren erhält man einen klaren gelben Extrakt, den man 30 min mit 10 g Norit/Liter mechanisch rührt. Währenddessen bereitet man einen großen BÜCHNER-Trichter mit Filtrierpapier vor, auf das man eine etwa 1 cm hohe Schicht von maceriertem Filtrierpapier oder Cellulosepulver gibt. Der Ansatz wird abgesaugt und der Kohlekuchen mit destilliertem Wasser gewaschen. Er wird dann 1 Std lang mit 1 Liter 15%igem wäßrigem Pyridin gerührt, von der Kohle zentrifugiert, mit 500 cm³ frischem 15%igem Pyridin aufgenommen und durch ein Jenaer Glasfilter mittlerer Porenweite abgesaugt. Die Eluate werden im Vakuum auf etwa 200 cm³ eingeengt, auf 0° gekühlt, mit konz. HNO_3 auf p_H 2,5 eingestellt und die Nucleotide in der Kälte durch Zusatz von 4 Volumina gekühltem Aceton gefällt. Nach Stehenlassen über Nacht bei $+4°$ wird die klare überstehende Lösung dekantiert, die rohen Nucleotide mit trockenem Aceton aufgerührt und durch eine Glasfritte abgesaugt. Trocknen im Vakuum über Schwefelsäure. Ausbeute 5,0—7,5 g DPN mit Reinheitsgrad 0,2.

Chromatographie an Dowex 2. Eine Chromatographieröhre mit 26 mm Innendurchmesser wird 320 mm hoch mit dem Anionenaustauscher Dowex 2 (200—400 Maschen) gefüllt, die Säule jeweils einen Tag lang mit 5%iger HCl, dann mit 5%iger NaOH und schließlich mit 0,1 m Ammoniumacetat-Essigsäuremischung vom p_H 8,9 (1 cm³/min) gewaschen. — Die Probe von 0,5—1,0 g rohem DPN, gelöst in der letzten Waschportion 0,1 m Ammoniumacetat-Essigsäuremischung, läßt man in das Harz einsickern und eluiert die Säule mit der gleichen Puffermischung. Man sammelt Fraktionen von je 6 cm³ und mißt die Extinktion bei 260 mμ. Trägt man die Werte gegen die Durchlaufvolumina auf, so erhält man mehrere Maxima. Das letzte und höchste Maximum entspricht dem DPN. Die Fraktionen zwischen 165 und 300 cm³ werden vereinigt, auf 0° gekühlt, mit 10%iger HNO_3 auf p_H 2,5 gebracht und das DPN in der Kälte mit 4 Volumina kaltem Aceton gefällt. Nach einigen Stunden wird der amorphe Niederschlag abzentrifugiert, mit kaltem Aceton und Äther gewaschen und im Vakuum über Schwefelsäure getrocknet. Ausbeute: 85% mit der Reinheit 0,8 oder höher.

Dowex 2 gibt geringe Mengen von Verunreinigungen ab. Nach Elution und Nachwaschen mit Puffer ist die Säule wieder zu verwenden, jedoch muß sie von Zeit zu Zeit mit 5%iger HCl zwischenbehandelt werden. Zum Gewinnen kleinerer Mengen eines reineren Produktes von DPN verwendet man am besten die Gegenstromverteilung (vgl. S. 264).

Trennung der Monoribonucleotide nach COHN[6]. Die Mononucleotide zeigen zunehmend negative Gesamtladung in der Reihenfolge: Cytidylsäure, Adenylsäure, Guanylsäure, Uridylsäure. Die ersten beiden sind bei $p_H < 2,5$, Guanylsäure unter p_H 1,5 Kationen, Uridylsäure bleibt Anion bis p_H 0. Über p_H 5 sind alle stark negativ geladen, weswegen es einfach ist, eine Mischung bei $p_H > 6$ zu adsorbieren und in der im ersten Satz gegebenen Reihenfolge zu eluieren. Hierzu erniedrigt man den p_H stufenweise und erhöht gegen Ende die Anionenkonzentration mit Salz. Unter Verwendung eines

---

[1] KLOSE, A. A., J. B. STARK, G. G. PURVIS, I. PEAT and H. L. FEVOLD: Industr. engng. Chem. **42**, 387 (1950).

[2] MOTTERN, H. H., and B. E. BUCK: Amer. Pat. 2433583 (1948).

[3] HERR, D. S.: Industr. engng. Chem., industr. Ed. **37**, 631 (1945).

[4] ROBINSON, D. A., and C. F. MILLS: Industr. engng. Chem. **41**, 2221 (1949).

[5] NEILANDS, J. B., and A. ÅKESON: J. biol. Ch. **188**, 307 (1951). — Gebräuchliche Methode: LE PAGE, G. A.: J. biol. Ch. **168**, 623 (1947). — LE PAGE, G. A., and G. C. MUELLER: J. biol. Ch. **180**, 975 (1949). — *Gegenstromverteilung:* HOGEBOOM, G. H., and G. T. BARRY: J. biol. Ch. **176**, 955 (1948). — *Adsorption an Tierkohle:* JANDORF, B. J.: J. biol. Ch. **138**, 305 (1941).

[6] COHN, W. E.: Science, N.Y. **109**, 377 (1949). Am. Soc. **71**, 2275 (1949); **72**, 1471 (1950).

eigenen Apparatetyps[1] erhält man die besten Resultate mit Dowex 1, aber auch Dowex 2 und Amberlite IRA—400 sind verwendbar.

Trennung von Adenosin-diphosphorsäure und Adenosin-triphosphorsäure mit Dowex 1 nach COHN ***und*** CARTER [2]. Man adsorbiert die Ammoniumsalze der Säuren aus ammoniakalischer Lösung an eine Säule von Dowex 1 (3 cm³/min) und eluiert folgende Bestandteile mit je 100 cm³: 1. Adenosin mit 0,1 m NH_3, 2. Adenin mit 0,01 m NH_4Cl in H_2O, 3. Adenosinmonophosphat mit 0,003 m HCl, 4. Adenosin-diphosphat, anorganisches Phosphat mit 0,02 m NaCl in 0,01 m HCl, 5. Adenosin-triphosphat mit 0,2 m NaCl in 0,01 m HCl. Läßt man einen Schritt aus, so erscheint die betreffende Substanz in der nächsten Fraktion. — Diese Methode dürfte sich gut zur Gesamtanalyse von Phosphatestern dieser Gruppe + anorganischem Phosphat eignen.

Gewinnung von CORI-***Ester nach*** MCCREADY ***und*** HASSID [3]. Nach Phosphorolyse der Stärke in Anwesenheit von Phosphatpuffer und Ausfällen von anorganischem Phosphat wird die Lösung zuerst an eine H-Austauschersäule chromatographiert, die Kationen entfernt. Der Durchlauf geht dann durch eine Anionenaustauschersäule, die Glucose-1-phosphorsäure adsorbiert. Lösliche Verunreinigungen (Dextrine, Proteine und schwache organische Säuren) gehen durch. Man eluiert mit verdünntem Alkali und isoliert als krystallisiertes Dikaliumsalz.

Weitere Hinweise: Wasserenthärtung durch kombinierte Kationen- und Anionenaustauscher. Entmineralisieren von Gelatinelösungen[4], Glucoselösungen, Paraffin[5], geklärten Rohrzuckerlösungen[6], Rübenzuckerlösungen[7], Pektinlösungen[8]. Entfernen von Ca^{++} aus Milch[9], Entmineralisieren zum Reinigen eines Muskelextraktes (vor der Bestimmung seines Inositgehaltes)[10]. Hierbei höhere Reinheit als nach den üblichen Fällungsreaktionen. Allgemein anwendbar!

g) Verteilungschromatographie.

Vorbemerkungen. Wir haben die seither beschriebenen Verfahren nach dem *Bindungsmechanismus* der Komponenten des Trenngemisches an das Adsorbens eingeteilt. Im Falle der Additionschromatographie sind es homöopolare Bindungskräfte oder Wasserstoffbindungen, im Falle der Austauschchromatographie heteropolare Hauptvalenzkräfte. Stets stellt sich zunächst ein „Gleichgewicht" ein zwischen der Substanzkonzentration auf der Adsorbensoberfläche und derjenigen im Solvens. Bewegt sich das Solvens mit konstanter Geschwindigkeit durch die Säule, so wandern die einzelnen Substanzen mit verschiedenen *relativen Geschwindigkeiten* (vgl. S. 152), die eine Funktion der Verteilung der Substanzen zwischen Adsorbens und Solvens sind. Im Grunde genommen bestimmt also diese Verteilung den *Trennverlauf* im Chromatogramm, und es erscheint gleichgültig, durch welche wirkenden Kräfte sich das Verteilungsgleichgewicht einstellt.

Wir sind gewohnt, als *Verteilung* im engeren Sinne die einer Substanz zwischen zwei nicht unbegrenzt miteinander mischbaren, aber gegenseitig abgesättigten Lösungsmitteln zu bezeichnen. Der *Verteilungskoeffizient k* gibt dann, gemäß dem NERNSTschen Verteilungssatz, das Verhältnis der molaren oder Gewichtskonzentrationen in den Volumeneinheiten beider Solventien wieder (vgl. S. 261). Dieses Prinzip liegt der hier zu besprechenden Verteilungschromatographie zugrunde.

Die jene Verteilung bewirkenden Kräfte sind in den von den Solvensmolekeln ausgehenden VAN DER WAALSschen Kräften oder im Vorhandensein von Protonendonatoren oder -acceptoren, die zu Wasserstoffbindungen führen[11], zu suchen. Nehmen wir als Beispiel das System Cyclohexan/Wasser[12], in welchem eine Substanz einen hohen Verteilungskoeffizienten besitzen möge, so bestehen zunächst zwischen den Cyclohexan-

[1] TOMPKINS, E. R.: Soc. **1949**, 32, 92. — KUNIN, R.: Analyt. Chem., Washington **21**, 87 (1949).

[2] COHN, W. E., and C. E. CARTER: Am. Soc. **72**, 4273 (1950).

[3] MCCREADY, R. M., and W. J. HASSID: Am. Soc. **66**, 560 (1944).

[4] HOLMES, E. L.: Amer. Pat. 2240116 (1941).

[5] SMIT, P.: Amer. Pat. 2198393 (1940).

[6] RAWLINGS, F. M., and R. W. SHAFOR: Sugar **37**, 26 (1942).

[7] WEITZ, F. W.: Sugar **38**, 26 (1943).

[8] WILLIAMS, K. T., and C. M. JOHNSON: Industr. engng. Chem., industr. Ed. **36** 23 (1944).

[9] LYMAN, J. F., E. H. BROWNE and H. E. OTTING: Industr. engng. Chem. **25**, 1297 (1933).

[10] PLATT, B. S., and G. E. GLOCK: Biochem. J. **36**, XVIII (1942).

[11] PAULING, L.: The Nature of the Chemical Bond. Ithaca, New York 1945.

[12] MARTIN, A. J. P.: Biochem. Soc. Symp. **3**, 4 (1949).

molekeln ebenso wie zwischen den Wassermolekeln *homöopolare Attraktionskräfte*, die vielleicht eine ähnliche Feldstärke besitzen. Zwischen den Wassermolekeln bestehen noch Wasserstoffbindungen, die dann für den Übergang der Substanz in Cyclohexan verantwortlich sind.

Die homöopolaren Attraktionskräfte können auch spezifisch wirksam sein. Benzol bevorzugt z. B. aromatische gegenüber aliphatischen Substanzen, Cyclohexan umgekehrt aliphatische gegenüber aromatischen. Da beide Solventien aber ähnliche Schmelz- und Siedetemperaturen besitzen, scheint das Ausmaß der VAN DER WAALSschen Kräfte zwar ähnlich, die dreidimensionale Raumverteilung ihrer Kraftfelder jedoch unterschiedlich zu sein. So schließen sich aromatische Molekeln mit ähnlicher Raumanordnung der Kraftzentren näher an Benzolmolekeln, aliphatische näher an Cyclohexanmolekeln an. Benzylalkohol bevorzugt gegenüber Butanol ebenfalls aromatische Verbindungen.

Auch die im Ausmaß viel stärkeren *Wasserstoffbindungen* sind für die Ausbildung von Verteilungen bedeutsam. Als Beispiele hierfür nehmen wir die Phasensysteme Phenol/Wasser (A) und Collidin/Wasser (B). Phenol ist ein Protonendonator und Collidin ein Protonenacceptor. Wasser ist sowohl Protonendonator als auch -acceptor. Wie verhält sich nun eine zu H-Bindungen befähigte Substanz in beiden Systemen? Eine Aminogruppen enthaltende Verbindung (Protonenacceptor) wird in B gegenüber A zugunsten der Wasserphase und eine HO-Gruppe enthaltende Verbindung (Protonendonator) dagegen in A gegenüber B zugunsten des Wassers verteilt sein. Die Carboxylgruppe enthält sowohl die protonabgebende HO-Gruppe als auch die protonaufnehmende Carbonylgruppe. Sie verhält sich jedoch, wenn das Ausmaß der Ionisation es erlaubt, so, als ob der HO-Gruppeneinfluß vorherrsche. Bei schwachen Säuren oder Basen stellt der p_H des Milieus das Ausmaß der Ionisation ein, so daß durch Veränderung des p_H, Wahl geeigneter Puffer bestimmter Ionenstärke u. a. die Verteilungskoeffizienten verändert werden können. Besitzen 2 Substanzen verschiedene pK-Werte, so ist die Trennungskonstante im Chromatogramm (vgl. S. 184) eine Funktion des p_H.

Diese Überlegungen, von denen nur wenige Beispiele angeführt sind, können oft entscheidend sein für die Auswahl geeigneter Phasensysteme, sowohl zur Verteilungschromatographie als auch zur Gegenstromverteilung (vgl. S. 260). Im letztgenannten Falle liegen die beiden Phasen als bewegliche Flüssigkeiten vor. Im ersteren Falle besteht das Problem, eine davon *stationär* anzuordnen, während die andere *mobil* sein soll. Entscheidend zur Lösung dieses Problems ist, daß sich das *Verteilungsgleichgewicht* möglichst schnell einstellt. Ist eine Phase stationär, in Form kleiner Tröpfchen von einem porösen Material festgehalten oder als dünner Film über der Oberfläche seiner Teilchen, so diffundieren die Adsorbendummolekeln, wenn sie mit der mobilen Phase auf die Säule gebracht werden, um so schneller, je kleiner die Diffusionsstrecken, d. h. je kleiner die Tröpfchen und je dünner die Oberflächenfilme, je größer also die gesamten austauschenden Oberflächenbezirke sind. Es sei nur darauf hingewiesen, daß die schnelle Einstellung des Verteilungsgleichgewichtes zuweilen begrenzt ist durch die zur Überführung der Substanz aus einer Phase in die andere aufzuwendende Aktivierungsenergie.

Um eine der beiden Phasen stationär anzuordnen, benötigt man einen *idealen Träger*, d. h. einen solchen, der nur die Flüssigkeitströpfchen bindet, jedoch sich gegenüber dem Adsorbendum völlig inert verhält. Damit wir die gewohnte Nomenklatur weiter verwenden können, bezeichnen wir als *Adsorbens* den mit der stationären Phase optimal beladenen Träger, sprechen aber nicht mehr wie früher vom Solvens, sondern von der mobilen Phase. Das Adsorbendum verteilt sich also zwischen stationärer und mobiler Phase.

Ein nahezu idealer Träger ist *Kieselgur*. Das Diatomeenskelet besteht aus relativ dichter Kieselsäure, die selbst nicht stärker adsorbiert als Quarzpulver. Die stationäre Phase wird zwischen den Stacheln und in den Löchern in Form kleiner Tröpfchen festgehalten. So verteilt sich das Adsorbendum zwischen reiner stationärer und reiner mobiler Phase, wenn das Adsorbens, wie üblich, säulenförmig angeordnet wird und letztere hindurchläuft. Ein realer Träger, der häufig angewandt wird, ist „nichtadsorbierendes"

Silicagel. Es ist insofern „real", als die Tröpfchen der stationären Phase von einem Netzwerk submikroskopischer Krystalle des Trägermaterials durchzogen sind. Einzelne seiner Molekelbezirke haben sich unter Abgabe von Wärme mit einem Hydratationsmantel umgeben. Diese Bezirke sind offenbar nicht vollständig inert gegenüber Adsorbenden, so daß neben dem idealen Austausch zwischen den beiden Phasen auch Adsorptionsvorgänge an diesen Oberflächenbezirken stattfinden. Selbst die Materialien *Cellulose* (in Form von Pulver oder von Filtrierpapier, vgl. S. 219) und *Kartoffelstärke* sind reale Träger. Auch an ihren Oberflächen wirken Adsorptionskräfte, ähnlich wie bei Kieselgur. Neben diesen Kräften bestehen aber noch Komplikationen, die sich aus dem besonderen Aufbau dieser Materialien und durch ihr Verhalten gegenüber Wasser ergeben[1]. Da diese abweichenden Verhältnisse für die Praxis bedeutungsvoll sind, müssen sie näher untersucht werden.

Als Beispiel diene die *Cellulose* als Trägersubstanz[2]. Setzt man das trockene Material der Luftfeuchtigkeit aus, so nimmt es die ersten Anteile ganz ähnlich wie das Aluminiumoxyd (vgl. S. 146) unter Entwicklung von viel Adsorptionswärme auf. Mit steigender Hydratation sinkt dann die Adsorptionswärme für Wasser. Das zuerst aufgenommene Wasser besitzt eine kleine Diffusionsgeschwindigkeit und diese einen hohen Temperaturkoeffizienten. Dies alles besagt, daß die Wassermolekeln chemisch gebunden werden. Das weiter eintretende Wasser weist dann bei abnehmender Adsorptionswärme steigende Diffusionskoeffizienten auf. Wir haben hier also ganz ähnliche Verhältnisse wie beim Silicagel (vgl. S. 152) und müssen zwischen gebundenem und freiem Wasser unterscheiden. Der Übergang gibt sich unter anderem durch den Wechsel in der Diffusionskonstanten zu erkennen. Native Cellulose bindet etwa 5,9% Wasser chemisch, der Rest wird durch ähnliche Kräfte festgehalten, wie sie auch zwischen Wassermolekeln wirken. Das *gebundene Wasser* ist nicht homogen über die gesamte Cellulosefaser verteilt, sondern befindet sich in den amorphen Bezirken, während die krystallinen Teile frei davon sind. Dies ergibt sich aus der Röntgenstrukturanalyse. Die amorphen Teile der Cellulosefaser sind stärker hydratisiert als etwa Schwefelsäuremolekeln; wir können diese Bezirke als Stellen einer an Polysaccharid gesättigten Lösung auffassen. Das Polysaccharid kann sich jedoch nicht völlig lösen, weil es an den Übergangsstellen zu den krystallinen Bezirken kettenförmig verankert ist. Die HO-Gruppen dieser Bezirke können in bestimmtem Umfange VAN DER WAALSsche Kräfte betätigen oder H-Bindungen eingehen. Außerdem sind je nach Vorbehandlungsart der Cellulose mehr oder weniger Carboxylgruppen in den Polysaccharidketten vorhanden, die heteropolare Hauptvalenzbindungen eingehen können. So überlagern sich mehrere Momente: *Wirkung der an Polysaccharid gesättigten Lösung* in den amorphen Bezirken gegenüber dem reinen Solvens der stationären Phase, darin *Wirkung der HO-Gruppen und der HOOC-Gruppen.* Die Bezirke der an Polysaccharid gesättigten Lösung, neben denen Bezirke des reinen Solvens der stationären Phase bestehen mögen, haben auf letztere eine gewisse „Aussalzwirkung", d. h. sie verdrängen den Anteil an organischem Solvens, mit dem die Wasserphase gesättigt ist, zugunsten des wäßrigen Anteils. So bestehen auf dem Träger in Wirklichkeit *2 Arten von stationärer Phase* in feinverteilter Form nebeneinander: die an Polysaccharid gesättigte, an organischem Solvens relativ arme Phase, daneben die polysaccharidfreie, an organischem Solvens relativ reiche Phase. Die oben erwähnte Aussalzwirkung richtet sich in gleicher Weise gegen das Adsorbendum, das in der mobilen Phase gelöst ist. Das Vorhandensein der an Polysaccharid gesättigten Lösung in den amorphen Bezirken der Cellulose erklärt, warum eine Verteilungschromatographie auch möglich ist, wenn eine rein wäßrige Lösung als mobile Phase verwendet wird (vgl. S. 221). In diesem Falle verteilt sich das Adsorbendum zwischen dem reinen wäßrigen mobilen Solvens und der stationären, an Polysaccharid gesättigten wäßrigen Lösung in den amorphen Bezirken der Cellulose.

---

[1] Vgl. hierzu HERMANS, P. H.: Physics and Chemistry of Cellulose Fibres. Amsterdam 1949.
[2] MARTIN, A. J. P.: Partition Chromatography. Ann. Rev. **19**, 517 (1950).

Der im Verteilungschromatogramm beobachtete Trenneffekt ist also die Resultante einer Anzahl von differenten, einzelnen Wirkungen:

1. Verteilung des Adsorbendum zwischen der reinen mobilen Phase und der reinen stationären Phase (ideale Verteilung).

2. „Aussalzeffekt" der an Polysaccharid gesättigten wäßrigen Lösung in den amorphen Bezirken des Trägers, dadurch Auftreten von 2 Arten stationärer Phase, deshalb Verteilung des Adsorbendum zwischen der reinen mobilen Phase und der an Polysaccharid gesättigten Lösung bzw. Verteilung zwischen dieser und der reinen stationären Phase (reale Verteilung I).

3. Einfluß von Bindekräften, die von den Molekelteilen der Polysaccharidketten (HO-Gruppen und HOOC-Gruppen) in den Bezirken der gesättigten Lösung ausgehen (reale Verteilung II).

Treten die Wirkungen 2. und 3. in den Hintergrund, d. h. besteht eine *ideale Verteilung*, so stimmen die aus der relativen Wanderungsgeschwindigkeit der Zone in der Chromatographiesäule errechneten Verteilungskoeffizienten (vgl. S. 212) mit den im reinen Phasensystem analytisch bestimmten (vgl. S. 261) überein. Im Falle der *realen Verteilung*, wenn also 2. und 3. merklich hervortreten, weichen diese Werte voneinander ab. Der dadurch bedingte anomale Chromatographieverlauf wird uns später noch beschäftigen (vgl. S. 213). In der Reihe der Aminosäuren ergeben sich die Abweichungen zwischen diesen beiden Zahlen durch die zum Teil beträchtliche Adsorption einiger Aminosäuren an Stärke und Cellulose[1]. Bei anderen Aminosäuren besteht dagegen gute Übereinstimmung (vgl. S. 213). Basische Aminosäuren werden durch diese Adsorbentien vergleichsweise stark gebunden, wofür die Carboxylgruppen in den amorphen Bezirken, die Assoziation mit den gelösten Polysaccharidketten oder die reine Adsorption in den krystallinen Bezirken, wenn eine solche überhaupt besteht, verantwortlich sind. Auch mit Silicagel als Träger spielen Verteilung und Adsorption gleichermaßen eine Rolle im chromatographischen Trennvorgang. In den Untersuchungen von MARTIN und SYNGE[2] aus dem Jahre 1941, von denen die Verteilungschromatographie ihren Ausgang nahm, wurden Acetylaminosäuren von wassergesättigtem Silicagel aus Cyclohexan oder Chloroform sehr fest adsorbiert, und ließen sich erst dann gut verteilen, als man der mobilen Phase einen geringen Anteil an Alkohol zusetzte, zu dem der Träger eine stärkere Affinität besaß (vgl. S. 153) als zu den Aminosäurederivaten. Hier treten also die obigen Wirkungen 2. und 3. deutlich neben die Wirkung 1. In einigen Fällen läßt man bewußt die Wirkungen 2. und 3. hervortreten, so z. B., wenn man mit Salpetersäure vorbehandelte, d. h. HOOC-gruppenreiche Cellulose anwendet[3].

Die auf S. 163 ff. beschriebenen Methoden von TISELIUS[4] lassen sich auch auf die Verteilungschromatographie übertragen. Die *Elutionsentwicklung* erlaubt nur eine schwache Beladung des Adsorbens, da der Verteilungskoeffizient k oft über einen bestimmten Konzentrationsbereich hinweg nicht hinreichend konstant ist und jede Veränderung der relativen Wanderung R_s zu einer entsprechenden Erweiterung der Zonen führt. Bei der *Verdrängungsentwicklung* ist jedoch keine Konstanz von k erforderlich, wodurch relativ größere Mengen des Adsorbendum aufgegeben werden können. R_s ändert sich in Gegenwart der Substanz der folgenden Zone. Eine Zone folgt sofort auf eine andere, so daß eine gute Trennung nur erreicht wird, wenn die Säulen bestmöglich einheitlich sind. Die Zonen können aber auch so verzerrt sein, daß sie sich nicht scharf voneinander abheben. In diesem Falle empfiehlt es sich, mehrere kürzere Säulen hintereinanderzuschalten[5],

---

[1] MOORE, S., and W. H. STEIN: Ann. N. Y. Acad. Sci. **49**, 265 (1948).

[2] MARTIN, A. J. P., and R. L. M. SYNGE: Biochem. J. **35**, 1358 (1941).

[3] BURSTALL, F. H., G. R. DAVIES and R. A. WELLS: Chromatographic analysis. Discuss. Faraday Soc. **7**, 179 (1949).

[4] Vgl. a. CLAESSON, S.: Ark. Kemi, Mineral. Geol. **23 A**, Nr. 1 (1946). — TISELIUS, A.: Adv. Protein Chem. **3**, 67 (1947).

[5] CLAESSON, S.: Ark. Kemi, Mineral. Geol. **24 A**, Nr. 16 (1947). — HAGDAHL, L.: Acta chem. scand. **2**, 574 (1948).

wobei die in der ersten Säule noch bestehenden Verzerrungen in den folgenden ausgeglichen werden.

Wenn auch in den meisten Fällen die wäßrige als stationäre und die organische als mobile Phase verwandt werden, so ist auch der umgekehrte Fall prinzipiell möglich. Die „inverse Verteilungschromatographie" empfiehlt sich dann, wenn der Verteilungskoeffizient k in einem bestimmten System klein, d. h. die Löslichkeit in der organischen Phase gering ist. Auch lassen sich in beschränktem Umfange Lösungsmittelpaare verwenden, in denen keine wäßrige Phase vorhanden ist, so z. B. zur Chromatographie von isomeren Hexachlorcyclohexanen das System Nitromethan (stationär)/n-Hexan (mobil)[1] oder zur Chromatographie von Fettsäuren das System Methanol (stationär)/niedrig siedendes flüssiges Paraffin (mobil)[2].

Die „Adsorbentien". Wie oben ausgeführt, bezeichnen wir als „Adsorbentien" zur Verteilungschromatographie einen mit der stationären Phase gesättigten Träger. Welche Eigenschaften dieses „Adsorbens" besitzt, wurde bereits besprochen. Es kommt darauf an, daß die reinen Adsorptionseigenschaften des Trägers minimal sind. Der zuerst verwandte Träger war „nichtadsorbierendes" Silicagel. Bald gesellten sich Kartoffelstärke, Cellulose, Kieselgur, Gummipulver, Chlorkautschuk, Glaspulver u. a. weniger bedeutungsvolle Materialien hinzu.

Silicagel. Die auf S. 150 beschriebenen Silicagelpräparate sind „adsorbierende" Produkte und eignen sich nicht zur Verteilungschromatographie. Es ist sehr schwer, nichtadsorbierende Silicagelsorten mit gleichbleibenden Eigenschaften zu gewinnen. Meist ist „nichtadsorbierend" auch nur als „schwachadsorbierend" zu verstehen.

Darstellung eines „konstanten" Silicagel nach MARTIN *und* SYNGE[3]. Handelsübliches, reines Wasserglas wird mit 2 Volumina Wasser verdünnt und nach Zusatz von Methylorange als Indicator 10 n Salzsäure unter starkem Rühren tropfenweise zugesetzt. Nach einigen Stunden (mehr Säure, wenn erforderlich) wird abgesaugt und solange mit Wasser gewaschen, bis kein Indicator mehr durchläuft. Das Gel muß dann einige Tage feucht auf der Nutsche altern. Es wird dann nochmals gewaschen und bei 110° getrocknet. — *Silicagel des Handels* wird wiederholt mit konz. Salzsäure ausgekocht, um die bei der Chromatographie sehr störenden *Eisenspuren* zu entfernen, dann mit Wasser gewaschen und schließlich mit warmem 97%igem Äthanol extrahiert. Dieses vervollständigt die Entfernung von Eisen und beseitigt Fettbestandteile. Dann wird bei 110° getrocknet und in geschlossenem Gefäß aufbewahrt.

An diese Vorschrift lehnen sich die meisten nachkommenden an. *Verbesserte Vorschrift*[4]: Zu der verdünnten Wasserglaslösung [1 Liter Handelsprodukt ($d = 1{,}35$ bis $1{,}40$) $+$ 2 Liter Wasser] sollen 200—300 cm³ 18%ige Salzsäure (1 Teil konz. Salzsäure $+$ 1 Teil Wasser) unter Rühren in 2—3 min zufließen. Die dabei entstehende feste Gallerte wird durch Kneten in einen gleichmäßigen Brei, der noch stark alkalisch reagiert, übergeführt. Unter intensivem Rühren werden weitere 300—400 cm³ 18%ige Salzsäure zugefügt, bis die Aufschlämmung schwach sauer reagiert. Während der Säurezugabe soll der Brei Kongopapier nie blau färben. Wenn sich der p_H auf etwa 6 eingestellt hat, wird noch während 1 Std weiter gut gerührt und, wenn nötig, noch etwas Säure zugegeben. Dann wird das Gel abfiltriert und durch mehrfaches Aufschlämmen in Wasser weitgehend vom Kochsalz befreit. Nach 2tägigem Trocknen bei 100—110° (ohne Vakuum) und Passieren durch ein Sieb (lichte Maschenweite 0,3—0,4 mm) erhält man ein neutrales, feinsandiges Pulver, das 100—200% seines Gewichtes an Wasser aufzunehmen vermag, ohne zusammenzubacken. — Auch diese Autoren betonen noch 1951, daß es bis jetzt nicht gelungen ist, die Herstellung von Silicagel zu standardisieren. Die einzelnen Chargen variieren in ihrer Fähigkeit, Wasser aufzunehmen. Aber auch bei gleichbleibender Hydra-

---

[1] RAMSEY, L. L., and W. J. PATTERSON: J. Ass. agric. Chem. **29**, 337, (1946).
[2] RAMSAY, L. L., and W. J. PATTERSON: J. Ass. agric. Chem. **31**, 139, 164 (1948).
[3] MARTIN, A. J. P., and R. L. M. SYNGE: Biochem. J. **35**, 1364 (1941).
[4] STOLL, A., E. ANGLIKER, F. BARFUSS, W. KUSSMAUL u. J. RENZ: Helv. **34**, 1460 (1951).

tation bestehen noch Unterschiede, die sich im Trenneffekt auswirken. Es wird daher empfohlen, die einzelnen Chargen mit bekannten Substanzen auszutesten und die optimalen Bedingungen für die Herstellung des Silicagelträgers und damit des „Adsorbens", d. h. auch die geeignete Zusammensetzung des Phasensystems auszuprobieren.

Testmethode nach GORDON, MARTIN *und* SYNGE[1] *(als Beispiel).* Eine Mischung von je 3 mg Acetylphenylalanin und Acetylleucin wird auf eine Säule von 3 g Silicagel (10 mm Durchmesser) gegeben und als mobile Phase Chloroform + 1—3 % Butanol (vgl. S. 210) verwendet (Methylorange als Indicator). Die Summe der Titrationswerte der 2 entstehenden Fraktionen soll nicht mehr als 2 % von derjenigen der Mischung vor der Analyse abweichen. — Die Ausbeute an Acetylphenylalanin in der ersten aus der Säule austretenden Fraktion soll 99 % betragen. Mit „schlechten" Silicagelpräparaten beträgt sie 89 %, wobei die Gesamtausbeute an Acetylphenylalanin quantitativ ist und nur der Rest in den folgenden Fraktionen erscheint. Für die „Schwanzbildung" sind adsorptive Kräfte (s. S. 200) verantwortlich, die für das aromatische Aminosäurederivat größer sind als für das aliphatische. Ein ähnliches Ergebnis wird mit einer Mischung von Acetyltryptophan und Acetylvalin erhalten (vgl. hierzu)[2].

Weitere Darstellungsmethoden für Silicagel vgl.[3].

Säurebehandlung von Silicagel nach BLACKBURN[4]. Im Anschluß an die Darstellung von Silicagel nach obiger Vorschrift wird ein beträchtlicher Überschuß an Salzsäure zur Mischung zugesetzt, diese 3 Std stehen gelassen und dann gewaschen und filtriert. Das Gel altert dann, wie oben angegeben, 3 Tage in destilliertem Wasser, worauf es nochmals gewaschen und schließlich getrocknet wird. Dieses Produkt wird als „nichtadsorbierend" (gegenüber DNP-Aminosäuren, vgl. S. 215) bezeichnet.

Eigenschaften des Ausgangsmaterials, Einhalten des geeigneten p_H beim Fällen (Methylorange als Indicator, nicht bei allen Wasserglasfabrikaten notwendig) und Altern sollen die wichtigsten Punkte zur Herstellung geeigneten Trägermaterials sein. Für manche Adsorbenden (z. B. DNP-Aminosäuren) ist die Zwischenbehandlung mit Salzsäure angebracht. So muß für jedes Adsorbendum das geeignete Silicagel aufgesucht werden[5].

Silicagelmischungen. Für manche Zwecke eignet sich der Zusatz eines auflockernden, inerten Materials zum Silicagel, um die Säulen durchgängiger zu machen. So wird eine Mischung von Silicagel (Silene EF)[6] mit Kieselgur (Celit)[7] 5:1 empfohlen (vgl. S. 152).

Herstellung von Silicagelsäulen. Das Trägermaterial wird selten trocken in die Röhren eingefüllt, vielmehr zunächst mit der geeigneten Menge stationärer Phase, die an Gegenphase gesättigt ist, versetzt und dann entweder so, oder als Aufschlämmung in der mobilen Phase, in die Röhren eingetragen. Die Menge an stationärer Phase ist je nach Silicagelpräparat verschieden. Zur Chromatographie der Acetylaminosäuren werden dem nach S. 204 bereiteten Trägermaterial 70 Gew.-% einer wäßrigen, an Methylorange (als Indicator, vgl. S. 209) gesättigten Lösung auf einmal zugesetzt und gut durchmischt. Man erhält ein hellrotes Pulver, das man in der 7fachen Menge Chloroform (mit Wasser gesättigt) + 1 Vol.-% Butanol suspendiert und in das Rohr eingießt. Das Gel setzt sich ab und das Chloroform fließt durch. Der Indicator wird in der stationären Phase festgehalten.

Zur Chromatographie von DNP-Aminosäuren (vgl. Arbeitsvorschrift S. 215) werden dem Trägermaterial 66 Gew.-% einer Pufferlösung zugegeben und das „Adsorbens" dann, wie oben beschrieben, in wassergesättigtem Chloroform aufgeschlämmt, bzw. in der anderen mobilen Phase, wenn nicht Puffermischung/Chloroform, sondern Puffermischung/Chloroform + 3 % Butanol od. dergl. gebraucht werden.

---

[1] GORDON, A. H., A. J. P. MARTIN and R. L. M. SYNGE: Biochem. J. 38, 65 (1944).

[2] HARRIS, R., and A. N. WICK: Industr. engng. Chem., analyt. Ed. 18, 276 (1946).

[3] TRISTRAM, G. R.: Biochem. J. 40, 721 (1946).

[4] BLACKBURN, S.: Biochem. J. 45, 579 (1949).

[5] Vgl. a. CONSDEN, R., A. H. GORDON, A. J. P. MARTIN and R. L. M. SYNGE: Biochem. J. 41, 596 (1947). — HARRIS, R., and A. N. WICK: Industr. engng. Chem., analyt. Ed. 18, 276 (1946).

[6] Columbia Chemical Div. Pittsburgh; Plate Glass Co. Barberton, Ohio.

[7] Celit 535, Johns-Manville Co. New York, N.Y.

Das „Adsorbens" muß durch sehr vorsichtiges Anpressen völlig homogen in der Röhre lagern. Vor Aufgeben des Adsorbendum, zweckmäßig in wenig mobiler Phase gelöst, läßt man stets eine größere Menge der mobilen Phase durch die Säule laufen, damit sich etwaige Verteilungsgleichgewichte zwischen Träger + stationärer Phase einerseits und mobiler Phase andererseits vor der Verteilungschromatographie ausgleichen. Andernfalls kommt es zu unübersehbaren Komplikationen im Verteilungsverlauf, wofür ein Beispiel auf S. 213 gegeben wird.

Silicagel hält auch lipophile Flüssigkeiten fest. Zur Chromatographie der Fettsäuren C_1—C_8 wird z. B. ein mit Dichlordimethylsilan oder Paraffin imprägniertes Silicagel und als mobile Phase eine wäßrige verwendet („inverse Verteilungschromatographie")[1].

Kartoffelstärke. An die Seite des schwierig gleichmäßig darzustellenden Silicagel trat 1944 die Kartoffelstärke[2], die bei zwar geringerer Kapazität für die stationäre Phase den Vorzug konstanterer Eigenschaften besitzt. Andere Stärkesorten scheinen sich weniger gut bewährt zu haben. Die technisch reinen Kartoffelstärkesorten des Handels sind für viele Zwecke genügend rein. Für die Mikrochromatographie von Aminosäuren empfiehlt sich eine weitere *Reinigung der Kartoffelstärke*[3]: Das rohe Material wird 6mal mit je der 10fachen Menge Wasser gewaschen; man läßt absitzen und gießt ab. Das letzte Waschwasser darf keine Ninhydrinreaktion mehr geben. Dann wird an der Luft getrocknet, mit der 4fachen Menge n-Butanol (mit Wasser gesättigt) 24 Std bei Zimmertemperatur extrahiert und dann bei 37° getrocknet. Vor dem Einfüllen in die Säulen wird die Stärke mit feuchtem Butanol gewaschen. Auch Extraktion mit Methanol während 24 Std im Soxhlet-Apparat und Trocknen im Vakuum bei 45° wurden beschrieben[4]. Anschließend wird die Stärke der Luftfeuchtigkeit ausgesetzt und so zur Bereitung der Säulen verwendet (vgl. hierzu)[5].

Herstellung der Stärkesäulen nach Stein und Moore[6]. Vor Bereitung der Säulen muß der Wassergehalt der Stärke sorgfältig bestimmt werden, indem man eine Probe bei 110° bei Atmosphärendruck bis zur Gewichtskonstanz trocknet. Der Feuchtigkeitsgehalt der Stärke ändert sich mit dem der Luft. Eine lufttrockene Probe, die 13,4 g wasserfreier Stärke entspricht, wird abgewogen, in 25 cm³ trockenem Butanol suspendiert, dem vorher so viel Wasser zugesetzt wird, daß der totale Wassergehalt der Stärke dann 30 % des Gewichtes der trockenen Stärke beträgt. Enthält die Stärke z. B. 20 % Feuchtigkeit, so werden 16,8 g abgewogen und in Butanol, dem 0,7 cm³ Wasser zugesetzt worden waren, suspendiert. Die Stärke wird mit einem Glasstab kräftig zerrührt, bis eine homogene Suspension entsteht. Währenddessen adsorbiert sie das meiste des vorhandenen Wassers. Die Suspension wird dann in das Chromatographierohr eingegossen, wozu man sich eines Trichters mit seitlich abgebogenem Rohr bedient. Dadurch fließt die Suspension an der Innenwand abwärts, ohne daß sie Luftblasen einschließt. Für Chromatographieröhren bis zu 20 mm Durchmesser wird eine 200 mm-Verlängerungsröhre des gleichen Durchmessers verwendet, die mit Hilfe einer Gummimanschette aufgesetzt wird. Dies ist notwendig, damit die Suspension auf einmal eingefüllt werden kann. Röhren mit Durchmesser unterhalb 20 mm können ohne das Verlängerungsrohr so gefüllt werden, daß von der Suspension zunächst $2/3$ zugegeben werden und der Rest dann, wenn sich der erste Teil gesetzt hat. — Nach Einbringen der gesamten Suspension wird die Säule einem Luftdruck von 50—70 mm Hg ausgesetzt (vgl. S. 131), wobei die Stärke in 1—3 Std zusammensintert. Wenn der Feuchtigkeitsgehalt der Stärke sorgfältig eingestellt war, sieht man eine scharfe Absetzlinie langsam aufwärts wandern, wenn man die Säule von hinten stark beleuchtet. Ist das Adsorbens gleichmäßig zusammengesintert, wird die Verlängerungsröhre entfernt und das auf der Oberfläche befindliche Butanol mit einer Pipette sorgfältig

[1] Howard, G. A., and A. J. P. Martin: Biochem. J. **46**, 532 (1950).
[2] Synge, R. L. M.: Biochem. J. **38**, 285 (1944).
[3] Blackburn, S.: Biochem. J. **45**, 579 (1949).
[4] Edman, P., E. Hammarsten, B. Löw and P. Reichard: J. biol. Ch. **178**, 395 (1949).
[5] Edman, P.: Acta chem. scand. **2**, 592 (1948).
[6] Stein, W. H., and S. Moore: J. biol. Ch. **176**, 337 (1948).

abgesaugt. Anschließend wird die zu verwendende mobile Phase so vorsichtig aufgegeben, daß das Adsorbens nicht aufgewirbelt wird, das Rohr bis 50 mm unter dem Rand mit mobiler Phase gefüllt und ein Scheidetrichter, der die mobile Phase enthält, aufgesetzt. Auf diesen wird ein Luftdruck von 80 mm Hg gegeben und so lange gehalten, bis 50 cm^3 der mobilen Phase durchgelaufen sind. Dies erfordert etwa 36 Std. Die Stärke sättigt sich währenddessen mit Wasser so weit, daß zwischen dem Wassergehalt der stationären und der mobilen Phase Sättigungsgleichgewicht herrscht. Die Stärke quillt noch ein wenig, wodurch sich die Säule um 10—20 mm streckt. Verwendet man Butanol-Benzylalkohol als mobile Phase, so wird die Säule lichtdurchlässig. — Ist die Säule im Gleichgewicht, muß mit einem Luftdruck von 150 mm Hg gearbeitet werden. Wendet man während des Vorbereitungsprozesses einen höheren Druck als 80 mm Hg und während des Arbeitsprozesses einen höheren als 150 mm Hg an, entstehen im unteren Säulenteil leicht Luftblasen, die die Säule unbrauchbar machen. Sind über der Bodenplatte, etwa einige Zentimeter hoch, vereinzelte Luftblasen zu sehen, dann stört dies nicht weiter.

Das Fortschreiten der Gleichgewichtseinstellung innerhalb der Säule gibt sich an der Durchlaufgeschwindigkeit zu erkennen. Eine Säule mit 9 mm Durchmesser und 300 mm Länge soll eine solche von 1,25—1,50 cm^3 je Stunde bei 150 mm Hg aufweisen. Verschiedene Kartoffelstärkesorten enthalten Partikel unterschiedlicher Ausmaße, wodurch sich die Menge des aufzunehmenden Wassers ändert. Ist die Durchflußgeschwindigkeit zu groß, muß der Wassergehalt vor dem Einfüllen verringert werden und umgekehrt. Vor dem Aufgeben des Adsorbendum muß die Oberfläche der Säule sorgfältig gleichmäßig glatt gemacht werden, wozu man sich eines Silberspatels oder eines plattgedrückten Glasstabes bedient.

Entfernen von Schwermetallspuren. Diese stören bei der Chromatographie von Aminosäuren und brauchen nur dann nicht entfernt zu werden, wenn man mit starken Säuren arbeitet. Für Säulen mit 9 mm Durchmesser wird eine Lösung von 25 mg 8-Oxychinolin in 2,5 cm^3 der mobilen Phase aufgegeben und mit 150 mm Hg Luftdruck in die Säule eingedrückt. Dann läßt man frische mobile Phase so lange nachlaufen, bis die gelbgrüne Zone des Komplexbildners etwa 50 mm unter der Oberfläche ist. Nun ist die Säule bereit zum Aufgeben des Adsorbendum. Wird die Säule nicht sogleich verwendet, so kann sie, beiderseitig verschlossen, einige Wochen aufbewahrt werden. Sie soll im allgemeinen nur einmal verwendet werden.

Cellulose. Auch dieses Material wird als Träger seit 1944 angewandt[1]. Man gebraucht entweder ein Handelsprodukt[2] oder stellt sie durch Macerieren von Filtrierpapier selbst her. Cellulosesäulen eignen sich vorzüglich zu präparativen Arbeiten in größeren Ausmaßen. Allerdings ist hierbei die Durchflußgeschwindigkeit so groß, daß man gegen einen Druck arbeiten muß.

Herstellung von Cellulosemacerat aus Filtrierpapier[3]. 170 g Whatman „Accelerator"-Papier (oder einer anderen geeigneten, genügend reinen Papiersorte) werden zerrissen und gründlich mit 1,5 Liter 0,1 n Salzsäure zerrührt; nach 30 min stehenlassen wird die Säure abgesaugt und das gleiche wiederholt. Dann wird filtriert und gründlich mit Wasser gewaschen, bis Methylrot keine Säure mehr anzeigt. Das Papier wird dann bei 90—100° getrocknet und in einem Leinwandsäckchen unter Verwenden von Gummihandschuhen mit den Händen zerfasert, schließlich durch ein 30-Maschensieb getrieben und verschlossen aufbewahrt. Das so erhaltene Pulver gibt mit Ninhydrin keine Reaktion mehr auf Aminosäuren.

Herstellung einer Cellulosesäule [nach CAMPBELL *und* WORK[4], *zur Isolierung einer toxischen Substanz aus mit Agen (NCl$_3$) behandeltem Weizenmehl].* Das Handelsprodukt

---

[1] CONSDEN, R., A. H. GORDON and A. J. P. MARTIN: Biochem. J. **38**, 224 (1944).

[2] Whatman Cellulose Powder „Ashless" oder „B-Quality"; zu beziehen durch Fa. L. Hormuth, Inh. W. Vetter, Heidelberg, Hauptstr. 24. Anderes Produkt: „Solkafloc" von Johnson, Jorgensen and Wettre, 26 Farington Street, London E. C. 4.

[3] CONSDEN, R., A. H. GORDON and A. J. P. MARTIN: Biochem. J. **40**, 33 (1946).

[4] CAMPBELL, P. N., and T. S. WORK: Biochem. J. **48**, 106 (1951).

(Solkafloc, 200 Maschen) wird gründlich mit destilliertem Wasser gewaschen, 30 min mit
5%iger Essigsäure ausgekocht, wieder mit Wasser gewaschen, mit absolutem Äthanol
ausgekocht, abfiltriert, mit Äther gewaschen und bei 110° getrocknet. Etwa 1 kg trockenes
Cellulosepulver wird in etwa 6 Litern Aceton suspendiert und in eine Glassäule von 120 cm
Länge und 6,5 cm Durchmesser in kontinuierlichem Fluß eingebracht. Das Aceton fließt
laufend aus. Dann wäscht man die Säule mit weiteren 6 Liter Aceton und läßt dieses
soweit ausfließen, bis sein Niveau gerade unter der Oberfläche der Papiersäule liegt.
Währenddessen läßt man (für diesen speziellen Fall) die Butanol-Eisessig/Wassermischung
nach PARTRIDGE (vgl. S. 222) oder eine Mischung von 63 Vol.-% n-Butanol und 27 Vol.-%
0,1 n Essigsäure 48 Std stehen, wobei Veresterung eintritt und sich 2 Schichten bilden.
15 Liter der oberen Schicht läßt man dann so langsam wie möglich durch die Säule laufen,
wobei sich das Papier mit der wäßrigen stationären Phase sättigt. Man erkennt die
Sättigung daran, daß man zu je 10 cm³ der auslaufenden Flüssigkeit einen Tropfen
Wasser zusetzt. Bildet sich beim Schütteln eine Trübung, so wird kein Wasser aufgenommen, die Säule ist also daran gesättigt und zum Gebrauch fertig. Ganz entsprechend verfährt man mit anderen Lösungsmittelpaaren. Über die Verwendung von
Celluloseacetat vgl. [1].

Kieselgur. Dieses Material als Träger wurde bereits auf S. 201 wegen seiner inerten
Eigenschaften erwähnt. Man verwendet die reinsten Handelssorten. Es scheint sich
besonders zur Chromatographie von *Proteinen* zu eignen[2]. Zur *Herstellung der Säulen*
wird trockene Kieselgur mit der Hälfte der Gewichtsmenge organischer Phase gemischt,
dann durch Zusatz der wäßrigen Phase zu einem dünnen Brei angerührt und in das Rohr
eingefüllt (vgl. S. 206). Jetzt bleibt also die organische Phase stationär und die wäßrige
ist mobil.

Auch mit Silan imprägnierte Kieselgur läßt sich für diese Chromatographieart verwenden[3].

Gummipulver eignet sich ebenfalls nur für die inverse Verteilungschromatographie.
Verwendet wird „Mealorub"[4]. Zur Chromatographie der geradzahligen Fettsäuren[5] läßt
man es mit Benzol quellen.

Chlorkautschuk[6] ist ein leicht cremefarbenes Pulver (150—200 Maschen/inch) und
wird zur Trennung der DNP-Aminosäuren verwendet.

Glaspulver[7] hält entweder die wäßrige oder die organische Phase fest, je nachdem,
womit es zuerst präpariert wird.

Bereitung einer Säule. 8 cm³ Chloroform werden kräftig mit 80 g Pyrexglaspulver
Nr. 100 geschüttelt und das feuchte Glas in 100 cm³ Wasser eingetragen, das vorher mit
Chloroform gesättigt wurde. Die Mischung wird gerührt, bis alle Chloroformtröpfchen
zerteilt sind. Der Brei wird dann in das Chromatographierohr eingefüllt und wieder
kräftig geschüttelt. Nach Vertikalstellen des Rohres setzt sich jetzt der Brei zusammen
und die Oberfläche wird unter Verwenden einer Scheibe Filtrierpapier glatt gedrückt.
Auch Benzol an Stelle von Chloroform ist verwendbar. Man konnte 2000 cm³ wäßrige
Phase durchlaufen lassen, ohne daß die Säule an Gebrauchsfähigkeit einbüßte. 72 Std
nach ihrer Herstellung war die Säule noch verwendbar.

Die Phasensysteme. Chromatographiert man Substanzen, für die Verteilungssysteme
bereits bekannt sind, so lehnt man sich an diese an, andernfalls muß man geeignete
Systeme erst ausprobieren. Hierzu verwendet man das auf S. 261 unter „Gegenstromverteilung" beschriebene Verfahren.

[1] BOSCOTT, R. J.: Nature **159**, 342 (1947).
[2] MARTIN, A. J. P., and R. R. PORTER: Biochem. J. **49**, 215 (1951).
[3] HOWARD, G. A., and A. J. P. MARTIN: Biochem. J. **46**, 532 (1950).
[4] „Rubber Stichting", Delft, Holland.
[5] BOLDINGH, J.: Discuss. Faraday Soc. **7**, 162 (1949).
[6] PARTRIDGE, M. W., and T. SWAIN: Nature **166**, 272 (1950).
[7] PARTRIDGE, M. W., and J. CHILTON: Nature **167**, 79 (1951).

In den meisten Fällen ist eine der Phasen eine stark polare, wäßrige und die andere eine weniger polare oder apolare, organische. Das einfachste System besteht aus Wasser/ organischem Solvens, vor Gebrauch gegeneinander abgesättigt. An Stelle von Wasser werden auch wäßrige Puffermischungen mit oder ohne Zusatz von apolaren organischen Verbindungen oder nur Lösungen von diesen verwendet. Als organische Solventien dienen fast alle bekannteren Flüssigkeiten, die sich mit Wasser oder wäßrigen Lösungen nicht unbegrenzt mischen. Zuweilen werden auch Mischungen organischer Solventien verwendet. In wenigen Fällen sind beide Phasen nichtwäßrige Flüssigkeiten. Auch gibt es homogene Mischungen organischer Solventien mit Wasser oder rein wäßrige Lösungen als mobile Phasen. Eine Erklärung für dieses scheinbar paradoxe Verhalten wurde auf S. 202 gegeben.

Die organischen Solventien müssen so rein wie möglich sein. Doppelte Destillation mit Rectifizierkolonnen genügender Wirksamkeit ist meist nicht zu umgehen. Reinigungsvorschriften für Solventien wurden bereits auf S. 153 behandelt. Die bei der Verteilungschromatographie beliebten Butanole können von Verunreinigungen durch 2stündiges Kochen mit Zinkstaub und starkem Alkali, anschließende Destillation und Redestillation im Vakuum befreit werden.

Beispiele für Verteilungssysteme enthalten die Tabelle 14, ferner die Tabelle 16 auf S. 223 und die Tabelle 1 auf S. 262, die für die Papierchromatographie und für die Gegenstromverteilung gelten. An die dort vorhandenen Systeme kann man sich gegebenenfalls auch bei der Verwendung von Verteilungssäulen anlehnen.

Sichtbarmachen von Zonen. *Gefärbte Verbindungen* zeigen ihre Auftrennung an Verteilungssäulen wie an denjenigen der Additionschromatographie von selbst an. Man fängt die nacheinander austretenden Adsorbenden getrennt auf oder verfährt nach der klassischen Methode und zerschneidet die Säulen nach den Positionen der einzelnen Komponenten. Diese lassen sich dann viel leichter eluieren als die an die Säulen der Additionsoder der Austauschchromatographie gebundenen Adsorbenden. Man setzt einfach wäßrige Phase im Überschuß zu, wenn diese stationär war, und erhält sofort die Lösung des Adsorbendum, ohne daß sich ein Gleichgewicht zwischen den Anteilen im Solvens und an der Adsorptionsoberfläche einstellt.

Mit *ungefärbten Verbindungen* muß man sich an die bereits besprochenen Nachweisverfahren in der Säule (vgl. S. 154) anlehnen oder man fängt den gesamten Durchlauf mit Hilfe eines Fraktionensammlers (vgl. S. 131) in mehreren größeren oder vielen kleineren Anteilen auf und analysiert diese. So verfährt man z. B. bei der quantitativen Gesamtanalyse der Aminosäuren (vgl. S. 215). Handelt es sich darum, die Anwesenheit von Aminosäuren oder ninhydrinpositiven Verbindungen in einzelnen Fraktionen nachzuweisen, so verwendet man *Ninhydrinpapier* als Test. Ganz ähnlich verwendet man *Indicatorpapiere*, wenn Säuren oder Basen in Teilportionen des Durchlaufes nachgewiesen werden sollen. Indicatoren zum Anfärben der Säulen werden auch bei der Chromatographie von Fettsäuren verwendet. Besonders geeignet ist Bromkresolgrün, mit dem Silicagelsäulen angefärbt werden[1]. Silicagel ist gegenüber dem Indicator sauer. Mit der Indicatorlösung muß genügend NaOH zugesetzt werden, um den p_H auf 4,6 einzustellen. Durch das Alkali wird aber der Verteilungskoeffizient k der Fettsäuren zugunsten der organischen Phase (durch Aussalzeffekt) erhöht. Vergleiche hierzu auch das auf S. 216 näher beschriebene Verfahren. Werden das Phasensystem 0,5 n Schwefelsäure/35%iges Butanol in Chloroform und eine Silicagelsäule zur Chromatographie der Fettsäuren benutzt[2], kann kein Säulenindicator verwendet werden. Man kann die Anwesenheit der Fettsäuren in den Durchlauffraktionen durch Zusatz geringer Mengen von Thymolblaulösung anzeigen. Stärkesäulen halten die Indicatoren kaum oder überhaupt nicht fest. Acetylaminosäuren sind ausgesprochene Säuren und so verwendet man *Methylorange* zum Anfärben der Silicagelsäulen. Durch Chloroform und die höheren Alkohole wird

---

[1] LESTER SMITH, E.: Biochem. J. **36**, XXII (1942).
[2] ISHERWOOD, F. A.: Biochem. J. **40**, 688 (1946).

Tabelle 14. *Beispiele für Phasensysteme zur Verteilungschromatographie.*

Phasensysteme (stationäre/mobile Phase)	Adsorbendum	Literatur
Silicagel		
Wasser/Chloroform + 1—3% n-Butanol Wasser/Chloroform + 1% Äthanol	Acetylaminosäuren	1
Wasser/Phenol	Cu-Komplexe der α-Aminosäuren	2
50 cm³ Wasser + 10 cm³ Eisessig + 40 cm³ n-Butanol (trennt sich nach dem Sättigen in 2 Schichten) = „PARTRIDGE-Gemisch", vgl. S. 222	Aminosäuren (auch für Cellulose als Träger verwendbar)	3

Wäßrige Phasen:
  a) 0,25 m SØRENSEN-Phosphat-Puffermischungen
  b) 0,5 m   „
  c) 0,75 m   „
Nichtwäßrige Phasen:
  a) Chloroform + 3% Butanol
  b) Chloroform + 17% Butanol
  c) Chloroform + 5% Propanol
  d) Cyclohexan
  e) Äther
  f) 33% Äther in Ligroin
	N-2,4-Dinitrophenyl-aminosäuren	4

Wasser/Chloroform bzw. Chloroform-Butanolmischungen	methylierte Zucker	5
Wasser/Chloroform + 5% Butanol	Fettsäuren	6

Wäßrige Phasen:
  a) 2 m K_2HPO_4, 2 m KH_2PO_4 2:1
  b) 2 m K_2HPO_4, 2 m K_3PO_4 2,5:3,5
  c) 2 m K_3PO_4
Nichtwäßrige Phasen:
  a) Chloroform + 1% Butanol
  b) Chloroform + 10% Butanol
  c) Chloroform + 30% Butanol
	Fettsäuren bis C_8	7

0,5 n H_2SO_4/Chloroform + 33% Butanol	mehrwertige Fettsäuren	8
Wasser/n-Butanol u. a.	Vitamin B_{12} (auch für Stärke als Träger verwendbar)	9
Wasser/Chloroform	Tropasäuren und Atropasäuren	10
Nitromethan/Methanol	Hexachlorcyclohexan	11
Methanol/Isooctan Furfurylalkohol/2-Aminopyridin 1:1/n-Hexan oder Isooctan	Fettsäuren C_5—C_{10} Fettsäuren von C_{11} aufwärts	12

[1] MARTIN, A. J. P., and R. L. M. SYNGE: Biochem. J. **35**, 1364 (1941).
[2] WIELAND, T., u. H. FREMEREY: B. **77**, 234 (1944).
[3] PARTRIDGE, S. M.: Biochem. J. **42**, 238 (1948).
[4] BLACKBURN, S.: Biochem. J. **45**, 579 (1949).
[5] BELL, D. J.: Soc. **1944**, 473.
[6] LESTER SMITH, E.: Biochem. J. **36**, XXII (1942). — ELSDEN, S. R.: Biochem. J. **40**, 252 (1946).
[7] SCARISBRICK, R., E. BALDWIN and V. MOYLE: Biochem. J. **42**, XIV (1948). — MOYLE, V., E. BALDWIN and R. SCARISBRICK: Biochem. J. **43**, 308 (1948).
[8] ISHERWOOD, F. A.: Biochem. J. **40**, 688 (1946).
[9] LESTER SMITH, E., and L. F. J. PARKER: Biochem. J. **43**, VIII (1948).
[10] SIDNEY, G.: Am. Soc. **70**, 423 (1948).
[11] RAMSAY, L. L., and W. J. PATTERSON: J. Ass. agric. Chem. **29**, 377 (1945).
[12] RAMSAY, L. L., and W. J. PATTERSON: J. Ass. agric. Chem. **31**, 139 (1948).

Tabelle 14. (Fortsetzung.)

Phasensysteme (stationäre/mobile Phase)	Adsorbendum	Literatur
Stärke		
Wasser/n-Butanol. 0,5 n HCl/n-Butanol. Wasser/Butanol-Benzylalkohol 1:1. Wasser/n- Propanol 3:1. 0,5 n HCl/ n-Propanol 3:1. 0,1 n-HCl/n Propanol/n-Butanol 1:2:1	Aminosäuren	1
a) 865 cm³ Butanol + 135 cm³ Wasser b) Davon 14 Vol. + 1 Vol. Methylenglykol	Adenin, Guanin	2
Wasser/Butanolmischungen	Adenosin, Cytidin, Guanosin, Uridin	3
Cellulose		
Wasser/Äthyl-n-propylketon + 3% konz. HCl Äthyl-isopropylketon + 10% konz. HCl	Edelmetalle, Metalle der Cu- und Sn-Gruppe	4
Wasser/95% n-Butanol + 5% Äthanol Wasser + 1% NH₃/n-Butanol	Zucker methylierte Zucker	5
Kieselgur		
Wasser/Benzol Wasser/Chloroform + 10% Butanol Wasser/Chloroform + 25% Butanol 28—36 n H₂SO₄/thiophenfreies Benzol + 2% Skellysolve (?)	Fettsäuren C_4 und C_3 Fettsäuren C_2 Fettsäuren C_1 höhere Fettsäuren	6
Na-citratpuffer verschiedener Molarität, p_H 5,7/Äther	Penicilline	7
56 Gew.-% Wasser + 20 Gew.-% Ammoniumsulfat + 24 Gew.-% Cellosolve (Äthylenglykol-monoäthyläther)	Ribonuclease	8

dieser Indicator nach gelb hin verfärbt. Mit Cyclohexan ist es dagegen gut brauchbar. Besser eignen sich die Anthocyanfarbstoffe *Pelargonin* und *Peonin*[9]. Sehr viel empfindlicher sind *Pelargonidin-* und *Delphinidin*derivate[10]. Empfehlenswert ist auch *3,6-Naphthalin-azo-N-phenylamin*[11], ein leicht herzustellender Indicator, der nur sehr schlecht durch die mobile Phase aus der Säule ausgewaschen wird.

Aminosäurepositionen auf der Säule lassen sich auch nachweisen, indem man eine ätherische Lösung von Ninhydrin anschließend an die chromatographische Entwicklung durch die Säule laufen läßt. Schließlich kann man noch andere Hilfsmittel anwenden, z. B. die Messung der Extinktion der Fraktionen in einem bestimmten Wellenlängenbereich im Ultraviolett (Purine, Pyrimidine, aromatische Aminosäuren u. a.) oder im Sichtbaren (gefärbte Verbindungen), ein Verfahren, das auch quantitativ ausgewertet wird.

Ein häufig angewandtes qualitatives Testverfahren auf die Anwesenheit von gesuchten Verbindungen in den Fraktionen ist die *Papierchromatographie* oder das Tüpfel- bzw. Sprühreagensverfahren mit Hilfe von Papierstreifen oder Rundfiltern. Handelt es sich nur um den Nachweis der Verbindungen in den Fraktionen, so wählt man letztere und

[1] STEIN, W. H., and S. MOORE: Fed. Proc. 7, 192 (1948).—MOORE, S., and W. H. STEIN: Ann. N.Y. Acad. Sci. 49, 265 (1948). J. biol. Ch. 178, 53 (1949).
[2] EDMAN, P., E. HAMMARSTEN, B. Löw and P. REICHARD: J. biol. Ch. 178, 395 (1949).
[3] REICHARD, P.: Nature 162, 662 (1948).
[4] BURSTALL, F. H., G. R. DAVIES, R. P. LINSTEAD and R. A. WELLS: Nature 163, 64 (1949).
[5] HOUGH, L., K. N. JONES and W. H. WADMAN: Nature 162, 448 (1948). Soc. 1949, 2511.
[6] PETERSON, M. A., and M. J. JOHNSON: J. biol. Ch. 174, 775 (1948).
[7] DOBSON, F., and S. W. STROUD: Biochem. J. 45 I (1949).
[8] MARTIN, A. J. P., and R. R. PORTER: Biochem. J. 49, 215 (1951).
[9] GORDON, A H., A. J. P. MARTIN and R. L. M. SYNGE: Biochem. J. 37, 79, 313 (1943).
[10] GORDON, A. H., A. J. P. MARTIN and R. L. M. SYNGE: Biochem. J. 38, 65 (1944).
[11] LIDDELL, H. F., and H. N. RYDON: Biochem. J. 38, 68 (1944).

ein geeignetes Reagens. Setzt man aus jeder Fraktion auf einen großen Bogen Filtrierpapier nebeneinander kleine Proben auf und entwickelt mit einem geeigneten Phasensystem eindimensional (vgl. S. 227), dann zeigt das Papierchromatogramm an Hand der R_F-Werte (vgl. S. 245) nicht nur die Natur der Verbindung an, sondern auch *Überschneidungen* im Trennverlauf, wenn in einer Fraktion ein Rest des vorher auslaufenden und der Anfang des nachfolgenden Adsorbendumanteiles vorhanden ist. Quantitative Analysenverfahren allein, die auf sämtliche Adsorbendumanteile ansprechen, hätten nicht zwischen diesen beiden Anteilen unterscheiden können.

Ein Charakteristicum für einzelne Bestandteile des Adsorbendum, z. B. die Aminosäuren eines Proteinhydrolysates, ist die Lage des Verteilungsmaximums über der Abszisse im *„Verteilungsdiagramm"*. Man erhält es, indem man den Durchlauf in möglichst kleinen Fraktionen auffängt, diese quantitativ analysiert (z. B. Aminosäuren mit der quantitativen Ninhydrinreaktion) und dann die Analysenwerte fortlaufend gegen das Volumen der mobilen Phase aufträgt. Die Lage dieser Maxima im Diagramm ist mathematisch bestimmt durch die relative Wanderung.

Die „relative Wanderung". Der Verteilungskoeffizient und die Theorie der Verteilungschromatographie. Die Bestimmung der relativen Wanderung R wurde auf S. 152 besprochen. R ist das Verhältnis der gewanderten Strecke des Adsorbendum zu der der mobilen Phase, gemessen im Längenmaß abwärts der Säule. Um eine Beziehung zwischen diesem Wert und dem Verteilungskoeffizienten des Adsorbendum im Phasensystem aufzustellen, müssen die Flächenanteile der Bestandteile einer „theoretischen Flächeneinheit" der Säule berücksichtigt werden. Die theoretische Flächeneinheit ist, in Anlehnung an den Begriff der „theoretischen Böden" eines Extraktionsapparates, einem Geldstück in der Geldrolle zu vergleichen.

Die *Theorie der Verteilungschromatographie*[1] bezeichnet:

$A\ \ $ = Querschnittsfläche der Säule,

A_{St} = Querschnittsflächenanteil der *stationären* Phase,

A_M = Querschnittsflächenanteil der *mobilen* Phase,

A_T = Querschnittsflächenanteil des *Träger*materials,

folglich ist: $A = A_{St} + A_M + A_T$.

Weiterhin:

$$k_S = \frac{c_{St}}{c_M},$$

d. h. der *Verteilungskoeffizient* ist das Verhältnis der Volumenkonzentrationen des Adsorbendum in der stationären Phase (St) und in der mobilen Phase (M). Dann ist:

$$R_S = \frac{\text{Wanderung der Position der maximalen Konzentration}}{\text{Wanderung der Oberfläche der mobilen Phase}}$$

und es gilt:

$$R_S = \frac{A}{A_M + k_S\,A_{St}} \ \text{ oder } \ k_S = \frac{A}{R_S\,A_{St}} - \frac{A_M}{A_{St}}.$$

Der Ausdruck R_S (für Säule) steht in Parallele zum später verwendeten Ausdruck R_F (für Filtrierpapier).

Die Formel gibt eine sehr einfache Beziehung zwischen dem Verteilungskoeffizienten einer Substanz im reinen Phasensystem und der relativen Wanderung auf der Säule. Um die Trennbarkeit zweier Substanzen in einem Gemisch voraus berechnen zu können, bedient man sich des Ausdruckes der *Trennkonstanten*, der auf S. 184 erläutert wurde. Zu seiner Berechnung muß man allerdings die einzelnen Verteilungskoeffizienten kennen, was in den wenigsten Fällen möglich ist, wenn es sich um die präparative Trennung eines Gemisches zum Zwecke der Reindarstellung einer Komponente handelt. Hier hilft der Vorversuch mit einer Verteilungssäule.

Übereinstimmung zwischen dem aus dem Verteilungschromatographievorgang berechneten k_S und dem im reinen Phasensystem experimentell erhaltenen Wert k besteht

---

[1] MARTIN, A. J. P., and R. L. M. SYNGE: Biochem. J. **35**, 1358 (1941).

nur dann, wenn der Chromatographieverlauf in der Säule auf einer reinen Verteilung beruht und keine weiteren Bindekräfte beteiligt sind (vgl. S. 203).

Beispiel. Für Acetylprolin wurde aus dem R_S 0,37 ein k_S-Wert zu 9,4 berechnet und bei der direkten Verteilung im gleichen Phasensystem $k = 9,5$ bestimmt, für Acetylphenylalanin berechnete sich aus R_S 1,07 der k_S-Wert zu 1,4 gegenüber $k = 1,3$ aus der direkten Verteilung. *Versuchseinzelheiten.* Eine Mischung von je 2 mg der Acetylaminosäuren wurde an einer Säule von 200 mm Länge und 10 mm Durchmesser mit Chloroform + 1 Vol.-% n-Butanol entwickelt (Methylorange), bis sie sich gut trennten. Dabei wurde die Abwärtsbewegung des Zonenschwerpunktes und die des Spiegels der auf der Adsorbenssäule lastenden Säule der mobilen Phase verfolgt. Wenn die Säule 5 g trockenes Silicagel (2,3 g/cm³), 3,5 cm³ Wasser und 10 cm³ mobile Phase enthält, berechnen sich A_T zu 0,11 cm², A_{St} zu 0,175 cm² und A_M zu 0,5 cm². Durch Einsetzen dieser Werte in die obige Gleichung erhält man dann die bereits genannten Resultate.

Die Anzahl der theoretischen Flächeneinheiten je Säule liegt in der Größenordnung von Tausenden. Keine Extraktionsapparatur kann deshalb so wirksam sein wie eine Verteilungssäule. Die Anzahl dieser wirksamen Flächeneinheiten hängt von der *Partikelgröße* des Trägers und der Oberfläche der stationären Phase ab. Je schneller sich das Verteilungsgleichgewicht einstellen kann, d. h. je größer die austauschenden Oberflächen und je kleiner die Abstände sind, die die Adsorbensmolekeln durchwandern müssen, desto wirksamer ist die Säule, d. h. desto größer die Anzahl der theoretischen Flächeneinheiten.

Störende Momente bestehen darin, daß sich einmal das Verteilungsgleichgewicht zu langsam einstellt und darin, daß der Verteilungskoeffizient nicht unabhängig von der Substanzkonzentration und von der Anwesenheit anderer Verbindungen ist.

Der *Zeitfaktor* des Verteilungsvorganges bedingt ein relativ langsames Wandern der mobilen Phase, d. h. der Gesamtvorgang dauert zu lange[2]. Er kann vielleicht beschleunigt werden durch Anwenden von *Ultraschall*. Die Wirkung beruht auf dem Aufrauhen der Phasengrenzflächen und wahrscheinlich auch auf dem Erhöhen der Diffusionsgeschwindigkeit der Molekeln. Sie ist von der Leistung und der Richtung der Beschallung abhängig (Beschleunigung der Verteilung von Phenanthren im System Methanol/Benzin durch Ultraschall um 76%). Wichtig ist, daß der Maximalwert der Ultraschalleistung unterhalb des Schallwertes liegt, bei dem Kavitation eintritt, weil sonst leicht eine Emulsion entsteht[3] und vielleicht die Säule zerreißt. Wenn zunächst die Anwendung von Ultraschall bei der Verteilungschromatographie als „zuviel Aufwand" angesehen werden kann, so geben diese Beobachtungen vielleicht Anregung zum Auffinden einer einfacheren Methode zum Beschleunigen des Verteilungsvorganges.

Ist der Verteilungskoeffizient in einem bestimmten Bereich unabhängig von der Konzentration, so erhält man „*ideale*" Verteilungsdiagramme, deren Kurven denjenigen einer GAUSSschen Gleichverteilung ähneln (vgl. S. 195). Im anderen Falle, bei Abhängigkeit von k mit c, ergeben sich nichtgleichschenklige, „*reale*" Kurven mit „Schwanzbildungen"[4]. So ist das Verteilungsdiagramm nicht nur ein Mittel zur Charakterisierung der Substanzen an Hand der Lage der Maxima über der Abszisse, sondern es zeigt gleichzeitig auch den idealen, realen oder fehlerhaften Verteilungsverlauf an. Die Abb. 50 gibt ein Beispiel für einen idealen Verlauf der Verteilung von Phenylalanin, Leucin und

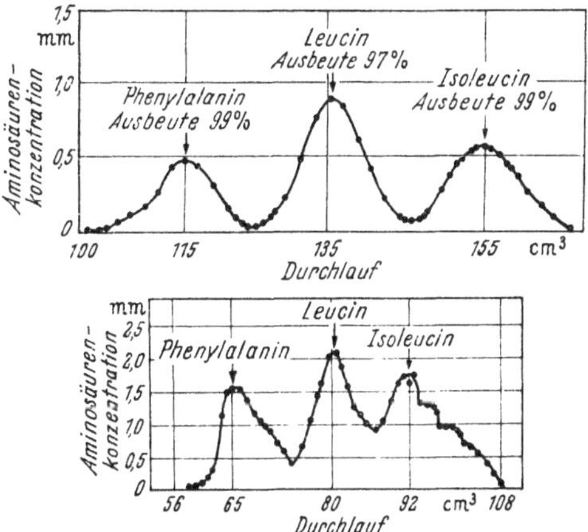

Abb. 50. Beispiele einer idealen und einer fehlerhaften Verteilungschromatographie. Nach STEIN und MOORE[1].

[1] MOORE, ST., and W. H. STEIN: Ann. N. Y. Acad. Sci. **49**, 265 (1948).

[2] BARRY, G. T., Y. SATO and L. C. CRAIG: J. biol. Ch. **174**, 209 (1948). — CRAIG, L. C.: Analyt. Chem., Washington **21**, 85 (1949).

[3] HAUL, R., H. H. RUST u. J. LÜTZOW: Naturwiss. **37**, 523 (1950).

[4] MARTIN, A. J. P., and R. L. M. SYNGE: Endeavour **6**, 21 (1947).

Isoleucin an einer fehlerfreien und den fehlerhaften Verteilungsverlauf an einer unbrauchbaren Stärkesäule wieder. Bei dieser lag das Versagen in der schlechten Packung des Trägers, in zu schnellem Lauf der mobilen Phase und in suspendierten Wassertropfen in der letzteren.

Anwendungsbeispiele. *Trennung der Acetylaminosäuren nach* GORDON, MARTIN *und* SYNGE[1]. 100 mg Protein werden 24 Std mit 6 n HCl hydrolysiert; dann wird der Säureüberschuß im Vakuum verdampft, der Rückstand in Wasser aufgenommen und mit 6 n NaOH gegen Thymolphthalein alkalisch gemacht. Nach Einengen im Vakuum zu einem dünnen Syrup wird acetyliert, wozu man 10 cm³ 2 n NaOH und 1 cm³ Essigsäureanhydrid in 5 gleichen Anteilen im Verlauf von 15 min unter kräftigem Schütteln und Eiskühlung zusetzt. Hierauf wird 10 min thymolphthalein-alkalisch stehen gelassen, durch vorsichtigen Zusatz von 10 n Schwefelsäure (stark rote Farbe) angesäuert und in einem Scheidetrichter durch Zusatz von Wasser auf 1 Volumen von 100 cm³ gebracht. Nun extrahiert man 5mal mit je 50 cm³ Chloroform, filtriert die Extrakte in einen Destillierkolben und destilliert zuerst bei normalem Druck, dann im Vakuum ab. Der Rückstand der Acetylaminosäuren wird in 10 cm³ Äthanol gelöst. 3 cm³ davon (entsprechend 30 mg Protein) werden im Vakuum zur Trockne gebracht und über Nacht über Schwefelsäure und Natronkalk im Vakuumexsiccator aufbewahrt, um die freie Essigsäure zu entfernen. Der Rückstand wird dann in der kleinst möglichen Menge Chloroform-Butanol (99 + 1) gelöst und auf die nach S. 151 und 204 ff. vorbereitete Silicagelsäule gebracht. Nachdem jeweils eine Zone abgelaufen ist, was man an der Verfärbung des Methylorange erkennt, wird die Fraktion im Vakuum getrocknet, der Rückstand in wenig Wasser aufgenommen und mit 0,01 n Bariumhydroxyd gegen Phenolphthalein titriert. Kohlendioxyd muß hierbei ausgeschlossen werden. Es erscheinen:

1. Acetylphenylalanin, $R_s = 0,5$.
2. Acetylleucin + Acetylisoleucin, $R_s = 0,4$—0,3.
3. Acetylprolin + Acetylvalin + Acetylmethionin, $R_s = 0,15$.
4. Acetylalanin, $R_s = 0,025$.

Die anderen Aminosäuren verbleiben auf der Säule. Nun wechselt man die mobile Phase, verwendet 17% Butanol in Chloroform und es erscheinen:

5. Acetyltyrosin, $R_s = 0,7$.
6. Acetylalanin, $R_s = 0,35$ { falls man dieses nicht unter Anwendung einer zu großen Menge 1% Butanol in Chloroform eluiert hat.
7. Acetylasparaginsäure,
Acetylglutaminsäure, } $R_s = 0,1$—0,2, verbleiben bei nicht zu großen Mengen mobiler Phase
N,N-Diacetyllysin auf der Säule.

Zum Entfernen von zuweilen störenden Verunreinigungen verfährt man folgendermaßen: Die Fraktionen 1, 2, 4, 5 und 6 werden eingeengt, in wenig 5%igem Propanol in Cyclohexan aufgenommen und an einer Säule von 2 g Silicagel, mit diesem Phasensystem bereitet, chromatographiert. Das gleiche geschieht mit Fraktion 3, nur verwendet man eine Säule von 3 g Silicagel und das gleiche Phasensystem.

R_s-Werte in diesem System: Acetylprolin 0,04, Acetylmethionin 0,09, Acetylvalin 0,15. Die beiden letzten können an einer Säule von Silicagel mit dem Phasensystem 30%iges Propanol in Cyclohexan getrennt werden.

Es bedeuten:

1. 17% n-Butanol in Chloroform,
2. Äthylacetat,
3. 2% n-Butanol in Chloroform,
4. 5% n-Propanol in Cyclohexan,
5. 30% n-Propanol in Cyclohexan,

alle vor Gebrauch mit Wasser gesättigt.

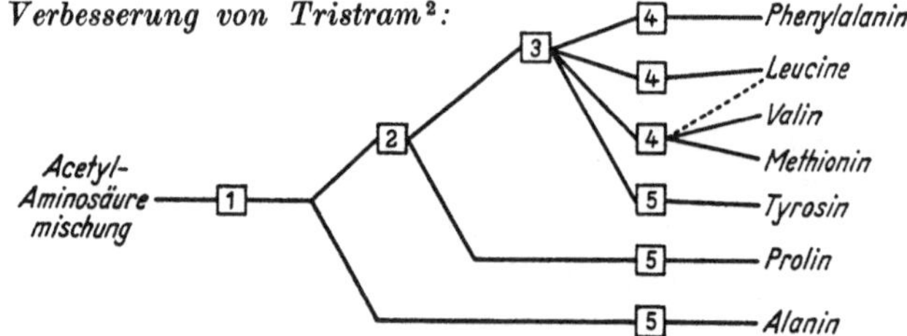

Fehlerquellen: Unvollständige Acetylierung, Oxydation von Methionin. Anwendungen dieser Methode auf Wollkeratin[3], Gelatine[4], Myosin, Kollagen, Fibrinogen, Insulin, Edestin, Zein, Gliadin, Ovalbumin[5], Hydrolysate von methylierten Proteinen[6], Gramicidin und Tyrocidin[7].

[1] MARTIN, A. J. P., and R. L. M. SYNGE: Biochem. J. **35**, 1364 (1941). — GORDON, A. H., A. J. P. MARTIN and R. L. M. SYNGE: Biochem. J. **37**, 79 (1943).

[2] TRISTRAM, G. R.: Biochem. J. **40**, 721 (1946).

[3] MARTIN, A. J. P., and R. L. M. SYNGE: Biochem. J. **35**, 91 (1941).

[4] GORDON, A. H., A. J. P. MARTIN and R. L. M. SYNGE: Biochem. J. **37**, 79 (1943). — TRISTRAM, G. R.: Biochem. J. **40**, 721 (1946).

[5] TRISTRAM, G. R.: Vgl. BAILEY, K.: Adv. Protein Chem. **1**, 289 (1944).

[6] GORDON, A. H., A. J. P. MARTIN and R. L. M. SYNGE: Biochem. J. **37**, 538 (1943). — BLACKBURN, S., R. CONSDEN and H. PHILLIPS: Biochem. J. **38**, 25 (1944).

[7] GORDON, A. H., A. J. P. MARTIN and R. L. M. SYNGE: Biochem. J. **37**, 86, 313 (1943).

***Quantitative Bestimmung der Aminosäuren durch Verteilungschromatographie an Stärke-säulen nach* STEIN *und* MOORE**[1]. Die Herstellung der Säulen wurde bereits auf S. 206 besprochen. Die Autoren verfügen über eine so reichhaltige und detaillierte Erfahrung, daß die Methode in den Einzelheiten hier nicht wiedergegeben werden kann. Auch scheint sie durch die auf S. 195 beschriebene Bestimmungsmethode mit Hilfe des Ionenaustauschers Dowex 2 abgelöst zu sein, da dieser eine weit größere Kapazität besitzt als die Stärke. Das Arbeitsprinzip mit den beiden Adsorbentien ist, die mobile Phase in möglichst vielen kleinen Einzelfraktionen mit Hilfe des auf S. 136 beschriebenen Fraktionensammlers aufzufangen und diese dann mit der quantitativen Ninhydrinmethode[1] zu analysieren. Aus den Extinktionen ergeben sich dann aus den für jede Aminosäure vorher aufzustellenden Eichkurven unter Einbezug eines Korrektionsfaktors die Analysenwerte. Die Gesamtanalyse eines Proteinhydrolysates hat einen Fehler von nur $\pm 3\%$.

Weitere Anwendung der Stärkesäule: Isolierung von L-Valylglykokoll[2], Gesamtanalyse von Bacitracin[3] und Isolierung eines Polypeptides aus einem enteiweißten Meerschweinchenleber-Homogenat[4]. Zur Trennung der neutralen Aminosäuren über die Cu-Komplexe an Silicagelsäulen vgl.[5].

***Trennung der* N-2,4-Dinitrophenyl-aminosäuren (*SANGER*[6]) *an gepufferten Silicagelsäulen nach* BLACKBURN**[7]. Diese Methode wurde erfolgreich zur Amino-Endgruppenbestimmung von Proteinen und Polypeptidketten angewandt. Aminosäuren, Polypeptide oder Proteine werden in wäßriger Lösung mit der berechneten Menge von in wenig Äthanol gelöstem 1-Fluor-2,4-dinitrophenol unter Zusatz von Natriumbicarbonat 24 Std umgesetzt[8]. Nach kurzem Behandeln im Vakuum zur Entfernung von Äthanol und nach Verdünnen mit Wasser wird mit Äther extrahiert, um etwa nicht umgesetztes Reagens zu beseitigen. Auf Ansäuern fällt ein schweres Öl, das sich beim Aufbewahren über Nacht im Eisraum verfestigt. Man löst den Rückstand in wenig mobiler Phase des verwendeten Phasengemisches und bringt diese auf die Säule. Die Herstellung eines nichtadsorbierenden Silicagels für diesen Zweck wurde auf S. 205 beschrieben.

Dem Träger werden 66 Gew.-% der geeigneten stationären Phase zugefügt, bevor er in die Röhre eingetragen wird. Die verwendeten Phasensysteme sind in Tabelle 14, S. 210, aufgeführt. Andere Phasensysteme vgl.[9]. Zur Identifizierung der DNP-Aminosäuren vgl. auch die papierchromatographische Methode auf S. 223, die einfacher zu handhaben ist. Ein anderes Verfahren, das den DNP-Rest abspaltet, führt in einigen Fällen wieder zur freien Aminosäure, die dann leicht identifiziert werden kann[10].

Die DNP-Methode diente auch zum Nachweis der Ringstruktur von Tyrocidin[11], Gramicidin[12] und zur Isolierung von Peptiden[13].

***Trennung von Adenin und Guanin nach* EDMAN, HAMMARSTEN, LÖW *und* REICHARD**[14]. Extraktion der Nucleotide aus den Zellen, Fraktionierung in Polydesoxyribosenucleotide und Polyribosenucleotide nach HAMMARSTEN[15], Hydrolyse mit Schwefelsäure und Fällen der Purine als Silbersalze[16]. Zersetzen der Ag-Verbindungen mit Salzsäure und Entfernen des Überschusses an Säure durch Einengen im Vakuum zur Trockne. Man nimmt die Purine in 2—3 cm³ destilliertem Wasser auf und dampft die Lösung dann unter Verwendung eines Luftstromes in einem weiten Reagensglas auf dem Wasserbad zur Trockne ein. Nun setzt man 0,1 cm³ n NaOH und 0,7 cm³ Methylenglykol zu, erhitzt sehr schnell über einer offenen Flamme und setzt 9,8 cm³ Butanol-Wassermischung (87,2 cm³ + 12,8 cm³) zu. Die Mischung (10,6 cm³) wird auf eine Stärkesäule (120 mm Länge und 35 mm Durchmesser) gegeben und das Chromatogramm entwickelt, wozu das in Tabelle 14, S. 210, verzeichnete Phasensystem verwendet wird. In den auslaufenden Fraktionen mißt man dann die Extinktion bei 262 und 248 mμ mit einem BECKMAN-Spektrophotometer. Der Quotient E_{262}/E_{248} ist für die beiden Purine verschieden (im angewandten Solvens 1,50 für Adenin und 0,70 für Guanin) und wird zur Identifizierung gebraucht.

[1] MOORE, S., and W. H. STEIN: J. biol. Ch. **176**, 367 (1948).

[2] SYNGE, R. L. M.: Biochem. J. **38**, 285 (1944).

[3] BARRY, G. T., J. D. GREGORY and L. C. CRAIG: J. biol. Ch. **175**, 486 (1948).

[4] BORSOOK, H., C. L. DEASY, A. J. HAAGEN-SMIT, G. KEIGHLEY and P. H. LOWY: J. biol. Ch. **173**, 423 (1948).

[5] WIELAND, T., u. H. FREMEREY: B. **77**, 234 (1944).

[6] SANGER, F.: Biochem. J. **39**, 507 (1945). — PORTER, R. R., and F. SANGER: Biochem. J. **42**, 287 (1948).

[7] BLACKBURN, S.: Biochem. J. **45**, 579 (1950).

[8] ABDERHALDEN, E., u. P. BLUMBERG: H. **65**, 318 (1910).

[9] PHILLIPS, D. M. P., and J. M. L. STEPHEN: Nature **162**, 152 (1948). — MIDDLEBROOK, W. R.: Nature **164**, 321, 501 (1949). — PERRONE, J. C.: Nature **167**, 513 (1951).

[10] MILLS, G. L.: Nature **165**, 403 (1950).

[11] CHRISTENSEN, H. N.: J. biol. Ch. **160**, 75 (1945).

[12] SANGER, F.: Biochem. J. **40**, 261 (1946).

[13] SANGER, F.: Nature **162**, 421 (1948).

[14] EDMAN, P., E. HAMMARSTEN, B. LÖW and P. REICHARD: J. biol. Ch. **178**, 395 (1949).

[15] HAMMARSTEN, E.: Acta med. scand,. Suppl. **196**, 634 (1947).

[16] KERR, S. E., and K. SERAIDARIAN: J. biol. Ch. **159**, 211 (1945).

Purinderivate können auch mit dem System Chinolin-Collidin-Wasser papierchromatographisch getrennt und bestimmt werden[1], vgl. a. [2]. Weitere Säulenmethoden (Stärke) vgl. [3] und[4]. Isolierung von Ei-phosphatidylcholin vgl. [5] und die Isolierung der Purine mit der Gegenstromverteilung[6].

Verteilungschromatographie von Zuckern, ihren Derivaten und Aminozuckern vgl. [7] und die quantitative Trennung von Dimethyl-, Trimethyl- und Tetramethylfructosen mit wassergesättigten Silicagelsäulen[8].

***Trennung der gesättigten C_2—C_8-Fettsäuren nach* FAIRBAIRN *und* HARPUR[9].** Man stellt 2 Säulen her: 1. 2 g trockenes Silicagel + 1 cm³ 2%iges Alphaminrot R (als Indicator) + 0,8 cm³ 0,1 n NaOH + 1,0 cm³ Wasser. 2. 2 g Silicagel + 0,5 cm³ 0,2%iges Bromkresolgrün + 2,1 cm³ 0,1 n NaOH + 0,2 cm³ Wasser. Die präparierten Proben werden in Chloroform-Butanol (199 + 1) aufgeschlämmt und in Glasröhren (14 mm Innendurchmesser) eingefüllt. Die beiden Säulen werden dann so übereinander angeordnet, wie es Abb. 51 veranschaulicht. Man reguliert die Durchflußgeschwindigkeit

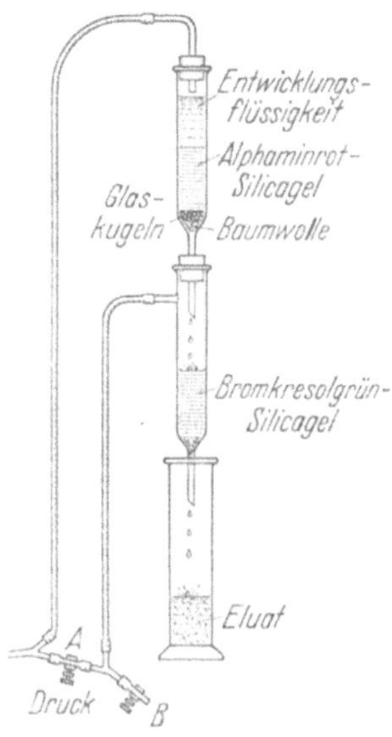

Abb. 51. Anordnung zur Trennung der gesättigten C_2—C_8-Fettsäuren nach FAIRBAIRN und HARPUR, vgl. Text.

durch abwechselndes Öffnen der Quetschhähne A und B, so daß die Menge der mobilen Phase auf der unteren Säulenoberfläche nicht mehr als einige Tropfen beträgt. Die Lösung der Fettsäuren in 2 cm³ Chloroform-Butanol (99 + 1) wird in die Alphaminrotsäule gewaschen. Während der Entwicklung mit Chloroform-Butanol (199 + 1) passieren Octansäure und Hexansäure schnell die 1. Säule und treten in die 2. über. Hier werden sie getrennt und die Portionen, die die Octansäure enthalten, gesammelt und titriert. Die Hexansäurezone wird jetzt sichtbar, vorausgesetzt, daß die Säure in einer Menge vorhanden ist, die 0,3 cm³ 0,01 n Alkali äquivalent ist. Die Entwicklung wird fortgesetzt, bis Buttersäure als Band die Alphaminrotsäule verläßt. Jetzt werden die Säulen getrennt und unabhängig voneinander eluiert. Es treten aus:

C_8 mit Chloroform-Butanol ($+ {}^1/_{10}$ Vol. Wasser) 199 + 1,
C_6 „   „   „   99 + 1,
C_5 „   „   „   99 + 1,
C_4 „   „   „   99 + 1,
C_3 „   „   „   9 + 1,
C_2 „   „   „   9 + 1.

Weitere Fettsäure-Trennverfahren vgl. [10], Trennung von n-Buttersäure und Isobuttersäure[11], sowie Analyse der gesättigten geradkettigen Fettsäuren von C_{11}—C_{19} (Mischung von Furfurylalkohol und 2-Aminopyridin als stationäre und n-Hexan als mobile Phase, s. Tabelle 14), Trennung der meisten dampfflüchtigen Fettsäuren und der ungesättigten von den gesättigten[12], sowie die quantitative Bestimmung der ersten 4 Fettsäuren[13] und Trennung von Methyllinolat und Methyllinolenat[14].

Trennung und Bestimmung von herzwirksamen Glykosiden und deren Aglykonen[15], von Glykosiden der weißen Meerzwiebel[16], von Alkaloiden[17], Trennung und Chromatographie der Penicilline[18].

***Chromatographische Fraktionierung der Ribonuclease nach* MARTIN *und* PORTER[19].** Als Träger eignet sich Kieselgur. Cellulose, Stärke und Silicagel sind zu feinkörnig, um Proteinmolekeln fest-

[1] VISCHER, E., and E. CHARGAFF: J. biol. Ch. **168**, 781 (1947).

[2] HOTCHKISS, R. D.: J. biol. Ch. **175**, 315 (1948).

[3] REICHARD, P.: Nature **162**, 662 (1948).

[4] DALY, M. M., and A. E. MIRSKY: J. biol. Ch. **179**, 981 (1949).

[5] HANAHAN, D. J., M. B. TURNER and M. E. JAYKO: J. biol. Ch. **192**, 623 (1951).

[6] TINKER, J. F., and G. B. BROWN: J. biol. Ch. **173**, 585 (1948).

[7] GEORGES, L. W., R. S. BOWER and M. L. WOLFROM: Am. Soc. **68**, 2169 (1946). — WOLFROM, M. L., R. S. BOWER and G. G. MALER: Am. Soc. **73**, 875 (1951).

[8] BELL, D. J., and A. PALMER: Nature **163**, 846 (1949).

[9] FAIRBAIRN, D., and R. P. HARPUR: Nature **166**, 789 (1950).

[10] ELSDEN, S. R.: Biochem. J. **40**, 252 (1946).

[11] RAMSEY, L. L., and W. I. PATTERSON: J. Ass. agric. Chem. **28**, 644 (1945); **31**, 164, 441 (1948).

[12] MOYLE, V., E. BALDWIN and R. SCARISBRICK: Biochem. J. **43**, 308 (1948).

[13] PETERSON, M. H., and M. J. JOHNSON: J. biol. Ch. **174**, 775 (1948).

[14] RIEMENSCHNEIDER, R. W., S. F. HERB and P. L. NICHOLS jr.: J. amer. Oil Chem. Soc. **26**, 371 (1949).

[15] STOLL, A., E. ANGLIKER, F. BARFUSS, W. KUSSMAUL u. J. RENZ: Helv. **34**, 1460 (1951).

[16] STOLL, A., u. W. KREIS: Helv. **34**, 1431 (1951).

[17] CATCH, J. R., A. H. COOK and I. M. HEILBRON: Nature **150**, 633 (1942).

[18] CATCH, J. R., A. H. COOK and I. M. HEILBRON: Nature **151**, 251 (1942). — FISCHBACH, H., T. E. EBLE and M. MUNDELL: J. amer. pharmaceut. Ass., sci. Ed. **36**, 220 (1947). — BOON, W. R., C. T. CALAM, H. GUDGEON and A. A. LEVI: Biochem. J. **43**, 262 (1948). — BOON, W. R.: Analyst **73**, 202 (1948).

[19] MARTIN, A. J. P., and R. R. PORTER: Biochem. J. **49**, 215 (1951).

zuhalten, auch wenn die Träger mit dem geeigneten Phasensystem versehen sind. Als solches erwies sich 56% Wasser, 20% Ammoniumsulfat, 24% Äthylenglykol-Monoäthyläther (Cellosolve). Kieselgur wird mit der Hälfte der Gewichtsmenge organischer Phase gemischt, dann durch Zusatz der wäßrigen Phase zu einem dünnen Brei angerührt und in das Rohr eingefüllt (6 g Kieselgur, Rohr mit 12 mm Innendurchmesser). 1—5 mg kristallisierte Ribonuclease (nach KUNITZ, mehrfach umkrystallisiert) wurden in 2 cm³ der wäßrigen Phase gelöst und aufgegeben. Man erhält mehrere Fraktionen, die biologisch ausgetestet werden. Das durch Umkrystallisation gereinigte Ribonucleasepräparat ergab im Chromatogramm 2 Gipfel, war also nicht ganz einheitlich (vgl. hierzu [1]).

Über die Trennung von Enzymen durch Aussalzadsorption an Cellulose- und Silicagelsäulen vgl. [2].

h) Papierchromatographie[3].

α) Vorbemerkungen.

Die Verwendung von Filtrierpapier zur Verteilungschromatographie durch CONSDEN, GORDON und MARTIN[4], erstmalig im Jahre 1944, war eine der originellsten Ideen der neueren Zeit. Nicht nur, daß mit dieser Chromatographieart die klassische Form der chromatographischen Methode — Anordnung des Adsorbens in einer Säule — durchbrochen wurde, man konnte mit ihr auch 2—3 Zehnerpotenzen in der zu verwendenden Menge Adsorbendum (5—30 γ) heruntergehen und wurde so den Anforderungen gerecht, die an ein modernes Analysenverfahren zu stellen sind. Weiter verblüfft die scheinbare Einfachheit des Verfahrens, die bei Beherrschung der technischen Einzelheiten zu einer faktischen wird, und man erreicht das qualitative Ergebnis in Bruchteilen der früher hierfür benötigten Zeit. In Anlehnung an bereits vorliegende Erfahrungen über die Verteilungschromatographie mit dem Säulenverfahren beherrschte man die Papierchromatographie von ihrer Geburtsstunde an auch theoretisch, zumindest in den Hauptzügen. An der „Originalität" dieses Verfahrens ändert sich nach Aufzählung dieser Punkte auch dadurch nichts, daß, wie jetzt bekannt wurde[5], bereits FRIEDRICH FERDINAND RUNGE (1795—1867) erstmalig „papierchromatographierte" und daß auch SCHÖNBEIN und GOPPELSRÖDER ab 1861 „Capillaranalyse" mit Filtrierpapier betrieben[6].

Der „Verteilungsvorgang" auf dem Filtrierpapier spielt sich zwischen dem von der Cellulose an feuchter Luft aufgenommenen Wasser als der *stationären* und der durch Capillarität + Schwerkraft abwärts oder nur durch Capillarität aufwärts wandernden *mobilen* Phase ab, ein Vorgang, der in seinem Wesen und den bestehenden Komplikationen bereits in den Vorbemerkungen zum vorhergehenden Kapitel abgehandelt wurde (vgl. S. 200). Obgleich also die Papierchromatographie im Grunde eine Verteilungschromatographie ist, handeln wir sie in einem besonderen Kapitel ab, weil sie eine eigene Technik erfordert.

Zur Theorie der Papierchromatographie vgl. [7].

Dieses Verfahren ist in erster Linie ein *qualitativ-analytisches Trennverfahren*, das, wie gesagt, nur sehr geringe Adsorbendummengen benötigt. Seine universelle Brauchbarkeit führte bald zu Versuchen über die *präparative Substanztrennung*, wozu besondere Anordnungen zur Anwendung größerer Mengen entwickelt wurden. Es hat auch nicht an Versuchen gefehlt, die Papierchromatographie zur *quantitativ-analytischen Methode* zu erheben, jedoch sind die Ergebnisse vielfach noch unbefriedigend.

Ebenso wie bei der im vorigen Kapitel beschriebenen „inversen Verteilungschromatographie" hat man auch mit Filtrierpapier erreicht, die organische Phase zur stationären

[1] SYNGE, R. L. M.: Cold Spring Harbor Symp. quant. Biol. 14, 191 (1950).

[2] TISELIUS, A.: Ark. Kemi, Mineral. Geol. 26 B, Nr. 1 (1948). — MITCHEL, H. K., M. GORDON and F. A. HASKINS: J. biol. Ch. 180, 1071 (1949).

[3] Vgl. CONSDEN, R.: Nature 162, 359 (1948). — GORDON, A. H.: Angew. Chem. 61, 367 (1949). — STRAIN, H. H.: Analyt. Chem., Washington 21, 75 (1949). — CRAMER, F.: Papierchromatographie. Weinheim 1952.

[4] CONSDEN, R., A. H. GORDON and A. J. P. MARTIN: Biochem. J. 38, 224 (1944).

[5] WEIL, H., and T. I. WILLIAMS: Nature 167, 906 (1951).

[6] Vgl. RHEINBOLDT, H.: Houben-Weyl 1, 300, 302 (1925).

[7] MARTIN, A. J. P., and R. L. M. SYNGE: Endeavour 6, 21 (1947).

und die wäßrige zur mobilen zu machen, um Substanzen mit kleinem Verteilungskoeffizienten chromatographieren zu können. Dann wurde Filtrierpapier mit Aluminiumoxyd, Calciumcarbonat und Fullererde imprägniert, wodurch eine Art Additionschromatographie möglich wurde. Ein Mittelding zwischen der Säulen- und der Filtrierpapiermethode besteht schließlich darin, etwa 1000 Blatt Rundfilter zu einem „Pile" zusammenzupressen und mit diesem präparative Trennungen mit Hilfe eines geeigneten Phasensystems vorzunehmen.

β) Die Papiersorten.

Die jetzt im Handel erreichbaren geeigneten bzw. speziell für die Chromatographie hergestellten Papiersorten sind reine Linterspapiere mit gleichmäßiger Textur und somit gleichförmiger Capillarwirkung. Die wichtigsten Fabrikate sind die englischen Whatman-Papiere[1] und die deutschen und amerikanischen Sorten der Fa. Schleicher & Schüll[2].

Für die Whatman-Papiere werden folgende Analysen angegeben[3]: 98—99 % α-Cellulose, 0,3—1,0 % β-Cellulose und 0,4—0,8 % Pentosane (berechnet auf die Trockensubstanz), ferner 0,015—0,05 % ätherlösliche Substanzen, 0,001—0,006 % Ammoniak, 0,001—0,01 % organische N-Verbindungen, 0,07 % Asche (qualitative Sorten), bzw. 0,01 % Asche (doppelt mit Säure gewaschene Sorten).

Die Verunreinigungen sind für den Chromatographieverlauf nicht gleichgültig und müssen gegebenenfalls nach den später beschriebenen Verfahren entfernt werden. Die zur erstrebten chromatographischen Trennung geeignete Papiersorte muß von Fall zu Fall ausprobiert werden. Allgemeine Regeln lassen sich nur schwer aufstellen. Außer den anorganischen und organischen Fremdsubstanzen sind es vor allem die Faserfeinheit, die die Fließgeschwindigkeit der mobilen Phase bestimmen, dann der Feuchtigkeitsgehalt, die Adsorptionsaffinität, Anzahl der Aldehyd- und Carboxylgruppen und sicher noch andere unbekannte Faktoren, die den Papieren verschiedene Eignungen verleihen. In der Faserrichtung ist die Fließgeschwindigkeit ein wenig anders als in der Querrichtung. Durch Reinigung der Papiere im Laboratorium wird oft die Fließgeschwindigkeit verbessert infolge Quellung der Faser, die beim Trocknen nicht immer völlig reversibel ist.

Im allgemeinen werden die englischen Sorten Whatman Nr. 1 und Nr. 4 verwendet. Mit dem letzteren erreicht man eine größere Fließgeschwindigkeit als mit dem ersteren. Die anderen Sorten mit speziellen Eigenschaften enthält Tabelle 15. Außer diesen eignet sich für manche präparative Zwecke Whatman „ashless tablet", Blätter mit 4 mm Dicke, die nur zur aufsteigenden Entwicklung verwendbar sind.

Dem Whatman Nr. 1 gleichwertig ist die Sorte Nr. 2043b von Schleicher & Schüll (Deutschland). Die andere Sorte Nr. 2043a ist etwas dünner. Auch die Nr. 1507 wird für Zucker empfohlen[4], ist für Aminosäuren aber ohne Vorreinigung ungeeignet[5].

Weiter soll auch Nr. 578 der Fa. Macherey & Nagel brauchbar sein.

In Amerika werden die Sorten der dortigen Fa. Schleicher & Schüll Nr. 589, 595, 598 und 672 verwandt, ferner die Sorte 613 von Eaton & Dikeman[6], in Schweden die Sorten Munktell OB und Munktell OA[7] und in Frankreich das Papier Durieux Nr. III[8].

Reinigung der Papiere. Die anorganischen und organischen Verunreinigungen stören zuweilen die Chromatographie empfindlich und müssen vor Gebrauch der Papiere im Laboratorium ausgewaschen werden. Allerdings erfaßt man durch den Waschvorgang nur den *löslichen Anteil* (an Carboxylgruppen gebundene Kationen, Adsorption von Salzen aus dem Wasser während des Fabrikationsprozesses), während der Rest an der Cellulose-

---

[1] Die Whatman-Papiere (Reeve Angel a. Co. Ltd. London EC 4, Bridgewall Plane) sind in Deutschland von der Fa. L. Hormuth, Inh. W. Vetter, Heidelberg, Hauptstr. 25, zu beziehen.

[2] Fa. Schleicher & Schüll, Dassel, Kr. Einbeck.

[3] BALSTON, J. N., and B. E. TALBOT: A Guide to Filter Paper and Cellulose Powder Chromatography. London 1952.

[4] WEYGAND, F., u. H. HOFMANN: B. **83**, 405 (1950).

[5] Eine Zusammenstellung der Eigenschaften der zur Papierchromatographie geeigneten Papiersorten der Firma Schleicher & Schüll befindet sich im Nachtrag am Schluß dieses Bandes.

[6] KOWKABANY, G. N., and H. G. CASSIDY: Analyt. Chem., Washington **22**, 817 (1950).

[7] EDMAN, P.: Ark. Kemi, Mineral. Geol. **22 A**, Nr. 3 (1946).

[8] MACHEBOEUF, M., et J. BLASS: Ann. Inst. Pasteur **73**, 1033 (1947).

Tabelle 15. *Fabrikationsnummern und Eigenschaften der verschiedenen zur Papierchromatographie geeigneten Whatman-Papiere.*

				Fließgeschwindigkeit		
	sehr schnell	schnell	mittel	mittel-langsam	langsam	sehr langsam
A. Qualitative Papiere mit glatter Textur, 0,07 % Asche, verschiedene Fließgeschwindigkeit in beiden Richtungen (= Standardpapiere)		15 4	1 3 MM* (dick)	29 (schwarz) 11 (dünn) 2	20	
Wasseraufnahmefähigkeit:		180 % ⟶			120—130 %	
B. Qualitative Papiere mit granulierter Textur, etwas dicker als A und dichter. Gleiche Fließgeschwindigkeit in beiden Richtungen		7	100 (dick) 3 (dick)			5
Wasseraufnahmefähigkeit:			160—170 % ⟶			130 %
C. Gehärtete Papiere, in feuchtem Zustand reißfest. Die doppelt mit Säure gewaschenen Sorten haben nur 0,008 % Mineralbestandteile. Dichter als A und B	Separa DHC (leicht gekreppt) Separa DH	54** 541 (doppelt säure- behandelt)		52 540 (doppelt säure- behandelt)	542 (doppelt säure- behandelt) 544 (etwas dünner als 542)	50 (sehr weiche Oberfläche)
Wasseraufnahmefähigkeit:	168—180 %	135 % ⟶				< 120 %
D. Säuregewaschene Papiere mit geringem Mineralgehalt und etwa gleicher Fließgeschwindigkeit in beiden Richtungen, leicht granulierter Oberfläche, weniger dicht als A		31*** (einfach säure- behandelt) 41* 43 (doppelt säure- behandelt)	30 (einfach säure- behandelt) 40 (doppelt säure- handelt)		120 (sehr dick und dicht) 44 (etwas dünner als 42)	32 (einfach säure- behandelt) 42 (doppelt säure- behandelt)
Wasseraufnahmefähigkeit:		> 180 % ⟶				115 %

* Eignet sich besonders gut auch für die Papierelektrophorese.

** Eignet sich besonders gut zum Imprägnieren mit Aluminiumoxyd oder Calciumcarbonat.

*** Gibt besonders schöne zweidimensionale Aminosäurechromatogramme bei aufsteigender Entwicklung (vgl. S. 227). Von ihm wird auch eine extrem dicke Sorte (bis 230 % Wasseraufnahme) für Elektrophorese hergestellt.

faser irreversibel haften bleibt (Silicatkomplexe, während des Pflanzenwachstums an die Faser gebunden).

Durch 24stündige Behandlung des Papiers mit destilliertem Wasser werden 50 % der löslichen mineralischen Verunreinigungen (Na-, Ca- und Mg-Salze) entfernt, durch Behandeln mit 0,01 n Salzsäure etwa 80 %. Die wirksamste Reinigungsmethode besteht darin, 30—60 Filtrierpapierbogen in einem großen BÜCHNER-Trichter oder einer geeigneten, ähnlich gebauten Vorrichtung aus Kunststoff gründlich mit 2 n Essigsäure, dann mit destilliertem Wasser auszuwaschen, wobei man nicht jedes Blatt anzufassen braucht, und dann abzusaugen. Gegebenenfalls wird der Waschvorgang mehrmals wiederholt, worauf der Papierpack in warmer Luft getrocknet wird[1].

Die zuweilen ebenfalls störenden *Schwermetallspuren* (z. B. bei der Chromatographie von Phosphorsäureestern) entfernt man durch Behandeln der Papiere mit einer wäßrig-

---

[1] HANES, C. S., and F. A. ISHERWOOD: Nature **164**, 1107 (1949).

alkoholischen Lösung von 8-Oxychinolin, worauf dann mit Wasser-Alkohol gut nachgewaschen wird. Führt dies nicht zum Ziele, z. B. bei Anwesenheit von Bleispuren, so wird im Chromatographietrog in einer Schwefelwasserstoff-Atmosphäre entwickelt (vgl. S. 221).

Im Whatman-Papier kommen auch *Peptide* vor, die nicht mit Ninhydrin anfärbbar sind und erst nach Hydrolyse sichtbar werden[1]. Vorhanden sind: Asparaginsäure, Cysteinsäure, Glutaminsäure, Glycin und Prolin, wahrscheinlich noch Alanin, Valin, Leucin, Arginin und Tryptophan. Sie werden durch 48stündiges Auswaschen mit Wasser entfernt.

Die Filterpapiere fluorescieren im Ultraviolett mitunter stark blau bis dunkelviolett. Die fluorescierenden Substanzen scheinen aus a) hydrophilen Verbindungen, die in organischen Solventien unlöslich sind und vermutlich aus dem Fabrikationswasser stammen, und b) hydrophoben Substanzen zu bestehen, die durch organische Solventien nur sehr schwer zu entfernen sind und wahrscheinlich fettähnliche Stoffe sind. Beim Entwickeln mit einem organischen Solvens wandert ein Teil dieser Störsubstanzen und sammelt sich an der „Solvensfront" an. Die verbleibende Fluorescenz kann unter Umständen zum Auffinden von Substanzflecken, die die Fluorescenz löschen, von Bedeutung sein. Saure Solventien, z. B. Salzsäure-Aceton-Wasser, lassen mitunter, wahrscheinlich durch Hydrolyse von Metallseifen, solche falschen Fronten erstehen. Arbeitet man zweidimensional (vgl. S. 228), so kann diese Substanz eine leichte Störung in der Verteilung einer anderen Verbindung bewirken. Schließlich entstehen auch fluorescierende Stoffe durch Reaktion der Papiersubstanz mit einem Phasenbestandteil, z. B. Phenol, oder im Verlauf von sehr langsamen Chromatogrammen mit verdünnten Mineralsäuren, Hypochlorit oder Natriumhydroxyd. Letzteres erzeugt eine intensiv fluorescierende Front, die wenig hinter der wäßrigen Front liegt. Diese Störmomente müssen bei Fluorescenzbeobachtungen von Papierchromatogrammen berücksichtigt werden.

Herstellung von gepufferten Papieren. Nicht immer führt die Verwendung von reinem Filtrierpapier, mit rein wäßriger Phase beladen, zum Trennerfolg. Um Störungen verschiedener Art auszuschalten, muß es zuweilen mit einer Pufferlösung getränkt und dann getrocknet werden. Die zu den speziellen Zwecken angegebenen Pufferlösungen sind in Tabelle 16 im Abschnitt „Phasensysteme" aufgeführt.

Herstellung von imprägnierten Papieren. Zur Chromatographie von lipoidlöslichen Verbindungen und zur Vereinigung des Verfahrens der Additionschromatographie mit der Eleganz der Papierchromatographie verwendet man verschieden imprägnierte Papiere. Mit *Aluminiumoxyd* [2]: Streifen von Whatman Nr. 54-Papier werden zunächst in eine Lösung von Aluminiumsulfat (65 g je Liter) getaucht, wobei sie sich vollsaugen, und dann in 2 n Ammoniaklösung gebracht. Das in der Faserung sich abscheidende Aluminiumhydroxyd hindert als gelatinöse Schicht die Diffusion von Ammoniak, weshalb längere Zeit darin belassen werden muß. Eine konzentriertere Aluminiumsulfatlösung führt zu stärkerer Beladung mit Aluminiumhydroxyd, jedoch muß das Papier dann über Nacht in einer NH_3-Atmosphäre bleiben. Die Streifen werden im laufenden Leitungswasser gewaschen und dann 5 Std bei einer Temperatur nicht über 140° getrocknet. Die anschließende Lagerung beeinflußt die Wanderung des Adsorbenden. Läßt man solche Papiere über Schwefelsäure lagern, so adsorbieren sie um so stärker, je höher deren Konzentration ist. Sehr stark adsorbierende Papiere erhält man durch Lagern über Phosphorpentoxyd (Entwässern, vgl. S. 145). Die Eigenschaften dieser Papiere sind nicht leicht kontrollierbar und man muß eine Testsubstanz oder einen BROCKMANNschen Farbstoff (S. 145) mitlaufen lassen. Verwendung zur Additionschromatographie von Vitamin A-Alkohol, Vitamin A-Estern, Retinen und anderen CARR-PRICE-Substanzen[2, 3], von Steroiden[4] und

---

[1] WYNN, V.: Nature **164**, 445 (1949).
[2] DATTA, S. P., B. G. OVERELL and M. STACK-DUNNE: Nature **164**, 673 (1949).
[3] Vgl. a. DATTA, S. P., and B. G. OVERELL: Biochem. J., **44**, XLIII (1949).
[4] BUSH, I. E.: Nature **166**, 445 (1950).

zur Austauschchromatographie von anorganischen Kationen[1]. Mit *Fullererde* oder *Stärke* imprägniert für anorganische Kationen und organische Verbindungen[2]. Mit Kunstharzen imprägniert vgl. [3].

γ) Die Phasensysteme.

In den Säulen der Verteilungschromatographie entwickeln sich die Chromatogramme zwischen 2 flüssigen Phasen, wenn wir von der 3., der festen des Trägers absehen. Bei der Papierchromatographie hängt das Trägerblatt in einer Gasphase im geschlossenen Raum des Entwicklungstroges und die mobile Phase wandert über das Papier. Wäßrige, stationäre Phase, Gasphase und organische, mobile Phase müssen miteinander im Gleichgewicht stehen, wenn das Chromatogramm gelingen soll. Der Sättigungsgrad des Papiers mit Wasser hängt also vom Sättigungsgrad der Gasphase mit Wasser ab. Die wäßrige stationäre Phase muß auch an dem organischen Solvens gesättigt sein, was nur durch Sättigung der Gasphase auch mit diesem erreicht wird. Schließlich kann die Gasphase auch noch gasförmige Fremdzusätze erhalten (z. B. Schwefelwasserstoff zur Bindung von Schwermetallspuren u. a.), an denen sich wiederum wäßrige und organische Phasen sättigen. So kommt es hier also auf ein Dreiphasensystem an, zwei flüssige und eine gasförmige, wenn wir wieder vom festen, dem Papier, absehen.

An flüssigen Phasen unterscheiden wir 3 Arten,

1. solche, die aus einer wäßrigen polaren und einer organischen apolaren oder weniger polaren bestehen und die sich *nicht unbegrenzt ineinander lösen*, aber gegenseitig abgesättigt sind. Die wäßrige Phase kann reines Wasser oder eine Pufferlösung oder eine verdünnte Säure- bzw. Basenlösung sein, mit der das Papier vorher getränkt wird,

2. eine Mischung von Wasser mit organischen Solventien, die sich *unbeschränkt miteinander mischen,*

3. eine rein wäßrige Lösung von anorganischen oder organischen festen Verbindungen.

In den beiden Fällen 2. und 3. verteilt sich das Adsorbendum dann zwischen der wandernden Lösung und der reinen wäßrigen Phase auf der Cellulosefaser, gemäß den theoretischen Ausführungen auf S. 202.

Für die Reinheit der organischen Solventien gilt das auf S. 153 und 208 beschriebene. Reinigungsverfahren für Butanol wurden auf S. 209 genannt. Alle Solventien sollen nur in doppelt destilliertem Zustand verwendet werden. Schwermetallspuren stören, besonders bei autoxydablen Solventien.

Weitere spezielle Vorschriften. Phenol[4]: Mit braun verfärbtem Phenol erhält man immer fehlerhafte Ergebnisse. — Die Krystalle (pro analysi-Reinheit) werden durch Zusatz von 12% Wasser verflüssigt, mit 0,01% Aluminiumdrehspänen und 0,05% Natriumhydrogencarbonat versehen und bei normalem Druck destilliert, bis das azeotrope Gemisch abgetrieben ist. Die Destillation wird dann unter 25 mm Hg fortgesetzt, bis ein geringer, fast schwarzer Rückstand verbleibt. Der Wassergehalt des Phenols wird mit dreifach destilliertem, auf Schwermetallspuren geprüftem Wasser auf etwa 25% eingestellt. Er kann ohne Beeinflussung der Ergebnisse zwischen 24 und 28% liegen. Fremdfärbungen bleiben so völlig aus und die Aminosäureflecken sind scharf begrenzt. Wenn nach dieser Vorschrift ein von Schwermetallen freies Phenol erhalten wird, müssen natürlich auch die zu verteilenden Substanzen frei davon sein (insbesondere von Cu, Zn, Fe und Mn). Wurde das Papier nicht von Kupferspuren befreit, so bilden sich, besonders wenn man in NH_3-Atmosphäre arbeitet, durch Cu-Katalyse braungefärbte Phenolharze. Dies verhindert man durch Zusatz von 0,1% Cupron (α-Benzoinoxim) als Cu-Komplexbildner zum gebrauchsfertigen Phenol.

[1] FLOOD, H.: Z. analyt. Chem. **120**, 327 (1940).
[2] HOPF, P. P.: Soc. **1946**, 785.
[3] KRESSMAN, T. R. E.: Nature **165**, 568 (1950).
[4] DRAPER, O. J., and A. L. POLARD: Science, N.Y. **109**, 448 (1949).

Phenolmischung nach KIRBY-BERRY *und* CAIN[1]. Begleitstoffe im zu verteilenden Gemisch stören zuweilen die Chromatographie von Aminosäuren bei Verwendung von Phenol. Man verhindert dies, indem man 100 g gereinigtes Phenol mit 20 cm³ . einer wäßrigen Lösung von 6,3 % Na-citrat, 3,7 % KH_2PO_4 und 0,5 % Ascorbinsäure ins Gleichgewicht setzt. Gebraucht wird die obere Schicht. Sie kann mehrmals verwendet werden, sollte jedoch nicht länger als 48—72 Std aufbewahrt werden. Ascorbinsäure verhindert hierbei die Verfärbung des Phenols. — Man bewahrt das vorbehandelte Phenol in braunen Flaschen und im Dunkeln auf.

s-Collidin (nicht einheitliches Gemisch von Collidin und Lutidin)[2, 3]. Das destillierte Handelsprodukt (1 Liter) wird mit Brom (5—10 cm³) geschüttelt (Vorsicht!) und filtriert. Nach Zugabe von Natriumthiosulfat unter Schütteln wird wieder filtriert, 24 Std über festem Natriumhydroxyd stehen gelassen und destilliert, Kp 172°. — s-Collidin scheint giftig zu sein[4], so daß es durch eine Mischung gleicher Raumteile *Pyridin* und *Amylalkohol*, die praktisch die gleiche Löslichkeitseigenschaft wie Collidin hat[5], oder durch eine Mischung von 60 Raumteilen α-*Picolin* und 40 Teilen *Wasser*[6] ersetzt werden sollte. Als Ersatz wurde weiter *Mesityloxyd-Ameisensäure*-Gemisch (für Aminosäuren) empfohlen[7]. Man schüttelt 1 Volumen fraktioniertes (129—130°) und redestilliertes Solvens mit 1 Volumen 85 %iger Ameisensäure und 2 Volumina Wasser. Das Gemisch hat die Tendenz, sich zu oxydieren und zu polymerisieren. Nach einigen Tagen bildet sich beim Stehen, besonders bei saurer Reaktion, eine schwach orange Farbe. Man setzt deshalb stets kleine Mengen an und gießt den Rest nach jeweils 2 Tagen wieder weg. Vorsicht beim Destillieren von Mesityloxyd! Es bildet leicht Peroxyde, auf die vorher geprüft werden muß.

Ein häufig verwandtes Phasensystem ist das sog. PARTRIDGE-*Gemisch*[2]. 40 cm³ n-Butanol, 10 cm³ Eisessig und 50 cm³ Wasser werden miteinander geschüttelt und über Nacht absitzen gelassen. Zum schnelleren Ausgleich dient auch mehrstündiges Mischen mit einem Vibrationsrührer. Es wird auch ein 3tägiges Stehenlassen empfohlen[8], wobei es zum Estergleichgewicht kommen soll. Die obere Schicht wird als mobile Phase verwendet und die untere wird in die Chromatographietröge zum Ausgleich der gasförmigen Phase gefüllt. Ist die Veresterung für den Chromatographieverlauf störend, dann setzt man jeweils nur kleine Mengen an und gießt den Rest nach einigen Tagen weg. Die anderen Butanole verestern sehr viel langsamer.

Reine, organische Solventien oder Mischungen von diesen führen ohne Wasserzusatz nicht zum Erfolg. Entweder wandern die Adsorbenden überhaupt nicht oder man erhält verwaschene Streifen.

Beispiele für Phasensysteme zur Papierchromatographie enthält die Tabelle 16 (vgl. aber auch Verteilungssysteme in Tabelle 14 auf S. 210 und Tabelle 1 auf S. 262).

Weitere Untersuchungen über Phasensysteme zur Verteilung von Aminosäuren vgl. [9], über wassermischbare Solventien für die Trennung von anorganischen Ionen[10]. Sättigung der Gasphase mit Ammoniak unterdrückt die Dissoziation organischer Säuren auf dem Papier, wodurch sie sich besser verteilen lassen[11].

---

[1] KIRBY-BERRY, H. H., and L. CAIN: Arch. Biochem. **24**, 179 (1949).

[2] PARTRIDGE, S. M.: Biochem. J. **42**, 238 (1948).

[3] Collidin und α-Picolin sind zu beziehen durch die Gesellschaft für Teerverwertung, Duisburg-Meiderich.

[4] LUDWIG, H.: Arch. Gewerbepath., Gewerbehyg. **5**, 654 (1935). — HOLTZMANN, F.: Zbl. Gewerbe-hyg. **23**, 8 (1936).

[5] EDMAN, P.: Ark. Kemi, Mineral. Geol. **22 A**, Nr. 2 (1946).

[6] DECKER, P., u. W. RIFFART: Chem.-Ztg **74**, 261 (1950).

[7] BRYANT, F., and B. T. OVERELL: Nature **168**, 167 (1951).

[8] BATE-SMITH, E. C., and R. G. WESTALL: Biochim. biophysica Acta, N.Y. **4**, 427 (1950).

[9] MIETTINEN, J. K., and A. I. VIRTANEN: Acta chem. scand. **3**, 459 (1949). — DE VERDIER, C. H., and G. ÅGREN: Acta chem. scand. **2**, 783 (1948). — WORK, E.: Biochim. biophysica Acta, N.Y. **3**, 400 (1949). — EDMAN, P.: Ark. Kemi, Mineral. Geol. **22 A**, Nr. 3 (1946).

[10] ARDEN, T.V., F.H. BURSTALL, G.R.DAVIES, J.A.LEWIS and R.P. LINSTEAD: Nature **162**, 691 (1948).

[11] LUGG, J. W. H., and B. T. OVERELL: Nature **160**, 87 (1947). — BROWN, F.: Biochem. J. **47**, 598 (1950). — HISCOX, E. R., and N. J. BERRIDGE: Nature **166**, 522 (1950).

Tabelle 16. *Weitere Beispiele für Phasensysteme zur Papierchromatographie.*

Phasensystem	Adsorbendum	Literatur
„PARTRIDGE-Gemisch" 40 cm³ n-Butanol + 10 cm³ Eisessig + 50 cm³ Wasser	Aminosäuren	[1]
a) 60 cm³ Tetrahydrofuran + 40 cm³ Wasser b) 80 cm³ Tetrahydrofurfurylalkohol + 20 cm³ Wasser c) 65 cm³ Pyridin + 35 cm³ Wasser d) 60 cm³ Aceton + 40 cm³ Wasser e) 60 cm³ Aceton + 40 cm³ Wasser + 0,5 g Harnstoff (als Stabilisator) f) 15 cm³ Furfurylalkohol + 25 cm³ Wasser g) 75 cm³ Furfurylalkohol + 25 cm³ Wasser + 0,5 g Harnstoff h) 67 cm³ Furfurylalkohol + 25 cm³ Wasser + 8 cm³ Pyridin i) 70 cm³ Furfurylalkohol + 25 cm³ Wasser + 5 cm³ Furansäure	Aminosäuren	[2]
a) 60 cm³ Picolin + 38 cm³ Wasser + 2 cm³ konz. Ammoniak b) Wassergesättigtes s-Collidin c) Wassergesättigtes reines Collidin d) 35 cm³ Eisessig + 50 cm³ Pyridin + 15 cm³ Wasser e) 90 cm³ Methanol + 8 cm³ Wasser + 2 cm³ konz. Ammoniak f) 80 cm³ Isopropanol + 18 cm³ Wasser + 2 cm³ konz. Ammoniak g) Wassergesättigtes Phenol. Ammoniak und Blausäure in der Atmosphäre	Aminosäuren	[3]
a) 40 cm³ tertiäres Butanol + 40 cm³ Methyläthylketon + 20 cm³ Wasser b) 40 cm³ tertiäres Butanol + 50 cm³ Methanol + 10 cm³ Wasser c) 70 cm³ Phenol + 30 cm³ Wasser d) 70 cm³ n-Propanol + 30 cm³ Wasser. a + b und c + d sind je 2 Solvenspaare für zweidimensionale Entwicklung	Aminosäuren	[4]
80 cm³ Äthylenglykol-monoäthyläther + 20 cm³ konz. Ammoniak	Aminosäuren (Glutaminsäure, Histidin, Alanin)	[5]
77 cm³ Äthanol + 33 cm³ Wasser	Aminosäuren	[6]
70 cm³ Methyläthyl-keton + 15 cm³ Pyridin + 15 cm³ Wasser	Trennung von Leucin und Isoleucin. Auch für andere Aminosäuren zu verwenden	[7]
a) Tertiärer Amylalkohol/Wasser b) 70 cm³ Cyclohexan + 30 cm³ Propanol c) 90 cm³ Benzylalkohol + 10 cm³ Äthanol d) 90 cm³ n-Butanol + 10 cm³ Äthanol Alle Solventien sind gegen Phthalatpuffer abgesättigt, die Papierbogen mit diesem Puffer getränkt und bei Zimmertemperatur getrocknet	N-2,4-Dinitrophenyl-aminosäuren	[8]
50 cm³ sekundäres Butanol + 30 cm³ Methylacetat + 16 cm³ 0,5 n Salzsäure + 4 cm³ Isopropylchlorid Die Papierbogen (Schleicher & Schüll Nr. 2043a und b) wurden mit Phthalatpuffer getränkt und an der Luft getrocknet	N-2,4-Dinitrophenyl-serin, -threonin, -glycin, -alanin, -prolin, -valin, -isoleucin	[9]
Wäßrige Lösungen von 0,1 m Glucose, Lävulose, Na-glutaminat, Na-adipinat, Na-malat, Na-maleat, Rohrzucker und K-Na-tartrat	Serumproteine	[10]

Tabelle 16. (Fortsetzung.)

Phasensystem	Adsorbendum	Literatur
a) n-Butanol/Wasser b) Partridge-Gemisch c) s-Collidin (in Atmosphäre von Diäthylamin) d) 50 cm³ o-Kresol + 2 cm³ Eisessig + 48 cm³ Wasser e) Phenol/Wasser (in Gegenwart von Ammoniak und Blausäure) f) Phenol/Wasser (in Gegenwart von Essigsäure) g) Phenol/Wasser	Amine	11
100 cm³ Collidin + 44 cm³ Wasser (in Atmosphäre von Ammoniak)	Jodhaltige Schilddrüsensubstanzen	12
a) 86 cm³ n-Butanol + 14 cm³ Wasser b) 86 cm³ n-Butanol + 14 cm³ Wasser (in Ammoniakatmosphäre) c) 77 cm³ n-Butanol + 10 cm³ Ameisensäure + 13 cm³ Wasser d) 50 cm³ n-Butanol + 15 cm³ Äthanol + 35 cm³ Wasser e) Amylalkohol/Wasser f) Amylalkohol/Wasser (in Ammoniakatmosphäre) g) 90 cm³ Amylalkohol, mit Wasser gesättigt + 10 cm³ Ameisensäure	Purine, Pyrimidine und deren Riboside	13
a) 40 cm³ n-Butanol + 10 cm³ Dioxan + 10 cm³ Wasser b) 40 cm³ n-Butanol + 10 cm³ Diäthylenglykol + 10 cm³ 1,5 n Salzsäure	Adenin, Guanin, Cytidylsäure, Uridylsäure	14
a) 7,45 m tertiäres Butanol und 0,8 n Salzsäure in Wasser b) 8,5 m Isopropylalkohol, 2 n Salzsäure in Wasser c) 97 cm³ gesättigte wäßrige Lösung von Ammoniumsulfat + 2 cm³ Isopropylalkohol + 19 cm³ Wasser oder 0,1 m Puffer p_H etwa 6	Uridin, Cytidin, Purinnucleotide	15
95 cm³ Pyridin + 5 cm³ Wasser	Nucleotide	16
a) n-Butanol, mit Wasser gesättigt b) 60 cm³ n-Propanol + 40 cm³ 20%iges Ammoniak	Methylxanthine	17
Partridge-Gemisch	Pterine	18
80 cm³ sekundäres Butanol + 20 cm³ 90%ige Ameisensäure + 50 cm³ Wasser	Pterine	19
n-Butanol-Morpholin-Wasser	Pterine	20
3%ige wäßrige Lösung von Ammoniumchlorid	Pterine	21
25 cm³ Äthanol + 5 cm³ 2 n Ammoniak + 20 cm³ Wasser	Folsäure	22

1. 2-flüssige Phasen, sauer
   a) 90 cm³ tertiärer Amylalkohol + 30 cm³ 90%ige Ameisensäure + 90 cm³ Wasser
   b) 60 cm³ tertiärer Amylalkohol + 30 cm³ Wasser + 2 g p-Toluolsulfosäure (die wasserarme Phase ist die mobile)
2. 2-flüssige Phasen, basisch
   a) 100 cm³ Äthylacetat + 45 cm³ Pyridin + 100 cm³ Wasser (die wasserarme Phase ist die mobile)
3. 1-flüssige Phasen, sauer
   a) 80 cm³ tertiäres Butanol + 20 cm³ Wasser + 4 g Pikrinsäure
   b) 90 cm³ Isopropyläther + 60 cm³ 90%ige Ameisensäure
4. 1-flüssige Phasen, basisch
   a) 60 cm³ Pyridin + 20 cm³ konz. Ammoniak + 10 cm³ Wasser
   b) 60 cm³ n-Propanol + 30 cm³ konz. Ammoniak + 10 cm³ Wasser
	Orthophosphat, Glucose-1-phosphat, Glucose-6-phosphat, 3-Phosphor-glycerinsäure, Fructose-6-phosphat, Fructose-1,6-diphosphat, Adenosintriphosphat	23

Tabelle 16. (Fortsetzung.)

Phasensystem	Adsorbendum	Literatur
100 cm³ n-Butanol + 20 cm³ konz. HCl/Wasser	Pyridinderivate (Nicotinsäure, Nicotinsäureamid)	24
Pentanol, Hexanol, Octanol (Papierbogen mit Paraffin imprägniert)	Fettsäuren	25
a) n-Butanol/Wasser b) 20 cm³ Benzylalkohol + 50 cm³ Propanol + 20 cm³ Wasser c) 80 cm³ Propanol + 10 cm³ Ameisensäure + 10 cm³ Wasser	Cholinester	26
a) 40 cm³ n-Butanol + 10 cm³ Diäthylenglykol + 10 cm³ Wasser b) 30 cm³ n-Butanol + 10 cm³ Morpholin, gesättigt mit Wasser c) Isobuttersäure/Wasser d) Collidin/Wasser e) Phenol/Wasser f) Phenol/Wasser (in Essigsäureatmosphäre) g) Phenol/Wasser (in Blausäure- + Ammoniakatmosphäre) h) 40 cm³ n-Butanol + 10 cm³ Dioxan, gesättigt mit Wasser i) 40 cm³ n-Butanol + 10 cm³ Pyridin, gesättigt mit Wasser	Lipoidbestandteile: Serin, Threonin, Oxyprolin, Oxyasparaginsäure, Oxyglutaminsäure, Oxylysin, Phosphoserin, Äthanolamin, 1-Amino-2-propanol, 2-Amino-1-propanol, Aminoäthyl-phosphorsäure, Methyl-äthanolamin, Cholin, N-Dimethyl-äthanolamin, N-Diäthyl-äthanolamin, Triäthyl-β-oxy-äthylammoniumchlorid, Äthyldimethyl-β-oxyäthyl-ammoniumchlorid, Methyl-diäthyl-β-oxyäthyl-ammoniumchlorid	27
a) n-Butanol, mit Wasser gesättigt b) 40 cm³ n-Butanol + 11 cm³ Äthanol + 19 cm³ Wasser c) 50 cm³ n-Butanol + 10 cm³ Eisessig + 20 cm³ Wasser d) 40 cm³ n-Butanol + 50 cm³ Wasser + 10 cm³ Äthanol e) 10 cm³ Benzol + 50 cm³ n-Butanol + 30 cm³ Pyridin + 30 cm³ Wasser d) und e) bilden 2 Schichten, von denen die obere verwandt wird	Mehrwertige Alkohole, Glucoside	28
a) Phenol/Wasser b) 40 cm³ n-Butanol + 10 cm³ Eisessig + 50 cm³ Wasser c) 20 cm³ n-Butanol + 10 cm³ Eisessig + 10 cm³ Wasser d) 60 cm³ Propanol + 30 cm³ konz. Ammoniak + 10 cm³ Wasser (in Ammoniakatmosphäre)	Weinsäure, Citronensäure, Äpfelsäure, Citramalsäure und ihre Kupferkomplexe	29
a) 50 cm³ Propionsäure + 100 cm³ n-Butanol + 70 cm³ Wasser b) 40 cm³ α-N-Dimethylamino-isobutyronitril + 60 cm³ n-Butanol + 30 cm³ Wasser c) 95 cm³ n-Butanol + 5 cm³ Ameisensäure, gesättigt mit Wasser	α-Ketosäuren	30
100 cm³ wassergesättigtes n-Butanol + 2 g Kaliumhydroxyd	Xanthogenate der Alkohole	31
a) n-Butanol/Wasser b) Methyläthylketon/Wasser c) 50 cm³ n-Butanol + 15 cm³ Äthanol + 50 cm³ Wasser	Phenole als Mischung der Na-Salze von Phenylazofarbstoffen (Kuppeln mit diazotierter Sulfanilsäure)	32
50 cm³ n-Butanol + 50 cm³ Pyridin + 100 cm³ gesättigte wäßrige Lösung von Natriumchlorid	Trennung der Phenolsäuren von verwandten Phenolen	33
a) 40 cm³ n-Butanol + 11 cm³ Äthanol + 19 cm³ m/15 Phosphatpuffer p₁ 7,0 b) 80 cm³ n-Butanol + 5 cm³ Benzol + 15 cm³ m/15 Phosphatpuffer p₁ 7,0	Aromatische Carbonsäuren	34
80 cm³ absolutes Äthanol + 20 cm³ Wasser	Progesteron	35

Tabelle 16. (Fortsetzung.)

Phasensystem	Adsorbendum	Literatur
200 cm³ Petroläther (35—60° C) + 100 cm³ Toluol + 10 cm³ Äthanol + 90 cm³ Wasser	Oestradiol-17-α-Verbindungen, Oestriol-17-β-Verbindungen, Equilin, Equilenin	36
Benzol, mit Formamid gesättigt. Papierbogen vorher in Formamid getaucht und leicht angetrocknet	Nebennierenrindenhormone	37
Äther/Wasser, mit gepufferten Papieren	Alkaloide. Trennung der stark basischen Solanumalkaloide und der schwach basischen wasserunlöslichen Ergot-Alkaloide	38
a) 50 cm³ n-Butanol + 15 cm³ Eisessig + 60 cm³ Wasser. Nach Absättigung untere Phase abtrennen und zur oberen Phase 0,5 % Dimethylaminobenzaldehyd zusetzen b) 40 cm³ n-Butanol + 10 cm³ konz. Ammoniak + 30 cm³ Wasser. Nach Absättigung untere Phase abtrennen und zur oberen Phase 0,5 % p-Dimethylaminobenzaldehyd zusetzen	Sulfonamide	39
50 cm³ n-Butanol + 15 cm³ Eisessig + 35 cm³ Wasser (homogene Mischung, an Wasser leicht untergesättigt)	Sulfonamide	40
2 %ige wäßrige Lösung von Ammoniumchlorid	Streptomycin	41
30 cm³ Äthanol + 20 cm³ 2 n Essigsäure	Alkali- und Erdalkaliionen	42
40 cm³ n-Butanol + 10 cm³ 12 n Salzsäure	8-Oxychinolinkomplexe der Kationen der Schwefelwasserstoff- und Schwefelammoniumgruppe	43

Literatur zu Tabelle 16.

[1] PARTRIDGE, S. M.: Biochem. J. **42**, 238 (1948).

[2] ARDEN, T. V., F. H. BURSTALL, G. R. DAVIES, J. A. LEWIS and R. P. LINSTEAD: Nature **162**, 691 (1948). — BENTLEY, H. R., and J. K. WHITEHEAD: Nature **164**, 182 (1949). Biochem. J. **46**, 341 (1950).

[3] DECKER, P., u. W. RIFFART: Chem.-Ztg. **74**, 261 (1950).

[4] BOISSONNAS, R. A. Helv.: **33**, 1966 (1950).

[5] WIELAND, T., u. L. WIRTH: Angew. Chem. **63**, 171 (1951).

[6] PATTON, A. R., and E. M. FOREMAN: Science, N. Y. **109**, 339 (1949).

[7] WIELAND, T., u. L. BAUER: Angew. Chem. **63**, 511 (1951).

[8] BLACKBURN, S., and A. C. LOWTHER: Biochem. J. **48**, 126 (1951).

[9] FELIX, K., u. A. KREKELS: H. **290**, 78 (1952).

[10] HALL, D. A., and F. WEWALKA: Nature **168**, 685 (1951). — FRANKLIN, A. E., J. H. QUASTEL and S. F. VAN STRATEN: Nature **168**, 687 (1951). — Vgl. auch FRANKLIN, A. E., and J. H. QUASTEL: Science, N. Y. **110**, 447 (1949). Proc. Soc. exp. Biol. Med. **74**, 803 (1950).

[11] DENT, C. E.: Biochem. J. **43**, 169 (1948). — BREMNER, J. M., and R. H. KENTEN: Biochem. J. **49**, 651 (1951).

[12] TAUROG, A., W. TONG and I. L. CHAIKOFF: Nature **164**, 182 (1949).

[13] MARKHAM, R., and J. D. SMITH: Biochem. J. **45**, 294 (1949).

[14] EDSTRÖM, J. E.: Nature **168**, 876 (1951).

[15] SMITH, J. D., and R. MARKHAM: Biochem. J. **46**, 509 (1950). — MARKHAM, R., and J. D. SMITH: Biochem. J. **49**, 401 (1951). — WYATT, G. R.: Nature **166**, 237 (1950).

[16] HUMMEL, J. P., and O. LINDBERG: J. biol. Ch. **180**, 1 (1949).

[17] WIELAND, T., u. L. BAUER: Angew. Chem. **63**, 511 (1951).

[18] GOOD, P. A., and A. W. JOHNSON: Nature **163**, 31 (1949).

[19] WEYGAND, F., A. WACKER u. V. SCHMIED-KOWARZIK: Exper. **6**, 184 (1950).

[20] RENFREW, A. G., and P. C. PLATT: J. amer. pharmaceut. Ass., sci. Ed. **39**, 657 (1950).

[21] TSCHESCHE, R., u. F. KORTE: B. **84**, 641 (1951).

[22] Persönliche Mitteilung von Prof. F. WEYGAND.

[23] HANES, C. S., and F. A. ISHERWOOD: Nature **164**, 1107 (1949).

δ) Einrichtungen und Arbeitsprinzipien.

Man verwendet verschiedene Formen des Papierbogens: a) schmale Streifen, b) quadratische Bogen, c) Rundfilter, und läßt die mobile Phase in verschiedener Weise laufen, α) absteigend, β) aufsteigend und γ) horizontal.

Folgende Kombinationen sind möglich: aα, aβ, aγ; bα, bβ, cγ.

Mit a) kann man nur *eindimensional*, mit b) sowohl eindimensional als auch zweidimensional in 2 aufeinanderfolgenden Arbeitsgängen und mit c) nur *zweidimensional* in einem Gange entwickeln.

Abb. 52 veranschaulicht den Vorgang bei der *absteigenden Entwicklung* auf einem Streifen und Abb. 53 den der *aufsteigenden Entwicklung*. Um festzustellen, wo sich die Komponenten befinden, müssen sie nach einem der auf S. 237 ff. beschrieben Verfahren sichtbar gemacht werden. Welche der beiden Arbeitsweisen man wählt, hängt von den vorhandenen bzw. erreichbaren Behältern, in denen die Entwicklung unter Abschluß gegen die Atmosphäre vorgenommen werden soll, ab, sowie von anderen und eigenen Erfahrungen, und auch davon, ob eine Papierstrecke von 30 cm (aufsteigend) ausreicht oder eine längere angewandt werden muß (absteigend). Manche Autoren behaupten, mit beiden Arbeitsweisen erhalte man verschiedene Ergebnisse, während andere gleiche Wandergeschwindigkeiten ihrer Substanzen feststellen.

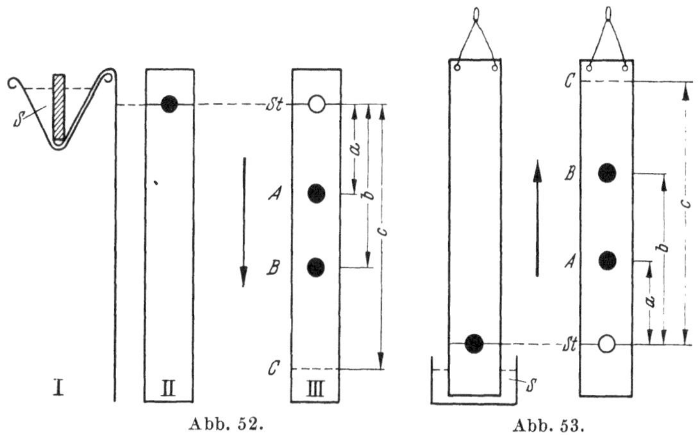

Abb. 52.   Abb. 53.

Abb. 52. Prinzip der Papierchromatographie (absteigende Entwicklung auf einem Streifen). *S* mobile Phase in einem Trog, *St* Startfleck, *A* und *B* Komponenten des verteilten Gemisches, *C* Solvensfront. *A* ist um *a*, *B* um *b* und *C* um *c* gewandert.

Abb. 53. Aufsteigende Entwicklung auf Papierstreifen. Bezeichnungen wie bei Abb. 52.

Abb. 54 veranschaulicht die eindimensionale Entwicklung mit quadratischen oder nahezu quadratischen Filtrierpapierbogen. In Abb. 55 wird an einem praktischen Beispiel, der Monoaminosäurefraktion von Clupein die *zweidimensionale Papierchromatographie*

Literatur zu Tabelle 16 (Fortsetzung).

[24] MUNIER, R.: Bull. Soc. Chim. biol. **33**, 857, 862 (1951).
[25] LIBERMAN, L. A., A. ZAFFARONI and E. STOTZ: Fed. Proc. **10**, 216 (1951).
[26] WHITTAKER, V. P., and S. WIJESUNDERA: Biochem. J. **49**, XLV (1951).
[27] LEVINE, C., and E. CHARGAFF: J. biol. Ch. **192**, 481 (1951).
[28] HOUGH, L.: Nature **165**, 400 (1950).
[29] WIELAND, T., u. U. FELD: Angew. Chem. **63**, 258 (1951).
[30] MAGASANIK, B., and H. E. UMBARGER: Am. Soc. **72**, 2308 (1950). — WIELAND, T., u. E. FISCHER: Naturwiss. **36**, 219 (1949).
[31] KARIYONE, T., Y. HASHIMOTO and M. KIMURA: Nature **168**, 511 (1951).
[32] HOSSFELD, R. L.: Am. Soc. **73**, 852 (1951).
[33] EVANS, R. A., W. H. PARR and W. C. EVANS: Nature **164**, 674 (1949). — Vgl. auch BOSCOTT, R. J.: Biochem. J. **48**, XLVII (1951).
[34] FEWSTER, M. E., and D. A. HALL: Nature **168**, 78 (1951).
[35] HASKINS, A. L. jr., A. S. SHERMAN and W. A. ALLEN: J. biol. Ch. **182**, 429 (1950).
[36] HEFTMANN, E.: Am. Soc. **73**, 851 (1951). — Vgl. auch BOSCOTT, R. J.: Biochem. J. **48**, XLVII (1951).
[37] HOFMANN, H., u. H. STAUDINGER: Naturwiss. **38**, 213 (1951).
[38] CARLESS, J. E., and H. B. WOODHEAD: Nature **168**, 203 (1951).
[39] ROBINSON, R.: Nature **168**, 512 (1951).
[40] STEEL, A. E.: Nature **168**, 877 (1951). — Vgl. auch ROBINSON, R.: Nature **168**, 512 (1951).
[41] HORNE, R. E., and A. L. POLLARD: J. Bacteriology **55**, 231 (1948).
[42] ERLENMEYER, H., H. v. HAHN u. E. SORKIN: Helv. **34**, 1419 (1951).
[43] REEVES, W. A., and T. B. CRUMPLER: Analyt. Chem., Washington **23**, 1567, 1579 (1951).

demonstriert[1]. Auf die durch einen Punkt in der linken unteren Ecke bezeichnete Stelle, die etwa 5 cm von jedem Rand entfernt ist, wird die Monoaminosäuremischung aufgegeben und in einer Richtung mit Butanol-Eisessig entwickelt. Die Aminosäuren verteilen sich dann als eindimensionales Chromatogramm, so wie es der linke Streifen zeigt. Nach dem Trocknen wird das Blatt um 90° gedreht und in der anderen Richtung mit Phenol entwickelt. Jetzt verteilen sich die Aminosäuren so, wie es der untere Streifen zeigt.

Um Papierchromatogramme „lesen" zu können, mißt man die Wanderstrecken des Solvens und die der Flecken und berechnet nach S. 245 die R_F-Werte, die für jede Substanz und für das betreffende Solvens unter den eingehaltenen Arbeitsbedingungen (Papiersorte, Temperatur usw.) „physikalische Konstanten" sind (vgl. die Tabellen der R_F-Werte auf S. 254ff.). Diese Zahlen dienen zur Charakterisierung der gesuchten Verbindungen. Man verläßt sich nicht nur auf den Vergleich der gemessenen R_F-Werte mit den aus den Tabellen ent-

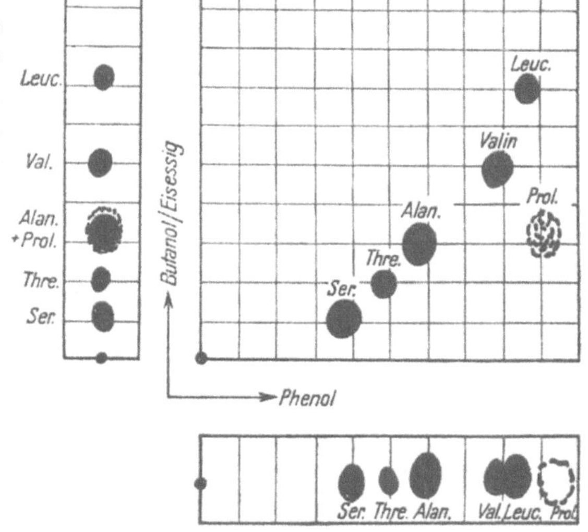

Abb. 54.   Abb. 55.

Abb. 54. Eindimensionale Entwicklung eines quadratischen Filtrierpapierbogens. Auf einer „Startlinie" werden das Verteilungsgemisch und die Testsubstanzen 1—5 aufgesetzt. Nach dem Entwickeln nehmen die identischen Verbindungen Positionen auf gleicher Höhe ein.

Abb. 55. Beispiel für ein zweidimensionales Papierchromatogramm.

nommenen, vielmehr dienen diese nur als Anhaltspunkte, sondern man läßt zur Erhärtung der Ergebnisse stets Testsubstanzen mitlaufen (vgl. Abb. 54) und entwickelt mehrere Papierbogen mit verschiedenen Solventien. Mit dem zweidimensionalen Verfahren empfiehlt es sich, *Mischchromatogramme* laufen zu lassen. Man setzt auf den Startpunkt gleichzeitig das Analysengemisch und eine reine Testsubstanz auf. Nach Entwickeln darf bei Identität der letzteren mit einer Komponente des ersteren gegenüber dem Chromatogramm des reinen Analysengemisches kein zusätzlicher Fleck auftreten, vielmehr muß der charakteristische Fleck verstärkt sein.

Rundfiltertechnik. Die Entwicklung mit Rundfiltern erfolgt in der durch Abb. 56 wiedergegebenen Form[2] und wird, da sie vorwiegend zu rasch orientierenden Versuchen dienlich ist, hier vorweggenommen. In der unteren von 2 aufeinanderpassenden Krystallisierschalen ohne Ausguß *b*, befindet sich das Solvens *c*. Aus einem passenden Rundfilter schneidet man eine Zunge bis zur Mitte aus und biegt sie nach unten. Das Analysengemisch bringt man kurz hinter der Knickstelle der Zunge auf das Rundfilter. Das aufsteigende Solvens wandert von diesem Startfleck aus gleichmäßig zweidimensional über das Rundfilter, und die Komponenten verteilen sich in scharf begrenzten wachsenden Ringen. Diese bilden keine reinen Kreise, sondern schwache Ellipsen, da das Solvens in der Faserrichtung des Bogens meist ein wenig schneller wandert als gegen diese. Man

[1] FELIX, K., H. FISCHER, A. KREKELS u. H. M. RAUEN: H. **286**, 67 (1950).
[2] RUTTER, L.: Nature **161**, 435 (1948). Analyst **75**, 37 (1950). — MUELLER, R. H., and D. L. CLEGG: Analyt. Chem., Washington **23**, 396 (1951).

ermittelt mit dieser Anordnung in Vorversuchen das geeignete Verteilungssystem und eventuell die geeigneten Färbemethoden.

Die durch den Zungenausschnitt etwa auftretenden Unregelmäßigkeiten in der radialen Wanderung des Solvens überwindet man, indem man in einen Exsiccator eine PETRI-Schale einstellt, auf diese das Rundfilter mit dem in der Mitte aufgebrachten Analysengemisch legt und das Solvens durch ein durch den Deckeltubus eingeführtes, zur feinen Capillare ausgezogenes Trichterrohr langsam einfließen läßt[1]. Auf dem Exsiccatorboden kann sich in einer Glasschale die „Gegenphase", an der sich der Gasraum sättigen soll, befinden. Man kann mit dieser Arbeitsweise („Ringchromatographie") auch mehrere Substanzen gleichzeitig laufen lassen, wenn man sie als kleine Startpunkte auf einem sehr schmalen Kreis um den Zungenausschnitt aufsetzt[2].

Absteigende Entwicklung. Entwicklungströge für Streifen nach dem absteigenden Verfahren kann man sich aus den verschiedenen in Laboratorien vorhandenen Geräten in Anlehnung an das in Abb. 57[3] wiedergegebene Muster selbst herstellen. Die Kammer besteht aus einem Tonrohr, das in einen Bleitrog oder eine dickwandige Glasschale (photographische Entwicklerschale) eingestellt und mit einer Glasplatte, die dicht schließen muß, abgedeckt ist. Im Bodengefäß befindet sich die „Gegenphase" (beim Phasensystem Phenol/Wasser z. B. das mit Phenol gesättigte Wasser). Sie wird 24 Std vor Gebrauch eingefüllt, damit sich die Atmosphäre im Gefäß absättigt. In der oberen Erweiterung liegt eine Troganordnung, deren Aufbau sich aus den Abb. 58a—c ergibt. Der Trog ist entweder, wie hier, rohrförmig, kann aber auch das Profil eines Porzellan-schiffchens haben. Er kann aus verschiedenem Material sein, nur muß es sich gegenüber den Solventien inert verhalten. Um den Trog befindet sich ein Gestell aus Stabglas. Mit jedem Trog können so 2 Papierstreifen gleichzeitig entwickelt werden. Man hängt sie so ein, daß die oberen Enden auf dem Trogboden übereinander liegen und beschwert sie mit einer Glasleiste. Es hat sich bewährt, die Papierstreifen in die gesättigte Atmo-

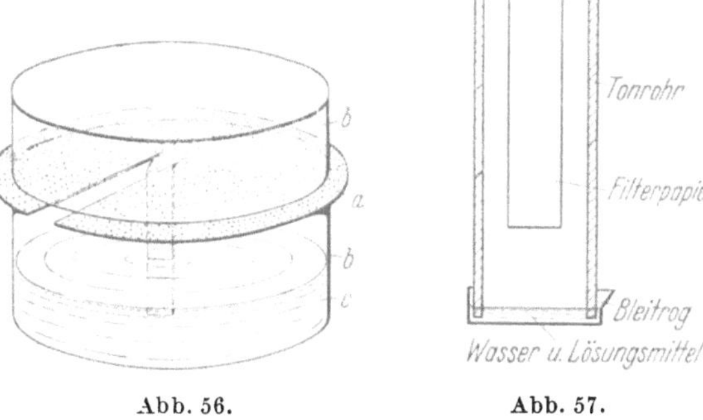

Abb. 56. Abb. 57.

Abb. 56. Gerät zur Rundfilterchromatographie nach RUTTER. *a* Rundfilter mit eingeschnittener, nach unten gebogener Zunge, *b* 2 aufeinander passende Krystallisierschalen ohne Ausguß, *c* Solvens.

Abb. 57. Entwicklungstrog für die absteigende Entwicklung.

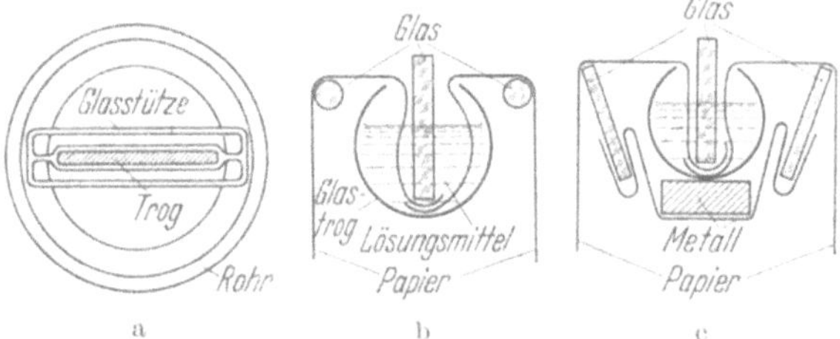

Abb. 58a—c. a Befestigung des Troges von oben, b Querschnitt durch den Trog für eindimensionale Chromatogramme, c Querschnitt durch den Trog für zweidimensionale Chromatogramme.

sphäre des Gefäßes bei leerem Trog einzuhängen, darin einige Stunden zu belassen und dann erst die mobile Phase in den Trog zu füllen. So sättigt sich zunächst auch das Papier gegen die Atmosphäre ab. Zweckmäßig füllt man den Trog durch ein im Deckel befindliches Loch, das mit einem Stopfen verschlossen wird, mit Hilfe einer Pipette. Beim Abnehmen des Deckels würde sich die Gasphase im Gefäß mit der Außenluft vermischen und befände sich dann wieder im Sättigungs-Ungleichgewicht. Das Papier soll nicht direkt aus dem Trog herunterhängen, weil die mobile Phase zu ungleichmäßig und zu schnell laufen würde, vielmehr soll es stets über Glasstäbe, oder im Falle von großen Bogen (Abb. 58c), über Glasleisten laufen.

---

[1] ZIMMERMANN, G., u. K. NEHRING: Angew. Chem. **63**, 556 (1951).

[2] LÜDERITZ, O., u. O. WESTPHAL: Z. Naturforsch. **7 b**, 136 (1952).

[3] Vgl. hierzu GORDON, A. H.: Angew. Chem. **61**, 367 (1949).

Um das Abwärtswandern der mobilen Phase beobachten zu können, eignen sich besser Glasgefäße oder Entwicklungskammern mit Glasfenstern. Die Anordnung nach Abb. 59[1] besteht aus einem ausgedienten, etwa 50 cm hohen Akkumulatorengefäß, auf das eine mit einer rechteckigen Aussparung versehene Platte aus inertem Material aufgekittet wird. Die Gefäßdeckel sollen möglichst aufgeschliffen sein und werden mit Vaseline sorgfältig abgedichtet. Die Anordnung des Troges und der Glasstäbe ergibt sich aus der Abbildung.

Zuweilen bietet die Verwendung von schmalen Papierstreifen Vorteile. Eine Vorrichtung zur absteigenden Entwicklung solcher schmaler Streifen zeigt Abb. 60b[2]. Sie besteht aus einem Pyrexglasrohr (70 × 500 mm) und einem gewölbten, eingeschliffenen Deckel (125 mm hoch), in welchem ein Trichter und ein Hahn eingelassen sind. An letzterem ist ein Behälter befestigt, in den die mobile Phase durch den Trichter so hoch eingegossen werden kann, daß die Papierstreifen eintauchen. Unter ihm kann ein Thermometer angehängt werden. Im Solvensbehälter befindet sich ein Ring aus Glas mit angeschmolzenen Spitzen, auf die die Papierstreifen gespießt werden. An diese hängt man behakte Gewichte aus Stabglas. An der Seitenwand befindet sich ein kleines Kochgefäß, in dem ein wenig Solvens zum Sieden erhitzt und ein Luftstrom kurz durchgeleitet wird, um die Atmosphäre zu sättigen. Auf dem Boden des Hauptgefäßes kann sich die Gegenphase befinden. Im

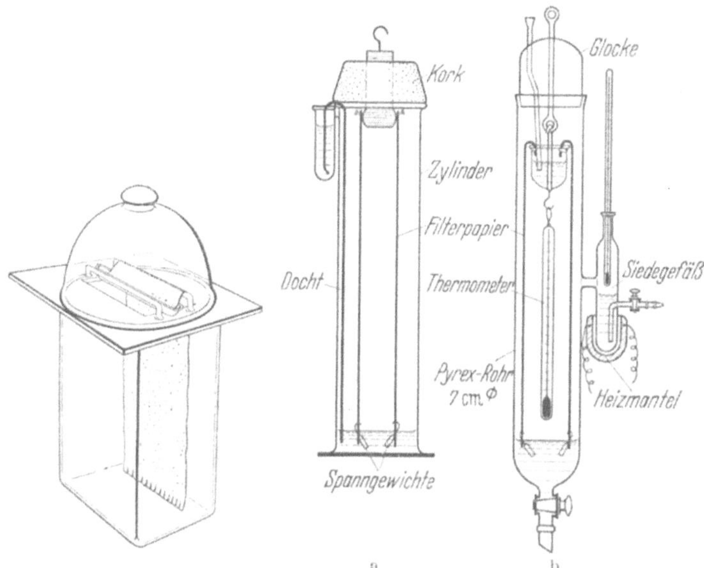

Abb. 59. Einfacher, selbstherzustellender Entwicklungstrog (absteigend) aus Glas. Der Vorgang kann von außen beobachtet werden.

Abb. 60a u. b. a Troganordnungen zur aufsteigenden und b zur ab- und aufsteigenden Entwicklung von Papierstreifen und Vorrichtungen zur Sättigung der Atmosphäre mit Solvens nach LONGENECKER.

Falle der absteigenden Entwicklung darf sie aber nicht so hoch reichen, wie es die Abbildung zeigt. Das Gerät kann auch zur aufsteigenden Entwicklung verwendet werden, worauf später zurückgekommen wird.

Das Problem beim Bau von Entwicklungskammern[3] besteht darin, daß die Metallbzw. Holzrahmen, in welche die Glasscheiben eingelassen sind, mit einem Lack überzogen werden, der völlig inert gegen alle organischen Solventien, Säuren und Basen ist, die sich in der Gasphase befinden können. Am besten eignen sich daher Konstruktionen, die auch auf den Innenteilen Glasplatten als Belage haben, bzw. bei denen die Holzleisten mit Paraffin getränkt und überzogen sind, das gelegentlich erneuert werden kann[4]. Solche Kammern werden meist in größeren Ausmaßen hergestellt und eignen sich deshalb zur Entwicklung von Chromatogrammen auf Papierblättern der handelsüblichen Ausmaße. Auf ihrem Boden befinden sich Krystallisierschalen oder Wannen mit der Gegenphase. Wegen ihres beträchtlichen Volumens dauert der Austausch zwischen flüssiger Gegenphase und Atmosphäre meist 24—48 Std. Man kann ihn auf 5—6 Std abkürzen, indem man an den unteren Rändern der Papierbogen einen in ein Glasrohr eingeschmolzenen Eisendraht befestigt. Unter der Chromatographiekammer bewegen sich Permanentmagnete

[1] Wiedergegeben nach CRAMER, F.: Papierchromatographie. Weinheim 1952.
[2] LONGENECKER, W. H.: Analyt. Chem., Washington 21, 1402 (1949).
[3] Zum Beispiel der Konstruktion nach T. WIELAND, zu beziehen durch die Fa. L. Hormuth, Inh. W. Vetter, Heidelberg, Hauptstr. 25.
[4] HEYNS, K., u. G. ANDERS: H. 287, 1 (1951).

mechanisch hin und her und versetzen dadurch die Papierblätter in eine pendelnde Bewegung. Hierdurch wird auch die Luft im Kasten bewegt und sättigt sich schneller an der Gegenphase ab[1].

Aufsteigende Entwicklung. Einen kleineren apparativen Aufwand benötigt die aufsteigende Entwicklung von Papierchromatogrammen[2]. Man verwendet entweder Papierstreifen oder -bogen. Eine Vorrichtung zum Entwickeln von Streifen, die gleichzeitig auch zur absteigenden Arbeitsweise dient, wurde bereits in Abb. 60b gezeigt. Jetzt befindet sich das Solvens am Boden des Gefäßes und im oberen Gefäß, aus dem die Papierstreifen heraushängen, ist die Gegenphase jedoch nur so hoch eingefüllt, daß das Papier nicht hineintaucht. Besser eignet sich hierzu das Gefäß nach Abb. 60a. An einem Zylindergefäß geeigneter Dimension sind ein oder mehrere randlose Reagensgläser angeheftet. In ihnen befindet sich Solvens, das durch die Capillarwirkung von Filtrierpapierstreifen in das Hauptgefäß gesogen wird, dort verdampft und so die Atmosphäre schnell absättigt. Das Zylindergefäß wird durch einen aufgesetzten und mit Vaseline oder Siliconfett abgedichteten Korken verschlossen, durch den eine Vorrichtung gesteckt ist, an der die Papierstreifen aufgespießt werden. Diese werden mit Glasplomben beschwert und tauchen in das Solvens ein. Besonders für die Chromatographie mit leichtflüchtigem Solvens (z. B. Äther) empfehlen sich kleine Glasgefäße mit kleinem Luftraum (und eventuell Entwickeln bei 0°)[3]. Gewöhnlich verwendet man die Entwicklung auf Filtrierpapierbogen der Ausmaße etwa 28 × 30 cm und rollt diese nach Aufsetzen der Substanzen auf einer Startlinie, so wie es Abb. 54 zeigt, zu einem Zylinder zusammen, wie es auf S. 236 beschrieben wird[4]. Man setzt ihn dann am besten in ein 5 Liter-Einmachglas, das gut mit Gummiring, Deckel und Spann-

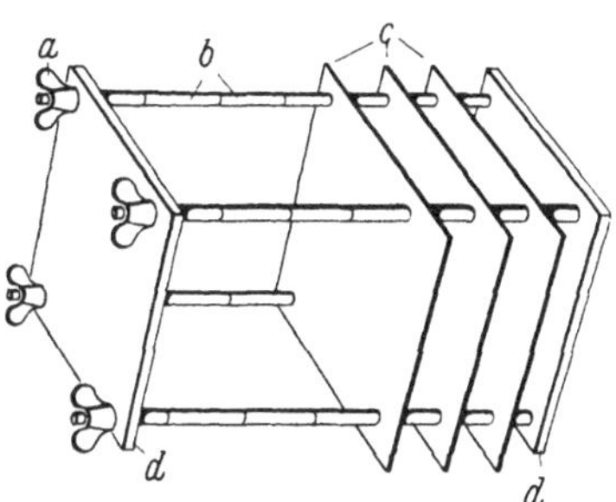

Abb. 61. Spannrahmen für mehrere zweidimensionale Chromatogramme. *a* Flügelschrauben, *b* abnehmbare Röhrchen, *c* Papier, *d* Deckplatten 20 × 20 cm. Nach DATTA, DENT und HARRIS.

klammer verschlossen werden kann[5]. In dieses wird 24 Std vorher das Solvens etwa 2 cm hoch eingefüllt. Die Entwicklung ist über Nacht beendet. Höhere Papierzylinder als 30 cm sind nicht zu verwenden, da dann das Solvens zu langsam bzw. überhaupt nicht mehr steigt.

Natürlich lassen sich auch die früher beschriebenen größeren Kammern zur aufsteigenden Entwicklung verwenden. Man stellt dann auf ihren Boden eine photographische Entwicklerschale mit dem Solvens (daneben Schalen mit der Gegenphase zum Gasphasenaustausch) und läßt die Papierblätter glatt hineinhängen. Die Vorrichtung nach Abb. 61 stellt einen Spannrahmen für mehrere Papierblätter, die gleichzeitig entwickelt werden sollen, dar[6]. Man kann auf diese Weise zweidimensionale Chromatogramme entwickeln, indem man den mit den Bogen beschickten Rahmen erst in die Kammer mit dem Solvens *A* setzt, wobei die Chromatogramme in der einen Richtung entwickelt werden, trocknen läßt, um 90° dreht und dann in eine andere Kammer mit dem Solvens *B* setzt (Achtung auf richtige Lage der Blätter!).

Horizontale Entwicklung. Diese dient zum Arbeiten mit Streifen und eignet sich besonders für wassermischbare Solventien, mit denen sich die Gasphase nur langsam sättigt[7]. Man verwendet einen Glastrog (z. B. 30 × 24 × 75 cm), in welchem ein Glasrahmen ist, der bis 4 Papierstreifen (61 × 5 cm) tragen kann. Diese überragen den Glasrahmen an beiden Enden. Das längere Ende taucht in das am Boden des Troges

[1] HANES, C. S., and F. A. ISHERWOOD: Nature **164**, 1107 (1949).
[2] WILLIAMS, R. J., and H. KIRBY: Science, N. Y. **107**, 481 (1948). — WOLFSON, W. Q., C. COHN and W. A. DEVANEY: Science, N. Y. **109**, 541 (1949).
[3] Vgl. a. GOODALL, R. R., and A. A. LEVI: Analyst **72**, 277 (1947). — ROCKLAND, L. B., and M. S. DUNN: Science, N. Y. **109**, 539 (1949).
[4] Vgl. z. B. MA, R. M., and T. D. FONTAINE: Science, N. Y. **110**, 232 (1949).
[5] Zu beziehen durch die Fa. Oberland-Glas G. m. b. H., Ulm/Donau, Frauenstr. 109.
[6] DATTA, S. P., C. E. DENT and H. HARRIS: Biochem. J. **46**, XLII (1950).
[7] MEREDITH, P., and H. G. SAMMONS: Biochem. J. **49**, LXII (1951).

befindliche Solvens. Das Papier befindet sich nur 3,8 cm über der Solvensoberfläche. Der ganze Trog wird mit einer Glasplatte bedeckt, die an den Aufsatzrändern mit Siliconfett gedichtet ist. Die Vorteile sind also eine stets gleiche und schnell ausgeglichene Gasphase und Raumersparnis.

„Überdimensionale" Entwicklung. Gewöhnlich läßt man das Solvens bis an die andere Streifen- oder Bogenkante oder nahezu bis dahin laufen. Bei der aufsteigenden Entwicklung wandert das Solvens automatisch nicht mehr weiter, wenn es die obere Kante erreicht hat. Bei der absteigenden Entwicklung dagegen strömt es stets nach, sammelt sich an der Kante und tropft schließlich ab. Man verwendet dieses Weiterlaufen auch zur Chromatographie von Substanzen mit kleinen R_F-Werten, d. h. geringer Löslichkeit in der mobilen Phase. Zu diesem Zwecke schneidet man das untere Ende des Streifens oder Bogens in Spitzen aus und erreicht so einen gleichmäßigen Weiterfluß des Solvens, das dann von allen Spitzen gleichförmig abtropft[1]. Besser noch packt man die untere Kante in einen Berg Cellulosepulver bzw. Sägemehl[2] oder ein anderes, billiges, saugfähiges Material (Kieselgur) ein, das dann das Solvens aufnimmt. Dieses durchläuft somit mehrmals die Papierlänge. Man kann jetzt natürlich keine R_F-Werte bestimmen, weil man die Wanderungsstrecke des Solvens nicht messen kann, vielmehr läßt man Testsubstanzen mitlaufen, an Hand deren Positionen man dann die unbekannten Substanzen identifiziert.

ε) Arbeitsweise.

Vorbereitung des zu verteilenden Gemisches. Die Erfahrung zeigt, daß Fremdsubstanzen, insbesondere *anorganische Anionen und Kationen*, die papierchromatographische Trennung zuweilen empfindlich stören[3]. Entweder bleibt das Trenngemisch auf dem Startfleck sitzen, wandert nur eine kleine Strecke, ohne sich zu trennen, oder ergibt einen verwaschenen Streifen. So muß man in einem Vorversuch erst ermitteln, ob man bei den wohl immer vorhandenen anorganischen Verunreinigungen überhaupt mit einem genügenden Trenneffekt rechnen kann und verwendet dann, wenn nötig, eine der folgenden „Entsalzungsverfahren".

Das Trenngemisch soll in jedem Falle möglichst frei von anorganischen und organischen Fremdstoffen sein, worauf schon beim vorhergehenden Präparationsgang zu achten ist. Von unlöslichen, auch in nur geringen Mengen vorhandenen Substanzen ist stets zu filtrieren.

Entsalzung durch Fällung. Handelt es sich um Säurehydrolysate von Proteinen oder Polysacchariden, so sind Sulfationen mit Bariumhydroxyd und Chlorionen mit Silberhydroxyd bzw. Salzsäure durch mehrmaliges Verdampfen im Vakuum zu entfernen. Bei *Saccharidlösungen* wurde auch das folgende

Verfahren von MALPRESS und MORRISON[4] verwendet. Das Trenngemisch (etwa 5 cm³) wird auf dem kochenden Wasserbad eingetrocknet und der Rückstand mit trockenem bidestilliertem Pyridin (5 cm³) 10 min bei 100° unter Rühren mit einem Glasstab extrahiert. Nach Abkühlen unter Verschluß wird vom Salzrückstand filtriert, das Pyridin im Vakuum nicht über 40° abdestilliert und der die Zucker enthaltende Rückstand in Wasser aufgenommen. — Dies Verfahren empfiehlt sich besonders bei der Chromatographie von Zucker aus Ringer-Phosphatlösung. Die Verwendung von Entsalzungslösungen für Aminosäuren vgl. bei [5].

Entsalzung durch Ionenaustausch. Nichts liegt näher, als die guten Erfahrungen über die Austauschadsorption mit Kunstharzen auch für die Entsalzung organischer Verbindungen zu verwenden. Solange nicht organische Kationen (stark basische Amino-

---

[1] MARKHAM, R., and J. D. SMITH: Biochem. J. 45, 294 (1949). — WOIWOD, A. J.: J. gen. Microbiol. 3, 312 (1949).

[2] MIETTINEN, J. K., and A. I. VIRTANEN: Acta chem. scand. 3, 459 (1949).

[3] Vgl. z. B. CONSDEN, R., and A. H. GORDON: Nature 162, 180 (1948).

[4] MALPRESS, F. H., and A. B. MORRISON: Nature 164, 963 (1949).

[5] CONSDEN, R., A. H. GORDON and A. J. P. MARTIN: Biochem. J. 39, XLVI (1945).

säuren, Amine) oder Anionen (Carbonsäuren, Phosphorsäureester) vorliegen, gehen diese Verfahren relativ gut. Störungen treten zuweilen durch Betätigung homöopolarer Bindungen ein.

Verfahren für Zucker von PARTRIDGE[1] (vgl. auch [2]). Die Basen werden mit Zeo-Carb 215 (vgl. S. 161) und die Kationen mit De-Acidite (vgl. S. 188) entfernt. 100 cm³ des 80%igen äthanolischen Gemisches der zu trennenden Substanzen (z. B. aus Apfelsaft) werden auf ein kleines Volumen eingeengt und mit destilliertem Wasser auf 100 cm³ aufgefüllt. Um die mögliche Adsorption von Zucker an die Kunstharze zu verringern, läßt man genügend Testlösung durch die De-Acidite-Säule laufen, um sie damit zu sättigen. Die ersten Durchläufe aus beiden Säulen werden verworfen. Man bereitet 160 mm hohe Säulen, aktiviert den De-Acidite mit 2 n NaOH sowie anschließendem gründlichem Auswaschen mit Wasser, und den Zeo-Carb 215 mit 2 n HCl sowie ebenfalls Nachwaschen mit Wasser. Die Lösung des Trenngemisches läuft zunächst langsam durch die Zeo-Carb-Säule und wird dann sofort auf die De-Acidite-Säule gegeben. Die Änderung des p_H der Lösung aus der 2. Säule wird mit Indicatorpapier verfolgt, und es wird dann unterbrochen, wenn der p_H auf 6,5 abgefallen ist. Insgesamt läßt man 90 cm³ durchlaufen, deren erste 15 cm³ man verwirft. — 50 cm³ des Durchlaufes werden auf 5 cm³ eingeengt und von der geringen entstandenen Fällung abzentrifugiert. Die klare Lösung wird zur Papierchromatographie verwendet (mit Phenol-NH_3, Butanol-Eisessig-Gemisch und Collidin).

Verfahren für Lösungen neutraler Aminosäuren nach BRENNER ***und*** FREY[3]. Man verwendet Amberlite JR—4B als basischen und Amberlite JRC—50 als sauren Austauscher. Die Aminosäurelösung wird im Kreislauf durch ein aus diesen Kunstharzen bestehendes Austauschersystem gepumpt. Die basische Säule enthält dann die Anionen, die saure die Kationen, während die neutralen Aminosäuren in Lösung bleiben. Liegen saure und basische Aminosäuren vor, so werden auch sie festgehalten. Auch hier kann die molekulare Adsorption zu Verlusten an einigen neutralen Aminosäuren führen.

Verfahren für alle Aminosäuren nach PIEZ, TOOPER ***und*** FOSDICK[4]. *Prinzip:* Die zu entsalzende Lösung läßt man zuerst durch eine Säule von stark basischem Anionenaustauscher (in der HO-Form) laufen, wobei die Aminosäureanionen zusammen mit anderen Anionen gebunden werden (mit Ausnahme des stark basischen Arginin, das mit den Kationen durchläuft). Die Säule wird mit HCl eluiert, wobei die Aminosäuren als Kationen ins Eluat gehen. Dieses enthält noch Cl^-, andere Anionen und H^+-Ionen. Jetzt wird ein Anionenaustauscher in der HCO_3^--Form zugesetzt, wobei sich die Anionen gegen HCO_3^- austauschen. Der Austausch wird durch Abgang von gasförmigem CO_2 komplettiert. Die Aminosäuren werden nicht gebunden, da sie unter den sauren Bedingungen noch als Kationen vorliegen.

Austauscher. Als stark basisches Harz dient Nalcite SAR (60—100 Maschen)[5], das 4% Divinylbenzol (vgl. S. 183) enthält, während die meisten anderen Austauscher dieses Typus 8% enthalten. Nach Vorwaschen und Befreien von einigen größeren Partikeln wird ein mehrmaliger Waschcyclus mit n HCl—H_2O—n NaOH—H_2O—n HCl angeschlossen, worauf in der Cl-Form mit n NaOH (carbonatfrei) in 70%igem Äthanol behandelt wird, bis der Durchlauf Cl-frei ist, und dann mit 70%igem Äthanol nachgewaschen wird, bis der Durchlauf neutral reagiert. — *Zur Herstellung von bicarbonathaltigem Austauscher* verwendet man Nalcite SAR (60—100 Maschen, 8% Divinylbenzol), behandelt ihn wie oben angegeben, jedoch zuletzt mit gesättigter $NaHCO_3$-Lösung und läßt mehrere Tage an der Luft trocknen. — *Durchführung:* Man bereitet eine Säule von 110 mm Länge und 0,37 cm² Querschnitt mit dem stark basischen Austauscher, läßt 18 cm³ des Trenngemisches

---

[1] PARTRIDGE, S. M.: Biochem. J. **42**, 238 (1948).
[2] WESTALL, R. G.: Biochem. J. **42**, 249 (1948).
[3] BRENNER, M., u. R. FREY: Helv. **34**, 1701 (1951).
[4] PIEZ, K. A., E. P. TOOPER and L. S. FOSDICK: J. biol. Ch. **194**, 669 (1952).
[5] Der National Aluminate Comp., Chicago, Ill.

in 70%igem Äthanol mit einer Geschwindigkeit von 0,3 cm³/min durchlaufen und gibt 6 cm³ 70%iges Äthanol in Anteilen zu je 2 cm³ nach. Die Säule wird mit n Salzsäure in 70%igem Äthanol eluiert und das Eluat so lange verworfen, bis seine Reaktion sauer wird (etwa 4,5 cm³). Bilden sich Gasblasen in der Säule, dann wird unterbrochen und der Austauscher mit einem Glasstab zusammengedrückt, bis das Gas entfernt ist. Die fortschreitende Säuerung des Austauschers zeigt sich auch durch eine Farbänderung an. Man füllt dann etwa 27 cm³ Eluat in eine Glasstöpselflasche zusammen mit 11 g des lufttrockenen Nalcite SAR in der Bicarbonatform und filtriert die Lösung, wenn sie gegen Kongopapier neutral reagiert. — Arginin wird hierbei völlig, Lysin teilweise entfernt, Glucosamin wird nicht gebunden, jedoch kleine Mengen von Polypeptiden. Etwa 96% der übrigen Aminosäuren werden zurückgewonnen.

Entsalzen durch Elektrodialyse nach CONSDEN, GORDON *und* MARTIN[1]. Sehr bald, nachdem die Störung des normalen Verlaufes der Papierchromatographie durch anorganische Ionen erkannt wurde, konstruierten ihre Urheber den durch Abb. 62 schematisch wiedergegebenen elektrodialytischen Entsalzungsapparat. Die zu entsalzende Lösung sitzt in einer Kunstharzschale auf einer Quecksilberschicht. Das Metall wird durch einen Wasserlift in Umlauf versetzt. In die Lösung taucht eine Cellophanmembran, über der eine 0,1 n Salzsäurelösung ist, in die eine Graphitanode eintaucht. Das Hg dient auch als Kathode, an der Na⁺ als metallisches Na entladen und als Natriumamalgam gelöst wird. Durch das Wasser geht es dann in NaOH über

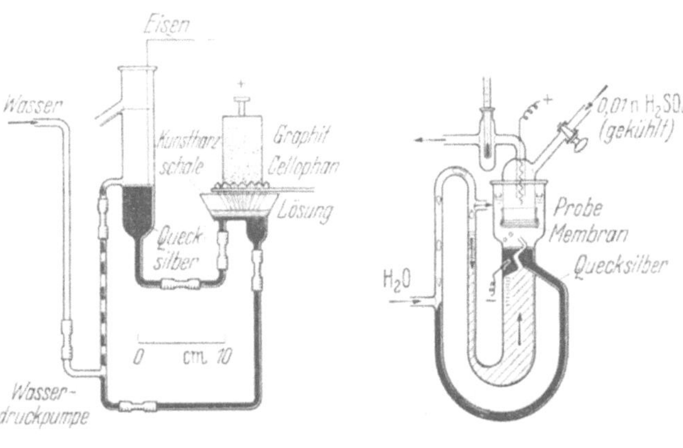

Abb. 62. Apparatur zum Entsalzen von Proteinhydrolysaten durch Elektrolyse nach CONSDEN, GORDON und MARTIN. Erläuterungen im Text.

Abb. 63. Neues Modell der Apparatur zum Entsalzen von Proteinhydrolysaten nach ASTRUP, OLSON und STAGE. Erläuterungen im Text.

und wird als solches weggeführt. Durch die Cellophanmembran wandern nur die Cl⁻-Ionen und werden an der Graphitanode entladen. Aminosäuren können durch die Cellophanmembran nicht hindurchtreten, weil sie an ihr infolge ihrer sauren Reaktion entladen werden.

Dieses Gerät wurde, wie Abb. 63 zeigt[2], verbessert und ist für kleinere Volumina verwendbar als die ursprüngliche Konstruktion, sowie auch für schwache Anionen. Die durch fließendes Wasser ausgewaschene und in Umlauf gehaltene Quecksilberkathode strömt durch eine spiralförmige Capillare fein verteilt in den Kathodenraum des Mikrodialysators, in dem sich das Trenngemisch in wäßriger Lösung befindet. Ihr Volumen soll bis zu 5 cm³ betragen. Im Anodenraum, der durch eine Cellophanmembran abgetrennt ist, fließt kontinuierlich gekühlte 0,01 n Schwefelsäure aus einer MARIOTTEschen Flasche. Dadurch wird die Probe dauernd gekühlt. Es werden auch schwächere Anionen (Phosphat und Acetat) mitgeführt und das Zurückdiffundieren der Chlorionen verhindert. Das Ende der Entsalzung bedingt ein Absinken des Stromes, wodurch ein Anzeige-Relais betätigt und damit der Strom frühzeitig abgeschaltet wird. Zu langes Dialysieren und Diffusionsfehler werden so vermieden. Der Anfangsstrom beträgt maximal 5—6 Ampère. 5 cm³ n NaCl werden in 55 min, 5 cm³ n Na₂HPO₄ oder Na-acetat in 2 Std ohne Verluste an Aminosäuren quantitativ entfernt.

Die elektrodialytische Entsalzung führt stets zu geringen Verlusten an Aminosäuren, besonders an Arginin, das hierbei zum beträchtlichen Teil in Ornithin übergeführt wird[3].

---

[1] CONSDEN, R., A. H. GORDON and A. J. P. MARTIN: Biochem. J. **41**, 590 (1947).
[2] Zit. nach ASTRUP, T., E. OLSON u. A. STAGE: Chem.-Ing.-Techn. **23**, 71 (1951).
[3] STEIN, W. H., and S. MOORE: J. biol. Ch. **190**, 103 (1951).

Das Verfahren kann also nur zur Vorreinigung von Proben zu qualitativen, nicht aber zu quantitativen Analysen verwendet werden.

Vorbereitung des Papieres und Aufsetzen des Trenngemisches. Papierchromatogramme gelingen nur dann sicher, wenn man als Voraussetzung äußerste Sauberkeit beim Umgehen mit den Papierbogen beobachtet und die Substanzflecke sorgfältig aufsetzt. Man fasse die Papierblätter nur mit jedesmal sauber gewaschenen Händen an den Rändern an und vermeide, sie auch mit anderen Gegenständen zu berühren. Die kleinste Verschmutzung mit Substanzen, die fluorescieren oder sich mit dem gleichen Reagens anfärben wie die Analysensubstanz, kann zu Fehlschlüssen führen, zumindest ungenaue und unschöne Chromatogramme ergeben. Man bewahre die Papierbogen[1] in einem verschlossenen Pappbehälter auf und entnehme nur die eben benötigte Anzahl Blätter, lege sie auf einen nur zu diesem Zweck benutzten Labortischteil, der mit Bogen gewöhnlichen Filtrierpapiers bedeckt ist, und zerschneide sie in geeignete Stücke.

Die Bogen werden gewöhnlich in den Formaten 58×58 cm oder 60×60 cm geliefert. Zur Chromatographie in großem Ausmaß und bei absteigender Entwicklung verwendet man sie in diesem Format. Gewöhnlich zerschneidet man sie in 4 gleich große Bogen des Formates 30×30 oder 29×29 cm. Diese Größe eignet sich sowohl zur eindimensionalen als auch zur zweidimensionalen Chromatographie mit ab- und aufsteigender Entwicklung. Das Format paßt sowohl als Blatt als auch als Rolle in die meisten Chromatographiebehälter. Wünscht man auf Streifen zu entwickeln, so richtet sich die Länge nach der Trennbarkeit der Gemische, den Ausmaßen der verfügbaren Behälter und anderen Gesichtspunkten. Beim Zuschnitt der Blätter achte man auf stets gleiche Faserrichtung.

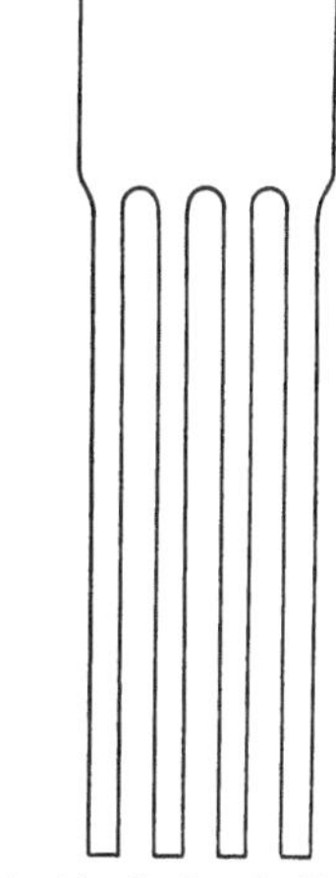

Abb. 64. Geeignete Zuschnittform für aufsteigende oder absteigende Papierchromatographie auf Streifen.

Wählt man die Streifen 3—5 cm breit, so kann das Analysengemisch als runder Fleck aufgesetzt werden. Wendet man solche von 1 cm Breite an, so wandert das Gemisch als „Front". Eine geeignete Form des Blattzuschnittes für die Streifenentwicklung gibt Abb. 64 wieder. Man setzt den Startfleck entweder 5 cm vom unteren Ende entfernt oder kurz unter dem Einschnittbogen auf die Streifen. Im erstgenannten Falle entwickelt man aufsteigend, im zweiten absteigend.

Bei quadratischen Bogen zur *eindimensionalen aufsteigenden* Entwicklung zieht man mit Lineal und Bleistift eine „Startlinie" 5 cm breit vom einen Rand, wobei auf die Faserrichtung zu achten ist (vgl. S. 218), markiert je nach der Anzahl der gleichzeitig zu trennenden Proben Startpunkte durch kleine Querstriche, numeriert sie unter der Linie und setzt dann die Analysensubstanz auf die Marken (vgl. Abb. 54). Man achte darauf, zu beiden Seiten Ränder von etwa 4 cm zu belassen. Wählt man ein sehr saugfähiges Papier und ein Solvens mit geringer Viscosität, dann steigt es unter Umständen im Anfang zu schnell und „überrennt" den Startfleck, so daß es zu fehlerhaften Chromatogrammen kommt. In diesem Falle setzt man die Startlinie höher an. Bei der absteigenden Entwicklung richtet sich das Ansetzen der Startlinie nach den Ausmaßen des Troges. Gewöhnlich soll sie 2—3 cm unterhalb des Falzrandes liegen.

Entwickelt man *zweidimensional aufsteigend*, dann zeichnet man 2 Startlinien im rechten Winkel zueinander, so wie es die Abb. 55 zeigt. Der Linienschnittpunkt ist der Startpunkt und man setzt hier das Analysengemisch auf. Man legt dann nach dessen Antrocknen das Blatt zu einer Rolle zusammen, die man entweder nach Abb. 65 an beiden Enden mit Nadel und Zwirn zusammennäht oder nach Abb. 66 zusammenklammert und aufhängt[2]. Die Rollen werden dann in die Entwicklungsgefäße eingehängt oder gestellt.

---

[1] Es empfiehlt sich, stets größere Mengen von Papier auf einmal zu beziehen, um eine Ware der gleichen Fabrikationscharge zu erhalten.

[2] HELLMANN, H.: H. **288**, 95 (1951).

Zur *zweidimensionalen absteigenden* Entwicklung verfährt man genau so wie hier, nur muß man auf den beiden Seiten den Falzrand einberechnen. Ist in einer Richtung entwickelt, wird das Blatt getrocknet und der Falzrand abgeschnitten, das Blatt um 90° gedreht und in den Trog mit dem 2. Solvens gesetzt. Nach Entwickeln und Trocknen wird auch der 2. Falzrand abgeschnitten.

Zum *Aufsetzen des Analysengemisches* verwendet man Mikropipetten. Es eignen sich Blutzuckerpipetten, Erythrocyten- oder Leukocytenpipetten, nur müssen sie kalibriert sein oder man kalibriert sie sich selber durch Auswiegen mit Quecksilber. Man legt die Papierbogen horizontal auf ein Gestell aus Stabglas oder einfach mit der Startlinie oder dem Startpunkt über den Tischrand, derart, daß sie kurz überstehen. Dann gibt man mit der Pipette etwa 10 mm³ der Lösung des Analysengemisches auf. Die Flüssigkeit verbreitert sich sofort zu einem runden Fleck von etwa 1—2 cm Durchmesser. Das Lösungsmittel verdunstet in wenigen Minuten. Mehr Lösung auf einmal aufzugeben hat keinen Zweck, weil die Startflecke und dann auch die Flecke der einzelnen Substanzen zu groß werden. Nahe beieinander liegende Flecke können sich dann nicht mehr scharf genug gegeneinander abheben. Ist die Konzentration des Analysengemisches in der Lösung zu gering, so daß man nach Entwickeln mit den zur Sichtbarmachung anzuwendenden Reagentien keine deutlichen Flecke bekommt, muß das Analysengemisch auf dem Startfleck konzentriert werden. Im einfachsten Falle wartet man, bis das Lösungsmittel nach dem ersten Aufgeben verdunstet ist, gibt die gleiche Menge wieder auf, wartet wieder bis zum Eintrocknen und verfährt so weiter, bis die erforderliche Konzentration der Substanz auf dem Startpunkt erreicht ist. Zum schnelleren Verdunsten kann man mit einem Ventilator einen kühlen oder mit einem „Fön" einen warmen Luftstrom über den Startfleck blasen. Temperaturunempfindliche Substanzen vertragen es auch, wenn man mit einer Heizsonne oder einer Philips-Rotlichtlampe bestrahlt. Handelt es sich um sehr verdünnte Lösungen, so verwendet man ein Glasrohr von etwa 20 cm Länge und 9 mm Durchmesser (Pyrexglas)[1]. Am einen Ende ist ein 8 mm langes Capillarrohr angeschmolzen, durch dessen Bohrung ein 10—12 mm langes Stück 24drähtiger Litze aus nichtrostendem Stahl oder Platin gesteckt ist. Man bringt den Papierbogen über einer Heizplatte an und hält die Temperatur je nach Siedepunkt des Lösungsmittels auf 60—70°. In das Glasrohr, das über der Startfleckenmarkierung montiert ist, gießt man die Lösung des Analysengemisches. Aus der Capillare läuft etwa 1 cm³/Std aus. Der Startfleck wird aber nie größer als 1—2 cm im Durchmesser, weil das Lösungsmittel ständig verdampft.

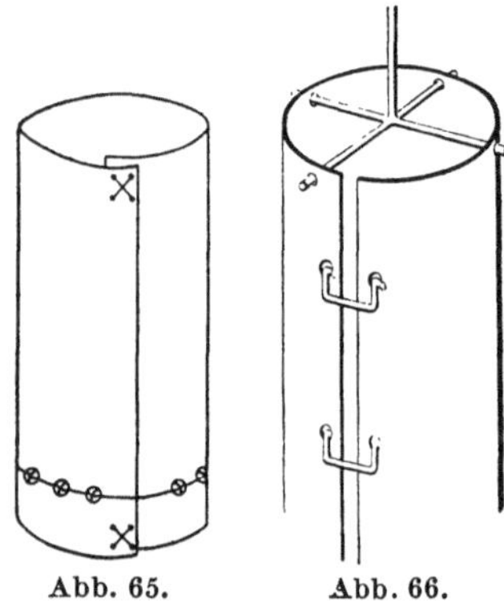

Abb. 65.   Abb. 66.

Abb. 65. „Zusammennähen" eines quadratischen Bogens zu einer Rolle.

Abb. 66. Anordnung zum Aufhängen von Filtrierpapierbogen in Zylinderform nach HELLMANN.

Die Mindestmenge der Analysensubstanz, die aufgebracht werden muß, richtet sich nach der Aufnahmefähigkeit des Solvens für ihre Komponenten, ferner nach der Empfindlichkeit der Nachweismethode; die Maximalmenge, die aufgebracht werden kann, danach, in welchen Grenzen die Verteilung möglichst unabhängig von der Konzentration ist. Von *Aminosäuren* soll man zwischen 5—50 γ je Verbindung aufbringen, von einem Gemisch aus 10 Aminosäuren also insgesamt 50—500 γ. *Zucker* gibt man in etwa gleichen bis etwas größeren Mengen auf. Mit anderen Substanzen muß man die optimalen Mengen in Vorversuchen ausprobieren.

Zum Trocknen der Blätter nach dem Entwickeln hängt man sie entweder in einem luftigen Raum auf und bläst sie mit einem Luftstrom an, oder man setzt sie in Trockenöfen Temperaturen zwischen 60 und 100° aus. Bei höheren Temperaturen werden zuweilen nicht unbeträchtliche Mengen Aminosäuren, besonders bei Verwendung von Phenol,

---

[1] URBACH, K. F.: Science, N.Y. **109**, 259 (1949).

zerstört. Der Trockenofen für giftige Solventien (Phenol, Kresole, Pyridin u. a. Basen) soll ein Abzugsrohr direkt in einen Schornstein oder Abzugsschacht haben. Der Spannrahmen nach Abb. 67 eignet sich sehr gut zum Glatthalten der Blätter während des Trocknens und eventuell auch beim anschließenden Besprühen mit dem Reagens. Man achte darauf, daß sie auch in feuchtem Zustande nicht mit fremden Gegenständen, insbesondere mit metallischen bei Verwendung von sauren Solventien, in Berührung kommen, und man trockne nicht zu lange, um Hitzewirkungen auf die Substanzen zu vermeiden.

Meist hinterläßt das Solvens an der Stelle, bis zu der es gewandert ist, einen schwachgelben bis braunen Rand. Nach dem Trocknen markiere man ihn, um nachher die Wanderstrecke des Solvens von der Startlinie ab messen zu können. Ist das Solvens rein, so markiere man die „Solvensfront", wenn das Blatt aus dem Entwicklungsgefäß genommen wird und noch feucht ist.

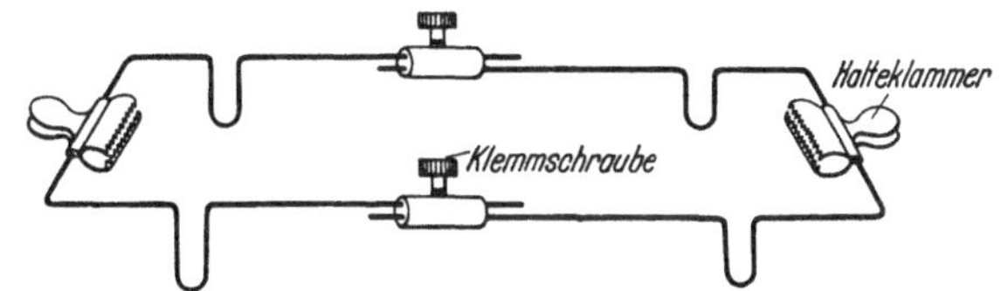

Abb. 67. Spannrahmen zum Trocknen von Papierchromatogrammen.

ζ) Sichtbarmachen von Flecken.

Die gefärbten Verbindungen sind auf dem Papierchromatogramm leicht festzustellen. Für die unzähligen ungefärbten aber muß man Nachweismethoden anwenden. Man kann diese in physikalische, chemische und biologische einteilen.

Physikalische Nachweismethoden. *Fluorescenz.* Eine der einfachsten besteht darin, das Chromatogramm unter dem UV-Licht zu betrachten, wozu man es in der Dunkelkammer unter eine Analysenquarzlampe legt oder mit einer HQV- oder HQE-Lampe von Osram bestrahlt.

Die meisten Papiersorten fluorescieren selbst mehr oder weniger stark violett[1]. Für fluorescierende Substanzen müssen diese Sorten vorgewaschen bzw. die geeigneten Papiere ausgesucht werden (vgl. S. 218). Löschen die Substanzen die Papierfluorescenz, dann sind die stark leuchtenden Sorten brauchbar. Gegebenenfalls imprägniert man das Papier mit einer Fluorescenzfarbe, für die ein „quenching-Effekt" durch die Analysensubstanz bekannt ist (z. B. für anorganische Ionen[2], bzw. für Purine, Pyrimidine[3] und Oligonucleotide[4] durch Besprühen der Chromatogramme mit einer 0,005%igen Fluoresceinlösung).

Aminosäuren und besonders Peptide fluorescieren weißlich blau gegen das Dunkelviolett des Papiers[5], so daß die Flecken leicht mit Bleistift markiert oder auch zur weiteren präparativen Verarbeitung der Substanzen ausgeschnitten werden können, ohne daß sie durch die Reaktion mit einem Reagens, z. B. Ninhydrin, geopfert werden[6]. Die Fluorescenz von Aminosäuren und Peptiden wird jedoch nur mit Papieren beobachtet, die mit HNO_3 oder HCl vorbehandelt wurden, und ist auf eine Reaktion reduzierender Gruppen der Cellulose mit den Aminosäuren zurückzuführen[7]. Diese Reaktion ist auch für den geringen, aber deutlichen Verlust an Amino-N während der Papierchromatographie verantwortlich, den man stets mit quantitativen Methoden (vgl. S. 250) beobachtet. Auch N-substituierte Aminosäuren zeigen sich als fluorescierende Flecke oder als dunkle Flecke auf dem fluorescierenden Untergrund[8].

[1] JONES, T. S. G.: Discuss. Faraday Soc. 7, 249 (1949).
[2] OSBORN, G. H., and A. JEWSBURY: Nature 164, 443 (1949).
[3] WIELAND, T., u. L. BAUER: Angew. Chem. 63, 511 (1951).
[4] GORDON, A. H., and P. REICHARD: Biochem. J. 48, 569 (1951).
[5] PHILLIPS, D. M. P.: Nature 161, 53 (1948).
[6] DENT, C. E.: Biochem. J. 41, 240 (1947). — WOIWOD, A. J.: Biochem. J. 45, 412 (1949).
[7] KIRBY-BERRY, H., and L. CAIN: Arch. Biochem. 24, 179 (1949). — WOIWOD, A. J.: Nature 166, 272 (1950). — GAL, E. M.: Science, N.Y. 111, 677 (1950).
[8] GAL, E. M., and D. M. GREENBERG: Proc. Soc. exp. Biol. Med. 71, 88 (1949).

Selbstfluorescierende Substanzen bilden leuchtende Flecke auf dem Dunkelviolett des Papiers, z. B. Flavine und ihre Zersetzungsprodukte[1], Pterine[2], Porphyrine[3], phenolische Verbindungen[4], Anthranilsäure[5], einige Purine und Pyrimidine[6] (Nachweisgrenze 1 γ). Gentisinsäure (= 2,5-Dioxybenzoesäure, Therapeuticum bei rheumatischem Fieber) als Beispiel für quantitative Fluorescenzanalyse vgl. [7]. Andere Verbindungen werden in fluorescierende Derivate übergeführt, wie z. B. Ketosäuren durch Reaktion mit o-Phenylendiamin[8] (oder als dunkle Flecke der Semicarbazone auf violettem Grund[9]), Zucker durch Reaktion mit m-Phenylendiamin zu Acridinderivaten[10]. In alkalischer Lösung bildet Adrenalin eine apfelgrüne Fluorescenz[11]. Anorganische Kationen werden gut sichtbar durch ihre Reaktion mit 8-Oxychinolin, Kojisäure, o-Aminobenzoesäure, Morin, 1-Naphthylamin-8-sulfosäure und 2-Naphthylamin-1-sulfosäure[12].

Ultraviolettabsorption. Viele Verbindungen absorbieren Ultraviolett von bestimmter Wellenlänge selbst als dünne Schicht im Fleck auf dem Papier, so z. B. die nichtfluorescierenden Purine und Pyrimidine maximal bei 254—265 mμ.

Photoprintverfahren[13]. Man verwendet 1. ein $NiSO_4$-$CoSO_4$-Filter. In eine Quarzcuvette von 3 cm Dicke füllt man eine Lösung von 350 g $NiSO_4 \cdot 7 H_2O$ und 100 g $CoSO_4 \cdot 7 H_2O$ in 100 cm³ Wasser. 2. Chlorgasfilter in Quarzcuvette von 3,5 cm Dicke. Das kombinierte Filter läßt die Linien 254 und 265 mμ durch. Man montiert es vor der Uviolglasscheibe einer Hanauer Analysenlampe und stellt im Abstand von etwa 50 cm vor der Cuvette eine konvexe Holzplatte auf, auf die man zunächst einen Bogen Photopapier, dann das entwickelte und trockene Chromatogramm heftet. In Vorversuchen ermittelt man die günstigste Belichtungszeit. Auf dem anschließend photographisch entwickelten Photopapier erscheinen dann hellere Stellen auf schwarzem Grund. Zum Abmessen der Wanderstrecken vergesse man nicht, Startlinie und Solvensfront auch auf dem Photogramm zu markieren. Vergleiche hierzu auch[14]. Nachweisgrenze für Purine und Pyrimidine 0,5—1,0 γ[15], für Aminosäuren 3 γ/cm² [16].

Auch Progesteron, das bei 240 mμ maximal absorbiert, kann auf diese Weise nachgewiesen werden[17]. (Die Verwendung von Photozellen zur Lokalisation von Flecken vgl. [18], eine automatische Vorrichtung s. bei [19]).

---

[1] HAIS, I. M., and L. PECAKOVA: Nature 163, 768 (1949).

[2] SIMPSON, D. M.: Analyst. 72, 382 (1947). — CRAMMER, J. L.: Nature 161, 349 (1948). — GOOD, P. M., and A. W. JOHNSON: Nature 163, 31 (1949). — WEYGAND, F., A. WACKER u. V. SCHMIED-KOWARZIK: Exper. 6, 184 (1950). — TSCHESCHE, R., u. F. KORTE: B. 84, 641 (1951). — HIRATA, Y., K. NAKANISHI and H. KIKKAWA: Science, N.Y. 111, 608 (1950).

[3] NICHOLAS, R. E. H., and C. RIMINGTON: Scand. J. clin. Lab. Invest. 1, 12 (1949). — NICHOLAS, R. E. H., and A. COMFORT: Biochem. J. 45, 208 (1949). — McSWINEY, R. R., R. E. H. NICHOLAS and F. T. G. PRUNTY: Biochem. J. 46, 147 (1950).

[4] WENDER, S. H., and T. B. GAGE: Science, N.Y. 109, 287 (1949). — BATE-SMITH, E. C.: Biochem. Soc. Symp. 3, 62 (1949).

[5] WOIWOD, A. J., and F. V. BINGGOOD: Int. Congr. Biochem. 1, 320. 1949.

[6] HOLIDAY, E. R., and E. A. JOHNSON: Nature 163, 216 (1949). — CHARGAFF, E., B. MAGASANIK, R. DONIGER and V. E. VISCHER: Am. Soc. 71, 1513 (1949).

[7] NANNINGA, L., and B. BINK: Nature 168, 389 (1951).

[8] WIELAND, T., u. E. FISCHER: Naturwiss. 36, 219 (1949).

[9] MAGASANIK, B., and H. E. UMBARGER: Am. Soc. 72, 2308 (1950).

[10] CHARGAFF, E., C. LEVINE and C. GREEN: J. biol. Ch. 175, 67 (1948).

[11] SHEA, S. M.: Nature 165, 729 (1950).

[12] POLLARD, F. H., J. F. W. McOMIE and I. I. M. ELBEIH: Nature 163, 292 (1949).

[13] MARKHAM, R., and J. D. SMITH: Nature 163, 250 (1949). Biochem. J. 45, 294 (1949).

[14] EDSTRÖM, J. E.: Nature 168, 876 (1951).

[15] HOLIDAY, E. R., and E. A. JOHNSON: Nature 163, 216 (1949).

[16] PHILLIPS, D. M. P.: Nature 161, 153 (1948).

[17] HASKINS jr., A. L., A. SHERMAN and W. M. ALLEN: J. biol. Ch. 182, 429 (1950).

[18] FOSDICK, L. S., and R. Q. BLACKWELL: Science, N.Y. 109, 314 (1949). — WINSLOW, E. H., and H. A. LIEBHAFSKY: Analyt. Chem., Washington 21, 1338 (1949).

[19] MÜLLER, R. H., and D. L. CLEGG: Analyt. Chem., Washington 21, 1123 (1949). Ann. N.Y. Acad. Sci. 53, 1108 (1951).

Radioaktivität. Um mit Zählgeräten die Radioaktivität von Flecken auf dem Papierchromatogramm bestimmen zu können, entwickelt man auf Streifen, schneidet diese dann quer zur Entwicklungsrichtung in eine Anzahl schmaler Streifchen gleicher Breite und legt sie nacheinander unter den Zähler[1].

Chemische Methoden. Weiteste Verwendung findet das *Aufsprühen von Reagentien,* mit denen die zu lokalisierenden Substanzen entweder gefärbte oder fluorescierende Derivate bilden, bzw. die *Verwendung von Dämpfen* (Jod) *oder Gasen* (Schwefelwasserstoff).

Zum Aufsprühen bedient man sich eines einfachen Gerätes, etwa nach Abb. 68, das sehr feine Tröpfchen bilden muß. Man schließt es zweckmäßig an das Reduzierventil einer Druckluftflasche an. Den entwickelten und getrockneten Papierbogen befestigt man auf einem schrägstehenden Brett, aus dem oben im geeigneten Abstand 2 Nägel herausragen, und besprüht unter einem Abzug mit dem Reagens so lange, bis der Bogen gleichmäßig feucht ist, aber nicht trieft. Dann läßt man kurze Zeit im Schrank bei höherer Temperatur trocknen bzw. erhitzt so lange, bis sich die Farbe gebildet hat.

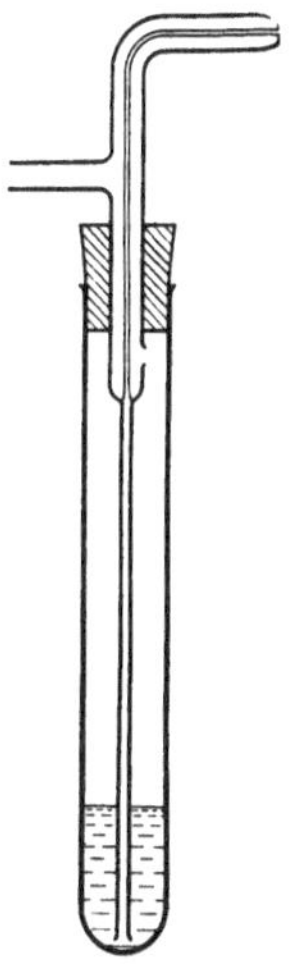

Jod, entweder als Dampf (man hängt die Bogen in einen Kasten, in dem man Jod durch gelindes Erhitzen sublimiert) oder als alkoholische Lösung aufgesprüht, wurde ursprünglich nur zur Lokalisation von Aminosäuren und Aminen (vgl. Tabelle 22 auf S. 257) angewandt[2]. Man erhält braune oder gelbe vergängliche Flecken und muß sie sofort mit dem Bleistift nachzeichnen. Die Substanzen werden nicht zerstört, und es können anschließend andere, spezielle Reagentien für einzelne Verbindungen verwendet werden. Man kann auch die Flecke dann ausschneiden und die Papierstücke für quantitative Bestimmungen benutzen. Später wurde im Jod ein allgemein anwendbares Reagens gesehen, mit dem sich viele reduzierende, oxydierende oder jodaddierende Substanzen (z. B. Ascorbinsäure, aliphatische Oxysäuren und Ketosäuren, Zucker, Phenole, aromatische Säuren) nachweisen lassen. Entweder erscheinen helle Flecke auf dunklerem oder dunkle Flecken auf braunem Grunde[3]. Auch hierbei läßt sich Jod aus den Addukten durch Sublimation entfernen, und die Substanzen sind weiteren Untersuchungen zugänglich.

Abb. 68. Einfaches Sprühgerät.

Reagentien auf Aminosäuren, Peptide und Proteine. *Ninhydrin* (Triketohydrindenhydrat) wird wegen der Empfindlichkeit der Reaktion mit Aminosäuren und Aminen (Spezifität vgl. Tabelle 22 auf S. 257) weitest verwendet. Man besprüht mit einer 0,2%igen Lösung von Ninhydrin in 95% Butanol $+$ 5% 2 n Essigsäure und erhitzt nach dem Wegtrocknen des Lösungsmittels kurze Zeit bei 103—105°. Die Reaktion verläuft am besten bei p_H 5. Die Aminosäuren erscheinen als rote bis blaue Flecke von Diketohydrindyliden-diketohydrindamin, mit Ausnahme von Prolin und Oxyprolin, die gelbe Flecke bilden (vgl. hierzu Tabelle 18 auf S. 254). Sind die Flecke nur schwach gefärbt, so kann man sie durch Beblasen mit Wasserdampf vertiefen, vorausgesetzt, daß nicht zu wenig Aminosäuren vorhanden sind. Auch vertiefen sich die Farben innerhalb 24—48 Std beim Aufbewahren bei Zimmertemperatur von selbst. Die Farbreaktion wird empfindlicher, wenn man dem Reagens etwas Ascorbinsäure zusetzt[4]. Die Farbflecken verblassen mit der Zeit, so daß man sie sogleich entweder mit dem Bleistift markieren oder auf folgende Weise

---

[1] FINK, R. M., C. E. DENT and K. FINK: Nature **160**, 801 (1947). — CALVIN, M.: Chem. engng. News **26**, 2879 (1948). — TOMARELLI, R., and K. FLOREY: Science, N. Y. **107**, 630 (1948). — FINK, R., and K. FINK: Science, N. Y. **107**, 253 (1948). — CALVIN, M., and A. BENSON: Science, N. Y. **108**, 304 (1948). — TAUROG, A., W. TONG and I. L. CHAIKOFF: Nature **164**, 181 (1949). — KESTON, A. S., S. UDENFRIEND and M. LEVY: Fed. Proc. **8**, 213 (1949). — LINDBERG, O., and J. P. HUMMEL: Ark. Kemi **1**, Nr. 4, 17 (1949). — LESTER-SMITH, E.: Biochem. Soc. Symp. **3**, 89 (1949).
[2] BRANTE, G.: Nature **163**, 651 (1949).
[3] MARINI-BETTOLO-MARCONI, G. B., e G. GUARINO: Exper. **6**, 309 (1950).
[4] TETZNER, E.: Mikrochem. **28**, 141 (1940).

haltbar machen muß[1]: Man besprüht jeden blauen Fleck auf dem Chromatogramm mit einer Lösung von 1 cm³ gesättigter Lösung von $Cu(NO_3)_2 + 0,2$ cm³ 10 gewichtsprozentiger Lösung von HNO_3 ad 100 cm³ mit 95 %igem Äthanol (etwa 8 %ige Lösung von Cu-nitrat). Hierbei bilden sich die Diketohydrindyliden-2-amino-1-oxy-indenon-(3)-Cu-Komplexe[2], die rot gefärbt sind. Anwesenheit von H-Ionen bleicht auch diesen an sich beständigen Farbstoff bald aus. Er bildet sich nicht bei Anwesenheit von Tartrat- oder Citrationen, wie z. B. mit dem Ninhydrinreagens von STEIN und MOORE (S. 198), und nicht in Gegenwart von Thioharnstoff, der einen nichtionisierten Komplex entstehen läßt. Optimale Bedingungen: vorgewaschenes Papier (vgl. S. 218), nach Besprühen mit dem Cu-Reagens müssen die roten Flecke sofort Ammoniakdampf ausgesetzt werden, um Spuren von freier Säure zu neutralisieren. Man taucht die Chromatogramme dann am besten in eine gesättigte Lösung von Methyl-methacrylat-Polymer „Perspex" in Chloroform, um Feuchtigkeit und atmosphärische Verunreinigungen fernzuhalten. Es erwies sich nicht als zweckmäßig, das Ninhydrinreagens in das Entwicklungssolvens zu geben, wie vorgeschlagen wurde[3].

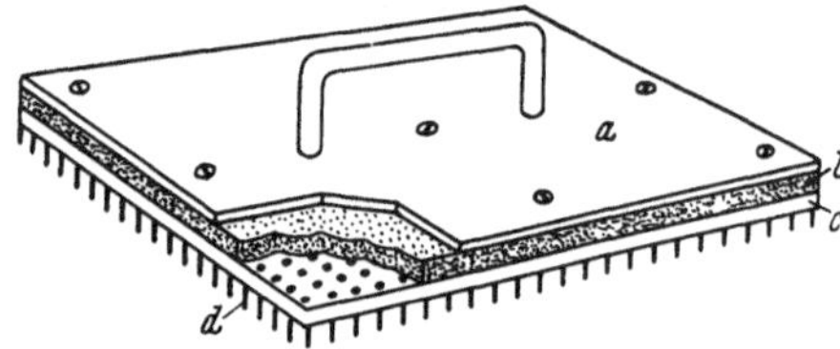

Abb. 69. Stempel zum „Abrastern" von Papierchromatogrammen. Erläuterung im Text.

Um die Aminosäureflecke zu lokalisieren, ohne deren gesamte Menge mit Ninhydrin umzusetzen, wird das in Abb. 69 wiedergegebene Rastergerät verwendet[4]. Es enthält unter einer Deckplatte a einen Gummibelag b und eine Kunststoffplatte c. Darin sind in jeweiligen Abständen von 7 mm Nägel von 0,7 mm Stärke, die 10 mm herausragen und in den Löchern etwas beweglich sind, eingelassen.

Man taucht die Nägel so in das Reagens, daß nur die Spitzen benetzt sind und drückt dann den Stempel auf das Papier. Nach Erwärmen sieht man so die Lage der Flecke an den gefärbten Punkten.

Weiter allgemein anwendbar ist eine Lösung von 1 % $KMnO_4$ + 2 % Na_2CO_3[5]. Besprüht man das Chromatogramm, so erscheinen Methionin, Tryptophan, Tyrosin und (schwächer) Prolin und Histidin sofort als gelbe Flecke auf rotem Untergrund. Beim Trocknen verschwindet der Farbunterschied. Cystein reagiert auch, obgleich es normalerweise auf einem Papierchromatogramm nicht erscheint[6]. Threonin, Oxyprolin, Lysin und Glycin erscheinen nach einigen Minuten.

Spezielle Reagentien auf Aminosäuren. Basisches Kupfercarbonat läßt sich zur Unterscheidung von freien α-Aminocarbonsäuren und N-substituierten Aminosäuren bzw. Aminen verwenden, wobei nur die erstgenannten unter Bildung eines blauen bzw. violetten Cu-Komplexes reagieren[7], während die Ninhydrinreaktion auch von Aminen gegeben wird[6]. — *o-Phthalaldehyd* gibt mit Glycin einen grünen Fleck, der im Ultraviolett schokoladebraun fluoresciert. Das störende NH_4^+ muß vorher entfernt werden[8]. — *p-Nitrobenzoylchlorid* gibt mit Aminosäuren (auch N-alkylsubstituierten) blaue Flecke[9]. — *Benzochinon* liefert mit Aminosäuren gefärbte Verbindungen[10]. — *Zimtaldehyd-HCl* reagiert mit Tryptophan, Oxytryptophan, Prolin und Oxyprolin[11]. — Durch *Azofarbstoffbildung* mit Äthyl-α-naphthylamin und mit diazotierter Sulfanilsäure sind Tryptophan, α-Oxytryptophan, Kynurenin und 3-Oxy-kynurenin sichtbar zu machen[12]. — *Phenol +*

[1] KAWERAU, E., and T. WIELAND: Nature **168**, 77 (1951).
[2] Vgl. WIELAND, T.: Fortschr. chem. Forsch. **1**, 223 (1949).
[3] NICHOLSON, D. E: Nature **163**, 954 (1949).
[4] BOISSONNAS, R. A.: Helv. **33**, 1972 (1950).
[5] DALGLIESH, C. E.: Nature **166**, 1076 (1950).
[6] DENT, C. E.: Biochem. J. **43**, 169 (1948).
[7] CRUMPLER, H. R., and C. E. DENT: Nature **164**, 441 (1949).
[8] PATTON, A. R., and E. M. FOREMAN: Science, N. Y. **109**, 339 (1949).
[9] EDLBACHER, S., u. F. LITVAN: H. **265**, 241 (1940); **267**, 285 (1941). — KARRER, P., R. KELLER u. G. SCÖNYI: Helv. **26**, 38 (1943). — PLATTNER, P. A., u. U. NAGER: Helv. **31**, 2192, 2203 (1948).
[10] FISCHER, E., u. H. SCHRADER: B. **43**, 325 (1910).
[11] WIELAND, T., u. L. BAUER: Angew. Chem. **63**, 511 (1951).
[12] HELLMANN, H.: H. **287**, 205 (1951).

Natriumhypochlorit reagieren mit Glycin, *p-Dimethylaminobenzaldehyd* in Säure mit Tryptophan, α-*Naphthol* + *Natriumhypochlorit* (SAKAGUCHI-Reaktion) mit Arginin und *Nitroprussidnatrium* + *Acetaldehyd* + *Natriumcarbonat* mit Prolin[1]. Spezieller Test auf Citrullin vgl. [2].

Die optische Konfiguration einer Aminosäure läßt sich durch Besprühen mit einer Lösung von D-Aminosäuredehydrogenase und Inkubation ermitteln. Zerstört wird nur die D-Aminosäure, während die L-Form zurückbleibt und nachher noch mit Ninhydrin oder einem speziellen Reagens reagiert[3].

Um Amine, Peptide, Proteine und andere puffernde Substanzen zu lokalisieren, macht man von der Eigenschaft des Papiers Gebrauch, sich mit Säuren in geringem Ausmaße zu zersetzen[4] (verantwortlich für die Fluorescenz mit Aminosäuren, vgl. S. 237). Man besprüht ein entwickeltes und getrocknetes Chromatogramm gleichmäßig mit einer Lösung von 0,1% Orcin in 100 cm³ 96%igem Äthanol, enthaltend 0,04 n Schwefelsäure, und trocknet 30 min bei 110—120°. Die Säure hydrolysiert die Cellulose schwach und die Spaltprodukte reagieren mit dem Orcin. Die Flecke erscheinen weiß (im Ultraviolett schwach fluorescierend) auf violettem Grund, weil die puffernden Substanzen die Säure abfangen. Geringe Mengen Citrat- oder Boratpuffer sind auch nachweisbar.

Flecke von *Proteinen* lassen sich dadurch sichtbar machen, daß man sie vor der Entwicklung mit geringen Mengen Hämin versieht und anschließend an die Entwicklung mit Essigsäure und Benzidin besprüht[5].

Trikaliumhexacyanoferrat gibt mit *Adrenalin* einen braunen und mit *Arterenol* einen roten Fleck[6]. Noch besser läßt sich zwischen diesen beiden Verbindungen mit einer Lösung von 5 g *Na-β-naphthochinon-4-sulfonat* in 100 cm³ 0,2 m Boratpuffer p_H 8,9 unterscheiden[7]. Arterenol: intensiv blaue Farbe, entwickelt sich in 15—30 min. Adrenalin: rote Farbe. Dioxyphenylalanin: gelb, graduell übergehend in blaugrau. Nachweisgrenze 1 γ Arterenol/cm² Papier.

Reagentien auf Zucker. Allgemein anwendbar ist auch hier wie bei den Aminosäuren die wäßrige Lösung von 1% $KMnO_4$ + 2% Na_2CO_3. Die Zucker erscheinen als gelbe Flecke auf hellrotem Grund, die sofort markiert werden müssen[8]. Ebenso reagiert auch ammoniakalische Silbernitratlösung mit Zuckern und auch mit anderen reduzierenden Substanzen. 10 cm³ 0,1 n $AgNO_3$-Lösung + 10 cm³ 5 n NH_4OH-Lösung werden gemischt und aufgesprüht; dann wird 5 min bei 105° getrocknet. Die Zucker erscheinen als braune Flecke. Oft ist das Papier mit anderen reduzierenden Substanzen verunreinigt und es empfiehlt sich entweder ein Vorwaschen des fertigen Chromatogramms mit Äther[9] oder der Zusatz des gleichen Volumens 2 n NaOH zum Reagens. Verbesserung dieser Reaktion s. bei [10].

Anilinphthalat scheint das bis jetzt beste Reagens auf Zucker zu sein[11]. Es ist extrem empfindlich für Aldopentosen und Aldohexosen (1 γ).

Herstellung des Reagens: 0,93 g Anilin + 1,66 g Phthalsäure werden zu 100 cm³ wassergesättigtem Butanol gegeben. Nach Aufsprühen wird das Chromatogramm 5 min auf 105° erwärmt. Aldopentosen geben eine tiefrote Farbe (rote Fluorescenz), Aldohexosen, Desoxyzucker und Uronsäuren verschiedene Nuancen von grün und braun (gelbe Fluorescenz). Mit Ketosen ist die Farbentwicklung abhängig vom angewandten

---

[1] HULME, A. C., and W. ARTHINGTON: Nature **165**, 716 (1950).

[2] DENT, C. E.: Biochem. J. **43**, 169 (1948).

[3] SYNGE, R. L. M.: Biochem. J. **44**, 542 (1949).

[4] PORATH, J., and P. FLODIN: Nature **168**, 202 (1951).

[5] HALL, D. A., and F. WEWALKA: Nature **168**, 685 (1951).

[6] JAMES, W. O.: Nature **161**, 851 (1948).

[7] GLAZKO, A. J., and W. A. DILL: Nature **168**, 32 (1951).

[8] PASCU, E. T., P. MORA and P. W. KENT: Science, N. Y. **110**, 446 (1949).

[9] BOGGS, L., L. S. CUENDET, J. EHRENTAL, R. KOCH and F. SMITH: Nature **166**, 520 (1950).

[10] TREVELYAN, W. E., D. P. PROCTER and J. S. HARRISON: Nature **166**, 444 (1950).

[11] PARTRIDGE, S. M.: Nature **164**, 443 (1949).

Solvens zur Chromatographie. Bei Phenol oder Butanol-Eisessig gibt Fructose nur eine
sehr schwache oder gar keine Reaktion. — Ähnlich wie Anilinphthalat wirkt auch
p-Anisidin-HCl in Butanol[1].

Benzidin eignet sich besonders gut zum Nachweis reduzierender Substanzen in Urin,
wozu ammoniakalische $AgNO_3$-Lösung nicht geeignet ist, da sie mit Uraten reagiert[2].
Herstellung: 0,5 g Benzidin $+$ 20 cm³ Eisessig $+$ 80 cm³ absolutes Äthanol. Das Chromatogramm wird mit dieser Lösung besprüht und 15 min auf 100—105° erwärmt, wobei
es in Abständen von 5 min beobachtet wird. Pentosen bilden charakteristische schoko-
ladebraune Flecke in 15 min; Lactose, Maltose, Galaktose, Glucose und Lävulose dunkelbraune Flecke in 10 min; Ascorbinsäure zartbraunen Fleck in 10 min. Empfindlichkeit:
5 γ reduzierender Zucker.

β-Naphthylamin-Eisen(III)-sulfat[3]. Herstellung: 50 cm³ absoluter Äther $+$ 50 cm³
n-Butanol $+$ 0,4 cm³ 3,8 n HCl $+$ 0,2 cm³ Wasser $+$ 0,1 g reines β-Naphthylamin $+$
1 Tropfen 10%ige wäßrige Lösung von Eisen(III)-sulfat.. Man sprüht auf und trocknet
10 min bei 160—170°. Charakteristisch für Fructose und Oligosaccharide, die Fructose
enthalten. Fructose kommt zuerst als tiefgelber bis gelbbrauner Fleck. Methylpentosen
geben eine schwach gelbe Farbe. Die Pentosen kommen langsamer mit deutlich hellroter,
Aldosen mit leicht bräunlicher Farbe.

Triphenyltetrazoliumchlorid wird in alkalischer Lösung zu unlöslichem rotem Formazan
reduziert[4]. Das getrocknete Chromatogramm wird zunächst mit einer 0,5%igen Lösung
des Reagens in Chloroform und dann mit 0,5 n NaOH in Methanol besprüht. Nach Aufbewahren über Nacht entwickeln reduzierende Zucker einen intensiven roten Fleck gegen
hellroten Hintergrund. Fructose und Xylose reagieren besonders leicht. Nicht reagieren
nichtreduzierende Zucker (Rohrzucker, Trehalose). Der Reagensüberschuß wird durch
Besprühen mit Wasser entfernt. Schnellere Entwicklung erreicht man durch 5minütiges
Erwärmen auf 100° bei feuchter Atmosphäre (vgl. a. [5]).

Daß *m-Phenylendiamin* mit Zuckern fluorescierende Acridinderivate bildet, wurde
bereits auf S. 238 erwähnt.

3,4-Dinitrobenzoesäure[6]. Herstellung: 1 g Reagens $+$ 100 cm³ 2 n Na_2CO_3-Lösung. Man besprüht und erhitzt auf 100°. Während Ascorbinsäure und Reducton schon in der Kälte erscheinen, bilden Ketosen (schnell) und Aldosen (langsam) blaue Flecke, die dann braun werden.

Naphthoresorcin[7] dient zum Nachweis von *nichtreduzierenden Oligosacchariden oder
Glykosiden*. Herstellung: a) 0,2%ige Lösung von Naphthoresorcin in Äthanol, b) 2%ige
Trichloressigsäure in Wasser. Gleiche Volumina von a) und b) werden unmittelbar vor
Gebrauch gemischt; das Papier wird damit besprüht, bei Zimmertemperatur teilweise
trocknen gelassen und 5—10 min auf 100—105° erhitzt. Fructose, Sorbose, Rohrzucker
und Raffinose geben sehr starke rote Flecke, die gut 12 Std halten. Diese Reaktion
ist auch spezifisch für Ketosen. Läßt man das Chromatogramm einige Stunden offen an der
Luft liegen oder erwärmt in feuchter Atmosphäre auf 70—80°, dann erscheinen auch
Pentosen und Uronsäuren als blaue Flecke. Die Farbe ist sehr stabil und besonders
intensiv mit Hexuronsäure.

Dimethylaminobenzaldehyd-Acetylaceton[8] *nach* MORGAN *und* ELSON[9]. Reagens auf
Glucosamin und N-Acetyl-hexosamine. Herstellung: a) 0,5 cm³ Acetylaceton in 50 cm³

[1] HOUGH, L., J. K. N. JONES and W. H. WADMAN: Soc. **1950**, 1702.

[2] HORROCKS, R. H.: Nature **164**, 444 (1949).

[3] NOVELLIE, L.: Nature **166**, 745 (1950).

[4] TREVELYAN, W. E., D. P. PROCTER and J. S. HARRISON: Nature **166**, 444 (1950).

[5] Vgl. a. WALLENFELS, K.: Naturwiss. **37**, 491 (1950). — MATTSON, A. M., and C. O. JOHNSON:
Analyt. Chem., Washington **22**, 182 (1950).

[6] WEYGAND, F., u. H. HOFMANN: B. **83**, 405 (1950).

[7] PARTRIDGE, S. M.: Biochem. J. **42**, 238 (1948). — FORSYTH, W. G. C.: Nature **161**, 239 (1948).

[8] PARTRIDGE, S. M.: Biochem. J. **42**, 238 (1948). — MORGAN, W. T. J., and D. AMINOFF: Nature
162, 579 (1948).

[9] MORGAN, W. T. J., and L. A. ELSON: Biochem. J. **28**, 988 (1934).

Butanol, b) 5 cm³ 50%ige wäßrige KOH + 20 cm³ Äthanol. 0,5 cm³ a) werden unmittelbar vor Gebrauch zu 10 cm³ Lösung b) gegeben = Lösung *1*. Erscheinen in der Mischung Krystalle, löst man sie durch tropfenweisen Zusatz von 50%igem wäßrigem Äthanol. — Lösung *2*. 1 g aus wäßrigem Äthanol umkrystallisierter p-Dimethylaminobenzaldehyd, in 30 cm³ Äthanol gelöst, mit 30 cm³ konz. HCl versetzt und mit redestilliertem Butanol auf 180 cm³ aufgefüllt. Diese Stammlösung *2* kann mehrere Wochen aufbewahrt werden. Das trockene Chromatogramm wird zunächst mit Lösung *1* besprüht und im Trockenschrank 5 min auf 105° erhitzt. Dann wird es mit Lösung *2* besprüht und 5 min auf 90° erwärmt. Freies Hexosamin gibt kirschrote, N-Acetylhexosamin stark rotviolette Flecke, die mehrere Tage haltbar sind. Nur die N-Acetylderivate geben mit p-Dimethylaminobenzaldehyd-Reagens allein starke violette Flecke. Diese Reaktion wird durch Aminosäuren gestört[1].

Reaktion auf Phosphorsäureester[2]. Herstellung des Reagens: 5 cm³ 60%ige Perchlorsäure + 10 cm³ n HCl + 25 cm³ 4%iges Ammoniummolybdat, mit Wasser auf 100 cm³. Nach Besprühen (etwa 1 cm³ Reagens je 100 cm² Papier) wird im warmen Luftstrom vorgetrocknet und dann im Schrank 7 min auf 85° erwärmt. Jetzt erscheinen die Flecke von Phosphoglycerinsäure und Glucose-6-phosphat. Zur Vervollständigung der Hydrolyse der Ester muß das Papier nun mit Wasserdampf gesättigt und dann 5—10 min in einen Behälter mit H_2S-Atmosphäre gehängt werden.

Ein spezifisches Reagens auf *Fructoseester* (Fructose-6-phosphat und Fructose-1,6-diphosphat)[3] ist folgende Lösung: 4,75 cm³ einer 0,2%igen Lösung von Naphthoresorcin in Äthanol + 4,75 cm³ einer 2%igen wäßrigen Trichloressigsäurelösung + 0,5 cm³ 60%ige Perchlorsäure. Das besprühte Papier wird 8 min auf 85° erwärmt. Die Ester erscheinen als kirschrote Flecke auf schwach violettem Grund.

Reaktion auf Glykole[4] durch Oxydation mit Perjodat oder Bleitetraacetat, wobei die Flecke durch Nachweis der entstandenen Aldehyde (A), der Ameisensäure (B) oder der Pb(II)-verbindung (C) nachzuweisen sind.

Reagentien. A: a) 2%ige wäßrige Lösung von Metaperjodat; b) 1 g Rosanilin in 50 cm³ Wasser lösen, durch Einleiten von SO_2 entfärben und mit Wasser auf 100 cm³ auffüllen. Nach kurzem Vortrocknen der Chromatogramme bei 80° wird a) aufgesprüht und 7 min bei 60° in einer N_2-Atmosphäre getrocknet, dann SO_2-Gas darübergeblasen bzw. in einer solchen Atmosphäre gehalten, bis das entstandene Jod verschwunden ist, und nun mit b) besprüht. Nach etwa 3 Std (beim Erwärmen auf 60° schon früher) erscheinen rote Flecke. Dieses Reagens dient auch zum Nachweis von *Nucleosiden*: Man behandelt 10 min mit a) an der Luft und dann 10 min mit b) bei 90°.

B: Lösung a) wie oben; b) 10%iges, wäßriges Äthylenglykol; c) 5%ige wäßrige Kaliumjodidlösung. Behandlung mit Perjodat wie oben, dann wird b) aufgesprüht und 10 min unter N_2-Atmosphäre bei 60° erwärmt, worauf mit c) besprüht wird. Dort, wo sich Ameisensäure gebildet hat, wird Jodid durch Jodat zu Jod oxydiert, und es erscheinen braune Flecke auf weißem Grund, die sogleich markiert werden müssen.

C: Man löst 1 g Bleitetraacetat in 100 cm³ Benzol, schüttelt mit Tierkohle und filtriert. Nach Besprühen des getrockneten Chromatogramms wird mit Xylol besprüht und anschließend mit dem Reagens, worauf man an der Luft trocknet. Das gesamte Papier färbt sich durch PbO_2 braun, während an den Stellen der Glykole Pb(IV) in Pb(II) übergeht und weiße Flecke erscheinen.

Reaktion auf Ascorbinsäure[5]. Diese sowohl wie Isoascorbinsäure, Oxytetronsäure, Reducton und Reductinsäure reagieren in der Kälte mit 2,6-Dichlorphenol-indophenol (weiß auf blauem Grund) und mit ammoniakalischer Silbernitratlösung (schwarz) bei

[1] IMMERS, J., and E. VASSEUR: Nature **165**, 898 (1950).
[2] HANES, C. S., and F. A. ISHERWOOD: Nature **164**, 1107 (1949).
[3] WALKER, D. G., and F. L. WARREN: Biochem. J. **49**, XXI (1951).
[4] BUCHANAN, J. G., C. A. DEKKER and A. G. LONG: Soc. **1950**, 3162.
[5] MAPSON, L. W., and S. M. PARTRIDGE: Nature **164**, 479 (1949).

Zimmertemperatur. Mit letzterem reagiert auch Dehydroascorbinsäure (schwachbraun), besser noch bei 100° (dunkelbraun).

Reagentien auf Purine, Pyrimidine, Nucleotide, Nucleoside. Die wichtigsten Nachweismethoden beruhen auf der Fluorescenz im Ultraviolett (S. 238) und auf dem Photoprintverfahren (S. 238). Einige Farbreaktionen verwenden Silbernitrat und Natriumdichromat[1], Uranylsalz und Eisen(II)-cyanid[2]. Nucleotide bilden Hg(II)-salze. Behandelt man die Chromatogramme mit Salzen des Hg, wäscht den Überschuß fort und setzt dann einer Schwefelwasserstoff-Atmosphäre aus, dann erscheinen braune bis schwarze Flecke.

Weitere Reaktionen. Auf *Thyroxin* und *Dijodtyrosin* mit diazotierter Sulfanilsäure, auf anorganisches *Jod* durch Zusatz von J^{131} und Ausmessen mit dem GEIGER-MÜLLER-Zähler[3] (im Rahmen von Untersuchungen über den Jodstoffwechsel in der Thyreoidea). — Farbreaktionen auf *Cholin*[4], auf *Pyridinderivate* (Nicotinsäure und -amid) mit Bromcyan und Benzidin[5], auf *Adrenalin* mit Trikaliumhexacyanoferrat[6], auf *Alkohole* mit Kaliumxanthogenat[7], auf *Phenole* mit diazotierter Sulfanilsäure[8] oder Phosphormolybdänsäure[9], auf *aromatische Amine* durch Diazotieren auf dem Papier und Kuppeln mit N-Äthyl-1-naphthylamin-HCl[10], auf lösliche organische *Schwefelverbindungen*[11], *Steroide*[12], *Sulfonamide*[13], *Antibiotica*[14].

Reaktionen auf anorganische Kationen[15]:

Pb, Cu, Bi, Cd, Hg, As, Sb, Sn . .	Dithizon in Chloroform
Pb	Rhodizonsäure in Wasser, H_2S
Fe	purpur$\left.\right\}$ mit Alizarin, NH_3
Al	rot
Cr	blau, mit Na_2O_2, Benzidin-Eisessig
Ni, Mn, Co, Zn	Alizarin, Rubeanwasserstoffsäure, Salicylaldoxim
Ca	Alizarin
Sr, Ba	Na-rhodizonat
Li, Na, K	$AgNO_3$ + Fluorescein
Pt, Pd, Au, Rh	$SnCl_2$ oder $SnCl_2$ + KJ
Ir	Chlorwasser
Rn, Os	Thioharnstoff in 5 n HCl

Die Lokalisation von Kationen durch Fluorescenz wurde bereits auf S. 238 erwähnt, vgl. aber auch[16]. Reaktion auf Anionen vgl.[15].

Biologische Methoden. Man verwendet Kulturen von Einzellern, die in ihrer Entwicklung durch die in Frage kommenden Substanzen gefördert oder gehemmt werden, und legt entweder die ganzen Streifen oder größere Teile von diesen auf eine mit einer Kultur gleichmäßig beimpfte Agarplatte, oder gibt schmale Streifchen in flüssige Kulturen. Komplettiert die betreffende Substanz das Nährmedium, dann bilden sich auf der Agarplatte an den den Fleckpositionen der Substanz auf dem Papier entsprechenden

[1] REGNERA, R. M., and J. ASIMOV: Am. Soc. **72**, 5781 (1950). — VISCHER, E., and E. CHARGAFF: J. biol. Ch. **176**, 703 (1948).

[2] VISCHER, E., B. MAGASANIK and E. CHARGAFF: Fed. Proc. **8**, 263 (1949).

[3] TAUROG, A., W. TONG and I. L. CHAIKOFF: Nature **164**, 182 (1949).

[4] CHARGAFF, E., C. LEVINE and C. GREEN: J. biol. Ch. **175**, 67 (1948).

[5] HUEBNER, C. F.: Nature **167**, 119 (1951).

[6] JAMES, W. O.: Nature **161**, 851 (1948).

[7] KARIYONE, T., Y. HASHIMOTO and M. KIMURA: Nature **168**, 511 (1951).

[8] EVANS, R. A., W. H. PARR and W. C. EVANS: Nature **164**, 674 (1949).

[9] RILEY, R. F.: Am. Soc. **72**, 5782 (1950).

[10] EKMAN, B.: Acta chem. scand. **2**, 383 (1948).

[11] GROTE, I. W.: J. biol. Ch. **93**, 25 (1931).

[12] NEHER, R., u. A. WETTSTEIN: Helv. **34**, 2278 (1951).

[13] STEEL, A. E.: Nature **168**, 877 (1951). — ROBINSON, R.: Nature **168**, 512 (1951).

[14] DRAKE, N. A.: Am. Soc. **72**, 3803 (1950).

[15] BURSTALL, F. H., G. R. DAVIES, R. P. LINSTEAD and R. A. WELLS: Soc. **1950**, 516.

[16] GOLDSCHMIDT, F., and B. R. DISHON: Analyt. Chem., Washington **20**, 373 (1948). — POLLARD, F. H., J. F. W. McOMIE and I. I. ELBEIH: Nature **163**, 292 (1949).

Stellen Bakterienrasen oder sie entwickeln sich in den bestimmten Röhrchen. Hemmt die Substanz das Wachstum von Einzellern auf oder in einem kompletten Nährmedium, dann beobachtet man ganz entsprechend auf der Platte Löcher im Bakterienrasen oder Wachstumshemmung in den bestimmten Röhrchen. Letztere untersucht man wie üblich, z. B. durch Nephelometrie oder Titration der Milchsäure. Von den Agarplatten stellt man Photogramme her, indem man durch sie ein Photopapier belichtet *(Bioautographie)*. Die Positionen erscheinen dann entweder hell auf dunklem Grund (bei Wachstumsbeschleunigung) oder umgekehrt (bei Wachstumshemmung). Die schönsten Photogramme erhält man beim Belichten mit polarisiertem Licht[1].

So lassen sich die Faktoren der Folsäuregruppe (0,002 γ Leuconostoc citrovorum-Faktor) mit Leuconostoc citrovorum 8081, Lactobacillus leishmannii 313[2] und mit Lactobacillus lactis Dorner[2, 3] nach papierchromatographischer Trennung bestimmen. Die allgemeine Methode s. [4]. Zur Untersuchung getrennter Antibiotica verwendet man Agarplatten mit Bacterium subtilis und Escherichia coli[5]. Ersteres ist besser für Streptomycin[6] und Penicillin[7], letzteres besser für Aureomycin, Chloramphenicol und Circulin geeignet[8] (vgl. a. [9]).

$\eta)$ Die R_F-Werte.

Zweifellos ergeben spezifische Farbreaktionen bzw. Farbnuancen, wie sie im letzten Kapitel behandelt wurden, schon mehr oder minder eindeutige Hinweise auf die chemische Natur der an den einzelnen Stellen sitzenden Substanzen. Eindeutiger lassen sich diese jedoch an Hand der R_F-Werte bestimmen, die ebenso physikalisch-chemische Charakteristiken der Verbindungen sind, wie die R_S-Werte aus den Säulenchromatogrammen (vgl. S. 212).

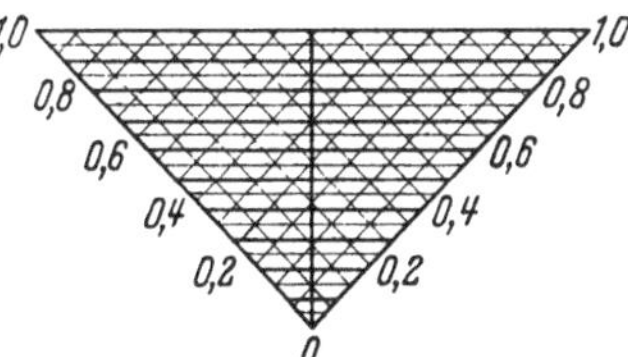

Abb. 70. „Partogrid" (Proportionalteilernetz) zum schnellen Ablesen von R_F-Werten. Nach ROCKLAND und DUNN.

Bestimmung der R_F-Werte. Jedes Papierchromatogramm, Radiogramm oder Photogramm wird, wie Abb. 52, S. 227, veranschaulicht, gekennzeichnet durch Startpunkt St, die Position der Flecke A und B (gekennzeichnet durch den Mittelpunkt) und die Solvensfront C. Damit also A um a und B um b wandert, muß das Solvens bis C wandern. Folglich ergibt sich als relative Wanderung auf dem Filtrierpapier (R_F):

1. Für die Substanz A: $R_F = \dfrac{a}{c}$.

2. Für die Substanz B: $R_F = \dfrac{b}{c}$.

Die R_F-Werte liegen also zwischen 0 und 1. Zum Ausmessen der Chromatogramme bedient man sich im einfachsten Falle eines gewöhnlichen Zentimetermaßes. Recht brauchbar ist auch der

Partogrid, ein Proportionalteilernetz nach Abb. 70[10]. Herstellung: Auf sehr genau geteiltem Millimeterpapier von 50×50 cm Kantenlänge werden in 2,5 cm Abständen mittelstarke und in 5 cm Abständen starke Linien möglichst genau gezogen und die

[1] DRAKE, N. A.: Am. Soc. **72**, 3803 (1950).

[2] WINSTEN, W. A., and A. H. SPARK: Science, N. Y. **106**, 192 (1947). — WINSTEN, W. A.: Science, N. Y. **107**, 605 (1948). — WINSTEN, W. A., and E. EIGEN: Proc. Soc. exp. Biol. Med. **67**, 513 (1948). J. biol. Ch. **177**, 989; **181**, 109 (1949); **184**, 155 (1950).

[3] CUTHBERTSON, W., and E. LESTER-SMITH: Biochem. J. **44**, V (1949).

[4] GOODALL, R. R., and A. A. LEVI: Nature **158**, 675 (1946).

[5] PETERSON, D. H., and L. M. REINEKE: Am. Soc. **72**, 3598 (1950).

[6] LOO, Y. H., P. S. SKELL, H. H. THORMBERG and J. EHRLICH: J. Bacteriology **50**, 701 (1945).

[7] KARNOVSKY, M. L., and M. J. JOHNSON: Analyt. Chem., Washington **21**, 1125 (1949).

[8] MURRAY, F. J., P. A. TETRAULT, O. W. KAUFMANN, H. KOFFLER, D. H. PETERSON and D. R. COLINGSWORTH: J. Bacteriology **57**, 305 (1949).

[9] KLUENER, R. G.: J. Bacteriology **57**, 101 (1949). — WOODRUFF, H. B., and J. C. FOSTER: J. biol. Ch. **188**, 569 (1950). — REGINA, P. P., and F. X. MURPHY: Am. Soc. **72**, 1045 (1950). — PETERSON, D. H., and L. M. REINEKE: Am. Soc. **72**, 3598 (1950).

[10] ROCKLAND, L. B., and M. S. DUNN: Science, N. Y. **111**, 332 (1950).

Katheten des Dreiecks mit einer Skalenteilung von 0,1 R_F-Einheiten versehen. Man nimmt die Zeichnung dann nach exakt paralleler Justierung auf eine 12×18 Platte auf und stellt Positive von 13,8, 17,5 und 25 cm Hypothenusenlänge her. Diese Partogrids werden mit Paraffin durchsichtig gemacht und auf einer Mattscheibe montiert, die mit einer 100 Watt-Lampe von unten beleuchtet ist. Zum Ablesen wird eine Nadel in den Startpunkt des Chromatogramms und den Nullpunkt des Partogrids gesteckt und der Filtrierpapierstreifen oder -bogen so gedreht, bis die Solvensfront die Horizontale 1,0-Linie des Netzes schneidet. Der R_F-Wert der Flecken wird dann an der Skala abgelesen.

R_F-Werte für verschiedene Substanzen in den angewandten Verteilungssystemen und mit verschiedenen Papiersorten werden später mitgeteilt (vgl. S. 254). Diese Werte gelten nur als Richtzahlen und man verläßt sich am besten nicht auf den Vergleich der gemessenen Werte mit denen der Tabellen allein, sondern bestimmt sie nochmals im gleichen Chromatogramm durch Mitlaufenlassen der reinen Substanz.

Beziehung des R_F-Wertes zum Verteilungskoeffizienten k (vgl. hierzu S. 212)[1]. Eine solche Beziehung können wir nur erwarten, wenn die chromatographische Verteilung zwischen mobilen und stationären Phasen erfolgt und keine Fremdreaktionen (vgl. S. 200ff.) eintreten bzw. nur von untergeordneter Bedeutung sind.

Gleich der Berechnung des R_S-Wertes bei der säulenförmigen Verteilungschromatographie aus dem Verteilungskoeffizienten k oder umgekehrt (S. 212) setzen wir:

$A =$ Querschnittsfläche des Papiers im Zustand des laufenden Chromatogramms.

$A_{St} =$ Querschnittsflächenanteil der *stationären* Phase.

$A_M =$ Querschnittsflächenanteil der *mobilen* Phase.

$A_T =$ Querschnittsflächenanteil des trockenen Papiers.

Es ist dann:

$$A = A_{St} + A_M + A_T,$$

und

$$k_f = \frac{C_{St}}{C_M}$$

$$R_F = \frac{\text{Wanderung der Substanz}}{\text{Wanderung des Solvens}},$$

folglich:

$$R_F = \frac{A}{A_M + k_f \cdot A_{St}},$$

$$k_f = \frac{A}{R_F \cdot A_{St}} - \frac{A_M}{A_{St}},$$

$$k_f = \frac{A_M}{A_{St}} \left(\frac{1}{R_F} - 1 \right).$$

A_M/A_{St} ist unabhängig von den Volumina der beiden Phasen. Nimmt man an, daß das Papier eine bestimmte Kapazität für Wasser hat, dann ist dieser Ausdruck gegeben durch das Verhältnis der Gewichte vom trockenen zum „chromatogrammfeuchten" Papier. Einige Beispiele für solche Beziehungen enthält Tabelle 17. Man sieht, daß die Übereinstimmung zwischen diesen aus R_F berechneten mit den direkt bestimmten[2] (vgl. S. 261) k-Werten nicht immer glänzend ist.

k_f und damit R_F hängen von einer ganzen Reihe von Faktoren ab. Bei Aminosäuren nehmen die Werte mit steigender Kettenlänge zu und es gilt die Beziehung:

$$\log \frac{N_A}{N_B} = K_2 + K_1 \cdot n,$$

wobei $n =$ Anzahl der CH_2-Gruppen, $N_A =$ Löslichkeit der Aminosäuren im mobilen Solvens (z. B. Butanol), $N_B =$ Löslichkeit der Aminosäuren im stationären Solvens (z. B. Wasser), K_1 und K_2 Konstanten sind[3]. N_A/N_B verdreifacht sich mit jeder neuen

---

[1] CONSDEN, R., A. H. GORDON and A. J. P. MARTIN: Biochem. J. **38**, 224 (1944).

[2] ENGLAND, A., and E. J. COHN: Am. Soc. **57**, 634 (1935).

[3] WYMAN, J.: Chem. Rev. **19**, 213 (1936). — MARTIN, A. J. P.: Biochem. Soc. Symp. **3**, 4 (1949). — MÜLLER, R. H., and D. L. CLEGG: Analyt. Chem., Washington **21**, 192, 1123 (1949).

CH_2-Gruppe in der C—C-Kette der Aminosäuren[1]. Ganz ähnlich hat sich auch eine Beziehung zwischen $\log (1/R_F — 1)$ und der Anzahl aktiver Gruppen in den Molekeln der Substanzen von homologen Serien substituierter aromatischer Säuren[2] und zwischen R_F-Werten von Peptiden und denen der Aminosäuren, die in ihnen enthalten sind, ergeben. Aus den R_F-Werten der Aminosäuren und 2 allgemeinen, experimentell bestimmbaren Konstanten können die R_F-Werte jedes Peptides für die betreffenden Versuchsbedingungen mit einer durchschnittlichen Genauigkeit von $\pm 0,05$ berechnet werden[3].

Die R_F-Werte von Aminosäuren sind auch von der Säurekonzentration des Verteilungssystems abhängig[4]. In n-Butanol erhöht HCl die Wanderungsgeschwindigkeit mit steigender Konzentration recht erheblich, in Butanol-Eisessig ist der Effekt geringer, in Collidin-Lutidinmischungen ist er nicht mehr zu beobachten. In Phenol werden durch Zusatz von HCl nur die R_F-Werte der langsam wandernden Aminosäuren (Asparaginsäure, Glykokoll) merklich vergrößert, die der übrigen (Arginin, Alanin, Valin, Leucin) bleiben nahezu unverändert. In Isovaleriansäure zeigt sich ein merkwürdiger Effekt bei Gegenwart von HCl: bei geringer Konzentration wandern sämtliche Aminosäuren langsam, bei größeren bleiben die langsam wandernden im Startpunkt. Lediglich das Leucin wandert bei 6 n HCl noch. Die Effekte scheinen mit der Löslichkeit der HCl in den Solventien zusammenzuhängen.

Wie leicht einzusehen, sind die R_F-Werte auch von der Temperatur abhängig. Die der Aminosäuren in Phenol/Wasser steigen mit steigender Tempe-

Tabelle 17. *Berechnung von k_f aus R_F-Werten* (nach CONSDEN, GORDON und MARTIN) *und Vergleich mit direkt bestimmtem k* (nach ENGLAND und COHN)[5].

| | k_f berechnet aus R_F | | | | k direkt bestimmt (vgl. auch S. 261) |
| | Versuchs-Nr. | | | | |
	1	2	3	4	
Wassergehalt des Papiers in %	28,7	18,0	22,6	17,7	
A_M/A_{St} . . .	3,25	4,56	3,7	2,93	
Glykokoll . .	70,4	70,4	70,4	70,4	70,4
Alanin . . .	35,9	39,9	43,7	36,6	42,3
Valin	12,2	14,1	14,8	12,5	13,8
Norvalin. . .	8,7	10,8	10,5	9,2	9,5
Leucin . . .	4,5	5,4	5,6	6,0	5,5
Norleucin . .	3,5	4,2	4,4	4,6	3,2

ratur[6], weil der Wassergehalt des Phenols sich direkt mit der Temperatur ändert. Umgekehrt sinkt der Wassergehalt von Collidin mit steigender Temperatur und damit sinken auch die R_F-Werte[7]. Auch mit Solventien, die mit Wasser völlig mischbar sind, ist der R_F-Wert von der Temperatur abhängig, so daß wohl noch andere Faktoren eine Rolle spielen.

Über eine Beziehung zwischen Zusammensetzung des Verteilungssystems und k vgl. [8], Verteilungskoeffizienten von Aminosäuren und Peptiden in verschiedenen, auch nichtidealen Verteilungssystemen vgl. [9].

ϑ) Präparative Methoden.

Die große Bedeutung der Papierchromatographie liegt zweifellos in der qualitativanalytischen Ermittlung von Substanzen. Im günstigsten Falle erfaßt man alle Komponenten eines Gemisches auf einem Blatt mit ein- oder zweidimensionaler Entwicklung und kann eventuell auf mehreren Blättern mit verschiedenen Solvenspaaren entwickeln.

[1] MacMeakin, T. C., E. Cohn and J. H. Weare: Am. Soc. 57, 626 (1935).

[2] Bate-Smith, E. C., and R. G. Westall: Biochim. biophysica Acta, N. Y. 4, 427 (1950).

[3] Knight, C. A.: J. biol. Ch. 190, 753 (1951). — Pardee, A. B.: J. biol. Ch. 190, 757 (1951). — Vgl. a. Cook, A. H., and A. L. Levy: Soc. 1950, 651.

[4] Ishii, S., and T. Ando: Bull. chem. Soc. Jap. 23, 172 (1950).

[5] England, A., and E. J. Cohn: Am. Soc. 57, 634 (1935).

[6] Consden, R., A. H. Gordon, and A. J. P. Martin: Biochem. J. 38, 224 (1944).

[7] Burma, D. P.: Nature 168, 565 (1951).

[8] Engel, L. L., W. R. Slaunwhite jr., P. Carter and P. C. Olmsted: J. biol. Ch. 191, 621 (1951).

[9] England, A., and E. J. Cohn: Am. Soc. 57, 634 (1935). — Cohn, E. J., and J. T. Edsall: Proteins, Amino Acids and Peptides. New York 1943.

wobei sich die einzelnen Substanzen an Hand ihrer für diese jeweils typischen R_F-Werte charakterisieren lassen. Zuweilen ist es aber erforderlich, einzelne Verbindungen zusammengesetzter Natur (z. B. Peptide, Oligosaccharide) von solchen einfacher Natur (Aminosäuren, Monosaccharide) papierchromatographisch zu trennen, ihre Position zu ermitteln, sie vom Papier herunterzulösen, zu hydrolysieren und in einem weiteren Papierchromatogramm die einzelnen Konstituenten zu bestimmen.

Das glänzende Trennverfahren gab aber auch Veranlassung, zu untersuchen, ob es nicht zur präparativen Substanzreinigung und -isolierung verwandt werden kann, um dann mit den „klassischen" Methoden (Mikroschmelzpunkt, -elementaranalyse, Darstellung von Derivaten u. a.) die chemische Natur aufzuklären.

Das erstgenannte Vorgehen war bereits zur Konstitutionsermittlung von Polypeptiden, Antibiotica, die aus Aminosäuren bestehen, und Proteinen äußerst erfolgreich. 1947 beschrieben die Urheber der Papierchromatographie, wie man vorzugehen habe[1].

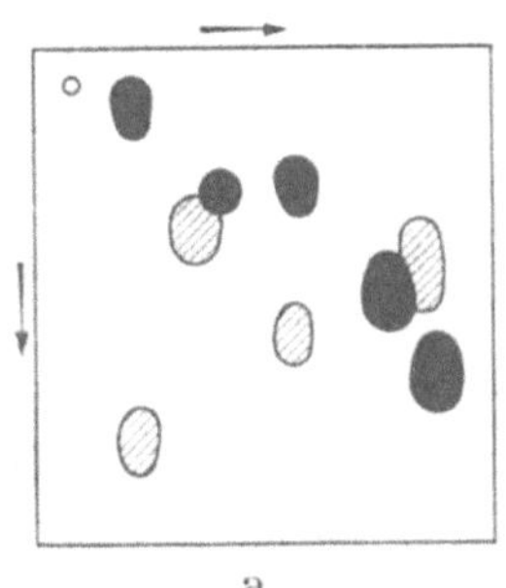
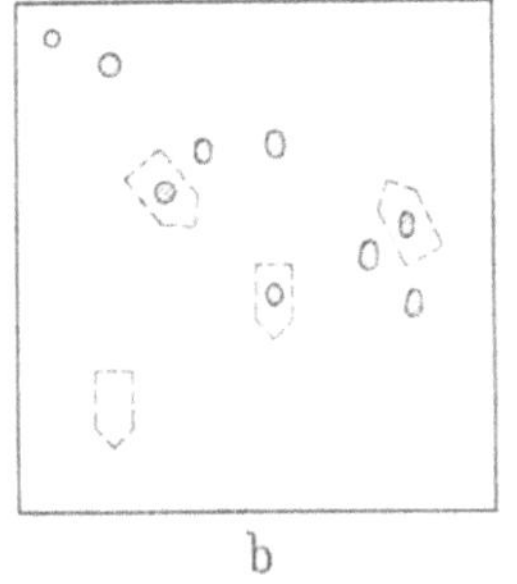

a   b

Abb. 71 a u. b. Untersuchung des zweidimensionalen Chromatogramms eines Eiweißhydrolysats.

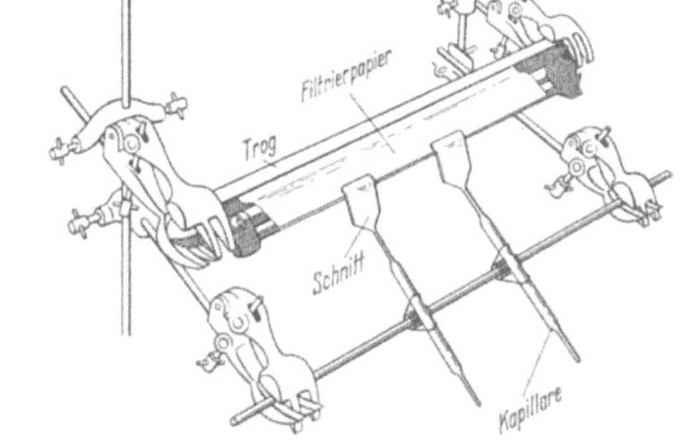

Abb. 72. Anordnung zum Überführen von Substanzen aus Chromatographieausschnitten in Capillaren.

Man entwickelt zunächst mehrere zweidimensionale Chromatogramme möglichst zur gleichen Zeit mit denselben Solvenspaaren und besprüht das eine kräftig mit dem Reagens (z. B. Ninhydrin). Nach diesem Muster zeichnet man in das 2. Chromatogramm, wie es Abb. 71 zeigt, die Positionen der zu extrahierenden Substanzen (z. B. Peptide, schraffiert gezeichnet) an bzw. besprüht auch dieses zur besseren Orientierung mit einer 0,01%igen Ninhydrinlösung in Butanol. Hierbei werden die Flecke nur ganz schwach sichtbar und es wird kaum Substanz verbraucht. Man kann das Chromatogramm auch mit dem Gerät nach Abb. 69 abrastern. Man schneidet dann in geeigneter Richtung die einzelnen Papierteile (gestrichelt gezeichnet) aus und hängt sie in einer Vorrichtung gemäß Abb. 72 auf. Das Papierstück taucht in einen Trog mit einem zur Extraktion dienenden Solvens (meist Wasser). Die Papierspitze wird an eine Capillare geführt. Infolge der Saugwirkung füllt sich die Capillare mit dem Solvens, das die Substanz mitführt. Dann setzt man Salzsäure oder Schwefelsäure zu. Die Capillaren werden zugeschmolzen und im Trockenschrank 24—48 Std auf 100° erhitzt. Nach Verdampfen bzw. Entfernen der Säure wird ein weiteres eindimensionales bzw. zweidimensionales Chromatogramm angeschlossen. Trennt sich die weiter zu untersuchende Substanz im eindimensionalen Chromatogramm gut ab und führt die auf einem Startfleck aufzusetzende Lösung des Gemisches nicht genügend Substanz mit sich, so verfährt man nach Abb. 73. Entlang der Startlinie setzt man einzelne Startflecke (offene Kreise) auf und entwickelt eindimensional. Der linke Streifen wird dann entlang der unterbrochenen Linie abgeschnitten und die Flecke durch Besprühen mit Reagens sichtbar gemacht. Nach diesem Musterstreifen werden dann die (schraffiert gezeichneten) Substanzpositionen festgestellt, wie gestrichelt gezeichnet ausgeschnitten und extrahiert.

---

[1] CONSDEN, R., A. H. GORDON and A. J. P. MARTIN: Biochem. J. **41**, 590 (1947). — Vgl. a. GORDON, A. H.: Angew. Chem. **61**, 367 (1949).

Eine vereinfachte Anordnung zum Auswaschen ausgeschnittener Chromatogrammteile zeigen die Abb. 74 und 75. Zwischen 2 kleine Glasplatten (Objektträger) wird ein Teil des Papierstreifens geklemmt und der spitz zugeschnittene Teil abwärts gebogen. Die Extraktionsflüssigkeit saugt sich infolge Capillarwirkung bis zum Papierstreifen darin hoch und tropft von der Spitze ab[1] bzw. wird von der angesetzten Capillare übernommen.

Verwendet man große Papierbogen, so lassen sich auf die Startlinie Substanzmengen von etwa 25 mg aufbringen, wenn man ihre Lösung nicht punktförmig, sondern als Streifen aufträgt[2]. Dazu benötigt man eine Capillarpipette mit gleichbleibender Ausflußgeschwindigkeit und ein gleichmäßiges Weiterführen dieser Pipette entlang der Startlinie. Um ein sehr gleichmäßiges Auftragen zu gewährleisten, kann man den Bogen um eine Kymographiontrommel spannen und an der vorher markierten Startlinie eine Capillarpipette ansetzen. Der Zylinderbogen wird so mit gleichbleibender Geschwindigkeit an dieser

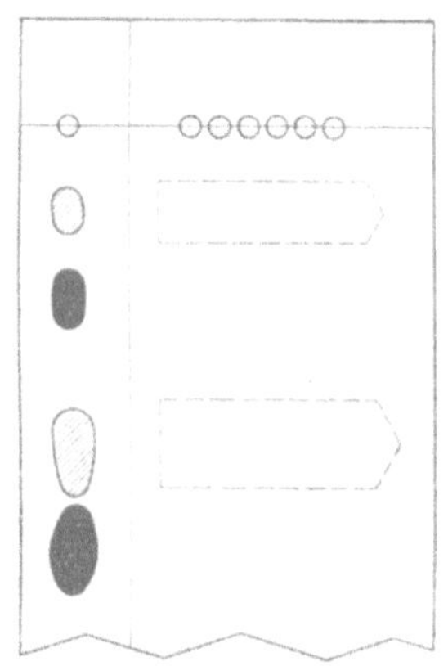

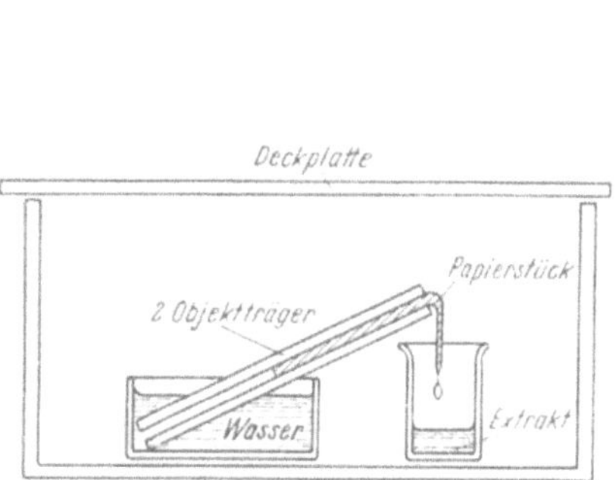

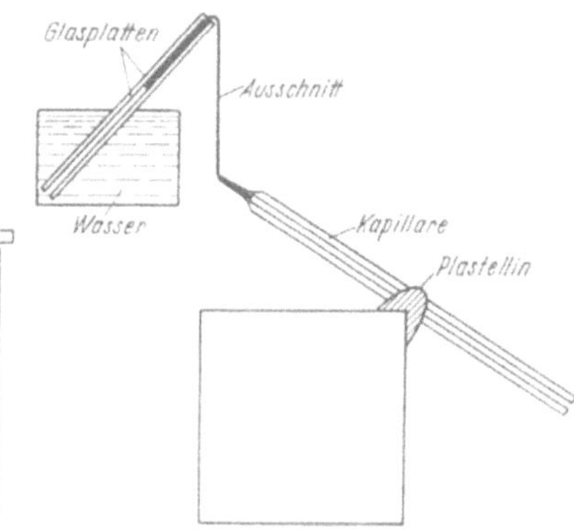

Abb. 73. Untersuchung von Eiweißhydrolysaten im eindimensionalen Chromatogramm.

Abb. 74. Einfache Vorrichtung zur Extraktion eines Papierchromatogrammausschnitts nach DENT, STEPKA und STEWARD.

Abb. 75. Vorrichtung zur Extraktion eines Papierchromatogrammausschnitts mit Hilfe einer Capillare nach SANGER und TUPPY[3].

vorbeigeführt[4]. Nach dem Abtrocknen des Lösungsmittels wird eindimensional entwickelt, und nach dem Trocknen aus der Mitte des Bogens ein 2 cm breiter Streifen ausgeschnitten, um die Positionen der Streifen der getrennten Substanzen durch Besprühen mit dem Reagens festzustellen. Nach diesem Muster werden dann die beiden Bogenhälften quer zerschnitten, die einzelnen Streifen an einem Ende zu einer etwa 4 mm breiten und 10 mm langen Spitze zugestutzt und, wie Abb. 76 zeigt, extrahiert[5]. Ist die Wasserfront aus dem Bereich der Glasplatten herausgetreten, zieht man die Streifen soweit zurück, daß nur die Spitze etwa 3—5 mm weit zwischen den Glasplatten hervorragt. Nach einigen Stunden, am bequemsten über Nacht, ist die gesamte Substanz infolge der an der Spitze erfolgenden Verdunstung des Wassers in einem 4×4 mm großen Bereich der Spitze konzentriert. Sie wird dann abgeschnitten und extrahiert (von Kupfersulfat als Testsubstanz wurden im Bereich zwischen 10 γ bis 50 mg 95—100% wiedergewonnen).

Will man noch größere Substanzmengen trennen, so empfiehlt sich die Anwendung eines dickeren Papiers (vgl. S. 218ff.). Auf diesem kann man mehr Substanzlösung auftragen, muß jedoch darauf achten, daß die mobile Phase nicht zu schnell wandert. Man erreicht dies, indem man an der Papierseite, die ins Solvens getaucht werden soll, einen

[1] DENT, C. E., W. STEPKA and F. C. STEWARD: Nature 160, 682 (1947). — Vgl. a. WORK, E.: Biochim. biophysica Acta, N. Y. 3, 400 (1949).

[2] DENT, C. E.: Biochem. J. 41, 240 (1947). — BLOCK, R. J.: Analyt. Chem., Washington 22, 1327 (1950).

[3] SANGER, F., and H. TUPPY: Biochem. J. 49, 463 (1951).

[4] YANOFSKY, CH., and E. WASSERMANN: Science, N. Y. 111, 61 (1950). — MUELLER, J. H.: Science, N. Y. 112, 405 (1950). — HEDÉN, C.-G.: Nature 166, 999 (1950).

[5] DECKER, P.: Naturwiss. 38, 287 (1951).

9 cm breiten Streifen von dünnerem Chromatographiepapier annäht. Dieser wirkt dann als Bremse und bestimmt die Geschwindigkeit der Solvenswanderung[1].

Mengen von 0,5—1,0 g lassen sich nicht mehr mit Papierblättern erfolgreich verarbeiten, sondern man verwendet hierzu den „*Chromatopile*" oder den „*Chromatopack*". Der erstere[2] besteht nach Abb. 77 aus einer Säule von 200, 500 oder 1000 Rundfiltern *a*, die in einem Rahmen von nichtrostendem Stahl mit Hilfe der Deckplatte *c* und der Lochplatte *d* durch die Flügelschrauben *b* zusammengepreßt werden. Der durch senkrechten Pfeil gekennzeichnete Stutzen dient zum Füllen des oberen Teiles mit dem Solvens, der waagerechte Stutzen ist mit dem Solvensgefäß verbunden. Saugt sich das Solvens durch den Filtrierpapierzylinder abwärts, dann hebert es sich aus dem Vorratsgefäß automatisch nach. Zum Beschicken mit dem Trenngemisch tränkt man 10 Papierscheiben mit seiner Lösung und läßt trocknen. Man legt sie dann auf den großen Stoß und bedeckt sie noch mit 20 frischen Scheiben. Zum Nachweis der Substanzpositionen verfährt man wie früher bei den Säulenmethoden beschrieben (vgl. S. 154 und 209) oder man entwickelt ein „flüssiges Chromatogramm"

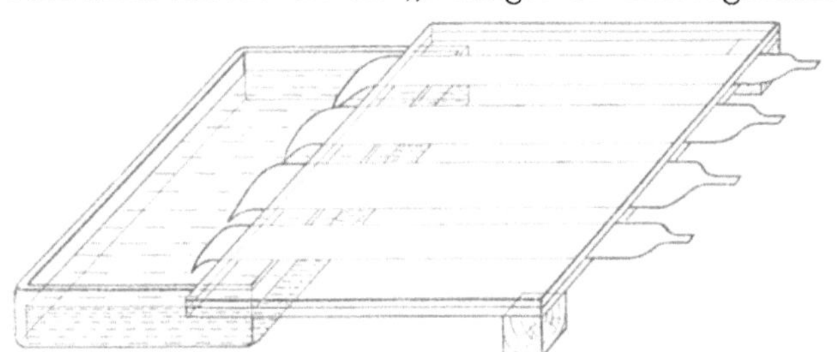

Abb. 76. Vorrichtung zur konzentrierenden Extraktion von Papierchromatogrammen nach DECKER.

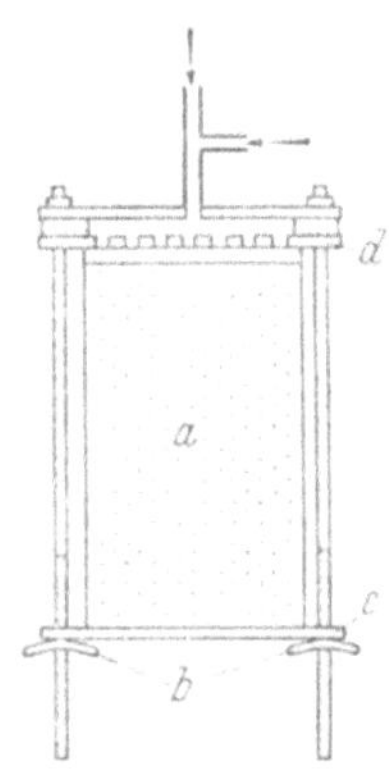

Abb. 77. Filtrierpapier-„Chromatopile". *a* Filtrierpapierscheiben (Rundfilter), *b* Flügelschrauben, *c* ungelochte Platte, *d* gelochte Platte. Erläuterung im Text.

und fängt mit Hilfe eines Fraktionensammlers (vgl. S. 131) einzelne Fraktionen auf und analysiert diese. Zur Trennung von Enzymen mit dem Chromatopile vgl. [3].

Der *Chromatopack*[4] besteht aus einer Anzahl von gleich großen Papierstreifen der üblichen Ausmaße, die man mit Hilfe einer Klemmvorrichtung zu einem rechteckigen Stab zusammenpreßt. Man entwickelt aufsteigend und kann zur Substanzlokalisation aus der Mitte ein Blatt herausnehmen und mit Reagens besprühen. Nach diesem Muster werden dann alle Streifen zerschnitten und die zusammengehörenden Teile gemeinsam extrahiert.

ι) *Quantitative Methoden*[5].

Wir unterscheiden 2 Gruppen von Methoden: a) solche, die die Substanzen auf dem entwickelten Papierchromatogramm belassen und sie dort quantitativ bestimmen, b) solche, die sie herunterlösen und sie dann mit einer anderen Mikromethode analysieren. Zu den ersteren gehört auch die *Retentionsanalyse*, die am Schluß besprochen wird.

Bestimmung der Konzentration auf dem Papierchromatogramm. Die nächstliegende Möglichkeit besteht darin, aus der Fleckengröße bzw. der Farbintensität nach Besprühen mit den maximalen Reagensmengen auf die Substanzmenge zu schließen, wozu man mit einer Serie von Flecken von bekannten Substanzmengen vergleicht[6]. Dieses Vorgehen führt in der Tat zu quantitativen Aussagen ohne Anspruch auf allzu große Genauigkeit[7].

[1] MUELLER, J. H.: Science, N. Y. **112**, 405 (1950).
[2] BELL, D., and D. NORTHCOTE: Soc. **1950**, 1944.
[3] MITCHELL, H. K., and F. A. HASKINS: Science, N. Y. **110**, 278 (1949). J. biol. Ch. **180**, 1071 (1949).
[4] PORTER, W. L.: Analyt. Chem., Washington **23**, 412 (1951).
[5] GORDON, A. H.: Discuss. Faraday Soc. **7**, 128 (1949).
[6] POLSON, A., V. M. MOSLEY and R. W. G. WYCKOFF: Science, N. Y. **105**, 603 (1947).
[7] CONSDEN, R., A. H. GORDON and A. J. P. MARTIN: Biochem. J. **41**, 590 (1947). — POLSON, A.: Biochim. biophysica Acta, N. Y. **2**, 575 (1948).

Bei Aminosäuren erhält man eine bessere Beziehung zwischen Fleckintensität und Substanzkonzentration, wenn sie vorher in saure, neutrale und basische getrennt werden
(Gruppentrennung, vgl. S. 193)[1]. Für Zucker, vgl. [2].

Wie Abb. 78 zeigt, besteht eine lineare Beziehung zwischen der Fleckengröße und dem
Logarithmus der Konzentration[3]. Zur quantitativen Bestimmung einer Substanz geht
man folgendermaßen vor[4]: Man entwickelt 4 Flecke im gleichen Chromatogramm, von
denen s_1 und s_2 die bekannten Mengen und u_1 und u_2 die unbekannten Mengen der
Substanz im gleichen Verdünnungsverhältnis zueinander bedeuten, so daß:

$$\frac{s_1}{s_2} = \frac{u_1}{u_2} = Z.$$

Wenn die korrespondierenden Fleckenausmaße
s_1, s_2 bzw. u_1, u_2 sind, ergibt sich folgende Beziehung:

$$\log \frac{u_1}{s_1} = \frac{(u_1 + u_2) - (s_1 + s_2)}{(u_1 - u_2) + (s_1 - s_2)} \log Z.$$

Hieraus kann u_1 leicht berechnet werden. Zur
Bestimmung der Fleckenausmaße kann man sie
einfach ausschneiden und die Papierstücke
wiegen[5] oder man mißt die Lichtabsorption
mit Hilfe einer photoelektrischen Einrichtung[6].
Trägt man die Lichtabsorption von mit Ninhydrin besprühten Aminosäure-Chromatogram-
men als Funktion des Abstandes vom Startpunkt auf, so erhält man Maxima-Minimakurven,
die sich planimetrisch auswerten lassen. Im
Vergleich zu Standardkurven ergibt sich ein
Maß für die Aminosäuremengen, allerdings mit
einem wahrscheinlichen Fehler von etwa 9%
für die Einzelbestimmung[7]. Zur Bestimmung
von Histidin und Tyrosin nach ähnlichem Verfahren kann auch mit diazotierter Sulfanilsäure besprüht werden[8].

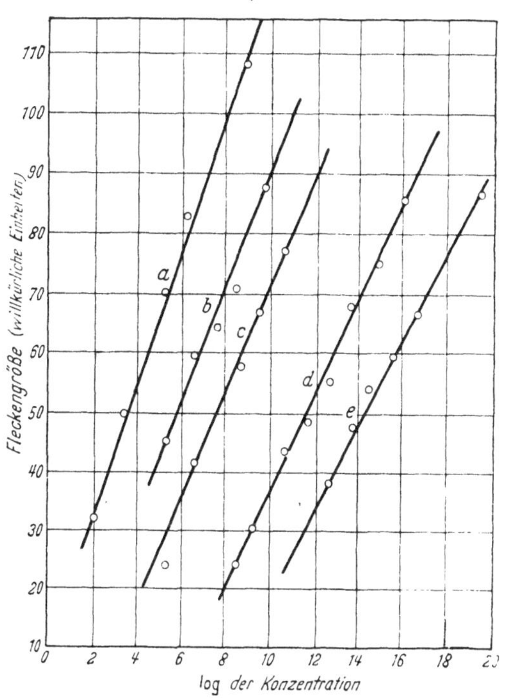

Abb. 78. Beziehung zwischen Fleckengröße und Konzentration von *a* Glutaminsäure, *b* Glycin, *c* Alanin.
d Xylose und *e* Arabinose. Nach FISHER, PARSONS
und MORRISON [3].

Die Verwendung von radioaktiven Verbindungen gibt eine weitere Möglichkeit zu
quantitativen Messungen[9] (s. S. 239). So werden z. B. die J^{131}-Pipsylderivate (= p-Jod-
benzolsulfonyl-) von Aminosäuren der Mischung unbekannter Konzentration hergestellt[10],
mit J^{131}, S^{35}-Pipsylderivaten von bekannten Mengen der Aminosäuren gemischt und
chromatographiert. Man bestimmt dann die Radioaktivität von J^{131} und S^{35} unabhängig
voneinander und errechnet aus dem Verhältnis die Konzentration an den Aminosäuren.

Bestimmung nach Extraktion der Flecke. Die Verfahren zur Lokalisation der Flecke
und Extraktion der Substanzen wurden bereits besprochen. Um Fehlerquellen, die durch

[1] BLOCK, R. J.: Science, N.Y. **108**, 608 (1948).
[2] GIBBONS, G. C., et R. A. BOISSONNAS: Helv. **33**, 1477 (1950).
[3] FISHER, R. B., D. S. PARSONS and G. MORRISON: Nature **161**, 764 (1948). — Vgl. a. HOPFF, P.
P.: Soc. **1946**, 785.
[4] FISHER, R. B., D. S. PARSONS and R. HOLMES: Nature **164**, 183 (1949). — Vgl. a. älteres Verfahren: BRIMLEY, R. C.: Nature **163**, 215 (1949).
[5] BEERSTECHER, E. jr.: Analyt. Chem., Washington **22**, 1200 (1950).
[6] FISHER, R. B., and R. HOLMES: Biochem. J. **44**, LIV (1949). — FOSDICK, L. S., and R. Q.
BLACKWELL: Science, N.Y. **109**, 314 (1949). — MÜLLER, R. H., and D. L. CLEGG: Analyt. Chem.,
Washington **21**, 1123 (1949).
[7] BULL, H. B., J. W. HAHN and V. H. BAPTIST: Am. Soc. **71**, 550 (1949).
[8] BOLLING, D., H. A. SOBER and R. J. BLOCK: Fed. Proc. **8**, 185 (1949).
[9] Vgl. a. BOURSNELL, J. C.: Nature **165**, 399 (1950).
[10] KESTON, A. S., S. UDENFRIEND and M. LEVY: Am. Soc. **69**, 3151 (1947); **72**, 748 (1950).

das Papier, die Solventien und die Arbeitsweise gegeben sind, auszuschalten, muß stets ein „Leerwert" mitbestimmt werden, wozu man dem eindimensionalen Chromatogramm ein gleichgroßes Papierstück entnimmt und analysiert.

Die gebräuchlichsten Methoden zur *quantitativen Mikroanalyse von Aminosäuren* beruhen auf der Bildung von Kupferkomplexen und anschließender Bestimmung von Kupfer, und auf der Ninhydrinreaktion, wovon die letztere empfindlicher ist (s. a. Bd. IV, Aminosäuren).

Der *Kupferkomplexmethode*[1] liegt folgendes Prinzip zugrunde: Nach Entwickeln der eindimensionalen Chromatogramme wird ein „Leitchromatogramm"streifen abgeschnitten und die Flecke sichtbar gemacht. Nach diesen werden die anderen Flecke ausgeschnitten und im Reagensglas mit dem Kupferphosphatreagens nach POPE und STEVENS[2] zusammengegeben. Die Aminosäure wird vom Papier gelöst und bildet eine lösliche Cu-Komplexverbindung. Vom Reagensüberschuß wird abfiltriert und das Kupfer entweder

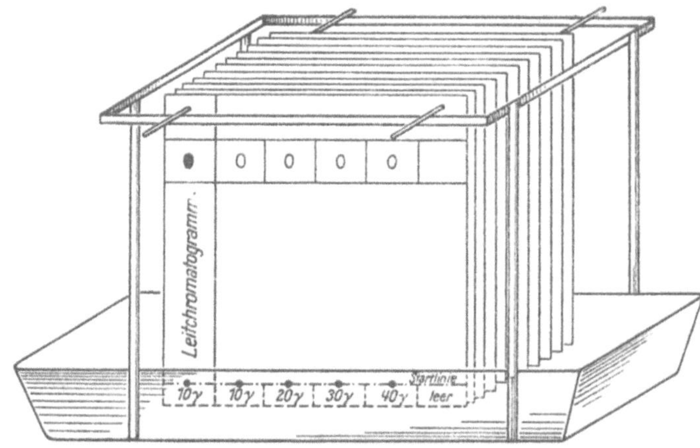

Abb. 79. Gleichzeitiges Entwickeln mehrerer eindimensionaler Papierchromatogramme zur quantitativen Bestimmung von Aminosäuren. Auf die Startlinie jedes Blattes werden steigende Mengen des Analysengemisches aufgesetzt. Nach FELIX, FISCHER, KREKELS und RAUEN.

polarographisch[3] oder colorimetrisch nach Überführen in den Diäthyldithiocarbaminatkomplex[1] bestimmt. Zum Entwickeln mehrerer Papierchromatogramme im gleichen Gang hat sich das einfache Gestell nach Abb. 79[4] als günstig erwiesen. Mit dem POPE-STEVENS-Reagens ist die Bildung der Aminosäurekomplexe nicht immer stöchiometrisch[5].

Zur *Ninhydrinmethode* lehnt man sich an die exakt durchgearbeiteten Vorschriften von STEIN und MOORE[6] an. Bei der Übertragung dieses colorimetrischen Verfahrens auf Papierstücke stört zunächst das vorhandene Ammoniak, das man durch Behandeln mit Alkali entfernen muß[7]. Aminosäureverluste sind auf die früher besprochenen (vgl. S. 237) Reaktionen mit reduzierenden Gruppen der Cellulose beim Trocknen der Chromatogramme bei etwa 100° zurückzuführen, weswegen das Solvens nach Chromatographie durch Waschen mit Äther entfernt werden soll. Vorbehandeln des Papiers durch Waschen mit Alkali, um andere störende Substanzen zu entfernen, verbessert die Ergebnisse[8]. Weitere Erfahrungen vgl.[9]. Die genaueste Vorschrift scheint die von BOISSONNAS zu sein[10].

[1] WOIWOD, A. J.: Nature 161, 169 (1948). Biochem. J. 42, XXVIII (1948); 45, 412 (1949).

[2] POPE, C. G., and M. F. STEVENS: Biochem. J. 33, 1070 (1939).

[3] MARTIN, A. J. P., and R. MITTELMANN: Biochem. J. 43, 353 (1948). — JONES, T. S. G.: Biochem. J. 42, LIX (1948).

[4] FELIX, K., H. FISCHER, A. KREKELS u. H. M. RAUEN: H. 286, 67 (1950).

[5] RAUEN, H. M., G. LEONHARDI u. M. BUCHKA: H. 284, 178 (1949).

[6] MOORE, S., and W. H. STEIN: J. biol. Ch. 176, 367 (1948).

[7] FOWDEN, L., and J. R. PENNEY: Nature 165, 846 (1950).

[8] NOVELLIE, L.: Nature 166, 1000 (1950).

[9] MARTIN, A. J. P.: Ann. Rep. Progr. Chem. 45, 261 (1948). — NAFTALIN, L.: Nature 161, 763 (1948). — AWAPARA, J.: J. biol. Ch. 178, 113 (1949). — LANDUA, A. J., and J. AWAPARA: Science. N. Y. 109, 385 (1949).

[10] BOISSONNAS, R. A.: Helv. 33, 1975 (1950).

Auch zur *quantitativen Bestimmung von Zuckern* liegen einige Erfahrungen vor. Man extrahiert die ausgeschnittenen Papierstücke und bestimmt die Extrakte mit dem Arsenmolybdatreagens nach SOMOGYI[1], womit recht gute Ergebnisse erhalten werden können[2]. Auch die Colorimetrie der nach der Perjodatoxydation entstandenen Ameisensäure[3] und das bekannte Verfahren von WILLSTÄTTER-SCHUDEL[4] wurden verwandt.

Retentionsanalyse. Auch diese von WIELAND[5] stammende Technik führt zu quantitativen Aussagen, ohne daß man die Substanzen von ihren Positionen extrahiert. Das Prinzip gibt Abb. 80 wieder. Auf einen 10 cm breiten und 40 cm langen Streifen Whatman Nr. 1-Papier wird auf die Startlinie aus einer Capillarpipette ein 9 cm langer und etwa 5 mm breiter Streifen der Lösung von je 0,5 % Glutaminsäure, Histidin-monohydrochlorid und Alanin aufgesetzt und absteigend (mit Äthylenglykol-monoäthyläther-Ammoniak, vgl. Tabelle 16, S. 223) entwickelt[6]. Nach dem Trocknen rollt man den Streifen zu einem

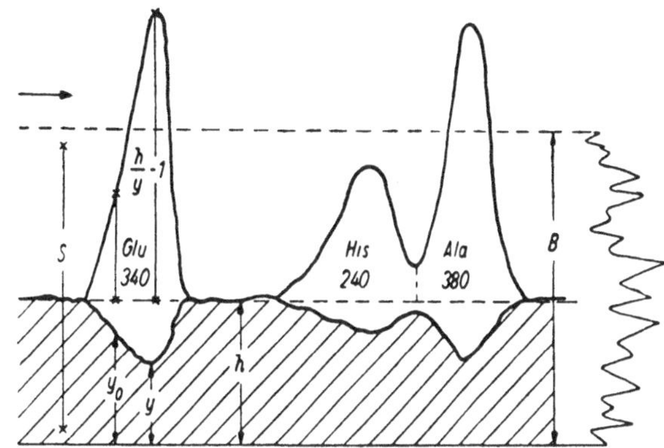

Abb. 80. Die Auswertung eines eindimensionalen Papierchromatogramms durch Retentionsanalyse und Berechnung der „Konzentrationskurve". Nach T. WIELAND.

Zylinder und stellt ihn in einen Exsiccator, in dem sich eine Krystallisierschale mit Reagenslösung befindet. Man bereitet sie, indem man 0,5 g Kupferacetat in 5 cm³ Wasser löst, mit Tetrahydrofuran auf 100 cm³ auffüllt und die etwa auftretende Trübung mit einigen Tropfen Eisessig beseitigt. Die Lösung steigt dann, quer zur ursprünglichen Entwicklungsrichtung, bis zum oberen Zylinderrand. Das Cu wird dann mit Rubeanwasserstoff oder Na-diäthyldithiocarbaminat sichtbar gemacht. Es steigt, wie die Abb. 80 zeigt, etwa 5 cm hoch im Papier. In den aminosäurehaltigen Bezirken erreicht die Cu-Front nur die geringeren Höhen y, y_0 usw., so daß sich ein kurvenförmiger Frontverlauf ergibt, der die Cu-haltige schraffierte Fläche nach oben hin abgrenzt. Die darüber gezeichnete Konzentrationskurve ergibt sich durch Konstruktion aus der unteren, wobei für markante beliebig gewählte Punkte als neue Ordinate der aus den abgemessenen Strecken gebildete Ausdruck $h/y - 1$ eingesetzt wird[6]. Die so erhaltenen,

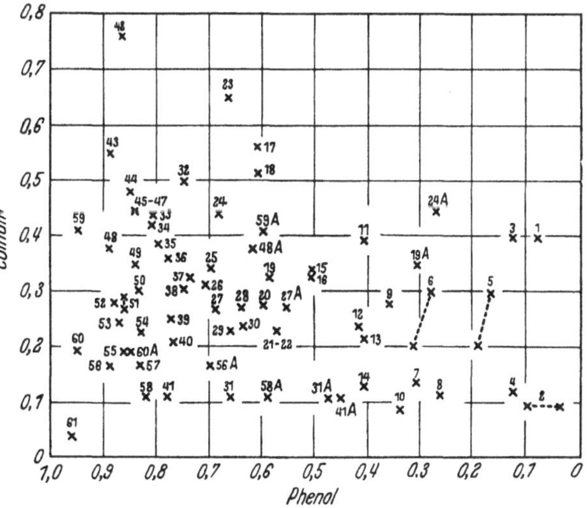

Abb. 81. Schema der Positionen von Aminosäuren im zweidimensionalen Papierchromatogramm mit wassergesättigtem Phenol (erster Lauf) und Collidin (zweiter Lauf). Beide Solventien liefen gleichlange Wegstrecken. Nach DENT[7]. Erläuterungen hierzu s. Tabelle 18.

den Konzentrationen an Aminosäuren proportionalen Flächen werden planimetriert und sind ein relatives Maß für die Aminosäuremengen. Zur Bestimmung der absoluten

[1] SOMOGYI, M.: J. biol. Ch. **160**, 61 (1945).

[2] NELSON, N.: J. biol. Ch. **153**, 375 (1944). — FLOOD, A. E., E. L. HIRST and J. K. N. JONES: Nature **160**, 86 (1947). Soc. **1948**, 1679. — DUFF, R. B., and D. J. EASTWOOD: Nature **165**, 848 (1950).

[3] DESNUELLE, P., S. ANTONIN et M. NAUDET: Bull. Soc. Chim. biol. **26**, 1168 (1944). — HIRST, E. L. and J. K. N. JONES: Soc. **1949**, 1659. — WEYGAND, F., u. H. HOFMANN: B. **83**, 405 (1950).

[4] HAWTHORNE, J. R.: Nature **160**, 714 (1947).

[5] WIELAND, T., u. E. FISCHER: Naturwiss. **35**, 29 (1948). — WIELAND, T.: Angew. Chem. **60**, 313 (1948).

[6] WIELAND, T., u. L. WIRTH: Angew. Chem. **63**, 171 (1951); **62**, 473 (1950).

[7] DENT, C. E.: Biochem. J. **43**, 169 (1948).

Werte muß man die „Kupfer-Äquivalenz" der Aminosäuren berücksichtigen, die für die meisten Aminosäuren sicherlich 2 Cu-Äquivalente je Mol, für Glutaminsäure, Asparaginsäure und Histidin 3 beträgt. Diese Methode eignet sich auch für Proteine (in Papierelektropherogrammen)[1] und für Oxycarbonsäuren[2].

ϰ) Beispiele für die Lage von Aminosäuren auf Papierchromatogrammen und die R_F-Werte biologisch wichtiger Verbindungen.

Tabelle 18. *Erläuterungen zur Abb. 81.*

Substanz	Farbe mit dem Ninhydrin-Reagens	Substanz	Farbe mit dem Ninhydrin-Reagens
1. Cysteinsäure	blau	35. Norvalin (α-Aminovaleriansäure)	purpurrot
2. Phosphoserin	purpurrot	36. Valin	purpurrot
3. Homocysteinsäure	blau	37. α-Amino-isobuttersäure	purpurrot
4. Glutathion	purpurrot	38. α-Amino-ε-oxycapronsäure	purpurrot
5. Asparaginsäure	blau-purpurrot	39. Methioninsulfoxyd und β-Amino-isobuttersäure	purpurrot
6. Glutaminsäure	purpurrot	40. γ-Amino-n-buttersäure	purpurrot
7. Cystathionin	purpurrot	41. Ornithin	purpurrot
8. Lanthionin	purpurrot	41a. desgl. in Gegenwart von 1:1 (Vol.) Essigsäure	
9. Serin	purpurrot	42. Thyroxin	braun-grün
10. Äthanolaminophosphorsäure	purpurrot	43. α-Aminocaprylsäure	purpurrot
11. Taurin	purpurrot	44. Phenylalanin	grün-purpurrot
12. Glycin	rot-purpurrot	45. Leucin	purpurrot
13. Asparagin	orange-braun	46. Isoleucin	purpurrot
14. Djenkolsäure	purpurrot	47. Norleucin	purpurrot
15. allo-Threonin	purpurrot	48. Äthanolamin	purpurrot
16. Threonin	purpurrot	48a. desgl. in Gegenwart von Phenol + 5 n Salzsäure	
17. Dijodtyrosin	mattgrün-purpurrot	49. α-Methyl-α-amino-n-buttersäure	purpurrot
18. Tyrosin	grün-purpurrot	50. „Schnelle Aminobuttersäure" (unbekannte Substanz)	purpurrot
19. $\beta,\beta,\beta^1,\beta^1$-Tetramethylcystin	purpurrot	51. Methylhistidin	grün
19a. desgl. nach Oxydation mit Wasserstoffperoxyd und Ammoniummolybdat		52. Prolin	gelb
20. α-Alanin	purpurrot	53. Ebenfalls Methylhistidinposition	grün
21. Glutamin	purpurrot	54. Carnosin	braun-gelb
22. „Unter-Alanin"(unbekannte Aminosäure)	rot-purpurrot	55. ε-Aminocapronsäure	purpurrot
23. Monojodtyrosin	mattgrün-purpurrot	56. Arginin	purpurrot
24. Glucosamin	purpurrot	56a. desgl. in Gegenwart von 1:1 (Vol.) Essigsäure	
24a. desgl. in Gegenwart von 1:1 (Vol.) Essigsäure		57. δ-Aminovaleriansäure	purpurrot
25. Methioninsulfon	purpurrot	58. Lysin	matt-purpurrot
26. α-Amino-n-buttersäure	purpurrot	58a. desgl. in Gegenwart von 1:1 (Vol.) Essigsäure	
27. Histidin	mattgrün-purpurrot	59. Histamin	mattgrün-purpurrot
27a. desgl. in Gegenwart von Phenol + 5 n Salzsäure		59a. desgl. in Gegenwart von Phenol + 5 n Salzsäure	
28. Oxyprolin	braun-gelb	60. „Schnelles Arginin" (unbekannte Substanz)	purpurrot
29. β-Alanin	blau-purpurrot	60a. desgl. in Gegenwart von 1:1 (Vol.) Essigsäure	
30. Citrullin	rot-purpurrot	61. „Nephrose-Peptid"	purpurrot
31. Oxylysin	matt-purpurrot		
31a. desgl. in Gegenwart von 1:1 (Vol.) Essigsäure			
32. Tryptophan	purpurrot		
33. α-Aminophenylessigsäure	purpurrot		
34. Methionin	purpurrot		

[1] WIELAND, T., u. L. WIRTH: Angew. Chem. **62**, 473 (1950).
[2] WIELAND, T., u. U. FELD: Angew. Chem. **63**, 258 (1951).

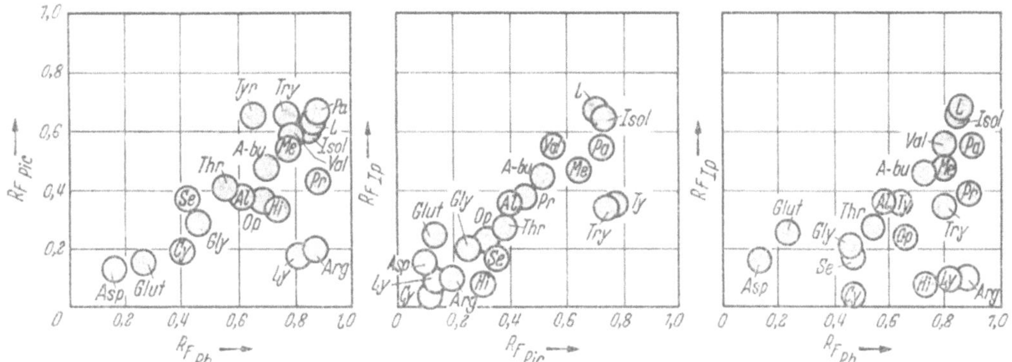

Abb. 82. Schema der Positionen von Aminosäuren in zweidimensionalen Papierchromatogrammen mit den Solvensgemischen Phenol/Wasser (*Ph*), Picolin/Ammoniak/Wasser (*Pic*) und Isopropylalkohol/Eisessig/Wasser (*Ip*). *Al* Alanin, *A-bu*-α-Aminobuttersäure, *Arg* Arginin, *Asp* Asparaginsäure, *Cy* Cystin, *Glut* Glutaminsäure, *Gly* Glykokoll, *Hi* Histidin, *Isol* Isoleucin, *L* Leucin, *Ly* Lysin, *Me* Methionin, *Op* Oxyprolin, *Pa* Phenylalanin, *Pr* Prolin, *Se* Serin, *Thr* Threonin, *Try* Tryptophan, *Ty* Tyrosin, *Val* Valin. Nach DECKER [1].

Tabelle 19. *R_F-Werte von Aminosäuren in mit Wasser nicht unbegrenzt mischbaren Solventien* [2].

Whatman-Papier Nr. 1. Zimmertemperatur. I = Phenol/Wasser mit 0,1 % Ammoniak und Leuchtgas in der Atmosphäre des Troges. II = Phenol/Wasser mit Leuchtgas in der Atmosphäre. III = s-Collidin/Wasser. IV = n-Butanol/Wasser mit Cupronzusatz. V = Benzylalkohol/Wasser mit Blausäure in der Atmosphäre. VI = o-Kresol mit Cupronzusatz. VII = o-Kresol mit Cupronzusatz und 0,1 % Ammoniak. VIII = m-Kresol/Wasser mit Cupronzusatz. IX = m-Kresol/Wasser mit Cupronzusatz und 0,1 % Ammoniak. X = p-Kresol mit Cupronzusatz. XI = p-Kresol/Wasser mit Cupronzusatz und 0,1 % Ammoniak. XII = Isobuttersäure/Wasser.

Solventien	I	II	III	IV	V	VI	VII	VIII	IX	X	XI	XII
Glycin . . .	0,41 RP	0,40	0,25 P	0,05	0,02	0,07	0,07	0,12 P	0,14	0,15 RP	0,19	0,36
Alanin . . .	0,55 P	0,57	0,32 P	0,08	0,03	0,13	0,15	0,23 P	0,24	0,28	0,32	0,44
Norvalin . .	0,78 P	0,78	0,48 P	0,26	0,12	0,45	0,45	0,60 B	0,62	0,66 BP	0,66	0,71
Valin . . .	0,76 P	0,78	0,45 P	0,20	0,11	0,41	0,38	0,52 P	0,54	0,59 BP	0,60	0,65
Norleucin .	0,87 P	0,85	0,60 P	0,47	0,27	0,72	0,67	0,80 B	0,78	0,82 BP	0,80	0,79
Isoleucin . .	0,87 P	0,82	0,54 P	0,37	0,18	0,58	0,55	0,70 B	0,70	0,73 BP	0,74	0,76
Leucin . . .	0,86 P	0,84	0,58 P	0,38	0,21	0,61	0,62	0,73 B	0,73	0,73 BP	0,77	0,78
Phenylalanin	0,90 P	0,86	0,59 G	0,43	0,36	0,81	0,74	0,82 GB	0,82	0,82 P	0,83	0,80
Tyrosin+ .	0,66 GP	0,59	0,64 G	0,28	0,14	0,24	0,23	0,35 P	0,35	0,39 B	0,38	0,58
Serin . . .	0,35 P	0,33	0,28 G	0,05	0,01	0,05	0,05	0,08 BP	0,08	0,11 P	0,13	0,34
Threonin . .	0,47 P	0,50	0,32 P	0,07	0,02	0,11	0,08	0,14 B	0,14	0,19 P	0,21	0,43
Oxyprolin .	0,66 O	0,66	0,34 GY	0,07	0,04	0,27	0,23	0,32 GY	0,32	0,40 BG	0,42	0,42
Prolin . . .	0,89 Y	0,87	0,35 Y	0,12	0,12	0,69	0,66	0,73 Y	0,75	0,76 Y	0,78	0,57
Tryptophan	0,80 P	0,76	0,62 P	0,35	—	0,65	0,58	0,76	0,69	0,70 B	0,68	—
Histidin+ .	0,70 RP	0,72	0,28 G	0,06	0,02	0,25	0,33	0,34 P	0,44	0,36 B	0,52	0,45
Arginin . .	0,85 P	0,67	0,16 P	0,03	0,01	0,02	0,44	0,07 P	0,76	0,12 BP	0,81	0,40
Ornithin+ .	0,61 P	0,40	0,13 BG	0,01	0,00	0,01	0,21	0,03 P	0,47	0,04 P	0,59	0,24
Lysin+ . .	0,73 P	0,50	0,14 BG	0,01	0,00	0,01	0,20	0,04 P	0,54	0,07 BP	0,66	0,27
Asparaginsäure*	0,12 BP	0,14	0,22 B	0,01	0,00	0,00	0,00	0,01 RP	0,01	0,02 BP	0,02	0,31
Glutaminsäure . .	0,19 P	0,24	0,25 P	0,01	0,00	0,01	0,01	0,01 RP	0,02	0,03 BP	0,03	0,38
Lanthionin+	0,21 RP	0,18	0,12 G	0,01	0,00	0,00	0,01	0,01 R	0,03	0,03 RP	0,05	0,21
Cystin+ . .	0,13 RP	0,13 §	0,14 G	0,01	0,00	0,04	0,01	0,04 P	0,04	0,02 RP	0,02	0,25
Methionin .	0,83 P	0,82	0,57 GP	0,26	0,17	0,58	0,49	0,64 B	0,63	0,71 BP	0,68	0,69

Farbe mit Ninhydrin: B = blau, G = grau, O = orange, P = purpur, R = rot, Y = gelb.

+ Diese Säuren wurden als Hydrochloride angewandt und vor der Entwicklung mit Ammoniak neutralisiert.

§ Cystin wird durch diese Zusätze zersetzt. R_F-Wert des Zersetzungsproduktes.

* Farbe ursprünglich grün in Gegenwart von Phenol und Collidin. Nur die Endfarben sind verzeichnet.

[1] DECKER, P., W. RIFFART u. G. OBERNEDER: Naturwiss. 38, 288 (1951).
[2] MARTIN, A. J. P.: Ann. N Y. Acad. Sci. 49, 258 (1948).

Tabelle 20. R_F-Werte der Aminosäuren in mit Wasser mischbaren Solventien[1].

I = 60 cm³ Tetrahydrofuran + 40 cm³ Wasser. II = 80 cm³ Tetrahydrofurfurylalkohol + 20 cm³ Wasser. III = 65 cm³ Pyridin + 35 cm³ Wasser. IV = 60 cm³ Aceton + 40 cm³ Wasser. V = 60 cm³ Aceton + 40 cm³ Wasser + 0,5% Harnstoff. VI = 75 cm³ Furfurylalkohol + 25% Wasser. VII = 75 cm³ Furfurylalkohol + 40 cm³ Wasser + 0,5% Harnstoff. VIII = 67 cm³ Furfurylalkohol + 25 cm³ Wasser + 8 cm³ Pyridin. IX = 70 cm³ Furfurylalkohol + 25 cm³ Wasser + 5 cm³ Brenzschleimsäure. Mit I, III, IV, V wurde Whatman-Papier Nr. 1, mit den übrigen Nr. 4 verwandt und die Laufrichtung war bei der ersteren Gruppe aufsteigend, bei der letzteren absteigend.

Solventien	I	II	III	IV	V	VI	VII	VIII	IX
Asparaginsäure .	0,38	0,15	0,43 B	0.45	0,38	0,18	0,20 B	0,07	0,23
Glutaminsäure .	0,45	0,19	0,48 P	0,51	0,46	0,18	0,23 P	0,09	0,33
Cystin	—	0,20	—	—	—	0,16	0,19 G	0,06	0,11
Serin.	0,48	0,34	0,51 P	0,47	0,44	0,20	0,29 P	0,14	0,26
Glycin	0,44	0,28	0,41 RP	0,45	0,42	0,21	0,28 Br	0,15	0,29
Ornithin	0,30	0,31	0,29 P	0,16	0,19	0,24	0,28 P	0,10	0,24
Arginin.	0,34	0,27	0,31 P	0,15	0,20	0,34	0,32 P	0,17	0,32
Histidin	0,59	0,31	0,43 GP	0,38	0,33	0,25	0,39 Br	0,22	0,31
Lysin	—	—	—	—	—	0,25	0,20 P	0,13	0,28
Alanin . . .	0,67	0,43	0,54 P	0,55	0,52	0,34	0,39 PB	0,26	0,47
Threonin	0,66	0,46	0,56 P	0,57	0,50	0,35	0,34 P	0,22	0,37
Oxyprolin . . .	0,63	0,39	0,56 G	0,53	0,54	0,35	0,41 G	0,32	0,43
Tyrosin	0,72	0,59	0,65 GP	0,63	0,69	0,46	0,47 G	—	0,52
Valin	0,73	0,64	0,65 P	0,62	0,65	0,50	0,52 BP	0,43	0,64
Methionin . . .	0,66	0,67	0,66 P	0,63	0,65	0,55	0,58 P	0,42	0,59
Prolin	0,73	0,49	0,56 G	0,58	0,62	0,56	0,56 G	0,42	0,61
Tryptophan . .	0,78	0,70	0,63 Br	0,58	0,64	0,56	0,59 GP	0,43	0,61
Leucin	0,78	0,72	0,68 P	0,69	0,71	0,59	0,63 P	0,43	0,69
Isoleucin	0,78	0,71	0,66 P	0,67	0,71	0,59	0,63 P	0,43	0,70
Phenylalanin . .	0,79	0,73	0,66 P	0,64	0,67	0,63	0,64 GP	0,52	0,72

Ninhydrin-Farbe: B = blau, Br = braun, P = purpur, G = gelb, RP = rot—purpur, GP = grau—purpur, BP = blau—purpur, wenn nicht anders bezeichnet, sind die Farben die gleichen wie in Pyridin.

Tabelle 21. R_F-Werte von Aminosäuren in mit Wasser mischbaren Solventien[2].

Whatman-Papier Nr. 1. Zimmertemperatur. I = 60 cm³ Picolin + 38 cm³ Wasser + 2 cm³ konz. Ammoniak. II = reines Collidin, wassergesättigt. III = 35 cm³ Eisessig + 50 cm³ Pyridin + 15 cm³ Wasser. IV = 90 cm³ Methanol + 8 cm³ Wasser + 2 cm³ konz. Ammoniak. V = 80 cm³ Isopropanol + 18 cm³ Wasser + 2 cm³ konz. Ammoniak.

Solventien	I	II	III	IV	V	Solventien	I	II	III	IV	V
Glykokoll .	0,27	0,14	0,41	0,38	0,26	Cystin	0,17	0,11	0,20	0,28	0,08
Alanin . . .	0,40	0,19	0,57	0,51	0,36	Methionin . .	0,59	0,42	0,70	0,56	0,47
Aminobut-						Phenylalanin .	0,67	0,55	0,73	0,56	0,61
tersäure .	0,47	0,23	0,64	0,62	—	Tyrosin . . .	0,63	0,41	0,65	0,49	0,30
Valin . . .	0,55	0,30	0,70	0,62	0,53	Tryptophan .	0,64	0,50	0,67	0,42	0,39
Leucin . . .	0,60	0,32	0,72	0,67	0,57	Lysin	0,14	0,06	0,35	0,36	0,15
Isoleucin . .	0,62	0,35	0,65	0,66	0,63	Arginin . . .	0,20	0,11	0,43	0,34	—
Prolin . . .	0,43	0,25	0,55	0,52	—	Histidin . . .	0,31	0,18	0,37	0,37	0,19
Oxyprolin .	0,39	0,24	0,44	0,44	0,31	Glutaminsäure	0,14	0,14	0,47	0,34	0,15
Serin . . .	—	—	—	0,43	—	Asparaginsäure	0,22	0,09	0,29	0,42	0,13

[1] BENTLEY, H. R., and J. K. WHITEHEAD: Biochem. J. 46, 343 (1950).
[2] DECKER, P., u. W. RIFFART: Chem.-Ztg. 74, 261 (1950).

Tabelle 22. *R_F-Werte einiger Amine und Aminderivate.*

Munktell-MOB-Papier. Temperatur 20—30° C[1]. I = 40 cm³ n-Butanol + 10 cm³ Äthanol + 50 cm³ Wasser. II = 40 cm³ n-Butanol + 10 cm³ Eisessig + 50 cm³ Wasser. III = 20 Teile wassergesättigtes n-Butanol wurden mit 7 Teilen wassergesättigtem Phenol vermischt, absitzen gelassen und die obere Phase verwandt.

	Verhalten zu		I	II	III
	Jod	Ninhydrin			
I. Aminosäuren					
Glycin	+	+++	0,16	0,32	0,04
Alanin	+	+++	0,22	0,39	0,09
Serin	+	+++	0,20	0,28	0,03
Threonin	+	+++	0,23	0,35	0,05
II. Amine					
Aminoäthanol	++	++	0,31	0,43	0,34
Histamin	+	++	0,32	0,25	0,73
Glucosamin	+	++	0,30	0,28	0,09
III. N-methylierte Amine					
Monomethyl-aminoäthanol	++	+	0,41	0,45	0,49
Dimethyl-aminoäthanol	++	(+)	—	0,47	—
Cholin	+++	—	0,19	0,45	0,45
Sarkosin	++	++	0,24	0,36	0,10
Betain	+++	—	0,26	0,40	0,34
Acetylcholin	+++	—	0,31	0,48	0,60
Neurin	+++	—	0,23	0,46	0,55
Trimethylamin (-sulfat)	++	—	—	(0,43)	—
Trimethylaminoxyd	+++	(+)	0,36	0,54	0,61
Adrenalin	+	+	0,24	0,47	0,24
IV. Guanidinbasen					
Arginin	+	+++	0,12	0,14	0,07
Guanidin	++	—	0,27	0,50	0,41
Guanidinacetat	+⎱ schw.	—	0,21	0,39	0,12
Kreatin	+⎰	—	0,22	0,37	0,11
Kreatinin	+++	—	0,43	0,50	0,48
V. Purine und Pyrimidine					
Adenin	+⎫	—	0,17	0,35	0,06
Xanthin	+⎪	—	0,12	0,36	0,05
Guanin	+⎬ schw.	—	0,13	0,37	0,12
Uracil	+⎪	—	0,13	0,34	0,08
Thymin	+⎭	—	0,13	0,36	0,07

Tabelle 23. *R_F-Werte von Zuckern und Derivaten[2].*

Whatman-Papier Nr. 1. Zimmertemperatur. I = Phenol/Wasser + 1% Ammoniak, Blausäure in der Atmosphäre. II = Collidin/Wasser. III = PARTRIDGE-Gemisch. IV = 45 cm³ n-Butanol + 5 cm³ Äthanol + 49 cm³ Wasser + 1 cm³ konz. Ammoniak. V = n-Butanol/Wasser + 1% Ammoniak. VI = Isobuttersäure/Wasser. VII = Methyläthylketon + 1% Ammoniak.

Solventien	I	II	III	IV	V	VI	VII
D-Glucose	0,39	0,39	0,18	0,105	0,07	0,13	0,025
D-Galaktose	0,44	0,34	0,16	0,09	0,06	0,14	0,015
D-Mannose	0,45	0,46	0,20	0,13	0,10	0,15	0,05
L-Sorbose	0,42	0,40	0,20	0,12	0,085	0,16	0,05
D-Fructose	0,51	0,42	0,23	0,135	0,10	0,18	0,045
D-Xylose	0,44	0,50	0,28	0,17	0,125	0,19	0,09
D-Arabinose	0,54	0,43	0,21	0,145	0,109	0,21	0,075
D-Ribose	0,59	0,56	0,31	0,21	0,18	0,22	0,165

[1] BRANTE, G.: Nature **163**, 651 (1949).
[2] PARTRIDGE, S. M.: Biochem. J. **42**, 238 (1948).

Tabelle 23. (Fortsetzung.)

Solventien	I	II	III	IV	V	VI	VII
L-Rhamnose	0,59	0,59	0,37	0,285	0,22	0,30	0,18
D-Desoxyribose	0,73	0,60				0,32	
Lactose	0,38	0,24	0,09	0,00	0,00	0,07	0,00
Maltose	0,36	0,32	0,11	0,15	0,01	0,085	0,00
Rohrzucker	0,39	0,40	0,14				
Raffinose	0,27	0,20	0,05				
D-Galakturonsäure	0,13	0,14	0,14			0,09	
D-Glucuronsäure	0,12	0,06	0,12			0,08	
(D-Glucuronsäure-lacton) . .		(0,72)	(0,32)			(0,22)	
D-Glucosamin-hydrochlorid .	0,62	0,32	0,13			0,05	
(D-Glucosamin, freie Base) . .			(0,17)			(0,20)	
Chondrosamin-hydrochlorid .	0,65	0,28	0,12				
(Chondrosamin, freie Base) .			(0,16)				
N-Acetyl-glucosamin	0,69	0,05	0,26			0,25	
Ascorbinsäure	0,24	0,42	0,38			0,19	
Dehydroascorbinsäure	0,16	0,68	0,27			0,16	
Inosit	0,23	0,10	0,09				

Tabelle 24. *R_F-Werte von verschiedenen Zuckeralkoholen und -glykosiden*[1].

Whatman-Papier Nr. 1. Zimmertemperatur. I = n-Butanol/Wasser. II = 40 cm³ n-Butanol + 11 cm³ Äthanol + 19 cm³ Wasser. III = 40 cm³ n-Butanol + 50 cm³ Wasser + 10 cm³ Äthanol. IV = 10 cm³ Benzol + 50 cm³ n-Butanol + 30 cm³ Pyridin + 30 cm³ Wasser. V = 50 cm³ n-Butanol + 10 cm³ Eisessig + 20 cm³ Wasser. Bei III und IV bilden sich 2 Schichten aus, von denen die obere verwandt wird.

Solventien	I	II	III	IV	V
Trimethylenglykol	0,67	0,62	0,63	0,63	—
Äthylenglykol	0,51	0,54	0,61	0,58	0,58
Glycerin	0,30	0,43	0,37	0,46	0,44
α-Methyl-galaktosid	0,13	0,31	0,18	0,35	0,31
α-Methyl-mannosid	—	—	0,31	—	—
β-Methyl-mannosid	—	—	0,03	—	—
Sorbit	0,06	0,21	0,10	0,21	0,17
Dulcit	0,05	0,21	0,10	0,20	0,18
Mannit	0,05	0,22	0,10	0,22	0,19
Inosit	0,00	0,10	0,02	0,07	0,05
Rohrzucker	0,00	0,15	0,03	0,18	0,09

Tabelle 25. *R_F-Werte von Ascorbinsäure und Reductonen*[2].

Whatman-Papier Nr. 1. 15—18° C. I = 40 cm³ n-Butanol + 10 cm³ Eisessig + 50 cm³ Wasser. II = zu frisch destilliertem Phenol wird 1% Eisessig zugesetzt und mit gleichem Volumen Wasser geschüttelt. Nach Absitzen wird die untere Phase verwendet. III = Technisches Collidin wird 6 Std am Rückfluß über festem Kaliumpermanganat gekocht, destilliert, die mittlere Fraktion (172° C) mit Wasser geschüttelt und die obere Phase verwendet. Den jeweils im Trog befindlichen „Gegenphasen" wird eine Spur Kaliumcyanid zugesetzt.

Solventien	I	II	III	Solventien	I	II	III
Ascorbinsäure	0,37	0,35	0,40	Reducton	0,63	0,66	0,46
Isoascorbinsäure	0,38	0,40	0,41	Reductinsäure	0,64	0,78	0,40
Oxytetronsäure	0,63	0,62	0,49	Dehydroascorbinsäure . .	0,41	0,38	0,44

[1] HOUGH, L.: Nature **164**, 400 (1950).
[2] MAPSON, L. W., and S. M. PARTRIDGE: Nature **164**, 479 (1949).

Tabelle 26. R_F-*Werte von Purinen und Pyrimidinen*[1].

Whatman-Papier Nr. 1. Zimmertemperatur. I = 84 cm³ n-Butanol + 14 cm³ Wasser. II = 84 cm³ n-Butanol + 14 cm³ Wasser, darin 4% Ammoniak. III = 77 cm³ n-Butanol + 13 cm³ Wasser + 10 cm³ Ameisensäure. IV = 50 cm³ n-Butanol + 35 cm³ Wasser + 15 cm³ Äthanol. V = Amylalkohol/Wasser. VI = Amylalkohol/Wasser, darin 5% Ammoniak. VII = 90 cm³ Amylalkohol/Wasser + 10 cm³ Ameisensäure.

Solventien	I	II	III	IV	V	VI	VII
Hypoxanthin	0,26	0,12	0,30	—	0,15	0,02	0,19
Xanthin	0,18	0,05	0,24	—	0,10	0,00	0,16
6,8-Dioxypurin	0,18	0,04	0,24	—	0,07	0,00	0,11
Harnsäure	0,01	0,00	0,14	—	0,00	0,00	0,06
3-Methylxanthin	0,29	0,13	0,32	—	0,19	—	—
Theophyllin	0,52	0,22	0,64	—	0,54	0,12	0,55
Theobromin	0,42	0,27	0,47	—	0,28	0,15	0,36
3,8-Dimethylxanthin	0,42	0,18	0,48	—	0,34	—	—
Coffein	0,63	0,65	0,71	—	0,56	0,50	0,67
Adenin	0,38	0,28	0,33	0,55	0,28	0,16	0,12
Guanin	0,15	0,11	0,13	0,37	0,05	—	0,04
Adenosin	0,20	0,22	0,12	0,50	0,11	0,09	0,04
Guanosin	0,15	0,03	0,17	0,40	0,02	0,00	0,04
Cytosin	0,22	0,24	0,26	0,53	0,09	0,09	0,07
Uracil	0,31	0,19	0,39	0,46	0,22	0,08	0,23
Thymin	0,52	0,35	0,56	—	0,40	—	—
Cytidin	0,12	0,11	0,18	0,42	0,02	0,03	0,03
Uridin	0,17	0,08	0,25	0,49	0,05	0,03	0,07

Tabelle 27. R_F-*Werte von Nucleosiden*[2].

Whatman-Papier Nr. 1. Zimmertemperatur. I = n-Butanol/Wasser. II = Collidin/Wasser.

Solventien	I	II
Adenosin	0,14	0,68
Cytidin	0,13	0,50
Guanosin	0,09	—
Uridin	0,21	0,81
Guanin desoxyribosid	0,17	0,66
Hypoxanthin-desoxyribosid	0,19	—
9-α-D-Arabofuranosyladenin	0,14	—
9-β-D-Glucopyranosyladenin	0,08	0,36
9-β-D-Mannopyranosyladenin	0,09	0,42
9-β-D-Riboglucopyranosyladenin	0,12	0,42
2′-Desoxy-D-glucopyranosyltheophyllin	0,30	—
2′-Desoxy-D-ribopyranosyltheophyllin	0,40	—
2′-Desoxy-D-glucopyranosyluracil	0,22	—
1-D-Arabopyranosylbenzimidazol	0,62	0,78
1-D-Glucopyranosylbenzimidazol	0,49	0,82
2′, 3′-Isopropylidenadenosin	0,59	—

Tabelle 28. R_F-*Werte aromatischer Säuren*[3].

Whatman-Papier Nr. 4. 15° C. I = n-Butanol, mit Puffer abgesättigt. II = 40 cm³ n-Butanol + 11 cm³ Äthanol + 19 cm³ Puffer. III = 80 cm³ n-Butanol + 5 cm³ Benzol + 15 cm³ Puffer. Der Puffer besteht aus Ammoniak und Ammoniumcarbonat, jeweils 1,5 n.

Solventien	I	II	III	Solventien	I	II	III
Anthranilsäure	0,26	0,41	0,20	Sulfanilsäure	0,11	0,19	0,04
p-Aminobenzoesäure	0,09	0,15	0,04	Zimtsäure	0,62	0,62	0,41
p-Oxybenzoesäure	0,10	0,23	0,08	Phenylpropionsäure	0,57	0,67	0,44
Mandelsäure	0,28	0,45	0,22	Phenylessigsäure	0,44	0,58	0,35
Hippursäure	0,31	0,46	0,23	Benzoesäure	0,41	0,58	0,34
o-Cumarinsäure	0,27	0,42	0,20				

[1] MARKHAM, R., and J. D. SMITH: Biochem. J. **45**, 294 (1949).
[2] BUCHANAN, J. G., C. A. DEKKER and A. G. LONG: Soc. **1950**, 3162.
[3] FEWSTER, M. E., and D. A. HALL: Nature **168**, 78 (1951).

17*

Tabelle 29. *R_F-Werte von Sulfonamiden[1].*

Whatman-Papier Nr. 1. Zimmertemperatur. I = 50 cm³ n-Butanol + 15 cm³ Eisessig + 60 cm³ Wasser, die untere Phase abtrennen und zur oberen soviel p-Dimethylaminobenzaldehyd zusetzen, daß die Konzentration 0,5% wird. II = 40 cm³ n-Butanol + 10 cm³ konz. Ammoniak + 30 cm³ Wasser, untere Phase abtrennen und zur oberen wie unter I beschrieben p-Dimethylaminobenzaldehyd zusetzen.

Solventien	I	II	Solventien	I	II	Solventien	I	II
Sulfaguanidin .	0,43	0,36	Sulfadiazin .	0,24	0,50	Sulfacetamid .	0,71	0,44
Sulfathiazol . .	0,48	0,46	Sulfamethazin	0,48	0,48	Sulfapyridin . .	0,70	0,51
Sulfanilamid .	0,56	0,42	Sulfamenazin	0,34	0,50			

Die Gegenstromverteilung.

Von

H. M. Rauen und W. Stamm.

Mit 23 Abbildungen.

a) Einleitung.

Das als Gegenstromverteilung (counter current distribution) bezeichnete Trennverfahren ist sowohl analytisch als auch präparativ anwendbar. Im *analytischen* Sinne dient es zur Charakterisierung von anorganischen oder organischen Verbindungen oder Gemischen an Hand von physikalisch-chemischen Daten. Mit ihm können geringe Mengen von Verunreinigungen leicht nachgewiesen werden. Im *präparativen* Sinne wird es zur Isolierung sehr reiner Verbindungen verwendet.

Gegenüber den anderen, auf dem gleichen Prinzip beruhenden Trennverfahren (Verteilungschromatographie, Papierchromatographie) besitzt die Gegenstromverteilung den Vorteil, daß sich der Verteilnngsverlauf mathematisch genau berechnen läßt. Experimentelle und theoretische Kurven stimmen im Idealfall überein. Abweichungen deuten auf Inhomogenität hin. Mehrfach haben sich Substanzen, die nach den seither üblichen Kriterien als *rein* zu bezeichnen waren, bei der Analyse mit der Gegenstromverteilung als *unrein* erwiesen. Durch dieses Verfahren erfährt der Begriff der Reinheit einer Verbindung eine strengere Fassung. Dies wird sich besonders in der physiologischen Chemie auswirken, indem inerte Substanzen mit Spuren hochaktiver Verbindungen verunreinigt sein können, während die beobachtete Wirkung der inerten Substanz zugeschrieben wird.

Der Gegenstromverteilung liegt die bereits 1872 von BERTHELOT beobachtete, 1891 von NERNST verallgemeinerte Erscheinung zugrunde, daß sich eine Substanz zwischen zwei gegeneinander abgesättigten, nicht unbegrenzt mischbaren Flüssigkeiten in einem bestimmten Verhältnis verteilt.

Auf dieser durch den *Verteilungssatz* beschriebenen Tatsache beruhen viele Trennverfahren, die in der Technik seit langem üblich[2], in den Laboratorien seit wenigen Jahrzehnten gebräuchlich sind. JANTZEN[3] konstruierte 1932 kontinuierlich und diskontinuierlich arbeitende Geräte zur präparativen Trennung. Weitere kontinuierlich arbeitende Apparate wurden 1934[4] sowie 1940[5] angegeben. Diese Verfahren fanden wegen des beträchtlichen Arbeitsaufwandes nur wenig Anklang. 1944 beschrieb CRAIG[6] einen diskontinuierlich arbeitenden einfachen Apparat und die Grundlage der von ihm so be-

---

[1] ROBINSON, R.: Nature **168**, 512 (1951).

[2] ENGELHARD, F. J. W.: Chemie-Ingenieur **3**/3, 198 (1939). — MARTIN, A. J. P., and R. L. M. SYNGE: Biochem. J. **35**, 91 (1940).

[3] JANTZEN, E.: Dechema-Monogr. 28 (1932).

[4] CORNISH, R. E., E. A. MURPHY and H. M. EVEN: Industr. engng. Chem. **26**, 397 (1934).

[5] MARTIN, A. J. P., and R. L. M. SYNGE: Biochem. J. **35**, 91 (1940).

[6] CRAIG, L. C.: J. biol. Ch. **155**, 519 (1944).

nannten Gegenstromverteilung. In einer Reihe folgender Arbeiten aus seiner Schule wurde das Verfahren weiter ausgebaut und theoretisch fundiert. Wenn es auch bereits vor ihm zur präparativen Trennung angewandt wurde, so dürfen wir CRAIG doch als den eigentlichen Urheber der modernen Gegenstromverteilung, insbesondere im Hinblick auf die analytische Verwendung und die mathematische Behandlung ansehen.

b) Der NERNSTsche Verteilungssatz.

Ein Lösungsmittelpaar bestehe aus zwei begrenzt mischbaren Flüssigkeiten: z. B. wassergesättigtem Butanol (I) und butanolgesättigtem Wasser (II) (Abb. 1). Eine Substanz X, in einer der Phasen gelöst, verteilt sich beim Schütteln zwischen beiden Phasen nach

$$\frac{c_I}{c_{II}} = k. \tag{1}$$

Der *Verteilungskoeffizient k* ist also das Verhältnis der Volumenkonzentrationen der Substanz in der oberen zur unteren Phase. Die Beziehung ist nur gültig, wenn a) die Substanz X sich nicht mit einer der Phasen chemisch umsetzt, b) Temperaturkonstanz herrscht, c) die Substanz in beiden Phasen löslich ist und d) beide Phasen gegeneinander abgesättigt sind.

Nur im Idealfall ist k über einen weiten Konzentrationsbereich von X wirklich konstant; tatsächlich beobachtet man häufig einen aufsteigenden oder absteigenden Gang von k mit der Konzentration (Beispiele vgl. [1]). Die Gründe hierfür sind mannigfaltig. Oft kommt es zu Assoziation (Benzoesäure ist z. B. in ätherischer Phase dimer, in wäßriger monomer) oder Dissoziation[1], es kann auch die Anwesenheit anderer Substanzen den Wert k für die Substanz X verändern, wenn Zwischenwirkungen irgendwelcher Natur unter den Substanzen bestehen. Diese Fälle sind jedoch selten. Durch Variation des Verteilungssystems (Verwendung anderer organischer Lösungsmittel, Veränderung des p_H oder der Molarität des Puffers der wäßrigen Phase) lassen sich die störenden Momente auf ein Minimum herabdrücken bzw. ganz beseitigen.

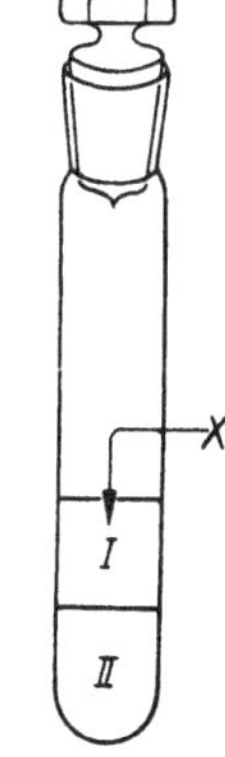

Abb. 1. Schemazeichnung zur Erläuterung des NERNSTschen Verteilungssatzes. Erläuterung s. Text.

Bestimmung des Verteilungskoeffizienten. Um eine Substanz oder ein Substanzgemisch durch Gegenstromverteilung zu charakterisieren oder zu trennen, muß man ein Phasensystem ermitteln, in dem der Verteilungskoeffizient eine möglichst unbeeinflußbare bzw. durch ein gegebenes System erzwungene konstante Größe hat. Die eine Phase ist in den meisten der bis jetzt bekannt gewordenen Phasensysteme Wasser bzw. eine wäßrige Lösung von Puffermischungen oder Neutralsalzen, die andere Phase ein organisches Lösungsmittel oder -gemisch. Beide dürfen nur begrenzt ineinander löslich sein. Sie werden dadurch abgesättigt, daß man sie unter häufigem Schütteln mehrere Tage stehen läßt. Einige Beispiele für die bisher häufiger verwendeten Phasensysteme gibt Tabelle 1 wieder. Weitere Systeme finden sich in den Kapiteln über Verteilungschromatographie (S. 210) und Papierchromatographie (S. 223).

Jeder Gegenstromverteilung muß die Bestimmung des Verteilungskoeffizienten der Substanz bzw. des Substanzgemisches in dem als zweckmäßig erachteten System vorausgehen. Man verwendet hierzu Pyrexgläser der in Abb. 1 wiedergegebenen Form, oder kleine schliffdichte Schütteltrichter. Man löst die Substanz in einer Phase, meist der wäßrigen, gibt das gleiche Volumen der anderen Phase hinzu und durchmischt. Die Art des Durchmischens, ob kräftiges Schütteln oder langsames Umdrehen der Gefäße mit oder ohne Zwischenpausen, ist nach verschiedenen Autoren[2] nicht gleichgültig für die Einstellung des Verteilungsgleichgewichtes. Entgegen den Erwartungen führt nicht kräftiges

---

[1] RAUEN, H. M., u. W. STAMM: Chem.-Ing.-Techn. 21, 259 (1949).
[2] HUNTER, T. G., and A. W. NASH: J. Soc. chem. Industr. 51, 285 (1932). — GREEN, G. C.: Chem. Age 50, 519 (1944).

Tabelle 1. *Beispiele für Phasensysteme zur Gegenstromverteilung.*

Untere Phase	Obere Phase	Es werden getrennt
2,0 m Phosphatpuffer p_H 6,54	Chloroform oder Isopropyläther	Chinolinderivate, Atebrin[1]
2,1 m ,, p_H 5,33	Cyclohexan	Plasmochin
2,0 m ,, p_H 4,8	Äthyläther	Penicilline[2]
1,0 m ,, p_H 5,12	Äthylacetat	Penicilline[3]
3,0 m ,, p_H 4,60	Äthyläther	,,
3,0 m ,, p_H 4,93	Äthyläther	,,
2,0 m ,, p_H 4,85	Chloroform	,,
3,0 m ,, p_H 4,93	Furan	,,
2,0 m ,, p_H 4,85	Äthyläther	,,
3,0 m ,, p_H 4,93	Äthyläther und Isopropyläther	,,
3,0 m ,, p_H 4,93	Isopropyläther	,,
2,0 m ,, p_H 4,88	Äthyläther	,,
1,0 m ,, p_H 7,70	Isopropyläther	Fettsäuren C_2—C_8[4]
0,5 m ,, p_H 7,70	n-Heptan	Fettsäuren C_8—C_{11}[5]
iso-Octan	$^1/_2$ Vol. Methanol $+$ $^1/_2$ Vol. Formamid	Fettsäuren C_{14}—$_{18}$
3% wäßrigen Ammoniak	n-Butanol	Abbauprodukte der 4-Aminochinolin-Antimalariamittel[6]
Wasser mit 30% Ammonacetat und 7% Ammoniak	sek. Butanol	Bacitracin (Aminosäuren)[7]
$^1/_2$%ige Citronensäure p_H 7,7	n-Amylalkohol $+$ 5% C_{18}-Amin	Systeme zur Erhöhung der Löslichkeit von sauren Substanzen in der oberen Phase[8]
0,14%ige Salzsäure p_H 7,7	n-Hexylalkohol $+$ 5% C_{18}-Amin	
0,4%ige Salzsäure	n-Octylalkohol	
Wasser p_H 7,0	Butanol und Stearinsäure	System zur Erhöhung der Löslichkeit basischer Substanzen in der oberen Phase
0,45 m Borat-Phosphatpuffer p_H 6,8	Amylalkohol und Laurinsäure	Streptomcyin[9]
Wasser	Chloroform	Acetylierte Aminosäuren[10]
n/50 Salzsäure mit 1% Natriumchlorid	n-Butanol	Pteridine[11]

Schütteln, sondern einfaches Umdrehen um die Querachse zum schnellen Substanzaustausch zwischen beiden Phasen. Noch besser ist schnelles Umdrehen der Röhrchen mit jeweiligen Zwischenpausen, so daß sich beide Phasen schnell absetzen.

Auch die Anzahl der Umschüttelungen ist zur Einstellung des Verteilungsgleichgewichtes nicht für alle Substanzen gleich. Man ermittelt sie[12], indem man eine bestimmte Menge der betreffenden Substanz in der Phase *I* löst und das gleiche Volumen der Phase *II* so hinzugibt, daß sie sich zunächst nicht durchmischen. Dann schüttelt man mehrere gleichartige Ansätze jeweils verschiedene Male um und bestimmt die Menge der Substanz in beiden Phasen. Das gleiche Verfahren wiederholt man, indem man die Substanz in der Phase *II* löst und Phase *I* vorsichtig dazugibt. Trägt man die Werte gegen die Anzahl der Umschüttelungen in einem Koordinatensystem auf, so erhält man zwei Kurven, die sich in einem Schnittpunkt vereinigen. Die Abszisse gibt die zum Austausch eben

[1] CRAIG, L. C., H. MIGHTON, E. TITUS and C. GOLUMBIC: Analyt. Chem., Washington **20**, 134 (1948).

[2] CRAIG, L. C., G. H. HOGEBOOM, F. CARPENTER and V. DU VIGNEAUD: J. biol. Ch. **168**, 665 (1947).

[3] BARRY, G. T., Y. SATO and L. C. CRAIG: J. biol. Ch. **174**, 221 (1948).

[4] SATO, Y., G. T. BARRY and L. C. CRAIG: J. biol. Ch. **170**, 501 (1947).

[5] BARRY, G. T., Y. SATO and L. C. CRAIG: J. biol. Ch. **188**, 299 (1951).

[6] TITUS, E., L. C. CRAIG, C. GOLUMBIC, H. MIGHTON, J. M. WEMPEN and R. C. ELDERFIELD: J. organ. Chem. **13**, 39 (1948).

[7] BARRY, G. T., J. D. GREGORY and L. C. CRAIG: J. biol. Ch. **175**, 485 (1948).

[8] PLAUT, G. W. E.: Am. Soc. **71**, 2264 (1949).

[9] O'KEEFFE, A. E., M. A. DOLLIVER and E. T. STILLER: Am. Soc. **71**, 2452 (1949).

[10] SYNGE, R. L. M.: Biochem. J. **33**, 1918 (1939).

[11] RAUEN, H. M., u. H. WALDMANN: H. **286**, 180 (1950).

[12] BARRY, G. T., Y. SATO and L. C. CRAIG: J. biol. Ch. **174**, 209 (1948).

notwendige Anzahl der Umschüttelungen wieder. Zur Sicherheit wird man jedoch etwa die doppelte Anzahl von Umschüttelungen wählen.

Zum völligen Austausch der Monoaminocarbonsäuren von Clupein im System sek. Butanol/7 % Ammoniak + 30 % Ammonacetat in H_2O genügten 7 Umschüttelungen[1]. Zum Einstellen des Gleichgewichtes von Benzylpenicillin in 3 m Phosphatpuffer p_H 4,6/Äthyläther waren jedoch 50 Umschüttelungen notwendig[2]. In den meisten Fällen wird man mit 30—35 Umschüttelungen auskommen.

Zur *Bestimmung der Substanzmenge* in den beiden Phasen wählt man ein geeignetes gravimetrisches, colorimetrisches oder sonstiges Verfahren. Wir beschreiben hier nur die gravimetrische Substanzbestimmung. Sie kann für die wäßrige Phase nicht gewählt werden, wenn diese Neutralsalze oder Puffergemische enthält. Verwendet man die organische Phase, so muß der Übertritt von Bestandteilen der wäßrigen Phase ausgeschlossen sein. Auch darf es sich nicht um flüchtige oder in der Wärme zersetzliche Substanzen handeln. Kleine Rundkölbchen von 4—6 g Leergewicht und etwa 10 cm³

Fassungsvermögen, die mit Hilfe einer Drahtschlinge leicht an einem geeigneten Stativ aufgehängt werden können, werden mit der Halbmikrowaage mit hinreichender Genauigkeit ausgewogen; nach der Verteilung werden aliquote Teile der Phasen in sie hinein pipettiert und die Lösungsmittel verdampft. Ist die zu verteilende Sub-

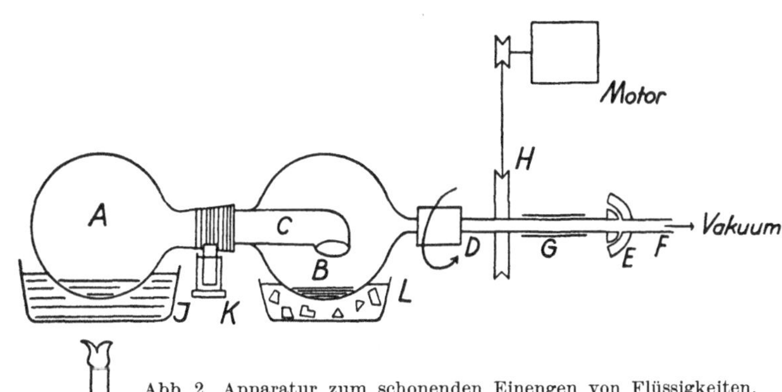

Abb. 2. Apparatur zum schonenden Einengen von Flüssigkeiten.

stanz nicht hitzeempfindlich, so setzt man die Kölbchen auf einen mit Löchern geeigneter Größe versehenen Rost auf ein Wasserbad und bläst in die einzelnen Kölbchen aus Glascapillaren einen gelinden Luftstrom. Hierdurch wird das Lösungsmittel in etwa 15 min entfernt. Ist die Substanz hitzeempfindlich, so verwendet man zweckmäßig einen innen mit einer Heizvorrichtung versehenen Vakuumexsiccator (vgl. hierzu[3]) mit vorgeschalteter Ausfrierfalle. Aus 20 Wägegläschen lassen sich je 5 cm³ Butanol bei 50° Innentemperatur in 2—3 Std abdestillieren. Nach Vertreiben des Lösungsmittels werden die Kölbchen in einem anderen Exsiccator über Trockenmittel im Vakuum über Nacht belassen und dann zurückgewogen. Zum *schonenden Abdampfen* der Phasen wird eine Apparatur nach Abb. 2 empfohlen[4]. Sie läßt sich aus den im Laboratorium üblichen Einzelteilen zusammenstellen. Die einzudampfende Lösung im Rundkolben *A* ist mit einer Vorlage *B* durch einen Normalschliff 29 verbunden. *B* muß mindestens das gleiche Volumen wie *A* fassen. Das Einleitungsrohr *C* muß die gleiche Weite wie der Schliff haben. Gegenüber von *C* ist *B* zu einem etwa 7 cm langen Ansatz ausgezogen, an dem mit einem Stück Vakuumschlauch, Glas an Glas, das gleich weite Rohr *D* angesetzt ist. Durch den Kugelschliff *E* (Schott & Gen.) ist *D* mit dem feststehenden Rohr *F* verbunden, das über einen Dreiweghahn an die Vakuumleitung angeschlossen wird. Als Lager für *D* dient ein Korkbohrer *G*. Er wird ebenso wie *F* am Stativ festgeklammert. Auf *D* ist eine Schnurscheibe festgeklemmt, die von einem Elektromotor mit Reduktionsgetriebe angetrieben wird, so daß die gesamte Apparatur langsam rotiert. *A* läuft auf 2 kleinen mit Gummi bezogenen Rädern *K* als Lager. Schliff *E* wird mit einem zähen Fett geschmiert. Die Umdrehungsgeschwindigkeit wird so eingestellt, daß die Oberfläche nicht zu stark aufgewirbelt wird. *B* dient als Kühler. Er kann durch Eintauchen in Schale *L* mit Eiswasser gekühlt, *A* durch

[1] Felix, K., H. M. Rauen, W. Stamm u. G. Zimmer: H. **286**, 199 (1930).
[2] Barry, G. T., Y. Sato and L. C. Craig: J. biol. Ch. **174**, 209 (1948).
[3] Rauen, H. M., u. W. Stamm: Chem.-Ing.-Techn. **21**, 259 (1949).
[4] Craig, L. C., J. D. Gregory and W. Hausmann: Analyt. Chem., Washington **22**, 1462 (1950).

das Wasserbad J erwärmt werden. Wenn sich A langsam dreht, wird ständig ein Flüssigkeitsfilm an der Glaswand hochgezogen und die Flüssigkeit verdampft rasch und ohne Sieden wie bei der Molekulardestillation. Bei guter Einstellung von Vakuum und Temperatur stößt die Flüssigkeit kaum, so daß sogar Salzlösungen zur Trockne eingedampft werden können. Siedecapillaren oder Siedesteinchen sind unnötig. Zersetzliche Substanzen können eingedampft werden, wenn man Überhitzen der Trockensubstanz vermeidet und zwar durch Drosselung der Temperatur in J in demselben Maß, wie sich die Lösung in A vermindert. Will man bei niederen Temperaturen verdampfen, kann B durch Aceton-Kohlendioxydschnee gekühlt und die Apparatur mit einer Ölpumpe evakuiert werden.

c) Das Verfahren.

α) Prinzip.

An einem einfachen Zahlenbeispiel sei das Prinzip erläutert (vgl. Abb. 3); 9 Pyrexgläser, signiert von 0—8, werden mit gleichen Volumina unterer Phase beschickt. Gefäß 0 erhält außerdem 1,000 g Substanz X, in der unteren Phase gelöst, und das gleiche Volumen oberer Phase. Wir setzen zur Vereinfachung fest, daß X im gewählten Zweiphasensystem einen Verteilungskoeffizienten von $k = 1$ besitzt. Nach genügendem Umschütteln sind in Gefäß 0 dann in oberer und unterer Phase je 0,500 g X enthalten. Überführen wir nun die obere Phase von Gefäß 0 mit 0,500 g X nach Gefäß 1, geben in Gefäß 0 zur verbliebenen unteren Phase mit 0,500 g X die gleiche Menge frischer oberer Phase hinzu und schütteln beide Gefäße genügend um, so verteilen sich die jeweiligen 0,500 g in beiden Gefäßen hälftig zwischen oberer und unterer Phase. Nunmehr überführen wir 0,250 g X mit der oberen Phase des Gefäßes 1 in Gefäß 2. Zu den mit der unteren Phase in Gefäß 1 verbliebenen 0,250 g X kommen dann mit der oberen Phase aus Gefäß 0 weitere 0,250 g X, so daß insgesamt 0,500 g X in Gefäß 1 enthalten sind. In Gefäß 0 verblieben 0,250 g X, in welches nun wieder das gleiche Volumen frischer oberer Phase gegeben wird. Werden nun die 3 Gefäße genügend umgeschüttelt, so verteilen sich die in jedem Gefäß enthaltenen Gesamtmengen

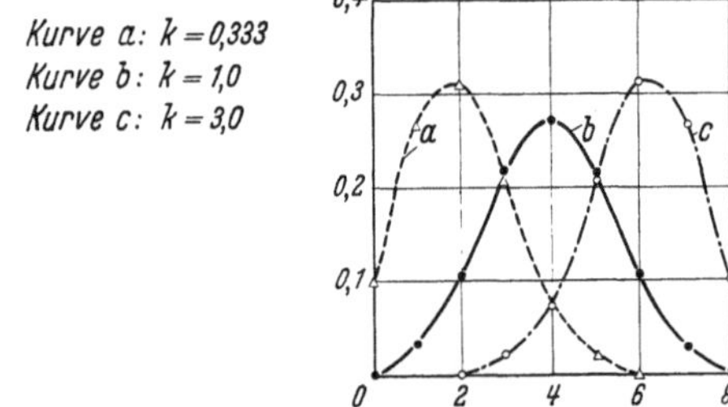

	0	1	2	3	4	5	6	7	8
0	1,000								
1	0,500	0,500							
2	0,250	0,500	0,250						
3	0,125	0,375	0,375	0,125					
4	0,062	0,250	0,375	0,250	0,062				
5	0,031	0,156	0,313	0,313	0,156	0,031			
6	0,015	0,093	0,234	0,313	0,234	0,093	0,015		
7	0,008	0,054	0,164	0,274	0,274	0,164	0,054	0,008	
8	0,004	0,031	0,109	0,219	0,274	0,219	0,109	0,031	0,004

Kurve a: $k = 0{,}333$
Kurve b: $k = 1{,}0$
Kurve c: $k = 3{,}0$

Abb. 3. Schema zur Erläuterung des Prinzips der Gegenstromverteilung.

von X jeweils hälftig zwischen beiden Phasen. Mit der oberen Phase aus Gefäß 2 werden dann 0,125 g X in Gefäß 3 übergeführt. Gefäß 2 erhält zu den verbliebenen 0,125 g weitere 0,250 g mit der oberen Phase aus Gefäß 1. Dann verbleiben in letzterem noch 0,250 g, wozu mit der oberen Phase aus Gefäß 0 noch 0,125 g kommen. In Gefäß 0 verbleiben noch 0,125 g in der unteren Phase. Letzteres erhält wieder frische obere Phase, und man fährt mit Umschütteln, Absitzenlassen, Überführen der oberen Phasen usw. fort.

Wenn sich die Verteilung über die ganze Gefäßreihe erstreckt hat, hat sich die eingegebene Substanz X (1,000 g) über die 9 Gefäße gemäß den Zahlen der waagerechten Reihe 8 (Abb. 3) verteilt. An Hand der Tabelle kann der Fortgang der Verteilung im einzelnen verfolgt werden. Tragen wir auf der Abszisse die Nummern der Gefäße und auf der Ordinate die enthaltenen Substanzmengen auf, so erhalten wir die gleichschenklige Kurve b in Abb. 3 mit einem Maximum über 4. Bei Annahme von $k = 0{,}33$ erhalten wir die nichtgleichschenklige Kurve a mit einem Maximum über 2 und bei $k = 3$ die ebenfalls nicht gleichschenklige Kurve c mit dem Maximum über 6.

Besteht die Substanz X in Wirklichkeit aus 2 Substanzen, z. B. X_1 mit $k = 0{,}33$ und X_2 mit $k = 3$, so muß unter der Voraussetzung, daß sich beide unabhängig voneinander verteilen, offenbar eine Kurve erhalten werden, die sich aus Addition der Kurven a und c ergibt. Aus dem Kurvenverlauf einer Gegenstromverteilung (man kann sich die obere Phase schrittweise von links nach rechts oder die untere Phase von rechts nach links strömend denken) kann dann entweder die Homogenität einer Substanz, d. h. ihre Reinheit untersucht, bzw. diese selbst durch die Lage des Maximums charakterisiert werden. Aus den Einzelwerten der Verteilung läßt sich der Verteilungskoeffizient berechnen, der als physikalische Konstante ein Charakteristicum der Substanz ist.

β) Apparaturen zur diskontinuierlichen Gegenstromverteilung.

Nach Vorversuchen über ein geeignetes Lösungsmittelpaar und den Verteilungskoeffizienten empfiehlt es sich, einen weiteren Vorversuch mit 8 Verteilungen im bereits besprochenen Sinne mit Pyrexgläsern vorzunehmen. Das Ergebnis der Verteilung zeigt meist, ob es angebracht ist, mit der Verteilungsmaschine[1] zu arbeiten.

1. Metallapparatur nach CRAIG[2]. Abb. 4 gibt eine Apparatur aus nichtrostendem Stahl amerikanischer Konstruktion wieder. Sie besteht im wesentlichen aus 2 Trommeln, die, um eine Achse zentriert, in einem geeigneten Gestell übereinander sitzen. Die Röhren sind in Platten aus dem gleichen Material eingelassen; letztere sind vollkommen plan geschliffen. Als Abschluß nach unten dient eine planparallele Glasplatte. Die untere Trommel ist mit der Achse fest verbunden, während die obere Trommel drehbar ist. Die obere Platte der unteren Trommel und die untere Platte der oberen Trommel sind derart aufeinander geschliffen, daß bei Flüssigkeitsfüllung der Röhren und Drehen der oberen Trommel keine Flüssigkeit verloren geht. Auf die obere Platte der oberen Trommel ist wieder

Abb. 4.
Gegenstromverteilungsapparatur aus nichtrostendem Stahl. (Nach CRAIG.)

eine Glasplatte völlig flüssigkeitsdicht aufgeschliffen. Gegen die beiden oben und unten abschließenden Glasplatten werden Leichtmetallscheiben gepreßt, die in gleichem Abstand wie die Röhrchen durchbohrt sind.

Die hier wiedergegebene Apparatur enthält 55 Röhren mit je 8 cm³ Fassungsvermögen der unteren und 16 cm³ der oberen Phase. Die gebräuchliche Form dieses Apparates ist jedoch die mit 25 Röhrchen der gleichen Ausmaße[2]. Die Röhren der unteren Trommel sind im Uhrzeigersinn und diejenigen der oberen Trommel im entgegengesetzten Sinne von 0 an aufwärts numeriert.

Arbeitsweise. Aus der Beschreibung ergibt sich das Arbeitsprinzip. Die Röhren entsprechen den Pyrexgläsern. Man füllt zunächst bei abgenommener oberer Trommel alle Röhren der unteren Trommel bis zum Rande mit der unteren Phase. Dann setzt man die obere Trommel auf (Rohr 0 oben über Rohr 0 unten) und füllt alle Röhren mit oberer Phase (bis auf Rohr 0). Dann gibt man in Rohr 0 die obere Phase, in der man

---

[1] CRAIG, L. C., and H. O. POST: Analyt. Chem., Washington **21**, 500 (1949). Industr. engng. Chem., anal. Ed. **16**, 413 (1944).

[2] In Deutschland wird die Apparatur von der Zentralwerkstatt Göttingen, Bunsenstr. 10, konstruiert, in Amerika von H. O. Post, 6822—60the Road, Maspeth, New York, USA.

vorher die zu verteilende Substanz gelöst hat, und verschließt die Trommel mit Glasplatte, Abschlußdeckel, Feder und Verschlußgewinde, welch letztere die beiden Trommeln fest aufeinander preßt. Dreht man nun den Trommelkörper um die horizontale Achse, so entspricht dies dem Umschütteln der Pyrexgläser. Die beiden Phasen aller Röhren werden durchmischt. Die notwendige Anzahl der Umdrehungen wurde im Vorversuch ermittelt, ebenso die Zeitdauer der Phasenabtrennung. Außerdem erlauben die abschließenden durchsichtigen Glasplatten das Absitzenlassen zu kontrollieren, indem man die Apparatur von unten her beleuchtet. Nun wird die obere Spannschraube gelöst und die obere Trommel um ein Rohr im Uhrzeigersinn weitergedreht. Damit überführt man die oberen Phasen auf die nächsten unteren. Man ersetzt also mit einer Trommeldrehung das umständliche Übersaugen der oberen Phase von einem Pyrexglas in das andere beim Vorversuch. Nach neuerlichem Verteilen durch Drehen und Absitzenlassen dreht man die obere Trommel wieder um ein Rohr weiter nsw. Mit einer 25-Rohrmaschine dauert die gesamte Verteilung etwa $2^1/_2$ Std, während zu einem entsprechenden Arbeitsgang mit den Pyrexgläsern, abgesehen von den mit dem ständigen Übersaugen verbundenen Ungenauigkeiten, 1—2 Tage nicht ganz ausreichen würden.

Nach vollständiger Verteilung werden die Phasen herausgenommen, in Reagensgläsern oder Kölbchen aufbewahrt und mit einem geeigneten Verfahren analysiert. Wird während der Verteilung durch Aussalzwirkung der zu verteilenden Substanz die Löslichkeit der beiden Phasen ineinander etwas verändert, wodurch der Meniscus der unteren Phasen nicht mehr ganz mit dem Trommelabschluß übereinstimmt, so wird bei Trommeldrehung stets entweder ein wenig obere Phase zurückgelassen bzw. ein wenig untere Phase mitgeführt. Bei geringen Aussalzeffekten fällt diese Ungenauigkeit nicht ins Gewicht. Nach persönlicher Mitteilung von CRAIG darf der Phasenunterschied bis zu 10% betragen, bei einer Rohrfüllung von 8 cm³ unterer und oberer Phase also bis zu 0,8 cm³. Ist der Aussalzeffekt beträchtlich, so muß man die Menge der zu verteilenden Substanz verringern.

Während man bei den Pyrexgläsern die Phasenmenge beliebig wählen kann, ist man bei der Verteilungsmaschine an die durch das Volumen der unteren Röhren gegebene Phasenmenge starr gebunden, denn der Meniscus der unteren Phase muß mit der oberen Platte der unteren Trommel übereinstimmen. Fügt man jedoch vor Beschicken der Apparatur in sämtliche unteren Röhrchen Glasstäbe von gleichem Volumen ein, so läßt sich auch die Menge der unteren Phase verändern. Glaskugeln sind nicht geeignet, da sie beim Verteilen leicht an den Innenwandungen der oberen Röhrchen haften bleiben.

Pflege der Metallapparatur. Die empfindlichsten Stellen der Maschine sind die *plangeschliffenen Flächen.* Erfahrungsgemäß führen schon kaum sichtbare Kratzer zu Undichtigkeiten. CRAIG[1] gibt daher zur schonenden Behandlung der Apparatur eine genaue Vorschrift. Die Einzelteile dürfen nur auf Platten von weichem, glattem Holz gelegt werden. Die Röhren werden nur mit einer Putzlösung gereinigt, die keine festen Bestandteile enthält. Beim Ausbürsten, falls erforderlich, ist darauf zu achten, daß sich die Metallteile der Bürste und der Röhren nicht berühren. Die geschliffenen Flächen werden nach dem Abspülen mit sauberen Fingerspitzen abgetrocknet, wobei diese mit einem nichtfasernden sauberen Handtuch öfters abzutrocknen sind. Sollten trotz sorglicher Pflege feinste Kratzer entstehen, so hilft oft ein kräftiges Polieren mit einem weichen, trockenen Fensterleder. Führt auch dieses nicht zum Ziel, so muß nachgeschliffen werden. Hierzu verwendet man feinsten Schmirgel, der in Diäthylenglykolmonoäthyläther aufgeschwemmt wird[1].

Die *Hauptnachteile* der Metallapparatur sind: a) feste Anzahl der Verteilungseinheiten, b) der Verteilungsvorgang ist nicht zu beobachten; Phasenverschiebungen und Emulsionsbildung können nicht erkannt werden, c) Empfindlichkeit der geschliffenen Teile. Einige dieser Nachteile umgeht CRAIG mit einer Apparatur aus Glas.

---

[1] CRAIG, L. C., and H. O. POST: Analyt. Chem., Washington **21**, 500 (1949).

2. *Glasapparatur nach* Craig[1]. Abb. 5 gibt eine Verteilungseinheit dieser Apparatur wieder. A ist die Mischkammer (30 mm $\varnothing$, 30 cm Länge) mit 10 cm³ Fassungsvermögen der unteren Phase. Die gegeneinander abgesättigten Phasen werden durch Öffnung E eingeführt. Es muß soviel untere Phase eingefüllt werden, daß nach Kippen der Einheit um 90° die gesamte obere Phase durch B nach C abfließen kann. Richtet man die Glaseinheit wieder auf, so fließt die obere Phase durch D in die nächste Einheit über. Die Einheiten werden auf einem Stahlstabgestell (Abb. 6) montiert. Ein Stab hat dabei die Funktion, die Glaseinheiten fest auf die Bodenstäbe aufzupressen und zu halten (Abb. 7 und 8).

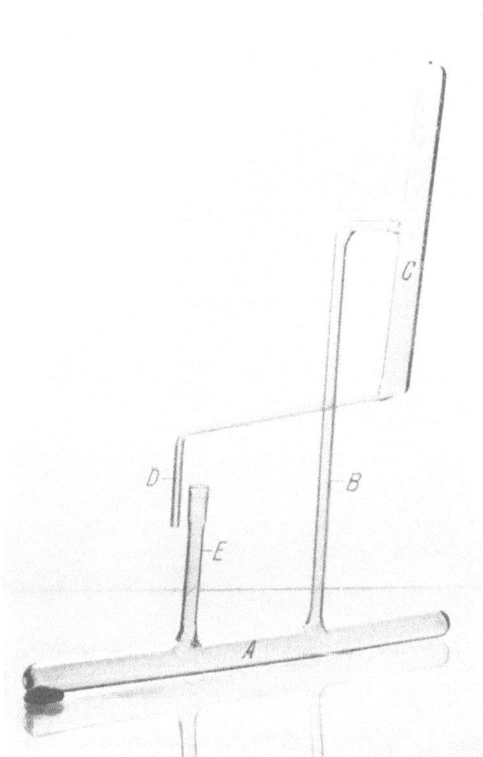

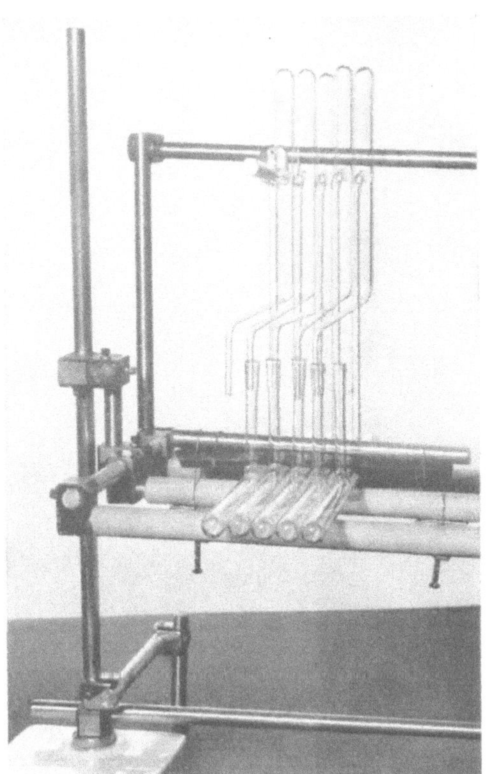

Abb. 5. Eine einzelne Einheit der Gegenstromverteilungs-apparatur aus Glas. Erläuterung s. Text. (Nach Craig.)

Abb. 6. Glaseinheiten der Abb. 5 am Schaukelgestell montiert. (Nach Craig.)

Arbeitsweise. Um die Apparatur zu füllen, wird ein geringer Überschuß an schwerer Phase in jede Einheit eingefüllt. Dann werden durch öfteres Kippen der Wippe um 90° die Röhrchen genau einnivelliert, wobei der Überschuß an schwerer Phase weiter wandert. Nun wird ein bestimmtes Volumen der oberen Phase in die nullte Einheit eingefüllt und gemischt, indem die Wippe abwechselnd noch vorn und hinten bis zu einem Winkel von 45° gekippt wird. Nach Aufrichten der Wippe in die Waagerechte und Entmischen der Phasen wird sehr langsam nach hinten bis zu einem Winkel von 90° gekippt (Abb. 8). Hierbei fließt die obere Phase in die Kammer C (Abb. 5) um dann beim Aufrichten der Wippe in die nächste Einheit überzufließen. In die erste Einheit wird dann wieder neue obere Phase gefüllt. Man wiederholt diesen Vorgang, bis etwa 5—10 Einheiten mit beiden Phasen beschickt sind, ersetzt dann die untere Phase der nullten Einheit durch die Lösung des zu verteilenden Gemisches, gibt das erforderliche Volumen obere Phase hinzu, setzt die Einheit in die Apparatur und verteilt solange, bis die nunmehr über der Einheit Null gewesene obere Phase in der letzten Einheit angelangt ist. Die Verteilung nach dem Grundprozeß ist nun beendet. Der Inhalt der Einheiten wird wie die Röhrcheninhalte der Metallapparatur analysiert.

---

[1] Craig, L. C.: Fortschr. chem. Forsch. **1**, 312 (1949).

3. *Glasapparatur nach* GRUBHOFER[1]. Sie arbeitet nach dem gleichen Prinzip wie die vorher erwähnte Glasapparatur nach CRAIG, erlaubt aber die Verwendung größerer Phasenvolumina. Sie wird in 2 Größen hergestellt: 1. 40stufig mit einem Fassungsvermögen von je 50 cm³ schwerer und leichter Phase je Rohr. Der untere Teil der Einheiten ist auf ±0,1 cm³ geeicht. 2. 20stufig mit je 400 cm³ schwerer und leichter Phase*.

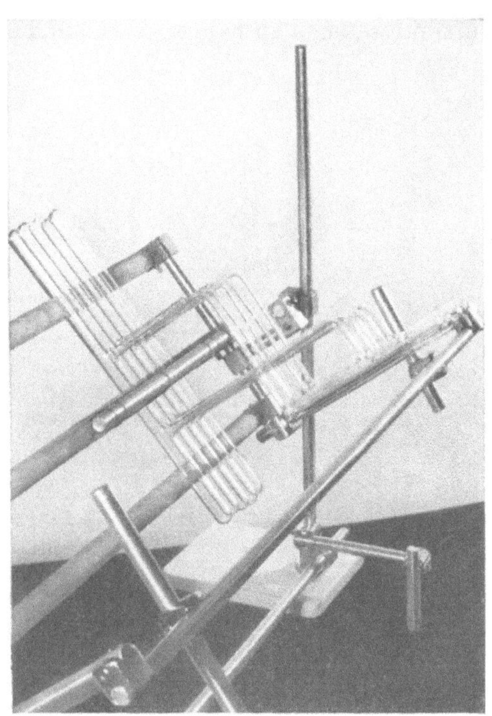

Abb. 7. Wie Abb. 6, um 45° gekippt. (Nach CRAIG.)

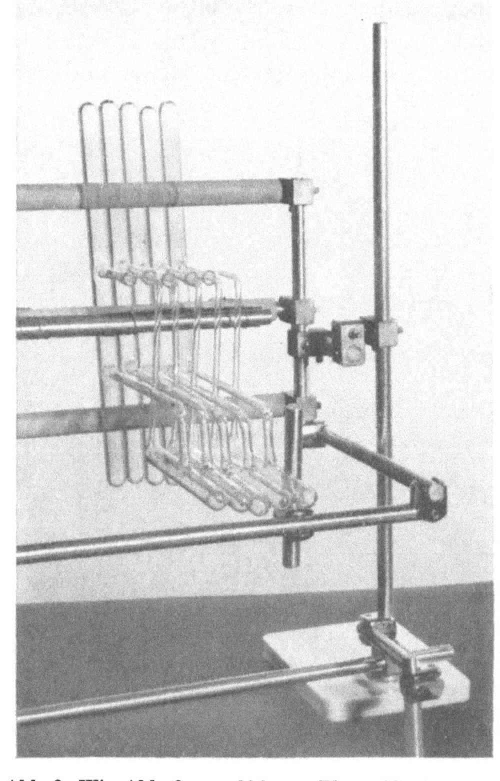

Abb. 8. Wie Abb. 6, um 90° zur Phasenüberführung gekippt. (Nach CRAIG.)

Die Vorteile dieser Apparatur sind neben der größeren Kapazität die einfache Handhabung, Wartung und Reinigung der Apparatur, da die Einheiten noch durch einen Schliffstopfenverschluß zugänglich sind.

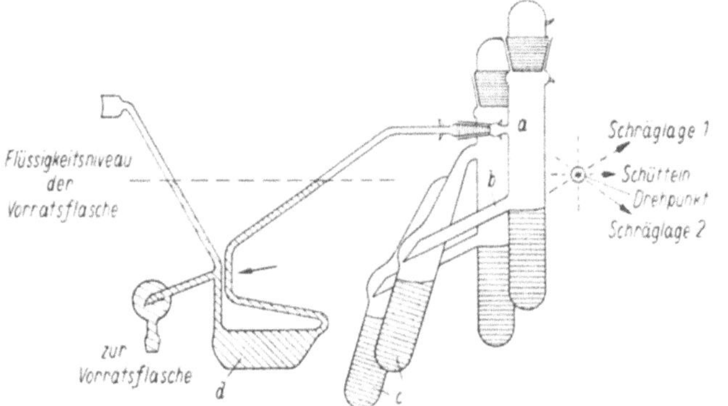

Abb. 9 Zwei Stufen der Verteilungseinheit nach GRUBHOFER mit automatischem Heber (*d*). *a* Verteilungsrohr, *b* Ablaufrohr, *c* Zwischengefäß.

Beschreibung. Die rohrförmige Verteilungseinheit (Abb. 9) trägt in Höhe der Phasengrenzfläche ein Ablaufrohr *b*, welches in das Zwischengefäß *c* so hineinragt, daß daraus nichts mehr in die ursprüngliche Einheit zurückdringen kann. Während des Durchmischens liegt die Einheit waagerecht (Ablaufrohr nach oben). Nach dem Entmischen der Phasen stellt man sie senkrecht, so daß die obere Phase in das Zwischengefäß abläuft; dieses steht wieder mit der nächsten Verteilungseinheit in Verbindung, so daß die wandernde Phase beim erneuten Waagerechtlegen dorthin abfließt. In der ersten Einheit wird sie durch einen automatischen Heber wieder ergänzt. Seine Wirkungsweise ist aus Abb. 9 ersichtlich. Je 2 Einheiten sind

---

* Hersteller: H. Kühn, Göttingen, Hospitalstraße.
[1] GRUBHOFER, N.: Chem.-Ing.-Techn. **22**, 209 (1950).

miteinander verblasen und mit dem nächsten Aggregat, Glas auf Glas, durch ein Stück Gummischlauch verbunden. Zur Befestigung werden die Aggregate auf eine mit Schwammgummi dick gefütterte Holzleiste aufgelegt und mit ebensolchen Holzklötzchen durch Anziehen von Flügelschrauben eingespannt. Die Verteilungsbatterie ist dadurch elastisch und doch haltbar befestigt. Einzelne Teile können leicht ausgewechselt werden. Das Ganze ist zwischen 2 Ständern schaukelartig aufgehängt (vgl. Gesamtansicht Abb. 10). Die Wippe kann auch in leicht vorwärts und rückwärts geneigter Lage festgestellt werden. Bei Schräglage 1 (Abb. 9) ist es möglich, an jedem Rohr den Stopfen zu entfernen, bevor der Überlauf erfolgt ist. Man kann jetzt ganze Phasen oder geringe aliquote Anteile entnehmen, um den Verteilungsverlauf zu kontrollieren. Das entnommene Volumen wird dann durch frische Phase ersetzt. In Schräglage 2 läuft beim Öffnen des Stopfens der ganze Inhalt aus. Man bedient sich dieser Möglichkeit, wenn wegen hartnäckiger Emulsionsbildung zentrifugiert werden muß, ferner beim Reinigen der Apparatur.

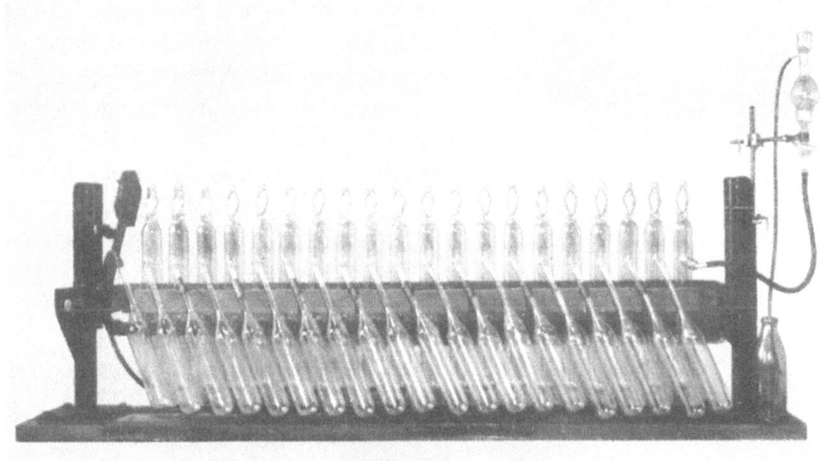

Abb. 10. Gesamtansicht der Apparatur zur Gegenstromverteilung nach GRUBHOFER.

Arbeitsweise und Füllen der Apparatur entsprechen der vorher bei der CRAIGschen Apparatur gegebenen Vorschrift. Den Ablauf der letzten Einheit verbindet man mit einem Gummischlauch, der die überschüssigen Mengen an leichter Phase ableitet. Man muß ihn so legen, daß er nicht dnrch die darin angestaute Menge an leichter Phase abgesperrt wird, sonst entsteht ein Überdruck in der Apparatur, welcher das richtige Arbeiten des Hebers verhindert. Die Vorratsflasche für die leichtere Phase ist unten tubuliert und durch einen engen Schlauch mit dem Heber verbunden. Der Flüssigkeitsspiegel liegt zwischen dem Ansatzschliff des Hebers und der Stelle A bei senkrecht stehenden Einheiten. Werden beim Vollaufen des Hebers an der Stelle A infolge Stauung Luftblasen mitgerissen, so muß der Zufluß so weit gedrosselt werden, bis diese Störung unterbleibt.

4. Einfache Glasapparatur nach WEYGAND[1]. Der Aufbau einer Einheit ergibt sich aus Abb. 11. Zur Füllung und zum Ausfluß der oberen Phase dient ein trichterförmig erweitertes Rohr. Das rechtwinklig gebogene Rohr am linken Ende dient zum Lufteintritt beim Abgießen der oberen Phase durch das Mittelrohr und zum Ausguß der gesamten Menge am Ende der Verteilung. Die Montage von z. B. 11 dieser Einheiten ergibt sich aus Abb. 12. Mehrere solcher Wippen hintereinander geschaltet ermöglichen eine größere Anzahl von Verteilungen. Als Gefäße zur vorübergehenden Aufnahme der oberen Phasen dienen oben erweiterte Reagensgläser, die in den Bohrungen eines langen schmalen Holzstückes mit Hilfe von Paraffin festgemacht sind. Sollen mehrere Wippen hintereinander geschaltet werden, so wird das letzte Reagensglas des ersten Gestelles mit Hilfe

---

[1] WEYGAND, F.: Chem.-Ing.-Techn. **22**, 213 (1950).

einer Klammer befestigt, da es zum Transport der oberen Phase in das erste Element der zweiten Wippe beweglich sein muß.

Mit dieser Apparatur kann auch eine besondere Art von Gegenstromverteilung durchgeführt werden, die darin besteht, daß die zu verteilende Substanz in das Mittelröhrchen eingegeben wird und *beide* Phasen gegeneinander bewegt werden. Dies ist das Prinzip der Gegenstromverteilung nach O'KEEFFE und Mitarbeiter, das auf S. 275 beschrieben wird.

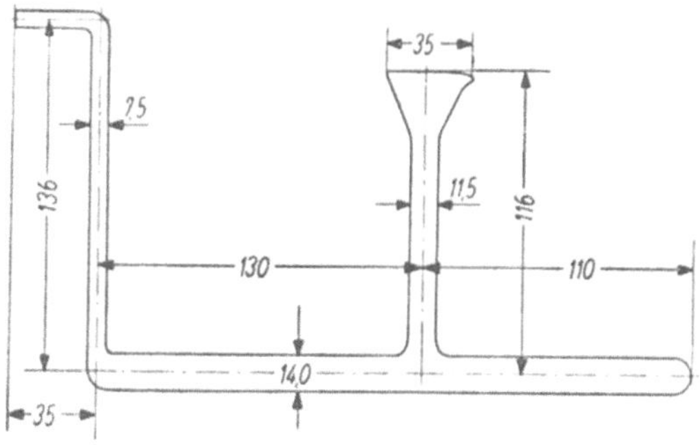

Abb. 11. Schema einer Verteilungseinheit nach WEYGAND. Maße in Millimetern.

5. Apparaturen zur präparativen Gegenstromverteilung nach JANTZEN[1] **bzw.** TSCHESCHE **und** KÖNIG[2]. Die ursprüngliche JANTZENsche Apparatur besteht aus einer Batterie U-förmig gebogener Schüttelrohre, die mit beiden Phasen völlig angefüllt sind und durch Capillaren miteinander in Verbindung stehen. Sie wurde neuerdings verbessert. Die neue Apparatur besteht im wesentlichen aus einer Glaswendel, welche auf einer liegenden und um die horizontale Achse drehbaren Blechwalze befestigt ist. Einzelheiten vgl. Originalarbeit[2].

γ) Apparaturen zur kontinuierlichen Gegenstromverteilung.

Verfahren zur Trennung von Substanzen durch kontinuierliche Gegenstromverteilung wurden schon früher in verschiedenen Ausführungsformen angewandt. Insbesondere zur Trennung von Acylderivaten der Aminosäuren im Verteilungssystem Chloroform/Wasser wurde sie vor 12 Jahren herangezogen[3]. Hier findet sich auch eine Übersicht über die

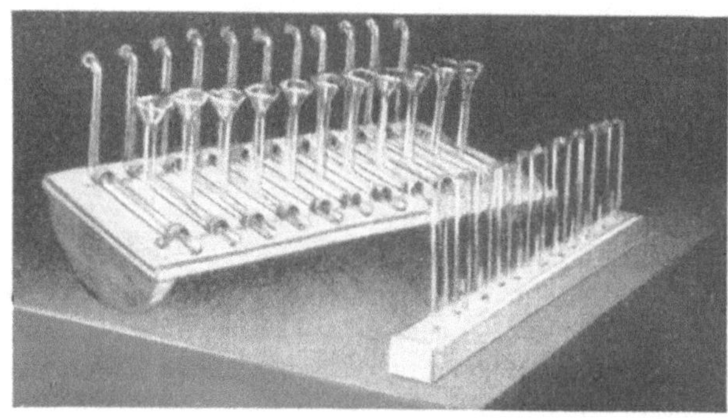

A bb. 12.

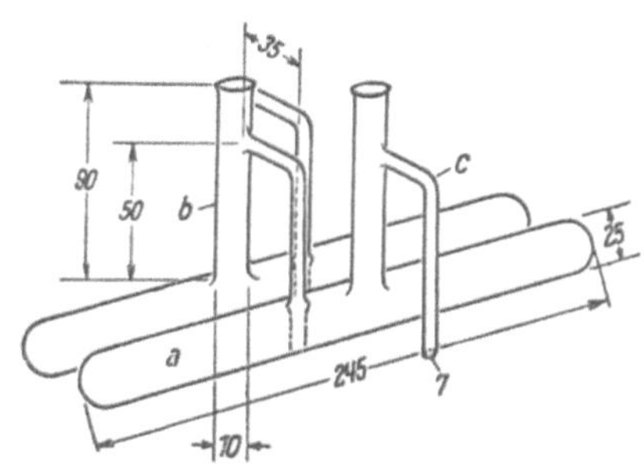

Abb. 13.

Abb. 12. Die vollständige Verteilungsapparatur nach WEYGAND.

Abb. 13. Einheiten der kontinuierlichen Gegenstromverteilung nach WEYGAND. Maße in Millimetern. *a* Verteilungseinheit, *b* Zulaufrohr, *c* Abflußrohr.

frühere Literatur und die mathematische Behandlung dieser Verteilungsform[4]. Die Apparatur war jedoch kompliziert und schwierig zu bedienen und scheint von ihren Erbauern heute nicht mehr gebraucht zu werden.

1. Apparatur nach WEYGAND **und Mitarbeitern**[5]. *Beschreibung.* Diese Apparatur mit 100 Verteilungseinheiten wurde neuerdings zur Trennung und Isolierung von Desoxyribonucleosiden entwickelt, die durch Spaltung von Desoxyribonucleinsäure aus Heringssperma mit Bleihydroxyd in wäßriger Lösung bei 100° erhalten wurden[5]. Sie wird deshalb ausführlich beschrieben, weil sie einfach ist und sich zur präparativen Darstellung auch anderer biologisch wichtiger Verbindungen vorzüglich eignet. Die waagerecht lagernden

[1] JANTZEN, E.: Dechema-Monogr. **28** (1932).
[2] TSCHESCHE, R., u. H. B. KÖNIG: Chem.-Ing.-Techn. **22**, 214 (1950).
[3] MARTIN, A. J. P., and R. L. M. SYNGE: Biochem. J. **35**, 91 (1941).
[4] Vgl. auch STENE, S.: Ark. Kemi, Mineral. Geol. (A) **18**, Nr. 18 (1944).
[5] WEYGAND, F., A. WACKER u. H.-W. DELLWEG: Z. Naturforsch. **6b**, 130 (1951).

Röhrchen *a* von je 100 cm³ Fassungsvermögen (Abb. 13) sitzen nebeneinander auf einem Brett, das um seine Achse senkrecht zur Achse der Röhrchen gekippt werden kann. Aus einem höher gelegenen Vorratsgefäß fließt durch das Zulaufrohr *c* die obere Phase langsam zu und setzt sich, nachdem sie durch die untere Phase hindurchgetreten ist, über dieser ab. Durch die Kippbewegungen werden beide Phasen ständig gemischt. Wenn eine Verteilungseinheit vollständig mit Flüssigkeit gefüllt ist, steigt die obere Phase in dem Stutzen *b* hoch, bis sie das Abflußrohr *c* erreicht hat, durch welche sie in das nächste Element abfließt. Je 10 Verteilungseinheiten (Abb. 14) sind durch einen Kugelschliff verbunden. Einheit 0 hat ein Volumen von 500 cm³. Die Stutzen *b* werden mit Gummistopfen verschlossen, die Flüssigkeit kommt aber mit den Stopfen nicht in Berührung. Der Zulauf an oberer Phase wird an einem Tropfenzähler beobachtet und mit einem fest einstellbaren Rollenhahn reguliert.

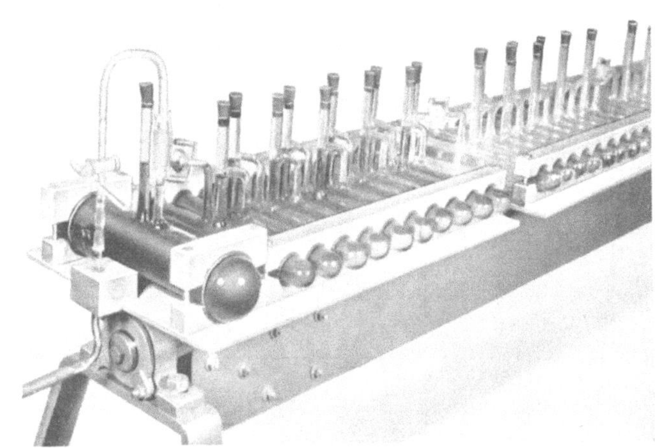

Abb. 14. Gesamtansicht der kontinuierlichen Verteilungsapparatur nach WEYGAND.

Das Zulaufrohr zur Einheit 0 ist genau in Richtung der Drehachse rechtwinklig abgebogen und mit einem kurzen Stück Gummischlauch Glas auf Glas mit der feststehenden Zuleitung für die obere Phase verbunden. Als Antrieb dient ein 40 Watt-Motor mit vorgeschaltetem Regulierwiderstand (maximale Tourenzahl 1600/min, Untersetzungsverhältnis 1:100).

Arbeitsweise (am Beispiel der Trennung von Desoxyribonucleosiden). Einheit 0 wird mit dem eingeengten Hydrolysat der Desoxyribonucleinsäure, die übrigen Einheiten zu $^4/_5$ ihres Volumens mit butanolgesättigtem Wasser beschickt. Nachdem die Apparatur in Gang gesetzt wurde, läßt man wassergesättigtes Butanol zufließen. Nachdem Einheit 100 mit oberer Phase gefüllt ist, wird die untere Phase jeder Einheit auf die Anwesenheit von Verbindungen, die bei 260 mμ

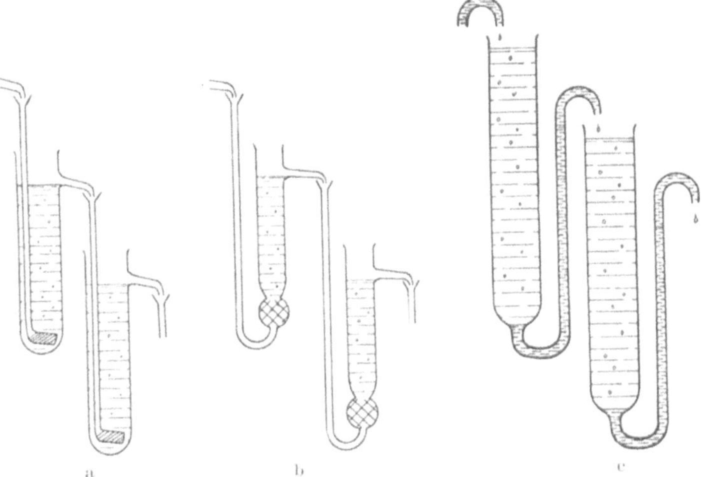

Abb. 15 a—c. Schemata der Verteilungseinheiten nach der „Kaskadenmethode" von KIES und DAVIS. a und b die obere Phase wandert, c die untere Phase wandert. a Glaseinsätze, b in den kugeligen Gefäßen befindet sich Glaswolle.

absorbieren, untersucht. Da die Einheiten 50—100 noch keine Desoxyriboside enthalten, läßt man nochmals die gleiche Menge Butanol zufließen. Ein danach angesetztes Papierchromatogramm zeigt eine Verteilung der Substanzen auf alle 100 Elemente, wobei die Trennung noch unvollständig ist. Man läßt weiter Butanol zufließen und fängt die aus dem hinteren Ende der Apparatur austretende obere Phase in geeigneten Fraktionen auf. Nach genügender Auftrennung der Substanzen werden Fraktionen bzw. Röhrchen gleichen Inhaltes zusammengefaßt und aus den Lösungen durch Eindampfen und

Umkrystallisieren die Desoxyriboside in reinem Zustande gewonnen. Aus 25 g roher Desoxyribonucleinsäure wurden 510 mg Thymidin, 300 mg Guanindesoxyribosid, 65 mg Adenindesoxyribosid und 60 mg Cytosindesoxyribosid, ferner einige Milligramm Uracildesoxyribosid erhalten.

2. Kaskadenmethode nach Kies und Davis[1]. Ebenfalls zur Trennung und Reinigung biologisch wichtiger Substanzen natürlicher Herkunft verwenden die Autoren folgende einfache Vorrichtung: Das Verteilungssystem besteht aus einer beliebigen Anzahl von Glaseinheiten der Formen in Abb. 15a oder b (leichte Phase fließend) bzw. c (schwere Phase fließend). Die Einheiten (18 bzw. 25 cm lang vom Gefäßboden bis zum Überlauf) füllt man mit stationärer Phase und läßt die Gegenphase kontinuierlich in die Einheit 0 einlaufen. Werden die Einheiten so untereinander angebracht, daß der Überlauf der einen in die weite obere Öffnung der anderen mündet, dann fließt die mobile Phase mit gleichbleibender Geschwindigkeit durch sämtliche Einheiten.

Während die mathematische Behandlung der diskontinuierlichen Gegenstromverteilung auf den folgenden Seiten abgehandelt wird, kann auf die kontinuierliche hier nicht näher eingegangen werden. Für die Kaskadenmethode geben die Autoren[1] eine kurze mathematische Ableitung.

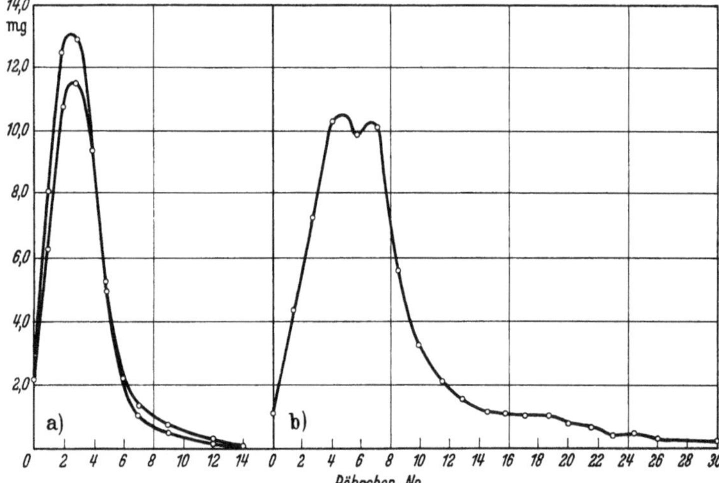

Abb. 16 a u. b. Beispiele der Gegenstromverteilung (Monoaminosäureanteile eines Clupeinhydrolysates). a 24fach, b 34fach. (Nach Felix, Rauen, Stamm und Zimmer.)

δ) Die verschiedenen Methoden der Gegenstromverteilung.

Bei ihrer Beschreibung gehen wir zunächst von der Craigschen Metallapparatur aus und übertragen sie anschließend auf die Glasapparaturen.

1. Grundprozeß. Er wurde bereits bei der Besprechung der Craigschen Trommelapparatur und ihrer Arbeitsweise beschrieben, worauf verwiesen sei (s. S. 265). Es wird solange verteilt, bis das Röhrchen 0 der oberen Trommel über dem letzten Röhrchen der unteren Trommel steht.

2. Kreislaufmethode. Wir nehmen an, die Kurve der Gegenstromverteilung nach dem Grundprozeß einer 25 Röhrchen enthaltenden Apparatur habe die Lage und Gestalt wie *a* in Abb. 16. Das Maximum der Kurve liege über 3 der Abszisse und das letzte Rohr mit nachweisbarer Substanzmenge sei 14. Es sind also noch 10 Röhrchen ohne Substanz. Infolgedessen kann die Verteilung durch einfaches Weiterdrehen der oberen Trommel um mindestens 10 Schritte fortgesetzt werden. Das Ergebnis zeigt Kurve *b* in Abb. 16. Man sieht, daß sich jetzt 2 Gipfel ausbilden, und die sich vorher als „Schwanz" abzeichnenden Mischungsanteile zwischen 8—14 der Abszisse sich nunmehr zwischen 14—26 deutlich abheben.

Mit der *Glasapparatur* verteilt man nach der Kreislaufmethode, indem man die aus der letzten Einheit ausfließende obere Phase wieder in die Einheit 0 einfüllt. Bei der Grubhoferschen Apparatur ist hierzu der Heber zu entfernen und an seine Stelle ein Trichter zu setzen. In allen Fällen, in denen Substanzen mit kleinen Verteilungskoeffizienten zu verteilen sind, führt die Kreislaufmethode bis zu einem gewissen Grade zur

---

[1] Kies, M. W., and P. L. Davis: J. biol. Ch. **189**, 637 (1951).

besseren Auftrennung. Man muß aber darauf achten, daß sich durch zu starkes „Überdrehen" die Verteilungen nicht überlappen.

3. Methode der einphasigen Entnahme (single withdrawal method). *Entnahme der oberen Phase.* Erscheint ein Auftrennen mit der Kreislaufmethode unzureichend, so läßt sich auch nach folgender Methode verteilen: Man führt zuerst den Grundprozeß durch. Dann steht Rohr 0 der oberen Trommel über Rohr 24 der unteren Trommel bei einer Metallapparatur mit 25 Röhren (Stellung 0/24). Nach Absitzenlassen der Phasen wird einmal weitergedreht, so daß Null über Null steht (0/0). Aus diesem Rohr wird die obere Phase entfernt und durch frische ersetzt. Es wird nun wieder durchmischt und einmal weitergedreht (Stellung 0/1). Nun wird die obere Phase aus Rohr 1/0 entfernt und durch frische ersetzt. Nach einem weiteren Verteilungsschritt erreichen wir Stellung 0/2. Aus Rohr 2/0 wird wieder die obere Phase entfernt und durch neue ersetzt. Dieses Vorgehen wird nun so lange fortgesetzt, bis die erstrebte Anzahl Verteilungen erreicht ist. Will man mit dieser Methode 40fach verteilen, so erhält der erste entnommene Röhrcheninhalt die Nr. 40, der zweite die Nr. 39 usw., bis man zu dem Röhrchen angelangt ist, das die Nr. 25 erhält. Die 40fache Verteilung ist dann beendet. Es ist zu beachten, daß die zu analysierenden gleichwertigen Einheiten einmal aus oberer und unterer Phase bestehen (0—24) und das andere Mal (25—40) nur aus oberen Phasen. Bei der Auswertung dieser Verteilung gelangen von den Röhrchen 0—24 die Gesamtmengen an Substanz in oberer *und* unterer Phase und von Röhrchen 25—40 nur die Substanzmengen der entnommenen oberen Phasen in die Rechnung (s. S. 281). Daß die Gesamtinhalte von oberer und unterer Phase einerseits und die Inhalte von oberen Phasen andererseits mathematisch gleichwertige Größen sind und infolgedessen zu einem Kurvenbild vereinigt werden dürfen, ergibt sich aus der später gegebenen mathematischen Abhandlung dieses Arbeitsprinzipes.

Mit den Glasapparaturen gestalten sich die Verhältnisse einfacher, denn hier werden die Verteilungen nach Beendigung des Grundprozesses fortgesetzt und die aus der letzten Einheit ausfließenden oberen Phasen aufgefangen und wie vorher beschrieben numeriert.

Dieses Verfahren ist brauchbar, wenn die Verteilungskoeffizienten des Substanzgemisches nicht größer als 2 sind. Besitzt das Substanzgemisch aber Verteilungskoeffizienten größer als 2, so ist ein Verfahren angebracht, das dem eben beschriebenen spiegelbildlich ist.

Entnahme der unteren Phasen. Diesmal bleibt die Anzahl der oberen Phasen konstant und die unteren werden entnommen und durch neue ersetzt. Dieses erfordert ein besonderes Vorgehen, das am besten aus der Beschreibung des *Arbeitsprinzipes* verständlich wird. Man führt mit einer 25-Röhren-Metallapparatur zunächst den Grundprozeß durch, jedoch nur bis zum 23. Verteilungsschritt. Nun steht 0 über 23. Man entnimmt dann aus dem davorstehenden Rohr 24/24 die obere Phase und ersetzt sie ni cht. Dies ist erforderlich, damit beim Weiterverteilen durch das leere obere Röhrchen 24 die unteren Phasen der folgenden Röhrchen zugänglich werden. Nun wird einmal weiterverteilt, so daß 0/24 erreicht ist. Aus dem davor liegenden Rohr 24/0 wird die untere Phase entfernt, mit 0 beziffert und durch frische ersetzt. Bei dem nächsten Verteilungsschritt steht 0/1. Aus dem davorliegenden Rohr 24/2 wird die untere Phase entfernt, mit 1 beziffert und durch frische ersetzt. Der nächste Schritt ergibt 0/2. Aus 24/3 wird wiederum die untere Phase entnommen und durch frische ersetzt. Der Inhalt erhält die Nr. 2. Dieses Verfahren wird bis zu der gewünschten Anzahl der Verteilungen fortgeführt.

Mit der Glasapparatur ist dieses Verfahren etwas umständlich. Hat man z. B. 40 Einheiten für 39 Verteilungsschritte, so führt man zuerst einen 38fachen Grundprozeß durch. Zu dem nächsten Verteilungsschritt gibt man nun keine frische obere Phase mehr dazu. In der Einheit 0 ist also am Ende des 39. Verteilungsschrittes nur noch untere Phase. Man entleert nun die Einheit 0, beziffert den Inhalt mit 0 und setzt die freigewordene Einheit, nachdem man sie mit frischer unterer Phase gefüllt hat, neben Einheit 40 als Nr. 41. Dieses Umgruppieren der Einheiten ist aber bei manchen Wippen sehr umständlich.

Hier wird man die 41. Einheit auf ihrem früheren Platz 0 belassen und die hinten ausfließende obere Phase wie im Kreisprozeß in die nullte Einheit einfüllen. Es wird dann weiter so verfahren, wie bei der Metallapparatur beschrieben.

4. Zweiphasige Entnahme (diamond separation, completion of squares)[1]. Eine Abart der vorher beschriebenen Verfahren besteht in folgendem Vorgang: *Symmetrisches Verfahren.* Man führt zunächst den Grundprozeß durch. Beim Weiterverteilen entnimmt man schrittweise die obere Phase, ohne frische Phase zuzugeben. Der Verteilungsvorgang ist beendet, wenn die letzte obere Phase den Apparat verlassen hat. Man hat dann soviel Anteile an oberen und unteren Phasen, wie der Apparat Verteilungseinheiten enthält.

Unsymmetrisches Verfahren. Über den Grundprozeß hinaus verteilt man unter Zugabe oberer Phase weiter und läßt nach einer vorher festgelegten Anzahl von Verteilungen wie vorher beschrieben leerlaufen. Am Ende der Verteilung hat man hierbei eine größere Anzahl Einheiten mit oberer Phase als solche mit unterer Phase.

5. Methode der wechselphasigen Entnahme (alternate withdrawal method). Diese Methode ist eine Kombination der beiden einphasigen Entnahmen. Mit der CRAIGschen Trommel mit 25 Röhren (für 24 Verteilungsschritte) ist nur ein 23stufiger Grundprozeß durchzuführen. Nach dessen Beendigung steht 0/23. Nun verteilt man einen Schritt weiter, so daß 0/24 steht, und entfernt den Gesamtinhalt der Einheit. Die untere Phase des entleerten Rohres war noch nicht gebraucht, also „leer". Der Gesamtinhalt dieser Einheit stellt also die erste Entnahme der oberen Phase dar und wird mit $s = 0$ bezeichnet. Man ersetzt sie durch frische obere und untere Phase, verteilt und dreht weiter. Jetzt steht 0/0. Man entnimmt den Gesamtinhalt aus diesem Rohr. Die obere Phase war hier bei der vorhergehenden Verteilung frisch zugesetzt worden, so daß der jetzige Schritt die erste Entnahme einer unteren Phase ist und mit $r = 0$ bezeichnet wird. In das leere Rohr kommt wieder frische obere und untere Phase und man verteilt einen Schritt weiter. Jetzt steht 0/1. Der Inhalt des im Uhrzeigersinn zurückliegenden Rohres 1/0 wird nun entnommen. Er enthält nur Substanz aus der oberen Trommel und entspricht der zweiten Entnahme einer oberen Phase. Er bekommt die Bezeichnung $s = 1$. Nun wird wieder mit frischen Phasen ergänzt und weiterverteilt. Jetzt steht 0/2. Der Inhalt des im Uhrzeigersinn zurückliegenden Rohres 1/1 wird entnommen und entspricht der zweiten Entnahme einer unteren Phase. Er wird mit $r = 1$ bezeichnet. Es wird weiterverteilt, so daß 0/3 steht. Aus dem Rohr 2/1 wird der gesamte Inhalt entfernt und mit $s = 3$ bezeichnet usw.

Mit den *Glasapparaturen* verläuft der Vorgang folgendermaßen: Die GRUBHOFERsche Apparatur erlaubt nach dieser Methode eine 78fache Verteilung, wenn 40 Einheiten zur Verfügung stehen (38facher Grundprozeß und je 20 Entnahmen oberer und unterer Phase). Auch hier ist aus den bereits angeführten Gründen nur ein 38facher Grundprozeß möglich. Wegen der besseren Zugänglichkeit der einzelnen Einheiten können jedoch obere und untere Phasen für sich entnommen werden.

Beim Füllen der Einheiten bleibt die letzte (Nr. 39) ohne Phasenfüllung. 1.—37. Verteilungsschritt: wie üblich nach dem Grundprozeß. 38. Verteilungsschritt: Obere Phase hat vorletztes Rohr erreicht. 39. Verteilungsschritt: Beim Überführen der Phasen fließt die obere Phase von 38 nach 39. Diese wird entfernt und mit $s = 0$ bezeichnet. In Einheit 0 kommt frische obere und in Einheit 39 frische untere Phase. Mischen, Absitzenlassen.

40. Verteilungsschritt: Beim Überführen ist in Einheit 0 nur untere Phase. Diese wird entfernt und mit $r = 0$ bezeichnet. Mischen, Absitzenlassen.

41. Verteilungsschritt: Beim Überführen wird die obere Phase aus Einheit 39 aufgefangen und mit $s = 1$ bezeichnet. In Einheit 0 kommt frische untere und in Einheit 1 frische obere Phase. Mischen, Absitzenlassen.

42. Verteilungsschritt: Beim Überführen wird die auslaufende Phase aufgefangen und in Einheit 0 gegeben. Die freigelegte untere Phase in Einheit 1 wird entfernt und mit $r = 1$ benannt. Mischen, Absitzenlassen.

---

[1] BUSH, M. T., and P. M. DENSEN: Analyt. Chem., Washington **20**, 121 (1948).

43. Verteilungsschritt: Beim Überführen wird die aus Einheit 39 ausfließende Phase in Einheit 0 gegeben. Die obere Phase der Einheit 0, die sich jetzt in der vorher leeren Einheit 1 befindet, wird von hier entfernt und mit $s = 2$ benannt. In Einheit 1 kommt frische untere und in Einheit 2 frische obere Phase. Mischen, Absitzenlassen.

44. Verteilungsschritt: Die beim Überführen ausfließende Phase kommt wieder in Einheit 0. In Einheit 2 befindet sich nur untere Phase. Diese wird entfernt und mit $r = 2$ bezeichnet.

45. Verteilungsschritt: Die beim Überführen hinten austretende Phase in Einheit 0 eingeben. Obere Phase aus der vorher leeren Einheit 2 entfernen: $s = 3$. In Einheit 2 frische untere und in Einheit 3 frische obere Phase zugeben. Mischen, Absitzenlassen usw.

In der CRAIGschen Glasapparatur ist diese Art von Verteilung sehr umständlich und zeitraubend, da die einzelnen Einheiten in der Kolonne nicht für sich zugängig sind, sondern hierzu immer die ganze Kolonne auseinander genommen werden muß.

6. Gegenstromverteilung nach O'KEEFFE und Mitarbeitern[1]. Diese Methode eignet sich besonders gut zur laufenden präparativen Trennung eines Substanzgemisches. Es setzt aber voraus, daß es entweder nur zwei Komponenten oder Komponentengemische enthält, deren Verteilungskoeffizienten einmal größer und einmal kleiner als 1 sind. Dieses gilt für den Fall, daß man gleiche Volumina unterer und oberer Phase verwendet. Besitzen die Verteilungskoeffizienten der beiden Komponenten jedoch andere Werte, so kommt man durch Ändern des Volumenverhältnisses der beiden Phasen auch zu einem optimalen Trenneffekt. Man berechnet das Volumenverhältnis an Hand der bekannten Verteilungskoeffizienten nach der später (S. 285) gegebenen Formel von BUSH und DENSEN.

Arbeitsprinzip (vgl. Abb. 17). A. Untere und obere Phase werden in jeden Scheidetrichter der aus 11 Einheiten bestehenden Batterie eingefüllt. Das zu trennende Substanzgemisch wird in der unteren Phase der Einheit 0 gelöst, die sich diesmal gemäß der in Abb. 17 wiedergegebenen Bezeichnungsweise in der Mitte befindet. Schütteln, Absitzenlassen.

B. Auslaufenlassen der unteren Phasen in die unter jedem Scheidetrichter stehenden Bechergläser. Alle Trichter, noch die oberen Phasen enthaltend, werden einen Platz nach rechts gesetzt. Der Inhalt des Trichters rechts außen (obere Phase) wird in ein Sammelgefäß entleert und der leere Trichter links angesetzt. Er erhält frische obere Phase.

C. Alle Bechergläser werden einen Platz nach links gerückt. Das Becherglas links außen wird in ein Sammelgefäß entleert, das leere Glas rechts angesetzt und mit frischer unterer Phase versehen. Die Inhalte der Bechergläser werden in die darüber befindlichen Schütteltrichter entleert. Der zweite Anteil des zu verteilenden Gemisches wird nun in der unteren Phase der Einheit 0 gelöst. Nun wird mit der Verteilung wie beschrieben fortgefahren.

7. Anwendungsbereich der verschiedenen Verteilungsmethoden. Der *Grundprozeß* in der CRAIGschen Trommel eignet sich am besten zur Analyse von Substanzen, d. h. zur Bestimmung ihres Reinheitsgrades. Die steil verlaufenden Verteilungskurven lassen am ehesten das Vorhandensein von verunreinigenden Substanzen, auch solchen mit sehr ähnlichem Verteilungskoeffizienten, durch Abweichung von der berechneten theoretischen Kurve erkennen. Der Grundprozeß kann auch zur Darstellung geringer Mengen reiner Substanz führen, wenn sich die Verunreinigungen infolge deutlich verschiedener Verteilungskoeffizienten gut abtrennen lassen.

Die Methode der *einphasigen Entnahme* eignet sich zu präparativen Zwecken, wenn mit wenigen Verteilungseinheiten ein großer Trenneffekt erzielt werden soll.

---

[1] O'KEEFFE, A., M. A. DOLLIVER and E. T. STILLER: Am. Soc. **71**, 2452 (1949).

Die *zweiphasige Entnahme*, die sich ebenfalls zur Substanzreinigung im präparativen Maßstab eignet, kann sogar dem Grundprozeß mit gleicher Anzahl von Verteilungen überlegen sein. Sie eignet sich besonders zur Gewinnung größerer Mengen nicht so reiner Substanzen, d. h. also am besten zur Substanzanreicherung. Man wird diese Verfahren wählen, wenn man große Substanzmengen mit Hilfe von Scheidetrichtereinheiten zu verarbeiten hat.

Die *wechselphasige Entnahme* wird bevorzugt zur Trennung von Substanzgemischen mit Verteilungskoeffizienten um 1. Sie entspricht weitgehend einem Grundprozeß, hat

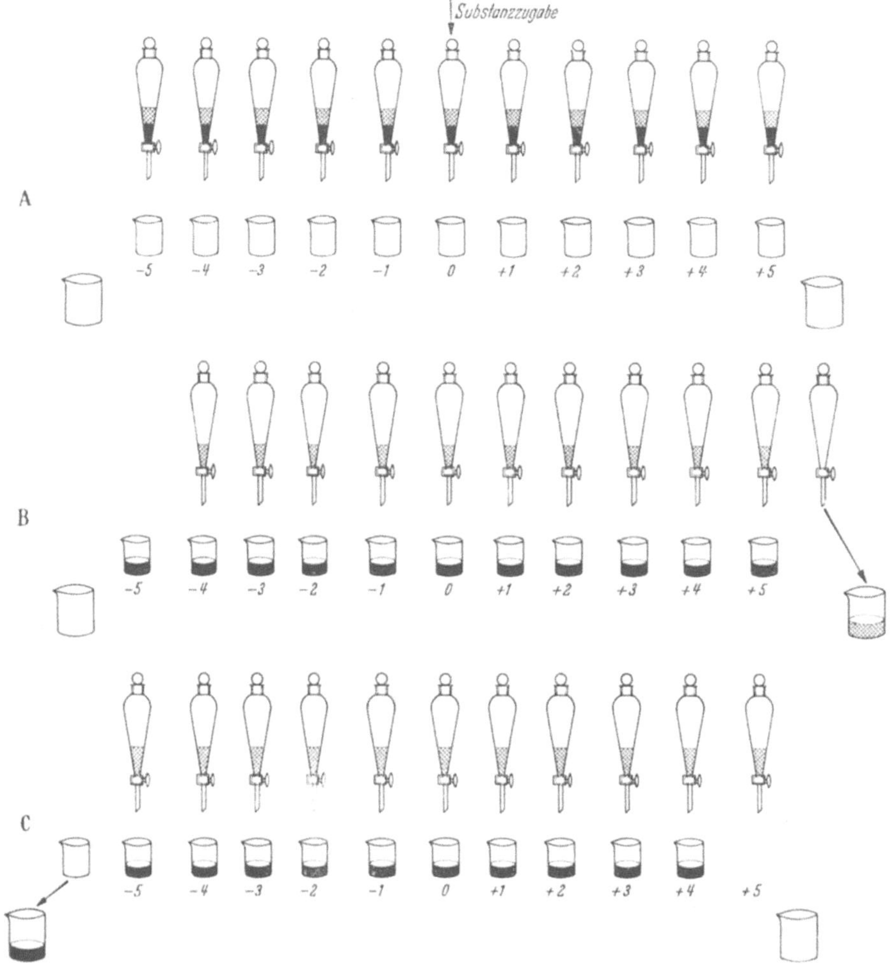

Abb. 17. Schema einer Gegenstromverteilung nach O'KEEFFE, DOLLIVER und STILLER. Erläuterung s. Text.

jedoch den Vorteil, durch Gewinnen von vielen Fraktionen die Verteilung weiterzuführen[1]. Die *Verteilung nach* O'KEEFFE und Mitarbeiter entspricht im wesentlichen der nach BUSH und DENSEN und eignet sich sehr gut zur fortlaufenden präparativen Trennung.

d) Die mathematische Behandlung der Gegenstromverteilung.

Wie in der Einleitung erwähnt, besteht der besondere Wert der Gegenstromverteilung in der mathematischen Verfolgung des Vorganges. Man erhält erst dann ein eindeutiges Bild vom Verlauf, wenn man die *theoretische Verteilungskurve* über die experimentelle zeichnet. Es gibt Fälle, in denen die Übereinstimmung erwünscht ist, und solche, in denen

---

[1] Zur Kritik der Anwendungsbereiche der verschiedenen Methoden vgl. KARLSON, P. u. E. HECKER: Z. Naturforsch. 5 b, 237 (1950).

eine Differenz zu weiteren Maßnahmen erst anregt. Im folgenden werden die mathematischen Verfahren ausführlich besprochen.

α) Berechnung des Grundprozesses[1].

Es sei X die Substanzmenge in der oberen und unteren Phase. In einem Zweiphasensystem wird also $x/y = k$, wobei x und y absolute Mengen bei gleichen Volumina der Phasen sind. Bei ungleichen Volumina ist $k \cdot v$ zu setzen, wobei v das Volumenverhältnis der oberen zur unteren Phase bedeutet. Es wird also $\dfrac{x}{y} \cdot \dfrac{1}{v} = k$, wenn x und y in absoluten Mengen angegeben werden.

Setzen wir $X = 1$, so ist $y = 1 - x$, ferner

$$k = \frac{x}{1 - x} \tag{2}$$

$$x = \frac{k}{k + 1} \tag{3}$$

$$y = \frac{1}{k + 1}. \tag{4}$$

Nehmen wir n Verteilungen vor, so erhalten wir unter Einsetzen obiger Ausdrücke in die Binomialfunktion $(x + y)^n$

$$\left[\frac{k}{k + 1} + \frac{1}{k + 1} \right]^n, \tag{5a}$$

wenn die untere Phase im Schema von links nach rechts wandert. Wandert hingegen die obere Phase von links nach rechts, so gilt

$$\left[\frac{1}{k + 1} + \frac{k}{k + 1} \right]^n. \tag{5b}$$

Tabelle 2. *Terme der Binomialverteilung für Wanderung der oberen Phase[1].*

n \ r	0	1	2	3	4	5	6	7	8
0	1								
1	$\dfrac{1}{k+1}$	$\dfrac{k}{k+1}$							
2	$\dfrac{1}{(k+1)^2}$	$\dfrac{2k}{(k+1)^2}$	$\dfrac{k^2}{(k+1)^2}$						
3	$\dfrac{1}{(k+1)^3}$	$\dfrac{3k}{(k+1)^3}$	$\dfrac{3k^2}{(k+1)^3}$	$\dfrac{k^3}{(k+1)^3}$					
4	$\dfrac{1}{(k+1)^4}$	$\dfrac{4k}{(k+1)^4}$	$\dfrac{6k^2}{(k+1)^4}$	$\dfrac{4k^3}{(k+1)^4}$	$\dfrac{k^4}{(k+1)^4}$				
5	$\dfrac{1}{(k+1)^5}$	$\dfrac{5k}{(k+1)^5}$	$\dfrac{10k^2}{(k+1)^5}$	$\dfrac{10k^3}{(k+1)^5}$	$\dfrac{5k^4}{(k+1)^5}$	$\dfrac{k^5}{(k+1)^5}$			
6	$\dfrac{1}{(k+1)^6}$	$\dfrac{6k}{(k+1)^6}$	$\dfrac{15k^2}{(k+1)^6}$	$\dfrac{20k^3}{(k+1)^6}$	$\dfrac{15k^4}{(k+1)^6}$	$\dfrac{6k^5}{(k+1)^6}$	$\dfrac{k^6}{(k+1)^6}$		
7	$\dfrac{1}{(k+1)^7}$	$\dfrac{7k}{(k+1)^7}$	$\dfrac{21k^2}{(k+1)^7}$	$\dfrac{35k^3}{(k+1)^7}$	$\dfrac{35k^4}{(k+1)^7}$	$\dfrac{21k^5}{(k+1)^7}$	$\dfrac{7k^6}{(k+1)^7}$	$\dfrac{k^7}{(k+1)^7}$	
8	$\dfrac{1}{(k+1)^8}$	$\dfrac{8k}{(k+1)^8}$	$\dfrac{28k^2}{(k+1)^8}$	$\dfrac{56k^3}{(k+1)^8}$	$\dfrac{70k^4}{(k+1)^8}$	$\dfrac{56k^5}{(k+1)^8}$	$\dfrac{28k^6}{(k+1)^8}$	$\dfrac{8k^7}{(k+1)^8}$	$\dfrac{k^8}{(k+1)^8}$

[1] WILLIAMSON, B., and L. C. CRAIG: J. biol. Ch. **168**, 687 (1950).

Für $X = 1$ und für $n = 1$ bis $n = 8$ sind die Glieder, die dem Gesamtinhalt der Röhrchen entsprechen, in Tabelle 2 zusammengestellt. Wie man sieht, steht jedes Glied zu dem vorhergehenden in einem bestimmten Verhältnis. Für die 8fache Verteilung gilt

$$X_0 = \frac{1}{(k + 1)^8}$$
$$X_1 = 8 \cdot k \cdot X_0$$
$$X_2 = \tfrac{7}{2} \cdot k \cdot X_1$$
$$X_3 = \tfrac{6}{3} \cdot k \cdot X_2$$
$$\vdots$$
$$X_r = \frac{n + 1 - r}{r} \cdot k \cdot X_{r-1} . \tag{6}$$

Logarithmiert man diese Form[1], so wird

$$\log X_r = \log \frac{n + 1 - r}{r} + \log k + \log X_{r-1} \tag{7}$$

und das Anfangsglied

$$\log X_0 = - n \log (1 + k). \tag{8}$$

Diese logarithmischen Formeln erlauben ein leichtes und schnelles Berechnen der Kurven, denn man erhält durch einfache Addition der einzelnen Formelteile in kürzester Zeit sämtliche $\log X$-Werte und damit die X-Werte selber. Ferner ermöglichen diese Formeln den Gebrauch einer Rechenmaschine, was den Rechenvorgang besonders bei einer großen Anzahl von Verteilungen sehr verkürzt. Für eine 24fache Verteilung sind

Tabelle 3. *Laufende Terme zur Berechnung der theoretischen Verteilungskurven*[2].

Frakt.-Nr. r	Grundmethode $\log \dfrac{n + 1 - r}{r}$	Einphasige Entnahme der unteren Phase $\log \dfrac{m + r}{r}$	Wechselphasige Entnahme der unteren Phase $\log \dfrac{(m + 2r + 1)(m + 2r)}{r(m + r + 2)}$	Wechselphasige Entnahme der oberen Phase $\log \dfrac{(m + 2s)(m + 2s - 1)}{s(m + s + 1)}$	Frakt.-Nr. s
1	1,3802	1,3802	1,3979	1,3802	1
2	1,0607	1,0969	1,1461	1,1303	2
3	0,8653	0,9379	1,0153	1,0011	3
4	0,7202	0,8293	0,9321	0,9192	4
5	0,6021	0,7482	0,8739	0,8622	5
6	0,5006	0,6842	0,8309	0,8203	6
7	0,4102	0,6320	0,7978	0,7880	7
8	0,3274	0,5883	0,7716	0,7627	8
9	0,2499	0,5509	0,7503	0,7422	9
10	0,1761	0,5185	0,7329	0,7252	10
11	0,1047	0,4901	0,7183	0,7112	11
12	0,0348	0,4649	0,7060	0,6994	12
13	9,9652—10	0,4424	0,6955	0,6893	13
14	9,8953—10	0,4221	0,6864	0,6807	14
15	9,8239—10	0,4037	0,6785	0,6731	15
16	9,7501—10	0,3870	0,6717	0,6666	16
17	9,6726—10	0,3717	0,6657	0,6609	17
18	9,5898—10	0,3575	0,6603	0,6558	18
19	9,4994—10	0,3444	0,5554	0,6512	19
20	9,3979—10	0,3325	0,6513	0,6472	20
21	9,2798—10	0,3213	0,6474	0,6437	21
22	9,1347—10	0,3108	0,6441	0,6404	22
23	8,9393—10	0,3010	0,6410	0,6375	23
24	8,6198—10	0,2919			

die $\log \dfrac{n + 1 - r}{r}$ -Werte in Tabelle 3 enthalten. Bei der Reihenentwicklung von (5b) ergibt sich

$$X_{n,r} = \frac{n!}{r!(n - r)!} \cdot \frac{k^r}{(k + 1)^n} . \tag{9}$$

---

[1] LIEBERMAN, S. V.: J. biol. Ch. **173**, 63 (1948).
[2] KARLSON, P., u. E. HECKER: Z. Naturforsch. **5 b**, 237 (1950).

Wird n größer als 25, so gilt mit hinreichender Genauigkeit auch

$$X_{n,a} = \frac{1}{\sqrt{2\pi n\,x\,y}} \cdot e^{-\frac{a^2}{2n\,x\,y}}. \tag{10}$$

Hierin bedeutet a die Anzahl der Gefäße zwischen den zu berechnenden Gefäßen und dem des Maximums.

Soll nur der *Inhalt der oberen oder unteren Phase* berechnet werden, so gelten folgende Reihenformeln[1]

$$X_{n,r}^{oben} = \frac{n!}{r!\,(n-r)!} \cdot \frac{k^{r+1}}{(k+1)^{n+1}} \tag{11}$$

$$X_{n,r}^{unten} = \frac{n!}{r!\,(n-r)!} \cdot \frac{k^{r}}{(k+1)^{n+1}}. \tag{12}$$

Als Additionsformel gilt wieder (7), nur die Anfangsglieder für obere bzw. untere Phase nehmen andere Werte an. Man erhält hierfür

$$\log X_{n,r=0}^{oben} = \log \frac{k}{k+1} - n\log(k+1) \tag{13}$$

$$\log X_{n,r=0}^{unten} = -(n+1)\log(k+1). \tag{14}$$

Als Hilfsmittel für Verteilungen nach dem Grundprozeß seien noch 2 Tabellen angeführt; Tabelle 4 gibt für eine 24fache Verteilung die Werte der zugehörigen theoretischen Kurven für einige Verteilungskoeffizienten wieder (bezogen auf $X = 100$). Tabelle 5 enthält die Lagen der Verteilungsmaxima für verschiedene Verteilungskoeffizienten bei 8-, 24- und 48facher Verteilung.

Tabelle 4. *Einzelwerte der theoretischen Kurven einer 24fachen Verteilung für verschiedene Verteilungskoeffizienten k und bei $X = 100$*[2].

r	k								
	0,7	0,75	0,8	0,9	1,0	1,1	1,2	1,5	2,0
0									
1									
2	0,0	0,0	0,0						
3	0,2	0,1	0,1	0,0	0,0				
4	0,8	0,5	0,3	0,1	0,1	0,0	0,0		
5	2,1	1,5	1,0	0,5	0,2	0,1	0,1		
6	4,7	3,5	2,6	1,5	0,8	0,4	0,2	0,0	
7	8,4	6,8	5,4	3,4	2,1	1,2	0,7	0,2	0,0
8	12,5	10,8	9,2	6,5	4,4	2,9	1,9	0,5	0,1
9	15,5	14,4	13,1	10,3	7,8	5,7	4,1	1,4	0,2
10	16,3	16,2	15,7	14,0	11,7	9,4	7,3	3,2	0,7
11	14,5	15,5	16,0	16,0	14,9	13,2	11,2	6,1	1,8
12	11,0	12,5	13,9	15,6	16,1	15,7	14,6	9,9	3,9
13	7,1	8,7	10,0	12,9	14,9	15,9	16,2	13,7	7,2
14	3,9	5,1	6,4	9,2	11,7	13,8	15,2	16,1	11,4
15	1,8	2,6	3,4	5,5	7,8	10,1	12,2	16,1	15,2
16	0,7	1,1	1,5	3,4	4,4	6,2	8,2	13,6	17,1
17	0,2	0,3	0,6	1,4	2,1	3,2	4,6	9,6	16,1
18	0,0	0,1	0,2	0,5	0,8	1,4	2,2	5,6	12,5
19		0,0	0,0	0,1	0,2	0,5	0,8	2,6	7,9
20				0,0	0,1	0,1	0,2	1,0	3,9
21					0,0	0,0	0,1	0,3	1,5
22							0,0	0,1	0,4
23								0,0	0,1
24									0,0

[1] KARLSON, P., u. E. HECKER: Z. Naturforsch. 5b, 237 (1950).
[2] LIEBERMAN, S. V.: J. biol. Ch. 173, 63 (1948).

Tabelle 5. *Lagen der Verteilungsmaxima für verschiedene Verteilungskoeffizienten bei 8-, 24- und 48facher Verteilung*[1].

n			k	n			k	n			k
8	24	48		8	24	48		8	24	48	
0	0	0	0,023	3	9	18	0,614		17	34	2,33
	1	2	0,065		10	20	0,725	6	18	36	2,84
	2	4	0,101		11	22	0,852		19	38	3,53
1	3	6	0,163	4	12	24	1,0		20	40	4,61
	4	8	0,217		13	26	1,17	7	21	42	6,12
	5	10	0,283		14	28	1,38		22	44	8,91
2	6	12	0,352	5	15	30	1,63		23	46	15,3
	7	14	0,430		16	32	1,94	8	24	48	43,2
	8	16	0,515								

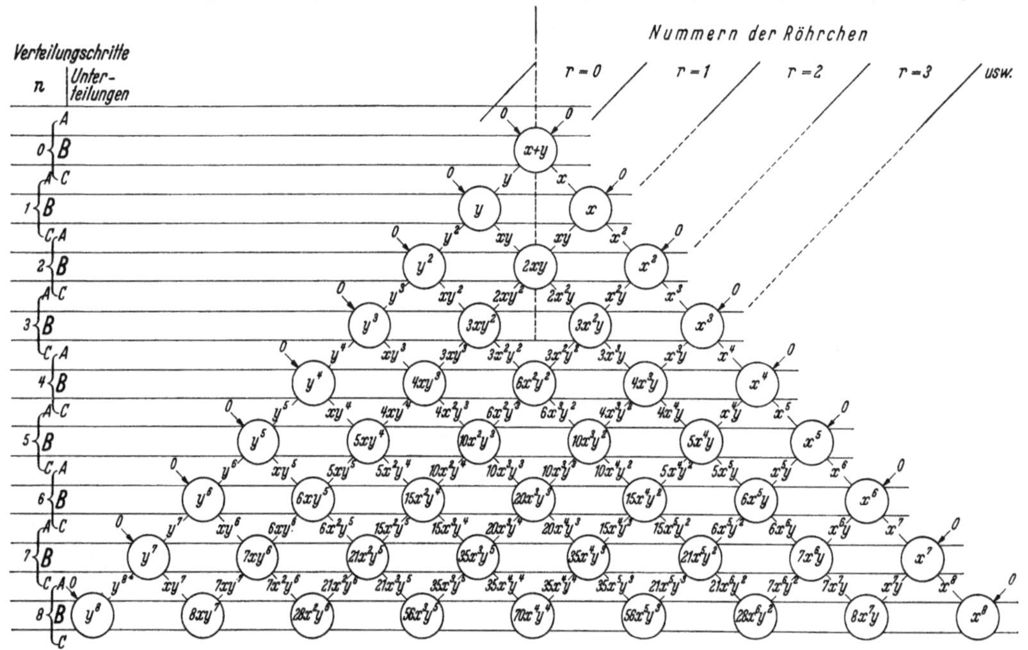

Abb. 18. Binomialterme für alle Verteilungen bis $n = 8$. Definition der Verteilungsschritte: *A* Beginn: Ergänzen mit jeweils frischer oberer und unterer Phase. (Im Diagramm mit 0 bezeichnet.). *B* Mitte: Durchmischen und Absitzenlassen (entspricht dem Schema Abb. 3 bzw. Tabelle 2). *C* Ende: Überführen der oberen Phase. — Mathematisch sind *A* und *C* identisch.

β) Berechnung des Verteilungskoeffizienten.

Die Berechnung von k aus r_{max} (das Röhrchen, in dem die Substanzkonzentration am höchsten ist) ist nach LIEBERMAN[1] möglich, indem man Formel (9) zur Basis e logarithmiert, differenziert, den Differentialquotienten gleich 0 setzt und das Ergebnis in Reihe entwickelt. Im allgemeinen führt ein einfacheres Verfahren eher zum Ziel. Wenn man bedenkt, daß die 2 Fraktionen diesseits und jenseits des Gipfels der Gleichung

$$X_{n,r} = X_{n,r-1}$$

genügen, folgt

$$k = \frac{r'_{max}}{n - r'_{max} + 1} \tag{15a}$$

$$r'_{max} = \frac{2r_{max} + 1}{2}. \tag{15b}$$

Für symmetrische Kurven ist das Ergebnis von (15a) und (15b) exakt. Für unsymmetrische Kurven gilt das Ergebnis in erster Annäherung[2].

[1] LIEBERMAN, S. V.: J. biol. Ch. **173**, 63 (1948).
[2] KARLSON, P., u. E. HECKER: Z. Naturforsch. **5b**, 237 (1950).

γ) *Mathematische Übersicht über die einzelnen Methoden.*

In dem Schema der Abb. 18 (in Anlehnung an Busch und Densen) sind die Binomialterme für alle Verteilungen bis $n = 8$ abzulesen. Das Schema ist leicht für alle größere Zahlen von n zu vervollständigen. Jeder Verteilungsschritt hat die mit A—C bezeichneten Unterteilungen, die hier mathematisch berücksichtigt sind. Es ist notwendig, dieses ausführliche Schema hier zu bringen, weil es auch die Terme der einzelnen Phasen jeder Verteilungseinheit anführt. Bei den einzelnen Verteilungsverfahren, außer dem Grundprozeß, wird ja eine Verteilungseinheit nicht immer als ganzes System (obere und untere Phase), sondern nur durch eine Phase (obere oder untere) repräsentiert. Weiter erleichtert dieses Schema die mathematische Abhandlung der verschiedenen Verteilungsmethoden; die entsprechenden Terme hierfür können einfach abgelesen werden. Es muß betont werden, daß die numerischen Werte der Reihen 0—8 der Abb. 3 den in den Kreisen wiedergegebenen Termen sämtlicher mit B bezeichneten Horizontalreihen der Abb. 18 entsprechen. Zur Orientierung über den Richtungsverlauf der einzelnen Verteilungsmethoden diene das Kurzschema der Abb. 19. Man sieht, daß die Formeln hierfür, außer der für den Grundprozeß, zusammengesetzt sein müssen. Einzelne Formeln werden mehrmals in verschiedenen Zusammensetzungen auftreten, da in dem Gesamtablauf der verschiedenen Verteilungsprozesse einige Richtungen sich wiederholen. Der Ablauf der Verteilung ist bei allen Methoden von links nach rechts. Die in den Formeln und Schemata auftretenden Bezeichnungen sind:

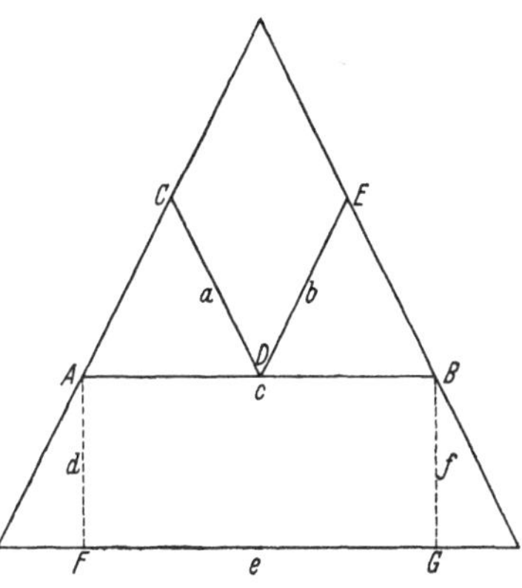

Abb. 19. Kurzschema des Richtungsverlaufes der verschiedenen Verteilungsmethoden in Abb. 18. *AB* Richtung des Grundprozesses, Formel *c*. *ADE* Richtung der einphasigen Entnahme oberer Phase, Formel *c + b*. *CDB* Richtung der einphasigen Entnahme der unteren Phase, Formel *a + c*. *CDE* Richtung, zweiphasige Entnahme, Formel *a + b*. *AFGB* Richtung, wechselphasige Entnahme, Formel *d + e + f*.

n = Anzahl sämtlicher vorgenommenen Verteilungsschritte;

m = Anzahl der Verteilungsschritte des Grundprozesses;

r = Nummer der Einheit, wenn die Numerierung von *links nach rechts* im Schema erfolgt, Beginn mit 0;

s = Nummer der Einheit, wenn die Numerierung von *rechts nach links* im Schema erfolgt, Beginn mit 0;

z = Anzahl der verwendeten Verteilungseinheiten;

a = Nummer der Einheit, nachdem sich der Richtungsablauf der Verteilung ändert;

x = Substanzmenge in der oberen Phase;

y = Substanzmenge in der unteren Phase;

X = Gesamtsubstanzmenge.

Für x und y können zur Berechnung theoretischer Kurven auch die Formeln (3) und (4) verwandt werden.

Aus dem Gesamtschema ergeben sich dann die Schemata für die einzelnen Methoden. Sie zeigen den Richtungsablauf und die Terme der Methoden der einphasigen Entnahme der oberen Phase (Abb. 20), der einphasigen Entnahme der unteren Phase (Abb. 21), der zweiphasigen Entnahme (Abb. 22) und der wechselphasigen Entnahme (Abb. 23); auch die Bezeichnung der einzelnen Einheiten geht aus ihnen hervor. An der Methode der einphasigen Entnahme der oberen Phase sei erläutert, wie aus dem großen Schema (Abb. 18) ein solches Einzelschema gewonnen wird. Wir haben z. B. $z = 5$ und daher $m = 4$. Wir wollen eine Gesamtverteilung von $n = 8$ durchführen. Die erste ausfließende Phase hat also 5 Verteilungen hinter sich und entspricht daher dem Term der oberen Phase in der 5., d. h. letzten Einheit einer 5fachen Verteilung, also x^5. Die zweite ausfließende Phase entspricht dem Term einer oberen Phase in der 5. Einheit, d. h. der vorletzten einer 6fachen Verteilung, also $5x^2y$. Die dritte entnommene Phase entspricht der oberen Phase der 5. Einheit einer 7fachen Verteilung, also $15x^5y^2$. Die vierte entnommene

Phase entspricht der 5. Einheit einer 8fachen Verteilung, also $35\,x^5 y^3$. Wenn man dieses Bildungsgesetz und die Einzelschemata der Abb. 20—23 durcharbeitet, ist es leicht, für alle Verteilungsmethoden und gewünschten Schritte die Terme abzulesen.

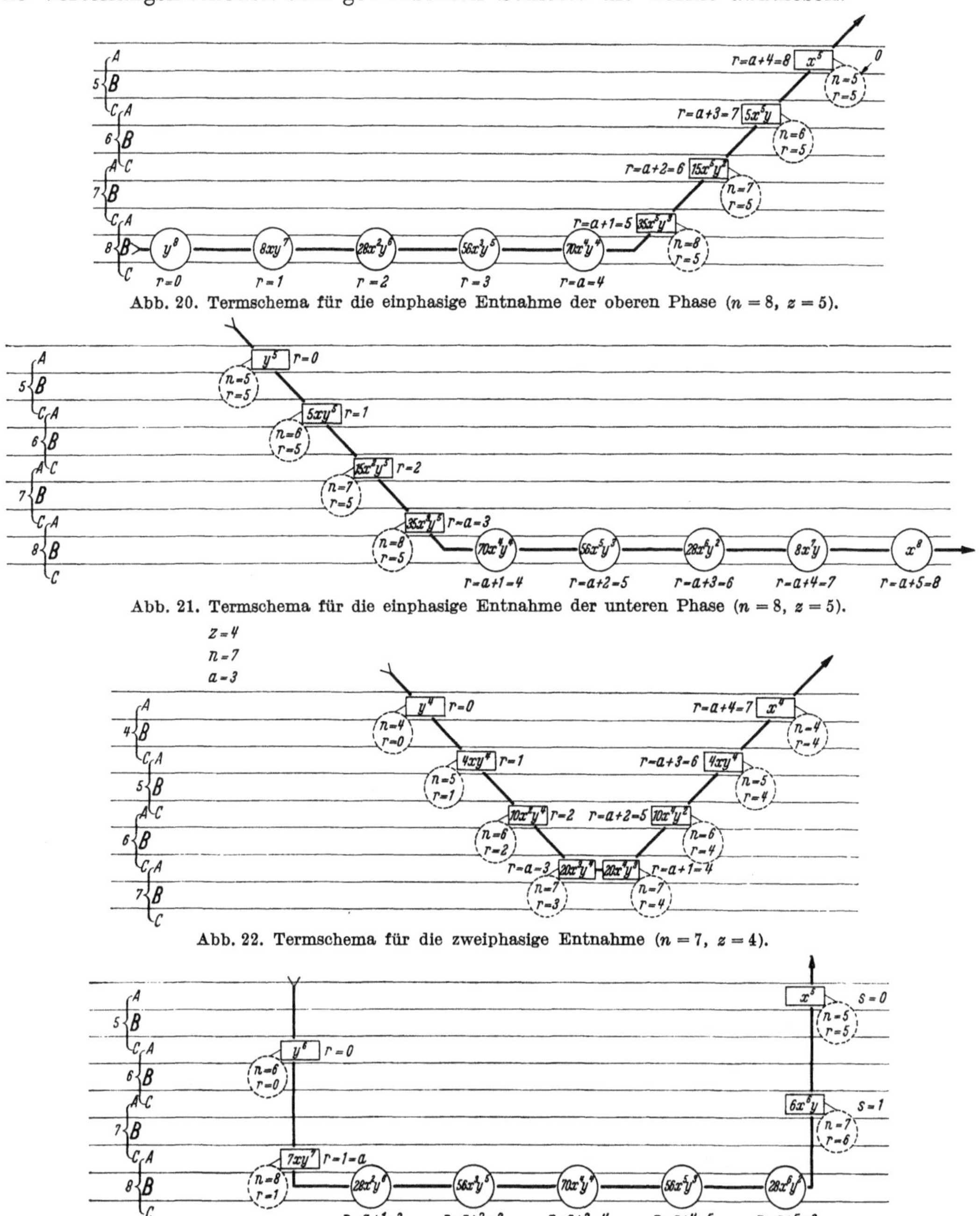

Abb. 20. Termschema für die einphasige Entnahme der oberen Phase ($n = 8$, $z = 5$).

Abb. 21. Termschema für die einphasige Entnahme der unteren Phase ($n = 8$, $z = 5$).

Abb. 22. Termschema für die zweiphasige Entnahme ($n = 7$, $z = 4$).

Abb. 23. Termschema für die wechselphasige Entnahme ($n = 8$, $m = 4$, $z = 5$).

Die folgenden Tabellen 6 und 8 geben eine Zusammenstellung der Reihenformeln und Additionsformeln der einzelnen Verteilungsmethoden wieder. Daß die komplizierteren Verteilungsmethoden zusammengesetzte Formeln aufweisen, wurde bereits erwähnt. Die Additionsformeln haben außer ihren Grundformeln noch ein Anfangsglied (vgl. S. 278) bei der Entwicklung der Additionsformeln für den Grundprozeß. Das Anfangsglied einer neuen Formelgruppe (gilt für die zusammengesetzten Formeln der komplizierteren Methoden) wird auch Übergangsglied genannt. Einige laufende Terme der Tabellen 8 und 9 sind in Tabelle 3 ausgerechnet wiedergegeben.

Tabelle 6. *Reihenformeln der verschiedenen Verteilungsmethoden.*

Art der Methode	$r \leqq a$	$r \geqq a + 1$	Bemerkungen
Grundprozeß	$X_{n,r} = \dfrac{n!}{r!\,(n-r)!} \cdot \dfrac{k^r}{(k+1)^n}$ (c)		
Einphasige Entnahme oberer Phase	$X_{n,r} = \dfrac{n!}{r!\,(n-r)!} \cdot \dfrac{k^r}{(k+1)^n}$ (c)	$X_{n,r} = \dfrac{(n+a-r)!}{a!\,(n-r)!} \cdot \dfrac{k^{a+1}}{(k+1)^{a+n-r+1}}$ (b)	
Einphasige Entnahme unterer Phase	$X_{m,r} = \dfrac{(m+r)!}{r!\,m!} \cdot \dfrac{k^r}{(k+1)^{r+m+1}}$ (a)	$X_{n,r} = \dfrac{(m+a+1)!}{r!\,(m+a+1-r)!} \cdot \dfrac{k^r}{(k+1)^{m+a+1}}$ (c)	hier gilt die Beziehung $n = m + a + 1$
Zweiphasige Entnahme	$X_{m,r} = \dfrac{(m+r)!}{m!\,r!} \cdot \dfrac{k^r}{(k+1)^{r+m+1}}$ (a)	$X_{m,r} = \dfrac{(m+2a+1-r)}{a!\,(m+a+1-r)!} \cdot \dfrac{k^{a+1}}{(k+1)^{m+2a+2-r}}$ (b)	

δ) Behandlung der wechselphasigen Entnahme.

Die Formeln gelten nur unter folgenden Voraussetzungen:

a) die erste entnommene Fraktion muß eine leichte Phase sein;

b) gleichviel obere und untere Phasen müssen entnommen werden;

c) die Zahl der auf einer Seite entnommenen Phasen darf nicht größer sein als die Zahl der vorhandenen Einheiten.

Für die entnommenen leichten und schweren Phasen gelten die Formeln der Tabelle 7. Der Mittelteil der Verteilung läßt sich nicht, wie man vermuten könnte, nach dem Grundprozeß berechnen, sondern es ist die Einführung von Korrekturgliedern notwendig[1]. Die korrigierte Formel lautet

$$T_{n,r} = T'_{n,r} - t'_{n,r} - t''_{n,r} \tag{16}$$

und in Reihe entwickelt

$$T_{n,r} = \frac{n!}{r!\,(n-r)!} \cdot \frac{k^r}{(k+1)^n} - \frac{n!}{(2a-r)!\,(n-2a+r)!} \cdot \frac{k^r}{(k+1)^n} -$$
$$- \frac{n!}{(r-m-1)!\,(n-r+m+1)!} \cdot \frac{k^r}{(k+1)^n} \cdot \tag{17}$$

Tabelle 7. *Reihen- und Additionsformeln für entnommene leichte und schwere Phasen für die Methode der wechselphasigen Entnahme.*

	$r \gtreqless a$ entnommene schwere Phasen	$s \leqq a$ entnommene leichte Phasen
Reihen-formeln	$X_{m,r} = \dfrac{(m+2)\,(m+1+2r)!}{r!\,(m+r+2)!} \cdot \dfrac{k^r}{(k+1)^{m+2+2r}}$	$X_{m,s} = \dfrac{(m+1)\,(m+2s)!}{s!\,(m+1+1)!} \cdot \dfrac{k^{m+1+s}}{(k+1)^{m+1+2s}}$
Additions-formeln (Anfangsglied)	$\log X_{m,r=0} = (m+2)\log\dfrac{1}{1+k}$	$\log X_{m,s=0} = (m+1)\log\dfrac{k}{k+1}$
Additions-formeln (Laufender Term)	$\log X_{m,r} = \log X_{m,r-1} + {}$ $+ \log\dfrac{(m+2r+1)\,(m+2r)}{r\,(m+r+2)} + \log\dfrac{k}{(k+1)^2}$	$\log X_{m,s} = \log X_{m,s-1} + {}$ $+ \log\dfrac{(m+2s)\,(m+2s-1)}{s\,(m+s+1)} + \log\dfrac{k}{(k+1)^2}$

Hierbei ist

$$n = m + 2a + 2 \quad \text{und} \quad a + 1 \leqq r \leqq m + a + 1.$$

In der Tabelle 9 sind für die einzelnen Werte von T', t' und t'' die entsprechenden Additionsformeln mit ihren Anfangsgliedern aufgeführt. An Stelle der Anfangsglieder ist auch ein Übergangsglied brauchbar, in welches der Logarithmus der zuletzt entzogenen Fraktion $r = a$ der entnommenen schweren Phase eingeht, um den ersten Term des Mittelteiles zu berechnen. Dieses Übergangsglied ist ebenfalls in der Tabelle 9 angegeben.

---

[1] KARLSON, P., u. E. HECKER: Z. Naturforsch. 5b, 237 (1950).

Tabelle 8. *Additionsformeln der verschiedenen Verteilungsmethoden.*

Methode	Anfangsglied	$r \leqq a$	$r = a + 1$ Übergangsglied	$r \geqq a + 2$
Grundprozeß	$\log X_0 = -n \log (k+1)$	$\log X_{n,r} = \log \dfrac{n+1-r}{r} + \log k + \log X_{n,r-1} \ldots$		
Einphasige Entnahme oberer Phase	$\log X_0 = -n \log (k+1)$	$\log X_{n,r} = \log \dfrac{n+1-r}{r} + \\ + \log k + \log X_{n,r-1}$	$\log X_{a+1} = \log X_{n,a} + \\ + \log \dfrac{n+1-r}{n+1+a-r} + \log k$	$\log X_{n,r} = \log X_{n,r-1} + \\ + \log \dfrac{n+1-r}{n+1+a-r} + \log (k+1)$
Einphasige Entnahme unterer Phase	$\log X_0 = (m+1) \log \left(\dfrac{1}{k+1} \right)$	$\log X_{m,r} = \log X_{m,r-1} + \\ + \log \dfrac{m+r}{r} + \log \dfrac{k}{k+1}$	$\log X_{m,a+1} = \log X_{m,a} + \\ + \log \dfrac{m+r}{r} + \log k$	$\log_{n,r} = \log X_{n,r-1} + \\ + \log \dfrac{n+1-r}{r} + \log k$
Zweiphasige Entnahme	$\log X_0 = (m+1) \log \dfrac{1}{k+1}$	$\log X_{m,r} = \log_{m,r-1} + \\ + \log \dfrac{m+r}{r} + \log \dfrac{k}{k+1}$	$\log X_{a+1} = \log X_{n,a} + \\ + \log \dfrac{n+1-r}{n+1+a-r} + \log k$	$\log X_{n,r} = \log X_{n,r-1} + \\ + \log \dfrac{n+1-r}{n+1+a-r} + \log (k+1)$

Tabelle 9. *Additionsformeln für die Glieder der korrigierten Formeln nach Gleichungen (16) und (17).*

Glied	Anfangsterm	Übergangsterm	Laufender Term
$T'_{n,r}$	$\log T'_{n,a+1} = \log n! - \log (a+1)! - \\ - \log (n-a-1)! + (a+1) \log \dfrac{k}{k+1} + \\ + (n-a-1) \log \dfrac{1}{k+1}$	$\log T'_{n,r=a+1} = \log T_{m,r=a} + \\ + \log \dfrac{(m+2a+2)(m+a+2)}{(m+2)(a+1)} + \log k$	$\log T'_{n,r} = \log T'_{n,r-1} + \log \dfrac{n+1-r}{r} + \\ + \log k$
$t'_{n,r}$	$\log t'_{n,a+1} = \log n! - \log (a-1)! - \\ - \log (m+a+3)! + (a+1) \log \dfrac{k}{k+1} + \\ + (m+a+1) \log \dfrac{1}{k+1}$	$\log t'_{n,r=a+1} = \log T_{m,r=a} + \\ + \log \dfrac{(m+2a+2)a}{(m+2)(m+a+3)} + \log k$	$\log t'_{n,r} = \log_{n,r-1} + \log \dfrac{m+2+r}{2a+1-r} - \\ - \log \dfrac{1}{k} \\ \text{für } a + m + 1 \geqq r \geqq a + 2$
$t''_{n,r}$	$\log t''_{n,r=m+1} = (m+1) \log \dfrac{k}{k+1} + \\ + (n-m-1) \log \dfrac{1}{k+1}$		$\log t''_{n,r} = \log t''_{n,r-1} + \log \dfrac{n+m+2-r}{r-m-1} + \\ + \log k$

ε) Berechnung des optimalen Trenneffektes.

Will man zur präparativen Trennung von Substanzgemischen einen optimalen Trenneffekt erzielen, und die Verteilungskoeffizienten liegen nicht in einem günstigen Bereich, so muß man das Phasenverhältnis ändern. Hierzu dient folgende Formel nach Bush und Densen[1]

$$\frac{V_x}{V_y} = \sqrt{\frac{1}{k_a + k_b}} \, .$$

Hierin bedeuten V_x und V_y das Volumen der oberen und unteren Phase; k_a und k_b die Verteilungskoeffizienten der zu trennenden Substanzen bzw. Substanzgemische (bestimmt bei dem Phasenverhältnis 1:1!).

Mikromethoden zur Kennzeichnung organischer Stoffe und Stoffgemische.

Von

L. Kofler †.

Mit 5 Abbildungen.

a) Schmelzpunkt-Mikrobestimmung.

Den Ausgangspunkt und die Grundlage der hier beschriebenen Methoden bildet die Schmelzpunktbestimmung unter dem Mikroskop. Ein Vorteil der Mikromethode ist der geringe Substanzverbrauch. Deshalb wurde dieses Verfahren zunächst vor allem in der Mikrochemie benützt. Durch die Schmelzpunkt-Mikrobestimmung konnte die mikroskopische Mikrochemie auf eine sichere Grundlage gestellt werden. Die mikroskopische Schmelzpunktbestimmung vermag aber nicht nur in der Mikrochemie, sondern auch dann hervorragende Dienste zu leisten, wenn genügend Substanz zur Verfügung steht. Denn unter dem Mikroskop läßt sich das Verhalten jedes einzelnen Kryställchens oder Partikelchens vor, bei und nach dem Schmelzen genau verfolgen; dadurch lassen sich eine Reihe kennzeichnender Eigenschaften einer Substanz feststellen, die bei der Makrobestimmung der Beobachtung entgehen. Vor allem ermöglicht die mikroskopische Beobachtung des Schmelzvorganges eine viel empfindlichere Beurteilung der Reinheit des Stoffes.

Die Methode setzt das Vorhandensein einer Einrichtung voraus, die es gestattet, die Substanz zwischen Deckglas und Objektträger auf dem Mikroskop unter Kontrolle der Temperatur zu erhitzen. Seit dem ersten, von Lehmann im Jahre 1877 beschriebenen Ölbadmikroskop sind zahlreiche Einrichtungen zu demselben Zweck beschrieben worden. Der von uns benützte *Mikro-Schmelzpunktapparat* besteht aus einer elektrisch geheizten Platte, die auf dem Objekttisch eines beliebigen Mikroskops oder eines Spezialmikroskops aufgesetzt ist[2]. Gegen die umgebende Luft ist der Apparat durch einen an der Peripherie angebrachten, 6 mm hohen Ring geschützt, auf den eine Glasplatte aufgelegt wird. In einer seitlich mündenden Bohrung der Heizplatte steckt ein Thermometer, das mit Hilfe geeigneter Testsubstanzen geeicht wurde. Die mit dem Apparat erhaltenen Schmelzpunkte stellen daher korrigierte Werte dar (Abb. 1).

Die Temperaturmessung kann auch thermoelektrisch vorgenommen werden, indem man auf der Heizplatte ein Kupfer-Konstantanelement anbringt, das mit einem direkt auf Temperaturgrade geeichten Millivoltmeter verbunden ist[3].

---

[1] Bush, M. T., and P. M. Densen: Analyt. Chem., Washington **20**, 121 (1948).

[2] Kofler, L.: Mikrochem. **15**, 242 (1934).

[3] Kofler, L., u. H. Hilbck: Mikrochem. **9**, 38 (1931).

Die Substanz, deren Schmelzpunkt bestimmt werden soll, liegt zwischen Objektträger und Deckglas auf der Heizplatte des Apparates und wird bei 80—100facher Vergrößerung im durchfallenden, wenn nötig im polarisierten Licht beobachtet. Die elektrische Heizung wird durch einen Widerstand reguliert. Steht genügend Substanz zur Verfügung, so verwendet man ungefähr 0,1 mg; bei Substanzmangel genügt häufig 1 γ.

Unter dem Mikroskop kann man den Schmelzpunkt auf zweierlei Art bestimmen[1]. Bei der „durchgehenden" Schmelzpunktbestimmung läßt man die Temperatur des Heiztisches ohne Unterbrechung bis zum vollständigen Schmelzen der Substanz ansteigen. Bei der Temperatur des Schmelzpunktes zerfließen zuerst die kleinen Splitter, dann folgen die größeren Krystalle, bei denen man ein Abrunden der Ecken und Kanten und ein allmähliches Zerfließen beobachtet.

Bei der Schmelzpunktbestimmung mit Hilfe des „Gleichgewichtes" stellt man die Heizung des Apparates ab, bevor die Substanz ganz geschmolzen ist. Die in den größeren Schmelztropfen noch vorhandenen Krystallreste beginnen beim Sinken der Temperatur zu wachsen, um bei neuerlichem Erhitzen wieder abzuschmelzen. Durch beliebiges Wiederholen dieses Spiels kann man bei unzersetzt schmelzenden Stoffen das Gleichgewicht zwischen fester und flüssiger Phase beliebig oft einstellen.

Sublimation. Bei den meisten Stoffen sieht man während des Erhitzens vor dem Erreichen des Schmelzpunktes mannigfache, durch Sublimationsvorgänge bedingte Veränderungen. Manche Substanzen lagern sich vor unseren Augen weitgehend um, so daß sie vor dem Erreichen der Schmelztemperatur ein völlig anderes Aussehen gewinnen, als sie zu Beginn des Versuches hatten. Sehr häufig sublimieren die Substanzen teilweise oder ganz vom Objektträger an die Unterseite des Deckglases. Die Sublimation kann erst unmittelbar vor Erreichen des Schmelzpunktes oder schon viele Grade früher erfolgen. Für viele Substanzen sind Form und Aussehen dieser Sublimate kennzeichnend und für die Identifizierung wertvoll.

Abb. 1. Heiztischmikroskop.

Man kann die Mikrosublimation beim Nachweis einer Substanz oft mit Vorteil zur Isolierung und Reinigung heranziehen. Dabei dient zum Auffangen des Sublimates ein Deckglas, auf dem man dann anschließend die Schmelzpunkt-Mikrobestimmung oder die Bestimmung von eutektischen Temperaturen durchführt (vgl. S. 289). Diese Arbeitsweise hat sich unter anderem in der Pharmakognosie, Pharmazie, Toxikologie, in der gerichtlichen Chemie und in der Lebensmittelchemie zum einfachen und sicheren Nachweis von Drogeninhaltsstoffen, Arzneimitteln, Giften, Konservierungsmitteln, künstlichen Süßstoffen usw. bewährt.

Schmelzen unter Zersetzung. Bei zersetzlichen Substanzen sind bei der Mikromethode die gleichen Gesichtspunkte zu beachten wie bei der Makromethode. Bekanntlich ist die Temperatur, bei der sich eine organische Substanz zersetzt, in hohem Grade vom Erhitzungstempo abhängig. Es ist daher unerläßlich, der Mitteilung der Zersetzungstemperatur auch Angaben über die Geschwindigkeit des Erhitzens beizufügen. Selbstverständlich lassen sich die Begleiterscheinungen der Zersetzung unter dem Mikroskop viel besser verfolgen als im Capillarröhrchen. Daher ist auch hier die Mikromethode in vielen Fällen dem Makroverfahren überlegen.

[1] KOFLER, L., u. A. KOFLER: Mikromethoden zur Kennzeichnung organischer Stoffe und Stoffgemische. Innsbruck 1948.

b) Hydrate.

Unter dem Mikroskop läßt sich das Verhalten von Hydraten beim Erwärmen genauer verfolgen als bei der Schmelzpunktbestimmung im Capillarröhrchen. Am häufigsten sieht man unter dem Mikroskop das Wasser entweichen und dann später die wasserfreie Substanz schmelzen. In anderen Fällen beobachtet man ein Schmelzen des Hydrats, bei weiterem Temperaturanstieg ein Wiedererstarren und schließlich ein Schmelzen beim Schmelzpunkt der wasserfreien Substanz.

Beim *Entweichen des Krystallwassers* gehen die Hydratkrystalle unter Wahrung ihrer äußeren Form in mikrokrystalline Aggregate der wasserfreien Substanz über[1]. Dabei sieht man im durchfallenden Licht die vorher klaren, durchsichtigen Krystalle trüb, braun oder schwarz werden (Abb. 2); in polarisiertem Licht zwischen gekreuzten Nicols erkennt man, daß sich die vorher einheitlichen Krystalle in feinkörnige Aggregate umgewandelt haben. Das Krystallwasser entweicht bei den meisten Hydraten bei Temperaturen unter 100°. Nicht immer ist die Umwandlung in die krystallwasserfreie Form mit gleicher Deutlichkeit zu beobachten. Liegt die Substanz als feines Pulver oder in Form feiner Nadeln vor, so ist das Entweichen des Krystallwassers nur am Hüpfen oder am Zerbrechen der Nadeln oder überhaupt nicht zu erkennen. In Zweifelsfällen wendet man die weiter unten zu besprechende Paraffinölmethode an.

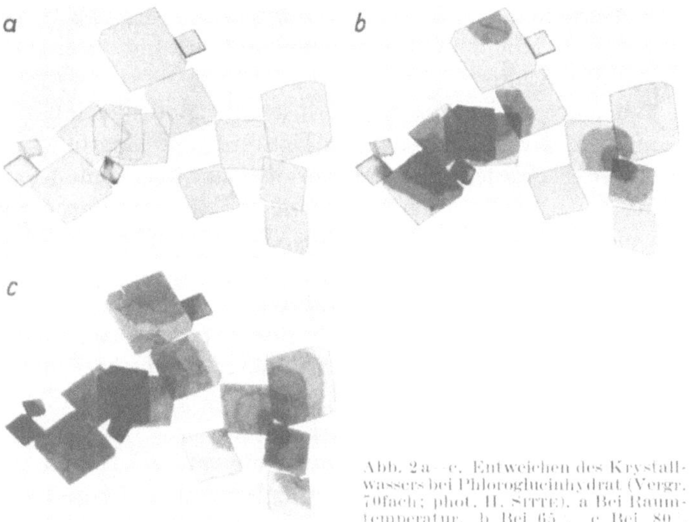

Abb. 2a—c. Entweichen des Krystallwassers bei Phloroglucinhydrat (Vergr. 70fach; phot. H. SITTE). a Bei Raumtemperatur. b Bei 65°. c Bei 80°.

Die meisten Hydrate verhalten sich wie *inhomogen schmelzende Molekülverbindungen*, d. h. sie schmelzen bei einer bestimmten Temperatur — dem Übergangspunkt — partiell unter Ausfall einer höher schmelzenden Krystallart, die entweder ein wasserarmes Hydrat oder die wasserfreie Substanz sein kann. Bei manchen Hydraten beginnen beim Erwärmen einzelne Krystalle wirklich bei ihrem Übergangspunkt zu schmelzen, andere Krystalle lassen sich aber bis zu ihrem eigentlichen (instabilen), homogenen Schmelzpunkt „überhitzen", der bei den verschiedenen Hydraten verschieden hoch über dem Übergangspunkt liegt. Nicht selten krystallisiert aus den klaren Tropfen, die beim instabilen homogenen Schmelzen der Hydratkrystalle entstanden sind, noch nachträglich die höher schmelzende Krystallart aus.

Da die Schmelzvorgänge bei Hydraten meist durch das teilweise oder vollständige Entweichen des Krystallwassers gestört werden, ist es besser, zur Beobachtung ihres Verhaltens die Krystalle in *Paraffinöl* einzubetten und erst dann zu erwärmen. Man kann dann ohne Störung entweder den Übergangspunkt oder den instabilen homogenen Schmelzpunkt beobachten[2]. Bei pulverförmigen Substanzen läßt sich unter Paraffinöl an dem Entweichen von Gasblasen auch die Hydratnatur erkennen. Da die meisten Hydrate zwischen 60 und 110° ihr Krystallwasser abgeben und in diesem Temperaturintervall die meisten Übergangspunkte liegen, läßt sich mit Hilfe dieser einfachen Versuchsanordnung ein großer Teil der Hydrate unter dem Heizmikroskop erfassen.

---

[1] KOFLER, L., u. M. BRANDSTÄTTER: Chemie **55**, 77 (1942).
[2] KOFLER, A.: B. **83**, 594 (1950). Z. analyt. Chem. **133**, 31 (1951).

c) Polymorphe Substanzen.

Obwohl allgemein bekannt ist, daß viele Substanzen polymorph sind, rechnet der Chemiker bei seiner üblichen Arbeitsweise in der Regel nicht mit dem Auftreten verschiedener Modifikationen. Bei Schmelzpunkt-Mikrobestimmungen hat sich jedoch gezeigt, daß man bei organischen Verbindungen stets die Möglichkeit der Ausbildung mehrerer Modifikationen im Auge behalten muß. Manche Widersprüche und Irrtümer des Schrifttums konnten auf nicht erkannte Polymorphiefälle zurückgeführt werden[1, 2].

Aufmerksam wird man bei einer Substanz auf Polymorphieerscheinungen durch das Auftreten verschiedener Schmelzpunkte oder durch die Beobachtung von Umwandlungserscheinungen. Auch verschiedene Krystallformen, die sich bei der dem Schmelzen vorausgehenden Sublimation bilden, und unterschiedliche Feinstruktur der erstarrten Schmelztropfen derselben Substanz weisen häufig auf das Vorhandensein von mehreren Modifikationen hin. Instabile Modifikationen organischer Stoffe treten bei jeder Art der Krystallisation auf: bei der Sublimation, aus der Schmelze und aus Lösungsmitteln. Eine weitere Möglichkeit bildet die Impfwirkung durch gitterstrukturell mehr oder weniger verwandte Stoffe.

Bei der *Sublimation* treten instabile Modifikationen eher bei normalem als bei vermindertem Druck auf, da der Dampfdruck instabiler Formen höher ist.

Aus der *Schmelze* krystallisieren instabile Formen leichter in unterkühltem Zustand. Viele Stoffe bilden auch bei geringer Unterkühlung einer Schmelze zunächst stets eine oder mehrere instabile Formen aus, die in manchen Fällen sehr rasch, in anderen allmählich in die stabile Form übergehen.

Bei der *Krystallisation aus Lösungsmitteln* spielen für die Ausbildung instabiler Formen neben den spezifischen Eigenschaften der Substanz noch die Art des Lösungsmittels, die Geschwindigkeit des Krystallisationsvorganges, bedingt durch die Art der Abkühlung, sowie die jeweilige Temperatur eine wesentliche Rolle.

Die Bestimmung der *Schmelzpunkte instabiler Modifikationen* gelingt bisweilen auch mit Makromethoden, meistens aber nur auf dem Heizmikroskop. Hier ist die Bestimmung in vielen Fällen ohne weiteres möglich, in anderen Fällen sind bestimmte Kunstgriffe notwendig, z. B. Bestimmung an Einzelkrystallen in Mikrosublimaten oder in erstarrten kleinen Schmelztropfen. Wenn die direkte Bestimmung versagt, führt nicht selten die indirekte Bestimmung auf Grund der Schmelzkurven im Zweistoffsystem oder mittels der eutektischen Temperaturen mit geeigneten Substanzen zum Ziel[3].

Durch die mikroskopische Untersuchung konnte eine Reihe von Irrtümern des Schrifttums erkannt werden, die darin bestehen, daß der Schmelzpunkt der stabilen Modifikation eines Stoffes einer krystallographisch oder auch röntgenographisch untersuchten Krystallart zugeschrieben wird, die eine instabile Modifikation mit niedrigerem Schmelzpunkt darstellt. Dies gilt z. B. für Cholesterinacetat, Resorcin, Thiosinamin, Veronal u. a. Es handelt sich dabei entweder um enantiotrope oder um haltbare monotrope Modifikationen, wie z. B. beim Veronal[4]. Die bei Veronal aus organischen Lösungsmitteln in der Regel krystallisierende Modifikation II schmilzt bei 183°, sie wandelt sich aber während des Erwärmens im Capillarröhrchen so gut wie immer in die stabile, bei 190° schmelzende Form um[1, 4]. Die US-Pharmakopoe[5] enthält eine von KEENAN stammende Tabelle mit den Brechungsindices einer größeren Anzahl von Arzneistoffen zum Zwecke der Identifizierung. Dabei wird für Oestron angegeben „crystal system monoclinic, $n_\alpha = 1{,}520$, $n_\beta = 1{,}642$, $n_\gamma = 1{,}692$". Diese Daten beziehen sich auf die monoklin-instabile Modifikation von Oestron. Dabei wird in der US-Pharmakopoe nicht erwähnt, daß Oestron polymorph ist und in drei Modifikationen auftreten kann[6]. Das internationale Standardpräparat, das wir seinerzeit untersuchten, bestand z. B. aus der rhombisch-instabilen Modifikation[6]. Bei der Untersuchung des Präparates nach der US-Pharmakopoe-Tabelle müßte man zu dem Schluß gelangen, daß das Präparat kein Oestron ist.

[1] KOFLER, L., u. A. KOFLER: Mikromethoden zur Kennzeichnung organischer Stoffe und Stoffgemische. Innsbruck 1948.

[2] KOFLER, A.: Mikroskopie 5, 153 (1950).

[3] KOFLER, A., u. L. KOFLER: Mh. Chem. 78, 13 (1948).

[4] FISCHER, R., u. A. KOFLER: Arch. Pharmazie 270, 207 (1937).

[5] Pharmakopeia of the USA., XIV, S. 748, 1950.

[6] KOFLER, A., u. A. HAUSCHILD: H. 224, 150 (1934).

Bei der Häufigkeit der Polymorphieerscheinungen ist ihre Kenntnis zur Identifizierung und Charakterisierung organischer Stoffe unerläßlich. Haben schon die Makromethoden, wie oben erwähnt, zu Irrtümern geführt, so ist diese Gefahr bei Verwendung der Mikromethoden noch wesentlich größer. Denn die zur mikroskopischen Untersuchung kommenden Stoffe liegen oft nur in kleinen Mengen vor, die häufig durch Mikrosublimation erhalten wurden. Bei der Sublimation ist aber die Wahrscheinlichkeit der Bildung mehrerer Modifikationen sehr groß. Die Kenntnis der Polymorphie läßt dann einerseits Irrtümer vermeiden und trägt andererseits zur Sicherung der Identifizierung bei, was bei den kleinen Mengen, die oft keine chemischen Identitätsreaktionen zulassen, einen ganz wesentlichen Vorteil bedeuten kann.

d) Mischschmelzpunkt und eutektische Temperatur.

Zur Entscheidung der Frage, ob zwei Substanzen identisch sind oder nicht, ist die Bestimmung des Mischschmelzpunktes unter dem Mikroskop noch besser geeignet als die übliche Bestimmung im Capillarröhrchen. Denn unter dem Mikroskop kann man die Schärfe oder Unschärfe des Schmelzpunktes der Mischung besser erkennen und darüber hinaus die beiden Substanzen in ihrem mikroskopischen Aussehen und ihrem Verhalten beim Erhitzen, z. B. bezüglich Sublimierbarkeit, Form der Sublimate usw., vergleichen.

Wenn die beiden Proben identisch sind, so sieht man die Mischung gleichzeitig und unter denselben Erscheinungen schmelzen wie die Einzelsubstanzen. Handelt es sich dagegen um zwei verschiedene Stoffe, so beginnt ein Teil des Gemenges früher zu schmelzen, während die übrig bleibenden Krystalle bei weiterem Erhitzen erst allmählich schmelzen oder sich in der Schmelze auflösen.

Die Bestimmung des Mischschmelzpunktes unter dem Mikroskop gestattet nicht nur die Entscheidung der Frage, ob zwei Substanzen identisch sind, sondern erlaubt darüber hinaus bei Ungleichheit der gemischten Substanzen noch eine weitere Charakterisierung und ein systematisches Identifizieren. Unter dem Mikroskop läßt sich nämlich in einfacher Weise die *eutektische Temperatur* feststellen[1, 2].

Zu diesem Zwecke werden nach dem Augenmaß ungefähr gleiche Mengen der beiden Komponenten gemischt und zwischen Deckglas und Objektträger erhitzt. Wenn die eutektische Temperatur erreicht ist, schmilzt ein Teil der Substanz zu Tropfen zusammen, die aber nicht klar sind, sondern noch Krystallreste der überschüssigen Komponente enthalten. Unter dem Mikroskop kann man in den meisten Fällen selbst bei nur 1%igem Anteil einer Komponente den Beginn des Schmelzens bei der eutektischen Temperatur beobachten. Als Mischsubstanzen können die verschiedensten Stoffe herangezogen werden. Man wählt zweckmäßig solche, deren Schmelzpunkt nicht allzuweit von dem der Probe entfernt ist. Die Mischsubstanzen sollen nicht allzuleicht flüchtig und möglichst rein sein.

Da die eutektische Temperatur für jedes Stoffpaar einen kennzeichnenden Wert darstellt, eröffnet sich durch die einfache und sichere mikroskopische Bestimmung dieses Wertes eine fast unbegrenzte Möglichkeit zur Kennzeichnung und Identifizierung organischer Substanzen. Häufig werden dadurch die zum qualitativen Nachweis üblichen, oft unsicheren Farbreaktionen überflüssig.

e) Reinheitsprüfung.

Unter dem Mikroskop erkennt man das Vorhandensein von Verunreinigungen zunächst am vorzeitigen Schmelzen einzelner Teilchen. Es ist selbstverständlich, daß man auf diese Weise bei der 80—100fachen mikroskopischen Vergrößerung Verunreinigungen noch in wesentlich kleineren Mengen erkennen kann als im Capillarröhrchen bei der Beobachtung mit freiem Auge oder mit der Lupe. Während bei größeren Mengen einer Verunreinigung (etwa 1 % und darüber) das Schmelzen ruckartig bei der eutektischen Temperatur beginnt,

---

[1] KOFLER, L., u. A. KOFLER: Angew. Chem. **53**, 434 (1940).

[2] KOFLER, L., u. A. KOFLER: Mikromethoden zur Kennzeichnung organischer Stoffe und Stoffgemische. Innsbruck 1948.

ist bei geringeren Mengen der Verunreinigung (etwa $^1/_4$%) der Schmelzbeginn nicht mehr scharf bei der eutektischen Temperatur, sondern später und ganz allmählich zu erkennen[1]. Ein allmählicher, unscharfer Schmelzbeginn ist auch dann zu beobachten, wenn mehrere Verunreinigungen in kleineren Mengen vorhanden sind. Dieser Fall trifft in der Praxis am häufigsten zu.

Das Vorhandensein *anorganischer Verunreinigungen* erkennt man daran, daß nach dem Schmelzen und bei weiterem Erhitzen ungeschmolzene Reste übrigbleiben. Die Empfindlichkeit des Nachweises ist von der Menge der verwendeten Substanz abhängig. Hat man so viel Substanz genommen, daß die Schmelze den ganzen Raum zwischen Objektträger und Deckglas ausfüllt, so kann man beim Durchmustern des Präparates in der Regel $^1/_4$% einer anorganischen Verunreinigung noch leicht erkennen[2].

Zahlreiche organische Präparate, die bei der Schmelzpunktbestimmung im Capillarröhrchen den Eindruck vollständiger Reinheit machen, erweisen sich bei der Prüfung mit Hilfe der Mikromethoden als verunreinigt. Darauf muß nachdrücklich hingewiesen werden, weil derartige Beobachtungen beim Arbeiten mit den Mikromethoden sich immer wieder aufdrängen und nicht selten zu Meinungsverschiedenheiten führen. Man muß sich dabei stets bewußt sein, daß die Bestimmung des Schmelzpunktes unter dem Mikroskop ein wesentlich empfindlicheres Kriterium für die Reinheit darstellt als die Bestimmung im Capillarröhrchen.

f) Lichtbrechung der Schmelze.

Ein weiteres kennzeichnendes Merkmal organischer Substanzen, das sich auf dem Mikroschmelzpunktapparat bestimmen läßt, ist die Lichtbrechung der Schmelze. Zu diesem Zweck versetzt man das mikroskopische Präparat mit ein paar Stäubchen eines Glaspulvers von bekannter Lichtbrechung, schmilzt und vergleicht die Lichtbrechung der Schmelze mit der der Glassplitter[3]. Bei Gleichheit der Lichtbrechung sind die Glassplitter in der Schmelze unsichtbar. Bei Ungleichheit sind sie sichtbar, und zwar um so deutlicher, je größer der Unterschied in der Lichtbrechung zwischen den Glassplittern und der Schmelze ist. Ob die Glassplitter niedriger oder höher brechend sind als die Schmelze, erkennt man an der sog. BECKEschen Linie, das ist die helle Linie, die die Glassplitter umsäumt, und die beim Bewegen des Mikroskoptubus ihre Lage verändert. Beim Heben wandert die helle Linie gegen das höher brechende Medium, beim Senken des Tubus wandert sie umgekehrt.

Für die Bestimmung steht eine Skala von 24 Glaspulvern mit verschiedenen Brechungsexponenten zur Verfügung. Nach dem bisher Gesagten könnte man zwei Pulver der Skala suchen, zwischen denen die Lichtbrechung der zu prüfenden Substanz liegt. In Wirklichkeit läßt sich jedoch der Brechungsexponent der Schmelze genauer ermitteln, weil die Lichtbrechung der Flüssigkeiten mit steigender Temperatur abnimmt, während die Lichtbrechung der Gläser bei Temperaturänderungen praktisch unverändert bleibt. Zur genaueren Bestimmung wählt man auf Grund der Vorversuche von den beiden Gläsern, deren Lichtbrechung der der geschmolzenen Substanz am nächsten kommt, das Glas mit dem niedrigeren Index. Unmittelbar nach dem Schmelzen wird dann die Schmelze höher brechend sein als die Glassplitter. Bei weiterem Erhitzen nimmt die Lichtbrechung der Schmelze allmählich ab, die BECKEsche Linie und somit die Glassplitter werden immer undeutlicher, um schließlich bei Übereinstimmung der Lichtbrechung vollständig zu verschwinden. Bei weiterem Temperaturanstieg tauchen die Glassplitter wieder auf. Die BECKEsche Linie zeigt nun aber das umgekehrte Verhalten wie vorher; sie wandert beim Heben des Tubus gegen die Glassplitter. Die Schmelze ist also niedriger brechend geworden. Das Ergebnis wird dann beispielsweise folgendermaßen angegeben: „1,6011 bei 123

[1] KOFLER, L., u. A. KOFLER: B. **74**, 1394 (1941).

[2] KOFLER, L., u. M. PIRISTI: Arch. Pharmazie **282**, 69 (1944).

[3] KOFLER, L.: Mikrochem. **22**, 241 (1937). — KOFLER, L., u. H. RUESS: Chem. d. Erde **11**, 590 (1938). — KOFLER, L., u. A. KOFLER: Chem. d. Erde **13**, 316 (1940).

bis 124°", d. h. bei 123° sind die Glassplitter eben noch als niedriger brechend erkennbar, zwischen 123 und 124° sind sie in der Schmelze unsichtbar und bei 124° tauchen sie als höher brechend wieder auf. Zwischen 123 und 124° ist die Lichtbrechung der Schmelze gleich der des Glases $n = 1,6011$.

Zur Vermeidung von Störungen infolge von Dispersionsunterschieden bestimmt man die Lichtbrechung nicht in weißem, sondern in annähernd monochromatischem Licht, indem man ein *Rotfilter* auf den Filterhalter des Mikroskops auflegt. Alle in unseren Tabellen angegebenen Werte für die Lichtbrechung sind unter Vorschalten des der Glaspulverskala beigegebenen Spezial-Rotfilters bestimmt.

Auf Substanzen, die unter Zersetzung schmelzen, ist das hier beschriebene einfache Verfahren nicht anwendbar. Dabei ist aber gerade hier eine zuverlässige Identifizierung von besonderer Wichtigkeit, da die Schmelzpunkte unscharf und auch die eutektischen Temperaturen nicht selten träg und weniger gut reproduzierbar sind als bei unzersetzt schmelzenden Substanzen. Durch das „Zumischverfahren" von LENNARTZ[1] ist es auch bei den meisten zersetzlichen Substanzen möglich, die Lichtbrechung mit Hilfe der Glaspulvermethode zu bestimmen. Dabei mischt man der zersetzlichen Substanz eine geeignete andere Substanz zu, wodurch man den Schmelzpunkt unter die Zersetzungstemperatur herabdrückt, um dann die Lichtbrechung in der unzersetzten Schmelze zu bestimmen.

Als Zumischsubstanz wählt man einen Stoff, der den Schmelzpunkt der zu prüfenden Substanz möglichst weit herabsetzt. Die Menge der Zumischung richtet sich nach der Zersetzlichkeit der betreffenden Substanz. Im allgemeinen nimmt man zum Zweck der qualitativen Analyse so viel Zumischsubstanz, daß ein Gemisch 1:1 entsteht. Der Wert wird dann z. B. für Morphinbase (F 245—255°) in folgender Weise angegeben: „Mit Salophen $n = 1,5700$ bei 156—157°." Das bedeutet: In einer Mischung von Morphin mit gleichen Teilen Salophen beobachtet man mit dem Glas $n = 1,5700$ Gleichheit der Lichtbrechung bei 156—157°. KOFLER und LENNARTZ[2] untersuchten alle ihnen zugänglichen Alkaloide in Form ihrer Basen und therapeutisch verwendeten Salze, wobei sich zeigte, daß unter Heranziehung des Zumischverfahrens fast alle Alkaloidsalze mit Sicherheit unterscheidbar sind[2]. Von den Alkaloidbasen war nur die am höchsten schmelzende, nämlich das Theobromin, mit Hilfe des Zumischverfahrens nicht erfaßbar.

Die Glaspulvermethode läßt sich naturgemäß nicht nur auf Schmelzen anwenden, sondern auch auf Substanzen, die bei Raumtemperatur flüssig sind. Bei sehr flüchtigen Substanzen und bei flüchtigen organischen Flüssigkeiten empfiehlt FISCHER[3] die Bestimmung in der Mikrocuvette. Diese besteht aus einem 6 cm langen Röhrchen von 2—2,3 mm Durchmesser, das auf eine Länge von 3 cm flachgedrückt, in diesem Teil außen 3 mm breit und etwa 1 mm dick ist. Das Lumen ist entsprechend diesen Ausmaßen etwa 1,5 mm breit und 0,2—0,3 mm hoch. Am Ende des flachgedrückten Teiles ist das Röhrchen zugeschmolzen. Nach dem Einfüllen der Substanz und der Glassplitter wird auch das andere Ende so zugeschmolzen, daß die Cuvette nun etwa 3 cm lang ist.

Zur besseren Wärmeübertragung auf dem Mikroheiztisch verwendet FISCHER[3] ein rechteckiges Metallblättchen, dem ein Schlitz eingeschnitten ist, der zur Aufnahme der beiderseits zugeschmolzenen Cuvette dient. Man kann zum gleichen Zwecke auch den Aluminiumblock verwenden, der zur Aufnahme des Capillarröhrchens bei der Molekulargewichtsbestimmung nach RAST auf dem Heizmikroskop dient.

g) Thermische Analyse.

Mikromethoden können mit großem Erfolg auch auf dem Gebiet der Thermoanalyse angewendet werden. Unsere „Kontaktmethode" ermöglicht mit einem einzigen

---

[1] LENNARTZ, H. J.: Z. analyt. Chem. **127**, 5 (1944). Pharmazeut. Zentr.-Halle **87**, 265 (1948).
[2] KOFLER, L., u. H. J. LENNARTZ: Mikrochem. **33**, 70 (1947).
[3] FISCHER, R.: Mikrochem. **28**, 173 (1940). Chemie **55**, 244 (1942). — FISCHER, R., u. T. LANGHAMMER: Mikrochem. **34**, 208 (1949).

mikroskopischen Präparat in wenigen Minuten eine „qualitative" Analyse eines Zweistoffsystems und die Beantwortung der Frage, ob zwei Stoffe miteinander ein einfaches

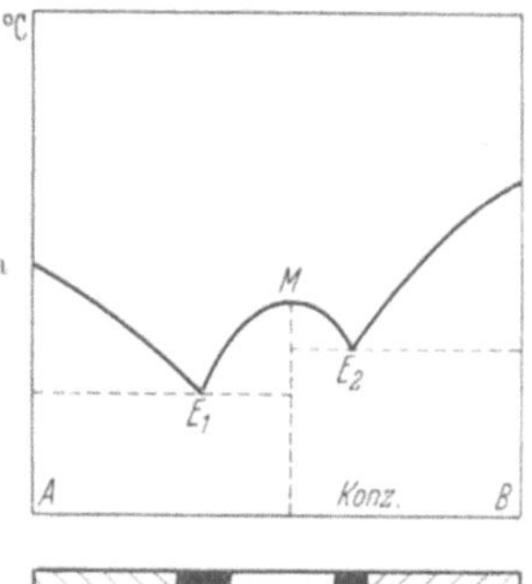
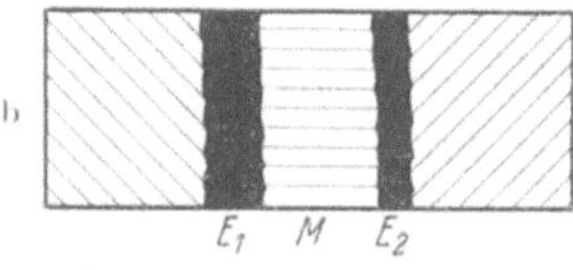
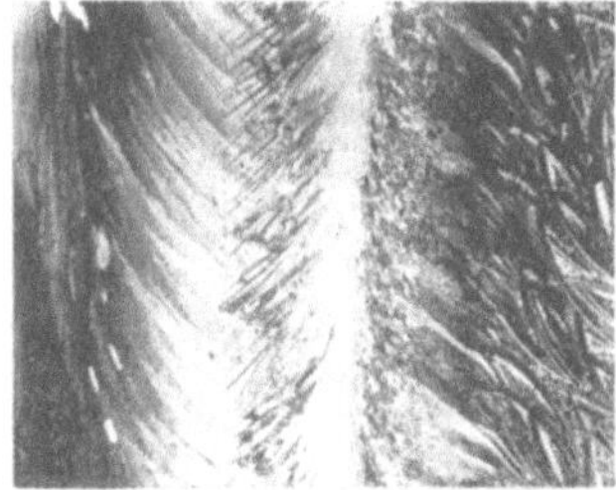

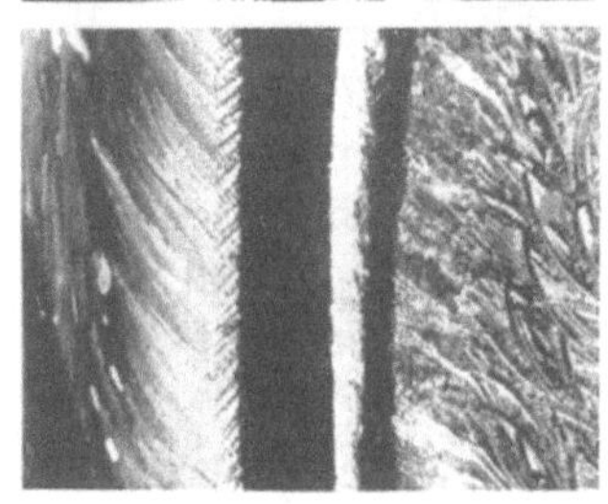

Eutektikum, eine oder mehrere Verbindungen, eine Mischungslücke, Mischkrystalle usw. bilden[1, 2].

Zu diesem Zweck wird die Mischzone zweier zwischen Objektträger und Deckglas sich berührender Stoffe bei Temperaturänderungen unter dem Mikroskop beobachtet. Die Kontaktpräparate werden in folgender Weise hergestellt: Man bringt eine Probe der höher schmelzenden Substanz zum Schmelzen und achtet darauf, daß die Schmelze nur etwa die Hälfte des Raumes zwischen Deckglas und Objektträger ausfüllt. Dann läßt man die Schmelze erstarren. Die zweite Substanz bringt man an einen der noch freien Deckglasränder (am besten in der Nähe der zuerst eingebrachten Substanz), erwärmt, bis sie schmilzt, wobei die Schmelze in den noch freien Raum zwischen Objektträger und Deckglas einfließt. Dann wird das Präparat durch Abkühlen zum Erstarren gebracht. Beim Wiedererwärmen auf dem Heizmikroskop können an derartigen Kontaktpräparaten in der Mischzone alle Erscheinungen in anschaulicher Weise abgelesen werden, die in dem Schmelzdiagramm des betreffenden binären Systems ihren Ausdruck finden.

Wenn die beiden Stoffe nicht miteinander reagieren und auch im festen Zustand keine Löslichkeit ineinander besteht, so muß an einer bestimmten Stelle der Grenzschicht das Mischungsverhältnis des *Eutektikums* vorliegen. Beim Erwärmen wird daher beim Erreichen der eutektischen Temperatur zuerst dieser Teil der Grenzzone zu schmelzen beginnen. Die Beobachtung erfolgt in polarisiertem Licht zwischen gekreuzten Nicols, weil sich dabei die Schmelze als schwarzer Streifen besonders deutlich von den noch festen, infolge der Doppelbrechung aufleuchtenden Anteilen abhebt.

Wenn die beiden Stoffe miteinander reagieren, d. h. miteinander eine Verbindung bilden, so kann man dies an dem erstarrten Präparat meist schon daran erkennen, daß innerhalb der Grenzschicht zwischen den beiden Komponenten ein neuer Streifen mit abweichendem Gefüge auftritt. Zu den zwei ursprünglichen, krystallinen Stoffen ist nun ein dritter, die Verbindung, hinzugekommen, wodurch die Grenzschicht eine Unterteilung erfährt. Beim Erhitzen können in solchen Kontaktpräparaten beide Eutektika, nämlich einerseits das Eutektikum zwischen der niedriger schmelzenden Substanz und der Verbindung (E_1), und andererseits das zwischen der Verbindung und der höher schmelzenden Substanz (E_2) beobachtet werden (Abb. 3). Sind zwei Verbindungen in verschiedenen Mengenverhältnissen entstanden, so liegen sie im Kontaktpräparat, der verschiedenen prozentualen Zusammensetzung entsprechend, nebeneinander und ergeben beim Wiedererwärmen drei verschiedene Eutektika.

Abb. 3 a—e. Zweistoffsystem mit Molekülverbindung. a Zustandsdiagramm, Erläuterung s. Text. b Schema des Kontaktpräparates. c Erstarrtes Kontaktpräparat. d Beim Erhitzen ist E_1 geschmolzen (Schmelze erscheint zwischen gekreuzten Nicols schwarz). e E_2 ist ebenfalls geschmolzen.

[1] KOFLER, A.: Z. physik. Chem. (A) **187**, 363 (1941). Z. Elektrochem. **47**, 810 (1941). Z. Naturwiss. **31**, 553 (1943).

[2] KOFLER, L., u. A. KOFLER: Mikromethoden zur Kennzeichnung organischer Stoffe und Stoffgemische. Innsbruck 1948.

Manche Stoffpaare zeichnen sich dadurch aus, daß ihre flüssigen Phasen nicht in allen Verhältnissen mischbar sind, so daß das Diagramm eine *Mischungslücke* aufweist. Im Kontaktpräparat eines solchen Stoffpaares schmilzt beim Erwärmen zunächst das Eutektikum; bei weiterer Temperatursteigerung tritt bei einer für jedes Stoffpaar charakteristischen Temperatur die Spaltung der Schmelze in zwei Flüssigkeitsschichten ein.

Außerordentlich wertvoll erwies sich die Kontaktmethode für das Studium von *Isomorphieerscheinungen*. Die Eigenschaft isomorpher Stoffe, in der Schmelze oder gesättigten Lösung der entsprechenden isomorphen Substanz in gleicher krystallographischer Richtung als ein und dieselbe Phase weiterzuwachsen wie in der eigenen, läßt sich im Kontaktpräparat ausgezeichnet verfolgen. In vielen Fällen kann die Zugehörigkeit zu den 5 Typen von ROOZEBOOM rasch erkannt werden.

Wenn man durch die Kontaktmethode die Grundform des Diagramms erkannt hat und dann auch die quantitativen Verhältnisse ermitteln will, bestimmt man an einer Anzahl von Gemischen der beiden Komponenten die Punkte der primären Krystallisation oder den Endschmelzpunkt. Die Zahl der Punkte, die man bei unserer Arbeitsweise bestimmen muß, ist viel kleiner als bei den klassischen Methoden der thermischen Analyse, denn dort müssen zahlreiche Mischungen untersucht werden, um keine Molekülverbindungen, Knickpunkte usw. zu übersehen. Bei unserer Arbeitsweise hingegen ergeben sich schon aus der Kontaktmethode der Charakter des Diagramms und die Temperaturen der ausgezeichneten Punkte, so daß durch die quantitativen Bestimmungen nur noch ermittelt werden muß, bei welcher prozentualen Zusammensetzung die ausgezeichneten Punkte liegen.

Zur Bestimmung des *Endschmelzpunktes* auf dem Heizmikroskop wird eine Mischung zwischen Objektträger und Deckglas durchgeschmolzen und anschließend rasch abgekühlt. Das Präparat wird dann auf dem Heizmikroskop langsam erhitzt und in polarisiertem Licht zwischen gekreuzten Nicols beobachtet. Nach dem Überschreiten der eutektischen Temperatur sieht man die überschüssige Komponente als ein Gitterwerk oder als gekörnte Masse von annähernd gleichartiger Maschen- bzw. Korngröße in der Schmelze zurückbleiben. Man erhitzt weiter und bestimmt die Temperatur, bei der die letzten Krystalle verschwinden. Aus der Morphologie der Restkrystalle kann man erkennen, auf welchem Kurvenast die betreffende Mischung liegt; dadurch läßt sich die Lage des eutektischen Gemisches auch bei ungünstigen Bedingungen, z. B. bei flachen Kurventeilen, genau feststellen. Eine besonders rasche und einfache Bestimmung des Endschmelzpunktes von Mischungen läßt sich auf der später zu besprechenden Heizbank (s. S. 296) durchführen.

h) Qualitative Analyse von Substanzgemischen.

Die hier beschriebenen Mikromethoden eignen sich in Verbindung mit der „*Absaugmethode*"[1] auch zur qualitativen Analyse von Gemischen[2]. Bei der Absaugmethode wird eine Substanz dadurch aus einem Gemisch isoliert, daß man die eutektische Schmelze bei geeigneter Temperatur mit Filtrierpapier entfernt. Zunächst bestimmt man in der oben beschriebenen Weise an einer kleinen Probe die eutektische Temperatur, d. h. den Beginn des Schmelzens. Dann legt man auf einen Objektträger ein Stückchen gehärtetes Filtrierpapier und breitet darauf eine dünne Schicht der zu reinigenden Substanz oder des zu trennenden Gemisches aus. Quer darüber legt man einen zweiten Objektträger. Dieses mikroskopische Präparat wird nun auf dem Mikroheiztisch oder auf der Heizbank (vgl. S. 296) etwas über die eutektische Temperatur erhitzt. Wenn dieser Temperaturbereich erreicht ist, drückt man den oberen Objektträger fest auf die Substanz. Die entstandene Schmelze wird dabei vom Filtrierpapier aufgesaugt und ist dort in Form durchscheinender Flecken zu erkennen. Die ungeschmolzenen Anteile bleiben am oberen Objektträger haften. Nun hebt man diesen Objektträger ab, wechselt das Filtrierpapierblättchen gegen ein neues aus, legt den Objektträger mit den daran haftenden Krystallen

---

[1] KOFLER, L., u. R. WANNENMACHER: B. **73**, 1388 (1940).
[2] KOFLER, L., u. M. BRANDSTÄTTER: Angew. Chem. **54**, 322 (1941).

wieder auf und drückt ihn fest. Das Wechseln des Filtrierpapierblättchens wird mehrmals wiederholt, wobei man die Temperatur des Heiztisches langsam ansteigen läßt. Auf diese Weise gelangt man in der Regel schon nach 10—15 min zu einer reinen Substanz, deren Menge für die Identifizierung mit Hilfe der Mikromethoden ausreicht.

Welche Komponente eines Gemisches man durch die Absaugmethode erhält, hängt davon ab, auf welchem Ast des Schmelzdiagramms das Mischungsverhältnis des Gemenges liegt. Um auch die zweite Komponente eines Gemisches in der gleichen Weise zu isolieren, muß man das Mengenverhältnis des Gemisches nach der anderen Seite des eutektischen Punktes verschieben, z. B. durch Behandeln mit Lösungsmitteln, durch chromatographische Adsorptionsanalyse oder andere geeignete Maßnahmen. Dies ist naturgemäß viel leichter als die vollständige Reinigung, denn gerade die letzte Reinigung macht im allgemeinen die größten Schwierigkeiten. Was wir hier vom Umkrystallisieren, Sublimieren usw. verlangen, ist oft eine so geringfügige Verschiebung des Mischungsverhältnisses, daß wir auf die andere Seite des eutektischen Punktes gelangen. Die weitere Trennung und Reinigung wird bei unserer Arbeitsweise von der Absaugmethode übernommen.

Bei dreifachen und mehrfachen Gemischen sind das Absaugen und die Isolierung einer Komponente meist nicht schwieriger als bei zweifachen Gemischen. Schwieriger ist bei mehrfachen Gemischen natürlich die Isolierung der anderen Komponenten. Hier handelt es sich zunächst darum, das Mischungsverhältnis auf den anderen Ast des Schmelzdiagramms zu verschieben. Die Isolierung und Reinigung der entsprechenden Komponente des Gemisches besorgt dann wieder die Absaugmethode.

Bei der Analyse von Gemischen bieten die Mikromethoden noch dadurch einen weiteren Vorteil, daß sie die Bestimmung des *Mischschmelzpunktes von Gemischen* gestatten[1]. Zunächst einmal kann man den Befund dadurch erhärten, daß man dem Untersuchungsgemisch Proben der beiden Substanzen zumischt, die man gefunden hat. Die eutektische Temperatur darf dadurch nicht erniedrigt werden.

i) Quantitative Bestimmung von Zweistoffgemischen.

Mit Hilfe der Lichtbrechung. Die oben beschriebene Bestimmung der Lichtbrechung von Schmelzen eignet sich nicht nur zur Kennzeichnung und Identifizierung einfacher Substanzen, sondern auch zur quantitativen Bestimmung von Zweistoffgemischen. Am einfachsten sind die Fälle, in denen die Lichtbrechung der beiden Substanzen mit ein und demselben Glas der Glaspulverskala bestimmt werden kann[2]. Hier unterscheiden sich die beiden Substanzen nur durch die Temperatur, bei der ihre Schmelzen Gleichheit der Lichtbrechung mit dem betreffenden Glas aufweisen. Man trägt in einem Diagramm auf der Abszisse die Mischungsverhältnisse und auf der Ordinate die Temperaturen auf. In Abb. 4 ist das Diagramm von Cycloform (F 65°) und Anästhesin (F 90,5°) wiedergegeben. Das erstere zeigt bei 65,5°, das letztere bei 119° Gleichheit der Lichtbrechung mit dem Glaspulver 1,5403. Die entsprechenden Temperaturen für alle Mischungsverhältnisse liegen auf einer die beiden Reinsubstanzen verbindenden Geraden. Je steiler diese Gerade bei einem System verläuft, um so genauer läßt sich die quantitative Bestimmung durchführen.

Häufiger sind die Fälle, in denen für die Aufstellung des Diagramms mehrere Glaspulver herangezogen werden müssen[3]. Bei dem Substanzpaar Uliron (F 196°) und Eubasin (F 182°) kann man das Glas 1,5897 nur für Gemische bis zu etwa 70 % Eubasin benützen, weil bei Temperaturen über 210° Zersetzung zu befürchten ist. Für die eubasinreichen Gemische eignet sich das Glas 1,6011. Mit diesem Glas kann man aber Gemische mit weniger als 30 % Eubasin nicht mehr erfassen, weil die Schmelze bei der in Betracht kommenden niedrigen Temperatur erstarrt.

---

[1] KOFLER, L.: Z. analyt. Chem. **133**, 27 (1951).

[2] LINDPAINTNER, E.: Arch. Pharmazie **277**, 398 (1939). — REIMERS, F.: Dansk T. Farmaci **14**, 219 (1940). Z. analyt. Chem. **122**, 404 (1941). — DULTZ, G.: Süddtsch. Apoth.-Ztg. **81**, 227 (1941).

[3] KOFLER, L., u. M. BAUMEISTER: Z. analyt. Chem. **124**, 385 (1942). — KOFLER, L.: Arch. Pharmazie **282**, 20 (1944). Chem.-Ztg. **68**, 43 (1944).

Bei Substanzpaaren, deren Lichtbrechung stärkere Unterschiede aufweist, ist eine größere Anzahl von Gläsern notwendig, um alle Mischungsbereiche zu erfassen. Je größer die Differenz der Lichtbrechung ist, umso genauer wird die Bestimmung, da einer Änderung von 1% in der Zusammensetzung des Gemisches eine Differenz von mehreren Temperaturgraden entspricht.

Zersetzung der Substanzen beim Schmelzen, allzustarke Flüchtigkeit, Nichtmischbarkeit der flüssigen Phasen und allzugroßer Abstand der Schmelzpunkte der beiden Substanzen (mehr als 80—100°) machen die Anwendung des Verfahrens in der hier beschriebenen einfachen Form unmöglich. Durch das Zumischverfahren von LENNARTZ kann man in den meisten Fällen diese Schwierigkeiten beheben[1]. Zu diesem Zweck prüft man die Komponenten und ihre Mischungen nicht für sich allein, sondern im Gemisch mit einer bestimmten Menge einer geeigneten Mischsubstanz. Dadurch kann man die Lichtbrechung in Temperaturbereichen bestimmen, in denen sich die Substanzen noch nicht zersetzen und in denen die Flüchtigkeit geringer ist. In der Regel genügt ein Gehalt von 50—60% Zumischsubstanz. Man wird natürlich bestrebt sein, mit einer möglichst geringen Menge auszukommen, denn der Unterschied der Lichtbrechung ist um so größer und somit die Genauigkeit der Untersuchungen um so besser, je kleiner die Menge der Zumischsubstanz ist.

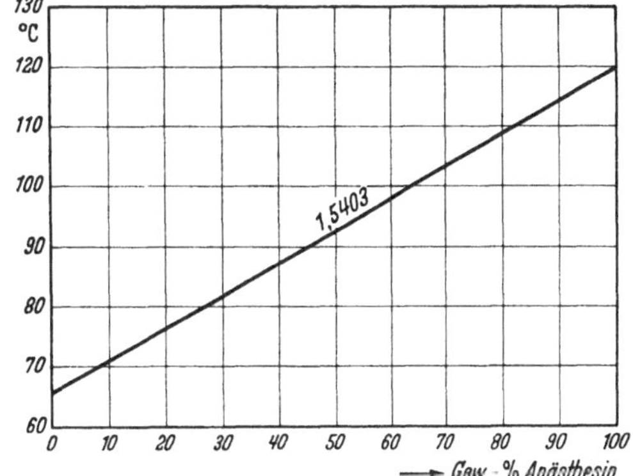

Abb. 4. Gehaltsbestimmung mittels der Glaspulvermethode (Cycloform und Anästhesin).

Mit Hilfe des Schmelzdiagramms. Wenn die Glaspulvermethode bei einem Stoffpaar wegen zu geringer Differenz der Lichtbrechung nicht anwendbar ist, ermöglicht oft die Mikro-Thermoanalyse eine quantitative Bestimmung. Das Verfahren beruht im wesentlichen darauf, daß man ein Schmelzdiagramm des betreffenden Stoffpaares aufstellt und dann von der fraglichen Mischung das Ende des Schmelzens bestimmt. Das Verfahren ist in der Regel nur bei Stoffpaaren anwendbar, die miteinander ein einfaches Eutektikum bilden. Die Bestimmungen können auf dem Heizmikroskop oder auf der später zu besprechenden Heizbank durchgeführt werden. Bezüglich der Einzelheiten muß auf die Literatur verwiesen werden[2].

k) Molekulargewichtsbestimmung.

Die Molekulargewichtsbestimmung nach RAST[3] kann man auf dem Heizmikroskop zwischen Deckglas und Objektträger oder im zugeschmolzenen Röhrchen durchführen. Die an sich näher liegende Arbeitsweise im Objektträger-Deckglaspräparat wird durch die starke Flüchtigkeit der gebräuchlichen Lösungsmittel erschwert. Mit Campher läßt sich auf diese Weise die Bestimmung nicht durchführen. Weniger flüchtige Lösungsmittel, wie Bornylchlorid, Camphen, Tetrabrommethan, Perylen, Exalton und 2,4,6-Trinitrotoluol sind für diesen Zweck zwar verwendbar, man muß dabei aber den Rand des Deckglases mit einem geeigneten Kitt (z. B. einem Gemisch aus 10% Movital, 60% Alkohol und 30% Benzol) umrahmen, um die Verflüchtigung des Lösungsmittels zu verhindern[4].

Allgemein anwendbar ist die Bestimmung in der Schmelzpunktcapillare auf dem Heizmikroskop[4, 5]. Wenn man das zugeschmolzene Röhrchen einfach auf den Heiztisch

[1] LENNARTZ, H. J.: Z. analyt. Chem. **127**, 5 (1944). — KOFLER, L., u. H. J. LENNARTZ: Mikrochem. **33**, 70 (1947). — LENNARTZ, H. J.: Pharmaz. Zentr.-Halle **87**, 265 (1948).
[2] KOFLER, A., u. L. KOFLER: Mh. Chem. **78**, 23 (1948). — KOFLER, L., u. H. WINKLER: Mh. Chem. **81**, 746 (1950). Arch. Pharmazie **283**, 176 (1950).
[3] RAST, K.: B. **55**, 1051, 3727 (1922).
[4] KOFLER, L., u. M. BRANDSTÄTTER: Mikrochem. **33**, 20 (1947).
[5] EKBORN, G.: Coll. pharmaceut. suecica 1 (1946).

auflegt, erfolgt beim Erhitzen eine Entmischung, weil der Campher an die Oberseite der Capillare sublimiert ist. Diese Schwierigkeit läßt sich dadurch vermeiden, daß man das Capillarröhrchen in einen flachen Metallblock einführt, der ein kleines Fenster zur Beobachtung des unteren Endes der Capillare besitzt. Wir benützen einen 5 mm hohen Aluminiumblock, der entsprechend dem Rahmen des Objektverschiebers 38 mm lang und 26 mm breit ist und von der Schmalseite ausgehend eine Bohrung mit 3 mm Durchmesser hat. Das Fenster für die Beobachtung befindet sich etwas unterhalb der Mitte des Metallblockes und hat einen Durchmesser von 3 mm. Nachdem wir anfangs gemäß den Angaben von PREGL-ROTH[1] etwas weitere, konische Röhrchen verwendeten, bevorzugen wir jetzt nichtkonische Röhrchen mit ungefähr 1,8 mm Innendurchmesser[2]. Die Röhrchen werden unten so abgeschmolzen, daß der Boden innen annähernd eben ist.

Das Einwägen, Zuschmelzen und Durchmischen werden in der üblichen Weise vorgenommen. Die Bestimmung auf dem Heizmikroskop wird in folgender Weise durchgeführt: Zuerst wird das Lösungsmittel oder das Gemisch bei raschem Temperaturanstieg durchgeschmolzen, dann läßt man langsam abkühlen, etwa 1° je min. Dazu wird die Heizung nicht ganz ausgeschaltet, sondern nur der Regulierwiderstand entsprechend zurückgestellt. Die Temperatur des Auftretens der ersten Krystalle wird notiert. Dann wird wieder langsam angeheizt — $^1/_2$ bis 1° in der min — und die Schmelztemperatur der letzten Krystalle vermerkt. Anschließend werden in derselben Weise nochmals der Erstarrungspunkt und der Schmelzpunkt bestimmt. Ist die Temperaturdifferenz zwischen Schmelzpunkt und Erstarrungspunkt größer als 2—2,5°, so ist beim Schmelzpunkt oder Erstarrungspunkt ein Fehler unterlaufen, oder es ist beim Erstarren eine größere Unterkühlung eingetreten. Wir halten Bestimmung und Vergleich von Schmelzpunkt und Erstarrungspunkt als Kontrolle für vorteilhaft, zumal dieses Vorgehen kaum einen Zeitverlust bedeutet. Für die Berechnung nehmen wir die Temperatur des Schmelzens der letzten Krystalle. Der Vorteil dieser Versuchsanordnung liegt darin, daß man bei der 80 bis 100fachen mikroskopischen Vergrößerung das Schmelzen der letzten Krystalle wesentlich leichter und sicherer feststellen kann als bei der üblichen Beobachtung mit freiem Auge oder mit der Lupe.

l) Die KOFLER-Heizbank und ihre Anwendung.

Beim Arbeiten mit dem Heizmikroskop ergibt sich oft die Notwendigkeit, eine Substanz oder ein Substanzgemisch zwischen Deckglas und Objektträger rasch durchzuschmelzen, z. B. bei Polymorphieuntersuchungen, bei der Mikrothermoanalyse und bei der Kontaktmethode. Um für diese und ähnliche Zwecke den Mikroheiztisch nicht eigens auf die zum Durchschmelzen notwendige Temperatur bringen zu müssen, verwendeten wir einen einseitig elektrisch geheizten, längeren Aluminiumblechstreifen, auf dem die gewünschten Temperaturbereiche nebeneinander jederzeit zur Verfügung standen und der seinen ursprünglichen Zweck als „Vorwärmer" erfüllte. Aus dieser einfachen Einrichtung entwickelte sich dann die „Heizbank", die jetzt nicht nur als Zusatzgerät zum Heizmikroskop, sondern unabhängig davon auch als selbständiger Apparat für mancherlei Zwecke verwendet werden kann[3] (Abb. 5).

Die Heizbank besteht im wesentlichen aus einem langen, schmalen Metallkörper, auf dem durch einseitige elektrische Heizung ein Temperaturgefälle erzeugt wird. Durch ihre Form und durch die Verwendung von zweierlei Metallen mit verschiedener Wärmeleitfähigkeit ist die Heizbank so beschaffen, daß die Temperatur zwischen 265° und 50° annähernd linear abfällt. Zum Ablesen der Temperatur dient eine Skala mit Temperaturlinien von 2° zu 2° und eine Ablesevorrichtung, die entlang der Skala horizontal verschiebbar ist. Die Schwankungen im elektrischen Leitungsnetz werden durch einen Stabilisator (Eisen-Wasserstoffwiderstand) ausgeglichen. Den Einfluß der wechselnden Raumtemperatur berücksichtigt die Temperaturskala. Da der Einfluß der Raumtemperatur sich im kühleren

---

[1] PREGL, F., u. H. ROTH: Quantitative organische Mikroanalyse. 5. Aufl. Wien 1947.
[2] BRANDSTÄTTER, M., u. L. KOFLER: Mikrochem. 34, 364 (1949).
[3] KOFLER, L., u. W. KOFLER: Mikrochem. 34, 374 (1949).

Teil der Heizbank stärker auswirkt als im heißem Teil, sind an der Skala nicht Temperaturpunkte, sondern Temperaturlinien eingetragen. Jede Linie entspricht einer bestimmten Temperatur auf der Oberfläche der Heizbank in Abhängigkeit von der Raumtemperatur. Infolge dieser Eigenart der Temperaturskala muß die Ablesevorrichtung vor jedem Versuch eingestellt werden, wenn man genaue Werte erhalten will. Zu dieser Einstellung, die nur wenige Sekunden erfordert, verwendet man die der Heizbank beigegebenen Eichsubstanzen.

Zur Bestimmung eines Schmelzpunktes wird die Substanz unmittelbar auf die Oberfläche der Heizbank aufgebracht. Schon nach wenigen Sekunden sieht man bei reinen Substanzen eine scharfe Grenze zwischen der festen und der flüssigen Phase. Wenn man nun den Läufer so einstellt, daß der Zeiger auf diese Grenze hinweist, so kann man auf der Skala die entsprechende Temperatur ablesen. Eine Schmelzpunktbestimmung einschließlich Eichung der Ablesevorrichtung dauert nicht länger als 1 min.

Die Schmelzpunktbestimmung auf der Heizbank erlaubt eine empfindlichere Prüfung als die Bestimmung im Capillarröhrchen. Bei reinen Stoffen ist die Schmelzgrenze scharf. Unreine Substanzen zeigen ein Schmelzintervall, das um so schärfer hervortritt, je größer die Menge der Verunreinigung ist. Auf der Heizbank läßt sich das Schmelzintervall deutlich daran erkennen, daß unterhalb der zu klaren Tropfen geschmolzenen Substanz noch „trübe" Tropfen, einzelne Schmelztröpfchen oder feuchte Massen zu sehen sind. Man kann auf diese Weise in vielen Fällen weniger als 1 % einer Beimengung

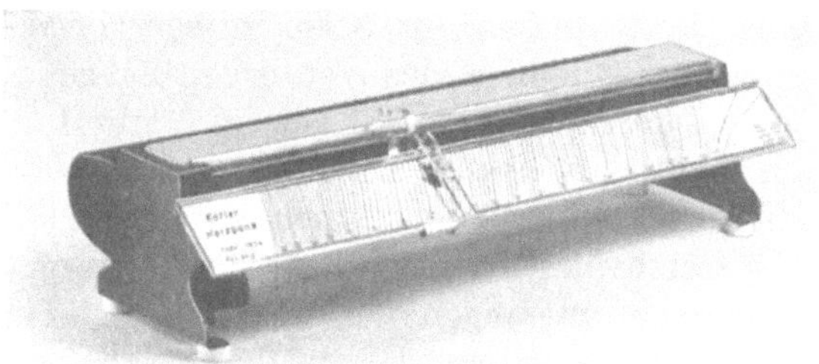

Abb. 5. Kofler-Heizbank.

erkennen, während sich im Capillarröhrchen in der Regel erst 2 % oder mehr Beimengung durch die Unschärfe des Schmelzpunktes verraten.

Da auf der Heizbank die Substanzen innerhalb weniger Sekunden die Schmelztemperatur erreichen, lassen sich hier Schmelzpunkte auch bei vielen *zersetzlichen Substanzen* gut reproduzierbar bestimmen, bei denen im Capillarröhrchen nur eine Zersetzungstemperatur beobachtet werden kann[1]. In diesen Fällen sind die auf der Heizbank abgelesenen Punkte meist höher als die im Schrifttum angegebenen Werte, z. B. fordert das DAB. 6 für Acetylsalicylsäure einen Schmelzpunkt nicht unter 135°, die Firma Bayer nennt für Aspirin einen Schmelzpunkt von 137°. Auf der Heizbank beobachtet man den Schmelzpunkt der Acetylsalicylsäure bei 143°, Rohrzucker schmilzt auf der Heizbank bei 189°, Morphin bei 260°, Ascorbinsäure bei 191°, Phloroglucin bei 222°.

Zur Bestimmung des *Mischschmelzpunktes* genügt es, die beiden Substanzen in je einem schmalen Längsstreifen auf die Heizbank aufzustreuen und, nachdem man die Schmelzpunkte verglichen hat, mit der Lanzettnadel die ungeschmolzenen Anteile zu vermischen. Bei Identität der Substanzen zeigt die Mischung den gleichen Schmelzpunkt, im anderen Fall sieht man auch unterhalb der ursprünglichen Schmelzgrenze Schmelztropfen auftreten[2, 3].

Auf der Heizbank lassen sich auch *eutektische Temperaturen* bestimmen. Man mischt zur Probe ungefähr die gleiche Menge einer geeigneten Testsubstanz und beobachtet dann auf der Heizbank, bis zu welcher Temperatur herab das Gemisch „feucht" wird. Diese einfach und schnell durchführbare Bestimmung läßt sich in mehrfacher Richtung praktisch verwerten. Zum Beispiel kann man die eutektischen Temperaturen ebenso wie bei der mikroskopischen Arbeitsweise zur Unterscheidung von Substanzen benützen, die den gleichen oder einen ähnlichen Schmelzpunkt haben[2]. Die leichte Bestimmbarkeit

[1] Kofler, L., u. H. Sitte: Mh. Chem. **81**, 619 (1950).
[2] Kofler, L.: Chem.-Ing.-Techn. **22**, 289 (1950).
[3] Kofler, L.: Z. analyt. Chem. **133**, 27 (1951).

von eutektischen Temperaturen auf der Heizbank kann man ferner zur *Identifizierung von Substanzgemischen* ausnützen. Wenn man z. B. prüfen will, ob gemischte Arzneipulver die vom Arzt vorgeschriebenen oder die auf der Packung angegebenen zwei oder drei Bestandteile und nur diese enthalten, stellt man laut Vorschrift eine Vergleichsmischung her und vergleicht auf der Heizbank die eutektische Temperatur der Probe, der Vergleichsmischung und der Mischung dieser beiden. Es wird also hier der *Mischschmelzpunkt von Mischungen* bestimmt[1, 2].

Bei einem Gemisch läßt sich auf der Heizbank auch die „*Klarschmelzgrenze*" feststellen, d. i. die Grenze zwischen den ganz klaren und den eben noch trüben Tropfen. Dadurch ergibt sich eine neue Methode, mit der man den Punkt der primären Krystallisation rascher und einfacher bestimmen kann als nach den klassischen Methoden der Thermoanalyse. Die Klarschmelzgrenze ermöglicht unter anderem die Kontrolle der richtigen Zusammensetzung eines Gemisches, indem man eine Vergleichsmischung von der angeblichen Zusammensetzung herstellt und auf der Heizbank die Klarschmelzgrenze der Probe und der Vergleichsmischung und einer Mischung der beiden vergleicht.

Die Bestimmung der Klarschmelzgrenze auf der Heizbank stellt weiter eine Vereinfachung der *Aufnahme von Schmelzdiagrammen* dar. Die Bestimmung eines Klarschmelzpunktes einschließlich des vorausgegangenen Durchschmelzens des Gemisches zwecks besserer Durchmischung läßt sich in 3 min durchführen. Auf diese Weise kann man bei einem Stoffpaar, dessen Diagramm ein einfaches Eutektikum aufweist, das Schmelzdiagramm in 30—40 min aufnehmen[3].

Die Heizbank ist daher für die Bestimmung des Schmelzpunktes der Capillarröhrchenmethode nicht nur wegen der unvergleichlichen Zeitersparnis, sondern auch deshalb überlegen, weil die Bestimmung auf der Heizbank neben der Schmelztemperatur auch noch manche andere Aufschlüsse gewährt.

Das Heiztischmikroskop kann durch die Heizbank jedoch nicht ersetzt werden, denn die mikroskopische Beobachtung der Schmelzvorgänge enthüllt, wie schon oben erwähnt, eine Fülle von Eigenschaften einer Substanz. Dazu kommt, daß die Glaspulvermethode zur Bestimmung der Lichtbrechung von Schmelzen, ferner eingehende Polymorphieuntersuchungen, die Kontaktmethode und manche unserer anderen Mikromethoden nur auf dem Mikroheiztisch unter dem Mikroskop durchführbar sind. Sehr vorteilhaft ist jedoch die Verwendung der Heizbank neben dem Heizmikroskop, was, wie erwähnt, ihr ursprünglicher Zweck war. Die Heizbank ermöglicht beim Arbeiten mit dem Heizmikroskop eine große Zeitersparnis.

m) Tabellen.

α) Erläuterungen.

Schmelzpunkt, eutektische Temperatur und Lichtbrechung der Schmelze bilden ein ausgezeichnetes Hilfsmittel zum raschen Erkennen organischer Substanzen. In der folgenden Tabelle β) ist eine Anzahl physiologisch und pharmakologisch wichtiger Substanzen nach ihren *Schmelzpunkten* geordnet zusammengestellt[4].

Bei allen Substanzen sind je zwei *eutektische Temperaturen* mit geeigneten Mischsubstanzen angegeben. Die Bemerkung „tr" hinter der eutektischen Temperatur bedeutet „träg" und besagt, daß hier das eutektische Schmelzen nicht so plötzlich und ruckartig beginnt wie in der Mehrzahl der Fälle. Ein Strich beiderseits der eutektischen Temperatur besagt, daß es sich um einen Durchschnittswert handelt, von dem häufig Abweichungen beobachtet werden.

In den zwei nächsten Spalten sind der *Brechungsexponent* des Glaspulvers und die Temperatur angegeben, bei der seine Lichtbrechung der Schmelze gleich ist. Die Angabe

[1] KOFLER, L.: Chem.-Ing.-Techn. **22**, 289 (1950).
[2] KOFLER, L.: Z. analyt. Chem. **133**, 27 (1951).
[3] KOFLER, L., u. H. WINKLER: Arch. Pharmazie **283**, 176 (1950).
[4] KOFLER, L., u. A. KOFLER: Mikromethoden zur Kennzeichnung organischer Stoffe und Stoffgemische. Innsbruck 1948.

von zwei Gläsern z. B. 1,5403—1,5502 ohne Temperaturwert bedeutet, daß der Brechungsexponent unmittelbar nach dem Schmelzen zwischen den beiden Glaspulvern liegt und eine genauere Bestimmung des Brechungsexponenten aus irgendeinem Grunde nicht möglich ist.

Bei einigen zersetzlichen Substanzen ist in der letzten Spalte unter „Besondere Kennzeichen" die mit Hilfe des „Zumischverfahrens" ermittelte *Lichtbrechung* vermerkt, z. B. bedeutet beim Morphin (F 245—255°) die Angabe: „Mit Salophen $n = 1,5700$ bei 156—157°, 1,5611 bei 186—187°" Folgendes: In einer Mischung von Morphin mit Salophen im Verhältnis 1:1 beobachtet man mit dem Glas $n = 1,5700$ Gleichheit der Lichtbrechung bei 156—157° und mit dem Glas 1,5611 bei 186—187°.

In der letzten Spalte sind als „*Besondere Kennzeichen*" vor allem die Erscheinungen angegeben, die man bei der Schmelzpunktbestimmung unter dem Mikroskop beobachten kann. Die Angaben beziehen sich auf ein bestimmtes Erhitzungstempo. Der Heizwiderstand wird gleich zu Beginn des Versuches so eingestellt, daß die Temperatur im Bereiche des Schmelzpunktes um ungefähr 4° je min ansteigt. Die Vorgänge vor, bei und nach dem Schmelzen sind so charakteristisch, daß der Kundige nicht selten die Substanz schon daran erkennen kann, bevor er die Temperatur des Schmelzpunktes abgelesen hat. Die Mannigfaltigkeit dieser Erscheinungen läßt sich aber schwer in kurzen Schlagworten in eine Tabelle einordnen. Die Beschreibung wäre um so leichter durchzuführen, je breiter und umfassender man sie gestalten könnte. Denn trotz des jedesmal gleichen Erhitzungstempos sind die Erscheinungen vor dem Schmelzen nicht immer vollkommen gleich; auch im gleichen Präparat zeigen sich an verschiedenen Stellen Unterschiede. Trotz dieser Einschränkungen bieten die Angaben unter den „Besonderen Kennzeichen" für die Identifizierung mancherlei Anhaltspunkte. Sie geben aber auch sonst Auskunft über verschiedene Eigenschaften der Substanz, z. B. Flüchtigkeit, Zersetzlichkeit, Vorhandensein von Krystallwasser, Auftreten von Modifikationen usw. Unter den „Besonderen Kennzeichen" sind in unserer Tabelle β) bei vielen Substanzen Eigenschaften angegeben, die bisher unbekannt waren.

Die *Sublimationsvorgänge*, die sich vor dem Schmelzen abspielen, sind durch die Temperatur ihres ersten Auftretens und durch kurze Angaben über die Form der Sublimate gekennzeichnet. Zum Beispiel heißt es beim Pyramidon mit dem Schmelzpunkt 108°: „Ab 80° Nadeln, Blättchen, Balken." Das bedeutet also, daß bei dem angegebenen Erhitzungstempo in der Regel von ungefähr 80° an die ersten Sublimate in Form von Nadeln, Blättchen und Balken zu erkennen sind. Wenn sich bei einer Substanz keinerlei Angaben über Vorgänge unterhalb des Schmelzpunktes finden, so besagt dies, daß beim Ansteigen der Temperatur vor dem Schmelzen keine Sublimation oder andere auffallende Erscheinungen zu sehen sind. Ähnliches gilt von den Angaben über das Wiedererstarren der vollständig geschmolzenen Substanz. Wenn die Schmelze auch beim Abkühlen auf Zimmertemperatur und bei längerem Stehen nicht erstarrt, so ist dies bei den einzelnen Substanzen ausdrücklich vermerkt. Ebenso ist ausdrücklich angegeben, wenn die erstarrte Schmelze ein für die Identifizierung verwertbares Aussehen zeigt. Wenn also die Schmelze wie in der Mehrzahl der Fälle beim Abkühlen krystallinisch erstarrt und dabei keine auffallenden, diagnostisch verwertbaren Erscheinungen zeigt, so ist unter den besonderen Kennzeichen darüber nichts erwähnt. Die Angaben über das Erstarren der Schmelze in der Spalte „Besondere Kennzeichen" setzen voraus, daß man das Präparat nach dem vollständigen Schmelzen vom Heiztisch entfernt und bei Zimmertemperatur abkühlen läßt. Soll anders abgekühlt werden, so ist dies eigens vermerkt.

Das „*Gleichgewicht*" ist bei allen Substanzen eigens vermerkt, bei denen es sich ohne Schwierigkeiten ermitteln läßt. Die Angabe „sinkt ab" besagt, daß man die Temperatur absinken lassen muß, um das Gleichgewicht zwischen den Krystallresten und der Schmelze aufrechtzuerhalten. Diese Erscheinung zeigt sich häufig bei Substanzen, die unter langsamer Zersetzung schmelzen.

β) Identifizierungs-Tabelle.

F	Substanz	Eutektische Temperatur mit		Brechung des Glases	Temperatur °C	Besondere Kennzeichen
		Azobenzol	Benzil			
42	Menthol	32	37	1,4339	87—88	Geruch. Ab 35° kurze feine Nädelchen. Gleichgew.: Unregelmäßige Formen
50	Thymol	31	29	1,5101 1,5000	44—45 67—69	Ab 40° Körner, Rauten und Sechsecke. Gleichgew.: Rauten und Prismen
50	Cetylalkohol	42	46	1,4339	68—70	Gleichgew.: Lappige Formen, etwas träg
52—54	Myristinsäure	43	48	1,4339	52—54	Ab 30° Tröpfchen, Gleichgew.: Spindeln
53—55	Trimyristin	45	49	1,4339	94—96	Schmelze erstarrt bei langsamem Abkühlen sphärolithisch, bei raschem Abkühlen feinkörnig
58—62	Palmitinsäure	50	58	1,4339	62	Gleichgew.: gelappte Blättchen. Schmelze erstarrt zu Platten
59	Cardiazol (= Pentamethylentetrazol)	34	36	1,4937 1,4840	60—63 91—93	Ab 45° Tröpfchen. Gleichgew.: Sechseckige Blättchen oder Prismen
59	Novatophan(= 2-Phenylcinchoninsäuremethylester)	35	43	1,6482 1,6353	63—64 91—93	Gleichgew.: Körner träg, Schmelze erstarrt sehr träg zu Sphärolithen, die bei 51,5° schmelzen
55—59 (55—75)	Cocainnitrat	39	46	1,5203	76—77	Schmilzt träg. Gleichgew.: Rechtecke. In einigen Tropfen fallen sekundär Nadeln aus. Manchmal schon Zersetzung beim Erwärmen, dann F 55—75°; in Paraffin bleibt F 55—59
61	Erythrittetranitrat	57	52	1,4683	60—63	Gleichgew.: Körner, Stengel, Balken. In Schmelze. Tropfenbildung. Erstarrt sphärolithisch
65	Cycloform (= p-Aminobenzoesäure-isobutylester)	44	45	1,5403 1,5301	65—66 88—89	Ab 50° Körnchen, Nadeln und Blättchen. Gleichgew.: Körner und Blättchen. Schmelze erstarrt zu Sphärolithenmosaik
62—65	Tripalmitin	52	56	1,4339	95—98	Erstarrt beim Abkühlen grießartig
66—69	Stearinsäure	56	66	1,4339	66—67	Gleichgew.: Gelappte Platten. Brechungsindexbest. wegen Erstarrung erschwert
70	Cumarin	44	47	1,6010	63—64	Heugeruch. Gleichgew.: Viereckige Blättchen. Im Sublimat meist auch Mod. II 64,5°. Polymorph: II 64,5°, III 55°
76	Trional (= Diäthylsulfonmethyläthylmethan)	49	55	1,4840 1,4683	58— 62 103—105	Ab 65° rechtwinklige Blättchen. Gleichgew.: Rechteckige Krystalle
81,5	Vanillin	55	64	1,5700 1,5609	94— 98 114	Geruch. Ab 70° Sechsecke, Prismen, Gleichgew.: Körner, Prismen
88	Guajacolcarbonat	53	64	1,5203 1,5101	109—110 130—133	Gleichgew.: Körner
90,5	Anästhesin (= p-Aminobenzoesäureäthylester)	56	63	1,5502 1,5403	99 119	Ab 75° kleine rechteckige Blättchen, Gleichgew.: Prismen, Dimorph
93	Sorbit (wasserhaltig)	67	92	1,5101	88—91	Süß. Schmilzt träg. Schmelze zäh daher verbleiben die entwickelten Dampfblasen. In Paraffin F 83—88°. Brechungsindexbest wegen Blasen erschwert. Schmilzt wasserfrei bei 110°

Identifizierungs-Tabelle. (Fortsetzung.)

F	Substanz	Eutektische Temperatur mit		Brechung des Glases	Temperatur °C	Besondere Kennzeichen
		Benzil	Acetanilid			
98	Cocain	47	62	1,5000 1,4937	103—104 121—123	Ab 70° Körner, Nadeln. Gleichgew.: Träg. Körner. Erstarrt glasig, bei neuerlichem Erwärmen Sphärolithenmosaik. Polymorph
100	Homatropin	73	79	1,5203 1,5101	92— 93 116—117	Gleichgew.: Körner, Prismen, träg. Erstarrt glasig
102—106	Lävulose	94	97	1,5101 1,5000	108—110 135—137	Erweicht langsam. Erstarrt glasig
103	Novocainnitrat (= p-Aminobenzoyl-diäthylamino-äthanolnitrat)	93	73	1,5502	113—115	Gleichgew.: Körner. Schmelze zäh. Erstarrt glasig
104	Pimelinsäure	82	69	1,4339	106—107	Geruch. Gleichgew.: Körner, Prismen, Blättchen. Enantiotrop dimorph: U. 77°
105	Koprosterin	80	88	1,4937 1,4840	93— 94 123—124	Gleichgew.: Balken, Stengel. Erstarrt glasig, beim Wiedererwärmen Sphärolithenmosaik
107	Hyoscyamin	77	84	1,5101	114—118	Ab 100° winzige Nadeln. Erstarrt glasig. Nach neuerlichem Erwärmen feinnadelige Krystalle
106	Physostigmin	72	71	1,5403 1,5301	87 111—112	Gleichgew.: Körner, Prismen. Schmelze erstarrt glasig
108	Pyramidon (— Dimethylaminophenyl-dimethylpyrazolon)	68	60	1,5403 1,5301	117—120 138—140	Ab 80° Nadeln, Blättchen, Balken. Gleichgew.: Balken. Erstarrt zu Sphärolithenmosaik. Dimorph
109	Dichlordiphenyltri-chlormethylmethan [= DDT = p,p'-Dichlordiphenyl-trichloräthan — β,β,β-Trichlor-α,α-bis-(p-chlorphenyl)-äthan]	66	93	1,6794 1,5700	111—112 122—123	Ab 95° Tröpfchen. Gleichgew.: Nadeln, Prismen. Erstarrt schwer zu Sphärolithen. Dimorph II 95°.
110	Abasin (= Acetyl-bromdiäthylace-tylcarbamid)	76	77	1,4840 1,4683	110—111 144—146	Aromatischer Geruch. Ab 85° Blättchen und Stäbchen. Gleichgew.: Balken
111,5	Antipyrin (= Phenyl-dimethylpyrazolon)	72	51	1,5609 1,5502	120—122 144—147	Ab 85° Nadeln, Stengel und Blättchen. Gleichgew.: Körner. Erstarrt schwer. Polymorph
115	Acetanilid (= Antifebrin)	78	115	1,5301 1,5203	109—111 136—137	Ab 60° Körner, später reichlich Nadeln und Prismen. Gleichgew.: Körner. Dimorph: II 100°
115	Cholesterinacetat	80	100	1,4683 1,4584	144—147 171—173	Ab 70° Trübung infolge enantiotroper Umwandlung. Gleichgew.: Unregelmäßige Formen. Erstarrt sphärolithisch. Polymorph: I 115 ⇄ II 94; III, IV und V kristallinflüssig
116	Atropin	82	89	1,5101 1,5000	111—112 134—136	Gleichgew.: Träg. Rhombische Blättchen
116	Nipagin A (= p-Oxy-benzoesäure-äthyl-ester)	76	73	1,5101 1,5000	117—118 139—140	Ab 85° Körner, sehr dicht. Gleichgew.: Rauten
117	Trasentin (= Diphe-nylacetyldiäthyl-aminoäthanolester-hydrochlorid)	77	51	1,5502 1,5403	91— 93 120—122	Bei etwa 100° teilweises Schmelzen und Wiederauskrystallisieren. Gleichgew. träg: Rechtecke. In Paraffin inhomogenes Schm. 94 bis 96°

Identifizierungs-Tabelle. (Fortsetzung.)

F	Substanz	Eutektische Temperatur mit		Brechung des Glases	Temperatur °C	Besondere Kennzeichen
		Benzil	Acetanilid			
118	Hordenin	84	93	1,5101 1,5000	118—120 138—140	Ab 90° Körner und Platten. Gleichgew.: Körner und Tafeln
119	Mandelsäure	84	56	1,5203 1,5101	103—106 137—138	Ab 90° Prismen, Rhomben, Gleichgew.: Sechsecke, Prismen, Dimorph. II 108°
		Acetanilid	Phenacetin			
120	Adalin (= Bromdiäthylacetylcarbamid)	89	102	1,4840	117—119	Ab 70° Nadeln, Stengel, Balken. Gleichgew.: Prismen und Balken. Erstarrt zu pelzig-stacheligen Kugeln. Polymorph
115—125	Lobelin	88	110	1,5403 1,5301	114—116 137—139	Erstarrt glasig, beim Auflegen auf den warmen Heiztisch büschelförmig
122	β-Naphthol	59	69	1,6010 1,5898	135—136 159—160	Ab 90° dünne, gelappte Blättchen, Rosetten. Gleichgew.: Breite Spindeln und Stengel. Dimorph: II 122°
122	Pikrinsäure	71	87	1,6010 1,5898	120 145—146	Gelb. Ab 115° Subl. Gleichgew.: Balken. Schmelze gelb. Trimorph
122,5	Benzoesäure	76	88	1,5000 1,4937	134—135 148—149	Ab 60° Nadeln, Stengel, Spieße und schiefwinklige Blättchen. Gleichgew.: Balken
123	Jodoform	101	114	Zersetzung		Geruch. Gelb. Ab 70° sechseckige Blättchen. Gleichgew.: Sinkt ab. Schmelze dunkelbraun
123	Testoviron (= Testosteronpropionat)	70	90	1,5101 1,5000	94 116—117	Gleichgew.: Körner, Prismen. Erstarrt glasig, bei Erwärmen Sphärolithenmosaik, das sich rasch umwandelt
126,5	Sulfonal (= Diäthylsulfondimethylmethan)	91	107	1,4584 1,4339	122—124 200—204	Ab 80° Körner, rechteckige und quadratische Blättchen. Gleichgew.: Körner und Prismen
127	Nipagin M (=p-Oxybenzoesäuremethylester)	74	87	1,5203 1,5101	132—133 156—158	Ab 90° Körner, Gleichgew.: Körner. Polymorph: II 116°, III 110°, IV 110°, V 109°, VI 106°
129	Benzidin	88	98	1,6598 1,6482	143 171—173	Gleichgew.: Balken, Prismen. Polymorph: I 129°, II 125°, III 121°, IV 117°, V unbeständig
129	Nicotinsäureamid	89	106	1,5502 1,5403	130 136	Ab 90° wenig Nadeln, Stäbchen. Gleichgew.: Stengel, Balken. Erstarrt zu Sphärolithenmosaik, Polymorph: II 116°, III 113°, IV 111°, V 110°, VI 105°
129	Progesteron (= Proluton)	73	94	1,5203 1,5101	122—123 152—154	Ab 100° Tröpfchen. Gleichgew.: Körner. Erstarrt zu Sphärolithenmosaik. Dimorph
130—132	D,L-Äpfelsäure	85	104	1,4584	114—115	Gleichgew.: Sechseckige oder rhombische Krystalle, sehr träg
132	Pantocainnitrat (= p-Butylaminobenzoyldimethylaminoäthanolnitrat)	85	104	1,5301	143	Gleichgew.: Körner, träg. Dimorph
133	Brenzschleimsäure	69	87	1,4840 bis 1,4683		Ab 60° Nadeln, Körner, Prismen, Blättchen. Gleichgew.: Blättchen und Stengel. Flüchtig u. zersetzlich

Identifizierungs-Tabelle. (Fortsetzung.)

F	Substanz	Eutektische Temperatur mit		Brechung des Glases	Temperatur °C	Besondere Kennzeichen
		Acetanilid	Phenacetin			
130—136	Acetylsalicylsäure (= Aspirin)	81	97	1,4840 bis 1,4937		Ab 100° Nadeln, Stengel. Gleichgew. träg: Balken; auf der Heizbank F 143°
135	Harnstoff	102	125	1,4683 1,4684	156 175—177	Ab 110° Spieße, Gleichgew.: Körner, Prismen
135	Zimtsäure	84	98	1,5609 1,5502	136 156—157	Ab 100° Rauten und quadratische Blättchen. Gleichgew.: Blättchen. Dimorph: II 133°
136	Phenacetin (= p-Acetphenetidin)	90	135	1,5101 1,5000	134—135 156—157	Ab 100° Balken, Nadeln, Blättchen. Gleichgew.: Körner, Balken. Polymorph: II 129°
136	Sitosterin	105	115	1,4840	146—148	Gleichgew.: Kleinkrystallinisch. Erstarrt sphärolithisch
		Phenacetin	Benzanilid			
146	Papaverin	116	122	1,5700 1,5609	156—157 177—178	Ab 130° wenige kleine Blättchen. Gleichgew.: Prismen und Blättchen. Erstarrt glasig
146	Evipan (= N-Methylcyclohexenyl-methylbarbitursäure)	114	123	1,5000 1,4937	138—140 156—158	Ab 110° kurze Nadeln. Gleichgew.: Stengel
147	Sarkosinanhydrid	100	106	1,4683 1,4584	156 181	Ab 80° Körner, sehr starke Sublimation. Gleichgew.: Körner. Erstarrt sphärolithisch
149 (139)	Pantocain (= p-Butylamino-benzoyl-dimethylamino-äthanol)	105	115 tr.	1,5502 1,5403	133—135 161—163	Gleichgew.: Platten und Blättchen. Polymorph: II 139° ⇌ I 147° ⇌ III 130°. Wenn das Präparat Modifikation II enthält, Schmelzbeginn 130°. Erstarrt glasig
146—148,5	Traubenzucker	133	145	1,5101 1,5000	142—145 178—179	Schmelze zähflüssig
148	Cholesterin	122	133	1,4840	145—147	Ab 130° feine Tröpfchen. Gleichgew.: Rechtecke u. Spieße
146—154	Chininhydrochlorid	96	111	Zersetzung		Zwischen 90—100° entweicht H_2O; schmilzt träg. In Paraffin schmilzt das Hydrat homogen bei 104°. Mit Phenacetin 1,5502 bei 106—108°, 1,5403 bei 137—140°
152	α-Bromisovalerianyl-harnstoff (= Bromural)	111	126	1,4683	165—167	Ab 110° Nadeln, Blättchen, Spieße und Büschel. Gleichgew.: Verfilzte Nadeln und Spieße. Erstarrt faserig verfilzt. Polymorph: II 148°, III 143°
151—154	Citronensäure	108 (+ H_2O:58)	146	1,4584	170—173	Ab etwa 50° entweicht H_2O, teilweises Schmelzen. In Paraffin teils inhomog. Schmelz. ab 36°, teils homog. Schmelz. bei 73°. Brechungsindexbest. durch Blasen erschwert
155	Testosteron	107	117	1,5203 1,5101	155—156 185—186	Ab 130° wenig Körner, Stäbchen, Tröpfchen. Gleichgew.: Körner. Erstarrt glasig
156	Novocainhydrochlorid (=p-Aminobenzoyl-diäthylamino-äthanol)	114	129	1,5609 1,5502	159—161 192—195	Ab 135° Tröpfchen. Gleichgew.: Prismen und große Krystallblöcke. Erstarrt glasig

Identifizierungs-Tabelle. (Fortsetzung.)

F	Substanz	Eutektische Temperatur mit		Brechung des Glases	Temperatur °C	Besondere Kennzeichen
		Phenacetin	Benzanilid			
156	Codein	117	126	1,5400 1,5301	175—177 194—196	Ab 70° Körner, später Nadeln, Prismen, Tröpfchen. Gleichgew.: Körner. Codein + H_2O: F 55—65°
157	Neoergosterin	122	135	1,5000 1,4937	169 188	Ab 130° Nadeln, Spieße. Gleichgew.: Stengel, Spieße. Erstarrt sphärolithisch. Dimorph
158	Salicylsäure	91	122	1,5203 1,5101	155—157 175—177	Ab 65° Nadeln, Balken mit schiefen Enden, kurze Prismen. Stark flüchtig. Gleichgew.: Balken
154—160	Arabinose	112	152	1,4937	151—154	Ab 150° Tröpfchen, Schmelze. Zähflüssig
161	Cortiron (= Desoxycorticosteronacetat)	111	115	1,5000	166—167	Ab 140° wenig Nadeln. Gleichgew. träg.: Nadeln, Stengel. Die glasig erstarrte Schmelze wird beim Erwärmen sphärolithisch
165	Acetaldehyd-2,4-dinitrophenylhydrazon	120	131	1,6482 1,6353	161 185	Ab 150° Nadeln, Stäbchen. Bei und nach dem Schmelzen entstehen Nadeln und Spieße, die sich ab 200° verflüchtigen
166	Mannit	133	161	1,4937 1,4840	156—157 190	Gleichgew.: Balken und Nadeln. Erstarrt zu Sphärolithenmosaik
167	Formaldehyd-2,4-dinitrophenylhydrazon	120	132	1,6482	190	Gelb. Ab 95° Nadeln. Gleichgew.: Balken, erstarrt sphärolithisch
167	Stigmasterin	128	147	1,4339 bis 1,4582		Ab 120° Nadeln, Körner. Gleichgew.: Körner, Stengel. Erstarrt teils sphärolithisch, teils kleinkrystallinisch
168	Diäthylstilböstrol	123	118	1,5301 bis 1,5203		Ab 140° Nadeln. Gleichgew.: Nadeln
171	Chinidin	140	153	1,5609 1,5502	160—162 186—188	Ab 160° Nadeln. Gleichgew.: Nadeln und Stengel. Erstarrt glasig
170—172	Heroin	135	122	1,5101 1,5000	168—170 189	Ab 150° Tröpfchen, viereckige Blättchen. Gleichgew.: Spieße und Blättchen. Erstarrt teils glasig, teils krystallinisch
172,5	Hydrochinon	125	139	1,5203	197—198	Ab 95° Stengel und Rauten. Gleichgew.: Stengel. Dimorph
173	Phanodorm (= Cyclohexenyläthylbarbitursäure)	136	151 (143)	1,5000 1,4937	170 189—191	Ab 130° Nadeln, Stengel und Prismen. Gleichgew.: Stengel, Prismen und Rauten
174	Santonin	122	143	1,5000 1,4937	176—177 193—194	Ab 120° Nadeln, Blättchen. Schmelzbeginn oft ab 150°. Gleichgew.: Prismen, Spieße. Dimorph
174	Narcotin	131	152	1,5403	167—169	Ab 165° Tröpfchen. Gleichgew.: Prismen. Zersetzt sich bald. Mit Phenacetin $n = 1,5609$ bei 114 bis 115°, 1,5700 bei 139—140°
174	Dial (= Diallylbarbitursäure)	142	156	1,4840	~ 159 bis 161 steigt an	Ab 130° grobe Körner, kurze Prismen. Sublimat dicht. Erstarrt zu derbstrahligen Sphärolithen. Gleichgew.: Körner, zersetzt sich bald.
174	Pervitin = (Phenylisopropylmethylamin)	132	145	1,5101 1,5000	157—159 192—194	Ab 125° Nadeln, Körner. Gleichgew.: Balken, Tafeln. Erstarrt zu grobstrahligen Sphärolithen

Identifizierungs-Tabelle. (Fortsetzung.)

F	Substanz	Eutektische Temperatur mit		Brechung des Glases	Temperatur ° C	Besondere Kennzeichen
		Benzanilid	Salophen			
174	Luminal (= Phenyl-äthylbarbitursäure)	137	153	1,5403 1,5301	151—152 176—179	Ab 135° Nadeln, Rauten. Gleich-gew.: Nadeln, Rauten. In der erstarrten Schmelze mehrere Mo-difik. II 167°, III 160°, IV 157°, V 155°
174—176	Campher	94 Siehe unter „Besondere Kennzeichen"	119	< 1,4339		Geruch. Ab 35° rosettenartige Subl., später wabenartig. Ver-flüchtigt rasch. Best. der eutekt. Temperatur nur im Sublimat, Brechungsindex nur im geschlos-senen Röhrchen möglich
175	Oestradiol	135	151	1,5502 1,5403	154—156 182—184	Ab 110° Stäbchen. Gleichgew.: Stäbchen, Stengel, Blättchen. Erstarrt glasig
176	Chinin	142	155	1,5609 1,5502	168—169 192—193	Ab 125° Nadeln, Nadelbüschel. Gleichgew.: Nadeln, Stengel. Er-starrt glasig oder sphärolithisch. Chinin + H_2O ähnlich; bei 120° aufgelegt, schmilzt es und kry-stallisiert bald wieder aus
178	Benzylsulfanilamid (= Proseptasine)	141	157	1,5898 1,5794	171—172 200—202	Ab 140° Tropfen, seltener kleine Krystalle. Gleichgew.: Spitze, oft mehrkantige Prismen. Er-starrt krystallin
179	Physostigmin-sali-cylat	138	157	1,5299 bis 1,5403		Ab 150° Körner, Stengel. Gleich-gew.: Körner. Schmelze bald braun. Mit Salophen $n = 1,5609$ bei 129—132, 1,5502 bei 159 bis 161°
175—185	Lobelinhydrochlorid	136	145	1,5502 bis 1,5403		Schmilzt unter Zersetzung und Braunfärbung. Mit Salophen $n =$ 1,5609 bei 147—149°, 1,5502 bei 170—171°
180—183	g-Strophanthin- (= Quabain)	146	169	1,5403 1,5302	177—179 218—219	Schmilzt sehr träg, Schmelze zäh. In Paraffin schmilzt das Hydrat bei 92° inhomogen unter Ab-scheidung von Prismen.
183,5	Noctal (= Isopropyl-brompropenyl-barbitursäure)	142	158	1,5000 1,4937	180—182 197—198	Ab 160° wenig Blättchen, Nadeln. Gleichgew.: Körner. Polymorph: I 183,5° ⇌ II 180°, III 179°
184	Androsteron	133	154	1,4840	187	Geruch, beim Erhitzen stärker. Ab 105° Nadeln, Körner, Gleich-gew.: Körner. Erstarrt sphäro-lithisch
184	Albucid (=p-Amino-benzol-sulfon-acetylamid)	142	161	1,5609 bis 1,5502		Ab 160° Körner. Gleichgew.: Kör-ner, Prismen. Sinkt rasch ab. Erstarrt glasig
185—190	Ascorbinsäure	159	174	1,5101 bis 1,5204		Ab 160° Tröpfchen, ab 170° gelb. Beim Schmelzen Gasblasen. Für Brechungsindexbest. erst bei 195° auflegen und rasch beob-achten.
185—190	Rohrzucker	163	173 tr.	1,5101	172—174	Gleichgew. sehr träg: Prismen. Schmelze zäh, erstarrt glasig

Identifizierungs-Tabelle. (Fortsetzung.)

F	Substanz	Eutektische Temperatur mit		Brechung des Glases	Temperatur °C	Besondere Kennzeichen
		Benzanilid	Salophen			
180—195	Aconitin	148	163	1,5000 bis 1,5101		Erweicht unter Gelbfärbung und Gasblasenbildung. Mit Salophen $n = 1,5403$ bei 143—145°, 1,5301 bei 167—169°
188	Choleinsäure	152	163	1,4840	206—208	Gleichgew.: Stäbchen, Körner. Erstarrt glasig
		Salophen	Dicyandiamid			
189—191	Cocainhydrochlorid	155	138	1,5101 bis 1,5203		Ab 170° Nadeln, Rechtecke, Prismen. Beim Schmelzen Gasblasen. Mit Salophen $n = 1,5609$ bei 117—118°, 1,5502 bei 146 bis 147°
190	Veronal (= Diäthyl-barbitursäure)	163	172	1,4584	182—184	Ab etwa 100° Körner, häufig Umwandlungen. Gleichgew.: Stengel. Polymorph: II 183°, III 181° $\rightleftharpoons$ IV 176°
190	Hippursäure	183	141	1,5101	200	Ab 165° kurze Prismen, Stengel. Schmelze über 190° rosa
190	Lithocholsäure	169	170	1,4937 1,4840	177—178 200—202	Ab 150° Tröpfchen. Gleichgew.: Körner, träg, sinkt ab. Schmelze starrt glasig
189—191	Oxalsäure	132 ($+ H_2O$: 85)	177	Zersetzung		60—90° Entweichen von H_2O unter Trübung. Ab 75° Spieße, Prismen, ab 110° rapide Sublimation. F unter stärkster Gasbildung. Hydrat schmilzt in Paraffin homogen bei 100,5°
190—193	Atropinsulfat	152 (120 tr.)	100 tr.	1,5203 bis 1,5101		Schmilzt träg, erstarrt glasig. Bei 150° aufgelegt schmelzen einige Hydratkrystalle. In Paraffin Dampfblasen ab 145°. Mit Salophen = 1,5502 bei 134—139°, mit 1,5403 bei 165—167°
190—194	Lysidin-bitartrat	182	133	1,4842 bis 1,4936		Schmilzt unter Gasblasenbildung und Verfärbung
190—194	Narcotinhydro-chlorid	125	106	Zersetzung		Ab 180° Nadeln. In Paraffin ab 110° Dampfblasen und Trübung der Krystalle. Mit Salophen $n = 1,5700$ bei 137—139°, 1,5609 bei 168—170°
193	Sedormid (= Allyliso-propyl-acetylharn-stoff)	169	186	< 1,4339		Ab 100° Nadeln, später verfilzte Stengel und Balken. Gleichgew.: Stengel und Balken
190—196	Theacylon = (Kondensationsprodukt aus Acetylsalicylsäure u. Theobromin)	156	167	1,5502 1,5403	161—162 190—192	Ab 180° Tröpfchen. Erstarrt glasig. Bei öfterem Wiederholen. Zersetzung
194—197	Scopolaminhydro-bromid	95 tr.	92 tr.	1,5502	170—175	Ab 90° Schmelzen des Hydrates, teilweise Abscheidung wasserfreier Krystalle. Für Brechungsindexbest. bei 190° auflegen, nach Schäumen beobachten. Mit Braunfärbung sinkt Index. In Paraffin homogenes Schmelzen bei 90°, später wasserfreie Krystalle

Identifizierungs-Tabelle. (Fortsetzung.)

F	Substanz	Eutektische Temperatur mit		Brechung des Glases	Temperatur °C	Besondere Kennzeichen
		Salophen	Dicyandiamid			
195—200	Glutaminsäure	187	169	1,4683	192—196	Geruch. Ab 190° Tröpfchen. Beim Schmelzen Gasblasen. Brechungsindex nach 1 min bestimmen; steigt bei Wiederholen an
196—200	Cholsäure	167	163	1,5000	210—211	Ab 180° Tröpfchen. Erstarrt glasig
195—200	Larocain (= p-Aminobenzoyl-2,2-dimethyl-3-diäthylaminopropanol·HCl)	156	125	1,5403 1,5301	182—183 212—213	Ab 160° Nadeln, Keile, Dreiecke, Spindeln. Gleichgew. träg: polare Prismen und Platten
200	Pilocarpinhydrochlorid	153	101	1,5000 1,4937	211—213 233—236	Ab 140° Körner, Blättchen, Nadeln. Gleichgew.: Körner
201 (174)	Sulfathiazol (= Sulfanilamid-thiazol, Eleudron, Cibazol)	172 (159)	167 (152)	1,6482 bis 1,6353		Ab etwa 160° Umwandlungen. Nicht umgewandelte Krystalle schmelzen bei 174° (Gleichgew.: Stengel); stabile Krystalle 201°, Gleichgew.: Stengel, Sechsecke.
203—208	Adrenalin (= Suprarenin)	165	180	Zersetzung		Ab 180° Braunfärbung, Zersetzung. Chlorhydrat F: 160°
210—215	Sarkosin (= Methylaminoessigsäure)	178	136	1,4840	155—160	Ab 150° schöne, 8flächige Körner ähnlich Doppelpyramiden. Beim Schmelzen Gasblasen und Verfärbung. Für Brechungsindexbest. nach Durchschmelzen rasch mit Metallwürfeln abkühlen
200—220	D,L-Prolin	151 tr.	105 tr.	1,4842 bis 1,4936		Ab 160° unregelmäßige Blättchen, Körner. Beim Schmelzen Gasblasen. Braunfärbung. In Paraffin inhomogenes Schmelzen bei 72° mit reichlicher Menge wasserfreier Stengel
206—216	Milchzucker	187	163	1,5000 bis 1,5101		Schmilzt unter Gelbfärbung und Gasblasenbildung. Erstarrt glasig
212	Coniinhydrobromid	154	134	1,4683	221	Geruch. Ab 180° Nadeln. Gleichgew.: Stengel
213	Atophan (= 2-Phenyl-chinolin-4-carbonsäure)	171	175	1,6353 1,6229	218—219 242—244	Ab 165° Nadeln und Balken. Gleichgew.: Balken in grüngelber Schmelze. Polymorph: I 218° (selten), II 213°, III 196°
215—218	Coniinhydrochlorid	155	122	1,4584	179—182	Ab 130° feine Nadeln, pinsel- und sternförmig. Gleichgew.: Prismen und Balken. Braunfärbung
215—220	Papaverinhydrochlorid	165	176	1,6353 bis 1,6229		Ab 160° kurze Prismen. Braunfärbung und Gasentwicklung. Mit Salophen n = 1,5898 bei 152—155°, 1,5794 bei 181—183°
218	Cantharidin	173	196	<1,4339		Ab 100° Körner, Blättchen, Prismen, später wabenartig. Gleichgew.: Schöne, viereckige Blättchen. Erstarrt glasig
218—219	Chininsulfat	177	198	1,5502 bis 1,5403		Verliert zwischen 70 und 105° das Krystallwasser unter Trübung. F stark abhängig vom Erhitzungstempo. Schmelze bräunlich bis rot. Erstarrt glasig. Mit Salophen n = 1,5700 bei 124—127°, 1,5609 bei 154—157°

Identifizierungs-Tabelle. (Fortsetzung.)

| F | Substanz | Eutektische Temperatur mit | | Brechung des Glases | Temperatur °C | Besondere Kennzeichen |
		Salophen	Dicyandiamid			
220	Ephedrinhydrochlorid	176	150	1,5101	198—200	Ab 170° kleine Nadeln, Nadelbüschel. Gleichgew.: Balken, erstarrt sphärolithisch
225—227	Ergotinin	180	195	Zersetzung		Schmelze dunkelbraun. Aus Aceton oder Äthanol Stengel (rhombisch) mit α längs, $\alpha=1{,}575$ (etwas $>$ o-Toluidin 1,57), $\beta = 1{,}580$ (Monobromphenol), $\gamma=1{,}655$, etwas $<$ Monobromnaphthalin 1,66)
228	Saccharin	165	161	1,5203 1,5101	244 275	Ab 170° Sechsecke, Rauten, Prismen. Später Straßenpflaster. Gleichgew.: Sechsecke, Stengel
232—237	Aneurin (= Vitamin B_1)	184	142	Zersetzung		Geruch. Vor dem Schmelzen Bräunung. Schmilzt träg, Gasblasen. Schmelze rotbraun; leicht löslich Wasser, aus verdünntem Alkohol Nadeln, schiefe Auslösung 18—20°, γ' längs
236	Coffein	163	173	1,4937	263—264	Ab 95° Nadeln, Spieße, Balken, später straßenpflasterartig. Gleichgew.: Körner
244	Sulfamethylthiazol (= 2-Sulfanilamid-4-methylthiazol)	181	185	1,6229 bis 1,6128		Ab etwa 60° Umwandlung. Ab 230° kurze Nadeln, Stengel, Blätter. Gleichgew.: spitze Prismen. Erstarrt glasig
245—255	Morphin	156	174	Zersetzung		Zwischen 115—140° entweicht H_2O unter Trübung. Ab 175° Körner, Blättchen. Sublimiert in 2 wasserfr. Mod. II 197°, I bildet rhombische Prismen mit γ längs. $\alpha = 1{,}653$, $\beta = 1{,}657$, $\gamma=1{,}671$. Schmelze braun. Mit Salophen $n = 1{,}5700$ bei 156 bis 157°, 1,5609 bei 186—187°
247—257	Glykokoll	190	189	Zersetzung		Ab 170° Rhomboide, Prismen. Schmilzt unter Aufblähen und Bräunung. Aus H_2O gerade auslöschende Prismen, γ' längs, α kleiner, γ' größer als Nitrobenzol (1,55). Daneben Rhomboide mit $\sphericalangle$ 112°, schiefe Auslöschung 18°, α' längs
250—255	Marfanil (= Aminomethylbenzolsulfonamid)	184 tr.	151	1,5700 bis 1,5609		Ab 165° Körner, Stengel mit lebhaften Interferenzfarben. Große Tropfen. Schmilzt träg, nach einigen Minuten fallen 3-, 4- oder 6strahlige, isotrope Sternchen aus
258—268	Kreatin-Monohydrat	188	191	Zersetzung		Ab 230° Stengel, Balken (Zers.). Beim Schmelzen Gasblasen und Bräunung. Bei 200° aufgelegt, schmelzen einige Krystalle, andere undurchsichtig. In Paraffin bei 110—120° Dampfblasen; ab 230 wieder Blasen und Bildung neuer Stengel, die erst bei 280 bis 290° schmelzen. Aus heißem H_2O Rechtecke, längs $\alpha' <$ Nitrobenzol (1,55), quer $\gamma' <$ Anilin (1,59)

Identifizierungs-Tabelle. (Fortsetzung.)

F	Substanz	Eutektische Temperatur mit		Brechung des Glases	Temperatur °C	Besondere Kennzeichen
		Salophen	Dicyandiamid			
264	Cinchonin	180	206	1,5301 bis 1,5203		Ab 180° Stengel. Gleichgew.: Stengel. Mit Salophen $n =$ 1,5609 bei 167—168°, 1,5502 bei 192—193°
260—270	L-Tyrosin	184	196	Zersetzung		Ab 250° Bräunung, schmilzt träg, Gasblasen und Bräunung. Aus H_2O feine Nadeln mit γ' längs. $\alpha' <$ Nitrobenzol (1,55), $\gamma' >$ Anilin (1,59)
260—270	Codeinhydrochlorid	146	121	Zersetzung		Teilweises Schmelzen bei 165 bis 170°. Ab 230° Braunfärbung. Mit Salophen $n = 1,5700$ bei 166°, 1,5609 bei 196—199°
270—275	Tyramin	184	170	1,5403	270—275	Ab 210° Körner, Nadeln, später dichte Sublimate, teilweise Verfärbung. Gleichgew.: Balken, Schmelze gelb bis braun. Brechungsindex steigt bald an
265—280	Yohimbinhydrochlorid	183	193	Zersetzung		Ab 250° Tröpfchen und Bräunung. Schmelze zäh, Gasblasen. Wäßrige Lösung gibt mit Na_2CO_3 Flocken und Nadeln von Yohimbin. F 230—235°
280—285	Strychnin	180	201	Zersetzung		Ab 220° Prismen und Körner. Mit Salophen $n = 1,5898$ bei 149 bis 153°, 1,5700 bei 173—178°. Mit Chlorwasser weißer Niederschlag
280—290	Lactoflavin (= Vitamin B_2)	189	191	Zersetzung		Gelb. Wird ab 260° dunkel. Schmilzt unter Zersetzung. Wäßrige Lösung grüne Fluorescenz, die durch Mineralsäure oder Alkali verschwindet
280—290	L-Isoleucin (= α-Amino-β-methylvaleriansäure)	183	186 tr.	Verflüchtigung		Ab 170° Blättchen; stark flüchtig. Schmilzt unter Blasenbildung. Aus verdünntem Alkohol gestreckte Sechsecke, γ' längs, α' unter 1,55 (Nitrobenzol); $\gamma' =$ 1,56 (Monobrombenzol)
285—300	Morphinhydrochlorid $+ 3 H_2O$	186	160	Zersetzung		F nur bei raschem Erhitzen, sonst Verkohlung. Ab 210° Körner, kurze Prismen. In Paraffin inhomogenes Schmelzen 88—90° mit Bildung wasserfreier Stengel. Mischung von 1 Teil Morphinhydr. mit 4 Teilen Zucker in H_2SO_4 rot
280—310	Strychninnitrat	175	160	Zersetzung		Ab 230° viereckige Blättchen, ab 250° Braunfärbung. Aus heißem H_2O flache Stengel α längs. α wenig $< 1,62$ (Monojodbenzol), $\gamma > 1,66$ (α-Bromnaphthalin)

Identifizierungs-Tabelle. (Fortsetzung.)

F	Substanz	Eutektische Temperatur mit		Brechung des Glases	Temperatur ° C	Besondere Kennzeichen
		Salophen	Dicyandiamid			
295—300	D,L-Valin	182 tr.	188 tr.	Verflüchtigung		Ab 170° Nadeln, Blättchen. F wegen Flüchtigkeit nur bei Auflegen über 290° möglich. Beim Schmelzen Gasblasen. Aus verdünntem Alkohol Rhomboide mit kleiner schiefer Auslöschung (2°), α′ wenig < Anilin (1,59)
300—310	D-Valin	185 tr.	190 tr.	Verflüchtigung		Ab 210° Platten, Nadeln, F nur bei Auflegen über 300° möglich. Beim Schmelzen Gasblasen. Aus verdünntem Alkohol lange Sechsecke (ähnlich Isoleucin) mit γ′ längs. α′ und γ′ über 1,55 (Nitrobenzol), γ′ wenig > Anilin (1,59)

γ) Alphabetisches Verzeichnis der Substanzen und ihrer Schmelzpunkte.

Absorption und Emission von Strahlung [1-23].

Von

G. Kortüm und M. Kortüm-Seiler.

Mit 94 Abbildungen.

1. Elementarvorgänge der Lichtabsorption und -emission.

Die verschiedenen Energiezustände eines Moleküls. Jedes Molekül kann in verschiedenen Energiezuständen existieren. Es kann Energie aufnehmen bzw. abgeben, wobei sich die Ladungsverteilung der Elektronenhülle ändert (Elektronenanregung). Weiter können die Schwingungszustände der Atome oder Atomgruppen gegeneinander oder die Rotationszustände des gesamten Moleküls geändert werden (Schwingungs- und Rotationsanregung). Die Energiezustände sind gequantelt, so daß auch die Aufnahme bzw. Abgabe von Energie nicht kontinuierlich, sondern nur quantenhaft erfolgen kann. Bei der Anregung wird je nach den Anregungsbedingungen die Rotationsenergie, die Schwingungs- und Rotationsenergie oder gleichzeitig auch die Elektronenenergie geändert.

Eine Möglichkeit der Energieaufnahme bzw. -abgabe besteht in der *Absorption bzw. Emission von Licht.* Licht ist eine elektromagnetische Wellenbewegung, deren Frequenz bzw. Wellenlänge für die Energie eines Lichtquants maßgebend ist. Es gelten folgende Beziehungen:

$$\lambda \nu = c, \tag{1}$$

$$E = h \nu = h \frac{c}{\lambda} = h c \nu^*. \tag{2}$$

$E =$ Energie eines Lichtquants; $h =$ PLANCKsches Wirkungsquantum $= 6{,}60 \cdot 10^{-27}$ erg sec; $\lambda =$ Wellenlänge des Lichtes (λ wird in Å $= 10^{-8}$ cm; in m$\mu = 10^{-7}$ cm oder in $\mu = 10^{-4}$ cm

Zusammenfassende Literatur:

[1] CHARLOT, G., et R. GAUGUIN: Dosages colorimetriques. Paris 1952.

[2] HEILMEYER, L.: Spektrophotometrie und Kolorimetrie. Bamann-Myrbäck Bd. 1, 893—909.

[3] KORTÜM, G., u. M. KORTÜM: Bestimmung von Absorptionsspektren, Ramanspektren und Fluorescenz. Bamann-Myrbäck Bd. 1, 546—578.

[4] KORTÜM, G.: Kolorimetrie und Spektralphotometrie. Berlin-Göttingen-Heidelberg 1948.

[5] KORTÜM, M.: Photometrie und Kolorimetrie. Fiat Rev. **29**, 73 (1947).

[6] LANGE, B.: Die Photoelemente und ihre Anwendung. 2. Aufl. Berlin 1940.

[7] LANGE, B.: Kolorimetrische Analyse. 4. Aufl. Weinheim 1952.

[8] LÖWE, F.: Optische Messungen des Chemikers und Mediziners. 5. Aufl. Dresden, Leipzig 1949.

[9] LOTHIAN, G. F.: Absorption Spectrometrie. London 1949.

[10] MAYER, F. X., u. A. LUSZCZAK: Absorptionsspektralanalyse. Berlin 1951.

[11] MELLON, M. G.: Analytical Absorption Spectroscopy. New York 1950.

[12] MOHLER, H.: Chemische Optik. Aarau 1951.

[13] MÜLLER, F.: Die photoelektrischen Methoden der Analyse. Physikalische Methoden der Analytischen Chemie. 3. Teil. Leipzig 1939.

[14] MÜLLER, R. H.: Amerikanische Apparate, Instrumente und Hilfsgeräte für das chemische Laboratorium. Industr. engng. Chem., analyt. Ed. **12**, 571 (1940).

[15] PLÖTNER, K.: Klinische Kolorimetrie mit dem PULFRICH-Photometer. 2. Aufl. Jena 1940.

[16] PETERS, J. P., and D. D. VAN SLYKE: Quantitative Clinical Chemistry. Bd. 1, 2. Aufl. Baltimore 1946.

[17] SANDELL, E. B.: Colorimetric Determination of Traces of Metals. New York 1944.

[18] SAWYER, R. A.: Experimental Spectroscopy. New York 1944.

[19] SCHEIBE, G., u. W. FRÖMEL: Molekülspektren von Lösungen und Flüssigkeiten. Hand- u. Jb. chem. Physik (EUCKEN-WOLF) **9**, IV (1936).

[20] SNELL, F. D., and C. T. SNELL: Colorimetric Methods of Analysis. New York 1948.

[21] THIEL, A.: Absolutkolorimetrie. Berlin 1939.

[22] WEIGERT, F.: Optische Methoden der Chemie. Leipzig 1927.

[23] WINKLER, J.: Literatursammlung photometrischer und kolorimetrischer Untersuchungen. Zeiss Druckschriften Mess 431.

gemessen); $\nu =$ Frequenz des Lichtes; $\nu^* = 1/\lambda =$ Wellenzahl, gemessen in cm^{-1}; nach
Gl. (2) ist ν^* ebenso wie ν, aber im Gegensatz zu λ, der Energie des Lichtes direkt proportional, weshalb es oft als Energiemaß verwendet wird[1]; $c =$ Lichtgeschwindigkeit $=$
$3 \cdot 10^{10}$ cm/sec im Vakuum. Ultrarotes Licht ($\lambda > 8000$ Å) ist also weniger energiereich
als z. B. ultraviolettes Licht ($\lambda < 4000$ Å). Der sichtbare Spektralbereich überdeckt etwa
das Gebiet von 4000—8000 Å.

Die verschiedenen möglichen Energieübergänge im Atom oder Molekül verteilen sich
über einen weiten Spektralbereich. Die Elektronenanregung entspricht der Energie vom
sichtbaren oder UV-Licht. Zum Beispiel ist einem Mol absorbierter Lichtquanten von
$\lambda = 5000$ Å bzw. $= 20000$ cm^{-1} (grün) eine Energieaufnahme von 57000 cal/Mol[1] äquivalent.
Die Schwingungsquanten liegen im ultraroten Gebiet (~ 1—$20\,\mu$; ~ 28000—1400 cal/Mol).
Die Rotationsquanten sind noch kleiner; sie erstrecken sich etwa von $50\,\mu$ an aufwärts.

Außer durch Absorption von Licht kann ein Molekül auch durch *Stöße infolge der
Temperaturbewegung* angeregt werden. Die mittlere Energie der Temperaturbewegung bei
Zimmertemperatur entspricht einem Energieinhalt von $\frac{3}{2} RT = 900$ cal/Mol. Nach dem
MAXWELLschen Energieverteilungsgesetz besitzen einzelne Moleküle eine viel höhere,
andere eine geringere Energie, doch reicht im Mittel die Energie weder zur Anregung
von Schwingungen noch von höheren Elektronenzuständen aus. Bei Zimmertemperatur
befinden sich also die Moleküle sowohl im Elektronen- wie auch im Schwingungsgrundzustand, dagegen in allen möglichen angeregten Rotationszuständen. Bei
höheren Temperaturen können auch die Schwingungen und schließlich die Elektronen
angeregt werden.

Höhere Anregungszustände können schließlich auch durch *Elektronenstoß* erreicht
werden. Die Moleküle werden im Gasentladungsrohr durch die kinetische Energie freier
Elektronen angeregt; man spricht in solchen Fällen von *Elektroluminescenz* (vgl. S. 426).

Ein *Absorptionsspektrum* kommt danach folgendermaßen zustande: Tritt weißes Licht,
d. h. Licht aller Wellenlängen durch Materie hindurch, so werden diejenigen Wellenlängen
absorbiert, die den Anregungsenergien der Moleküle entsprechen. Wird das Licht anschließend durch ein Prisma oder ein Gitter spektral zerlegt, so sind die Intensitäten der
absorbierten Wellenlängen geschwächt, d. h. es treten mehr oder weniger starke Absorp-
tionslinien auf. Die Intensität einer Absorptionslinie hängt von der Übergangswahrscheinlichkeit ab, mit der das Molekül von seinem Ausgangszustand in den betreffenden
angeregten Zustand gelangt. Diese Übergangswahrscheinlichkeiten (auch Oscillatoren-
stärken f genannt) lassen sich aus der Quantenmechanik berechnen. In manchen Fällen
sind sie Null, dann fehlt die betreffende Linie im Absorptionsspektrum ganz.

Wie wir gesehen haben, gibt es verschiedene Anregungsmöglichkeiten für ein Molekül,
nämlich Rotations-, Schwingungs- und Elektronenanregung. Die Rotationsspektren
liegen im weiten Ultrarot, die Schwingungsspektren im nahen Ultrarot, die Elektronenspektren im Sichtbaren und Ultraviolett. Es ist jedoch leicht einzusehen, daß durch
ein Lichtquant genügend großer Energie nicht nur der Schwingungs-, sondern auch
gleichzeitig der Rotationszustand geändert werden kann. Das Rotationsspektrum wird
sich deshalb stets dem Schwingungsspektrum überlagern (Rotationsschwingungsspektrum). Ebenso werden sich Rotations- und Schwingungsspektrum dem Elektronenspektrum überlagern. Mit den üblichen Spektralapparaten wird man jedoch die Rotationsstruktur gar nicht bzw. höchstens durch die Form der Schwingungsbanden erkennen
können, weil die Energiedifferenzen zwischen den einzelnen Rotationszuständen zu klein
sind. Bei höheren Drucken bzw. in kondensierten Phasen werden außerdem die Rotationslinien durch die gegenseitige Wechselwirkung der Moleküle so stark verbreitert, daß
sie einander überdecken, d. h. die Rotationsstruktur geht vollkommen verloren und es
entstehen breite kontinuierliche Banden[2].

---

[1] Zur Umrechnung: 1 cm^{-1} je Korpuskel $= 2,85$ cal/Mol.
[2] Vgl. dazu KORTÜM, G.: Naturwiss. **38**, 274 (1951).

In Abb. 1 sind die verschiedenen Energiezustände, wie sie sich durch die verschiedenen Elektronen- und Schwingungszustände ergeben, schematisch dargestellt. Darunter ist gleichzeitig ein Absorptionsspektrum angegeben, wie es durch die möglichen Übergänge zwischen den einzelnen Energiestufen auftreten kann. Dabei ist wie oben vorausgesetzt, daß alle Moleküle sich ursprünglich im Elektronen- und Schwingungsgrundzustand befanden.

Je komplizierter ein Molekül gebaut ist, um so mehr Schwingungsmöglichkeiten besitzt es, um so linienreicher ist deshalb sein Spektrum. Trotzdem geht aus quantenmechanischen Gründen[1] bei größeren Molekülen auch die Schwingungsstruktur von Elektronenspektren sehr häufig verloren, d. h. man beobachtet mehr oder weniger breite kontinuierliche Bandensysteme, die durch das Zusammenfließen der verschiedenen Schwingungsbanden entstehen. Ebenso überlappen bzw. verdecken sich die einzelnen Elektronenbanden oft gegenseitig. In Abb. 2 sind als Beispiel drei verschiedene Elektronenspektren wiedergegeben.

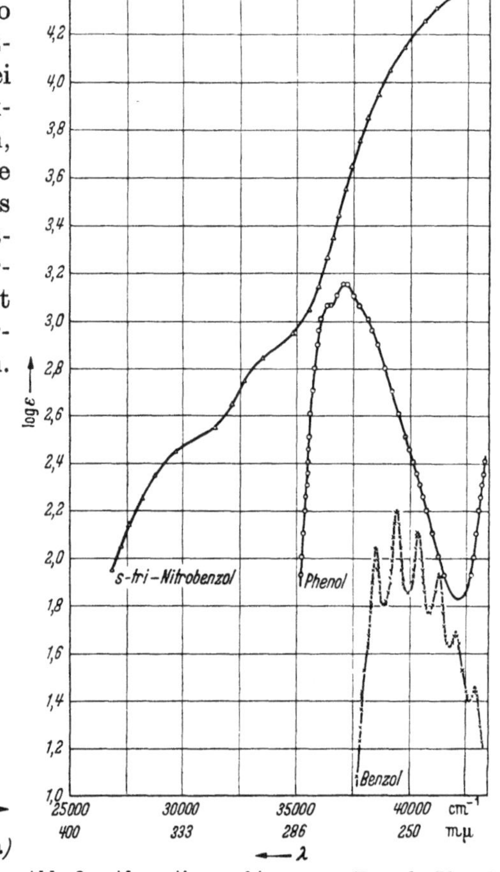

Abb. 1. Schematische Darstellung der Schwingungs- und Elektronenstände eines Moleküls mit zugehörigen Spektren.

Abb. 2. Absorptionsspektren von Benzol, Phenol und s-Trinitrobenzol in Wasser bzw. 0,005 n HCl.

Beim Benzolspektrum sind noch die einzelnen Schwingungsbanden vorhanden, die beim Phenol fast ganz verwaschen sind. Das s-Trinitrobenzol dagegen weist mehrere miteinander verschmolzene Elektronenbanden auf. Die verschiedene Höhe der Banden entspricht den verschieden großen Übergangswahrscheinlichkeiten.

Ein *Emissionsspektrum* kommt auf umgekehrtem Wege zustande: Die durch Lichtabsorption, hohe Temperatur oder Elektronenstoß angeregten Moleküle geben auf Grund des Gleichverteilungssatzes der Energie ihre überschüssige Energie wieder ab. Erfolgt diese Energieabgabe in Form von Strahlung, so spricht man von Emission.

Im Falle der *Fluorescenz* gelangen die Moleküle durch Absorption von Licht in den angeregten Zustand und kehren durch Emission von Fluorescenzlicht schließlich wieder in den Elektronengrundzustand zurück. Die Wellenlänge des Fluorescenzlichtes ist deshalb stets größer oder höchstens gleich der des anregenden Lichtes (Regel von STOKES). Das liegt daran, daß das Molekül die aufgenommene Energie auch stufenweise abgeben kann, indem es von einem höher angeregten Elektronenzustand über Zwischenzustände in den Grundzustand zurückkehrt (vgl. Abb. 3). Man sieht hieraus, daß die Fluorescenzspektren sehr viel mannigfaltiger sein können als die Absorptionsspektren. Während die Absorp-

---

[1] KORTÜM, G., u. G. DREESEN: B. **84**, 182 (1951).

tion bei Zimmertemperatur stets vom Schwingungsgrundzustand des Elektronengrundzustandes ausgeht, kann die Fluorescenz auch zu angeregten Schwingungszuständen des Elektronengrundzustandes führen (vgl. Abb. 4). Da außerdem die Schwingungsenergie des angeregten Elektronenzustandes bei genügend hoher Stoßzahl (hoher Druck) während der Anregungsdauer durch Stöße abgegeben wird, geht die Emission in der Regel vom untersten Schwingungsniveau des angeregten Elektronenzustandes aus. Das bedeutet, daß das Fluorescenzspektrum über die Schwingungen des Elektronengrundzustandes Aufschluß geben kann, während das Absorptionsspektrum nur die Schwingungsstruktur des angeregten Elektronenzustandes liefert. Dies ist in Abb. 4 schematisch veranschaulicht. Den dick ausgezogenen Übergang nennt man 0,0-Übergang; er ist in Absorption und Fluorescenz gleich. Bei der Absorptionsbande erstreckt sich dann die Bande nach kurzen, bei der Fluorescenzbande nach langen Wellen hin. Es entstehen spiegelsymmetrische Absorptions- und Fluorescenzbanden, wie sie in Abb. 5 am Beispiel von Anthracen wiedergegeben

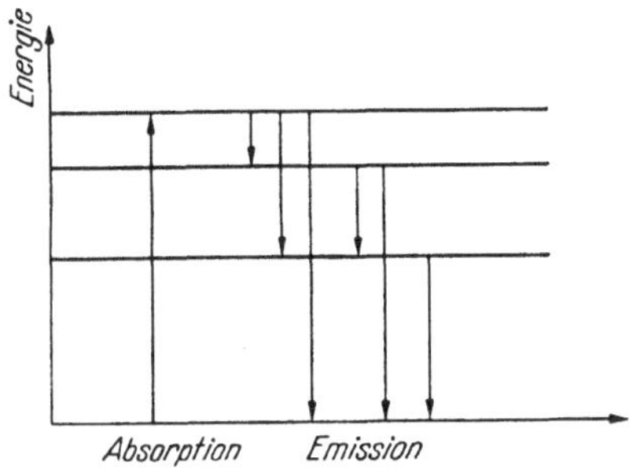

Abb. 3. Schematische Darstellung der Lichtabsorption und Emission von Fluorescenzlicht ohne Berücksichtigung der Schwingungsstruktur.

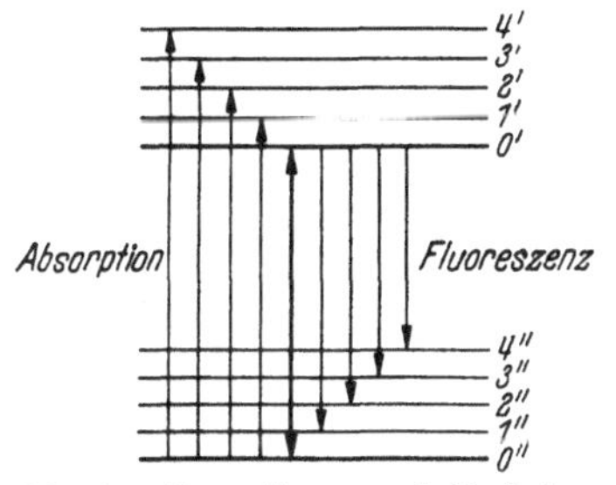

Abb. 4. Absorptions- und Emissionsmöglichkeiten zwischen zwei Elektronenzuständen unter Berücksichtigung der Schwingungsstruktur.

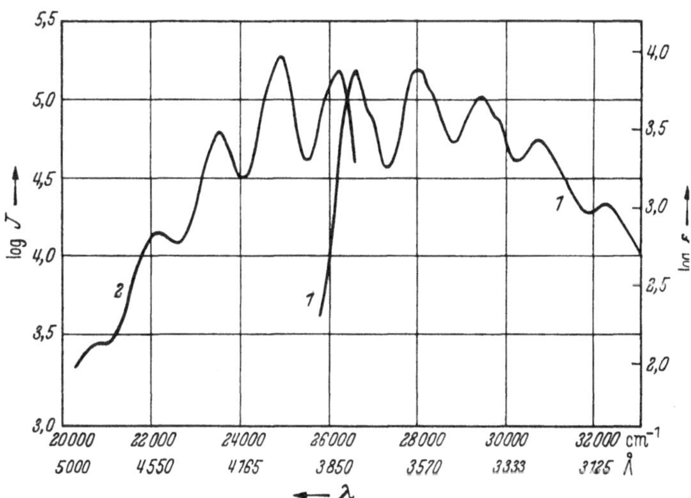

Abb. 5. Spiegelsymmetrie von Absorption (1) und Fluorescenz (2) des Anthracens in Dioxanlösung.

sind. Es ist jedoch nochmals darauf hinzuweisen, daß es sich in Wirklichkeit nicht um eine strenge Symmetrie handelt, indem für die Struktur der Fluorescenzbande die Schwingungszustände des Grundzustandes, für die Struktur der Absorptionsbande aber diejenigen des angeregten Elektronenzustandes maßgebend sind. Die Abstände zwischen den einzelnen Schwingungsbanden werden also in der Fluorescenz- und der Absorptionsbande nicht genau die gleichen sein.

Vermögen die Moleküle sehr lange im angeregten Zustand zu verbleiben (sog. metastabile Zustände), bevor sie ihre überschüssige Energie in Form von Strahlung wieder abgeben, so nennt man den Vorgang *Phosphorescenz* statt Fluorescenz. Das sog. Nachleuchten kann sich noch über Minuten oder sogar Stunden nach Aufhören der anregenden Belichtung hinziehen. Eine scharfe Grenze zwischen Fluorescenz und Phosphorescenz existiert nicht.

Erfolgt die Anregung der Moleküle durch Temperaturbewegung, so nennt man die emittierte Strahlung *Temperaturstrahlung*. Bei sehr hohen Temperaturen tritt ein Zerfall der Moleküle ein, die ausgesandte Strahlung rührt dann von einzelnen angeregten Atomen bzw. Molekülbruchstücken her.

Diese Methode wird in der *Flammenspektroskopie* praktisch verwendet. Durch Erwärmen einer Substanz in einer heißen Flamme können einzelne Atome (z. B. Metalle) durch ihr Emissionsspektrum qualitativ (in vielen Fällen sogar quantitativ) analytisch nachgewiesen werden.

Auf ähnlichen Vorgängen beruht die *Emissionsspektralanalyse*. Als Folge der Anregung durch Temperaturbewegung und Elektronenstoß im Hochspannungsfunken oder im Niedervoltbogen treten die Emissionslinien der Atome auf. Auch das Emissionsspektrum von Molekülen läßt sich durch geeignete Maßnahmen in einem Entladungsrohr erzeugen *(Emissionsspektren durch Elektronenstoß)*.

2. Absorptionsmessungen.

a) Allgemeines.

α) Anwendungsgebiete.

Die praktische Verwendbarkeit von Lichtabsorptionsmessungen beruht darauf, daß es sich bei der Absorption um eine Eigenschaft handelt, die für jede Molekülart bzw. Atomgruppierung spezifisch ist. Daraus ergeben sich die beiden Hauptanwendungsgebiete a) der *Konstitutionsaufklärung* und b) der *quantitativen Analyse*. Wo es nicht besonders vermerkt ist, handelt es sich in dieser Zusammenstellung fast ausschließlich um die Untersuchung gelöster Stoffe in einem geeigneten Lösungsmittel. Für die genannten Anwendungsgebiete besitzt die Untersuchung von *Lösungsspektren* drei Vorteile: Zunächst ist die Aufnahmetechnik für Flüssigkeiten und Lösungen einfacher als für Gase; dann sind die Gasspektren infolge der Vielzahl von Linien oft zu unübersichtlich, während in Lösung, wie oben erwähnt, die Rotations- und häufig auch die Schwingungsstruktur verloren geht, und so die charakteristischen Formen der Elektronenbanden besser hervortreten; endlich haben nur wenige Verbindungen bei Zimmertemperatur einen für die Absorptionsmessung ausreichenden Dampfdruck. Durch Erwärmen werden sie häufig zersetzt, außerdem tritt die Temperaturabhängigkeit der Absorption als weiterer komplizierender Faktor hinzu. Andererseits muß man dabei in Kauf nehmen, daß das Lösungsmittel unter Umständen einen erheblichen Einfluß auf Lage und Form der Absorptionsbanden haben kann.

Konstitutionsaufklärung. Aus dem bisher Gesagten geht hervor, daß für die Elektronenspektren die Anordnung und Verteilung der Elektronen im Molekül maßgebend ist. Die dabei auftretenden Gesetzmäßigkeiten waren zunächst rein empirischer Natur, da die Vorausberechnung der Energiezustände von organischen Molekülen nur in besonders einfachen Fällen durchführbar ist. Man stellte fest, daß das Auftreten charakteristischer Absorptionsbanden an bestimmte Atomgruppierungen gebunden ist, die man deshalb *Chromophore* nannte. Dazu gehören z. B.

$$>\!C\!=\!O\,; \quad -N\!=\!N\!-\,; \quad -N\!=\!O\,; \quad >\!C\!=\!C\!<\,; \quad -C\!\underset{\textstyle C=C}{\overset{\textstyle C-C}{<}}\!C-$$

u. a. Lage und Intensität der den Chromophoren zugehörigen Absorptionsbanden sind jedoch vom Rest des Moleküls nicht unabhängig, da auch dieser Rest auf die Elektronenanordnung des Chromophors unter Umständen einen Einfluß ausübt. Atomgruppierungen, die die Absorption eines Chromophors nach langen Wellen verschieben, nennt man *Auxochrome*, solche, die sie nach kurzen Wellen verschieben, *Antiauxochrome*. Eine besonders starke gegenseitige Beeinflussung zweier Chromophore tritt dann ein, wenn sie durch eine Anzahl konjugierter Doppelbindungen miteinander verknüpft sind. Eine Reihe konjugierter Doppelbindungen wirkt auch an sich schon als Chromophor. Die der Äthylengruppe zugehörige Absorptionsbande liegt weit im Ultraviolett. Mit steigender Anzahl konjugierter Äthylengruppen rückt die Absorption weiter nach dem Sichtbaren, so daß man z. B. umgekehrt aus der Lage der Bande auf die Zahl der konjugierten Doppelbindungen schließen kann. Dies ist besonders eindrucksvoll an den Diphenylpolyenen von HAUSSER, KUHN und SMAKULA gezeigt worden[1]. Ein weiteres charakteristisches

---

[1] HAUSSER, K. W., R. KUHN u. A. SMAKULA: Z. physik. Chem. (B) **29**, 384 (1935).

Beispiel der Verwendbarkeit der Absorptionsspektren zu strukturanalytischen Aufgaben stellt die Konstitutionsaufklärung des Vitamins B_1 dar. Die empirische Formel von Aneurinhydrochlorid war bereits bekannt. Es ließ sich daraus einerseits ein Abbauprodukt gewinnen, das auf Grund seines Spektrums als Thiazolderivat identifiziert werden konnte, und andererseits durch Behandlung mit flüssigem Ammoniak ein Abbauprodukt, dessen Spektrum dem von 2,5-Dimethyl-6-aminopyrimidin gleicht. Mit Hilfe dieser Beobachtungen konnte die Konstitutionsformel des Vitamins aufgestellt werden[1].

Ein weiteres Beispiel: Zur Konstitutionsaufklärung der Tripyrrene können ihre Zn- und Cu-Salzspektren dienen. Je nach der Lage der Doppelbindungen und eingeführter Substituenten verändert sich die längstwellige sehr intensive Absorptionsbande im Rot[2].

Wenn eine Verbindung in zwei tautomeren Formen existieren kann, läßt sich oft mit Hilfe des Absorptionsspektrums entscheiden, auf welcher Seite das Gleichgewicht liegt. Ein bekanntes Beispiel ist die Keto-Enol-Tautomerie, deren Gleichgewicht sich aus der Intensität der charakteristischen Ketobande ermitteln läßt. Wie vorsichtig man andererseits mit Schlußfolgerungen aus der Untersuchung von Spektren sein muß, zeigt etwa eine Arbeit von ANSLOW und NASSAR[3], die eine Absorptionsbande tyrosinhaltiger Gelatine bei 2800 Å der Peptidbindung zuschreiben. Tatsächlich[4] rührt die Bande jedoch vom Benzolring des Tyrosins her. Dagegen wurde neuerdings von KRATKY[5] und Mitarbeitern eine Absorption bei etwa 2000 Å gefunden, die offenbar an das Auftreten einer tautomeren Form der Peptidkette gebunden und auf den $C = N$-Chromophor zurückzuführen ist. Das Auftreten der Bande wird durch p_H-Erhöhung begünstigt. Zu ähnlichen Resultaten über die Tautomerieverhältnisse in Eiweiß kann man durch Messungen der Ultrarotabsorption gelangen[6]. Man findet hier eine Bande bei $3,03\,\mu$, die für eine an einer Wasserstoffbrückenbindung beteiligte OH-Gruppe charakteristisch ist.

Daß auch das verwendete Lösungsmittel einen Einfluß auf Lage und Intensität von Absorptionsspektren haben kann, wurde schon erwähnt. Bekannt ist z. B., daß Jod in vielen Lösungsmitteln braune, in anderen violette Farbe aufweist. Dieser charakteristische Unterschied ist auf die Veränderung der Elektronenkonfiguration durch die Wechselwirkungen bzw. Assoziationen zwischen Lösungsmittel und gelöstem Stoff zurückzuführen[7]. Ähnlich können sich Zusätze nichtabsorbierender Verbindungen auswirken. Am auffallendsten sind die spektralen Veränderungen bei Anlagerung bzw. Abgabe von Protonen. Die Absorptionsbanden basischer bzw. saurer Verbindungen können abgesehen von Formänderungen um 500—1000 Å gegeneinander verschoben sein.

In neuerer Zeit werden immer häufiger auch *Ultrarotspektren* zur Charakterisierung von chemischen Verbindungen herangezogen. Wie aus der Einführung hervorgeht, kommen sie durch die Änderung der Schwingungszustände der einzelnen Atome oder Atomgruppen gegeneinander zustande. Jedes Molekül besitzt eine Anzahl von sog. Normalschwingungen, deren Frequenzen von Masse und Bindungsfestigkeit der Atome bzw. Atomgruppen und außerdem noch von den Symmetrieverhältnissen des Moleküls abhängen. Man muß also erwarten, daß das Gesamtschwingungsspektrum eine für jede Molekülart charakteristische Eigenschaft darstellt und somit zur Identifizierung und Bestimmung derselben besonders geeignet ist. Noch wichtiger ist die Tatsache, daß einzelne Schwingungsfrequenzen, die bestimmten *Atomgruppierungen* zuzuordnen sind, in verschiedenen Substanzen fast unverändert erhalten bleiben, so daß sich diese Gruppierungen in jedem Molekül nachweisen lassen. Ein Gemisch verschiedener Stoffe läßt sich analysieren, wenn man die Spektren der reinen Komponenten kennt. Dies ist vor allem von Bedeutung bei der Analyse von Isomeren, deren Siedepunkte nahezu zusammen-

---

[1] WILLIAMS, R. R.: Industr. engng. Chem. **29**, 980 (1937).

[2] HÜNI, A.: H. **282**, 253 (1947).

[3] ANSLOW, G. A., and S. C. NASSAR: J. opt. Soc. Amer. **31**, 118 (1941).

[4] McLAREN, A. D.: Acta chem. scand. **3**, 648 (1949).

[5] KRATKY, O., u. E. SCHAUENSTEIN: Z. Naturforsch. 5b, 281 (1950).

[6] BUSWELL, A. M., W. H. RODEBUSH and M. F. ROY: Am. Soc. **60**, 2444 (1938).

[7] KORTÜM, G., u. M. KORTÜM-SEILER: Z. Naturforsch. 5a, 544 (1950).

fallen oder die sonst schwer trennbar sind. Die Intensitätsmessung einzelner Banden gestattet in vielen Fällen sogar quantitative Analysen.

Am Beispiel der Eiweißstoffe bzw. der Aminosäuren läßt sich die verschiedenartige Verwendung der Ultrarotspektren zur Analyse recht gut zeigen[1]. Die Normalschwingungsbanden des Aminosäurerestes liegen in der Gegend von 7—20 μ. Sie sind für die verschiedenen Aminosäuren soweit differenziert, daß z. B. die Analyse eines Gemisches von Valin und Leucin möglich ist[2], obwohl die beiden Moleküle durch Peptidbindungen verknüpft sind. Der Peptidbindung, —CO—NH—, werden Banden bei 6 μ und 3 μ zugeordnet, die auch bei einfachen Säureamiden gefunden werden[3]. Über die Orientierung einzelner Gruppen in geordneten Molekülschwärmen oder Krystallen können Versuche mit polarisierter Ultrarotstrahlung Aufschluß geben, da die Höhe einer Absorptionsbande von dem Winkel zwischen der Schwingungsrichtung der Gruppe und der des elektrischen Vektors des einfallenden Lichtstrahles abhängt. Versuche dieser Art an der C = O- und der N—H-Bande von Eiweißproben lassen auf Querverbindungen —C = O ···· H—N— schließen[4]. Daß die Lage einer Schwingungsbande unter Umständen vom Rest des Moleküls abhängt, zeigt am besten das Beispiel der OH-Bande, die beim Eingehen einer Wasserstoffbrückenbindung verschoben wird. Die Verschiebung hängt von der Stärke der Bindung ab. Können sich z. B. mehrere verschiedene Wasserstoffbrücken bilden, wie dies bei Zuckern der Fall ist, so treten auch mehrere neue diskrete OH-Banden auf[1]. Eine Schwierigkeit bei Ultrarotmessungen bietet unter Umständen die Wahl des *Lösungsmittels*, da Wasser seiner Eigenabsorption wegen höchstens in sehr dünner Schicht verwendet werden kann. Besser geeignet sind, wenn die

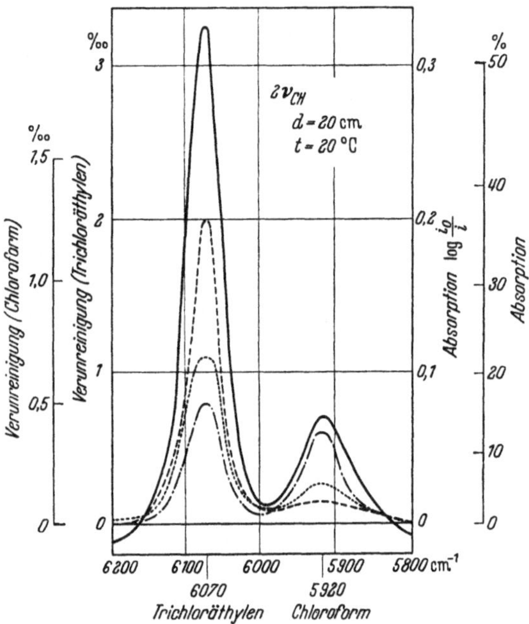

Abb. 6. Reinheitsprüfung von Tetrachlorkohlenstoff auf Trichloräthylen und Chloroform als Verunreinigungen mit Hilfe des Ultrarotabsorptionsspektrums.

Substanz nicht im reinen Zustand untersucht wird, Benzol oder Tetrachlorkohlenstoff. Auch Suspensionen in Paraffinöl haben sich speziell bei Eiweißuntersuchungen bewährt[2]. Auch für einfache qualitative Analysen lassen sich Ultrarotspektren häufig mit Vorteil heranziehen. So lassen sich z. B. die in Tetrachlorkohlenstoff vorkommenden Verunreinigungen Chloroform und Trichloräthylen durch eine Ultrarotaufnahme sofort erkennen und mengenmäßig abschätzen (vgl. Abb. 6)[5].

Daß die Ultrarotspektroskopie sich erst in neuerer Zeit durchgesetzt hat, liegt an den experimentellen Schwierigkeiten, die zu überwinden waren. Wesentlich für diesen Fortschritt sind die neuen Methoden zur Messung sehr geringer Strahlungsenergien, wie sie durch die Entwicklung äußerst empfindlicher und doch stabiler Thermosäulen und der neuen Widerstandszellen aus Bleisulfid, Bleiselenid und Bleitellurid gegeben sind.

Ganz allgemein ist zu sagen, daß eine vollständige Konstitutionsaufklärung komplizierter Naturstoffe durch ihre Spektren nicht möglich ist, d. h. das Absorptionsspektrum bedeutet nicht wie z. B. der Schmelzpunkt ein eindeutiges Kriterium für das Molekül;

[1] THOMPSON, H. W.: Z. Elektrochem. 54, 495 (1950).
[2] LARSSON, L.: Acta chem. scand. 4, 27 (1950).
[3] KLOTZ, J. M.: Science, N. Y. 109, 309 (1949).
[4] MANN, J., and H. W. THOMPSON: Nature 160, 17 (1947).
[5] MECKE, R., u. F. OSWALD: Spectrochim. Acta 4, 348 (1951).

dagegen kann das Spektrum, wie die angeführten Beispiele zeigen, sehr häufig eine eindeutige Entscheidung zwischen mehreren möglichen Strukturformeln liefern.

Ausführliche Arbeiten über die Zusammenhänge zwischen Konstitution und Lichtabsorption finden sich z. B. bei Foerster[1], Scheibe und Frömel[2], Dimroth[3], Kuhn[4], Korte[5].

Quantitative analytische Aufgaben. Es ist ohne weiteres einzusehen, daß die Lichtabsorption um so stärker sein wird, je mehr absorbierende Moleküle vorhanden sind, d. h. je größer ihre Konzentration ist. Aus der Menge des absorbierten Lichtes kann deshalb ihre Konzentration bestimmt werden. Solche analytischen Bestimmungsmethoden haben sich in immer steigendem Maße durchgesetzt, weil sie einfacher sind als andere Analysenmethoden und oft die Isolierung der zu bestimmenden Verbindung unnötig machen. Fremdstoffe stören nur, wenn sie im gleichen Spektralbereich absorbieren, oder wenn sie die Absorption unmittelbar beeinflussen. Es ist deshalb bei solchen Bestimmungsmethoden auch nicht notwendig, das ganze Spektrum aufzunehmen, sondern es genügen die Messungen bei einer geeigneten Wellenlänge.

Für die Anwendbarkeit dieser analytischen Methoden ist es ferner wichtig, daß nicht nur Verbindungen bestimmt werden können, die selbst absorbieren. Die weitaus größte Zahl der optischen Bestimmungsmethoden beruht darauf, daß durch eine möglichst einfache chemische Umsetzung (Oxydation, Reduktion, Komplexbildung mit einem zugesetzten Reagens usw.) eine für die Verbindung charakteristische Farbreaktion abläuft, die zu einer Verbindung mit charakteristischer Absorption führt. Auch für kinetische Untersuchungen sind die Methoden der Lichtabsorption besonders geeignet, da eine solche Messung nur sehr kurze Zeit erfordert und in der Regel am reagierenden System selbst, d. h. ohne Probeentnahme durchgeführt werden kann. So lassen sich z. B. die Photooxydation von Chlorophyll und ihre Beeinflussung durch Carotin, Hydrochinon oder Ascorbinsäure unmittelbar spektrophotometrisch verfolgen[6].

β) Gesetzmäßigkeiten der Lichtabsorption: Das Lambert-Beersche Gesetz.

Das Lambert-Beersche Gesetz gibt den Zusammenhang zwischen Lichtabsorption und Schichtdicke sowie Konzentration des absorbierenden Stoffes an. Nach dem Lambertschen Gesetz ist die Schwächung von *monochromatischem Licht* durch ein absorbierendes Schichtelement proportional der Intensität J des einfallenden Lichtes:

$$- \frac{\partial J}{\partial d} = k' J; \quad \frac{\partial J}{J} = k' \partial d. \tag{3}$$

Durch Integration über die gesamte Schichtdicke von 0 bis d ergibt sich

$$\ln \frac{J_0}{J} = k' d, \tag{4}$$

wobei J_0 die Intensität des auffallenden Lichtes bei $d = 0$, J die Intensität des austretenden Lichtes nach Durchlaufen der Schichtdicke d darstellt.

Auf analoge Weise ergibt sich der Zusammenhang zwischen Intensität und Konzentration der absorbierenden Teilchen in einer Lösung (Beersches Gesetz). Gl. (4) lautet dann

$$\ln \frac{J_0}{J} = k c d, \tag{5}$$

oder unter Einführung dekadischer Logarithmen:

$$\log \frac{J_0}{J} = \varepsilon c d \equiv E \quad \text{(Lambert-Beersches Gesetz)}. \tag{6}$$

[1] Foerster, Th.: Z. Elektrochem. **45**, 548 (1939).
[2] Scheibe, G., u. W. Frömel: Hand- u. Jb. chem. Physik **9**, IV, 141. Leipzig 1936.
[3] Dimroth, K.: Z. angew. Chem. **52**, 545 (1939).
[4] Kuhn, H.: Lichtabsorption organischer Farbstoffe. Chimia, Aarau **4**, 203 (1950).
[5] Korte, F.: Angew. Chem. **63**, 370 (1951).
[6] Aronoff, S., and G. Mackinney: Am. Soc. **65**, 956 (1943).

Die normalerweise als LAMBERTsches Gesetz bezeichnete Beziehung (4) zwischen Extinktion und Schichtdicke wurde bereits 1729 von BOUGUER entdeckt, jedoch nicht mathematisch formuliert. Die Formulierung erfolgte durch LAMBERT, der sich dabei auf die Arbeit von BOUGUER bezieht. LAMBERT führt auch bereits die Konzentrationsabhängigkeit in das Gesetz ein, allerdings nur für Gase. Die normalerweise LAMBERT-BEERsches Gesetz genannte Beziehung $J = J_0 \cdot e^{-kcd}$ müßte also eigentlich BOUGUER-LAMBERTsches Gesetz heißen. BEER stellte zum erstenmal Absorptionsversuche mit Lösungen an und stellte die Behauptung auf, daß bei konstantem $c\,d$ auch die Extinktion konstant ist. Diese Aussage ist nur ein Spezialfall von Gl. (6) und ist nicht gleichbedeutend mit der allgemeinen Annahme eines konstanten, konzentrationsunabhängigen Extinktionskoeffizienten. Es ist nämlich, wie später gezeigt werden soll, sehr wohl möglich, daß trotz Verwendung von spektralunreinem Licht E bei konstantem $c\,d$ konstant ist, obwohl ε konzentrations- bzw. extinktionsabhängig ist (scheinbare Ungültigkeit des BEERschen Gesetzes).

Da sich der Ausdruck LAMBERT-BEERsches Gesetz für Gl. (6) allgemein eingebürgert hat, soll er auch hier beibehalten werden, obwohl es sachlich nicht ganz gerechtfertigt ist.

$E = \log (J_0/J)$ wird als *Extinktion* bezeichnet; E ist das gebräuchliche Maß für die Absorption. Sie ist proportional der Konzentration und der Schichtdicke. Der Proportionalitätsfaktor ε wird *Extinktionskoeffizient* genannt. Sein Zahlenwert hängt von der Wahl der Einheiten für Konzentration und Schichtdicke ab. Die Schichtdicke wird in der Regel in Zentimetern gemessen. Wenn das Molekulargewicht der absorbierenden Verbindung bekannt ist, wird die Konzentration normalerweise in Molen je Liter angegeben. Man nennt dann ε den *molaren dekadischen Extinktionskoeffizienten*. Ist das Molekulargewicht des untersuchten Stoffes unbekannt, so muß die Konzentration in Grammen je Kubikzentimeter oder Grammen je Liter angegeben werden. Im ersteren Fall nennt man dann den Proportionalitätsfaktor gelegentlich den spezifischen Absorptionskoeffizienten α. In allen Fällen sollte jedoch das Konzentrationsmaß ausdrücklich angegeben werden, da ohne besonderen Hinweis der Extinktionskoeffizient sich stets auf Konzentrationsangaben in Mol je Liter bezieht.

Statt der Extinktion wird in einzelnen Arbeiten auch der Begriff Durchlässigkeit D als Absorptionsmaß verwendet. Er ist durch folgende Gleichung definiert:

$$D = \frac{J}{J_0} = 10^{-E} \quad \text{oder} \quad E = -\log D. \tag{7}$$

Es muß nochmals betont werden, daß das LAMBERT-BEERsche Gesetz für monochromatisches Licht abgeleitet ist und jeweils für die betreffende Wellenlänge gilt. Der Extinktionskoeffizient ist dann eine charakteristische Stoffkonstante, deren Wert von der Wellenlänge abhängt. Trägt man ε als Funktion von λ oder ν^* auf, so erhält man ein sog. Absorptionsspektrum, das für den untersuchten Stoff charakteristisch ist und deshalb zu seinem Nachweis dienen kann. Es wäre natürlich sinnlos, die Extinktion als Funktion von λ aufzutragen, da E ja noch von Konzentration und Schichtdicke, also mehr oder weniger frei wählbaren Versuchsbedingungen abhängt, während ε eine davon unabhängige Materialkonstante darstellt.

Es ist im allgemeinen üblich, bei der Darstellung von Absorptionsspektren als Ordinate nicht ε, sondern $\log \varepsilon$ zu wählen. Das hat seinen Grund darin, daß ε oft über mehrere Zehnerpotenzen variiert, und daß in der logarithmischen Darstellung auch bei kleinem ε die Feinheiten des Kurvenverlaufes noch zum Ausdruck kommen. Ist die Konzentration einer Lösung unbekannt, bzw. ist ein Konzentrationsfehler bei der Berechnung der Kurve vorhanden, so ändert sich dadurch die Form der Absorptionskurve nicht; sie läßt sich durch einfaches Verschieben in Richtung der Ordinatenachse mit der richtigen Kurve zur Deckung bringen. Außerdem wird diese Art der Darstellung auch der Tatsache gerecht, daß ε unabhängig von seiner Größe stets mit der gleichen prozentualen Genauigkeit bestimmt werden kann. In neuerer Zeit ist es auch vielfach üblich geworden, als Abszisse nicht die Wellenlänge λ in mμ, sondern die Wellenzahl $1/\lambda = \nu^*$ in cm^{-1} aufzutragen. Wie wir gesehen haben, ist ν^* direkt der Energie der Lichtquanten proportional. Die Abszissenabstände bilden also bei dieser Art der Auftragung unmittelbar ein Maß für die Energieunterschiede, was bei Benutzung der Wellenlängen nicht der Fall ist.

In Abb. 7 ist das Spektrum von Methylenblau nach diesen 4 verschiedenen Methoden aufgetragen. Man sieht, daß die niedrige Bande bei etwa 400 mμ (25000 cm^{-1}) nur in der logarithmischen Darstellung deutlich hervortritt.

Die Verwendbarkeit des LAMBERT-BEERschen Gesetzes für analytische Aufgaben leuchtet ohne weiteres ein. Die unbekannte Konzentration einer Lösung läßt sich nach Gl. (6) aus der Extinktion und der Schichtdicke berechnen.

Sind in einer Lösung zwei absorbierende Verbindungen enthalten, deren Konzentrationen c' und c'' bestimmt werden sollen, und deren Extinktionskoeffizienten bekannt sind, so genügt eine einzige Extinktionsmessung nicht. Es müssen zwei Messungen bei zwei verschiedenen Wellenlängen λ_1 und λ_2 durchgeführt werden:

Es gilt dann

$$E_{\lambda_1} = \varepsilon'_{\lambda_1} c' d + \varepsilon''_{\lambda_1} c'' d, \qquad (8)$$

$$E_{\lambda_2} = \varepsilon'_{\lambda_2} c' d + \varepsilon''_{\lambda_2} c'' d. \qquad (9)$$

Für die unbekannten Konzentrationen c' und c'' ergibt sich:

$$c'' = \frac{E_{\lambda_2} \varepsilon'_{\lambda_1} - E_{\lambda_1} \varepsilon'_{\lambda_2}}{d\,(\varepsilon'_{\lambda_1} \varepsilon''_{\lambda_2} - \varepsilon'_{\lambda_2} \varepsilon''_{\lambda_1})}, \qquad (10)$$

$$c' = \frac{E_{\lambda_1} \varepsilon''_{\lambda_2} - E_{\lambda_2} \varepsilon''_{\lambda_1}}{d\,(\varepsilon'_{\lambda_1} \varepsilon''_{\lambda_2} - \varepsilon'_{\lambda_2} \varepsilon''_{\lambda_1})}. \qquad (11)$$

Handelt es sich nur darum, das molare Mengenverhältnis c'/c'' der gleichzeitig in einer Lösung vorhandenen Verbindungen zu

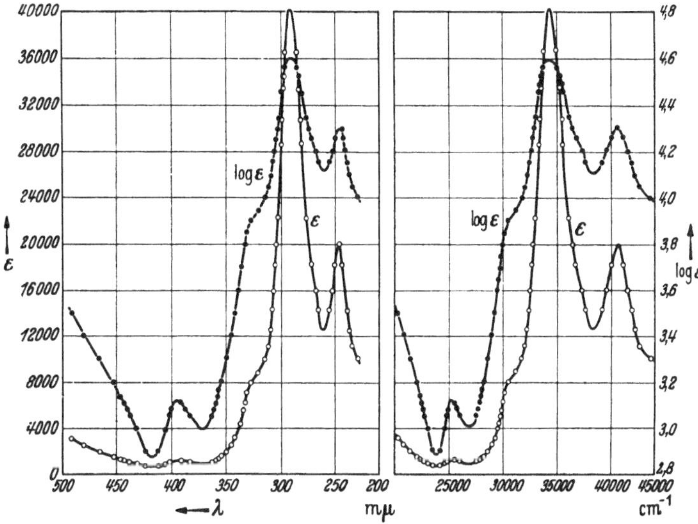

Abb. 7. Absorptionsspektrum von Methylenblau in verschiedener Darstellung.

ermitteln, so wird die Rechnung noch einfacher. Unabhängig von der Konzentration muß bei konstanter Schichtdicke das Verhältnis der Extinktionen bei 2 verschiedenen Wellenlängen für die reinen Lösungen der beiden Verbindungen gleich dem Verhältnis der Extinktionskoeffizienten sein:

$$\frac{E'_{\lambda_1}}{E'_{\lambda_2}} = \frac{\varepsilon'_{\lambda_1}}{\varepsilon'_{\lambda_2}} = a \,,$$

$$\frac{E''_{\lambda_1}}{E''_{\lambda_2}} = \frac{\varepsilon''_{\lambda_1}}{\varepsilon''_{\lambda_2}} = b \,. \qquad (12)$$

Enthält jedoch die Lösung ein Gemisch der beiden Verbindungen, so wird das Extinktionsverhältnis einen Wert zwischen a und b annehmen. Mit verschiedenen bekannten Mischungsverhältnissen wird eine Eichkurve $\left(\frac{E_{\lambda_1}}{E_{\lambda_2}} = f\left(\frac{c_1}{c_1 + c_2}\right)\right)$ aufgestellt, mit deren Hilfe jeweils aus dem gemessenen Extinktionsverhältnis einer unbekannten Lösung das Mischungsverhältnis der beiden Stoffe abgelesen werden kann. Der Verlauf der Eichkurve kann auch aus den einzelnen Extinktionskoeffizienten voraus berechnet werden, so daß die Aufnahme der Eichkurve überflüssig wird:

$$\frac{E_{\lambda_1}}{E_{\lambda_2}} = \frac{\gamma\, \varepsilon'_{\lambda_1} + (1 - \gamma)\, \varepsilon''_{\lambda_1}}{\gamma\, \varepsilon'_{\lambda_2} + (1 - \gamma)\, \varepsilon''_{\lambda_2}} \,. \qquad (13)$$

Dabei bedeutet γ den Bruchteil der Gesamtkonzentration an Verbindung ', $(1-\gamma)$ den Bruchteil an Verbindung ''. Wenn ε den molaren Extinktionskoeffizienten bedeutet, ist γ gleichbedeutend dem Molenbruch $\dfrac{n'}{n' + n''}$ (n = Anzahl Mole). Wird der spezifische Extinktionskoeffizient benützt, bedeutet γ den Gewichtsbruch $\dfrac{g'}{g' + g''}$ (g = Anzahl Gramme).

$E_{\lambda_1}/E_{\lambda_2}$ ist das gesuchte Extinktionsverhältnis für die beiden Wellenlängen der betreffenden Mischung*.

Handelt es sich nicht um Serienuntersuchungen, sondern nur um einzelne Messungen, so erübrigt sich die Berechnung der gesamten Eichkurve, und das unbekannte Mischungsverhältnis γ ergibt sich aus den Extinktionskoeffizienten der reinen Verbindungen und dem gemessenen Extinktionsverhältnis zu:

$$\gamma = \frac{\varepsilon''_{\lambda_1} - \dfrac{E_{\lambda_1}}{E_{\lambda_2}}\,\varepsilon''_{\lambda_2}}{\dfrac{E_{\lambda_1}}{E_{\lambda_2}}(\varepsilon'_{\lambda_2} - \varepsilon''_{\lambda_2}) + (\varepsilon''_{\lambda_1} - \varepsilon'_{\lambda_1})}. \tag{14}$$

Wählt man λ_2 in einem Schnittpunkt der Absorptionskurven der reinen Stoffe, so wird $\varepsilon'_{\lambda_2} = \varepsilon''_{\lambda_2}$ und Gl. (14) vereinfacht sich zu

$$\gamma = \frac{\varepsilon''_{\lambda_1} - \dfrac{E_{\lambda_1}}{E_{\lambda_2}}\,\varepsilon''_{\lambda_2}}{\varepsilon''_{\lambda_1} - \varepsilon'_{\lambda_1}}. \tag{15}$$

Es ist ohne weiteres einzusehen, daß die optische Konzentrationsbestimmung von zwei Verbindungen in einer Mischung dann am sichersten ist, wenn ihre Absorptionskurven in dem betrachteten Wellenlängengebiet möglichst verschieden sind, d. h. wenn $\dfrac{\varepsilon'_{\lambda_1}}{\varepsilon'_{\lambda_2}} - \dfrac{\varepsilon''_{\lambda_1}}{\varepsilon''_{\lambda_2}}$ möglichst groß ist. Die Methoden setzen außerdem strenge Gültigkeit des LAMBERT-BEERschen Gesetzes voraus. Eine Anleitung zur photometrischen Analyse von Mehrstoffgemischen findet sich bei MAYER-LUSZCZAK[1].

Ein Spezialfall liegt vor, wenn die beiden absorbierenden Verbindungen miteinander im Gleichgewicht stehen. Als Beispiel wurde bereits das Gleichgewicht der Keto-Enol-Tautomerie erwähnt. Wenn dieses Gleichgewicht konzentrationsabhängig ist, gilt das BEERsche Gesetz in seiner bisherigen Fassung nicht. Solche Fälle, wie z. B. das Dissoziationsgleichgewicht einer Säure oder Base und seine Verwendung zur p_H-Bestimmung, werden bei den Abweichungen vom BEERschen Gesetz im folgenden Abschnitt behandelt.

γ) Abweichungen vom BEERschen Gesetz.

Wahre Abweichungen. Aus der Tatsache, daß die Absorptionsspektren vieler Verbindungen stark lösungsmittelabhängig sind, folgt, daß die Umgebung eines Moleküls einen (störenden) Einfluß auf seine Lichtabsorption ausüben kann. Außer den Lösungsmittelmolekülen können deshalb auch Fremdstoffe, d. h. nichtabsorbierende Verbindungen, die gleichzeitig in der Lösung vorhanden sind, eine Absorptionsbande verändern, oder die gegenseitige Wechselwirkung der absorbierenden Moleküle selbst kann eine Konzentrationsabhängigkeit der Extinktionskoeffizienten und damit der gesamten Absorptionskurve hervorrufen.

In Abb. 8 sind für eine Reihe von Verbindungen die prozentualen Änderungen von ε bei gegebener Wellenlänge in Abhängigkeit vom $\log c$ aufgetragen, wobei c teils die Konzentration der absorbierenden Stoffe selbst, teils die Konzentration nichtabsorbierender Zusätze bedeutet. Wie man sieht, kann der Fehler schon bei Konzentrationen von 10^{-2} Mol/Liter mehrere Prozente betragen. Wenn die Abweichungen, wie es meistens der Fall ist, durch eine Verschiebung der Bande zustande kommen, wird sich in der Regel das Bild des gesamten Absorptionsverlaufes nur wenig ändern, so daß eine Identifizierung bzw. Konstitutionsbestimmung trotzdem möglich ist. Dagegen liegt bei analytischen Konzentrationsbestimmungen ein Fehler von mehr als 1 % bei den meisten heute gebräuchlichen Methoden außerhalb der verlangten Fehlergrenze, so daß derartige Abweichungen vom BEERschen Gesetz die optisch-analytische Konzentrationsbestimmung stark zu fälschen vermögen.

---

* Die Methode wurde zur Bestimmung von CO-Hämoglobin in Mischung mit O_2-Hämoglobin oder von Hämoglobin und O_2-Hämoglobin verwendet.

[1] MAYER, F. X., u. A. LUSZCZAK: Absorptionsspektralanalyse. Berlin 1951.

Speziell bei Farbstoffen findet man häufig starke Abweichungen vom BEERschen Gesetz. Bestimmte Voraussagen lassen sich jedoch nicht machen. Es kann z. B. vorkommen, daß im gleichen Spektrum die eine Elektronenbande stark von Konzentration und Fremdzusätzen abhängt, eine andere dagegen nicht. In vielen Fällen haben zugesetzte Ionen, d. h. geladene Teilchen, einen weit größeren Einfluß als Nichtelektrolyte, d. h. ungeladene Teilchen, in anderen Fällen ist es umgekehrt. Diese starke Spezifität hängt natürlich mit der Spezifität der zwischenmolekularen Wechselwirkung sowie mit der verschiedenen Empfindlichkeit bzw. sterischen Zugänglichkeit der Chromophore gegenüber äußeren Störungen zusammen und kann nur von Fall zu Fall empirisch festgestellt werden. Führen die Wechselwirkungskräfte in der Lösung zur Bildung stöchiometrischer Verbindungen, z. B. Assoziation, oder tritt eine konzentrationsabhängige Dissoziation der absorbierenden Moleküle ein, so können die Abweichungen vom BEERschen Gesetz unter Umständen berechnet werden, bzw. es können aus den Abweichungen die Gleichgewichtskonstanten ermittelt werden.

Als Beispiel für ein derartiges *Gleichgewicht* soll die Dissoziation einer absorbierenden Säure behandelt werden[1]:

$$HA + H_2O \rightleftharpoons H_3O^{\cdot} + A'.$$

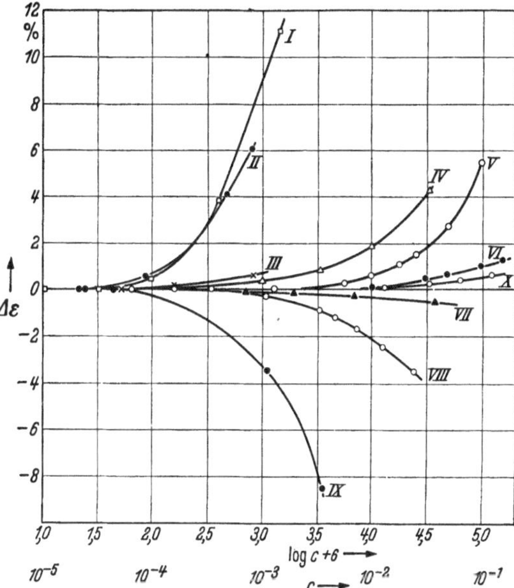

Abb. 8. Geltungsbereich des BEERschen Gesetzes für verschiedene Ionen in wäßriger Lösung.

HA und A' sollen, wie es stets der Fall ist, verschiedene Extinktionskoeffizienten ε_{HA} und $\varepsilon_{A'}$ besitzen. Die Gesamtextinktion bei einer bestimmten Wellenlänge setzt sich dann zusammen aus:

$$E = \varepsilon_{A'}\, \alpha\, c_0\, d + \varepsilon_{HA}\,(1 - \alpha)\,c_0 d, \tag{16}$$

wobei α den Dissoziationsgrad und c_0 die Gesamtkonzentration bedeutet. Man wählt zur Messung vorteilhaft ein Spektralgebiet, in dem $\varepsilon_{HA} \ll \varepsilon_{A'}$, so daß der Beitrag von HA zur Extinktion vernachlässigt werden darf. Dann vereinfacht sich Gl. (16) zu

$$E = \varepsilon_{A'}\, \alpha\, c_0\, d. \tag{17}$$

Weil α nach dem Massenwirkungsgesetz

$$\frac{c_{A'}\, c_{H_3O^{\cdot}}}{c_{HA}} = \frac{\alpha^2}{1 - \alpha} \cdot c_0 = K_c \tag{18}$$

(K_c = Dissoziationskonstante) von der Konzentration abhängt, wird also E nicht mehr proportional zu c_0 sein, wie es das BEERsche Gesetz ohne Berücksichtigung der Dissoziation verlangt. Der Extinktionskoeffizient $\varepsilon_{A'}$ läßt sich bestimmen, indem man die Extinktion eines (vollständig dissoziierten) Salzes der Säure mißt, wobei man zur Vermeidung von Hydrolyse einen Überschuß an Alkali zugeben muß. Man kann dann nach Gl. (17) und (18) aus einer bestimmten Säureeinwaage und der zugehörigen Extinktion den Dissoziationsgrad und damit die Dissoziationskonstante bestimmen, oder umgekehrt bei Kenntnis der Dissoziationskonstanten die unbekannte Gesamtkonzentration:

und

$$K_c = \frac{E^2}{\varepsilon_{A'}^2\, c_0\, d^2 - E\, c_0\, d} \tag{19}$$

$$c_0 = \frac{\left[\dfrac{2E + \varepsilon_{A'}\, d\, K_c}{\varepsilon_{A'}\, d}\right] - K_c^2}{4\, K_c}. \tag{20}$$

---

[1] Vgl. z. B. HALBAN, H. v., u. G. KORTÜM: Z. physik. Chem. (A) **170**, 351 (1934).

Ist $\varepsilon_{\mathrm{HA}}$ neben $\varepsilon_{\mathrm{A'}}$ nicht zu vernachlässigen, so läßt sich α durch Näherungsrechnung ermitteln: Es wird zunächst mit Hilfe eines angenäherten K_c-Wertes der Extinktionsanteil der undissoziierten Säure berechnet und von der Gesamtextinktion abgezogen. Aus der Restextinktion des Anions wird ein neues K_c berechnet usw.

Strenggenommen ist die in Gl. (18) eingeführte Dissoziationskonstante K_c keine wirkliche Konstante, sondern sie ist noch konzentrationsabhängig auf Grund von interionischen Wechselwirkungen zwischen allen Ionen in der Lösung. Zu einer konzentrationsunabhängigen Dissoziationskonstanten K_a gelangt man, indem man die Konzentrationen in Gl. (18) durch Aktivitäten a ersetzt, die durch die Gleichung

$$a = f\,c \tag{21}$$

definiert sind.

$$\frac{a_{\mathrm{H_3O^\cdot}}\,a_{\mathrm{A'}}}{a_{\mathrm{HA}}} = K_a = \frac{c_{\mathrm{H_3O^\cdot}}\,f_{\mathrm{H_3O^\cdot}}\cdot c_{\mathrm{A'}}\,f_{\mathrm{A'}}}{c_{\mathrm{HA}}\,f_{\mathrm{HA}}} = \frac{c_{\mathrm{H_3O^\cdot}}\cdot c_{\mathrm{A'}}}{c_{\mathrm{HA}}}\cdot \frac{f_{\mathrm{H_3O^\cdot}}\,f_{\mathrm{A'}}}{f_{\mathrm{HA}}} = K_c\cdot \frac{f_{\mathrm{H_3O^\cdot}}\,f_{\mathrm{A'}}}{f_{\mathrm{HA}}}. \tag{22}$$

Die Faktoren f nennt man Aktivitätskoeffizienten, die Konstante K_a die thermodynamische Dissoziationskonstante. Die Aktivitätskoeffizienten von Ionen z. B. der Sorte i lassen sich nach der DEBYE-HÜCKEL-Theorie aus der Ionenstärke μ berechnen:

$$- \lg f_i = A\,\sqrt{\mu}. \tag{23}$$

Dabei ist A eine durch die Theorie gegebene Konstante, und μ ist durch die Gleichung definiert:

$$\mu = \tfrac{1}{2} \sum_i z_i^2\, c_i, \tag{24}$$

$z_i =$ Wertigkeit; $c_i =$ Konzentration der Ionensorte i (in der Lösung einer einbasischen Säure ist z. B. $\mu = c_0\alpha$). In dem Gültigkeitsbereich der DEBYE-HÜCKEL-Theorie und unter der Annahme, daß $f_{\mathrm{HA}} = 1$ ist, läßt sich also Gl. (22) in der Form schreiben

$$\lg K_c = \lg K_a + 2A\,\sqrt{\mu}. \tag{25}$$

K_c wächst also mit steigender Konzentration (μ) an. Graphisch läßt sich K_a durch Extrapolation von $\lg K_c$ auf $\sqrt{\mu} = 0$ gewinnen.

Bei der Berechnung von Dissoziationskonstanten auf Grund von Messungen des Dissoziationsgrades α nach Gl. (18) ist zu berücksichtigen, daß die Genauigkeit der berechneten Konstanten nicht unmittelbar durch die Genauigkeit des gemessenen α gegeben ist. Durch Differentiation von Gl. (18) erhält man für den relativen Fehler in K_c als Folge eines relativen Fehlers in α

$$\frac{dK_c}{K_c} = \frac{2-\alpha}{1-\alpha}\,\frac{d\alpha}{\alpha}. \tag{26}$$

Als Beispiel sei angenommen, daß die Extinktion der sauren Lösung $\varepsilon_{\mathrm{A}'}\,\alpha\,c\,d$ und der alkalischen Lösung $\varepsilon_{\mathrm{A}'}\,c\,d$ mit einer Genauigkeit von 1% gemessen sei; dann ist auch α auf 1% genau bekannt. Ist beispielsweise $\alpha = 0{,}90$, so ist die Genauigkeit von K_c nach Gl. (26) $\dfrac{2-0{,}9}{1-0{,}9}\,1\% = 11\%$. Man sieht, daß K_c um so unsicherer wird, je größer α ist. Im Grenzfall für sehr kleine α hat der Faktor $\dfrac{2-\alpha}{1-\alpha}$ den Grenzwert 2.

Das optisch erfaßbare Dissoziationsgleichgewicht einer Säure läßt sich bekanntlich zur p_{H}-*Bestimmung* verwerten. Ein Indicator ist eine schwache Säure oder Base, deren Absorption sich für Ion und undissoziiertes Molekül genügend unterscheidet. Für das Dissoziationsgleichgewicht z. B. einer Indicatorsäure gilt nach Gl. (22) $K_a = \dfrac{a_{\mathrm{H_3O^\cdot}}\,a_{\mathrm{A'}}}{a_{\mathrm{HA}}}$, bzw. logarithmiert:

$$p_{\mathrm{H}} = - \log a_{\mathrm{H_3O^\cdot}} = - \log K_a + \log \frac{a_{\mathrm{A'}}}{a_{\mathrm{HA}}} = - \log K_a + \log \frac{c_{\mathrm{A'}}}{c_{\mathrm{HA}}}\,\frac{f_{\mathrm{A'}}}{f_{\mathrm{HA}}} \tag{27}$$

oder unter Vernachlässigung der Aktivitätskoeffizienten:

$$p_H \cong - \log K_a + \log \frac{c_{A'}}{c_{HA}} . \tag{28}$$

Für eine Indicatorbase lauten die Gl. (22) und 27) entsprechend

$$K_a = \frac{a_{H_3O} \cdot a_B}{a_{HB \cdot}} \tag{29}$$

und

$$p_H = - \log K_a - \log \frac{c_{HB \cdot}}{c_B} \cdot \frac{f_{HB \cdot}}{f_B} \cong - \log K_a - \log \frac{c_{HB \cdot}}{c_B} . \tag{30}$$

Der Farbton einer Indicatorlösung ist durch das Verhältnis $c_{A'}/c_{HA}$ bzw. $c_B/c_{HB \cdot}$ gegeben.

Man kann nun rein empirisch so vorgehen, daß man die unbekannte Lösung und eine Reihe von Pufferlösungen mit bekanntem p_H (mit Hilfe der Wasserstoffelektrode bestimmt) mit jeweils der gleichen Menge Indicator versetzt und durch Vergleich des Farbtones das unbekannte p_H festlegt. Eine andere Methode besteht darin, daß man $c_{A'}/c_{HA}$ bzw. $c_{HB \cdot}/c_B$ dadurch bestimmt, daß man eine stark saure und eine stark basische Lösung des Indicators, in der jeweils nur die eine Grenzform vorliegt, in variablen Schichtdicken hintereinanderschaltet und durch Variation des Schichtdickenverhältnisses auf Extinktionsgleichheit mit der unbekannten Lösung einstellt (vgl. unter Mischfarbencolorimeter, S. 352). Dabei muß der Indicator in allen Lösungen die gleiche Konzentration besitzen, und die Summe der Schichtdicken der Indicatorgrenzformlösungen muß gleich der Schichtdicke der unbekannten Lösung sein. Der Vorgang vereinfacht sich, wenn in dem betreffenden Spektralbereich die eine Indicatorform nicht absorbiert; das Einschalten der betreffenden Grenzform fällt dann weg. Zur Berechnung des p_H ist nach dieser Methode die Kenntnis der Dissoziationskonstanten des Indicators erforderlich, die sich in der S. 323 beschriebenen Weise gewinnen läßt. Dann kann man den p_H nach Gl. (28) bzw. (30) berechnen, vorausgesetzt, daß $f_{A'}/f_{HA}$ bzw. $f_{HB \cdot}/f_B$ in beiden Lösungen gleich ist. Das Versagen dieser Bedingung ist die wesentliche Ursache der sog. *Salzfehler*, die sehr leicht unterschätzt werden. Die Bedingung ist streng erfüllt, wenn in don beiden zu vergleichenden Lösungen die gleichen Salze in gleicher Konzentration anwesend sind. Im Gebiet der Gültigkeit der DEBYE-HÜCKEL-Gleichung, d. h. unterhalb von $\mu \sim 10^{-2}$, wo noch keine individuellen Einflüsse auf die Aktivitätskoeffizienten auftreten, genügt auch die Gleichheit der ionalen Konzentration unabhängig von der Art der Ionen. Die Änderungen von Ionenaktivitätskoeffizienten mit der Salzkonzentration sind größenordnungsmäßig bekannt. Wenn man annimmt, daß der Aktivitätskoeffizient der undissoziierten Indicatorform nicht sehr von 1 abweicht, lassen sich die Fehler in der p_H-Berechnung abschätzen[1]. Vergleicht man z. B. zwei Pufferlösungen mit einem Puffergehalt von $5 \cdot 10^{-3}$, so bewirkt ein Zusatz von 0,1 n KCl zur einen der beiden Lösungen eine scheinbare p_H-Änderung um 0,07, während in Wirklichkeit der p_H konstant geblieben ist. Je höher die ursprüngliche Pufferkonzentration ist, um so unempfindlicher ist die p_H-Bestimmung gegen unkontrollierbare Neutralsalzzusätze. Wie schon der Ausdruck „Proteinfehler des Indicators" besagt, können auch höhere Gehalte an Eiweiß oder Nichtelektrolyten Anlaß zu Salzfehlern geben.

Als weitere Ursache von Salzfehlern kommt die Abhängigkeit der Absorptionskurven, und damit der einzelnen ε-Werte von Fremdzusätzen hinzu, denn bei der Berechnung des p_H wurde vorausgesetzt, daß $\varepsilon_{A'}$ bzw. ε_{HA} in den beiden zu vergleichenden Lösungen gleich groß sind. Im allgemeinen wird jedoch die Abhängigkeit des Extinktionskoeffizienten vom Salzgehalt kleiner sein als diejenige des Aktivitätskoeffizienten, so daß diese Fehlerquelle keine Rolle spielt.

Außer dem Dissoziationsgleichgewicht von Säuren und Basen lassen sich auch andere chemische Gleichgewichte optisch erfassen, z. B. wenn die Moleküle einer absorbierenden

---

[1] KORTÜM, G.: Z. Elektrochem. **48**, 145 (1942).

Verbindung assoziieren oder mit einem nichtabsorbierenden Fremdstoff eine Verbindung bilden. In den meisten Fällen ist es jedoch nicht ohne weitere Annahmen möglich, die Extinktionskoeffizienten der Gleichgewichtsteilnehmer zu bestimmen, weil man das Gleichgewicht nicht nach der einen Seite verschieben kann, wie das bei einer Säure durch Basenzusatz möglich ist. Man kann sich unter Umständen dadurch helfen, daß man Messungen bei zwei verschiedenen Konzentrationen ausführt. So läßt sich z. B. die Dissoziationskonstante einer absorbierenden Molekülverbindung auf folgende Weise berechnen: Die beiden Komponenten mögen in dem verwendeten Spektralbereich nicht absorbieren und sollen jeweils in der gleichen Konzentration vorhanden sein. Dann gilt für zwei verschiedene Lösungen

$$E_1 = \varepsilon\, c_1 (1 - \alpha_1)\, d_1, \tag{31}$$

$$E_2 = \varepsilon\, c_2 (1 - \alpha_2)\, d_2, \tag{32}$$

und nach dem Massenwirkungsgesetz

$$K = \frac{\alpha_1^2}{1 - \alpha_1}\, c_1 = \frac{\alpha_2^2}{1 - \alpha_2}\, c_2. \tag{33}$$

Aus diesen 4 Gleichungen mit 4 Unbekannten läßt sich α und daraus K berechnen: Wenn man für beide Messungen die gleiche Schichtdicke $d_1 = d_2$ verwendet, erhält man

$$\alpha_1 = \frac{\dfrac{E_1 c_2}{E_2 c_1} - 1}{\sqrt{\dfrac{E_1}{E_2}} - 1} \quad \text{und} \quad \alpha_2 = \frac{\dfrac{E_2 c_1}{E_1 c_2} - 1}{\sqrt{\dfrac{E_2}{E_1}} - 1}. \tag{34}$$

Dabei ist allerdings vorausgesetzt, daß der Extinktionskoeffizient der Molekülverbindung und die Dissoziationskonstante K (in ihrer klassischen Form) konzentrationsunabhängig sind.

Ohne Wirkung auf die Gültigkeit des BEERschen Gesetzes bleibt ein Tautomeriegleichgewicht $A \rightleftharpoons B$ einer absorbierenden Verbindung, weil ein solches Gleichgewicht konzentrationsunabhängig ist.

Scheinbare Abweichungen vom BEERschen Gesetz. Außer den bisher besprochenen wahren Abweichungen vom BEERschen Gesetz treten noch scheinbare Abweichungen auf, wenn man zur Messung *nichtmonochromatisches Licht* benutzt.

Für spektral unreines Licht erhält man einen mittleren Extinktionskoeffizienten, der durch die verschiedenen Extinktionskoeffizienten der einzelnen Komponenten des Lichtes und durch das Verhältnis ihrer Intensitäten gegeben ist. Die Komponente des Lichtes mit dem größten Extinktionskoeffizienten wird von dem ersten Schichtelement am stärksten absorbiert, das Licht verarmt an dieser Komponente, der mittlere Extinktionskoeffizient sinkt und wird mit steigender Extinktion immer kleiner werden[1]. Der Effekt läßt sich in vielen Fällen mit dem Auge beobachten, indem das austretende Licht einen anderen Farbton besitzt als das einfallende. Am größten wird der Effekt sein, wenn die Extinktionskoeffizienten für die verschiedenen Komponenten des Lichtes sehr verschieden sind; er wird gar nicht in Erscheinung treten, wenn die Extinktionskoeffizienten für alle Komponenten praktisch dieselben sind. Dies läßt sich am besten dann erreichen, wenn man im Gebiet eines breiten Maximums einer Absorptionsbande mißt. Dagegen können sehr große Fehler auftreten, wenn sich die Messung auf das ganze Gebiet eines steilen Bandenanstieges oder -abfalles erstreckt. Weil der mittlere Extinktionskoeffizient in solchen Fällen von der Gesamtextinktion abhängt, können Fehler vermieden werden, wenn darauf geachtet wird, daß man immer bei der gleichen Extinktion mißt, daß also $c\,d = \text{const}$ ist (BEERsches Gesetz im ursprünglichen Sinn). Diese Bedingung ist bei streng colorimetrischen Meßverfahren erfüllt (vgl. S. 348) und muß nach Möglichkeit eingehalten werden, wenn geprüft werden soll, ob wahre Abweichungen vom BEERschen Gesetz vorhanden sind.

---

[1] Über die formelmäßige Erfassung dieses Effektes vgl. ASMUS, E.: Optik 9, 108 (1952).

Zusammenfassend seien die Ursachen für wahre oder scheinbare Ungültigkeit des LAMBERT-BEERschen Gesetzes nochmals zusammengestellt:

1. Optisch wirksame Gleichgewichtsverschiebungen bei Änderung der Konzentration.
2. Gegenseitige Beeinflussung der absorbierenden Moleküle.
3. Veränderung des Extinktionskoeffizienten durch Fremdzusätze.
4. Extinktionsabhängigkeit des Extinktionskoeffizienten bei Verwendung von spektral unreinem Licht.

Da allen spektralphotometrischen Messungen das LAMBERT-BEERsche Gesetz zugrunde liegt, ist es erforderlich, sich immer über seine Grenzen und die Möglichkeiten seines Versagens zu informieren. Auch die Wahl der Methode zur Bearbeitung verschiedener Probleme hängt wesentlich damit zusammen, wie sich die Abweichungen vom BEERschen Gesetz vermeiden bzw. umgehen lassen.

δ) Allgemeine Fehlerquellen bei Absorptionsmessungen.

Der Einfluß der *Temperatur* auf die Lichtabsorption wird bei photometrischen Messungen leicht unterschätzt. Eine Temperaturänderung kann sich auf Höhe, Lage und Form von Absorptionsbanden ganz verschieden auswirken. Die Temperaturempfindlichkeit der einzelnen Banden des gleichen Moleküls kann verschieden sein. Am häufigsten tritt bei Temperaturerhöhung eine Rotverschiebung der Bande ein, was auf Grund der thermischen Schwingungsanregung verständlich ist. Am stärksten werden sich bei Bandenverschiebungen die Extinktionskoeffizienten im Gebiete des steilen Bandenabfalles oder -anstieges ändern, während sie im Gebiete des Bandenmaximums fast unverändert bleiben können. Für Konzentrationsbestimmungen empfiehlt es sich also in jedem Fall mit Licht zu messen, dessen Wellenlänge der Lage eines Bandenmaximums entspricht. Wir sahen bereits, daß sich dann Fehler durch Unreinheit des Lichtes am wenigsten auswirken, und auch der Temperaturkoeffizient von ε ist hier am kleinsten. Normalerweise beträgt der Temperaturkoeffizient des Extinktionskoeffizienten etwa 0,5—1% je Grad. Da die Zimmertemperatur oft um mehrere Grade variiert, ist es unbedingt notwendig, auf Temperaturkonstanz der Lösungen zu achten, wenn man Genauigkeiten von weniger als 1% erreichen will.

Eine weitere, vor allem bei Messungen im Ultraviolett nicht zu unterschätzende Fehlerquelle ist durch nichtkontrollierte *Verunreinigungen* gegeben. Es ist zu berücksichtigen, daß Verunreinigungen oft um Zehnerpotenzen höhere Absorptionsbanden besitzen als die zu messende Verbindung, so daß schon kleine Beimengungen erhebliche Fehler verursachen können. Sehr wichtig ist es außerdem, auf die optische Reinheit der verwendeten Lösungsmittel zu achten. Gerade die organischen Lösungsmittel mit hohem Lösungsvermögen besitzen ein solches auch für unerwünschte Verunreinigungen wie z. B. Hahnfett usw. Sogenannte „chemisch reine" Lösungsmittel müssen sehr oft einem umständlichen Reinigungsverfahren unterzogen werden, bis sie „optisch rein" sind[1]. Dabei darf nicht vergessen werden, daß sehr viele der gebräuchlichen Lösungsmittel, z. B. Benzol und seine Derivate, Aldehyde, Ketone usw., schon im mittleren Ultraviolett eine beträchtliche Eigenabsorption besitzen und deshalb nicht zu Absorptionsmessungen in diesem Gebiet dienen können.

Besonders störend wirken Trübungen der Lösungen durch kolloidale oder Staubteilchen, da sie einen beträchtlichen Teil des Lichtes zerstreuen können. Da die *Streuung* mit der 4. Potenz der Wellenlänge des Lichtes abnimmt, werden auch hier die Fehler im Ultraviolett besonders groß. Das gleiche gilt natürlich, wenn der absorbierende Stoff selbst als Kolloid vorhanden ist. Gerade physiologische Lösungen enthalten sehr oft kolloidal gelöstes Eiweiß, das durch kein Filter zurückgehalten wird, und das man auch mit bloßem Auge nicht ohne weiteres als Trübung erkennen kann. Ob eine solche Trübung vorhanden ist, läßt sich leicht feststellen, wenn man die Lösung im abgedunkelten Zimmer

---

[1] Zur Gewinnung „optisch reiner" Lösungsmittel vgl. PESTEMER, M.: Angew. Chem. **63**, 118 (1951). — WEISSENBERGER, A., and E. PROSKAUER: Organic Solvents. Oxford 1935.

in ein gerichtetes Lichtbündel bringt. Störende Trübungen verraten sich durch einen deutlich sichtbaren TYNDALL-Kegel. Wenn sich eine solche Lösung nicht weiter reinigen läßt, so kann die Streuung dadurch kompensiert werden, daß die Lösung mit einer zweiten verglichen wird, die nach Möglichkeit alle Bestandteile außer der zu messenden absorbierenden Verbindung enthält (vgl. Kompensationscolorimeter, S. 353). Der Anteil des durch Streuung verlorenen Lichtes läßt sich auch theoretisch erfassen und für die praktische Messung graphisch ermitteln[1]. Sehr häufig werden Fehler bzw. Unreproduzierbarkeiten übersehen, die durch *Gasentwicklung* der Lösungen verursacht werden (CO_2-, O_2-Entwicklung, Luftbläschen durch Erwärmung der Lösung, Rührbläschen usw.). Dem Auge unsichtbare Bläschen in der Lösung und an den Trogwänden können stark streuend wirken und so die Messung fälschen.

Fast bei allen Absorptionsmeßmethoden werden die Lichtverluste, die durch *Reflexion* an den Wänden der Absorptionscuvette entstehen, durch eine Vergleichsmessung kompensiert, bei der die Lösung durch das Lösungsmittel ersetzt ist.

Es ist nicht überflüssig zu betonen, daß alle optischen Flächen und vor allem die Absorptionscuvetten peinlich sauber zu halten sind. Dem Auge unsichtbare Fingerabdrücke können im Ultraviolett erheblich absorbieren. Wird bei tiefen Temperaturen gemessen, so ist das Beschlagen der Cuvetten durch Anblasen mit trockener Luft zu verhindern. Im Innern der Tröge bedeutet mangelhafte Sauberkeit schlechte Benetzbarkeit der Wände. Erfahrungsgemäß sollten die Tröge von Zeit zu Zeit kurz mit rauchender Salpetersäure, dann mit Wasser, anschließend mit wäßrigem Ammoniak und wieder mehrmals mit Wasser gespült werden. Die Reproduzierbarkeit der Messungen wird durch diese kleine Mühe ganz wesentlich erhöht. Die oft empfohlene Reinigungsmethode mittels Alkohol und Äther ist nicht zweckmäßig. Das Nachspülen mit Ammoniak hat den Zweck, am Glas oder Quarz adsorbierte Salpetersäure quantitativ zu entfernen. Ganz allgemein ist zu beachten, daß die meisten Säuren leicht an Glas adsorbiert werden und sich durch Spülen mit Wasser allein nicht entfernen lassen.

Bei jeder quantitativen Messung ist es notwendig, sich über die gewünschte und die wirklich erreichbare *Genauigkeit* im klaren zu sein. Da die gebräuchlichen Ausdrücke Empfindlichkeit, Genauigkeit, Richtigkeit, Unsicherheit der Messung vielfach in verschiedener Bedeutung benützt werden und damit zu Mißverständnissen und zu einer falschen Einschätzung der Leistungsfähigkeit verschiedener Apparate Anlaß geben, sollen die wichtigsten Definitionen, wie sie vom Deutschen Normenausschuß vorgeschlagen sind[2], erläutert werden.

Die Abweichung eines Meßwertes vom richtigen Wert nennt man seinen *Fehler*; er kann positiv oder negativ sein. Die einzelnen Meßwerte einer Meßreihe werden infolge von *zufälligen Fehlern* mehr oder weniger voneinander abweichen. Es ist jedoch nicht sicher, daß der Durchschnitt, oder das arithmetische Mittel des Meßwertes, mit dem richtigen Wert übereinstimmt, da er durch *systematische Fehler* gefälscht sein kann. Man prüft dies z. B. auf folgende Weise: Man wiederholt eine Meßreihe mit einem anderen Meßverfahren. Wenn dann die aus den beiden Verfahren errechneten Mittelwerte übereinstimmen, kann man annehmen, daß die beiden Verfahren richtige Werte liefern, und daß keine systematischen Fehler vorhanden sind. Noch einfacher läßt sich ein Meßverfahren durch *Eichmessungen* prüfen, d. h. man gibt einen bekannten Meßwert vor, führt eine Meßreihe durch und vergleicht den gemessenen Mittelwert mit dem bekannten Wert.

Ist ein Meßverfahren innerhalb gewisser Grenzen als frei von systematischen Fehlern erkannt worden, so ist die Messung noch durch die nicht eliminierbaren *zufälligen* Fehler um einen gewissen Betrag unsicher. Ein Maß für diese Unsicherheit bildet die sog. *Streuung* σ der Meßwerte, die durch folgende Gleichung definiert ist:

$$\sigma = \sqrt{\frac{\sum \delta_i^2}{n-1}}. \tag{31}$$

---

[1] JULLANDER, S., u. K. BRUNE: Acta chem. scand. 4, 870 (1950).
[2] Din 1319. Deutscher Normenausschuß. Berlin, Krefeld, Uerdingen 1942.

Dabei bedeuten $\delta_i = A_i - D$, die Abweichungen der Einzelwerte der Messung vom Durchschnitt und n die (nicht zu kleine) Anzahl der Einzelmessungen. σ wird auch häufig als *mittlerer Fehler* der Einzelmessung bezeichnet. Durch die Streuung σ ist die Unsicherheit der Messung — von systematischen Fehlern abgesehen — eindeutig festgelegt.

Gebräuchlicher ist es, von der *Genauigkeit* einer Messung zu sprechen. Man gibt zu diesem Zweck gewöhnlich die *relative Streuung* einer Meßreihe in Prozenten, also die Größe $\frac{100 \cdot \sigma}{D}$ an. Diese Ausdrucksweise ist deshalb nicht sehr glücklich, weil einer größeren Genauigkeit eine kleinere Streuung entspricht und umgekehrt. Man verwendet daher neuerdings den *reziproken Wert der relativen Streuung* als Maß für die Genauigkeit. Einer Streuung von 1 % entspricht dann eine Genauigkeit von 100, einer solchen von 0,1 % eine Genauigkeit von 1000 usw.

Für die Beurteilung eines Meßverfahrens ist es wichtig, festzustellen, wodurch die Streuung in erster Linie bedingt ist. Handelt es sich um Unvollkommenheiten der Ablesevorrichtung (Meßblende, Teilkreis, Nonius usw.), so spricht man von *Ablesestreuung* σ_1; handelt es sich um mangelhafte Empfindlichkeit des Strahlungsempfängers (Auge, Photozelle, photographische Platte usw.) oder des Anzeigegerätes (Galvanometer, Elektrometer usw.), so spricht man von *Einstellstreuung*, σ_2. Die Gesamtstreuung ergibt sich nach dem Fehlerfortpflanzungsgesetz zu

$$\sigma = \sqrt{\sigma_1^2 + \sigma_2^2} \; . \tag{32}$$

Sehr oft ist $\sigma_1 \gg \sigma_2$ oder umgekehrt, so daß σ dann praktisch durch σ_1 (z. B. gelegentlich bei lichtelektrischen Methoden) oder auch σ_2 (z. B. bei den meisten visuellen Methoden) gegeben ist.

Die *Empfindlichkeit E* einer Meßanordnung schließlich ist definiert durch die Verschiebung dl der Anzeigevorrichtung (Zeiger, Marke usw.) infolge einer kleinen Änderung dM der Meßgröße.

$$E = \frac{dl}{dM} \; . \tag{33}$$

Die häufig als Empfindlichkeit bezeichnete kleinste mit einem Gerät noch erfaßbare Meßgröße wird besser *Reizschwelle* genannt. Praktisch läßt es sich allerdings kaum vermeiden, den Ausdruck Empfindlichkeit nicht immer nur in dem strengen Sinne der Gl. (33) zu gebrauchen, sondern auch allgemein von der Empfindlichkeit des Auges, der Photozelle usw. zu sprechen.

ε) Hilfsmittel für optische Untersuchungen.

Lichtquellen, die für optische Untersuchungen geeignet sind, müssen — von besonderen Aufgaben abgesehen — folgenden allgemeinen Forderungen genügen:

a) Sie müssen örtlich und zeitlich konstant sein, damit ihre Intensität und ihre Intensitätsverteilung während der Messungen nicht schwanken.

b) Sie müssen nach Möglichkeit punktförmig sein, damit sich ein definierter Strahlengang herstellen läßt.

Je nach dem Verwendungszweck ist ferner entweder eine Lichtquelle mit kontinuierlicher Intensitätsverteilung über einen möglichst großen Spektralbereich erwünscht (z. B. zur Aufnahme von Absorptionsspektren), oder eine Lichtquelle mit diskontinuierlicher Intensitätsverteilung, aus der sich leicht schmale Bereiche in Form von Spektrallinien aussondern lassen (z. B. für Konzentrationsbestimmungen).

Die gebräuchlichsten Lichtquellen für das *Sichtbare* sind *Glühlampen* (Temperaturstrahler). Die Forderung der Punktförmigkeit ist weitgehend erfüllt bei Niedervoltlampen mit kurzer Leuchtwendel oder den sog. *Bandlampen** (z. B. Osram), die mit hoher Strom-

---

* Die Fläche des Leuchtbandes sollte stets senkrecht zur Achse des optischen Strahlenganges stehen, sofern es sich um Krystall-Quarz-Optik handelt, da sonst Interferenzerscheinungen auftreten können.

stärke betrieben werden müssen; ferner bei den *Wolframpunktlichtlampen*, bei denen ein Lichtbogen zwischen zwei Elektroden übergeht. Da die Intensität der Strahlung stärker als proportional mit der angelegten Spannung anwächst, ist für quantitative Messungen eine Spannungskonstanthaltung durch Eisenwasserstoffwiderstände oder Drosselspulen erforderlich. Bei den gebräuchlichen Temperaturstrahlern liegt das Intensitätsmaximum im Ultrarot; gegen das Ultraviolett sinkt die Intensität stark ab. Ihre Verwendbarkeit reicht der Glashülle wegen bis höchstens 3200 Å (mit Uviolglaslampen bis etwa 2800 Å).

Bis hierher reicht auch der früher häufig benützte *Nernststift*, der bereits mit einem Eisenwasserstoffwiderstand geliefert wird (Glasco-Lampengesellschaft, Berlin). Er besteht aus einem Gemisch von seltenen Erdoxyden wie Zirkon, Yttrium und Thorium und muß unter Zutritt von Luft betrieben werden. Er wird durch Erwärmen (elektrische Hilfsheizung oder Gasbrenner) gezündet. Da sich der etwa 20 mm lange und 1 mm dicke Leuchtstab beim Erwärmen ausdehnt und gelegentlich durchbiegt, ist eine häufige Neujustierung erforderlich. Nernststifte lassen sich auch im Laboratorium herstellen[1].

Als kontinuierliche Lichtquelle für das *Ultraviolett* hat sich die *Wasserstofflampe* am besten bewährt. Das von ihr gelieferte Kontinuum erstreckt sich von 3300—1500 Å. Die bisher gebräuchlichen Typen (Heräus, Quarzschmelze Hanau) bestehen aus einem wassergekühlten Entladungsrohr mit Quarzfenstern, das mit strömendem Wasserstoff von etwa 3 mm Druck gefüllt ist (mehrmals füllen und leerpumpen, bis alle Luft entfernt ist, da sonst störende Linien im Kontinuum auftreten!). Der Wasserstoff wird einer Bombe entnommen und vorgetrocknet. Der Druck läßt sich durch ein zwischengeschaltetes Nadelventil einregulieren. Die Entladung zwischen den Aluminiumelektroden wird mit etwa 2000 Volt betrieben, die Belastung kann maximal bis zu 750 mA gehen. Durch Einbau von Blenden kann erreicht werden, daß der Leuchtraum nahezu punktförmig ist[2] (Heräus, Quarzschmelze Hanau).

Leichter zu handhaben sind die neuen amerikanischen *Niedervoltwasserstofflampen* mit Heizkathode[3]. Sie werden an 80 Volt Wechsel- oder Gleichstrom angeschlossen und mit 1,3 Amp. belastet. Der Bogen hat nur eine Ausdehnung von 4 mm und brennt sehr konstant; Wasserkühlung ist nicht notwendig. Die Lampe ist z. B. im BECKMAN-Photometer eingebaut.

Eine größenordnungsmäßig intensivere Lichtquelle als die bisher beschriebenen ist die *Xenon-Hochdrucklampe*[4] (Osram, Heidenheim). Es handelt sich um eine Bogenentladung zwischen Wolframelektroden in einem Quarzkölbchen, das mit Xenon von 50 at gefüllt ist. Die Betriebsspannung beträgt 30 Volt, die Stromstärke 8—30 Amp. je nach den Dimensionen der Lampe. Die Lampe liefert ein kontinuierliches Spektrum mit einem Maximum bei 550 mμ und einer Reichweite bis etwa 2000 Å im Ultraviolett. Im Ultrarot zeigt die Lampe vorwiegend Linienemission.

Vor dem Bekanntwerden der Wasserstofflampe wurden als Lichtquellen für das Ultraviolett ausschließlich linienreiche *Bogen-* oder *Funkenentladungen* verwendet. Abgesehen vom Nachteil der Diskontinuität sind solche Lichtquellen auch der zeitlichen Inkonstanz wegen den bisher besprochenen unterlegen. Zahl und Verteilung der Linien hängen vom Elektrodenmaterial ab. Am gebräuchlichsten sind Eisen-, Nickel- oder Wolframelektroden oder Kombinationen davon. Einen Bogen läßt man mit einer Gleichspannung von 60—200 Volt direkt zwischen den beiden Elektroden übergehen, die an einem isolierten Halter gegeneinander beweglich angebracht sind. Die Elektroden werden unter Vorschaltung eines Widerstandes kurz zur Berührung gebracht und dann zu einem Abstand von etwa 0,5 cm auseinandergezogen. Zur Erzeugung eines *Funkens* sind etwa 10 000 Volt Wechselspannung nötig. Die Stromstärke beträgt etwa 0,05 Amp.; zur Verstärkung des

---

[1] ANGERER, E. v., u. H. EBERT: Technische Kunstgriffe bei Physikalischen Untersuchungen. S. 144. 8. Aufl. Braunschweig 1952. — TINGWALDT, C.: Physik. Z. **36**, 627 (1935).

[2] ALMASY, F., u. G. KORTÜM: Z. Elektrochem. **42**, 607 (1936). — ALMASY, F.: Helv. physica Acta **10**, 471 (1937).

[3] ALLEN, A. J., and R. G. FRANKLIN: J. opt. Soc. Amer. **29**, 453 (1939); **31**, 268 (1941). — Zu beziehen z. B. durch Zeiss-Opton, Oberkochen.

[4] SCHULZ, P.: Ann. Physik 1, 95, 107 (1947). — Osram, Heidenheim.

Funkens werden parallel zur Funkenstrecke Kondensatoren von etwa 20000 cm Kapazität geschaltet (kondensierter Funke). Die Elektroden sollen etwa 3 mm dick sein und an einem Funkenstativ mit gut isolierten Haltern in einem festen Abstand von einigen Millimetern angebracht werden (über kompliziertere Schaltungen für Bogen- und Funkenanlagen vgl. das Kapitel Spektralanalyse, S. 432).

Läßt man den Funken innerhalb einer Flüssigkeit (Wasser) übergehen, so erhält man statt des Linienspektrums ein Kontinuum *(Unterwasserfunke)*[1].

Obwohl die Funken- und Bogenentladungen für Absorptionsmessungen kaum noch gebräuchlich sind, behalten sie ihre Bedeutung für die *Wellenlängeneichung* von spektroskopischen Aufnahmen. Für den ultravioletten Spektralbereich eignet sich hierzu der Eisenfunken, für das Sichtbare der Eisenbogen. Eine genaue Angabe aller bekannten Spektrallinien findet man z. B. in den KAYSERschen Tabellen[2].

Da die Funken- und Bogenspektren der Vielzahl der Linien wegen etwas unübersichtlich sind, benützt man zur Eichung von Spektralapparaten im allgemeinen *Gasentladungslampen* oder *Spektrallampen,* die nur wenige Linien aussenden. In Tabelle 1 sind die Hauptlinien einiger solcher Lichtquellen angegeben.

Tabelle 1. *Hauptlinien einiger Elemente, die sich zur Eichung von Spektralapparaten eignen.*

Quecksilber λ in mμ	Relative Intensität	Aluminiumbogen in Luft λ in mμ	Helium λ in mμ	Wasserstoff Natrium Caesium λ in mμ	Neon λ in mμ
253,65	stark	216,88	318,77	H 434,05	614,31
265,20	schwach	217,40	361,36	H 486,13	633,44
296,73	schwach	220,46	363,42	Na 589,00	638,30
312,57	schwach	221,00	370,50	Na 589,59	640,22
313,15	stark	226,35	381,96	H 656,28	650,65
313,18	schwach	226,91	388,86	Cs 852,11	667,83
365,01	stark	236,71	396,47	Cs 894,35	692,95
365,48	schwach	237,21	402,62		703,24
404,66	stark	237,31	412,08		
407,78	schwach	237,34	414,38		
435,83	stark	237,84	438,79		
491,60	schwach	256,80	443,75		
546,07	stark	257,51	447,14		
576,96	stark	257,54	471,31		
579,07	stark	263,16	492,19		
623,44	schwach	265,25	501,57		
690,72	schwach	266,04	504,77		
		281,62	587,56		
		308,22	667,81		
		309,27	706,52		
		358,69	728,13		
		394,40	1083,00		
		396,15			

Von der Firma Osram werden Spektrallampen mit Füllungen von Ne, K, Rb, Cs, Zn, Cd, Hg, Tl und Na geliefert. Sie werden unter Vorschaltung eines Widerstandes oder einer Drosselspule an 220 Volt Wechselstrom angeschlossen. Quecksilberdampflampen für Gleichstrom und Wechselstrom werden auch in anderen Ausführungen hergestellt. Die einfachste Form eines solchen Brenners, wie sie z. B. von Heraeus hergestellt wird, besteht aus einem Quarzgefäß mit zwei eingeschmolzenen Zuleitungen, in dem sich eine ausreichende Menge Quecksilber befindet. Das Gefäß befindet sich in einer Metallfassung mit Lamellen zur Wärmeableitung. Das Brennrohr soll im Betrieb am besten senkrecht stehen. Die Lampe wird unter Vorschaltung eines Widerstandes (etwa 20 Ohm) an 110 Volt

[1] HENRI, V.: Physik. Z. 14, 515 (1913). — KEUSSLER, V. v.: Spectrochim. Acta 4, 366 (1951).
[2] KAYSER, H., u. K. RITSCHL: Tabellen der Hauptlinien der Linienspektren aller Elemente. 2. Aufl. Berlin 1939. — GÖSSLER, F.: Bogen- und Funkenspektrum des Eisens. Jena 1942.

Tabelle 2a. *Durch Filter isolierbare Serienlinien.*

Wellenlänge mμ	Lampe	Filter zur Aussonderung der Spektrallinien	Filter ungefähre Durchlässigkeit bei Zimmertemperatur %	zur Unterdrückung der Ultrarot- und restlichen Rotstrahlung	Darstellung der ausgesonderten Spektrallinien
308	Zn	3+28+29	6	—	
313	Hg	3+30	35	32	
326	Cd	3+28+30	6	32	
334	Hg	3+28+31	10	32	
328/30/35	Zn	3+28+31	2	32	
352/3	Tl	1+5+[28]²	8	32	
365	Hg	1+5	20	8+32	
378	Tl	1+11	30	32	
404/7	Hg	2+13	5	8+32	
435/6	Hg	27 (5+12)	35 20	8+32	
456/9¹	Cs	4+11	40	8+32	
468/80	Cd	22	15	8+32	
468/72/81	Zn	4+14	30	8+32	
509	Cd	15+23	24	8+32	
535	Tl	23 (23+24)	45 22	32	
546	Hg	26 (7+9+16)	80 33	8+32	
577/9	Hg	25 (6+10+17)	55 23	8+32	
589/95	Na	17 (10+18)	90 8	8+32	
636	Zn	19	90	8	
644	Cd	19	95	9	
767/70¹	K	8+21	25	—	
780/95¹	Rb	8+21	25	—	
794/894¹	Cs	8+21	10	—	
852/94¹	Cs	8+20	1	—	

¹ Bei geringerer Stromstärke.
² In halber Schichtdicke und Konzentration.
() Für besondere Ansprüche an Monochromasie.

300 500 700 900

Wellenlänge in mμ →

Gleichstrom angeschlossen, wobei die (negative) Kathode die enge Quarzcapillare ist. Die Lampe wird durch Kippen gezündet. Nach dem Einbrennen beträgt die Stromstärke 3—4 Amp.

Für alle Messungen, die nur bei einer bestimmten Wellenlänge mit möglichst monochromatischem Licht ausgeführt werden sollen, sind Spektrallampen zusammen mit Sperrfiltern zur Aussonderung jeweils nur einer Spektrallinie besonders geeignet. In Tabelle 2a sind die Spektrallinien angegeben, die mit Hilfe verschiedener Filter (Tabelle 2b und 2c) ausgesondert werden können[1].

Tabelle 2 b. *Bezeichnung und Zusammensetzung der Filter.*

Glas- und Gelatinefilter.

Nr.	Bezeichnung	Schichtdicke mm	Nr.	Bezeichnung	Schichtdicke mm	Nr.	Bezeichnung	Schichtdicke mm
1	UG 2	2	10	VG 3	1	19	RG 1	2
2	UG 3	9	11	GG 2	2	20	RG 7	2
3	UG 5	3	12	GG 3	4	21	RG 9	2
4	BG 12	2	13	GG 4	1,5	22	Agfa 43	—
5	BG 12	4	14	GG 5	1	23	Agfa 44	—
6	BG 18	1	15	GG 11	2	24	Agfa 73	—
7	BG 18	3	16	OG 1	1	25	Zeiß A	—
8	BG 19	2	17	OG 2	2	26	Zeiß B	—
9	BG 20	5	18	OG 3	1	27	Zeiß C	—

1—21 Glasfilter von Schott & Gen., Jena.
22—24 Agfa-Lichtfilter von I. G. Farbenindustrie AG, Agfa, Berlin, Leverkusen.
25—27 Monochromatfilter von Carl Zeiß, Jena.

Als *Ultrarotlichtquellen* kommen *Glühlampen* für das nahe Ultrarot bis 2 μ in Betracht. Im weiteren Ultrarot hat sich der bereits erwähnte *Nernststift* (S. 330) bewährt, und ebenso der amerikanische *Globarstift*[2]. Nach SUHRMANN[3] lassen sich auch Silitstäbe (Firma Mengen, Neustadt a. Rübenbge.) für diese Zwecke verwenden.

Monochromatoren und Lichtfilter. Ein Lichtfilter soll aus einem kontinuierlichen oder diskontinuierlichen Spektrum einen für die Messung günstigen Spektralbereich aussondern. Fast allen quantitativen Messungen liegt das LAMBERT-BEERsche

Tabelle 2 c. *Flüssigkeitsfilter.*

Nr.	Bezeichnung	Menge je Liter H_2O	Schichtdicke = lichte Weite der Cuvette mm
28	Nickel-Kobaltsulfat $NiSO_4 +$	303 g	
	$CoSO_4$ . .	86,5 g	20
29	Pikrinsäure	16 mg	20
30	Kaliumchromat K_2CrO_4 . . .	150 mg	20
31	Salpetersäure HNO_3.	n/5	20
32	Kupfersulfat $CuSO_4 + 5\,H_2O$.	57 g	10

Gesetz zugrunde (vgl. S. 319), für dessen Gültigkeit streng monochromatisches Licht vorausgesetzt wird. Streng monochromatisches Licht läßt sich prinzipiell nicht herstellen, aber es ist erwünscht, den ausgefilterten Spektralbereich so eng wie möglich zu machen. Die Fehlermöglichkeiten, die durch sog. spektral unreines Licht bedingt sind, können durch geeignete Wahl des Spektralbereiches auf ein Minimum reduziert werden. Für diese Wahl gelten folgende Forderungen: Die Messung soll im Maximum einer Absorptionsbande der untersuchten Verbindung vorgenommen werden. Ferner sollte das Meßgerät (Auge, Photozelle) im verwendeten Spektralbereich ein Maximum der Empfindlichkeit besitzen. Diese Forderungen werden natürlich nicht immer erfüllt werden können; hat man jedoch verschiedene Auswahlmöglichkeiten, so sollte man diese Gesichtspunkte berücksichtigen.

---

[1] Nach Angaben der Firma Osram.
[2] BRÜGEL, W.: Z. Physik **127**, 400 (1950).
[3] SUHRMANN, R.: Chem.-Ing.-Techn. **22**, 413 (1950).

Das beste Mittel zur Filterung des Lichtes ist ein *Monochromator* (z. B. Zeiß, Jena; Leitz, Wetzlar; Steinheil, München). Mit Hilfe eines Dispersionsprismas wird das Licht spektral zerlegt. Durch Drehen des Prismas läßt sich der Spektralbereich, der durch den Austrittsspalt ausgesondert wird, beliebig verändern. Er kann an der Drehtrommel abgelesen werden, doch empfiehlt sich eine Kontrolle der Skala, z. B. mittels einer Quecksilberlampe mit bekanntem Linienspektrum (vgl. S. 331). Je breiter der Spalt und je geringer die Dispersion ist, um so breiter ist der ausgesonderte Spektralbereich. Durch Verengern des Spaltes läßt sich also die Reinheit des austretenden Lichtes auf Kosten seiner Gesamtintensität verbessern. Ein- und Austrittsspalt sollen gleiche Öffnung haben. Die Güte eines Monochromators ist durch seine Lichtstärke und die Größe der Dispersion bestimmt. Ferner spielen die Güte der Optik und der Justierung (Vermeidung von Streulicht) eine wesentliche Rolle. Noch wirksamer als einfache Monochromatoren

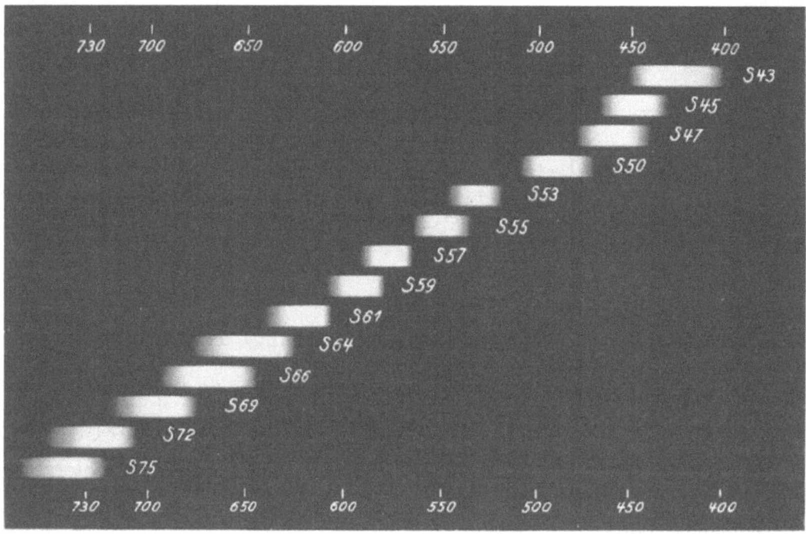

Abb. 9. Durchlaßbereiche der S-Filter für das PULFRICH-Photometer.

sind sog. Doppelmonochromatoren, bei denen die Dispersion des Lichtes nacheinander durch zwei Prismen erfolgt. Auch hierbei wird die größere spektrale Reinheit des Lichtes mit einer geringeren Intensität erkauft (Hersteller: C. Leiß, Berlin).

Lichtfilter statt Monochromatoren können verwendet werden, wenn entweder kein Wert auf besonders große spektrale Reinheit des Lichtes gelegt wird, oder wenn eine besonders große Lichtintensität erwünscht ist, z. B. zur Messung mit Photoelementen.

Die gebräuchlichsten Lichtfilter sind die *Absorptionsfilter*, bei denen alles Licht außer einem bestimmten Spektralbereich absorbiert wird. Man kann solche Filter selbst herstellen, indem man eine bzw. mehrere Cuvetten mit farbigen Lösungen in den Lichtweg einschaltet. Einfacher zu handhaben sind die käuflichen Farbgläser, wie sie z. B. von Schott, Jena, Landshut, geliefert werden. Zeiß liefert abgesehen von der S-Filterserie für das PULFRICH-Photometer, die sich durch ihre besondere Haltbarkeit und die unveränderlichen Eigenschaften auszeichnet, auch Spezialfilterkombinationen zur Aussonderung der einzelnen Quecksilberlinien. In den Tabellen 2b und 2c, S. 333, wurde bereits eine Anzahl von Filterkombinationen zur Aussonderung einzelner Spektrallinien angegeben. Sie sind speziell für die betreffenden Spektrallampen zusammengestellt und besitzen für eine kontinuierliche Lichtquelle nicht die gleiche Filterwirkung. Abb. 9 zeigt die Durchlaßbereiche der Zeißschen S-Filter, die auch einzeln bezogen werden können, Abb. 10 die Durchlässigkeitskurven für eine Auswahl von Schott-Filtern. Die Güte eines Filters ist durch seine sog. Halbwertsbreite (vgl. Fußnote S. 356) und die Maximaldurchlässigkeit gegeben.

Einen sehr schmalen Durchlässigkeitsbereich besitzen die sog. *Metall-Interferenzfilter* (Schott, Jena, Landshut), deren Wirkungsweise auf der mehrfachen Reflexion an zwei dünnen halbdurchlässigen Metallschichten beruht[1]. Sie werden für den Bereich von 400—1100 mμ geliefert. Die Filter besitzen bei einer Maximaldurchlässigkeit von 25—30% eine Halbwertsbreite von etwa 10 mμ. Die spektrale Lage des Durchlässigkeitsmaximums hängt vom Einfallswinkel der Strahlung ab. Das bedeutet einerseits, daß man den Filterschwerpunkt durch Drehen der Filterebene in einem gewissen Bereich verschieben kann, daß aber andererseits die Halbwertsbreite des Filters mit der Konvergenz des Lichtbündels zunimmt. Eine noch kleinere Halbwertsbreite besitzen die sog. *Lyot*-Doppelbrechungsfilter, bei denen die dünnen Metallschichten durch lichtdurchlässige Filme ersetzt sind[2]. Die Filter sind jedoch besonders empfindlich gegen Veränderungen des Einfallswinkels.

Ein Filtertyp mit variablem Durchlässigkeitsbereich ist das Dispersionsfilter nach CHRISTIANSEN - WEIGERT[3] (Schott). Es besteht aus einer abgeschmolzenen Glas- bzw. Quarzcuvette, die mit Glas- oder Quarzgrieß und einer Flüssigkeit von geeignetem Brechungsvermögen gefüllt ist. Durch Temperaturänderung kann man das Filter auf eine gewünschte Wellenlänge einstellen, bei der die Brechungsindices des Grießes und der Flüssigkeit übereinstimmen. Alles Licht anderer Wellenlängen wird wie an einem trüben Medium weggestreut. Die Filter haben eine sehr geringe Halbwertsbreite und eine Maximaldurchlässigkeit von nahezu 1. Die Ausnützung dieser Vorteile erfordert jedoch eine außerordentlich gute Temperaturkonstanz.

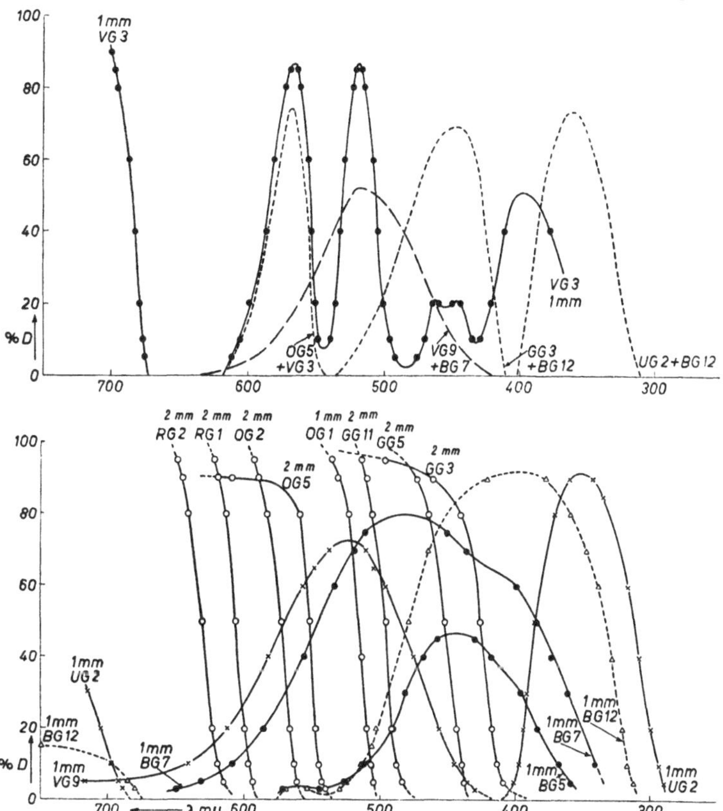

Abb. 10. Absorptionskurven für eine Auswahl von Schottfiltern.

Meßbare Lichtschwächungseinrichtungen. Von den gebräuchlichen Lichtschwächungseinrichtungen: Abstandsänderung der Lichtquelle, rotierender Sektor, verstellbare Meßblenden, Polarisationsprismen und Graukeile bzw. Graulösungen ist ein *rotierender Sektor* mit Präzisionsteilung das sicherste Mittel für eine absolute Messung. Ein kontinuierlich verstellbarer Sektor besteht gewöhnlich aus zwei gegeneinander drehbaren Scheiben, die je zwei Ausschnitte von 90° besitzen, so daß sich der Lichtdurchlaß von 0—50% variieren läßt. Die Extinktion ist gegeben durch:

$$E = \log \frac{J_0}{J} = \log \frac{100}{\% \text{ Öffnung}} = \log \frac{360}{\text{Öffnungswinkel}} \cdot \tag{34}$$

[1] GEFFCKEN, W.: Angew. Chem. (A) **60**, 1 (1948).

[2] EVANS, S. W.: J. opt. Soc. Amer. **39**, 229 (1949). — GREENLAND, K. M.: Endeavour **11**, 143 (1952).

[3] BERGER, E., u. A. KLEMM: Zeiss-Nachr. **2**, 49 (1936). — FRAGSTEIN, K. v.: Ann. Physik (5) **31**, 443 (1938).

Der große Nachteil eines solchen Sektors besteht darin, daß man ihn nicht ohne weiteres während der Rotation verstellen kann, sondern gezwungen ist, ihn für jede Extinktionsänderung anzuhalten. Nur durch erheblichen mechanischen und konstruktiven Aufwand läßt sich eine meßbare Veränderung des Sektors während des Umlaufes erreichen[1]. Dies ist der Grund, daß diese Lichtschwächungseinrichtung trotz ihrer sonstigen Vorzüge für serienmäßig hergestellte Apparate kaum in Frage kommt. Einen rotierenden Sektor in Zylinderform hat DUNN[2] beschrieben. Seine Wirkungsweise läßt sich am einfachsten an Hand von Abb. 11 klarmachen. Das aus dem Spalt S kommende Licht wird durch die Linsen B und K in den Sektor geleitet, der aus einem mit Ausschnitten versehenen Zylindermantel besteht und mit dem Motor M um seine Achse gedreht wird.

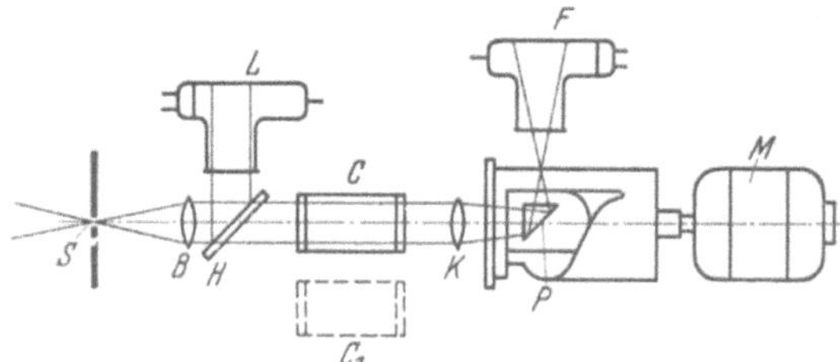

Abb. 11. Rotierender Sektor nach DUNN.

Denkt man sich den Zylindermantel aufgewickelt, so haben die Ausschnitte Dreiecksform. Durch das totalreflektierende Prisma P im Innern des Sektors wird das Lichtbündel um 90° abgelenkt und gelangt durch die Ausschnitte des Zylindermantels hindurch auf den Empfänger F. Die Extinktion läßt sich durch Verschiebung des sich drehenden Zylinders längs seiner Achse meßbar verändern, und zwar ist die Ablesung auch während des Umlaufes möglich. Für eine strenge Definition der wirksamen Öffnung ist es notwendig, daß der Spalt genau auf der Wand des Zylinders abgebildet wird, was an den Strahlengang sehr hohe Anforderungen stellt. Man erreicht daher mit diesem Sektor nicht die gleiche Präzision wie mit einem radialen Sektor. Ähnliches gilt für einen radialen Sektor nach BRODHUN[3], bei dem das Lichtbündel um den Mittelpunkt der ruhenden Sektorachse rotiert.

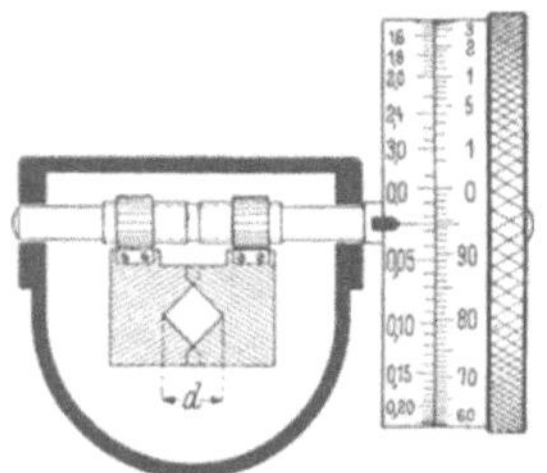

Abb. 12. Meßblende des PULFRICH-Photometers.

Eine verhältnismäßig einfache Lichtschwächungseinrichtung besteht in einer *verstellbaren Meßblende*, wie sie z. B. beim PULFRICH-Photometer verwendet ist (Abb. 12). Zwei übereinanderliegende Spaltbacken mit rechtwinkligem Ausschnitt können symmetrisch gegeneinander bewegt werden. Die Extinktion ist gegeben durch

$$E = \log \frac{J_0}{J} = \log \frac{d_0^2}{d^2} = 2 \log \frac{d_0}{d}. \tag{35}$$

Voraussetzung ist dabei, daß das Lichtbündel über die ganze Öffnung homogen ist, was durch Zwischenschaltung einer Mattscheibe erreicht wird. Obwohl unter dieser Voraussetzung die absolute Schwächung des Lichtbündels durch die Verringerung des Blendenquerschnittes gegeben ist, macht sich bei der Verwendung für visuelle Photometer ein Nachteil bemerkbar, der als STILES-CRAWFORD-Effekt bezeichnet wird. Er besteht erstens darin, daß der Helligkeitseindruck auf der Netzhaut des Auges mit dem Abstand des Lichtbündels vom Mittelpunkt der Augenpupille abnimmt und zweitens darin, daß auch bei monochromatischer Beleuchtung der Farbeindruck auf verschiedene Stellen der Netzhaut verschieden ist. Die beiden Effekte spielen bei Verwendung von veränderlichen Meßblenden für visuelle Messungen eine Rolle, da durch Veränderung des Blendenquerschnittes der Querschnitt des Lichtbündels verändert wird, d. h. es werden dann andere Teile der Netzhaut beleuchtet. Da das Vergleichslichtbündel nicht abgeblendet ist, wird auch bei gleicher absoluter Helligkeit der beiden Lichtbündel der Helligkeitseindruck nicht derselbe sein, und außerdem werden Farbtonunterschiede auftreten, die die Einstellung auf gleiche Helligkeit erschweren.

[1] KORTÜM, G.: Z. Instrumentenkde. **54**, 373 (1934). — CASPERSSON, T.: Chromosoma, Berlin **1**, 576 (1940). — Askania-Werke, Berlin.

[2] DUNN, C. G.: Rev. sci. Instr. **2**, 807 (1931); Hersteller A. Hilger, London.

[3] BRODHUN, E.: Z. Instrumentenkde. **12**, 133 (1892).

Eine sehr häufig verwendete Lichtschwächungseinrichtung besteht darin, daß *polarisiertes Licht* durch einen drehbaren *Analysator* mehr oder weniger gelöscht wird. Die Extinktion ist gegeben durch

$$\log \frac{J_0}{J} = - \log \cos^2 \alpha . \tag{36}$$

Dabei bedeutet α das Azimut zwischen Polarisator- und Analysatorprisma (vgl. S. 487). Stehen die Polarisationsebenen der beiden Prismen parallel, so wird das Licht vom Analysator vollkommen durchgelassen, bei gekreuzter Stellung vollkommen gelöscht. Die Methode erfordert eine sorgfältige Justierung des Strahlenganges, weil das Lichtbündel die Prismen nur innerhalb eines bestimmten, sehr kleinen Öffnungswinkels durchsetzen darf, damit Gl. (36) erfüllt ist (vgl. S. 484).

Die Methode der *Abstandsänderung der Lichtquelle* ist für absolute Messungen deswegen nicht vorteilhaft, weil die quadratische Abnahme der Lichtintensität mit der Entfernung nur erfüllt ist, wenn die Lichtquelle streng punktförmig ist, was sich, vor allem in bezug auf kleine Abstände, die für ein Photometer in Frage kommen, praktisch nicht verwirklichen läßt. Die Abhängigkeit der Intensität vom Abstand muß deshalb mit Hilfe einer anderen Schwächungseinrichtung empirisch geeicht werden. Für visuelle Photometer ist die Methode auch deshalb ungeeignet, weil die Vereinigung der beiden Lichtbündel zu zwei nebeneinanderliegenden Feldern im Ocular sich nicht ohne weiteres erreichen läßt, wenn die Weglänge des einen Bündels dabei variierbar sein soll.

Graukeile und *Graulösungen* sollten im Idealfall wie eine Blende im ganzen Spektralbereich die gleiche Absorption haben, d. h. ihre Absorptionskurve sollte parallel zur Wellenlängenachse verlaufen, was aber praktisch nicht zu erreichen ist. *Graulösungen*[1], wie sie in Tauchbechern oder in Keile eingefüllt verwendet werden, werden durch Mischen einer Reihe von Farbstofflösungen hergestellt. Sie besitzen den Nachteil der Temperaturabhängigkeit der Absorption und infolge von chemischen Veränderungen den der zeitlichen Inkonstanz.

Graukeile können nach verschiedenen Methoden hergestellt werden. Zum Beispiel wird Gelatine, in der das graue Medium gelöst oder fein verteilt ist, keilförmig auf eine Glasunterlage gegossen[2]. Die Extinktion nimmt mit der Dicke der Gelatineschicht zu, so daß durch Verschiebung des Keils eine beliebige Lichtschwächung erreicht werden kann. Um aus der Keilverschiebung direkt die Extinktion ablesen zu können, muß die Steigung des Keiles gleichmäßig sein, was durch Eichung nachgeprüft werden sollte. Dasselbe gilt für Keile, die durch Aufstäuben von Graphit oder Platin in stetig abnehmender Konzentration auf Glas oder Quarz hergestellt werden. Solche Keile haben den Vorteil der unbegrenzten Haltbarkeit und photochemischen Unempfindlichkeit, dagegen zeigen sie eine beträchtliche Streuwirkung, so daß ihre Extinktion vom Einfallswinkel des Lichtbündels, d. h. vom geometrischen Strahlengang abhängt. Am gleichmäßigsten lassen sich Keile aus Grauglas herstellen, doch weisen die bis heute verfügbaren Graugläser eine beträchtliche Abhängigkeit der Absorption von der Wellenlänge auf; vor allem gegen das Ultraviolett steigt die Extinktion im allgemeinen stark an. Sie müssen also für jeden gewünschten Spektralbereich neu geeicht werden. Alle Graukeile bzw. Graulösungen stellen also keine absolute Lichtschwächungseinrichtung dar, sondern sie müssen erst mit einer anderen Lichtschwächungseinrichtung empirisch geeicht werden.

Wenn die *Genauigkeit* einer Messung von der *Ablesegenauigkeit* des Lichtschwächungsmittels abhängt, so muß berücksichtigt werden, daß der Zusammenhang zwischen beiden von der Gesamtextinktion abhängt, und zwar für die verschiedenen Lichtschwächungsmittel in verschiedener Weise. Bei einem Graukeil ist leicht einzusehen, daß ein kleiner Einstell- bzw. Ablesefehler sich auf die Extinktion um so weniger auswirkt, je größer diese ist. Bei Blenden und Polarisationsprismen ist der Zusammenhang nicht ohne weiteres klar. Aus Gl. (35) und (36) läßt sich die relative Genauigkeit der Extinktion

---

[1] THIEL, A.: Absolutkolorimetrie. Berlin 1939.
[2] Hersteller: Zeiß-Ikon, Stuttgart.

dE/E in Abhängigkeit von einer bestimmten Ablesegenauigkeit ∂d bzw. $\partial \alpha$ berechnen[1]. Es ergeben sich in beiden Fällen ganz ähnliche Kurven mit einem flachen Minimum, wie z. B. Abb. 13 zeigt. Die Fehler in E bei einer konstanten Ablesegenauigkeit werden also in diesen Fällen bei kleinen und bei großen Extinktionen sehr groß, während sie im Bereich von $0{,}1 < E < 1{,}8$ einigermaßen konstant sind.

Optik. Da die optischen Elemente, die im Strahlengang eines Gerätes eingebaut sind, die Lichtintensität nach Möglichkeit nicht verringern sollten, muß man die *Durchlässigkeitsbereiche* der verschiedenen Materialien kennen. So ist Glas nur bis etwa 350 mμ durchlässig, ist also für Messungen im *Ultraviolett* ungeeignet. Die Durchlässigkeitsgrenze für Quarz liegt bei etwa 200 mμ. Noch weiter ins Ultraviolett ist Flußspat durchlässig, jedoch beginnt bereits bei 180 mμ die Absorption von Luft, so daß für Messungen unterhalb von 180 mμ Vakuumapparate erforderlich sind. Fürs *Ultrarot* gelten folgende Durchlässigkeitsgrenzen: Glas 2 μ, Quarz 2,8 μ Flußspat 10 μ, Steinsalz 16 μ und Kaliumbromid 28 μ.

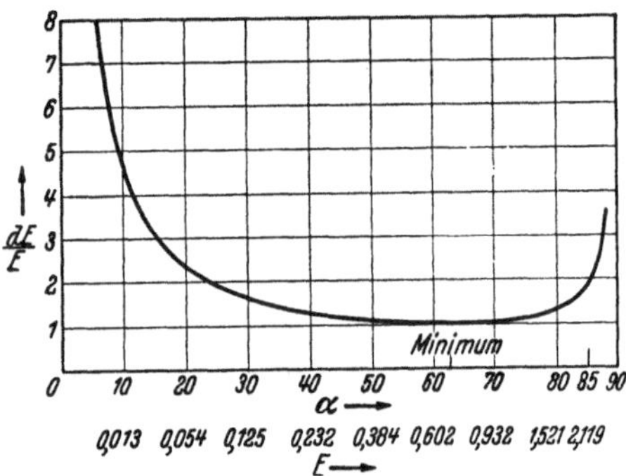

Abb. 13. Streuung der Extinktionsmessung in Abhängigkeit vom Azimut der Polarisationsprismen.

Steinsalz und Kaliumbromid sind hygroskopisch und müssen daher vor Feuchtigkeit geschützt werden. Anstatt Linsen benutzt man im Ultrarot Metallhohlspiegel, die durch Bedampfen von entsprechend geschliffenen Glasflächen mit sog. HOCHHEIMscher Legierung[2] hergestellt sind. Abgesehen von der relativ gleichmäßigen Reflexionsfähigkeit über den ganzen Spektralbereich bieten Spiegel den Vorteil, daß keine *achromatischen Abweichungen* auftreten. Solche Abweichungen treten bei Linsen auf, wenn ihre Brennweite und damit die Justierung des Strahlenganges von der Wellenlänge abhängt (Frequenzabhängigkeit des Brechungsindex). Die Abweichungen lassen sich vermeiden, wenn die Linsen aus verschiedenen Materialien zusammengesetzt werden (fürs Ultraviolett aus Quarz mit Flußspat, fürs Sichtbare aus verschiedenen Glassorten). Man nennt solche Linsen *Achromate*.

Da an jeder Glas- oder Quarzoberfläche etwa 4 % des Lichtes reflektiert werden, bedeutet ein komplizierterer Strahlengang mit einer Reihe von solchen Reflexionsflächen einen bedeutenden Lichtverlust. Nach einer Reihe von neuen Verfahren[3] gelingt es, solche Reflexionsversuche z. B. an Glas durch Behandlung der Oberfläche bis auf 1 % herabzusetzen.

Polarisationsprismen*. Die Herstellung von polarisiertem Licht beruht auf der Eigenschaft doppelbrechender Krystalle, für die beiden Schwingungsrichtungen eines einfallenden Lichtbündels verschiedenes Brechungsvermögen zu besitzen. Bei schrägem Auffall teilt sich daher der Strahl in zwei Bündel mit zueinander senkrechter Polarisationsrichtung. Bei den als Polarisatoren gebräuchlichen GLAN-THOMPSON-Prismen aus Kalkspat wird der sog. außerordentliche Strahl durch Totalreflexion zum Verschwinden gebracht, der ordentliche durchläuft die Prismen ohne Ablenkung (Abb. 14). Für bestimmte Zwecke werden auch Prismen hergestellt, bei denen beide Strahlen unter veränderter Strahlenrichtung den Polarisator verlassen (Beispiel: WOLLASTON-Prisma, Abb. 14). Wenn das einfallende Strahlenbündel eine zu starke Divergenz aufweist (nicht genügend parallel ist), erreicht man keine vollständige Polarisation. Man nennt die maximal erlaubte Divergenz den *Öffnungswinkel.* Er ist bei GLAN-THOMPSON-Prismen

---

* Über Einzelheiten vgl. Kapitel über optische Drehung, S. 484.

[1] Vgl. KORTÜM, G.: Kolorimetrie und Spektralphotometrie. 2. Aufl. S. 92. Berlin-Göttingen-Heidelberg 1948.

[2] Vgl. ANGERER, E. v., u. H. EBERT: Technische Kunstgriffe bei physikalischen Untersuchungen. 8. Aufl. Braunschweig 1952.

[3] MOONEY, R. L.: Optik 2, 164 (1947). — KOFINK, W.: Ann. Physik 1, 119 (1947). — HIESINGER, L.: Naturwiss. 34, 121 (1947). — RICHTER, R.: Zeiss-Nachr. Sonderheft 5 (1940).

verhältnismäßig groß (etwa 22°). Für Messungen im Ultraviolett dürfen die Prismen nicht wie üblich mit Kanadabalsam, Leinöl oder Terpentinöl gekittet sein, sondern man verwendet Glycerin, Ricinusöl oder noch besser einen festen haltbaren UV-durchlässigen Kitt der Fa. Halle, Berlin. GLAN-*Prismen* ohne Kitt mit einer Luftzwischenschicht sind der vielfachen Spiegelungen und des kleinen Öffnungswinkels wegen nicht zu empfehlen. Für das Gebiet unterhalb 220 mμ benützt man Polarisatoren aus *Quarz*[1].

Die Justierung des drehbaren Analysatorprismas in den Strahlengang des vom Polarisator kommenden Strahlenbündels muß so erfolgen, daß das Strahlenbündel keine Richtungsänderung erfährt. Beim Drehen des Analysators darf also der Lichtfleck auf einem dahinter gehaltenen Schirm nicht wandern. Um die Winkelstellung der beiden Prismen gegeneinander festzustellen, sucht man am besten die Stellung völliger Auslöschung ($\alpha = 90°$). Sie muß sich bei Drehung des Analysators um genau 180° wiederholen. Wenn man keine vollständige Auslöschung erreicht, so bedeutet das, daß die Divergenz des in den Polarisator eintretenden Strahlenbündels zu groß ist, oder daß sonstiges Streulicht in den Analysator eintritt.

Cuvetten. Die ursprüngliche Form der Cuvetten, die durch Aufkitten von Verschlußplatten geeigneten Materials auf Glasrohre verschiedener Länge hergestellt wurden, haben den Nachteil, daß es wohl keinen gegen

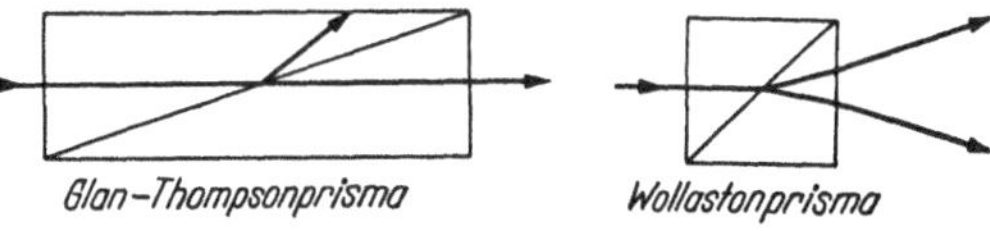

Abb. 14. Strahlengang in verschiedenen Polarisatoren.

Säuren, Alkalien und organische Lösungsmittel gleich beständigen Kitt gibt, so daß eine Neukittung häufig wiederholt werden muß. Man verwendet daher heute *verschmolzene Quarzcuvetten*[2] oder für den sichtbaren Spektralbereich *feuergekittete Glascuvetten*[3], die sogar einer Reinigung mit rauchender Salpetersäure standhalten. Für Präzisionsmessungen sind runde Cuvetten mit Glasstopfen den viereckigen offenen vorzuziehen, da Fehlermöglichkeiten durch Verdunsten des Lösungsmittels ausgeschlossen sind. Offene Tröge werden im allgemeinen lediglich für Titrationen oder für Serienmessungen verwendet. Über Spezialcuvetten mit Durchflußmöglichkeit für Serienmessungen und Rührcuvetten für Titrationen vgl. z. B. [4]. Die gewöhnlichen Tröge werden zum Leeren und Spülen am einfachsten mit Hilfe eines abgebogenen Glasrohres mit ausgezogener Spitze an der Wasserstrahlpumpe leergesaugt, ohne daß man sie aus dem Lichtweg herausnehmen muß. Wertvolle Lösungen können in einer vor die Pumpe geschalteten Flasche gesammelt werden.

Wenn keine geeigneten Cuvetten vorhanden sind, oder wenn die Messungen im ultraroten Spektralbereich $\mu > 2,8$ durchgeführt werden sollen, in dem auch Quarz nicht mehr durchläßt, ist man auf *gekittete Tröge* mit geeigneten Verschlußplatten angewiesen[5]. Für wäßrige Lösungen können z. B. Picein oder besser weißer Siegellack, für organische Lösungsmittel Wasserglas oder Bleiglätte-Glycerin als Kittmasse verwendet werden. Über die Durchlässigkeit von optischem Material, das sich für Verschlußplatten zu Messungen im Ultrarot eignet, vgl. S. 399.

Für Tröge sehr *kleiner Schichtdicken*, wie sie hauptsächlich für Messungen im Ultrarot gebraucht werden, haben sich die sog. SCHEIBE-*Cuvetten*[6] (0,1—0,001 mm) bewährt. Sie bestehen aus zwei (Quarz- oder Steinsalz-) Platten und einem Glasring mit optisch geschliffenen Endflächen, die durch Federdruck so aneinandergepreßt werden, daß sie sogar ätherdicht sind. Anstatt zwei Platten mit einem Zwischenring können auch zwei Platten, von denen die eine eine eingeschliffene Vertiefung besitzt, aneinandergepreßt werden

[1] KUHN, W.: B. **62**, 1727 (1929).
[2] C. Zeiß, Jena; Hanff & Buest, Berlin; Heraeus, Hanau.
[3] F. Hellige, Freiburg; E. Leybold, Köln; C. Zeiß, Jena.
[4] HAVEMANN, R.: B. Z. **310**, 382 (1942).
[5] Über geeignete Kitte vgl. ANGERER, E. v., u. H. EBERT: Technische Kunstgriffe bei physikalischen Untersuchungen. 8. Aufl. Braunschweig 1952.
[6] Zeiß, Jena.

(Schichtdicken von 0,1—0,02 mm). Nähere Angaben über solche und ähnliche Cuvetten sehr kleiner Schichtdicke finden sich mehrfach in der Literatur[1].

Außer diesen eben beschriebenen Cuvetten mit fester Schichtdicke werden auch, vor allem für spektrographische Aufnahmen, *Baly-Rohre* aus Quarz mit veränderlicher Schichtdicke hergestellt (Abb. 15)[2]. Sie bestehen aus zwei ineinandergeschliffenen Quarzrohren mit angeschmolzenem Fenster und einem Vorratsgefäß. Auf dem äußeren Rohr ist eine Millimeterteilung, auf dem inneren eine ringförmige Strichmarke eingeritzt, so daß die wirksame Schichtdicke ohne Parallaxenfehler auf 0,1 mm genau eingestellt werden kann. Mittels einer Führungsschiene mit Feststellschraube lassen sich die beiden Rohre dann gegeneinander fixieren. Die handelsüblichen BALY-Rohre besitzen eine Maximalschichtdicke von 10 cm; es können jedoch auch BALY-Rohre bis zu Schichtdicken von 30 cm hergestellt werden. Bei der Justierung des Strahlenganges muß berücksichtigt werden, daß bei ganz ausgezogenem Innenrohr das BALY-Rohr die doppelte Länge besitzt, und daß der Lichtstrahl auf dieser ganzen Länge nirgends durch das Rohr ausgeblendet werden darf. Um Reflexionen von der Innenwand des Rohres auszuschließen, wird dieses bis zur Strichmarke mit schwarzem Papier ausgekleidet. Für Schichtdicken bis zu 5 cm liefert Zeiß Mikro-BALY-Rohre mit einer Ablesegenauigkeit von 0,01 mm.

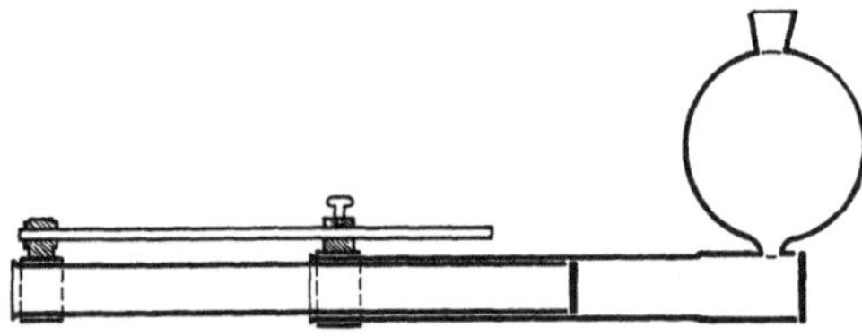

Abb. 15. BALY-Rohr (schematisch).

Eine gut *definierte Schichtdicke* ist Voraussetzung für eine genaue Absorptionsmessung[3]. Es ist daher wichtig, daß Eintritts- und Austrittsfenster einer Cuvette so gut parallel stehen, daß die Schichtdicke an allen Stellen innerhalb der Meßgenauigkeit gleich groß ist. Dies ist bei aufgekitteten oder aufgepreßten Fenstern leichter zu erreichen als bei angeschmolzenen. Bei den meisten Methoden ist es auch wichtig, zwei Cuvetten mit möglichst gleicher Schichtdicke zu haben, um den Trogfehler auszuschalten. Durch Vertauschen der Cuvetten kann die Identität der Schichtdicken nachgeprüft werden. Dies spielt vor allem im Ultraviolett, z. B. bei BALY-Rohren, eine Rolle. Unterschiede können auch durch verschiedene Durchlässigkeit der Verschlußplatten oder ihre mangelnde Parallelität bedingt sein.

Am sichersten läßt sich die Schichtdicke aus dem äußeren Durchmesser und der Dicke der Verschlußplatten bestimmen. Für größere Genauigkeiten als $1^0/_{00}$ muß die Schichtdickeneichung mit Hilfe von Absorptionsmessungen an Lösungen bekannter Absorption vorgenommen werden[4]. Sehr kleine Schichtdicken werden am besten interferometrisch bestimmt[5]. Es muß berücksichtigt werden, daß bei kleinen Schichtdicken die absoluten Genauigkeitsansprüche größer sein müssen. Bei einer Meßgenauigkeit von 0,1 % muß die Schichtdicke einer 1 cm-Cuvette auf 0,01 mm genau bekannt sein. Durch Aufschleifen kann im Extremfall eine Abstandsgenauigkeit von $1\,\mu = 0,001$ mm gewährleistet werden. Bei BALY-Rohren mit einer Ablesegenauigkeit von 0,1 mm sollten bei einer Meßgenauigkeit von 1 % keine Schichtdicken < 1 cm benützt werden.

Cuvetten und BALY-Rohre müssen sorgfältig rein gehalten werden. Lösungen sollten nie längere Zeit darin stehenbleiben. Besonders durch alkalische Lösungen wird sogar Quarz in der Weise angegriffen, daß sich bei späterem Gebrauch eine immer neue Trübung durch suspendierte Silicate bildet. Über die besten Reinigungsmethoden vgl. S. 328.

[1] SUHRMANN, R., u. F. BREYER: Z. physik. Chem. (B) **20**, 17 (1933). — SCHEIBE, G.: B. **57**, 1331 (1924). — MARTIN, E. J., A. W. FISCHER, B. MANDEL u. R. E. NUSBAUM: J. opt. Soc. Am. **37**, 923 (1947). — SUTHERLAND, G. B. B. M., and H. W. THOMPSON: Trans. Faraday Soc. **41**, 174 (1945).

[2] Heraeus, Hanau; Hanff & Buest, Berlin.

[3] Über die wirksame Schichtlänge bei zylindrischen Cuvetten vgl. HANSEN, G., u. E. MOHR: Spectrochim. Acta **3**, 584 (1949).

[4] KORTÜM, G.: Z. physik. Chem. (B) **33**, 243 (1936).

[5] THOMPSON, H. W.: Soc. **1948**, 238.

Photozellen, Photoelemente und Widerstandszellen. Die photoelektrischen Empfänger haben die Aufgabe, das Auge beim Vergleich von Lichtintensitäten zu ersetzen. Dabei haben sie dem Auge gegenüber den Vorteil, daß ihr Empfindlichkeitsmaximum je nach Art ihrer Oberfläche in verschiedenen Spektralbereichen liegt, und daß sie nicht nur Intensitätsgleichheit, sondern in beschränktem Maße auch Intensitätsverhältnisse von Lichtstrahlen registrieren können. Die Wirkung aller Photozellen beruht darauf, daß die einzelnen Lichtquanten aus der lichtempfindlichen Oberfläche der Zellkathode Elektronen freimachen.

Während beim Auge die Empfindlichkeitsgrenze nach dem WEBER-FECHNERschen Gesetz durch den relativen Intensitätsunterschied dJ/J gegeben ist, auf den das Auge eben noch anspricht (z. B. 1% der Gesamthelligkeit) (vgl. S. 349), reagiert die Zelle auf absolute Intensitätsunterschiede dJ. Für die *Genauigkeit* einer Extinktionsmessung ergibt sich dann durch Differentiation der Definitionsgleichung von $E = \lg J_0/J$ (vgl. S. 319).

$$\frac{dE}{E} = -\frac{2 \cdot 0{,}4343 \cdot 10^E}{J_0 \cdot E} \cdot dJ. \tag{37}$$

Der relative Fehler in E nimmt also nicht mehr umgekehrt proportional mit E ab, wie bei visuellen Messungen, sondern er geht durch ein Minimum für $E = 0{,}4343$. Über den ganzen Bereich von $0{,}1 < E < 1{,}1$ steigt er nicht über das Doppelte des Minimalwertes an. Das bedeutet, daß auch *kleine Extinktionen* von etwa 0,1 sich noch mit großer Genauigkeit messen lassen, was bei visuellen Methoden nicht der Fall ist. Außerdem kann die Empfindlichkeit durch Erhöhung der Gesamtintensität J_0 beliebig gesteigert werden, während dE/E bei visuellen Messungen nahezu unabhängig von J_0 ist.

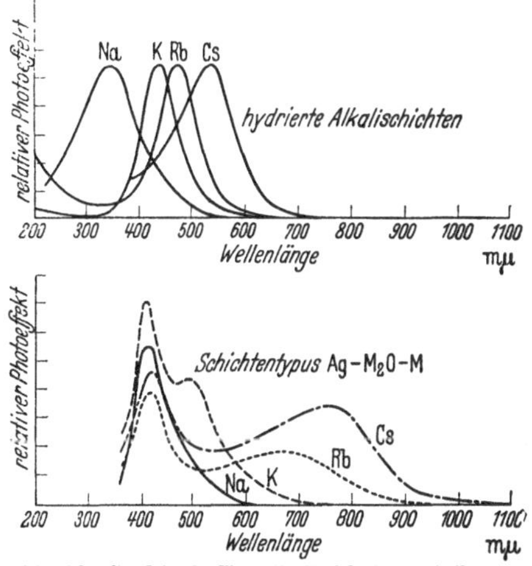

Abb. 16. Spektrale Empfindlichkeitsverteilung von Alkalizellen.

Von den heute gebräuchlichen photoelektrischen Empfängern *(Alkalimetallzellen*[1], *Photoelemente*[2] [Halbleiterzellen] und *Widerstandszellen*[3]*)* erfüllt keiner alle Anforderungen, die man an einen idealen Empfänger stellen möchte *(Konstanz des Photostromes, Proportionalität zwischen Lichtintensität und Photostrom, Trägheitslosigkeit, Temperaturunabhängigkeit usw.)*. Je nach der Meßmethode wird man eine Zellentype wählen, deren Nachteile für den Zweck der Untersuchung nicht zu sehr ins Gewicht fallen.

Alkalimetallzellen bestehen aus einem Glas- oder Quarzgefäß, in das die gitterförmige Anode und die lichtempfindliche Kathode großer Oberfläche im Abstand von einigen Millimetern voneinander eingeschmolzen sind. Die spektrale Lage des Empfindlichkeitsmaximums solcher Zellen hängt von der Zusammensetzung der Kathode ab (vgl. Abb. 16). Am meisten gebräuchlich sind hydrierte Alkalimetalle oder Legierungen wie Caesium-Antimon als Kathoden. Bei Photokathoden mit Oxydzwischenschicht auf Silberunterlage treten sogar mehrere Maxima in der spektralen Empfindlichkeitskurve auf. Auch Zellen mit zusammengesetzten Kathoden, die eine gleichmäßige Empfindlichkeit über den ganzen Spektralbereich aufweisen, können hergestellt werden[4]. Legt man nun eine Spannung an die beiden Elektroden, so fließt ein elektrischer Strom durch die Zelle, der mit der Anzahl der durch das Licht frei gemachten Elektronen zunimmt. Eine Alkalizelle kann also als Widerstand aufgefaßt werden, dessen Größe bei konstanter Spannung von der Belichtungsintensität abhängt. Da die Alkalizellen einen sehr hohen inneren

---

[1] Hersteller: z. B. Infram, Leipzig; AEG, Berlin; Siemens-Halske, Berlin; Zeiss-Ikon, Stuttgart.

[2] Hersteller: Süddeutsche Apparatefabrik, Nürnberg; B. Lange, Berlin; Falkenthal und Presser, Nürtingen.

[3] AEG, Nürnberg.

[4] GÖRLICH, P.: Z. Physik **101**, 335 (1936). — GÖRLICH, P., u. W. LANG: Z. Instrumentenkde. **57**, 249 (1937).

Widerstand besitzen (bei Belichtungen, wie sie bei photometrischen Zwecken vorkommen, $\sim 10^8$ Ohm), handelt es sich um sehr kleine Photoströme, die zur Messung entweder verstärkt werden müssen, oder die man durch Aufladung eines Elektrometerfadens mißt. Die Photozellen und die Zuleitungen zum Elektrometer müssen durch Metallgehäuse elektrostatisch abgeschirmt sein. Als Isolationsmaterial für die Halterung der Zellen und der Ableitungen hat sich Bernstein am besten bewährt. Die Spannungsabhängigkeit des Photostromes ist verschieden, je nachdem, ob sich die Elektroden im Vakuum *(Vakuumzellen)* oder in einer Edelgasatmosphäre befinden *(gasgefüllte Zellen)*. Wie man aus Abb. 17 sieht, erreicht die Stromstärke bei Vakuumzellen schon bei relativ niedrigen Spannungen einen Sättigungswert, der nur etwa den 10. Teil des Wertes beträgt, den man mit einer Spannung von etwa 100—140 Volt bei gasgefüllten Zellen erreicht. Da bei gasgefüllten Zellen in der Nähe der Zündspannung die Spannungsabhängigkeit des Photostromes sehr groß ist, muß zur Erreichung eines konstanten Photostromes

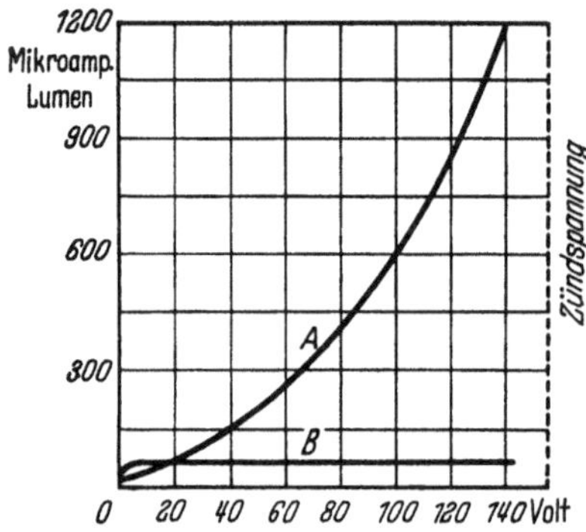

Abb. 17. Empfindlichkeit und Stromspannungscharakteristik von gasgefüllten (A) und evakuierten (B) Alkalizellen.

auch die angelegte Spannung sehr konstant sein. Das läßt sich am besten mit Hilfe von Trockenbatterien oder weniger leicht durch eigens dafür gebaute Spannungsgleichhalter[1] erreichen. Die gleiche Konstanz ist für die an die Backen des Elektrometers angelegte Spannung (200—600 Volt) notwendig. Gasgefüllte Zellen dürfen nicht über die sog. *Zündspannung*, die normalerweise etwa bei 150 Volt liegt, belastet werden, da dann *Glimmentladung*, d. h. sehr starke Stromerhöhung durch Stoßionisation eintritt, wobei die Zellen Schaden leiden können. Die Betriebsstromstärke von Alkalizellen beträgt bei den für photometrische Messungen normalerweise vorhandenen kleinen Belichtungsintensitäten etwa 10^{-7} bis 10^{-10} Amp. Größere Stromstärken, durch zu hohe Belichtung hervorgerufen, sind gelegentlich inkonstant. Bei Glimmentladung steigt die Stromstärke auf etwa 10^{-3}—10^{-4} Amp. Das Prinzip sehr vieler Meßmethoden mit Alkalizellen beruht auf der Proportionalität zwischen Beleuchtungsstärke und Photostrom. Diese Proportionalität ist jedoch keineswegs immer streng erfüllt[2]. Die Abweichungen sind bei Vakuumzellen im Gebiet der Sättigung gering, doch können sie auch hier einige Prozente betragen (vgl. z. B. beim BECKMAN-Photometer, S. 377). Bei gasgefüllten Zellen können die Abweichungen sehr groß sein; sie hängen von der Belastung, der Wellenlänge des auffallenden Lichtes, der Geometrie des Strahlenganges usw. ab und können daher auch nicht durch eine Eichkurve eliminiert werden.

Bei den *Selenphotoelementen* liegen die Verhältnisse noch komplizierter. Die bei Belichtung ohne angelegte äußere Spannung auftretende EMK des Elementes liefert bei Kurzschluß einen Photostrom, der außer von der Beleuchtungsstärke vom äußeren Widerstand des Stromkreises und vom Widerstand der Zelle selbst abhängt. Dabei ist auch der Widerstand der Zelle noch eine Funktion der Beleuchtungsstärke. Je größer der äußere Widerstand ist, um so mehr wachsen die *Abweichungen von der Proportionalität* an; ebenso aber mit zunehmender Beleuchtungsstärke, da der Widerstand der Zelle, der in der Größenordnung von einigen 1000 Ohm liegt, dann absinkt. Es können daher leicht Abweichungen von der Proportionalität bis zu 10 % auftreten. Abgesehen davon weisen die Photoelemente den Alkalizellen gegenüber noch weitere Nachteile auf: Während Vakuum- und gasgefüllte Alkalizellen praktisch ermüdungs- und trägheitsfrei arbeiten, weisen die Photoelemente ausgesprochene *Ermüdungs- und Trägheitserscheinungen* auf. Das bedeutet einmal, daß der Photostrom bei konstanter Belichtung mit der Zeit abnimmt,

[1] KELLER, H., u. H. v. HALBAN: Helv. 27, 702 (1944). — MAIER, H.: Dipl.-Arb. Tübingen 1952.
[2] KORTÜM, G.: Physik. Z. 32, 417 (1931). — PRESTON, J. S., and L. H. McDERMOTT: Proc. physic. Soc. 46, 256 (1934). — BOUTRY, G. A., and P. GILLOD: Philos. Mag. 28, 163 (1939). — MAIER, H.: Dipl.-Arb. Tübingen 1952.

und daß andererseits bei rasch intermittierender Beleuchtung nicht der richtige Mittelwert registriert wird. Letzteres spielt dann eine Rolle, wenn es sich um Wechsellichtmethoden mit nachfolgender Verstärkung handelt, oder wenn als Lichtschwächungseinrichtung ein rotierender Sektor verwendet wird.

Auch die Temperaturabhängigkeit des Photostromes ist bei Photoelementen wesentlich größer als bei Alkalizellen, ausgenommen den Caesiumzellen, deren Temperaturabhängigkeit auf die Ultrarotempfindlichkeit zurückgeführt werden kann. Es ist in jedem Fall darauf zu achten, daß eine Erwärmung der Photozellen durch die Beleuchtungslampe vermieden wird. Allen Zellen gemeinsam ist die Abhängigkeit des Photostromes von der Beleuchtungsdichte, d. h. von der *Verteilung der Beleuchtungsstärke* über die Oberfläche der Zelle. Sie rührt daher, daß die Zelle nicht über die ganze Oberfläche die gleiche Empfindlichkeit besitzt. Eine Verschiebung des Lichtfleckes auf der Zellkathode kann daher eine Änderung des Photostromes herbeiführen, ohne daß die Beleuchtungsintensität sich geändert hätte. Es ist daher wichtig, den geometrischen Strahlengang streng konstant zu halten und z. B. Verschiebungen der Lichtquelle, von Linsen, Cuvetten usw. zu vermeiden.

Zusammenfassend ist zu sagen, daß Alkalizellen den Photoelementen gegenüber eine Reihe von Vorteilen besitzen: Keine Ermüdungs- und Trägheitserscheinungen, kleinere Temperaturabhängigkeit, bessere Proportionalität zwischen Beleuchtungsstärke und Photostrom, selektive Empfindlichkeit in verschiedenen Spektralbereichen auch im Ultraviolett, je nach der Zusammensetzung der Kathode. Hinzu kommt, daß bei Anordnungen mit Alkalizellen kleine Stromstärken und verhältnismäßig hohe Spannungsdifferenzen gemessen werden, die sich auch verstärken lassen, während die verhältnismäßig hohen Stromstärken[1] und kleinen Spannungen von Photoelementen sich nicht so gut zur Verstärkung eignen. Daß die Sperrschichtelemente sich trotzdem so eingebürgert haben, liegt wohl an ihrer einfachen Handhabung (keine Vorspannung, keine besondere Isolierung und elektrostatische Abschirmung, Registrierung durch einfache Galvanometer).

Während das Maximum der spektralen Empfindlichkeit bei Selenphotoelementen bei etwa 600 mμ liegt, kann es bei Sperrschichtphotoelementen aus Bleisulfid bis ins Ultrarot (einige μ) verschoben werden. Die Konstanz solcher Zellen läßt jedoch noch zu wünschen übrig[2].

Widerstandszellen bestehen aus dünnen Schichten oder Einkrystallen z. B. von Cadmiumsulfid, Cadmiumselenid oder Cadmiumtellurid, deren elektrischer Widerstand bei Belichtung abnimmt, und die deshalb zur Messung von Strahlungsintensitäten dienen können. Ihr Empfindlichkeitsmaximum liegt im sichtbaren Spektralgebiet. Neuerdings haben Zellen aus mit Sauerstoff formiertem Bleisulfid und Bleiselenid an Interesse gewonnen, weil ihre Empfindlichkeit bis zu 5 μ reicht[3]. Wenn es gelingt, aus solchen Schichten brauchbare Zellen herzustellen, werden sie für die Ultrarotspektroskopie große Bedeutung erlangen. Widerstandszellen aus Cadmiumsulfideinkrystallen von einigen Millimetern Größe mit einer Empfindlichkeitsgrenze bei 700—800 mμ werden von der AEG geliefert.

Sekundärelektronenvervielfacher. Um die meist komplizierte und die Meßgenauigkeit stets herabsetzende Verstärkung von Photoströmen zu umgehen, benutzt man heute vielfach sog. Sekundärelektronenvervielfacher. Das Prinzip derselben besteht darin, daß jedes aus der Photokathode austretende Elektron durch ein elektrostatisches Feld beschleunigt wird und beim Auftreffen auf eine metallische Anode eine Anzahl Sekundär-

---

[1] Die Stromausbeute je Einheit der Beleuchtungsintensität ist bei Photozellen um eine bis zwei Zehnerpotenzen kleiner als bei Photoelementen.

[2] Keck, P. H.: Optik 1, 42 (1946).

[3] Vgl. z. B. Mathis, R., F. Borson, G. Gautier et M. Larnandie: J. Physique et Radium 11, 300 (1950). — Elliot, A., E. Ambrose and R. Temple: J. sci. Instr. 27, 21 (1950). — Sutherland, G. B. B. M., and E. F. Daly: Nature 158, 873 (1946); 160, 393 (1947); 161, 281 (1947). — Sutherland, G. B. B. M., and E. Lee: Rep. Progr. Physics 11, 144 (1948). — Miller, C. H., and H. W. Thompson: Proc. R. Soc. London (A) 200, 2 (1949). — Görlich, P.: Z. Naturforsch. 5a, 563 (1950). — Keck, P. H.: Optik 1, 42 (1946).

elektronen freimacht. Diese werden erneut beschleunigt und der nächsten Elektrode zugeleitet und setzen so den Vervielfachungsprozeß fort. Während sich die gesamte angelegte Spannung additiv aus den Spannungen der einzelnen Stufen zusammensetzt, ergibt sich die Vervielfachung des primären Photostromes multiplikativ aus den Stufenvervielfachungen. Man gelangt so ohne Schwierigkeiten zu Verstärkungsfaktoren von 10^6. Da die Elektronenlaufzeit durch den Vervielfacher kleiner als 10^{-7} sec ist, arbeiten solche Röhren trägheitslos bis zu 10^7 Hertz.

Von der Firma Philips wird ein Vervielfacher hergestellt, der in 3 Stufen eine Verstärkung des primären Photostromes um einen Faktor 100 erzielt; die benötigte Gesamtspannung beträgt etwa 600 Volt. Ein Vervielfacher der Fernseh-AG. ergab bei 13 Stufen zu je 120 Volt eine 10^6fache Verstärkung. Diese Röhre ist für Meßzwecke wegen der erforderlichen Gesamtspannung von rund 1500 Volt, die gut konstant gehalten werden muß, unbequem. Neuerdings stellt die Firma Maurer[1] Vervielfacher mit 13 Stufen und einem Verstärkerfaktor von 10^5—10^6 her. Sie werden mit verschiedenen Photokathoden geliefert, die sich in bezug auf ihre spektrale Empfindlichkeitsverteilung unterscheiden. Die kurzwellige Grenze liegt der Glashülle wegen bei etwa 350 mμ. Von den aus USA. gelieferten Sekundärelektronenvervielfachern ist die Type 931A der RCA die bekannteste. Sie besitzt 9 Stufen mit je einer Spannung von 80—100 Volt und ein Empfindlichkeitsmaximum bei 375 mμ. Als Beispiel für die Anordnung der einzelnen Stufen ist in Abb. 18 der Querschnitt einer solchen Röhre schematisch dargestellt.

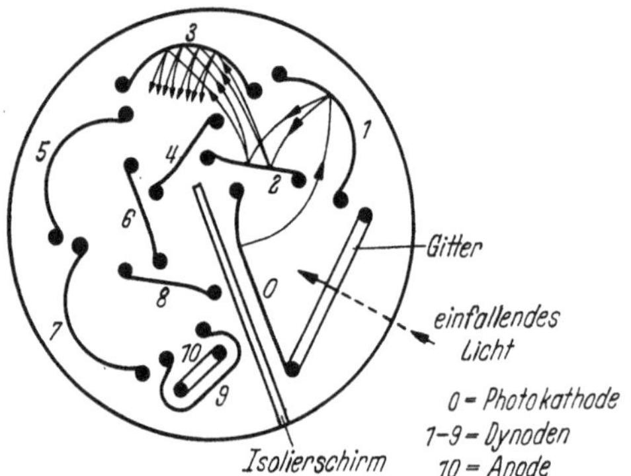

Abb. 18. Querschnitt eines Sekundärelektronenvervielfachers.

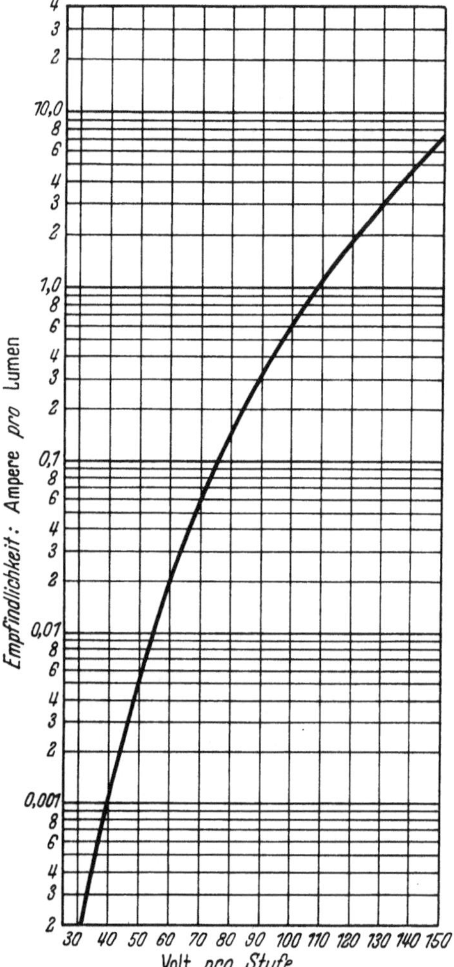

Abb. 19. Spannungsabhängigkeit des Gesamtstromes eines Sekundärelektronenvervielfachers.

Genau wie bei einfachen Photozellen ist auch bei Sekundärelektronenvervielfachern die Proportionalität zwischen Lichtintensität und verstärktem Photostrom nur beschränkt erfüllt, was verständlich ist, da es sich primär um den gleichen Vorgang handelt. Die Abhängigkeit kann von Gerät zu Gerät verschieden sein und hängt außerdem vom Spektralbereich, in dem es verwendet wird, von der Belastung usw. ab[2]. Wenn für eine bestimmte Aufgabe strenge Proportionalität verlangt wird, muß der verwendete Sekundärelektronenvervielfacher sehr sorgfältig ausgesucht, und die Proportionalität unter den betreffenden Versuchsbedingungen nachgeprüft werden. Im Gegensatz zu den gewöhnlichen Vakuumzellen erfordern die Vervielfacher außerdem eine besonders gute Konstanz der angelegten Spannung, da sich die Vervielfachung, wie Abb. 19 zeigt, beinahe

[1] Dr. G. MAURER, Kohlberg bei Nürtingen.
[2] MAIER, H.: Dipl.-Arb. Tübingen 1952.

exponentiell mit der Spannung ändert. Die Spannungsstabilisierung läßt sich am einfachsten durch eine Serie von Glimmröhren erreichen. Ein verhältnismäßig einfaches Stabilisierungsgerät mit Gleichrichterröhre, Siebkette und Glimmröhren, wie es sich für die 931 A-Röhre bewährt hat, ist in Abb. 20 angegeben[1].

Da der Vorgang der Sekundärelektronenvervielfachung aus einer Reihe von Folgeprozessen besteht, nimmt die Einstellung des Gleichgewichtes eine gewisse Zeit in Anspruch. Es treten daher *Ermüdungserscheinungen* auf, die zu Beginn der Belichtung am größten sind, von der Belastung abhängen und zudem bei verschiedenen Röhren verschieden sind. Bei einzelnen Röhren ist bereits nach 10 min Konstanz des Photostromes erreicht. Bei sehr schwacher Belichtung muß unter Umständen auch der von Zelle zu Zelle verschiedene *Dunkelstrom* berücksichtigt werden, der oft unkontrollierbaren

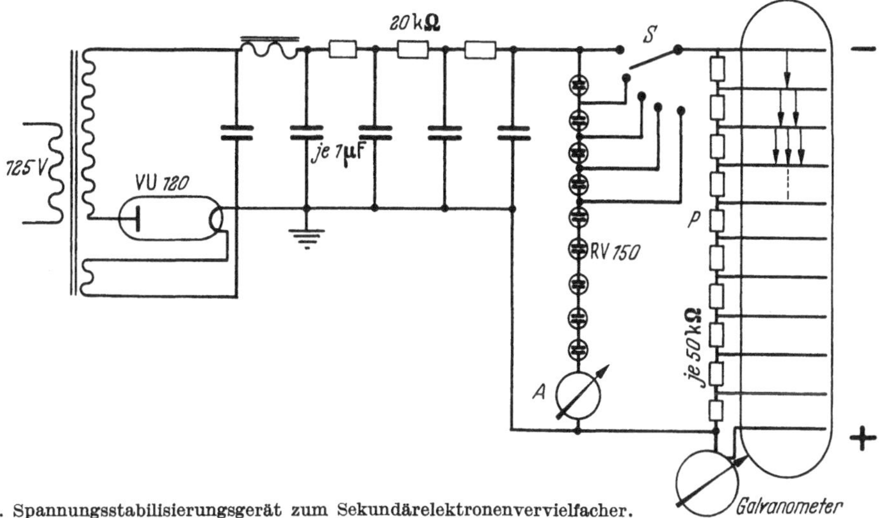

Abb. 20. Spannungsstabilisierungsgerät zum Sekundärelektronenvervielfacher.

Schwankungen unterworfen ist. Er kann durch Abkühlung der Röhre (z. B. mit flüssiger Luft) weitgehend verringert werden.

Thermoelemente[2] und Bolometer. Zur Registrierung von Strahlungsintensitäten im weiteren Ultrarot $\mu > 2$ kommen nur noch Thermoelemente bzw. Thermosäulen und Bolometer kleiner Wärmekapazität in Frage. Bei den ersteren wird die Potentialdifferenz, die beim Bestrahlen der einen Lötstelle auftritt, als Maß für die Strahlungsintensität benutzt. Bei einem Bolometer mißt man mit Hilfe einer Brückenschaltung die Widerstandsänderung, die ein geschwärzter ausgewalzter Draht beim Bestrahlen erfährt. Zum Schutz vor thermischen Störungen müssen solche Empfänger in einem nach Möglichkeit evakuierten Behälter untergebracht sein, der mit einem für die Strahlung durchlässigen Fenster versehen ist.

Thermoelemente und Bolometer haben den Photozellen gegenüber den Vorteil, daß die Proportionalität zwischen Strahlungsintensität und Thermospannung bzw. -strom streng erfüllt ist. Der Strom eines Thermoelementes läßt sich, da es sich um Gleichstrom handelt, nicht ohne weiteres verstärken. Der Umformung in Wechselstrom durch Anwendung eines Lichtunterbrechers steht die Trägheit der Elemente von einigen Sekunden Einstelldauer entgegen. Die Verstärkung kann daher nur mit Hilfe eines sog. Galvanometerverstärkers erfolgen[3], bei dem die Drehung des Galvanometerspiegels mit Hilfe eines reflektierten Lichtstrahles auf eine Photozelle übertragen wird. Das bedeutet aber, daß die Forderung der Proportionalität zwischen Lichtintensität und Photostrom nicht

<hr>

[1] DORSCH, D.: Dipl.-Arb. T. H. München 1950.
[2] Zusammenfassende Arbeit über Thermoelemente: GEILING, L.: Z. angew. Physik **3**, 467 (1951).
[3] MOLL, W. J. H., u. H. C. BURGER: Z. Physik **34**, 109 (1925). — SIMON, H., u. R. SUHRMANN: Lichtelektrische Zellen. S. 229. Berlin 1932. — BERGMANN, L.: Physik. Z. **32**, 688 (1931). — MATOSSI, F.: Physik. Z. **32**, 689 (1931).

immer erfüllt ist. Demgegenüber eignen sich Bolometer mit einer Einstellzeit von weniger als $^1/_{10}$ sec auch für Wechsellichtmethoden. Statt mit Gleichstrom kann die Bolometerbrücke auch mit Wechselstrom betrieben werden, der sich direkt verstärken läßt. Fertige Bolometeranordnungen mit Verstärkern werden z. B. von der Fa. Zeiß geliefert.

Die Empfindlichkeit von Thermoelementen und Bolometern kann etwa auf das 10fache gesteigert werden, wenn sich die Empfänger im Vakuum befinden. Diese Empfindlichkeitssteigerung kann bei Bolometern jedoch nicht voll ausgenützt werden, weil der Bolometerstreifen sich im Vakuum zu stark erwärmen würde. Die durch die Brücke gehende Stromstärke muß deshalb erniedrigt werden und damit proportional sinkt auch die Empfindlichkeit ab. Immerhin ist die Empfindlichkeit eines guten Vakuumbolometers etwa gleich der eines Vakuumthermoelementes. Dagegen weisen Bolometer im allgemeinen eine schlechtere Nullpunktskonstanz auf und sind auch der notwendigen Hilfsspannung wegen nicht so bequem in der Handhabung[1].

Photographische Platten. Die Extinktion, d. h. den Logarithmus der reziproken Durchlässigkeit einer entwickelten Platte gegenüber weißem Licht, nennt man ihre

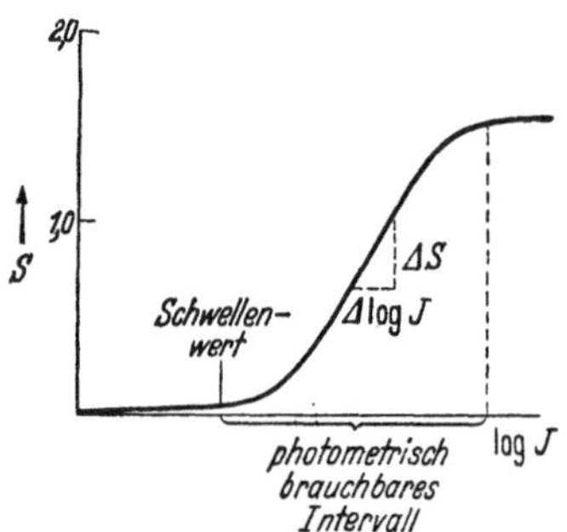

Abb. 21. Schwärzungskurve der photographischen Platte (schematisch).

Schwärzung $S \equiv \lg i_0/i$. Die Schwärzung einer Platte ist nun nicht einfach der ursprünglichen Belichtungsintensität J proportional, sondern man erhält für die Abhängigkeit der Schwärzung von $\lg J$ bei konstanter Belichtungszeit eine sog. *Schwärzungskurve*, deren allgemeine Form in Abb. 21 abgebildet ist, deren genauer Verlauf jedoch von der Plattensorte, der Wellenlänge des Lichtes, der Entwicklungsdauer, der Art des Entwicklers, der Temperatur usw. abhängt. Allen Kurven gemeinsam ist der langsame Anstieg bis zum sog. Schwellenwert, dann ein einigermaßen geradliniges Stück und schließlich der Sättigungswert, der bedeutet, daß auch weitere Belichtung keine zusätzliche Schwärzung mehr hervorbringt. Normalerweise arbeitet man im linearen Bereich der Schwärzungskurve, der sich über ein Intensitätsverhältnis von 1:30 bis 1:500 erstreckt. Hier gilt die Beziehung

$$S = \gamma \lg J. \tag{38}$$

Den Proportionalitätsfaktor γ nennt man *Gradation*. Je größer γ ist, um so härter ist die Platte, d. h. um so größere Schwärzungsunterschiede bilden sich bei kleinen Differenzen der auffallenden Lichtintensitäten aus. Auch die Gradation hängt von äußeren Einflüssen wie Entwicklung usw. ab.

Die Schwärzung einer photographischen Platte kann nicht allein durch Erhöhung der Belichtungs*intensität*, sondern auch durch Verlängerung der Belichtungs*zeit* vergrößert werden.

Nach einem von SCHWARZSCHILD empirisch gefundenen Gesetz genügt es zur Erzielung der gleichen Schwärzung mit verschiedenen Belichtungsintensitäten nicht, daß das Produkt $J\,t$ konstant gehalten wird; die Schwärzung ist vielmehr durch $J\,t^p$ gegeben, wobei p, der SCHWARZSCHILD-Exponent, nicht nur vom Plattenmaterial und der Wellenlänge des Lichtes, sondern auch vom Verhältnis der Belichtungszeiten abhängt. Er ist für kurze Belichtungszeiten im allgemeinen > 1, für lange < 1 und muß in jedem Fall empirisch bestimmt werden.

Zu berücksichtigen ist ferner, daß die Summe kurzer Lichteindrücke eine geringere Schwärzung hervorruft, als eine entsprechend lange nicht unterbrochene Belichtung gleicher Intensität. Dieser sog. *Intermittenzeffekt* spielt z. B. bei der Lichtschwächung durch rotierende Sektoren eine Rolle.

Die Auswahl einer Plattensorte hängt in erster Linie von dem verwendeten Spektralbereich ab. Im *Ultraviolett* bis etwa 2500 Å sind praktisch alle Plattensorten verwendbar.

---

[1] Vgl. dazu z. B. SIEDENTOPF, H.: Grundriß der Astrophysik. S. 59. Stuttgart 1950.

Bei noch kürzeren Wellenlängen beginnt die Gelatine zu absorbieren. Die Platten müssen mit einer fluorescierenden Schicht sensibilisiert werden. Die Agfa liefert solche „UV-Platten", deren fluorescierender Überzug nach dem Fixieren und Wässern durch vorsichtiges Abreiben entfernt werden kann. Unterhalb von 1900 Å verwendet man sog. „Schumann-Platten", die gelatinearm und daher leicht verletzlich sind. Sie werden ebenfalls von der Agfa geliefert[1].

Ohne besondere Sensibilisierung reicht die Empfindlichkeit einer photographischen Platte nur bis zum Grün. Platten, deren Empfindlichkeitsbereich bis in den gelben bzw. roten Spektralbereich reichen, nennt man orthochromatisch bzw. panchromatisch.

Besondere Schwierigkeiten macht die Überbrückung der sog. „Grünlücke", die bei den von der Agfa[2] gelieferten sog. „Spektralplatten" (Spektral „gelb" bzw. Spektral „rot") weitgehend geschlossen ist (Abb. 22). Eine besonders gleichmäßige Empfindlichkeitsverteilung besitzt die Sorte „Spektral rot hart".

Die in den letzten Jahren von der Agfa entwickelten „Infrarotplatten" reichen in ihrer Empfindlichkeit bis etwa 1,3 μ[3]. Eine besonders steile Gradation und große Feinkörnig-

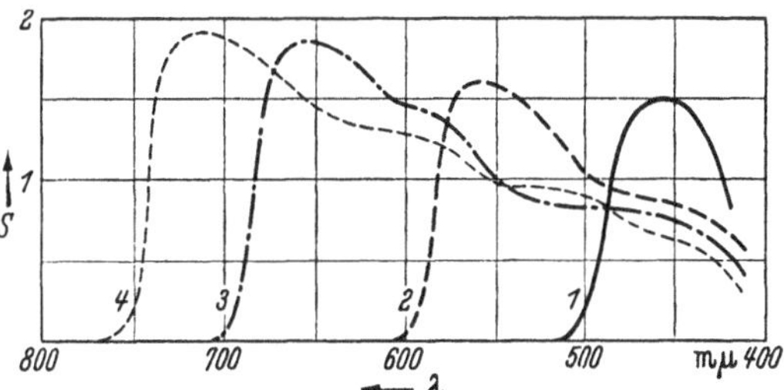

Abb. 22. Spektrale Schwärzungsverteilungskurven der „Spektralplatten". 1 = Spektral Blau; 2 = Spektral Gelb; 3 = Spektral Rot; 4 = Spektral Total.

keit besitzt auch hier die Sorte „hart". Die Zahlenbezeichnungen 700, 750, 800, 850, 950 und 1050 geben die ungefähre Lage ihrer Empfindlichkeitsmaxima an. Die Gesamtempfindlichkeit nimmt, wie Abb. 23 zeigt, mit zunehmender Reichweite nach langen Wellen beträchtlich ab. Das gleiche gilt für ihre Haltbarkeit. Sie müssen bei tiefer Temperatur aufbewahrt werden.

Wie leicht einzusehen ist, wird man für die photographische Photometrie *lichthoffreie* Platten mit steiler Gradation, also Platten der Emulsionsart „hart" oder „extrahart" bevorzugen. Sie sind außerdem gewöhnlich feinkörniger als die weich arbeitenden Platten (rapid), besitzen dafür allerdings auch eine geringere Gesamtempfindlichkeit.

Die Feinkörnigkeit einer Platte spielt deshalb eine Rolle, weil eine Voraussetzung der photographischen Spektralphotometrie darin besteht, daß gleiche

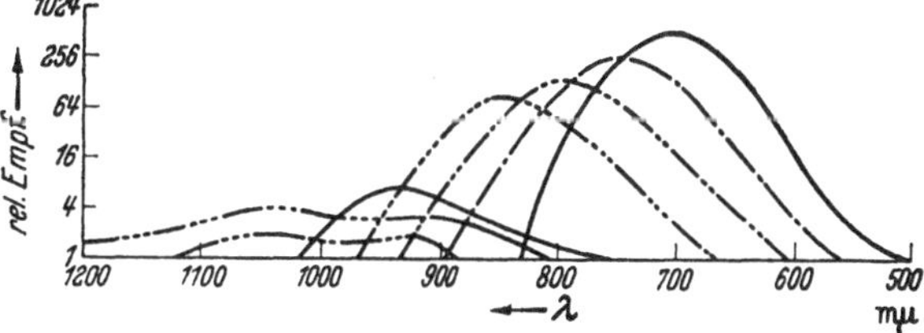

Abb. 23. Spektrale Empfindlichkeitsverteilung der „Agfa-Infrarot-Platten".

Lichtintensitäten an benachbarten Stellen der Platte auch gleiche Schwärzungen hervorrufen. Durch diese Bedingung ist überhaupt die Genauigkeit der photographischen Methode begrenzt, denn infolge des Einflusses des Korns, von Randschleiern oder von Ungleichmäßigkeiten der Schicht läßt sich die Homogenität der Platte nicht beliebig weit treiben. Bei neuzeitlichem Plattenmaterial dürfte die Schwärzungsgleichheit bei gleicher Belichtungsintensität innerhalb der Platte auf etwa 1—2% genau erfüllt sein.

Die Gradation einer Platte hängt, wie schon erwähnt, von der Art des *Entwicklers* und von der Entwicklungsdauer ab. Die maximale Gradation erhält man bei vollständiger Ausentwicklung der Platte, d. h. bei möglichst kurzer Belichtung. Zur Verhütung von Schleierbildung darf jedoch die Platte auch nicht zu lange entwickelt werden. Ein besonders hart arbeitender Entwickler ist der Agfa 1-Entwickler, bestehend aus 1 Liter Wasser, 5 g „Metol", 6 g Hydrochinon, 40 g wasserfreiem Na-sulfit, 40 g Kalium-

---

[1] Über die Selbstherstellung von Schumann-Platten vgl. Angerer, E.: Wissenschaftliche Photographie. Leipzig 1931.

[2] Für wissenschaftliche Zwecke geeignet sind außer den von der Agfa auch die entsprechenden von Perutz, München, und der englischen Firma Ilford gelieferten Platten.

[3] Entsprechende Platten werden von der Firma Kodak, USA. geliefert.

carbonat und 2 g Kaliumbromid. Entwicklungsdauer 4 min bei 18° C[1]. Für eine einigermaßen reproduzierbare Entwicklung ist die Einhaltung der Temperatur auf $\pm 1°$ sehr wichtig. Gewöhnliche Platten können bei rotem Licht entwickelt werden, während orthochromatische, panchromatische und Infrarotplatten nur spektral geprüftes grünes Licht vertragen, ohne zu schleiern.

ζ) Einteilung der Methoden der Lichtabsorptionsmessung.

Die in den letzten Jahren stark angewachsene Zahl an photometrischen Untersuchungsmethoden auf allen Gebieten der Wissenschaft und Technik hatte zur Folge, daß auch eine Menge neuer Meßgeräte für solche Zwecke auf den Markt gekommen ist, denen zum Teil ganz verschiedene Meßprinzipien zugrunde liegen. Es ist deshalb notwendig, eine systematische Einteilung der Methoden vorzunehmen, um es auch dem Fernerstehenden zu ermöglichen, die für seine Zwecke geeignete Methode auszuwählen. Wir unterteilen — zunächst rein äußerlich — nach dem *Strahlungsempfänger* und unterscheiden zwischen visuellen, lichtelektrischen, photographischen und Ultrarot-Meßmethoden. Innerhalb dieser Abschnitte soll die Einteilung nach dem Meßprinzip vorgenommen werden, wobei sich gleichzeitig die Verwendungsfähigkeit der einzelnen Methoden für die S. 316 angegebenen Hauptanwendungsgebiete der Absorptionsmessung ergeben wird.

Besonderer Wert wird auf die saubere Trennung der Begriffe *Colorimetrie* und *Photometrie* gelegt, da ihnen völlig verschiedene Meßprinzipien zugrunde liegen. Die Colorimetrie beruht auf Einstellung der Farbgleichheit zweier Lösungen des gleichen Stoffes. Es handelt sich also stets nur um relative Messungen. Photometrische Methoden gestatten eine Extinktionsmessung mit Hilfe einer veränderlichen Lichtschwächungseinrichtung oder einer erzeugten Photospannung oder Thermospannung. Die Methode liefert also absolute Extinktionswerte, die natürlich mit Hilfe des LAMBERT-BEERschen Gesetzes auch für relative Messungen verwendet werden können. Die Unterscheidung ist deshalb wichtig, weil für die beiden Methoden trotz der praktisch ähnlichen Handhabung ganz verschiedene Fehlerquellen maßgebend sind. Wir werden deshalb bei der folgenden Besprechung der visuellen und der lichtelektrischen Meßmethoden stets die colorimetrischen und die photometrischen Verfahren scharf gegeneinander abgrenzen. Legt man Wert auf die Kenntnis der Wellenlängenabhängigkeit der Absorption, d. h. auf das Spektrum eines absorbierenden Stoffes, so spricht man von *Spektrometrie*. Die Spektrometrie dient also zur Kennzeichnung und Konstitutionsermittlung eines Stoffes und nicht zu seiner Konzentrationsbestimmung. Um den wahren Verlauf einer Absorptionskurve, d. h. absolute Extinktionskoeffizienten zu erhalten, ist es wichtig, daß das verwendete Licht möglichst *spektralrein* ist. Die Spektrometrie arbeitet daher nicht mit Lichtfiltern, sondern mit Monochromatoren. Zur Spektrometrie eignen sich die spektrographischen Methoden, die lichtelektrischen Methoden mit Monochromator und Verstärkung sowie die in neuerer Zeit besonders wichtig gewordenen Ultrarotmeßmethoden.

b) Visuelle Methoden.

Das Auge ist nicht imstande, quantitative Helligkeitsangaben zu machen oder Helligkeitsunterschiede zu messen. Es kann nur die Gleichheit zweier Helligkeitsempfindungen feststellen. Alle visuellen Apparate sind daher so konstruiert, daß zwei auf ihre Intensität zu vergleichende Lichtbündel im Ocular zwei unmittelbar aneinandergrenzende Felder ausleuchten. Ist die Konstruktion des Apparates einwandfrei, so verschwindet die Grenzlinie zwischen den beiden Feldern, wenn die Intensität der beiden Lichtbündel gleich ist. Wird das eine Lichtbündel durch eine absorbierende Lösung geschwächt, kann das andere durch eine meßbare Lichtschwächungseinrichtung so lange ebenfalls geschwächt werden,

---

[1] Weitere Entwicklerrezepte vgl. ANGERER, E.: Wissenschaftliche Photographie. Leipzig 1931. — HÖRMANN, H.: Z. angew. Photogr. **3**, 96 (1941).

bis das Auge feststellt, daß die beiden ausgeleuchteten Felder wieder gleich hell sind, d. h. bis beide Bündel wieder gleiche Intensität besitzen. Die Empfindlichkeit, mit der das Auge diese Gleichheit feststellen kann, beträgt im günstigsten Fall 1 % der Gesamthelligkeit. Nach dem WEBER-FECHNERschen Gesetz ist nun diese relative Empfindlichkeit des Auges innerhalb eines sehr großen Intensitätsintervalles (1 : 100 000) immer die gleiche, d. h. das Auge kann z. B. 1 % Helligkeitsunterschied von zwei schwach beleuchteten Feldern mit der gleichen Sicherheit feststellen, wie von zwei um das 100 000fache stärker beleuchteten. Ist die Einstellstreuung dJ/J immer die gleiche (also z. B. 1 %, d. h. 0,01), so läßt sich aus der Definition der Extinktion $E = \lg J_0/J$ die relative Streuung dE/E der gemessenen Extinktion angeben:

$$\frac{dE}{E} = -\frac{0,4343}{E}\ \frac{dJ}{J}. \tag{39}$$

Dabei bedeutet dE/E bei optischen Konzentrationsbestimmungen nach dem BEERschen Gesetz zugleich die relative Streuung der berechneten Konzentration dc/c. Aus Gl. (39)

ist zu ersehen, daß bei visuellen Methoden die Messung um so genauer wird, je größer die Extinktion ist. Die Grenze ist dadurch gegeben, daß bei $E > 2$ im allgemeinen die Lichtintensität zu klein wird, und daß außerdem störende Farbtonunterschiede auftreten können, wenn das Licht nicht streng monochromatisch ist. Bei einer praktisch günstigen Extinktion von ~ 1 und einer optimalen relativen Einstellstreuung dJ/J von 1 % wird nach Gl. (39) die Streuung der Extinktion $\sim 0,5 \%$ betragen.

Die Einstellstreuung von 1 % läßt sich nur von geübten Beobachtern nach

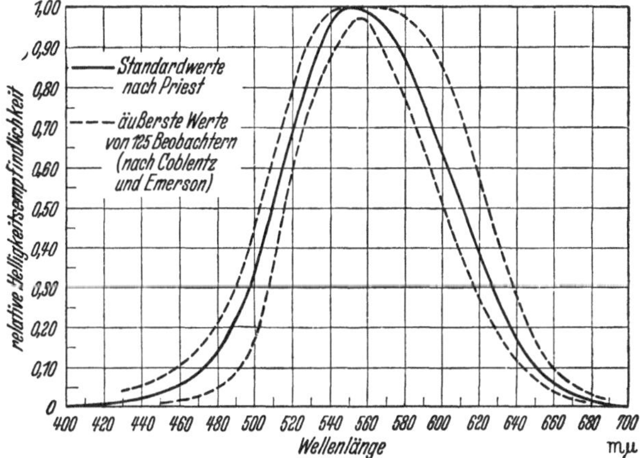

Abb. 24. Spektrale Empfindlichkeitskurven des Auges.

längerer Adaptation und im Bereich der maximalen Kontrastempfindlichkeit des Auges erzielen. Die spektrale Empfindlichkeitskurve des Auges (Abb. 24) besitzt ein ausgeprägtes Maximum im Grün; im Blau und Rot sinkt sie auf $\sim {}^1/_{10}$ des Maximalwertes ab. Damit also in diesem Spektralbereich die gleiche relative Genauigkeit der Einstellung auf gleiche Helligkeit erreicht wird wie im Grün, muß die Intensität entsprechend größer sein, damit die Messung in den Bereich der maximalen Kontrastempfindlichkeit des Auges fällt[1]. Daß bei Beobachtungen im Rot oder Blau die Meßgenauigkeit meistens abfällt, beruht deshalb stets darauf, daß die Intensität des Meßlichtes zu gering ist.

α) Subjektive Colorimetrie.

Die Colorimetrie ist die älteste und einfachste Methode der *optischen Konzentrationsbestimmung*. Sie besteht nicht in einer Extinktionsmessung und kann somit niemals zur Ermittlung von Absorptionsspektren verwendet werden.

Das Prinzip der Methode beruht darauf, daß zwei Lichtbündel gleicher Intensität zwei Lösungen der gleichen Verbindung verschiedener Konzentration und Schichtdicke durchsetzen und anschließend wieder auf Intensitätsgleichheit geprüft werden. Diese wird dann vorhanden sein, wenn die Extinktion beider Lösungen gleich ist, d. h. wenn nach dem LAMBERT-BEERschen Gesetz

$$E_1 = E_2 = \varepsilon\, c_1\, d_1 = \varepsilon\, c_2\, d_2,$$

---

[1] KORTÜM, G., u. J. GRAMBOW: Angew. Chem. (A) **59**, 160 (1947).

wobei ε auch ein Mittelwert für Licht verschiedener Wellenlängen sein kann. Bei Extinktionsgleichheit ist also die Bedingung erfüllt

$$c_2 = c_1 \frac{d_1}{d_2}. \tag{40}$$

Der Meßvorgang besteht darin, daß man die Schichtdicke der einen Lösung variiert, bis Extinktionsgleichheit erreicht ist. Dann läßt sich aus dem ablesbaren Schichtdickenverhältnis und der bekannten Konzentration der Vergleichslösung die unbekannte Konzentration der zweiten Lösung berechnen.

Ein Spezialfall der Colorimetrie liegt bei der sog. *„optischen Titration"* vor, bei der durch Zugabe von einem Reagens der Farbton oder die Farbintensität einer Lösung in bestimmter Weise geändert wird (Beispiel: Farbe einer Indicatorlösung durch Zugabe von Säure oder Lauge). Die Vergleichslösung zeigt den gewünschten Endwert der Farbintensität. Es wird also auch hier auf gleiche Extinktion eingestellt, wobei an Stelle der Schichtdicke die Konzentration der absorbierenden Molekeln geändert wird. Solche Methoden werden meistens unter Benutzung lichtelektrischer Geräte angewendet und deshalb im allgemeinen als „lichtelektrische Titrationen" bezeichnet. Auf dem gleichen Prinzip beruhen die sog. Farbkomparatoren, bei denen in bezug auf ihre Konzentration abgestufte Serien von Standardlösungen mit der unbekannten Lösung verglichen werden.

Voraussetzung für die Gültigkeit von Gl. (40) ist, daß ε in beiden Lösungen gleich ist, d. h. Gültigkeit des BEERschen Gesetzes. Dabei müssen offenbar nur die w a h r e n Abweichungen vom BEERschen Gesetz berücksichtigt werden, während die s c h e i n b a r e n A b w e i c h u n g e n a u f G r u n d m a n g e l n d e r M o n o c h r o m a s i e d e s L i c h t e s a u f c o l o r i m e t r i s c h e M e s s u n g e n o h n e E i n f l u ß sind. Wie S. 326 gezeigt wurde, wird der mittlere Extinktionskoeffizient für spektral zusammengesetztes Licht von der Gesamtextinktion abhängig. Nun wird aber bei colorimetrischen Methoden auf gleiche Gesamtextinktion eingestellt, und damit ist auch das mittlere ε für die beiden Lösungen gleich, sofern beide Lösungen die gleiche absorbierende Verbindung enthalten. Wird als Vergleichslösung eine ähnlich absorbierende, vielleicht haltbarere oder einfacher herzustellende Verbindung benützt, so ist die Bedingung des gleichen mittleren ε nicht mehr streng erfüllt. Die Extinktionsabhängigkeit des ε der beiden Verbindungen wird dann nicht mehr identisch sein, und damit sind wieder Fehlermöglichkeiten durch mangelnde Monochromasie des Lichtes gegeben.

Auch bei Verwendung sog. „Graulösungen"[1] als Vergleich, die im ganzen sichtbaren Spektralbereich etwa gleich stark absorbieren, geht das colorimetrische Meßprinzip verloren, da sich ihre Absorptionskurve besonders stark von derjenigen der zu messenden Lösungen unterscheiden wird, und somit besonders leicht Anlaß zu scheinbaren Abweichungen vom BEERschen Gesetz gibt. Messungen unter Benutzung von Graulösungen gehören deshalb zu den photometrischen Methoden und sollten nicht mit dem irreführenden Namen „Absolutcolorimetrie" belegt werden.

Colorimetrische Methoden gestatten auf Grund des beschriebenen Meßprinzipes sogar die Verwendung von weißem Licht für die Messung. Daß praktisch trotzdem fast immer gefiltertes Licht verwendet wird, dient zur Erhöhung der Empfindlichkeit der Methode. Am besten wählt man ein Filter, dessen Schwerpunkt mit dem Absorptionsmaximum der absorbierenden Verbindung zusammenfällt. Licht, das von der Lösung nicht absorbiert wird, wirkt für das Auge als Ballast und setzt die *Empfindlichkeit* herab. Die *Richtigkeit* der erhaltenen Resultate dagegen wird nicht davon beeinflußt.

Diese Unabhängigkeit colorimetrischer Meßresultate von der spektralen Zusammensetzung des Lichtes ist ein wesentlicher Vorteil dieser Methoden gegenüber photometrischen Methoden. Falls Herstellung und Haltbarkeit der Vergleichslösungen es ermöglichen, ist sie deshalb für Konzentrationsbestimmungen allen photometrischen Methoden überlegen.

---

[1] THIEL, A.: Absolutkolorimetrie. Berlin 1939.

Wahre Abweichungen vom BEERschen Gesetz (vgl. S. 322) spielen dagegen auch für die colorimetrischen Methoden eine Rolle. Ob solche Abweichungen vorliegen, muß vorher geprüft werden, indem man zwei Lösungen möglichst verschiedener Konzentration so einstellt, daß die Colorimetergleichung $c_1 d_1 = c_2 d_2$ erfüllt ist. Farbton und Helligkeit der beiden Gesichtsfelder müssen dann gleich sein. Ist dies nicht der Fall, so muß eine *Eichkurve* aufgenommen werden, indem bei konstantgehaltenem c_1 und d_1 die Konzentration c_2 gegen $1/d_2$ (d_2 auf Farbgleichheit eingestellt) graphisch aufgetragen wird. Bei Gültigkeit des BEERschen Gesetzes müßte sich eine Gerade ergeben*, bei Ungültigkeit eine mehr oder weniger stark gekrümmte Kurve, die als Eichkurve zur Konzentrationsbestimmung unbekannter Lösungen benutzt wird. Dabei sind natürlich die gleichen Bedingungen einzuhalten wie bei der Aufnahme der Eichkurve (nichtabsorbierende Fremdzusätze, Temperatur usw.).

Die Methode der Eichkurve erfüllt ihren Zweck auch dann, wenn die Konzentrationsabhängigkeit des ε durch ein chemisches Gleichgewicht verursacht wird, vorausgesetzt, daß nur die eine Gleichgewichtskomponente in dem verwendeten Spektralbereich absorbiert, z. B. nur das Anion einer untersuchten Säure.

Beschreibung einzelner Colorimeter. Die primitivste Form eines Colorimeters ist der sog. *Komparator*[1], bei dem das Licht durch zwei Tröge gleicher Schichtdicke hindurch (in den einfachsten Ausführungen Reagensgläser) zwei aneinandergrenzende Felder im Ocular beleuchtet, die gleich hell sind, wenn die Extinktion der Lösungen gleich ist. Mit Hilfe einer Serie von abgestuften Vergleichslösungen wird auf gleiche Extinktion eingestellt. An sich kann die Farbgleichheit auf etwa $\pm 2\%$ genau festgestellt werden, und ebenso genau ist somit die Konzentrationsbestimmung, vorausgesetzt, daß man sich die Mühe macht, die Konzentrationen der Vergleichslösungen genügend eng einzugabeln.

Um diese mühsame Herstellung zahlreicher Vergleichslösungen zu vermeiden, werden häufig Serien von bezüglich ihrer Extinktion abgestuften Vergleichsfarbgläsern geliefert, und zwar nicht nur für die gebräuchlichsten Indicatoren zur p_H-Messung (p_H-Berechnung vgl. S. 324), sondern auch für eine Reihe von anderen Farbreaktionen zur quantitativen Analyse. Mit der Benutzung solcher Farbgläser wird natürlich das colorimetrische Meßprinzip aufgegeben, da Farbglas und unbekannte Lösung nie genau das gleiche Absorptionsspektrum besitzen werden; die scheinbaren Abweichungen vom BEERschen Gesetz werden sich deshalb nicht vollständig wegheben, und das Meßresultat wird von der Zusammensetzung des Meßlichtes abhängen. Als Beispiel für diesen Effekt ist in Tabelle 3 eine Reihe von Eisenbestimmungen mit dem Hellige-Komparator nach der Rhodanidmethode unter Verwendung von Farbglasstandards bei verschiedener Beleuchtung wiedergegeben. Es treten Streuungen der gesuchten Konzentration bis zu 20% auf.

Von diesen einfachen Komparatoren abgesehen sind alle Colorimetertypen nach dem Prinzip gebaut, daß zwei Lösungen des gleichen Stoffes, aber verschiedener Konzentration durch Variation des Schichtdickenverhältnisses auf gleiche Extinktion gebracht werden. Prinzipiell genügt es, wenn eine der beiden Schichtdicken variabel ist, wie es beim *Keilcolorimeter* nach AUTENRIETH-KÖNIGSBERGER[2] der Fall ist. Das Meßprinzip läßt sich aus Abb. 25 ersehen. Die eine der zu vergleichenden Lösungen wird in den vertikal

Tabelle 3. *Eisenbestimmungen nach der Rhodanidmethode mit dem Hellige-Komparator unter Benutzung eines Farbglasstandards bei verschiedener Beleuchtung.*

Konzentration vorgegeben / Konzentration gefunden	Nordfenster, weißer Hintergrund	Sonnenlicht, weißer Hintergrund	40 Watt-Lampe, weißer Hintergrund
0,10	0,11	—	0,09
0,20	0,19	0,20	0,17
0,30	0,26	0,30	0,26—0,28
0,45	0,40	0,45	0,36
0,55	0,52	0,55	0,53—0,55

---

* Trägt man c_2 gegen d_2 direkt auf, müßte sich eine gleichseitige Hyperbel ergeben, die sich als Eichkurve weniger eignet.

[1] Zum Beispiel Neokomparator der Fa. Hellige, Freiburg.

[2] Fa. Hellige, Freiburg.

verschiebbaren Keil K eingefüllt, die andere in einen Trog T konstanter Schichtdicke. Das Licht, z. B. Tageslicht, das von einer Mattglasscheibe ausgehend Trog und Keil getrennt durchsetzt, beleuchtet im Ocular zwei aneinandergrenzende Felder. Der Keil wird solange verschoben, bis die beiden Felder gleich hell sind; dann gilt $c_K d_K = c_T d_T$ (eventuell Prüfung des BEERschen Gesetzes durch eine Eichkurve!). Weil der Keil in einem endlichen Bereich keine einheitliche Schichtdicke besitzt, müssen die ins Ocular gelangenden Strahlenbüschel so schmal sein, daß die Uneinheitlichkeit der Schichtdicke noch keine Rolle spielt.

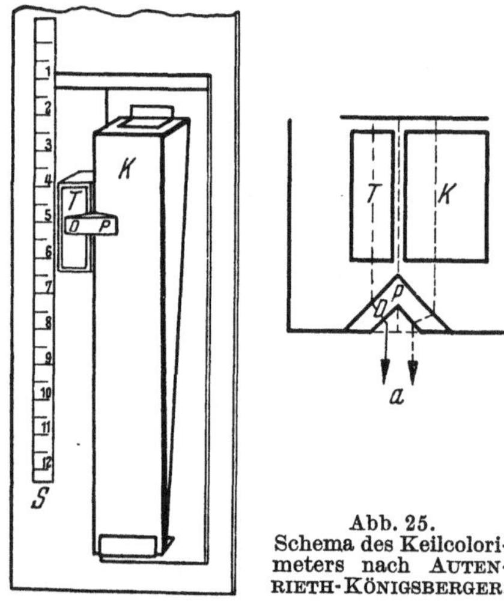

Abb. 25.
Schema des Keilcolorimeters nach AUTENRIETH-KÖNIGSBERGER.

Für p_H-Messungen (vgl. S. 324) wird auch ein Doppelkeil geliefert (vgl. Abb. 26). In den beiden Kammern befinden sich die beiden Grenzformen des Indicators in gleicher Konzentration wie in der unbekannten Lösung im Vergleichstrog. Man stellt auf gleichen Farbton ein und liest an der Skala das Schichtdickenverhältnis der beiden Indicatorformen ab. Es entspricht dem Konzentrationsverhältnis der beiden Formen in der unbekannten Lösung. Die Berechnung des unbekannten p_H erfolgt nach Gl. (28) bzw. (30), je nachdem, ob es sich um einen sauren oder einen basischen Indicator handelt. Wie schon S. 325 gezeigt wurde, muß darauf geachtet werden, daß der Gehalt an Salzen und Fremdzusätzen in der unbekannten Lösung und in den Vergleichslösungen annähernd gleich ist, da sonst Salzfehler auftreten.

Das Keilcolorimeter wird auch mit zwei Zusatzcuvetten zur Ausschaltung einer eventuellen Eigenfärbung oder Trübung der zu untersuchenden Lösungen geliefert. Das Prinzip dieser Kompensationseinrichtung läßt sich aus Abb. 28 ersehen.

Es werden auch Keile geliefert, die bereits mit Vergleichslösungen für eine Reihe von Farbreaktionen zur Blut-, Harn- und Nahrungsmittelanalyse gefüllt sind, z. B. beim *Hämometer*, *Blutzuckercolorimeter* und *Bilirubinometer* der Firma Zeiß-Ikon, Stuttgart.

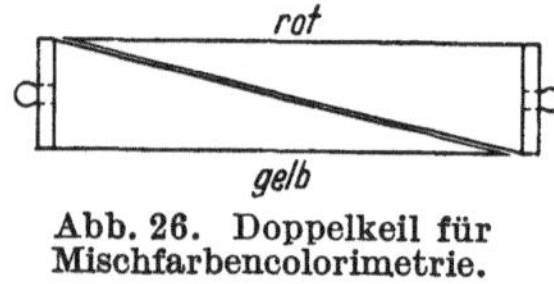

Abb. 26. Doppelkeil für Mischfarbencolorimetrie.

Dabei ist es natürlich wichtig, daß diese fertigen Keile mit einer Lösung des gleichen Stoffes gefüllt sind, dessen Konzentration man in der unbekannten Lösung bestimmen will, da sonst die Vorteile der colorimetrischen Methode, nämlich die Unabhängigkeit von der Zusammensetzung des Lichtes, verlorengehen (vgl. S. 326 und 350).

In vielen Fällen ist es erwünscht, die Schichtdicken von beiden zu vergleichenden Lösungen variieren zu können. Diese Möglichkeit ist beim *Dubosq-Colorimeter* gegeben[1]. In Abb. 27 ist der Strahlengang des einfachsten einstufigen Instrumentes schematisch wiedergegeben. Der Strahlengang des Instrumentes wird geprüft, indem die beiden Tauchstäbe auf gleiche Schichtdicke eingestellt werden bei gleichzeitiger Füllung beider Tröge mit der gleichen Lösung. Die beiden aneinandergrenzenden Gesichtsfelder müssen dann gleich hell sein. Ist dies nicht der Fall, so muß der Unterschied durch Nachjustieren der Lampe zum Verschwinden gebracht werden.

Der an manchen Geräten angebrachte Monochromator ist für colorimetrische Messungen überflüssig, dagegen gestattet er unter Zuhilfenahme von Graulösungen als Vergleichslösungen die Verwendung des Colorimeters für photometrische Messungen. Wenn sich die eingestellten Schichtdicken der beiden zu vergleichenden Lösungen sehr stark unterscheiden, können durch Lichtstreuung in der längeren Schicht unkontrollierbare Lichtverluste entstehen. Noch stärkere Fehler treten auf, wenn die zu untersuchende Lösung eine Trübung oder Eigenfarbe besitzt. Solche Fehlerquellen lassen sich nach dem BÜRKER-

---

[1] Zum Beispiel E. Leitz, Wetzlar; F. Hellige, Freiburg; F. Schmidt und Haensch, Berlin.

schen Kompensationsverfahren[1] ausschalten. Das Prinzip des Verfahrens ist in Abb. 28 dargestellt. Das Licht wird durch den Spiegel S in zwei Bündeln durch die beiden Colorimeterhälften geleitet. Durch den ALBRECHT-HÜFNER-Rhombus A werden die beiden Bündel im Ocular O zu den beiden aneinandergrenzenden Gesichtsfeldern vereinigt. Eine Cuvette mit konstanter Schichtdicke V_r enthält die Vergleichslösung bekannter Konzentration, die entsprechende im anderen Strahlengang das reine Lösungsmittel. Die zu

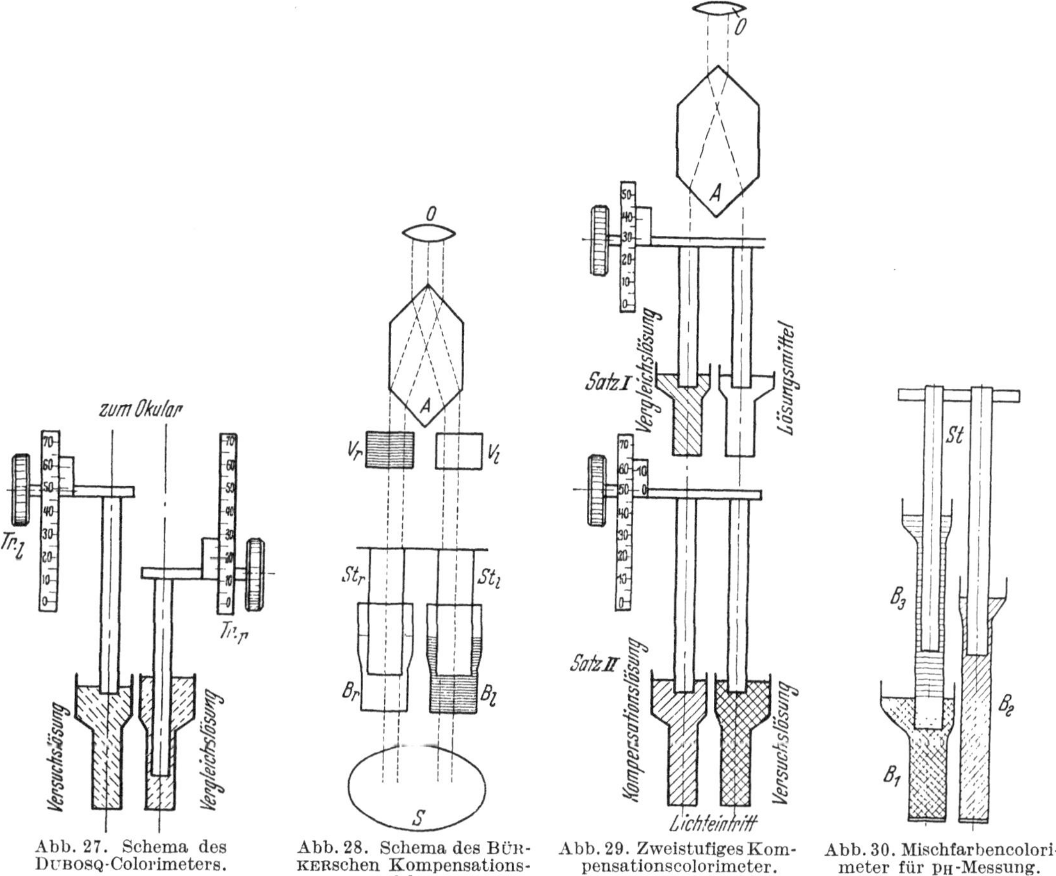

Abb. 27. Schema des DuBOSQ-Colorimeters.

Abb. 28. Schema des BÜRKERschen Kompensationsverfahrens.

Abb. 29. Zweistufiges Kompensationscolorimeter.

Abb. 30. Mischfarbencolorimeter für pH-Messung.

messende Lösung befindet sich im Trog B_l, dessen verschiebbarer Tauchstab St_l mit dem Tauchstab St_r des Troges B_r fest gekoppelt ist. In B_r befindet sich das Lösungsmittel bzw. die unbekannte Lösung ohne Zusatz des Reagens, das die Farbreaktion hervorruft, aber entsprechend dem Reagenszusatz mit Lösungsmittel verdünnt. Auf diese Weise werden unabhängig von der Schichtdicke alle Trübungen und Eigenfarben des Lösungsmittels kompensiert.

Will man wiederum beide Schichtdicken, die der Vergleichslösung und die der Versuchslösung variabel haben, so läßt sich das, wie in Abb. 29 gezeigt ist, durch ein sog. *zweistufiges Colorimeter* erreichen. Das Meßprinzip ist ohne weiteres aus der Abb. 29 zu ersehen.

Auch diese Art der Colorimeter mit Tauchstäben lassen sich als Mischfarbencolorimeter ausbauen, wie sie speziell zu p_H-Messungen gebraucht werden. Die beiden Tröge B_1 und B_3 in Abb. 30 enthalten die beiden Grenzformen des Indicators in gleicher Konzentration wie die Versuchslösung, die sich in B_2 befindet. Verschiebung von B_3 ändert das Schichtdickenverhältnis der beiden Indicatorformen; durch Verschiebung der Tauchstäbe kann die Gesamtextinktion variiert werden. Die Einstellung auf Gleichheit der beiden beleuchteten Felder im Ocular ist bei der Mischfarbencolorimetrie besonders

---

[1] BÜRKER, K.: Z. angew. Chem. **36**, 427 (1923). — Hersteller: Leitz, Wetzlar.

empfindlich, weil man nicht so sehr auf gleiche Farbintensität wie auf gleichen Farbton einstellt. Auch hier kann, wie in Abb. 31 gezeigt ist, die Eigenfarbe oder Trübung der Versuchslösung durch ein weiteres Cuvettenpaar kompensiert werden *(dreistufiges Mischfarbencolorimeter*[1]*)*. Die Schichthöhe dieser Kompensationströge soll der Schichthöhe der Versuchslösung gleich sein. Über die Berechnung des p_H, sowie über die Wichtigkeit der Vermeidung von Salzfehlern vgl. S. 325, Gl. (28) und (30).

β) Subjektive Photometrie.

Der Unterschied zwischen Colorimetrie und Photometrie besteht darin, daß sich die Colorimetrie mit dem Vergleich zweier farbiger Lösungen desselben Stoffes verschiedener Konzentration und der damit möglichen Konzentrationsbestimmung begnügt, während die Photometrie die Bestimmung absoluter Extinktionen ermöglicht. Wie die Colorimeter, sind auch die visuellen Photometer so konstruiert, daß zwei getrennte Lichtbündel im Ocular vereinigt zwei aneinandergrenzende Felder ausleuchten, die auf gleiche Helligkeit eingestellt werden können. Das eine Lichtbündel wird durch die unbekannte Lösung geschwächt, das andere durch eine meßbar veränderliche Lichtschwächungseinrichtung. Ist der Extinktionskoeffizient der zu untersuchenden Lösung bekannt, läßt sich nach Gl. (6) ihre Konzentration ausrechnen, d. h. die Messung dient analytischen Zwecken. Umgekehrt lassen sich bei bekannter Konzentration die Extinktionskoeffizienten für verschiedene Wellenlängen des Lichtes bestimmen. Man gelangt so zu einer Absorptionskurve.

Voraussetzung für beide Methoden ist die Gültigkeit des LAMBERT-BEERschen Gesetzes (6). Genau wie bei colorimetrischen Messungen muß zunächst durch eine Eichkurve für verschiedene Konzentrationen festgestellt werden, ob keine wahren Abweichungen vom BEERschen Gesetz vorliegen (chemisches Gleichgewicht usw. vgl. S. 322). Der prinzipielle Unterschied gegenüber colorimetrischen Messungen besteht darin, daß dort die scheinbaren Abweichungen vom BEERschen Gesetz, die infolge *mangelnder Monochromasie* des Lichtes auftreten, keine Rolle spielen, während sie bei photometrischen Messungen erhebliche Fehler verursachen können. Diese Fehler beruhen darauf, daß

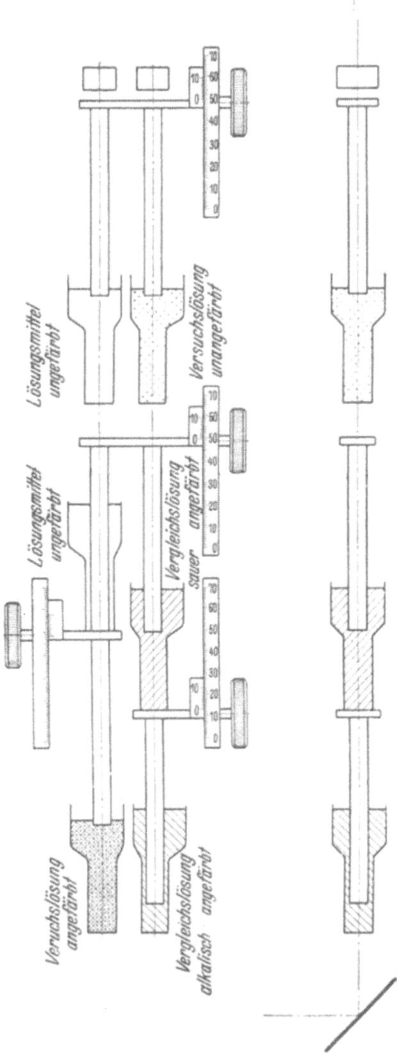

Abb. 31. Dreistufiges Mischfarbencolorimeter.

für nichtmonochromatisches Licht der Extinktionskoeffizient von der Gesamtextinktion abhängt, und zwar nimmt er mit steigender Extinktion stets ab. Trägt man also E gegen c auf, so erhält man nicht eine Gerade, wie das LAMBERT-BEERsche Gesetz verlangt, sondern eine mehr oder weniger gekrümmte Kurve, deren Verlauf von der Lichtzusammensetzung abhängt. Bei colorimetrischen Messungen fällt diese Krümmung weg, da die scheinbaren Abweichungen für beide Lösungen die gleichen sind.

Die scheinbaren Abweichungen vom BEERschen Gesetz werden offenbar um so geringer, je strenger monochromatisch das Licht ist. Daher ist bei allen diesen Apparaten im Gegensatz zu den Colorimetern auf die Aussonderung enger Spektralbereiche beson-

---

[1] Leitz, Wetzlar.

derer Wert gelegt, wobei Spektralfilter, Monochromatoren oder Spektrallampen mit Sperrfiltern benutzt werden. Da die Durchlässigkeit eines Filters im allgemeinen um so kleiner ist, je enger der ausgesonderte Spektralbereich ist, haben die visuellen Photometer den lichtelektrischen gegenüber den großen Vorteil, daß sie in der Regel mit reinerem Licht arbeiten können, da das Auge empfindlicher ist als Photoelemente. Einzelne Apparate sind auch mit Monochromatoren ausgestattet. Trotzdem muß stets darauf geachtet werden, daß die Bedingungen, unter denen eine Eichkurve aufgenommen wurde, bei der Messung sorgfältig reproduziert werden, damit die Genauigkeit der Eichkurve für die Messungen voll ausgenützt wird.

Da die Lichtzusammensetzung bei kontinuierlichen Lichtquellen auch bei wirkungsvoller Filterung einen mehr oder weniger großen Spektralbereich überdeckt, wird sie von der spektralen Intensitätsverteilung der Lichtquelle abhängen. Diese hängt ihrerseits stark von der Temperatur und damit von der Leistung der Lampe ab. Man hat also darauf zu achten, daß die Lampenbelastung stets konstant ist. So haben z. B. Messungen an K_2CrO_4-Lösungen mit dem PULFRICH-Photometer gezeigt, daß Spannungsänderungen von 50 % an der Lampe Fehler der Konzentrationsbestimmung von über 30 % ergeben können[1]. Derartige Fehler können also auch auftreten, wenn die Gesamthelligkeit des Gesichtsfeldes durch Spannungsänderungen an der Lampe reguliert wird, wie das gelegentlich empfohlen wird (um Spannungsschwankungen auszuschalten, benützt man zur Speisung der Lampe am besten Akkumulatorenbatterien genügender Kapazität, oder man stabilisiert die Leistung bei Gleichstrom mit Eisenwasserstoffwiderständen[2], bei Wechselstrom mit Drosselspulen oder Spannungsgleichhaltern[3], vgl. auch[4]). Es ist zu empfehlen, in jedem Fall Photometer-Eichkurven von Zeit zu Zeit nachzuprüfen, da Glühlampen mit zunehmendem Alter ihre Energieverteilung ändern. Natürlich ist eine Eichkurve auch nachzuprüfen, wenn die Lampe ausgewechselt wird.

Die scheinbaren Abweichungen vom BEERschen Gesetz machen sich bei hohen Extinktionen auch insofern störend bemerkbar, als dann der Farbton der beiden Gesichtsfelder nicht mehr der gleiche ist, was das Einstellen auf gleiche Helligkeit sehr erschwert. Man kann sich unter Umständen dadurch helfen, daß man in den Vergleichslichtweg eine Lösung des gleichen Stoffes und möglichst ähnlicher Konzentration einschaltet und nur den Extinktionsunterschied mit der Lichtschwächungseinrichtung mißt[5]. Natürlich muß für die so gewählten Meßbedingungen auch eine entsprechende Eichkurve aufgenommen werden. Die Methode läßt sich auch bei Zwei- und Mehrkomponentensystemen anwenden[6].

Die scheinbaren Abweichungen vom BEERschen Gesetz werden bedeutend verringert, wenn man nicht im Bereiche eines steilen Astes einer Absorptionsbande mißt, sondern wenn der Filterschwerpunkt möglichst mit dem Maximum einer Absorptionsbande zusammenfällt (vgl. S. 326). Die andere Möglichkeit ist durch die Verwendung von Monochromatoren oder Spektrallampen mit Sperrfiltern gegeben, mit deren Hilfe einzelne Linien besonders rein herausgefiltert werden können. Je reiner das Licht ist, um so weniger können Störungen der Messung durch Spannungsschwankungen der Lichtquelle oder durch Farbtonunterschiede der Gesichtsfelder eintreten.

Ganz allgemein ist also zu sagen, daß für analytische Zwecke bezüglich der Meßgenauigkeit die Photometer den Colorimetern niemals überlegen sein können; es treten im Gegenteil Fehlermöglichkeiten auf, die bei der colorimetrischen Methode nicht vorhanden sind. Der Vorteil der photometrischen Methode liegt lediglich darin, daß man auf die Herstellung von Vergleichslösungen für jede Messung verzichten kann, und daß die

---

[1] KORTÜM, G., u. J. GRAMBOW: Z. angew. Chem. **53**, 183 (1940).

[2] Osram, Berlin.

[3] Siemens & Halske; B. Lange, Berlin; R. Bezler, Tübingen.

[4] KAHOVEC, L., u. E. TREIBER: Chem.-Ing.-Techn. **25**, 35 (1953).

[5] Vgl. z. B. MADER, B.: Chem. Techn. **16**, 165 (1943). — HANSEN, G.: Zeiss-Nachr. **5**, 117 (1944). — KECK, P. H.: Optik **1**, 449 (1946). — HISKEY, C. F., and J. G. JOUNG: Analyt. Chem., Washington **23**, 1196 (1951).

[6] HISKEY, C. F., and D. FIRESTONE: Analyt. Chem., Washington **24**, 342 (1952).

Methode bei genügender Monochromasie des Lichtes auch zur Aufnahme von Absorptionsspektren, d. h. für absolute Messungen herangezogen werden kann.

Auch im letzteren Fall wirkt sich natürlich die scheinbare Ungültigkeit des BEERschen Gesetzes auf die Resultate aus, mit dem Unterschied, daß man sie nicht durch Aufnahme einer Eichkurve eliminieren kann* und daß man nicht nur die günstigsten Spektralbereiche im Maximum der Absorptionskurve ausmessen kann. Die Fehler wirken sich in der Weise aus, daß die Differenzen zwischen Maxima und Minima der Absorptionskurven verkleinert werden.

In Abb. 32 ist dies am Beispiel der Durchlässigkeitskurve eines Didymglases gezeigt. Die Verwendung von Spektrallampen wäre deshalb für solche Absolutmessungen besonders wünschenswert, jedoch ist die zur Verfügung stehende Anzahl von Spektrallinien und damit die Anzahl der Meßpunkte im allgemeinen zu klein.

Zur Aufnahme von Absorptionsspektren eignen sich aus diesen Gründen visuelle Spektralphotometer schlecht, da die für das Auge notwendige Lichtintensität immerhin so groß ist, daß sie nur durch Verzicht auf die maximal mögliche spektrale Reinheit erreicht werden kann. Für solche Probleme sind photographische oder lichtelektrische Meßverfahren wesentlich besser geeignet, wie später im einzelnen zu zeigen ist (vgl. S. 376, 379).

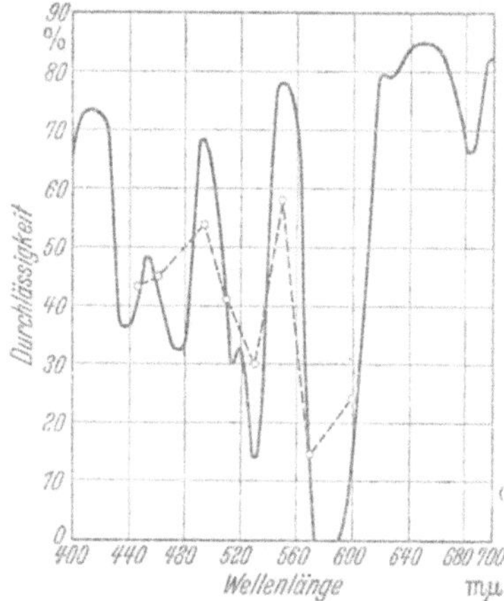

Abb. 32. Spektrale Durchlässigkeit eines Didymglases nach verschiedenen Meßmethoden.

Beschreibung einzelner Photometer. Das bekannteste Photometer mit einer Meßblende als Lichtschwächung ist das *Pulfrich-Photometer* von Zeiß. Abb. 33 zeigt den Strahlengang des Instrumentes. Zwei parallele Strahlenbündel werden vor dem Ocular durch ein Biprisma vereinigt. Das Ocular wird auf die Kante des Biprismas scharf eingestellt, so daß man zwei von den beiden Strahlenbündeln ausgeleuchtete Felder mit einer scharfen

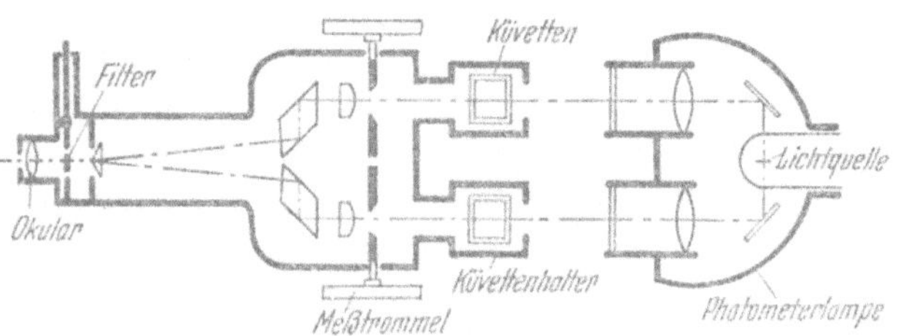

Abb. 33. Schematischer Querschnitt durch das PULFRICH-Photometer.

Trennungslinie sieht. Zwischen Biprisma und Ocular befindet sich eine drehbare Scheibe, die mit verschiedenen Lichtfiltern versehen ist. Es werden zur Glühlampe als Lichtquelle verschiedene Filterserien geliefert; die gebräuchlichste ist die sog. S-Filterserie (vgl. S. 334). Sie umfaßt 14 Filter, die praktisch den ganzen sichtbaren Spektralbereich überdecken. Die mittlere Halbwertsbreite** der meisten beträgt 200—300 Å. Die S-Filter sind Gelatine-Farbstoffilter und zeichnen sich vor ähnlichen Filterserien durch ihre besondere Reproduzierbarkeit aus. Als Lichtquelle kann auch eine Hg-Lampe verwendet werden, wobei zur Aussonderung der Linien 578, 546 und 436 mμ Sperrfilter geliefert werden, die eine praktisch monochromatische Beleuchtung gewährleisten.

Wie S. 354 gezeigt wurde, spielt die Monochromasie des Lichtes für photometrische Messungen eine wesentliche Rolle. Deshalb wird in neuerer Zeit das PULFRICH-Photometer auch mit einem Monochromator geliefert. Durch eine rotierende Mattscheibe ist die gleichmäßige Beleuchtung des Photometers gewährleistet. Bei gleicher Helligkeit des Gesichtsfeldes liefert der Monochromator Licht von einer wesentlich geringeren Halb-

---

* Prinzipiell wäre dies zwar möglich, indem man für jeden Kurvenpunkt eine Reihe von Messungen bei verschiedenen Konzentrationen durchführen, für jede Messung ε ausrechnen und dann auf $c=0$ extrapolieren würde.

** Die Halbwertsbreite einer Bande ist der Spektralbereich in Å, innerhalb dessen der Extinktionskoeffizient nach beiden Seiten auf die Hälfte abgesunken ist.

wertsbreite (Faktor 4—15) als bei Verwendung der S-Filter. Man wird also mit einem Monochromator geringere scheinbare Abweichungen vom BEERschen Gesetz finden, und das Meßergebnis bzw. die Gültigkeit von Eichkurven wird weniger von der Lampenbelastung und von kleinen Änderungen des Strahlenganges abhängen. Für die Messung werden in die Lichtwege der beiden parallelen Strahlenbündel zunächst zwei gleiche Cuvetten mit Lösungsmittel gefüllt eingesetzt. Die beiden Meßtrommeln sollen auf 100% Durchlaß stehen. Sind die beiden Gesichtsfelder nicht gleich hell, so muß der Strahlengang nachjustiert werden, indem entweder die Stellung der Lampe oder eines der Mattgläser nach der Lichtteilung verändert wird. Die Helligkeitsgleichheit muß beim Vertauschen der Tröge bestehenbleiben, sonst sind die beiden Cuvetten nicht gleich durchlässig. Die Justierung sollte häufig nachgeprüft werden, z. B. auch beim Wechsel des Filters. Dann wird in der einen Cuvette das Lösungsmittel durch die Lösung ersetzt und das andere Strahlenbündel entsprechend durch Drehen der Meßtrommel geschwächt. Werden Lösungsmittel und Lösung vertauscht, so sollte die andere Meßtrommel den gleichen Durchlässigkeitswert geben. Besteht eine kleine Differenz, wird der Mittelwert der beiden Ablesungen genommen. Die Meßtrommel ist auf Prozente Durchlaß geeicht. Die Extinktion berechnet sich dann nach Gl. (6) zu:

$$E = \log \frac{J_0}{J} = \log \frac{100}{\text{Zahlenwert der Meßtrommel}} = 2 - \log \text{ Zahlenwert der Meßtrommel.}$$

Da bei großen Extinktionen die Genauigkeit der Messung meist durch Farbtonunterschiede infolge der Verwendung von spektralunreinem Licht beeinträchtigt wird, empfiehlt es sich in solchen Fällen, in die Vergleichscuvette eine Lösung bekannter, der zu messenden Lösung möglichst ähnlicher Konzentration einzufüllen und mit der Lichtschwächungseinrichtung nur die Differenz der Extinktionen zu bestimmen. Die durch spektralunreines Licht bedingten Fehlerquellen und auch der STILES-CRAWFORD-Effekt (vgl. S. 336) wirken sich dann nur auf diese kleine Extinktionsdifferenz aus. Man nennt diese Art Messung, die auf eine Kombination von colorimetrischem und photometrischem Meßverfahren hinausläuft, auch *Feincolorimetrie*. Selbstverständlich muß die Vergleichslösung mit der gleichen absorbierenden Verbindung hergestellt sein wie die Meßlösung. Auf diese Weise lassen sich auch sehr große Extinktionen ($E > 2$) messen, wenn die Lichtquelle genügend intensiv ist (vgl. auch S. 355).

Das PULFRICH-Photometer kann auch als echtes Colorimeter verwendet werden. Zu diesem Zweck wird es mittels einer besonderen Säule in senkrechter Lage aufgestellt. Das Licht tritt von unten durch die auf einem Objekttisch stehenden Cuvetten in das Photometer ein. Die eine davon ist als Absorptionsgefäß mit variabler Schichtdicke zwischen 0 und 20 mm mit einer Ablesegenauigkeit von $^1/_{20}$ mm ausgebaut, während bei der Vergleichscuvette mit Hilfe verschiedener Tauchdeckel die festen Schichtdicken 1, 10 und 50 mm eingestellt werden können.

Polarisationsphotometer haben den Blendenphotometern gegenüber gewisse Vorteile: 1. Vermeidung des STILES-CRAWFORD-Effektes; 2. feinere Trennungslinie zwischen den Vergleichsfeldern und dadurch Erhöhung der Einstellgenauigkeit; 3. größere relative Ablesegenauigkeit bei kleinen Extinktionen (vgl. S. 338). Diesen Vorteilen gegenüber steht der Nachteil der Kostspieligkeit und der Notwendigkeit einer besonders empfindlichen Justierung.

Das älteste Photometer dieser Art von *König-Martens*[1] wurde ursprünglich nicht für analytische Aufgaben gebaut, sondern für die Aufnahme ganzer Absorptionsspektren. Es ist deshalb mit einem besonders wirksamen Monochromator ausgestattet, der bei kleiner Spaltbreite noch eine verhältnismäßig hohe Lichtstärke aufweist. Da jedoch zur Aufnahme ganzer Absorptionsspektren heute einfachere, umfassendere und exaktere Methoden (Spektrographie, lichtelektrische Photometrie mit Verstärkern) zur Verfügung stehen, wird das Photometer von KÖNIG-MARTENS fast ausschließlich noch für

---

[1] Hersteller: Schmidt und Haensch, Berlin.

Konzentrationsbestimmungen verwendet. Der komplizierte Strahlengang soll hier nicht im einzelnen erläutert werden (vgl. dazu z. B. [1]). Die beiden Gesichtsfelder im Ocular, die durch eine feine Trennungslinie getrennt sind, werden durch zwei polarisierte Strahlenbündel mit zueinander senkrechter Polarisationsebene ausgeleuchtet. Steht der drehbare Analysator in 45°-Stellung gegen die beiden Polarisationsrichtungen, so müssen bei richtiger Justierung die beiden Vergleichsfelder gleich hell sein. Wird das eine Lichtbündel durch eine absorbierende Lösung geschwächt, so kann durch Drehen des Analysators wieder auf gleiche Helligkeit eingestellt werden. Die Extinktion der Lösung ist dann gegeben durch:

$$E = \log \operatorname{tg} \beta_1 - \log \operatorname{tg} \beta_2, \quad \beta = \text{Winkelstellung des Analysators.} \qquad (41)$$

Man soll stets die Messung in mehreren Quadranten des Teilkreises wiederholen und von allen Bestimmungen das Mittel nehmen. Die Einstellung der verschiedenen Wellenlängen erfolgt durch Heben oder Senken des Beobachtungsrohres mittels einer Mikrometerschraube.

Auf dem gleichen Prinzip der Lichtschwächung mittels Polarisationsprismen beruht das *Polaphot* von Zeiß. Es ist mit einer Glühlampe und statt des Monochromators mit der gleichen S-Filterserie ausgerüstet wie das PULFRICH-Photometer, wodurch die spektrale Reinheit des Meßlichtes beeinträchtigt wird. Dafür gewährleistet die technische Durchbildung des Apparates eine sehr scharfe Trennlinie zwischen den beiden Gesichtshälften, die bei Einstellung auf Helligkeitsgleichheit für alle Wellenlängen praktisch vollkommen verschwindet.

Ganz analog gebaut ist das neue *Kompensationsphotometer* von Leitz. An Stelle einer Glühlampe können hier auch Spektrallampen mit Sperrfiltern eingesetzt werden.

Ein älteres Polarisationsphotometer der Firma Leitz, das sog. *Leifo-Photometer*, ist wie das Kompensationsphotometer mit einer Glühlampe und einer Serie von 8 Lichtfiltern mit ungefähr der gleichen Halbwertsbreite wie die S-Filterserie versehen (vgl. S. 334). Auch hier können an Stelle der Glühlampe mit Filtern

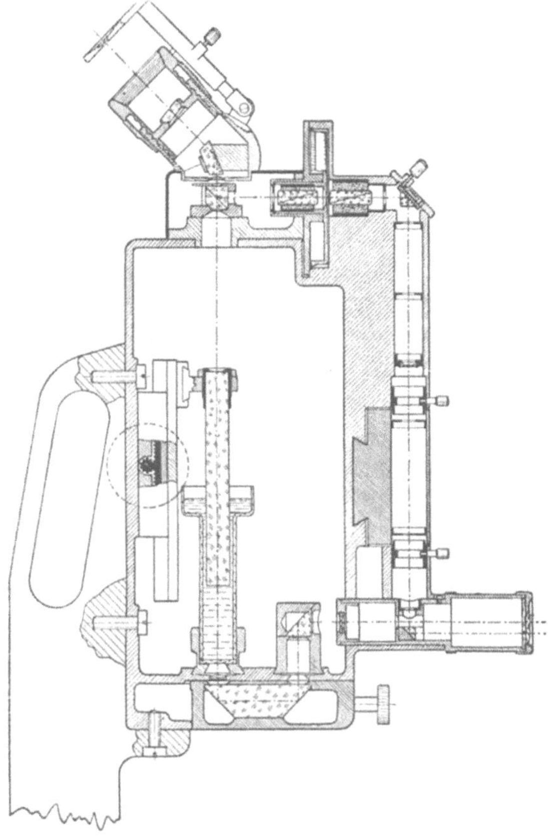

Abb. 34. Schnitt durch das Leifo-Photometer.

Spektrallampen mit Sperrfiltern eingesetzt werden. Abb. 34 zeigt einen Querschnitt durch das Leifo-Photometer mit dem Strahlengang. Wie man sieht, ist letzterer für die beiden Lichtbündel nicht symmetrisch. Das eine Bündel durchsetzt nach Umleitung über einige Prismen den senkrecht stehenden Trog veränderlicher Schichtdicke mit dem Tauchstab, das andere kann durch zwei hintereinanderstehende Polarisationsprismen meßbar geschwächt werden. Nachteilig ist, daß der Vergleichslichtweg nicht wie die meisten visuellen Photometer eine Cuvette für das Lösungsmittel enthält. Die Messung geht in der Weise vor sich, daß man die Lösung in den Tauchbecher füllt, die Schichtdicke einstellt, bei der sich eine günstige Extinktion ergibt, und mit dem Analysator kompen-

---

[1] KORTÜM, G.: Kolorimetrie und Spektralphotometrie. 2. Aufl. S. 50. Berlin-Göttingen-Heidelberg 1948.

siert. Dann führt man den Tauchstab bis auf den Boden des Bechers und kompensiert wieder. Die Differenz der beiden nach Gl. (36) aus den abgelesenen Winkeleinstellungen des Analysators berechneten Extinktionen ergibt die Extinktion der Lösung. Etwas umständlicher, aber einwandfreier, wird die Messung, wenn man zum Vergleich die Lösung durch das reine Lösungsmittel ersetzt, was bei Eigenabsorption des Lösungsmittels in jedem Falle notwendig ist.

Der Tauchbecher veränderlicher Schichtdicke ermöglicht auch streng colorimetrische Messungen; die Extinktion der Lösung im Tauchbecher bestimmter Schichtdicke wird zunächst durch den Analysator kompensiert. Dann wird die Lösung durch eine Vergleichslösung des gleichen Stoffes bekannter Konzentration ersetzt, und durch Variation der Schichtdicke bei unveränderter Stellung des Analysators auf gleiche Helligkeit eingestellt.

Von der American Instrument Company (Aminco) wird ein Photometer hergestellt, das als Lichtschwächungsmittel einen neutralen Graukeil benützt. Als Lichtquelle können entweder eine Glühlampe mit einem Satz von Spektralfiltern oder eine Quecksilberlampe mit Spezialfiltern zur Aussonderung der Quecksilberlinien eingesetzt werden.

Zu den visuellen Photometern zählt auch der *Spektrodensograph* von Zeiß-Ikon. Seiner Bestimmung nach müßte das Instrument eigentlich im Kapitel über Spektrographen behandelt werden, denn es dient zur Aufnahme ganzer Absorptionskurven. Die Meßmethode ist jedoch die gleiche wie bei den besprochenen Photometern. Als Lichtschwächungsmittel dient ein Graukeil. Ein Monochromator ist mit einem Registriertisch gekoppelt, der mit einem Diagrammblatt belegt ist. Verschiebung der Wellenlänge am Monochromator verschiebt den Registriertisch in Richtung der Abszissenachse. Die Verschiebung des Graukeiles dagegen ist mit einer Verschiebung des Registriertisches in der Ordinatenachse gekoppelt. Für jede Stellung des Monochromators kann die Extinktion bestimmt werden, indem der Keil verschoben wird, bis die beiden Gesichtsfelder im Ocular gleich hell sind. Durch Druck auf einen Stift wird der Meßpunkt auf dem Diagrammblatt markiert. Man erhält so die Extinktion der Lösung in Abhängigkeit von der Wellenlänge über den ganzen sichtbaren Spektralbereich. Die Spaltbreiten des Monochromators müssen im Interesse einer für das Auge auch bei großen Extinktionen genügenden Helligkeit weiter gestellt werden, als es im allgemeinen bei einem Spektrographen der Fall ist. Man arbeitet also mit spektralunreinerem Licht, was die Richtigkeit der gemessenen Extinktionskurven stark beeinträchtigen kann (vgl. S. 354).

γ) Visuelle Spektrometrie (Spektroskopie).

Meßprinzip. Die Spektroskopie ist eine *qualitative* Methode der *Spektrometrie*, die außerdem auf den sichtbaren Spektralbereich beschränkt ist, weil das Auge als Empfänger dient. Mit Hilfe eines Spektroskops ist es möglich, die Lage von Absorptions- oder Emissionslinien bzw. -banden mehr oder weniger genau anzugeben, man kann jedoch nichts über ihre Höhe und ihren genauen Verlauf aussagen. Die Spektroskopie hat sehr an Bedeutung verloren, seitdem es mit Hilfe der modernen Geräte möglich ist, auch quantitativ Spektren im Sichtbaren und Ultraviolett in verhältnismäßig kurzer Zeit aufzunehmen. Ein Spektroskop wird deshalb nur dazu dienen, einen orientierenden Überblick über ein Spektrum zu gewinnen. Schon die Methode, durch direkten Vergleich im Spektroskop die Identität zweier gelöster Verbindungen festzustellen, ist fragwürdig, da Feinheiten im Verlauf der Absorptionsbanden auf diese Weise kaum erfaßt werden können.

Der wesentliche Bestandteil eines Spektroskops ist wie beim Spektrographen oder beim Monochromator das Prisma, bzw. das Gitter, durch das das Lichtbündel einer kontinuierlichen Lichtquelle dispergiert und in ein Spektrum auseinandergezogen wird. Gitterspektroskope haben den Prismenspektroskopen gegenüber den Vorteil, daß die Dispersion (Anzahl cm^{-1} je Zentimeter des Spektrums) in allen Spektralbereichen gleich groß ist; bei Prismenspektroskopen ist infolge der mit λ abnehmenden Dispersion der langwellige Teil des Spektrums zusammengedrückt, der kurzwellige auseinandergezogen (vgl. S. 381). Dagegen sind Prismenspektroskope wesentlich lichtstärker als Gitterspektroskope, was z. B. bei der Betrachtung von Fluorescenz- oder Phosphorescenzerscheinungen von Bedeutung ist, deren Intensität im allgemeinen um Größenordnungen kleiner ist als die normaler Lichtquellen, z. B. einer Glühlampe.

Den einfachsten Fall einer spektroskopischen Anordnung soll Abb. 35 veranschaulichen. L bedeutet eine Lichtquelle (Glühlampe, Tageslicht), die den Eintrittsspalt S_c beleuchtet. Das durch den Kollimator C parallel gerichtete Lichtbündel wird durch das 60°-Prisma P um die brechende Kante r abgelenkt. Durch das Fernrohr T wird der Eintrittsspalt bei S_t abgebildet. Da das längerwellige Licht weniger, das kurzwellige stärker gebrochen wird, werden die Abbildungen des Spaltes für die verschiedenen Wellenlängen auseinandergezogen, man erhält ein Spektrum der Lichtquelle. Benützt man eine kontinuierliche Lichtquelle und bringt zwischen die Lichtquelle und den Eintritts-

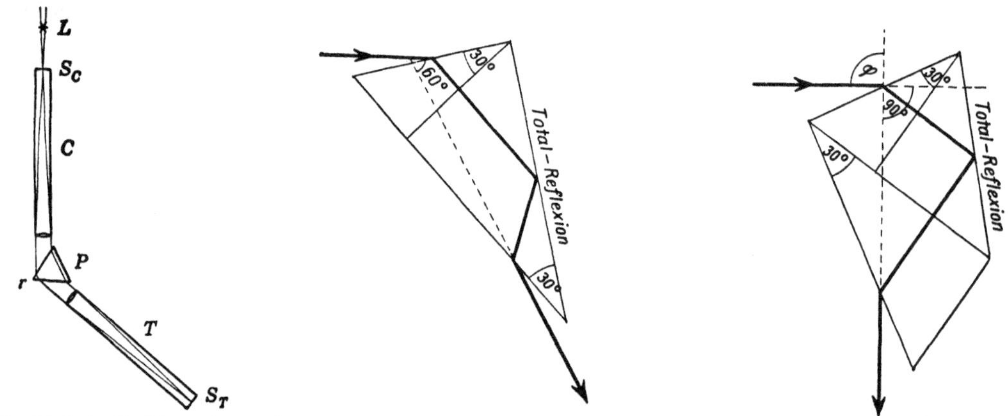

Abb. 35. Einfache Spektrometeranordnung (aus MELLON).

Abb. 36. Prismen konstanter Ablenkung (aus WEIGERT).

spalt ein absorbierendes Medium, so sind in dem kontinuierlichen Spektrum die Intensitäten der absorbierten Wellenlängen geschwächt, bzw. fehlen ganz. Man beobachtet dunkle Streifen bzw. Banden.

Das Fernrohr kann in einer gegebenen Stellung jeweils nur einen bestimmten kleinen Ausschnitt aus dem Spektrum aufnehmen. Um das ganze Spektrum zu erfassen, gibt es zwei Möglichkeiten: Entweder das Fernrohr oder das Prisma lassen sich um die sog. Spektrometerachse drehen. Im ersten Fall wird durch einen Schraubenantrieb mit Trommelteilung das *Fernrohr geschwenkt*, bis sich die zu beobachtende Bande im Fadenkreuz des Fernrohres befindet. An der Trommel kann die zugehörige Wellenlänge abgelesen werden. Die Trommel muß mit Hilfe eines bekannten Linienspektrums (vgl. S. 331) empirisch geeicht werden. Bei manchen Apparaten wird auch eine beleuchtete Wellenlängenskala über die letzte Prismenfläche direkt in das Fernrohr gespiegelt. Die zweite Möglichkeit, das Fernrohr fest anzubringen und den zu untersuchenden Spektralbereich *durch Drehen des Prismas* ins Fadenkreuz des Fernrohres zu bringen, wird im allgemeinen vorgezogen. Man benützt in diesem Fall keine „einfachen" Prismen, sondern Prismenkombinationen mit „konstanter Ablenkung", wie sie in Abb. 36 gezeigt sind. Für die das Fadenkreuz in der optischen Achse des Fernrohres durchsetzenden Strahlen gilt dann für alle Farben die günstigste Bedingung des Minimums der Ablenkung (die Strahlen verlaufen innerhalb des Prismas parallel zur Basisfläche). Das Prismentischchen wird durch eine Schraube mit Trommelteilung gedreht. Denkt man sich das Fernrohr durch einen zweiten Spalt ersetzt, so stellt das Gerät einen Monochromator dar (vgl. S. 334).

Die Einführung von sog. *geradsichtigen Prismen* (AMICIschen Prismen) hat die Konstruktion von vereinfachten *Handspektroskopen* ermöglicht, die für orientierende Messungen geeignet sind. Durch Kombination von 2 oder 3 Prismen kann erreicht werden, daß ein Lichtbündel bestimmter Wellenlänge, in diesem Fall z. B. des mittleren sichtbaren

Spektralbereiches, unabgelenkt durchgeht, während die kürzeren Wellen nach der einen, die längeren nach der anderen Seite abgelenkt werden. Das Schema eines solchen Handspektroskops ist aus Abb. 37 zu ersehen. Das schwenkbare Fernrohr ist durch das Auge ersetzt. Durch die Lupe 1 wird das Lichtbündel parallel gerichtet. Die Linse des auf unendlich eingestellten Auges bildet den Spalt auf der Netzhaut ab. Eine beleuchtete Wellenlängenskala kann von der Seite durch Reflexion an der letzten Prismenfläche dem Spektrenbild überlagert werden. Das Spektrenbild ist bei diesen Apparaten nur klein, da es durch das Auge nicht wie durch ein Fernrohr vergrößert wird. Handspektroskope eignen sich besonders zur Beobachtung von Emissionsspektren, indem man einfach die betreffende Lichtquelle durch das Spektroskop hindurch betrachtet.

Als kontinuierliche Lichtquelle für Absorptionsuntersuchungen benutzt man für einfache Apparate, z. B. für Handspektroskope, das Tageslicht. Bei lichtschwächeren Apparaten verwendet man als Lichtquelle am besten eine Glühlampe, die man mit Hilfe eines Kondensors auf dem Eintrittsspalt abbildet. Die Lampe soll nicht einfach direkt vor den Spalt gestellt werden, weil man dann zu viel Streulicht erhält. Das Öffnungsverhältnis (Durchmesser/Brennweite) der Kondensorlinse soll gleich oder kleiner als das-

jenige der Kollimatorlinse sein. Bei manchen käuflichen Apparaten ist die Lichtquelle mit dem Kondensor auf einem Stativ mit dem Spektroskop zusammenmontiert.

Zur *Scharfstellung* des Spektroskops betrachtet man entweder eine Lichtquelle mit Linienemission oder, wenn mit Tageslicht beleuchtet wird, stellt man auf die FRAUNHOFERschen Linien im grünen Spektralbereich ein.

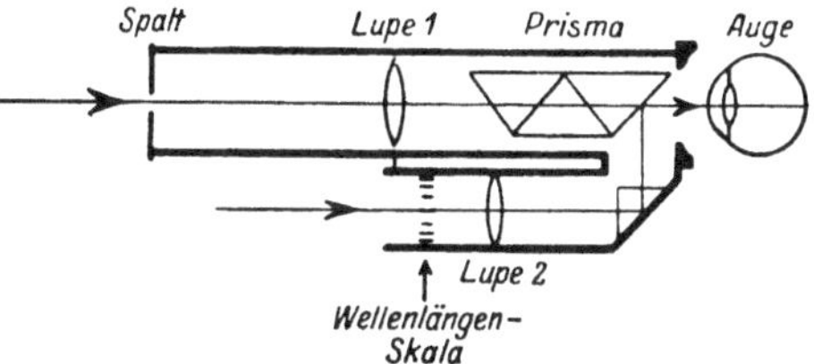

Abb. 37. Handspektroskop mit geradsichtigem Prisma (aus WEIGERT).

Wenn man die Absorption eines gelösten Stoffes untersucht, so wird man feststellen, daß mit wachsender Konzentration oder Schichtdicke die Breite der Absorptionsbanden im Spektroskop zunimmt. Um die *genaue Lage der Bande,* d. h. die Lage des Maximums festzustellen, geht man am besten so vor, daß man die Konzentration, bzw. die Schichtdicke der Lösung so lange verringert, bis die Bande eben noch zu erkennen ist. Man kann auf diese Weise sogar gewisse Aussagen über die Form einer Absorptionsbande machen, indem man für die verschiedenen Konzentrationen bzw. Schichtdicken jeweils die beiden Begrenzungen der Bande mit Hilfe der Wellenlängenskala notiert. Wenn die Bande symmetrisch verläuft, so bleibt das arithmetische Mittel aus den beiden Werten konstant. Da die Variation der Schichtdicke einfacher ist als die Herstellung einer genauen Konzentrationsreihe von Lösungen, empfiehlt es sich, zur Untersuchung Cuvetten variabler Schichtdicke zu verwenden. Für Spektroskope mit waagerechter Kollimatorachse eignen sich hierzu außer den BALY-Rohren (vgl. S. 340) vor allem die PULFRICHschen Absorptionsgefäße mit Ferneinstellung der Schichtdicke während der Beobachtung[1].

Einfacher als die Festlegung der Lage von Absorptionsbanden ist der *Vergleich zweier Spektren* auf ihre Identität. Zum Nachweis eines Stoffes wird man am einfachsten das Spektrum der zu untersuchenden Lösung neben dasjenige einer gesondert hergestellten Vergleichslösung des reinen Stoffes projizieren. Zur Projektion der beiden Spektren möglichst dicht nebeneinander läßt sich bei manchen Apparaten vor die eine Hälfte des Eintrittsspaltes ein Prisma vorklappen, über das ein zweites Lichtbündel, das die Vergleichslösung durchsetzt hat, in das Spektroskop gelangt. Durch ein HÜFNERsches Prisma werden die beiden Spektren direkt aneinander angrenzend abgebildet.

Verschiedene Ausführungsformen von Spektroskopen. *Prismenspektroskope.* Einfache *Handspektroskope* wie in Abb. 37 werden z. B. von Zeiß, Jena, in verschiedenen Ausführungen, mit und ohne Wellenlängenskala bzw. mit und ohne Vergleichsprisma hergestellt. Der Eintrittsspalt ist durch einen Tubus gegen die Linse und das Prisma

---

[1] Hersteller: F. Hellige, Freiburg; C. Zeiß, Jena.

verschiebbar, wodurch die Scharfeinstellung des Instrumentes erreicht wird. Als Zubehör werden Klammern zur Aufnahme der Reagensgläser für die Untersuchungslösungen, Stative mit Beleuchtungsspiegel und Cuvettenhalter usw. geliefert. Außerdem wird eine vollständige Einrichtung, bestehend aus Beleuchtungseinrichtung mit zwei Reagensgläsern für Lösung und Vergleichslösung, die gleichzeitig als Kondensor wirken, Spektroskop mit Wellenlängenskala, alles an einem Stativ befestigt, geliefert (Abb. 38). Für die Aufnahme der Lösungen können auch zusätzliche Cuvetten eingesetzt werden; die Reagensgläser werden in diesem Fall mit Wasser gefüllt. Die Firma Schmidt und Haensch, Berlin, stellt außer den beschriebenen einfachen Handspektroskopen auch Instrumente her mit veränderlichem Spalt und einem drehbaren Linsenrevolver mit 5 verschiedenen Augenlinsen zur Einstellung für fehlsichtige Beobachter.

Spektroskope mit *schwenkbarem Fernrohr* und Skalenrohr werden von einer Reihe von Firmen hergestellt[1]; die Skala wird über die letzte Prismenfläche in das Fernrohr hineingespiegelt (vgl. Abb. 37). In den modernen Apparaten kann zur Ausmessung von Linienspektren das einfache Flintprisma gegen dreiteilige Prismen mit größerer Dispersion ausgewechselt werden. Natürlich verlangt jeder Prismensatz eigene Wellenlängeneichung.

Festarmige Spektroskope mit drehbarem Prisma existieren in verschiedenen Ausführungsformen[2], im allgemeinen mit einem Ablenkungswinkel von 90°. Die Wellenlängentrommel ist mit der Drehung des Prismentisches gekoppelt. Für Untersuchungen, bei denen höchste Auflösung erwünscht ist, werden Apparate mit einem Satz von drei Prismen (FÖRSTERLINGscher Prismensatz)

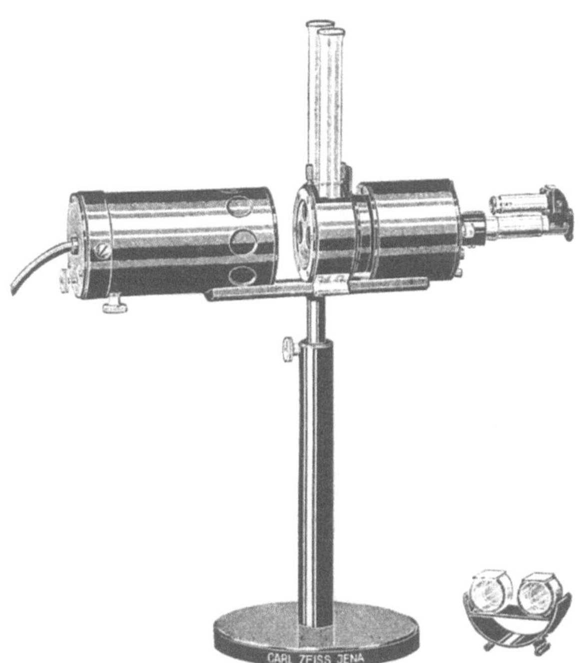

Abb. 38. Handspektroskop mit Beleuchtungseinrichtung
(aus LÖWE).

gebaut[3]. Alle festarmigen Spektroskope lassen sich in einen Monochromator umwandeln, indem man das Ocular des Fernrohres durch einen zweiten Spalt, den Austrittsspalt, ersetzt.

Zur spektrometrischen Untersuchung von mikroskopischen Objekten liefert Steinheil[4] einen *Mikrospektrographen*. Er besteht im Prinzip aus einem Mikroskop, bei dem das Ocular durch einfaches Drehen an einer Umschaltvorrichtung gegen ein Spektroskop bzw. einen Spektrographen ausgewechselt werden kann. Zum Einstellen des zu untersuchenden Objektes kann der Eintrittsspalt zum Spektroskop direkt beobachtet werden. Das Spektroskop ist mit einem Prisma konstanter Ablenkung ausgerüstet, das meßbar gedreht werden kann, so daß das Spektrum direkt mikrometrisch ausgemessen werden kann. Die photographische Einrichtung ist mit einem dreifachen Prisma aus Glas für Aufnahmen im Sichtbaren und einem Cornuprisma aus Quarz für Aufnahmen im Ultraviolett versehen.

Der Mikrospektrograph ist z. B. zur Untersuchung von Gewebeschnitten von Porphyriekranken benützt worden[5]. Er dient also ähnlichen Zwecken wie die lichtelektrische

---

[1] Fa. Schmidt und Haensch, Berlin; Spindler und Hoyer, Göttingen; C. A. Steinheil, München; A. Krüß, Hamburg; R. Fueß, Berlin-Steglitz; C. Leiß, Berlin-Steglitz.

[2] R. Fueß, Berlin-Steglitz; A. Hilger, London; C. Leiß, Berlin-Steglitz; C. Zeiß, Jena.

[3] C. Zeiß, Jena.

[4] C. A. Steinheil, Söhne, München.

[5] BORST, M., u. H. KÖNIGSDÖRFER: Untersuchungen über Porphyrie mit besonderer Berücksichtigung der Porphyria congenita. Leipzig 1929.

Apparatur von T. Caspersson (vgl. S. 374), erreicht jedoch die Präzision der Objekteinstellung jener Anordnung nicht.

Eine Methode der Mikrospektroskopie lebender Zellen wurde von Mellors[1] entwickelt. Er benützt statt Linsen Hohlspiegel, so daß die Scharfeinstellung auf das durchstrahlte Objekt wellenlängenunabhängig ist. Sie kann daher mit sichtbarem Licht erfolgen.

Gitterspektroskope. Das Schema eines *Gitterspektroskops* ist in Abb. 39 gezeigt[2]. Das vom Spalt *Sp* kommende Lichtbündel wird durch das Kollimatorobjektiv parallel gerichtet und gelangt auf das Gitter *G*. Durch das Objektiv *Ob* wird das Bild des Spektrums im Fernrohr entworfen und durch das Ocular *Ok* betrachtet. Das Fernrohr ist nicht schwenkbar, da sein Gesichtsfeld genügend groß ist, um das ganze sichtbare Spektrum zu erfassen. Die Wellenlängenskala *Sk* befindet sich vor dem Ocular. Zur Interpolation der Skalenintervalle dient die Schraube *M*. Die Einstellgenauigkeit beträgt etwa 3—4 Å.

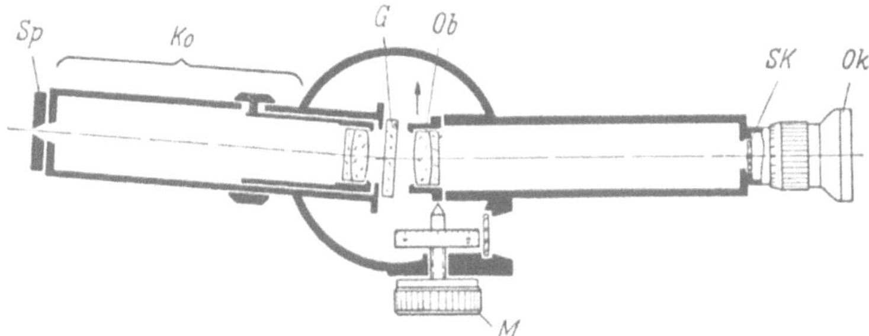

Abb. 39. Schema eines Gitterhandspektroskops (aus Löwe).

Im *Gitterspektroskop nach Löwe-Schumm*[2] läßt sich das Fernrohr mikrometrisch schwenken und die der Stellung des Fadenkreuzes entsprechende Wellenlänge an einer Wellenlängentrommel ablesen. Das Gesichtsfeld des Fernrohres ist so groß, daß man das ganze sichtbare Spektrum mit einem Blick übersehen kann. Der Spalt kann während der Beobachtung bequem verstellt werden. Mit Hilfe eines Vergleichsprismas kann eine Vergleichslichtquelle, deren Licht seitlich unter einem rechten Winkel zur Kollimatorachse einfällt, gleichzeitig mit dem zu untersuchenden Spektrum betrachtet werden. Auf Wunsch kann auch ein Präzisionsdoppelspalt mitgeliefert werden (Doppelspalt nach Vierordt). Dieser ist so eingerichtet, daß die beiden Teilspalte möglichst ohne Zwischenraum aneinanderstoßen, und daß jeder meßbar zu verstellen ist. Man erhält dann im Fernrohr zwei übereinanderliegende Bilder mit einer feinen Trennungslinie. Bringt man vor den einen Spalt ein absorbierendes Medium, so kann durch Verändern der Spaltweite des andern Spaltes auf gleiche Helligkeit an irgendeiner Stelle des Spektrums eingestellt werden. Die auf die Spalte fallenden Lichtintensitäten sind dann den Spaltweiten umgekehrt proportional. Man kann also mit diesem Doppelspalt eine, wenn auch rohe, photometrische Messung ausführen.

c) Lichtelektrische Methoden.

In immer steigendem Maße haben sich lichtelektrische Zellen als Ersatz des Auges bei photometrischen Messungen durchgesetzt. Dieser Ersatz hat 1. den Zweck, die Genauigkeit der Messungen zu vergrößern, 2. die Messungen bequemer zu gestalten und Fehlresultate infolge von Ermüdungserscheinungen des Auges auszuschließen, 3. den Meßbereich über das Sichtbare hinaus ins Ultraviolett und Ultrarot auszudehnen, und 4., auch sehr kleine Extinktionen der exakten Messung zugänglich zu machen. Bezüglich der Genauigkeit besteht der Vorteil der lichtelektrischen Zelle gegenüber dem Auge darin, daß sie nicht auf r e l a t i v e Intensitätsunterschiede dJ/J, sondern auf a b s o l u t e

---

[1] Mellors, R. C.: Discuss. Faraday Soc. **1950**, 398.
[2] C. Zeiß, Jena.

Intensitätsänderungen dJ reagiert, so daß durch Steigerung der Lichtintensität die Genauigkeit, soweit sie durch die Empfindlichkeit der Zelle gegeben ist, fast beliebig erhöht werden kann (vgl. S. 341). Andererseits kann aber bei kleinen Lichtintensitäten (z. B. Fluorescenzlicht oder stark gefiltertem Licht) der Minimalbetrag dJ, auf den die Zelle noch reagiert, einen beträchtlichen Bruchteil der Gesamtintensität ausmachen, so daß dann die Genauigkeit unter diejenige visueller Messungen absinkt. Die Vorteile der Photozellen, vor allem der Sperrschichtelemente konnten daher bisher nur ausgenützt werden, wenn zur Messung eine genügend hohe Lichtintensität zur Verfügung stand, was sich im allgemeinen nur auf Kosten der Spektralreinheit des Lichtes erreichen läßt. Die durch spektralunreines Licht bedingten Abweichungen vom BEERschen Gesetz (vgl. S. 326) lassen sich zwar bei relativen Messungen (Vergleich nahezu gleicher Extinktionen) eliminieren, dagegen können sie bei absoluten Extinktionsbestimmungen sehr große Fehler verursachen. Dies ist der Grund, weshalb lichtelektrische Methoden bisher fast ausschließlich für analytische Zwecke (Photometrie) herangezogen wurden, während für die Aufnahme ganzer Absorptionsspektren (Spektrometrie) die spektrographische Methode vorzuziehen war.

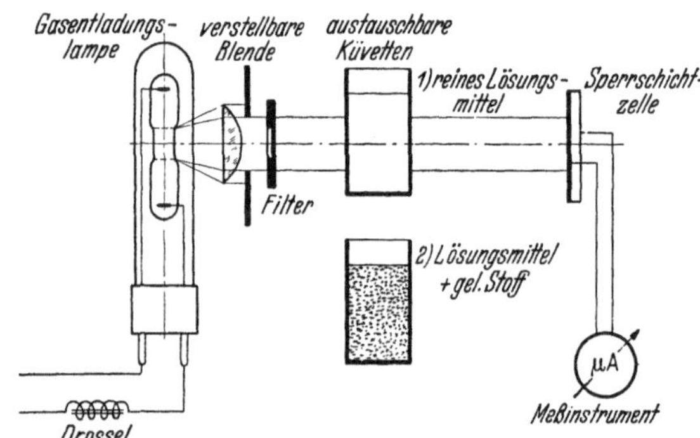

Abb. 40. Schema einer Einzellenausschlagsmethode.

Die weitere Entwicklung der Methodik hat in neuerer Zeit jedoch die Möglichkeit ergeben, durch Verstärkung des primären Photostroms mittels Röhrenverstärkern oder Sekundärelektronenvervielfachern (S. 343) eine Genauigkeit der photoelektrischen Messungen zu erreichen, die auch bei kleinen Lichtintensitäten der Genauigkeit visueller Methoden überlegen ist*. Es ist jedoch zu beachten, daß die Empfindlichkeit eines Gerätes nicht immer für die Genauigkeit der Messung maßgebend ist (vgl. S. 328). Zum Beispiel beruhen eine Reihe von photoelektrischen Methoden (Ausschlags- und Kompensationsmethode) auf Eigenschaften der Photozellen, die nicht immer in genügendem Maße vorhanden sind (Proportionalität zwischen Photostrom und Beleuchtungsstärke usw.), so daß unter Umständen Fehler in den Resultaten auftreten können, die die Empfindlichkeitsgrenze des Meßgerätes weit überschreiten.

α) Verschiedene Meßverfahren.

Während das Auge nur imstande ist, *Helligkeitsgleichheit* festzustellen, und über absolute Helligkeiten oder Helligkeitsunterschiede keine quantitativen Aussagen machen kann, kann der Photostrom einer Photozelle als direktes Maß für die *Intensität eines Lichtbündels* herangezogen werden. Auf diesem Prinzip beruhen die *Ausschlags-* und *Kompensationsmethoden*. In Abb. 40 ist die Anordnung einer Ausschlagsmethode mit einer Sperrschichtzelle schematisch dargestellt. Wenn der Ausschlag des Galvanometers der Intensität des Lichtbündels proportional ist, dann ergibt sich die Extinktion einer Lösung aus dem Verhältnis der Ausschläge A_1, wenn sich das Lösungsmittel, und A_2, wenn sich die Lösung im Lichtweg befindet:

$$E = \log \frac{J_0}{J} = \log \frac{A_1}{A_2}. \tag{42}$$

Die Voraussetzung der Proportionalität ist aber bei Sperrschichtzellen fast nie erfüllt, wie bereits S. 342 gezeigt wurde. Als weitere Fehlerquelle kommen Helligkeitsschwankungen der Lichtquelle in Frage. Wenn man berücksichtigt, daß ein Fehler in J_0 oder J

---

* Eine Verstärkung des Photostromes wird nur dann sinnlos, wenn der Photostrom so klein ist ($< 10^{-13}$ Amp.), daß die zufälligen Schwankungen des Anzeigegerätes größer sind als die erstrebte Empfindlichkeit.

sich besonders bei kleinen Extinktionen stark auswirkt (bei $E=0,1$ ist z. B. der prozentuale Fehler in E 5mal größer als derjenige in J oder J_0), und daß außerdem Spannungsschwankungen an einer Glühlampe um ein Vielfaches größere Helligkeitsschwankungen hervorrufen, ergibt sich, daß für eine zu erreichende Genauigkeit in E von 1 % bereits eine Spannungskonstanz von etwa 0,05 % erforderlich ist.

Dieser Einfluß von Helligkeitsschwankungen ist bei den sog. *Zweizellenmethoden* zum Teil eliminiert. In Abb. 41 sind zwei verschiedene Brückenschaltungen dieser Art angegeben. Die beiden Photoelemente Z_1 und Z_2 erhalten ihr Licht von der gleichen Lichtquelle entweder direkt, oder durch Teilung eines Lichtbündels mit Hilfe einer um 45° geneigten Glasplatte. Durch Einregulieren des Widerstandes W lassen sich die beiden Photoströme kompensieren, so daß das Galvanometer keinen Ausschlag zeigt. Die Kompensation ist dann von Helligkeitsschwankungen der Lichtquelle unabhängig, vorausgesetzt, daß die beiden Strahlenbündel nirgends mehr ausgeblendet werden, was sich allerdings praktisch selten erreichen läßt. Die Extinktion einer Messung wird nun so bestimmt, daß man eine Cuvette mit Lösungsmittel in den Lichtweg bringt und dann kompensiert. Wird das Lösungsmittel durch die Lösung ersetzt, entsteht ein der Intensitätsabnahme proportionaler Ausschlag am Galvanometer. Der Proportionalitätsfaktor muß empirisch ermittelt werden. Die Größe des Ausschlages ist jedoch nicht mehr von Helligkeitsschwankungen

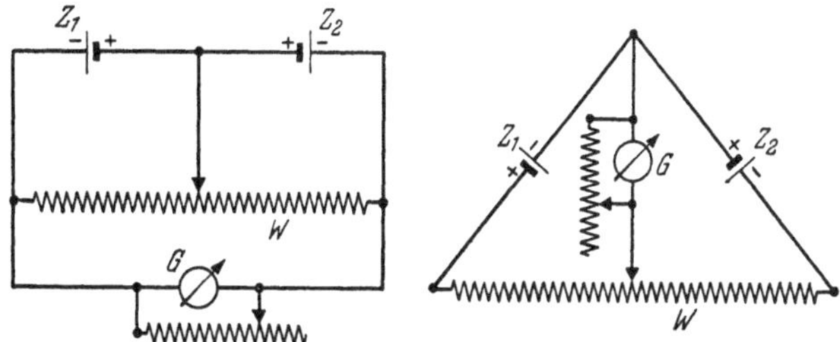

Abb. 41. Brückenschaltung für Zweizellenmethode.

unabhängig. Man erreicht also auch bei dieser Art der Meßanordnung mit zwei Zellen nur eine teilweise Kompensation von Helligkeitsschwankungen der Lichtquelle. Es handelt sich also nicht um eine wirkliche Kompensationsmethode, sondern die eigentliche Messung erfolgt durch Ablesung des am Galvanometer auftretenden Ausschlages. In vielen Meßgeräten wird die Cuvette für das Lösungsmittel in den einen, die Cuvette mit der Lösung in den anderen Lichtweg gebracht. Die beiden Lichtwege werden möglichst symmetrisch gehalten, so daß Kompensation vorhanden sein sollte, wenn beide Cuvetten z.B. mit Lösungsmittel gefüllt sind (kleine Unterschiede werden durch Widerstand oder Blenden kompensiert). Diese Methode bedeutet jedoch nichts prinzipiell Neues, im Gegenteil werden dabei die spezifischen Eigenschaften beider Zellen für die Meßresultate von Einfluß.

Da man bei den besprochenen Ausschlagsmethoden auf die Skalenablesung von Strommeßinstrumenten angewiesen ist, wird die Genauigkeit dieser Methoden auch dadurch begrenzt, daß die Ablesestreuung solcher Instrumente sich im allgemeinen nicht unter 0,5 % drücken läßt. Eine Erhöhung der Genauigkeit erreicht man, wenn man nicht den Ausschlag für die Gesamtextinktion der Lösung, sondern für eine Extinktionsdifferenz gegenüber einer Vergleichslösung bekannter, möglichst gleicher Extinktion mißt.

Berücksichtigt man außer den besprochenen Fehlerquellen, daß der Photostrom eines Sperrschichtelementes und damit der Ausschlag des Meßinstrumentes von der Temperatur, von der Dauer der Vorbelichtung und eventuell von weiteren äußeren Bedingungen abhängen kann, so sieht man ohne weiteres, daß die mit solchen Meßanordnungen erreichbaren Genauigkeiten diejenigen visueller Meßgeräte nicht nur nicht übertreffen, sondern häufig sogar bei weitem nicht erreichen. Ihr Vorteil beruht auf der bequemen und raschen Arbeitsweise, ihr wesentlicher Nachteil darin, daß die auftretenden Fehler nicht ohne weiteres erkennbar sind, da die Empfindlichkeit der Meßanordnung eine Genauigkeit vortäuscht, die in Wirklichkeit gar nicht vorhanden ist.

Etwas günstiger liegen die Verhältnisse bei wahren *Kompensationsgeräten*. Die Wirkungsweise einer solchen Anordnung mit Sperrschichtelementen besteht darin, daß das Galvanometer lediglich als Nullinstrument benützt wird, und die Extinktion durch die zur Kompensation notwendige Verschiebung des Widerstandes W gegeben ist (Abb. 41).

Eine Anordnung mit einer Alkalizelle ist in der schematischen Abb. 42 dargestellt. Dabei bedeuten: W_2 ein fester Vergleichshochohmwiderstand, W_z der Widerstand der Photozelle, dessen Größe von der Belichtungsintensität abhängt, E_1 die an die Zelle angelegte Spannung, E_2 die variabel abnehmbare Gegenspannung. Das Elektrometer E wird keinen Ausschlag zeigen, wenn die Bedingung erfüllt ist

$$\frac{W_z}{E_1} = \frac{W_2}{E_2} \, . \tag{43}$$

Die Forderung der Proportionalität zwischen Photostrom und Beleuchtungsstärke läßt sich in die Form kleiden

$$W_z = \frac{k}{J}, \tag{44}$$

d. h. der Widerstand der Zelle ist der Lichtintensität J umgekehrt proportional. Aus den Gl. (43) und (44) ergibt sich

$$J = \frac{k}{W_2 \cdot E_1} \cdot E_2, \tag{45}$$

d. h. bei Kompensation ist die Lichtintensität der angelegten Gegenspannung E_2 direkt proportional. Der Proportionalitätsfaktor muß mit Hilfe einer bekannten Extinktion empirisch bestimmt werden. Aus den Kompensationsstellungen von E_2, wenn sich einmal die Lösung, das andere Mal das Lösungsmittel im Lichtweg befindet, läßt sich analog wie aus Gl. (42) die Extinktion der Lösung berechnen. Da bei Alkalizellen die Proportionalität zwischen Beleuchtungsstärke und Photostrom im allgemeinen besser erfüllt ist als bei Sperrschichtelementen, und da außerdem die Temperatur- und Zeitabhängigkeit des Photostromes geringer ist, bedeutet diese Anordnung gegenüber den Ausschlagsmethoden mit Sperrschichtelementen bereits eine wesentliche Verbesserung. Nicht behoben sind jedoch auch hier die Fehler, die durch Schwankungen der Lichtquelle hervorgerufen werden. Man ist daher auf die Verwendung von Akkumulatoren genügender Kapazität für die Lichtquelle angewiesen, wenn man die Vorteile der Methode voll ausnützen will. Es sei jedoch nochmals darauf hingewiesen, daß selbst bei Vakuumzellen gelegentlich Abweichungen bis zu 10% und mehr von der Proportionalität zwischen Beleuchtungsstärke und Photostrom auftreten können. Die Schwankungen der Lichtquelle können in diesem Fall auch nicht durch eine Zweizellenanordnung ausgeglichen werden, wobei die zweite Zelle an Stelle des Widerstandes W_2 eingebaut werden müßte. Da die Kompensation durch Spannungsänderung erfolgt, würde die Meßskala jeweils von der Strom-Spannungscharakteristik der Zelle abhängen, die in keiner Weise linear verläuft (vgl. Abb. 17).

Von den besprochenen Mängeln weitgehend frei sind ausschließlich die sog. *Substitutionsmethoden*, die allein eine volle Ausnützung der Empfindlichkeit der Photozellen gestatten. Das Prinzip der Methode beruht darin, daß als Maß für die Extinktion eine meßbare Lichtschwächungseinrichtung (Sektor, Graukeil usw.) eingebaut ist. Die Photozelle zusammen mit einem Anzeigegerät als Nullinstrument hat wie das Auge bei visuellen Messungen lediglich die Aufgabe, die Gleichheit zweier Beleuchtungsintensitäten festzustellen, die hier allerdings nicht nebeneinander, sondern nacheinander beobachtet werden.

Mit einer Zweizellenanordnung mit Photoelementen (Abb. 41) wird z. B. die Messung so vor sich gehen, daß in den einen Lichtweg eine Cuvette mit Lösung gebracht und dann mit Hilfe des Abgleichwiderstandes W oder einer Blende im anderen Lichtweg so lange kompensiert wird, bis das Galvanometer keinen Ausschlag mehr zeigt. Dann wird die Lösung durch das Lösungsmittel ersetzt, und eine im gleichen Lichtweg angebrachte Lichtschwächungseinrichtung (in der Abbildung nicht angegeben) (S. 335)[1] so lange variiert, bis die Photoströme wieder kompensiert sind. Die Extinktion wird also lediglich

---

[1] Bei colorimetrischen Methoden dient eine Lösung bekannter Konzentration und variabler Schichtdicke als Vergleich.

durch die Lichtschwächungseinrichtung gemessen. Die Zellen erhalten bei beiden Einstellungen die gleiche Beleuchtungsstärke, *es wird also keinerlei Proportionalität zwischen Photostrom und Belichtungsintensität vorausgesetzt.* Auch die Bedeutung der zweiten Zelle zur Kompensation von Intensitätsschwankungen wird hier voll ausgenützt, da die Kompensation dauernd erhalten bleibt (vgl. S. 365). Für die Genauigkeit der Messung spielen also nur die Einstellgenauigkeit der Lichtschwächungseinrichtung und die Konstanz des Photostromes während der Dauer der Messung eine Rolle. Da vor jeder einzelnen Messung neu kompensiert werden kann, wirken sich langsame Änderungen des Photostromes nicht aus. Mit Anordnungen dieser Art lassen sich Genauigkeiten von 0,1 % in E erreichen.

Für den ultravioletten Spektralbereich und für noch höhere Genauigkeiten ist man auf Alkalimetallzellen angewiesen, da sich mit ihnen eine bessere Konstanz der

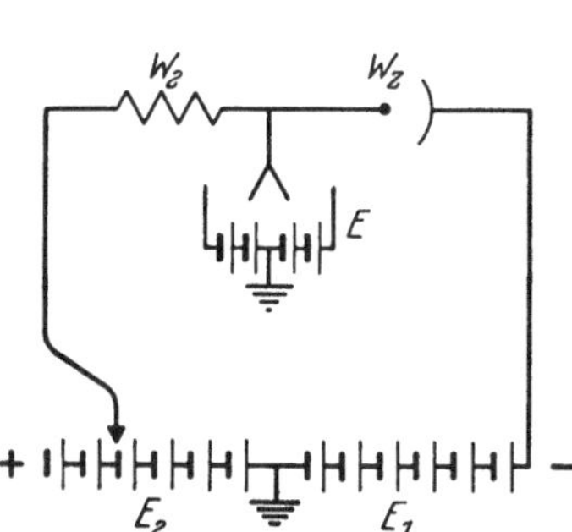

Abb. 42. Schematische Einzellenkompensationsanordnung mit Alkalizelle.

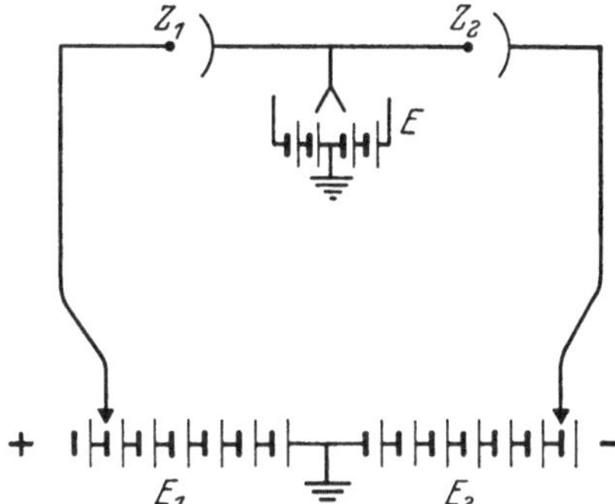

Abb. 43. Zweizellensubstitutionsmethode mit Alkalizellen.

Photoströme erreichen läßt. Als Beispiel ist in Abb. 43 das Schema einer Zweizellensubstitutionsanordnung mit Alkalimetallzellen angegeben. Sie entspricht völlig derjenigen der Einzellenanordnung von Abb. 42 mit dem Unterschied, daß der feste Kompensationswiderstand W_2 durch die zweite Zelle Z_2 ersetzt ist, die von der gleichen Lichtquelle beleuchtet wird wie die Zelle Z_1. Die Kompensation der Photoströme erfolgt zunächst durch Variation der Spannungen E_1 oder E_2. Auch hier gilt für die Nullstellung des Elektrometers E die Bedingung, daß das Verhältnis der Photozellenwiderstände gleich dem Verhältnis der zugehörigen Spannungen ist. Wenn sich Intensitätsschwankungen der Lampe auf beide Zellen gleich auswirken, wird dadurch ihr Widerstandsverhältnis praktisch nicht geändert; die Kompensation bleibt erhalten. Auch hier erfolgt die eigentliche Messung durch eine veränderliche Lichtschwächungseinrichtung; die Photozellen mit dem Elektrometer dienen nur als Nullinstrument. Die Meßresultate sind unabhängig von der Strom-Spannungscharakteristik der Zellen, unabhängig davon, ob die Proportionalität zwischen Beleuchtungsstärke und Photostrom erfüllt ist, und in erster Näherung auch unabhängig von Spannungsschwankungen der Lampe. Daß die letzte Bedingung für sehr hohe Genauigkeitsansprüche nicht streng erfüllt ist, liegt daran, daß es praktisch unmöglich ist, den Strahlengang so zu führen, daß man zwei völlig homogene Lichtbündel hat, und daß keines der beiden Lichtbündel nach der Lichtteilung nochmals ausgeblendet wird. Mißt man nicht mit streng monochromatischem Licht, wird sich außerdem bei Spannungsschwankungen der Lampe ihre spektrale Intensitätsverteilung ändern. Mit einer Zweizellensubstitutionsmethode mit Alkalimetallzellen ist es möglich, eine relative Meßgenauigkeit von 0,005—0,01 % zu erreichen. Ist man der kleinen Lichtintensität wegen auf gasgefüllte Zellen angewiesen, so ist es notwendig, die Zellenvorspannung auf mindestens 0,001 % konstant zu halten, was praktisch nur mit Trockenbatterien zu erreichen ist. Die Zuleitungen von den Zellen zum Elektrometer müssen elektrostatisch abgeschirmt werden, als Abgreifwiderstände dürfen nur Präzisionskurbelrheostaten verwendet werden usw. Über Einzelheiten vgl. die Beschreibung der Anordnungen S. 374.

Eine Möglichkeit, Fehler durch Schwankungen der Lampenhelligkeit ganz auszuschalten und außerdem die Messung weitgehend von der Konstanz des Photostromes und damit von der Zellvorspannung unabhängig zu machen, ist durch die sog. *Flimmermethode* gegeben. Während bei den gewöhnlichen Methoden die beiden zu vergleichenden Lichtintensitäten nacheinander beobachtet werden, läßt man hier das Lichtbündel mit Hilfe eines Flimmermechanismus in raschem Wechsel einmal durch die Lösung, das andere Mal durch das Lichtschwächungsmittel bzw. die Vergleichslösung laufen; die beiden Lichtwege vereinigen sich auf ein und derselben Photozelle. Ist die Lichtschwächung in beiden Fällen nicht gleich, so wird man einen Gleichstrom mit rasch wechselnder Intensität erhalten, dessen Wechselstromkomponente sich verstärken und mit einem geeigneten Anzeigegerät registrieren läßt. Das Lichtschwächungsmittel bzw. die Schichtdicke der Vergleichslösung wird nun so lange geändert, bis das Anzeigegerät nicht mehr ausschlägt; dann ist keine Wechselstromkomponente mehr vorhanden, der Photostrom ist konstant, d. h. die Schwächung des Lichtbündels ist in beiden Lichtwegen die gleiche.

β) Objektive Colorimetrie.

Die Vorteile der Colorimetrie gegenüber der Photometrie (S. 350), nämlich die Unabhängigkeit der Meßresultate von der spektralen Reinheit des Lichtes, spielen bei lichtelektrischen Methoden eine noch viel größere Rolle als bei visuellen. Dies liegt daran, daß die für die Photozellengeräte ohne Verstärkung notwendigen hohen Lichtintensitäten nie so weitgehend spektralrein hergestellt werden können, daß die Abweichungen vom BEERschen Gesetz so klein bleiben wie bei visuellen Apparaten. Gerade wenn man die hohe relative Genauigkeit der lichtelektrischen Geräte von 0,1 % und weniger ausnützen will, sind colorimetrische Methoden besonders zu empfehlen, da sie die geringste Anzahl systematischer Fehlermöglichkeiten besitzen.

Es sollen zwei Lösungen des gleichen Stoffes miteinander verglichen werden, wobei die Schichtdicke der einen Lösung so lange variiert wird, bis ihre Extinktion gleich der der anderen ist. Während bei visuellen Colorimetern der Vergleich der beiden Lösungen nebeneinander erfolgt, muß er hier nacheinander vor sich gehen. Die beiden Cuvetten werden durch einen Verschiebungsmechanismus nacheinander in den Strahlengang gebracht oder (für höhere Genauigkeiten als 0,1 %) Lösung und Vergleichslösung werden nacheinander in den gleichen Tauchbecher eingefüllt. Die Ablesestreuung des Tauchbechers darf natürlich nicht größer sein als die verlangte Genauigkeit. Die Messung erfolgt mit einer der eben beschriebenen Kompensationsmethoden (S. 365) oder, sofern der apparative Aufwand vorhanden ist, nach der Flimmermethode mit Verstärkung.

Leider sind lichtelektrische Colorimeter bisher im Handel kaum zu haben, so daß man auf die Zusammenstellung der Meßanordnung aus Laboratoriumsmitteln angewiesen ist[1].

Der Bau von Colorimetern nach der Flimmermethode ist von verschiedenen Firmen geplant (z. B. Leitz, Wetzlar; Krüss, Hamburg).

γ) Objektive Photometrie.

Die Fehlerquellen der photometrischen Meßmethoden gegenüber den colorimetrischen, verursacht durch spektral unreines Licht, treten beim Ersatz des Auges durch ein Photoelement noch viel mehr in Erscheinung, weil, wie schon erwähnt, das Photoelement eine wesentlich höhere Lichtintensität für die Messung beansprucht als das Auge, und weil die Intensität des Lichtes nur auf Kosten seiner spektralen Reinheit erhöht werden kann. Wie auf S. 326 gezeigt ist, äußern sich diese Fehlerquellen in einer scheinbaren Ungültigkeit des BEERschen Gesetzes: Die Extinktion steigt nicht mehr proportional zur Konzentration an. Um trotzdem die Konzentration unbekannter Lösungen aus ihrer Extinktion bestimmen zu können, nimmt man in solchen Fällen eine sog. *Eichkurve* auf, indem man die Extinktion einer Reihe von Lösungen bekannter

---

[1] Vgl. z. B. GOUDSMIT, A., and W. H. SUMMERSON: J. biol. Ch. **111**, 421 (1925). — SELIGMAN, H.: Diss. Zürich 1937.

Konzentration mißt. Trägt man E in Abhängigkeit von c auf, so findet man bei Gültigkeit des BEERschen Gesetzes eine Gerade, sonst eine mehr oder weniger gekrümmte Kurve. Je mehr jedoch der Extinktionskoeffizient von der Wellenlänge des Lichtes abhängt, um so mehr wird die Reproduzierbarkeit dieser Eichkurve davon abhängen, ob die Zusammensetzung des nicht streng monochromatischen Lichtes immer genau die gleiche ist. Diese Zusammensetzung hängt nun vor allem bei Glühlampen stark von der Belastung ab. Man ist daher gezwungen, die Lampenspannung sehr konstant zu halten (Akkumulatoren, Eisenwasserstoffwiderstände, magnetische oder Röhrensteuerung)[1]. Bei Glühlampen hängt die Lichtzusammensetzung jedoch außerdem vom Alter der Lampe ab. Man ist also gezwungen, die Eichkurve von Zeit zu Zeit nachzuprüfen. Um nicht die ganze Kurve neu aufnehmen zu müssen, genügt es in der Regel, eine einzige Lösung bekannter Konzentration in den Strahlengang zu bringen und die Lampenspannung so lange zu variieren, bis sie die gewünschte Extinktion zeigt. Nicht ausreichend dagegen ist die Methode, jeweils die Extinktion einer Standardlösung oder gar einer Filterscheibe zu messen und die aus der Extinktionsdifferenz gegenüber der Eichkurve berechnete prozentuale Korrektur bei allen übrigen Messungen anzubringen. Will man Genauigkeiten von weniger als 0,1 % erreichen, so ist man darauf angewiesen, für jede Messung eine Eichmessung mit einer Lösung bekannter Konzentration und möglichst ähnlicher Extinktion durchzuführen, da bereits kleine Änderungen des Strahlenganges usw. den mittleren Extinktionskoeffizienten ändern können.

Die Unreproduzierbarkeit von Eichkurven ist auch dann nicht ausgeschlossen, wenn man bestmöglich gereinigtes Licht, also z. B. Spektrallampen und Monochromatoren benützt. Da man bei lichtelektrischen Messungen fast immer mit relativ weiten Monochromatorspalten arbeitet (im Verhältnis etwa zu spektrographischen Messungen), wird stets Streulicht anderer Wellenlängen mit austreten.

Diese Fehlerquellen durch spektralunreines Licht lassen sich etwa auf das Maß herunterdrücken, wie es bei visuellen Photometern auftritt, wenn man die Empfindlichkeit der Anordnung durch Verstärkung des primären Photostromes soweit erhöht, daß man auch mit kleinen Lichtintensitäten auskommt, wie sie bei visuellen Apparaten üblich sind.

Lichtelektrische Photometer mit Photoelementen. Alle nach dem *Einzellen-Ausschlagsverfahren* arbeitenden Apparate besitzen den Nachteil, daß die Resultate von den speziellen Eigenschaften der Photozellen (Proportionalität zwischen Beleuchtungsstärke und Photostrom, Temperaturabhängigkeit usw.) und von der Konstanz der Lichtquelle abhängen. Das *Strommeßinstrument* soll einen möglichst geringen Eigenwiderstand besitzen, damit die Abweichungen von der Proportionalität zwischen Beleuchtungsstärke und Photostrom nicht unnötig vergrößert werden. Der aperiodische Grenzwiderstand muß von der gleichen Größenordnung wie der innere Widerstand der Photoelemente sein (1000 bis 5000 Ohm). Besonders bequem sind die tragbaren Lichtmarkengalvanometer von Siemens-Halske mit einer Empfindlichkeit von etwa $3 \cdot 10^{-8}$ Amp./Skalenteil oder das Multiflex-Galvanometer[2], das in verschiedenen Ausführungen mit Empfindlichkeiten von $3 \cdot 10^{-8}$ bis $3 \cdot 10^{-10}$ Amp./Skalenteil geliefert wird. Zum Multiflex-Galvanometer wird für Ausschlagsmethoden auch eine in Extinktionen geeichte Skala geliefert. Die Empfindlichkeit des Gerätes wird so reguliert, daß das Galvanometer den vollen Ausschlag gibt, wenn sich das Lösungsmittel im Lichtweg befindet (J_0) (Berechnung der Extinktion s. S. 357).

Beim *Neo-Helcometer*[3] sorgt ein Netzkonstanthaltegerät für eine Spannungskonstanz von etwa 0,5 %. An Stelle der Glühlampe kann auch eine Natriumlampe eingesetzt

---

[1] Über eine Schaltskizze zur Spannungsstabilisierung mittels Hochvakuumröhren vgl. z. B. ANGERER, E. V., u. H. EBERT: Technische Kunstgriffe bei physikalischen Untersuchungen. 8. Aufl. S. 135. Braunschweig 1952. Dort auch weitere Literaturangaben. Vgl. auch: KAHOVEC, L., u. E. TREIBER: Chem.-Ing.-Techn. **25**, 35 (1953).

[2] B. Lange, Berlin.

[3] Hellige, Freiburg.

werden. Der Apparat ist mit Schottschen Filtergläsern und einem Zeigergalvanometer mit einer Empfindlichkeit von 0,02 µA ausgerüstet.

Die Apparate von *Schmidt*[1] und von *Landt* und *Hirschmüller*[1] besitzen Gasentladungslampen (Na, Hg, Tl, Cd usw.) mit Sperrfiltern zur Aussonderung der einzelnen Spektrallinien. Die Abhängigkeit der Resultate von Netzspannungsschwankungen ist daher hier geringer als bei Verwendung von Glühlampen. Die beiden Geräte unterscheiden sich dadurch, daß beim einen (Schmidt) ein Maximum an Lichtintensität erreicht wird, indem Lampe, Cuvette und Photozelle ohne Linse direkt hintereinander angeordnet sind, während beim anderen (Landt und Hirschmüller) besonderer Wert auf definierten Strahlengang verwendet ist. Von B. Lange[2] wird ein dem Schmidtschen Instrument ähnliches sog. *Becherglascolorimeter* geliefert, das mit Glühlampe und Lichtfiltern versehen ist. Ebenfalls nach dem Einzellen-Ausschlagsverfahren arbeitet das *Mikrocolorimeter* von Lange, das an Stelle eines normalen optischen Oculars in den Mikroskoptubus gesteckt wird. Ähnlich gebaut ist das *Engel*-Colorimeter[3] mit einer 3 Watt-Glühlampe als Lichtquelle. Die Photozelle ist hier normalerweise abgedeckt und wird nur zur Messung frei. Dies dürfte für die Reproduzierbarkeit der Resultate von Nachteil sein, da die Zeitabhängigkeit des Photostromes am Anfang der Belichtung am größten ist. Das amerikanische *Cenco-Spektrophotometer*[4] arbeitet mit einer 100 Watt-Glühlampe und einem Monochromator mit Konkavgitter. Zur Beseitigung des Streulichtes werden zusätzlich Lichtfilter empfohlen. Speziell zur Auswertung von Papierchromatogrammen bei der Serumanalyse wurde das *Elphor H*[5] entwickelt, das mit einer einfachen Glühlampe mit oder ohne Lichtfilter arbeitet.

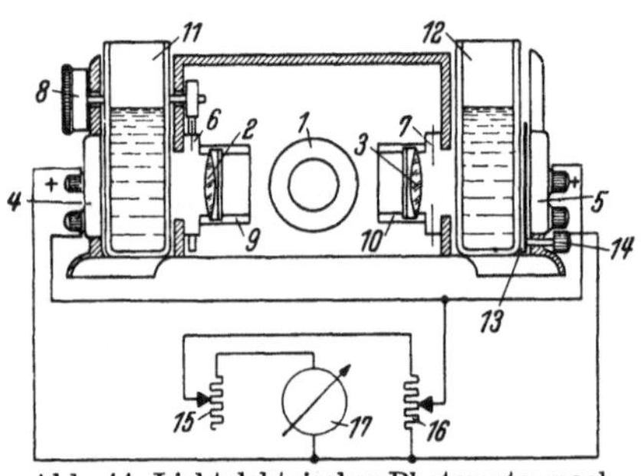

Abb. 44. Lichtelektrisches Photometer nach Lange.

Als Beispiel für ein *Ausschlagsverfahren* mit zwei Zellen sei das Photometer von B. Lange beschrieben, dessen Bau in Abb. 44 schematisch wiedergegeben ist. Von der Lichtquelle *1* wird das Licht durch die beiden Linsen *2* und *3* auf die Photoelemente *4* und *5* geleitet, die gegeneinander geschaltet sind. Durch die Drehwiderstände *15* und *16* kann die Empfindlichkeit des Meßinstrumentes *17* reguliert werden. *6* und *7* sind zwei Irisblenden, von denen die linke mit der Meßtrommel *8* in Verbindung steht, so daß das eine der Lichtbündel um einen meßbaren Betrag geschwächt werden kann. In die Lichtschutzrohre *9* und *10* können Farbfilter und Wärmeschutzfilter eingesteckt werden. *11* und *12* sind Cuvetten, von denen die eine mit Lösung, die andere mit Lösungsmittel gefüllt wird. Ihre Füllhöhe soll stets gleichgehalten werden, damit das von der Oberfläche reflektierte Streulicht immer gleiche Intensität besitzt. Außer den großen Cuvetten können auch Mikrocuvetten für Flüssigkeitsmengen von 0,2—30 cm³ geliefert werden. Mit Hilfe von Knopf *14* kann durch eine Klappe *13* die rechte Zelle abgedunkelt werden.

Zur Einstellung einer definierten Empfindlichkeit wird die rechte Zelle durch die Klappe völlig verdunkelt (100% Absorption). Dann wird durch die Regelwiderstände der Zeigerausschlag auf 100 einreguliert. Ein Skalenteilausschlag entspricht dann 1% Absorption. Will man sehr kleine Extinktionen messen, so kann die Ablesegenauigkeit noch um z. B. das 10fache gesteigert werden, indem man die Irisblende *6* auf 10% zuzieht und hierfür den Zeigerausschlag bei geschlossener Klappe auf 100 einstellt. Wird die Irisblende dann wieder geöffnet, so entspricht 1 Skalenteilausschlag 0,1% Absorption. Vor der Messung muß geprüft werden, ob bei geöffneter Klappe und geöffneten Blenden das Galvanometer keinen Ausschlag aufweist, wenn beide Tröge mit Lösungsmittel gefüllt

---

[1] Schmidt und Haensch, Berlin.
[2] B. Lange, Berlin.
[3] Kipp und Zonen, Delft.
[4] Central Scientific Comp., Chicago.
[5] Bender und Hobein, München.

sind (eventuell regulieren durch Blende). Als Lichtquelle dient eine 15 Watt-Glühlampe mit Netzanschluß über einen Spannungsstabilisator oder eine 4 Watt-Glühlampe zum Anschluß an einen Akkumulator. Die Glühlampe kann auch durch eine Natrium- oder Quecksilberlampe ersetzt werden.

Nach dem gleichen Prinzip wie das Lange-Photometer arbeitet z. B. das amerikanische *Elektrophotometer* der Fisher Scientific Co., New York und eine Reihe anderer Geräte[1].

Eine *Kompensationsanordnung* mit zwei Sperrschichtelementen stellt z. B. das amerikanische *Lumetron* dar[2] (vgl. schematische Abb. 45). Das Licht einer 100 Watt-Projektionslampe A wird durch die Linse L parallel gerichtet. Das Lichtbündel passiert das Lichtfilter J und wird dann in zwei Teile zerlegt. Die eine Hälfte wird durch die Cuvette C auf das Photoelement D geleitet, die andere über einen Spiegel E auf das Element F. Beide Elemente sind durch eine Kompensationsschaltung über einen Widerstand und ein Galvanometer als Nullinstrument verbunden. Die ursprüngliche Kompensation kann

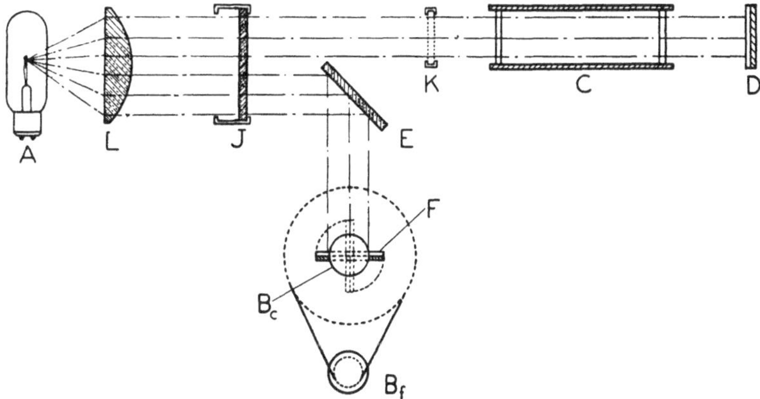

Abb. 45. Schema des Lumetron-Photometers.

durch Drehen des einen Photoelementes mittels der Knöpfe B_f und B_c erreicht werden. Als Maß für die Extinktion beim Ersatz des Lösungsmittels durch die Lösung dient die Verschiebung des Kompensationswiderstandes, die notwendig ist, um den Zeigerausschlag wieder auf Null zu bringen. Die Verschiebung soll linear mit der Lichtintensität gehen. Der Empfindlichkeitsbereich des verwendeten Sperrschichtelementes reicht bis zu sehr kurzen Wellen, so daß auch Messungen im Ultraviolett ausgeführt werden können (z. B. Vitamin A-Bestimmungen). Für diesen Zweck wird die Glühlampe gegen eine Quecksilberlampe und die Glaslinse gegen eine Quarzlinse ausgewechselt. Ein Satz von 16 Glasfiltern mit einer spektralen Breite von etwa 30 mμ überdeckt den ganzen sichtbaren Spektralbereich. Fürs Ultraviolett werden Flüssigkeitsfilter geliefert. Für besondere Anforderungen können auch Interferenzfilter mit besonders schmalem Durchlässigkeitsbereich (vgl. S. 335) benützt werden. Für sehr große Extinktionen läßt sich der Meßbereich des Instrumentes ausdehnen, indem bei der Kompensation mit dem Lösungsmittel bei K ein Graufilter von z. B. 20 % Durchlässigkeit eingesetzt und für die Kompensation mit der Lösung wieder entfernt wird. Die wahre Durchlässigkeit ist dann 5mal kleiner als die auf der Skala abgelesene.

Außer den hier beschriebenen Geräten gibt es zahlreiche andere, die nichts wesentlich Neues bieten und deshalb nicht im einzelnen behandelt werden sollen. Bei manchen käuflichen Apparaten läßt sich aus den Prospekten der Herstellerfirmen nicht ersehen, nach welchem Meßprinzip das Gerät arbeitet (vgl. z. B. Rapid-Colorimeter[3]).

Bei allen diesen Ausschlags- und Kompensationsanordnungen spielen die Eigenschaften der einzelnen Photoelemente, wie Proportionalität zwischen Beleuchtungsstärke

---

[1] Vgl. Kortüm, G.: Z. angew. Chem. **50**, 193 (1937).

[2] Photovolt Corporation, New York 16, N. Y.

[3] Hartmann und Braun, Frankfurt a. M.

und Photostrom, zeitliche Konstanz und Reproduzierbarkeit des Photostromes für die Meßresultate eine entscheidende Rolle. Das bedeutet, daß solche Instrumente zwar besonders für Reihenmessungen ein rasches und wenig ermüdendes Arbeiten gewährleisten, daß aber die Sicherheit der Resultate kaum diejenige von visuellen Apparaten erreicht. Wesentlich günstiger liegen die Verhältnisse beim *Zweizellen-Substitutionsverfahren*, das auch bei den meisten modernen Apparaten zur Anwendung kommt. Die beiden Photoelemente sind nach der Brückenschaltung (Abb. 41) miteinander verbunden. Das Strommeßinstrument dient jeweils nur als Nullinstrument, um die Kompensation der Photoströme anzuzeigen. Als Nullinstrumente eignen sich die gleichen Instrumente wie für Ausschlagsmethoden, z. B. das Multiflex-Galvanometer oder das Siemenssche Licht-

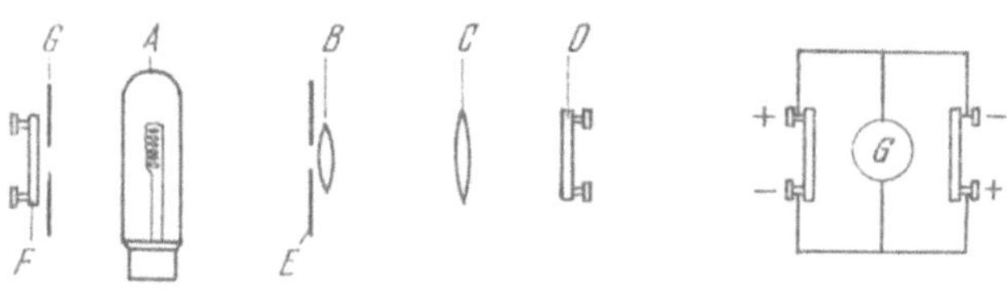

Abb. 46. Strahlengang und Schaltschema des Hilger-Photometers.

markengalvanometer. Die verschiedenen Ausführungen unterscheiden sich im wesentlichen durch die Art der Lichtschwächungseinrichtung.

Beim *lichtelektrischen Photometer von Hilger*[1] besteht die Lichtschwächung in einer Meßblende E, ähnlich wie beim PULFRICH-Photometer. Strahlengang und Schaltschema sind in Abb. 46 dargestellt. Der Faden einer 100 Watt-Glühlampe A wird nach der einen Seite durch die Linsen B und C auf dem Photoelement D abgebildet. Zwischen B und C befinden sich die auswechselbaren Cuvetten für Lösung und Lösungsmittel. Nach der anderen Seite fällt das Licht auf das Photoelement F. Die davor angebrachte Irisblende G dient zur Kompensation der Photoströme, wenn sich die Lösung im Lichtweg zwischen B und C befindet. Dann wird die Lösung durch das Lösungsmittel ersetzt und dafür die Meßblende E zugezogen, bis wieder Kompensation erreicht ist. Auf der mit der Blende verbundenen Meßtrommel wird die Extinktion abgelesen.

Havemann benützt bei seinem *Photometer*[2] als Lichtschwächung die Abstandsänderung des Meßphotoelementes von der

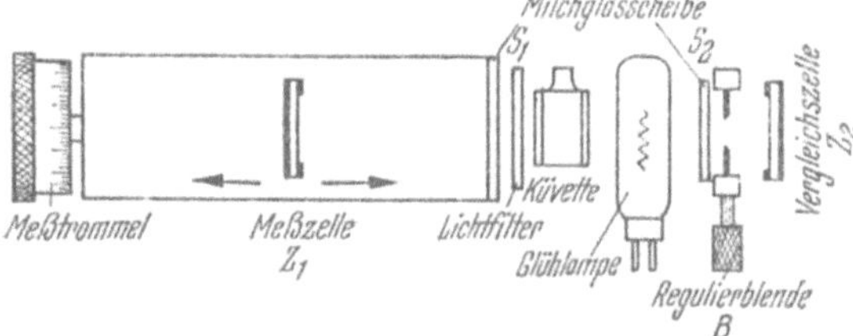

Abb. 47. Schema des Photometers nach HAVEMANN.

Lichtquelle, d. h. von einer durch eine 100 Watt-Glühlampe beleuchteten Milchglasscheibe. Das Schema der Anordnung ist in Abb. 47 angegeben. Auf der rechten Seite befindet sich das Vergleichselement, das sein Licht, durch eine Blende reguliert, von einer zweiten Milchglasscheibe erhält. Zwischen Cuvette und Milchglasscheibe können Farbfilter eingesetzt werden. Auch hier ist auf konstante Füllhöhe der Cuvetten zu achten, da diese von einem stark divergierenden Lichtbündel durchsetzt werden. Für Serienmessungen werden speziell konstruierte Durchflußcuvetten und für Titrationen Rührcuvetten geliefert. Da die Milchglasscheibe keine punktförmige Lichtquelle darstellt, lassen sich die absoluten Intensitätswerte nicht durch den mittels der Meßtrommel registrierten Abstand der Meßzelle berechnen. Die Extinktionswerte bzw. die Konzentrationen von absorbierenden Lösungen müssen stets mit Hilfe einer Eichkurve festgelegt werden. Die Ablesegenauigkeit des Abstandes beträgt $^1/_{2000}$ der Maximalentfernung. Obwohl die 100 Watt-Glühbirne, die auch gegen Gasentladungslampen auswechselbar ist, von einem ultrarotabsorbierenden Glaszylinder umgeben ist, tritt im Innern des geschlossenen Gehäuses ein merklicher Temperaturanstieg auf. Damit die Temperatur der Lösungen in den Cuvetten konstant bleibt, sind dieselben in den neuen Geräten durch einen von Thermostatenwasser durchflossenen Mantel geschützt. Dagegen läßt sich die Erwärmung

---

[1] A. Hilger, London.
[2] Hersteller: W. Kauhausen, Berlin-Dahlem.

der Photoelemente auf diese Weise nicht vermeiden, was sich infolge der Temperaturabhängigkeit der Photospannung ungünstig auswirken muß.

Demgegenüber besitzt das *Gerät von Kortüm*[1] (schematische Anordnung Abb. 48) den Vorteil, daß sich die Lichtquelle S in einem gesonderten Gehäuse befindet. Die Flüssigkeitscuvetten sind in einem doppelwandigen, mit Fenstern versehenen Trogkasten angebracht, durch den Thermostatenwasser gepumpt werden kann. Als Lichtquelle dienen eine 30 Watt-Glühlampe oder eine Quecksilber- bzw. Na-Dampflampe nebst Filtern. Zur Konstanthaltung der Spannung wird ein Netzanschlußgerät[2] geliefert. Durch einen Kondensor wird das Licht annähernd parallel gerichtet. Die Gesamthelligkeit kann durch die Irisblende B reguliert werden. Ein Bruchteil des Lichtes von etwa 10 % wird durch eine um 45° geneigte, wärmeundurchlässige Glasplatte auf die Kompensationszelle Z_2 geleitet. Zur anfänglichen Kompensation dient die Irisblende. Als Lichtschwächungseinrichtung

dient ein homogener Grauglaskeil, der durch die Präzisionsmeßspindel verschoben wird. Seine Stellung kann an der Meßtrommel auf 0,01 % der Gesamtlänge genau abgelesen werden. Auf diese Weise können noch Extinktionen von 0,1 mit einer Genauigkeit von 0,1 % gemessen werden, was mit den früher beschriebenen Geräten nicht möglich ist. Die maximale Extinktion des Keiles beträgt etwa 1. Die beiden Cuvetten für Lösungsmittel und Lösung können durch einen Präzisionsschlitten abwechslungsweise in den Strahlengang gebracht werden. Vor der Messung befindet sich die Cuvette mit dem Lösungsmittel im Strahlengang, der Keil wird auf 0

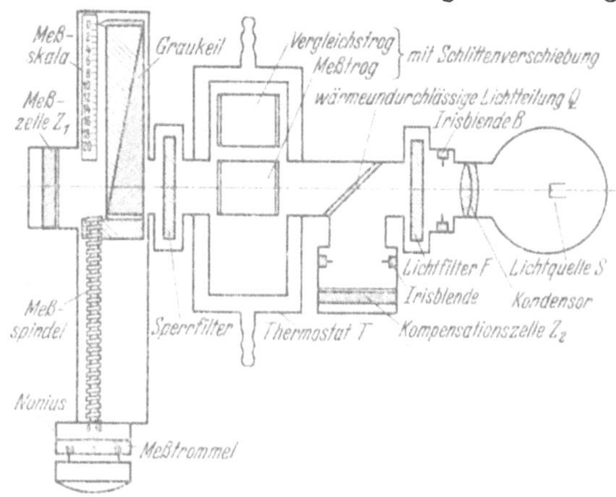

Abb. 48. Schema des Photometers nach KORTÜM.

(maximale Extinktion) gedreht und die Photoströme werden kompensiert (Drehen des Widerstandes bzw. Verstellen der Irisblende vor der Nebenzelle). Dann wird die Lösung durch das Lösungsmittel ersetzt, und der Keil zurückgedreht, bis wieder Kompensation erreicht ist.

Ein Photometer, das nach der Zweizellensubstitutionsmethode mit einer Meßblende als Lichtschwächungsmittel arbeitet, wurde von *Tannheim*[3] entwickelt. Die einfache Bauart mit Reagensgläsern als Cuvetten genügt für Messungen mit nicht sehr hohen Ansprüchen an die Genauigkeit.

Lichtelektrische Photometer mit Alkalizellen. Wie auf S. 343 gezeigt wurde, besitzen die Alkalizellen den Sperrschichtelementen gegenüber eine Reihe von Vorteilen (bessere Konstanz und kleinere Temperaturabhängigkeit des Photostromes, bessere Erfüllung der Proportionalität zwischen Beleuchtungsstärke und Photostrom). Daher sind sie für Präzisionsmessungen mit hohen Genauigkeitsansprüchen zweifellos besser geeignet als Sperrschichtelemente. Ihr Nachteil besteht einmal in der zum Betrieb notwendigen konstanten Vorspannung und in der Notwendigkeit, den Photostrom seiner geringen Intensität wegen elektrometrisch zu messen, was eine sorgfältige elektrostatische Abschirmung des ganzen elektrischen Teiles erfordert. Diese Nachteile sind wohl hauptsächlich dafür verantwortlich, daß handelsübliche Apparate mit einfachen Alkalizellenanordnungen nicht gebaut worden sind. Andererseits eignen sich aber gerade die Photoströme von Alkalizellen wegen des hohen Widerstandes der letzteren besonders gut zur Verstärkung, so daß in den letzten Jahren in steigendem Maße lichtelektrische Geräte

---

[1] Hersteller: E. Bühler, Tübingen; F. Hellige, Freiburg i. Br.

[2] Netzanschlußgerät für 30 Watt-Glühlampe und alle Osram-Spektrallampen. Hersteller: R. Bezler, Tübingen.

[3] Hersteller: H. C. Ulrich, Ulm, Münsterplatz 15.

mit Alkalizellen und Verstärkern auf den Markt gekommen sind. Andererseits wird durch den Störpegel von Verstärkeranordnungen die Meßgenauigkeit stets herabgesetzt, weshalb man für hohe Genauigkeitsansprüche ($\Delta E/E < 1\%$) im allgemeinen darauf angewiesen ist, sich aus Laboratoriumsmitteln eine geeignete Anordnung zu bauen[1].

Um nach Möglichkeit alle systematischen Fehlerquellen auszuschalten, wird man stets eine Zweizellensubstitutionsmethode wählen, wie sie S. 367 mit Schaltschema Abb. 43 bereits beschrieben ist. Dabei ist darauf zu achten, daß auch die Ablesegenauigkeit der *Lichtschwächungseinrichtung* der verlangten Meßgenauigkeit entspricht. Von den S. 335 beschriebenen meßbaren Lichtschwächungsmitteln sind Graukeile weniger geeignet, weil sie keine absoluten Schwächungswerte angeben, und weil die Homogenität des Keiles unter Umständen sehr hohen Anforderungen nicht genügt. Auch Meßblenden sind nicht zu empfehlen, da die notwendigen Voraussetzungen eines völlig homogenen Lichtbündels für hohe Genauigkeiten nicht zu realisieren sind. Praktisch ist man daher auf Sektoren oder Polarisationsprismen angewiesen (genaue Angaben vgl. S. 335). Über die Wahl der *Photozellen* vgl. S. 341. Die Zellen müssen durch Bernsteinhalterung isoliert werden, die Zuleitungen zum Elektrometer sind durch ein Metallgehäuse gegen elektrostatische Störungen abzuschirmen. Bei gasgefüllten Zellen ist der steilen Charakteristik wegen eine sehr konstante Zellenvorspannung notwendig, ebenso für die Schneidenspannung des Elektrometers. Sie wird am besten von guten Trockenbatterien geliefert. Neuerdings ist ein Netzanschlußgerät sehr hoher Spannungskonstanz für solche Zwecke entwickelt worden[2].

Da die Absorption stets mehr oder weniger temperaturabhängig ist (normalerweise beträgt der Temperaturkoeffizient von ε etwa 0,1—1 % je Grad), muß für höchste Genauigkeit auf Temperaturkonstanz der Lösungen geachtet werden. Die Cuvetten müssen sich in einem doppelwandigen, von Thermostatenwasser durchspülten Trogkasten befinden.

Eine genaue Beschreibung einer derartigen Zweizellenanordnung für Präzisionsmessungen mit rotierendem Sektor oder Polarisationsprismen mit Angaben über Widerstände, Elektrometer, Tröge usw. findet sich bei KORTÜM und v. HALBAN[3]. Eine ähnliche Anordnung mit nur einer Photozelle wurde von CASPERSSON zur Bestimmung der Lichtabsorption im Innern des Zellkerns an Gewebeschnitten verwendet[4].

Hat man keine meßbare Lichtschwächungseinrichtung zur Verfügung, so wird man sich mit einer *Einzellenkompensationsanordnung* begnügen müssen. Vgl. Schaltschema (Abb. 42) oder Beschreibung bei v. HALBAN und GEIGEL[5]. Der zur Kompensation erforderliche Hochohmwiderstand (W_2 in Abb. 42) soll etwa 10^7 bis 10^8 Ohm betragen. Es sei jedoch nochmals darauf hingewiesen, daß bei dieser Methode die Meßresultate von der Proportionalität zwischen Beleuchtungsstärke und Photostrom abhängen.

Geräte mit Verstärkeranordnungen. Erst die Entwicklung der Verstärkertechnik in den letzten Jahren hat es möglich gemacht, lichtelektrische Geräte mit Alkalizellen in den Handel zu bringen, die ohne besondere Vorkenntnisse bedient werden können. Das hat den Vorteil, daß der Meßbereich auch auf den ultravioletten Spektralbereich ausgedehnt werden kann, und daß andererseits auch mit verhältnismäßig geringen Lichtintensitäten die Anordnung genügend empfindlich gemacht werden kann. Diese hohe Empfindlichkeit ermöglicht die Verwendung von Licht sehr geringer spektraler Breite, so daß die scheinbaren Abweichungen vom LAMBERT-BEERschen Gesetz auf ein Minimum herabgedrückt werden.

Auch bei Verwendung von Verstärkern läßt sich die Messung nach den drei beschriebenen Verfahren, nämlich dem Ausschlags-, dem Kompensations- und dem Substitutionsver-

---

[1] Vgl. KORTÜM, G., u. H. v. HALBAN: Z. physik. Chem. (A) **170**, 212 (1934). — KORTÜM, G.: Z. physik. Chem. (B) **33**, 243 (1936).

[2] KELLER, H., u. H. v. HALBAN: Helv. **27**, 702 (1944). — Hersteller: Dr. Nobile, Technisches Labor Zürich; vgl. auch Funk **1943**, 96. — MAIER, H.: Dipl.-Arb. Tübingen 1953.

[3] KORTÜM, G., u. H. v. HALBAN: Z. physik. Chem. (A) **170**, 212 (1934).

[4] CASPERSSON, T.: Chromosoma, Berlin 1, 562 (1940).

[5] HALBAN, H. v., u. H. GEIGEL: Z. physik. Chem. **96**, 214 (1920).

fahren durchführen (vgl. S. 364ff.). Auch hier gilt der Grundsatz, daß bei den beiden ersteren die Resultate von den Eigenschaften der Photozellen abhängen, während die Substitutionsmethoden reine Nullmethoden darstellen. Da sie jedoch eine geeignete meßbare Lichtschwächungseinrichtung erfordern, begnügen sich die meisten Konstruktionen mit der vor allem zur Verstärkung viel bequemeren Kompensationsmethode*.

Das *Photometer nach Heimann*[1] (schematische Abb. 49) arbeitet mit zwei gegeneinandergeschalteten Alkalizellen (8) und (9), an die die gleiche Spannung gelegt wird (Einregulieren des Spannungsteilers im abgedunkelten Zustand). Die beiden Zellen erhalten ihr Licht von einer 100 Watt-Glühlampe (1), die zum Schutz gegen Wärmeeinwirkung in einem gesonderten Gehäuse untergebracht ist. In jedem der beiden Lichtwege befindet sich eine gleich lange Cuvette (7), die zunächst beide mit Lösungsmittel gefüllt werden. Mit Hilfe einer Vergleichsblende (3) werden die Intensitäten der beiden Lichtbündel so abgeglichen, daß die Photoströme sich kompensieren. Dann wird in dem einen Lichtweg das Lösungsmittel durch die Lösung ersetzt und dafür im anderen Lichtweg die Meßblende (4) mit Hilfe der Trommel (5) so weit zugezogen, bis wieder Kompensation erreicht ist. Das Nullinstrument besteht aus einem einfachen Mikroampèremeter, vor das ein Gleichstromverstärker in Zwei-Röhren-Kompensationsschaltung eingebaut ist. Obwohl bei dieser Anordnung das Ampèremeter nur als Nullinstrument dient, und die Meßblende die eigentliche Meßvorrichtung darstellt,

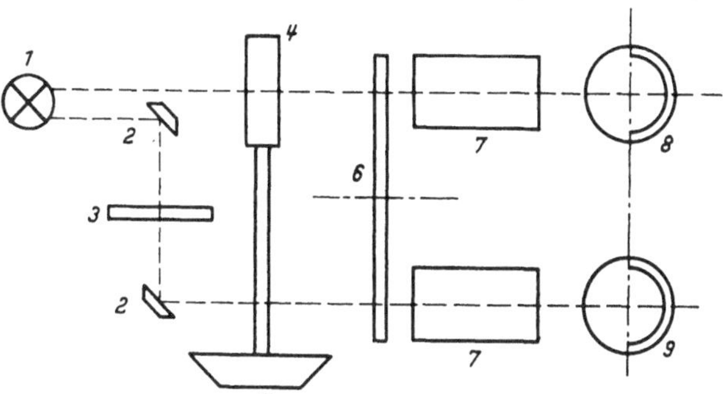

Abb. 49. Schematische Abbildung des HEIMANN-Photometers [aus F. LÖWE: Chemikerzeitung 74, S. 396 (1950)].

handelt es sich nicht um eine Substitutionsmethode, die von den Eigenschaften der Zelle unabhängig ist. Vielmehr hängen die Resultate von der Charakteristik Lichtintensität — Photostrom der beiden Zellen ab, die für verschiedene Extinktionen und verschiedene Zellen beträchtliche Unterschiede zeigen können.

Ein ähnliches Instrument ist das *Photometer „Eppendorf"*[2], das mit Alkalivakuumzellen nach der Ausschlagsmethode arbeitet. Eine zweite Zelle dient zur teilweisen Kompensation von Spannungsschwankungen der Lichtquelle. Als Lichtquelle wird eine Quecksilberlampe verwendet. Der Meßbereich geht vom ultravioletten bis in den ultraroten Spektralbereich. Auch Einzellengeräte, die nach der Ausschlags- oder Kompensationsmethode arbeiten, sind entwickelt worden (vgl. z. B. *„Ultra"-Transparenz- und Trübungsmesser*[3]).

Nach dem Substitutionsprinzip mit zwei gasgefüllten Alkalizellen und Gleichstromverstärkung arbeitet das *Elko II*[4]. Als Lichtschwächungsmittel wird eine Meßblende verwendet, die die Form einer Sektorscheibe mit 4 Sektoren hat. Diese Form wurde deshalb gewählt, weil der Breite des Lichtbündels wegen eine völlig homogene Ausleuchtung der Blende nicht möglich ist; und weil eine Sektorblende in diesem Fall kleinere Abweichungen ergibt als z. B. eine quadratische Blende. Weil die durchgelassene Lichtintensität trotzdem nicht in allen Bereichen genau proportional dem Öffnungswinkel des Sektors ist, werden dem Gerät zwei Graugläser mit geeichten Extinktionen von 0,5 und 1,0 mitgegeben, mit deren Hilfe die Blendenöffnung durch mechanische Veränderung des Sektorausschnittes

---

* Es sei nochmals darauf hingewiesen, daß in diesem Abschnitt über Photometrie nur sog. *Filterphotometer* behandelt werden. Apparate mit Monochromatoren, die sich auch zur Aufnahme von ganzen Absorptionsspektren eignen, werden im folgenden Abschnitt über lichtelektrische Spektrometrie behandelt.

[1] Hersteller: Hartmann und Braun, Frankfurt a. M.
[2] Hersteller: Elektromedizinische Werkstätten G. m. b. H., Hamburg 20, Martinistr. 52.
[3] Eisemann G. m. b. H., Stuttgart.
[4] Zeiß-Opton, Oberkochen.

(Drehen an zwei Korrekturknöpfen) korrigiert wird. Als Lichtquelle dient eine 50 Watt-Glühlampe oder eine Quecksilberlampe HQE 40, mit Netzanschlußgerät wie beim PULFRICH-Photometer. Schwankungen der Betriebsspannung von ± 10 Volt bleiben innerhalb der Fehlergrenze des Gerätes ohne Einfluß. Es werden die gleichen S-Filter und B-Cuvetten wie beim PULFRICH-Photometer verwendet.

Nach der *Flimmermethode* (S. 368) mit einer einzigen Photozelle als Empfänger ist das *Wepho*[1] (Wechsellichtphotometer) gebaut. Die optische Einrichtung ist die gleiche wie beim PULFRICH-Photometer; die elektrische Zusatzeinrichtung besteht aus einem Unterbrecher, der Photozelle, die unmittelbar hinter dem Ocular des Photometers angebracht ist, und dem Anzeigegerät für Helligkeitsgleichheit. Die Messung geht so vor sich, daß man zunächst in den einen Lichtweg die Lösung und in den anderen das Lösungsmittel einbringt und die Blende des letzteren Lichtweges zuzieht, bis das Anzeigegerät auf Null steht. Dann wird die Lösung durch das Lösungsmittel ersetzt und dafür auch auf dieser Seite die Blende zugezogen, bis wieder Kompensation erreicht ist. Aus der Stellung der letzteren Blende ergibt sich die Extinktion der Lösung. Diese Zusatzeinrichtung kann in Verbindung mit jedem PULFRICH-Photometer, das auf einer optischen Bank justiert ist, verwendet werden. Die erreichbare Genauigkeit entspricht der des visuellen Gerätes, da durch die Zusatzeinrichtung keine zusätzlichen systematischen Fehler eingeführt werden. Vor allem sind die Resultate völlig unabhängig von Spannungsschwankungen der Lichtquelle und von den Eigenschaften der Photozelle. Es handelt sich um eine reine Substitutionsmethode. Die Empfindlichkeit übersteigt dank der Verstärkereinrichtung diejenige des Auges, obwohl die von den S-Filtern durchgelassene Lichtintensität verhältnismäßig klein ist.

Ein weiteres Flimmerphotometer, das in der Konstruktion einem DUBOSQ-Colorimeter entspricht, wird von der Firma Leitz vorbereitet. Zwei von der gleichen Lichtquelle ausgehende Strahlenbündel durchsetzen zwei gleiche Tauchbecher, von denen der eine mit der zu untersuchenden Lösung, der andere mit dem reinen Lösungsmittel oder einer Kompensationslösung gefüllt ist. Extinktionsgleichheit kann eingestellt werden, entweder colorimetrisch durch Verändern des Schichtdickenverhältnisses von Lösung und Vergleichslösung oder photometrisch, indem in das Lichtbündel, das das Lösungsmittel durchsetzt, ein Grauglas bekannter Extinktion eingeschaltet und die Schichtdicke der Lösung variiert wird. Zur Feststellung der Extinktionsgleichheit werden die beiden Lichtbündel mittels einer besonderen Vorrichtung alternierend auf die gleiche Stelle einer Photokathode geleitet. Es entsteht ein Photostrom, dessen Wechselstromkomponente verstärkt und einem Zeigerinstrument zugeführt wird. Der Ausschlag geht bei Extinktionsgleichheit auf Null zurück. Das Meßprinzip des Gerätes entspricht völlig demjenigen des Wepho, mit dem Unterschied, daß hier als Lichtschwächungseinrichtung statt der Meßblende eine Grauglasscheibe konstanter Extinktion verwendet wird. Außerdem können mit dem Gerät auch colorimetrische Messungen mit allen Vorteilen der colorimetrischen Methode (Unabhängigkeit der Eichkurve von der Spektralreinheit des Lichtes) ausgeführt werden. Die erreichbare Genauigkeit entspricht auch hier etwa der des entsprechenden visuellen Gerätes. Das Oberteil des Instrumentes mit der Photozelle ist gegen ein Oberteil mit Ocular austauschbar, so daß alle Messungen auch subjektiv vorgenommen werden können.

δ) Lichtelektrische Spektrometrie.

Im Gegensatz zu Filterphotometern mit ihrem relativ breiten spektralen Durchlässigkeitsbereich lassen sich Photometer mit Monochromatoren und definierter Optik genau wie Spektrographen auch für absolute Messungen, d. h. zur Aufnahme von Absorptionsspektren verwenden. Da das LAMBERT-BEERsche Gesetz bei der Aufnahme von Absorptionsspektren vorausgesetzt werden muß, ist es notwendig, daß das Meßlicht jeweils

---

[1] Zeiß-Opton, Oberkochen.

nur eine äußerst geringe spektrale Breite besitzt. Man ist deshalb auf Verstärkeranordnungen angewiesen, die auch bei engem Monochromatorspalt noch eine genügende Empfindlichkeit des Gerätes garantieren. Diesen Anforderungen genügen die modernen Geräte mit Monochromatoren genügend großer Dispersion. Man kann mit ihnen absolute Extinktionskoeffizienten mit einer Genauigkeit von etwa 1—3% bestimmen, was der Genauigkeit der spektrographischen Methode entspricht. Häufig werden solche Geräte auch für relative Messungen, d. h. für Konzentrationsbestimmungen benutzt. Es ist jedoch darauf hinzuweisen, daß die Genauigkeit auch in diesem Fall kaum unter 1% sinken dürfte, auch wenn die Empfindlichkeit der Geräte sehr groß ist. Das liegt daran, daß es sich in der Regel um Ausschlags- oder Kompensationsmethoden handelt, bei denen die Proportionalität von Beleuchtungsstärke und Photostrom vorausgesetzt ist. Will man sich auf relative Messungen beschränken, so wird man mit einfachen Zweizellensubstitutionsmethoden ohne Verstärkung in jedem Fall bessere Resultate erhalten, denn abgesehen von der bequemeren Handhabung und dem geringeren Preis kann man damit mühelos Genauigkeiten von 0,1% und darunter erreichen (vgl. S. 367).

Das *Beckman-Quarzspektrophotometer*[1] beruht auf dem Einzellenkompensationsprinzip. Der durch den Photostrom erzeugte Spannungsabfall an einem Ableitwiderstand von 2000 Megohm wird durch ein Potentiometer kompensiert. Jede Störung dieser Kompensation durch Änderung des Photostromes oder Verschiebung des Potentiometers gibt — über eine Verstärkeranordnung verstärkt — einen Ausschlag an dem als Nullinstrument dienenden Milliampèremeter. Zur Messung wird zunächst die Cuvette mit dem Lösungsmittel in den Lichtweg gebracht, und das Potentiometer auf 100% Durchlaß eingestellt. Dann wird der Ausschlag des Amperemeters durch Änderung der Gittervorspannung auf Null gebracht. Man ersetzt jetzt das Lösungsmittel durch die Lösung und stellt die Kompensation durch Variation der Potentiometerspannung wieder her. Die Prozente Lichtdurchlaß werden an der Potentiometerskala abgelesen. Die Skala kann auf 2 verschiedene Meßbereiche eingestellt werden; der erste für Extinktionen bis 1 (10% Durchlaß), der zweite für Extinktionen zwischen 1 und 2 (10—1% Durchlaß).

Da jede Verschiebung an der Wellenlängenskala und jede Veränderung der Monochromatorspaltweite die Lichtintensität ändert, und da auch die Empfindlichkeit der Photozelle wellenlängenabhängig ist, muß die Kompensation mit Hilfe der Gittervorspannung jeweils neu eingestellt werden. Da es erwünscht ist, mit möglichst engem Monochromatorspalt zu arbeiten und die Spaltweite über den ganzen Wellenlängenbereich der Messung konstant zu lassen, wählt man zunächst den Wellenlängenbereich geringsten Photostromes (im allgemeinen im weitesten Ultraviolett), stellt auf maximale Empfindlichkeit ein und verengt dann den Monochromatorspalt, bis Kompensation erreicht ist. In Wellenlängenbereichen, in denen die Empfindlichkeit der Zelle und die Leistung der Lichtquelle größer sind, wird dann bei gleichbleibender Spaltbreite, wie oben beschrieben, durch Änderung der Empfindlichkeit kompensiert.

Die Richtigkeit der Durchlässigkeitsangaben an der Potentiometerskala hängt von der Gültigkeit der Proportionalität zwischen Photostrom und Beleuchtungsstärke sowie von der Konstanz des Photostromes ab. Obwohl bei Verwendung von Vakuumzellen diese Voraussetzungen als gültig angenommen werden, wurden doch, gerade am BECKMAN-Photometer, z. B. nach dem Auswechseln der Zellen Abweichungen von einigen Prozenten festgestellt, obwohl die Empfindlichkeit der Ablesung 0,2% beträgt[2]. Der Apparat ist mit zwei verschiedenen Photozellen ausgerüstet, von denen nach Wunsch die eine oder die andere in den Strahlengang eingeschaltet werden kann, und zwar eine rotempfindliche Caesiumoxydzelle für den Bereich $1000 > \lambda > 620\ m\mu$, oder eine Caesium-Antimonzelle für den kurzwelligen Bereich $\lambda < 620\ m\mu$. Die Zelle kann mit Corningglashülle geliefert werden, so daß mit einer Wasserstofflampe als Lichtquelle der Meßbereich bis auf 200 $m\mu$ ausgedehnt werden kann.

---

[1] National Technical Laboratories, South Pasadena, California.
[2] CASTER, W. O., and O. MICKELSEN: Fed. Proc. 8, 190 (1949).

Der optische Strahlengang des BECKMAN-Photometers ist in Abb. 50 angegeben. Von der Lichtquelle A ausgehend tritt das Licht über den Konkavspiegel B und den Planspiegel C in den Spalt D des Monochromators ein und durchsetzt mittels des Kollimatorspiegels E und des Reflexionsspiegels F das dispergierende Quarzprisma zweimal, so daß die Dispersion des Prismas doppelt so groß ist wie bei einfachem Durchgang. Im Gebiet von 220—900 mμ genügt zur Messung im allgemeinen eine Spaltweite, die einen Spektralbereich von etwa 0,5—1,5 mμ durchläßt. Zur Absorption von Streulicht werden für einzelne Spektralbereiche Zusatzfilter geliefert, die die Spektralreinheit des Lichtes weiter verbessern. Die Wellenlängenskala sollte von Zeit zu Zeit nachgeprüft werden. Zu diesem Zweck wird statt der kontinuierlichen Lichtquelle eine Quecksilberlampe eingesetzt, und die Lage der bekannten Quecksilberlinien kontrolliert. Das aus dem Monochromator austretende Lichtbündel gelangt durch den Trogkasten G auf die Photozelle H. Die Cuvetten für Lösungsmittel und Lösung befinden sich auf einem Schlitten, so daß sie abwechslungsweise in den Lichtweg gebracht werden können. Als Lichtquelle dient für

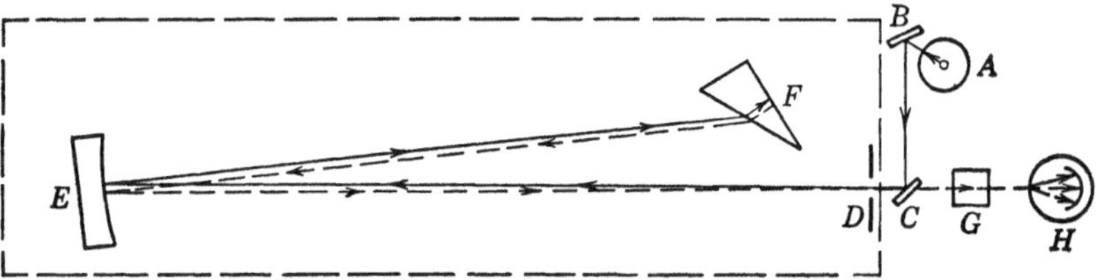

Abb. 50. Strahlengang des BECKMAN-Quarzphotometers (aus MELLON).

den sichtbaren Spektralbereich eine Glühlampe, die mit einer 6 Volt-Autobatterie betrieben wird, fürs Ultraviolett eine Wasserstofflampe, die über ein Netzanschlußgerät mit Spannungskonstanthalter ans Wechselstromnetz angeschlossen wird. Die Vorspannungen für die Photozellen und die Verstärkerröhren werden durch eingebaute Trockenbatterien geliefert.

Analog wie das Beckman-Spektralphotometer sind folgende englische und amerikanische Apparate gebaut: Das *Coleman-Photometer*[1] in drei verschiedenen Ausführungen, das *Unicam*[2], *Uvispek*[3] und das registrierende *Cary-Spektrophotometer*[4]. Das etwas einfacher gebaute, nach der Ausschlagsmethode arbeitende *Beckman-Spektrophotometer B* mit einer Glühlampe als Lichtquelle und einem Féry-Prisma als Dispersionsmittel ist für den Wellenlängenbereich von 320—1000 mμ zu gebrauchen. Ein entsprechendes Instrument, das Spektrophotometer CF_2 liefert die *Optica*[5].

Ein *Spektralphotometer* mit Monochromator und Sekundärelektronenvervielfacher wird neuerdings *von Zeiß-Opton*[6] hergestellt. Es arbeitet nach dem Ausschlagsverfahren, d. h. das aus dem Monochromator austretende Lichtbündel durchsetzt die Cuvette mit Lösung bzw. Lösungsmittel, fällt auf die Photokathode des Sekundärelektronenvervielfachers, dessen Photostrom einen Ausschlag am Strommeßinstrument erzeugt. Die Einstellung des Ausschlages auf 100 Skalenteile, wenn sich das Lösungsmittel im Strahlengang befindet, erfolgt grob durch Einregulieren der Spaltweite des Monochromators und fein durch Änderung des Verstärkerfaktors am Sekundärelektronenvervielfacher. Lichtquelle und Vervielfacher werden über einen magnetischen Spannungsgleichhalter an das 220 Voltnetz angeschlossen. Die Ablesegenauigkeit des Meßinstrumentes wird mit 0,2 Teilstrichen angegeben. Da es sich um ein Ausschlagsverfahren handelt, bedeutet das z. B. bei einer Extinktion von 1 eine Unsicherheit von etwa 1%. Entscheidender für die Beurteilung der erreichbaren Genauigkeit wird jedoch die Spannungskonstanthaltung sein,

[1] Coleman Instruments J. N. C., Maywood, Illinois.
[2] Unicam Instruments, Cambridge, Arbury Works.
[3] Hilger, London.
[4] CARY, H. H.: Rev. sci. Instr. 17, 558 (1946).
[5] Optica, Mailand.
[6] Zeiß-Opton, Oberkochen.

da die Intensität der Lichtquelle stärker als proportional von der angelegten Spannung abhängt, und außerdem der Photostrom des Sekundärelektronenvervielfachers sogar logarithmisch mit der Spannung anwächst (vgl. Abb. 19).

Wie bei allen Instrumenten, die nach dem Ausschlags- oder Kompensationsverfahren arbeiten, ist auch hier Proportionalität zwischen Beleuchtungsstärke und Photostrom vorausgesetzt. Das Instrument wird mit Quarz- oder Glasoptik geliefert. Da die einzelnen Teile nicht fest eingebaut sind, kann der Monochromator auch für andere Zwecke verwendet werden.

Nach dem Prinzip der *Flimmermethode* wurde von *Hardy* ein registrierendes *Spektralphotometer* entwickelt[1], nach dem z. B. eine Reihe von Instrumenten im National Bureau of Standards gebaut ist. Das aus dem Spalt eines Doppelmonochromators austretende Lichtbündel wird durch ein drehbares Polarisationsprisma polarisiert, durch ein Wollastonprisma in zwei senkrecht zueinander polarisierte Strahlenbündel aufgeteilt, deren Intensitätsverhältnis von der Stellung des Nicols abhängt. Durch ein zweites Polarisationsprisma, das mit einer Tourenzahl von 60/sec rotiert, werden die beiden Strahlen abwechselnd gelöscht und durchgelassen. Sie durchsetzen dann je eine Cuvette mit Lösung bzw. Lösungsmittel und gelangen in eine sog. ULBRICHTsche Kugel*, und von da durch vielfache Streuung und Reflexion auf die seitlich in der Wand der Kugel angebrachte Photozelle. Sind die Intensitäten der beiden Lichtbündel gleich, so entsteht ein Gleichstrom, sind sie nicht gleich, so wird dieser von einem Wechselstrom überlagert. Letzterer wird verstärkt und treibt einen Motor, der das erste Prisma so lange dreht, bis die Intensitäten gleichgeworden sind. Die Stellung des Prismas gibt die Durchlässigkeit der Lösung an, die in Abhängigkeit von der Wellenlänge registriert wird. Statt der Durchlässigkeit kann auch ihr Logarithmus registriert werden. Mit der Drehung des Monochromatorprismas ändert sich automatisch die Spaltweite derart, daß der durchgelassene Wellenlängenbereich überall konstant ist. Es werden Apparate mit 10, 8,5 und 4 mμ Durchlaßbereich hergestellt. Dieser verhältnismäßig weite Bereich (gegenüber z. B. 0,5—1,5 mμ beim BECKMAN-Spektrophotometer) bedingt natürlich eine gewisse Unsicherheit in den absoluten Werten der Extinktionskoeffizienten (vgl. S. 326). Dagegen sind die Resultate völlig unabhängig von Spannungsschwankungen der Lichtquelle und, da es sich um eine Substitutionsmethode handelt, auch von den Eigenschaften der Photozelle. Der Meßbereich des Instrumentes erstreckt sich von 400—700 mμ, also nur über das Sichtbare. Die Aufnahme einer ganzen Absorptionskurve erfordert $2^{1}/_{2}$—5 min.

Die eben beschriebenen Apparate werden ihrer hohen Kosten wegen nicht überall zur Verfügung stehen. Man kann jedoch eine solche Anordnung selbst herstellen[2], indem man bei einem Spektrographen die photographische Platte durch einen Sekundärelektronenvervielfacher (Multiplier) ersetzt. Dieser wird hinter einem Spalt auf einem Schlitten befestigt, der durch eine Präzisionsspindel mit Wellenlängenteilung in der Plattenebene verschoben werden kann. Für jede gewünschte Wellenlänge kann dann die Extinktion (lg J_0/J) unmittelbar aus den Ausschlägen des Photostrommeßinstrumentes ermittelt werden, wenn sich einmal die Lösung (J), das andere Mal das Lösungsmittel (J_0) im Strahlengang vor dem Eintrittsspalt des Spektrographen befindet.

d) Photographische Methoden (Spektrographie).

α) *Eigenschaften und Leistungsfähigkeit von Spektrographen*[3].

Der Zweck der Spektrographie ist die quantitative Aufnahme des *Absorptionsspektrums* einer Verbindung, sie gehört also zur Spektrometrie. Ihre Aufgabe ist es, den Extinktionskoeffizienten in Abhängigkeit von der Wellenlänge mit größtmöglicher Genauigkeit zu bestimmen. Nun hängt aber die Richtigkeit der gefundenen Werte nach S. 326 bei Gültigkeit

---

[1] In seiner heutigen Form: MICHAELSON, J. L.: J. opt. Soc. Amer. **28**, 365 (1938).
[2] Vgl. DORSCH, D.: Dipl.-Arb. T. H. München 1950.
[3] Vgl. dazu auch SCHUHKNECHT, W.: Z. analyt. Chem. **136**, 81 (1952).
* Hohlkugel, deren Innenfläche mit einer diffus reflektierenden weißen Schicht (z. B. MgO) belegt ist.

des BEERschen Gesetzes allein von der Spektralreinheit des verwendeten Lichtes ab. Zur Dispergierung des Lichtes werden wie bei der Spektroskopie Dispersionsprismen oder Gitter verwendet, durch die das gerichtete Lichtbündel zu einem Spektrum auseinandergezogen wird. Die Spektralreinheit des Lichtes hängt dann im wesentlichen von der Spaltweite des Spektrographen und von der Größe der Dispersion ab. Sie ist um so größer, je enger der Spalt ist, was bedeutet, daß auch die Gesamtintensität des Lichtes entsprechend abnimmt. Da die photographische Platte den Vorteil besitzt, die Lichteindrücke zu summieren, kann man durch entsprechende Belichtungszeiten auch bei Spaltweiten von wenigen hundertstel Millimetern noch zu ausmeßbaren Schwärzungen gelangen. Derartig kleine Lichtintensitäten reichen weder für visuelle Methoden noch für die direkte Messung des Photostromes einer Photozelle oder eines Photoelementes aus. Daher war die spektrographische Methode bisher die bestgeeignete zur Ermittlung ganzer Absorptionsspektren. Erst seitdem es möglich ist, durch Verstärkung des Photostromes oder Benützung von Multipliern sehr kleine Lichtintensitäten auch lichtelektrisch zu messen, sind die neu entwickelten Apparate, wie z. B. das BECKMAN-Spektralphotometer, die mit Monochromator und engen Spaltweiten arbeiten, den gebräuchlichen Spektrographen gleichwertig geworden. Da sie aber außerdem ein rascheres und bequemeres Arbeiten ermöglichen als spektrographische Methoden, wird die Bedeutung der Spektrographie voraussichtlich in Zukunft stark zurückgehen.

Man kann sich jedoch, wie schon S. 379 erwähnt, mit Hilfe eines Spektrographen oder eines Monochromators ein modernes lichtelektrisches Spektralphotometer selbst konstruieren, indem man in der Ebene der photographischen Platte das Spektrum mit einem Sekundärelektronenvervielfacher abtastet, bzw. den Sekundärelektronenvervielfacher hinter dem Austrittsspalt des Monochromators anbringt.

Die *Genauigkeit*, die man bei spektrographischen Messungen erreichen kann, ist durch Korn und Ungleichmäßigkeiten in der Empfindlichkeit der photographischen Platte gegeben. Sie beträgt optimal 1—2 % der Extinktion. Die Fehlerbreite bei den lichtelektrischen Photometern dürfte ebenso groß sein. Die Genauigkeit der Wellenlängenbestimmung hängt natürlich vom Dispersionssystem ab.

Für die Leistungsfähigkeit eines Spektrographen sind a) sein *Auflösungsvermögen* und b) seine *Lichtstärke* kennzeichnend. Ersteres ist definiert durch $\lambda/\Delta\lambda$, wobei $\Delta\lambda$ die Wellenlängendifferenz zweier benachbarter Spektrallinien bedeutet, die der Spektrograph eben noch zu trennen vermag. Letztere wird in der Regel durch das *Öffnungsverhältnis* gekennzeichnet, das durch das Verhältnis von Durchmesser zu Brennweite des Kollimatorobjektivs (Abb. 52) definiert ist. Richtiger ist es, das Verhältnis der ausgeleuchteten Fläche der Kameralinse zu deren Brennweite als Maß für die Lichtstärke des Spektrographen zu verwenden.

Als Dispersionssystem dient auch hier entweder ein Prisma (Prismenspektrographen) oder ein Gitter (Gitterspektrographen).

Bei *Gitterspektrographen* ist das Auflösungsvermögen der Zahl der Gitterstriche proportional. Im Gegensatz zum Prismenspektrum ist das Gitterspektrum annähernd linear (vgl. Abb. 51), d. h. der Ablenkungswinkel α ist der Wellenlänge λ proportional; $\sin\alpha = \lambda/d$, wobei d, die Gitterkonstante, gleich dem Abstand der Gitterstriche ist. Die Lichtstärke von Gitterspektrographen ist relativ gering; außerdem besitzen sie den Prismenspektrographen gegenüber den Nachteil, daß leicht Streulicht infolge von Unvollkommenheiten des Gitters oder durch Überlagerung von Spektren verschiedener Ordnung auftritt. Diese Schwierigkeiten konnten jedoch in neuerer Zeit überwunden werden, so daß es heute Gitterspektrographen hoher Vollkommenheit gibt.

Die Prismenspektrographen besitzen trotzdem für die Absorptionsspektrographie noch große Bedeutung. Das Auflösungsvermögen eines Prismenspektrographen hängt davon ab, wie stark sich der Brechungsindex n des Prismenmaterials mit der Wellenlänge ändert, d. h. wie groß die *Dispersion* $dn/d\lambda$ des Prismas ist. Man kann es erhöhen, indem man das Licht durch mehrere Prismen hindurchschickt (Mehrprismenspektrographen), oder indem man das Licht auf der verspiegelten Rückseite des Prismas reflektieren läßt, so daß es das Prisma zweimal durchläuft (Autokollimationsspektrograph). Es bleibt jedoch meist geringer als das eines entsprechend großen Gitterspektrographen. Die Dispersion von Glas und Quarz, dem meist gebräuchlichen Prismenmaterial, nimmt mit abnehmender Wellenlänge stark zu, so daß ein Prismenspektrum eine andere Verteilung der Wellenlängen zeigt als ein gleich langes Gitterspektrum (vgl. Abb. 51).

Der Strahlengang in einem solchen Spektrographen ist in Abb. 52 dargestellt. Das von der Lichtquelle ausgehende Licht wird durch einen Kondensor auf dem Spektrographenspalt abgebildet. Durch die als Achromat ausgebildete Kollimatorlinse wird das Lichtbündel parallel gerichtet. Der mittlere Wellenlängenbereich des Spektrums durchläuft das Prisma in der Stellung der minimalen Ablenkung. Die Kameralinse entwirft ein Bild des Spaltes auf der photographischen Platte. Da die Ablenkung für das vom oberen und unteren Rand des Spaltes kommende Licht nicht genau gleich ist wie das von der Mitte kommende, ist das Spaltbild in der Plattenebene mehr oder weniger gekrümmt. Man blendet deshalb durch eine geeignete Spaltblende die äußeren Teile des Spaltes ab. Da die verschiedenen Wellenlängen des Lichtes durch das Prisma verschieden abgelenkt

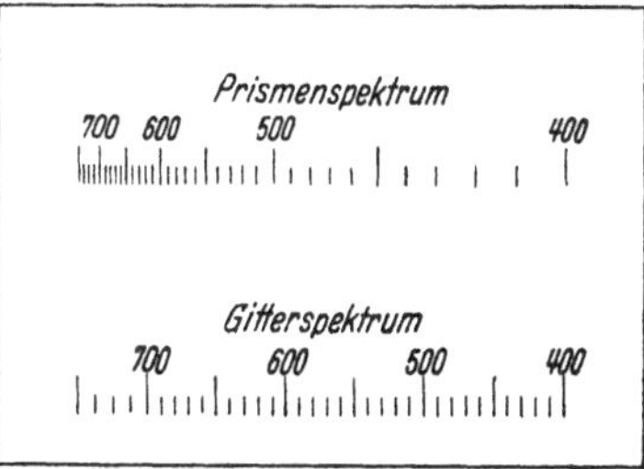

Abb. 51. Vergleich der Dispersion von Prismen- und Gitterspektrographen.

werden, wird das Spaltbild auf der Platte zu einem Spektrum auseinandergezogen. Beleuchtet man den Spalt mit einem Linienspektrum und ersetzt die photographische Platte durch eine Mattscheibe, so muß bei richtiger Justierung von Kollimator- und Kameralinse ein scharfes Bild des Spektrums auf der Mattscheibe zu sehen sein. Normalerweise läßt sich die scharfe Abbildung nicht über den ganzen Spektralbereich in

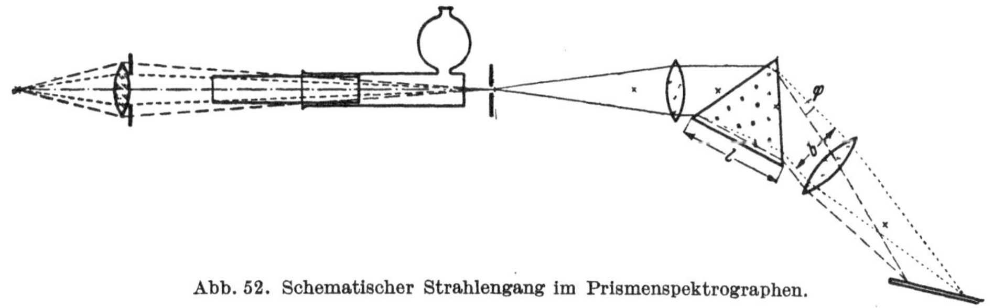

Abb. 52. Schematischer Strahlengang im Prismenspektrographen.

einer Ebene erreichen. Die Plattenkassette muß dann so konstruiert werden, daß die Platte leicht durchgebogen wird. Bei vielen Spektrographen ist jedoch durch geeignete Linsenkorrekturen die Abbildung in einer Ebene erreicht.

Besondere Sorgfalt erfordert die Behandlung des *Spaltes*. Er besteht aus zwei Metallbacken, deren Abstand mit Hilfe einer Mikrometerschraube verstellbar ist. Die Backen müssen exakt parallel sein, damit das Spektrum über die gesamte Spalthöhe gleichmäßig geschwärzt wird. Er muß sorgfältig behandelt und vor allem vor Verstaubung geschützt werden. Bei Spaltweiten von wenigen hundertstel Millimetern kann eine geringe Verunreinigung oder eine kleine Scharte sehr große Fehler verursachen. Man reinigt die Spaltbacken am besten mit einem weichen Holzstäbchen. Den Zustand des Spaltes kann man auf folgende Weise prüfen. Man beleuchtet ihn mit einer beliebigen Lichtquelle, entfernt die Plattenkassette und betrachtet bei abgedunkeltem Zimmer das Bild des Spaltes in der Plattenebene mit einer Lupe. Beim Zudrehen des Spaltes muß das Bild bis zuletzt in seiner ganzen Länge gleichmäßig hell bleiben. Jedem Spektrographen wird gewöhnlich eine Anzahl Spaltblenden beigegeben, durch die jeweils einzelne Teile des Spaltes freigegeben werden (vgl. Abb. 53). Man kann auf diese Weise eine Anzahl scharf aneinandergrenzender Spektren aufnehmen, ohne die photographische Platte zu verschieben.

Die *Justierung* der Lichtquelle und der übrigen Meßzubehörteile zum Spektrographen erfolgt am besten auf einer optischen Bank (Dreikantschiene mit verschiebbaren Reitern als Stativhalter; Hersteller: Optische Firmen, z. B. Steinheil, Zeiß, Phywe), die man in der Verlängerung der Kollimatorachse des Spektrographen aufstellt. Auf der Bank wird zunächst allein die Lichtquelle aufgestellt, der Spektrographenspalt wird weit geöffnet, die Kassette entfernt. Blickt man nun vom Ort der photographischen Platte gegen die Lichtquelle, so muß ihr unscharfes Bild in der Mitte der Kameralinse, bzw. einer vor dem Prisma zuweilen angebrachten Blende erscheinen. Bewegt man die Lichtquelle auf der optischen Bank gegen den Spektrographen, so darf sich dieses Bild nicht aus der Mitte der Blende verschieben; dann ist die optische Bank parallel mit der Achse des Kollimatorrohres. Damit die Lichtstärke des Spektrographen ausgenützt wird, muß die Kollimatorlinse voll ausgeleuchtet sein. Das ist dann der Fall, wenn die Öffnung des Kondensors gleich oder größer ist als die Öffnung der Kollimatorlinse des Spektrographen. Man

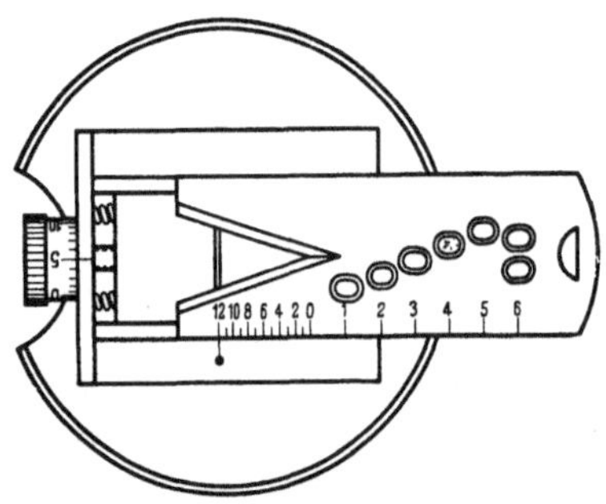

kontrolliert dies, indem man die Lichtquelle durch den Kondensor auf dem Spalt abbildet und wieder bei weit geöffnetem Spalt vom Orte der photographischen Platte aus in den Spektrographen blickt. Das ganze Prisma muß jetzt von Licht erfüllt sein. Andernfalls sieht man die Fassung des Kondensors. Weist die Lichtquelle eine Struktur auf (Glühfaden einer Lampe), so bildet man unscharf ab, damit die Spektren strukturlos werden. Die Lichtintensität wird jedoch dabei herabgesetzt.

Abb. 53. Schema einer verstellbaren Spaltblende (aus SEITH-RUTHARDT).

Die *Cuvette*, bzw. das BALY-*Rohr* werden in der optischen Achse möglichst nahe am Spalt aufgestellt. Das Lichtbündel darf dadurch nicht abgeblendet werden. Wenn dies nicht zu vermeiden ist, wird durch eine Aperturblende am Kondensor der Strahlenkegel entsprechend eingeengt, wobei natürlich die Gesamtintensität sinkt.

Das Material, aus dem Prismen, Linsen und weitere optische Zubehörteile hergestellt sind, richtet sich weitgehend nach dem zu untersuchenden Spektralbereich (Zusammenstellung S. 338). Während für den ultravioletten Spektralbereich Quarz- bzw. Flußspatoptik notwendig ist, wird man im Sichtbaren mit einem Glasprisma eine viel größere Auflösung erreichen, da die Dispersion von Glas etwa doppelt so groß ist wie die von Quarz.

β) Meßprinzip.

Die ursprüngliche HARTLEY-BALY-Methode, bei der man mit abgestuften Schichtdicken eine Reihe von Spektren übereinander aufnimmt und aus den jeweiligen Schwellenwerten der Schwärzung die Form der Absorptionskurven konstruiert, gibt nur qualitative Resultate und wird heute kaum mehr benutzt. Eine Beschreibung der Methode findet sich z. B. bei WEIGERT[1] oder SEITH und RUTHARDT[2].

Da die absolute Schwärzung einer photographischen Platte (vgl. S. 346) kein eindeutiges Maß für die summierte Lichtintensität ist, sondern weitgehend von den Entwicklungsbedingungen, der Plattensorte usw. abhängt (vgl. S. 346), benützt man heute ausschließlich das Verfahren der *Vergleichsspektren*, bei dem nur vorausgesetzt ist, daß zwei benachbarte Stellen der Platte bei gleicher Belichtungszeit und -intensität gleiche Schwärzung aufweisen. Es werden Doppelspektren einer Lichtquelle photographiert, bei denen das Lichtbündel das eine Mal durch die zu untersuchende Lösung, das andere Mal durch das Lösungsmittel und eine meßbare Lichtschwächungseinrichtung geschwächt ist. An einer Stelle gleicher Schwärzung ist dann die bekannte Extinktion gleich derjenigen der Lösung, und der Extinktionskoeffizient für die betreffende Wellenlänge läßt sich nach dem BEERschen Gesetz (vgl. S. 319) aus der bekannten Konzentration und der Schichtdicke der

---

[1] WEIGERT, F.: Optische Methoden der Chemie. Leipzig 1927.
[2] SEITH, W., u. K. RUTHARDT: Chemische Spektralanalyse. 4. Aufl. Berlin, Göttingen, Heidelberg 1949.

Lösung berechnen. Um Stellen gleicher Schwärzung im ganzen gewünschten Spektralbereich zu erhalten, kann man entweder die meßbare Extinktion oder besser die Schichtdicke der Lösung variieren, indem man BALY-Rohre (vgl. S. 340), d. h. Cuvetten variabler Schichtdicke, verwendet. Die Methode der Vergleichsspektren wurde von HENRI eingeführt, der jedoch das Vergleichsspektrum nicht durch eine meßbare veränderliche Lichtschwächungseinrichtung, sondern durch Verringerung der Expositionszeit schwächte. Wenn man den SCHWARZSCHILD-Faktor vernachlässigt (vgl. S. 346), so gilt für die Extinktion

$$E = \log \frac{I_0}{I} = \log \frac{t}{t_0}, \tag{46}$$

wobei t die Belichtungszeit für die Lösung, t_0 diejenige für das Lösungsmittel bedeuten. Diese Beziehung gilt nur für geringe Unterschiede der Expositionszeiten, bei größeren Unterschieden muß der SCHWARZSCHILD-Faktor p eingeführt werden, und man erhält

$$E = \log \frac{I_0}{I} = p \cdot \log \frac{t}{t_0}. \tag{47}$$

p hängt von einer Reihe von Faktoren ab und muß gesondert bestimmt werden.

Bei allen modernen Meßverfahren werden daher für die Vergleichsspektren absolute Lichtschwächungsmittel wie Blenden oder Sektoren verwendet. Auch bei einem rotierenden Sektor besteht die Lichtschwächung eigentlich nicht in einer Verringerung der Intensität, sondern in einer Herabsetzung der Belichtungszeit, und es müßte das SCHWARZSCHILDsche Gesetz berücksichtigt werden. Wie sich empirisch ergeben hat, wird der dadurch bedingte Fehler jedoch durch den sog. *Intermittenzeffekt* annähernd kompensiert. Dieser besteht darin, daß eine Summe kurzer Lichteindrücke nicht dieselbe Schwärzung hervorruft wie eine entsprechend lange nicht unterbrochene Belichtung mit gleicher Intensität. Den Intermittenzeffekt allein kann man dadurch annähernd eliminieren, daß man beide Lichtbündel durch je einen Sektor verschiedener Extinktion schwächt (Sektor nach GUDE; Zeiß, Jena).

Die Wellenlängen der Stellen gleicher Schwärzung werden dadurch festgelegt, daß man auf die gleiche Platte ein bekanntes Linienspektrum aufnimmt.

Die Genauigkeit, mit der man Stellen gleicher Schwärzung bestimmen kann, ist um so größer, je größer die Gradation der Platte ist (vgl. S. 346), d. h. je größere Schwärzungsunterschiede bei kleinen Intensitätsunterschieden des Lichtes auftreten. Man wird daher harte Platten verwenden und nach Möglichkeit im linearen Teil der Schwärzungskurve arbeiten.

γ) Verschiedene Meßverfahren.

Zwei Methoden sind gebräuchlich, um die beiden zu vergleichenden Spektren direkt übereinander aufzunehmen:

a) Das von der Lichtquelle emittierte Licht wird in zwei Bündel gleicher Intensität zerlegt, die nach dem Durchgang durch die Lösung bzw. das Lösungsmittel + Lichtschwächung so vereinigt werden, daß sie nahe aneinandergrenzend auf den Spalt des Spektrographen auftreffen und auf der Platte das Doppelspektrum erzeugen. Der Vorteil dieses Verfahrens besteht darin, daß Intensitätsschwankungen der Lichtquelle unwirksam werden, der Nachteil darin, daß die Justierung viel Sorgfalt erfordert und häufig nachgeprüft werden muß.

Eine Anordnung dieser Art stellt das *Spekker-Photometer*[1] dar, dessen Strahlengang in Abb. 54 angegeben ist. Zur Lichtteilung dienen 4 FRESNELsche Reflexionsprismen C, H und 4 Kondensorlinsen L, G aus Quarz. Als Lichtschwächungsmittel dient die Blende E, die mittels der Trommel D meßbar verstellt werden kann. Lösung und Lösungsmittel befinden sich in den gleich langen Cuvetten F.

Eine zweite *Anordnung* dieser Art *nach Scheibe* ist in Abb. 55 dargestellt. Als Lichtquelle dient die von der Lichtquelle L beleuchtete Mattscheibe M aus Quarz. Die

---

[1] Hersteller: A. Hilger, London.

Lichtteilung erfolgt mit Hilfe der Linse Li und der Blenden B_1 und B_2. Zur Aneinandergrenzung der Spektren auf dem Spalt Sp des Spektrographen wird ein HÜFNER-Rhombus R verwendet, wie er auch bei einer Reihe von Colorimetern und Photometern eingebaut ist. K_1 und K_2 sind die Cuvetten für Lösung und Lösungsmittel. Das Licht wird meßbar geschwächt durch den rotierenden Sektor S, wobei angenommen wird, daß sich die Fehler durch den Intermittenzeffekt und die Vernachlässigung des SCHWARZSCHILD-Faktors gegenseitig aufheben (vgl. S. 383).

Ein Nachteil der Methode mit rotierendem Sektor ist das Auftreten *stroboskopischer Effekte* bei gleichzeitiger Verwendung der Wasserstofflampe als Lichtquelle[1] (Koinzidenz zwischen Tourenzahl des Sektors und Frequenz des die Hg-Lampe betreibenden Wechselstroms). Man ist dann auf Funken, Glühlampen oder Xenonhochdrucklampen als Lichtquelle angewiesen.

Bei den beiden bisher beschriebenen Anordnungen ist die Cuvettenlänge begrenzt, so daß BALY-Rohre im allgemeinen nicht verwendet werden können. Beide Verfahren

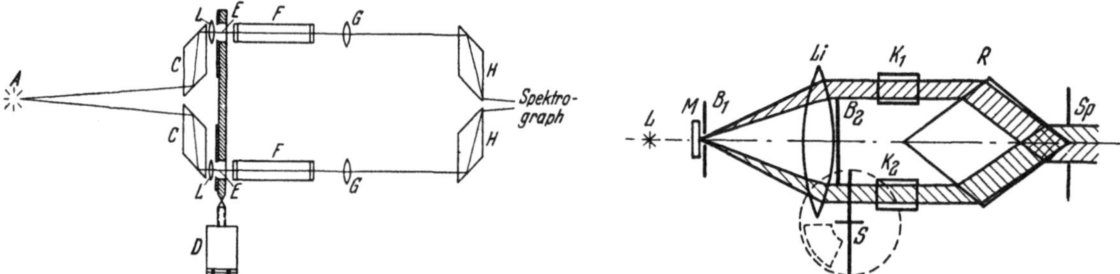

Abb. 54. Strahlengang im SPEKKER-Photometer.　　　Abb. 55. Anordnung für spektrographische Aufnahmen nach SCHEIBE.

arbeiten daher mit konstanter Cuvettenlänge und abgestufter Extinktion. Während sich ein BALY-Rohr etwa im Bereich von 5—300 mm auf 1% genau einstellen läßt, so daß man mit einer einzigen Konzentration und einer einzigen Extinktion einen ε-Bereich von 1:60 aufnehmen kann, läßt sich weder mit Sektor noch mit Blenden ein so großer Extinktionsbereich ohne weiteres mit genügender Genauigkeit einstellen. Um immer leicht ausmeßbare Schwärzungen zu erhalten, muß man die Belichtungszeiten entsprechend den Extinktionen abstufen.

b) Bei dem zweiten Verfahren werden die beiden zusammengehörigen Spektren n a c h - e i n a n d e r mit Hilfe von zwei aneinandergrenzenden Spaltblenden (vgl. Abb. 53) erzeugt. Das eine Mal wird die Lösung, das andere Mal das Lösungsmittel + Lichtschwächungseinrichtung in den Strahlengang gebracht. Die Intensität der Lichtquelle muß also während der Dauer der beiden Belichtungen auf 1% konstant sein. Falls man nicht eine konstante Spannungsquelle zur Verfügung hat, genügt eine Stabilisierung mit Eisenwasserstoffwiderständen. Weniger brauchbar sind bei dieser Methode jedoch geometrisch unruhige Lichtquellen, wie z. B. der kondensierte Funke. Man kann sich in diesem Falle dadurch helfen, daß man Lösungsmittel- und Lösungscuvette während einer Belichtungszeit mehrmals auswechselt, indem man mit Hilfe eines Exzenters die beiden Cuvetten abwechslungsweise in den Strahlengang bringt und dafür sorgt, daß auch jeweils zwei verschiedene Stellen des Spaltes ausgeblendet werden[2].

Als meßbare Lichtschwächungseinrichtung dient in diesem Fall am besten der POOLsche Sektor[3]. Er besteht aus einem Sektor bestimmten Ausschnittes, der nicht exzentrisch, sondern zentral im Lichtbündel justiert ist. Er wird direkt hinter dem Kondensor, also praktisch in der Hauptebene der Linse angebracht, so daß er wie eine Blende wirkt. Dadurch wird nicht, wie beim exzentrischen Sektor, die Belichtungs z e i t, sondern die

[1] PESTEMER, M., u. G. SCHMIDT: Mh. Chem. **69**, 399 (1936).
[2] KEUSSLER, V. v.: Z. angew. Physik **3**, 110 (1951).
[3] POOL, G. M.: Z. Physik **29**, 311 (1924). — HALBAN, H. v., G. KORTÜM u. B. SZIGETI: Z. Elektrochem. **42**, 628 (1936).

Belichtungsintensität herabgesetzt; Intermittenzeffekt, SCHWARZSCHILD-Exponent und stroboskopische Effekte mit einer durch Wechselstrom betriebenen Lichtquelle treten nicht in Erscheinung. Prinzipiell wäre eine Rotation des Sektors gar nicht notwendig; sie hat nur den Zweck, Inhomogenitäten im Querschnitt des Lichtbündels herauszumitteln. Bei völlig homogenem Strahlenbündel und richtiger Justierung sollten in der Abbildung der Lichtquelle auf dem Spektrographenspalt weder der Sektorausschnitt noch die Rotation des Sektors zu erkennen sein. Einen Quer- und Längsschnitt des POOLschen Sektors sowie eine Darstellung des Strahlengangs zeigt Abb. 56. Die punktförmige Lichtquelle W wird durch die Kondensorlinse L vergrößert auf dem Spalt des Spektrographen abgebildet. Eine scharfe Abbildung ist dabei nur möglich, wenn die Lichtquelle in axialer Richtung eine möglichst geringe Ausdehnung besitzt. Bei den gewöhnlichen Wasserstoffentladungsröhren ist dies nicht der Fall. Es wurde daher eine Wasserstofflampe mit quasi punktförmigem Leuchtraum entwickelt (vgl. S. 330). Wenn ferner die Abbildung für alle Wellenlängen scharf sein soll, muß als Kondensor ein Achromat (Quarz—Flußspat) eingesetzt werden. Doch wird die Genauigkeit des Verfahrens durch Verwendung einer gewöhnlichen Quarzlinse nicht beeinträchtigt.

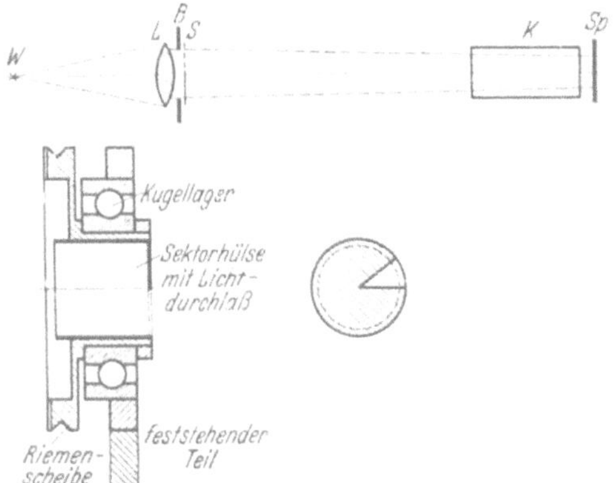

Abb. 56. Strahlengang und zentraler Sektor der POOLschen Absorptionsmethode.

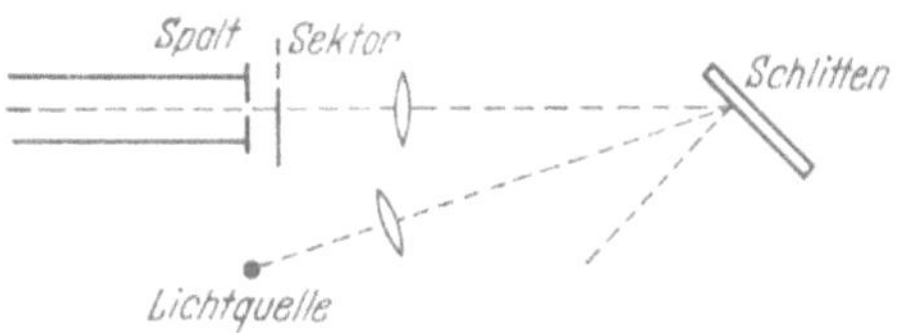

Abb. 57. Strahlengang für Absorptionsmessungen an festen Stoffen nach der Reflexionsmethode.

Direkt hinter dem Kondensor befindet sich der zentrale Sektor. Die Justierung des Sektors wird durch die hinter der Beleuchtungslinse angebrachte Irisblende B erleichtert, durch die man das Strahlenbündel beliebig einengen kann. Der Sektor rotiert in einem am Umfang angebrachten Kugellager und besitzt eine Reihe leicht auswechselbarer Scheiben mit verschiedenen Ausschnitten, so daß die Extinktion beliebig gewählt werden kann. Zweckmäßig verwendet man einen Satz von Sektorscheiben, deren Öffnungen logarithmisch abgestuft sind, so daß sich eine Absorptionskurve auch bei konstanter Schichtdicke (falls kein BALY-Rohr vorhanden ist) durch Verwendung verschiedener Extinktionen gewinnen läßt[1]. Der Sektor kann mit Hilfe eines Schlittens oder eines drehbaren Gelenkes aus dem Strahlengang entfernt werden, oder man entfernt auch einfach die Sektorscheibe. Der einfache, leicht zu justierende Strahlengang gestattet die Verwendung von BALY-Rohren beliebiger Länge, so daß man die Aufnahmen mit immer gleicher Extinktion und damit gleichen Belichtungszeiten machen kann, was sich beim Auswerten der Platten infolge der Gleichmäßigkeit der Schwärzungen vorteilhaft auswirkt.

Nach dem beschriebenen Verfahren lassen sich auch *Absorptionsspektren fester Stoffe* in Durchsicht ohne weiteres aufnehmen. Wenn es nicht gelingt, genügend dünne und definierte Schichtdicken herzustellen, lassen sich Spektren auch *in Reflexion* einer kontinuierlichen Strahlung an der feinst pulverisierten Substanz aufnehmen. Hierzu eignet sich besonders die zuletzt beschriebene Methode, bei der Spektrum und Vergleichsspektrum nacheinander aufgenommen werden. An Stelle der Lichtquelle in der Kollimatorachse des Spektrographen wird eine Schicht des matt gepreßten Pulvers angebracht, auf dem man unter einem Winkel von etwa 45° eine möglichst intensive kontinuierliche Lichtquelle abbildet (vgl. Abb. 57). Das von der Schicht diffus reflektierte Licht stellt die eigentliche

---

[1] Über die Eichung der Sektorscheiben vgl. HALBAN, H. v., u. M. LITMANOWITSCH: Helv. **24**, **44** (1941).

Lichtquelle für die Aufnahme dar. Für das Vergleichsspektrum stellt man eine entsprechende Schicht aus einem nichtabsorbierenden Pulver, z. B. MgO oder $BaSO_4$ her, wobei das daran reflektierte Licht durch Sektoren verschiedener Öffnung geschwächt wird. Des komplizierteren Strahlenganges wegen empfiehlt es sich, hier nicht einen POOLschen, sondern einen SCHEIBE-Sektor zu verwenden. Falls die Abmessungen der Kryställchen in der reflektierenden Schicht nicht größer sind als 1—2 μ, und falls man eine genügend intensive Lichtquelle zur Verfügung hat (man verwendet für den ultravioletten Spektralbereich am besten eine Xenonhochdrucklampe [vgl. S. 330], fürs Sichtbare eine intensive Glühlampe, z. B. eine Kinolampe oder eine Wolframpunktlichtlampe), erhält man auf diese Weise reproduzierbare Absorptionsspektren mit einer maximalen Streuung von $\pm$ 5% in E^1. Indem man die Pulverschicht auf einem Metallträger anbringt, der innerhalb eines Dewarbechers gekühlt wird (z. B. mit flüssiger Luft), kann man auch die Absorptionsspektren bei tiefen Temperaturen ermitteln.

Zur Aufnahme von Absorptionsspektren mit *polarisiertem Licht* wurde von SCHEIBE[2] folgende Methode entwickelt: Durch einen Kalkspatkrystall wird das Lichtbündel in zwei senkrecht zueinander polarisierte Bündel aufgespalten, die in der Plattenebene zwei getrennte Spektren erzeugen. Die Trennung der Spektren ist um so besser, je dicker der Krystall ist, jedoch verhindert bei dicken Krystallen die Eigenabsorption des Carbonations Messungen unterhalb von 2400 Å. Man kann jedoch auch mit einer dünnen Krystallplatte von 1 mm Dicke die Spektren genügend trennen, wenn ihre Vorder- und Rückfläche einen Winkel von etwa 1° miteinander bilden. Die Vorderfläche soll parallel zur optischen Achse des Krystalls liegen. Es lassen sich so noch Messungen bis etwa 2000 Å durchführen. Die Kalkspatplatte wird in der Regel zwischen Spalt und Kollimatorobjektiv angebracht. Da die Polarisationsebene des Lichtes durch Quarz gedreht wird, darf sich zwischen der zu untersuchenden Substanz und der Kalkspatplatte keine Krystallquarzoptik befinden.

Untersuchungen mit polarisiertem Licht werden benutzt, um festzustellen, ob im Einzelmolekül Licht verschiedener Schwingungsrichtung verschieden stark absorbiert wird. Beispielsweise ist die Absorption von Benzol um etwa den Faktor 10 stärker, wenn der elektrische Vektor des Lichtes parallel zur Ringebene schwingt, als wenn er senkrecht zur Ringebene schwingt. Für solche Untersuchungen müssen daher die Moleküle parallel gerichtet werden, wofür folgende Methoden in Frage kommen: 1. Krystallisierter Zustand, 2. Einbau des Moleküls in andere Krystalle, 3. Ausrichtung durch Strömenlassen von Lösungen, 4. Recken von Folien oder Fäden, 5. Adsorption an Oberflächen, 6. Ausrichtung durch elektrische oder magnetische Felder.

Zur quantitativen Auswertung der Spektren werden immer nacheinander die beiden senkrecht zueinander polarisierten Spektren einmal durch die absorbierende Substanz und dann durch das Lösungsmittel + Sektor aufgenommen. Die Methodik wurde bereits für eine Reihe von Untersuchungen angewendet[3].

δ) Einzelheiten zur Aufnahmetechnik.

Lichtquellen mit kontinuierlichem Spektrum sind für die Absorptionsspektrographie solchen mit Linienemission vorzuziehen. Erstens ist dadurch eine viel feinere Auflösung von Absorptionsbanden mit Feinstruktur möglich, und zweitens ist die Auswertung der Platten, d. h. das Auffinden der Stellen gleicher Schwärzung in einem kontinuierlichen Spektrum gleichmäßiger Intensität außerordentlich erleichtert. Davon abgesehen richtet

[1] Einzelheiten vgl. KORTÜM, G., u. M. KORTÜM-SEILER: Z. Naturforsch. 2a, 652 (1947). — SCHÖTTLER, H.: Diss. Tübungen 1951.

[2] SCHEIBE, G., ST. HARTWIG u. R. MÜLLER: Z. Elektrochem. 49, 372 (1943).

[3] Vgl. z. B. BUTENANDT, A., G. SCHEIBE, H. FRIEDRICH-FREKSA u. ST. HARTWIG: H. 274, 276 (1942). — SCHAUENSTEIN, E., J. O. FIXL u. O. KRATKY: Mh. Chem. 80, 143 (1949). — FIXL, J. O., O. KRATKY u. E. SCHAUENSTEIN: Mh. Chem. 80, 439 (1949). — SCHAUENSTEIN, E.: Mh. Chem. 80, 820 (1949). — KRATKY, O., u. E. SCHAUENSTEIN: Z. Naturforsch. 5b, 281 (1950). — KUHN, W., u. K. BEIN: Z. physik. Chem. (B) 24, 335 (1934). Z. anorg. Chem. 216, 321 (1934). — KUHN, W.: Z. physik. Chem. (B) 31, 23 (1935). Naturwiss. 26, 289, 305 (1938).

sich die Wahl der Lichtquelle nach dem zu untersuchenden Spektralbereich. Für das Sichtbare kommen in erster Linie *Glühlampen* und eventuell der *Nernststift* in Frage, fürs Ultraviolett das *Wasserstoffentladungsrohr*, die *Xenonhochdrucklampe* und unter Umständen der *Unterwasserfunke* oder der *kondensierte Funke* zwischen Metallelektroden, der allerdings ein Linienspektrum aussendet. Über Einzelheiten bezüglich Eigenschaften und Betrieb dieser Lichtquellen vgl. S. 329ff.

Als *Cuvetten* veränderlicher Schichtdicke dienen die sog. BALY-Rohre, die bis zu einer Länge von 30 cm geliefert werden. Über BALY-Rohre und Cuvetten mit unveränderlicher Schichtdicke vgl. S. 339ff.

Zur *Aufnahme eines unbekannten Spektrums* wird man zunächst eine Übersichtsaufnahme machen, die möglichst den ganzen ε-Bereich zwischen Minima und Maxima der Absorptionsbanden umfaßt. Bei organischen Verbindungen ist im allgemeinen der ε-Bereich von 100—100 000 von Interesse. Banden mit einem $\varepsilon_{max} > 10^5$ kommen äußerst selten vor. Da man von vornherein nicht weiß, ob das BEERsche Gesetz für die betreffende Verbindung streng gilt, wird man versuchen, für die ganze Aufnahme zunächst mit einer einzigen Konzentration der Lösung auszukommen. Wählt man eine Extinktion von 0,6 [z. B. beträgt $E = \lg (J_0/J)$ für eine Sektoröffnung von 25 % 0,603] und hat eine maximale Schichtdicke von 30 cm zur Verfügung, so beträgt die zugehörige molare Konzentration c nach dem BEERschen Gesetz:

$$c = \frac{E}{\varepsilon\, d} = \frac{0,6}{100 \cdot 30} = 2 \cdot 10^{-4}\,\text{Mol/l.}$$

Bei anorganischen Verbindungen, deren Banden im allgemeinen geringere Intensität aufweisen, wird man zweckmäßig von einer zehnmal höheren Konzentration ausgehen. Bei der Aufnahme von Salzen schwacher Säuren bzw. schwacher Basen ist zu berücksichtigen, daß durch Zugabe von Lauge bzw. Säure die Hydrolyse zurückgedrängt werden muß (vgl. S. 323). Die *Wahl der Extinktion* ist dadurch begrenzt, daß man bei zu kleinen Extinktionen zu geringe Schwärzungsunterschiede erhält, so daß die Genauigkeit beim Aufsuchen der Stellen gleicher Schwärzung sinkt. Zu hohe Extinktionen dagegen erfordern lange Belichtungszeiten. Normalerweise wird man sich auf den Extinktionsbereich von 0,5—1,5 beschränken. Die Belichtungszeiten müssen sich umgekehrt proportional zur durchgehenden Lichtintensität J verhalten. Beträgt z. B. die Belichtungszeit für $E = 0,603$ ($J = 0,25$ für $J_0 = 1$) 1 min, so muß bei einer Extinktion von 1 ($J = 0,1$) 2,5 min belichtet werden, damit die Schwärzungen etwa gleich sind. Die günstigsten *Belichtungszeiten* müssen für jede Lichtquelle, jeden Spektrographen und jede Plattensorte empirisch ermittelt werden. Sie sollen mindestens so groß sein, daß sie noch auf 1 % genau abgestoppt werden können. Die Spaltweite des Spektrographen sollte je nach seiner Dispersion ein bis einige hundertstel Millimeter betragen.

Man nimmt nun nach einer der beschriebenen Methoden mit abgestuften Schichtdicken eine Reihe von Doppelspektren auf, so daß jeder Stellung der Kassette ein Doppelspektrum Lösung und Lösungsmittel + Sektor bei einer bestimmten Schichtdicke entspricht. Es ist zweckmäßig, die Schichtdicken logarithmisch abzustufen (z. B. 200, 100, 50, 25, 12,5 ...), da dann die Abstände immer gleichen Abständen in $\lg \varepsilon$ entsprechen, und sich so die Meßpunkte im Absorptionsspektrum ($\lg \varepsilon$ gegen λ bzw. $1/\lambda$) gleichmäßig verteilen. Da man mit gewöhnlichen BALY-Rohren die Schichtdicke auf 0,01 cm genau einstellen kann, sollte man für 1 % Genauigkeit keine Schichtdicken < 1 cm verwenden. Bei dem angeführten Beispiel mit einer Lösung der Konzentration $2 \cdot 10^{-4}$ wird man damit ein ε von 3000 erreichen. Man kann dann mit der gleichen Lösung durch Erhöhung der Extinktion, z. B. auf 1,5 (Sektorausschnitt 3,2 %, Belichtungszeit 8 min) und Abstufen der Schichtdicke bis zu 0,1 cm, was bei Verwendung z. B. eines Mikro-BALY-Rohres (vgl. S. 340) ohne weiteres möglich ist, bis zu $\varepsilon = 10^5$ gelangen.

Anstatt durch Änderung der Extinktion kann man den Aufnahmebereich dadurch erweitern, daß man die Lösung z. B. 1:10 oder 1:100 verdünnt und die Aufnahme mit den gleichen Schichtdicken wiederholt. Man wird die Konzentrationen bzw. die Schichtdicken zweckmäßig so wählen, daß sich der Anfang der neuen Aufnahme mit dem Ende der alten überschneidet. Fallen die Kurven in diesem Gebiet nicht zusammen, so ist das ein Zeichen für wahre Abweichungen vom BEERschen Gesetz. In solchen Fällen sollte man versuchen, möglichst mit einer einzigen Konzentration für das ganze Spektrum auszukommen.

Es ist zweckmäßig, in der Mitte der Platte ein sog. Kontrollspektrum aufzunehmen, bei dem man Lösungsmittel + Lichtschwächung zweimal übereinander aufnimmt. Die beiden Spektren müssen bei richtiger Justierung völlig gleich sein. Kleine Ungleichmäßigkeiten werden beim Ausmessen der Platten mit einem objektiven Plattenmeßapparat eliminiert, indem man alle Spektren auf das Kontrollspektrum bezieht. Unten und oben auf der Platte wird ein Linienspektrum zur Festlegung der Wellenlängenskala mit aufgenommen. Hierzu eignen sich am besten der Eisen- bzw. Wolframfunke fürs

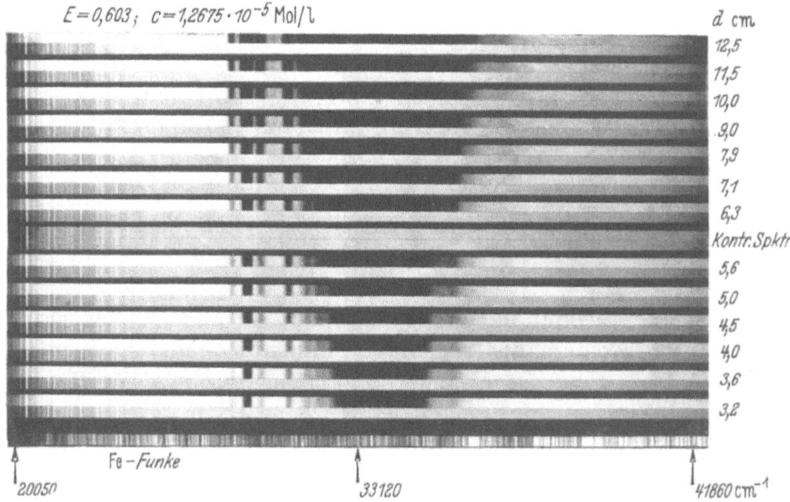

Abb. 58. Absorptionsspektrum von Anthracen in Dioxan, aufgenommen nach der POOLschen Sektormethode mit der H₂-Lampe als Lichtquelle.

Ultraviolett und der Eisenbogen fürs Sichtbare, gegebenenfalls auch einfach eine Quecksilberlampe (vgl. S. 331). In Abb. 58 ist als Beispiel eine Originalaufnahme des Absorptionsspektrums von Anthracen in Dioxanlösung gezeigt.

Über die Wahl der Plattensorte, Entwickeln, Fixieren usw. vgl. S. 347. Jede Platte sollte nach dem Trocknen auf der Gelatineseite mit Tusche oder Tinte beschriftet werden (Datum, Substanz, Lösungsmittel, Konzentration der Lösung, Spaltweite des Spektrographen, Schichtdicken, Belichtungszeiten). Für jedes Spektrum berechnet man nach dem BEERschen Gesetz aus den bekannten Größen Vergleichsextinktion, Konzentration und Schichtdicke den unbekannten Extinktionskoeffizienten. Die Stelle gleicher Schwärzung ergibt die zugehörige Wellenlänge.

Zur graphischen Darstellung trägt man den Extinktionskoeffizienten bzw. seinen Logarithmus (vgl. S. 320) als Ordinate, die zugehörige Wellenlänge bzw. ihren reziproken Wert, die Wellenzahl, als Abszisse auf.

Da es in vielen Fällen erwünscht ist, für Eichzwecke die Absolutwerte eines bestimmten, leicht reproduzierbaren Spektrums in einem möglichst großen Wellenlängenbereich zu kennen, sind in den folgenden Tabellen 4, 5 und 6 die absoluten Extinktionskoeffizienten des Pikrations[1] zwischen 22000 und 41000 cm⁻¹ und des Chromations[2] zwischen 41000 und 48000 cm⁻¹ bei 20° C und von Kupfersulfat[3] in verdünnter Schwefelsäure zwischen 550 und 750 mμ und von Kobaltammoniumsulfat[3] in verdünnter Schwefelsäure zwischen 400 und 650 mμ bei 25° C angegeben. Die Sicherheit dieser Werte beträgt $\pm$ 1%.

[1] HALBAN, H. v., G. KORTÜM u. B. SZIGETI: Z. Elektrochem. 42, 628 (1936).
[2] HALBAN, H. v., u. M. LITMANOWITSCH: Helv. 24, 44 (1941).
[3] DAVIS, R., and K. S. GIBSON: Nat. Bur. Standards, misc. Publ. 114 (1931).

Tabelle 4. *Absolute Extinktionskoeffizienten des Pikrations zwischen 22 000 und 41 000 cm⁻¹ und des Chromations zwischen 41 000 und 48 000 cm⁻¹ bei 20° C.*

cm⁻¹	Å	log ε	cm⁻¹	Å	log ε	cm⁻¹	Å	log ε
22 000	4545	3,155	31 000	3225	3,922	40 000	2500	4,027
22 500	4444	3,445	31 500	3174	3,850	40 500	2469	4,050
23 000	4348	3,660	32 000	3125	3,775	41 000	2439	4,063
23 500	4255	3,803	32 500	3077	3,695	41 000	2439	3,250
24 000	4167	3,898	33 000	3031	3,615	41 500	2410	3,170
24 500	4081	3,960	33 500	2986	3,530	42 000	2381	3,075
25 000	4000	4,006	34 000	2942	3,458	42 500	2353	2,985
25 500	3922	4,032	34 500	2899	3,390	43 000	2326	2,900
26 000	3846	4,055	35 000	2857	3,365	43 500	2299	2,860
26 500	3774	4,095	35 500	2817	3,375	44 000	2273	2,855
27 000	3704	4,130	36 000	2778	3,428	44 500	2247	2,875
27 500	3637	4,150	36 500	2740	3,510	45 000	2222	2,940
28 000	3571	4,160	37 000	2703	3,600	45 500	2198	3,030
28 500	3509	4,156	37 500	2667	3,703	46 000	2174	3,125
29 000	3448	4,138	38 000	2631	3,798	46 500	2150	3,215
29 500	3390	4,100	38 500	2597	3,875	47 000	2127	3,305
30 000	3334	4,050	39 000	2564	3,940	47 500	2105	3,400
30 500	3279	3,990	39 500	2532	3,990	48 000	2084	3,495

Tabelle 5. *Extinktionskoeffizienten für Kobaltammoniumsulfat* $[CoSO_4 \cdot (NH_4)_2SO_4 \cdot 6 H_2O]$
in 0,19 m H_2SO_4 *bei 25° C.* $c = 3,664 \cdot 10^{-2}$ *Mole/Liter. Schichtdicke 1 cm.*

Kobaltammoniumsulfat $[CoSO_4(NH_4)_2SO_4 \cdot 6 H_2O]$	14,481 g
Schwefelsäure (Dichte 1,835)	10 cm³
Mit destilliertem Wasser aufgefüllt auf	1000 cm³.

cm⁻¹	Å	log ε	cm⁻¹	Å	log ε
25 000	4000	—0,4670	18 180	5500	0,3254
24 390	100	—0,3386	17 856	600	0,1316
23 810	200	—0,2137	17 543	700	—0,0753
23 255	300	—0,0324	17 243	800	—0,2479
22 725	400	0,1538	16 946	900	—0,3652
22 225	4500	0,3243	16 665	6000	—0,4272
21 735	600	0,4494	16 395	100	—0,4705
21 275	700	0,5200	16 130	200	—0,5032
20 835	800	0,5661	15 873	300	—0,5147
20 410	900	0,6040	15 623	400	—0,5225
20 000	5000	0,4596	Hg 24 710	4047	—0,4055
19 605	100	0,6771	Hg 22 945	4358	0,0766
19 230	200	0,6637	Hg 20 340	4916	0,6113
18 866	300	0,5981	He 19 935	5016	0,6565
18 520	400	0,4826	Hg 18 310	5461	0,3908
			Hg 17 303	5780	—0,2235
			He 17 016	5876	—0,3412
			He 14 976	6678	—0,6145

ε) Auswertung der Platten.

Der eigentliche Meßvorgang besteht darin, die Wellenlänge festzustellen, bei der die beiden zu vergleichenden Spektren die gleiche Schwärzung aufweisen. Zur Ausmessung dient in der Regel ein mit Mikroskop und Schlitten für die meßbare Verschiebung der Platte versehenes Meßgerät *(Komparator)*[1]. Für die Absorptionsspektrographie genügt in der Regel ein einfaches Modell, welches die Abstände auf 0,05 mm abzulesen gestattet. Zur Eichung der Abstandsskala des Komparators in Wellenlängen wird eine bestimmte, leicht auffindbare Linie des Bezugspektrums (es kann z. B. auch eine der charakteristischen

---

[1] Hersteller: Zum Beispiel Askaniawerke, Berlin; C. Zeiß, Jena; C. Leiß, Berlin-Steglitz; R. Fueß, Berlin-Steglitz.

Tabelle 6. *Extinktionskoeffizienten für Kupfersulfat* ($CuSO_4 \cdot 5\,H_2O$) *in 0,19 m* H_2SO_4 *bei 25° C.*
$c = 8,010 \cdot 10^{-2}$ *Mole/Liter. Schichtdicke 1 cm.*

Kupfersulfat ($CuSO_4 \cdot 5\,H_2O$)   20 g
Schwefelsäure (Dichte 1,835)   10 cm³
Mit destilliertem Wasser aufgefüllt auf   1000 cm³.

cm^{-1}	Å	log ε	cm^{-1}	Å	log ε
18180	5500	−0,7133	13700	300	0,9507
17856	600	−0,5691	13513	400	0,9818
17543	700	−0,4382	13333	7500	1,0086
17243	800	−0,3125			
16946	900	−0,1893	Hg 24710	4047	−1,5814
16665	6000	−0,0711	Hg 22945	4358	−1,7897
16395	100	0,0433	Hg 20340	4916	−1,6248
16130	200	0,1476	He 19935	5016	−1,4564
15873	300	0,2517			
15623	400	0,3517	Hg 18310	5461	−0,7733
15385	6500	0,4466	Hg 17303	5780	−0,3378
15153	600	0,5342	He 17016	5876	−0,2161
14923	700	0,6175	He 14976	6678	0,6002
14706	800	0,6897			
14493	900	0,7582			
14286	7000	0,8182			
14083	100	0,8687			
13890	200	0,9133			

Atomlinien im langwelligen Teil des Wasserstoffspektrums sein; vor allem die scharfe und intensive Linie bei 4861 Å ist als Bezugslinie sehr geeignet) auf einen bestimmten Teilstrich des Komparators eingestellt. Dann werden die Komparatorteilstriche einiger über das Spektrum verteilter bekannter Emissionslinien notiert und in einer Eichkurve aufgetragen (Wellenlängen bzw. Wellenzahlen als Ordinate; Komparatorteilstriche als Abszisse). Diese Eichkurve, die nichts anderes darstellt als die Dispersionskurve des Spektrographen, ist bei Prismenspektrographen leicht gekrümmt. Manche Spektrographen besitzen auch eine Einrichtung, um eine Wellenlängenskala auf der Platte mit aufzunehmen. Da die Richtigkeit einer solchen Skala jedoch davon abhängig ist, daß sich die Justierung des Spektrographen nicht geändert hat, ist es in jedem Fall vorzuziehen, ein bekanntes Linienspektrum auf jeder Platte mitzuphotographieren, um stets ein einwandfreies Bezugsspektrum zu haben.

Das Aufsuchen der *Stellen gleicher Schwärzung* wird dadurch erleichtert, daß man mit Hilfe zweier an dem Mikroskop angebrachter Blenden einen schmalen Ausschnitt des Doppelspektrums so ausblendet, daß von der Umgebung kein Licht mehr in das Mikroskop gelangt. Die Ablesung am Komparator ergibt mit Hilfe der Eichkurve die zugehörige Wellenlänge.

Da das visuelle Ausmessen der Platten sehr ermüdend ist, erhält man in kürzerer Zeit wesentlich sicherere Ergebnisse, wenn man sich einer objektiven (lichtelektrischen) Methode bedient. Wie allgemein in der Photometrie arbeiten auch hier sog. Nullmethoden mit zwei Photoelementen in Kompensationsschaltung am ehesten einwandfrei. Das in Abb. 59 dargestellte Prinzip einer solchen Anordnung besteht darin, daß die beiden durch das verkleinerte Bild des Glühfadens beleuchteten Hälften des Doppelspektrums D auf einem aus 2 getrennten Hälften bestehenden Differentialphotoelement Z vergrößert abgebildet werden. Die beiden Elemente sind über ein Galvanometer gegeneinander geschaltet, so daß an einer Stelle gleicher Schwärzung kein Ausschlag erfolgt. Dieser Nullpunkt wird durch ein auf jeder Platte aufzunehmendes Doppelspektrum gleicher Intensität (beide Spektren durch das Lösungsmittel + Sektor bei gleicher Belichtungszeit aufgenommen; vgl. S. 388) festgelegt. Die Nullstellung des Galvanometers wird durch den Widerstand W einreguliert. Diese Kontrolle ist wichtig, da dadurch die ungleiche Charakteristik der beiden Zellen ausgeglichen wird. Sie muß für jede Schwärzung (also

z. B. in den verschiedenen Spektralbereichen) wiederholt werden. Auf diese Weise fallen jedoch auch Fehler, die durch mangelhafte Justierung, d. h. ungleichmäßige Beleuchtung des Spaltes entstehen, heraus. Wie bei einem einfachen Komparator ist die Platte auf einem senkrechten Tisch angebracht, der mit Hilfe einer Präzisionsspindel in horizontaler Richtung verschoben werden kann. Die Verschiebung läßt sich mit Hilfe einer Meßskala und Meßtrommel ablesen. Wie beim visuellen Ausmessen wird der Zusammenhang zwischen der Stellung des Plattentisches und der zugehörigen Wellenlänge auf der Platte durch eine Eichkurve mit Hilfe eines bekannten Linienspektrums festgelegt.

Während die beschriebene Anordnung rasches und sicheres Ausmessen garantiert, gestaltet sich das Aufsuchen der Stellen gleicher Schwärzung mit einem gewöhnlichen Spektrallinienphotometer, wie sie eigentlich zum Ausmessen der Schwärzungen bei der Emissionsspektralanalyse gebraucht werden, etwas umständlicher. Auch hier wird eine Lichtquelle in der Plattenebene, und dann vergrößert auf einem Photoelement bzw. dem Spalt eines Thermoelementes abgebildet. Der Photostrom des Empfängers, der

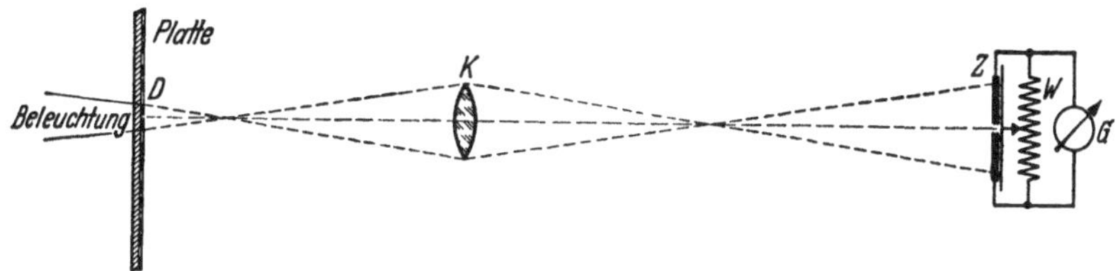

Abb. 59. Schema eines lichtelektrischen Plattenmeßapparates zum Auffinden von Stellen gleicher Schwärzung.

mit einem Galvanometer gemessen wird, gegenüber dem Photostrom bei einer unbelichteten Stelle der Platte ist ein Maß für die Schwärzung an der untersuchten Stelle. Um eine Stelle gleicher Schwärzung in einem Doppelspektrum zu finden, bringt man rasch nacheinander die beiden einzelnen Spektren in den Strahlengang und verschiebt die Platte so lange, bis bei diesem Wechsel der Ausschlag des Galvanometers der gleiche bleibt. Zum raschen Wechsel der beiden Spektren wird in dem von Zeiß konstruierten *Schnell-photometer* zwischen Abbildungslinse und Zelle ein Biprisma eingeschaltet, das auf einem Schlitten sitzt, bei dessen Verschiebung jeweils das eine oder das andere der zu vergleichenden Spektren auf den Spalt vor dem Photoelement projiziert wird.

Diese Methode ist wegen der Notwendigkeit, gleichzeitig die Schlittenverschiebung zu bedienen und den Plattentisch zu verschieben, immer noch recht mühsam. Eine wesentliche Verbesserung ist in einem von BODFORSS[1] angegebenen Gerät erreicht, bei dem der Projektionswechsel der zu vergleichenden Spektren automatisch und kontinuierlich erfolgt mit Hilfe eines oscillierenden Spiegels, der durch einen Synchronmotor mit Exzenter angetrieben wird. Als Empfänger dient hier eine Alkalimetallzelle, die über einen Verstärker an einen Kathodenstrahloscillographen angeschlossen ist.

e) Ultrarotmessungen[2-10].

α) *Allgemeine Grundlagen.*

Ultrarotspektren entsprechen dem Übergang eines Moleküls in die verschiedenen (gequantelten) Schwingungs- und Rotationszustände. Die reinen Rotationsspektren

[1] BODFORSS, S.: Z. wiss. Photogr. 40, 154 (1941)
Zusammenfassende Darstellungen der Ultrarotmethodik:
[2] SCHÄFER, C., u. F. MATOSSI: Das ultrarote Spektrum. Berlin 1930.
[3] CZERNY, M., u. G. ROEDER: Ergebn. exakt. Naturwiss. 17, 70 (1938).
[4] REINKOBER, O.: Hand- u. Jb. chem. Physik (EUCKEN-WOLF). Bd. 9/II, S. 1. 1934.
[5] LECOMTE, J.: Rayonnement infrarouge. Bd. 1 u. 2. Paris 1948 und 1949.
[6] HARRISON, G. R., R. C. LORD and J. K. LOOFBOURROW: Practical Spectroscopy. New York 1948.
[7] WILLIAMS, V. Z.: Rev. sci. Instrum. 19, 135 (1948).
[8] BARUES, R. B., and R. C. GORE: Analyt. Chem., Washington 21, 7 (1949); 22, 7 (1950); 23, 7 (1951).
[9] SUHRMANN, R., u. H. LUTHER: Chem.-Ing.-Techn. 22, 409 (1950).
[10] LÜTTKE, W.: Angew. Chem. 63, 402 (1951).

liegen im fernen Ultrarot, jenseits von $50\,\mu$. Im mittleren Ultrarot von 3—30 μ liegen
die Grundschwingungsbanden der meisten Moleküle, die dem Übergang aus dem
Schwingungsgrundzustand (sog. Nullpunktsschwingung) in den ersten angeregten
Schwingungszustand entsprechen. Im nahen Ultrarot, unterhalb von 3 μ und teilweise
noch an den Grenzen des Sichtbaren liegen die sog. Oberschwingungsbanden, die dadurch
zustande kommen, daß das Molekül in höhere Schwingungszustände übergeht (erste,
zweite, dritte usw. Oberschwingung). Die Intensität dieser Oberschwingungsbanden
nimmt sehr rasch ab (jeweils etwa um eine Zehnerpotenz), so daß die höheren Glieder
in Absorption meistens nicht mehr beobachtet werden können. Sämtliche Schwingungsbanden besitzen eine *Rotationsfeinstruktur*, die dadurch zustande kommt, daß gleichzeitig
mit der Schwingungsanregung auch eine Änderung des Rotationszustandes eintritt. In
kondensierten Phasen und in Gasen bei genügend hohem Druck wird diese Feinstruktur
verschmiert[1], und es entstehen breite kontinuierliche Banden, die bei geringer Auflösung
als „Linien" erscheinen. Diese Verschmierung der Feinstruktur ist für quantitative
photometrische Messungen wichtig. Die Bedeutung der Ultrarotspektren für die Konstitutionsermittlung liegt darin, daß die verschiedenen Banden bestimmten, sog. „Normalschwingungen" zugeordnet werden können, die für bestimmte Bindungen bzw. Gruppen
(z. B. —OH oder CH) charakteristisch sind und in verschiedenen Molekülen immer wieder
an ungefähr der gleichen Stelle auftreten, so daß diese Banden zur Indentifizierung solcher
Gruppen dienen können (vgl. S. 317). Außerdem sind diese charakteristischen Banden
im allgemeinen genügend weit voneinander entfernt, so daß sie getrennt beobachtet
werden können. Allgemein unterscheidet man zwischen *Valenzschwingungen* (in Richtung
der chemischen Bindung zweier Atome oder Atomgruppen) und *Deformationsschwingungen*
(senkrecht zur Bindungsrichtung), die nur bei mehratomigen Molekülen auftreten können.
Die zugehörigen Banden werden als *Parallel*- bzw. *Senkrecht*banden bezeichnet. Bei
höheren Anregungszuständen können auch sog. *Kombinationsbanden* auftreten, die durch
Überlagerung verschiedener Schwingungen zustande kommen.

Wie bei Absorptionsmessungen im sichtbaren und ultravioletten Spektralbereich muß
man auch hier unterscheiden zwischen qualitativen Untersuchungen, bei denen aus der
Lage der Banden lediglich auf das Vorhandensein bestimmter Atomgruppierungen
geschlossen wird (Spektrometrie), und quantitativen Konzentrationsbestimmungen, bei
denen aus der Intensität einer bestimmten Bande auf die Menge der betreffenden Verbindung geschlossen wird (Photometrie).

Für die *Spektrometrie*[2] wird man im allgemeinen das mittlere Ultrarot (3—25 μ)
wählen, in dem die meisten Grundschwingungsbanden liegen. In Tabelle 7 und Abb. 60
sind die Lagen der Absorptionsbanden für die wichtigsten funktionellen Gruppen zusammengestellt. Um eine Verbindung zu identifizieren, ist es also notwendig, daß alle den
einzelnen Gruppen zugeordneten Banden nachgewiesen werden.

Der einfachste Fall ist der einer zweiatomigen Molekel, bei der nur eine einzige
Schwingungsmöglichkeit in der Valenzrichtung existiert. Dementsprechend treten auch
nur eine einzige Grundschwingungsbande und eventuell noch die zugehörigen Oberschwingungsbanden mit rasch abnehmender Intensität auf. In erster Näherung kann man
ein solches zweiatomiges Molekül als einen harmonischen Oscillator auffassen. Für einen
solchen liefert die Wellenmechanik die Energieeigenwerte

$$U_v = h\nu_0\,(v + 1/2); \quad v = 0, 1, 2, 3 \ldots \tag{48}$$

worin ν_0 die mechanische Schwingungsfrequenz des Oscillators und v die Schwingungs-
quantenzahl darstellt, die nur ganzzahlig sein kann. Wie die Formel zeigt, besitzt das
Molekül auch für $v = 0$ noch Schwingungsenergie, die man als Nullpunktsenergie
$U_0 = \dfrac{h\nu_0}{2}$ bezeichnet. Der Übergang von $v = 0$ auf $v = 1$ entspricht der Grund-

---

[1] Vgl. dazu KORTÜM, G.: Naturwiss. **38**, 274 (1951).
[2] Vgl. U.R.-Spektrenatlas: Landolt-Börnstein, 6. Aufl. Bd. 2. S. 328—479. 1951.

schwingungsbande mit der Energieänderung $\Delta U = h\nu = h\nu_0$. Die Frequenz ν des absorbierten Lichtes ist gleich der Frequenz ν_0 des Oscillators. Da das Molekül in Wirklichkeit keinen harmonischen, sondern einen anharmonischen Oscillator darstellt, finden

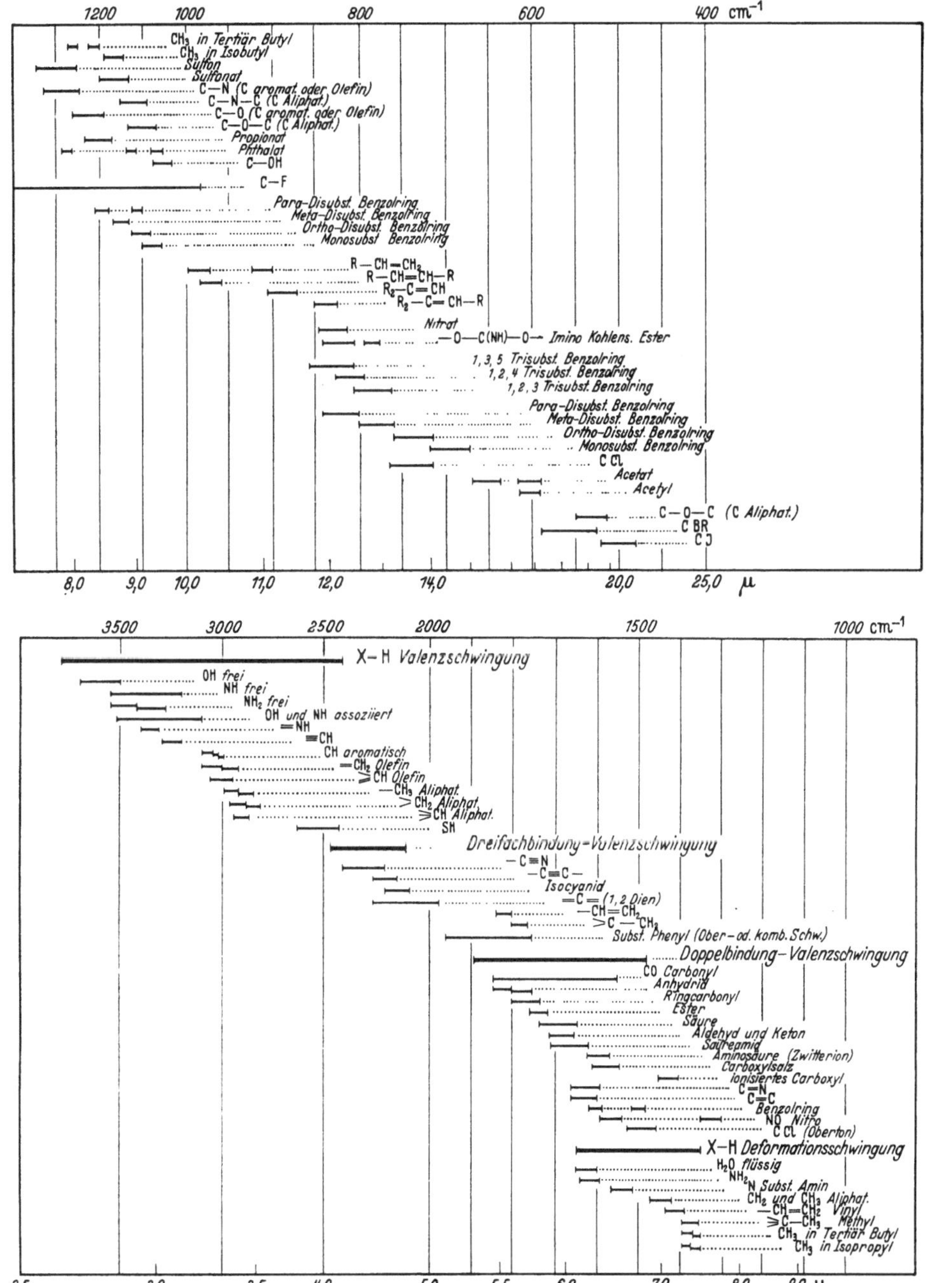

Abb. 60. Frequenzlage der charakteristischen Ultrarotabsorptionsbanden verschiedener Atomgruppierungen (nach W. LÜTTKE).

auch Übergänge mit $\Delta\nu = 2, 3, 4 \ldots$ statt, d. h. man beobachtet auch die Oberschwingungen mit abnehmender Intensität. Die Wellenmechanik liefert hier das Ergebnis, daß die Frequenz der Oberschwingungen nicht genau ein ganzes Vielfaches der Grundschwingung ist, sondern um so mehr davon abweicht, je größer $\Delta\nu$ ist.

Die Eigenfrequenz ν_0 eines harmonischen Oscillators hängt einerseits von der sog. *reduzierten Masse* der beiden Atome $\mu \equiv \dfrac{m_1 m_2}{m_1 + m_2}$, andererseits von ihrer *Bindungsfestigkeit*

Tabelle 7. *Ultrarotabsorptionsbanden für verschiedene funktionelle Gruppen.*

Funktionelle Gruppe	Lage der Absorptionsbande μ	Funktionelle Gruppe	Lage der Absorptionsbande μ
H_2O (atm)	2,58, 2,68	Enddoppelbindung	5,44—5,54
CO_2	2,69	$C=O$ (Ester).	5,71—5,81
CO_2 (atm)	2,76	$C=O$ (Säuren)	5,75—5,98
Asym.-NH_2	2,82—2,94	$C=O$ (Aldehyde und Ketone)	5,76—5,98
		$C=N$	6,04—6,21
Gebundenes —OH und $\overset{\mid}{N}$—H	2,84—2,99	—NH_2 (Amine)	6,08—6,35
		$C=C$ (Aromatischer Ring) .	6,17—6,30
Sym.-NH_2	2,87—2,99		6,60—6,75
$C=N$—H	2,96—2,99	$C=C$—$C=C$ (aliphatisch, konjugiert)	6,21—6,34
$\equiv C$—H (Acetylene)	3,02—3,10		
C—H (Phenyl).	3,22—3,24	—NO_2 (Nitro)	6,32—6,44
	3,22—3,28	$=C=S$	6,45—6,63
	3,28—3,31		
C—H (Olefine)	3,30—3,36	—$\overset{\mid}{\underset{\mid}{C}}$—Cl	6,63—6,74
—CH_3	3,37—3,49		
$>CH_2$ sat.	3,42—3,52	CH_2 und CH_3	6,78—7,03
—$\overset{\mid}{\underset{\mid}{C}}$—H sat.	3,48—3,54	—CH$=CH_2$	7,04—7,16
S—H	3,85—4,08	—$\overset{\mid}{\underset{\mid}{C}}$—$CH_3$ (Methyl) . . .	7,20—7,33
—$C\equiv N$ (Nitril)	4,16—4,55		
CO_2 (atm)	4,22 u. 4,28	C—F	7,63—7,78
—$C\equiv C$—	4,46—4,61		
—$C\equiv N<$	4,59—4,72	—$\overset{\mid}{\underset{\mid}{C}}$—O—	9,05—9,17
$>C=O$ (Carbonyl)	5,37—6,1		9,32—9,42
$C=O$ (Anhydrid).	5,41—5,56		
	5,56—5,71		

ab. Als Maß für die letztere dient die Kraft, die die aus ihrer Normallage entfernten Atome in ihre Ruhelage zurücktreibt; sie ist der Abstandsänderung der Atome proportional. Den Proportionalitätsfaktor bezeichnet man als die Kraftkonstante k; sie ist ein Maß für die Bindungsfestigkeit. Es gilt

$$\nu_0 = \frac{1}{2\pi} \sqrt{\frac{k}{\mu}}. \tag{49}$$

Bei Molekülen mit einer größeren Zahl von Atomen wird die Schwingungsbewegung viel unübersichtlicher. Jedes Atom führt komplizierte räumliche Bewegungen aus, die vollkommen unperiodisch sind, sich aber meistens durch Überlagerung einer endlichen Zahl von periodischen Bewegungen darstellen lassen (analog dem LISSAJOUschen Pendel in der makroskopischen Physik). Diese periodischen Bewegungen entsprechen den „Normalschwingungen", die im Spektrum getrennt auftreten und sich in erster Näherung gegenseitig nicht beeinflussen.

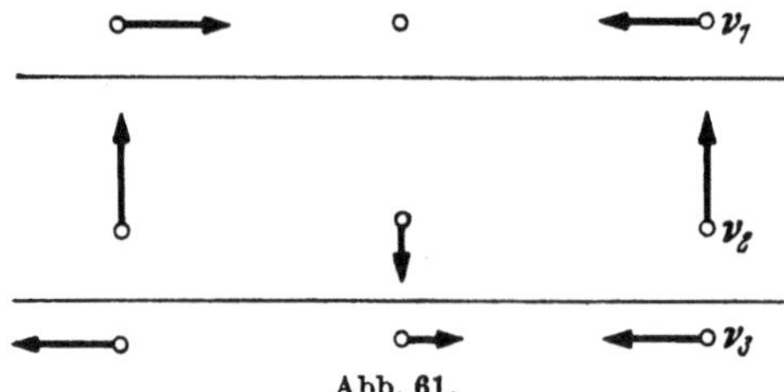

Abb. 61.
Schwingungsmöglichkeiten des CO_2-Moleküls.

Insgesamt besitzt eine n-atomige, nichtlineare Molekel $3n$—6, eine lineare $3n$—5 Normalschwingungen. Als Beispiel betrachten wir die Schwingungsmöglichkeiten eines linearen, symmetrischen, dreiatomigen Moleküls, wie es im CO_2 verwirklicht ist. Abb. 61 zeigt die 3 Schwingungsmöglichkeiten, die den Normalschwingungen des Moleküls entsprechen. ν_1 ist eine totalsymmetrische Valenzschwingung (auch Pulsationsschwingung genannt), ν_3 eine antisymmetrische Valenzschwingung, ν_2 eine Deformationsschwingung. Die Deformationsschwingung ν_2, die in einer Bewegung senkrecht zur Kernverbindungslinie besteht, ist „entartet", d. h. es gehören zur gleichen Frequenz zwei unabhängige Schwingungen, entsprechend den beiden, senkrecht zur Kernverbindungslinie liegenden Richtungen. Insgesamt besitzt also das Molekül 4 Normal-schwingungen, von denen 2 in ihrer Frequenz zusammenfallen. Für jede dieser Normal-schwingungen gilt prinzipiell eine Gleichung der Form (49).

Ob eine Schwingungsbande im Ultrarotspektrum auftritt, hängt schließlich noch davon ab, ob bei dem betreffenden Übergang sich das elektrische Moment des Moleküls ändert oder nicht. Nur im ersteren Fall kann Wechselwirkung mit der Strahlung, d. h. Absorp-tion auftreten, nur in diesem Fall ist die betreffende Schwingung *ultrarotaktiv*. Aus diesem Grund besitzen Molekeln aus gleichen Atomen (H_2, N_2, J_2 usw.) kein Ultrarotspektrum, da das elektrische Moment in allen Schwingungs- und Rotationszuständen Null ist, sich also beim Übergang von einem Zustand in den andern nicht ändert. Derartige Molekeln können demnach ihre Schwingungs- und Rotationszustände nicht durch Absorption, sondern nur durch Stöße ändern. Aus dem gleichen Grund ist z. B. die totalsymmetrische Schwingung ν_1 des CO_2 ultrarotinaktiv, da auch hier das elektrische Moment in allen Zu-ständen gleich Null ist, dagegen sind die Schwingungen ν_2 und ν_3 ultrarotaktiv. Das Auf-treten von Schwingungsbanden hängt also von der *Symmetrie* der betreffenden Normal-schwingung ab.

Da die Kraftkonstanten k nicht von vornherein bekannt sind, ist eine Vorausberechnung der Normalschwingungen nur bei einfachen Molekülen möglich. In der Regel ist man des-halb darauf angewiesen, aus den beobachteten Spektren auf die Kraftkonstanten zu schließen und die einzelnen Banden den verschiedenen Normalschwingungen zuzuordnen. Bezüglich der Auffindung der Normalschwingungen mit Hilfe der Symmetrieeigenschaften der Moleküle, der gebräuchlichen Symbole usw. muß auf die Spezialliteratur verwiesen werden[1].

Daß die Normalschwingungen sich gegenseitig nicht beeinflussen und deshalb bei gleicher Atomgruppierung in verschiedenen Molekülen unverändert auftreten, gilt wie erwähnt, nur in erster Näherung. In Wirklichkeit beobachtet man stets geringe Frequenz-verschiebungen, die teils durch äußere (zwischenmolekulare), teils durch innermolekulare Beeinflussung der Kraftkonstanten bedingt sind. Als Beispiel sei die Verschiebung der ultraroten OH-Bande erwähnt, die man beobachtet, wenn die Molekeln (wie Phenole oder Alkohole) durch Wasserstoffbrückenbindungen teilweise assoziieren[2]. Die Verschiebung ist hier so groß, daß eine völlig getrennte neue Bande auftritt, aus deren Intensität der Anteil der Moleküle bestimmt werden kann, der durch eine Wasserstoffbrücke gebunden ist. Während diese Verschiebung der OH-Bande auf zwischenmolekulare Kräfte zurück-zuführen ist (sie läßt sich unter anderem auch im flüssigen Wasser nachweisen), treten kleinere Verschiebungen z. B. der CH-Schwingungsbande auch infolge von innermoleku-laren Kräften auf. So bewirkt z. B. die Nachbarschaft der Cl-Atome im Chloroform eine Verschiebung der CH-Bande um $407\ \mathrm{cm}^{-1}$ gegenüber der CH-Bande etwa in Cyclohexan[3]. Die Verschiebung ist größer als die Halbwertsbreite der Bande, so daß auf diese Weise Chloroform neben Cyclohexan ultrarotspektroskopisch quantitativ nachweisbar ist.

β) Fehlerquellen und praktische Hinweise.

Während man für Messungen im sichtbaren und ultravioletten Spektralbereich die zu untersuchenden Stoffe in einem durchlässigen *Lösungsmittel* löst, macht dies bei Ultrarot-messungen Schwierigkeiten, weil es kein Lösungsmittel gibt, das über den ganzen verfüg-baren Spektralbereich völlig durchlässig ist. In Tabelle 8 sind für eine Reihe gebräuch-licher Lösungsmittel die Gebiete schwacher Absorption angegeben. Abb. 62 zeigt sche-matisch die zugehörigen Spektren. Am häufigsten werden Tetrachlorkohlenstoff und

[1] Vgl. z. B. KOHLRAUSCH, K. F. W.: Z. Elektrochem. **49**, 407 (1943). Hand- u. Jb. chem. Physik (EUCKEN-WOLF). Bd. 9, VI. 1943. — TELLER, E.: Hand- u. Jb. chem. Physik (EUCKEN-WOLF). Bd. 9, II. 1934. — HERZBERG, G.: Molekülspektren I. Dresden 1939. Infrared and Ramanspectra of polyatomic Molecules. New York 1945.

[2] KEMPTER, H., u. R. MECKE: Z. physik. Chem. (B) **46**, 229 (1940).

[3] SUHRMANN, R.: Angew. Chem. **62**, 509 (1950).

Benzol verwendet. Dagegen eignet sich Wasser als Lösungsmittel sehr schlecht, da es schon in verhältnismäßig dünner Schicht sehr stark absorbiert. Verbindungen, die sich praktisch nur in Wasser lösen, z. B. viele Eiweißstoffe, müssen daher entweder in reiner Substanz oder als Suspensionen in Paraffinöl oder Nujol untersucht werden. Eine neue Methode[1] beruht auf der Tatsache, daß KBr unter Druck plastisch wird. Man mischt die Substanz mit KBr und preßt sie im Vakuum. Man erhält so klare Scheiben, die sich wie eine Lösung für Absorptionsuntersuchungen eignen.

Wenn man kein geeignetes Lösungsmittel findet, ist man darauf angewiesen, die Messungen an den reinen Stoffen vorzunehmen. Da jedoch die Extinktionskoeffizienten im mittleren Ultrarot im allgemeinen ziemlich hoch sind, müssen die Stoffe in sehr kleiner Schichtdicke, z. B. von wenigen μ untersucht werden. Für Flüssigkeiten werden hierzu spezielle Cuvetten hergestellt (vgl. S. 339). Feste Stoffe löst man auf und stellt durch Verdunstenlassen auf einer Platte geeigneten Materials dünne Filme her, deren Absorption sich bestimmen läßt.

Diese Schwierigkeiten in der Beschaffung geeigneter Lösungsmittel oder der Herstellung kleiner Schichtdicken wirken sich besonders bei *quantitativen Messungen*, d. h. bei der *Ultrarotphotometrie* aus, bei der man aus der Intensität einer Absorptionsbande auf die

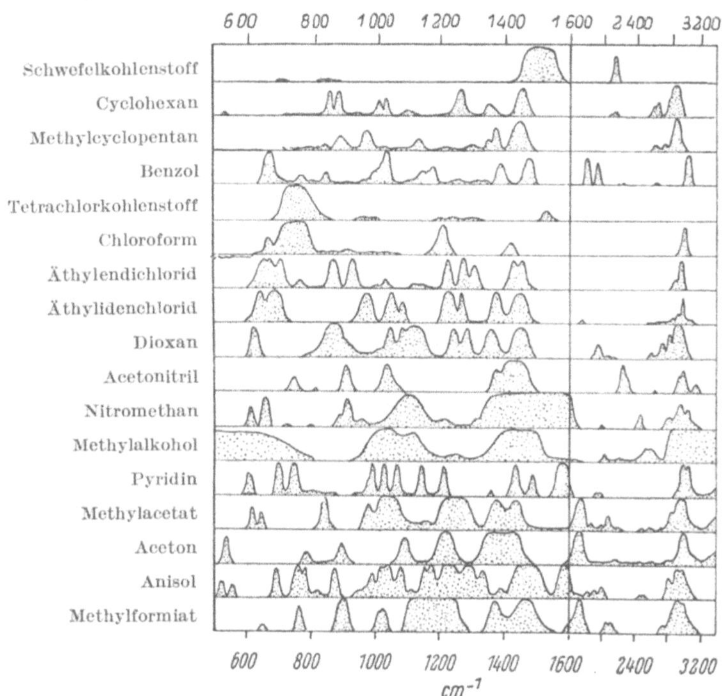

Abb. 62. Durchlässigkeit von Lösungsmitteln im Ultrarot [aus M. PESTEMER: Z. angew. Chem. **63**, 120 (1951).

Menge des absorbierenden Stoffes schließen will. Man berechnet die Konzentration wie bei Messungen im sichtbaren und ultravioletten Spektralbereich nach dem BEERschen Gesetz (vgl. S. 319), wonach $E = \lg \dfrac{J_0}{J} = \varepsilon\,c\,d$ ist. Um ε bzw. c mit genügender Genauigkeit bestimmen zu können, muß auch die Schichtdicke mit der gleichen Genauigkeit bekannt sein. Schichtdicken von 0,1 cm und darüber können noch mit einer Genauigkeit von wenigen Promillen eingehalten werden, dagegen beträgt die Unsicherheit bei Cuvetten von 0,01 cm bereits etwa 5 %. Um auch ohne Lösungsmittel mit größeren Schichtdicken arbeiten zu können, hat man zwei Wege zur Verfügung. Entweder man mißt die Absorption im Dampfzustand, also eventuell bei erhöhter Temperatur, oder man wählt, wo dies nicht möglich ist, zur Untersuchung das Gebiet des *nahen Ultrarot* (1—3 μ), in dem die *Oberschwingungen* der in Betracht kommenden Bindungen liegen[2] (vgl. S. 392). Da die Anregungswahrscheinlichkeit um so kleiner ist, je größer $\varDelta v$ ist, d. h. je höher das zu erreichende Niveau über dem Grundniveau liegt, sind die Intensitäten dieser Linien um so kleiner, je höher ihre Frequenz ist. Beispielsweise nehmen die Extinktionskoeffizienten der CH-Bande im Spektrum von $CHCl_3$ von der 1. bis zur 4. Oberschwingung

[1] SCHIEDT, U., u. H. REINWEIN: Z. Naturforsch. 7b, 270 (1952).

[2] SUHRMANN, R.: Angew. Chem. **62**, 507 (1950). — SUHRMANN, R., u. H. LUTHER: Chem.-Ing.-Techn. **22**, 409 (1950).

Tabelle 8. *Durchlässigkeit der Lösungsmittel im Infrarot nach* TORKINGTON *und* THOMPSON [1].

Spektralbereich		Gute Lösungsmittel	Weniger geeignete, aber noch brauchbare Lösungsmittel
cm⁻¹	μ		
500— 600	20 —16,7	Schwefelkohlenstoff, Cyclohexan, Benzol, Tetrachlorkohlenstoff, Chloroform, Dioxan, Methylformiat	Verschiedene
600— 700	16,7—14,3	Schwefelkohlenstoff, Cyclohexan, Aceton, Tetrachlorkohlenstoff, Acetonitril	Methylformiat, Anisol, Pyridin, Dioxan
700— 800	14,3—12,5	Schwefelkohlenstoff, Cyclohexan, Dioxan, Nitromethan, Methylacetat	Äthylidenchlorid, Aceton
800— 900	12,5—11,1	Äthylidenchlorid, Acetonitril	Schwefelkohlenstoff, Nitromethan, Methanol, Pyridin, Methylformiat, Aceton
900—1000	11,1—10,0	Schwefelkohlenstoff	Cyclohexan, Tetrachlorkohlenstoff, Chloroform, Methanol, Acetonitril, Methylformiat, Methylacetat, Aceton
1000—1100	10,0— 9,1	Schwefelkohlenstoff, Tetrachlorkohlenstoff, Chloroform	Methylcyclopentan, Aceton, Methylformiat
1100—1200	9,1— 8,3	Schwefelkohlenstoff, Tetrachlorkohlenstoff, Äthylidenchlorid, Acetonitril	Cyclohexan, Chloroform, Aceton
1200—1300	8,3— 7,7	Schwefelkohlenstoff, Acetonitril	Methylcyclopentan, Tetrachlorkohlenstoff, Chloroform, Pyridin
1300—1400	7,7— 7,1	Schwefelkohlenstoff, Tetrachlorkohlenstoff, Chloroform, Pyridin	Äthylendichlorid
1400—1500	7,1— 6,6	Tetrachlorkohlenstoff	Chloroform
1500—1600	6,6— 6,2	Cyclohexan, Methylcyclopentan, Benzol, Chloroform, Dioxan, Acetonitril, Methylacetat, Aceton	Methanol, Methylformiat
1600—2000	6,2— 5,0	Schwefelkohlenstoff, Cyclohexan, Tetrachlorkohlenstoff, Chloroform, Acetonitril	Nitromethan, Methanol, Pyridin
2000—2400	5,0— 4,1	Cyclohexan, Methylcyclopentan, Benzol, Tetrachlorkohlenstoff, Chloroform, Nitromethan, Äthylidenchlorid, Pyridin	Aceton, Anisol, Methanol
2400—2800	4,1— 3,6	Schwefelkohlenstoff, Benzol, Tetrachlorkohlenstoff, Chloroform, Äthylendichlorid, Acetonitril, Pyridin, Methylformiat	Aceton, Anisol
2800—3200	3,6— 3,1	Schwefelkohlenstoff, Tetrachlorkohlenstoff	Benzol, Chloroform

im Verhältnis von 6000:1 ab [2]. Diesen niedrigen Extinktionskoeffizienten entsprechend wird man mit Schichtdicken bis zu mehreren Zentimetern arbeiten können.

Bei Absorptionsmessungen an Lösungen mißt man das Verhältnis J_0/J in der üblichen Weise, daß man einmal die Strahlungsintensität nach dem Durchgang durch eine Cuvette mit Lösung (J) und dann nach dem Durchgang durch eine gleiche Cuvette mit Lösungsmittel (J_0) bestimmt. Auf diese Weise heben sich Reflexionsverluste an den verschiedenen Grenzflächen heraus, weil der Unterschied in den Brechungsindices zwischen Lösung und Lösungsmittel nicht ins Gewicht fällt. Bei Messungen an reinen Flüssigkeiten ist eine entsprechend einfache Methode nicht möglich. Die Unterschiede in den Brechungsindices von Flüssigkeit und Luft sind so groß, daß man nicht einfach die Vergleichscuvette leer lassen darf. Man hilft sich so, daß man zum Vergleich eine Cuvette mit verschwindend kleiner Schichtdicke d_0, gefüllt mit der gleichen Flüssigkeit benützt. Dann gilt $E = \lg \dfrac{J_0}{J} = \varepsilon c \, (d-d_0)$, wobei J die Strahlungsintensität nach Durchgang durch eine

[1] TORKINGTON, P., and H. W. THOMPSON: Trans. Faraday Soc. 41, 184 (1945).
[2] KEMPTER, H., u. R. MECKE: Z. Naturforsch. 2a, 549 (1947).

Cuvette der Schichtdicke d bedeutet, J_0 die Intensität nach Durchgang durch die Vergleichscuvette mit der sehr kleinen Schichtdicke d_0.

Die Anwendung des Beerschen Gesetzes zur Berechnung der Konzentration mit Hilfe eines einzigen Extinktionskoeffizienten ist aus zwei Gründen mit Unsicherheit belastet. Einmal können, wie bei photometrischen Messungen im Sichtbaren und Ultraviolett, *scheinbare Abweichungen vom Beerschen Gesetz* auftreten, wenn man mit spektral unreinem Licht arbeitet (vgl. S. 326), d. h. wenn z. B. die Spaltweite des Monochromators zu groß, oder seine Dispersion zu klein ist. Da die Schwingungsbanden im allgemeinen viel schmaler sind als die Elektronenbanden, und da die Abweichungen um so größer werden, je größer die Änderung des Extinktionskoeffizienten mit der Wellenlänge, d. h. je schmaler eine Bande ist, muß diese Fehlermöglichkeit bei quantitativen Ultrarotmessungen besonders beachtet werden. Auch in dieser Hinsicht eignet sich das nahe Ultrarot besser für die Messungen als das mittlere, weil die Banden der Oberschwingungen im allgemeinen flacher und breiter sind als diejenigen der Grundschwingungen.

Besondere Beachtung verlangt diese Fehlerquelle bei Messungen an Dämpfen, da hier die Schwingungsbanden eine Rotationsfeinstruktur besitzen, die starke scheinbare Abweichungen sowohl vom Lambertschen als auch vom Beerschen Gesetz verursacht[1]. In solchen Fällen muß man bei hohen Drucken oder unter Zusatz eines geeigneten Fremdgases (N_2) messen, da dann die Rotationsstruktur verschwindet.

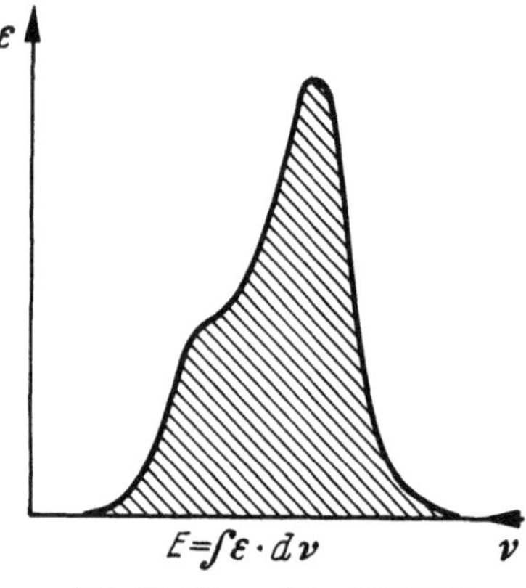

Abb. 63. Form einer zusammengesetzten Ultrarotabsorptionsbande (aus R. Suhrmann).

Eine weitere Fehlermöglichkeit bei der Anwendung des Beerschen Gesetzes besteht in *wahren Abweichungen vom Beerschen Gesetz*, falls sich mit steigender Konzentration die Form der Absorptionsbanden ändert. Dies ist vor allem dann leicht der Fall, wenn es sich nicht um eine einheitliche Absorptionsbande, sondern um zwei miteinander verschmolzene Banden handelt, wie dies an einem schematischen Beispiel in Abb. 63 gezeigt ist. Eine geringfügige Verschiebung der beiden Banden bei einer Konzentrationsänderung kann starke Abweichungen vom Beerschen Gesetz zur Folge haben. Es empfiehlt sich demnach in allen Fällen, für Konzentrationsbestimmungen das Beersche Gesetz mit Hilfe einer Eichkurve (Extinktion in Abhängigkeit von der Konzentration) nachzuprüfen.

Eine andere Möglichkeit, die besprochenen Fehlerquellen auszuschalten, besteht darin, daß man nicht die Höhe einer Bande bzw. den Extinktionskoeffizienten bei einer bestimmten Wellenlänge als Maß für die Konzentration benützt, sondern daß man die von der Bande und der Frequenz- bzw. Wellenzahlabszisse eingeschlossene Fläche, d. h. die integrale Extinktion $E = \int \varepsilon \, d\nu$ ermittelt, wie es durch die Schraffierung in Abb. 63 angedeutet ist. Quantitative Messungen dieser Art sind vielfach auch bei Fragen der Konstitutionsermittlung herangezogen worden. So ist die integrale Extinktion einer bestimmten Bande, z. B. der CH-Schwingungsbande, der Anzahl von Bindungen der betreffenden Art proportional, so daß man umgekehrt aus der integralen Extinktion auf die Zahl dieser Bindungen im Molekül schließen kann[2]. Vorausgesetzt ist dabei, daß es sich um gleichartige und in gleicher Weise beanspruchte Bindungen, also z. B. um lauter aliphatische CH-Bindungen, handelt. Die Übergangswahrscheinlichkeit ist z. B. bei den (endständigen) CH_3-Gruppen kleiner als in den (mittelständigen) CH_2-Gruppen. Daher nimmt der Wert der integralen Extinktion je CH-Bindung von Pentan nach Heptan zu. Auch andere im Molekül vorhandene Gruppen können sich in dieser Hinsicht auswirken.

---

[1] Vgl. Luck, W.: Z. Naturforsch. **6a**, 191 (1951). — Kortüm, G., u. W. Luck: Z. Naturforsch. **6a**, 305 (1951).

[2] Suhrmann, R.: Angew. Chem. **62**, 507 (1950).

Zum Beispiel wird E_{CH} durch das Vorhandensein mehrerer Halogenatome um Beträge bis zu 11%, durch den Einfluß von CN-, NO_2- und CO-Gruppen um Beträge bis zu 40 und 50% herabgesetzt.

Über weitere Arbeiten, die die Gültigkeit des LAMBERT-BEERschen Gesetzes bei der Analyse von Gasen und Lösungen mit Hilfe von Ultrarotmessungen behandeln, vgl. [1].

Als Beispiel für die Anwendung der quantitativen Ultrarotanalyse in der Biochemie sei die Bestimmung der Wirksamkeit von Penicillin an Hand einer Bande bei 1770 cm^{-1} erwähnt[2], die bereits weite Verbreitung gefunden hat.

Als weiteres Beispiel sei die Reinheitsprüfung von Lösungsmitteln angeführt. Verunreinigungen von Tetrachlorkohlenstoff durch Chloroform oder Trichloräthylen können bis zu weniger als $0,1\ ^0/_{00}$ an Hand bestimmter Ultrarotbanden nachgewiesen werden[3]. Ebenso lassen sich auch Prüfungen auf den Wassergehalt organischer Lösungsmittel durchführen[4].

γ) Experimentelle Hilfsmittel.

Für die Führung des Strahlenganges benützt man bei Ultrarotmessungen ganz allgemein *Hohlspiegel* statt Linsen. Das hat seinen Grund darin, daß einmal die Durchlässigkeit verschiedener Materialien immer auf gewisse Spektralgebiete beschränkt ist, so daß man bei Änderung des Spektralbereiches jeweils die ganze Linsenoptik auswechseln müßte. Noch größer würden die Schwierigkeiten, wenn man achromatische Linsen, d. h. Linsen mit wellenlängenunabhängiger Brennweite, herstellen wollte, die aus verschiedenen Materialien von unterschiedlichem Brechungsindex zusammengesetzt sein müssen. Bei Hohlspiegeln treten dagegen keine achromatischen Abweichungen des Strahlenganges auf, was bei der üblichen Ausdehnung der Ultrarotmessungen über einen großen Frequenzbereich sehr wichtig ist. Die Spiegel werden durch Bedampfen von entsprechend geschliffenem Glas mit sog. HOCHHEIMscher Legierung hergestellt, die hauptsächlich aus reinstem Aluminium besteht.

Zur Aussonderung bestimmter Spektralbereiche ist man immer auf Dispersionsmittel angewiesen. Lichtfilter, wie sie bei der Photometrie vor allem im Sichtbaren häufig verwendet werden, sind fürs Ultrarot nicht entwickelt worden, weil hier die Anforderungen an die spektrale Reinheit des Lichtes viel höher sind, da die auszumessenden Banden sehr schmal sind. Als Dispersionssystem verwendet man im allgemeinen Prismen aus geeignetem Material. Im nahen Ultrarot bis etwa $2,5\ \mu$ läßt sich noch Glas oder Quarz mit seinem relativ hohen Auflösungsvermögen verwenden. Bis etwa $6\ \mu$ ist Lithiumfluorid geeignet, dessen Prismen fast ebenso große Dispersion besitzen wie diejenigen aus Quarz, und die außerdem nicht sehr hygroskopisch sind. Bis $15\ \mu$ benützt man als Prismenmaterial gewöhnlich Steinsalz, bis $25\ \mu$ Kaliumbromid. Beide sind sehr empfindlich gegen Feuchtigkeit. Bis $40\ \mu$ lassen Prismen aus Thalliumbromidjodid durch, sie haben jedoch geringe Dispersion.

Strichgitter besitzen im ultraroten Spektralbereich ein wesentlich höheres Auflösungsvermögen als Prismen. Die Verwendung von Gittern ist jedoch für Messungen analytischer Art nicht notwendig, da die Auflösung der Schwingungsbanden in ihre Rotationsfeinstruktur nur für spezielle Fragen von Interesse ist. Gitteranordnungen sind ferner wesentlich lichtschwächer als Prismenanordnungen; außerdem wird das theoretische Auflösungsvermögen von Gittern selten erreicht, weil viel leichter Fehler durch Streulicht auftreten.

---

[1] LEHRER, E.: Z. techn. Physik **23**, 169 (1942). — LUFT, K. F.: Angew. Chem. (B) **19**, 2 (1947). — SIEBERT, W.: Z. Elektrochem. **54**, 512 (1950). — THOMPSON, H. W.: Analyst **70**, 443 (1945). — COGGESHALL, N. D., and E. C. SAIER: J. appl. Physics **17**, 450 (1946). — SUTHERLAND, G. B. B. M., and H. W. THOMPSON: Trans. Faraday Soc. **41**, 174 (1945). — NIELSEN, J. R., V. THORNTON and E. B. DALE: Rev. mod. Physics **16**, 307 (1944).

[2] BARNES, R. B., R. C. GORE, E. F. WILLIAMS, S. G. LINDLEY and E. M. PETERSEN: Analyt. Chem., Washington **19**, 620 (1947). — CLARKE, H. T., J. R. JOHNSON and Sir R. ROBINSON: The Chemistry of Penicillin. Princeton 1949.

[3] OSWALD, F., u. R. MECKE: Spectrochim. Acta **4**, 348 (1951).

[4] BENNING, A. F., A. A. EBERT and C. F. IRWIN: Refrig. Engng. **55**, 166 (1948).

Hinzu kommt, daß sich gelegentlich die Spektren der verschiedenen Ordnungen überlappen, so daß man gezwungen ist, das Licht mit Hilfe eines Prismenspektrometers vorzufiltern.

In Abb. 64 und 65 sind zwei verschiedene Anordnungen des Strahlenganges zur Monochromatisierung von Ultrarotstrahlung dargestellt[1]. In beiden Fällen dient ein Prisma P mit WADSWORTHSchem Spiegel W zur Dispergierung der Strahlung. Der Spiegel, der nicht unbedingt in der Verlängerung der Prismenbasis angebracht sein muß, bewirkt, daß sich das Prisma für alle Wellenlängen in der günstigsten Stellung der minimalen Ablenkung befindet. Es bedeuten S_1 und S_2 Eintritts- und Austrittsspalt, H Hohlspiegel, L Lichtquelle, K Absorptionscuvette, Sp Planspiegel, Th Thermosäule. Die beiden Anordnungen unterscheiden sich in der Art, wie sie eine möglichst hohe Abbildungsgüte zu erreichen suchen. In Abb. 64 geschieht dies durch Kreuzung des Strahlenganges. Dadurch heben sich Abbildungsfehler, die durch schrägen Einfall auf die Spiegel ent-

stehen, weg. Im zweiten Fall wird dies dadurch erreicht, daß die Strahlung parallel zur Achsenrichtung der Hohlspiegel reflektiert wird (der Eintrittsspalt befindet sich in einer schmalen Öffnung des Planspiegels Sp).

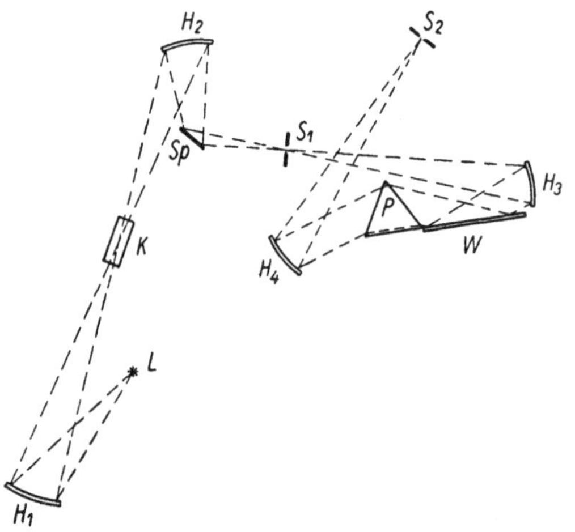

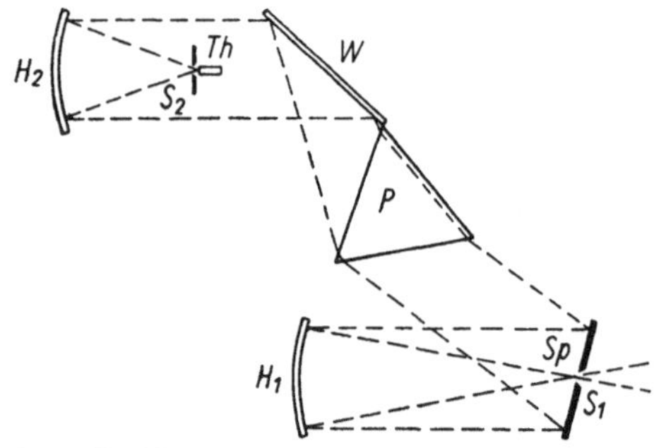

Abb. 64. 1. Strahlengang zur Monochromatisierung von Ultrarotstrahlung (aus R. SUHRMANN und H. LUTHER).

Abb. 65. 2. Strahlengang zur Monochromatisierung von Ultrarotstrahlung (aus R. SUHRMANN und H. LUTHER).

Für sehr hohe Anforderungen an die Spektralreinheit des Lichtes kann, wie bei den Doppelmonochromatoren für den sichtbaren und ultravioletten Spektralbereich, hinter den ersten Monochromator ein zweiter geschaltet werden. Dies ist bei Messungen im nahen Ultrarot zu empfehlen, wenn man mit Photozellen oder Photoelementen als Empfänger arbeitet, deren Empfindlichkeit in diesem Spektralbereich nur einen kleinen Bruchteil der Maximalempfindlichkeit beträgt, so daß auch noch kleine Mengen an Streulicht schon große Fehler in den Resultaten hervorrufen können. Häufig benutzt man auch die Prismen in der sog. LITTROW-Aufstellung, bei der das Prisma zur Erhöhung der Auflösung doppelt durchlaufen wird[2].

Die Wahl von *Lichtquelle* und *Empfänger* hängt vom Spektralbereich ab, in dem gearbeitet wird. Das nahe Ultrarot bietet insofern einige Vorteile, als man als Lichtquelle bis zu $2\,\mu$ eine Kinolampe verwenden kann, und als Empfänger außer dem Bolometer oder Thermoelement auch Caesium-Photozellen (bis $1,1\,\mu$), Photoelemente (bis $1,2\,\mu$)[3], Halbleiterzellen (bis $3\,\mu$) oder photographische Platten (bis $1,3\,\mu$). Photozellen, Photoelemente und Halbleiterzellen haben den Vorteil vor Bolometern und Thermoelementen, daß zur Registrierung des durch geeignete Verstärker verstärkten Photostromes relativ unempfindliche Meßinstrumente verwendet werden können. Eine Verstärkung des Photostromes ist notwendig, weil die Maximalempfindlichkeit dieser Empfänger bereits im

[1] SUHRMANN, R., u. H. LUTHER: Chem.-Ing.-Techn. **22**, 409 (1950).

[2] Über weitere Spektrometeranordnungen vgl. WRIGHT, N.: Industr. engng. Chem., analyt. Edit. **13**, 1 (1941). — OETJEN, R. A.: J. opt. Soc. Amer. **35**, 743 (1945). — BRATTAIM, R. R.: Physic. Rev. **60**, 164 (1941).

[3] Über die Empfindlichkeitsgrenze von Photoelementen vgl. WILSON, R.: Rev. sci. Instr. **23**, 217 (1952).

sichtbaren Spektralbereich liegt und im Ultrarot gar nicht ausgenützt wird. Das hat außerdem zur Folge, daß man die kurzwellige Strahlung durch ein Filter entfernen bzw. einen Doppelmonochromator zur Dispergierung verwenden muß, damit der durch Streulicht verursachte Photostrom nicht einen zu hohen Anteil des Meßphotostromes ausmacht.

Zur Messung des Photostromes wird im allgemeinen die Ausschlagmethode benützt. Dabei ist zu berücksichtigen, daß die Proportionalität zwischen Beleuchtungsstärke und Photostrom nur bei Bolometern und Thermoelementen streng erfüllt ist, während vor allem bei Photoelementen oft Abweichungen auftreten. Die Intensität der Lichtquelle muß natürlich durch geeignete Spannungsstabilisierung konstant gehalten werden. Über die Schaltungen von Photozellen und Photoelementen vergleiche die Kapitel der Photometrie im Sichtbaren und Ultraviolett (S. 364), über Verstärkung des Photostromes (S. 345).

Die Anwendung der *photographischen Methode* ist bei Ultrarotmessungen erst möglich geworden, seitdem es gelungen ist, die photographische Platte durch geeignete Sensibilisatoren bis 1,3 μ empfindlich zu machen (vgl. S. 347). Die photographische Methode ist für relative Messungen, d. h. für photometrische Konzentrationsbestimmungen verhältnismäßig umständlich und gestattet auch keine größere Meßgenauigkeit als 1—2 %, weil sich die Inhomogenität der lichtempfindlichen Schicht nicht genügend verringern läßt (Korngröße usw.). Ihre Vorzüge waren vielmehr für spektrometrische (absolute) Messungen gegeben, und zwar dadurch, daß die für absolute Messungen notwendige spektrale Reinheit des Lichtes in einem Spektrographen bei kleiner Spaltweite gewährleistet war, und daß die geringe Lichtintensität dann durch Erhöhung der Belichtungszeiten trotzdem genügende Schwärzungen auf der Platte erzeugen konnte. Seitdem es möglich ist, sehr kleine Lichtintensitäten auch mit Photozellen und Photoelementen mit nachfolgender Verstärkung auf einfache Weise zu registrieren, wobei die erreichbare Genauigkeit unter Umständen sogar größer ist als diejenige der photographischen Methode, hat letztere stark an Bedeutung verloren. Dies gilt in verstärktem Maße für Ultrarotmessungen.

Das für die Spektrometrie, d. h. zur Aufnahme von ganzen Spektren wichtige Gebiet von 3—25 μ, in dem die Grundschwingungsfrequenzen der Moleküle liegen, läßt sich spektrographisch nicht erfassen, während andererseits das nahe Ultrarot, soweit die Empfindlichkeit der photographischen Platte reicht, im wesentlichen die wenigen schwachen Oberschwingungsbanden enthält, die sich weniger zur Spektrometrie als zu photometrischen Aufgaben, d. h. für Konzentrationsbestimmungen eignen. Es ist daher anzunehmen, daß die Spektrographie für den ultraroten Spektralbereich keine große Bedeutung mehr erlangen wird, außer für Spezialaufgaben (z. B. zur Erfassung der Rotationsstruktur von Banden). Die Meßmethodik ist die gleiche wie bei der Spektrographie fürs Sichtbare und Ultraviolett (vgl. S. 379).

Als Lichtquellen im mittleren Ultrarot eignen sich *Nernststifte*, *Globarstifte* und *Silitstäbe*, über die bereits früher berichtet wurde (vgl. S. 333). Als Strahlungsempfänger kommen im wesentlichen *Thermoelemente*[1] und *Bolometer* (vgl. S. 345) in Frage. Ihr Vorteil gegenüber den Photozellen und Photoelementen besteht darin, daß die Proportionalität zwischen Photostrom und Beleuchtungsstärke streng erfüllt ist. Dafür ist ihr kleiner innerer Widerstand nachteilig für die Verstärkung des Photostromes mit Röhrenverstärkern. Hinzu kommt, daß sie eine erhebliche Trägheit besitzen, die die Registrierung von Wechselstrom mit Frequenzen von mehr als 70 Hz im allgemeinen ausschließt. Die meisten Apparate arbeiten mit Frequenzen von 5—20 Hz. Über Fragen des Verstärkerbaus muß auf Spezialliteratur verwiesen werden[2].

---

[1] Zusammenfassende Arbeit über Thermoelemente s. GEILING, L.: Z. angew. Physik. **3**, 467 (1951).

[2] BARNES, R. B., u. R. MATOSSI: Z. Physik **76**, 24 (1932). — McALISTER, E. D., G. L. MATTESON and W. J. SWEENEY: Rev. sci. Instr. **12**, 314 (1941). — PFUND, A. H.: Science, N. Y. **69**, 71 (1929). — SCHLESMAN, C. H., and F. G. BROCKMAN: J. opt. Soc. Amer. **35**, 755 (1945). — CREITZ, C.: Analyt. Chem., Washington **20**, 707 (1948). — WHITE, J. V., M. D. LISTON and R. G. SIMARD: Analyt. Chem., Washington **21**, 1156 (1949). — MÜLLER, R. H.: Analyt. Chem., Washington **22**, 72 (1950).

Die neuere Entwicklung hat außer den gewöhnlichen Thermoelementen und Bolometern einige Empfänger mit besonders günstigen Eigenschaften hervorgebracht. An ihrer Weiterentwicklung wird zum Teil noch gearbeitet. Die *Thermistor-Bolometer*[1] bestehen aus Halbleiterstreifen aus gesintertem Nickel-Kobalt-Manganoxyd. Sie haben den Nachteil, daß sie spezifisch absorbieren, d. h. ihre Empfindlichkeit ändert sich in einzelnen Spektralbereichen sprunghaft. *Supraleitungsbolometer*[2] arbeiten bei sehr tiefer Temperatur, unterhalb des Sprungpunktes zur Supraleitung. Am wenigsten erprobt sind wohl die GOLAY-*Zellen*[3], die aus einem geschwärzten Empfänger in einer gasgefüllten Zelle bestehen, die mit einer nach außen verspiegelten Membran abgeschlossen ist. Entsprechend der absorbierten Energie dehnt sich das Gas aus, und die Bewegung der Membran lenkt einen auf ihre verspiegelte Außenseite fallenden Lichtstrahl ab. Ein Vergleich der wichtigsten Eigenschaften solcher Empfänger ist in Tabelle 9 gegeben[4].

Tabelle 9. *Kenndaten einiger thermischer Empfänger.*

Art der Instrumente	Innerer Widerstand Ω	Zeitkonstante sec	Kleinste nachweisbare Energie Watt
Gebräuchliche Thermoelemente und Bolometer . .	10—20	10^{-2}— 1	10^{-8}—10^{-10}
Thermistor-Bolometer	$4 \cdot 10^6$	10^{-3}—10^{-2}	10^{-8}—10^{-9}
Supraleitungs-Bolometer, GOLAY-Zelle	—	10^{-3}—10^{-2}	10^{-9}—$6 \cdot 10^{-11}$

Über *Absorptionscuvetten* wurde bereits berichtet (vgl. S. 339). Da es bei den Abschlußplatten der Cuvetten nicht allein auf die spektrale Durchlässigkeit, sondern auch auf die Stabilität des Materials ankommt, verwendet man Steinsalz- und Kaliumbromidplatten nur oberhalb von $10\,\mu$. Bis $5\,\mu$ ist Glimmer geeignet, bis $10\,\mu$ Flußspat. Für viele Zwecke werden neuerdings auch Cuvetten aus polymerisierten Fluorkohlenstoffen benützt[5]. Für Messungen an Gasen sind gelegentlich sehr große Schichtdicken notwendig, die man mit einer kleineren Cuvette und Spiegelanordnung an den Rohrenden zur mehrfachen Reflexion in der Cuvette herstellt[6]. Über bis zu 200° heizbare Cuvetten vgl. [7]. Auch für Untersuchungen bei tiefen Temperaturen wurden spezielle Cuvetten entwickelt[8].

Bei Prismenspektrometern ist immer eine genaue *Wellenlängeneichung* notwendig. Man nimmt dazu die bekannten Spektren einiger Substanzen auf und bestimmt die Lage einiger markanter Linien. Es ist wichtig, daß man zur Eichung Substanzen wählt, deren Spektren mit einem Gitterspektrometer aufgenommen sind, weil dort aus der Gitterkonstante und dem Beugungswinkel die Wellenlänge genau berechnet werden kann. Die Eichbanden sollen möglichst scharf und über den ganzen Wellenlängenbereich verteilt sein. In Tabelle 10 ist eine Liste solcher Eichsubstanzen angegeben mit dem Wellenlängenbereich, in dem die wichtigsten Banden liegen, und den Literaturangaben, wo die Spektren zu finden sind. Käufliche Apparate sind meistens bereits mit einer Wellenlängenskala ausgerüstet. Es empfiehlt sich jedoch stets eine Nachprüfung an Hand einiger weniger Linien. Die Nachprüfung sollte auch von Zeit zu Zeit wiederholt werden.

---

[1] BEEKER, J. A., and W. H. BRATTAIN: J. opt. Soc. Amer. **36**, 354 (1946). — MÜLLER, R. H.: Analyt. Chem., Washington **19**, 29 (1947); **22**, 72 (1950).

[2] ANDREWS, D. H., R. M. MILTON and W. DE SORRO: J. opt. Soc. Amer. **36**, 518 (1946). — FUSON, N.: J. appl. Physics **20**, 59 (1949).

[3] GOLAY, M. J. E.: Rev. sci. Instr. **18**, 357 (1947); **20**, 816 (1949). GOLAY-Zellen mit angeschlossenem Verstärker werden von Unicam geliefert.

[4] Einzelheiten in Fragen der Weiterentwicklung und Angabe weiterer Literatur vgl. SUHRMANN, R., u. H. LUTHER: Chem.-Ing.-Techn. **22**, 413 (1950).

[5] KIRBY-SMITH, C. S., and E. A. JONES: J. opt. Soc. Amer. **39**, 780 (1949).

[6] BERNSTEIN, H. J., and G. HERZBERG: J. chem. Physics **16**, 30 (1948).

[7] SUTHERLAND, G. B. B. M., and H. W. THOMPSON: Trans. Faraday Soc. **41**, 174 (1945). — SMITH, L. G.: Rev. sci. Instr. **13**, 63 (1942). — SIMARD, G. L., and J. E. STEGER: Rev. sci. Instr. **17**, 156 (1946).

[8] AXFORD, D. W. E., and D. H. RANK: J. chem. Physics **17**, 430 (1949).

Tabelle 10. *Wellenlängeneichung für 0,5—25 μ*.*

Substanz	Wellenlängen-intervall in μ	Substanz	Wellenlängen-intervall in μ
Natriumbogen	0,5890	Ammoniak . . . . $\cdot$	2,85 —3,17
Caesiumbogen	0,8 —0,9	Methan	3,17 —3,47
Kaliumbogen	0,8 —1,2	Atmosphärisches CO_2.	4,22, 4,28
Quecksilberbogen	0,5460—1,53	Atmosphärischer Wasserdampf.	5,00— 7,85
Rubidiumbogen	0,7 —1,6	Ammoniak	7,9 —14,05
Chloroform ⎫		Polystyrolfolien	3 —15
Trichloräthylen ⎬	0,8 —2,4	CO_2	13,85—15,1
Benzol ⎭		Methylalkohol	12,2 —24,0
Atmosphärisches CO_2 und			
Wasserdampf . . . . . . $\cdot$	2,58 —2,77		

Weil CO_2 und Wasserdampf fast immer wenigstens spurenweise vorhanden sind, werden für die Nacheichung am einfachsten deren Linien nachgeprüft.

Polarisierte Ultrarotstrahlung läßt sich z. B. durch mehrfache Reflexion an Selenspiegeln herstellen. Die Konvergenz des Strahlenbündels darf dabei nicht mehr als etwa $\pm$ 10° betragen. Die Lichtausbeute ist ziemlich klein (10—20 % je nach der Vollständigkeit der Polarisierung).

In neuerer Zeit benützt man statt dessen AgCl-Platten[1], durch die man das Licht hindurchtreten läßt. Man verwendet im allgemeinen 4—5 Platten und erhält so eine Lichtausbeute von 40—45 %. Die Durchlässigkeit der Platten reicht bis etwa 20 μ.

Messungen mit polarisiertem Ultrarotlicht können z. B. bei der Aufklärung der Struktur von Eiweiß wertvolle Dienste leisten[2]. Zur Orientierung der Moleküle läßt man die Substanzen zwischen zwei Platten auskrystallisieren, oder man bringt sie als dünnen Film auf ein Gummiband, das dann in die Länge gezogen wird. Über Einzelheiten der Anordnung vergleiche auch Untersuchungen mit polarisiertem UV-Licht (S. 386).

δ) Gebräuchliche Ultrarotspektrophotometer[3].

Die einfachste Anordnung eines solchen Gerätes besteht wieder in einer Lichtquelle, einem Monochromator und einem Empfänger mit Anzeigeinstrument. Der Ausschlag des Anzeigeinstrumentes ist ein Maß für die auftreffende Strahlungsintensität (Ausschlagsmethode). Die zu messende Lösung wird unmittelbar vor den Empfänger in den Strahlengang gebracht[4]. Zur Berechnung der Durchlässigkeit sind zwei Messungen notwendig: eine mit der Lösung, die andere mit dem Lösungsmittel bzw. zwei Messungen mit zwei Cuvetten verschiedener Schichtdicke (vgl. S. 397). Wenn es sich um die Aufnahme eines ganzen Spektrums handelt, ist der dauernde Wechsel von Cuvette und Vergleichscuvette sehr umständlich, vor allem bei automatisch arbeitenden Geräten, bei denen die

---

* Die Absorptions- und Emissionskurven dieser Stoffe sind in der folgenden Literatur vorhanden: Cs- und Rb-Bogen: MECKE, R., u. F. OSWALD: Z. Physik **130**, 445 (1951). — Na- und Hg-Bogen: Handbook of Chemistry and Physics. Chem. Rubber Publishing Co. Cleveland. — MECKE, R., u. F. OSWALD: Z. Physik **130**, 445 (1951). — CO_2: BARKER, E. F.: Astrophysic. J. **55**, 391 (1922). — H_2O: OETJEN, R. A., CHAO-LAN KAO and H. M. RANDALL: Rev. sci. Instr. **13**, 515 (1942). — NH_3: STINCHCOMB, G. A., and E. F. BARKER: Physic. Rev. **33**, 305 (1929). — CH_4: NIELSEN, A. H., and H. H. NIELSEN: Physic. Rev. **48**, 864 (1935). — CH_3OH: BORDEN, A., and E. F. BARKER: J. chem. Physics **6**, 553 (1938). — Polystyrolfolien: PLYLER, E. K., u. C. W. PETERS: J. Res. nat. Bur. Stand. **45**, 462 (1950). — Chloroform, Trichloräthylen und Benzol: MECKE, R., u. F. OSWALD: Z. Physik **130**, 445 (1951). — Vgl. auch MELLON, N. G.: Analytical Absorption Spectroscopie. New York 1950.

[1] Hersteller: Perkin-Elmer, Corp. Norwalk, Connecticut, oder Onera, Paris, Bvd. Malesherbes.

[2] MANN, J., and H. W. THOMPSON: Nature **160**, 17 (1947). — AMBROSE, E. J., A. ELLIOT and R. B. TEMPLE: J. chem. Physics **16**, 877 (1948); Nature **163**, 859 (1949). — ELLIOT, A., and E. J. AMBROSE: Nature **165**, 921 (1950). Proc. R. Soc. London (A) **199**, 183 (1949). J. opt. Soc. Amer. **38**, 212 (1948). — ELLIOT, A., E. J. AMBROSE and R. B. TEMPLE: J. sci. Instr. **27**, 253 (1950).

[3] Vgl. auch: LIPPERT, E.: Z. angew. Physik **4**, 390, 434 (1952).

[4] Über eine solche Anordnung mit Caesiumzellen und Gleichstromverstärkung vgl. KEMPTER, H.: Z. Physik **116**, 1 (1940).

Durchlässigkeit unmittelbar mit Hilfe eines Tintenschreibers registriert wird. Folgende
Möglichkeiten zur Vereinfachung sind gegeben[1]:

A. *Einfacher Strahlengang:* Die Kurven für die Abhängigkeit der Strahlungsintensität
von der Wellenlänge werden nacheinander mit der Meßcuvette und der Vergleichscuvette
aufgenommen. Entweder kann dann für jede gewünschte Wellenlänge die Durchlässigkeit
aus den beiden Kurven nachträglich berechnet werden, oder aber das Gerät ist so konstruiert (BECKMAN-Infrarotspektrometer), daß es die Kurve mit der Vergleichscuvette
bei der Aufnahme der Meßcuvette automatisch in Rechnung stellt, so daß direkt die Durchlässigkeiten des zu untersuchenden Stoffes registriert werden. Diese Methode hat den
Vorteil, daß der Strahlengang denkbar einfach ist, und daß nur ein Empfänger und ein
Verstärker notwendig sind. Dafür müssen während der Dauer der Aufnahme der beiden

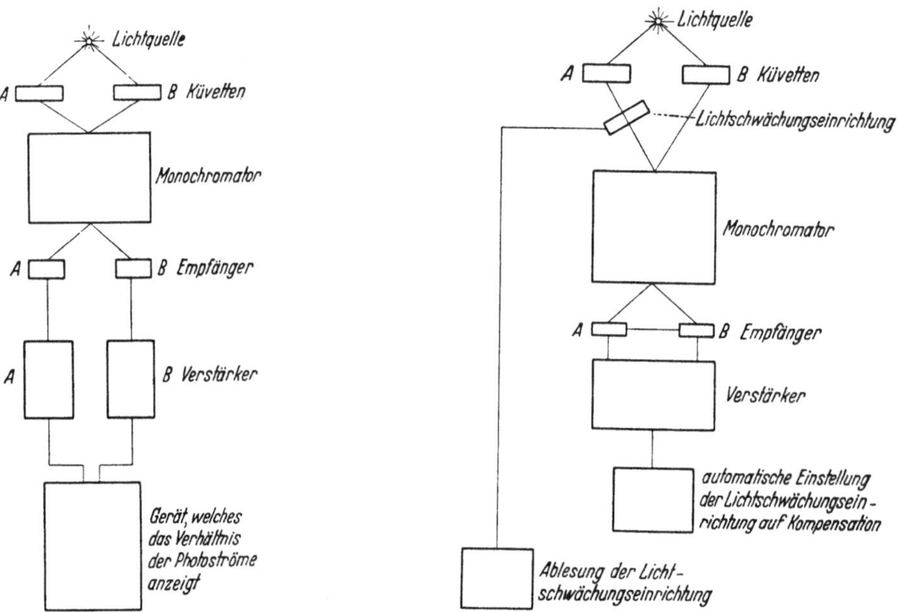

Abb. 66. 1. Anordnung zur Aufnahme von Ultrarotspektren (aus R. A. OETJEN und L. C. ROESS).   Abb. 67. 2. Anordnung zur Aufnahme von Ultrarotspektren (aus R. A. OETJEN und L. C. ROESS).

Spektrogramme die Intensität der Lichtquelle, die Empfindlichkeit des Empfängers
und die Wirksamkeit des Verstärkers völlig konstant bleiben. Es handelt sich also bei
dieser Methode um eine einfache Ausschlagsmethode mit allen ihren Nachteilen (vgl.
S. 364).

B. *Doppelter Strahlengang:* Der Strahlengang wird in zwei Teile zerlegt, von denen der
eine die Meßcuvette, der andere die Vergleichscuvette durchsetzt. Diese Zerlegung und
die Bestimmung der Durchlässigkeit können auf verschiedene Weise erfolgen:

1. Abb. 66 zeigt eine Anordnung, bei der von der Lichtquelle nach zwei verschiedenen
Richtungen zwei Strahlenbündel ausgehen. Sie gelangen durch die beiden Cuvetten A und
B auf verschiedenen Wegen durch den Monochromator und dann auf die beiden möglichst
identischen Empfänger, deren Photostrom von zwei gleich gebauten Verstärkern verstärkt
und dem Anzeigegerät zugeführt wird, das direkt das Verhältnis der Photoströme registriert. Der Nachteil der Methode besteht darin, daß es sehr schwierig ist, zwei Verstärker
mit genau den gleichen Eigenschaften zu konstruieren.

2. Das in Abb. 67 dargestellte Gerät arbeitet nach einer Kompensationsmethode;
die beiden Empfänger sind gegeneinander geschaltet, so daß nur der Differenzstrom verstärkt wird. Wenn die Intensität der beiden Strahlenbündel gleich ist, wird kein Strom
registriert. Nach dem Abgleichen der beiden Empfänger wird die eine Cuvette mit dem

[1] Vgl. OETJEN, R. A., and L. C. ROESS: J. opt. Soc. Amer. 41, 203 (1951). — SIEBERT, W.:
Z. Elektrochem. 54, 512 (1950).

zu untersuchenden Stoff gefüllt, und das andere Strahlenbündel durch eine meßbare Lichtschwächungseinrichtung so weit geschwächt, bis die Empfänger wieder abgeglichen sind. Während also die bisher beschriebenen Methoden reine Ausschlagsmethoden sind, bei denen der Photostrom als Maß für die durchgelassene Strahlungsintensität dient, wird hier die Extinktion mit Hilfe einer Lichtschwächungseinrichtung gemessen. Es handelt sich jedoch nicht um eine Substitutionsmethode (vgl. S. 366), sondern die Richtigkeit des Meßwertes hängt davon ab, daß keine Unterschiede in der Charakteristik der beiden Empfänger vorhanden sind. Der Vorteil gegenüber der Methode (1) besteht im wesentlichen darin, daß nur ein Verstärker notwendig ist. Statt dessen kommen aber die Lichtschwächungseinrichtung und ihre automatische Einstellung hinzu.

3. Das Schema einer weiteren Anordnung mit doppeltem Strahlengang ist in Abb. 68 wiedergegeben. Hier durchlaufen die beiden Meßcuvette bzw. Vergleichscuvette durchsetzenden Strahlenbündel abwechselnd das Spektrophotometer, es handelt sich also um eine *Flimmermethode* (vgl. S. 368). Der Verstärker muß auf die Frequenz der Wechsel-

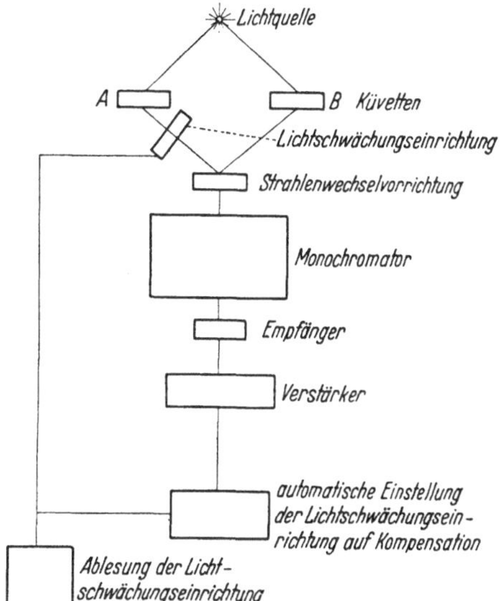

Abb. 68. 3. Anordnung zur Aufnahme von Ultrarotspektren (aus R. A. OETJEN und L. C. ROESS).

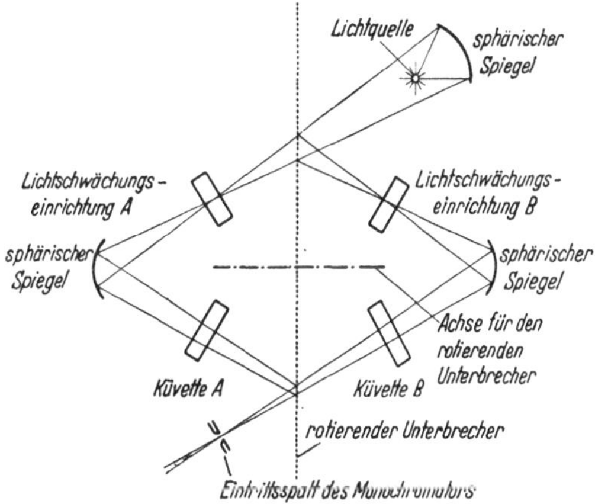

Abb. 69. 4. Anordnung zur Aufnahme von Ultrarotspektren (aus R. A. OETJEN und L. C. ROESS).

vorrichtung ansprechen. Wenn die Intensität der beiden Strahlenbündel gleich ist, liefert der Empfänger keinen Photostrom. Wird dagegen das eine Strahlenbündel durch einen absorbierenden Stoff geschwächt, so entsteht ein Wechselstrom, der verstärkt wird und eine besondere Vorrichtung betreibt, die im Vergleichsstrahlengang die Lichtschwächungseinrichtung so lange ändert, bis die Intensität der beiden Strahlenbündel wieder gleich ist. Hier hängen also die Meßresultate nicht mehr von der Charakteristik des Empfängers ab.

Als Wechselvorrichtung wird im allgemeinen ein rotierender, einseitig verspiegelter Sektor verwendet (vgl. z. B. Strahlengang beim PERKIN-ELMER-Infrarotspektrometer, Abb. 75). Da das Hauptstrahlenbündel von dem rotierenden Spiegel reflektiert wird, während das Vergleichsstrahlenbündel keine Reflexion erleidet, ist es wichtig, daß die Reflexion möglichst vollständig und vor allem nicht wellenlängenabhängig ist.

4. Alle bisher beschriebenen Anordnungen mit doppeltem Strahlengang besitzen den Nachteil, daß die beiden Strahlenbündel in verschiedener Richtung, d. h. von geometrisch verschiedenen Stellen der Lichtquelle ausgehen. Dadurch ist die richtige Justierung des gesamten Strahlenganges weitgehend davon abhängig, daß keine geometrischen Veränderungen der Lichtquelle eintreten. Dieser Nachteil ist bei einer Anordnung vermieden, wie sie in Abb. 69 dargestellt ist[1]. In den Strahlengang wird ein rotierender Unterbrecher eingebaut, der eine ungerade Anzahl von reflektierenden Segmenten und die gleiche

---

[1] OETJEN, R. A., and L. C. ROESS: J. opt. Soc. Amer. **41**, 203 (1951). — RUGG, F. M., W. M. CALVERT and J. J. SMITH: J. opt. Soc. Amer. **41**, 32 (1951).

Anzahl Öffnungen enthält. Das Strahlenbündel trifft den Unterbrecher nacheinander an zwei Stellen. Wenn es auf der einen Seite auf ein reflektierendes Segment trifft, geht es auf der anderen Seite ungehindert durch. Auf diese Weise passiert das Strahlenbündel abwechselnd die Meßcuvette und die Vergleichscuvette. In jedem der beiden Strahlengänge befindet sich eine Lichtschwächungseinrichtung, die eine zur Justierung auf gleiche Intensität, die andere zur Extinktionsmessung, wenn die eine Cuvette mit dem absorbierenden Stoff gefüllt ist. Da beide Strahlenbündel je einmal reflektiert werden, spielt die Beschaffenheit der Spiegel keine Rolle.

Diese Anordnung ist praktisch nicht sehr brauchbar, weil der großen Ein- und Austrittswinkel wegen sphärische Spiegel von sehr großem Durchmesser notwendig wären.

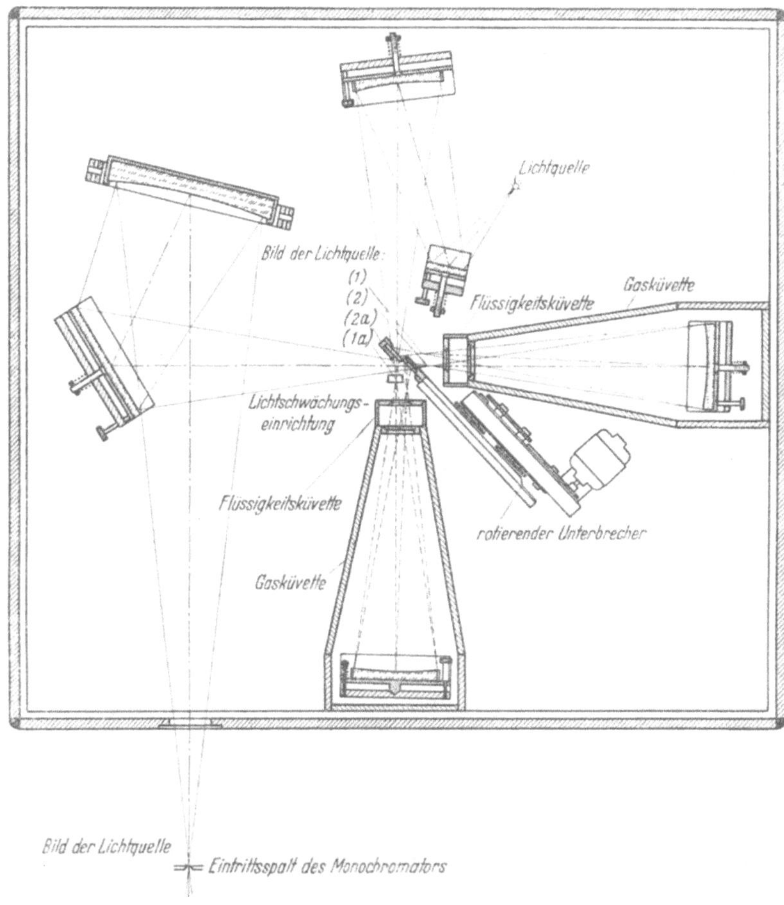

Abb. 70. 5. Anordnung zur Aufnahme von Ultrarotspektren (aus R. A. OETJEN und L. C. ROESS).

Eine verbesserte Anordnung, die sich praktisch verwenden läßt, ist in Abb. 70 gezeigt. Der (doppelte) Unterbrecher besteht aus zwei konzentrischen Ringen, die abwechslungsweise offene und reflektierende Segmente besitzen. Einem reflektierenden Segment im äußeren Ring entspricht ein offenes im inneren Ring und umgekehrt. Da die Lichtquelle in der Nähe des Unterbrechers abgebildet wird, das Strahlenbündel also dort einen geringen Ausschnitt hat, ist eine scharfe Unterbrechung gewährleistet. Auch die Lichtschwächungseinrichtung und die Cuvetten befinden sich möglichst nahe der Abbildungsebene und können somit verhältnismäßig klein gemacht werden. Für Gascuvetten wird der Abstand zwischen Unterbrecher und den sphärischen Spiegeln ausgenützt.

Diese Anordnung hat vor derjenigen der käuflichen Spektrophotometer von Perkin-Elmer und von Baird Associates die Vorteile, daß nur die in einer einzigen Richtung von der Lichtquelle ausgehende Strahlung benützt wird, und daß durch den doppelten

Unterbrecher die Eigenschaften der rotierenden Spiegel keinen Einfluß auf die Meßresultate haben können.

Als meßbare *Lichtschwächungeinrichtung* kommen Blenden, Sektoren oder Graukeile
in Frage (vgl. auch S. 335). Konzentrische und quadratische Blenden erfordern immer
ein streng homogenes Lichtbündel, was schwierig mit der notwendigen Genauigkeit herzustellen ist. Da das Lichtschwächungsmittel während der Messung automatisch verstellt werden muß, eignet sich von den gebräuchlichen Sektoren am besten der Sektor
nach Dunn (vgl. S. 336). Die Rotationsfrequenz eines solchen Sektors muß wesentlich
höher sein als diejenige des Unterbrechers für die Strahlungteilung, damit der Strahl
mehrmals unterbrochen wird, während er durch die eine Cuvette geht. Der Vorteil des
rotierenden Sektors als Lichtschwächungsmittel besteht darin, daß seine Wirkung
unabhängig von der Ausdehnung und Homogenität des Strahlenbündels ist, und daß
seine Extinktion unabhängig von der Wellenlänge und leicht zu bestimmen ist. Der
mechanischen Einfachheit halber wird jedoch bei fast allen Geräten ein Graukeil in Form
eines Kammes mit einer Anzahl horizontaler V-förmiger Zähne benützt (vgl. S. 410).

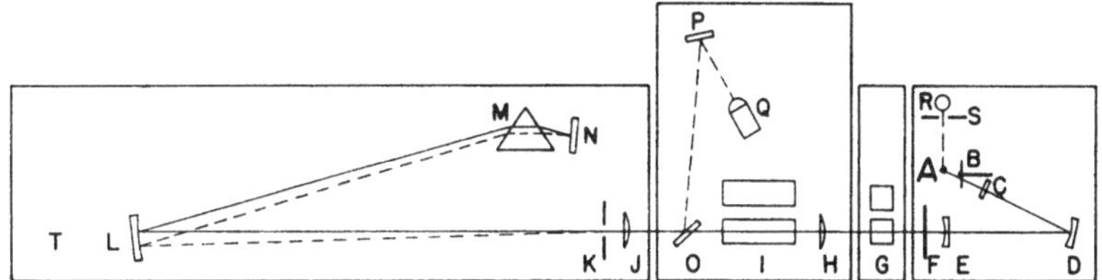

Abb. 71. Beckman-Infrarotspektrophotometer IR 2; schematische Darstellung des Strahlenganges.

Nach dem Prinzip A mit einfachem Strahlengang ist das selbstregistrierende *Beckman-Infrarotspektrometer IR 2* gebaut[1]. Die Anordnung des Strahlenganges ist die gleiche
wie diejenige des Spektrophotometers fürs Ultraviolett. Eine schematische Darstellung
gibt Abb. 71. Die Lichtquelle A besteht aus einem Nernststift mit automatischer Zün-
dung. Seine Leistung wird durch den photoelektronischen Regulator R konstant gehalten.
Die gewünschte Stromstärke wird durch die Blende S einreguliert. Das Lampengehäuse
ist zur Vermeidung von Temperaturschwankungen von Kühlwasser umflossen. Die von
der Lichtquelle ausgehende Strahlung wird durch einen rotierenden Sektor B mit einer
Frequenz von 10 Hz unterbrochen, fällt durch das Steinsalzfenster C und wird mit Hilfe des
Hohlspiegels D auf die Steinsalzlinse E fokussiert, durch die es parallel gerichtet wird.
Das Strahlenbündel gelangt dann durch den Filterschlitten und die Blende F, durch die
Flüssigkeitscuvette G und die 10 cm-Gascuvetten I. Mit Hilfe der Linsen H und J wird
die Lichtquelle auf dem Eintrittsspalt zum Monochromator K abgebildet. Die Strahlung
wird dann durch den Hohlspiegel L auf dem drehbaren Littrow-Spiegel N fokussiert,
nachdem sie das Dispersionsprisma M (60 mm Basislänge, 40 mm Höhe) passiert hat.
Auf dem Rückweg wird sie ein zweites Mal dispergiert und gelangt auf den Austrittsspalt,
der direkt unter dem Eintrittsspalt liegt. Durch den Planspiegel O und den Hohlspiegel P
wird der Spalt auf dem Empfänger Q abgebildet. Der Thermostrom des Empfängers
wird durch einen Verstärker, der auf die Unterbrecherfrequenz von 10 Hz abgestimmt
ist, verstärkt. Auf diese Weise wird Streulicht, das nicht durch den Unterbrecher geht,
nicht mit angezeigt. Der Strom wird automatisch registriert. Die Registrierkurve ist
allerdings kein direktes Maß für die Durchlässigkeit der untersuchten Substanz, da die
Größe des Thermostromes natürlich von der spektralen Intensitätsverteilung der Lichtquelle abhängt, die stark wellenlängenabhängig ist. Man nimmt daher eine zweite Kurve
mit der Vergleichscuvette im Strahlengang auf und erhält so die Kurve für 100% Durchlaß
(J_0). Für jede gewünschte Wellenlänge kann dann die Durchlässigkeit J/J_0 oder die
Extinktion $\log (J_0/J)$ aus den beiden Kurven berechnet werden. In Abb. 72 sind solche
Registrierkurven wiedergegeben. A bedeuten die Kurven für 100% Durchlaß, B für einen

---

[1] National Technical Laboratories, South Pasadena, California.

0,01 mm dicken Polystyrolfilm, der bei P, also bei 13,0—13,3 μ und bei 14,1—14,4 μ praktisch völlig absorbiert. Die Nullinie 0 ist mit einem völlig undurchlässigen Filter im Lichtweg aufgenommen; sie zeigt, daß kein störendes Streulicht auf den Empfänger gelangt. Der Sprung in den Kurven bei 13,7 μ rührt davon her, daß dort die Gesamtempfindlichkeit geändert wurde, was sich am einfachsten durch Veränderung der Spaltweite erreichen läßt.

Da die Berechnung der Durchlässigkeiten aus den Registrierkurven ziemlich mühsam ist, wurde ein weiteres selbstregistrierendes *Beckman-Photometermodell IR 3* entwickelt, bei dem direkt die Durchlässigkeitswerte registriert werden können. Es handelt sich ebenfalls um ein Spektrophotometer mit einfachem Strahlengang (Prinzip A). Die Registrierkurve für 100 % Durchlaß mit der Vergleichscuvette im Strahlengang wird nicht aufgezeichnet, sondern der Apparat behält sie gewissermaßen im Gedächtnis und zeichnet

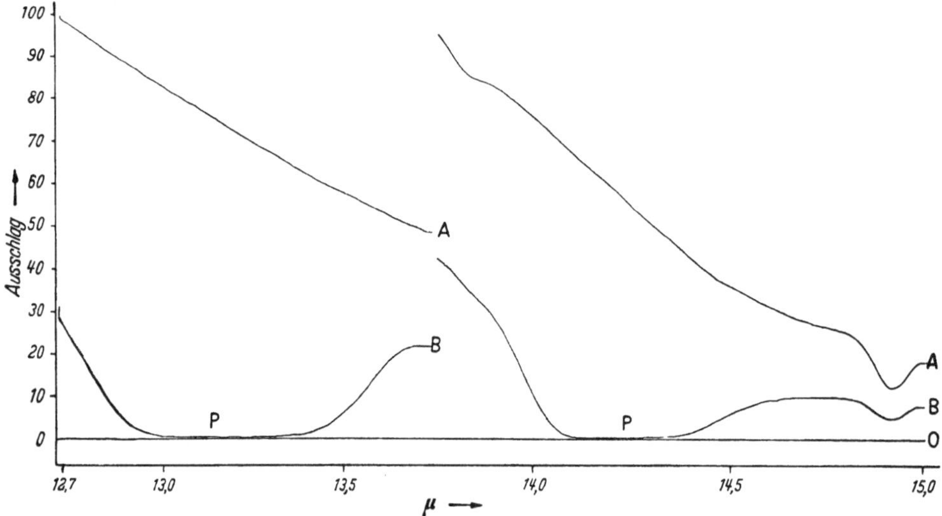

Abb. 72. Beispiel einer Registrierkurve, aufgenommen mit dem Beckman-Infrarotspektrometer IR 2.

bei der nachfolgenden Aufnahme mit der Meßcuvette im Strahlengang für jede Wellenlänge direkt die Durchlässigkeit auf. Dies wird dadurch erreicht, daß bei der Aufnahme für 100 % Durchlaß die Spaltweite automatisch so eingestellt wird, daß der verstärkte Photostrom einen bestimmten Wert annimmt und über den ganzen Wellenlängenbereich konstant bleibt. Dabei wird die Abhängigkeit der Spaltweite von der Wellenlänge auf einem Drahtregistrierer registriert. Bei der nachfolgenden Aufnahme mit der zu untersuchenden Substanz wird mit Hilfe des Drahtregistrierers der Spalt jeweils wieder genau so eingestellt wie bei der ersten Aufnahme, so daß der Ausschlag des Empfängers für jede Wellenlänge direkt die Durchlässigkeit angibt. Voraussetzung für die Brauchbarkeit der Methode ist natürlich Konstanz der Strahlungsintensität und des Verstärkers. Beide Bedingungen sind für eine Genauigkeit in den Durchlässigkeitswerten von 1 % hinreichend erfüllt.

Das Schema des Strahlenganges (vgl. Abb. 73) ist ähnlich wie beim IR 2. Zur Erhöhung des Auflösungsvermögens wird ein Doppelmonochromator verwendet. A bedeutet die Lichtquelle (Nernststift), deren Intensität mit Hilfe der Photozelle Z konstant gehalten wird. B ist ein Hohlspiegel, C der Unterbrecher, E, H, J, Q sind Linsen, L, L' und V Hohlspiegel, M und M' die beiden Prismen, N und N' die LITTROW-Spiegel, durch deren Drehung sich die Wellenlänge einstellen läßt. Mit Hilfe des schwenkbaren Hohlspiegels X kann das Strahlenbündel entweder auf die Thermosäule W oder für Messungen im Sichtbaren und Ultraviolett auf die Sekundärelektronenvervielfacher Y bzw. Y' geleitet werden. G und T sind Flüssigkeitscuvetten, R und I Cuvetten zur Untersuchung von Gasen.

Der ganze Raum des Strahlenganges kann *evakuiert* werden, so daß CO_2 und Wasserdampf, deren Absorption häufig stört, entfernt werden können. Das ganze Spektrometer wird durch zirkulierendes Wasser aus einem Thermostaten auf *konstanter Temperatur* gehalten.

Durch eine besondere Vorrichtung wird bei der automatischen Registrierung die Wellenlänge in linearem Maßstab aufgetragen. Auf Wunsch kann auch auf linearen Maßstab in Wellenzahlen oder im Logarithmus von Wellenlängen eingestellt werden.

Das hohe Auflösungsvermögen dieses Gerätes geht aus Abb. 74 hervor, in der die Registrierkurve der HCl-Grundschwingung unter Benutzung von *LiF*-Prismen dargestellt ist. Die Rotationsstruktur der Bande mit Nullücke, *R*-Zweig und *P*-Zweig einschließlich des Isotopieeffektes ($H^{35}Cl$ und $H^{37}Cl$) und der charakteristischen Intensitätsverteilung wird vollkommen wiedergegeben.

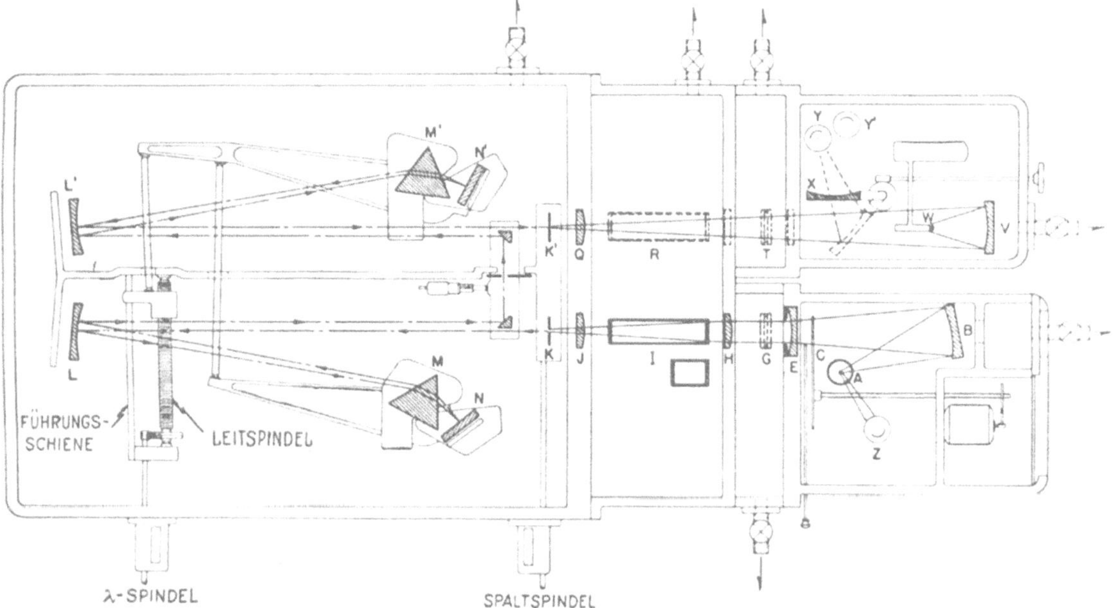

Abb. 73. Beckman-Infrarotspektrophotometer IR 3; schematische Darstellung des Strahlenganges.

Das erste Ultrarotspektrophotometer mit *doppeltem Strahlengang* (System B) wurde von LEHRER[1] entwickelt. Da es nur in wenigen Exemplaren hergestellt wurde, und da die neuen, heute weit verbreiteten amerikanischen Apparate der Firmen Perkin-Elmer[2] und Baird Associates[3] nach dem gleichen Prinzip gebaut sind, soll es hier nicht im ein-

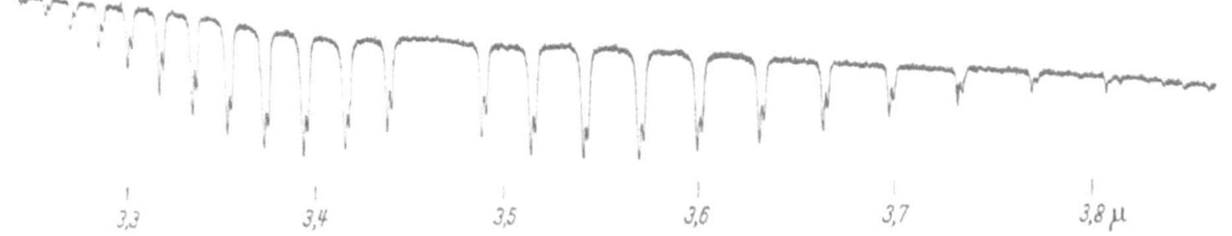

Abb. 74. Ultrarotspektrum von HCl; aufgenommen mit dem Beckman-Infrarotspektrophotometer IR 3.

zelnen beschrieben werden. Alle diese Apparate sind nach dem Prinzip B (3) (vgl. S. 405) gebaut. Als Beispiel sei das Infrarotspektrometer 21 c von Perkin-Elmer beschrieben:

Der optische Strahlengang ist in Abb. 75 dargestellt. Zwei Strahlenbündel von der gleichen Lichtquelle S_0 ausgehend werden konvergiert. Im Strahlenbündel S befindet sich die zu untersuchende Substanz C, im anderen Strahlengang R ein veränderlicher Keil W. Die beiden Bündel werden durch einen rotierenden Sektorspiegel M_7 so vereinigt, daß abwechslungsweise das eine durchgeht und das andere in die gleiche Richtung reflektiert wird, wie das durchgelassene. Das so vereinigte Bündel gelangt über die Spiegel M_9 und M_{10} auf den Eintrittsspalt S_1 des Monochromators

[1] LEHRER, E.: Z. techn. Physik **23**, 169 (1942). — LUFT, K. F.: Z. techn. Physik **24**, 97 (1943). Angew. Ch. (B) **19**, 2 (1947). — SIEBERT, W.: Z. Elektrochem. **54**, 513 (1950).
[2] Perkin-Elmer Corp., Norwalk, Connecticut.
[3] Baird Associates Company, Cambridge, Mass.

und über den Austrittsspalt S_2 und die Spiegel M_{14} und M_{15} zum Empfänger, an den ein Wechsel-stromverstärker angeschlossen ist. Bei gleicher Intensität der beiden Lichtbündel entsteht eine Gleichspannung, bei ungleicher Intensität eine Wechselspannung, die verstärkt und dann benützt wird, den Keil W im Bündel R so lange zu verschieben, bis beide Bündel gleiche Intensität besitzen. Die Stellung des Keiles in Durchlässigkeitswerten wird in Abhängigkeit von der Wellenlänge auto-matisch registriert.

Während beim Beckman-Infrarotspektrophotometer eine einfache Ausschlagsmethode verwendet wird, handelt es sich hier um eine Flimmermethode nach dem Substitutionsprinzip (vgl. S. 368), bei der weder die Charakteristik des Empfängers noch Schwankungen in der Intensität der Licht-quelle eine Rolle spielen. Voraussetzung für richtige Meßwerte ist jedoch eine wellenlängenunab-hängige Eichung des Keiles in Durchlässigkeitswerten und eine saubere Justierung der Strahlen-gänge. Der verwendete Keil ist nicht mit einem Graukeil zu vergleichen, dessen Durchlässigkeit immer mehr oder weniger wellenlängenabhängig ist, sondern mit einer Blende bzw. einem Kamm

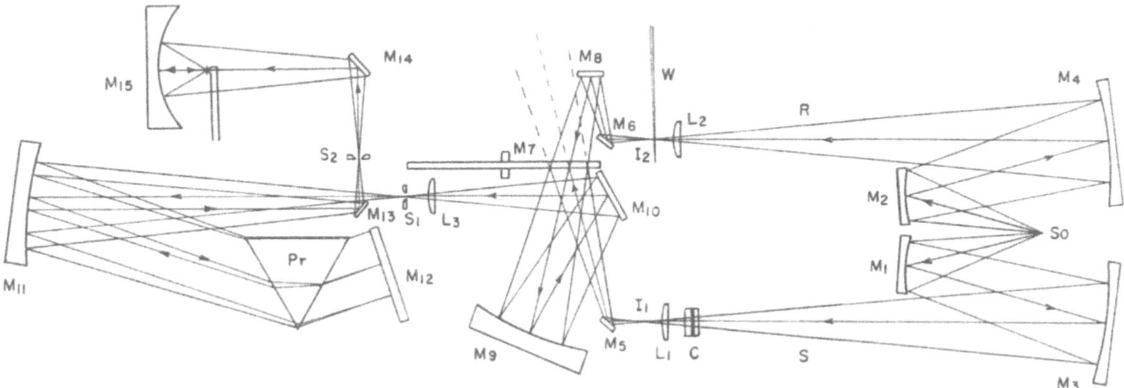

Abb. 75. Strahlengang des Perkin-Elmer-Ultrarotspektrometers.

(vgl. Abb. 76). Die Durchlässigkeit ist durch die Größe der Zwischenräume zwischen den „Zähnen" gegeben. Als Lichtquelle dient ein selbstzündender Nernststift, der zur Justierung um seine Achse drehbar ist. Er ist in einem gesonderten Gehäuse untergebracht. Im Zwischenraum zwischen diesem Gehäuse und dem eigentlichen Instrument können Cuvetten bis zu 10 cm Länge angebracht werden. Zur Untersuchung von Gasen dienen Cuvetten mit vielfach reflektiertem Strahlengang und damit einer effektiven Schichtdicke bis zu 1 m.

Je nach dem gewünschten Wellenlängenbereich können Prismen aus verschiedenem Material eingesetzt werden. Die drei Linsen bestehen aus Kaliumbromid. Eine unter der Grundplatte des Instru-mentes angebrachte Heizung hält eine Temperatur aufrecht, die etwas über der Zimmertemperatur liegt, so daß die hygro-skopische Optik nicht durch Luftfeuchtig-keit leiden kann.

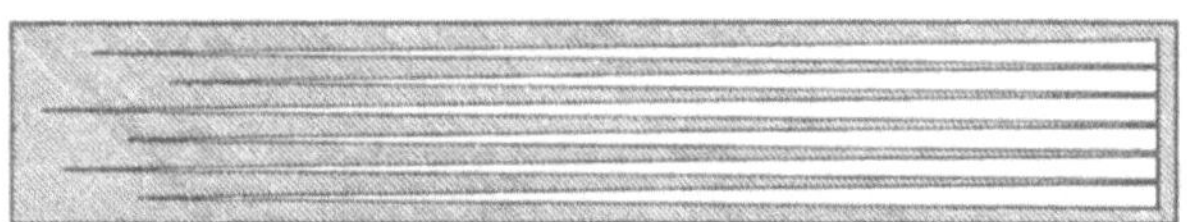

Abb. 76. Meßblende (Kamm) des Perkin-Elmer-Spektrometers.

Die gewünschte Wellenlänge wird durch Drehen des LITTROW-Spiegels M_{12} einge-stellt. Durch den kleinen Spiegel M_{13} hinter dem Prisma werden bei kleinen Temperaturschwankungen Änderungen der eingestellten Wellenlänge auf Grund von Änderungen des Brechungsindex kompensiert.

Die Wellenlängenskala kann bei der Registrierung je nach Einstellung mit 3 verschiedenen Geschwindigkeiten durchlaufen werden. Bei komplizierten Spektren werden die Feinheiten bei kleiner Registriergeschwindigkeit besser wiedergegeben.

Die Spaltweite des Monochromators wird bei der Registrierung automatisch so eingestellt, daß der Apparat über den ganzen Wellenlängenbereich mit konstanter Empfindlichkeit arbeitet. Als Empfänger dient eine Thermosäule, deren Spannung durch einen Wechselstromverstärker verstärkt wird, der auf die Frequenz des Strahlenwechslers anspricht.

Die Justierung des Strahlenganges muß von Zeit zu Zeit nachgeprüft werden, wie es in der Gebrauchsanweisung beschrieben ist. Besonders die geometrische Lage des Nernststiftes muß kon-trolliert werden; da die Strahlenbündel von zwei verschiedenen Seiten der Lichtquelle ausgehen, wird die Strahlenführung leicht unsymmetrisch, wenn sich der Nernststift durchbiegt.

Als Beispiel für eine Registrierkurve ist in Abb. 77 die Durchlässigkeitskurve von Penicillin, in Nujol gelöst, die des Lösungsmittels allein und die Differenzkurve von Peni-cillin mit einer nujolhaltigen Vergleichscuvette im zweiten Strahlenbündel wiedergegeben.

Nach dem gleichen Prinzip (Flimmermethode) wie das Perkin-Elmer-Spektrophotometer ist das gleichfalls automatisch registrierende Instrument der Baird Associates konstruiert. Als Empfänger dient hier nicht ein Thermoelement, sondern ein Bolometer.

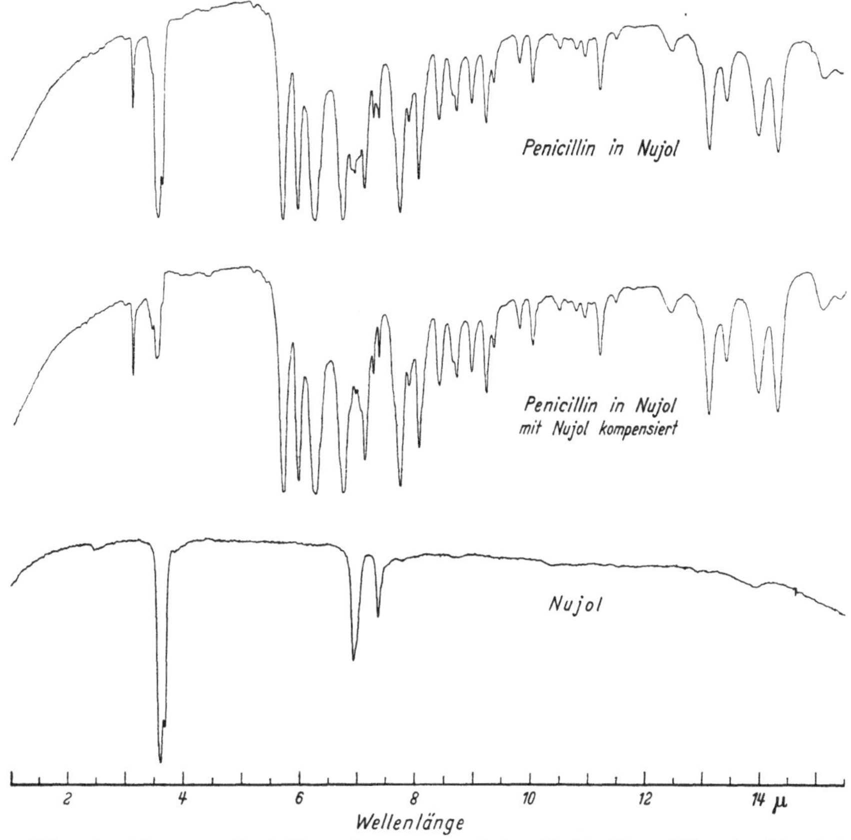

Abb. 77. Ultrarotspektrum von Penicillin, aufgenommen mit dem Perkin-Elmer-Ultrarotspektrophotometer.

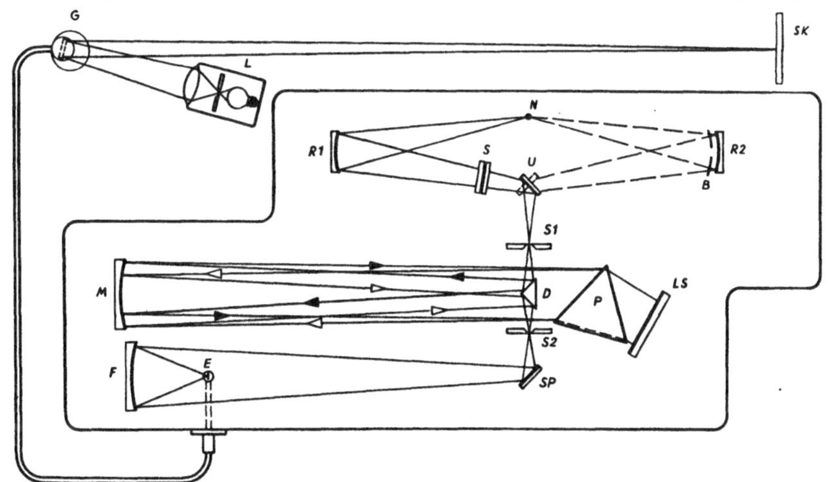

Abb. 78. Strahlengang des Leitzschen Ultrarotspektrometers. N Nernststift; R_1, R_2, M, F Hohlspiegel; S_1, S_2 Spalte; P Dispersionsprisma; D Umkehrprisma; Sp Spalt, LS Spiegel: E Empfänger; L Galvanometerbeleuchtung; SK Skala.

Ein Doppelstrahlspektrophotometer nach dem Prinzip B (3) ohne automatische Registrierung wird von der Firma Leitz[1] gebaut. Abb. 78 zeigt das Schema des Strahlenganges. Für die Messung wird zunächst die gewünschte Wellenlänge eingestellt und der Spiegel U so geschaltet, daß das Strahlenbündel die Meßcuvette S durchsetzt. Der durch den unverstärkten Thermostrom am Galvanometer G erzeugte Ausschlag wird beobachtet. Dann

---

[1] E. Leitz, Wetzlar.

wird der Spiegel U umgeklappt, so daß das Strahlenbündel statt der Meßcuvette die veränderliche Sektorblende B durchsetzt. Diese wird so lange verändert, bis der gleiche Galvanometerausschlag erreicht ist. Die in Durchlässigkeitsprozenten geeichte Blende ist mit dem Schreibstift der Registriertrommel gekoppelt. Durch einen Druck auf einen Knopf zeichnet sich nach Einstellung der Blende der Meßpunkt auf dem Registrierpapier auf. Jeder weitere Meßpunkt wird auf die gleiche Weise festgelegt und registriert. Unterhalb von $2{,}5\,\mu$ ist keine Registrierung vorgesehen; die einzelnen Meßwerte müssen dann an der Sektorblende abgelesen werden.

Mit der Wellenlängeneinstellung sind die beiden veränderlichen Monochromatorspalte automatisch in der Weise gekoppelt, daß die Energie für die Messung in dem Wellenlängenbereich von $2{,}5$—$1{,}5\,\mu$ praktisch konstant bleibt. Als Empfänger dient ein Thermoelement, das zur Erhöhung der Empfindlichkeit evakuiert werden kann. Als Galvanometer kann ein Spiegelgalvanometer mit einer Empfindlichkeit von 10^{-7} Volt und kleinem inneren Widerstand benützt werden, z. B. ein ZERNIKE-Galvanometer.

Da die eigentliche Messung durch die Sektorblende erfolgt, sind die Resultate auch hier unabhängig von der Charakteristik des Empfängers, nur müssen die Intensität der Lichtquelle wie auch die Empfindlichkeit des Empfängers innerhalb der Zeit, welche für Messung und Vergleichsmessung notwendig ist, konstant bleiben.

Die Führung des Strahlenganges parallel zur Achsenrichtung der Hohlspiegel garantiert besonders fehlerfreie Abbildung.

Zur Untersuchung von mikroskopischen Objekten, z. B. von einzelnen Zellen kann ein von *Burch* entwickeltes Reflexmikroskop verwendet werden[1]. Die Größe der Objekte ist durch das Auflösungsvermögen des Mikroskopes begrenzt. Auch Aufnahmen im polarisierten Licht wurden auf diese Weise durchgeführt.

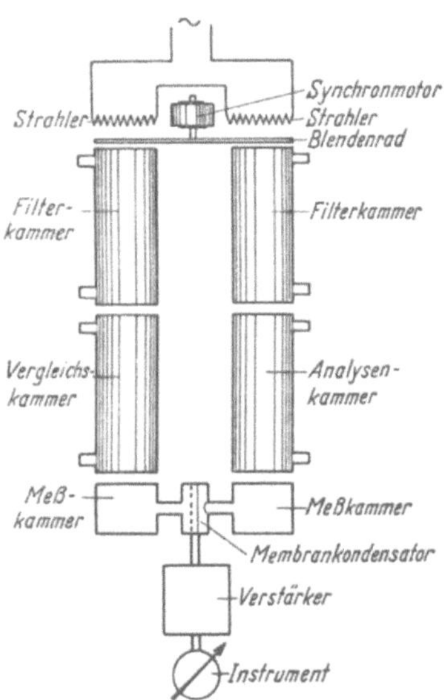

Abb. 79. Schematischer Aufbau des Ultrarotabsorptionsschreibers (Uras) [aus W. SIEBERT: Z. Elektrochem. 54, 514 (1950)].

Schließlich sei noch ein Ultrarotanalysengerät beschrieben, dessen Wirkungsweise auf einem ganz anderen Prinzip beruht als bei den bisher beschriebenen Geräten. Es handelt sich um den sog. *Ultrarotabsorptionsschreiber* (Uras), der ohne Dispersionssystem mit einem selektiv wirkenden Strahlungsempfänger arbeitet, und der sich für die quantitative Bestimmung ultrarotabsorbierender Gase vorzüglich bewährt hat[2]. Das Verfahren beruht darauf, daß man die Schwächung der Strahlungsintensität durch das zu untersuchende Gas nicht mittels eines Bolometers oder einer Thermosäule mißt, sondern ein abgeschlossenes Volumen dieses Gases selbst als Strahlungsempfänger benützt, und die selektive Erwärmung dieses Gasvolumens durch seine Ausdehnung bestimmt. In Abb. 79 ist der schematische Aufbau des Gerätes gezeigt. Von zwei gleichen Strahlenbündeln durchläuft das eine die Analysenkammer, die mit dem zu untersuchenden Gasgemisch gefüllt ist (z. B. $CO + CO_2$), das andere eine gleich große, z. B. mit Luft gefüllte Vergleichskammer. Beide Strahlenbündel werden durch eine rotierende Lochblende periodisch unterbrochen. Anschließend treten die beiden Bündel in die zwei sog. Meßkammern ein, die durch einen Membrankondensator voneinander getrennt sind. Soll z. B. der Gehalt des Mischgases an CO bestimmt werden, so werden die Meßkammern mit reinem CO gefüllt, welches insofern als selektiver Empfänger dient, als es von der einfallenden Strahlung

---

[1] BARER, R., A. R. H. COLE and H. W. THOMPSON: Nature **163**, 199 (1949). — THOMPSON, H. W.: Z. Elektrochem. **54**, 495 (1950). — CHAMOT, E. M., and C. W. MASON: Handbook of Chemical Microscopy. New York 1938.

[2] LEHRER, E., u. K. F. LUFT, D.R.P. 730478 (1938). — LUFT, K. F.: Angew. Chem. (B) **19**, 2 (1947). Vgl. auch SIEBERT, W.: Z. Elektrochem. **54**, 512 (1950).

nur den Anteil absorbiert, der im Gebiete der CO-Bande liegt. Gerade dieser Anteil ist jedoch in den beiden Strahlenbündeln beim Eintritt in die Meßzellen nicht mehr gleich, wenn sich in der Analysenkammer CO befindet. Es wird also in der einen Meßkammer durch Absorption mehr Wärme frei als in der anderen. Dadurch treten periodische Druckschwankungen auf, die der Membran eine Schwingung in der Frequenz des Wechsellichtes aufzwingen. Die Membran bildet die eine Belegung eines Kondensators, so daß die auftretenden Kapazitätsschwankungen verstärkt, gleichgerichtet und einem Registrierinstrument zugeführt werden können. Für die Messung wirksam wird nur die Komponente des Gasgemisches in der Analysenkammer, mit der die Meßkammern gefüllt sind. Intensitätsunterschiede in den beiden Strahlengängen, die durch Absorption der übrigen Komponenten des zu analysierenden Gemisches zustande kommen, bleiben unwirksam. Enthält das zu untersuchende Gemisch Komponenten, deren Absorption die Banden des zu bestimmenden Gases teilweise überlappen, so werden die vor der Vergleichs- bzw. Analysenkammer angebrachten Filterkammern beide mit der gleichen, geeignet gewählten Menge des Störgases gefüllt, wodurch der die Selektivität störende Strahlungsanteil entfernt wird.

Indem man das zu untersuchende Gas durch die Analysenkammer durchströmen läßt, kann man das Gerät als selbstregistrierendes Überwachungsgerät für Dauerbetrieb verwenden, z. B. zur Bestimmung des CO- oder CO_2-Gehaltes der Raumluft. Die Empfindlichkeit ist so groß, daß z. B. noch ein CO_2-Gehalt von $10^{-4}\%$ nachgewiesen werden kann.

f) Mikrowellenspektren[1-12].

α) Anwendungsmöglichkeiten.

Unter Mikrowellenspektrometrie oder Hochfrequenzspektrometrie versteht man die Spektrometrie im Bereich der elektrischen Millimeter- und Zentimeterwellen, die an das ultrarote Spektralgebiet angrenzen. Die kürzesten in der Mikrowellentechnik bis heute hergestellten Wellenlängen betragen zwar Bruchteile von Millimetern, praktisch rechnet man jedoch den Mikrowellenbereich nur bis zu einigen Millimetern. Der Bereich von etwa 5—0,05 mm war bis vor kurzem für praktische Messungen noch unzugänglich, von $50\,\mu$ abwärts ist bereits ultrarote Strahlung verwendbar. Die Begrenzung des ultraroten Bereiches ist durch die Durchlässigkeit und das Dispersionsvermögen des optischen Materials und die Intensität der Strahlungsquellen gegeben, diejenige des Mikrowellenbereichs durch die Schwierigkeit, Oscillatoren genügender Leistung mit sehr kleinen und trotzdem genau definierten Wellenlängen herzustellen.

Die *Bedeutung* der Mikrowellenspektrometrie liegt darin, daß sie direkt die *Rotationsspektren* der Moleküle erfaßt, die sonst nur als Überlagerung über die Schwingungsspektren im Ultrarot oder über die Schwingungs- und Elektronenspektren im Ultraviolett in Erscheinung treten (vgl. S. 313). Der Übergang von einem Rotationszustand zu einem anderen entspricht einer sehr kleinen Energiedifferenz, die sich im ultraroten Rotationsschwingungsspektrum als Frequenzdifferenz zweier benachbarter Linien bestimmen läßt. Wie immer, wenn es sich um Differenzen zweier großer Zahlen handelt, ist die

Zusammenfassende Darstellungen der Methoden und Ergebnisse der Mikrowellenspektrometrie:
[1] MAIER, W.: Ergebn. exakt. Naturwiss. **24**, 276 (1951).
[2] KOCH, B.: Ergebn. exakt. Naturwiss. **24**, 222 (1951).
[3] GORDY, W.: Rev. mod. Physics **20**, 668 (1948).
[4] KIKUCHI, C., and R. D. SPENCE: Amer. J. Physics **17**, 288 (1949).
[5] BLEANEY, B.: Rep. Progr. Physics **11**, 178 (1948).
[6] FREYMANN, M., et M. R. FREYMANN: J. Physique et Radium (8) **9**, 29 D (1948).
[7] BRAUNBECK, W.: Naturwiss. **36**, 98, 338 (1949).
[8] HONERJÄGER, R.: Naturwiss. **38**, 34 (1951).
[9] KISLINK, P., and C. H. TOWNES: J. Res. nat. Bur. Stand. **44**, 611 (1950).
[10] DAILEY, B. P.: Analyt. Chem., Washington **21**, 540 (1949).
[11] MAIER, W.: Z. Elektrochem. **54**, 521 (1950).
[12] Landolt-Börnstein, 6. Aufl. Bd. 2. S. 552—570.

Bestimmungsmethode relativ ungenau. Es lag daher nahe, die *Genauigkeit* durch Anwendung einer direkten Messung der Energiedifferenzen, die den Rotationsübergängen entsprechen, zu verbessern. Die Verhältnisse sind schematisch in Abb. 80 veranschaulicht.
Während die Rotationsstruktur der Schwingungsspektren nur durch verhältnismäßig hohe
Auflösung überhaupt erfaßt werden kann (vgl. Abb. 74), sind die direkten Rotationsspektren über einen großen Spektralbereich auseinandergezogen. Die Verhältnisse liegen
analog wie bei den Schwingungsspektren, die bei der direkten Messung im Ultrarot
leichter zu übersehen sind, als wenn man sie, dem Elektronenspektrum überlagert, im
Ultraviolett beobachtet.

Die experimentellen Methoden der Mikrowellenspektrometrie sind so verschieden von
denjenigen im ultraroten, sichtbaren und ultravioletten Spektralbereich, daß für die Ausnützung der neuen Möglichkeiten zunächst brauchbare Geräte geschaffen werden mußten.
Bisher ist die Anwendung der Methoden ohne spezielle Kenntnisse der Hochfrequenztechnik nicht möglich. Es sollen daher an dieser Stelle lediglich die Anwendungsmöglichkeiten für biologische und chemische Probleme, und die Grund-
begriffe der Methodik angedeutet werden. Über Einzelheiten muß
auf Spezialliteratur verwiesen werden.

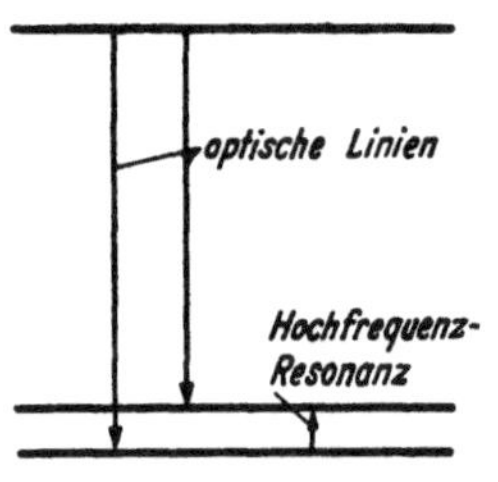

Abb. 80. Energieübergänge
im optischen und im Mikro-
wellengebiet
(aus W. BRAUNBECK).

Die Hauptanwendungsgebiete der Mikrowellenspektrometrie
liegen bisher auf rein physikalischem Gebiet. Durch die unmittelbare Erfassung der Rotationsübergänge und ihrer Hyperfeinstruk-
tur, des STARK-Effektes, ZEEMAN-Effektes und PASCHEN-BACK-
Effektes können Atomabstände und Bindungswinkel, Isotopen-
massen, Isotopenhäufigkeiten, Konstanten des Molekülinnenfeldes,
elektrische Dipolmomente usw. auf Grund des hohen Auflösungsvermögens mit verhältnismäßig hoher Genauigkeit bestimmt werden.
Darüber hinaus liegt es jedoch nahe, die Methode auch für analytische Aufgaben und Fragen
der Konstitutionsaufklärung heranzuziehen. Der hohen Auflösung wegen kann in dem
zugänglichen Wellenbereich eine große Anzahl von Linien nebeneinander erfaßt werden.

Untersucht werden können *gasförmige* Stoffe bei Drucken von 10^{-4} bis 1 mm Hg,
die ein Dipolmoment aufweisen, da das Auftreten der Rotationslinien an das Vorhandensein eines Dipolmomentes und an den Gaszustand geknüpft ist (vgl. S. 313). Die Lage der
Rotationsterme ist im wesentlichen durch die Größe der Trägheitsmomente der Moleküle
gegeben. Je größer die Trägheitsmomente (d. h. je größer die Masse und die Atomabstände)
sind, um so niedriger sind die Frequenzen der Rotationslinien. Die Rotationsspektren
von Molekülen mit besonders kleinen und mit besonders großen Massen liegen außerhalb
des meßtechnisch zugänglichen Mikrowellengebietes. Wichtig ist, daß Moleküle, die durch
isotope Atome markiert sind, sich in ihrem Rotationsspektrum charakteristisch von den
normalen Molekülen unterscheiden (Isotopieeffekt), so daß auf diese Weise mit sehr geringen Substanzmengen eine Analyse durchgeführt werden kann.

Die Anwendung der Mikrowellenspektrometrie für analytische Zwecke ist bisher
dadurch beschränkt, daß nur Gase und Dämpfe untersucht werden können, und daß die
Rotationslinien, die nicht Trägheitsmomenten $20 \cdot 10^{-40} < I < 300 \cdot 10^{-40}$ g cm² entsprechen,
außerhalb des experimentell zugänglichen Bereiches liegen. Die zur Verfügung stehenden
Tabellen enthalten daher im wesentlichen die Rotationsspektren anorganischer Verbindungen. Das komplizierteste, bisher mit Mikrowellen untersuchte Molekül ist Pyridin[1].

β) Methodik der Aufnahme.

Zur Aufnahme von Absorptionsspektren im Millimeter- und Zentimeterwellengebiet
können nicht einfach die Methoden der optischen Absorptionsspektrometrie und -photo-
metrie übernommen werden. Das Arbeiten in diesem Gebiet erfordert vielmehr eingehende
Kenntnisse der Hochfrequenztechnik. Auf alle Einzelheiten der Methodik einzugehen,

---

[1] DAILEY, B. P.: Analyt. Chem., Washington **21**, 540 (1949).

überschreitet daher den Rahmen dieses Berichtes, zumal die Anwendungsmöglichkeiten für die analytische Chemie im Verhältnis zum experimentellen Aufwand bis heute noch gering sind. Es sollen hier lediglich die Grundzüge der Methodik mit Quellenangaben besprochen werden, und zwar nur der Methodik der Resonanzabsorption im Gas, die für analytische Zwecke allein in Frage kommt. Auf die Methodik der Resonanz im flüssigen und festen Zustand und die Atomstrahlresonanzmethode, die beide nur für spezielle physikalische Fragen von Interesse sind, soll hier nicht eingegangen werden.

Die Methodik der Resonanzabsorption im Gas wurde von CLEETON und WILLIAMS[1] zur Aufnahme der

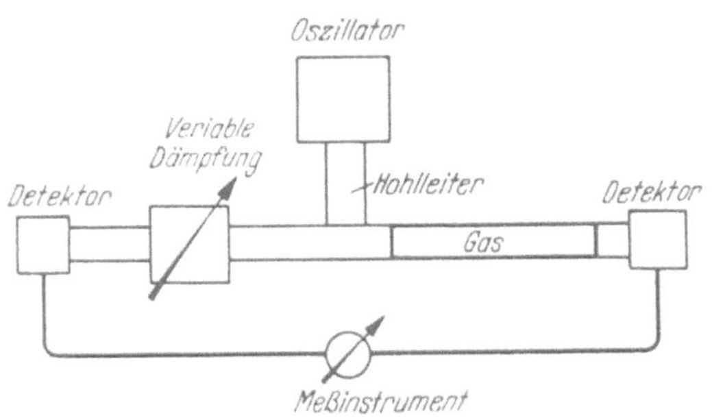

Abb. 81. Schema der Anordnung für Mikrowellenabsorptionsmessung.

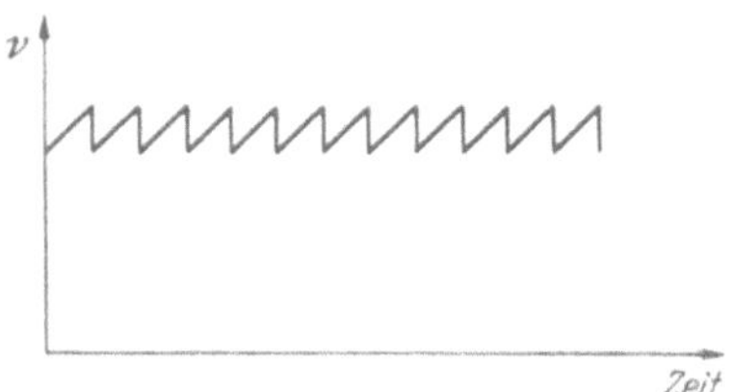

Abb. 82. Frequenzmodulation des Senders.

Inversionslinien von Ammoniak benützt und später von GOOD[2] zur Behandlung des gleichen Problems verbessert. Die GOODsche Anordnung blieb richtunggebend für die späteren Arbeiten auf diesem Gebiet[3]. Das Prinzip der Anordnung (vgl. Abb. 81) läßt sich in Anlehnung an das Prinzip optischer Anordnungen nach der Zweizellensubstitutionsmethode verstehen. Der Oscillator als Strahlungsquelle sendet ein elektromagnetisches Wechselfeld bestimmter Frequenz in den sich verzweigenden Hohlleiter und auf die beiden Detektoren, die als Empfänger dienen. Sie liefern eine Gleichspannung, die der Energie des auffallenden Wechselfeldes proportional ist. Wenn die Energie in den beiden Zweigen des Hohlleiters gleich groß ist, so heben sich die von den Detektoren gelieferten Spannungen gegenseitig auf; das Elektrometer zeigt keinen Ausschlag. Die Abgleichung der Brücke wird durch eine variable Dämpfung im einen Zweig des Hohlleiters hergestellt. Wenn das im anderen Zweig des Hohlleiters befindliche Gas absorbiert, dann wird die Abgleichung gestört, das Elektrometer schlägt aus, und zwar um so mehr, je stärker die Absorption ist. Wir haben also das Prinzip einer photometrischen Ausschlagsmethode vor uns. Zur Aufnahme eines Spektrums muß die Frequenz des Oscillators kontinuierlich

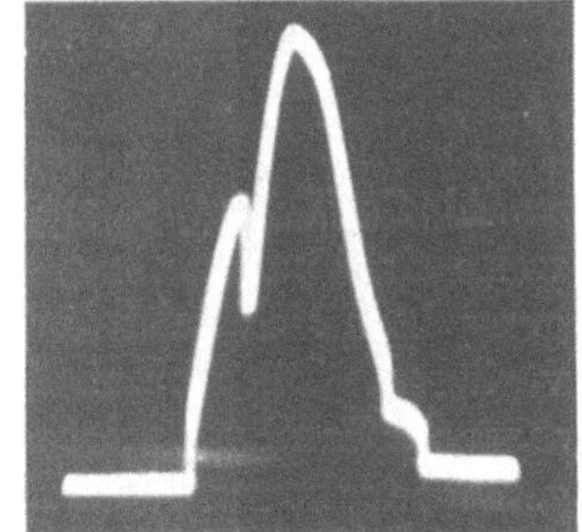

Abb. 83. Schwingungsbereichoscillogramm eines Reflexklystrons (aus B. KOCH).

geändert werden, analog wie man in der optischen Spektrometrie die Wellenlänge des Lichtes durch Drehen des Dispersionssystems ändert. Die vom Oscillator (Klystron) gelieferte Frequenz kann dadurch in einem gewissen geringen Bereich variiert werden, daß man die Spannung am Reflektor des Klystrons ändert. Dies geschieht durch Überlagerung einer sägezahnförmigen Hilfsspannung, die bewirkt, daß die Oscillatorfrequenz im Rhythmus der Sägespannung moduliert wird (Abb. 82). Anstatt an ein Elektrometer wird die Differenzspannung der beiden Detektoren über einen Verstärker an die Elektroden eines BRAUNschen Rohres (Kathodenstrahloscillograph) gelegt. An das andere Plattenpaar des BRAUNschen Rohres wird die gleiche Sägezahnwechselspannung angelegt, welche die Frequenzmodulation des Oscillators bewirkt. Auf dem Schirm der BRAUNschen Röhre entsteht dann ein stehendes Bild der Absorptionskurve innerhalb des Frequenzbereiches, den der Oscillator überstreicht. In Abb. 83 ist ein solches Oscillogramm gezeigt.

[1] CLEETON, C. E., and N. H. WILLIAMS: Physic. Rev. 45, 234 (1934).
[2] GOOD, W. E.: Physic. Rev. 70, 213 (1946).
[3] Vgl. auch BRAUNBECK, W.: Naturwiss. 36, 102 (1949).

Die Abszisse bedeutet die Frequenz des Oscillators, die Ordinate die über den Verstärker auf das BRAUNsche Rohr gelangende Spannung. Wenn der Verstärker linear arbeitet, ist die Ordinate ein direktes Maß für die Absorption. Das Oscillogramm gibt also ein unmittelbares Bild der Absorptionskurve innerhalb des vom Oscillator überstrichenen Frequenzbereiches. Die feine Spitze in der Kurve der Abb. 83 bedeutet eine Wellenlängenmarke, die durch einen eingebauten Frequenzmesser geliefert wird (vgl. Frequenzmessung). In Abb. 84 ist ein etwas ausführlicheres Schaltschema einer Anordnung gezeigt, wie sie von GOOD[1] für seine Messungen benützt wurde.

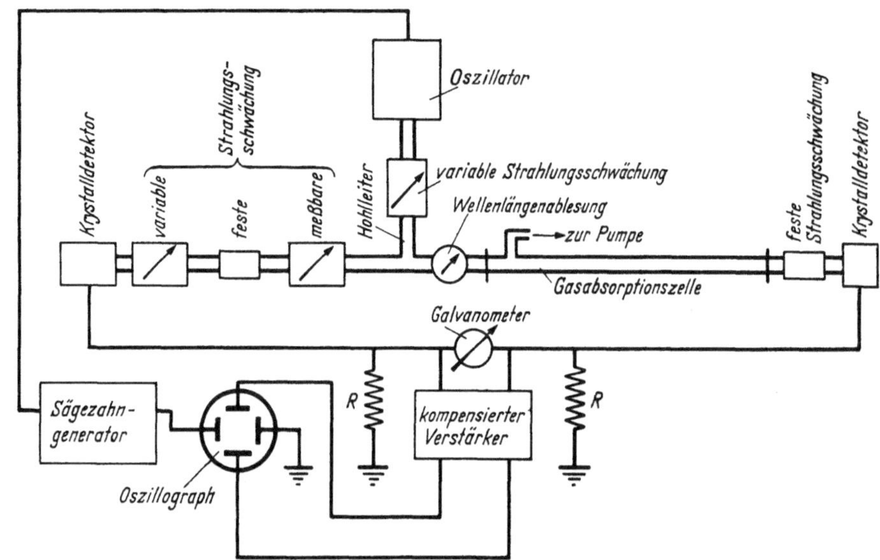

Abb. 84. Schaltschema für Mikrowellenabsorptionsmessung (aus W. E. GOOD).

γ) Instrumentelle Hilfsmittel.

Als *Oscillator* wird am besten ein sog. *Reflex-Klystron* verwendet, auf dessen Wirkungsweise nicht im einzelnen eingegangen werden kann[2]. Die Frequenz der gelieferten Schwingung läßt sich mittels Grobabstimmung durch Deformation des Hohlraumresonators variieren. Die Feinabstimmung erfolgt durch Variation der Reflektorspannung. Die sägezahnförmige Variation, wie sie durch Modulation mit Hilfe des Oscillographenkippgerätes des BRAUNschen Rohres erfolgt, überstreicht also nur einen relativ kleinen Frequenzbereich. Eine Frequenzvervielfachung um den Faktor 2 ist mit Hilfe von Krystalldetektoren möglich[3]. Reflexklystrons für die verschiedenen Frequenzbereiche werden bisher nur von ausländischen Firmen geliefert[4].

Auch die *Führung des Strahlenganges* unterscheidet sich bei der Mikrowellenspektrometrie wesentlich von derjenigen des optischen Gebietes, weil die Abmessungen des „Strahlenbündels" bereits die Größenordnung seiner Wellenlängen erreichen[5]. Zur Übertragung der Schwingungsenergie vom Sender zum Empfänger werden *Hohlrohrwellenleiter* mit rechteckigem Querschnitt von größenordnungsmäßig 0,1—10 cm² verwendet. Die

[1] GOOD, W. E.: Physic. Rev. **70**, 213 (1946).

[2] Vgl. dazu z. B. VILBIG, F.: Lehrbuch der Hochfrequenztechnik. 4. Aufl. Bd. 2. S. 100ff. Leipzig 1945.

[3] Vgl. z. B. BERINGER, R.: Physic. Rev. **70**, 53 (1946). — SCHMELZER, CHR.: Fiat-Rev. **15**, 220 (1948).

[4] Zum Beispiel Cie. Gén. de Télégraphie sans Fil/Soc. Francais de Radioélectricité, Paris-Levallois. — Bell Telephone Laboratories, New York. — Western Electric Co., New York. — Raytheon Manufacturing Co., Waltham, Mass. — Sperry Gyroscope Co., Great Neck, New York.

[5] Vgl. z. B. RIEDINGER, A.: Fortschritte der Hochfrequenztechnik. Hrsgb. von VILBIG, F., u. J. ZENNECK, Bd. 1. S. 187ff. Leipzig 1941. — MEINKE, H. H.: Elektrotechn. **2**, 1 (1948). — GOUBEAU, G., CHR. SCHMELZER, R. MÜLLER u. R. HONERJÄGER: Elektromagnetische Wellenleiter und Hohlräume. Stuttgart 1953.

verschiedenen Hohlleiterelemente werden durch plangeschliffene Flansche miteinander verbunden. Die Hohlleiter werden evakuiert. Zur Untersuchung der Absorption eines Gases wird am einfachsten ein Abschnitt des Hohlleiters durch Isolationsfenster, z. B. Glimmer, abgeschlossen und in den abgeschlossenen Raum das Gas eingebracht. Als *Abschwächer* zur Regulierung der Gesamtintensität oder zum Abgleich der Brücke kommen kreiszylindrische Hohlleiter in Frage, in die von einem Koaxialkabel her eine Koppelungsschleife mit variabler Eintauchtiefe eingeführt wird[1]. Bequemer sind die sog. Fahnenabschwächer, die aus einem mit absorbierendem Material (Graphit oder Eisenpulver) belegten Karton bestehen, welcher durch einen Schlitz in der Breitseite des rechteckigen Hohlleiters verschieden tief in denselben eingetaucht werden kann.

Als *Empfänger* kommen bisher fast ausschließlich Krystalldetektoren mit oder ohne nachfolgende Verstärkung in Betracht[2].

Um die hohe Genauigkeit der Mikrowellenspektrometrie voll auszunützen, ist es notwendig, die Frequenz mit der gleichen großen Genauigkeit zu messen. Hierzu genügt die Definition der Frequenz aus den Abmessungen des Oscillators nicht. Am einfachsten verfährt man so, daß man mit dem betreffenden Gerät ein bereits genau vermessenes Spektrum mitaufnimmt und die gemessenen Linien zur Wellenlängeneichung benützt[3]. Diese Methode entspricht der Wellenlängeneichnung im optischen Gebiet mit Hilfe von Linien des Eisenspektrums oder des Quecksilberbogens. Zur absoluten Eichung dient ein Frequenznormal mit einer quarzstabilisierten Ausgangsfrequenz, die durch eine Vervielfachungskette entsprechend abgestufte Frequenzmarkierungen liefert. Diese Markierungen, die kontinuierlich verstellt werden können, werden zusammen mit der zu messenden Strahlung zur BRAUNschen Röhre geleitet. Die Markierungen lassen sich dann verändern, bis sie mit der zu messenden Absorptionslinie übereinstimmen. Schaltungen für solche Frequenznormale wurden vor allem von UNTERBERGER und SMITH entwickelt[4].

3. Emissionsmessungen.

a) Fluorescenz[5-9].

Genau wie bei Absorptionsmessungen muß man bei Fluorescenzmessungen grundsätzlich zwei verschiedene Anwendungsgebiete unterscheiden: Erstens die *Fluorescenzspektrometrie* zur Konstitutionsaufklärung oder Identifizierung von Verbindungen und zweitens die *Fluorescenzphotometrie* zur Konzentrationsbestimmung fluorescierender Verbindungen.

α) *Fluorescenzspektrometrie.*

Anwendungsgebiete. Wie auf S. 314 gezeigt wurde, kommt die Fluorescenz dadurch zustande, daß ein Molekül nach vorangegangener Anregung durch Absorption von Licht wieder in den unangeregten Zustand übergeht. Während bei der Absorption ein Übergang vom in der Regel unangeregten Schwingungszustand des Elektronengrundzustandes aus zu den verschiedenen Schwingungszuständen des angeregten Elektronenzustandes stattfindet, entspricht die Fluorescenzemission dem Übergang vom Schwingungsgrundzustand

---

[1] Vgl. KOCH, B.: Ergebn. exakt. Naturwiss. **24**, 236 (1951).

[2] STEPHENS, W. E.: Electronics **19**, 112 (1946). — TORREY, H. C., and CH. A. WHITMER: Crystal Rectifiers. Rad. Lab. Ser. Bd. 15. 1948. — Hersteller von Krystalldetektoren für Direktnachweis: Ing. K. Maier, Eislingen a. d. Fils; Western Electric, Sylvania, Westinghouse, Bell.

[3] STRANDBERG, M. W. P., R. KYHL, R. E. HILLGER and T. WENTINK: Physic. Rev. **71**, 326, 639 (1947). — GOOD, W. E., and D. K. COLES: Physic. Rev. **71**, 383 (1947). — LYONS, H.: Physic. Rev. **74**, 1203 (1948).

[4] UNTERBERGER, R. R., and W. V. SMITH: Rev. sci. Instr. **19**, 580 (1948).

Zusammenfassende Arbeiten über Fluorescenzmessungen:

[5] BANDOW, F.: Luminescenz. Stuttgart 1950.

[6] DANCKWORTT, P. W. F.: Luminescenzanalyse. 5. Aufl. Leipzig 1949.

[7] DHÉRÉ, CH.: La Fluorescence en Biochimie. Paris 1934.

[8] FÖRSTER, TH.: Fluorescenz organischer Verbindungen. Göttingen 1951.

[9] PRINGSHEIM, P.: Fluorescence and Phosphorescence. New York, London 1949.

des angeregten Elektronenzustandes zu den verschiedenen Schwingungszuständen des Elektronengrundzustandes (vgl. Abb. 3). Die Fluorescenzbanden werden daher im allgemeinen längerwellig liegen als die Absorptionsbanden. Die Lage der Banden gibt wie bei den Absorptionsspektren Aufschluß über die Energieunterschiede zwischen verschiedenen Elektronenzuständen. Die Auflösung in Schwingungsbanden gibt die Schwingungszustände des Moleküls im Elektronengrundzustand wieder. Da nicht jede Absorption von Licht zu einer Fluorescenzemission führt, die Fluorescenzbanden also nicht so häufig sind, bilden sie dort, wo sie auftreten, ein besonders charakteristisches Merkmal und können daher hervorragend zur Identifizierung des betreffenden Stoffes benützt werden. Der Begriff des „Chromophors" spielt bei der Fluorescenzspektrometrie nicht die gleiche Rolle wie bei der Absorptionsspektrometrie, da das Auftreten der Fluorescenz nicht allein durch das Vorhandensein eines bestimmten Chromophors bedingt ist, sondern an die Gesamtkonfiguration des Moleküls gebunden ist.

Zu berücksichtigen ist ferner, daß das Auftreten der Fluorescenz in vielen Fällen vom Aggregatzustand abhängt, d. h. die Fluorescenz kann z. B. beim Übergang von einem Aggregatzustand zu einem anderen völlig verschwinden. Auch ein Einfluß des Lösungsmittels auf die Fluorescenzintensität wird häufig beobachtet. Insbesondere ist der Fall häufig, daß ein Stoff in reiner (fester oder flüssiger) Phase nicht, in verdünnter Lösung aber stark fluoresciert. Wie bei der Absorption spielt der p_H der Lösung dann eine Rolle, wenn er die Lage eines chemischen Gleichgewichts bestimmt, und das Auftreten der Fluorescenz an den einen Gleichgewichtspartner gebunden ist, oder wenn die Fluorescenz für die beiden Partner verschieden ist.

Der Zusammenhang zwischen der Lichtabsorption und der Konzentration des absorbierenden Stoffes ist durch das BEERsche Gesetz gegeben, nach dem die Extinktion der Konzentration proportional ist. Analog könnte man annehmen, daß auch die Fluorescenzintensität der Konzentration der fluorescierenden Moleküle proportional sein sollte. Dies ist jedoch keineswegs der Fall. Mit steigender Konzentration nimmt die Fluorescenz der Lösungen im allgemeinen sehr stark ab. Dieser Effekt, der als *Konzentrationslöschung der Fluorescenz* bezeichnet wird, bewirkt, daß in vielen Fällen die Fluorescenzfähigkeit bei hohen Konzentrationen praktisch ganz unterdrückt wird. Die Fluorescenz wird aber nicht nur durch arteigene Moleküle, sondern auch durch Fremdzusätze gelöscht, wobei ganz spezifische Löschwirkungen auftreten können. Zum Beispiel können ganz geringe Verunreinigungen unerwartet hohe Fluorescenzlöschung verursachen.

Wenn man die Fluorescenzspektren zur Charakterisierung von Verbindungen heranziehen will, muß man die Empfindlichkeit der Fluorescenz gegen alle äußeren Einflüsse, wie sie eben beschrieben wurden, berücksichtigen. Vor allem ist eine sorgfältige Reinigung aller Stoffe sowie des Lösungsmittels erforderlich, da schon geringe Verunreinigungen starke Löschwirkung oder aber starke Eigenfluorescenz zur Folge haben können. Aus dem Fehlen einer bestimmten Fluorescenzbande darf man deshalb nicht unbedingt auf das Fehlen der gesuchten Verbindung schließen, wenn man nicht gleichzeitig jegliche Anwesenheit von Löschsubstanzen eindeutig ausschließen kann. Das geschieht am einfachsten in der Weise, daß in einem Parallelversuch der Versuchslösung eine geeignete Menge der gesuchten Verbindung zugefügt wird.

Trotz dieser vielen Fehlerquellen und der gegenüber der Aufnahme von Absorptionsspektren umständlichen Aufnahmetechnik wird die Fluorescenz vielfach zur Identifizierung herangezogen, weil sie einerseits spezifischer ist und andererseits in vielen Fällen eine untere Nachweisgrenze besitzt, die durch Absorptionsmessungen nicht erreicht wird.

Beispielsweise läßt sich das krebserregende Benzpyren durch sein spezifisches Fluorescenzspektrum noch in einer Konzentration von $2,5 \cdot 10^{-6}$ g/l nachweisen[1]. Benzpyren wie auch Naphthacen wirken übrigens anderen Kohlenwasserstoffen gegenüber als ausgesprochene Löschsubstanzen, während umgekehrt ihre Fluorescenz durch diese Kohlen-

---

[1] MIESCHER, G., F. ALMASY u. K. KLÄUI: B. Z. **287**, 189 (1936).

wasserstoffe nicht gelöscht wird. Am Benzpyren läßt sich auch der Einfluß des Aggregatzustandes auf die Fluorescenz sehr eindrucksvoll zeigen. Schon mit dem Auge kann man beim Übergang der moleculardispersen zur festen oder kolloidalen Phase einen Umschlag der blauen Fluorescenz in eine grüngelbe erkennen[1].

Als weiteres Beispiel sei die rote Fluorescenz der Porphyrine angeführt[2], die in biologischem Material oft nur in so kleinen Mengen vorkommen, daß sie nur mittels ihrer Fluorescenz nachgewiesen werden können. Aus dem Auftreten von roter Fluorescenz darf natürlich nicht einfach auf das Vorliegen von Porphyrinen geschlossen werden. Zum Beispiel gehört der rotfluorescierende Farbstoff „Mycoporphyrin" nicht zu den Porphyrinen, sondern liefert das gleiche Absorptions- und Fluorescenzspektrum wie das Hypericin[3]. Auch die im normalen Harn nach Entfernung der Porphyrine zurückbleibende rote Fluorescenz rührt nicht von einem Porphyrinrest her, wie sich aus dem Fluorescenzspektrum und seiner p_H-Abhängigkeit einwandfrei nachweisen läßt[4]. Weitere Beispiele siehe bei BANDOW[5]. Für einwandfreie Ergebnisse ist es also notwendig, den genauen Verlauf der Fluorescenzspektren zu kennen. Ein strukturreiches Spektrum mit schmalen Banden läßt sich natürlich leichter identifizieren (unter Umständen bereits spektroskopisch) als ein Spektrum mit wenigen breiten, verwaschenen Banden.

Methodik der Untersuchung von Fluorescenzspektren. Zur Anregung der Fluorescenz wird die Probe mit kurzwelligem Licht bestrahlt. Im allgemeinen erstrecken sich Fluorescenzmessungen auf den sichtbaren Spektralbereich, so daß man zur Anregung am einfachsten die intensiven Quecksilberlinien bei 436, 405, 366 und 313 mμ verwendet, die durch geeignete Sperrfilter ausgesondert werden (vgl. S. 333). Am häufigsten wird für solche Zwecke mit dem Schottfilter UG 1 oder UG 2 gearbeitet, das im wesentlichen das Triplett bei 366 mμ durchläßt und vor allem das Sichtbare bis auf einen geringen Anteil im langwelligen Rot absorbiert, der durch eine $CuSO_4$-Lösung ausgeschaltet werden kann. Die Entfernung der langwelligen Komponenten aus dem Erregerlicht ist notwendig, weil sie sonst Fluorescenz vortäuschen. Wenn das Erregerlicht nicht auf den Empfänger gelangen soll, muß zwischen Probe und Empfänger ein Sperrfilter eingeschaltet werden (vgl. Fluorescenzphotometrie). Bei fluorescenzspektrometrischen Messungen ist dies im allgemeinen nicht nötig, wenn man mit „auffallendem" Erregerlicht arbeitet (vgl. unten); außerdem ist es nicht zu empfehlen, da immer die Gefahr besteht, daß das Sperrfilter einzelne Spektralbereiche des Fluorescenzlichtes schwächt, wodurch das Spektrum verzerrt wird.

Da das Fluorescenzlicht nach allen Richtungen ausgestrahlt wird, und somit nur ein geringer, dem Öffnungswinkel des Empfängers entsprechender Anteil davon zur Untersuchung gelangt, und da außerdem die Fluorescenzausbeute nicht 100% beträgt, ist es wichtig, daß man zur Erregung eine sehr intensive Lichtquelle verwendet. Besonders bewährt haben sich für diesen Zweck die Quecksilberhöchstdrucklampe[6] oder die Xenonlampe[7].

Man mißt die Fluorescenz im *durchfallenden* oder im *auffallenden* Erregerlicht (vgl. Abb. 85a und b). Im ersten Fall muß die nichtabsorbierte Erregerstrahlung durch geeignete Sperrfilter vernichtet werden, außerdem muß sie frei von langwelligen Komponenten sein; im zweiten Fall ist keine nachträgliche Filterung notwendig, dagegen ergibt sich infolge der zunehmenden Absorption der Primärstrahlung mit der durchlaufenen Schicht eine in dieser Richtung abfallende Helligkeit des Gesichtsfeldes, die besonders bei visueller Beobachtung stört. Man kann die Vorteile beider Methoden vereinigen,

---

[1] BANDOW, F.: Z. physik. Chem. **196**, 329 (1951).
[2] Zum Beispiel VÖLKER, O.: Z. Naturforsch. 2b, 316 (1947).
[3] FISCHER, H., u. G. NIEMANN: H. **146**, 215 (1925). — FISCHER, H., u. R. HESS: H. **187**, 136 (1930).
[4] Vgl. BANDOW, F.: B. Z. **295**, 154 (1938).
[5] BANDOW, F.: Luminescenz. Stuttgart 1950.
[6] Lieferfirma Osram, Heidenheim.
[7] SCHULZ, P.: Z. Naturforsch. 2a, 583 (1947). Osram, Heidenheim.

indem man unter spitzem Winkel zur Einstrahlungsrichtung beobachtet (Abb. 85c).
Die Anordnung (a) ist nur brauchbar, wenn das Fluorescenzlicht selbst nur wenig oder
gar nicht reabsorbiert wird. Ist dies der Fall, so muß man die Anordnung (c) benutzen.
Diese eignet sich auch zur Untersuchung der *Fluorescenz fester Stoffe*. Wenn es sich
um einzelne Krystalle mit ebener (spiegelnder) Oberfläche handelt, so beobachtet man
genau wie bei gefüllten Cuvetten unter einem Winkel, der nicht dem Reflexionswinkel entspricht, da dann das Erregerlicht bei der Untersuchung nicht stört. Werden dagegen feste
Stoffe in Pulverform aufgenommen (vgl. S. 385), so wird das Erregerlicht diffus gestreut
und muß, sofern es bei der Untersuchung stört, durch ein Sperrfilter ausgefiltert werden.

Die Anordnung (b) ist bei den üblichen RAMAN-Lampen[1] verwirklicht, die auch für
Fluorescenzuntersuchungen verwendet werden können. Der zur Erregung dienende
Quarzbrenner befindet sich in dem einen Brennpunkt eines
elliptischen Hohlspiegels. Im anderen Brennpunkt befindet
sich das Untersuchungsgefäß, das auf diese Weise praktisch
die ganze Strahlung aufnehmen kann, die von der Lampe
ausgesendet wird. Zwischen Lampe und Cuvette kann ein
Lichtfilter zur Aussonderung des gewünschten Spektralbereiches angebracht werden. Die Cuvetten sind hinten
abgebogen, so daß nur das Fluorescenzlicht und nicht
das an der Cuvettenwand reflektierte Erregerlicht zur
Messung gelangen kann.

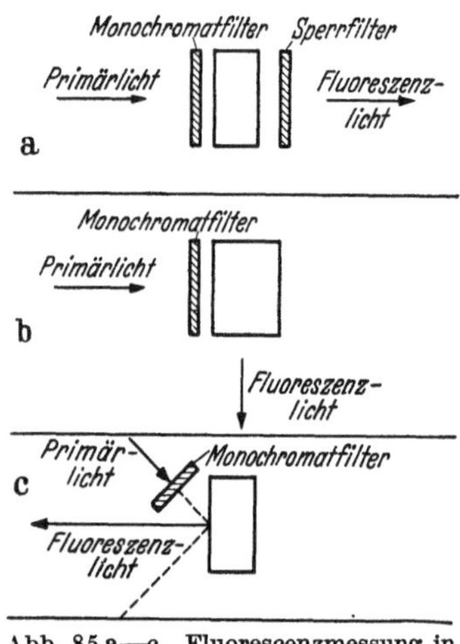

Abb. 85 a—c. Fluorescenzmessung in
durchfallendem und auffallendem
Licht.

Man kann auch ein Gasentladungsrohr als Primärlicht-
quelle so konstruieren, daß es das Fluorescenzrohr allseitig
umgibt, und erhält so ebenfalls eine sehr lichtstarke Erregung[2].

Da quantitative Fluorescenzmessungen ungleich schwieriger und umständlicher sind als quantitative Absorptionsmessungen, begnügt man sich bei der Fluorescenz sehr oft
mit *qualitativen Ergebnissen*, d. h. man stellt lediglich die Lage der Fluorescenzbanden
mehr oder weniger genau fest. Dies läßt sich häufig schon mit einem Spektroskop mit
Wellenlängenskala erreichen. Vor allem kann man so die Identität von zwei Stoffen feststellen, indem man die Fluorescenzspektren ihrer Lösungen direkt über- oder nebeneinander projiziert, z. B. durch Aufklappen des Vergleichsprismas am Spektroskop
(vgl. S. 361). Die Koinzidenz der Banden ist dann leicht zu erkennen.

Die *quantitative* Fluorescenzspektrometrie kann nicht nur die Lage der Banden,
sondern den genauen Verlauf des Spektrums, seine relative oder auch absolute Intensitätsverteilung bzw. die Fluorescenzausbeute feststellen. Als quantitatives Maß der Fluorescenz definiert man das Intensitätsverhältnis des gesamten austretenden Fluorescenzlichtes
zum gesamten eintretenden Erregerlicht, ohne daß man die Stärke der Absorption
des letzteren berücksichtigt. In diesem Fall spricht man vom *äußeren Fluorescenzvermögen*
des betreffenden Stoffes. Im Gegensatz dazu wird das Intensitätsverhältnis des Fluorescenzlichtes zum absorbierten Anteil des Erregerlichtes als die *innere Fluorescenzausbeute*
bezeichnet. Dabei kann man unter „Intensität" des Lichtes entweder die je Sekunde
mitgeführte Energie (erg/sec) oder die je Sekunde mitgeführte Anzahl Quanten verstehen,
so daß man zwischen *Energieausbeute* und *Quantenausbeute* unterscheiden muß. Da
Erregerlicht und Fluorescenzlicht spektral verschieden sind, unterscheiden sich die
beiden Ausbeuten stets voneinander, sie sind aber bei *Relativmessungen* bei gleicher
spektraler Zusammensetzung des Fluorescenzlichtes einander proportional.

Da die Intensität des aus dem fluorescierenden Stoff austretenden Fluorescenzlichtes
in verschiedenen Richtungen verschieden sein wird, ist eine unmittelbare Messung des
äußeren Fluorescenzvermögens bzw. der äußeren Fluorescenzausbeute nur durch inte-

---

[1] C. Zeiß, Jena. Steinheil, München.

[2] KISTIAKOWSKI, G. B.: J. physic. Chem. **41**, 312 (1937). Physic. Rev. **41**, 595 (1932).

grierende Photometrie über den gesamten Raumwinkel möglich. Da diese praktisch sehr schwierig sein würde, beschränkt man sich stets auf die Messung in einem Strahlenbündel von gegebenem Öffnungswinkel. Für die *spektrale Intensitätsverteilung* ist dies ohne Bedeutung. Führt man deshalb derartige Messungen in Abhängigkeit von der Wellenlänge durch, so erhält man entsprechend ein äußeres *Energie-* bzw. *Quantenspektrum der Fluorescenz* (quantitative Fluorescenzspektrometrie).

Von der äußeren Fluorescenzausbeute zu unterscheiden ist die *innere* oder *wahre Fluorescenzausbeute*, die das Verhältnis der in einem Volumenelement dV des Stoffes erzeugten Fluorescenzintensität zu der im gleichen dV absorbierten Intensität des Erregerlichtes angibt. Sie ist bei homogenen Stoffen in allen Volumenelementen gleich. Wird das Fluorescenzlicht durch den Stoff selbst reabsorbiert, d. h. überdecken sich Absorptions- und Fluorescenzspektren teilweise, so sind das äußere und das innere Fluorescenzspektrum voneinander verschieden. Man kann diese Reabsorption verringern, indem man die durchstrahlte Schicht sehr dünn macht; man verwendet dann zweckmäßig die in Abb. 85c angegebene Anordnung, bei der man im wesentlichen die Oberflächenfluorescenz des Stoffes erhält. Es gibt jedoch auch rechnerische Methoden, die Reabsorption zu berücksichtigen[1].

Zur Messung der relativen Fluorescenzintensität in den verschiedenen Spektralbereichen benutzt man am besten analog wie bei der Absorptionsmessung *photographische Methoden*. Wegen der gewöhnlich geringen Intensität des Fluorescenzlichtes ist die Fähigkeit der photographischen Platte, Lichteindrücke zeitlich zu summieren, hier besonders wertvoll. Nun ist allerdings die Schwärzung der Platte kein unmittelbares Maß für die relative Fluorescenzintensität, denn erstens ist die Neigung γ der Schwärzungskurve $S = \gamma \cdot \log J$ (Gl. 38), und zweitens ist die Empfindlichkeit der Emulsion von der Wellenlänge abhängig. Gleiche Schwärzungen in verschiedenen Teilen des Spektrums bedeuten also nicht gleiche Energie der einwirkenden Strahlung. Um aus solchen Aufnahmen das Energie- oder das Quantenspektrum der Fluorescenz zu ermitteln, muß man deshalb die Schwärzungsskala für alle Wellenlängen mit Hilfe einer Lichtquelle bekannter spektraler Energie- bzw. Quantenverteilung[2] aufnehmen, was am einfachsten mit einem Stufensektor oder einem Stufengraukeil geschieht. Das Verfahren ist im einzelnen ausführlich beschrieben[3]. Die häufig als Fluorescenzspektrum angegebene Photometerkurve der Schwärzung kann nur als relativ rohes Maß für die spektrale Intensitätsverteilung des Fluorescenzlichtes dienen, denn sogar die Lage der Schwärzungsmaxima fällt keineswegs immer mit den Fluorescenzmaxima zusammen.

Ist die Fluorescenzintensität genügend groß, und ist keine hohe Auflösung notwendig, so kann man das relative Fluorescenzspektrum auch mit *visuellen Spektralphotometern*, etwa mit dem Instrument nach KÖNIG-MARTENS (vgl. S. 357) ermitteln[4]. Zur Erregung bildet man die Lichtquelle (z. B. den Glühfaden einer Lampe) unter Zwischenschaltung eines Filters auf der Cuvette ab und das fluorescierende Bild des Glühfadens seinerseits auf einem der Eintrittsspalte des Photometers, während durch den zweiten Eintrittsspalt das Licht des Glühfadens selbst eintritt. Der Intensitätsvergleich ergibt die spektrale Verteilung der Fluorescenz in Einheiten derjenigen der Glühlampe. Ist letztere bekannt, so kann daraus das Energie- oder Quantenspektrum der Fluorescenz ermittelt werden.

Neuerdings benutzt man auch hier an Stelle des Auges oder der photographischen Platte Photozellen, Thermoelemente oder Sekundärelektronenvervielfacher als Empfänger, wobei sich die Verstärkung der hier sehr geringen Photoströme meist nicht umgehen läßt. Auf diese Weise wurde z. B. das Fluorescenzenergiespektrum der Chlorophyllkomponenten gemessen[5]. Auch das früher beschriebene BECKMAN-Photometer (S. 377) und das Photometer „Eppendorf" (S. 375) besitzen Zusatzeinrichtungen zur Aufnahme von Fluorescenzspektren[6].

---

[1] Vgl. FÖRSTER, TH.: Fluorescenz organischer Verbindungen. Göttingen 1951.

[2] Solche Lampen werden z. B. von Osram geliefert.

[3] KORTÜM, G., u. B. FINKH: Spektrochim. Acta, London 2, 137 (1941). Z. physik. Chem. (B) 52, 265 (1942). — KORTÜM, G.: Kolorimetrie und Spektralphotometrie. 2. Aufl. Berlin-Göttingen-Heidelberg 1948.

[4] LEWSCHIN, W. L.: Z. Physik 72, 368 (1931).

[5] ZSCHEILE, F., and D. G. HARRIS: J. physic. Chem. 17, 623 (1943).

[6] Vgl. BURDET, R. A., and L. C. JONES: J. opt. Soc. Amer. 37, 554 (1947).

Für eine Reihe von Problemen ist es erwünscht, das Fluorescenzspektrum von festen Stoffen oder von strömenden oder zähen Lösungen mit gerichteten Molekülen mit polarisiertem Licht aufzunehmen, um den Polarisationsgrad des Fluorescenzlichtes zu messen. Da die Herstellung von polarisiertem Licht immer mit großem Lichtverlust verbunden ist, und man andererseits zur Erregung der Fluorescenz auf hohe Lichtintensitäten angewiesen ist, sind die experimentellen Schwierigkeiten hier besonders groß. Prinzipiell ist die Arbeitstechnik jedoch die gleiche wie bei Absorptionsmessungen mit polarisiertem Licht (vgl. S. 386). Angaben über die zu verwendenden Methoden findet man bei FÖRSTER[1].

β) Fluorescenzphotometrie.

Wie bei Absorptionsmessungen dient die Photometrie in erster Linie dem Zwecke der Konzentrationsbestimmung. Die dem BEERschen Gesetz analoge einfachste Annahme, daß bei gegebener konstanter Anregung Proportionalität zwischen Fluorescenzintensität und Konzentration des fluorescenzfähigen Stoffes besteht, ist nur bei äußerst verdünnten Lösungen erlaubt. Mit steigender Konzentration tritt infolge der sog. *Konzentrationslöschung* immer eine relative Abnahme der Fluorescenzintensität ein. Diese Verminderung der Fluorescenzemission durch Konzentrationserhöhung bzw. Fremdzusätze beginnt im allgemeinen schon im Konzentrationsbereich $10^{-6} < c < 10^{-3}$ die Fehlergrenze von 1% zu überschreiten. Zu diesen (den wahren Abweichungen vom BEERschen Gesetz entsprechenden) Abweichungen können noch solche kommen, die von chemischen Gleichgewichten herrühren (Dissoziation, Assoziation usw.), wenn die miteinander im Gleichgewicht stehenden Stoffe nicht dieselbe Fluorescenz aufweisen. Man ist also bei Konzentrationsbestimmungen mit Hilfe von Fluorescenzmessungen in jedem Fall darauf angewiesen, eine *Eichkurve* aufzunehmen, indem man die Fluorescenzintensität bzw. die ihr proportionale Meßgröße in Abhängigkeit von der Konzentration aufträgt. Da man wie erwähnt, nicht das gesamte Fluorescenzlicht erfaßt, sondern nur einen bestimmten, durch die Meßanordnung gegebenen Bruchteil, muß die Fluorescenz in der gleichen Weise angeregt werden, wie diejenige der unbekannten Lösung. Als *Vergleichsstandard* kann man auch an Stelle von Lösungen des gleichen Stoffes bekannter Konzentration feste Glasstandards benutzen. Die erstere Methode ist jedoch stets vorzuziehen, weil dann das zur Messung gelangende Licht die gleiche spektrale Zusammensetzung besitzt. Ist dies nicht der Fall, so treten bei visuellen Methoden Farbtonunterschiede in den beiden Gesichtsfeldern auf, und bei objektiven Methoden ist das Ergebnis von der spektralen Empfindlichkeit des Empfängers abhängig. Sind die Vergleichslösungen nicht haltbar oder schwer herzustellen, so benutzt man feste Glasstandards, deren Fluorescenzlicht möglichst ähnliche spektrale Zusammensetzung haben soll wie das von der Lösung ausgesandte Licht[2].

Auch wenn man Vergleichslösungen als Standards benützt, können bei Fluorescenzmessungen dann Farbtonunterschiede auftreten, wenn sich Absorptions- und Fluorescenzspektren überschneiden, d. h. wenn das Fluorescenzlicht zum Teil reabsorbiert wird. Das rührt daher, daß im Gegensatz zur Lichtabsorption die zur Messung gelangende Fluorescenzintensität bei konstantem Produkt cd nicht konstant zu sein braucht. Die Abweichungen können durch die Art der Meßmethode, sowie durch Fluorescenzlöschung zustande kommen. Auf dieser Ursache beruhende Farbtonunterschiede können dadurch beseitigt werden, daß man von dem Fluorescenzlicht einen Spektralbereich aussondert, der nicht reabsorbiert wird.

Methodik der Fluorescenzphotometrie (Fluorometrie). Da bei Fluorescenzmessungen geringe Lichtintensitäten registriert werden müssen, verwendet man im allgemeinen visuelle Methoden, weil die relative Empfindlichkeit des Auges auch bei kleinen Intensitäten noch erhalten bleibt (vgl. S. 349). Die Empfindlichkeit lichtelektrischer Geräte reicht im allgemeinen nicht aus, sofern es sich um Kompensations- oder Substitutions-

---

[1] FÖRSTER, TH.: Fluorescenz organischer Verbindungen. Göttingen 1951.
[2] Ein Satz fluorescierender Glasstandards wird von der Firma Zeiß, Jena, geliefert.

methoden handelt. Da jedoch bei Fluorescenzmessungen äußerer Einflüsse wegen eine Genauigkeit von 1 % selten erreicht wird, begnügt man sich bei der lichtelektrischen Fluorometrie mit einfachen Ausschlagsmethoden und hat dadurch die Möglichkeit, die Ermüdungserscheinungen bei visuellen Messungen auszuschalten. Spektrographische Methoden sind ihrer Umständlichkeit wegen für Methoden der Konzentrationsbestimmung durch Fluorescenz weniger geeignet.

Die Fluorescenz kann im durchfallenden oder im auffallenden Licht gemessen werden (vgl. Abb. 85). Da jeder Anteil an Erregerlicht bei dem zu messenden Fluorescenzlicht stört, sind die Methoden b und c der Methode a vorzuziehen, weil der hier geringe Streuanteil an Primärlicht kaum stört bzw. sich noch filtern läßt. Ein diesem Zweck dienendes Sperrfilter muß die Primärstrahlung völlig absorbieren und im Bereiche der Fluorescenzemission eine möglichst hohe Durchlässigkeit besitzen. Bei Verwendung des Schottfilters UG 2 zur Aussonderung der als Erregerstrahlung dienenden Hg-Linie 366 mμ, hat sich als Sperrfilter zur Untersuchung der Fluorescenz im ganzen sichtbaren Spektralbereich die Filterkombination GG 8 + BG 23 der Schottschen Filtergläser bewährt. Sehr bequem für diesen Zweck sind auch die *Interferenzfilter* (S. 335). Wird das Erregerlicht stark absorbiert, so ist auch die Methode a gut brauchbar, doch darf dann das Fluorescenzlicht nicht merklich reabsorbiert werden. Ist letzteres der Fall, so ist die Methode c die bestgeeignete.

Um die Empfindlichkeit der Meßanordnung zu steigern, wird man auch hier zur Fluorescenzanregung eine möglichst intensive Lichtquelle verwenden, insbesondere ergeben die Hg-Hochdrucklampe und die Xenonlampe eine sehr lichtstarke Erregung.

Gang der Messung. Bei *colorimetrischer Messung* wird in die eine Cuvette eine Vergleichsstandardlösung eingefüllt, in die andere die zu messende Lösung. Die Schichtdicke der Standardlösung wird so lange verändert, bis die beiden Gesichtsfelder gleich hell erscheinen. Für die Aufstellung der Eichkurve wird die Schichtdicke der Standardlösung in Abhängigkeit von der Konzentration der Versuchslösung aufgetragen. Bei *photometrischer* Messung wird die Fluorescenzintensität der Standardlösung durch eine meßbare Lichtschwächungseinrichtung geschwächt. Für die Aufstellung der Eichkurve trägt man die Extinktion (bzw. die zugehörigen Trommelteile) gegen die Konzentration der Versuchslösung auf. An Stelle der Standardlösung kann hier ein fester Fluorescenzstandard treten. Der Unterschied bei lichtelektrischen Anordnungen nach dem Substitutionsprinzip besteht nur darin, daß man die beiden Lichtbündel nicht nebeneinander, sondern nacheinander vergleicht. Bei lichtelektrischen Ausschlagsmethoden wird einfach der gemessene Photostrom der Zelle in Abhängigkeit von der Konzentration der fluorescierenden Verbindung aufgetragen. Die Konzentration der Lösungen darf nie so hoch sein, daß das Erregerlicht praktisch völlig absorbiert wird, denn dann würde eine Konzentrationsabhängigkeit nur noch als Folge der Selbstauslöschung auftreten. Besondere Sorgfalt muß auf die Herstellung der Lösungen verwendet werden. Irgendwelche Zusätze oder Verunreinigungen können sehr große Meßfehler hervorrufen. Die Cuvetten sollen aus nichtfluorescierendem Glas hergestellt sein.

Obwohl die Fluorescenzphotometrie umständlicher ist als die Absorptionsphotometrie und mehr Sorgfalt erfordert, und obwohl die damit erreichbare Genauigkeit hinter derjenigen von Absorptionsmessungen zurückbleibt, hat die Fluorometrie trotzdem ihre Bedeutung behalten, weil sie sehr spezifische Bestimmungsmethoden ermöglicht, und weil die erfaßbaren Konzentrationsbereiche oft viel niedriger liegen als die von Absorptionsmethoden.

Als Beispiele für Verbindungen, die durch ihre Eigenfluorescenz bestimmt werden können, seien das grünfluorescierende Lactoflavin[1] und das Xanthopterin[2] erwähnt. Manche Verbindungen lassen sich nach chemischer Umwandlung durch die Fluorescenz

---

[1] Stepp-Kühnau-Schroeder, Vitamine. 7. Aufl. Bd. 1, S. 229.
[2] KOSCHARA, W.: H. **259**, 97 (1939).

des Reaktionsproduktes bestimmen. So wird z. B. das Aneurin durch Trikaliumhexa-cyanoferrat in alkalischer Lösung zum blaufluorescierenden Thiochrom oxydiert[1].

Natürlich kann die Fluorescenzphotometrie auch bei der kinetischen Beobachtung von Reaktionen, an denen fluorescierende Verbindungen teilnehmen, wertvolle Dienste leisten. So verlieren z. B. Porphyrine ihr Fluorescenzvermögen durch Komplexbildung mit Kupfer[2].

Wie schon erwähnt wurde, ist die Fluorescenz vieler schwacher Säuren und schwacher Basen p_H-abhängig. Dies rührt daher, daß Ion und undissoziiertes Molekül im allgemeinen nicht gleich fluorescieren. Analog wie bei der Lichtabsorption können solche Verbindungen als *Fluorescenzindicatoren* Verwendung finden, d. h. die Fluorescenz schlägt bei einem bestimmten p_H um (vgl. S. 324). Der Hauptvorteil der Fluorescenzindicatoren gegenüber den Absorptionsindicatoren liegt darin, daß die Erkennbarkeit des Umschlags durch die Gegenwart anderer farbiger Stoffe in der Lösung viel weniger gestört wird. Dafür kommen zu den allgemeinen Fehlerquellen der Indicatoren (Salzfehler, Eiweißfehler) noch die Störungen durch Fluorescenzlöschung hinzu[3]. Die Lage des Umschlagpunktes hängt von der Dissoziationskonstante des Indicators ab. Umgekehrt lassen sich durch Bestimmung der Fluorescenzintensität bei gegebenem p_H die Dissoziationskonstanten berechnen (vgl. S. 324). In Tabelle 11 ist eine Anzahl von Fluorescenzindicatoren mit ihren Umschlagsbereichen und Grenzfarben angegeben. Die Farbangabe bezieht sich selbstverständlich nur auf die Fluorescenzfarbe.

Tabelle 11. *Fluorescenzindicatoren.*

Indicator	Umschlags-intervall p_H	Fluorescenzfarbe
Benzoflavin.	0,3— 1,7	gelb/grün
Eosin	0,0— 3,0	farblos/gelbgrün
Äsculin.	1,0— 1,5	indigo/blau
β-Naphthylamin.	2,8— 4,4	farblos/violett
α-Naphthylamin.	3,4— 4,8	farblos/blau
Fluorescein	3,8— 6,1	farblos/grün
Erythrosin	4,0— 4,5	farblos/grün
Acridin	4,8— 5,0	grün/violett
Umbelliferon	6,5— 7,6	farblos/blau
β-Methylumbelliferon . . .	7,0— 7,2	farblos/blau
1,2-Naphthylsulfosäure . .	7,6—10	dunkelblau/hellblau
β-Naphthol	8,6—10,0	farblos/blau
α-Naphthionsäure	12 —13	azurblau/grün
β-Naphthionsäure	12 —13	azurblau/violett

Gebräuchliche Apparate zur Fluorescenzphotometrie. *Visuelle Messung.* Prinzipiell läßt sich jedes Colorimeter und jedes Photometer für Fluorescenzmessungen wie auch für Trübungsmessungen verwenden. Bei Colorimetern werden die Flüssigkeitsbecher seitlich mit *parallelem* Licht bestrahlt. An Stelle der Tauchstäbe können über die Cuvetten greifende Metallhülsen mittels Trommel mit Noniusablesung meßbar verschoben werden, wodurch die Höhe der durchstrahlten Schicht begrenzt wird. Zum Beispiel werden zum Dubosq-*Colorimeter* Zusatzgeräte mit Beleuchtungseinrichtung für Fluorescenz- und Trübungsmessungen[4] geliefert. Ebenso läßt sich das Nephelometer nach Kleinmann[5] für Fluorescenzmessungen verwenden (vgl. S. 438). In gleicher Weise ist eine Reihe von Photometern für Fluorescenzmessungen ausgerüstet worden, so z. B. das Pulfrich-*Photometer*, das *Leifo*, das *Kompensationsphotometer* von Leitz. Zum Pulfrich-*Photometer* kann ein Ansatz für durchfallendes Licht zur Untersuchung durchsichtiger Substanzen und ein solcher für unter 45° auffallendes Licht zur Messung an undurchsichtigen Substanzen geliefert werden. Bei Blendenphotometern muß besonders darauf geachtet werden, daß die ganze Öffnung der Meßblenden vom Strahlenbündel ausgefüllt ist. Zu diesem Zweck werden z. B. im Pulfrich-Photometer zwei Vorsatzobjektive hinter den

---

[1] Vgl. z. B. Lodi, M.: Z. analyt. Chem. **128**, 55 (1947).

[2] Wegeleben, K.: Diss. Freiburg i. Br. 1937.

[3] Vgl. z. B. Jonás, J., u. L. Szebelledy: Z. analyt. Chem. **113**, 326, 422 (1938).

[4] Zum Beispiel F. Hellige, Freiburg i. Br.

[5] Schmidt und Haensch, Berlin.

Lösungscuvetten eingeschaltet. Die Ausleuchtung der Meßblenden wird mit einer vor dem Ocular angebrachten Vorschlaglupe geprüft, mittels deren sich die Austrittspupille des Instrumentes kontrollieren läßt. Die Konstruktion des Fluorescenzansatzes ist im übrigen analog wie diejenige des Ansatzes für Trübungsmessungen (vgl. S. 439). Zwischen Erregerlampe und Substanz ist eine Kühlcuvette befestigt, die durch einen Wasserstrom gekühlt wird, so daß eine Erwärmung der Proben verhindert wird. An Stelle einer Cuvette mit Vergleichslösung können fluorescierende Glasstandards in den Cuvettenhalter eingesetzt werden, die z. B. speziell für die Bestimmung von Chlorophyll, Porphyrin und Vitamin B_1 geeignet sind.

Im übrigen kann für Fluorescenzmessungen jedes Nephelometer verwendet werden[1] (vgl. S. 438). Auch spezielle Fluorescenzphotometer sind entwickelt worden[2].

Lichtelektrische Messung. Lichtelektrische Geräte werden gerade bei Fluorescenzmessungen den visuellen Geräten in neuerer Zeit fast stets vorgezogen. Während photoelektrische Geräte, die nach der Zweizellensubstitutionsmethode arbeiten, für Fluorescenzmessungen im allgemeinen zu lichtschwach sind, ist eine Reihe von Anordnungen beschrieben[3], die nach der Einzellenausschlagsmethode arbeiten. Da die Resultate von den Eigenschaften der Photozelle abhängen, wird man keine wesentlich höheren Genauigkeiten erzielen, als mit visuellen Geräten, jedoch sind die Messungen wesentlich weniger ermüdend.

Abb. 86 zeigt den Schnitt eines lichtelektrischen Fluorometers[4]. Die zur Anregung dienende Hg-Lampe (2) befindet sich in einem Metallrohr (3) mit Kühlrippen; sie wird über die Drossel (1) an das Netz angeschlossen. Die Cuvette (5) ist mit einem UV-Filter (4) bedeckt, das im wesentlichen die Liniengruppen 366, 334 und 313 mμ durchläßt. Als Sperrfilter für das Ultraviolett dient die Gelbscheibe (6), die zwischen Cuvette und Photozelle (7) eingeschaltet ist. Die Reproduzierbarkeit der Resultate hängt natürlich von der Konstanz der Lichtquelle ab.

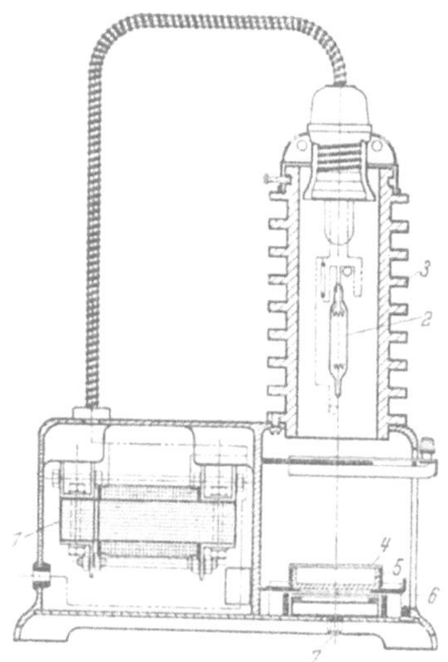

Abb. 86. Lichtelektrisches Fluorometer nach LANGE (vgl. Text).

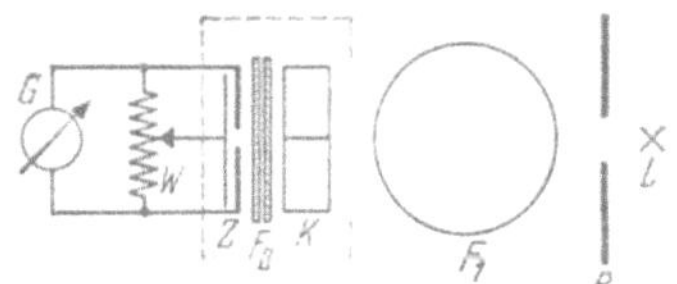

Abb. 87. Zweizellenkompensationsanordnung für Fluorescenzphotometrie (vgl. Text).

Wenn man höhere Genauigkeiten erreichen oder im ultravioletten Spektralbereich messen will, so ist man auf linear arbeitende Photozellen mit Verstärkung (Sekundärelektronenvervielfacher) oder auf Kompensationsanordnungen mit zwei Photozellen angewiesen. Solche Anordnungen müssen aus Laboratoriumsmitteln selbst zusammengestellt werden. Ein Beispiel zeigt Abb. 87[5]. Zur Fluorescenzerregung dient die hinter der Blende B horizontal angebrachte Hg-Lampe L, deren Licht durch das gleichzeitig als Sammellinse wirkende Filter F_1 auf die Doppelcuvette K mit Standard- und Versuchslösung fällt. F_1 ist ein mit ammoniakalischer $CuSO_4$-Lösung gefüllter Rundkolben aus dickem Glas von etwa 10 cm Durchmesser, der nur die Liniengruppen 436 bis 366 mμ der Hg-Lampe durchläßt. Das Fluorescenzlicht fällt durch die ultraviolettabsorbierenden Sperrfilter F_2 (GG 8 + BG 23) auf die Differentialzelle, deren Differenzstrom mit dem Galvanometer gemessen wird. Die Nullstellung wird durch den Widerstand W eingestellt, wenn beide Cuvetten mit der gleichen Lösung gefüllt sind. Cuvette und Photozelle befinden sich in einem

---

[1] Vgl. z. B. KUHN, R., u. G. MORUZZI: B. **67**, 888 (1934).

[2] MINIBECK, H.: B. Z. **293**, 219 (1937). — THIEL, A.: B. Z. **294**, 221 (1934). — Hersteller: Reiner & Co., Wien; Leitz, Wetzlar.

[3] Vgl. z. B. COHEN, F. H.: Recu. Trav. chim. Pays-Bas **54**, 133 (1935). — WEBER, K.: Z. physik. Chem. (B) **30**, 69 (1935). — LANGE, B.: Die Photoelemente und ihre Anwendung. 2. Teil. 2. Aufl. S. 60. Leipzig 1940.

[4] Hersteller: Lange, Berlin.

[5] KORTÜM, G.: Z. physik. Chem. (B) **40**, 432 (1938).

mit Doppelwänden versehenen Trogkasten, durch dessen Zwischenraum Thermostatenwasser fließt. Diese Maßnahme ist bei Fluorescenzmessungen sehr wichtig, da die Fluorescenz genau wie die Absorption von der Temperatur abhängt, und da bei der intensiven Erregerbestrahlung und der engen räumlichen Anordnung die Temperaturkonstanz der Lösungen sonst nicht genügend gewahrt bleibt. Auch bei dieser Anordnung handelt es sich nicht um eine Substitutionsmethode, d. h. die Resultate setzen Konstanz der Lichtquelle und Proportionalität zwischen auffallender Intensität und Photostrom voraus. Mit dieser Anordnung ließ sich unter günstigen Bedingungen eine Reproduzierbarkeit von 0,2 % erreichen. Ähnliche Anordnungen sind noch mehrfach beschrieben worden[1].

Zusatzgeräte für lichtelektrische Fluorescenzmessungen nach der Einzellenausschlagsmethode werden auch bei einigen lichtelektrischen Photometern mitgeliefert[2].

Alle angegebenen Methoden sind auf Relativmessungen beschränkt, d. h. es ist stets ein Vergleich mit einem Standard gleicher oder wenigstens nur unwesentlich verschiedener spektraler Fluorescenzverteilung notwendig. Zum Vergleich von Fluorescenzlicht merklich verschiedener Zusammensetzung muß man die Energie bzw. die Anzahl Quanten miteinander vergleichen, d. h. zur Messung Thermoelemente oder Bolometer benutzen. Auch Quantenstrommesser, die die Zahl der je Sekunde auftreffenden Lichtquanten unabhängig von ihrer Wellenlänge anzuzeigen vermögen, sind entwickelt worden[3]. Man schaltet in den Fluorescenzstrahlengang einen weiteren fluorescierenden Stoff (z. B. krystallisiertes UO_2KSO_4 oder Rhodamin B in fester Lösung in einem farblosen Lack) ein, der Quanten beliebiger Wellenlänge mit konstanter und gleicher Ausbeute in Quanten seines eigenen Fluorescenzspektrums umwandelt. Mit einer solchen Anordnung lassen sich auch absolute Quantenausbeuten messen.

b) Anregung von Emissionsspektren durch Elektronenstoß.

Angeregte Elektronenzustände von Molekülen können außer durch Lichtabsorption und durch thermische Stöße auch durch Elektronenstoß, etwa im Hochfrequenzfeld oder im Glimmrohr, erreicht werden. Bei Funken- und Bogenentladungen werden chemische Verbindungen zerstört, es treten deshalb nur die Emissionsspektren der Atome in mehr oder weniger ionisiertem Zustand auf. Die Anregung von Molekülen durch Elektronenstoß wurde zuerst in einer elektrodenlosen Tesla-Entladung von McVicher, Marsh, Stewart und Mitarbeitern untersucht[4]. Eine wesentlich bessere Methode durch Anregung in einer Glimmentladung wurde von Schüler, Gollnow und Woeldike entwickelt[5].

Die Moleküle werden in der positiven Säule einer Glimmentladung angeregt. Dort besitzen die Elektronen die geringste Geschwindigkeit innerhalb der ganzen Entladungsstrecke, so daß die Wahrscheinlichkeit für den Zerfall der Moleküle am geringsten ist. Außerdem wird die Stromstärke möglichst niedrig gehalten, so daß auch ein Zerfall durch Temperaturerhöhung weitgehend ausgeschlossen ist. Wenn die Moleküle in den Bereich des negativen Glimmlichtes gelangen, werden sie zerstört, und es scheidet sich bei organischen Molekülen Kohlenstoff an der Kathode ab. Dadurch wird die Entladung unregelmäßig, und es treten die Emissionsspektren der Molekülbruchstücke auf. Dies läßt sich

[1] Vgl. z. B. BOWEN, E. J., and E. COATES: Soc. 1947, 105. — WINCK, E., and R. COOPER: Nature 159, 548 (1947).

[2] Zum Beispiel bei den Geräten nach HAVEMANN, Hersteller: W. Kauhausen, Berlin und nach KORTÜM, Hersteller: E. Bühler, Tübingen; F. Hellige, Freiburg i. Br.

[3] Vgl. z. B. BOWEN, E. J., and J. W. SAWTELL: Trans. Faraday Soc. 33, 1425 (1937).

[4] Vgl. z. B. McVICHER, W. H., J. K. MARSH and A. W. STEWART: Am. Soc. 46, 1351 (1924). — AUSTIN, J. B., and J. A. BLACK: Am. Soc. 52, 4755 (1930).

[5] SCHÜLER, H., H. GOLLNOW u. A. WOELDIKE: Physik. Z. 41, 381 (1940). — SCHÜLER, H., u. A. WOELDIKE: Physik. Z. 42, 390 (1941); 43, 17, 415, 520 (1942); 44, 335 (1943); 45, 61, 163, 171 (1944). Chem. Techn. 15, 99 (1942). — SCHÜLER, H., u. L. REINEBECK: Z. Naturforsch. 4a, 124 (1949); 5a, 448, 657 (1950); 6a, 160, 270 (1951). — SCHÜLER, H., L. REINEBECK u. A. WOELDIKE: Ann. Physik 6, 110 (1949).

dadurch vermeiden, daß der Raum unmittelbar vor den Elektroden mit Hilfe von Kühl-fallen von dem anzuregenden Stoff freigehalten wird. Der Stromtransport wird in diesem Teil von einem Trägergas (z. B. He) übernommen. Von einem unterhalb des Entladungs-rohres befindlichen Vorratsgefäß aus destilliert der zu untersuchende Stoff kontinuierlich durch den Entladungsraum in die Kühlfallen über, so daß er im Entladungsraum dauernd erneuert wird. ,

Abb. 88 zeigt die Form eines solchen Entladungsrohres. Die Elektroden bestehen aus wassergekühlten hohlzylindrischen Messingkörpern, die mit Schliff versehen auf das Entladungsrohr aus Quarz aufgesetzt werden. Die Entladung geht von den Elektroden aus über H und D in den Außenraum der Kühlfalle C und von da in den Beobachtungs-raum. Zunächst wird das Rohr mit einem Trägergas (H_2, Ne, Ar, He, N_2, Hg) gefüllt,

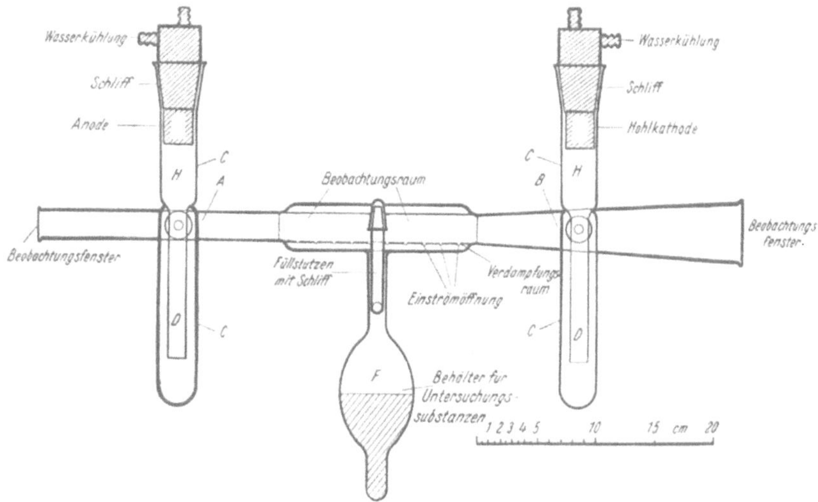

Abb. 88. Entladungsrohr zur Aufnahme von Emissionsspektren durch Elektronenstoß [aus H. Schüler und A. Woel-dike: Chemische Technik **15**, 100 (1942).

so daß die Entladung gerade aufrechterhalten wird. Dann wird aus dem Behälter F die zu untersuchende Substanz kontinuierlich in den Beobachtungsraum verdampft und in den Kühlfallen wieder kondensiert. Auf diese Weise wird das Trägergas, dessen Siede-punkt so niedrig sein muß, daß es in der Kühlfalle nicht kondensiert wird, aus dem Beob-achtungsraum verdrängt. Es füllt nur noch die Räume H und hält so die Entladung aufrecht.

Je nach dem Druck des zu untersuchenden Stoffes im Beobachtungsraum, der sich durch die Temperatur des Vorratsgefäßes F regulieren läßt, erhält man Emissionsspektren, die sich so stark voneinander unterscheiden, daß man annehmen muß, daß sie von ver-schiedenartigen Bruchstücken des Moleküls herrühren. Das Spektrum des unzerstörten Moleküls erhält man dann, wenn der Druck des zu untersuchenden Gases so groß ist, daß das Trägergas völlig aus dem Beobachtungsraum verdrängt wird. Das läßt sich damit erklären, daß in der positiven Säule die Geschwindigkeit der Elektronen von dem An-regungs- und Ionisierungspotential des anwesenden Gases abhängt. Je höher die erste Anregungs- bzw. die Ionisierungsenergie des Gases liegt, um so höhere Geschwindigkeiten können die Elektronen im Feld erreichen, da sie bis zu dieser Grenze bei Zusammen-stößen elastisch gestreut werden und erst oberhalb dieser Grenze ihre Energie durch unelastische Stöße einbüßen. In Tabelle 12 sind die Anregungs- und Ionisierungsspannungen einiger Moleküle angegeben; sie sind für die Trägergase sehr viel höher als für organische Moleküle wie z. B. Benzol. In Gasgemischen stellt sich eine mittlere Elektronengeschwin-digkeit ein, deren Wert zwischen den für die reinen Gase typischen Werten liegt. Befindet sich also im Beobachtungsrohr außer Benzol noch Trägergas im Überschuß, so wird die mittlere Geschwindigkeit der Elektronen sehr viel höher sein als in reinem Benzoldampf, die Benzolmoleküle werden leichter zerstört, und man erhält die Emissionsspektren der Bruchstücke. Bei höheren Benzoldrucken verschiebt sich die Elektronengeschwindigkeit nach niedrigeren Werten; man erhält das Spektrum von unzerstörtem Benzol. Man kann also die dem Benzol zugeführten Anregungsenergien in gewissen Grenzen regulieren, indem man seinen Druck variiert. Das Verfahren läßt sich prinzipiell auf alle organischen Stoffe anwenden, die sich verdampfen lassen.

Man kann die Anregungsbedingungen noch stärker variieren, indem man außer dem Trägergas noch ein sog. *Leitgas* zufügt, das ebenfalls in den Kühlfallen kondensiert wird, dessen Anteil jedoch die Elektronengeschwindigkeitsverteilung bestimmt. Als solche Leitgase wurden Quecksilber, Natrium, n-Hexan, Cyclohexan und auch Benzol verwendet. So erhält man z. B. bei kleinen Drucken von Aceton allein mit He oder H_2 als Trägergas durch Zerstörung des Acetonmoleküls ein starkes CO-Spektrum. Fügt man jedoch gleichzeitig Benzol als Leitgas zu, so wird kein CO beobachtet.

Tabelle 12. *Anregungs- und Ionisationsenergien im Gaszustand.*

	1.Anregung eV	Ionisation eV
Helium	19,81	24,58
Neon.	16,6	21,55
Argon	11,54	15,75
Wasserstoff (H_2).	11,18	15,4
Stickstoff (N_2). .	6,17	15,5
Quecksilber. . .	4,9	10,4
Benzol	4,72	9,19

Die Emissionsspektren einer Reihe von aromatischen und aliphatischen Verbindungen sind bereits nach der beschriebenen Methode aufgenommen worden. Die Verschiedenheit der Spektren kann zwar auf die Änderungen der Anregungsenergien zurückgeführt werden, doch ist eine eindeutige Zuordnung zu bestimmten Bruchstücken der untersuchten Moleküle nur in einzelnen Fällen gelungen[1]. Beispielsweise lassen sich in Benzol noch Verunreinigungen mit Benzaldehyd bei einem Mengenverhältnis von $1:10^6$ durch ein „blaues" Emissionsspektrum nachweisen, das man deshalb einer Anregung der $C=O$-Gruppe zuordnet. Diese Nachweisbarkeitsgrenze liegt demnach bei wesentlich geringeren Konzentrationen als bei Absorptionsmessungen.

c) Emissionsspektralanalyse[2-8].

Die Emissionsspektralanalyse beruht darauf, daß durch Temperaturerhöhung oder Elektronenstoß Atome oder gelegentlich auch Molekülbruchstücke zum Leuchten angeregt werden, d. h. die Elektronenanregungsenergie wird in Form von Licht wieder abgegeben (vgl. S. 314). Dabei handelt es sich in der Regel um Übergänge zwischen definierten Quantenzuständen, d. h. man erhält ähnlich wie bei den Absorptionsspektren von Dämpfen scharfe Linien, deren spektrale Lage für die betreffenden Atome charakteristisch sind.

Solche Emissionsspektren können demnach über das Vorkommen und durch ihre Intensität auch über die Mengenverhältnisse einzelner Elemente Aufschluß geben und somit für analytische Bestimmungen herangezogen werden. Da das Licht nur nach vorheriger Anregung emittiert werden kann, eignet sich die Methode nicht für chemische

---

[1] Vgl. z. B. SCHÜLER, H., u. L. REINEBECK: Z. Naturforsch. 5a, 448 (1950). 6a, 160, 270 (1951).

Zusammenfassende Arbeiten über Emissionsspektralanalyse:

[2] GERLACH, WA., u. E. SCHWEITZER: Die chemische Emissionsspektralanalyse. 1. Teil: Grundlagen und Verfahren. Leipzig 1930.

[3] GERLACH, WA., u. WE. GERLACH: Die chemische Emissionsspektralanalyse. 2. Teil: Anwendung in Medizin, Chemie und Mineralogie. Leipzig 1933.

[4] HENRICI, A., u. G. SCHEIBE: Chemische Spektralanalyse. Physik. Meth. analyt. Chem. (BÖTTGER). Teil 3. Leipzig 1939.

[5] LÖWE, F.: Optische Messungen des Chemikers und Mediziners. 5. Aufl. Leipzig, Dresden 1949.

[6] SEITH, W., u. K. RUTHARDT: Chemische Spektralanalyse. 4. Aufl. Göttingen 1949.

Tabellen von Spektren:

[7] EDER, J. M., u. E. VALENTA: Atlas typischer Spektren. Wien 1924.

[8] KAYSER, H., u. K. RITSCHEL: Tabelle der Hauptlinien der Linienspektren aller Elemente. 2. Aufl. Berlin 1939.

Verbindungen, die bei den notwendigen Temperaturen bzw. bei den Anregungsbedingungen des Bogens oder Funkens bereits instabil sind. Es ist also z. B. nicht möglich, auf diese Weise das Spektrum komplizierter organischer Verbindungen aufzunehmen[1]. Die Emissionsspektralanalyse dient daher in erster Linie dem Auffinden und Bestimmen von (meist metallischen) Elementen, gleichgültig, ob dieselben in reiner Form vorhanden sind oder eingebaut in Verbindungen, die bei den Anregungsbedingungen zerfallen. Deshalb wird die Emissionsspektralanalyse hauptsächlich in der Metallindustrie zur Analyse von Legierungen verwendet. Das Problem, mineralische Elemente analytisch zu bestimmen, tritt jedoch auch bei biologischen Arbeiten auf. Die Emissionsspektralanalyse kann vor allem dann wertvolle Dienste leisten, wenn es sich um den Nachweis sehr geringer Mengen handelt (Spurenanalyse), oder wenn z. B. mehrere Elemente nebeneinander nachgewiesen bzw. bestimmt werden sollen. Ein besonderer Vorteil der Emissionsspektralanalyse besteht noch darin, daß nur sehr geringe Substanzmengen benötigt werden.

Zunächst beschränkte sich die Anwendung auf die Spektren, die in der Bunsenflamme bzw. der Acetylenflamme mit ihren für die Anregung verhältnismäßig niedrigen Temperaturen auftreten, im wesentlichen auf die Bestimmung von Kalium und Calcium. Günstigere Anregungsbedingungen bieten die hohen Temperaturen, wie sie im elektrischen Bogen oder Funken vorhanden sind. Doch benutzte man solche zunächst nur für Metallanalysen, wobei die Metallprobe direkt als Elektrode verwendet wurde. Erst seitdem von PFEILSTICKER eine Methode ausgearbeitet wurde, mit der auch Mineralsalze und Lösungen im Bogen oder Funken verdampft und angeregt werden können, ist der Anwendungsbereich der Emissionsspektralanalyse auf biologische Probleme beträchtlich erweitert worden. Daß sie sich noch nicht allgemein durchgesetzt hat, liegt wohl im wesentlichen an dem experimentellen Aufwand, der eine gründliche Einarbeitung in die Methodik erfordert und sich daher nur lohnt, wenn laufende Reihenuntersuchungen notwendig sind.

α) Flammenspektroskopie und -photometrie.

Die einfachste Methode, Atome zum Leuchten anzuregen, besteht darin, daß man sie in eine heiße Flamme bringt. Metallsalze werden in einem durchlöcherten Platinschiffchen an einem Magnesiastäbchen oder in einem Eisenlöffel mit Hilfe eines Statives seitlich in den heißesten Teil einer Bunsenflamme gebracht und liefern dann zum Teil recht intensives Leuchten. Zur *qualitativen Analyse* betrachtet man die Flamme mit einem Spektroskop (vgl. S. 359ff.) und kann aus den beobachteten Spektrallinien auf das Metall schließen. Die meisten Alkali- und Erdalkalimetalle lassen sich auf diese Weise leicht feststellen. Die Empfindlichkeit der Methode ist sehr hoch. Die Nachweisgrenze für Ca beträgt z. B. 10^{-4} mg, diejenige von Na 10^{-7} mg. In Tabelle 13 sind einige

Tabelle 13. *Charakteristische Spektrallinien zum qualitativen und quantitativen Nachweis mittels Flammenphotometrie.*

Element	Wellenlänge mμ	Relative Intensität	Element	Wellenlänge mμ	Relative Intensität	Element	Wellenlänge mμ	Relative Intensität
Mg	285,2	10	Mn	403,4	100	Ba	550	20
Cu	324,8	50	Rb	420,2	3	Ca	556	200
Cu	327,4	20	Ca	422,7	100	Mn	561	70
Ag	328,1	7	Sn	452,5	0,1	Na	589,3	10000
Ag	338,3	50	Sr	460,7	150	Ca	603,5	100
Ni	341,5	3	B	495	10	Ca	626	300
Co	350,2	20	Mn	510	10	Ca	650	100
Ni	352,5	6	Ba	520	20	Li	670,8	2000
Co	352,7	20	B	521	15	K	767	2000
Cr	357,9	70	Mn	541	30	Ba	850	50
Mg	370,8	10	B	548	20	Cs	852	1000
Tl	377,6	80						

[1] Dies gelingt nur, wenn man besonders milde Anregungsbedingungen einhält (vgl. S. 427).

charakteristische Linien der Elemente angegeben, die auf diese Weise erfaßt werden
können. Die Flammenanalyse läßt sich jedoch in dieser Form nicht auf sämtliche Metalle
ausdehnen, weil einerseits schwerflüchtige Verbindungen nicht verdampft werden, und
andererseits die charakteristischen Linien vieler Atome im Ultraviolett liegen, also einer
sehr hohen Anregungsenergie bedürfen, die von der Bunsenflamme nicht geliefert wird.
Man kann die Methode verbessern, indem man die Gebläseflamme verwendet, in die man
eine Lösung des Salzes hineinstäubt.

Den ursprünglich von LUNDEGÅRDH entwickelten Brenner in seiner neuesten Form[1]
zeigt Abb. 89. Durch den Trichter R wird die zu untersuchende Lösung eingefüllt und
sammelt sich bei S, so daß das untere Ende des Steigrohres in die Lösung hineinragt. Bei
P wird Luft von 0,7—0,8 atü eingeleitet, die
bei D wie in einem Inhalator aus dem Steig-
rohr Flüssigkeit mitreißt und zerstäubt. In
dem Tropfenfänger B werden sich bildende
Tröpfchen abgefangen, so daß nur feinster
gleichmäßiger Nebel in den Brenner gelangt
und sich dort mit dem aus einer zweiten Bombe
entnommenen, bei Ac eintretenden Acetylen
mischt. Das Mischgas brennt aus einer Metall-
spitze in einer 15 cm hohen Flamme F, die
eine Temperatur von über 2000° besitzt. Beim
Wechseln der Lösung wird die überschüssige
Flüssigkeit mit Hilfe der Quetschhähne Q_1,
Q_2 und Q_3 abgelassen, und der Zerstäuber
mehrmals mit destilliertem Wasser nachgespült. Auf diese Weise läßt sich die Flammenanalyse auf eine beträchtliche Anzahl von
Metallen ausdehnen.

Für Reihenuntersuchungen ist auch ein
LUNDEGÅRDH - Brenner mit automatischer
Zuführung der Proben beschrieben worden[2].
Eine weitere verbesserte Form[3] des Brenners
zeigt Abb. 90; hier befindet sich über der
Düse des Zerstäubers eine kleine Glaskugel,
die sich als Prallfläche für die gleichmäßige
Vernebelung günstig auswirkt.

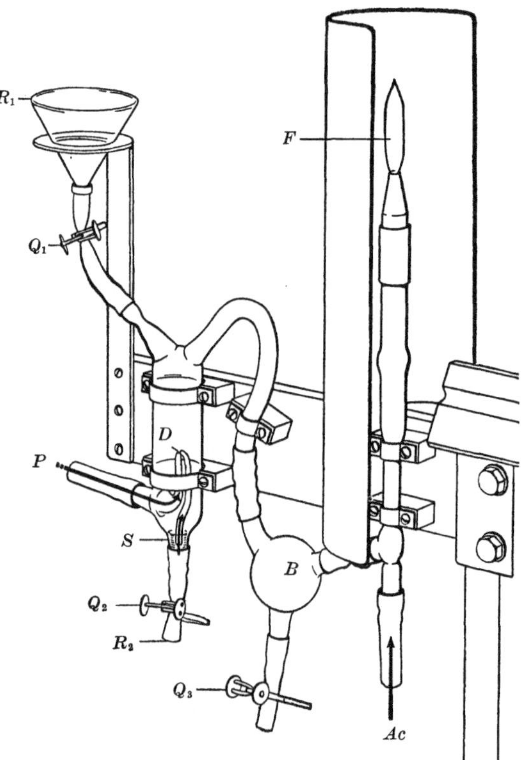

Abb. 89. LUNDEGÅRDH-Brenner (aus LÖWE).

Mit dem LUNDEGÅRDH-Brenner lassen sich bei einigen Metallen auch *quantitative
Bestimmungen* durchführen. Am bekanntesten ist die *Kaliumanalyse nach* SCHUHKNECHT-
WAIBEL. Das Kalium wird nach der eben beschriebenen Methode in der Flamme zum
Leuchten gebracht. Die roten Kaliumlinien 7664,9 und 7699,0 Å werden durch ein geeignetes Rotfilter isoliert, und ihre Intensität mit einer Photozelle und einem Galvanometer
gemessen. Als Filter dient eine Kombination der 3 Schottfilter BG 19, RG 8 und BG 3,
die zwischen 7200 und 9000 Å mit einem Maximum bei 7800 Å durchläßt. In diesem Bereich liegen außerdem 2 Rubidium- und 2 Caesiumlinien und einige Banden von Barium,
die stören können, wenn die betreffenden Elemente in größerer Menge vorhanden sind.
Als Photozelle dient eine Caesiumzelle (vgl. S. 341), deren Empfindlichkeitsmaximum bei
etwa 8500 Å liegt, also etwa mit dem Durchlässigkeitsmaximum des Filters zusammenfällt. Die Vorspannung (60—80 Volt) wird von einer Anodenbatterie geliefert. Der
Photostrom wird mit einem Lichtmarkengalvanometer von Siemens & Halske oder für
größere Empfindlichkeit mit einem Spiegelgalvanometer gemessen. Man stellt sich eine

---

[1] Hersteller: Zeiß, Jena.
[2] LUNDEGÅRDH, H.: Blattanalyse. S. 112ff. Jena 1944.
[3] RAUTERBERG, E., u. E. KNIPPENBERG: Angew. Chem. **53**, 477 (1940).

Eichkurve her, indem man den Galvanometerausschlag in Abhängigkeit von der Kaliumkonzentration einer Reihe von Standardlösungen aufträgt. Während der Messungen muß der Druck von Acetylen und Luft konstant und ebenso groß gehalten werden, wie sie bei der Aufnahme der Eichkurve waren.

Anstatt einer Photozelle kann als Empfänger ein Sperrschichtelement verwendet werden, dessen Photostrom etwa durch ein Multiflexgalvanometer registriert wird. In Abb. 91 ist eine derartige Anordnung gezeigt. Die Flamme 2 brennt in dem röhrenförmigen Schutzmantel 1 mit Schornstein 3. Zur Steigerung der Empfindlichkeit wird ein lichtstarker Kondensor 4 zwischen Flamme und Photoelement 6 angebracht. Vor der Zelle befindet sich das Rotfilter 5. Ein Nachteil dieser Anordnung dürfte die starke Erwärmung des Photoelements sein, die sich auf die Intensität des Photostromes auswirkt und dessen Reproduzierbarkeit beeinträchtigt.

Die SCHUHKNECHT-WAIBELsche Kaliumbestimmungsmethode eignet sich sowohl für die Untersuchung von Urin- und Blutproben als auch zur Analyse von Böden. Sie läßt sich natürlich auch auf andere Elemente anwenden, wenn es möglich ist, Filter zusammenzustellen, die mit genügender Schärfe die betreffenden Spektrallinien aussondern. So wurde z. B. für Urin- und Harnuntersuchungen eine Methode ausgearbeitet[1], in der außer K auch Na und Ca bestimmt werden können.

Wenn es nicht möglich ist, genügend selektive Filter zur Ausfilterung von einzelnen Linien zu finden, kann man die Flamme des LUNDEGÅRDH-Brenners vor dem Spalt eines Spektrographen aufstellen und aus der Schwärzung S der Linien die Konzentration der betreffenden Elemente bestimmen. Da jedoch die Schwärzung sehr von den Entwicklungsbedingungen, der Plattensorte usw. abhängt (vgl. S. 346), ist es notwendig, auf jeder Platte einige Lösungen bekannter Konzentration mitaufzunehmen, um daraus eine Eichkurve (S als Funktion der Konzentration) aufstellen zu können. Die Schwärzungen werden mit einem Spektrallinienphotometer gemessen.

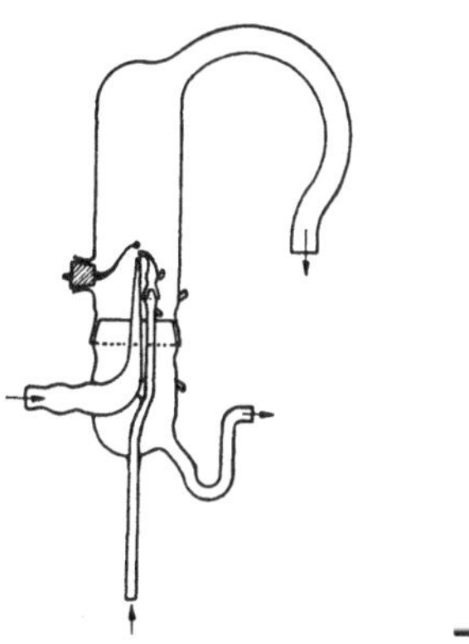

Abb. 90. Verbesserter LUNDEGÅRDH-Brenner (aus B. LANGE).

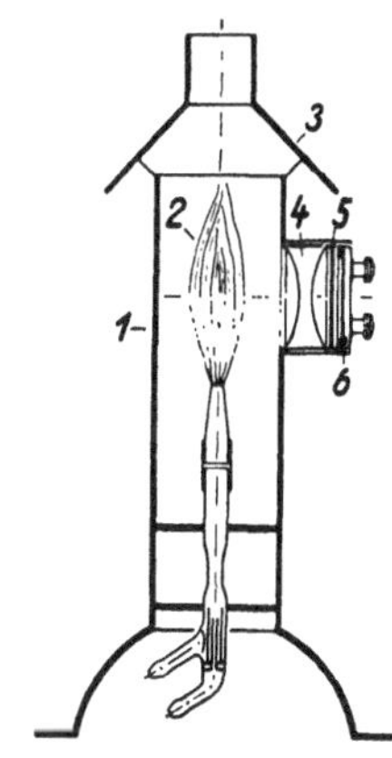

Abb. 91. Flammenphotometer nach LANGE (aus B. LANGE).

Einfacher ist die Untersuchung mit einem Spektralphotometer. So wird z. B. zum BECKMAN-Quarzspektrophotometer ein Zusatzgerät für Flammenphotometrie geliefert. Es besteht aus einem Zerstäuber und einem Gasbrenner mit regulierter Sauerstoffzufuhr. Der Zylinder mit dem Brenner wird an die Stelle der normalen Lichtquelle gesetzt. Die Intensität der einzelnen Linien wird wie üblich durch Kompensation des Photostromes gemessen. Für quantitative Analysen wird eine Eichkurve mit Lösungen bekannter Konzentration aufgenommen. Die Genauigkeit der Bestimmungen beträgt etwa 1—2%. Das große Auflösungsvermögen des BECKMAN-Spektrophotometers garantiert eine saubere Trennung der einzelnen Linien.

β) Bogen- und Funkenspektren.

Der große Vorteil der Emissionsspektralanalyse besteht darin, daß eine ganze Reihe von Elementen nebeneinander in einem Arbeitsgang bestimmt werden kann. Jedes Element sendet charakteristische Linien aus, deren Intensitäten durch seine Konzentration gegeben sind. Allerdings ist neben der Eigenkonzentration auch die Anwesenheit der anderen Elemente von Einfluß auf die Linienintensität, so daß die quantitative Bestimmung mehrerer Elemente nebeneinander besondere Verfahren notwendig macht, auf die hier nicht im einzelnen eingegangen werden kann. Zur Durchführung dieser —

[1] BELKE, J., u. A. DIERKESMANN: A. e. P. P. 205, 629 (1948).

wohl nur für Reihenuntersuchungen in Frage kommenden — Methoden muß auf die Spezialliteratur verwiesen werden[1].

Da es nicht möglich ist, aus einer Vielzahl von Linien durch Farbfilter die einzelnen Linien auszusondern und getrennt zu untersuchen, wie dies in einfachen Fällen, z. B. bei der SCHUHKNECHT-WAIBELschen Kaliumbestimmung geschieht, ist man darauf angewiesen, den zu untersuchenden Spektralbereich durch ein Dispersionssystem auseinander zu ziehen. Man setzt also die leuchtende Probe, wie dies schon eben für den LUNDEGÅRDH-Brenner erwähnt wurde, vor den Spalt eines Spektrographen und untersucht die Schwärzung der einzelnen Linien auf der photographischen Platte mit einem Spektrallinienphotometer. Da die Temperatur von Flammen nicht immer zur Anregung aller Elemente ausreicht, benützt man als Lichtquelle einen elektrischen Bogen oder Funken, der zwischen den Elektroden aus dem zu untersuchenden Material übergeht.

Je nach der Anregungsart im Bogen oder Funken erhält man verschiedene Spektren: Wenn man einem Atom genügend hohe Energie zuführt, so können ein oder mehrere Elektronen ganz aus dem Atomverband abgelöst werden, d. h. das Atom wird ionisiert.

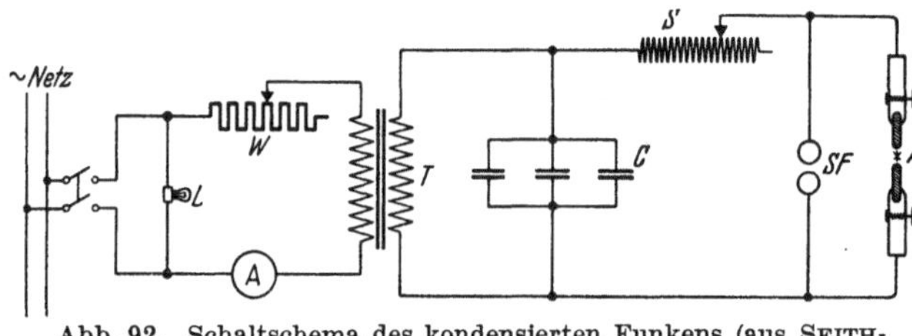

Abb. 92. Schaltschema des kondensierten Funkens (aus SEITH-RUTHARDT).

Auch die Ionen können weiter zu höheren Energiezuständen angeregt werden und diese Energie in Form von Strahlung wieder abgeben. Da ionisierte Atome vorwiegend in kondensierten elektrischen Funkenentladungen vorkommen, nennt man diese Spektren auch *Funkenspektren*, während die Spektren der neutralen Atome auch *Bogenspektren* genannt werden, weil der elektrische Lichtbogen im allgemeinen nur zur Anregung und nicht zur Ionisierung der Atome ausreicht. Natürlich gibt es alle möglichen Übergänge zwischen Bogen- und Funkenspektren, und man kann durch die Wahl der Anregungsbedingungen das Emissionsspektrum bogenähnlicher oder funkenähnlicher erhalten. Praktisch treten im Bogen nicht ausschließlich Atomlinien auf, und im Funken erhält man stets Atom- und Ionenlinien nebeneinander. Das Bogenspektrum eignet sich besonders für qualitative Untersuchungen, weil es verhältnismäßig linienarm ist und man sich leichter darin orientieren kann. Für die quantitative Analyse ist man im Gegenteil darauf angewiesen, möglichst viele Linien verschiedener Intensität zur Verfügung zu haben (vgl. S. 434), wie sie das linienreichere Funkenspektrum liefert.

Einen kontinuierlichen *Bogen* betreibt man mit 110—220 Volt Gleichstrom und Vorschaltung eines Widerstandes von etwa 40 Ohm. Zum Zünden bringt man die Elektroden zur Berührung und zieht sie wieder auseinander (isolierte Vorrichtung zum Bewegen der Elektroden gegeneinander). Der einfache Bogen brennt unregelmäßig und eignet sich daher nicht zur quantitativen Analyse.

Zur Beseitigung dieser Nachteile wurde der sog. *Abreißbogen* entwickelt, bei dem der Bogen periodisch gezündet und wieder gelöscht wird. Das kann entweder mechanisch durch Bewegen der Elektroden geschehen, oder elektrisch durch Überlagerung mit einem Wechselstrom hoher Spannung und hoher Frequenz[2]. Die ganze Anordnung des sog. PFEILSTICKER-Bogens kann von optischen Firmen bezogen werden[3]. Der Abreißbogen liefert ein Spektrum ohne Untergrund mit konstanter Intensität.

Ein *Funke* braucht zum Betrieb eine sehr hohe Spannung, die man mit Hilfe eines Transformators erzeugt. In Abb. 92 ist ein Beispiel eines Schaltschemas für die Erzeugung eines kondensierten Funkens dargestellt. Im Primärkreis liegen ein Widerstand W (100 Ohm, 5 Amp.), ein Amperemeter (0—5 Amp.) und die Primärwicklung eines Transformators T (220/12000 Volt). L ist eine Warnlampe. Im Sekundärkreis liegt

---

[1] SEITH, W., u. K. RUTHARDT: Chemische Spektralanalyse. Berlin-Göttingen-Heidelberg 1949.
[2] PFEILSTICKER, K.: Z. Elektrochem. **43**, 719 (1937).
[3] Zum Beispiel Zeiß, Jena.

eine Selbstinduktion S aus 15—150 Windungen von 10—15 cm Durchmesser aus 1 mm dickem Kupferdraht. Parallel zur Analysenfunkenstrecke AF befindet sich ein Kondensator C mit einer Kapazität von 3000 cm. Zum Schutz der Apparatur legt man parallel zur Analysenfunkenstrecke außerdem eine Sicherheitsfunkenstrecke SF aus zwei Messingkugeln im Abstand von 4—5 mm. Die Elektroden der Funkenstrecke AF bestehen aus dem zu untersuchenden Material. Sie müssen gut isoliert befestigt sein. Der Funken bei AF geht über, wenn der Kondensator auf die erforderliche Spannung aufgeladen ist. Durch die Wirkung von Kapazität und Selbstinduktion erhält man eine oscillierende Entladung. Der Charakter des Spektrums kann, wie schon erwähnt, durch Änderung der Entladungsbedingungen verändert werden. Ganz allgemein gilt, daß durch Erhöhung der Kapazität das Spektrum funkenähnlicher wird, durch Erhöhung der Selbstinduktion bogenähnlicher. Bei Erhöhung der Kapazität werden die Linien intensiver, gleichzeitig tritt jedoch ein kontinuierlicher Untergrund auf.

Eine einfache Funkenstrecke, wie die eben beschriebene, arbeitet ziemlich unregelmäßig und eignet sich nicht für quantitative Analysen. Im allgemeinen wird heute ein von FEUSSNER konstruierter Funkenerzeuger benützt, bei dem im Sekundärkreis synchron mit der Netzspannung ein Unterbrecher läuft, der dafür sorgt, daß der Funke stets im Spannungsmaximum überschlägt. Unregelmäßigkeiten, die durch Zündverzögerung eintreten können, beseitigt man durch eine sog. Lockspitze, d. h. durch einen spitzen Stift, der in der Nähe der Funkenstrecke an dem einen der Elektrodenhalter angebracht wird. Fertige Anordnungen zur Funkenerzeugung nach FEUSSNER werden von optischen Firmen geliefert[1], ebenso Elektrodenstative für Funkenstrecken und für Bogenentladungen.

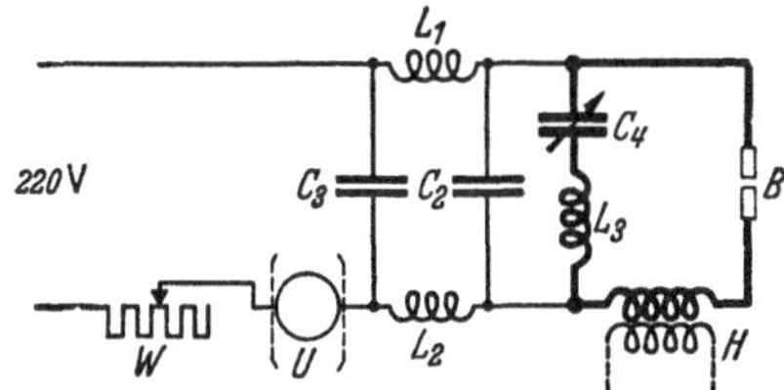

Abb. 93. Niederspannungsfunke nach PFEILSTICKER. W Widerstand 40—180 Ohm. U Unterbrecher (kann bei großem W wegfallen). H Teslaspule des Hochfrequenzkreises 0,05 bis 0,4 mH. B Analysenstrecke. L_1, L_2, C_2, C_3 Sperrkette. L_1 und L_2 je etwa 0,3 mH, C_2 und C_3 0,004—0,02 μF. C_4 Variabler Zusatzkondensator 1—2000 μF. L_3 Variable Zusatzselbstinduktion 0—20 mH (aus SEITH-RUTHARDT).

Eine neue Anregungsart mit besonderen Eigenschaften wurde von PFEILSTICKER im sog. *Niederspannungsfunken* entwickelt[2]. Der Niederspannungsfunke besteht aus einem Abreißbogen, bei dem hinter der Sperrkette ein Zusatzkondensator eingeschaltet ist. Die Schaltung ist in Abb. 93 dargestellt. C_4 bedeutet den Zusatzkondensator. Das Spektrum hat vorwiegend Funkencharakter, und zwar treten besonders deutlich die schwerer anregbaren Linien, d. h. die Linien mit hoher Anregungsspannung hervor. Zum Beispiel werden die Bor-, Arsen- und Phosphorlinien namentlich gegenüber Natrium sehr verstärkt. Eine besondere Wirkung wird erzielt, wenn man den Niederspannungsfunken unter vermindertem Druck von etwa 10 mm Hg arbeiten läßt, wozu man ihn in ein Vakuumgefäß einbaut[3]. Unter diesen Umständen erhält man sogar Linien von ganz besonders schwer anregbaren Elementen, wie von Schwefel, Halogenen und von Edelgasen. Um die Spektren der Anionen zu erzeugen, bringt man die Lösungen der Salze auf Kupferelektroden und läßt sie dort eintrocknen. Es ist so möglich, auch in biologischen Flüssigkeiten, z. B. im Blutserum, eine ganze Reihe von Anionen und Kationen nebeneinander zu bestimmen[4].

Man kann biologisches Material auch spektralanalytisch untersuchen, indem man die Substanzen in einem Gleichstromkohlebogen verdampft. Eine entsprechende Methode, z. B. zur Bestimmung von Zink in Blut und biologischen Geweben, ist von ADDINK ausgearbeitet worden[5].

Die quantitative *Auswertung der Spektren* läßt sich nur auf empirischer Grundlage durchführen. Die Schwärzung einer Spektrallinie auf der photographischen Platte hängt

---

[1] Zum Beispiel Zeiß, Jena; Steinheil, München.

[2] PFEILSTICKER, K.: Z. Metallkde. **30**, 211 (1938); **33**, 267 (1941).

[3] PFEILSTICKER, K.: Spectrochim. Acta, London 1, 424 (1940).

[4] PFEILSTICKER, K.: Spectrochim. Acta, London 4, 100 (1949).

[5] ADDINK, N. W. H.: Recu. Trav. chim. Pays-Bas **70**, 155, 168 (1951).

außer von den Anregungsbedingungen, der Konzentration des betreffenden Elementes und der Konzentration von Begleitstoffen noch von der Neigung der Schwärzungskurve der Platte, d. h. von Plattensorte und Entwicklungsbedingungen ab. Die erste brauchbare Analysenmethode, nämlich die *Methode der homologen Linienpaare*, stammt von W. GER-LACH. Sie beruht darauf, festzustellen, wann zwei im Spektrum nahe beieinanderliegende Linien die gleiche Schwärzung zeigen. Die eine Linie soll von einem Bezugselement, das immer in der gleichen Konzentration vorhanden ist, stammen, die andere von dem zu bestimmenden Element. Man wird nun für beliebige abgestufte Konzentrationen des zu analysierenden Elementes je eine Linie feststellen, die mit einer Linie des Bezugselementes gleiche Schwärzung aufweist. Die Konzentrationen zwischen den Fixpunkten können abgeschätzt werden. Bei Änderung der Entladungsbedingungen ändert sich natürlich auch die Zusammenstellung der homologen Linienpaare. Entweder müssen also die Ent-ladungsbedingungen sehr konstant gehalten werden, oder es muß bei jeder Aufnahme eine Reihe von Testproben mit verschiedenem Konzentrationsverhältnis mit aufgenommen

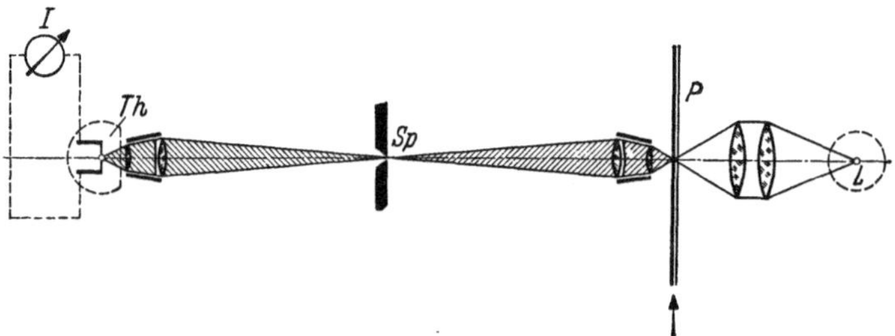

Abb. 94. Thermoelektrisches Spektralphotometer für Schwärzungsmessungen nach SCHEIBE.

werden. Die Konstanz der Entladungsbedingungen wird durch ein sog. *Fixierungspaar* geprüft. Das sind zwei Linien des Grundmetalls, die bei den gegebenen Entladungs-bedingungen gleiche Schwärzung erzeugen (z. B. Sn^{++} 3352,3 und Sn 3330,6).

Bei der Methode der *Analyse durch Schwärzungsvergleich* nimmt man an, daß die Differenz der Schwärzung je einer Linie des Grund- und des Zusatzstoffes beim Einhalten bestimmter Bedingungen proportional dem Logarithmus der Konzentration des Zusatz-stoffes ist. Die Schwärzungen werden mit einem Spektrallinienphotometer ausgemessen. Die Bestimmung beruht also auf einer Eichkurve, in der man das Verhältnis der Galvano-meterausschläge für die beiden Linien in Abhängigkeit von der Konzentration des zu bestimmenden Stoffes aufträgt. Vorausgesetzt ist, daß die Schwärzungen im gerad-linigen Teil der Schwärzungskurve liegen, und Konstanz der Anregungsbedingungen.

Man kann sich auch von der Form der Schwärzungskurven unabhängig machen, indem man mit Hilfe einer meßbaren Lichtschwächung auf der gleichen Platte eine Schwärzungs-kurve mit aufnimmt. Für genaue Messungen ist es außerdem notwendig, den Untergrund der Platte zu berücksichtigen. Über den genauen Gang der Analysenauswertung nach den beschriebenen Methoden muß auf ausführliche Darstellungen verwiesen werden[1].

Die Genauigkeit der Schwärzungsmessung hängt von der Gradation der photo-graphischen Platte ab (vgl. S. 346). Man wird deshalb am besten harte Platten wählen[2] trotz ihrer relativ kleinen Empfindlichkeit, da sie außerdem geringe Neigung zu Schleier-bildung besitzen. Wieweit man gelb- und rotsensibilisierte Platten verwenden muß, hängt von dem zu untersuchenden Spektralbereich ab. Lange Entwicklungsdauer erhöht die Gradation der Platte. Bei zu langer Entwicklungszeit tritt jedoch Schleierbildung ein. Die günstigste Entwicklungszeit bei 18° C beträgt 4—5 min.

Während man homologe Linien schon mit dem Auge, einer Lupe oder unter einem Spektrenprojektor mit genügender Sicherheit feststellen kann, ist man für die quanti-

---

[1] SEITH, W., u. K. RUTHHARDT: Chemische Spektralanalyse. Berlin, Göttingen, Heidelberg 1949. Dort finden sich auch die Tafeln für die Spektren der niedrigsten Elemente. Die Hauptlinien der Linienspektren aller Elemente sind in den Tabellen von H. KAYSER und R. RITSCHEL. 2. Aufl. Berlin 1939 angegeben.

[2] Zum Beispiel Agfa spektral hart.

tative Schwärzungsmessung auf ein Spektrallinienphotometer angewiesen[1]. In Abb. 94 ist das Schema eines solchen Gerätes dargestellt. Die Lichtquelle L wird verkleinert auf dem Spektrum in der Plattebene P abgebildet. Dies Bild wird vergrößert auf dem Spalt des Photometers Sp entworfen, von dem wieder ein verkleinertes Bild auf dem Empfänger entsteht. Als Empfänger dient ein Photoelement oder noch besser ein Thermoelement. Bei letzterem ist die Proportionalität zwischen Beleuchtungsstärke und Photostrom besser erfüllt. Der Ausschlag des Galvanometers gegenüber dem Ausschlag an ungeschwärzten Plattenstellen ist ein Maß für die Schwärzung $\left(S = \lg \frac{i_0}{i}\right)$, wobei i_0 den Ausschlag an einer ungeschwärzten Stelle, i den Ausschlag an der betreffenden Stelle bedeutet. Besonders bequem ist das Schnellphotometer von Zeiß, bei dem die Platte im Gesichtsfeld auf einem waagerechten Tisch liegt, so daß man sie leicht übersehen kann.

Nephelometrie.

Von

G. Kortüm und **M. Kortüm-Seiler.**

Mit 6 Abbildungen.

a) Allgemeines.

Unter Nephelometrie versteht man die Intensitätsmessung von Licht, das von trüben Medien (z. B. kolloiden Lösungen) gestreut bzw. durchgelassen wird. Derartige Streuungs- und Trübungsmessungen benutzt man ausschließlich für *Konzentrationsbestimmungen*. Ein Lichtbündel, das durch ein trübes Medium fällt, wird dadurch geschwächt, daß die kolloiden Teilchen einen Teil des Lichtes nach allen Richtungen wegstreuen (TYNDALL-Streuung). Man kann nun entweder die Intensität des gestreuten Lichtes messen *(Streuungsmessung)*, oder man bestimmt die Intensität des durchgegangenen Lichtes, d. h. die scheinbare Extinktion der Lösung *(Trübungsmessung)*. Für kleine Teilchen ist die Beziehung zwischen Konzentration und Streuintensität I durch die RAYLEIGHsche Formel gegeben:

$$I = \text{prop.} \frac{N \cdot V^2}{r^2 \cdot \lambda^4} I_0. \tag{1}$$

N ist die Zahl der Kolloidteilchen in der Volumeneinheit, V das Volumen des einzelnen Teilchens, I_0 die eingestrahlte Lichtintensität, r die Entfernung von dem beleuchteten Volumenelement und λ die Wellenlänge des eingestrahlten Lichtes. Die Gleichung zeigt, daß bei konstanter Teilchengröße die Streuintensität der Zahl der Teilchen, d. h. ihrer Konzentration proportional ist. Im allgemeinen ändert sich aber die Teilchengröße, d. h. der Dispersitätsgrad mit der Konzentration. Da das Volumen, d. h. die Größe der Teilchen quadratisch in die Gleichung eingeht, wird die Erhöhung der Teilchengröße eine Erhöhung der Streuung zur Folge haben. Wenn die Teilchen sehr groß werden ($d > 30\ \text{m}\mu$), z. B. wenn Koagulation eintritt, so gilt die RAYLEIGHsche Beziehung nicht mehr, die Streuung nimmt dann mit wachsender Teilchengröße wieder ab. Der Faktor λ^4 in der Gleichung zeigt, daß die Streuung gegen den kurzwelligen Spektralbereich stark zunimmt (das Streulicht erscheint bei Bestrahlung mit weißem Licht stets etwas bläulich, weil die kurzwelligen Komponenten des Lichtes stärker gestreut werden).

Da man über die Konzentrationsabhängigkeit der Teilchengröße bei einer Trübungsreaktion von vornherein nichts aussagen kann, ist man bei Streuungs- und Trübungsmessungen zum Zwecke der Konzentrationsbestimmung stets auf empirische *Eichkurven* angewiesen. Zum mindesten sollte bei jeder Reaktion die Linearität zwischen Streuung

---

[1] Hersteller z. B. Lange, Berlin; Fuess, Berlin; Zeiß, Jena.

und Konzentration einmal nachgeprüft werden. Damit eine solche Eichkurve für spätere Messungen ihren Zweck erfüllt, muß vorausgesetzt werden, daß sich bei Wiederholung der Reaktion stets die gleiche Teilchengröße einstellt. Die mangelnde Reproduzierbarkeit der kolloiddispersen Lösungen bildet die Hauptschwierigkeit der Nephelometrie, da die Teilchengröße von vielen Faktoren, wie Temperatur, p_H, Anwesenheit von Neutralsalzen, Geschwindigkeit der Ausfällung usw. sehr stark abhängt, so daß die Fällungsbedingungen sehr konstant gehalten werden müssen. Zusatz stabilisierender Schutzkolloide (Gelatine, Agar-Agar) erhöht die Reproduzierbarkeit. Trotzdem beträgt die Unsicherheit der Konzentrationsbestimmung mindestens 2—3 %, ist also größer als bei Analysenmethoden mit Hilfe der Lichtabsorption.

Nephelometrische Messungen stellen auch besondere Anforderungen an die Reinheit der Reagentien, da jede noch so kleine Trübung der Lösungen beträchtliche Fehler hervorrufen kann. So sollten die Lösungen vor der Fällungsreaktion durch Glasfritten filtriert werden, da bereits Filterfasern nachteilig sein können. Zur Prüfung, ob die verwendeten Lösungen „optisch leer" sind, werden sie in den Strahlengang gebracht. Das Gesichtsfeld muß dann bei transversaler Beobachtung vollkommen dunkel bleiben. Auch anscheinend völlig klare Flüssigkeiten geben gelegentlich einen unerwartet hellen TYNDALL-Kegel.

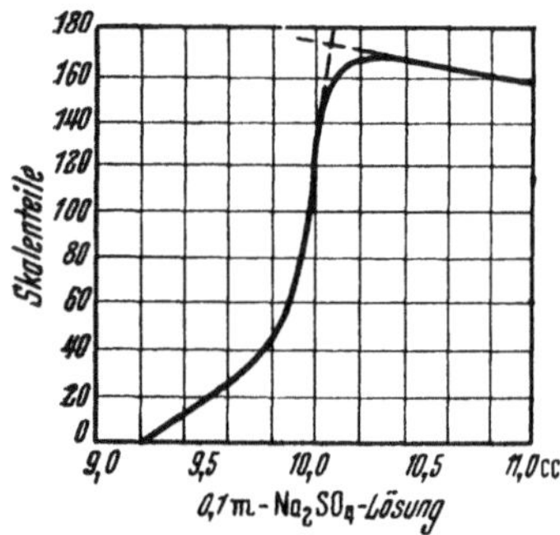

Abb. 1. Fällungstitration von Ba-Ionen.

Trotz der experimentellen Schwierigkeiten und der geringen erreichbaren Genauigkeit hat sich eine Reihe von nephelometrischen Bestimmungsmethoden durchgesetzt, hauptsächlich, weil die untere Nachweisgrenze sehr viel niedriger liegt als bei den meisten Absorptionsmethoden. Als Beispiel sei die Bestimmung der Phosphorsäure durch Trübungsmessung angeführt[1]. Phosphationen werden durch Strychninmolybdat gefällt, und die entstehende Trübung wird gemessen. Es können noch 0,05 γ P/10 cm³ Lösung auf diese Weise bestimmt werden (s. a. Bd. III, Anorganische Stoffe).

Die Schwierigkeiten, die durch die mangelnde Reproduzierbarkeit bei Fällungsreaktionen entstehen, können dadurch umgangen werden, daß man die Konzentration mit Hilfe einer *Fällungstitration* bestimmt[2]. Man mißt die scheinbare Extinktion der trüben Lösung bei steigendem Zusatz des Fällungsmittels. Bei konstant bleibender Teilchengröße erhält man eine lineare Fällungskurve, die im Äquivalenzpunkt einen Knick zeigt, wie dies von konduktometrischen oder elektrometrischen Titrationen her bekannt ist. Genau wie dort wird der Knick undeutlicher, je größer das Löslichkeitsprodukt der entstandenen Verbindung und je kleiner die Krystallkeim-Bildungsgeschwindigkeit ist. Ein Zusatz von Lösungsmitteln, die das Löslichkeitsprodukt herabsetzen, trägt oft dazu bei, daß der Äquivalenzpunkt mit größerer Sicherheit festgestellt werden kann.

Bei nephelometrischen Titrationen spielt außerdem die Änderung der Teilchengröße in der Nähe des Äquivalenzpunktes eine Rolle. Praktisch wird man etwa Titrationskurven in der Art der Abb. 1 erhalten. Der Äquivalenzpunkt wird durch Extrapolation ermittelt. Gelegentlich läßt sich durch Zusatz von Schutzkolloiden eine Verbesserung der Methode erreichen. Im übrigen hängt die Richtigkeit der Meßergebnisse weitgehend von systematischen Fehlern ab, so daß für jeden einzelnen Fall eine genaue Arbeitsvorschrift auszuarbeiten ist. So ist es nicht gleichgültig, wie schnell und in welcher Richtung die Fällung vorgenommen wird. Zum Beispiel ist das entstehende Sol hochdispers, wenn man eine 0,2 m BaCl₂-Lösung mit einer gleichkonzentrierten (NH₄)₂SO₄-Lösung versetzt, während der Niederschlag bei Zugabe in umgekehrter Richtung sehr grobdispers wird. Häufig ist es notwendig, nach jeder Zugabe des Fällungsreagens längere Zeit zu warten, bis sich ein annähernd konstanter Extinktionswert einstellt, weil sich

[1] BERGOLD, G., u. L. PISTER: Z. Naturforsch. 3b, 332 (1948).
[2] Vgl. die Arbeiten von RINGBOM, A.: Z. analyt. Chem. 122, 263 (1941).

gerade in verdünnten Lösungen der Niederschlag nur langsam ausbildet. Die Genauigkeiten, die sich mit solchen Methoden erreichen lassen, betragen im besten Fall 0,2—0,4 %.

Gelegentlich ist es vorteilhafter, für die Bestimmung des Äquivalenzpunktes die Tatsache auszunutzen, daß hier leicht Flockung eintritt. Die Flockungsgrenze zeigt sich durch ein plötzliches Ansteigen der Extinktion an. Natürlich muß empirisch festgestellt werden, ob dieser Punkt genau mit dem Äquivalenzpunkt übereinstimmt, und wenn nicht, ob sich in reproduzierbarer Weise eine Korrektur anbringen läßt.

b) Methodisches.

α) Trübungsmessungen.

Wie erwähnt, können nephelometrische Messungen auf zwei Arten durchgeführt werden: Mißt man im durchfallenden Licht die (scheinbare) Extinktion der Lösung, so spricht man von *Trübungsmessungen*. Die Meßmethode ist dann in jeder Beziehung die gleiche wie bei gewöhnlichen Extinktionsmessungen.

Die Verwendung lichtelektrischer Geräte hat hier nur insofern einen Sinn, als die Messungen dann rascher gehen und weniger ermüdend sind. Die Fehlergrenze wird dadurch nicht herabgesetzt, da sie durch die Einhaltung konstanter äußerer Bedingungen gegeben ist. Ein lichtelektrisches Instrument für Trübungsmessungen, das nach der Ausschlagsmethode arbeitet, liefert z. B. Eisemann, Stuttgart W. Es kann mit Hilfe eines Zusatzes für Querlichtmessungen auch für Streuungsmessungen verwendet werden (vgl. auch S. 440). Auch die Photometer von LANGE (s. S. 370), von HAVEMANN (s. S. 372) und von KORTÜM (s. S. 373) lassen sich für Trübungsmessungen verwenden.

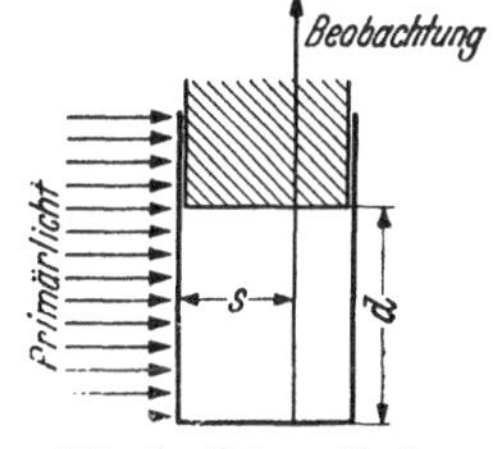

Abb. 2. Schematische Darstellung einer Nephelometermessung.

Dagegen hat die Vereinfachung der Messung durch die Verwendung von Photoelementen bei *Fällungstitrationen* große Vorteile, weil hier für eine einzige Konzentrationsbestimmung ja eine ganze Reihe von Ablesungen notwendig ist. Außerdem erlaubt es die Konstruktion vieler visueller Geräte gar nicht, eine Titrationseinrichtung mit Rührer anzubringen, während bei einer Reihe von lichtelektrischen Geräten solche Zusatzeinrichtungen vorgesehen sind. Da es sich nicht um absolute Messungen handelt, genügen für solche Titrationen auch einfache lichtelektrische Apparate, die nach dem Ausschlagsverfahren arbeiten.

β) Streuungsmessungen.

Meßprinzip. Die zweite nephelometrische Methode beruht darauf, daß man nicht das durchgelassene Licht, sondern einen bestimmten Anteil des gestreuten Lichtes mißt *(Streuungsmessung)*. Diese Meßmethode hat insofern Ähnlichkeit mit derjenigen der Fluorescenzphotometrie (s. S. 422), als es sich auch um die Messung einer Art Emissionsstrahlung handelt.

In Abb. 2 ist die Meßanordnung für Streuungsmessungen schematisch dargestellt. Die Berechnung der Konzentration einer unbekannten Lösung nach Gl. (1), indem man das Verhältnis I/I_0 mit demjenigen einer bekannten Vergleichslösung vergleicht, stößt auf Schwierigkeiten, weil je nach der Stärke der Trübung die Intensität I_0 in beiden Fällen nicht über den ganzen bestrahlten Bereich die gleiche ist. Es wurde nun empirisch festgestellt, daß für genügend kleine Werte von E und s die Streuintensität proportional mit E, d. h. mit Konzentration und Schichtdicke, zunimmt. Es gilt daher für die Streuintensität zweier Lösungen verschiedener Konzentration $I_1 = \text{prop. } \varepsilon^* c_1 d_1$ und $I_2 = \text{prop. } \varepsilon^* c_2 d_2$. Verwendet man zur Messung ein Colorimeter, bei dem man auf gleiche Intensität $I_1 = I_2$ einstellt, so gilt analog wie bei Absorptionsmessungen

$$c_2 = c_1 \cdot \frac{d_1}{d_2}. \tag{2}$$

Die Gleichung gilt, wie schon betont wurde, nur für kleine Extinktionen, d. h. für geringe Trübungen. In welchem Konzentrations- oder Schichtdickenbereich sie angewendet werden darf, muß empirisch festgestellt werden. Ist die Gleichung nicht mehr erfüllt, so muß in analoger Weise wie bei der Colorimetrie eine Eichkurve aufgestellt werden, indem man c gegen $1/d$ für verschiedene bekannte Konzentrationen aufträgt.

An Stelle einer gleichstofflichen und gleichbehandelten Vergleichslösung werden oft feste unveränderliche *Trübungsstandards* empfohlen. Das entspricht bereits dem Übergang vom colorimetrischen zum photometrischen Meßprinzip. Infolge der verschiedenartigen Streuung an Lösung und Vergleichsstandard ergibt sich häufig eine verschiedene Farbtönung der beiden Gesichtsfeldhälften, die die Vorschaltung von Farbfiltern erfordert. Man kann dies zum Teil dadurch vermeiden, daß man auch den Farbton des vom Trübungsstandard ausgesandten Lichtes variierbar macht. Beim festen Trübungsstandard nach KLEINMANN wird das dadurch erreicht, daß hinter das als Reflektor dienende Deckglas ein Farbpulver gepreßt wird, dessen Zusammensetzung man so wählt, daß das Streulicht denselben Farbton zeigt, wie das Streulicht der zu untersuchenden Lösung.

Der Vergleich mit einer analog wie die Versuchslösung hergestellten Standardlösung ist aber dem Vergleich mit einem festen Trübungsstandard stets vorzuziehen, da man wesentlich sicherere Ergebnisse erzielt. Dies rührt daher, daß sich Fehler z. B. durch Unreinheiten der Reagentien oder Temperaturschwankungen bei gleichzeitiger Herstellung von Lösung

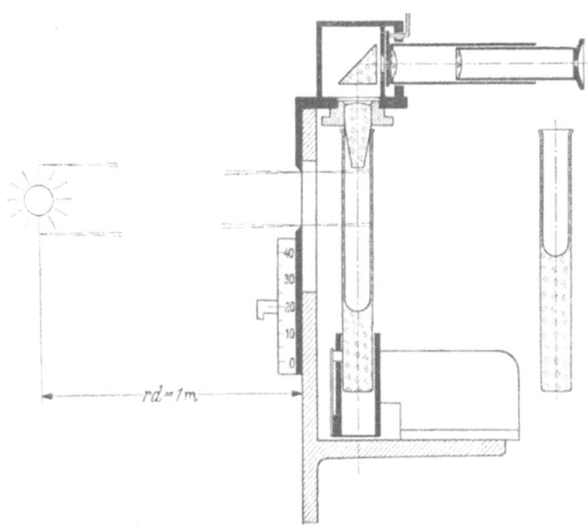

Abb. 3. Nephelometer nach KLEINMANN.

und Vergleichslösung herausheben. Man sollte daher feste Trübungsstandards nur dann verwenden, wenn die Herstellung der Vergleichslösung schwierig ist, oder wenn man keinen Wert auf möglichst hohe Genauigkeit legt.

Wenn man statt eines Colorimeters ein Photometer zur Verfügung hat, so stellt man auf gleiche Helligkeit ein, indem man die Streuungsintensität der einen Probe (im allgemeinen der Vergleichslösung bzw. des Vergleichsstandards) mit Hilfe eines Lichtschwächungsmittels schwächt. Zum Vergleich können auch hier Lösungen der gleichen Trübung oder Trübungsstandards verwendet werden.

Wenn man Streuungsmessungen lichtelektrisch im *durchfallenden* Licht ausführen will, so kann man das Primärlicht vom Streulicht trennen, indem man die Lichtquelle auf einer kleinen Blendenscheibe vor der Zelle abbildet[1].

Einzelne Meßgeräte. Prinzipiell läßt sich jedes *Colorimeter* für Streuungsmessungen verwenden, indem man die Flüssigkeitsbecher von der Seite her mit parallelem Licht beleuchtet und die Höhe der durchstrahlten Schicht begrenzbar macht. Zu den käuflichen DUBOSCQ-Colorimetern werden von einzelnen Firmen Zusatzgeräte für Streuungsmessungen geliefert[2]. Nach dem gleichen Prinzip ist das Nephelometer nach KLEINMANN[3] konstruiert.

Einen schematischen Schnitt zeigt Abb. 3. Das von der Opallampe kommende Licht wird in einem etwa 1 m langen Rohr mit Hilfe von 5 Blenden parallel gerichtet und fällt durch die Meßblenden auf die beiden senkrecht zur Abbildungsebene nebeneinanderstehenden zylindrischen Küvetten. Die Öffnungen der beiden Blenden können zwischen 0 und 45 mm auf 0,1 mm genau

---

[1] Vgl. z. B. GREENE, C. H.: Am. Soc. **56**, 1269 (1934). — Weitere Literatur bei MÜLLER, F.: Physikalische Methoden der analytischen Chemie. 3. Teil. Leipzig 1939.

[2] Zum Beispiel Hellige, Freiburg i. Br.

[3] Hersteller: Schmidt und Haensch, Berlin.

eingestellt werden, so daß die TYNDALL-Kegel in den Küvetten in diesem Bereich in ihrer Länge variiert werden können. Das nach oben abgebeugte Licht gelangt durch die konischen Glasstöpsel und das totalreflektierende Prisma in das Ocular. Der Durchmesser der unteren Glasstöpselfläche ist so klein, daß nur Licht aus dem zentralen, gleichmäßig beleuchteten Teil der Küvetten zur Messung gelangt. Das Gesichtsfeld des Oculars wird ohne trennende Zwischenlinie genau je zur Hälfte von dem aus den beiden Küvetten kommenden Licht ausgeleuchtet. Die Küvetten werden in drei Größen (für 20, 4 und 2,5 cm³ Inhalt) geliefert.

Zur Messung füllt man zunächst beide Küvetten mit der gleichen trüben Lösung und stellt bei gleicher Schichthöhe der beiden Blenden durch Justieren der Lampe auf Helligkeitsgleichheit der beiden Gesichtsfeldhälften ein. Beim Vertauschen der beiden Küvetten muß die Helligkeitsgleichheit erhalten bleiben. Dann wird die eine Lösung durch eine unbekannte ersetzt, deren Konzentration sich bei erneuter Einstellung auf Helligkeitsgleichheit aus dem an den Blenden ablesbaren Schichthöhenverhältnis nach Gl. (2) berechnen bzw. aus der Eichkurve ablesen läßt. Kleinere Schichthöhen als 5 mm sollten nicht verwendet werden, da sonst die Einstellgenauigkeit unter 2% herabsinkt.

Die für Streuungsmessungen eingerichteten *Photometer* verwenden im allgemeinen Trübungsstandards zum Vergleich. Als Beispiel sei der aus dem PULFRICH-*Photometer* entwickelte Trübungsmesser angeführt. Das zu dem Absorptionsphotometer notwendige Zusatzgerät ist in Abb. 4 schematisch wiedergegeben. Man beobachtet unter 45° zum Primärstrahl; als Vergleichsstandard dienen 4 abgestufte, mittels Drehscheibe auswechselbare Milch- und Mattglasscheiben. Vorsatzobjekte sorgen für volle Ausleuchtung der Meßblenden. Die Untersuchungsflüssigkeiten werden je nach der Stärke der Trübung in Bechergläsern verschiedener Weite oder in Planküvetten untersucht. Für kleine Flüssigkeitsmengen verwendet man Reagensgläser und ersetzt das parallel einfallende Primärlicht durch Vorschalten einer weiteren Linse durch ein schmales keilförmiges Strahlenbündel. Die Gefäße stehen zur Konstanthaltung der Temperatur in einer Wasserkammer.

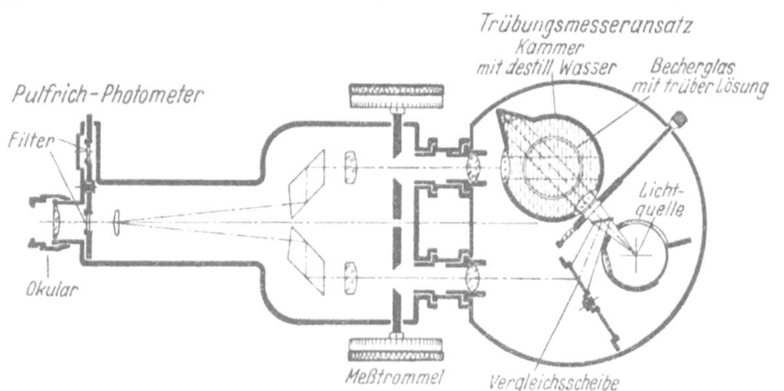

Abb. 4. Nephelometeransatz zum PULFRICH-Photometer.

Bei der Nephelometereinrichtung zum LEIFO-*Photometer* verzichtet man völlig auf einen Vergleichstrübungsstandard und benützt statt dessen direkt das im Eintrittsstutzen abgezweigte Primärlicht, das wie üblich durch 2 Polarisationsprismen meßbar geschwächt werden kann. Einen Querschnitt durch das LEIFO-Nephelometer zeigt Abb. 5. An Stelle des totalreflektierenden Prismas hinter dem Eintrittsstutzen (s. S. 358) tritt die Streuküvette, an Stelle des Tauchbechers für Absorptionsmessungen ein Lichtschutzrohr mit einer Anzahl von Blenden. Die starke Abhängigkeit der Lichtstreuung von der Wellenlänge [Gl. (1)] bedingt in diesem Fall einen merklich verschiedenen Farbton der beiden Gesichtsfeldhälften, da das Vergleichstrahlenbündel die Zusammensetzung des Primärlichtes besitzt, während das Streulicht an den kurzwelligen Komponenten des Lichtes angereichert ist. Zum Ausgleich müssen Filter vorgeschaltet werden.

Für lichtelektrische Streuungsmessungen, speziell zur Bestimmung der Erythrocyten- und Leukocytenzahlen, dient das *Elektrohämoskop*[1]. Die Wirkungsweise ist aus der schematischen Abb. 6 zu ersehen.

Im Strahlengang der Lichtquelle 18, die mit Hilfe der Linse 14 in der Ebene des Photoelementes 11 abgebildet wird, befindet sich im Küvettenhalter 10 die Küvette 13 mit der zu untersuchenden Blutverdünnung. Das Bild der Lichtquelle fällt nicht auf die Photozelle selbst, sondern auf ein in der

---

[1] Hersteller: Hellige, Freiburg i. Br.

Mitte auf ihr angebrachtes Scheibchen 12, so daß nicht das Primärlicht selbst, sondern nur Streulicht aus der Küvette auf den nichtabgedeckten Teil der Photozelle gelangen kann. Der Photostrom wird nicht nach der Ausschlagsmethode gemessen, sondern durch ein zweites Photoelement 24 kompensiert, das über eine veränderliche Meßblende 21 ebenfalls von der Lampe 18 belichtet wird. Als Nullinstrument dient ein Zeigergalvanometer. Die Streuungsmessung wird mit rotem Licht ausgeführt, das von der Lösung nicht absorbiert wird. Zu diesem Zweck ist in dem Strahlengang ein Rotfilter 15 geschaltet und zwar zur Verbesserung der Kompensation auch vor der Vergleichszelle 20. Um mit dem gleichen Gerät durch Absorptionsmessung auch den Hämoglobingehalt bestimmen zu können, wird durch Umschalten des Schalters 8 von R (Rot) auf B (Blau) eine zerstreuende Mattscheibe in den Strahlengang geschaltet, um das Licht auch ohne beugende Teilchen über die ganze Photozelle zu verteilen. Gleichzeitig werden die Rotfilter durch Blaufilter ersetzt, die etwa den Spektralbereich durchlassen, der dem Maximum der Hämoglobinabsorption (der oxydierten und der reduzierten Form) entspricht. Wird jetzt in die Küvette eine hämolysierte Hämoglobinlösung gefüllt, so wird das auf die Photozelle fallende Licht durch Absorption geschwächt. Die Meßblende ist mit Skalen zur direkten Ablesung der Teilchenzahlen und des Hämoglobingehaltes versehen; außerdem ist für allgemeine nephelometrische oder photometrische Messungen eine weitere Skala angebracht, bei der ein Skalenteil jeweils der gleichen Intensitätsänderung entspricht.

Da sich die Empfindlichkeit der Photozellen mit der Zeit ändert, läßt sich die Richtigkeit der Skala jeweils mit Hilfe eines Vergleichsstandards und durch Betätigen

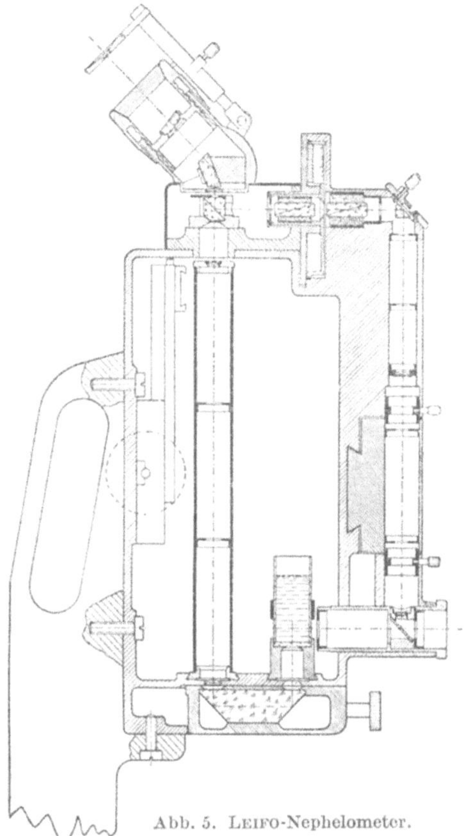

Abb. 5. Leifo-Nephelometer.

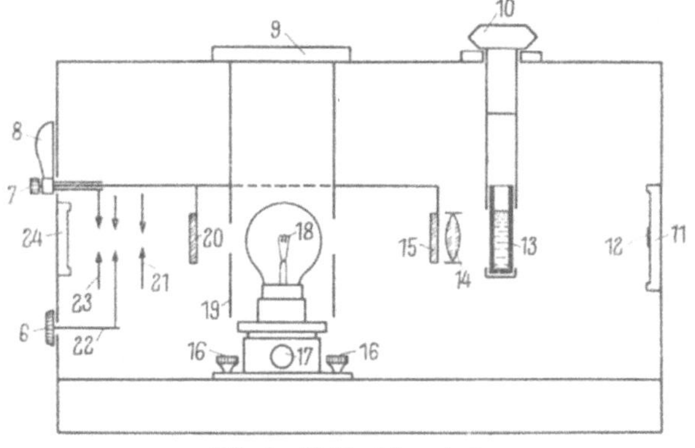

Abb. 6. Elektrohämoskop.

der Hilfsblenden 22 einregulieren. Da sich außerdem die *spektrale* Empfindlichkeit der Photozelle ändern kann, ist eine zusätzliche Justiervorrichtung für Absorptionsmessungen im Blau mit Hilfe einer zweiten Justierblende 23 und eines entsprechenden Standards vorgesehen.

Zur *Blutkörperchenzählung* wird zunächst der Schalter auf Streumessung (R) geschaltet. Die Erythrocyten werden bei einer Verdünnung von 1:2000 in isotonischer Lösung „gezählt", die Leukocyten bei einer Verdünnung von 1:30 in 0,07%iger Essigsäure. Hierdurch werden die Erythrocyten zerstört; die Leukocyten bleiben erhalten, sie ballen sich jedoch mit der Zeit zusammen, so daß die Messung innerhalb 1 Std erfolgen sollte. Der *Hämoglobingehalt* wird in der gleichen Essigsäurelösung gemessen. Der Schalter *8* wird hierzu auf Absorptionsmessung (B) umgeschaltet. Die Genauigkeit der Bestimmung von Erythrocyten wird zu ±1%, von Leukocyten zu ±3% und von Hämoglobin zu höchstens 2% angegeben. Aus Versuchen an pathologischen Blutproben geht hervor, daß die Größe der Erythrocyten keinen Einfluß auf die Meßgenauigkeit hat[1].

Mit einer Caesiumoxyd-Photozelle und Verstärker nach der Ausschlagsmethode arbeitet der *Ultra*-Transparenz- und Trübungsmesser[2]. Als Lichtquelle dient eine Glühlampe, die über einen Spannungskonstanthalter an 220 Volt Wechselstrom angeschlossen wird.

---

[1] Mathes, M., u. H. Scharpf: Kli. Wo. 1951, 266.
[2] Eisemann, GmbH, Stuttgart.

Refraktometrie und Interferometrie*.

Von

G. Kortüm und **M. Kortüm-Seiler.**

Mit 46 Abbildungen.

a) Theoretische Grundlagen.

Die konstante Ausbreitungsgeschwindigkeit des Lichtes im Vakuum nimmt bei seinem Eintritt in homogene Materie sprungweise ab. Man nennt das Verhältnis der Geschwindigkeit c_0 im Vakuum zu derjenigen c_m in einem homogenen Medium den absoluten *Brechungsindex* n_0 des betreffenden Mediums:

$$\frac{c_0}{c_m} \equiv n_{0,m}. \tag{1}$$

Entsprechend ist das Verhältnis der Ausbreitungsgeschwindigkeiten in zwei verschiedenen Medien 1 und 2 gleich dem relativen Brechungsindex:

$$\frac{c_1}{c_2} = n_{1,2}. \tag{1a}$$

Bei schiefem Auftreffen eines parallelen Lichtbündels auf die Grenzfläche zwischen den beiden Medien findet nach den Gesetzen

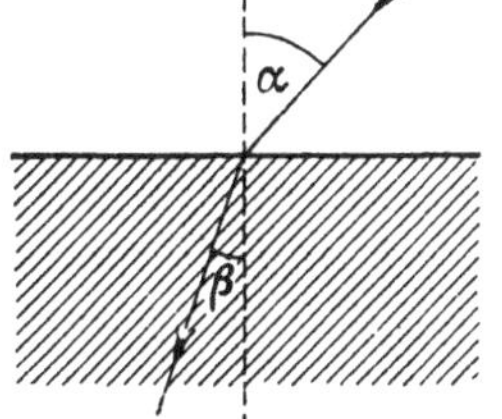

Abb. 1. Lichtbrechung (aus WEIGERT).

der klassischen Optik eine Änderung der Strahlungsrichtung statt, d. h. das Lichtbündel wird gebrochen (Abb. 1). Nach dem Gesetz von SNELLIUS gilt folgende Beziehung zwischen dem Einfallswinkel α (zwischen Strahlungsrichtung im Medium 1 und dem Einfallslot) und dem Austrittswinkel β (zwischen Strahlungsrichtung im Medium 2 und dem Einfallslot):

$$n = \frac{\sin \alpha}{\sin \beta}. \tag{2}$$

Aus den Gl. (1) und (2) ergeben sich zwei Möglichkeiten, den Brechungsindex zu bestimmen. Refraktometrisch mißt man Einfalls- und Austrittswinkel, α und β, während interferometrisch die Änderung der Fortpflanzungsgeschwindigkeit gemessen wird.

Die beiden Methoden der Refraktometrie und der Interferometrie unterscheiden sich, abgesehen von den völlig verschiedenen Meßprinzipien, im wesentlichen durch die erreichbare Genauigkeit. Während man mit refraktometrischen Methoden nur etwa 1—2 Einheiten der 5. Dezimale des Brechungsindex erfassen kann (vgl. jedoch S. 459), kommt man bei den großen Interferometern auf etwa zwei Einheiten der 8. Dezimale. Außerdem lassen sich mit Interferometern auch Gase untersuchen; sie spielen deshalb für die Analyse von Gasgemischen eine wichtige Rolle.

In der Regel bestimmt man experimentell den Brechungsindex eines Mediums an der Grenzfläche gegen Luft. Bezeichnet man den absoluten Brechungsindex der Luft gegen Vakuum nach (1) mit $n_{0,1} = c_0/c_1$, den Brechungsindex des Mediums 2 gegen Luft nach (1a) mit $n_{1,2} = c_1/c_2$, so gilt für den absoluten Brechungsindex des Mediums 2 gegen Vakuum

$$n_{0,2} = \frac{c_0}{c_2} = n_{0,1} \cdot n_{1,2}. \tag{3}$$

Man erhält also den Brechungsindex gegen das Vakuum, indem man den gemessenen Brechungsindex gegen Luft mit dem absoluten Brechungsindex von Luft multipliziert.

---

* **Zusammenfassende Arbeiten:** HEILMEYER, L.: Bamann-Myrbäck **1**, 877, 886. — KOHLRAUSCH, F.: Praktische Physik. Bd. 1. S. 397—413. Leipzig, Berlin 1943. — LÖWE, F.: Optische Messungen des Chemikers und des Mediziners. Dresden, Leipzig 1949. — WEIGERT, F.: Optische Methoden der Chemie. Leipzig 1927.

Da die Ausbreitungsgeschwindigkeit in einem Medium (nicht aber im Vakuum) noch von der Wellenlänge des Lichtes abhängt, muß auch der Brechungsindex aller Stoffe wellenlängenabhängig sein. Bei schiefem Auffall eines kontinuierlichen (weißen) Lichtbündels auf eine Grenzfläche werden deshalb die verschiedenen Wellenlängen verschieden stark gebrochen. Man nennt dies die *Dispersion* des Brechungsindex. Im allgemeinen nimmt im sichtbaren Spektralbereich die Fortpflanzungsgeschwindigkeit mit abnehmender Wellenlänge ab, der Brechungsindex also entsprechend zu (normale Dispersion, vgl. Abb. 2). Kurzwelliges Licht wird stärker gebrochen als langwelliges Licht. Im Bereich von Absorptionsbanden zeigt die Dispersion jedoch einen anomalen Verlauf (anomale Dispersion). In Abb. 3 ist der Verlauf einer Dispersionskurve schematisch dargestellt. Die schraffierten Gebiete bedeuten Absorptionsgebiete, im ultraroten Gebiet der Schwingungsbanden, im sichtbaren und ultravioletten Gebiet der Elektronenbanden (vgl. Absorption und Emission von Strahlung, S. 313). Man sieht, daß im Gebiet der Absorptions-

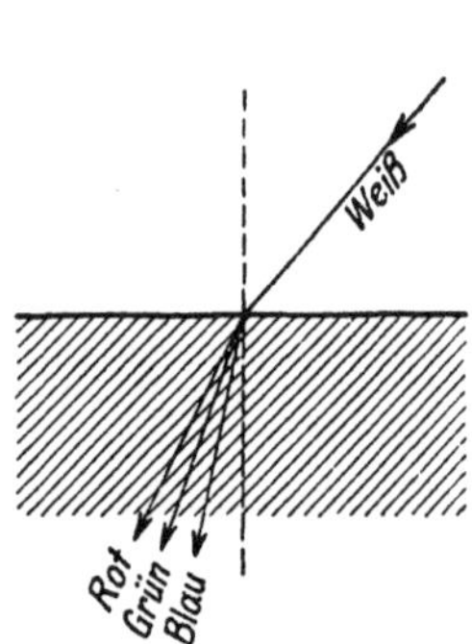

Abb. 2.
Normale Lichtdispersion (aus WEIGERT).

Abb. 3. Allgemeiner Verlauf einer Dispersionskurve (aus A. EUCKEN: Grundriß der physikalischen Chemie).

maxima der Brechungsindex nach kurzen Wellen (hohen Frequenzen ν) jeweils steil abfällt, um dann wieder langsam anzusteigen. Bei sehr hohen ν-Werten (Röntgengebiet) erreicht er von unten her kommend asymptotisch den Wert 1. Das bedeutet, daß für sehr kurzwellige Strahlung die Fortpflanzungsgeschwindigkeit in jedem materiellen Medium etwas größer als im Vakuum ist.

Für die Refraktometrie wichtig ist der Wert des Brechungsindex, den man durch Extrapolation der Dispersionskurve aus dem sichtbaren Bereich gegen lange Wellen erhält (in Abb. 3 gestrichelt). Im allgemeinen genügt es, hierfür den Wert für gelbes Natriumlicht (*D*-Linien bei 589 mμ) zu nehmen. In jedem Fall muß bei Angabe eines Brechungsindex die Wellenlänge des Lichtes angegeben werden, mit dem gemessen wurde, z. B. bedeutet n_D den Brechungsindex für das gelbe Natriumlicht.

Da der Brechungsindex von der Art des Mediums abhängt, muß er mit den Eigenschaften der Materie, d. h. der Moleküle zusammenhängen. Die Fortpflanzungsgeschwindigkeit des Lichtes wird dadurch verringert, daß eine Wechselwirkung zwischen Licht und Materie eintritt. Diese kommt folgendermaßen zustande: Die Atome bzw. Moleküle bestehen in ihren kleinsten Einheiten aus positiven Kernen und negativen Elektronen. Wird ein Atom in ein elektrisches Feld gebracht, so findet eine Ladungsverschiebung statt, weil die positiven Kerne eine Kraftwirkung in entgegengesetzter Richtung erfahren wie die negativen Elektronen. Diesen Vorgang nennt man *Polarisation*. Die Größe der Polarisation hängt von der Stärke des Feldes und der *Polarisierbarkeit* bzw. Deformierbarkeit α der Atome bzw. Moleküle ab (α ist definiert als das je Einheit des elektrischen Feldes induzierte elektrische Moment). Nun stellt ein Lichtbündel ein sich fortpflanzendes elektromagnetisches Wechselfeld dar, dem die Atome bzw. Moleküle ausgesetzt sind. Sie werden durch dieses Wechselfeld periodisch mit der Frequenz des Feldes polarisiert, was bedeutet, daß die Elektronen (und bei genügend niedrigen Frequenzen auch die schweren Kerne) erzwungene Schwingungen gleicher Frequenz in Richtung des elektrischen

Vektors ausführen, wobei rückwirkend die Fortpflanzungsgeschwindigkeit des Lichtes vermindert wird. Liegt die Frequenz des Lichtes in der Nähe einer Eigenfrequenz derartiger Elektronenschwingungen, so findet außerdem eine Energieübertragung, d. h. Absorption des Lichtes statt. Darauf beruht der in Abb. 3 zum Ausdruck kommende Zusammenhang zwischen anomaler Dispersion und Absorption.

Die Beziehung zwischen dem Brechungsindex n eines Mediums und der Polarisierbarkeit α der Moleküle, aus denen es besteht, ist durch die LORENZ-LORENTZsche Gleichung

$$\frac{n^2 - 1}{n^2 + 2} \cdot \frac{M}{\varrho} = \frac{4}{3}\,\pi\,N \cdot \alpha \equiv R \tag{4}$$

gegeben. Dabei bedeuten: M das Molekulargewicht, ϱ die Dichte der Materie, N die LOSCHMIDTsche Zahl (Zahl der Moleküle in einem Mol). R nennt man die *Molrefraktion*, sie stellt eine für jeden einheitlichen chemischen Stoff charakteristische Größe dar, die auch vom Aggregatzustand weitgehend unabhängig ist. Dabei ist vorausgesetzt, daß es sich um den auf unendlich lange Wellen (ohne Berücksichtigung der ultraroten Schwingungsbanden) extrapolierten Brechungsindex handelt (in Abb. 3 gestrichelt), der ein Maß für die reine Elektronenpolarisation darstellt. Wie schon erwähnt, genügt es für die Praxis meistens, den leicht meßbaren Brechungsindex n_D bei der gelben Natriumlinie in die Gl. (4) einzusetzen. Das Auftreten der Dichte ϱ in der Gleichung ist leicht verständlich: Der Brechungsindex, bzw. die Größe $\frac{n^2 - 1}{n^2 + 2}$ muß bei gegebenem α der Einzelmoleküle um so größer sein, je mehr Moleküle sich in einem Volumenelement befinden, d. h. je größer ϱ ist. Bei Gasen vereinfacht sich der Ausdruck für die Refraktion, weil der Brechungsindex dann nur wenig von 1 verschieden ist[1]. Dann gilt:

$$n^2 - 1 = (n + 1)\,(n - 1) \cong 2\,(n - 1)$$

und $n^2 + 2 \cong 3$.

Aus Gl. (4) wird dann einfacher

$$(n - 1) \cdot \frac{M}{\varrho} \cong 2\,\pi\,N\,\alpha \equiv R'. \tag{4a}$$

Auch R' stellt für jedes einheitliche Gas eine charakteristische Größe dar, für die die Regeln der Additivität, auf die im folgenden eingegangen wird, in gleicher Weise gelten wie für R.

Gelegentlich wird statt der Molrefraktion auch die *spezifische Refraktion* r benützt, die durch folgende analoge Gleichung definiert ist:

$$r \equiv \frac{n^2 - 1}{n^2 + 2} \cdot \frac{1}{\varrho} = \frac{4}{3}\,\pi\,\frac{N}{M}\,\alpha. \tag{5}$$

Die Dimension der Molfraktion R ist $\frac{g}{g/\mathrm{cm}^3} = \mathrm{cm}^3$, d. h. die eines Volumens, wie daraus hervorgeht, daß n eine dimensionslose Verhältniszahl und M/ϱ das Molvolumen ist. Man faßt daher die Molrefraktion auch gelegentlich als Maß für das wahre Volumen der N Moleküle auf. Auf Grund dieser Vorstellung liegt es nahe zu erwarten, daß in *Mischungen* verschiedener Stoffe sich die Gesamtrefraktion aus der Summe der Einzelrefraktionen der einzelnen Mischungskomponenten zusammensetzt, genau wie sich das Gesamtvolumen in der Regel in guter Näherung aus den Einzelvolumina zusammensetzt. Für die Refraktion eines Gemisches der Stoffe 1 und 2 ergibt sich dann

$$R_{1,2} = x_1 R_1 + x_2 R_2, \tag{6}$$

wobei x_1 und x_2 die Molenbrüche der Komponenten 1 und 2 bedeuten:

$$\left(x_1 = \frac{n_1}{n_1 + n_2 + \cdots} = \frac{n_1}{\sum\limits_{1}^{i} n_i}\,; \quad n = \text{Anzahl Mole} \right).$$

---

[1] Zum Beispiel ist der absolute Brechungsindex von Luft bei 20° C und 760 mm Druck für gelbes Natriumlicht $n_{0\,D} = 1{,}00\,2724$.

Tatsächlich ist diese Beziehung z. B. bei Mischungen und Lösungen organischer Stoffe recht gut erfüllt.

Zur praktischen Verwendung kann man die Gleichung noch etwas umformen, indem man an Stelle der Molenbrüche die Gewichtsanteile $\dfrac{m_1}{m_1 + m_2} = \dfrac{m_1}{m}$ usw. der Komponenten einführt. Man erhält dann:

$$\frac{n^2 - 1}{n^2 + 2} \frac{m}{\varrho} = \frac{n_1^2 - 1}{n_2^2 + 2} \frac{m_1}{\varrho_1} + \frac{n_2^2 - 1}{n_2^2 + 2} \frac{m_2}{\varrho_2} + \cdots . \tag{7}$$

Will man z. B. die spezifische Refraktion r_2 eines Stoffes 2 bestimmen, von dem p Gramme in 100 g einer Mischung mit Stoff 1 vorhanden sind, so gilt

$$\frac{n^2 - 1}{n^2 + 2} \frac{100}{\varrho} = \frac{n_1^2 - 1}{n_2^2 + 2} \frac{100 - p}{\varrho_1} + r_2\, p . \tag{8}$$

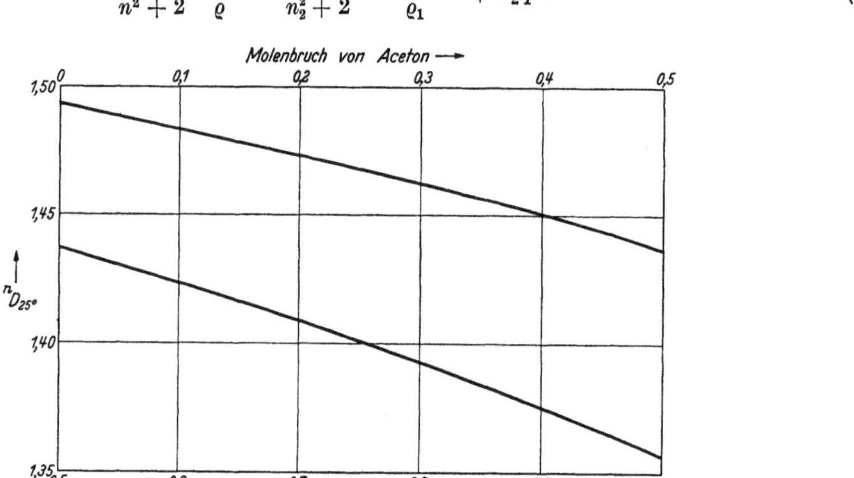

Abb. 4. Eichkurve für den Brechungsindex von Gemischen von Toluol und Aceton.

Aus r_2 erhält man dann die Molrefraktion des Stoffes 2 zu $R_2 = M_2 r_2$. Umgekehrt läßt sich natürlich aus dem gemessenen Brechungsindex n und den bekannten n_1 und n_2 die unbekannte prozentuale Konzentration p berechnen:

$$p = \frac{100 \left[\dfrac{1}{\varrho} \dfrac{n^2 - 1}{n^2 + 2} - \dfrac{1}{\varrho_1} \dfrac{n_1^2 - 1}{n_1^2 + 2} \right]}{\dfrac{1}{\varrho_2} \dfrac{n_2^2 - 1}{n_2^2 + 2} - \dfrac{1}{\varrho_1} \dfrac{n_1^2 - 1}{n_1^2 + 2}} . \tag{9}$$

Darauf beruht die Verwendungsmöglichkeit von Bestimmungen des Brechungsindex für *analytische Zwecke*. Im allgemeinen wird man allerdings eine unbekannte Konzentration nicht nach der etwas umständlichen Gl. (9) berechnen, sondern man wird mit einer Reihe bekannter Mischungen eine Eichkurve (n in Abhängigkeit von der prozentualen oder molaren Konzentration) aufnehmen, mit deren Hilfe man dann aus einem gemessenen n direkt die unbekannte Konzentration ablesen kann. Man wird nach dieser Methode allerdings im allgemeinen keine linearen Eichkurven erhalten, weil die Additivität sich ja nicht auf den Brechungsindex selbst, sondern auf den Ausdruck $\dfrac{n^2 - 1}{n^2 + 2}$ bezieht. Diese Analysenmethode ist auf binäre Gemische beschränkt, ist aber außerordentlich genau und bequem und wird deshalb sehr häufig verwendet (vgl. Abb. 4).

Schon frühzeitig versuchte man, die Additivität der Molrefraktion bei Mischungen auch auf die Zusammensetzung der Moleküle aus den einzelnen Atomen auszudehnen, mit anderen Worten, die Moleküle als ein Gemisch von Atomen aufzufassen und darauf

Gl. (6) anzuwenden. Die Refraktionswerte der einzelnen Atome bezeichnet man als *Atomrefraktion* R_A und die der Gl. (6) entsprechende Formel lautet:

$$\frac{n^2-1}{n^2+2}\,\frac{M}{\varrho} = R = z_1 R_{A_1} + z_2 R_{A_2} + \cdots. \tag{10}$$

Dabei bedeuten z_1, z_2 usw. die stöchiometrischen Verbindungszahlen der einzelnen Atome.

Offenbar kann man nicht erwarten, daß sich die Molrefraktion ohne weiteres aus den Atomrefraktionen der neutralen, isoliert gedachten Atome additiv berechnen läßt, denn beim Zusammentreten der Atome zu einem Molekül ändert sich die Elektronenverteilung und damit auch die Polarisierbarkeit. Bei der Bildung polarer Verbindungen findet ja sogar ein Übergang einzelner Elektronen von einem Atom zu einem anderen statt. Man muß also als Atomrefraktionen in Gl. (10) nicht die Werte der freien Atome, sondern diejenigen der innerhalb der Molekel gebundenen Atome einsetzen. Man sieht leicht ein, daß die Werte auch dann noch je nach der Bindungsart, mit der die Atome an die Nachbaratome gebunden sind, verschieden sein müssen. Jeder Bindungsart des betreffenden Atoms ist also ein besonderer Wert der Atomrefraktion zuzuordnen. Tabelle 1 zeigt eine Reihe derartiger Atomrefraktionen, wie sie etwa in organischen Verbindungen am häufigsten vorkommen. D bedeutet die Natriumlinie bei 589 mμ; H_α, H_β, H_γ die Wasserstofflinien bei 656 mμ, 486 mμ und 434 mμ. Die Differenzwerte (z. B. $H_\beta - H_\alpha$) geben die mittlere Dispersion des Brechungsindex im Gebiet zwischen den beiden Linien an.

Tabelle 1. *Atomrefraktionen in organischen Verbindungen.*

Atom bzw. Art der Verkettung	H_α	D	H_β	H_γ	$H_\beta - H_\alpha$	$H_\gamma - H_\alpha$
$>\!C\!<$ . . .	2,413	2,418	2,438	2,466	0,025	0,053
H—(C) . . .	1,092	1,100	1,115	1,122	0,023	0,030
O=(C) . . .	2,189	2,211	2,247	2,267	0,057	0,078
(C)—O—(C) . . .	1,639	1,643	1,649	1,662	0,012	0,019
(C)—O—(H) . . .	1,522	1,525	1,531	1,541	0,006	0,015
Cl—(C) . . .	5,933	5,967	6,043	6,101	0,107	0,168
Br—(C) . . .	8,803	8,865	8,999	9,152	0,211	0,340
J—(C) . . .	13,757	13,900	14,224	14,521	0,482	0,775
$>\!C = (C\!<)$	3,256	3,284	3,350	3,412	0,094	0,156
$—C \equiv (C—)$	3,577	3,617	3,961	3,735	0,094	0,141
(H)—N$<^{(H)}_{(C)}$ . . .	2,309	2,322	2,368	2,397	0,059	0,086
(C)—N$<^{(C)}_{(H)}$ . . .	2,478	2,502	2,561	2,605	0,086	0,119
(C)—N$<^{(C)}_{(C)}$ . . .	2,808	2,840	2,940	3,000	0,132	0,185
N$\equiv$(C) . . .	3,102	3,118	3,155	3,173	0,052	0,060
(C)—N=(C) . . .	3,740	3,776	3,877	3,962	0,139	0,220

Um den Einfluß der Bindungsart auf die Atomrefraktionen auszuschalten, hat man versucht, statt der Atomrefraktionen sog. *Bindungsrefraktionen* einzuführen in der Weise, daß man die Molrefraktion aus der Summe der einzelnen Bindungsrefraktionen zusammensetzt. Dies hat insofern seine Berechtigung, als die an den Bindungen beteiligten Elektronen im allgemeinen die am leichtesten polarisierbaren sind, und die Polarisierbarkeit ja maßgebend für die Refraktion ist. Bei einfachen Kohlenwasserstoffen ist die Additivität der Bindungsrefraktionen gut erfüllt. Dagegen treten z. B. bei den Halogenen, besonders beim Fluor, Abweichungen auf, weil hier noch andere, nicht an der Bindung beteiligte Elektronen maßgeblich zur Refraktion beitragen.

Behält man die Zerlegung in Atomrefraktionen bei, so muß man für bestimmte Bindungstypen, z. B. Doppelbindungen, Korrekturen *(sog. Inkremente)* einführen. Diese

Inkremente werden bei der Summierung der Atomrefraktionen (die sich nun alle auf einfache Bindungen beziehen) hinzugezählt. In vielen Fällen, z. B. bei semicyclischen Doppelbindungen oder bei mehrfach ungesättigten Stoffen mit konjugierten Doppelbindungen, müssen für die Inkremente höhere als die normalen Werte eingesetzt werden. Man nennt die Überschußbeträge *Exaltationen*. Diese Exaltationen sind zwar nicht konstant, aber sie zeigen bei gleichartigen Verbindungstypen einige Regelmäßigkeiten[1]. Auf diese Weise lassen sich die Molrefraktionen sehr vieler organischer Verbindungen aus den Atomrefraktionen in guter Näherung berechnen. Stark polare Verbindungen, wie sie in der anorganischen Chemie vorkommen, also z. B. NaCl, kann man sich als aus starren Ionenkugeln aufgebaut denken. Die Molrefraktion läßt sich dann aus der Summe der *Ionenrefraktionen* berechnen, wie sie z. B. von FAJANS und JOOS[2] zusammengestellt wurden. Die Additivität ist jedoch auch hier nicht streng erfüllt.

Noch empfindlicher gegen Einflüsse von Bindungsunterschieden ist im allgemeinen die *Moldispersion*, d. h. die Änderung des Brechungsindex mit der Wellenlänge, die man ebenfalls häufig additiv aus den Atomdispersionen zu berechnen sucht (vgl. Tabelle 1). Da sich, wie aus Abb. 3 hervorgeht, der Brechungsindex additiv aus den Beiträgen der verschiedenen Absorptionsbanden zusammensetzt, die Lage dieser Absorptionsbanden aber außerordentlich stark von den Bindungsverhältnissen, d. h. von der Gesamtelektronenverteilung im Molekül, abhängt, kann man nicht erwarten, daß sich die Dispersionskurve des Moleküls aus den Dispersionskurven der freien Atome konstruieren läßt, so daß die Abweichungen bei der Berechnung der Moleküldispersion aus den Atomdispersionen sehr groß werden können. Es wird deshalb stets vorzuziehen sein, die Dispersion einer Verbindung experimentell zu ermitteln.

Der Vergleich der gemessenen Molrefraktionen mit den aus Atomrefraktionen berechneten ist für die Praxis insofern wichtig, als er häufig eine brauchbare Hilfe bei Fragen der Konstitutionsaufklärung bietet. Es läßt sich z. B. entscheiden, ob ein Sauerstoffatom in einer Ketogruppe oder in einer Alkoholgruppe vorhanden ist, oder man kann über die Zahl und Anordnung von Doppelbindungen (isoliert, konjugiert oder kumuliert) etwas aussagen. Damit ist der zweite wesentliche Aufgabenkreis umrissen, der mit Hilfe von Messungen des Brechungsindex behandelt werden kann, nämlich der der *Konstitutionsaufklärung*.

Diese beiden Anwendungsmöglichkeiten, einmal für analytische Aufgaben und zweitens für Probleme der Konstitutionsermittlung, ließen sich auch bei Lichtabsorptionsmessungen unterscheiden. Dort bedingten die beiden Fragestellungen auch eine verschiedene Methodik: große, a b s o l u t e Genauigkeit unter Verwendung von spektralreinem Licht bei der Spektrometrie zur Aufnahme ganzer Spektren; große r e l a t i v e Genauigkeit bei der Photometrie zu Konzentrationsbestimmungen (vgl. S. 348). Bei der Messung des Brechungsindex besteht der Unterschied im wesentlichen in der zu erreichenden Meßgenauigkeit.

Da die Additivität der Atomrefraktion mit einer erheblichen Unsicherheit behaftet ist, hat es keinen Zweck, für Konstitutionsaufklärungen die Molrefraktion mit höherer Genauigkeit zu bestimmen, als dieser Unsicherheit entspricht. Man wird deshalb für solche Zwecke auf die interferometrische Messung des Brechungsindex, die wesentlich genauer ist als die refraktometrische, stets verzichten können. Dagegen ist es oft erwünscht, für Konzentrationsbestimmungen die Genauigkeit möglichst weit zu treiben.

Ganz allgemein ist dabei zu berücksichtigen, daß die Genauigkeit der Konzentrationsbestimmung immer hinter der Genauigkeit der Bestimmung des Brechungsindex zurückbleibt. Aus Gl. (6) ergibt sich für einen unbekannten Molenbruch x_2 mit $x_1 = 1 - x_2$:

$$x_2 = \frac{R_{1,2} - R_1}{R_2 - R_1} . \tag{11}$$

Da in die Berechnung von x_2 die Differenzen der verschiedenen R eingehen, wird es nicht die gleiche Genauigkeit erreichen, mit der die R-Werte bekannt sind. Die Genauigkeit

---

[1] Vgl. dazu z. B. HÜCKEL W.: Theoretische Grundlagen der organischen Chemie. 4. Aufl. Bd. 2. S. 147. Leipzig 1943.

[2] FAJANS, K., u. G. JOOS: Z. Physik **23**, 1 (1924).

in x_2 wird um so größer sein, je mehr sich R_1 und R_2 unterscheiden, und je größer der Absolutwert von x_2 ist, d. h. je höher die Konzentration des Stoffes *2* ist, weil dann auch die Differenz zwischen $R_{1,2}$ und R_1 größer wird. Das gleiche gilt natürlich, wenn man, wie es praktisch gemacht wird, die unbekannte Konzentration direkt aus dem gemessenen Brechungsindex mit Hilfe einer Eichkurve abliest, ohne erst die Refraktion $R_{1,2}$ aus $n_{1,2}$ zu berechnen[1]. Will man z. B. die Konzentration einer Lösung von 10 Mol % Toluol in Aceton auf 1 % genau bestimmen, so muß man den Brechungsindex auf die 4. Stelle genau, also auf 0,0013 % genau messen (vgl. Abb. 4).

Die gleichen Überlegungen gelten natürlich, wenn man für Probleme der Konstitutionsaufklärung nicht den reinen Stoff, sondern nur seine Lösung untersuchen kann. In je geringerer Menge der zu untersuchende Stoff anwesend ist, um so genauer muß die Gesamtrefraktion der Lösung bestimmt werden, damit die Refraktion des betreffenden Stoffes genügend genau wird. Man berechnet die unbekannte Refraktion r_2 nach Gl. (8), wobei n den Brechungsindex der Lösung, n_1 denjenigen des Lösungsmittels bedeutet.

Für die Genauigkeit eines berechneten R-Wertes ist es wichtig, daß auch die *Dichtemessungen* mit der gleichen Genauigkeit durchgeführt sind wie die Bestimmungen des Brechungsindex.

Gewöhnlich benützt man zur Bestimmung der Dichte von Flüssigkeiten ein *Pyknometer*, d. h. ein Glasgefäß von gegebenem Volumen. Das Pyknometer wird einmal leer und trocken gewogen, einmal mit luftfreiem Wasser und schließlich mit der zu untersuchenden Flüssigkeit gefüllt, wobei sorgfältig darauf zu achten ist, daß die Temperatur konstant und gleich ist derjenigen, bei der der Brechungsindex bestimmt wird (Thermostat!). Der Temperaturkoeffizient der Dichte beträgt größenordnungsmäßig 0,1 % je Grad. Aus dem Gewicht des Wassers (auf Vakuum korrigiert) erhält man an Hand von Tabellen (z. B. Chemikerkalender, OSTWALD-LUTHER, KÜSTER-THIEL usw.) das Volumen des Pyknometers bei der betreffenden Temperatur. Die Dichte der Flüssigkeit ist gleich dem Gewicht der Flüssigkeit (auf Vakuum korrigiert), dividiert durch das Volumen des Pyknometers. Voraussetzung für exakte Dichtebestimmungen ist, daß das Pyknometer peinlich saubergehalten wird, da sich sonst beim Einfüllen leicht Bläschen an den Wänden bilden, die erhebliche Fehler verursachen können. Das Pyknometer wird am besten durch Spülen mit rauchender Salpetersäure und häufiges Nachwaschen mit destilliertem Wasser gereinigt. Man trocknet es, indem man mit Hilfe einer Capillare staubfreie Luft durchsaugt. Die häufig benutzte Reinigungsmethode mit Alkohol und Äther ist unzweckmäßig, weil diese Lösungsmittel leicht geringe Spuren von Fett enthalten. Das Pyknometer darf auch nicht im Trockenschrank getrocknet werden, da sich dabei das Volumen merklich ändern kann.

Da auch der Brechungsindex temperaturabhängig ist (etwa 0,01 % je Grad), muß auf definierte *Temperaturkonstanz* bei der Messung des Brechungsindex geachtet werden. Bei den modernen Refraktometern und Interferometern kann die Meßflüssigkeit während der Messung mit Thermostatenwasser temperiert werden. Für diesen Zweck sind sog. Umlaufthermostaten konstruiert worden, die von mehreren Firmen geliefert werden[2].

b) Refraktometrie.

α) *Meßprinzip.*

Den refraktometrischen Messungen liegen die Gl. (2) und (3) zugrunde, d. h. man berechnet den absoluten Brechungsindex aus dem Einfallswinkel und dem Austrittswinkel eines Lichtstrahls beim Übergang von Luft in das zu untersuchende Medium:

$$n_{0,m} = \frac{\sin \alpha}{\sin \beta} \cdot n_{\text{Luft}}. \tag{12}$$

---

[1] $R_{1,2}$ läßt sich praktisch nicht ohne weiteres berechnen, falls man das mittlere Molekulargewicht der unbekannten Mischung nicht kennt. Man rechnet dann nach Gl. (7) unter Verwendung der spezifischen Refraktion.

[2] Zum Beispiel Colora, Lorch (Württ.); E. Bühler, Tübingen; Herzog, Berlin; Gebr. Haake, Berlin.

Man kann entweder die beiden Winkel α und β ausmessen; diese Methode wird z. B. bei Messungen im Ultraviolett, bei Bestimmungen der gesamten Dispersionskurve und für spezielle Zwecke verwendet. Fast bei allen im Handel befindlichen Geräten wird jedoch ein anderes Prinzip verwendet, nämlich die Bestimmung des *Grenzwinkels der Total-reflexion* (Abb. 5). Läßt man nämlich ein Lichtbündel aus einem optisch dichteren in ein optisch dünneres Medium eintreten (also z. B. aus der zu untersuchenden Substanz in Luft), so kann, wenn der Winkel β vergrößert wird, α nur bis zum Grenzwert 90° anwachsen. Vergrößert man β weiter, so tritt der Strahl nicht mehr in das dünnere Medium ein, sondern er wird an der Grenzfläche völlig reflektiert. Der Grenzwinkel β, bei dem Totalreflexion auftritt, läßt sich verhältnismäßig einfach

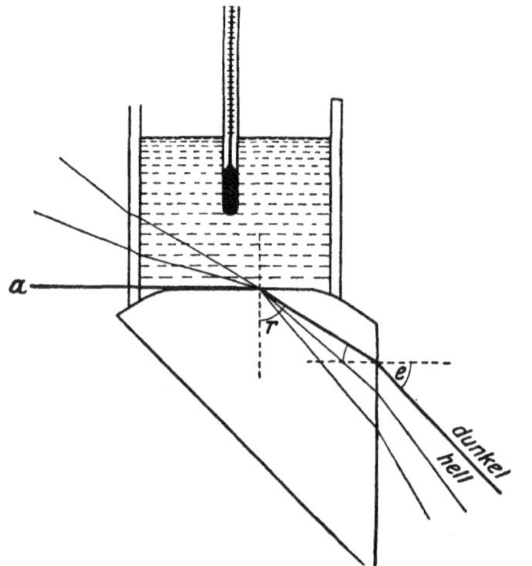

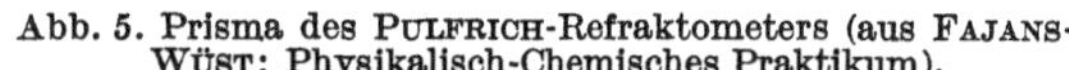

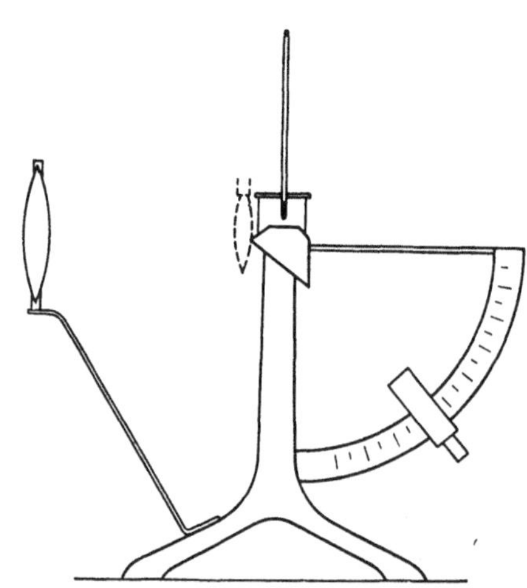

Abb. 5. Prisma des Pulfrich-Refraktometers (aus Fajans-Wüst: Physikalisch-Chemisches Praktikum).

Abb. 6.
Pulfrich-Refraktometer (schematisch) (aus Weigert).

bestimmen. Nach diesem Prinzip arbeiten z. B. das Abbesche und das Pulfrichsche Refraktometer und ihnen verwandte Geräte.

β) Einzelne Geräte.

1. Pulfrich-Refraktometer. Der Hauptbestandteil des Pulfrich-Refraktometers[1] (Abb. 5) ist ein rechtwinkliges Glasprisma (Abb. 6) mit möglichst hohem Brechungsindex, dessen eine Kathetenfläche senkrecht, die andere horizontal angeordnet ist. Auf die obere Fläche ist ein kurzer Zylindermantel aus Glas aufgekittet, in den die zu untersuchende Flüssigkeit gefüllt wird. Das durch eine Kondensorlinse schwach konvergent gemachte Strahlenbündel fällt auf die Grenzfläche zwischen Flüssigkeit und Prismenoberfläche, wird dort und nach Durchqueren des Prismas beim Austritt in die Luft nochmals gebrochen. Der maximale Winkel, unter dem die Strahlen in das Prisma eintreten können, ist der Winkel r der Totalreflexion. Dieser Winkel läßt sich nicht unmittelbar bestimmen, sondern man mißt den zugehörigen Austrittswinkel e. Blickt man nämlich durch ein drehbares Fernrohr (Abb. 6) in Richtung des ankommenden Strahlenbündels, so wird oberhalb von einer bestimmten Stellung das Gesichtsfeld dunkel bleiben, weil kein Licht in das Fernrohr gelangen kann, unterhalb dieser Stellung wird es hell sein. Auf die dem Winkel e entsprechende scharfe Grenze zwischen hell und dunkel wird das Fadenkreuz des Fernrohres eingestellt; der zugehörige Winkel e läßt sich an einem Teilkreis ablesen. Je größer der Brechungsindex der Flüssigkeit ist, um so kleiner wird der Winkel e. Ist der Brechungsindex der Flüssigkeit gleich groß oder größer als derjenige des Glases, so wird $e = 0$, d. h. es tritt kein Licht mehr in das Prisma ein. In diesem Fall muß ein Prisma aus stärker brechendem Glas verwendet werden. Aus dem Winkel e

---

[1] Zeiß, Jena.

läßt sich der Brechungsindex der Meßflüssigkeit folgendermaßen berechnen: Für den dem Grenzwinkel der Totalreflexion entsprechenden Strahl a gilt jetzt nach Gl. (2)

$$n\,(\text{Flüssigkeit/Glas}) = \frac{\sin 90°}{\sin r} = \frac{1}{\sin r} = \frac{1}{\sqrt{1 - \cos^2 r}} = \frac{n\,(\text{Luft/Glas})}{n\,(\text{Luft/Flüssigkeit})} \qquad (13)$$

$$n\,(\text{Luft/Glas}) = \frac{\sin e}{\sin (90 - r)} = \frac{\sin e}{\cos r} \qquad (14)$$

oder

$$\cos r = \frac{\sin e}{n\,(\text{Luft/Glas})}. \qquad (15)$$

Setzt man dies in (13) ein, so wird

$$\left.\begin{array}{l} \dfrac{n\,(\text{Luft/Glas})}{n\,(\text{Luft/Flüssigkeit})} = \dfrac{1}{\sqrt{1 - \dfrac{\sin^2 e}{n^2\,(\text{Luft/Glas})}}} \\[3em] \qquad\qquad = \dfrac{1}{\sqrt{\dfrac{n^2\,(\text{Luft/Glas}) - \sin^2 e}{n^2\,(\text{Luft/Glas})}}} \end{array}\right\} \qquad (16)$$

oder

$$n\,(\text{Luft/Flüssigkeit}) = \sqrt{n^2\,(\text{Luft/Glas}) - \sin^2 e}. \qquad (17)$$

Aus $n\,(\text{Luft/Flüssigkeit})$ läßt sich nach Gl. (3) $n_0\,(\text{Vakuum/Flüssigkeit})$ durch Multiplikation mit $n_0\,(\text{Vakuum/Luft})$ berechnen ($n_{0\,\text{Luft}} = 1{,}0002724$ bei 760 mm Druck und 20° C für $\lambda = 589$ mμ).

Zur Berechnung des Brechungsindex der Flüssigkeit muß man nach Gl. (17) den Brechungsindex des Glases kennen, aus dem das Prisma hergestellt ist. Praktisch benutzt man die den Apparaten beigelegten Tabellen, aus denen man direkt den einem gemessenen Winkel e entsprechenden Brechungsindex einer Flüssigkeit ablesen kann. Da der Brechungsindex des Glases immer höher sein muß als derjenige der Flüssigkeit, sind die Apparate meistens mit mehreren auswechselbaren Prismen aus Glas mit verschieden hohem Brechungsindex ausgerüstet, von denen jedes einen bestimmten Meßbereich umfaßt.

Da man mit monochromatischem Licht, d. h. Licht bestimmter Wellenlänge arbeiten muß, verwendet man als Lichtquelle am besten eine der Spektrallampen (eventuell mit Filter zur Aussonderung bestimmter Spektrallinien), wie sie S. 331 beschrieben sind. Wenn nicht spezielle Aufgaben vorliegen, mißt man den Brechungsindex für die gelbe Natriumlinie. Die Natriumdampflampen haben den Vorteil, daß sie nur eine Linie (bzw. ein sehr eng benachbartes Dublett) aussenden und infolgedessen sehr hell sind. Falls man keine Spektrallampe zur Verfügung hat, kann man sich einen Natriumbrenner auch selbst herstellen, indem man auf die halbkreisförmig ausgeschnittene Kante eines Stückes Asbestpappe ein Gemisch aus Natriumchlorid und Wasserglas aufträgt, das man in solchen Verhältnissen zusammengibt, daß eine zähe, plastische Masse entsteht. Die so präparierte Kante rückt man 2—3 mm weit in das untere Drittel einer etwa 10 cm hohen entleuchteten Bunsenflamme. Man erhält so eine breite, intensive Natriumflamme.

Die Lichtquelle wird etwa 20—30 cm vom Apparat entfernt aufgestellt, so daß durch die Kondensorlinse ihr reelles umgekehrtes Bild dicht vor dem Flüssigkeitsbehälter entsteht, was man mit Hilfe eines Papierschirms kontrollieren kann. Um an Lichtstärke zu gewinnen, kann man die Lampe nachträglich noch etwas näher an den Apparat rücken. Will man in unverdunkeltem Zimmer arbeiten, so stellt man einen großen schwarzen Schirm hinter die Lichtquelle, der verhindert, daß zu viel Streulicht in das Refraktometer gelangt. Dadurch wird der Kontrast zwischen Dunkel und Hell im Gesichtsfeld verschärft und die Einstellung auf die Grenze erleichtert.

Für die Messung genügt es prinzipiell, wenn die horizontale Prismenfläche eben mit der Meßflüssigkeit bedeckt ist. Es ist jedoch zu empfehlen, die Flüssigkeit so hoch einzufüllen, daß die Kugel des eingebauten Thermometers davon bedeckt ist, so daß gleichzeitig mit der Messung auch die Temperatur der Flüssigkeit abgelesen werden kann. Zur *Konstanthaltung der Temperatur* läßt sich ein hohler Metallmantel mit zwei Zuführungen, durch den Thermostatenwasser fließt, in die Meßflüssigkeit einführen.

Der Glasring für die Flüssigkeitsaufnahme löst sich gelegentlich vom Prisma ab und muß neu angekittet werden. Die Prismenoberfläche und der untere Rand des Ringes werden sorgfältig gereinigt. Dann wird der untere Zylinderrand sehr dünn mit einem geeigneten Kitt bestrichen und mit schwachem Druck auf das Prisma aufgepreßt. Man beschwert den Zylinder leicht und läßt den Kitt hart werden. Als Kitt für organische Flüssigkeiten sind z. B. Syndetikon oder Wasserglas-Talkum geeignet; für wäßrige Lösungen nimmt man z. B. Bienenwachs-Colophonium. Es ist wichtig, daß die Eintrittsstelle des streifend einfallenden Lichtes nicht durch überschüssigen oder verschmierten Kitt verunreinigt ist. Da keiner dieser Kitte auf die Dauer den verschiedenen Flüssigkeiten standhält, ist es wichtig, nach jeder Messung den Zylinder zu leeren und zu säubern. Man entfernt hierzu die Flüssigkeit mittels einer kleinen Pipette, spült mit einem reinen Lösungsmittel einige Male nach und saugt mit der Wasserstrahlpumpe trocken.

Zur eigentlichen *Messung* stellt man zunächst das Ablesefernrohr horizontal, so daß es in einer Geraden mit der oberen Prismenfläche, der Linse und der Lichtquelle liegt. Das Gesichtsfeld ist hier hell, weil das den Glasring durchsetzende und nicht in das Prisma gebrochene Licht in das Fernrohr eindringt. Dann dreht man das Fernrohr langsam abwärts, wobei das Gesichtsfeld dunkel wird. Bei weiterer Drehung erscheint die scharfe Grenze zwischen dem oberen dunklen und dem unteren hellen Bereich des Gesichtsfeldes (vgl. Abb. 7). Dreht

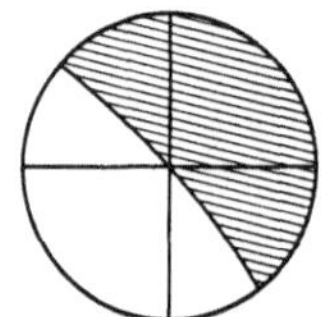

Abb. 7. Gesichtsfeld im Refraktometerfernrohr (aus WEIGERT).

man noch weiter, so gelangt man durch eine verwaschene Grenze hindurch wieder in ein dunkles Gebiet. Die Stellung, die dem Winkel der Totalreflexion entspricht, ist dann gegeben, wenn das Fadenkreuz im Fernrohr auf die scharfe Grenze eingestellt ist (Abb. 7). Der unterhalb des Winkels der Totalreflexion auftretende helle Bereich kann sich natürlich nur über einen bestimmten Winkelbereich erstrecken, der dem Öffnungswinkel des in das Gefäß eintretenden Strahlenbündels entspricht. Daher wird das Gesichtsfeld schließlich wieder dunkel, wenn das Fernrohr noch weiter nach unten gedreht wird. Der helle Bereich kann verkleinert und schließlich zu einem schmalen Streifen mit oben scharfer und unten verwaschener Grenze verengt werden, wenn man den Öffnungswinkel des Lichtbündels verringert. An dem Apparat ist zu diesem Zweck eine verstellbare Blende mit gezackten Rändern angebracht. Es ist auf diese Weise möglich, mit einer Lichtquelle zu messen, die mehrere Spektrallinien aussendet (z. B. einem Quecksilberbogen) und nacheinander die Winkelstellungen totaler Reflexion für die verschiedenen Wellenlängen der Spektrallinien festzustellen, d. h. die Dispersionskurve (Wellenlängenabhängigkeit des Brechungsindex) aufzunehmen. Man verengt die Blende zu diesem Zweck so lange, bis sich die verschiedenen farbigen Streifen nicht mehr überdecken, und liest für jeden Streifen die dem scharfen oberen Rand des Streifens entsprechende Winkelstellung ab. Das Fernrohr wird durch eine Feststellschraube arretiert, wenn die richtige Stellung erreicht ist. Mit Hilfe einer Mikrometerschraube kann dann die endgültige Einstellung noch verfeinert werden.

Auf dem Teilkreis lassen sich die ganzen und die halben Grade ablesen, der Nonius, der 29 halbe Grade in 30 Teile geteilt enthält, gibt die Minuten an. Für feine Differenzmessungen (z. B. zum Ausmessen der Dispersion) kann man bei arretiertem Fernrohr kleine Winkeldifferenzen durch Drehen der Mikrometerschraube messen. Eine Trommelumdrehung der Mikrometerschraube entspricht 20 Bogenminuten. Da die Trommel in 200 Teile geteilt ist, läßt sich die Winkeldifferenz auf 0,1 min genau feststellen. Der abgelesene Winkel entspricht dem Winkel e von Gl. (17) und Abb. 5. Der zugehörige Brechungsindex der Flüssigkeit wird entweder nach Gl. (17) berechnet, oder man liest ihn aus den beigegebenen Tabellen ab, wobei darauf zu achten ist, daß die Glassorte des Prismas auch wirklich derjenigen entspricht, die auf der Eichtabelle angegeben ist. Zu jeder Winkelablesung des Fernrohres gehört eine Ablesung der Temperatur (auf $^{1}/_{10}{}^{\circ}$ genau) an dem Thermometer, das sich in der Meßflüssigkeit befindet.

Zur Prüfung des *Nullpunktes* des Refraktometers beschickt man das Gläschen mit reinem Wasser und liest den Winkel ab. Aus der Eichtabelle oder mit Hilfe von Gl. (17) ermittelt man den Winkel, der dem Brechungsindex des Wassers entspricht, und vergleicht ihn mit dem gemessenen Winkel. Die Differenz wird bei allen Winkelablesungen als Korrektur angebracht (Vorzeichen beachten). Der Brechungsindex von Wasser gegen Luft für die Natriumlinie 589 mμ hat folgende Werte:

°C	15	18	20	22
n	1,333387	1,333158	1,332988	1,332803

Mit dem PULFRICH-Refraktometer ist auch eine *Untersuchung fester Stoffe* möglich. Die Methode beruht darauf, daß unregelmäßig geformte Körner eines durchsichtigen festen Stoffes, die in einer Flüssigkeit suspendiert sind, ein Lichtbündel nur dann geometrisch unverändert hindurchtreten lassen, wenn die Brechungsindices von Flüssigkeit und festem Stoff gleich groß sind. Die Flüssigkeit sieht dann vollkommen homogen aus. Sind dagegen die Brechungsindices nicht gleich groß, so wird das Licht an den Grenzflächen der Kryställchen verschieden stark abgebeugt, d. h. es wird zerstreut, und die Flüssigkeit sieht trübe aus[1].

Zur Messung des Brechungsindex eines festen Stoffes wird der Boden des Prismentroges mit dem Pulver bedeckt (das nicht doppelbrechend sein darf), und mit einem Gemisch zweier Flüssigkeiten von stark verschiedenem Brechungsindex verrührt. Der feste Stoff darf natürlich in den Flüssigkeiten praktisch nicht löslich sein. Haben Pulver und Flüssigkeit verschiedenen Brechungsindex, so kann man im Fernrohr die scharfe Trennungslinie Hell-Dunkel nicht erkennen. Durch tropfenweise Zugabe einer der beiden Flüssigkeiten wird unter Umrühren der Brechungsindex des Gemisches so lange geändert, bis die Trennlinie so scharf erscheint, daß man das Fadenkreuz auf sie einstellen kann. Der abgelesene Winkel entspricht dem Brechungsindex sowohl des festen Stoffes wie auch des Flüssigkeitsgemisches. Selbstverständlich muß der Brechungsindex des festen Stoffes zwischen demjenigen der beiden reinen Komponenten liegen. Als Flüssigkeiten mit hohem Brechungsindex kommen α-Bromnaphthalin, Schwefelkohlenstoff oder Methylenjodid in Frage, als solche mit niedrigem Brechungsindex Chloroform, Toluol, Benzol, Aceton oder Alkohol.

Wenn die zu untersuchende Probe nicht aus einem feinen Krystallpulver besteht, sondern aus größeren festen Stücken, so kann man die Mischung der beiden Einbettungsflüssigkeiten auch in einem größeren Behälter vornehmen. Man kontrolliert dann mit unbewaffnetem Auge, wann die Konturen der eingetauchten Probe verschwinden. Dann entnimmt man eine Probe des Flüssigkeitsgemisches und bestimmt seinen Brechungsindex. Diese Methode wurde z. B. zu Betriebskontrollmessungen bei Arbeiten in Glashütten ausgebaut[2].

2. ABBE-Refraktometer. Das Meßprinzip des ABBE-Refraktometers geht aus den Abb. 8 und 9 hervor. Es beruht ebenfalls auf der Messung des Winkels totaler Reflexion. Die zu untersuchende Flüssigkeit wird in dünner Schicht zwischen die Hypotenusen zweier aufeinandergelegter Prismen P von größerem Brechungsindex gebracht. Das Licht fällt entweder direkt oder durch den Beleuchtungsspiegel S reflektiert durch die Prismen und in das Fernrohr. Beim Drehen des Prismas wird der Winkel e verändert, unter dem das Lichtbündel auf die Grenzfläche Prisma-Flüssigkeit auftrifft bzw. unter dem es in dem zweiten Prisma weitergeleitet wird. Wenn der Grenzwinkel der totalen Reflexion überschritten wird, kann kein Licht mehr in die Flüssigkeit eintreten. Beim Drehen des Prismas erscheint daher im Ocular A eine Grenzlinie Hell-Dunkel, auf die das Fadenkreuz B eingestellt wird. Da das untere Prisma für den eigentlichen Meßvorgang

---

[1] Auf dieser Erscheinung beruhen die von CHRISTIANSEN entwickelten Farbfilter. Vgl. S. 335.
[2] FAIK, C. A., and B. FONOROFF: J. opt. Soc. Amer. **34**, 330 (1944).

keine Bedeutung hat, bezeichnet man es auch als Beleuchtungsprisma und das obere als Meßprisma. Die Stellung der Prismen wird bei älteren Instrumenten über den Hebel F mit Hilfe des Index E auf der Skala K angezeigt. Die Skala ist entweder empirisch direkt in Werten des Brechungsindex geeicht oder in willkürlichen Zahlenwerten, mit deren Hilfe aus einer Tabelle der Brechungsindex abgelesen wird.

Bei allen ABBE-Refraktometern wird mit weißem Licht gemessen. Das Licht wird infolge der wiederholten Brechung dispergiert, so daß man zunächst keine scharfe, sondern eine verwaschene farbige Grenzlinie beobachtet. Dieser Effekt wird durch einen sog. *Farbenkompensator* ausgeglichen (D und C in Abb. 8). Er besteht aus zwei sog. AMICI-Prismen (vgl. S. 360), die für Natriumlicht geradsichtig sind, d. h. Natriumlicht wird ohne Richtungsänderung durchgelassen, längerwelliges Licht wird nach der einen Seite abgebeugt, kurzwelliges nach der anderen. Die beiden AMICI-Prismen können nun so gegeneinander verdreht werden, daß alle Wellenlängen des Lichtes im Ocular wieder zusammenfallen und weißes Licht bilden. Man dreht also den Farbenkompensator mit Hilfe der Trommel T so lange, bis die Grenzlinie scharf wird, und die Farben verschwinden. Der abgelesene Brechungsindex entspricht dann immer demjenigen für die Natrium D-Linie. Es ist leicht einzusehen, daß die zum Farbenkompensator notwendige Drehung der AMICIschen Prismen gegeneinander von der Dispersion des Meßprismas und der Flüssigkeit abhängt. Da erstere konstant ist, kann man daher umgekehrt aus der Stellung des Farbenkompensators auf die Dispersion

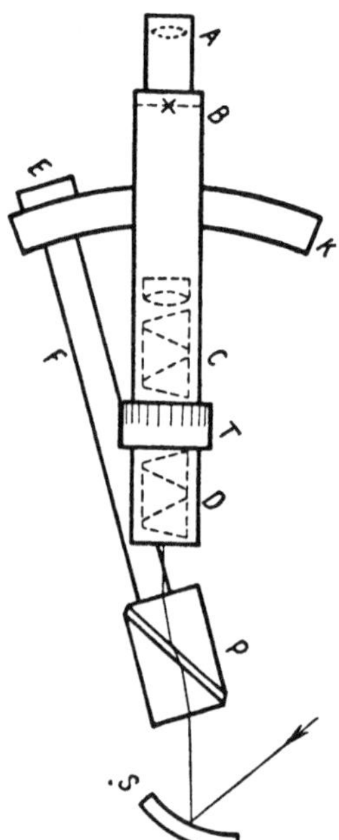

Abb. 8. ABBE-Refraktometer (schematisch) (aus KOHLRAUSCH).

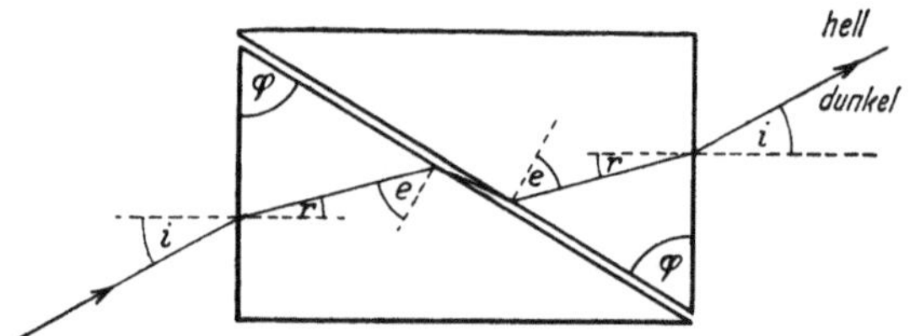

Abb. 9. Prismen des ABBE-Refraktometers mit Strahlengang (aus FAJANS-WÜST: Physikalisch-Chemisches Praktikum).

der Flüssigkeit schließen. Die Teilung der Trommel T gibt den Winkel an, den die beiden AMICI-Prismen gegeneinander bilden. Daraus und aus dem gemessenen Brechungsindex läßt sich mit Hilfe einer den Instrumenten beigegebenen Tabelle die *mittlere Dispersion* der Flüssigkeit ($n_F - n_C$) angeben. Dabei bedeuten n_F den Brechungsindex für die H_β-Linie von Wasserstoff bei 486 mμ, n_C den Brechungsindex für die H_α-Linie von Wasserstoff bei 656 mμ. $n_F - n_C$ bedeutet also die Abnahme des Brechungsindex zwischen 486 und 656 mμ (vgl. auch S. 445).

Die Meßflüssigkeit wird auf folgende Weise zwischen die beiden Prismen gebracht: Man legt das ganze Gerät um, so daß die Hypotenusenfläche der Prismen wieder horizontal liegt. Man schiebt dann das jetzt obenliegende Beleuchtungsprisma vorsichtig ab, bringt einen Tropfen Flüssigkeit auf das Meßprisma und setzt das Beleuchtungsprisma wieder auf.

Mit dem ABBE-Refraktometer lassen sich ebenfalls *feste Stoffe* genügend großer Ausdehnung untersuchen. Das Beleuchtungsprisma wird entfernt, und eine ebene polierte Fläche des festen Körpers mit einem Tropfen einer hochbrechenden Flüssigkeit auf die Hypotenuse des Meßprismas aufgesetzt. Der Körper soll eine zur Kontaktfläche ungefähr senkrecht verlaufende Fläche besitzen mit einer scharfen Kante zwischen beiden. Man läßt dann das Licht einer mattierten Lampe durch diese Fläche in Richtung auf die Hypotenusenfläche einfallen.

Zur Untersuchung von *undurchsichtigen Flüssigkeiten* oder von festen Stoffen, die keine geeignete Eintrittsfläche für das Licht besitzen, kann man statt im durchfallenden *im reflektierten Licht messen.* Das Licht fällt durch die längere Kathetenfläche des Meßprismas auf seine Hypotenuse. Ist der Winkel, unter dem es auf die Hypotenusenfläche fällt, größer als der Winkel der Totalreflexion (vgl. Abb. 9, Winkel *e*), so wird es vollständig reflektiert und gelangt in das Fernrohr. Ist der Winkel dagegen kleiner, so tritt es fast vollständig in die zu untersuchende Flüssigkeit bzw. die feste Substanz ein, und nur ein geringer Teil wird an der Grenzfläche reflektiert. Beim Drehen des Prismas erscheint daher im Ocular die Grenzlinie zwischen einem sehr hellen und einem nur schwach erleuchteten Gesichtsfeld. Man stellt wie vorher das Fadenkreuz auf die Grenzlinie ein. Wie man leicht einsieht, ist bei dieser Art der Messung die Reihenfolge der Felder Hell-Dunkel im Ocular umgekehrt wie bei der Messung im durchfallenden Licht.

Die *Meßgenauigkeit* ist beim ABBESCHEN Refraktometer etwas kleiner als beim PULFRICH-Refraktometer. Die Unsicherheit beträgt einige Einheiten der 4. Dezimale des Brechungsindex. Dafür besitzt das Gerät den großen Vorteil, daß nur minimale Mengen der Substanz gebraucht werden. Der Meßbereich liegt zwischen $n = 1,3$ und $1,7$. Wenn das ABBE-Refraktometer zur Untersuchung von stark sauren Lösungen verwendet werden soll, so empfiehlt es sich, die Prismenfassungen zu vergolden.

Eine der wesentlichen Fehlerquellen bei älteren Ausführungen ist die Unmöglichkeit, die Temperatur zu regulieren und konstant zu halten. Bei den neu entwickelten Geräten[1] ist diese Fehlerquelle dadurch ausgeschlossen, daß die Prismen in einem Gehäuse untergebracht sind, durch welches man Thermostatenwasser umlaufen lassen kann. Durch das Gehäuse werden gleichzeitig die Prismen vor Verletzungen geschützt. Messungen im reflektierten Licht lassen sich ebensogut durchführen wie bei den älteren offenen Modellen. Es sind bestimmte Öffnungen vorgesehen, durch welche das Licht anstatt durch das Beleuchtungsprisma direkt auf das Meßprisma fallen kann.

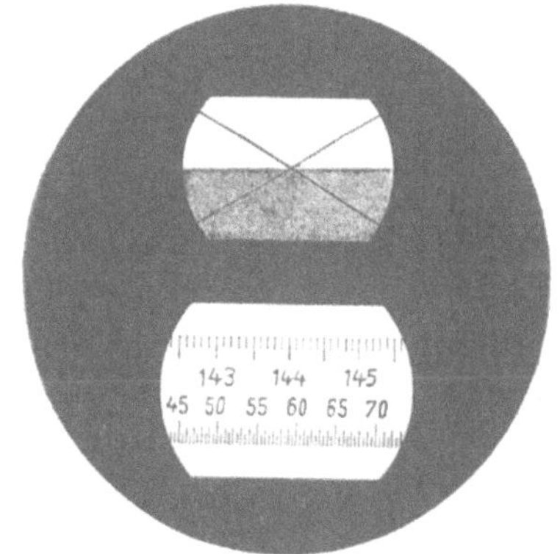

Abb. 10. Blick auf die Teilungen im Ablesemikroskop.

Die Meßskala ist bei beiden Neukonstruktionen nicht mehr außen angebracht, sondern sie besteht aus einem innen eingebauten Teilkreis aus Glas, der durchleuchtet wird. Beim neuen Refraktometer von Zeiß, Jena, wird die Skala in ein gesondertes Mikroskop projiziert, das neben dem Fernrohr zur Beobachtung des Grenzwinkels der Totalreflexion angebracht ist. Man kann so mit einiger Übung mit einem Auge das Fadenkreuz auf die Grenzlinie einstellen und mit dem andern Auge den Meßwert ablesen. Beim Refraktometer von Zeiß-Opton wird der Glasteilkreis in das Sehfeld des gleichen Oculars projiziert, mit dem die Grenzlinie der Totalreflexion beobachtet wird (vgl. Abb. 10). Man kann also auf die Grenzlinie einstellen und gleichzeitig den zugehörigen Brechungsindex ablesen. Als weitere Verbesserung des ABBE-Refraktometers in der modernen Ausführung von Zeiß-Opton ist die neue Anordnung der Prismen zu erwähnen. Die Hypotenuse des Meßprismas steht hier immer waagerecht. Zum Füllen und Reinigen wird einfach das Beleuchtungsprisma hochgeklappt; ein Umlegen des Instrumentes ist nicht mehr notwendig.

Beim *Hand-Zuckerrefraktometer*[2], das ein vereinfachtes Modell des ABBE-Refraktometers speziell zur Bestimmung des Zuckergehaltes von Lösungen darstellt, ist die ins Einstellocular projizierte Meßskala in Prozentwerte Trockensubstanz und in sog. „Grad Öchsle" eingeteilt. Auch mit diesem Instrument sind zur Untersuchung undurchsichtiger Flüssigkeiten Messungen im reflektierten Licht möglich. Der Meßbereich des Instrumentes umfaßt 0—80% Zuckergehalt.

Die Genauigkeit, die mit diesen neuen Instrumenten erreicht wird, beträgt ebenfalls 1—2 Einheiten der 4. Dezimale des Brechungsindex. Zur Eichung bzw. zur Kontrolle

---

[1] Zeiß, Jena und Zeiß-Opton, Oberkochen.

[2] Zeiß-Opton, Oberkochen.

der Meßskala werden Flüssigkeiten mit bekanntem Brechungsindex und ein Justier-
plättchen beigegeben. Wenn es notwendig ist, kann die Skala mit Hilfe einer Justier-
schraube berichtigt werden.

Ähnlich wie das Zeiß-Opton-ABBE-Refraktometer ist auch das *Chemiker-Refraktometer*
der Firma Fueß, Berlin, konstruiert, wie aus dem Schnitt der Abb. 11 hervorgeht. Es
ist ebenfalls mit dem Farbenkompensator ausgerüstet, die Grenzlinie und die Glasteilung
werden im gleichen Gesichtsfeld abgelesen.

Nach dem Prinzip des ABBE-Refraktometers sind auch die meisten Neukonstruktionen
des Auslandes ausgeführt[1], wie z. B. das „Precision Refractometer" von Bausch und
Lomb (Rochester, USA.), oder das „Standard Refractometer"
von Bellingham und Stanley, London.

Das *Eintauchrefraktometer*[2] ist aus dem ABBE-Refraktometer
hervorgegangen und ist zur Bestimmung des Brechungsindex von
Lösungen zum Zwecke von Konzentrationsbestimmungen gedacht,
weil es eine Meßgenauigkeit von einer Einheit der 5. Dezimale
erreicht. Einen schematischen Schnitt durch das Eintauchrefraktometer zeigt Abb. 12. Denkt man sich in Abb. 8 das obere Prisma P
mit dem Fernrohr AD verbunden, so entsteht ein Eintauchrefrakto-

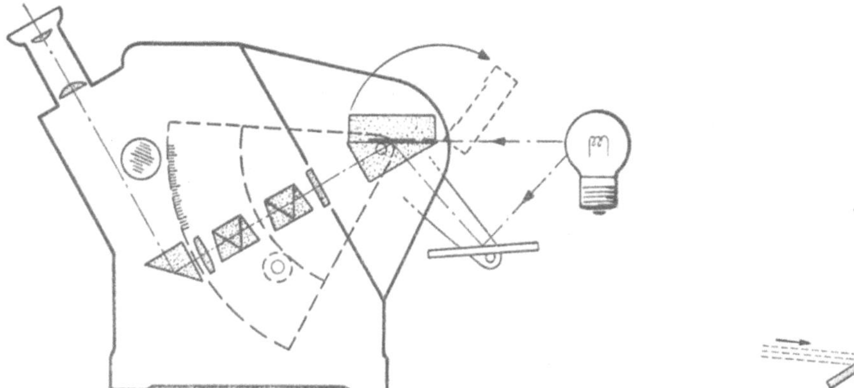

Abb. 11. Chemikerrefraktometer von Fueß (Vertikalschnitt) [aus F. LÖWE: Chemiker-
Zeitung 74, 395 (1950)].

Abb. 12. Eintauchrefraktometer (aus WEIGERT).

meter. Das untere Prisma, sowie die Skala mit Index und zugehörigem Arm fallen weg.
Auf einer durchsichtigen Glasplatte in der Brennebene befindet sich eine willkürliche
Skala *Sk*. Die Stelle der Skala, die von einem Lichtstrahl getroffen wird, hängt außer
vom Brechungsindex der Lösung noch von der Richtung ab, in der er auf die Hypotenusenfläche des Prismas aufgefallen ist. Dem streifenden Einfall entspricht eine bestimmte Richtung im Fernrohr; jenseits von dieser bleibt das Gesichtsfeld dunkel. Die
Auslöschungsgrenze selbst dient also als Index auf der Skala. Die Bruchteile der Skalenteile können mit Hilfe einer Mikrometerschraube bestimmt werden, durch die man die
Grenzlinie genau auf einen Skalenteil verschieben kann. Die den Skalenteilen entsprechenden Werte des Brechungsindex sind einer Tabelle zu entnehmen. Die Farben-
kompensation ist die gleiche wie beim ABBE-Refraktometer; man bestimmt also den
Brechungsindex für Natrium D-Licht. Für die streifende Beleuchtung läßt man das
Licht am besten mit Hilfe eines Spiegels von unten oder von der Seite in das Flüssigkeits-
gefäß eintreten.

Wenn man nur wenig Meßflüssigkeit zur Verfügung hat, so kann man die Hypotenusenfläche des Prismas mit einem 2. Prisma bedecken, so daß ein schmaler paralleler Zwischenraum bleibt, in den man einen Tropfen der Flüssigkeit bringt. Es entsteht so ein gewöhnliches ABBE-Refraktometer etwa von der Art des Hand-Zuckerrefraktometers.

---

[1] Vgl. die Zusammenstellung bei LÖWE, F.: Chem.-Ztg. 74, 393 (1950).
[2] Zeiß, Jena.

Die erreichbare hohe Meßgenauigkeit von einer Einheit der 5. Dezimale bedingt eine starke Fernrohrvergrößerung. Dadurch ist andererseits der Meßbereich sehr beschränkt. Man kann ihn dadurch erweitern, daß man das Prisma auswechselt. Insgesamt werden 10 Prismen mit verschiedenem Brechungsindex bzw. verschiedenem Prismenwinkel geliefert[1]. Daher ist die Skala auch nicht direkt in Werten des Brechungsindex geeicht, sondern in willkürlichen Einheiten, aus denen man mit Hilfe der dem betreffenden Prisma zugehörigen Tabelle den Brechungsindex abliest. Der Meßbereich für den Brechungsindex der zu untersuchenden Flüssigkeit reicht auf diese Weise von 1,324—1,647.

Die hohe Meßgenauigkeit wird natürlich nur ausgenützt, wenn auf gute Temperaturkonstanz geachtet wird, indem man z. B. den Behälter mit der Flüssigkeit in einen Thermostaten setzt. Auch die zur Untersuchung kleiner Flüssigkeitsmengen geeigneten Doppelprismen können mit einem Mantel zum Durchpumpen von Thermostatenwasser geliefert werden.

3. Jelley-Refraktometer. Im Gegensatz zu den bisher beschriebenen Refraktometern beruht das Meßprinzip des Jelley-Mikrorefraktometers[2] nicht auf der Bestimmung des Winkels der Totalreflexion. Seine Wirkungsweise ist in Abb. 13 schematisch dargestellt. Ein beleuchteter Spalt S wird durch eine kleine Öffnung O betrachtet. Vor dieser Einblicköffnung ist ein kleines, auf eine Planglasplatte gekittetes Glasprisma P mit zwei Klemmen so befestigt, daß seine brechende Kante horizontal und etwa in der Mitte der Öffnung liegt.

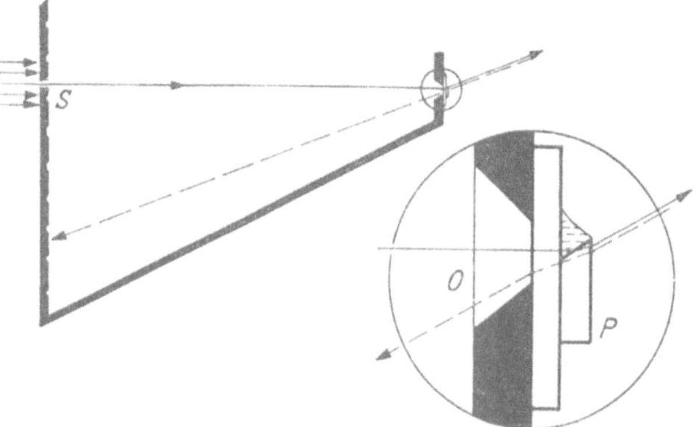

Abb. 13. Jelley-Refraktometer.

Von der zu untersuchenden Probe wird ein Tropfen in der Weise zwischen Prisma und Planplatte gebracht, wie es in Abb. 13 dargestellt ist. Wenn die Probe den gleichen Brechungsindex hat wie das Glas des Prismas, so wird das Lichtbündel nicht abgelenkt. Ist der Brechungsindex der Probe größer als der des Glases, so wird das Bündel nach oben, ist er kleiner, wird es nach unten abgelenkt. Für das Auge entsteht dann der Eindruck, als läge der Spalt S weiter unten, bzw. weiter oben, wie es in Abb. 13 durch die punktierte Linie angedeutet ist. Die Lage des scheinbaren Spaltbildes wird auf der Meßskala, die sich in der Ebene des Spaltes befindet, durch einen verschiebbaren Markierungsstrich fixiert. Man liest ab, indem man in Richtung des abgelenkten Strahles an dem Flüssigkeitsprisma vorbeisieht. Die Skala ist direkt in Werten des Brechungsindex geeicht. Der Stelle S entspricht der Brechungsindex des Prismenglases, nach oben werden die Brechungsindices kleiner, nach unten größer. Der *Meßbereich* liegt zwischen $n_D = 1,33$ und 1,92. Für die Messung wird der Spalt S von hinten mit einer Natriumlampe beleuchtet. Das Bild des Spaltes erscheint dann als scharf begrenzter gelber Strich. Wenn keine Natriumlampe zur Verfügung steht, kann man auch mit einer Glühlampe oder mit Tageslicht beleuchten. Statt des gelben Striches erscheint dann ein mehr oder weniger breites Spektrum. Um innerhalb dieses Spektrums die Lage der Natriumlinie festzulegen, wird hinter dem Spalt ein Spezialfilter eingeschaltet, das im wesentlichen das Licht in der Gegend der Natriumlinie absorbiert. Es entsteht daher an dieser Stelle im Spektrum ein schwarzer Strich, auf den man die Ablesung bezieht.

Wenn man den Spalt mit einer Lichtquelle beleuchtet, so kann man auch im unverdunkelten Raum messen. Nebenlicht wird mit Hilfe einer Blendschutzscheibe hinter der Skala abgeschirmt.

---

[1] Ein elftes, mit Z bezeichnetes Prisma wird speziell für Untersuchungen der Zuckerindustrie hergestellt. Es umfaßt einen Meßbereich vom Brechungsindex des Wassers bis zu demjenigen einer 1 m Zuckerlösung.   [2] Leitz, Wetzlar.

Zur Kontrolle des Instrumentes dienen zwei besondere mit W und T markierte Teilstriche der Skala. Wählt man als Probe destilliertes Wasser, so muß das scheinbare Spaltbild auf W liegen. Setzt man das Prisma ohne Flüssigkeit, aber umgekehrt, d. h. mit seiner brechenden Kante nach unten vor die Öffnung O, so muß das scheinbare Spaltbild auf T liegen.

Der Vorteil des Instrumentes liegt in dem einfachen Bau und dem geringen Substanzverbrauch. Die erreichbare Genauigkeit beträgt jedoch nur eine Einheit der 3. Dezimale.

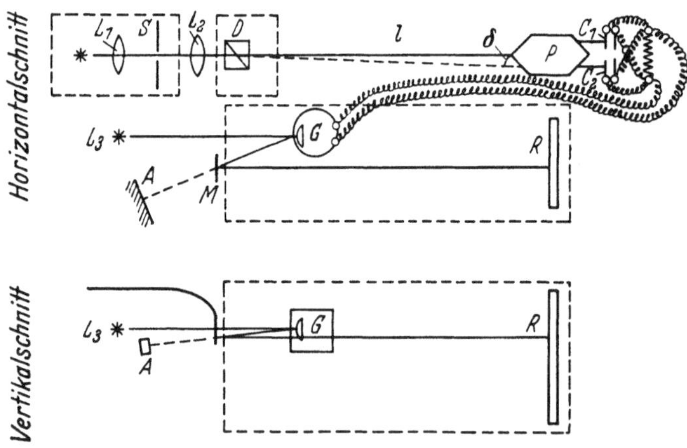

Abb. 14. Selbstregistrierendes Refraktometer nach CLAESSON (aus S. CLAESSON).

Außerdem ist es nicht möglich, mit dem Instrument die Dispersion des Brechungsindex zu bestimmen, da die Skala nur für Natriumlicht geeicht ist.

Nach ähnlichem Prinzip ist das „HILGER-CHANCE-*Precision-Refractometer*" (Watts and Son, London) konstruiert, es gewährleistet jedoch erheblich höhere Genauigkeiten infolge der Fernrohrablesung und ist dem ABBE-Refraktometer gleichwertig.

4. Lichtelektrische Refraktometer nach CLAESSON bzw. KARRER und ORR. Zur Registrierung des Ablenkungswinkels beim Eintritt eines Lichtbündels in ein Medium mit unbekanntem Brechungsindex können auch Photoelemente herangezogen werden. Als Beispiel sollen zwei Anordnungen beschrieben werden, die sich in der Praxis bewährt haben.

1. Das selbstregistrierende Refraktometer nach CLAESSON[1], wie es für chromatographische Analysen verwendet wird, ist in Abb. 14 schematisch dargestellt. Die eine Hälfte des Doppelprismas D ist mit der zu untersuchenden Lösung gefüllt, die andere mit reinem Lösungsmittel. Das durch das Prisma durchtretende Lichtbündel wird abgelenkt, und zwar ist die Ablenkung der Differenz der Brechungsindices in den beiden Prismenhälften proportional. Die Ablenkung ist sehr gering (etwa 0,01 mm bei 1 m Abstand) und wird auf folgende Weise verstärkt: Das Lichtbündel wird durch ein HÜFNER-Prisma P in zwei Teile zerlegt, die auf die Photoelemente C_1 und C_2 fallen. Die beiden Photoelemente werden über ein Galvanometer gegeneinandergeschaltet, so daß kein Strom fließt, wenn

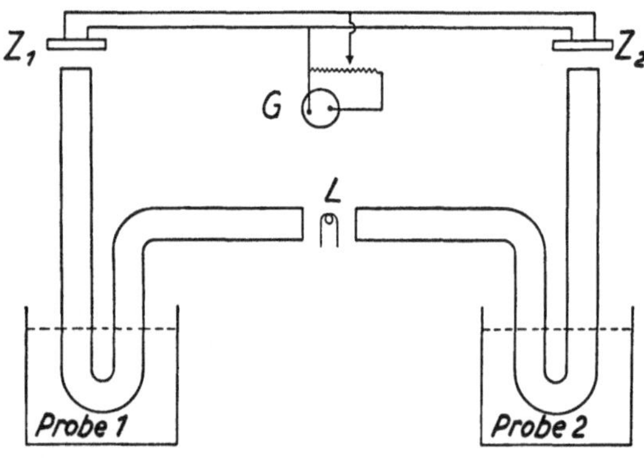

Abb. 15. Lichtelektrisches Refraktometer (aus LÖWE).

beide gleichmäßig beleuchtet werden, d. h. wenn das Lichtbündel nicht abgelenkt wird. Bei einer Änderung des Brechungsindex in der einen Prismenhälfte schlägt das Galvanometer aus, und zwar, wie angenommen wird, proportional dieser Änderung. Der Galvanometerspiegel wird durch die Lampe L_3 beleuchtet. Das vom Galvanometerspiegel und dem Spiegel M reflektierte Lichtbündel markiert den Ausschlag des Galvanometers auf dem Photopapier R in horizontaler Richtung.

Bei der chromatographischen Analyse handelt es sich darum, den Brechungsindex der ablaufenden Lösung laufend zu bestimmen. Man läßt die Lösung durch das Halbprisma laufen und sammelt sie in einer Flasche, die an einer Federwaage aufgehängt ist. Der

---

[1] CLAESSON, S.: Ann. N. Y. Acad. Sci. **49**, 195 (1948).

Spiegel M ist starr mit der Feder verbunden, so daß das Lichtbündel vertikal abgelenkt wird, wenn das Gewicht der durchgelaufenen Lösung zunimmt. Auf dem Photopapier R wird also die Änderung des Brechungsindex in Abhängigkeit von der Menge Lösung, die das Filter passiert hat, aufgezeichnet. Die Empfindlichkeit der Methode wird zu 2 Stellen in der 5. Dezimale von n angegeben, die Streuung der Meßwerte dürfte weitgehend von den Eigenschaften der Photoelemente abhängen, da es sich um eine einfache Ausschlagsmethode handelt (vgl. S. 364).

2. Die schematische Abb. 15 zeigt das lichtelektrische Refraktometer, wie es von KARRER und ORR[1] vorgeschlagen wird. Die Lichtquelle L strahlt nach beiden Seiten in je einen U-förmig gebogenen massiven Glasstab. Solange der Stab von Luft umgeben ist, wird das Licht durch vielfache Totalreflexion fast ohne Verlust zu den Photoelementen Z_1 und Z_2 geleitet. Taucht jedoch der Stab in eine Flüssigkeit, so wird ein Teil des Lichtes in die Flüssigkeit austreten, so daß das Photoelement weniger Licht erhält. Im Grenzfalle, wenn die Flüssigkeitsprobe den gleichen Brechungsindex besitzt wie der Glasstab, gelangt

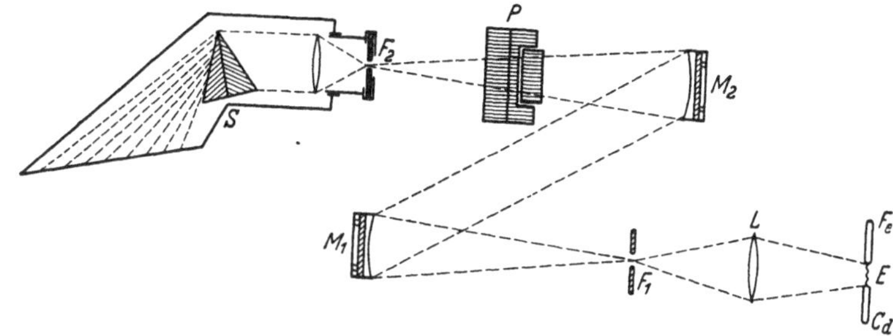

Abb. 16. Bestimmung des Brechungsindex im Ultraviolett nach HENRI; Grundriß (aus WEIGERT).

überhaupt kein Licht auf das Photoelement. Die beiden Photoelemente sind über ein Galvanometer gegeneinandergeschaltet. Man eicht das Instrument, indem man den Galvanometerausschlag gegen die Differenz der Brechungsindices der Proben 1 und 2 aufträgt, wobei für eine von beiden eine bekannte Flüssigkeit gewählt wird. Die erreichbare Meßgenauigkeit soll $\pm\, 2 \cdot 10^{-5}$ im Brechungsindex betragen; sie dürfte auch in diesem Fall durch die Eigenschaften der Photoelemente begrenzt sein, da es sich nicht um eine Nullmethode handelt. Die Methode ließe sich unter Benutzung eines Quarzstabes auch auf das Ultraviolett übertragen.

5. Messung im Ultraviolett. Zur Bestimmung von Brechungsindices im *ultravioletten Spektralbereich* lassen sich die käuflichen Apparate nicht verwenden, da sie auf visueller Beobachtung beruhen. Man verwendet hier am einfachsten eine photographische Methode, die sog. *Methode der gekreuzten Spektren.* Sie wurde zuerst von HENRI vorgeschlagen[2] und von HILGER, London, technisch ausgearbeitet. Das Prinzip geht aus den Abb. 16—18 hervor. Abb. 16 zeigt den Grundriß einer gewöhnlichen spektrographischen Anordnung. E bedeutet die Lichtquelle, M_1 und M_2 sind Hohlspiegel, welche die Lichtquelle auf dem Spektrographenspalt F_2 abbilden. P' ist das Dispersionsprisma des Spektrographen S. P ist ein Quarzhohlprisma, das mit der Meßflüssigkeit gefüllt wird. Seine Wirkungsweise ist aus der Abb. 17 zu ersehen, in der es von der Seite gesehen und vergrößert dargestellt ist. Die brechende Kante des Hohlprismas BAB' liegt horizontal. Die keilförmige dicke Quarzwand des Hohlprismas $AB'ED$ enthält eine halbzylinderförmige Mulde, in die ein drehbarer Halbzylinder aus Quarz eingesetzt ist. Wenn dieser Zylinder gerade steht ($\varphi = 0$), so erreicht das Lichtbündel ungebrochen die Flüssigkeitsoberfläche des Hohlzylinders. Dort wird es gebrochen, und es entsteht auf dem Spalt F_2 nicht wie üblich das Bild der Lichtquelle, sondern ein kleines senkrechtes Spektrum davon. Nach dieser ersten Beugung in vertikaler Richtung durch P wird das Licht im

---

[1] KARRER, E., and R. S. ORR: J. opt. Soc. Amer. **36**, 42 (1946).

[2] HENRI, V.: Études de Photochimie. Paris 1919. — Vgl. auch VOELLMY, H.: Z. physik. Chem. (A) **127**, 305 (1927).

Spektrographen durch das Prisma P' ein zweites Mal in horizontaler Richtung dispergiert. Man erhält daher auf der photographischen Platte nicht wie üblich ein horizontales, sondern ein entsprechend der Dispersion der Probeflüssigkeit geneigtes Spektrum. Die Verhältnisse sind in Abb. 18 veranschaulicht, in welcher die Anordnung von der Seite

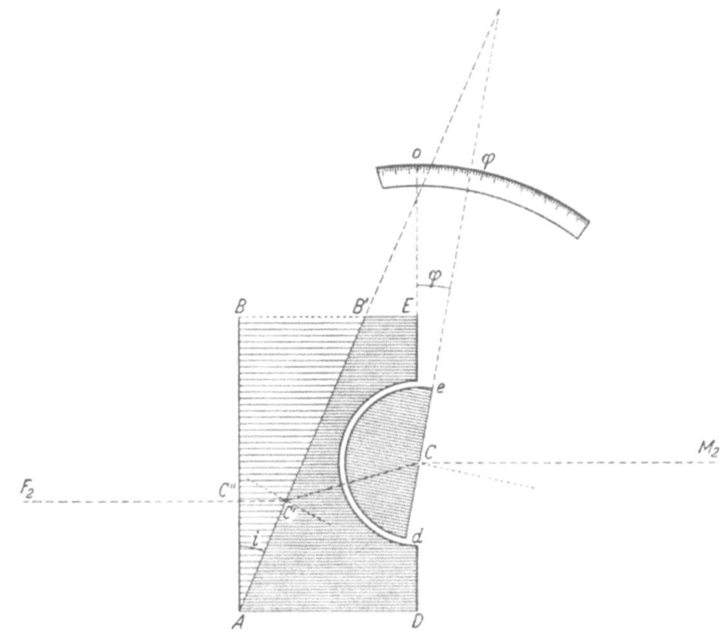

Abb. 17. Bestimmung des Brechungsindex im Ultraviolett nach HENRI; Halbprisma (aus WEIGERT).

her dargestellt ist. Dabei muß man sich vorstellen, daß das von P' dispergierte Strahlenbündel perspektivisch gezeichnet ist und aus der Papierebene nach vorne austritt. S bedeutet ein normales horizontales Spektrum, wie es in Abwesenheit von P entstünde, S' das durch die Wirkung von P geneigte Spektrum. In Wirklichkeit wird man nicht *ein* schiefes Spektrum erhalten, sondern *zwei* annähernd parallel zueinander laufende, da das Quarz-

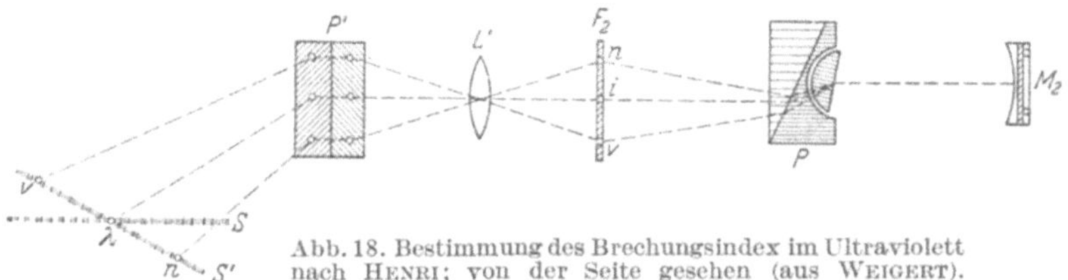

Abb. 18. Bestimmung des Brechungsindex im Ultraviolett nach HENRI; von der Seite gesehen (aus WEIGERT).

prisma doppelbrechend ist (die optische Achse des Quarzes ist parallel zur Kante des Prismas orientiert), und das Strahlenbündel in zwei Bündel von etwas verschiedener Ablenkung aufgespalten wird.

Die Dispersion des Spektrographenprismas bestimmt die horizontale Ausdehnung des Spektrums, die Dispersion der Meßflüssigkeit seine Neigung. Durch Drehen des Quarzhalbzylinders läßt sich die Ablenkung des Bündels an der Grenzfläche Quarz-Flüssigkeit kompensieren. Die Ablenkung an der Grenzfläche Luft-Quarz muß dann entgegengesetzt gleich sein. Die Stellung des Halbzylinders ist durch den Winkel φ definiert, der an einer Skala ablesbar ist. Für die Kompensation der Ablenkungen gilt folgende Bedingungsgleichung:

$$n_{\mathrm{Fl.}} \sin 30° = \sin \varphi \cos (30 - \varphi) + \sin (30 - \varphi) \sqrt{n_{\mathrm{Q}}^2 - \sin^2 \varphi}, \qquad (18)$$

wobei n_{Q} bzw. $n_{\mathrm{Fl.}}$ die Brechungsindices des Quarzes bzw. der Probeflüssigkeit bedeuten. Die Kompensationsstellung des Halbzylinders ist natürlich für jede Wellenlänge eine andere, entsprechend der Dispersion der Flüssigkeit. Man wird daher bei jeder Stellung des Halbzylinders geneigte Spektren S' auf der Platte erhalten; die Drehung des Halbzylinders bewirkt lediglich eine Vertikalverschiebung.

Man erhält die gesamte Dispersionskurve der Flüssigkeit, indem man zuerst ohne Zwischenschalten von P mit kurzem Spalt F_2 ein normales horizontales Spektrum S aufnimmt und dann unter Zwischenschalten von P, ohne Kassettenverschiebung mit langem Spalt F_2 bei verschiedenen Stellungen des Halbzylinders eine Reihe von geneigten Spektren S', welche das Spektrum S an verschiedenen Stellen schneiden (vgl. Abb. 19). Je zwei der schiefen Spektren entstehen durch eine einzige Aufnahme infolge der Doppelbrechung des Quarzhalbzylinders. Aus jedem Schnittpunkt läßt sich für die betreffende Wellenlänge der Brechungsindex der Flüssigkeit nach Gl. (18) berechnen, wobei für die beiden zusammengehörigen schiefen Spektren jeweils der ordentliche bzw. der außerordentliche Brechungsindex des Quarzes eingesetzt werden muß. Die Wellenlänge auf der photographischen Platte bestimmt man am besten, indem man ein bekanntes Linienspektrum (Eisenfunken, Eisenbogen usw.) mit aufnimmt (vgl. S. 331). Gelegentlich läßt sich bei den Spektrographen auch eine eingebaute Wellenlängenskala mit

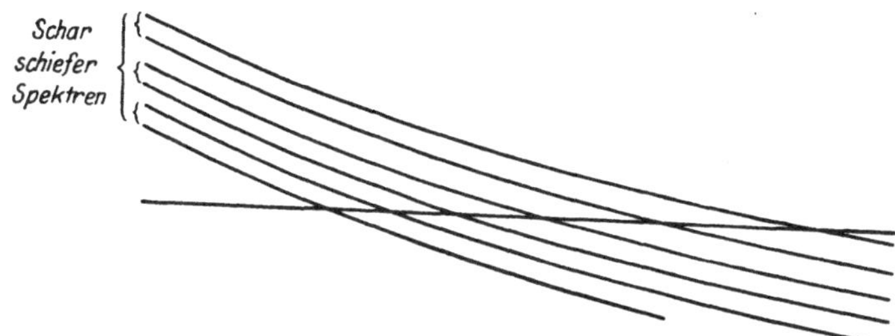

Abb. 19. Schar gekreuzter Spektren mit verschiedener Stellung des Quarzhalbzylinders (aus H. VOELLMY).

photographieren. Die Brechungsindices des Quarzes n_Q entnimmt man einem Tabellenwerk (z. B. LANDOLT-BÖRNSTEIN); sie beziehen sich auf den ordentlichen Strahl.

Die *Unsicherheit* des nach dieser Methode bestimmten Brechungsindex soll eine Einheit der 4. Dezimale betragen.

Eine lichtelektrische Anordnung, mit der Unterschiede des Brechungsindex auf einige Einheiten der 7. Dezimale genau bestimmt werden können, wurde von SCHULZ, BODMANN und CANTOW[1] entwickelt. Ein Lichtbündel durchsetzt ein mit der zu untersuchenden Flüssigkeit gefülltes, gleichseitiges Hohlprisma, das sich in einer mit Vergleichslösung gefüllten Cuvette befindet. Da die Neigung der Grenzfläche zwischen den beiden Flüssigkeiten für die beiden Hälften des Prismas verschieden ist, wird das Lichtbündel in zwei Teile aufgespalten. Das Bild eines im Lichtweg befindlichen Spaltes wird in zwei Bilder auseinandergezogen, und zwar ist der Bildabstand der Differenz der Brechungsindices proportional. Zufolge der Beugung an den Rändern sind die Spaltbilder unscharf. Durch Abtasten mit einer Photozelle (Multiplier) läßt sich jedoch die Lage der Bilder und damit ihr Abstand noch mit einer Genauigkeit bestimmen, die $^1/_{150}$ der Auflösungsgrenze der Spaltbilder entspricht.

γ) Skalenmethode zur Untersuchung von Diffusionsvorgängen[2].

Ein Lichtbündel, das in horizontaler Richtung (y-Richtung) in ein Medium eintritt, dessen Brechungsindex in vertikaler Richtung (x-Richtung) zu- oder abnimmt, verläuft in diesem Medium gekrümmt. Der Ablenkungswinkel δ, dem diese Krümmung entspricht, ist durch die Gleichung gegeben:

$$\delta = a \cdot \frac{dn}{dx}. \tag{19}$$

[1] SCHULZ, G. V., O. BODMANN u. H. J. CANTOW: Z. Naturforschg. **7a**, 760 (1952).

[2] Vgl. LAMM, O.: Handb. Kolloidwiss. (WO. OSTWALD) 7, Die Ultrazentrifuge. S. 226. Dresden, Leipzig 1940. Z. physik. Chem. (A) **138**, 313 (1928); **143**, 177 (1929). Nova Acta R. Soc. Sci., Upsal. **4**, 10 (1937). — TISELIUS, A.: Biochem. J. **31**, 313 (1937). — TISELIUS, A., and F. L. HORSFALL: J. exp. Med. **69**, 83 (1939). — TISELIUS, A., and E. A. KABAT: J. exp. Med. **69**, 119 (1939).

Dabei bedeutet a die in der y-Richtung durchlaufene Schichtdicke, dn/dx den Brechungsindexgradienten, d. h. die Änderung des Brechungsindex je Längeneinheit in der x-Richtung. Gl. (19) ist unter der Voraussetzung abgeleitet, daß der Brechungsindex in der y-Richtung konstant ist, daß also $dn/dy = 0$ ist. Da der Brechungsindex in erster Näherung der Konzentration proportional ist, kann man aus dem Ablenkungswinkel δ den Konzentrationsgradienten einer Lösung bestimmen. Ein wichtiges Anwendungsgebiet findet dieses Prinzip bei der Untersuchung von Diffusions- und ähnlichen Vorgängen, wie sie beim Arbeiten mit der Ultrazentrifuge oder mit Elektrophoreseapparaten auftreten. Prinzipiell kommen hierbei zwei Meßmethoden in Frage: 1. die *Skalenmethode* und 2. die *Spaltmethode*, die eigentlich eine Erweiterung der Töplerschen Schlierenmethode darstellt und dort behandelt wird (vgl. S. 462). Beide Methoden beruhen jedoch auf dem oben besprochenen Prinzip der Strahlenablenkung durch ein inhomogenes Medium. Über eine dritte (interferometrische) Methode zur Untersuchung von Diffusionsvorgängen vgl. S. 474.

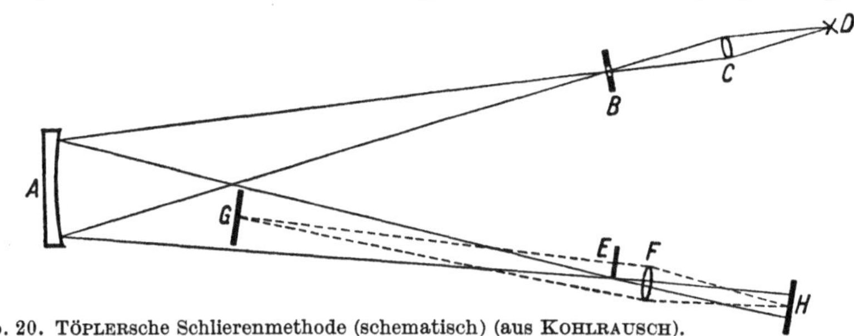

Abb. 20. Töplersche Schlierenmethode (schematisch) (aus Kohlrausch).

Bei der *Skalenmethode* wird eine transparente Skala durch die Diffusionsschicht hindurch photographiert, und zwar in der Weise, daß die Skala in der gleichen Richtung verläuft, wie der Konzentrationsgradient in der Diffusionsschicht. Der Konzentrationsgradient in dieser Schicht verursacht eine Deformation der projizierten Skala, und zwar ist die Verschiebung Z_1 der Skalenstriche dem Gradienten des Brechungsindex dn/dx bzw. der Konzentration dc/dx proportional.

Um die Verschiebung der Skalenstriche zu messen, photographiert man die Skala einmal durch eine homogene Flüssigkeit und dann durch die Diffusionsschicht hindurch, jedoch unter identischen Bedingungen hinsichtlich des übrigen Strahlenganges (planparalleler Platten usw.). Die beiden Bilder werden als Hauptaufnahme und Vergleichsaufnahme bezeichnet. Sie werden in einem Mikrokompensator auf etwa $1\,\mu$ genau ausgemessen. Die Lagedifferenz korrespondierender Linien auf beiden Photogrammen gibt die Verschiebung bis auf einen willkürlichen konstanten Betrag. Diese Verschiebungen werden in Abhängigkeit von der Höhe der Diffusionsschicht graphisch aufgetragen (s. auch S. 67f und 103ff).

δ) Töplersche Schlierenmethode.

Die S. 451 beschriebenen Methoden zur Bestimmung des Brechungsindex fester Stoffe beruhen darauf, daß man die betreffende Substanz in ein Medium einbettet, dessen Brechungsindex man dem der Substanz angleicht. Man kann diese Angleichung schon mit bloßem Auge verfolgen, denn solange die Brechungsindices von Substanz und Einbettungsflüssigkeit nicht gleich sind, sieht man die Konturen der festen Substanz, die bei weiterer Annäherung der Brechungsindices in kaum wahrnehmbare Schlieren übergehen, bevor sie bei völliger Angleichung ganz verschwinden. Solche Schlieren treten immer auf, wenn Licht durch ein Medium mit variablem Brechungsindex fällt; sie beruhen darauf, daß die einzelnen Lichtstrahlen unregelmäßig abgelenkt werden (vgl. auch S. 459). Bekannt ist z. B. das Auftreten solcher Schlieren bei örtlicher Erwärmung eines Gases, etwa über einer Flamme oder auch über dem Erdboden bei starker Sonnenbestrahlung. An diesen Stellen dehnt sich das Gas aus, und der Brechungsindex wird gegenüber demjenigen der Umgebung herabgesetzt.

Mit Hilfe der Schlierenmethode ist man in der Lage, kaum wahrnehmbare Inhomogenitäten des Brechungsindex und damit des betreffenden Mediums deutlich sichtbar zu machen. Das Verfahren läßt sich am einfachsten an Hand der Abb. 20 erklären[1], in der der Grundriß einer schematischen Versuchsanordnung dargestellt ist. Eine senkrechte Spaltblende B wird mittels einer Linse C von einer Lichtquelle D intensiv beleuchtet. Die Spaltblende B wirkt so als neue Lichtquelle, die durch den Hohlspiegel A bei E abgebildet wird. Der Querschnitt des Lichtbündels ist kurz hinter A noch rund, hat also die Form der Hohllinse, wird dann elliptisch und verengt sich gegen E zu dem länglichen Bild der Spaltblende. In noch größerer Entfernung wird der Querschnitt wieder elliptisch bis rund. Auf einem Schirm bei H sieht man also einen elliptischen bis runden hellen Fleck. Die Linse bei F bewirkt lediglich, daß das zu untersuchende Objekt bei G auf dem Schirm H scharf abgebildet wird (punktierter Strahlengang). Man deckt nun das Bild der Spaltblende bei E mit einer scharfkantigen einseitigen Blende (sog. Schlierenblende) von der Seite herkommend langsam ab (vgl. Abb. 20). Der Fleck auf dem Schirm

H wird dann dunkler und verschwindet schließlich ganz, wenn das Blendenlicht völlig abgedeckt ist. Man stellt auf mittlere Helligkeit ein, d. h. man blendet das Bild etwa zur Hälfte ab. Die Schlierenblende muß zu diesem Zweck mit Hilfe einer Mikrometerschraube sehr fein verstellbar sein.

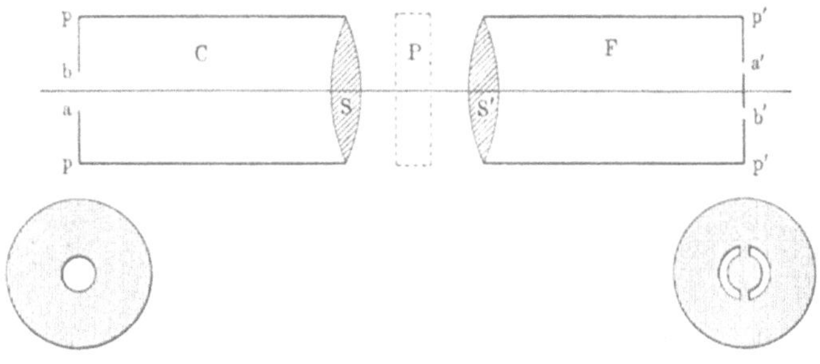

Wenn das zu untersuchende Objekt G nicht homogen ist,

Abb. 21. Schlierenbeobachtung nach Abbe (aus Müller-Pouillet: Lehrbuch der Physik II/2).

dann erscheinen auf dem halbabgedunkelten Schirm H die Inhomogenitäten in Form von Schlieren scharf abgebildet. Das kommt dadurch zustande, daß Strahlen, die sonst durch die Schlierenblende abgeblendet wurden, durch Beugung bei G an der Schlierenblende vorbeigelangen bzw. daß solche, die an sich noch vorbeigelangen müßten, durch Beugung bei G so abgelenkt werden, daß sie von der Blende abgeschirmt werden. Das Bild der Schlieren auf H wird also heller oder dunkler als der Untergrund sein, je nachdem der Brechungsindex der inhomogenen Stelle bei G kleiner oder größer ist als der der Umgebung. Je größer die Unterschiede des Brechungsindex sind, um so heller bzw. dunkler zeichnen sich die Schlieren ab. Die Größe der Unterschiede im Brechungsindex bestimmen also nun die *Intensität* der Schlieren; ihre *Form* ist durch die geometrische Verteilung der Inhomogenität bei G gegeben, die durch F auf H abgebildet wird. Die Anordnung der Spaltblende bei B und der Schlierenblende bei E (horizontal oder vertikal) soll sich nach der Richtung der Schlieren richten. Diese treten am deutlichsten hervor, wenn ihre Richtung mit derjenigen der Blende übereinstimmt. Außerdem soll der Abstand G—E möglichst groß sein, weil dann bereits eine kleine Strahlenablenkung durch die Schliere genügt, um die Strahlen noch bzw. nicht mehr an der Schlierenblende vorbeigelangen zu lassen. Man wird also möglichst langbrennweitige Hohlspiegel wählen und mit Abständen bis zu 10 m arbeiten, was eine besonders sorgfältige Justierung erfordert.

Anstatt der spaltförmigen Blenden können auch kreisförmige verwendet werden, wobei die Schlierenblende die Form eines kreisförmigen Ringes haben muß. In Abb. 21 ist eine solche Anordnung von Abbe dargestellt, wie sie leicht an jedem Spektroskop angebracht werden kann. Anstatt des Eintrittsspaltes wird bei $a\,b$ eine kreisförmige Blende eingesetzt, an Stelle des Austrittsspaltes $a'\,b'$ die ringförmige Blende, die so justiert sein muß, daß man durch sie hindurchblickend das Objektiv S' völlig dunkel

---

[1] Über ähnliche Anordnungen vgl. auch: Angerer, E. v., u. H. Ebert: Technische Kunstgriffe bei physikalischen Untersuchungen. 8. Aufl. S. 146. Braunschweig 1952.

sieht. Bringt man dann etwa eine schlierenhaltige Platte P zwischen die Objektive S und S', so werden die Schlieren sichtbar.

Außer zur Prüfung von Optik auf Schlierenfreiheit wird die TÖPLERsche Schlierenmethode vielfach zur Untersuchung von Gasreaktionen, z. B. von Explosionsvorgängen und Kettenreaktionen, angewendet. Als Beispiel sind in Abb. 22 die Normalaufnahme und zwei Schlierenaufnahmen eines Bunsenbrenners bei beginnender Turbulenz mit verschiedenen Belichtungszeiten und verschiedener Vergrößerung wiedergegeben[1].

Ein besonders ausgedehntes Anwendungsgebiet findet die Schlierenmethode bei der Beobachtung von *Diffusions- und Wanderungsvorgängen* (Überführungsmessungen, Sedimentationsvorgänge in der Ultrazentrifuge, Elektrophorese), und zwar in Form

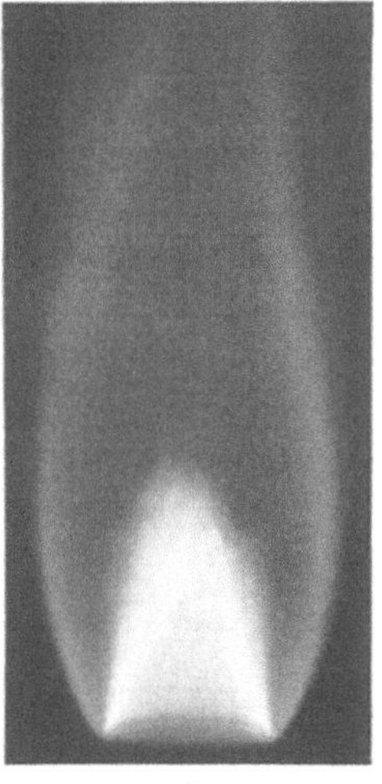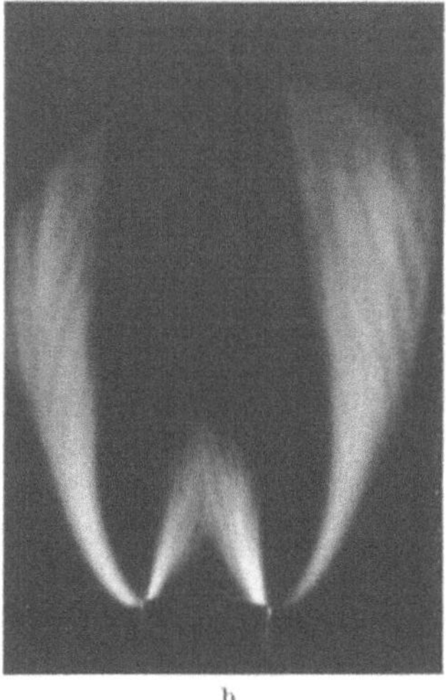

Abb. 22 a—c. Schlierenaufnahmen eines Bunsenbrenners bei beginnender Turbulenz. a Normalaufnahme im Eigenlicht; $^1/_5$ sec belichtet. b Schlierenaufnahme $^1/_{25}$ sec belichtet. c Schlierenaufnahme $^1/_{12}$ sec belichtet (aus W. JOST).

der Spaltmethode und deren Erweiterung, der Methode der gekreuzten Spalte (s. auch S. 68f. und 106f.).

TISELIUS[2] benützte als erster die Schlierenmethode zur photographischen Aufnahme von Elektrophoresediagrammen. Die Anordnung war im wesentlichen diejenige der Abb. 20, nur wurde statt des Hohlspiegels ein Linsenobjektiv verwendet. An den Stellen der im Felde wandernden Schicht, wo dn/dx bzw. dc/dx besonders groß ist, wird das Lichtbündel besonders stark abgelenkt, und es erscheint ein waagerechter Streifen auf der photographischen Platte, dessen Lage sich ausmessen läßt. Das Wandern der Schicht kann durch Wiederholung der Aufnahmen nach bestimmten Zeitabständen verfolgt werden. Sind mehrere Komponenten mit verschiedener Wanderungsgeschwindigkeit in der untersuchten Lösung, so trennen sich die den einzelnen Komponenten zugehörigen Streifen infolge ihrer verschiedenen Wanderungsgeschwindigkeit mit der Zeit immer deutlicher voneinander.

Wesentliche Verbesserungen der Schlierenmethode für Diffusionsuntersuchungen wurden von PHILPOT[3] und in ähnlicher Weise von LONGSWORTH[4] eingeführt. Das Ergebnis dieser Untersuchungen führte zur sog. *Methode der gekreuzten Spalte*, die von SVENSSON[5] entwickelt wurde, und die hier beschrieben werden soll[6]. Die Ergebnisse, die diese Methode liefert, können zwar nicht den gleichen Grad an Genauigkeit beanspruchen, wie diejenigen

[1] JOST, W.: Naturwiss. **39**, 418 (1952).

[2] TISELIUS, A.: Trans. Faraday Soc. **33**, 524 (1937). Kolloid-Z. **85**, 129 (1938).

[3] PHILPOT, J. ST. Z.: Nature 141, 283 (1938).

[4] LONGSWORTH, L. G.: Am. Soc. 61, 529 (1939). Industr. engng. Chem., analyt. Ed. 18, 219 (1946).

[5] SVENSSON, H.: Kolloid-Z. **87**, 181 (1939); **90**, 141 (1940).

[6] Die Firma Klett MFG Co. New York, N. Y., liefert eine Elektrophoreseapparatur, die nach Angaben von LONGSWORTH gebaut und auch für die Methode der gekreuzten Spalte eingerichtet ist.

der Skalenmethode (vgl. S. 460), die Methode ist aber geeignet, in verhältnismäßig kurzer Zeit und mit wenig Mühe einen Überblick über die Vorgänge z. B. in der Elektrophoresezelle zu gewinnen. Außerdem ist die Methode noch verbesserungsfähig (vgl. die Angaben am Schluß der Beschreibung).

Das Prinzip der Methode sei an Hand der Abb. 23 erläutert. A ist die Lichtquelle, B eine Kondensorlinse, die A auf dem horizontalen Spalt C abbildet, der seinerseits

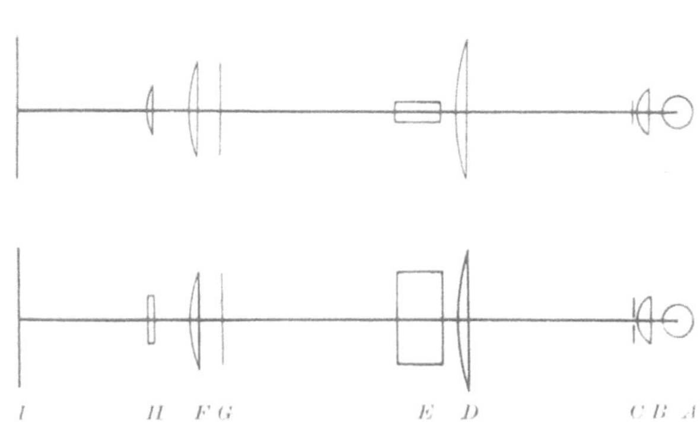

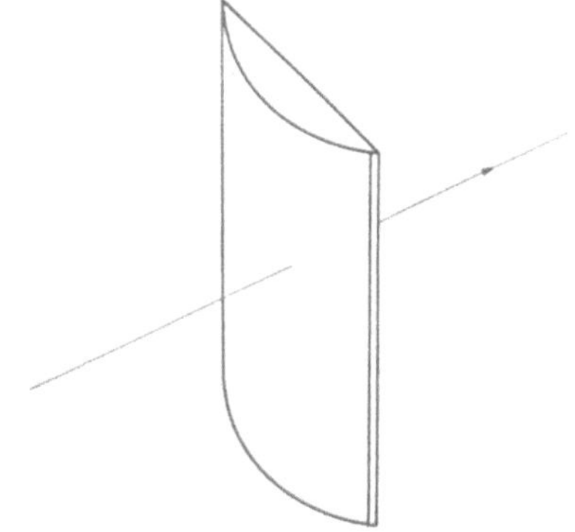

Abb. 23. Schema der Anordnung mit gekreuzten Spalten zur Untersuchung von Diffusionsvorgängen (aus H. Svensson). Oben Horizontalschnitt, unten Vertikalschnitt.

Abb. 24. Zylinderlinse mit senkrechter Achse.

durch die Schlierenlinse D auf die Schlierenblende G abgebildet wird. Die Schlierenblende G hat die Form eines Spaltes, der mit der Vertikalrichtung einen zwischen 0 und 90° einstellbaren Winkel bildet. H ist eine Zylinderlinse mit lotrechter Achse (vgl. Abb. 24), I die photographische Platte. F ist eine zusätzliche Linse. Die Zylinderlinse wirkt nur in horizontaler Richtung wie eine Linse, in vertikaler dagegen wie eine Platte. Daher sind die Focussierungen in der Vertikal- und in der Horizontalebene verschieden (vgl. Abb. 23). In der Horizontalebene ist die Zelle E nicht auf I focussiert, wohl aber der Spalt G, der durch die beiden Linsen F und H scharf auf der photographischen Platte abgebildet wird. In der Vertikalebene dagegen wird die Zelle durch die Linse F auf I focussiert. Auf I werden also horizontale Linien aus der Zelle, vertikale Linien aus dem Spalt G scharf abgebildet.

Wenn die Elektrophoresezelle mit einem homogenen Medium gefüllt ist, würde ohne den schrägen Spalt G und ohne die Zylinderlinse ein Bild der Zelle auf der Platte entstehen. Die Zylinderlinse bewirkt dann, daß dies Bild in vertikaler Richtung scharf bleibt, in horizontaler dagegen in die Breite verschwimmt. Da die Zylinderlinse jedoch den Spalt G in horizontaler Richtung scharf abbildet, und da der Spalt G nur an der einen

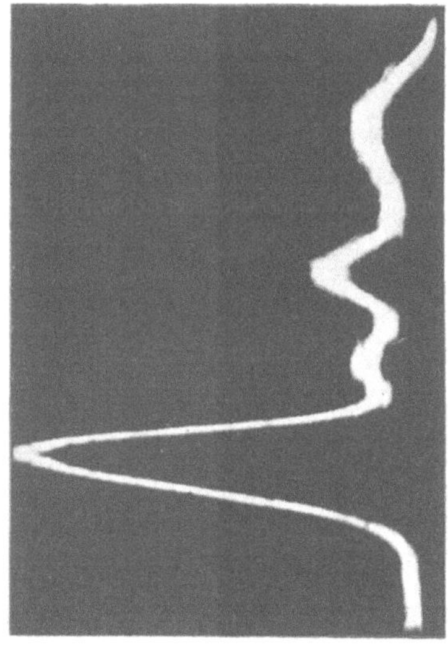

Abb. 25. Elektrophoresediagramm nach der Methode der gekreuzten Spalte (aus H. Svensson).

Stelle, an der er sich mit dem Bild des horizontalen Spaltes C schneidet, hell ist, wird das verbreiterte Bild der Zelle zu einer schmalen vertikalen Linie zusammengezogen.

Befinden sich in der Elektrophoresezelle jedoch Schichten mit variablem Brechungsindex, so wird durch diese Stellen das Bild des Spaltes C auf dem schrägen Spalt G nach unten bzw. oben verschoben, und zwar um so mehr, je größer dn/dx ist. Der Schnittpunkt des Spaltbildes von C mit dem Spalt G liegt also entsprechend weiter links, bzw. rechts, und ebenso verhält sich das Bild auf der photographischen Platte, das der betreffenden Stelle der Zelle entspricht. Es entsteht so ein Diagramm von der Art der Abb. 25 (s. auch S. 478). Die einzelnen seitlichen Maxima entsprechen den einzelnen Diffusionsschichten der verschiedenen Komponenten in vertikaler Richtung in der Zelle; die Höhe (seitliche Ausdehnung) dieser Maxima entspricht jeweils der Größe des Brechungsindexgradienten $dn/dx \cong dc/dx$ und ist ein Maß für die Konzentration der betreffenden Komponente, da bei höherer Konzentration auch ihre Änderung mit der Schichtdicke größer ist. Durch die schräge Anordnung des Spaltes Q wird also die vertikale Ablenkung des Lichtbündels durch die Zelle in eine horizontale Verschiebung des Bildes auf der Platte umgewandelt. In der Literatur sind solche Diagramme gewöhnlich um 90° gedreht wiedergegeben. Anstatt eines schrägen Spaltes kann man auch einen schrägen geradlinigen Draht anbringen. Man erhält dann ein dunkles Bild auf hellem Grunde. Die Schärfe der Kurven ist durch die Breite und Form der Spalte gegeben. Eine gewisse Unschärfe entsteht durch Beugungserscheinungen. Diese Erscheinung kann nach einer Methode, die auf dem Prinzip der Minimalstrahlkennzeichnung von WOLTERS beruht, behoben werden[1].

c) Interferometrie.

Die Interferenzerscheinungen beruhen auf der Wellennatur des Lichtes. Sie können auftreten, wenn zwei Lichtwellen von gleicher Schwingungszahl sich im gleichen Raumpunkt überlagern. Bei Phasengleichheit verstärken sie sich maximal, bei einer Phasendifferenz von einer halben Wellenlänge löschen sie sich gegenseitig aus. Voraussetzung für das Auftreten von Interferenz ist jedoch, daß die beiden Lichtwellen kohärent sind, d. h. sie müssen gleichzeitig von dem gleichen Punkt einer Lichtquelle ausgegangen sein, und sie müssen ihren Ursprung dem gleichen elementaren Ausstrahlungsakt verdanken. Die Länge der Wellenzüge, die einem solchen Ausstrahlungsvorgang entspringen, ist begrenzt; daher können zwei kohärente Wellenzüge auch nicht mehr interferieren, wenn der eine der beiden bis zu dem Punkt, an dem Interferenz stattfinden soll, einen Weg zurückzulegen hat, der um mehr als die Länge eines Wellenzuges größer ist, als der Weg des anderen. Die Interferenz ist also um so stärker, je weniger sich die beiden Wege unterscheiden.

Zwei kohärente Lichtwellen gleicher Frequenz werden, wenn sie nach gleichen Zeiten zur Interferenz kommen, sich gegenseitig verstärken. Wenn die beiden Wellen im Vakuum verlaufen, entsprechen den gleichen Zeiten auch gleiche Weglängen S_0. Dies ändert sich, wenn der eine Wellenzug in einem Medium mit dem Brechungsindex n verläuft. Er wird dann in der gleichen Zeit nur den Weg $S = \dfrac{S_0}{n}$ zurücklegen, wie sich unmittelbar aus der Gl. (1) ergibt. Für die Phase, in der sich eine Welle befindet, ist also nicht die geometrische Weglänge S, sondern die sog. *optische Weglänge*

$$n\,S = S_0 \tag{20}$$

maßgebend, wobei S_0 die geometrische Weglänge im Vakuum bedeutet. Das Ergebnis dieser Überlegung läßt sich so ausdrücken: In gleichen Zeiten durchläuft das Licht gleiche optische Weglängen. Da der Brechungsindex in die optische Weglänge eingeht, kann man bei Kenntnis der geometrischen Weglänge zweier kohärenter Wellenzüge aus der Art der Interferenz (Abschwächung oder Verstärkung) etwas über den Brechungsindex aussagen. Dieses Anwendungsgebiet der Interferometrie soll hier im wesentlichen besprochen werden.

α) Interferenz durch Beugung.

1. Meßprinzip. Bei den meisten gebräuchlichen Methoden macht man die Interferenz durch Beugung an zwei benachbarten Spalten sichtbar (RAYLEIGH-Methode), die von der gleichen monochromatischen Lichtquelle mit parallelem kohärenten Licht beleuchtet werden (vgl. Abb. 26). Nach dem HUYGENSschen Prinzip ist jeder Spalt Ausgangspunkt einer Kugelwelle. In Richtung 0 des auffallenden Lichtbündels haben alle Wellenzüge dieselbe Phase, sie verstärken sich deshalb maximal, und auf einem Schirm hinter den Spalten erscheint in Richtung 0 ein heller Streifen maximaler Intensität. In der

---

[1] ARMBRUSTER, O., W. KOSSEL u. K. STROHMAIER: Z. Naturforsch. 6a, 510 (1951).

Richtung A, die mit 0 den Winkel α bildet, haben die von den beiden Spalten ausgehenden Wellenzüge einen Gangunterschied von $d \sin \alpha$, wie unmittelbar aus Abb. 26 hervorgeht, wobei d den Abstand der Spalte bedeutet. Ist diese Gangdifferenz gleich einer halben Wellenlänge oder einem ungeraden Vielfachen davon, so erfolgt Auslöschung, und man beobachtet in der Richtung A einen dunklen Streifen; ist der Gangunterschied gleich einer ganzen Wellenlänge oder einem Vielfachen davon, so erfolgt maximale Verstärkung, und man beobachtet wieder einen hellen Streifen. Man erhält so eine Reihe von abwechselnd hellen und dunklen *Interferenzstreifen*, für die gilt

$$d \sin \alpha = z \frac{\lambda}{2} \quad \text{oder} \quad \sin \alpha = \frac{z \left(\frac{\lambda}{2} \right)}{d} . \tag{21}$$

z durchläuft die Reihe der ganzen Zahlen; für ungerade Werte von z tritt maximale Auslöschung, für gerade Werte von z maximale Verstärkung auf. Da die Spalte nicht unendlich schmal sind, überlagert sich dem durch beide Spalten erzeugten Interferenzbild noch das Interferenzbild, das von den einzelnen Punkten des gleichen Spaltes herrührt. Ein schematisches

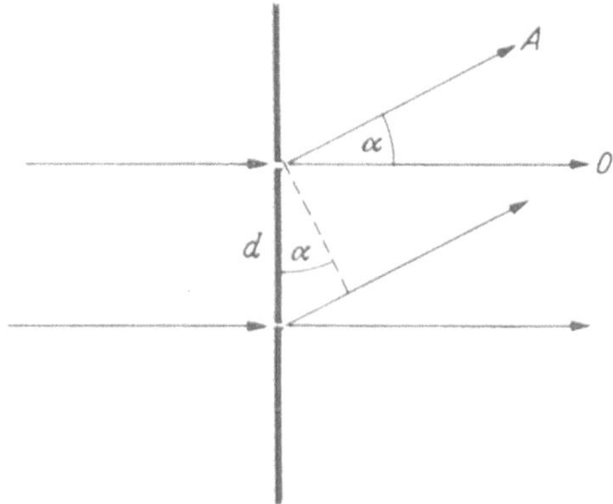

Abb. 26. Beugung an einem Doppelspalt.

Abb. 27.   Schematisches Interferenzbild eines Doppelspaltes.

matisches Interferenzbild eines solchen Doppelspaltes zeigt Abb. 27. Benutzt man nicht monochromatisches, sondern weißes Licht, so bleibt nur der dem ungebeugten Licht entsprechende Mittelstreifen weiß, die Beugungsstreifen erscheinen farbig, weil der Abstand der Interferenzstreifen für jede Wellenlänge ein anderer ist.

Eine Anordnung, wie sie für die gebräuchlichen Gas- und Flüssigkeitsinterferometer benutzt wird, zeigt die schematische Abb. 28. Das von einem beleuchteten Spalt kommende Lichtbündel wird durch eine Kollimatorlinse parallel gemacht und in einem Fernrohrobjektiv wieder zum Spaltbild vereinigt, das mit einem stark vergrößernden Ocular betrachtet wird. Wenn man die beiden Spaltblenden vor dem Objektiv einfügt, so werden aus dem Lichtbündel zwei schmale Strahlenbündel ausgesondert, und man erhält statt des Spaltbildes allein auch die entsprechenden Beugungsbilder gemäß Abb. 27. Bringt man jetzt in die Wege der beiden Strahlenbündel vor den Spalten zwei gleich lange Cuvetten ein, die mit zwei Medien (z. B. zwei Gasen) von verschiedenem Brechungsindex gefüllt sind, so sind die optischen Weglängen der beiden Strahlenbündel nicht mehr gleich, es tritt eine Phasenverschiebung und damit eine Verschiebung des Interferenzstreifensystems ein. Die Größe der Streifenverschiebung hängt von der Differenz der optischen Weglängen in den beiden Kammern ab. Jede Änderung dieser Differenz um eine Lichtwellenlänge entspricht einer Verschiebung um einen Streifenabstand. Es gilt also die Beziehung:

$$n_{0,1} L - n_{0,2} L = m\lambda = L (n_{0,1} - n_{0,2}). \tag{22}$$

Dabei bedeuten $n_{0,1}$ und $n_{0,2}$ die absoluten Brechungsindices der Cuvettenfüllungen, L die Länge der Cuvetten und m die Anzahl Interferenzstreifen, die an der ursprünglichen Mittellage vorbeigewandert sind, d. h. die Streifenverschiebung dividiert durch den Streifenabstand.

Die Streifenverschiebung ist besonders bei Verwendung von weißem Licht sehr auffallend, weil man direkt die Verschiebung des weißen Mittelstreifens beobachten kann. Nur das der gleichen optischen Weglänge entsprechende Spaltbild bleibt weiß. Der weiße Mittelstreifen erhält dabei allerdings unter Umständen einen farbigen Saum, und zwar um so mehr, je größer die Verschiebung ist. Dies wird nach Gl. (22) dann der Fall sein, wenn die Differenz der optischen Weglängen stark von der Wellenlänge des Lichtes abhängt, mit anderen Worten, wenn die *Dispersion* der beiden Medien sehr verschieden ist. Dann ist die Verschiebung der Streifen nicht für alle Farben gleich; der weiße Mittelstreifen erhält einen farbigen Saum, ist aber immerhin noch als weißer Streifen zu erkennen.

2. Meßverfahren. Die praktische Messung der Streifenverschiebung und damit des Brechungsindex soll an Hand von Abb. 28 erläutert werden, in der das *Gasinterferometer* nach HABER-LÖWE[1] im Grundriß und im Querschnitt schematisch dargestellt ist. Das aus dem Kollimator *Kl* kommende Strahlenbündel tritt durch zwei senkrechte Spalt-

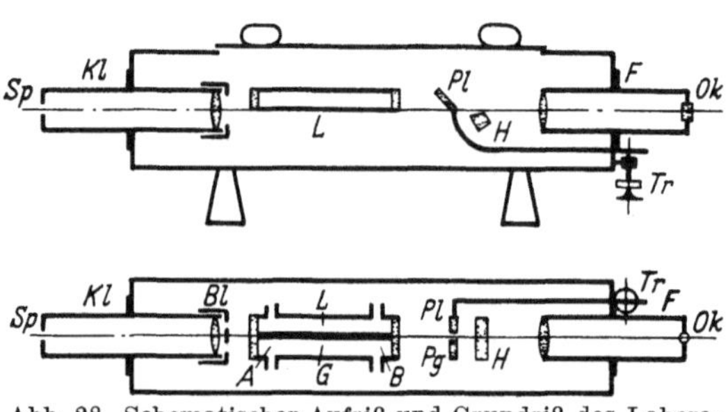

Abb. 28. Schematischer Aufriß und Grundriß des Laboratoriuminterferometers. *Sp* Spalt, *Kl* Kollimator, *Bl* Doppelblende, *L* Luftkammer, *G* Gaskammer, *Pl* drehbare Kompensatorplatte, *Pg* feste Kompensatorplatte, *H* Hilfsplatte, *F* Fernrohr, *Ok* Ocular, *Tr* Meßtrommel, *A* und *B* Gaszu- und -abführungsstutzen (aus HEILMEYER: Methoden der Fermentforschung von BAMANN und MYRBÄCK, 1941).

blenden *Bl* und teils durch die Doppelkammern *G* und *L* hindurch, teils über sie hinweg in das Fernrohr *F* ein. Das Bild des Spaltes und die ganze Reihe der Beugungsbilder werden durch eine als Ocular dienende Zylinderlinse beobachtet. Die Zylinderlinse bewirkt lediglich eine Vergrößerung in horizontaler Richtung, so daß die Interferometerstreifen auseinandergezogen werden. Die untere Wand der Doppelkammer ist als schwarze Trennungslinie zu sehen. Oberhalb davon hat das Licht die beiden Kammern gleicher Länge *G* und *L* passiert, unterhalb davon nur Luft.

Wenn die beiden Kammern ebenfalls mit Luft gefüllt sind, sieht man oberhalb und unterhalb der Trennungslinie zwei identische Streifensysteme. Ändert man die optische Weglänge in der einen Kammer *G* durch Einfüllung eines anderen Gases, so wird das obere Streifensystem gegenüber dem unteren, das als Einstellmarke dient, verschoben. Man mißt nun nicht diese Verschiebung, da dies etwas mühsam ist, sondern verändert den optischen Lichtweg des Strahlenbündels, welches durch die Kammer hindurchgeht, mit Hilfe eines geeichten Meßkompensators *Pl*, bis die Verschiebung wieder rückgängig gemacht ist.

Der *Meßkompensator Pl* besteht aus einer geneigten, planparallelen Glasplatte, deren Neigung durch eine Mikrometerschraube *Tr* über einen langen Hebelarm verändert werden kann. Eine stärkere Neigung der Platte bewirkt eine Verlängerung des Lichtweges in ihr und damit, weil das Glas einen verhältnismäßig hohen Brechungsindex besitzt, eine Vergrößerung der optischen Weglänge in diesem Teil des Lichtbündels. Die feststehenden Platten *H* und *Pg* dienen nur zum Ausgleich aller optischen Weglängen vor der eigentlichen Messung. Die Übertragung der Bewegung der Mikrometerschraube auf die Neigung der Platte ist sehr fein. Zur Kompensation der Streifenverschiebung bei 4 % CO_2 in der Kammer *G* gegen reine Luft in *L* sind 4 ganze Umdrehungen erforderlich, so daß die Verschiebung um einen Trommelteil des Kompensators einem Konzentrationsunterschied von etwa 0,01 % entspricht.

Während man bei der Refraktometrie den Einfalls- und Austrittswinkel beim Übergang eines Lichtbündels von einem Medium in ein anderes mißt und daraus nach Gl. (2) das Verhältnis der Brechungsindices dieser beiden Medien erhält, besteht das *Meßprinzip* der Interferometrie darin, daß man die Differenz der optischen Weglängen zweier

---

[1] C. Zeiß, Jena.

Medien gleicher Schichtdicke bestimmt und daraus nach Gl. (22) die Differenz der absoluten Brechungsindices der beiden Medien gleicher Schichtdicke erhält. Die Differenz $m\lambda$ der optischen Weglängen mißt man, indem man die Interferenzstreifenverschiebung durch Neigen der Kompensatorplatte rückgängig macht. Die Mikrometerschraube, mit der das geschieht, ist z. B. in Werten von $m\lambda$ oder $\dfrac{m\lambda}{L}$ geeicht.

Am besten läßt sich das beschriebene Prinzip der Bestimmung absoluter Brechungsindices an Hand eines Beispiels erläutern: Beim Ersatz der Luft in der Kammer G durch ein Gas mit unbekanntem Brechungsindex soll bei Beleuchtung mit Natrium D-Licht eine Interferenzstreifenverschiebung stattfinden, die durch 400 Trommelteile, d. h. 4 Umdrehungen der Mikrometerschraube wieder rückgängig gemacht wird. Die Länge der Gaskammern soll 1 m betragen. Aus der Eichtabelle liest man ab, daß 400 Trommelteile des Kompensators bei Natriumlicht einer Verschiebung des Interferenzbildes $m\lambda$ um 10 Streifen $= 10 \cdot \lambda_{NaD} = 10 \cdot 5{,}893 \cdot 10^{-5}$ cm entsprechen.

In Gl. (22) eingesetzt ergibt dies:

$$(n_{0\,x} - n_{0\,\text{Luft}})\ 100\ \text{cm} = 10 \cdot 5{,}893 \cdot 10^{-5}\ \text{cm}$$

oder

$$n_{0\,x} - n_{0\,\text{Luft}} = 5{,}893 \cdot 10^{-6}.$$

n_{Luft} beträgt bei $p = 760$ mm und $t = 0°$ C für die D-Linie 1,000 2919. Zur Umrechnung auf verschiedenen Druck und verschiedene Temperatur gilt für Gase die Gleichung

$$n_{(p,\,t)} - 1 = \frac{(n_{0\,0} - 1)\,p}{(1 + \alpha\,t)\,760} \qquad (\alpha = 0{,}00367), \tag{23}$$

wobei $n_{0\,0}$ den Brechungsindex für 760 mm Druck und $t = 0°$ C, also für Normalbedingungen, bedeutet.

Wurde die Messung bei 18° C und einem Druck von 740 mm vorgenommen, so berechnet sich der Brechungsindex der Luft für diese Bedingungen nach Gl. (23) zu

$$n_{0\,\text{Luft}} - 1 = 0{,}000\,2919\,\frac{740}{760} \cdot \frac{291{,}2}{273{,}2}$$

$$n_{0\,\text{Luft}} = 1{,}000\,3029.$$

Unter den Meßbedingungen 18° C und 740 mm Hg ist also $n_{0\,x} = 1{,}000\,3088$. Auf das Vorzeichen von m und damit von $n_{0\,x} - n_{0\,\text{Luft}}$ ist natürlich besonders zu achten.

Im allgemeinen werden interferometrische Messungen nicht zur Bestimmung von Absolutwerten der Brechungsindices verwendet, sondern gerade ihrer hohen Empfindlichkeit wegen zu *Relativmessungen*, d. h. im wesentlichen für *analytische Aufgaben*. Man wird dann den Kompensator statt in Differenzen der optischen Länge direkt in Gehalten (prozentualen oder molaren) der zu bestimmenden Substanzen eichen. Will man z. B. das Mischungsverhältnis von Gasen bestimmen, so verläuft die empirische Eichkurve meist linear mit der Konzentration[1]. Wenn man in der Vergleichskammer L ein Medium mit ungefähr gleichem Brechungsindex hat, wie ihn das zu untersuchende Medium in der Kammer G besitzt (z. B. zwei Gase desselben Druckes), so sind Druck und Temperaturabhängigkeit nach Gl. (23) für beide etwa gleich groß und fallen in der Differenz der Brechungsindices, die die eigentliche Meßgröße darstellt, heraus. Es ist dann trotz der hohen relativen Genauigkeit nicht notwendig, z. B. die Temperatur sehr genau konstant zu halten.

Für die *absolute Eichung des Kompensators* in Einheiten von $m\lambda$ oder von $\dfrac{m\lambda}{L}$ verwendet man nur monochromatisches Licht. Man dreht die Trommel langsam um eine bestimmte Anzahl Trommelteile und zählt dabei die Zahl m der Streifen ab, die an der feststehenden Streifenmarke vorbeiwandern. Den Bruchteil eines Streifenabstandes

---

[1] Über solche Eichungen vgl. z. B. BERL, E., u. K. ANDRESS: Z. angew. Chem. **34**, 370 (1921).

mißt man unter Ausnutzung der Mikrometerschraube. Die Meßtrommel muß über ihren gesamten Bereich geeicht werden, da die Änderung der optischen Weglänge der Trommelverschiebung nicht proportional ist. Die Größe [$m\lambda$/Anzahl Trommelteile] wird von der Wellenlänge des verwendeten Lichtes abhängen, da sie durch die optische Länge und damit durch den Brechungsindex der zur Kompensation verwendeten Glasplatte gegeben ist, und da der Brechungsindex von Glas ja eine beträchtliche Wellenlängenabhängigkeit aufweist.

Vielfach wird für interferometrische Messungen weißes Licht benützt. Es wurde bereits darauf hingewiesen, daß bei einer Verschiebung der Interferenzstreifen aus der Mittellage der weiße Mittelstreifen einen farbigen Saum erhält, weil die gleiche optische Weglänge nicht mehr für alle Farben übereinstimmt, wenn sich in dem einen Lichtweg ein Medium mit anderer Dispersion befindet als im anderen. Aus dem gleichen Grund

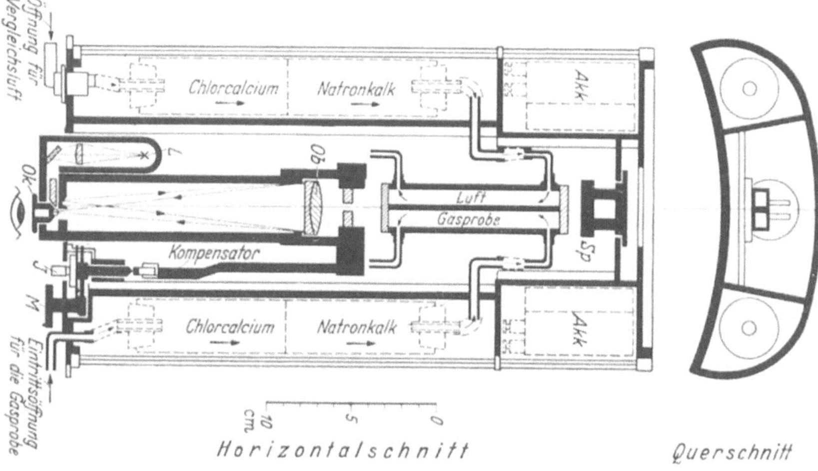

Abb. 29. Tragbares Interferometer (aus WEIGERT).

ist auch die Eichung des Kompensators wellenlängenabhängig. Wenn nun die Streifenverschiebung mit Hilfe des Kompensators rückgängig gemacht worden ist, so sind zwar die optischen Weglängen für beide Lichtbündel wieder gleich, aber die Einstellung braucht nicht für alle Wellenlängen übereinstimmen, weil die optischen Wege durch verschiedene Medien verlaufen. Nur wenn die Dispersion der Kompensatorplatte und die des untersuchten Gases zufällig übereinstimmen, wird man nach der Kompensation wieder einen rein weißen Mittelstreifen erhalten. Andernfalls bleiben mehr oder weniger farbige Ränder bestehen, die eine genaue Einstellung auf das obere Vergleichsstreifensystem erschweren.

Wenn man daher mit weißem Licht messen will, muß man sich vergewissern, ob nicht farbige Ränder die Einstellung innerhalb der gewünschten Meßgenauigkeit verhindern. Ist dies nicht der Fall, so bestehen keine Bedenken für die Verwendung von weißem Licht. Man muß aber trotzdem die Eichung des Kompensators mit monochromatischem Licht vornehmen, und zwar mit Licht der gleichen Wellenlänge für die man die Meßwerte der zu untersuchenden Substanz zu haben wünscht.

Wenn farbige Ränder die gewünschte Einstellung stören, so müssen nicht nur die Eichung, sondern auch die Messung mit monochromatischem Licht durchgeführt werden. Man bedient sich dann des weißen Lichtes nur, um die Interferenzstreifenverschiebung ungefähr mit der Trommel zu kompensieren, da dies mit monochromatischem Licht schwierig ist, weil man oben und unten lediglich ein System heller und dunkler äquidistanter Streifen hat, und der Mittelstreifen gleicher optischer Länge sich nicht besonders hervorhebt. Zur genauen Einstellung schaltet man dann auf monochromatische Beleuchtung um. Zu diesem Zweck stellt man die monochromatische Lichtquelle seitlich auf und reflektiert ihr Licht mit Hilfe eines in den Strahlengang eingeführten Spiegels oder rechtwinkligen Prismas in die optische Achse des Instrumentes.

Das in Abb. 28 dargestellte Gasinterferometer wird mit Kammern von 1 und 2 m Länge ausgeführt. Für spezielle Zwecke, z. B. für die Analyse der Grubenluft in Bergwerken, werden auch kleinere *tragbare Interferometer* hergestellt[1], bei denen die Kammern nur eine Länge von 10 cm haben. Einen schematischen Quer- und Horizontalschnitt zeigt Abb. 29. Durch Autokollimation und Reflexion an dem Spiegel *Sp*, der auch die Spaltblenden trägt, wird erreicht, daß die Strahlung die Kammern zweimal passiert, so daß die wirksame Schichtdicke 20 cm beträgt. Das Instrument ist mit Akkumulatoren zur Speisung der Beleuchtungslampe, sowie mit Absorptions- und Trockenkammern für die Luft und das zu untersuchende Gas ausgestattet.

Ein *kombiniertes Gas- und Flüssigkeitsinterferometer*[1] ist wohl für Laboratoriumszwecke das am vielseitigsten verwendbare Instrument. Es ist mit auswechselbaren Kammern von 0,5—25 cm Länge versehen. Falls nur sehr geringe Flüssigkeitsmengen zur Verfügung stehen, kann in die 5 mm-Kammer ein Füllstück von 4 mm eingesetzt werden, so daß die Flüssigkeitsschicht selbst nur 1 mm beträgt. Zur Untersuchung von sauren Dämpfen oder Flüssigkeiten können verschmolzene Glaskammern verschiedener Dicke eingesetzt werden.

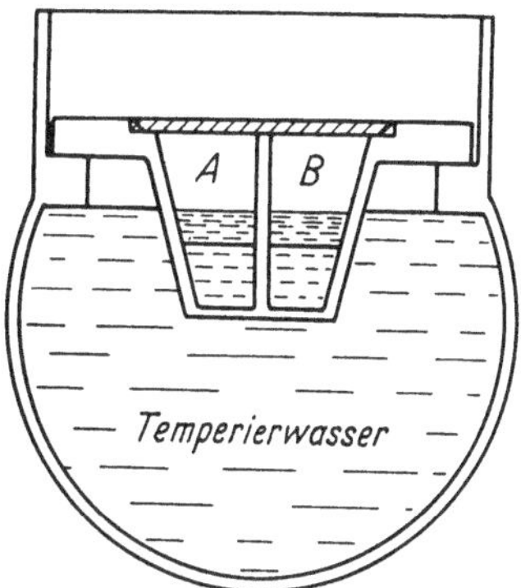

Abb. 30. Temperiertrog für die Kammern des Flüssigkeitsinterferometers (aus WEIGERT).

Bei der Messung von Flüssigkeiten ist es notwendig, die Temperatur sehr konstant zu halten, da die Temperaturabhängigkeit des Brechungsindex von Flüssigkeit und Vergleichsflüssigkeit im allgemeinen nicht gleich ist und sich daher bei der Differenzbildung $(n_{0,1}-n_{0,2})$ nicht heraushebt. Die Kammern werden daher in einen mit Wasser gefüllten Temperiertrog eingesetzt (Abb. 30). Die Strahlenbündel für die feststehende Streifenmarke treten unter den Kammern durch das Wasser. Gewöhnlich ist der Temperaturausgleich nach wenigen Minuten erreicht. Geringe lokale Temperaturschwankungen sind an einer Krümmung und Verbiegung der Interferometerstreifen zu erkennen, deren Verschwinden man vor der Messung abwarten muß (Abb. 31). Der Temperaturausgleich wird beschleunigt, wenn man statt der Glaskammern Metallkammern mit aufgekitteten Verschlußplatten benützt. Es werden zu diesem Zweck vergoldete Kammern geliefert. Nur für stark ätzende Flüssigkeiten sind verschmolzene Glaskammern unvermeidbar.

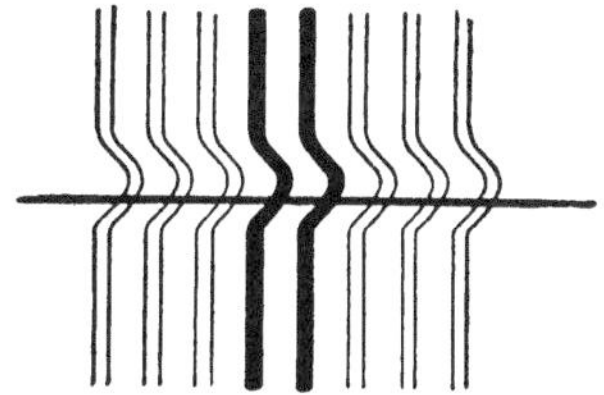

Abb. 31. Verbiegung der Interferenzstreifen bei mangelndem Temperaturausgleich zwischen den Flüssigkeitskammern (aus WEIGERT).

Bei der Analyse nichtwäßriger Flüssigkeiten müssen besondere Vorsichtsmaßnahmen eingehalten werden[2]. Es sollen nur verschmolzene Tröge verwendet werden, ferner muß auf besonders gute Temperaturkonstanz geachtet werden (Einbau des ganzen Interferometers in einen Wasserthermostaten). Wasser eignet sich nicht als eigentliche Temperierflüssigkeit, da dann eine kleine Abweichung von der Planparallelität der Kammerverschlußplatten bereits genügt, um die Interferenzstreifen aus dem Gesichtsfeld abzulenken. Statt dessen wird Tetrachloräthan empfohlen. Die Lösungsmittel und die Kammern müssen sorgfältig getrocknet werden, da ein kleiner Wassergehalt der Lösungsmittel bereits eine erhebliche Änderung des Brechungsindex verursachen kann.

Das beschriebene kombinierte Interferometer wird auch mit 3 nebeneinander liegenden Kammern geliefert. Durch Schlittenverschiebung gelangen entweder Kammer 1 und 2 oder 2 und 3 zusammen zur Messung. Die Anordnung wird besonders für Stoffwechseluntersuchungen verwendet[3]. Die erste Kammer wird mit getrockneter ausgeatmeter Luft gefüllt, die zweite mit getrockneter ausgeatmeter Luft, bei der das CO_2 durch ein

---

[1] Zeiß, Jena.

[2] Vgl. z. B. COHEN, E., u. H. R. BRUINS: Proc. K. Akad. Wet. Amsterdam **24**, Nr. 1, 2, 3 (1921).

[3] Vgl. LÖWE, F.: Optische Messungen des Chemikers und des Mediziners. 5. Aufl. S. 268. Dresden, Leipzig 1949. — KINDER, W.: Kli. Wo. **1939 II**, 1623. Zeiss-Nachr. (3) 189—238 (1940).

Absorptionsrohr mit Natronkalk entfernt worden ist, die dritte mit getrockneter Zimmerluft, aus der CO_2 auf gleiche Weise entfernt ist. Aus dem interferometrischen Vergleich der Kammern 1 und 2 ergibt sich der CO_2-Gehalt der Atemluft, aus dem Vergleich der Kammern 2 und 3 wird der Sauerstoffverbrauch bei der Atmung berechnet.

Stark absorbierende Flüssigkeiten lassen sich interferometrisch schlecht untersuchen, weil die seitlichen Interferometerstreifen sich in ihrem Aussehen nicht vom Mittelstreifen unterscheiden, und man somit bei der Kompensation nicht mit Sicherheit erkennt, auf welchen Streifen man einstellen muß. Nur bei Lösungen, welche ein ziemlich breites Spektralgebiet oder mehrere durchlassen, entsteht wenigstens für die Streifen höherer Ordnung eine abweichende Färbung. Man kann die Sicherheit der Einstellung erhöhen, wenn man sie einmal mit einem roten und dann noch einmal mit einem blaugrünen Filter vor dem Auge vornimmt. Nur der Mittelstreifen verschiebt sich dabei nicht.

Bei allen interferometrischen Messungen ist es wichtig, daß nur völlig schlierenfreie Optik (Linsen, Verschlußplatten usw.) verwendet wird.

β) Interferenz durch Mehrfachreflexion.

Die beschriebenen Interferometer, bei denen die Interferenz durch Beugung an zwei benachbarten Spalten zustande kommt, eignen sich nicht, wenn sich die zu untersuchenden Gase oder Flüssigkeiten in umfangreichen Apparaturen befinden und nicht in dem engen Raum untergebracht werden können, wie er durch die Nachbarschaft der Spaltblende gegeben ist. Solche Anforderungen treten z. B. bei reaktionskinetischen Versuchen auf. Man geht dann zu Anordnungen über, die auf Interferenzerscheinungen durch Mehrfachreflexion beruhen, bei denen der Abstand zwischen den beiden interferierenden Strahlenbündeln zum Teil beliebig groß gemacht werden kann. Interferometer dieser Art wurden früher von Zeiß, Fueß, Schmidt und Haensch, Liesegang (Düsseldorf), Hilger (London) hergestellt. Das Arbeiten damit erfordert jedoch

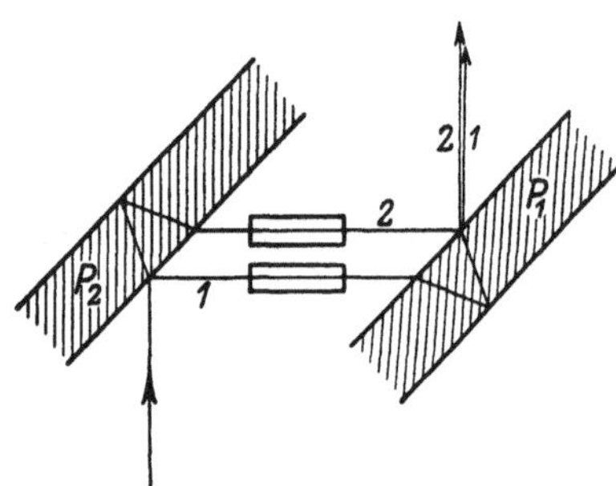
Abb. 32. Interferometer nach JAMIN (aus WEIGERT).

eine gewisse Übung im Umgang mit optischen Instrumenten, außerdem ist ihre Bedeutung durch die neueren Interferometer, wie sie im letzten Abschnitt beschrieben wurden, zurückgegangen. Wer sich trotzdem einer solchen Methode bedienen will bzw. muß, ist gezwungen, sich über Einzelheiten in optischen Spezialwerken zu informieren[1]. Hier sollen nur die Grundzüge der gebräuchlichsten Methoden behandelt werden.

1. Interferometer nach JAMIN[2]. Abb. 32 zeigt den Strahlengang dieser Anordnung. Zwei genau gleich dicke, planparallele, rückseitig versilberte Glasplatten stehen sich so gegenüber, daß sie einen sehr kleinen Winkel miteinander bilden. Ein auf P_2 fallendes Lichtbündel wird durch Reflexion an der Vorder- und Hinterfläche in zwei Strahlenbündel aufgespalten. Durch Reflexion an P_1 liefert jedes von ihnen wieder zwei Strahlenbündel, von denen die beiden gezeichneten miteinander austreten und interferieren. Die beiden anderen werden ausgeblendet. Wenn die beiden Platten P_1 und P_2 schwach gegeneinander geneigt sind, so erzeugen die beiden Strahlenbündel 1 und 2 ein System von Interferenzstreifen (BREWSTERsche Interferenzstreifen) in der Art, wie sie von den bisher besprochenen Interferometern bekannt sind. Genau wie dort wird das Streifensystem verschoben, wenn die optische Länge des einen Strahlenbündels durch Einbringen eines Mediums mit anderem Brechungsindex verändert wird. Die Verschiebung kann wieder durch einen geeichten Kompensator rückgängig gemacht werden. Die beiden Platten sollen einen Winkel von etwa 15—20 min gegeneinander aufweisen. Für die Neigung der beiden

---

[1] Zum Beispiel MÜLLER-POUILLETs Lehrb. Physik. 2/1, 11. Aufl. Braunschweig 1926.

[2] Vgl. z. B. KOHLRAUSCH, F.: Praktische Physik. Bd. 1. 18. Aufl. S. 405. Leipzig, Berlin 1943. — HANSEN, G.: Z. Instrumentenkde. **50**, 460 (1930); **60**, 325 (1940). — MARTENS, F. F.: Z. Physik. **61**, 363 (1930). — SCHARDIN, H.: Z. Instrumentenkde. **53**, 396, 424 (1933).

Platten gegen die Verbindungslinie ihrer Mitten wird am vorteilhaftesten ein Winkel von 41° gewählt, weil dann der Abstand zwischen den beiden Strahlenbündeln 1 und 2 am größten wird.

2. Bei der **Anordnung nach** MACH[1] (vgl. Abb. 33) ist es durch Verwendung der Spiegel S_1 und S_2 und der halbversilberten Platten[2] P_1 und P_2 möglich, die interferierenden Strahlenbündel noch weiter voneinander zu trennen, so daß noch größere Versuchsgefäße eingeschaltet werden können. Als Beispiel zeigt Abb. 34 das Interferenzbild, das entsteht, wenn eine Bunsenflamme in den einen Lichtweg gehalten wird im Vergleich zum unveränderten Interferenzbild. Die Methode stellt also eigentlich eine quantitative Schlierenmessung (vgl. S. 460) dar.

3. **Das** MICHELSON**sche Interferometer**[3], das eigentlich zur Bestimmung sehr kleiner Längen, also z. B. der Wellenlängen von Licht entwickelt wurde, kann somit im Prinzip

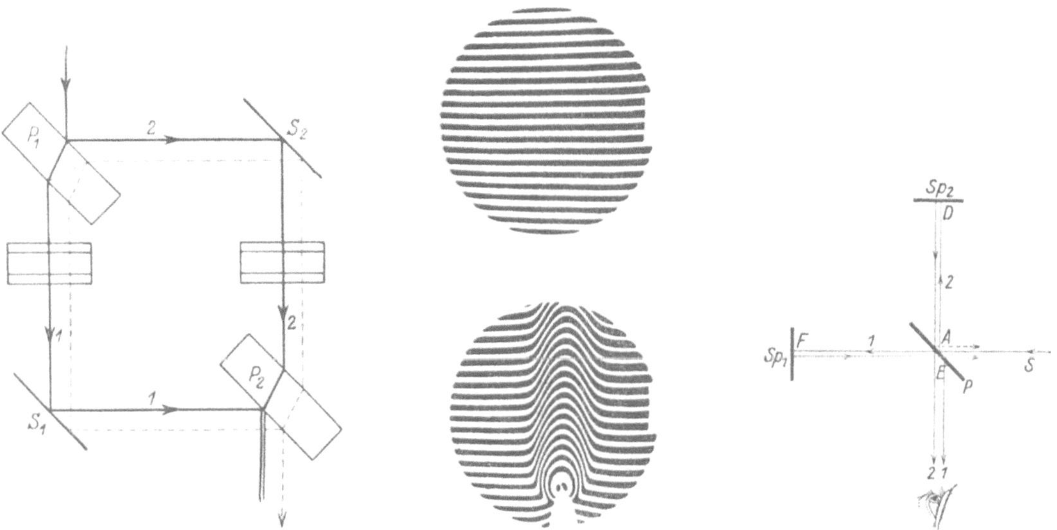

Abb. 33. Interferometer nach MACH (aus WEIGERT).

Abb. 34. Interferenzaufnahme der Spitze einer Bunsenflamme (aus WEIGERT).

Abb. 35. MICHELSON-Interferometer (aus GRIMSEHL: Lehrbuch der Physik. Bd. II, 1).

auch zur Bestimmung von Brechungsindices herangezogen werden. Abb. 35 zeigt das Schema der Anordnung. Ein Lichtbündel S fällt unter einem Winkel von 45° auf eine halbdurchlässig versilberte Glasplatte P. Ein Teil wird reflektiert, fällt auf den Spiegel Sp_2, wird dort wieder reflektiert und gelangt teils durch P zum Auge, teils durch Reflexion in Richtung zur Lichtquelle zurück. Die andere Hälfte des Lichtbündels S geht zunächst durch den Spiegel P hindurch, wird von Sp_1 reflektiert und durch P ebenso wie die erste Hälfte nochmals geteilt in einen Anteil, der reflektiert wird und ins Auge gelangt, und einen Anteil, der in Richtung nach S verloren geht. Die beiden ins Auge gelangenden Lichtbündel interferieren, und zwar verstärken sie sich, wenn die Abstände $P-Sp_1$ und $P-Sp_2$ gleich sind, oder sich um ein gerades Vielfaches einer Wellenlänge unterscheiden, sie löschen sich aus, wenn sich die Abstände um ein ungerades Vielfaches einer Wellenlänge unterscheiden. Wenn man einen der beiden Spiegel Sp_1 oder Sp_2 in Richtung des einfallenden Lichtbündels verschiebt, wird das Auge bei jeder Verschiebung um eine Viertelwellenlänge einen Wechsel hell-dunkel oder umgekehrt feststellen. Umgekehrt kann so eine Änderung der optischen Weglänge des einen Lichtbündels infolge von Änderungen des Brechungsindex durch messende Kompensation im anderen Lichtweg ausgeglichen werden.

---

[1] MACH, L.: Physikalische Optik. S. 234. Leipzig 1921. Z. Instrumentenkde. **12**, 89 (1892).
[2] Herstellung durch Kathodenzerstäubung: Vgl. z. B. ROTHER, F.: Dtsch. opt. Wschr. **7**, 578 (1921). Physik. Z. **24**, 162 (1923).
[3] MICHELSON, A. A.: Philos. Mag. (5) **13**, 236 (1882).

4. Interferometrische Dicken- bzw. Abstandsmessung. Wie man bei bekannter Schichtdicke durch einen interferometrischen Vergleich den Brechungsindex eines Mediums bestimmen kann, so ist es auch möglich, bei bekanntem Brechungsindex kleine optische Weglängen zu messen. Wenn ein Lichtbündel senkrecht auf ein dünnes, durchsichtiges Objekt fällt, so wird ein Teil davon an der Oberfläche reflektiert, ein anderer tritt in das Objekt ein und wird teils an der Rückseite reflektiert, teils durchgelassen. Die beiden reflektierten Anteile können sich durch Interferenz auslöschen. Dabei ist zu berücksichtigen, daß bei der Reflexion an einem optisch dichteren Medium ein Phasensprung um $\lambda/2$ stattfindet. Es gilt also für die Reflexion an einem Objekt, dessen Brechungsindex größer ist als der der Umgebung:

$$2\,nd = \begin{cases} (z + {}^1/_2)\,\lambda & \text{für maximale Verstärkung} \\ z\,\lambda & \text{für maximale Auslöschung} \end{cases}$$

$d =$ Dicke des Objektes; $z =$ ganze Zahl.

Ist der Brechungsindex des Objektes kleiner als der der Umgebung, so gilt

$$2\,nd = \begin{cases} z\,\lambda & \text{für maximale Verstärkung} \\ (z + {}^1/_2)\,\lambda & \text{für maximale Auslöschung.} \end{cases}$$

Auf diesen einfachen Überlegungen beruhen die folgenden Methoden zur Dickenmessung.

a) NEWTONsche Farben dünner Plättchen[1]. Läßt man weißes Licht an einer dünnen Schicht senkrecht reflektieren, so werden durch Interferenzen bestimmte

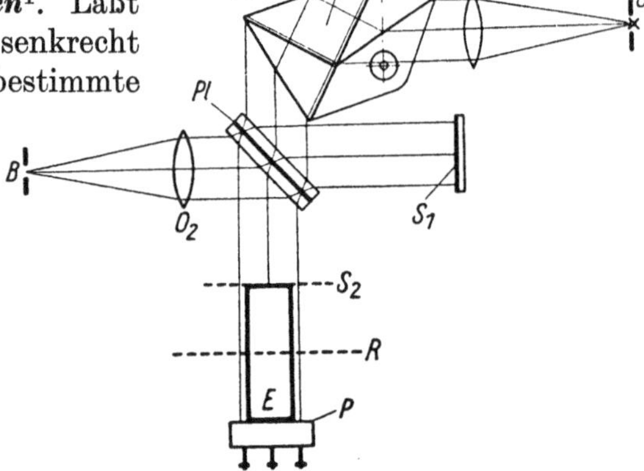

Abb. 36. WIENERsche Dickenmessung (aus KOHLRAUSCH).   Abb. 37. Interferenzkomparator (aus KOHLRAUSCH).

Farben ausgelöscht, und das Objekt erscheint in der Farbe des Komplementärlichtes. Man kann sich so wenigstens qualitativ über die Dicke sehr dünner Schichten orientieren. Als Beispiel für die Reflexion an Luft- und an Silberschichten möge Tabelle 2 dienen. Die Ordnungen der Farben geben die Zahl der Wellenlängendifferenzen an. Für die höheren Ordnungen, also für größere Dicken nehmen solche Bestimmungen an Sicherheit ab.

b) WIENERsche Dickenmessung[2]. Die Methode eignet sich z. B. für mikroskopische Präparate. Die Anordnung ist schematisch in Abb. 36 dargestellt. Weißes Licht fällt über einen Spiegel S senkrecht auf das durchsichtige Plättchen P. Das Licht wird an den beiden Flächen des Plättchens reflektiert, interferiert und gelangt in einen Spektralapparat mit geeichter Skala. Die Wellenlängen, die durch Interferenz ausgelöscht wurden, sind in dem kontinuierlichen Spektrum als dunkle Streifen erkennbar. Man zählt die Anzahl der Streifen z, die sich zwischen zwei verschiedenen Wellenlängen λ und λ' befinden. Dann gilt für die Dicke des Plättchens:

$$d = \frac{z}{2n} \cdot \frac{\lambda\,\lambda'}{\lambda - \lambda'}. \tag{24}$$

---

[1] Vgl. z. B. WEIGERT, F.: Optische Methoden der Chemie. S. 466. Leipzig 1927. — MÜLLER-POUILLETS Lehrb. Physik. 2/1, 11. Aufl., S. 698. Braunschweig 1926.

[2] SCHELL, C.: Ann. Physik [4] **35**, 711 (1911). — WIENER, O.: Ann. Physik **31**, 631 (1888). — BIELZ, F.: Z. Physik **32**, 93 (1925).

Tabelle 2. NEWTON*sche Farben für Luft- und Silberschichten.*

Farben-ordnung	Reflektiert	Durchgelassen	$d\ 10^{-6}$ mm Luft	$d'\ 10^{-6}$ mm Ag
I	Schwarz	Weiß	0	0
	Dunkel Lavendelgrau	Bräunlichweiß	100	10,9
	Heller Lavendelgrau	Hellbraun	107	11,6
	Sehr Hellavendelgrau	Dunkelbraun	116	12,6
	Bläulichweiß	Rotbraun	124	13,5
	Grünlichweiß	Dunkelpurpur	129	14,0
	Gelblichweiß	Dunkelviolett	135	14,7
	Blaßstrohgelb	Dunkelblau	140	15,2
	Braungelb	Heller Blau	164	17,8
	Orange	Noch heller Blau	235	25,5
	Rot	Blaßblaugrün	245	26,6
II	Purpur	Blaugrün	257	27,9
	Violett	Hell Gelbgrün	272	29,5
	Indigo	Hellgelb	282	30,6
	Himmelblau	Goldgelb	300	32,6
	Helles Himmelblau	Orange	352	38,2
	Sehr Hellblaugrün	Rot	372	40,4
	Hellgrün	Tiefpurpur	387	42,0
	Gelbgrün	Violett	409	44,4
	Gelb	Blau	435	47,2
	Hellorange	Helles Blau	465	50,5
	Rot	Bläulichgrün	490	53,2
III	Purpur	Grün	520	56,5
	Violett	Hell Gelbgrün	550	59,7
	Blau	Gelb	570	61,9
	Meergrün	Fleischrot	600	65,2
	Grün	Purpur	650	70,6
	Blaugelbgrün	Graublau	680	73,8
	Falbes Gelb	Graublau	726	78,8
	Rot	Meergrün	750	81,4
IV	Purpur bis Mattpurpur	Grün bis Gelbgrün	780	84,7
	Graublau	Mattgelb	852	92,5
	Meergrün	Fleischrot	870	94,5
	Grün bis Graugrün	Graurot	912	99,0
	Graurot bis Mattrot	Graugrün bis Grünlichweiß	996	108,2
V	Blaugrün	Fleischrot	1168	126,8
	Fleischrot	Meergrün	1264	137,3

***c) Interferenzkomparator nach* KÖSTERS**[1]. In Abb. 37 ist die Versuchsanordnung[2] schematisch dargestellt, mit der die Dicke einer Schicht $P-S_2$ ausgemessen werden kann. Das von C kommende Licht wird durch die Linse O_1 parallel gerichtet, im Prisma Pr konstanter Ablenkung spektral zerlegt und gelangt auf die halbdurchlässige Platte Pl. Von hier wird ein Teil nach dem ebenen Spiegel S_1 reflektiert und von dort zurück durch Pl hindurch nach dem Objektiv O_2. Der andere Teil geht erst durch Pl hindurch, wird teils an der Fläche S_2, teils an der Grundfläche P reflektiert und gelangt über Pl ebenfalls nach O_2. Durch die Blende B hindurch wird die Interferenz (dunkle Streifen) beobachtet. S_1 erscheint durch die Platte Pl nach R abgebildet. Wenn man jetzt P und damit S_2 leicht neigt, so treten im Gesichtsfeld zwei Streifensysteme auf (Abb. 38). Ihre gegenseitige Verschiebung gibt in Bruchteilen einer Streifenbreite, d. h. in $\lambda/2$ den Abstand zwischen P und S_2, abgesehen von einer gesondert zu ermittelnden

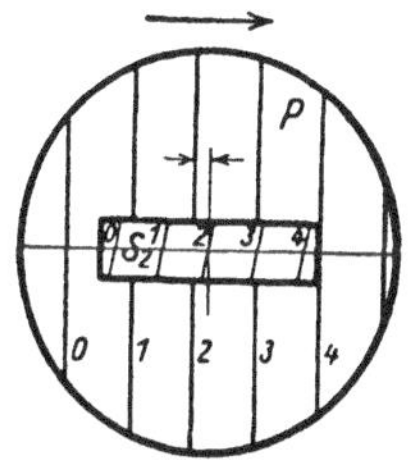

Abb. 38. Gesichtsfeld im Interferenzkomparator (aus KOHLRAUSCH).

[1] KÖSTERS, W.: Z. Feinmech. 1, 2 (1921); 34, 55 (1926). Handb. physik. Optik (AUERBACH u. a.) 1, 484 (1927). Z. Instr.-Kde. 45, 141 (1925).
[2] C. Zeiß, Jena.

ganzen Zahl von $\lambda/2$. Die zu messende Länge muß also auf wenige μ genau bekannt sein. Die Verbesserung, die noch hinzuzufügen ist, läßt sich aus den „Streifenbruchteilen" mit Hilfe des Kösterschen Wellenlängenschiebers auf $1/1000\,\mu$ genau ablesen.

Will man nahezu gleich lange, nebeneinandergestellte Objekte vergleichen, so dreht man den Spalt bei C um 90° und läßt Licht einzelner bestimmter Wellenlängen gleichzeitig einfallen. Gleiche Farbe der Interferenzstreifen bedeutet dann gleiche Ordnungszahl. Der Längenunterschied wird aus den Abständen gleicher Farben in Streifenbreiten ($\lambda/2$) abgelesen.

Der Apparat eignet sich auch zur Prüfung von Flächen und Platten auf Ebenheit und Parallelität.

γ) Untersuchung von Diffusions- und Wanderungsvorgängen.

Die interferometrische Erfassung von Diffusions- und Wanderungsvorgängen bildet eine wertvolle Ergänzung zu den S. 460 beschriebenen refraktometrischen Methoden (Skalenmethode, Methode der gekreuzten Spalte).

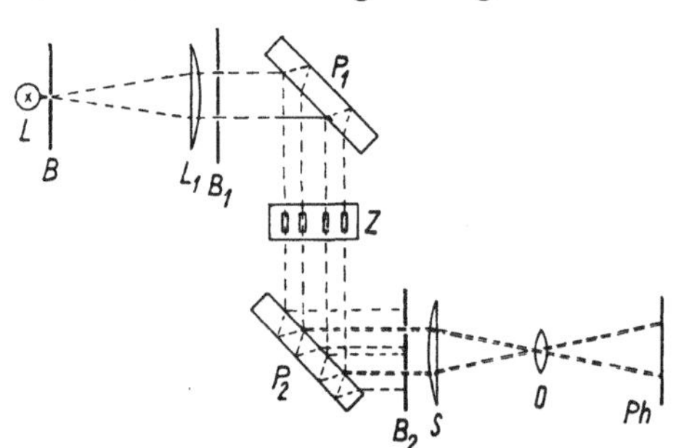

Abb. 39. Elektrophoreseapparatur nach Labhart und Staub (aus H. Labhart und H. Staub).

Bei diesen wird die Ablenkung eines Lichtbündels infolge der Inhomogenität eines Mediums, also z. B. eines Konzentrationsgradienten in einer Diffusionsschicht, gemessen. Die Ablenkung ist um so größer, je größer der Konzentrationsgradient ist. Man mißt also z. B. im Falle der Elektrophorese nicht direkt die Konzentration der wandernden Eiweißschicht, sondern ihre Änderung mit der Ausdehnung der Schicht. Die Konzentration selbst ergibt sich durch Integration über die gesamte Ausdehnung. Demgegenüber liefern die interferometrischen Methoden direkt den Brechungsindex bzw. die Konzentration der untersuchten Stoffe an der betreffenden Stelle.

Von den zu diesem Zweck entwickelten Methoden sollen einige beschrieben werden, die auf etwas verschiedenen Meßprinzipien beruhen (s. auch S. 462ff.).

1. Mikroelektrophorese nach Labhart und Staub[1]. Das Prinzip der Anordnung[2] ist in Abb. 39 dargestellt. Der Aufbau ist der eines Interferometers nach Jamin. Das Licht der monochromatischen Lichtquelle L tritt durch die Lochblende B und wird von der Linse L_1 parallel gerichtet. B_1 sind zwei 1,5 mm breite vertikale Spalte, deren Länge gleich derjenigen der Elektrophoresezelle ist. Durch Reflexion an der Vorder- und Rückfläche der planparallelen Platte P_1 entstehen aus den 2 Strahlenbündeln 4, deren Zahl durch entsprechende Reflexion an P_2 nochmals verdoppelt wird. Wie aus der Abbildung zu sehen ist, superponieren sich je 2 dieser Strahlenbündel und können so zu Interferenzerscheinungen führen. Die Blende B_2 deckt diejenigen Strahlen ab, die nicht mit anderen interferieren. Zwischen P_1 und P_2 befindet sich die Elektrophoresezelle Z, die aus 4 Kanälen besteht. Die beiden mittleren bilden den auf- und absteigenden Schenkel der eigentlichen Elektrophoresezelle; die äußeren Vergleichskanäle sind mit reinem Puffer gefüllt. Die zur Interferenz gelangenden Lichtbündel durchsetzen je einen Vergleichskanal und einen Mittelkanal. Durch die Linse S und das Objektiv O wird die Zellenebene auf der Photoplatte Ph abgebildet. Die Bilder der Kanäle sind nur an jenen Stellen hell, wo sich die beiden interferierenden Lichtbündel verstärken, d. h. wo der Gangunterschied des Bündels, das den Vergleichskanal und desjenigen, das den einen Schenkel der Elektrophoreseapparatur durchlaufen hat, ein ganzes Vielfaches der Wellenlänge λ beträgt.

$$z\,\lambda = l\,(n_s - n_p) \tag{56}$$

wobei z eine ganze Zahl, l die Tiefe der Zelle, n_s bzw. n_p die Brechungsindices der Eiweißlösung bzw. des Puffers bedeuten. Beträgt dieser Gangunterschied ein ungerades halb-

---

[1] Labhart, H., u. H. Staub: Helv. **30**, 1954 (1947).
[2] Kern & Co. AG., Aarau, Schweiz, stellt solche Anordnungen her.

zahliges Vielfaches der Wellenlänge, so tritt Auslöschung ein. Das Bild der Zellkanäle wird also von einer Reihe von dunklen und hellen horizontalen Streifen durchzogen sein. Der Unterschied des Brechungsindex von einem hellen zum nächsten hellen Streifen Δn_s ist jeweils $= \lambda/l$. Die Konzentrationsunterschiede sind den Unterschieden des Brechungsindex in erster Näherung proportional. Wie in Abb. 40 gezeigt ist, trägt man nach abge-schlossener Elektrophorese für je-den hellen Streifen eine bestimmte Konzentrationsdifferenz auf und

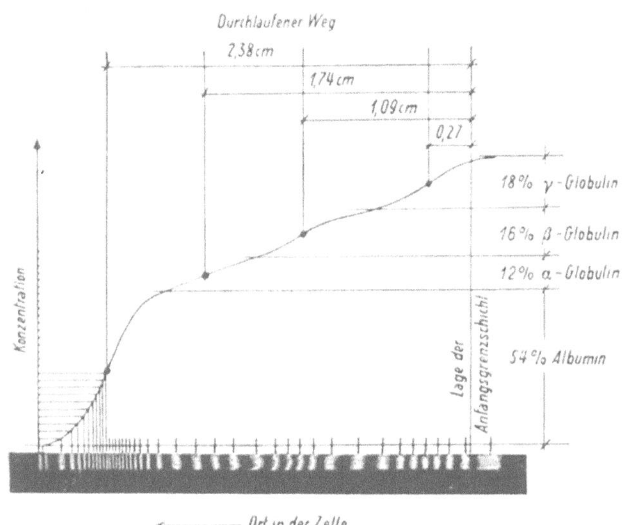

Abb. 40. Elektrophoresediagramm nach LABHART und STAUB (aus H. LABHART und H. STAUB).

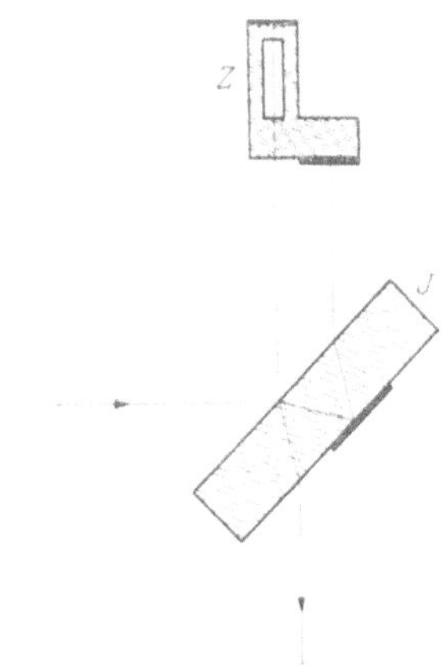

Abb. 41. Elektrophoreseanordnung nach LOT-MAR (aus W. LOTMAR).

erhält so das gesuchte treppenförmige Diagramm. Den Stellen mit größerem Streifen-abstand entsprechen die flacheren Stellen der Kurve. Jeder Absatz entspricht einer Eiweißkomponente. Die ganze Anordnung ist zur Untersuchung sehr geringer Substanz-mengen eingerichtet. Es kann daher auf besondere Konstanthaltung der Temperatur verzichtet werden.

Die Empfindlichkeit der Anordnung läßt sich da-durch verdoppeln, daß man das Strahlenbündel nach Durchsetzen der Zelle reflektiert und letztere noch-mals durchlaufen läßt. Als Beispiel hierfür zeigt Abb. 41 das von LOTMAR[1] empfohlene Modell[2]. Im Gegensatz zum JAMINschen Interferometer weist diese Anordnung einen unsymmetrischen Strahlengang auf. Die optische Weglänge der beiden interferierenden Strahlenbündel kann zwar gleichgemacht werden, doch ist das Ver-hältnis von Glasweg zu Luftweg auch dann nicht für beide Bündel gleich. Die Einstellung wird daher von der Wellenlänge des Lichtes abhängen (vgl. S. 468), was bedeutet, daß sich mit weißem Licht keine exakte Kompensation erreichen läßt.

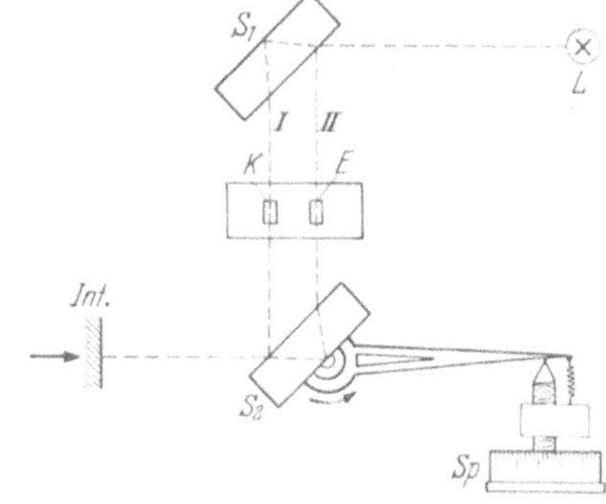

Abb. 42. Elektrophoreseanordnung nach ANTWEILER (aus F. HARTMANN und G. SCHUMACHER).

2. Elektrophoreseanordnung nach ANTWEILER[3]. Die Anordnung nach ANTWEILER ist ebenfalls nach dem Prinzip des JAMINschen Interferometers gebaut (Abb. 42). Von zwei Lichtbündeln, die aus einer Lichtquelle L stammen, und durch doppelte Reflexion an dem planparallelen Spiegel S_1 entstehen, geht der eine durch den mit Pufferlösung ge-füllten optischen Kontrollschenkel, der andere durch den aufsteigenden Elektrophorese-

---

[1] LOTMAR, W.: Helv. 32, 1847 (1949).
[2] Hersteller: Kern & Co., Aarau, Schweiz.
[3] ANTWEILER, H. J.: Kolloid-Z. 115, 130 (1949); Hersteller: Boskamp, Hersel b. Bonn. Vgl. auch HARTMANN, F., u. G. SCHUMACHER: Z. Naturforsch. 5b, 361 (1950).

schenkel der Apparatur. Die entstehenden Interferenzstreifen werden sich verschieben, sobald eine Brechungsindexdifferenz zwischen dem Inhalt der beiden Schenkel auftritt, und zwar proportional diesem Unterschied. Durch Drehen des Spiegels S_2 können die Interferenzstreifen wieder in ihre alte Lage gebracht werden. Die meßbare Drehung des Spiegels ist dann dem Brechungsindex proportional.

Zur Konzentrationsbestimmung wird nach beendeter Elektrophorese das Interferometer von oben her an den Kammern entlanggeführt und in Abständen von 0,1 mm die Interferenzstreifenverschiebung gemessen, wobei für jede Stellung die Drehung des Spiegels notiert wird, die notwendig ist, um die ursprüngliche Stellung der Interferenzstreifen wieder herzustellen. Man erhält so eine Zahlenreihe, deren Werte gegen die Kammerhöhe aufgetragen, eine Treppenkurve ergeben. Die Höhe der gesamten Kurve ist ein Maß für die Gesamtkonzentration an Eiweiß, die Höhe der einzelnen Stufen ein Maß für die Konzentration der einzelnen Fraktionen. Durch Bildung der Differenzenquotienten gewinnt man eine Kurve, deren Minima das Auftreten einer neuen Fraktion anzeigen.

Da bei dieser Anordnung die Aufnahme einer ganzen Meßreihe eine oft unerwünscht lange Zeit in Anspruch nimmt, wurde eine neue Methode ausgearbeitet[1], bei der die beiden

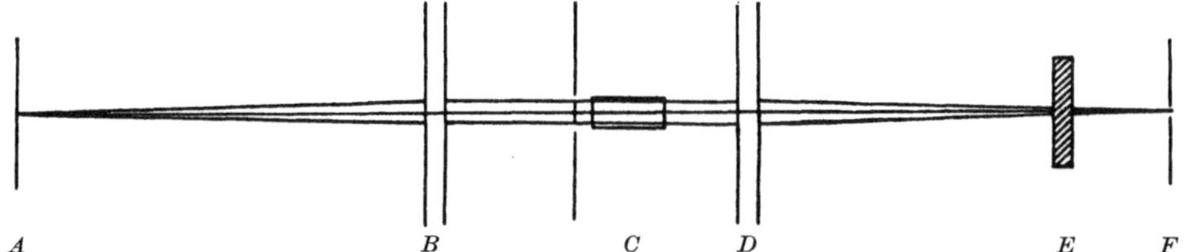

Abb. 43. Elektrophoreseanordnung nach PHILPOT-COOK (Horizontalschnitt) (aus H. SVENSSON).

JAMIN-Platten parallel stehen, und vertikale Interferenzstreifen auf der photographischen Platte mit Hilfe von zwei um ihre vertikale Achse drehbaren Zusatzplatten in den beiden Strahlenbündeln erzeugt werden. Ein Konzentrationsunterschied im Inhalt der beiden Elektrophoreseschenkel bewirkt eine Verschiebung der Interferenzstreifen in horizontaler Richtung. Durch eine Zylinderlinse werden die Elektrophoresezellen in der Vertikalrichtung auf der Platte scharf abgebildet. Wie bei der anschließend beschriebenen Anordnung von PHILPOT und COOK ist es so möglich, durch eine einzige Aufnahme die Konzentrationsverhältnisse in der gesamten Vertikalausdehnung einer Elektrophoresezelle zu erfassen. Die Interferenzbilder gleichen denen der Abb. 44; die Streifenverschiebung ist dem Konzentrationsunterschied in den beiden Elektrophoreseschenkeln proportional.

3. Nach dem Prinzip des RAYLEIGH-Interferometers (S. 464) ist die Anordnung von PHILPOT und COOK[2] für Elektrophoreseuntersuchungen gebaut (Abb. 43). Der senkrechte Spalt A wird von monochromatischem Licht beleuchtet. Das Lichtbündel wird durch die Linse B parallel gerichtet und durch die Linse D auf F focussiert. C ist die Doppelzelle mit einer Kammer für das Lösungsmittel und einer für die Diffusionssäule. Die Zylinderlinse E mit horizontaler Achse bildet in der Vertikalrichtung die Zelle in der Ebene F ab; jeder Punkt des Spaltes A dagegen wird zu einer senkrechten Linie auseinandergezogen. In der Horizontalrichtung wirkt die Zylinderlinse wie eine Platte. Die beiden vertikalen Spalte vor der Doppelzelle C bewirken, daß neben dem vertikalen Bild des Spaltes auf F eine Reihe von Beugungsbildern oder Interferenzstreifen entstehen, genau wie bei einem gewöhnlichen Gas- oder Flüssigkeitsinterferometer. Der Abstand der Interferenzstreifen hängt vom Abstand der beiden Kammern ab. Je dünner die Trennungswand ist, um so leichter lassen sich die Streifen trennen.

Wenn beide Kammern mit einer homogenen Flüssigkeit gefüllt sind, wird man eine Reihe von ununterbrochenen vertikalen Interferenzstreifen in der Ebene F erhalten.

[1] ANTWEILER, H. J.: Chem.-Ing.-Techn. 24, 284 (1952). — Zeiss-Opton, Oberkochen.
[2] PHILPOT, J. ST. L., and G. H. COOK: Research 1, 234 (1948). — Vgl. auch LONGSWORTH, L. G.: Rev. sci. Instr. 21, 524 (1950). Analyt. Chem., Washington 23, 346 (1951).

Wenn dagegen in einer der Kammern eine Diffusionsschicht vorhanden ist, dann werden die Interferenzstreifen an dieser Stelle verschoben. Da in vertikaler Richtung die Zelle scharf abgebildet ist, wird sich auch diese Verschiebungsstelle scharf abbilden, d. h. sie wird genau die Ausdehnung der Diffusionsschicht angeben. In Abb. 44 sind solche Interferenzbilder, während der Dauer der Elektrophorese aufgenommen, abgebildet. Dem Konzentrationssprung zu Anfang des Versuches entspricht die scharfe horizontale Linie des ersten Bildes. Während der Dauer des Versuches wird die Diffusionsschicht breiter, so daß man den Verlauf der einzelnen Streifen verfolgen kann. Wenn man entsprechend der Abb. 40 den Brechungsindex n in Abhängigkeit von der Höhe im Elektrophoreseapparat erhalten will, muß man die Streifen numerieren und die Lage der Maxima in vertikaler Richtung in Abhängigkeit von ihrer Nummer auftragen.

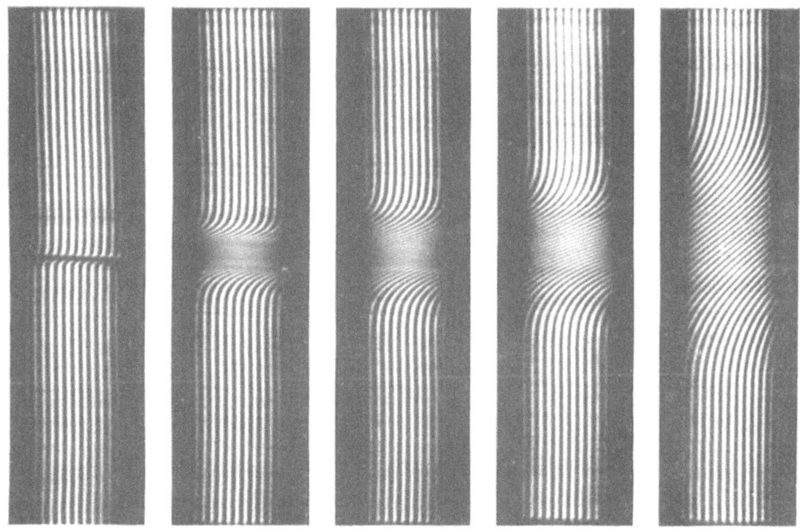

Abb. 44. Interferenzbilder im Elektrophoreseapparat nach PHILPOT-COOK (aus H. SVENSSON).

Man erhält also auch mit dieser Methode direkt n bzw. c in Abhängigkeit von der Höhe von x. Es ist jedoch mit dieser Anordnung möglich[1], wie bei der Methode der gekreuzten Spalte (vgl. S. 462) oder der Skalenmethode (vgl. S. 460), auch dn/dx in Abhängigkeit von x zu erhalten, indem man in den beiden Kammern die gleichen Diffusionsprozesse gleichzeitig, aber mit einer geringen Höhendifferenz ablaufen läßt. Wenn die Diffusionsschicht in beiden Kammern genau gleich hoch wäre und die beiden Diffusionsprozesse genau gleich ablaufen würden, dann würde man in der ganzen Ausdehnung des Bildes ununterbrochene vertikale Streifen erhalten. Besteht jedoch eine kleine Höhendifferenz zwischen den Diffusionsschichten, so erhält man Bilder von der Art der Abb. 45. Die Interferenzstreifen beschreiben Kurven, die ungefähr gleich denen der Ableitung des Brechungsindex dn/dx sind. Die Schwierigkeit, zwei Diffusionsprozesse in genau gleicher Weise mit einer geringen Höhendifferenz ablaufen zu lassen, kann umgangen werden, wenn man nur eine Diffusionszelle benützt und die beiden nachher interferierenden Strahlenbündel in geringem Abstand übereinander durch die Zelle treten läßt. Eine solche Anordnung ist in Abb. 46 dargestellt[2]. Sie entspricht im wesentlichen derjenigen von Abb. 43. In der Ebene F ist in vertikaler Richtung die Zelle C abgebildet; in horizontaler Richtung wirkt die Zylinderlinse wie eine Platte, so daß die Abbildung des Spaltes A in der Ebene F davon nicht berührt wird. Die 4 planparallelen Glasplatten bei G und H bewirken, daß die beiden nebeneinanderliegenden Strahlenbündel die einheitliche Zelle, die aus dem einen Schenkel des Elektrophoreseapparates gebildet ist, mit einem geringen vertikalen

---

[1] SVENSSON, H.: Acta chem. scand. **3**, 1170 (1949).
[2] SVENSSON, H.: Acta chem. scand. **4**, 1329 (1950).

Niveauunterschied Δx durchsetzen. Die Verschiebung der Interferenzstreifen oberhalb und unterhalb der Diffusionsschicht gibt die Änderung des Brechungsindex Δn für den kleinen Niveauunterschied Δx.

Von Svensson[1] wurde weiterhin die Möglichkeit diskutiert, mit ein und derselben Apparatur einmal die Ableitung des Brechungsindex dn/dx und dann nach einem einfachen

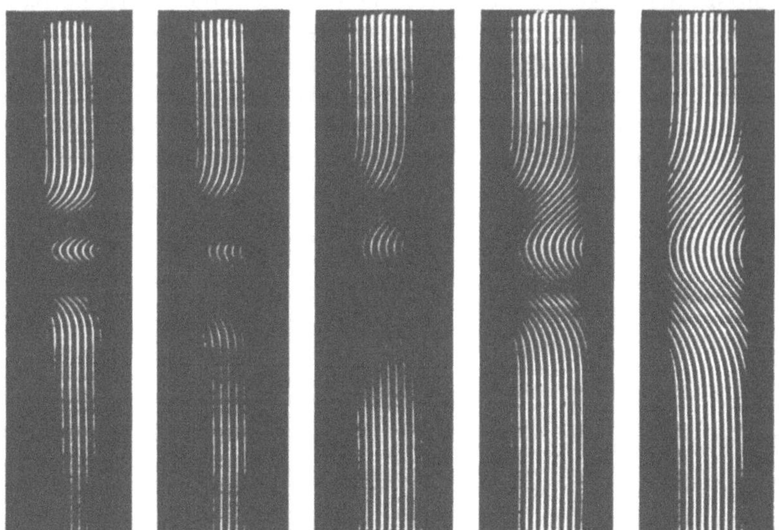

Abb. 45. Interferenzbilder im Elektrophoreseapparat nach Philpot-Cook (aus H. Svensson).

Umbau auch den Brechungsindex selbst zu erfassen. Die Kombination dieser beiden Möglichkeiten ist in vielen Fällen erwünscht; die erstere ist besonders geeignet, die einzelnen Fraktionen bei Elektrophoreseuntersuchungen voneinander zu trennen, während die zweite hauptsächlich zur Bestimmung der Konzentrationen herangezogen wird.

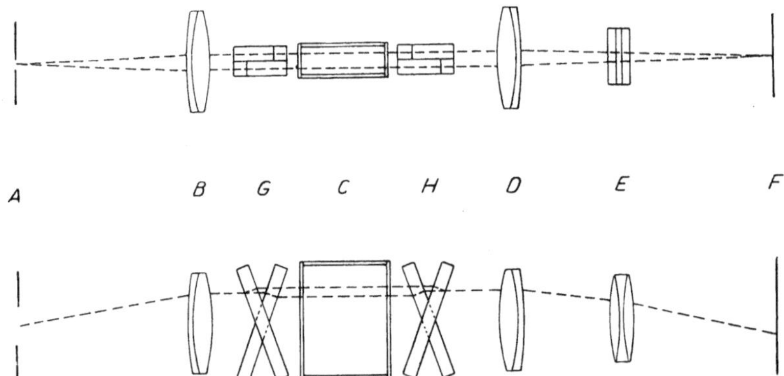

Abb. 46. Interferometeranordnung zur Elektrophorese; direkte Bestimmung von dn/dx (aus H. Svensson).

Während bisher die Skalenmethode (vgl. S. 460) zur Absolutbestimmung von Konzentrationen die bestgeeignete war, kann man heute mit Hilfe der Interferenzmethoden analoge Ergebnisse erzielen. Das spielt vor allem bei der Untersuchung von Sedimentationsvorgängen in der Ultrazentrifuge eine Rolle, wo bisher meistens die Skalenmethode angewendet wurde.

Es ist nun tatsächlich möglich, die Anordnung für die Methode der gekreuzten Spalte (vgl. S. 462) in eine Interferometeranordnung nach Philpot-Cook umzubauen, indem man den horizontalen Spalt (Abb. 23) entfernt. Gleichzeitig muß natürlich die einfache Zelle, die durch den einen Schenkel des Elektrophoreseapparates gebildet ist, durch eine Doppelzelle ersetzt werden, deren eine Kammer mit dem Lösungsmittel gefüllt ist.

---

[1] Svensson, H.: Acta chem. scand. **4**, 399 (1950); **5**, 72, 1301 (1951).

Polarimetrie[1-6].

Von

G. Kortüm und **M. Kortüm-Seiler.**

Mit 28 Abbildungen.

a) Theoretische Grundlagen.

Unter *optischem Drehungsvermögen* versteht man die Fähigkeit eines Moleküls (oder auch Krystalls), die Polarisationsebene linear polarisierten Lichtes* zu drehen. Diese Fähigkeit ist an die Bedingung geknüpft, daß das Molekül durch Translationen oder Drehungen nicht mit seinem Spiegelbild zur Deckung gebracht werden kann. In solchen Fällen gibt es zwei entgegengesetzt drehende „optisch aktive" Formen des gleichen Moleküls, die man als optische Antipoden oder optische Isomere bezeichnet. Diese gleichen sich in allen ihren physikalischen Eigenschaften, da die äußere Molekülform und die Atomabstände völlig gleich sind, sie unterscheiden sich lediglich darin, daß sie keine Symmetrieebene besitzen, daß man also, z. B. um die Substituenten A, B, C, D eines optisch aktiven Methanderivates in der gleichen Reihenfolge zu durchlaufen, bei den beiden Antipoden in verschiedenem Drehsinn vorgehen muß. Um die beiden Antipoden zu unterscheiden, muß man deshalb offenbar ein physikalisches Hilfsmittel zur Verfügung haben, das sich in Form einer Links- bzw. einer Rechtsschraube anwenden läßt. Ein solches steht in Form des *links-* bzw. *rechts-zirkularpolarisierten Lichtes* * zur Verfügung: Man beobachtet, daß zwei entgegengesetzt zirkularpolarisierte Lichtbündel durch den gleichen Antipoden einer optisch aktiven Verbindung verschieden stark gebrochen werden, d. h. in einem optisch aktiven Stoff verschieden große Fortpflanzungsgeschwindigkeit besitzen. Diese Erscheinung bezeichnet man als *zirkulare Doppelbrechung.* Außerdem werden in einem Absorptionsgebiet des optisch aktiven Stoffes zwei entgegengesetzt zirkularpolarisierte Lichtbündel verschieden stark absorbiert, man beobachtet *zirkularen Dichroismus.*

Danach besteht eine sehr weitgehende Analogie zur *linearen* Doppelbrechung und zum *linearen* Dichroismus eines anisotropen Krystalls oder anisotroper Moleküle in einem starken elektrischen Feld. Ist z. B. ein Molekül in zwei verschiedenen Richtungen verschieden stark polarisierbar (s. S. 386), wie etwa das Nitrobenzolmolekül in der Ringebene bzw. senkrecht zur Ringebene, und liegen die Molekeln alle parallel wie im Krystall oder (bei Dipolmolekülen) weitgehend auch in einem starken elektrischen Feld, so sind die Amplituden der erzeugten Elektronenschwingung bei Einfall einer linear polarisierten Lichtwelle in diesen Richtungen verschieden groß, d. h. man beobachtet lineare Doppelbrechung. Im Absorptionsgebiet tritt außerdem eine verschieden starke Absorption eines

---

* Licht ist eine transversale elektromagnetische Wellenbewegung, die sich im Vakuum mit der Geschwindigkeit $c = 3 \cdot 10^{10}$ cm/sec fortpflanzt (vgl. auch S. 312). Die Spitze des Vektors der elektrischen Feldstärke beschreibt eine Sinuskurve, ebenso die des magnetischen Vektors, der stets auf dem elektrischen Vektor senkrecht steht. Das elektrische Feld hat jeweils den Maximalwert, wenn das magnetische Feld Null geworden ist und umgekehrt (Phasenverschiebung von $\lambda/4$). Unter Schwingungsrichtung des Lichtes versteht man die Richtung des elektrischen Vektors senkrecht zur Fortpflanzungsrichtung. Natürliches Licht, wie es z. B. von einer Glühlampe ausgestrahlt wird, enthält alle Schwingungsrichtungen. Linear polarisiertes Licht dagegen enthält nur Licht einer einzigen Schwingungsrichtung. Durch Superposition von zwei senkrecht zueinander linear polarisierten Strahlen mit einem Gangunterschied von $\lambda/4 = \pi/2$ entsteht ein rechts- bzw. linkszirkularpolarisierter Lichtstrahl (vgl. auch S. 497) mit konstantem elektrischem Vektor, dessen Spitze eine Rechts- bzw. Linksschraube beschreibt.

Zusammenfassende Literatur:
[1] DESCAMPS, R.: Trans. Faraday Soc. **26**, 357 (1930).
[2] HEILMEYER, L.: Bamann-Myrbäck **1**, 869 (1941).
[3] KESSLER, H.: Handb. biol. Arb.-Meth. Abt. II. Teil 2/1, S. 1345 (1928).
[4] KORTÜM, G.: Physik. Z. **31**, 641 (1930). Z. angew. Chem. **43**, 343 (1930).
[5] WEIGERT, F.: Optische Methoden der Chemie. Leipzig 1927.
[6] WRESCHNER, M.: Handb. biol. Arb.-Meth. Abt. II. Teil 3/1. S. 2599 (1934).

linear polarisierten Lichtbündels in diesen Richtungen auf, so daß die Krystalle, in verschiedener Richtung durchstrahlt, verschiedene Farbe zeigen. Diese Erscheinung ist z. B. beim Turmalin als Dichroismus bekannt.

Die Fähigkeit optisch aktiver Stoffe, die Ebene linear polarisierten Lichtes zu drehen, hängt mit der zirkularen Doppelbrechung auf folgende Weise zusammen: Linear polarisiertes Licht, bei dem der elektrische Vektor des elektromagnetischen Wechselfeldes in einer bestimmten Richtung senkrecht zur Fortpflanzungsrichtung des Lichtes schwingt, läßt sich als die Superposition von links- und rechtszirkularpolarisiertem Licht gleicher Schwingungsamplitude auffassen, wie aus Abb. 1a hervorgeht. Die Fortpflanzungsrichtung des Lichtes verläuft senkrecht zur Papierebene, die Schwingungsrichtung des elektrischen Vektors des linear polarisierten Strahls sei x. Der elektrische Vektor $\mathfrak{E}$ eines zirkularpolarisierten Strahls bleibt dem Betrag nach konstant, dreht sich jedoch je Wellenlänge λ um den Winkel 2π, so daß die Spitze des Vektors auf einer Schraubenlinie mit der Ganghöhe λ umläuft. Denkt man sich den Vektor $\mathfrak{E}$ in jedem Augenblick in die Komponenten $\mathfrak{E}_x$ und $\mathfrak{E}_y$ vektoriell zerlegt, wie es in Abb. 1a für eine beliebig herausgegriffene Lage dargestellt ist, so sieht man unmittelbar, daß sich die Komponenten $\mathfrak{E}_y$ des links- und des rechtszirkularen Strahls stets gegenseitig wegheben, die Komponenten $\mathfrak{E}_x$ dagegen addieren, d. h. die Überlagerung der beiden zirkularen Strahlen ergibt tatsächlich einen in der x-Richtung linear polarisierten Strahl.

Läßt man die beiden zirkularen Strahlen ein optisch aktives Medium mit zirkularer Doppelbrechung durchsetzen, so bleibt der eine Strahl gegenüber dem anderen zurück, weil sie sich mit verschiedener Geschwindigkeit fortpflanzen: $\dfrac{c}{n_l} \neq \dfrac{c}{n_r}$ (vgl. S. 441 zur Definition von n). Beim Durchlaufen einer Schicht von der Länge d beträgt diese Verzögerung des einen Strahls gegenüber dem anderen

$$\Delta t = \frac{n_l d}{c} - \frac{n_r d}{c}.$$

Diese Verzögerung bedeutet einen Gangunterschied von $\Delta t \cdot \nu$ Wellen, wenn ν die Frequenz des Lichtes ist, oder eine Phasendifferenz von

$$\tau = 2\pi \cdot \Delta t \cdot \nu = \frac{2\pi \nu d}{c} (n_l - n_r).$$

Die geometrische Superposition der beiden zirkularen Strahlen ergibt wieder wie in Abb. 1a einen linear polarisierten Strahl, jedoch ist die Schwingungsrichtung gegenüber der früheren um

$$\frac{\tau}{2} \equiv \alpha = \frac{\pi d \nu}{c} (n_l - n_r) = \frac{\pi d}{\lambda_0} (n_l - n_r) \tag{1}$$

gedreht, wie man aus Abb. 1b abliest. Die Drehung erfolgt nach rechts, wenn der rechtszirkulare Strahl vorauseilt, also den kleineren Brechungsindex besitzt, wenn also $n_l > n_r$. Die von FRESNEL abgeleitete Gl. (1) gibt den Zusammenhang zwischen der beobachteten Drehung α der Polarisationsebene des linearen Lichtes, der durchlaufenen Schichtdicke d des optisch aktiven Mediums und der Differenz der Brechungsindices für links- und rechtszirkularpolarisiertes Licht an. Die optische Drehung ist also eine Erscheinung der Lichtbrechung und gehorcht deshalb ähnlichen Gesetzen wie der Brechungsindex.

Wie man mit Hilfe von Gl. (1) leicht abschätzt, ist die zirkulare Doppelbrechung stets sehr klein. Besitzt etwa ein optisch aktives Medium bei 1 cm Schichtdicke eine optische Drehung von 10^0 bei $\lambda_0 = 5000$ Å, wie sie etwa bei sehr stark drehenden Stoffen vorkommt, so wird

$$n_l - n_r = 10 \cdot \frac{2\pi}{360} \cdot \frac{5 \cdot 10^{-5}}{\pi} = 2,8 \cdot 10^{-6},$$

d. h. die optische Drehung ist ein äußerst empfindliches Maß für einen sehr kleinen Unterschied der Brechungsindices n_l und n_r, der sich nur mit interferometrischen Methoden eben erfassen lassen würde.

Als *spezifische Drehung* $[\alpha]$ gelöster Stoffe bezeichnet man den Drehungswinkel, den man beobachten würde, wenn in 1 cm³ der Lösung 1 g aktiver Stoff vorhanden ist, und die vom Licht durchlaufene Schichtdicke 10 cm beträgt. Sind in 1 cm³ g Gramme Substanz vorhanden, und beträgt die Schichtdicke d Dezimeter, so ist

$$[\alpha] = \frac{\alpha}{d \cdot g}, \tag{2}$$

wobei α den gemessenen Drehungswinkel in Graden bedeutet. Dabei wird α positiv gerechnet, wenn vom Beobachter aus die Polarisationsrichtung im Uhrzeigersinn gedreht

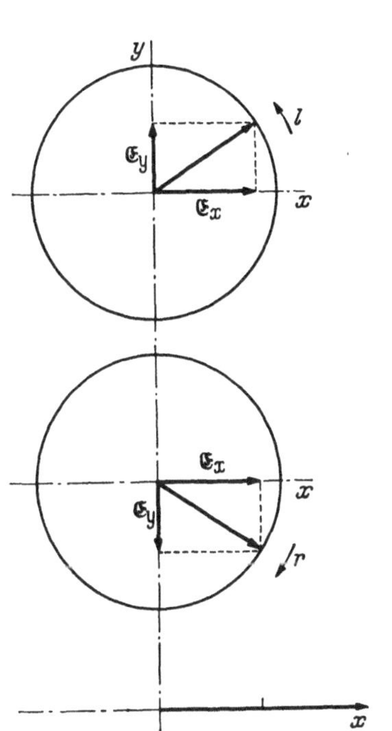

Abb. 1a. Linear polarisierter Lichtstrahl als Überlagerung zweier entgegengesetzt zirkularpolarisierter Strahlen.

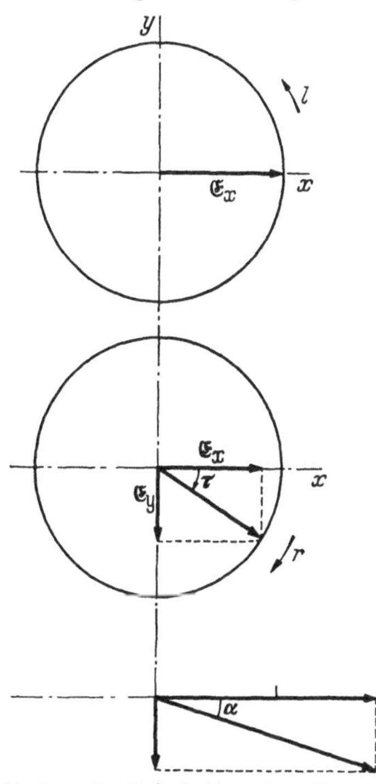

Abb. 1b. Drehung der Polarisationsebene linearpolarisierten Lichtes als Folge einer Phasenverschiebung der beiden zirkularpolarisierten Strahlen.

wird, negativ, wenn sie gegen den Uhrzeigersinn gedreht wird. Für reine, flüssige oder gasförmige aktive Stoffe gilt analog

$$[\alpha] = \frac{\alpha}{d \cdot \varrho}, \tag{3}$$

wenn ϱ die Dichte des Stoffes bedeutet. Beide Definitionen sind natürlich identisch. Da $[\alpha]$ von Temperatur und Wellenlänge des Lichtes abhängig ist, müssen diese angegeben werden. Zum Beispiel bedeutet $[\alpha]_D^{20}$ die spezifische Drehung, bei 20° C und der Wellenlänge 589 mμ (Natrium-D-Linie). Das Produkt aus spezifischer Drehung und Molgewicht des aktiven Stoffes bezeichnet man als *molekulares Drehungsvermögen* oder *Molrotation*

$$[M]_{\lambda_0}^t = M \cdot [\alpha]_{\lambda_0}^t. \tag{4}$$

Es eignet sich zum Vergleich der Aktivität verschiedener Stoffe. In geringerem Grade kann das Drehungsvermögen gelöster Stoffe noch von Konzentration und Lösungsmittel abhängen[1], dabei handelt es sich um Effekte zweiter Ordnung.

Analog wie der Brechungsindex besitzt auch die optische Drehung, die ja ebenfalls eine Erscheinung der Lichtbrechung ist, eine Wellenlängenabhängigkeit, die man als *Rotationsdispersion* bezeichnet. Ebenfalls analog zum Brechungsindex setzt sich die beobachtete Drehung aus den Beiträgen der einzelnen Absorptionsbanden zusammen, und man spricht von *normaler* und *anomaler* Rotationsdispersion (s. S. 442). Letztere

---

[1] Vgl. z. B. Kortüm, G.: Z. physik. Chem. (B) **31**, 137 (1935).

wird auch nach ihrem Entdecker als *Cotton*-Effekt bezeichnet. Den Verlauf der anomalen Rotationsdispersionskurve im Bereich einer Absorptionsbande zeigt die schematische Abb. 2. Maßgebend für den Beitrag einer Bande ist jedoch nicht wie bei der Dispersion des Brechungsindex der Absorptionskoeffizient selbst, sondern die Differenz der Absorptionskoeffizienten für links- und rechtszirkulares Licht, d. h. der *zirkulare Dichroismus*. Im Bereich einer Absorptionsbande tritt daher nicht nur eine Phasenverschiebung der beiden zirkularpolarisierten Strahlen gegeneinander auf, sondern die verschieden starke Absorption bedeutet außerdem eine Änderung ihrer Schwingungsamplituden, da die Intensität gleich dem maximalen Amplitudenquadrat des elektrischen Vektors der elektromagnetischen Schwingung ist. Das bedeutet, daß sich die beiden zirkularpolarisierten Strahlen nach Durchlaufen der zirkulardichroitischen Schicht nicht mehr zu einem linear polarisierten Strahl superponieren können, sondern *elliptisch polarisiertes Licht* liefern (s. S. 486). Die *Elliptizität* des austretenden Lichtes ist deshalb ein unmittelbares Maß für den Zirkulardichroismus.

Der Absorptionskoeffizient k' ist nach Gl. (4), S. 319 definiert durch

$$J = J_0\, e^{-k'd}, \qquad (5)$$

wenn J_0 die Intensität der einfallenden, J die Intensität des austretenden Lichtes nach Durchlaufen der Schichtdicke d darstellt. Ist nun $k'_l \neq k'_r$, so ergibt sich für die Amplitude der beiden zirkular polarisierten Strahlen nach Durchlaufen der Schichtdicke d

$$\mathfrak{E}_l = \mathfrak{E}_0 \cdot e^{-k'_l d/2} \quad \text{und} \quad \mathfrak{E}_r = \mathfrak{E}_0 \cdot e^{-k'_r d/2}. \qquad (6)$$

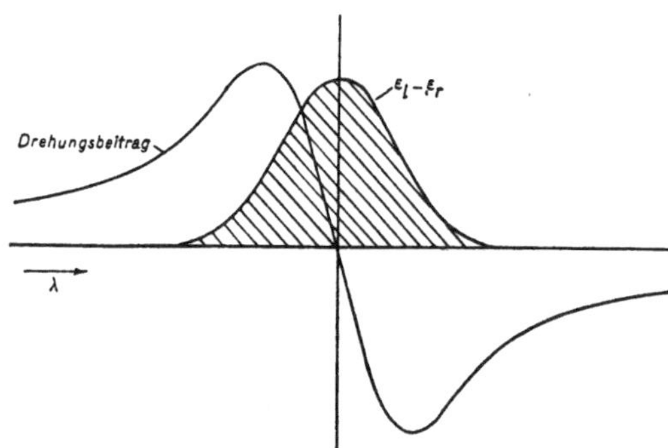

Abb. 2. Zusammenhang zwischen anomaler Rotationsdispersion und Zirkulardichroismus (aus FREUDENBERG: Stereochemie. Leipzig 1933).

Da nun die große Halbachse A der resultierenden Ellipse gleich der Summe, die kleine Halbachse B gleich der Differenz der Amplituden ist, erhält man

$$A = \mathfrak{E}_0 \left[e^{-k'_l d/2} + e^{-k'_r d/2} \right]; \qquad B = \mathfrak{E}_0 \left[e^{-k'_l d/2} - e^{-k'_r d/2} \right],$$

und für das Verhältnis beider die Elliptizität

$$\left.\begin{aligned}
\operatorname{tg} \varphi \equiv \frac{B}{A} &= \frac{e^{-k'_l d/2} - e^{-k'_r d/2}}{e^{-k'_l d/2} + e^{-k'_r d/2}} \\[2mm]
&= \frac{1 - e^{-(k'_l - k'_r)d/2}}{1 + e^{-(k'_l - k'_r)d/2}} \cdot
\end{aligned}\right\} \qquad (7)$$

Da k'_l und k'_r im allgemeinen nur wenig voneinander verschieden sind, was bedeutet, daß ebenso wie die zirkulare Doppelbrechung auch der Zirkulardichroismus sehr gering ist, kann man näherungsweise $\operatorname{tg} \varphi \cong \varphi$ setzen, und erhält durch Entwicklung der e-Funktion

$$\operatorname{tg} \varphi \cong \varphi \cong \frac{1 - 1 + \dfrac{k'_l - k'_r}{2}\, d}{1 + 1 - \dfrac{k'_l - k'_r}{2}\, d} = \frac{(k'_l - k'_r)\, d}{4 - (k'_l - k'_r)\, d} \cdot$$

Vernachlässigt man den zweiten Term im Nenner als klein gegenüber 4 und ersetzt nach Gl. (6), S. 319 unter Einführung des molaren dekadischen Extinktionskoeffizienten

$$k' = \varepsilon c \cdot \ln 10 = \varepsilon c\, 2{,}30, \qquad (8)$$

so wird schließlich

$$\varphi = \frac{\varepsilon_l - \varepsilon_r}{4} \cdot 2{,}30\, cd. \qquad (9)$$

Gl. (9) gibt den Zusammenhang zwischen der mittels Halbschattenapparatur meßbaren (s. S. 498) Elliptizität φ und dem Zirkulardichroismus wieder, der auf diese Weise ermittelt werden kann.

Das hauptsächlichste Anwendungsgebiet der Polarimetrie ist die quantitative Analyse: Aus dem gemessenen Drehungswinkel und dem bekannten Wert für die spezifische Drehung einer Verbindung läßt sich ihre Konzentration in Lösung nach Gl. (2) bestimmen. Wenn die Lösung zwei verschiedene optisch aktive Verbindungen enthält, läßt sich eine quantitative Analyse unter Umständen trotzdem ausführen. Wenn sich nämlich die Rotationsdispersion der beiden Verbindungen stark unterscheidet, so mißt man die Drehung bei zwei möglichst verschiedenen Wellenlängen und kann daraus die beiden unbekannten Konzentrationen in analoger Weise berechnen, wie dies für photometrische Messungen beschrieben worden ist (s. S. 321).

Zur Charakterisierung von optisch aktiven Verbindungen wird oft die spezifische Drehung bei einer bestimmten Wellenlänge, z. B. für Na-Licht angegeben. Da die optische Drehung nicht sehr spezifisch ist, wäre es besser, wenn man zur Charakterisierung die Rotationsdispersion, d. h. die ganze Kurve der Abhängigkeit der optischen Drehung von der Wellenlänge aufnehmen würde. Da dies verhältnismäßig umständlich ist, begnügt man sich häufig mit der Messung von $[\alpha]$ für zwei verschiedene Wellenlängen und gibt zusätzlich den sog. „Dispersionsquotienten" $[\alpha]_{436}/[\alpha]_{589}$ an, was bereits wesentlich spezifischer für eine gegebene optisch aktive Substanz ist als der Drehungswert bei einer einzigen Wellenlänge.

Da sich die optische Drehung aus den Beiträgen der einzelnen Absorptionsbanden zusammensetzt, nimmt sie im allgemeinen gegen kürzere Wellen zunächst monoton ab oder zu. Wenn daher eine Verbindung im Sichtbaren Drehungswerte besitzt, die für eine quantitative Analyse hoher Genauigkeit zu klein sind, kann man versuchen, die Messung statt wie üblich bei 589 mμ im Blau oder sogar mit ultraviolettem Licht (z. B. mit der Hg-Linie 2537 Å) durchzuführen, da man dann größere Drehungen erhält. Allerdings erfordert letzteres einen größeren apparativen Aufwand (s. S. 493).

b) Herstellung von polarisiertem Licht.

α) Linear polarisiertes Licht.

Die einfachste Methode zur Herstellung von linear polarisiertem Licht besteht darin, daß man natürliches Licht unter einem bestimmten Winkel, dem sog. Polarisationswinkel, *an einer Glasplatte reflektieren* läßt (Abb. 3). Das unter dem Polarisationswinkel φ reflektierte Licht ist vollständig polarisiert, und zwar steht die Schwingungsrichtung des reflektierten Lichtes (Richtung des elektrischen Vektors *) senkrecht zur Einfalls- bzw. Reflexionsebene. Dabei bedeutet die Einfalls- bzw. Reflexionsebene die Ebene, die der einfallende bzw. der reflektierte Strahl mit dem Einfallslot bildet, in Abb. 3 also die Papierebene. Das durch die Glasplatte hindurchtretende Licht ist dagegen nur teilweise polarisiert, und zwar liegt die Schwingungsrichtung in der Einfallsebene. Durch Anwendung mehrerer Glasplatten hintereinander (Glasplattensatz) kann man auch das hindurchtretende Licht weitgehend polarisieren, indem man die senkrecht zur Einfallsebene schwingende Komponente durch die wiederholte Reflexion praktisch völlig entfernt (s. Abb. 4). Die Lichtausbeute ist in diesem Fall größer, als wenn man den einfach reflektierten Strahl benützt; sie beträgt jedoch bei weitem nicht 50%.

Wenn man das Licht unter einem anderen als dem „Polarisationswinkel" einfallen läßt, ist auch der reflektierte Strahl nicht vollständig polarisiert. Bei senkrechtem Einfall tritt überhaupt keine Polarisation auf. Die Größe des Polarisationswinkels ist

---

* Als „Polarisationsrichtung" bezeichnet man in der Regel die Richtung senkrecht zur Schwingungsrichtung des elektrischen Vektors, also die Richtung des magnetischen Vektors. Der Ausdruck Schwingungsrichtung des Lichtes dagegen, der hier immer gebraucht werden soll, gibt stets die Richtung des elektrischen Vektors an.

nach dem BREWSTERschen Gesetz durch die Bedingung gegeben, daß der reflektierte und der gebrochene Strahl einen rechten Winkel bilden. Dann gilt, wie man aus Abb. 3 ersieht,

$$\sin \alpha = \cos \beta \tag{10}$$

oder nach dem Brechungsgesetz (S. 441), Gl. (2)

$$\operatorname{tg} \alpha = n. \tag{11}$$

Für Glas beträgt der Polarisationswinkel 57°.

Mit weitaus größerer Lichtausbeute stellt man vollständig linear polarisiertes Licht her, indem man natürliches Licht durch eine *doppelbrechende Kalkspatprismenkombination* hindurchtreten läßt. Wenn ein Lichtstrahl durch eine der Rhomboederflächen des Kalkspates in den Krystall eintritt, so wird er in zwei Strahlen gleicher Intensität zerlegt, den ordentlichen und den außerordentlichen Strahl, die senkrecht zueinander polarisiert sind und die je nach der Einfallsrichtung verschiedene Winkel miteinander einschließen können. Man kann nun durch ge-

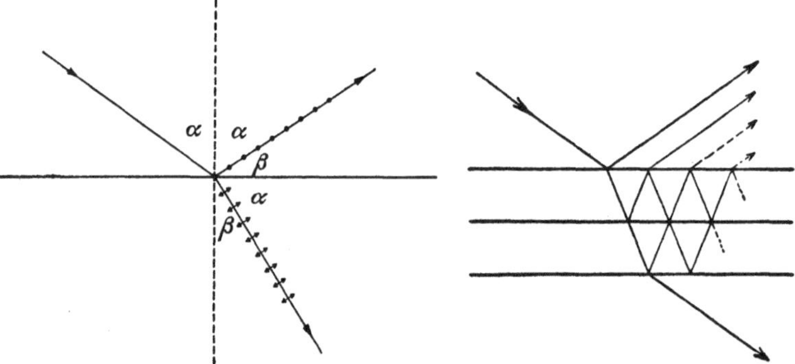

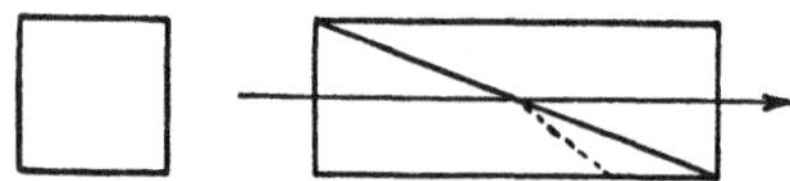

Abb. 3. Polarisation durch Reflexion.   Abb. 4. Polarisation durch einen Glasplattensatz (aus WEIGERT).   Abb. 5. Prisma nach GLAN-THOMPSON (senkrechte Endflächen) (aus WEIGERT).

eignete Kombination von zwei Prismen entweder den einen Strahl durch Totalreflexion vollständig zum Verschwinden bringen, oder den Winkel, unter dem die beiden Strahlen austreten, so groß machen, daß man den einen Strahl nachträglich ausblenden kann (s. Abb. 5).

Die verschiedenen Prismenkombinationen unterscheiden sich hauptsächlich durch den maximalen Öffnungswinkel φ, unter dem die Strahlen noch eintreten können, ohne daß die Vollständigkeit der Polarisation leidet.

Polarisationsprismen[1] mit schiefen rhombischen bzw. rechteckigen Endflächen (NICOLsches Prisma bzw. Prisma nach HALLE) sind heute kaum noch in Gebrauch.

Abb. 5 zeigt den Querschnitt eines GLAN-THOMPSON-Prismas mit senkrechten Endflächen. Die beiden Halbprismen sind durch eine dünne Kittschicht verbunden. Als Kitt werden Canadabalsam, Leinöl oder Terpentinöl verwendet, für den ultravioletten Spektralbereich Glycerin oder ein Harnstoff-Formaldehydpolymerisat[2]. Will man der Absorption wegen keinen Kitt verwenden, so kann man statt dessen sog. GLAN-Prismen mit einer dünnen Luftschicht zwischen den beiden Halbprismen verwenden; jedoch besitzen solche Polarisatoren einen sehr kleinen Öffnungswinkel (7°), und es tritt leicht Streulicht infolge von mehrfacher Reflexion auf, so daß diese GLAN-Prismen nicht zu empfehlen sind. Der maximale Öffnungswinkel bei gekitteten GLAN-THOMPSON-Prismen beträgt etwa 22°. Der ordentliche Strahl wird durch Totalreflexion an der Kittfläche zum Verschwinden gebracht, der außerordentliche geht unabgelenkt durch, zeigt also auch keine Dispersion, d. h. keine Wellenlängenabhängigkeit der Strahleinrichtung.

Abb. 6 zeigt drei weitere Typen von Polarisatoren, bei denen die beiden senkrecht zueinander polarisierten Komponenten aus der senkrechten Endfläche divergierend austreten. Die Schraffierung gibt die Richtung der optischen Achse des Kalkspates an. Beim SÉNARMONT- und beim ROCHON-Prisma geht die eine Komponente unabgelenkt durch das Prisma hindurch, so daß von den beiden Bildern eines beobachteten hellen

---

[1] Hersteller z. B. B. Halle, Berlin; Schmidt und Haensch, Berlin; Zeiss-Winkel, Göttingen.
[2] Halle, Berlin.

Punktes das eine beim Drehen des Prismas um das feststehende andere Bild im Kreise herumwandert. Das unabgelenkte Lichtbündel zeigt keine Farbendispersion. Beim WOLLASTON-Prisma werden beide Komponenten abgelenkt und zeigen Dispersion. Die beiden erstgenannten Kombinationen sind daher als Polarisatoren einfacher zu handhaben. Die seitlich abgelenkte Komponente wird durch eine äußere Blende vernichtet. Es muß jedoch darauf geachtet werden, daß sowohl beim SÉNARMONT- als auch beim ROCHON-Prisma die Polarisation nur vollständig ist, wenn das Licht das Prisma in der in Abb. 6 gezeichneten Weise durchsetzt. Die Zerlegung in zwei senkrecht zueinander polarisierte Strahlen ist nicht vollständig, wenn das Prisma um 180° gedreht wird.

Für das weite Ultraviolett unterhalb von 2400 Å sind die beschriebenen Prismen nicht mehr durchlässig, und man ist auf *Polarisationsprismen aus Quarz* angewiesen. Man kann z. B. ein gewöhnliches Quarzprisma verwenden, dessen brechende Kante parallel zur optischen Achse des Bergkrystalls liegt. Da der Brechungsindex für die beiden senkrecht zueinander polarisierten Komponenten des Lichtes verschieden ist, entstehen bei Benutzung von weißem Licht zwei Spektren, die gegeneinander verschoben sind. Verwendet man monochromatisches Licht (Vorreinigung durch einen Monochromator), so lassen sich die Strahlenbündel der beiden Komponenten durch Ausblenden trennen.

Quarzpolarisatoren ohne Ablenkung lassen sich auch in einer

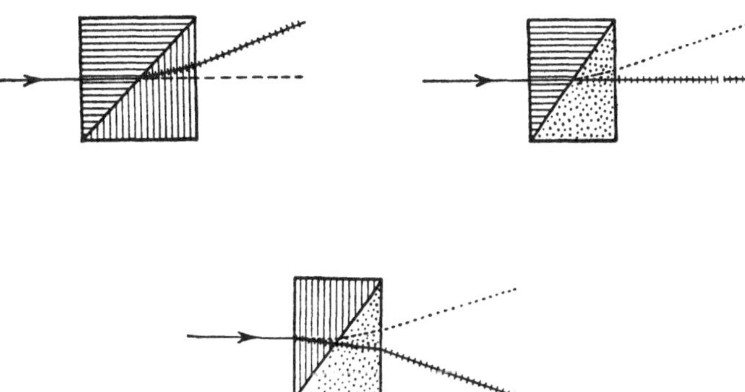

Abb. 6. Verschiedene Typen von Polarisatoren, bei denen beide Strahlen austreten (aus WEIGERT).

der in Abb. 6 gezeigten Kombinationen herstellen. Für die Anwendung solcher Polarisatoren in der Polarimetrie muß jedoch die optische Eigenaktivität des Quarzes berücksichtigt werden. Sie bewirkt, daß linear polarisiertes Licht, welches parallel zur optischen Achse des Quarzes läuft, in seiner Polarisationsrichtung gedreht wird, und daß Licht, welches senkrecht zur optischen Achse des Quarzes unverändert laufen kann, nicht linear, sondern elliptisch polarisiert ist. Über die Berücksichtigung dieser Eigenschaften bei Polarimeteranordnungen s. S. 495.

Für *Polarisationsprismen im ultraroten Spektralbereich* kann man bis $2\,\mu$ ebenfalls Kalkspat verwenden. Für Wellenlängen $> 2\,\mu$ muß man polarisierte Strahlung durch Reflexion herstellen. Am besten eignen sich dazu Spiegel aus amorphem Selen, die man dadurch herstellt, daß man Selen zwischen zwei Glasplatten gießt und nach dem Erstarren vorsichtig ablöst[1]. Die Öffnung des Strahlenbündels darf dabei nicht mehr als etwa 10° betragen; die Ausbeute an polarisierter Strahlung beträgt nur etwa 10—20%.

In neuerer Zeit benützt man statt Selen AgCl-Platten[2], durch die man das Licht hindurchtreten läßt. Mit einem Satz von 4—5 Platten erhält man noch eine Ausbeute von 40—50%. Diese Art der Polarisation läßt sich bis etwa $20\,\mu$ verwenden.

β) Elliptisch- und zirkular-polarisiertes Licht.

Läßt man linear polarisiertes Licht in der Weise durch eine doppelbrechende Platte gehen, daß die Polarisationsrichtung nicht mit einer der Hauptschwingungsrichtungen des Krystalls übereinstimmt, wie es in Abb. 7 gezeigt ist, so entsteht elliptisch- bzw. zirkular-polarisiertes Licht. Das beruht darauf, daß das linear polarisierte Licht in zwei Komponenten aufgespalten wird, deren Schwingungsrichtung mit den Haupt-

---

[1] Vgl. z. B. CZERNY, M.: Z. Physik **16**, 321 (1923).
[2] Hersteller z. B. Perkin Elmer Corp., Norwalk, Connecticut, U.S.A., oder Onera, Paris, Bvd. Malesherbes.

schwingungsrichtungen des Krystalls übereinstimmt. Da die Fortpflanzungsgeschwindigkeit für die beiden Komponenten nicht gleich groß ist, entsteht eine Phasenverschiebung zwischen ihnen, die um so größer ist, je dicker die Platte ist. Beim Austritt aus der Platte superponieren sich die beiden Komponenten wieder, wobei auf Grund der Phasenverschiebung elliptisch- bzw. zirkularpolarisiertes Licht entsteht, oder bei noch größerer Phasenverschiebung linear polarisiertes Licht, dessen Schwingungs-

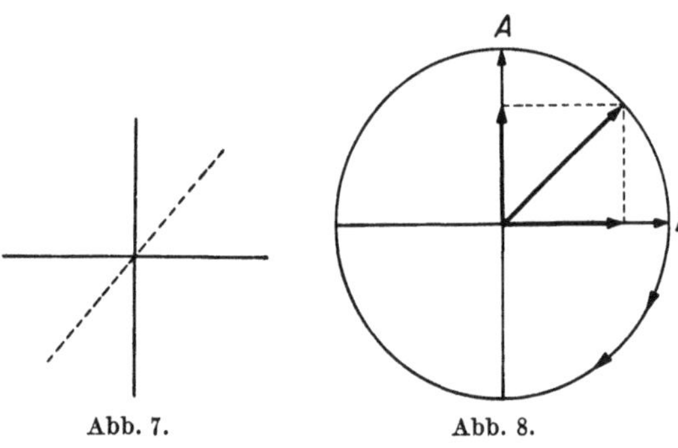

Abb. 7. Abb. 8.

Abb. 7. Schema der Verhältnisse beim Durchgang eines Lichtbündels durch eine doppelbrechende Platte. Ausgezogene Gerade = Hauptschwingungsrichtungen des Krystalls (optische Achse und senkrecht dazu). Gestrichelte Gerade = Polarisationsrichtung des Lichtes.

Abb. 8. Entstehung eines zirkularpolarisierten Strahles aus 2 linearpolarisierten mit einer Phasenverschiebung von $\lambda/4$.

richtung senkrecht auf derjenigen des ursprünglichen Lichtes steht. Abb. 8 veranschaulicht die Superposition von zwei senkrecht zueinander polarisierten Strahlen A und B mit einer Phasenverschiebung von $\lambda/4 = 90°$ zu einem zirkularpolarisierten Strahl. Ist die Amplitude des Strahls A die maximale, so ist diejenige des Strahls B gleich Null. Nach einer gewissen Zeit haben die Amplituden der beiden Strahlen die in der Abb. 8 angedeuteten Mittelstellungen erreicht, die durch Superposition entstehende Amplitude entspricht dem unter 45° eingezeichneten Pfeil, der die gleiche Länge hat wie die maximale Amplitude der einzelnen Strahlen. Wenn die Amplitude von B maximal ist, ist die von $A = 0$ usw. Durch die Superposition entsteht also eine Schwingung, deren Amplitude konstant ist und einen Kreis im Uhrzeigersinn beschreibt, d. h. es entsteht rechts zirkular polarisiertes Licht. Beträgt die Phasenverschiebung der beiden linear polarisierten Strahlen $^3/_4\,\lambda$, so entsteht linkszirkularpolarisiertes Licht. Da sich während einer Phasenänderung um 360° die Schwingung außerdem in ihrer Fortpflanzungsrichtung (senkrecht zur Papierebene) um λ weiterbewegt hat, beschreibt der elektrische Vektor einer

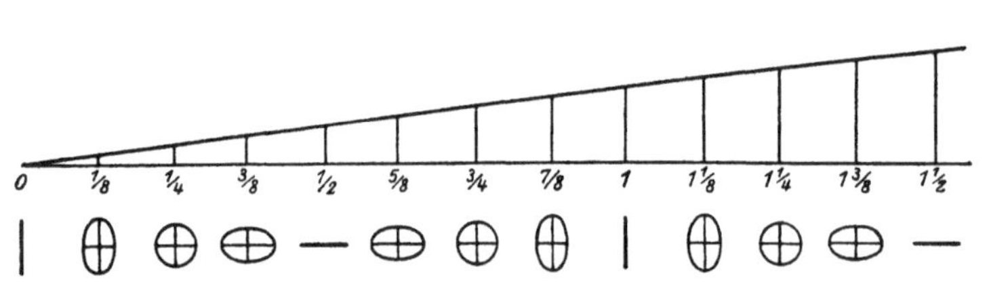

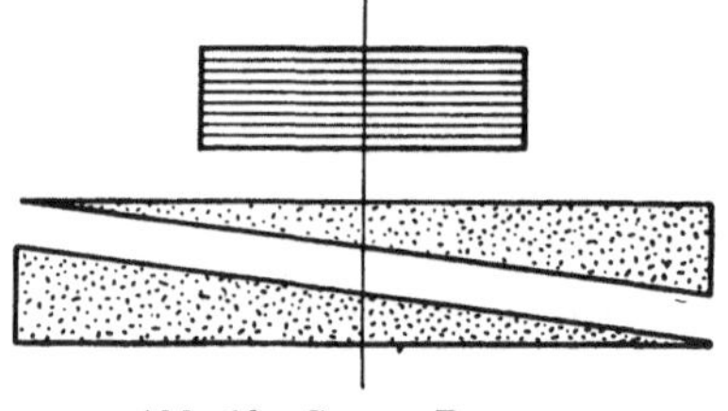

Abb. 9. Formen der Schwingungsellipsen bei verschiedenen Phasenverzögerungen in einem Quarzkeil (aus WEIGERT).

Abb. 10. SOLEIL-BABINET-Kompensator (aus WEIGERT).

solchen Schwingung eine Rechts- bzw. Linksschraube mit der Ganghöhe λ (s. S. 479). Die Schwingungsformen, die durch Superposition von linear polarisiertem Licht verschiedener Phasenverschiebung entstehen, gehen schematisch aus Abb. 9 hervor, in der gezeigt ist, wie man mit einem Quarzkeil alle möglichen Phasenverschiebungen und damit alle möglichen Elliptizitäten der resultierenden Schwingungen erzeugen kann. Konstante Phasenverzögerungen stellt man am einfachsten mit dünnen Glimmerspaltblättchen her. Durch ein sog. $^1/_4\,\lambda$-Glimmerblättchen (Dicke = 0,032 mm) entsteht z. B. zirkularpolarisiertes Licht, durch ein $^1/_2\,\lambda$-Blättchen wird die Schwingungsrichtung um 90° gedreht usw., wie es in Abb. 9 gezeigt ist. Streng genommen gilt dies wegen der Dispersion des Brechungsindex nur für eine bestimmte Wellenlänge (Na-Licht).

Vorrichtungen, die eine variable Phasenverschiebung erzeugen, werden z. B. zur quantitativen Bestimmung der Doppelbrechung verwendet. Anstatt des einfachen Quarzkeils der Abb. 9 benützt man einen sog. SOLEIL-BABINET-Kompensator (Abb. 10), der im wesentlichen aus zwei gegeneinander verschiebbaren Quarzkeilen besteht, die sich zu einer parallelen Quarzplatte variabler Dicke ergänzen. Ein solcher Kompensator wird in Einheiten der Phasenverschiebung für monochromatisches Licht (Na-Licht) geeicht.

c) Experimentelle Bestimmung der optischen Drehung.

α) *Meßprinzip.*

Ein Polarisator der Art von Abb. 6 läßt nur Licht bestimmter Schwingungsrichtung ungeschwächt durch. Senkrecht dazu polarisiertes Licht wird völlig ausgelöscht. Vom linear polarisierten Licht, dessen Schwingungsrichtung einen Winkel zwischen 0° und 90° mit derjenigen des Polarisators bildet, wird nur der Anteil durchgelassen, welcher der Projektion dieser Schwingungsrichtung auf diejenige des Polarisators entspricht (s. Abb. 11). OA sei die Amplitude des auffallenden Lichtes. Dann beträgt die Amplitude des austretenden, jetzt in Richtung OB polarisierten Lichtes $\mathfrak{E} = \mathfrak{E}_0 \cdot \cos\alpha$. Die Intensität eines Lichtbündels ist dem Quadrat der Amplitude des elektrischen Vektors proportional, es ist also

$$J = J_0 \cdot \cos^2\alpha, \tag{12}$$

wobei J_0 die Intensität des eintretenden Lichtes, J diejenige des austretenden Lichtes bedeutet. Auf dieser Gleichung beruht die früher (S. 337) beschriebene meßbare Lichtschwächung mit Hilfe zweier Polarisationsprismen. Wenn demnach natürliches Licht nacheinander durch zwei Polarisationsprismen hindurchgeht, so hängt der Anteil des vom zweiten Prisma durchgelassenen Lichtes in gleicher Weise von dem Winkel ab, den die beiden Prismen miteinander bilden, und der gewöhnlich als *Azimut* φ bezeichnet wird. Sind die Schwingungsrichtungen von beiden Prismen gleich (Parallelstellung; $\varphi = 0$), so läßt das zweite Prisma alles Licht durch, das aus dem ersten ausgetreten ist. Stehen die Schwingungsrichtungen der Prismen senkrecht aufeinander (gekreuzte Stellung; $\varphi = 90°$), so wird alles Licht

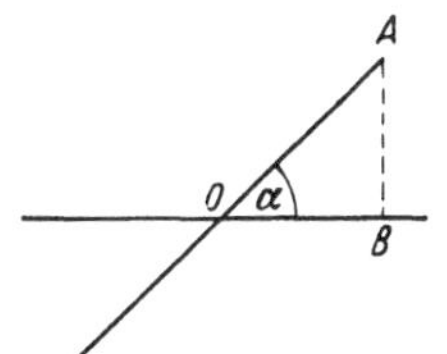

Abb. 11. Darstellung des von einem Polarisator durchgelassenen Lichtanteils. Horizontal = Schwingungsrichtung des Polarisators. Geneigt = Schwingungsrichtung des eintretenden, linearpolarisierten Lichtes.

ausgelöscht. Umgekehrt kann man aus der Stellung, bei der das zweite Prisma völlig auslöscht, die Schwingungsrichtung des ersten feststellen. Man bezeichnet deshalb das zweite Prisma im allgemeinen als Analysator.

Polarisator und Analysator in gekreuzter Stellung bewirken völlige Auslöschung eines Lichtbündels. Bringt man nun zwischen beide eine optisch aktive Substanz, so tritt wieder Aufhellung ein, weil die Schwingungsrichtung des vom Polarisator durchgelassenen Lichtes gedreht worden ist. Man kann die durch den aktiven Stoff verursachte Drehung der Polarisationsebene dadurch bestimmen, daß man entgegengesetzt der Fortpflanzungsrichtung des Lichtes gegen den Analysator blickt und diesen solange dreht, bis wieder völlige Auslöschung eintritt. Ist dazu eine Drehung des Analysators im Uhrzeigersinn um einen Winkel $+\alpha$ notwendig, so ist dies nicht notwendig der Drehungswinkel des optisch aktiven Stoffes, denn eine Drehung des Analysators gegen den Uhrzeigersinn um $(+\alpha - 180)$ würde ebenfalls zur Auslöschung führen[1]. Um den *Drehungssinn* (positiv oder negativ) des aktiven Stoffes festzulegen, verändert man die Schichtdicke des aktiven Stoffes. Ist z. B. bei halber Schichtdicke die Drehung im Uhrzeigersinn $+\beta$, und ist $\beta = \dfrac{\alpha}{2}$, so ist der Stoff rechtsdrehend. Wäre der Stoff linksdrehend, so müßte jetzt für die Drehung gegen den Uhrzeigersinn gelten $(+\beta - 180) = (+\alpha - 180)/2$ oder $+\beta = +\dfrac{\alpha}{2} + 90$, so daß sich auf diese Weise der Drehungssinn leicht feststellen läßt. Noch einfacher ist dies, wenn eine sog. Kontrollbeobachtungsröhre[2] zur Verfügung steht, mit der sich eine meßbar veränderliche Schichtdicke einstellen läßt, ähnlich wie bei einem Balyrohr (s. S. 340). Vergrößert man etwa die Schichtdicke um einen sehr kleinen Betrag, so ergibt sich aus der zugehörigen positiven oder negativen Drehung des Analysators bis zur erneuten Auslöschung sofort der Drehungssinn.

---

[1] Selbstverständlich könnte der Drehungswinkel auch den Betrag $(+\alpha + n \cdot 180)$ oder $(+\alpha - n \cdot 180)$ besitzen, wobei n eine ganze Zahl ist, doch kommen so große Drehungen praktisch kaum vor.

[2] Schmidt und Haensch, Berlin.

Bei einigen älteren Saccharimetern kompensiert man die Drehung des zu untersuchenden Stoffes nicht mit dem Analysator, sondern mit einem *Quarzkeilkompensator*[1]. Er besteht ähnlich wie der SOLEIL-BABINET-Kompensator (s. S. 486) aus zwei gegeneinander verschiebbaren Quarzkeilen, welche zusammen eine planparallele Quarzplatte veränderlicher Dicke bilden, und aus einer feststehenden planparallelen Quarzplatte. Keile und Platte sind jedoch im Gegensatz zum SOLEIL-BABINET-Kompensator so geschnitten, daß das Lichtbündel in Richtung der optischen Achse des Kristalls verläuft, also nicht doppelt gebrochen, sondern nur in seiner Polarisationsrichtung gedreht wird, und zwar durch die Platte nach links, durch die Keile nach rechts. Wenn die Keile so gestellt sind, daß sie zusammen ebenso dick sind wie die Platte, so findet insgesamt keine Drehung statt. Eine Aufhellung des Gesichtsfeldes durch eine drehende Substanz kann jetzt anstatt durch Drehung des Analysators durch Verschiebung der Keile und damit Veränderung der wirksamen Plattendicke kompensiert werden. Die Eichung des Quarzkeiles muß eigentlich für jede Wellenlänge gesondert durchgeführt werden, da auch die optische Drehung des Quarzes eine Dispersion aufweist. Solche Quarzkeilkompensatoren werden jedoch gewöhnlich nur in der Saccharimetrie verwendet, wofür man sie direkt in Einheiten des Zuckergehaltes eicht. Die Rotationsdispersionen von Zucker und Quarz sind im sichtbaren Spektralbereich nahezu gleich; man kann also auch mit weißem Licht messen.

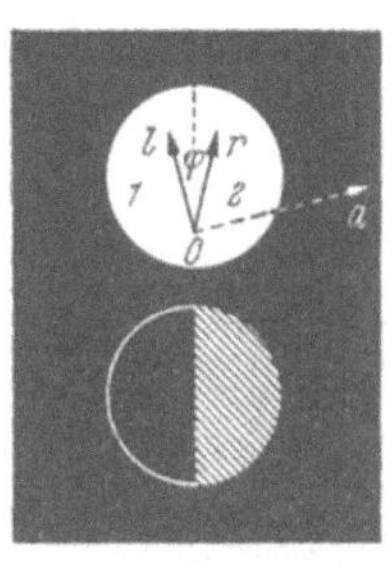 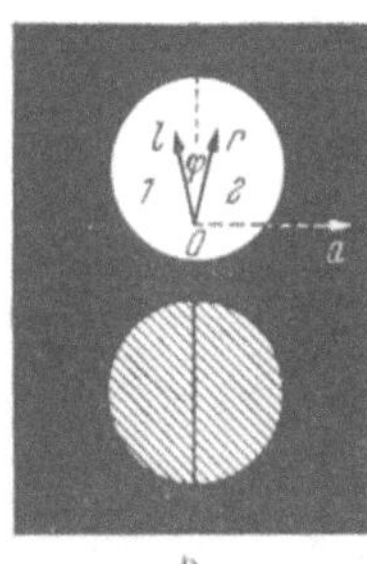 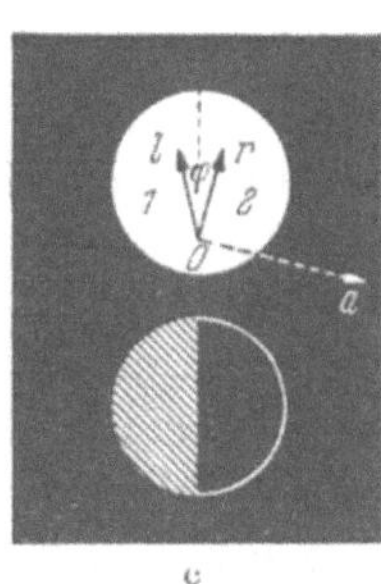

Abb. 12 a—c. Gesichtsfeld eines Halbschattenapparates bei verschiedenen Stellungen des Analysators (aus HEILMEYER, L.: Methoden der Fermentforschung (BAMANN-MYRBÄCK). Leipzig 1941).

Die Einstellung auf völlige Dunkelheit des Gesichtsfeldes ist deshalb ungeeignet, weil die Genauigkeit der Einstellung bei gekreuzten Prismen sehr gering ist[2]. Man benutzt sie deshalb nur bei ganz einfachen Polarimetern mit geringen Ansprüchen an die Genauigkeit wie z. B. beim Polarisationsapparat nach BIOT-MITSCHERLICH, der heute kaum noch in Gebrauch ist. Alle modernen Polarisationsapparate sind deshalb mit sog. *Halbschattenpolarisatoren* ausgerüstet. Der Polarisator besteht aus zwei Hälften, in denen sich die Schwingungsrichtungen des linear polarisierten Lichtes um einen kleinen Winkel, den sog. Halbschattenwinkel φ, unterscheiden. Blickt man jetzt durch ein Okular gegen den Analysator, so sieht man die beiden Hälften des Polarisators in Form von zwei aneinandergrenzenden Feldern, die jetzt nicht mehr beide gleichzeitig auf völlige Dunkelheit gebracht werden können. Das Gesichtsfeld eines Halbschattenapparates bei verschiedener Stellung des Analysators ist in Abb. 12 dargestellt. Die Pfeile l und r geben die Schwingungsrichtungen des aus dem Polarisator austretenden Lichtes an, der Pfeil a die Schwingungsrichtung des Analysators. Bringt man eine drehende Substanz zwischen Analysator und Polarisator, so werden l und r in gleicher Weise um einen bestimmten Winkel gedreht, und um den gleichen (gesuchten) Winkel muß auch der Analysator a gedreht werden, damit die beiden Gesichtsfeldhälften wieder gleich hell erscheinen. Diese Einstellung auf gleiche (geringe) Helligkeit, die der Mittelstellung des Analysators entspricht, kann mit großer Genauigkeit vorgenommen werden; sie wird um so größer, je kleiner der Halbschattenwinkel φ gewählt wird, solange die Helligkeit des Gesichtsfeldes nicht unter eine gewisse Grenze sinkt. Praktisch läßt sich ein Maximum der Empfindlichkeit bei einem Halbschattenwinkel von etwa 2° erreichen. Einzelne Apparate besitzen einen festen Halbschattenwinkel, bei anderen läßt er sich nach Belieben einstellen.

β) Verschiedene Ausführungsformen von visuellen Polarimetern.

Der Strahlengang bei visuellen Polarimetern entspricht etwa der schematischen Abb. 13. C bedeutet den Polarisator, H den Analysator, E das mit dem aktiven Stoff gefüllte Rohr. Die Lichtquelle A wird durch die Linse B auf der Analysatorblende F

---

[1] Vergl. z. B. MARTENS, P.: Z. Instr.-Kde. **30**, 82 (1900).

[2] Der relative Fehler ist gegeben durch $\dfrac{dJ}{J} = -\mathrm{tg}\,\alpha\, d\alpha$, wird also für $\alpha \to 90°$ sehr groß.

abgebildet. Das Fernrohr J wird durch Verschieben des Okulars LM scharf auf die Polarisationsblende D bzw. auf die direkt davor befindliche (in Abb. 13) nicht eingezeichnete) Halbschatteneinrichtung eingestellt. Wenn das ins Auge gelangende Licht nur durch die Blenden D und F begrenzt ist, bestimmt Blende D die Größe und Blende F die Helligkeit des Gesichtsfeldes.

Die verschiedenen Konstruktionen von Polarimetern unterscheiden sich im wesentlichen durch die Art der Herstellung des Halbschattenfeldes.

1. Halbschatten nach JELLET und CORNU. Ein normaler Polarisator wird zunächst in der Längsrichtung durchgeschnitten und dann die beiden Hälften nach dem Ab-

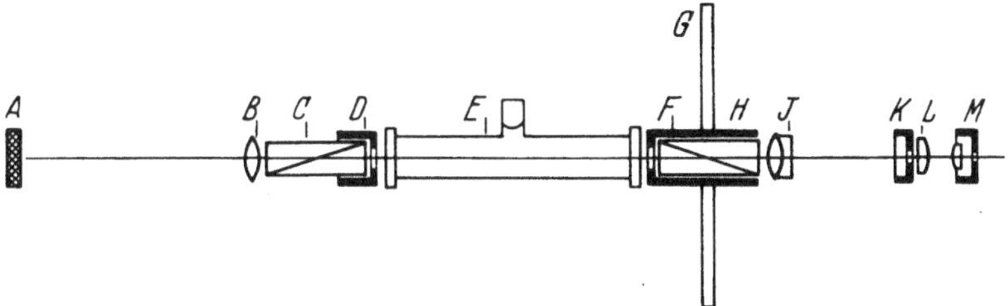

Abb. 13. Strahlengang eines Polarimeters (aus KOHLRAUSCH: Prakt. Physik I, 1943).

schleifen der Schnittflächen um einen kleinen Winkel wieder zusammengekittet. Der Halbschattenwinkel ist unabhängig von der Wellenlänge des Lichtes. Diese Art des Halbschattens hat den Nachteil der Unveränderlichkeit und wird nur noch bei Saccharimetern älterer Konstruktion verwendet.

2. LIPPICHscher Halbschatten. Wie in Abb. 14 dargestellt ist, bringt man hinter dem Polarisationsprisma P ein kleineres Halbprisma H in etwas schiefer Stellung so an, daß es bis in die Mitte der kreisförmigen Polisatorblende reicht. Während das Halbprisma fest montiert ist, läßt sich das Polarisationsprisma um die optische Achse des

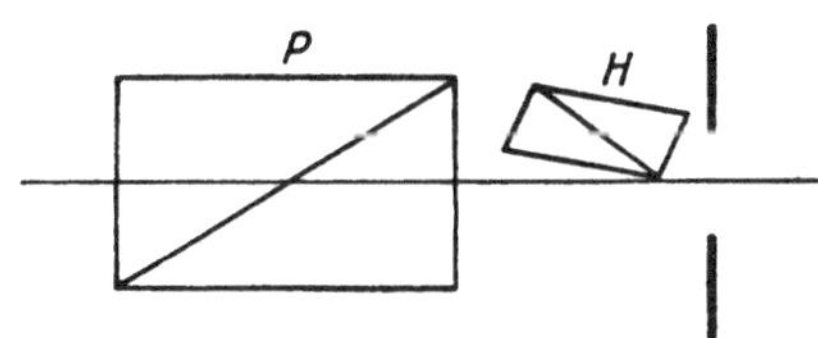

Abb. 14. LIPPICHscher Halbschatten mit Halbprisma H
(aus WEIGERT).

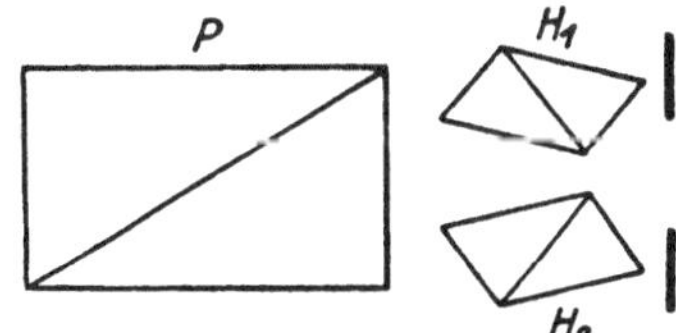

Abb. 15. Dreiteiliger Halbschatten nach LIPPICH
(aus WEIGERT).

Instrumentes drehen, so daß der Winkel, den die aus den beiden Hälften austretenden Schwingungsrichtungen bilden, beliebig veränderlich ist. Auch hier ist der Halbschattenwinkel unabhängig von der Wellenlänge des Lichtes.

Weil die eine Hälfte des aus P austretenden Lichtbündels durch das Halbprisma nachträglich geschwächt wird, entspricht die Einstellung des Analysators auf gleiche Helligkeit der beiden Felder nicht genau dem Mittel des Halbschattenwinkels (s. Abb. 12). Dadurch hängt die Nullstellung des Instrumentes von der Größe des Halbschattenwinkels ab. Bei Veränderung des Halbschattenwinkels muß also die Nullstellung neu bestimmt werden.

Mit Hilfe von zwei Halbprismen kann, wie Abb. 15 zeigt, auch ein dreiteiliges Gesichtsfeld hergestellt werden. Dadurch kann man die Genauigkeit der Einstellung um den Faktor zwei erhöhen. Man gibt der Polarisationsrichtung der beiden Halbprismen einen Winkelunterschied 2β, der doppelt so groß ist wie die Einstellgenauigkeit auf Grund des Helligkeitskontrastes der Schattenfelder. Bei richtiger Einstellung wird dann das Mittelfeld je einen positiven und einen negativen Kontrast gegen die beiden äußeren Felder aufweisen, der den Winkelverschiebungen $+\beta$ und $-\beta$ entspricht. Da dieser Kontrast aber gerade der Kontrastempfindlichkeit des Auges entspricht, empfindet man alle 3 Felder als gleich hell. Wird der Analysator jetzt um einen

Winkel $\frac{\beta}{2}$ gedreht, so entspricht der Kontrast des Mittelfeldes gegen das eine äußere Feld einer Winkelverschiebung von $\frac{3}{2}\beta$, der gegen das andere einer solchen von $\frac{\beta}{2}$. Einen Kontrast, der $\frac{3}{2}\beta$ entspricht, empfindet man aber bereits als Helligkeitsunterschied. Auf diese Weise läßt sich eine Winkelverschiebung um $\frac{\beta}{2}$ gegenüber der Kompensationsstellung noch feststellen, obwohl die Kontrastempfindlichkeit eigentlich durch den Winkel β festgelegt ist.

Mit einem LIPPICHschen Halbschatten sind die Polarimeter der Firmen Zeiß-Winkel, Göttingen und Schmidt und Haensch, Berlin, ausgerüstet.

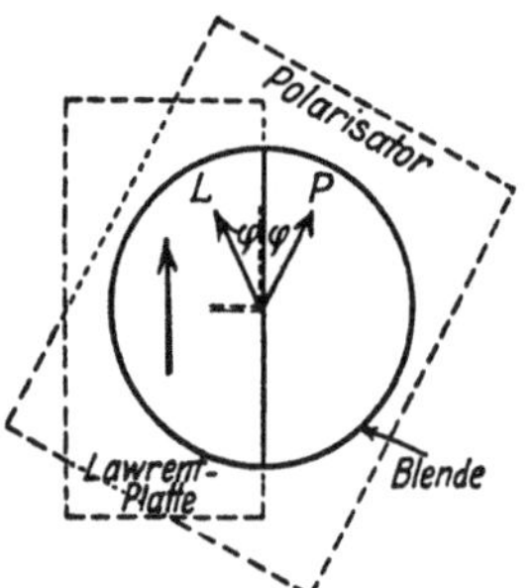

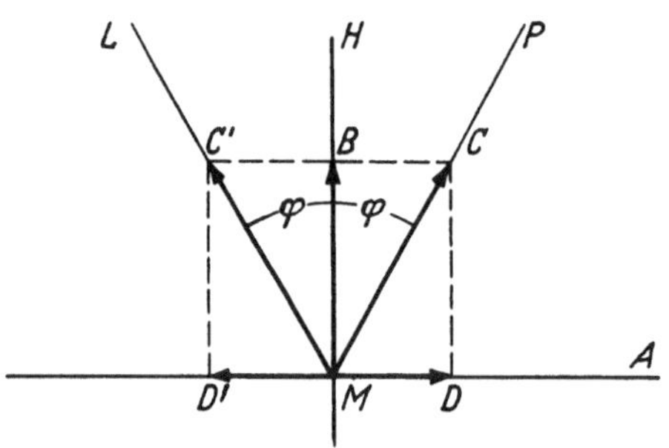

Abb. 16. LAURENTscher Halbschatten (aus WEIGERT).

Abb. 17. Prinzip des LAURENTschen Halbschattens (aus KESSLER: ABDERHALDENS Handbuch der biologischen Arbeitsmethoden II, 2^1. 1928).

3. LAURENTscher Halbschatten. Hinter dem Polarisator wird eine parallel zur optischen Achse geschliffene planparallele Quarzplatte vor der einen Hälfte der runden Polarisationsblende angebracht. Ein in eine solche Platte eintretendes Lichtbündel wird in zwei senkrecht zueinander polarisierte (ordentlicher und außerordentlicher Strahl!) Strahlen zerlegt, deren Fortpflanzungsgeschwindigkeit verschieden ist, so daß sie beim Austritt aus der Platte eine Phasenverschiebung aufweisen, deren Größe von der Plattendicke abhängt. Die Dicke der Platte ist so bemessen, daß sie für eine bestimmte Wellen-

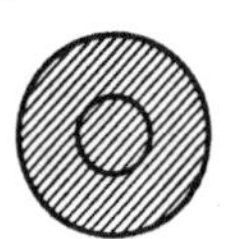

Abb. 18. Ringförmiges Halbschattenfeld mit der LAURENT-Platte (aus WEIGERT).

länge (gewöhnlich für Na-Licht) eine Phasenverzögerung um eine halbe Wellenlänge oder ein ungerades Vielfaches davon bewirkt. Die Platte wird so angeordnet, daß die optische Achse senkrecht steht (Abb. 16), während die Schwingungsrichtung des aus dem Polarisator austretenden Lichtes einen Winkel φ mit der optischen Achse einschließt. Das in Richtung MP schwingende Licht mit einer maximalen Amplitude MC wird in der LAURENTschen Platte in 2 senkrecht zueinander polarisierte Strahlen zerlegt (Abb. 17), von denen der eine, der in der Richtung der optischen Achse des Quarzes schwingt, die Amplitude MB, der senkrecht dazu polarisierte die Amplitude MD besitzt. Nach dem Durchgang durch die Platte besteht eine Phasendifferenz von $\frac{\lambda}{2}$ zwischen den beiden Strahlen, es fällt also die maximale Amplitude MB des einen Strahls mit der maximalen Amplitude MD' des anderen Strahls zusammen. Durch Superposition beider entsteht linear polarisiertes Licht mit einer Schwingungsrichtung ML und einer maximalen Amplitude MC'. Das die LAURENTsche Platte verlassende Licht ist also genau symmetrisch zur ursprünglichen Polarisationsrichtung MP polarisiert; die Intensität hat sich dabei nicht geändert. Der Halbschattenwinkel 2φ kann durch Drehung des Polarisators gegen die feststehende LAURENTsche Platte beliebig verändert werden.

Wenn man die LAURENTsche Platte in Form einer kleinen Scheibe in der Mitte der Polarisationsblende anbringt, entsteht ein ringförmiges Halbschattenfeld gemäß Abb. 18.

Der Vorteil des LAURENTschen Halbschattens gegenüber dem LIPPICHschen besteht darin, daß die Nulleinstellung des Apparates unabhängig von der Größe des Halbschattenwinkels 2 φ ist, weil ja die beiden Lichtbündel beim Verlassen der Polarisatorblende gleiche Intensität besitzen. Ein großer Nachteil besteht jedoch darin, daß die Bestimmung der Drehung nur für Licht einer einzigen Wellenlänge möglich ist, für die die Dicke der LAURENTschen Platte berechnet ist. *Die Messung der Rotationsdispersion ist also mit solchen Anordnungen ausgeschlossen.* Gewöhnlich sind die Apparate für Messungen mit Natrium-D-Licht eingerichtet.

Trotz dieses Nachteils sind die meisten neueren Polarimeter, wie sie für Kliniken, medizinische Institute, in der Nahrungsmittelchemie und in Zuckerfabriken gebraucht werden, mit einem LAURENTschen Halbschatten ausgerüstet. Für die meisten Zwecke der quantitativen Analyse genügen Messungen mit Natrium-D-Licht.

Das einfache *Taschenpolarimeter* der Firma Zeiß, Jena ist zum Zwecke der Zuckerbestimmung im Harn entwickelt worden. Es enthält als Lichtquelle eine Mattglasglühlampe mit einem Lichtfilter, dessen Schwerpunkt im Bereich der Na-D-Linie liegt.

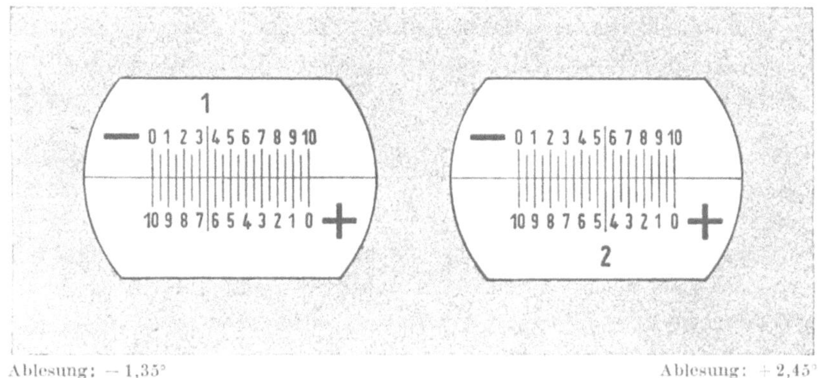

Abb. 19. Winkelablesung beim Halbschattenpolarisationsapparat von Leitz.

Die Länge des Beobachtungsrohres ist so bemessen, daß der abgelesene Winkel mit 2 multipliziert den Zuckergehalt in Prozenten ergibt. Die Empfindlichkeit der Winkeleinstellung entspricht einer Unsicherheit der Bestimmung von 0,1 % Zucker.

Höheren Anforderungen genügt das *Kreispolarimeter* von Zeiß, Jena, das nicht speziell für Zuckerbestimmungen eingerichtet ist. Es ist mit einer Glühlampe und Lichtfilter ausgerüstet, für genauere Messungen wird eine Natrium-Spektrallampe benützt. Der Drehungswinkel wird an der mit dem Analysator fest verbundenen Kreisteilung mit feststehendem Nonius abgelesen. Der Kreis ist nach Graden in zwei Halbkreise geteilt, je mit 0° beginnend. Die Ablesegenauigkeit beträgt 0,05°.

Auch der *Halbschattenpolarisationsapparat* von Leitz, Wetzlar, ist mit einer Glühlampe als Lichtquelle und einem zusätzlichen Farbfilter ausgerüstet, dessen Schwerpunkt mit der Wellenlänge der Na-D-Linie übereinstimmt. Der Meßbereich des Instrumentes reicht von —45° bis +45°, mit einer Ablesegenauigkeit am Nonius von 0,05°. Ob es sich bei der Ablesung um positive oder negative Drehwerte handelt, erkennt man an der Anordnung der Zahlen auf der Meßskala. Bei positiven Winkeln sieht man die Zahlen unterhalb der Winkelteilung, bei negativen hingegen oberhalb derselben (s. Abb. 19).

Zwei kleine Polarimeter speziell zur Bestimmung von Zucker und Eiweiß im Harn werden von Hellige, Freiburg, hergestellt, nämlich das *Diabetometer* und das *Taschenpolarimeter*. Beide Instrumente besitzen einen Meßbereich von —10° bis +10°, entsprechend 0—20 % Glucose bei 100 mm Schichtdicke. Beim Diabetometer liest man die Drehwinkel bzw. die Prozente Glucose und Eiweiß auf einer Kreisskala mit Zeiger ohne Lupe und Nonius ab. Das Taschenpolarimeter dagegen enthält eine Skala mit Lupe und Nonius. Als Lichtquelle kann bei beiden Apparaten Tageslicht oder eine in einem Stativ eingebaute künstliche Lichtquelle verwendet werden.

γ) Einzelheiten zur Meßtechnik.

Die *Cüvetten* zur Aufnahme der zu untersuchenden Substanz bestehen im allgemeinen aus dickwandigen Röhren mit seitlichem Ansatzstutzen zum Einfüllen der Flüssigkeiten. Auf beide plangeschliffene Enden wird je eine planparallele, spannungsfreie Platte durch Schraubverschluß angepreßt. Der Schraubverschluß darf nicht zu stark angezogen werden, da sonst leicht Spannungen in den Platten entstehen, die zu einer teilweisen Aufhellung des Gesichtsfeldes führen. Es empfiehlt sich stets, vor jeder Meßreihe und ebenso bei Änderung der Wellenlänge oder Wechsel des Flüssigkeitsrohres, den Nullpunkt zu bestimmen, indem man das Polarisationsrohr leer oder mit reinem Lösungsmittel gefüllt, einlegt und auf gleiche Helligkeit der Gesichtsfelder einstellt. Jeder Drehungswinkel ist mehrmals einzustellen und abzulesen, aus allen Ablesungen nimmt man das Mittel. Wichtig ist ein ausgeruhtes und gut adaptiertes Auge. Bei längeren Reihenmessungen nimmt die Genauigkeit der Ergebnisse infolge der Ermüdung des Auges rasch ab. Dies gilt insbesondere bei ungenügender Gesamthelligkeit (geringe Intensität der Lichtquelle, trübe oder gefärbte Lösungen). Der Vorteil größerer Drehwinkel im Blau (z. B. bei 436 mμ) wird durch zu geringe Intensität der Lichtquelle häufig wieder kompensiert, so daß die relative Genauigkeit nicht wächst, wie es normalerweise der Fall ist.

Da die optische Drehung *temperaturabhängig* ist, werden für präzise Messungen Rohre hergestellt, die mit einem Temperiermantel umgeben sind zum Durchpumpen von Thermostatenwasser.

Auf die sog. *Kontrollbeobachtungsröhren*, die nach Art der Baly-Rohre mit variabler Schichtdicke gebaut sind, wurde bereits S. 487 hingewiesen. Sie dienen zur Festlegung des Drehungssinnes.

Messungen der optischen Drehung sollen stets mit *monochromatischem Licht* durchgeführt werden. Bei Apparaten, die mit der Laurentschen Halbschattenplatte ausgerüstet sind, ist dies schon deswegen notwendig, weil durch die Dicke der Platte die Wellenlänge, mit der gemessen werden soll (im allgemeinen die Na-D-Linie), vorgeschrieben ist. Abgesehen davon ist jedoch auch die optische Drehung selbst wellenlängenabhängig. Eine Reihe einfacher Polarisationsapparate sind mit Glühlampen und einem Lichtfilter, dessen Schwerpunkt mit der Na-D-Linie zusammenfällt, ausgerüstet. Die Verwendung von Spektrallampen[1] ist jedoch in jedem Falle vorzuziehen. Am häufigsten werden Natriumlampen benützt, die auch ohne Filter zu fast 100% reines D-Licht aussenden. Über andere Spektrallampen und Lichtfilter zur Aussonderung bestimmter Spektralbereiche s. S. 332.

Will man die *Rotationsdispersion* (Wellenlängenabhängigkeit der Drehung) über einen größeren Spektralbereich messen, so benützt man einen *Monochromator*, mit dem man äußerst schmale Spektralbereiche aus dem Licht einer kontinuierlichen Lichtquelle (Glühlampe, Wolfram-Punktlicht-Lampe) oder einzelne Linien einer Spektrallampe aussondert. Der Monochromator muß so aufgestellt werden, daß sein Austrittsspalt genau mit der Eintrittspupille des Polarisationsapparates, d. h. mit der Stelle, an der sich sonst die Lichtquelle befindet, zusammenfällt. Der Austrittsspalt muß daher für alle Wellenlängen seine feste Stellung behalten, d. h. es kommen nur Monochromatoren mit Prismen konstanter Ablenkung oder solche Instrumente in Betracht, bei denen das Kollimatorrohr mit der weißen Lichtquelle mittels einer in Wellenlängen geeichten Mikrometerschraube geschwenkt werden kann. Von Bechstein wurde ein geradsichtiger Monochromator entwickelt, der (analog den geradsichtigen Spektroskopen, s. S. 361) direkt auf das Okular des Polarisationsapparates aufgesetzt wird. Da man bei Drehungsmessungen auf eine ziemlich hohe Lichtintensität angewiesen ist, müssen die Monochromatorspalte immer eine gewisse Breite haben. Bei Stoffen mit starker Rotationsdispersion erhält man dann gelegentlich verschieden farbige Gesichtshälften. Man benützt dann eine normale spektro-

---

[1] Zum Beispiel von der Firma Osram.

skopische Anordnung ohne Halbschatten, wie sie auch für polarimetrische Messungen im Ultraviolett verwendet werden (s. S. 494), und bringt Polarimeter, aktive Substanz und drehbaren Analysator in den Strahlengang hinter dem Eintrittsspalt (Allgemeines über Monochromatoren s. S. 334).

δ) Polarimetrie im ultravioletten Spektralbereich[1].

1. Photographische Methoden. Da die Wellenlängenabhängigkeit der optischen Drehung im Ultraviolett entsprechend der anomalen Dispersion unter Umständen erheblich ist, spielt die Reinigung des Lichtes hier eine wesentliche Rolle. Für die spektrale Zerlegung des Lichtes sind zwei Möglichkeiten vorhanden. Entweder

a) man zerlegt es vor dem Eintritt in das eigentliche Polarimeter oder

b) man zerlegt die kontinuierliche Strahlung nach dem Durchgang durch das Polarimeter, ähnlich wie in einem Spektrographen, so daß man auf der photographischen Platte

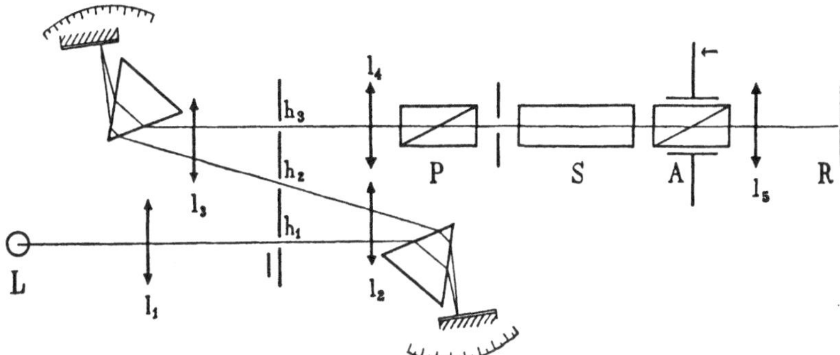

Abb. 20. Polarimeteranordnung nach BRUHAT und PAUTHENIER.

das ganze Spektrum untersuchen kann. Die erste Methode (a) ist zu empfehlen, wenn es sich um besonders exakte Bestimmungen einzelner Drehungswerte handelt. Die Reinigung des Lichtes vor dem Polarimeter kann man nämlich beliebig weit treiben, z. B. durch Zerlegung mit einem Doppelmonochromator und außerdem noch durch Einschalten von Filtern. Anstatt einer kontinuierlichen Lichtquelle wird man außerdem eine solche mit Linienspektrum verwenden. Die Methode (b) dagegen ist vorzuziehen, wenn es sich um die Messung der gesamten Rotationsdispersion handelt, oder wenn man wenigstens die Drehungswerte für eine Reihe von Wellenlängen messen möchte. Wenn man nicht auf die ganze Dispersionskurve, sondern nur auf einzelne Wellenlängen Wert legt, ist auch hier die Verwendung von Spektrallampen zu empfehlen.

Von beiden Meßanordnungen (a und b) sollen einige neuere Beispiele aus der Literatur beschrieben werden, die sich natürlich je nach dem Verwendungszweck modifizieren lassen.

a) Methode von BRUHAT und PAUTHENIER mit monochromatischem Licht[2]. Das Prinzip der Anordnung geht aus Abb. 20 hervor. Die Lichtquelle L (Hg-Bogen) wird auf einem Spalt h_1 und dieser durch die Linse l_2 auf dem Spalt h_2 abgebildet. Zwischen h_1 und h_2 wird das Licht durch ein Prisma doppelt dispergiert. Das gleiche wiederholt sich zwischen den Spalten h_2 und h_3, von denen der letztere der Eintrittsspalt des eigentlichen Polarimeters ist. Durch h_3 gelangt also nur vierfach gereinigtes Licht einer bestimmten Wellenlänge. Das eigentliche Polarimeter besteht aus dem Polarisator P, dem drehbaren Analysator A, dem Polarimeterrohr S, einer Blende, der Linse l_5 und der photographischen Platte R, auf welcher ein monochromatisches Bild der Lichtquelle entsteht. Man macht mit genau gleicher Belichtungsdauer eine Reihe von Aufnahmen dieses Bildes, und zwar mit verschiedenen, gleichen Winkelabständen entsprechenden Analysatorstellungen. Das Verfahren wird vollkommen automatisch mit einem Uhrwerk

---

[1] Über die Durchlässigkeit verschiedener optischer Materialien ist S. 338 berichtet, ebenso über Lichtquellen (S. 329) und Farbfilter (S. 334). Linsen wie Verschlußplatten für Cuvetten lassen sich heute aus Quarzglas herstellen, das jedoch völlig spannungsfrei sein muß.

[2] BRUHAT, G., et M. PAUTHENIER: Rev. optique **6**, 163 (1927).

geregelt. Zur Ermittlung des Drehwertes trägt man die im Mikrophotometer bestimmten Schwärzungen der einzelnen Bilder in Abhängigkeit von den Drehungswinkeln des Analysators auf. Man erhält so eine Kurve mit einem Minimum, das die Stelle der Auslöschung angibt (Abb. 21). Es werden zwei Kurven aufgenommen, eine mit und eine ohne drehende Substanz im Lichtweg; aus der Differenz der Lage der Minima wird die optische Drehung abgelesen. Die Verfasser geben an, unter günstigen Bedingungen die Drehung auf 0,1 min genau bestimmen zu können.

b) Methoden mit nachträglicher spektraler Zerlegung des Lichtes. Für diese Art der polarimetrischen Messungen über einen größeren Spektralbereich wird allgemein die *Halbschattenmethode* angewendet. Die erste photographische Halbschattenmethode wurde von VOIGT[1] entwickelt. Später haben sie DARMOIS[2], LOWRY[3], MALLEMANN[4], SCHÖNROCK[5] und KUHN[6] erweitert und verbessert. Das gemeinsame Prinzip aller dieser Methoden geht aus Abb. 22 hervor.

Das Bild der Lichtquelle A wird durch die Linse L_1 in der Blende B entworfen. P_1 ist ein feststehendes Halbschattenprisma, das so angebracht ist, daß die Trennungslinie des

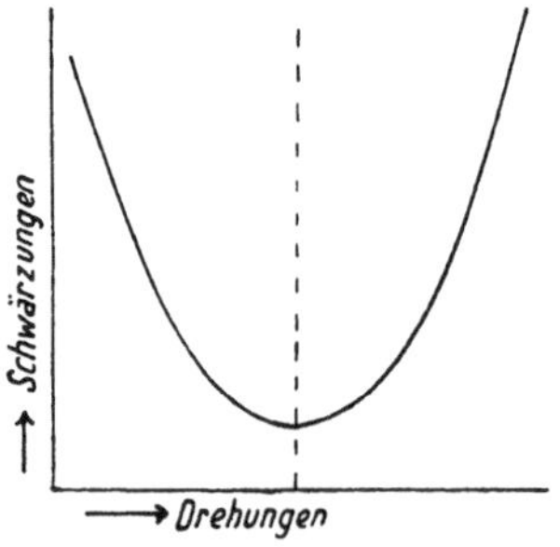

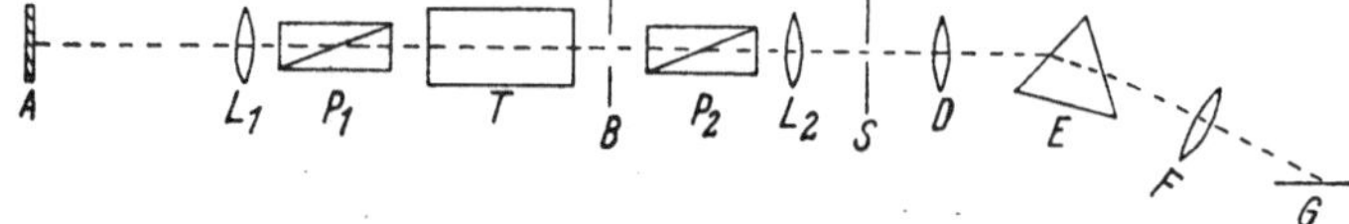

Abb. 22. Anordnung zur Polarimetrie im Ultraviolett.

Abb. 21. Drehungskurve nach BRUHAT und PAUTHENIER.

Halbschattens horizontal liegt und den vertikal stehenden Spalt S des Spektrographen halbiert. P_2 ist der mit einem Teilkreis versehene Analysator, T die aktive Substanz, L_2 bildet den Polarisator P_1 auf dem Spalt ab. Der Spektrograph DEF entwirft auf der Platte G ein Spektrum, das durch eine horizontale Trennungslinie in zwei Hälften geteilt erscheint, die den beiden Feldern des Halbschattens entsprechen. Als Polarisatoren lassen sich am besten GLAN-THOMPSON-Prismen mit Glycerin- oder Rizinusölkittung verwenden. Als Linsen dienen Quarzglasobjektive oder besser Quarz-Flußspat-Achromate.

Die Nullstellung des Analysators auf gleiche Intensität der Halbschattenfelder ist praktisch unabhängig von der Wellenlänge. Sie läßt sich sehr genau bestimmen, indem man eine Reihe von Aufnahmen des Spektrums macht, wobei jeweils die Platte vertikal verschoben und der Analysator um wenige Minuten gedreht wird. Von den einzelnen Aufnahmen gibt diejenige den Nullpunkt an, bei der beide Hälften des Spektrums oben und unten gleiche Schwärzung zeigen. Man bestimmt dies am besten mit Hilfe eines Plattenmeßapparates, wie er zum Ausmessen von Absorptionsspektren in der Spektrographie üblich ist (s. S. 391). Man bringt nun den aktiven Stoff in den Lichtweg und macht wieder eine Reihe von Aufnahmen mit abgestuften Analysatorstellungen. Man erhält wieder eine Reihe von Spektren und bestimmt in jedem die Wellenlänge, bei welcher die übereinanderliegenden Hälften des Spektrums gleiche Intensität zeigen. Die zugehörige Stellung des Analysators im Vergleich zur Nullstellung gibt die Drehung für diese Wellenlänge an. Zur Eichung der Wellenlängen photographiert man oben und unten auf der Platte ein bekanntes Linienspektrum mit.

Da der Kalkspat im kurzwelligen Ultraviolett absorbiert, müssen für Messungen unterhalb von 240 mμ Quarzprismen verwendet werden, für die KUHN[7] eine brauchbare

[1] LANDAU, ST.: Physik. Z. 9, 417 (1908).
[2] DARMOIS, E.: Ann. Chim. Physique (8) 22, 247 (1911).
[3] LOWRY, T. M.: Proc. R. Soc. London (A) 81, 472 (1908).
[4] MALLEMANN, R. DE: Philos. Trans. R. Soc. London (A) 226, 413 (1927).
[5] SCHÖNROCK, O.: Polarimetrie. Handb. Physik (GEIGER-SCHEEL) 19 (1928).
[6] KUHN, W.: B. 62, 1727 (1929).
[7] KUHN, W.: B. 62, 1727 (1929). Die KUHNschen Prismen werden von Schmidt und Haensch, Berlin, hergestellt.

Form angegeben hat. Die Schwierigkeit besteht nämlich darin, daß Quarzpolarisatoren entweder (in Richtung der optischen Achse) selbst optisch aktiv sind, oder elliptisch polarisiertes Licht liefern. Nach KUHN verwendet man ROCHON- bzw. SÉNARMONT-Prismen, wie sie in Abb. 23 schematisch dargestellt sind. Die Achsenrichtungen des Quarzes sind durch Schraffierung angedeutet.

Analog wie in der Spektrographie eignen sich für diese Methode kontinuierliche Lichtquellen am besten. Die maximale erreichbare Genauigkeit beträgt etwa 0,005°.

Ein schnelleres Meßverfahren als die oben beschriebene Methode ermöglicht das photographische *Spektropolarimeter* von COTTON und DESCAMPS[1]. Eine einzige Aufnahme mit diesem Apparat liefert ein vollständiges Bild über den Verlauf einer Rotations-

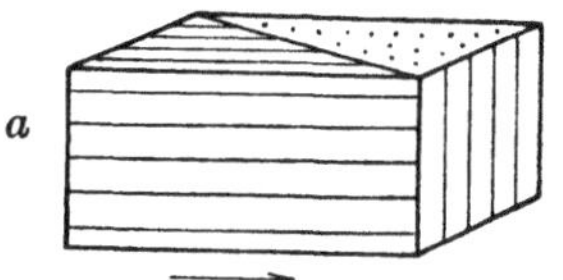
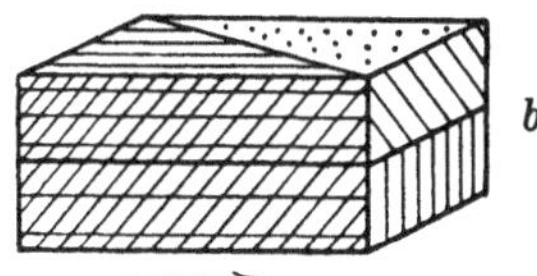

Abb. 23 a u. b. KUHNsches Quarzprisma für das weite Ultraviolett; a ROCHON-Prisma; b aus dem ROCHON-Prisma gefertigter Halbschattenpolarisator [aus WRESCHNER: ABDERHALDENS Handbuch der biologischen Arbeitsmethoden II, 3¹ (1934)].

dispersionskurve. Das Prinzip der Methode geht aus Abb. 24 hervor; die Bezeichnungen sind die gleichen wie in Abb. 22. Als Polarisator dient ein gewöhnliches GLAN-Prisma P_1. Der Analysator ist ersetzt durch das erste Prisma P_2 des Spektrographen, das aus Kalkspat besteht, und dessen brechende Kante parallel zur optischen Achse des Kalkspats läuft. Von den beiden aus diesem Prisma austretenden Spektren wird nur das ordentliche verwendet, das außerordentliche wird ausgeblendet. P_3 besteht aus Quarz, und sein brechender Winkel ist so gewählt, daß die Ablenkung für den Bereich des mittleren

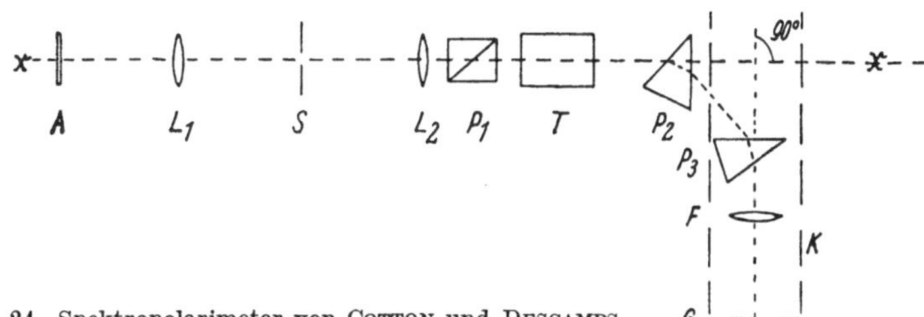

Abb. 24. Spektropolarimeter von COTTON und DESCAMPS.

Ultravioletts (3025 Å) gerade 90° beträgt, wenn beide Prismen die Stellung minimaler Ablenkung haben. Der Quarz-Flußspat-Achromat F entwirft dann für jede Spektrallinie ein Bild des Spaltes S auf dem Film G. Dreht man nun die auf derselben Platte festmontierten Stücke P_2, P_3 und F sowie den Spalt S gleichmäßig um die Gerade xx als Achse, so beschreibt jedes dieser Bilder auf dem in einer zylindrischen Kassette K liegenden Film eine Kreislinie senkrecht zur Zeichenebene, die an der Auslöschungsstelle ein Minimum an Intensität besitzt. Man läßt in der Praxis den beweglichen Teil des Apparates keine vollen Umdrehungen, sondern hin- und hergehende Schwenkungen von etwa 60° ausführen. Gleichzeitig bringt man oben und unten auf dem Film durch geeignete Belichtung Bezugszeichen an, deren Abstand voneinander einer bekannten Drehung entspricht. Die Entfernung einer Auslöschungsstelle von einem dieser Bezugszeichen gibt direkt die Drehung der Substanz für die betreffende Wellenlänge an, wenn auf einem zweiten Film die Nullstellung mit den gleichen Bezugszeichen aufgenommen wird.

2. Lichtelektrische Methoden. Da die Reproduzierbarkeit von Schwärzungen auf der photographischen Platte wegen des Plattenkorns und der Inhomogenität der Schichten nie unter einen bestimmten Betrag sinken kann (Stellen gleicher Schwärzung können mit einer Genauigkeit von höchstens 1%, bezogen auf die auffallende Lichtintensität,

---

[1] COTTON, A., et R. DESCAMPS: Cr. **182**, 22 (1926). — DESCAMPS, R.: Rev. optique **5**, 481 (1926). Trans. Faraday Soc. **26**, 357 (1930).

bestimmt werden), lag es nahe, für die Ultraviolettpolarimetrie lichtelektrische Methoden auszuarbeiten, da man mit der Photozelle unter Umständen wesentlich höhere Genauigkeiten erhält. Bei den ersten Anordnungen dieser Art[1] wurden Analysator und Polarisator zunächst so aufgestellt, daß ihre Schwingungsrichtungen einen Winkel von etwa 45° miteinander bildeten analog wie bei lichtelektrischen Photometern mit Polarisationsprismen als Lichtschwächungseinrichtung (s. S. 367). Die Änderung der Lichtintensität, die beim Einbringen der optisch aktiven Substanz in den Lichtweg entsteht, wurde durch Drehung des Analysators rückgängig gemacht, so daß sich die Methode als reine Nullmethode verwenden ließ. Diese Einstellung auf konstanten Photostrom ließ sich photoelektrisch mit Hilfe einer empfindlichen Zweizellenmethode sehr genau durchführen. Die Methode wird jedoch unbrauchbar, sobald die optisch aktive Substanz merklich absorbiert, da dann eine reine Nullmethode auf diese Weise nicht mehr durchführbar ist.

BRUHAT[2] und Mitarbeiter versuchten als erste, das *Halbschattenprinzip* auch auf die lichtelektrische Polarimetrie anzuwenden. Die brauchbarste bisher entwickelte Methode stammt von SCHÖNROCK[3]. Sie soll hier kurz beschrieben werden.

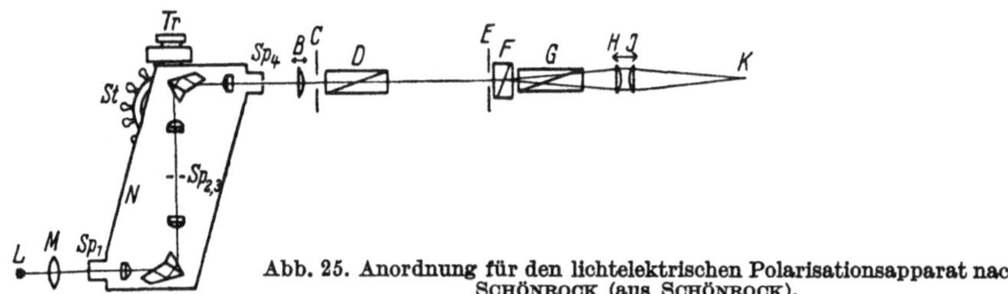

Abb. 25. Anordnung für den lichtelektrischen Polarisationsapparat nach SCHÖNROCK (aus SCHÖNROCK).

Der Aufbau der optischen Anordnung ist in Abb. 25 dargestellt. Die Lichtquelle L, eine Niedervoltglühlampe mit Quarzfenstern oder ein Quecksilberbogen, wird durch eine Quarzlinse M auf dem Eintrittsspalt des Doppelmonochromators abgebildet. Der Monochromator läßt sich mittels der Trommel Tr auf die gewünschte Wellenlänge einstellen. Das aus dem Monochromator kommende Licht wird durch die Quarzlinse B parallel gerichtet. C und E sind Lochblenden, D der Polarisator, G der Analysator, beides ROCHON-Prismen aus Kalkspat, die mit einem UV-durchlässigen Kitt gekittet sind. F ist ein Wollastonprisma, ebenfalls aus Kalkspat. Wie in Abb. 6 gezeigt wurde, spaltet das Wollastonprisma natürliches oder polarisiertes Licht in zwei senkrecht zueinander polarisierte, nur um Bruchteile eines Grades divergierende und zur optischen Achse symmetrisch verlaufende Strahlen auf, die beide übereinander durch den Analysator hindurchgehen. Durch ein System von zwei Quarzlinsen gleicher Brennweite, H und J, werden die beiden Lichtbündel konvergiert, so daß sie an der gleichen Stelle und in gleichem Durchmesser auf die Photozelle K treffen. Mit Hilfe eines nach Wellenlängen geeichten Schneckentriebes können die beiden Linsen gleichzeitig einander genähert bzw. voneinander entfernt werden, so daß die gleichmäßige Abbildung auf der Zelle gewährleistet ist, obwohl sowohl der Divergenzwinkel zwischen den aus dem Wollastonprima austretenden Strahlenbündeln, als auch die Brennweite der Linsen wellenlängenabhängig sind. Das gleiche gilt für die Brennweite der Linse B, deren Abstand zum Monochromatorspalt sich entsprechend einstellen läßt.

Die polarimetrischen Messungen können mit dieser Anordnung nach zwei verschiedenen Methoden ausgeführt werden.

a) Messungen mit dem Wollastonprisma. Wenn die Schwingungsrichtung des polarisierten Lichtes einen Winkel von 45° gegen die Schwingungsrichtungen der beiden aus

[1] HALBAN, H. v., u. K. MAYRHOFER: Diss. Würzburg 1924. — EBERT, L., u. G. KORTÜM: Z. physik. Chem. (B) **13**, 105 (1931).
[2] BRUHAT, G., et P. CHATELAIN: J. Physique et Radium [7] **3**, 501 (1932). — BRUHAT, G., et A. GUINIER: J. Physique et Radium [7] **4**, 691 (1933).
[3] SCHÖNROCK, O., u. E. EINSPORN: Physik. Z. **37**, 1 (1936).

dem Wollastonprisma austretenden Strahlen bildet, werden diese beiden Strahlen gleiche Intensität besitzen. Wenn der Analysator so steht, daß der eine Strahl ungeschwächt durchgelassen wird, so wird dafür der andere völlig ausgelöscht und umgekehrt. In den Zwischenstellungen wird immer von dem einen soviel ausgelöscht, wie von dem anderen durchgelassen wird. Wenn der Analysator daher langsam rotiert, oder auch zwischen den beiden um 90° verschiedenen Extremstellungen hin- und herpendelt, so erhält die Photozelle immer gleich viel Licht; sie liefert einen konstanten Photostrom. Bringt man nun einen aktiven Stoff zwischen Polarisator und Analysator, so steht die Schwingungsrichtung des auf das Wollastonprisma fallenden Lichtes nicht mehr unter 45° zu den beiden Schwingungsrichtungen desselben, so daß auch die Intensität der beiden aus dem Wollastonprisma austretenden Strahlenbündel verschieden ist. Der Photostrom schwankt jetzt im Rhythmus der Drehung des Analysators. Diese Schwankungen werden mittels eines zweistufigen Widerstandsverstärkers über einen Transformator mit dem Übersetzungsverhältnis 1:1 als Spannungsschwankungen dem Faden eines LUTZ-EDELMANN-Elektrometers zugeführt. Man dreht den Polarisator, bis diese Schwankungen verschwunden sind, und liest den Drehungswinkel am Polarisatorteilkreis ab. Die Methode ist eine reine Nullmethode; die Resultate sind unabhängig von der Charakteristik der Photozelle. Wenn der aktive Stoff absorbiert, wird nur die Gesamtlichtintensität verringert; die Nullstellung bleibt unverändert.

b) Messungen ohne Wollastonprisma. Im Prinzip lassen sich die Messungen auch ohne Wollastonprisma durchführen: Wenn Polarisator und Analysator parallel stehen, so ist die durchgelassene Lichtintensität maximal.

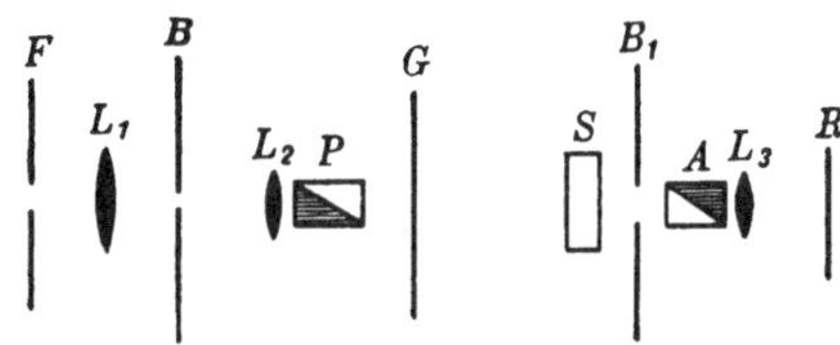

Abb. 26. Apparat zur Messung des Zirkulardichroismus. *F* Lichtquelle; *L₁, L₂, L₃* Linsen; *B₁, B₂* Blenden; *P* Halbschattenpolarisator; *G* λ/4 Glimmer; *S* Substanz; *A* Analysator; *R* Spektrograph bzw. Auge (aus FREUDENBERG: Stereochemie. Leipzig und Wien 1933).

Läßt man den Analysator periodische, symmetrische Schwenkungen um diese mittlere Winkellage ausführen, so schwankt auch die Lichtintensität sinusförmig im gleichen Rhythmus mit. Man überträgt die so entstehenden Photostromschwankungen wieder auf ein Elektrometer und erhält symmetrische Ausschläge nach beiden Seiten. Wenn jetzt der Polarisationswinkel des Lichtes durch eine optisch aktive Substanz gedreht wird, so stehen die Extremlagen des Analysators nicht mehr symmetrisch zur Parallelstellung. Man dreht den Polarisator, bis sie wieder symmetrisch sind, und liest den Winkel ab.

Den Elektrometerfaden auf symmetrische Ausschläge einzustellen (Methode b) dürfte unsicherer sein als die Einstellung auf das Ausbleiben von Ausschlägen (Methode a).

ε) Bestimmung des Zirkulardichroismus[1].

Bei allen optisch aktiven Verbindungen ist der Extinktionskoeffizient ε für links- und rechtszirkular polarisiertes Licht verschieden (s. S. 482). Die Differenz $\varepsilon_l - \varepsilon_r$ nennt man Zirkulardichroismus. Dies äußert sich z. B. darin, daß ein linear polarisierter Lichtstrahl beim Durchgang durch eine Substanz mit Zirkulardichroismus seinen Polarisationszustand ändert, er wird elliptisch polarisiert. Umgekehrt kann man aus der Elliptizität die Größe des Dichroismus bestimmen. Der Zusammenhang ist durch Gl. (9) (S. 482) gegeben.

Zur Messung der Elliptizität (es handelt sich meist um Winkel φ von wenigen Graden) sind Halbschattenapparate konstruiert worden, mit denen sich die Messung analog gestaltet wie diejenige der optischen Drehung. Fürs Ultraviolett wurde die Methode von KUHN[2] erweitert.

Die Anordnung eines Apparates zur Messung der Zirkulardichroismus ist in Abb. 26 dargestellt. Der Halbschattenpolarisator ist genau so beschaffen wie bei einem gewöhnlichen Polarisationsapparat. Die Polarisationsrichtungen, mit denen der Strahl das Prisma verläßt, sind also in den beiden Prismenhälften etwas gegeneinander geneigt (Winkel ε).

[1] KUHN, W.: Freudenberg, Stereochemie S. 333.
[2] KUHN, W., u. E. BRAUN: Z. physik. Chem. (B) 8, 445 (1930).

Werden diese Strahlen, z. B. der in Abb. 27a mit q bezeichnete, durch ein $\lambda/4$ Glimmerblättchen (s. S. 486) hindurchgeschickt, so werden die beiden Strahlen in je zwei Komponenten mit den Hauptschwingungsrichtungen p und s des Glimmers zerlegt. Aus dem Strahl q erhält man so die Komponenten q_r und q_s der Abb. 27b. Aus dem linear polarisierten Strahl wird durch die Phasenverschiebung im Glimmerblättchen ein elliptisch polarisierter, und zwar wird der Strahl q rechtselliptisch, wenn die Horizontalkomponente q_s gegenüber q_r verzögert worden ist. In diesem Falle wird der Strahl r linkselliptisch (Abb. 27c). Die Richtungen der Hauptachsen der beiden Ellipsen sind identisch und parallel der Schwingungsrichtung p des Glimmers. Wenn die Richtungen des Halbschattenpolarisators symmetrisch zur Hauptachse des Glimmers stehen, d. h. wenn $\gamma_r = \gamma_q = \varepsilon/2$ ist, haben die beiden Ellipsen gleiche Form, aber entgegengesetzten Umlauf (Abb. 27d). Durch Verändern des Winkelverhältnisses $\gamma_q : \gamma_r$ kann man das Verhältnis der Elliptizitäten von q und r beliebig variieren.

Ein linear polarisierter Strahl wird beim Durchgang durch einen dichroitischen Stoff, dessen $\varepsilon_r > \varepsilon_l$ ist, nach Abb. 28 linkselliptisch, ein rechtselliptischer Strahl wird schwächer rechtselliptisch, ein linkselliptischer stärker linkselliptisch. Je nach der Stellung, die man dem Polarisator in Abb. 26 gibt (Verhältnis von $\gamma_r : \gamma_l$), wird man erreichen können, daß die beiden Strahlenbündel nach dem Durchgang durch einen solchen dichroitischen Stoff genau gleich stark elliptisch sind (Übergänge von Abb. 27e in Abb. 27d). Ein Analysator A (Abb. 26 und 27e), welcher senkrecht zur großen Achse der beiden Ellipsen gestellt ist, läßt von beiden Strahlen nur den der kleinen Halbachse entsprechenden Betrag an Licht durch. Man erhält also gleiche Helligkeit

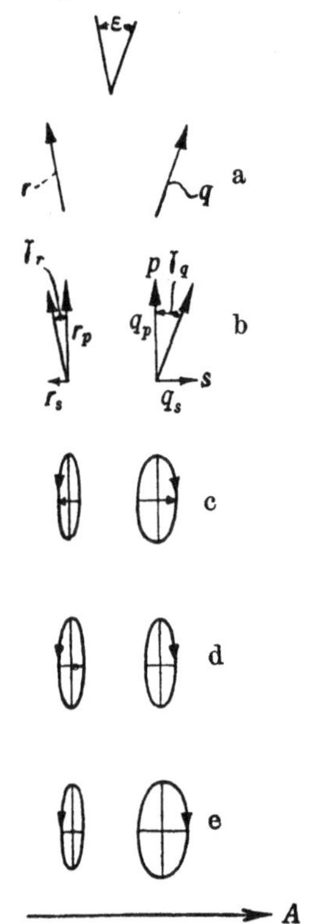
Abb. 27a—e. Wirkungsweise der Halbschattenmethode zur Bestimmung des Zirkulardichroismus (aus FREUDENBERG).

der Halbschattenfelder, wenn die Elliptizität der beiden Strahlen gleich ist. Aus der Differenz der Polarisatorstellungen, welche dieser gleichen Helligkeit mit und ohne Substanz entsprechen, kann man auf die durch die Substanz bewirkte Verschiebung der Elliptizität [Winkel φ von Gl. (9)], also auf den Zirkulardichroismus für die betreffende Wellenlänge schließen.

Abb. 28. Verwandlung eines linearpolarisierten Strahles in einen elliptischen durch Stoffe mit Zirkulardichroismus, Beispiel $\varepsilon_r < \varepsilon_l$ (aus FREUDENBERG).

$\zeta)$ Polarimetrie im ultraroten Spektralbereich.

Für die in diesem Handbuch behandelten Aufgaben wird die Polarimetrie im Ultrarot nicht die Bedeutung haben, wie etwa die Spektrometrie. Sie soll daher nicht näher behandelt werden[1]. Im Prinzip beruhen die Methoden darauf, daß man im Strahlengang eines Ultrarotspektrometers einen Polarisator und einen Analysator anbringt, die einen bestimmten Winkel miteinander bilden. Eine drehende Substanz zwischen beiden ändert die auf das Thermoelement gelangende Lichtintensität. Aus der Änderung kann auf den Drehwinkel geschlossen werden. Über Polarisatoren fürs Ultrarot s. S. 403. Die Methodik der Ultrarotspektrometrie ist S. 391 ausführlich beschrieben.

---

[1] Vgl. darüber z. B. INGERSOLL, C. R.: Physical. Rev. [2] 9, 257 (1917). — MEYER, U.: Ann. Physik 30, 607 (1919).

Elektrische Leitfähigkeit.

Von

G. Schmid.

Mit 11 Abbildungen.

a) Physikalische Grundlagen.

Widerstand, Leitfähigkeit, Ohm, reziprokes Ohm. Unter dem *elektrischen Leitvermögen* (englisch: conductivity) oder der *elektrischen Leitfähigkeit K* eines Körpers versteht man den reziproken Wert seines elektrischen Widerstandes R

$$K = \frac{1}{R}. \tag{1}$$

Der Widerstand R ist bekanntlich nach dem OHMschen Gesetz definiert als das Verhältnis der an dem Leiter liegenden Spannungsdifferenz E zur Stromstärke J

$$R = \frac{E}{J} \tag{2}$$

und wird in *Ohm*, Formelzeichen Ω, gemessen. Die Einheit der elektrischen Leitfähigkeit ist dementsprechend das „*reziproke Ohm*", Dimension $1/\Omega$ oder Ω^{-1}; sie wird in der deutschen Literatur manchmal auch als Siemens, Formelzeichen S, und in der ausländischen Literatur gelegentlich auch als „Mho" (Anagramm von OHM) bezeichnet. Nach (2) ist das Ohm an das absolute elektromagnetische Maßsystem angeschlossen und hat die Dimension $\frac{\text{abs. Volt}}{\text{abs. Amp.}}$. Das so definierte Ohm wird auch als „absolutes Ohm" bezeichnet. Für alle praktischen Messungen benützte man indessen bisher das „internationale Ohm", das durch einen Quecksilberfaden bestimmter Abmessung bei 0° dargestellt wurde und um $0{,}49\,^0/_{00}$ größer ist als das absolute*.

Spezifischer Widerstand, spezifische Leitfähigkeit. Der Widerstand eines Leiters ist vom Material und von den geometrischen Abmessungen des Leiters abhängig; er ist um so größer, je größer die Länge l und je kleiner der Querschnitt q des stromdurchflossenen Leiters ist. Es gilt

$$R = \varrho \, \frac{l}{q}. \tag{3}$$

Der Proportionalitätsfaktor ϱ ist vom Material des Leiters abhängig und wird *spezifischer Widerstand* genannt. Mißt man l in cm und q in cm², so bedeutet ϱ den Widerstand eines gleichmäßig vom Strom durchflossenen Leiterstückes von 1 cm Länge und 1 cm² Querschnitt, also z. B. eines Würfels von der Kantenlänge 1 cm. Der spezifische Widerstand hat nach (3) die Dimension Ω cm. Sein reziproker Wert, also die Leitfähigkeit eines solchen Einheitswürfels

$$\varkappa = \frac{1}{\varrho}, \tag{4}$$

wird *spezifische Leitfähigkeit* genannt und hat die Dimension $\Omega^{-1}\,\text{cm}^{-1}$. Drückt man in Gl. (3) den absoluten und den spezifischen Widerstand durch die entsprechenden Leitfähigkeiten aus, so erhält man

$$K = \varkappa \, \frac{q}{l}. \tag{5}$$

---

* Nach einem Beschluß des Comité International des Poids et Mesures vom Oktober 1946 soll jedoch mit Wirkung vom 1. Januar 1948 das System der absoluten Einheiten an die Stelle der internationalen treten. Abgesehen von ausgesprochenen Präzisionsmessungen spielt diese Neuerung praktisch keine Rolle, und die in den Laboratorien vorhandenen, auf internationale Ohm geeichten Widerstände können weiter benutzt werden.

Die Leitfähigkeit K eines Leiters ist um so größer, je größer der Querschnitt und je kleiner die Länge des Leiters ist.

Die spezifische Leitfähigkeit der verschiedenen Stoffe von den besten Leitern bis zu den besten Isolatoren ist außerordentlich verschieden. Wir beschreiben jedoch hier nur die elektrolytischen Lösungen bei gewöhnlicher Temperatur als die für physiologisch-chemische Fragen in Betracht kommenden Systeme. Die spezifische Leitfähigkeit aller wäßrigen und der meisten interessierenden nichtwäßrigen Elektrolytlösungen liegt in der Größenordnung zwischen etwa 1 und $10^{-6}\ \Omega^{-1}\ \mathrm{cm}^{-1}$. Abgesehen von einigen Hinweisen werden wir uns daher im folgenden auf diesen Bereich beschränken.

Elektrolyse, Polarisationsspannung, Wechselstrommethode. Die Elektrolytlösungen zählen zu den Leitern II. Klasse (Ionenleiter), bei denen zum Unterschied von den Leitern I. Klasse (Elektronenleiter, z.B. Metalle) der elektrische Stromtransport mit materiellen Verschiebungen (Ionenwanderung) im Innern des Elektrolyten und mit chemischen Veränderungen an den Elektroden verknüpft ist. Leiten wir z. B. mit Hilfe zweier Platinelektroden den elektrischen Strom durch verdünnte Schwefelsäure, so entsteht durch Elektrolyse an der Kathode Wasserstoff und an der Anode Sauerstoff. Unterbrechen wir alsdann den Strom für einen Augenblick und legen sofort ein Voltmeter an die beiden Elektroden, so zeigt dieses, obgleich der Strom abgeschaltet ist, ein Spannungsgefälle an, das der ursprünglich angelegten Spannungsdifferenz entgegengerichtet ist und deshalb als *Polarisationsspannung* bezeichnet wird. Die beiden Elektroden sind durch die Zersetzung chemisch verändert worden, nämlich zu einer Wasserstoff- und einer Sauerstoffelektrode, die gegen die Lösung ein verschiedenes Potential einstellen; die ganze Zelle hat so die Eigenschaften eines galvanischen Elementes angenommen.

Die Polarisationsspannung wirkt auch während des Stromflusses der angelegten äußeren Spannung entgegen. Es wäre daher falsch oder mindestens ungenau, wenn man zur Bestimmung der Leitfähigkeit oder des Widerstandes nach dem OHMschen Gesetz (2) für E die Zellspannung einsetzen würde, da sie durch die Polarisationsspannung verfälscht ist und nicht den reinen Spannungsabfall innerhalb des Elektrolyten angibt. Nur bei sehr schlecht leitenden elektrolytischen Systemen, z. B. bei Lösungen in langen und engen Röhren, bei nichtwäßrigen Lösungen oder bei der Bestimmung der Leitfähigkeit der menschlichen Haut kann man die angelegte äußere Spannung so hoch wählen, daß die Polarisationsspannung, die meist nur in der Größenordnung von 1 V liegt, vernachlässigt werden kann. Man kommt also nur in besonders gelagerten Fällen mit dieser allereinfachsten Methode der Messung der angelegten Spannung und des zugehörigen Stroms zur Bestimmung der Leitfähigkeit durch.

In allen anderen Fällen sucht man die Ausbildung der Polarisationsspannung durch eine entsprechende Versuchsanordnung zu vermeiden. Es gibt dafür 2 verschiedene Wege, von denen der eine nur sehr selten beschritten wird und daher hier nur kurz angedeutet werden soll[1]. Er besteht darin, daß man sog. *unpolarisierbare Elektroden* verwendet, das sind Elektroden, die bei nicht zu starker Belastung keine oder jedenfalls fast keine Polarisationsspannung einstellen. Für Chloridlösungen eignet sich dafür z.B. die Ag/AgCl-Elektrode, für Sulfatlösungen die $\mathrm{Hg/Hg_2SO_4}$-Elektrode, für Säuren und Laugen oder gepufferte neutrale Lösungen die $\mathrm{H_2}$-Elektrode. Man kann leider bei weitem nicht für jeden Elektrolyten eine geeignete unpolarisierbare Elektrode finden. Meist mißt man die Spannung nicht direkt an den Elektroden, durch die der Strom in die Zelle eingeführt wird, sondern benutzt 2 möglichst punkt- oder linienförmige Hilfselektroden, die als Sonden in ganz bestimmter Entfernung voneinander in die Strombahn eingebracht werden, und die, selbst stromlos, den Spannungsabfall über eine bestimmte Strecke des stromführenden Elektrolyten zu messen gestatten.

---

[1] Näheres s. BRÖNSTED, J. N., and W. E. MARTIN: Am. Soc. **60**, 871 (1938). — GUNNING, H. E., and A. R. GORDON: J. chem. Physics **10**, 126 (1942); **11**, 18 (1943). — BENSON G. C., and A. R. GORDON: J. chem. Physics **13**, 471 (1945). — PALMER, R. F., and A. B. SCOTT: Am. Soc. **72**, 4821 (1950).

Der zweite, fast ausschließlich beschrittene Weg zur Eliminierung der Polarisationsspannung, den wir auch hier zur Grundlage unserer Darstellung machen wollen, besteht darin, daß man für die Leitfähigkeitsmessung nicht Gleichstrom, sondern *Wechselstrom* verwendet. Es treten dann an den Elektroden keine bleibenden chemischen Veränderungen auf, und die Zellflüssigkeit bleibt bei genügend hoher Frequenz, abgesehen von den winzigen, im Takt des Wechselstroms hin- und hergehenden Elektrodenreaktionen, stofflich unverändert. Die Wechselstrommethode versagt nur in Ausnahmefällen, z. B. bei nichtwäßrigen Lösungen sehr geringer Leitfähigkeit ($\varkappa <$ etwa $10^{-9}\,\Omega^{-1}\,cm^{-1}$). Dort muß daher mit Gleichstrom gemessen werden, worauf wir jedoch nicht eingehen wollen[1].

Die Verwendung von Wechselstrom bringt nun aber eine andere Schwierigkeit mit sich, die zwar leicht überwunden werden kann, von deren Beachtung jedoch die erreichbare Meßgenauigkeit maßgebend abhängt. Wir wollen sie in aller Kürze wenigstens soweit darzulegen versuchen, als ihre Kenntnis zur Erzielung einer guten Genauigkeit mit einfachen Mitteln notwendig ist. Für ausgesprochene Präzisionsmessungen ist eine eingehendere Diskussion notwendig, für die wir auf ausführlichere Referate hinweisen müssen[2].

Oʜᴍscher, induktiver und kapazitiver Widerstand. Um die genannte Schwierigkeit zu verstehen, müssen wir bedenken, daß eine in den Stromkreis geschaltete Kapazität C, die für Gleichstrom völlig undurchgängig ist, für den Wechselstrom eine Leitfähigkeit von der Größe $\omega C\,\Omega^{-1}$ besitzt, worin $\omega = 2\,\pi\,\nu$ die sog. Kreisfrequenz, das ist das $2\,\pi$-fache der Frequenz ν des Wechselstroms in Hz und C die Kapazität des Kondensators in Farad bedeuten. Der Widerstand einer Kapazität C ist also $1/\omega C\,\Omega$ und wird nur für $\omega = 0$ (Gleichstrom) unendlich groß. Ebenso besitzt eine in den Stromkreis geschaltete Selbstinduktion L, die für Gleichstrom ohne Widerstand durchgängig

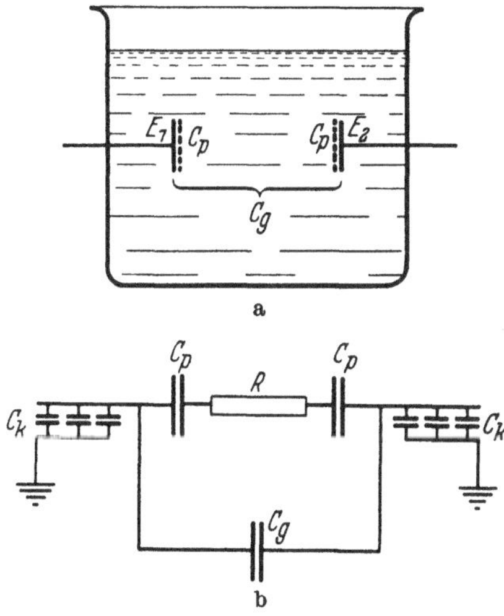

Abb. 1 a u. b. a Elektrolytische Zelle (schematisch). b Ersatzschaltbild (vereinfacht).

ist, für Wechselstrom einen Widerstand von der Größe $\omega L\,\Omega$, worin L in Henry zu messen ist. Der letztere sog. *induktive Widerstand* läßt sich durch bifilare Wicklung der Vergleichswiderstände und durch Vermeidung irgendwelcher Spulen in der übrigen Meßanordnung so vollständig experimentell ausschalten, daß er für unsere Betrachtungen keine Rolle spielt und hier nicht weiter besprochen zu werden braucht.

Anders ist es mit den *kapazitiven Widerständen*. Sie lassen sich nicht ausschalten, da jede elektrolytische Zelle ihrer Natur nach Kapazitäten enthält. Einmal stellen die beiden einander gegenüberstehenden Elektroden E_1 und E_2 (Abb. 1a), durch die der Strom eingeführt wird, mit dem dazwischen befindlichen Elektrolyten schon rein geometrisch einen Plattenkondensator mit dem Elektrolyten als Dielektrikum dar. Man nennt die dadurch entstehende Kapazität, die immer ziemlich klein ist, die *geometrische Kapazität* C_g der Zelle. Zum andern bildet sich an der Grenzfläche zwischen Elektrode und Elektrolyt eine elektrische Doppelschicht aus, die als Kondensator mit äußerst geringem Plattenabstand aufgefaßt werden kann und als recht erhebliche Kapazität wirksam wird. Man nennt sie *Polarisationskapazität* C_p. Schließlich ist noch zu beachten, daß die elektrolytische Zelle und die Zuleitung zwar durch Nichtleiter für Gleichstrom gegen die Umgebung, z. B. gegen Erde, abisoliert werden können, daß sie aber auch isoliert gegen die Umgebung eine, wenn auch kleine, Kapazität bilden, über die unerwünschte kleine Wechselströme abfließen können. Diese dritte Art der Kapazitäten nennt man *Kopplungskapazitäten* C_k.

[1] Als Beispiel dafür vgl. Zeininger, H., u. R. Mecke: Z. Elektrochem. **54**, 174 (1950).

[2] Ebert, L.: Handb. Exp.-Physik (Wien-Harms) **12** (1933). — Ender, F.: Z. Elektrochem. **43**, 217 (1937). — Davies, C. W.: The Conductivity of Solutions. New York 1939.

Wir haben in Abb. 1 unter die schematisch gezeichnete elektrolytische Zelle ein entsprechendes Ersatzschaltbild in vereinfachter Form[1] gezeichnet. R ist der sog. OHMsche *Widerstand* der Elektrolytlösung, der eigentlich gemessen werden soll, und der für Wechselstrom und Gleichstrom gleich groß ist. Um den Strom an die Lösung heranzuführen, müssen die Polarisationskapazitäten C_p überbrückt werden, die im Hauptstromkreis liegen, während andererseits, ganz unabhängig vom Hauptstrom, etwas Wechselstrom über die geometrische Kapazität C_g fließen kann, die als Nebenschluß wirkt. Hinzu kommen noch überall kleine Kopplungskapazitäten C_k.

Man sieht unmittelbar, daß man, um Störungen zu vermeiden und den wahren Widerstand zu messen, die Kopplungskapazitäten möglichst klein halten muß; diese lassen sich außerdem bei symmetrischer Anordnung der WHEATSTONEschen Brücke (vgl. S. 514) weitgehend durch Kompensation unschädlich machen. Ebenso muß C_g möglichst klein gehalten werden, damit der Nebenschlußwiderstand $1/\omega C_g$, verglichen mit dem Hauptwiderstand R, möglichst groß wird. Darauf ist besonders zu achten, wenn R selbst schon groß ist, also in schlechtleitenden Lösungen. Umgekehrt muß der im Hauptschluß liegende Widerstand $1/\omega C_p$, verglichen mit R, möglichst klein, C_p also möglichst groß gehalten werden, damit der Strom einen guten Wechselstromkontakt beim Übergang von der Elektrode in den Elektrolyten vorfindet. Dies fällt vor allem dann ins Gewicht, wenn R selbst schon klein ist, also in gut leitenden Flüssigkeiten.

Ein Zahlenbeispiel soll dies noch etwas erläutern. Die geometrische Kapazität, die nach der Formel des Plattenkondensators abgeschätzt werden kann, liegt bei den üblichen Leitfähigkeitsgefäßen und wäßrigen Lösungen meist zwischen 1 und 1000 cm oder, rund gerechnet, zwischen 10^{-12} und 10^{-9} F. Wählen wir als Beispiel $C_g = 8 \cdot 10^{-11}$ F, so erhalten wir bei einer Meßfrequenz von 2000 Hz einen kapazitiven Widerstand von $\dfrac{1}{\omega C_g} = \dfrac{1}{2\pi \cdot 2000 \cdot 8 \cdot 10^{-11}} \approx 10^6\ \Omega$. Da in hochverdünnten Lösungen oder destilliertem Wasser der OHMsche Widerstand R unter Umständen auch auf diese Größenordnung hinaufgehen kann, sieht man, daß dann ein erheblicher Teil des Stromes über den Nebenschluß C_g statt über R fließt. Weiter ist die Polarisationskapazität einer glatten Platinelektrode in wäßrigen Lösungen von der Größenordnung $10\ \mu$F je cm² Elektrodenfläche. Bei der Meßfrequenz von 2000 Hz erhalten wir dann für den kapazitiven Widerstand je cm² Elektrodenfläche $\dfrac{1}{\omega C_p} = \dfrac{1}{2\pi \cdot 2000 \cdot 10^{-5}} \approx 8\ \Omega$, also einen Widerstand, der bei gut leitenden Flüssigkeiten durchaus nicht vernachlässigbar klein gegen den OHMschen Widerstand R zu sein braucht.

Unsere kurze Betrachtung führt uns zu 2 Hauptprinzipien, die beim Bau der zu Leitfähigkeitsmessungen dienenden elektrolytischen Zellen, der sog. *Leitfähigkeitsgefäße* zu beachten sind. Das eine heißt: $1/\omega C_g$ muß möglichst groß sein gegen R; dies ist vor allem bei schlechtleitenden Lösungen zu beachten. Das andere lautet: $1/\omega C_p$ muß möglichst klein sein gegen R; dies ist vor allem bei gutleitenden Lösungen zu beachten. S. 519ff. wird gezeigt, wie diese Erkenntnis für den Bau zweckmäßiger Leitfähigkeitsgefäße verwendet werden kann.

Schein-, Blind- und Wirkwiderstand. Es ist nun aber leider nicht so, daß wir durch entsprechende Gestaltung des Leitfähigkeitsgefäßes die kapazitiven Störungen stets bis zur Belanglosigkeit herabdrücken könnten; wir können sie nur klein halten. Glücklicherweise lassen sie sich aber immer dann, wenn sie nicht allzu groß sind, meßtechnisch weitgehend kompensieren.

Um dies zu verstehen, müssen wir uns kurz die Begriffe des Schein-, Blind- und Wirkwiderstandes ins Gedächtnis zurückrufen[2]. Legen wir an einen rein OHMschen Widerstand, z. B. an die Enden eines ausgestreckten Drahtes oder Stabes, eine Wechselspannung, so fließt nach dem OHMschen Gesetz immer dann der höchste Strom, wenn auch die Spannung am höchsten ist. Kehrt die Spannung ihr Vorzeichen um, so kehrt im selben Augenblick auch der Strom seine Richtung um. Spannung und Stromstärke sind, wie man

---

[1] Das wirkliche Ersatzschaltbild ist noch etwas komplizierter; s. ENDER, F.: Z. Elektrochem. **43**, 217 (1937).

[2] Genaueres findet man in den Lehrbüchern der Physik bei der Behandlung des Wechselstromes.

sagt,,,in Phase"; sie haben keine ,,Phasenverschiebung" gegeneinander. Anders bei einem *Kondensator*. Der Wechselstrom, der ,,durch" einen Kondensator fließt, ist ja eigentlich ein Auflade- und Entladestrom, und man sieht leicht ein, daß der Kondensator in dem Augenblick, in dem die höchste Spannung an ihm liegt, am stärksten aufgeladen ist und daher gerade bei der stärksten Spannung keinen weiteren Strom mehr aufnimmt. Fällt daraufhin die Spannung von ihrem Höchstwert wieder ab, so fließt der Strom sogar in umgekehrtem (Entladungs-) Sinn und zwar gerade in dem Augenblick am stärksten, wenn die Spannung durch 0 geht. Zwischen Wechselspannung und Wechselstrom besteht eine Phasenverschiebung und zwar ,,eilt der Strom", wie man sagt, ,,der Spannung um 90° voraus".

Schaltet man nun einen OHMschen Widerstand mit einer Kapazität zusammen und zwar in *Hintereinanderschaltung*, wie z.B. R und C_p in Abb. 1 b (s. S. 501), so ist der Strom mit der Spannung weder in Phase noch eilt er 90° voraus, sondern der ,,*Phasenwinkel*" liegt zwischen 0 und 90°. Man erhält ihn mit Hilfe einer ganz einfachen, in Abb. 2 dargestellten Konstruktion eines rechtwinkligen Dreiecks mit dem OHMschen Widerstand R und dem kapazitiven Widerstand $1/\omega C$ als Katheten. Der zwischen der Hypothenuse S und der Kathete R liegende Winkel φ ist der Phasenwinkel. Die Hypothenuse S wird *Scheinwiderstand* (auch *Impedanz* oder *Wechselstromwiderstand*) genannt. Er ist es, der in allen Wechselstromgesetzen an die Stelle des OHMschen Widerstandes bei Gleichstrom tritt. Man erhält also den gesamten Wechselstromwiderstand nicht durch eine gewöhnliche, sondern durch eine vektorielle Addition der beiden hintereinander geschalteten Einzelwiderstände, in dem man sie senkrecht (wie Vektoren) aneinander fügt.

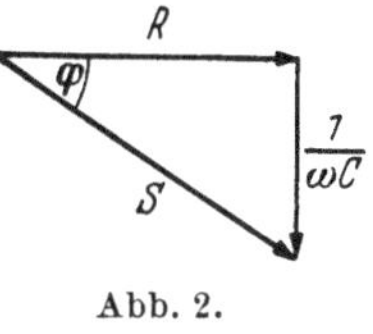

Abb. 2.

Umgekehrt liefert uns eine Messung des Widerstandes bei Verwendung von Wechselstrom primär nicht den OHMschen, sondern den Scheinwiderstand. Aber auch der Phasenwinkel φ ist der Meßtechnik zugänglich. Mit seiner Hilfe kann man nach dem Konstruktionsprinzip der Abb. 2 den gemessenen Scheinwiderstand aufteilen in zwei Anteile (die beiden Katheten des aus S und φ gebildeten rechtwinkligen Dreiecks), von denen der eine keine Phasenverschiebung, der andere eine solche von 90° bedingen würde. Man nennt diese beiden Anteile ,,Wirk"- und ,,Blindkomponente" des Widerstandes oder auch kurz ,,*Wirk*"- und ,,*Blindwiderstand*". Statt S und φ kann man meßtechnisch auch unmittelbar die Wirk- und Blindkomponente bestimmen und wir werden sehen, daß wir in der WHEATSTONEschen Brücke unmittelbar den Wirkwiderstand, der uns allein interessiert, messen können.

In unserem Beispiel der einfachen Hintereinanderschaltung von OHMschem Widerstand und Kapazität ist der Wirkwiderstand einfach gleich dem OHMschen Widerstand und der Blindwiderstand einfach gleich dem kapazitiven Widerstand. Bei komplizierteren Schaltungen, z. B. derjenigen in Abb. 1 (S. 501), gilt dies jedoch nicht genau. Wir können strenggenommen in einer elektrolytischen Zelle mit einfachen Schaltmitteln nicht den eigentlich interessierenden OHMschen Widerstand, sondern nur den Wirkwiderstand direkt messen. Es ist aber in dem uns interessierenden Meßbereich der elektrolytischen Lösungen möglich, die Schaltanordnung so zu treffen, daß auch für recht genaue Messungen der Unterschied zwischen Wirkwiderstand und OHMschem Widerstand unter der Fehlergrenze bleibt. Es ist dafür nur notwendig, daß wir die oben schon geschilderten Vorsichtsmaßregeln treffen, d. h. daß wir die kapazitiven Störungen durch entsprechende Gestaltung der Zelle möglichst klein halten. Für ausgesprochene Präzisionsmessungen müssen freilich die Verhältnisse in jedem Einzelfall sorgfältig diskutiert werden.

Zusammenfassend können wir sagen, daß wir meßtechnisch in einfacher Weise nur den Wirkwiderstand bestimmen können, daß wir diesen aber, wenn wir auf einige Dinge beim Bau des Leitfähigkeitsgefäßes und der Schaltanordnung achten, in allen Fällen, in denen es nicht auf äußerste Genauigkeit ankommt, einfach gleich dem OHMschen Widerstand setzen dürfen. In den weitaus meisten Fällen genügt es daher, die Verhältnisse in den allgemeinen Grundzügen, wie sie hier zu schildern versucht worden sind, zu kennen, um ins Gewicht fallende Fehler zu vermeiden. Wir werden S. 513ff. noch etwas mehr ins Einzelne gehen und die notwendigen Hinweise zur Selbstkontrolle geben.

b) Elektrochemische Grundlagen[1].

Grundbegriffe. Stoffe, die im aufgelösten Zustand das Leitvermögen des Lösungsmittels erhöhen, nennt man *Elektrolyte**. Die erhöhte Leitfähigkeit ist darauf zurückzuführen, daß diese Stoffe (Säuren, Basen, Salze) in der Lösung nicht nur in Form von elektrisch neutralen Molekeln, die den elektrischen Strom nicht leiten würden, vorliegen, sondern mindestens teilweise in elektrisch geladene Ionen zerfallen sind, die im elektrischen Feld samt ihren Ladungen wandern und so einen Transport elektrischer Ladungen, einen elektrischen Strom, hervorbringen. Und zwar wandern gleichzeitig die positiven Ionen *(Kationen)* in Richtung des angelegten Spannungsgefälles, also zur negativen Elektrode *(Kathode)*, die negativen *(Anionen)* zur positiven Elektrode *(Anode)*. Wie stark nun ein gelöster Elektrolyt den Strom leitet, also wie hoch die spezifische Leitfähigkeit der Lösung ist, hängt in der Hauptsache von folgenden Faktoren ab:

1. Von der *Natur der Ionen*, insbesondere von ihrer *Gestalt und Ladung* — je höher die Ladung (Wertigkeit), um so stärker werden sie vom elektrischen Feld durch die Lösung gezogen, um so rascher wandern sie; je größer ihr Durchmesser, um so stärker setzen sich dieser Kraft die hemmenden Reibungskräfte des Lösungsmittels entgegen.

2. Von der Anzahl der Ionen, die in 1 cm³ vorhanden sind, also von der *Konzentration* — je mehr Ionen, um so größer der Stromtransport.

3. Von der *Viscosität* der Lösung — je zäher die Lösung, um so gehemmter und langsamer die Wanderung.

4. Von der *Temperatur* — je höher die Temperatur, um so geringer die Zähigkeit der Lösung, um so größer die Wanderungsgeschwindigkeit der Ionen.

Molare Leitfähigkeit und Äquivalentleitfähigkeit. Zur Klärung der Begriffe wird zuerst der zweite Punkt, der Einfluß der Konzentration, näher betrachtet. Die spezifische Leitfähigkeit $\varkappa$ war definiert als die Leitfähigkeit eines Würfels der Elektrolytlösung von der Kantenlänge 1 cm. Die Leitfähigkeit dieses Einheitswürfels sollte um so größer sein, je mehr leitende Substanz, je mehr Elektrolyt er enthält. Man sollte daher zunächst annehmen, daß die spezifische Leitfähigkeit proportional mit der Konzentration der Lösung an Elektrolyt ansteige. Es müßte dann, wenn wir die spezifische Leitfähigkeit auf das einzelne Elektrolytteilchen umrechnen, d. h. wenn wir sie durch die in dem Einheitswürfel enthaltene Anzahl der Teilchen dividieren, bei jeder Konzentration stets dieselbe Zahl herauskommen.

Dies ist nun zwar nicht der Fall. Trotzdem ist die Umrechnung der spezifischen Leitfähigkeit auf den Beitrag der einzelnen Elektrolytteilchen zur Eliminierung des rein auf die Anzahl zurückführbaren Einflusses der Konzentration sehr zweckmäßig. Man dividiert praktisch allerdings nicht durch die Zahl der in dem würfelförmigen Kubikzentimeter enthaltenen Molekeln, sondern durch die Zahl der Mole (Gramm-Molekel), bezieht also die Leitfähigkeit nicht auf 1 Molekel, sondern auf 1 Mol. Bezeichnen wir die molare Konzentration, das ist die Anzahl Mole im Liter, mit c, so sind in dem

---

* Auf die genaue Definition des Begriffs „Elektrolyt", die etwas umfassender ist, braucht hier nicht eingegangen zu werden.

[1] Es können hier nur die für das Verständnis allernotwendigsten Grundlagen kurz dargestellt werden. Genauere Ausführungen mit weiteren Literaturangaben findet man in den Lehrbüchern der physikalischen Chemie oder Elektrochemie, z. B. GRUBE, G.: Grundzüge der Elektrochemie. Leipzig 1930. — McINNES, D. A.: The Principles of Electrochemistry. New York 1939. — KORTÜM, G.: Lehrbuch der Elektrochemie. Wiesbaden 1948. — Eingehende Darstellungen der Elektrolyttheorie findet man bei FALKENHAGEN, H.: Elektrolyte. Leipzig 1932. — FALKENHAGEN, H.: Ergebn. exakt. Naturwiss. 14, 130 (1935). — KORTÜM, G.: Elektrolytlösungen. Leipzig 1941.

1 cm³ großen Einheitswürfel $c/1000$ Mole Elektrolyt enthalten. Dividieren wir $\varkappa$ mit diesem Wert, so erhalten wir

$$\Lambda = \frac{\varkappa}{c} \cdot 1000. \qquad (6)$$

Λ gibt also, gleichgültig mit welcher Konzentration wir arbeiten, stets die auf dieselbe Elektrolytmenge (nämlich auf 1 Mol) bezogene spezifische Leitfähigkeit an und wird *molare Leitfähigkeit* genannt. Mißt man die Konzentration nicht in Molaritäten, sondern, wie meist üblich, in Normalitäten (g-Äquivalent/l), so erhält man nach (6) für Λ die *Äquivalentleitfähigkeit*, die also die spezifische Leitfähigkeit, bezogen auf ein g-Äquivalent des Elektrolyten, darstellt.

Obgleich durch diesen einfachen rechnerischen Kunstgriff der rein arithmetische Einfluß der Konzentration ausgeschaltet wird, sind die molare Leitfähigkeit und die Äquivalentleitfähigkeit nicht, wie oben zunächst vermutet wurde, konzentrationsunabhängige, für jeden Elektrolyten charakteristische Zahlenwerte. Vielmehr leiten die Elektrolyte in verdünnter Lösung relativ zur gelösten Menge besser als in konzentrierterer; die molare Leitfähigkeit und ebenso die Äquivalentfähigkeit steigen (abgesehen von einigen hochkonzentrierten Lösungen) mit wachsender Verdünnung. Wir werden auf den Grund dieser Leitfähigkeitszunahme sogleich zu sprechen kommen.

Zunächst jedoch ein Zahlenbeispiel. Da sowohl die spezifische Leitfähigkeit als auch die Elektrolytkonzentration leicht gemessen werden können, so sind die Äquivalentleitfähigkeit und die molare Leitfähigkeit leicht zugängliche Größen. Die Dimension der spezifischen Leitfähigkeit ist Ω^{-1} cm^{-1}, diejenige von $c/1000$ g-Äqu. bzw. Mole/cm³, und es ergibt sich daher nach (6) als Dimension für die molare und für die Äquivalentleitfähigkeit die Dimension Ω^{-1} cm^2 je g-Äqu. bzw. Mol. Als Beispiel sind in der Tabelle 1 die spezifischen und die daraus nach (6) berechneten Äquivalentleitfähigkeiten einiger verschieden konzentrierter NaCl-Lösungen zusammengestellt.

Tabelle 1. *Spezifische Leitfähigkeit und Äquivalentleitfähigkeit von NaCl-Lösungen bei 18°.*

c g-Äqu./l	$\varkappa$ Ω^{-1} cm^{-1}	Λ Ω^{-1} cm^2/g-Äqu.
1	0,07435	74,35
0,5	0,04047	80,94
0,1	0,009202	92,02
0,05	0,004785	95,7
0,01	0,001019	101,9
0,005	0,000519	103,8
0,001	0,0001065	106,5
0,0005	0,0000536	107,2
0,0001	0,00001081	108,1

Wie man sieht, nimmt die Äquivalentleitfähigkeit mit wachsender Verdünnung zu. Dies gilt ganz allgemein für alle verdünnten Elektrolytlösungen, und zwar steigen die Werte nicht ins Unbegrenzte, sondern nähern sich allmählich einem Grenzwert, der durch ein graphisches Verfahren der Extrapolation auf die Konzentration 0 (Auftragung von Λ gegen $\sqrt{c}$ ergibt bei starken Elektrolyten eine Grenzgerade) leicht gefunden werden kann. Man nennt diesen Grenzwert „*Äquivalentleitfähigkeit bei unendlicher Verdünnung*" Λ_∞; er beträgt z. B. für NaCl bei 18° 108,9 Ω^{-1} cm^2/g-Äqu.

Dissoziationsgrad und Leitfähigkeitskoeffizient. Daß die Äquivalentleitfähigkeit, die die rein arithmetischen Einflüsse der Konzentration nicht mehr enthält, mit wachsender Verdünnung zunimmt, kann seinen Grund einmal darin haben, daß der *Dissoziationsgrad*, d. i. der Bruchteil der in Ionen zerfallenen Elektrolytmolekeln, oder aber darin, daß die *Beweglichkeit der Ionen* mit wachsender Verdünnung zunimmt. Die Theorie der elektrolytischen Dissoziation zeigt, daß beides eintritt. Und zwar trennen sich die Elektrolyte in zwei deutlich auseinanderfallende Stoffklassen, die „*starken*" und die „*schwachen*" *Elektrolyte*. Erstere haben in Lösung ein relativ hohes Leitvermögen und sind in wäßriger Lösung praktisch vollkommen in ihre Ionen dissoziiert; zu ihnen gehören fast alle wasserlöslichen Salze sowie die starken Säuren und Laugen in verdünnter wäßriger Lösung. Die schwachen Elektrolyte dagegen haben ein relativ niedriges Leitvermögen und sind in wäßriger Lösung nur ganz wenig (weniger als 1%) dissoziiert. Zu ihnen gehören die schwachen Säuren und Laugen. Die wenigen Übergangsstoffe der „mittelstarken" Elektrolyte spielen daneben nur eine untergeordnete Rolle.

Bei den schwachen Elektrolyten ist nun für die Zunahme der Äquivalentleitfähigkeit mit wachsender Verdünnung in erster Linie die fortschreitende Dissoziation, die nach dem Massenwirkungsgesetz eintreten muß, verantwortlich; bei den starken Elektrolyten sind es dagegen in erster Linie die elektrostatischen Kräfte, die die entgegengesetzt geladene Ionen aufeinander ausüben und die eine um so stärkere Hemmung der Ionenbeweglichkeit bedingen, je näher sich die Ionen rücken, je höher also die Konzentration ist.

Da bei unendlicher Verdünnung sowohl diese interionischen Kräfte durch die große Entfernung der Ionen voneinander verschwinden, als auch nach dem Massenwirkungsgesetz die Dissoziation eine vollständige werden muß, stellt die Äquivalentleitfähigkeit bei unendlicher Verdünnung ein Maß für die völlig unbehinderte Ionenbeweglichkeit der völlig dissoziierten Elektrolyte dar. Wenn wir die Abnahme der Äquivalentleitfähigkeit mit wachsender Konzentration bei den schwachen Elektrolyten auf einen Dissoziationsrückgang zurückführen, so ist leicht einzusehen, daß der *Dissoziationsgrad* α durch das Leitfähigkeitsverhältnis

$$\alpha = \frac{\Lambda}{\Lambda_\infty} \tag{7}$$

dargestellt werden muß, während dasselbe Verhältnis bei starken Elektrolyten

$$f_\lambda = \frac{\Lambda}{\Lambda_\infty} \tag{8}$$

als *Leitfähigkeitskoeffizient* f_λ bezeichnet wird und einen Ausdruck für die Stärke der Hemmung durch die interionischen Kräfte darstellt*. Die Dissoziationstheorie hat für die Konzentrationsabhängigkeit beider Größen Formeln aufgestellt, die bei den schwachen Elektrolyten die für jede Substanz charakteristische Massenwirkungskonstante (Dissoziationskonstante) enthalten, während die Gesetze für starke Elektrolyte wenigstens in hochverdünnten Lösungen außer Λ_∞ keine individuelle, für den jeweiligen Elektrolyten spezifische Konstante enthalten, sondern nur aus der Ladung der Ionen, der Dielektrizitätskonstante und Viscosität des Lösungsmittels berechnet werden können.

Ionenbeweglichkeit und Wanderungsgeschwindigkeit. Λ_∞ ist also eine nur noch von der Art des Elektrolyten abhängige Größe, in der die Konzentrations- und Dissoziationseinflüsse nicht mehr enthalten sind. Sie setzt sich nach KOHLRAUSCH zusammen aus einem Kationenanteil u und einem Anionenanteil v

$$\Lambda_\infty = u + v. \tag{9}$$

Man kann die Zerlegung der Leitfähigkeit in die einzelnen Ionenanteile durch Überführungsmessungen nach HITTORF auch praktisch durchführen, indem man die stofflichen Veränderungen während der Elektrolyse untersucht. Man erhält so eine für jedes Ion charakteristische Leitfähigkeitsgröße u bzw. v, die wir mit KOHLRAUSCH „*Ionenbeweglichkeit*" nennen wollen; man findet dafür auch den Ausdruck „*Ionenäquivalentleitfähigkeit*". In Tabelle 2 sind einige Ionenbeweglichkeiten bei unendlicher Verdünnung für 25° zusammengestellt. Weitere Werte findet man in allen physikalisch-chemischen Taschenbüchern und Nachschlagewerken, insbesondere in den Tabellen von LANDOLT-BÖRNSTEIN[1]. Der Faktor $^1/_2$ vor den zweiwertigen Ionen bringt zum Ausdruck, daß die Zahlen Äquivalent- und nicht molare Leitfähigkeiten darstellen.

Nach dieser und ähnlichen, für andere Temperaturen und andere Ionen aufgestellten Tabellen kann man für jeden Elektrolyten den Λ_∞-Wert durch einfache Addition der zugehörigen Ionenbeweglichkeiten berechnen. Beispielsweise beträgt die Äquivalent-

---

* Die Gl. (7) und (8) sind nur Näherungsformeln für die beiden in den meisten Fällen annähernd erfüllten Grenzfälle, daß entweder die interionischen Kräfte praktisch keine Rolle spielen ($f_\lambda \approx 1$), oder daß der Elektrolyt praktisch vollkommen dissoziiert ist ($\alpha \approx 1$). Die allgemeinere und strengere Formel $\dfrac{\Lambda}{\Lambda_\infty} = \alpha f_\lambda$ zerfällt für diese beiden Grenzfälle in die oben angegebenen praktisch wichtigen Näherungsformeln.

[1] Landolt-Börnstein, 6. Aufl.

leitfähigkeit bei unendlicher Verdünnung und 25° für Kaliumchlorid 149,8 Ω^{-1} cm² und setzt sich zusammen aus den beiden Ionenbeweglichkeiten 73,5 und 76,3 Ω^{-1} cm² für das K^+- und das Cl^--Ion. Die Betrachtung der Tabelle 2 lehrt, daß die Beweglichkeiten der verschiedenen Ionen mit Ausnahme der Ionen des Wassers H^+ und OH^- nicht allzusehr voneinander verschieden sind. Die höher geladenen Ionen, die an sich vom Feld mit größerer Kraft durch das Wasser gezogen werden, sind andererseits stärker hydratisiert und erfahren dadurch eine stärkere Hemmung durch Reibung. Bei H^+ und OH^- liegen besondere Verhältnisse vor.

Durch einfache Division der Ionenbeweglichkeit mit der FARADAYschen Konstanten (96 500 Coul) kann man die Ionenbeweglichkeiten in „*Wanderungsgeschwindigkeiten*" in cm/sec, die die Ionen in einem Feld von der Feldstärke 1 V/cm annehmen, umrechnen*. Beispielsweise ist die Wanderungsgeschwindigkeit der K^+-Ionen bei 25° $\dfrac{73{,}5\,\Omega^{-1}\,\text{cm}^2}{96\,500\,\text{Coul}} =$ $7{,}62 \cdot 10^{-4}\,\dfrac{\text{cm/sec}}{\text{Volt/cm}}$. Die Ionen wandern, wie man sieht, unter den üblichen Spannungsgefällen sehr langsam.

Die Unterschiede in den Ionenbeweglichkeiten sind natürlich auf manche Einflüsse zurückzuführen, von denen die Anlagerung von Wassermolekeln *(Hydratation)* wohl als der wichtigste angesehen werden kann. Unabhängig von den Verschiedenheiten zeigen alle Ionenbeweglichkeiten eine starke Abhängigkeit von der *Viscosität* des Lösungsmittels in dem Sinne, daß durch zähigkeitserhöhende Zusätze (Glycerin, Zucker) die Beweglichkeit abnimmt. Auch die Zunahme der Ionenbeweglichkeit mit wachsender *Temperatur* ist in erster Linie auf die Zähigkeitsabnahme des Lösungsmittels zurückzuführen. Daher kommt es, daß die elektrische Leitfähigkeit ebenso wie die Viscosität eine ziemlich temperaturempfindliche Größe ist. In wäßrigen Lösungen liegt der *Temperaturkoeffizient der Beweglichkeit* aller Ionen nahe bei 2% je Grad.

Tabelle 2. *Ionenbeweglichkeiten bei unendlicher Verdünnung in Wasser. Temperatur 25°.*

Kationen	$\dfrac{u}{\Omega^{-1}\,\text{cm}^2}$	Anionen	$\dfrac{v}{\Omega^{-1}\,\text{cm}^2}$
K^+	73,5	Cl^-	76,3
Na^+	50,1	Br^-	78,4
Li^+	38,7	J^-	76,8
Ag^+	61,9	NO_3^-	71,4
NH_4^+	73,7	$\frac{1}{2}SO_4^{--}$	79,8
$\frac{1}{2}Mg^{++}$	53,1	$\frac{1}{2}CO_3^{--}$	74,0
$\frac{1}{2}Ca^{++}$	59,5	$HCOO^-$	56
$\frac{1}{2}Ba^{++}$	63,6	CH_3COO^-	40,9
H^+	349,8	OH^-	200

Hochfrequenzleitfähigkeit, feinporige Systeme, biologische Zellen und Gewebe. Nach diesem sehr kurzen Überblick über das Zustandekommen der elektrischen Leitfähigkeit von Elektrolytlösungen seien noch einige etwas speziellere Erscheinungen erwähnt, die an dieser Stelle auf besonderes Interesse stoßen dürften. Die Leitfähigkeit der Elektrolyte ist nämlich zwar im allgemeinen, wie wir es von vornherein anzunehmen geneigt sind, von der Frequenz des Meßstromes unabhängig. Bei sehr hohen Frequenzen jedoch, etwa vom Bereich der Kurzwellen ab ($\nu > 3\,\text{MHz}$), nimmt die Leitfähigkeit der starken Elektrolyte etwas höhere Werte an. Bei den sehr hohen Frequenzen wirken die interionischen Kräfte infolge des sehr raschen Wechsels der Bewegungsrichtung der Ionen nicht mehr so stark hemmend wie bei den niedrigeren; die Leitfähigkeit wird dadurch höher. Dieser theoretisch vorausgesagte *Hochfrequenzeffekt*, auch *Dispersionseffekt* genannt, wurde von zahlreichen Forschern qualitativ und vielfach auch quantitativ bestätigt[1].

---

* Wir bezeichnen mit KOHLRAUSCH die in Ω^{-1} cm² gemessenen Leitfähigkeitsgrößen mit „Ionenbeweglichkeit" und die von KOHLRAUSCH als „absolute Beweglichkeit der Ionen" oder „absolute Wanderungsgeschwindigkeit der Ionen" bezeichneten, in cm²sec^{-1}Volt^{-1} gemessenen Geschwindigkeitsgrößen mit „Wanderungsgeschwindigkeit". Leider sind die Bezeichnungen in den Lehrbüchern nicht immer einheitlich, und man findet beide Ausdrücke für die beiden verschiedenen Größen verwendet. Auf die wohl konsequenteste Ausdrucksweise, die sich jedoch in der deutschen Literatur noch kaum eingeführt hat, sei hier nur hingewiesen. Sie bezeichnet die in Ω^{-1} cm² gemessenen Teilleitfähigkeiten als „Ionenäquivalentleitfähigkeit", die in cm²sec^{-1}Volt^{-1} gemessenen Geschwindigkeitsgrößen im Potentialgefälle 1 Volt/cm als „Ionenbeweglichkeit" und die in cm/sec gemessenen Geschwindigkeitsgrößen bei beliebigem Potentialgefälle als „Wanderungsgeschwindigkeit".

[1] Vgl. FALKENHAGEN, H.: Elektrolyte. S. 217ff. Leipzig 1932. — GUGGOLZ, E.: Z. Elektrochem. **45**, 229 (1939). — KORTÜM, G.: Elektrolytlösungen. S. 195ff. Leipzig 1941.

Er beträgt bei krystalloiden Elektrolyten nur wenige Prozente, kann aber bei kolloiden Elektrolyten ganz erhebliche Werte erreichen[1].

Es ist also zu bedenken, daß die elektrische Leitfähigkeit physiologischer Kolloidelektrolyte im hochfrequenten Wechselfeld etwa eines Kurzwellen-Diathermieapparates ein Vielfaches von derjenigen betragen kann, die man bei niederen Frequenzen mißt. Gilt dies schon für einheitliche Lösungen von Kolloidelektrolyten, so kann dieses Ansteigen der Leitfähigkeit mit wachsender Frequenz noch viel ausgeprägter werden bei der Wechselstromleitung im Zellgewebe, wo gutleitende Flüssigkeiten durch nichtleitende Schichten, z. B. Lipoidmembranen, unterbrochen sind. Durch diese isolierenden Schichten wird natürlich die gewöhnliche Leitfähigkeit des gesamten Systems weit unter diejenige der konstituierenden Zellflüssigkeiten herabgesetzt. Beispielsweise ergibt eine Suspension von mit isotonischer Zuckerlösung gewaschenen Blutkörperchen eine sehr niedrige Leitfähigkeit, obgleich die Zellflüssigkeit der Erythrocyten sehr viel besser leitet. Ganz allgemein ist lebendes Gewebe ein schlechter Leiter, aber nicht etwa weil die intracellulären und intercellulären Flüssigkeiten schlecht leiten, sondern vielmehr, weil sie durch isolierende Membranen voneinander getrennt sind.

Die Verhältnisse ändern sich aber völlig, wenn man hochfrequente Wechselströme anwendet. Die hohe Frequenz bedingt ein Heruntergehen der kapazitiven Widerstände. Dadurch werden die für Gleich- oder niederfrequenten Wechselstrom isolierenden Membranen wie das Dielektrikum eines Plattenkondensators kapazitiv überbrückt. Daher kommt es, daß die biologischen Gewebe für die hochfrequenten Ströme eines Kurz- oder Ultrakurzwellengerätes einen viel besseren Leiter darstellen als für gewöhnlichen Wechselstrom oder Gleichstrom. Die Messung solcher Hochfrequenzleitfähigkeiten biologischer Gewebe erfordert besondere Apparaturen, auf die wir im Rahmen dieses Artikels nicht eingehen können. Der ganze Fragenkomplex, der noch wesentlich komplizierter ist als es hier angedeutet werden konnte, ist aber im Zusammenhang mit der Entwicklung der Kurzwellentherapie sehr eingehend untersucht worden, und es existieren darüber zusammenfassende Berichte mit ausführlichen Literaturangaben[2].

Ganz kurz sei noch erwähnt, daß auch bei porösen Systemen mit offenen Poren und bei Gleichstrom oder niederfrequentem Wechselstrom die spezifische Leitfähigkeit der Porenflüssigkeit im allgemeinen höher ist als diejenige der mit dem Gewebe im Gleichgewicht stehenden Außenlösung. Man kann also nicht ohne weiteres die Leitfähigkeit einer Porenflüssigkeit durch Auslaugen des porösen Gewebes bestimmen, da sie sich nicht auslaugen läßt. Die porösen Systeme enthalten meist fest eingebaute Wandladungen, die zwar selbst unbeweglich sind und sich daher am Stromtransport nicht beteiligen, die aber zur Aufrechterhaltung der Elektroneutralität eine ebenso große Gegenladung an freibeweglichen Gegenionen in den Poren zurückhalten. Diese Gegenionen beteiligen sich, obwohl sie eben wegen der Elektroneutralität nicht ausgewaschen oder ausgepreßt werden können, doch am Stromtransport. Daher ist die Porenflüssigkeit immer reicher an beweglichen Ionen als die mit ihr im Gleichgewicht stehende Außenlösung und kann, namentlich in hochverdünnten Lösungen und bei sehr feinporigen Systemen, eine um Größenordnungen höhere Leitfähigkeit aufweisen als die Außenflüssigkeit. Daneben kann natürlich bei den feinporigen Systemen auch eine Beeinflussung der Leitfähigkeit durch sterische Behinderungen der Ionenwanderung (Verklemmung der Ionen) in den Poren eintreten. Auch zur Bestimmung dieser Porenleitfähigkeit sind besondere Anordnungen notwendig, auf die hier nur kurz hingewiesen werden kann[3].

---

[1] Vgl. HOFFMANN, K.: Kolloid-Z. **84**, 344 (1938). — KORTÜM, G.: Elektrolytlösungen. S. 283ff. Leipzig 1941.

[2] RAJEWSKY, B.: Ergebn. biophysik. Forsch., Bd. 1, Ultrakurzwellen. Leipzig 1938. — Fiat Rev. 22, Biophysik, Teil II. 1949. — HÖBER, R.: Physikalische Chemie der Zellen und Gewebe. Deutsche Übersetzung von W. WILBRANDT und R. STÄMPFLI. Bern 1947.

[3] MANEGOLD, E., u. K. SOLF: Kolloid-Z. **55**, 273 (1931). — SCHMID, G., u. H. SCHWARZ: Z. Elektrochem. **55**, 295 (1951).

c) Die Meßanordnung.

Die Grundlagen der Wheatstoneschen Brückenschaltung für Wechselstrom. Die bei weitem wichtigste Laboratoriumsmethode zur Messung der elektrischen Leitfähigkeit, die Einfachheit mit großer Genauigkeit verknüpft, ist die von KOHLRAUSCH eingeführte Anwendung der WHEATSTONEschen Brücke mit Wechselstrom. Sie soll hier etwas genauer geschildert werden. Weitere Angaben finden sich in den Lehrbüchern der physikalischen und physikalisch-chemischen Meßtechnik[1].

Die Schaltskizze ist in ihrer einfachsten Form in Abb. 3 wiedergegeben. Der von einem *Induktorium* J oder auch von einem Röhrengenerator kommende Wechselstrom verzweigt sich bei A und B. Ein Teil fließt über den Brückendraht AB, einen gleichmäßig dicken, 1 m langen, auf einem in Millimeter geteilten Maßstab aus Holz montierten, ausgestreckten Draht. Ein anderer Teil des Stromes fließt über P von A nach B und durchfließt dabei den im *Leitfähigkeitsgefäß* untergebrachten Elektrolyten vom unbekannten Widerstand R und den geeichten Vergleichswiderstand R_0, einen auf verschiedene Widerstandswerte einstellbaren Stöpselrheostaten. Von dem zu R_0 parallel geschalteten Kondensator C sehen wir zunächst ab. Von P führt eine weitere Leitung über das Telephon T zu dem auf dem Meßdraht verschiebbaren Schleifkontakt S. Die Stromquelle bei J liefert Tonfrequenzen, d. h. Frequenzen im Hörbereich. Daher hört man einen Ton im Telephon, wenn dieses von Strom durchflossen wird. Man verschiebt nun den Gleitkontakt auf dem Brückendraht solange, bis das Telephon schweigt oder jedenfalls nur noch ein Minimum an Ton hören läßt; die Strecke PS ist dann stromlos geworden.

In dieser Stellung herrscht bei P und S die gleiche Spannung. Da aber die Spannung längs jeden Leiters proportional mit dem Widerstand abfällt, so werden offenbar nicht nur die Spannungen, sondern auch die Widerstände in beiden Brückenzweigen

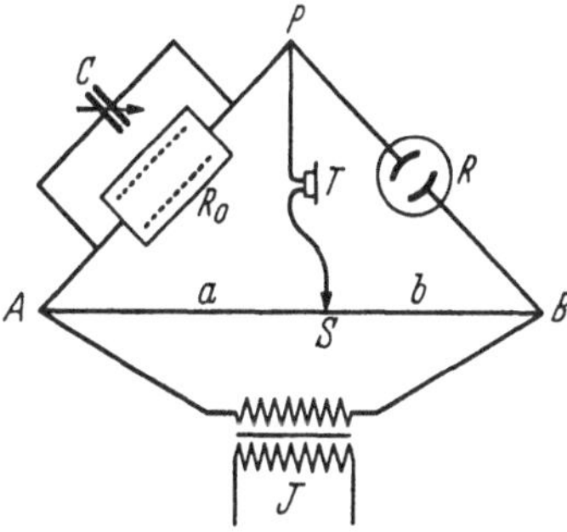

Abb. 3. WHEATSTONEsche Brücke.

ASB und APB durch S und P im gleichen Verhältnis unterteilt, d. h. es ist

$$\frac{R_0}{R} = \frac{R_{AS}}{R_{SB}}, \tag{10}$$

wenn wir unter R_{AS} und R_{SB} die Widerstände der Brückenabschnitte AS und SB verstehen. Wegen der völlig gleichmäßigen Dicke des Meßdrahtes über seine ganze Länge ist aber das Verhältnis dieser Widerstände einfach gleich dem Längenverhältnis a/b der beiden Drahtabschnitte und es wird

$$\frac{1}{R} = K = \frac{1}{R_0}\frac{a}{b}. \tag{11}$$

Wir können also die gesuchte Leitfähigkeit K des Elektrolyten im Leitfähigkeitsgefäß aus einem bekannten Widerstand R_0 und den leicht ablesbaren Meßdrahtstrecken a und b, für die das Telephon schweigt, berechnen.

Damit gewinnen wir allerdings zunächst noch nicht die uns interessierende spezifische Leitfähigkeit der Flüssigkeit, sondern nur die absolute Leitfähigkeit, die von den zufälligen Gefäßdimensionen, dem Abstand und der Größe der Elektroden abhängig ist. Um zur spezifischen Leitfähigkeit des Elektrolyten zu kommen, muß man die absolute Leitfähigkeit K mit einem für jedes Leitfähigkeitsgefäß charakteristischen Faktor C_w, der sog. „*Zellkonstanten*" oder „*Widerstandskapazität*", multiplizieren. In einem und

---

[1] OSTWALD-LUTHER: Hand- und Hilfsbuch zur Ausführung physikochemischer Messungen. 5. Aufl. Leipzig 1931. — KOHLRAUSCH, F.: Praktische Physik. Bd. 2, 18. Aufl. Leipzig, Berlin 1944. — KOHLRAUSCH, F., u. L. HOLBORN: Das Leitvermögen der Elektrolyte. 2. Aufl. Leipzig, Berlin 1916. — EBERT, L.: Handb. Exp.-Physik. (WIEN-HARMS) 12 (1933). — HAGUE, B.: Alternating Current Bridge Methods. New York 1938. — WEISSBERGER, A.: Physical Methods of Organic Chemistry, Bd. 2. New York 1949. — SCHWERDTFEGER, W.: Elektrische Meßtechnik. 5. Aufl. Teil 1. Füssen 1949.

demselben Leitfähigkeitsgefäß sind nämlich bei unveränderter Elektrodenstellung absolute und spezifische Leitfähigkeit einander proportional

$$\varkappa = C_w K. \tag{12}$$

Die Widerstandskapazität C_w ist also eine Gefäßkonstante, die, wie man bei Auflösung der Gl. (12) nach C_w leicht sieht, angibt, wie groß der Widerstand $R = 1/K$ des Gefäßes ist, wenn es mit einer Flüssigkeit vom spezifischen Leitvermögen $\varkappa = 1$ gefüllt wird. Ihr reziproker Wert wird auch „*Leitfähigkeitskapazität*" genannt*.

Um die Widerstandskapazität des Leitfähigkeitsgefäßes zu bestimmen, mißt man die Leitfähigkeit K_e einer Eichlösung, deren spezifischer Widerstand $\varkappa_e$ genau bekannt ist, im gleichen Gefäß. Die Widerstandskapazität berechnet sich dann nach (12) zu $C_w = \varkappa_e/K_e$. Sie hat die Dimension $\Omega^{-1}\,\mathrm{cm}^{-1}/\Omega^{-1} = \mathrm{cm}^{-1}$. Ein Vergleich mit (5) zeigt, daß sie formal dem Verhältnis l/q des Elektrodenabstandes zum stromdurchflossenen Querschnitt entspricht. Da jedoch der stromdurchflossene Querschnitt in den meisten Leitfähigkeitsgefäßen nicht konstant ist, kann man aus den Gefäßdimensionen nur einen ganz rohen Wert der Widerstandskapazität von vornherein abschätzen. Es genügt im allgemeinen, die Widerstandskapazität eines Gefäßes nur für eine einzige Temperatur, z. B. 25°, zu bestimmen, da das Gefäß und die Elektroden ihre Form und räumliche Anordnung bei

Tabelle 3. *Spezifische Leitfähigkeit von KCl-Lösungen.*

	$\Omega^{-1}\,\mathrm{cm}^{-1}$		
	0°	18°	25°
1 n KCl	0,06543	0,09820	0,11173
0,1 n KCl	0,007154	0,011192	0,012886
0,01 n KCl	0,0007751	0,0012227	0,0014115

Temperaturänderung praktisch unverändert beibehalten. Dagegen muß sie bei Serienmessungen gelegentlich wieder durch Messung kontrolliert werden, da kleine Veränderungen der gegenseitigen Lage der Elektroden nicht immer vermieden werden können.

Als Eichlösung werden fast ausschließlich Kaliumchloridlösungen bestimmter Konzentration verwendet, deren spezifische Leitfähigkeiten außerordentlich genau bekannt sind. In Tabelle 3 sind die Werte einiger Lösungen bei 0°, 18° und 25° zusammengestellt. Man wählt zweckmäßig eine Eichlösung, deren spezifische Leitfähigkeit nicht allzuweit von derjenigen der Versuchslösung entfernt ist. Bei genaueren Messungen, insbesondere in verdünnten Lösungen, muß zu diesen Werten noch die Eigenleitfähigkeit des bei der Herstellung der Eichlösung verwendeten destillierten Wassers hinzuaddiert werden. Die Herstellung der Lösungen kann durch einfaches Abwägen eines analysenreinen Handelspräparats erfolgen, das eventuell zur weiteren Reinigung noch vorher aus wäßriger Lösung mit Alkohol umkrystallisiert und auf alle Fälle vor der Wägung durch gelindes Glühen getrocknet worden ist.

Hat man C_w bestimmt, so kann man jetzt nach (12) K in $\varkappa$ umrechnen. Durch Kombination von (11) und (12) erhält man

$$\varkappa = \frac{C_w}{R_0} \cdot \frac{a}{b}, \tag{13}$$

worin R_0 den Vergleichswiderstand, a und b die Brückenabschnitte bedeuten. Für 1000 mm Drahtlänge kann man noch b durch $(1000-a)$ ersetzen und erhält dann

$$\varkappa = \frac{C_w}{R_0} \cdot \frac{a}{1000-a}, \tag{14}$$

worin a in mm zu messen ist. Wie man mathematisch leicht zeigen kann, wirkt sich ein kleiner Ablesefehler in a dann am wenigsten auf das Verhältnis $a/(1000-a)$ und damit auf $\varkappa$ aus, wenn in (14) $a = 500$ oder in (13) $a = b$ gewählt wird. Es ist also für die Genauigkeit der Messung vorteilhaft, den Vergleichswiderstand R_0 so einzustellen, daß der Schleifkontakt bei Tonstille möglichst in die Mitte des Brückendrahtes zu liegen kommt. Diese

---

* Die Widerstands- und die Leitfähigkeitskapazität eines Gefäßes haben natürlich mit elektrostatischen Kapazitäten, wie z. B. den früher besprochenen Größen C_g, C_p und C_k, nichts als den Namen gemein.

möglichst *symmetrische Einstellung* ist auch aus anderen Gründen dringend anzuraten (s. S. 514). Sie setzt allerdings voraus, daß man einen gut unterteilbaren Vergleichswiderstand von der Größe des zu messenden Widerstandes zur Verfügung hat; denn nach (11) muß man, um a und b gleich zu machen, auch R_0 gleich R wählen.

Nach dem angegebenen Verfahren und bei Berücksichtigung der für die Einzelteile der Brücke zu beachtenden Bauprinzipien, von denen wir im nächsten Abschnitt noch ausführlich sprechen werden, erreicht man bei sorgfältigem Arbeiten im Bereich nicht zu hoher und nicht zu niedriger Leitfähigkeiten leicht eine *Genauigkeit* von etwa $\pm 0,5\%$. Da sich aber die Leitfähigkeit der Elektrolytlösungen mit der Temperatur meist um etwa 2% je Grad ändert, so muß man, um diese Genauigkeit auszunützen und wohl definierte Werte zu messen, die Temperatur der Meßflüssigkeit durch Einstellen des Leitfähigkeitsgefäßes in einen *Thermostaten* auf mindestens $\pm 0,1°$ konstant halten. Außerdem muß man dafür sorgen, daß sich der Elektrolyt nicht durch die Stromwärme des Meßstromes über diese Grenze hinaus erwärmt; der Meßstrom muß also möglichst niedrig gehalten werden, was andererseits aber einen schwächeren Ton im Telephon bedingt und daher eine Einbuße an Empfindlichkeit mit sich bringt. Man merkt eine unzulässige Erwärmung freilich leicht daran, daß die Leitfähigkeit während der Messung steigt. Abhilfe bringt dann eine Verringerung des Meßstromes, z. B. durch einen Vorschalt- oder Nebenschlußwiderstand an der Stromquelle. Im allgemeinen kann man jedoch sagen, daß die kleinen Induktorien und Summer, die für Leitfähigkeitsmessungen hergestellt werden, ohne Vorschaltwiderstand verwendet werden können. Auf alle Fälle aber ist es zur Vermeidung von Wärmeansammlungen ratsam, den *Meßstrom* nur so lange, wie zur Messung selbst unbedingt notwendig, eingeschaltet zu lassen und *nach jeder Messung sofort wieder abzuschalten*. Zur theoretischen Abschätzung der Erwärmungsverhältnisse gibt der Hinweis einen Anhalt, daß eine Leistung von 0,01 Watt im Leitfähigkeitsgefäß bei einer Meßdauer von 30 sec 0,3 Wattsec $= 0,07$ cal während der Messung erzeugt.

Eine ganz ähnliche Überlegung, wie sie oben bei der Ableitung der Brückenformel (13) angestellt wurde, führt zu dem Ergebnis, daß man die Stromquelle und das Telephon in der Schaltskizze Abb. 3 (S. 509) vertauschen kann, ohne daß sich dadurch an der Brückenformel (13) oder (14) etwas ändert. In der Tat wird diese abgeänderte Schaltung manchmal verwendet, da sie die knackenden Geräusche und Störungen im Telephon, die man bei unmittelbarer Verbindung zwischen diesem und einem schlecht funktionierenden Schleifkontakt wahrnimmt, vermindert. Bei schlecht leitenden Flüssigkeiten ist jedoch von dieser Abänderung abzuraten, da sie dort einen erheblichen Nachteil mit sich bringt, auf den wir sogleich eingehen werden. Schlechtes Funktionieren des Gleitkontaktes läßt sich durch Reinigung oder Erneuerung des Meßdrahtes, durch Nachschleifen der Schneide des Gleitkontaktes und durch hauchfeines Fetten des Meßdrahtes mit Vaseline oder Paraffinöl vermeiden.

Maßnahmen zur Erzielung einer guten Genauigkeit. Die eben beschriebene sehr einfache Schaltung liefert für die meisten Zwecke ausreichend genaue Resultate. Sie kann jedoch, wenn man sie unbedenklich anwendet, namentlich in hochverdünnten und auch in hochkonzentrierten Lösungen, unter Umständen zu erheblichen Fehlern führen. In sehr verdünnten Lösungen merkt man das mangelhafte Arbeiten der Brücke schon daran, daß das Telephon ein sehr flaches und verwaschenes Tonminimum liefert, so daß seine genaue Lage schwer festzustellen ist.

Zur Erzielung einwandfreier Messungen auch in diesen Konzentrationsbereichen sowie zur Ausbildung der Methode auf höchste Präzision sind eine Reihe von Maßnahmen zu ergreifen, deren genaue Erörterung in der Literatur[1] nachgesehen werden kann. Wir

---

[1] EBERT, L.: Handb. Exp.-Physik. (WIEN-HARMS). Bd. 12. 1933; dort Angaben über die ältere Literatur. — JONES, G.: Am. Soc. **50**, 1049 (1928); **51**, 2407 (1929); **53**, 411 (1931); **55**, 1780 (1933); **57**, 272, 280 (1935); **59**, 731 (1937). — SHEDLOVSKY, T.: Am. Soc. **52**, 1793 (1930). — GRALLERT, W.: Z. Elektrochem. **42**, 330 (1936). — ENDER, F.: Z. Elektrochem. **43**, 217 (1937). — LUDER, W. F.: Am. Soc. **62**, 89 (1940).

wollen von diesen Maßnahmen hier nur so viel besprechen, wie zu einem guten Verständnis der Brücke notwendig ist. Man kann dann mit geringem Aufwand die Fehlergrenze in den meisten Fällen in allen Konzentrationsgegenden unter $\pm 1^0/_{00}$ herabdrücken.

Man kann diese Maßnahmen in 2 Gruppen einteilen: Erstens *Steigerung der Empfindlichkeit* der Brücke, zweitens Beachtung und *Kompensation* aller unvermeidlichen, für die Messung des eigentlichen Widerstandes *unerwünschter Widerstände und Nebenschlüsse* einschließlich der kapazitiven Widerstände und Nebenschlüsse.

Betrachten wir zuerst die *Meßempfindlichkeit*. Eine Brücke arbeitet um so empfindlicher, je kleiner man (bei abgeglichener Brücke) eine Änderung des zu messenden Widerstandes machen muß, um sie eben noch im Telephon oder einem andern Strommeßinstrument der Brückendiagonale PS wahrzunehmen. Auch ohne quantitative Formulierungen[1] ist leicht einzusehen, daß die Meßempfindlichkeit bei gleichen Widerstandsverhältnissen in der Brücke um so größer ist, je empfindlicher das Nullinstrument (Galvanometer oder Telephon), und je höher die an die Brücke angelegte Eingangsspannung ist. Man wird daraus zunächst den Schluß ziehen, daß man zur Steigerung der Meßempfindlichkeit das Nullinstrument möglichst empfindlich und die Eingangsspannung möglichst hoch zu wählen habe. Beides ist jedoch nur in begrenztem Umfang richtig. Mit wachsender Empfindlichkeit der Nullinstrumente wächst nämlich auch ihr Widerstand. Wir werden aber sogleich sehen, daß die Meßempfindlichkeit sehr stark von dem Verhältnis des Widerstandes der Brückendiagonale PS zu den anderen Widerständen abhängt, und daß deshalb der Widerstand des Nullinstrumentes nicht zu groß gewählt werden darf. Ebenso ist die Brückeneingangsspannung und der durch sie bedingte Brückenstrom nicht beliebig steigerbar, weil sich sonst die Meßzelle zu stark erwärmen würde und auch die Eichwiderstände nicht zu stark belastet werden dürfen (maximale Belastbarkeit etwa 0,5 Watt je Widerstandsrolle).

Eine wichtige Voraussetzung für ein empfindliches und genaues Arbeiten der Brücke ist ferner, daß die Widerstände der einzelnen Brückenarme in einem günstigen Verhältnis zueinander stehen. Am günstigsten arbeitet die Brücke, wenn der Meß- und der Vergleichswiderstand möglichst gleich groß sind, der Widerstand des Brückendrahtes etwa $^1/_5$ und der (Schein-)Widerstand des Nullinstrumentes nicht mehr als $^1/_{10}$ des zu messenden Widerstandes beträgt. Daher ist es vorteilhaft, bei der Messung hoher Widerstände auch den Widerstand des Meßdrahtes, z. B. durch Anwendung einer Walzenbrücke (vgl. S. 516), möglichst groß zu gestalten. Die Verlängerung des Brückendrahtes bringt zugleich eine Erhöhung der Ablesegenauigkeit des Brückendrahtverhältnisses mit sich.

Bleiben trotzdem die Widerstände R und R_0 zu groß gegenüber dem Widerstand des Meßdrahtes, so sollten, wie schon oben erwähnt, Stromquelle und Telephon in der Anordnung der Abb. 3 (S. 509) nicht vertauscht werden. In der Schaltung der Abb. 3 fließt nämlich nach den Gesetzen der Stromverzweigung durch den verhältnismäßig niederohmigen Meßdraht der Hauptanteil des Stromes. Man kann daher, ohne das Leitfähigkeitsgefäß allzusehr mit Stromwärme zu belasten, mit viel größerer Leistung an die Brücke herangehen als bei der vertauschten Schaltung, in der durch Meßdraht und Leitfähigkeitsgefäß der gleiche Strom fließen muß. Dadurch erzielt man, wie die genauere Rechnung zeigt, eine höhere Empfindlichkeit.

Eine wesentliche Erhöhung der Meßempfindlichkeit und Ablesegenauigkeit erreicht man ferner durch Verstärkung des Telephonstromes mit einem *Niederfrequenzverstärker*. Meist wird ein 1—3stufiger, abgestimmter oder unabgestimmter Verstärker in Verbindung mit einem Röhrengenerator (s. S. 516) als Stromquelle verwendet. Der Eingang des Verstärkers muß zur Verhinderung einer asymmetrischen Rückwirkung auf die Brücke als Transformator ausgebildet werden. Die Anwendung eines Verstärkers bringt meist auch die Notwendigkeit der Abschirmung der Stromzuführungen und -abführungen mit

---

[1] KOHLRAUSCH, F.: Praktische Physik. Bd. 12, 18. Aufl. Leipzig, Berlin 1943. — SCHWERDTFEGER, W.: Elektrische Meßtechnik. 5. Aufl. Teil 1, S. 88ff. Füssen 1949.

sich; denn durch die Verstärkung können sich auch kleinste induzierte Ströme unangenehm bemerkbar machen. Der Vorteil der Anwendung eines Verstärkers liegt in der Verbindung hoher Meßempfindlichkeit und Schärfe des Tonminimums mit geringen Betriebsleistungen der Brücke. Für Einzelheiten muß auf die angegebene Literatur verwiesen werden. Man wird im übrigen in einfacheren Fällen auch ohne Verstärker durchkommen.

Etwas ausführlicher müssen wir auf den zweiten der oben genannten Punkte, auf die unerwünschten Widerstände und Nebenschlüsse, eingehen, da ihre Nichtbeachtung erhebliche Fehler einschleppen kann. Zunächst ist natürlich auf tadellose Kontakte zu achten, damit keine störenden Übergangswiderstände auftreten. Aber auch bei guten Kontakten ist zu überlegen, ob die Widerstände der Zuleitungsdrähte auf der Strecke APB nicht schon ins Gewicht fallen, d. h. außerhalb der Fehlergrenze liegen. Dies kann vor allem dann der Fall sein, wenn R und R_0 an sich sehr klein sind, wenn also die zu messende Flüssigkeit sehr gut leitet. Um R auch bei gut leitenden Flüssigkeiten nicht zu klein werden zu lassen, muß man für diese ein Leitfähigkeitsgefäß möglichst hoher Widerstandskapazität verwenden; wir werden die dafür notwendigen Bauprinzipien im nächsten Abschnitt noch kennenlernen (s. S. 519). Läßt sich der Widerstand des gefüllten Gefäßes dadurch jedoch nicht so weit hinaufsetzen, daß die Zuleitungswiderstände gegen ihn und ebenso gegen R_0 vernachlässigbar klein werden, so muß man sie besonders berechnen oder messen und bei der Berechnung von R in beiden Brückenzweigen in Rechnung setzen.

Anders liegen die Verhältnisse bei sehr verdünnten Lösungen, da es sich trotz Verwendung von Leitfähigkeitsgefäßen geringer Widerstandskapazität nicht vermeiden läßt, daß R und damit auch R_0 bis zu $10\,000\ \Omega$ ansteigen. Hier spielen zwar die Zuleitungswiderstände keine Rolle mehr, dagegen dürfen jetzt die *kapazitiven Nebenschlüsse* nicht mehr außer acht gelassen werden. Streng genommen gilt ja die Brückengleichung (13) (S. 510) bei Wechselstrom nicht für die Ohmschen, sondern für die Scheinwiderstände, und man kann zeigen, daß Stromlosigkeit in der Brückendiagonale PS nur dann eintritt, wenn auch der Phasenwinkel, oder, was auf dasselbe hinauskommt, wenn auch Blind- und Wirkwiderstand je für sich abgeglichen sind. Da aber das Leitfähigkeitsgefäß unvermeidlicherweise eine, wenn auch möglichst klein gehaltene Blindkomponente enthält (vgl. Abb. 1, S. 501), so muß man dem Vergleichswiderstand, der meist durch induktions- und kapazitätsarme Wicklung fast reiner Wirkwiderstand ist, zum Ausgleich künstlich eine Blindkomponente hinzufügen. Dies geschieht durch Parallelschaltung einer variablen Kapazität, z. B. eines *Drehkondensators*, der in Abb. 3 (S. 509) unter C eingezeichnet ist.

Praktisch macht sich die fehlende Abgleichung der Blindkomponenten in einem schlechten, verwaschenen Tonminimum beim Verschieben des Gleitkontaktes bemerkbar; es überlagern sich gewissermaßen 2 Minima, die an verschiedener Stelle liegen, eines für die Blind- und eines für die Wirkkomponente. Es gilt, beide auf einen Punkt zu vereinigen. Dazu stellt man zunächst das Tonminimum, ohne sich um die Stellung des Kondensators zu kümmern, durch Verschiebung des Gleitkontaktes so gut wie möglich ein. Hierauf betätigt man bei stillstehendem Gleitkontakt den Drehkondensator und sucht damit erneut ein Tonminimum auf. Alsdann betätigt man wieder den Gleitkontakt bei stillstehendem Drehkondensator usw. Man findet sehr rasch die Stelle des ausgeprägtesten und schärfsten Tonminimums. An dieser Stelle ist die Brücke richtig abgeglichen und die Gl. (13) gilt jetzt auch für die Wirkwiderstände, die bei Beachtung der bereits besprochenen Vorschriften mit guter Genauigkeit gleich den Ohmschen Widerständen gesetzt werden können. Je nach Lage der Dinge kann es auch vorkommen, daß man den Kondensator zum Leitfähigkeitsgefäß statt zum Vergleichswiderstand parallel schalten muß, um zu einem guten Tonminimum zu kommen. Man probiert dies am besten praktisch aus. Gelegentlich wird auch ein größerer Kondensator in Serie zum Vergleichswiderstand geschaltet. Die Hinzuschaltung eines variablen Kondensators ist ein so einfacher Kunstgriff und führt zu einer so wesentlichen Verbesserung, daß man sie sich, auch wenn man nicht auf besondere Genauigkeit achten will, nicht entgehen lassen sollte.

Völlige Tonstille im Telephon kann man allerdings auch dann nur bei Verwendung eines rein *sinusförmigen (monochromatischen) Wechselstromes*, wie er z. B. von einem geeigneten Röhrengenerator mit guter Näherung geliefert wird, erwarten. Der von einem Induktorium mit NEEFFschem Hammer erzeugte Strom ist nicht monochromatisch, sondern ein Gemisch vieler sich überlagernder Ströme verschiedener Frequenz. Da aber die Blindwiderstände frequenzabhängig sind, so sieht man leicht, daß, wenn die Brücke für eine Frequenz abgeglichen ist, sie es nicht gleichzeitig für die anderen Frequenzen zu sein braucht. Daher ist es für exakte Messungen ratsam, als Stromquelle einen geeigneten Röhrengenerator zu verwenden. Solche „Tonfrequenzgeneratoren" sind im Handel erhältlich; für den Selbstbau muß auf die Literatur verwiesen werden. Wichtig ist, daß der Generator mit mehreren verschiedenen, jeweils reinen Frequenzen betrieben werden kann; man hat dann durch Frequenzvariation ein einfaches Kontrollmittel in der Hand, ob die Brücke auch bei verschiedenen Frequenzen immer denselben Wert für den zu messenden Widerstand liefert. Tut sie dies nicht, so sind die von uns gemachten Voraussetzungen der Gleichheit von OHMschen und Wirkwiderstand und der Möglichkeit der Vernachlässigung der Polarisation nicht genügend genau erfüllt. Während das Induktorium mit seinem Frequenzgemisch fehlerhaftes Arbeiten der Brücke unweigerlich durch ein verwaschenes Tonminimum anzeigt, und andererseits beim Auftreten eines scharfen Minimums auch immer unbedenklich verwendet werden kann, darf man sich durch die Erzielung eines tadellosen Tonminimums bzw. völliger Tonstille mit einem Röhrengenerator bei einer Frequenz nicht verleiten lassen, die Brücke nun für sicher fehlerfrei zu halten. Rein sinusförmiger Wechselstrom kann auch in einer fehlerhaften Brücke zu völliger Tonstille im Telephon führen; die Fehler machen sich erst bei Frequenzvariation bemerkbar. In der zuverlässigen und nicht zu übersehenden Anzeige von Brückenfehlern durch ein verwaschenes Tonminimum liegt also namentlich bei einfacheren Messungen ein gewisser Vorteil der billigen Induktorien vor den meßtechnisch im übrigen überlegenen monochromatischen Röhrengeneratoren.

Zu den unerwünschten Nebenschlüssen, die bei genaueren Messungen empfindlich stören können, gehören ferner die Kopplungskapazitäten mit der Umgebung. Selbstverständlich sorgt man durch möglichst kurze, windungsfreie Leitungen und durch möglichst großen Abstand dieser Leitungen voneinander und von irgendwelchem brückenfremdem leitendem Material (Wasserleitung usw.) von vornherein dafür, daß die induktiven und kapazitiven Kopplungen mit der Umgebung möglichst niedrig gehalten werden. Da sie sich aber nie ganz ausschalten lassen, so macht man sie dadurch vollends unschädlich, daß man sie in beiden Brückenzweigen möglichst gleich groß macht, so daß sie sich bei der Messung kompensieren. Dazu dient die sog. „*Symmetrierung der Brücke gegen Erde*", d. h. man sorgt dafür, daß die Anordnung aller Schaltelemente im Raum und gegen die Umgebung möglichst symmetrisch zu der Brückendiagonale PS (Abb. 3, S. 509) erfolgt. Außerdem stellt man den Vergleichswiderstand so ein, daß S möglichst genau auf Brückenmitte zu liegen kommt. Um aber nicht nur die Kopplungen, sondern auch die über sie abfließenden Ströme in beiden Zweigen gleich zu machen, muß die Brücke auch hinsichtlich der Spannungen gegen die Umgebung in bezug auf PS symmetriert werden. Dies geschieht einfach durch Erdung der Brückendiagonale PS. Da nämlich die Stromquelle (Induktorium oder Röhrengenerator) induktiv über einen Transformator an die Brücke angekoppelt ist, die Brücke also in keiner leitenden Verbindung mit der Umgebung steht, so kann man sie an einem beliebigen Punkt erden. Erdet man P oder S, so hat man außerdem den Vorteil, daß das Telephon mit seiner unvermeidlichen Nachbarschaft zum Beobachter, der sich ja auch auf Erdpotential befindet, gegen diesen keine Spannung führt. Damit vermeidet man kapazitive Ströme über den Beobachter zur Erde, die sonst einen unerwünschten Ton im Telephon erzeugen könnten.

Hat man also durch Erdung der Brückendiagonale PS zwei Vorteile zugleich gewonnen (Symmetrierung und Potentialangleichung an den Beobachter), so darf man doch nicht P oder S einfach unmittelbar an Erde legen. Man würde dadurch nämlich einen unerwünschten Kurzschluß über die Erde zu den Kopplungskapazitäten der Brücke legen. Vielmehr muß die Erdung indirekt über eine im Nebenschluß liegende Hilfsbrücke nach einer Schaltung von WAGNER vorgenommen werden, deren Prinzip aus der Schaltskizze in Abb. 4 hervorgeht. Die beiden gleich großen Widerstände R_1 und R_2 der Hilfsbrücke, die noch je einen parallel geschalteten Drehkondensator zur Abgleichung der Blindkomponente erhalten können, werden mit Hilfe des Schiebewiderstandes R_3, dessen Schiebekontakt an Erde liegt, vor der eigentlichen Messung so abgeglichen, daß beim Anlegen des Telephons T zwischen S und Erde statt zwischen S und P Tonminimum entsteht. R_1, R_2 und R_3 müssen dabei in ihrer Größe dem Widerstand der Brücke einigermaßen angepaßt sein. Diese indirekte Erdung, die mit wenig Aufwand verknüpft ist, hat sich sehr bewährt und sollte, auch wenn nur eine mäßige Genauigkeit angestrebt wird, namentlich an schlecht leitenden Flüssigkeiten immer angebracht werden. Für Einzelheiten, Verfeinerungen der WAGNER-Erdung und weitere Symmetrierungsmaßnahmen, insbesondere die etwa noch notwendig werdende Spannungssymmetrierung der Ausgangspole der Stromquelle, muß auf die angegebene Literatur verwiesen werden[1].

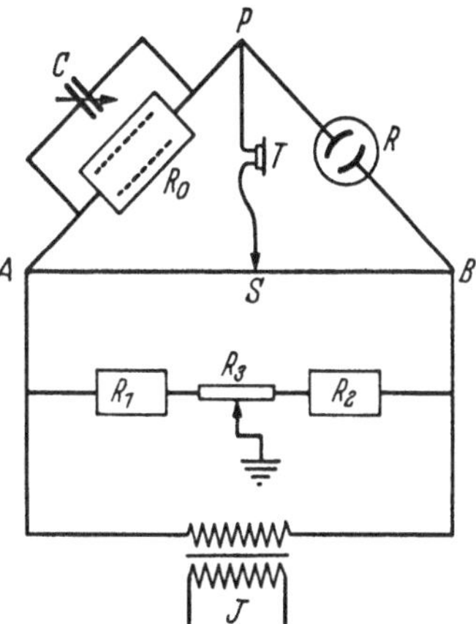

Abb. 4. Indirekte Erdung.

Weitere Vorsichtsmaßnahmen bei genaueren Messungen bestehen darin, daß man auch für eine gute *galvanische und induktive Isolation* der Brückenteile sorgt. Man montiert sie auf einer Hartgummiplatte und verwendet gut isolierte Zuleitungsdrähte. Insbesondere werden der Generator und der Verstärker durch Einstellen in je einen Blechkasten gegen induktive Einwirkungen aufeinander abgeschirmt; außerdem wird der Generator in einigen Metern Entfernung von der übrigen Anordnung und besonders vom Verstärker aufgestellt. Auch auf die Vermeidung einer gegenseitigen induktiven Beeinflussung der Zuleitungen muß geachtet werden, die man durch möglichst entfernte Verlegung der Generatorleitungen von den Empfängerleitungen von vornherein kleinhalten und eventuell durch Abschirmung vollends beseitigen kann. Die Kontrollversuche, die man ausführt, um direkte Einwirkungen des Senders auf den Verstärker oder aufs Telephon zu erkennen, werden auf S. 522ff. besprochen.

Eine etwa notwendig werdende *Abschirmung der Leitungen* gegen Störfelder wird mit geerdeten Rohren von mindestens 1 cm innerem Durchmesser, in deren Achse die Leitungen verlaufen, vorgenommen. Zu enge Rohre würden, wie jede enge Nachbarschaft der Leitungen mit der Erde, die Kopplungskapazität zu groß werden lassen und dadurch unerwünschte Querverbindungen zwischen den Brückenteilen herstellen. Besonders die Zuleitungen zum Verstärker sollten abgeschirmt werden. Glücklicherweise sind gerade hier bei richtiger Erdung Ströme über die Kopplungskapazitäten weniger zu befürchten, da ja beim Abgleich der Brücke in diesen Leitungen kein Strom fließt und die ganze Leitung des Nullzweigs ohnehin auf Erdpotential gebracht worden ist. Es genügt daher, die Verstärkerleitungen mit den gewöhnlichen (käuflichen) zweiadrigen Abschirmkabeln zu verlegen. Aus demselben Grund ist es auch ganz unbedenklich, für die Ankopplung des Verstärkers einen Transformator mit Schutzwicklung (im Handel erhältlich) zu verwenden und die zwischen den beiden Transformatorspulen befindliche Schutzwicklung zu erden. Man vermeidet auf diese Weise störende Wechselwirkungen zwischen Brücke und Verstärker.

Als Durchführungsbeispiel einer verhältnismäßig einfachen, und doch die wichtigsten, soeben erörterten Gesichtspunkte beachtenden und daher sehr genau arbeitenden Brücke sei auf eine von EDELSON und FUOSS[2] beschriebene Apparatur verwiesen. Die Beschreibung enthält detaillierte Angaben über Bau und Handhabung.

Selbstverständlich muß mit wachsender Anforderung an die Genauigkeit auch der *Konstanz der Temperatur* eine entsprechend erhöhte Aufmerksamkeit geschenkt werden; wie diese beiden Größen zusammenhängen, haben wir schon besprochen. Im allgemeinen genügt auch für sehr genaue Messungen ein Wasserthermostat; für ausgesprochene Präzisionsmessungen wird manchmal ein Ölthermostat vorgezogen, da bei ihm die Kopplungskapazitäten noch geringer sind.

Zum Schluß sei noch darauf hingewiesen, daß die KOHLRAUSCHsche Methode den Vorzug besitzt, eine *Substitutionsmethode* zu sein, bei der im Grunde nur der Widerstand einer

[1] Vgl. vor allem ENDER, F.: Z. Elektrochem. **43**, 217 (1937). — LUDER, W. F.: Am. Soc. **62**, 89 1940).
[2] EDELSON, D., and R. M. FUOSS: J. chem. Educat. **27**, 610 (1950).

KCl-Eichlösung mit dem Widerstand der Versuchslösung im gleichen Gefäß verglichen wird. Ändert man zwischen der Bestimmung der Widerstandskapazität und der eigentlichen Messung an der ganzen Anordnung möglichst wenig, so fällt ein Teil etwa möglicher Fehler von selbst heraus. Selbst eine Eichung des Stöpselrheostaten auf eine beliebige andere Einheit als das internationale Ohm, würde im Resultat nicht bemerkt werden.

Die Einzelteile der Brücke. **Der Meßdraht.** Die einfachste und gebräuchlichste Form des Meßdrahtes ist ein auf einem 1 m langen, in Millimetern geteilten Holzstab ausgespannter, blanker Konstantan- oder V_2A-Stahldraht, auf dem ein Schleifkontakt mit Hilfe eines Schlittens verschoben werden kann. In Laboratorien mit aggressiver Atmosphäre werden gelegentlich auch Platin-Iridiumdrähte verwendet. Die Drahtenden stehen mit Klemmschrauben in Verbindung. Als Schleifkontakt wird eine Metallschneide verwendet, die bei längerem Gebrauch zur Beseitigung etwa entstandener Scharten nachgefeilt werden muß. Zur Schonung des Gefällsdrahtes, der keine nennenswerten Dickenschwankungen aufweisen darf, und der Schneide empfiehlt es sich, den Draht mit einem dünnen Hauch von Vaseline oder Paraffinöl zu versehen und außerdem die Schneide bei Verschiebungen, die nicht unmittelbar zum Aufsuchen des Minimums dienen, vom Draht abzuheben.

Vorteilhafter, aber auch teurer sind die sog. *Walzenbrücken*, bei denen der blanke Draht in Schraubenlinie auf eine drehbare Walze aus isolierendem Material gewunden ist. Durch diese Form können unter Umständen unsymmetrische Blindwiderstände zu beiden Seiten des Schleifkontaktes entstehen, doch ist diese Komplikation nur bei ausgesprochenen Präzisionsmessungen zu berücksichtigen. Zur Abgleichung der Brücke wird die Walze gedreht, während an die Stelle des Schleifkontaktes ein kleines ortsfest montiertes Kontaktröllchen tritt. Man kann so auf wesentlich kleinerem Raum einen Draht von wesentlich größerer Länge (z. B. 10 m) und mehreren 100 Ω Widerstand unterbringen, was besonders bei der Messung höherer Widerstände günstig ist. Weniger handlich, aber billiger kann man eine solche Verlängerung des wirksamen Brückendrahtes auch dadurch erzielen, daß man an die beiden Enden des gewöhnlichen Meßdrahtes je einen bekannten Widerstand anschaltet und bei Anwendung der Brückengleichung mit in Rechnung setzt. Zur Bequemlichkeit der Rechnung wählt man diese Verlängerungswiderstände so, daß eine möglichst glatte Vervielfachung herauskommt, z. B. eine Verzehnfachung durch Vorschalten des je 4,5fachen Drahtwiderstandes auf beiden Seiten des Drahtes.

Wie schon erwähnt, ist es unter allen Umständen zu empfehlen, die Messungen möglichst in der Nähe der Drahtmitte vorzunehmen. Eine fehlerhafte Ablesung von 1 mm am Schleifkontakt (meist ist sogar eine Ablesung auf 0,25 mm möglich) bedingt dann im Resultat einen Fehler von 0,4 % bei einem 1 m langen und von 0,04 % bei einem 10 m langen Brückendraht.

Die Stromquelle. Für die meisten Messungen sind die im Handel erhältlichen kleinen Induktorien mit NEEFFschem Hammer, die mit einem Akkumulator oder einer Trockenbatterie betrieben werden, ausreichend. Wegen der Symmetrie der Brücke dürfen jedoch Primär- und Sekundärspule nicht in Verbindung miteinander stehen, wie es bei manchen Induktorien der „Elektrisierapparate" der Fall ist. Der Summerton soll ziemlich hoch sein (etwa 1000—3000 Hz: „Mückenton"), da man bei niedrigen Frequenzen Polarisationen im Elektrolyten befürchten muß. Allzuhohe Töne sind wegen des Nachlassens der Hörempfindlichkeit wieder ungünstiger. Bei der Einstellung des Tonminimums im Telephon wird der Beobachter durch das Eigengeräusch des Hammerunterbrechers in unangenehmer Weise gestört. Man packt daher das Induktorium in ein mit Watte oder Filz ausgeschlagenes Kistchen und stellt es möglichst entfernt vom Beobachter, eventuell in einem anderen Zimmer, auf.

Für genauere Messungen wird ein Röhrengenerator als Wechselstromquelle verwendet, der rein sinusförmigen Strom liefert[1]. Bei ihm fällt die Unannehmlichkeit eines Eigen-

---

[1] Schaltungen s. EBERT, L.: Handb. Exp.-Physik. (WIEN-HARMS) Bd. 12/1, S. 32 ff. (1933). — KOHLRAUSCH, F.: Praktische Physik. 18. Aufl. Bd. 2. S. 228 ff. Leipzig, Berlin 1943. — SHEDLOVSKY, T., s. A. WEISSBERGER: Physical Methods of Organic Chemistry. Bd. 2. S. 1023. New York 1946.

geräusches weg. Er sollte die Einstellung verschiedener Frequenzen zulassen, einmal, um die nötigen Kontrollen bei der Abgleichung der Brücke zu ermöglichen (vgl. S. 514), zum andern aber auch, damit man bei störenden Fremdgeräuschen (Straßenlärm, laufende Motoren usw.) den sich am besten abhebenden Ton im Telephon auswählen kann.

Die Leistung der Stromquelle wählt man so niedrig wie möglich; sie ist nach unten nur durch die für eine ausreichende Empfindlichkeit notwendige Lautstärke im Telephon begrenzt. Zu hohe Ströme bringen unerwünschte Erwärmungen des Elektrolyten mit sich (vgl. S. 511) und sind auch wegen der Elektrodenpolarisation nicht unbedenklich. Beim Röhrengenerator kann man die an die Brücke angelegte Spannung, die nicht über 5 V betragen darf, durch die Ankopplung in weiten Grenzen variieren. Beim Induktorium kann man ein Zuviel an Leistung durch einen angemessenen Kurzschlußwiderstand (shunt) vernichten. Je nach Einzelfall liegen die Spannungen, mit denen die Brücke betrieben wird, zwischen 0,02 und 5 V.

Das Telephon und andere Nullstromindicatoren. Das Telephon ist in seiner Verknüpfung von Einfachheit, Unverwüstlichkeit und Empfindlichkeit allen anderen Nullinstrumenten[1] überlegen. Die Kopfhörer der Radioapparate sind jedoch, wenn kein Verstärker angewandt wird, ungeeignet, da sie einen zu hohen Widerstand haben. Der Scheinwiderstand des Telephons muß den Scheinwiderständen der Brückenarme angepaßt sein. Man verwendet deshalb niederohmige (5—10 Ω) Telephone, die zusammen mit der erheblichen Blindkomponente die beste Anpassung ergeben. Am besten benutzt man einen Kopfhörer mit 2 Muscheln, die man zur besseren Anpassung hintereinander oder parallel schalten kann; man wählt die Schaltung, bei der man das bessere Minimum erhält. Ist der Nullzweig auf Erdpotential gebracht worden, so empfiehlt es sich, auch den Beobachter zu erden, was am einfachsten dadurch geschieht, daß man die Innenseite der Hörmuscheln mit geerdetem Stanniol beklebt. Zur Dämpfung störender Fremdgeräusche gibt es sehr wirksame Gummikappen, die auf die Hörmuscheln aufgeschoben werden können. Wie schon erwähnt, ist es möglich, die Schärfe des Tonminimums durch Verstärkung des Telephonstromes erheblich zu steigern. Geeignete Niederfrequenzverstärker sind im Handel erhältlich und auch einfach selbst herzustellen. Man kann in diesem Fall die Brücke mit sehr niedrigen Leistungen betreiben.

Ein Nachteil der Telephonablesung besteht darin, daß sie durch Fremdgeräusche stark beeinträchtigt wird. Für manche, mehr praktische Zwecke ist ein weiterer, sehr ins Gewicht fallender Nachteil darin zu sehen, daß das Telephon nur den Nullpunkt selbst einigermaßen objektiv erkennen läßt, nicht aber, wie ein Zeigerinstrument, auch die Nachbarschaft des Nullpunktes. Insbesondere für die konduktometrische Analyse (vgl. S. 526), bei der es nicht auf eine genaue Absolutbestimmung, sondern vielmehr auf rasches Erkennen von Änderungen in der Leitfähigkeit einer Versuchslösung ankommt, sind daher in neuerer Zeit *visuelle Methoden* entwickelt worden, die das Telephon durch ein Zeigerinstrument ersetzen. Ihr Vorteil gegenüber dem einfacheren und billigeren Telephon liegt also nicht in einer Erhöhung der Genauigkeit, sondern in der bequemen und raschen Ablesung. Da die gewöhnlichen Wechselstromgalvanometer jedoch relativ unempfindlich sind, wird dabei meist der Strom im Nulleiter gleichgerichtet und in einem empfindlichen Gleichstromgalvanometer zur Anzeige gebracht. Aber auch das Wechselstromgalvanometer hat sich zu einem für die konduktometrische Analyse brauchbaren Anzeigeinstrument entwickeln lassen. Eine eingehende Darstellung der visuellen Methoden, die zum Teil auch für die Betriebskontrolle in der chemischen Industrie wichtig geworden sind, ist von JANDER und PFUNDT[2] gegeben worden.

---

[1] Zusammenfassende Berichte über Nullstromindicatoren findet man im Arch. techn. Mess. J 850—1 (1932) u. 3 (1939).

[2] JANDER, G., u. O. PFUNDT: Die konduktometrische Maßanalyse und andere Anwendungen der Leitfähigkeitsmessung auf chemische Probleme unter besonderer Berücksichtigung der visuellen Methode. Stuttgart 1945.

In neuester Zeit ist als Nullinstrument auch die Elektronenröhre eingesetzt worden, zunächst in der Form des *„magischen Auges"* der Rundfunktechnik, z. B. in der Wechselstrombrücke von PHILIPS; dann aber auch in der Form eines *Kathodenstrahloszillographen*[1]. Letztere Anordnung verdient deshalb besondere Erwähnung, weil sie einen grundsätzlichen Vorteil gegen andere Nullindicatoren, allerdings mit einem erheblichen Mehraufwand, mit sich bringt. Man kann mit ihr nämlich nicht nur die Nullstellen leicht visuell auffinden, sondern auch jederzeit die Phasenlage und die Sinusform des Stromes auf dem Leuchtschirm kontrollieren.

Der Vergleichswiderstand. Da man durch geeigneten Bau des Leitfähigkeitsgefäßes die zu messenden Widerstände der interessierenden Lösungen fast immer zwischen etwa 100 und 10000 Ω halten kann, muß der geeichte Vergleichswiderstand beliebige Widerstände dieses Größenbereiches möglichst genau einzustellen gestatten. Dies ist notwendig, damit man bei der Messung den Gleitkontakt in der Gegend der Brückenmitte halten kann. Man verwendet einen oder mehrere hintereinander geschaltete *Stöpselrheostaten*.

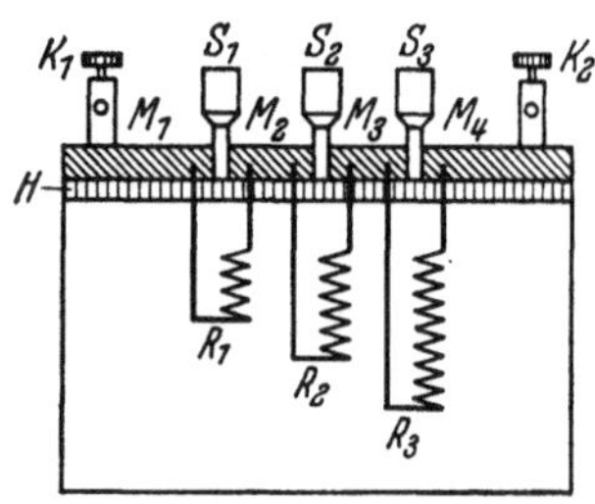

Abb. 5. Stöpselrheostat (schematisch).

Diese enthalten in einem Holzkasten an der Unterseite eines Hartgummideckels H eine Anzahl von Drahtspulen R_1, R_2, R_3 genau bekannten Widerstandes (vgl. Abb. 5). Die Enden der Drahtspulen sind in der angedeuteten Weise an Messingklötze M auf der Oberseite des Deckels so angeschlossen, daß sie bei herausgehobenen Stöpseln S_1, S_2, S_3 in Hintereinanderschaltung zwischen den Anschlußklemmen K_1 und K_2 liegen, sich also addieren. Die Messingklötze sind, jeweils nur durch einen schmalen Zwischenraum isoliert voneinander, auf der Hartgummiplatte befestigt und enthalten an den einander zugekehrten Seiten kreisförmige, konisch geschliffene Ausschnitte, in die die genau eingeschliffenen Messingstöpsel passen. Jede Widerstandsspule kann durch einen Stöpsel kurz geschlossen und damit aus dem Stromkreis entfernt werden. Es sind also immer diejenigen Widerstände eingeschaltet, bei denen der Stöpsel herausgezogen ist. Will man den Gesamtwiderstand wissen, so braucht man nur die an den herausgezogenen Stöpseln stehenden Widerstandszahlen zu addieren. Beispielsweise kann man den Widerstand 325,8 Ω durch Ziehung der Stöpsel 200 Ω, 100 Ω, 20 Ω, 5 Ω, 0,5 Ω, 0,2 Ω und 0,1 Ω erhalten.

Die Stöpsel dürfen nur am Griff angefaßt werden. Der Conus ist vor Verletzung zu schützen und durch gelegentliches Abwischen mit Leinwand und Petroleum sauber zu halten. Das Einsetzen der Stöpsel erfolgt unter leichtem Druck mit etwas Drehung. Der Kontaktwiderstand eines guten Stöpsels liegt unter 1/10000 Ω. Bei guten Rheostaten sind die Widerstandsspulen so weitgehend kapazitäts- und induktionsfrei gewickelt, daß sie fast reine Wirkwiderstände darstellen. Auf die noch vorhandenen Reste der Blindkomponenten braucht keine Rücksicht genommen zu werden. Das Material (Manganin, Konstantan) ist so beschaffen, daß auch auf die Temperatur bei normalen Messungen nicht geachtet zu werden braucht. Hat der Rheostat lange Zeit in einer Laboratoriumsatmosphäre mit aggressiven Gasen gestanden oder sonst irgendwie gelitten, so sind unter Umständen ein Nachschleifen der Stöpsel und eine Nacheichung der Spulen notwendig, die man in einem mit Eichwiderständen ausgestatteten physikalischen Institut vornehmen oder vornehmen lassen kann.

Der Kondensator. In den meisten Fällen genügt ein größerer Drehkondensator (bis etwa 500 oder 1000 cm), wie er in Radiogeschäften zu haben ist. Reicht dieser nicht aus, so können entsprechende Blockkondensatoren dazu geschaltet werden. Dabei ist zu bedenken, daß Kondensatoren, zum Unterschied von Widerständen, parallel geschaltet werden müssen, wenn sie sich addieren sollen; bei Hintereinanderschalten addieren sich die reziproken Kapazitäten, d. h. die Gesamtkapazität wird kleiner. Im allgemeinen genügen die billigen Blockkondensatoren der Rundfunktechnik. Für genaue Messungen sind jedoch verlustfreie Glimmerkondensatoren anzuwenden. Bequem sind auch die Stöpselkondensatoren, die, ganz entsprechend den Stöpselrheostaten, stufenweise veränderliche Kapazitäten zur Verfügung stellen.

Das Leitfähigkeitsgefäß. Um die zu messende Lösung in den Stromkreis einzuschalten, wird sie in das Leitfähigkeitsgefäß, auch Widerstandsgefäß oder Meßzelle genannt, eingefüllt. Es ist dies ein Gefäß aus Jenaer Glas (eventuell auch Quarzglas für sehr genaue

---

[1] GRAFFUNDER, W.: Arch. techn. Mess. J. 850—4 (1939). — JONES, G., K. J. MYSELS and W. JUDA: Am. Soc. 62, 2919 (1940). — CZECH, J.: Funktechn. 20, 625 (1950).

Messungen), in das die beiden zur Stromzuführung dienenden Platinelektroden eingetaucht oder eingeschmolzen sind. Es gibt eine große Anzahl von Formen für das Leitfähigkeitsgefäß, auf die hier nicht eingegangen werden kann[1]. Hier sollen nur die allgemeinen Bauprinzipien kurz besprochen und einige Beispiele abgebildet werden. Fertige
Leitfähigkeitsgefäße gibt es im Handel; oft ist es jedoch zweckmäßig, sich für den eigenen
Zweck geeignete Gefäße vom Glasbläser anfertigen zu lassen.

Die allgemeinste Regel für die Dimensionierung lautet: Man wähle die Widerstandskapazität des Gefäßes (grob abschätzbar aus dem Verhältnis l/q von Elektrodenabstand l
zum durchschnittlich vom Strom durchflossenen Flüssigkeitsquerschnitt q) so, daß der
Widerstand des gefüllten Gefäßes möglichst zwischen den Grenzen von 100 und 10 000 Ω
bleibt. Allzugroße oder wesentlich kleinere Widerstände sind für die Meßbrücke weniger
günstig. Man verwendet daher für gut leitende Flüssigkeiten Gefäße mit hoher, für
schlecht leitende solche mit niedriger Widerstandskapazität. Die Widerstandskapazitäten
der gängigen Zellen liegen etwa zwischen 0,1 und
10 cm^{-1}, womit man nach Gl. (12) bereits Flüssigkeiten, deren spezifische Leitfähigkeit zwischen 10
und 10^{-5} Ω^{-1} cm^{-1} liegt, vermessen kann, ohne die
obigen Grenzen zu überschreiten.

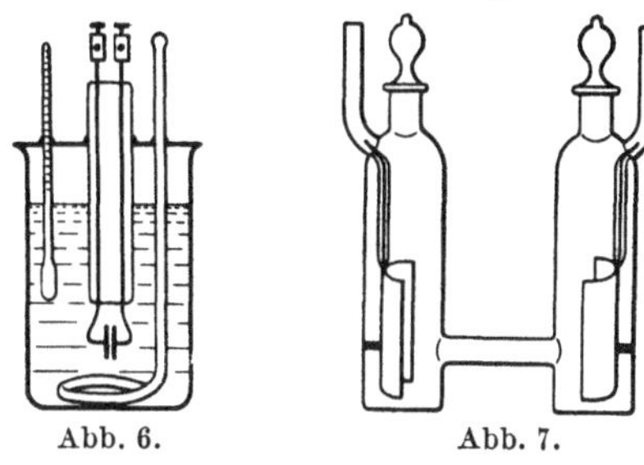

Es ergibt sich also zunächst das Bestreben, für
schlecht leitende Lösungen große, nahe beisammen
liegende, für gut leitende dagegen kleine, weit auseinander liegende Elektroden zu verwenden, um mit
Hilfe der Widerstandskapazität die zu messenden
Widerstände im günstigsten Meßbereich zu halten.
Die elektrostatischen Kapazitäten in der Zelle legen
jedoch gerade eine umgekehrte Tendenz nahe, die unter

Abb. 6.   Abb. 7.

Abb. 6. Leitfähigkeitsgefäß für schlecht leitende Lösungen.

Abb. 7. Leitfähigkeitsgefäß für gut leitende Lösungen.

Umständen sehr zu beachten ist. In Abb. 1 liegt die Polarisationskapazität C_p in Serie, die
geometrische Kapazität C_g parallel zum Widerstand R. Damit nun einerseits der Strom
über C_p möglichst glatt hinwegkommt und andererseits möglichst wenig Blindstrom über
den Nebenschluß C_g abfließt, ist es notwendig, C_p insbesondere in gut leitenden Flüssigkeiten möglichst groß und C_g insbesondere in schlecht leitenden Flüssigkeiten möglichst
klein zu machen; denn es müssen die Widerstände $1/\omega C_p$ möglichst klein und $1/\omega C_g$ möglichst groß gegenüber R sein. Die elektrostatischen Kapazitäten der Elektroden wachsen
aber, wie bei jedem Plattenkondensator, proportional mit ihrer Oberfläche. Große Polarisationskapazität erfordert also große Elektrodenflächen; kleine geometrische Kapazität
erfordert kleine Elektrodenflächen. Man sieht, es resultiert gerade das umgekehrte Bestreben gegenüber vorhin: große Elektroden in gut leitenden, kleine in schlecht leitenden Lösungen. Insbesondere würden zu kleine Elektroden in gut leitenden Flüssigkeiten
ziemliche Störungen mit sich bringen. Auch ist es zur Vermeidung chemischer Polarisation günstig, wenn die Stromdichte so klein wie möglich gehalten wird, was wiederum
große Elektroden in gut leitenden Flüssigkeiten notwendig macht. Als Faustregel kann
gelten, daß die Fläche platinierter Elektroden nicht unter $50/R$, diejenige blanker
Elektroden nicht unter $2500/R$ cm^2 sinken soll, wenn der Fehler unter 1⁰/₀₀ bleiben
soll und R den niedrigsten der zu messenden Widerstände in Ω bedeutet.

Abb. 6 und 7 zeigen als Beispiel zwei einfache Grundformen der Leitfähigkeitsgefäße für extrem verschiedene spezifische Leitfähigkeiten. Das Gefäß (Abb. 6) mit
seinen etwa 1 cm^2 großen, eng beieinander stehenden Elektroden ist für schlecht leitende
Flüssigkeiten, das Gefäß (Abb. 7) mit seinen etwa 10 cm^2 großen, weit voneinander
abstehenden Elektroden für gut leitende Flüssigkeiten bestimmt. Trotz der großen

---

[1] Eine größere Zahl von Abbildungen und Literaturangaben findet man im Handb. Exp.-Physik
(WIEN-HARMS) 12/1, 49 (1933). — OSTWALD-LUTHER: Hand- und Hilfsbuch zur Ausführung physikochemischer Messungen, 5. Aufl, S. 609ff. Leipzig 1931. — JANDER, J., u. O. PFUNDT: Die konduktometrische Maßanalyse. S. 15ff. u. 70ff. Stuttgart 1945.

Elektroden ist die Widerstandskapazität des letzteren Gefäßes groß, was hier in einfacher Weise durch Verengung des Querschnittes der stromdurchflossenen Flüssigkeitssäule im Verbindungsrohr erzielt wird.

Ein weiteres wesentliches Hilfsmittel zur Erhöhung der Polarisationskapazität ist ferner die Vergrößerung der effektiven Oberfläche des Platins mittels eines Überzuges von Platinmohr, die man durch leichte Platinierung* der Elektroden erzielt.

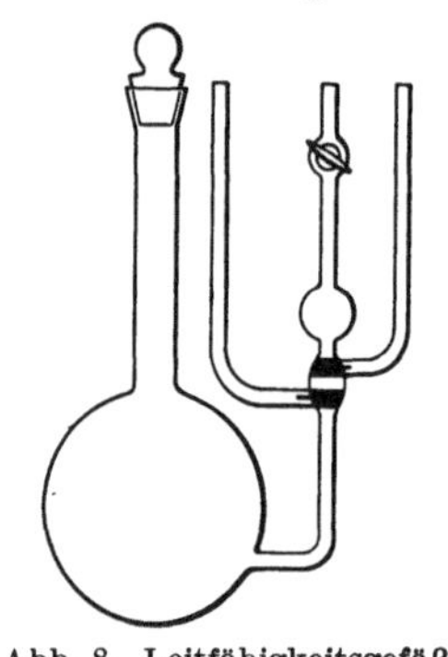
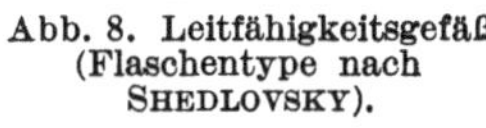

Abb. 8. Leitfähigkeitsgefäß (Flaschentype nach SHEDLOVSKY).

Diese nicht zu starke Platinierung wird fast immer vorgenommen, wenn Lösungen mittlerer und höherer Konzentration vermessen werden sollen. Bei hochverdünnten Lösungen ist sie allerdings oft nicht nur nicht notwendig, weil ja dort R ohnehin groß ist gegen $1/\omega C_p$, sondern sogar nachteilig. Feinverteiltes Platin adsorbiert nämlich leicht kleine Substanzmengen, insbesondere Säuren und Basen, aus der Lösung, die es beim Auswaschen ziemlich hartnäckig zurückhält und bei Lösungswechsel in der Leitfähigkeitszelle als Verunreinigung langsam wieder abgibt. Die Mengen sind so klein, daß sie sich in konzentrierteren Lösungen nicht bemerkbar machen; in hochverdünnten Lösungen fallen sie jedoch mehr ins Gewicht und können unliebsame Störungen veranlassen. Man platiniere deshalb auf alle Fälle nicht zu stark. Zur Kontrolle, ob die Polarisationskapazität groß genug ist, dient am besten Frequenzvariierung des Meßstromes: der Widerstand muß im Rahmen der verlangten Genauigkeit frequenzunabhängig sein. Ist er es nicht, so muß man versuchen, die Polarisationskapazität durch Elektrodenvergrößerung und Platinierung zu vergrößern oder durch In-Serie-Schalten einer entsprechenden Kapazität zum Vergleichswiderstand die Frequenzunabhängigkeit zu erzielen. Notfalls kann man zur Eliminierung der Polarisationskapazität auch den Widerstand bei verschiedenen Frequenzen messen und auf unendliche Frequenz extrapolieren.

Gegen die Stromzuführung des Gefäßes in Abb. 6 kann man einwenden, daß durch die enge Nachbarschaft der parallelgeführten Zuleitungsdrähte eine unnötige Kopplungskapazität entsteht und auch induktive Störungen auftreten können. Bei sehr genauen Messungen ist es daher besser, die Stromzuführungen möglichst entfernt voneinander zu verlegen. Ein Beispiel dafür zeigt die Leitfähigkeitszelle der Abb. 8, bei der außerdem die Elektroden als Überzug der inneren Glaswand ausgebildet und so besonders gut fixiert sind.

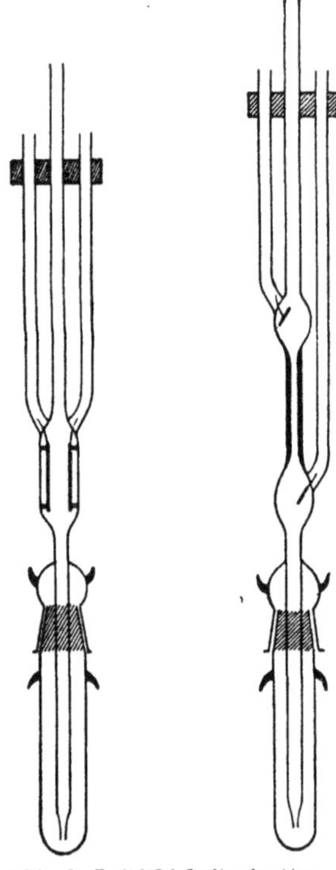
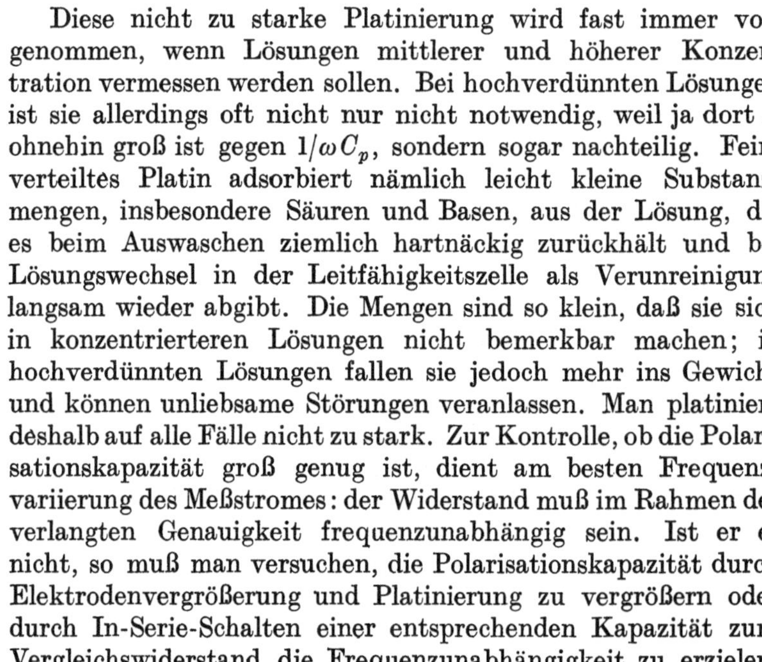

Abb. 9. Leitfähigkeitspipetten (nach ENDER).

Denn die Elektroden müssen natürlich ihren genau definierten und unverrückbar festen Ort im Leitfähigkeitsgefäß haben. Änderungen in der Elektrodenstellung bringen Änderungen der Widerstandskapazität mit sich. Die Fixierung der Elektroden in Abb. 6 z. B. kann durch Verwendung starker Platindrähte und -bleche geschehen oder besser durch kleine Glasrähmchen, in die die Elektrodenecken eingelassen werden, während beim Typus der Abb. 7 kräftige, in die Glaswand eingelassene Haltestifte aus Glas oder Platin für eine gute Fixierung sorgen. Horizontal gelagerte Elektroden, wie man sie früher vielfach verwendet hat, haben den Nachteil, daß an ihnen beim Flüssigkeitswechsel

---

* Platinierungsvorschriften findet man in den Praktikumsbüchern der physikalischen Chemie oder Elektrochemie, sowie in diesem Handbuch im Abschnitt über p_H-Messungen (s. S. 609). Platinierte Elektroden müssen unter destilliertem Wasser aufbewahrt werden; beim Eintrocknen verlieren sie ihre vorteilhaften Eigenschaften zum Teil. Die Platinierung muß nach einigen Monaten erneuert werden.

gerne Gasbläschen hängen bleiben, was im Interesse einer definierten Widerstandskapazität unter allen Umständen vermieden werden muß. Aus demselben Grund ist auch auf die Füllhöhe zu achten. Bei weniger genauen Messungen genügt es, dafür zu sorgen, daß die Flüssigkeit immer gleich hoch und mindestens 1 cm über dem oberen Rand der Elektroden steht. Bei genaueren Messungen wird durch Verengung des oberen Gefäßteiles zu einem Hals und Anbringung einer Marke wie an einem Meßkolben oder durch Maßnahmen ähnlich denen in Abb. 8 für einen gut definierten Flüssigkeitsstand gesorgt. Man kann die Abhängigkeit der Widerstandskapazität von der Füllhöhe leicht mit Hilfe der KCl-Eichlösungen kontrollieren und die Füllhöhe der erforderlichen Genauigkeit anpassen.

Ein Rühren der Flüssigkeit ist nur in besonderen Fällen, z. B. bei der konduktometrischen Maßanalyse (s. S. 526), erforderlich. Sie kann in mannigfacher Weise durchgeführt werden, z. B. durch Umlaufen des Elektrolyten, durch Elektrodenbewegung oder durch Einleiten eines Stickstoffstromes, der jedoch nicht zwischen die Elektroden kommen darf. Sehr vorteilhaft ist in vielen Fällen die Anwendung von Leitfähigkeitspipetten, die sich wie alle Pipetten sehr bequem in definierter Weise füllen lassen und durch ihre schmale Form einen guten Wärmeausgleich mit dem Thermostatenwasser gewährleisten. In Abb. 9 sind zwei solche Leitfähigkeitspipetten für gut und schlecht leitende Flüssigkeiten abgebildet. Ein von der Haube des unteren Vorratsgefäßes nach oben geführtes, zum Thermostatenwasser herausragendes Druckausgleichsrohr ist der Übersichtlichkeit halber nicht eingezeichnet. In Abb. 10 ist ferner eine Tauchelektrode abgebildet; sie kann einfach in ein größeres, die Meßlösung enthaltendes Gefäß eingetaucht werden. Auf eine Mikropipette [1], in der die Leitfähigkeit von 1 mm³ Flüssigkeit (z. B. Blut) gemessen werden kann, sowie auf ein Leitfähigkeitsgefäß zur Messung der Leitfähigkeit von Gewebebrei [2] und von flüssigkeitsgetränkten Membranen [3] sei nur hingewiesen.

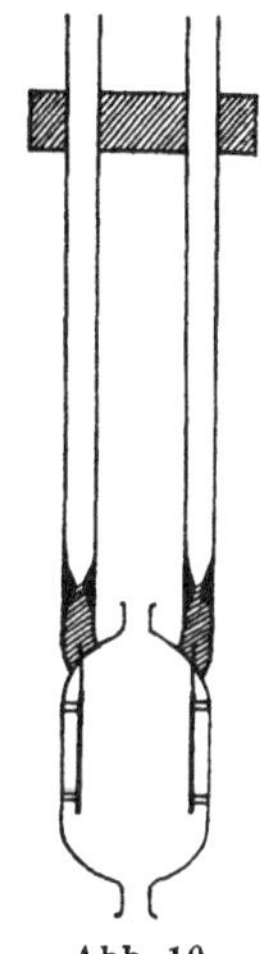

Abb. 10
Tauchelektrode.

Der Kontakt von den Platindurchführungen durch das Glas zu den Kupferdrähten der Brückenzuleitungen kann mit Quecksilber oder durch Auflöten oder Aufschmelzen des Kupfers auf das Platin vorgenommen werden. In allen Fällen muß zur Vermeidung thermoelektrischer Kräfte darauf geachtet werden, daß die beiden Kontaktstellen gleiche Temperatur haben. Am besten legt man sie daher so, daß sie noch vom Thermostatenwasser umgeben sind.

Als Gefäßmaterial wird meist Jenaer Glas, nur für ausgesprochene Präzisionsmessungen Quarzglas verwendet. Gewöhnliche Glassorten sind für genauere Messungen, namentlich bei verdünnten Lösungen, ungeeignet, da sie Spuren von Alkali an die Lösung abgeben. Man bemerkt dies leicht daran, daß die Leitfähigkeit von destilliertem Wasser in solchen Gefäßen langsam ansteigt. Man kann jedoch meist auch solche Gefäße brauchbar machen, indem man sie vor Gebrauch ausdämpft, d. h. 10—15 min lang gesättigten Wasserdampf durch sie hindurchleitet.

Andere Methoden zur Bestimmung der Leitfähigkeit. Zweifellos ist die mehr oder weniger ausgebaute und vervollkommnete Brückenanordnung der soeben geschilderten Art allen anderen Methoden überlegen, wenn es sich darum handelt, im Laboratorium Leitfähigkeiten von Flüssigkeiten einigermaßen genau zu messen. Die ganze Anordnung kann auch, bequem und handlich in einem tragbaren Kasten untergebracht, von verschiedenen Apparatefirmen fertig bezogen werden. Auch bei diesen käuflichen Fertiggeräten handelt es sich meist um Brückenschaltungen, bei denen der bequemen Bedienbarkeit halber an Stelle des Stöpselrheostaten gewöhnlich ein Kurbelrheostat eingesetzt wird.

[1] SCHWAN, H.: Z. physik. Chem. (B) 53, 168 (1943).
[2] STACHOWIACK, R.: Ann. Physik [5] 37, 495 (1940).
[3] SCHMID, G., u. H. SCHWARZ: Z. Elektrochem. 55, 295 (1951).

Daneben aber gibt es noch eine Anzahl von Geräten, die nach anderen Prinzipien arbeiten und vor allem für die Zwecke der laufenden Betriebskontrolle in der Industrie gedacht sind, also z. B. zur Überwachung und Registrierung der Leitfähigkeit von Lösungen oder auch zur automatischen Steuerung des Zuflusses und Abflusses von Lösungen auf Grund einer eingestellten Leitfähigkeit usw. Wir können auf diese Geräte hier nicht eingehen; einen Überblick findet man in dem zusammenfassenden Bericht von KUNTZE[1].

Nur mit ein paar Worten wollen wir auf ein in neuester Zeit entwickeltes Gerät[2] hinweisen, welches gestattet, die Leitfähigkeit ohne Einführung von Elektroden in die Meßflüssigkeit zu bestimmen, z. B. wenn sich diese in einer geschlossenen Ampulle befindet oder die Berührung mit dem platinierten Platin der Elektroden wegen katalytischer Zersetzung nicht erträgt. Das Prinzip ist sehr einfach. Die Elektroden E_1 und E_2 (Abb. 11) werden von außen auf das als Meßzelle dienende Gefäß aufgebracht. Das Ersatzschaltbild ist dann ähnlich dem in Abb. 1 (S. 501) gezeichneten, nur daß die beiden in Serie zum Widerstand liegenden Kapazitäten wesentlich verkleinert, ihr Blindwiderstand also wesentlich vergrößert ist. Seine Überbrückung gelänge mit Hörfrequenzen nicht mehr. Man muß daher mit Hochfrequenz arbeiten. Auch eine induktive Einführung des Stromes ist bei Hochfrequenz möglich. Wegen der bei hohen Frequenzen eintretenden Änderung der Leitfähigkeit (s. S. 507) und anderer unliebsamer Effekte ist man andererseits genötigt, die Frequenz nicht zu hoch zu wählen. Das nach diesem Prinzip gebaute „Dephimeter" des Drägerwerkes arbeitet z. B. mit einer Frequenz von 500 kHz. Selbstverständlich muß man den Vorteil des Nichteintauchens der Elektroden mit einer erheblichen Einbuße an Genauigkeit bezahlen.

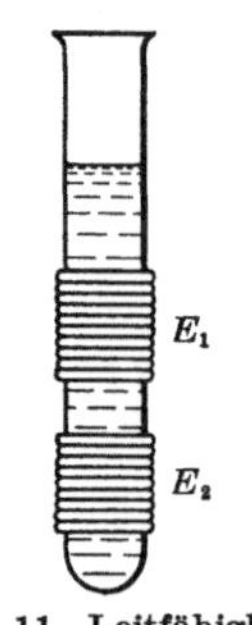

Abb. 11. Leitfähigkeitsgefäß mit außen aufgebrachten Elektroden.

d) Hinweise für die Durchführung der Messungen.

Kontrollen, Kalibrierung des Meßdrahtes. Vor der eigentlichen Durchführung der Messungen ist es bei einigermaßen sorgfältigem Arbeiten notwendig, eine Anzahl von Kontrollen durchzuführen, von denen wir die wichtigsten aufführen wollen. Für Präzisionsmessungen muß auf die Literatur verwiesen werden.

Zunächst überzeugt man sich davon, daß keine unmittelbare Beeinflussung des Telephons oder Verstärkers und seiner Zuleitungen durch die Stromquelle und ihre Ableitungen stattfindet. Dies geschieht sehr einfach durch Unterbrechung der Anschlüsse der Telephon- bzw. Verstärkerleitung an der Brücke; das Telephon darf dann keinen Ton mehr geben. Sodann ist es gut, bevor man Messungen ausführt, die eigenen Rheostatenwiderstände gegeneinander zu vergleichen, um etwaige Kontakt- oder Eichungsfehler sofort zu erkennen. Für genauere Messungen ist es ferner notwendig, den Gefällsdraht zu eichen. Dieser ist nämlich in den seltensten Fällen über seine ganze Länge so gleichmäßig beschaffen, daß die am Meterstab abgelesenen Längenverhältnisse ein getreues Abbild der Widerstandsverhältnisse ergäben. Man stellt daher in den beiden Brückenzweigen AP und PB (Abb. 3, S. 509) mit Hilfe von geeichten Rheostatenwiderständen eine Reihe verschiedener, genau bekannter Widerstandsverhältnisse ein und bestimmt (umgekehrt wie bei den späteren Messungen) aus den Widerständen den zugehörigen Sollwert der Brückenstellung. Die Unterschiede der Sollwerte gegenüber den abgelesenen Werten bei Tonminimum notiert man in einer Korrekturtabelle oder trägt sie graphisch in eine Eichkurve ein. Die Einstellung der Widerstandsverhältnisse kann man auch mit einem einzigen Rheostaten vornehmen, den man mit seinen äußeren Klemmen an die Enden

<hr>

[1] KUNTZE, A.: Meßtechnik **19**, 67 (1943).
[2] BLAKE, G. G.: J. sci. Instr. **22**, 174 (1945); **24**, 101 (1947). Conductometric Analysis at Radiofrequency. London 1950. — BOUCKE, H.: Elektronwiss. Techn. **1951**, 5. — KLUTKE, F.: Arch. techn. Mess. **176 T**, 98—99 (1950).

A und *B* (Abb. 3, S. 509) des Meßdrahtes anschließt. Die Abzweigung *P* wird durch Abgreifen an einem der Metallklötze bewerkstelligt. Man nennt diese Eichung auch Kalibrierung des Brückendrahtes und findet darüber in den angegebenen Lehrbüchern genauere Anleitungen. Oft genügt es auch, eine etwaige Ungleichheit der beiden Drahthälften dadurch unschädlich zu machen, daß man Meß- und Vergleichswiderstand auswechselt und aus den beiden ermittelten Abschnittsverhältnissen a/b und b/a das Mittel zieht.

Zur Kontrolle der Symmetrie der Brücke ist es ohnehin zweckmäßig, möglichst viele Umpolungen und Vertauschungen bei unveränderter Größe des Meß- und Vergleichswiderstandes vorzunehmen. So sind vor allem die Anschlüsse des Generators und des Verstärkers umzupolen sowie Vergleichs- und Meßwiderstand zu vertauschen. Notfalls müssen Asymmetrien beseitigt werden (s. S. 514). Schließlich kontrolliert man, sofern man mit einem Röhrengenerator als Stromquelle arbeitet, das einwandfreie Funktionieren der Brücke durch Variierung der Frequenz; die endgültige Brückenstellung darf dadurch nicht geändert werden. Ebenso ist eine Prüfung der Brücke mit Gleichstrom (Batterie als Stromquelle, Galvanometer als Nullinstrument) sehr zu empfehlen, wobei in beiden Brückenzweigen bekannte Rheostatenwiderstände eingeschaltet werden. Durch Parallelschaltung der für die späteren Messungen vorgesehenen Kondensatoren darf sich dann im Brückengleichgewicht nichts ändern. Man erzielt so eine Kontrolle der Isolationsverhältnisse in den Kondensatoren.

Eine Prüfung der Kondensatoren auf Gleichstromisolation ist ohnehin unerläßlich, da die Handelswaren hierin nicht immer zuverlässig sind. Man kann sie natürlich auch in anderer Weise vornehmen, z. B. dadurch, daß man den Kondensator in Serie mit einer kleinen Prüfglimmlampe an 220 V Gleichstrom legt; die Glimmlampe darf nicht auf die Dauer leuchten.

Für Präzisionsmessungen müssen außerdem die dielektrischen Verluste in den Kondensatoren geprüft und berücksichtigt werden, worauf hier jedoch nicht eingegangen werden kann.

Die Wasserkorrektur. Bei stärker verdünnten Lösungen kann die Eigenleitfähigkeit des Wassers nicht mehr vernachlässigt werden. Sie muß vielmehr gesondert ermittelt und bei den Messungen in Abzug gebracht werden. Im allgemeinen, insbesondere bei gewöhnlichen Salzlösungen, genügt dieses einfache Abziehen der Eigenleitfähigkeit. In anderen Fällen, in denen die Verunreinigung des Wassers und die gelöste Substanz sich gegenseitig z. B. in ihrer Dissoziation beeinflussen (z. B. Kohlensäure als Verunreinigung und eine schwache Säure als zu messende Substanz), ist die Wasserkorrektur komplizierter und erfordert eine gesonderte Überlegung.

Um die Wasserkorrektur möglichst klein zu halten, verwendet man ein besonders gereinigtes Wasser mit möglichst niedriger Eigenleitfähigkeit, das sog. „*Leitfähigkeitswasser*". Das gewöhnliche destillierte Wasser hat, je nach Alter und Herstellung, oft eine Leitfähigkeit von $3\text{--}5 \cdot 10^{-6}\,\Omega^{-1}\,\text{cm}^{-1}$ und mehr. Man destilliert dieses Wasser noch einmal unter Zusatz von wenig kohlensäurefreier Alkali- oder Baryt-Lauge zur Bindung der Kohlensäure und einigen Tropfen Permanganatlösung zur Zerstörung organischer Verunreinigungen. Dabei verwirft man die erste und letzte Portion des Destillates und zwar vor allem vom Vorlauf eine nicht zu kleine Portion. Außerdem achtet man darauf, daß beim Destillieren keine Siedeverzüge auftreten oder Sprühnebel übergehen können. Die Destillation nimmt man möglichst außerhalb von Räumen mit Laboratoriumsatmosphäre vor und verwendet als Kühler ein wasserumflossenes Quarz-, Silber- oder Zinnrohr. Die Vorlage besteht aus ausgedämpftem Jenaer Glas und ist gegen Kohlendioxydzutritt durch ein Natronkalkrohr geschützt. Man erhält so leicht Wasser von der Leitfähigkeit unter $1 \cdot 10^{-6}\,\Omega^{-1}\,\text{cm}^{-1}$, das man unter Kohlendioxydausschluß in Jenaer Glasgeräten aufbewahrt. Unter Beachtung dieser Vorschriften kann man meist auch unmittelbar aus Leitungs- oder Brunnenwasser in nur einem Destillationsgang ein tadelloses Leitfähigkeitswasser erhalten. Seine Leitfähigkeit muß direkt vor der Verwendung kontrolliert werden. Der Aufwand für eine schärfere Reinigung des Wassers ist wesentlich größer[1] und nur in den seltensten Fällen notwendig. Das reinste bisher hergestellte Wasser hat die spezifische Leitfähigkeit $0,4 \cdot 10^{-7}\ \Omega^{-1}\ \mathrm{cm}^{-1}$. In neuester Zeit ist es auch möglich geworden, Leitfähigkeitswasser ($\varkappa = 1 \cdot 10^{-6}\ \Omega^{-1}\ \mathrm{cm}^{-1}$) ohne Destillation mit Hilfe von Ionenaustauschern zu gewinnen. Bei Verwendung organischer Lösungsmittel ist nicht nur eine sorgfältige Destillation erforderlich, sondern es muß auch die Feuchtigkeit entfernt werden, die oft einen starken Einfluß auf die Eigenleitfähigkeit des Lösungsmittels hat.

Die Bestimmung der Eigenleitfähigkeit des Wassers bzw. Lösungsmittels kann in einem gesonderten Leitfähigkeitsgefäß kleiner Widerstandskapazität erfolgen oder aber auch in dem gleichen Gefäß, in dem die Messung der Lösungen vorgenommen wird. Im letzteren Falle ist es zweckmäßig, dem Leitfähigkeitsgefäß einen Widerstand (shunt) von der ungefähren Größe des Widerstandes der nachher zu vermessenden Lösungen parallel zu schalten, dessen Größe man vorher allein genau gemessen hat. Man erhält dann die Eigenleitfähigkeit unmittelbar als Korrekturgröße in fast genau der gleichen Brückenabgleichung wie bei den eigentlichen Messungen. Oft stört dabei die Platinierung der Elektroden, die Spuren von Verunreinigung nur sehr langsam abgeben. Das Leitfähigkeitswasser muß in der Zelle solange immer wieder erneuert werden, bis man konstante und reproduzierbare Werte der Leitfähigkeit erhält.

Rechnungshilfen. Zur Erleichterung der Ausrechnung der Widerstände aus den abgelesenen Brückenabschnitten gibt es Tabellen*, in denen man zu jedem a-Wert den zugehörigen Wert für $a/(1000-a)$ [vgl. Gl. (14)] oder $\log [a/(1000-a)]$ aufschlagen kann. Erstere findet sich z. B. in dem Handbuch von OSTWALD-LUTHER[2], letztere bei KOHLRAUSCH-HOLBORN[3]. Außerdem sind Nomogramme zeitweise im Handel erhältlich gewesen, in denen man graphisch zu jedem a-, R_0- und C_w-Wert das nach (14) bestimmte $\varkappa$ ablesen kann. Man kann auch auf der Skala des Meßdrahtes unmittelbar das Verhältnis a/b (bzw. dessen durch Kalibrierung verbesserten Wert) statt oder neben den reinen Längenwerten a aufzeichnen.

e) Die Leitfähigkeit als analytisches Hilfsmittel.

Konzentrationsbestimmung. Da die Leitfähigkeitsmessung mit wenig Substanz und geringem Zeitaufwand auch in hochverdünnten Lösungen sehr genaue Werte liefert, so kann man sie als analytisches Hilfsmittel zur Konzentrationsbestimmung heranziehen, nämlich dann, wenn ein eindeutiger und bekannter Zusammenhang zwischen der spezifischen Leitfähigkeit $\varkappa$ und der Konzentration c besteht. Dies ist vor allem dann der Fall, wenn nur ein einziger starker Elektrolyt, z. B. ein Alkalisalz oder Erdalkalisalz einer nicht zu schwachen Säure vorliegt. In diesem Fall kann in der nach c aufgelösten Gl. (6)

$$c = \frac{\varkappa}{\Lambda} \cdot 1000 \tag{15}$$

die Äquivalentleitfähigkeit Λ in hochverdünnten Lösungen näherungsweise einfach gleich Λ_∞ gesetzt und daher nach (9) aus den Tabellenwerten der Ionenbeweglichkeiten u und v bei unendlicher Verdünnung berechnet werden. Es wird dann

$$c \approx \frac{\varkappa}{u + v} \cdot 1000. \tag{16}$$

---

* OBACHsche Hilfstabellen. München 1879.

[1] KOHLRAUSCH, F., u. A. HEYDWEILER: Z. physik. Chem. **14**, 317 (1894). — KOHLRAUSCH, F.: Z. physik. Chem. **42**, 193 (1902). — KRAUS, C. A., and W. B. DEXTER: Am. Soc. **44**, 2468 (1922). — BENCOWITZ, J., and H. T. HOTCHKISS: J. physic. Chem. **29**, 705 (1925). — VOGEL, A. J., and G. H. JEFFERY: Soc. **1931**, 1201. — DEUBNER, A., u. R. HEISE: Ann. Physik (6) **9**, 213 (1951).

[2] OSTWALD-LUTHER: Hand- und Hilfsbuch zur Ausführung physikochemischer Messungen. 5. Aufl. S. 619ff. Leipzig 1931.

[3] KOHLRAUSCH, F., u. L. HOLBORN: Das Leitvermögen der Elektrolyte. 2. Aufl. S. 224ff. Leipzig, Berlin 1916.

Will man genauer vorgehen, so kann man die in Konzentrationen unterhalb etwa 0,002 n sehr genau gültige ONSAGERsche Leitfähigkeitsformel für starke Elektrolyte zur Berechnung eines besseren Λ-Wertes heranziehen. Sie lautet

$$\Lambda = \Lambda_\infty - (\alpha \Lambda_\infty + \beta)\sqrt{c}, \tag{17}$$

worin α und β Konstanten sind, die nur von der Ladung der Ionen, der Dielektrizitätskonstante und Zähigkeit des Lösungsmittels und der Temperatur abhängig sind. Für Elektrolyte, die nur 1wertige Ionen enthalten, z. B. KCl, NaOH usw. (sog. 1—1wertige Elektrolyte), wird z. B.*

$$\alpha = \frac{8{,}15 \cdot 10^5}{(DT)^{3/2}} \quad \text{und} \quad \beta = \frac{81{,}9}{(DT)^{1/2}\, \eta}, \tag{18}$$

worin D bzw. η die Dielektrizitätskonstante bzw. Viscosität des Lösungsmittels und T die absolute Temperatur bedeuten. Dies ergibt für 1—1wertige wäßrige Elektrolytlösungen von 25° mit $D = 78{,}7$, $T = 298°$ und $\eta = 0{,}894$ cPoise

$$\Lambda = \Lambda_\infty - (0{,}227\, \Lambda_\infty + 59{,}8)\sqrt{c}. \tag{19}$$

Man berechnet zunächst Λ_∞ aus u und v, dann einen ersten Näherungswert für c nach (16), hierauf mit diesem c-Wert Λ nach (17) bzw. (19) und schließlich einen verbesserten Wert für c nach (15).

Durch die Leitfähigkeitsmessungen wird also ein Gebiet hoher Verdünnungen für die Konzentrationsbestimmung erschlossen, das anderen analytischen Methoden oft nur schwierig oder gar nicht zugänglich ist. So wurde die Leitfähigkeit besonders häufig zur Bestimmung der Löslichkeit schwer löslicher Salze herangezogen; aber auch für andere Probleme der physikalischen Chemie, z. B. für die Bestimmung des Hydrolysegrades oder für die kinetische Verfolgung von Reaktionen, an denen Ionen beteiligt sind, hat sich die Heranziehung von Leitfähigkeitsmessungen vorzüglich bewährt.

Ein ähnliches, etwas gröberes Verfahren, das dafür aber nicht nur auf einzelne Salze, sondern auch auf Salzmischungen in nicht zu konzentrierter Lösung anwendbar ist, erlaubt eine sehr rasche, wenn auch grobe Abschätzung der gesamten Ionenkonzentration, bei starken Elektrolyten auch der gesamten Salzkonzentration aus der spezifischen Leitfähigkeit der Lösung. Da nämlich die Ionenbeweglichkeiten aller Ionen außer H^+ und OH^- nicht allzuweit von 50 Ω^{-1} cm² abliegen, so kann man in grober Näherung einfach das Äquivalentleitvermögen aller stark dissoziierter Salze gleich 100 Ω^{-1} cm² setzen und erhält dann nach (16) die höchst einfache, wenn auch ungenaue Beziehung

$$c \approx 10\, \varkappa. \tag{20}$$

Die Formel ist aber wegen der anderen Wanderungsgeschwindigkeiten der H^+- und OH^--Ionen in keinem Fall auf Säuren, Basen oder hydrolysierende Salze anwendbar und gibt bei schwachen Elektrolyten nur einen Anhalt für die Konzentration des in Ionen zerfallenen Anteils.

Für speziellere Fälle kann man entsprechende Eichkurven des Zusammenhanges zwischen Leitfähigkeit und Konzentration oft entweder selbst in vorbereitenden Messungen ermitteln oder aus den Messungen der Literatur zusammenstellen. Für letzteren Zweck sei neben den Tabellen von KOHLRAUSCH und HOLBORN[1] und von LANDOLT-BÖRNSTEIN[2] besonders auf das sehr reichhaltige Tabellenwerk von FUOSS und KRAUS[3] für die

---

* Wegen der allgemeinen Formel für beliebige Wertigkeiten muß auf die Lehrbücher der Elektrochemie bzw. auf die Monographien über Elektrolyte (s. Fußnote 1, S. 504) hingewiesen werden.

[1] KOHLRAUSCH, F., u. L. HOLBORN: Das Leitvermögen der Elektrolyte. 2. Aufl. S. 145ff. Leipzig, Berlin 1916.

[2] Landolt-Börnstein 5. Aufl. 2, 1068 ff.; Erg.-Bd. 1, 596ff.; Erg.-Bd. 2b, 1049; Erg.-Bd. 3c, 2034ff.

[3] FUOSS, R. M., et C. A. KRAUS: Annual Tables of Constants and Numerical Data. 18/8: Conductivity of Elektrolytes (englisch und französisch). Paris 1937.

Leitfähigkeit verschiedenster Substanzen bei verschiedenen Konzentrationen in wäßrigen und nichtwäßrigen Lösungen hingewiesen.

Die konduktometrische Maßanalyse. Einer besonderen Erörterung bedarf die konduktometrische Maßanalyse oder Leitfähigkeitstitration, bei der die Leitfähigkeit nicht unmittelbar als Konzentrationsmaß, sondern nur als Indicator bei einer maßanalytischen Titration eingesetzt wird. Ihr Prinzip sei an dem Beispiel der Silbertitration mit Natriumchlorid erläutert. Angenommen, wir haben in einem Becherglas eine gewisse Menge $AgNO_3$ in einem großen Überschuß von Wasser gelöst und wollen diese Menge durch Titration bestimmen. Wir lassen langsam eine 0,1 n NaCl-Lösung zutropfen. Der chemische Umsatz im Becherglas lautet dann in Ionen geschrieben

$$Ag^+ + NO_3^- + Na^+ + Cl^- = AgCl + Na^+ + NO_3^-.$$

Man sieht, daß, solange der Umsatz stattfindet, trotz des Zutropfens der NaCl-Lösung keine Vermehrung der gelösten Ionen im Becherglas eintritt. Es wird lediglich das Ag^+ durch Na^+ ersetzt, während gleichzeitig AgCl ausfällt und sich an der Stromleitung nicht beteiligt. Da aber die Ag^+-Ionen eine höhere Beweglichkeit haben als die Na^+-Ionen (53,25 gegen 42,6 Ω^{-1} cm² bei 18°), so bringt das Zutropfen der Titrierlösung nicht etwa eine Erhöhung, sondern sogar eine Erniedrigung der Leitfähigkeit mit sich. In dem Augenblick aber, in dem alles Silber ausgefällt ist, gilt dies natürlich nicht mehr. Jetzt nimmt die Leitfähigkeit bei weiterem Zutropfen durch die neuhinzukommenden Na^+- und Cl^--Ionen plötzlich zu und man bekommt, wenn man die Leitfähigkeit der vorgelegten, gut gerührten Analysierflüssigkeit mißt und in Abhängigkeit von der zugetropften Menge der Titrierlösung in ein Koordinatensystem einträgt, einen scharfen Knick in der Kurve genau an der Stelle des Äquivalenzpunktes. Wir können also diesen Knick als Indicator benützen, um den Äquivalenzpunkt zu erkennen.

Nach dieser Methode, die apparativ sehr weitgehend ausgebaut ist, lassen sich maßanalytische Bestimmungen in großer Zahl durchführen, die auf Neutralisations-, Oxydations-, Reduktions-, Fällungs-, Komplexbildungs- und andere Reaktionen zurückgehen. Wegen der Empfindlichkeit der Leitfähigkeitsmessung eignet sich das Verfahren besonders gut für Mikromethoden, und man hat z. B. äußerst kleine Mengen von Schwermetallen (bis herunter zu Mengen von 1 γ) mit Schwefelwasserstoffwasser nach dieser Methode titrieren können. Die Gesichtspunkte, nach denen Leitfähigkeitstitrationen durchzuführen sind, sowie eine große Anzahl von durchführbaren Bestimmungen sind in dem Buch von JANDER und PFUNDT[1] zusammengestellt. Man verwendet hierbei im allgemeinen eine visuelle Methode der Leitfähigkeitsbestimmung (s. S. 517).

Die Leitfähigkeit als Indicator kolloidchemischer und physiologischer Vorgänge. Im Prinzip läßt sich die Leitfähigkeit ebenso wie für chemisch-analytische Zwecke auch für die Verfolgung mancher kolloidchemischer und physiologischer Vorgänge heranziehen, doch hat sich hierfür nach Kenntnis des Verfassers bisher keine einheitliche Technik entwickelt. Wir wollen daher nur ganz kurz zwei mehr oder weniger zufällige Beispiele dafür anführen. Haben wir eine Suspension nichtleitender Teilchen in einer leitenden Flüssigkeit, so wird die spezifische Leitfähigkeit dieses Systems geringer sein als diejenige der intermicellaren Flüssigkeit, was natürlich auf die rein geometrische Verdrängung der Flüssigkeit durch die Teilchen zurückzuführen ist. Man kann also aus der Leitfähigkeit eines solchen Systems unter Umständen auf die Teilchenkonzentration schließen und die Sedimentation der Teilchen verfolgen. Nach dieser Methode ist von SCHWAN ein Leitfähigkeitsverfahren zur Bestimmung der Erythrocytenzahl[2] und der Sedimentation der Blutkörperchen (Blutsenkung)[3] entwickelt worden. Als weiteres Beispiel sei das „Dermometer" angeführt, das zur Messung der Hautleitfähigkeit als Indicator neurologischer,

---

[1] JANDER, G., u. O. PFUNDT: Die konduktometrische Maßanalyse. Stuttgart 1945.
[2] SCHWAN, H.: Pflügers Arch. **251**, 550 (1949).
[3] SCHWAN, H.: Kolloid-Z. **111**, 53 (1948). Fiat Rev. **22**, Biophysik II, 227 (1949).

physiologischer und psychologischer Vorgänge entwickelt worden ist [1]. Auch das auf S. 522 besprochene Dephimeter zur elektrodenlosen Messung der Leitfähigkeit wurde vor kurzem zur Erkennung von Krankheiten aus der Leitfähigkeit von Körperflüssigkeiten vorgeschlagen [2].

Trotz der entwickelten Meßtechnik und leichten Erreichbarkeit genauer Leitfähigkeitsdaten scheinen die Anwendungsmöglichkeiten in der physiologisch- und pathologisch-chemischen Analyse noch relativ wenig ausgenützt zu sein. Die in neuerer Zeit entwickelten Verfahren zur analytischen und präparativen Trennung von Ladungsträgern (z. B. Eiweißstoffen) auf Grund ihrer verschiedenen Wanderungsgeschwindigkeiten im elektrischen Feld werden in einem gesonderten Artikel dieses Handbuches ausführlich abgehandelt (vgl. S. 54 ff.).

Wasserstoffionenkonzentration [3-27].

Von
F. Ender.

Mit 37 Abbildungen.

a) Grundbegriffe aus der Theorie der Ionengleichgewichte.

α) Der Wasserstoffionenexponent.

Um den Gehalt einer Lösung an gelöster Substanz anzugeben, gibt es verschiedene Möglichkeiten. Im Alltag bevorzugt man die Angabe von Gewichtsprozenten, das

[1] LEVINE, M.: Arch. Neurol. Psychiatry **29**, 828 (1933). — WHELAN, F. G.: Science, N. Y. **111**, 496 (1950). — BOUCKE, H.: Elektronwiss. Techn. **1951**, 118.

[2] KLUTKE, F., u. H. WORATZ: Z. Naturforsch. **5 b**, 441 (1950).

[3] ALDERETE, A.: El p_H. La concentración de hídrogeniones en quimica. Buenos Aires 1939.

[4] American Society for Testing Material: Symposium on p_H Measurement. Buffalo 1947.

[5] BRAVO, G.: La concentrazione degli ioni idrogeno. Torino 1929.

[6] BRITTON, H. T. S.: Hydrogen Ions; Their Determination and Importance in Pure and Industrial Chemistry. 3. Aufl. 2. Bde. London 1042; 1943.

[7] CASTELLI, C. F.: Il p_H. Il concetto moderno di acidità e alcalinità e la misurazione pratica. Milano 1941.

[8] CHAPLIN, A. L.: Applications of Industrial p_H Control. Pittsburgh 1950.

[9] CLARK, W. M.: The Determination of Hydrogen Ions. 3. Aufl. Baltimore 1928.

[10] DÉRIBÉRÉ, M.: Les applications industrielles du p_H. Paris 1935.

[11] FUHRMANN, F.: Elektrometrische p_H-Messungen mit kleinen Lösungsmengen. Wien 1941.

[12] FRUNDER, H.: Die Wasserstoffionenkonzentration im Gewebe lebender Tiere. — Nach Messungen mit der Glaselektrode. Jena 1951.

[13] HERCE, P.: Fundamentos de Acidimetria. — Determinación del p_H. Madrid 1934.

[14] HUYBRECHTS, M.: Le p_H et sa mesure. Les potentiels d'oxydoréduction, le r_H. 4. Aufl. Paris 1946.

[15] JÖRGENSEN, H.: Die Bestimmungen der Wasserstoffionenkonzentration (p_H) und deren Bedeutung für Technik und Landwirtschaft. Dresden 1935.

[16] JÖRGENSEN, H.: Théorie, mesure et application du p_H. Paris 1938.

[17] KOLTHOFF, I. M.: Die kolorimetrische und potentiometrische p_H-Bestimmung. Berlin 1932.

[18] KOLTHOFF, I. M., and H. A. LAITINEN: p_H and Electro Titrations. 2. Aufl. New York 1941.

[19] KORDATZKI, W.: Taschenbuch der praktischen p_H-Messung. 4. Aufl. München 1949.

[20] KRATZ, L.: Die Glaselektrode und ihre Anwendungen. Frankfurt a. M. 1950.

[21] LEHMANN, G.: Die Wasserstoffionenmessung. 3. Aufl. Leipzig 1948.

[22] MERCK, E.: Die Bestimmung der Wasserstoffionenkonzentration mit Indikatoren. 2. Aufl. Darmstadt 1953.

[23] MICHAELIS, L.: Die Wasserstoffionenkonzentration. 2. Aufl. Berlin 1922.

[24] MISLOWITZER, E.: Die Bestimmung der Wasserstoffionenkonzentration von Flüssigkeiten. Berlin 1928.

[25] POZZI-ESCOT, E.: Le p_H, force d'acidité et d'alcalinité; oxydoréduction: r_H, principes de titrimetrie. Paris 1936.

[26] RICCI, J. E.: Hydrogen Ion Concentration; new Concepts in a Systematic Treatment. Princeton N. J. 1952.

[27] SCHWABE, K.: Fortschritte der p_H-Meßtechnik. Berlin 1953 (im Druck).

sind Gramme Gelöstes je 100 g Mischung, oder auch von Volumenprozenten, das entspricht der Anzahl der Kubikzentimeter der gelösten Substanz in je 100 cm³ der fertigen Lösung.

Wirft man die beiden genannten Konzentrationsmaße zusammen und mißt das Gelöste in Grammen, die Mischung (Lösung) in Kubikzentimetern, so erhält man den in der medizinischen Literatur bevorzugten Begriff der Grammprozente (g-%) oder auch Milligrammprozente (mg-%). Das Umgekehrte, ein Messen des Gelösten in Kubikzentimetern und der Lösung in Grammen, was als Kubikzentimeterprozente zu bezeichnen wäre, ist — selbst im Falle von gelösten Gasen — ein unpraktisches Konzentrationsmaß.

Der Physiker rechnet gern mit Massenverhältnissen, die keinerlei Kenntnis des Molekelgewichtes bzw. der Natur der Lösungskomponenten voraussetzen. Die Löslichkeit, d. h. die Sättigungskonzentration einer Lösung in bezug auf eine der beteiligten Komponenten wird dementsprechend fast ausnahmslos in Grammen je 100 g Lösungsmittel angegeben.

In der Chemie ist das Mol die gebräuchlichste Gewichtseinheit oder das — vermittels Division durch die Wertigkeit — hieraus abgeleitete Äquivalentgewicht. Demgemäß gibt der Chemiker den Gehalt seiner Lösungen in Molen (bzw. Äquivalenten) an und definiert als die Gewichtskonzentration die Anzahl der Mole gelöster Substanz je 1000 g Lösungsmittel und als die Volumenkonzentration (auch Konzentration schlechthin genannt) die Zahl der Mole an Gelöstem in 1000 cm³ fertiger Lösung, als den Molenbruch die Zahl der Mole einer Substanz, dividiert durch die Gesamtzahl der im Gemisch oder in der Lösung vorhandenen Mole[1].

Als in der Theorie unentbehrliches Konzentrationsmaß werden wir weiter unten (S. 542f.) noch die Ionenaktivität kennenlernen, die vorläufig als gleichwertig mit der Volumenkonzentration behandelt werden soll. Von einigen Ausnahmefällen abgesehen ist dies, wie sich später zeigen wird, zumindest in erster Näherung zulässig.

In Übereinstimmung damit wird die Konzentration der Wasserstoffionen im allgemeinen ebenfalls in Äquivalenten je Liter gerechnet. Daneben ist jedoch noch ein anderes Maß für die Wasserstoffionenkonzentration gebräuchlich geworden, das die naturgesetzlichen Zusammenhänge zwischen biologisch-physiologischer Wirksamkeit und dem Gehalt einer Lösung an Wasserstoffionen viel anschaulicher zum Ausdruck bringt, als das rationelle Maß des Chemikers. Das Aufdecken dieser Korrelation ist indessen nicht der einzige Grund, der Sörensen im Jahre 1909 veranlaßte, als Maß der Wasserstoffionenkonzentration den p_H-Wert zu definieren.

Vor allem ist es die Überlegung, daß die allermeisten in Biologie und Medizin wichtigen Lösungsgemische einen so geringen Gehalt an Wasserstoffionen besitzen, daß bei Benützung des üblichen Konzentrationsmaßes eine wenig anschauliche Zahl von Nullen mitgeschleppt werden müßte. Verwendet man an Stelle der Grundzahlen die zugehörigen Logarithmen, so verschwinden die Nullen. Sörensen ging noch einen Schritt weiter und zog auch das Vorzeichen in das neue Konzentrationsmaß ein, das er mit der prägnanten Bezeichnung p_H (potentia hydrogenii) belegte. Unter Berücksichtigung der modernen Theorie der interionischen Wechselwirkung formuliert, lautet die Sörensensche Definition:

Der mit — 1 multiplizierte Wert des dekadischen Logarithmus der Volumenkonzentration bzw. der Aktivität der Wasserstoffionen wird als **Wasserstoffionenexponent,** abgekürzt p_H, bezeichnet.

Man vergegenwärtige sich hierbei, daß es einen „negativen Logarithmus" nicht gibt; wohl kann der Logarithmus einer Zahl einen negativen Wert annehmen, doch läßt sich der Logarithmus nur von einer positiven Zahl (prägnant gesprochen ein „positiver Logarithmus") bilden.

Unter Benützung der beiden heute üblichen Schreibweisen für die Volumenkonzentration — entweder der Buchstabe c mit dem Substanzsymbol als Index oder das Sub-

---

[1] Man beachte: Gewichtskonzentration und Volumenkonzentration unterscheiden sich nicht nur dadurch, daß bei jener mit Grammen, bei dieser mit Kubikzentimetern gerechnet wird, sondern auch dadurch, daß jene auf reines Lösungsmittel, diese auf die fertige Lösung bezogen ist.

stanzsymbol in eckigen Klammern geschrieben — und der Bezeichnungsweise für die Ionenaktivität — entweder der Buchstabe a mit dem Substanzsymbol als Index oder das Substanzsymbol in eckigen Klammern und mit dem Index a versehen — lautet der mathematische Ausdruck für die p_H-Definition im Sinne von SÖRENSEN:

$$- \log c_{H\cdot} = - \log [H\cdot] \equiv p_H \qquad (1\,a)$$

bzw. im modernen Sinne:

$$- \log a_{H\cdot} = - \log [H\cdot]_a \equiv p_H. \qquad (1\,b)$$

Dabei ist das dreifache Zeichen $\equiv$ der internationalen Gepflogenheit entsprechend als identisch gleich durch Definition zu lesen. Der Buchstabe p erinnert daran, daß es sich um die Darstellung der Konzentration in Form einer Potenz handelt[1].

Der Vorzug des logarithmischen Konzentrationsmaßes für biologische Zwecke wird deutlich, wenn man etwa die Unterschiedsempfindlichkeit des menschlichen Gehörsinns zum Vergleich heranzieht. Die Schallempfindlichkeit des Ohres wächst nicht proportional zu dem Schalldruck, sondern mit dem Logarithmus des Schalldruckes. Da ebenso das Übertragungsverhältnis von Spannung, Strom und Leistung auf elektrischen Leitungen mit dem natürlichen Logarithmus abfällt, ist es in der Fernmeldetechnik schon seit langem üblich, als Bezugsmaß den natürlichen Logarithmus (Einheit: das Neper) oder den BRIGGSchen Logarithmus (Einheit: das Bel und hiervon abgeleitet als Maß der Lautstärke das Phon) zu verwenden.

Ganz analog zur Gehörempfindlichkeitsfunktion geht die physiologische Wirkung der Wasserstoffionen nicht proportional mit der Volumenkonzentration, sondern proportional zu deren Logarithmus, so daß die p_H-Skala als das natürliche Maß der Wasserstoffionenwirksamkeit in physiologischen Systemen anzusehen ist.

Ein weiterer Umstand spricht für die Verwendung des logarithmischen Maßstabes. Die schärfste Methode, die wir zur Bestimmung des Gehaltes einer Mischung an Wasserstoffionen besitzen, die elektrometrische, liefert unmittelbar nicht die Volumenkonzentration, sondern deren Logarithmus; p_H und elektrisches Potential sind hierbei linear miteinander verknüpft und die Potentialskalen der Meßgeräte können zufolge der SÖRENSENschen Definition eine lineare Eichung in p_H-Einheiten[2] erhalten.

Das Umrechnen der beiden bevorzugten Konzentrationsmaße der Wasserstoffionen ineinander erfolgt am einfachsten graphisch mittels eines Nomogramms. Ein solches Nomogramm zur wechselseitigen Umwandlung von H-Ionenaktivitäten in p_H-Werte und umgekehrt ist in Abb. 1 wiedergegeben.

Die rechte Leiter stellt die a-Werte der Funktion $[H]_a$ bzw. $[H] = a \cdot 10^{-n}$ im reziprok-logarithmischen Maßstab dar, die linke Leiter die zugehörigen b-Werte der Funktion: $p_H = n + b$. Der Buchstabe „n" bedeutet auf beiden Leitern dieselbe ganze Zahl.

Den Gebrauch des Nomogramms lernt man am schnellsten an Hand eines Beispiels kennen.

Gegeben sei: $[H] = 0{,}350 \cdot 10^{-7}$. An den a-Wert 0,350 grenzt im Nomogramm der b-Wert 0,456. Da die konstant gehaltene Zahl n hier gleich 7 ist, so ergibt sich der gesuchte p_H-Wert zu 7,456. Ist umgekehrt der p_H-Wert vorgegeben, beispielsweise $= 12{,}78$, so gilt: $n = 12$, $b = 0{,}78$. Diesem b-Wert ist zugeordnet der a-Wert 0,1660. Also: $[H] = 0{,}1660 \cdot 10^{-12}$.

Wie man sich leicht überzeugt, liegt der Ablesefehler des Aktivitäten-p_H-Nomogramms bei 1—2 Promille des zählenden Dezimalwertes. Das ist eine den höchsten Ansprüchen an die p_H-Technik genügende Genauigkeit. Mit derselben Genauigkeit gestattet das

---

[1] Die Bestrebungen, an Stelle des Ausdruckes p_H, p_H-Messung usw. ein anderes Wort zu setzen, sind heute, nachdem sich dieser Begriff international durchgesetzt hat, als verfehlt anzusehen. Insbesondere muß der neuerdings sogar in den „KÜSTER-THIELschen Logarithmischen Rechentafeln" propagierte Ersatzausdruck: Säurestufe bzw. Stufenmessung und deren dort „zum internationalen Gebrauch" vorgeschlagene Übersetzung „Bathmometrie" abgelehnt werden. Denn das Charakteristikum einer Stufe, die Diskontinuität, widerspricht dem physikalischen Sinn eines kontinuierlichen Konzentrationsmaßes ebensosehr, wie wenn die Einheit des Längenmaßes als Längenstufe, die Einheit des Zeitmaßes als Zeitstufe bezeichnet werden würde.

[2] Wenn man den p_H-Einheiten unbedingt einen eigenen Namen geben will, so mag man von p_H-*Grad* sprechen. Die Analogie zu ähnlichen Bezugsmaßen liegt auf der Hand. Begriffsbildungen, wie Säurestufe, p_H-Stufe u. dgl. sind nicht korrekt. Vgl. die vorangehende Fußnote.

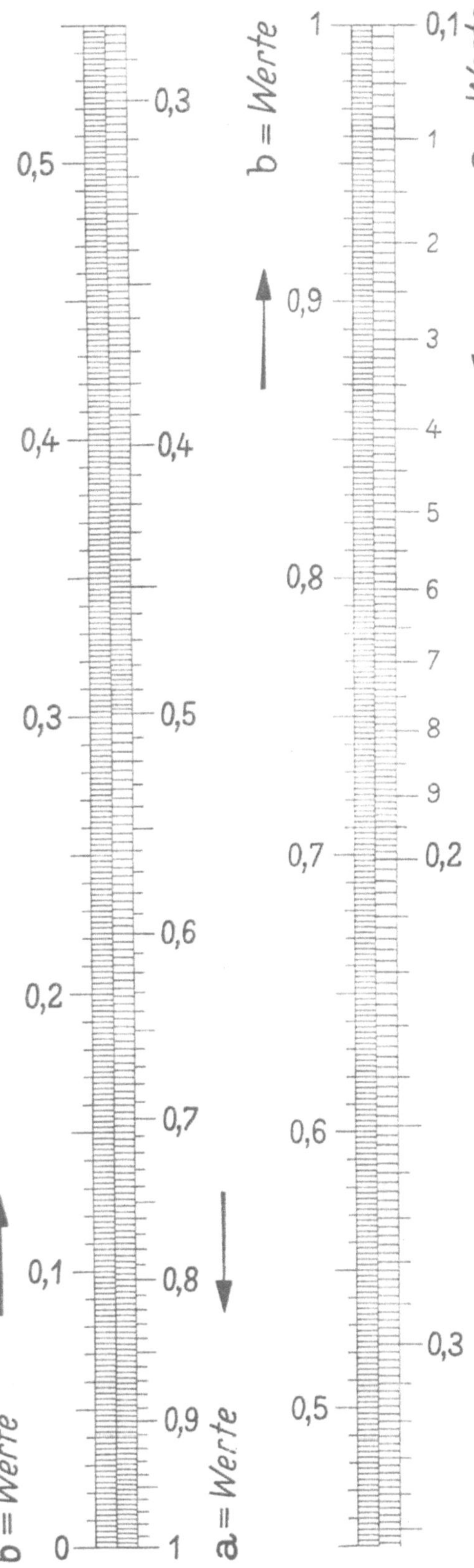

Abb. 1. (H-Ionen)-Aktivitäten/p_H-Nomogramm.

Nomogramm weiterhin die Umwandlung von Säuredissoziationskonstanten in Säureexponenten ($p_{\bar{K}}$-Werte) und umgekehrt durchzuführen, worauf wir an gegebener Stelle zurückkommen werden (s. S. 534).

Statt den zu einer bestimmten Mantisse gehörigen Wert des Numerus — gegebenenfalls vice versa — der graphischen Darstellung zu entnehmen, kann man selbstverständlich auch den üblichen Weg mit Rechenschieber oder Logarithmentafel gehen.

Das Umrechnen von H-Ionenaktivitäten in p_H-Werte mit Hilfe einer Logarithmentafel geschieht folgendermaßen:

Gegeben sei, wie oben, $[H]_a$ bzw. $[H] = 0{,}350 \cdot 10^{-7}$. Dann ist: $\log 3{,}50 \cdot 10^{-7} = 0{,}5441 - 8$. Der Wert des Logarithmus mit -1 multipliziert, ergibt: $8{,}0 - 0{,}5441 = 7{,}4559$, in bester Übereinstimmung mit dem aus der Abbildung entnommenen Wert $p_H = 7{,}456$.

Falls der p_H-Wert vorgegeben ist, z. B. $p_H = 12{,}78$, dann läuft die Rechnung so:

$12{,}78$ mit -1 mulitpliziert ist $-12{,}78$. Zum Zwecke des Delogarithmierens werden die (positiven) Mantissen von den ganzzahligen Einheiten mit negativem Vorzeichen abgetrennt und man erhält: $0{,}2200 - 13$. Delogarithmiert $= 1{,}660 \cdot 10^{-13}$; somit: $[H]_a = 0{,}1660 \cdot 10^{-12}$.

Einen grundsätzlichen Einwand, der gegen die oben angeführte Sörensensche Definition des p_H-Begriffes erhoben werden kann, zur Diskussion zu stellen, bietet sich erst weiter unten Gelegenheit, wenn einige moderne elektrochemische Grundbegriffe erläutert sind. Die angedeutete Problematik hängt mit der Theorie der interionischen Wechselwirkung aufs engste zusammen.

β) Massenwirkungsgesetz und elektrolytische Dizzoziation.

Reagieren 2 Substanzen A und B miteinander (unter Freiwerden einer bestimmten Wärmemenge U) nach der Gleichung:

$$A + B = C + D + U \text{ (cal)}, \qquad (2)$$

so setzen sie sich nie vollständig in die Stoffe C und D um, sondern es stellt sich ein Gleichgewichtszustand ein, an dem alle 4 Komponenten beteiligt sind. Es entspricht dem Charakter eines Gleichgewichtes, daß man zu demselben Ergebnis kommt, wenn man von den Stoffen C und D ausgeht und diese unter Aufnahme der Wärmemenge U miteinander reagieren läßt (= sog. Rückreaktion).

Macht man die naheliegende Annahme, daß die Geschwindigkeit (v) der Reaktion in jedem Augenblick der vorhandenen Konzentration (c) der Reaktionspartner proportional ist und somit auch der Zahl der miteinander durch Stoß zum Umsatz befähigten Molekeln, so kann man für die Hinreaktion bzw. für die Rückreaktion die Momentangeschwindigkeit ausdrücken durch:

$$v_1 = k_1 \bar{c}_A \cdot \bar{c}_B \tag{3a}$$

bzw.

$$v_2 = k_2 \bar{c}_C \cdot \bar{c}_D, \tag{3b}$$

wobei der Querstrich über dem c bedeuten soll, daß die Konzentrationswerte mit dem Ablauf der Reaktion veränderlich sind.

Der Gleichgewichtszustand ist dadurch gekennzeichnet, daß die Geschwindigkeit der hinläufigen Reaktion gleich der der rückläufigen Reaktion geworden ist. Das heißt es gilt:

$$k_1 \cdot c_A \cdot c_B = k_2 \cdot c_C \cdot c_D \tag{4}$$

oder, wenn man das Verhältnis der beiden Konstanten (k_1 zu k_2) zu einer neuen Größe, der Gleichgewichtskonstanten[1], zusammenfaßt:

$$\frac{c_C \cdot c_D}{c_A \cdot c_B} = K. \tag{5}$$

Der Anteil der einzelnen Stoffe im Gleichgewichtsgemisch hängt also maßgebend von den anfänglichen Konzentrations- bzw. Massenverhältnissen[2] ab und zwar in der Weise, daß das Produkt der Konzentrationen der entstehenden Stoffe, dividiert durch das Produkt der Konzentrationen der Ausgangsstoffe, konstant bleibt.

Diese Erkenntnis wurde erstmalig von GULDBERG und WAAGE 1867 ausgesprochen und mit dem Namen „Gesetz der chemischen Massenwirkung" — heute zumeist abgekürzt in Massenwirkungsgesetz (MWG) — belegt. Die grundlegende Bedeutung des MWG besteht darin, daß es nicht allein die Gleichgewichtsbedingungen für elektroneutrale Reaktionspartner (Beispiel Chlorknallgasreaktion), sowie für Ionenreaktionen (Beispiel: reziprokes Salzpaar) festlegt, sondern auch den Vorgang der elektrolytischen Dissoziation selbst regelt[3].

Beispiel: Für die Dissoziation der Essigsäure, die sich nach der Gleichung $CH_3COOH \rightleftharpoons CH_3COO^- + H^+$ vollzieht, liefert das MWG:

$$\frac{c_{H^+} \cdot c_{CH_3COO^-}}{c_{CH_3COOH}} = K.$$

Allgemein gilt:

$$\frac{c_{Anion} \cdot c_{Kation}}{c_{undiss.\,Molekeln}} = K_c, \tag{6}$$

wobei der Index c an der Dissoziationskonstanten ausdrücken soll, daß die Maßzahl auf die Konzentration der Komponenten, nicht jedoch den Partialdruck oder den Molenbruch der Gleichgewichtspartner bezogen wird, was an sich ebenfalls möglich wäre.

Kennt man die Dissoziationskonstante einer Substanz, so ist damit zunächst noch nicht allzuviel gewonnen. Denn das auf das Dissoziationsgleichgewicht angewandte MWG trifft lediglich eine Aussage über das Verhältnis des dissoziierten zum nichtdissoziierten

---

[1] An sich könnte man die Gleichgewichtskonstante auch als den Kehrwert des angegebenen Verhältnisses definieren, doch bevorzugt man heute eine Schreibweise, derzufolge die freiwillig sich bildenden Reaktionsprodukte im Zähler, die Ausgangsubstanzen im Nenner erscheinen.

[2] Das Massenverhältnis ist allerdings nur unter bestimmten Voraussetzungen dem Konzentrationsverhältnis proportional.

[3] In diesem Falle pflegt man die Gleichgewichtskonstante als „Dissoziationskonstante" zu bezeichnen. Zu einer weiteren Bedeutungseinengung führt die Definition der „Affinitätskonstante" (vgl. S. 533).

Anteil, nicht jedoch über die absolute Konzentration der einzelnen Komponenten. Diese ist erst definiert, wenn auch die Gesamtkonzentration aller Partikelarten, dissoziierter, wie nichtdissoziierter, bekannt ist; denn mit dem Quotienten und der Summe zweier Größen sind deren Absolutwerte ebenfalls gegeben.

Es erscheint deshalb zweckmäßig, das auf den Dissoziationsvorgang bezogene MWG durch Einführen der Gesamtkonzentration aller Partikelarten zu modifizieren, eine Erweiterung, die direkt zum OSTWALDschen Verdünnungsgesetz führt.

γ) OSTWALDsches Verdünnungsgesetz und Affinitätskonstanten schwacher Säuren und Basen.

Als den Dissoziationsgrad α eines Elektrolyten bezeichnet man bekanntlich den Bruchteil der ursprünglich vorhandenen neutralen Molekeln, der in Ionen zerfallen ist.

Beträgt die Zahl der neutralen Molekeln vor der Dissoziation n_0, so erhält man für die Zahl der Partikeln nach der Dissoziation folgende Werte:

$$\text{Undissoziierte Molekeln:}\quad n_u = n_0\,(1 - \alpha) \tag{7a}$$

$$\text{Ionen einer Art:}\quad n_i = n_0\,\alpha \tag{7b}$$

$$\text{Gesamtzahl der Ionen:}\ \sum n_i = 2 n_0\,\alpha \ \text{bzw.}\ 3 n_0\,\alpha \ldots \tag{7c}$$

je nachdem, ob 2, 3 oder mehr Ionen aus einer neutralen Molekel entstehen. Substituiert man in den Gl. (7a—c) n durch c, so ist ein Maß für die Konzentration der betreffenden Partikelarten gewonnen[1]. Werden alsdann diese Ausdrücke in die auf das Dissoziationsgleichgewicht angewandte Gleichung des MWG eingeführt, so ergibt sich[2]:

$$\frac{\alpha\,c_0 \cdot \alpha\,c_0}{(1 - \alpha)\,c_0} = K_c \quad \text{oder} \quad \frac{\alpha^2\,c_0}{1 - \alpha} = K_c. \tag{8}$$

Dieser Ausdruck stellt die mathematische Formulierung einer Gesetzmäßigkeit dar, die unter dem Namen „OSTWALDsches Verdünnungsgesetz" bekannt ist und häufig auch, nach Ersetzen des Dissoziationsgrades α durch den Quotienten Λ_c/Λ_∞, dem Verhältnis der Äquivalentleitfähigkeit bei *endlicher* Verdünnung zu dem bei *un*endlicher Verdünnung, geschrieben wird (s. a. S. 543):

$$\frac{\left(\dfrac{\Lambda_c}{\Lambda_\infty}\right)^2 \cdot c_0}{1 - \dfrac{\Lambda_c}{\Lambda_\infty}} = \frac{\Lambda_c^2 \cdot c_0}{\Lambda_\infty^2 - \Lambda_c\,\Lambda_\infty} = K_c. \tag{9}$$

Die Bedeutung des OSTWALDschen Verdünnungsgesetzes ist eine dreifache:

1. ermöglicht das Gesetz eine Einteilung der Elektrolyte in 2 große Gruppen vorzunehmen, in starke und schwache Elektrolyte. Die schwachen Elektrolyte gehorchen dem OSTWALDschen Verdünnungsgesetz und damit dem MWG; die starken Elektrolyte erweisen sich davon unabhängig; sie müssen auch bei hohen Konzentrationen als ziemlich vollständig dissoziiert angesehen werden;

2. das OSTWALDsche Verdünnungsgesetz gibt uns ein Mittel in die Hand, die Dissoziationskonstante schwacher Elektrolyte in einfacher Weise (aus Leitfähigkeitsmessungen) experimentell zu bestimmen;

3. es bietet die Möglichkeit, von Substanzen, deren K_c-Werte bekannt sind, das elektrolytische Verhalten bei beliebiger Konzentration — auch in Gemischen, wie wir

---

[1] Diese Substitution ist zulässig, da einerseits die Zahl der Molekeln je Mol einer Substanz eine Konstante darstellt (die sog. LOSCHMIDTsche Zahl mit dem numerischen Wert $6{,}023 \cdot 10^{23}$), und andererseits die Anzahl der gelösten Mole in der Volumeneinheit identisch mit der Volumenkonzentration c ist.

[2] Der c_0-Wert, der gemäß den substituierten Gln. (7a, b und c) der Absolutkonzentration aller Partikelarten, dissoziierter wie nichtdissoziierter, zugrunde liegt und als die Konzentration der gelösten Substanz, vor dem Eintreten der Dissoziation aufgefaßt werden kann, führt in der Literatur zumeist die Bezeichnung „Bruttokonzentration" des Elektrolyten.

sehen werden — vorauszuberechnen. Damit wird die Wasserstoffionenkonzentration in der Mehrzahl der Fälle ebenfalls einer theoretischen Behandlung zugänglich.

Da eine Säure als um so stärker angesprochen wird, je größer die Konzentration ihrer freien Wasserstoffionen ist, tritt uns die Gleichgewichtskonstante K_c als ein Kriterium für die Stärke der Säure und umgekehrt auch für die der Basen entgegen. Wegen des hierdurch bedingten Zusammenhanges der Größe K_c mit der Definition der Affinität als Maß der chemischen Triebkraft einer Reaktion im Sinne von VAN'T HOFF, pflegt man die K_c-Werte von Säuren und Basen zumeist als *Affinitätskonstanten* zu bezeichnen.

Affinitätskonstanten finden sich in allen größeren physikalisch-chemischen und physiologisch-chemischen Tabellenwerken zusammengestellt, so daß hier von einer doch nur auszugsweise möglichen Wiedergabe von Werten abgesehen werden soll[1].

Aus der Affinitätskonstanten läßt sich für eine beliebige Bruttokonzentration c_0 einer *schwachen* Säure mit Hilfe des OSTWALDschen Verdünnungsgesetzes die Wasserstoffionenkonzentration c_{H^+} berechnen. Da analog zu Gl. (7b)

$$c_{H^+} = \alpha \, c_0 \tag{10}$$

gilt, so ergibt sich mit Gl. (8):

$$\frac{\alpha^2 c_0}{1 - \alpha} = \frac{c_{H^+}^2}{c_0 - c_{H^+}} = K_c$$

und hieraus:

$$c_{H^+} = - \frac{K_c}{2} \underset{(-)}{+} \frac{1}{2} \sqrt{K_c^2 + 4 c_0 K_c} \, . \tag{11}$$

Solange man α als klein gegenüber der Eins im Nenner von Gl. (8) ansehen kann, d. h. bei nicht zu geringer Konzentration des Elektrolyten ($c_0 > 0{,}01$), vereinfachen sich die eben abgeleiteten Beziehungen zu:

$$\alpha^2 c_0 = \frac{c_{H^+}^2}{c_0} = K_c,$$

$$c_{H^+} = \sqrt{c_0 \cdot K_c}. \tag{12}$$

Für eine einmolare Lösung ($c_0 = 1{,}00$) ist demnach die Wasserstoffionenkonzentration gleich der Quadratwurzel aus der Affinitätskonstanten. Damit gewinnen die K_c-Werte eine sehr anschauliche Bedeutung. Während etwa die Angabe, die Ameisensäure habe ein $K_c = 2 \cdot 10^{-4}$, die Essigsäure von $1{,}8 \cdot 10^{-5}$ nur zu leicht als vorstellungsleere Zahl das Gedächtnis belastet, zeigt sich nun, daß eine $n/_1$HCOOH-Lösung $\sqrt{2} \cdot 0{,}01$ normal und eine $n/_1$ Essigsäure $\sqrt{18} \cdot 0{,}001$ normal in bezug auf H^+-Ionen ist, was eine einprägsame, experimentell unmittelbar verwertbare Feststellung bedeutet.

Ähnlich wie der negative dekadische Logarithmus der Wasserstoffionenkonzentration als Wasserstoffionenexponent definiert ist, wird des öfteren in der Literatur der negative Logarithmus der Affinitätskonstanten der Säuren als „Säureexponent" definiert. Man setzt also:

$$- \log K_c \equiv p_{K_c}. \tag{13}$$

Aus Gl. (12) wird dann:

$$- \log c_{H^+} \equiv p_H = \tfrac{1}{2} \left(p_{K_c} - \log c_0 \right). \tag{14}$$

Innerhalb des Gültigkeitsbereiches von Gl. (12) — α klein gegen 1, außerdem muß die Eigendissoziation des Wassers vernachlässigbar sein (vgl. S. 534), was für von vornherein sehr schwache Säuren oder extrem verdünnte Säurelösungen nicht zutrifft — liefert Gl. (14) einen bequemen Weg zur p_H-Ermittlung der dem MWG gehorchenden Säuren und, sobald das „Ionenprodukt des Wassers" als bekannt angesehen wird, auch der entsprechenden Basen.

---

[1] Das umfassendste Nachschlagewerk stellen die nunmehr in 6. Auflage erscheinenden „Physikalisch-Chemischen Tabellen" von LANDOLT-BÖRNSTEIN dar (Berlin, Göttingen und Heidelberg 1950ff.). — Eine kompendiöse (350 Seiten), doch einzigartige Sammlung modernster elektrochemischer Werte gibt CONWAY, B. E.: Electrochemical Data. Amsterdam, London, New York 1952.

Die Umwandlung der Dissoziationskonstanten in Säureexponenten und umgekehrt geschieht am einfachsten mit Hilfe des Nomogramms von Abb. 1 (S. 530).

Beispiel: Bei 25° C beträgt die Dissoziationskonstante der Essigsäure $1,754 \cdot 10^{-5}$; oder in der Schreibweise des Nomogramms: $K_c = a \cdot 10^{-n} = 0,1754 \cdot 10^{-4}$. Dem a-Wert 0,1754 grenzt an der b-Wert 0,756; mithin $p_{K_c} = 4,756$.

Da die Bruttokonzentration c_0 eines Elektrolyten sich in analoger Weise an Hand des Nomogramms in den Ausdruck $-\log c_0$ umformen läßt, können wir die beiden in der Klammer stehenden Ausdrücke von Gl. (14) der Abbildungen entnehmen. Ihre halbe Summe stellt den gesuchten p_H-Wert dar.

Es sei hier noch besonders hervorgehoben, daß der *Temperaturkoeffizient der Säureexponenten* durchschnittlich $+ 0,2^0/_{00}$ beträgt, während der Temperaturkoeffizient des „Neutralpunktes der p_H-Skala" (vgl. Tabelle 7, S. 613) negativ und in seinem Absolutwert rund 15mal so groß ist wie jener $(\approx - 3^0/_{00})$. Das hat zur Folge, daß in sauren Lösungen die p_H-Werte mit steigender Temperatur geringfügig größer werden (positiver Temperaturkoeffizient des Säureexponenten!), hingegen in der Nähe des Neutralpunktes und im alkalischen Bereich (wegen der mit der Temperatur schnell ansteigenden Eigendissoziation des Wassers) erhebliche Erniedrigungen erfahren. Diese p_H-Verschiebung kann im Falle von Warmblütern beim Übergang von Raum- auf Körpertemperatur solche Beträge erreichen, daß ihre Nichtberücksichtigung pathologische Zustände vortäuscht, wo keine vorliegen.

Im stärksten Maße erweisen sich die Affinitätskonstanten vom Lösungsmittel abhängig. Während z. B. der Säureexponent der Essigsäure in wäßrigem Medium (bei 18° C) 4,75 beträgt, wächst er in 50%igem Äthanol auf 5,68 und in 90%igem auf 7,10 an. Der p_H-Wert wird hierdurch, bei konstantem c_0, um 1,2 Einheiten, wie aus Gl. (14) unmittelbar hervorgeht, in Richtung auf den alkalischen Bereich verschoben[1]. Auf die prinzipiellen Schwierigkeiten, die einer Festlegung des p_H-Wertes in Lösungsmittelgemischen vor allem aber in wasserunähnlichem Medium, entgegenstehen, kann freilich hier nicht näher ein gegangen werden. Ein Hinweis auf einige moderne Arbeiten zu diesem Problem mag genügen[2].

δ) *Ionenprodukt des Wassers und Anschluß der Basen an die p_H-Skala.*

In die Betrachtungen der Ionengleichgewichte muß eine theoretisch wie praktisch gleich bedeutsame Erscheinung einbezogen werden, der Vorgang der Eigendissoziation des Wassers. Diese erfolgt nach der Gleichung:

$$H_2O \rightleftharpoons H^+ + OH^-, \qquad (15)$$

wofür kraft des MWG zu gelten hat:

$$\frac{c_{H^+} \cdot c_{OH^-}}{c_{H_2O}} = K_c. \qquad (16)$$

Im Hinblick auf den außerordentlich kleinen Absolutbetrag der Dissoziationskonstanten des Wassers (vgl. u.) macht man sich keiner Unexaktheit schuldig, wenn c_{H_2O} als konstant angesehen und in die Konstante für das Dissoziationsgleichgewicht einbezogen wird. Man erhält so:

$$c_{H^+} \cdot c_{OH^-} = K_w. \qquad (17)$$

Diese neue Konstante führt die anschauliche, auf NERNST zurückgehende Bezeichnung: „Ionenprodukt des Wassers." Sie steht damit in vollkommener Analogie zum Löslichkeitsprodukt eines schwer löslichen Elektrolyten.

---

[1] Weitere Werte für die Dissoziationskonstanten schwacher Säuren in Wasser-Alkoholgemischen s. MICHAELIS, L., u. M. MIZUTANI: Z. physik. Chem. **116**, 135, 350 (1925). Vgl. ferner die S. 552, Fußnote 2, genannte Literatur.

[2] SCHWARZENBACH, G.: Helv. **13**, 878 (1930). — KORTÜM, G.: Elektrolytlösungen. Leipzig 1941. — Z. Elektrochem. **48**, 145 (1942). — STREHLOW, H.: Z. Elektrochem. **56**, 827 (1952). — BATES, R. G.: Chem. Reviews **42**, 1 (1948).

Die Bedeutung des Ionenprodukts des Wassers beruht darauf, daß hierdurch jeder H^+-Ionen- und damit Säurekonzentration eine OH^--Ionenkonzentration zugeordnet wird und umgekehrt. Dies besagt, daß eine Säure sich sowohl durch ihre H^+-Ionen als auch durch ihre OH^--Ionenkonzentration charakterisieren läßt, ebenso wie eine Base durch Angabe von c_{OH}- oder von c_{H^+}-Werten. Voraussetzung ist, daß man den numerischen Wert von K_w bei der betreffenden Temperatur kennt.

Im Wasser, das weder saure noch basische Eigenschaften zeigt, d. h. neutral reagiert, muß offensichtlich

$$c_{H^+} = c_{OH^-} = \sqrt{K_w} \tag{18}$$

sein. Ist es gelungen, auf irgendeine Weise die H^+-Ionenkonzentration in reinem Wasser zu bestimmen, so ist damit gemäß Gl. (17) auch K_w festgelegt.

Die Konzentration der H^+- und OH^--Ionen in reinem Wasser kann man nach verschiedenen Methoden ermitteln. Die zuverlässigsten Werte erhält man aus Leitfähigkeitsmessungen. Da der numerische Wert von c_{H^+} in reinem Wasser die Fundamentalgröße der gesamten p_H-Lehre darstellt, seien die experimentellen Voraussetzungen, die zu diesem Wert führen, kurz erläutert.

Die Leitfähigkeit des von jeder Spur von CO_2 und anderweitigen Verunreinigungen befreiten Wassers wird ausschließlich durch den Elektrizitätstransport von seiten der H^+- und OH^--Ionen hervorgerufen. Für den Fall, daß das Gesetz der unabhängigen Wanderungsgeschwindigkeit der Ionen angewandt werden kann, d. h. bei hinreichender Verdünnung des Elektrolyten, ist die Leitfähigkeit eines Äquivalents der H^+-Ionen gleich 315 cm²/Ω, die der OH^--Ionen 174 cm²/Ω, beide Zahlen gemessen bei 18° C[1].

Ein Mol Wasser in vollständig dissoziierter Form hat mithin die elektrische Leitfähigkeit[2] von $315 + 174 = 489$ cm²/Ω. KOHLRAUSCH und HEYDWEILLER bestimmten die spezifische Leitfähigkeit $\varkappa$ reinsten Wassers zu $3,84 \cdot 10^{-8}$ Ω^{-1} cm^{-1}. Demnach besitzt 1 cm³ H_2O mit dem natürlichen Gehalt an H^+- und OH^--Ionen eine Leitfähigkeit[2], die nur den $\dfrac{3,84 \cdot 10^{-8}}{489} = 0,78_5 \cdot 10^{-10}$ten Teil derjenigen eines Äquivalents H^+- *und* OH^--Ionen ausmacht[3]. Also sind in 1 cm³ H_2O nur $0,78 \cdot 10^{-10}$ Teile eines Äquivalents an H^+- bzw. OH^--Ionen vorhanden und in 1 Liter $0,78 \cdot 10^{-7}$ Äquivalente. Folglich ist in reinem Wasser $c_{H^+} = c_{OH^-} = 0,78 \cdot 10^{-7}$ Äquivalente/Liter, gemessen bei 18° C. Steigert man die Temperatur, so nimmt diese Zahl zu, da der Dissoziationsgrad des Wassers wächst, und zwar annähernd auf das Anderthalbfache für je 10° Temperaturerhöhung[4].

Man könnte geneigt sein, gegen die oben gegebene Ableitung der Ionenkonzentration in reinem Wasser einzuwenden, daß hierbei die spezifische Leitfähigkeit bei einer bestimmten Konzentration (Λ_c) mit der Leitfähigkeit bei unendlicher Verdünnung (Λ_∞) gleichgesetzt und überdies die Änderung des Dissoziationsgrades gemäß des OSTWALDschen Verdünnungsgesetzes außer acht gelassen wurde. Beide Einwände sind an sich berechtigt, im vorliegenden Fall jedoch ohne Belang. Denn einmal ist bei einer Verdünnung von 1 Äquivalent auf 10^7 Liter die gemessene Leitfähigkeit der auf unendliche Verdünnung extrapolierten Leitfähigkeit gleichzusetzen; zum anderen besitzt bei der vorliegenden äußerst geringen Ionenkonzentration des Wassers der Dissoziationsgrad einen Wert ($\alpha_{H_2O} = 1,4 \cdot 10^{-9}$), der im Nenner des OSTWALDschen Verdünnungsgesetzes neben der Zahl 1 keine Rolle spielt. Der nicht dissoziierte Anteil kann infolgedessen als konstant angesehen und die elektrolytische Dissoziationskonstante des Wassers unabhängig vom OSTWALDschen Verdünnungsgesetz ermittelt werden.

Im Verlaufe der 60 Jahre, die seit den Untersuchungen von KOHLRAUSCH und HEYDWEILLER vergangen sind, wurde der Wert für den natürlichen H^+-Ionengehalt des reinen Wassers mehrmals revidiert. Indessen ergaben die Präzisionsbestimmungen von HARNED und ROBINSON[5] im Jahre 1940 einen Wert, der dem aus den klassischen Messungen gefolgerten wieder sehr nahesteht, nämlich $0,760 \cdot 10^{-7}$ Äquivalente/Liter (bei 18° C).

---

[1] Diese Zahlen erhält man als die Wanderungsgeschwindigkeit der einzelnen Ionen im Spannungsgefälle von 1 Volt/cm, multipliziert mit der Ladung eines Äquivalents = 96 500 Coulomb. Sie sind identisch mit den von KOHLRAUSCH gemessenen und als „Ionenbeweglichkeiten" bezeichneten Werten.

[2] Gemessen zwischen ebenen Elektroden in 1 cm Abstand.

[3] Denn es gilt: Äquivalentleitfähigkeit (Λ_c) = spezifische Leitfähigkeit ($\varkappa$)/ Zahl der Äquivalente je cm³ (η). Sind $\varkappa$ und Λ_c gemessen, so ergibt sich hieraus η. (Dimension von $\varkappa = \Omega^{-1}$ cm^{-1}, von $\eta = $ cm^{-3} mithin von $\Lambda_c = \Omega^{-1}$ cm²).

[4] Wegen dieser starken Temperaturabhängigkeit empfiehlt es sich, die jeweilige Bezugstemperatur als Index dem Ionenprodukt des Wassers beizufügen: z. B. $K_w^{25°}$.

[5] HARNED, H. S., and R. A. ROBINSON: Trans. Faraday Soc. **36**, 977 (1940).

Mit der Bestimmung des Zahlenwertes für die Eigendissoziation des Wassers ist die Möglichkeit gewonnen, auch alkalische Lösungen an die eingangs definierte p_H-Skala anzuschließen. Während die in Gl. (1) gegebene Definition: $-\log c_{H^+} \equiv p_H$ weder eine Aussage über den Neutralpunkt der p_H-Skala enthält, noch ein Maß für die Stärke der Basen darstellt, wird diese Lücke mit der Kenntnis des numerischen Wertes des Ionenproduktes des Wassers geschlossen.

Aus:
$$\sqrt{K_w^{18°}} = 0{,}76 \cdot 10^{-7} = 10^{-7{,}12} \tag{19}$$

folgt, daß hier für die angegebene Temperatur der Neutralpunkt der p_H-Skala liegt. Die gleichzeitige Gültigkeit von Gl. (1) und (19) hat weiterhin zur Folge, daß alle Ionengemische mit einem p_H-Wert $< 7{,}12$ sauer, alle mit p_H-Wert $> 7{,}12$ alkalisch sind.

Der Neutralpunkt verschiebt sich entsprechend der Temperaturabhängigkeit der Ionendissoziation erheblich mit der Temperatur. Er liegt für Lösungen von 0° C bei $0{,}34 \cdot 10^{-7}$, für 18° C bei $0{,}76 \cdot 10^{-7}$, für 25° C bei $1{,}00 \cdot 10^{-7}$, für 37° bei $1{,}54 \cdot 10^{-7}$, für 50° C bei $2{,}33 \cdot 10^{-7}$ und für 100° C bei etwa $0{,}77 \cdot 10^{-6}$ Äquivalenten je Liter. Weitere Werte s. Tabelle 7, S. 613.

ε) Hydrolyse.

Unter Hydrolyse versteht man die Aufspaltung eines Salzes durch Wasser in freie Säure und freie Base. Bezeichnet man etwa die Neutralisation einer Säure mit einer Base als die „Hin"-Reaktion, so stellt die Hydrolyse die „Rück"-Reaktion im Sinne der Ausführungen S. 531 dar. Die Hydrolyse ist demnach der zum Neutralisationsprozeß entgegengesetzt verlaufende Vorgang.

Jedes Salz unterliegt als Neutralisationsprodukt aus Säure und Base beim Auflösen in Wasser der Hydrolyse. Das Ergebnis der Hydrolyse erweist sich wegen der Säure-Base-Wechselwirkung von deren Stärke, genauer vom Verhältnis der Stärken der im Salz vereinten Säure und Base abhängig.

Beispiel: Löst man KCN in Wasser, so müssen die H^+-Ionen des Wassers mit den CN^--Ionen des Salzes zu undissoziierten HCN-Molekeln zusammentreten, da die Dissoziationskonstante der Blausäure $7 \cdot 10^{-10}$ (bei 25° C) beträgt. Die K^+- und OH^--Ionen dagegen bleiben frei in Lösung, da KOH eine sehr starke Base darstellt und somit als starker Elektrolyt in praktisch vollständig dissoziierter Form gelöst wird. Man erhält demnach das Ionengleichgewicht:

$$K^+ + CN^- + H_2O \rightleftharpoons HCN + K^+ + OH^-. \tag{20}$$

Die wäßrige Lösung von Kaliumcyanid reagiert deswegen alkalisch und zeigt den Geruch der in Freiheit gesetzten Blausäure.

Man beachte: Wenn das Wasser keine Eigendissoziation zeigen würde, könnte das Anion des gelösten Salzes mangels H^+-Ionen nicht in undissoziierte Säure übergehen. Trotz der Gegenwart von Wasser wäre dann jede Hydrolyse ausgeschlossen. Die Hydrolyse kommt also zustande durch ein Ineinandergreifen des Dissoziationsgleichgewichtes des Wassers und der elektrolytischen Dissoziation der gelösten Substanz.

Löst man umgekehrt das Salz aus einer schwachen Base mit einer starken Säure in Wasser, so reagiert die Lösung infolge der hydrolytischen Spaltung sauer, wie das Beispiel des Eisen(III)-chlorids veranschaulicht:

$$Fe^{+++} + 3 H_2O \rightleftharpoons Fe(OH)_3 + 3 H^+. \tag{21}$$

Die Lösung zeigt die charakteristische rotbraune Farbe des Eisen(III)-hydroxyds, während sie gelb sein müßte, falls alles Eisen in Form von Fe^{+++}-Ionen vorhanden wäre. Dies wird deutlich, wenn man z. B. verdünnte Salpetersäure zu der Eisen(III)-chloridlösung zusetzt. Die Steigerung der H^+-Ionenkonzentration bewirkt gemäß dem MWG ein Zurückdrängen der Hydrolyse; die Farbe der Lösung geht mehr und mehr in Gelb über. — Daß das Eisensalz beim Lösungsvorgang nur zum Teil in Fe^{+++}- und Cl^--Ionen dissoziiert, ist hier ohne Belang.

Gl. (21) beschreibt jedoch den Vorgang der Hydrolyse nicht allgemein, sondern nur für den Grenzfall des hydrolytischen Endzustandes. In Wirklichkeit tritt bei jedem Salz einer mehrwertigen Säure oder Base zunächst *stufenweise Hydrolyse* ein. Auf den Fall der Eisen(III)-chloridlösung angewandt heißt dies, es existieren in der Lösung neben den Fe^{+++}-Ionen und dem $Fe(OH)_3$, als dem Endprodukt der Hydrolyse, die Zwischenstufen $Fe(OH)^{++}$ und $Fe(OH)_2^{+}$.

Eine Probe stark verdünnter Eisen(III)-chloridlösung, mit Kaliumrhodanid versetzt, ergibt die intensiv rote Farbe des Eisen(III)-rhodanids, ein Zeichen dafür, daß die Hydrolyse unvollständig ist und noch Fe^{+++}-Ionen vorhanden sind. Kocht man hingegen die verdünnte, fast farblose Lösung, so wird sie braunstichig und gibt auf Zusatz von KCNS keine Rotfärbung mehr. Alles Eisen(III)-chlorid ist unter Hydrolyse in Chlorwasserstoff und Eisen(III)-hydroxyd übergegangen; das Gleichgewicht wurde beim Aufkochen vollständig auf die rechte Seite von Gl. (21) verschoben [Bildung von kolloidgelöstem $Fe(OH)_3$].

Aus diesen Befunden läßt sich schließen: Je nachdem, ob die Stärke der Säure oder der Base, aus denen das Salz entstanden ist, überwiegt, reagiert die wäßrige Lösung sauer oder alkalisch.

Falls die Stärke der Säure und die der Base zufällig gleich sind, reagiert die wäßrige Lösung trotz starker Hydrolyse neutral, wofür arseniksaures Anilin ein Beispiel darstellt.

Da sich mit dem Eintreten der Hydrolyse die Wasserstoffionenkonzentration ändert, muß die quantitative Formulierung des hydrolytischen Prozesses im p_H-Wert der Lösungen zum Ausdruck kommen. Es sei dies an einem konkreten Fall, einer wäßrigen Natriumacetatlösung, veranschaulicht.

Beispiel: Hydrolyse des CH_3COONa.

Für das Ineinandergreifen des Dissoziationsgleichgewichtes des Wassers und des dem Natriumacetat (NaAc) zugrunde liegenden schwachen Elektrolyten erhält man:

$$c_{H^+} \cdot c_{OH^-} = K_w \,, \tag{17}$$

$$\frac{c_{H^+} \cdot c_{Ac^-}}{c_{HAc}} = K_{HAc} \,. \tag{24}$$

Die gleichzeitige Gültigkeit der beiden Gleichungen verlangt, daß c_{H^+} in (17) und (24) denselben Wert hat. Es ergibt sich somit durch Division:

$$\frac{c_{OH^-} \cdot c_{HAc}}{c_{Ac^-}} = \frac{K_w}{K_{HAc}} \,. \tag{22}$$

Da nun die überwiegende Menge der insgesamt vorhandenen OH^--Ionen erst durch den Hydrolysevorgang in Freiheit gesetzt wird, kann man zumeist mit ausreichender Annäherung $c_{OH^-} = c_{HAc}$ setzen und erhält so:

$$c_{OH^-} = \sqrt{\frac{K_w \cdot c_{Ac^-}}{K_{HAc}}} \,. \tag{23}$$

Ein Zahlenbeispiel zur Anwendung von Gl. (23).

Gegeben sei eine n/1 CH_3COONa-Lösung (d. h. $c_{Ac^-} = 1$). Für diese errechnet sich bei 25° C mit $K_w = 1{,}0 \cdot 10^{-14}$ und $K_{HAc} = 1{,}8 \cdot 10^{-5}$:

$$c_{OH^-} = \sqrt{\frac{1{,}0 \cdot 10^{-14} \cdot 1}{1{,}8 \cdot 10^{-5}}} = \sqrt{5{,}56 \cdot 10^{-10}} = 2{,}36 \cdot 10^{-5} \,,$$

$$c_{H^+} = \frac{1{,}0 \cdot 10^{-14}}{2{,}36 \cdot 10^{-5}} = 4{,}24 \cdot 10^{-10} \,,$$

$$p_H = 9{,}37 \,.$$

Substanzen nach Art der Aminoessigsäure, die gleichzeitig eine saure und eine basische Gruppe enthalten und demzufolge bei der Hydrolyse Ionen mit je einer positiven und einer negativen Ladung — sog. „Zwitterionen" — bilden, nennt man *amphotere Elektrolyte* oder kurz *Ampholyte*. Näheres über diese insonderheit für die physiologische Chemie bedeutungsvolle Erscheinung siehe vor allem BJERRUM, N.: Z. physik. Chem. **104**, 147 (1923); sowie BLADERGROEN, W.: Physikalische Chemie in Medizin und Biologie. 2. Aufl. Basel 1949 und NETTER, H.: Biologische Physikochemie. Potsdam 1951.

ζ) *Puffergemische.*

Um Lösungen mit einer zwar sehr geringen, aber immer noch zum sauren Gebiet zu rechnenden H^+-Ionenkonzentration herzustellen, könnte man daran denken, schwache Säuren immer weiter zu verdünnen. So erhält man z. B. beim Verdünnen von 1 Mol Essigsäure auf 100 000 Liter, wie sich an Hand des OSTWALDschen Verdünnungsgesetzes errechnen läßt (Gl. 11, S. 533), eine H^+-Ionenkonzentration von $0{,}71 \cdot 10^{-5}$. In derart hochverdünnten Lösungen wird jedoch schon durch ganz geringfügige Verunreinigungen (CO_2 aus der Luft, Alkali aus dem Glas des Aufbewahrungsgefäßes) der p_H-Wert erheblich geändert; daraus erhellt, daß auf dem eingeschlagenen Wege das Ziel, Lösungen von definiertem p_H-Wert herzustellen, nicht zu erreichen ist. Lösungen dieser Art lassen sich jedoch als Gemische schwacher Elektrolyte mit ihren Salzen — soweit diese zu den starken Elektrolyten zu zählen sind — herstellen. Derartige Gemische schwacher Säuren oder Basen mit ihren (Alkali-) Salzen nennt man *Puffer*, da sie die Eigentümlichkeit besitzen, auf H^+-Ionenkonzentrationsänderungen hinzielende Einwirkungen weitgehend abzufangen. Pufferlösungen spielen bekanntlich in den meisten physiologischen Systemen eine dominierende Rolle. Die Berechnung der Wasserstoffionenkonzentration von Puffern sei an Beispielen erläutert.

Gegeben das Puffergemisch: Essigsäure + Natriumacetat.

Für die Essigsäure (der Acylrest sei wieder mit Ac^- abgekürzt) liefert das MWG:

$$K_{HAc} = \frac{c_{H^+} \cdot c_{Ac^-}}{c_{HAc}} \quad \text{oder} \quad c_{H^+} = \frac{c_{HAc}}{c_{Ac^-}} \cdot K_{HAc} . \tag{24}$$

Fügt man zu Essigsäure Natriumacetat zu, so wird die Dissoziation des schwachen Elektrolyten auf Grund des MWG zurückgedrängt und damit c_{HAc} gleich der Konzentration der angewandten Essigsäure sein. Zwangsläufig muß dann die Konzentration der Acetationen durch den Gehalt an zugesetztem Natriumacetat bestimmt sein. Wollen wir für dieses Salz in erster Näherung vollständige Dissoziation voraussetzen, so folgt:

$$c_{H^+} = \frac{c_{HAc}}{c_{NaAc}} K_{HAc} , \tag{25}$$

oder unter Berücksichtigung des Dissoziationsgrades α von Natriumacetat

$$c_{H^+} = \frac{c_{HAc}}{\alpha \cdot c_{NaAc}} \cdot K_{HAc} . \tag{25a}$$

Etwas verwickelter wird die Rechnung, wenn auf Grund der Affinitätskonstante die Säure nicht mehr zu den schwachen, sondern zu den mittelstarken Elektrolyten gerechnet werden muß. Beispiel: Weinsäure + Alkalitartrat (analog Citronensäure + Alkalicitrat). Der Dissoziationsgrad eines mittelstarken Elektrolyten kann in der Mischung nicht, wie es noch im Fall der Essigsäure gemäß Gl. (25) und (25a) zulässig ist, vernachlässigt werden. Hierdurch wird die Tartrationenkonzentration im Zähler der Gl. (6) (S. 531) um ein additives Glied, nämlich um die Konzentration der aus der Weinsäure stammenden Tartrationen erhöht, während im Nenner die Konzentration der nichtdissoziierten Säure um die Konzentration der zerfallenden Weinsäuremolekeln vermindert werden muß. Beide Korrekturgrößen sind zahlenmäßig gleich der H^+-Ionenkonzentration der dissoziierten Weinsäure, so daß sich unter Berücksichtigung der unvollständigen Dissoziation von Natriumtartrat ergibt:

$$K_{HTa} = \frac{c_{H^+} \cdot [\alpha c_{NaTa} + c_{H^+}]}{c_{HTa} - c_{H^+}} , \tag{25 b}$$

eine Gleichung, deren Handhabung freilich etwas unbequem ist[1]. Solange keine mittelstarken Elektrolyte beteiligt sind, kann jedoch, wie die Verallgemeinerung von Gl. (25) lehrt, die H^+-Ionenkonzentration eines Puffergemisches mit hinreichender Genauigkeit berechnet werden nach der Formel:

$$[H^+] = \frac{[\text{Säure}]}{[\text{Salz}]} \cdot \text{Affinitätskonstante} . \tag{26}$$

Dabei ist für alkalische Puffergemische an Stelle von [Säure] die Konzentration der Base einzusetzen. Als solche kann auch das sekundäre Salz einer mehrwertigen Säure dienen, falls die zweite Dissoziationskonstante einen genügend kleinen Wert aufweist.

---

[1] Man verwendet hier mit Vorteil das graphische Näherungsverfahren zur Bestimmung des p_H-Wertes von Säure-, Basen-, Ampholyt- und Salzlösungen nach FLOOD, H.: Z. Elektrochem. **46**, 669 (1940).

Setzt man die Lösungen des schwachen Elektrolyten und seines Salzes in gleicher Normalität an (üblich sind n/10 Lösungen), so ergibt, wie aus Gl. (26) abzulesen ist, das Mischungsverhältnis in Kubikzentimetern mit der Affinitätskonstanten multipliziert die Wasserstoffionenkonzentration des Puffers.

Beispiel: Für 10 cm³ n/10 CH_3COOH gemischt mit 2 cm³ n/10 CH_3COONa erhält man:

$$c_{H^+} = \frac{10}{2} \cdot 1{,}8 \cdot 10^{-5} = 9{,}0 \cdot 10^{-5}; \quad p_H = 4{,}05.$$

Wählt man das Mischungsverhältnis 1:1, dann stellt der numerische Wert der Affinitätskonstanten des schwachen Elektrolyten unmittelbar die Wasserstoffionenkonzentration des Puffers dar. Beim Zusammenstellen von Puffergemischen sucht man deshalb zunächst nach einem schwachen Elektrolyten, dessen Affinitätskonstante einigermaßen in der Nähe des gewünschten p_H-Wertes des Puffers liegt. Durch ein entsprechendes Mischungsverhältnis der Komponenten stellt man den p_H-Wert des Puffers sodann genauer ein, vgl. Abb. 37, S. 614.

Durch Änderung des Mischungsverhältnisses der Komponenten hat man es jedoch nur bis zu einem gewissen Grade in der Hand, den p_H-Wert des Puffergemisches zu verschieben. Die Pufferung wird nämlich um so geringer, je weiter man sich vom Mischungsverhältnis 1:1 entfernt. Man sagt, die *„Pufferkapazität"* hat ihr Maximum beim Mischungsverhältnis 1:1 und fällt nach beiden Seiten erst langsam, dann immer schneller ab. Hierbei ist die Pufferkapazität (B) definiert als die Zahl der Äquivalente (Δn) einer starken Säure oder Base, die auf die Volumeneinheit der Pufferlösung (V_P in Litern) zugegeben werden muß, um eine Aciditätsänderung $\Delta p_H = 1$ zu erzielen[1]. Wir schreiben demgemäß (wobei das Δ-Zeichen daran erinnert, daß nur verhältnismäßig kleine Änderungen am vorgelegten System ausgeführt werden sollen):

$$B \equiv \frac{1}{V_P} \cdot \frac{\Delta n}{\Delta p_H}. \tag{27}$$

Die Pufferkapazität läßt sich alsdann an Hand der oben gegebenen Formeln leicht ermitteln[2].

Beispiel: Zu 90 cm³ eines Puffergemisches bestehend aus gleichen Teilen n/10 CH_3COOH + n/10 CH_3COONa werden 10 cm³ n/10 HCl zugegeben. Hierdurch erfahren einerseits die Komponenten des Puffers eine Konzentrationsabnahme auf 9/10 des ursprünglichen Wertes, andererseits setzen die H^+-Ionen der Salzsäure aus dem Natriumacetat Essigsäure in Freiheit, deren Normalität (zufolge der Verdünnung der Salzsäure durch den Mischungsvorgang auf das Zehnfache) 0,01 betragen muß. Die Acetatkonzentration wird also um 0,01 kleiner, die Säurekonzentration um denselben Betrag größer. Mithin gilt gemäß Gl. (26):

$$c_{H^+} = \frac{0{,}090 + 0{,}01}{0{,}090 - 0{,}01} \cdot 1{,}8 \cdot 10^{-5} = 2{,}25 \cdot 10^{-5}.$$

Dies entspricht einem p_H von 4,65; vgl. Abb. 1, S. 530.

Da das ursprüngliche Acetatgemisch ein p_H von 4,75 besaß, vermochten die zugefügten 0,001 Äquivalente HCl eine Aciditätsänderung $\Delta p_H = 0{,}10$ in 0,090 Litern der Pufferlösung hervorzurufen. Um eine Änderung von einem ganzen p_H-Grad je Liter Puffer zu erzielen, sind gemäß Gl. (27) $\frac{0{,}001}{0{,}090 \cdot 0{,}10} = 0{,}11$ Äquivalente HCl nötig. Die Pufferkapazität des Acetatgemisches beträgt also 0,11.

Bei den gebräuchlichen Puffern liegt die Kapazität B etwa zwischen 0,2 und 0,1 und wird bei fehlender Pufferung = 0,0.

Es muß hier noch auf eine für die Praxis sehr wichtige Tatsache aufmerksam gemacht werden. Die oben aufgeführten Formeln gestatten es zwar, das Dissoziationsgleichgewicht mit guter Annäherung zu errechnen, vermögen jedoch nicht eine für alle p_H-Messungen ausreichende Genauigkeit zu liefern. Durch äußerst sorgfältige Messungen, die vor allem mit dem Namen SÖRENSEN, MICHAELIS, CLARK und LUBS verknüpft sind, wurden von einer Reihe von Puffergemischen die p_H-Werte experimentell festgelegt und tabelliert. In der Praxis wird stets auf diese Puffergemische, die den gesamten p_H-Bereich von 1,10 bis 12,90 mit einer maximalen Reproduzierbarkeit von etwa 0,01 p_H-Graden lückenlos (vgl. Abb. 37, S. 614) überdecken, zurückgegriffen. Näheres hierüber findet sich S. 613ff.

---

[1] SLYKE, D. D. VAN: J. biol. Ch. 52, 525 (1922).
[2] Vgl. auch FREISER, H., and R. DESSY: Analyt. chim. Acta, N.Y. 7, 20 (1952).

$\eta)$ Elektromotorische Kräfte galvanischer Ketten.

Chemische Reaktionen, an denen Ionen beteiligt sind, verlaufen stets unter Austausch der elektrischen Ladungen. Im allgemeinen tritt der Ladungsaustausch nach außen hin elektrisch nicht in Erscheinung, da die Elektroneutralitätsbedingung innerhalb der Lösung gewahrt bleiben muß. Trifft man jedoch eine derartige Anordnung, daß sich der Ladungsaustausch an räumlich getrennten Stellen abspielt, so kann die Reaktion nur ablaufen, wenn diese Stellen durch einen Leiter miteinander verbunden sind, der einen Elektrizitätstransport ermöglicht. Eine solche Anordnung nennt man bekanntlich eine galvanische Kette oder auch galvanisches Element.

Beispiel: Das DANIELL-Element, bestehend aus einem Cu-Stab, der in eine $CuSO_4$-Lösung, und einem Zn-Stab, der in eine $ZnSO_4$-Lösung taucht. Die beiden Lösungen sind durch ein poröses Tondiaphragma, das Diffusion der beiden Lösungen ineinander verhindern soll, getrennt. Man symbolisiert eine solche galvanische Kette durch folgende Schreibweise, wobei die Schrägstriche jeweils eine Phasengrenze bedeuten und der verdoppelte Schrägstrich den Ort des Diaphragmas:

$$\oplus \, Cu/CuSO_4 // ZnSO_4/Zn \, \ominus .$$

Im DANIELL-Element spielen sich folgende Einzelvorgänge ab. a) Am Zn-Stab: Metallisches Zn löst sich unter Abgabe von Elektronen auf und bildet Zn^{++}-Ionen. b) An dem Cu-Stab: Cu^{++}-Ionen der Lösung nehmen Elektronen aus dem Metall auf und schlagen sich dabei als metallisches Cu auf der Elektrode nieder. c) In der Lösung wandern als negative Ladungsträger die SO_4^{--}-Ionen in der Richtung des negativen Stromes, die Cu^{++}- und Zn^{++}-Ionen in Richtung des positiven Stromes. Der Cu-Stab ist also der $+$-Pol, der Zn-Stab der $-$-Pol des Elementes.

Wird ein Stromfluß im äußeren Stromkreis verhindert, so findet an den metallischen Elektroden nur eine sehr geringe Ladungsübertragung statt, demzufolge sich in der Phasengrenzfläche ein Potentialgefälle ausbildet, das einen weiteren Ladungsaustausch verhindert. Der entstehende Potentialsprung ist charakteristisch für die Tendenz eines jeden Metalls, Ionen aus der Lösung aufzunehmen oder in die Lösung abzugeben. Davon abgesehen wird die Aufnahme von Ionen aus der Lösung um so leichter stattfinden, je höher die Ionenkonzentration in der Lösung ist. Das Umgekehrte gilt für Abgabe von Ionen in die Lösung. Die Potentialdifferenz in der Phasengrenzfläche kann man sich demnach aus zwei Anteilen zusammengesetzt denken, aus einem für jedes Metall charakteristischen Betrag, dem sog. Normalpotential ε_0, das dem Potentialsprung des Metalls gegenüber der Lösung für eine Ionenkonzentration der Normalität 1 entspricht, und einem der jeweiligen Ionenkonzentration proportionalen Anteil, der gemäß obiger Festlegung des Normalpotentials in Lösungen der Konzentration 1 verschwindet.

Der konzentrationsproportionale Teil des Potentialsprungs kann folgendermaßen errechnet werden: Die elektrische Arbeit, die sich im praktischen Maßsystem als das Produkt aus Volt · Amperesekunden darstellt, ist beim Transport eines Äquivalents n-wertiger Ionen gegen das Spannungsgefälle von E Volt gegeben durch: $n \cdot F \cdot E$, wobei F 96 500 Coulomb, d. h. die Ladung je Äquivalent bedeutet. Diese elektrische Arbeit muß der osmotischen Arbeit, die durch Änderung der Konzentration der Ionen zwischen den Werten c_1 und c_2 hervorgerufen wird, gleich sein. Für die osmotische Arbeit A_{os} gilt, wenn mit T die absolute Temperatur und mit R die Gaskonstante bezeichnet wird, $A_{os} = RT \ln c_1/c_2$. Die elektrische und osmotische Arbeit einander gleichgesetzt ergibt:

$$n F \cdot E = R T \ln \frac{c_1}{c_2} .$$

Mithin:

$$E = \frac{RT}{nF} \ln \frac{c_1}{c_2} , \tag{28}$$

oder, wenn an Stelle des natürlichen Logarithmus der dekadische eingeführt wird:

$$E = 2{,}3026 \cdot \frac{RT}{nF} \cdot \log \frac{c_1}{c_2} . \tag{28a}$$

Damit ist der erstmalig von NERNST quantitativ formulierte Zusammenhang zwischen der Ionenkonzentration und der elektromotorischen Kraft hergestellt, für den Fall, daß die Normalpotentiale der beiden Elektroden in der galvanischen Kette gleich sind und deshalb sich gegenseitig wegheben.

Es erscheint angebracht, bereits hier darauf hinzuweisen, daß die Anwendung von Gl. (28a) sich sehr vereinfacht, wenn die in ihr enthaltenen Konstanten (isothermes Arbeiten vorausgesetzt) zu einer einzigen zusammengezogen werden. Der so definierte Koeffizient sei kurz als der NERNSTsche *Potentialfaktor* bezeichnet und mit dem Symbol E_N belegt, wobei der Buchstabe E daran erinnert, daß eine Potentialgröße ins Auge gefaßt ist, während der Index N auf die Entstehung der Größe zufolge der NERNSTschen Gleichung hinweist. Wir benützen also die Abkürzung:

$$E_N \equiv 2{,}3026 \, \frac{R\,T}{F} \tag{29}$$

und erhalten durch Einsetzen der numerischen Werte bei einer Arbeitstemperatur von $25°$ C mit $R = 8{,}312 \, \frac{\text{Watt} \cdot \text{sec}}{\text{Grad}}$, $F = 96\,500 \, \frac{\text{Coulomb}}{\text{Äquivalent}}$ und $T = 273{,}16 + t°$ C:

$$E_N^{25°} = 0{,}05913_5 \text{ V}.$$

Der NERNSTsche Potentialfaktor ist, wie die Definitionsgleichung (29) zeigt, linear mit der Temperatur veränderlich. Dieser Temperaturabhängigkeit kann in zweifacher Weise Rechnung getragen werden: entweder man rechnet mit der konstanten Größe E_N/T, die gemäß den oben gebrachten Daten einen numerischen Wert von $1{,}9833 \cdot 10^{-4}$ V/Grad besitzt oder aber man arbeitet mit der im Bereich zwischen $10°$ und $50°$ C den höchsten, physikalisch zu rechtfertigenden Genauigkeitsforderungen genügenden Näherungsformel:

$$E_N = 59{,}1 + 0{,}20 \, (t - 25). \tag{29a}$$

Der Fehler der Gl. (29a) gegenüber Gl. (29) bleibt in dem angegebenen Temperaturbereich stets unter $0{,}1$ mV.

Beachte: E_N ist in Gl. (29a) und in sämtlichen Gleichungen des Formelanhangs (S. 610f.) in Millivolt angegeben, um ein Mitschleppen negativer Exponenten oder einer unnötig großen Anzahl von Nullen zu vermeiden.

Wir wollen die einschränkende Forderung, daß die Normalpotentiale der beiden Elektroden in der galvanischen Kette einander gleich sein sollen, nun fallen lassen.

Bestehen die beiden Elektroden aus verschiedenem Material, so kompensieren sich die Normalpotentiale $\varepsilon_{\mathrm{I}_0}$ und $\varepsilon_{\mathrm{II}_0}$ nicht und es gilt für die EMK einer solchen Kette:

$$E = \varepsilon_{\mathrm{I}_0} - \varepsilon_{\mathrm{II}_0} + \frac{R\,T}{n\,F} \cdot \ln c_1 - \frac{R\,T}{n\,F} \cdot \ln c_2. \tag{30}$$

Diese Beziehung stellt die allgemeine Formulierung der NERNSTschen Gleichung dar. Sie erschließt den Weg, aus Messungen der elektromotorischen Kraft den Konzentrationsunterschied der Ionen in den beiden Halbelementen einer galvanischen Kette zu bestimmen. Stellt man je eine Lösung unbekannter und bekannter Wasserstoffionenkonzentration in geeigneter Weise zu einer galvanischen Kette zusammen, so läßt sich die Potentialmessung mit Hilfe der Gleichung zu einer p_H-Messung ausgestalten. Wie dies im einzelnen zu geschehen hat, wird eingehend im folgenden abgehandelt werden.

Zuvor muß noch eine freilich recht leidige Einschränkung der Gültigkeit des p_H-Begriffes diskutiert werden, die das abgerundete Bild, das auf den vorangehenden Seiten gezeichnet werden konnte, in ein merkwürdiges Zwielicht rückt. Das Merkwürdige der Situation, vor die wir gestellt werden, kennzeichnet vielleicht am treffendsten die Feststellung von DOLES[1]: "We do not know, what we measure, when we measure p_H, but we do know, that it is very important".

Wir wollen uns fragen: Weiß man denn wirklich nicht, was man mißt, wenn man p_H-Messungen macht?

---

[1] DOLES, M.: Amer. Dyestuff Rep. **30**, 231 (1941).

ϑ) Der konventionelle Charakter der p_H-Skala.

Im Anschluß an die Arbeit "Outlines of a New System of Thermodynamic Chemistry" von Lewis[1] ist es üblich geworden, neben den bis dahin gebräuchlichen Konzentrationsmaßen noch eine weitere Maßeinheit zu definieren, die Ionenaktivität oder kurz *Aktivität*.

Unter Aktivität versteht der Elektrochemiker[2] die aktive Volumenkonzentration der Ionen, wobei durch den Zusatz „aktiv" ausgedrückt werden soll, daß nicht die Zahl der vorhandenen Ionen in der Volumeneinheit registriert wird, sondern die Zahl der wirksamen, der aktiven Ionen, so als ob jedes gezählte Ion seine volle, durch kein Nachbarion eingeschränkte Wirksamkeit besäße.

Hierin steckt ein gewisser Formalismus, insofern als in Wirklichkeit alle vorhandenen Ionen auch wirksam sind, freilich wegen der wechselseitigen Beeinflussung nicht voll, sondern nur in einem beschränkten Maße. Wir dürfen also, um die aktive Volumenkonzentration der Ionen zu ermitteln, nicht die Zahl der Ionen in der Volumeneinheit abzählen, sondern müssen ihre Anzahl gewissermaßen „abwiegen" entsprechend der Tatsache, daß jedes einzelne Ion in einer konz. Lösung weniger wirksam ist und demzufolge statistisch weniger „wiegt" als wenn es für sich allein stünde.

Man erkennt, daß diese Darstellung zu denselben Zahlenwerten führt wie der oben gegebene Formalismus, d. h. die Zahl der aktiven Ionen ist identisch mit der Zahl der entsprechend ihrer Wirksamkeit „abgewogenen" Ionen. In Ergänzung des Aktivitätsbegriffes ist es weiterhin üblich geworden, das Verhältnis aus der Zahl der aktiven Ionen (a_i) zur Anzahl der tatsächlich vorhandenen Ionen (c_i) oder was mit dem gleichwertig ist, das *Gewicht* des einzelnen Ions entsprechend seiner Wirksamkeit und damit seiner Aktivität als den **Aktivitätskoeffizienten** (f_a) zu definieren. Daraus folgt unmittelbar die für die moderne Elektrolyttheorie grundlegende Beziehung:

$$a_i = f_a \cdot c_i. \tag{31}$$

Die Problematik der p_H-Messung tritt an dieser Gleichung ebenfalls in Erscheinung. Wenn wir etwa an Hand der Nernstschen Gleichung aus dem gemessenen Potential Ionenkonzentrationen ausrechnen wollen, erhalten wir nicht die Zahl der tatsächlich vorhandenen Ionen, sondern die der wirksamen Ionen je Volumeneinheit, d. h. die Aktivität. Strenggenommen ist daher in der Nernstschen Formel und in allen entsprechenden Gleichungen an die Stelle von c ein a zu setzen; also auch in der Definitionsgleichung des p_H-Begriffes. Die klassische Formulierung nach Sörensen gemäß Gl. (1a) geht damit über in die exaktere Fassung mit Hilfe der Ionenaktivitäten; wie wir sie in Gl. (1b) bereits andeutungsweise vorweggenommen haben.

Durch Einführen des Aktivitätskoeffizienten läßt sich die Definitionsgleichung präzisieren und erweitern zu:

$$p_H \equiv - \log a_{H^+} = - \log (f_a)_{H^+} \cdot c_{H^+}. \tag{32}$$

Doch ist hiermit nicht allzuviel gewonnen, da der sog. individuelle Aktivitätskoeffizient $(f_a)_{H^+}$ des Hydroxoniumions experimentell nur in ganz bestimmten Fällen, im Konzentrationsbereich der Gültigkeit des Debye-Hückelschen Grenzgesetzes, zugänglich ist. Dagegen kann der *mittlere* Aktivitätskoeffizient $(f_a)_{\pm}$ einer Säure sowohl wie einer Base rechnerisch oder experimentell ermittelt werden, so daß auch die Möglichkeit besteht, den p_H-Wert gemäß der Gleichung festzulegen:

$$p_H \equiv - \log (f_a)_{\pm} \cdot c_{H^+}. \tag{33}$$

---

[1] Lewis, G. N.: Proc. amer. Acad. Arts Sci. **43**, 257 (1907). Deutsch in Z. physik. Chem. **61**, 129 (1908).

[2] In der Thermodynamik wird im Gegensatz hierzu unter „Aktivität" der *Molenbruch* verstanden, den man an die Stelle des wahren Molenbruches zu setzen hat, um wenigstens formal die zunächst für ideale Verhältnisse aufgestellten Gleichungen auch in realen Systemen beibehalten zu können.

So bestechend diese thermodynamisch exakte Definition sein mag, so scheitert man bei der praktischen Anwendung oft daran, daß der Wert des mittleren Aktivitätskoeffizienten nicht allein von Zahl und Art der durch Dissoziation aus der untersuchten Säure oder Base hervorgegangenen Ionen abhängig ist, sondern von der gesamten ionalen Konzentration, d. h. aller auch aus etwa vorhandenen Salzen stammenden Ionen. Hierüber sind ebenfalls nur innerhalb genügend verdünnter Lösungen nach dem DEBYE-HÜCKELschen Grenzgesetz exakte Aussagen möglich. Die oben zitierte Feststellung von DOLES: "We do not know what we measure, when we measure p_H" haben wir demnach so aufzufassen, daß wir durch die p_H-Messung zwar die Zahl der Ionen nach ihrer Wirksamkeit abzuwägen, aber nicht die Zahl der tatsächlich vorhandenen Wasserstoffionen hieraus zu errechnen in der Lage sind, von einigen günstig gelegenen Sonderfällen abgesehen.

Unter diesen Umständen erscheint es zweckmäßig, zumindest solange eine universell verwendbare thermodynamisch exakte Definition des p_H-Begriffes nicht vorhanden ist, eine konventionelle p_H-Skala zu definieren, die auf eine bestimmte, einheitliche Meßmethode aufgebaut, reproduzierbare Meßwerte liefert, so daß die Daten verschiedener Beobachter zuverlässig miteinander vergleichbar sind. Als solche konventionelle p_H-Skala wird von den meisten Autoren die bisher gebräuchliche p_H-Skala nach SÖRENSEN beibehalten. Dies kann um so eher geschehen, als die Unterschiede zwischen diesem konventionellen p_H-Wert und dem wahren p_H in den Fällen, in denen dieses exakt angegeben werden kann, verhältnismäßig geringfügig sind.

Tabelle 1. *H-Ionenkonzentration, konventionelle und wahre p_H-Werte wäßriger HCl-Lösungen bei 18° C.*

c_0 Mol/Liter	α $\left(= \dfrac{\Lambda_c}{\Lambda_\infty}\right)$	c_{H+} $(= \alpha \cdot c_0)$	p_H konventionell	p_H wahr
1	0,80	0,80	0,100	0,00
0,1	0,84	$0,84 \cdot 10^{-1}$	1,076	1,00
0,01	0,95	$0,95 \cdot 10^{-2}$	2,022	2,00
0,001	0,87	$0,97 \cdot 10^{-3}$	3,013	3,00
0,0001	0,98	$0,98 \cdot 10^{-4}$	4,009	4,00

Ermittelt man beispielsweise[1] in einer wäßrigen HCl-Lösung durch Leitfähigkeitsmessungen den Dissoziationsgrad α, wie er nach der klassischen Dissoziationstheorie durch die Beziehung $\Lambda_c = \alpha \Lambda_\infty$ postuliert wird und errechnet hieraus die c_{H+}-Werte und die zugehörigen konventionellen p_H-Werte[2], so erhält man die in der Tabelle 1 zusammengestellten Daten. Diesen sind in Spalte 5 die wahren p_H-Werte gegenübergestellt, die sich aus der Bruttokonzentration der vorgelegten Salzsäure unmittelbar ergeben, da HCl zu den wenigen Elektrolyten gehört, die in wäßriger Lösung vollständig dissoziiert sind.

Man ersieht, daß die Differenz zwischen konventionellem und wahrem p_H (außer im Falle der $n/_1$ HCl) nur einige Einheiten der zweiten Dezimale ausmacht, so daß sie für den Praktiker zumeist zu vernachlässigen ist, während ihre Größe den Wissenschaftler zwingt, durch exakte Festlegung der Versuchsbedingung das Angeben einer zweiten Dezimale nicht als vorgespiegelte Genauigkeit erscheinen zu lassen.

b) Galvanische Ketten mit p_H-Indicatoreigenschaften.

Zur Messung des p_H-Wertes kann man im Prinzip jede Eigenschaft eines Systems heranziehen, die einen eindeutigen Gang mit der Volumenkonzentration der Wasserstoffionen aufweist. In der Tat sind eine Reihe verschiedenartiger Methoden zur p_H-Bestimmung ausgearbeitet worden, von denen freilich die meisten, wie etwa die Messung der elektrischen Leitfähigkeit oder der Inversionsgeschwindigkeit des Rohrzuckers, nur einer auf ganz bestimmte Fälle beschränkten Anwendung zugänglich sind. Universell brauchbare Methoden zur p_H-Bestimmung kennt man zwei, die elektrometrische und die colorimetrische, von denen jene auf der Messung der elektromotorischen Kraft geeignet

---

[1] KORTÜM, G.: Z. Elektrochem. **48**, 145 (1942).
[2] Etwa mit Hilfe des Nomogramms in Abb. 1, S. 530.

zusammengestellter galvanischer Ketten, diese auf dem quantitativen Vergleich der Farbtönungen von Lösungen, die mit entsprechenden Indicatorsubstanzen versetzt wurden, beruht.

Der Vorteil der colorimetrischen p_H-Bestimmung liegt vor allem in der Einfachheit des Verfahrens. Dennoch ist die Anwendungstechnik der Farbindicatoren bei p_H-Messungen erst erheblich später entwickelt worden als die theoretisch und praktisch viel kompliziertere elektrometrische Methodik. Das hat seinen Grund nicht zuletzt darin, daß trotz aller Vervollkommnung der colorimetrischen Methodik die elektrometrische stets das Standardverfahren darstellt, an dem die Richtigkeit der Messung mit Farbindicatoren überprüft und ihre Anwendbarkeit für diesen oder jenen Zweck erhärtet werden muß. In Anbetracht der mannigfaltigen Bedenken grundsätzlicher Art, die gegen die colorimetrische p_H-Bestimmung erhoben werden können (vgl. hierzu die eingehende Diskussion von PFEIFFER[1]), erweisen sich solche Kontrollen als unerläßlich. Ganz allgemein kann festgestellt werden: Während mit der colorimetrischen Methode eine Genauigkeit größer als 0,1 p_H-Einheiten nur schwierig zu erreichen ist, kommt man mit dem elektrometrischen Verfahren um eine, manchmal sogar 2 Zehnerpotenzen weiter.

Andererseits darf man nicht aus dem Auge verlieren, daß es auch Fälle gibt, in denen die colorimetrische Methode der elektrometrischen überlegen ist. Das trifft zu für p_H-Studien an Wässern aller Art und ähnlich farblosen, einfach zusammengesetzten Lösungen, soweit diese elektrolytarm und schlecht gepuffert sind. In nichtwäßrigen Solventien lassen sich Aciditätsvergleiche oft nur mittels Farbindicatoren ausführen[2].

Im Hinblick auf die Darstellung, die die colorimetrischen Methoden auf S. 617—628 gefunden haben, sei im folgenden ausschließlich auf die Standardmethode, d. h. das elektrometrische Verfahren, eingegangen.

Voraussetzung jeder elektrometrischen Bestimmung der Volumenkonzentration der Wasserstoffionen ist es, eine Elektrode zur Verfügung zu haben, deren Potentialbildung eine *eindeutige* Funktion des p_H-Wertes des jeweils vorgegebenen Systems darstellt. Elektroden mit einer gewissen p_H-Empfindlichkeit gibt es gar nicht so wenig; aber die zweite Bedingung, eine Potentialausbildung als eindeutige Funktion des p_H-Wertes eines beliebig vorgegebenen Systems, erweist sich strenggenommen als unerfüllbar. Nur unter ganz bestimmten Voraussetzungen, in ganz bestimmten Systemen, zeigt diese oder jene Elektrode eindeutige p_H-Indicatorfunktion.

Bekanntlich ist das Potential einer einzelnen Elektrode nicht meßbar, da grundsätzlich, wie in der Elektrizitätslehre gezeigt wird, nicht Einzelpotentiale, sondern immer nur Potentialdifferenzen erfaßbar sind. Dementsprechend genügt es zur Bestimmung der Wasserstoffionenkonzentration nicht, eine Elektrode mit eindeutiger p_H-Indicatorfunktion für ein vorgegebenes System gefunden zu haben; nicht minder wichtig ist es, eine weitere Elektrode zur Verfügung zu haben, die einen — zumindest in bestimmten Grenzen — konstanten p_H-Wert besitzt, so daß Potentialänderungen an jener, der sog. Meßelektrode, durch Bestimmung der Spannungsdifferenz gegenüber dieser, der sog. Bezugselektrode, festgelegt werden können.

Doch damit nicht genug. Wollte man, um den Stromkreis zu schließen, das Elektrolytsystem, in das die Meßelektrode taucht, mit dem Elektrolytsystem der Bezugselektrode durch einen metallischen Leiter verbinden, so würden an der Berührungsstelle zwischen diesem Leiter und dem Elektrolyten mehr oder weniger schlecht definierte Potentialsprünge auftreten und der Wert der getroffenen Meßanordnung dadurch hinfällig gemacht. Es erweist sich infolgedessen als notwendig, die beiden Elektrolytsysteme der Meßelektrode und der Bezugselektrode durch Zwischenschaltung eines 3. Elektrolytsystems, der sog. Elektrolytbrücke, aneinander anzuschließen, dessen einwandfreies Arbeiten wieder an ganz bestimmte meßtechnische Voraussetzungen geknüpft ist.

---

[1] PFEIFFER, A.: Protoplasma, Berlin 1, 434 (1927).

[2] Vgl. STREHLOW, H.: Z. Elektrochem. 56, 827 (1952). Hinsichtlich der Schwierigkeiten bei der Definition des p_H-Begriffes gegenüber nichtwäßrigem Medium siehe vor allem: BATES, R. G.: Chem. Reviews 42, 1 (1948) sowie RICCI, J. E.: Hydrogen Ion Concentration. Princeton N.J. 1952.

Mit dieser kurzen Vorschau ist bereits eine Gliederung der folgenden Ausführungen gewonnen, in denen zunächst die Meßelektroden, dann die Bezugselektroden und schließlich die Elektrolytbrücken behandelt werden sollen.

α) Meßelektroden.

Nach der Fixierung der beiden Grundforderungen, denen eine als p_H-Indicator geeignete Elektrode zu genügen hat, gilt es nunmehr einen ersten Überblick über die Systeme zu gewinnen, mit denen sich die gestellten Forderungen wenigstens in etwa verwirklichen lassen. Im Anschluß daran erweist sich eine eingehende Darstellung der mannigfaltigen Eigentümlichkeiten der drei wichtigsten, zur Verfügung stehenden Meßelektrodensysteme als unerläßlich.

Vergegenwärtigt man sich, was über die elektromotorische Kraft galvanischer Ketten ausgeführt wurde, so liegt es nahe anzunehmen, daß analog der Potentialbildung an einem Metall, das in die Lösung eines seiner Salze taucht, ein wohldefinierter Potentialsprung auftreten wird, wenn Wasserstoffionen mit atomarem Wasserstoff ins Gleichgewicht treten. Dabei wird, — kann man weiterhin schließen — in Übereinstimmung mit dem Potentialsprung an der Metallelektrode, die gegenüber dem atomaren Wasserstoff sich ausbildende Potentialdifferenz ein Maß für die Konzentration der in der Lösung enthaltenen Wasserstoffionen sein. Eine Vorrichtung, die nach diesem Prinzip arbeitet, läßt sich in der Tat verwirklichen; es ist die sog. *Wasserstoffelektrode.*

Wie weiter unten eingehend begründet wird, gilt die NERNSTsche Formel in vollem Umfang auch für die Wasserstoffelektrode, wenn man für c_1 und c_2 die Konzentration des atomaren bzw. ionogenen Wasserstoffes einsetzt. Das Elektrodenpotential stellt demzufolge hier eine eindeutige Funktion der Wasserstoffionenkonzentration dar und zwar erhält man, wenn die Konzentration des Wasserstoffes im logarithmischen Maßstab, d. h. in p_H-Einheiten angegeben wird, eine über den Gültigkeitsbereich der NERNSTschen Formel sich erstreckende lineare Beziehung zwischen dem Elektrodenpotential und der Ionenkonzentration.

Dieser bei der Wasserstoffelektrode streng erfüllten Linearität folgen andere Elektroden teils mehr, teils weniger gut. Sie entsprechen ihr meist nur innerhalb bestimmter p_H-Bereiche und pflegen außerhalb von diesen erhebliche Änderungen im Neigungswinkel der p_H-Potentialfunktion aufzuweisen.

Um zu exakten Angaben über die Brauchbarkeit einer Elektrode als p_H-Indicator zu gelangen, ist es deshalb zweckmäßig, experimentell die Abhängigkeit des Elektrodenpotentials vom p_H festzulegen. Den hierbei erhaltenen Kurvenzug wollen wir in Analogie zur Kennlinie einer Elektronenröhre als „Kennlinie der Elektrode" bezeichnen. Ähnlich wie sich die Kennlinien von Elektronenröhren mit der Heizung, der Anodenspannung usw. verändern, werden sich die Kennlinien der Elektroden mit der Temperatur und vor allem mit der chemischen Zusammensetzung des Elektrodenmaterials ändern müssen.

Es mag an dieser Stelle der Einwurf gemacht werden, wie es möglich sei, das Elektrodenpotential in Abhängigkeit vom p_H-Wert aufzutragen, da doch grundsätzlich nicht Einzelpotentiale, sondern nur Potentialdifferenzen der Messung zugänglich sind.

Diese zweifelsohne vorhandene Lücke schließt man nach einem Vorschlage NERNSTs durch eine internationale Vereinbarung, derzufolge willkürlich das Potential einer Wasserstoffelektrode in einer Lösung vom $p_H = 0$ (unter einem Wasserstoffdruck von 1 Atmosphäre) als Null definiert wird. Potentialdifferenzen irgendwelcher Elektroden gegenüber dieser Nullelektrode werden als **Praktische Einzelpotentiale** bezeichnet **oder** wohl besser, zumal wenn es sich um die konstanten Potentiale einer Bezugselektrode handelt, als **Pegelpotentiale.** Hierdurch kommt deutlich zum Ausdruck, daß die Potentiale auf einen Nullpegel, eben den Potentialwert der Normal-Wasserstoffelektrode, bezogen sind, was der etwas farblosen Bezeichnung „Einzelpotential" kaum anzusehen ist.

Mit der Fixierung eines Nullpegels der Potentialwerte ist man nun imstande, die Einzelpotentiale der Elektroden in p_H-Abhängigkeit durch Messung festzulegen und damit

die relative Lage der Kennlinien verschiedener Elektroden gegeneinander mit absoluten
Maßzahlen zu versehen. Man gelangt auf diese Weise für die wichtigsten Meßelektroden,
die Wasserstoff-, Chinhydron-, Antimon- und Glaselektrode, zu einer graphischen Darstellung der charakteristischen Eigenschaften, wie sie in Abb. 2 wiedergegeben ist.

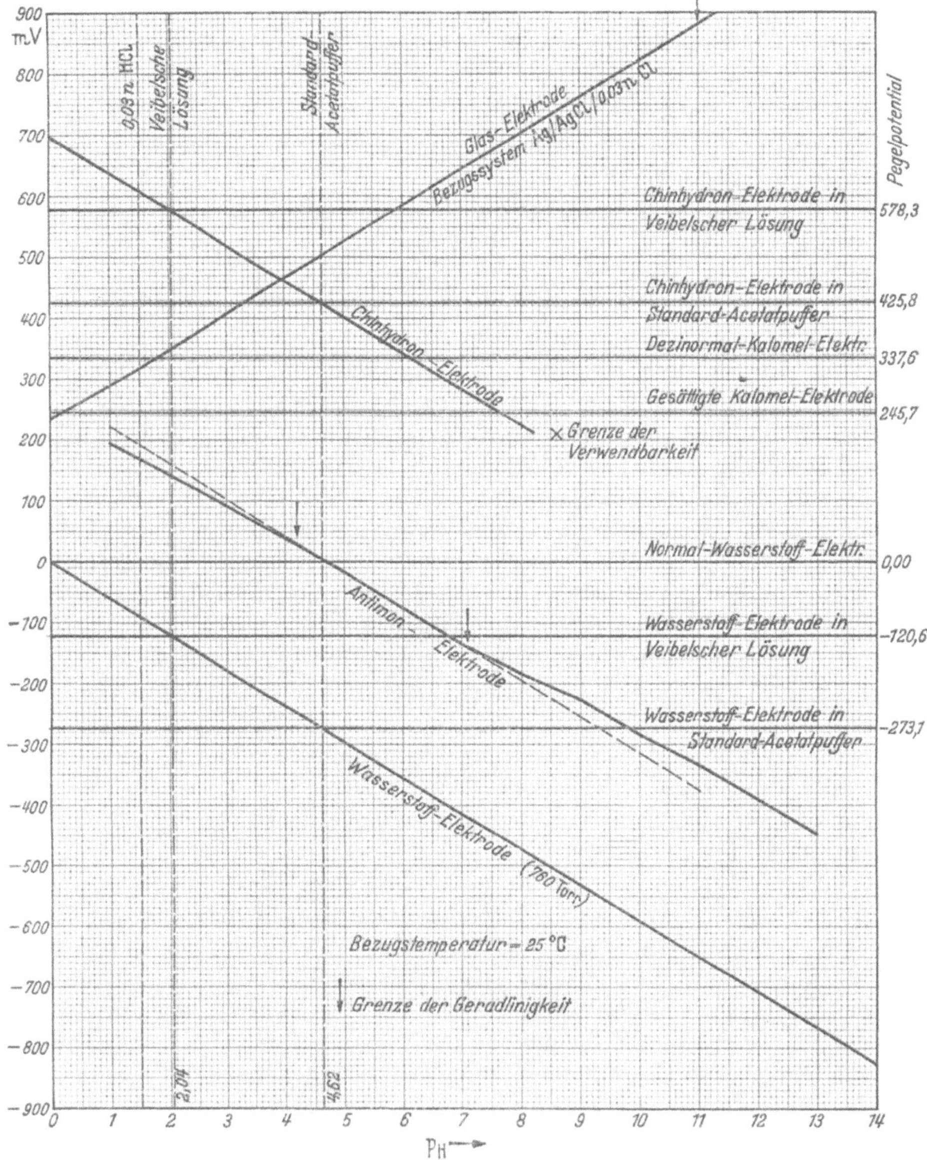

Abb. 2. Kennlinien der wichtigsten Meßelektroden sowie Pegelpotentiale der gebräuchlichen Bezugselektroden.

In diese Abbildung sind gleichzeitig die Pegelpotentiale der in der p_H-Meßtechnik
gebräuchlichen Bezugselektroden eingetragen. Dem Diagramm lassen sich weiterhin die
Brauchbarkeitsgrenzen der einzelnen Elektrodenarten entnehmen, sowie die Beziehungen,
die zur Auswertung der potentiometrischen Messungen dienen. Diesbezügliche Einzelheiten können freilich erst nach Besprechung der einzelnen Meßelektroden erläutert
werden.

Hier nur noch eine Begründung, weshalb im folgenden auf die Antimonelektrode nicht
ausführlich eingegangen wird. Die Potentialbildung der Antimonelektrode stellt nicht
ausschließlich oder auch nur überwiegend eine Funktion der Wasserstoffionenkonzentra-

tion dar, sondern wird durch eine ganze Reihe verschiedener Faktoren geregelt. Die Antimonelektrode muß demzufolge als charakteristische Mischelektrode angesprochen werden.

Die 3 wichtigsten potentialbestimmenden Faktoren dieses Elektrodentyps sind die folgenden:

1. Das Verhalten der Antimonelektrode als einer Elektrode II. Art zufolge des an ihrer Oberfläche sich bildenden Antimonoxyds.

Ähnlich wie bei einer anderen Elektrode II. Art (d. h. bei einem Metall, das umgeben ist von einem seiner Salze mit geringer Löslichkeit und einer Elektrolytlösung mit dem gleichen Anion wie das schwerlösliche Salz[1]) durch die Konzentration des Anions das Elektrodenpotential bestimmt wird, so wird bei der Antimonelektrode über das sich stets bildende Oxyd und die daraus entstehenden Hydrolyseprodukte die Potentialbildung im wesentlichen durch die Konzentration der OH-Ionen geprägt. In dieser Hinsicht zeigt also die Antimonelektrode p_H-Indicatoreigenschaften.

2. Das Verhalten der Antimonelektrode als einer Sauerstoffelektrode.

Analog einer Edelmetallelektrode, die in einer wasserstoffhaltigen Lösung als Wasserstoffelektrode, in einer sauerstoffhaltigen als Sauerstoffelektrode wirkt, verhält sich die Antimonelektrode in einer lufthaltigen Lösung (andere kommen hier praktisch kaum in Frage) in grober Näherung wie eine Sauerstoffelektrode. Das Potential wird positiver mit wachsender Sauerstoffkonzentration.

3. Die Reaktionsfähigkeit des entstandenen Antimonoxyds mit dem Wasser und dem gelösten Sauerstoff.

Die aus dem Antimonoxyd entstehenden Hydrolyseprodukte diffundieren je nach Versuchsbedingung aus der elektromotorisch wirkenden Phasengrenzschicht mehr oder weniger schnell fort, oder werden umgekehrt durch langsame Umsetzung mit den OH-Ionen zur Ausfällung oder zum Niederschlagen auf der Antimonelektrode gebracht; beides sind Vorgänge, die eine irreversible Potentialbildung verursachen.

Diese Abhängigkeit der Antimonelektrode von derart uneinheitlichen Faktoren hat zur Folge, daß die Potentialbildung nur in groben Zügen der Wasserstoffionenkonzentration der vorgelegten Lösung parallel geht. Die Meßgenauigkeit der Antimonelektrode erreicht im allgemeinen 0,2 bis höchstens 0,1 p_H-Einheiten und ist damit für die meisten physiologischen Untersuchungen nicht hinreichend[2].

Die bekannte Haemoven-Antimonelektrode, mit der VON BREHMER[3] die geringfügigen p_H-Schwankungen im strömenden Blut messen will, unterliegt denselben meßtechnischen Einschränkungen, weshalb ein näheres Eingehen auf diese Elektrodenvariante wissenschaftlich nicht zu rechtfertigen ist.

1. Die Wasserstoffelektrode.

Wissenschaftliche Grundlagen. *Potentialbildung des Wasserstoffs an Edelmetallen.* Wasserstoff wird von Metallen, wie man auf Grund von Messungen des Verteilungs- und Adsorptionsgleichgewichtes schon lange weiß, überwiegend in einatomiger Form gelöst. Je nach den individuellen Eigentümlichkeiten des den Wasserstoff aufnehmenden Metalls besteht ein anderes von Druck und Temperatur abhängiges Verhältnis zwischen freiem und adsorbiertem molekularem Wasserstoff, sowie zwischen molekular und atomar gelöstem Wasserstoff. Es stellen sich also die beiden Gleichgewichte ein:

$$\text{I.} \quad \text{H}_{2\,\text{frei}} \rightleftharpoons \text{H}_{2\,\text{adsorb.}} \quad [\text{Desorption} \leftrightarrow \text{Adsorption}], \qquad (34)$$

$$\text{II.} \quad \text{H}_{2\,\text{adsorb.}} \rightleftharpoons 2\,\text{H}_{\text{adsorb.}} \quad [\text{Rekombination} \leftrightarrow \text{Dissoziation}]. \qquad (35)$$

Daß der „freie" Wasserstoff ebenfalls wieder in 2 verschiedenen Zuständen vorliegen kann, nämlich als H_2 in der Gasphase oder als H_2 im Lösungsmittel gelöst, ist für die folgenden Überlegungen ohne Bedeutung. Dagegen ist von größter Wichtigkeit, daß noch

---

[1] Näheres über Elektroden II. Art siehe unter „Bezugselektroden" (S. 590).

[2] Die in der Abb. 2 wiedergegebene Kennlinie einer Antimonelektrode zeigt nur den generellen Potentialverlauf. Individuelle Eigentümlichkeiten unterscheiden die Kennlinien der einzelnen Sb-Elektroden voneinander und müssen durch Eichung festgelegt werden.

[3] BREHMER, W. v.: Syphonospora polymorpha. Haag/Amper (1945). —Vgl. hierzu auch ZUCKER, D., u. B. CAPALDI: Radiol. Rdsch. **6**, 44 (1938) sowie DRUCKREY, H.: Kli. Wo. **1934 II**, 1027.

eine dritte Gleichgewichtsreaktion besteht, die dem Übergang von ionogenem zu atomarem Wasserstoff und umgekehrt entspricht. Unter Benützung des gebräuchlichen Symbols e_0 für ein Elektron lautet diese Beziehung:

$$\text{III.} \quad H^+ + e_0 \rightleftharpoons H \; [\text{Ionisation} \leftrightarrow \text{Neutralisation}]. \tag{36}$$

Da die Entladung des gelösten Wasserstoffions bzw. des Hydroxoniumions H_3O^+ an der Grenzfläche zwischen Elektrode und Elektrolyt erfolgt und nicht im Inneren des Metalls, müssen mit der Reaktion III zwei weitere Reaktionen gekoppelt sein, die sich als die Vorläuferreaktion (IIIa) und die Folgereaktion (IIIb) zur Grundreaktion (III) in der Form darstellen lassen:

$$\text{IIIa.} \quad H_3O^+ \rightleftharpoons H^+ + H_2O \; [\text{Hydratation} \leftrightarrow \text{Dehydratation}], \tag{36a}$$

$$\text{IIIb.} \quad H_{\text{frei}} \rightleftharpoons H_{\text{adsorb.}} \; [\text{Desorption} \leftrightarrow \text{Adsorption}]. \tag{36b}$$

Nun sind aber freie Protonen (IIIa) wegen ihrer Reaktionsfähigkeit in flüssiger Phase ebensowenig beständig wie freie H-Atome (III), sondern stehen stets entweder unter der Einwirkung der Anziehungskräfte der H_2O-Molekeln oder der Elektrodenoberfläche. Wir können deshalb die 3 Teilvorgänge immer als ein zusammengehöriges Ganzes betrachten. Mit Rücksicht darauf, daß ein Übergang von elektrolytischer (ionogener) in metallische (elektronische) Leitfähigkeit nur in der Formel III zum Ausdruck kommt (aus dem neutralen H-Atom entsteht ein Ion und ein Elektron), muß hier der an der Elektrodengrenzfläche sich abspielende potentialbestimmende Vorgang liegen. In der Tat sind, wie Formel III erkennen läßt, die Verhältnisse völlig analog zum potentialbestimmenden Vorgang an einer Metallelektrode, wie wir ihn schon beim Daniell-Element kennen lernten.

Der im Metall atomar gelöste Wasserstoff verhält sich gegenüber den Wasserstoffionen in Lösung wie eine Elektrode aus „metallischem" Wasserstoff, weshalb man eine solche Anordnung kurz als Wasserstoffelektrode bezeichnet. Die doppelte Bedeutung des als Wasserstoffträger fungierenden Metalls wird aus dem Gesagten ebenfalls deutlich. Einmal besorgt dieses den notwendigen Übergang des molekularen Wasserstoffes in atomare Form gemäß Gl. I und II, zum zweiten verleiht es der Wasserstoffelektrode metallische Leitfähigkeit. Freie Elektronen könnten in einer nur aus Wasserstoff bestehenden Elektrode nicht existieren, so daß damit die störungsfreie Übertragung des an der Phasengrenzfläche gebildeten Potentialsprungs auf ein Spannungsmeßgerät ausgeschlossen wäre. Der Notwendigkeit, einen Übergang von elektrolytischer in metallische Leitfähigkeit vollziehen zu müssen, begegnet man unter ganz ähnlichen Voraussetzungen, vielleicht noch prägnanter, im Falle der Glaselektrode.

Eine meßtechnische Schlußfolgerung: Da jede Einwirkung des Elektrodenmaterials auf die Elektrolytlösung verhindert werden muß, kommen als Wasserstoffträger für Meßzwecke nur Edelmetalle in Frage.

Temperatur- und Druckabhängigkeit der Wasserstoffelektrode. Es liegt nahe anzunehmen, daß die Analogie zwischen der metallischen und der Wasserstoffelektrode auch in quantitativer Hinsicht zum Ausdruck kommt; d. h. in der beiderseitigen Gültigkeit der Nernstschen Formel. Das ist in der Tat der Fall, wenn man berücksichtigt, daß nicht die Konzentration des molekularen, sondern des atomaren Wasserstoffes das Gleichgewicht des potentialbestimmenden Vorganges festlegt. An die Stelle der Lösungstension des Metalles tritt die Lösungstension des atomaren Wasserstoffes. Dessen Konzentration ist seinerseits vorgegeben durch die Konzentration des zugeführten molekularen Wasserstoffes und damit durch den Druck, unter dem jener steht. Wendet man auf Gl. (36) das MWG an, so folgt:

$$\frac{c_H^2}{c_{H_2}} = \text{const}' \quad \text{bzw.} \quad c_H = \text{const}'' \sqrt{c_{H_2}}. \tag{37}$$

Wie weiterhin das HENRYsche Gesetz lehrt, ist die Konzentration eines in einer Flüssigkeit gelösten Gases ($c_{gel.}$), wenigstens soweit ideales Verhalten angenommen werden kann, seinem Druck in der Gasphase (p_{gas}) proportional; d. h. es gilt:

$$c_{gel.} = K \cdot p_{gas} \, . \tag{38}$$

Auf die Wasserstoffelektrode angewandt, folgt aus der gleichzeitigen Gültigkeit von Gl. (37) und (38), daß die potentialbestimmende Konzentration des atomar gelösten Wasserstoffes zur Quadratwurzel aus dem Druck des in der Gasphase vorhandenen molekularen Wasserstoffes proportional ist. An Stelle von c_{H^+} geht also $K \cdot \sqrt{p_{H_2}}$ in die NERNSTsche Gleichung (S. 540) ein.

Für eine galvanische Kette, die aus zwei Wasserstoffelektroden mit den Wasserstoffpartialdrucken p' und p'' unter Verwendung gleichen Elektrodenmaterials gebildet wird, muß daher gelten:

$$E = 2{,}30 \, \frac{R\,T}{n\,F} \log \sqrt{\frac{p'_{H_2}}{p''_{H_2}}} \, . \tag{39}$$

Eingehende experimentelle Untersuchungen, die bis zu einem H_2-Druck von mehr als 1000 Atm. ausgeführt wurden, ergaben, daß noch bei etwa 110 Atm. die Formel streng gilt und erst oberhalb 200 Atm. die gemachten Vernachlässigungen (Idealität des Gaszustandes, Druckunempfindlichkeit des Elektrodenmaterials) ins Gewicht fallen. Damit ist zugleich ein exakter Beweis für die Notwendigkeit der in den Gl. (35) und (36) steckenden Annahmen erbracht.

Die Formel für die Druckabhängigkeit der elektromotorischen Kraft hat auch für die Praxis der p_H-Messungen mit der Wasserstoffelektrode hin und wieder Bedeutung. Mißt man den Partialdruck des Wasserstoffes in Millimetern Quecksilbersäule (= Torr) und arbeitet in nicht allzugroßer Entfernung vom Atmosphärendruck, so ergibt sich durch Einsetzen entsprechender Werte in Gl. (39), daß für je 6 Torr Abweichung vom normalen Luftdruck das gemessene Potential um $\sim 0{,}1$ mV zu korrigieren ist. Diese Größe kann praktisch zumeist vernachlässigt werden. Dagegen ist zu berücksichtigen, daß nicht der Gesamtdruck in die Rechnung eingeht, sondern der um den Dampfdruck der Lösung verminderte Druck. Beträgt jener z. B. 750 Torr, so ist der Partialdruck des Wasserstoffes bei 25° C über einer verdünnten wäßrigen Lösung um die Tension des Wasserdampfes bei dieser Temperatur, d. h. um 23,8 Torr, verringert. Die gemessene EMK ist demzufolge um $59{,}1 \log \sqrt{\dfrac{760}{726{,}2}} = 0{,}60$ mV positiver als der auf den Normaldruck des Wasserstoffes von 760 mm Hg bezogene theoretische Wert.

Erheblich größer werden die notwendigen Korrekturen, wenn das Elektrodengefäß neben Wasserstoff noch andere Gase enthält, z. B. aus der Elektrolytlösung entweichendes Kohlendioxyd. Zur Orientierung dienen folgende Angaben: Befinden sich im Gasgemisch neben Wasserstoff mehr als 10% eines anderen Gases, so überschreitet der zur gemessenen Spannung zu addierende Korrekturwert 1 mV. Bei einem Mischungsverhältnis Wasserstoff: Kohlensäure = 2:1 beträgt er rund 5 mV und wächst bei $H_2 : CO_2 = 1:1$ auf 9 mV an.

Was schließlich die Temperaturabhängigkeit betrifft, so ist auf Grund der NERNSTschen Formel eine der absoluten Temperatur proportionale Zunahme des Elektrodenpotentials zu erwarten. Experimentelle Untersuchungen dieser Abhängigkeit von FUALES und MUDGE[1] zeitigten die folgenden Ergebnisse:

I. Potential einer gesättigten Kalomelelektrode bei variierter Temperatur, gemessen gegen eine gesättigte Kalomelelektrode von 25° C: Potentialdifferenz (in mV) bei $5° = -4{,}2$; $20° = -1{,}4$; $25° = +0{,}1$; $30° = +1{,}1$; $60° = +6{,}8$.

---

[1] FUALES, H. A., and W. A. MUDGE: Am. Soc. **42**, 2434 (1920).

II. Potentiale einer Wasserstoffelektrode in n/10 HCl bei variierter Temperatur gegen dieselbe Elektrode bei 25°: Gefunden bei 5° = — 12,2; 20° = — 3,4; 25° = + 0,1; 30° = + 4,9; 60° = + 6.

III. Potentiale einer Wasserstoffelektrode in n/10 HCl bei variierter Temperatur gegen eine gesättigte Kalomelelektrode von 25° C: Potentialdifferenzen 5° = —323; 20° = — 312,8; 25° = — 310,9; 30° = — 307,0; 60° = — 284,2.

Aus diesen Zahlen ergibt sich, daß die Temperaturabhängigkeit der elektromotorischen Kraft der gesättigten Kalomelelektrode hinreichend genau mit Hilfe der NERNSTschen Formel dargestellt werden kann, während dies für die Wasserstoffelektrode nicht zutrifft. Der Befund hängt ursächlich damit zusammen, daß bei der Wasserstoffelektrode auf den Druck des molekularen Wasserstoffes bezogen wird, während der des atomaren elektrochemisch wirksam ist. Das Gleichgewicht zwischen beiden gehorcht einer anderen Temperaturabhängigkeit als der NERNSTsche Potentialfaktor, so daß sich für die EMK der Wasserstoffelektrode ein abweichender Temperaturkoeffizient ergeben muß.

Stellt man aus 2 verschiedenen Elektroden eine galvanische Kette zusammen, so wird im allgemeinen der Temperaturkoeffizient der beiden Einzelelektroden nicht derselbe sein, so daß man für die Temperaturabhängigkeit der gesamten Kette ebenfalls keinen einfachen Ausdruck erhält. Es kommt als erschwerend hinzu, daß die Temperaturabhängigkeit häufig in erheblichem Maße vom p_H-Wert der Elektrolytlösung abhängig ist. Für die Praxis bleibt dann nichts anderes übrig, als die Temperaturabhängigkeit der benützten galvanischen Kette durch Eichung zu ermitteln, falls man es nicht vorzieht, bei konstanter Temperatur, d. h. im Thermostaten zu arbeiten oder den Temperatureinfluß durch eine elektrische temperaturabhängige Kunstschaltung zu unterdrücken. Die Eichung kann bei nicht allzuhohen Ansprüchen an die Genauigkeit umgangen werden, wenn man mit den in Tabellenwerken niedergelegten empirischen Temperaturkoeffizienten arbeitet; sie sind heute für die meisten gebräuchlichen Elektrodenkombinationen hinlänglich genau bekannt. Vergleiche die Formeln für die Temperaturabhängigkeit der EMK p_H-empfindlicher galvanischer Ketten, S. 610ff.

Varianten des Wasserstoff-Trägermetalles. Das bei weitem gebräuchlichste Metall für Wasserstoffelektroden ist bekanntlich das Platin. Wir werden weiter unten seine Verwendung näher umreißen. An Stelle von Pt benützt man häufig Gold als Wasserstoffträger. Es empfiehlt sich auf dieses, ebenso wie auf das Platin, elektrolytisch Platinmohr niederzuschlagen. Auf Gold haftet der Platinmohr sogar noch fester als auf Pt. Da der Platinmohr Wasserstoff adsorbiert, nicht aber die Goldunterlage, stellen sich nach diesem Prinzip aufgebaute Elektroden meist rascher auf das zu messende Potential ein als platinierte Platinelektroden. Ein gewisser Nachteil der Goldelektrode besteht darin, daß dieses Elektrodenmaterial, da nur der Mohr Wasserstoff aufnimmt, verhältnismäßig leicht polarisierbar ist. Weitere Nachteile von Gold sind seine geringere mechanische Festigkeit, die Nichteinschmelzbarkeit in Glas sowie seine geringe chemische Resistenz.

Andere Edelmetalle, die in manchen Laboratorien als Wasserstoffträger verwendet werden, sind Iridium und Palladium. Sie scheinen außer einer etwas größeren Einstellgeschwindigkeit keine wesentlichen Vorteile gegenüber der altbewährten platinierten Platinelektrode zu bieten. Manche Autoren bestreiten sogar diesen Vorzug.

Einen sehr fest haftenden und sehr gut wirksamen Palladiummohr auf Platin oder Gold lehrten CLARK und LUBS[1] herzustellen. Hiernach setzt man zu einer 3%igen Palladiumchloridlösung eine Spur Bleiacetat zu und läßt bei der Elektrolyse den Niederschlag zu nur verhältnismäßig geringer Dicke anwachsen. Der günstigen Beurteilung dieser Anordnung durch die genannten Autoren steht das Urteil von ANDREWS[2] gegenüber. CLARK[3] bestreitet die ANDREWSsche Ansicht und berichtet über hervorragende Repro-

---

[1] CLARK, W. M., and H. A. LUBS: J. biol. Ch. **25**, 479 (1916).

[2] ANDREWS, J. C.: J. biol. Ch. **59**, 479 (1924).

[3] CLARK, W. M.: The Determination of Hydrogen Ions. S. 289. Baltimore 1928.

duzierbarkeit von Palladiummohr-Elektroden in jahrelangem Gebrauch. Nach den Erfahrungen von Cohen und Clark pflegt ein Vierersatz von Palladiummohr-Elektroden innerhalb 0,1—0,2 mV übereinzustimmen.

Weiterhin ist auf eine Variante der Iridiumelektrode mit stahlgrauem Iridiumniederschlag nach Lewis, Brighton und Sebastian [1] hinzuweisen. Sie zeichnet sich aus durch sehr schnelle Gleichgewichtseinstellung, beste Reproduzierbarkeit und monatelange Haltbarkeit. Nur ist sie nicht ganz so bequem herzustellen wie die platinierte Platinelektrode (Goldblech wird in einer 5%igen Iridiumchloridlösung unter einer Stromdichte von einigen Zehntel Milliampere je Quadratzentimeter 12—24 Std lang mit Iridium beschlagen. Als Anode dient ein Platinblech gleicher Größe, zweckmäßig 1—1,5 cm²).

Bemerkenswert erscheint ferner die Palladiumelektrode nach Nylén [2], welche ein Einleiten von Wasserstoff in die Meßlösung überflüssig macht. Die Elektrode erhält einen elektrolytischen Überzug von Palladiummohr. Sie wird vor der Messung mit Wasserstoff aufgeladen, entweder dadurch, daß man an ihr in einer Säurelösung elektrolytisch Wasserstoff entwickelt oder auch einfacher dadurch, daß man sie in eine $n/_1$-Ameisensäurelösung steckt, worauf sich diese unter kräftiger Wasserstoffentwicklung zersetzt. In gut gepufferten Lösungen wirkt eine derart vorbereitete Elektrode wie eine Wasserstoffelektrode.

In bestimmten Fällen ist die Verwendung von Elektroden empfehlenswert, die eine geringere katalytische Wirksamkeit als die bisher beschriebenen besitzen. Dies gilt vor allem, wenn die zu messenden Lösungen nur eine sehr geringe Pufferkapazität besitzen. Man benützt dann zweckmäßig Elektroden mit nur dünnem, glänzendem, elektrolytisch erzeugtem Niederschlag von Platin oder Iridium. Freilich sind diese Beschläge dementsprechend auch weniger haltbar als der übliche Mohr.

Praktische Hinweise. *Vorzüge und Leistungsgrenzen der Wasserstoffelektrode.* Die grundlegende Bedeutung der Wasserstoffelektrode für p_H-Messungen besteht darin, daß sich bei ihr das elektromotorisch wirksame Gleichgewicht zwischen ionogenem und atomarem Wasserstoff unmittelbar einstellt. Mit dem Druck des in die Elektrolytlösung eingeleiteten Wasserstoffs ist seine molekulare Konzentration in der Lösung bei einer bestimmten Temperatur festgelegt und damit auch seine Konzentration in atomarem Zustand an der Oberfläche der Trägerelektrode. Aus diesem Grunde ist die Wasserstoffelektrode sowohl in theoretischer als auch in praktischer Hinsicht am exaktesten definiert und liefert die Grundlage, auf der letzten Endes alle anderen Verfahren der p_H-Meßtechnik aufgebaut sind. Erst durch Vergleich mit den an der Wasserstoffelektrode gemessenen Potentialen lassen sich die Reproduzierbarkeit anderer Elektrodenarten, die Brauchbarkeit von Pufferlösungen, Abweichungen einer galvanischen Kette von der theoretischen Potentialfunktion u. dgl. m. festlegen. Die Wasserstoffelektrode stellt somit gewissermaßen das Urmaß zur Bestimmung der Wasserstoffionenkonzentration dar und ist aus diesem Grunde bei wissenschaftlichen p_H-Arbeiten unentbehrlich. In der Praxis erweist sich freilich ihre Anwendbarkeit erheblich eingeschränkt, da man außer zum Eichen selten so reine Elektrolytlösungen haben wird, daß die Wasserstoffelektrode unmittelbar als Meßorgan der H-Ionenkonzentration eingesetzt werden könnte.

Die systematischen Grenzen der Verwendbarkeit von Wasserstoffelektroden sind folgende:

I. Anwesenheit stark oxydierender bzw. leicht reduzierbarer Substanzen. Beispiele: Permanganat, Chlorat, Nitrite, Chromate, Eisen(III)-salze, ungesättigte organische Verbindungen. Liegen diese nur in geringer Konzentration vor, so kann eine p_H-Messung mit der Wasserstoffelektrode durch langdauerndes Wasserstoffeinleiten und Verwendung von Elektroden mit großer Oberfläche noch ausgeführt werden, vorausgesetzt, daß die Oxydationskraft der vorhandenen Substanzen nicht allzu hoch ist.

---

[1] Lewis, G. N., T. B. Brighton and R. L. Sebastian: Am. Soc. **39**, 2245 (1917).
[2] Nylén, P.: Svensk. kem. T. **48**, 76 (1936).

II. Anwesenheit stark reduzierender Substanzen. Beispiele: Zinn(II)-chlorid, schweflige Säure. Die Elektrode nimmt das Reduktionspotential der betreffenden Substanz an (vgl. S. 633). Abhilfe nicht möglich; man greife zur Glaselektrode.

III. Anwesenheit von Ionen, die in der Spannungsreihe der Elemente über dem Wasserstoff stehen. Das sind Sb, Bi, As, Cu, Ag, Hg und Au. Ionen dieser Elemente werden durch den Wasserstoff reduziert, was die Potentialeinstellung der Wasserstoffelektrode entsprechend verfälscht. Abhilfe nicht möglich.

IV. Anwesenheit von Proteinen und Schmutzstoffen. Diese schlagen sich auf der Elektrode im Laufe der Messung nieder und verzögern somit die Potentialeinstellung. Bis zu einem gewissen Grade läßt sich Abhilfe durch die S. 558 beschriebene Verwendung einer in intermittierendem Flüssigkeitskontakt stehenden Elektrode schaffen.

V. Anwesenheit von Kontaktgiften. Außer den auf S. 609 genannten Substanzen kommen in Frage: Toluol, Amine, Verbindungen, die allmählich H_2S abspalten. Die p_H-Messung mittels der Wasserstoffelektrode ist bei schnellem Arbeiten mit intermittierendem Flüssigkeitskontakt des öfteren möglich.

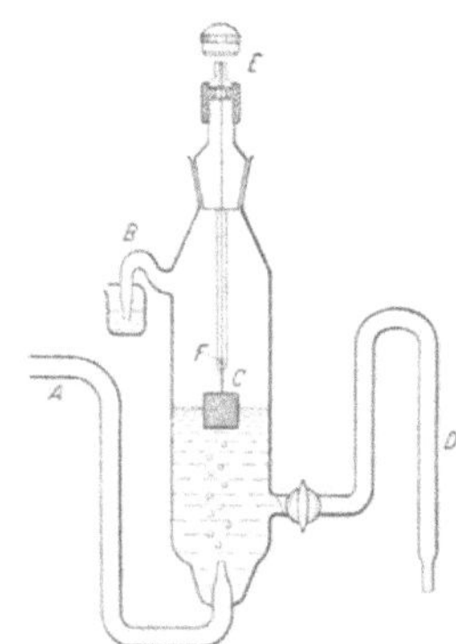

Abb. 3. Wasserstoffhalbelement mit schnabelförmigem Elektrolytanschluß.

Prinzipiell läßt sich die Wasserstoffelektrode auch in organischen Lösungsmitteln verwenden, z. B. in Äther[1], Methanol, Äthanol[2], Aceton[3], Hydrazin[4], organischen Säuren[5]. Für solche Messungen dürfte in Anbetracht des individuellen Verhaltens der verschiedenen Lösungsmittel das Studium der einschlägigen Originalliteratur unentbehrlich sein.

Elektrodenformen, Gefäßformen, Halbelemente. Wie S. 547 f. ausgeführt wurde, stellt eine Wasserstoffelektrode eine Anordnung dar, in der molekularer Wasserstoff von einem Edelmetall absorbiert und hierdurch zu einem gewissen Bruchteil in atomare Form überführt wird, in der er sich nun seinerseits mit dem ionogenen Wasserstoff des umgebenden Mediums ins Gleichgewicht setzt. Das Ionengleichgewicht bedeutet die Ausbildung eines reversiblen Potentialsprungs, dessen Messung einen Rückschluß auf die Wasserstoffionenkonzentration in der Lösung gestattet.

Ein nach diesem Prinzip arbeitendes Meßorgan besteht dementsprechend aus folgenden Teilen: Einer Vorrichtung zum Zu- und Wegführen von gasförmigem Wasserstoff, einer Elektrode aus Edelmetall, gegebenenfalls mit einem besonderen Überzug, um eine wirkungsvolle Absorption des molekularen Wasserstoffes zu erreichen, einer metallischen Ableitung zum Meßinstrument, einer elektrolytischen Ableitung zur Zwischenflüssigkeit und Bezugselektrode, schließlich einem Gefäß zur Aufnahme der zu untersuchenden Lösung. Die Teile zu einem geschlossenen Ganzen vereint stellen ein Wasserstoff-Halbelement dar, doch ist diese Bezeichnung lange nicht so gebräuchlich wie der nach dem „pars pro toto"-Prinzip geprägte Terminus technicus Wasserstoffelektrode.

Eine bewährte Ausführungsform eines Wasserstoffhalbelementes zeigt Abb. 3. *A* Wasserstoffzuleitung, *B* Wasserstoffableitung, *C* Edelmetallelektrode, *D* Elektrolytableitung zur Kaliumchloridbrücke und Bezugselektrode, *E* Stromzuführung zum Spannungsmesser, *F* Platin-Kupfer-Verschweißung.

Die schnabelförmige Elektrolytableitung hat den Nachteil, daß verhältnismäßig leicht ein Vermischen der Lösung in der Halbzelle und in der vorgelegten Zwischenflüssigkeit eintritt, was ein häufiges Erneuern der Lösung notwendig macht. Man benützt daher mehr und mehr die von Trenel in die p_H-Meßtechnik eingeführten feinporigen Diaphragmen zum Herstellen einer elektrolytisch leitenden Verbindung unter gleichzeitiger

---

[1] Schwarzenbach, G.: Helv. **13**, 896 (1930).

[2] Danner, P. S.: Am. Soc. **44**, 2832 (1922). — Scatchard, G.: Am. Soc. **47**, 2098 (1925).

[3] Shukow, I. I., u. I. G. Worochobin: Shurnal obschtschei Chimii 2 (64), 399 (1932).

[4] Ulich, H., u. K. Biastoch: Z. physik. Chem. (A) **178**, 306 (1937).

[5] Isgarischew, N., u. S. A. Pletenew: Z. Elektrochem. **36**, 457 (1930). — Russel, J., and A. E. Cameron: Am. Soc. **60**, 1345 (1938).

mechanischer Abgrenzung der einzelnen Flüssigkeiten gegeneinander. Die praktische Ausführung einer solchen Halbzelle mit Diaphragma zeigt Abb. 4.

Die Beschriftung hat hier dieselbe Bedeutung wie in Abb. 3, außer daß nun D den Diaphragmafuß zur Verbindung des Gefäßes mit der Zwischenflüssigkeit darstellt.

Die Wasserstoffelektrode nach Abb. 4 zeichnet sich meßtechnisch gegenüber der nach Abb. 3 vor allem dadurch aus, daß man mit ihr nicht nur nach Absperrung der Gaszufuhr, sondern auch während des Durchperlens von Wasserstoff messen kann. Das hat den Vorteil, daß sich das Konstantwerden des Potentials sehr bequem überwachen läßt.

Andererseits stellen die Diaphragmastifte nur solange diffusionspotentialfreie Kontakte dar, als sie mit gesättigter KCl-Lösung getränkt sind. Ist einmal die Kaliumchloridlösung aus dem Diaphragma ausgewaschen, bilden sich unkontrollierbare Diffusionspotentiale aus, die Fehler von 5—10 mV zu verursachen imstande sind. Bei hohen Ansprüchen an die Meßgenauigkeit ist deshalb die Benützung von Diaphragmen mit einem

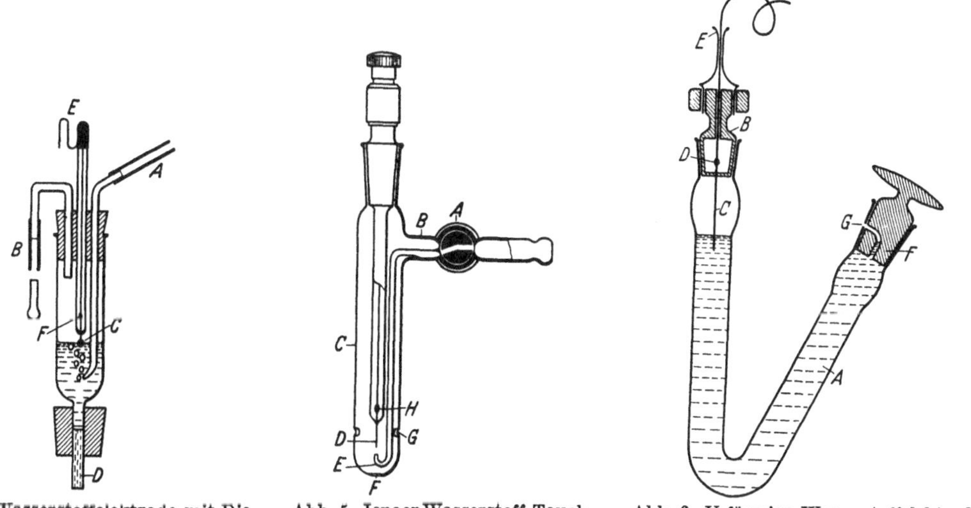

Abb. 4. Wasserstoffelektrode mit Diaphragmafuß als Elektrolytanschluß.

Abb. 5. Jenaer Wasserstoff-Tauchelektrode.

Abb. 6. U-förmige Wasserstoffelektrode nach MICHAELIS.

gewissen Risiko verbunden, das durch Wahl anderer Ausführungsformen der Elektrolytableitung — Schnabelform, Anschlußstutzen mit Glashahn, Vermeidung von Niveauunterschieden und damit von Heberwirkung — leicht ausgeschaltet werden kann.

Eine vortreffliche Lösung der äußeren Form einer Halbzelle haben wir in der Wasserstoff-Tauchelektrode des Jenaer Glaswerks Schott & Gen. (Abb. 5) vor uns.

A Glashahn mit Winkelbohrung des Kükens, B Wasserstoffzuführung mit Zwischenwand, C Tauchrohr, D Platinelektrode, E Einleitungsrohr des Wasserstoffes in die Lösung, F Lochkranz im Boden des Gefäßes, G Austrittsöffnungen für den Wasserstoff, H Verschweißungsstelle des Platinstiftes mit dem zur Isolierklemme führenden Kupferdraht.

Der Vorteil der neuartigen Ausführungsform liegt darin, daß man durch Verwendung eines Spezialhahnes und einer Gaszuführung mit Zwischenwand den Wasserstoff wahlweise von oben an die Lösung und die etwa zur Hälfte in diese eintauchende Pt-Elektrode heranbringen oder durch die Lösung gegen die Platinelektrode perlen lassen kann. Welches Verfahren schneller zu einer konstanten Potentialeinstellung führt, hängt von der Art der zu messenden Lösung ab. Eine besonders rasche Sättigung der Elektrode mit Wasserstoff wird im allgemeinen dadurch erzielt, daß man zunächst den Wasserstoff über die Lösung, dann durch die Lösung schickt. Das Verlegen der Wasserstoffzuführung E in das Innere des Tauchrohres macht die Elektrode handlich und ziemlich bruchsicher.

Zu den für physiologische Untersuchungen beliebtesten Ausführungsformen zählt die U-förmige Wasserstoffelektrode nach MICHAELIS[1] (Abb. 6). Der besondere Vorteil dieser Anordnung besteht darin, daß nicht mit strömendem Wasserstoff gearbeitet wird,

---

[1] MICHAELIS, L.: Praktikum der physikalischen Chemie für Mediziner u. Biologen. 3. Aufl. Berlin 1926.

sondern mit einer stehenden Wasserstoffüllung. Dadurch vermeidet man, daß Kohlensäure aus der Lösung vertrieben und damit der ursprüngliche p_H-Wert gefälscht wird. Bei stark schäumenden Flüssigkeiten ist die Verwendung einer stehenden Wasserstofffüllung ebenfalls von großem Vorteil.

A U-förmiger Glaskörper, *B* eingeschliffener Glasstopfen mit Elektrodendurchführung, *C* Pt-Drahtelektrode, *D* Platin-Kupfer-Verschweißung, *E* federnde Drahtführung zum Spannungsmeßgerät, *F* Glasstopfen mit Winkelbohrung, *G* mit der Winkelbohrung kommunizierende Überlauföffnung.

Handhabung: Nach Entfernen des hahnähnlichen Schliffstopfens füllt man das Halbelement mit der zu untersuchenden Lösung durch vorsichtiges Hin- und Herneigen so, daß die Flüssigkeit den linken Schenkel völlig frei von Luftblasen erfüllt und im rechten Schenkel etwa halb hoch steht. Mittels einer bis zur unteren Krümmung des Gefäßes eingeführten Glascapillare wird hierauf Wasserstoff vorsichtig eingeleitet. Die Zufuhr ist zu unterbrechen, sobald sich unter dem linken Schliffstopfen so viel Gas angesammelt hat, daß die Platinelektrode eben noch in die Lösung eintaucht.

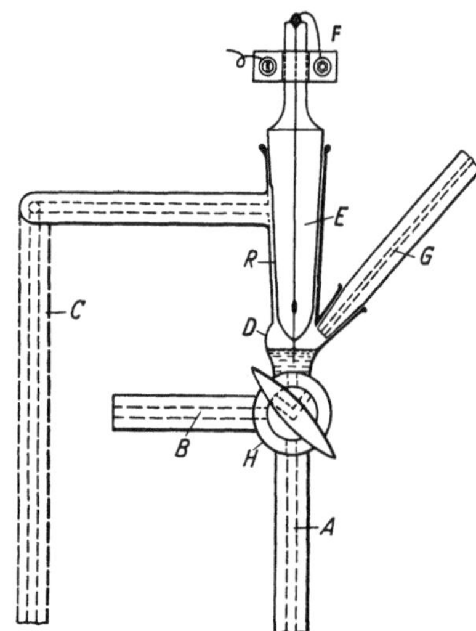

Anschließend ergänzt man die Füllung im rechten Schenkel, setzt den Glasstopfen auf, derart, daß Rille und Überlauföffnung kommunizieren, und läßt die überschüssige Lösung abfließen. Sodann wird das Gefäß durch Drehen des Schliffstopfens um 180° verschlossen und die Wasserstoffblase durch langsames Hin- und Herbewegen des U-Rohrs etwa 50—100mal durch beide Schenkel geschickt. Die Elektrolytableitung zur Zwischenflüssigkeit und Bezugselektrode stellt man her vermittels eines mit gesättigter Kaliumchloridlösung getränkten Baumwollfadens, den man durch einen engen Gummischlauch zieht und an beiden Enden ein wenig herausragen läßt.

Das Kernstück der beschriebenen Wasserstoffhalbelemente bildet die Edelmetallelektrode, wofür meist Platin verwandt wird, entweder in Form eines glatten, nicht zu starken Drahtes oder eines dünnen Blechstreifens mit einer in ein Glasrohr eingeschmolzenen Stromzuführung. Die große Oberfläche eines Bleches (man geht kaum über 1 cm² hinaus) hat den Vorteil, daß Änderungen des Elektrodenpotentials bei Stromentnahme

Abb. 7. Mikroelektrode mit ruhender Wasserstofffüllung nach WINTERSTEIN.

weniger leicht auftreten können. An Stelle des Bleches verwendet man des öfteren einen entsprechend langen zu einer engen Spirale gewickelten Draht oder auch eine dünne auf ein Glasrohr aufgebrannte Edelmetallschicht. Derartige Elektroden erweisen sich als äußerst wirkungsvoll.

Man beachte auch, in welch mannigfaltigen Formen die Klemmschrauben zum Anschließen des Spannungsmeßgerätes bei den verschiedenen Zelltypen ausgebildet sind. Sie lassen unschwer das Baujahrzehnt der einzelnen Modelle abschätzen.

Sonderausführungen für biologische Aufgaben. Neben den bisher beschriebenen, durch universellste Anwendungsmöglichkeit ausgezeichneten Typen der Wasserstoffelektrode ist eine sehr große Anzahl von Varianten zur Lösung spezieller Probleme der p_H-Technik entwickelt worden. Die größte Gruppe unter diesen stellen die Mikroelektroden, die in den mannigfachsten Spielarten in der Literatur beschrieben sind.

Als besonders zweckmäßige und bewährte Konstruktionen verdienen hervorgehoben zu werden: die Mikroelektrode für ruhenden Wasserstoff nach WINTERSTEIN sowie die Mikroelektrode nach FUHRMANN.

Abb. 7 veranschaulicht die Elektrode nach WINTERSTEIN[1].

A Elektrolytableitung, *B* Wasserstoffzuleitung, *C* Wasserstoffableitung, *D* Meßraum, *E* Schliffstopfen mit Rille *R* zur Wasserstoffableitung, *F* Anschlußklemme zum Spannungsmesser, *G* Pipette mit Versuchslösung, *H* fettfrei gehaltener Winkelhahn.

Die Handhabung ist denkbar einfach: Erst KCl-Lösung bis zum Winkelhahn einsaugen, dann Wasserstoffzufuhr anstellen, Pipette mit Versuchslösung einsetzen (ohne jedoch diese auslaufen zu lassen), Wasserstoffzufuhr durch Diagonalstellung des Winkelhahns unterbrechen, Versuchslösung bis auf kleinen Rest (zum Absperren des Meßraums nach außen) einfließen lassen, Meßraum durch Verdrehen des Schliffstopfens mit Rille schließen, Potential messen.

---

[1] WINTERSTEIN, S.: Pflügers Arch. **216**, 26 (1927).

Das Küken des peinlich fettfrei gehaltenen Winkelhahns überzieht sich bei mehrmaligem Drehen um seine Achse mit einer capillaren Flüssigkeitshaut, die auch bei geschlossenem Hahn die elektrolytische Leitfähigkeit eines porösen Diaphragmas besitzt.

Eine Mikroelektrode, die man sich leicht selbst herstellen kann, wurde von LEHMANN[1] angegeben (Abb. 8).

A Wasserstoffzuleitung, *B* Wasserstoffableitung, *C* Glastischchen, *D* Versuchslösung, *E* Platinelektrode, *F* Stromableitung, *G* Elektrolytableitung (Heber mit 4%igem Agar + 30%igem KCl gefüllt), *H* Gummistopfen, *J* Wasserschicht, *K* bewegliche Gummidurchführung.

Zur Beschickung braucht nur der obere Gummistopfen abgehoben zu werden.

So einfach diese Elektrode in Herstellung und Handhabung ist, so dürfte doch häufig das unten eingegebene Wasser nicht ausreichen, um ein Ab- oder Aufdampfen von Wasser

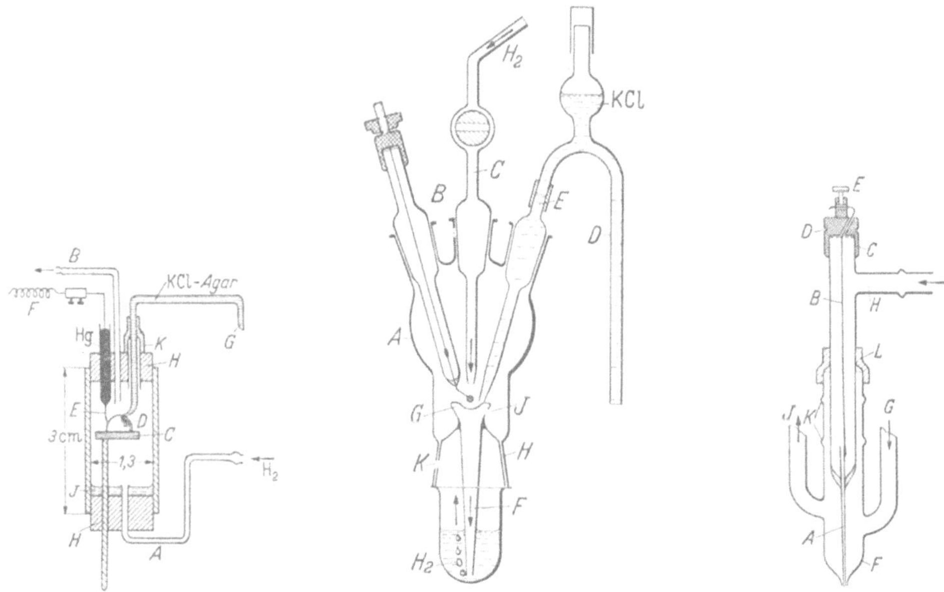

Abb. 8. Mikroelektrode für strömenden Wasserstoff nach LEHMANN.
Abb. 9. Mikroelektrode für strömenden Wasserstoff nach FUHRMANN.
Abb. 10. Intravital-Wasserstoffelektrode nach v. LANZ und MALYOTH.

und damit eine Konzentrationsänderung der Versuchslösung unter der Einwirkung des Wasserstoffstroms zu verhindern.

Wegen ihrer Handlichkeit, insbesondere bei Untersuchungen an infektiösem Material, fällt die Mikroelektrode für strömenden Wasserstoff nach FUHRMANN[2] auf (Abb. 9).

A dreifach tubulierte Schliffkappe, *B* Platinelektrode, *C* Wasserstoffzuleitung, *D* Agar-KCl-Heber, *E* Gummihülse, *F* Wasserstoffableitung, *G* Meßtisch mit Kule (Tropfenträger), *H* Meßtischträger mit Blasenzähler, *J* Austrittsöffnung aus dem Meßraum, *K* kommunizierende Bohrungen in der Schliffkappe und im Schliffkern des Meßtischträgers.

Die Handlichkeit dieses Typs beruht nicht zuletzt darauf, daß durchweg Normalschliffe verwendet werden, und daß alle Teile leicht auswechselbar, zu reinigen und zu sterilisieren sind. Die Platinelektrode tritt leicht gewinkelt aus dem Zuleitungsrohr aus, so daß die mit H_2 vorgesättigte Elektrode während der Wasserstoffsättigung der Untersuchungslösung in den freien Gasraum ragt. Erst unmittelbar vor der Messung wird durch ein Drehen des Schliffes das knopfförmig verbreiterte Ende des Platinstiftes in die Lösung eingeschwenkt.

Wegen besonderer Kunstgriffe bei der Bereitung des Agarhebers, der Beschickung mit infektiösem Material, der Reinigung usw. muß auf die Originalarbeit bzw. die Monographie desselben Autors[3] verwiesen werden.

Um Untersuchungen am lebenden Gewebe vornehmen zu können, wurden sog. „Intravitalelektroden" entwickelt. Als Muster dieses Typs ist die Gewebselektrode nach v. LANZ und MALYOTH[4] anzusprechen (Abb. 10).

---

[1] LEHMANN, G.: B. Z. **139**, 215 (1921).
[2] FUHRMANN, F.: Zbl. Bakteriol. **104**, 193 (1941).
[3] FUHRMANN, F.: Elektrometrische p_H-Messungen mit kleinen Lösungsmengen. Wien 1941.
[4] LANZ, T. v., u. G. MALYOTH: Pflügers Arch. **222**, 534 (1929).

A Iridierte Goldhohlnadel, *B* Golddraht, *C* Metallkappe, *D* Führungsrille für die Mikrometerschraube des Elektrodenstativs, *E* Verbindungsklemme zwischen Golddraht und Spannungsmeßgerät, *F* Gasmantelpipette, *G* äußere Gaszuleitung, *H* innere Gaszuleitung, *J* Gasableitung, *K* Klemmbacken zum Einspannen der Gasmantelpipette in die Elektrodenhalterung, *L* Gummidichtung.

Handhabung: Man läßt die in die Gasmantelpipette montierte Elektrode schon vor der Messung 10 min lang von einem geeigneten Mischgas (meist 5 % CO_2 + 95 % H_2) durchströmen. Die Meßstelle am narkotisierten Tier wird sorgfältig und blutfrei präpariert, die Gasmantelpipette dort aufgesetzt, die iridierte Goldkanüle mittels Mikrometerschraube nachgeschoben und die Potentialeinstellung verfolgt. In wenigen Minuten ist der konstante Endwert erreicht (Pt-Elektroden benötigen hierzu in einer Gewebsflüssigkeit durchschnittlich $^3/_4$ Std).

Von den für spezielle Aufgaben entworfenen Wasserstoffelektroden sei noch der von Mc Clendon[1] zur Blutuntersuchung benützte Typ angeführt, der schon deshalb nicht der Vergessenheit anheim fallen sollte, weil er überzeugend dartut, daß vor mehr als 30 Jahren, trotz der im Verhältnis zu heute bescheidenen Hilfsmittel der p_H-Meßtechnik, schon einwandfreie Messungen im Blut möglich waren und dementsprechend die Arbeiten aus jener Zeit nicht von vornherein als „unzuverlässig" angesehen werden dürfen.

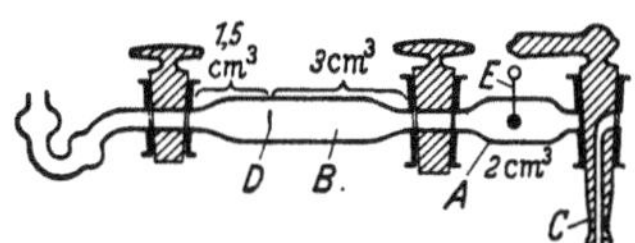

Abb. 11. Wasserstoffelektrode für Blutuntersuchungen nach Mc Clendon.

Der entscheidende Kunstgriff Mc Clendons besteht darin, daß er die Blutprobe in 2 Anteile zerlegt, deren größerer bei intensivem Schütteln einer stehenden Wasserstoffüllung den nötigen CO_2-Gehalt aufprägt, während der kleinere Anteil mit dem entstandenen Mischgas gesättigt zur Messung kommt. Das Volumenverhältnis der Mischgasblase zum größeren sowohl, wie zum kleineren Anteil der Blutprobe ist so gewählt, daß der Kohlensäuregehalt des Blutes im Meßteil der Halbzelle nur unwesentlich durch das Hinzutreten der Mischgasblase geändert wird (vgl. Abb. 11).

A Meßraum, *B* Zelle zur Mischgasbereitung, *C* Blutzufuhr und Elektrolytanschluß, *D* Füllmarke, *E* Platinelektrode.

Handhabung: Das Halbelement füllt man vor der Benutzung vollständig mit destilliertem Wasser und verdrängt dieses anschließend durch Wasserstoff. In die schräggestellte Elektrode wird nunmehr Blut bis zur Füllmarke eingesaugt und nach Schließen der 3 Glashähne etwa 100mal mit der zurückbleibenden Wasserstoffblase durchgeschüttelt. Durch den mittleren Glashahn (Kükenbohrung 3 mm) läßt man die entstandene Mischgasblase in den Meßraum übertreten, schüttelt abermals etwa 100mal und mißt nach Erstellen der nötigen Anschlüsse das Potential.

Das Arbeiten mit der Wasserstoffelektrode. 1. Gewinnung und Reinigung von Wasserstoff. Der zum Aufbau der Wasserstoffelektrode benötigte Wasserstoff wird entweder in einem Kipp-Apparat entwickelt oder durch einen elektrolytischen Wasserstoffentwickler erzeugt. Noch bequemer ist es, den Wasserstoff einer Stahlflasche (über ein Reduzierventil mit je einem Manometer für den Flaschendruck und den Verbraucherdruck) zu entnehmen. Kipp-Apparat, elektrolytischer Wasserstoffentwickler und Stahlflasche sind handelsübliche Geräte, deren Beschreibung sich daher an dieser Stelle erübrigt.

Entscheidend für die Verwendbarkeit von Wasserstoff als Elektrodenmaterial ist seine Reinheit; vgl. das über die Vergiftung der Pt-Elektrode Gesagte. Zur Gefahr einer katalytischen Hemmung kommt hinzu, daß selbst Spuren von Sauerstoff das Potential der Elektrode durch Wasserstoffentzug nach positiven Werten zu verschieben imstande sind. Dementsprechend muß das Reinigen von Wasserstoff auf das Abfangen von Sauerstoff und Pt-Kontaktgiften abgestellt sein. Dies geschieht, indem man den Wasserstoff zuerst durch eine Waschflasche mit 5 %iger $KMnO_4$-Lösung leitet, sodann durch eine ebensolche Flasche, beschickt mit einer Lösung von 5 % Pyrogallol in 15 %iger NaOH; zum Schluß empfiehlt es sich, zur Entfernung von Arsenverbindungen, die bei der Herstellung von Wasserstoff im Kipp-Apparat entstanden sein können, den Gasstrom durch eine mit gesättigter Quecksilber(II)-chloridlösung gefüllte Waschflasche zu führen.

Daß das Rauchen und die Nähe offener Flammen beim Arbeiten mit Wasserstoff eine gewisse Gefahr mit sich bringen, dürfte hinreichend bekannt sein.

---

[1] Mc Clendon, J. F., and C. A. Magoon: J. biol. Ch. **25**, 669 (1916).

2. **Kettenaufbau.** Aus Bezugselektrode, Elektrolytbrücke, Meßelektrode, deren äußere Form, wie oben gezeigt wurde, den Besonderheiten der jeweiligen Aufgabe anzupassen ist, stellt man sich eine galvanische Kette zusammen. Das als Elektrodenträger fungierende Edelmetall erfordert ebenfalls eine bestimmte Vorbehandlung. Um eine rasche Einstellung des Gleichgewichtes zwischen ionogenem und atomarem Wasserstoff zu erzielen, wird die Elektrode zumeist mit einem Edelmetallmohr überzogen. Eine Vorschrift für das Platinieren von Edelmetallelektroden findet sich S. 609.

3. **Messen mit der Wasserstoffelektrode.** Man füllt die zu untersuchende Lösung in das Elektrodengefäß, setzt die mit Mohr überzogene Wasserstoff-Trägerelektrode ein und zwar so, daß sie etwa zur Hälfte in den Elektrolyten untertaucht, zur Hälfte frei in den Gasraum ragt. Bei Elektrodentypen, die auf dem Prinzip der strömenden Wasserstoffsättigung beruhen, wird das sorgfältig gereinigte Gas unter einem Druck eingeleitet, der etwa 1—4 Bläschen je Sekunde durch den Elektrolyten perlen läßt. Nach einigen Minuten stellt man den Wasserstoffstrom ab, verschließt, ohne den Druck des abgesperrten Elektrodengases im Meßgefäß merklich zu ändern, und mißt das Potential nach einer der S. 595ff. beschriebenen Methoden.

Falls das Elektrodengefäß als Gasaustritt einen kleinen Siphon besitzt, übernimmt dieser automatisch das Absperren. Bei Elektroden mit horizontal liegender Spirale aus platiniertem Platindraht muß beim Abstellen der Wasserstoffzufuhr darauf geachtet werden, daß die Unterseite der Spirale vom Elektrolyten benetzt wird, die Oberseite aber frei in der H_2-Atmosphäre liegt. Um eine derartige Einstellung des Flüssigkeitsspiegels vornehmen zu können, sollte der Hahn, der zum Absperren der Wasserstoffzuführung dient, als Dreiweghahn ausgebildet sein.

Bei einigen Elektroden, z. B. der Wasserstoffelektrode mit Diaphragmafuß sowie der Universalelektrode, läßt sich das Potential, während der Wasserstoffstrom den Elektrolyten durchperlt, messen. Bei Halbelementen, die diese Möglichkeit nicht bieten, schickt man nach der Potentialmessung erneut einige Minuten lang Wasserstoff durch den Elektrolyten, stellt ab, kontrolliert das Potential und wiederholt diesen Vorgang, falls sich der gemessene Wert geändert hat. Ist beim dritten Ablesen ein konstantes Potential noch nicht erreicht, so besteht der Verdacht, daß ein systematischer Fehler vorliegt.

Außer den S. 551 bereits beschriebenen Versuchsbedingungen, die eine grundsätzliche Begrenzung der Verwendbarkeit der Wasserstoffelektrode bedeuten, sind noch die folgenden eliminierbaren Fehler in Betracht zu ziehen:

a) Die Lebensdauer der Wasserstoffelektrode wurde nicht beachtet. Nach einem Gebrauch von einigen Wochen sind die aktiven Zentren des Edelmetallmohrs zumeist so sehr verbraucht, daß die Gleichgewichtseinstellung zwischen ionogenem und atomarem Wasserstoff nicht mehr sicher ist. Dieser Zustand kann sich in stark verunreinigten Lösungen bereits nach eintägigem Gebrauch einstellen. Wiederholte Kontrolle der Potentialfunktion der Wasserstoffelektrode, mindestens zu Beginn und Ende jeder längeren Meßreihe, ist deshalb unumgänglich notwendig.

Die Potentialfunktion läßt sich am besten dadurch überprüfen, daß man mit der Elektrode eine Lösung von bekanntem p_H-Wert, etwa die Bezugslösung nach VEIBEL ($p_H = 2{,}038$) oder die Standard-Acetatlösung nach MICHAELIS ($p_H = 4{,}618$; vgl. S. 616) mißt. Stellt sich die Elektrode in einer solchen Lösung innerhalb von 5 min auf das zu diesen p_H-Werten gehörige Potential ein, so ist die Elektrode in Ordnung, andernfalls muß die Wasserstoffelektrode, wie weiter unten beschrieben, behandelt werden.

Ein kleiner Kunstgriff erleichtert die Kontrolle: Man arbeitet nicht mit der Originallösung nach MICHAELIS, sondern verdünnt sie auf das 10—100fache. Eine solche Lösung läßt Unregelmäßigkeiten in der Ausbildung der Potentialfunktion viel ausgeprägter in Erscheinung treten.

b) Die Vorgeschichte der Elektrode stört die Messung. Infolge der starken Adsorptionswirkung des Edelmetallmohrs können Bestandteile von der vorangehenden Meßprobe auf der Elektrode haften geblieben sein. Geht man auf schlecht gepufferte Lösungen über, so vermag ein solches Adsorbat recht empfindliche Störungen zu verursachen. Abhilfe: Elektrode längere Zeit in destilliertem Wasser stehen lassen und erneut mit Wasserstoff sättigen.

c) Der p_H-Wert der Lösung ändert sich mit dem Kohlensäuregehalt. Dieses bedeutet, daß alle kohlensäurehaltigen Lösungen im p_H-Bereich zwischen 5 und 9 nur unter besonderen Kautelen mit der Wasserstoffelektrode zu erfassen sind. Man arbeitet in einem solchen Falle entweder mit einer stehenden Wasserstofffüllung oder benützt an Stelle von Wasserstoff ein Gasgemisch, das den Kohlensäurepartialdruck der zu untersuchenden Lösung besitzt. Bei p_H-Messungen im Blut sind dies 94,4 Vol.-% H_2 und 5,6 Vol.-% CO_2.

Außerdem ist bei einem Gehalt von mehr als 10% CO_2 die Erniedrigung des Partialdruckes des Wasserstoffs gemäß den Ausführungen von S. 549 zu berücksichtigen. Es empfiehlt sich, für derartige Messungen auf Sonderausführungen der Elektrodengefäße zurückzugreifen.

d) Die Elektrolytlösung enthält Inhibitoren der Kontaktwirkung des Elektrodenmaterials. Nachweis dieser Störung wie unter a). Abhilfe ist bis zu einem gewissen Grad möglich durch Verwendung einer in „intermittierendem Flüssigkeitskontakt" stehenden Elektrode.

Hierfür ist folgende Anordnung charakteristisch: In Richtung der Längsachse der Halbzelle wird die Edelmetallelektrode leicht verschiebbar montiert, was am einfachsten zu verwirklichen ist durch ein Glasrohr (mit übergeworfener Gummimanschette), das die Führung des Elektrodenschaftes in der Verschlußkappe der Zelle übernimmt (s. Abb. 8). Eine andere Möglichkeit besteht darin, einen gewinkelten Elektrodenträger zu verwenden und sein freies Ende durch Drehen des Elektrodenschaftes in einem schräggestellten Schliff anzuheben bzw. abzusenken (vgl. Abb. 9, S. 555).

Handhabung: Vor Beginn der Wasserstoffsättigung wird die Edelmetallelektrode so weit in die Meßlösung eingeführt, daß sie vollständig untertaucht. Man geht sofort wieder zurück, bis kein Kontakt mit der Elektrolytlösung mehr besteht, und leitet einige Minuten lang in der üblichen Weise Wasserstoff ein. Anschließend senkt man die Elektrode abermals so tief ein, daß ihre ganze Oberfläche benetzt wird und zieht zurück, bis nur noch die Spitze unter dem Flüssigkeitsspiegel sichtbar ist. Die Wasserstoffzufuhr soll dann noch einige Sekunden lang weitergehen; unmittelbar darauf ist das Potential zu messen.

e) Störung durch Neutralsalzwirkung. Bei Untersuchungen, die große Genauigkeit der p_H-Bestimmung verlangen, darf man den Einfluß von Neutralsalzen nicht ohne weiteres vernachlässigen, da die Kationen gegen die an der Elektrodenoberfläche adsorbierten H-Ionen bis zu einem gewissen Grade ausgetauscht werden können und somit Fehler in der Potentialbildung verursachen. Bei solchen Ansprüchen an die Meßgenauigkeit ist es unvermeidlich, auf entsprechende Originalarbeiten zurückzugreifen[1].

2. Die Chinhydronelektrode.

Wissenschaftliche Grundlagen. ***Das Chinhydron.*** Beim Zusammengießen nicht zu verdünnter Lösungen von Chinon und Hydrochinon fällt ein tiefgrün gefärbtes Produkt aus, das Chinhydron, dessen Namen — in Anspielung auf diese Bildung — aus dem der beiden Komponenten zusammengezogen ist. Die intensive Färbung weist darauf hin, daß in dem Reaktionsprodukt gleichzeitig ein chinoides (gekreuzt konjugiertes ⬡) und eine benzoides (aromatisches ⬡) Bindungssystem vorliegt.

Das Chinhydron stellt eine sog. Additionsverbindung dar, die durch Aneinanderlagerung von je einer Chinon- und einer Hydrochinonmolekel entsteht. Eine Hauptvalenzbindung im Sinne der klassischen organischen Chemie ist zwischen den beiden Komponenten nicht möglich. Eine Bildung

[1] ARKADJEV, W. A.: Z. physik. Chem. **104**, 192 (1923). — MICHAELIS, L., u. M. MIZUTANI: Z. physik. Chem. **112**, 68 (1924). — POMA, G.: Z. physik. Chem. (A) **107**, 329 (1923). — PRZEBOROWSKI, I., u. M. FLEISSNER: Z. anorg. Chem. **167**, 364 (1927). — ČUPR, V., u. O. VIKTORIN: Z. anorg. Chem. **198**, 363 (1931). — KISS, A. v., u. A. URMÁNCZY: Z. physik. Chem. (A) **169**, 31 (1934).

von Chinhydron in der Weise, daß eine Chinonmolekel ein Äquivalent Sauerstoff verliert oder eine Hydrochinonmolekel ein Äquivalent Sauerstoff aufnimmt, kommt ebenfalls nicht in Frage, da das hierbei entstehende Radikal wegen seiner ungeraden Anzahl von Elektronen paramagnetisch sein müßte. Das Experiment zeigt, daß Chinhydron diamagnetisch ist, mithin kein Semichinon darstellen kann, sondern als ein Merichinon im Sinne von MICHAELIS[1] aufzufassen ist.

Die Bildung der Additionsverbindung kann folgendermaßen veranschaulicht werden: Das gekreuzt konjugierte System des Chinons hat eine gewisse Tendenz, eine der 4 vorliegenden Doppelbindungen zu lösen und in ein aromatisches System überzugehen. Dabei werden die beiden π-Elektronen dieser Doppelbindung in σ-Elektronen überführt, die ihrerseits mit je einem weiteren σ-Elektron einer anderen Molekel eine neue Einfachbindung einzugehen suchen (Elektronensaugwirkung). Solange also das gekreuzt konjugierte System von Doppelbindungen vorliegt, verleiht es dem Carbonylsauerstoff einen stark elektronegativen Charakter. Erst beim Übergang in den aromatischen Molekülzustand wird der Sauerstoff bindungsmäßig stärker beansprucht und erfährt hierdurch eine Verminderung seiner überhöhten Elektronegativität.

Auf der anderen Seite besitzt der Wasserstoff der Hydroxylgruppe des Hydrochinons elektropositiven Charakter. Man erkennt dies schon daran, daß die sog. relative Elektronenaffinität des Wasserstoffes geringer ist als die der übrigen in organischen Verbindungen vorkommenden Atome. Im vorliegenden Fall wird der elektropositive Charakter des Wasserstoffes durch die unmittelbare Nachbarschaft des Sauerstoff mit seiner hohen relativen Elektronenaffinität weiter verstärkt. Damit sind die Voraussetzungen zum Entstehen einer Additionsverbindung gegeben, die dadurch charakterisiert ist, daß der stark elektropositive Wasserstoff mit dem elektronegativen Carbonylsauerstoff eine sog. Wasserstoffbrückenbindung eingeht.

Bezeichnet man im Anschluß an EISTERT[2] den elektronegativen Charakter durch (δ^-) bzw. den positiven durch (δ^+) — wobei das Zeichen δ daran erinnert, daß der Ladungsüberschuß bzw. Fehlbetrag nur einen Bruchteil der elektrischen Elementarladung ausmacht —, so kann die Chinhydronbildung so formuliert werden:

$$O_{(\delta^-)}{=}\!\!\bigcirc\!\!{=}O^{(\delta^-)} \;+\; {}^{(\delta^+)}H{-}O{-}\!\!\bigcirc\!\!{-}O{-}H^{(\delta^+)} \;\rightarrow\; O\cdots H{-}O$$

Mit der Ausbildung der Wasserstoffbrückenbindung ist jedoch die Wechselwirkung zwischen der chinoiden und der benzoiden Komponente nur zum Teil beschrieben. Denn der Hydroxylwasserstoff der benzoiden Komponente ist für das Auftreten merichinoider Verbindungen gar nicht wesentlich, wie die Existenz von Chinhydronen verschiedener Phenoläther zeigt. Auch die Gegenwart von Sauerstoff in der benzoiden Komponente erübrigt sich. Freilich treten in diesem Falle Molekülverbindungen nur noch auf, wenn nicht allein der (δ^-)-Charakter der chinoiden Komponente durch Einführen weiterer elektronegativer Substituenten, vor allem Chlor, erhöht wurde, sondern auch eine stärker ausgeprägte Aromatisierung der benzoiden Komponente vorliegt. Kraft der Überkonjugation bewirken das z. B. einige in den Benzolkern eingeführte Methylgruppen[3].

Unter diesen Bedingungen läßt sich die Valenzkraft nicht mehr wie im Falle der Wasserstoffbrückenbindung an ein bestimmtes Atom fixieren. Man hat vielmehr, um mit PFEIFFER[4] zu sprechen, in der benzoiden Komponente ein „polyatomares Affinitätsfeld" vor sich, dessen Wirkung vielleicht am prägnantesten durch einen senkrecht auf der Ebene des Benzolkerns stehenden „*Affinitätsvektor*" symbolisiert werden kann. Wir erhalten somit beispielsweise für das Chinhydron aus Tetrachlorchinon und Tetramethyl-

---

[1] Unter Semichinon versteht MICHAELIS Substanzen, die ohne eine Änderung der Molekülgröße auf das mittlere Oxydationsniveau zwischen dem Chinon und dem Hydrochinon gehoben sind (semi = halb). Als Merichinon hingegen bezeichnet man dann eine Verbindung, wenn deren eine Hälfte ($\mu\acute{\varepsilon}\varrho o\varsigma$ = Teil) das Oxydationsniveau eines Chinons, deren andere das eines Hydrochinons besitzt.

[2] EISTERT, B.: Chemismus und Konstitution. Bd. 1. Stuttgart 1948.

[3] Dementsprechend verläuft auch die Änderung des Farbcharakters durch Einführen desselben Substituenten einmal in die chinoide, ein andermal in die benzoide Komponente hier bathochrom, dort hypsochrom.

[4] PFEIFFER, P.: Organische Molekülverbindungen. 2. Aufl. Leipzig 1927.

benzol folgendes räumliche Formelbild (wobei die Ebene des Benzolkerns im Durol senkrecht zur Papierebene stehend zu denken ist):

$$O\cdots H-O$$

Bleibt man sich dessen bewußt, daß die Wasserstoffbrückenbindung nur einen Teil der Wechselwirkung beschreibt, so besteht wohl kein Bedenken, sich der zuerst aufgeführten, vereinfachten Formulierung der Chinhydronbildung zu bedienen, vorausgesetzt, daß die benzoide Komponente einen durch (δ^+)-Charakter ausgezeichneten Wasserstoff besitzt. Dies ist bei den hier interessierenden Systemen stets der Fall, weshalb wir — prägnant gesprochen — feststellen können:

Die eigentümliche Verwendbarkeit von Chinhydron als Elektrodensubstanz beruht im wesentlichen auf dem labilen Charakter der Wasserstoffbrückenbindung.

Verhalten von Chinhydron in Lösung. Tritt das Chinhydron in Wechselwirkung mit einem Lösungsmittel, insbesondere mit Wasser, so öffnet sich die Mehrzahl der Wasserstoffbrückenbindungen. Wie unvollständig im wäßrigen Medium die Aufspaltung in Chinon und Hydrochinon bleibt, geht schon daraus hervor, daß beim Zugeben einer verdünnten farblosen Hydrochinonlösung zu einer schwach gelben Chinonlösung die für die Chinhydronbildung charakteristische Farbvertiefung eintritt, obwohl bei der gewählten geringen Konzentration ein Entstehen von Chinhydron in fester Form ausgeschlossen ist[1].

Es liegt also in wäßriger Lösung ein Gleichgewicht vor in dem Sinn:

$$O=\langle\rangle=O + HO-\langle\rangle-OH. \tag{40}$$

Daneben muß noch eine zweite Gleichgewichtsbedingung erfüllt sein. Denn Hydrochinon entsteht aus dem Chinon durch Reduktion (z. B. mittels Wasserstoff in Gegenwart eines Katalysators) und geht durch Oxydation (Dehydrierung) wieder in Chinon über. Es gilt deshalb zusätzlich:

$$O=\langle\rangle=O + H_2 \ \rightleftarrows \ HO-\langle\rangle-OH. \tag{41}$$

Wenden wir hierauf das Massenwirkungsgesetz an, so ergibt sich:

$$\frac{[H_2]\cdot\left[O=\langle\rangle=O\right]}{\left[HO-\langle\rangle-OH\right]} = \text{konst}, \tag{42}$$

und da die Konzentration von Wasserstoff in der Lösung nach dem HENRYschen Gesetz Gl. (38) proportional dem Wasserstoffdruck (p_{H_2}) ist:

$$p_{H_2} = K'\cdot\frac{\left[HO-\langle\rangle-OH\right]}{\left[O=\langle\rangle=O\right]}. \tag{43}$$

Bei einer gegebenen Temperatur (die Konstante K' ist temperaturabhängig) wird demnach der Druck des Wasserstoffes nur vom Verhältnis der Konzentration des Hydrochinons zum Chinon bestimmt und muß deshalb in jeder Lösung, die Chinon und Hydrochinon in äquimolaren Mengen enthält, einen konstanten, wohl definierten Wert haben. Das besagt, gelöstes Chinhydron prägt einer Elektrolytlösung ein Verhalten auf, als ob in diese Wasserstoff unter einem konstanten Druck eingeleitet würde.

---

[1] Näheres bringen die Untersuchungen über die Molekelarten in wäßrigen Chinhydronlösungen von WAGNER, C., u. K. GRÜNEWALD: Z. Elektrochem. **46**, 265 (1940).

Die Potentialbildung. Bringt man in eine chinhydronhaltige Lösung eine Edelmetall-elektrode, so muß sich diese, da sie unter einem definierten Wasserstoffdruck steht, so verhalten, als ob molekular gelöster Wasserstoff in atomarer Form adsorbiert werden würde. Es treten deshalb auch die übrigen Folgeerscheinungen ein, die bereits bei der Potentialbildung im Falle der Wasserstoffelektrode erörtert wurden. Das heißt die in chinhydronhaltiger Lösung stehende Edelmetallelektrode gleicht, elektromotorisch gesehen, einer Wasserstoffelektrode und kann wie diese zur Bestimmung der Wasserstoffionen-konzentration benützt werden.

Die oben gewählte Formulierung, eine chinhydronhaltige Lösung verhält sich so „als ob" sie unter einem wohl definierten Wasserstoffdruck stünde, „als ob" molekular gelöster Wasserstoff atomar adsorbiert würde, verlangt eine Beantwortung der Frage, weshalb die aufgezeigten Gesetzmäßigkeiten nur scheinbare sind.

Wir haben bisher über die Größe des Wasserstoffdruckes in einer Chinhydronlösung noch keine quantitativen Angaben zu gewinnen versucht. Es zeigt sich jedoch erst bei der quantitativen Behandlung des Problems, inwieweit die qualitativen Vorstellungen sinnvoll sind. Schaltet man eine Chinhydronelektrode über eine Elektrolytbrücke gegen eine Wasserstoffelektrode, die unter einem Wasserstoffdruck von 1 Atm. steht und läßt, um die Verhältnisse möglichst übersichtlich zu gestalten, beide Elektroden in Elektrolyt-lösungen derselben Wasserstoffionenkonzentration eintauchen, so findet man für eine derartige Elektrodenkombination bei 18° C eine Potentialdifferenz von 704,4 mV. Da die beiden Elektroden unter völlig analogen Bedingungen arbeiten, so muß aus dem ge-messenen Wert das Verhältnis des Wasserstoffdruckes der Chinhydronelektrode zum Wasserstoffdruck auf seiten der H_2-Elektrode errechenbar sein. Setzt man in Gl. (39) S. 549, für die Tension des eingeleiteten Wasserstoffes $p'_{H_2} = 1$ Atm. ein, so ergibt sich für p''_{H_2}, den Wasserstoffdruck der Chinhydronelektrode:

$$0{,}7044 = 2{,}30 \frac{R\,T}{n\,F} \cdot \log \sqrt{\frac{1}{p''_{H_2}}} \quad \text{oder} \quad p''_{H_2} = 10^{-24,4} \text{ Atm.}$$

Die Chinhydronelektrode verhält sich also so, als ob sie unter einem Wasserstoffdruck von $4 \cdot 10^{-25}$ Atm. stünde.

Dies ist eine rein formale Aussage, der kein physikalischer Inhalt zukommt. Denn 1 Mol eines Gases beansprucht bekanntlich bei Atmosphärendruck und 0° C ein Volumen von 22,4 Litern und bei 18° C und $4 \cdot 10^{-25}$ Atm. zufolge den Gasgesetzen einen Raum von $9{,}5 \cdot 10^{25}$ Litern, so daß jedem der $6 \cdot 10^{23}$ Molekeln ein Volumen von rund 158 Litern zur Verfügung stehen müßte.

Die Auffassung der Chinhydronelektrode als Elektrode unter einem wohldefinierten Wasserstoffdruck hat demnach nur formale Bedeutung („virtueller Wasserstoffdruck"). In Wirklichkeit spielt nichtionogener Wasserstoff bei der Ausbildung der EMK der Chin-hydronelektrode gar keine Rolle. Der elektromotorisch wirksame Prozeß verläuft auch nicht in drei Stufen gemäß den Gl. (35), (36) und (41), sondern in der Weise, daß außer ionogenem kein Wasserstoff in Erscheinung tritt. Dem entspricht eine Formulierung, die man durch Einführen der mit dem Faktor 2 multiplizierten Gl. (36) in Gl. (41) erhält, das ist:

$$2\,H^+ + 2\ominus + O{=}\langle\!\!\!=\!\!\!\rangle{=}O \rightarrow HO{-}\langle\!\!\!=\!\!\!\rangle{-}OH . \tag{44}$$

Dem Elektrodenmaterial fällt infolgedessen hier nicht die Aufgabe zu, als Wasserstoff-träger die Dissoziation des molekularen Wasserstoffes zu bewirken, sondern lediglich die Funktion eines Depolarisators des ionogenen Wasserstoffes. Ein Platinieren der Edel-metallelektrode erübrigt sich aus diesem Grunde; es ist sogar zu widerraten, da der Edelmetallmohr merkliche Mengen von Wasserstoff durch Absorption speichern und so die Einstellung des virtuellen Wasserstoffdruckes behindern würde. — Als reversibler Wasserstoffacceptor und damit Depolarisator im chemischen Sinne wirkt das Chinon.

Dieses eigentümliche Verhalten von gelöstem Chinhydron findet seinen Niederschlag in den Fehlern der Chinhydronelektrode, auf die wir bei der Besprechung der Anwendungsmöglichkeiten derartiger Elektroden näher eingehen werden.

Mit Rücksicht auf die im folgenden aufgeführten Varianten des potentialbestimmenden Redoxsystems erscheint es angebracht, den Vorgang der Potentialbildung der Chinhydronelektrode noch von einem anderen Gesichtspunkt aus zu beleuchten.

Im Zustand der Sättigung einer Lösung mit einer festen Substanz liegt ein Gleichgewicht zwischen dem Bodenkörper und dem gelösten Anteil vor. Wie sich mit Hilfe der Thermodynamik beweisen läßt, stellt bei gegebenem Druck und gegebener Temperatur die Aktivität der in Lösung gegangenen Substanz ($a_{\text{gel.}}$) eine Konstante dar, d. h. es gilt:

$$a_{\text{gel.}} = \text{konst.} \tag{45}$$

Berücksichtigt man, daß Gl. (43) strenggenommen nicht mit Konzentrationen, sondern mit Aktivitäten zu formulieren ist, also:

$$p_{\text{H}_2} = K' \cdot \frac{\left[\text{HO}-\langle\!=\!\rangle-\text{OH}\right]_a}{\left[\text{O}=\langle\!=\!\rangle=\text{O}\right]_a}, \tag{43a}$$

so erscheint die Vermutung naheliegend, daß zufolge Gl. (45) in einer mit Chinhydron gesättigten Lösung auch die Aktivitäten von Hydrochinon und Chinon von vornherein konstant sein müßten. Das ist aber nicht der Fall, denn fürs erste befindet sich eine an Chinhydron gesättigte Lösung nicht ohne weiteres auch hinsichtlich der beiden Komponenten im Sättigungszustand; sodann liegen in der Lösung die beiden Komponenten, falls sie nur durch Dissoziation des Chinhydrons entstehen, im Konzentrationsverhältnis 1:1 vor. Wegen der Gültigkeit von Gl. (31) kann deshalb das Aktivitätsverhältnis in Gl. (43a) nur dann = 1 sein, wenn auch für die Aktivitätskoeffizienten (vgl. S. 542) gilt:

$$(f_a)_{\text{Chinon}} = (f_a)_{\text{Hydrochinon}}. \tag{46}$$

Eine Beeinflussung der Potentialausbildung auf dem Wege über die Aktivitätskoeffizienten, d. h. Nichterfüllung von Gl. (46), tritt glücklicherweise erst in verhältnismäßig konzentrierten Lösungen in Erscheinung (vgl. Tabelle 2, S. 565), da es sich beim Hydrochinon wie beim Chinon um Neutralmolekeln handelt. Völlig unabhängig von der Anwesenheit von Fremdionen hingegen erfolgt die Potentialausbildung, wenn man eine der beiden Chinhydronkomponenten als Bodenkörper der Chinhydronelektrode zugibt, weil jetzt, da für Chinhydron $\rightleftharpoons$ Chinon + Hydrochinon das MWG:

$$\frac{[\text{Chinon}]_a \cdot [\text{Hydrochinon}]_a}{[\text{Chinhydron}]_a} = K \tag{47}$$

liefert, mit der Konstanz des Produkts der Komponenten auch die Aktivität jeder einzelnen Komponente festliegt.

Varianten des Elektrodenmaterials. Ähnlich wie es bei der Wasserstoffelektrode beschrieben wurde, besteht auch bei der Chinhydronelektrode die Möglichkeit, für das Elektrodenmaterial unter den Edelmetallen in weiten Grenzen zu wählen. Doch wird die katalytische Wirksamkeit von Platin hinsichtlich der Einstellgeschwindigkeit zunächst des Wasserstoffgleichgewichtes und als Folge davon des Elektrodenpotentials von keinem anderen Metall übertroffen. Gold an Stelle von Platin verwendet man des öfteren, wenn die hohe katalytische Wirksamkeit von Platin unerwünscht ist und Anlaß zu Nebenreaktionen sein könnte.

Eine Quecksilbertropfelektrode, wie sie bei polarographischen Untersuchungen Verwendung findet, benutzt man mit Vorteil in solchen Lösungen, in denen das Platinmetall vergiftet würde. Da sich die Oberfläche einer Tropfelektrode stetig erneuert, fällt hier eine Vergiftung weg. Das Potential der Hg-Tropfelektrode ist in chinhydronhaltigen Lösungen ebensogroß wie das einer Edelmetallelektrode[1].

Varianten des potentialbestimmenden Redoxsystems. Um einen definierten Wasserstoffdruck an Edelmetallelektroden zu erzielen, kann man an Stelle von p-Benzochinon auch andere reversible Redoxsysteme zur Anwendung bringen. Eine gewisse Bedeutung haben die folgenden Systeme erlangt:

---

[1] Müller, O. H., and J. P. Baumberger: Trans. amer. electrochem. Soc. 71, Preprint 34 (1937).

1. Das *Thymochinhydron*, eine Additionsverbindung aus 1 Mol 2-Methyl-5-isopropyl-benzochinon-(1,4) mit 1 Mol 2-Methyl-5-isopropyl-hydrochinon, entsprechend dem Formelbild:

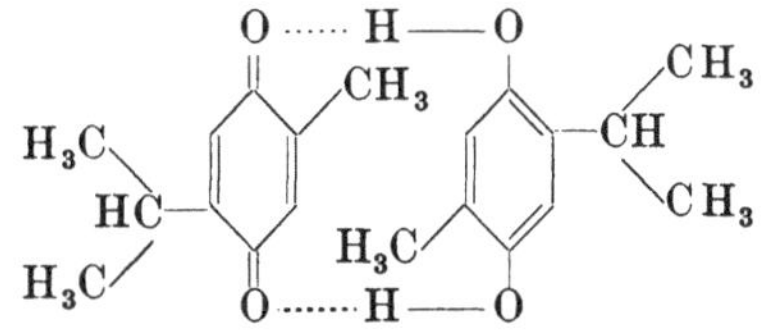

$$O \cdots H — O$$

Die beiden Komponenten findet man mit Rücksicht auf ihre leichte Zugänglichkeit aus Thymol, dem 1-Methyl-3-oxy-4-isopropylbenzol, auch unter den Trivialnamen „Thymochinon" bzw. „Thymohydrochinon".

Gegenüber dem p-Benzochinhydron, das nur bis zu einem p_H-Wert von 8,5 verwendbar ist, hat das Thymochinhydron den Vorteil, bis p_H 10,5 brauchbar zu sein[1]. Während jedoch die Kennlinie der p-Benzochinhydronelektrode gegenüber der Kennlinie der H_2-Elektrode um 702,7 mVolt (bei 20° C) positiver liegt, zeigt die der Thymochinhydronelektrode nur eine Parallelverschiebung von + 608 mVolt. Daraus folgt, daß die Thymochinhydronelektrode schon beim p_H 6,22 gegenüber der gesättigten Kalomelelektrode negativ wird. Im Gegensatz hierzu fällt bei der p-Benzochinhydronelektrode das Negativwerden des Potentials gegenüber der Kalomelelektrode mit der Grenze ihrer Verwendbarkeit praktisch zusammen. Das Thymochinhydron wird in Dioxan gelöst der zu untersuchenden Lösung zugesetzt.

2. *Das System Tetrachlor-p-benzochinon/Tetrachlor-hydrochinon.* Eine in ein derartiges Gemisch eintauchende Elektrode wird häufig, doch wenig treffend, als „Chloranil"-Elektrode bezeichnet. „Chloranil" stellt den an die erste Darstellung erinnernden Trivialnamen für 2,3,5,6-Tetrachlor-benzochinon-(1,4) dar, trifft also nur für die eine Komponente dieses Systems zu. Die viel prägnantere Bezeichnung „Tetrachlorchinhydron" kann freilich ohne weiteres auch nicht benutzt werden, da man zwar ein Trichlorchinhydron der Formel:

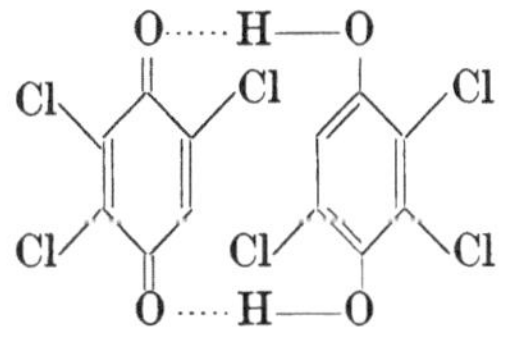

$$O \cdots H — O$$

isolieren konnte[2], nicht jedoch die analoge Tetrachlorverbindung.

Das System eignet sich vor allem für Untersuchungen in nichtwäßrigen Lösungsmitteln, die mit den beiden Komponenten zu sättigen sind. Die Bestimmung der Wasserstoffionenaktivität ein Eisessig, in Dioxan, insbesondere von Basen und Pseudobasen in Eisessiglösungen, vermochten CONANT u. a.[3] mittels dieses Systems durchzuführen. Die Kennlinie verläuft gegenüber der einer Wasserstoffelektrode in einer Lösung gleicher Zusammensetzung im Falle von Dioxan mit 50% Wasser um 715 mV, in reinem Eisessig um 680 mV positiver.

3. *Das System Hydrochinon/Chinhydron.* Lösungen, die an beiden Komponenten gesättigt sind (1 g Hydrochinon + 0,1 g Chinhydron auf 10 cm³ Flüssigkeit), zeigen die im nachstehenden (S. 565) aufgeführten Fehler der Chinhydronelektrode infolge Aktivitätsveränderung ihrer Komponenten nicht. Während die einfache Chinhydronelektrode u. a. in Phosphatlösungen mit Glucosegehalt versagt, lassen sich mit der Hydrochinon-Chinhydronelektrode auch in derartigen Lösungen einwandfreie p_H-Messungen durchführen[4].

[1] TENDELOO, H. J. C., J. S. BUY u. J. A. HUYSKES: Landbouwk. T. **50**, 742 (1938). — CONANT, J. B., and L. F. FIESER: Am. Soc. **45**, 2201 (1923).

[2] Beilstein **E II 7**, 581 (1948).

[3] HALL, N. F., and J. B. CONANT: Am. Soc. **49**, 3047 (1927). — CONANT, J. B., and T. H. WERNER: Am. Soc. **52**, 4436 (1930). — HESTON, B. O., and N. F. HALL: Am. Soc. **55**, 4729 (1933).

[4] BIILMANN, E., and H. KATAGIRI: Biochem. J. **21**, 441 (1927). — SCHREINER, E.: Z. physik. Chem. **111**, 410 (1924). BRODSKI, A. E., u. F. I. TRACHTENBERG: Z. physik. Chem. (A) **143**, 290 (1929). — ITANO, A., u. S. ARAKAWA: Ber. Ōhara Inst. landwirtsch. Forsch. **4**, 255 (1930).

Die Elektrodenkennlinie dieses Systems liegt 86,5 mV negativer als die der reinen Chinhydronelektrode. Die Zugabe von Hydrochinon verursacht freilich eine geringfügige Aktivitätsänderung der vorgelegten Lösung.

4. *Das System Chinon/Chinhydron.* Es besitzt gegenüber dem oben genannten System den Vorteil, daß das Sättigungsgleichgewicht mit Chinon erheblich leichter zu erreichen ist als mit Hydrochinon. Da auch Nichtelektrolyte sog. „Salzfehler" (vgl. S. 565) und zwar in derselben Größenordnung wie Elektrolyte verursachen, hat dies zur Folge, daß eine Veränderung der Ionenaktivitäten der zu untersuchenden Lösung, wie sie bei Sättigung mit Hydrochinon nicht ganz zu vermeiden ist, hier weniger als 0,01 p_H-Grad ausmacht. Wegen Einzelheiten muß auf die Literatur verwiesen werden[1].

Praktische Hinweise. *Vorzüge und Leistungsgrenzen der Chinhydronelektrode.* Wenn ihr auch im Laufe der letzten Jahre in der Glaselektrode ein ernsthafter Konkurrent erwuchs, so wird doch die Chinhydronelektrode von allen Elektrodenarten immer noch bevorzugt benutzt. Dies hat folgende Gründe:

1. Während die Wasserstoffelektrode in Lösungen, die reduzierbare Substanzen enthalten, zumeist versagt, ist der virtuelle Wasserstoffdruck der Chinhydronelektrode nahezu gleich Null, so daß von ihr keine reduzierende Wirkung ausgeht.

2. Bei kohlensäurehaltigen Lösungen treten keine CO_2-Verluste der zu prüfenden Flüssigkeiten ein, da jedes Gaseinleiten wegfällt.

3. Auch in teigigen Massen kann mit der Chinhydronelektrode gemessen werden, denn es genügt für eine einwandfreie Potentialbildung, die Proben mit Chinhydronkrystallen durchzukneten.

4. In zahlreichen organischen Lösungsmitteln läßt sich die Elektrode ebenfalls gebrauchen, wenn auch die gemessenen Potentiale — infolge der verschiedenen Löslichkeiten der Chinhydronkomponenten — gegenüber den Potentialen in wäßrigen Lösungen von gleicher Wasserstoffionenaktivität ein wenig verschieden sind. Eingehendere Untersuchungen der Reproduzierbarkeit der Chinhydronelektrode liegen vor für Methanol[2], Äthanol[3], Aceton[4], Glycerin[5], Benzol[6], Phenol[7], Kresol[7], Ameisensäure[8], Dioxan[9] und flüssiges Ammoniak[10].

5. Die Chinhydronelektrode ist von allen Elektroden am leichtesten herzustellen und am bequemsten zu handhaben.

Die Leistungsgrenzen der Chinhydronelektrode stehen mit dem oben diskutierten eigentümlichen Verhalten von gelöstem Chinhydron in ursächlichem Zusammenhang. Es ergeben sich die folgenden Einschränkungen[11]:

1. Die Alkalität der Untersuchungslösungen. Hydrochinon dissoziiert als schwache Säure in wäßriger Lösung nach dem Schema:

$$C_6H_4(OH)_2 \rightleftarrows C_6H_4(OH)O^- + H^+ \rightleftarrows C_6H_4O_2^{--} + 2H^+. \tag{48}$$

Mit zunehmender Alkalisierung des Mediums verschiebt sich das Gleichgewicht immer weiter nach rechts, d. h. es bilden sich die Salze von Hydrochinon. Durch dieses Übergehen in Ionenform wird ein Teil des Hydrochinons aus dem Verhältnis $\dfrac{[\text{Chinon}]_a}{[\text{Hydrochinon}]_a}$

[1] BIILMANN, E., et H. LUND: Ann. Chim., Paris [9] **16**, 321 (1921).

[2] EBERT, L.: B. **58**, 175 (1925). — KUHN, R., u. A. WASSERMANN: Helv. chim. **11**, 3 (1928).

[3] LARSSON, E.: Z. anorg. Chem. **140**, 292 (1924). — SCHREINER, E.: Z. physik. Chem. **111**, 419 (1924).

[4] CRAY, F. M., and G. M. WESTRIP: Trans. Faraday Soc. **21**, 326 (1925).

[5] ADELL, B.: Z. physik. Chem. (A) **186**, 27 (1940).

[6] LA MER, V. K., and H. C. DOWNES: Am. Soc. **55**, 1840 (1933).

[7] ROLLER, P. E.: J. physic. Chem. **34**, 367 (1930).

[8] HAMMETT, L. P., and N. DIETZ: Am. Soc. **52**, 4795 (1930).

[9] LYNCH, C. C., and V. K. LA MER: Am. Soc. **60**, 1252 (1938). — Dort auch zahlreiche weitere Angaben über Messungen in Lösungsmittelgemischen.

[10] ZINTL, E., u. S. NEUMAYR: B. **63**, 237 (1930).

[11] BIILMANN, E.: Bull. Soc. chim. France (4) **41**, 213 (1927).

herausgenommen und damit eine wesentliche Voraussetzung der Reproduzierbarkeit der p_H-Indicatorfunktion einer solchen Elektrode durchbrochen.

Es kommt eine zweite Fehlerquelle hinzu. Mit der Salzbildung ändert sich die Zahl der freien Wasserstoffionen. Ist die Lösung pufferarm, so kann sich hierdurch der p_H-Wert wesentlich verschieben. In gut gepufferten Lösungen fällt diese Störung weniger ins Gewicht.

Ein ernstliches Hindernis für die Verwendung der Chinhydronelektrode im alkalischen Medium liegt ferner in dem Umstand, daß sowohl Chinon als auch Hydrochinon gegen Luftsauerstoff mit zunehmender Alkalität immer unbeständiger werden. Die Geschwindigkeit, mit der der Sauerstoff einwirkt, hängt, sauerstofffreie Lösungen vorausgesetzt, vom Luftzutritt in das Elektrodengefäß ab. Bei p_H 8,5 geht die Aufnahme von Luftsauerstoff im allgemeinen so langsam vor sich, daß man die Potentialmessung beendigen kann, bevor die Zersetzung allzuweit fortgeschritten ist. Bei p_H 9 hingegen ist schon nach wenigen Sekunden die Oxydation des Chinhydrons so intensiv, daß sich das Potential der Chinhydronelektrode unaufhörlich verlagert. In pufferhaltigen Lösungen kann dementsprechend die Chinhydronelektrode etwa bis zum p_H 8,5, in pufferarmen bis p_H 7,5, in Wässern aller Art kaum bis zum Neutralpunkt verwendet werden.

2. Der Einfluß von Salzen. Wie SÖRENSEN und Mitarbeiter[1] zeigen konnten, liefert die Chinhydronelektrode fehlerhafte Resultate, wenn die zu untersuchende Lösung größere Mengen von Salzen enthält. Bis zu mäßigen Salzgehalten, d. h. etwa 0,2 n, wird die Reproduzierbarkeit der Chinhydronelektrode kaum berührt. Bei höheren Konzentrationen steigt jedoch der „Salzfehler" ziemlich rasch an. Die Chinhydronelektrode ergibt beispielsweise in chloridhaltigen Lösungen zu geringe Potentiale, woraus sich zu hohe p_H-Werte berechnen. In einigen Fällen kehrt sich das Vorzeichen des Salzfehlers um und man findet zu hohe Potentiale und damit zu geringe p_H-Werte. Dementsprechend muß z. B. der in einer sulfathaltigen Lösung gemessene p_H-Wert erhöht werden, während bei Anwesenheit von Chloriden und Nitraten die sog. „Salzkorrektur" des p_H-Wertes ein negatives Vorzeichen besitzt.

Diese Salzfehler lassen sich nicht voraus berechnen, sondern verlangen in jedem Fall gesonderte empirische Bestimmungen. Für einige charakteristische Fälle sind in Tabelle 2 die beobachteten Potentialabweichungen sowie die zugehörigen „Salzkorrekturen" der p_H-Werte zusammengestellt.

Tabelle 2. *Potentialänderungen einer Chinhydronelektrode mit dem Salzgehalt der Lösung (bei 25° C) sowie „Salzkorrekturen" zu den p_H-Werten.*

Salzgehalt	0,5 n	1,0 n	2,0 n	3,0 n	4,0 n	5,0 n	$(NH_4)_2SO_4$
Potentialabweichung .	$+1,1$	$+2,2$	$+4,6$	$+6,8$	$+9,2$	$+11,5$	mV
„Salzkorrektur" . . .	$+0,019$	$+0,038$	$+0,078$	$+0,116$	$+0,156$	$+0,194$	$\varDelta p_H$
Salzgehalt	0,5 n	1,0 n	2,0 n	3,0 n	4,0 n	—	NaCl
Potentialabweichung .	$-1,2$	$-2,6$	$-5,6$	$-8,6$	$-11,7$	—	mV
„Salzkorrektur" . . .	$-0,021$	$-0,045$	$-0,094$	$-0,145$	$-0,300$	—	$\varDelta p_H$

Das Auftreten des Salzfehlers beruht darauf, daß durch die Anwesenheit von Salzen in einer Lösung die Aktivitätskoeffizienten (vgl. S. 542) sowohl von Chinon als auch von Hydrochinon geändert werden, wodurch sich zwar nicht die Konzentration dieser Stoffe, wie auf S. 562 gezeigt wurde, wohl aber deren Aktivitäten ändern und zwar in verschieden starkem Maße. Damit steigt bzw. fällt der von ihrem gegenseitigem Verhältnis abhängige virtuelle Wasserstoffdruck.

In stark fetthaltigen Lösungen tritt dem Salzfehler analog ein sog. „Fettfehler" in Erscheinung, der darauf beruht, daß Chinon in Fett eine erhöhte Löslichkeit besitzt und demnach seinem ursprünglichen Gleichgewicht mit dem Hydrochinon entzogen wird.

3. Anwesenheit mit dem Chinhydron reagierender Substanzen. Alle Substanzen, die durch Reaktion mit Chinon oder Hydrochinon das im Chinhydron vorgegebene Aktivitätsverhältnis stören, beeinflussen naturgemäß auch die Potentialbildung. Da das Redox-

---

[1] SÖRENSEN, S. P. L., M. SÖRENSEN u. K. LINDERSTRÖM-LANG: Ann. Chim., Paris [9] **16**, 283 (1921). — Weiterhin: TAMMANN, G., u. E. JENCKEL: Z. anorg. Chem. **178**, 337 (1928).

system Chinon/Hydrochinon ziemlich hoch in der Redoxpotentialskala gelegen ist (vgl. Abb. 1, S. 645), ist die Chinhydronelektrode stärker gegen Reduktionsmittel als gegen Oxydationsmittel empfindlich. So können z. B. verdünnte Salpetersäure oder Pikrinsäure noch gemessen werden, während die Anwesenheit von Reduktionsmitteln wie Eisen(II)-sulfat jede Messung unmöglich macht. Bei Untersuchungen in biologischen Flüssig-keiten ist dementsprechend die Beeinflussung durch irgendwelche Redoxprozesse meist ziemlich erheblich.

Bis zu einem gewissen Grad kann man derartige Störungen ausschalten, indem man rasch und soweit möglich bei 0° C arbeitet, da dann der Ablauf der störenden Redox-reaktionen erheblich verlangsamt wird.

Sehr lästig kann bei Arbeiten mit biologischen Substanzen auch der sog. „Eiweiß-fehler" der Chinhydronelektrode werden. Er beruht auf einer dem Gerbprozeß ähnlichen Reaktion von Chinhydron mit dem Eiweiß. Durch Verdünnung der Lösung und dadurch bedingte Veränderung der Eiweißkonzentration läßt sich der Fehler wesentlich verringern. Andererseits scheint die Störung bei Anwesenheit von Hämoglobin nicht so groß zu sein, wie ursprünglich einige Autoren gefunden zu haben glaubten. Wegen Einzelheiten muß auf die eingehende Untersuchung von REIMERS[1] verwiesen werden.

4. Vergiftungen des Elektrodenträgermaterials. Ähnlich wie bei der Wasserstoffelektrode besteht auch für die Chinhydronelektrode die Gefahr einer Vergiftung des Elektroden-trägermaterials. Doch ist die Chinhydronelektrode in dieser Beziehung weniger anfällig als jene, was vor allem mit der geringen Oberflächenaktivität der nichtplatinierten Platin-elektrode zusammenhängt.

Elektrodenformen. Da eine Chinhydronelektrode sich wie die Wasserstoffelektrode unter einem sehr kleinen Wasserstoffdruck verhält, können die S. 552—556 beschriebenen Gefäße ohne weiteres auch für Chinhydronfüllung verwendet werden. Die bei der Wasser-stoffelektrode nötigen Rohrstutzen für die Zu- und Ableitung des H_2-Gases erübrigen sich. Doch gewinnt man durch Anbringung der Rohrstutzen den Vorteil, die Zelle in universaler Weise je nach Bedarf als Chinhydron-, als Wasserstoff- oder als Antimon-elektrode verwenden zu können. Kombiniert man ein derartiges Halbelement mit einer Elektrolytbrücke und einer Bezugselektrode zu einem geschlossenen Ganzen, so entsteht eine sog. Universalmeßkette. Abb. 12 zeigt eine handelsübliche Ausführungsform[2].

A auswechselbare Meßelektrode, *B* Bezugselektrode ($KCl/Hg_2Cl_2/Hg$), *C* Mantelrohr mit An-schlußstutzen (Füllung: gesättigte KCl-Lösung), *D* poröser Tonstift, *E* Meßlösung, *F* Nachfüllstutzen, *G* Quetschhahn, *H* Gummistopfen, *J* Glasverschluß, *K* Stativklammer.

Handhabung: Das Mantelrohr mit der Kalomelelektrode wird einschließlich Anschlußstutzen bis dicht unter den eingezogenen Hals mit gesättigter KCl-Lösung beschickt. Sodann setzt man den Gummistopfen ohne den Glasverschluß wieder auf und holt durch Neigen und leichtes Schütteln die im Anschlußstutzen zurückgebliebenen Luftblasen heraus. Um ein Auslaugen der KCl-Krystalle in der Kalomelelektrode auf ein Mindestmaß zu beschränken, ist es ratsam, anschließend etwas festes Kaliumchlorid in das Mantelrohr einzugeben. Zuletzt wird der Gummistopfen mit dem kleinen Glas-verschluß abgedichtet, damit die KCl-Lösung nicht durch den Tonstift wegsickern kann.

Will man mit der Chinhydronelektrode messen, so nimmt der mehrfach durchbohrte Gummi-stopfen das Thermometer, die Kalomelelektrode und eine Platinelektrode auf. Soll mit einer Wasser-stoffelektrode gearbeitet werden, verschließt man den Nachfüllstutzen mit einem Gummistopfen, der das Wasserstoffeinleitungsrohr trägt. Der Wasserstoff streicht ab durch eine 4. (in der Abbildung nicht gezeichnete) Bohrung im Gummistopfen über dem Meßraum. Durch diese Bohrung kann Luft eingeleitet werden, will man an Stelle der Platinelektrode eine Antimonelektrode verwenden.

Chinhydronelektroden lassen sich, wie weiter unten näher ausgeführt wird, nicht nur als Meßelektrode, sondern auch als Bezugssystem verwenden. Zwei solcher Halbelemente gegeneinander geschaltet stellen die einfachste Form einer galvanischen Kette mit p_H-proportionaler EMK dar. Eine bewährte Makroform dieses Typs ist die Chinhydron-elektrodenkette nach MISLOWITZER[3] (Abb. 13).

---

[1] REIMERS, K.: Z. ges. exp. Med. **67**, 327 (1929).
[2] Der Firma L. Pusl, München, Goethestr. 54.
[3] MISLOWITZER, E.: B. Z. **159**, 77 (1925).

A Innenbecher, *B* Außenbecher, *C* Doppelschliffkappe mit innerer Schliffkappe *D* und äußerer Schliffkappe *E*, *F* Platinelektrode, *G* Thermometer mit Schliff.

Als Elektrolytbrücke dient die capillare Flüssigkeitshaut zwischen Innenbecher und innerer Schliffkappe.

Handhabung: Man stellt zunächst die Elektrolytbrücke durch Füllen des Innenbechers mit gesättigter KCl-Lösung und provisorisches Aufsetzen der Doppelschliffkappe her. Nach ein paar leichten Drehbewegungen hat sich genügend KCl-Lösung in den Schliff eingesaugt. Nun wird der Außenbecher unter Zugabe von festem Chinhydron mit der Lösung für die Bezugselektrode bis fast zum Rand gefüllt und die Doppelschliffkappe mit anhängendem Innenbecher aufgesetzt. Die Bezugslösung im Außenbecher muß nun so hoch stehen, daß sie die obere Schliffkante der inneren Kappe vollständig bedeckt. Durch den Thermometer- und den Elektrodenschliff geschieht die Füllung und Entleerung des Innenbechers mit der zu untersuchenden Lösung.

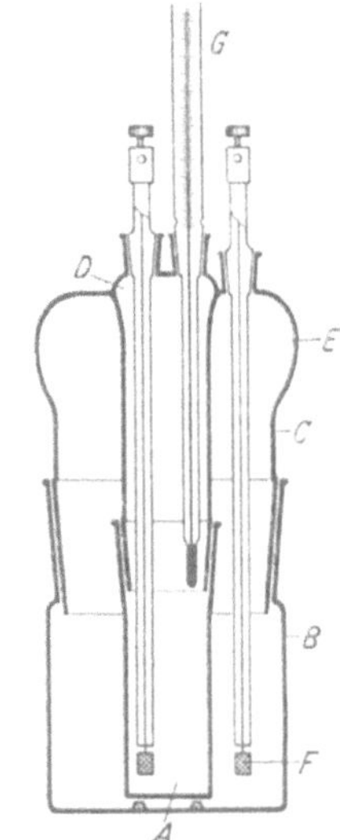

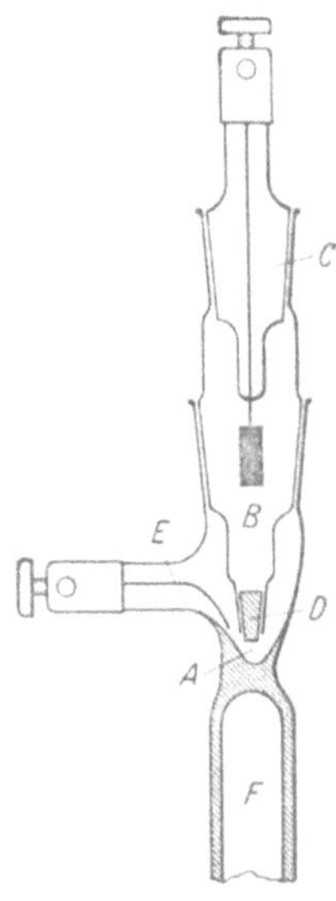

Abb. 12. Universalmeßkette für Wasserstoff-, Chinhydron- und Antimonelektroden.

Abb. 13. Chinhydronelektrodenkette nach MISLOWITZER.

Abb. 14. Chinhydronelektrodenkette nach KUNTARA.

Ein erheblicher Vorteil dieser Elektrodenkette ist darin zu sehen, daß man die äußere Chinhydronfüllung 8—14 Tage lang nicht zu erneuern braucht. Der p_H-Wert der Bezugselektrode ändert sich hierbei allerdings je Tag um etwa 0,01—0,02 p_H-Einheiten. Der genaue Wert muß deshalb zu Beginn eines jeden Arbeitstages z. B. durch Vergleich mit einem VEIBEL-Halbelement bestimmt werden. Da diese Messung nur 1 min beansprucht, ist sie für den Vorteil eines länger verwendbaren Chinhydronhalbelementes leicht in Kauf zu nehmen. Der Innenbecher kann nach jeder einzelnen Messung in einfachster Weise unter der Wasserleitung ausgespült werden.

Von den verschiedenen Varianten, die die Chinhydronelektrodenkette insbesondere für Mikrountersuchungen gefunden hat, sei die von KUNTARA[1] angegebene Form (Abb. 14) hervorgehoben.

A Meßelektrodengefäß, *B* Bezugselektrodengefäß, *C* Schliffkern mit Platinelektrode, *D* Glasschliffstöpsel, *E* Platindraht, *F* Aufsteckhalterung.

Handhabung: Man tunkt den unteren offenen Schliff des Bezugselektrodengefäßes einige Millimeter tief in eine gesättigte KCl-Lösung, läßt den Glasschliffstöpsel hineinfallen und klopft ihn mit einem dünnen Glasstab im Schliff fest. Die hierbei zwischen Schliffhülse und Kern entstehende Flüssigkeitshaut wirkt als Elektrolytbrücke. Das Einfüllen der Meß- und der Bezugslösung geschieht in gewohnter Weise (s. S. 568): Die Bezugselektrode ist ohne Erneuerung der Füllung mehrere Tage gebrauchsfähig, falls sie gleich nach dem Gebrauch am unteren Ende mit Aqua dest. abgespült und in den Pausen zwischen den einzelnen Messungen in gesättigte KCl-Lösung eingehängt wird.

Eine weitere bewährte Form einer Mikrochinhydronelektrode stellt das von FUHRMANN[2] angegebene Modell dar.

---

[1] KUNTARA, W.: H. **204**, 54 (1932).

[2] FUHRMANN, F.: Elektrometrische p_H-Messungen mit kleinen Lösungsmengen. Wien 1941. Ferner Glastechn. Ber. **19**, 333 (1941).

Es handelt sich hierbei um eine Variante der bereits beschriebenen FUHRMANNschen Wasserstoffelektrode für infektiöses Material. Der Meßtischträger mit Blasenzähler (Abb. 9, S. 555, Legende *H*) wird durch einen Schliffbecher ersetzt, in dessen Längsachse ein Glasstab mit einem Grübchen am freistehenden oberen Ende eingeschmolzen ist. Vor der Messung legt man einige mit H_2O getränkte Papierschnitzel in den Schliffbecher, um die nötige Wasserdampftension im Meßraum herzustellen.

Einer weiteren Verkleinerung der Chinhydronelektrode scheinen kaum Grenzen gesetzt zu sein. Den Rekord in dieser Hinsicht halten wohl PIERCE und MONTGOMERY[1] mit ihrer Mikro-Capillar-Chinhydronelektrode, die in den Gefäßknäuel der Nierenrinde des Frosches eingeführt werden kann (Abb. 15).

A Quarzcapillare, *B* Platin-Iridiumdraht (0,08 mm ⌀), *C* Einlaßöffnung (0,1 mm ⌀), *D* Chinhydronkruste, *E* DE KHOTINSKY-Cementeinschmelzung, *F* Ende des Dreiweghahnes, *G* Quecksilberfüllung.

Handhabung: Die fertig zusammengebaute Apparatur bildet ein vollständig mit Quecksilber gefülltes System, bestehend aus Niveaugefäß, Gummischlauch, Dreiweghahn und Quarzcapillare mit eingespannter Pt-Ir-Elektrode. Vermittels eines mit dem Dreiweghahn festverbundenen Mikromanipulators wird die Spitze der Quarzcapillare in das zu untersuchende Medium eingeführt. Durch Verstellen des Hahnes und des Hg-Niveaugefäßes erreicht man, daß die vorgelegte Flüssigkeit in dem Maß, in dem sich das Quecksilber zurückzieht, in die Capillare eindringt. Kommt sie hier mit der Chinhydronkruste auf dem Pt-Ir-Draht in Berührung, so bildet sich ein p_H-proportionales

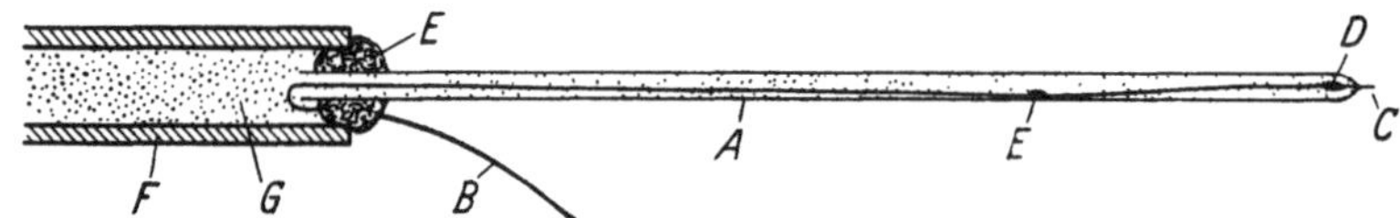

Abb. 15. Mikrocapillar-Chinhydronelektrode nach PIERCE und MONTGOMERY.

Chinhydronhalbelement aus. Für eine Messung genügt eine Flüssigkeitsmenge von $^1/_{10}$ mm³. Die Chinhydronkruste stellt man her durch Aufblasen eines Luftstromes auf die Oberfläche einer Aceton-Chinhydronlösung, in die der Pt-Ir-Draht eingehängt ist.

Das Arbeiten mit der Chinhydronelektrode. Man versetzt die zu messende Lösung mit einer beliebigen Menge Chinhydron, schüttelt einige Sekunden lang um und kann dann sofort das Potential messen. Es ist durchaus nicht nötig, so lange zu schütteln, bis sich die Lösung an Chinhydron gesättigt hat. Doch soll stets ein Bodenkörper an festem Chinhydron vorhanden sein. Aus diesem Grunde gibt man zweckmäßig an krystallisierter Substanz so viel zu, daß auf alle Fälle ein Überschuß an festem Chinhydron vorliegt. Dies bedeutet, daß etwa 100 mg für je 25 cm³ Lösung aufzuwenden sind. (Die Löslichkeit von Chinhydron beträgt bei 20° C 0,320 g je 100 g H_2O.)

Statt festes Chinhydron zuzugeben, kann man auch Chinhydron in alkoholischer Lösung zusetzen. Beim Eingießen in die wäßrige Elektrolytlösung fällt dann der Überschuß an Chinhydron aus. Doch setzt diese Methode voraus, daß man sich die alkoholische Lösung täglich frisch bereitet, was erfahrungsgemäß gerne übersehen wird.

Das als Wasserstoffüberträger wirkende Edelmetall soll bei der Messung mit seiner gesamten Oberfläche in der Elektrolytlösung untergetaucht sein. Die beste Potentialeinstellung erhält man, wenn die Elektrode bis in den Bodenkörper hineinragt.

Fehlerhafte Anwendung der Elektrode. Die Chinhydronelektrode stellt sich in der überwiegenden Mehrzahl der Fälle in wenigen Sekunden auf einen konstanten Potentialwert ein. Bildet sich das Potential verzögert aus, so liegt Verdacht auf eine Störung nahe.

In biologischen Flüssigkeiten und bei Lösungen erhöhter Viscosität ist eine Verlangsamung der Potentialeinstellung an sich nichts Ungewöhnliches. Falls hierbei das Potential 1—2 min lang allmählich ansteigt und dann konstant bleibt, so kann dieser Wert als der richtige angesehen werden, vorausgesetzt, daß der aufgetretene Potentialanstieg nicht mehr als 10 bis höchstens 15 mV ausmacht.

Viel ernster sind Störungen zu nehmen, bei denen die Potentialausbildung durch Umsetzung von Chinhydron mit Bestandteilen der Lösung hervorgerufen wird. Bei entsprechender Reaktionsbereitschaft kann sich die Potentialänderung von Anfang an

---

[1] PIERCE, J. A., and H. MONTGOMERY: J. biol. Ch. 110, 763 (1935).

auswirken und innerhalb von wenigen Minuten zu ganz „unmöglichen" Potentialwerten führen. Man hat dann die oben besprochenen Grenzen der Verwendbarkeit der Chinhydronelektrode überschritten. Als Kennzeichen hierfür kann das Verhalten der Elektrode beim Umschütteln der Lösung angesehen werden. Geht die eingeleitete Potentialverschiebung zurück, so spricht dies für eine vorausgegangene Reaktion zwischen dem Chinhydron und der Elektrolytlösung, die durch das Auflösen von festem Chinhydron zum Teil ausgeglichen wurde.

Spielen sich derartige Reaktionen verhältnismäßig langsam ab, so daß erst im Verlauf von einigen Minuten eine Einwirkung auf das Potential bemerkbar wird, so kann man durch schnelles Arbeiten noch einen brauchbaren Anfangswert erhalten. Auf alle Fälle ist es angebracht, sich vom zeitlichen Verlauf der Potentialeinstellung ein Bild zu machen, um die Zuverlässigkeit der erhaltenen Potentialwerte beurteilen zu können.

3. Die Glaselektrode.

Wissenschaftliche Grundlagen. Während bei den beiden bisher behandelten Elektroden die theoretischen Grundlagen als vollständig geklärt angesprochen werden können, ist dies bei der Glaselektrode nicht der Fall. Zwar vermögen die heute vorliegenden Arbeitshypothesen die wesentlichen experimentellen Tatsachen auch in zahlreichen Einzelheiten schon recht gut wiederzugeben, doch ist es bislang nicht möglich gewesen, die verschiedenen Auffassungen zu einer einheitlichen Theorie der Glaselektrode zu verschmelzen. Ein konkretes Beispiel: Die Glaselektrode verhält sich in vieler Hinsicht so, als ob ihre Membran ein selektiv permeables Ionensieb darstellte. Hierzu im Widerspruch steht die Erfahrung, daß es möglich ist, das durch Ionenaustausch auf der einen Seite der Membran gebildete Potential auf der anderen Seite durch einen Metallüberzug — also vermittels reiner Elektronenleitfähigkeit — abzunehmen. Die folgenden Zeilen sollen deshalb der phänomenologischen Betrachtungsweise größeres Gewicht beilegen als den theoretischen Deutungsmöglichkeiten.

Das elektromotorische Verhalten von Glasmembranen. Die Verwendbarkeit von Glaselektroden zur Messung der Wasserstoffionenkonzentration beruht darauf, daß sich an der Grenzfläche zwischen Glas und Elektrolytlösung Potentialsprünge ausbilden, die bei manchen Glassorten vorzugsweise oder nahezu ausschließlich vom p_H der angrenzenden Lösung abhängen.

Schott sowohl wie Förster vermochten zu zeigen, daß durch eine Art von Quellungsvorgang das Glas Wasser aufzunehmen imstande ist. Haber, dem ein entscheidender Anteil an der Entwicklung der Glaselektrode zukommt, nahm an, daß die gequollene Glasoberfläche eine besondere Form einer Wasserphase darstellt, in der die Konzentration der Wasserstoff- und Hydroxylionen eindeutig festliegt, unabhängig vom p_H der angrenzenden Lösung. Für die Habersche Auffassung spricht die weitreichende Ähnlichkeit des Verhaltens der Membran gegenüber ihrer Umgebung mit der Wirkung einer Metallelektrode, die im Gleichgewicht mit einem ihrer Salze steht, das als Bodenkörper in einer zu dem Salz anionengleichen Lösung vorliegt.

Für die Kette beispielsweise:

$$Ag\,/\,AgCl\ fest\,/\,0,1\ n\ KCl\ gesättigt\ mit\ AgCl\,/\,0,1\ n\ KNO_3\ (als\ Zwischenflüssigkeit)\,/\,0,1\ n\ AgNO_3\,/\,Ag$$

ist im Anodenraum wegen der Konstanz des Löslichkeitsproduktes von AgCl die Konzentration der Ag^+-Ionen allein durch die Konzentration der Cl^--Ionen festgelegt, während im Kathodenraum bei einer Erhöhung der Zahl der Anionen die Konzentration der Silberionen unverändert bleibt. Die Zahl der Ag^+-Ionen im Anodenraum und damit die Löslichkeit von Silberchlorid kann aus der gemessenen EMK der galvanischen Kette nach der Nernstschen Formel mit Hilfe der bekannten Silberionenkonzentration im Kathodenraum berechnet werden.

Auf die Glaselektrode übertragen führt dieser Vergleich zu folgender Vorstellung: In der Quellschicht der Membran besitzt die Wasserstoffionenkonzentration und unabhängig davon auch die Hydroxylionenkonzentration einen ganz bestimmten, vom p_H der angrenzenden Lösung nicht beeinflußten Wert. Es wird sonach für die Quellschicht ein konstanter Eigen-p_H-Wert angenommen. In der angrenzenden Lösung hingegen ist das Produkt aus $[H^+]$- und $[OH^-]$-Ionen, das ist das Ionenprodukt des Wassers, als Konstante vorgegeben. Dem entspricht folgende galvanische Kette:

$$H_2(Pt) \Big/ \begin{matrix} H_2O \rightleftharpoons H^+ + OH^- \\ \text{in Lösung} \end{matrix} \Big/ \overset{\nearrow \text{Phasengrenzfläche der Membran}}{\begin{matrix} H_2O \rightarrow H^+ + OH^- \\ \text{in Quellschicht} \end{matrix}} \Big/ H_2(Pt), \tag{49}$$

worin die Gesamt-EMK unter der Voraussetzung gleichen Wasserstoffdruckes an den beiden Platinelektroden gleich Null ist. Für die EMK der linksseitigen Elektrode liefert die NERNSTsche Formel den Ausdruck:

$$E_1 = E_0 + \frac{RT}{nF} \ln c_{H^+}, \tag{50}$$

während für die rechtsseitige Elektrode entsprechend der konstanten H^+-Ionenkonzentration in der Quellschicht der Membran

$$E_2 = k' \tag{51}$$

gilt. Für den Potentialsprung E_{gr} in der Phasengrenzfläche der Glasmembran ergibt sich hieraus, da $E_1 + E_2 + E_{gr} = 0$ sein muß:

$$-E_{gr} = E_1 + E_2 = \frac{RT}{nF} \cdot \ln c_{H^+} + k''. \tag{52}$$

Dies besagt: die Phasengrenzfläche Membran/Elektrolytlösung verhält sich wie eine reversible Wasserstoffelektrode unter konstantem Wasserstoff-Partialdruck. Eine Änderung der Wasserstoffionenkonzentration in der an die Glasmembran angrenzenden Lösung verursacht einen der NERNSTschen Formel gehorchenden Potentialsprung an der Membran.

Befinden sich rechts sowohl wie links der Membran Quellschichten und Elektrolytlösungen, so bilden sich Potentialdifferenzen aus, die dem p_H-Unterschied der beiden angrenzenden Lösungen proportional sind. Dient als eine der beiden Lösungen eine solche mit bekanntem p_H-Wert, so kann durch eine Messung der Potentialdifferenz der durch die Glasmembran getrennten Lösungen die Wasserstoffionenkonzentration in der unbekannten Lösung festgestellt werden. Hierauf beruht im wesentlichen die Verwendbarkeit der Glaselektrode als p_H-Indicator.

Das Vorzeichen des an der Membran sich ausbildenden Potentialsprungs ist aus der skizzierten Modellvorstellung leicht abzuleiten. Es liegen im Prinzip dieselben Verhältnisse vor, die zur Ausbildung eines Diffusionspotentials führen (vgl. S. 608).

In saurer Lösung ist die Zahl der H^+-Ionen größer als die der OH^--Ionen. Durch ihr Abwandern in die Kieselgelschicht der Glasmembran bleibt die Lösung negativ geladen zurück oder exakter ausgedrückt, befindet sich die Lösung auf einem negativeren Potentialniveau als die Membran; denn der Überschuß an negativen Ladungen in der Lösung beschränkt sich praktisch auf die der Phasengrenzfläche unmittelbar anliegende nur wenige Ionendurchmesser dicke Lösungsschicht (vgl. die schematische Darstellung der Abb. 16).

Im alkalischen Milieu liegen die Verhältnisse genau entgegengesetzt. Die OH^--Ionen lassen die der Membran anliegende Flüssigkeitsschicht positiv geladen zurück. Die alkalische Lösung zeigt somit gegenüber der Membran einen positiven Potentialvorspann.

Es wird aus der entwickelten Vorstellung ersichtlich, daß an einer zwischen 2 Lösungen gestellten Glasmembran der Potentialsprung nicht von der absoluten Acidität bzw. Alkalität der Lösungen abhängt, sondern nur vom Verhältnis der Wasserstoffionenkonzentration der beiden Lösungen zueinander. Die in der schematischen Darstellung rechts der Membran befindliche Lösung braucht in Wirklichkeit keineswegs alkalisch zu sein. Das Vorzeichen des Potentialsprungs setzt nur voraus, daß die Lösung weniger sauer reagiert als das Medium links von der Membran. In völliger Analogie zu den Verhältnissen, die beim Entstehen von Diffusionspotentialen zwischen 2 Lösungen von verschiedener H^+-Ionenkonzentration zu beobachten sind, gilt also auch für die Glasmembran, daß die Elektrolytlösung mit dem höheren p_H-Wert das positivere Potential annimmt.

Um den entstandenen Potentialsprung an der Glasmembran zu messen, pflegt man aus Gründen, auf die wir weiter unten noch des näheren einzugehen haben (s. S. 576), je eine sog. Hilfselektrode in die beiderseitigen Lösungen zu stecken und die EMK zwischen diesen zu bestimmen. Das Potential wird durch den gemessenen Wert eindeutig festgelegt bis auf das Vorzeichen der EMK der gebildeten galvanischen Kette.

Nimmt man, um an Abb. 16 anzuknüpfen, die rechtsseitige Hilfselektrode als Bezugspol, so erscheint die linksseitige Elektrode negativ und demnach die EMK der entstandenen galvanischen Kette unter negativem Vorzeichen. Sieht man indessen die linksseitige Elektrode als Bezugspol an, so ist ihr gegenüber die rechtsseitige Elektrode positiv und deshalb die EMK jetzt ebenfalls positiv zu rechnen. Beide Standpunkte sind einander gleichwertig, so lange nicht eine der beiden Lösungen bzw. Elektroden vor der anderen ausgezeichnet wird. Dies ist in Wirklichkeit stets der Fall; denn die Bezugslösung hat einen definierten p_H-Wert und demzufolge die in sie eintauchende Hilfselektrode ein konstantes Pegelpotential, während p_H und Potential der anderen Hilfselektrode sich mit der Wasserstoffionenkonzentration der Meßlösung verändern.

Es hat sich in Deutschland ziemlich allgemein die Gepflogenheit herausgebildet, von der Hilfselektrode in der Meßlösung ausgehend die EMK einer Glaselektrodenkette zu zählen. Der Ver-

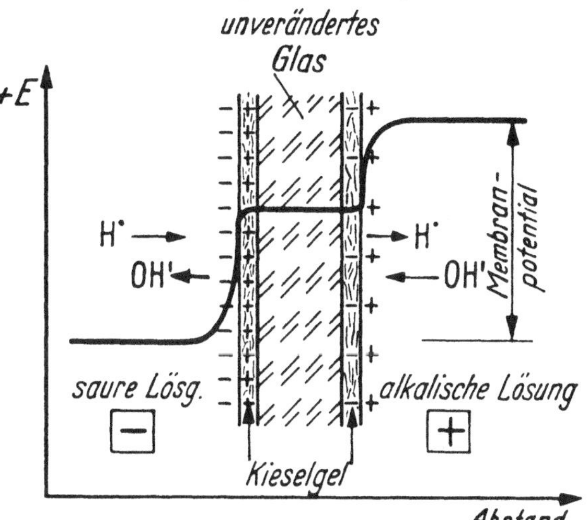

Abb. 16. Potentialsprünge an einer Glasmembran zwischen 2 Elektrolytlösungen verschiedener H^+-Ionenkonzentration.

fasser kann diesem dem physikalischen Sinn der Potentialzuordnung widersprechenden Gebrauch nicht folgen. Er zählt das Vorzeichen der EMK durchweg **positiv, wenn die Meßelektrode der positive Pol gegenüber der Bezugselektrode ist, und negativ, wenn die Meßelektrode den negativen Pol darstellt.**

Der innere Widerspruch, der in der anderen Potentialzählung steckt, wird vielleicht am schnellsten offenbar, wenn man sich nach dem Potential der Meßelektrode gegenüber einer 3. Elektrode, etwa einer Normal-Wasserstoffelektrode, fragt. Angenommen die Bezugselektrode habe ein Pegelpotential von $+250$ mVolt, die mit ihr zur galvanischen Kette vereinigte Meßelektrode liefere (im Sinne der gebräuchlichen Zählung) eine EMK von -100 mV. Da eine negative EMK eine mit wachsendem p_H-Wert fallende Kennlinie bedeutet (vgl. Abb. 2, S. 546), so würde man aus der üblichen Potentialzuordnung heraus der Meßelektrode ein Potential von $+150$ mV gegenüber der Normal-Wasserstoffelektrode zuschreiben, während das tatsächliche Pegelpotential $+350$ mV beträgt. Mit der Zählung der EMK im Sinne des Verfassers ergibt sich dieser Wert zwangsläufig.

Als Begründung für die bisher im Gebrauch befindliche Potentialzählung bei Glasmembranen wird aufgeführt, daß nur bei dieser Vorzeichengebung die Kennlinien von Glaselektroden denselben Verlauf zeigen wie die einer Elektrode I. Art. Das ist richtig. Doch wird durch eine solche Vorzeichennormierung letzten Endes nur über die physikalische Tatsache hinweggetäuscht, daß eine Glasmembran sich in Wirklichkeit nicht wie eine Elektrode I. Art verhält, sondern wie eine Phasengrenzfläche zwischen zwei ineinander diffusiblen Elektrolytlösungen.

Elektrodenpotential und Ionenaustauschbarkeit. Auch wenn man vom Vorzeichen absieht, so stellt das oben beschriebene Verhalten der Glasmembran analog einer reversiblen Wasserstoffelektrode einen Idealfall dar, der von Glaselektroden nur unter günstigen

Bedingungen erreicht wird. Schon HABER bemerkte, daß schwerschmelzende Gläser in extremen Konzentrationsbereichen Potentialsprünge ergeben, die nur ein Drittel bis etwa die Hälfte der an leichtschmelzbaren Gläsern auftretenden elektromotorischen Kräfte ausmachen.

Wie HOROVITZ[1] als erster feststellte, muß bei der Ausbildung des Phasengrenzpotentials zwischen Membran und Lösung eine erheblich aktivere Mitwirkung des Glases angenommen werden, als es der Bildung einer festhaftenden Wasserhaut nach der HABERschen Vorstellung entspricht. Hiernach ist für die Potentialbildung die Adsorptionsfähigkeit des Glases für Ionen aus der Lösung sowie deren Austauschbarkeit gegen auf Gitterplätzen des Glaskörpers sitzende Ionen entscheidend, ein Vorgang, der durch die Glaszusammensetzung und bis zu einem gewissen Ausmaß auch durch das Herstellungsverfahren der Gläser gesteuert wird. Die Adsorption von Wasser und damit die Bildung einer Quellschicht im Sinne von HABER erscheinen somit als sekundäre Folge einer durch Platzwechsel forcierten Wasserstoffionenadsorption. Infolgedessen wird das Problem der Glaselektrode im wesentlichen zu einer Frage der Angreifbarkeit des Glases von seiten der Elektrolytlösungen.

Da Gläser, wie schon aus der fallenden Charakteristik ihres elektrischen Widerstandes folgt, als unterkühlte Elektrolytlösungen aufzufassen sind, vermögen bei der Ausbildung einer Potentialdifferenz nur solche Ionen eine Rolle zu spielen, die auch im Glas Gitterplätze besetzen können. Voraussetzung für die Austauschbarkeit ist deshalb, daß die Radien der betrachteten Ionen annähernd die gleichen sind, bzw. daß das in das Glasgefüge hineindiffundierende Kation nicht wesentlich größer, höchstens kleiner als das Kation des Glases ist, dessen Platz es einnehmen soll. Die Möglichkeit des Ionenaustausches hängt somit bis zu einem gewissen Grad von den sterischen Verhältnissen ab.

Eine praktische Folgerung dieser „Siebwirkung" der Oberflächenschichten des Glases besteht darin, daß die Anwesenheit von Caesium im Glasgefüge und von Lithiumionen in der Elektrolytlösung die stärkste Störwirkung auf das Membranpotential erwarten läßt, während umgekehrt ein lithiumhaltiges Glas vor allem im alkalischen Medium ein überdurchschnittlich geeignetes Membranmaterial darstellen sollte. Tatsächlich sind, wie KRATZ gezeigt hat, Lithium (10% Li_2O) und Kalk (10% CaO) haltige Gläser den Natrongläsern insofern überlegen, als der störende Einfluß der Natriumionen auf die Potentialbildung erst oberhalb p_H 12,5, von Kalium-, Rubidium- und Caesiumionen erst oberhalb p_H 13,5 merklich wird. Die einfachen Lithiumkalkgläser haben jedoch die glastechnisch unangenehme Eigenschaft einer geringen Viscosität im Schmelzfluß und eines engen Erstarrungsintervalls, was ihre Verarbeitung sehr erschwert. Außerdem zeigen sie eine erhebliche Tendenz zur „Entglasung" (= Ausscheidung stabiler krystallinischer Verbindungen, hauptsächlich Wollastonit), so daß sie bis heute die Natronkalkgläser als Elektrodenmaterial nicht zu ersetzen vermochten.

Die sterischen Verhältnisse beim Ionenaustausch sind auch dafür verantwortlich zu machen, daß eine Glaselektrode dann den größten Alkalifehler zu zeigen pflegt, wenn sie in eine basische Lösung taucht, die kationengleich mit dem Membranmaterial ist.

Aus der überragenden Rolle, die der Austauschbarkeit der Ionen zukommt, wird sofort verständlich, weshalb bei den leicht angreifbaren Glassorten (Natronkalkgläsern) der Einfluß des permutitartig austauschbaren Wasserstoffions über einen weiten p_H-Bereich so sehr dominiert, daß eine Einwirkung anderer Ionen auf die Potentialausbildung nicht mit Sicherheit nachgewiesen werden kann. Derartige Glaselektroden zeigen mithin das oben geschilderte ideale Verhalten, d. h. der Potentialverlauf läßt sich mit Hilfe der NERNSTschen Formel errechnen. Erst im alkalischen Medium wird das Arbeiten der Glasmembran nach Art einer reversiblen Wasserstoffelektrode durch die zunehmende Beteiligung der Alkaliionen der Lösung am Ionenaustausch gestört.

Schwerangreifbare Gläser, das sind vor allem Al_2O_3- und B_2O_3-haltige, vermögen im Gegensatz hierzu nur verhältnismäßig wenig Ionen auszutauschen und der Bereich des

[1] HOROVITZ, K.: Z. Physik 15, 369 (1923).

reversiblen Verhaltens hieraus gefertigter Membranen bleibt je nach Zusammensetzung des Glases mehr oder weniger auf das stark saure Gebiet beschränkt.

Die weiteste Verbreitung als Membranmaterial hat das zuerst von MacInnes (1929) angegebene reine Natron-Kalk-Silicat, bestehend aus 72% SiO_2, 22% Na_2O und 6% CaO gefunden, das sich überdies dadurch auszeichnet, daß es den niedrigsten Schmelzpunkt des genannten Dreistoffsystems besitzt. Es wird von der Corning Glass Corporation in Corning, N.Y., unter der Bezeichnung „Corning 015" und vom Jenaer Glaswerk unter der Nummer „Schott 4073^{III}" in den Handel gebracht. In der Literatur ist es üblich, ein Glas von der angegebenen Zusammensetzung kurz als „MacInnes-Glas" zu charakterisieren.

Geschlossene Glaselektroden und Glaselektrodenketten. In der Glasmembran erfolgt, wie bereits erwähnt, der Elektrizitätstransport nicht durch Elektronen, sondern durch Ionen. Diese Tatsache bestimmt die Wege, die es erlauben, den Potentialsprung in der Phasengrenzfläche Glasmembran/Elektrolytlösung in reproduzierbarer Weise der Messung zugänglich zu machen. Implicite wurde das geeignetste Verfahren bereits angedeutet mit der Bemerkung, es müsse sich in dem Falle, daß rechts und links der Membran Elektrolytlösungen verschiedener Wasserstoffionenkonzentration vorhanden sind, ein Potentialsprung ausbilden, der dem Verhältnis der p_H-Werte proportional ist. Unter diesen Umständen findet offensichtlich die Ionenleitfähigkeit der Glasmembran eine von Übergangspotentialen freie Übertragung auf die Ionenleitfähigkeit der Elektrolytlösung. Die Potentiallage der Elektrolytlösung schließlich gegenüber einer eingetauchten Metallelektrode läßt sich zufolge der Wechselwirkung zwischen Lösungsdruck im Innern des Metalls und der Abscheidungstendenz der gelösten Ionen thermodynamisch eindeutig festlegen.

Um den Potentialsprung an einer Glasmembran zu erfassen, hat man daher nichts weiter zu tun, als je eine (unangreifbare) Metallelektrode in die beiden durch die Membran getrennten Elektrolytlösungen einzuführen und deren Potentialdifferenz gegeneinander zu bestimmen. Benützt man beiderseits dasselbe Elektrodenmaterial, so ist der gemessene Potentialunterschied identisch gleich dem Potentialsprung an der Glasmembran unter der Voraussetzung, daß die gewählten Elektroden nicht ihrerseits p_H-Abhängigkeit zeigen. Eine Platin-Wasserstoffelektrode kann deshalb im allgemeinen nicht als Hilfselektrode dienen, dagegen wohl die gesättigte Kalomelelektrode. Bei Verwendung verschiedenartigen Elektrodenmaterials — wir müssen auf diesen praktisch sehr wichtigen Fall weiter unten näher eingehen — heben sich die Einzelpotentiale der Elektroden nicht gegenseitig auf, sondern sind gesondert in Rechnung zu stellen.

Die zweite Möglichkeit, den Potentialsprung an der Glasmembran zur Messung zu bringen, besteht darin, den Übergang von elektrolytischer zu metallischer Leitfähigkeit zu verwirklichen. Die Erfahrung zeigt, daß dies technisch durchaus möglich ist, wenn auch die Reproduzierbarkeit derartiger Anordnungen stets berechtigte Wünsche offen läßt.

Schon die mechanische Lösung dieses Problems bereitet Schwierigkeiten. Eine massive Glas-Metallverbindung ist infolge des großen Unterschiedes der Ausdehnungskoeffizienten kaum zu verwirklichen. Selbst eine rißfreie Verglasung dünner Drähte gelingt nur in Ausnahmefällen und Verschmelzungen größerer Glasmembranen mit Metall erweisen sich als technisch undurchführbar. Statt der Verglasung des Metalles ist es deshalb üblich geworden, den umgekehrten Weg der Metallisierung des Glases zu gehen, was durch Aufspritzen, Aufdampfen, Kathodenzerstäubung oder chemische Abscheidung (Reduktion von Metallsalzlösungen) geschieht. Der so hergestellte Metallfilm wird auf galvanischem Wege verstärkt und schließlich durch einen Lacküberzug geschützt.

Um die Stabilität weiterhin zu erhöhen, ist es üblich geworden, einen elastischen Körper mit ganz bestimmten, dem Elektrodenglas angepaßten Eigenschaften der Glasmembran auf der Innenseite so straff aufsitzen zu lassen, daß bei mechanischer Beanspruchung, z. B. durch Stoß, Membran und Stützkörper gemeinsam elastische Schwingungen ausführen. Man gelangt so zu der metallisierten Glaselektrode mit abgestützter Membran, die in der Ausführungsform des Jenaer Glaswerks Schott & Gen. in Abb. 17 wiedergegeben ist.

A Elektrodenschaft, *B* p_H-empfindliche Membran, *C* Metallbelag, *D* leitende Verbindung zwischen dem Metallbelag und der Polklemme, *E* elastischer Stützkörper, *F* Isolierhaut des Elektrodenschaftes.

Die metallisierte Glaselektrode leidet unter dem Nachteil, daß trotz gleichförmiger Herstellungsweise der Absolutbetrag des sich einstellenden Potentials von Elektrode zu Elektrode etwas verschieden zu sein pflegt. Auch treten Polarisierbarkeit und Potentialgänge während längerer Zeiträume viel ausgeprägter in Erscheinung als bei einer beiderseits in Lösungen eintauchenden Glasmembran.

Dieses meßtechnisch unerfreuliche Verhalten überrascht kaum, da der Übergang von der Ionenleitfähigkeit zur Elektronenleitfähigkeit ohne elektrochemische Wechselwirkung zwischen Metall und Glas schwerlich vorstellbar ist. Die Einstellung eines definierten Potentials wäre an und für sich auch auf dem Weg über eine elektrostatische Influenz zu verstehen; doch ist diese auf Fälle beschränkt, in denen zwischen der leitenden Glasmembran und dem Metall sich beispielsweise eine isolierende Luftschicht befindet. Die Bildung eines definierten Potentialsprungs zwischen Glas und Metall muß deshalb entweder mit einem definierten Übertritt von Kationen des Glasgefüges in den metallischen Belag verknüpft sein oder umgekehrt von Ionen des Metalls in das Glas, soweit solche als Glasbestandteile auftreten können. Für einige Fälle ließ sich tatsächlich ein derartiger Ionenübergang in die Glasmembran experimentell verifizieren.

Ein Silberbelag auf einer Glasmembran erhöht, wie KRATZ gezeigt hat, unabhängig von der Art seines Aufbringens den elektrischen Widerstand der Membran, und zwar zeigen Glaselektroden mit besonders stark erhöhtem Widerstand die stabilsten Potentiale. Daraus kann geschlossen werden, daß für die Potentialbildung am Metallbelag im wesentlichen die elektrochemische Wechselwirkung zwischen dem Glas und dem Metall verantwortlich zu machen ist: Man darf sich diese im Anschluß an MANEGOLD und v. LENGYEL[1] wohl so vorstellen, daß Silberionen — unter Zurücklassen der Valenzelektronen im Metall — in das Glas übertreten und dort, sei es durch Auffüllen von Fehlstellen, sei es durch Einwandern auf Zwischengitterplätze, die Beweglichkeit der leitfähigkeitsvermittelnden Natriumionen herabsetzen.

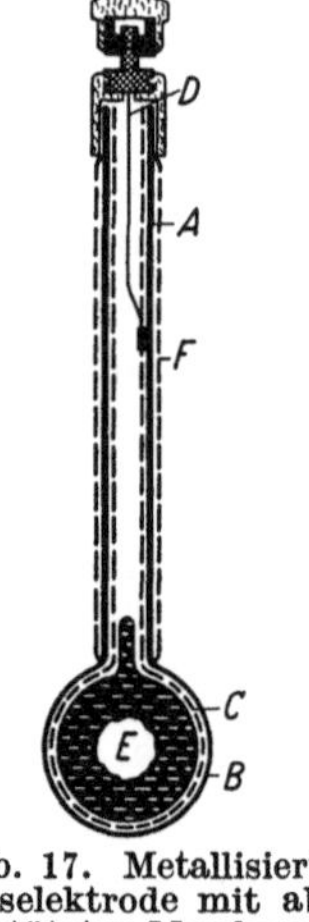

Abb. 17. Metallisierte Glaselektrode mit abgestützter Membran.

Wegen der geschilderten Schwierigkeiten bei der Einstellung eines definierten Elektrodenpotentials erfordert das Arbeiten mit metallisierten Glaselektroden besondere Vorsicht. Indessen liegt der Vorteil der metallisierten Glaselektroden ausschließlich in ihrer verhältnismäßig geringen mechanischen Empfindlichkeit. Seit sich die Möglichkeit ergab, auch auf anderem Wege (s. S. 584) zu robusten Glasmembranen zu gelangen, ist deshalb die metallisierte Glaselektrode fast vollständig auf dem Markt und in den Laboratorien verschwunden.

Andererseits stellt die metallisierte Glaselektrode die einfachste Form dessen dar, was im amerikanischen Schrifttum mit "factory sealed glass electrode", im Deutschen mit „geschlossene" oder auch „meßfertige" Glaselektrode bezeichnet wird. Allgemein versteht man unter diesem Terminus technicus eine Glaselektrode (ohne Gegenelektrode jedoch) mit gebrauchsfertig eingebautem Ableitungssystem, sei es in Form eines metallisierten Überzugs, sei es einer Lösung von definiertem p_H-Wert, deren Potential durch eine Metallelektrode übernommen wird.

Das Ableitungssystem für sich allein betrachtet führt in der Literatur die Bezeichnung „Bezugselektrode" oder auch „innere Hilfselektrode", zum Unterschied von der p_H-unempfindlichen Gegenelektrode, die in die zu messende Lösung taucht und daher „Meßelektrode" oder auch „äußere Hilfselektrode" genannt wird. Das ganze aus Bezugselektrode, Bezugslösung, Glaselektrode, Meßlösung und Meßelektrode bestehende System faßt man unter dem Begriff „Glaselektrodenkette" zusammen.

Man vergegenwärtige sich, daß die Kalomelelektrode von Haus aus eine Bezugselektrode (reference electrode) darstellt und nur durch die gewählte Schaltung gegen eine p_H-konstante Glaselektrode zur „Meßelektrode" wird.

Elektrodenkennlinien und elektromotorische Kraft. Um die Eignung einer p_H-empfindlichen Glasmembran für Meßzwecke festzulegen, muß zunächst das Membranpotential in Abhängigkeit vom p_H-Wert aufgenommen werden. Man gelangt auf diese Weise zu sog.

---

[1] LENGYEL, B. v.: Z. physik. Chem. **167**, 295 (1933).

„Kennlinien", wie sie uns schon in Abb. 2 (S. 546) zur Charakterisierung des Verhaltens von Meßelektroden begegnet sind.

Verhält sich die Glasmembran — abgesehen vom Vorzeichen des Potentialsprunges — wie eine reversible Wasserstoffelektrode, so ist mit der NERNSTschen Formel der Zusammenhang zwischen dem Membranpotential und der Wasserstoffionenkonzentration eindeutig festgelegt.

Die Steilheit S der Kennlinie ergibt sich durch Einführen der Definitionsgleichung des p_H-Begriffes in die NERNSTsche Formel und partielles Differenzieren nach p_H zu:

$$S = \left(\frac{\partial E}{\partial p_H}\right)_T = \frac{2{,}30\,R \cdot T}{n \cdot F}\,[\text{Volt}], \tag{53}$$

wofür bei der üblichen Arbeitstemperatur t (gemessen in Celsiusgraden) mit guter Annäherung gesetzt werden kann:

$$S_t = 59{,}1 + 0{,}2 \cdot (t - 25) \quad [\text{mV}]. \tag{53a}$$

Es ist für die generelle Verwendbarkeit der Glasmembran als p_H-empfindliches Organ von allergrößter Bedeutung, daß Membranen aus MACINNES-Glas mit einer homogenen Wandstärke von höchstens 0,01 mm bei Zimmertemperatur im gesamten p_H-Bereich zwischen 1 und 9 — oder bei Forderung höchster Genauigkeit immer noch im p_H-Bereich zwischen 2 und 8 — die theoretisch verlangte Kennliniensteilheit und deren Temperaturabhängigkeit im Sinne der NERNSTschen Formel aufweisen.

Innerhalb der genannten Versuchsbedingungen liegen die Abweichungen der Potentiale von den theoretisch zu erwartenden Werten unterhalb 0,2 mVolt, entsprechend einem Fehler von weniger als 0,003 p_H-Einheiten, d.h. sie liegen an der Grenze der mit potentiometrischen Verfahren überhaupt erreichbaren Meßgenauigkeit. Abgesehen von den Wasserstoffionen beeinflußt keine Ionenart die Bildung des Potentialsprungs an der Membran in feststellbarer Weise, sofern Flußsäure bzw. fluoridhaltigen Lösungen ausgeschlossen werden, die zur Zerstörung der Membranoberfläche führen.

Unterhalb p_H 1 und oberhalb p_H 9 ist die tatsächliche Kennliniensteilheit einer Glasmembran stets kleiner als der theoretische Wert. Die Austauschbarkeit der Ionen des Elektrolyten gegen Ionen auf Gitterplätzen der Glasmembran bleibt im alkalischen Bereich nicht auf Wasserstoffionen beschränkt, sondern greift auch auf andere Kationen über (vgl. S. 572). Im sauren Gebiet hingegen, in dem die Abweichungen vom theoretischen Wert verhältnismäßig geringfügig zu sein pflegen, ist weder die Konzentration noch die Art der Anionen, auch nicht die der Kationen für die Abweichung verantwortlich zu machen, sondern der Aktivitätsunterschied des Wassers in der Meßlösung gegenüber dem in der Quellschicht der Membran vorhandenen Wasser (KRATZ[1]).

Läßt man die oben getroffene Beschränkung auf Glasmembranen von höchstens 0,01 mm Dicke fallen, so treten größere Abweichungen von der theoretischen Kennliniensteilheit in Erscheinung. Im mittleren p_H-Bereich betragen die Abweichungen bei $^1/_{10}$ mm Wandstärke der Membran etwa 2% und wachsen bei ausgesprochen dickwandigen Systemen auf 10% und mehr an. Naturgemäß fallen die Abweichungen im stark sauren und vor allem im alkalischen Gebiet mit zunehmender Membrandicke noch viel stärker ins Gewicht. Sie sind überdies vor allem von der chemischen Zusammensetzung des Glases abhängig und demnach als ein Charakteristikum für die mehr oder weniger gute Eignung einer Glassorte als Elektrodenglas zu werten.

Die Zusammenhänge lassen sich am besten überblicken, wenn man für jede in Frage stehende Glassorte das Verhältnis der experimentell gemessenen zur theoretischen Kennliniensteilheit in Abhängigkeit vom p_H-Wert aufträgt. Dies ist in Abb. 18 für 3 verschiedene Glassorten geschehen.

Kurve a gilt für das bekannte Schott-Glas 4073/^{III}, sowie das normale Corning-Glas; Kurve b für das verbesserte Corning-Glas nach dem Stand von 1949; Kurve c für

---

[1] KRATZ, L.: Die Glaselektrode und ihre Anwendungen. Frankfurt a. M. 1950.

eine Glassorte, deren Existenz nach Ansicht des Verfassers vorläufig nur aus Reklame-schriften nicht ganz ernst zu nehmender Firmen zu erschließen ist, die vielleicht aber das Elektrodenglas der Zukunft darstellt.

Bezeichnet man das Verhältnis der experimentellen zur theoretischen Kennlinien-steilheit (in Anlehnung an den Wirkungsgrad einer Maschine) mit η, so ergibt sich, da $S_{\text{theor.}}$ gleich dem NERNSTschen Potentialfaktor E_N ist:

$$S_{\text{exp.}} = \eta \cdot S_{\text{theor.}} = \eta \cdot E_N, \tag{54}$$

eine Beziehung, die in allen Formeln zur rechnerischen Auswertung von p_H-Messungen mittels der Glaselektrode auftritt (vgl. die Formelzusammenstellung S. 610ff.). Abb. 18 veranschaulicht deutlich die Grenzen, innerhalb deren mit einem konstanten η-Wert gerechnet werden darf.

Wie sehr im einzelnen die η-Werte von der Zusammensetzung des Glases abhängen, er-kennt man daraus, daß das für p_H-Messungen in schwach saurem, neutralem und alkalischem Gebiet unbrauchbare Jenaer Thermometerglas 59III nach LENGYEL und VINCZE[1] zufolge seines verschwindend kleinen Säurefehlers ($\eta \sim 1$) zur Messung der Wasserstoffionenkonzentration in extrem sau-rem Medium — mit negativen p_H-Werten — geeignet ist. Ein anderes Beispiel liefert die alkaliresistente Glaselektrode von Schott & Gen. (vgl. S. 584), die bei Siedehitze auch im sauren Gebiet mit Vorteil zu verwenden ist.

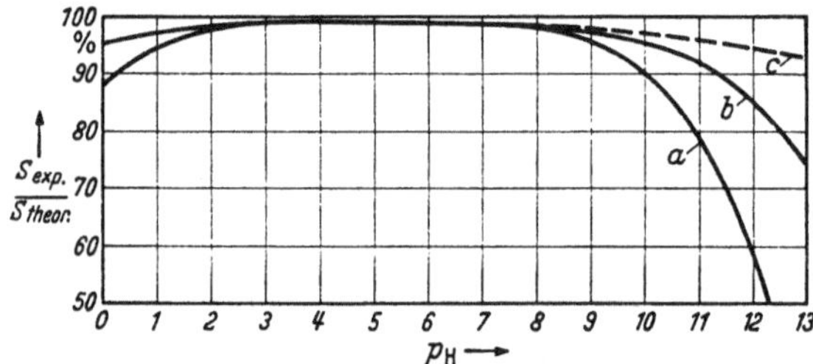

Abb. 18. Verhältnis der experimentellen zur theoretischen Steilheit der Kennlinien verschiedener Glaselektroden.

Ähnlich wie im Falle der Chinhydron-elektrode und der Wasserstoffelektrode pflegt man auch bei der Glasmembran jede Abweichung vom theoretischen Ver-halten, genauer jede Ursache, die $\eta \neq 1$ werden läßt, als „Elektrodenfehler" zu be-zeichnen. Es liegt demnach in der Natur einer Glasmembran, oberhalb p_H 9 einen „Alkalifehler", unterhalb p_H 1 einen „Säurefehler" zu zeigen. Wir werden hierauf weiter unten noch des näheren einzugehen haben.

Zuerst bedarf jedoch das unter dem Gesichtswinkel der Übergangsmöglichkeiten zwischen elektrolytischer und elektronischer Leitfähigkeit bereits gestreifte Problem der Übertragung des Membranpotentials auf Meßinstrumente eine eingehendere Darstellung, vor allem im Hinblick auf den oben nicht weiter ausgeführten, aber praktisch sehr wich-tigen Fall, daß die beiden Hilfselektroden verschiedenen Aufbau besitzen.

Wie in Abb. 16 veranschaulicht ist, bringt eine p_H-empfindliche Glasmembran die beiderseits anliegenden Elektrolytlösungen entsprechend ihrer H^+-Ionenkonzentration auf verschiedenes Potentialniveau. Dieser Potentialsprung läßt sich offensichtlich erst dann als Maß des p_H-Wertes gebrauchen, wenn es gelingt eine Anordnung zu treffen, in der sich keine unbekannten Potentialsprünge, von dem zu messenden abgesehen, ausbilden können. Beiderseits von der Membran etwa je einen Kupferdraht in den Elektrolyten zu tauchen und daran den Potentialunterschied messen zu wollen, wäre sinnlos wegen des unvermeidlichen Auftretens nichtdefinierter Potentialsprünge zwischen Draht und Lösung. Es ist deshalb notwendig, in Analogie zur Messung des Potentials einer p_H-empfindlichen Wasserstoffelektrode mittels einer p_H-unempfindlichen Gegenelektrode für die p_H-empfindliche Glasmembran 2 Hilfselektroden zu verwenden, von denen die eine, nämlich die in der Meßlösung, die Voraussetzung vom p_H unabhängig ihr Potential ein-zustellen zu erfüllen hat, während die andere p_H-unabhängig sein kann, doch nicht not-wendigerweise sein muß. Eine etwaige p_H-Abhängigkeit der Elektrode in der Bezugs-lösung ist zugleich mit deren p_H-Wert definiert und bedeutet bei der rechnerischen Auswertung der Meßergebnisse lediglich das Auftreten einer additiven Größe.

Als p_H-unabhängige Hilfselektrode mit exakt definierter Potentialeinstellung läßt sich schwerlich ein anderer Typ als die gesättigte Kalomelelektrode benutzen. Hingegen hat

[1] LENGYEL, B. v., u. J. VINCZE: Glastechn. Ber. 19, 359 (1941).

man bei der Auswahl der Hilfselektrode für die Bezugslösung einen ziemlich breiten Spielraum. Dies ermöglicht es, beim Bau von geschlossenen Glaselektroden zahlreiche meßtechnische Sonderwünsche zu verwirklichen, das sind eine geringe Angreifbarkeit des Membranglases durch die Bezugslösung, einen definierten Temperaturkoeffizienten der Glaselektrodenkette, Vermeidung einer Umkehr des Vorzeichens der EMK in einem bestimmten p_H-Intervall u. dgl. mehr. Je nach der vorliegenden Aufgabe wird man der einen oder anderen Eigenschaft der Glaselektrode mehr Gewicht beilegen und demnach zu dieser oder jener Bezugslösung bzw. Hilfselektrode greifen. Bevorzugt verwendet werden Kombinationen, die als Meßsystem die gesättigte Kalomelelektrode enthalten und als Bezugssystem

I. die gesättigte Kalomelelektrode in Standard-Acetatpuffer.

Da die beiden Hilfselektroden wegen ihrer Gleichartigkeit gegeneinander keine Potentialdifferenz aufweisen, muß die EMK der galvanischen Kette ausschließlich von dem Unterschied des p_H-Wertes der Meßlösung (p_{H_x}) gegenüber dem der Bezugslösung (p_{H_b}) herrühren. Das heißt es gilt, wenn die Kennliniensteilheit der Glasmembran wie oben mit $\eta \cdot E_N$ bezeichnet wird:

$$\text{EMK} = (p_{H_x} - p_{H_b})\, \eta \cdot E_N \tag{55}$$

oder

$$p_{H_x} = p_{H_b} + \frac{\text{EMK}}{\eta \cdot E_N}\,.$$

Da p_{H_b} für Standardacetat $= 4{,}62$ ist, so folgt weiterhin:

$$p_{H_x} = 4{,}62 + \frac{\text{EMK}}{\eta \cdot E_N}\,. \tag{55a}$$

II. Die Ag/AgCl-Elektrode in n/10 NaCl + Standard-Acetat.

Wegen der Ungleichartigkeit der Hilfselektroden muß die EMK der Glaselektrodenkette um das Potential E_{Hi} der beiden Hilfselektroden gegeneinander erhöht sein, so daß allgemein geschrieben werden kann:

$$p_{H_x} = p_{H_b} + \frac{\text{EMK} - E_{Hi}}{\eta \cdot E_N}\,. \tag{56}$$

Dabei richtet sich das Vorzeichen von E_{Hi} entsprechend der konsequent durchzuführenden Vorzeichennormierung (s. S. 571) stets nach dem der Meßelektrode.

Im gewählten konkreten Beispiel zeigt die saturierte Kalomelelektrode als Meßelektrode gegenüber der Silberchloridelektrode eine Potentialdifferenz von $-43{,}1$ mVolt nahezu unabhängig von der Temperatur. Benutzen wir die oben festgelegten Symbole, so errechnet sich unter Berücksichtigung des Umstandes, daß $p_{Eb} = 4{,}62$ (Standardacetat!) ist, das unbekannte p_H zu:

$$p_{H_x} = 4{,}62 + \frac{\text{EMK} + 43{,}1}{\eta \cdot E_N}\,. \tag{56a}$$

III. Die Silberchloridelektrode in n/10 HCl ($p_H = 1{,}08$).

Ein System, das von MacInnes besonders häufig herangezogen wurde und analog dem eben besprochenen zu behandeln ist. Es ergibt sich:

$$p_{H_x} = 1{,}08 + \frac{\text{EMK} + 43{,}1}{\eta \cdot E_N}\,. \tag{57}$$

IV. Die Chinhydronelektrode in einem Puffer beliebigen p_H-Wertes.

Das Potential des Hilfselektrodensystems ist hier gleich der Pegelpotentialdifferenz der gesättigten Kalomelelektrode gegenüber der Chinhydronelektrode beim p_H der vorgelegten Bezugslösung. Unter Berücksichtigung des Vorzeichens (die Kalomelelektrode ist wiederum Meßelektrode) ergibt sich für die Spannung der Hilfselektrodenkette ohne zwischengeschaltete Glasmembran bei 25° C:

$$E_{Hi} = -453{,}2 + p_{H_b} \cdot E_N\,.$$

In die allgemeine Formel für ungleichartige Hilfselektroden (Gl. 56) eingesetzt, erhält man mit $\eta = 1$:

$$p_{H_x} = p_{H_b} + \frac{\text{EMK} + 453{,}2 - p_{H_b} \cdot E_N}{E_N} = \frac{453{,}2 + \text{EMK}}{E_N}\,. \tag{58}$$

Die Gleichung zeigt, daß der p_H-Wert der Bezugslösung für die Auswertung der Messungen ohne Belang ist.

Die physikalische Begründung hierfür ist darin zu sehen, daß bei einer p_H-Änderung der Bezugslösung die Spannung der Hilfselektrodenkette um denselben Betrag zunimmt, um den das Membranpotential abnimmt und vice versa. Mit anderen Worten: Der Nullpunkt der Zählung dieser beiden Potentiale kann beliebig angesetzt werden, da die Summe der beiden Potentiale stets denselben Wert besitzt; vorausgesetzt, daß das Membranpotential nur auf der Seite der Bezugslösung geändert wird.

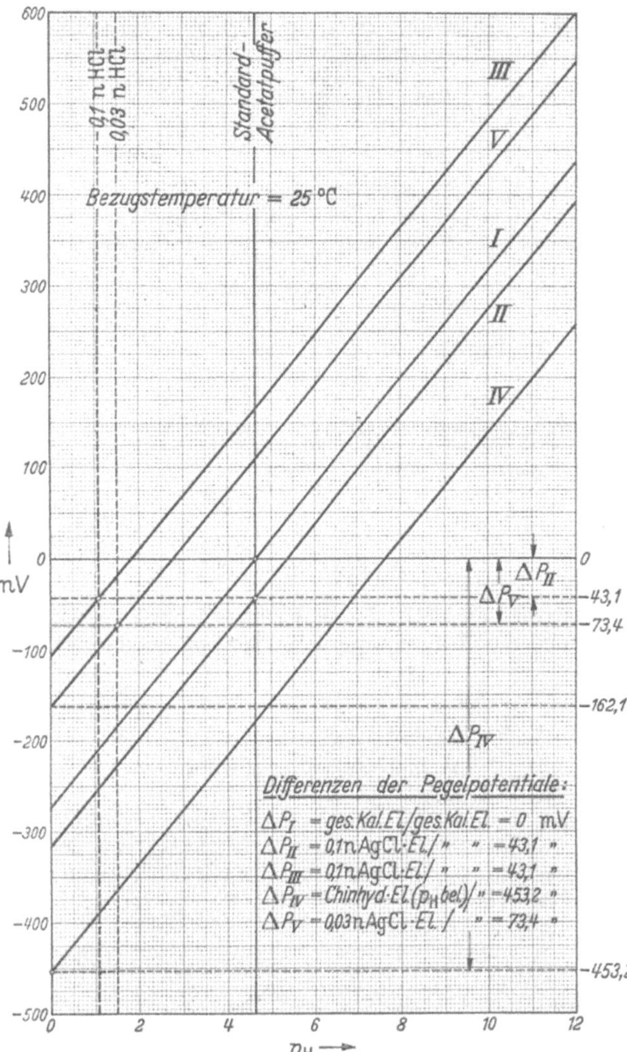

Abb. 19. p_H-Abhängigkeit der elektromotorischen Kraft der gebräuchlichsten Glaselektrodenketten.
Ordinaten-Maßstab: 1 Teilstrich = 5 mV.

Unter dieser Einschränkung darf formal die Zählung des Potentials auch bei $p_H = 0$ begonnen werden, was in obenstehender Gleichung durch die Einführung der Differenzen der Pegelpotentiale mit dem numerischen Wert 453,2 mV bei 25° C geschehen ist. Abweichungen der EMK von diesem Wert müssen demzufolge proportional dem p_H-Wert der Meßlösung sein.

V. Die Silberchloridelektrode in Spezialbezugslösung.

Die Kombination IV leidet in der Praxis darunter, daß sich das Chinhydron leicht zersetzt und damit die Potentialausbildung schlecht reproduzierbar wird. Firmen, die Glaselektroden herstellen, sind deshalb dazu übergegangen, sog. Spezialbezugslösungen auszuarbeiten, die gegen die Silberchloridelektrode denselben Potentialverlauf ergeben wie die Chinhydronelektrode, jedoch unter zeitlich guter Konstanz. Die Auswertung derartiger Systeme geschieht nach Gl. (58).

VI. Die Silberchloridelektrode in 0,03 n HCl (Bauart Philips-Eindhoven).

Glaselektroden mit dieser Füllung zeigen den Vorteil, daß sich der Temperaturkoeffizient der inneren Hilfselektrode mit dem der p_H-empfindlichen Membran gerade kompensiert. Übrig bleibt der Temperaturkoeffizient der Membran gegenüber der gesättigten Kalomelelektrode, der zufolge die p_H-Abhängigkeit der Membran dem einer Wasserstoffelektrode gegenüber einer gesättigten Kalomelelektrode gleich ist.

Da die Füllung ein p_H von 1,50 besitzt und die saturierte Kalomelelektrode gegenüber der Ag/AgCl/0,03 n HCl-Elektrode eine Potentialdifferenz von $- 73,4$ mV (bei 25° C) aufweist, so muß die Kette bei $p_H = 0$ ein um $1,50 \cdot 59,1 = 88,7$ mV negativeres Potential besitzen, d. h. $- 162,1$ mV. Mithin gilt für die Philips-Glaselektrodenkette bei 25° C:

$$p_{H_x} = \frac{\text{EMK} + 162,1}{\eta \cdot E_N} . \tag{59}$$

Um das Allgemeingültige in den besprochenen Beispielen augenfällig hervorzuheben, ist in Abb. 19 der Zusammenhang zwischen elektromotorischer Kraft und dem p_H der Meßlösung für die 6 erwähnten Glaselektrodenketten graphisch dargestellt. Das Diagramm veranschaulicht vor allem, wie der Meßwert der EMK durch entsprechende Wahl des p_H-Wertes der Bezugslösung sowie der Potentialdifferenz der Hilfselektroden auch bei konstant gehaltenem p_H der Meßlösung noch in sehr weiten Grenzen variiert werden kann. So findet z. B. der Durchgang der Potentialfunktion einer Glaselektrode durch den Nullwert bei $p_{H_x} = p_{H_b}$ statt, falls $p_{Hi} = 0$ ist. Besitzt hingegen E_{Hi} einen negativen Wert, so ist die EMK der Glaselektrodenkette um die Differenz $\varDelta P$ der Pegelpotentiale der Hilfselektroden ins Negative verschoben.

Beispiel: Die Differenz der Pegelpotentiale (vgl. Abb. 2, S. 546) der Ag/AgCl/0,1 n NaCl-Elektrode gegenüber der Hg/Hg$_2$Cl$_2$/KCl ges.-Elektrode beträgt bei 25° C = + 43,1 mV. Demnach besitzt die Potentialfunktion der Elektrodenkombination II laut Gl. (56a) und Abb. 19 bei p$_H$ = 4,62 den Wert − 43,1 mV.

Alle hier entwickelten Beziehungen sind indessen nur für die Temperatur exakt zu verwenden, für die die Zahlenangaben gebracht wurden. Allgemeine Gültigkeit besitzen die Formeln wie deren graphisches Abbild nicht, da sie noch keinerlei Aussagen über den Temperaturkoeffizienten der Glaselektrodenkette enthalten; dieser erfordert gesonderte Betrachtung.

Temperaturkoeffizienten der gebräuchlichen Glaselektrodenketten. Der Temperaturkoeffizient einer Glaselektrodenkette setzt sich aus 2 Anteilen zusammen, dem Temperaturkoeffizienten des Membranpotentials und dem Temperaturkoeffizienten der aus den beiden Hilfselektroden gebildeten galvanischen Kette. Der Temperaturkoeffizient des Membranpotentials gehorcht der theoretischen Forderung von Gl. (53) praktisch vollständig. Dagegen können die Temperaturkoeffizienten einer Elektrode II. Art — wie schon aus den auf S. 612 angeführten Werten hervorgeht [1] — nicht mit Hilfe der NERNSTschen Formel errechnet werden und dementsprechend sind auch die Temperaturkoeffizienten galvanischer Ketten, sobald sie eine Elektrode II. Art enthalten, auf einfachem Wege, d. h. ohne Kenntnis der Temperaturabhängigkeit des Löslichkeitsproduktes u. dgl. nicht zu ermitteln.

Man hat deshalb für die gebräuchlichen Kombinationen von Meß- und Bezugselektroden die Temperaturkoeffizienten der EMK experimentell bestimmt und tabelliert (vgl. die Zusammenstellungen in Tabelle 5 und 6, S. 612).

Im Temperaturkoeffizienten einer meßfertigen Glaselektrodenkette überlagern sich — wie bereits angedeutet wurde — der temperaturabhängige Anteil des Membranpotentials sowie des Potentials der Hilfselektrodenkette. Bei Verwendung zweier gleichartig gebauter Hilfselektroden kompensieren sich deren Temperaturkoeffizienten gegenseitig. Doch stellt dies nicht den Idealfall einer Glaselektrodenkette dar, da dann der Temperaturkoeffizient des Membranpotentials mit seinem vollen Betrag in die Rechnung eingeht.

Einen relativ günstigen Temperaturkoeffizienten besitzt die folgende Glaselektrodenkette:

Ag / AgCl / 0,1 n NaCl + Standard-Acetat Glasmembran / Prüflösung / ges. Kalomelelektrode.

Der Temperaturkoeffizient dieser Kette kann in der Nähe von p$_H$ 6 praktisch gleich Null gesetzt werden. Im Bereich zwischen p$_H$ 3 und p$_H$ 9 ist er stets kleiner als 0,6 mV/Grad.

Fast ebenso günstig liegt der Temperaturkoeffizient der Kette:

ges. Kalomelelektrode / Standard-Acetat / Glasmembran / Prüflösung / ges. Kalomelelektrode.

Weniger günstig ist der Temperaturkoeffizient der Kette:

Ag / AgCl / 0,1 n HCl / Glasmembran / Prüflösung / ges. Kalomelelektrode.

Mit dem p$_H$-Wert wächst er rasch an; er beträgt zwar bei p$_H$ 3 nur 0,06, doch bei p$_H$ 6 schon 0,66, bei p$_H$ 9 gar 1,26 mV/Grad.

Die viel gebrauchte Kette:

Chinhydronelektrode / Pufferlösung / Glasmembran / Prüflösung / ges. Kalomelelektrode

hat den ungünstigsten Temperaturkoeffizienten. Der Temperaturkoeffizient der Glasmembran hebt sich in dieser Kombination weg, so daß der Temperaturkoeffizient der Chinhydronelektrode gegen eine ges. Kalomelelektrode übrig bleibt. Werte s. Tabelle 6, S. 612.

Die Kette:

Spezialbezugslösung / AgCl-Elektrode / Glasmembran / Prüflösung / ges. Kalomelelektrode

hat zwar dieselbe Elektrodenkennlinie wie eine Chinhydronelektrodenkette, jedoch einen wesentlich günstigeren Temperaturkoeffizienten als diese. Er beträgt üblicherweise bei p$_H$ 3 = 1,14, bei p$_H$ 6 = 0,54, bei p$_H$ 9 = 0,06 mV/Grad. In der Nähe des Neutralpunktes läßt sich also der Temperaturkoeffizient dieser Kette nahezu vernachlässigen.

Abschließend sei noch der Begriff des *Isothermenschnittpunktes* erläutert, der im modernen Schrifttum an Boden zu gewinnen scheint.

---

[1] Die 3 gebräuchlichen, nur in der Konzentration des Anions unterschiedlichen Kalomelelektroden zeigen beispielsweise völlig verschiedene Temperaturkoeffizienten.

Die Kennlinie einer Elektrode bei einer vorgegebenen Temperatur kann — etwas farblos zwar, aber dem physikalischen Sinn nach einwandfrei — als Isotherme bezeichnet werden. Durch diskontinuierliche Änderung der Temperatur erhält man für jede einzelne Elektrode eine Schar von Isothermen oder Kennlinien verschiedener Steilheit. Diese schneiden sich — wenn wir vorläufig davon absehen, auf den durch die Normalwasserstoffelektrode fixierten Nullpunkt der Potentialzählung zu beziehen — in einem ganz bestimmten Punkt, dem sog. „Isothermenschnittpunkt". Seine Lage im Potentialdiagramm (Abb. 2) ist identisch mit dem relativen Nullpunkt der Potentialzählung für die betreffende Elektrode.

Bei der Wasserstoffelektrode fällt der Isothermenschnittpunkt mit dem Pegelpotential Null zusammen, d. h. er hat die Koordinaten $p_H = 0$, $E = 0$ mV. Für alle anderen Elektroden ist die Ordinate des Isothermenschnittpunktes mit der Temperatur mehr oder weniger ausgeprägt veränderlich.

Die Temperaturabhängigkeit ergibt sich als notwendige Folge vor allem der Temperaturabhängigkeit des Gleichgewichtes zwischen atomarem und molekularem Wasserstoff in der Wasserstoffelektrode. Diesem Effekt superponieren sich die temperaturabhängigen Gleichgewichte der Elektrodenprozesse der betrachteten Einzelelektroden.

Aus den Werten der Tabellen 5 und 6, S. 612, findet man ohne weiteres (vgl. die Fußnote [2] dort), daß der Isothermenschnittpunkt für die Chinhydronelektrode von 717,5 mV bei 0° C über 699,0 mV bei 25° auf 680,5 mV bei 50° C wandert. Die Abszisse bleibt konstant bei $p_H = 0$. Ein letztes Beispiel: Das in Abb. 2 wiedergegebene Glaselektrodensystem hat seinen Isothermenschnittpunkt bei $p_H = 1,5$ und 319,1 mV (für 25° C), da dieser p_H-Wert mit dem p_H der Elektrodenfüllung identisch ist und deshalb hier den relativen Nullpunkt der Potentialzählung fixiert. Die zugehörige Ordinate ergibt sich als Differenz der Pegelpotentiale bei der betreffenden Temperatur.

Legt man durch Eichungen die Temperaturabhängigkeit des Isothermenschnittpunktes einer Elektrode fest, so gewinnt man den Vorteil, daß beim Arbeiten in der Nähe des Isothermenschnittpunktes der Temperaturkoeffizient der Elektrodenkette praktisch belanglos wird.

Praktische Hinweise. *Vorzüge und Grenzen der Brauchbarkeit von Glaselektrodenketten.* Die Potentialbildung an Glasmembranen beruht, wie oben ausgeführt wurde, im wesentlichen auf Ionenaustauschvorgängen; Elektronenübergänge spielen kaum eine Rolle. Damit unterscheidet sich die Glaselektrode in grundlegender Weise von den übrigen zur Messung der Wasserstoffionenkonzentration herangezogenen Elektroden. Bei diesen ist der Elektrodenprozeß stets mit einem Übergang von Elektronen verbunden, sei es in Gestalt einer Reduktion des ionogenem zu atomarem Wasserstoff, sei es in Form der Oxydation eines H-Atoms zum Proton.

Die Glaselektrode ist aus diesem Grunde absolut unempfindlich gegen oxydierende und reduzierende Lösungsbestandteile, in elektroneutralem wie in ionogenem Zustand. Die Ausbildung des Potentialsprunges an der Glasmembran erfolgt unbeeinflußt von gelösten Gasen, sowie von den als „Elektrodengift" gefürchteten Substanzen wie Alkaloiden, As_2O_3, As_2S_3, AsH_3, HCN, H_2S, NH_3, Cl_2, Br_2, J_2, $CHCl_3$, $C_6H_5—CH_3$, C_6H_5OH. Die Möglichkeit eines Ionenaustausches des Kieselgels der Glasmembran mit diesen Substanzen ist als verschwindend klein anzusehen.

Auch die Anwesenheit von Schwermetallsalzen, einschließlich der in der elektrochemischen Spannungsreihe über dem Wasserstoff stehenden Elemente Bi, Cu, Ag, Au und Hg spielt im Gegensatz zu ihrer Wirkung auf Edelmetallelektroden bei Glasmembranen keine Rolle. Die sonst bei p_H-Messungen so gefürchteten hochmolekularen Stoffe wie Eiweiß und Gelatine sind ebenfalls ohne Einfluß auf Glaselektroden. Salzzusätze bis zu einer Fremdionenkonzentration von etwa 1 n verursachen zwar eine Fehlanzeige der Glaselektrode, einen sog. Salzfehler, doch liegt dieser in der Größenordnung von nur 0,01 p_H-Einheiten. Ein weiterer wichtiger Gesichtspunkt: Das Einbringen einer Glasmembran bedeutet einen unvergleichlich geringeren Eingriff in das zu untersuchende

System als das Einleiten von Wasserstoff oder eine Zugabe von Chemikalien (Chinhydron). Dies fällt bei biologischen Untersuchungen oft entscheidend ins Gewicht, wo jede Störung der sog. Biosphäre eine Kette von Veränderungen nach sich zieht. Dank dieser Eigenschaften muß die Glaselektrode als der vorzüglichste p_H-Indicator angesprochen werden, über den wir heute verfügen.

Doch sind naturgemäß der Leistungsfähigkeit der Glaselektrode Grenzen gesetzt. Gerade wegen der vielen Vorzüge der Glaselektrode ist man leicht geneigt, diese zu übersehen.

Zwei der bekanntesten Glaselektrodenfehler wurden bereits erwähnt, der „Säurefehler" und der „Alkalifehler". Sie bewirken den schwach S-förmigen Auslauf der Elektrodenkennlinie im stark sauren bzw. alkalischen Gebiet. Während der Säurefehler so gering ist, daß er in den wenigsten Fällen berücksichtigt werden muß, kann die Fehlweisung durch den Alkalifehler respektable Beträge annehmen. Nebenstehende Tabelle 3 gibt einen Überblick.

Da die Steilheit der Kennlinie durch den Alkalifehler erniedrigt wird, besteht die Fehlweisung in einer zu kleinen Potential- und damit auch p_H-Anzeige. Die in der Tabelle aufgeführten Fehlerbeträge sind deshalb zu dem in üblicher Weise gewonnenen Werte zu addieren.

Tabelle 3. *Alkalifehler von Glaselektroden* (bei 25° C).

Vorgelegtes p_H	Gehalt der Lösung an		
	n/10 Na$^+$	n/1 Na$^+$	2 n Na$^+$
	Fehlweisungen in p_H-Einheiten		
9,5	0,01	0,02	0,08
10,5	0,10	0,25	0,30
11,5	0,35	0,60	0,85
12,5	0,55	1,00	1,40

Aus den theoretischen Vorstellungen folgt, daß der Ionenradius des Kations für die Größe des Alkalifehlers eine entscheidende Rolle spielt. Der Alkalifehler ist demgemäß bei Anwesenheit zweiwertiger Kationen (Mg, Ca, Sr, Ba) erheblich geringer als bei den einwertigen und zeigt auch innerhalb dieser Reihe einen ausgeprägten Gang mit dem Ionenradius.

Um eine exakte Ausscheidung des Alkalifehlers zu erreichen, bleibt keine andere Möglichkeit, als im fraglichen p_H-Bereich die Steilheit der Elektrodenkennlinie unter der gleichen Alkaliionenkonzentration, wie sie in den Lösungen unbekannten p_H-Wertes vorkommt, durch Eichung festzulegen.

Der Benetzungsfehler. Taucht man eine Glaselektrode in eine Elektrolytlösung, so überzieht sie sich oberhalb der Grenzfläche des Flüssigkeitsspiegels unter der Wirkung von Capillarkräften mit einer Flüssigkeitshaut. Diese sich von der übrigen Lösung absetzende Flüssigkeitsschicht nannten KAHLER und DE EDS, die erstmalig der eigentümlichen Erscheinung genauer nachgingen, "deviation film"[1].

Hierfür findet sich „Fehlerfilm" heute weit verbreitet in der deutschen Fachliteratur, unbeschadet der Tatsache, daß im englischen "deviation" eine Anspielung auf eine örtliche Abweichung steckt, und daß das deutsche Wort Film sich ganz und gar nicht mit seinem englischen Gegenstück deckt. Bei einer Bereinigung des Dilemmas müßten wohl auch Analogiebegriffe Berücksichtigung finden, so z. B. daß das Salz, das eine Änderung in der Potentialausbildung verursacht, nicht gut als „Fehlersalz" angesprochen werden kann. Unseres Erachtens wird der durch das Flüssigkeitshäutchen oberhalb der Elektrolytlösung verursachte Anzeigefehler am besten mit „Benetzungsfehler" bezeichnet.

Ein Flüssigkeitshäutchen oberhalb der Elektrolytlösung kann in zweifacher Weise störend wirken, einmal dadurch, daß es einen elektrischen Nebenschluß über den Membranträger verursacht, so daß durch Kriechströme ein teilweiser Potentialausgleich zwischen den beiden Phasengrenzflächen der Membran ermöglicht wird; zum anderen dadurch, daß es durch Verdunstung von Lösungsmittel und Alkaliaufnahme aus dem Glas einen anderen p_H-Wert einstellt, als es ursprünglich besaß, und so zu örtlichen Abweichungen des Membranpotentials und sekundären Potentialsprüngen Anlaß gibt.

Aus diesem Grunde ist es notwendig, daß der Membranträger immer einen um mehrere Zehnerpotenzen höheren Widerstand als die Glasmembran selbst besitzt. Ferner muß die

---

[1] KAHLER, H., and F. DE EDS: Am. Soc. **53**, 2998 (1931).

Glasmembran stets vollständig von der zu messenden Lösung bespült sein, damit das sich absetzende Flüssigkeitshäutchen in den Bereich des hohen elektrischen Widerstandes des Membranträgers zu liegen kommt, wo es bei einer lege artis konstruierten Glaselektrode unschädlich ist.

Wie Kratz gezeigt hat, lassen sich an lösungsgefüllten Glaselektroden, die durchweg aus MacInnes-Glas gefertigt wurden, Potentialschwankungen im Takt der Luftbewegungen des Arbeitsraumes hervorrufen. Direktes Anhauchen vermag Potentialschwankungen bis zu 50 mV(!) zu verursachen, also Fehler von einer ganzen p_H-Einheit.

Das Asymmetriepotential. Verwendet man zu beiden Seiten einer Glasmembran die gleiche Elektrolytlösung, z. B. einen Standard-Acetatpuffer, taucht beiderseits dieselbe Elektrodenart in die Lösung, so sollte die Potentialdifferenz dieser Null sein. In Wirklichkeit beobachtet man jedoch einen, in der Regel nicht allzugroßen Potentialunterschied. Dieser führt in Anspielung auf die Abweichung vom symmetrischen Aufbau der galvanischen Kette die Bezeichnung „Asymmetriepotential".

Membranen aus Glassorten, die der theoretischen Kennliniensteilheit nahekommen, zeigen auch das kleinste Asymmetriepotential, falls sie vorschriftsmäßig eingequollen sind. Im Verlauf der Wässerung nimmt das Asymmetriepotential erst rasch, dann immer langsamer ab und erreicht nach etwa einwöchiger Wasserbehandlung der Membran einen konstanten Endwert. Seine Größe hängt von der Elektrodenform, der chemischen Zusammensetzung des Glases und der Herstellungsweise der Membran ab. Die Membranstärke scheint nach neueren Arbeiten nur von untergeordneter Bedeutung zu sein.

Einfach gestaltete Membranen, wie die plane Glaslamelle oder die Kugelmembran, verlieren durch vorschriftsmäßige Quellung im allgemeinen ihr Asymmetriepotential bis auf einen Rest von 0,5—5 mV. Je komplizierter die Membranform (s. die Spiralkühlerelektrode), je intensiver die Behandlung in der Gebläseflamme, je geringer die Alkaliresistenz des Glases, um so größer das Asymmetriepotential, um so geringer auch seine zeitliche Konstanz. Freilich treten mitunter bei ein und derselben Form von Elektrode zu Elektrode ganz erhebliche Schwankungen auf.

Wie vor allem Bräuer[1] zeigen konnte, wird das Asymmetriepotential — vollständige Ausschaltung des Benetzungsfehlers vorausgesetzt — durch unterschiedliche Abgabe von Alkali aus den beiden Membranoberflächen bzw. durch analoge Vorgänge, die zu einer Minderung der Quellungsfähigkeit führen, bedingt.

Durch den Verlust an Kationen erfährt die Phasengrenzfläche der Membran eine negative Aufladung, die eine erhöhte Adsorption von positiven Ionen aus der angrenzenden Elektrolytlösung zur Folge hat, so daß die Lösung in Übereinstimmung mit Abb. 16 ein höheres Potentialniveau annehmen muß. Eine entsprechende Verminderung des Alkaligehaltes tritt schon bei der Herstellung der Membran unter der Einwirkung der Flamme auf. Da die Außenseite einer Kugelelektrode hierbei einen stärkeren Alkaliverlust erleidet als die Innenseite, muß die Lösung auf der Außenseite der Membran einen positiven Potentialvorspann bekommen. Dies deckt sich vollkommen mit der Erfahrung, daß bei kugel- und kölbchenförmigen Glaselektroden, soweit sie die p_H-konstante Bezugslösung im Inneren tragen, das Asymmetriepotential ein positives Vorzeichen besitzt.

Die Meßlösung scheint durch diesen Effekt um etwa 0,01—0,1 p_H-Grad in alkalischer Richtung verschoben zu sein (vgl. hierzu die Lage der Glaselektroden-Kennlinie in Abb. 2, S. 546). Bei kompliziert gebauten, vor allem unsachgemäß behandelten Membranen kann die Verschiebung 1—2 p_H-Grad erreichen. Demgemäß muß man sich beim Arbeiten mit der Glaselektrode vor allem Rechenschaft geben über Größe und zeitliche Konstanz des Asymmetriepotentials.

Die Ausbildung von Asymmetriepotentialen stellt den Hauptgrund dar, weshalb mit einer Glaselektrodenkette a b s o l u t e Potentialmessungen nicht möglich sind. Man ist vielmehr stets gezwungen, Vergleichsmessungen an Pufferlösungen bekannter Wasserstoffionen-

---

[1] Bräuer, W.: Z. Elektrochem. **47**, 638 (1941). Glastechn. Ber. **19**, 268 (1941).

konzentration auszuführen. Da hierbei das Asymmetriepotential in die Eichwerte, wie in die Meßwerte mit (praktisch) demselben Betrag eingeht, hebt es sich unter der Voraussetzung zeitlicher Konstanz bei der Auswertung fort [vgl. die Formeln (79) und (80), S. 611f.].

Universell verwendbare Typen von Glaselektroden. Die Steilheit der Kennlinie einer Glaselektrode nähert sich im allgemeinen um so mehr dem theoretischen Wert, je dünnwandiger die potentialbestimmende Glasschicht ist. Aus diesem Grunde, aber auch, um den OHMschen Widerstand in mäßigen Grenzen zu halten, bildet man den p_H-empfindlichen Teil der Glaselektrode fast stets membranartig aus. Membranen nach Art eines Rundkolbens stellen die bevorzugte Form dar (sog. Kölbchenelektrode); stabförmige, ebene, wendelförmige (dem Schlangenkühler nachgebildete), und nadelförmige Membranen werden je nach Besonderheit der gestellten Aufgabe eingesetzt. Von entscheidender Bedeutung ist, daß es gelingt, den elektrischen Widerstand des Membranträgers sowohl senkrecht als auch parallel zu seiner Oberfläche (um Kriechströme auszuschließen) groß genug im Verhältnis zum Durchgangswiderstand der Membran zu machen. Deshalb fertigt man den Schaft einer Glaselektrode, wenn irgendmöglich, aus einer elektrisch hochisolierenden, chemisch resistenten, nicht hygroskopischen Glassorte von annähernd demselben thermischen Ausdehnungskoeffizienten wie er im Membranglas vorgegeben ist.

Der Standardform einer Glaselektrode, der Kölbchenelektrode, begegneten wir bereits in Abb. 17. Durch geeignete Kombination einer Kölbchen- und einer Bezugselektrode entsteht eine Glaselektrodenkette, von der Abb. 20 eine bewährte, universell verwendbare Ausführungsform zeigt[1].

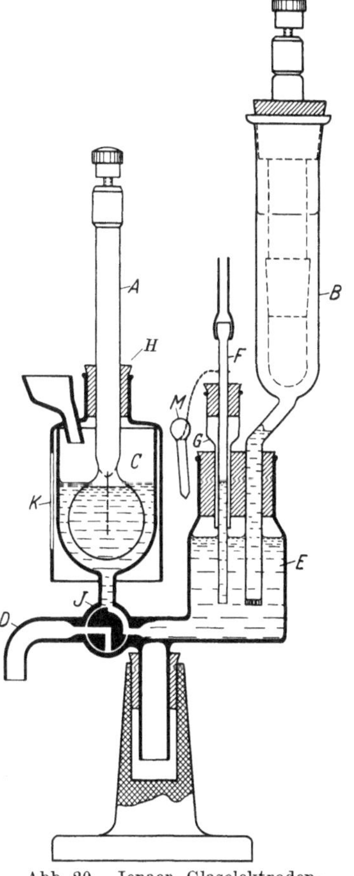

Abb. 20. Jenaer Glaselektrodenkette für ruhende und strömende Flüssigkeiten.

A Glaselektrode, *B* Bezugselektrode (vgl. Abb. 28), *C* Meßraum, *D* Ablaufrohr, *E* Behälter mit Vorratslösung für die Elektrolytbrücke, *F* MARIOTTEsches Rohr mit Schlauch und (abgenommenem) Verschlußstopfen, *G* Führungsrohr zum Regeln der Eintauchtiefe des MARIOTTEschen Rohres, *H* durchbohrter, längsgeschlitzter Gummistopfen, *J* Dreiweghahn mit Ausgleichsrinne, *K* Schutzglocke mit Zulauftrichter, *M* Glasstopfen mit anhängender Schnur.

Handhabung: Durch Verschieben des MARIOTTEschen Rohres in seiner Führung regelt man zunächst den Nachfluß der Elektrolytlösung aus dem Vorratsbehälter so ein, daß die KCl-Lösung nur einige Zehntel Millimeter über die Hahnbohrung des Dreiweghahnes steigen kann, wenn Meßraum und Vorratsbehälter miteinander verbunden werden. Nach Weiterdrehen des Hahnes um 90° im Uhrzeigersinn läßt sich die zu untersuchende Lösung einfüllen und nach einer abermaligen Rechtsdrehung des Hahnes um 90° die Potentialmessung vornehmen. In der 4. Stellung sind Meßraum und Ablaufrohr miteinander verbunden. Man benützt diese Stellung zum Entleeren und Spülen des Meßraums, sowie bei Messungen nach dem Durchlaufverfahren. — Um das lästige „Kriechen" der KCl-Lösung zu vermeiden, wird das MARIOTTEsche Rohr nur für die Dauer der Messung offen gehalten.

Zu einer Messung mit der Glaselektrodenkette benötigt man etwa 7 cm³ Lösung. Stehen nur 1—2 cm³ zur Verfügung, so kann man, ohne eine wesentliche Erhöhung des Elektrodenwiderstandes und die anderen damit verbundenen meßtechnischen Schwierigkeiten in Kauf nehmen zu müssen, zu einer Stabelektrode greifen. Die durch die Arbeiten von SKOTNICKÝ[2] auch unter dem Namen „Jenaer Blutelektrode" bekannt gewordene Halbmikrozelle der Jenaer Glaswerke mit Stabelektrode, Temperiermantel und Luftabschluß ist in Abb. 21 gezeigt.

---

[1] KRATZ, L.: Papierfabr. **40**, 41, 53 (1942).

[2] SKOTNICKÝ, J.: Pflügers Arch. **245**, 654 (1924). Glastechn. Ber. **20**, 185 (1941). Z. physik. Chem. **191**, 180 (1942).

A Stabelektrode, *B* Meßraum mit Zu- und Abflußstutzen für die Elektrolytlösung, *C* Temperiermantel, *D* luftdichter Verschluß, *E* Schutzglocke, *F* p_H-empfindliche Membran. — Die in den Temperiermantel eingeschmolzenen Zu- und Abflußstutzen für das Thermostatenwasser stehen senkrecht zur Schnittebene und sind nicht eingezeichnet.

Durch weitere Verkleinerung des Elektrodendurchmessers und des Meßraumes kommt man zur Nadelelektrode, die jedoch einer Mikroelektrode und damit den Sonderausführungsformen schon erheblich näher steht als den Makrotypen, wie folgender Überblick zeigt:

Tabelle 4. *Meßtechnische Daten der heute handelsüblichen Jenaer Glaselektroden*[1].

	Gesamtlänge (meßfertig) mm	Membran-		Schaftdurchmesser mm	Widerstand [2] bei 20° C Megohm	Verwendbar im	
		Länge mm	Durchmesser mm			pH-Bereich	Temperaturbereich ° C
Kölbchenelektrode, groß, niederohmig	146	30	30	9	0,3—0,6	1—10	0—40
Kölbchenelektrode, mittel, niederohmig	130	14	14	9	2,5—5	1—10	0—40
Kölbchenelektrode, groß, hochohmig.	146	30	30	9	5—10	0—11	0—50
Kölbchenelektrode, mittel, hochohmig.	130	14	14	9	40—80	0—11	0—50
Stabelektrode, niederohmig .	156	40	8—9	9	0,6—1,2	1—10	0—40
Stabelektrode, hochohmig . .	156	40	8—9	9	10—20	0—11	0—50
Nadelelektrode, niederohmig .	156	50	2—3	9	2,5—5	1—10	0—40
Nadelelektrode, hochohmig. .	156	50	2—3	9	40—80	0—11	0—50

Außerdem sind erhältlich: Hochtemperatur-Glaselektroden mit denselben geometrischen Abmessungen wie sie bei der Kölbchenelektrode, mittel, hochohmig, aufgeführt wurden; Widerstand bei 20° C zwischen 120 und 200 $M\Omega$ (vgl. Fußnote 2); verwendbar bis p_H 9 und 100° C; unter Umständen auch noch bei 110—120°.

Die alkaliresistente Glaselektrode ist bis p_H 14 einsatzfähig und läßt sich auffallenderweise bei Siedetemperatur auch im sauren Gebiet mit Vorteil verwenden (vgl. S. 576).

An Sonderausführungsformen sind gängig Glaselektroden mit speerförmiger Spitze zur Untersuchung von pastenförmigen Substanzen; ferner napfförmige Glaselektroden in der Form nach KERRIDGE[3].

Das Potential einer meßfertigen Jenaer Glaselektrode beträgt gegenüber der gesättigten Kalomelelektrode annähernd 0 mV bei p_H 4,6.

Hochohmige, abgeschirmte Glaselektroden. Die Entwicklung von p_H-Meßgeräten mit extrem hohem Eingangswiderstand, ein Teraohm[4] und darüber, sowie das Aufkommen von Kunstschaltungen, die Gitterströme von 10^{-12} Amp. und darunter im Verstärkereingang verwirklichen lassen, hat es sinnvoll gemacht, Glaselektrodenketten mit einem Innenwiderstand in der Größenordnung 300—1000 $M\Omega$ zu bauen. Die Glasmembranen können unter dieser Voraussetzung ziemlich robust gestaltet werden und erhalten so gute mechanische Stabilität[5].

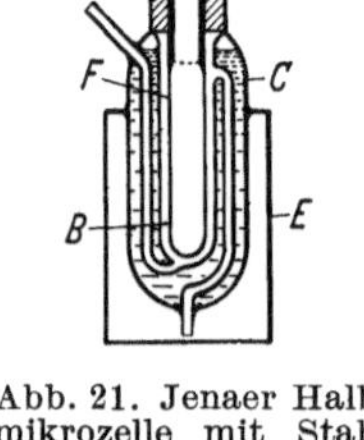
Abb. 21. Jenaer Halbmikrozelle mit Stab-Glaselektrode und Temperiermantel.

Den geometrischen Abmessungen, die sich mit diesen Widerständen in Einklang bringen lassen, sind trotz allem noch verhältnismäßig enge Grenzen gezogen. Als maßgebende Materialkonstante

---

[1] Dem wissenschaftlichen Mitarbeiter im Jenaer Glaswerk Schott & Gen., Landshut, Herrn Dr. L. KRATZ, ist der Verfasser für die Überlassung der entsprechenden meßtechnischen Unterlagen sehr zu Dank verpflichtet.

[2] Der elektrische Widerstand der Glaselektroden sinkt annähernd auf den 10. Teil bei einer Temperaturerhöhung um 25—30°.

[3] KERRIDGE, P. M. T.: Biochem. J. **19**, 611 (1925).

[4] *Τέρας, ατος* = Wunderzeichen, Ungeheuer; daher die internationale Abkürzung Tera für den Faktor 10^{12}.

[5] Andererseits ist naturgemäß höchste Präzision der Potentialeinstellung an eine dünnwandige Glasmembran geknüpft.

für die Dimensionierung p_H-empfindlicher Glasmembranen erweist sich der spezifische elektrische Widerstand ϱ der jeweiligen Glassorte (ϱ_{20} gemessen in Ohm · cm bei 20° C). Denn es gilt, wenn der elektrische Widerstand senkrecht zur Glasmembran mit R_M, die Dicke der Membran mit l, ihre Fläche mit q bezeichnet wird:

$$\frac{R_M}{\varrho_{20}} = \frac{l}{q}. \tag{60}$$

Die ϱ_{20}-Werte liegen für die üblichen hochohmigen Elektrodengläser (MacInnes-Glas, Corning 015, Schott 4073^{III}) zwischen 10^{10} und 10^{11} Ohm · cm; für die niedrigohmigen Spezialgläser sind sie angenähert im Verhältnis 1:20 kleiner[1].

Rechnet man mit einem mäßig hochohmigen Wert $\varrho_{20} \sim 10^{10}$ Ω · cm und läßt für die fertige Glaselektrode einen Membranwiderstand $R_M = 10^9\,\Omega$ zu, so ergibt sich für eine Kölbchenelektrode mit 1 mm Wandstärke eine Minimaloberfläche von ~ 1 cm^2, entsprechend einem Mindestdurchmesser von ~ 6 mm. (Das sind mit einiger Annäherung die Werte für die Mikrokugelelektrode der Metrohm AG., Herisau.) Analog findet man z. B. für eine Nadelelektrode von 1 mm $\varnothing$ und einer Wandstärke von $^2/_{10}$ mm eine Mindestlänge von etwas über 40 mm. (Bei strengerer Rechnung ist zu berücksichtigen, daß der einfache Ansatz für den Formfaktor l/q des Widerstandes nur gilt, wenn die Wandstärke l klein gegen den Krümmungsradius ist.)

Die hochohmigen Elektroden sind notwendigerweise gegen elektrostatische Aufladungen sehr empfindlich. Je hochohmiger ein System ist, um so langsamer fließen von außen eingestreute Ladungen ab. Deshalb müssen solche Elektroden eine elektrische Abschirmung erhalten, die Störeinflüsse zur Erde abzuleiten gestattet. Gleichzeitig hat man dafür zu sorgen, daß der Kriechstromweg entlang des Elektrodenschaftes möglichst hochohmig wird. Eine derart geschirmte hochohmige Glaselektrode gibt Abb. 22 im Schnitt wieder.

M p_H-empfindliche Membran, G_2 Schaft der Glaselektrode, AS Abschirmwickelung, G_1 Mantelglasrohr, K geschirmtes Kabel, F metallische Fassonhülse, in leitender Verbindung mit der Abschirmwickelung AS einerseits und der geerdeten Schirmung des Kabels andererseits, A Hilfselektrode zur Ableitung des Membranpotentials.

Üblicherweise stellen die Glaselektrode und die p_H-unabhängige Gegenelektrode zwei räumlich getrennte Bauelemente dar, die einzeln in ein Gefäß oder eine vorgegebene Apparatur eingefügt und zur galvanischen Kette vereinigt werden müssen. Aus apparativen wie aus meßtechnischen Gründen wäre es indessen oft erwünscht, wenn statt der beiden, relativ viel Raum beanspruchenden Halbelemente eine „Einstabmeßsonde" verwendet werden könnte.

Dies ist in der Tat möglich; die Entwicklung der galvanischen Kette in dieser Richtung führte zu der sog. Stabmeßkette (= single rod assembly; chaîne d'électrodes unitubulaire). Der Raumbedarf einer solchen Meßkette ist nicht größer als der einer einzelnen abgeschirmten Glaselektrode. Messungen in Reagensgläsern, Enghalsflaschen und an sonstigen Stellen sterischer Beengung lassen sich mit der Stabmeßkette wesentlich vereinfachen.

Eine handelsmäßige Ausführungsform der Stabmeßkette ist in Abb. 23 im Schnitt dargestellt.

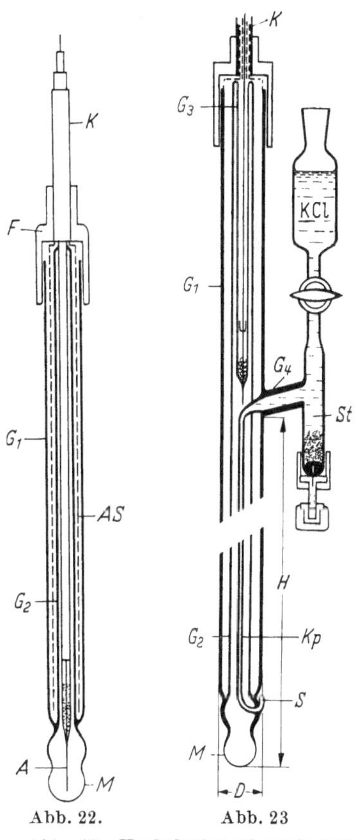

Abb. 22. Abb. 23

Abb. 22. Hochohmige, abgeschirmte Glaselektrode (Widerstand etwa 500 Megohm).

Abb. 23. Meßfertige Glaselektrodenkette in Stabform; sog. Stabmeßkette.

---

[1] Diese Angaben beziehen sich durchweg auf den Gleichstromwiderstand der Elektroden. Auf die bemerkenswerte Beobachtung, daß der Wechselstromwiderstand von Elektrodengläsern bei Tonfrequenz nur etwa 10% des Gleichstromwiderstandes beträgt und auf die Schlußfolgerungen, die hieraus im Hinblick auf den Mechanismus des Stromtransportes im Glasgefüge zu ziehen sind, sei in diesem Zusammenhang wenigstens aufmerksam gemacht. Näheres s. Kratz, L.: Z. Elektrochem. **49**, 474 (1943), sowie die schon mehrfach zitierte Monographie desselben Verfassers.

M p_H-empfindliche Membran, G_1 Mantelglasrohr, G_2 Schaft der eigentlichen Glaselektrode, G_3 Trägerglasrohr für die Hilfselektrode zur Ableitung des Membranpotentials, G_4 Verbindungsrohr zwischen der saturierten Kalomelelektrode St und der capillaren Elektrolytbrücke Kp, S Kontaktstelle zwischen der Meßlösung und der gesättigten KCl-Lösung (eingeschmolzene poröse Masse), K abgeschirmtes und isoliertes Kabel, H freie Eintauchlänge der Elektrode (üblicherweise zwischen 20 und 90 mm), D Durchmesser des Mantelglasrohres (im allgemeinen 10—20 mm).

Für p_H-Messungen in der Vagina und in anderen Körperhöhlen nach dem Prinzip der Stabmeßkette hat die Polymetron AG. in Zürich unlängst ein sehr ansprechendes Modell herausgebracht, von dem Abb. 24 eine photographische Reproduktion bringt. Die Zuführung der capillaren Elektrolytbrücke in die Kugel oberhalb der p_H-empfindlichen Membran und deren Endigung in der porösen Kontaktstelle an der Außenwand sind deutlich zu erkennen.

Technische Daten der Polymetron-Meßkette Typ 401: freie Eintauchlänge = 16 cm, Mantelrohrdurchmesser = 10 mm, Membranwiderstand etwa 500 MΩ, Kabellänge 1,5 m. An Stelle der üblichen saturierten Kalomelelektrode wird hier eine Ag/AgCl-Elektrode in gesättigter NaCl-Lösung verwandt. Die robuste Ausführung der Elektrodenkugel schließt jede Bruchgefahr „in situ" aus.

Mißt man der universellen Verwendbarkeit des zuletzt beschriebenen Typs weniger Bedeutung zu als seiner charakteristischen Form, so ist die Meßkette bereits zu den Sonderausführungen zu rechnen, denen wir uns jetzt zuzuwenden haben.

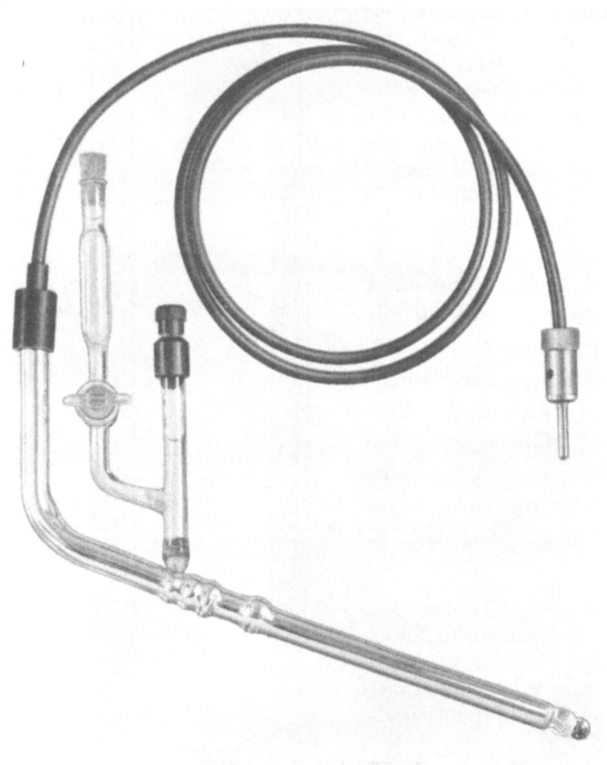
Abb. 24. Glaselektrodenkette für physiologische p_H-Messungen in situ.

Sonderausführungsformen. Die im Laufe der letzten Jahre erzielten glastechnischen Fortschritte wirkten sich auch auf die Konstruktion von Glaselektroden mit optimaler Anpassung an ganz bestimmte, oft eng begrenzte Aufgaben ungemein befruchtend aus. So finden wir heute, abgesehen von den im Anschluß an die Tabelle 4 bereits erwähnten Sonderausführungen von Schott & Gen. handelsüblich:

die Mikrokugelelektrode (5 mm $\varnothing$, $R_M^{20} = 500$ MΩ) zur p_H-Messung in Wunden, in der Mundhöhle, in hochviscosen Massen (Hersteller: Metrohm AG., Herisau/Schweiz)[1];

die abgeschirmte Napfelektrode nach INGOLD für Mengen von 0,2—1,0 cm³, die abgeschirmte Mikro-Napfelektrode nach KERRIDGE für 1 Tropfen Flüssigkeit, die Magensonde (5 mm $\varnothing$, 15 mm Länge, an abgeschirmtem Kabel hängend), die Cervixelektrode (robuste, abgeschirmte Stabmeßkette), Hersteller: Polymetron AG., Zürich;

die temperaturunabhängige Glaselektrode (Hersteller: Freye, KG., Braunschweig);

die Plan-Membranelektrode der Radiometer AG., Kopenhagen;

die Kinder-Magensonde (3 mm $\varnothing$, 12 mm Länge), sowie das extrarobuste Modell zum Einstechen in halbfeste Substanzen wie Käse, Obst, Gemüse („Typ 42") der Beckman Instruments, Inc., South Pasadena, Kalifornien.

---

[1] Mit Ausnahme der Nadelelektrode liefert die Metrohm AG. sämtliche Glaselektroden auch mit einem Normalschliff in der Mitte des Schaftes, was sowohl das Auswechseln der Elekroden, als auch das Aufbewahren der Membran unter Wasser erheblich vereinfacht.

Zur Veranschaulichung der sich ergebenden meßtechnischen Möglichkeiten seien aus der Fülle der publizierten Anordnungen einige Beispiele herausgegriffen.

Die erwähnte Plan-Membranelektrode der Radiometer AG. entspricht weitgehend der Glaselektrode zur Untersuchung kleinster Flüssigkeitsmengen, wie sie Duspiva[1] bereits im Jahre 1936 beschrieb. Abb. 25 gibt die wesentlichen Teile seiner Versuchsanordnung wieder.

A Glaskammer mit 2 Seitenöffnungen zum Einführen der Probe B, C Glasmembran, D Glaselektrodenträger (Füllung: Citratlösung nach Sørensen), E Elektrolytbrücke (Tropftrichter mit angesetztem Capillarrohr, Füllung n/10 KCl), F Quecksilberdichtung zwischen Elektrolytbrücke und Meßkammer, G CO_2-freies Wasser, H_1 Hahn zum Erneuern der Capillarenfüllung, H_2 und H_3 Hähne zum Wasserwechsel. Als Hilfselektrode benutzte Duspiva in der Bezugslösung und der Meßlösung je eine (in der Abbildung nicht gezeichnete) n/10 Kalomelelektrode.

Handhabung: Mittels einer Pipette oder bei gallertigen Substanzen einer Präpariernadel werden einige Kubikmillimeter der Probe an die Capillaröffnung der Elektrolytbrücke gebracht. Sodann verschließt man die Seitenöffnungen durch Natronkalkröhrchen oder Gummistopfen und führt die an einem Feintrieb befestigte Glaskammer unter der Lupe so lange nach oben, bis Kontakt mit der Probe hergestellt ist. — Nach der Potentialmessung wird durch kurzes Öffnen des Hahnes H_1 die Füllung in der Elektrolytcapillare erneuert, die Membran abgespült und sofort abermals beschickt oder vor Austrocknen geschützt aufbewahrt.

In ganz anderer Weise löst das Problem, mit kleinsten Flüssigkeitsmengen auszukommen, die Capillarelektroden-Meßkette der Metrohm AG., Abb. 26. Die zu messende

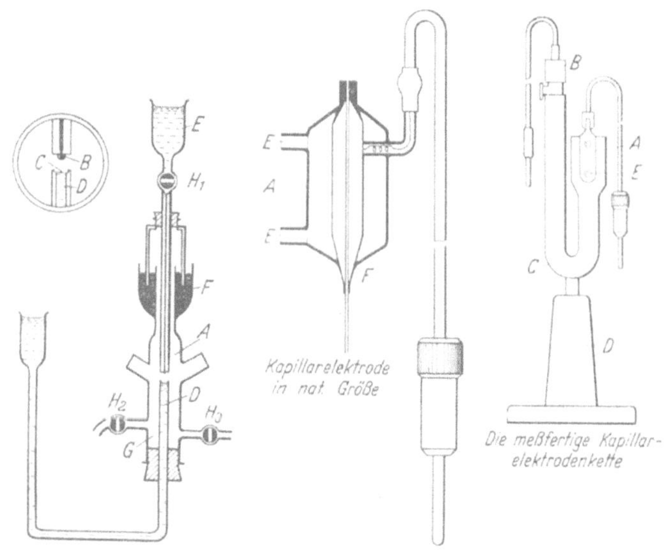

Abb. 25. Glaselektrode für Untersuchung kleinster Flüssigkeitsmengen nach Duspiva.

Abb. 26. Abgeschirmte capillare Glaselektrodenkette mit Temperiermantel (für Flüssigkeitsmengen von 0,01 cm³).

Flüssigkeit wird in eine Capillare aus p_H-empfindlichem Glas aufgenommen, was kraft der Capillarwirkung zumeist spontan erfolgt. Die innere Hilfselektrode zur Ableitung des Membranpotentials liegt in der pipettenförmigen Führung der Capillare. Beide umfaßt konzentrisch ein kühlerartiger Temperiermantel, der das Meßsystem mit Hilfe eines Thermostaten auf definierte Temperatur zu bringen erlaubt, ein nicht unwesentlicher Vorteil gegenüber den meisten Mikro-Elektrodenketten. Um eine wirksame elektrostatische Abschirmung des Meßsystems zu erreichen, empfiehlt es sich, das Thermostatenwasser an Erde zu legen. Die p_H-empfindlichen Capillaren, die in die Führungspipette eingekittet sind, lassen sich bei Unwegsamwerden und Bruch leicht auswechseln.

Die rechte Hälfte der Abbildung veranschaulicht eine zweckmäßige Halterung der gebrauchsfertigen galvanischen Kette.

A Capillar-Glaselektrode, B saturierte Kalomelelektrode mit in die Spitze eingeschmolzenem Asbestfaden, C Elektroden- und Elektrolytbrückenhalter, D Gußfuß, E Anschlüsse für das Thermostatenwasser, F inneres Ableitungssystem.

Um auch im Gewebe lebender Tiere p_H-Messungen durchführen zu können, wurde von Voegtlin und Mitarbeitern[2] in langwierigen und mühevollen Untersuchungen eine besondere Technik entwickelt, die darauf ausgerichtet ist, eine möglichst geringe Störung

---

[1] Duspiva, F.: H. **241**, 168 (1936).

[2] Voegtlin, C., R. H. Fitch, H. Kahler and J. M. Johnson: Amer. J. Physiol. **110**, 539 (1934). — Sowie Voegtlin, C., H. Kahler u. R. H. Fitch: Handb. biol. Arb.-Meth. Abt. V, Teil 10, S. 667 bis 684. 1935.

der Biosphäre am Ort der Messung zu verursachen. Diesem Ideal nähern sich die genannten Autoren mittels einer Capillarglaselektrode, die nur einen geringfügigen operativen Eingriff am Tier erfordert. Beim Menschen konnte freilich die Elektrode wegen allzugroßer Bruchgefahr nicht in Anwendung gebracht werden. Abb. 27 zeigt die Capillarglaselektrode ohne und mit dem unentbehrlichen Benetzungsschutz.

A Glasrohr aus Corning-Glas Sorte 015, rechtes Ende erst grob ausgezogen, dann kugelförmig aufgeblasen und zur Spitze ausgezogen. *B* dasselbe mit einem Überzug aus DE KHOTINSKY-Cement zur Ausschaltung des Benetzungsfehlers, Füllung: Phosphatpufferlösung (p_H 7).

Handhabung: Da es sich als unmöglich erwies, auf der intakten Haut eines Tieres selbst bei intensiver Durchtränkung mit KCl-Lösung einen von Störpotentialen freien Elektrolytanschluß herzustellen, griffen die Verfasser zu folgender Anordnung: Kalomelelektrode/KCl-Agar-Heber/Ringerlösung/Blut, Gewebe/Glaselektrode/KCl-Agar-Heber/Kalomelelektrode. Durch Verwendung von Ringerlösung, in die ein kleiner Einschnitt in der Haut des Versuchstieres untertaucht, konnten die p_H-Schwankungen während der mehr als einstündigen Versuche kleiner als 0,01 p_H-Einheiten gehalten werden. Wegen weiterer Einzelheiten, insbesondere hinsichtlich der Berücksichtigung des Temperaturgradienten in der Glascapillare, muß auf die Originalarbeit verwiesen werden.

FRUNDER, der VOEGTLINS Technik nicht unwesentlich modifizierte[1], arbeitet mit einer planen p_H-empfindlichen Membran von 3—5 mm ⌀. Nach Hautschnitt und Durchtrennung der Muskelfascie unter aseptischen Bedingungen wird die Elektrode auf die zu messende Muskulatur aufgesetzt, der Hautschnitt durch zwei Seidennähte verschlossen und durch eine Kollodiumschicht abgedichtet. Zur Vervollständigung der Dichtung und Befestigung der Elektrode läßt man über der getrockneten Kollodiumschicht ein erwärmtes Wachs-Kollophoniumgemisch erstarren. Versuchsdauer bis zu 12 Tagen.

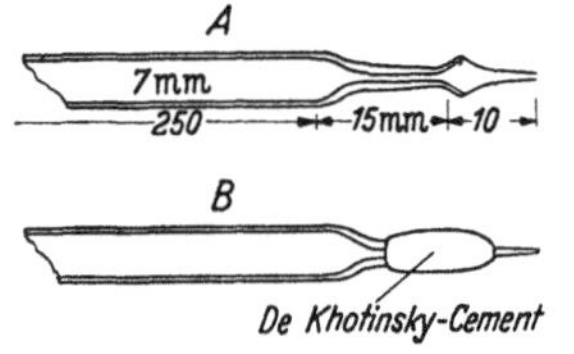

Abb. 27. Capillare Glaselektrode für Messungen im Gewebe lebender Tiere (nach VOEGTLIN).

***Das Arbeiten mit Glaselektroden*[2].** 1. Vorbehandlung des Glaskörpers. Da die Glasmembranen der Verwitterung unterliegen, werden sie von den Herstellerfirmen mit einem dünnen Paraffinbelag gegen atmosphärische Einwirkungen geschützt. Diesen löst man kurz vor der ersten Verwendung der Glaselektrode mittels Tetrachlorkohlenstoff ab. Die saubere Membranfläche läßt man bei Zimmertemperatur so lange in destilliertem Wasser quellen, bis der Potentialgang vernachlässigbar klein wird und das Asymmetriepotential einen konstanten Endwert angenommen hat. Je nach Genauigkeitsansprüchen ist dies in 1—2 Wochen erreicht.

2. Kettenaufbau. Im Rahmen der oben geschilderten Kombinationsmöglichkeiten wählt man einen den jeweiligen Versuchsbedingungen möglichst angepaßten Elektrodentyp. Selbst bei vorgegebener äußerer Ableitungselektrode hat man es noch in der Hand, die meßtechnischen Eigenschaften durch Ändern des Aufbaues der Bezugslösung sowie durch entsprechende Wahl des Bezugselektrodenmaterials weitgehend zu beeinflussen. Dabei sind die folgenden Gesichtspunkte im Auge zu behalten:

a) gute Konstanz des Elektrodenpotentials,
b) geringe Polarisierbarkeit,
c) kleiner Temperaturkoeffizient der Meßkette,
d) niedriger elektrischer Widerstand der Kette.

Hinsichtlich der Füllung des Glaselektrodenkörpers kommt man mit einer Pufferlösung im p_H-Bereich zwischen 4,5 und 7,5 den aufgestellten Forderungen am nächsten. Besonders günstig und viel gebraucht ist der *Standard-Acetatpuffer.*

Pufferlösungen für das Bezugssystem dürfen keine Ionen wie Lithium und Kalium enthalten, die im Laufe der Zeit gegen Natriumionen des Glases ausgetauscht werden können, da dies zur Erhöhung des elektrischen Widerstandes der Membran und zu unsicherer Potentialeinstellung Anlaß gibt. Die Bezugslösung wird, um Ionenaustausch zu unterdrücken, vor dem Gebrauch am besten

---

[1] FRUNDER, H.: Die Wasserstoffionenkonzentration im Gewebe lebender Tiere nach Messungen mit der Glaselektrode. Jena 1951.

[2] Bei der Beschaffung meßfertig gefüllter Glaselektroden versäume man nicht, sich genaue Auskunft über das Asymmetriepotential der Elektrode und die Lage des Isothermenschnittpunktes geben zu lassen oder zumindest über die Zusammensetzung des Bezugssystems, um selbst Asymmetriepotentialkontrollen vornehmen und den Einfluß von Temperaturänderungen abschätzen zu können.

über Grieß aus Elektrodenglas aufbewahrt oder mit Na-Salzen versetzt (z. B. 0,1 n NaCl). Dieser Zusatz ermöglicht gleichzeitig die Verwendung der Silberchloridelektrode als Bezugselektrode.

Weniger empfehlenswert ist, im Hinblick auf Schonung der Glasmembran, die n/10 HCl als Bezugslösung, wie sie vor allem von MacInnes und Dole bei ihren Blättchenelektroden[1] verwendet wurde. Sie erlaubt jedoch ein Arbeiten mit der Silberchloridelektrode. Neutrale Borat- und Phosphatpuffergemische treten im Laufe der Zeit in merkliche Wechselwirkung mit dem Elektrodenglas und sind deshalb zu vermeiden. Auf jeden Fall dürfen keine alkalischen Bezugslösungen verwendbar werden.

Als äußere Ableitungselektrode (Meßelektrode) benützt man fast ausschließlich die gesättigte Kalomelelektrode. Für die inneren Ableitungselektroden (Bezugselektrode) kommen die folgenden Typen in Frage:

a) Kalomelelektroden in Lösungen beliebiger Chloridkonzentration,

b) Silberchloridelektroden in Salzsäure oder anderen chlorionenhaltigen Lösungen der verschiedensten Konzentration,

c) Chinhydronelektroden,

d) Elektroden erster Art von Quecksilber, Silber oder Platin (das Metall taucht in die Lösung eines seiner Salze),

e) Elektroden zweiter Art von Silber und Quecksilber,

f) die Wasserstoffelektrode.

Weiterhin erheischt die Polarisierbarkeit der Glaselektrodenketten unsere Aufmerksamkeit. Polarisation, das ist die Ausbildung einer elektromotorischen Gegenkraft bei Stromentnahme aus einer galvanischen Kette, tritt besonders leicht bei den metallisierten Glaselektroden in Erscheinung. Dagegen sind die Glasmembranen selber verhältnismäßig wenig polarisationsanfällig. Sie ertragen, wie Robertson[2] gezeigt hat, ohne jede Schädigung bei 2—3 MΩ Widerstand Belastungen mit 100 mV bzw. Stromstärken von $0,5 \cdot 10^{-7}$ Amp auf mindestens 1 min Dauer. Andererseits liefert die Polarisierbarkeit der beiden Hilfselektroden meistens zu der Größe der Gesamtpolarisation einer Glaselektrodenkette den entscheidenden Beitrag. Vor allem die Silberchloridelektrode erfordert in dieser Hinsicht vorsichtiges Arbeiten.

Was schließlich den Temperaturkoeffizienten und den inneren Widerstand der Glasmembran betrifft, so ist auf das S. 579 bzw. S. 585 Gesagte zu verweisen.

3. Das Messen mit der Glaselektrodenkette. Es sind die folgenden Gesichtspunkte zu berücksichtigen:

a) Vorbereiten der Messung, das ist Zusammenbau der Elektrodenkette, Temperieren (etwa 1 Std) am besten unter Benützen eines Thermostaten.

b) Eichung mit Standardlösungen. Diese müssen ebenso wie das zum Ausspülen benützte destillierte Wasser temperiert sein.

c) Messung des Potentials der Elektrodenkette. Hierbei ist auf die Geschwindigkeit der Potentialausbildung zu achten. Potentialgänge sowie träge Potentialeinstellung weisen auf eine Störung der elektromotorischen Kraft der Glasmembran hin. Diese kann von einem zunehmenden Verschmutzen der Membran, aber auch von einem Überschreiten der grundsätzlichen Grenzen der Anwendbarkeit der Glaselektrode herrühren. Eine weitere Störquelle ist das Auftreten von sog. Strömungspotentialen, falls mit strömenden Lösungen gearbeitet wird. Abhilfe: Verzögerung der Strömungsgeschwindigkeit.

4. Reinigung und Aufbewahrung. Das Reinigen muß zwecks Erhaltung der Einstellgenauigkeit der Glasmembran stets sehr gewissenhaft ausgeführt werden. Unmittelbar nach der Messung Abspülen mit destilliertem Wasser; fester haftende Niederschläge entfernt man durch Abspritzen. Vorsichtiges Abwischen der Glasmembran mit japanischem Seidenpapier oder einem feuchten Wattebausch führt bei gröberen Rückständen zumeist zum Ziel.

---

[1] Ein Glasschaft trägt auf seinem Ende eine Glasmembran von $\sim 1\,\mu$ Stärke und 1—3 mm $\varnothing$. Widerstand der Membran zwischen 10 und 100 MΩ. Näheres: MacInnes, D. A., and M. Dole: J. gen. Physiol. 12, 805 (1929).

[2] Robertson, G. R.: Industr. engng. Chem., analyt. Ed. 3, 5 (1931).

Organische Lösungsmittel sollte man erst einsetzen, wenn die eben geschilderten Verfahren nicht den gewünschten Erfolg haben. Wasserentziehende Reinigungsmittel sind unbedingt zu vermeiden. Weder glasangreifend noch wasserentziehend verhalten sich Benzin und Tetrachlorkohlenstoff. Nach Entfernen der Verunreinigung spült man mit dem reinen Lösungsmittel nach, läßt es verdampfen und setzt die Membran wieder in Wasser. Seifenlösungen stellen ebenfalls wirkungsvolle Reinigungsmittel von Glasmembranen dar. Dagegen sind Dichromat-Schwefelsäure oder Flußsäure nur als äußerster Notbehelf anzusehen.

5. **Sterilisation von Glaselektroden.** Die üblichen thermischen Verfahren können mit Rücksicht auf die Empfindlichkeit der Membran nicht herangezogen werden. Bewährt hat es sich, die Glaselektrode über Nacht in 5%iger Chinosollösung stehen zu lassen und sie vor Gebrauch 3mal mit destilliertem Wasser abzuspülen. Formaldehyddampf, wie er aus einer 35%igen Formalinlösung entweicht, oder durch Verdampfen von Formalintabletten leicht zu erzeugen ist, vermag in 45 min Glaselektroden mit Sicherheit steril zu machen. Formalinreste lassen sich mit sterilem H_2O quantitativ entfernen.

Beim Sterilisieren mit H_2O_2 oder O_3 entfällt das Nachspülen, doch ist dann zu prüfen, ob nicht vielleicht resistente Sporen überleben und ein solches Verfahren ausschließen.

β) *Bezugselektroden.*

Wie S. 544 bereits betont wurde, läßt sich das Potential, das eine Elektrode in einer Elektrolytlösung einstellt, nur auf indirektem Wege messen. Man bestimmt aus diesem Grunde letzten Endes stets den Potentialunterschied der als p_H-Indicator dienenden Meßelektrode gegenüber einer Elektrode von konstantem und genau bekanntem Potential, d. h. einer sog. Bezugselektrode. Als solche Bezugselektroden eignen sich wegen ihrer guten Reproduzierbarkeit vornehmlich Elektroden II. Art.

Während bei den Elektroden I. Art das Elektrodenmaterial mit einer ungesättigten Lösung seiner eigenen Ionen im Gleichgewicht steht, taucht bei den Elektroden II. Art das Metall in eine gesättigte Lösung eines seiner Salze, die außerdem ein leichtlösliches Salz mit dem gleichen Anion wie der Bodenkörper enthält. Da nun das Löslichkeitsprodukt des schwerlöslichen Salzes eine Konstante darstellt und die Konzentration der ins Löslichkeitsprodukt eingehenden Anionen durch die Konzentration des leichtlöslichen Salzes vorgegeben ist, so muß die Konzentration der Ionen des Elektrodenmaterials in der Lösung zugleich mit der Konzentration des leichtlöslichen Salzes festliegen. Bei Elektroden II. Art erweist sich demnach das Elektrodenpotential als eine Funktion der *Anionenkonzentration.*

Als gebräuchlichste Bezugselektrode dient die Kalomelelektrode. Daneben erfreut sich noch die Silberchloridelektrode ziemlicher Beliebtheit. Andere Bezugselektroden kommen wohl nur in ganz bestimmten Versuchsordnungen zur Verwendung.

α) Die Kalomelelektrode. Unter einer Kalomelelektrode versteht man eine Elektrode II. Art, die Kalomel (= Quecksilber(I)-chlorid) als schwerlösliches Salz und Bodenkörper enthält. Als elektromotorisch wirksames Elektrodenmaterial dient demzufolge Quecksilber, als leichtlöslicher Elektrolyt mit demselben Anion wie der Bodenkörper kann irgendein Alkalichlorid oder auch Salzsäure verwendet werden.

Hinsichtlich der Elektrodenpotentiale verhalten sich Kalomelelektroden mit KCl-Füllung einerseits und HCl-Füllung andererseits vollkommen gleich. Das Kation des leichtlöslichen Elektrolyten ist im Löslichkeitsprodukt des schwerlöslichen nicht enthalten. Sie unterscheiden sich jedoch ziemlich wesentlich dadurch, daß bei den mit Salzsäure zusammengesetzten galvanischen Ketten an den Berührungsstellen der verschiedenen Mischphasen erhebliche Diffusions- oder Flüssigkeitspotentiale auftreten, die durch die verschiedene Wanderungsgeschwindigkeit der Anionen und Kationen bedingt sind. Näheres hierüber ist S. 608ff. ausgeführt.

Je nach der Konzentration der Kaliumchloridlösung, mit der die Kalomelelektrode angesetzt wurde, unterscheidet man üblicherweise die n/10, n/1 und die gesättigten Kalomelelektroden, die man des öfteren auch in der angegebenen Reihenfolge als dezinormale, normale und saturierte Kalomelelektrode bezeichnet findet.

Die Pegelpotentiale dieser 3 Typen sind in der genannten Reihenfolge: $+337{,}9$, $+285{,}9$ und $+249{,}0$ mV (bei $20°$ C)[1]. Die Änderung der Pegelpotentiale mit der Temperatur kann der Tabelle 5, S. 612, entnommen werden. Für die gesättigte Kalomelelektrode beträgt nach neueren Messungen[2] der Temperaturkoeffizient über ein ziemlich großes Temperaturintervall $+0{,}18$ mV/Grad. Doch liegt das Problem der Temperaturabhängigkeit von Meßketten und deren Beziehung zu dem Temperaturkoeffizienten der Halbelemente noch ziemlich im argen, so daß man bei hohen Ansprüchen an die Genauigkeit Temperaturänderungen tunlichst aus dem Wege geht[3]. Auch die Frage, ob es günstiger ist, eine gesättigte oder eine ungesättigte Kalomelelektrode als Bezugselektrode zu verwenden, läßt sich nicht generell beantworten. Beide haben ihre Vorteile und Nachteile.

Eigentümlichkeiten der gesättigten Kalomelelektrode.

a) Keine andere Elektrode ist so stabil und spannungskonstant wie sie[4,6].

b) Zwischen der saturierten Kalomelelektrode und den üblichen Elektrolytbrücken können sich keine Diffusionspotentiale ausbilden.

c) Die Pegelpotentiale der Kalomelelektrode sind zwar sehr gut konstant, doch weichen sie nicht selten um $1{-}2$ mV $= 0{,}02{-}0{,}04$ p_H-Einheiten vom Sollwert ab.

d) Der Temperaturkoeffizient des Potentials gegenüber der normalen Wasserstoffelektrode liegt verhältnismäßig sehr hoch: $0{,}65$ mV/Grad (bei $25°$), die Koeffizienten zeigen einen ausgeprägten Gang mit der Temperatur (vgl. Tabelle 5, S. 612).

e) Außerhalb des Gebrauches ist die Elektrode gegen Verdunstung sorgfältig zu schützen, da der Elektrolytanschluß sonst leicht durch Auskrystallisieren verstopft wird[5].

Eigentümlichkeiten der n/1 Kalomelelektrode.

a) Die Elektrode kann sofort nach dem Zusammenstellen benützt werden; ihre EMK ist auf etwa $\pm 0{,}05$ mV genau definiert. Durch besondere Sorgfalt kann man die Genauigkeit auf rund $\pm 0{,}01$ mV steigern[6].

b) Die nichtgesättigte Kalomelelektrode ist ziemlich empfindlich gegen das Einsickern von gesättigter KCl-Lösung aus der Elektrolytbrücke. Ein gleiches gilt für Konzentrationsänderung durch Verdunsten[5].

c) Der Temperaturkoeffizient gegenüber der Normal-Wasserstoffelektrode beträgt bei der Normalkalomelelektrode $+0{,}24$, bei der dezinormalen nur $0{,}06$ mV/Grad (für $25°$ C); die Temperaturabhängigkeit beider Koeffizienten ist beträchtlich (s. Tabelle 5, S. 612).

d) Infolge des nur schwer zu vermeidenden Diffusionspotentials ist die hohe Absolutgenauigkeit der n/1 Kalomelelektrode zumeist nicht voll auszunützen.

e) Die Kalomelelektrode ist in Gegenwart von Sauerstoff unzuverlässig, besonders mit einer sauren Elektrolytfüllung[6]. Hierbei können Fehler bis zu 2 mV auftreten, in neutralen Lösungen ist der Fehler kleiner. Man verwendet deshalb beim Zusammensetzen des Halbelementes tunlichst ausgekochte Lösungen und verschließt sorgfältig, um ein Eindringen von Luftsauerstoff zu unterbinden[7].

f) Der Bodenkörper kann die Konzentration der Elektrolytfüllung durch Adsorption merklich verändern, so daß die ursprünglich vorgegebene Konzentration nicht der gemessenen Spannung entspricht[8]. Durch Analyse der veränderten Lösung läßt sich dieser Fehler jedoch vollständig eliminieren.

Wägt man Vor- und Nachteile der gesättigten und nichtgesättigten Kalomelelektrode gegeneinander ab, so erscheint es angebracht, im allgemeinen als Bezugselektrode den

---

[1] Die Werte stammen aus den logarithmischen Rechentafeln von KÜSTER-THIEL (Ausgabe 1947), die sich ihrerseits auf Messungen von RIEHM, H.: Z. physik. Chem. (A) **160**, 1 (1932) stützen.

[2] SKOTNICKY, J.: Coll. Czech. chem. Commun. 8, 496 (1936). — Andere Autoren finden erheblich abweichende Werte, die über einen Bereich von $+20$ bis $+47$ mV/Grad streuen.

[3] Vgl. a. MÜLLER, F., u. H. REUTHER: Z. Elektrochem. **48**, 220 (1942).

[4] MICHAELIS, L.: Praktikum der Physikalischen Chemie für Mediziner und Biologen. 3. Aufl. S. 173ff. Berlin 1926. B. Z. **119**, 307 (1922).

[5] MISLOWITZER, E.: Die Bestimmung der Wasserstoffionenkonzentration in Flüssigkeiten.

[6] RANDALL, M., and L. E. YOUNG: Am. Soc. **50**, 989 (1928). Berlin 1928.

[7] OSTWALD-LUTHER: Hand- und Hilfsbuch zur Ausführung physikochemischer Messungen. 5. Aufl. Leipzig 1931.

[8] DRUCKER, H.: Z. Elektrochem. **18**, 562 (1912).

gesättigten Typ zu verwenden und, falls hohe Meßgenauigkeit erwünscht ist, die Abweichung des Pegelpotentials vom Sollwert als Korrekturgröße experimentell zu bestimmen.

Dieses geschieht entweder dadurch, daß die gesättigte Kalomelelektrode durch mehrere nichtgesättigte kontrolliert wird oder dadurch, daß man die jeweilige Potentialdifferenz gegen eine Wasserstoffelektrode in Standardacetat-Puffer (vgl. S. 616) ermittelt. Die Abweichungen der gemessenen Spannungsdifferenz vom Sollwert stellen die Rechenkorrektur dar.

Gefäßformen der Kalomel-Halbelemente. Die beiden Grundtypen der Wasserstoff-Halbelemente, d. h. die Formen mit dem schnabelförmigen Elektrolytanschluß und mit dem Diaphragma als Elektrolytanschluß, stellten früher auch für die Kalomelelektroden die bevorzugte Gefäßform dar. Natürlich werden hierbei die beiden Rohrstutzen für die Zuleitung und die Ableitung von Wasserstoff als überflüssig weggelassen.

Heute ist wohl der von Schott & Gen. hergestellte Typ die am häufigsten benutzte Form (Abb. 28).

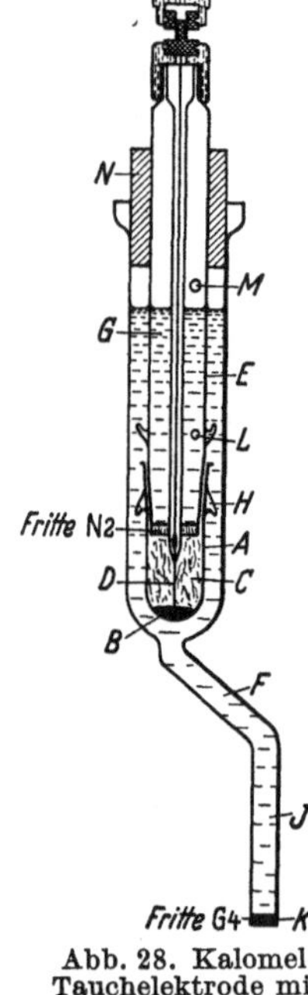

Abb. 28. Kalomel-Tauchelektrode mit Glasdiaphragma.

A Normalschliffhülse, B Quecksilber, C Kalomelpaste (inniges Gemisch aus Hg + Hg$_2$Cl$_2$ + sat. KCl-Lösung), D amalgamierte Platinelektrode, E Normalschliffkern mit Glasfritte N 2, F Kaliumchloridlösung, G Elektrodenzuführung, H Glashäkchen für eine Pt-Draht-Ligatur, J Mantelgefäß mit Glasdiaphragma als Elektrolytanschluß, K Glasfritte G 4, L Eintrittsöffnung für die Elektrolytfüllung, M Austrittsöffnung für die Luft, N Gummistopfen mit Paraffinüberzug.

Um das lästige „Kriechen" von Kaliumchlorid zu verhindern, bestreicht man das Tauchrohr außen mit einer Lösung von festem Paraffin in Tetrachlorkohlenstoff.

Etwa aus der zu untersuchenden Lösung in das Mantelgefäß eingesickerte Verunreinigungen haben bei diesem Elektrodentyp einen so langen Weg bis zur eigentlichen Kalomelzelle zurückzulegen, daß ein Unbrauchbarwerden der Halbzelle bei zeitweiligem Erneuern der Kaliumchloridfüllung — etwa alle 2—3 Monate — unter sachgemäßer Behandlung ausgeschlossen ist. Man läßt bei Nichtgebrauch den Elektrolytanschluß in ein Gefäß mit reiner gesättigter KCl-Lösung eintauchen.

Eine etwas modifizierte Form der Kalomelelektrode lernten wir bereits als Teil der Universalmeßkette (Abb. 12, S. 567) kennen. Ihre Wirkungsweise ist dem eben beschriebenem Typ weitgehend analog. Doch dürfte der Zellstoffverschluß an Stelle der Glasfritte der Schottschen Elektrode kaum als Vorzug zu werten sein; ein gleiches trifft für den Gummischlauch zu, der den porösen Tonstift in der Meßlösung nach außen abdichtet.

Im übrigen gilt auch für die Bezugselektroden, daß für Messungen höchster Genauigkeit der schnabelförmige Elektrolytanschluß vor dem Diaphragmenanschluß entschieden den Vorzug verdient.

β) *Die Silberchloridelektrode.* Eine andere Elektrode II. Art, die ausgezeichnet definierte Potentiale ergibt, ist die Silberchloridelektrode. Silberchlorid dient als Bodenkörper; als Elektrodenmaterial muß dementsprechend Silber, als leichtlöslicher Elektrolyt ein Alkalichlorid oder Salzsäure verwendet werden.

Hat man vorzugsweise mit sauren Lösungen zu arbeiten, so verwendet man in allen Elementteilen Halogenwasserstoffsäuren an Stelle der Alkalihalogenide. Bei gleicher Konzentration des Halogenions sind auch die elektromotorischen Kräfte die gleichen, unabhängig vom Kation; dagegen werden die Diffusionspotentiale einer sauren Lösung, die an der Phasengrenzfläche gegenüber einem sauren Elektrolyten auftreten, geringer als die einer neutralen Lösung gegenüber einer sauren.

Die Silberchloridelektrode ist ähnlich wie die Kalomelelektrode, wenn auch weniger, gegen Sauerstoff empfindlich. Es können Fehler bis 0,5 mV = 0,01 p$_H$-Einheiten auftreten[1].

---

[1] Vgl. GÜNTELBERG, E.: Z. physik. Chem. **123**, 199 (1926). — RANDALL, M., and L. E. YOUNG: Am. Soc. **50**, 989 (1928).

Die Bildungswärme von Quecksilberoxyd beträgt 21,5, die von Silberoxyd nur 7,0 kcal/Mol. Analog hierzu ist die Mischpotentialbildung unter dem Einfluß von Sauerstoff im zweiten Falle geringer als im ersten.

Für sehr genaue Messungen erscheint es demnach angebracht, die zu untersuchende Lösung entweder durch Durchleiten von Stickstoff oder durch Evakuieren von Sauerstoff zu befreien.

Die Silberchloridelektrode ergibt im Licht ein bis zu 0,1 mV höheres Potential als im Dunkeln. In gewöhnlichem Tageslicht bleibt der erhöhte Wert auf 0,01 mV konstant[1].

Silberchloridelektroden, die im Absolutwert auf 0,05 mV und besser übereinstimmen, stellt man her, indem man sowohl die elektromotorisch wirksame Silberschicht als auch den (nicht unbedingt notwendigen) Halogensilberüberzug elektrolytisch erzeugt[2]. Dies geschieht auf folgende Weise:

Eine Platindrahtspirale wird in Glas eingeschmolzen, in konz. Salpetersäure ausgekocht und als Kathode geschaltet, in einem einige Prozente Kaliumsilbercyanid, $[Ag(CN)_2]K$, enthaltenden Bad gegen eine Silberanode mit einer Stromdichte von etwa 8 mA/cm² annähernd 12 Std lang galvanisiert. Nach sorgfältigstem wiederholtem Waschen in Leitfähigkeitswasser überzieht man die Elektrode mit einer Paste von feuchtem Silberoxyd in dünner Schicht, trocknet und erhitzt mehrere Stunden auf 400°.

Bei der elektrolytischen Chlorierung wird die Elektrode in einer 0,75 n HCl gegen eine Silber- oder Platinkathode mit etwa ²/₃ der Versilberungsstromstärke galvanisiert. Mehrfaches Waschen mit der zur Füllung der Halbelemente bestimmten Lösung bildet den Abschluß des Verfahrens.

Falls höchste Genauigkeit nicht erforderlich ist, kann auf die Behandlung mit der Silberoxydpaste verzichtet werden.

Die oft bevorzugte dezinormale Silberchloridelektrode zeigt gegenüber der saturierten Kalomelelektrode bei 20° C ein Potential von 43,1 mV und bei 25° C von +43,2 mV. Als Hilfselektrodenkette erfreuen sich die beiden miteinander kombiniert beim Arbeiten mit Glaselektroden besonderer Beliebtheit. Das Pegelpotential der n/10 Silberchloridelektrode beträgt bei 20° C 292,1 mV (vgl. hierzu Abb. 2).

γ) Sonstige Bezugselektroden. Außer den genannten Elektroden II. Art können selbstverständlich auch Meßelektroden als Bezugselektroden verwendet werden, wenn der p_H-Wert der Lösung, in die sie tauchen, genügend scharf definiert ist.

Gebräuchliche Bezugselektroden dieses Typs sind die Chinhydronelektrode in der VEIBELschen Lösung[3], die Chinhydronelektrode in Standard-Acetatpuffer nach MICHAELIS, sowie die Wasserstoffelektrode in Standard-Acetat. MICHAELIS hält die mit Standard-Acetat gefüllte Wasserstoffelektrode sogar für noch besser reproduzierbar als die Kalomelelektrode[4]. Der Verwendung der Chinhydronelektrode als Bezugselektrode und Meßelektrode begegneten wir bereits in der Chinhydronelektrodenkette nach MISLOWITZER (Abb. 13, S. 567) und in der Mikro-Chinhydronelektrodenkette nach KUNTARA (Abb. 14, S. 567).

γ) Elektrolytbrücken.

Für die Verbindung zweier Halbelemente zu einem galvanischen Element bedarf man sog. Elektrolytbrücken. Metallische Leiter können hierfür nicht benutzt werden, da an deren Kontaktstellen mit den Elektrolytlösungen Potentialsprünge auftreten, die sich den Potentialen der Meß- und Bezugselektroden superponieren würden. Aus Gründen, die S. 607 eingehender erörtert werden, benutzt man zum Füllen der Elektrolytbrücken heute ganz allgemein gesättigte Kaliumchloridlösungen.

Zur besseren rechnerischen Erfassung von Diffusionspotentialen werden manchmal mehr als zwei, geeignet ausgewählte, sog. „Zwischenflüssigkeiten" zu einer Elektrolytbrücke kombiniert. Näheres

[1] LINHART, G. A.: Am. Soc. **41**, 1175 (1919). — Über die Reproduzierbarkeit der Ag/AgCl-Elektrode s. insbesondere TAYLOR, J. K., u. E. R. SMITH: J. Res. nat. Bur. Stand. **20**, 837 (1938).
[2] MAZEE, W. M.: Trans. Amer. electrochem. Soc. **55**, 349 (1929). — CANN, J. Y., u. E. LA RUE: Am. Soc. **54**, 3456 (1932). — HAMER, W. J.: Trans. elektrochem. Soc., London **72**, 45 (1938).
[3] VEIBEL, S.: Soc. **1923**, 2203.
[4] MICHAELIS, L.: Praktikum der physikalischen Chemie für Mediziner und Biologen. 3. Aufl. Berlin 1926.

hierüber s. S. 607, sowie EUCKEN, A., u. R. SUHRMANN: Physikalisch-chemische Praktikumsaufgaben. 3. Aufl. Leipzig 1952.

Es sind verschiedene Typen von Elektrolytbrücken gebräuchlich geworden, die der jeweiligen Form der verwendeten Elektrodengefäße angepaßt sind.

a) Die Kaliumchloridwanne. Eine längliche Glaswanne (eine nicht zu kleine Krystallisierschale tut denselben Dienst) mit gesättigter Kaliumchloridlösung gefüllt und mit einem mehrfach durchbohrten Hartgummideckel versehen, zur Führung des Anschlußstutzens des Halbelementes. Die Kaliumchloridwanne stellt die gebräuchlichste Form der Elektrolytbrücken dar. Ihr Vorteil besteht vor allem darin, daß die spezifisch schwerere, gesättigte KCl-Lösung bei dieser Anordnung tiefer als die übrigen Elektrolytlösungen ruht.

b) Die KCl-Röhrenbrücke, eine Abart des oben beschriebenen Typs. Grundform: ein Glasrohr wird zweimal rechtwinklig gebogen, so daß von der Seite gesehen sich ein U-Trägerprofil ergibt. Die Elektrolytanschlußstutzen setzt man in die beiden Schenkel der Röhrenbrücke mittels Gummistopfen ein. Anwendung bei einigen meßfertig von den Herstellerfirmen gelieferten galvanischen Ketten.

c) Der Agar-Agar-KCl-Heber, vor einigen 20 Jahren wohl die verbreitetste Form der Elektrolytbrücke, insbesondere für Mikroelektroden (vgl. Abb. 8 und 9).

Herstellung nach MICHAELIS: In einer Porzellanschale verkocht man 3 g Agar mit 100 cm³ Wasser und fügt zu der Gallerte unter kräftigem Rühren 10 g KCl zu. Die noch warme zähflüssige Masse wird in ein U-förmig gebogenes Glasrohr mit schnabelförmig verjüngten Enden langsam eingefüllt, wobei besonders zu beachten ist, daß keine Luftblasen eintreten. Nach dem Erkalten ist der Heber gebrauchsfertig. Bei Nichtgebrauch stellt man ihn in eine gesättigte KCl-Lösung.

Für Mikrobestimmungen empfiehlt FUHRMANN, um wasserlösliche Bestandteile aus dem Agar-Agar zu entfernen, das handelsübliche Produkt vor der Verwendung einer besonderen Reinigung zu unterwerfen. Danach wird kommerzieller Fadenagar in 2 cm große Stücke geschnitten und mit Leitungswasser bedeckt, 10—14 Tage faulen gelassen. Den rein weißen Rückstand spült man 48 Std lang mit fließendem Leitungswasser, dann mit mehrmals erneuertem destilliertem Wasser aus und trocknet rasch mit Warmluft (z. B. im FAUST-HEIMschen Trockenapparat).

Alle Elektrolytbrücken, bei denen das KCl-getränkte Leiterstück von oben in die Meßlösung eintaucht, leiden darunter, daß die gesättigte KCl-Lösung erheblich schwerer als Wasser ist, weshalb bei einer derartigen Anordnung die Zwischenflüssigkeit in dicken Schlieren in die Meßlösung einsickern kann. Diaphragmen als Elektrolytanschluß müssen deshalb so feinporig sein, daß das Austreten eines einzelnen Tropfens mehrere Minuten beansprucht.

d) Der Glasfrittenheber mit KCl-Füllung (Schott & Gen., Mainz). Er tritt heute meist an Stelle des Agar-KCl-Hebers, teilt jedoch mit diesem den Nachteil, von oben in die Meßlösung zu tauchen.

e) Capillare Elektrolythaut zwischen Hülse und Kern fettfrei gehaltener Glasschliffe. Wir begegneten dieser ungewöhnlichen Form der Elektrolytbrücke bei mehreren bekannten Typen von Meßzellen; der Chinhydronelektrodenkette nach MISLOWITZER (Abb. 13, S. 567) und Mikroelektrode nach KUNTARA (Abb. 14, S. 567). Der hohe elektrische Widerstand der capillaren Elektrolythaut erfordert zum Abgleichen, wenn nach dem Prinzip der Spannungskompensation gearbeitet wird, ein ziemlich empfindliches Meßinstrument. Auf das Resultat der Abgleichung ist er ohne Belang, vorausgesetzt, daß wirkliche Stromlosigkeit erreicht wurde.

f) Bezugselektrode mit Mantelrohr. Neuerdings begegnet man des öfterem im Handel Bezugselektroden, umschlossen von einem Mantelrohr mit Ansatzstutzen, das mit gesättigter KCl-Lösung gefüllt, in den eigentlichen Meßraum eingeführt wird. Das Mantelrohr übernimmt hier die Funktion der Elektrolytbrücke (Abb. 12, S. 567 und Abb. 20, S. 583).

Da gesättigte Kaliumchloridlösung die unangenehme Eigenschaft hat, in offenen Gefäßen und Röhren unter Abscheidung von Salzkrusten zu kriechen, empfiehlt es sich, die Ränder der Elektrolytbrücke mit reinster Vaseline einzufetten oder mit Paraffin zu überziehen.

c) Messung elektromotorischer Kräfte.

α) Grundlagen.

Die elektrometrische Bestimmung der Wasserstoffionenkonzentration setzt sich aus zwei Hauptoperationen zusammen, erstens dem Aufbau einer galvanischen Kette mit eindeutig definierter p_H-Indicatorfunktion und zweitens der Messung des Potentials dieser Kette. Die grundsätzlichen Schwierigkeiten, deren Überwindung erhebliche theoretische wie auch experimentelle Kenntnisse voraussetzt, liegen stets bei der ersten der genannten Operationen vor. Davon handeln die vorausgehenden Blätter. Für die zweite Hauptoperation sind gründliche Kenntnisse der meßtechnischen Voraussetzungen durchaus nicht erforderlich. Es genügt, im Besitze eines der heute von verschiedenen Firmen des In- und Auslandes angebotenen p_H-Meßgerätes der gewünschten Genauigkeit zu sein, um mit wenigen, ganz mechanisch durchführbaren Handgriffen zu einer einwandfreien Potentialmessung zu kommen. Mit dieser Feststellung soll keineswegs der Eindruck erweckt werden, als stünden hinter der Aufgabe, die Potentiale galvanischer Ketten zu messen, keine Schwierigkeiten. Dies ist ganz und gar nicht der Fall. Doch die Schwierigkeiten, die hier auftreten, können uns von den Herstellerfirmen der verschiedenen Meßgeräte praktisch vollständig abgenommen werden, zum Unterschied von jenen; vor allem insofern als sich mit der Problematik galvanischer Ketten mit p_H-Indicatoreigenschaften jeder, der keine bereits eingefahrene Apparatur auf seinem Arbeitsplatz vorfindet, erst auseinanderzusetzen hat.

Die folgenden Ausführungen sind demnach darauf zugeschnitten, einmal die vorhandenen apparativen Möglichkeiten aufzuzeigen, zum anderen aber die Forderungen, denen die Geräte im Hinblick auf das gestellte Ziel mindestens genügen müssen, klar herauszuarbeiten.

Generell stehen zur Messung elektromotorischer Kräfte die folgenden Methoden zur Verfügung:

1. Stromlos arbeitende Meßverfahren.
    a) Elektrostatische Spannungsmessungen,
    b) Kompensation kombiniert mit elektrostatischer Spannungsmessung.
2. Quasistromlos arbeitende Meßverfahren.
    a) Spannungskompensation,
    b) Röhrenvoltmetrie.
3. Stromverbrauchende Meßverfahren.
    a) Halbkompensation mit Ausschlagmessung,
    b) Ausschlagmessung.

Der Bereich, in dem die zu messenden Spannungen liegen, erstreckt sich von etwa 1 bis annähernd 1000 mV. Er wäre meßtechnisch gesehen ohne Schwierigkeiten zu meistern, wenn nicht gleichzeitig zwei Nebenbedingungen zu erfüllen wären. Die eine ist die, daß die Stromentnahme aus einer galvanischen Kette, um Polarisation der Zelle zu verhindern, während der Messung äußerst gering gehalten werden muß; die andere besteht darin, daß der innere Widerstand (R_k) der galvanischen Kette bei manchen Halbelementen ungewöhnlich hohe Werte, bis zu hunderten von Megohm, aufweist.

Auch die Strombelastbarkeit galvanischer Ketten schwankt in weiten Grenzen, einerseits mit der Größe der Elektrodenoberfläche, andererseits mit der mehr oder weniger guten Stabilität der Gleichgewichtseinstellung des betrachteten chemischen Systems. Als obere Grenze mag die Strombelastbarkeit eines Cadmiumnormalelementes angesehen werden, die bei 10^{-4} Amp. liegt. Doch zeigt die Erfahrung, daß man sich oft mit einer um mehrere Zehnerpotenzen kleineren Stromentnahme bescheiden muß, soll die Reproduzierbarkeit des zu untersuchenden Systems erhalten bleiben. Um beiden Umständen, dem hohen inneren Widerstand und der geringen Strombelastbarkeit galvanischer Ketten Rechnung zu tragen, ist man auf die stromlos oder quasistromlos arbeitenden Meßverfahren geradezu angewiesen. Die stromverbrauchenden Verfahren können nur unter besonders günstigen Bedingungen — das ist oft identisch mit geringeren Anforderungen an die Meßgenauigkeit — herangezogen werden.

1. Stromlos arbeitende Meßverfahren. Bei der Messung elektromotorischer Kräfte sind die stromlos arbeitenden Verfahren den anderen insofern überlegen, als der oft sehr hohe innere Widerstand einer galvanischen Kette nur bei elektrostatischer Spannungsmessung die an die Potentialermittlung zu knüpfenden Nebenbedingungen nicht wesentlich kompliziert. Als solche Nebenbedingungen fungieren die Forderungen, daß die Klemmenspannung praktisch = der EMK der vorgelegten galvanischen Kette ist und die Stromempfindlichkeit des Indicators $\geq$ dem Quotienten aus der kleinsten zu messenden Spannungsdifferenz und dem Innenwiderstand des Meßstromkreises (vgl. das Beispiel S. 598).

Dies ist der tiefere Grund, weshalb alle früheren Arbeiten mit der Glaselektrode etwa bis zum Jahre 1926 mit elektrostatischen Voltmetern ausgeführt wurden. Auch in späteren Jahren, als die Technik der Röhrenvoltmeter schon zu größerer Vollkommenheit gelangt war, mußte für Präzisionsuntersuchungen über die Eigenschaften der Glaselektroden und ihre Leistungsfähigkeit im Vergleich mit anderen Elektroden immer noch das Elektrometer als das Meßinstrument der Wahl erscheinen. Neuerdings ist ihm jedoch in dem Röhrenvoltmeter ein Konkurrent entstanden, der ihm weit überlegen ist, vor allem hinsichtlich der Einfachheit der Meßtechnik, ihm gleichkommt an Genauigkeit, indessen immer noch erheblich unterlegen bleibt, was seine verhältnismäßig hohen Anschaffungskosten betrifft.

Elektrostatische Spannungsmessung. Zu den elektrostatischen Instrumenten werden solche gerechnet, bei denen die Kraft, die zwischen elektrisch geladenen Körpern verschiedenen Potentials auftritt, den Zeiger einstellt. Je nach Art des beweglichen Organs spricht man von „Faden- bzw. Saitenelektrometern" einerseits, von „Nadelelektrometern" andererseits. Bei diesen unterscheidet man weiter entsprechend der isoliert auszuführenden Unterteilung der Ladungsträger sog. Quadranten-, Binanten-[1] und Duantenelektrometer.

Hinsichtlich Empfindlichkeit ist das heute in der Kernphysik zur Messung der ionisierenden Wirkung einzelner α- oder H-Strahlen vielfach verwendete Duantenelektrometer den anderen Elektrometertypen erheblich überlegen; doch ist seine Handhabung schwierig; um so schwieriger, je näher man sich der elektrostatischen Astasierung (die Nadeleinstellung wird labil) befindet.

Mit dem Binantenelektrometer läßt sich eine höchste Spannungsempfindlichkeit von etwa 10 000 mm/Volt (bei 1 m Skalenabstand) erreichen; 0,1 mV ergeben dann noch einen Ausschlag von 1 mm. Der Bereich, innerhalb dessen der Ausschlag der zu messenden Spannung bis auf wenige Promille proportional bleibt, ist wegen der ziemlich symmetrischen Feldverteilung etwa 7mal so groß wie beim Quadrantelektrometer. Die Spannungsempfindlichkeit steigt bis zu einer Nadelspannung von etwa 1500 Volt mit dem Potential der Nadel gegen Erde an. Beim Quadrantelektrometer hingegen wird die maximale Empfindlichkeit schon mit einer Hilfsspannung von 200—300 Volt erreicht; sie beträgt annähernd 1000 mm/Volt bei 1 m Skalenabstand.

Die Quadrantenelektrometer können in 3 verschiedenen Schaltungen verwendet werden. In der Quadrantschaltung legt man die zu messende Potentialdifferenz (gegenüber Erde) an das eine Quadrantenpaar, die Erde an das andere Quadrantenpaar, während die bisquitförmige Nadel auf einer konstanten Hilfsspannung gehalten wird.

In der Nadelschaltung verbindet man die Elektrometernadel mit dem zu messenden Potential, während die beiden Quadrantenpaare durch Anschluß an die Pole einer Batterie, deren Mitte geerdet ist, auf entgegengesetzt gleiches Potential gebracht werden (vgl. Abb. 29).

In der Doppelschaltung schließlich hält man die Nadel und das eine Quadrantenpaar dauernd auf Erde und führt die zu messende Potentialdifferenz (gegenüber Erde) dem anderen Quadrantenpaar zu.

Das Quadrantelektrometer in der Doppelschaltung zu benützen, ist bei der Messung elektromotorischer Kräfte nicht angängig, da die Spannungsempfindlichkeit bei dieser Schaltung mit abnehmender Potentialdifferenz ebenfalls gegen Null geht. Hingegen bleibt

---

[1] bini = je zwei; denn sowohl die ablenkbare Nadel als auch das Nadelgehäuse bestehen bei diesem Typ aus je 2 Segmenten.

die Wahl zwischen Nadel- und Quadrantschaltung mehr oder weniger Geschmackssache; in der Praxis macht man von der Quadrantschaltung etwas häufiger Gebrauch als von der Nadelschaltung.

Zu den elektrostatischen Voltmetern ist auch das sog. Capillarelektrometer zu rechnen, das früher sehr viel Verwendung fand[1]. Sein Hauptvorteil liegt in seinem geringen Preis.

Im übrigen ist das Capillarelektrometer ein unangenehmes und unzuverlässiges Instrument. Ohne ersichtliche Ursache treten nicht selten Störungen auf. Überläßt man das Instrument sich selbst, so kann es nach einigen Stunden, ohne daß eine sichtbare Veränderung erfolgte, wieder in Ordnung sein.

HAVEMANN und GROSSCURTH[2] beschrieben eine Mikroausführung des Capillarelektrometers, das dank seiner geringen Kapazität auch bei hohem Kettenwiderstand eine Genauigkeit von 0,01 p_H-Einheiten erreichen läßt. Doch hat sich wegen seiner notorischen Unzuverlässigkeit das Capillarelektrometer auch in dieser modifizierten Form nicht durchzusetzen vermocht.

Kompensation kombiniert mit elektrostatischer Spannungsmessung. Die Meßgenauigkeit eines elektrostatischen Spannungsmessers erreicht, wie bereits erwähnt, im günstigsten Falle einige Promille, liegt jedoch meist zwischen 1 und 2 %[3]. Das bedeutet, daß zur Erfassung der bei galvanischen Ketten üblichen Potentialdifferenzen die Elektrometer zwar hinsichtlich ihrer Empfindlichkeit, nicht jedoch im Hinblick auf ihre Genauigkeit, den zu stellenden Anforderungen genügen. Nur wenn die zu messenden Potentialunterschiede weniger als 20 mV betragen, läßt sich mit ihnen eine Genauigkeit der elektrischen Messung von 0,01 p_H-Einheiten erreichen.

Man umgeht diese Schwierigkeit entweder dadurch, daß der zu messenden Spannung eine annähernd gleich große entgegengeschaltet und die verbleibende Differenz elektrostatisch gemessen wird, oder dadurch, daß man eine voll

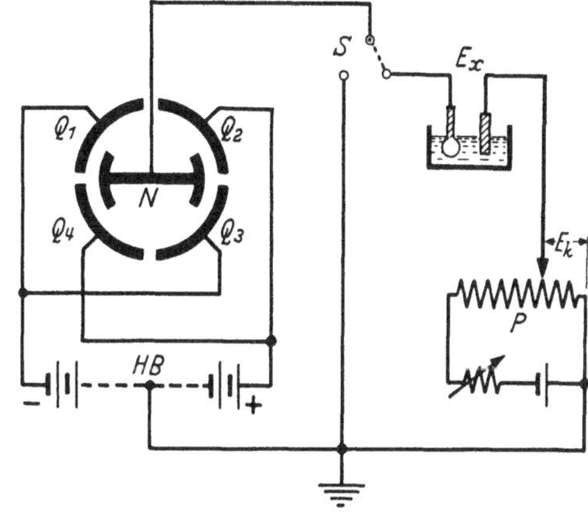

Abb. 29. Quadrantelektrometer in Nadelschaltung als Nullinstrument zur Spannungskompensation.

ständige Spannungskompensation durchführt und das Elektrometer nur zur Anzeige der Spannungsgleichheit benutzt. Das Schaltschema für diesen Fall zeigt Abb. 29.

Die einander gegenüberliegenden Quadranten des Elektrometers erhalten durch die Hilfsbatterie *HB* eine symmetrisch zur Erde liegende, entgegengesetzte Spannung. Mit Hilfe des Umschalters *S* kann die Elektrometernadel *N* einmal direkt, einmal über die galvanische Kette und das dagegengeschaltete Potentiometer *P* an Erde gelegt werden. Sind die EMK der Kette und die Kompensationsspannung E_k einander entgegengesetzt gleich, so verschwindet beim Übergang von der einen zur anderen Schalterstellung der Ausschlag der Nadel.

2. Quasistromlos arbeitende Meßverfahren. Die Hauptschwierigkeit einer elektrostatischen Spannungsmessung liegt in der außerordentlichen Sorgfalt, mit der die Isolation der ganzen Meßanordnung ausgeführt werden muß. Überdies können noch Änderungen der Luftfeuchtigkeit, kleine Erschütterungen, die Körperkapazität des Messenden u. dgl. m. erhebliche Fehler verursachen. Man vermeidet deshalb heute die elektrostatische Messung elektromotorischer Kräfte, wo nur irgendmöglich, und bedient sich statt dessen der im Verlauf der vergangenen Jahre zu immer größerer Vollkommenheit gebrachten quasistromlos arbeitenden Meßverfahren[4].

Spannungskompensation. Die Spannungskompensation ist die Methode, nach der heutzutage mehr als $^4/_5$ aller p_H-Messungen durchgeführt werden. Mit der sehr kleinen Strombelastung des Prüflings verbindet das Kompensationsverfahren die Vorteile hoher

---

[1] Vgl. OSTWALD-LUTHER: Hand- und Hilfsbuch zur Ausführung physiko-chemischer Messungen. 5. Aufl. Leipzig 1931.

[2] HAVEMANN, R., u. G. GROSSCURTH: Med. Welt **1936 I**, 367.

[3] SCHWERDTFEGER, W.: Elektrische Meßtechnik. Bd. 1. 2. Aufl. Leipzig 1941.

[4] Siehe hierzu auch SCHWABE, K.: Fortschritte der p_H-Meßtechnik. Berlin 1953.

Meßgenauigkeit und einfacher Handhabung. Man arbeitet deshalb, wenn nicht ein extrem hoher Widerstand der zu messenden Kette entgegen steht, am sichersten nach dieser Methode.

Das Prinzip der Spannungskompensation ist aus Abb. 30 zu ersehen. Die Hilfsstromquelle E_H speist den sog. Hauptstromkreis, der über den regelbaren Vorwiderstand R_v, den Potentiometerwiderstand R_p, den Schalter S und die Hilfsstromquelle in sich geschlossen ist. Je nach Stellung des Umschalters U wird dem Spannungsabfall am Potentiometerwiderstand entweder die unbekannte Spannung E_x oder die Spannung eines Normalelementes NE über das Galvanometer G und den Taster T entgegengeschaltet (Meß- bzw. Eichstromkreis). Bringt man den Meßstromkreis durch Verschieben des Schleifkontaktes K auf Stromlosigkeit, dann verhält sich der abgegriffene Potentiometerwiderstand zum Gesamtwiderstand des Potentiometers, wie die am abgegriffenen Teilstück liegende Spannung zum Spannungsabfall am Gesamtwiderstand. Dies heißt bei konstant gehaltener Potentiometerspannung ist die Stellung des Schleifkontaktes ein unmittelbares Maß für die abgegriffene Teilspannung und damit für E_x.

Um die Spannungskonstanz an den Enden von R_p unter allen Umständen zu wahren, erfolgt die Abgleichung des Eichstromkreises nicht über einen Schleifkontakt am Potentiometerwiderstand,

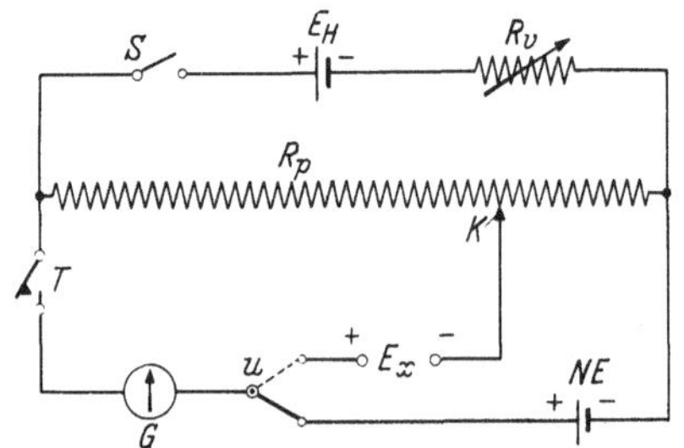

Abb. 30. Kompensationsschaltung mit Spannungseichung (sog. doppelte oder POGGENDORFFsche Kompensationsschaltung).

sondern durch Regeln des Vorwiderstandes R_v. Durch diesen Kunstgriff wird es möglich, die Stellung des Schleifkontaktes statt in Ohm ein für allemal in Volt zu beschriften; die Apparatur ist direkt ablesbar in Spannungs- und in p_H-Einheiten geworden.

Als Hilfsstromquelle kommt wegen zu geringer Strombelastbarkeit ein zufolge seiner hohen Spannungskonstanz an sich erwünschtes Normalelement im allgemeinen nicht in Frage. Man speist deshalb den Hauptstromkreis zumeist durch einen 2 Volt-Akkumulator, dessen Klemmenspannung nicht bekannt zu sein braucht, wie das Schaltschema lehrt. Wesentlich ist indessen, daß zwischen Eichung und Messung keine Spannungsänderungen auftreten, die sich in der Größenordnung der verlangten Meßgenauigkeit bewegen.

Die mit der Kompensationsschaltung erreichbare Meßgenauigkeit hängt, falls ein genügend empfindliches Galvanometer zur Verfügung steht, nur von der Genauigkeit ab, mit der die Widerstände des Eich- und Meßstromkreises, sowie die Spannung des Normalelementes definiert sind. Für sorgfältig hergestellte Normalelemente liegt die Toleranz der EMK bei 0,001%; für Präzisionsrheostaten beträgt der zugelassene Fehler $\pm 0,02\%$, für die üblichen Dekadenwiderstände annähernd 0,1%. Die für einen Kompensationsapparat charakteristische Meßgenauigkeit wird somit, falls Übergangswiderstände hinreichend unterdrückt sind, ausschließlich von der Güte der eingebauten Kompensationswiderstände bestimmt.

Mit wachsendem innerem Widerstand der Meßkette verringert sich die Meßgenauigkeit mehr und mehr infolge der abnehmenden Schaltempfindlichkeit.

Ebenso wie man unter der Empfindlichkeit eines Meßinstrumentes das Verhältnis der wahrnehmbaren Äußerung des Instrumentes (Zeigerausschlag, Lautstärke) zur Ursache (Spannung, Stromstärke usw.) versteht, so definiert man unter Empfindlichkeit einer Schaltung das Verhältnis der wahrnehmbaren Äußerung des Indicators zur verursachenden Größe (Änderung der Abgleichung eines Schaltelementes).

Die Schaltempfindlichkeit eines Kompensators ist demgemäß gegeben durch das Verhältnis des kleinsten wahrnehmbaren Galvanometerausschlages zu der den Ausschlag auslösenden Spannungsänderung im Kompensationskreis. Kraft des OHMschen Gesetzes ist diese Minimalspannung proportional dem Produkt aus der Stromempfindlichkeit des Galvanometers und dem Gesamtwiderstand des Kompensationskreises, der sich in erster Näherung fast stets dem Innenwiderstand der galvanischen Kette (R_k) gleichsetzen läßt. Bei gegebener Stromempfindlichkeit des Galvanometers wächst deshalb der Wert des kleinsten noch wahrnehmbaren Spannungsunterschiedes nahezu proportional mit R_k.

Beispiel: Gegeben sei die Stromempfindlichkeit C_i eines Galvanometers zu 10^{-9} Amp. und der Kettenwiderstand $R_k = 10$ MΩ. Denn erhält man für die Schaltempfindlichkeit, ausgedrückt durch die Minimalspannung $E_{\min}$:

$$C_i \cdot R_k = E_{\min} = 10^{-9} \cdot 10^7 = 0,01 \text{ [Volt]}. \tag{61}$$

Ein Spannungsunterschied von 10 mV kann also mit den vorliegenden Schaltelementen eben noch festgestellt werden.

Wünscht man eine Empfindlichkeit der Messung von 0,01 p_H-Einheiten $= 0,5$ mV und berücksichtigt, daß die besten Galvanometer eine Empfindlichkeit von etwa 10^{-10} Amp. besitzen, so errechnet sich der höchste mit der angegebenen Schaltung noch meßbare Kettenwiderstand zu:

$$R_k = \frac{E_{min}}{C_i} = \frac{5 \cdot 10^{-4}}{10^{-10}} = 5 \cdot 10^6 \text{ (Ohm)} . \tag{61a}$$

Hier liegen die grundsätzlichen Grenzen der Verwendbarkeit der Kompensationsmethode.

Da die Ablesegenauigkeit am Lichtzeiger bei guter optischer Abbildung etwa $^1/_4$ mm beträgt, die Stromempfindlichkeit aber auf einen Ausschlag von 1 mm (in 1 m Skalenabstand vom Galvanometer) bezogen ist, kann man — insbesondere durch Verlängerung des Lichtweges — die Empfindlichkeit der Messung über den oben angegebenen Wert hinaus steigern. Der erzielbare Gewinn erreicht indessen den Faktor 10 nur in seltenen Fällen.

Über die Eignung eines Galvanometers in einer Schaltung entscheidet nicht allein seine Stromempfindlichkeit; auch der sog. „äußere Grenzwiderstand" des Galvanometers muß zum Gesamtwiderstand der Schaltung — vom Galvanometer aus gesehen — in einem plausiblen Verhältnis stehen. Dabei versteht man unter äußerem Grenzwiderstand den Widerstand der Schaltung, bei dem das Galvanometer weder kriechend noch pendelnd sich auf den Endwert des Ausschlages einstellt. Ist der Widerstand der Schaltung erheblich größer als der äußere Grenzwiderstand, so muß die Dämpfung des Instrumentes durch Parallelschalten eines Widerstandes zur Drehspule erhöht werden. Anderenfalls tritt pendelnde Einstellung des Meßwerkes ein. Der Nebenschlußwiderstand bedingt naturgemäß zwar

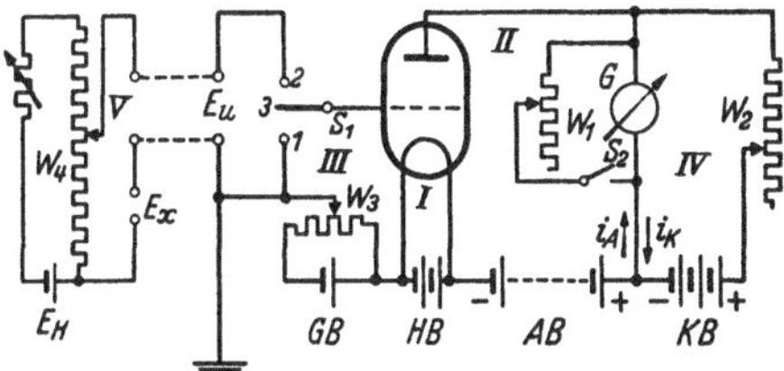

Abb. 31. Schaltschema eines Röhrenvoltmeters.

keine Veränderung der Galvanometerempfindlichkeit, wohl aber der Schaltempfindlichkeit. Liegt der Gesamtwiderstand der Schaltung erheblich unter dem äußeren Grenzwiderstand, so muß, um kriechendes Einstellen des Meßwerkes zu verhindern, Widerstand in Serie mit dem Instrument eingeschaltet werden.

Röhrenpotentiometrie. Hatte man früher beim Arbeiten mit hochohmigen Elektrodenketten keine andere Wahl als zu den etwas schwierig zu handhabenden elektrostatischen Spannungsmessern zu greifen, so kann man seit einigen Jahren derartige Messungen sogar recht bequem mit handelsüblichen Röhrenvoltmetern durchführen.

Unter einem Röhrenvoltmeter versteht man im engeren Sinn einen Röhrengleichrichter, der es gestattet, Wechselspannungen der Messung mittels eines Drehspulinstrumentes zugänglich zu machen[1]. Daneben ist es üblich geworden auch Röhrenverstärker, die kleinste Gleichspannungen so zu verstärken erlauben, daß sie sich aus dem Ausschlag eines Drehspulmeßwerkes ermitteln lassen, mit der Bezeichnung Röhrenvoltmeter zu belegen. Wir haben es hier nur mit dem letztgenannten Typ zu tun.

Das Prinzipschaltbild eines derartigen Röhrenvoltmeters bringt Abb. 31. In der gezeichneten Stellung des Schalters S_1 arbeitet die Röhre mit unterbrochenem Gitterstromkreis, d. h. auf freiem Gitterpotential. Der dieser Potentiallage entsprechende Anodenstrom i_A wird von dem Drehspulinstrument G angezeigt. Mit Hilfe der Kompensationsbatterie KB und des Regelwiderstandes W_2 läßt sich der Anodenstrom ganz oder teilweise kompensieren, so daß das Drehspulinstrument auf einen frei wählbaren Skalenteil einspielt. Hierfür nimmt man tunlichst, falls man eine direkte Spannungsmessung ausführen will, den Skalenanfang des Galvanometers, falls Nullstrommessungen vorgenommen werden sollen, die Skalenmitte. Überdies kann durch Regeln des Nebenschlußwiderstandes W_1 die Schaltempfindlichkeit auf den jeweils gewünschten Wert abgeglichen werden.

Bringt man den Gitterschalter in die Stellung 1, so tritt im allgemeinen eine Ausschlagsänderung am Instrument G ein, die sich durch Verschieben des Abgriffes am Gitterpotentiometer W_3 wieder zum Verschwinden bringen läßt. Damit erreicht man, daß die zwischen Gitter und Heizfaden der Röhre liegende Spannung gleich dem freien Gitterpotential wird.

Beim Übergang in die Schalterstellung 2 wirkt die zu messende Spannung E_u zusätzlich auf das Gitter ein und verursacht somit einen ihrer Größe proportionalen Ausschlag des Drehspulmeßwerkes im Anodenstromkreis. — Das Röhrenvoltmeter läßt sich auch als Röhrengalvanometer verwenden; es tritt dann an die Stelle des Nullinstruments in der POGGENDORFFschen Kompensationsschaltung (Stromkreis V in Abb. 31). Die zu messende Spannung muß in diesem Fall bei E_x angeschlossen werden.

---

[1] Röhrenvoltmeter für Wechselspannungen s. ZINKE, O.: Hochfrequenz-Meßtechnik. 2. Aufl. Leipzig 1946; für Gleichspannungen: ELMORE, W. C., and M. SANDS: Electronics-Experimental Techniques. New York, Toronto, London 1949.

So einfach das physikalische Prinzip eines Röhrenvoltmeters erscheint, so schwierig ist seine Ausgestaltung zu einem exakten Meßinstrument[1]. Es bedurfte annähernd $1^1/_2$ Jahrzehnte intensiver Entwicklungsarbeit bis einige große Elektrofirmen in der Lage waren, zuverlässig arbeitende Modelle in den Handel zu bringen. Auch derzeit scheint die Entwicklung noch einigermaßen im Fluß zu sein, obgleich heute einige Modelle fabrikmäßig hergestellt werden, deren Leistungsfähigkeit kaum mehr einen Wunsch offen läßt. Wir werden im nachfolgenden auf die markantesten Gerätetypen des näheren einzugehen haben.

Die beiden größten Schwierigkeiten, die bei der Entwicklung der Röhrenvoltmeter zu handelsüblichen Meßinstrumenten zu überwinden waren, sind eine ausreichende Unterdrückung des Gitterstromes einerseits und einer Inkonstanz des Anodenruhestroms d. h. der Nullpunktswanderung, andererseits. Die Güte der heute auf dem Markt befindlichen Instrumente läßt sich ziemlich weitgehend danach beurteilen, auf welche Schaltmaßnahmen sich die Unterdrückung der beiden Fehlerquellen stützt.

Die Maßnahmen zur Unterdrückung des Gitterstromes fußen im wesentlichen auf folgender Überlegung[1]: Auf ihrem Flug vom Heizfaden zur Anode werden die Elektronen nach Passieren des Gitters so sehr beschleunigt, daß sie in der Röhre vorhandene Gasreste durch Stoß zur Ionisation bringen können. Die entstandenen positiven Gasionen werden von dem negativen Gitter angezogen und verursachen einen verkehrten Gitterstrom J_g. Dieser negative Gitterstrom wächst mit der Größe des zur Anode gehenden Elektronenstromes (J_a) mit der Höhe der beschleunigenden Anodenspannung E_a, der Länge des Ionisierungsweges, d. h. dem Abstand zwischen Gitter und Anode, und schließlich mit dem Druck der in der Röhre vorhandenen Gasreste. In den neuzeitlichen Radioröhren wird durch Gitter, d. h. gasbindende Fangstoffe, der Vakuumfaktor, definiert durch das Verhältnis $J_g/J_a \equiv V_f$ etwa auf den Wert 10^{-6} gebracht, so daß der negative Gitterstrom selbst bei erheblichen Anodenströmen 10^{-8} Amp. kaum überschreiten kann.

In derselben Größenordnung liegen auch die sog. Kriechströme, die auf unvollkommene Isolation des Gitters gegenüber den anderen Elektroden zurückzuführen sind. In trockenen Räumen pflegt der Isolationswiderstand des Gitters 10^8—10^{10} Ω zu erreichen, so daß bei den üblichen Spannungen an Gitter und Anode Kriechströme der angegebenen Größenordnung entstehen.

Der aus dem negativen Gitterstrom und den Kriechströmen resultierende unerwünschte Gitterstrom ist zwar für die Radiotechnik hinreichend klein, erweist sich indessen zur Potentialmessung an Ketten mit hohem innerem Widerstand als noch um mehrere Zehnerpotenzen zu groß. So verursacht ein Gitterstrom von 10^{-8} Amp. bei nur 1 MΩ äußerem Widerstand bereits einen Spannungsabfall von 10 mV, was einem Fehler von rund 0,20 p_H-Einheiten gleichkommt. Da selbst bei bestmöglichem Vakuum von 10^{-12} Atm. der Vakuumfaktor $V_f \approx 10^{-7}$ anzusehen ist und damit[2] $R_g \approx 10^{10}\,\Omega$, so bleibt, um einen noch höheren Gitterwiderstand gegenüber den Ionisationsströmen zu erzielen, kein anderer Ausweg als mit der Anodenspannung so weit herunterzugehen, daß die Ionisationsspannung der in der Röhre vorhandenen Gase (etwa 16 Volt) nicht mehr erreicht wird. Auf diese Weise ist es in Verbindung mit höchstmöglicher Isolation des Gitters und einigen Kunstgriffen, auf die hier nicht im einzelnen eingegangen werden kann[3], möglich geworden, sog. Elektrometerröhren zu bauen, bei denen der Gitterstrom in der Größenordnung von 10^{-14} Amp. liegt.

Andere sehr wirkungsvolle Maßnahmen zur Erreichung eines möglichst geringen Stromflusses im Gitterkreis der Eingangsröhre des Röhrenvoltmeters, wie das Prinzip der Spannungsgegenkopplung, die Verwendung eines hochisolierenden elektrodynamischen Kondensators mit anschließender Wechselstromverstärkung, sollen erst bei der Besprechung einzelner Gerätetypen des näheren erörtert werden.

Die Aufgabe, äußere Störquellen, vor allem elektrische und magnetische Fremdfelder durch Schirmung und Erdung unschädlich zu machen, bereitet nicht annähernd die Schwierigkeiten wie die Limitierung der Nullpunktswanderung. Denn unabdingbare Voraussetzung für die Zuverlässigkeit einer Messung mit dem Röhrenvoltmeter ist die

---

[1] SCHINTLMEISTER, J.: Die Elektronenröhre als physikalisches Meßgerät. Wien 1942.

[2] Der Widerstand gegenüber dem negativen Gitterstrom R_g^- ist über die Steilheit der Gitterstromkennlinie S_g^- mit dem Vakuumfaktor V_f verknüpft durch die Beziehungen:

$$R_g^- = {}^1/S_g^- = \frac{d J_g^-}{d U_g} = - V_f \cdot \frac{d J_a}{d U_g} \quad (U_g = \text{Gitterspannung}). \tag{62}$$

[3] Über die Verwendung von Elektronenröhren als Elektrometer s. BARKHAUSEN, H.: Elektronen-Röhren. Bd. II: Verstärker. 5. Aufl. Leipzig 1952; sowie ROTHE, H., u. W. KLEEN: Grundlagen und Kennlinien der Elektronenröhren. 2. Aufl. Leipzig 1951; vor allem SCHINTLMEISTER, J.: Die Elektronenröhre als physikalisches Meßgerät. Wien 1942.

Konstanz des eingestellten Anodenstromes und des Nullpunktes der Messung. Nullpunktswanderungen treten insbesondere auf als Folge ungleicher Abnahme der EMK der einzelnen Stromquellen, sowie bei Änderung der Röhrendaten infolge Alterung.

Zur Erreichung einer „vernünftigen" Nullpunktskonstanz[1] kann z. B. die Kompensationsbatterie (KB in Abb. 31) durch einen regelbaren Nebenschluß so belastet werden, daß ihre Entladung im selben Verhältnis wie die der übrigen Stromquellen voranschreitet. Eine andere Möglichkeit zur Stabilisierung des Anodenstromes besteht darin, daß man alle Spannungen für das Röhrenvoltmeter einer einzigen Stromquelle entnimmt und die Kompensations-, Steuergitter-, Raumgitter- und Anodenspannung an geeignet dimensionierten, vom Heizstrom durchflossenen Widerständen abgreift. Erheblich bessere Nullpunktsstabilisierung erhält man durch Brückenschaltungen, die zum Teil nur mit einer Röhre, häufiger aber mit einem Röhrenpaar oder einer Zwillingsröhre, arbeiten.

Der naheliegende Gedanke, eine Spannungsänderung der einzelnen Stromquellen dadurch zu umgehen, daß mit Netzanschluß gearbeitet wird, führte beim Röhrenvoltmeter viele Jahre lang zu keinem befriedigenden Ergebnis. Doch lernte man neuerdings Geräte konstruieren, bei denen, freilich mit unterschiedlichem Erfolg, die Anodenstromstabilisierung dadurch vorgenommen wird, daß man die erwähnten Maßnahmen zur Unterdrückung der Nullpunktswanderung in geeigneter Weise mit dem Netzanschluß kombiniert.

Erheblich günstiger erweist sich die Verwendung eines mehrstufigen Verstärkers mit Spannungsgegenkopplung und elektrischer oder mechanischer Modulation der Eingangsspannung, sowie Gleichrichtung des verstärkten Wechselstromes in der Endstufe. Das schematisierte Schaltbild eines nach diesem Prinzip arbeitenden Röhrenvoltmeters zeigt Abb. 32.

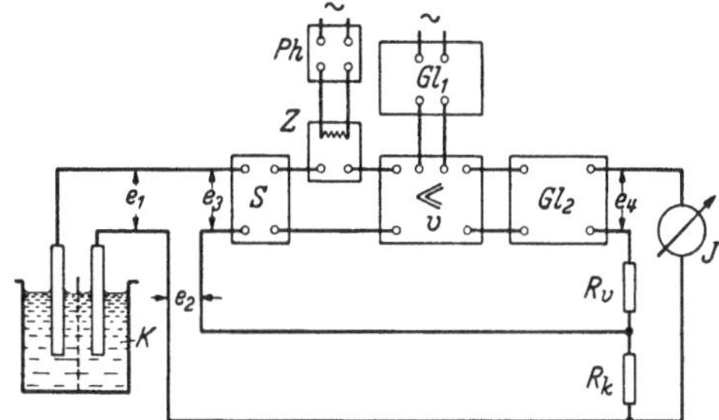

Abb. 32. Gleichspannungsverstärker mit mechanischer Modulation und Gegenkopplung.

Hier bedeutet: S das Eingangssieb, Ph den Phasenschieber, Z den Zerhacker, Gl_1 den Netzgleichrichter, V den Verstärker, Gl_2 den phasengesteuerten Gleichrichter, R_v den Vorwiderstand zum Gegenkopplungswiderstand R_k, J das Anzeigeinstrument und K eine galvanische Kette. Die zu messende Spannung e_1 wird nicht direkt an den Eingang des Verstärkers gelegt, sondern man schaltet ihr die Spannung e_2 entgegen, die an den Enden des Widerstandes R_k im Anodenkreis des Gleichrichters Gl_2 abgegriffen ist (Gegenkopplung). Die Spannungsdifferenz $e_1 - e_2 = e_3$ geht zur Reinigung von induziertem Wechselstrom durch ein Sieb; der anschließende Zerhacker moduliert sie in eine Wechselspannung, die in dem Verstärker V auf annähernd das 1000fache (e_4) verstärkt und über den phasengesteuerten Gleichrichter dem Anzeigeinstrument J zugeführt wird.

Angenommen, es ist die abgegriffene Kopplungsspannung $e_2 > e_1$, so tritt Sperrung im Anodenkreis des Gleichrichters ein und e_2 sinkt ab, bis e_1 wieder ein wenig größer als e_2 geworden ist. Dann setzt aber die Gegenregulation ein und verhindert weiteres Anwachsen der Differenz $e_1 - e_2$. Dementsprechend kann bei geeigneter Dimensionierung der Schaltelemente erreicht werden, daß $e_1 - e_2 = e_3$ beispielsweise stets 2% von e_1 ausmacht.

Die Schaltung besitzt 3 bemerkenswerte Vorzüge: a) Da das Gegenkopplungspotential E_2 sich zwangsläufig gegenüber der Spannung E_1 abgleicht, sind Änderungen in den Betriebsdaten der Röhre, sowie Spannungsschwankungen des Netzes ohne Belang, d. h. die Schaltung zeigt Nullpunktskonstanz. b) Durch die Modulation der Gleichspannung erhält das Gerät die hohe Arbeitssicherheit und Einfachheit der Bedienung eines Wechselstromverstärkers. c) Die Gegenkopplung bewirkt, daß nur etwa der 50. Teil des normalerweise dem Meßobjekt entnommenen Stromes fließen kann, ein Umstand, der auch ausgesprochen hochohmige Elektroden der Messung zugänglich macht.

3. Stromverbrauchende Meßverfahren. Zur Messung elektromotorischer Kräfte können stromverbrauchende Verfahren nur in sehr beschränktem Umfange herangezogen werden. Dies gilt besonders für Messungen nach der Ausschlagsmethode; aber auch die Halbkompensation kombiniert mit dem Ausschlagsverfahren gelangt, wie der im nachfolgenden gegebene Überblick über derzeit handelsübliche p_H-Meßgeräte zeigt, von einigen Sonderfällen abgesehen, kaum mehr zur Anwendung. Die Brauchbarkeitsgrenzen sind zu gering.

Halbkompensation kombiniert mit Ausschlagsmessung. Prinzip: Der gesamte zu messende Spannungsbereich wird in einzelne Meßbereiche beispielsweise zu je 200 mV

---

[1] SCHINTLMEISTER, J.: Die Elektronenröhre als physikalisches Meßgerät. Wien 1942.

dadurch unterteilt, daß man der unbekannten EMK ein ganzzahliges Vielfaches von 200 mV entgegenschaltet (Meßbereichversetzung); der hierbei nicht kompensierte Anteil der EMK wird nach dem Ausschlagsverfahren gemessen.

Beliebige Wahl des Nullpunktes in den einzelnen Meßbereichen und Überschreitung desselben ohne Umpolen ist möglich bei Anwendung eines mit 2 voneinander unabhängigen Schleifkontakten ausgerüsteten Potentiometers.

Da Drehspulvoltmeter der Klasse E eine Meßgenauigkeit von $\pm 0,2\%$ besitzen, ist mit der halbpotentiometrischen Anordnung unter günstigen Umständen immerhin eine Genauigkeit von rund 0,02 p_H-Einheiten zu erzielen. Dabei muß vorab der Widerstand der zu messenden Kette klein im Vergleich zum Innenwiderstand des Voltmeters sein. Andererseits steht die nicht unwesentliche Strombelastung und die damit verbundene Gefahr einer Polarisation der Meßzelle einer generellen Anwendung dieser Methode im Wege.

Ausschlagsmessungen. Die eben geschilderten Schwierigkeiten fallen bei reiner Ausschlagsmessung noch erheblich stärker ins Gewicht. Selbst bei Verwendung der besten Drehspulinstrumente (Güteklasse E) läßt sich eine Meßgenauigkeit von 0,1—0,2 p_H-Einheiten kaum überschreiten. Durch Einschalten von Ballastwiderständen in der Größenordnung von einigen Megohm muß die Stromentnahme aus der zu messenden Kette, falls diese selbst nicht hochohmig genug ist, heruntergedrückt werden. Die Anwendung dieser Methode beschränkt sich deshalb fast ausschließlich auf kontinuierlich messende Geräte in technischen Betrieben.

β) Handelsübliche Meßgeräte.

Im Anschluß an die Behandlung der allgemeinen Grundlagen zur Messung elektromotorischer Kräfte erscheint es angebracht, auf einige bewährte handelsübliche Meßgeräte aufmerksam zu machen.

1. Elektrostatische Meßinstrumente werden heutzutage verhältnismäßig selten angewandt; dementsprechend gering ist die Zahl der gängigen Modelle[1]. Der beliebteste Typ dürfte wohl das Quadrantelektrometer nach DOLEZALEK sein. Ihm nahe steht das Binantelektrometer desselben Autors. In den englisch sprechenden Ländern findet das LINDEMANN-Elektrometer häufig Anwendung, das nur ein sehr kleines bewegliches System aus Quarz und Glasfäden besitzt in einer Anordnung, die das Instrument in jeder Länge ohne Empfindlichkeitsänderung arbeiten läßt. Als hochwertiges Modell verdient noch das Vakuum-Duantenelektrometer nach HOFFMANN Erwähnung. Elektrometer werden in Deutschland von den Firmen E. Leybold, Köln und K. Hillerkus, Krefeld, gebaut bzw. geliefert.

2. An Potentiometern bzw. p_H-Kompensatoren ist eine große Anzahl im Handel. Speziell für p_H-Messungen geeignete Modelle liefern im heutigen Deutschland die Firmen Freye K.G., Braunschweig, Hartmann & Braun, Frankfurt, K. Hillerkus, Krefeld, Dr. A. Kuntze, Düsseldorf, Dr. B. Lange, Berlin-Zehlendorf, F. u. M. Lautenschläger, München, L. Pusl, München.

Zahlreiche bekannte Markengeräte finden sich hierunter. Man teilt die Fabrikate zweckmäßig in 2 Gruppen ein, in Instrumente, bei denen die Eichung der Kompensationsspannung durch Vergleich mit einem Normalelement erfolgt und in solche, bei denen diese Eichung ersetzt wird durch Einregeln des den Kompensationswiderstand durchsetzenden Stromes auf einen bestimmten Wert (Strommessung nach dem Ausschlagsverfahren) oder durch direktes Messen der Spannung an den Enden des Potentiometerwiderstandes (Spannungsmessung nach dem Ausschlagsverfahren). Die Genauigkeit, die sich mit der erstgenannten Gruppe, den Kompensatoren mit doppelter Kompensation, erreichen läßt, wurde S. 598 bereits diskutiert. Die Meßgenauigkeit der 2. Gruppe, der Kompensatoren mit einfacher Kompensation, wird durch die Genauigkeit, mit der sich die Ausschlagsmessung ausführen läßt, begrenzt. Sie hängt also maßgebend vom verwendeten Drehspulmeßwerk ab. Man wird zumeist mit einem Fehler von 0,5—1% rechnen müssen.

---

[1] HOFFMANN, G.: Elektrostatik. Handb. Exp.-Physik (WIEN-HARMS) **10**, 1—345 (1930). — Vgl. a. KOHLRAUSCH, F.: Praktische Physik. 18. Aufl. S. 123—145. Leipzig 1943.

Von den p_H-Kompensatoren mit doppelter Kompensation dürften die bekanntesten sein: Das „Universal-Kompensations-p_H-Meter" der Firma Pusl, München (vgl. unten), das „Ionometer nach LAUTENSCHLÄGER", das mit einem Kreispotentiometer und einem LIPSCOMB-HULETT-Normalelement (EMK bei 18° C = 704 mV) ausgerüstet ist.

Durch Gegenschalten dieses Normalelementes kann der Spannungsunterschied zwischen den Kennlinien einer Chinhydronelektrode und einer Wasserstoffelektrode eliminiert werden (bei 18° C!).

Ferner das „Analytische Potentiometer nach FREYE"; es ist mit einem Kurbelrheostaten und einem Schleifdrahtpotentiometer ausgestattet und läßt sich auf etwa 0,003 p_H-Einheiten genau einstellen.

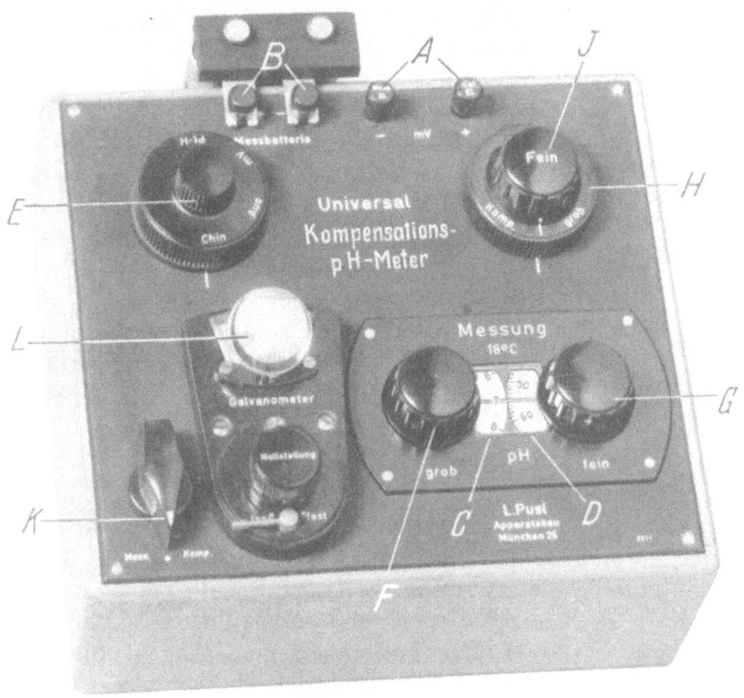

Abb. 33. Handelsüblicher Kompensationsapparat mit Eichung in Millivolt und in p_H-Einheiten.

Im äußeren Aufbau sind sich die p_H-Kompensatoren alle ziemlich ähnlich, so daß es genügen mag, ein Beispiel zu bringen. Abb. 33 zeigt das erwähnte Instrument der Firma Pusl, München.

A Anschlußklemmen für die Meßkette, B Anschlußklemmen für die Hilfsstromquelle (Taschenlampenbatterie), C linkes Skalenrad, unterteilt in ganzzahlige p_H-Einheiten (bzw. in Dezivolt), D rechtes Skalenrad, unterteilt in die Zehntel und Hundertstel einer p_H-Einheit (bzw. Centivolt und Millivolt)[1], E Meßbereichumschalter (je nach Schalterstellung gibt die Unterteilung der Skalenräder die p_H-Einheiten für die Chinhydron- oder für die Wasserstoffelektrode oder den Meßwert in Millivolt für eine beliebige Elektrode an), F 14-Rastenschalter zum linken Skalenrad, G Drehkopf zum rechten Skalenrand, H Grobabstimmung und J Feinabstimmung der Hilfsstromquelle gegenüber dem eingebauten Normalelement, K Federtastknebel zum kurzfristigen Einschalten des Abstimm- oder des Meßstromkreises, L Nullgalvanometer mit Ableselupe.

Im Ausland erfreuten sich besonderer Wertschätzung die Potentiometer mit doppelter Kompensation der Firma Leeds & Northrup, Philadelphia, sowie die entsprechenden Geräte der Cambridge Instruments Corporation, England. Doch sind im Laufe des letzten Dezenniums die p_H-Kompensatoren auf dem internationalen Markt in noch viel

[1] Der Doppelstrich über den beiden Skalenrändern wird von der Nullinie und ihrem Spiegelbild verursacht, die bei parallaxenfreier Ablesung zur Deckung kommen.

größerem Umfang als bei uns in Deutschland durch Geräte mit Netzanschluß und Verstärkung der Abweichungen vom Anodenruhestrom verdrängt worden.

Unter den Kompensatoren mit einfacher Spannungskompensation fällt das handliche „Pehavi" der Firma Hartmann & Braun auf, das einen kleinen Schleifdrahtkompensator darstellt. Das eingebaute Drehspulinstrument dient wahlweise zum Abgleichen des Hilfsstroms oder als Nullinstrument im Kompensationskreis. Schaltet man ein Spiegelgalvanometer mit der Elektrodenkette in Reihe, so wächst die Schaltempfindlichkeit stark an, so daß mit einer derartigen Anordnung auch noch Glaselektrodenketten von mittelgroßem innerem Widerstand gemessen werden können.

Ein kleiner Kunstgriff: Ein dem Spiegelgalvanometer parallel geschalteter Kondensator erlaubt eine ballistische Verstärkung des Restausschlags.

3. Automatische Kompensatoren. Sollen p_H-Werte kontinuierlich registriert werden, so benützt man hierzu je nach Lage der Dinge entweder Röhrenvoltmeter oder automatische Kompensatoren in Verbindung mit einem entsprechenden Schreibgerät. Die Röhrengeräte stellen ihrem Wesen nach Anpassungsverstärker dar, die auch sehr hochohmige Meßobjekte an die um 3—4 Zehnerpotenzen tieferohmigen Meßinstrumente anzupassen gestatten. Die selbsttätig sich abgleichenden Kompensatoren sind im Gegensatz hierzu als Kraftverstärker anzusprechen, deren Empfindlichkeit durch das im Eingangskreis liegende Steuergalvanometer vorgegeben ist. Da völlig richtkraftlose Steuergalvanometer nicht realisierbar sind, sondern die empfindlichsten Systeme immer

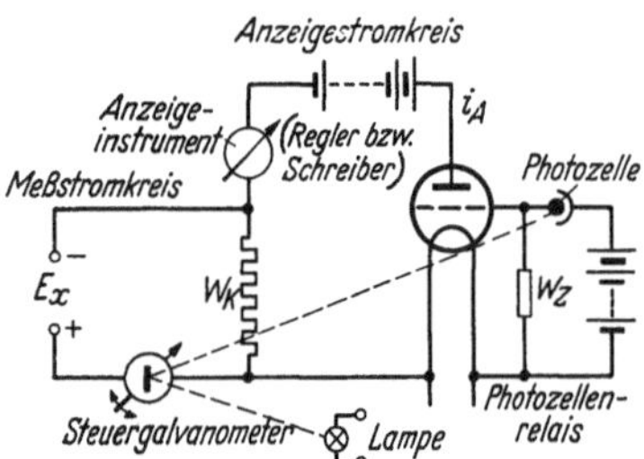

Abb. 34. Prinzipschaltbild eines automatischen Photozellenkompensators.

noch einen ausschlagsabhängigen Reststrom von etwa 10^{-8} Amp. benötigen, so bedeutet der vom Reststrom verursachte Spannungsabfall in hochohmigen Meßobjekten eine erhebliche Einschränkung der Leistungsgrenzen automatischer Kompensatoren.

Das Prinzip der automatischen Kompensatoren besteht darin, daß entweder der Schleifkontakt eines Potentiometers durch geeignete Schaltorgane so lange verschoben wird, bis Stromlosigkeit im Kompensationskreis eintritt (mechanisch-selbsttätige Kompensatoren), oder darin, daß bei konstant gehaltenem Abgriff die Hilfsstromstärke variiert wird, bis das Produkt aus Hilfsstromstärke und Kompensationswiderstand mit dem zu messenden Spannungsgefälle übereinstimmt (LINDECK-ROTHE-Schaltung). Die Hilfsstromregelung geschieht zumeist auf lichtelektrischem Weg, weshalb nach diesem Prinzip arbeitende Geräte als „Photozellenkompensatoren" bezeichnet werden.

Bewährte Geräte mit mechanischer Verstellung des Schleifkontakts sind der „Mikromax" der Firma Leeds & Northrup und der „Kompensograph" von Siemens & Halske. Vielfache Anwendung hat auch der unter dem Namen „Potentiolux" bekannt gewordene Photozellenkompensator der Firma Hartmann & Braun gefunden. Abb. 34 zeigt das Prinzipschaltbild dieses Gerätes.

Das Steuergalvanometer vergrößert seinen Ausschlag und damit den durch die Photozelle gesteuerten Anzeigestrom so lange, als dieser an dem Kompensationswiderstand W_k einen Spannungsabfall hervorruft, der kleiner als E_x ist.

4. Röhrenpotentiometer. Es lassen sich nach dem maßgebenden Bauprinzip 3 Gruppen unterscheiden: Geräte mit einer Elektrometerröhre im Eingang, Röhrenvoltmeter mit Gleichspannungsverstärkung und Röhrenvoltmeter mit Wechselspannungsverstärkung. Unter den Röhrenvoltmetern mit Gleichspannungsverstärkung haben sich die folgenden Geräte einen besonderen Namen gemacht:

Der Ultra-Ionograph nach KORDATZKI und WULFF (Hersteller Lautenschläger), das Beckman-p_H-Meter (Beckman Instruments), der Universal-p_H-Indicator (Leeds & Northrup), der Tena-Röhrenkompensator (Meßapparate AG., Bern), das Röhrenionometer (Radiometer AG., Kopenhagen). Die meisten dieser Geräte besitzen sich überschneidende Meßbereiche.

Für einen Eingangswiderstand in der Größenordnung von 1 MΩ sind bekannte Modelle das Zwillingsröhrenvoltmeter nach HILTNER (Freye K.G.) und das Triodometer nach EHRHARDT (K. Retsch, Düsseldorf, sowie Dr. Seibt AG., Berlin); freilich etwas veraltet.

Röhrenvoltmeter auf der Basis eines Wechselstromverstärkers mit anschließendem Gleichrichter dominieren heute. Der Vorteil dieser Geräte liegt darin, daß an Stelle der Elektrometerröhre eine normale Radioröhre verwendet werden kann und die Wechselstromverstärkung im Prinzip viel einfacher als eine Gleichstromverstärkung auszuführen ist. Andererseits ist der apparative Aufwand dieser Modelle nicht unerheblich.

Mit einem Schwingkontakt als Wechselrichter und als Gleichrichter arbeitet das p_H-Acidometer nach LANGE. Desgleichen findet sich ein Schwingkontakt als Wechselrichter und ein phasengesteuerter Gleichrichter in dem entsprechenden Gerät von Kuntze, Düsseldorf; die Nullpunktskonstanz ist hier 15 min nach dem Einschalten besser als 0,1 p_H.

Mit Vorteil lassen sich auch sog. „Meßverstärker" verwenden, die die geringe Energie einer nahezu stromlosen Messung kleiner Gleichspannungen in genau bekanntem Übersetzungsverhältnis nullpunktssicher und wartungsfrei zu verstärken gestatten, so daß dem Ausgang genügend Leistung entnommen werden kann, um ein Ausschlagsinstrument, ein Schreibgerät oder einen automatischen Regler zu betätigen. Man begegnet derartigen Verstärkern des öfteren unter der Kurzbezeichnung KNICK-Verstärker, nach der um die Entwicklung moderner Typen dieser Geräte verdienten Herstellerfirma in Berlin benannt. Der Nullpunktsfehler beispielsweise des KNICK-Verstärkermodells 5 ist bei 20 MΩ Eigenwiderstand des Meßobjekts $< 0,5$ mV, bei 200 MΩ < 2 mV; der Verstärkungsfehler $< 0,3\%$ vom Meßwert.

Abschließend sei noch auf 2 Geräte etwas näher eingegangen, die wohl als Spitzengeräte der heutigen p_H-Technik zu bezeichnen sind, denen nach Ansicht des Verfassers weder in Deutschland, noch in den Vereinigten Staaten ein gleichwertiges Modell zur Seite gestellt werden kann.

Das von dem Philips-Konzern in Eindhoven, Holland, in den Handel gebrachte „Universal-p_H-Meßgerät" weist bei einem Eingangswiderstand von 1 Million Megohm eine Meßgenauigkeit von 0,01 p_H-Einheiten auf, sowie eine Anzeigeempfindlichkeit von 0,1 mV; es arbeitet mit Vollnetzanschluß[1]. Sieht man von der Forderung nach automatischer Anzeige des Meßwertes ab, so dürfte das genannte PHILIPS-Gerät kaum einen Wunsch im Bereich der p_H- und Redoxmeßtechnik offen lassen.

Der Apparat vereint in sich mehrere seit langem in der elektrischen Meßtechnik bewährte Einzelgeräte, die unter Ausnutzung aller Möglichkeiten der modernen Technik miteinander kombiniert wurden. Die wichtigsten sind ein Gleichspannungskompensator, ein Wechselstromverstärker, ein Elektronenstrahlanzeiger, ein stabilisiertes Netzanschlußgerät. Hinzu kommt als entscheidendes Bauelement ein elektrodynamischer Kondensator, der als Modulator der vorgegebenen Gleichspannung wirkt. Seine Funktion ist folgende:
Über einen sehr hohen Widerstand ist ein Pol der zu messenden EMK mit einer der beiden Kondensatorplatten verbunden. Die Platte steht senkrecht auf einer von 2 Membranen getragenen Achse, die von einer wechselstromdurchflossenen Spule in Längsschwingungen versetzt wird. Im Rhythmus dieser Schwingungen ändert sich die Kapazität des Kondensators, weshalb den Platten, falls sie sich auf verschiedenem Potentialniveau befinden, sinusförmiger Spannungsverlauf aufgeprägt wird, d. h. sie verhalten sich als Wechselstromquelle. Die Wechselspannung gelangt über einen selektiven (auf 125 Hertz abgestimmten) zweistufigen Verstärker zum Elektronenstrahlindicator.
Der andere Pol der vorgelegten EMK wird über einen Spannungskompensator an die 2. Platte des elektrodynamischen Kondensators angeschlossen. Ist die EMK der am Kompensationswiderstand eingestellten Spannung gleich, so befinden sich die schwingenden Kondensatorplatten auf demselben Potentialniveau und haben damit ihre Wirksamkeit als Wechselstromgenerator verloren. Die Apparatur ist abgeglichen.
Gewährleistet der hohe Isolationswiderstand des elektrodynamischen Kondensators den ungewöhnlich hohen Eingangswiderstand von 10^{12} Ω, so bestimmt die Ausführung des Spannungskompensators die Meßgenauigkeit der Apparatur. Abb. 35 bringt das Schema der PHILIPSschen Kompensationsschaltung; sie kann als charakterakteristisch für die meisten auf der Basis der Spannungskompensation aufgebauten modernen Geräte angesehen werden.
An die Stelle des unverzweigten Kompensationswiderstandes in der normalen Kompensationsschaltung (Abb. 30) ist eine Ringleitung mehrerer hintereinander geschalteter Widerstände getreten, denen an den Punkten P und Q die Spannung von der „Hilfsstromquelle" zugeführt wird. Als solche

---

[1] Das Gerät wird in 2 verschiedenen Ausführungsformen geliefert, die normale, die keine Erdung der zu messenden EMK zuläßt, und eine Sonderausführung für Messungen in geerdeten Gefäßen.

dient die Netzspannung, die über den Gleichrichter (*GR*) und die parallel geschaltete Neon-Stabilisier-Röhre (*Ne-St*) den benötigten Gleichstrom konstanter Spannung zu liefern vermag.

Der in die Stromzuführung eingeschaltete Regelwiderstand R_y dient zur Eichung der Kompensationsspannung. Der Meßbereichumschalter *S* gestattet den Apparat auf die verschiedenen Elektrodenketten, für die er geeicht ist (Glas-, Wasserstoff- bzw. Chinhydronelektrode als Meßsystem, die gesättigte Kalomelelektrode als Bezugssystem), abzustimmen. Weiterhin ermöglicht der Schalter einen direkt in Millivolt geeichten Meßbereich (sowohl mit positivem, als auch mit negativem Vor-

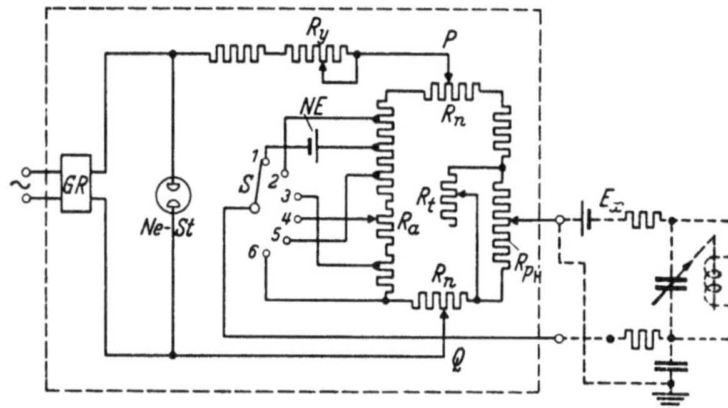

Abb. 35. Schema der Kompensationsschaltung des Universal-p_H-Meßgerätes von PHILIPS, Eindhoven.

zeichen) einzustellen und als Grundlage aller Messungen die Kompensationsspannung gegen das eingebaute Normalelement (*NE*) zu eichen.

R_{p_H} stellt eine Potentiometerschaltung dar, mit der unmittelbar auf den gewünschten p_H-Wert eingestellt werden kann. Das Potentiometer R_n dient dazu, etwaige auf dem elektrodynamischen Kondensator (bei Kurzschluß der Platten) noch vorhandene Potentialunterschiede auszugleichen (Nullpunktseinstellung). Das Asymmetriepotential einer Glaselektrode läßt sich mittels des Widerstandes R_a unwirksam machen, während R_t dazu bestimmt ist, die Temperatur der Meßflüssigkeit in Rechnung zu stellen.

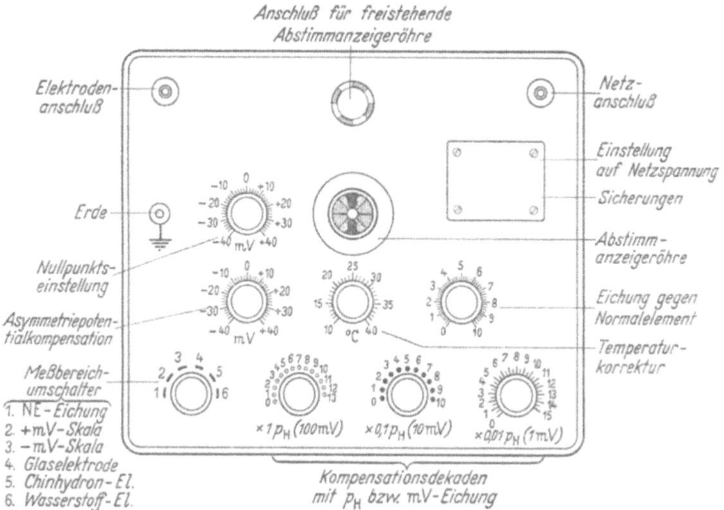

Abb. 36. Bedienungsvorrichtungen eines modernen Präzisionsgerätes für p_H- und mV-Messungen.

Die eigentliche p_H-Messung umfaßt dementsprechend die folgenden 4 Arbeitsgänge: a) Nullpunktseinstellung, b) Eichung der Kompensationsspannung, c) Asymmetriepotentialausgleich, d) Einregeln der 3 Kompensationsdekaden auf größtmögliche Schärfe der Leuchtsektoren in der Abstimm-Anzeigeröhre. Die hierfür vorgesehenen Bedienungsvorrichtungen zeigt am Beispiel des Universal-p_H-Meßgerätes von PHILIPS die Abb. 36.

Dem beschriebenen Gerät nahezu gleichwertig an Meßgenauigkeit, nur wenig nachstehend im Hinblick auf Anzeigeempfindlichkeit, doch überlegen durch das automatische Einspielen auf den Meßwert, dürfte das „Potentiometer-Präzisionsmodell" (E 187) der Metrohm-AG., Herisau/Schweiz, sein.

Das Gerät arbeitet mit versetzten und sich überschneidenden Meßbereichen, wodurch die grundsätzlichen Genauigkeitsgrenzen des Ausschlagsverfahrens um die entscheidende

Zehnerpotenz hinausgeschoben werden. In diesem Kunstgriff steckt letzten Endes das Verfahren der Halbkompensation, dem wir bereits mehrfach begegnet sind (vgl. S. 597ff.).

Für das Modell E 187 ist charakteristisch, daß die ganze p_H-Skala in 5 Meßbereiche zerlegt wird, von denen jeder 4,00 p_H-Einheiten umfaßt und einer 3,00 p_H-Einheiten entsprechenden Potentialversetzung gegenüber dem vorangehenden Bereich unterliegt. So ergeben sich die einzelnen Meßbereichstufen des Apparates in p_H-Werten ausgedrückt zu: 0—4, 3—7, 6—10, 9—13 und 12—14 (theoretisch sogar = 16). Die Millivoltskala dieses Gerätetyps weist naturgemäß analoge Meßbereichversetzungen in den 7 vorhandenen Bereichen zwischen —1050 und + 1050 mV auf.

Die Meßbereichversetzung geschieht in der üblichen Weise durch stufenweises Gegenschalten einer entsprechend einregulierten Kompensationsspannung. Diese beträgt Null bei $p_H = 8$ (elektrischer Mittelpunkt der Apparatur) und wird um je 300 mV positiver beim Übergang von einer Meßbereichstufe zur nächsten im Sinne steigender p_H-Werte und umgekehrt. Die hohe Gegenspannungsdifferenz je Meßbereich — beinahe das Doppelte des dem NERNSTschen Potentialfaktor genügenden Wertes — ermöglicht eine vollständige Anpassung der Gegenspannung (durch ein Widerstandringsystem, ähnlich wie es oben beim PHILIPS-Gerät beschrieben wurde) an jede beliebige Elektrodenkette.

Die zu messende Spannung wird auf die Eingangsröhre eines Gleichspannungsverstärkers von sehr hohem Eingangswiderstand gegeben und gelangt nach entsprechender Verstärkung in einem Drehspulprofilinstrument mit 120 mm Skalenlänge zur Anzeige. Die Stabilisierungsanlage des Verstärkers, die nach dem Prinzip eines Rückwärtsreglers aufgebaut ist, ermöglicht die fast unwahrscheinlich hohe Nullpunktskonstanz von ± 0,01 p_H-Einheiten während 24 Std.

An Attributen meßtechnischer Feinheit weist das Modell außerdem auf: Temperaturkompensation von 0—100° C, eingebautes Normalelement zur Eichung der Gegenspannung und des Verstärkergrades (die Empfindlichkeit des Gerätes kann zum raschen Auswählen des zweckmäßigsten Meßbereiches auf $^1/_{10}$ herabgesetzt werden), Anschlußschaltung für einen Punktschreiber, sowie Meßbereich für Dead-Stop-Bestimmungen.

5. Ausschlagsmeßgeräte. Für p_H-Messungen kommen nur Modelle mit großer Stromempfindlichkeit und hohem Widerstand in Frage. Dem genügen z. B. das Multiflex-Galvanometer nach LANGE sowie der p_H-Automat nach SCHWABE der Firma Bergmann & Altmann, Berlin.

Das Multiflexgalvanometer ergibt bei höchster Empfindlichkeit einen Ausschlag über die ganze Skala mit einer Stromstärke von 0,1 µA. Um Spannungsdifferenzen bis zu 1000 mV mit der angegebenen Instrumentempfindlichkeit messen zu können, muß der Widerstand des Meßkreises durch Zuschalten von Vorwiderständen auf 10 MΩ gebracht werden.

Dem Multiflexgalvanometer im Prinzip ähnlich arbeitet der p_H-Automat nach SCHWABE, bei dem die Glaselektrode direkt an ein Lichtmarkengalvanometer hoher Empfindlichkeit angeschlossen wird. Durch elektrische Heizung des Elektrodengefäßes auf 40° C vermindert man den inneren Widerstand der Glaselektrode auf etwa den 10. Teil seines Wertes bei Zimmertemperatur.

γ) Technische Erläuterungen und allgemeine Hinweise.

1. Eliminierung von Diffusionspotentialen. Da jede Berührungsstelle zwischen verschiedenen Elektrolytlösungen als Träger sog. Diffusions- oder Flüssigkeitspotentiale wirkt, die sich zu den Elektrodenpotentialen addieren, müssen jene entweder auf rechnerischem oder experimentellem Wege eliminiert werden[1]. Unumgänglich notwendig ist es, bei der Mitteilung von Meßergebnissen klar zum Ausdruck zu bringen, ob und wie Diffusionspotentiale ausgeschaltet wurden.

a) Experimentelle Beseitigung von Diffusionspotentialen. Man läßt die beiden Elektrolytlösungen nicht unmittelbar aneinandergrenzen, sondern trennt sie durch eine Zwischenflüssigkeit, deren Kationen und Anionen annähernd gleiche Wanderungsgeschwindigkeit besitzen. Hierfür wird eine gesättigte KCl-Lösung (Beweglichkeit des Cl-Ions 65,5, des K-Ions 64,6 cm²/Ω bei 18° C) bevorzugt. Ist eine solche aus chemischen Gründen nicht verwendbar, so kann man auch konz. KNO_3- oder NH_4NO_3-Lösungen benützen (die Beweglichkeit des NO_3-Ions ist 61,7, die des NH_4-Ions 64,0 cm²/Ω bei 18° C).

Noch wirkungsvoller ist folgendes Verfahren: Man macht zunächst eine Messung mit gesättigter KCl-Lösung, dann mit halbgesättigter KCl-Lösung als Zwischenflüssigkeit.

---

[1] Zur Theorie der Diffusionspotentiale siehe vor allem: HENDERSON, P.: Z. physik. Chem. **59**, 118 (1907); ferner SILLEN, L. G.: Physik. Z. **40**, 466 (1939) sowie HERMANS, J. J.: Recu. Trav. chim. Pays-Bas **57**, 1351 (1938); **58**, 99 (1939).

Die Differenz der beiden hierbei gemessenen Spannungen wird zu dem mittels der gesättigten KCl-Lösung ermittelten Ergebnis addiert.

Darin steckt die Überlegung, daß durch die gesättigte Zwischenflüssigkeit die Diffusionspotentiale unvollständig ausgeschaltet werden. Im Falle der halbgesättigten Lösung ist die unterdrückende Wirkung nur etwa die Hälfte der Wirkung der gesättigten Lösung. Die Differenz der beiden Messungen stellt demnach den Anteil des nicht unterdrückten Flüssigkeitspotentials der gesättigten KCl-Lösung dar.

Es erscheint jedoch auf Grund neuerer Untersuchungen zweifelhaft, ob die früher übliche Art zum Ausschalten von Flüssigkeitspotentialen wirklich das Ziel erreichen läßt. Deshalb hat sich nunmehr der Brauch herausgebildet, grundsätzlich mit einer gesättigten KCl-Lösung als Zwischenflüssigkeit zu arbeiten und den etwa verbleibenden Rest des Diffusionspotentials zu ignorieren. Daß dies nicht völlig einwandfrei ist, liegt auf der Hand.

b) Rechnerische Eliminierung von Diffusionspotentialen. Die formelmäßige Erfassung der zwischen 2 verschiedenen Lösungen ein und desselben Lösungsmittels sich ausbildenden Potentialdifferenz ist für den Fall beliebiger aneinandergrenzender Elektrolytlösungen verhältnismäßig umständlich und nicht ohne eine gewisse Willkür durchführbar (vgl. hierzu insbesondere EUCKEN)[1]. In folgenden Sonderfällen erhält man jedoch eine wesentliche Vereinfachung der Verhältnisse.

1. Wenn die aneinandergrenzenden Lösungen den gleichen Elektrolyten enthalten und sich nur durch dessen Konzentration unterscheiden.

2. Wenn die Elektrolyte der beiden Lösungen entweder dasselbe Anion oder dasselbe Kation haben und die gleiche Konzentration besitzen. Durch geschickte Wahl der Zwischenflüssigkeit lassen sich fast alle möglichen Fälle experimentell auf diese beiden Grenzfälle zurückführen.

Beispiel: Bei einer galvanischen Kette, deren einer Elektrolyt eine n/10 KCl-Lösung, deren anderer eine n/100 HCl-Lösung darstellt, wählt man als Zwischenflüssigkeit entweder eine n/100 KCl- oder eine n/10 HCl-Lösung. Eine Elektrolytbrücke mit derartiger Füllung verwirklicht gegenüber dem einen Elektrolyten den Fall 1, gegenüber dem andern den Fall 2.

Das Diffusionspotential E_{Diff} für den Fall *1* (gleicher Elektrolyt verschiedener Konzentration) errechnet sich, wenn die Ionenbeweglichkeit des Kations in üblicher Weise mit u, die des Anions mit v bezeichnet wird, für einen binären, einwertigen Elektrolyten mit Hilfe des zur NERNSTschen Formel weitgehend analogen Ausdrucks:

$$E_{\mathrm{Diff}} = \frac{u-v}{u+v} \cdot \frac{RT}{nF} \cdot \ln \frac{c_1}{c_2}. \tag{63}$$

Im Fall *2* (2 Elektrolyte gleicher Konzentration mit **einem** gemeinsamen Ion) ergibt sich das Diffusionspotential an Hand der Formel:

$$E_{\mathrm{Diff}} = \frac{RT}{nF} \cdot \ln \frac{u_1+v_2}{u_2+v_1} = \frac{RT}{nF} \cdot \ln \frac{A_1}{A_2}. \tag{64}$$

Dabei wurde angenommen, daß das Anion beiden Elektrolyten gemeinsam ist; d. h. daß $v_1 = v_2$ gilt.

Beispiel: Eine HCl-Lösung zeigt gegen eine KCl-Lösung der gleichen Konzentration (da $A_{\mathrm{HCl}} = 380$ und $A_{\mathrm{KCl}} = 130 \ \mathrm{cm^2/\Omega}$) ein E_{Diff} von 27 mV.

Sind im vorgegebenen Elektrolytpaar keine gemeinsamen Ionen enthalten, so kann man doch die beiden eben geschilderten Grenzfälle verwirklichen, wenn man mit zwei Zwischenflüssigkeiten arbeitet und 3 Diffusionspotentiale bildende Phasengrenzflächen in Rechnung stellt.

c) Das Vorzeichen des Diffusionspotentials. Angenommen, n/1 HCl grenze an n/10 HCl. Dann diffundieren infolge des osmotischen Druckunterschiedes H^+- und Cl^--Ionen aus der konzentrierten in die verdünnte Lösung. Wegen ihrer größeren Beweglichkeit eilen die H^+-Ionen den Cl^--Ionen voraus und erteilen daher der verdünnteren Lösung gegenüber

---

[1] EUCKEN, A.: Lehrbuch der chemischen Physik. Bd. 2/II. 3. Aufl. Leipzig 1949. Dort findet sich auch eine eingehende Diskussion der berühmten HENDERSON-Formel, die eine plausible Berechnung des Diffusionspotentials einer Mischung mehrerer Elektrolyte unter der Annahme gestattet, daß sich die Konzentrationen der Ionen in der Diffusionsschicht linear ändern.

der konzentrierteren eine positive Aufladung. Das Umgekehrte ist der Fall, wenn 2 verschiedene konz. KOH-Lösungen aneinander grenzen. Die verdünntere Lösung wird hier negativ aufgeladen, weil die OH^--Ionen rascher wandern als die K^+-Ionen.

Ob das Diffusionspotential das Elektrodenpotential erhöht oder erniedrigt, läßt sich folgendermaßen entscheiden: Wird die Lösung, in der sich die positive Elektrode befindet, durch das Flüssigkeitspotential selber positiv aufgeladen, so verstärkt sich hierdurch die positive Aufladung der Elektrode. Es muß deshalb in diesem Fall das Flüssigkeitspotential vom gemessenen Potentialunterschied subtrahiert werden. Umgekehrtes gilt, wenn die Lösung durch das Diffusionspotential sozusagen einen „negativen Vorspann" erhält.

Beispiel: Bildet man aus 2 gleichen Kalomelelektroden in HCl-Lösungen verschiedener Konzentration eine galvanische Kette, so ist die positive Elektrode die in die verdünnte HCl-Lösung eintauchende Kalomelelektrode, da dort auf Grund des Massenwirkungsgesetzes die Quecksilber(I)-ionenkonzentration größer ist als in der konz. HCl-Lösung. Andererseits erhält durch die vorauseilenden, positiv geladenen H-Ionen die verdünntere Lösung einen positiven Vorspann. Das Diffusionspotential ist deshalb vom Meßwert zu subtrahieren. Würde man statt der Kalomelelektroden Wasserstoffelektroden benützen, so stellt die Elektrode in der konz. HCl-Lösung den positiven Pol dar. Durch Abwandern der H^+-Ionen erhält die Lösung einen negativen Vorspann. Das Diffusionspotential muß daher jetzt zum gemessenen Wert addiert werden.

2. Platinierung der Platinelektroden. *a) Herstellung einer sauberen Unterlage für den Metallniederschlag.* Man hängt die Platinelektrode für einige Stunden in eine Dichromat-Schwefelsäurelösung (etwa 10 Teile $K_2Cr_2O_7 + 20$ Teile $H_2O + 70$ Teile H_2SO_4 konz.). Heiß angewandt, reinigt diese Lösung erheblich wirkungsvoller als in der Kälte. Auch durch ein kurzes, vorsichtiges Ausglühen in einer Spiritusflamme kann die Pt-Elektrode von organischen Verunreinigungen befreit werden[1].

b) Die Platinierungsflüssigkeiten. 3 g Platinchlorwasserstoffsäure ($H_2PtCl_6 + 6H_2O$), handelsüblich zumeist fälschlich als Platinchlorid ($PtCl_4$) bezeichnet, und 20—30 mg Bleiacetat ($PbC_2H_3O_2 + 3H_2O$) werden in 100 g H_2O gelöst. Die fertige Lösung ist unter der Bezeichnung „Platinierungsflüssigkeit nach LUMMER und KURLBAUM" im Handel.

c) Die Elektroplatinierung. Schaltung: 4 Volt-Akkumulator — Schiebewiderstand (etwa $(100\ \Omega)$ — Amperemeter (entbehrlich) — Kommutator (Stromwendeschalter, z. B. eine Kreuzwippe) — Elektroden — Akkumulator.

Entweder läßt man beide Elektroden in Parallelschaltung als Kathode gegen eine Hilfsanode aus Platin arbeiten (dann wird das Kommutieren des Stromes überflüssig) oder man benützt abwechselnd die eine der beiden zu platinierenden Elektroden als Anode, die andere als Kathode. Wesentlich ist, einen einigermaßen gleichförmigen elektrolytischen Niederschlag zu erhalten. Dies setzt voraus, daß die Anode bzw. Hilfsanode und die Kathode einander annähernd parallel gegenübergestellt werden. Gewinkelte Aufstellung und seitliche Verschiebung der Elektroden verursachen Streuung der Stromlinien und somit ungleichförmige Platinierung. Um ein Entweichen des elektrolytisch entwickelten Gases zu ermöglichen, dürfen die Elektroden nicht in waagerechter Lage platiniert werden.

Durchführung der Elektrolyse. Man reguliert die Stromstärke so, daß eine mäßige Gasentwicklung einsetzt. Die Stromdichte beträgt dann etwa 30 mA je Quadratzentimeter der Elektrodenoberfläche. Arbeitet man nicht mit einer Hilfsanode, so wird der Strom öfters kommutiert, so daß jede Elektrode abwechselnd als Kathode und Anode dient. Platin wird als Anode bekanntlich nicht angegriffen. Die Gesamtversuchsdauer beträgt beim erstmaligen Platinieren einer Elektrode 5—10 min, beim Nachplatinieren genügen 1—2 min.

Die LUMMER-KURLBAUM-Lösung verbraucht sich im Laufe der Benützung ziemlich rasch. Das in ihr enthaltene Platin (1,113 g in 100 cm^3) wird schon durch eine Elektrizitätsmenge von 0,62 Amp.-Stunden vollständig ausgeschieden.

---

[1] Man beachte, daß Platin gegen Kontaktgifte außerordentlich empfindlich ist. Als solche wirken vor allem Kohlenoxyd, Schwefelwasserstoff, Cyanwasserstoff, organische Schwefelverbindungen und Arsen. Diese Substanzen vermögen schon in geringster Konzentration die Wirksamkeit von Platin aufzuheben, wahrscheinlich dadurch, daß sie selber an den wirksamen Stellen des Platins adsorbiert werden und damit andere Stoffe von den aktiven Zentren verdrängen.

d) Nachbehandlung der Elektroden. Der entstandene Platinniederschlag hält Reste der Platinierungsflüssigkeit außerordentlich hartnäckig fest. Mit Rücksicht auf eine zuverlässige Potentialeinstellung müssen diese Rückstände, vor allem das absorbierte Chlor, vollständig ausgeschaltet werden. Dies geschieht dadurch, daß man nach dem Platinieren beide Elektroden in einem Gefäß mit reiner Schwefelsäure (etwa 5%ig) der kathodischen Reduktion unterwirft. Als Anode benützt man eine blanke Platinelektrode und elektrolysiert im übrigen wie oben beschrieben einige Minuten lang. Die entstandene Salzsäure läßt sich durch warmes, wiederholt gewechseltes Wasser relativ leicht auswaschen.

e) Aufbewahren der Elektroden. Platinierte Platinelektroden dürfen nie längere Zeit in trockener Luft lagern. Sie zeigen sonst schlechte Potentialeinstellung, ungleichmäßige Benetzung und Übergangswiderstand. Eine Spur von Alkohol, besser erneutes kurzes Platinieren hilft dem Übelstande ab. Bei Nichtgebrauch bewahrt man die Elektroden in einem Gefäß mit destilliertem Wasser auf. Direktes Berühren der platinierten Elektrodenoberfläche verursacht ebenfalls Schädigungen des Platinmohrs.

3. Formeln für die Temperaturabhängigkeit der EMK p_H-empfindlicher galvanischer Ketten. Legende: EMK = gemessene elektromotorische Kraft der Kette unter Berücksichtigung des Vorzeichens. E_N = NERNSTscher Potentialfaktor = $59,1 + 0,2 \cdot (t-25)$. t = Temperatur in Celsiusgraden.

Sämtliche Potentialangaben in Millivolt.

Beachte: Ebenso wie der numerische Wert der EMK wird auch das Vorzeichen der EMK durch die Potentiallage der p_H-empfindlichen Elektrode gegenüber der Bezugselektrode eindeutig festgelegt: +, wenn p_H-empfindliche Elektrode der + -Pol, —, wenn diese der — -Pol[1].

1. Die Wasserstoffelektrode als p_H-empfindliche Elektrode ergibt, wenn als Bezugselektrode verwendet wird die

$$\text{gesättigte Kalomelelektrode:} \quad p_H = \frac{-\text{EMK} - [245,8 - 0,65\,(t-25)]}{E_N} \quad (65)$$

$$\text{n/1 Kalomelelektrode:} \quad p_H = \frac{-\text{EMK} - [284,7 - 0,26\,(t-25)]}{E_N} \quad (66)$$

$$\text{n/10 Kalomelelektrode}[2]: \quad p_H = \frac{-\text{EMK} - [337,6 - 0,07\,(t-25)]}{E_N} \quad (67)$$

$$\text{Wasserstoffelektrode in VEIBELscher Lösung:} \quad p_H = \frac{-\text{EMK}}{E_N} + 2,04 \quad (68)$$

$$\text{Wasserstoffelektrode in Standard-Acetat:} \quad p_H = \frac{-\text{EMK}}{E_N} + 4,62 \quad (69)$$

Für Präzisionsmessungen ist zu beachten, daß der Temperaturkoeffizient in obigen Formeln strenggenommen keine Konstante darstellt, sondern einen deutlichen Gang mit der Temperatur aufweist (vgl. Tabelle 5, S. 612).

2. Die Chinhydronelektrode als p_H-empfindliche Elektrode ergibt, wenn als Bezugselektrode verwendet wird die

$$\text{gesättigte Kalomelelektrode:} \quad p_H = \frac{453,2 - 0,09\,(t-25) - \text{EMK}}{E_N} \quad (70)$$

$$\text{n/1 Kalomelelektrode:} \quad p_H = \frac{414,3 - 0,49\,(t-25) - \text{EMK}}{E_N} \quad (71)$$

$$\text{n/10 Kalomelelektrode:} \quad p_H = \frac{361,4 - 0,67\,(t-25) - \text{EMK}}{E_N} \quad (72)$$

$$\text{Chinhydronelektrode in VEIBELscher Lösung:} \quad p_H = \frac{-\text{EMK}}{E_N} + 2,04 \quad (73)$$

$$\text{Chinhydronelektrode in Standard-Acetat:} \quad p_H = \frac{-\text{EMK}}{E_N} + 4,62. \quad (74)$$

---

[1] Vgl. hierzu Abb. 2, S. 546.

[2] Der auffallend kleine Wert des Temperaturkoeffizienten dieser Kette gilt nur in der Umgebung von 25°, etwa im Bereich zwischen 20 und 30° C. Mit fallender Temperatur nimmt er weiter ab, verschwindet zwischen 16 und 17° vollkommen, wird sodann positiv und beträgt zwischen 0 und 10° C = + 0,03 mV/Grad (vgl. Tabelle 5, S. 612).

3. Die Glaselektrodenkette ergibt[1] mit einer saturierten Kalomelelektrode als membranpotentialabhängiges System, wenn als Bezugselektrode verwendet wird:

$$\text{Ag/AgCl/0,03 n HCl:}\quad p_H = \frac{\text{EMK} + 162,1 + 0,65\,(t - 25) - E_{As}}{E_N}.\tag{75}$$

Die Temperaturabhängigkeit läßt sich hier exakt angeben, da das genannte Bezugssystem so gewählt ist, daß der Temperaturkoeffizient für das Innere der Glaselektrode verschwindet. Damit wird der Temperaturkoeffizient der gesamten Glaselektrodenkette gleich dem einer Wasserstoffelektrode gegenüber der gesättigten Kalomelelektrode; d. h. in der Nähe von 25° C gleich $-0,65$ mV/ Grad[2].

Soll aus irgendeinem Grunde[3] die Anwendung eines solchen Kunstgriffes zur Fixierung des Temperaturkoeffizienten der Glaselektrodenkette umgangen werden, dann ist eine exakte formelmäßige Darstellung der Beziehung zwischen p_H und EMK der Glaselektrode nicht mehr möglich. Man muß sich in diesem Falle mit Näherungsformeln begnügen, von denen mehrere Beispiele S. 577 ff. behandelt wurden.

Als allgemeine Näherungsformel kann, wenn das p_H des Bezugssystems mit p_{H_b}, das Potential der Hilfselektrodenkette mit E_{H_i}, das Asymmetriepotential mit E_{As} und das Verhältnis der experimentellen zur theoretischen Kennliniensteilheit mit η bezeichnet wird, verwendet werden:

$$\text{EMK} = \eta E_N \cdot (p_{H_x} - p_{H_b}) + E_{As} + E_{H_i};\tag{76}$$

oder nach p_{H_x} aufgelöst:

$$p_{H_x} = p_{H_b} + \frac{\text{EMK} - E_{As} - E_{H_i}}{\eta \cdot E_N}.\tag{76a}$$

Sämtliche früher aufgeführten Formeln für die Auswertung von Messungen mit der Glaselektrode fußen letzthin auf dieser Gleichung.

Zur Wiedergabe genauer Messungen sind, wie bereits mehrfach betont wurde, diese Beziehungen freilich meist nicht hinreichend. Man eliminiert deshalb die formelmäßig nur schwierig zu erfassenden Einflüsse durch Arbeiten mit Eichlösungen. Wird das p_H einer solchen Eichlösung (Pufferlösung) mit p_{H_e} bezeichnet, so ergibt sich aus Gl. (76):

$$\text{EMK}_e = \eta E_N \cdot (p_{H_e} - p_{H_b}) + E_{As_e} + E_{H_i}.\tag{77a}$$

Für die Versuchslösung gilt analog:

$$\text{EMK}_x = \eta E_N \cdot (p_{H_x} - p_{H_b}) + E_{As_x} + E_{H_i}.\tag{77b}$$

Durch Subtraktion der oben stehenden Gleichung von der unteren folgt die für das Arbeiten mit Glaselektrodenketten fundamentale Beziehung:

$$p_{H_x} = p_{H_b} + \frac{\text{EMK}_x - E_{As_x} - \text{EMK}_e + E_{As_e}}{\eta \cdot E_N}.\tag{78}$$

Verwendet man als Eichlösung eine Lösung, die sich in ihrem p_H und im chemischen Charakter nur wenig von der Versuchslösung unterscheidet, so können E_{As_x} und E_{As_e} einander gleichgesetzt werden und es ergibt sich:

$$\boxed{p_{H_x} = p_{H_e} + \frac{\text{EMK}_x - \text{EMK}_e}{\eta \cdot E_N}.}\tag{79}$$

---

[1] Vgl. Abb. 19.

[2] Vorzeichen der Temperaturberichtigung: Der negative Temperaturkoeffizient bewirkt, daß das Pegelpotential der Kalomelelektrode mit zunehmender Temperatur kleiner wird. Zur Eliminierung des Temperaturganges muß deshalb ein der Temperaturerhöhung und dem absoluten Betrag des Temperaturkoeffizienten proportionaler Potentialwert zu dem positiven Potentialunterschied zwischen Meß- und Bezugselektrode addiert werden.

[3] Zum Beispiel ist es unter Umständen zweckmäßig, wenn als p_H des Bezugssystems ein Wert in der Nähe des Neutralpunktes der p_H-Skala günstiger erscheint, auf den Vorteil der Temperaturfixierung durch den angegebenen Kunstgriff zu verzichten.

Zur Kontrolle der experimentellen Kennliniensteilheit $(\eta \cdot E_N)$ benötigt man mindestens 2 Eichlösungen. Es wird die EMK-Differenz für die vorgelegte p_H-Differenz gemessen; hierfür gilt:

$$\frac{EMK_{e_1} - EMK_{e_2}}{p_{H_{e_1}} - p_{H_{e_2}}} = \eta E_N . \tag{80}$$

An die Stelle einer rechnerischen Behandlung der Meßergebnisse wird nicht selten das graphische Verfahren — Aufnahme einer Eichkurve im fraglichen p_H-Bereich — gesetzt. Auch „Rechenscheiben zur Auswertung potentiometrischer Messungen" sind handelsüblich, die einige Rechenarbeit und Überlegung zu ersparen vermögen. Vergleiche insonderheit das von Schott & Gen. herausgebrachte Modell nach L. Kratz[1]. Des näheren auf die graphischen Auswertungsmethoden einzugehen, ist hier freilich nicht der Platz.

Tabelle 5.

Temperaturgang der Pegelpotentiale der gebräuchlichen Kalomelelektroden sowie der zugehörigen Temperaturkoeffizienten[2].

t	Saturierte Kalomelelektroden		n/1 Kalomelelektroden		n/10 Kalomelelektroden	
	$°E$	$\frac{\partial °E}{\partial t}$	$°E$	$\frac{\partial °E}{\partial t}$	$°E$	$\frac{\partial °E}{\partial t}$
0	260,3		289,4		337,6	
		$-0,56$		$-0,16$		$+0,02$
5	257,5		288,6		337,7	
		$-0,54$		$-0,16$		$+0,04$
10	254,8		287,8		337,9	
		$-0,56$		$-0,18$		$+0,02$
15	252,0		286,9		338,0	
		$-0,60$		$-0,20$		$-0,02$
20	249,0		285,9		337,9	
		$-0,64$		$-0,24$		$-0,06$
25	245,8		284,7		337,6	
		$-0,66$		$-0,28$		$-0,03$
30	242,5		283,3		337,2	
		$-0,66$		$-0,32$		$-0,10$
35	239,2		281,7		336,7	
		$-0,68$		$-0,36$		$-0,14$
40	235,8		279,9		336,0	
		$-0,68$		$-0,40$		$-0,18$
45	232,4		277,9		335,1	
		$-0,68$		$-0,42$		$-0,18$
50	229,0		275,8		334,2	

Tabelle 5a.

Temperaturgang der Pegelpotentiale der Ag/AgCl-Elektrode[4].

t	m/1 Silberchloridelektrode	
	$°E$	$\frac{\delta °E}{\delta t}$
0	236,3	
		$-0,48$
5	233,9	
		$-0,53$
10	231,3	
		$-0,56$
15	228,5	
		$-0,59$
20	225,5	
		$-0,62$
25	222,4	
		$-0,65$
30	219,1	
		$-0,69$
35	215,6	
		$-0,72$
40	212,0	
		$-0,75$
45	208,2	
		$-0,77$
50	204,4	
		$-0,80$
55	200,4	
		$-0,83$
60	196,2	

Tabelle 6.

Temperaturgang der Potentialdifferenz zwischen einer Chinhydronelektrode bei $p_H = 0$ und einer der gebräuchlichen Kalomelelektroden sowie Temperaturgang der zugehörigen Temperaturkoeffizienten[3].

t	Saturierte Kalomelelektroden		n/1 Kalomelelektroden		n/10 Kalomelelektroden	
	$\varDelta E$	$\frac{\partial \varDelta E}{\partial t}$	$\varDelta E$	$\frac{\partial \varDelta E}{\partial t}$	$\varDelta E$	$\frac{\partial \varDelta E}{\partial t}$
0	457,2		428,1		379,9	
		$-0,20$		$-0,56$		$-0,78$
5	456,2		425,2		376,0	
		$-0,18$		$-0,58$		$-0,76$
10	455,3		422,3		372,2	
		$-0,20$		$-0,58$		$-0,78$
15	454,3		419,4		368,3	
		$-0,12$		$-0,52$		$-0,70$
20	453,7		416,8		364,8	
		$-0,10$		$-0,50$		$-0,68$
25	453,2		414,3		361,4	
		$-0,08$		$-0,48$		$-0,66$
30	452,8		411,9		358,1	
		$-0,08$		$-0,40$		$-0,64$
35	452,4		409,9		354,9	
		$-0,08$		$-0,40$		$-0,60$
40	452,0		407,9		351,9	
		$-0,06$		$-0,34$		$-0,58$
45	451,7		406,2		349,0	
		$-0,04$		$-0,32$		$-0,54$
50	451,5		404,6		346,3	

NB.: Als Konzentrationsmaß ist in Tabelle 5a moderner Gepflogenheit entsprechend die Gewichtskonzentration (m) an Stelle der Volumenkonzentration (c) benutzt (vgl. S. 528). Für die Umrechnung der beiden Konzentrationsmaße gilt, wenn die jeweilige Dichte der Lösung mit ϱ und das Molgewicht der gelösten Substanz mit M bezeichnet wird:

$$c = \frac{1000\,\varrho\,m}{1000 + m\,M} . \tag{81}$$

Im Gegensatz zur Gewichtskonzentration ist die Volumenkonzentration temperaturabhängig; denn ϱ ändert sich mit t.

[1] Kratz, L.: Z. Elektrochem. **48**, 132 (1942).

[2] Werte in Anlehnung an Küster-Thiel: Logarithmische Rechentafeln. 61.—63. Aufl. Berlin 1951. — Über die Temperaturkoeffizienten des Normalpotentials der Kalomelelektroden s. Müller, F., u. H. Reuther: Z. Elektrochem. **49**, 497 (1943).

[3] Die Werte dieser Tabelle ergeben sich durch Subtraktion der oben aufgeführten Pegelpotentiale der Kalomelelektroden vom Pegelpotential der Chinhydronelektrode bei p_H 0,0. Durch Addition korrespondierender Tabellenwerte erhält man demgemäß den Temperaturgang des Pegelpotentials der Chinhydronelektrode.

[4] Werte nach Conway, B. E.: Electrochemical Data. Amsterdam 1952.

4. Die Temperaturabhängigkeit des Neutralpunktes der p_H-Skala.

Tabelle 7.

$t°$	$-\log K_{w_m}$	$K_{w_m} \cdot 10^{14}$	D_{H_2O}	$-\log K_{w_c}$	$K_{w_c} \cdot 10^{14}$	$-\log \sqrt{K_{w_c}}$	$\sqrt{K_{w_c}} \cdot 10^7$
0	14,9435	0,1139	0,9998	14,9436	0,1139	7,4718	0,3374
5	14,7338	0,1846	1,0000	14,7338	0,1846	7,3669	0,4296
10	14,5346	0,2920	0,9997	14,5347	0,2920	7,2674	0,5403
15	14,3463	0,4505	0,9991	14,3467	0,4501	7,1734	0,6709
20	14,1669	0,6809	0,9982	14,1677	0,6797	7,0839	0,8244
25	13,9965	1,008	0,9970	13,9978	1,005	6,9989	1,003
30	13,8330	1,469	0,9956	13,8349	1,462	6,9175	1,209
35	13,6801	2,089	0,9940	13,6827	2,076	6,8414	1,441
40	13,5348	2,919	0,9921	13,5382	2,896	6,7691	1,702
45	13,3960	4,018	0,9902	13,4003	3,978	6,7002	1,995
50	13,2617	5,474	0,9880	13,2669	5,409	6,6335	2,326
55	13,1369	7,296	0,9857	13,1432	7,191	6,5716	2,682
60	13,0171	9,614	0,9832	13,0245	9,451	6,5123	3,074

$t° =$ Temperatur in Celsiusgraden; $K_{w_m} =$ Ionenprodukt des Wassers im Konzentrationsmaß der Kilogrammolarität (Werte nach EMK-Messungen von HARNED und ROBINSON)[1]; $D_{H_2O} =$ Dichte des Wassers (experimentelle Richtwerte der Physikalisch-Technischen Reichsanstalt); $K_{w_c} =$ Ionenprodukt des Wasser im Konzentrationsmaß der Litermolarität; $\sqrt{K_{w_c}} =$ Neutralpunkt der p_H-Skala gemessen in Äquivalenten H^+- bzw. OH^--Ionen je Liter Wasser; zur Umrechnung gilt: $K_{w_c} = K_{w_m} \cdot D_{H_2O}$. Denn das Produkt mM im Nenner von Gl. (81) ist hier verschwindend klein gegenüber 100°.

5. Das Puffer-p_H in Abhängigkeit vom Mischungsverhältnis der Komponenten.

In der Literatur finden sich heutzutage rund 30 Puffergemische beschrieben, mit deren Hilfe man jeden beliebigen p_H-Wert einstellen kann. Für die gebräuchlicheren von den Puffergemischen ist die Abhängigkeit des p_H vom Mischungsverhältnis in dem umseitigen Diagramm dargestellt.

Als entscheidend über die Aufnahme ins Diagramm wurde angesehen die Zuverlässigkeit bzw. Reproduzierbarkeit der in der Literatur aufgeführten p_H-Werte, tunlichst das Vorliegen von Messungen bei verschiedenen Temperaturen, sowie nicht zu geringe Werte für die Pufferkapazität.

Zur Herstellung einer Puffermischung mit einem bestimmten p_H werden die am linken Rand der Abb. 37 angegebene Volumina (in Prozenten) der Komponente *I* mit den am rechten Rand aufgetragenen Volumenprozenten der Komponente *II* gemischt. Die Aufzählung der Komponenten in der folgenden Übersicht geschieht dementsprechend unter dem Gesichtspunkt, daß die an erster Stelle genannte Komponente stets mit 50 und weniger Teilen, die an zweiter Stelle aufgeführte Elektrolytlösung mit 50 und mehr Teilen in die Puffermischung eingeht.

Beachte: Die Abszisse des Diagramms bringt nur die hundertstel p_H-Einheiten der betreffenden Puffermischung in Abhängigkeit von der Zusammensetzung. Die ganzzahligen p_H-Einheiten, die man sich an Stelle des Wertes $\Delta p_H = 0$ von Fall zu Fall gesetzt denken muß, sind jeder einzelnen Kurve am linken Ende beigeschrieben. Ferner ist die Nummer, unter der die Puffermischung in der folgenden tabellarischen Übersicht zu finden ist, mit römischen Ziffern vermerkt.

Puffergemische mit extremem Mischungsverhältnis der Komponenten (zumeist gleichbedeutend mit geringerer Pufferkapazität) sind in der Abbildung nicht berücksichtigt. Die hiermit erreichbaren p_H-Werte sind jedoch in der tabellarischen Übersicht in Klammern neben dem auf die graphische Darstellung bezogenen p_H-Bereich vermerkt.

---

[1] HARNED, H. S., and R. A. ROBINSON: Trans. Faraday Soc. **36**, 977 (1940). Die gemessenen K_{w_m}-Werte besitzen eine Genauigkeit von $\pm$ 0,0007 (vgl. CONWAY, B. E.: Electrochemical Data. Amsterdam 1952).

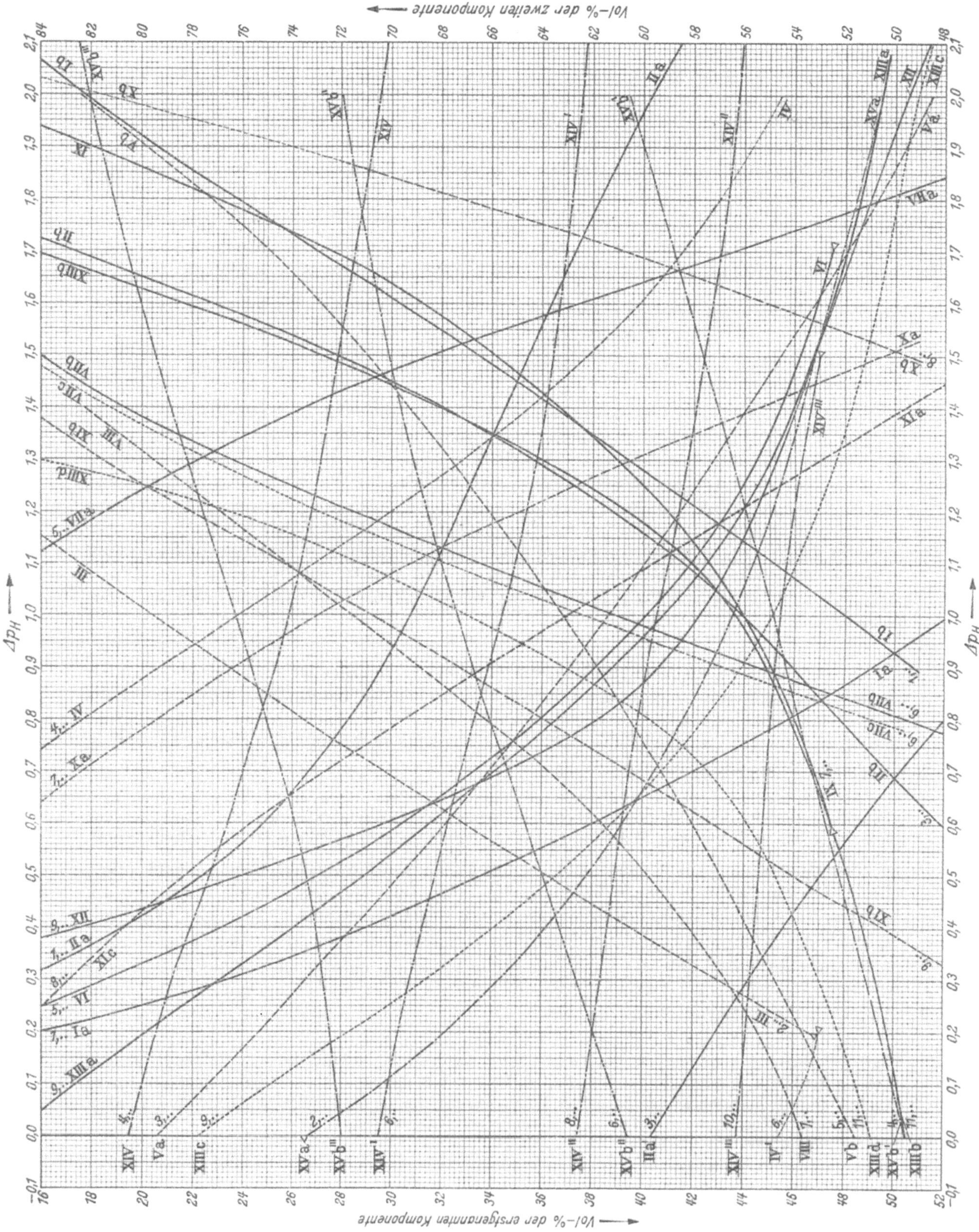

Abb. 37. Das pH der gebräuchlicheren Pufferlösungen in Abhängigkeit vom Mischungsverhältnis der Komponenten.

Puffergemische des nebenstehenden Diagrammes nach steigenden p_H-Werten geordnet.
(Werte für 25° C, falls nichts anderes vermerkt.)

I. a) Glykokoll/Salzsäure; p_H-Bereich: (1,1) 1,20—1,99,
   b) Salzsäure/Glykokoll; p_H-Bereich: 1,90—3,06 (4,4).
   Temperaturkoeffizient: < 0,001.

II. a) Natriumcitrat/Salzsäure; p_H-Bereich: (1,1) 1,32—3,80,
   b) Salzsäure/Natriumcitrat; p_H-Bereich: 3,60—4,72 (4,90).
   Temperaturkoeffizient: < 0,001.

III. Salzsäure/Kaliumhydrogenphthalat: (konstant = 50 Vol.-%)-Rest auf 100 = H_2O;
   p_H-Bereich: 2,20—3,15 (3,80); für 20° C.
   Temperaturkoeffizient: nicht gemessen.

IV. Natronlauge/Kaliumhydrogenphthalat: (konstant = 50 Vol.-%)-Rest auf 100 = H_2O;
   p_H-Bereich: (4,0) 4,74—6,20 für 20° C.
   Temperaturkoeffizient: nicht gemessen.

V. a) Dinatriumhydrogenphosphat/Citronensäure; p_H-Bereich: (2,2) 3,0—5,0; für etwa 21° C.
   b) Citronensäure/Dinatriumhydrogenphosphat; p_H-Bereich: 5,0—7,0 (8,0); für etwa 21° C.
   „MacIlvaine-Puffer." — Überprüfung der Werte erscheint ratsam.
   Temperaturkoeffizient: nicht gemessen.

VI. Natronlauge/Natriumcitrat; p_H-Bereich: (5,0) 5,25—6,71.
   Temperaturkoeffizient: unabhängig vom Mischungsverhältnis der Komponenten = + 0,0035.

VII. a) Dinatriumhydrogenphosphat/Kaliumdihydrogenphosphat; p_H-Bereich: (4,8) 6,12—6,84,
   b) Kaliumdihydrogenphosphat/Dinatriumhydrogenphosphat; p_H-Bereich: 6,78—7,50 (8,9).
   c) wie unter b) jedoch für 37° C; p_H-Bereich: 6,78—7,48 (7,98).
   Temperaturkoeffizient: unabhängig vom Mischungsverhältnis der Komponenten = − 0,0027
   (Skotnický).

VIII. Salzsäure/Veronalnatrium; p_H-Bereich: (6,40) 7,00—8,46 (9,8).
   Temperaturkoeffizient: nicht gemessen.

IX. Natriumborat/Salzsäure; p_H-Bereich: 7,59—8,94 (9,23).
   Temperaturkoeffizient: für 50 Vol.-% Borat = − 0,003; für 60 Vol.-% = − 0,004; für
   80 Vol.-% = − 0,006.

X. a) Borax/Borsäure; p_H-Bereich: (6,8) 7,64—8,55; für 18° C.
   b) Borsäure/Borax; p_H-Bereich: 8,47—9,03; für 18° C.
   „Puffer nach Palitsch" — besonders für Meerwasseruntersuchungen verwandt.
   Temperaturkoeffizient: nicht gemesssen.

XI. a) Natriumcarbonat/Borsäure + Kaliumchlorid; p_H-Bereich: (7,44) 8,25—9,45; für 16° C.
   b) Borsäure + Kaliumchlorid/Natriumcarbonat; p_H-Bereich: 9,33—10,38 (11,0); für 16° C.
   „Puffer nach Atkins-Pantin."
   Temperaturkoeffizient: nicht gemessen.

XII. Natronlauge/Natriumborat; p_H-Bereich: (9,25) 9,38—11,10 (12,3).
   Temperaturkoeffizient: für 40 Vol.-% Borat = − 0,032; für 50 Vol.-% = − 0,021; für
   60 Vol.-% = − 0,013; für 80 Vol.-% = − 0,009.

XIII. a) Natronlauge/Glykokoll; p_H-Bereich: (8,05) 9,10—11,43; für 25° C.
   b) Glykokoll/Natronlauge; p_H-Bereich: 11,00—12,69 (12,74); für 25° C.
   c) wie unter a) jedoch für 37° C; p_H-Bereich: (8,18) 9,00—11,10.
   d) wie unter b) jedoch für 37° C; p_H-Bereich: 11,00—12,30 (12,35).
   Temperaturkoeffizient: für 20 Vol.-% Glykokoll = − 0,033; für 50 Vol.-% = − 0,028; für
   80 Vol.-% = − 0,023.

Den größten Teil der p_H-Skala umfassen die Gemische:

XIV. Natronlauge/Britton-Robinson-Stammlösung; p_H-Bereich: (1,8) 4,00—11,5 (12,0); für 18° C.
   „Universalpuffer nach Britton-Robinson."
   Temperaturkoeffizient: nicht gemessen.

XV. a) Salzsäure/Teorell-Stenhagen-Stammlösung (konstant = 20 Vol.-%) + Rest auf 100 = H_2O;
   p_H-Bereich: 2,0—4,0; für 20° C.
   b) Teorell-Stenhagen-Stammlösung (konstant = 20 Vol.-%)/Salzsäure + Rest auf 100 Vol.-%
   = H_2O; p_H-Bereich: 4,0—10,0 (12,0). — NB.: Kurve XVb''' in Abb. 37 beginnt mit p_H 8,00.
   „Universalpuffer nach Teorell-Stenhagen".
   Temperaturkoeffizient: für 50 Vol.-% HCl = | 0,004; für 30 Vol.-% = − 0,001(?); für
   15 Vol.-% = − 0,012.

Bereitung der Pufferkomponenten.

a) n/10 Salzsäure, in der üblichen Weise hergestellt = 3,6468 g HCl im Liter.

b) n/10 Natronlauge (carbonatfrei).

c) n/10 Glykokoll = 7,505 g Glykokoll und 5,85 g NaCl im Liter.

d) m/5 Kaliumhydrogenphthalat = 40,836 g im Liter.

e) m/10 Natriumcitrat = 21,008 g Citronensäure-Monohydrat + 200 cm³ n/1 NaOH (carbonatfrei) im Liter.

f) m/15 Kaliumdihydrogenphosphat = 9,078 g KH_2PO_4 im Liter.

g) m/15 Dinatriumhydrogenphosphat = 11,876 g $Na_2HPO_4 \cdot 2H_2O$ (Natriumphosphat nach Sörensen) im Liter.

h) m/5 Natriumborat = 12,404 g Borsäure + 100 cm³ n/1 NaOH (carbonatfrei) im Liter.

i) n/10 Veronalnatrium = 20,60 g diäthylbarbitursaures Natrium in CO_2-freiem Wasser auf 1 Liter.

Sonderfälle.

MacIlvaine-Puffer:

1. m/5 Dinatriumhydrogenphosphat = 1 Teil m/1 H_3PO_4 + 2 Teile n/1 NaOH + 2 Teile H_2O.

2. n/10 Citronensäure = 21,0 g $C_6H_8O_7 \cdot 1 H_2O$ im Liter.

Atkins-Pantin-Puffer:

1. m/5 Borsäure + m/5 KCl = 12,404 g H_3BO_3 + 14,912 g KCl im Liter.

2. m/5 Natriumcarbonat = 21,200 g wasserfreies Na_2CO_3 (durch Glühen aus $NaHCO_3$ bereitet) im Liter.

Palitsch-Puffer:

1. m/20 Borax = 19,108 g $Na_2B_4O_7 \cdot 10 H_2O$ auf 1 Liter.

2. m/5 Borsäure + m/20 Kochsalzlösung = 12,404 g H_3BO_3 + 2,925 g NaCl auf 1 Liter.

Britton-Robinson-Puffer[1]:

1. Stammlösung: je m/25 Phosphorsäure, Essigsäure und Borsäure.

2. Komplementärkomponente zur Stammlösung: n/5 Natronlauge.

Teorell-Stenhagen-Puffer:

Als Bestandteile (Grundlösungen) werden zum Ansetzen der Stammlösung benötigt:

    I. n/1 Natronlauge, CO_2-frei.

    II. Phosphorsäure: 35 cm³ 85%ige Phosphorsäure, Dichte = 1,70, auf 1 Liter aufgefüllt; der genaue Gehalt wird durch Titrieren von 10 cm³ gegen die n/1 Natronlauge mittels Phenolphthalein auf „gerade verschwindenden rosa Farbton" ermittelt.

    III. Citronensäure: 70 g krystallisierte Citronensäure im Liter; Titerstellung wie bei der Phosphorsäurelösung beschrieben.

    IV. n/10 Salzsäure.

    V. Borsäure = H_3BO_3 krystallisiert.

Ansatz der Stammlösung: Die genau 100 cm³ einer n/1 Natronlauge äquivalenten Mengen der Grundlösungen (I), (II) und (III) in einen 1000 cm³-Meßkolben geben. Dazu kommen 3,54 g krystallisierter Borsäure (V) und 343,0 cm³ (= 3,5706 g) der n/1 NaOH. Mit CO_2-freiem H_2O auffüllen und vor CO_2 geschützt aufbewahren.

Komplementärkomponente zur Stammlösung: n/10 Salzsäure.

Pufferlösungen mit konstantem Mischungsverhältnis der Komponenten.

Standard-Acetat-Puffer nach Michaelis:

Es werden gemischt: 100 cm³ n/1 NaOH + 200 cm³ n/1 CH_3COOH + 700 cm³ H_2O. Der p_H-Wert des Puffers ist temperaturunabhängig = 4,62, falls Essigsäureverluste oberhalb Zimmertemperatur durch Arbeiten in geschlossenen Gefäßen vermieden werden.

Veibelsche Pufferlösung:

0,09 m = 6,71 g Kaliumchlorid in 1000 cm³ n/100 Salzsäure; p_H = 2,04.

---

[1] Der Britton-Robinson-Puffer kann gebrauchsfertig bis auf den Zusatz der benötigten Menge 0,2 n NaOH bezogen werden von The British Drug Houses, Poole, England.

Colorimetrische Bestimmung
der Wasserstoffionenkonzentration[1-28].

Von

W. Esselborn.

Mit 1 Abbildung.

α) *Eigenschaften der Indicatoren.*

Die Möglichkeit, auf colorimetrischem Wege die Wasserstoffionenkonzentration einer Flüssigkeit zu ermitteln, beruht auf der Eigenschaft gewisser Farbstoffe, in wäßriger Lösung bei bestimmten p_H-Werten ihre Farbe zu ändern, bzw. aus einer ungefärbten in eine gefärbte Form überzugehen.

Nach der Theorie von WILHELM OSTWALD ist der Farbumschlag der Indicatoren dadurch zu erklären, daß diese nach ihrer chemischen Struktur entweder schwache Säuren oder schwache Basen darstellen, deren nichtdissoziierte Form eine andere Färbung aufweist als ihre Ionenform. HANTZSCH dagegen führt die Farbänderung der Indicatoren auf Konstitutionsänderungen der Farbstoffmoleküle zurück. Da beide Theorien für sich

[1] American Society for Testing Materials. Symposium on p_H-Measurement. Philadelphia 1947

[2] ANSELM, F.: Chem. Fabrik 8, 269 (1935).

[3] ARRHENIUS, O.: Z. Pfl.-Ernähr. Düng. Bodenkde. (A) 3, 129 (1924). Bodenreaktion und Pflanzenleben. Leipzig 1922.

[4] BJERRUM, N.: Z. analyt. Chem. 56, 81 (1917).

[5] BRITTON, T. S.: Hydrogen Ions, their Determination and Importance in Pure and Industrial Chemistry. New York 1949.

[6] CASTELLI, C. F.: Il p_H, il concetto moderno di acidita et alcalinita et la misurazione pratica. Milano 1941.

[7] CLARK, W. M., and H. A. LUBS: J. Washington Acad. Sci. 5, 609 (1915); 6, 481 (1916) [C. 1916 I, 175; II, 1068]. Z. analyt. Chem. 63, 204 (1923) [Indikatorenreihe]. J. biol. Ch. 25, 479 (1916) [Puffermischungen].

[8] CLARK, W. M.: Determination of Hydrogen Ions. 2. Aufl. Baltimore 1923.

[9] DÉRIBÉRÉ, M.: Les applications industrielles du p_H. Paris 1947.

[10] GILLESPIE, L. J.: Am. Soc. 42, 742 (1920). Soil Sci. 9, 115 (1920) [C. 1920 IV, 659).

[11] HUYBRECHTS, M.: Le p_H et sa mesure. Paris 1947.

[12] JÖRGENSEN, H.: Wasserstoffionenkonzentration (p_H) (Wiss. Forsch.-Ber. 34). Dresden 1935.

[13] KOLTHOFF, I. M., u. J. J. VLEESCHHOUWER: B. Z. 179, 410 (1946); 183, 444 (1927).

[14] KOLTHOFF, I. M.: J. biol. Ch. 63, 135 (1925). Säure-Basen-Indikatoren, ihre Anwendung bei der kolorimetrischen Bestimmung der Wasserstoffionenkonzentration. Berlin 1932.

[15] KOPACZEWSKI, W.: Les Ions d'hydrogène. Paris 1926.

[16] KORDATZKI, W.: Taschenbuch der praktischen p_H-Messung. München 1949.

[17] KORTÜM, G.: Kolorimetrie und Spektralphotometrie. Heidelberg 1948.

[18] KORTÜM, M.: Photometrie und Kolorimetrie. Fiat Rev. (Analyt. Chem.) 29, 73 (1947).

[19] LANGE, B.: Kolorimetrische Analyse. 4. Aufl. Weinheim 1952.

[20] LEHMANN, G.: Die Wasserstoffionenmessung. 3. Aufl. Leipzig 1948.

[21] MCILVAINE, T. C.: J. biol. Ch. 49, 183 (1921).

[22] MERCK: Die Bestimmung der Wasserstoffionenkonzentration mit Indikatoren (p_H-Messung). Darmstadt 1940.

[23] MICHAELIS, L.: J. biol. Ch. 87, 33 (1930) [Veronalpuffer]. Wschr. Brauerei 38, 107 (1921) [Indikatoren-Dauerreihen]. — Vgl. a. MICHAELIS, L., u. P. RONA: Praktikum der physikalischen Chemie. 4. Aufl. S. 36 bzw. 51. Berlin 1930. Wasserstoffionenkonzentration. 2. Aufl. Berlin 1922.

[24] MICHAELIS, L., u. A. GYEMANT: B. Z. 109, 165 (1920).

[25] MICHAELIS, L., u. R. KRÜGER: B. Z. 119, 307 (1931).

[26] SÖRENSEN, S. P. L.: B. Z. 21, 131, 201 (1909).

[27] SÖRENSEN, S. P. L., u. S. PALITZSCH: B. Z. 24, 381 (1910).

[28] WALPOLE, G. S.: Biochem. J. 5, 207 (1910); 7, 260 (1913); 8, 628 (1914) [Prinzip der Farbkompensation]. Soc. 1914, 2501 [Puffer].

allein nicht in der Lage sind, alle mit dem Farbumschlag eines Indicators zusammenhängende Probleme zu klären, faßte KOLTHOFF beide Theorien über das Wesen der Indicatoren in folgender Weise zusammen:

„Indicatoren sind schwache Säuren oder Basen, deren ionogene Form eine andere Farbe und Konstitution besitzt als die Pseudo- oder normale Form."

Es gelten daher für die wäßrigen Lösungen der Indicatoren die für die Dissoziation einer schwachen Säure bzw. einer schwachen Base gültigen Gesetze.

Bei Anwendung des Massenwirkungsgesetzes auf die Dissoziation einer beliebigen Indicatorsäure $H\,I$ gilt für die Konzentration der Dissoziationsprodukte folgende Gleichung:

$$\frac{[H^+]\cdot[I^-]}{[H\,I]} = K, \tag{1}$$

wobei K die für den Indicator charakteristische Dissoziationskonstante bedeutet.

Aus Gl. (1) folgt

$$[H^+] = K\cdot\frac{[H\,I]}{[I^-]}. \tag{2}$$

Die Gleichung besagt, daß jedem Verhältnis $[H\,I]:[I^-]$ eine bestimmte Wasserstoffionenkonzentration entspricht; daraus folgt aber, daß es von dem p_H abhängt, ob der Indicator in seiner „basischen" oder aber in seiner „sauren" Form auftritt. Ist die Dissoziation des Indicators soweit fortgeschritten, daß $[H\,I] = [I^-]$ ist, so bekommt Gl. (2) den Wert

$$[H^+] = K\cdot 1. \tag{3}$$

In diesem Falle ist dann die Wasserstoffionenkonzentration gleich der Dissoziationskonstanten des Indicators, bzw. $p_H = p_K$, wobei p_K den negativen Logarithmus der Dissoziationskonstante bedeutet. Bei Annäherung an diesen p_H-Wert beginnt die Umfärbung des Indicators sichtbar zu werden. Wie aus den vorstehenden Überlegungen folgt, kann es sich bei dem Farbwechsel nicht um einen plötzlich in Erscheinung tretenden Umschlag handeln. Wir haben bei jedem p_H-Wert beide Formen des Indicators in bestimmten Konzentrationen vorliegen. Das Sichtbarwerden der Farbe der einen Form neben der anderen hängt von den ganz speziellen Eigenschaften des jeweils benutzten Farbstoffes ab. Ein Indicator hat also nie einen ganz scharfen Umschlagspunkt, sondern er zeigt ein Umschlagsgebiet oder Umschlagsintervall. Jenseits dieses Umschlagsgebietes zeigt der Indicator sowohl nach der sauren als auch nach der basischen Seite der p_H-Skala Färbungen, die sich im sauren Gebiet durch Zusatz von weiterer Säure und im basischen Gebiet durch Zusatz weiterer Lauge nicht merklich mehr verändern. Die in diesen Gebieten auftretenden Färbungen bezeichnet man als *Grenzfarben*. Die Grenzfarben geben also keinen Aufschluß über das Vorliegen eines bestimmten p_H-Wertes der Lösung, sondern sie schließen nur bestimmte Teile der p_H-Skala aus (z. B. zeigt ja die bekannte Rotfärbung des Lackmuspapiers nicht den p_H-Wert der geprüften Lösung an, sondern stellt nur fest, daß eine mit Rotfärbung reagierende Lösung keinen p_H-Wert haben kann, auf den dieser Indicator alkalisch reagieren müßte).

Von Wichtigkeit für die Ermittlung eines genauen p_H-Wertes ist daher das Umschlagsgebiet des Indicators, das im Durchschnitt etwa 2 p_H-Einheiten der Skala umfaßt. Die in diesem Gebiet zu beobachtenden Farbabstufungen stellen Mischfarben dar, deren Farbton durch die jeweilige Wasserstoffionenkonzentration bestimmt wird. Gelingt es nun auf irgendwelche Art und Weise, in diesem Gebiet für einen Indicator die für die bestimmten p_H-Stufen charakteristische Farbtönung reproduzierbar festzulegen, so haben wir die Möglichkeit, umgekehrt aus den Farbtönungen, die sich mit Hilfe eines Indicators in unbekannten Lösungen erzeugen lassen, den p_H-Wert dieser Lösungen zu bestimmen.

Betrachten wir die einzelnen Farbstoffe ihrer chemischen Natur nach, so stellen wir fest, daß die gebräuchlichsten Indicatoren im allgemeinen zu den Phthaleinen, den Sulfophthaleinen, den Azoverbindungen und den Nitrophenolen gehören.

Aus der großen Reihe der verwendbaren Stoffe eine Auswahl zu treffen, schließt immer eine gewisse Willkür ein, daher kann die folgende Zusammenstellung keineswegs einen Anspruch auf Vollständigkeit beanspruchen, sondern soll nur einen Hinweis auf die zur Zeit gebräuchlichsten Indicatoren geben (Tabelle 1).

β) p$_H$-Bestimmungen mit Hilfe von Pufferlösungen.

Die bekanntesten und wohl auch verbreitesten colorimetrischen p$_H$-Bestimmungsmethoden vergleichen die Färbung, die ein geeigneter Indicator in einer unbekannten Lösung erzeugt, mit dem Farbton, den der gleiche Indicator, in der gleichen Konzentration zugesetzt, mit einer Pufferlösung bekannten p$_H$-Wertes ergibt[1].

Die gebräuchlichsten Bestimmungsmethoden gehen auf die Arbeiten von SØRENSEN, KOLTHOFF, CLARK und LUBS sowie MICHAELIS zurück.

Zu der praktischen Ausführung einer derartigen p$_H$-Bestimmung ist es zunächst notwendig, den ungefähren p$_H$-Wert der Probelösung zu bestimmen, um einen geeigneten Indicator auswählen zu können. Dies geschieht am einfachsten durch Verwendung des Universalindicatorpapiers „Merck" (S. 625f.); sonst muß man unter den zur Verfügung stehenden Indicatoren durch Versuche den geeigneten ermitteln. Dies geschieht auf folgende Art und Weise:

Man bringt in 3 gleiche Reagensgläser 10 cm³ 0,1 n Salzsäure, bzw. 10 cm³ 0,1 n Natronlauge, bzw. 10 cm³ der Probelösung und gibt in jedes Glas 3 Tropfen der Indicatorlösung. Nun vergleicht man, ob die in der Probelösung entstandene Färbung eine der Grenzfarben oder eine Mischfarbe der Grenzfarben ist. In letzterem Falle ist der Indicator geeignet. Ist der geeignete Indicator gefunden, wählt man zunächst eine Pufferlösung, deren p$_H$ etwa in der Mitte des Umschlagsgebietes des verwendeten Indicators liegt. Man gibt dann zu 10 cm³ der Probelösung und zu 10 cm³ der gewählten Pufferlösung je 3—4 Tropfen des Indicators und stellt nun durch Farbvergleich unter Heranziehung der Grenzfarbe des Indicators fest, ob das Puffergemisch saurer oder alkalischer als die Probelösung ist. Je nachdem geht man dann zu anderen Puffergemischen über, bis man die Pufferlösung gefunden hat, die mit der Probelösung Farbgleichheit zeigt.

Die Genauigkeit dieser Bestimmungsmethoden beträgt etwa 0,1 p$_H$-Einheiten.

Die farbmessende Beobachtung der Farbtönungen geschieht im allgemeinen visuell. Häufig genügt es, die Färbungen der Lösungen, die sich natürlich in vollkommen gleichen Reagensgläsern befinden müssen, miteinander zu vergleichen, und zwar beobachtet man am besten durch Durchsicht der gesamten Flüssigkeitshöhe von oben gegen einen weißen Hintergrund.

Handelt es sich um getrübte oder an sich nicht völlig farblose Lösungen, ist es vorteilhaft, durch Anwendung des WALPOLEschen Prinzips diese Trübungen und Färbungen unter Verwendung eines Komparatorblockes (S. 351) auszuschalten. Selbstverständlich können für die Farbvergleiche auch die üblichen Colorimeter (S. 351ff.) verwendet werden.

Die Lichtabsorption vieler Indicatoren zeigt ein ausgeprägtes, von dem p$_H$-Wert der Lösungen abhängiges Maximum. Diese Eigenschaft macht sie zu Messungen mit lichtelektrischen Colorimetern mit Farbfilter geeignet. Gerade durch Anwendung dieser Geräte sind äußerst empfindliche Messungen möglich[2]. Über sie wurde bereits S. 363ff. berichtet.

Puffermischungen. Zur Herstellung von Puffermischungen bediene man sich nur reinster, am besten der speziell für diesen Zweck im Handel erhältlichen Präparate.

Da es in diesem Rahmen nicht möglich ist, auf die Bereitung sämtlicher gebräuchlicher Puffergemische einzugehen, werden hier nur die Puffergemische nach CLARK und LUBS sowie das für physiologische Arbeiten wichtige Veronal-Veronalnatrium-Puffergemisch

---

[1] Über Pufferlösungen s. a. S. 613ff. Einige praktische Anweisungen zur Herstellung der Lösungen folgen am Schluß dieses Abschnittes.

[2] ALVAREZ, J. C., and J. F. CASTRO: Inform. méd., La Habana **10**, 121 (1946).

Tabelle 1. *Indicatoren.*

Umschlags-gebiet	Indicator	Saure Farbe	Basische Farbe	Herstellung der Lösung
0,1—1,5	Methylviolett 6B	gelb	blau	0,25% in Wasser
0,2—1,8	Kresolrot	rot	gelb	0,1 g in 13,1 cm³ 0,02 n NaOH, mit Wasser auf 250 cm³ verdünnt
1,2—2,8	m-Kresolpurpur (1. Umschlag)	rot	gelb	0,1 g in 13,6 cm³ 0,02 n NaOH, mit Wasser auf 250 cm³ verdünnt
1,2—2,3	Metanilgelb	rot	gelb	0,1% in Wasser
1,2—2,8	Xylenolblau-p (1. Umschlag)	rot	gelb	0,04% in Äthanol
1,2—2,8	Thymolblau (1. Umschlag)	rot	gelb	0,1 g in 10,75 cm³ 0,02 n NaOH, mit Wasser auf 250 cm³ verdünnt
1,4—3,2	Tropäolin 00	rot	gelborange	0,04% in Wasser
1,3—4,0	Benzopurpurin 4B	blauviolett	rot	0,1% in Wasser
1,5—3,2	Methylviolett 6B	blau	violett	0,25% in Wasser
2,6—4,6	2,4-Dinitrophenol	farblos	gelb	0,08 g in 25 cm³ Äthanol + 75 cm³ H_2O
2,9—4,0	Methylgelb	rot	gelb	0,05% in Äthanol
3,0—4,6	Bromphenolblau	gelb	purpur	0,1 g in 7,45 cm³ 0,02 n NaOH, mit Wasser auf 250 cm³ verdünnt
3,0—4,6	Tetrabrom-phenolblau	gelb	blau	0,1 g in 5 cm³ 0,02 n NaOH, mit Wasser auf 250 cm³ verdünnt
3,0—5,2	Kongorot	blau	rot	0,1% in Wasser
3,0—4,6	Bromchlor-phenolblau	gelb	blauviolett	0,1 g in 8,6 cm³ 0,02 n NaOH, mit Wasser auf 250 cm³ verdünnt
3,8—5,4	Bromkresolgrün	gelb	blau	0,1 g in 7,15 cm³ 0,02 n NaOH, mit Wasser auf 250 cm³ verdünnt
4,0—5,8	2,5-Dinitrophenol	farblos	gelb	0,08 g in 25 cm³ Äthanol + 75,0 cm³ H_2O
4,4—6,2	Methylrot	violettrot	gelborange	0,1 g in 18,6 cm³ 0,02 n NaOH, mit Wasser auf 250 cm³ verdünnt
4,8—6,4	Chlorphenolrot	orangegelb	purpur	0,1 g in 11,8 cm³ 0,02 n NaOH, mit Wasser auf 250 cm³ verdünnt
5,0—7,0	Heptamethoxyrot	rot	farblos	0,1% in Äthanol
5,2—6,8	Bromkresolpurpur	gelb	purpur	0,1 g in 9,25 cm³ 0,02 n NaOH, mit Wasser auf 250 cm³ verdünnt
5,2—6,8	Bromphenolrot	gelb	rot	0,1 g in 9,75 cm³ 0,02 n NaOH, mit Wasser auf 250 cm³ verdünnt
5,6—7,2	Dibromphenol-tetrabromphenol-sulfophthalein	gelb	purpur	0,1 g in 1,21 cm³ 0,1 n NaOH, mit Wasser auf 250 cm³ verdünnt
4,7—7,8	p-Nitrophenol	fast farblos	dunkelgelb	0,08% in Wasser
6,0—7,0	Bromthymolblau	gelb	blau	0,1 g in 8 cm³ 0,02 n NaOH, mit Wasser auf 250 cm³ verdünnt
6,4—8,2	Phenolrot	gelb	rot	0,1 g in 14,20 cm³ 0,02 n NaOH, mit Wasser auf 250 cm³ verdünnt
6,8—8,0	Neutralrot	bläulichrot	orangegelb	0,1 g in 70 cm³ Äthanol, mit Wasser auf 100 cm³ verdünnt
7,0—8,8	Kresolrot	gelb	purpur	0,1 g in 13,1 cm³ 0,02 n NaOH, mit Wasser auf 250 cm³ verdünnt
7,3—8,7	α-Naphthol-phthalein	bräunlich	blaugrün	0,1% in 70%igem Äthanol

Tabelle 1. (Fortsetzung.)

Umschlags-gebiet	Indicator	Saure Farbe	Basische Farbe	Herstellung der Lösung
7,4—9,0	m-Kresolpurpur (2. Umschlag)	gelb	purpur	0,1 g in 13,1 cm³ 0,02 n NaOH, mit Wasser auf 250 cm³ verdünnt
8,0—9,6	Thymolblau (2. Umschlag)	gelb	blau	0,1 g in 10,75 cm³ 0,02 n NaOH, mit Wasser auf 250 cm³ verdünnt
8,0—9,6	Xylenolblau-p (2. Umschlag)	gelb	blau	0,04 % in Äthanol
8,2—9,8	o-Kresolphthalein	farblos	rot	0,04 % in 50 %igem Äthanol
8,5—9,8	a-Naphtholbenzoin	gelb	grün	1 % in Äthanol
9,3—10,5	Thymolphthalein	farblos	blau	0,4 % in 50 %igem Äthanol
10—12	Alizarin gelb GG	hellgelb	orangegelb	0,1 % in Wasser
11,1—12,7	Tropäolin 0	gelb	rotbraun	0,1 % in Wasser
11,5—14	1,3,5-Trinitrobenzol	farblos	orange	0,1 % in Äthanol
11,6—14	Indigocarmin	blau	gelb	0,25 % in 50 %igem Äthanol
12—13	(4'-Nitrophenol-azo)-1-naphthol-3,8-disulfosäure	orange	violett	0,1 % in Wasser

von MICHAELIS angegeben. Diese Auswahl geschieht nur aus praktischen Gründen und soll nicht bedeuten, daß die anderen gebräuchlichen Puffergemische weniger gut verwendbar sind.

***Puffergemisch nach* CLARK *und* LUBS.** Es werden zur Bereitung dieser Puffermischungen folgende Stammlösungen benötigt:

1. 0,2 m Salzsäure und 0,2 m Natronlauge (carbonatfrei),
2. 0,2 m Kaliumhydrogenphthalatlösung (40,843 g Kaliumhydrogenphthalat auf 1000 cm³),
3. 0,2 m Kaliumdihydrogenphosphat (27,218 g Kaliumdihydrogenphosphat auf 1000 cm³),
4. 0,2 m Borsäure-Kaliumchloridlösung (12,369 g Borsäure und 14,911 g Kaliumchlorid auf 1000 cm³),
5. 0,2 m Kaliumchloridlösung (14,911 g Kaliumchlorid auf 1000 cm³).

Tabelle 2. *Puffermischungen nach* CLARK *und* LUBS[1] (Endvolumen jeweils 200 cm³ durch Wasserzusatz).

HCl-KCl-Mischungen			Phthalat-HCl-Mischungen			Phthalat-NaOH-Mischungen		
pH	cm³ 0,2 m HCl	cm³ 0,2 m KCl	pH	cm³ 0,2 m Kaliumhydro-genphthalat	cm³ 0,2 m HCl	pH	cm³ 0,2 m Kaliumhydro-genphthalat	cm³ 0,2 m NaOH
1,1	94,56	5,44	2,2	50	46,60	4,0	50	0,40
1,2	75,10	24,90	2,4	50	39,60	4,2	50	3,65
1,3	59,68	40,32	2,6	50	33,00	4,4	50	7,35
1,4	47,40	52,60	2,8	50	26,50	4,6	50	12,00
1,5	37,64	62,36	3,0	50	20,40	4,8	50	17,50
1,6	29,90	70,10	3,2	50	14,80	5,0	50	23,65
1,7	23,76	76,24	3,4	50	9,95	5,2	50	29,75
1,8	18,86	81,14	3,6	50	6,00	5,4	50	35,25
1,9	14,98	85,02	3,8	50	2,65	5,6	50	39,70
2,0	11,90	88,10				5,8	50	43,10
2,1	9,46	90,54				6,0	50	45,40
2,2	7,52	92,48				6,2	50	47,00

[1] The Pharmacopeia of the United States of America XIV.

Tabelle 2. (Fortsetzung.)

pₕ	cm³ 0,2 m KH₂PO₄	cm³ 0,2 m NaOH	pH	cm³ 0,2 m Borsäure, 0,2 m HCl	cm³ 0,2 m NaOH
	KH₂PO₄-NaOH-Mischungen			Borsäure-KCl-NaOH-Mischungen	
5,8	50	3,66	7,8	50	2,65
6,0	50	5,64	8,0	50	4,00
6,2	50	8,55	8,2	50	5,90
6,4	50	12,60	8,4	50	8,55
6,6	50	17,74	8,6	50	12,00
6,8	50	23,60	8,8	50	16,40
7,0	50	29,54	9,0	50	21,40
7,2	50	34,90	9,2	50	26,70
7,4	50	39,34	9,4	50	32,00
7,6	50	42,74	9,6	50	36,85
7,8	50	45,17	9,8	50	40,80
8,0	50	46,85	10,0	50	43,90

Veronal-Veronalnatrium-Puffergemisch nach MICHAELIS.

Benötigte Stammlösungen:
1. 0,1 n Veronalnatriumlösung,
2. 0,1 n Salzsäure.

pH	cm³ 0,1 n Veronalnatrium	cm³ 0,1 n HCl	pH	cm³ 0,1 n Veronalnatrium	cm³ 0,1 n HCl
7,00	5,38	4,62	8,20	7,69	2,31
7,20	5,54	4,46	8,40	8,23	1,77
7,40	5,81	4,19	8,60	8,71	1,29
7,60	6,15	3,85	8,80	9,08	0,92
7,80	6,62	3,28	9,00	9,36	0,64
8,00	7,16	2,84	9,20	9,52	0,48

Außer den vorstehenden Puffergemischen sind besonders die von SØRENSEN sowie auch die von KOLTHOFF, MCILVAINE und WALPOLE angewendeten Gemische zu nennen. Bereitungsvorschriften für die letztgenannten Gemische s. S. 614ff.

γ) p_H-Bestimmung mit einfarbigen Indicatoren nach MICHAELIS.

Unter einfarbigen Indicatoren versteht man Farbstoffe, deren eine Form, und zwar meistens die „saure", farblos ist, während die andere (die alkalische) Form eine Färbung zeigt. Die Verwendung dieser Farbstoffe, die in ihren wichtigsten Vertretern zu der Klasse der Nitrophenole gehören, geht auf MICHAELIS zurück. Sie haben eine besondere Bedeutung dadurch erlangt, daß bei ihnen der sog. Eiweißfehler (s. unter Fehlerquellen) gering ist, was sie für Bestimmungen in physiologischen Flüssigkeiten besonders geeignet macht. Die wichtigsten Indicatoren sind:

p_H 2,2—4,0 . . . . . β-Dinitrophenol,
2,6—4,6 . . . . . a-Dinitrophenol,
4,0—5,8 . . . . . γ-Dinitrophenol,
5,2—7,0 . . . . . p-Nitrophenol,
6,7—8,7 . . . . . m-Nitrophenol.

Da bei diesen Indicatoren keine Farbumschläge auftreten, können wir keine Mischfarben beobachten, sondern nur eine Zunahme der Farbintensität von dem ersten Auftreten einer Färbung bis zu der für das alkalische Gebiet des jeweiligen MICHAELISschen Indicators charakteristischen Grenzfärbung.

Die Ausführung einer p_H-Bestimmung verläuft analog der mit Puffermischungen arbeitenden Methoden. Auch hier muß man zuerst den geeigneten Indicator feststellen, entweder unter Zuhilfenahme von Universalindicatorpapier oder durch Ermittlung des Indicators, der mit der Probelösung weder farblos bleibt, noch seine stärkste Farbintensität (Vergleich mit 0,01 n Natronlauge) zeigt.

Um den richtigen p_H-Wert ermitteln zu können, empfiehlt es sich, Vergleichslösungen, die in zugeschmolzenen Röhren monatelang haltbar sind, herzustellen. Hierzu muß man folgende Indicatorstammlösungen verwenden:

m-Nitrophenol	300	mg auf 100 cm³ Wasser,
p-Nitrophenol	100	mg auf 100 cm³ Wasser,
γ-Dinitrophenol	25	mg auf 100 cm³ Wasser,
α-Dinitrophenol	50	mg auf 100 cm³ Wasser,
β-Dinitrophenol	33,3	mg auf 100 cm³ Wasser.

Diese Stammlösungen werden dann auf das 10fache verdünnt. Von den verdünnten Indicatorlösungen werden nach Angabe der folgenden Aufstellung die für die angeführten p_H-Werte entsprechenden Vergleichslösungen hergestellt. Die Kubikzentimeter verwendeter Indicatorlösungen sind jeweils mit 0,1 n Natriumcarbonatlösung auf ein Volumen von 7 cm³ zu ergänzen.

Tabelle 3. *Vergleichslösungen mit Nitrophenolen*
(mit 0,1 n Natriumcarbonatlösung auf 7 cm³ auffüllen)*.

	Röhrchen								
	1	2	3	4	5	6	7	8	9
m-Nitrophenol-Indicator cm³	5,2	4,2	3,0	2,3	1,5	1,0	0,66	0,43	0,27
p_H	8,4	8,2	8,0	7,8	7,6	7,4	7,2	7,0	6,8
p-Nitrophenol-Indicator cm³	4,05	3,0	2,0	1,4	0,94	0,63	0,40	0,25	0,16
p_H	7,0	6,8	6,6	6,4	6,2	6,0	5,8	5,6	5,4
γ-Dinitrophenol-Indicator cm³	6,6	5,5	4,5	3,4	2,4	1,65	1,1	0,78	
p_H	5,4	5,2	5,0	4,8	4,6	4,4	4,2	4,0	
α-Dinitrophenol-Indicator cm³	6,7	5,7	4,6	3,4	2,5	1,74	1,20	0,78	0,51
p_H	4,4	4,2	4,0	3,8	3,6	3,4	3,2	3,0	2,8
β-Dinitrophenol-Indicator cm³	2,44	1,68	1,15	0,76	0,49				
p_H	3,2	3,0	2,8	2,6	2,4				

* MERCK: „Die Bestimmung der Wasserstoffionenkonzentration mit Indikatoren" (p_H-Messung). Darmstadt 1940.

Liegen die angegebenen Vergleichsröhrchen vor, so kann man für die Probelösung, die sich in einem gleichen Röhrchen befindet, das farbgleiche Röhrchen und damit den richtigen p_H-Wert ermitteln.

Die Probelösung wird so hergestellt, daß 6 cm³ der Lösung mit 1 cm³ unverdünnter Indicatorstammlösung versetzt werden.

Als Fehlerquelle beim Arbeiten in ungepufferten Lösungen kommt bei dieser Methode in erster Linie der Säurefehler infolge des stark sauren Charakters der Indicatoren und ihrer relativ hohen Konzentration in Betracht (s. S. 627). Da die meisten biologischen Flüssigkeiten ihrer Natur nach gut gepuffert sind, entfällt bei deren p_H-Messung diese Fehlerquelle.

δ) p_H-Bestimmung nach GILLESPIE und BJERRUM-ARRHENIUS.

Diese Verfahren arbeiten nicht mit farblosen Indicatoren, sondern im wesentlichen mit den von CLARK und LUBS eingeführten Sulfonphthaleinen; sie standardisieren also keine Farbintensitäten sondern Mischfarben.

GILLESPIE verwendet folgende Indicatoren: Bromphenolblau, Methylrot, Bromkresolpurpur, Bromthymolblau, Phenolrot, Kresolrot, Thymolblau.

Auch bei diesen Verfahren muß zunächst wie bei den bisher geschilderten Versuchen bekannter Art und Weise der geeignete Indicator ausgewählt werden.

Dazu werden 2mal je 9 gleiche Reagensgläser mit je 10 cm³ Wasser gefüllt, bei der einen Partie jedem Glas 2 Tropfen 0,1 n Schwefelsäure und bei der anderen Partie jedem Glas 2 Tropfen 0,1 n Kalilauge zugefügt. Dann gibt man zu beiden Reihen ansteigend 1—9 Tropfen der zu prüfenden Indicatorlösung. Nun ordnet man die Reihen in umgekehrtem Sinne hintereinander, d. h. während in der sauren Reihe die Indicatortropfenzahl von links nach rechts zunimmt, nimmt sie in der davor stehenden alkalischen Reihe von rechts nach links zu.

Sieht man nun durch je 2 hintereinander stehende Gläser, so nimmt man Mischfarben wahr, die in ihrer Gesamtheit das ganze Umschlagsgebiet des Indicators in 9 Stufen von „sauer" bis „alkalisch" umfassen.

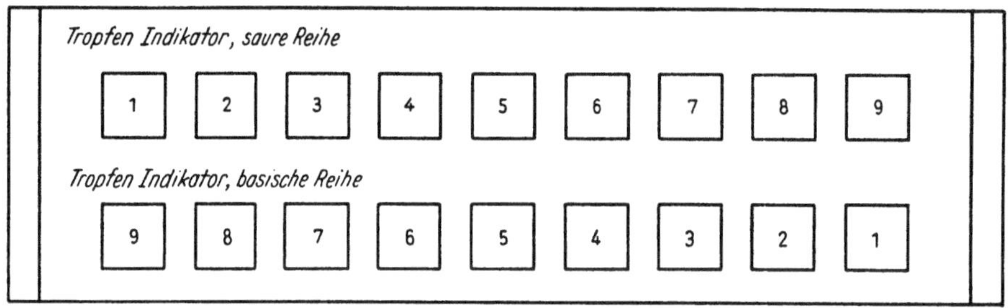

Abb. 1. Schema der Anordnung nach GILLESPIE.

Zum Vergleich werden 10 cm³ der Probelösung mit 10 Tropfen des Indicators versetzt und dahinter ein Reagensglas mit 10 cm³ Wasser gestellt, um gleiche Schichtdicken herzustellen. Der Farbvergleich kann auch unter Verwendung eines Komparators vorgenommen werden (s. S. 351).

Die dem Farbvergleich entsprechenden p_H-Werte sind aus Tabelle 4 zu entnehmen:

Tabelle 4. p_H-*Werte bei der Anordnung nach* GILLESPIE*.

Indicator	p_H-Werte für Tropfen Indicatorlösung in Lauge/Säure								
	1/9	2/8	3/7	4/6	5/5	6/4	7/3	8/2	9/1
Bromphenolblau . . .	3,1	3,5	3,7	3,9	4,1	4,3	4,5	4,7	5,0
Methylrot	4,05	4,4	4,6	4,8	5,0	5,2	5,4	5,6	5,95
Bromkresolpurpur . .	5,3	5,7	5,9	6,1	6,3	6,5	6,7	6,9	7,2
Bromthymolblau . . .	6,15	6,5	6,7	6,9	7,1	7,3	7,5	7,7	8,05
Phenolrot	6,75	7,1	7,3	7,5	7,7	7,9	8,1	8,3	8,65
Kresolrot	7,15	7,5	7,7	7,9	8,1	8,3	8,5	8,7	9,05
Thymolblau	7,85	8,2	8,4	8,6	8,8	9,0	9,2	9,4	9,75

* MERCK: „Die Bestimmung der Wasserstoffionenkonzentration mit Indikatoren" (p_H-Messung). Darmstadt 1940.

In prinzipiell ähnlicher Weise arbeitet man nach dem von BJERRUM-ARRHENIUS entwickelten Verfahren. Man bedient sich eines Doppelkeiles (s. S. 352), bei dem sich in dem einen Keil eine alkalische, in dem anderen eine saure Indicatorlösung befinden. Hierbei ist der p_H-Bereich des Umschlagsgebietes des Indicators nicht auf 9 Farbstufen aufgeteilt, sondern es besteht ein kontinuierlicher Übergang von der einen Grenzfarbe zur anderen. Die Blende wird bei der Bestimmung auf den Keilabschnitt eingestellt, der den gleichen Farbton wie die Probe zeigt. Die p_H-Ablesung erfolgt zweckmäßig auf einer geeichten Skala.

ε) p_H-*Bestimmung mit Hilfe gefärbter Gläser als Farbstandard.*

Anstatt durch Indicatorenzusatz gefärbte Pufferlösungen zu benutzen, kann man auch in den entsprechenden Farbtönen gefärbte Gläser verwenden. Das bekannteste für diese Methode verwendbare Gerät dürfte der sog. HELLIGE-Komparator sein (s. S. 352). Er wird mit Farbvergleichsgläsern geliefert, die auf speziell für das Gerät standardisierte Indicatoren abgestimmt sind. Die Ablesungsgenauigkeit beträgt 0,2 p_H-Einheiten.

ζ) Sonstige Möglichkeiten der p_H-Bestimmung.]

Das Messen mit Universalindicatoren[1]. Aus dem Bedürfnis heraus, mit einem Indicator einen möglichst großen p_H-Bereich zu umspannen, kam man zu der Herstellung der sog. Universalindicatoren. Sie werden durch geeignete Zusammenstellung verschiedener Indicatoren hergestellt. Das Umschlagsgebiet eines solchen Indicators umfaßt dann statt 2 p_H-Einheiten z. B. 5 oder mehr.

Es liegt auf der Hand, daß die Vereinfachung, die die Benutzung dieser Indicatoren bietet, durch eine geringere Genauigkeit erkauft wird. Doch sind diese Indicatoren für gewisse praktische Verwendungszwecke und für alle orientierenden p_H-Messungen durchaus vorteilhaft. Ihre Handhabung ist einfach. Man bringt die zu untersuchende Flüssigkeit in eine kleine Porzellanpalette, gibt 2 Tropfen der Indicatorflüssigkeit hinzu und vergleicht die entstandene Färbung mit einer Standardfarbtafel, die die Ablesung des p_H-Wertes ermöglicht. E. Merck, Darmstadt, liefert z. B. 2 flüssige Universalindicatoren in den p_H-Bereichen von 0—5 und von p_H 4—9, die sich besonders auch für Bodenuntersuchungen gut eignen. Einen ähnlichen Universalindicator bringt die Firma Riedel-de Haën, Seelze, in den Handel. Die mit den Indicatoren erreichbare Genauigkeit beträgt etwa 0,3—0,5 p_H-Einheiten. Voraussetzung für den Gebrauch dieser Indicatoren ist, daß die Probelösung klar und farblos ist.

Das Messen mit Indicatorfolien. Unter Indicatorfolien sind kleine Blättchen aus neutraler chemisch inaktiver Cellulose zu verstehen, die mit einem Indicatorfarbstoff getränkt sind. Werden sie in eine wäßrige Lösung gebracht, so entsteht durch Diffusion und Quellung innerhalb kurzer Zeit in der Folie die gleiche Wasserstoffionenkonzentration wie in der sie umgebenden Lösung. Hierdurch ist es erklärlich, daß der Farbstoff der Folie auf den Farbton reagiert, der dem p_H der Lösung entspricht.

Die Folien liegen in sämtlichen praktisch benötigten p_H-Bereichen vor. Zur Messung wird ein Blättchen, das auf den in Frage kommenden p_H-Bereich anspricht, 2—3 min mit einer Pinzette in die Lösung gehalten. Dann wird die entstehende Färbung mit den festen Farbstandards, die in jeweils 0,2 p_H-Einheiten entsprechenden Farbstufen vorliegen, verglichen.

Der Vorteil der Indicatorfolien ist darin zu sehen, daß mit ihnen auch trübe und gefärbte Lösungen gemessen werden können. Die Folie kann in diesen Fällen kurz mit destilliertem Wasser abgewaschen werden.

Das gebräuchlichste Foliencolorimeter dürfte das von der Firma F. Lautenschläger & Co., München, herausgebrachte Foliencolorimeter nach WULFF sein.

Das Messen mit Indicatorpapieren. Indicatorpapiere werden dadurch hergestellt, daß geeignetes Filtrierpapier mit Indicatorlösung getränkt und getrocknet wird. Ihre Handhabung ist sehr einfach, da sie nur einige Sekunden in die zu untersuchende Flüssigkeit getaucht werden müssen. Bei trüben Lösungen wird 1 Tropfen der Flüssigkeit auf die eine Seite des Papiers gebracht und dann die Färbung der Rückseite zur p_H-Bestimmung beurteilt. Der Farbvergleich erfolgt gegen Standardfarben.

Von den in Deutschland im Handel befindlichen Indicatorpapieren ist für die orientierende Bestimmung der Wasserstoffionenkonzentration das Universalindicatorpapier „Merck" geeignet. Es umfaßt in den Farbabstufungen von rot, orange, grün und blau den p_H-Bereich von 1—10, wobei die ganzzahligen p_H-Werte bequem von einer Farbvergleichsskala abgelesen werden können.

Für genauere p_H-Bestimmungen sind Spezialindicatorpapiere im Handel. Das *Lyphanpapier* der Firma Kloz, Leipzig, wird für sehr zahlreiche p_H-Bereiche und verschiedene Spezialzwecke hergestellt. Bei diesen Papieren sind die Vergleichsfarben auf dem Papier-

---

[1] RAABE, S.: Dtsch. med. Rdsch. **1949**, 193. Z. Urol. **41**, 1 (1948).

streifchen aufgedruckt, so daß die Notwendigkeit einer gesonderten Vergleichsskala entfällt.
Die Meßgenauigkeit beträgt 0,2—0,3 p_H-Einheiten. Das Spezialindicatorpapier ,,Merck``
wird für die p_H-Bereiche 3,8—5,7, 5,4—7,0, 5,6—8,0, 8,2—10 und 9,5—13,0 hergestellt und
mit Farbskalen geliefert. Die Farbvergleichstafeln gestatten eine Ablesungsgenauigkeit von
je 0,2 p_H-Einheiten. Diese Papiere geben mit gepufferten Lösungen gute Resultate; bei
Arbeiten in ungepufferten oder aber sehr schwach gepufferten Lösungen ist zu beachten,
daß infolge der hohen Indicatorkonzentration die Säuren-Basen-Fehler sowie der Salzfehler in erhöhtem Maße in Erscheinung treten. Man kann diese Fehler nach einer von
Förch[1] empfohlenen Arbeitsweise herabdrücken. Er empfiehlt, zur Ausschaltung der
Ablesefehler einen Indicatorpapierstreifen an die Innenwand eines Reagensglases zu
heften, dieses soweit mit der Lösung zu füllen und durch das Glas hindurchblickend das
Papier an die Vergleichsskala zu halten. Dabei wird stets die volle Farbstoffmenge des
Papiers beurteilt, sowie dessen Eigen-p_H unterdrückt.

p_H-Bestimmung mit Hilfe von Fluorescenzindicatoren. Die Arbeiten mit Fluorescenzindicatoren wurden bereits in dem die Fluorescenzphotometrie behandelnden Kapitel
(S. 424) besprochen.

Bleistiftcolorimeter. Nach neueren russischen Arbeiten finden sog. ,,Bleistiftcolori-
meter``, die wohl besser als ,,Indicatorbleistifte`` zu bezeichnen wären, Verwendung. Die
Minen bestehen aus 12 verschiedenen, den ganzen p_H-Bereich umfassenden Farbstoffen[2].

η) Fehlerquellen der colorimetrischen p_H-Messungen.

Salzfehler[3]. Die Farben der Indicatoren werden nicht nur durch die Wasserstoffionen
beeinflußt, sondern auch zu einem gewissen Grad durch andere Ionenarten. Hierdurch
üben in der Lösung anwesende Neutralsalze einen Einfluß aus, und zwar werden im allgemeinen die Farben saurer Indicatoren nach der alkalischen und die Farben alkalischer
Indicatoren nach der sauren Seite verschoben. Die Größe der Salzfehler hängt von der
Natur des Indicators und der vorhandenen Salzkonzentration ab. Hinsichtlich der Theorie
über das Zustandekommen der Salzfehler muß auf das Originalschrifttum verwiesen
werden. Für einige der gebräuchlichsten Indicatoren wurden Korrektionswerte zur
Eliminierung der Salzfehler ermittelt.

Tabelle 5. *Korrektur von Salzfehlern nach* Parsons *und* Douglas[4].

Indicator	Korrektur		
	1 molar	2 molar	3 molar
Thymolblau (alkalisches Gebiet) .	—0,22	—0,29	—0,34
Kresolrot	—0,28	—0,32	—0,37
Phenolrot	—0,21	—0,26	—0,29
Bromthymolblau	—0,19	—0,27	—0,29
Bromkresolpurpur	—0,26	—0,33	—0,31
Bromkresolgrün	—0,26	—0,31	—0,29
Bromphenolblau	—0,28	—0,37	—0,43
Thymolblau (saures Gebiet) . . .	—0,10	—0,13	—0,12
Methylrot	—0,04	—0,01	+0,12

Die Korrekturen beziehen sich auf die gefundenen p_H-Werte.

Für die meisten praktischen Zwecke entfällt die Notwendigkeit einer solchen Korrektur, da der Salzfehler, wenn die Lösungen unter $^1/_5$ molar sind, im allgemeinen in
einem erträglichen Verhältnis zu der bei colorimetrischen Bestimmungsarten erreichbaren Genauigkeit liegt.

[1] Förch, J. M.: Chem. Wkbl. **45**, 190 (1949).
[2] Choroschaja, J. S.: Papier-Industr. (russ.) **22**, 36 (1947). — Gerschewitsch, A. J.: Betriebs-
Lab. (russ.) **15**, 1382 (1949).
[3] S. a. Konopik, N., u. O. Leberl: Mh. Chem. **80**, 420 (1949).
[4] Lange, B.: Kolorimetrische Analyse. 2. Aufl. Weinheim 1952.

Die Säuren-Basen-Fehler. Da die Indicatoren selbst schwache Säuren oder Basen sind, kann ein Zusatz von Indicatorflüssigkeit zu einer ungepufferten oder nur sehr schwach gepufferten Lösung unter Umständen eine recht erhebliche p_H-Änderung hervorrufen. Man spricht daher von Säuren- bzw. Basenfehlern. Man begegnet ihnen dadurch, daß man für solche Lösungen die Indicatoren in Form ihrer Mononatriumsalze anwendet und die Indicatorkonzentration möglichst gering hält. Man kann dann mit größeren Schichtdicken arbeiten. Bei Untersuchungen normal gepufferter Lösungen braucht der Basen-Säurefehler nicht berücksichtigt zu werden, da in diesen die geringen Indicatormengen den p_H-Wert der Lösung nicht merklich beeinflussen können.

Eiweißfehler. Eiweißstoffe vermögen infolge ihrer amphoteren chemischen Natur sowohl basisch als auch sauer reagierende Stoffe zu binden. Sie beeinflussen hierdurch auch die als Säuren oder Basen vorliegenden Indicatoren und wirken sich so verändernd auf den Farbton der Lösungen aus. Hierdurch kann die colorimetrische p_H-Bestimmung eiweißhaltiger Lösungen empfindlich gestört werden. Die Größe der entstehenden Fehler hängt sowohl von der Natur des Indicators als auch von der des Eiweißkörpers ab. Besonders gering ist der Eiweißfehler bei Verwendung der Nitrophenolindicatoren nach MICHAELIS.

Alkaloidfehler. Auch Alkaloide gehen mitunter Verbindungen mit den Indicatoren ein und geben hierdurch Anlaß zu Schwierigkeiten. Sie sind zu erkennen durch das Auftreten völlig anormaler Farbtöne. Auch in diesen Fällen empfiehlt es sich, die Nitrophenolindicatoren zu benutzen.

Kolloidfehler. Kolloidale Lösungen können mitunter durch verschieden starke Adsorption der einen Indicatorform zu Fehlern Anlaß geben. Es wird daher empfohlen, die Messung elektropositiver Kolloide mit Indicatorbasen und Messungen elektronegativer Kolloide mit Indicatorsäuren vorzunehmen.

Alkoholfehler. Durch Alkoholzusatz wird die Dissoziationskonstante eines Indicators verändert. Hierdurch werden Fehler in der p_H-Messung hervorgerufen. Der Alkoholfehler wächst mit der Alkoholkonzentration. Durch eingehende Messung sind für die verschiedenen Konzentrationen Korrekturtabellen ausgearbeitet worden[1].

Temperatureinfluß. Die Umschlagsgebiete der Indicatoren sind nicht temperaturunabhängig. Es ist daher erforderlich, Vergleichsmessungen stets bei gleichen Temperaturen vorzunehmen.

$\vartheta)$ *Anwendung.*

Die colorimetrische p_H-Messung ist durch ihre Einfachheit und Unabhängigkeit von größeren Apparaten vor allem eine Methode der Praxis und in sehr weiten Gebieten eingebürgert, so daß sie eigentlich aus keinem Untersuchungslaboratorium mehr wegzudenken ist. Genannt seien nur Wasser- und Bodenuntersuchungen, Lebensmitteluntersuchungen, Verwendung in der Leder- und Textilindustrie, in der Metallurgie und in der Chemikalienherstellung.

Von den in diesem Werk interessierenden Gebieten ist vor allem die Bedeutung der colorimetrischen p_H-Messung für den praktischen Apotheker zu nennen, für den sie nach wie vor die wichtigste p_H-Bestimmungsmethode ist, eine Tatsache, der auch die modernen Pharmakopöen Rechnung tragen. Weiterhin ist die colorimetrische Methode in der Bakteriologie und Enzymchemie üblich. Für biologische Untersuchungen ist allerdings vielfach die elektrometrische Arbeitsweise vorzuziehen, ebenso für wissenschaftliche und physiologische Präzisionsmessungen, obgleich auch für diese Gebiete moderne Arbeiten mit erstaunlichen Genauigkeitsangaben veröffentlicht sind[2].

Die colorimetrische Methode kann vor allem auch dem praktischen Arzt, der nicht in der Lage ist, sofort ein Spezialinstitut in Anspruch zu nehmen, von Nutzen sein, da sie ohne größeren Aufwand durchaus die notwendigen diagnostischen Unterlagen gibt (z. B. bei p_H-Bestimmung des Urins und des Magensaftes).

---

[1] KOLTHOFF, I. M.: Säure-Basen-Indicatoren. 4. Aufl. Der Gebrauch von Farbenindicatoren. Berlin 1932.

[2] SLYKE, D. D. VAN, J. R. WEISINGER and K. K. VAN SLYKE: J. biol. Ch. **179**, 743, 757 (1949).

Redoxpotentiale [1-18].

Von

F. Ender.

Mit 15 Abbildungen.

a) Zur Charakterisierung von Redoxsystemen.

α) *Elektroneutrale und ionogene Redoxprozesse.*

Unabhängig vom Ergebnis einer weiter unten nachzuholenden theoretischen Erörterung, die zwischen charakteristischen und akzessorischen Merkmalen eines Reduktionsbzw. eines Oxydationsprozesses zu unterscheiden lehrt, kann man sämtliche Reduktionsund Oxydationsvorgänge in 2 große Gruppen einordnen; für diese erweisen sich die beiden folgenden Gleichgewichtsreaktionen als typisch:

$$\text{I. } O=\!\!\left\langle\!\!\bigcirc\!\!\right\rangle\!\!=O + H_2 \rightleftharpoons HO-\!\!\left\langle\!\!\bigcirc\!\!\right\rangle\!\!-OH \tag{1}$$

$$\text{II. } Fe^{+++} + \tfrac{1}{2} H_2 \rightleftharpoons Fe^{++} + H^+. \tag{2}$$

Im ersten Falle handelt es sich, wie man sieht, je nach der Richtung des Reaktionsablaufes um die Aufnahme bzw. Abgabe einer Anzahl *neutraler* Wasserstoffatome durch eine *neutrale* Molekel, ein Vorgang, der in neuerer Zeit meist als Hydrierung bzw. Dehydrierung bezeichnet wird. Doch ist bereits hier mit Nachdruck darauf hinzuweisen, daß entgegen einer lange Jahre hindurch fast unbestritten hingenommenen Theorie nicht

---

[1] ANDERSON, L., and G. W. PLAUT: Table of Oxidation-Reduction Potentials. In LARDY, H. A.: Respiratory Enzymes. Minneapolis 1950.

[2] CLARK, W. M.: Studies on oxydation-reduction I—XVIII. Publ. Hlth. Rep. I. bis X. Mitteilung, publiziert als Bulletin Nr. 151, 1928 durch das Hygienic Laboratory. (Neudrucke dieser Studien sind durch den Superintendent of Documents U.S. Government Printing Office, Washington, D.C., zu beziehen.)

[3] HEWITT, L. F.: Oxidation-Reduction-Potentials in Bacteriology and Biochemistry. 6. Aufl. Edinburgh 1950.

[4] HOFFMANN-OSTENHOF, O.: Vorkommen und biochemisches Verhalten der Chinone. Fortschr. Chem. org. Naturstoffe 6, 154 (1950).

[5] HUYBRECHTS, M.: Le p_H et sa mesure. Les potentiels d'oxydoréduction, le r_H. 4. Aufl. Paris 1946.

[6] LEHMANN, J.: Das Redoxpotential. Bamann-Myrbäck, 1, 834—846.

[7] MERCK, E.: Die Bestimmung des Redoxpotentials mit Indikatoren (r_H-Messung). Darmstadt 1939. — Neuauflage 1953 (im Druck).

[8] MICHAELIS, L.: Oxydations-Reduktions-Potentiale. 2. Teil der Wasserstoffionenkonzentration. 2. Aufl. Berlin 1933.

[9] MICHAELIS, L.: Oxydations-Reduktions-Potentiale. Handb. Pfl.-Analyse (KLEIN) 1, 448—455.

[10] MICHAELIS, L.: Methoden zur Bestimmung des Oxydations-Reduktions-Potentials. Handb. biol. Arb.-Meth. Abt. V, Teil 10, S. 685.

[11] MICHAELIS, L.: Oxidation-Reduction-Potentials. In WEISBERGER: Physical Methods of Organic Chemistry. Bd. 2, S. 1753—1784. New York 1949.

[12] MICHAELIS, L.: Theory of Oxidation-Reduction. Sumner-Myrbäck 2/1, 1—54. New York 1951.

[13] OPPENHEIMER, C.: Theorie der Oxydo-Reduktion. Oppenheimer, Fermente Suppl. 2, 1018—1072.

[14] POZZI-ESCOT, E.: Le p_H, force d'acidité et d'alcalineté; oxydoréduction: r_H. Paris 1936.

[15] THUNBERG, T.: Akzeptormethode, Dehydrasen der Carbonsäuren, Redoxpotentiale. Oppenheimer, Fermente 3, 1118—1134.

[16] THUNBERG, T.: Die biologischen Reduktions-Oxydations-Potentiale (Redoxpotentiale). Handb. Biochem. Erg.-Bd. S. 213—244.

[17] WURMSER, R.: Oxydations et réductions. Paris 1930.

[18] Vergleiche die alljährlichen Sammelreferate „Biological Oxidations and Reductions" in Ann. Rev. — Insbesondere MICHAELIS, L.: 16, 1—34 (1947). — WEIL-MALHERBE, H.: 17, 1—34 (1948). — PREISLER, D. W., and F. E. HUNTER: 18, 1—34 (1949). — POTTER, V. R.: 19, 1—20 (1950). — WURMSER, R.: 20, 1—29 (1951). — CHANCE, B., and L. SMITH: 21, 687—726 (1952).

jede Dehydrierung unter Ausschluß von Sauerstoff durchgeführt werden kann. Man behält deshalb auch für den zwischen elektroneutralen Reaktionspartnern stattfindenden Wasserstoffentzug besser den Begriff der Oxydation an Stelle des der Dehydrierung bei.

Im Gegensatz zu Fall (1) liegt der Reaktionsgleichung (2) eine Ionenreaktion zugrunde, die in dem Verlust bzw. in der Aufnahme einer positiven Ladung durch das Metallatom zum Ausdruck kommt. Hier ist nun Reduktion oder anders ausgedrückt der Verbrauch an molekularem Wasserstoff, gleichbedeutend mit dem Wegnehmen einer positiven Ladung vom Kation, Oxydation gleichsinnig mit einer Überführung in eine höhere positive Wertigkeitsstufe. Vergegenwärtigt man sich, daß die positive Ladung eines Ions einen Mangel an Elektronen bedeutet, so kann man allgemein und prägnant formulieren:

Reduktion = Elektronenzufuhr; Oxydation = Elektronenentzug[1].

Man sollte auch hier Aktiv und Passiv nicht durcheinanderwerfen. Die Reduktion, das ist strenggenommen der Vorgang des Reduzierens, besteht nicht, wie man oft hört und liest, in einer Aufnahme von Elektronen, sondern das aktive System, das die Reduktion in Gang setzt, gibt Elektronen ab, das passive System, das der Reduktion unterliegt, nimmt diese auf. Die aktive Handlung, die Reduktion selber, besteht demgemäß in der *Zufuhr* von Elektronen.

Daraus erhellt, daß eine Reduktion niemals stattfinden kann ohne eine gleichzeitige Oxydation. Die Elektronen, die das reduzierte System aufgenommen hat, müssen stets einem anderen System entzogen worden sein, das dadurch oxydiert wurde; d. h. Oxydation und Reduktion sind miteinander gekoppelt wie Ursache und Wirkung, wie — ein bekanntes Beispiel aus der Mechanik — Druck und Gegendruck. Ebensowenig wie es möglich ist, einen Körper zu drücken, ohne gleichzeitig den Gegendruck hervorzurufen, ebensowenig läßt sich ein System oxydieren ohne eine Reduktion an anderer Stelle. Man spricht deshalb zweckmäßig von Oxydoreduktionen oder kurz von Redoxprozessen.

Im weiteren Sinne ist jeder elektrochemische Vorgang als identisch mit einer Oxydation bzw. einer Reduktion anzusehen, im engeren Sinne versteht man jedoch unter einem Redoxprozeß nur Reaktionen, die mit einer Umladung von Ionen in verschiedenen Wertigkeitsstufen verknüpft sind. Die *vollständige* Entladung eines Ions und die zugehörige Aufladung stellen demgemäß, selbst wenn sie reversibel erfolgen, strenggenommen, keinen Redoxprozeß dar.

Die Übertragung von Ladungen als Charakteristikum der Redoxprozesse erkannt zu haben, bringt uns auf die Vermutung, daß das elektrische Potential, das bei solchen Prozessen zu beobachten ist, ein quantitatives Maß für die Triebkraft dieser Reaktionen darstellt. Wie die Ausführungen der folgenden Seiten zeigen sollen, ist dies in der Tat der Fall.

Indessen bedarf die bisher entwickelte Vorstellung von der Natur der Oxydoreduktionen vorerst noch einer erheblichen Erweiterung. Ansonsten könnten Oxydoreduktionen vom Typ I, die gemäß ihrer Bruttogleichung elektroneutralen Ablauf zeigen, also im strengen Sinne offensichtlich keine Redoxprozesse darstellen, auch im weiteren Sinne nicht den elektrochemisch zu behandelnden Redoxprozessen zugeordnet werden.

Es liegt die Frage nahe, ob nicht der Satz von der Gleichwertigkeit eines jeden elektrochemischen Vorganges mit einer Oxydation bzw. einer Reduktion vielleicht umgekehrt werden darf zu der Feststellung: Jede Oxydation oder Reduktion ist einem elektrochemischen Vorgang gleichzusetzen, selbst wenn die der Oxydoreduktion unterworfene Substanz ihre elektrochemische Wertigkeit unverändert beibehält.

Man könnte unter Umständen geneigt sein, schon zufolge der Tatsache, daß Reduktionen und Oxydationen elektroneutraler Substanzen auch auf elektrochemischem Weg durchgeführt werden können, die Berechtigung für die Umkehrbarkeit des obenerwähnten Satzes als erwiesen zu erachten. Dies wäre jedoch ein voreiliger Schluß. Denn selbst wenn eine bestimmte Reaktion mittels Elektrolyse erzwungen werden kann, so folgt hieraus nicht zwangsläufig, daß das Gemisch der elektroneutralen Reaktionspartner eine EMK besitzt. Indessen würde erst ein solcher Befund uns berechtigen, auch die elektroneutrale Oxydoreduktion als elektrochemischen Prozeß anzufassen.

---

[1] Im anglo-amerikanischen Schrifttum: oxidation = the withdrawal of electrons; reduction = the attachment of electrons.

L. Michaelis[1], der in seinen Untersuchungen über Redoxvorgänge Pionierarbeit geleistet hat, formulierte jüngst seine Ansicht zu dieser für unsere Betrachtungen grundlegenden Frage folgendermaßen:

„Den Vorgang der Hydrierung des Chinons kann man sich zusammengesetzt denken aus 1. der Aufnahme eines Elektrons, einem Schritt, der charakteristisch für die eigentliche Reduktion ist, und 2. der Aufnahme eines Protons, eine Folge der Reduktion, aber nicht ein Zubehör — im Sinne der gewählten Definition" (Reduktion gleich Elektronenzufuhr).

Weiterhin vertritt Michaelis den Standpunkt: Man darf sich jedoch nicht darauf festlegen, daß das Elektron notwendigerweise zuerst zugeführt wird und das Proton danach. Denn über die zeitliche Folge der Schritte, in die der Vorgang zerlegt werden kann, enthält die gewählte Definition keinerlei Aussagen.

Analog hierzu ist es notwendig, den Entzug eines Elektrons als *Charakteristikum* der Oxydation und den Entzug eines Protons als *Begleitreaktion* aufzufassen, die nicht zum eigentlichen Oxydationsprozeß gehört; auch hier darf man nicht postulieren, daß das Elektron immer zuerst reagiert.

Eine solche These, derzufolge eine elektroneutral ablaufende Oxydoreduktion aus zwei hinsichtlich des Vorzeichens der Aufladung sich kompensierenden Teilvorgängen besteht, von denen der eine als charakteristisch für den Redoxprozeß angesehen, während der andere nur als akzessorisch gewertet wird, eröffnet die Möglichkeit, jede beliebige Oxydation und Reduktion mit einem elektrochemischen Vorgang zu identifizieren. So anschaulich damit die oben aufgeworfene Frage nach der Gleichwertigkeit jedes Redoxprozesses mit einer elektrochemischen Reaktion beantwortet zu sein scheint, so wenig ist für ein tieferes Verständnis des Mechanismus der Potentialausbildung bei elektroneutralen Oxydoreduktionen vorab gewonnen. Dies hängt offensichtlich mit dem Formalismus zusammen, von zwei physikalisch absolut gleichrangigen Vorgängen, die überdies so sehr miteinander verquickt sind, daß sich eine eindeutige Zeitenfolge nicht angeben läßt, den einen durch Definition als wesentlich, den anderen als akzessorisch zu erklären.

Demgegenüber läßt sich der Befund, daß auch die elektroneutrale Oxydoreduktion mit einer Potentialbildung verknüpft sein *kann* und in diesem Fall einen elektrochemischen Vorgang darstellen muß, folgendermaßen physikalisch begründen. Während bei den ionogenen Redoxprozessen nur wesentlich ist, daß ein System vorhanden ist, das Elektronen abgibt, der sog. *Elektronendonator* und eines, das Elektronen aufnimmt, der *Elektronenakzeptor,* spielt bei den elektroneutralen Oxydoreduktionen der Wasserstoff die absolut entscheidende Rolle. Zugleich mit dem Verhältnis der oxydierten Stufe zur reduzierten ist auch die Konzentration des in molekularer Form im Gleichgewicht vorhandenen Wasserstoffes festgelegt. Taucht man ein Stück eines Edelmetalls, das die Fähigkeit besitzt, molekularen Wasserstoff atomar zu lösen, in ein derartiges Gemisch, so bildet sich, wie bereits (S. 561) eingehend dargelegt wurde, ein Gleichgewicht zwischen ionogenem und atomarem Wasserstoff aus und damit ein elektrisches Potential. Wir haben demgemäß die elektroneutralen Oxydoreduktionen nur insofern als elektrochemische Prozesse aufzufassen, als der ihnen eigentümliche virtuelle Wasserstoffdruck durch eine entsprechende experimentelle Anordnung zur Potentialbildung herangezogen werden kann. Mit dieser Vorstellung fällt es nicht schwer, eine quantitative Formulierung für die EMK eines reversiblen Redoxsystems zu gewinnen.

Irreversibel ablaufende Oxydationen und Reduktionen verlangen eine gesonderte Behandlung. Hierauf soll S. 651ff. eingegangen werden.

Vergegenwärtigt man sich, daß die Aufrichtung einer Doppelbindung nicht nur durch Hydrierung, sondern z. B. auch durch Oxydation zustande kommen kann, so erscheint es plausibler, bei elektroneutralen Redoxprozessen die Anlagerung eines Protons als charakteristisch für den Reduktionsvorgang, die Anlagerung eines Elektrons als akzessorisch anzusehen. Für das Verständnis der Potentialbildung ist mit dieser Auffassung naturgemäß ebensowenig gewonnen wie mit der gegenteiligen Ansicht. Denn die Hydrierung als solche stellt einen chemischen, keinen elektrochemischen Prozeß dar.

Das Unbefriedigende, das in der immer wieder propagierten formalen Auffassung der elektroneutralen Oxydoreduktion steckt, wird vielleicht am schnellsten offenbar, wenn man

---

[1] Michaelis, L.: Theory of Oxidation-Reduction. Sumner-Myrbäck 2/1, 1—54.

eine Oxydationsfolge wie etwa Kohlenwasserstoff → Alkohol → Aldehyd → Carbonsäure → Kohlendioxyd betrachtet. Das Carbinol C-Atom besitzt im Alkohol ein vollständiges Oktett von Valenzelektronen, genau so wie vor der Oxydation. Geändert hat sich nur der polare Charakter des C-Atoms insofern, als durch den hinzugekommenen Sauerstoff — mit seiner größeren relativen Elektronenaffinität als Kohlenstoff — ein Elektronenpaar von Carbinol C-Atom weiter entfernt wurde, als es ursprünglich war. Ähnliches gilt für die weiteren Glieder der angegebenen Oxydationsfolge, so daß man sich mit der Aussage bescheiden muß: Im Verlauf der Oxydation geraten die Elektronen in einen größeren Abstand vom C-Atom.

Wenn aber Oxydation generell als Elektronenentzug definiert wird, so müssen wir jetzt fragen, meint man kompletten oder partiellen Entzug? Wenn wir partiellen Elektronenentzug als vereinbar mit der Definition gelten lassen, so müssen wir freilich auch eine Reaktion wie:

$$R - Cl + NaJ = R - J + NaCl$$

als Reduktion ansprechen; denn das bindende Elektronenpaar befindet sich in der Molekel RJ näher am R als zuvor. In Wirklichkeit stellt jedoch die angegebene Reaktion keine Reduktion, sondern eine typische „doppelte Umsetzung" dar. Die Schlußfolgerung, zu der die Verallgemeinerung und formale Auffassung des Begriffes der Oxydoreduktion unweigerlich führen würde, wäre die, daß alle chemischen Reaktionen Oxydoreduktionen sind.

β) Die sog. PETERSsche Gleichung.

Potentialgleichungen einfacher Redoxsysteme. Betrachten wir zunächst als Typus einer elektroneutralen Oxydoreduktion das Chinon-Hydrochinongleichgewicht gemäß Gl. (1).

Da die Hydrierung offensichtlich eine Funktion des Wasserstoffdruckes (p_{H_2}) ist, erscheint es zweckmäßig, diesen mit dem Druck der übrigen am System beteiligten Komponenten in Beziehung zu setzen. Dies geschieht mit Hilfe des Massenwirkungsgesetzes (vgl. S. 530), das auf Gl. (1) angewandt, sich schreiben läßt:

$$\frac{p_{H_2} \cdot p_{C_6H_4O_2}}{p_{C_6H_6O_2}} = K_p . \tag{3}$$

Auch hier ist man vor die Alternative gestellt, entweder die Konstante K_p des Massenwirkungsgesetzes in der angegebenen Weise zu verwenden oder ihr nach Vertauschen von Zähler und Nenner der linken Seite der Gleichung den Kehrwert hiervon zuzuordnen. Die Gepflogenheit — vgl. Fußnote 1, S. 531 — die freiwillig sich bildenden Reaktionsprodukte in den Zähler, die Ausgangssubstanzen in den Nenner zu nehmen, bringt im Falle einer reversiblen Oxydoreduktion keine Entscheidung. Wir können deshalb frei vereinbaren und wollen die Gleichungen stets so anschreiben, daß das Oxydans im Zähler, das Reductans im Nenner erscheint, da bei dieser Schreibweise das Potential des vorgelegten Redoxsystems zwangsläufig mit wachsender Oxydanskonzentration das positive Vorzeichen erhält.

Zufolge des HENRYschen Gesetzes — Gl. (38), S. 549 — kann man den Gasdruck p der Konzentration der gelösten Komponenten proportional setzen, so daß sich beim Auflösen der Gleichung nach p_{H_2}, wenn die Konzentration in der üblichen Weise durch das in eckige Klammern gesetzte Substanzsymbol dargestellt wird, ergibt:

$$p_{H_2} = \frac{k_c \cdot [C_6H_6O_2]}{[C_6H_4O_2]} . \tag{4}$$

Nun liefert die NERNSTsche Gleichung für das Potential einer von molekularem Wasserstoff umspülten Edelmetallelektrode, die in eine H^+-ionenhaltige Lösung taucht, mit $c_1 = [H^+]$ und $c_2 = k \cdot \sqrt{p_{H_2}}$:

$$E = \frac{RT}{n_e F} \ln \frac{[H^+]}{\sqrt{p_{H_2}}} + E_n . \tag{5}$$

Hierbei steckt der Proportionalitätsfaktor k_c in der additiven Konstanten E_n, die der experimentell freilich nicht exakt meßbaren Differenz gegenüber dem absoluten Nullpotential Rechnung trägt, wenn die Elektrode unter der Bedingung $[H^+] = 1$ und $p_{H_2} = 1$

arbeitet (Normalbedingungen). Der Faktor n_e bedeutet die Zahl der elektrischen Elementarladungen, die je Elementarprozeß an der Elektrode umgesetzt werden, also prägnant ausgedrückt die „Wertigkeit des Elektrodenprozesses".

Kombiniert man eine solche bei beliebigem p_H unter beliebigem H_2-Druck stehende Elektrode mit einer Normalwasserstoffelektrode vom Potential E_n zu einer galvanischen Kette, so ist deren EMK mit $n_e = 1$ gegeben durch:

$$\Delta E = E - E_n = \frac{RT}{F} \cdot \ln \frac{[\text{H}^+]}{\sqrt{p_{H_2}}}. \tag{6}$$

Damit ist freilich vorerst nur die relative Potentiallage der einen Elektrode gegenüber der Normalwasserstoffelektrode fixiert. Doch hat man, da absolute Potentialbeträge, wie mehrfach betont wurde, nicht hinreichend exakt gemessen werden können, bekanntlich die Vereinbarung getroffen, das Einzelpotential der Normalwasserstoffelektrode als Nullpegel der Potentialmessung anzusehen; man setzt also $E_n = 0$. Demzufolge ergibt sich für eine beliebige mit der Normalwasserstoffelektrode kombinierte Elektrode ein Potentialwert, der meist als „**praktisches Einzelpotential**" oder prägnanter als „**Pegelpotential**" ($^\circ E$) bezeichnet wird[1]. Näheres über die Einführung des Nullpegels s. S. 545.

Mit $E_n = 0$ wird ΔE zu $^\circ E$ und man erhält für die betrachtete galvanische Kette:

$$^\circ E = \frac{RT}{F} \cdot \ln \frac{[\text{H}^+]}{\sqrt{p_{H_2}}}. \tag{7}$$

Berücksichtigt man ferner, daß der Druck des molekularen Wasserstoff für das ins Auge gefaßte Redoxsystem gemäß Gl. (4) definiert ist, so findet man durch Einsetzen von Gl. (4) in (7):

$$^\circ E = \frac{RT}{F} \cdot \ln \frac{[\text{H}^+] \cdot [\text{C}_6\text{H}_4\text{O}_2]^{\frac{1}{2}}}{[\text{C}_6\text{H}_6\text{O}_2]^{\frac{1}{2}} \, k_c^{\frac{1}{2}}}. \tag{8}$$

Hieraus folgt, wenn wir in Analogie zu der Umrechnung auf S. 541 die dort angegebenen Werte für die Gaskonstante R und das elektrochemische Äquivalent F hier einführen, auf eine Temperatur von 25° C beziehen, den natürlichen Logarithmus in den dekadischen umwandeln und den Proportionalitätsfaktor $k_c^{\frac{1}{2}}$ aus dem Bruch herausnehmen:

$$^\circ E = 0{,}059 \, \log \frac{[\text{H}^+] \, [\text{C}_6\text{H}_4\text{O}_2]^{\frac{1}{2}}}{[\text{C}_6\text{H}_6\text{O}_2]^{\frac{1}{2}}} + {}^\circ \underline{E}. \tag{9}$$

In dieser Gleichung stellt der erste Summand auf der rechten Seite die Konzentrationsabhängigkeit der Kette dar, d. h. die EMK-Änderung, wenn einzelne Reaktionspartner nicht in der Konzentration 1 (gemessen etwa in Äquivalenten je Liter) vorgegeben sind. Ist dieses jedoch der Fall, so verschwindet der Summand, da $\ln 1 = 0$ ist, und es bleibt für die EMK der Kette nur noch der Anteil des konstanten Summanden $^\circ \underline{E}$ übrig. Daraus wird ersichtlich, daß $^\circ \underline{E}$ das Potential der gegebenen Kette bei gleicher Konzentration von oxydierter und reduzierter Substanz (in einer n/1 H$^+$-Ionenlösung) bedeutet, falls als Bezugselektrode die Normalwasserstoffelektrode verwendet wird. Man nennt ein derartiges Potential „*das Normalpotential* der Elektrode" und wir wollen es generell — in Druck und Schrift — durch Unterstreichen des Potentialsymbols hervorheben.

In der modernen elektrochemischen Literatur geschieht die Markierung des Normalpotentials oft auch durch Wahl von Fettbuchstaben, eine zwar für den Druck, nicht jedoch für die Kurrentschrift plausible Gepflogenheit.

Der vor- und hochgestellte Index deutet an, daß wir es bei $^\circ \underline{E}$ mit dem Pegel-Normalpotential zu tun haben. Ist sein freilich nur experimentell zugänglicher Wert einmal bestimmt, so läßt sich nach Gl. (9) die EMK für ein beliebiges Chinon-Hydrochinongemisch errechnen.

---

[1] Allgemeines Prinzip der hier befolgten Indizierung: Das Potentialniveau, das jeweils als Nullpunkt der Zählung angesehen werden soll, wird in Form eines voraus- und hochgestellten Indexes am Potentialsymbol E vermerkt. Vgl. die Zusammenstellung der benutzten Potentialformelzeichen S. 690.

Um zu einer weiter reichenden Verallgemeinerung der Potentialgleichung zu gelangen, sei als Fall *II* ein ionogen ablaufender Redoxprozeß betrachtet. Als konkretes Beispiel mag das eingangs erwähnte Gleichgewicht zwischen Eisen(III)- und Eisen(II)-ionen in saurer Lösung dienen.

Hierfür liefert das Massenwirkungsgesetz die Beziehung:

$$\frac{[\text{Fe}^{+++}] \cdot [\text{H}_2]^{\frac{1}{2}}}{[\text{F}^{++}] \cdot [\text{H}^+]} = K_c . \tag{10}$$

Daraus folgt, daß sich in der Lösung ein bestimmtes Verhältnis der Eisen(III)- zu den Eisen(II)-ionen nur dann einstellt, wenn die Konzentration sowohl des molekularen Wasserstoffes als auch der H^+-Ionen in der Lösung einen definierten Wert besitzt. Umgekehrt wird sich in einer sauren Eisen(III)- und Eisen(II)-ionenhaltigen Lösung zwangsläufig eine bestimmte Konzentration an molekularem Wasserstoff einstellen, dem kraft des Henryschen Gesetzes ein gewisser Partialdruck p_{H_2} in der Gasphase entspricht. Eine in eine solche Lösung eingetauchte Platinelektrode muß sich daher gleichfalls wie eine Wasserstoffelektrode verhalten und die Gl. (7) auch hierfür gelten.

Setzt man dementsprechend Gl. (10) in (7) ein und berücksichtigt, daß im Gültigkeitsbereich des Henryschen Gesetzes $[\text{H}_2] = k_{\text{H}} \cdot p_{\text{H}_2}$ ist, so ergibt sich:

$$^\circ E = \frac{R\,T}{F} \cdot \ln \frac{[\text{Fe}^{+++}]\,\sqrt{k_{\text{H}}}}{[\text{Fe}^{++}]\,K_c} \tag{11}$$

oder, wenn wir wieder die Konstanten aus dem Bruch herausziehen und zu der Größe $^\circ\underline{E}$ vereinigen, sowie auf den dekadischen Logarithmus übergehen:

$$^\circ E = \frac{2{,}30\,R\,T}{F} \cdot \log \frac{[\text{Fe}^{+++}]}{[\text{Fe}^{++}]} + ^\circ\underline{E} . \tag{12}$$

$^\circ E$ bedeutet wie oben das Pegel-Normalpotential, das man für die EMK der Elektrode gegenüber der Normalwasserstoffelektrode erhält, falls Eisen(III)- und Eisen(II)-ionen in gleicher Konzentration in der Lösung vorhanden sind. Dagegen ist die Konzentration der Wasserstoffionen in der Eisen(III)- und Eisen(II)-ionenhaltigen Lösung ohne Belang für das Potential der Elektrode; $[\text{H}^+]$ hat sich bei der Vereinigung von Gl. (7) und (10) herausgehoben. Vgl. hierzu Abb. 1, S. 645.

Berücksichtigung der Ionenaktivitäten. Strenggenommen dürfte in diesen Formeln nicht mit Konzentrationen gerechnet werden, sondern es müssen die Aktivitäten an deren Stelle treten. Kennzeichnet man diese zum Unterschied von der Konzentrationsschreibweise durch einen an die eckigen Klammern angefügten Subindex $[\,]_a$, und vergegenwärtigt sich, daß die Volumenkonzentration mit dem Aktivitätskoeffizienten f_a des betreffenden Ions multipliziert gleich dessen Aktivität ist [Gl. (31), S. 542)], so wird aus Gl. (12):

$$^\circ E = \frac{2{,}30\,R\,T}{F} \log \frac{[\text{Fe}^{+++}]_a}{[\text{Fe}^{++}]_a} + ^\circ\underline{E} = \frac{2{,}30\,R\,T}{F} \log \frac{[\text{Fe}^{+++}]\,f_a^{+++}}{[\text{Fe}^{++}]\,f_a^{++}} + ^\circ\underline{E} . \tag{13}$$

Die Aktivitätskoeffizienten lassen sich in zahlreichen Fällen[1] bis hinauf zu etwa 0,1 n Lösungen nach der erweiterten Debye-Hückelschen Theorie vermittelst der Gleichung wiedergeben:

$$\log f_a = - \frac{0{,}50 \cdot z_i^2 \cdot \sqrt{\Gamma}}{1 + 0{,}33 \cdot 10^8\,r_i \cdot \sqrt{\Gamma}} . \tag{14}$$

Hierin bedeutet z_i die Ladung (= Wertigkeit) des betrachteten Ions, Γ die ionale Gesamtkonzentration der Lösung und r_i den sog. mittleren Ionenradius. Die ionale Gesamtkonzentration, von manchen Autoren auch „Ionenstärke" genannt, errechnet sich nach der Formel:

$$\Gamma = \tfrac{1}{2} \sum_1^i c_i \cdot z_i^2 , \tag{15}$$

---

[1] Vgl. insbesondere Kortüm, G.: Elektrolytlösungen. Leipzig 1941.

deren Anwendung wir weiter unten in einem praktischen Beispiel näher kennenlernen werden[1]. Die mittleren Ionenradien kann man bis zu einem gewissen Grad als die mittleren Minimalabstände der *hydratisierten* Ionen auffassen, die sich aus den Ionenbeweglichkeiten nach dem STOKESschen Gesetz abschätzen lassen. Eine völlig befriedigende Interpretation der mittleren Ionenradien ist freilich (auch aus theoretischen Gründen) nicht möglich, so daß man meist besser mit empirischen r_i-Werten arbeitet. Für das Fe-Ion z. B. beträgt $r_i \sim 4 \cdot 10^{-8}$ cm. Somit wird:

$$\log \frac{[\text{Fe}^{+++}]\,f_a^{+++}}{[\text{Fe}^{++}]\,f_a^{++}} = \log \frac{[\text{Fe}^{+++}]}{[\text{Fe}^{++}]} - \frac{0{,}50 \cdot 9\sqrt{\Gamma}}{1+1{,}3\sqrt{\Gamma}} + \frac{0{,}50 \cdot 4\sqrt{\Gamma}}{1+1{,}3\sqrt{\Gamma}}$$

$$= \log \frac{[\text{Fe}^{+++}]}{[\text{Fe}^{++}]} - \frac{2{,}50\sqrt{\Gamma}}{1+1{,}3\sqrt{\Gamma}} \tag{16}$$

und an die Stelle von Gl. (12) tritt die exaktere:

$$E = \frac{2{,}30\,R\,T}{F} \cdot \left(\log \frac{[\text{Fe}^{+++}]}{[\text{Fe}^{++}]} - \frac{2{,}30 \cdot \sqrt{\Gamma}}{1+1{,}3\sqrt{\Gamma}} \right) + {}^{\circ}\underline{E}. \tag{17}$$

Die Frage, welche Fehler zu erwarten sind, wenn man statt der Aktivitäten mit Konzentrationen rechnet, beantwortet der Subtrahend in Gl. (17) für einen speziellen Fall, der sich indessen leicht verallgemeinern läßt.

Aus der von LEWIS empirisch gefundenen Gesetzmäßigkeit, wonach bei kleinen Elektrolytkonzentrationen der BRIGGSsche Logarithmus des Aktivitätskoeffizienten proportional der Quadratwurzel aus der ionalen Gesamtkonzentration ist [s. Gl. (18)], folgt, daß die Abweichungen vom idealen Verhalten in den hier zu behandelnden Fällen um so mehr ins Gewicht fallen, als man es bei den anorganischen Redoxprozessen zumeist mit mehrwertigen Ionen zu tun hat. Mindestens eine der beteiligten Ionenarten muß bei der Umladung mehrwertig auftreten. Zwar wird mit fortschreitender Verdünnung des Redoxsystems die ionale Gesamtkonzentration ebenfalls kleiner und kleiner, und damit der negative Wert des Logarithmus immer näher an Null heranrücken, d. h. f_a sich mehr und mehr dem Wert 1 nähern; doch würde man für mehrwertige Ionen erst bei so hohen Verdünnungen f_a praktisch gleich 1 setzen können, daß dort die Potentialmessungen nicht mehr hinreichend reproduzierbar wären.

Um eine Vorstellung vom Gewicht der Aktivitätskoeffizienten bei der Potentialbildung in einem Redoxsystem zu gewinnen, wollen wir abschließend noch ein kleines Zahlenbeispiel durchrechnen.

Gegeben sei eine Lösung, die je Liter 0,001 Mole Kaliumferricyanid, 0,001 Mole Kaliumferrocyanid und 0,002 Mole Kaliumchlorid enthält. Das ist eine Verdünnung, für die man normalerweise keine wesentliche Abweichung vom idealen Verhalten zu erwarten glaubt.

Die Durchrechnung ergibt jedoch folgendes Bild:

a) Unter der Voraussetzung, daß alle vorgelegten Salze vollständig dissoziiert sind — eine Annahme, die bei Alkalisalzen in etwa 0,001 molarer Lösung zumindest keiner wesentlichen Einschränkung bedarf —, errechnet sich die ionale Gesamtkonzentration der Lösung aus den Anteilen der Einzelionen gemäß Gl. (15) wie folgt: Die K^+-Ionenkonzentration beträgt: $3 \cdot 0{,}001 + 4 \cdot 0{,}001 + 2 \cdot 0{,}001 = 0{,}009$ Mole im Liter; multipliziert mit dem Quadrat der Wertigkeit ergibt sich 0,009. Analog findet man für die $[\text{Fe}(\text{CN})_6]^{3-}$-Ionen $0{,}001 \cdot z^2 = 0{,}009$, für die $[\text{Fe}(\text{CN})_6]^{4-}$-Ionen $0{,}001 \cdot 4^2 = 0{,}016$ und für die Cl^--Ionen 0,002.

Für die ionale Gesamtkonzentration, die man durch Summierung über die soeben ermittelten Anteile der Einzelionen und anschließende Multiplikation mit dem Faktor $\frac{1}{2}$ erhält, folgt hieraus:

$$\Gamma = 0{,}018.$$

b) Die Berechnung der Aktivitätskoeffizienten der vorliegenden Ionenarten könnte im Prinzip wieder nach Gl. (14) durchgeführt werden. Doch genügt es, bis hinauf zu Ionenkonzentrationen von

---

[1] Man beachte, daß einige Autoren den *doppelten* Wert von Γ als ionale Gesamtkonzentration definieren. Ob man dem folgen und den Faktor $\frac{1}{2}$ durch Definition wegschaffen will oder nicht, bleibt absolut Geschmacksache. Behält man den Faktor $\frac{1}{2}$ in der Definitionsgleichung (15) bei, so gewinnt man die Annehmlichkeit, daß die Zahlenfaktoren in Gl. (14) für wäßrige Lösungen bei 25° C die angeführten mnemotechnisch bevorzugten Werte erhalten. Von der Temperatur sind die Werte einigermaßen unabhängig, da eine Änderung von Γ weitgehend durch eine entsprechende Änderung der Dielektrizitätskonstante kompensiert wird. Der verbleibende Temperaturkoeffizient beträgt in der Nähe der Zimmertemperatur rund $+0{,}16\%$.

etwa 0,01 n die erste Näherung der Debye-Hückelschen Theorie zu benützen und mit punktförmigen Ionen statt mit Ionen endlicher Ausdehnung zu rechnen. Mit $r_i = 0$ verschwindet der 2. Summand im Nenner von Gl. (14) und man erhält:

$$\log f_a = -0{,}50 \cdot z_i^2 \sqrt{\Gamma}. \tag{18}$$

Der große Vorteil dieser Formel gegenüber Gl. (14) besteht darin, daß man ohne zusätzliche Annahme über den mittleren Ionenradius auskommt, was naturgemäß mit einer erheblichen Einschränkung des von der Formel beherrschten Konzentrationsbereiches erkauft ist.

Setzen wir den oben errechneten Wert für die ionale Gesamtkonzentration in Gl. (18) ein, so ergibt sich für die

$$\begin{aligned}
\text{K}^+\text{-Ionen} & \quad \log f_a = -0{,}50 \cdot 1^2 \sqrt{0{,}018} = -0{,}067; \quad f_a^+ = 0{,}86 \\
\text{Cl}^-\text{-Ionen} & \quad \log f_a = -0{,}50 \cdot 1^2 \sqrt{0{,}018} = -0{,}067; \quad f_a^- = 0{,}86 \\
[\text{Fe(CN)}_6]^{3-}\text{-Ionen} & \quad \log f_a = -0{,}50 \cdot 3^2 \sqrt{0{,}018} = -0{,}60; \quad f_a^{3-} = 0{,}25 \\
[\text{Fe(CN)}_6]^{4-}\text{-Ionen} & \quad \log f_a = -0{,}50 \cdot 4^2 \sqrt{0{,}018} = -1{,}06; \quad f_a^{4-} = 0{,}087
\end{aligned}$$

Im vorgegebenen Redoxsystem beträgt also das Verhältnis der Aktivitäten:

$$\frac{[\text{Fe(CN)}_6]_a^{3-}}{[\text{Fe(CN)}_6]_a^{4-}} = \frac{f_a^{3-} \cdot [\text{Fe(CN)}_6]^{3-}}{f_a^{4-} \cdot [\text{Fe(CN)}_6]^{4-}} = \frac{0{,}00025}{0{,}000087} = \frac{2{,}9}{1},$$

während das Verhältnis der Konzentrationen 1:1 ist.

Man erkennt, daß trotz der hohen Verdünnung der Lösung, die gar nicht erheblich gesteigert werden könnte, ohne die Reproduzierbarkeit der potentiometrischen Messung zu gefährden, die Aktivitäten nicht mit den Konzentrationen gleichgesetzt werden dürfen. Weiterhin lehrt das Beispiel, daß der Einfluß des zugesetzten Kaliumchlorids auf die Aktivitätskoeffizienten des Redoxsystems verhältnismäßig geringfügig ist. Die hohe Wertigkeit der Ferricyan- und Ferrocyanionen hingegen spielt die entscheidende Rolle.

Wie man sich durch eine analoge Rechnung leicht überzeugt, läßt sich durch Zugabe eines Fremdelektrolyten hoher Konzentration (etwa KCl $\sim$ 1 molar) zu einem Redoxsystem in geringer Konzentration erreichen, daß die ionale Gesamtkonzentration nur durch den Fremdelektrolyten bestimmt wird. Auch bei einer Änderung des Mischungsverhältnisses der Redoxkomponenten bleiben sodann die zugehörigen Akktivitätskoeffizienten konstant. Sie erschienen in Gemischen von derart hoher Elektrolytkonzentration freilich der mathematischen Berechnung nicht mehr zugänglich, da auch die Onsagersche Erweiterung der Debye-Hückelschen Theorie hierüber keine Aussagen mehr zu machen gestattet. Indessen gelang es jüngst Wicke und Eigen[1], eine wesentliche Ausweitung der Debye-Hückel-Onsagerschen Theorie durchzuführen und die thermodynamischen Eigenschaften *konzentrierter* wäßeriger Elektrolytlösungen rechnerisch zu erfassen.

Pegelnormalpotentiale und virtuelle Wasserstoffpartialdrucke. Zur Beurteilung der oxydierenden bzw. reduzierenden Kraft eines vorgegebenen Systems bedarf man, wie die oben aufgeführten Gleichungen zeigen, neben der Kenntnis der Aktivitäten vor allem der Werte für die Normalpotentiale. Diese werden in bekannter Weise auf die Normalwasserstoffelektrode als Nullpegel bezogen (vgl. S. 632).

Einen Überblick über die Pegel-Normalpotentiale der wichtigsten anorganischen Oxydoreduktionen geben die Tabellen 1 und 2, eine analoge Zusammenstellung für organische Redoxsysteme findet sich in Tabelle 5, S. 658, sowie in Form von Redoxindicatorentafeln S. 692ff.

Die in der Tabelle 1 zum Ausdruck kommende „Redoxpotentialskala" stellt ein quantitatives Maß für das Verhalten einer Ionenart als Oxydations- bzw. Reduktionsmittel dar. Jedes Ion ist für die unter ihm in der Redoxskala stehenden Ionen ein Oxydans und für die über ihm stehenden ein Reductans.

Einige der in der Tabelle 1 aufgeführten ionogenen Redoxgemische stellen aus Gründen, auf die weiter unten (vgl. S. 646) des näheren einzugehen sein wird, das Potential nicht unabhängig von p_H des Mediums ein. In diesen Fällen gelten die in der Tabelle angegebenen Werte nur für den p_H-Wert Null.

Hinsichtlich des Vorzeichens läßt sich sagen: Falls z. B. bei einem bestimmten p_H ein Chrom(II)- und Chrom(III)-ionengemisch ein negatives Pegelpotential besitzt, so bedeutet dies, daß sich in einer solchen Lösung das Platin negativ gegen die Normalwasser-

---

[1] Wicke, E., u. M. Eigen: Z. Elektrochem. **57**, 319 (1953).

Tabelle 1. *Pegel-Normalpotentiale der wichtigsten ionogenen Oxydoreduktionen bei 25° C.*
(Von oben nach unten fallende Potentialfolge = Redoxpotentialskala[1].)

Elektroden-träger	Redoxgemisch	$°E_{\frac{1}{2}}$	Elektroden-träger	Redoxgemisch	$°E_{\frac{1}{2}}$
Pt	Co^{+++}, Co^{++}	$+1,842$	Pt	$Fe(CN)_6^{3-}$, $Fe(CN)_6^{4-}$	$+0,356$
Pt	Ce^{++++}, Ce^{+++}	$+1,609$	Pt	Cu^{++}, Cu^{+}	$+0,167$
Pt	Tl^{+++}, Tl^{+}	$+1,247$	Pt	Sn^{++++}, Sn^{++}	$+0,154$
Pt	Hg^{++}, Hg_2^{++}	$+0,906$	Pt	Ti^{++++}, Ti^{+++}	$-0,04$
Pt	Fe^{+++}, Fe^{++}	$+0,771$	Pt	Cr^{+++}, Cr^{++}	$-0,410$

stoffelektrode auflädt[2]. Es fließt also im äußeren Stromkreis ein positiver Strom von der Normalwasserstoffelektrode zur Redoxelektrode, der dadurch zustande kommt, daß an der Wasserstoffelektrode H^+-Ionen ihre Ladung abgeben unter Aufnahme von Elektronen und in der Redoxelektrode Cr^{++}- in Cr^{+++}-Ionen übergehen unter Abgabe von Elektronen. Die Chrom(II)-ionen sind dementsprechend in einer sauren Lösung ein starkes Reduktionsmittel. Analog bedeutet ein positives Vorzeichen die Tendenz der Redoxelektrode, negative Ladungen aus dem äußeren Stromkreis aufzunehmen.

Dies ergibt sich zugleich als notwendige Folge der Eigenschaft metallischer Leiter, im äußeren Stromkreis nur einen Transport negativer Ladungen zuzulassen. Damit wird der positive Pol eines galvanischen Elementes stets zur Elektronensinkstelle, der negative Pol zur Elektronenquellstelle.

Als quantitatives Maß der Redoxwirkung eines Systems ermöglichen es die Pegel-Normalpotentiale offensichtlich auch, den Wasserstoffpartialdruck (p_{H_2}), auf den es bei einer Hydrierung ankommt, zu berechnen. Wir denken uns dabei das in Frage stehende Redoxsystem, in das als Elektrodenträger metallisches Platin eintaucht, gegen eine Normalwasserstoffelektrode geschaltet. Für die Einzelpotentiale beider Elektroden gilt dann Gl. (5).

Um zunächst möglichst übersichtliche Verhältnisse zu schaffen, wollen wir weiterhin annehmen, daß die H^+-Ionenkonzentration in beiden Elektrodengefäßen gleich groß ist und somit, da die Wasserstoffionenkonzentration in der Normalwasserstoffelektrode festgelegt ist, voraussetzen, daß auch das vorgegebene Redoxsystem n/1 in bezug auf die H^+-Ionen sein soll. Unter diesen Umständen fällt beim Vergleich der beiden Einzelpotentiale $[H^+]$ heraus und man erhält für die galvanische Kette:

$$°E = \frac{RT}{2n_eF} \cdot \ln \frac{p_{H_2}'}{p_{H_2}''}. \tag{19}$$

Die EMK der entstandenen Kette erweist sich nur noch vom Verhältnis der Wasserstoffpartialdrucke der beiden Elektroden abhängig.

Bei einer numerischen Auswertung von Gl. (19) ist zu berücksichtigen, daß der Faktor n_e, der die Wertigkeit des Elektrodenprozesses angibt, hier gleich 1 zu setzen ist. Denn zur Entladung eines H^+-Ions wird nur eine Elementarladung benötigt. Der Faktor 2 im Nenner des ersten Bruches hingegen rührt vom Delogarithmieren der Quadratwurzelzeichen über dem Partialdrucksymbol des Wasserstoffes her und bleibt demnach von der Wertigkeit des Elektrodenprozesses unabhängig.

Wird die Aktivität beider Redoxkomponenten des Systems gleich groß gewählt, so muß die EMK der Kette gleich dem Pegel-Normalpotential sein. Führt man demgemäß einen der tabellierten $°E$-Werte für die EMK der Kette in Gl. (19) ein, so ergibt sich unter Berücksichtigung der Beziehung $p_{H_2}' = 1$ für die Normalwasserstoffelektrode, der gesuchte Wasserstoffpartialdruck p_{H_2}'' des vorgelegten Redoxgemisches.

Beispiel: Laut Tabelle 1 beträgt das Pegel-Normalpotential für das Eisen(III)- und Eisen(II)-system $+0,783$ Volt. In Gl. (19) eingesetzt ergibt sich:

$$0,783 = \frac{2,30 \cdot RT}{2F} \cdot \log \frac{1}{p_{H_2}''}$$

---

[1] Literaturnachweis für die einzelnen Werte der Tabelle 1 s. CONWAY, B. E.: Electrochemical Data. Amsterdam, Houston, London, New York 1952. — Wegen des Titanwertes vgl. S. 647.

[2] Auf die p_H-Abhängigkeit wird weiter unten (S. 646) näher eingegangen.

oder, da der Nernstsche Potentialfaktor bei 25° C den Wert 59,1 mV besitzt (vgl. S. 639):

$$0,783 = \frac{0,0591}{2} \cdot \log \frac{1}{p_{H_2}''}.$$

Mithin:

$$p_{H_2}'' = 10^{-26} \quad \text{(Atmosphären).}$$

Ähnlich wie in dem S. 561 behandelten Fall entbehrt ein solcher Druck des physikalischen Sinnes und stellt eine reine Rechengröße dar. Man spricht deshalb auch hier von einem „virtuellen Wasserstoffdruck".

Der H_2-Partialdruck erweist sich in unserem Beispiel nur ein wenig größer als der Dissoziationsdruck des Wasserstoffes im Wasserdampf bei Zimmertemperatur, dem bekanntlich ein Wert von $1,6 \cdot 10^{-28}$ Atm. zukommt. In einer n/1 Lösung einer starken Säure stellt demnach ein äquimolares Eisen(III)-/Eisen(II)-gemisch ein äußerst schwaches Reduktionsmittel dar.

Die reduzierende Kraft eines Redoxsystems läßt sich in ziemlich weitem Umfang variieren, wenn man die Ionenaktivitäten ändert. Dies kann einmal bei konstant gehaltener Wasserstoffionenkonzentration direkt durch Änderung des Mischungsverhältnisses der Redoxkomponenten geschehen, ein andermal indirekt, durch eine p_H-Änderung, schließlich auch, wofür bereits ein Beispiel gegeben wurde, über die Beeinflussung der Aktivitätskoeffizienten durch Zugabe eines Fremdelektrolyten im Überschuß.

Beispiel für die Änderung des Wasserstoffpartialdruckes mit dem Verhältnis der Redoxkomponenten: Behält man für die H^+-Ionen, um den Voraussetzungen der Gl. (19) zu genügen, die Konzentration 1 bei, und legt das Verhältnis $\frac{[Fe^{+++}]_a}{[Fe^{++}]_a} = 15$ vor, so errechnet sich die EMK nach Gl. (13) zu 0,38 Volt.

Dieser Wert in Gl. (19) eingesetzt ergibt einen Partialdruck des Wasserstoffes von 10^{-28} Atm., der dem des Dissoziationsgleichgewichtes des Wasserdampfes entspricht. Mit anderen Worten, das Reduktions- bzw. Oxydationsvermögen des Eisen(III)-/Eisen(II)-ionengemisches ist nunmehr gleich dem des Wasserdampfes geworden.

Ändert man die p_H-Werte in einem *ionogen* ablaufenden Redoxprozeß, so muß sich, obwohl die H^+-Ionenkonzentration in die Potentialgleichung nicht eingeht, dennoch der Partialdruck des Wasserstoffes ändern, da über das Ionengleichgewicht des Redoxsystems $[H^+]$ mit $[H_2]$ gekoppelt ist, wie Gl. (10) lehrt. Daraus folgt, daß eine Vermehrung der H^+-Ionen die Reduktionswirkung, ihre Verminderung die Oxydationswirkung des Redoxgemisches anwachsen läßt. In neutralem bzw. schwach alkalischem Medium stellt dementsprechend eine annähernd äquimolare Mischung von Eisen(III)- und Eisen(II)-ionen ein, wenn auch schwaches Oxydationsmittel gegenüber Umsetzungen dar, die am sog. „Neutralpunkt der Redoxpotentialskala" ablaufen. Näheres s. S. 650.

Neben den beiden großen, bisher behandelten Gruppen von Redoxprozessen, den elektroneutralen und den ionogenen, gibt es noch zahlreiche Oxydoreduktionen, die sowohl unter Ionenumladung als auch unter Aufnahme bzw. Abgabe von Wasserstoff oder Sauerstoff verlaufen. Sie zeigen also in ihrem Verhalten charakteristische Züge beider Gruppen von Redoxvorgängen und dürften demnach wohl am besten unter der Bezeichnung „elektro-amphotere Redoxprozesse" zusammengefaßt werden.

Eine Zusammenstellung von Pegel-Normalpotentialen derartiger elektro-amphoterer Oxydoreduktionen bringt Tabelle 2.

Die H^+-Ionenaktivität fällt hier aus der Potentialgleichung nicht nur nicht heraus, was in Analogie zum Verhalten der elektro-neutralen Redoxprozesse durchaus zu erwarten steht, sondern geht oft sogar mit einer höheren Potenz in die Gleichung ein und erweist sich dann als der entscheidende Faktor für die EMK einer solchen Kette.

Elektro-amphoteren Redoxprozessen begegnet man in der Chemie auf Schritt und Tritt, meist ohne sie als solche zu betrachten. Ein paar ganz bekannte Beispiele: Auf- und Entladung des Bleiakkumulators, Potentialbildung der Antimonelektrode, Nachweis von Mangan durch Oxydation mittels Bleidioxyd.

Zur Erläuterung des Verhaltens elektro-amphoterer Redoxgemische sei das Permanganat-Mangan(II)-ionensystem näher betrachet. Um die 4 im Permanganation gebundenen Sauerstoffatome zu reduzieren, bedarf es insgesamt 8 Wasserstoffatome, von denen 5

Tabelle 2. *Pegel-Normalpotentiale elektro-amphoterer Oxydoreduktionen* ($°\underline{E}$-Werte für 25°).
Von oben nach unten fallende Potentialfolge entsprechend der Redoxpotentialskala [1].

Elektrode bzw. Elektrodenträger und Redoxgemisch	Elektrodenprozeß	$°\underline{E}$
$Pb/[PbO_2][PbSO_4]SO_4^{--}$	$[PbO_2] + 4H^+ + SO_4^{--} + 2e_0^- \to [PbSO_4] + 2H_2O$	$+1{,}685$
$(Pt)/[MnO_2]MnO_4^-$	$MnO_4^- + 4H^+ + 3e_0^- \to [MnO_2] + 2H_2O$	$+1{,}586$
$Pb/[PbO_2]Pb^{++}$	$[PbO_2] + 4H^+ + 2e_0^- \to Pb^{++} + 2H_2O$	$+1{,}467$
$(Pt)/[MnO_2]Mn^{++}$	$[MnO_2] + 4H^+ + 2e_0^- \to Mn^{++} + 2H_2O$	$+1{,}236$
$(Pt)/[MnO_2]MnO_4^-,\ OH^-$	$MnO_4^- + 2H_2O + 3e_0^- \to [MnO_2] + 4OH^-$	$+0{,}587$
$Sb/[Sb_2O_3]H^+$	$[Sb_2O_3] + 6H^+ + 6e_0^- \to Sb + 3H_2O$	$+0{,}1445$
$Hg/[HgO]OH^-$	$[HgO] + 2H_2O + 2e_0^- \to Hg + 2OH^-$	$+0{,}0976$
$Pb/[PbO]OH^-$	$[PbO] + H_2O + 2e_0^- \to Pb + 2OH^-$	$-0{,}5785$

zur Entladung des im Permanganat 7 wertig positiven Mangans auf die 2 wertige Stufe der Mangan(II)-salze benötigt werden. Die 3 restlichen H müssen von vornherein in ionogener Form vorliegen, um der Elektroneutralitätsbedingung für die Lösung beim Absättigen der 8 negativen Sauerstoffvalenzen zu genügen. Das betrachtete Redoxsystem stellt demnach im sauren Medium folgende Gleichgewichtsreaktion ein:

$$MnO_4^- + \tfrac{5}{2}H_2 + 3H^+ \rightleftharpoons Mn^{++} + 4H_2O\,.$$

Hierfür liefert das Massenwirkungsgesetz unter Einbeziehung des im großen Überschuß vorhandenen und demnach praktisch konzentrationskonstanten Wassers in die Gleichgewichtskonstante K_c:

$$\frac{[Mn^{++}]}{[MnO_4^-]\,[H^+]^3 \cdot [H_2]^{\frac{5}{2}}} = K_c$$

oder unter Berücksichtigung der schon mehrfach erwähnten Beziehung $[H_2] = k \cdot p_{H_2}$:

$$\frac{[Mn^{++}] \cdot K'}{[MnO_4^-] \cdot [H^+]^3} = p_{H_2}^{\frac{5}{2}}\,.$$

Erweitert man Zähler und Nenner um den Faktor $[H^+]^5$, so ergibt sich durch Auflösen der Gleichung nach $[H^+]/\sqrt{p_{H_2}}$ für das potentialbestimmende Konzentrations: Druckverhältnis der potentialgleichen Wasserstoffelektrode:

$$\frac{[H^+]}{\sqrt{p_{H_2}}} = \sqrt[5]{\frac{[MnO_4^-]\,[H^+]^8}{[Mn^{++}]\,K'}}\,.$$

Demgemäß gilt für die EMK der Permanganat-Mangan(II)-elektrode gegenüber einer Normalwasserstoffelektrode:

$$°E = \frac{RT}{5F}\ln\frac{[MnO_4^-][H^+]^8}{[Mn^{++}]} + °\underline{E}\,. \tag{20}$$

Der außerordentlich kleine Wasserstoffpartialdruck, den man aus Gl. (20), vorausgesetzt daß der $°\underline{E}$-Wert bekannt ist, unter Heranziehen von Gl. (19) erhält, hat als virtueller Druck wieder nur rechnerisch-formale Bedeutung. Wie S. 648 des näheren gezeigt wird, ist es in solchen Fällen physikalisch richtiger, die Oxydationswirkung des Systems an Stelle der Reduktionswirkung zu betrachten.

Um die oxydierende Kraft des ins Auge gefaßten Gemisches zu ermitteln, gehen wir ähnlich wie in dem weiter oben behandelten Beispiel vor. Wir setzen zunächst sämtliche Konzentrationen gleich 1 und verwenden für $°\underline{E}$ den freilich bis heute noch nicht sehr exakt gemessenen Wert 1,52 Volt. In die Gleichung für die Knallgaskette (vgl. S. 649):

$$°E = 1{,}23_7 + \frac{2{,}30\,RT}{F} \cdot \log \sqrt[4]{p_{O_2}} \cdot \sqrt[2]{p_{H_2}}$$

eingeführt, folgt mit $p_{H_2} = 1$ für p_{O_2} rund 10^{+20} Atm. Dem entspricht eine recht beträchtliche Oxydationswirkung, die durch Änderungen des Aktivitätsverhältnisses der Redoxkomponenten, vor allem aber durch Steigerung der H^+-Ionenkonzentration noch erheblich erhöht werden kann.

<hr>

[1] Werte nach KORTÜM, G.: Lehrbuch der Elektrochemie. Wiesbaden 1948.

Derart hohe Redoxpotentiale lassen sich nur erreichen, weil der Sauerstoff an der Platinelektrode die Erscheinung der Überspannung zeigt und sich beim Überschreiten des reversiblen Potentials einer 1 normalen Sauerstoffelektrode ($^{\circ}\underline{E} = 1{,}23_7$ Volt) nicht ohne weiteres als Gas entwickelt und aus der Lösung entweicht.

Verallgemeinerung der Potentialgleichungen. Überblickt man die bisher behandelten Redoxsysteme in ihrer Gesamtheit, so ist es nicht schwer, aus den für spezielle Fälle abgeleiteten Potentialgleichungen einige allgemein gültige Gesetzmäßigkeiten herauszulesen.

Was zunächst die ausschließlich ionogen ablaufenden Redoxvorgänge betrifft, so haben wir zwecks Verallgemeinerung an Stelle von $[Fe^{+++}]_a$ und $[Fe^{++}]_a$ in Gl. (13) nur die Aktivitäten der oxydierten bzw. reduzierten Stufe, d. h. des Oxydans bzw. Reductans einzuführen, also $[Ox]_a$ bzw. $[Red]_a$ zu setzen und schreiben:

$$^{\circ}E = {^{\circ}\underline{E}} + \frac{R\,T}{n_e F} \ln \frac{[Ox]_a}{[Red]_a}. \tag{21}$$

Diese Formel, die zur NERNSTschen Potentialgleichung vollkommen analoge Aussagen für Redoxsysteme macht, wurde zuerst von PETERS (im BREDIGschen Institut in Karlsruhe) abgeleitet[1], und wird heute noch, vielleicht unnötigerweise, zumeist als **PETERSsche Gleichung** zitiert.

Sie bedarf offensichtlich einer Erweiterung, um auch der p_H-Abhängigkeit elektroneutraler Redoxprozesse Rechnung zu tragen. An Hand von Gl. (9) liefert die Substitution $[Chinon] = [Ox]$ und $[Hydrochinon] = [Red]$ ohne weiteres die allgemeinere Fassung:

$$^{\circ}E = {^{\circ}\underline{E}} + \frac{R\,T}{n_e F} \ln \frac{[Ox]_a}{[Red]_a} + \frac{R\,T}{F} \ln [H^+]_a \,, \tag{22}$$

speziell bei 25° C:

$$^{\circ}E = {^{\circ}\underline{E}} + \frac{0{,}0591}{n_e} \log \frac{[Ox]_a}{[Red]_a} - 0{,}0591 \cdot p_H. \tag{22a}$$

Um einerseits die Beschränkung auf eine bestimmte Arbeitstemperatur zu vermeiden, andererseits aber die verschiedenen Konstanten vor dem NEPERschen Logarithmus in Gl. (22) nicht dauernd mitschleppen zu müssen, empfiehlt es sich, die für Berechnungen auf dem Gebiet der Wasserstoffionenkonzentration vorteilhafte Definition des NERNSTschen Potentialfaktors auch hier einzuführen. Wir setzen also:

$$E_N \equiv 2{,}3026 \frac{R\,T}{F} \tag{23}$$

oder benutzen, um auch der Temperaturabhängigkeit explizit Rechnung zu tragen, hierfür die Näherungsformel:

$$E_N = 59{,}1 + 0{,}20\,(t - 25) \qquad [Millivolt]. \tag{23a}$$

Damit geht Gl. (22) über in:

$$^{\circ}E = {^{\circ}\underline{E}} + \frac{E_N}{n_e} \log \frac{[Ox]_a}{[Red]_a} - E_N \cdot p_H. \tag{22b}$$

Freilich ist, wie die Rückführung der Formel auf Gl. (9) erkennen läßt, die Gültigkeit von Gl. (22) auf solche Fälle eingeschränkt, in denen die EMK eine lineare Funktion vom p_H ist. Diese Bedingung ist zwar ziemlich häufig erfüllt, wenigstens soweit innerhalb des betrachteten p_H-Bereiches weder die oxydierte noch die reduzierte Stufe eine meßbare Änderung ihres elektrolytischen Dissoziationsgrades erfahren. Treten jedoch Änderungen des Dissoziationszustandes mit dem p_H ein, so ist der 3. Summand obiger

---

[1] Vergleiche die Abhandlung über Oxydations- und Reduktionsketten und den Einfluß komplexer Ionen auf ihre elektromotorische Kraft von PETERS, R.: Z. physik. Chem. **26**, 193 (1898).

Gleichungen durch eine ziemlich komplizierte Funktion von $[H^+]_a$ zu ersetzen, in die außer $[H^+]_a$ noch sämtliche elektrolytischen sauren und basischen Dissoziationskonstanten des Oxydans sowie des Reductans eingehen. Wir haben demnach für die PETERSsche Gleichung in ihrer allgemeinsten Form zu schreiben:

$$°E = °\underline{E} + \frac{RT}{n_e F}\ln\frac{[\text{Ox}]_a}{[\text{Red}]_a} + \frac{RT}{n_e F}\cdot f([H^+]_a), \tag{24}$$

wobei der Ausdruck $f([H^+]_a)$ von Fall zu Fall einer gesonderten mathematischen Untersuchung bedarf (vgl. hierzu das auf S. 657 behandelte Beispiel).

$\gamma)$ Gemische mehrerer Redoxsysteme.

Charakteristische Potentialbereiche. Die bisher betrachteten Redoxsysteme sind dadurch gekennzeichnet, daß sie Mischungen aus der oxydierten und der reduzierten Stufe ein und desselben Stoffes darstellen. Die oxydierte Stufe oder das Oxydans und die reduzierte Stufe oder das Reductans bezeichnet man als die Redoxkomponenten des Systems. Als weitere Komponenten enthält ein Redoxsystem, wie wir gesehen haben, stets auch das Lösungsmittel und im Falle der Dissoziation dessen positive und negative Ionen; daneben nicht selten zusätzliche Elektrolyte bzw. deren Ionen.

Ein System, das nur Redoxkomponenten ein und desselben Stoffes, sog. „konjugierte" Redoxkomponenten enthält, wird als *einfaches* Redoxsystem bezeichnet, unbeschadet der Zahl der sonst noch am System beteiligten Komponenten. Wir hatten es demnach bislang ausnahmslos mit einfachen Redoxsystemen zu tun.

Unter einem zusammengesetzten Redoxsystem oder Redoxsystemgemisch versteht man demzufolge ein Gemisch, das mehrere konjugierte Redoxkomponenten enthält. Derartige Redoxsystemgemische sind für die Praxis von größter Bedeutung; die Untersuchung eines gegebenen Redoxsystems läuft fast immer auf die Herstellung eines zweckmäßig aufgebauten zusammengesetzten Redoxsystems und auf das Studium seines Verhaltens hinaus.

Werden 2 verschiedene Redoxsysteme miteinander gemischt, so setzen sie sich, falls sie nicht zufällig von vornherein im chemischen Gleichgewicht miteinander stehen, wechselseitig um. Dies geschieht dadurch, daß die Konzentrationsverhältnisse der jeweils konjugierten Redoxkomponenten sich so lange verschieben, bis die zugehörigen Redoxpotentiale der beiden nichtkonjugierten Systeme einander gleich geworden sind. Es ergibt sich dies als zwangsläufige Folge der Bedingung für das chemische Gleichgewicht.

Aus der PETERSschen Gleichung folgt, daß für eine verschwindend kleine Konzentration an Reductans der Logarithmus naturalis des Konzentrationsverhältnisses der konjugierten Komponenten gegen plus Unendlich geht und demzufolge das Redoxpotential einem unendlich großen positiven Spannungswert zustrebt. Verschwindet umgekehrt die Konzentration des Oxydans, so wird, da $\ln\frac{1}{\infty} = -\infty$, das Redoxpotential gegen unendlich negative Spannungswerte laufen. Da nun unendlich große positive oder negative Spannungen nicht herstellbar sind, so ergibt sich hieraus unmittelbar, daß kein Oxydans frei von jeder Spur des konjugierten Reductans und umgekehrt hergestellt werden kann. Weiterhin muß man schließen, daß bei der Mischung mehrerer Redoxsysteme keine Redoxkomponente im strengen Sinn des Wortes vollständig aufgebraucht werden kann.

Zur Erläuterung der Verhältnisse diene das System Eisen(III)-chlorid/Eisen(II)-chlorid, das in irgendeinem Konzentrationsverhältnis mit dem System Methylenblau/Leukomethylenblau gemischt werde. Um die Überlegungen durch Berücksichtigung der starken Tendenz der Eisen(III)-salze zur Hydrolyse (vgl. hierzu S. 536) nicht unnötig komplizieren zu müssen, sei weiterhin vereinbart, daß stark saures Medium vorliege, z. B. $p_H = 1{,}5$. Für das Methylenblau entnimmt man bei diesem p_H der Abb. 1, S. 645, ein Pegel-Normalpotential von $+\,397$ mV, während die konjugierten Redoxkomponenten des Eisensystems $+771$ mV als Pegel-Normalpotential aufweisen; wegen des stark sauren Mediums unabhängig vom p_H. Unter den geschilderten Versuchsbedingungen liegt mithin das Normalpotential des Eisensystems um 374 mV positiver als das des Methylenblausystems. Deshalb muß beim Zusammengeben beider Systeme das positivere Eisensystem oxydativ auf das Methylenblausystem einwirken; d. h. das Fe^{+++} wird reduziert, das Leukomethylenblau oxydiert und zwar so weit, bis das Eisensystem und das Methylenblausystem dasselbe Redoxpotential $°E$ besitzen[1].

Angenommen, das Eisen(III)-ion war vor der Vermischung nur in sehr geringem Überschuß vorhanden und wurde durch den Redoxvorgang so sehr verbraucht, daß $\frac{Fe^{+++}}{Fe^{++}} = \frac{1}{100}$ geworden ist, dann errechnet sich an Hand der PETERSschen Gleichung für das Eisensystem ein Redoxpotential: $°E = +0{,}771 - 2 \cdot 0{,}059 = +0{,}653$ V. Das im Unterschuß vorhandene Methylenblausystem muß im Verlauf der Umsetzung — zumindest theoretisch — das diesem Potentialwert zugehörige Konzentrationsverhältnis seiner Redoxkomponenten angenommen haben. Dieses errechnet sich unter Berücksichtigung der Tatsache, daß der Elektrodenprozeß bei Methylenblau zweiwertig verläuft, aus der PETERSschen Gleichung zu:

$$\frac{0{,}653 - 0{,}397}{0{,}5 \cdot 0{,}059} = \log \frac{[Ox]}{[Red]} = 8{,}7 \, ,$$

oder

$$\frac{[Ox]}{[Red]} = \frac{5 \cdot 10^8}{1} \, .$$

Ein solches Konzentrationsverhältnis stellt nicht viel mehr als eine fiktive Rechengröße dar, die besagt, daß praktisch alles Methylenblau oxydiert wurde und das Potential nur noch vom Verhältnis Fe^{+++}/Fe^{++} abhängt.

Macht man den umgekehrten Versuch und gibt das Leukomethylenblau im Vergleich zu Eisen(III)-chlorid im Überschuß vor, so wird das resultierende Konzentrationsverhältnis des Methylenblausystems potentialbestimmend. Nehmen wir in Anlehnung an die Erfahrung an, daß etwa bis zu einem Konzentrationsverhältnis von 1:10000 konjugierte Redoxkomponenten potentialbestimmend sind, so folgt aus den angeführten Versuchen, daß das Redoxpotential des Eisensystems etwa den Bereich $+0{,}77 \pm 0{,}2$ V überstreicht und das des Methylenblausystems $0{,}4 \pm 0{,}1$ V (bei $p_H = 1{,}5$). Daraus ergibt sich für die Untersuchung von Redoxsystemen eine Folgerung von großer Tragweite. Titriert man beispielsweise eine Leukomethylenblaulösung mit Eisen(III)-chlorid in saurem Medium, so steigt die Spannung langsam durch den Potentialbereich des Methylenblausystems an, bis sie etwa $+0{,}5$ V erreicht hat und springt dann, sobald der geringste nicht mehr durch Reduktion verbrauchte Überschuß an Eisen(III)-ionen vorhanden ist, auf den etwa 0,1 Volt höheren Potentialwert des Eisensystems. Dieser Potentialsprung kann bei der potentiometrischen Titration eines Leukofarbstoffes mit $FeCl_3$ als Indicator zur Erkennung des Endpunktes der Titration angesehen werden und naturgemäß auch umgekehrt, etwa bei der reduktiven Titration eines Farbstoffes wie Methylenblau mit $TiCl_3$ zur Erkennung des Endpunktes der Reduktion. Die Analogie dieser Verfahren zu denen der potentiometrischen Alkali-Acidimetrie liegt auf der Hand.

Die Schärfe des Endpunktes der Redoxtitration hängt davon ab, wieweit sich die Potentialbereiche des vorgegebenen und des zugefügten Redoxsystems voneinander entfernt befinden. Sind die Potentialbereiche nicht wie im Fall des Methylenblausystems gegenüber dem Eisensystem voneinander getrennt, sondern überschneiden sie sich zum Teil, so müssen im Gleichgewicht die konjugierten Redoxkomponenten beider Systeme ein endliches potentialbestimmendes Konzentrationsverhältnis besitzen.

Beispiel: Indigotetrasulfonat $°_7E_{\frac{1}{2}} = -0{,}046$ (Substanznummer 33 der Redoxindicatorentafel), mit der zugehörigen Leukoverbindung im äquimolaren Verhältnis gemischt, steht mit einem System aus Indigodisulfonat und der zugehörigen Leukoverbindung $(°_7E_{\frac{1}{2}} = -0{,}125)$ im Gleichgewicht, wenn

---

[1] Der voraus- und hochgestellte Index am Potentialsymbol bezieht sich auf das Nullniveau der Potentialzählung, wie des näheren S. 690 erläutert wird.

dessen konjugierten Komponenten im Konzentrationsverhältnis 480:1 vorliegen. Der Potentialsprung bei der Titration eines solchen Redoxsystemgemisches ist immer noch groß genug, um die verschiedenen Sulfonate des Indigos, wie CLARK gezeigt hat, quantitativ nebeneinander potentiometrisch erfassen zu lassen.

Das Auftreten eines Potentialsprunges nach dem Durchlaufen des für ein Redoxsystem charakteristischen Potentialbereiches ermöglicht es, eine Erweiterung der experimentellen Methodik von erheblicher Bedeutung vorzunehmen. Es steht zu erwarten, daß der erwähnte Potentialsprung nicht allein durch eine potentiometrische Messung zu erfassen ist, sondern auch in Erscheinung treten muß, wenn eine verhältnismäßig geringfügige Menge eines weiteren Redoxsystems zu dem ursprünglichen Gemisch zugegeben wird. Dieses zusätzliche Redoxsystem sei unter dem Gesichtspunkt ausgewählt, daß einerseits sein Normalpotential außerhalb des Potentialbereiches liegt, an dessen Ende der Potentialsprung auftritt, daß andererseits seine konjugierten Komponenten einen auffallenden Unterschied in der Eigenfarbe aufweisen. Damit sind die beiden grundlegenden Eigenschaften der sog. volumetrischen Redoxindicatoren präzisiert, die es erlauben, neben die potentiometrische Redoxmessung die colorimetrische Redoxtitration zu stellen.

Dank seiner geringen Menge ist der zugefügte Redoxindicator praktisch ohne Einfluß auf den Verlauf der Potentialkurve. Befindet man sich bei der Titration noch innerhalb des Potentialbereiches des vorgelegten Redoxsystems, so stellt sich der Farbindicator als reversibles Redoxsystem auf den jeweiligen Potentialwert ein, d. h. er liegt fast vollständig in Form der einen der beiden konjugierten Komponenten vor, deren Farbe die Lösung annimmt. Tritt der mehrfach erwähnte Potentialsprung ein, so gelangt man in den Umschlagsbereich des Redoxindicators: die Lösung zeigt die Umschlags- bzw. Mischfarbe der beiden Komponenten. Zumeist — und für die Praxis durchaus erwünscht — ist indessen der Potentialsprung so steil, daß das Umschlagsintervall des Farbindicators übersprungen wird, weshalb der letzte Tropfen der zugesetzten Lösung des dritten Redoxsystems unmittelbar in den Potentialbereich jenseits des Farbumschlages des Redoxindicators führt, dessen Farbe sich der Lösung aufprägt.

Um zu exakten Aussagen über den Potentialbereich zu gelangen, innerhalb dessen das Normalpotential eines Redoxindicators liegen muß, falls eine bestimmte Genauigkeit der Redoxtitration verlangt wird, hat man wieder auf die PETERssche Gleichung zurückzugreifen. Der Gang der Rechnung sei der Anschaulichkeit halber auch hier an einem konkreten Beispiel erläutert.

Als Reductans in unbekannter Menge liege ein Eisen(II)-salz vor; als Oxydans eine Cer(IV)-sulfatlösung von bekanntem Titer; für die Genauigkeit der Bestimmung wollen wir 0,1 % vorschreiben. Es steht zur Diskussion zu klären, ob eine solche Genauigkeit theoretisch erreichbar ist und welcher Redoxindicator hierfür in Frage kommt. Die Messungen seien bei 25° C ausgeführt.

Aus der Tabelle der Pegel-Normalpotentiale der wichtigsten ionogenen Oxydoreduktionen (S. 636) entnimmt man für das Eisensystem $°E_{\frac{1}{2}} = 0{,}771$ V und für das Cersystem $°E_{\frac{1}{2}} = +1{,}609$ V. Ist im Verlauf der Titration das vorgegebene Eisen(II)-salz bis auf 0,1 % in Eisen(III)-salz überführt, so befindet sich das Gemisch auf einem Redoxpotential, das sich aus der PETERsschen Gleichung errechnet zu:

$$°E = 0{,}771 + 0{,}0591 \cdot \log \frac{1000}{1} = 0{,}948 \ [\text{Volt}].$$

Soll der Endpunkt des Verbrauchs an Eisen(II)-salz mit der angegebenen Genauigkeit erkennbar sein, darf mithin der Redoxindicator erst oberhalb von 0,95 V sein Umschlagsintervall aufweisen. Andererseits muß der Farbumschlag eintreten, schon bevor eine höhere Konzentration an nicht durch Reduktion verbrauchten Cer(IV)-ionen in der Lösung vorhanden ist; spätestens in unserem Falle, wenn die Ce^{++++}-Ionenkonzentration 0,1 % der Ce^{+++}-Ionen ausmacht. Dann ist das zugehörige Redoxpotential gegeben durch:

$$°E = 1{,}609 + 0{,}0591 \cdot \log \frac{1}{1000} = 1{,}432 \ [\text{Volt}].$$

Dies ist der höchstzulässige Potentialwert für den Umschlagsbereich eines der gestellten Aufgabe genügenden Redoxindicators.

Mit Hilfe der Normalpotentiale des bekannten und des zu bestimmenden Redoxsystems läßt sich demnach von vornherein ermitteln, ob ein Farbindicator mit diesem oder jenem Normalpotential für eine bestimmte Titration in Frage kommt oder nicht. In dem eben behandelten Beispiel lagen die Bedingungen freilich insofern sehr günstig, als zwischen 0,95 und 1,43 V ein verhältnismäßig weiter Spielraum zur Verfügung steht. Die Normalpotentiale zweier ins Auge gefaßter Redoxsysteme können naturgemäß auch so liegen, daß sich die in analoger Weise berechneten Potentialgrenzen für das Umschlagsintervall des Indicators überschneiden. Tritt dieses ein, so kann die Schärfe der Redoxtitration den gestellten Ansprüchen grundsätzlich nicht genügen.

Es sei schon hier darauf hingewiesen, daß weiter unten (S. 680ff.) eine zweite Art der colorimetrischen Redoxbestimmung des näheren zu erläutern sein wird. Während aber in dem obigen Beispiel die Frage nach der Menge des Oxydans bzw. des Reductans im Vordergrund stand, geht es dort um die Ermittlung eines unbekannten Potentialwertes. In einem solchen Falle muß der Farbindicator so ausgewählt werden, daß der zu messende Potentialwert *innerhalb* des Umschlagsintervalles des Indicators liegt.

Die Beschwerung. Neben der Feststellung der Schärfe des Endpunktes einer potentiometrischen bzw. colorimetrischen Redoxtitration ist zur Charakterisierung des Verhaltens eines Redoxsystemgemisches insbesondere wesentlich, wie sich das Potential des Gemisches mit den Mengenverhältnissen der beteiligten einfachen Redoxsysteme ändert.

Zur Beantwortung dieser Frage sei angenommen, daß ein starkes Oxydationsmittel auf ein reversibles System einwirke, dessen konjugierte Redoxkomponenten in der Bruttokonzentration [Bt] vorliegen mögen, und dessen oxydierte Stufe vor der Mischung die Konzentration [Ox] besitze. Dann gilt gemäß der PETERSschen Gleichung:

$$E = \frac{RT}{nF} \cdot \ln \frac{[\text{Ox}]}{[\text{Red}]} = \frac{RT}{nF} \ln \frac{[\text{Ox}]}{[\text{Bt}] - [\text{Ox}]} \, . \tag{25}$$

Durch den Zusatz einer geringen Menge des starken Oxydationsmittels wächst [Ox] um $d[\text{Ox}]$ und das Potential ändert sich um dE. Die Steilheit des Potentialanstieges $dE/d[\text{Ox}]$ findet man durch Differentiation

$$\frac{dE}{d[\text{Ox}]} = \frac{RT}{nF} \left\{ \frac{1}{[\text{Ox}]} + \frac{1}{[\text{Bt}] - [\text{Ox}]} \right\} = E_N \cdot \frac{[\text{Bt}]}{[\text{Ox}]\{[\text{Bt}] - [\text{Ox}]\}} \, . \tag{26}$$

Die Potentialänderung je Äquivalent des starken Oxydationsmittels nennt man manchmal die „Nachgiebigkeit des Redoxsystems"; doch ist es im Anschluß an CLARK fast international üblich geworden, den reziproken Wert dieser Größe als die „Beschwerung des Redoxsystems" zu bezeichnen und in Erinnerung an $\beta\alpha\varrho\acute{v}\varsigma$ = schwer mit dem Symbol β zu belegen. Man setzt also:

$$\beta \equiv \frac{nF}{RT} \cdot [\text{Ox}] \frac{[\text{Bt}] - [\text{Ox}]}{[\text{Bt}]} \, . \tag{27}$$

Genauer besehen entstand der Begriff dadurch, daß CLARK das Widerstreben eines reversiblen Systems gegen eine Potentialänderung, also die Größe β, als „poising effect" bezeichnete, was etwa mit „Ausbalancierungseffekt" wiederzugeben wäre. Die Ausbalancierung fand eine plausible Verdeutschung in dem Ausdruck „Beschwerung".

Anstatt die Beschwerung in reziproken Millivolt oder Volt zu messen, könnte die Größe natürlich auch im Konzentrationsmaß angegeben werden unter Einbeziehen des NERNSTschen Potentialfaktors in β gemäß:

$$\beta \cdot E_N = \beta' = [\text{Ox}] \frac{[\text{Bt}] - [\text{Ox}]}{[\text{Bt}]} = \frac{[\text{Ox}] \cdot [\text{Red}]}{[\text{Ox}] + [\text{Red}]} \, , \tag{28}$$

eine Formulierung, die aus mnemotechnischen Gründen vielleicht vorzuziehen ist.

Wie man erkennt, hängt β auf alle Fälle nur von 2 Variablen ab; denn die 3. Veränderliche ist durch Summen- oder Differenzbildung zugleich mit den beiden anderen eindeutig festgelegt und kann mithin nicht als unabhängige Variable fungieren. Benutzen wir weiterhin [Bt] und [Ox] als unabhängige Veränderliche, so ergibt sich durch Differentiation der Beschwerung nach [Ox]:

$$\frac{d\beta}{d[Ox]} = \frac{1}{E_N} \cdot \left\{ \frac{[Bt]-[Ox]}{[Bt]} - \frac{[Ox]}{[Bt]} \right\}. \tag{29}$$

Um die Lage eines Extremums von β zu finden, setzen wir die rechte Seite obiger Beziehung = 0 und erhalten:

$$[Ox] = \frac{[Bt]}{2}. \tag{30}$$

Aus einer weiteren Differentation folgt, daß β hier ein Maximum darstellt.

Dies bedeutet: Die Beschwerung eines Redoxsystems von gegebener Bruttokonzentration der konjugierten Redoxkomponenten ist dann am größten, wenn jene in äquimolaren Mengen vorhanden sind. Sie wird um so geringer, je mehr eine der beiden konjugierten Komponenten die andere mengenmäßig überwiegt. Redoxsysteme, in denen entweder das Oxydans oder das Reductans nur in Spuren vorhanden sind, besitzen kaum noch Beschwerung und erweisen sich demgemäß als äußerst empfindlich gegen Verunreinigungen durch andere Redoxsysteme sogar noch geringerer Absolutkonzentration, falls diese in einem günstigeren Mischungsverhältnis zugegen sind.

Greifen wir nun wieder auf Gl. (27) zurück. Statt die Änderung der Beschwerung in einer der beiden konjugierten Komponenten zu verfolgen, sei nunmehr die Abhängigkeit von der Bruttokonzentration betrachtet. Durch Differentiation ergibt sich:

$$\frac{d\beta}{d[Bt]} = \frac{nF}{RT} \cdot \frac{[Ox]^2}{[Bt]^2}, \tag{31}$$

β besitzt also für endliche [Bt]-Werte weder ein Maximum noch ein Minimum, d. h. die Beschwerung wächst stetig mit zunehmender Konzentration des Redoxsystems.

Vergleicht man den Inhalt der eben abgeleiteten Beziehungen mit der Abhängigkeit der Wasserstoffionenkonzentration vom Gleichgewicht der am System beteiligten starken und schwachen Elektrolyte, so kann man sagen, die Beschwerung spielt für ein Redoxsystem eine ähnliche Rolle, wie die Pufferung in einem Säure-Basensystem.

δ) Die gebräuchlichen Maßsysteme des Redoxpotentials.

Der r_H-Begriff. Die Abhängigkeit des Redoxpotentials vom p_H erweist sich, wie wir auf S. 637 gesehen haben, als so typisch für die einzelnen Redoxsysteme, daß man diese allein nach dem Charakter ihrer p_H-Abhängigkeit in Gruppen einteilen kann; nämlich in eine Gruppe von Systemen, deren Redoxpotential vom p_H unabhängig ist; eine Gruppe, deren Redoxpotential die gleiche p_H-Abhängigkeit wie eine reversible Wasserstoffelektrode zeigt, und schließlich eine Gruppe, deren Redoxpotential weder in einer linearen Beziehung zum jeweiligen p_H-Wert steht, noch davon unabhängig sich einstellt.

Bemerkenswerterweise ist die auf Grund der p_H-Abhängigkeit vollzogene Gruppeneinteilung identisch mit der Unterscheidung der Systeme in ionogene, elektroneutrale und elektro-amphotere, einer Klassifizierung, zu der wir an Hand des verschiedenen Verhaltens der einzelnen Redoxprozesse hinsichtlich des Ladungsaustausches gekommen sind.

Messungen von Redoxpotentialen entbehren demgemäß so lange eines physikalischen Sinnes, als es nicht gelungen ist, ein klares Bild von der p_H-Abhängigkeit des Normalpotentials des vorgelegten Systems zu gewinnen. Eine graphische Darstellung nach Art der Abb. 1 erleichtert den Überblick über die zu erwartenden Zusammenhänge.

Das Diagramm veranschaulicht die p_H-Abhängigkeit des Pegel-Normalpotentials für einige Redoxsysteme in Reversibilität I. Art, d. h. für Systeme, die in sich reversibel sind und keines Aktivators zur Potentialausbildung bedürfen. Näheres über diese auf WURMSER zurückgehende Einteilung der Redoxsysteme nach Art ihrer Reversibilität s. S. 657.

Mit ganz wenigen Ausnahmen liegen alle Redoxsysteme in dem durch die Elektrodenfunktionen der Normalwasserstoffelektrode und der Normalsauerstoffelektrode begrenzten

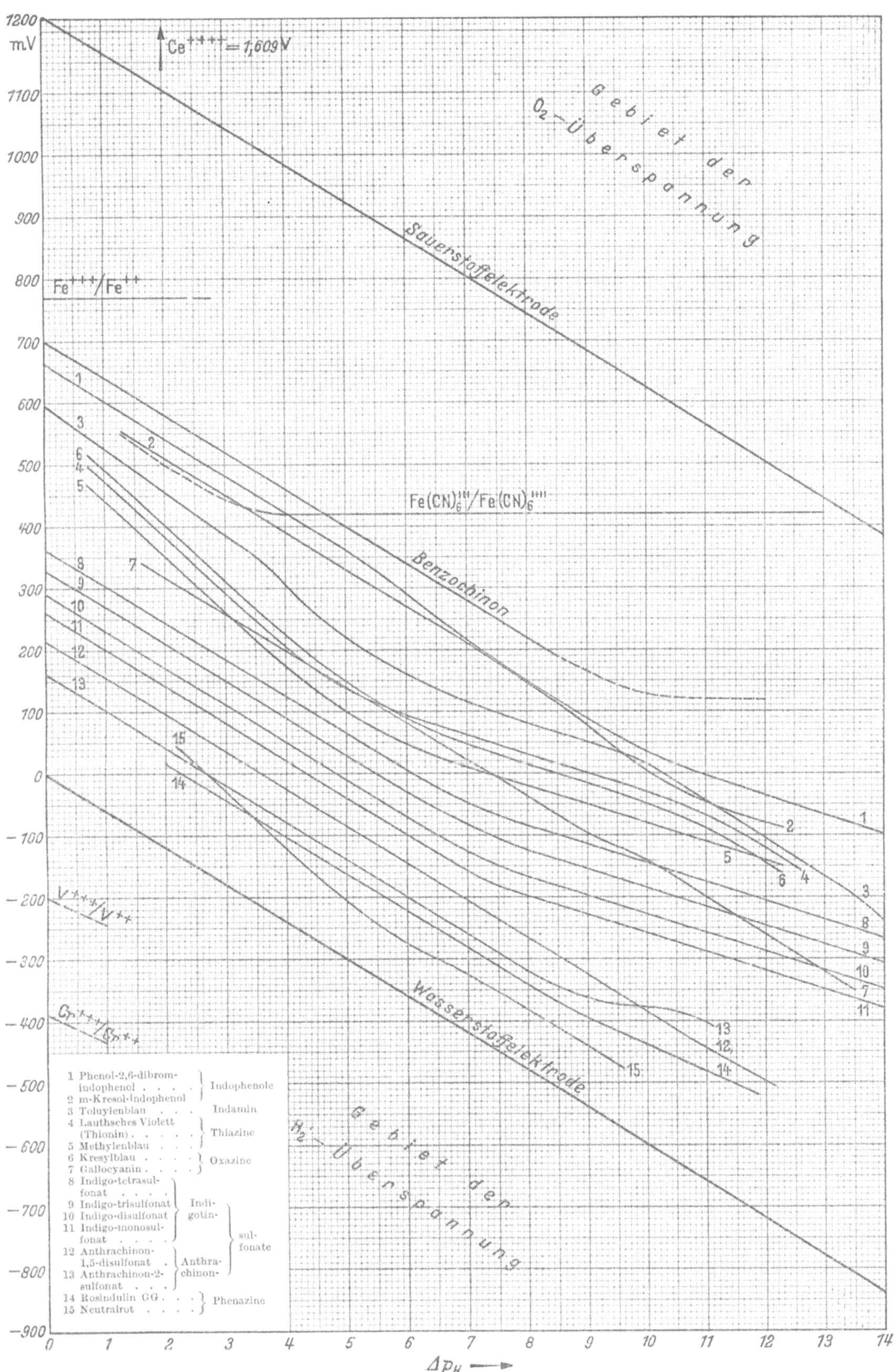

Abb. 1. pH-Abhängigkeit der Pegel-Normalpotentiale einiger Redoxsysteme in Reversibilität I. Art.

Mittelfeld. Systeme, deren Redoxpotential oberhalb der Normalsauerstoffelektrode bzw. unterhalb der Normalwasserstoffelektrode liegen, also im Bereich der O_2- bzw. H_2-Überspannung, bereiten der Messung große Schwierigkeiten. Ist ein derartiges Redoxpotential wirklich streng reversibel und das System im thermodynamischen Gleichgewicht, so kann das Potential beim Einbringen einer Edelmetallelektrode in die Lösung nicht stabil sein, da die einsetzende O_2- bzw. H_2-Entwicklung erst zum Stillstand kommt, wenn der Partialdruck des Gases an der Elektrode auf 1 Atm. abgesunken ist. Das Potential verschiebt sich dabei aus dem Überspannungsbereich auf den Wert der O_2- bzw. H_2-Normalelektrode. Ist umgekehrt das vorgelegte System nicht reversibel, treten also Überspannungen und Verzögerungserscheinungen auf, insofern als die thermodynamisch zu erwartende H_2- bzw. O_2-Entwicklung unterbleibt oder nur ganz träge abläuft, so befinden wir uns in einem metastabilen Potentialbereich, der naturgemäß nur geringere Produzierbarkeit zu ergeben vermag.

Die im Mittelfeld des Diagramms verlaufenden Potentialfunktionen zeigen zum Teil die für ionogene Redoxprozesse zu erwartende p_H-Unabhängigkeit [veranschaulicht am Beispiel des Eisen(III)-/Eisen(II)-Systems sowie dem Ferricyan-/Ferrocyan-System], zum andern die für elektroneutrale Systeme postulierte Parallelität zur Potentialfunktion der Normalwasserstoffelektrode, wenigstens im großen und ganzen betrachtet. Doch wird schon hier deutlich, daß die bisher gegebene Theorie der p_H-Abhängigkeit der Redoxpotentiale einer Verfeinerung bedarf. Die lineare Beziehung zwischen p_H und Potential gilt nur, wie angesichts der Verallgemeinerung der PETERSschen Gleichung (S. 639) bereits angedeutet wurde, wenn keine der beiden konjugierten Komponenten des Redoxsystems eine Änderung des elektrolytischen Dissoziationszustandes erfährt. Bleibt die Zahl der Ladungen in Abhängigkeit vom p_H nicht konstant, so ist eine Änderung des Neigungswinkels der Potentialfunktion die unmittelbare Folge. Solche Fälle, die in der Praxis, wie das Diagramm erkennen läßt, ziemlich häufig auftreten, bedürfen einer besonderen Behandlung (vgl. S. 674 ff.).

Betrachtet man die im Mittelfeld eingetragenen Substanzen nach ihrer chemischen Struktur (vgl. hierzu die Formelbilder in Spalte IV der Redoxindicatorentafel), so fällt auf, daß sämtliche dem elektroneutralen Redoxtyp angehörigen Systeme entweder Chinone (Benzochinon-, Naphthochinon-, Anthrachinonderivate) bzw. davon abgeleitete Chinonimine (Indophenole und Indamine) sowie ringgeschlossene Chinonfarbstoffe in Form von Phenazinen (z. B. Neutralrot), Oxazinen (wie Gallocyanin) oder Thiazinen (wie Methylenblau) darstellen oder andererseits als Küpenfarbstoffe anzusprechen sind wie die Indigoderivate und die gleichzeitig als Chinone und als Küpenfarbstoffe zu bezeichnenden Farbstoffe der Anthrachinonreihe. Nimmt man noch die ionogenen Redoxsysteme sowie die wenigen, reversible Redoxprozesse verkörpernden Radikalbildungen hinzu, so ist damit die Gruppe der Redoxsysteme in Reversibilität I. Art umschrieben.

Weiterhin fällt auf, daß einige der ins Diagramm eingetragenen Potentialfunktionen anorganischer Systeme nicht die für den ionogenen Typ eigentümliche p_H-Unabhängigkeit besitzen. Dies ist immer dann der Fall, wenn Sekundärreaktionen neben dem Redoxprozeß einherlaufen.

Beispiel: Das Verhalten der Titansalze[1]. Es beruht im wesentlichen darauf, daß sowohl das Titan(III)-hydroxyd als auch das Titan(IV)-hydroxyd als schwache Base fungiert. Die Lösungen der Basen in Säuren sind deshalb hydrolytisch dissoziiert und es muß gelten:

$$Ti^{+++} + 3\,H_2O = Ti(OH)_3 + 3\,H^+$$

und

$$Ti^{++++} + 4\,H_2O = Ti(OH)_4 + 4\,H^+.$$

Das Massenwirkungsgesetz nimmt hierfür bei Einbeziehen des konzentrationskonstanten Wassers in die Gleichgewichtskonstante die Formulierung an:

$$[Ti^{+++}] = \frac{[Ti(OH)_3] \cdot [H^+]^3}{K_1}$$

---

[1] KOLTHOFF, L. M., et O. TOMIČEK: Recu. Trav. chim. Pays-Bas **43**, 768 (1924). — Der von den Autoren angegebenen $^\circ\underline{E}$-Werte für Ti^{++++}/Ti^{+++} (= —0,03 V dürfte überholt sein.

bzw.

$$[Ti^{++++}] = \frac{[Ti(OH)_4] \cdot [H^+]^4}{K_2},$$

daraus folgt:

$$\frac{[Ti^{+++}]}{[Ti^{++++}]} = \frac{K_c \cdot [Ti(OH)_3]}{[H^+] \cdot [Ti(OH)_4]}.$$

Für das potentialbestimmende Konzentrationsverhältnis Ti^{+++}/Ti^{++++} ist damit der Einfluß der p_H-Abhängigkeit der Dissoziation der beiden einander zugeordneten Hydroxyde festgelegt. Diese p_H-abhängige Dissoziation superponiert sich dem Gang des Redoxpotentials mit dem Verhältnis der Konzentrationen des Oxydans zu der des Reductans gemäß der PETERSschen Gleichung. Wenden wir unsere im Anschluß an Gl. (3), S. 631 getroffenen Vereinbarung, stets die Konzentration des potentialbestimmenden Oxydans in den Zähler zu nehmen, jetzt an, so erhalten wir:

$$^\circ E = ^\circ \underline{E}' + \frac{R\,T}{F} \ln \frac{[Ti^{++++}]}{[Ti^{+++}]} + \frac{R\,T}{F} \ln \frac{[H^+]\,[Ti(OH)_4]}{K_c\,[Ti(OH)_3]}.$$

Daraus ergibt sich unter Einbeziehen des in erster Näherung konstanten Konzentrationsverhältnisses $Ti(OH)_4/Ti(OH)_3$ in die Konstante des Massenwirkungsgesetzes und somit letzten Endes in den Wert des Normalpotentials $^\circ \underline{E}'$, für das Pegelpotential der Mischung:

$$^\circ E = ^\circ \underline{E} + \frac{R\,T}{F} \ln \frac{[Ti^{++++}] \cdot [H^+]}{[Ti^{+++}]}. \tag{32}$$

Die Potentialfunktion zeigt also denselben Verlauf wie die Kennlinie der Normalwasserstoffelektrode, nämlich eine Gerade mit dem NERNSTschen Potentialfaktor als Neigungswinkel. Beide Geraden sind um den Betrag $\Delta\,^\circ\underline{E} = 0{,}04$ V gegeneinander versetzt (vgl. Tab. 1, S. 636), falls $[Ti^{++++}]/[Ti^{+++}] = 1$ vorgegeben wird.

In Wirklichkeit liegen die Verhältnisse freilich noch etwas komplizierter, da unter anderem die Tatsache, daß das $Ti(OH)_4$ gleichzeitig Säurecharakter besitzt, in den Gleichungen nicht berücksichtigt wurde. Dieses hat zur Folge, daß die Potentialfunktion des Titansystems ein wenig steiler verläuft als die Kennlinie der Wasserstoffelektrode.

Ähnliche Abweichungen zeigen im Bereich der Wasserstoffüberspannung die meisten anorganischen Redoxsysteme. Doch verlaufen die zugehörigen Potentialfunktionen im allgemeinen flacher als die Kennlinie der Wasserstoffelektrode. Beispiel: Das System Vanadin(III)/Vanadin(II) einerseits[1] und das System Chrom(III)/Chrom(II) andererseits[2].

Zur Charakterisierung der Oxydations- bzw. Reduktionswirkung eines vorgegebenen Systems genügt, demzufolge die Angabe des Redoxpotentials nur in den wenigsten Fällen. Indessen dürfte es wegen des im wesentlichen doch linearen Zusammenhanges zwischen dem Potential und dem p_H der elektroneutralen Redoxprozesse möglich sein, einen Maßstab für die Reduktionsintensität eines solchen Systems zu finden, der vom jeweiligen p_H unabhängig ist. Dieser Gedanke führte CLARK, der sich um die Entwicklung der Lehre von den Redoxsystemen die größten Verdienste erworben hat, dazu, die Größe r_H als Maß der Redoxintensität zu definieren kraft der Gleichung:

$$- \log p_{H_2} \equiv r_H, \tag{33}$$

wobei p_{H_2} den (virtuellen) Wasserstoffdruck des betrachteten Redoxsystems bedeutet.

Die ursprüngliche Absicht CLARKs, ein vollkommen vom p_H unabhängiges Redoxmaß zu gewinnen, läßt sich, wie das individuelle Verhalten der Potentialfunktionen der verschiedenen Systeme zeigt, auf dem angegebenen Weg freilich nicht verwirklichen. Je genauer man Potentialfunktionen bestimmen lernte, um so ungenauer mußte das r_H-Maß erscheinen und CLARK riet schließlich selber von der weiteren Verwendung des r_H-Begriffes eindringlich ab[3]. Der Begriff hatte jedoch inzwischen, insonderheit in der Physiologie, schon so vielfache Anwendung gefunden, daß er durch ein Verdikt nicht mehr zu tilgen war. Dies hat nicht zuletzt seinen Grund darin, daß der r_H-Maßstab ganz bequem ist und für zahlreiche in der Natur vorkommende Redoxsysteme auch hinreichend genaue Maßzahlen liefert, zumal wenn man eine Variation des p_H-Bereiches

---

[1] MAASZ, K.: Z. analyt. Chem. **97**, 241 (1934).
[2] ZINTL, E., u. G. RIENÄCKER: Z. anorg. Chem. **161**, 374 (1927).
[3] In der 3. Auflage (S. 387) seines Werkes: The Determination of Hydrogen Ions. Baltimore 1928.

allein innerhalb der natürlichen physiologischen Grenzen zuläßt. Geometrisch heißt dies, daß wir dadurch aus der Potentialfunktion eines Redoxsystems nur kurze Abschnitte herausgreifen und diese als geradlinig und parallel zur Kennlinie der Normalwasserstoffelektrode ansehen. Die Berechtigung oder wenn man will, die Fragwürdigkeit so zu handeln, wird an Hand von Abb. 1 evident.

Um den physikalischen Sinn des r_H-Begriffes deutlich werden zu lassen, sei der Weg, der zu der oben aufgeführten Definitionsgleichung führt, verfolgt. Wir vergegenwärtigen uns wieder, daß die Wechselwirkung eines Redoxsystems mit einer Edelmetallelektrode durch den (virtuellen) Wasserstoffdruck beschrieben werden kann, der das Elektrodenpotential einstellt. Für 2 Wasserstoffelektroden, die sich in bezug auf den Partialdruck des Wasserstoffes unterscheiden, fanden wir die Beziehung[1]:

$$\Delta^i E = \frac{RT}{F} \ln \sqrt{\frac{p_{H_2}'}{p_{H_2}''}} = \frac{E_N}{2} \log \frac{p_{H_2}'}{p_{H_2}''}. \tag{19}$$

Setzen wir den Druck p_{H_2}' der Bezugselektrode $= 1$ (Atmosphären), so errechnet sich der Druck der anderen Elektrode p_{H_2}'' zu:

$$\Delta^i E = \frac{E_N}{2} \log \frac{1}{p_{H_2}},$$

oder

$$\log p_{H_2} = - \frac{\Delta^i E}{0,5 \cdot E_N}.$$

CLARK definierte nun in Analogie zum p_H-Symbol den mit -1 multiplizierten dekadischen Logarithmus[2] des Partialdruckes des *molekularen* Wasserstoffes als r_H. Damit wird

$$\boxed{- \log p_{H_2} \equiv r_H = \frac{\Delta^i E}{0,5 \cdot E_N}.} \tag{34}$$

Mit anderen Worten: *Die beim selben p_H-Wert zwischen einem Redoxsystem und einer Wasserstoffelektrode von 760 Torr auftretende Potentialdifferenz ($\Delta^i E$), dividiert durch den halben NERNSTschen Potentialfaktor der jeweiligen Versuchstemperatur, stellt den r_H-Wert des vorgelegten Systems dar.*

Beispiel: Ein Redoxsystem habe ein Pegelpotential von 276 mV bei einer Versuchstemperatur von 25° und einem $p_H = 7$. Bei diesem p_H beträgt das Pegelpotential der 760 Torr-H_2-Elektrode $= -E_N \cdot p_H = -0,0591 \cdot 7,0 = -0,4137$ V. Die Potentialdifferenz des Redoxsystems bei p_H 7 gegenüber der 760 Torr-Wasserstoffelektrode beim selben p_H errechnet sich somit zu $\Delta^i E = 0,690$ V, ein Wert, der mit einer geeigneten Elektrodenkombination auch direkt der Messung zugänglich ist.

Kraft Gl. (34) folgt hieraus $r_H = \frac{0,690}{0,02955} = 23,3$. Da $r_H = - \log p_{H_2}$ ist, kann dieses Ergebnis auch so formuliert werden: Das Redoxsystem besitzt dieselbe Reduktionsintensität wie Wasserstoff unter einem Druck von $10^{-23,3}$ Atm., wenn er durch kolloidales Palladium aktiviert wird. Den Zustand der Aktivierung müssen wir als Folgeerscheinung des Gleichgewichtes zwischen molekularem und atomarem Wasserstoff an der Edelmetalloberfläche annehmen.

Der virtuelle Sauerstoffpartialdruck. Ähnlich wie als Maß der Reduktionskraft der virtuelle Wasserstoffdruck bisher benutzt wurde, könnte als Maß der Oxydationskraft der Sauerstoffdruck angegeben werden, mit dem eine Edelmetallelektrode in einem Redoxsystem sich beladen würde, wenn ein wirkliches Gleichgewicht an einer Sauerstoffelektrode experimentell realisierbar wäre. Doch ist es nicht nötig, die Oxydationskraft auf die Sauerstoffelektrode zu beziehen. Man kann die oxydative Wirksamkeit auch durch den zugeordneten Wasserstoffdruck messen, ein Befund, der freilich von vornherein überraschend erscheinen mag. Indessen liegen hier die Dinge ganz ähnlich wie in der Alkali-Acidimetrie. Die Stärke einer Säure kommt bekanntlich in der Wasserstoffionenkonzentration zum Ausdruck, die einer Base in der Hydroxylionenkonzentration

---

[1] Der hochgestellte Index i am Potentialsymbol erinnert daran, daß identisches p_H für beide Halbelemente vorausgesetzt wird.

[2] Vgl. hierzu die Bemerkung über „negative Logarithmen" auf S. 528.

oder nach Einführen des Ionenproduktes des Wassers in derjenigen Wasserstoffionenkonzentration, die diesem Produkt bei der vorgegebenen Hydroxylionenkonzentration entspricht. Sobald der numerische Wert des Ionenproduktes des Wassers feststeht, läßt sich deshalb die Stärke jeder beliebigen Base auch im Säuremaß ausdrücken.

Die Schlußfolgerung liegt auf der Hand: Sofern es gelingt, die EMK der Normal-Sauerstoffelektrode gegenüber der Normal-Wasserstoffelektrode zu ermitteln, kann ein beliebiger Sauerstoffdruck auf den gemäß der Potentialgleichung zugeordneten Wasserstoffdruck „umgeeicht" werden. Wäre eine reversible Sauerstoffelektrode realisierbar, lieferte die beim Gegeneinanderschalten einer O_2- und einer H_2-Elektrode entstehende Knallgaskette unmittelbar den gesuchten Potentialwert.

In Analogie zur Entladung der positiven Wasserstoffionen, die sich unter Aufnahme je einer elektrischen Elementarladung und anschließender Vereinigung zweier Wasserstoffatome zu molekularem Wasserstoff gemäß der Gleichung vollzieht,

$$2\,H^+ + 2\,e_0 \rightleftharpoons H_2 , \tag{35}$$

erfolgt die Entladung der negativen Hydroxylionen unter Abgabe von Elektronen. Je zwei der entstandenen elektroneutralen OH-Radikale stabilisieren sich unter Abspaltung von Wasser nach dem Schema $2\,OH \rightarrow H_2O + O$; je 2 der so in Freiheit gesetzten sehr reaktionsfähigen O-Atome vereinigen sich daraufhin zum molekularen Sauerstoff. Die Bildung je einer Sauerstoffmolekel verlangt mithin die Übertragung von 4 Elektronen auf 4 Hydroxylgruppen, weshalb der an einer Sauerstoffelektrode ablaufende Elektrodenprozeß zu formulieren ist:

$$4\,OH^- \rightleftharpoons 4\,e_0^- + 2\,H_2O + O_2 . \tag{36}$$

Hierfür liefert das Massenwirkungsgesetz unter Einbeziehung des praktisch konzentrationskonstanten Wassers in die Gleichgewichtskonstante:

$$\frac{[O_2]}{[OH^-]^4} = K_c' \quad \text{bzw.} \quad \frac{[O_2]^{\frac{1}{4}}}{[OH^-]} = K_c . \tag{37}$$

Unter Berücksichtigung des HENRYschen Gesetzes ergibt sich demnach für das Pegelpotential der in einer OH^--Ionen-Lösung arbeitenden Sauerstoffelektrode mittels der NERNSTschen Gleichung:

$$^\circ E = {^\circ \underline{E}} + \frac{R\,T}{n_e F} \cdot \ln \frac{\sqrt[4]{p_{O_2}}}{[OH^-]} . \tag{38}$$

Die Analogie mit der Potentialgleichung für die Wasserstoffelektrode [Gl. (6)] liegt auf der Hand. Für 2 im gleichen Elektrolyten aufgebaute O_2-Elektroden erhält man hieraus:

$$\Delta E = \frac{R\,T}{4F} \cdot \ln \frac{p_{O_2}'}{p_{O_2}''} , \tag{39}$$

eine Beziehung, die bis auf den Faktor 4 im Nenner des ersten Bruches und den Indices O_2 an Stelle von H_2 identisch ist mit der für 2 Wasserstoffelektroden in gleichen Elektrolyten gültigen Gesetzmäßigkeit zufolge Gl. (19).

Vereinigt man Gl. (6) mit Gl. (38), d. h. wird durch Gegeneinanderschalten einer H_2- und einer O_2-Elektrode eine Knallgaskette gebildet, so gilt:

$$E = \Delta\,\underline{E} + \frac{R\,T}{F}\left\{ \ln \frac{\sqrt[4]{p_{O_2}}}{[OH^-]} - \ln \frac{[H^+]}{\sqrt{p_{H_2}}} \right\} = \Delta\,\underline{E} + \frac{R\,T}{F}\left\{ \ln p_{O_2}^{\frac{1}{4}} \cdot p_{H_2}^{\frac{1}{2}} - \ln [H^+] \cdot [OH^-] \right\}. \tag{40}$$

Läßt man die Wasserstoffelektrode und die Sauerstoffelektrode in der gleichen Elektrolytlösung arbeiten, so ist für das Ionenprodukt des Wassers in Gl. (40) der bekannte, nur von der Versuchstemperatur abhängige Wert einzusetzen. Dessen Logarithmus stellt, mit dem NERNSTschen Potentialfaktor multipliziert, eine definierte Spannungsdifferenz dar und kann deshalb in die Differenz der Normalpotentiale einbezogen werden. Damit ergibt sich für eine in derselben Elektrolytlösung aufgebaute Knallgaskette:

$$E = \Delta^i E + \frac{R\,T}{F} \cdot \ln p_{O_2}^{\frac{1}{4}}\, p_{H_2}^{\frac{1}{2}} . \tag{41}$$

Könnte man die $\Delta^i E$-Werte experimentell bestimmen, so wäre der oben geforderte Anschluß des auf die Normal-Sauerstoffelektrode bezogenen Maßsystems an das der Normal-Wasserstoffelektrode zugeordnete vollzogen.

Man meistert diese Schwierigkeit durch indirekte Messungen. Am einfachsten ist es, eine 760 Torr-H_2-Elektrode einer Hg/HgO-Elektrode im alkalischen Medium entgegenzuschalten. Die EMK dieser Kette ist gut reproduzierbar und beträgt $+0{,}923$ V bei $25°$[1].

Da dem System Hg/HgO ein bestimmter O_2-Partialdruck zukommt, kann die angegebene Elektrodenkombination als eine Sauerstoffelektrode betrachtet werden. Sobald der Partialdruck dieses Systems ermittelt ist, läßt sich auf den Druck $p_{O_2} = 1$ Atm. umrechnen und damit der druckabhängige Teil der Kettenspannung E in Gl. (41) festlegen.

Hier tritt nun freilich als Hindernis auf, daß der Sauerstoffdruck des Hg/HgO-Systems bei Zimmertemperatur unmeßbar klein ist. Andererseits war es möglich, den O_2-Dissoziationsdruck bei erhöhter Temperatur (zwischen 300 und 400° C) exakt zu bestimmen. Da überdies die Dissoziationswärme bzw. die Bildungswärme von Quecksilber(II)-oxyd und weiterhin die Molwärmen beider Komponenten genau bekannt sind, so läßt sich die Druckmessung mit hinreichender Sicherheit auf normale Temperatur umrechnen. Auf diese Weise wurde gefunden: $\log p_{O_2} = -20{,}28$ bei $298°$ K.

Mit $p_{H_2} = 1$, $\log p_{O_2}^{\frac{1}{2}} = -5{,}070$ und $E = 0{,}923$ wird $\Delta^i E$ in Gl. (40) $= +1{,}23$ V.

Die Schlußfolgerung dieser Beweisführung: Die Kennlinie der experimentell nicht realisierbaren Normalsauerstoffelektrode verläuft parallel zur Kennlinie der Normalwasserstoffelektrode und ist gegen diese um 1,23 V in positiver Spannungsrichtung versetzt. Von diesem Ergebnis wurde stillschweigend bereits Gebrauch gemacht in dem Spannungsdiagramm auf S. 645. Die Ermittlung des Normalpotentials der Sauerstoffelektrode ist auch insofern wesentlich, als damit die obere Grenze des Reversibilitätsbereiches der r_H-Skala festgelegt ist.

Die Mitte zwischen dem Gebiet der Sauerstoffüberspannung einerseits, dem der Wasserstoffüberspannung andererseits stellt den sog. „Neutralpunkt der Redoxpotentialskala" dar, der durch diese Definition in eine gewisse, wenn auch recht formale Analogie zum Neutralpunkt der p_H-Skala rückt.

Das calorische Maßsystem. An Stelle des r_H-Maßes bzw. der *ROP*-Werte kann schließlich als drittes Maß noch die Rechnung in Calorien treten.

Da einerseits das elektrische Wärmeäquivalent 1 Joule $= 0{,}2390$ cal, andererseits die FARADAYsche Konstante $F = 96\,500$ Coulomb/Äquivalent beträgt, läßt sich die elektrische Energie je Äquivalent und Volt ins calorische Maß umrechnen durch die Beziehung:

$$EF = 96\,500 \text{ Joule} = 96\,500 \cdot 0{,}2390 \text{ cal} = 23{,}06 \text{ kcal/Äquivalent}.$$

Bestimmt man die Potentiale bei verschiedener Temperatur, so läßt sich auf der GIBBS-HELMHOLTZschen Gleichung aufbauen, die eine Beziehung zwischen der Reaktionsarbeit ΔA, dem Temperaturkoeffizienten der Reaktionsarbeit $\partial \Delta A/\partial T$ und der Wärmetönung der Reaktion W_p, damit auch der Reaktionsenthalpie ΔH, herstellt, gemäß

$$W_p = -\Delta A + T\left(\frac{\partial \Delta A}{\partial T}\right)_p = -\Delta H. \tag{42}$$

Für die Reaktionsarbeit ist hier wieder die elektrische Arbeit mit $n_e E F$ einzusetzen. Aus den eben angeführten Umrechnungswerten folgt für die Reaktionsarbeit im calorischen Maßsystem, wenn $°E$ wie bisher in Volt gemessen wird:

$$\Delta A = 23{,}06 \cdot n_e \cdot °E. \qquad [\text{kcal/Äquivalent}] \tag{43}$$

Die auf diese Weise zu gewinnenden Werte für die Arbeitsfähigkeit einer Redoxreaktion erweisen sich von grundlegender Bedeutung für eine quantitative Beschreibung der Vorgänge beim Intermediärstoffwechsel[2].

---

[1] Vgl. Tabelle 2, S. 638. Zu dem dort angegebenen Wert (0,0976) ist noch das Pegelpotential der 760 Torr-H_2-Elektrode bei p_H 13,96, d. h. $13{,}96 \cdot 0{,}05914 = 0{,}8256$ Volt zu addieren.

[2] Näheres s. z. B. FRANKE, W.: Berechnung der freien Energie biochemisch wichtiger Reaktionen. Bamann-Myrbäck, 1, 847—868. — Ferner NETTER, H.: Biologische Physikochemie. Potsdam 1951.

ε) Irreversible Reduktionen und Oxydationen.

Scheinbare Oxydations- und Reduktionspotentiale. Die überwiegende Mehrzahl der Oxydations- und Reduktionsreaktionen im Bereich der organischen Chemie verläuft irreversibel. Alle derartigen Reaktionsmechanismen sind mit den bisher besprochenen theoretischen Gesetzmäßigkeiten demnach nicht zu erfassen. Es ist bis heute aber auch kein anderer Weg bekannt geworden[1], der eine exakte Behandlung irreversibler Reaktionen zulassen würde. Andererseits finden sich, vor allem in den Publikationen CONANTs und seiner Mitarbeiter sowie der FIERSERschen Schule Ansätze, die wenigstens in erster Näherung die Reduktions- bzw. Oxydationspotentiale irreversibler Systeme der Messung zugängig machen. In Anbetracht der großen praktischen Bedeutung irreversibler Prozesse dürfte dieser Methodik, zumindest solange keine exaktere zur Verfügung steht, doch einiges Gewicht zukommen, obgleich sie sich theoretisch nur mit einigen Vorbehalten fundieren läßt.

Der irreversible Charakter vieler organischer Reaktionen tritt augenfällig in Erscheinung am Schulbeispiel der Dehydrierung eines Alkohols zum Aldehyd. Es gibt keine Vorrichtung, die es auch nur angenähert gestatten würde, Alkohol zum Aldehyd zu oxydieren und diesen wieder zum Alkohol zu reduzieren ohne gleichzeitigen Energieverbrauch. Zwar läßt sich der chemische Prozeß in einem Kreise führen, doch verläuft dann der energetische Prozeß keineswegs in einem Kreis und die Schließung des chemischen Kreisprozesses wird nur möglich, wenn man auf die Energiebilanz Null verzichtet.

Auf dem Papier scheint die Dehydrierung eines Alkohols ohne weiteres reversibel durchführbar zu sein. Man könnte z. B. schreiben:

$$CH_3CH_2OH \rightleftharpoons CH_3CHO + 2\,H$$

und die Reaktionsgleichung als elektroneutralen Redoxprozeß aufzufassen, für den gemäß Gl. (22) zu gelten hätte:

$$°E = °\underline{E} + \frac{RT}{2F} \cdot \ln \frac{[CH_3CHO][H^+]^2}{[CH_3CH_2OH]} \,.$$

Eine derartige Auffassung steht jedoch im Widerspruch zum Experiment: Die Potentiale des Gemisches sind keineswegs definiert und völlig unreproduzierbar. Dieser Befund deckt sich mit der Erfahrung, daß durch Elektrolyse ein Aldehyd zum Alkohol auf reversible Weise nicht reduziert werden kann. Es ist deshalb unmöglich, einen Alkohol als Reduktionsmittel an einer bestimmten Stelle der Skala der reversiblen Oxydations- und Reduktionsmittel einzuordnen. Es hat auch keinen Sinn, etwa von der Reduktionskraft eines Alkohols zu sprechen.

Dennoch kann man, wenn auch nicht im thermodynamisch exakten Sinne, eine Art von reduzierender Kraft des Alkohols durch Messung festlegen. Es läßt sich nämlich, um Alkohol zu oxydieren, nicht jedes beliebige Oxydationsmittel verwenden; Chromsäure z. B. ist brauchbar, Methylenblau nicht. Testet man verschiedene Redoxsysteme aus, so ergibt sich, daß nur solche Systeme geeignet sind, deren *ROP* nahe dem positiven Ende der r_H-Skala gelegen ist. Dabei erfolgt im allgemeinen die Oxydation um so schneller, je höher das Redoxsystem in der r_H-Skala gelegen ist; bzw. je tiefer das System in der Redoxpotentialskala steht, um so langsamer vollzieht sich die Oxydation des Alkohols. Als Grenzfall wäre offensichtlich das Potential jenes Systems von Interesse, das eben nur mit verschwindend geringer Geschwindigkeit mit dem Alkohol reagiert. Damit rückt die grundlegende Frage nach dem Zusammenhang zwischen Reaktionsarbeit und Reaktionsgeschwindigkeit in den Vordergrund.

Generell existiert hier freilich keine Relation, wie schon aus dem Beispiel der Elektrolyse hervorgeht, deren Geschwindigkeit um mehrere Zehnerpotenzen geändert werden kann ohne die geringste Beeinflussung des Potentials und damit der Reaktionsarbeit. Andererseits gibt es auch Fälle, in denen ein solcher Zusammenhang verwirklicht ist, wie CONANT

---

[1] Siehe hierzu GROOT, S. R. DE: Thermodynamics of Irreversible Processes. Amsterdam 1951.

und CUTTER[1] und gleichzeitig, doch unabhängig hiervon HOLLUTA[2] verifizieren konnten. CONANT und seine Mitarbeiter gelangten im wesentlichen zu der folgenden Vorstellung[3]:

Unter bestimmten Voraussetzungen erscheint die Reaktionsgeschwindigkeit in Abhängigkeit von der freien Reaktionsenergie, nämlich dann, wenn ein Gleichgewichtsprozeß die Konzentration einer Substanz regelt, die anschließend einer irreversiblen Umwandlung unterliegt. Implizit steckt darin die Forderung, daß die reversible Gleichgewichtseinstellung rasch im Verhältnis zur irreversiblen Umwandlung erfolgt, da andernfalls die postulierte Steuerung der Konzentration durch den Gleichgewichtsprozeß ausbliebe. Dem entspricht eine gekoppelte Reaktion vom Typus:

$$AH_2 + B \underset{\longrightarrow}{\overset{\text{schnell}}{\rightleftharpoons}} A + BH_2 \tag{44a}$$

$$A \xrightarrow{\text{langsam}} C. \tag{44b}$$

Es ist offensichtlich[4], daß die Geschwindigkeit der Teilreaktion Gl. (44b) von der Konzentration der Ausgangssubstanz AH_2 abhängt, die ihrerseits durch die Gleichgewichtskonstante der reversiblen Teilreaktion Gl. (44a) festgelegt wird. Fassen wir die Substanzen A und AH_2 als konjugierte Komponenten eines Redoxsystems auf und ebenso B und BH_2 als die eines anderen Redoxsystems, so wird evident, daß die Gleichgewichtskonstante eine Funktion des Potentialunterschieds der beiden aufeinander einwirkenden Systeme sein muß. Variiert man das zweite System und läßt einmal eine Substanz B_1, ein andermal eine Substanz B_2 auf AH_2 einwirken, dann muß sich eine größere Konzentration von A im Gleichgewicht einstellen, wenn B_2 als Oxydans verwendet wird, falls gleichzeitig $°\underline{E}_{B_1} < °\underline{E}_{B_2}$ ist. Dementsprechend schneller geht auch die irreversible Bildung der Substanz C vonstatten.

Die quantitative Formulierung der zugehörigen Potentialbeziehung knüpft sich an die Voraussetzungen, daß fürs erste die Gleichgewichtskonzentration von A im Konzentrationsmaß der anderen am Gleichgewicht beteiligten Komponenten darstellbar ist und mit dem zugehörigen Normalpotential über die PETERSsche Gleichung in Verbindung steht; zum anderen, daß die Reaktionsgeschwindigkeit der irreversiblen Teilreaktion einer Reaktion erster Ordnung entspricht[5]. Besitzt weiterhin n_e für die beiden Oxydantien B_1 und B_2 denselben Wert, so ergibt sich die Beziehung:

$$°\underline{E}_{B_1} - °\underline{E}_{B_2} = \frac{E_N}{2} \cdot \log \frac{k_1}{k_2}, \tag{45}$$

worin k_1 und k_2 die Geschwindigkeitskonstanten der beiden Gesamtreaktionen bedeuten.

Um auch für irreversible Systeme, wenigstens soweit sie dem hier behandelten Typus einer gekoppelten Reaktion einzuordnen sind, ein vergleichbares Maß der Oxydations- bzw. Reduktionskraft zu erhalten, definierte im Anschluß an Gl. (45) CONANT ein „Scheinbares Oxydations-Potential" (SOP) als das Potential ($°\underline{E}$) eines hypothetischen Redoxsystems (B, BH), das mit der zu untersuchenden Substanz AH_2 eine Reaktion mit der Geschwindigkeitskonstanten $k = 0{,}01$ liefert, falls $n_e = 1$. Das heißt:

$$SOP = °\underline{E}_{B_2} + \frac{E_N}{2} \log \frac{0{,}01}{k_2}. \tag{46}$$

Praktisch bedeutet diese Definition, daß ein Redoxsystem dann mit dem gesuchten SOP-Wert potentialgleich erachtet wird, wenn es die Substanz AH_2 innerhalb von 30 min um 20—30% zu oxydieren vermag. Die Definition des „Scheinbaren Reduktions-Potentials" ergibt sich sinngemäß völlig analog.

[1] CONANT, J. B., and H. B. CUTTER: Am. Soc. 44, 2651 (1922).

[2] HOLLUTA, J.: Z. physik. Chem. 102, 276 (1922).

[3] CONANT, J. B.: Chem. Rev. 3, 1 (1926).

[4] Man vergegenwärtige sich, daß die Reaktionsgeschwindigkeit als die Änderung der *Konzentration* in der Zeiteinheit definiert ist. Vgl. hierzu S. 530.

[5] Die Geschwindigkeitskonstante ist in diesem Fall unabhängig von der Bruttokonzentration. Demzufolge müßten auch die „Scheinbaren Oxydations- bzw. Reduktionspotentiale" konzentrationsunabhängig sein.

In Übereinstimmung mit diesen Überlegungen entwickelte CONANT zur Bestimmung der scheinbaren Oxydations- bzw. Reduktionspotentiale die folgende Methodik:

Die oxydierte Stufe eines Redoxsystems wird in ein Elektrodengefäß eingefüllt, mit Hilfe eines durchperlenden Stickstoffstromes vom Luftsauerstoff befreit und mit einer O_2-freien Lösung eines starken Reduktionsmittels, etwa $TiCl_3$ oder VCl_3, soweit titriert, bis der Farbstoff zur Hälfte reduziert ist. Man mißt nun das Potential des Systems gegen eine geeignete Bezugselektrode. Unter Ausschluß von Luft kann jetzt die zu prüfende, irreversibel reagierende Substanz, z. B. Nitrobenzol, dem reversiblen System in annähernd äquimolarer Menge zugesetzt werden. Wenn sich das zugegebene Nitrobenzol, das selbst keinen Einfluß auf das Potential ausübt, durch das Redoxsystem reduzieren läßt, so muß dessen Potential allmählich im Sinne einer Oxydation ansteigen. Tritt im Verlauf von 20—30 min keine solche Potentialerhöhung ein, so setzt man einen ähnlichen Versuch mit einem Redoxsystem an, das von Haus aus ein negativeres Potential besitzt und fährt so fort, bis ein Redoxsystem gefunden ist, dessen Potential unter der Einwirkung des Nitrobenzols innerhalb von 30 min um den Betrag des Indexpotentials für die Redoxquote 25 Mol.-% anwächst.

Als Beispiel seien die in CONANTs Laboratorium gemessenen Daten zur Ermittlung des Scheinbaren Oxydations-Potentials von 1,4-Diaminonaphthol gebracht[1] (Tabelle 3). Man ersieht aus den 3 letzten Spalten, daß der Potentialgang des vorgelegten Redoxsystems um so kleiner wird, je tiefer das System in der Potentialskala steht. Wie aus Tabelle 7, S. 691,

Tabelle 3. *Potentialwerte für die Oxydation von 1,4-Diaminonaphthol in 0,2 n HCl bei 23° C.*

Redoxsystem [Ox] = [Red]	$\underline{°E}_B$	Potentialänderung in Millivolt nach		
		5 min	10 min	30 min
Eisen(III)-chlorid .	726	250	270	280
p-Benzochinon . . .	656	185	198	—
Kaliumferricyanid .	631	170	180	185
p-Xylochinon . . .	549	70	88	95
1,2-Naphthochinon .	506	17	36	50
2,6-Dimethoxychinon	471	3	7	12
1,4-Naphthochinon .	426	0	0	0

zu entnehmen ist, entspricht bei einer Temperatur von 23° C einer Redoxquote von 25 % ein Indexpotential von 14 mV. Diesen Wert könnte nach einer Versuchsdauer von 30 min ein Redoxsystem erreichen, das zwischen dem 1,2-Naphthochinon und dem 2,6-Dimethoxychinon gelegen sein müßte. Durch Interpolation findet man somit für das vorgelegte 1,4-Diaminonaphthol: $SOP = 0,480$ V.

Auf dem angegebenen Wege gelang es CONANT und seinen Mitarbeitern, von einer größeren Zahl von Substanzen die Scheinbaren Oxydations- bzw. Reduktions-Potentiale zu bestimmen. Tabelle 4 gibt einen Auszug aus den gemessenen *SRP*-Werten.

Kritische Potentiale. Es sei zusammenfassend nochmals betont, daß die Scheinbaren Oxydations- bzw. Reduktions-Potentiale keine echten thermodynamischen Konstanten darstellen, obgleich sie als Potentiale bezeichnet werden; sie entstehen vielmehr durch Kopplung der Geschwindigkeitskonstanten einer langsamen Teilreaktion mit dem Normalpotential der reversiblen Umwandlung einer organischen Substanz in die instabile Zwischenform ihrer konjugierten Redoxkomponente. Wie FIESER[2] zeigte, kann indessen durch eine besondere Methodik das reversible Normalpotential der Zwischenform bestimmt werden, falls diese nicht zu geringe Stabilität besitzt. Es gibt andererseits auch Fälle, in denen die Instabilität so groß ist, daß sich diese Methodik nicht verwenden läßt. Für derartige Fälle entwickelte FIESER ein Verfahren, das von dem Gedanken ausgeht, daß sich mit abnehmendem Potential des vorgelegten Redoxsystems die Reaktionsgeschwindigkeit des Gesamtumsatzes mehr und mehr dem Wert Null annähert. Betrachtet man nur kurze Zeiten, innerhalb deren sich nur geringe Molenbrüche an Oxydans bilden können, so darf nach FIESER die jeweilige Potentialänderung auf den Wert extrapoliert werden, der bei der Redoxquote Null vorhanden wäre. Diesen Wert bezeichnet er als das „Kritische Potential".

[1] CONANT, J. B., and M. F. PRATT: Am. Soc. **48**, 3178 (1926).
[2] FIESER, L.: Am. Soc. **52**, 4915 (1930).

Tabelle 4. *Scheinbare Reduktionspotentiale (SRP) nach* CONANT[1].
Lösungsmittel A: 75% Aceton, 25% wäßrige HCl, gesamte Acidität 0,2 normal.
Lösungsmittel B: 0,2 n wäßrige HCl bei 25° C.

Substanz	Strukturformel	Lösungsmittel	SRP (Pegelwerte)	
a) Ungesättigte Verbindungen.				
Dibenzoyläthylen	C_6H_5—CO—CH=CH—CO—C_6H_5	A	$+0,27$	$\pm 0,02$
Benzoylacrylsäure	C_6H_5—CO—CH=CH—COOH	A B	$+0,06$ $+0,06$	$\pm 0,04$ $\pm 0,04$
Benzoylacrylsäureäthylester	C_6H_5—CO—CH=CH—COO—C_2H_5	A	$+0,06$	$\pm 0,04$
Maleinsäure	HOOC—CH=CH—COOH	A B	$-0,25$ $-0,25$	$\pm 0,06$ $\pm 0,06$
Maleinsäurediäthylester	C_2H_5—OOC—CH=CH—COO—C_2H_5	A	$-0,25$	$\pm 0,06$
b) Nitroverbindungen.				
1,3,5-Trinitrobenzol	1,3,5-Trinitrobenzol (O_2N, NO_2, NO_2)	A	$+0,26$	$\pm 0,02$
2,4-Dinitrobenzoesäure	2,4-Dinitrobenzoesäure (COOH, NO_2, NO_2)	B	$+0,23$	$\pm 0,02$
1,3-Dinitrobenzol	1,3-Dinitrobenzol (NO_2, NO_2)	A	$+0,16$	$\pm 0,01$
m-Nitrobenzoesäure	m-Nitrobenzoesäure (COOH, NO_2)	B	$+0,06$	$\pm 0,04$
Nitrobenzol	Nitrobenzol (NO_2)	A	$+0,06$	$\pm 0,04$
Phenylnitromethan	C_6H_5—CH_2—NO_2	A	$-0,08$	$\pm 0,06$
c) Azofarbstoffe.				
2,4-Dioxy-azobenzol-sulfosäure-(4′)	HO_3S—C_6H_4—N=N—$C_6H_3(OH)_2$	B	$+0,42$	
Naphthalin-sulfosäure-(1)-[4-azo-4]-resorcin	HO_3S—$C_{10}H_6$—N=N—$C_6H_3(OH)_2$	B	$+0,36$	
Naphthalin-sulfosäure-(1)-[4-azo-4]-naphthol-(6)-sulfosäure-(1)	HO_3S—$C_{10}H_6$—N=N—$C_{10}H_5(OH)$—SO_3H	B	$+0,32$	$\pm 0,01$
Naphthalin-[1-azo-5]-naphthol-(6)-sulfosäure-(1)	$C_{10}H_7$—N=N—$C_{10}H_5(OH)$—SO_3H	B	$+0,29$	

[1] CONANT, J. B., and R. E. LUTZ: Am. Soc. **45**, 1047 (1923); **46**, 1254 (1924). — CONANT, J. B.: Chem. Rev. **3**, 1 (1927). — CONANT, J. B., and M. F. PRATT: Am. Soc. **48**, 2468 (1926). — CONANT, J. B.: Am. Soc. **49**, 1083 (1927).

In quantitativer Hinsicht läßt sich der Weg FIESERs am besten an einem konkreten Beispiel veranschaulichen.

Es sei ROH irgendein Phenol und diesem werde ein Gemisch von Ferri- und Ferrocyankalium zugesetzt. Die Primärreaktion ist dann folgende:

$$Fe(CN)_6''' + ROH \rightarrow Fe(CN)_6'''' + RO + H\cdot.$$

Die Geschwindigkeit der Umsetzung wird Null, wenn das Massenwirkungsgesetz erfüllt ist, d. h. für:

$$\frac{[Fe(CN)_6'''] \cdot [ROH]}{[Fe(CN)_6''''] \cdot [RO] \cdot [H\cdot]} = K. \tag{47a}$$

Führt man die Untersuchung bei konstantem p_H durch, so kann $[H\cdot]$ in die Konstante K einbezogen werden und es gilt für die Konzentration des entstandenen Phenoxylradikals:

$$[RO] = \frac{k \cdot [Fe(CN)_6'''] \cdot [ROH]}{[Fe(CN)_6'''']}. \tag{47b}$$

Das Radikal zerfällt spontan mit der Geschwindigkeit v, für die gelten muß:

$$v = k'[RO]. \tag{47c}$$

Für Radikale, deren Zerfallsgeschwindigkeit als klein gegenüber der Oxydationsgeschwindigkeit angesehen werden kann, wird die Radikalkonzentration eine beträchtliche Zeit praktisch konstant bleiben. Da [RO] sehr klein ist, genügt zur Aufrechterhaltung seiner Konzentration der Umsatz einer verschwindend geringen Menge an Ferricyankalium. Infolge davon wird auch das Potential der Lösung praktisch auf dem durch das Verhältnis Kaliumferricyanid zu Kaliumferrocyanid festgelegten Wert bleiben unter der Voraussetzung, daß in der Lösung die genannten konjugierten Redoxkomponenten von vornherein in einem Verhältnis zueinander vorlagen, das nur gerade zur Erzeugung von soviel RO-Radikalen ausreicht, um deren Abbau zu kompensieren. In diesem Fall muß das Potential des Ferricyan-Ferrocyankalium-Systems gleich dem Potential des Phenol-Phenoxylsystems sein.

Wenn auch die FIESERsche Theorie mancherlei Annahmen enthält, die nur näherungsweise erfüllt sind, und wenn sie auch vom heutigen Standpunkt aus gesehen schon als etwas antiquiert angesprochen werden kann, so stellt sie doch bereits einen Gedanken in den Vordergrund der Reaktionsbetrachtungen, der sich in den letzten Jahren in verschiedener Hinsicht als theoretisch von weittragender Bedeutung erwiesen hat: Das Studium der freien Radikale. Doch ist es im Rahmen des vorliegenden Artikels unmöglich, mehr als einen Hinweis auf die Arbeiten in dieser Richtung zu geben.

Semi-reversible Systeme. Es sei in Anlehnung an die Gedankengänge von BANCROFT und MAGOFFIN[1] eine Substanz A ins Auge gefaßt, die in B übergehen kann, während der umgekehrte Vorgang unmöglich sein soll. Offensichtlich steht dann die Wahrscheinlichkeit der Umwandlung in keiner Beziehung zur Konzentration von B. Nimmt man weiterhin an, daß A im Verlauf der Reaktion Elektronen abgibt, so erscheint es plausibel, daß auch in diesem Falle eine wohl definierte Tendenz zur Abspaltung von Elektronen vorauszusetzen ist, selbst wenn sich eine solche nicht mit einem thermodynamischen Maßstab messen läßt. Überdies könnte jene nicht vom Verhältnis der Konzentrationen A zu B abhängig sein, sondern müßte als eine Funktion der Konzentration der Substanz A erscheinen sowie des undefinierten Normalpotentials dieser Substanz.

Ein biochemisch sehr wichtiges System, das diesen Voraussetzungen entspricht, haben wir in dem Sulfhydryl-Disulfidsystem vor uns, wie BORSOOK, ELLIS und HUFFMAN[2] zu zeigen vermochten; freilich stößt man gerade bei diesem System auf so viele Komplikationen, daß das Prinzip des semi-reversiblen Systems an einem anderen Beispiel erläutert werden soll.

---

[1] BANCROFT, W. D., and J. E. MAGOFFIN: Am. Soc. **57**, 2561 (1935).
[2] BORSOOK, H., E. L. ELLIS and H. M. HUFFMAN: J. biol. Ch. **117**, 281 (1937).

Es sei die Sulfit-Sulfatelektrode herausgegriffen, die von Bancroft und Magoffin[1] eingehend studiert wurde. Sie verhält sich nicht reversibel, obwohl das Sulfit elektrolytisch ohne weiteres eine Umwandlung in Sulfat erfährt. Doch die Rückreaktion ist bei allen Konzentrationen und Temperaturen, die man in offenen Gefäßen erreichen kann, elektrochemisch undurchführbar. In Übereinstimmung mit der eingangs erhobenen Forderung gelang es den Nachweis zu erbringen, daß das Potential der Sulfit-Sulfatelektrode nur von der Konzentration des Sulfits und nicht des Sulfats abhängt. Dennoch zeigt die Elektrode ein Verhalten, das einer echten, reversiblen Elektrode so nahe kommt, daß sie ursprünglich selbst als eine solche angesehen wurde.

Einen anderen Typus eines semi-reversiblen Systems haben wir im Aldehyd-Carbonsäuresystem vor uns. Schwache Oxydantien, wie Silbersalze in alkalischem Medium, vermögen jenes zu oxydieren, aber selbst die stärksten Reductantien sind nicht imstande, die Rückreaktion in Gang zu setzen. Zwischen beiden liegt eine Potentiallücke, die sich thermodynamisch nicht ausdeuten läßt.

Die Notwendigkeit, in solchen Fällen mit einem Potentialüberschuß die Reaktion zu erzwingen, führte Bancroft zu seiner ,,Theorie des Energiewalls''. Diesem Energiewall schreibt Bancroft im wesentlichen dieselben Eigenschaften zu, wie sie der Aktivierungswärme zukommen, nur daß jener überdies mit der Voraussetzung gekoppelt wird, daß bestimmte Reaktionen zu 100 % irreversibel sein können.

Zur Klärung der Begriffe sei hier eingeflochten, daß die Geschwindigkeitskonstanten (k) zahlreicher Reaktionen einen auffallend großen Temperaturgang aufweisen. Dies läßt vermuten, daß der eigentlichen Reaktion ein Vorgang (,,Aktivierung'') vorgelagert ist, der unter erheblicher Wärmetönung abläuft. Diese führt die Bezeichnung Aktivierungswärme (q) und läßt sich meist mit recht guter Annäherung durch die Arrheniussche Gleichung darstellen:

$$\log k = - \frac{q}{R\,T} + \text{const.}$$

In reversiblen Systemen, die keiner Aktivierungsenergie bedürfen, liegt kein Energiewall (energy hump) zwischen dem Reductans und dem konjugierten Oxydans. Bancroft folgert in Fällen, in denen die Reduktion oder die Oxydation oder beide Vorgänge *langsam* ablaufen, muß genug Energie oder genauer gesagt genügend Potential vorhanden sein, um die Molekeln über den Wall zu heben. Es erscheint nun bemerkenswert, daß Bancroft seinen Energiewall nicht allein als einen Energiewall aufgefaßt haben will, sondern als einen Potentialwall — Potential im elektrischen Sinne —, der unmittelbar proportional der Freien Reaktionsenergie (ΔF) sein muß, im Gegensatz zu der Aktivierungswärme, die mit der Reaktionsenthalpie (ΔH) verknüpft ist. Dies legt die Vermutung[2] nahe, daß der Bancroftsche Energiewall letzthin mit der Freien Aktivierungsenergie korrespondiert. Unter dieser Voraussetzung müßte die Höhe der elektrolytisch gemessenen Energiewalls mit dem Potential eines reversiblen Oxydationsmittels übereinstimmen, das einen eben noch merklichen Reaktionsumsatz zuwegezubringen vermag. Es soll weiter unten gezeigt werden, daß gewisse in der Polarographie durch Müller und Baumberger erhaltene Ergebnisse auf die Existenz eines solchen Effektes schließen lassen (vgl. S. 690).

b) Methoden zur Bestimmung von Redoxpotentialen.

α) *Die Leistungsfähigkeit der verschiedenen Methoden.*

Zur Bestimmung von Redoxpotentialen stehen im Prinzip 3 verschiedene Wege offen, von denen jeder Vorteile und Nachteile aufweist. Je nach Sachlage, das ist vor allem im Hinblick auf die chemischen Eigentümlichkeiten des zu untersuchenden Systems, aber auch unter gegenseitiger Abwägung der erreichbaren Meßgenauigkeit und des experimentellen Aufwands, wird man sich für die eine oder andere Methode entscheiden.

---

[1] Bancroft, W. D., and J. E. Magoffin: Am. Soc. **58**, 2187 (1936).

[2] Remick, A. E.: Electronic Interpretations of Organic Chemistry. 2. Aufl. New York, London 1950.

Methode I, das klassische Verfahren der *elektrometrischen Titration*. Vorteile: Rasches Arbeiten, wenn die Apparatur betriebsbereit steht. Das Verfahren wird von keinem anderen hierher gehörigen an Genauigkeit übertroffen. Nachteile: Nicht unerheblicher experimenteller Aufwand; irreversible Reaktionen — somit die überwiegende Mehrheit aller Reaktionen — auf diesem Wege nicht erfaßbar.

Das Verfahren kann in 2 Varianten ausgeführt werden, je nach Art, wie der Luftsauerstoff aus dem Meßsystem entfernt wird, als Vakuummethode (experimentell einfacher) oder als Verdrängungsmethode (liefert auch bei O_2-empfindlichen Redoxsystemen zuverlässige Resultate); ein wesentlicher Nachteil der Vakuummethode besteht darin, daß bei ihr eine Variation der Konzentrationsverhältnisse innerhalb eines Versuches nur in sehr beschränktem Umfange möglich ist.

Zur Untersuchung intracellulärer Vorgänge ließ sich bislang die elektrometrische Methode nicht mit Erfolg ansetzen. Intracellulär verwendete Mikroplatinelektroden zeigen Potentiale, die zumindest keine eindeutigen Rückschlüsse auf das Redoxpotential des Zellinneren ermöglichen.

Dagegen können Redoxindicatoren, sei es durch Mikromanipulatoren injiziert, sei es durch spontane Diffusion ins Zellinnere gebracht, zur colorimetrischen ROP-Bestimmung Verwendung finden. Basische Farbstoffe diffundieren im allgemeinen freiwillig durch die Zellmembranen, während die meisten sauren Farbstoffe, vor allem die Sulfosäuren, nicht permeïeren und injiziert werden müssen.

Methode II, das *colorimetrische Verfahren*, beruht auf der Anwendung von Redoxindicatoren; das sind Farbstoffe, deren Lösungen in einem bestimmten, verhältnismäßig engen ROP-Bereich, dem Umschlagsgebiet des Indicators, reversible Farbänderungen zeigen. Aus der Färbung, die ein solcher Indicator der zu untersuchenden Lösung erteilt, wird auf das Redoxpotential des vorgelegten Systems geschlossen.

Vorteile der colorimetrischen ROP-Bestimmung: Mit geringem apparativem Zubehör durchführbar; das Verfahren erweist sich als unentbehrlich, wenn die Reversibilität des untersuchten Systems nicht hinreicht, um ein reproduzierbares elektrisches Potential auszubilden. Selbst von vollkommen irreversiblen Systemen lassen sich auf colorimetrischem Wege noch charakteristische Oxydations- bzw. Reduktionspotentiale gewinnen. Nachteil: Meßgenauigkeit kaum höher als ± 5 mV zu treiben und auch dieses nur unter der Voraussetzung, daß in dem betrachteten ROP Bereich ein farbstarker Redoxindicator zur Verfügung steht (vgl. hierzu die Redoxindicatorentafel am Schluß dieses Artikels).

Zahlreiche Systeme sind einer *direkten* elektrometrischen Titration nicht zugänglich, da sie einer Edelmetallelektrode kein definiertes Potential aufprägen. Unter Umständen erlauben solche Systeme jedoch eine elektrometrische ROP-Bestimmung in Anwesenheit von Redoxindicatoren. Diese lassen sich demnach in zweifacher Weise zur Anwendung bringen.

1. Fügt man einen Redoxindicator unter zweckmäßig getroffener Auswahl im Hinblick auf den Umschlagsbereich in geringer Menge einem reversiblen Redoxgemisch zu, dann kann die *Farbintensität* als Maß des Redoxpotentials des vorgelegten Systems dienen (direkte colorimetrische Bestimmung).

2. Fügt man ihn einem Gemisch nicht reversibler Substanzen zu, die jedoch ihrerseits entweder direkt, wie die Dienole, oder erst in Gegenwart eines Katalysators mit einem Redoxindicator zu reagieren vermögen, so läßt sich das erreichte *Konzentrationsverhältnis* der Redoxkomponenten des Farbindicators zur ROP-Bestimmung heranziehen. Es kann dies wieder sowohl colorimetrisch als auch elektrometrisch geschehen (indirekte colorimetrische bzw. indirekte elektrometrische Bestimmung).

Demzufolge erscheint es zweckmäßig, in Anlehnung an einem Vorschlag von Wurmser[1], die in der Natur vorkommenden Redoxsysteme in 4 Gruppen einzuteilen. Diese umfassen:

1. Redoxsysteme in Reversibilität I. Art, das sind Systeme, die in sich reversibel den jeweiligen Gleichgewichtszustand einstellen. Hierher gehören alle in den Tabellen 1 und 2 sowie die in der Redoxindicatorentafel aufgeführten Systeme (s. S. 636 bzw. 638 und 692).

---

[1] Wurmser, R.: Oxydations et Réductions. Paris 1930.

2. Redoxsysteme in Reversibilität II. Art, das sind Systeme, die erst in Gegenwart von Farbindicatoren reversible Potentialeinstellung ergeben, z. B. die Dienole mit der wichtigen Untergruppe der Reductone[1].

3. Redoxsysteme in Reversibilität III. Art, das sind Systeme, die nur bei gleichzeitiger Gegenwart eines Katalysators und eines Farbindicators reversibel reagieren. Beispiele siehe Tabelle 5 auf dieser Seite.

4. Redoxsysteme, deren Gleichgewichtsbedingungen unbekannt sind: Beispiel Glutathion und ein Dehydrogenasesystem, dessen Substrat Hexosephosphat ist.

Fast alle Systeme von besonderer physiologischer Bedeutung gehören zur Gruppe 3. Einen ersten Überblick vermittelt die nachfolgende Tabelle. Best untersuchter Fall: Das Bernsteinsäure-Fumarsäuresystem, das sich bei gleichzeitiger Gegenwart einer nach THUNBERG aus Muskeln herstellbaren Dehydrogenase und eines Redoxindicators völlig reversibel verhält.

Tabelle 5. Redoxsysteme in Reversibilität III. Art[2].

Reductans	Oxydans	$^\circ_7 E_{\frac{1}{2}}$	Bemerkungen
Adrenalin	Adrenalinchinon	$+380$	
Ätiohäm	Ätiohämin	-29	
Ascorbinsäure	Dehydroascorbinsäure	-60	
Cystein	Cystin	-270	
Cytochrom a (Fe^{++})	Cytochrom a (Fe^{+++})	$+290$	
Cytochrom b (Fe^{++})	Cytochrom b (Fe^{+++})	-40	
Cytochrom c (F^{++})	Cytochrom c (Fe^{+++})	$+270$	
Dialursäure	Alloxan	-362	
Dihydrocoenzym I	Coenzym I	-325	p_H 7,4
Glutathion (SH)	Glutathion (SS)	-220	
Hämocyanin	Methämocyanin	$+540$	
Hämoglobin	Methämoglobin	$+90$	
Hypoxanthin	Xanthin	-14	
Lactat	Pyruvat	-180	
Leukoflavinphosphat	Lactoflavinphosphat	-185	
Leukoflavoprotein	Flavoprotein	-60	
Malat	Oxalacetat	-102	
Mesohäm	Mesohämin	-63	mit Pyridin p_H 9,63
β-Oxybutyrat	Acetoacetat	-293	
Protohäm (Fe^{++})	Protohämin (Fe^{+++})	$+15$	mit Pyridin p_H 9,63
Protohäm (Fe^{++})	Protohämin (Fe^{+++})	-33	mit Picolin p_H 9,63
Protohäm (Fe^{++})	Protohämin (Fe^{+++})	-138	mit Histidin p_H 9,63
Protohäm (Fe^{++})	Protohämin (Fe^{+++})	-183	mit Cyanid p_H 9,63
Protohäm (Fe^{++})	Protohämin (Fe^{+++})	-292	p_H 9,63
Protohäm (Fe^{++})	Protohämin (Fe^{+++})	-462	in NaOH
Succinat	Fumarat	-26	
Xanthin	Harnsäure	-132	

Redoxsysteme in Reversibilität III. Art setzen sich zwar mit einem reversibel-benzoidchinoiden Farbstoff, wie Methylenblau, ins Redoxgleichgewicht, doch erfordert, wie die Erfahrung lehrt, die Einstellung stets erhebliche Zeit. Wegen eben dieser Langsamkeit der Potentialeinstellung wäre es unzweckmäßig, mit einem solchen System Redoxtitrationen auszuführen. Statt dessen mißt man nur die Potentiale oder die Farbintensitäten zugesetzter Redoxindicatoren für ein definiertes Mischungsverhältnis der oxydierten zur reduzierten Stufe, d. h. für bestimmte Redoxquoten. An die Stelle der potentiometrischen Redoxtitration tritt hier die ROP-Bestimmung mit fest vorgegebenen Redoxquoten; diese kann wieder sowohl elektrometrisch als auch colorimetrisch ausgeführt werden.

Beim colorimetrischen Verfahren hat man ebenfalls die Möglichkeit, zwischen zwei Varianten zu wählen. Man arbeitet entweder im Vakuum nach der bewährten THUNBERG-Methodik oder nach dem Verdrängungsverfahren, d. h. im Stickstoffstrom.

<hr>

[1] EULER, H. v., u. H. HASSELQUIST: Reductone. Stuttgart 1950.

[2] Literaturnachweis für die einzelnen Werte der Tabelle 5 s. HAUROWITZ, F.: Progress in Biochemistry. New York 1950.

Methode III. *Das polarographische Verfahren.*

Vorteil: Bei reversiblen und irreversiblen Systemen in gleicher Weise zu gebrauchen. Die Einzelmessung läßt sich in wenigen Minuten ausführen. Die Genauigkeit entspricht nicht ganz der des potentiometrischen Verfahrens.

Nachteile: Bei Spannungen positiver als 0,3 Volt gegen die saturierte Kalomelelektrode, entsprechend einem Pegelpotential $°E > 0,55$ Volt, ist das Verfahren nicht mehr zu gebrauchen, da dann das Quecksilber der Tropfelektrode in merklichem Ausmaß oxydiert wird.

Im Falle irreversibler Reaktionen zeigen die auf polarographischem Wege zu gewinnenden sog. „Halbwellenpotentiale" ($°E_{\frac{1}{2}}$) eine gewisse Parallelität zu den von CONANT ermittelten „Scheinbaren Reduktionspotentialen", wenn auch nur in erster Näherung[1]. Nach einer vergleichenden Übersicht von MÜLLER und BAUMBERGER[2] sind die Potentiale, bei denen die polarographische Welle anzusteigen *beginnt*, des öfteren praktisch dieselben wie die Scheinbaren Reduktionspotentiale von CONANT, während das polarographische Halbwellenpotential entsprechend negativer liegt. Da die Reaktionsgeschwindigkeit zwischen einem Oxydans und einem Reductans nicht nur vom Unterschied der ROP-Werte, sondern meist auch von der chemischen Natur der Komponenten in entscheidender Weise abhängt, ist diese Diskrepanz nicht überraschend. Bei der Bewertung der Ergebnisse müssen deshalb im Falle irreversibler Prozesse stets die strukturellen Eigentümlichkeiten der Reaktionspartner Berücksichtigung finden.

Der apparative Aufwand des polarographischen Verfahrens fällt, da entsprechende Geräte heute handelsüblich sind, nur nach der finanziellen Seite ins Gewicht. Andererseits ist der experimentelle Aufwand, der zur Einarbeitung in die Methode und Instandhaltung der Apparaturen vonnöten ist, immerhin noch so groß, daß solche Messungen kaum nebenbei gemacht werden können.

β) *Das elektrometrische Verfahren.*

Allgemeine Grundlagen. Die theoretischen Voraussetzungen einer potentiometrischen Redoxtitration findet man in dem Kapitel über Gemische mehrerer Redoxsysteme (S. 640) entwickelt. Die Abgrenzung der Leistungsfähigkeit der titrimetrischen Bestimmung gegenüber den anderen in Frage kommenden Verfahren ist in den vorangehenden Abschnitten durchgeführt. Hat man sich auf Grund der dort aufgezeigten Gesichtspunkte für eine potentiometrische Redoxtitration entschlossen, so muß unter Berücksichtigung der Sauerstoffempfindlichkeit des zu prüfenden Systems und der gegebenenfalls in Kauf zu nehmenden Einschränkung der Variationsmöglichkeiten innerhalb eines Versuches noch zwischen der Vakuummethode und der Verdrängungsmethode die Wahl getroffen werden. Der apparative Aufwand hängt nicht unwesentlich von dieser Entscheidung ab.

Die Verdrängungsmethode erfordert 1. eine Anlage zur Reinigung der benötigten Gase von Sauerstoffresten; 2. ein elektrometrisches Titriergerät nebst Thermostaten; 3. einen Kompensationsapparat mit dem üblichen elektrischen Zubehör.

Für die Vakuumtechnik benötigt man eine Vakuumpumpe, einen Satz von Vakuumelektrodengefäßen, einen Thermostaten sowie ein Spannungskompensationsgerät mit Zubehör.

Im Prinzip kann die potentiometrische Redoxtitration in 3 verschiehenen Varianten ausgeführt werden. 1. Man legt die oxydierte Stufe vor und reduziert sie schrittweise durch ein geeignetes aus einer Bürette zugesetztes Reduktionsmittel. 2. Man geht von der reduzierten Stufe aus und oxydiert schrittweise durch ein geeignetes Oxydationsmittel. 3. Man arbeitet nur mit den konjugierten Redoxkomponenten des zu untersuchenden Systems und versetzt die reduzierte Stufe sukzessiv mit steigenden Mengen der oxydierten oder umgekehrt. Das nach jedem Reagenszusatz sich einstellende Potential wird gemessen und liefert die Titrationskurve. Welcher der 3 Varianten man den Vorzug geben

---

[1] Vgl. die Ausführungen S. 652ff., sowie S. 689f.
[2] MÜLLER, O. H., and J. P. BAUMBERGER: Trans. amer. electrochem. Soc. **71**, 181 (1937).

soll, hängt von den individuellen Eigentümlichkeiten des zu untersuchenden Systems ab, in erster Linie von der Lage des Normalpotentials unter den Versuchsbedingungen. Weitere charakteristische Unterschiede zwischen den einzelnen Varianten werden im Anschluß an die apparativen Erläuterungen diskutiert. Um mittels der Vakuumtechnik trotz konstant bleibender Füllung der Gefäße die Abhängigkeit des Potentials vom Verhältnis der Konzentrationen der Redoxkomponenten zu erfassen, empfiehlt es sich, gleichzeitig mit einem Satz von Elektrodengefäßen zu arbeiten, die zu Beginn des Versuches verschiedene Füllungen erhalten. Die Notwendigkeit zu sparsamstem Substanzverbrauch dürfte deshalb die Vakuummethodik von vornherein ausschließen.

Die Apparatur und deren Handhabung. *1. Die Verdrängungsmethode.* Charakteristisch für die Verdrängungsmethode ist, daß der Sauerstoff aus den zu untersuchenden Lösungen mit Hilfe eines inerten Gases — Stickstoff ist das billigste und bequemste — verdrängt wird. Die zur Reinigung des Stickstoffes von Sauerstoffresten benötigte Gasreinigungsanlage dient wechselweise auch zur Reinigung von Wasserstoff, den man zusammen mit Palladium als Katalysator bevorzugt verwendet, um die reduzierte Stufe des vorgelegten Systems darzustellen.

Reinigung der Gase von Luftsauerstoff. Erhitzte Stückchen von Kupferdraht sind bekanntlich das zuverlässigste Mittel, um H_2 oder N_2 von Sauerstoffresten zu befreien. Ähnlich wie bei der Elementaranalyse wird ein Verbrennungsrohr aus Supremaxglas oder Duranglas, Länge etwa 30 cm, lichte Weite etwa 12 mm, mit Dichromat-Schwefelsäure gereinigt, mit destilliertem Wasser nachgespült und an der Wasserstrahlpumpe unter schwachem Erwärmen getrocknet. Zur Füllung des Rohres dient grobes drahtförmiges Kupferoxyd (p. a.) und feines Kupferoxyd, das man sich aus jenem durch Zerdrücken — nicht Zerreiben — in einer Reibschale herstellt. Die Zerkleinerung ist beendet, wenn die Drahtstückchen eine durchschnittliche Länge von 1—2 mm haben. Entstehender Kupferoxydstaub wird abgesiebt und verworfen.

Die Füllung des Verbrennungsrohres ist so auszuführen, daß sich weder durchgehende Luftkanäle an der oberen Seite des Rohres ausbilden können, noch allzu dicht gepackte Partien den Weg der durchstreichenden Gase verlegen. Dies geschieht am einfachsten dadurch, daß man Strecken von etwa 5 cm Länge abwechselnd mit strammgerollten Kupferdrahtnetzzylindern, dann mit gröberen und feineren Kupferoxydstückchen beschickt, die durch seitliches Klopfen mit der flachen Hand auf das senkrecht gehaltene Rohr mäßig fest zum Aufsitzen gebracht werden. An Stelle der Kupferdrahtnetzzylinder benutzten WALLENFELS und MÖHLE[1] in mehreren Lagen gewickelte Rollen aus Kupferfolie mit eingedrückten Rippen, die den erforderlichen Abstand zwischen den einzelnen Folien zwangsläufig herstellen.

Die Temperatur des elektrischen Ofens braucht, wenn die Packung des Verbrennungsrohres einwandfrei ist, 400 bis höchstens 450° C nicht zu überschreiten; bei schlechter Packung nützt es nicht nur nichts, die Temperatur bis zu Rotglut zu steigern, sondern es entsteht im Gegenteil die Gefahr, daß sich aus dem bei der Reinigung des Stickstoffes gebildeten Cu_2O wieder Sauerstoff abspaltet.

Einen Überblick über eine moderne Gasreinigungsanlage mit anschließendem Titriergerät gibt nebenstehende Abb. 2. Die Anordnung stellt eine Weiterentwicklung der ursprünglichen MICHAELISschen Apparatur zur elektrometrischen ROP-Bestimmung durch WALLENFELS, JERCHEL und MÖHLE[1] dar. Zwei Hochdruckstahlflaschen enthalten den benötigten Wasserstoff bzw. Stickstoff. Die Gase durchströmen zunächst einen Dreiweghahn mit Auslaßöffnung im Küken und das Verteilerstück (A), das es ermöglicht, die Apparatur je nach Bedarf mit Stickstoff oder mit Wasserstoff zu beschicken. Zur Vorreinigung dient eine mit Kalilauge gefüllte Waschflasche, in die das Gas durch ein Schott-Filter (83 GO) einperlt. Über den durch 2 Federn gesicherten Kugelschliff (B) gelangt der Gasstrom sodann in die Glüh-Reinigungsanlage.

Das Kernstück der Glühreinigung bildet ein mit drahtförmigem Kupferoxyd beschicktes Verbrennungsrohr, das in dem elektrisch beheizten Ofen (C) sitzt. Die Temperatur des Ofens läßt sich z. B. an Hand der geeichten Stromaufnahme einregeln.

---

[1] WALLENFELS, K. u. W. MÖHLE: B. **76**, 924 (1943). — JERCHEL, D., u. W. MÖHLE: B. **77**, 591 (1944). Der Verfasser fühlt sich Herrn Prof. JERCHEL und Herrn W. MÖHLE sehr zu Dank verpflichtet, daß sie ihm nicht nur die nebenan wiedergegebene, bisher unveröffentlichte Schnittzeichnung der Apparatur (nach dem Stand vom Herbst 1952) zur Verfügung stellten, sondern darüber hinaus auch die seit der letzten Publikation erzielten methodischen Verbesserungen bekanntgaben.

Zu Beginn eines jeden Versuches wird durch das allmählich auf 400° C gebrachte Verbrennungsrohr Wasserstoff geschickt, der dem mit geringer Bildungsenthalpie ($-$ 38,5 kcal/Mol) entstandenen und durch eine auffallend kleine Normalentropie (10,4 Clausius/Mol) begünstigten Kupferoxyd dem Sauerstoff zu entziehen vermag. Falls der Ofen bereits des öfteren in Betrieb stand, genügt die Zeit des Anheizens, bis sich eine

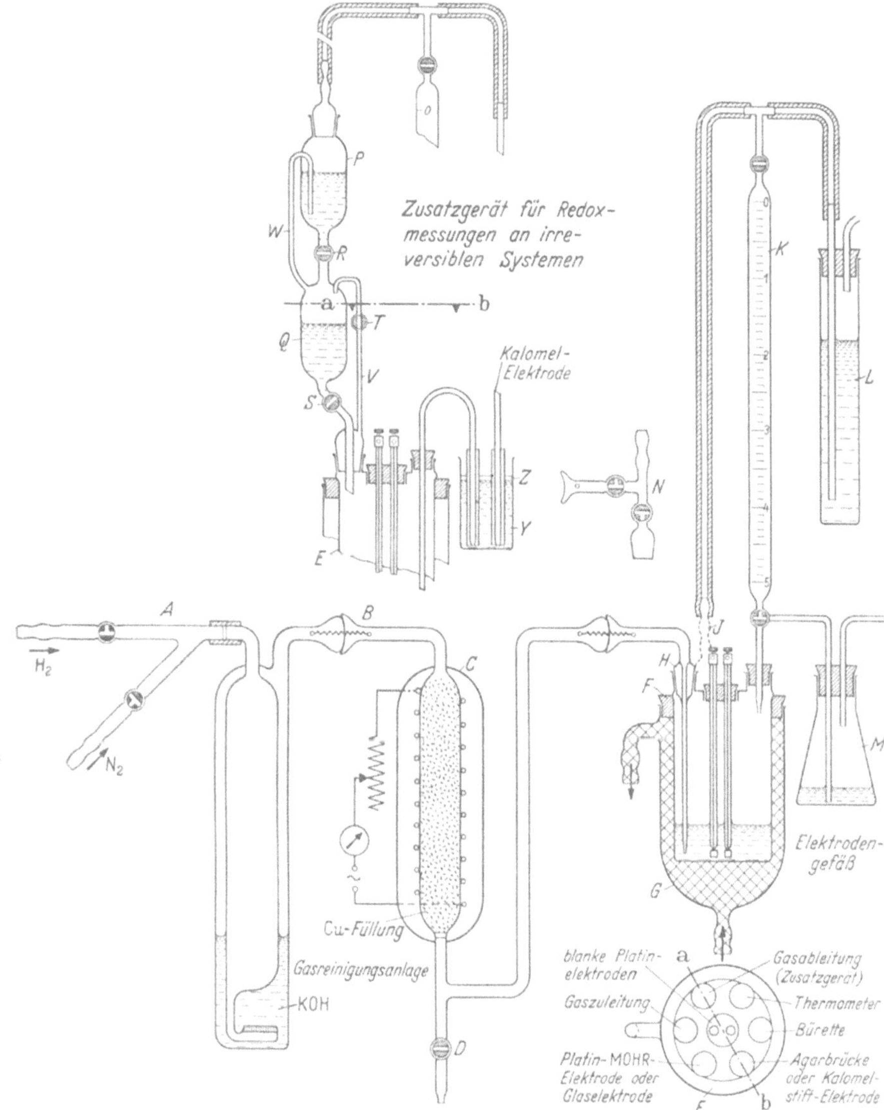

Abb. 2. Apparatur zur potentiometrischen Redoxtitration mit Zusatzgerät für irreversible Systeme.

ausreichende Menge an frisch reduziertem Kupfer gebildet hat, um beim darauffolgenden Durchleiten von Stickstoff die letzten Sauerstoffreste zur Bindung zu bringen.

Während es früher üblich war, das Verbrennungsrohr waagerecht zu lagern, stellen Jerchel und Möhle den Verbrennungsofen nunmehr senkrecht auf. Dies erweist sich in zweifacher Hinsicht von Vorteil. Das Wasser, das bei der Reduktion von Kupferoxyd entsteht, kann ohne weiteres an der tiefsten Stelle durch Öffnen des Hahnes (D) abgezogen werden. Andererseits ist die sonst kaum völlig auszuschließende Gefahr der Bildung von durchgehenden Kanälen an der Oberseite der Kupferoxydfüllung durch allmähliches Zerbröckeln der Füllmasse bei längerem Gebrauch hier mit Sicherheit beseitigt. Die senkrechte Montierung macht deshalb die oben beschriebene Mehrschichtenfüllung überflüssig; es genügt, das in Drahtform käufliche Kupfer(II)-oxyd (p. anal.) ohne irgendwelche Zerkleinerung und andere Vorbereitungen in das Verbrennungsrohr einzuschütten.

Auf die Reinigung des Wasserstoffs könnte verzichtet werden, falls der heute handelsübliche[1] spektralreine Wasserstoff zur Verwendung kommt. Da jedoch andererseits der reinste kommerzielle Stickstoff immer noch Spuren (etwa 0,01 %) an Sauerstoff enthält und demnach das Aufstellen einer entsprechenden Reinigungsanlage erforderlich macht, wird man diese auch gleich für den Wasserstoff verwenden und sich damit die Beschaffung von spektralreinem H_2 ersparen.

Die Strömungsgeschwindigkeit des Gases wird meist auf 10—20 cm³ je Minute eingestellt; sie läßt sich an der Zahl der Blasen in der Waschflasche leicht abschätzen. WALLENFELS, JERCHEL und MÖHLE arbeiten mit der 10fachen Gasgeschwindigkeit und erreichen damit ein gründliches Durchmischen der Flüssigkeit im Elektrodengefäß, das die Verwendung eines besonderen Rührers (der gasdicht eingeführt werden müßte) entbehrlich macht.

Zur Kontrolle der Sauerstofffreiheit des Stickstoffes benutzt man im allgemeinen den von MICHAELIS[2] nach jahrelangem Erproben der verschiedensten Methoden empfohlenen Test.

In das gasdicht verschließbare Elektrodengefäß wird eine Mischung von etwa 15 cm³ $^1/_{15}$ m sekundärem Natriumphosphat und 3 cm³ $^1/_1$ m primärem Kaliumphosphat (Puffersubstanzen nach SÖRENSEN)[3] sowie 2 cm³ einer Lösung von Indigocarmin (0,2 g in 100 cm³ Wasser) und 0,2 cm³ einer 1:1000 Lösung von kolloidalem Palladium nach PAAL[4] gegeben. Man läßt Wasserstoff durchperlen, bis die Lösung hellgelb ohne eine Spur von grün oder gar blau geworden ist, d. h. bis das Indigocarmin vollkommen in reduzierter Form vorliegt.

Sodann wird der Wasserstoffstrom abgestellt und der zu prüfende Stickstoff eingeleitet. Es dauert geraume Zeit, bis aller Wasserstoff aus dem Palladium und aus der Lösung ausgeblasen ist.

Enthält jedoch der N_2 auch nur die geringsten Spuren von Sauerstoff, so tritt im Laufe der Zeit Blaufärbung auf. Ist der Stickstoff rein, so wird auch nach vielstündigem Gasdurchgang die Lösung nicht grünstichig.

Die Sauerstofffreiheit von Wasserstoff kann auf diese Weise natürlich nicht geprüft werden. Man kann jedoch sicher sein, daß die Glüh-Reinigungsanlage bei Wasserstoff erst recht zuverlässig arbeitet, wenn schon der Stickstoff vollständig O_2-frei anfällt.

Eine weitere, zumindest nicht weniger empfehlenswerte Methode zur Prüfung von Stickstoff auf Sauerstofffreiheit stellt der v. WARTENBERGsche Test[5] dar, der für alle praktischen Zwecke genügend empfindlich ist und nur einen kleinen Bruchteil der Zeit in Anspruch nimmt, die für den Indigocarmin-Oxydationstest benötigt wird.

Man gibt in ein Gefäß, das nur eine Gaszuführung und eine Gasableitung besitzt, ein Stückchen von gelbem Phosphor, das sorgfältig und jedesmal frisch aus einem größeren unter Leuchtpetroleum aufbewahrten Stück herausgeschnitten wird. Beim Einschalten des Gasstromes tritt lebhafte Rauch- und Nebelbildung über dem Phosphor auf, die nach kurzer Zeit vollkommen verschwunden sein soll. Ist die Konzentration des Sauerstoffes auf 0,001 Vol.-% gesunken, so läßt sich kein Nebel mehr feststellen. Bei 0,002 Vol.-% setzt die Nebelbildung schwach ein und erreicht bei 0,005 Vol.-% eine Intensität, die jeden Zweifel an der ungenügenden Sauerstofffreiheit des Stickstoffes ausschließt.

Das Titriergerät. Als Elektrodengefäß empfiehlt MICHAELIS ein zylindrisches Glasgefäß von etwa 100 cm³ Inhalt, das durch einen mehrfach durchbohrten Gummistopfen verschlossen werden kann. Die Bohrungen dienen als Gaszuführung, Gasableitung, zum Einführen einer Bürette, der Elektrolytbrücke, einer platinierten Platinelektrode und mehrere blanker Elektroden. Mit Rücksicht auf die leichte Auswechselbarkeit einzelner Teile ist die von WALLENFELS und MÖHLE gewählte Form des Elektrodengefäßes (E) vorzuziehen. Dieses besitzt, wie Abb. 2 zeigt, 6 gleichmäßig entlang des Gefäßrandes verteilte Normalschliffe und in der Mitte eine weitere mit einem Gummistopfen verschließbare Öffnung von etwa 20 mm Durchmesser. Die am häufigsten gebrauchte Anordnung der in das Elektrodengefäß eingeführten Zusatzgeräte ist der Abb. 2 (Grundrißskizze rechts unten) zu entnehmen. Die Normalschliffe machen es leicht, auf beliebige

---

[1] Besonders nachgereinigten Stickstoff mit einem O_2-Gehalt geringer als 0,01 % liefert z. B. die Fa. Georg Gauff, Frankfurt-Griesheim. Spektralreiner Wasserstoff ist erhältlich bei der Griesheimer Autogen-Verkaufsgesellschaft Frankfurt a. M.

[2] MICHAELIS, L.: Handb. Pfl.-Analyse (KLEIN) 1, 448.

[3] Entsprechend 11,876 g $Na_2HPO_4 \cdot 2H_2O$ bzw. 9,078 g KH_2PO_4 im Liter. Beim Bezug von sekundärem Natriumphosphat ist auf die Bezeichnung nach SÖRENSEN zu achten, da das gewöhnliche $Na_2HPO_4 \cdot$ aqu. den vorgeschriebenen definierten Krystallwassergehalt nicht besitzt.

[4] Die kolloidale Palladiumlösung nach PAAL kann bezogen werden von der Firma Dr. Th. Schuchardt, München.

[5] WARTENBERG, H. v.: Z. Elektrochem. **36**, 295 (1930).

andere Kombinationen übergehen, z. B. Verwendung der Mittelöffnung zum Einführen einer Kölbchen-Glaselektrode, Verteilung der Platinelektroden auf die Randöffnungen u. dgl.

Das Elektrodengefäß sitzt, durch einen Gummiring (F) festgehalten, in einem Wassermantel (G), der mit einem Ultra-Thermostaten verbunden und auf Temperaturkonstanz gebracht wird.

Die Teile A, B und C sind an ein und demselben Stativ montiert, während alle übrigen Stücke von einem zweiten Stativ getragen werden. Der Kugelschliff zwischen (C) und (H) ermöglicht ein Auswechseln des Gaseinleitungsrohres durch Kippen des Statives ohne ein Lösen der übrigen Verbindungen nötig zu machen. Das zugeführte Gas verläßt das Elektrodengefäß durch den Austrittsstutzen (J), durchströmt den Verbindungsschlauch zum T-Stück am oberen Ende der Bürette (K) und tritt entweder durch den mit Wasser gefüllten Druckregler und Blasenzähler (L) ins Freie oder gelangt nach Öffnen des Hahnes am oberen Bürettenende durch diese in den Erlenmeyer-Kolben (M) und verdrängt dort den Luftsauerstoff. Zum Eindrücken der im Erlenmeyer-Kolben vorgelegten Flüssigkeit in die Bürette dient eine Injektionsspritze. Wird im Kölbchen (M) Wasserstoff zum Reduzieren eines Farbstoffes benötigt, dessen Leukoform zu einer reduktiven Hydrierung Verwendung finden soll, dann schickt man den Wasserstoff, falls dieser nicht durch das Elektrodengefäß gehen darf, durch den gegen (H) auswechselbaren Dreiwegstutzen (N).

Da Gummischlauch sich nie völlig impermeabel gegenüber Luftsauer stoffverhält, benutzten MICHAELIS und Mitarbeiter zur Verbindung der Gasreinigungsanlage mit dem Elektrodengefäß ein leicht gewundenes Kupferrohr von 0,5—1 mm lichter Weite, das mittels DEKHOTINSKI-Cement mit den beiderseitigen Glasröhren verbunden war. Es erweist sich in dieser Dimensionierung als genügend flexibel, um ein Schwenken des Elektrodengefäßes sei es mit der Hand, sei es mittels eines Motors zu gestatten. Nach WALLENFELS und MÖHLE erfüllt für die kurzen notwendigen Gummiverbindungen paraffinierter Schlauch vollständig seinen Zweck; bequemer und haltbarer sind freilich Kugelschliffe.

Als Elektrolytbrücke dient ein KCl-Agarheber (vgl. S. 594), der in ein mit gesättigter Kaliumchloridlösung gefülltes Becherglas (Y) taucht. Die Lösung wird, um das lästige „Kriechen" von Kaliumchlorid über die Gefäßwände auszuschalten, mit einer Schicht Paraffinöl (Z) abgedeckt. Eine Verunreinigung des KCl-Agarhebers und der Elektrolytzuführung zur Kalomelelektrode läßt sich leicht vermeiden, wenn man vor dem Einfüllen des Paraffinöls zwei oder drei beiderseits offene Glasröhrchen zum freien Durchführen der Anschlüsse durch die Ölschicht in das Becherglas einstellt.

Für Redoxmessungen an irreversiblen Systemen entwickelten JERCHEL und MÖHLE das in Abb. 2 links oben skizzierte Zusatzgerät. In theoretischer Hinsicht ruhen diese Messungen auf den Gedankengängen von CONANT und FIESER, die auf S. 651 ff. bereits des näheren erläutert wurden. Es dürfte daher genügen, hier durch einige apparative Hinweise die obenstehenden Ausführungen zu ergänzen.

Um nach Erreichen des Gleichgewichtspotentials in der Lösung des Redoxindicators sowohl das benötigte Puffergemisch als auch die zu untersuchende Lösung ohne Luftzutritt in das Elektrodengefäß eingeben zu können, benutzt man einen aufgestockten Tropftrichter (P, Q) mit Gasdurchführungen (V, W). Der Tropftrichter ist an Stelle der Gasableitung (J) in das Elektrodengefäß (E) eingesetzt und mit dem T-Stück am oberen Ende der Bürette (K) verbunden.

Handhabung des Zusatzgerätes: Etwa 10^{-5} Mole Indicatorsubstanz in 30 cm³ Puffergemisch werden in das Elektrodengefäß (E) eingefüllt und nach Zugabe von 1 Tropfen einer 1%igen kolloidalen Palladiumlösung unter Einleiten von Wasserstoff in wenigen Minuten reduziert. Man kontrolliert mit Hilfe einer Platinmohrelektrode den p_H und schaltet dann auf Stickstoff um. Wenn aller Wasserstoff aus der Apparatur verdrängt ist, schließt man den Hahn (S), öffnet (T) und läßt 10 cm³ Puffergemisch nach (Q) einfließen. Sodann werden die Hähne (T) und (R) geschlossen, (S) so weit geöffnet, daß der Stickstoffstrom eben durchtreten kann, und der aufgestockte Teil (P) des Tropftrichters mit der zu untersuchenden Lösung (etwa 10^{-5} Mole in 10 cm³ Puffergemisch) beschickt. Die zum Einstellen des jeweilig gewünschten Redoxpotentials benötigte Menge an nichtreduzierter Farbindicatorlösung (15 cm³) füllt man in das Erlenmeyer-Kölbchen (M). 1—2 Std nach dem Einschalten des Stickstoffstromes ist das System meßfertig.

Aus (M) wird nunmehr die Indicatorlösung in die Bürette (K) gedrückt und Tropfen für Tropfen zu der im Elektrodengefäß bei allen Versuchen in gleichbleibender Menge vorgelegten reduzierten Komponente so lange zugegeben, bis sich ein voraus berechnetes Redoxpotential eingestellt hat. Der Potentialgang in (E) läßt sich mittels dreier blanker Platinelektroden verfolgen.

Durch Öffnen der Hähne (S) und (T) wird schließlich das Puffergemisch in das Elektrodengefäß überführt, wodurch meist eine geringfügige Potentialänderung (~ 1 mV) eintritt. Ein paar Minuten später läßt man die irreversibel oxydierbare oder reduzierbare Lösung aus (P) nach (E) übertreten und verfolgt den Potentialgang, um in der von CONANT bzw. von FIESER beschriebenen Weise (vgl. S. 653) intrapolieren und extrapolieren zu können.

Elektrodengefäße nach Art des in Abb. 2 gezeigten waren bis vor kurzem nur als Sonderanfertigung zu erhalten. Selbst an einfacheren Elektrodengefäßen bot der Handel nur eine ziemlich bescheidene Auswahl. So schloß die Metrohm AG., Herisau/Schweiz, wirklich eine Lücke, als sie daranging, zweckmäßige Typen potentiometrischer Meß- und Titriergefäße zu entwickeln und auf den Markt zu bringen.

Die „potentiometrische Universalzelle" (Typ EA 615 der genannten Firma) dürfte kaum mehr einen Wunsch auf dem Gebiet der Potentiometrie unerfüllt lassen, falls nicht zu geringe Mengen von der zu untersuchenden Lösung vorliegen.

Das Modell (vgl. Abb. 3) eignet sich für potentiometrische Messungen aller Art, angefangen von p_H-Bestimmungen mit Glas-, Chinhydron- oder Wasserstoffelektroden, über alkalimetrische, acidimetrische Titrationen, Fällungs- und Komplexbildungsreaktionen, bis zu den eigentlichen Redoxtitrationen. Auch ein Arbeiten in inerter Gasatmosphäre, im Vakuum, unter Ausschluß von Luftfeuchtigkeit (Wasserbestimmung nach KARL FISCHER), Einbau in einen Thermostaten, Verwendung eines magnetischen Rührwerkes, sind vorgesehen.

Die potentiometrische Universalzelle besteht aus zwei Teilen; der Deckel und der doppelt abgesetzte Vakuumbecher sind durch einen Planschliff getrennt. Der Gefäßboden ist flach gehalten, um der Zelle einen guten Sitz auf einem magnetischen Rührwerk zu geben. Als Rührorgan dient in diesem Falle ein in Glas eingeschmolzenes Eisenstäbchen, das von dem im Rührwerk erzeugten magnetischen Drehfeld (kontinuierlich regelbarer Drehzahl) in Rotation versetzt wird.

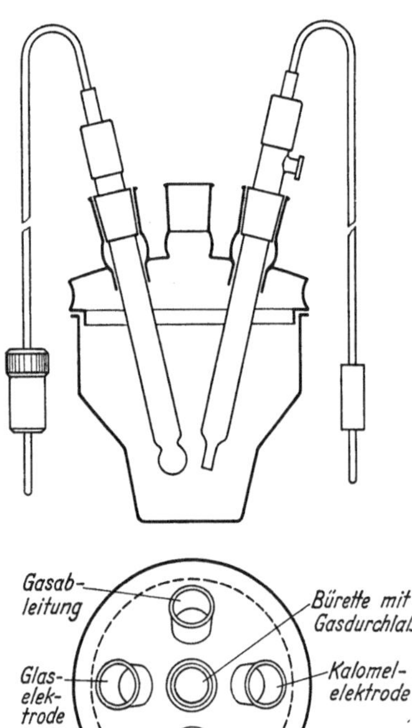

Abb. 3. Normalschliffgefäß zur potentiometrischen Maßanalyse, p -Bestimmung sowie Redoxtitration („potentiometrische Universalmeßzelle").

Der Gefäßdeckel trägt 5 mit Normalschliff versehene Tuben zum Einsetzen der Elektroden, der Bürette, des Thermometers, der Gaszu- und Ableitungen (s. Abb. 3 unten). Auch eine Ausführung, die 7 unter einem Winkel von je 60° gegeneinander im Grundriß versetzte Normalschliffe aufweist, ist erhältlich.

Die doppelt abgesetzte Form des Vakuumbechers erlaubt es, schon mit einem kleinsten Volumen von etwa 20 cm³ auszukommen, während die zulässige Maximalfüllung rund 150 cm³ beträgt.

Die Potentialmessung. Da eine blanke Platinelektrode praktisch keinen und die Lösung eines Redoxsystems nur einen verhältnismäßig niedrigen elektrischen Widerstand darstellt, kann auf hochohmige Spannungsmeßverfahren verzichtet und die einfache Kompensationsschaltung herangezogen werden. Einen Überblick über die meßtechnischen Grundlagen sowie die handelsüblichen Ausführungsformen der entsprechenden Geräte brachten bereits die S. 595 bzw. 602ff. Man wählt für Redoxmessungen zweckmäßig einen Apparat, der noch 0,1—0,2 mV abzulesen gestattet. Eine wesentlich höhere Empfindlichkeit anzustreben ist physikalisch sinnlos, da allein schon das Auftreten von Diffusionspotentialen eine schärfere Potentialfixierung, von verschwindend wenigen Sonderfällen abgesehen, unmöglich macht.

Eine gewisse Schwierigkeit pflegen bei der Potentialmessung die Elektroden zu verursachen. Platinierte Edelmetallelektroden dürfen bei der Messung von Redoxpotentialen nicht verwendet werden, da derartige Elektroden soviel Wasserstoff absorbieren, daß der Wasserstoffpartialdruck an der potentialbestimmenden Phasengrenzfläche in die Größenordnung von etwa 10^{-5} bis 10^{-15} Atm. zu liegen kommt und sich somit erst nach sehr langer Zeit, wenn überhaupt, auf den virtuellen Wasserstoffdruck des zu untersuchenden Systems einspielt.

Demgegenüber bietet die blanke Platinelektrode den Vorteil, daß sie fast gar keine Kapazität für Wasserstoff besitzt. Andererseits ist das Verhalten der blanken Platinektroden je nach der individuellen Beschaffenheit ihrer Oberfläche sehr verschieden und nähert sich manchmal mehr oder weniger dem einer platinierten Elektrode. Verglichen mit einer idealen blanken Elektrode erfordert dann die Gleichgewichtseinstellung merklich längere Zeit und verläuft nicht selten so zögernd, daß der erreichte scheinbare Endwert sich immer noch um einige Millivolt von dem idealen Gleichgewichtspotential unterscheidet. Diese Differenz wird um so größer, je geringer die Beschwerung des vorgelegten Redoxsystems ist. Als Folge davon können bei einer Redoxtitration 2 Elektroden im selben Elektrolyten beim Durchlaufen der Redoxquoten zwischen 30 und 70 Mol-% gute Übereinstimmung zeigen, während sie bei Redoxquoten unterhalb von 10% und oberhalb von 90% erheblich voneinander differieren.

Da sich der Charakter einer blanken Edelmetallelektrode bis heute weder durch chemische noch durch physikalische Eingriffe in zielbewußter Weise steuern läßt, bleibt wenig anderes übrig, als stets mehrere Elektroden anzufertigen und in einem Vorversuch deren Brauchbarkeit zu ermitteln.

Dies mag dadurch geschehen, daß man eine größere Anzahl gleichzeitig bei einer Redoxtitration verwendet und diejenigen auswählt, die sich im Bereich der Redoxquoten zwischen 20 und 80% fast augenblicklich auf einen bestimmten Potentialwert einstellen und eine auf $^1/_{10}$ mV übereinstimmende Anzeige ergeben. Unter einer 10%igen und über einer 90%igen Redoxquote dürfen die Abweichungen einige wenige Millivolt betragen.

Schlechte Elektroden erkennt man überdies daran, daß sie in diesen Grenzgebieten nicht allein große Abweichungen untereinander aufweisen, sondern auch zeitlich nicht konstant sind.

Um die Brauchbarkeit der Elektroden zu erhalten, werden sie des öfteren mit konz. HCl oder HNO_3 gespült und nach Verwendung in einer farbstoffhaltigen Lösung mit HCl-haltigem Alkohol gereinigt.

Durchführung einer reduktiven Titration. Angenommen, das zu untersuchende Redoxsystem liege bereits in praktisch vollständig oxydierter Form vor, so wird man bevorzugt zur reduktiven Titration greifen. Weiter unten soll uns der Fall, daß das vorgelegte System erst vollkommen reduziert und anschließend oxydativ titriert wird, beschäftigen.

Die reduktive Titration gestaltet sich etwas verschieden je nach der chemischen Natur, insbesondere ja nach der Haltbarkeit des Reduktionsmittels. Ein Teil der zu Redoxhydrierungen geeigneten Reduktionsmittel ist stabil und daher handelsüblich, ein Teil muß jedesmal unmittelbar vor Gebrauch frisch hergestellt werden.

Von den stabilen Reduktionsmitteln, die sich in irgendeiner Form, zumeist handelt es sich um ein Lagern im trockenen Zustand, selbst bei Luftzutritt längere Zeit aufbewahren lassen, interessieren uns hier das Natriumhypodisulfit $Na_2S_2O_4$ (Natriumdithionit), das Chrom(II)-chlorid $CrCl_2$, das Chrom(II)-acetat $Cr(CH_3CO_2)_2 \cdot H_2O$ und das Titan(III)-chlorid $[Ti(H_2O)_6]Cl_3$. Aus der großen Zahl der unmittelbar vor Gebrauch herzustellenden Reduktionsmittel kommen hier vor allem Redoxindicatoren in der Leukoform in Frage, die gegenüber den üblichen Reduktionsmitteln unter Umständen den Vorteil besitzen, keine sekundären Umsetzungen im vorgelegten Redoxsystem zu verursachen. Beide Gruppen von Reduktionsmitteln setzen bei ihrer Anwendung eine gewisse Vertrautheit mit den chemischen Eigentümlichkeiten ihrer Lösungen voraus.

$Na_2S_2O_4$ wird in Wasser, das durch Auskochen oder Evakuieren von Luftsauerstoff befreit ist, gelöst. Die frisch hergestellte Lösung preßt man sofort, am besten mittels einer Injektionsspritze, durch den unteren Seitenansatz in die auf das Elektrodengefäß aufgesetzte Bürette.

Eine Hypodisulfitlösung ist nur kurze Zeit haltbar, da mit Wasser die Reaktion $2 Na_2S_2O_4 + H_2O = Na_2S_2O_3 + 2 NaHSO_3$ in Gang kommt. Bei Anwesenheit von Luftsauerstoff, d. h. am Flüssigkeitsmeniscus einer oben offenen Bürette, spielt sich außerdem die Reaktion $Na_2S_2O_4 + O_2 + H_2O = NaHSO_3 + NaHSO_4$ ab. Ein weiterer Nachteil von Natriumhypodisulfit besteht darin, daß es nur in alkalischer, höchstens in neutraler Lösung verwendet werden kann, was eine unmittelbare Folge der Nichtstabilität der freien unterschwefligen Säure ist.

Trotz dieser Übelstände erweisen sich $Na_2S_2O_4$-Lösungen oft als ausgezeichnete Reductantien vor allem im alkalischen Medium. Da das Hypodisulfit selbst kein reversibles Redoxsystem zu bilden vermag, kann man ihm auch kein Normalredoxpotential zuschreiben, das als Maßstab seiner reduzierenden Kraft dienen könnte. Indessen läßt sich als Anhaltspunkt die Erfahrungstatsache verwenden, daß Systeme, die ein um 100 oder mehr Millivolt positiveres Normalredoxpotential besitzen als eine Wasserstoffelektrode vom gleichen p_H mit Hypodisulfit titrierbar zu sein pflegen. Im neutralen Medium sind dies im wesentlichen die in der Redoxindicatorenskala oberhalb von Thionin rubrizierten Farbindicatoren. Hierdurch erfährt freilich das sonst so bequem zu handhabende Hypodisulfit eine beachtliche Einschränkung seines Anwendungsbereiches.

Das Chrom(II)-chlorid (weiße, glänzende Nadeln, die sich in Wasser mit blauer Farbe auflösen) ist trocken an der Luft ziemlich haltbar. Die frisch mit luftsauerstofffreiem Wasser hergestellte Lösung läßt sich als Reductans direkt benützen, wenn die zu untersuchende Lösung keinen Niederschlag mit Chromsalzen ergibt. Das Normalredoxpotential des Cr^{++}/Cr^{+++}-Systems liegt, wie aus Abb. 1, S. 645 zu entnehmen ist, für reduktive Titrationen äußerst günstig.

Chrom(II)-acetat kann man sich unter Ausnützung der geringen Löslichkeit der organischen Chromsalze leicht selber herstellen[1]. Die fertige Lösung hält, unter Wasserstoff aufbewahrt, ihren Titer monatelang konstant. Umsetzen von Chrom(II)-acetat führt unter Beachtung einiger Kautelen nach einer bewährten Arbeitsvorschrift von ZINTL und RIENÄCKER zu einer gebrauchsfertigen Chrom(II)-chloridreagenslösung[3].

Reines umkrystallisiertes $K_2Cr_2O_7$ mit konz. HCl umsetzen, d. h. bis zum Aufhören der Chlorentwicklung kochen; abkühlen lassen und in einem Kolben mit Bunsenventil und Heberrohr einige Stunden mit reinstem Zink bis zum Auftreten reiner Blaufärbung reduzieren. Lösung mit Wasserstoff durch Heberrohr mit Glaswollfilter in überschüssige ausgekochte Natriumacetatlösung drücken und das ausgefällte Chrom(II)-acetat 7—10mal mit ausgekochtem Wasser unter Wasserstoff dekantieren. Niederschlag mit soviel 2 %iger HCl übergießen, daß er sich nicht vollständig auflöst. Lösung nach dem Absetzenlassen unter Wasserstoff in Vorratsflasche drücken. Dort mit doppeltem Volumen ausgekochten Wassers und mit einigen Kubikzentimetern 2 %iger HCl versetzen, um mitgerissene Reste des Acetats zu lösen. — Die Lösung behält ihren Titer nur, wenn zur Reduktion reinstes Zink verwendet wurde.

Titan(III)-salzlösungen werden vielfach zu potentiometrischen Titrationen herangezogen, da man heute der ziemlich umständlichen Darstellung durch die Möglichkeit, fertige stark salzsaure Lösungen zu beziehen, enthoben ist. Das Normalredoxpotential liegt mit — 0,04 Volt nicht annähernd so negativ wie etwa das der Chrom(II)-salzlösungen, doch ist das Titan als Erdsäurebildner besonders von Vorteil, wenn Schwermetallionen zu Störungen führen würden.

Die käufliche Lösung von Titan(III)-chlorid enthält oft merkliche Mengen von Eisen(II)-chlorid, das durch Kochen mit Salpetersäure oxydiert und nach dem Abkühlen an der mit Kaliumrhodanid erzeugten Rotfärbung erkannt werden kann. Bei Verwendung eisenhaltiger Titanlösungen muß, da das Eisen(II)-salz ebenfalls reduzierende Eigenschaften besitzt, hierfür eine Korrektur angebracht werden. Indessen liefern z. B. die Firmen E. Merck, Darmstadt und The British Drug Houses, Poole, auch eisen(II)-salzfreie $TiCl_3$-Lösungen.

Herstellung der salzsauren Reagenslösung: 50 cm³ der etwa 20 %igen käuflichen Lösung bringt man in 100 cm³ 25 %iger HCl 1 min lang zum Sieden und verdünnt nach dem Abkühlen mit ausgekochtem Wasser auf 2,25 Liter. Ein Gehalt von etwa 3 % an freier Salzsäure genügt, um eine hydrolytische Abscheidung von Titansäure zu verhindern.

Bei Titrationen in schwachsaurer oder alkalischer Lösung muß unter Zusatz von Weinsäure oder Citronensäure gearbeitet werden, damit keine Titansäure ausfällt. Außerdem ist auf die Fixierung des p_H-Wertes zu achten. Entsprechende Reagenslösungen erhält man nach CLARK, indem man die käufliche salzsaure Titanlösung im H_2- oder N_2-Strom eindampft und den Rückstand in einem luftsauerstofffreien Citrat- oder Tartratpuffer aufnimmt.

Zur Aufbewahrung der fertigen Lösung erweist sich eine von ZINTL angegebene Vorratsflasche als besonders vorteilhaft[2, 3].

Für die unmittelbar vor Gebrauch frisch herzustellenden Reduktionsmittel ist die Lage des Normalredoxpotentials noch kritischer als bei der Gruppe der stabilen Reduc-

---

[1] ZINTL, E., u. G. RIENÄCKER: Z. anorg. Chem. **161**, 374 (1927). — Vgl. a. MÜLLER, E.: Die elektrometrische Maßanalyse. 7. Aufl. Dresden, Leipzig 1944.

[2] ZINTL, E., u. A. RAUCH: Z. anorg. Chem. **139**, 397 (1924). — ZINTL, E., u. G. RIENÄCKER: Z. anorg. Chem. **161**, 377 (1927).

[3] BRENNECKE, E., K. FAJANS, N. H. FURMAN, R. LANG u. H. STAMM: Neuere maßanalytische Methoden. 3. Aufl. Stuttgart 1951.

tantien, da die organischen Farbindicatoren in dem p_H-abhängigen Feld der Redoxskala, das von dem Gebiet der Wasserstoffüberspannung einerseits und der Kennlinie der Chinydronelektrode andererseits begrenzt wird, in ziemlich gleichmäßiger Verteilung vorliegen (s. Abb. 1, S. 645). Um den S. 641 diskutierten Potentialsprung am Endpunkt der Titration mit Sicherheit zu erhalten, müssen aber das zu untersuchende und das Indicatorsystem um mindestens 150 mV verschiedene Normalpotentiale besitzen. Daher kann man im allgemeinen nur die am unteren Ende der Redoxindicatorentafel stehenden Farbstoffe zu einer reduktiven Titration verwenden. Indigodisulfonat und vor allem Rosindulin 2 G (= das Natriumsalz von monosulfoniertem Rosindon) zeichnen sich durch genügende Löslichkeit der oxydierten wie der reduzierten Stufe aus, verhalten sich bei allen praktisch in Betracht kommenden p_H-Werten vollständig reversibel und besitzen ein Umschlagsintervall, das alle Farbstoffe und Systeme der Redoxindicatorenskala von Methylenblau an aufwärts reduktiv zu erfassen gestattet.

Zur Bereitung einer reduktiven Farbstofflösung wird eine 0,3—0,5 %ige wäßrige Lösung beispielsweise von Rosindulin 2 G in den Erlenmeyer-Kolben (M) der Abb. 2 gegeben und durch Zusetzen einiger Tropfen einer 1 %igen kolloidalen Palladiumlösung unter Einleiten von H_2 reduziert. Das Fortschreiten und die Beendigung der Reduktion erkennt man an der Farbveränderung. Rosindulinlösungen werden schließlich praktisch farblos, bzw. im konzentrierten Zustand schwach bräunlichgelb, Indigosulfosäuren zeigen im reduzierten Zustand ein grünstichiges Hellgelb, die meisten anderen Redoxindicatoren werden farblos (vgl. die Angaben in Spalte V der Redoxindicatorentafel, 692ff.). Ist die Reduktion beendigt, verdrängt man den Wasserstoff durch Stickstoff und drückt die Lösung in der Bürette unter Luftabschluß hoch.

Zum Schluß sei die Durchführung einer reduktiven Titration an einem konkreten Beispiel erläutert. Als vorgelegtes Redoxsystem wollen wir das Phenol-indophenol herausgreifen und entsprechend den oben diskutierten Vor- und Nachteilen der verschiedenen Reductantien als Reagenslösung $Na_2S_2O_4$ verwenden. Es empfiehlt sich die Redoxtitration in Anlehnung an eine diesbezügliche Arbeitsvorschrift von MICHAELIS[1] etwa folgendermaßen auszuführen:

Eine beliebige Menge des Farbstoffes in der Größenordnung von 10^{-4} Molen wird in 25—30 cm³ Phosphatpuffer gelöst und ins Elektrodengefäß eingegeben. In die Bürette füllt man eine frisch bereitete Lösung von Dithionit, deren Konzentration durch Schätzung so abgestimmt wird, daß zur ganzen Titration zwischen 2 und 5 cm³ Reagenslösung nötig sind. Eine genauere Gehaltsfixierung ist nicht erforderlich, da weder die Menge des Farbstoffes noch der Titer der Reagenslösung beim Auswerten in die Rechnung eingehen.

Durch mindestens $^1/_2$stündiges Einleiten von reinstem Stickstoff (etwa 10—30 cm³ je Minute) wird zunächst aus der Farbstofflösung der Luftsauerstoff ausgetrieben. Dann setzt man aus der Bürette Dithionit in sehr kleinen Portionen zu, schüttelt nach jedem Zusatz gut um und bestimmt das Potential — aus Sicherheitsgründen mehrerer blanker Platinelektroden gegenüber einer Kalomelelektrode. Bei einwandfreien Versuchsbedingungen sind die Potentiale sowohl nach wiederholtem Umschütteln wie im unbewegten Zustand gemessen identisch, d.h. die Abweichungen der einzelnen Platinelektroden untereinander liegen in der Größenordnung von einigen wenigen Zehntel Millivolt; außer ganz am Anfang und unmittelbar vor dem Potentialsprung am Ende der Titration. Den schrittweisen Zusatz von Reagenslösungen setzt man so lange fort, bis der Potentialsprung aufgetreten ist. Die Auswertung einer derartigen reduktiven Titration erfolgt in der auf S. 672ff. beschriebenen Weise.

Durchführung einer oxydativen Titration. Eine für eine bestimmte oxydative Titration geeignete Reagenslösung auszuwählen, ist verhältnismäßig leicht, da mehrere recht stabile Verbindungen mit sehr hohem positivem Redoxpotential zur Verfügung stehen. Mit Rücksicht auf Löslichkeit, Haltbarkeit, Unwahrscheinlichkeit des Eintretens von Störreaktionen u. dgl. sind als potentiometrisch verwertbare Oxydantien vor allem das Chinon und das Ferricyankalium (Trikaliumhexacyanoferrat) zu empfehlen, unter Umständen auch Eisen(III)-chlorid und Cer(IV)-sulfat, ferner, wenn keine besondere Gegengründe vorliegen, wäßrige Bromlösungen.

Die Bereitung der Titerlösungen sei am Beispiel des p-Benzochinons ($C_6H_4O_2$) erläutert[2].

---

[1] MICHAELIS, L.: Handb. d. Pfl.-Analyse (KLEIN) 1, 448.

[2] Beachte: Das mit Wasserdampf flüchtige p-Benzochinon kann bei längerer Einwirkung Bindehautentzündungen, Lidspaltverfärbung und Hornhautschäden (mit Verdickungen, Bläschen-, Warzen- und Geschwürbildung) verursachen. Diese Erkrankungen zählen zu den entschädigungspflichtigen Berufskrankheiten.

Um den Luftsauerstoff zu vertreiben, werden 20 cm³ destillierten Wassers in einem Becherglas zum Sieden erhitzt oder in einem Vakuumgefäß nach Art des THUNBERGschen (Abb. 4, S. 669) im Wasserstrahlvakuum bei 40—50° C ausgekocht. Noch vor dem Erkalten gibt man 10 mg Chinon zu und füllt die Lösung durch den seitlichen Ansatzstutzen in die Bürette.

Auch das vierwertige Cer stellt ein leicht zu handhabendes Oxydationsmittel dar. Lösungen von Cer(IV)-sulfat sind in verdünnter Schwefelsäure einige Wochen lang haltbar. Andere seltene Erden stören zwar bei der Titration nicht, doch ist es zweckmäßig, der Reinheit des verwendeten Cer-Salzes besondere Aufmerksamkeit zu schenken. Hierbei erweist sich die von einigen Autoren postulierte Abwesenheit von Chlorionen als belanglos; denn selbst in stark salzsaurem Medium liefert das Cer(IV)-sulfat ohne weiteres einwandfreie Ergebnisse[1].

Wenn man, um sich in die Methodik der potentiometrischen Oxydationen einzuarbeiten, ein geeignetes Modellsystem sucht, so greift man am besten zu einem Indicatorfarbstoff, der hinreichende Löslichkeit besitzt und in ganz reiner Form zu erhalten ist, insonderheit frei von Homologen, die sich bei der Potentialbildung als nicht ganz identische Farbstoffe unlieb bemerkbar machen. Es kommen demnach vor allem in Frage das durch einfaches Erhitzen von p-Nitrosodimethylanilinhydrochlorid mit Gallussäure darstellbare Gallocyanin, das schon mehrfach erwähnte Rosindulin 2 G, weiterhin irgendein Indophenol, ein gutes, d. h. trisulfonat- und tetrasulfonatfreies Indigodisulfonat oder auch aus der Gruppe der Thiazinfarbstoffe das LAUTHsche Violett. Dagegen ist das Tetramethylderivat des letztgenannten Farbstoffes, das viel verwendete Methylenblau, nur sehr bedingt zu gebrauchen. Es läßt sich niemals frei von niedriger methylierten Homologen darstellen und hat den großen Nachteil, daß seine reduzierte Form nur ganz geringfügige Löslichkeit in Wasser aufweist, so daß im Verlauf der Titration leicht ein inhomogenes System entstehen kann.

Als Beispiel sei die potentiometrische Oxydation von reduziertem Indigodisulfonat durch p-Benzochinon behandelt. Wir wollen dabei, um die etwas unangenehme Filtration des reduzierten Farbstoffes durch ein Asbestfilter unter Luftabschluß nach CLARK zu vermeiden, auch hier in Anlehnung an eine Arbeitsvorschrift von MICHAELIS vorgehen.

Indigodisulfosaures Natrium, etwa 0,0003—0,0001 Mole, löst man in 25—30 cm³ einer Pufferlösung, versetzt mit 0,2 cm³ einer kolloidalen Palladiumlösung nach PAAL[2] und beschickt damit das Elektrodengefäß. In die Bürette des Titriergerätes wird eine Chinonlösung vorgelegt, die unter den eingangs beschriebenen Kautelen hergestellt ist (S. 667).

Man leitet nun Wasserstoff in das Elektrodengefäß ein und verfolgt das Fortschreiten der Reduktion zunächst an der Entfärbung des Disulfonats, dann an der Potentialausbildung der platinierten Platinelektrode gegenüber einer Kalomelelektrode. Wenn die Lösung die hellgelbe Farbe des Leukofarbstoffes angenommen hat, wird die Strömungsgeschwindigkeit des Wasserstoffes verkleinert und abgewartet, bis das Potential der Platinmohrelektrode einen konstanten Wert angenommen hat. Das gemessene Potential dient zur Berechnung des p_H-Wertes der Lösung und ermöglicht durch Vergleich mit dem p_H des Puffers eine gewisse Kontrolle der Beanspruchung der Pufferkapazität. Ein solcher Test ist bei einer reduktiven potentiometrischen Titration nicht durchführbar.

Alsdann läßt man aus der Bürette ganz wenig Chinonlösung austreten, streift den etwa anhängenden Tropfen ab, liest den Stand der Bürette als Anfangspunkt der Titration ab und wartet, bis der Farbstoff abermals vollständig reduziert ist. Hierauf wird Stickstoff durch das Elektrodengefäß geleitet, mindestens ½ Std lang, um den vom Palladium absorbierten Wasserstoff allmählich zu verdrängen. Der Vorgang läßt sich durch Potentialkontrolle verfolgen und darf als abgeschlossen gelten, sobald die Platinmohrelektrode um 90—100 mV positiver geworden ist, als sie im reinen H_2 war, und wenn sie von diesem Potential auch bei Unterbrechung der Stickstoffzufuhr nur unwesentlich abfällt.

Erst jetzt beginnt die eigentliche Titration, deren Ablauf durch das Potential der blanken Platinelektroden gemessen wird. Das Potential der Platinmohrelektrode interessiert von diesem Augenblick an nicht mehr, da es stets hinter dem Potentialgang der blanken Platinelektroden herhinkt und demzufolge in tragbaren Zeiten keinen stationären Wert annimmt. Schon der erste Tropfen des Oxydationsmittels sollte Farbe erzeugen, die bestehen bleibt. Geht sie wieder zurück, so beweist dies, daß noch etwas H_2 in der Lösung war. Falls dies einmal vorkommt, so kann man sich zur Not dadurch helfen, daß man den Nullpunkt der Titration von dem Tropfen an rechnet, der eine dauernde Färbung erzeugt. Besser indessen ist es den ganzen Versuch zu verwerfen.

Außer ganz am Anfang und zum Schluß der Titration, wenn das Potential springt und häufig nicht ganz scharf definiert zu sein scheint, stellt sich nach jedem Reagenszusatz das neue Potential fast augenblicklich ein. Man liest gleich vom Beginn der Titration an alle 30 sec ab und überzeugt sich so von der Konstanz der gemessenen Werte.

[1] WILLARD, H. H., and P. YOUNG: Am. Soc. **50**, 1322 (1928); **51**, 149 (1929).
[2] Handelsübliches Präparat; von der Firma Dr. Th. Schuchardt, München, zu beziehen.

2. *Die Vakuummethode.* Die ROP-Bestimmung einzelner Redoxquoten eines *träge* sich einstellenden Systems geschieht, worauf wir bereits hingewiesen haben, tunlichst nach der Vakuummethode, die in einer elektrometrischen und einer colorimetrischen Variante ausgeführt werden kann. Erstere soll uns zunächst beschäftigen.

Die Vakuummethodik, die auch unter dem Namen THUNBERG-Methode bekannt ist, wurde 1917 von THUNBERG eingeführt und vor allem von AHLGREN weiter ausgebaut. Man bedient sich ihrer bevorzugt zur Untersuchung von Redoxsystemen in Reversibilität III. Art, also Systemen, die aus einem Substrat, dem zugehörigen Enzym und einem geeignet gewählten Redoxindicator bestehen (vgl. S. 658).

In besonders konstruierte Vakuumröhren, die einen eingeschliffenen Hahn tragen und einen durch diesen absperrbaren Seitenansatz (Abb. 4), bringt man eine abgemessene Menge des zu untersuchenden Substrats nebst dem zugehörigen Enzym und der Redox-indicatorlösung. Mit Hilfe einer Wasserstrahlpumpe oder einer maschinellen Vakuumpumpe werden die Vakuumröhren weitgehend luftleer gemacht und anschließend in einen Thermostaten gestellt. Dort erfolgt unter dem Ein-fluß des Enzyms eine Übertragung von Wasserstoff zwischen Substrat und dem Indicatorfarbstoff, der dadurch allmählich verfärbt wird, sofern sein Umschlagsintervall entsprechend liegt. Variiert man in einer Reihe von Vakuumröhrchen bei konstanter Enzymmenge und konstanter Konzen-tration des Redoxindicators die Redoxquote des Substrats, so entsteht eine kleine Stufenleiter von Farbintensitäten bzw. Elektrodenpotentialen, aus der sich die zugehörigen ROP-Werte errechnen lassen.

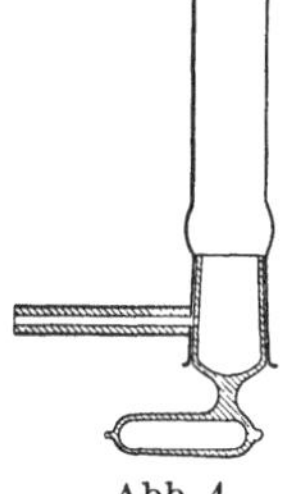

Abb. 4.
THUNBERG-
sches Vakuum-
gefäß.

Vakuumröhren nach THUNBERG, die zweckmäßig gleich mit Normalschliff be-zogen werden, besitzen die in Abb. 4 gezeigte Form. Auch eine Ausführung des Hahn-kükens mit hohlem, sackförmig erweitertem Handgriff zur Aufnahme von Reagens-lösung ist handelsüblich. Von AHLGREN stammt eine Modifikation mit T-förmig erweitertem Fuß, die sich besonders für Enzymmaterial in fester Form eignet. In das quergestellte Endstück gibt man eine Glaskugel, die beim Schwenken des Vakuumgefäßes einen wirkungsvollen Rühreffekt garantiert.

Zur Reinigung werden die Röhrchen am besten in ein großes Gefäß mit Seifenlauge gestellt, kurz aufgekocht und noch warm mit heißem Wasser ausgespült.

Im Prinzip genügt zum Evakuieren zumeist eine gute Wasserstrahlpumpe. Doch wird man, zumal bei sauerstoffempfindlichen Systemen, stets der rotierenden Ölpumpe den Vorzug geben. Diese muß selbstverständlich durch einen vorgeschalteten Calciumchlorid-Trockenturm vor Wasserdampf geschützt werden. Um die Pumpe nicht unnötig zu belasten, setzt man in die Saugleitung zwischen THUNBERG-Rohr und Trockenturm einen Absperrhahn ein und schließt zur Kontrolle des Vakuums ein verkürztes Quecksilber-Manometer an.

Gegen Lösungsmitteldämpfe weitgehend unempfindlich erwiesen sich die sog. Gasballastpumpen der Firma E. Leybolds Nachfolger, Köln-Bayental, die auch hier mit Vorteil zu verwenden sind.

Die oben beschriebene Versuchsanordnung läßt sich zur colorimetrischen Bestimmung von ROP-Werten ohne weiteres benützen. Soll die Bestimmung elektrometrisch erfolgen, so bedürfen die Vakuumgefäße einer Ergänzung, die sich nicht allein auf ein Ausrüsten mit einer Edelmetallelektrode erstreckt, sondern vor allem auf den Anschluß einer vakuumfesten Elektrolytbrücke. In der Herstellung einer geeigneten vakuumfesten elektrolytisch-leitenden Verbindung lag und liegt vielleicht heute noch die größte Schwierigkeit der elektrometrischen Vakuumtechnik.

Entsprechende Vakuumelektrodengefäße beschrieb zunächst LEHMANN[1], die von BORSOOK und SCHOTT[2] verbessert und seither vor allem durch WURMSER und LOUREIRO[3], BAUMBERGER, JÜRGENSEN und BARDWELL[4] und schließlich wieder durch LEHMANN[5] selbst abgewandelt wurden.

[1] LEHMANN, J.: Skand. Arch. Physiol. **58**, 173 (1930).

[2] BORSOOK, H., and H. F. SCHOTT: J. biol. Ch. **92**, 535 (1931).

[3] WURMSER, R., et J. A. DE LOUREIRO: J. Chim. physique **31**, 419 (1934).

[4] BAUMBERGER, J. P., J. J. JÜRGENSEN and K. BARDWELL: J. gen. Physiol. **16**, 961 (1933).

[5] LEHMANN, J.: Bamann-Myrbäck **1**, 842.

Das sog. „Große Vakuumelektrodengefäß" nach LEHMANN weist 4 tubulierte, birnenförmige Seitenaufsätze auf, die es gestatten, erst nach dem Evakuieren die Komponenten des Systems zu mischen bzw. die Potentialeinstellung wenigstens in beschränktem Maß, bei Bedarf noch nachträglich, durch Substanzzugabe zu korrigieren (Abb. 5). Für die Methode der sukzessiven ROP-Messung (s. S. 671) sind die drehbaren Seitenansätze schlechterdings unentbehrlich.

Meist aber genügt das kleine Vakuumelektrodengefäß nach LEHMANN vollständig (Abb. 6). Platinelektrode und Elektrolytbrücke sind auch hier in einen Gummistopfen eingesetzt, was das Reinigen des Gefäßes und die allenfallsige Erneuerung der Füllung des Stromschlüssels erheblich erleichtert.

Das Vakuumelektrodengefäß nach BORSOOK (Abb. 7), das neuerdings des öfteren mit Seitenansätzen gebaut wird, erfreut sich ebenfalls einer weiten Verbreitung, besonders im Ausland.

Die Herstellung vakuumfester Elektrolytbrücken erfordert einige Geschicklichkeit. Zur Bereitung der Füllung der Verbindungsrohre, die englumig, dickwandig und, um die Füllung unverrückbar festzuhalten, mit einem Knick oder mehreren Verjüngungen versehen sein sollen, gibt LEHMANN[1] eine bewährte Arbeitsvorschrift.

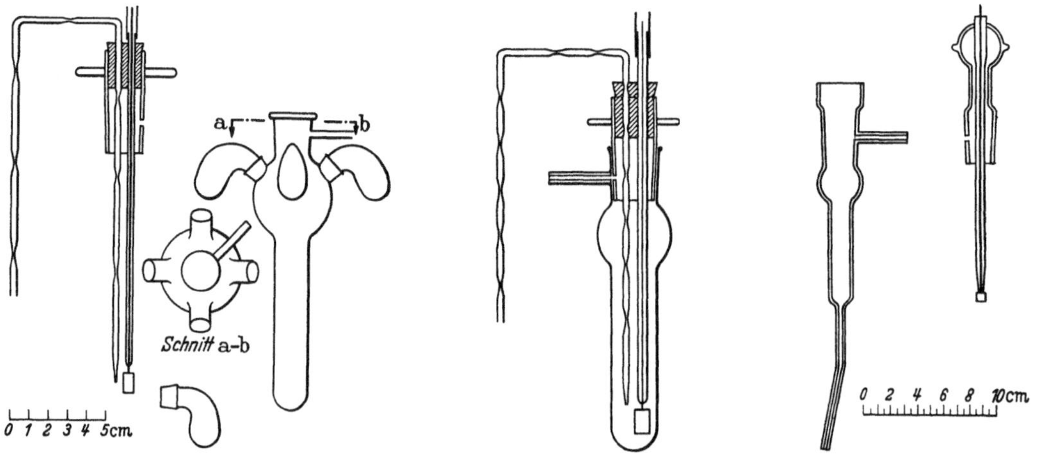

Abb. 5. Großes Vakuumelektrodengefäß mit drehbaren Seitenansätzen.   Abb. 6. Kleines Vakuumelektrodengefäß nach LEHMANN.   Abb. 7. Vakuumelektrodengefäß nach BORSOOK-SCHOTT.

Pulverisierter Agar (2 g) wird mit Kaolin (8 g) gemischt, in einem kleinen Becherglas mit Wasser (10 cm³) verrührt und mit 40 cm³ gesättigter KCl-Lösung versetzt. Das Ganze erwärmt man unter Umrühren mit einem unten verdickten Glasstab so lange, bis sich der Agar löst, und gießt dann das heiße Gemisch in einen sorgfältig vorgewärmten mit einem Gazetuch ausgeschlagenen Pulver-Trichter. Aus dem Gazetuch wird nunmehr eine Art von Sack geformt und die zähe Mischung durch Drücken mit dem pistillförmig verdickten Ende des Glasstabes durch das Filtertuch getrieben. Damit der Agar nicht voreilig erstarrt, ist es nötig, den Trichter hin und wieder mit einer Gasflamme abzufächeln. Schließlich saugt man das filtrierte Gemisch nach abermaligem Erwärmen in die Elektrolytbrücke ein und läßt in einem Trockenschrank langsam erstarren.

Beispiel für eine elektrometrische ROP-Bestimmung nach der Vakuummethode. Wir wollen ein System der Untersuchung zugrunde legen, dessen colorimetrische Bewertung weiter unten in Einzelheiten dargestellt wird, um durch den unmittelbaren Vergleich beider Methoden die Anschaulichkeit zu erhöhen. Und zwar sei ein Redoxsystem in Reversibilität III. Art ins Auge gefaßt, dessen oxydierte Form durch Natriumsuccinat, dessen reduzierte Form durch Natriumfumarat gebildet wird; als Enzym dient die bereits mehrfach erwähnte Muskeldehydrogenase, als Redoxindicator Methylenblau.

Die Konzentration des Redoxindicators geht hier nicht wie bei der colorimetrischen Methode in irgendeiner Weise ins Resultat der Messungen ein; andererseits würde sich ohne die Anwesenheit des Indicators kein reversibles Elektrodenpotential ausbilden. Wegen dieser katalytischen Wirksamkeit genügt es jedoch, dem Farbindicator eine wesentlich kleinere Konzentration zu erteilen als bei einer colorimetrischen ROP-Bestimmung.

In 3 Vakuumelektrodengefäße werden z. B. die folgenden Mischungen eingegeben:

[1] LEHMANN, J.: Bamann-Myrbäck 1, 842.

Protokollbeispiel.

Komponenten der Mischung	Elektrodengefäß		
Phosphatpuffer vom p_H 7,3 . . .	1,0 cm³	1,0 cm³	1,0 cm³
Natriumsuccinat 0,2 m	0,8 cm³	0,5 cm³	0,2 cm³
Natriumfumarat 0,2 m	0,2 cm³	0,5 cm³	0,8 cm³
Methylenblaulösung 1:10000 . .	0,5 cm³	0,5 cm³	0,5 cm³
Enzymlösung.	0,5 cm³	0,5 cm³	0,5 cm³
Vorgelegte Redoxquote mithin . .	20 Mol.-%	50 Mol.-%	80 Mol.-%

Damit das bernsteinsaure Salz nicht durch den Luftsauerstoff eine Dehydrierung erfährt, ist es nötig, das Reaktionsgemisch vor dem Enzymzusatz gut zu kühlen (Eisschrank). Unmittelbar nach Eingabe der Enzymlösung werden die Elektrodengefäße evakuiert und dann in einen auf 37° C einregulierten Thermostaten gebracht. Gegebenenfalls evakuiert man, wenn die Gefäße die Thermostatentemperatur angenommen haben, nochmals 1—2 min lang, um okkludierte Luftreste herauszuholen.

Als Bezugselektrode empfiehlt es sich, die gesättigte Kalomelelektrode zu benutzen, die gegenüber der früher oft verwendeten VEIBELschen Chinhydronelektrode den Vorzug geringerer Diffusionspotentialbildung besitzt. Nähere meßtechnische Angaben, insbesondere hinsichtlich Eichung und Temperaturkorrektur dieser Elektrode, finden sich S. 590. Da das vorgelegte System ein Redoxsystem in Reversibilität III. Art darstellt, ist eine sehr träge Potentialausbildung zu erwarten. Man mißt deshalb nur etwa alle 5—10 min die Potentialdifferenz zwischen der Kalomelelektrode und den blanken Platinelektroden in den Vakuumgefäßen. Annähernd 30 min nach dem Einbringen der Gefäße in den Thermostaten pflegen die Potentiale einen konstanten Wert erreicht zu haben.

Die Auswertung der Messungen ist im Vergleich zu der einer potentiometrischen Redoxtitration äußerst einfach. Man erhält hier freilich auch nur 3 Meßpunkte an Stelle einer ganzen Kurve.

Um die bei einer Versuchstemperatur von 37° C gegen die saturierte Kalomelelektrode gemessenen Spannungen in Pegelpotentiale umrechnen zu können, muß fürs erste der Temperaturgang der Pegelpotentiale der saturierten Kalomelelektrode bekannt sein. Die diesbezüglichen Werte findet man in Tabelle 5, S. 612 zusammengestellt, aus denen sich durch Interpolation das Pegelpotential der gesättigten Kalomelelektrode bei 37° C zu $+$ 237,9 mV ergibt.

Die gemessenen Spannungswerte, die in unserem Fall durchweg ein negatives Vorzeichen gegen die saturierte Kalomelelektrode besitzen, sind demnach bei der Umrechnung auf das konventionelle Nullpotential um den angegebenen Betrag zu erniedrigen. Weiterhin gilt es zu berücksichtigen, daß bei 37° C das Indexpotential für die Redoxquote 20 Mol.-% $-$ 18,5 mV und für die Redoxquote 80 Mol.-% $+$ 18,5 mV beträgt (vgl. hierzu Tabelle 7, S. 691).

Angenommen, es wurden für die 3 Vakuumelektrodengefäße in der angegebenen Reihenfolge der Gemische die Potentiale $^S E = -$ 273,9 bzw. $-$ 256,1 und $-$ 238,5 mV gegenüber der saturierten Kalomelelektrode gemessen. Dann sind die zugehörigen $^\circ E$-Werte $= -$ 36,0 bzw. 18,2 mV und $-$ 0,6 mV.

Hieraus ergibt sich unter Berücksichtigung der Indexpotentiale für die 3 Gefäße in guter Übereinstimmung $-$ 17,5 bzw. $-$ 18,2 und $-$ 19,1 mV als Pegel-Normalpotential des vorgelegten Fumarat-Succinatsystems bei p_H 7,3 und 37° C. Die gute Annäherung des Indexpotentials vom 1. und 3. Gefäß an den theoretischen Wert ($\pm$ 18,5 mV) liefert gleichzeitig den Beweis, daß sich das vorgelegte System unter den gewählten Bedingungen reversibel verhielt.

3. Methode der sukzessiven ROP-Messung. Für einige Redoxsysteme in Reversibilität III. Art erweist sich die zum Substrat konjugierte Redoxkomponente als so giftig gegenüber dem Enzym, daß ein Herstellen verschiedener Redoxquoten durch entsprechende Mischung zu Beginn des Versuches die Ausbildung eines definierten Potentials von vornherein verhindert. Diesem Übelstand kann, wie zuerst LEHMANN[1] gezeigt hat, dadurch

---

[1] LEHMANN, J.: B. Z. **274**, 321 (1934).

gesteuert werden, daß man das Oxydans auf mehrere Portionen verteilt in die Seitenansätze des großen Vakuumelektrodengefäßes gibt und sukzessiv ins Reaktionsgemisch einlaufen läßt, wenn sich bereits ein entsprechend negatives Potential ausgebildet hat. Nach jedem Zusatz von Oxydans folgt das Potential sprunghaft der Erhöhung der Redoxquote. Es hat den Anschein, daß es auf diese Weise möglich ist, in einem einzigen Versuch plausible Potentiale zu verschiedenen Redoxquoten trotz der Giftigkeit des Oxydans gegenüber dem Enzym zu gewinnen. Die Potentialsprünge beim Übergang von einer Redoxquote zur nächsten erreichen wenigstens annähernd die von der Theorie für ein reversibles Redoxsystem geforderten Werte der Indexpotentiale.

Als Anwendungsbeispiel sei der Potentialgang einer sukzessiven Redoxmessung am System Äpfelsäure-Dehydrogenase-Oxalessigsäure gebracht (Abb. 8). Zugabe von Oxydans erfolgte jeweils an den durch einen Pfeil markierten Stellen. Nähere Angaben bei LEHMANN und HOFF-JÖRGENSEN[1].

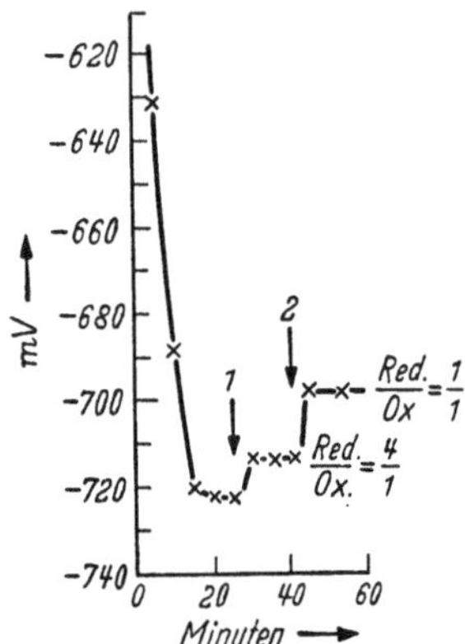

Abb. 8. Potentialverlauf bei einer sukzessiven ROP-Bestimmung; System: Äpfelsäure—Dehydrogenase—Oxalessigsäure.

Auswertung der potentiometrischen Redoxtitrationen. Wie schon mehrfach betont wurde, beeinflußt der p_H den Verlauf einer Oxydoreduktion zumeist in entscheidender Weise. Arbeitet man mit konstantem p_H-Wert, so sind die Ergebnisse zwar am einfachsten auszuwerten, der Umfang der gewonnenen Aussagen bleibt freilich dementsprechend eingeengt. Wenn irgendmöglich sollten deshalb die Redoxtitrationen bei verschiedenen p_H-Werten durchgeführt werden. Kennt man die p_H-Abhängigkeit der Normalredoxpotentiale, so lassen sich nähere Angaben über die Zahl der Dissoziationskonstanten des vorgelegten Systems machen, über ihre numerischen Werte, sowie deren Zuordnung zur reduzierten oder oxydierten Form der konjugierten Redoxkomponenten. Das Aufnehmen einer Titrationskurvenschar in p_H-Abhängigkeit erweist sich schließlich als unabdingbar, wenn es sich um das Studium einer reversiblen Reaktion handelt, die in 2 mehr oder weniger deutlich getrennten Schritten, analog einer Semichinonbildung abläuft.

Entsprechend den drei eben angedeuteten Problemstellungen sei auch die Auswertung der Versuchsergebnisse unterteilt.

1. Auswertung einer Titrationskurve bei konstantem p_H. Zur ersten Orientierung über die Brauchbarkeit der Versuchsergebnisse empfiehlt es sich, eine graphische Darstellung anzufertigen. Man trägt zweckmäßig als unabhängige Variable die verbrauchten Kubikzentimeter Reagenslösung auf der X-Achse auf, die davon abhängigen Potentiale auf der Y-Achse. Der erhaltene Kurvenzug zeigt dann den Habitus eines liegenden Integralzeichens, nach rechts ansteigend, wenn es sich um eine Oxydation, nach rechts fallend, wenn es sich um eine reduktive Titration handelt (vgl. Abb. 9).

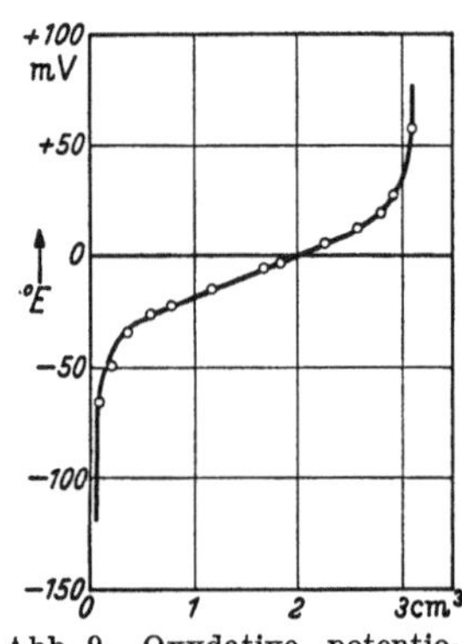

Abb. 9. Oxydative potentiometrische Titration. Beispiel: Leukogallocyanin titriert mit p-Benzochinon.

Abszisse: Kubikzentimeter der Chinonlösung; Ordinate: Pegelpotentiale in Millivolt, p_H der Lösung = 7,390 (Phosphatpuffer); entnommen aus MICHAELIS und EAGLE[2].

Zur Auswertung der Titrationskurve ist es notwendig, den Maßstab der Abszisse und der Ordinate zu transformieren. Auf der X-Achse erscheinen an Stelle der Kubikzentimeter die Molprozente des Gesamtumsatzes, auf der Y-Achse werden die gemessenen Potentialdifferenzen gegenüber der Bezugselektrode durch die zugehörigen Pegelpotentiale ersetzt.

Da die Potentialdifferenz Bezugselektrode/Normalwasserstoffelektrode konstant ist, verwendet man zweckmäßig von vornherein die um diese Differenz korrigierten Meßwerte zur graphischen Darstellung. Dies ist auch in Abb. 9 so gehandhabt.

[1] LEHMANN, J., u. E. HOFF-JÖRGENSEN: Skand. Arch. Physiol. **82**, 113 (1939).
[2] MICHAELIS, L., and H. EAGLE: J. biol. Ch. **87**, 713 (1930).

Die erreichbare Genauigkeit bei der Transformierung des Abszissenmaßstabes hängt davon ab, mit welcher Schärfe sich der Endpunkt der Titration bestimmen läßt. Theoretische Voraussetzungen erörterten wir S. 641.

Die Bestimmung des Endpunktes ist auf rein graphischem Wege des öfteren nicht mit genügender Sicherheit möglich, weil der theoretisch zu erwartende Übergang der Potentialkurve in eine Senkrechte zur X-Achse ausbleibt. Es kann dies seinen Grund darin haben, daß das Potential des angewandten Oxydans bzw. Reductans eine zu geringe Differenz gegenüber dem Potentialbereich des zu messenden reversiblen Systems zeigt oder darin, daß die oxydierte (reduzierte) Stufe des vorgelegten Systems einer sekundären, wenn auch nur trägen, doch irreversiblen Oxydation (Reduktion) unterliegt. In diesem Falle sind die Potentiale am Ende der Titrationskurve zeitlich inkonstant und bei mehrfacher Wiederholung der Versuche schlecht reproduzierbar.

Die Unsicherheit der graphischen Auswertung läßt sich dadurch beheben, daß man den wahrscheinlichsten Endpunkt der Titration nach dem Augenmaß aufsucht und den noch mit einer gewissen Willkür behafteten Wert probeweise in die Rechnung übernimmt. Zum Schluß sieht man zu, ob sich der theoretische Kurvenverlauf verbessern läßt, wenn der Endpunkt der Titration ein klein wenig weiter links oder rechts angenommen wird.

Besteht die Möglichkeit, mit ganz reinem Material und bekannter Anfangsmenge sowie mit einer Reagenslösung von bekanntem Titer zu arbeiten, so läßt sich der Endpunkt der Titration rechnerisch angeben und damit gleichzeitig die erwähnte Unsicherheit der graphischen Auswertung aus dem Wege räumen. Es ist andererseits charakteristisch für die beschriebene Methode, daß sie ebensogut verwendet werden kann, wenn weder die Anfangsmenge der zu titrierenden Substanz noch der Titer der Reagenslösung bekannt sind; ja es tritt hierdurch nicht einmal eine wesentliche Erschwerung bei der Ausdeutung der Versuche ein.

Die Titrationskurven dienen zur Ermittlung folgender Größen:

I. Des Normalpotentials bei vorgegebenem p_H-Wert.

II. Der Wertigkeit des Elektrodenprozesses (in der Literatur oft auch „die Elektronenzahl" genannt).

III. Der Indexpotentiale des vorgelegten Systems.

Zu I. Das Normalpotential ergibt sich als der Potentialwert an der Stelle, an der 50% der zum Erreichen des Endpunktes notwendigen Reagensmenge zugesetzt sind.

Zu II. Die Wertigkeit des Elektrodenprozesses wird meist an Hand der Reaktionsgleichung des zu prüfenden Systems von vornherein feststehen. Zur Kontrolle dient die Neigung des annähernd geradlinigen Teils der Titrationskurve. Man vergleicht zunächst die Potentiale bei 25%, 50% und 75% der Gesamttitration. Werden diese in der angegebenen Reihenfolge mit Indices versehen und als $E_{\frac{1}{4}}$, $E_{\frac{1}{2}}$ bzw. $E_{\frac{3}{4}}$ bezeichnet, so sollte gelten:

$$E_{\frac{1}{2}} - E_{\frac{1}{4}} = E_{\frac{3}{4}} - E_{\frac{1}{2}}. \tag{48}$$

Die Kurve muß also symmetrisch zu ihrem Wendepunkt liegen. Trifft dies nicht zu, so versucht man durch die oben erwähnte geringfügige Verschiebung des angenommenen Endpunktes der Titration dieser Bedingung zu genügen. Läßt sich die Symmetrierung jedoch nicht durchführen bzw. tritt keine Verbesserung des Kurvenverlaufes ein, so liegt Verdacht auf unzureichende Reversibilität der betrachteten Oxydoreduktion vor, zumindest unter den gewählten Versuchsbedingungen. Sodann sieht man zu, ob der mit Hilfe von Gl. (48) erhaltene Wert wenigstens annähernd in einem einfachen ganzzahligen Verhältnis zum theoretischen Indexpotential für die Redoxquote $^1/_4$ bei der jeweiligen Versuchstemperatur steht. Der erhaltene Faktor — es ist mit wenigen Ausnahmen die Zahl 2 — kennzeichnet die Wertigkeit des Elektrodenprozesses.

Zu III. Die Indexpotentiale dienen zur Kontrolle, oft auch zur Verfeinerung der theoretischen Vorstellungen, die man sich vom Elektrodenprozeß zu machen hat. Fürs erste muß der Verlauf der ganzen Titrationskurve der PETERSschen Gleichung gehorchen. Sind, wie eben beschrieben wurde, das Normalpotential und die Wertigkeit des Elektrodenprozesses bestimmt, so läßt sich das Potential jedes einzelnen Meßpunktes an Hand der PETERSschen Gleichung überprüfen.

Dies geschieht mühelos mit Hilfe der sog. Indexpotentiale. Hierunter versteht man die Potentialdifferenz zwischen der durch den Index am Potentialsymbol angemerkte Redoxquote und der Redoxquote 50 Mol.-%. Um die Frage des Vorzeichens der Indexpotentiale nicht offen zu lassen, sei weiterhin vereinbart, daß die Redoxquote stets durch den *Molenbruch des Oxydans* im jeweils betrachteten System ausgedrückt wird. Damit erhalten die Indexpotentiale für eine Redoxquote $> 50\%$ ausnahmslos ein positives Vorzeichen und für eine Redoxquote $< 50\%$ ein negatives.

Man vergegenwärtige sich, daß mit dieser Festsetzung dem Normalredoxpotential nicht die Redoxquote 1, sondern $1/_2$ zuerkannt wird und vergleiche hierzu die Zusammenstellung der benutzten Potentialformelzeichen auf S. 690.

Die numerischen Werte der Indexpotentiale ergeben sich aus der PETERSschen Gleichung. Hiernach errechnete Daten bringt für die üblicherweise bevorzugten Versuchstemperaturen von 18°, bzw. 25°, 30° und 37° C die Tabelle 7, S. 691. Zwischen diesen Temperaturen erübrigt sich ein Interpolieren wegen der geringfügigen restlichen Potentialunterschiede. Dagegen findet man zur leichteren Auswertung unter den in der genannten Tabelle mit „Partes proportionales" gekennzeichneten Spalten die Potentialdifferenzen für ein Weiterschreiten der Redoxquote um je 1% aufgeführt. Sie ermöglichen durch eine kleine Interpolation das theoretische Indexpotential zu jeder zwischenliegenden Redoxquote rasch zu finden.

Setzt man das experimentell ermittelte Normalpotential gleich Null, so müssen die übrigen Punkte der Titrationskurve die vom Indexpotential vorgeschriebenen Potentialunterschiede aufweisen. Erst wenn die aus den experimentellen Daten abgeleiteten Indexpotentiale sich weder dem einwertigen noch dem zweiwertigen Elektrodenprozeß anschließen lassen, wird man auf eine zweistufige Oxydoreduktion schließen dürfen. Auf diesen Fall soll weiter unten des näheren eingegangen werden.

2. Die p_H-Abhängigkeit der Normalredoxpotentiale. Von den beiden durch das beschriebene Verfahren eruierbaren Konstanten der Potentialgleichung eines Redoxsystems ist die eine, die Wertigkeit n_e des Elektrodenprozesses, vom p_H unabhängig, die andere, das Normalpotential $E_{\frac{1}{2}}$, im allgemeinen p_H-abhängig. Nimmt man in der oben beschriebenen Weise eine Anzahl von Titrationskurven bei verschiedenem p_H-Wert auf, so ergibt sich die Möglichkeit, den Zusammenhang des Normalpotentials mit dem p_H in Kurvenform darzustellen. Die Kurven zeigen den Habitus, den wir schon aus Abb. 1, S. 645, kennen.

Jedes einzelne Redoxsystem besitzt eine charakteristische Potentialfunktion, die im Gegensatz etwa zur Kennlinie einer Wasserstoffelektrode meist mehrere annähernd geradlinige Abschnitte von verschiedener Neigung gegen die X-Achse unterscheiden läßt. Die einzelnen geradlinigen Teile gehen, wie auch theoretisch gar nicht anders zu erwarten steht, nicht in einem stumpfen Winkel ineinander über, sondern sind durch abgerundete Übergangsstellen miteinander verbunden. Ab und zu findet man auch den Fall verwirklicht, daß ein geradliniger Abschnitt der Kurve unter Richtungsänderung einen schmalen p_H-Bereich durchläuft, jedoch sogleich wieder durch ein geradliniges Stück mit der ursprünglichen Neigung abgelöst wird, so daß der Eindruck einer bajonettartigen Knickung der Elektrodenkennlinie entsteht. Beispiel das Gallocyanin zwischen p_H 9 und 10 = Kurve 7 der Abb. 1.

Wie die mathematische Analyse der $E_{\frac{1}{2}}$-p_H-Kurven lehrt, können die Neigungen der geradlinigen Abschnitte nicht jeden beliebigen Wert annehmen, sondern nur solche, die der Beziehung gehorchen:

$$\operatorname{tg}\varphi = -\, n\,\frac{E_N}{n_e}, \tag{49}$$

wobei E_N wieder den NERNSTschen Potentialfaktor, n_e die Wertigkeit des Elektrodenprozesses, n die laufenden ganzen Zahlen (1, 2, 3, ...) bedeuten.

Für einen zweiwertigen Elektrodenprozeß vermag z.B. bei 25° C tg φ nur die Werte: 29,57; 59,14; 88,71 ... [Dimension: Millivolt/p_H] anzunehmen. Das Minuszeichen in Gl. (49) drückt aus, daß die Kurven mit steigendem p_H-Wert fallen.

Weiterhin ist bemerkenswert: wenn die Knicke in den Kurven nicht allzu dicht aufeinanderfolgen und sich deshalb nicht zu sehr verwischen, so ändert sich tg φ immer nur um E_N/n_e und nicht um ein ganzzahliges Vielfaches davon. Hierin liegt ein Angelpunkt für das Verständnis der Erscheinungen; denn an sich würde eine Neigungsänderung $n \cdot E_N/n_e$ offensichtlich nicht mit Gl. (49) im Widerspruch stehen.

Die Ergebnisse einer mathematischen Analyse des Kurvenzuges kurz zusammengefaßt, läßt sich sagen: Die Neigungsänderung kommt dadurch zustande, daß sich der Dissoziationszustand[1] mit fortschreitendem p_H ändert und zwar im betrachteten p_H-Bereich nur auf seiten des Oxydans oder des Reductans. Sollte bei einem Redoxsystem der sehr unwahrscheinliche Fall verwirklicht sein, daß die Dissoziationskonstante des Oxydans mit der des Reductans übereinstimmt, so bliebe die Neigung der $E_{\frac{1}{2}}$-p_H-Kurven konstant, trotz Änderung des Dissoziationszustandes mit fortschreitendem p_H. Liegen andererseits die beiden Konstanten ziemlich nahe beieinander, so rufen sie die oben erwähnte bajonettartige Knickung des Kurvenzuges hervor.

Aus dem Vorzeichen der Neigungsänderung kann geschlossen werden, ob eine Änderung des Dissoziationszustandes mit fortschreitendem p_H im Bereich der oxydierten oder der reduzierten Stufe vorliegt. Wenn wie üblich das p_H auf der Abszisse nach rechts steigend und das Normalredoxpotential auf der Ordinate nach oben positiv aufgetragen wird, so muß beim Durchlaufen der Kurve in Richtung wachsender p_H-Werte jede Erhöhung von tg φ mit einer Änderung des Dissoziationszustandes der oxydierten Form, jede Verkleinerung von tg φ mit einer Änderung des Dissoziationszustandes der reduzierten Form verknüpft sein.

Abb. 10 gibt als Beispiel hierfür die Potentialfunktion von m-Kresolindophenol in größerem Maßstab als in Abb. 1 wieder. Der Knick bei pK_{Ox} bezieht sich, da tg φ an dieser Stelle mit zunehmendem p_H wächst, auf die oxydierte Form des Farbstoffes, der bei pK_{Red_1} und pK_{Red_2} auf die Leukoform, denn tg φ wird kleiner mit wachsendem p_H; der aus chemischen Gründen zu erwartende 3. p_K-Wert des Leukofarbstoffes liegt außerhalb des erfaßbaren p_H-Bereiches.

Da das Reductans 2 bewegliche Wasserstoffatome mehr als das konjugierte Oxydans enthält, muß die Zahl seiner Dissoziationskonstanten ebenfalls um 2 größer sein als die Zahl der Dissoziationskonstanten des Oxydans.

Die geradlinigen Abschnitte der dargestellten Potentialfunktion besitzen die Neigungen $\frac{1}{2}E_N$, E_N und $\frac{3}{2}E_N$. Bei einer Versuchstemperatur von 30° errechnen sich nach Gl. (23a) die zugehörigen Potentialänderungen je p_H-Einheit zu $-30,05$ bzw. $-60,1$ und $-90,15$ mV, die sich auch aus der nach experimentellen Daten angefertigten Zeichnung mit beachtlicher Genauigkeit entnehmen lassen. Um die numerischen Werte der einzelnen Dissoziationskonstanten der konjugierten Komponenten zu erhalten, kann man im Prinzip so vorgehen, daß je 2 benachbarte geradlinige Abschnitte des Kurvenzuges durch lineare Extrapolation miteinander zum Schnitt gebracht werden. Von den Koordinaten eines solchen Schnittpunktes interessieren hier nur die Abszissen; ihr Wert ist identisch mit dem numerischen Wert der Dissoziationskonstanten im logarithmischen Maßstab. Mit anderen Worten, man erhält unmittelbar die dem gewählten p_H-Maßstab entsprechenden p_K-Werte, für die sich im Schrifttum der Begriff „Säurekonstante" oder „Säureexponent" mehr und mehr einbürgert (vgl. S. 533).

Zur Erleichterung des Überblicks über die eben geschilderten Zusammenhänge sei das auch hier als Schulbeispiel anzusehende Chinon-Hydrochinonsystem unter die Lupe genommen und die Abhängigkeit des Redoxpotentials von den beiden, der reduzierten Form zugehörigen Dissoziationskonstanten näher erläutert.

---

[1] Die Änderung des Dissoziationszustandes mit dem p_H findet ihren prägnantesten Ausdruck bei Säure-Basenindicatoren, wo sie mit einem Farbumschlag verbunden ist.

Kraft der allgemein gültigen Gesetzmäßigkeit, daß der Wasserstoff in einer Hydroxylgruppe, die an einer Doppelbindung sitzt, sauren Charakter zeigt, müssen wir dem Hydrochinon die Funktion einer, wenn auch nur schwachen, zweibasischen Säure zuschreiben. Das bedeutet, es entsteht aus dem Hydrochinon unter Abdissoziieren eines

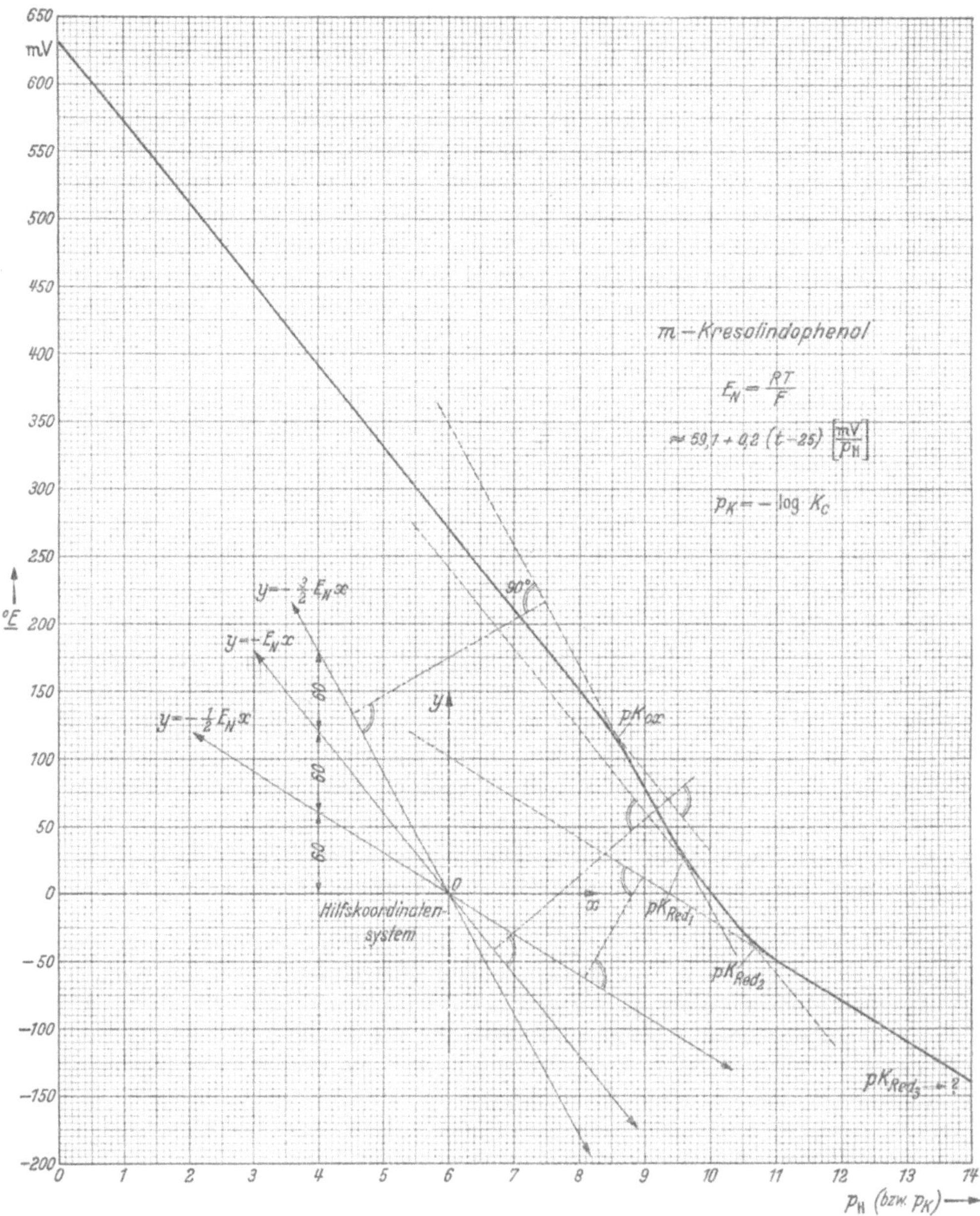

Abb. 10. Zusammenhang zwischen den Dissoziationskonstanten eines Systems und der p_H-Abhängigkeit seiner Normalredoxpotentiale. Beispiel: m-Kresolindophenol[1].

H$^+$-Ions zunächst ein einwertiges Anion, das unter Verlust eines weiteren Protons in ein zweiwertig negativ geladenes Ion überzugehen vermag. Bezeichnet man, um zu möglichst übersichtlichen Formelbildern zu gelangen, das Chinon abgekürzt mit χ (= chi) und analog das Hydrochinon mit χH_2, die zugehörigen Anionen mit χH^- bzw. χ^{--}, so lassen

---

[1] Bei der Berechnung des numerischen Wertes von $E_N = \dfrac{RT}{F}$ ist es zweckmäßig, den Umrechnungsfaktor zwischen ln und log von vornherein miteinzubeziehen, was in der Beschriftung der Abbildung nicht deutlich zum Ausdruck kommt.

sich die ins Auge gefaßten Dissoziationsgleichungen folgendermaßen schreiben:

$$\chi H_2 + H_2O \rightleftharpoons \chi H^- + H_3O^+, \tag{50a}$$

$$\chi H^- + H_2O \rightleftharpoons \chi^{--} + H_3O^+. \tag{50b}$$

Hierfür liefert das Massenwirkungsgesetz unter Einbeziehung des praktisch konzentrationskonstanten Wassers in die Gleichgewichtskonstante die Beziehungen:

$$\frac{[\chi H^-]\,[H_3O^+]}{[\chi H_2]} = K_1, \tag{51a}$$

$$\frac{[\chi^{--}]\cdot[H_3O^+]}{[\chi H^-]} = K_2. \tag{51b}$$

Setzt man die Summe aus dissoziiertem und undissoziiertem Hydrochinon $= \chi H_s$, so läßt sich die unter irgendwelchen Bedingungen vorhandene Konzentration an undissoziiertem Hydrochinon ausdrücken durch:

$$[\chi H_2] = [\chi H_s] - [\chi H^-] - [\chi^{--}] \tag{52}$$

und es folgt durch Substitution von Gl. (51a) und (51b) in (52):

$$[\chi H_2] = [\chi H_s] - \frac{K_1\cdot[\chi H_2]}{[H_3O^+]} - K_2\cdot\frac{K_1\cdot[\chi H_2]}{[H_3O^+]^2} \tag{53}$$

bzw. unter Zusammenfassen der Glieder mit $[\chi H_2]$:

$$[\chi H_2]\cdot\left(1 + \frac{K_1}{[H^3O^+]} + \frac{K_1 K_2}{[H_3O^+]^2}\right) = [\chi H_s],$$

mithin:

$$[\chi H_2] = \frac{[\chi H_s]\,[H_3O^+]^2}{[H_3O^+]^2 + K_1[H_3O^+] + K_1\cdot K_2}. \tag{54}$$

Wird dieser Ausdruck für $[\chi H_2]$ an Stelle von $[C_6H_6O_2]$ in Gl. (9) eingeführt und wie oben χ für $C_6H_4O_2$ geschrieben, so erhält man für das Redoxpotential des Chinon-Hydrochinonsystems die allgemeinere Gültigkeit besitzende Formel:

$$^\circ E = {}^\circ\underline{E} + \frac{RT}{2F}\cdot\ln\frac{[\chi]}{[\chi H_s]} + \frac{RT}{2F}\ln\left([H_3O^+]^2 + K_1[H_3O^+] + K_1\cdot K_2\right). \tag{55}$$

Damit ist gleichzeitig für die in der allgemeinsten Form der PETERSschen Gleichung auftretende funktionelle Abhängigkeit des Potentials von der H^+-Ionenaktivität gemäß Gl. (23) eine Lösung gefunden. Sie lautet im vorliegenden Fall:

$$f([H^+]_a) = \ln\left([H_3O^+]_a^2 + K_1\cdot[H_3O^+]_a + K_1\cdot K_2\right). \tag{56}$$

Sind die beiden Dissoziationskonstanten K_1 und K_2 sehr klein im Verhältnis zur Aktivität der Hydroxoniumionen, so verschwinden die entsprechenden Glieder in Gl. (55) und man erhält die übliche p_H-Abhängigkeit des Redoxpotentials nach Gl. (22) bzw. (22a). In saurem Medium erfüllt das Hydrochinon diese Voraussetzung.

Verallgemeinern wir die hier gewonnenen Erkenntnisse zur Beantwortung der oben aufgeworfenen Frage nach der p_H-Abhängigkeit des Redoxnormalpotentials, so folgt aus Gl. (55), daß die Änderung des Potentials mit dem p_H und damit die Neigung der Elektrodenkennlinie dem NERNSTschen Potentialfaktor gleich sein muß, sofern die Dissoziationskonstanten K_1 und K_2 gegenüber $[H_3O^+]$ vernachlässigbar klein sind. Dies trifft für genügend saure Lösungen fast stets zu. Bei sehr kleinen H^+-Ionenaktivitäten ist umgekehrt $[H_3O^+]^2$ gegenüber $K_1[H_3O^+]$ zu vernachlässigen, falls $K_1 \gg [H_3O^+]$ ist. Wenn gleichzeitig $K_2 \ll K_1$, so ergibt sich aus Gl. (55) eine unter dem halbem NERNSTschen Potentialfaktor geneigte Elektrodenkennlinie. In dem Zwischengebiet gehen die geradlinigen Abschnitte der Elektrodenkennlinie in Form einer Kurve mit veränderlicher Neigung ineinander über.

Schreibt man die Gl. (55) für ein konstantes Verhältnis von [Ox] zu [Red] in der Form:

$$^\circ E = {}^\circ E' + \frac{RT}{2F}\cdot\ln\left(10^{-2\cdot p_H} + K_1\cdot 10^{-p_H} + K_1\cdot K_2\right), \tag{57}$$

so ergibt sich die Neigung der Elektrodenkennlinie durch Differentiation zu:

$$\frac{d\,^\circ E}{d p_H} = -\frac{2{,}30\,RT}{2F}\,\frac{2[H_3O^+]^2 + K_1\cdot[H_3O^+]}{[H_3O^+]^2 + K_1\cdot[H_3O^+] + K_1\cdot K_2}. \tag{58}$$

Aus dieser Gleichung sind die oben erwähnten Grenzneigungen für E_N bzw. $\frac{1}{2}\,E_N$ unter den angegebenen einschränkenden Bedingungen unmittelbar abzulesen.

Ist jedoch $K_1 = [\mathrm{H_3O^+}]$, so muß, da mit $K_1 \gg K_2$ das letzte Glied der Summe im Nenner von Gl. (58) vernachlässigbar ist, gelten:

$$\frac{d\,{}^\circ E}{d\mathrm{p_H}} = -\frac{3}{4}\cdot\frac{2{,}30\,R\,T}{F} = -\frac{3}{4}\,E_N. \tag{59}$$

Die Neigung liegt in diesem Fall in der Mitte zwischen den Grenzneigungen der geradlinigen Abschnitte der Elektrodenkennlinie. An dem Ort, an dem der Übergangsbogen der Kennlinie die Neigung $\frac{3}{4}\,E_N$ durchläuft, ist demnach $[\mathrm{H_3O^+}] = K_1$ bzw. $\mathrm{p_H} = -\log K_1$. Der Schnittpunkt der beiden geradlinig extrapolierten Grenzgeraden fällt, da diese gewissermaßen nur Tangenten an den Kurvenzug darstellen, zwar mit der Stelle der mittleren Neigung der Elektrodenkennlinie im Übergangsbogen nicht streng zusammen, liegt ihm aber so nahe, daß mit einer Genauigkeit von etwa 0,1—0,2 $\mathrm{p_H}$-Einheiten die zugeordnete Dissoziationskonstante durch die beschriebene geradlinige Extrapolation ermittelt werden kann.

3. Zweistufig ablaufende zweiwertige Elektrodenprozesse. Wie bereits betont wurde, gibt es Fälle, in denen die Indexpotentiale trotz der Reversibilität des Elektrodenprozesses nicht den von der Theorie geforderten Werten folgen. Diese Erscheinung tritt ein, wenn außer den beiden konjugierten Redoxkomponenten noch eine intermediäre Form existenzfähig ist. Da Übertragung von Bruchteilen eines Elektrons je Äquivalent ausgeschlossen ist, ergibt sich zwangsläufig, daß derartige Intermediärformen nur bei zweiwertigen (allenfalls auch höherwertigen) Elektrodenprozessen auftreten können.

Als der älteste bekannte Fall einer solchen Zwischenstufe kann im Prinzip das Chinhydron gelten, dessen Oxydationsgrad zwischen dem von Chinon und von Hydrochinon gelegen ist. Indessen darf das Chinhydron nicht als ein sog. Semichinon aufgefaßt werden, d. h. eine Verbindung, die den halben Oxydationsgrad von Chinon gegenüber dem Hydrochinon besitzt, wie zahlreiche Forscher bewiesen zu haben glaubten, sondern es ist als Merichinon zu formulieren, also eine Verbindung, die zum Teil ($\mu\acute{\varepsilon}\varrho o\varsigma$, griech. = Teil) ein Chinon darstellt, zur anderen Hälfte aber auf der Oxydationsstufe des Hydrochinons stehen geblieben ist. Näheres über die Struktur der Chinhydronmolekel s. S. 558.

In allen Fällen, in denen Zwischenformen der beschriebenen Art existenzfähig sind, geschieht die Oxydation der reduzierten Stufe dadurch, daß die zur Erreichung des chinoiden Zustandes erforderlichen 2 Elektronen stufenweise aufgenommen werden, während normalerweise die beiden Elektronen gleichzeitig in Reaktion treten.

Die Theorie dieser zweistufigen Oxydation entwickelten fast gleichzeitig, doch voneinander unabhängig einerseits MICHAELIS[1], andererseits ELEMA[2]. Es ist in Anbetracht des zur Verfügung stehenden Raumes unmöglich, auf diese Arbeiten weiter einzugehen als nötig ist um zu zeigen, in welchen Fällen die experimentell ermittelte Potentialfunktion eines Redoxsystems als zweistufig ablaufende Oxydoreduktion aufgefaßt und demgemäß anders als normal behandelt werden muß.

Bei einer zweistufigen Oxydoreduktion liegen 3 Oxydationsgrade nebeneinander vor, die als r, s und h indiziert bzw. als die *reduzierte*, die *semichinoide* und die *holochinoide* Form bezeichnet werden sollen. Das Redoxpotential eines solchen Systems läßt sich offensichtlich auf dreierlei Art ausdrücken, je nachdem, ob als Bezugspotential das mittlere (E_m) der gesamten Titrationskurve oder das der ersten Stufe (E_1) bzw. das der zweiten Stufe der Titration (E_2) gewählt wird. Man erhält somit:

$$\text{I.}\quad E = E_\mathrm{m} + \frac{E_N}{2}\cdot\log\frac{[h]}{[r]} \tag{60a}$$

$$\text{II.}\quad E = E_1 + E_N\cdot\log\frac{[s]}{[r]} \tag{60b}$$

$$\text{III.}\quad E = E_2 + E_N\cdot\log\frac{[h]}{[s]}. \tag{60c}$$

[1] MICHAELIS, L.: Am. Soc. **92**, 211 (1931). J. biol. Ch. **96**, 703 (1932). B. Z. **255**, 66 (1933).
[2] ELEMA, B.: Recu. Trav. chim. Pays-Bas **50**, 807 (1931).

Wird z.B. die reduzierte Form oxydativ titriert, so bildet sich zunächst die semichinoide Form und anschließend die holochinoide Form oder das Chinon. Im Laufe einer Titration wird man deshalb zunächst an einen Punkt kommen, für den $[r] = [s]$ ist. Das Potential muß dort gleich dem Normalpotential des r, s-Systems sein oder gleich dem Normalpotential der ersten Stufe, d.h. $= E_1$ sein. Schreitet die Titration fort, so gelangt man an einen Punkt, für den gilt: $[r] = [h]$. Hier ist das Normalpotential identisch mit dem Potential des r, h-Systems oder gleich dem mittleren Normalpotential E_m. Schließlich trifft man auf einen Punkt, der durch $[s] = [h]$ repräsentiert wird. Er kennzeichnet das Normalpotential des s, h-Systems, mithin auch das Normalpotential E_2 der zweiten Stufe. Als Beispiel eines solchen Titrationsverlaufes dienen die Abb. 11a und b nach MICHAELIS.

Die eingezeichneten senkrechten Linien markieren das Ende der Titration für die erste und die zweite Stufe sowie die Lage der Potentiale E_1 und E_2 im Mittelpunkt der

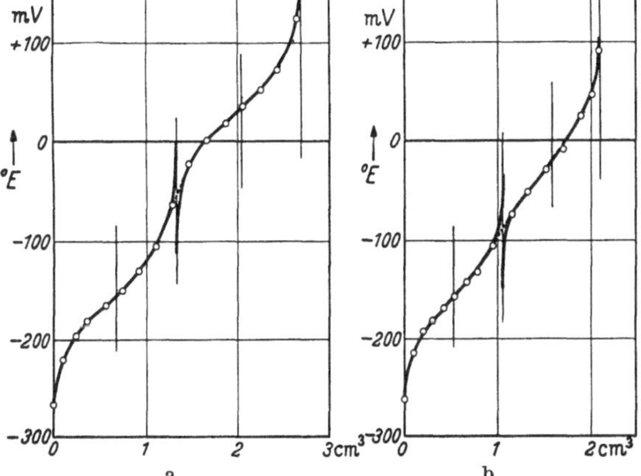

Abb. 11a u.b. Zweistufiges Ablaufen eines zweiwertigen Elektrodenprozesses. Beispiel: Leukopyocyanin mit Trikaliumhexacyanoferrat titriert; a bei $p_H = 1,82$, b bei $p_H = 3,05$.

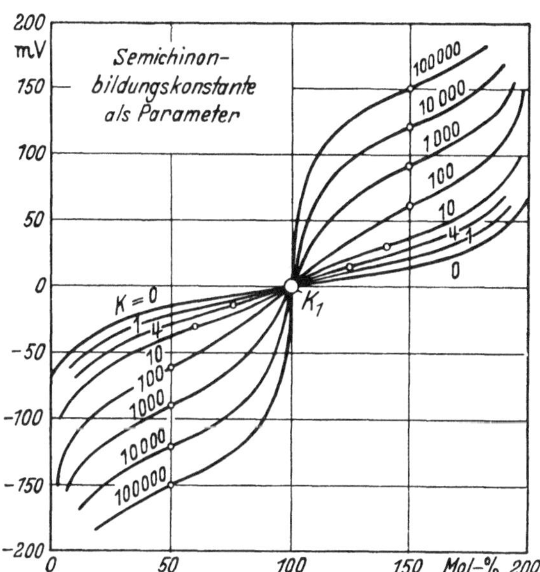

Abb. 12. Theoretischer Verlauf der Titrationskurven bei zweistufiger Oxydation für verschiedene Werte der Semichinon-Bildungskonstante.

beiden Kurvenäste. Freilich kann dieser Weg zur Ermittlung von E_1 und E_2 nur herangezogen werden, wenn die beiden Teilkurven deutlich voneinander getrennt sind, d.h. wenn die Semichinonbildungskonstante einen Wert in der Größenordnung von 10^2 oder darüber besitzt. Dies ist an Hand von Abb. 12, in der die kleinen Kreise links von der Mittellinie die Lage der E_1-Punkte und rechts die der E_2-Werte kennzeichnen, unmittelbar zu ersehen.

Es erscheint bemerkenswert, daß die Symmetrie der Titrationskurve gegenüber dem Punkt E_m nur dann vorhanden ist, wenn das intermediäre Produkt tatsächlich als Semichinon zu formulieren ist. Dagegen fehlt die Symmetrie, wenn als Zwischenprodukt ein Merichinon auftritt. So lehrt die geometrische Analyse der ersten Stufe der Titrationskurve, daß das berühmte WURSTERsche Rot, das bei der Oxydation einer sauren Lösung von asymmetrischem Dimethyl-p-phenylendiamin entsteht, ein Semichinon der nebenstehenden Struktur[1] darstellt und kein Merichinon nach Art der Chinhydrone. Magnetische und spektroskopische Untersuchungen bestätigen diesen Befund.

Wie üblich, ist in dem Formelbild das einsame Elektronenpaar am Stickstoff durch einen Querstrich symbolisiert, das ungepaarte Elektron durch ein Kreuzchen neben dem chinoiden Ring. Doch hat es dort keinen festen Sitz, sondern wechselt von der einen Seite des Ringes auf die andere hinüber. Hierdurch entstehen nicht etwa zwei isomere Verbindungen mit verschiedenen Bindungszuständen, vielmehr beschreiben die beiden „mesomeren Formeln" nur die extremen Grenzlagen des Elektrons. Würde durch weitere Oxydation aus dem einsamen Elektronenpaar am Stickstoff noch ein Elektron

---

[1] HÜCKEL, W.: Theoretische Grundlagen der organischen Chemie. 6. Aufl., Bd. 1. Leipzig 1949.

weggenommen, so könnte das übrigbleibende Elektron mit dem einsamen Elektron am chinoiden Ring zu einem bindenden Elektronenpaar zusammentreten und so den holochinoiden Zustand herstellen.

Wie man schon rein qualitativ aus den Abb. 11a und 11b erkennt, zeigt sich die Abweichung der Titrationskurve von der Normalform und somit die Bildungstendenz einer intermediären Form um so ausgeprägter, je größer die Potentialdifferenz zwischen den beiden Wendepunkten E_1 und E_2 der Teilkurven ist. Es steht demnach zu erwarten, daß zwischen jener Potentialdifferenz und der Bereitschaft zur Bildung eines Semichinons ein quantitativer Zusammenhang besteht. Dies ist in der Tat der Fall.

Behält man die oben eingeführte Symbolik bei, so kann die Bildung eines Semichinons aus einem Holochinon und der zugehörigen reduzierten Komponente durch die Reaktionsgleichung ausgedrückt werden: $h + r \rightleftharpoons 2s$.

Hierfür liefert das Massenwirkungsgesetz die Beziehung:

$$\frac{[s]^2}{[r]\,[h]} = K_s. \tag{61}$$

Um die Semichinon-Bildungskonstante K_s mit der Potentialdifferenz zwischen E_1 und E_2 in Zusammenhang zu bringen, eliminieren wir E aus den Gln. (60b) und (60c) und erhalten:

$$E_2 - E_1 = E_N \left(\log \frac{[s]}{[r]} - \log \frac{[h]}{[s]} \right). \tag{62}$$

Schreibt man an Stelle der Differenz der Logarithmen in Gl. (62) den Bruch $\log \frac{[s]^2}{[r]\,[h]}$, so ergibt sich mit Hilfe von Gl. (61) unmittelbar:

$$\log K_s = \frac{E_2 - E_1}{E_N}, \tag{63}$$

die gesuchte quantitative Beziehung zwischen der Semichinon-Bildungskonstanten K_s und der Lage der Normalpotentiale in den beiden Teilsystemen.

Der Verlauf einzelner Titrationskurven für wachsende Werte von K_s ist in Abb. 12 veranschaulicht. Dort finden sich auf der Abszisse die Prozente an Oxydationsmittel aufgetragen, die zur Bildung des Semichinons benötigt werden, auf der Ordinate das Potential in Millivolt. Als Nullpunkt der Zählung ist das Potential der halben Oxydation angesetzt. Man sieht, je größer K_s, um so deutlicher die Stufenbildung. Wenn $K_s \leq 4$, verschwindet die S-förmige Krümmung im Mittelteil der Titrationskurve vollständig; $K_s = 0$ bedeutet, daß gar keine Semichinonbildung möglich ist. Als konkretes Beispiel sei zum Schluß eine Titrationskurvenschar gebracht, die durch oxydative Titration der Leukobase von Oxythiazin bei verschiedenen p_H-Werten erhalten wurde (Abb. 13).

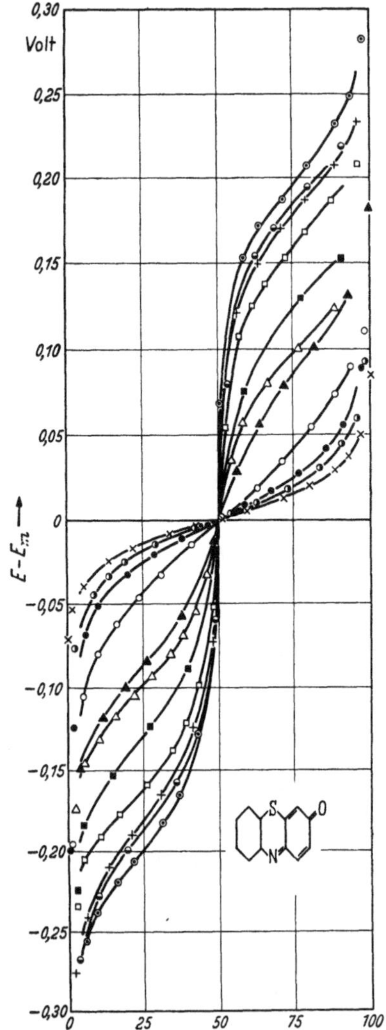

Abb. 13. Titrationskurven eines zweistufig ablaufenden zweiwertigen Redoxprozesses in Abhängigkeit vom p_H (Beispiel: Oxythiazin).

×	Acetatpuffer. . . . $p_H = 4{,}62$;	$E_{\frac{3}{4}} = 15{,}2$ mV
◑	Citratpuffer . . . . $p_H = 1{,}96$;	$E_{\frac{3}{4}} = 21{,}8$ mV
●	Citratpuffer . . . . $p_H = 1{,}47$;	$E_{\frac{3}{4}} = 24{,}0$ mV
○	0,112 n Salzsäure. $p_H = 1{,}02$;	$E_{\frac{3}{4}} = 43{,}7$ mV
▲	1,11 n Schwefelsäure $p_H = 0{,}29$;	$E_{\frac{3}{4}} = 87$ mV
△	0,990 n Salzsäure . $p_H = 0{,}02$;	$E_{\frac{3}{4}} = 99$ mV
▪	3,76 n Schwefelsäure	$E_{\frac{3}{4}} = 126$ mV
▫	6,64 n Schwefelsäure	$E_{\frac{3}{4}} = 162$ mV
+	8,88 n Schwefelsäure	$E_{\frac{3}{4}} = 181$ mV
◔	11,1 n Schwefelsäure	$E_{\frac{3}{4}} = 185$ mV
◉	15,0 n Schwefelsäure	$E_{\frac{3}{4}} = 198$ mV

γ) Das colorimetrische Verfahren.

Grundlagen. Das Prinzip der colorimetrischen ROP-Bestimmung ist dem der colorimetrischen p_H-Bestimmung weitgehend analog. Es handelt sich wie dort darum, zunächst durch einen Vorversuch einen geeigneten Farbindicator ausfindig zu machen, der in dem fraglichen Potentialbereich umschlägt, sodann in einem zweiten quantitativen Versuch, die Färbung dieses Indicators im vorgelegten System exakt zu bestimmen.

Wenn auch wegen der Gültigkeit des LAMBERT-BEERschen Gesetzes eine lineare Auswertung bzw. Interpolation nur möglich ist, falls bei der colorimetrischen Messung das vorgelegte System mit einem Vergleichssystem auf Gleichheit der Farbintensitäten gebracht wird, so läßt sich dennoch die colorimetrische Redoxbestimmung in verschiedenen Varianten durchführen, je nach dem Weg, den man wählt, um die Farbintensität des Vergleichssystems in definierter Weise abzustufen. Es stehen deshalb hier prinzipiell dieselben Möglichkeiten offen, die bei der colorimetrischen p_H-Bestimmung zur Anwendung gelangen.

Besonderer Erwähnung wert erscheint das von HOLST ausgearbeitete Verfahren der Konzentrationsbestimmung des Redoxindicators durch Lichtextinktionsmessung[1]. Die Methode erweist sich für manche Fragstellungen insofern von Vorteil, als sie der Konzentration des absorbierenden Stoffes wenigstens in erster Näherung direkt proportionale Werte liefert, während die potentiometrische Bestimmung proportional mit dem Logarithmus der Konzentration geht.

Die Methode der *Konzentrations*abstufung des Vergleichssystems nach MICHAELIS wird wegen ihrer apparativen Einfachheit bevorzugt angewandt.

Die qualitative Vorprüfung: Indicatorwahl. Angenommen, wir haben uns in einem konkreten Fall für das Vakuumverfahren (THUNBERG-Methodik) entschieden[2], so gestaltet sich die Indicatorwahl folgendermaßen: Das zu prüfende System — es sei beispielsweise in Form des Reductans oder H-Donators sowie des zugehörigen Ferments, also einer Dehydrogenase, vorgegeben — wird in Vakuumröhrchen mit einer Reihe verschiedener Redoxindicatoren zusammengebracht, deren Normalpotentiale etwa je 0,1 Volt voneinander abstehen. Die Voraussetzung für die Wasserstoffaufnahme durch einen bestimmten Indicator ist, daß der Farbstoff ein positiveres Redoxpotential, d. h. geringeren virtuellen Wasserstoffdruck als das zu prüfende System, besitzt. Man ermittelt den Indicator mit dem negativsten Redoxpotential, der sich eben noch langsam entfärbt oder wenigstens in seiner Farbintensität geschwächt wird[3]. Das Redoxpotential des vorgelegten Systems muß dann in der Nähe des Normalredoxpotentials des betreffenden Farbstoffes liegen.

Muster für das Ansetzen solcher Versuche: Eine aus der Redoxindicatorentafel (vgl. S. 692ff.) geeignet ausgewählte Folge von Indicatoren (H-Acceptoren) wird in einer Serie von THUNBERG-Röhrchen mit dem zu untersuchenden System unter Einhalten gleichbleibender Volumenanteile zusammengebracht gemäß dem folgenden Schema:

Protokollbeispiel A.

Gleich- bleibende Volumina	Vakuumröhrchen	
	Nr. 1	Nr. 2
1,0 cm³	Phosphatpuffer (p_H 7,3)	Phosphatpuffer
0,2 cm³	0,2 molare H-Donatorlösung	0,2 m H-Donatorlösung
0,5 cm³	Redoxindicator I (0,001 molar)	Redoxindicator II (0,001 m)
0,5 cm³	Enzymlösung (von geprüfter Mindestaktivität) .	Enzymlösung

Die Mindestaktivität bedeutet, daß in einem Standardversuch die zum Entfärben benötigte Zeit kleiner als ein vereinbarter, zweckmäßig gewählter Höchstwert (10—20 min) bleibt.

Unmittelbar vor dem Enzymzusatz wird das Lösungsgemisch gut gekühlt (Eisschrank), damit nicht der Luftsauerstoff den Wasserstoff unter der Enzymeinwirkung zu oxydieren beginnt. Nach der Enzymzugabe schreitet man sofort zur Evakuierung und bringt schließlich die O_2-freien THUNBERG-Gefäße in einen auf 37° einregulierten Wasserthermostaten.

Zum Evakuieren genügt zumeist eine gute Wasserstrahlpumpe. Bei sauerstoffempfindlichen Systemen ist jedoch eine Ölpumpe erforderlich. Zwischen THUNBERG-Rohr und Ölpumpe schaltet man einen Absperrhahn, ein verkürztes Quecksilbermanometer und einen Calciumchloridtrockenturm.

---

[1] HOLST, G.: Z. physik. Chem. (A) **175**, 121 (1935).

[2] THUNBERG, T.: Die Akzeptormethode. Oppenheimer, Fermente. Leipzig 1929.

[3] Dem Auge erscheint eine mit einem Farbindicator versetzte Lösung als entfärbt, wenn die Farbintensität etwa auf den 10. Teil der ursprünglichen zurückgegangen ist.

Beispiel für die Auswertung einer derartigen Versuchsreihe. Das Versuchsprotokoll zeige nachstehende Eintragungen (Protokollbeispiel B).

Man sieht, daß der Farbstoff mit dem negativsten Redoxpotential, der noch entfärbt wird, das Pyocyanin ist. Weiterhin, daß die Entfärbung um so schneller verläuft, je positiver das Redoxpotential eines Farbstoffes ist. Eine Ausnahme bilden naturgemäß die Farbstoffe, die als Inhibitoren in einem vorgelegten Enzymsystem fungieren.

Das Naphtholsulfonat-indophenol, das vollkommen aus der Versuchsreihe herausfällt, stellt ein auffälliges Beispiel hierfür dar. Weniger ausgeprägt tritt der Inhibitorcharakter des Indigosulfonats in der aufgeführten Versuchsreihe in Erscheinung. Doch hätte das Indigotetrasulfonat, das nahezu dasselbe Normalredoxpotential wie das Pyocyanin besitzt, wenigstens eine partielle Entfärbung nach einiger Zeit ergeben müssen, wenn es nicht als Inhibitor unter den gewählten Versuchsbedingungen wirksam gewesen wäre.

Es ist deshalb angezeigt, bei der qualitativen Vorprüfung stets mehrere Indicatoren von verschiedener chemischer Konstitution, aber ähnlichem Normalredoxpotential auszutesten.

Protokollbeispiel B.

Indicator (H-Acceptor)	$^\circ_7 E_{\frac{1}{2}}$ (in Volt bei 30° C)	In den Thermostaten um $9^h\,10^m$; Lösung entfärbt um	Entfärbungszeit in Minuten
Dichlorphenol-indophenol	$+0,217$	$9^h\,11^m$	1
1-Naphthol-2-sulfonat-indophenol	$+0,123$	$10^h\,00^m$	50
Methylenblau	$+0,011$	$9^h\,18^m$	8
Pyocyanin	$-0,034$	$9^h\,32^m$	22
Indigotetrasulfonat . . .	$-0,046$	—	keine Entfärbung
Nilblau	$-0,116$	—	„ „
Kresylviolett	$-0,166$	—	„ „

In quantitativer Hinsicht läßt sich aus dem beschriebenen Vorversuch folgendes aussagen: Wir sind beim Ansetzen des Versuches vom reinen oder wenigstens praktisch reinen Reductans unter Beifügung des Enzyms ausgegangen. Der zugesetzte Redoxindicator hatte rund 1 % der molaren Konzentration des Reductans, so daß bei der beobachteten fast völligen Entfärbung des Farbstoffes 1 Mol-% des Reductans zum Oxydans geworden sein muß. Um aus dem Redoxpotential bei dieser Redoxquote das Normalredoxpotential zu erhalten, bedarf es einer kleinen Umrechnung, die am einfachsten der Tabelle 7, S. 691, zu entnehmen ist.

Man findet, da der Vorversuch bei einer Temperatur von 37° durchgeführt wurde, ein Indexpotential von $-0,061$ Volt. Andererseits ist aus der beobachteten Entfärbung von Pyocyanin zu folgern, daß das vorgelegte System bei der Redoxquote 0,01 ein Redoxpotential besitzt, das um den Betrag des Indexpotentiales bei 90%iger Entfärbung des Indicators, d. h. laut Tabelle 7 um 29 mV, unter dem Normalpotential $^\circ_7 E_{\frac{1}{2}}$ des Pyocyanins liegen muß; gegebenenfalls noch etwas negativer, da vielleicht auch ein Redoxindicator mit einem etwas negativeren Normalpotential als das Pyocyanin hätte partiell entfärbt werden können. Für das Normalpotential des zu prüfenden Systems läßt demnach der Vorversuch einen geringfügig negativeren Wert als das Nullpotential der Normalwasserstoffelektrode erwarten.

Als Farbindicator, dessen Umschlagsintervall mit diesem Potentialwert am besten übereinstimmt, entnimmt man der Redoxindicatorentafel das Methylenblau. Dieses kommt somit als Indicator für den Hauptversuch in erster Linie in Frage.

Prinzipiell wäre es möglich, den orientierenden Versuch von vornherein mit der Redoxquote $^1/_2$ des zu prüfenden Systems auszuführen. Allein, da das Oxydans nicht selten hemmend auf Dehydrogenasen einwirkt, erscheint es ratsam, die qualitative Vorprüfung mit dem Reductans allein anzusetzen.

Hauptversuch: Bestimmung der Farbintensitätsgleichheit. Man stellt sich verhältnismäßig konzentrierte äquimolare Lösungen von den beiden konjugierten Komponenten des zu prüfenden Systems her. Es ergibt sich dann durch einfaches Mischen gleicher Volumina die Redoxquote $^1/_2$ bei guter Beschwerung. Das auf diese Weise vorgelegte System läßt man mit einer relativ kleinen Menge des im Vorversuch ermittelten Redoxindicators reagieren, wodurch verhindert wird, daß die Redoxquote $^1/_2$ im Verlauf des Versuches um einen merklichen Betrag absinkt oder steigt.

Da Indicator und vorgelegtes System von vornherein verschiedenes Redoxpotential besitzen, wird nach der Mischung beider eine gegenseitige Oxydation und Reduktion

einsetzen, die so lange fortschreitet, bis das Potential des Indicatorsystems das des vorgelegten Redoxsystems erreicht hat. Zufolge der guten Beschwerung kann sich hierbei
die Redoxquote des Hauptsystems nicht merklich verändern, so daß der gesamte Prozeß
auf Kosten der Redoxquote des Indicatorsystems abläuft, was in der Änderung der
Indicatorfärbung quantitativ zum Ausdruck kommt.

Es bildet sich sonach zwischen dem Indicatorfarbstoff und der zugehörigen Leukoform
ein Gleichgewicht aus, dessen Lage durch die Redoxquote des Indicatorsystems eindeutig
charakterisiert wird. Bestimmt man auf colorimetrischem Wege, wieviel Prozente des
zugesetzten Indicators umgesetzt, d. h. entfärbt wurden, so gestattet die auf diese Weise
ermittelte Redoxquote des Farbindicators das Potentialniveau der Lösung gegenüber dem
Normalredoxpotential des Indicatorsystems, also das Indexpotential, zu berechnen. Addiert
man dieses unter Berücksichtigung seines Vorzeichens zum Normalredoxpotential des
Indicators, so ergibt sich das Gleichgewichtspotential des vorgelegten Systems bei der
Redoxquote $^1/_2$, d. h. dessen Normalredoxpotential.

Um hierbei Fehlschlüsse zu vermeiden, ist es notwendig, sich von der Reversibilität des vorgelegten Systems zu überzeugen. Dies geschieht am einfachsten dadurch, daß man neben dem Potential
bei der Redoxquote $^1/_2$ noch das anderer Redoxquoten bestimmt. Die gefundenen Potentiale müssen
gegenüber dem Normalpotential den für reversible Redoxprozesse charakteristischen Potentialunterschied aufweisen (Tabelle 7). Ist dies nicht der Fall, so ist entweder das vorgelegte System nicht
reversibel oder die Redoxquote wurde durch störende Nebenreaktionen verändert.

Solche störenden Nebenreaktionen treten bei enzymatisch katalysierten Redoxprozessen z. B.
dann ein, wenn die Abtrennung des verwendeten Enzyms von Begleitenzymen nicht genügend weit
getrieben wurde. Ein bekannter Musterfall: Das Redoxsystem Bernsteinsäure—Dehydrogenase—
Fumarsäure läßt sich nur dann exakt bestimmen, wenn die Dehydrogenaselösung von Fumarase
frei ist. Andernfalls tritt die Sekundärreaktion: Fumarsäure $+ H_2O \rightarrow$ L-Äpfelsäure ein.

Eine andere sehr lästige Nebenreaktion kann in der Instabilität einer Redoxkomponente ihre
Ursache haben. Beispiel: Die freiwillige Decarboxylierung der Oxalessigsäure zu Brenztraubensäure.
Einwirkung einer Redoxkomponente auf das Enzym im Sinne einer Hemmung oder Vergiftung führt
naturgemäß ebenfalls zu falscher Potentialeinstellung. Doch läßt sich dieser Übelstand durch die
Methode der sukzessiven Redoxmessung beheben.

Zum Zweck der Reversibilitätskontrolle sollte deshalb der Hauptversuch stets
wenigstens mit 3 verschiedenen Redoxquoten ausgeführt werden. Um ein konkretes
Beispiel zu bringen: Man gibt in 3 gleichweite THUNBERG-Gefäße der Reihe nach die
folgenden Lösungsmengen:

Protokollbeispiel C.

	Vakuumgefäß		
	1	2	3
Phosphatpuffer p_H 7,3	1,0 cm³	1,0 cm³	1,0 cm³
Oxydans in 0,2 molarer Lösung	0,8 cm³	0,5 cm³	0,2 cm³
Reductans in 0,2 molarer Lösung . . .	0,2 cm³	0,5 cm³	0,8 cm³
Methylenblau 1:5000	0,5 cm³	0,5 cm³	0,5 cm³
Enzymlösung	0,5 cm³	0,5 cm³	0,5 cm³
Vorgelegte Redoxquote des H-Donators	20 Mol-%	50 Mol-%	80 Mol-%

Ähnlich wie im Vorversuch wird vor der Enzymzugabe sorgfältig gekühlt. Hinterher
evakuiert man und bringt dann die Ansätze in den Thermostaten.

Da die quantitative colorimetrische Bestimmung letzten Endes auf einer Feststellung von Farbintensitätsgleichheiten beruht, ist es notwendig, sich eine Skala gut
definierter Farbintensitäten von dem im Hauptversuch benutzten Redoxindicator zu
beschaffen. Dies geschieht am einfachsten durch eine (arithmetische) Reihe von Verdünnungen des Indicatorfarbstoffes. Man setzt etwa die im Protokollbeispiel D wiedergegebene Verdünnungsreihe an.

Wenn die Farbintensität in den 3 THUNBERG-Gefäßen des Hauptversuches konstant
geworden ist — im vorliegenden Fall nach etwa 20—30 min —, kann der Vergleich der
Farbintensitäten vorgenommen werden. Man findet z. B., daß das Glas Nr. 2 der Hauptserie (Redoxquote $^1/_2$) farbgleich mit dem Reagensglas Nr. 8 der Verdünnungsreihe ist,
wogegen das Glas Nr. 1 der Hauptreihe etwa in die Mitte zwischen Reagensglas Nr. 4

Protokollbeispiel D.

Eingabe (in cm³)	1	2	3	4	5	6	7	8	9	10
Phosphatpuffer	1,0	1,0	1,0	1,0	1,0	1,0	1,0	1,0	1,0	1,0
Methylenblau	1,0	0,9	0,8	0,7	0,6	0,5	0,4	0,3	0,2	0.1
Aqua dest.	0,5	0,6	0,7	0,8	0,9	1,0	1,1	1,2	1,3	1,4
Enzymlösung	0,5	0,5	0,5	0,5	0,5	0,5	0,5	0,5	0,5	0,5
Farbgleiche Redoxquote	100	90	80	70	60	50	40	30	20	10
Zugeordnete Indexpotentiale . .	$+\infty$	$+29,3$	$+18,5$	$+11,3$	$+5,4$	0,0	$-5,4$	$-11,3$	$-18,5$	$-29,3$

und 5 der Verdünnungsreihe eingeordnet werden muß, während das letzte Gefäß der
Hauptreihe farbgleich mit dem Glas Nr. 10 der Verdünnungsreihe erscheint.

Demnach haben die 3 Gefäße der Hauptreihe die folgenden Indexpotentiale gegenüber dem Normalredoxpotential des Farbindicators angenommen: Gefäß $1 = +8,3$;
Gefäß $2 = -11,3$; Gefäß $3 = -29,3$ mV. Bildet man zwischen diesen Potentialwerten
die Differenzen, so erhält man für $1-2 = 19,6$ und zwischen 2 und $3 = 18,0$ mV. Hier-
gegen verlangt die Theorie für ein Redoxsystem mit 80- bzw. 20%iger Redoxquote einen
Potentialunterschied gegenüber dem zugehörigen Normalpotential von $\pm 18,5$ mV. Die
Abweichungen zwischen den experimentell ermittelten und den unter der Annahme der
Reversibilität errechneten Werten liegen innerhalb der zu erwartenden Fehlergrenze.
Vgl. hierzu S. 657.

Um zum Absolutwert für das Normalredoxpotential des vorgelegten Systems zu
gelangen, ist es notwendig, zunächst das Normalpotential des Farbstoffes unter den Versuchsbedingungen zu berechnen.

Für die p_H-Abhängigkeit des Normalredoxpotentials von Methylenblau bei einer
Versuchstemperatur von 30° C gibt CLARK die folgenden Werte[1].

Tabelle 6. *Pegel-Normalpotentiale des Methylenblausystems in p_H-Abhängigkeit bei 30° C*
(Potentiale in Millivolt). — Vgl. Abb. 1, S. 645.

p_H	$°E_{\frac{1}{2}}$	p_H	$°E_{\frac{1}{2}}$	p_H	$°E_{\frac{1}{2}}$	p_H	$°E_{\frac{1}{2}}$
1,07	$+485$	3,86	$+186$	6,67	$+22$	9,24	-58
1,37	409	4,40	143	6,97	$+12$	9,61	-69
1,98	353	4,92	105	7,48	-4	10,82	-105
2,45	311	5,48	72	7,69	-11	11,74	-133
2,88	273	5,92	51	7,84	-16	12,28	-149
3,34	232	6,33	34	8,62	-39	—	—

Durch Intrapolation erhält man daraus für das Normalredoxpotential von Methylenblau bei p_H 7,3 den Wert $+0,002$ Volt. Dieser wird mit Hilfe des von HOLST[2] ermittelten
Temperaturkoeffizienten $\frac{\delta E_{\frac{1}{2}}}{\delta T} = -0,00073$ Volt/Grad auf die Versuchstemperatur von 37°
umgerechnet. Es ergibt sich so $-0,003$ Volt als Pegel-Normalpotential des Farbindicators
unter den Versuchsbedingungen.

Die experimentell ermittelten Indexpotentiale sind demnach auf ein Nullpotential zu
beziehen, das bei -3 mV gelegen ist. Daraus folgt für das Gefäß 2 der Hauptserie, das
frei von Indexpotential gegenüber dem vorgelegten System ist, indessen gegenüber dem
Farbindicator ein Indexpotential von $-11,3$ mV besitzt, $°E_{\frac{1}{2}} = -14,3$ mV. Weiterhin
ergibt sich für das Gefäß 1 der Hauptserie, das ein Indexpotential im vorgelegten System
von $+18,5$ und im System des Farbindicators von $+8,3$ mV aufweist, $°E_{\frac{1}{2}} = 8,3 - 18,5$
$-3 = -13,2$ mV und analog für das Gefäß 3 der Hauptserie mit den beiden Index-
potentialen $-18,5$ bzw. $-29,3$ mV, $°E_{\frac{1}{2}} = -29,3 + 18,5 - 3 = -13,8$ mV.

Man erhält somit für das Pegel-Normalpotential des vorgelegten Systems aus den drei
verschiedenen Redoxquoten in guter Übereinstimmung $-0,014$ V, ein Wert, der nach
neueren Messungen freilich um mindestens 12 mV zu positiv sein dürfte[3]. Vgl. dazu
Tabelle 5, S. 658.

[1] CLARK, W. M., B. COHEN and H. D. GIBBS: Publ. Hlth. Rep. 40, 1131 (1925).
[2] HOLST, G.: Z. physik. Chem. (A) 175, 121 (1935).
[3] GODDARD, D. R. in HÖBER, R.: Physical Chemistry of Cells. Philadelphia 1946.

δ) Das polarographische Verfahren.

Voraussetzungen einer Redoxpotential-Messung mittels der Quecksilber-Tropfelektrode. Polarographie bedeutet das Registrieren (Graphik) der Abhängigkeit der Stromstärke von der Spannung im Verlaufe einer mit kontinuierlich gesteigerter Klemmenspannung[1] durchgeführten Elektrolyse. Es sind bei einer solchen Elektrolyse 3 Nebenbedingungen zu erfüllen:

1. Eine der beiden Elektroden muß sehr groß im Verhältnis zur anderen sein, so daß beim Stromdurchgang nur die kleinere Elektrode eine Veränderung ihrer Eigenschaften erfährt, d. h. *polarisiert* wird (daher stammt die nicht sehr charakteristisch gewählte Bezeichnung für das ganze Verfahren).

2. Eine Anreicherung von Abscheidungsprodukten an der Elektrodenoberfläche und damit die zeitabhängige Ausbildung elektromotorischer Gegenkräfte ist zu verhindern.

3. Innerhalb der Elektrolytlösung darf der Materietransport nur durch Diffusion, d. h. im Konzentrationsgefälle, jedoch nicht im Spannungsgefälle erfolgen.

Um die Nebenbedingung 1 zu erfüllen, stellt man einer ruhenden großflächigen Quecksilberelektrode eine kleine Tropfelektrode gegenüber. Das stete Austropfen von Quecksilber und die damit verbundene dauernde Erneuerung der Elektrodenoberfläche leistet gleichzeitig der Bedingung 2 Genüge. Der Nebenbedingung 3 wird entsprochen, wenn man der zu untersuchenden Lösung einen großen Überschuß eines indifferenten, schwer abscheidbaren Elektrolyten zusetzt. Es bildet sich dann eine elektrische Doppelschicht um die einzelnen Tropfen der Elektrode aus, in der die Spannung nahezu um den vollen Betrag der momentanen Klemmenspannung abfällt, so daß außerhalb der Doppelschicht kein nennenswertes Spannungsgefälle, von seltenen Ausnahmefällen abgesehen, auftritt. Materietransport ist nunmehr nur noch im Konzentrationsgefälle möglich. Dieses kommt zustande, sobald die Badspannung die Abscheidungsspannung einer bestimmten Molekeloder Ionenart überschreitet; Entladung setzt ein, was eine Verarmung an depolarisierenden Teilchen im elektrodennahen Raum zur Folge hat und damit ein Konzentrationsgefälle in Richtung der Tropfelektrode.

Die Erfüllung der Nebenbedingung 3 ist von größter Wichtigkeit. Würde ihr nicht entsprochen, so erhielte man bei der Registrierung der Stromstärke-Spannungskurven lediglich ein Anwachsen der Stromstärke mit der Klemmenspannung gemäß dem OHM-schen Gesetz. Das Polarogramm zeigt dann gerade Linien, deren Neigung (tg φ) gegen die Spannungsachse proportional der Leitfähigkeit ($1/R$) der vorgelegten Lösung ist. Hierfür gilt, wenn weiterhin die Differenz zwischen der momentanen Klemmenspannung und der Abscheidungsspannung mit $\varDelta E$ bezeichnet wird:

$$\operatorname{tg}\varphi = \frac{i}{\varDelta E} = \frac{1}{R}. \tag{64}$$

Hält hingegen das Spannungsgefälle in der elektrischen Doppelschicht, die sich im wesentlichen unter der Einwirkung eines Elektrolytüberschusses an der Phasengrenzfläche zwischen Quecksilber und Elektrolytlösung ausbildet, in jedem Augenblick der angewandten Klemmenspannung das Gleichgewicht, so beobachtet man folgendes: Zu Beginn der Elektrolyse, solange die Klemmenspannung kleiner als die Abscheidungsspannung irgendeiner vorgelegten Teilchenart ist, wird die Stromstärke trotz wachsender Spannung gleich Null sein. Stromfluß setzt erst ein, wenn die Abscheidungsspannung der am leichtesten depolarisierbaren Teilchenart überschritten ist. Es müssen dies nicht unbedingt Ionen sein; auch reduzierbare, unter Umständen sogar oxydierbare elektro-neutrale Substanzen können als Depolarisator einer auf Spannung befindlichen Elektrode fungieren.

Die Stromstärke wächst nun mit der Spannung so lange an, bis die in der Zeiteinheit die Phasengrenzfläche durchsetzende Elektrizitätsmenge ausreicht, um alle in der Phasengrenzfläche jeweils vorhandenen Depolarisatorteilchen zu entladen. (Bei höheren Spannungen erst abscheidbare Teilchenarten besitzen hierbei naturgemäß noch keine Depolarisatorfunktion.)

---

[1] Unter Klemmenspannung ist hier die an die Klemmen der Elektrolytzelle angelegte Spannung zu verstehen; sie wird in der Literatur manchmal auch Badspannung oder Zellspannung genannt.

Ist dieser Zustand erreicht, so bleibt trotz stetig weiter wachsender Klemmenspannung die Stromstärke konstant, nicht unbeschränkt, versteht sich, sondern nur so lange, bis die Abscheidungsspannung einer weiteren Teilchenart überschritten ist. Dann beginnt erneut ein Stromstärkeanstieg, der ebenfalls seine Begrenzung findet, wenn alle in der Phasengrenzfläche vorhandenen Depolarisatorteilchen bei der betreffenden Spannung zur Entladung gebracht werden. Man gelangt auf diese Weise zu dem für die Polarographie charakteristischen treppenförmigen Verlauf der Stromstärke-Spannungskurven.

Den jeweils konstanten Strombetrag nennt man die „Grenzstromstärke" (i_g) des vorgegebenen Elektrodenprozesses oder auch, freilich nicht gerade exakt, die Diffusionsstromstärke (i_d). Man verwischt mit der letztgenannten, heute fast international üblichen Nomenklatur die Tatsache, daß auch schon im Anlaufgebiet, wenn die polarographische Welle hochsteigt, der zu beobachtende Strom einen Diffusionsstrom darstellt, zumindest in der überwiegenden Mehrzahl der Fälle. Andererseits besteht durchaus die Möglichkeit, daß im Anlaufgebiet an Stelle der Diffusionsströme spannungsabhängige Überführungsströme auftreten, oder daß beide Arten des Materietransportes gleichzeitig vorliegen[1]. Im Gegensatz hierzu stellt eine konstante, spannungsunabhängige Stromstärke — außer im Falle von geringster Leitelektrolytkonzentration — ein charakteristisches Merkmal für einen Diffusionsstrom dar, weshalb die Begriffseinschränkung i_d auf ein derartiges Verhalten wenigstens als im engeren Sinne gerechtfertigt gelten mag.

Zwischen einer polarographischen Aufnahme und einer potentiometrischen Redoxtitration besteht weitreichende Analogie, die auf folgendem beruht: Schaltet man z. B. die ruhende großflächige Elektrode als Anode, die Tropfelektrode als Kathode, so ist die momentane Stromstärke $\bar{i}$ (über die Lebensdauer des einzelnen Hg-Tropfen gemittelt) proportional der Konzentration der reduzierten Substanz in der Phasengrenzfläche, während die Konzentration der noch im Zustand des Oxydans vorliegenden Substanz proportional $\bar{i}_d - \bar{i}$ sein muß. Solange noch nichts reduziert ist, bleibt $\bar{i}$ deshalb gleich Null; andererseits wird, wenn die Konzentration des Oxydans in der Phasengrenzfläche verschwindet, $\bar{i}$ zu $\bar{i}_d$. Wir können dementsprechend $[\mathrm{Ox}] = k_1 \cdot (\bar{i}_d - \bar{i})$ und $[\mathrm{Red}] = k_2 \cdot \bar{i}$ in die PETERSsche Gleichung einführen und unter der praktisch fast ausnahmslos erfüllten Bedingung, daß die Diffusionskoeffizienten des Oxydans und des Reductans sich nicht allzusehr voneinander unterscheiden, $k_1 = k_2$ setzen. Bezeichnet man weiterhin wie üblich den Momentanwert der Klemmenspannung mit E, und das auf den vorgelegten Elektrodenprozeß bezogene Normalpotential mit $E_{\frac{1}{2}}$, so ergibt sich aus Gl. (21):

$$E = E_{\frac{1}{2}} + \frac{R\,T}{n_e\,F} \ln \frac{\bar{i}_d - \bar{i}}{\bar{i}}. \tag{65}$$

Dies ist die allgemeine Gleichung einer polarographischen Welle (Abb. 14). Sucht man den Punkt der Welle, in dem $\bar{i} = \bar{i}_d/2$, so muß hierfür, da der zweite Summand in Gl. (65) mit $\ln 1 = 0$ verschwindet, gelten:

$$(E)_{\bar{i}=0,5\,\bar{i}_d} = E_{\frac{1}{2}}. \tag{66}$$

Das bedeutet, die Klemmenspannung besitzt an der Stelle, an der die polarographische Stufe die halbe Höhe erreicht hat, den Wert des Normalpotentials des vorgelegten Redoxprozesses. Ihm entspricht bei der potentiometrischen Redoxtitration das Potential für die Redoxquote $\frac{1}{2}$.

Um aus einer polarographischen Aufnahme das Redoxnormalpotential zu gewinnen, hat man demgemäß nichts weiter zu tun, als die Mittellinie zwischen dem Nullstrom und dem Diffusionsstrom in das Polarogramm einzuzeichnen und das Potential, in dem diese Linie den aufsteigenden Kurvenast schneidet, das sog. Halbwellenpotential ($E_{\frac{1}{2}}$), an der X-Achse abzulesen.

Diese Werte sind naturgemäß zunächst nur Relativwerte, was schon daraus ersichtlich ist, daß bei der Klemmenspannung Null das Potential der Tropfelektrode gleich dem der jeweiligen Bezugselektrode bzw. der ruhenden Anode ist. Man muß deshalb, um von der benutzten Meßanordnung unabhängige Spannungswerte zu erhalten, stets mit einer definierten Bezugselektrode arbeiten. Wird die beim Polarographieren bevorzugte saturierte Kalomelelektrode als Bezugselektrode verwendet, so hat man zu dem abge-

---

[1] ENDER, F.: Habil.-Schr. Heidelberg 1951.

lesenen Halbwellenpotential ($^{SK}E_{\frac{1}{2}}$) die Spannungsdifferenz der gesättigten Kalomelelektrode gegenüber der Normalwasserstoffelektrode bei der betreffenden Versuchstemperatur zu addieren, um Pegel-Halbwellenpotentialen ($^{\circ}E_{\frac{1}{2}}$) zu erhalten.

Die Analogie zwischen einer polarographischen Kurve einerseits und einer potentiometrischen Redoxtitrationskurve andererseits tritt besonders einprägsam hervor, wenn man die Abb. 14 um 90° im Uhrzeigersinn dreht. Nun verläuft die Spannungsskala parallel zur Redoxpotentialskala, positives Ende oben, negatives Ende unten; der zunehmenden Redoxquote in Richtung der Abszisse entspricht die zunehmende Diffusionsstromstärke in Richtung der positiven X-Achse.

Die einzelnen Wellen zeigen den Habitus eines liegenden Integralzeichens, nach rechts fallend, wenn eine Reduktion ausgeführt wird, nach links — von der Galvanometer-Nulllinie oder der Ruhelage des Drehspiegels aus gerechnet — steigend, wenn eine Oxydation abläuft, in vollkommener Analogie zu dem S. 672 beschriebenen Befund. Da hier wie dort die PETERSsche Gleichung gilt, ist weiterhin die Steilheit der polarographischen Kurve, vorausgesetzt, daß ein reversibler Redoxprozeß untersucht wird, dieselbe wie die einer potentiometrischen Redoxtitrationskurve. Alle Punkte der Kurve lassen sich demgemäß mit Hilfe der in Tabelle 7, S. 691 aufgeführten ,,Indexpotentiale'' als Funktion der Redoxquote bzw. des Quotienten $(i_d - i):i$ wiedergeben, liegen also symmetrisch zum Punkt $E_{\frac{1}{2}}$. Die jeweilige Lage der Kurve zur Galvanometer-Nullinie schließlich hängt davon ab, in welcher Redoxquote der Depolarisator vorgegeben wird. Drei besonders markante Fälle der

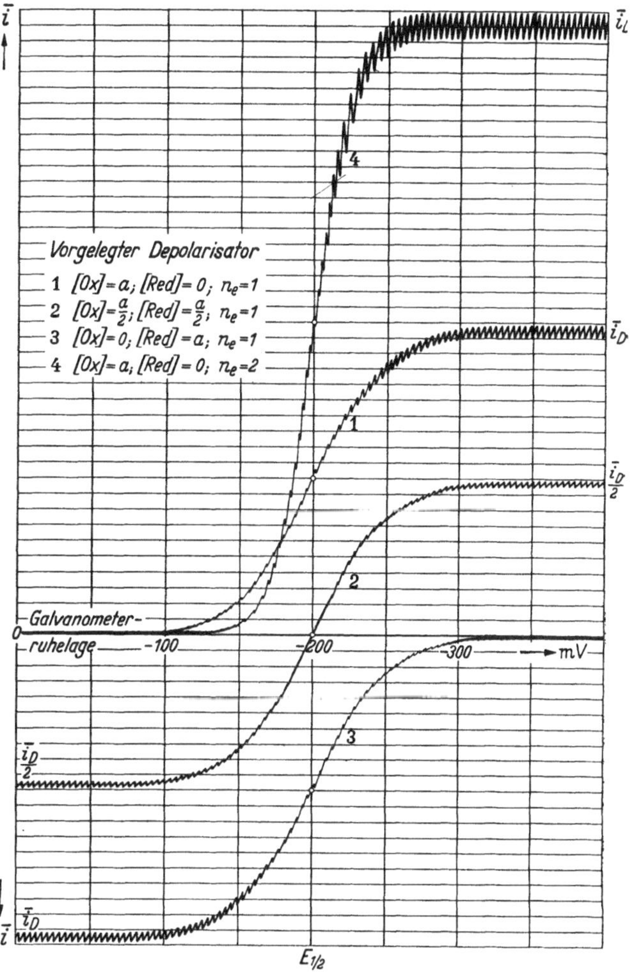

Abb. 14. Verlauf der polarographischen Wellen in Abhängigkeit vom Oxydationszustand des Depolarisators.

Stellung gegenüber der Galvanometer-Nullinie sind in Abb. 14 herausgegriffen. Die 4. der dort wiedergegebenen Kurven zeigt die doppelte Steilheit des Anstiegs wie die übrigen Kurven, da ihr ein zweiwertiger Elektrodenprozeß zugrunde liegt.

Eine weitere für die polarographische Aufnahmetechnik charakteristische Erscheinung illustriert Abb. 14. Die einzelnen Kurvenzüge erscheinen als eine Folge kleiner aneinander gereihter Zacken. Diese Zackenbildung wird verursacht von dem Anwachsen der Oberfläche der Tropfelektrode mit dem Einzeltropfen und durch das Abreißen des ausgetretenen Quecksilbertröpfchens von der Capillare, sobald sein Gewicht das Produkt aus Haftspannung mal Umfang der Capillaröffnung überschritten hat.

Die auf die Drehspule des Galvanometers wirkende rücktreibende Kraft muß hierbei um so größer sein, je größer die Auslenkung der Drehspule bereits ist; demgemäß wächst die Höhe der einzelnen Zacken im Polarogramm ceteris paribus mit der Stufenhöhe an und verschwindet in der Nähe der Galvanometer-Nullinie, wie Abb. 14 deutlich zu erkennen gibt.

Reversibilitätskriterien. Zur Prüfung der Reversibilität eines vorgelegten Redoxprozesses gibt es im wesentlichen drei Möglichkeiten. Entweder man bestimmt den durch die ,,Halbwellentangente'' aus dem Stufenanstieg herausgeschnittenen Potentialbereich ΔE_T (Abb. 15) oder man ermittelt für verschiedene Redoxquoten die Potentialdifferenzen gegenüber dem Halbwellenpotential. Die erhaltenen Werte müssen in beiden Fällen, Reversibilität des vorgelegten Systems vorausgesetzt, mit den theoretisch errechneten Daten übereinstimmen.

Das wichtigste Reversibilitätskriterium aber besteht darin, daß man sich überzeugt, daß die Reduktionsstufe des vorgelegten Oxydans bei demselben Potential auftritt, bei dem die Oxydationsstufe des chemisch oder elektrochemisch hergestellten Reductans erhalten wird. Im einzelnen gilt:

a) Der von der Halbwellentangente aus dem Stufenanstieg herausgeschnittene Potentialbereich kann für ein reversibles System folgendermaßen ermittelt werden:

Durch Differentiation von Gl. (65) ergibt sich zunächst:

$$\frac{dE}{d\bar{i}} = -\frac{RT}{n_e F} \frac{\bar{i}_d}{\bar{i}(\bar{i}_d - \bar{i})} \, . \tag{67}$$

Die Gleichung für die „Halbwellentangente", d. i. die Tangente an der Stelle $i = i_d/2$, erhält man durch Einsetzen dieses Wertes in obige Beziehung zu:

$$\frac{dE}{d\bar{i}} = -\frac{RT}{n_e F} \cdot \frac{4}{\bar{i}_d} \, , \tag{68}$$

oder, wenn wir die Koordinaten vertauschen, zu:

$$\frac{d\bar{i}}{dE} = \frac{n_e F}{4RT} \cdot \bar{i}_d \, . \tag{69}$$

Mit den numerischen Werten der Gaskonstante $R = 8{,}31$ Joule/Grad und des FARADAY-Äquivalents $= 96\,500$ Coulomb, ergibt sich für $25°$ C ($298{,}16°$ absolut):

$$\frac{d\bar{i}}{dE} = 9{,}734 \cdot n_e \cdot \bar{i}_d \, . \tag{70}$$

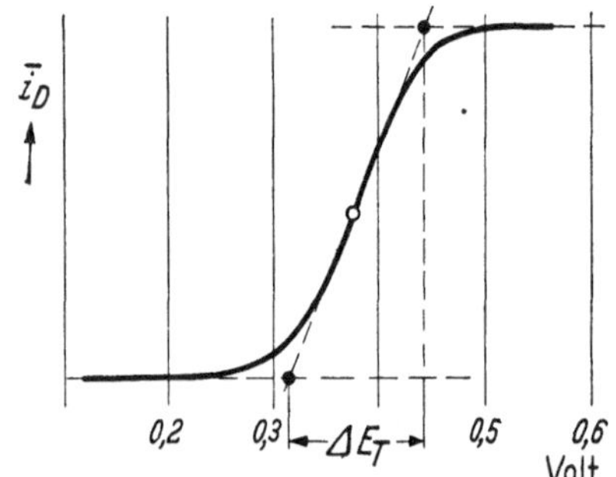

Abb. 15. Graphische Ermittlung des von der Halbwellentangente aus dem Stufenanstieg ausgeschnittenen Potentialbereiches.

Die Halbwellentangente steigt also um den Betrag $d\bar{i} = \bar{i}_d$ an, wenn die Spannung um $dE = 1/9{,}73\,n_e = 0{,}103/n_e$ Volt erhöht wird. Mit andern Worten: Der von der Halbwellentangente aus einer polarographischen Welle herausgeschnittene Potentialbereich beträgt bei $25°$ C für einen reversibel verlaufenden Redoxprozeß $103/n_e$ mV, wobei unter n_e bekanntlich die Wertigkeit des Elektrodenprozesses, das ist die Zahl der übertragenen Elektronen je Depolarisatorteilchen, zu verstehen ist.

Beispiel: Beim einwertig, reversibel ablaufenden Elektrodenprozeß $Cr^{+++} + e_0 = Cr^{++}$ schneidet die Halbwellentangente einen Potentialbereich von 103 mV, beim zweiwertig reversibel verlaufenden Elektrodenprozeß $Cr^{++} + 2e_0 = Cr$ einen Potentialbereich von 51,5 mV aus der polarographischen Welle aus.

Im Falle eines irreversiblen Elektrodenprozesses pflegt der ausgeschnittene Potentialbereich größer zu sein als im Falle von Reversibilität, da die benötigte Spannung um so höher wird, je weiter man sich von der Umkehrbarkeit des Vorganges entfernt.

Freilich darf, wie vor allem STACKELBERG[1] gezeigt hat, das Auftreten einer Stufe mit theoretischer Steilheit nicht unter allen Umständen als ausreichender Beweis für die Reversibilität des Elektrodenprozesses angesehen werden. So erfolgt z. B. die Reduktion des Zinkat-Anions $[Zn(OH)_4]^{--}$ — Zinksalz in alkalischem Medium — mit normaler Steilheit, jedoch um 140 mV zu negativ und somit irreversibel[2].

b) Existiert ein Depolarisator in der Lösung in mehreren Formen, etwa in verschiedenen tautomeren Zuständen oder in verschiedenartig hydratisierten oder komplex gebundenen Formen, so erhält man dennoch nur eine einzige polarographische Stufe, falls sich der am leichtesten reduzierbare Zustand des Depolarisators genügend schnell aus den anderen Formen nachbildet. Erfolgt die Nachlieferung des bereits reduzierten bzw. oxydierten Depolarisators nicht mit ausreichender Geschwindigkeit, so wird die Stufenhöhe kinetisch begrenzt. Bei *gehemmter Gleichgewichtseinstellung* zwischen den Depolarisatorformen treten mehrere Stufen im Polarogramm auf. Die Höhen dieser

[1] STACKELBERG, M. v.: Z. Elektrochem. 45, 466 (1939).
[2] STACKELBERG, M. v., u. H. v. FREYHOLD: Z. Elektrochem. 46, 120 (1940).

Stufen stehen zueinander im Verhältnis der Konzentrationen der jeweiligen Depolarisatorformen, unter der Voraussetzung, daß sich die Umwandlungen langsam vollziehen.

Bei irreversiblen Reduktionen oder Oxydationen kann die gehemmte Gleichgewichtseinstellung dem Elektrodenprozeß vorgelagert oder nachgelagert sein. Im Fall der nachgelagerten Hemmung entsteht als Reductans (Oxydans) zunächst eine instabile, energiereichere Form. Die polarographische Welle zeigt indessen die normale Form und Steilheit.

Im Gegensatz hierzu ist eine vorgelagerte Hemmung dadurch charakterisiert, daß das Oxydans zuerst einer Aktivierung bedarf, ehe die Reduktion einsetzt. Die Stromstärke wird dann nicht durch die Diffusionsgeschwindigkeit des aktivierten Oxydans geregelt, sondern durch die Geschwindigkeit, mit der sich die Umwandlung der nicht aktivierten Form in die aktivierte vollzieht. Die Stufen zeigen demgemäß entweder eine zu geringe Steilheit oder eine zu geringe Höhe.

Hieraus folgt, daß von einem eindeutigen experimentellen Nachweis der Reversibilität eines Elektrodenprozesses nur dann gesprochen werden kann, wenn sich das Oxydans bei demselben Potential reduzieren läßt, bei dem das Reductans oxydiert wird.

c) Für den Fall, daß nicht mehrere im Gleichgewicht miteinander stehende Formen der Depolarisatorsubstanz vorliegen, kann als weiteres Reversibilitätskriterium die Bestimmung der Differenzen der Potentiale bei verschiedenen Redoxquoten entweder untereinander oder gegenüber dem Halbwellenpotential dienen. Die Redoxquoten sind bei polarographischen Aufnahmen durch das Verhältnis der Ströme $(\bar{i}_d - \bar{i}) : \bar{i}$ gegeben (vgl. S. 686). Als Potentialdifferenzen gegenüber dem Halbwellenpotential erhält man, wie bereits erwähnt, für einen zweiwertig reversibel ablaufenden Elektrodenprozeß die auf S. 691 tabellierten Indexpotentiale. Diese sind für den einwertigen Elektrodenprozeß mit dem Faktor 2 zu multiplizieren. Im übrigen verfährt man bei der Reversibilitätskontrolle mit Hilfe der Indexpotentiale ebenso wie es bei der Reversibilitätsprüfung im colorimetrischen Verfahren beschrieben wurde.

Auf die apparative Seite der polarographischen Methodik näher einzugehen, erscheint wegen der Fülle der meßtechnischen Einzelheiten, die aufgeführt werden müßten, mit dem Rahmen dieses Artikels unvereinbar. Eine derartige Einschränkung läßt sich um so mehr rechtfertigen, als einerseits einige ausgezeichnete moderne Monographien über Polarographie vorliegen, andererseits komplette polarographische Apparaturen heute handelsüblich erhältlich sind, so daß ein Großteil der technischen Schwierigkeiten dem Polarographiebeflissenen von den gerätebauenden Firmen abgenommen wird[1].

Eine kritische Sichtung der neuerdings (1951) auf dem Markt befindlichen Modelle gibt HANS[2] in seinem Artikel: Apparate zur Registrierung polarographischer Aufnahmen.

Redoxpotentiale, Halbwellenpotentiale und Scheinbare Reduktionspotentiale. Bekanntlich verlaufen fast alle Oxydationen und Reduktionen von elektroneutralen Substanzen irreversibel. Streng reversible Redoxprozesse finden sich im Bereich der organischen und physiologischen Chemie wohl nur bei chinoider und indigoider Konfiguration des Oxydans sowie bei (enzymatisch) katalysierten Systemen. Die Redoxindicatorentafel (S. 692ff.) zeigt jedenfalls keine Ausnahme und es steht zu erwarten, daß es sich bei den Redoxindicatoren unbekannter Konstitution ebenfalls um Gleichgewichte zwischen einem benzoiden und einem chinoiden Typ, allenfalls auch um Derivate des Indigos handelt. Neben den Redoxindicatoren besitzen naturgemäß auch die Chinonderivate ohne Farbstoffcharakter Reversibilität. Eingehende Untersuchungen in dieser Richtung stammen

---

[1] Vgl. HEYROVSKY, J.: Polarographie. Wien 1941 (Nachgedruckt: Alien Property Custodian. Washington 1944; Edward Brothers, Ann Arbor, Michigan). — KOLTHOFF, I. M., and J. J. LINGANE: Polarography. 2. Aufl. Bd. 1 und 2. New York 1952. — HOHN, H.: Chemische Analyse mit dem Polarographen. Berlin 1937 (Nachdruck Edward Brothers, Ann Arbor, Michigan). — STACKELBERG, M. v.: Polarographische Arbeitsmethoden. Berlin 1950.

Die wissenschaftliche Literatur des In- und Auslandes auf dem Gebiet der Polarographie findet man referiert in der hervorragend redigierten Vierteljahres-Zeitschrift: Leybold Polarographische Berichte.

[2] HANS, W.: Chem.-Ing.-Techn. **23**, 425 (1951).

von FIESER und seinen Mitarbeitern[1] sowie neuerdings von JERCHEL, MÖHLE und WALLENFELS[2] und von HOFFMANN-OSTENHOF[3].

Wie bereits S. 651ff. ausgeführt wurde, bestimmte CONANT[4] an einer großen Zahl irreversibler Reduktionen die Geschwindigkeit, mit der die oxydierte Form mit einem reversiblen Redoxsystem von bekanntem Redoxpotential reagiert. Er gelangte auf diese Weise zu sog. „Scheinbaren Reduktionspotentialen".

Durch Vergleich der Polarogramme von Nitrobenzol, Dinitrobenzol, Azobenzol und Maleinsäure mit CONANTs Scheinbaren Reduktionspotentialen kommen MÜLLER und BAUMBERGER[5] zu dem Schluß, daß die Klemmenspannung, bei der der Diffusionsstrom anzusteigen beginnt, annähernd mit den „Scheinbaren Reduktionspotentialen" zusammenfällt, während die Halbwellenpotentiale entsprechend ihrer höheren Redoxquote negativer liegen. Andererseits schließen sich die auftretenden Potentialunterschiede durchaus nicht den für reversiblere Redoxsysteme zu erwartenden Werten an. So sollte zwischen den nach CONANT für die Redoxquote $^1/_4$ gemessenen Werten und den polarographischen Halbwellenpotentialen laut Theorie eine Potentialdifferenz von knapp 15 mV bestehen (vgl. Tabelle 7, S. 691); indessen beobachtet man, daß die Halbwellenpotentiale um größenordnungsmäßig 100 mV negativer als die Scheinbaren Reduktionspotentiale liegen,

Beispiel: Das Halbwellenpotential für die Reduktion der Maleinsäure in 0,2 n Salzsäure wurde von VOPIČKA[6] zu —0,34 Volt gefunden, während das Scheinbare Reduktionspotential nach CONANT bei —0,25 Volt liegt.

Dieser Unterschied überrascht nicht, wenn man sich vergegenwärtigt, daß eine nur an der Phasengrenzfläche der Hg-Tropfelektrode ablaufende Reduktion unter erheblich anderen Bedingungen steht als ein im Innern der Lösung vollzogener Reduktionsprozeß. Doch genügen die wenigen, heute vorliegenden, quantitativen Zahlen kaum, um einen empirischen Zusammenhang zwischen den polarographischen Halbwellenpotentialen und den Scheinbaren Reduktionspotentialen zu verifizieren und es erscheint fraglich, ob sich überhaupt eine generelle Beziehung oder gar eine theoretische Abhängigkeit zwischen beiden Größen aufstellen lassen wird. Man muß auch hier im Auge behalten, daß die Reaktionsgeschwindigkeit zwischen einem Oxydationsmittel und einem Reduktionsmittel nicht nur durch den Unterschied der Redoxpotentiale der beiden Systeme bedingt ist. Sehr oft erweist sich die chemische Struktur der Reaktionspartner von ausschlaggebender Bedeutung für die Reaktionsgeschwindigkeit.

c) Tabellen.

α) Zusammenstellung der benutzten Potentialformelzeichen.

Allgemeines Prinzip der Indizierung:

Das Potentialniveau, das jeweils als Nullpunkt der Zählung dient, wird in Form eines voraus- und hochgestellten Indexes am Potentialsymbol E vermerkt.

E = Spannung, Potentialdifferenz, elektromotorische Kraft (= EMK).

$^\circ E$ = Spannungsdifferenz gegenüber der Normalwasserstoffelektrode $\equiv$ Pegelpotential. Normalwasserstoffelektrode = Platinmetall, umspült von H_2-Gas unter 760 Torr in einer Lösung vom $p_H = 0$.

$\underline{E}$ = Normalpotential, das ist der Potentialsprung an einer Elektrode, die in eine einnormale Lösung des jeweils elektromotorisch wirksamen Ions taucht.

    Strenggenommen ist die Normalität nicht auf die Konzentration $c = 1$, sondern die Aktivität $a = 1$ zu beziehen. — Konzentrationsangaben → Substanz in eckigen Klammern geschrieben; Aktivitätsangaben → Substanz in eckigen Klammern mit dem Subindex a.

    Im Falle eines Redoxsystems ist das Normalpotential definiert als das Potential, das eine Edelmetall-Elektrode in einem äquimolaren Gemisch an Oxydans = [Ox] und Reduktans = [Red] annimmt.

[1] CONANT, J. B., and L. F. FIESER: Am. Soc. 46, 1858 (1924). — FIESER, L. F., and M. PETERS: Am. Soc. 53, 793 (1931); 57, 491 (1935). — FIESER, L. F., and M. FIESER: Am. Soc. 56, 1565 (1934).

[2] WALLENFELS, K., u. W. MÖHLE: B. 76, 924 (1943). — JERCHEL, D., u. W. MÖHLE: B. 77, 591 (1944).

[3] HOFFMANN-OSTENHOF, O.: Vorkommen und biochemisches Verhalten der Chinone. Fortschr. Chem. org. Naturstoffe 6, 154 (1950).

[4] CONANT, J. B.: Chem. Rev. 3, 1 (1926).

[5] MÜLLER, O. H., and J. P. BAUMBERGER: Trans. amer. electrochem. Soc. 71, 181 (1937).

[6] VOPIČKA, E.: Coll. Czech. chem. Commun. 8, 349 (1936).

$^{\circ}\underline{E}$ = Normalpotential einer Elektrode gegenüber der Normalwasserstoffelektrode als Nullniveau = Pegel-Normalpotential; in der wissenschaftlichen Literatur oft auch „Grund-
potential" oder „Praktisches Einzelpotential" genannt.

$E_{\frac{1}{4}}$ = Redoxpotential für die Redoxquote $\frac{1}{4}$. Sollen Redoxpotentiale von anderen elektromotorischen Kräften unterschieden werden, so wird als Subindex die Redoxquote beigefügt.
Redoxquote = Molenbruch des Oxydans gegenüber den konjugierten Redoxkomponenten
(nicht gegenüber dem Gesamtsystem). Daraus folgt: $E_{\frac{1}{2}} = \underline{E}$.

$^{\circ}E_{\frac{1}{2}}$ = Normalredoxpotential bezogen auf die Normalwasserstoffelektrode = Pegel-Normalpotential eines Redoxsystems.

$^{\circ}_{7}E_{\frac{1}{2}}$ = Normalredoxpotential eines Systems bei $p_H = 7$ bezogen auf die Wasserstoffelektrode
bei $p = 0$ unter einem Wasserstoffdruck von 760 Torr.

$^{NK}E_{\frac{1}{2}}$ = Halbwellenpotential bezogen auf die Normal-Kalomelelektrode.

$^{SK}E_{\frac{1}{2}}$ = Halbwellenpotential bezogen auf die saturierte Kalomelelektrode.

E_N = Nernstscher Potentialfaktor: $2{,}30\,R\,T/F$ = theoretische Kennliniensteilheit einer Einzel-
elektrode. Bildet der Wasserstoff das potentialbestimmende Ion, so ist die Kennliniensteilheit gleich der EMK-Änderung je p_H-Änderung.

E_N^{37} = Nernstscher Potentialfaktor für 37° C.

n_e = Wertigkeit des Elektrodenprozesses.

e_0 = elektrisches Elementarquantum, Elektron.

ROP = Reduktions-Oxydations-Potential.

*β) Theoretische Potentialdifferenzen eines Redoxsystems beliebiger Redoxquote gegenüber dem zugehörigen Normal-Redoxpotential (**Indexpotentiale**)*[1].

Tabelle 7.

Berechnet für zweiwertige Elektrodenprozesse und eine Versuchstemperatur von 18°, 25°, 30° und 37° C in Millivolt. (Für einwertige Elektrodenprozesse sind die angegebenen Werte zu verdoppeln.)

Anteile der konjugierten Redoxkomponenten Ox	Red	18° Index-potential	18° Partes proportionales	25° Index-potential	25° Partes proportionales	30° Index-potential	30° Partes proportionales	37° Index-potential	37° Partes proportionales
99	1	+ 57,6	8,8	+ 59,0	9,0	+ 60,0	9,2	+ 61,4	9,4
98	2	+ 48,8	5,2	+ 50,0	5,3	+ 50,8	5,4	+ 52,0	5,6
97	3	+ 43,6	3,7	+ 44,7	3,9	+ 45,4	3,9	+ 46,4	4,0
96	4	+ 39,8	2,9	+ 40,8	3,0	+ 41,5	3,0	+ 42,4	3,1
95	5	+ 36,9	1,88	+ 37,8	1,9	+ 38,5	1,95	+ 39,3	2,0
90	10	+ 27,6	1,16	+ 28,2	1,18	+ 28,7	1,21	+ 29,3	1,22
85	15	+ 21,8	0,87	+ 22,3	0,90	+ 22,7	0,91	+ 23,2	0,94
80	20	+ 17,4	0,72	+ 17,8	0,72	+ 18,1	0,75	+ 18,5	0,76
75	25	+ 13,8	0,63	+ 14,1	0,64	+ 14,3	0,65	+ 14,7	0,68
70	30	+ 10,6	0,57	+ 10,9	0,58	+ 11,1	0,60	+ 11,3	0,61
65	35	+ 7,8	0,54	+ 7,9	0,54	+ 8,1	0,56	+ 8,3	0,57
60	40	+ 5,1	0,51	+ 5,2	0,52	+ 5,3	0,53	+ 5,4	0,54
55	45	+ 2,5	0,50	+ 2,6	0,52	+ 2,6	0,52	+ 2,7	0,54
50	50	0,0	0,50	0,0	0,52	0,0	0,52	0,0	0,54
45	55	− 2,5	0,51	− 2,6	0,54	− 2,6	0,53	− 2,7	0,54
40	60	− 5,1	0,54	− 5,2	0,52	− 5,3	0,56	− 5,4	0,57
35	65	− 7,8	0,57	− 7,9	0,58	− 8,1	0,60	− 8,3	0,61
30	70	− 10,6	0,63	− 10,9	0,64	− 11,1	0,65	− 11,3	0,68
25	75	− 13,8	0,72	− 14,1	0,72	− 14,3	0,75	− 14,7	0,76
20	80	− 17,4	0,87	− 17,8	0,90	− 18,1	0,91	− 18,5	0,94
15	85	− 21,8	1,16	− 22,3	1,18	− 22,7	1,21	− 23,2	1,22
10	90	− 27,6	1,88	− 28,2	1,9	− 28,7	1,95	− 29,3	2,0
5	95	− 36,9	2,9	− 37,8	3,0	− 38,5	3,0	− 39,3	3,1
4	96	− 39,8	3,7	− 40,8	3,9	− 41,5	3,9	− 42,4	4,0
3	97	− 43,6	5,2	− 44,7	5,3	− 45,4	5,4	− 46,4	5,6
2	98	− 48,8	8,8	− 50,0	9,0	− 50,8	9,2	− 52,0	9,4
1	99	− 57,6		− 59,0		− 60,0		− 61,4	

[1] Das Indexpotential für die Redoxquote $^1/_4$ bzw. $^3/_4$ bezeichnen viele Autoren als „*das* Index-potential" schlechthin.

Synthetische

Potentialangaben ohne nähere Bezeichnung in Spalte VII sind Pegel-Normalpotentiale des
(Entsprechend der Redoxskala — positives Ende oben, negatives Ende

Nr.	Bezeichnung	Bruttoformel Molgewicht	Strukturformel des Oxydans
1	p-Benzochinon	$C_6H_4O_2$ 108	$O={\bigcirc}=O$
2	Phenol-m-sulfonat-indo-2,6-dibromphenol (Na-Salz) (2,6-Dibrom-benzenon-indo-2′-Na-sulfonat-phenol)	$C_{12}H_6O_5NBr_2SNa$ 459	Br / SO₃Na substituiertes Indophenol: $O=\langle\text{Ring}\rangle=N-\langle\text{Ring}\rangle-OH$ (Br an 1,3; SO₃Na an 2′)
3	m-Chlorphenol-indo-2,6-dichlorphenol (2,6-Dichlorbenzenon-indo-2′-chlorphenol)	$C_{12}H_6O_2NCl_3$ 303	Cl / Cl substituiertes Indophenol: $O=\langle\text{Ring}\rangle=N-\langle\text{Ring}\rangle-OH$
4	m-Carboxyphenol-indo-2,6-dibromphenol (2,6-Dibrombenzenon-indo-2-′-carboxyphenol)	$C_{13}H_7O_4NBr_2$ 401	Br / COOH substituiertes Indophenol: $O=\langle\text{Ring}\rangle=N-\langle\text{Ring}\rangle-OH$
5	Phenol-o-sulfonat-indo-2,6-dibromphenol (Na-Salz) (2,6-dibrom-benzenon-indo-3′-Na-sulfonatphenol)	$C_{12}H_6O_5NBr_2SNa$ 459	Br / SO₃Na substituiertes Indophenol: $O=\langle\text{Ring}\rangle=N-\langle\text{Ring}\rangle-OH$
6	o-Chlorphenol-indophenol (3′-Chlor-benzenon-indophenol)	$C_{12}H_8O_2NCl$ 233,5	Cl substituiertes Indophenol: $O=\langle\text{Ring}\rangle=N-\langle\text{Ring}\rangle-OH$
7	o-Bromphenol-indophenol (3′-Brom-benzenon-indophenol)	$C_{12}H_8O_2NBr$ 278	Br substituiertes Indophenol: $O=\langle\text{Ring}\rangle=N-\langle\text{Ring}\rangle-OH$
8	Phenol-indophenol (Benzenon-indophenol)	$C_{12}H_9O_2N$ 199	$O=\langle\text{Ring}\rangle=N-\langle\text{Ring}\rangle-OH$
9	Phenolblau (Benzochinon-(1,4)-mono-[4-dimethylamino-anil])	$C_{14}H_{14}ON_2$ 226	$O=\langle\text{Ring}\rangle=N-\langle\text{Ring}\rangle-N(CH_3)_2$
10	BINDSCHEDLERs Grün (Benzochinon-(1,4)-[4-di-methylamino-anil]-di-methyl-imoniumchlorid)	$C_{16}H_{20}N_3Cl$ 290	$\left[(CH_3)_2\overset{+}{N}=\langle\text{Ring}\rangle=N-\langle\text{Ring}\rangle-N(CH_3)_2\right]Cl^-$ H_2O
11	m-Chlorphenol-indophenol (2′-Chlorbenzenon-indophenol)	$C_{12}H_8O_2NCl$ 233,5	Cl substituiertes Indophenol: $O=\langle\text{Ring}\rangle=N-\langle\text{Ring}\rangle-OH$
12	o-Bromphenol-indo-2,6-dibromphenol (2,6-Dibrom-benzenon-indo-2′-bromphenol)	$C_{12}H_6O_2NBr_3$ 435,7	Br / Br substituiertes Indophenol: $O=\langle\text{Ring}\rangle=N-\langle\text{Ring}\rangle-OH$ (Br an 1,3; Br an 2′)

catorentafel.

Redoxindicatoren.

betreffenden Redoxsystems, bei $p_H = 7$; im Kopf der Spalte VII kurz mit $^\circ_7 E_{\frac{1}{2}}$ gekennzeichnet. unten in fallender Folge der Normalpotentiale bei p_H 7 angeordnet.)

Gebrauchsfertige Lösung	Farbumschlag Ox $\rightleftharpoons$ Red	Redoxpotential $^\circ E_{\frac{1}{2}}$ ($p_H=0$) $^\circ_7 E_{\frac{1}{2}}$ ($p_H = 7$)	Herstellerfirma	Eigentümlichkeiten des Redoxsystems	Schrifttum (Schlüssel s. S. 708)
—	gelb $\rightleftharpoons$ farblos	$+0{,}274$ $^\circ E_{\frac{1}{2}} =$ $+0{,}695$	B.D.H E. Merck Schuchardt	bei $p_H > 8$ nicht zu gebrauchen; Farbintensität des Oxydans für viele Zwecke zu gering	HOFFMANNOSTENHOF
—	Die Indophenole zeigen doppelten Farbumschlag; einerseits als Säure-Basen-Indicatoren von blaßrötlich nach intensivblau beim Fortschreiten in alkalischer Richtung, andererseits als Redoxindicatoren, je nach dem p_H von blaßrötlich oder azurblau nach farblos	$+0{,}273$	La Motte	—	HALL, PREISLER u. COHEN GIBBS, HALL u. CLARK
—		$+0{,}254$	La Motte		HALL, PREISLER u. COHEN
—		$+0{,}250$	B. D. H.	—	—
—	Der acidimetrische Farbumschlag liegt bei den halogenfreien Indophenolen im schwach alkalischen Medium, bei den einfach halogenierten in der Nähe von p_H 7,	$+0{,}24$	La Motte	—	HALL, PREISLER u. COHEN GIBBS, HALL u. CLARK
—	bei den doppelt halogenierten etwa bei $p_H 5$	$+0{,}233$ $^\circ E_{\frac{1}{2}} =$ $+0{,}663$	B.D.H. La Motte	instabil bei $p_H < 6$	HALL, PREISLER u. COHEN
—	Das Einführen eines weiteren Halogens (in Orthostellung zur phenolischen Hydroxylgruppe) verursacht keine wesent	$+0{,}230$ $^\circ E_{\frac{1}{2}} =$ $+0{,}659$	B.D.H.	—	COHEN, GIBBS u. CLARK
—		$+0{,}227$	B.D.H La Motte	—	GIBBS, HALL u. CLARK
—	blau $\rightleftharpoons$ farblos	$+0{,}225$ $^\circ E_{\frac{1}{2}} =$ $+0{,}649$	B. D. H.	—	COHEN u. PHILLIPS
—	grün $\rightleftharpoons$ farblos	$+0{,}224$	B.D.H.	schwierig zu handhaben, da nur geringe Stabilität; fermentativtoxisch, falls als Zn-Doppelsalz angewandt	PHILLIPS, CLARK u. COHEN
—	liche Änderung der Dissoziationskonstanten, hingegen erhöht ein zusätzliches metaständiges Halogen	$+0{,}222$	B.D.H.	—	—
—	das Normal-Redoxpotential nicht unwesentlich	$+0{,}221$	B.D.H.	—	GIBBS, HALL u. CLARK

Nr.	Bezeichnung	Bruttoformel Molgewicht	Strukturformel des Oxydans
13	o-Chlorphenol-indo-2,6-dichlorphenol (2,6-Dichlorbenzenon-indo-3′-chlorphenol)	$C_{12}H_6O_2NCl_3$ 303	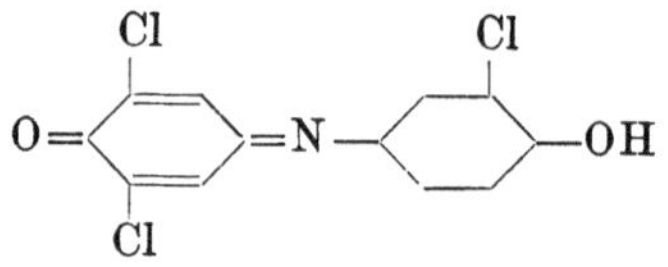
14	Phenol-indo-2,6-dibrom-phenol (2,6-Dibrombenzenon-indophenol)	$C_{12}H_7O_2NBr_2$ 357	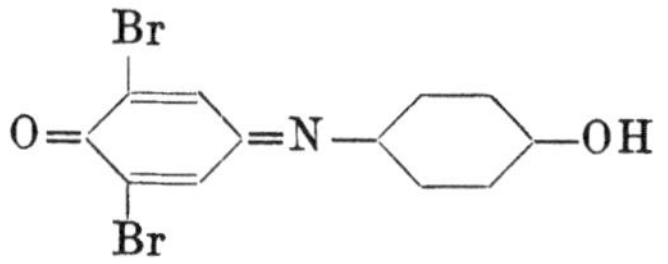
15	2,6-Dichlorphenol-indo-phenol (2,6-Dichlorben-zenon-indophenol; Na-Salz = TILLMANS Reagens)	$C_{12}H_7O_2NCl_2$ 268 $C_{12}H_6O_2NCl_2Na$ 290	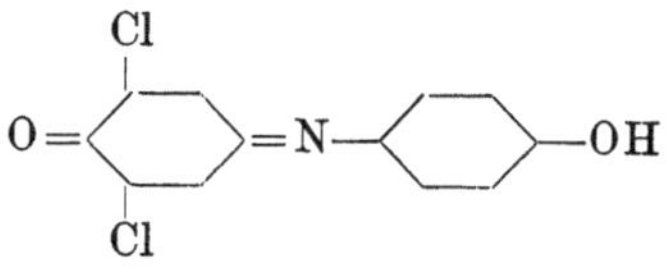
16	m-Kresol-indophenol (2′-Methylbenzenon-indophenol)	$C_{13}H_{11}O_2N$ 213	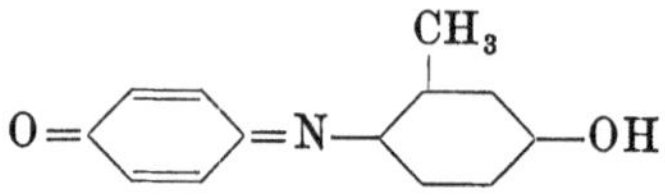
17	o-Kresol-indophenol (3′-Methylbenzenon-indophenol)	$C_{13}H_{11}O_2N$ 213	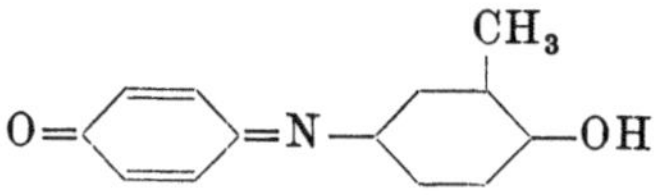
18	o-Kresol-indo-2,6-dichlorphenol 2,6-Dichlorbenzenon-indo-3′-methylphenol)	$C_{13}H_9O_2NCl_2$ 281	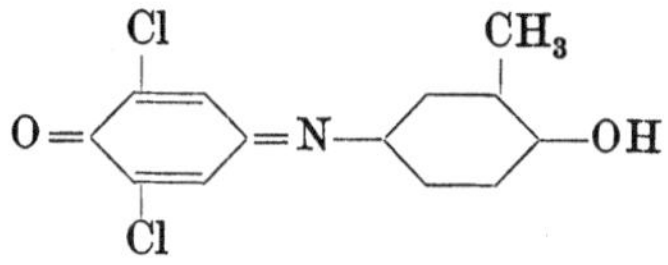
19	Thymol-indophenol (2′-Methyl-5′-isopropyl-benzenon-indophenol)	$C_{16}H_{17}O_7N$ 255	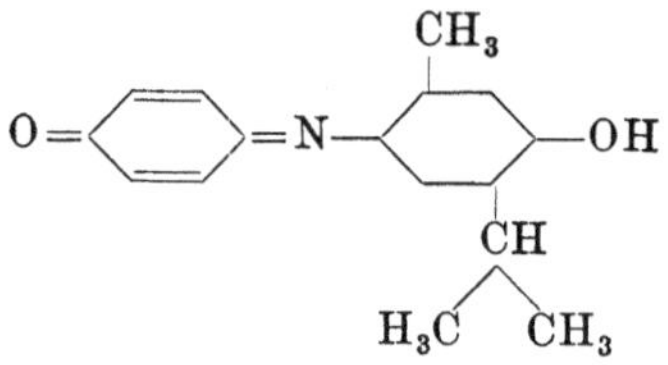
20	Carvacrol-indophenol (3′-Methyl-5′-isopropyl-benzenon-indophenol)	$C_{16}H_{17}O_2N$ 255	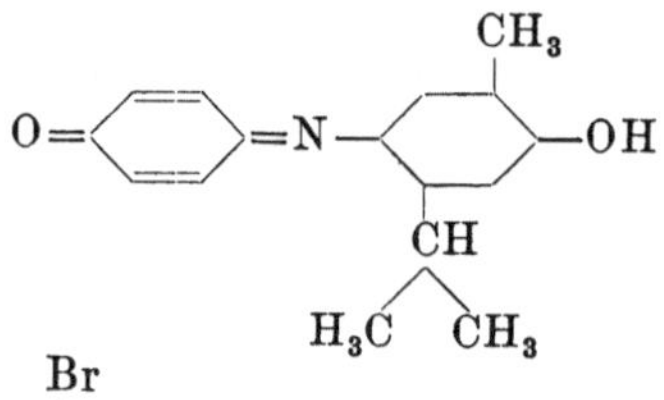
21	Guajacol-indo-2,6-dibromphenol (2,6-Dibrom-5′-meth-oxy-benzenon-indo-phenol)	$C_{13}H_9O_3NBr_2$ 467	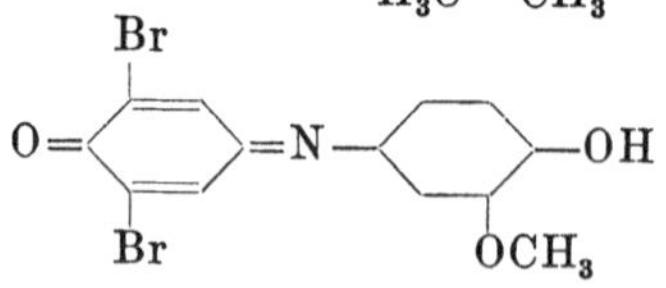
22	m-Toluylen-diamin-indophenol (Benzenon-(1,4)-mono-[3-methyl-4,6-diamino-anil])	$C_{13}H_{13}ON_3$ 227	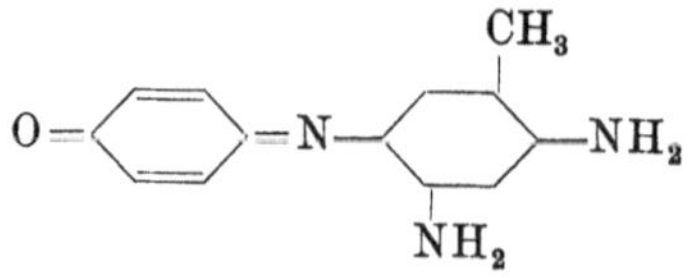
23	1-Naphthol-2-natrium-sulfonat-indophenol	$C_{16}H_9O_5NSNa_2$ 373	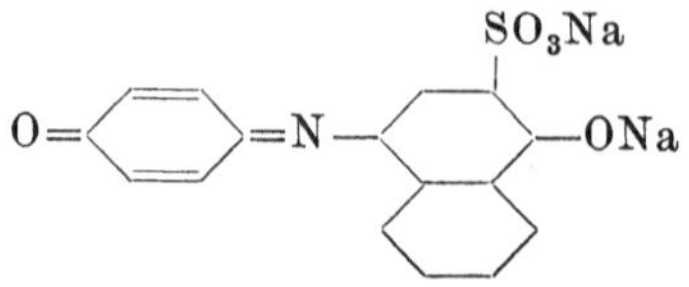

tafel (Fortsetzung).

Gebrauchsfertige Lösung	Farbumschlag Ox $\rightleftharpoons$ Red	Redox-potential $^{\circ}E_{\frac{1}{2}}$ (pH=0) $^{\circ}_{7}E_{\frac{1}{2}}$ (pH=7)	Hersteller-firma	Eigentümlichkeiten des Redoxsystems	Schrifttum (Schlüssel s. S. 708)
—	blau bzw. blaß-rötlich $\rightleftharpoons$ farblos (vgl. Nr. 2ff.)	$+0,219$	B.D.H.	—	GIBBS, COHEN u. CANNAN; GIBBS, HALL u. CLARK
—	blau bzw. blaß-rötlich $\rightleftharpoons$ farblos (vgl. Nr. 2ff.)	$+0,218$ $^{\circ}E_{\frac{1}{2}}=$ $+0,668$	B.D.H. La Motte	—	COHEN, GIBBS u. CLARK; GIBBS, HALL u. CLARK
0,02%ig in H_2O	blau bzw. blaß-rötlich $\rightleftharpoons$ farblos (vgl. Nr. 2ff.)	$+0,217$	B.D.M. De Haën E. Merck, Schuchardt La Motte	—	GIBBS, HALL u. CLARK
0,02% Indicator in 60%igem Äthanol	blau $\rightleftharpoons$ farblos; unterhalb p_H 8,5 rötlich $\rightleftharpoons$ farblos	$+0,208$	B.D.H. De Haën E. Merck	geringe Stabilität bzw. schlechte Löslichkeit	GIBBS, HALL u. CLARK
—	blau $\rightleftharpoons$ farblos; unterhalb p_H 8,5 rötlich $\rightleftharpoons$ farblos	$+0,191$ $^{\circ}E_{\frac{1}{2}}=$ $+0,616$	B.D.H.	—	GIBBS, HALL u. CLARK
—	blau bzw. blaß-rötlich $\rightleftharpoons$ farblos (vgl. Nr. 2ff.)	$+0,181$	B.D.H. La Motte	—	HALL, PREISLER u. COHEN
0,02% Indicator in 60%igem Äthanol	blau $\rightleftharpoons$ farblos; unterhalb p_H 9 rötlich $\rightleftharpoons$ farblos	$+0,174$ $^{\circ}E_{\frac{1}{2}}=$ $+0,592$	B.D.H. De Haën E. Merck Schuchardt	geringe Stabilität bzw. schlechte Löslichkeit	COHEN, GIBBS u. CLARK
—	blau $\rightleftharpoons$ farblos; unterhalb p_H 9 rötlich $\rightleftharpoons$ farblos	$+0,172$	B.D.H.	geringe Stabilität bzw. schlechte Löslichkeit	GIBBS, HALL u. CLARK
—	blau bzw. blaß-rötlich $\rightleftharpoons$ farblos (vgl. Nr. 2ff.)	$+0,159$	B.D.H.	—	COHEN, GIBBS u. CLARK
—	blau bzw. blaß-rötlich $\rightleftharpoons$ farblos (vgl. Nr. 2ff.)	$+0,125$	B.D.H.	toxisch	COHEN u. PHILLIPS
gute Löslichkeit in H_2O	dunkelrot $\rightleftharpoons$ farblos (Oxydans in saurem Medium rot, in alkalischem blau)	$+0,123$ $^{\circ}E_{\frac{1}{2}}=$ $+0,544$	B.D.H. La Motte	3 Dissoziationsstufen; deshalb 3 Dissoziationskonstanten; $K_0=2{,}1\cdot10^{-9}$; $K_{r_1}=9{,}0\cdot10^{-10}$; $K_{r_2}=2{,}0\cdot10^{-11}$	SULLIVAN, COHEN u. CLARK

Nr.	Bezeichnung	Bruttoformel Molgewicht	Strukturformel des Oxydans
24	1-Naphthol-2-natrium-sulfonat-indo-2,6-dibromphenol	$C_{16}H_7O_5NSBr_2Na_2$ 531	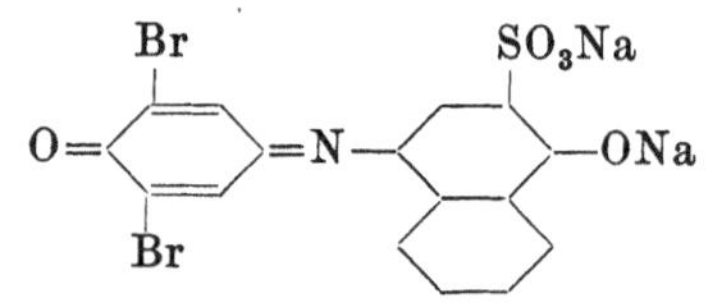
25	1-Naphthol-2-natrium-sulfonat-indo-2,6-dichlorphenol	$C_{16}H_7O_5NSCl_2Na_2$ 442	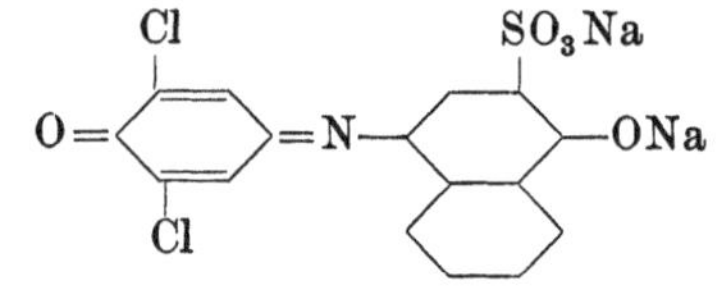
26	Toluylenblau (Benzochinon-(1,4)-[3-methyl-4,6-diamino-anil]-dimethyl-imo-niumchlorid)	$C_{15}H_{19}N_4Cl$ ($+H_2O$) 291	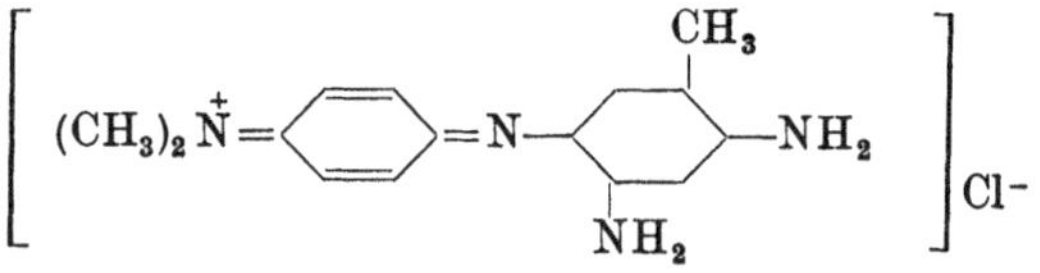
27	Echt Baumwollblau, Fast Cotton Blue oder Neublau B (7-Dimethylamino-2-[4-dimethylamino-anilino]-3,4-benzophen-azoxoniumchlorid)	$C_{26}H_{25}ON_4Cl$ 445	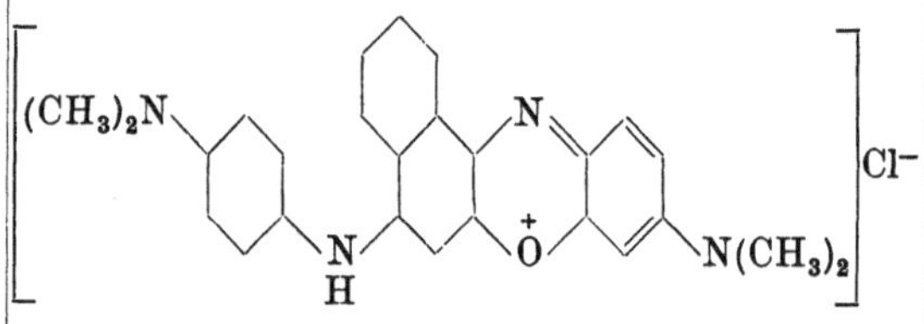
28	Lauthsches Violett oder Thionin (2,7-Diaminophenaz-thioniumchlorid)	$C_{12}H_9N_3S$ 227	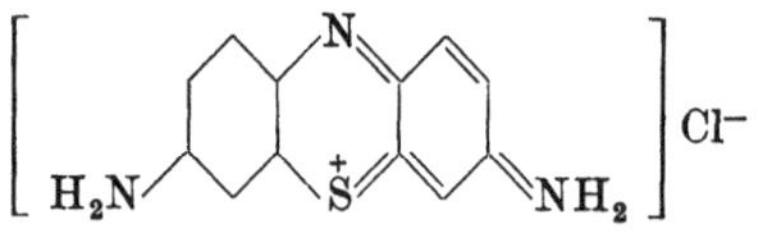
29	Muscarin, auch Campanulin (7-Dimethylamino-4'-oxy-[benzo-1'2': 3,4-phenazoxonium-chlorid])	$C_{18}H_{15}O_2N_2Cl$ 327	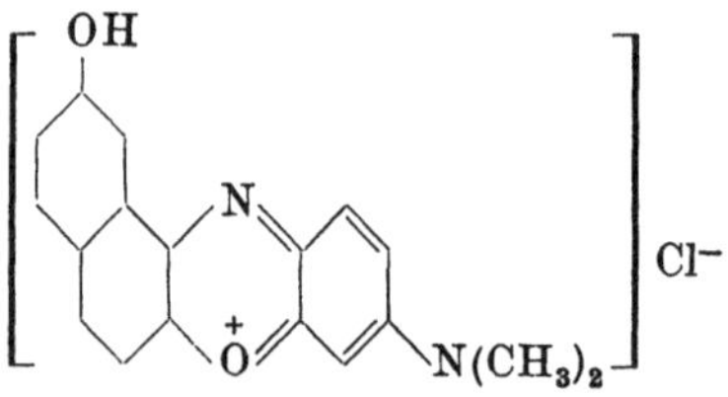
30	(Brillant)-Kresylblau (7-Amino-2-dimethyl-amino-3-methyl-phen-azoxoniumchlorid)	$C_{15}H_{16}ON_3Cl$ 290	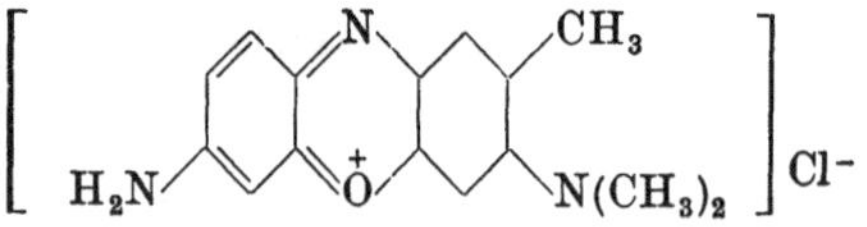
31	Gallocyanin oder Solidviolett [7-Dimethylamino-1,2-dioxyphenazoxonium-carbonsäure-(4)]	$C_{15}H_{12}O_5N_2$ 300	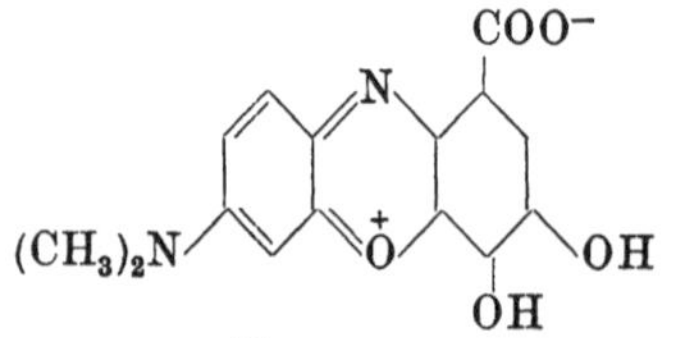
32	Methylenblau (2,7-Bis-dimethylamino-phenazthioniumchlorid)	$C_{16}H_{18}N_3SCl$ 320	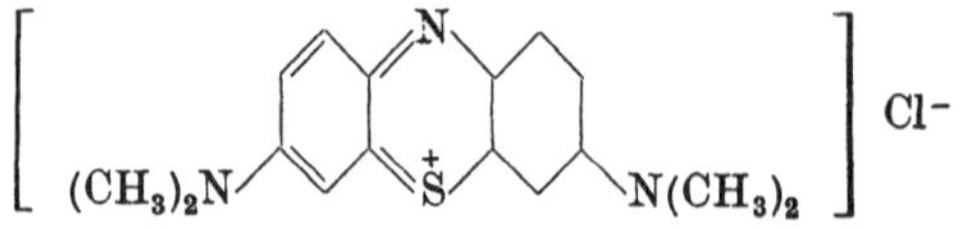

tafel (Fortsetzung).

Gebrauchsfertige Lösung	Farbumschlag Ox $\rightleftharpoons$ Red	Redox-potential $°E_{\frac{1}{2}}$ (pH = 0) $^{°}_{7}E_{\frac{1}{2}}$ (pH = 7)	Hersteller-firma	Eigentümlichkeiten des Redoxsystems	Schrifttum (Schlüssel s. S. 708)
gute Löslichkeit in H_2O	blau bzw. blaß-rot $\rightleftharpoons$ farblos (vgl. Nr. 2ff.)	$+0{,}119$	B.D.H.	Oxydans 1 phenoli-sche, Reductans 2 phenolische Dissozia-tionsstufen; analog Nr. 23	SULLIVAN, COHEN u. CLARK
gute Löslichkeit in H_2O	blau bzw. blaß-rot $\rightleftharpoons$ farblos (vgl. Nr. 2ff.)	$+0{,}119$ $°E_{\frac{1}{2}} =$ $+0{,}54$	B.D.H. La Motte	vgl. Nr. 24; nicht toxisch	SULLIVAN, COHEN u. CLARK
0,05 % Indicator in 60 %igem Äthanol	azurblau $\rightleftharpoons$ farblos (in saurem Me-dium rotbraun $\rightleftharpoons$ farblos	$+0{,}115$	B.D.H. De Haën E. Merck Schuchardt Geigy	schwierig zu hand-haben, da nur geringe Stabilität; toxisch	PHILLIPS, CLARK u. COHEN
Das heftig zum Niesen reizende Pulver ist in H_2O leicht löslich, in salzsaurem Medi-um mit schmutzig violetter Farbe	blau $\rightleftharpoons$ farbos	$+0{,}080$	Bayer	—	LETORT
0,05 % Indicator in 60 %igem Äthanol	violett $\rightleftharpoons$ farblos	$+0{,}062$ $°E_{\frac{1}{2}} =$ $+0{,}563$	Bayer, Ciba B.D.H. De Haën E. Merck Schuchardt Geigy	hevorragender Redoxindicator	CLARK, COHEN u. GIBBS
—	blauviolett $\rightleftharpoons$ farblos	$+0{,}050$	Durand	ziemlich leicht lös-lich in heißem H_5O; Reductans wird mit Luft wieder blauviolett	LETORT
—	blau $\rightleftharpoons$ farblos (Oxydans bei $p_H > 10$ rot; Re-ductans bei $p_H > 10$ blau$\rightarrow$ rot$\rightarrow$ farblos)	$+0{,}047$ $°E_{\frac{1}{2}} =$ $+0{,}583$	B.D.H. De Haën E. Merck Schuchardt Bayer Ciba	blaue Form des Re-ductans in wäßriger Lösung nicht stabil; toxisch	COHEN u. PREISLER, LETORT
Wird zwischen p_H 3,5 und 5,5 fast quantitativ aus-gefällt (isoelek-trischer Punkt des Ampholyten)	blau $\rightleftharpoons$ farblos (wenn $p_H < 4$ oder > 8 Oxydansfarbe rotviolett)	$+0{,}021$	B.D.H. Bayer Ciba Geigy	schwerlöslich in rei-nem H_2O	MICHAELIS u. EAGLE
0,05 %ig in H_2O. Vakuumtrockenes Methylenblau ent-hält 3 H_2O (Mol.-Gew. 374), han-delsübliches etwa 5 H_2O (Mol.-Gew. 410)	blau $\rightleftharpoons$ farblos	$+0{,}011$ $°E_{\frac{1}{2}} =$ $+0{,}582$	B.D.H. De Haën E. Merck Schuchardt La Motte Bayer Ciba Geigy	geringfügige, vom p_H abhängige Löslichkeit des Reductans; Blau-färbung unter Licht-einwirkung; Salzfeh-ler wie bei Säure-Basen-Indicatoren	CLARK, COHEN u. GIBBS

Nr.	Bezeichnung	Bruttoformel Molgewicht	Strukturformel des Oxydans
33	Indigotetrasulfonat (5,7,5′,7′)	$C_{16}H_6N_2O_2(SO_3K)_4$ 734	KO_3S —CO OC— SO_3K ; KO_3S N–H N–H SO_3K
34	Phenanthrenchinon-3-sulfonat	$C_{14}H_7O_2(SO_3K)$ 326	O O ; SO_3K
35	Methylcapriblau (Zinkchlorid-Doppelsalz des 2,7-Bis-dimethyl-amino-phenazoxonium-chlorids)	$C_{16}H_{18}ON_3Cl_2Zn_{\frac{1}{2}}$ 373	$[(CH_3)_2N$ N CH_3 $\overset{+}{O}$ $N(CH_3)_2]$ Cl^- $\frac{1}{2}ZnCl_2$
36	Äthylcapriblau (3,9-Bis-diäthylamino-phenazoxoniumnitrat)	$C_{20}H_{28}O_5N_4$ 404	$[(C_2H_5)_2N$ N $\overset{+}{O}$ $N(C_2H_5)_2]$ $N\bar{O}_3 \cdot H_2O$
37	Indigotrisulfonat-(5,7,5′)	$C_{16}H_7N_2O_2(SO_3K)_3$ 616	KO_3S —CO OC— SO_3K ; N–H N–H SO_3K
38	Nilblau A (2-Amino-7-diäthyl-amino-3,4-benzo-phen-azoxonium-hydrogen-sulfat)	$C_{20}H_{21}O_5N_3S$ 415	$[H_2N$ N $\overset{+}{O}$ $N(C_2H_5)_2]$ SO_4H^-
39	Indigodisulfonat-(5,5′) (K-Salz der Cörulin-schwefelsäure bzw. des Indigocarmins)	$C_{16}H_8N_2O_2(SO_3K)_2$ 498	KO_3S —CO OC— SO_3K ; N–H N–H
40	Chromazurin E oder Gallophenin D (Dimethylamino-anilino-oxy-diphenoxazonium-sulfonat)	$C_{20}H_{16}O_6N_3SNa$ 427	$NaSO_3$ HO, OH N N–H O $N_2(CH)_3$
41	Indigomonosulfonat-(5) (K-Salz der Purpur-schwefelsäure)	$C_{16}H_3N_2O_2(SO_3K)$ 380	—CO OC— SO_3K ; N–H N–H

tafel (Fortsetzung).

Gebrauchsfertige Lösung	Farbumschlag Ox $\rightleftharpoons$ Red	Redox-potential $°E_{\frac{1}{2}}$ (pH = O) $^{0}_{7}E_{\frac{1}{2}}$ (pH = 7)	Hersteller-firma	Eigentümlichkeiten des Redoxsystems	Schrifttum (Schlüssel s. S. 708)
0,05 %ig in H_2O	blau $\rightleftharpoons$ gelblich	$-0,046$ $°E_{\frac{1}{2}} =$ $+0,36$	De Haën E. Merck Schuchardt La Motte	Einschränkung wie beim Indigodisulfonat; toxisch	SULLIVAN, COHEN u. CLARK
—	orange $\rightleftharpoons$ farblos	$-0,047$	—	vorzüglich zum Studium der Semichinonbildung geeignet, sehr leicht löslich in H_2O	MICHAELIS u. SCHUBERT
—	dunkelblau $\rightleftharpoons$ farblos (Oxydans bei $p_H > 10$ violettrot bis farblos); Reductans wird unter Lichteinwirkung blau)	$-0,061$ $°E_{\frac{1}{2}} =$ $+0,477$	Bayer	wie Äthylcapriblau	COHEN u. PREISLER
—	grünblau $\rightleftharpoons$ farblos, sonst ähnlich Nr. 35	$-0,072$ $°E_{\frac{1}{2}} =$ $+0,540$	Bayer	Potentialbildung merklich abhängig von Salzgehalt und absoluter Konzentration; etwas schwierig zu handhaben, da Tendenz zum Kolloidisieren	COHEN u. PREISLER
0,05 %ig in H_2O	blau $\rightleftharpoons$ gelblich	$-0,081$	De Haën E. Merck La Motte	Einschränkung wie beim Indigodisulfonat; leicht löslich	SULLIVAN, COHEN u. CLARK
0,00001 m	blau $\rightleftharpoons$ farblos (rot $\rightleftharpoons$ rötlich, wenn $p_H > 9,4$)	$-0,122$ $°E_{\frac{1}{2}} =$ $+0,406$	B.D.H. E. Merck Schuchardt Bayer Ciba Geigy	schwerlöslich in kaltem Wasser; $E_{\frac{1}{2}}$-Werte abhängig von Salzgehalt und absoluter Konzentration; Säure-Basen-Indicator; Lösung wird zwischen p_H 6,4 und 10 leicht durch Luft oxydiert	COHEN u. PREISLER, LETORT
0,05 %ig in H_2O	blau $\rightleftharpoons$ gelblich	$-0,125$	De Haën E. Merck Schuchardt La Motte	in Anwesenheit von Borsäure nicht zu gebrauchen, da diese in den Oxydationsvorgang eingreift; toxisch	SULLIVAN, COHEN u. CLARK
—	blau $\rightleftharpoons$ farblos (Oxydans in stark saurem Medium grün, in stark alkalischem purpur)	$-0,142$	Durand	leichtlöslich bei jedem p_H	MICHAELIS u. EAGLE
—	blau $\rightleftharpoons$ farblos	$-0,159$ $°E_{\frac{1}{2}} =$ $+0,26$	La Motte	in Gegenwart von Salzen schwerlöslich	SULLIVAN, COHEN u. CLARK

Nr.	Bezeichnung	Bruttoformel Molgewicht	Strukturformel des Oxydans
42	Brillantalizarinblau (Dimethylamino-pheno-dioxy-naphthaz-ionium-sulfosäure)	$C_{18}H_{14}N_2O_5S_2$ 402	
43	Janusgrün, auch Diazin-grün (10-Phenyl-3-di-äthylamino-2,7-dime-thyl-⟨6-azo-4⟩-1-dime-thylanilin-phenazonium-chlorid)	$C_{32}H_{35}N_6Cl$ 539	
44	Neutralblau (10-Phenyl-6-dimethyl-amino-1,2-benzo-phen-azoniumchlorid)	$C_{24}H_{20}N_3Cl$ 386	
45	Phenosafranin (2,7-Diamino-9-phenyl-phenazoniumchlorid)	$C_{18}H_{15}N_4Cl$ 323	
46	Amethystviolett (Tetraäthylpheno-safranin)	$C_{26}H_{31}N_4Cl$ 435	
47	Methylenviolett oder Fuchsia (N,N-Dimethylpheno-safranin)	$C_{20}H_{19}N_4Cl$ 351	
48	Tetramethylpheno-safranin (jodid)	$C_{22}H_{23}N_4J$ 470	

tafel (Fortsetzung)

Gebrauchsfertige Lösung	Farbumschlag Ox $\rightleftharpoons$ Red	Redox-potental $^{0}E_{\frac{1}{2}}$ (pH = 0) $^{0}_{7}E_{\frac{1}{2}}$ (pH = 7)	Hersteller-firma	Eigentümlichkeiten des Redoxsystems	Schrifttum (Schlüssel s. S. 708)
—	violett $\rightleftharpoons$ farblos (bei p_H 1 Oxydansfarbe blau)	$-0,173$	—	gut wasserlöslich	MICHAELIS u. EAGLE
—	blau $\rightleftharpoons$ farblos (frische Lösung grünblau)	$-0,225$	B.D.H. E. Merck Schuchardt Bayer Geigy	Farbstoff wird in 1. Stufe irreversibel zu Diäthylsafranin und Dimethylanilin reduziert; die 2. Stufe erst entspricht dem reversiblen Redoxsystem (bis p_H 12 brauchbar)	RAPKINE, STRUYCK u. WURMSER
—	violett $\rightleftharpoons$ farblos	$(-0,250)$ $^{0}E_{\frac{1}{2}} =$ $+0,170$	—	wegen zu geringer Löslichkeit des Reductans nur bis $p_H < 4,2$ zu gebrauchen	STIEHLER u. CLARK
0,0001 m	rot $\rightleftharpoons$ farblos	$-0,252$ $^{0}E_{\frac{1}{2}} =$ $+0,280$	B.D.H. Bayer	Leukobase der Safranine erfahren im alkalischen Medium ziemlich schnell irreversible Veränderungen	STIEHLER, CHEN u. CLARK
0,0001 m	rötlichviolett $\rightleftharpoons$ farblos	$-0,254$ $^{0}E_{\frac{1}{2}} =$ $+0,355$	Bayer	desgl.	STIEHLER, CHEN u. CLARK
0,0001 m	purpurn $\rightleftharpoons$ farblos	$-0,260$ $^{0}E_{\frac{1}{2}} =$ $+0,286$	Bayer	desgl.	STIEHLER, CHEN u. CLARK
—	violett $\rightleftharpoons$ farblos	$-0,273$ $^{0}E_{\frac{1}{2}} =$ $+0,288$	—	Leukobase der Safranine erfahren im alkalischen Medium ziemlich schnell irreversible Veränderungen	STIEHLER, CHEN u. CLARK

Nr.	Bezeichnung	Bruttoformel Molgewicht	Strukturformel des Oxydans
49	Rosindulin 2 G (10-Phenyl-3-oxo-1,2-benzo-phenazonium-sulfonat. — Die Stellung der SO$_3$Na-Gruppe ist ungeklärt)	C$_{22}$H$_{13}$O$_4$N$_2$SNa 426	
50	Tolusafranin, auch Brillantsafranin oder Safranin T (10-Phenyl-di-tolazo-niumchlorid) NB: Meist gemischt mit 10-o-Tolyl-ditolazonium-chlorid	C$_{20}$H$_{19}$N$_4$Cl 351	
51	Indulin-Scharlach (10-Äthyl-3-amino-7-methyl-1,2-benzo-phenazoniumchlorid)	C$_{19}$H$_{18}$N$_3$Cl 324	
52	Neutralrot (Toluylenrot) (2-Methyl-3-amino-6-dimethylamino-phenazoniumchlorid)	C$_{13}$H$_{12}$N$_4$ 230	
53	Benzylviologen (N,N'-Dibenzyl-γ,γ'-di-pyridyliumchlorid)	C$_{24}$H$_{22}$N$_2$Cl$_2$ 409	
54	Methyl-diäthylamino-rosindonsulfosäure (10-p-Toluol-7-diäthyl-amino-3-oxo-1,2-benzo-phenazinsulfosäure). — Die Stellung der SO$_3$H-Gruppe erscheint hypo-thetisch	C$_{27}$H$_{25}$O$_4$N$_3$S 487	
55	Methylviologen (Dimethyl-γ,γ'-dipyri-dyliumchlorid)	C$_{12}$H$_{14}$N$_2$Cl$_2$ 257	

tafel (Fortsetzung).

Gebrauchsfertige Lösung	Farbumschlag Ox $\rightleftharpoons$ Red	Redox-potential $^\circ E_{\frac{1}{2}}$ (pH = 0) $_?E_{\frac{1}{2}}$ (pH = 7)	Hersteller-firma	Eigentümlichkeiten des Redoxsystems	Schrifttum (Schlüssel s. S. 708)
—	scharlachrot $\rightleftharpoons$ farblos	$-0,281$	B.D.H.	Oxydans und Reductans bei jedem p_H genügend löslich, stabil, farbstarker Indicator	MICHAELIS
0,05%ig in H_2O	rot $\rightleftharpoons$ farblos	$-0,289$ $^\circ E_{\frac{1}{2}} = +0,235$	De Haën E. Merck Schuchardt	—	STIEHLER, CHEN u. CLARK
—	scharlachrot $\rightleftharpoons$ farblos	$-0,296$	—	—	STIEHLER u. CLARK, MICHAELIS
0,05% Indicator in 60%igem Äthanol	rot $\rightleftharpoons$ farblos	$-0,340$ $^\circ E_{\frac{1}{2}} = +0,240$	B.D.H. De Haën E Merck Schuchardt Bayer Ciba Geigy	Nur teilweise reversibel; Reductans kann in Abhängigkeit vom p_H allmählich in eine gelbe, stark fluorescierende Substanz übergehen; Säure-Basen-Indicator; beginnt bei p_H 7 kolloidal zu werden und auszuflocken, da freie Base in H_2O unlöslich	CLARK u. PERKINS
—	farblos $\rightleftharpoons$ blau	$-0,359$	B.D.H.	ionogenes Redoxsystem; deshalb $E_{\frac{1}{2}}$ vom p_H unabhängig	WEITZ u. KÖNIG, MICHAELIS u. HILL, EISTERT, HÜCKEL
—	rosinrot $\rightleftharpoons$ farblos	$-0,380$	—	—	STIEHLER u. CLARK
—	farblos $\rightleftharpoons$ dunkelblau	$-0,440$	—	Redoxpotential vom p_H unabhängig; Oxydans und Reductans nur um 1 Elektron verschieden	MICHAELIS u. HILL

Redoxindikatorentafel (Fortsetzung). Redoxindicatoren

Nr.	Bezeichnung	Bruttoformel Molgewicht	Strukturformel des Oxydans
56	5-Nitro-1,10-phenanthrolin	$C_{12}H_7N_3O_2$ 225,1	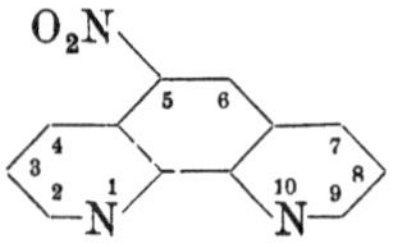
57	5-Nitro-1,10-phenanthrolin-Eisen(II)-sulfatkomplex „Nitro-Ferroin"	$C_{36}H_{21}N_9O_{10}SFe$ 827	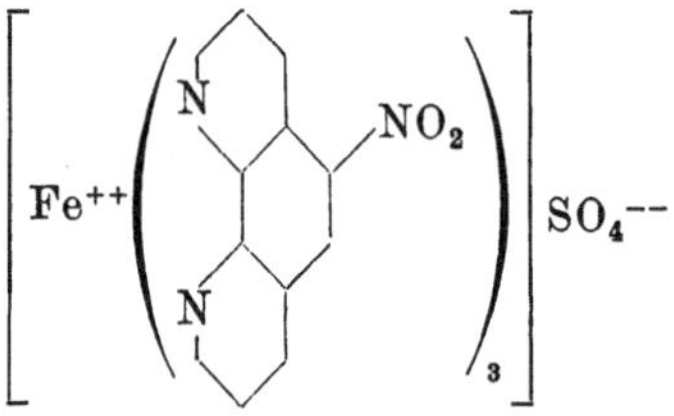
58	Setopalin (N,N'-Dimethyl-p-amino-m,m'-dimethyl-o-chlorfuchsonimoniumchlorid)	$C_{25}H_{28}N_2Cl$ 427	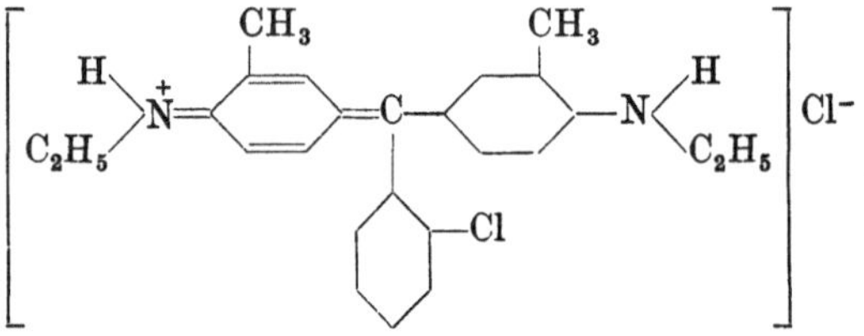
59	1,10-Phenanthrolin-Monohydrat (o-Phenanthrolin)	$C_{12}H_{10}ON_2$ 198,1	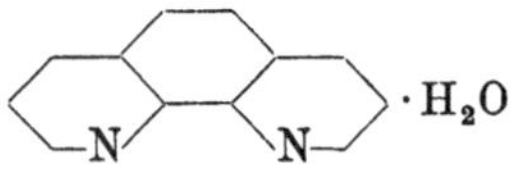
60	Tri-o-phenanthrolin-Eisen(II)-sulfatlösung „Ferroinlösung"	$C_{36}H_{24}O_4N_6SFe$ 692	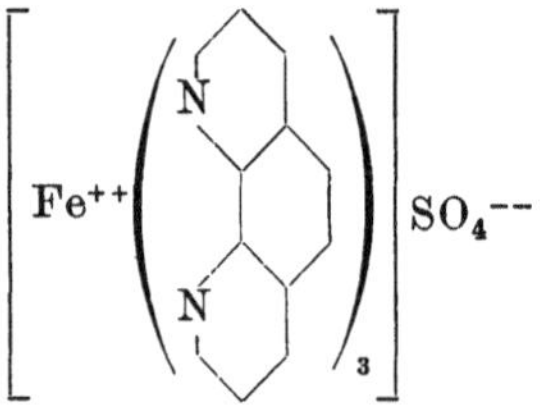
61	N-Phenylanthranilsäure (o-Diphenylamincarbonsäure)	$C_{13}H_{11}O_2N$ 213,1	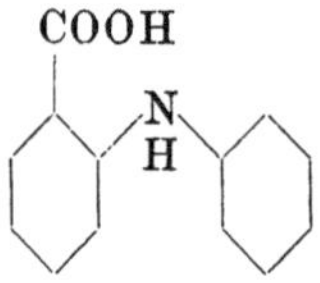
62	Setoglaukin O oder Rhodulinblau 6 G (symmetrisches Tetramethyl-p-amino-o-chlorfuchsonimoniumchlorid)	$C_{23}H_{24}N_2Cl_2$ 399	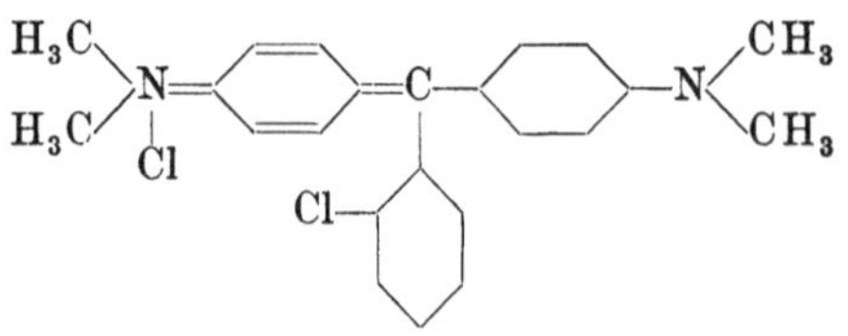
63	Xylencyanol FF (N,N'-Diäthyl-p-amino-m,m'-dimethyl-m''-oxy-o''-sulfo-fuchsonimoniumsulfonat)	$C_{25}H_{27}O_7N_2S_2Na$ 554	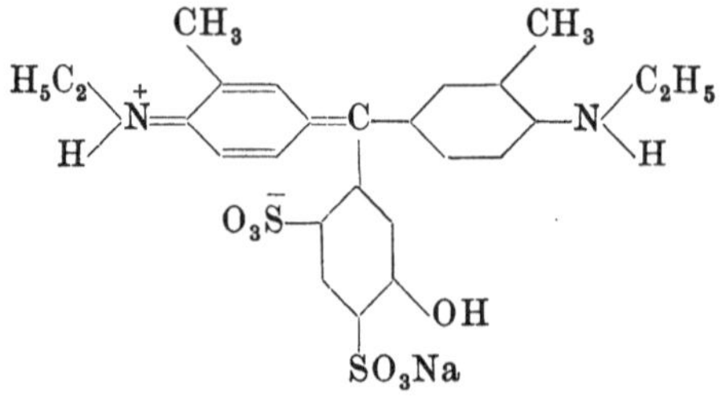

mit einem Normalpotential $^{\circ}E_{\frac{1}{2}} > 0,75$ Volt.

Gebrauchsfertige Lösung	Farbumschlag Ox $\rightleftharpoons$ Red	$^{\circ}E_{\frac{1}{2}}$	Hersteller-firma	Eigentümlichkeiten des Redoxsystems	Schrifttum (Schlüssel s. S. 708)
—	violett $\rightleftharpoons$ farblos (bei p_H 1 Oxydansfarbe blau)	1,25	B.D.H.	zur Bereitung der Nitro-Ferroinsulfat-lösung	SMITH u. RICHTER
m/40 Lösung	blaß eisblau $\rightleftharpoons$ intensiv purpurn	1,25	B.D.H.	stabiler gegen starke Säuren als das Ferroin (Nr. 60); seine Farbe verschwindet reversibel beim Erhitzen mit verdünnter Säure. Nitro-Ferroin unbeständiger als gewöhnliches Ferroin	SMITH u. RICHTER
0,1 %ige wäßrige Lösung	orange $\rightleftharpoons$ gelb	1,10	B.D.H. Geigy	leichtlöslich in Wasser (im neutralen Medium mit grüner Farbe)	MILLER u. VAN SLYKE, STIEHLER, CHEN u. CLARK
das Monohydrat neuerdings bevorzugt vor dem Hydrochlorid für Ferroinsulfatlösung	rot $\rightleftharpoons$ farblos	1,08	B.D.H. E. Merck Schuchardt	zur Bereitung der Ferroinsulfatlösung	STIEHLER, CHEN u. CLARK, MERCK
m/40 Lösung = 1,624 g o-Phenanthrolinhydrochlorid $+ 0,695$ g Eisen(II)-sulfat p. a. in H_2O gelöst und auf 100 cm³ aufgefüllt	blaßblau $\rightleftharpoons$ hochrot	1,08	B.D.H. De Haën E. Merck	außerordentliche Beständigkeit gegen Oxydationsmittel; sehr gute Reversibilität des Farbumschlages. Lösung nicht merklich veränderlich innerhalb eines Jahres	WALDEN, HAMMET u. CHAPMAN, LEE, KOLTHOFF u. LEUSSING
0,2 %ige wäßrige Lösung	purpurn $\rightleftharpoons$ farblos	1,08	B.D.H. Schuchardt	sehr guter Indicator; häufig verwendet, leicht löslich	SYROKOMSKY u. STIEPIN KIRSSANOW u. TSCHERKASSOW
0,1 %ige wäßrige Lösung; tiefblaue Farbe geht mit verdünnter H_2SO_4 in Grün, mit HCl in Gelb über	orange $\rightleftharpoons$ gelb $\rightleftharpoons$ grün	1,06	Geigy	leicht löslich in Wasser, besonders in salzsaurem Medium vorteilhafter Indicator	KNOP (1929 u. 1931)
0,1 %ige wäßrige Lösung	orange $\rightleftharpoons$ grün	1,05	B.D.H. Bayer	leichtlöslich in Wasser	KNOP (1929 u. 1931)

Nr.	Bezeichnung	Bruttoformel Molgewicht	Strukturformel des Oxydans
64	Erioglaukin A oder Alphazurin G (symmetrisches Diäthyl-di-p-sulfobenzyl-p-amino-o-sulfonfuchsonimonium)	$C_{37}H_{42}O_9N_4S_3$ 782	
65	Eriogrün B oder Naphthalingrün V (symmetrisches Tetra-äthyl-p-amino-2,6-di-sulfo-diphenonaphtho-fuchsonimonium). — An Stelle der Diäthyl-auch die Dimethyl-aminogruppe	$C_{31}H_{33}O_6N_2S_2$ 593 bzw. $C_{27}H_{25}O_6N_2S_2$	
66	p-Diphenylamin-sulfosäure	$C_{12}H_{22}O_3NS$ 249	
67	p-Diphenylamin-sulfonat (Ba-bzw. Na-Salz)	$C_{24}H_{20}O_6N_2S_2Ba$ 638 $C_{12}H_{11}O_3NSNa$ 271	
68	p-Äthoxy-chrysoidin-(hydrochlorid)	$C_{14}H_{17}ON_4Cl$ 287,5	
69	Diphenylamin	$C_{12}H_{11}N$ 169	
70	Diphenylbenzidin	$C_{24}H_{20}N_2$ 336	

Anschriften der Hersteller-Firmen:

1. Badische Anilin- und Sodafabrik (BASF), Ludwigshafen/Rhein.
2. Farbenfabriken Bayer, Leverkusen bei Köln.
3. British Drug Houses (B. D. H.), Poole, England.
4. Ciba (Gesellschaft für Chemische Industrie), Basel, Schweiz.

tafel (Fortsetzung).

Gebrauchsfertige Lösung	Farbumschlag Ox $\rightleftharpoons$ Red	$^\circ E_{\frac{1}{2}}$	Hersteller-firma	Eigentümlichkeiten des Redoxsystems	Schrifttum (Schlüssel s. S. 708)
0,1 %ige wäßrige Lösung; blaue Farbe wird grün, wenn $p_H < 0,5$	rot $\rightleftharpoons$ grün	1,00	B.D.H. Geigy	leichtlöslich in Wasser	WHIT-MOYER
0,1 %ige wäßrige Lösung; eisblaue Farbe geht schon mit verdünnter Säure in intensives Gelb über	orange $\rightleftharpoons$ chromgelb	0,99	B.D.H. Geigy	leichtlöslich in Wasser; gegen Oxydantien beständiger als die anderen Indicatoren der Triarylmethangruppe; Farbumschlag oft einige Sekunden verzögert	KNOP (1929 u. 1931)
0,2 %ige wäßrige Lösung (handelsüblich ist eine 33 %ige)	purpurn $\rightleftharpoons$ (grün) $\rightleftharpoons$ farblos	0,86	B.D.H. Schuchardt	gute Löslichkeit in Wasser, scharfer Farbumschlag	KOLTHOFF u. SARVER (1931)
0,2 %ige wäßrige Lösung (Ba^{++} gegebenenfalls mit SO$_4^{--}$ entfernen)	purpurn $\rightleftharpoons$ (grün) $\rightleftharpoons$ farblos	0,84	B.D.H. De Haën E. Merck	das Ba-Salz sowie das Na-Salz hinreichend löslich in Wasser und verdünnten Säuren	KOLTHOFF u. SARVER (1931), DUCRET
0,1 %ig in 90 %-igem Alkohol (gleichzeitig als Säure-Basen-Indicator zu verwenden)	lachsrot $\rightleftharpoons$ nahezu farblos	0,77	B.D.H. E. Merck	mit einer Spur von Brom wird die Rotfärbung sehr intensiv; etwas mehr Brom tilgt die Farbe in reversibler Weise	SCHULECK u. ROSSA
1 g Diphenylamin in 100 cm^3 H$_2$SO$_4$ konz. („1 %ige Lösung"). Die Lösung ist sehr gut haltbar	violett $\rightleftharpoons$ farblos	0,76	B.D.H. De Haën E. Merck Schuchardt	geht durch irreversible Oxydation in Diphenylbenzidin über, das sofort weiter oxydiert wird zu Diphenylbenzidinviolett. Dieses bildet mit Diphenylbenzidin ein schwerlösliches, grünes Merichinoid	KNOP (1924), KOLTHOFF u. SARVER (1930)
0,1 g Diphenylbenzidin in 100 cm^3 konz. H$_2$SO$_4$-Lösung, verfärbt sich beim Stehen	violett $\rightleftharpoons$ farblos	0,76	B.D.H. Schuchardt	Löslichkeit nur 0,06 mg im Liter, geringe Löslichkeitserhöhung im sauren Medium; holochinoide Form wenig stabil	KNOP (1924), KOLTHOFF u. SARVER (1930)

5. Durand & Huguenin, A.G., Basel, Schweiz.
6. J. R. Geigy, Basel, Schweiz.
7. La Motte, Chemical Products Comp., Baltimore, USA.
8. E. Merck, Chemische Fabrik, Darmstadt.
9. Dr. Theodor Schuchardt, G. m. b. H., München.
10. Riedel-De Haën, Chemische Fabriken, Seelze bei Hannover.

Zusammenfassendes Schrifttum zur Redoxindicatorentafel.

BRENNECKE, E., K. FAJANS, N. H. FURMAN, R. LANG und H. STAMM: Neuere maßanalytische Methoden. 3. Aufl. Stuttgart 1951.

HEWITT, F. L.: Oxidation-Reduction-Potentials in Bacteriology and Biochemistry. 6. Aufl. Edinburgh 1950.

HOLMBERG, C. G.: Zellfremde und zelleigene Akzeptorfarbstoffe. Bamann-Myrbäck 1, 404—421.

KOLTHOFF, I. M., and V. A. STENGER: Volumetric Analysis. 3 Bde. New York 1942—1947—1953.

ROWE, F. M.: Colour-Index. Bradford 1924.

SCHULTZ, G.: Farbstofftabellen. 4 Bde. 7. Aufl. Leipzig 1931—39.

STERN, K. G.: Tab. biol. period. 4, 1 (1935).

VENKATARAMAN, K.: The Chemistry of Synthetic Dyes. 2 Bde. New York 1952.

Schlüssel zu den Literaturzitaten der Redoxindicatorentafel.

CLARK, W. M., B. COHEN and H. D. GIBBS: Publ. Hlth. Rep. 40, 1131 (1925).

CLARK, W. M., and M. PERKINS: Am. Soc. 54, 1228 (1932).

COHEN, B., H. D. GIBBS and W. H. CLARK: Publ. Hlth. Rep. 39, 381, 804 (1924).

COHEN, B., and M. PHILLIPS: Publ. Hlth. Rep. Suppl. Nr. 74 (1929).

COHEN, B., and P. W. PREISLER: Publ. Hlth. Rep. Suppl. Nr. 92 (1931).

DUCRET, L.: Bull. Soc. chim. France (5) 10, 334 (1943).

EISTERT, B.: B. 69, 2397 (1936).

GIBBS, H. D., W. L. HALL, and W. M. CLARK: Publ. Hlth. Rep. Suppl. Nr. 67, 2 (1928).

GIBBS, H. D., B. COHEN and B. K. CANNAN: Publ. Hlth. Rep. 40, 649 (1925).

HALL, W., P. W. PREISLER and B. COHEN: Publ. Hlth. Rep. Suppl. Nr. 71 (1929).

HOFFMANN-OSTENHOF, O.: Fortschr. Chem. org. Naturstoffe 6, 154 (1950).

HÜCKEL, W.: Theoretische Grundlagen der organischen Chemie. Bd. 2. S. 368ff. Leipzig 1948.

KIRSSANOW, A., et W. TSCHERKASSOW: Bull. Soc. chim. France (5) 3, 817 (1936).

KNOP, J.: Z. analyt. Chem. 77, 111 (1929); 85, 253 (1931).

KNOP, J.: Am. Soc. 46, 263 (1924).

KOLTHOFF, I. M., and L. A. SARVER: Am. Soc. 53, 2902 (1931).

KOLTHOFF, I. M., u. L. A. SARVER: Z. Elektrochem. 36, 139 (1930).

LEE, T. S., I. M. KOLTHOFF and D. L. LEUSSING: Am. Soc. 70, 2348, 3596 (1948).

LETORT M.: Cr. 194, 711 (1932).

MERCK, E.: Der Tri-o-Phenanthrolin-ferrokomplex. Darmstadt 1939.

MICHAELIS, L.: J. biol. Ch. 91, 369; 92, 211 (1931).

MICHAELIS, L., and H. EAGLE: J. biol. Ch. 87, 713 (1930).

MICHAELIS, L., u. E. S. HILL: B. Z. 250, 564 (1932). Am. Soc. 55, 1489 (1933).

MICHAELIS, L., and M. P. SCHUBERT: J. biol. Ch. 119, 133 (1937).

MILLER, B. F., and D. D. VAN SLYKE: J. biol. Ch. 114, 583 (1936).

PHILLIPS, M., W. M. CLARK and B. COHEN: Publ. Hlth. Rep. Suppl. Nr. 61 (1927).

PREISLER, P. W., and L. H. HEMPELMANN: Am. Soc. 58, 2305 (1936).

RAPKINE, L., A. P. STRUYCK et R. WURMSER: J. Chim. physique 26, 340 (1929).

SCHULECKE, E., u. P. ROSSA: Z. analyt. Chem. 118, 185 (1939).

SMITH, G. F., and F. P. RICHTER: Industr. engng. Chem., analyt. Ed. 16, 580 (1944).

STIEHLER, R. D., T. T. CHEN and W. M. CLARK: Am. Soc. 55, 841 (1933).

STIEHLER, R. D., and W. M. CLARK: Am. Soc. 55, 4097 (1933).

SULLIVAN, M. X., B. COHEN and W. M. CLARK: Publ. Hlth. Rep. 38, 993 (1923).

SYROKOMSKY, W. S., and V. V. STIEPIN: Am. Soc. 58, 928 (1936).

WALDEN, G. H., L. P. HAMMETT and R. P. CHAPMAN: Am. Soc. 53, 3908 (1931); 55, 2649 (1933).

WEITZ, E., u. T. KÖNIG: B. 55, 2868 (1922).

WHITMOYER, B. B.: Industr. engng. Chem., Analyt. Ed. 6, 268 (1934).

δ) Biogene Redoxindicatoren.

Die mit einer Dehydrogenase zusammenwirkenden Acceptorfarbstoffe in Zellen sind bis heute noch recht unvollständig bekannt. Verhältnismäßig am besten scheinen die folgenden untersucht zu sein, die entsprechend der Redoxskala (positives Ende oben, negatives Ende unten) in fallender Folge ihrer Normalpotentiale aufgeführt werden.

1. Adrenochrom (N-Methyl-2,3-dihydro-3-oxyindol-5,6-chinon), ein Oxydationsprodukt des Adrenalins. Dieses verliert bei rascher Oxydation (z. B. mit Brenzcatechinoxydase) zunächst zwei Wasserstoffatome und geht in ein instabiles o-Chinon über. Durch Abspaltung zweier weiterer Wasserstoffatome, eines aus der Aminogruppe, eines aus dem Benzolkern, tritt Ringschluß mit der Seitenkette ein und es entsteht ein Dihydroindolderivat, das reversibel reduzierbare Pigment Adrenochrom.

$$HO-\text{C}_6H_3(CHOH-CH_2-NH-CH_3) \xrightarrow{-2\,H} O=\text{C}_6H_3(CHOH-CH_2-NH-CH_3) \xrightarrow{-2\,H} \text{Adrenochrom}$$

Adrenalin	Adrenalinchinon	Adrenochrom

Adrenochrom wurde von GREEN und RICHTER[1] in krystallisierter Form erhalten; es stellt eine sehr instabile Verbindung dar, die durch 1%ige Salzsäure innerhalb von 4 min, durch 1%iges Ammoniak schon binnen 40 sec restlos zerstört wird[2]. Bei p_H 7,3 und 37° C verschwindet die leuchtend rote Farbe der wäßrigen Lösung nach 35 min und selbst unter optimalen Haltbarkeitsbedingungen (bei p_H 4,0 und 0° C) beobachtet man nach 4—5 Std Zersetzung Melaninbildung.

Der Farbstoff hat neuerdings erhöhtes Interesse gefunden, da er blutdrucksenkende Wirkung besitzt. Auf- und Abbau aus dem Adrenalin studierte ins einzelne MARQUARDT[3].

Das Normalpotential ist bis heute nicht exakt gemessen. Aus Analogieschlüssen muß wohl gefolgert werden, daß es ungewöhnlich hoch in der Redoxpotentialskala liegt, nämlich ${}_7^\circ E_{\frac{1}{2}} \sim 0{,}4$—0,5 V; vgl. hierzu BALL und CHEN[4].

2. Phoenicin $\left(2\text{-Oxy-6-methyl-}\langle 3:3\rangle\text{-dibenzochinon-}(1,4)\right)$. Roter Farbstoff, der sich in *Penicillium phoeniceum*-Kolonien auf einem kohlenhydratreichen Nährboden bildet. Aus den Kulturen läßt sich das Phoenicin nach der von FRIEDHEIM[5] angegebenen Methode isolieren. Die vom selben Autor untersuchte p_H-Abhängigkeit der Normal-redoxpotentiale des Farbstoffes liefert: ${}_7^\circ E_{\frac{1}{2}} = +\,0{,}047$ V.

Die Konstitutionsaufklärung des Phoenicins erbrachte POSTERNAK[6].

3. Juglon $\left(5\text{-Oxy-naphthochinon-}(1,4)\right)$. Gelbrote Nadeln, sehr schwer löslich in Wasser. Farbstoff der Walnußschale. Dort liegt Juglon normalerweise als Reductans vor. Es kann durch Extraktion von Walnußschalen (1 kg getrocknete Schalen liefert 1—2 g Juglon) oder synthetisch durch Oxydation von 1,5-Dioxynaphthalin mit Chromsäure erhalten werden.

Als Normalredoxpotential fand FRIEDHEIM[7] ${}_7^\circ E_{\frac{1}{2}} = +\,0{,}033$ V; aus der p_H-Abhängigkeit der von ihm gemessenen Werte errechnet sich ${}^\circ E_{\frac{1}{2}} = +\,0{,}423$ V. Demgegenüber geben WALLENFELS und MÖHLE[8] ${}^\circ E_{\frac{1}{2}} = +\,0{,}450$ V an. Diesen Wert extrapolierten sie aus dem bei p_H 1,22 gemessenen, dem ein Lösungsmittelgemisch zugrunde lag, das 0,1 normal an HCl, sowie 0,2 n an LiCl und 50%ig an C_2H_5OH war.

Die Diskrepanz der Werte spiegelt den Einfluß der Anwesenheit des organischen Lösungsmittels wider. Dies wird besonders deutlich, wenn man die vom unsubstituierten 1,4-Naphthochinon in verschiedenen wäßrig-organischen Lösungsmittelgemischen herrührenden Normalredoxpotentiale miteinander vergleicht.

Für das genannte Chinon fanden FIESER und FIESER[9] in einer Lösung mit den Konzentrationsverhältnissen 0,1 n HCl:0,2 n LiCl:50% C_2H_5OH ${}^\circ E_{\frac{1}{2}} = 0{,}484$ V, ein Wert, der von LUGG, MACBETH und WINZOR[10] praktisch bestätigt wurde (mit ${}^\circ E_{\frac{1}{2}} = 0{,}485$ V). In 0,5 n HCl + 50% C_2H_5OH ermittelten CONANT und FIESER[11] ${}^\circ E_{\frac{1}{2}} = 0{,}483$ und in 0,5 n HCl + 95% C_2H_5OH ${}^\circ E_{\frac{1}{2}} = 0{,}493$ V, während WALLENFELS und MÖHLE[8] in 0,1 n HCl + 0,2 n LiCl + 50% C_2H_5OH für ${}^\circ E_{\frac{1}{2}} = 0{,}488$ V angeben. In

[1] GREEN, D. E., and D. RICHTER: Biochem. J. **31**, 596 (1937).
[2] Vgl. auch COHEN, G. N.: Cr. **220**, 796, 927 (1945).
[3] MARQUARDT, P.: Enzymologia **12**, 167 (1946).
[4] BALL, E. G., and T. T. CHEN: J. biol. Ch. **102**, 691 (1933).
[5] FRIEDHEIM, E. A. H.: C. R. Soc. Biol. **112**, 1030 (1933).
[6] POSTERNAK, T.: Helv. **21**, 1326 (1938).
[7] FRIEDHEIM, E. A. H.: Biochem. J. **28**, 180 (1934).
[8] WALLENFELS, K., u. W. MÖHLE: B. **76**, 924 (1943).
[9] FIESER, L. F., and M. FIESER: Am. Soc. **56**, 1565 (1934).
[10] LUGG, J. W. H., A. K. MACBETH and F. L. WINZOR: Soc. **1936**, 145.
[11] CONANT, J. B., and L. F. FIESER: Am. Soc. **46**, 1858 (1924).

wäßrigem Medium bestimmten LaMer und Baker[1] das Normalredoxpotential des 1,4-Naphthochinons zu 0,470 V. Da die angeführten Zahlen durchweg auf das p_H 0 umgerechnet sind, stellen sie ein relatives Maß für den Einfluß des nichtwäßrigen Lösungsmittelanteiles dar.

Daß diesem gegenüber die unterschiedlichen Aktivitätskoeffizienten nur eine zweitrangige Rolle spielen, zeigt ein Vergleich der verschiedenen, mit 50%igen Äthanolgemischen erhaltenen Daten.

4. Hallachrom (5,6-Dioxo-2,3-dihydro-indol-2-carbonsäure). Das rote Hautpigment eines Wurmes, Halla parthenopaea. Gewinnung nach Friedheim[2] durch alkoholische Extraktion des genannten Wurmes. Rote Schuppen von guter Löslichkeit in H_2O.

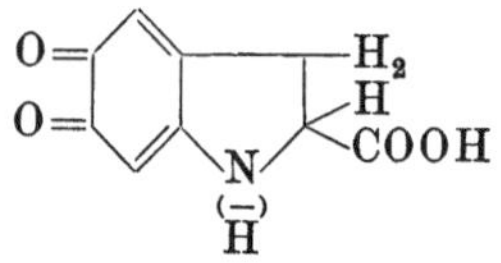

Friedheim ermittelte $°E_{\frac{1}{2}} = + 0{,}022$ V bei 30° C. Lösungen des Hallachroms sind rot bei $p_H < 8{,}53$, grün bei $p_H > 8{,}53$; die reduzierte Form ist farblos. Die Oxydation erfolgt in zwei Stufen unter Semichinonbildung. Die Normalpotentiale der beiden Oxydationsstufen liegen im p_H-Bereich zwischen 1 und 10 um 12—25 mV auseinander.

5. Pyocyanin (10-Methyl-1-oxo-phenazin). Ein aus *Bacillus pyocyaneus*-Kulturen zu gewinnender Farbstoff; weinrot in saurer Lösung, azurblau in alkalischer, farblos als Reductans. Wrede und Strack[3] erbrachten für Pyocyanin den Konstitutionsbeweis. In der Schreibweise von Hückel[4] entspricht der Redoxprozeß nach einer neueren Untersuchung von Wrede[5] dem folgenden Gleichgewicht:

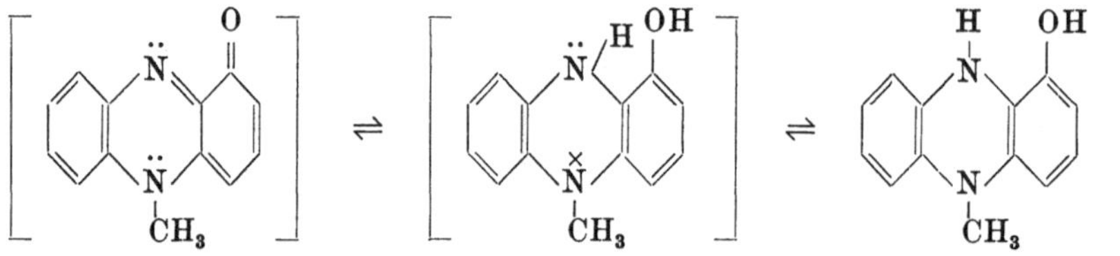

Pyocyanin (blau, Salze rot)   grünes Radikal   Leukopyocyanin (farblos)

Das zugehörige Normalredoxpotential bestimmten Friedheim und Michaelis[6] zu $°E_{\frac{1}{2}} = - 0{,}034$ V, ein Wert, der gleichzeitig und unabhängig auch von Elema[7] gefunden wurde.

Pyocyanin fungiert überdies als Säure-Basenindicator, dessen Umschlagsintervall bei p_H 4,9 zur Hälfte durchlaufen ist. Der Redoxprozeß vollzieht sich, wie bereits erwähnt, in zwei Schritten unter Bildung eines grünen Semichinons, so daß bei der Reduktion im alkalischen Medium die Farbe von azurblau nach farblos umschlägt, während im sauren Medium die Reduktion von rot über grün nach farblos führt. Beide Einzelschritte des zweistufigen Elektrodenprozesses lassen sich durch ihre Normalpotentiale charakterisieren; vgl. S. 678f. Die Differenz der beiden Normalpotentiale hängt maßgebend vom p_H der Lösung ab und beträgt beispielsweise bei p_H 3 110 mV, bei p_H 5 nur mehr 8 mV und verschwindet bei noch geringerer Acidität völlig. — Pyocyanin kann in reiner Form z. B. von Hoffmann-La Roche in Basel bezogen werden.

6. Hermidin (Konstitution unbekannt). Ein blauer Farbstoff in den Schößlingen von Mercurialis perennis und Mercurialis annua (Hermes, griech. = Mercurius, lat.). Die Leukobase = Hermidin, das Oxydationsprodukt = Cyanohermidin; bei freiem Sauerstoffzutritt geht die Oxydation weiter bis zum gelben Chrysohermidin.

Die Isolierung des Farbstoffes beschreiben Haas und Hill[8]. Cannan[9] bestimmte für das reversible Teilsystem Cyanohermidin/Hermidin $_7°E_{\frac{1}{2}} = - 0{,}033$ V (bei 30° C).

[1] LaMer, V. K., and L. E. Baker: Am. Soc. **44**, 1954 (1922).

[2] Friedheim, E. A. H.: B. Z. **259**, 257 (1933).

[3] Wrede, F., u. E. Strack: H. **140**, 1; **142**, 103 (1924).

[4] Hückel, W.: Theoretische Grundlagen der organischen Chemie. 2 Bände. 6. Aufl. Leipzig 1949 und 1952.

[5] Wrede, F.: H. **177**, 177 (1928); **181**, 58 (1929).

[6] Friedheim, E. A. H., and L. Michaelis: J. biol. Ch. **91**, 355 (1931).

[7] Elema, B.: Recu. Trav. chim. Pays-Bas **50**, 807 (1931).

[8] Haas, P., and T. G. Hill: Biochem. J. **19**, 233, 236 (1925).

[9] Cannan, R. K.: Biochem. J. **20**, 927 (1926).

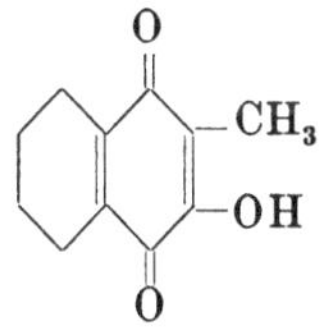

7. *Phthiokol* (2-Methyl-3-oxy-naphthochinon-(1,4)). Ein aus Tuberkel-
bacillen isolierbarer Farbstoff, der indessen vielleicht nicht selbst im Tuber-
kelbacillus vorkommt, sondern ein bei der Aufarbeitung entstandenes Spalt-
produkt von Vitamin K darstellt.

Der Farbstoff, gelbe prismatische Nadeln, ist zuerst von ANDERSON
und NEWMAN[1] isoliert und dann auch synthetisiert[2] worden.

Das Normalredoxpotential bestimmte BALL[3] bei p_H 7 zu $^\circ_7 E_{\frac{1}{2}} = -0,102$ V; aus der
zwischen p_H 1,12 und 12,56 gemessenen Abhängigkeit des Potentials von der Wasserstoffionenkonzentration ergibt sich $^\circ E_{\frac{1}{2}} = +0,299$ V bei 30° C. Der von WALLENFELS
und MÖHLE[4] im wäßrig-alkoholischen Medium ermittelte Wert für $^\circ E_{\frac{1}{2}} = +0,306$ V
zeigt abermals den Einfluß des nichtwäßrigen Lösungsbestandteiles.

8. *Chlororaphin* (Chinhydron des Phenazin-α-carbonsäureamids). Grünes Stoffwechsel-
produkt des *Bacillus chlororaphis*, in Wasser beinahe unlöslich[5]. Man erhält den Farbstoff synthetisch durch Zusammengeben äquimolarer Mengen Dihydro-phenazin-α-car-
bonsäureamid und Phenazin-α-carbonsäureamid. Im Gegensatz zu anderen Fällen stellt
hier die freie Base ein wahres Chinhydron dar, während die Salze semichinoiden Typus
zeigen (vgl. hierzu Fußnote [1], S. 559).

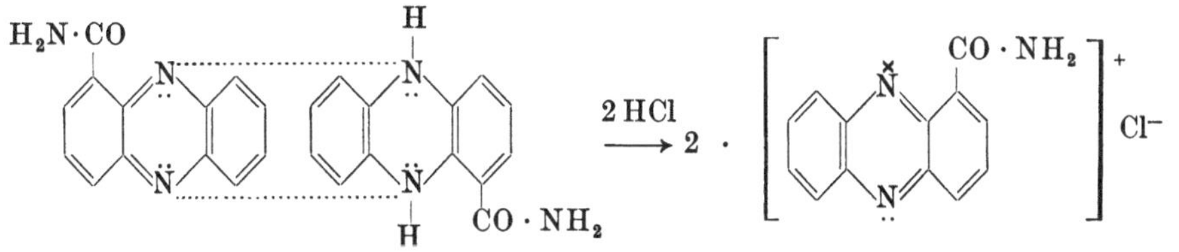

Chlororaphin-Base　　　　　　　Semichinonides Farbsalz

Den Konstitutionsbeweis für das Chlororaphin erbrachte KÖGL[6]. Stabil ist die semichinoide Form nur in verhältnismäßig stark saurem Medium, d. h. bei $p_H < 4$. Durch Oxydation geht der Farbstoff in das gelbe, holochinoide Phenazin-α-carbonsäureamid über,
durch Reduktion in das entsprechende, farblose Dihydroderivat.

Das Normalredoxpotential des Systems wurde von ELEMA[5] gemessen; er fand
$^\circ_7 E_{\frac{1}{2}} = -0,115$ V. Eine graphische Darstellung der p_H-Abhängigkeit der Normalpotentiale von Chlororaphin, Pyocyanin, Phthiokol, Juglon, Lawson, Lactoflavin u. a. m.
findet sich bei BALL[3].

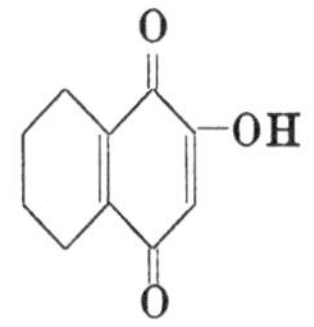

9. *Lawson* (2-Oxy-naphthochinon-(1,4)). Der Farbstoff in den Blättern
des Hennastrauches (Lawsonia inermis); ein Struktur-Isomeres zum Juglon.
Gewinnung nach TOMMASI[7] durch Extraktion feingemahlener Hennablätter
oder synthetisch[8] durch Einwirken von Luftsauerstoff auf 1,2,4-Trioxy-
naphthalin, das aus β-Naphthochinon zugänglich ist. Die hellgelben bis
rötlichgelben Krystalle sind im Wasser leicht löslich.

Für das Normalredoxpotential gibt FRIEDHEIM[9] den Wert $^\circ_7 E_{\frac{1}{2}} = -0,139$ V; aus der
p_H-Abhängigkeit der von ihm gemessenen Potentiale errechnet sich $^\circ E_{\frac{1}{2}} = +0,360$ V,
der mit dem von WALLENFELS und MÖHLE[4] im wäßrig-alkoholischen Medium gemessenen
Wert von $+0,362$ V besser übereinstimmt, als das unterschiedliche Verhalten der ver-
schiedenartigen Lösungsmittel eigentlich erwarten läßt.

[1] ANDERSON, R. J., and M. S. NEWMAN: J. biol. Ch. **101**, 773 (1933).
[2] ANDERSON, R. J., and M. S. NEWMAN: J. biol. Ch. **103**, 405 (1933).
[3] BALL, E. G.: J. biol. Ch. **106**, 515 (1934).
[4] WALLENFELS, K., u. W. MÖHLE: B. **76**, 924 (1943).
[5] ELEMA, B.: Recu. Trav. chim. Pays-Bas **52**, 569 (1933).
[6] KÖGL, F., u. B. TÖNNIS: A. **497**, 268 (1932).
[7] TOMMASI, G.: Gazz. chim. ital. **50 I**, 262 (1920).
[8] THIELE, J., u. E. WINTER: A. **311**, 341 (1900).
[9] FRIEDHEIM, E. A. H.: Biochem. J. **28**, 180 (1934).

Lawson liegt in der Zelle in oxydierter Form vor. Ein Vergleich mit dem Juglon, das dort in reduzierter Form vorkommt, legt die Schlußfolgerung nahe, daß sich bei p_H 7 das intracelluläre Redoxpotential im allgemeinen zwischen $+0,03$ und $-0,14$ V bewegen dürfte, wobei sicherlich innerhalb der Zelle erhebliche örtliche Unterschiede auftreten können. Benutzt man das in erster Näherung vom p_H unabhängige r_H-Maß, so ergibt sich für das intracelluläre Redoxpotential hieraus ein r_H zwischen 9 und 15. Das stimmt gut überein mit dem Potential des etwa in halbreduzierter Form in der Zelle vorliegenden Hermidins, dessen $^\circ_7 E_{\frac{1}{2}} = -0,033$, dessen $r_H = 12,7$ beträgt.

10. *Lapachol* (2-[3-Methyl-butenyl-(2)]-3-oxy-naphthochinon-(1,4)). Das färbende Prinzip des Lapacholzes und anderer tropischer Hölzer. Lösung von blaßgelber Farbe, Anion dunkelrot, Reductans farblos.

Das elektrochemische Verhalten von Lapachol und seinem nächsten Verwandten, dem Lomatiol, studierte eingehend BALL[1], der die p_H-Abhängigkeit des Redoxpotentials durch die Formel ausdrückte:

$$°E = °E_{\frac{1}{2}} + \frac{E_N}{2} \log \frac{[\mathrm{Ox}]}{[\mathrm{Red}]} + \frac{E_N}{2} \log \left(K_{r_1} \cdot K_{r_2} \cdot [\mathrm{H}^+] + K_{r_1} \cdot [\mathrm{H}^+]^2 + [\mathrm{H}^+]^3 \right)$$
$$- \frac{E_N}{2} \log \left(K_0 + [\mathrm{H}^+] \right).$$

Für die einzelnen Dissoziationskonstanten bestimmte BALL folgende Werte:

$$p_{K_0} = 5,02; \quad p_{K_{r_1}} = 8,74; \quad p_{K_{r_2}} = 11,84.$$

Durch Einsetzen in die obige Gleichung ergibt sich mit $°E_{\frac{1}{2}} = +0,300$ V für $^\circ_7 E_{\frac{1}{2}} - 0,179$ V.

11. *Lomatiol* (2-[3-Methyl-4-oxy-butenyl-(2)]-3-oxy-naphthochinon-(1,4)). Farbstoff aus den Samen von Lomatia ilicifolia; ein Oxyderivat des Lapachols, dem es in jeder Hinsicht sehr nahesteht.

BALL[1] bestimmte den $°E_{\frac{1}{2}}$-Wert zu $+0,300$ V; für die drei p_K-Werte der als schwache Säure anzusehenden Verbindung fand er $p_{K_0} = 4,88$, $p_{K_{r_1}} = 8,67$ und $p_{K_{r_2}} = 11,70$. An Hand der oben aufgeführten Formel errechnet sich hieraus $^\circ_7 E_{\frac{1}{2}} = -0,183$ V. LUGG, MACBETH und WINZOR[2] fanden einen etwas kleineren Wert bei p_H 0, nämlich $°E_{\frac{1}{2}} = +0,293$ V.

12. *Lactoflavin* oder Vitamin B_2 (6,7-Dimethyl-9-d-ribo-isoalloxazin). Man versteht unter dieser Bezeichnung bekanntlich einen wasserlöslichen, wachstumsfördernden Faktor, der sich im Pflanzenreich und in tierischen Organen ziemlich weit verbreitet vorfindet und durch seine gelbe Farbe, eine starke gelbgrüne Fluorescenz sowie große Lichtempfindlichkeit auffällt.

WARBURG und CHRISTIAN[3] vermochten Lactoflavin als Bestandteil des sog. „Gelben Oxydationsfermentes" nachzuweisen, das sich aus einem Protein als Trägersubstanz und Lactoflavin-5-phosphorsäure als prosthetischer Gruppe zusammensetzt. Die erste Totalsynthese des Lactoflavins, die zugleich dessen Konstitution und Konfiguration aufklärte, stammt von KARRER[4].

Den Redoxprozeß, der über ein radikalisches Zwischenprodukt verläuft, hat man sich nach WATERS[5] folgendermaßen vorzustellen:

[1] BALL, E. G.: J. biol. Ch. **114**, 649 (1936).

[2] LUGG, J. W. F., A. K. MACBETH and F. L. WINZOR: Soc. **1936**, 145.

[3] WARBURG, O., u. W. CHRISTIAN: B. Z. **254**, 438 (1932); **257**, 492 (1933).

[4] KARRER, P., K. SCHÖPP u. F. BENZ: Helv. **18**, 426 (1935).

[5] WATERS, W. A.: The Chemistry of Free Radicals. 2. Aufl. Oxford 1948.

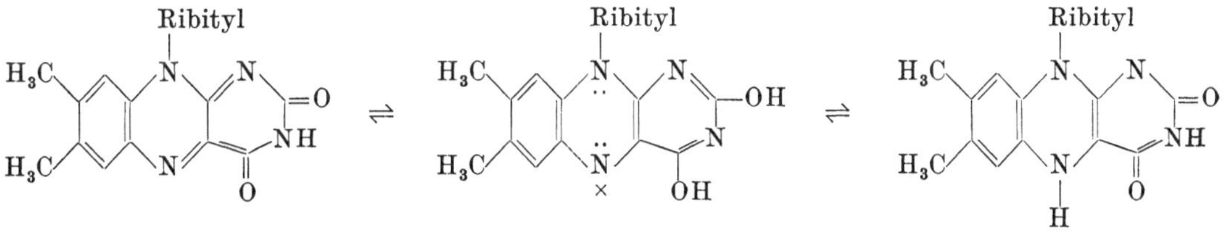

$$\text{Ribityl} \quad \rightleftharpoons \quad \text{Ribityl} \quad \rightleftharpoons \quad \text{Ribityl}$$

Es erscheint bemerkenswert, daß in saurer Lösung ein rotes Semichinon als Zwischenprodukt beobachtet wird, während in neutralem Medium ein grünes Intermediärprodukt auftritt[1-3]. Wie HAAS[4] zeigte, existiert die rote Form, falls das Lactoflavin mit seinem Trägerprotein verbunden ist, auch noch in neutraler Lösung.

Das Redoxpotential des Lactoflavins wird durch Phosphorylierung nicht beeinflußt, wohl aber durch Bindung an das Trägerprotein. So fanden KUHN und BOULANGER[5] für Lactoflavinphosphat sowie Lactoflavin $^{\circ}E_{\frac{1}{2}} = +0{,}187\,\mathrm{V}$, für Flavoprotein $^{\circ}E_{\frac{1}{2}} = +0{,}373\,\mathrm{V}$. Die zugehörigen $_7E_{\frac{1}{2}}$-Werte betragen $-0{,}208$ bzw. $-0{,}060\,\mathrm{V}$. Lactoflavin kann von E. Merck, Darmstadt, und den Farbenfabriken Bayer in Leverkusen in reiner Form bezogen werden.

[1] MICHAELIS, L., M. P. SCHUBERT and C. V. SMYTHE: J. biol. Ch. **116**, 587 (1936).
[2] KUHN, R., u. T. WAGNER-JAUREGG: B. **67**, 361 (1934).
[3] KLEMPERER, F., O. A. BESSEY and A. B. HASTINGS: Proc. Soc. exp. Biol. Med. **37**, 114 (1937).
[4] HAAS, E.: B. Z. **288**, 123 (1937).
[5] KUHN, R., u. P. BOULANGER: B. **69** B, 1557 (1936).

Anhang zum Beitrag „Chromatographie" von H. M. RAUEN.

Fabrikationsnummern und Eigenschaften der verschiedenen zur Papierchromatographie geeigneten Papiere von Schleicher & Schüll (Deutschland).

Sorte	Stoff	Dicke $^1/_{100}$ mm	Gewicht g/m²	Fließgeschwindigkeit	Oberfläche	Wasseraufnahme %	Asche %
598 G	Linters*	30—35	150	sehr schnell	schwach gekörnt	190—210	0,07
2040a	Linters	19—20	90—95	schnell	gekörnt** glatt***	180	0,07—0,075
2040b	Linters	23—24	120	schnell	gekörnt** glatt***	180—190	0,07
2043a	Linters	18—19	90—95	mittel	gekörnt** glatt***	180—190	0,05—0,06
2043b	Linters	20—25	120	mittel	gekörnt** glatt***	180—190	0,065—0,07
2045a	Linters	16—17	90—95	langsam	gekörnt** glatt***	130—150	0,055—0,06
2045b	Linters	23—24	120	langsam	gekörnt** glatt***	130—150	0,065—0,07

* Auch als Cellulose-Linters-Papier erhältlich.

** Die gekörnten Papiere sind mit Büttenrand und Wasserzeichenpfeil zur Andeutung der Laufrichtung versehen. Sie sind auch nachgeglättet erhältlich und eignen sich in dieser Form vor allem zur Papierelektrophorese.

*** Die glatten Papiere sind in Faserrichtung 60 cm lang, in der dazu senkrechten 58 cm.

Kartons für Papierchromatographie und Papierelektrophorese.

2181* Linters . . . gepreßt 4—5 mm dick, schwach gekörnt, 0,07 % Asche,
2071** Linters . . . 1—2 mm dick,   schwach gekörnt, 0,07 % Asche,
2230** Linters . . . 1—2 mm dick,   schwach gekörnt, 0,07 % Asche.

* Zur präparativen aufsteigenden Chromatographie. ** Zur Elektrophorese mit größeren Mengen.

Berichtigung zum Beitrag „Gegenstromverteilung" von H. M. RAUEN und W. STAMM.

Die Formel auf S. 285 muß richtig heißen:

$$\frac{V_{\varkappa}}{V_y} = \sqrt{\frac{1}{k_a \cdot k_b}}$$

Namenverzeichnis.

Sachverzeichnis.

Säureexponent s. Wasserstoffionenkonzentration.
Säuregruppe, organische, Ultrarotabsorption 393, 394.
Säuren, Nachweis bei Chromatographie 156.
Scheibe-Photometer 383, 384.
Scheidetrichter für Mikromethoden 41.
Scheinwiderstand s. Leitfähigkeit.
Schiffsches Reagens bei Chromatographie 156.
Schilddrüsensubstanzen s. Hormone.
Schlierenmethode s. Elektrophorese, s. optische Methoden, s. a. Ultrazentrifuge.
Schmelzdiagramm s. Mikromethoden.
Schmelzpunkt s. Mikromethoden.
Schmelzpunkttabellen 300—310.
Schnellphotometer für Spektrographie 391.
Schönrock-Polarimeter 496.
Schreyer-Reaktion bei Chromatographie 156.
Schüttelapparat für Mikromethoden 38.
Schwärzungskurve photographischer Platten 346.
Schwefel-Kohlenstoff-Bindung,
Ultrarotabsorption 394.
Schwefelkohlenstoff, Nachweis
bei Chromatographie 156.
Ultrarotabsorption 396, 397.
Schwefelsäure s. Sulfat.
Schwefelwasserstoff, Reagens
bei Chromatographie 182.
s. a. Sulfid.
Schweflige Säure s. Sulfit.
Scopolaminhydrobromid s. Arzneimittel und Gifte.
Sedimentation s. Ultrazentrifuge.
Sedormid s. Arzneimittel und
Gifte.
Sekundärelektronenvervielfacher s. optische Methoden.
Selector s. Chromatographie.
Selenphotoelemente für optische
Methoden 342.
Serin s. Aminosäuren.
Serum s. Blut.
Serumeiweiß s. Eiweiß.
Setoglaukin O, Redoxpotential
704.
Setopalin, Redoxpotential 704.
Silber, Nachweis bei Chromatographie 182.
Silberchloridelektrode s. Wasserstoffionenkonzentration.
Silberionen, Ionenbeweglichkeit
507.

Silberlinien für Flammenphotometrie 429.
Silbernitrat-Fluorescein, Reagens bei Papierchromatographie 244.
Silbernitrat, Reagens bei Papierchromatographie 241,
243.
Silicagel s. Chromatographie.
Silitstäbe für Ultrarotmessungen 401.
Sitosterin s. Steroide.
Skalenmethode s. Elektrophorese, s. a. optische Methoden, s. a. Ultrazentrifuge.
Skellysolve für Chromatographie 211.
Solanumalkaloide s. Arzneimittel und Gifte.
Soleil-Babinet-Kompensator
für Polarimetrie 486.
Solidviolett, Redoxpotential
696.
Sorbit, Konstanten 300.
R_F-Werte 258.
Sorbose s. Kohlenhydrate.
Spaltblende für Spektrographen
382.
Spatel für Mikromethoden 34.
Spekker-Photometer 383, 384.
Spektrallampen für optische
Methoden 331, 332.
Spektralphotometer von Zeiss
378.
Spektralplatten s. photographische Platten.
Spektrodensograph 359.
Spektrographen s. optische
Methoden.
Spektrometrie s. optische Methoden.
Spektroskopie s. optische Methoden.
Spezifische Drehung s. optische
Methoden.
Spezifischer Widerstand s. Leitfähigkeit.
Spitzröhrchen für Mikromethoden 33.
Spritzflasche für Mikromethoden 35.
Spritzpipette für Mikromethoden 35.
Sprühgerät s. Papierchromatographie.
Stärke s. Chromatographie.
Stearinsäure s. Fette.
Steinsalz, Lichtdurchlässigkeit
338.
für Ultrarotmessungen 399.
Sterine und Steroide, Cholesterin, Konstanten 303.
Cholesterinacetat, Chromatographie 149.
Konstanten 301.

Sterine und Steroide, Cholesterinstearat, Chromatographie 149.
Chromatographie 124.
Koprosterin, Konstanten
301.
Nachweis bei Papierchromatographie 244.
Neoergosterin, Konstanten
304.
Papierchromatographie 220.
Sitosterin, Konstanten 303.
Stigmasterin, Konstanten
304.
Stickstoff, Anregungs- und Ionisationsenergien 428.
Prüfung auf O_2-Gehalt 662.
Reinigung 660.
Stickstoff-Kohlenstoffbindung,
Atomrefraktionen 445.
Ultrarotabsorption 393,
394.
Stigmasterin s. Steroide.
Stokessche Formel s. Elektrophorese.
Stöpselrheostat für Leitfähigkeitsmessungen 518.
Storchenschnabel für Mikromethoden 41.
Streuungsmessungen s. optische
Methoden.
Stroboskopische Effekte s.
optische Methoden.
Strommeßinstrumente s.
optische Methoden.
Strontium, Chromatographie
182.
Nachweis bei Papierchromatographie 244.
Strontiumlinien für Flammenphotometrie 429.
g-Strophanthin s. Arzneimittel
und Gifte.
Strychnin s. Arzneimittel und
Gifte.
Strychninnitrat s. Arzneimittel
und Gifte.
Sublimation s. Mikromethoden.
Sublimationsvorrichtung für
Mikromethoden 47, 48.
Substitutionsmethode s. optische Methoden.
Succinat s. Bernsteinsäure.
Suchar s. Chromatographie.
Sudangelb, Testfarbstoff für
Aluminiumoxyd 146, 147.
Sudanrot, Testfarbstoff für
Aluminiumoxyd 146, 147.
Sulfacetamid s. Arzneimittel
und Gifte.
Sulfadiazin s. Arzneimittel und
Gifte.
Sulfaguanidin s. Arzneimittel
und Gifte.

Physiologische Chemie

Ein Lehr- und Handbuch für Ärzte, Biologen und Chemiker. Hervorgegangen aus dem Lehrbuch der Physiologischen Chemie von Olof Hammarsten. **In zwei Bänden.**

Erster Band: **Die Stoffe.** Herausgegeben von Professor Dr. B. Flaschenträger, Alexandria, unter Mitwirkung von Professor Dr. E. Lehnartz, Münster/Westf. Bearbeitet von D. Ackermann, G. Blix, H. Bredereck, P. Brigl†, A. Butenandt, K. Felix, B. Flaschenträger, F. Flury†, K. Freudenberg, K. Gemeinhardt, W. Grassmann, Chr. Grundmann, F. Holtz, E. Klenk, F. Knoop†, H. Kraut, W. Kuhn, H. Müller, Th. Ploetz, F. Schneider, G. Schramm, W. Siedel, T. Thunberg, J. Trupke, R. Weidenhagen, Ä. Weischer, K. Zeile. Mit 93 Textabbildungen. VIII, 1600 Seiten. 1951. Ganzleinen DM 198.—

Inhaltsverzeichnis: **A. Einleitung. — B. Physikalisch-chemische Grundlagen biologischer Vorgänge.** Allgemeines über Atom- und Molekülbau sowie Radioaktivität und Röntgenstrahlen. Äußere Elektronenhülle in Atomen und Molekülen. Chemische Thermodynamik, chemisches Gleichgewicht. Elektrische Potentiale, Elektrolyte. Grenzflächen der Zelle und ihre Eigenschaften. Durchlässigkeit von Membranen und Membrangleichgewichte. Oberflächenspannung. Kolloidaler Zustand. Die Zelle als physikalisch chemisches System. — **C. Die anorganischen und organischen Bau-, Betriebs- und Schlackenstoffe.** Einteilung der Stoffe. Zusammensetzung des Menschen. I. Wasser. — II. Mineralstoffe. — III. Kohlenhydrate: Zucker und Verwandte. Polysaccharide. — IV. Fette und Lipoide (Lipide): Die eigentlichen Fette. Phosphatide. Zuckerhaltige Lipoide. Wachse und andere Fettgemengteile. Steroide. Carotinoide. — V. Eiweißstoffe und ihre Abbaustufen: Einleitung. Aminosäuren und Peptide. Eiweißstoffe. Tierische Basen. — VI. Purin- und Pyrimidinverbindungen: Purine. Pyrimidine. Vitamin B_1, Aneurin. Pterine. Nucleinsäuren. Nucleinsäurespaltende Fermente (= Nucleasen). — VII. Pyrrolfarbstoffe: Blutfarbstoffe, Häminfermente und Zellhämine, natürliche Porphyrine. Gallenfarbstoffe. Blattfarbstoffe. Prodigiosin. — VIII. Enzyme: Allgemeiner Teil. Spezieller Teil. — IX. Anhang: Tierische Gifte. — Namen- und Sachverzeichnis.

Zweiter Band: **Der Stoffwechsel.** Herausgegeben von Professor Dr. B. Flaschenträger, Alexandria, und Professor Dr. E. Lehnartz, Münster/Westf. In Vorbereitung.

Künstliche radioaktive Isotope
in Physiologie, Diagnostik und Therapie

Bearbeitet von J. D. Abbatt, H. W. Bansi, J. Becker, Th. Bersin, H. Billion, H. D. Cremer, M. Ebert, E. M. K. Geiling, L. Heilmeyer, W. Herr, G. Höhne, O. Hug, W. Hunzinger, F. E. Kelsey, L. F. Lamerton, K. Lang, N. Lang, F. Linder, R. W. Manthei, H. G. Mehl, J. H. Müller, H. Muth, F. Odenthal, H. Oeser, F. Ruf, K. E. Scheer, K. Schmeiser, G. Schubert, H. Schwiegk, K. Starke, A. Vannotti, P. G. Waser, H. P. Wolff. — Redigiert von H. Schwiegk-Marburg a. d. Lahn. Mit 294 Abbildungen. XVI, 842 Seiten. 1953. Ganzleinen DM 136.—

Angewandte Radioaktivität

Von **K. E. Zimen**, Vorstand des Instituts für Kernchemie, Chalmers Technische Hochschule, Göteborg/Schweden. Mit einer Einführung von **Otto Hahn**, Präsident der Max Planck-Gesellschaft, Göttingen. Mit 45 Textabbildungen und einer Tafel. VIII, 124 Seiten. 1952. Ganzleinen DM 18.80